Abaqus 用户手册大系

Abaqus/CAE用户手册

上册

王鹰宇　编著

机械工业出版社

《Abaqus/CAE 用户手册》包含上、下两册，全面系统地介绍了Abaqus/CAE 的各项功能、操作技巧和相关步骤，配合《Abaqus 分析用户手册》五卷本（分析卷，材料卷，单元卷，介绍、空间建模、执行与输出卷，指定条件、约束与相互作用卷），以及《Abaqus GUI 工具包用户手册》，可为 Abaqus 用户提供完备的知识体系和技能指导。本书为上册，包括 20 章三个部分，详细阐述了与 Abaqus/CAE 交互，使用 Abaqus/CAE 模型数据库、模型和文件，使用 Abaqus/CAE 模块创建和分析模型。本书内容详尽，叙述完整，指导详细，用户在仿真过程中遇到的与软件操作有关的各类问题都可以从中找到答案和操作帮助，是使用 Abaqus 进行计算仿真分析的各领域技术人员的必备工具书。

本书可供航空航天、机械制造、石油化工、精密仪器、汽车交通、土木工程、水利水电、电子工程、能源、船舶、生物医学、日用家电等领域的工程技术人员，以及高等院校相关专业教师、高年级本科生、研究生使用，也可供使用其他工程分析软件的人员参考。

图书在版编目（CIP）数据

Abaqus/CAE 用户手册. 上册 / 王鹰宇编著.
北京 : 机械工业出版社，2025. 2. --（Abaqus 用户手册大系）. -- ISBN 978-7-111-77428-0

Ⅰ. O241. 82-39

中国国家版本馆 CIP 数据核字第 2025L5U714 号

机械工业出版社（北京市百万庄大街 22 号　邮政编码 100037）
策划编辑：孔　劲　　　　责任编辑：孔　劲　李含杨
责任校对：王荣庆　郑　雪　张亚楠　张　征　　封面设计：张　静
责任印制：单爱军
中煤（北京）印务有限公司印刷
2025 年 7 月第 1 版第 1 次印刷
184mm×260mm · 99 印张 · 2 插页 · 2466 千字
标准书号：ISBN 978-7-111-77428-0
定价：379. 00 元

电话服务　　　　　　　　　网络服务
客服电话：010-88361066　　机　工　官　网：www.cmpbook.com
　　　　　010-88379833　　机　工　官　博：weibo.com/cmp1952
　　　　　010-68326294　　金　　书　　网：www.golden-book.com
封底无防伪标均为盗版　　机工教育服务网：www.cmpedu.com

作者简介

王鹰宇，男，江苏南通人。毕业于四川大学机械制造学院机械设计及理论方向，硕士研究生学历。毕业后进入上海飞机设计研究所（中国航空研究院640所），从事飞机结构设计与优化计算工作，参加了ARJ21新支线喷气客机研制。后在3M中国有限责任公司从事固体力学、计算流体动力学、NVH仿真、设计优化和自动化设备设计工作至今。期间有一年时间（2016.7—2017.7）在中国航发商发（AECC CAE）从事航空发动机短舱结构研制工作。自2023年1月起，担任江苏斯迪克新材料科技股份有限公司工程中心设计部总监一职，主要从事与膜材料有关的生产设备及涂布设备的设计制造及工艺仿真工作。

前言

Abaqus 作为专业的、功能强大且知名的仿真平台，自从由清华大学庄茁教授引入中国以来，获得了广泛的好评和应用。Abaqus/CAE 作为 Abaqus 的前、后处理模块，可以实现 Abaqus 绝大部分的功能。用户可以在 Abaqus/CAE 模块中建立模型、定义属性、施加载荷、划分网格、建立优化过程、提交计算并进行后处理、完成实际科学工程计算中涉及的方方面面的操作。Abaqus/CAE 界面布局合理，逻辑合理清晰，人机交互友好，为便捷建立计算模型、高效完成分析奠定了坚实的基础。可以毫不夸张地说，如果没有如此好的 Abaqus/CAE 前、后处理模块，尽管 Abaqus 具有强大的求解器，也不会被广大工业界接受并得到如此广泛的应用。所以说，为了高效合理地进行仿真研究，充分了解 Abaqus/CAE 提供的建模工具，熟知建模设置技巧是非常必要的。

为了帮助广大 Abaqus 用户方便地获知 Abaqus/CAE 的功能，迅速入门 Abaqus/CAE 操作并在短期内将操作技能水平提高，在《Abaqus 分析用户手册》各卷（分析卷，材料卷，单元卷，介绍、空间建模、执行与输出卷，指定条件、约束与相互作用卷）出版的基础上，对《Abaqus/CAE 用户手册》（上、下册）进行了出版。相信将本书与《Abaqus 分析用户手册》相结合，用户可以建立系统的仿真知识体系，建立对于分析问题的深刻洞察力，保障分析结果的合理性和可靠性。

《Abaqus/CAE 用户手册》（上、下册）总计 82 章，以网页版本的帮助手册内容为基础，提供详细完整的 Abaqus/CAE 说明和操作步骤指导。上册共三部分，其中第Ⅰ部分与 Abaqus/CAE 交互，包括第 1~8 章；第Ⅱ部分使用 Abaqus/CAE 模型数据库、模型和文件，包括第 9~10 章；第Ⅲ部分使用 Abaqus/CAE 模块创建和分析模型，包括第 11~20 章。下册共五部分，其中第Ⅳ部分建模技术，包括第 21~39 章；第Ⅴ部分显示结果，包括第 40~56 章；第Ⅵ部分使用工具集，包括第 57~75 章；第Ⅶ部分定制模型显示，包括第 76~80 章；第Ⅷ部分使用插件，包括第 81~82 章，以及附录关键字、单元类型、图形符号、可以使用的单元和输出变量。

建议用户首先浏览目录，大致了解手册内容。如果在建模过程中碰到疑惑，可以阅读手册的相关部分。

本手册篇幅巨大，内容详尽，完整地介绍了 Abaqus/CAE 的功能，很多功能虽然一般问题的仿真不会常用，但是在对问题进行细致优化与探讨时，这些功能却能起到事半功倍的作用。笔者的亲身经历足以证明，“工欲善其事，必先利其器”对于学习掌握 Abaqus/CAE，将其熟练运用到实际科学工程问题上是再贴切不过了。

在提笔开始本手册的出版工作时，就深知工作量的巨大，工作量实际上是《Abaqus 分析用户手册——分析卷》的2~3倍。但是想到本手册出版后，可以为广大的仿真工作者提供便利，帮助他们更快、更好地在不同领域开展仿真工作，为我国的数字化仿真事业尽一点微薄之力，我就感觉到有动力，有决心，有毅力。在写作过程中，得到了诸多鼓励与帮助。

特别感谢我的家人：3M 高级技术专家陈菊女士的关怀和鼓励，甚至是容忍迁就；我的孩子，此套8部书籍开始写作时他还是一个牙牙学语的婴儿，现在已经是位少年了，对他的陪伴因为写作而少了许多，心中倍感愧疚。

特别感谢 SIMULIA 中国的白锐总监、用户支持经理高祎临女士和 SIMULIA 中国南方区资深经理及技术销售高绍武博士，在写作过程中给予笔者的鼓励和支持。

特别感谢 3M 中国的总经理熊海锟、主任专家工程师徐志勇、资深专家工程师张鸣，以及资深技术经理金舟、周杰、唐博对于我和我夫人工作的支持。

特别感谢 3M 亚太中心工程设计部的经理朱笛，在我职业发展中给予的关键指导和帮助。

特别感谢江苏斯迪克新材料科技股份有限公司董事长金闯先生、常务副总经理杨比女士在工作中积极推动仿真工具在公司设备设计及工艺研发中的应用和推广，不仅提高了公司的设计水平，也使我个人及团队的工作能力得到了极大的提高和锻炼！

特别感谢江苏斯迪克新材料科技股份有限公司工程中心总监董松涛先生在我职业发展中给予的重要帮助，以及在工作中对我个人及团队的维护和支持！

虽然笔者尽心尽力，力求行文流畅，但由于语言能力有限，又囿于技术能力，因此书中难免出现不当之处，希望读者和同仁不吝赐教，共同促进此系列书的完善。意见和建议可以发送至邮箱 wayiyu110@ sohu. com。笔者将进行汇总，在将来的版本中给予更新完善，不胜感激！

目录

第Ⅱ部分 使用 Abaqus/CAE 模型数据库、模型和文件

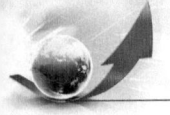

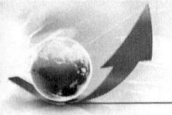

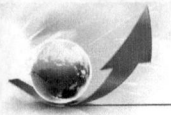

第 I 部分　与 Abaqus/CAE 交互

本手册是 Abaqus/CAE（包括 Abaqus/Viewer）的主要参考文档。

Abaqus/CAE

Abaqus/CAE 是一个完整的 Abaqus 环境，提供了在 Abaqus/Standard 和 Abaqus/Explicit 仿真中创建、提交、监控和评估结果的简单、一致的界面。Abaqus/CAE 包括不同的模块，每个模块定义模拟过程的一个逻辑方面（logical aspect），如定义几何形体、定义材料属性和生成网格。当用户将一个模块变换到另一个模块时，用户就建立了模型，Abaqus/CAE 从该模型生成一个文件，并递交给 Abaqus/Standard 或者 Abaqus/Explicit 来分析产品。分析模块执行产品分析，将信息发送给 Abaqus/CAE 来允许用户监控作业的过程，并生成一个输出数据库。最后，用户使用 Abaqus/CAE 的显示模块（也单独认证成 Abaqus/Viewer 产品）来读取输出数据库并查看分析结果。

Abaqus/Viewer

Abaqus/Viewer 提供 Abaqus 有限元模型和结果的图像显示。Abaqus/Viewer 作为显示模块包含在 Abaqus/CAE 中。

此部分为用户介绍 Abaqus/CAE 的工作环境，包括以下主题：

- 第 1 章　“使用”
- 第 2 章　“与 Abaqus/CAE 交互的基础知识”
- 第 3 章　“理解 Abaqus/CAE 窗口、对话框和工具箱”
- 第 4 章　“管理画布上的视口”
- 第 5 章　“操控视图和控制透视”
- 第 6 章　“在视口中选择对象”
- 第 7 章　“构建图像显示选项”
- 第 8 章　“打印视口”

1 使用

本手册是使用 Abaqus/CAE 的完整参考。本章包括以下主题：

- 1.1 节 “手册概览”
- 1.2 节 “基本的鼠标操作”

1.1　手册概览

本手册是 Abaqus/CAE（包括 Abaqus/Viewer，它是 Abaqus/CAE 的子模块，仅包括显示模块）的完整参考。通常，本手册的任何显示模块参考都等效适用于 Abaqus/Viewer。

Abaqus/CAE 的用户界面非常直观，用户无需大量的准备即可开始工作。然而，如果用户在第一次使用产品前浏览《Abaqus/CAE 入门手册》结尾处的教程，将会非常有用。如果用户运行的是 Abaqus/Viewer，则需要浏览《Abaqus/CAE 入门手册》的附录 D“显示用户的分析输出”。

本手册分为以下几部分：

- 第Ⅰ部分　“与 Abaqus/CAE 交互”，包含用户界面上的常规信息。
- 第Ⅱ部分　“使用 Abaqus/CAE 模型数据库、模型和文件”，包含 Abaqus/CAE 创建和使用的不同文件信息。
- 第Ⅲ部分　“使用 Abaqus/CAE 模块创建和分析模型”，详细讨论了每一个 Abaqus/CAE 模块的信息，但不包括显示模块的信息。
- 第Ⅳ部分　“建模技术”，讨论如何在 Abaqus/CAE 模块中定义特别的工程特征，并讨论跨多个 Abaqus/CAE 模块的建模技术。
- 第Ⅴ部分　“显示结果”，详细地讨论了显示模块（Abaqus/Viewer）。
- 第Ⅵ部分　“使用工具集”，包含了 Abaqus/CAE 中除了显示模块的所有模块中的工具包信息，而显示模块中的工具集信息在第Ⅴ部分“显示结果”中进行了讨论。
- 第Ⅶ部分　“定制模型显示”，包括定制信息。
- 第Ⅷ部分　“使用插件”，讨论用户如何使用插件和插件工具包来扩展 Abaqus/CAE 的能力。

附录 A　“关键字”，提供用户可以使用的表来确定 Abaqus/CAE 各个模块包含的特定 Abaqus 关键字的功能，以及是否支持特定的关键字。

附录 B　“单元类型”，列出了在 Abaqus 中用于建模特征但不是网格部分的单元类型。

附录 C　“图形符号”，解释如何说明 Abaqus/CAE 使用的特别图形符号。

附录 D　“可以使用的单元和输出变量”，列出了显示模块不支持的 Abaqus 输出变量。

1.2 基本的鼠标操作

图 1-1 所示为左手型和右手型 3 键鼠标的按键方向。下面的术语描述了用户可使用鼠标执行的操作：

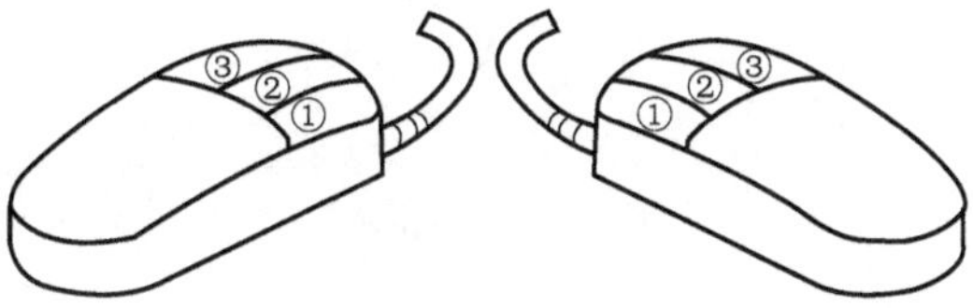

图 1-1 鼠标按键

单击

快速地按一下鼠标键。除非另有说明，否则“单击”鼠标的意思是指单击鼠标键 1。

注意：在本手册的叙述中，将对单击鼠标键 2 的操作加以键号后缀（即“键 2”）；对于单击鼠标键 3 的操作，以“右击”表述。

拖拽

移动鼠标时按住鼠标键 1。

定位

将鼠标移动到所需的项目上。

选择

定位到项目上，然后单击鼠标。

[Shift]+单击

按住［Shift］键，单击鼠标，然后释放［Shift］键。

[Ctrl]+单击

按住［Ctrl］键，单击鼠标，然后释放［Ctrl］键。

Abaqus/CAE 设计使用 3 键鼠标。因此，本手册适用图 1-1 所示的鼠标键 1、2 和 3。但用户也可以如下使用 2 键鼠标来操作 Abaqus/CAE：

- 2 键鼠标按键等效 3 键鼠标的按键 1 和按键 3。
- 同时按住 2 键鼠标的两个按键等效按住 3 键鼠标的按键 2。

技巧：本手册会指导用户在设计过程中使用鼠标键 2。用户应确保将鼠标键 2（或者滚轮）设置成中键单击（若鼠标未配置该功能，应通过鼠标驱动或者系统进行配置）。

2　与 Abaqus/CAE 交互的基础知识

用户在开始创建和分析模型或者解释分析结果之前，熟练掌握 Abaqus/CAE 的基本交互功能是很有帮助的。本章为用户介绍用户界面，包括以下主题：

- 2.1 节 “启动和退出 Abaqus/CAE”
- 2.2 节 “主窗口概览”
- 2.3 节 “什么是模块?”
- 2.4 节 “什么是工具包?”
- 2.5 节 “在 Abaqus/CAE 中使用鼠标”
- 2.6 节 “获取帮助”

2.1 启动和退出 Abaqus/CAE

本节介绍如何启动和退出 Abaqus/CAE，包括以下主题：

- 2.1.1 节 “启动 Abaqus/CAE（或者 Abaqus/Viewer）”
- 2.1.2 节 “退出 Abaqus/CAE 程序会话”
- 2.1.3 节 “使用 abaqus_2016.gpr 文件”
- 2.1.4 节 “保存未激活程序会话中的模型数据”

2.1.1 启动 Abaqus/CAE（或者 Abaqus/Viewer）

当用户创建一个模型并对其进行分析时，Abaqus/CAE 会生成一系列的文件，文件中会包含用户模型的定义、分析输入和分析结果。此外，Abaqus/CAE 和 Abaqus/Viewer 会生成重放文件来显示用户应用的所有交互过程。在运行任何产品之前，用户都应确保具有在当前所在的目录创建文件的权限。

用户可以通过运行 abaqus 执行程序并指定 cae（或者 viewer）参数来执行 Abaqus/CAE（或者 Abaqus/Viewer）。

abaqus cae 或者 viewer：[database=数据库文件]
[replay=重放文件]
[recover=日志文件]
[startup=开始文件]
[script=脚本文件]
[noGUI=非 GUI 文件]
[noenvstartup]
[noSavedOptions]
[noSavedGuiPrefs]
[noStartupDialog]
[custom=脚本文件]
[guiTester=GUI 脚本]
[guiRecord]
[guiNoRecord]

命令行中可以包括以下选项：

database

此选项指定要打开的模型数据库文件名或输出数据库文件名。用户可以在 Abaqus/CAE 中打开这两种类型的文件；但在 Abaqus/Viewer 中仅可以打开输出数据库文件。要指定模型数据库文件，用户的文件名中要包括 .cae 文件扩展名或没有文件扩展名。要在运行 Abaqus/CAE 时指定输出数据库文件，用户的文件名中要包括 .odb 文件扩展名。如果用户正在运行 Abaqus/Viewer，则可以省略 .odb 文件扩展名。

replay

此选项指定文件名，在此文件中包括要重放的 Abaqus/CAE 命令。replay-file 中的命令将在 Abaqus/CAE 启动后立即执行。用户不能使用 replay 选项来执行具有控制流语句的脚本。更多信息见 9.5.1 节“重放 Abaqus/CAE 程序会话”。

recover

此选项指定文件名，并从此文件重建一个模型数据库；如果用户正在运行 Abaqus/Viewer，则不能使用此功能。journal-file（模型数据库名称 .jnl）中的命令将在 Abaqus/CAE 启动后立即执行。更多信息见 9.5.2 节“重新创建保存过的模型数据库”，以及 9.5.3 节“创建未保存的模型数据库”。

startup

此选项指定文件名，此文件包括在应用程序启动时要运行的 Python 配置命令。该命令在环境文件中设置的任何配置命令运行之后运行。当运行此 Python 配置命令时，Abaqus/CAE 不会把这些 Python 配置命令添加到重放文件中。

script

此选项指定文件名，此文件包括在应用程序启动时要运行的 Python 配置命令。该命令在环境文件中设置的任何配置命令运行之后运行。

用户可以通过在命令行输入来将参数传递到文件中，参数之间通过一个或多个空格来分隔。Abaqus/CAE 执行过程将忽略这些参数，但用户在脚本中可以访问这些参数。

noGUI

此选项指定文件名，此文件包括在没有图形用户界面（GUI）的情况下运行的 Python 脚本。此选项对于不增加显示运行成本的自动执行的前处理任务或者后处理任务是有用的。因为不提供界面，所以脚本不包括任何用户交互。Abaqus/CAE 在文件中运行命令并在完成后退出。如果没有给出文件扩展名，则默认的扩展名为 .py。如果用户使用 noGUI 选项，则 Abaqus/CAE 将忽略用户提供的任何其他命令行选项。

用户可以通过在命令行输入来将参数传递到文件中，参数之间通过一个或多个空格来分隔。Abaqus/CAE 执行过程将忽略这些参数，但在 Python 脚本内部可以访问它们。如果用户使用 noGUI 选项，则可以使用参数来传递一个变量，此变量也可以通过命令行选项来提供。例如，用户可以传入由 script 选项指定的文件名。

在《Abaqus 分析用户手册——介绍、空间建模、执行与输出卷》的 3.2.7 节“Abaqus/CAE 执行”中有一个使用 noGUI 选项的例子。

noenvstartup

此选项指定不应在应用启动时运行环境文件中的所有配置命令。此选项可以和 starup 命令一起使用来抑制所有的配置命令，但不包括 starup 文件中的配置命令。

noSavedOptions

此选项指定 Abaqus/CAE 不应用存储在 abaqus_2016.gpr 文件中的显示选项设置（如渲染样式和基准面的显示）。更多信息见 2.1.3 节“使用 abaqus_2016.gpr 文件”，以及 76.16 节“保存用户的显示选项设置”。

noSavedGuiPrefs

此选项指定 Abaqus/CAE 不应用存储在 abaqus_2016.gpr 文件中的 GUI 选项设置（如 Abaqus/CAE 主窗口或其对话框的大小和位置）。

noStartupDialog

此选项指定不应显示 Abaqus/CAE 或 Abaqus/Viewer 的 Start Session 对话框。

custom

此选项指定包含 Abaqus GUI 工具包命令的文件名。此选项执行 Abaqus/CAE 或 Abaqus/Viewer 定制版本的应用程序。更多信息见《Abaqus GUI 工具包用户手册》的第 1 章“介绍”。

guiTester

此选项启动一个包含 Abaqus Python 开发环境的单独用户界面，以及 Abaqus/CAE 或

Abaqus/Viewer。Abaqus Python 开发环境允许用户创建、编辑、分步执行和调试 Python 脚本。更多信息见《Abaqus 脚本用户手册》的第Ⅲ部分“Abaqus Python 开发环境”。

用户可以为此选项指定脚本来作为参数，它会提示 Abaqus/CAE 或 Abaqus/Viewer 运行 GUI 脚本。当脚本结束时，Abaqus/CAE 或 Abaqus/Viewer 关闭。

guiRecord

此选项让用户能够在名为 abaqus. guiLog 的文件中记录在 Abaqus/CAE 或 Abaqus/Viewer 用户界面中的操作。在 GUI 中创建操作记录可以帮助用户捕获和回放 Abaqus/CAE 或 Abaqus/Viewer 中的常见操作，以用于演示或培训。用户可以通过在 Abaqus Python 开发环境（PDE）中运行文件来复制 Abaqus/CAE 或 Abaqus/Viewer 中 . guiLog 文件中的所有操作。更多信息见《Abaqus 脚本用户手册》的 7. 3. 2 节“运行一个脚本”。

如果需要，用户可以在启动时使用环境变量 ABQ_CAE_GUIRECORD 来设置 guiRecord。guiRecord 选项不能与 guiTester 选项一起使用。

guiNoRecord

此选项使用户能够在设置环境变量 ABQ_CAE_GUIRECORD 时，抑制用户界面记录。

Abaqus/CAE 开始。如果用户未选择包括 database、replay、recover 或 noStartupDialog 选项，则会出现 Start Session 对话框。选择以下一个会话启动选项：

创建模型数据库：使用 Standard/Explicit 模型（Create Model Database：With Standard /Explicit Model）

使用此选项（如果用户正在运行 Abaqus/Viewer 则不能使用）开始新的 Abaqus/Standard 或 Abaqus/Explicit 分析（相当于从主菜单栏中选择 File→New Model Database→With Standard/Explicit Model）。

创建模型数据库：使用 CFD 模型（Create Model Database：With CFD Model）

使用此选项（如果用户正在运行 Abaqus/Viewer 则不能使用）开始新的 Abaqus/CFD 分析（相当于从主菜单栏中选择 File→New Model Database→With CFD Model）。

创建模式数据库：使用电磁模型（Create Model Database：With Electromagnetic Model）

使用此选项（如果用户正在运行 Abaqus/Viewer 则不能使用）开始电磁分析（相当于从

主菜单栏中选择 File→New Model Database→With Electromagnetic Model)。

打开数据库（Open Database）

使用此选项来打开之前保存的模型数据库或输出数据库文件（相当于从主菜单栏中选择 File→Open)。

运行脚本（Run Script）

使用此选项来运行包含 Abaqus/CAE 命令的文件（相当于从主菜单栏中选择 File→Run-Script)。更多信息见 9. 5. 4 节“创建和运行用户自己的脚本”。

开始教程（Start Tutorial）

使用此选项从在线文档开始一个介绍教程（相当于从主菜单栏中选择 Help→Getting Started)。

最近使用的文件（Recent Files）

使用此选项打开最近在 Abaqus/CAE 中打开过的一个模型数据库文件或输出数据库文件（相当于选择 File 菜单下列出的最近使用的文件)。

2. 1. 2　退出 Abaqus/CAE 程序会话

用户可以随时通过从主菜单栏中选择 File→Exit 退出 Abaqus/CAE 会话。如果用户对当前的模型数据库进行了更改，则在退出前，Abaqus/CAE 会询问用户是否保存更改。然后，Abaqus/CAE 关闭当前模型数据库或输出数据库和所有窗口，并退出会话。

Abaqus/CAE 保存用户的 GUI 设置，如主窗口的大小、对话框的大小和位置。更多信息见 2. 1. 3 节“使用 abaqus_2016. gpr 文件”，以及 3. 6 节“理解 Abaqus/CAE GUI 设置”。此外，Abaqus/CAE 会自动创建名为 abaqus. rpy 的文件来记录用户在会话期间的操作；用户可以使用此文件来重现用户操作。重现操作和恢复中断会话的更多信息见 9. 5. 3 节“创建未保存的模型数据库”。

2. 1. 3　使用 abaqus_2016. gpr 文件

用户主目录中的 abaqus_2016. gpr 文件存储 GUI 设置（如主窗口的大小）以及显示选项设置（如渲染类型)。用户也可以将显示选项设置存储在主目录以外的目录中的 abaqus_

2016. gpr 文件中。如果用户启动 Abaqus/CAE 时指定了 noSavedOptions，则 Abaqus/CAE 不会应用存储在 abaqus_2016. gpr 文件中的显示选项设置（如渲染类型和基准面的显示）。更多信息见 2. 1. 1 节“启动 Abaqus/CAE（或者 Abaqus/Viewer）”。

当用户启动 Abaqus/CAE 时

- 从用户主目录中的 abaqus_2016. gpr 文件读取 GUI 设置。
- 从用户启动 Abaqus/CAE 的目录中的 abaqus_2016. gpr 文件读取显示选项设置。

—如果不存在 abaqus_2016. gpr 文件，但在该目录中存在更早版本的 . gpr 文件，则 Abaqus/CAE 会试图应用该文件中指定的设置并创建一个 abaqus_2016. gpr 文件来存储这些设置。

—如果该目录中不存在 . gpr 文件，则从用户主目录中的 abaqus_2016. gpr 文件读取显示选项设置。

在 Abaqus/CAE 会话期间

用户可以使用 File→Save Display Options 来将显示选项设置保存到主目录或当前目录中的 abaqus_2016. gpr 文件中。更多信息见 76. 16 节“保存用户的显示选项设置”。此保存选项不适用于 GUI 设置。

当用户退出 Abaqus/CAE 时

用户的 GUI 设置会自动保存到用户主目录中的 abaqus_2016. gpr 文件中。更多信息见 3. 6 节“理解 Abaqus/CAE GUI 设置”。

用户可以在 Abaqus 脚本界面中使用 API 命令来编辑 abaqus_2016. gpr 文件；更多信息见《Abaqus 脚本用户手册》的 8. 4 节“编辑显示优先设置和 GUI 设置”。用户也可以删除文件来恢复默认的 GUI 和显示选项设置。

2. 1. 4 保存未激活程序会话中的模型数据

Abaqus/CAE 和 Abaqus/Viewer 包括一个非活动计时器。如果应用程序长时间处于非活动状态，则许可证令牌将返回到服务器，以便其他用户使用。如果服务器连接断开或无法获取新的许可证令牌，用户的会话也不会结束。当不能使用许可证时，会出现一个对话框列出用户的选项。对于 Abaqus/CAE 和 Abaqus/Viewer，用户可以尝试重新获取许可证或者退出应用程序。对于 Abaqus/CAE，用户也可以选择保存当前模型数据库。保存模型允许用户保留尚未保存的任何已完成的模型信息；任何部分完成的信息，如许可证丢失时正在进行的过程的信息，则不会保存。一旦用户保存了模型数据库，则在对话框中只保留“重新获取”

和“退出”选项。Abaqus/Viewer 中不提供“保存”选项，因为影响输出数据库的所有更改都是用户在实施时立即保存的。

默认的时间限制为 60min。用户可以通过使用 Abaqus 环境文件（abaqus_v6. env）中的 cae_timeout 环境变量来更改时间限制。有关环境变量的更多信息见《Abaqus 安装和许可证手册》的 4. 1 节“使用 Abaqus 环境变量”。

2.2　主窗口概览

本节提供主窗口的概览，并介绍如何在会话期间操作和监控窗口的要素。它包括以下主题：

- 2.2.1 节　“主窗口组件”
- 2.2.2 节　“主菜单栏组件”
- 2.2.3 节　“工具栏组件”
- 2.2.4 节　“环境栏”
- 2.2.5 节　“视口的组成”

2.2.1　主窗口组件

用户通过主窗口与 Abaqus/CAE 交互，并且随着用户工作的模拟进程，窗口的外观会发生变化。图 2-1 所示为主窗口中的组件。

组件为：

标题栏

标题栏指用户正在运行的 Abaqus/CAE 版本和当前模型数据库的名称。

菜单栏

菜单栏包括所有可用的菜单；菜单可以访问产品中的所有功能。菜单栏中显示的不同菜单取决于用户在环境栏中选择的模块。更多信息见 2.2.2 节“主菜单栏组件”。

工具栏

工具栏提供快速获取功能的途径，这些功能也可以在菜单中得到。更多信息见 2.2.3 节“工具栏组件”。

环境栏

Abaqus/CAE 由一组模块组成，每个模块允许用户处理模型的一个方面；环境栏中的

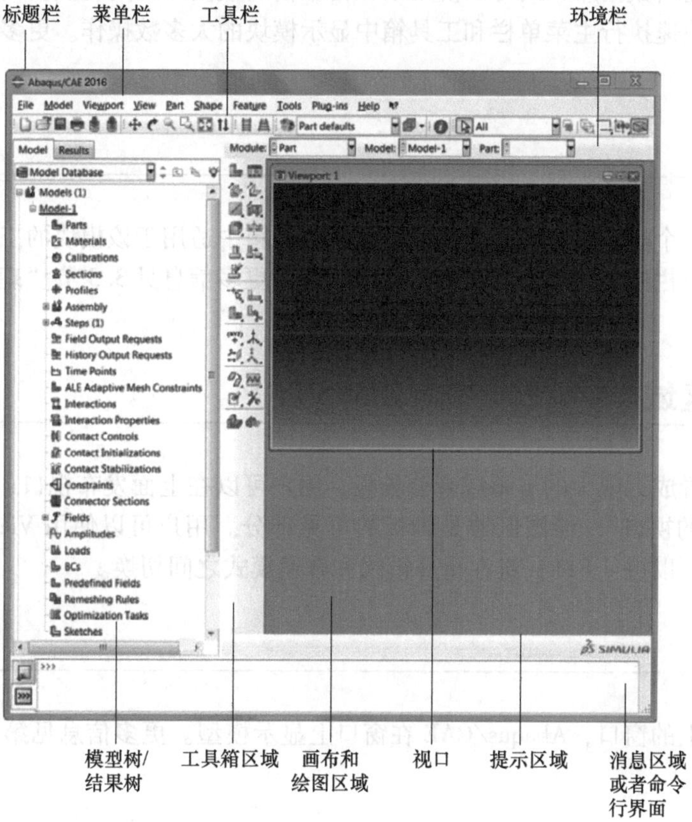

图 2-1 主窗口中的组件

Module（模块）列表允许用户在这些模块之间切换。环境栏中的其他选项是用户所选模块的功能。例如，环境栏允许用户在创建模型的几何形体时检索现有零件，或者更改与当前视口关联的输出数据库。类似地，在网格划分模块中，用户可以选择是否显示装配体或仅显示特定的零件。更多信息见 2. 2. 4 节“环境栏”。

模型树

模型树为用户提供模型及模型所包含对象的图形概览，如显示零件、材料、步、载荷和输出请求。此外，模型树为管理对象和在模块之间切换提供了一个方便、集中的工具。如果用户的模型数据库包含多个模型，则用户可以使用模型树在模块之间切换。当用户熟悉模型树时，会发现可以快速执行在大部分主菜单栏、模块工具箱和不同管理器中找到的操作。更多信息见 3. 5. 1 节“模型树概览”。

结果树

结果树为用户提供输出数据库和其他临时表的数据图形概览，如 X-Y 图。如果用户在会话中打开了多个输出数据库，则可以使用结果树在输出数据库之间切换。当用户熟悉结果树时，会发现可以快速执行主菜单栏和工具箱中显示模块的大多数操作。更多信息见 3.5.2 节“结果树概览”。

工具箱区域

当用户进入一个模块时，工具箱区域会显示工具箱中适用于该模块的工具。工具箱允许快速获取在主菜单栏中也可以得到的许多模块功能。更多信息见 3.3 节“理解并使用工具箱和工具栏”。

画布和绘图区域

可以将画布看成无限大的屏幕或者公告板，用户可以在上面发布视口；更多信息见第 4 章“管理画布上的视口”。绘图区域是画板的可见部分。用户可以使用 View 菜单来全屏显示绘图区域；也可以按［F11］键在全屏模式和普通模式之间切换。

视口

视口是画板上的窗口，Abaqus/CAE 在窗口上显示模型。更多信息见第 4 章“管理画布上的视口”。

提示区域

提示区域为用户显示在操作过程中要进行的事项，如在创建集合时要求用户选择几何图形。在显示模块中，提示区域中会显示一组按钮来允许用户在分析步和帧之间移动。更多信息见 3.1 节“在过程中使用提示区域”。

消息区域

Abaqus/CAE 在消息区域显示状态信息和警告。要调整消息区域大小，可以拖拽顶部边缘；要查看消息区域外的信息，使用右侧的滚动条。消息区域默认显示，但它与命令行界面使用相同的空间。如果用户最近使用过命令行界面，则必须单击主窗口左下角的图标来激活消息区域。

注意：当在命令行界面激活的时候添加了新的消息，Abaqus/CAE 会将消息区域图标周围的背景颜色更改为红色。当用户查看消息区域后，背景将恢复到正常颜色。

命令行界面

用户可以使用命令行界面来输入 Python 命令，并使用 Abaqus/CAE 中内置的 Python 解释器来计算数学表达式。该界面包括主要（>>>）和次要（...）提示，以指示用户何时必须缩进命令以符合 Python 语法。有关 Python 命令的更多信息，见《Abaqus 脚本用户手册》的 4.5 节“Python 基础”。

命令行界面默认是隐藏的，它与消息区域使用相同的空间。单击主窗口左下角的>>>图标可将消息区域切换到命令行界面。

2.2.2 主菜单栏组件

当用户开始一个会话时，下面列出的菜单会显示在主菜单栏上。Abaqus/CAE 显示额外的菜单选项，并根据当前使用的模块来提供对工具集的访问。

File（文件）

File 菜单中的项目允许用户创建、打开和保存模型数据库，打开和关闭输出数据库，导入和导出文件，保存和加载会话对象和选项，运行脚本，管理宏，打印视口以及退出 Abaqus/CAE。更多信息见 9.6 节“使用文件菜单”。

Model（模型）

Model 菜单中的项目允许用户打开、复制、重命名和删除当前模型数据库中的模型。更多信息见 9.8 节“管理模型”。

Viewport（视口）

Viewport 菜单中的项目允许用户创建或操控视口和视口注释。更多信息见第 4 章“管理画布上的视口”。

View（显示）

View 菜单中的项目允许用户操控视图、自定义模型或绘图外观的某些方面、控制显示性能、切换到全屏模式，以及关闭模型树、结果树和个别的工具栏。在视图操控菜单中可用的一些操作也可以在 View Manipulation 工具栏中使用。更多信息见：

- 3.5 节　“操作模型树和结果树”
- 第 4 章　“管理画布上的视口”
- 第 5 章　“操控视图和控制透视”
- 第 7 章　“构建图像显示选项”
- 第 55 章　“定制图示显示”
- 第 61 章　“定制工具集”

- 第 76 章 “定制几何形体和网格显示”

Plug-ins（插件）

Plug-ins 菜单中的项目允许用户访问分布在 Abaqus/CAE 中的插件，或者由用户下载或者创建的插件。更多信息见第 81 章“插件工具集”。

Help（帮助）

Help 菜单中的项目允许用户请求与上下文相关的帮助、搜索或浏览文档、访问学习社区，以及获取有关版本和许可证的信息。更多信息见 2.6 节“获取帮助”。

2.2.3　工具栏组件

工具栏包括用于管理文件、过滤目标选取和查看模型的一组方便的工具。工具栏中的项目可以快速访问主菜单栏中的功能。默认情况下，Abaqus/CAE 在主菜单栏下方连续显示所有的工具栏。Abaqus/CAE 可能将一些工具栏放在第二行，这取决于显示的分辨率和主窗口的大小。工具栏如下所示。

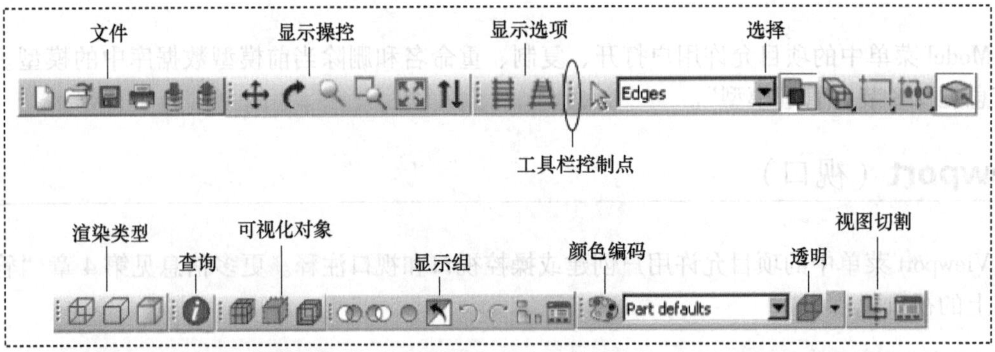

用户可以通过工具栏控制改变工具栏位置，“工具栏控制点”如上图所示。单击和拖动控制点可以围绕主窗口移动工具栏。如果用户在工具栏位于主窗口的四个可停靠区域之一上方时释放控制点（图 2-2），Abaqus/CAE“停靠”工具栏；停靠的工具栏没有标题栏，且不妨碍主窗口的任何其他部分。

如果在工具栏没有靠近停靠区域时释放工具栏控制，则 Abaqus/CAE 会创建一个带有标题栏的浮动工具栏。浮动工具栏会挡住主窗口中的其他项目（图 2-3）；但是，浮动工具栏可以放置在 Abaqus/CAE 主窗口之外。

在工具栏控制上右击，会显示让用户指定工具栏位置和格式的菜单：

- 选择 Top，将工具栏停靠到顶部区域。
- 选择 Bottom，将工具栏停靠到底部区域。
- 选择 Left，将工具栏停靠到左边区域。

- 选择 Right，将工具栏停靠到右边区域。
- 选择 Float，将停靠的工具栏变成浮动工具栏；此选项仅适用于停靠的工具栏。
- 选择 Flip，将浮动工具栏的方向从水平更改为竖直，反之亦然；此选项仅适用于浮动工具栏。

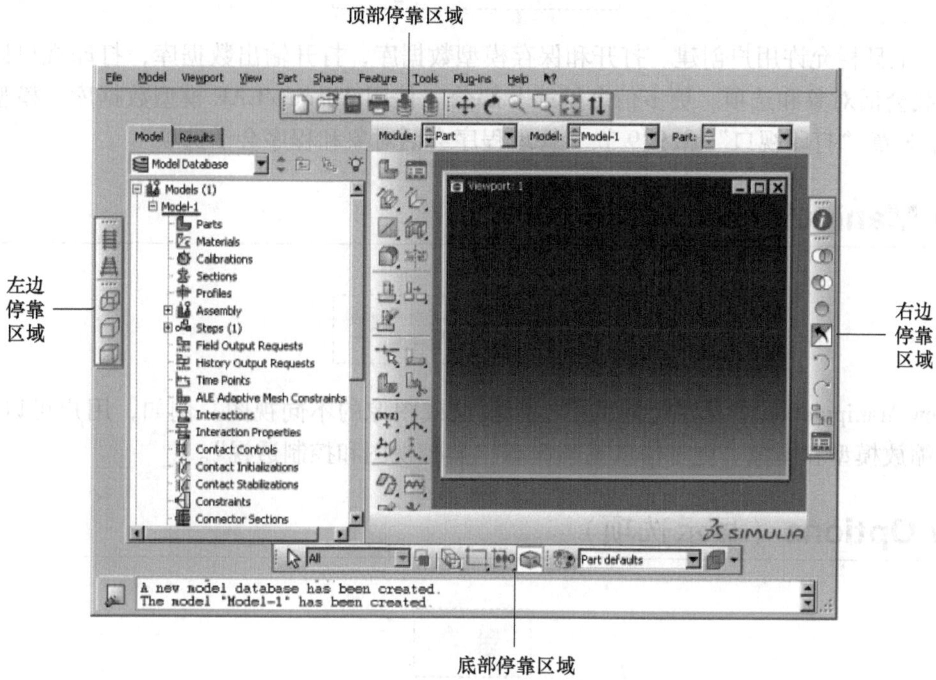

图 2-2　可停靠工具栏的区域

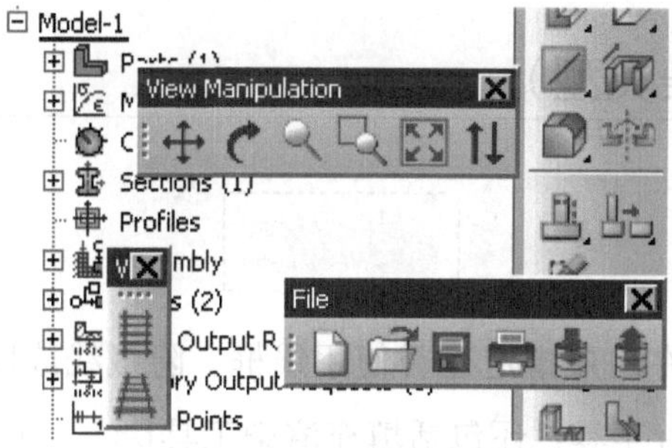

图 2-3　浮动工具栏

用户也可以隐藏工具栏，并创建包含附加功能图标的定制工具栏。更多信息见第 61 章“定制工具集”。

要得到工具栏中一个工具的简短描述，需要将鼠标放在该工具上片刻；将出现一个包含描述或者“工具提示”的小框。要获取工具栏的名称，需要将鼠标放在工具栏控制点上片刻。

Abaqus/CAE 工具栏包含以下功能：

File（文件）

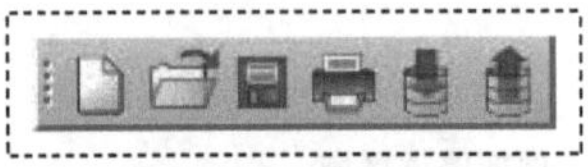

File 工具栏允许用户创建、打开和保存模型数据库，打开输出数据库，打印视口以及保存和加载会话对象和选项。更多信息见第Ⅱ部分“使用 Abaqus/CAE 模型数据库、模型和文件”；第 8 章“打印视口”和 9.9 节“管理程序会话对象和程序会话选项”。

View Manipulation（显示操控）

View Manipulation 工具栏允许用户指定模型或图像的不同视图。例如，用户可以平移、旋转或缩放模型和图像。更多信息见第 5 章“操控视图和控制透视”。

View Options（显示选项）

View Options 工具栏允许用户指定是否对模型应用透视。更多信息见 5.5 节“控制透视”。

Render Style（渲染类型）

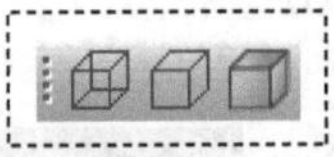

Render Style 工具栏允许用户指定是否使用线框、隐藏线或阴影渲染类型来显示模型。在显示模块中，Render Style 工具栏还包括填充渲染工具。更多信息见 55.2.1 节“选择一个渲染风格”。

Visible Objects（可视化对象）

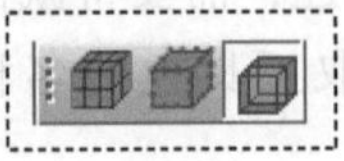

Visible Objects 工具栏允许用户在 Abaqus/CAE 原始模型的几何形体与同一零件的网格划

分表示之间切换，如果存在网格划分表示或者参考表示，还可以选择是否显示种子和参考表示。更多信息见 17.3.11 节“显示本地网格划分”；17.4.1 节“什么是网格划分种子?”；以及 35.2 节“理解参考表示”。

Selection（选择）

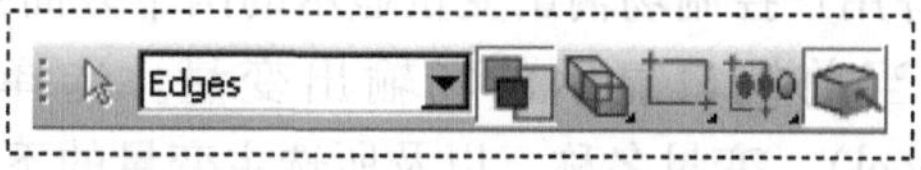

Selection 工具栏允许用户通过切换选中箭头图标来激活或者抑制对象选取。用户可以使用箭头右边的列表来限制可以选择的对象类型。仅当在一个视口中没有正在运行的活动过程时才能使用 Selection 工具栏。更多信息见 6.3.7 节“在选择一个过程前选择对象”。

Query（查询）

Query 工具栏允许用户获取有关模型的几何形体和特征的信息，探测输出数据库模型并为输出数据绘制 *X-Y* 图，对用户的结果执行应力线性化。更多信息见第 71 章“查询工具集”；第 51 章“探测模型”和第 52 章“计算线性化应力”。

Display Group（显示组）

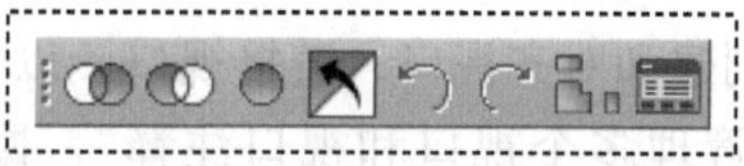

Display Group 工具栏允许用户有选择地绘制一个或多个模型或输出数据库项目。例如，用户可以创建一个显示组，仅包含属于模型中指定组的单元。更多信息见第 78 章“使用显示组来显示模型的子集合”。

Color Code（颜色编码）

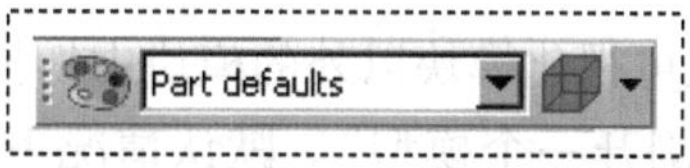

Color Code 工具栏允许用户在视口中定制项目的颜色并更改其透明度。

对于颜色编码，用户可以创建颜色映射，将独特的颜色分配给显示的不同单元。例如，当使用零件实例颜色映射时，模型中每个零件实例都将表现为不同的颜色。更多信息见第 77 章“颜色编码几何形体和网格单元”。

对于透明度，用户可以单击工具右边的箭头来显示滑块，用户可以拖动滑块来使得显示颜色更加透明或更加不透明。更多信息见 77.3 节“改变半透明度”。

Field Output（场输出）

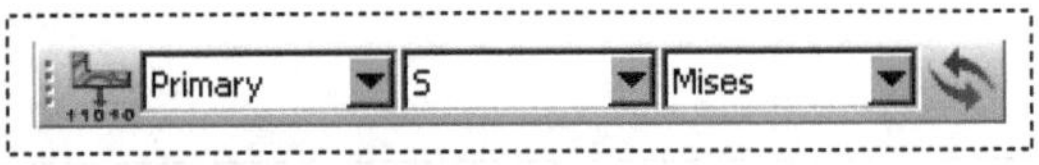

Field Output 工具栏允许用户控制场输出变量显示的两个方面：

• 用户可以选择要在当前视口显示的场输出变量。选择包括场输出变量的类型（Primary、Deformed 或 Symbol）、变量名称，以及所选主变量的不变量和分量（如果可用）。

• 对于变量类型的更改，用户可以控制 Abaqus/CAE 是否自动在当前视口中使用新的变量类型选择来同步图像状态。如果切换选中了工具，若新选取的场输出变量需要更改图像状态，则 Abaqus/CAE 会同步图像状态。如果切换不选此选项，则 Abaqus/CAE 仍会在视口中更新显示的输出变量，但不会改变当前视口中的图像状态。

工具栏中的选择是有限的，但如果需要，工具提供对 Field Output 对话框的访问。更多有关工具栏中选项的信息，见 42.5.2 节“使用场输出工具栏”。

Viewport（视口）

Viewport 工具栏允许用户创建和对齐视口、链接视口，以及创建视口注释。更多信息见 4.2.2 节“从 Viewport 工具栏管理多个视口和视口注释”。默认情况下不显示 Viewport 工具栏。

View Cut（视图切割）

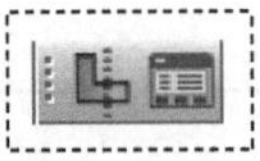

View Cut 工具栏允许用户在可视化模块以外的模块中切换视图切割的显示，并设置定义和显示。更多信息见第 80 章“割开一个模型”。默认情况下将显示 View Cut 工具栏；在显示模块中，工具箱中提供了视图切割选项。

Views（显示）

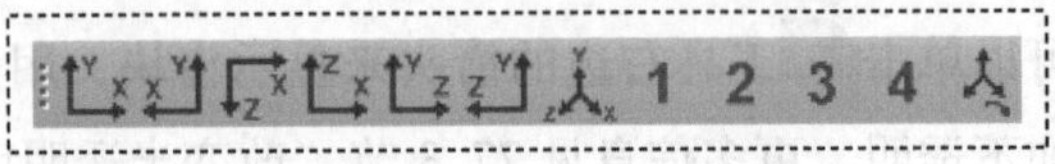

Views 工具栏允许用户将自定义视图应用于视口中的模型。更多信息见 5.2.8 节“定制

视图”。默认情况下不显示 Views 工具栏。

2.2.4 环境栏

环境栏位于画板和绘图区域上方；用户可以使用它来执行以下操作：

选择当前模块

环境栏上的 Module 列表允许用户在模块之间切换（更多信息见 2.3 节“什么是模块?”）。图 2-4 所示为环境栏。要移动到不同的模块，用户可以从列表中选择（右侧箭头）或单击上、下箭头（左侧）来移动到上一个或下一个模块。

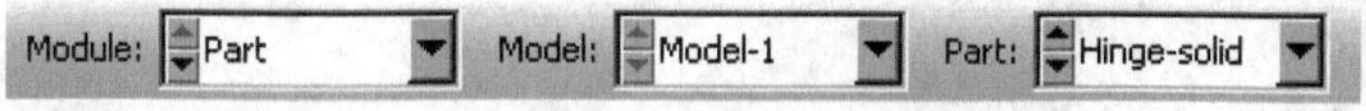

图 2-4 Part 模块中的环境栏

注意：Abaqus/Viewer 仅包含显示模块。

选择模块特定的项目

当用户在模块之间切换时，Abaqus/CAE 在环境栏中显示其他项目来帮助用户选择当前操作的环境。例如，当用户在 Part 模块或 Mesh 模块中时，Abaqus/CAE 会在环境栏中显示 Part 列表。Part 列表包含模型中的每一个零件，用户可以使用它来检索特定的零件。这些列表也包括上、下浏览箭头，使用户可以切换到列表中的上一个或下一个项目。

环境栏也允许用户在模型数据库中的模型之间切换，或者更改与当前视口关联的输出数据库。环境栏中的附加项目是用户工作模块的功能。

环境栏中显示的项目总是参考当前激活的视口，通过深灰色标题栏来指示。例如，如果用户在不同的视口中显示了不同的零件，则环境栏会显示当前视口中显示的零件名称。

2.2.5 视口的组成

图 2-5 所示为显示模块中视口的组成。

视口标题和视口周围的边框称为视口装饰。图例、状态描述、视口标题、视图方向和 3D 指南针称为视口标注。视图方向和 3D 指南针指示当前显示模型的方向。用户可以通过单击和拖动 3D 指南针来更改模型的视图；视图方向上的三个垂直坐标轴随着指针转动来指示当前的视图方向。更多信息见 5.3 节“3D 指南针”和 5.4 节“定制视图三角形图标”。图例、状态描述和标题栏对用户使用显示模块显示的结果进行标识。更多信息见第 56 章“定制视口注释。”

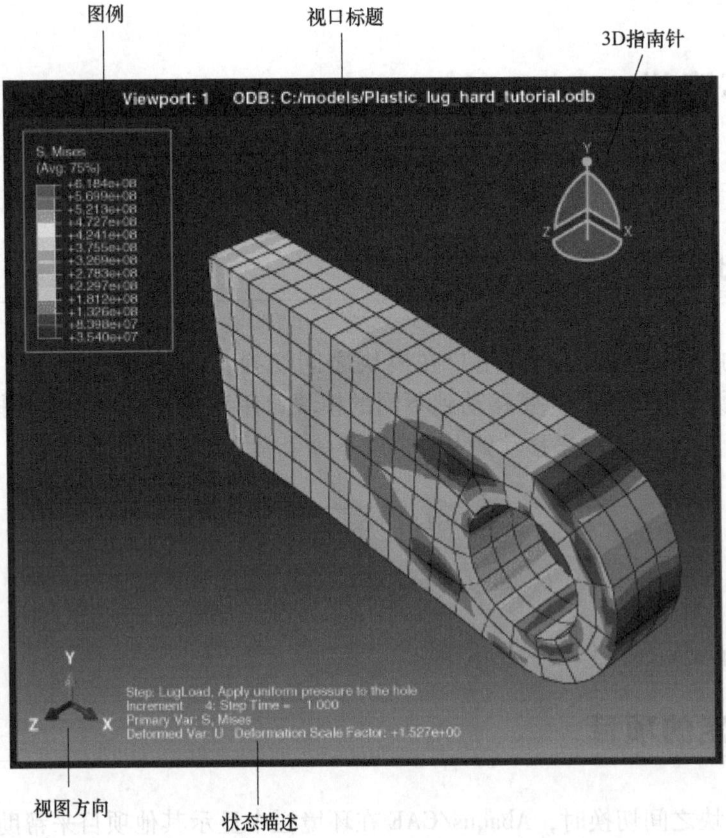
图例
视口标题
3D指南针
Viewport: 1　ODB: C:/models/Plastic_lug_hard_tutorial.odb
S, Mises
(Avg: 75%)
+6.184e+08
+5.699e+08
+5.213e+08
+4.727e+08
+4.241e+08
+3.755e+08
+3.269e+08
+2.783e+08
+2.297e+08
+1.812e+08
+1.326e+08
+8.398e+07
+3.540e+07
Y
Z
X
Step: LugLoad, Apply uniform pressure to the hole
Increment　4: Step Time =　1.000
Primary Var: S, Mises
Deformed Var: U　Deformation Scale Factor: +1.527e+00
视图方向
状态描述

图 2-5　视口的组成

2.3 什么是模块?

Abaqus/CAE 按照功能被划分为模块。每个模块仅包含与建模任务特定部分关联的工具。例如，Mesh 模块仅包含创建有限元网格所需的工具，而 Job 模块仅包含用于创建、编辑、提交和监控分析作业的工具。Abaqus/Viewer 是 Abaqus/CAE 的子集，仅包含显示模块。

用户可以从环境栏中的 Module 列表选择一个模块。或者，用户可以通过切换到模型树中选定对象的环境来选择一个模块。更多信息见 3.5.1 节“模型树概览”。菜单中和模型树中的模块顺序对应创建模型所遵循的逻辑顺序。在许多情况下，用户必须遵循这种自然进程来完成建模任务；例如，用户必须在创建装配之前创建零件。虽然模块的顺序遵循逻辑顺序，但 Abaqus/CAE 也允许用户随时选择任何模块，而不用在意模型的状态。

下面的 Abaqus/CAE 中可用的模块列表简要描述了用户可以在每个模块中执行的建模任务。列表中模块的顺序对应环境栏的 Module 列表和模型树中模块的顺序：

Part（零件）

通过草图或导入其几何形体来创建单个零件。更多信息见第 11 章“零件模块”。

Property（属性）

创建截面和材料定义，并将它们分配给零件区域。更多信息见第 12 章“属性模块”。

Assembly（装配）

创建并装配零件实例。更多信息见第 13 章“装配模块”。

Step（分析步）

创建并定义分析步（简称步）及相关的输出请求。更多信息见第 14 章“分析步模块”。

Interaction（相互作用）

指定模型区域之间的相互作用，如接触。更多信息见第 15 章“相互作用模块”。

Load（载荷）

指定载荷、边界条件和场。更多信息见第 16 章“载荷模块”。

Mesh（网格划分）

创建有限元网格。更多信息见第 17 章“网格划分模块”。

Optimization（优化）

创建和配置优化任务。更多信息见第 18 章“优化模块”。

Job（作业）

分析递交一份作业并监控其进度。更多信息见第 19 章“作业模块”。

Visualization（可视化）

显示分析结果和选定的模型数据。更多信息见第Ⅴ部分“显示结果”。

Sketch（草图）

创建二维草图。更多信息见第 20 章“草图模块”。

模块可以通过视口中显示的对象进行分类。当用户在零件和属性模块中时，会显示零件；当用户在装配、步、相互作用、载荷、网格划分和作业模块中时，会显示装配；当用户在显示（可视化）模块中时，会显示输出数据库结果。

主窗口的内容会随着用户在模块之间移动而发生变化。从环境栏上的 Module 列表中选择一个模块，或者通过切换到模型树中所选对象的环境，会使环境栏、模块工具箱和菜单栏发生变化以反映当前模块的功能。

当用户在模块之间切换时，Abaqus/CAE 将当前视口与用户选择的模块相关联。用户可以使用多个视口，并且不同的视口可以与不同的模块相关联。当用户选择一个视口并将其设为当前视口时，与视口关联的模块将成为当前模块。在视口之间移动的更多信息见 4.4.2 节“选择视口”。

2.4 什么是工具包？

当用户进入大部分的模块时，主菜单栏会出现一个 Tools 菜单，其中包括与所进入模块相关的所有工具包。工具包是允许用户执行特定建模任务的功能单元。

在大多数情况下，用户在一个模块中使用工具包创建的对象在其他模块中也是有用的。例如，用户可以使用集合（Set）工具包在装配（Assembly）模块中创建集合，然后在载荷模块中对这些集合施加边界条件。大部分工具包包括管理器菜单和管理器对话框，允许用户编辑、复制、重命名和删除使用工具包创建的对象。

Abaqus/CAE 中提供了以下工具包：

• 幅值（Amplitude）工具包允许用户定义载荷、位移和其他指定变量的任意时间或频率变化。更多信息见第 57 章“幅值工具集”。

• 分析场（Analytical Field）工具包允许用户创建分析场，用户可以使用该分析场来为所选的相互作用和指定条件定义空间变化的参数。更多信息见第 58 章“分析场工具集”。

• 附件（Attachment）工具包允许用户创建附着点和线，允许用户使用这些点和线来定义基于点和离散的紧固件、连接器的连接器点及耦合定义、点质量、载荷或边界条件的区域。更多信息见第 59 章“附着工具集”。

• CAD 连接（CAD Connection）工具包允许用户创建一个连接，允许用户使用该连接从 CATIA 和第三方 CAD 系统关联导入 Abaqus/CAE 的零件。更多信息见第 60 章“CAD 连接工具集”。

• 颜色编码（Color Code）工具包允许用户自定义单个单元实体的边缘和填充颜色。更多信息见第 77 章“彩色编码几何形体和网格单元”。

• 坐标系（Coordinate System）工具包允许用户创建用于后处理的局部坐标系。更多信息见 42.8 节“在后处理过程中创建坐标系”。

• 创建场输出（Create Field Output）工具包允许用户对输出数据库中可用的场输出变量执行操作。更多信息见 42.7 节“创建新的场输出”。

• 自定义（Customize）工具包允许用户控制 Abaqus/CAE 工具栏的外观，创建定制的工具栏，并为许多 Abaqus/CAE 功能指定键盘快捷键。更多信息见第 61 章“定制工具集”。

• 基准（Datum）工具包允许用户为不同的建模任务创建基准点、轴、平面和坐标系。更多信息见第 62 章“基准工具集”。

• 离散场（Discrete Field）工具包允许用户创建空间变化的场，其中的值与节点或单元相关联。更多信息见第 63 章“离散场工具集”。

• 显示组（Display Group）工具包允许用户有选择地显示一个或多个模型，或者输出数据库项目。更多信息见第 78 章“使用显示组显示模型的子集合”。

• 编辑网格（Edit Mesh）工具包允许用户修改网格来提高网格质量。更多信息见第 64 章“网格编辑工具集”。

• 特征操控（Feature Manipulation）工具包允许用户更改和管理用户模型中的现有特征。更多信息见第 65 章“特征操控工具集”。

• 过滤（Filter）工具包允许用户去除模型分析过程中的无关输出数据——噪声，而不损失期望数据范围中的解。更多信息见第 66 章“过滤器工具集”。

• 自由体（Free Body）工具包允许用户在 Abaqus/CAE 的显示模块中创建和定制自由体切割。更多信息见第 67 章“自由体工具集”。

• 几何形体编辑（Geometry Edit）工具包允许用户修复无效和不精确的零件。更多信息见第 69 章“几何形体编辑工具集”。

• 分区（Partition）工具包允许用户将一个零件或者装配体划分为多个区域。更多信息见第 70 章“分割工具集”。

• 路径（Path）工具包允许用户在模型上指定一个路径，用户可以沿着此路径得到和显示 *X-Y* 数据。更多信息见第 48 章“沿着路径显示结果”。

• 查询（Query）工具包允许用户获取与模型有关的一般信息，并探测模型和 *X-Y* 图以获取输出数据。更多信息见第 71 章“查询工具集”。

• 参考点（Reference Point）工具包允许用户创建与零件或者装配体相关联的参考点。更多信息见第 72 章“参考点工具集”。

• 集合（Set）工具包和面（Surface）工具包允许用户从模型的区域定义集合和面。更多信息见第 73 章“集合和面工具集”。

• 流（Stream）工具包允许用户显示流线来研究流体流动分析中的速度或涡量。更多信息见第 74 章“流工具集”。

• 虚拟拓扑（Virtual Topology）工具包允许用户在网格划分零件或零件实例时忽略细节，如非常小的面和边。更多信息见第 75 章“虚拟拓扑工具集”。

• *XY* 数据（*XY* Data）工具包允许用户创建和操作 *X-Y* 数据对象。更多信息见第 47 章“*X-Y* 图”。

2.5 在 Abaqus/CAE 中使用鼠标

Abaqus/CAE 文档中的许多流程都涉及使用 3 键鼠标的一个或者多个键。下面的列表说明了与 Abaqus/CAE 交互时每个鼠标键的重要性：

鼠标键 1

用户可以使用鼠标键 1 在视口中选择对象、展开下拉菜单，以及从菜单中选择项目。文档中的“单击”“选取”和“拖拽”指令指的都是鼠标键 1。

鼠标键 2

在视口中单击鼠标键 2，表示用户已经完成当前的任务，如：

- 从模型中选取实体。当用户创建一个节点集合时，选择要包含在集合中的节点。单击鼠标键 2 说明用户完成了选取并准备创建集合。
- 使用工具。单击鼠标键 2 说明用户已经使用视图操控工具完成操作。

此外，在视口中单击鼠标键 2 相当于单击提示区域中高亮显示的按钮。例如，如果用户试图从模型中选取节点且 Abaqus/CAE 显示以下提示，则单击鼠标键 2 的效果与单击 OK 相同。

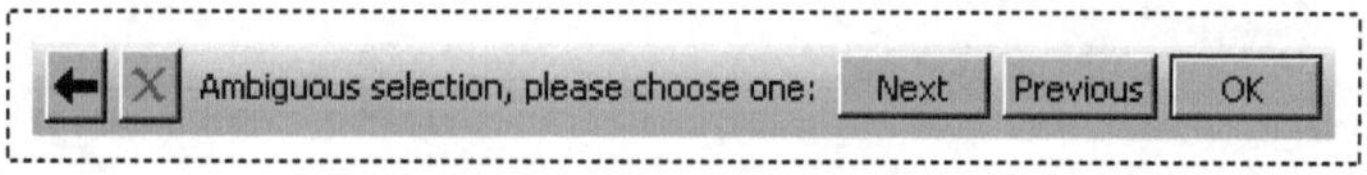

如果用户的鼠标键 2 是一个滚轮，则用户可以竖直滚动滚轮来操控模型视图或者在视口中绘图。向下滚动用来放大视口内容的显示，向上滚动用来缩小视口内容的显示。

鼠标键 3

用户单击鼠标键 3（右击鼠标）可访问一个弹出菜单，此菜单包含与当前流程有关的功能快捷键。例如，当用户创建一个几何形体集合时，右击鼠标后，Abaqus/CAE 会显示以下菜单。

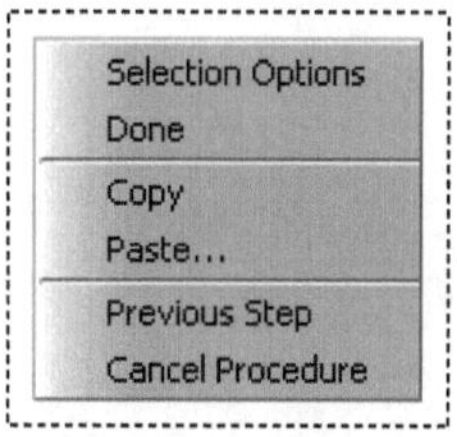

如果用户在一个视口中右击鼠标，则弹出菜单中的大部分条目都会复制提示区域中的按钮（即在菜单中显示的选项通常也可以在提示区域中找到相应的按钮）。模型树和结果树的选取也可以使用鼠标键 3 的快捷方式，如 3. 5. 3 节“在模型树和结果树中使用弹出菜单”中描述的那样。

2.6 获取帮助

通过主菜单栏上的Help菜单可以访问Abaqus/CAE HTML文档。本节提供HTML在线文档的简要说明，并说明如何使用Help菜单来查找信息。更多信息参考“使用Abaqus在线文档”。

本书中描述的特征仅适用于HTML文档，不适用PDF格式手册。实际上，读者正在阅读的手册包括HTML文档和PDF格式手册的完整内容。

注意：

- 在Windows平台上，帮助系统使用用户默认的浏览器来显示在线文档。
- 在Linux平台上，帮助系统会在系统路径中搜索Firefox。如果帮助系统不能找到Firefox，则会显示一个错误。

可以在环境文件中设置browser_type和browser_path变量来更改此行为。更多信息见《Abaqus安装和许可证手册》的4.1.5节“系统定制参数”。

包括以下主题：

- 2.6.1节 “显示上下文相关的帮助”
- 2.6.2节 “浏览和搜索HTML指南”
- 2.6.3节 “查找在线文档的特殊部分”
- 2.6.4节 “查找关键字的信息”
- 2.6.5节 “访问学习社区”
- 2.6.6节 “获取有关版本和许可证的信息”

2.6.1 显示上下文相关的帮助

用户可以使用主菜单栏上的帮助工具来显示在Abaqus/CAE中使用的任何图标、菜单或对话框的详细HTML帮助。当用户单击帮助工具，然后单击Abaqus/CAE窗口中的某个项目时，会出现一个帮助窗口，其中包含与此项目相关联的在线文档部分。

显示主窗口或对话框中有关项目的帮助：

1. 单击主菜单栏上的帮助工具。

技巧：用户也可以从主菜单栏上选择Help→On Context。

光标变成一个问号记号。

2. 将光标放在用户需要帮助的项目上，然后单击鼠标键 1。

出现一个帮助窗口。该窗口包含与主题关联的合适的在线文档和链接。

此外，用户可以使用［F1］键来显示具体项目的帮助。在大部分情况中，用户可以通过使用 Help 菜单、帮助工具图标或［F1］键来访问上下文相关的帮助。然而，如果用户正在查找有关不允许访问帮助工具的菜单或对话框的信息，则必须使用［F1］键。

使用［F1］键来显示帮助：

1. 用户单击需要帮助的 Abaqus/CAE 窗口中的功能。如果该功能是菜单的一部分，则不要松开鼠标键。

2. 按［F1］键。

此时会出现一个帮助窗口。该窗口包含相应的在线文档和相关主题的链接。如果用户选择一个菜单项时没有释放鼠标键，则该菜单将消失。

注意：Abaqus/CAE 还提供“工具提示”来描述工具箱和工具栏中工具的功能。要查看“工具提示”，将光标移动到工具上，并使其静止片刻。

2.6.2 浏览和搜索 HTML 指南

用户可以通过选取 Help→Search & Browse Guides 来浏览和搜索整个 HTML 集合。出现的集合窗口包含文档中标题的列表。要查看特定的内容，用户可以单击感兴趣的标题，该指南将出现在新的浏览器窗口中。详细信息见“使用 Abaqus 在线文档”。

若要显示和搜索 HTML 指南，执行以下操作：

1. 从主菜单栏中选取 Help→Search & Browse Guides。

在用户的网页浏览器中会出现集合窗口，其中包括文档集合中的所有文本标题，且按照类型分组。

2. 单击感兴趣的文档标题。

包含用户所选内容的文档窗口将在新的浏览器窗口中打开。文档窗口包含四个框架：导航框架、目录控制框架、目录框架和文本框，如图 2-6 所示。

3. 使用以下技术来浏览整个指南的内容：

1）目录控制框架。使用目录控制框架中的按钮来改变目录框架中显示的详细程度，或者更改框架的大小。单击 + 可展开在线图书目录中的多个级别。单击 − 可收起目录中所有展开的部分。分别单击 << 和 >> 可缩小或扩展目录框架。

2）浏览。使用文本框中的和按钮来按顺序浏览文本。用户也可以使用网页浏览器功能来返回最近查看的页面。

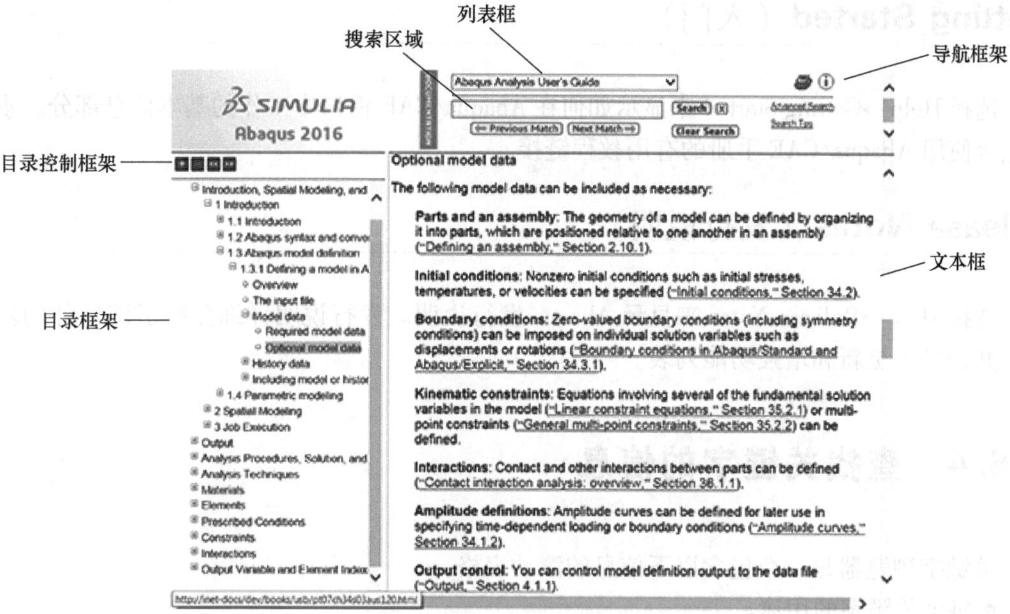

图 2-6 手册浏览窗口

3）搜索。使用导航框架中的搜索面板来搜索指定的词或短语。更多信息见《Abaqus 在线文档》的第 4 章“搜寻 Abaqus HTML 文档”。

4）使用超链接。使用超链接可以从书的一部分移动到另一部分，或者从一本书移动到另一本书。

2.6.3 查找在线文档的特殊部分

下面的 Help 菜单项允许用户显示觉得有用的 HTML 文档部分：

ON Module（模块）

选择 Help→On Module 来显示定位到当前模块的章节开头的 Abaqus/CAE 用户手册。如果用户还没有输入一个模块，则手册将打开一个模块概念的描述。在任何情况中，用户都可以按需求自由地阅读其他信息，并在整个手册中进行文本搜索。

On Help（帮助）

选择 Help→On Help 来打开 Abaqus/CAE 用户手册中描述如何使用帮助系统的部分。用户也可以按需求自由地阅读其他信息，并在整个手册中进行文本搜索。

Getting Started（入门）

选择 Help→Getting Started 来显示如何在 Abaqus/CAE 窗口中工作的基本信息部分。本节还包含使用 Abaqus/CAE 手册的有用教程链接。

Release Notes（发行说明）

选择 Help→Release Notes 来显示 Abaqus 发行说明。发行说明详细介绍了该软件的新功能，并提供了更新和增强功能列表。

2.6.4 查找关键字的信息

关键字浏览器是一个包含以下信息的滚动表格：

- 每个关键字的用途。
- 包含与每个关键字关联功能的 Abaqus/CAE 模块或工具包。

要查看关键字浏览器，从主菜单栏中选择 Help→Keyword Browser。例如，用户可以使用关键字浏览器来确认 * ELASTIC 选项是否允许用户指定弹性材料属性，并且 Property 模块是与此关键字关联的 Abaqus/CAE 模块。

关键字浏览器也包含指向在线文档中相关部分的超链接。用户可以单击表格中的特定关键字来显示有关该关键字功能的详细信息。用户也可以单击表格中的模块或工具包的名称来查看《Abaqus/CAE 用户手册》中的相关文档。

若要显示关键字浏览器，执行以下操作：

1. 从主菜单栏中选择 Help→Keyword Browser。

将《Abaqus/CAE 用户手册》打开到 Abaqus 关键字及其相关模块的表格。

2. 在 Keyword 列中，单击感兴趣的关键字来查看描述该关键字的在线文档。

3. 在 Module 列中，单击感兴趣的模块或工具包名称来查看有关该模块或工具包的在线文档。

2.6.5 访问学习社区

用户可以通过选择 Help→Learning Community 来访问 www.3ds.com/simulia 学习社区。学习社区包含在线教程和技术内容。该社区还设有问答区，让全球用户能够分享他们的专业知识并学习如何利用 SIMULIA 产品组合中的最新功能和增强功能。

2.6.6 获取有关版本和许可证的信息

下面的 Help 菜单项允许用户获取附加信息：

About Abaqus

选择 Help→About Abaqus 来确定用户当前使用的 Abaqus/CAE 版本。Abaqus 还提供 Abaqus/CAE 使用的开源软件版本信息的位置，如 Python。

About Licensing

选择 Help→About Licensing 来确定产品许可证信息。Abaqus 会显示用户的站点标识和许可证服务器的名称，以及用户的许可证号和站点可用的许可证总数。

3 理解Abaqus/CAE窗口、对话框和工具箱

本章介绍如何与整个 Abaqus/CAE 应用中出现的不同窗口、对话框和工具箱进行交互，包括以下主题：

- 3.1 节 “在过程中使用提示区域”
- 3.2 节 “与对话框交互”
- 3.3 节 “理解并使用工具箱和工具栏”
- 3.4 节 “管理对象”
- 3.5 节 “操作模型树和结果树”
- 3.6 节 “理解 Abaqus/CAE GUI 设置”

3.1　在过程中使用提示区域

本节介绍如何利用 Abaqus/CAE 在提示区域中显示的流程步，包括以下主题：

- 3.1.1 节　“什么是流程?”
- 3.1.2 节　“按照指导并在提示区域中输入数据”
- 3.1.3 节　“在流程中使用鼠标快捷键”

3.1.1　什么是流程?

Abaqus/CAE 中的许多任务被分解为步到步的流程。例如，在草图器中创建圆弧是一个 3 步流程：

1. 拾取圆弧的圆心点。
2. 拾取起点。
3. 拾取终点。

Abaqus/CAE 会在靠近主窗口底部的提示区域中显示流程的每一步，这样用户就不需要记住所有的步骤和它们的次序。

3.1.2　按照指导并在提示区域中输入数据

要使用流程，只需要按照靠近主窗口底部的提示区域中出现的指导进行操作，如下所示：

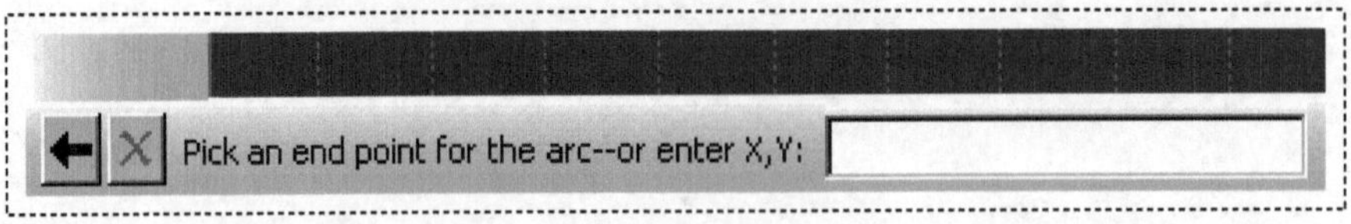

按钮是放弃按钮；单击此按钮可随时取消整个流程。“取消”按钮左侧的箭头是“上一步”（Previous）按钮；单击它可终止流程中当前的步并返回上一步（在任何流程的第一步中，“上一步”按钮都是灰显的）。如果需要，用户可以将光标放在画布上并单击鼠标键 3；然后从出现的菜单中选取 Previous Step 或者 Cancel Procedure。

在一些耗时的操作中，提示区会出现一个 Stop 按钮，如在零件恢复或者网格划分过程中，或者从大模型的历史中抽取 *X-Y* 数据时。用户可以单击 Stop 来中断并取消操作。

许多过程会要求文本或者数值数据；例如，当使用草图模块创建圆角时，用户必须首先指定圆角半径。当要求文本或者数值数据时，Abaqus/CAE 会在提示区域中显示一个文本域供用户输入，通常文本框已经包含一个默认值，如下所示：

将光标置于视口上，然后将数据输入到文本框中，如下所示：

- 要接受默认值，单击［Enter］或者鼠标键 2。
- 要替换默认值，只需要开始键入内容。在键入之前用户不需要单击文本域。当用户开始输入时，默认值消失。
- 要改变部分默认值，首先单击文本域；然后使用［Delete］键或者用户键盘上的其他键来改变数值。
- 要提交任何改变，单击［Enter］或者鼠标键 2。
- 用户也可以在提示区域的文本域中输入一个表达式。更多信息见 3.2.2 节“输入表达式”。

有些流程要求用户从多个选项中选取。例如，基准工具集可能会要求用户选取一个主轴。这些选项在提示区域中用按钮来表示，如下所示：

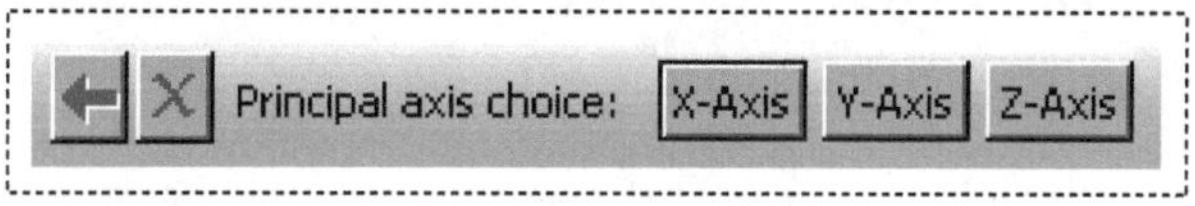

单击合适的按钮来选择所需的选项。

在一些流程中，默认的选项由相应的按钮周围的边框表示；在上面的例子中，边框显示在了 X-Axis 按钮周围。要选择默认的选项，单击鼠标键 2。

3.1.3 在流程中使用鼠标快捷键

提示区域中发生的许多动作都可以使用鼠标快捷键。要使用这些快捷键，首先要确保光标在当前的视口中。

- 要执行提示区域中出现的任何文本区域的内容，单击鼠标键 2。
- 要接受提示区域中由高亮按钮描绘的默认选项，单击鼠标键 2。
- 要显示内容与提示区域中的选项相同的菜单，单击鼠标键 3。例如下面的提示区域。

右击，将出现下面的菜单：

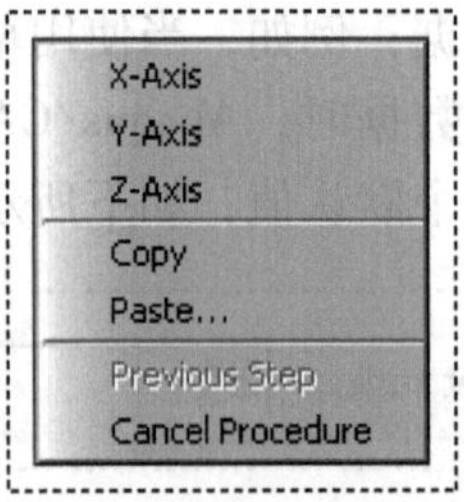

最上方的三个条目对应提示区域右侧的选项按钮，最下方的两个条目对应“上一步”按钮和“取消”按钮。

3.2 与对话框交互

本节介绍如何使用 Abaqus/CAE 中显示的不同对话框组件，包括以下主题：

- 3.2.1 节 “使用基本对话框组件”
- 3.2.2 节 “输入表达式”
- 3.2.3 节 “使用灰显的对话框和工具箱组件”
- 3.2.4 节 “抑制警告对话框”
- 3.2.5 节 “理解 OK、Apply、Defaults、Continue、Cancel 和 Dismiss 按钮”
- 3.2.6 节 “使用有标签栏分隔的对话框”
- 3.2.7 节 “输入表格数据”
- 3.2.8 节 “定制字体”
- 3.2.9 节 “定制颜色”
- 3.2.10 节 “使用文件选择对话框”
- 3.2.11 节 “从列表和表格中选择多个项”
- 3.2.12 节 “使用键盘快捷键”

3.2.1 使用基本对话框组件

以下类型的组件会在整个 Abaqus/CAE 对话框中出现：

文本域

文本域是对话框中用户可以输入信息的区域。例如，当用户保存一个显示组时，用户必须在下面所示的文本域中输入它的名称。

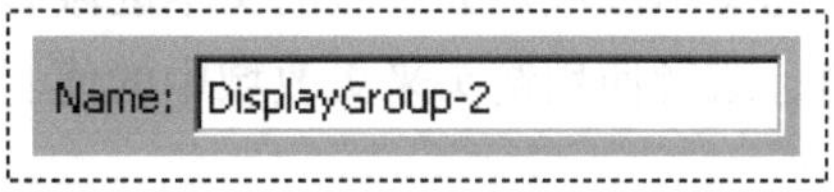

如果用户输入了一个浮点数，则绝大部分的文本域都允许用户输入一个表达式，例如，cos(2.5/(4.9 * pi))。这个表达式可以是任何有效的 Python 表达式。更多信息见 3.2.2 节“输入表达式”。

用户需要命名一个对象（如零件、材料、集合、路径或者 *X-Y* 数据），或者为一个对象（如一个材料或者分析步）提供描述时，文本域可用。通常，用户应当避免在对象名称或者描述中使用星号（*）。

对象名称必须遵循以下规则：

- 名称至多有 38 个字符。
- 名称可以包括空格和大部分标点符号以及特殊字符；然而，只支持 7 位的 ASCII 字符。
- 名称不能以数字开始。
- 名称不能以下划线或者空格来开始和结束。
- 名称不能包含句号或者双引号。
- 名称不能包含反斜线。
- 名称不能是 Assembly，它是保留给 Abaqus/CAE 内部使用的。

一些支持模型名称和作业名称的条件：

- 当用户命名一个模型或者作业时，名称可以以数字开始。
- 当用户命名一个模型时，用户不能使用以下字符：

`$&* ~!()[]{}|;'`",.? /\><`

- 当用户命名一个作业时，用户不能使用以下字符：

<space>$&* ~!()[]{}|:;'`",.? /\><

此外，作业名不能以“-”开始。

材料评估程序（12.4.7 节“评估超弹性和黏弹性材料行为”）生成的作业名称与材料名称一致。因此，这些材料名称必须符合与作业名称一样的规则。通常，当用户指定一个将在 Abaqus/CAE 外部使用的名称时，如文件名，应当避免在平台上使用任何可能具有保留含义的字符。

注意：Abaqus/CAE 会保留用户在文本框中输入的任何文本的大小写。例如，如果用户在 Property 模块中的 Edit Material 对话框中创建了一个名为 Steel Alloy 的材料，则该材料在图形用户界面中（材料管理器、界面编辑器、模型树等）会显示为 Steel Alloy。在图形用户界面中，对象名称是不区分大小写的。例如，用户不能再创建一个名为 steel alloy 的材料。相反，Python（在命令行界面中使用）是区分大小写的，但是用户不应当依赖这种行为来区分对象。

数字域

数字域是用于整数值输入的文本区域。数字域的文本区域右侧有两个相背的箭头。用户可以在文本域中输入一个数值，或者使用箭头来更改域中的值。

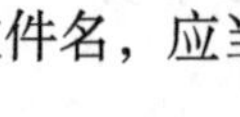

不同于其他文本域，数字域不接受文本或者特殊字符。

数字域通常具有上、下限。如果用户输入的值超过了限制，则在用户移动到其他区域或者试图应用该值时，Abaqus/CAE 会将输入改变成最接近的可接受值。

组合框

组合框是右侧有一个箭头的区域。如果用户单击此箭头，则会出现用户可输入区域的可能的选项列表。例如，如果用户单击环境栏中 Module 区域右侧的箭头，就会出现所有 Abaqus/CAE 模块的列表，并且用户可以从列表中选择所需的模块。

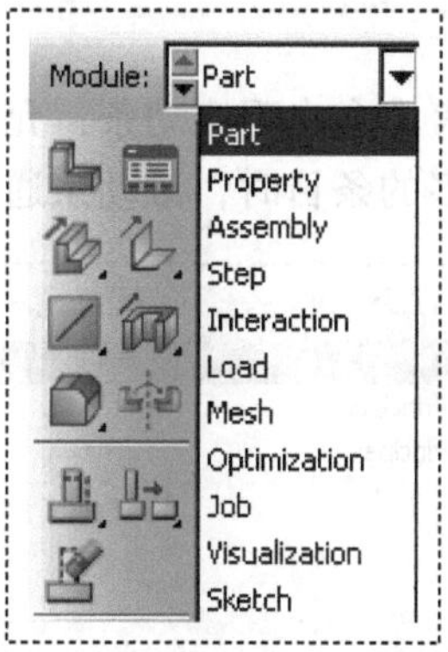

单选按钮

单选按钮表示多个相互排斥的选择。当一个选项由单选按钮控制时，用户一次只能选择其中一个按钮。

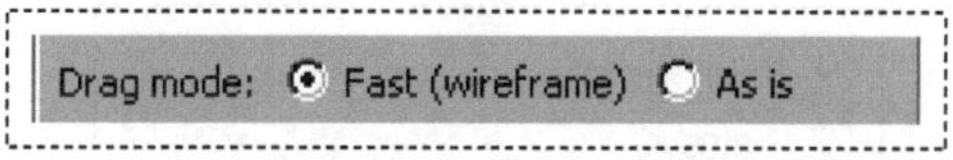

复选框

用户可以切换复选框来选中或者切换不选一个特定的选项。

例如，当前视口中是否显示三坐标取决于 Show triad 复选框的状态。如果选中（如下所示），则当前视口中将显示三坐标。

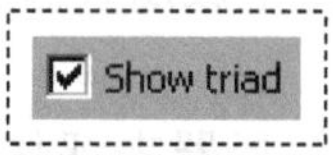

如果切换不选（如下所示），则当前视口中将不会显示三坐标。

在一些情况中，由一个复选框控制的选项可以应用于多个对象。例如，XY Curve Options 对话框中的一个 Show line 复选框可以单独控制 *X-Y* 图中的所有 *X-Y* 曲线的显示。如

果用户已经为一些曲线选中了 Show line，并且为其他的曲线切换不选 Show line，则复选框灰显并带有一个较深的灰色复选标记，如下所示。

滚动条

在内容太多无法完整显示的列表中会出现滚动条，允许用户滚动浏览列表中的可见内容以及隐藏的内容。当必须列出非常多的条目时，滚动条通常是必要的，如下所示。

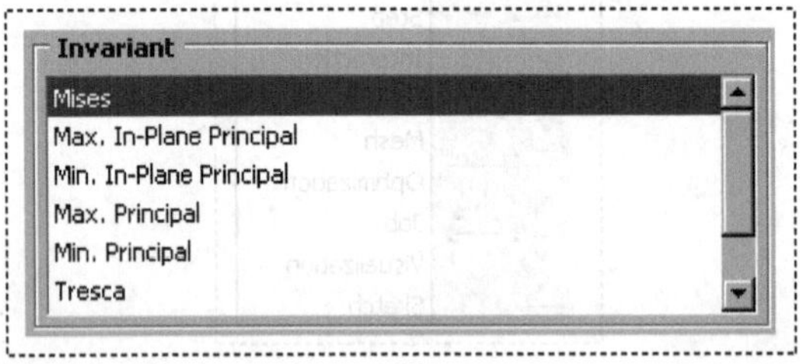

滑动块

滑动块允许用户设置选项的值，该选项有一个连续的可能值范围。下面为一个滑动块的例子。

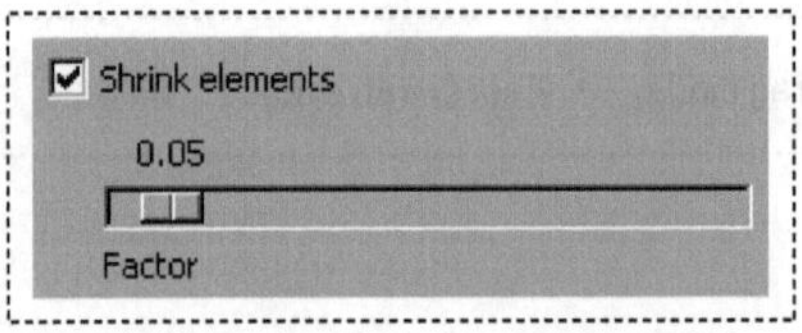

3.2.2　输入表达式

如果一个对话框或者提示区域中的某个域期望输入一个浮点数或者复数，则用户可以输入一个算术表达式，如图 3-1 所示。

通过 Abaqus/CAE 中内置的 Python 解释器来评估此表达式。算术表达式被它的值所取代。如果用户重新打开包含表达式的对话框，则只能获取值。pi 之类的变量和 sin() 之类的函数都是可用的，因为当用户启动一个值域时，Abaqus/CAE 会导入 Python 数学模块。因此，用户可以输入任何由 Python 内置的函数，或者 Python 数学模块计算的表达式。更多信息见 Python 官网主页上的内置函数（http://www.python.org/doc/current/lib/built-in-funcs.html）和数学模块文档（http://www.python.org/doc/current/lib/module-math.html）。

为了确保用户的表达式如预期的那样得到评估，用户应当注意以下情况：

• 如果输入的值是整数，则 Python 将执行整除并四舍五入任何余数。例如，Python 整除 3/2 的结果为 1，整除 1/2 的结果为 0。相反，Python 整除 3./2 的结果为 1.5，整除 1/2. 的结果为 0.5。

• Python 将以 0 开头的数字解释成八进制数（例如，会把 0123 解释成 83.0）。然而，在 Python 解释文本域中以 0 开头的数字之前，Abaqus/CAE 会忽略数字前面的 0，然后将这样的数字评估为小数。

• Python 将 e 解释成自然对数的底；即 e = 2.71828182846，并且 e+2=4.71828182846。

• 如果“e”字符前面是一个数字，则 Python 将它解释成一个指数，而不是自然对数。例如，Python 将 2e+2 解释成 2×10^2，并且等于 200。

• Python 将 2e+解释成 2×10^0，并且等于 2。类似地，Python 将 2e++11 解释成 $2\times10^0+11$，并且等于 13。

如果用户不确定 Python 将如何解释表达式，则用户可以在命令行中输入表达式，然后 Abaqus/CAE 会在消息区域中给出解释值。要访问命令行界面，单击主窗口左下角的>>>。更多信息见 2.2.1 节“主窗口组件”。

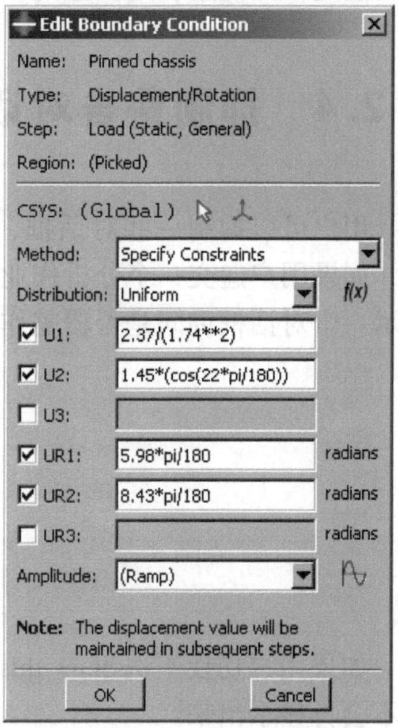

图 3-1 一个文本域中的表达式

用户也可以通过在操作系统提示符下输入 abaqus python，并在出现的 Python 提示符对话框中输入表达式来测试 Abaqus/CAE 将如何解释表达式。提示行和一些对话框不允许用户输入表达式。作为替代，用户可以在命令行或者 Python 提示符对话框中输入表达式，并将结果粘贴到提示行或者对话框中。

3.2.3 使用灰显的对话框和工具箱组件

对话框和工具箱中的一些对象，仅在特定的环境下才能使用。当不能使用对象时，它在对话框中是灰显的。对话框中的灰显项目通常是由于对话框中的其他设置导致的。例如，如果没有选择 Use settings below，则它下面的图形大小选项不能使用并且灰显，如下所示。

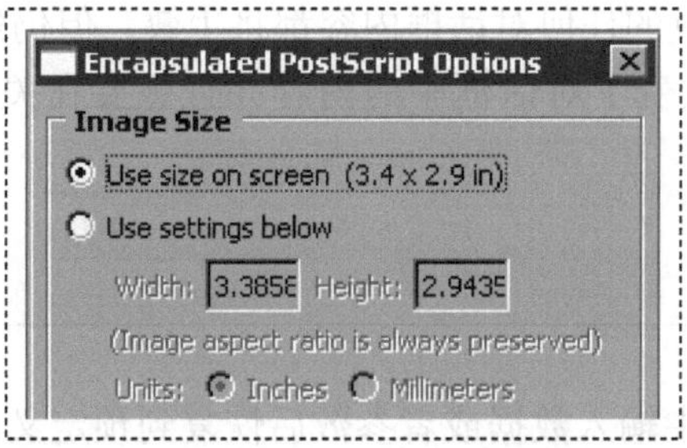

但是，即使选项是灰显的，也可以使用与它有关的帮助，只是没有工具提示显示出来。

3.2.4 抑制警告对话框

用户可以抑制一些对话框，这样在当前的 Abaqus/CAE 使用中将不会再出现它们。例如，如果用户递交一个分析作业，并且已经存在了具有相同名称的作业，则 Abaqus/CAE 会显示一个对话框询问是否覆盖作业文件，如下所示。

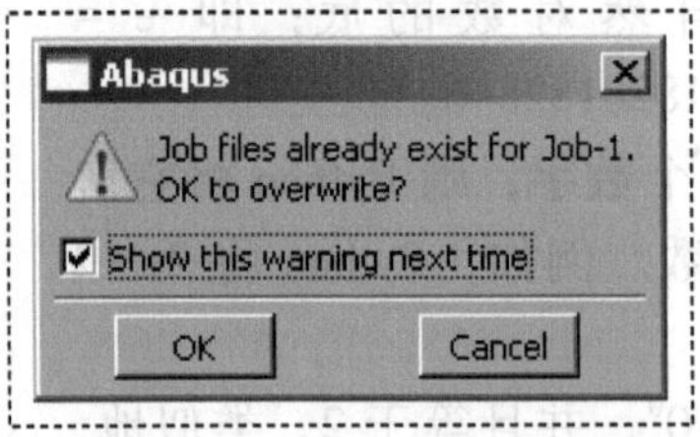

如果用户切换不选 Show this warning next time，则在当前的 Abaqus/CAE 会话中，此对话框不会再显示出来。

3.2.5 理解 OK、Apply、Defaults、Continue、Cancel 和 Dismiss 按钮

完成对话框操作后，用户可以使用不同的操作按钮来指定进程。例如，如果用户在一个对话框中输入数据，则用户可以保存数据并通过单击 OK 来应用它们。如果对话框是过程中间步的一部分，则用户可以单击 Continue 进入下一步。

对话框中可以出现以下操作按钮：

OK

单击 OK 来执行对话框的当前内容并关闭对话框。

Apply

单击 Apply 后，用户更改的任何对话框内容都将生效，但仍然显示对话框（意味着可进行多次调整）。如果用户更改变了对话框中的内容并且想要在关闭对话框前查看更改效果，就可以使用此按钮。

Defaults

如果用户想要在对话框中输入数据或者参数后恢复到预定义的默认值，则用户可以单击

Defaults。此按钮仅影响在对话框中输入的信息。要查看恢复到默认值的效果，用户必须单击 Apply 或者 OK。

Cancel

单击 Cancel 可以关闭对话框，且不应用用户做出的任何更改。如果对话框出现在过程中间，则单击 Cancel 通常是要放弃该过程。在一些情况中，单击 Cancel 会返回到过程中的前一步。

Continue

在过程中间出现的对话框会包含 Continue 按钮。当用户单击 Continue 时，表示已经完成当前对话框中的输入，并希望进入过程的下一步。Continue 会关闭对话框并保存对话框中的所有数据，除非用户在过程后面的某个步骤中单击了 Cancel。

Dismiss

出现 Dismiss 按钮的对话框包含用户无法更改的数据。例如，一些管理器包含已经存在的对象列表，但没有可以输入数据或者指定参数选择的域。Dismiss 按钮也会出现在信息对话框中。用户单击 Dismiss 后，对话框关闭。

要关闭没有 Cancel 或者 Dismiss 按钮的工具框或者对话框，单击工具框或者对话框右上角的关闭按钮。或者，用户可以通过按［Esc］键来关闭活动的工具框或者对话框。

注意：在 Linux 平台上，由于用户的设置，［Esc］可能是关闭对话框或者工具框的唯一方法。更多信息见《Abaqus 安装和许可证手册》的 5.1.3 节“影响 Abaqus/CAE 和 Abaqus/Viewer 的 Linux 设置”。

3.2.6 使用有标签栏分隔的对话框

为了方便管理和使用，一些对话框会使用标签栏进行分隔，在一个时刻只有一个对话框可见全貌。要显示特定的对话框，单击它的标签栏。

例如，图 3-2 所示的 Common Plot Options 对话框。

如果用户单击 Color & Style 标签栏，则包含颜色和边属性的对话框就会显示出来，遮盖其他的对话框，如图 3-3 所示。

此外，在单个对话框中可以存在分隔的多个对话框。在此情况中，分隔的对话框标题栏是竖直对齐

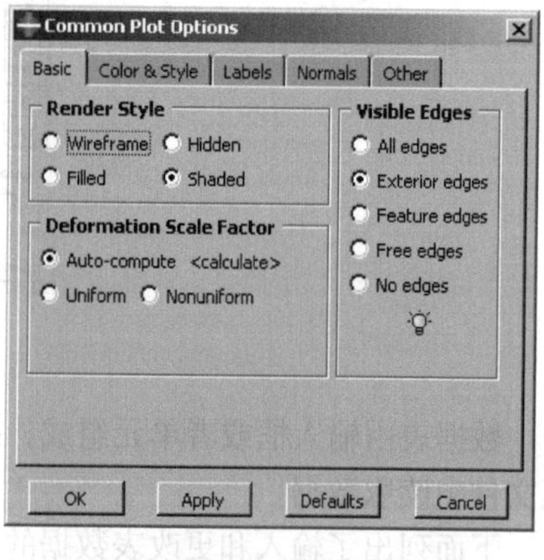

图 3-2 使用标签栏分隔的对话框

的，但显示原理与水平对齐的标题栏一样。例如，在图 3-4 中，Other 对话框包含了两个由标签栏分开的对话框——Scaling 和 Translucency。

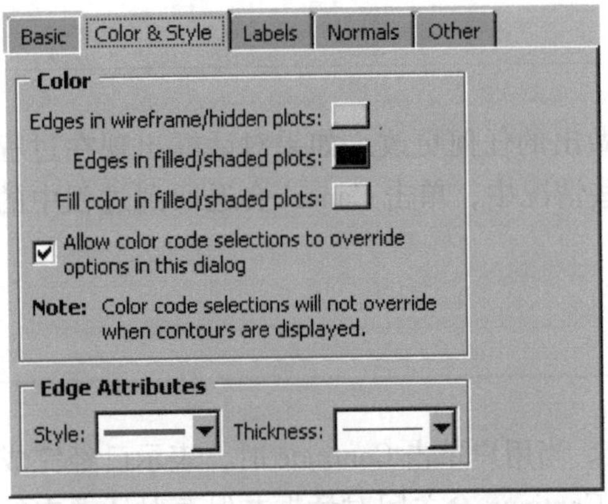

图 3-3 使用标签栏显示特定的对话框

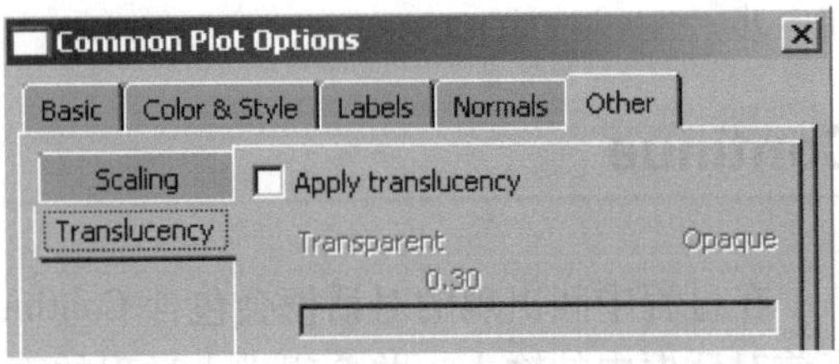

图 3-4 包含两个对话框的对话框

对话框中的 Apply 按钮作用的是整组对话框，而不仅仅是当前显示的对话框。如果用户单击 Cancel，则在对话框中所有未应用的更改都会被取消，而不仅仅是当前对话框中的更改。同样，单击 OK 会保存用户在任何对话框中做出的所有更改。

3.2.7 输入表格数据

有些操作需要输入表格数据。例如，XY Data 工具集可以生成如图 3-5 中表格的输入数据的图像。

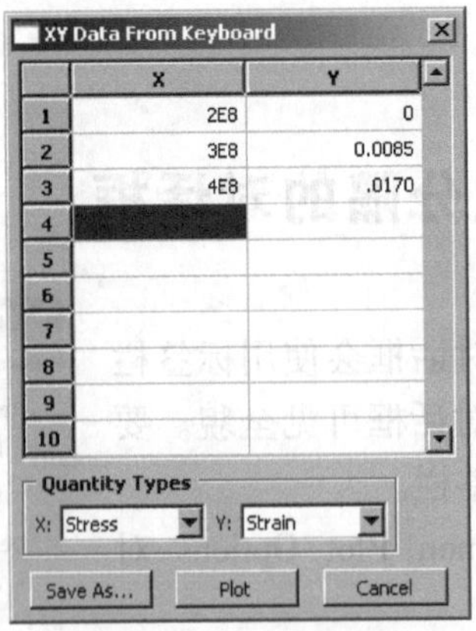

图 3-5 *X-Y* 数据表

数据表由输入框或者单元组成，按行或者列排列。用户可以使用键盘输入数据，也可以从文件中读取数据。

下面列出了输入和更改表数据的技术。

输入数据

单击任意单元格，输入所需的数据。用户可以按［Enter］键来在特定的单元格中安排数据。

Abaqus/CAE 不允许用户在需要数字数据的表格中输入字符数据。如果用户试图在一个数字区域中输入字符串，则程序会发出提示音（表示科学计数法的字母 E 是例外，如 12. E6）。

添加新的行

使用用户右击鼠标后出现的菜单来在当前行之上或之下添加新的行。在感兴趣的行上停住光标并右击鼠标；然后从出现的菜单中选择所需的项目：

- 选择 Insert Row Before，在当前行的上面添加一个空白的行。
- 选择 Insert Row After，在当前行的下面添加一个空白的行。

另外，用户可以通过单击表格的最后一行和最后一列的单元，然后按［Enter］键来给表格的末尾添加一个空白的行。

从文件读取数据

用户可以通过从 ASCII 文件读取数据来输入数据。文件中的数据域可以使用空格、制表符或者逗号的任意组合来进行分隔。每个空格、制表符或者逗号都被视为场分隔符。要从文件中输入数据，将光标停留在目标单元上，并右击鼠标，然后从出现的菜单中选择 Read From File。出现 Read Data from ASCII File 对话框。此对话框指定了以下内容：

- 在 File 文本域中，输入要读取文件的名称。
- 在 Start reading values into table row 和 Start reading values into table column 域中分别指定目标单元的行编号和列编号（默认情况下，Abaqus 将这些场设置成在用户右击鼠标时，光标所在的单元上）。
- 单击 OK。Abaqus 将根据用户的指定，从文件将数据值读取到表格中。

在单元格之间移动

在一个行中的单元格之间使用［Enter］键来从左到右移动。到达行的末端后，按［Enter］键，光标将移动到下一行的第一个单元格。

此外，用户可以使用［Tab］键和上下箭头键的组合来在单元格之间移动。使用［Tab］键可以向右移动，使用［Shift］+［Tab］键可以向左移动；使用上下箭头可以上下移动。用户也可以直接单击感兴趣的单元格。

更改数据

如果一个单元格中已经包含数据，则单击该单元格可高亮显示数据。一旦用户开始输入，高亮显示的单元格内容就会消失，取而代之的是用户输入的内容。用户也可以使用[Backspace] 键或者 [Delete] 键来删除单元格中高亮显示的数据。

在单击单元格后，用户可以再次单击来删除高亮显示效果，并且在单元格中定位光标。使用键盘上的 [Backspace] 键和其他键来更改数据。

剪切、复制和粘贴数据

右击鼠标，使用出现的菜单来将数据从表格中的一个位置剪切、复制和粘贴到表格中的另一个位置。用户可以剪切或者复制单个单元格、整行或者部分行、整列或者部分列，以及连续行或者连续列中的数据。

首先，在包含用户想要剪切或者复制数据的单元格上拖动鼠标。所有选中的单元格将高亮显示（除了最先选中的单元格）。用户移开鼠标或者右击鼠标不会改变单元格的高亮显示状态。

选中感兴趣的单元格后，将光标停留在选中的单元格上，右击鼠标，然后从出现的菜单中选择 Cut 或者 Copy。要粘贴数据，选择目标对象，右击鼠标，然后从出现的菜单中选择 Paste。

排序数据

一些数据表会提供排序功能（要确定表格是否可以使用排序，将光标停留在表格上，然后右击鼠标，如果可用，则在出现的菜单中会列出 Sort）。

要排序表格数据，将光标停留在表格上，右击鼠标；然后单击 Sort。出现 Sort Table 对话框。在此对话框中，选择以下内容：

- 在 Sort by 文本域中，选择要排序的列。
- 选择 Ascending 或者 Descending 排序方式。

单击 OK 或者 Apply。Abaqus 将根据指定列中的数据值来对所有的行排序。

扩展和收缩列

用户可以更改表格中列的大小。要扩展或者收缩列，将光标移到分隔列的线上，此时会出现一个重新定义列大小的光标。向左或者向右拖动光标，即可在分隔线的任何一侧重新定义两列的大小。

当表格列宽为固定值时，表中最后一列的大小可以通过水平方向调整包含表的对话框来实现。

显示超出对话框边界的数据

使用水平或者竖直滚动条可以显示对话框边界以外的表格部分。在一些情况中，可能不能使用滚动条，这时，可以增大对话框的尺寸来显示更多的数据。

删除数据行

单击任何用户想要删除的行中的单元格，或者选择连续行中的多个单元格。然后，将光标停留在包含表的对话框上，右击鼠标并从出现的菜单中选择 Delete Rows。行或者多个行会消失，如果对行进行了编号，则 Abaqus/CAE 将自动重新对剩下的行进行编号。

用户不能从显示固定大小的矩阵或者张量表中删除行，如在属性模块中使用的正交异性或者各向异性弹性数据输入表格。

从表格数据中创建 *X-Y* 数据

在 Property 模块中创建材料时，用户可以使用表格中的数据来创建 *X-Y* 数据。然后，用户可以使用显示模块来显示 *X-Y* 数据，并直观地检查数据的有效性。要创建 *X-Y* 数据对象，将光标停留在表格上方，右击鼠标；然后从出现的菜单中选择 Create XY Data。出现 Create XY Data 对话框。在此对话框中，进行如下操作：

- 输入要创建的 *X-Y* 数据的名称。
- 指定包含 *X* 值的列编号，以及包含 *Y* 值的列编号。
- 单击 OK。Abaqus 将从表格中读取数据值到 *X-Y* 数据中。Abaqus/CAE 仅在会话期间保留已经保存的 *X-Y* 数据。

要显示 *X-Y* 数据，进行如下操作：

- 从环境栏的模块列表中选择 Visualization。
- 从主菜单栏选择 Tools→XY Data→Plot，然后从右拉菜单中选取 *X-Y* 数据。更多信息见第 47 章“*X-Y* 图”。

清除表格

用户可以从表格中删除所有数据。将光标停留在表格上，右击鼠标，并从出现的菜单中选择 Clear Table，表格内的数据消失。

3.2.8 定制字体

Select Font 对话框允许用户定制特定类型文本的字体；例如，用户可以使用此对话框来定制出现在视口注释中的字体。类似的对话框也可以用来定制显示模块标签和标题的字体。

Select Font 对话框允许用户指定和预览以下内容：

- 比例或者固定的字体。
- 字体族。
- 字体大小（以像素为单位）。
- 正常的、加粗的或者斜体字体。

用户可以使用的选项取决于在系统中安装的字体。

若要定制视口字体，执行以下操作：

1. 显示用于定制文本的 Select Font 对话框。更多信息见以下章节：

- 47.5 节 “定制 *X-Y* 图轴”
- 47.6.3 节 “定制 *X-Y* 图的图例说明”
- 第 56 章 “定制视口注释”
- 55.5.1 节 “设置标签字体”

2. 选择想要的字体和属性。

Select Font 对话框的 Sample 区域中出现选中字体的预览。

3. 在 Select Font 对话框的 Apply To 域中，切换所选字体将应用到的项目。除非字体可应用到多个项目，否则 Apply To 域不会出现。

4. 单击 OK 来接受用户的更改，并关闭 Select Font 对话框。

3.2.9 定制颜色

Select Color 对话框允许用户在 Abaqus/CAE 中定制许多对象的颜色。有关可更改对象的更多信息，见以下章节：

- 5.4 节 “定制视图三角形图标”
- 7.7 节 “选择背景颜色”
- 55.3.3 节 “选择整体单元和面边颜色”
- 55.12.4 节 “对没有结果的单元进行着色”
- 56.1 节 “定制图例”
- 56.2 节 “定制标题块”
- 56.3 节 “定制状态块”

当前的颜色显示在 Select Color 对话框的最左侧，在滴管工具下方。用户可以使用 Select Color 对话框中的方法来更新显示的颜色。在单击 OK 接受更改，并关闭 Select Color 对话框之前，颜色不会应用到具体对象。用户可以选择下面的颜色选择方法：

调色板（Color palette）

对话框底部的方框中显示了二十四种常用的颜色。用户可以单击其中的颜色来选择它，但用户不能自定义调色板来显示其他颜色。

滴管工具（Eyedropper tool）

滴管工具位于对话框的左侧。用户单击滴管工具后，光标变成十字准线。然后，用户可以在计算机屏幕的任何地方单击鼠标，Abaqus/CAE 将选择光标位置处的颜色。

注意：如果用户将光标移出 Abaqus/CAE 应用窗口，光标会恢复正常的形式，但用户仍然可以通过单击鼠标来选择颜色。

颜色轮（Color wheel）

颜色轮和亮度控制位于 Wheel 标签栏中。无论使用哪种方法选择颜色，都会有一个黑点指示当前所选颜色的位置。在颜色轮的任意地方单击都可以选取一个新的颜色。移动竖直滑块可以更改亮度，向下移动滑块时，Abaqus/CAE 会将黑色添加到所选颜色中（加深颜色）。

RGB 控制

RGB（红、绿、蓝）控制位于 RGB 标签栏中。RGB 设置与 Select Color 对话框左侧显示的颜色相匹配，而不管选择颜色时所使用的方法。用户可以移动滑块或者输入 0~255 之间的值来混合三种颜色的光，从而生成完整的色谱。0，0，0 表示黑色（没有光）；255，255，255 表示白色（全强度、全频谱光）。

HSV 控制

HSV（色调、色饱和度、亮度）控制位于 HSV 标签栏中。HSV 设置与 Select Color 对话框左侧显示的颜色相匹配，而不管选取颜色时所使用的方法。色调控制的范围为 0~360，更改设置相当于围绕颜色轮移动黑点（0 和 360 都是红色）。色饱和度的控制范围为 0~100，可改变添加到背景颜色中所选颜色的数量。亮度控制背景颜色：0 表示黑色，100 表示白色。

CMY 控制

CMY（青色、品红色、黄色）控制位于 CMY 标签栏中。CMY 设置与 Select Color 对话框左侧显示的颜色相匹配，而不管选择颜色时所使用的方法。用户可以移动滑块或者输入 0~255 之间的值来混合三种色调，从而生成完整的色谱。CMY 控制工作就像在绘画过程中添加颜料；0，0，0 表示白色（没有色调），255，255，255 表示黑色（全色调）。

色表

色表位于 List 标签栏中。用户可以从几百种颜色中进行选择，包括灰色阴影。色表为用户提供比色板更加丰富的颜色，但它并不能提供完整的色谱。

若要定制对象颜色，执行以下操作：

1. 打开包含用户想要更改的对象设置的对话框。
2. 单击用户想要定制对象的颜色样本■。
Abaqus/CAE 显示 Select Color 对话框。
3. 使用对话框中的一个方法来选择新的颜色。
Select Color 对话框的左侧出现选中颜色的预览，在滴管工具的下方。
4. 单击 OK 来接受用户的更改，并关闭 Select Color 对话框。
Abaqus/CAE 返回原始的对话框，并更新颜色样本来显示用户选中的颜色。
用户单击原始对话框中的 OK 或者 Apply 后，Abaqus/CAE 更新视口中的颜色。

3.2.10 使用文件选择对话框

文件选择对话框允许用户从列表中选择文件，此列表根据文件类型或者位置进行了过滤。要使用文件选择对话框，用户首先选择要打开文件的类型，然后指定目录的列表。Abaqus/CAE 会更新对话框，仅列出满足用户准则的文件。从此列表中，用户可以选择要打开的文件。

选择模型数据库或者输出数据库的对话框如图 3-6 所示。

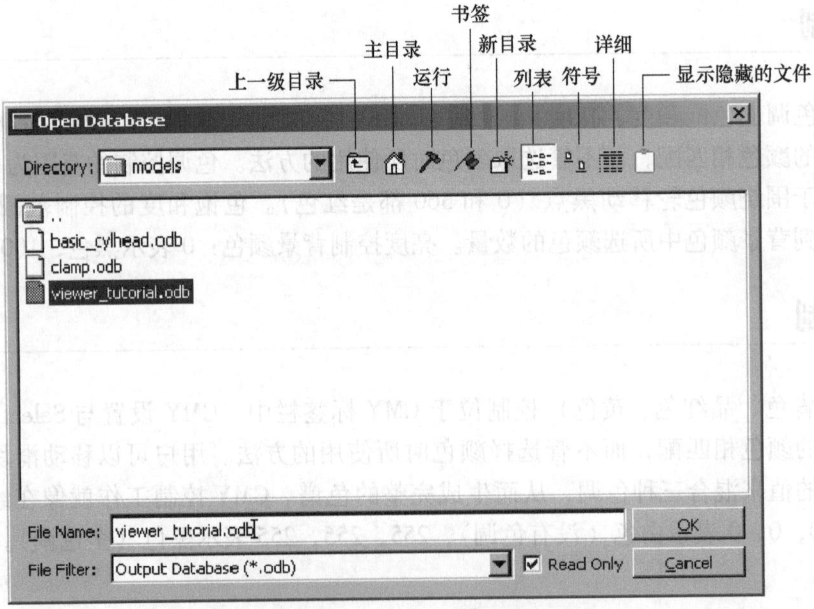

图 3-6 选择模型数据库或者输出数据库

注意：在 Abaqus/Viewer 中，用户仅可以打开输出数据库文件，因此，Output Database

（*.odb）是 File Filter 区域中唯一可用的类型。

当用户执行其他 File 菜单功能时，如导入零件或者输出到文件，也会出现类似的文件选择对话框。

使用下面的技术来选取用户选择的文件：

根据文件类型过滤文件列表

文件选择对话框包含 File Filter 场，允许用户选择感兴趣的文件扩展名。例如，图 3-6 中的 File Filter 选择了 Output Database（*.odb），从而只有有扩展名为 .odb 的文件才会出现在对话框中心的列表中。

使用通配符搜索文件名

用户可以使用通配符来搜索具体的文件名。当同一目录中存储了大量文件时，通配符搜索是很有帮助的。通配符搜索还可以覆盖文件扩展名（File Filter 场，如上面所描述的那样），允许用户打开使用非标准扩展名保存的文件。

要使用通配符进行搜索，在 File Name 区域中使用下面一种形式来输入具体的名称：

?

匹配一个字符。

*

匹配零个或者多个字符。

abc

匹配单个字符，它必须是列出的字符中的一个。

^abc 或者!abc

匹配单个字符，它必须不是列出的字符中的一个。

a-zA-Z

匹配单个字符，它必须在提供的范围内。

^a-zA-Z 或者!a-zA-Z

匹配单个字符，它必须不在提供的范围内。

pat1|pat2 或者 pat1,pat2

匹配 pat1 或者 pat2。

(pat1|pat2) 或者 (pat1,pat2)

匹配 pat1 或者 pat2，并且模式可以嵌套。

用户可以组合几个通配符来进一步收窄搜索。例如，输入 [abc]*.(cae,odb)，将列出所有以 a、b 或者 c 开头，且扩展名为 .cae 或者 .odb 的文件。

指定选择文件的目录

默认情况下，Directory 区域显示的是用户启动 Abaqus/CAE 时的目录。如果用户想要查看不同目录的文件列表，可以单击列表中的目录名来显示当前路径中的目录，也可以单击 Directory 区域旁边的箭头来获取用户系统中可以访问的其他路径。此外，对话框顶部的图标还允许用户进行如下操作（键盘快捷键显示在括号内）：

- 上一级目录（[Backspace]）。
- 访问系统默认目录或者 Home（[Ctrl] 键+H 键）。
- 访问 Work 目录（[Ctrl] 键+W 键）。该工作目录是用户启动 Abaqus/CAE 的目录，除非用户使用 File→Set Work Directory 指定了目录。
- 在系统上为目录设置或者使用 Bookmarks。
- 创建新的目录（[Ctrl] 键+N 键）。

Directory 区域包括 Network connectors 项。如果用户已经创建和启动了网络 ODB 连接器，则用户可以使用此项来访问远程目录并打开远程输出数据库。更多信息见 9.7.4 节“创建网络 ODB 连接器”。

选择文件

要选择和打开一个文件，从列表中双击感兴趣的文件名。用户也可以直接输入文件名，此时光标会重新定位到与输入匹配的位置，并且用户输入的以字母开头的第一个文件会被选中。另外，用户也可以在 File Name 域中输入整个目录路径和感兴趣的文件名，然后单击 OK。对话框顶部的图标允许用户将显示的文件格式更改成下面中的一个（键盘快捷键显示在括号内）：

- 列表（[Ctrl] 键+S 键）。
- 图标（[Ctrl] 键+B 键）。
- 详细列表（[Ctrl] 键+L 键）。

最右边的图标允许用户显示或者抑制“隐藏的”文件。

3.2.11 从列表和表格中选择多个项

在一些 Abaqus/CAE 对话框中，有必要在用户执行特定功能前从列表或者表格中选择一个项目。例如，如果用户想要显示 *X-Y* 数据图，则用户必须先从 XY Data Manager 的列表中选择所需的数据对象（见图 3-7），然后单击 Plot。

一些功能也允许用户对多个项目进行操作。例如，如果用户想要删除图 3-7 中显示的管理器中的前两个数据对象，则用户可以同时选择它们两个，然后单击 Delete。

要从一个列表中选择单个项目，用户仅需在对话框中单击该项。要从一个表格中选择单个项目，只需单击表格的行标题。要选择多个项目，用户可以使用下面的技术：

从列表或者表格中选择连续的项目

从列表或者表格中单击一个感兴趣的项目，然后按住鼠标键 1 并拖动光标，选择剩下的项目。当选择了所有感兴趣的项目时，释放鼠标键。例如，图 3-8 所示的选择连续的项目。

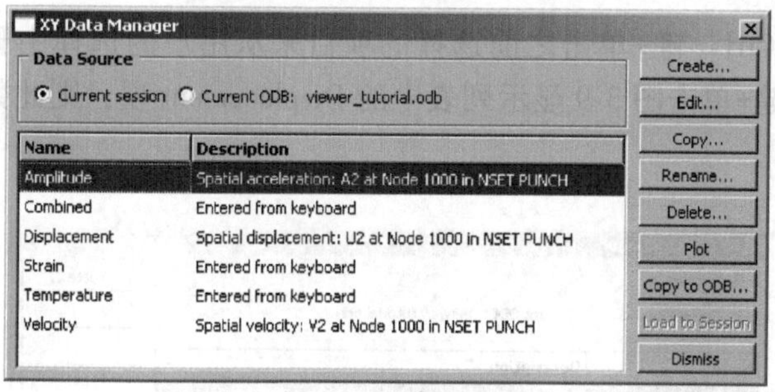

图 3-7　选择单个项目

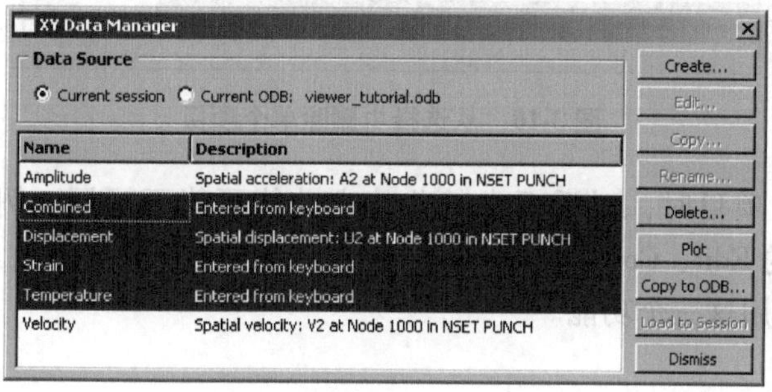

图 3-8　选择连续的项目

选择连续项目的另一个方法是单击列表或者表格中感兴趣的第一个项目，然后按下 [Shift] 键+单击最后一个感兴趣的项目，Abaqus 会自动选中第一个项目与最后一个项目之间的所有项目。

从列表或者表格中选择非连续的项目

单击列表或者表格中感兴趣的一个项目，然后按下 [Ctrl] 键+单击任何用户想要选取的其他项目。例如，图 3-9 中所示的选择非连续的项目。

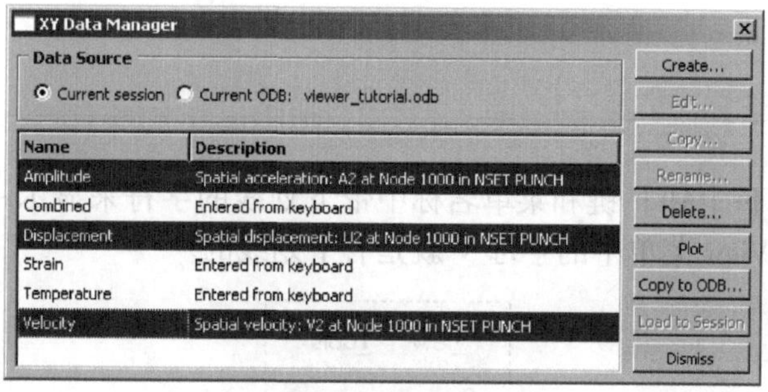

图 3-9　选择非连续的项目

取消选择

用户可以通过［Ctrl］键+单击之前选择的项目来从用户的选择中删除它们。例如，如果用户通过［Ctrl］键+单击图 3-9 显示列表中的 Displacement 项，则此数据对象将不再被选中，如图 3-10 所示。

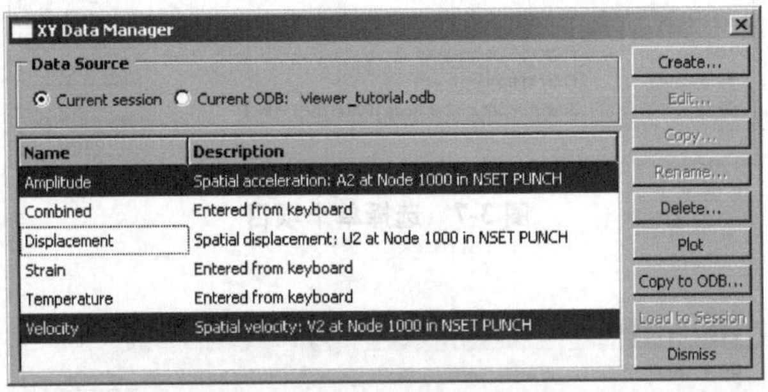

图 3-10　从选择中删除单个项目

当用户选择多个项目时，对话框中某些特定功能可能不可用。例如，图 3-10 所示的 XY Data Manager 中的 Edit、Copy 和 Rename，仅对单独的数据对象有效。当用户选择多个数据对象时，就不能使用这三个功能。

3.2.12　使用键盘快捷键

用户可以使用键盘快捷键替代鼠标来执行 Abaqus/CAE 主窗口和对话框中的大部分操作。下面的操作具有键盘快捷键：

环境关联帮助

按下［F1］键可显示与 Abaqus/CAE 主窗口或者对话框中当前选中对象有关的环境关联帮助。使用［F1］键获取环境关联帮助的更多信息，见 2.6.1 节“显示上下文相关的帮助”。

菜单

用户可以通过按下［Alt］键和菜单名称中带下划线的字符来显示一个特定的菜单。例如，在主菜单栏中，View 菜单中的字母 V 就是有下划线的。

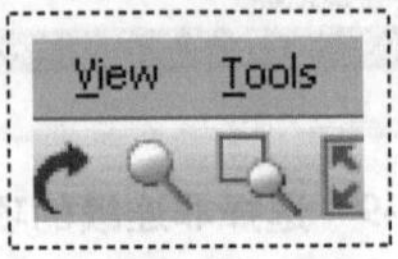

因此，用户可以按下［Alt］+V 键来显示 View 菜单。

菜单项目

菜单显示后，用户可以继续按［Alt］键和菜单项目名称中带下划线的字符来选择特定的菜单项目。例如，View 菜单中 Pan 的下划线字母是 n。

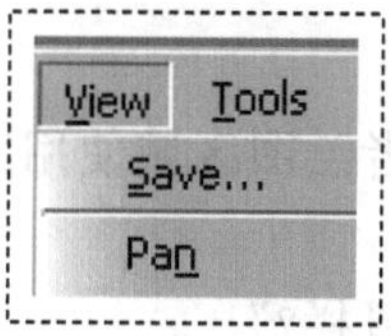

因此，用户可以按下［Alt］+V 来显示 View 菜单，然后在不释放［Alt］键的情况下，按下 n 键来访问 Pan 项。

模型树和结果树

模型树和结果树包含的键盘快捷键允许用户浏览整个树并切换项目的显示和隐藏。更多信息见 3.5.1 节“模型树概览”。

3.3 理解并使用工具箱和工具栏

本节介绍如何在模块、工具集或者绘图区域使用工具箱窗口和工具栏来执行常见的功能，包括以下主题：

- 3.3.1 节 “什么是工具箱和工具栏?”
- 3.3.2 节 “使用包含隐藏图标的工具箱和工具栏”

3.3.1 什么是工具箱和工具栏?

工具箱和工具栏是图标的集合，可以提供常用 Abaqus/CAE 功能的快捷访问。例如，显示模块工具箱包含用来生成不同类型图的工具图标。图 3-11 所示为显示模块工具箱。用户进入模块后，可以在绘图区域的左侧立即找到所有可用的模块工具箱。

工具栏也是包含用于访问 Abaqus/CAE 功能的图标集合。工具栏可访问支持功能，帮助用户保存、操控和从模型选取；而工具箱则包含对于创建或者更改模型至关重要的功能。除了工具图标，工具栏也可以包含与工具关联的功能列表。例如，Color Code 工具栏中的颜色映射列表包含了为当前视口中显示的对象进行着色的不同方法。用户也可以定制工具栏内容，将工具栏移动到新的位置，或者关闭它们（更多信息见第 61 章“定制工具集”）。工具箱不能移动或者隐藏。

要获得某个工具的简短描述，将光标放置在工具上片刻，就会出现一个包含描述或者“工具技巧”的小方框。灰显表示的图标不能显示工具技巧；要获得这些灰显图标上的信息，请使用环境关联帮助。

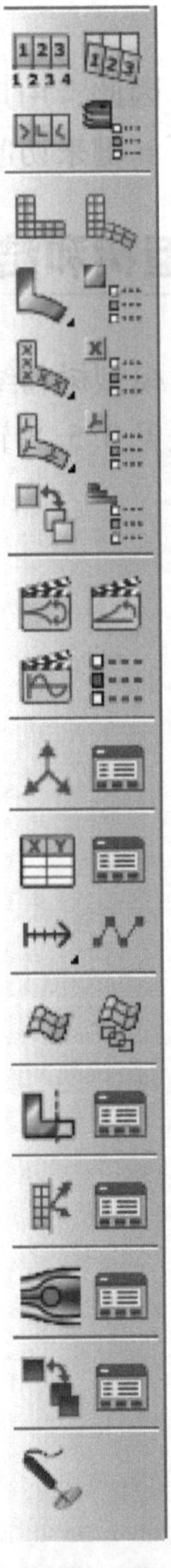

图 3-11 显示模块工具箱

3.3.2 使用包含隐藏图标的工具箱和工具栏

在一些工具箱中，如作业模块工具箱，所有工具图标都是立即可见的。然而，为了节省空间，大部分的工具箱都包含隐藏图标。因为绘图区域上方有更多的空间，并且可以根据需要移动或者隐藏工具栏，所以大部分工具栏都不包含隐藏图标。

任何在右下角包含小三角形的图标都会隐藏一组图标，它们的功能与可见图标的功能紧密关联。

若要选择初始隐藏图标的工具，执行以下操作：

1. 单击任何在右下角包含小三角形的图标不释放。

所有与原始图标紧密关联的工具图标就会出现。例如，图 3-12 所示零件模块工具箱的上半部分，显示了用来创建圆角或者倒角的所有图标。

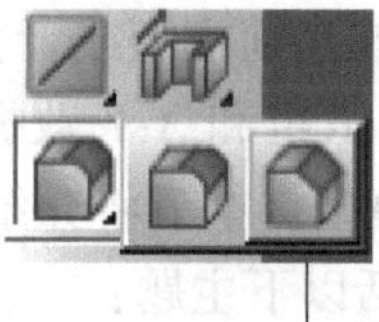

图 3-12　显示倒圆和倒角图标的零件模块工具箱

2. 将光标拖到想要的图标上，然后释放鼠标键。

所选的图标将取代最初显示的图标，并且用户可以立即开始使用相应的工具。

3.4 管理对象

用户可以使用管理器对话框来管理与当前模型或者会话相关的所有给定类型的对象。这类对象的例子包括材料、零件、步、显示组和 *X-Y* 数据对象。此外，用户可以使用 Model Manager 来管理当前模型数据中包含的模型。本节将介绍基本管理器和步相关的管理器，以及如何在 Abaqus/CAE 中使用它们，包括以下主题：

- 3.4.1 节 “什么是基本管理器?”
- 3.4.2 节 “什么是步相关的管理器?”
- 3.4.3 节 “抑制和恢复对象”
- 3.4.4 节 “理解分析步中对象的状态”
- 3.4.5 节 “描述对象状态的项”
- 3.4.6 节 “更改步相关对象的历史”
- 3.4.7 节 “理解更改后的步相关对象”
- 3.4.8 节 “引用已删除的对象时会发生什么?”
- 3.4.9 节 “使用管理器对话框管理对象”
- 3.4.10 节 “使用管理器菜单管理对象”
- 3.4.11 节 “使用管理器对话框复制步相关的对象”
- 3.4.12 节 “更改分析步中对象的状态”
- 3.4.13 节 “编辑步相关的对象”

3.4.1 什么是基本管理器?

基本管理器由对象列表和一系列按钮组成。用户可以使用按钮来对从列表中选取的对象实施任务，或者向列表中添加新的对象。

图 3-13 所示为 Material Manager，它是在 Abaqus/CAE 中使用的一个基本管理器示例。

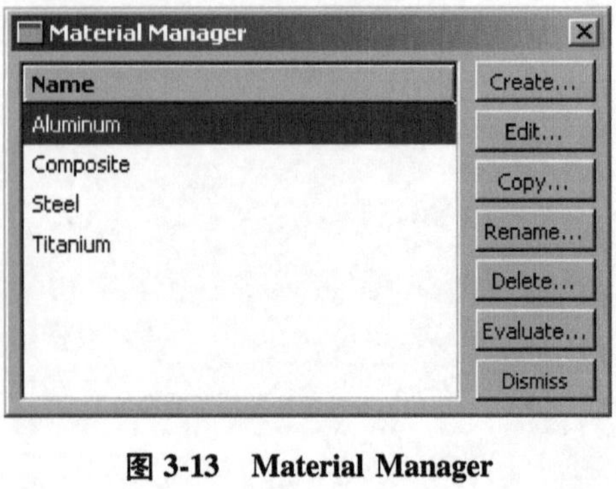

图 3-13 Material Manager

左侧的列表框显示了在当前模型的环境中定义的所有材料。用户可以使用右侧的按钮来创建新的材料定义并进行编辑、复制、重命名和删除现有材料定义的操作。使用 Dismiss 按钮来关闭管理器对话框。

通常，管理器提供的关于对象的信息不仅仅

是其名称。例如，在作业模块中，Job Manager 提供了关于当前执行作业的信息，并提供了允许用户为给定作业写入输入文件、递交作业、监控分析或者显示输出文件的按钮。图 3-14 所示为 Job Manager。

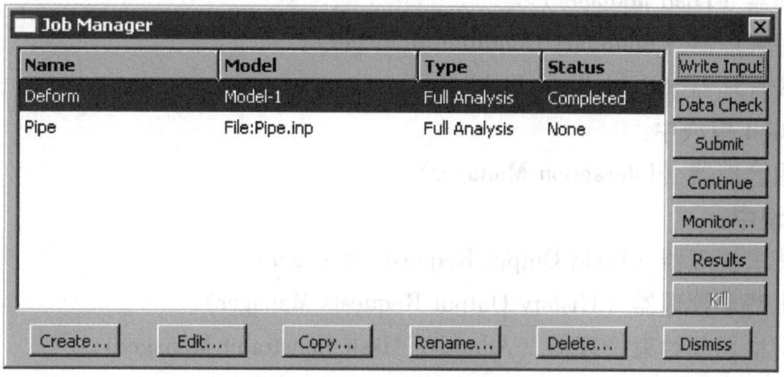

图 3-14　Job Manager

用户使用管理器执行的大部分任务，也可以通过主菜单栏中的下拉菜单来执行。例如，图 3-15 所示的对应 Job Manager 的菜单项目。

从主菜单栏选择一个管理操作后，操作步骤与单击管理器对话框内的相应按钮完全相同。此外，大部分用户可以使用管理器执行的任务，都可以通过在模型树中的对象上右击鼠标来执行。更多信息见 3.5 节“操作模型树和结果树”。

使用菜单、对话框还是模型树，由用户决定。通常，如果用户执行的是单独的操作，则菜单更加方便；当用户需要单击一个对象的长列表，或者需要快速获取一些管理器已经显示的附加信息时，管理器对话框的优势得以显现。模型树为用户提供了模型的图像概览，并允许用户执行操作而不需要更改模块。此外，模型树允许用户使用拖拽选取来选择多个项目。例如，用户可以选择多个集合进行合并，或者选择多个零件进行删除。

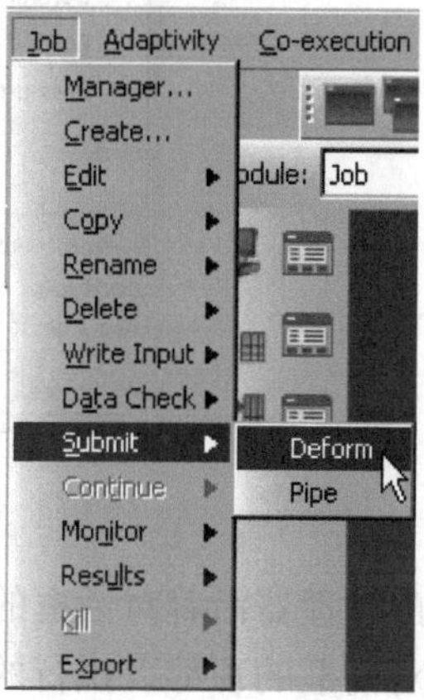

图 3-15　对应 Job Manager 的菜单项目

3.4.2　什么是步相关的管理器？

与 3.4.1 节“什么是基本管理器”中所描述的基本管理器类似，步相关的管理器也包含用户已经创建的特定类型的所有对象列表，以及 Create、Edit、Copy、Rename 和 Delete 按钮，用户可以使用这些按钮来操控现有的对象以及创建新的对象。

然而，在步相关的管理器中出现的对象类型是在具体分析步中用户可以创建，并在某些情况下可以编辑、抑制和停用的类型。因此，与基本管理器不同，步相关的管理器包含的附加信息涉及管理器中列出的每一个对象的历史。步相关的管理器显示在 Abaqus 分析过程中，这些对象如何从一个步传播到另一个步（对于多个步和多步分析的信息见《Abaqus 分析用户手册》的 6.1.2 节“定义一个分析”)。

在 Abaqus/CAE 中存在以下步相关的管理器：

在 Load 模块中：

- 载荷管理器（Load Manager）。
- 边界条件管理器（Boundary Condition Manager）。
- 预定义场管理器（Predefined Field Manager）。

在 Interaction 模块中：

- 相互作用管理器（Interaction Manager）。

在 Step 模块中：

- 场输出请求管理器（Field Output Requests Manager）。
- 历史输出请求管理器（History Output Requests Manager）。
- 自适应网格划分约束管理器（Adaptive Mesh Constraint Manager）。

例如，图 3-16 所示的 Load Manager。

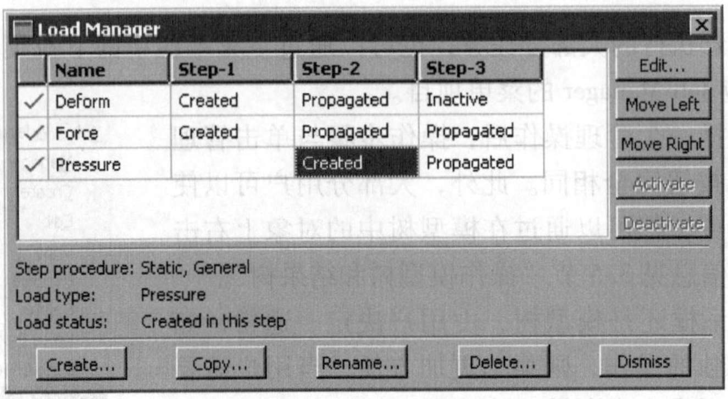

图 3-16　Load Manager

此管理器沿着对话框的左侧，按字母顺序显示已经存在的载荷列表。分析中所有步的名称在对话框的顶部以执行的次序出现。由这两个列表形成的表格显示了每一步中每一个载荷的状态（创建和删除步的信息，见第 14 章“分析步模块”）。

如果用户单击表格中的一个单元格，该单元格将高亮显示，并且与单元格关联的以下信息会出现在管理器底部的说明信息中：

- 该列的步中所执行的分析过程类型。
- 该行中步相关的对象信息。
- 该步中步相关对象的状态（与表格单元格中出现的信息相同，但某些情况下会更加详细）。

用户可以使用管理器左侧列中的图标，来抑制对象或者恢复之前抑制的分析对象。更多信息见 3.4.3 节“抑制和恢复对象”。

管理器右侧的按钮允许用户操控所选步中的对象。例如，如果用户单击上面显示的 Load Manager 中的 Edit，就出现一个编辑器。在此编辑器中，用户可以更改 Step-1 中命名成 Force 的载荷。其他按钮——Move Left、Move Right、Activate 和 Deactivate 按钮，在 Predefined Field Manager 中是不可用的。

更多信息见 3.4.6 节“更改步相关对象的历史”；3.4.12 节“更改分析步中对象的状态”；3.4.13 节“编辑步相关的对象”。

用户可以通过向右或者向左拖动列标题之间的分隔线来调整列的大小。用户也可以通过拖动对话框的两侧来增加对话框的大小。如果分析包括很多步或者步相关的对象，则增加对话框的大小可以使用户查看更多的行和列，而不需要使用滚动条。

3.4.3 抑制和恢复对象

在执行分析时，用户可能想要研究不同对象（如载荷）组合对系统的影响，或者暂时从模型中排除某个对象，如排除设计分析中的一个边界条件或者约束。用户可以创建一个包括所有对象的模型，然后在分析之前抑制想从模型中排除的对象。被抑制的对象不会写入输入文件，而是作为已经删除的对象处理。用户应当检查模型中是否有被抑制对象的引用。更多信息见 3.4.8 节“引用已删除的对象时会发生什么？”。

用户可以抑制步相关的对象、约束（在相互作用模块中）、截面赋予（在属性模块中）和特征。在用户创建一个可抑制的对象后，管理器对话框会在管理器左侧的对象名称旁的列中显示一个绿色的对号。用户可以通过单击对象旁边的绿色对号来从管理器中抑制对象。例如，如果用户在载荷管理器（Load Manager）中单击命名成 Force 的载荷左侧的绿色对号（见图 3-16），图标变化成红色的“×”，并且显示每一步载荷状态的单元格变成灰显，以说明载荷被抑制了，如图 3-17 所示。

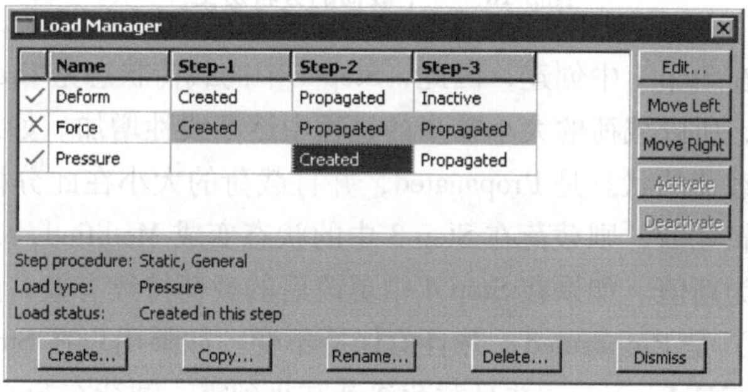

图 3-17　在载荷管理器中抑制命名为 Force 的载荷

注意：没有与特征关联的管理器；用户可以在模型树中使用弹出菜单来抑制或者恢复特征。

用户也可以从主菜单栏的相应菜单中选择 Suppress→*object* 来抑制对象。例如，要抑制图 3-16 中命名成 Force 的载荷，用户应当从载荷模块的主菜单栏选择 Load→Suppress→Force。

用户不能编辑被抑制的对象，但可以复制、重命名和删除它们。视口中不显示已经抑制对象的符号。

用户可以恢复先前被抑制的对象。如果用户试图恢复一个对给定过程类型无效的对象，则 Abaqus/CAE 会显示一个错误信息。用户可以使用管理器或者主菜单栏中的 Resume 菜单项来恢复对象。在管理器中，单击红色的“×”将图标改成绿色对号并删除单元格底纹。视口中显示被恢复对象的符号。

用户也可以使用模型树，通过在对象上右击鼠标并从出现的菜单中选择 Suppress 或 Resume 来抑制或者恢复一个对象。模型树会在对象旁边显示一个红色的“×”来说明对象被抑制。更多信息见 3.5.1 节“模型树概览”。

3.4.4　理解分析步中对象的状态

一个模型可以包含一系列分析步。当用户在一个分析步中创建对象时，此对象在任何后续分析步中都可能继续有效或者无效。任何特定分析步中对象的有效性（或者无效性）称为对象在此分析步中的“状态”。

例如，图 3-18 所示为一系列通用静态分析步中载荷的状态。

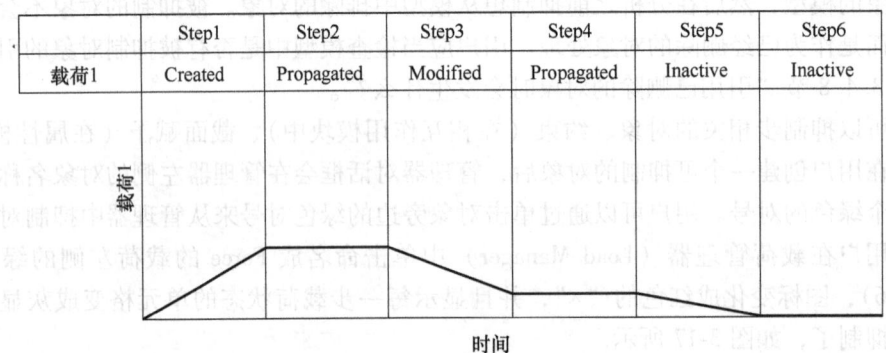

	Step1	Step2	Step3	Step4	Step5	Step6
载荷1	Created	Propagated	Modified	Propagated	Inactive	Inactive

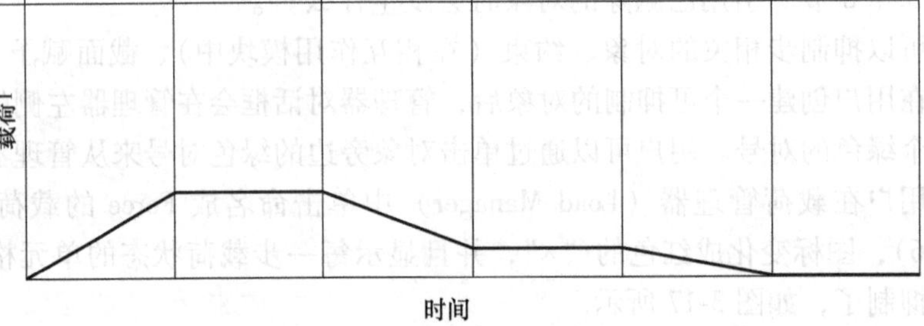

图 3-18　一个载荷的分析历史

此示例中的载荷在 Step 1 中创建，因此，Step 1 中的载荷状态是 Created。因为 Step 1 是一个通用静态分析步，所以载荷的大小在步的过程中逐渐线性增加。如果在 Step 2 中载荷持续有效，则 Step 2 中载荷的状态是 Propagated，并且载荷的大小在此分析步中保持不变。如果用户在 Step 3 中编辑载荷，则载荷在 Step 3 中的状态变成 Modified，并且载荷的大小在分析步中逐渐线性变化为新值。如果在 Step 4 中更改后的载荷持续有效，则载荷在 Step 4 中的状态（与 Step 2 相同）是 Propagated，并且值保持不变。如果用户在 Step 5 中抑制载荷，则载荷在 Step 5 中的状态是 Inactive，并且载荷逐渐减小到零。载荷在 Step 6 中保持无效。

用来描述对象状态的详细解释，见 3.4.5 节“描述对象状态的项”。

3.4.5　描述对象状态的项

Abaqus/CAE 使用下面的项来描述特定分析步中对象的状态：

Created

创建。在此分析步中创建对象并变得有效。分析步中指定条件变得有效的点取决于与此分析步关联的幅值变化。

Computed

计算。分析过程将在此分析步中计算对象值。

Modified

更改。对象的定义在此分析步中得到更改。分析步中指定条件的变化取决于与此分析步关联的幅值变化。

Propagated

传递。在分析的早期分析步中创建、更改或者计算的对象，在当前的分析步中持续有效。

Inactive

抑制。对象在当前分析步或者之前的分析步中受到抑制。此对象将在所有的后续分析步中受到抑制，直到用户重新激活它。用户不能在创建对象的分析步中抑制该对象。分析步中指定条件变得无效的点取决于与此分析步关联的幅值变化。

用户不能抑制预定义的场；预定义场的未激活状态意味着已经将场重新设置成初始分析步中的指定值。分析步中恢复对象初始值的点取决于与此分析步关联的幅值变化。

N/A

不适用。对象对于此分析步的计算没有任何影响。

下面的项仅应用到线性摄动分析步：

Built into base state

从基本状态中创建。任何在通用分析过程中创建的有效对象将成为基本状态的一部分，并且不能在线性摄动分析步中进行更改。

Propagated from base state

从基本状态传递。在前面的通用分析步中创建的目标将成为此过程基本状态的一部分，但用户可以对其进行更改或者抑制。

Deactivated from base state

从基本状态抑制。在前面的通用分析步中创建的目标将在此线性摄动分析步中被抑制。被抑制的状态仅应用到线性摄动分析步，并且不传递到剩下的分析步中。

下面的项仅应用到模态动力学分析步：

Built into modes

从模态内建立。在进行频率分析的先前分析步中有效的边界条件，会被用来计算模态，并纳入模态的线性摄动过程和子空间动态过程中。这些模态过程和子空间动态过程中的边界条件是给定的，不能进行更改。

3.4.6　更改步相关对象的历史

用户可以使用步相关的管理器右侧排列的五个按钮来更改对象的分析历史：Edit、Move Left、Move Right、Activate 和 Deactivate。有关如何使用这些按钮的信息，见 3.4.12 节“更改分析步中对象的状态”。这些按钮的使用会受到每一个分析步属性和分析步对象状态的约束。

下列表中描述了更改步相关对象历史的规则：

更改对象激活的分析步

用户可以通过移动 Created 状态到另一个分析步中，以更改其激活状态。用户可以将对象的 Created 状态移动到任何之前的通用分析步中；或者如果后面的分析步状态为 Propagated，则用户也可以将 Created 状态移动到后面的通用分析步中。

例如，用户可以在下面的载荷管理器表中选择 Load 1 的 Created 状态。

	Step 1	Step 2	Step 3	Step 4	Step 5
Load 1		Created	Propagated	Propagated	Propagated

如果用户将 Created 状态移动到 Step 1，则表将发生如下变化。

	Step 1	Step 2	Step 3	Step 4	Step 5
Load 1	Created	Propagated	Propagated	Propagated	Propagated

如果用户将 Created 状态移动到 Step 3，则表将发生如下变化。

	Step 1	Step 2	Step 3	Step 4	Step 5
Load 1			Created	Propagated	Propagated

注意：如果对象是在线性摄动分析步中创建的，则 Created 状态不能移动。

更改对象

当对象的状态为 Propagated 时，用户可以更改它。此分析步中对象的状态变成 Modified。

将对象的更改移动到另一个分析步

用户可以通过将对象的更改状态移动到另一个分析步来传递对象的更改。如果这些分析步中的对象状态为 Propagated，则用户可以将对象的 Modified 状态移动到前面或者后面的通用分析步中。

例如，用户可以在下面的载荷管理器表中选择 Load 1 的 Modified 状态。

	Step 1	Step 2	Step 3	Step 4	Step 5
Load 1		Created	Propagated	Modified	Propagated

如果用户将 Modified 状态移动到 Step 3，则表将发生如下变化。

	Step 1	Step 2	Step 3	Step 4	Step 5
Load 1		Created	Modified	Propagated	Propagated

如果用户将 Modified 状态移动到 Step 5，则表将发生如下变化。

	Step 1	Step 2	Step 3	Step 4	Step 5
Load 1		Created	Propagated	Propagated	Modified

抑制对象

用户可以在状态为 Propagated 或者 Modified 时抑制对象。此分析步和任何后续分析步中的对象状态将变成 Inactive。

注意：用户不能使用 Predefined Field Manager 来抑制预定义的场；必须选择预定义场编辑器中的 Reset to initial（如 16.11.9 节“定义温度场”）。

警告：如果用户抑制状态为 Modified 的对象，则对该对象的更改将丢失。如果用户在后续重新激活了分析步中的对象，则对象的原始传递版本将在分析步和所有后续分析步中变为激活状态。

重新激活对象

用户可以重新激活处于 Inactive 状态的对象。然而，Activate 按钮仅在最先抑制对象的分析步中可用（例如，下面的 Step 3）。

	Step 1	Step 2	Step 3	Step 4	Step 5
Load 1	Created	Propagated	Inactive	Inactive	Inactive

当用户重新激活上述示例中的载荷时，Step 3 和后续所有分析步中的状态将变成 Propagated。

对线性摄动分析步应用下面的法则：

抑制状态为 Propagated from base state 的边界条件

用户可以抑制状态为 Propagated from base state 的对象。线性摄动分析步中的对象状态改变成 Deactivated from base state。状态 Propagated from base state 不能移动到其他分析步。

重新激活状态为 Deactivated from base state 的边界条件

用户可以重新激活状态为 Deactivated from base state 的对象。线性摄动分析步中的对象状态改变成 Propagated from base state。状态 Propagated from base state 不能移动到其他分析步。

状态为 Built into base state 的对象

不能直接更改 Built into base state 状态。

有关通用分析步和线性摄动分析步输出请求传递行为的信息，见 14.4.3 节“输出请求的传递”。

用户可以使用模型树来显示步相关对象的状态、编辑对象，以及抑制和重新激活对象。然而，用户必须使用步相关的管理器，通过在步序列中向左或者向右移动对象来更改对象的历史。更多信息见 3.5.1 节“模拟树概览”。

3.4.7　理解更改后的步相关对象

用户在创建对象的分析步中编辑对象时，会改变处于激活状态的所有分析步中对象的定义。在一些情况中，用户也可以在对象状态为 Propagated 或者 Modified 的分析步中编辑对象。在这些情况中，对象的定义会根据分析步的不同而变化。

编辑步相关对象的效果总结如下：

如果选中分析步中的对象状态为 Created

- 在此分析步中，对对象进行的更改变得有效，并传递到所有条件有效的后续分析步骤中，除非用户在后续分析步中再次更改对象。

• 对象的状态在选中的分析步中保持 Created，并在所有后续的分析步中保持不变。更多信息见 3.4.4 节“理解分析步中对象的状态”。

如果选中分析步中的对象状态为 Propagated 或者 Modified

• 在此分析步中，对对象进行的更改变得有效，并传递到所有对象激活的后续分析步中。

• 在此分析步中，对象的状态变成（或者保持）Modified，而在所有其他分析步中保持不变（换言之，如果后续分析步中的对象状态在更改之前为 Propagated，则后续分析步中的状态在更改之后保持 Propagated）。例如，图 3-18 中在后续通用静态分析步中施加的载荷已经在 Step 3 中进行了更改；更改在 Step 4 中保持有效，即使 Step 4 中的状态为 Propagated。更多信息见 3.4.4 节“理解分析步中对象的状态”。

• 当用户在相互作用编辑器以外的任何编辑器中更改数据时，Abaqus/CAE 都会在编辑器中说明已经更改的数据。如果用户将编辑器中的数据改回原始值，则这些说明将消失。

在一些情况中，用户不能编辑对象定义的特定方面，因为它必须保持不变才能确保分析的正确性。例如，虽然用户可以在任何分析步中更改载荷的大小，但用户不能更改施加载荷的区域。只有在创建此对象的分析步中，才能访问和更改这些受约束数据的区域。

3.4.8 引用已删除的对象时会发生什么？

删除或者重新命名对象（如材料和幅值）时，用户应当注意，这些对象可能会被其他对象引用。例如，如果用户删除或者重新命名一个材料，则其他引用了该材料的部分可能无法正确识别和找到该材料。要解决缺少引用的问题，用户可以编辑该部分并引用一个新材料，也可以创建一个与已删除材料同名的新材料。

表 3-1 列出了其他对象常引用的对象。

表 3-1 其他对象常引用的对象

对象	可以引用左列对象的对象
材料	截面
侧面	截面、蒙皮
截面	截面赋予
相互作用	输出请求、接触控制
相互作用属性	相互作用
幅值	载荷、预定义场、边界条件、相互作用
连接器截面	连接截面赋予

（续）

对象	可以引用左列对象的对象
区域（集合或者面）	边界条件、预定义场、载荷、相互作用、约束、连接器截面赋予、输出请求、截面赋予、梁截面方向、材料方向、DOF 监控、自适应网格划分区域
载荷	载荷工况、输出请求
边界条件	载荷工况
基准坐标系	边界条件、连接器截面赋予、材料方向、约束
基准平面	载荷
基准轴	载荷
基准点	约束
零件实例	约束
零件	零件实例

零件和零件实例的行为略有不同。如果用户在装配模块中实例化零件后删除零件，则 Abaqus/CAE 将抑制装配中的零件实例。用户可以从装配体中删除实例。另外，如果用户创建使用相同名称的新零件，则用户可以激活此零件实例，并将其包含在装配体中。此外，如果用户重新命名一个零件或者基准，则此零件或者基准的对象将引用新的名称。因此，引用不会变得不一致。

3.4.9 使用管理器对话框管理对象

Abaqus/CAE 为用户提供一组管理器，可列出当前模型或者程序会话中定义的所有对象，如零件、独立的草图、材料、截面、分析步、显示组和 *X-Y* 数据对象。此外，Model Manager（模型管理器）还列出了当前模型数据库中定义的所有模型。

注意：有关特定管理器及其位置的更多信息，用户可参见感兴趣的特定模块的内容。

使用管理器对话框中的按钮来管理对象列表。

若要管理对象，执行以下操作：

1. 要显示一个管理器，进行下面的操作。

- 要显示与模块关联的管理器，从主菜单栏的相应菜单中选择 Manager。例如，要在属性模块中显示 Section Manager，从主菜单栏选择 Section→Manager。
- 要显示与工具集关联的管理器，从主菜单栏选择 Tools→Toolset→Manager。例如，要显示 Set Manager，从主菜单栏选择 Tools→Set→Manager。
- 要显示与模型树中对象关联的步相关管理器，在对象上右击鼠标，并从出现的菜单中选择 Manager。

● 要显示 Model Manager，从主菜单栏选择 Model→Manager。

管理器出现，并在当前模块或者程序会话中显示对象的列表。此列表包含每一个对象的名称，有时还包含每一个对象相关的信息。例如，Part Manager 会列出每一个零件的名称、零件的状态、零件的类型和创建零件的模型空间。

2. 要管理现有的对象，从管理器的列表中选择感兴趣的一个或者多个对象，然后单击相应的按钮（例如，要删除一个对象，从列表中选择此对象的名称，然后单击 Delete）。

在大部分情况中，会出现一个对话框。例如，当用户单击 Rename 时，会出现一个对话框来询问选中对象的新名称。

3. 如果出现对话框，用户应提供所需的信息并单击 OK。

4. 单击 Dismiss 来关闭管理器。

技巧：用户也可以使用主菜单栏中的菜单来管理对象。更多信息见 3.4.10 节“使用管理器菜单管理对象”。

3.4.10 使用管理器菜单管理对象

与管理器一样，主菜单栏中的下拉菜单允许用户管理当前模型或者程序会话中定义的所有对象。

若要使用菜单来管理对象，执行以下操作：

1. 从主菜单栏选择下面的一个。

● 要管理与模块关联的对象，在主菜单栏的相应菜单中选择管理器菜单项目。例如，要在属性模块中编辑材料，用户应当从主菜单栏选择 Material→Edit→所选的材料。

● 要管理与工具集关联的对象，选择 Tools 菜单中的相应管理器菜单。例如，要删除一个集合，用户应当从主菜单栏选择 Tools→Set→Delete→所选的集合。

● 要管理当前模型数据库中定义的所有模型，选择主菜单栏 Model 菜单中的管理器菜单项目。例如，要复制一个模型，用户应当从主菜单栏选择 Model→Copy→所选的模型。

在大部分情况中，会出现一个对话框；例如，当用户重新命名一个对象时，会出现一个对话框来询问对象的新名称。

2. 如果出现对话框，用户应提供所需的信息并单击 OK。

技巧：用户也可以使用管理器对话框来管理对象。更多信息见 3.4.9 节“使用管理器对话框管理对象”。

3.4.11 使用管理器对话框复制步相关的对象

用户可以使用管理器对话框中的 Copy 按钮来复制步相关的对象，如载荷、边界条件、相互作用、预定义场、输出请求或者自适应网格划分约束。用户可以从任何分析步中复制一个对象到其他有效的分析步。

若要复制一个分析步相关的对象，执行以下操作：

1. 打开相应的管理器，如3.4.9节“使用管理器对话框管理对象”中所描述的那样。
2. 通过单击相应的表单元格来选择想要复制的对象。
3. 单击Copy。
4. 输入新对象的名称。
5. 从Step列表中选择目标分析步。默认情况下，对象会复制到创建它的分析步中。
6. 单击OK。

对象被复制到选中的目标分析步中。

如果目标分析步的类型与最初创建对象的分析步类型不同，则Abaqus/CAE可能需要更改对象以使其与新的分析步兼容。例如，如果在一个静态（通用）分析步中创建了载荷，并且用户将此分析步复制到一个稳态的动力学（线性摄动）分析步中，Abaqus/CAE将对载荷值添加一个虚部。相反，如果从一个稳态动力学分析步中复制一个载荷到静态分析步，则将删除虚部。

此外，当用户将一个对象复制到创建该对象的其他分析步时，对原始对象在其传播状态中所做的任何更改都将在副本中被忽略。

Abaqus/CAE会阻止用户将对象复制到目标类型无效的分析步类型中。Abaqus/CAE还会阻止用户复制被抑制的对象或者复制到被抑制的分析步中。

3.4.12　更改分析步中对象的状态

步相关的管理器包含一些在特定环境下，用户可以用来改变特定分析步中对象状态的按钮。这些按钮一般为Move Left、Move Right、Activate和Deactivate。

用户是否可以改变一个分析步中的对象状态，取决于此分析步中步的过程和对象的状态。此管理器仅允许用户对对象的历史进行有效更改。如果按钮的某个操作会造成状态的无效更改，则此按钮将不可用。更多信息见3.4.6节“更改步相关对象的历史”。

下面列出了描述操控步相关对象状态的技术：

选择用户想要更改的状态

单击位于感兴趣行和列中的单元格。

分析步中的对象状态变为高亮显示。在大部分情况中，对话框右侧的部分或者全部按钮变得可用。按钮是否可用，取决于当前分析步、前一分析步以及后一分析步中对象的状态。

例如，下面给出的Step-3中Pressure的Created状态。

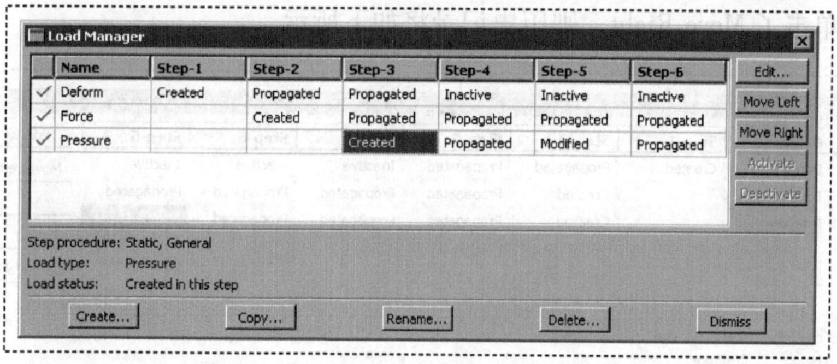

使用变得可用的按钮来操控所选分析步中对象的状态，如下所述。

将选中分析步中的状态移动到前一分析步

单击 Move Left 来将高亮显示的选中状态移动到前一分析步。

例如，在上图的历史记录中选中了 Step-3 中 Pressure 的 Created 状态。如果用户单击 Move Left，则历史记录将如下所示。

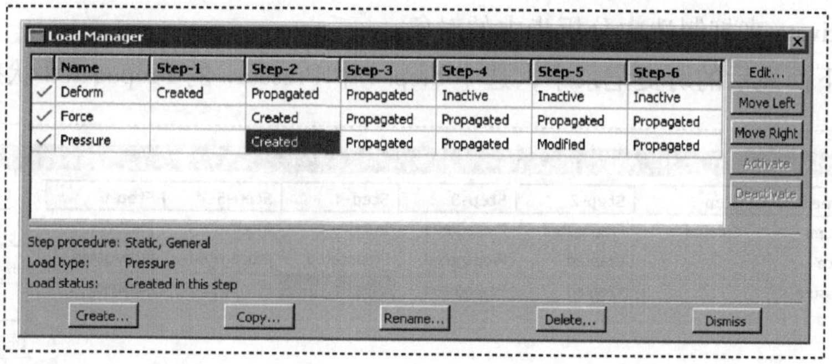

Pressure 的 Created 状态移动到 Step-2，并且原来的 Created 状态由 Step-3 中的 Propagated 替代。

将选中分析步中的状态移动到后一分析步

单击 Move Right 来将高亮显示的选中状态移动到后一分析步。

例如，在下面显示的历史记录中，选中 Step-5 中 Pressure 的 Modified 状态。

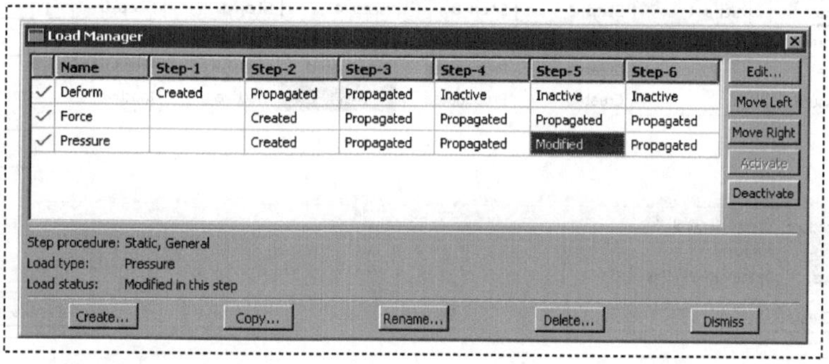

如果用户单击了 Move Right，则历史记录将如下所示。

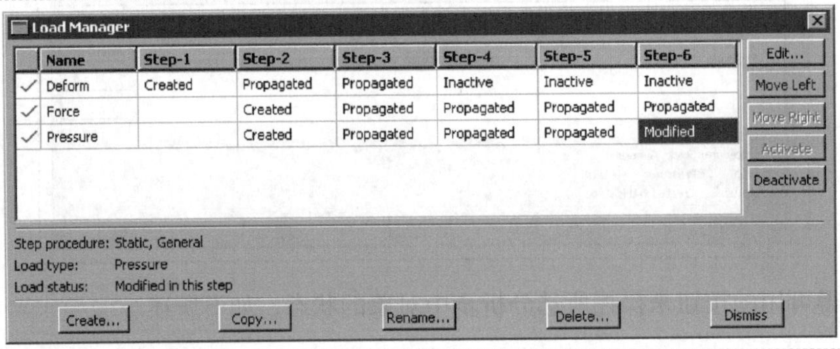

Pressure 的 Modified 状态移动到 Step-6（表明对 Pressure 的更改在 Step-6 中变得有效），并且 Step-5 中的 Modified 被替换成 Propagated。

抑制选中分析步中的对象

单击 Deactivate 来抑制选中分析步中的对象。

例如，在下面显示的历史记录中，选中 Step-4 中 Pressure 的 Propagated 状态。

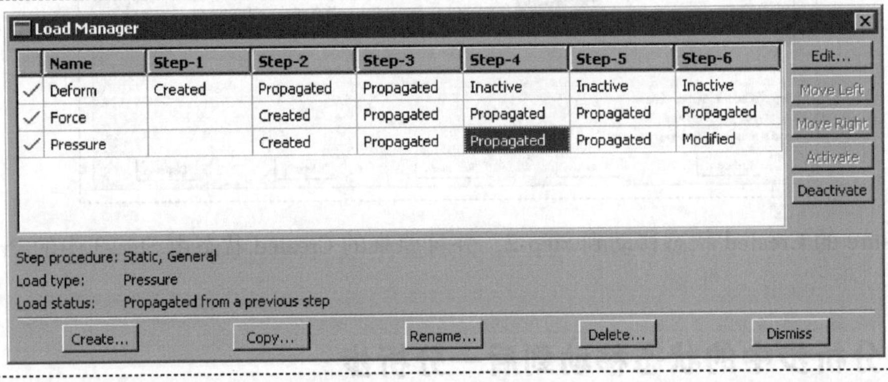

如果用户单击 Deactivate，则历史记录将如下所示。

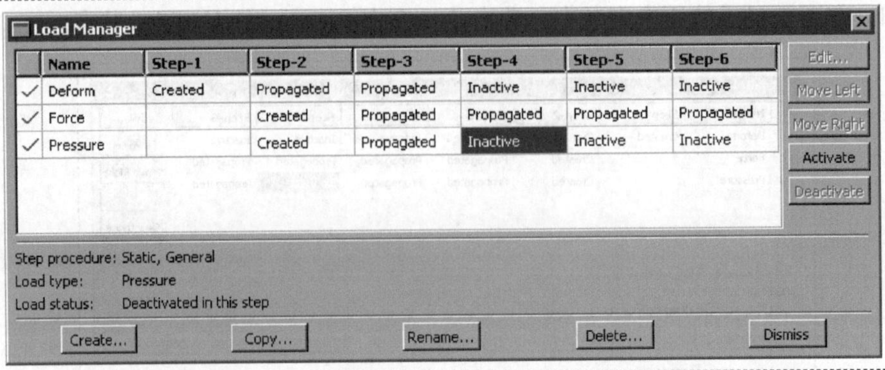

Step-4 中 Pressure 的 Propagated 状态变成 Inactive，并且所有后续分析步的状态变成 Inactive。

注意：用户不能使用 Predefined Field Manager 来抑制预定义的场，而是必须在预定义场编辑器中选择 Reset to initial（例如，见 16.11.9 节“定义温度场”）。

警告：如果用户抑制一个分析步状态是 Modified 的对象，则会丧失对对象进行修改的权限。如果用户后续再次激活了此分析步中的对象，则在此分析步及所有后续分析步中激活的对象是原始的、未更改的对象版本。

在选中分析步中重新激活对象

单击 Activate 来重新激活选中分析步中的对象。

例如，在上面显示的历史记录中，选中了 Step-4 中 Pressure 的 Inactive 状态。如果用户单击 Activate，则历史记录将如下所示。

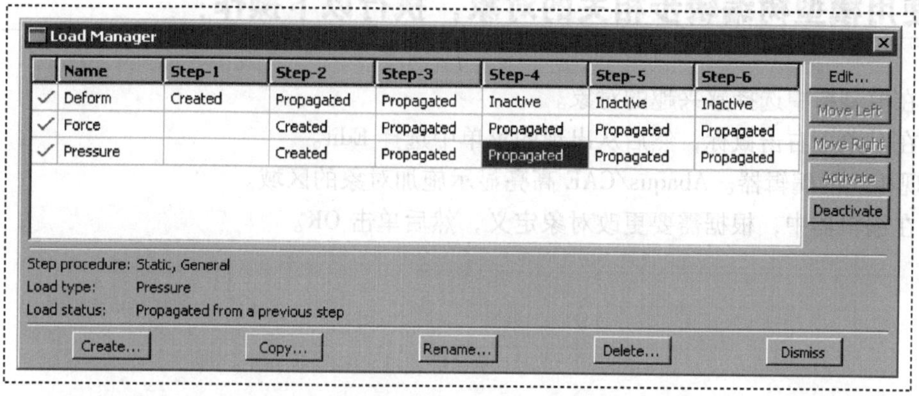

在 Step-4 和其后的任何分析步中，Pressure 的 Inactive 状态都变成 Propagated。

注意：仅在对象最先被抑制的分析步中才可以使用 Activate 按钮。

用户可以使用模型树来显示步相关对象的状态、编辑对象、抑制和重新激活对象。然而，用户必须使用步相关的管理器，通过在分析步序列中向左或者向右移动对象来更改对象的历史。更多信息见 3.5.1 节“模型树概览”。

3.4.13 编辑步相关的对象

用户可以使用菜单、管理器或者模型树来编辑特定分析步中步相关的对象。用户不能编辑被抑制的对象；用户必须在编辑前恢复对象。更多信息见 3.4.3 节“抑制和恢复对象”（有关更改后对象状态的信息，见 3.4.7 节“理解更改后的步相关对象”）。

若要使用菜单来编辑步相关的对象，执行以下操作：

1. 从主菜单栏的相应菜单中选择 Edit→所选择的对象。例如，如果用户想要在载荷模块中编辑一个载荷，则选择 Load→Edit→所选择的载荷。

出现相应的编辑器。施加对象的区域在当前视口中高亮显示。

2. 在编辑器中，根据需要更改对象定义，然后单击 OK。

若要使用管理器编辑步相关的对象，执行以下操作：

1. 在管理器中定位感兴趣的单元对象。单元对象位于用户想要更改的对象行和相关分析步列中。

2. 在管理器中双击单元对象。

注意：另外，用户也可以单击感兴趣的单元对象，然后单击 Edit。

出现相应的编辑器。Abaqus/CAE 高亮显示施加对象的区域。

3. 在编辑器中，根据需要更改对象定义，然后单击 OK。

若要使用模型树编辑步相关的对象，执行以下操作：

1. 在模型树中选择感兴趣的对象。

2. 在对象上右击鼠标，然后从出现的菜单中选择 Edit。

出现相应的编辑器。Abaqus/CAE 高亮显示施加对象的区域。

3. 在编辑器中，根据需要更改对象定义，然后单击 OK。

3.5 操作模型树和结果树

模型树和结果树是浏览和管理模型以及分析结果的方便工具。用户可以使用模型树来显示模型和模型包含的项目，也可以使用结果树来显示输出数据库的分析结果，以及 *X-Y* 图那样的程序会话的特定数据。两个树都提供了主菜单栏、模块工具箱和不同管理器的功能快捷键。本节介绍模型树和结果树，包括以下主题：

- 3.5.1 节 “模型树概览”
- 3.5.2 节 “结果树概览”
- 3.5.3 节 “在模型树和结果树中使用弹出菜单”
- 3.5.4 节 “改变模型的显示”

3.5.1 模型树概览

模型树提供了模型中项目分层级的可视化描述。例如，图 3-19 所示为完成悬臂梁教程后的模型树外观。模型树与结果树共享 Abaqus/CAE 界面的左侧，在属性模块中还与材料库共享 Abaqus/CAE 界面的左侧。用户可以单击 Model、Results 或者 Material Library 标签页来在模型树、结果树和材料库之间切换显示。有关结果树和材料库的更多信息，分别见 3.5.2 节“结果树概览”和 12.5 节“使用材料库”。此外，模型树顶部的提示按钮提供了模型树和结果树的功能快速摘要，以及键盘快捷摘要。

一个完整的 Abaqus/CAE 模型包含执行分析所需的所有信息；例如，所有的零件、材料、分析步和载荷以及装配体的网格表示。模型还包含递交给 Abaqus 分析产品的作业。更多信息见 9.2.1 节 “Abaqus/CAE 模型包含什么?”。所有这些项目都在模型树中得到表示。

模型树中的项目通过小图标来表示；例如，Steps 图标为 Steps (2)。此外，项目旁边的圆括号说明此项目是一个容器，圆括号中的数字表示容器中项目的数量。用户可以单击模型树中的“加”和“减”符号来扩展和折叠一个容器。左箭头键和右箭头键也可实现相同的操作。

例如，图 3-19 中所示的 Steps 容器，表示模型包含两个分析步——Initial 分析步和 BeamLoad 分析步（见图 3-20）。从扩展后的 BeamLoad 分析步可知，该分析步有四个容器，每一个容器包含一个项目。

此外，该分析步还包含四个空的容器——ALE Adaptive Mesh Constraints、Interactions、Predefined Fields 和 Load Cases。用户不能从模型树删除空的容器，虽然用户可以从视图中隐藏空的容器（见 3.5.4 节“改变模型的显示”）。最后，扩展 Loads 容器后的结果如图 3-21 所示，表示在此分析步中创建了一个名为 Pressure 的单个载荷。

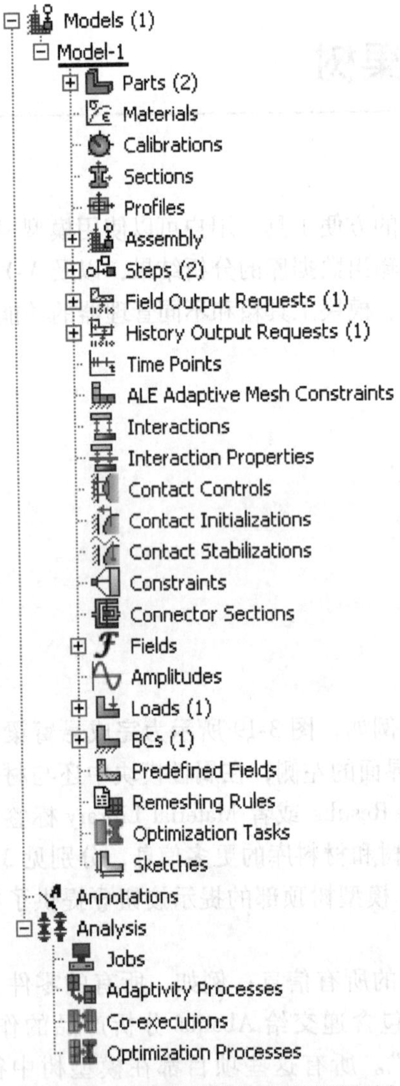

图 3-19　完成悬臂梁教程后的模型树

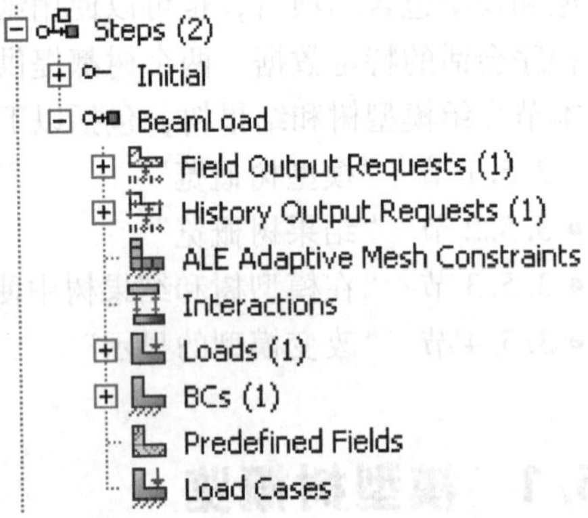

图 3-20　BeamLoad 分析步中的容器

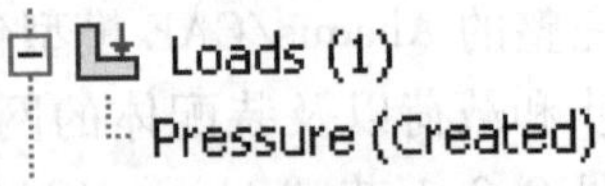

图 3-21　Loads 容器中的载荷

容器的排列和模型树中的项目反映了用户可能创建模型的次序。类似逻辑控制模块菜单中的模块次序——在创建装配之前创建零件并在创建载荷之前创建分析步。此排列是固定的——用户不能在模型树中移动项目。更多信息见 2.3 节“什么是模块?”。

Abaqus/CAE 会在模型树的当前对象上标注下划线并在环境栏中显示它们。用户正在操作的模型是当前对象。当前零件或者当前分析步也是一个当前对象。当用户选择模型树中的一个项目时，如果选中的项目属于当前对象，Abaqus/CAE 将在当前视口中高亮显示此项目。例如，如果用户选择一个载荷，并且如果此模型施加在模型的当前分析步中，则 Abaqus/CAE 在当前视口中高亮显示此载荷，容器不高亮显示。

用户可以在模型树中选择多个项目，并且如果这些项目属于当前对象，则 Abaqus/CAE 高亮显示这些项目中的每一个。例如，用户可以在模型的当前分析步中选择一个相互作用和一个载荷，Abaqus/CAE 将高亮显示装配中的相互作用和载荷。

当用户在项目上移动光标时，模型树会显示与项目有关的一些信息，如图 3-22 所示。在大部分情况中，从项目管理器可以获取相同的信息。

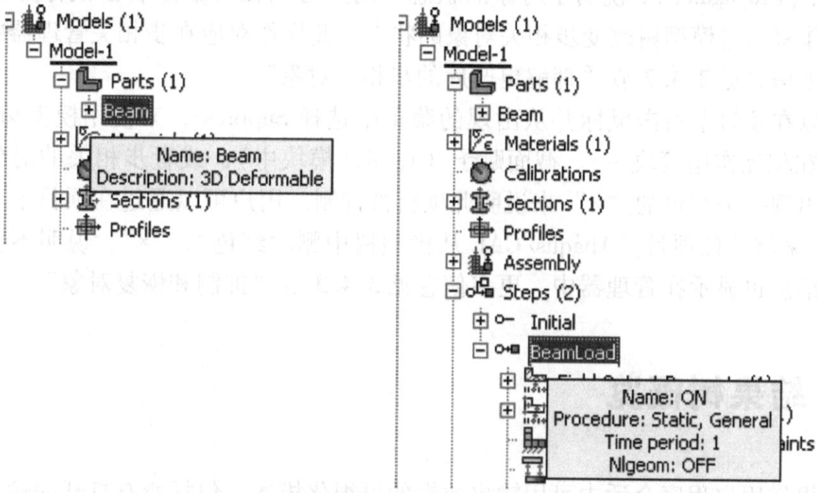

图 3-22　模型树显示与光标下的项目有关的信息

当光标位于模型树中时，按下字母键可索引以该字母开头的第一个项目，继续输入字母可减少模糊匹配，直到找到用户想要的项目。表 3-2 列出了在模型树中浏览时可以使用的所有键盘快捷键，用户也可以使用这些快捷键来浏览结果树。

表 3-2　模型树和结果树中的键盘快捷键

键盘快捷键	动作
[Home]	转到模型树或者结果树的顶部
[End]	转到模型树或者结果树的底部
向上箭头	上移一个项目
向下箭头	下移一个项目
向右箭头	扩展分支或者下移一个项目
向左箭头	折叠分支或者上移一个项目
[Delete]	删除项目
[F2]	对连接器应用过滤器

模型树提供了主菜单栏和模块管理器的绝大部分功能。例如，如果用户双击 Parts 容器，则用户可以创建一个新的零件（等效于从主菜单栏选择 Part→Create）。如果用户双击一个零件特征，则用户可以编辑此特征（等效于从主菜单栏选择 Feature→Edit）。

用户可以拖动模型树与绘图区之间的分隔线来改变模型树的宽度。此外，用户可以通过从主菜单栏选择 View→Show Model Tree 来切换不选模型树的显示。按［Ctrl］+T 键具有相同的效果。要切换到结果树，单击 Result 标签页。

分析步相关的对象是可以在分析步之间传承的对象；例如，载荷和相互作用。更多信息见 3.4.2 节“什么是步相关的管理器?”。模型树中分析步相关对象旁边的文本，如（Created）和（Propagated），说明了对象的状态。用户可以在对象上右击鼠标并从出现的菜单中选择操作来通过模型树改变步相关对象的状态。此操作对应在步相关管理器中可以使用的功能。更多信息见 3.4.7 节“理解更改后的步相关对象”。

用户可以在项目上右击鼠标并从出现的菜单中选择 Suppress，来使用模型树抑制特征、一个约束（在相互作用模块中）、截面赋予（在属性模块中），或者步相关的对象。模型树的项目旁会出现一个红色的“×”来说明此项目被抑制。用户可以通过在项目上右击鼠标并选择 Resume 来继续该项目。Abaqus/CAE 从模型树中删除红色的“×”，说明不再抑制此项目。同样的信息也显示在管理器中。更多信息见 3.4.3 节“抑制和恢复对象”。

3.5.2　结果树概览

结果树提供用户程序会话中可用输出数据的可视化描述，包括所有打开的输出数据库和特定于程序会话的数据，如 *X-Y* 数据和 *X-Y* 图。此外，结果树使用户能够浏览当前模型数据库中可以看到的内容，如在具体模型的一个分析步中指定的载荷。此工具与模型树共享 Abaqus/CAE 界面的左侧，并且仅在属性模块中与材料库共享 Abaqus/CAE 的左侧。用户可以单击 Model、Results 或者 Material Library 来在模型树、结果树和材料库之间切换（有关材料库的更多信息，见 12.5 节“使用材料库”）。结果树使用的快捷键和浏览快捷键与模型树一样；更多信息见表 3-2。

图 3-23 所示为完成铰链模型教程分析后的结果树。Output Databases 容器显示用户程序会话中当前打开的所有输出数据库文件。在图 3-23 所示的示例中，扩展 Output Databases 容器后的结果表示仅打开了一个输出数据库——PullHinge 输出数据库。

扩展 PullHinge，如图 3-24 所示，可以发现该输出数据库有以下容器：History Output、Steps、Instances、Materials、Sections、Element Sets、Node Sets 和 Surface Sets。此外，输出数据库包含两个空的容器——Session Coordinate Systems 和 ODB Coordinate Systems。用户不能从结果树删除空的容器，虽然用户可以从视图中隐藏空的容器（见 3.5.4 节“改变模型的显示”）。

扩展 History Output 容器，如图 3-25 所示，会显示此分析中请求历史输出的 16 个输出变量。每一个变量列表还描述了请求历史输出的区域；在此示例中，每一个历史输出请求都是针对整个模型发出的。用户可以在结果树中单击历史输出变量来在当前视口中显示选中的变量。

每一个输出数据库还包括一个 Steps 容器，该容器包括输出数据库中每一个分析步的容器，以及分析步内部输出数据库中的每一帧的容器。用户可以使用结果树来显示分析的任意帧的模型，来激活或抑制分析中的分析步或者帧，或者显示选中帧的场输出。

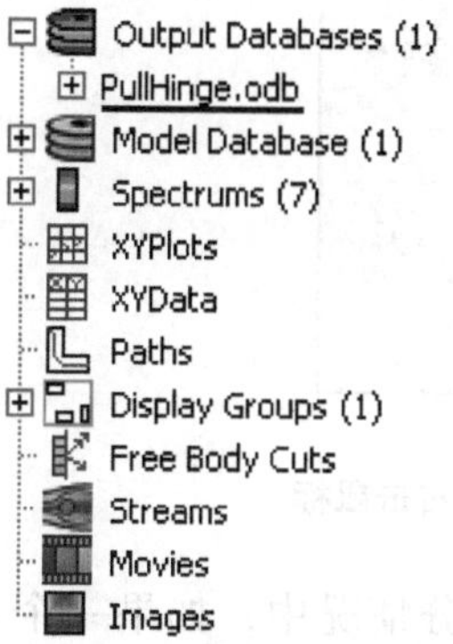

图 3-23 完成铰链模型教程分析后的结果树

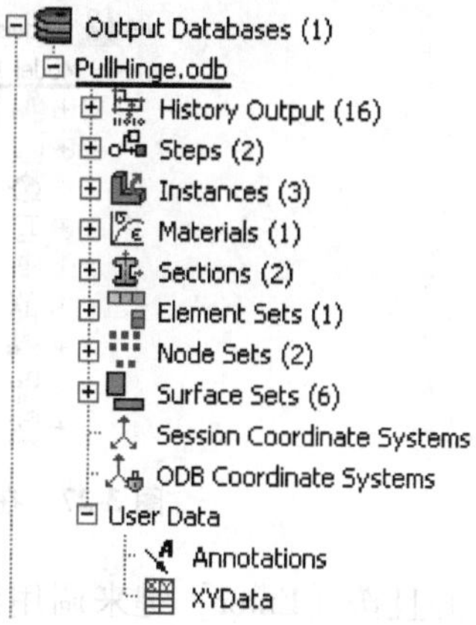

图 3-24 PullHinge 输出数据库中的容器

Model Database 容器显示当前模型数据库中所有的模型。用户可以扩展每一个模型来选择包含想要探查数据的分析步，并显示或者隐藏各零件实例。图 3-26 显示的铰链模型扩展了 Steps 容器和 Instances 容器。

结果树中其他容器提供的数据快捷键，仅在用户的程序会话中延续。通过使用这些快捷键，用户可以创建和管理云图谱；创建和编辑 *X-Y* 数据并显示 *X-Y* 图，创建和管理路径并显示组；上传和显示背景图和动画。

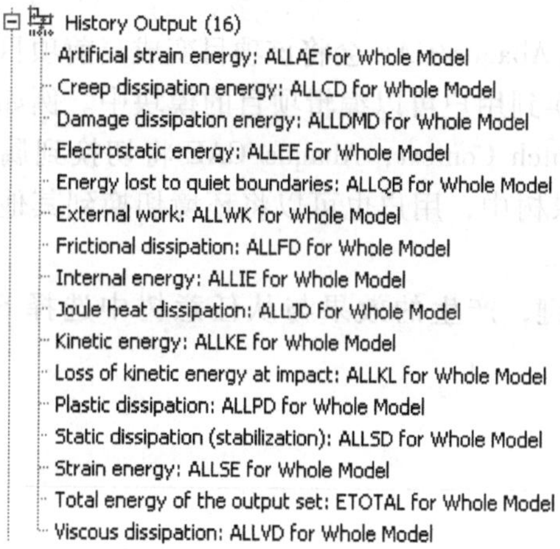

图 3-25 结果树的 History Output 容器

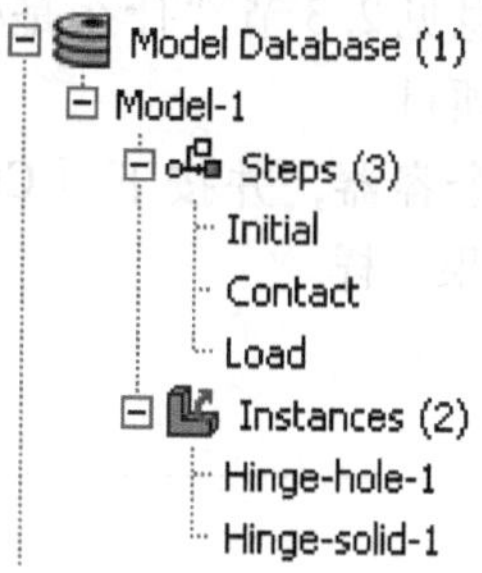

图 3-26 结果树的 Model Database 容器

3.5.3 在模型树和结果树中使用弹出菜单

模型树和结果树的大部分功能来自用户在一个项目上右击鼠标时出现的弹出菜单。例如，图 3-27 所示为在模型树中的 Parts 容器上右击鼠标的显示效果。

Create 菜单项目在图 3-27 中显示成黑体，因为它是默认操作。双击一个项目或者选择一

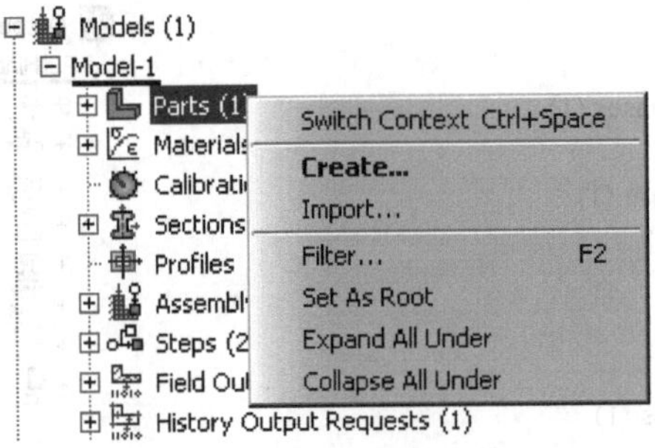

图 3-27 在模型树中的 Parts 容器上右击鼠标

个项目，并且按［Enter］键来调用默认的操作。在大部分情况中，如果一个项目是容器，则默认的操作是在容器中创建一个新的项目。类似地，如果一个项目不是容器，则 Abaqus/CAE 默认显示 Create Part 对话框；例如，如果用户双击容器中的一个零件，则 Abaqus/CAE 显示 Edit Part 对话框并允许用户编辑选中的零件。

弹出菜单中的一些命令会在模型树和结果树的所有项目中显示，而其他命令仅在特定项目或者两个树中的项目中显示。例如，Switch Context 命令在模型树和结果树中出现的所有项目中显示，包括容器。下面的命令会在模型树和结果树的所有容器项目中显示：

Switch Context

转换环境。如果用户选择 Switch Context，则 Abaqus/CAE 会将该项目变成当前项目。在模型树中，在合适的地方，Abaqus/CAE 也能切换到用户可以编辑项目的模块中。例如，如果用户在 Materials 容器上右击鼠标，并选择 Switch Context，Abaqus/CAE 将切换到属性模块。更多信息见 2.3 节“什么是模块?”。在结果树中，用户也可以将环境切换到其他输出数据库中的项目。

选择一个容器，并按下［Ctrl］+［Space］键，产生的效果与从任意树中选择 Switch Context 的效果一样。

Filter

过滤器。当用户选择 Filter 时，Abaqus/CAE 会提示用户在容器名称旁边输入一串字符。用户按下［Enter］键时，Abaqus/CAE 会过滤容器的内容并仅显示匹配指定字符串的项目。过滤器区分大小写。有关有效过滤语法的详细情况，单击模型树或者结果树顶部的提示按钮💡。图 3-28 所示为过滤容器的效果。

被过滤器隐藏的项目不能从模型树或者结果树中进行操作；然而，这些项目也不会从模型或者输出数据库中删除。当过滤器起作用时，容器名称旁

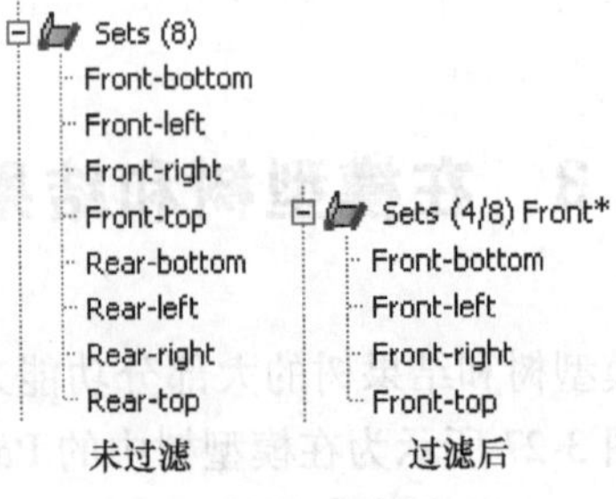

图 3-28 在模型树中过滤容器

边圆括号中的数字表示容器中可见的项目以及容器中的总项目数量（即可见数量/总数量，见图 3-28）。过滤器字符串出现在这些数字的右侧。要删除过滤器，为相应容器选择 Filter，删除过滤字符串并按［Enter］键。

仅可以对单个容器应用过滤器，并且仅在用户的程序会话中延续。选择一个过滤器并按［F2］键，与从任意树中选择 Filter 的效果一样。

Set As Root

设置为根。如果用户选择 Set As Root，Abaqus/CAE 会将容器移动到模型树或者结果树上面的下拉菜单中，并显示选中容器下的所有项目。更多信息见 3.5.4 节“改变模型的显示”。

Expand All Under

扩展所有内容。如果用户选择 Expand All Under，Abaqus/CAE 将扩展选中容器中的所有容器和项目。

Collapse All Under

折叠所有内容。如果用户选择 Collapse All Under，Abaqus/CAE 将折叠选中容器中的所有容器和项目。

Group Children

分组子项。当一个容器包含 30 个以上的项目时，Abaqus/CAE 会自动将项目分成 30 个集合。如果用户切换不选 Group Children 选项，Abaqus/CAE 将删除分组，并在容器中的相同层级上列出所有的项目。

选择一个容器，并按下［Ctrl］键+［G］键，与从任意树中选择 Group Children 的效果一样。

许多弹出菜单命令仅出现在特定的项目中。在模型树中，这些命令提供给用户可以使用项目管理器执行的操作；例如，创建、编辑、删除、重命名、抑制和恢复。在结果树中，一些弹出菜单还提供布尔操作，用于控制条目在当前视口中的显示。这些布尔操作符与控制显示组可以使用的命令相同，即替换、添加、删除、相交和取补。更多信息见 78.1.2 节“理解显示组布尔操作”。

模型树或者结果树中一些菜单对于一个容器也是特定的；例如，在分析步上右击鼠标可以切换 Nlgeom 设置，在一个作业上右击鼠标可以对现有视图添加另一个变量。用户熟悉模型树和结果树后，将可以快速执行主菜单栏、模块工具箱和不同管理器中的大部分操作。

3.5.4 改变模型的显示

如果用户从容器的弹出菜单中选择 Set As Root，Abaqus/CAE 将显示模型树或者结果树中选中容器下的所有对象，并在树上面的菜单中显示容器的名称。如果用户有一个复杂模型或者输出数据库，并且对应复杂的模型树或者结果树，则此选项是有用的。用户可以使用 Set As Root，通过仅显示用户正在操作的部分来简化模型树或者结果树。例如，图 3-29 在左边显示的模型树的视图，并与将 Materials 容器设置成根的效果进行了对比。

当用户改变默认的根容器时，用户可以使用模型树和结果树上面的菜单来移动容器的层级。此外，Abaqus/CAE 会激活模型树或者结果树上面的图标，如图 3-29 右上部分所示。

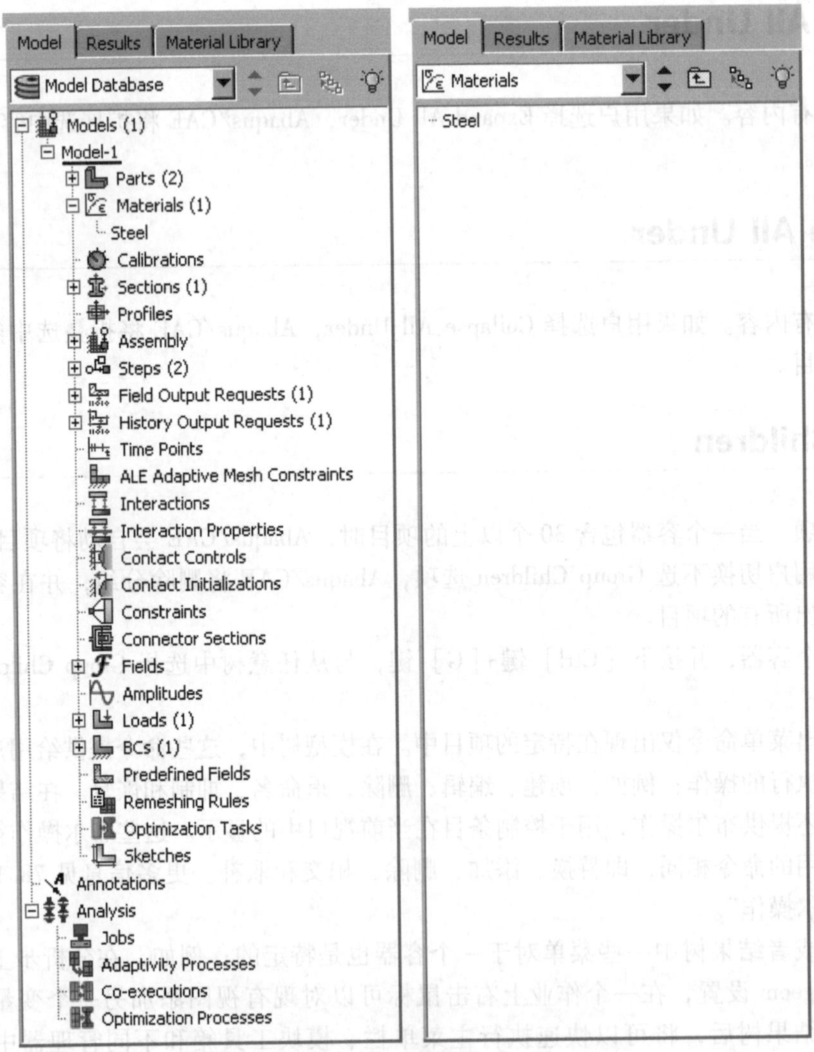

图 3-29 在模型树上使用 Set As Root 的效果

• 在 Set Root to Model Database 操作中，单击图标可将模型树返回到默认的视图，来显示树顶部的 Model Database。在 Set Root to Session Data 操作中，单击图标将结果树返回到默认的视图，来显示树顶部的 Session Data。

• Up One Level 图标，用于将模型树或者结果树的根向上移动一个层级；例如，从 Materials 容器向上移动一个层级到包含 Materials 容器的 Beam 模型。

如果用户在模型树或者结果树的背景上右击鼠标，则 Abaqus/CAE 会显示一个弹出菜单，包含以下选项：

Show Empty Containers

显示空的容器。默认情况下，Abaqus/CAE 显示模型树和结果树中的所有容器，无论它们中是否有项目。通过切换不选 Show Empty Containers 选项，用户可以抑制没有项目容器的显示。如果用户在 Abaqus/CAE 中执行操作来对之前的空容器添加项目（如使用相互作用模块工具箱创建相互作用），则容器和项目将重新出现在模型树或者结果树中。从视图抑制的容器必须是完全空的；即使容器中的所有项目都被过滤器隐藏（见 3.5.3 节“在模型树和结果树中使用弹出菜单”），此容器也不会被 Show Empty Containers 选项抑制。

Show Empty Containers 选项的状态在 Abaqus/CAE 程序会话中延续。

Expand All

扩展全部。如果用户选择 Expand All，Abaqus/CAE 将扩展模型树和结果树中的所有容器和项目。

Collapse All

折叠全部。如果用户选择 Collapse All，Abaqus/CAE 将折叠模型树或者结果树中的所有容器，仅剩下顶层的容器和项目可见。

Set Root to Displayed Object

设置显示对象的根。如果用户选择 Set Root to Displayed Object，则与当前视口中可见零件相对应的容器将成为模型树的根（如前文所描述的那样）。如果装配体在当前视口中可见，则相应模型的 Assembly 容器将成为模型树的根。

此选项仅在模型树中可用。

Set Root to Model Database

设置模型数据库的根。如果用户选择 Set Root to Model Database，则 Abaqus/CAE 会将模型树返回到默认的视图，来在树的顶部显示 Model Database。此选项的作用与 Set Root to

Model Database 操作中的图标相同。

此选项仅在模型树中可用。

Set Root to Session Data

设置程序会话数据的根。如果用户选择 Set Root to Session Data，则 Abaqus/CAE 会将结果树返回到默认的视图，来在树的顶部显示 Session Data。此选项的作用与 Set Root to Session Data 操作中的图标相同。

此选项仅在结果树中可用。

3.6 理解 Abaqus/CAE GUI 设置

当用户退出 Abaqus/CAE 时，GUI 设置总是自动保存到用户主目录中名为 abaqus_2016. gpr 的二进制文件中。更多信息见 2. 1. 3 节“使用 abaqus_2016. gpr 文件”。

GUI 设置包括以下内容：

- 主窗口的大小和位置。
- 特定对话框的大小和位置；例如，Open Database 和 Create Part 对话框。
- 单个工具箱的位置、方向和可见性。
- 定制工具栏。
- 定制键盘快捷键。
- 信息区域和命令行界面的大小。
- 是否显示模型树和结果树。树区域的宽度设置也会被储存下来。
- 打开一个文件时，用户创建的目录标签。

用户不能编辑 abaqus_2016. gpr 文件；然而，用户可以删除它来恢复默认的 GUI 和显示选项设置。

警告：删除 abaqus_2016. gpr 文件会重置上面列出的所有 GUI 设置。用户不能从删除后的 abaqus_2016. gpr 文件中恢复设置，只能在 Abaqus/CAE 中手动重新创建它们。

4 管理画布上的视口

可以将画布看成一个无限大的屏幕或者公告牌，用户可以在上面张贴“视口”；画布可以延伸超出主窗口和显示器（是一个虚拟的平面或者空间）。画布的可见部分称为绘图区，用户可以通过增加主窗口大小的方法来扩大尺寸。用户可以使用 View 菜单来全屏显示绘图区域；也可以按［F11］键来在全屏模式与普通模式之间切换。

用户可以在画布的任意位置放置视口，并且可以将视口拖拽出绘图区域。当将视口放置在绘图区域以外时，用户可以通过层叠或者平铺视口来将它们重新显示在视图中。视口不是模型的一部分，也不会在会话场景之间进行保存。

本章介绍如何创建和操控视口、文本注释和箭头注释，包括以下主题：

- 4.1 节 “理解视口”
- 4.2 节 “操控视口和视口注释”
- 4.3 节 “在全屏模式下显示绘图区域”
- 4.4 节 “使用视口”
- 4.5 节 “使用视口箭头注释和文本注释”
- 4.6 节 “链接视口以进行视图操控”
- 4.7 节 “在视口中操作背景图片和动画”

4.1　理解视口

视口是画布上的区域，可以显示模型或者分析结果。用户可以添加箭头注释和文本注释来在视口中引起注意或者解释特征。用户可以使用 Viewport 菜单来创建和操控视口、文字和箭头。本节包括以下主题：

- 4.1.1 节“什么是视口？”
- 4.1.2 节 “什么是箭头注释和文本注释？”

4.1.1　什么是视口？

当将画布考虑成无限大的屏幕或者公告牌时，视口不过是粘贴到屏幕上的显示区域，在上面用户可以选择显示模型或者分析结果。画布上可以有多个视口。视口类似于用户工作站上的其他窗口，可以进行移动、重新定义大小、最小化和最大化；并且可以在画布上与其他视口重叠。更多信息见 4.4 节“使用视口”。

用户可以简单地创建和删除视口，并控制它们的大小、位置和外观。图 4-1 所示为用户使用多个视口来显示分析结果。

视口操控工具，如缩放和转动，会在包含光标的视口上进行操作。其他操控可以与当前视口或者与画布上的所有视口进行交互。

当前视口

要改变视口的内容，用户必须首先将想要的视口指定成当前视口。当前视口由深灰色标题栏来说明。所有的工作都在当前的视口中进行。要将其他视口选择成当前视口，单击边框或者标题栏。选中的视口会移动到画布上其他视口的前面，并且标题栏的颜色变成蓝色。当用户选择一个 Abaqus/CAE 工具或者菜单时，标题栏恢复成深灰色。

注意：在 Windows 平台上，用户可以定制 Abaqus/CAE 使用的颜色。更多信息见《Abaqus 安装和许可证手册》的 5.1.2 节“Windows 平台上的常用定制”。

所有视口都与特定的模型和模块相关联。当用户创建一个新模型或者打开一个现有的模型或者输出数据库时，模型将与当前的视口关联。用户可以创建不同的视口，并与不同的模型进行关联；在多个视口或者模型之间切换时，可以将任意视口指定为当前视口，且当前视口所关联的模型处于活动状态。类似地，用户可以在进入不同的模块之前，通过指派一个新的视口作为当前视口来同时操控多个模块。

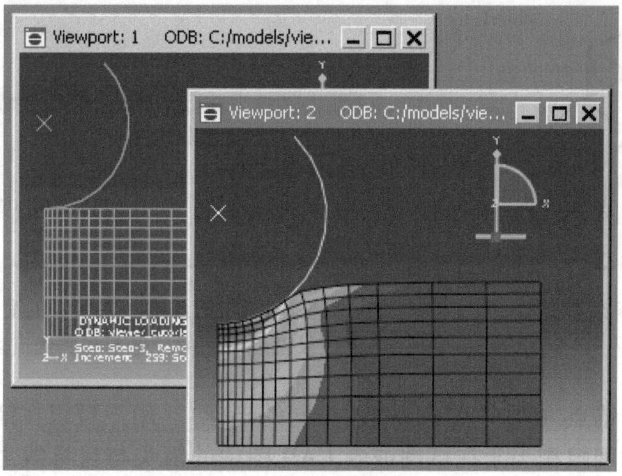

图 4-1 操作多个视口

有关操作多个视口的详细指导，见以下章节：

- 4.4.1 节 “创建新的视口”
- 4.4.2 节 “选择视口”
- 4.4.3 节 “移动视口”
- 4.4.4 节 “调整视口大小”
- 4.4.5 节 “最小化、最大化、还原或者删除视口”
- 4.4.6 节 “层叠视口”
- 4.4.7 节 “平铺视口”

4.1.2 什么是箭头注释和文本注释?

箭头注释和文本注释是用户在视口中创建的箭头和文本字符串，用来增强显示模型或者结果的外观和清晰度。用户可以单独创建箭头注释和文本注释，也可以同时创建二者，同时创建时，文本自动定位在箭头末端。视口中注释的位置通过锚点来控制。用户可以根据视口几何形体或者模型坐标来定义每一个锚点；用户选择的方法将决定 Abaqus/CAE 如何移动注释。如果用户操作视口，Abaqus/CAE 会重新定位锚定在视口几何形体上的任何注释；类似地，如果用户操作模型，Abaqus/CAE 会移动锚定在模型上的任何注释。图 4-2 所示为使用箭头注释和文本注释来描述模型的详细情况。

注释编辑操作要求用户首先选择一个或者多个注释。从 Viewport 工具栏使用 Annotations 工具 来从当前视口选择箭头注释或者文本注释。Abaqus/CAE 高亮显示选中的箭头注释或者文本注释和它们的锚点，如图 4-3 所示。

锚点显示为一个小圆点，且附近有一个锚点符号。虚线说明锚点与注释之间的偏置；圆“把手”可以理解为锚点连接点（用于控制路径形状或者曲线弯曲程度）——如果没有偏置，连接点和锚点就是同一个点。

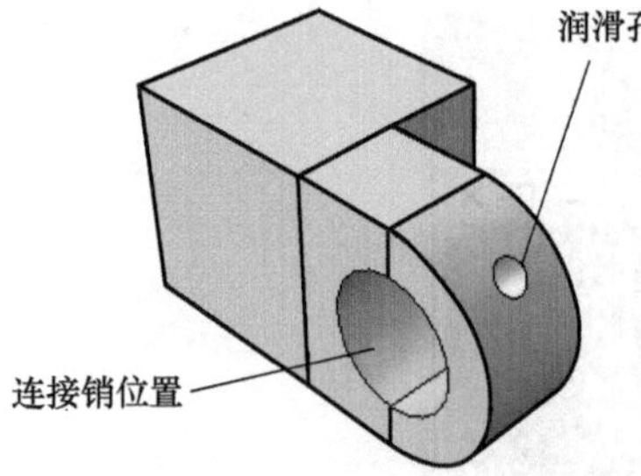

图 4-2　箭头注释和文本注释

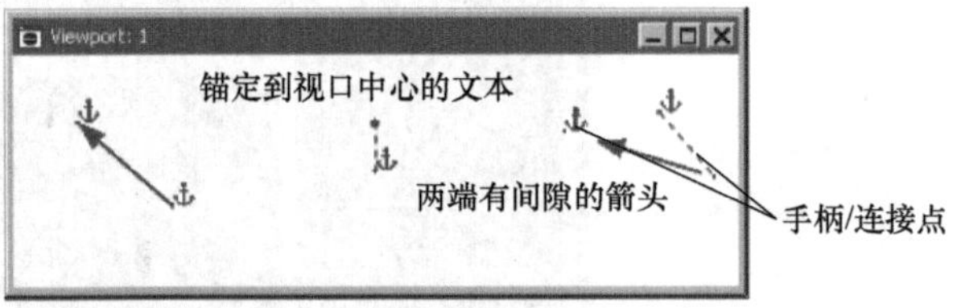

图 4-3　选中的注释（无偏置的箭头、有偏置的文本，以及两端有间隙且尾部与其锚点之间有偏置的箭头）

箭头注释有两个锚点（两个点可以使用相同的坐标）。用户可以在箭头的端部与连接点之间添加间隙。添加间隙相当于在草图或者 CAD 图中的箭头与目标线之间留出间隙。间隙可以提高注释的清晰度。文本注释只有一个锚点。用户可以在视口中通过拖拽连接点或者整个注释来改变偏置。

请勿将用户创建的视口注释与 Abaqus/CAE 生成的视口注释混淆。生成的视口注释包括三角形图标、3D 指南针和显示模块中的图例、标题块和状态块。用户可以更改生成的注释的某些显示方面，但不能更改它们的内容。更多信息见第 56 章“定制视口注释”。相比而言，用户可以完全控制箭头注释和文本注释相关的所有属性，包括它们的颜色、线型、线宽、箭头、字体、锚点和锚点与注释之间的偏置。

Abaqus/CAE 会保存模型和输出数据库中的箭头注释和文本注释，但不会保存视口。因此，数据库中的箭头注释和文本注释不会与视口关联。当用户后续打开包含注释的数据库时，用户必须使用 Annotation Manager 来在当前视口中显示所选的注释。Annotation Manager 也允许用户从一个模型数据库复制注释到输出数据库，反之亦然。用户不能从显示模块在模型数据库中创建注释；如果用户想要为模型数据库创建注释，请在其他模块中打开模型数据库。

4.2 操控视口和视口注释

本节介绍如何使用 Viewport 菜单、Viewport 工具栏和 Annotation Manager 中提供的功能来操控视口和视口注释，包括以下主题：

- 4.2.1 节 “从主菜单栏管理视口和视口注释”
- 4.2.2 节 “从 Viewport 工具栏管理多个视口和视口注释”
- 4.2.3 节 “注释管理器”

4.2.1 从主菜单栏管理视口和视口注释

使用位于主菜单栏中的 Viewport 菜单可以创建、删除、更改、链接或者重新布置多个视口，并创建或者编辑视口注释——包括用户创建的和由 Abaqus/CAE 生成的。用户还可以从主菜单栏选择 View→Toolbars→Viewport 来显示一个菜单栏，此菜单栏包含大部分 Viewport 菜单中的项目。

Viewport 菜单和工具栏允许用户执行下面的功能：

- 创建视口。
- 编辑已经生成的视口注释（三角形图标、图例、标题块和状态块）选项。
- 创建箭头注释。
- 创建文本注释。
- 创建组合箭头注释和文本注释。
- 编辑箭头注释和文本注释。
- 打开 Annotation Manager 来操控箭头注释和文本注释。

注意：Annotation Manager 提供了一些独特的管理功能；更多信息见 4.2.3 节 “注释管理器”。

- 打开 Viewport Annotation Options 来显示或者隐藏所有的注释，并操控由 Abaqus/CAE 生成的视口注释。
- 链接多个视口。

此外，Viewport 菜单会列出会话中的所有视口，并允许用户删除当前的视口。

4.2.2 从 Viewport 工具栏管理多个视口和视口注释

要显示 Viewport 工具栏，从主菜单栏选择 View→Toolbars→Viewport。图 4-4 描述了从

Viewport 工具栏可以访问的工具。

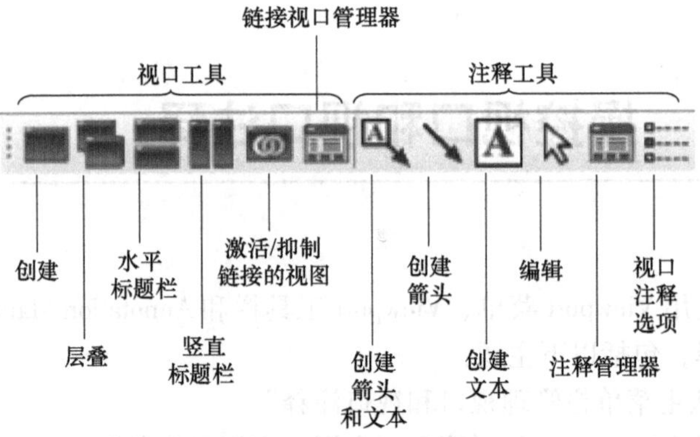

图 4-4　Viewport 工具栏

4.2.3　注释管理器

Annotation Manager（注释管理器）类似于 Abaqus/CAE 中的其他管理器对话框。它允许用户进行下面的操作：

- 创建箭头、文本或者组合箭头和文本的注释。
- 编辑箭头注释或者文本注释。
- 复制或者重新命名注释。
- 删除注释。

此外，Annotation Manager 还允许用户执行 Viewport 菜单或者工具栏无法提供的下列任务：

- 选择要管理的注释源，这些源头指模型数据库（MDB）或者输出数据库（ODB）。
- 在当前的视口中显示模型数据库或者输出数据库注释。
- 在当前的视口中隐藏模型数据库或者输出数据库注释。
- 将注释从模型数据库复制到输出数据库，反之亦然。
- 在视口中高亮显示注释。
- 重新安排列表中箭头注释和文本注释的次序。

用户可以通过从主菜单栏选择 Viewport→Annotation Manager 或者 Viewport 工具栏中的来显示 Annotation Manager。图 4-5 所示为 Annotation Manager。

对于使用 Annotation Manager 来创建、编辑和操控注释的详细介绍，见此手册的以下章节：

- 4.5.1 节　“注释视口”
- 4.5.6 节　“编辑箭头注释属性”
- 4.5.7 节　“编辑文本注释属性”
- 4.5.8 节　“在当前视口中显示注释”

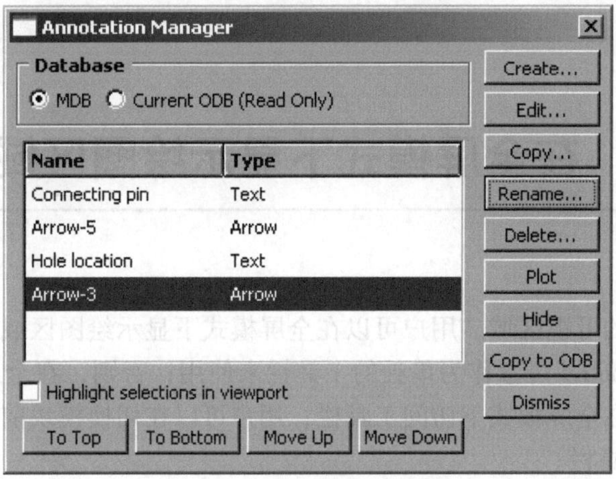

图 4-5 **Annotation Manager**

- 4.5.10 节 “将视口注释复制到其他数据库”
- 4.5.11 节 “重新排列注释列表次序”

4.3　在全屏模式下显示绘图区域

绘图区域是画布的可视区域。用户可以在全屏模式下显示绘图区域。如果用户在显示模块中，则 Animation Control 可以作为单独的工具栏来使用；否则，在全屏模式下无法访问菜单栏或者工具栏。要在全屏模式下访问工具栏，用户可以在切换模块前，单击和拖拽工具栏的锁定来“解锁”工具栏。

若要在全屏模式下显示绘图区域，执行以下操作：

1. 从主菜单栏选择 View→Full Screen。

技巧：用户也可以按［F11］键，在全屏模式和正常模式之间切换。

绘图区域放大，充满整个屏幕。

2. 单击标题栏中的还原按钮，可以将绘图区域恢复到之前的大小。

4.4 使用视口

本节介绍如何创建和管理视口，以及如何更改它们的外观，包括以下主题：

- 4.4.1 节 “创建新的视口”
- 4.4.2 节 “选择视口”
- 4.4.3 节 “移动视口”
- 4.4.4 节 “调整视口大小”
- 4.4.5 节 “最小化、最大化、还原或者删除视口”
- 4.4.6 节 “层叠视口”
- 4.4.7 节 “平铺视口”

4.4.1 创建新的视口

用户可以在任何时候创建新的视口；视口的数量和它们在绘图区域的位置没有限制。

若要创建一个新的视口，执行以下操作：

从主菜单栏选择 Viewport→Create。

Abaqus/CAE 在绘图区域中创建一个新的视口。此视口将成为当前视口。

新视口的大小和位置取决于当前视口和绘图区域的大小。如果当前视口是最大化的，则 Abaqus/CAE 将自动最大化新视口。

技巧：用户也可以通过单击 Viewport 工具栏中的来创建一个新的视口。

4.4.2 选择视口

用户与模型的大部分交互，如草图绘制一个零件、定位一个载荷、装配零件实例、生成一个网格以及定制绘图状态，都发生在当前的视口中。此外，如果用户在绘图画布中有多个视图，则当前视口表示用户正在操作的模型（当前模型）以及用户正在操作的模块（当前模块）。

有多种方法可以将一个新的视口选择成当前的视口：

- 单击现有视口的边框或者标题栏。

• 从 Viewport 菜单的列表中选择一个现有的视口。

• 使用［Ctrl］+［Tab］键，或者从 Viewport 菜单选择 Next 或者 Previous，可循环浏览画布上的所有视口。

注意：在 Linux 平台上，［Ctrl］+［Tab］键用来切换应用程序；［Ctrl］+［F6］键是另一种键盘快捷键。

• 创建一个新的视口。

当前视口具有下面所示的一个深灰色的标题栏。

若要选择一个视口，执行以下操作：

1. 将光标移动到视口的边框上。

如果视口是隐藏的，则用户可能需要移动其他视口，以显示用户想选择的视口。更多信息见 4.4.3 节“移动视口”。

2. 单击鼠标。

视口变成当前的视口，也即变成选中的视口，其标题栏将变成蓝色，表示视口为选中的视口。如果用户单击一个工具或者菜单，视口仍保持为当前视口，但标题栏变成深灰色。

注意：在 Windows 平台上，用户可以定制 Abaqus/CAE 使用的颜色。更多信息见《Abaqus 安装和许可证手册》的 5.1.2 节“Windows 平台上的常用定制”。

4.4.3 移动视口

用户可以将选中的视口移动到画布的任意位置。这对于显露被隐藏的视口或者减少绘图区域的杂乱都是有必要的。要移动视口，单击视口标题栏上的任意地方并拖动视口到想要的位置。

若要移动视口，执行以下操作：

1. 将光标放置在视口标题栏上的任意地方。

2. 单击鼠标，然后拖动光标到新的位置。

光标变成四头箭头✥，当用户拖动时，视口的外框会显示其新的位置。

3. 释放鼠标键 1。

视口移动到新的位置，并变成当前视口（如果此视口之前不是当前视口）。

4.4.4 调整视口大小

用户可以通过拖拽视口的边框来改变视口的大小和形状。

若要调整视口大小，执行以下操作：

1. 将光标放置在想要调整的视口边框上的任意地方。

光标变成一组相反箭头。此箭头的方向取决于光标与视口之间的相对位置。

2. 单击鼠标，然后拖动光标来改变边框的位置。

3. 释放鼠标键 1。

视口显示成新的大小，并变成当前视口（如果此视口之前不是当前视口）。

4.4.5 最小化、最大化、还原或者删除视口

最小化、最大化、还原和删除的按钮位于每个视口的右上角，在视口标题的旁边，如下所示。

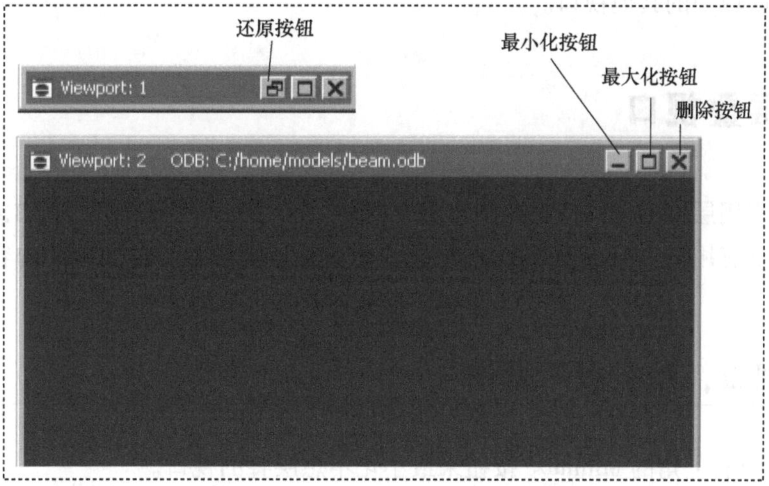

如果有必要，选择 Tile 或者 Cascade，以显示最小化、最大化、还原和删除的按钮。

最小化按钮

单击最小化按钮后，视口会缩小成一个简略标题栏，位置默认在绘图区域的左下角。之

后，最小化按钮变为还原按钮。如果用户移动一个最小化的视口，则新位置将在 Abaqus/CAE 程序会话期间保持为最小化位置。

最大化按钮

单击最大化按钮后，视口将改变大小和位置来充满画布。之后，最大化按钮变为还原按钮。最大化的视口变成当前视口，并移至画布顶层，隐藏绘图区域中的其他视口。视口标题栏中的信息将显示在 Abaqus/CAE 标题栏中。

删除按钮

单击删除按钮或者从主菜单栏选择 Viewport→Delete Current 后，视口将从画布中删除。用户无法恢复已经删除的视口。如果画布上只有一个视口，则 Abaqus/CAE 不允许用户删除此视口。如果用户在画布上创建了其他视口，Abaqus/CAE 将删除当前的视口并选择一个其他视口作为当前视口。用户也不能控制 Abaqus/CAE 选择哪个视口作为当前视口。

还原按钮

还原按钮可替换最小化按钮或者最大化按钮，取决于用户最近使用了它们中的哪一个。用户单击还原按钮后，Abaqus/CAE 会将视口恢复成之前的大小和位置。还原按钮也会恢复成它取代的最小化按钮或者最大化按钮。恢复后的视口将变成当前视口，并移至画布的顶层，隐藏绘图区域中的其他视口。

4.4.6 层叠视口

用户可以采用层叠的方式来排列画布上的视口。这对于显露被隐藏的视口或者减少绘图区域的杂乱也是有用的。Abaqus/CAE 排列视口时，标题栏可见，但视口的内容可能被另外的视口挡住。

若要层叠视口，执行以下操作：

1. 使用视口右上角的 Minimize 按钮来最小化不想层叠的视口。
2. 从主菜单栏选择 Viewport→Cascade。

Abaqus/CAE 将所有未最小化的视口设置成相同的大小，并将它们从绘图区域的左上角朝着右下角排列。当前视口始终位于画布的顶层；所有其他视口以数字次序排列。最小化的视口位于除了当前视口的任何层叠视口的顶层。

技巧：用户也可以通过单击 Viewport 工具栏中的来层叠未最小化的视口。

4.4.7 平铺视口

用户可以采用平铺的方式来排列画布上的多个视口。这对于显露被隐藏的视口或者减少绘图区域的杂乱同样有用。Abaqus/CAE 排列视口时，内容可见，但部分标题栏可能被隐藏。

若要平铺视口，执行以下操作：

1. 使用视口右上角的 Minimize 按钮来最小化用户不想平铺的视口。
2. 进行下面的一项操作。

- 从主菜单栏选择 Viewport→Tile Horizontally 来平铺视口，尽可能保留最大的水平尺寸。
- 从主菜单栏选择 Viewport→Tile Vertically 来平铺视口，尽可能保留最大的竖直尺寸。

Abaqus/CAE 将所有未最小化的视口设置成相同的大小，并按所选平铺方式排列，充满绘图区域。所有平铺的视口以数字次序排列。最小化的视口位于除了当前视口的任何平铺视口的顶层。

技巧：用户也可以通过单击 Viewport 工具栏中的或者来平铺未最小化的视口。

4.5　使用视口箭头注释和文本注释

本节介绍如何创建、更改和管理箭头注释和文本注释，包括以下主题：

4.5.1　注释视口

Abaqus/CAE 提供了三种类型的视口注释供用户注释模型或者结果：文本注释、箭头注释，以及箭头注释和文本注释的组合。用户可以从 Viewport 菜单来创建这些注释，并将这些注释定位在视口上的任意位置。下面所示为使用文本注释和箭头注释的一个模型。箭头注释和文本注释锚定在视口中的一个点上。锚点定义了注释相对于视口大小和形状，或者模型坐标点的位置。当用户操控模型或者调整视口大小时，注释会跟随锚点的位置移动。

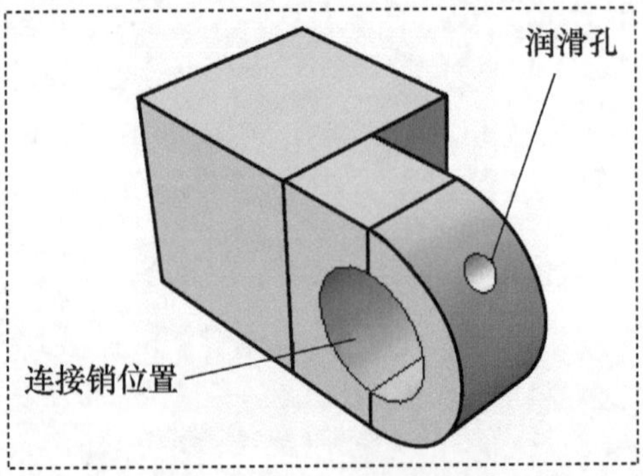

当用户退出 Abaqus/CAE 程序会话时，视口箭头注释和文本注释会与模型数据库或者输

出数据库一起保存。用户也可以将注释从模型复制到输出数据库，反之亦然。

警告：用户始终可以创建注释或者将注释复制到输出数据库；然而，只有在以写入权限打开数据库时，才可以保存注释。

文本注释

文本注释可以由可用字体显示的任何字符组成。Abaqus/CAE 不限制注释当中文本行的长度或者数量。然而，当创建文本注释时，用户必须考虑视口的大小；文本应当适合期望的视口位置。用户可以在视口上的任何位置放置文本，并且用户可以在创建注释后移动文本注释或者改变注释的锚点。可以使用不同的字体、颜色和背景来显示每一个文本注释，但是用户不能在一个单独的文本注释中改变这些属性。

箭头注释

用户可以在视口中的任何位置创建箭头；通常，箭头将会把文本注释连接到模型坐标中的一个点。箭头可以使用几种不同的线宽度、线型和端点类型中的一个，并且可以采用任何一个可用的颜色来显示。用户可以使用一个或者两个锚点来控制箭头注释的位置。例如，用户可以将箭头锚定到模型上的一个点，然后将箭尾锚定到一个视口位置。这样，当操控模型时，箭头仍指向期望的特征，但是箭尾是固定的。用户可以在创建箭头之后更改和移动它。

箭头注释和文本注释的组合

用户可以创建箭头注释和文本注释的组合。此方法使用选项的缩减集合来创建箭头注释，锚定到箭头处，在箭尾处定位一个文本注释。提供此创建方法是为了简化与模型的特定零件或者结果有关的附加信息。用户不能在创建过程中编辑注释的位置，除非使用提示区域中的 Previous 按钮（⬅）。然而，一旦用户创建了注释，箭头和文本分别进行保存；这样，用户可以使用每一个注释类型可用的所有选项来编辑它们。

除了用户可以创建的视口注释，Abaqus/CAE 也在视口中生成一些注释来提供视图的环境背景。Abaqus/CAE 生成 3D 的指南针和显示三角形图标来显示视口中模型的方向；在显示模块中，生成图例、标题块和状态块来说明视口中分析结果的不同方面。Viewport Annotation Options 对话框允许用户显示或者隐藏所有的视口注释——用户生成的和 Abaqus/CAE 生成的那些注释——用户也可以使用此对话框来编辑生成注释的属性。更多信息见第 56 章“定制视口注释。”

4.5.2 创建箭头注释

用户可以创建一个箭头来帮助注释视口的内容，并且用户可以将箭头置于视口中的任何地方。通常，用户将使用箭头注释和文本注释的组合来将文本注释连接到视口中的一个对象上，但是如果文本注释应用到多个位置上，或者如果用户想要对锚点和位置进行完全控制，而不需要在创建箭头后再编辑它，则用户可以添加单独的箭头。

若要创建箭头注释，执行以下操作：

1. 从主菜单栏选择 Viewport→Create Annotation→Arrow。

技巧：用户也可以通过单击视口工具栏中的↘来创建箭头注释。

在视口中出现一个锚点符号。默认的锚点随着在程序会话中创建新的注释而发生变化。如果这是第一个箭头注释，则锚点是视口的左下角。

2. 如果需要，在提示区域中单击 Change Anchor，并且进行下面的一项操作。

- 在视口中选择一个新的锚点。
- 从提示区域中选择一个视口点或者中心点。
- 在提示区域中单击 Pick From Model，然后选择一个节点或者顶点，或者输入锚点的期望坐标位置。

注意：如果用户将一个注释锚定到一个节点或者顶点，则 Abaqus/CAE 使用选中点的模型坐标；在显示模块中，注释将不会随着模型变形而移动。

3. 选择下面的一个选项来定位箭头的末端点。

- 要定位当前锚点上的末端点，单击提示区域中的 On Anchor。
- 要在视口上的任何位置定位末端点，移动图标到期望的位置，然后单击鼠标。

默认情况下，Abaqus/CAE 在第一个端点处创建一个箭头；第二个端点没有任何符号。

4. 重复步骤 2 和步骤 3 来锚定箭头注释的第二个端点。

Abaqus/CAE 打开一个 Arrow Editor 对话框。

5. 在 Arrow Editor 对话框中完成信息来最终确定箭头注释。更多信息见 4.5.6 节“编辑箭头注释属性”。

6. 单击 Preview 来显示视口中的变化。

7. 要完成箭头注释的创建，单击 OK。

Abaqus/CAE 在视口中更新变化，关闭编辑器，然后从步骤 2 开始创建另一个箭头注释。

8. 要停止创建箭头注释，在视口中单击鼠标键 2，或者单击提示区域中的 X。

4.5.3　创建文本注释

用户可以创建一行或者多行文本来注释视口的内容，并且将它们放置在视口上的任何位置。通常，用户将使用箭头注释和文本注释的组合来将一个文本注释连接到视口中的一个对象行，但是用户也可以添加文本注释来给视口中整个模型或者结果提供标题，或者其他一般信息。

若要创建文本注释，执行以下操作：

1. 从主菜单栏选择 Viewport→Create Annotation→Text。

技巧：用户也可以通过在 Viewport 工具栏中单击[A]来创建一个文本注释。

出现在视口中的锚点符号使用注释 Text-n。当用户在程序会话中创建新的注释时，默认的锚点会发生变化。如果是第一个文本注释，则锚点在视口的左下角。

2. 如果需要，单击提示区域中的 Change Anchor，并且进行下面一项操作。

- 在视口中选择一个新的锚点。
- 从提示区域中的列表里选择一个视口角落或者中心点。
- 单击提示区域中的 Pick From Model，并且选择一个节点或者顶点，或者输入期望的锚点坐标。

注意：如果用户将以一个注释锚定到一个节点或者顶点，则 Abaqus/CAE 使用选中点的模型坐标；在显示模块中，注释将不会跟随模型变化而发生变化。

3. 选择下面选项中的一个来在视口中定位文本注释。

- 要在当前的锚点上定位文本，在提示区域中单击 On Anchor。
- 要在视口的任何地方定位文本，移动光标到期望的位置，并且单击鼠标。

Abaqus/CAE 打开一个 Text Editor 对话框。

4. 在 Text Editor 对话框中完成信息来最终完成文本注释。

更多信息见 4.5.7 节“编辑文本注释属性”。

5. 单击 Preview 来显示视口中的变化。

6. 要完成创建文本注释，单击 OK。

Abaqus/CAE 在视口中更新变化，关闭编辑器，然后从步骤 2 开始创建另一个文本注释。

7. 要停止创建文本注释，在视口中单击鼠标键 2，或者单击提示区域中的[X]。

4.5.4 创建箭头注释和文本注释的组合

用户可以同时创建一个箭头注释和文本注释，在视口中将文本与特定的特征或者结果进行关联。此方法用于创建在箭头处有锚点的箭头注释，以及锚点在相同位置，并且定位在箭尾的一个单独文本注释。在创建过程中，用户的注释选项受到限制；例如，用户不能从锚点偏离箭头，或者为箭尾选择另外一个锚点（文本位置）。

一旦用户创建了文本注释和箭头，Abaqus 会分别保存它们，这样用户可以使用每一个注释类型可用的所有属性来编辑它们，如 4.5.6 节“编辑箭头注释属性”，以及 4.5.7 节“编辑文本注释属性”中描述的那样。因为文本注释与箭头没有链接，用户可以分别移动箭头和文本。

技巧：移动箭头和文本注释时要保持相对位置，选择两个注释并且将文本定位在期望的位置，然后仅选择箭头来编辑箭头位置。

若要创建组合的箭头和文本注释，执行以下操作：

1. 从主菜单栏选择 Viewport→Create Annotation→Arrow & Text。

技巧：用户也可以通过单击 Viewport 工具栏中的[icon]来创建箭头和文本注释。

2. 通过选择视口中的一个模型节点或者顶点来选择箭头目标，或者在提示区域中输入模型坐标来选择箭头目标。

Abaqus/CAE 显示锚点符号和选中点处的箭头，以及出现在光标位置处的默认文本串 Text-n。

3. 在视口中定位文本；将光标移动到期望的文本位置并且单击鼠标。

Abaqus/CAE 显示 Arrow & Text Editor 对话框。

4. 在 Arrow & Text Editor 对话框中完成信息来最终确定两个注释。

在任何时候都可单击 Preview 来查看视口中的变化；单击 OK 来保存箭头和文本注释，然后关闭 Arrow & Text Editor。

若要编辑文本，执行以下操作：

1. 单击 Arrow & Text Editor 中的 Text 表页，如果还没有选择它。

2. 要显示或者抑制框住文本的外框，切换 Show bounding box。边界框将文本从基底模型或者结果中分离开来。

3. 输入期望的文本。

当输入一个文本注释时，用户可以使用标准的鼠标和键盘编辑技术，例如后退、复制和粘贴；按［Enter］键来开始一个新行。

4. 要定制背景，单击下面的一项。

1）Match viewport，将背景与视口颜色进行匹配。

2）Transparent，去除背景并且仅显示文本。

3）Other color，调用其他背景颜色选项。

如果用户选择了 Other color，进行下面的操作。

a. 单击颜色样板[color swatch]。

Abaqus/CAE 显示 Select Color 对话框。

b. 使用 Select Color 对话框中的一个方法来选择一个新的颜色。更多信息见 3.2.9 节“定制颜色”。

c. 单击 OK 来关闭 Select Color 对话框。

颜色样例改变成选中的颜色。

5. 定制文本字体。

a. 单击 Set Font。

出现 Select Font 对话框。

b. 使用 Select Font 对话框来选择用户想要的字体特征。更多信息见 3.2.8 节“定制字体”。

c. 当用户完成时，单击 OK 来保存更改并且关闭 Select Font 对话框。

6. 选择文本颜色。

a. 单击颜色样例■。

Abaqus/CAE 显示 Select Color 对话框。

b. 使用对话框中的一个方法来选择新的颜色。更多信息见 3.2.9 节“定制颜色”。

c. 单击 OK 来关闭 Select Color 对话框。

颜色样例改变成选中的颜色。

7. 选择 Left、Center 或者 Right 判断来安排边界框区域中的文字。

若要编辑箭头，执行以下操作：

1. 在 Arrow & Text Editor 中单击 Arrow，如果还没有选择它。

2. 选择期望的线类型；用户可以为箭头选择实体线类型或者虚线的一些类型。

3. 选择期望的线宽度。

注意：改变线的宽度也改变了箭头的大小。

4. 选择期望的箭头符号。

5. 选择箭头颜色。

a. 单击颜色样例■。

Abaqus/CAE 显示 Select Color 对话框。

b. 使用对话框中的一个方法来选择新的颜色。更多信息见 3.2.9 节“定制颜色”。

c. 单击 OK 来关闭 Select Color 对话框。

颜色样例变成选中的颜色。

4.5.5 在当前视口中操控注释

要操控视口中的箭头注释和文字注释，用户必须首先选择它们。从主菜单使用 Viewport→Edit Annotations 来从当前的视口选择箭头注释或者文本注释。

注意：要操控 Abaqus/CAE 生成的视口注释，使用 Viewport Annotations Options 对话框（更多信息见第 56 章“定制视口注释”）。

用户可以移动、复制、编辑、隐藏或者删除选中的注释。用户也可以重新安排 Abaqus/CAE 显示注释使用的次序；如果视口或者模型操控造成在同一个位置出现多个注释，则次序确定了哪一个注释在“前面”。

若要操控箭头注释或者文本注释，执行以下操作：

1. 从主菜单栏选择 Viewport→Edit Annotations。

技巧：用户也可以通过单击 Viewport 工具栏中的 来编辑注释。

2. 单击一个箭头注释或者文本注释来选择它。要选中额外的注释，使用［Shift］键+单击替代单击。更多信息见 6.2 节“在当前视口中选择对象”。

Abaqus/CAE 高亮显示选中的注释和它们的锚点。圆手柄是锚点连接点；它们出现在选中箭头的每一个末端以及选中文本注释的参考点处。虚线说明锚点与手柄之间的偏置。

3. 进行如下一个操作。

1）删除或者复制注释。如果用户选择了文本或者多个注释，围绕视口拖拽移动选择的文本或者注释。在释放鼠标键 1 之前按［Ctrl］键来复制注释而不是移动它们。如果用户选择的是一个单独的箭头注释，则拖拽箭头杆来移动箭头。用户可以从视口的任何地方拖拽注释，甚至是可见区域之外。在视口中移动或者复制注释不改变它们的锚点。

2）移动或者复制箭头注释的末端。如果用户选择一个单独的箭头注释，注意到圆手柄比选择多个注释时的圆手柄更大；这说明用户可以独立移动箭头的每一个端部。拖拽其中的一个手柄来延长、减小或者重新定向箭头。在释放鼠标键 1 之前按［Ctrl］键来创建箭头的径向副本，而不是移动箭头。用户可以将端部移动到视口上的任何地方，甚至移动到可见区域的外面。通过拖拽一个端部来移动或者复制不会改变箭头的锚点。

3）编辑一个注释。双击一个箭头注释或者文本注释来分别打开 Arrow Editor 或者 Text Editor 对话框。如果用户更愿意的话，也可以右击鼠标并且从弹出菜单选择 Edit。

• 对于一个箭头注释，用户可以改变线类型、线宽度或者颜色；并且用户可以改变每一个箭头端部的偏置、箭头类型和锚点，以及在箭头位置与箭头端点之间添加一个间隙。更多信息见 4.5.6 节“编辑箭头注释属性”。

• 对于文本注释，用户可以编辑文本；显示或者隐藏围绕文本的框；改变背景的颜色、字体、字体颜色、解释和转动；或者改变参考点、锚点和偏置。更多信息见 4.5.7 节“编辑文本注释属性”。

4）隐藏选中的注释。右击鼠标，并且从出现的菜单选择 Hide。

Abaqus/CAE 从当前的视口中删除选中的注释。要再次显示注释，用户可以从 Annotation Manager 显示它们。用户也可以在模型树中选择注释，右击鼠标，然后从出现的菜单中选择想要的选项来隐藏或者显示它们。

5）删除选中的注释。按 Backspace 键或者 Delete 键。Abaqus/CAE 显示一个警告对话框；单击 Yes 来删除注释。Abaqus/CAE 从当前的视口和关联的数据库中删除选中的注释。

6）重新安排注释的显示次序。默认情况下，Abaqus/CAE 以在视口中创建视口注释或者图示的次序来显示它们；最后创建的或者图示的注释将在预先存在的注释前面显示。改变显示次序不会影响当前的视图，除非在同一位置出现更多的注释。所有的视口注释显示在模型的前面。

右击鼠标，并且从弹出的菜单中选择 Bring to Front、Send to Back、Bring Forward 或者 Send Backward 来改变显示次序。另外，要将一个单独的注释移动到前面，从 Annotation Manager 中再次显示此注释。

4.5.6 编辑箭头注释属性

用户可以改变箭头注释的以下属性：

- 名称（使用 Annotation Manager 来重新命名现有的注释）。
- 线宽度和线类型。
- 颜色。
- 锚点和每一端的偏置。
- 端点类型。
- 端点与箭头或者箭尾位置之间的间隙。

如果用户正在创建一个新的注释，则 Abaqus/CAE 不仅将许多用户定制施加到当前的注释，也施加到后续创建的新注释。如果用户正在编辑现有的注释，则 Abaqus/CAE 仅将变化施加到选中的注释。

用户也可以复制一个箭头注释和它的属性，然后对它们进行编辑来创建一个新的箭头注释。更多信息见 4.2.3 节“注释管理器”。

若要编辑箭头注释属性，执行以下操作：

1. 使用下面的方法来访问 Arrow Editor 对话框。

- 从 Annotation Manager 中选择一个箭头注释，然后单击 Edit。
- 在 Viewport 工具栏中选择 Viewport→Edit Annotations 或者，然后双击视口中的箭头注释。
- 在视口中创建一个新的箭头注释；用户在视口中选择端点后，Abaqus/CAE 打开编辑器。

2. 如果用户正在创建一个新的注释，则用户可以编辑箭头的名称。

3. 选择期望的线类型；用户可以为箭头创建一个实体线或者虚线的一些类型。

4. 选择期望的线宽度。

注意：改变线宽度也改变箭头的大小。

5. 选择箭头颜色。

a. 单击颜色样本。

Abaqus/CAE 显示 Select Color 对话框。

b. 使用对话框中的一个方法来选择一个新的颜色。更多信息见 3.2.9 节“定制颜色”。

c. 单击 OK 来关闭 Select Color 对话框。

颜色样本改变成选中的颜色。

6. 单击 Start Point 或者 End Point 表页。

Abaqus/CAE 在视口中高亮显示选中的点和它的锚点。

7. 选择一个新的锚点；可以使用下面的方法。

技巧：要避免改变注释的位置，使用 Pick Anchor 按钮来改变锚点，并且重新计算锚点与注释之间的偏置。

1）Predefined（预定义的）。选择此方法来将注释锚定到视口几何形体的预定义点上。可以访问的点是视口角落、中心和每一条边的中点。如果用户更改视口形状，则锚点定义发生变化。

2）% Viewport X，Y。选择此方法来将用户的注释锚定到一个点，此点以视口左下角的位置和视口大小为基础。将锚点输入成当前视口总宽度和总高度的百分比。如 Predefined 方法那样，如果用户更改了视口形状，则锚点定义发生变化。

3）Model point X，Y，Z。选择此方法来将用户的注释锚定到模型上的点。在文本域输入新锚点的模型坐标。如果用户操控模型，则锚点定义以及链接到锚点的注释发生变化。例如，如果用户转动视口中的模型，则锚点和箭头末端将随着模型转动。

4）拾取锚点按钮。选择此方法来改变锚点，而不改变注释的当前位置。

Abaqus/CAE 隐藏 Arrow Editor 对话框并且提示用户从视口中选择一个点。另外，用户可以从提示区域中的列表拾取一个预先定义的视口点，或者单击 Pick From Model 来从视口拾取一个模型节点或者顶点，或者在提示区域中输入模型点的坐标。

每一个选项类型对应前面的锚点选择方法。在用户做出选择之后，重新出现的 Arrow Editor 对话框具有在合适锚点选择方法中说明的选择方法，并且重新计算新的锚点。

8. 输入 *X* 值和 *Y* 值来改变以毫米计的、端点与锚点之间的偏置。

注意：在用户关闭 Arrow Editor 后，用户也可以通过在视口中拖拽每一个端点，或者拖拽整个箭头来改变偏置。更多信息见 4.5.5 节“在当前视口中操控注释”。

9. 选择期望的箭头符号。

默认 Start Point 是普通线，End Point 是填充的箭头。

10. 如果需要，在端点位置与起点或者箭头注释末端之间添加间隙。添加间隙相当于在草图器或者 CAD 图中的尺寸线与对象线之间留出一个空间；间隙可以增加注释的清晰度。例如，用户可以在一个模型上说明一个指定点，并且添加一个间隙，这样箭头不会遮挡点。

11. 重复步骤 7~步骤 10 来编辑箭头的剩余端点。

12. 单击 Apply 来查看视口中的变化。

注意：一旦用户在视口中应用了更改，则无法恢复到原始的设置，除非通过重新创建注释或者再次编辑选项。

13. 单击 OK 来关闭 Arrow Editor。

4.5.7　编辑文本注释属性

用户可以改变文本注释的以下属性：

- 名称（使用 Annotation Manager 来重新命名现有的注释）。
- 边界框显示。
- 背景颜色。
- 字体和颜色。
- 解释。

- 转动角。
- 参考点位置和偏置。
- 锚点偏置。

如果用户正在创建一个新的注释，则 Abaqus/CAE 不仅将许多的用户定制施加到当前的注释，也施加到后续创建的新注释。如果用户正在编辑现有的注释，则 Abaqus/CAE 仅将变化施加到选中的注释。

用户也可以复制一个文本注释和它的属性，然后对它们进行编辑来创建一个新的文本注释。更多信息见 4.2.3 节“注释管理器”。

若要编辑箭头注释属性，执行以下操作：

1. 使用下面的方法来访问 Text Editor 对话框。

- 从 Annotation Manager 中选择一个文本注释，然后单击 Edit。
- 在 Viewport 工具栏中选择 Viewport→Edit Annotations 或者，然后双击视口中的文本注释。
- 在视口中创建一个新的文本注释；用户在视口中选择文本位置后，Abaqus/CAE 打开编辑器。

2. 如果用户正在创建一个新的注释，则用户可以编辑文本注释的名称。

3. 要显示或者抑制包围文本的框，切换 Show bounding box。边界框明显地将文本从基底模型或者结果分离出来。

4. 输入期望的文本。

当输入一个文本注释时，用户可以使用标准的鼠标和键盘编辑技术，例如后退、复制和粘贴；按［Enter］键来开始一个新行。

5. 要定制背景，单击下面的一个。

1）Match viewport，将背景匹配成视口颜色。

2）Transparent，删除背景，然后仅显示文本。

3）Other color，展现其他背景颜色选项。

如果用户选择了 Other color，进行下面的操作。

a. 单击颜色样本。

Abaqus/CAE 显示 Select Color 对话框。

b. 使用 Select Color 对话框中的一个方法来选择一个新的颜色。更多信息见 3.2.9 节“定制颜色”。

c. 单击 OK 来关闭 Select Color 对话框。

颜色样本改变成选中的颜色。

6. 定制文本字体。

a. 单击 Set Font。

出现 Select Font 对话框。

b. 使用 Select Font 对话框来选择用户想要的字体特征。更多信息见 3.2.8 节“定制字体”。

c. 当用户完成时，单击 OK 来保存更改，并且关闭 Select Font 对话框。

7. 选择文本颜色。

a. 单击颜色样本■。

Abaqus/CAE 显示 Select Color 对话框。

b. 使用对话框中的一个方法来选择一个新的颜色。更多信息见 3.2.9 节“定制颜色”。

c. 单击 OK 来关闭 Select Color 对话框。

颜色样本改变成选中的颜色。

8. 选择 Left、Center 或者 Right 来在边界框区域中排列文本。

9. 输入一个转动角度（以度为单位）来定向文本；0°表示水平的。

Abaqus/CAE 围绕 Reference Point 逆时针转动文本。

10. 单击 Location 表页。

11. 选择一个新的 Reference Point。

参考点是文本注释连接到的锚点；如果用户转动文本，则 Abaqus/CAE 也使用此参考点作为转动中心。可以使用下面的方法。

1）Predefined（预定义的）。选择此方法来将文本边框几何形体的预定义点设置为参考点。可以访问的点是边界框角落、中心和每一条边的中点。如果用户更改视口形状，则锚点定义发生变化。

2）% Text X，Y。选择此方法来以边界框左下角的位置和边界框大小为基础来定义点。将参考点输入成文本边界框的总宽度和总高度的百分比。如 Predefined 方法那样，如果用户更改了视口形状，则锚点定义发生变化。

注意：Abaqus/CAE 以 0°转动为基础来确定左下角位置。如果用户转动文本，则角落位置也相应地发生转动。

技巧：用户可以通过输入小于 0%或者大于 100%来选择边界框外面的参考点。

12. 输入新的 *X* 值和 *Y* 值来改变以毫米计的、在参考点与锚点之间的偏置。

注意：在用户关闭 Text Editor 后，用户也可以在视口中通过拖拽文本注释来改变偏置。更多信息见 4.5.5 节“在当前视口中操控注释”。

13. 选择一个新的锚点；可以使用下面的方法。

技巧：要避免改变注释的位置，使用 Pick Anchor 按钮来改变锚点，并重新计算锚点与注释之间的 Offset 值。

1）Predefined（预定义的）。选择此方法可以将注释锚定到视口几何形体的预定义点上。可以访问的点是视口的角点、每一条边的中点以及视口的中心。如果用户更改视口形状，则锚点定义将发生变化。

2）% Viewport X，Y。选择此方法可以根据视口左下角的位置和视口的大小将注释锚定到一个点。用户需要以当前视口总宽度和总高度的百分比来定义锚点。如 Predefined 方法类似，如果用户更改视口形状，则锚点定义将发生变化。

3）Model point X，Y，Z。选择此方法可以将用户的注释锚定到模型上的点。在文本域输入新锚点的模型坐标。用户在操控模型时，锚点定义以及链接到锚点的任何注释都将发生变化。例如，如果用户转动视口中的模型，则锚点和箭头末端将随着模型转动。

4）拾取锚点按钮。选择此方法来改变锚点，而不改变注释的当前位置。

Abaqus/CAE 隐藏 Arrow Editor 对话框并且提示用户从视口中选择一个点。另外，用户可以从提示区域中的列表拾取一个预先定义的视口点，或者单击 Pick From Model 来从视口中拾取一个模型节点或顶点，或者在提示区域中输入模型点的坐标。

每个选项类型都对应前面的锚点选择方法。在用户做出选择之后，重新出现 Text Editor 对话框，其中显示了用户在合适的锚点选择方法中所做的选择，并重新计算新的锚点。

14. 单击 Apply 来查看视口中的变化。

注意：一旦用户在视口中应用了更改，则无法恢复到原始的设置，除非重新创建注释或者再次编辑选项。

15. 单击 OK 来关闭 Text Editor。

4.5.8 在当前视口中显示注释

当用户打开包含已保存视口注释的数据库，或者为打开的数据库创建新的视口时，Abaqus/CAE 不会自动显示视口箭头或者文本注释。用户可以使用 Annotation Manager 在当前的视口中显示箭头和文本注释；也可以在模型树中选择注释，右击鼠标，然后从出现的菜单中选择 Plot。

依据 Viewport Annotation Option 对话框中的设置来显示由 Abaqus/CAE 生成的注释。更多信息见第 56 章“定制显示注释”。

若要显示视口注释，执行以下操作：

1. 从主菜单栏选择 Viewport→Annotation Manager。

技巧：用户也可以通过从视口工具栏单击来显示 Annotation Manager 对话框。

2. 单击 MDB 或者 ODB 按钮来选择要显示注释的来源。

a. 如果用户打开了多个输出数据库，或者不确定所涉及的数据库文件，可以将光标放在 MDB 或者 ODB 按钮上，来显示包含数据库路径和文件名的工具提示。

b. 如果有必要，通过在当前视口中显示所需的数据库来改变激活的输出数据库。或者，用户可以打开一个新的视口来显示数据库，或者关闭所有其他输出数据库。

Abaqus/CAE 列出选中数据库中可以使用的注释。

3. 从对话框的列表中选择注释（更多信息见 3.2.11 节“从列表和表格中选择多个项”）。

4. 单击 Plot。

Abaqus/CAE 在当前的视口中显示选中的注释。

4.5.9 在当前视口中隐藏注释

如果视口中有箭头和文本注释遮挡了模型视图，则用户可以使用 Annotation Manager 来隐藏它们。

根据 Viewport Annotation Options 对话框中的设置显示 Abaqus/CAE 生成的注释（更多信息见第 56 章“定制视口注释”）。

若要隐藏视口注释，执行以下操作：

1. 从主菜单栏选择 Viewport→Annotation Manager。

技巧：用户也可以通过单击 Viewport 工具栏中的来显示 Annotation Manager 对话框。

2. 单击 MDB 或者 ODB 按钮来选择要隐藏注释的来源。

a. 如果用户打开了多个输出数据库，或者不确定所涉及的数据库文件，可以将光标放在 MDB 或者 ODB 按钮上，来显示包含数据库路径和文件名的工具提示。

b. 如果有必要，通过在当前视口中显示所需的数据库来改变激活的输出数据库。或者，用户可以打开一个新的视口来显示数据库或者关闭所有其他输出数据库。

Abaqus/CAE 列出选中数据库中可以使用的注释。

3. 从对话框的列表中选择注释（更多信息见 3.2.11 节“从列表和表格中选择多个项”）。

技巧：切换选中 Highlight selections in viewport 来预览选中的注释。

4. 单击 Hide。

Abaqus/CAE 隐藏当前视口中选中的注释。

4.5.10 将视口注释复制到其他数据库

用户可以将从模型数据库（MDB）创建的视口注释复制到输出数据库（ODB），反之亦然。用户不能从一个输出数据库复制注释到另一个输出数据库。Abaqus/CAE 生成的注释包含模型特定的信息和结果特定的信息；这些信息在每一个数据库中都自动可以访问，并且不能进行复制（更多信息见第 56 章“定制视口注释”）。

若要将视口注释复制到其他数据库，执行以下操作：

1. 从主菜单栏选择 File→Open 来打开所需的模型数据库和输出数据库文件（.cae 和 .odb）。

注意：用户复制注释不需要数据库的写入权限；但是，如果用户没有写入权限，则不能保存被复制的注释。

2. 从主菜单栏选择 Viewport→Annotation Manager。

技巧：用户也可以通过从 Viewport 工具栏单击来显示 Annotation Manager。

3. 单击 MDB 或者 ODB 按钮来选择要复制注释的来源。

a. 如果用户打开了多个输出数据库，或者不确定所涉及的数据库文件，可以将光标放在 MDB 或者 ODB 按钮上，来显示包含数据库路径和文件名的工具提示。

b. 如果有必要，通过在当前视口中显示所需的数据库来改变激活的输出数据库。或者，用户可以打开一个新的视口来显示数据库，或者关闭所有其他输出数据库。

Abaqus/CAE 列出选中数据库中可以使用的注释。

4. 从对话框的列表中选择注释（更多信息见 3.2.11 节“从列表和表格中选择多个项”）。

技巧：切换选中 Highlight selections in viewport 来预览选中的注释。

5. 单击 Copy to MDB 或者 Copy to ODB 按钮。

Abaqus/CAE 复制选中的注释。

4.5.11 重新排列注释列表次序

用户可以改变视口注释在 Annotation Manager 列表中的次序。改变次序允许用户在列表中保留关联的注释，如注释同一个区域的文本和箭头。如果用户将 Annotation Manager 列表中的多个选择项显示到视口，则显示次序由列表次序驱动；也就是说，列表顶部的注释在视口中将在所有其他注释的前面。然而，用户通过在 Annotation Manager 中绘制单个注释，或者通过选择一个注释，右击鼠标，然后使用弹出菜单中的选项，可以单独更改每一个视口中注释的显示次序（更多信息，见 4.5.5 节“在当前视口中操控注释”）。

若要重新排列视口注释，执行以下操作：

1. 从主菜单栏选择 Viewport→Annotation Manager。

技巧：用户也可以通过单击 Viewport 工具栏中的来显示 Annotation Manager。

2. 从对话框的列表中选择注释（更多信息见 3.2.11 节“从列表和表格中选择多个项”）。

技巧：切换选中 Highlight selections in viewport 来预览选中的注释。

3. 使用 Annotation Manager 底部的按钮来重新排列列表。

注意：如果用户选择来自列表的多个注释，则不能使用 Move Up 和 Move Sown 按钮。

Abaqus/CAE 在列表内移动选中的注释。

4.6　链接视口以进行视图操控

本节介绍如何链接多个的 Abaqus/CAE 视口以进行视图操控，包括以下主题：

- 4.6.1 节　“使用链接的视口”
- 4.6.2 节　“链接视口”

4.6.1　使用链接的视口

通过链接视口，用户可以同时操控不同视口中的对象显示。当用户使用第 5 章“操控视口和控制透视”中描述的视口操控工具来操控已经链接的视口时，Abaqus/CAE 会在程序会话中对所有链接的视口执行相同的动作。

Abaqus/CAE 仅允许一组链接的视口，所以程序会话中的每一个视口要么是独立视口，要么是链接视口组的一部分。当用户改变独立视口中的视图时，Abaqus/CAE 仅改变此视口中的视图。

当使用标准的视口操控工具时（见 5.2 节“理解视图操控工具”），已链接视口中的操控不取决于每一个视口中的视图方向。例如，将视图平移到左边将会把所有链接视口中的视图平移到左边，而不管每一个视口中视图的方向如何。当使用 3D 指南针（见 5.3 节“3D 指南针”）来操控视口时，已链接视口中的操控是以每一个视口中的显示方向为基础的。例如，沿着 X 轴平移视图将沿着所有链接视口中的 X 轴移动视图；每一个视口中的显示方向决定了运动方向。

用户从 Linked Viewports 对话框中控制视口链接，此对话框提供以下选项：

- 用户可以激活或者抑制程序会话的视口链接。如果抑制此功能，则程序会话中的所有视口是相互独立的。如果激活此功能，则对话框底部的选中视口是相互链接的，未选中的视口保持独立。
- 用户可以从链接视口组中包括或者排除任何视口。切换选中视口的选择框来将此视口与其他已经链接的视口链接起来。
- 用户可以控制链接起来的视口共享的特征。有些链接视口选项可以在所有的模块中使用；一些选项，如在所有的已链接视口中显示相同的图示状态，仅可以在显示模块中使用。

Abaqus/CAE 使用红色的链样图标来说明链接，出现在视图标题栏的左侧，如下面的两个视口中显示的那样。

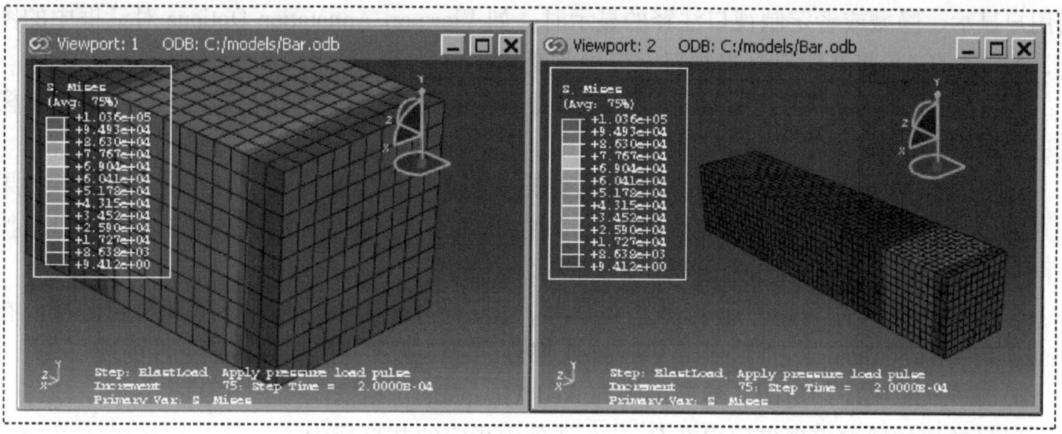

4.6.2 链接视口

用户控制 Abaqus/CAE 程序会话中哪些视口会链接到一起，以及链接起来的视口将共享哪些特征。一些链接的视口选项可以在所有的模块中使用；一些选项，如在所有链接的视口中显示相同的图示状态，仅可以在显示模块中使用。

若要链接视口，执行以下操作：

1. 使用下面的一个方法链接视口。

- 从主菜单栏选择 Viewport→Linked Viewports。

技巧：用户可以通过单击 Viewport 工具栏中的来激活或者抑制链接的视口。

- 从主菜单栏选择 Viewport→Linked Viewports Manager，并切换选中 Link viewports。

技巧：用户也可以通过单击 Viewport 工具栏中的来显示 Linked Viewports Manager。

2. 默认情况下，在链接的视口中共享视口的所有特征。从 Linked Viewports Manager 的 Options 部分，用户可以控制共享的特征。

- 切换选中 View manipulations 来激活已链接视口中的同步视图操控。
- 切换选中 Plot state 来显示已链接视口中的相同图示状态。此选项仅可以在显示模块中使用。
- 切换选中 Plot options 来显示已链接视口中的相同图示选项。此选项仅可以在显示模块中使用。
- 切换选中 Field output 来显示已链接视口中可以使用的相同场输出变量的结果。当用户改变已链接视口中的输出变量时，Abaqus/CAE 在所有的视口中显示新选中的场输出和包含此场输出变量的输出数据库。此选项仅可以在显示模块中使用。
- 切换选中 Rotation centers 来在所有链接视口中使用共同的转动中心。
- 切换选中 Viewport annotation options 来在所有链接视口中以相同的方式显示视口注释。

当用户显示、隐藏或者定制视口注释的显示时，如 Viewport Annotation Options 对话框中的图例，Abaqus/CAE 将在所有链接视口上应用此变化。

• 切换 View cuts 来在所有链接的视口中显示相同的视图切割。此选项仅可以在显示模块中使用。

• 切换选中 Display group 来在所有链接起来的视口中同时执行选中的显示组操作。如果用户通过名称或者标签来选择特定的条目，则在共享此特定条目的所有链接起来的视口中执行同一个显示组操作。此选项仅可以在显示模块中使用。

3. 默认情况下，当用户链接多个视口时，用户程序会话中的所有视口得到链接。在 Linked Viewports Manager 的 Linked Viewports 部分中，不选那些想要保留独立性的视口。

4. 单击 OK 来应用更改，然后关闭 Linked Viewports 对话框。

已经链接的视口表现出用户在 Options 选项中指定的共享行为。

4.7 在视口中操作背景图片和动画

本节介绍如何在 Abaqus/CAE 视口的背景中显示图片和动画，包括以下主题：

- 4.7.1 节 “使用背景图片和动画”
- 4.7.2 节 “显示背景图片”
- 4.7.3 节 “显示和定制背景动画”
- 4.7.4 节 “定制背景图片和动画的外观”

4.7.1 使用背景图片和动画

用户可以通过在视口背景中显示图片或者动画来定制用户程序会话中的视口。背景图片和动画是视口特定的；因此，在程序会话中，用户可以在每一个视口中显示不同的图片或者动画。当用户改变模块时，背景图片在视口中保持不变，背景动画仅出现在显示模块中。Abaqus/CAE 在现有视口背景上显示图片和动画，所以如果用户已经定制了视口背景的颜色，则图片或者动画可能遮挡部分或者全部的背景颜色。

用户可以使用背景图片来帮助创建模型；例如，完整原型的图片可以帮助用户在装配中对齐零件实例。另外，当用户生成自己模型的图片时，背景图片可以作为水印或者显示徽标。

注意：在草图模块中，用户可以显示另一张背景图片来帮助用户更加有效率地草图绘制零件。当选择草图模块时，Abaqus/CAE 在整个模块的背景图片上显示草图器背景图片，并在所有其他模块中隐藏草图器背景图片，见 20.9.11 节“管理草图器背景中的图像”。

背景动画可以帮助用户比较 Abaqus 分析结果与试验结果。例如，如果用户播放显示原型变形的背景动画，则用户可以动画显示类似 Abaqus 分析的结果，并在单个视口中比较两个动画。

在视口背景中显示图片或者动画之前，用户必须将文件添加到 Abaqus/CAE 程序会话中。要从 Image/Movie Options 对话框中添加一个图片，单击▆；然后输入图片或者动画的名称，并提供图片或者动画的位置。程序会话中的图片在所有模块中都可以访问，而动画仅可以在显示模块使用。图片和动画仅在用户的程序会话中保留，不会保存到模型数据库或者输出数据库。

Abaqus/CAE 支持以下格式的背景图片：Bitmap（.bmp）、PNG（.png）、GIF（.gif）、JPEG（.jpg、.jpeg）、TIFF（.tif）、XPM（.xpm）、PCX（.pcx）、ICO（.ico）、TGA（.tga）和 RGB（.rgb）。

Abaqus/CAE 支持满足以下两个准则的背景动画：

● Abaqus/CAE 平台必须支持动画的格式。对于 Linux 系统，Abaqus/CAE 支持 Audio Video Interleave 格式（. avi）和 Quicktime 格式（. mov）。对于 Windows 系统，Abaqus/CAE 支持 AVI 和 Quicktime 格式，以及 Mpeg 动画格式（. mpeg 、. mpg、. mlv、. wm）和 Windows Media 格式（. asf、. wmv、. wm）。

● 用来创建背景动画文件的编码必须是在 Abaqus/CAE 中创建动画文件可以使用的编码。例如，仅当在 Abaqus/CAE 中使用创建 Quicktime 动画可以使用的三种编码之一时（Raw8、Raw24 或者 RLE24），用户才可以在视口背景中显示此 Quicktime 动画文件。在 Abaqus/CAE 中创建动画文件格式时的可用编码在 49. 3. 2 节“选择动画文件格式”中进行了描述。

4. 7. 2 显示背景图片

用户选择的视口背景图片仅在当前视口中显示，并且当用户改变模块时，视口中仍然保持图片可见。因为背景图片是视口特定的，所以用户可以在每一个视口中显示不同的图片来帮助处理不同的任务，或者让用户更容易地区分视口。

虽然模块范围内的背景图片出现在所有模块中，但是其外观可能会被草图器背景图片（在草图模块中）或者背景动画（在显示模块中）遮挡。当草图背景图片或者背景动画激活时，每一个视口装饰都显示在选中模块范围内的背景图片之上。用户也可以在视口的打印输出中包括背景图片；更多信息见 8. 2. 2 节“选择要打印图片的某一部分”。

若要在视口中显示背景图片或者动画，执行以下操作：

1. 从主菜单栏选择 View→Image/Movie Options。

打开 Image/Movie Options 对话框，并选中 Image 页。

2. 切换 Show image 来显示或者隐藏视口中的背景图片。

3. 选中要显示的图片。

● 要显示为程序会话定义的图片，扩展 Image name 列表并选择图片名称。

● 要添加一个新的图片，单击▤；然后在出现的对话框中输入名称并指定文件位置。用户可以直接在 File Name 域中输入文件位置，或者单击📂来在 Select Image File 对话框中导航到文件。

4. 单击 OK 来应用更改，并关闭 Image/Movie Options 对话框。

如果需要，用户也可以定制背景图片的比例缩放、位置或者透明性；见 4. 7. 4 节“定制背景图片和动画的外观”。

4. 7. 3 显示和定制背景动画

用户可以在视口背景中显示部分或者全部动画文件。背景动画仅出现在显示模块中，并且当激活背景动画时，在视口背景图片之上显示动画。如果用户在激活背景动画时打印视口，则 Abaqus/CAE 在打印的图片背景中显示动画的当前帧。

本节介绍如何使用 Image/Movie Options 对话框来显示图片。另外，用户可以从结果树中的 Movies 容器，或者 Movie Manager 对话框中显示和定制背景动画。要显示动画管理器，选择 Tools→Movie→Manager。

若要在视口中显示背景动画，执行以下操作：

1. 从主菜单栏选择 View→Image/Movie Options。在出现的 Image/Movie Options 对话框中单击 Movie 表页。

2. 在播放动画时切换选中 Show movie during animation 来显示或者隐藏背景动画。

3. 选择一个动画文件来显示。

● 要显示为程序会话定义的动画，扩展 Movie name 列表并选中动画名称。

● 要添加一个新的动画，单击 ；然后在出现的对话框中输入文件名称，并指定一个文件位置。用户可以直接在 File Name 域中输入文件位置，或者单击 来在 Select Movie File 对话框中导航到文件。

● 要添加一个新的动画，单击 ；然后在出现的对话框中输入一个文件名称并指定文件位置。用户可以直接在 File Name 域中输入文件位置，或者单击 Select Movie File 对话框中的 来导航到文件。

对于新添加的动画，出现 Edit Movie 对话框。

4. 如果需要，从 Edit Movie 对话框中定制动画的有效帧。

● 动画开始和结束处的有效或者无效帧。用户可以拖拽 Active Frames 滑块或者在 Start 和 End 域中输入帧编号来改变这些值。

● 当用户调整动画的有效帧时，可以切换选中 Preview changes in viewport 来动态地改变背景动画的长度。当没有选此选项时，背景动画的有效帧不发生变化，除非用户单击 Apply 或者 OK。

● 切换选中 Show movie only 来隐藏视口中的模型数据。在一些情况中，模型数据可以遮挡背景动画，使动画编辑困难。

5. 如果需要，从 Edit Movie 对话框中定制动画的时间线。如果用户选择以帧为基础的动画作为背景动画，则用户可以改变动画的起始帧和结束帧。要改变结束值，扩展 End 列下的合适域，并选择 Specify。然后，Abaqus/CAE 允许用户在此域中输入一个值。

6. 单击 OK 来完成更改，并关闭 Image/Movie Options 对话框。

如果需要，用户也可以定制背景动画的比例、位置或者透明性；见 4.7.4 节“定制背景图片和动画的外观”。

4.7.4 定制背景图片和动画的外观

用户可以通过重新定位背景图片或者动画在视口中的位置，通过在 X 方向上和 Y 方向上收缩或者压缩图片及动画，以及调整透明程度来定制背景或者动画的外观，但它们的设置是分开的；例如，如果用户改变背景图片的 *X* 轴比例设置，而显示模块对背景动画的相同设置保持不变。

1. 从主菜单栏选择 View→Image/Movie Options。

默认情况下，出现的 Image/Movie Options 对话框中选中 Image 表页。要定制背景动画，单击 Movie 表页。

2. 切换选中 Image 页上的 Show image，或者切换选中 Movie 页上的 Show movie during animation 来激活定制选项。

3. 为用户的背景图片或者动画选中 Position and scale 选项中的一个。

Fit to viewport

合适视口。此选项将背景图片或者动画定位在视口的中心，并将其缩放成当前视口的宽度（Width 项）或者高度（Hight 项）。此外，用户可以选择 Best 选项，此选项将背景图片或者动画在产生较少变形的方向上进行缩放。

Auto-align

自动对齐。此选项可以将背景图片或者动画在视口中的九个位置之一对齐：视口的中心、四个角中的任何一个，或者沿着四边任一边的中心。扩展 Alignment 列表，然后从列表中的图示对齐描述中选择一个。

Manual

手动。此选项可以在不是视口中心的位置处重新定位背景图片。单击 Manual，然后在 Origin 域中输入想要定位背景图片左下角的位置。

4. 对于 Auto-align 或者 Manual 缩放，用户可以指定沿着任意轴的缩放量。指定背景图片或者动画的 *X* 缩放量（X scale 项）或者 *Y* 缩放量（Y scale 项）。默认的缩放量为 1；增加缩放量可以沿着选中的轴拉伸图片或者动画，减少缩放量可以沿着选中的轴压缩图片或者动画。

5. 拖拽 Translucency 滑块到用户想要的透明百分比。此设置改变了背景图片或者动画的透明性，进而与显示的模型混合。0.00 值表示完全透明，1.00 值表示完全不透明。默认情况下，背景图片或者动画和模型为不透明显示。

6. 单击 OK 来完成更改，并关闭 Image/Movie Options 对话框。

5　操控视图和控制透视

本章介绍显示选项、视图操控工具、3D 指南针和透视工具，所有的这些工具对在视口中创建显示的一个相机进行控制。显示选项允许用户在两个相机模式之间切换，并且对两个相机的一些属性进行数值控制。显示操控工具和 3D 指南针控制相机来对显示中的对象进行定位、定向和缩放；用户也可以选择定制的显示，例如前视图和后视图，以及定义用户自己的视图。透视工具控制 Abaqus/CAE 是否使用透视来显示用户的模型；使用透视可以对三维模型给出更加逼真的外观。本章包括以下主题：

- 5.1 节 “理解相机模式和显示选项”
- 5.2 节 “理解视图操控工具”
- 5.3 节 “3D 指南针”
- 5.4 节 “定制视图三角形图标”
- 5.5 节 “控制透视”
- 5.6 节 “使用视图操控工具”
- 5.7 节 “使用 3Dconnexion 运动控制器辅助操作 Abaqus/CAE”

5.1 理解相机模式和显示选项

本节介绍在 Abaqus/CAE 中用来创建显示的相机模式，包括以下主题：

- 5.1.1 节 “相机模式和显示术语”
- 5.1.2 节 “使用显示选项来控制相机”

5.1.1 相机模式和显示术语

视图是用户模型和分析结果在视口中显示的二维表示——一个相片。Abaqus/CAE 在每一个视口中使用一个单独的相机来创建视图。用户可以从两个相机模式中做出选择来创建想要的模型或者结果显示。默认的模式允许用户在模型外面的任何地方放置相机。电影模式允许用户将同一个相机放置在模型的内部以及模型的外部。此外，电影模式为用户提供两个剪辑平面，使得用户可以在对象太靠近或者太远离相机时，从视图中去除对象。默认模式中没有限制景深，即使视口中的对象在视图上看起来非常小或者几乎不可见。

用户可以使用显示操控工具来完全利用两个相机模式，也可以在任何一个相机模式中使用所有的显示操控工具，但是一些显示操控工具的“其他模式”主要适用于电影模式。例如，缩放工具允许用户不移动相机就缩放当前视图；此工具的其他模式将相机移动得更加靠近模型。两个显示缩放的效果是一样的；但是当使用默认相机模式时，如果相机“触碰”到了模型外边界，其他模式就停止工作。在电影模式中，用户可以使用缩放工具的其他模式来将相机移动进入和穿过模型。在 5.2 节“理解视图操控工具”中描述了显示操控工具。

图 5-1 所示为两个相机模式。图中的阴影区域代表每一个相机模式中的可见空间——视图。

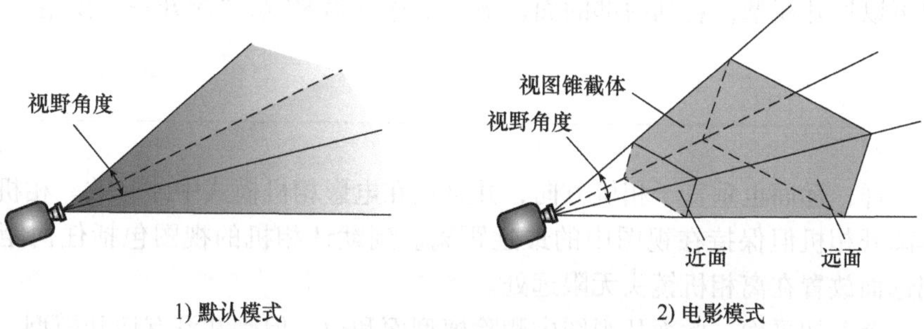

图 5-1 默认模式和电影模式的相机视图

相机后面的项用来描述用户在视口中看到的视图：

相机目标

相机目标是空间中的一个点，控制如何在绝大多数视图操控过程中移动相机。对于所有的默认视图，相机目标与视图中的所有目标中心重合。当用户使用平移、转动和缩放视图操控工具的其他模式时，相机目标从所有对象的中心移出。

视图锥截体

锥截体是使用电影相机模式的三维空间可视化。相机位置形成了由上、下、左、右平面创建的金字塔顶点（与默认模式中的作用一样）。要创建视图锥截体，为默认的视图添加两个额外的平面、近面和远面。在电影相机模式中，只有视图锥截体内的对象（或者对象的一部分）才可见。

视野角度

形成视图侧面的左、右平面之间或者上、下平面之间的最大角度是视野角度。使用的角度取决于视图锥截体的形状（视口的有效形状）；在图5-1的两个图中，左、右平面之间的角度是更大的；因此将此角度视为视野角度。将视野角度应用到默认的相机模式和电影相机模式；改变角度相当于调整静态相机上的空间来扩展或者收缩相机图片。

缩放、箱形变焦和自动适合视图操控工具都改变视野角度，可重新确定视口中视图的大小。这些工具的更多信息，见5.2节“理解视图操控工具”。

近面

近面与相机方向垂直并且仅在电影相机模式中有效。相机到近面的距离是一个物体保持在视图中时到相机的最短距离。默认相机的视图包括任何距离处的对象，就像近面直接位于相机镜头前面一样。

近面是一个剪切平面；此面从视图中删除模型面和边，但是并没有切开模型。在显示模块中，用户可以切开模型，看到内部的面；更多信息见第80章“割开一个模型”。

远面

像近面一样，远面也垂直于相机方向，并且仅在电影相机模式中才有效。相机到远面的距离是物体离开相机但保持在视图中的最远距离。到默认相机的视图包括任何距离上的对象，就像把远面放置在离相机镜头无限远处。

远面是一个剪切平面；此面从视图中删除模型面和边，但是并没有切开模型。在显示模块中，用户可以切开模型，看到内部的面；更多信息见第80章“割开一个模型”。

用户可以使用视图选项、视图操控工具和透视工具来改变相机模式设定，或者改变相机，相机目标与用户显示的目标之间的关系。这些工具的当前设置和选项定义了当前视图。

5.1.2 使用显示选项来控制相机

使用显示选项来控制当前的相机模式以及用户不能使用显示操控工具的其他选项。

从主菜单选取 View→View Options 来获取当前视口的显示选项，如图 5-2 所示。用户可以使用 View Options 对话框来控制：

- 视野角度（即，当前视图的大小）。
- 相机模式（电影模式允许移动进入和穿过模型）。
- 电影模式相机到近面的距离（对象保留在视图内时，物体到相机的最近距离）。

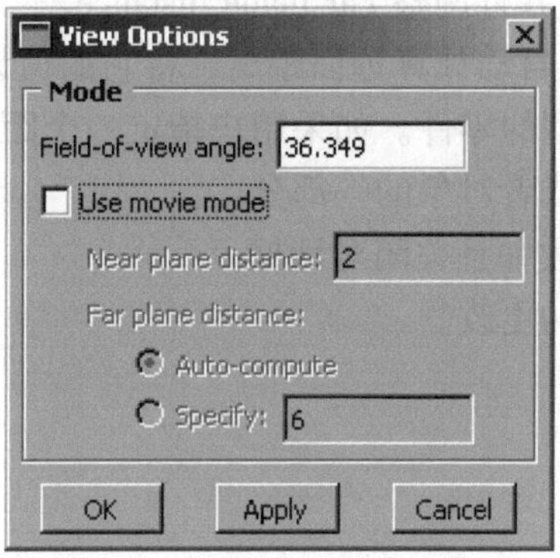

图 5-2 View Options 对话框

- 电影模式相机到远面的距离（对象保留在视图内时，物体到相机的最远距离）。

注意：选择近面和远面距离，可以通过不在视图中显示指定范围以外的任何模型部分来改善显示性能。

在显示模块中，View Options 对话框也包括 Camera Movement 选项。用户可以让相机跟随所选坐标系的运动，并且选择是否让相机也随着所选择的坐标系转动。如果正在使用电影模式，用户可以将相机定位在所选坐标系的原点。对于显示模块中视图的更多信息，见 55.9 节“定制相机运动”。

若要使用显示选项，执行以下操作：

1. 从主菜单栏选择 View→View Options。

出现 View Options 对话框。

2. 如果需要，改变 Field-of-view angle 来重新确定视口中视图的大小。

- 减小角度来放大视图。
- 增加角度来降低视图。

3. 切换打开或者关闭 Use movie mode 来在默认的相机模式与电影相机模式之间切换。

激活电影相机模式不改变当前的视图。然而，如果用户应用默认的相机模式（切换关闭 Use movie mode），则用户将看到下面的效果。

- 如果整个模型位于锥截体中，则当前视图不发生变化。
- 如果近面或者远面切掉了部分模型，则在用户下次激活电影模式的视图中重新出现此被切掉的部分，并且 Abaqus/CAE 重新设置近面和远面距离来包括整个对象。
- 如果把定义模式相机定位在模型的内部，则相机沿着当前视图方向移动“回来”，这样整个模型在相机的前面。Abaqus/CAE 调整视角，类似于电影模式视图中的大小来显示模型，并且在用户下一次激活电影模式时重新设置近面和远面距离来包括整个对象。

技巧：使用循环视图操控工具来返回之前的视图。

4. 如果需要，调整 Near plane distance。

Abaqus/CAE 将位于电影模式相机和近面之间的任何对象或者对象的一部分清除出视图。

5. 如果需要，单击 Specify 并且调整 Far plane distance。

默认情况下，Abaqus/CAE 自动计算远面距离，将它的值设置得比模型中最远点的距离还要远，使得视图始终包括模型的零件。如果用户指定一个距离，则 Abaqus/CAE 将从相机中排除任何超出此距离的对象或者对象的一部分。

6. 单击 OK 完成用户的更改并且关闭对话框。

程序会话期间会保存用户的更改。

5.2 理解视图操控工具

本节介绍用户在使用视图操控工具之前应当明白的基本概念，包括以下主题：

5.2.1 视图操控工具概览

相机位置、方向和缩放因子一同定义视口中目标的视图。装配的视图，以及用户的每一个零件，都是相对于默认的笛卡儿坐标系来定位的，并且视口中此默认坐标系的方向是通过显示三角形坐标来表示的。默认情况下，当模块第一次显示三维零件或者装配体时，使用等轴测视图。

用户可以使用 View Manipulation 工具栏上的平移、转动、缩放、拉近和自适应工具，对视图进行操控来控制相机、相机目标和模型的相对位置，或者用户显示的结果。例如，用户可以平移和缩放云图来显示应力集中的区域。视图操控工具允许用户执行下面的操作：

- ✥水平和竖直地移动视图，即平移视图。
- ↻转动视图。
- 放大或者缩小视图。
- 拉近所选的视图区域。
- 重新缩放视图来充满视口；即，自适应视图。
- ⇅循环通过之前的视图。

其他类型的视图操控可以使用 3D 指南针来执行；更多信息见 5.3 节“3D 指南针”。

用户可以右击鼠标来访问下面的视图操控工具：

- Set As Rotation Center。在鼠标单击的位置设置转动中心，此中心可以是视口中的任何位置。
- Use Default Rotation Center。清除之前设置的转动中心。
- Center View。以鼠标单击的位置为视图中心。

当在视口中显示 *X-Y* 图时，用户可以使用视图操控工具来改变 *X-Y* 曲线的显示。因为 *X-Y* 图是二维的，所以在当前的视口显示一个 *X-Y* 图时，抑制转动工具。

单击一个显示操控工具，将用户置于相应的视图操控模式。然后，用户通过移动光标到视口以及必要的拖拽和单击来操控一个特定视口中的视图。此外，平移、转动和缩放工具有其他模式，用户可以通过按住［Shift］键的同时，正常使用这些工具来访问。这些工具的其他模式适用于电影相机模式，以及默认的模式。更多有关相机的术语和显示模式的信息，见 5.1 节“理解相机模式和显示选项”。要退出视图操控模式，执行下面中的一步：

- 单击鼠标键 2。
- 单击弹出对话框中的取消按钮 ✕。
- 再次单击视图操控工具。
- 单击任何其他视图操控工具。

用户可以依照需求多次使用视图操控工具来达到想要的视图，并且用户可以在任何视口中执行视图操控，而不管显示了什么。Abaqus/CAE 为每个视口存储至多 8 个最近使用的视图，并且用户可以使用循环视图操控工具来循环向后或者向前浏览这些视图。

当用户在链接到其他视口的视口中使用移动、转动、缩放、拉近或者重新缩放工具时，Abaqus/CAE 也操控被链接视口中对象的显示。更多信息见 4.6 节“链接视口以进行视图操控”。默认情况下，当用户操控对象的视图时，Abaqus/CAE 使用当前的渲染类型（线框、填充、隐藏线或者阴影）来显示图像。另外，当用户操控视图时，用户可以改变 Graphics Options 对话框中的 Drag mode 来将图片显示成一个简化的线框。当用户完成操控时，显示会恢复成原来的渲染类型。

如果用户更愿意使用菜单，而不是 View Manipulation 工具栏上的工具，则用户可以通过主菜单栏上的 View 菜单来访问所有的视图操控工具。此外，用户可以使用 Views 工具栏来应用预先定义的和用户定义的视图，并且用户可以从主菜单栏上选择 View→Specify，在出现的对话框中以数值指定一个精确的视图。定制和以数值指定视图的更多信息，分别见 5.2.8 节“定制视图”和5.2.9 节“以数值指定一个视图”。

另外，用户可以通过使用键盘和鼠标动作的组合来进入以下三种视图操控模式。

- 要转动视图，按［Ctrl］键+［Alt］键，并且保持按下鼠标键 1。
- 要平移视图，按［Ctrl］键+［Alt］键，并且保持按下鼠标键 2。
- 要放大或者缩小视图，按［Ctrl］键+［Alt］键，并且保持按下鼠标键 3。

对任何这些组合添加［Shift］键来获取这些工具的其他模式。例如，按［Shift］键+［Ctrl］键+［Alt］键并按住鼠标键 3 来获取放大工具的其他模式，并且将相机移动靠近或者远离视图中的目标。当用户没有使用相应模式的其他模式时，［Shift］键对视图操控没有作用。要在使用前面的一个动作之后退出视图操控，释放鼠标键就行了。

通过从主菜单栏选择 Tools→Options，用户可以重新设置这些键盘和鼠标组合，来模仿其他五个常用 CAD 应用的视图操控界面，见 68.2 节“使用视图操控快捷键”。

5.2.2 平移视图工具

当用户选择平移工具✣和要进行平移的视口时，Abaqus/CAE 进入平移模式，由光标✣来表示。

当在视口中显示一个模型时，用户的模型显示位置随着用户单击和拖动光标来变化，并且橡皮筋线表示平动的大小。平移视图可以比拟成在模型的投射上移动相机，如图 5-3 所示；投射在视口中移动，但是随着平移，在原来的相机位置中被隐藏的任何模型面依旧保持隐藏。

平移工具的其他模式，在执行操控时，可以通过按住［Shift］键来访问，创建一个更加逼真的相机视图。取代模型的投射，用户可以在实际模型上平移相机。在先前的相机位置处隐藏的模型面，随着相机在模型上的移动而暴露出来，如图 5-4 所示。

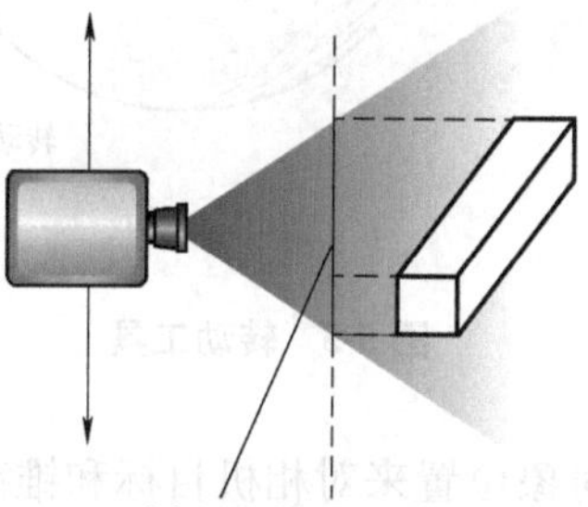

图 5-3 平移视图

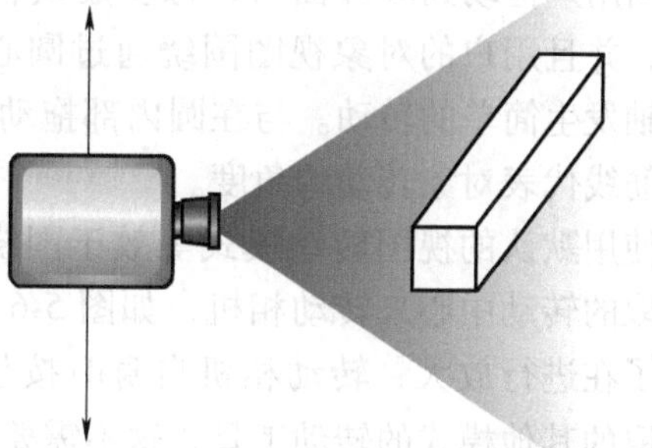

图 5-4 在其他模式中平移视图

注意：如果不是透视状态，则平移的其他模式与标准平移工具的效果是一样的。

对于平移工具的两个模式，光标的初始位置是不重要的，只要用户将光标置于视口内就可以了。光标运动仅受限于用户显示器的物理边界，并且即使用户将光标移动到视口或者视窗外面，平移依旧继续。

当在视口中显示 *X-Y* 图时，用户可以通过单击和拖拽网格中的光标来改变图中 *X-Y* 曲线的显示。当用户操控用户的 *X-Y* 数据显示时，Abaqus/CAE 更新轴上的值。

对于使用平移工具的详细用法说明，见 5.6.2 节“平移视图”

5.2.3 转动视图工具

当用户选择转动工具↻和要进行转动的视口时，Abaqus/CAE 进入转动模式。在此模式中，光标变化成两个弯曲的箭头，并且在视口中出现一个大圆圈。要定义转动的中心，用户可以直接输入它的坐标或者从视口选择一个点。否则，Abaqus/CAE 将围绕视口的中心转动视图。如果用户通过从视口选择一个位置或者通过输入坐标来选择一个转动中心，则转动中心位置覆盖视图中心并且保留此转动中心位置，直到用户选择了一个新的转动中心、一个不同的对象或者选择默认的转动中心。当用户拖拽光标时，用户的视图发生转动，并且橡皮筋线说明转动大小和转动方向。当用户转动模型的视图时，视图三角形坐标说明整体坐标系的方向。

注意：当在当前视口内显示 *X-Y* 图时，Abaqus/CAE 抑制转动工具。

当用户进入转动模式时，画的圆代表围绕对象的想象的圆球轮廓。当在圆里面拖拽鼠标时，用户可以想象实际上在转动球，好像用户在使用跟踪球。用户的模型连接到球的中心，这样转动球会造成用户的模型视图也发生转动。

用户确定在虚拟球的表面随着光标移动时的转动轴。橡皮筋线代表切平面与球表面的交点，并且转动轴与此切平面垂直。转动角等于橡皮筋线在球面上的圆心角，这样拖动半个圆产生 180°的转动。图 5-5 显示了虚拟球和在球面上拖动的橡皮筋线。

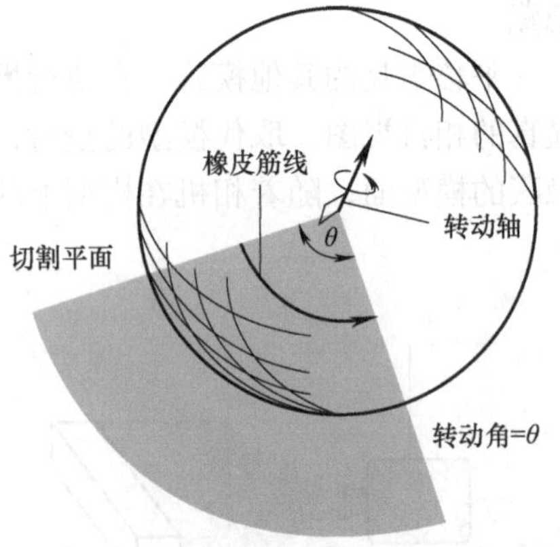

图 5-5 转动工具

当用户拖动到圆外面时，橡皮筋线在与圆的边界重合，并且用户的对象视图围绕通过圆心的与屏幕垂直的轴发生简单的转动。与在圆内部拖动的情况相同，橡皮筋线代表对象转动的角度。

使用默认的视图转动模式等效于围绕视图中心或者选取的转动中心来转动相机，如图 5-6 所示。图 5-7 显示了在进行放大、转动相机自身时按住［Shift］键来获取的其他模式的转动工具。这不需要围绕原始视图中对象位置来对相机目标和锥截体进行移动。当用户在电影模式和相机定位在模型内部时，相机围绕自身转动时是非常有用的。在此情况中，移动相机目标和锥截体给视图带来不同的模型内部部分。

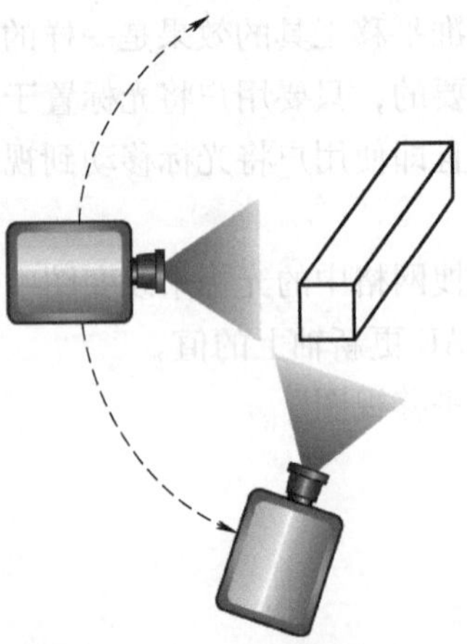

图 5-6 围绕目标或者选择的转动中心来转动相机

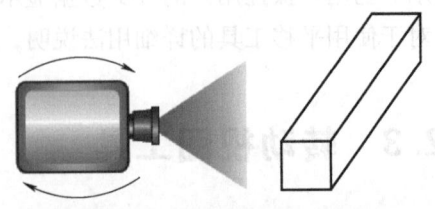

图 5-7 围绕相机自身转动

注意：如果用户已经选择一个点作为转动中心，则用户的选择覆盖其他的转动模式。

在任何模式中，与执行一个较大的转动相比，通常通过执行一系列的较小转动，可以更容易地得到期望的转动。如果用户需要访问转动并且回到一个已知的方向，使用 Views 工具栏中的预定义视图或者循环视图工具⇅。使用任何预定义的视图都将把相机目标重新设置到模型的中心。

因为 X-Y 图是二维的，所以当在当前的视口中显示 X-Y 图时，Abaqus/CAE 抑制了转动工具。

对于使用转动工具的详细指导，见 5.6.3 节“转动视图”。

5.2.4 放大工具

当用户选择放大工具以及要作用的视图时，Abaqus/CAE 进入放大模式，通过放大光标来表示。当用户在放大模式中沿着正方向拖拽光标时，用户的模型显示或者图在视口中放大，并且橡皮筋线说明相对放大的程度。类似地，当用户沿着负方向拖拽光标时，用户的模型显示或者图收缩，并且橡皮筋线说明相对缩小的程度。正负方向取决于用户在视图放大选项中的设置（见 68.2 节“使用视图操控快捷键”）。如果用户为视图放大使用默认的 Abaqus/CAE 构型，则正方向是向右的、负方向是向左的。如果用户为视图操控使用非默认的构型，则正方向是向上的、负方向是向下的。要反映构型设置，默认构型的橡皮筋线是水平的，非默认构型的橡皮筋线是竖直的。

必须在视口中开始拖拽行动，但是用户可以在显示器的范围内继续拖拽，即使光标超出了视口界限。用户也可以重复拖拽来达到想要的视图。放大工具仅识别用户拖拽行动的水平（对于默认构型）或者竖直（对于非默认构型）分量，通过橡皮筋线来反映是默认构型还是非默认构型。结果，用户可以通过对角屏幕的拖拽来得到更加细致的控制，因为这样的光标运动在有效方向上产生的光标运动分量，比沿着有效方向拖拽相同的距离更小。

使用放大工具的默认模式，如名称所说明的那样，放大了视图；缩放视图如图 5-8 所示，相机不相对于视图中的对象发生运动。放大是通过编号视野角度来产生的，当在一个静止的相机上改变空间时，使用相同的方法。

放大工具的其他模式，通过在执行放大时按住［Shift］键来获取，保持视野不变，并且在视口中将相机朝着或者远离对象移动，如图 5-9 所示。

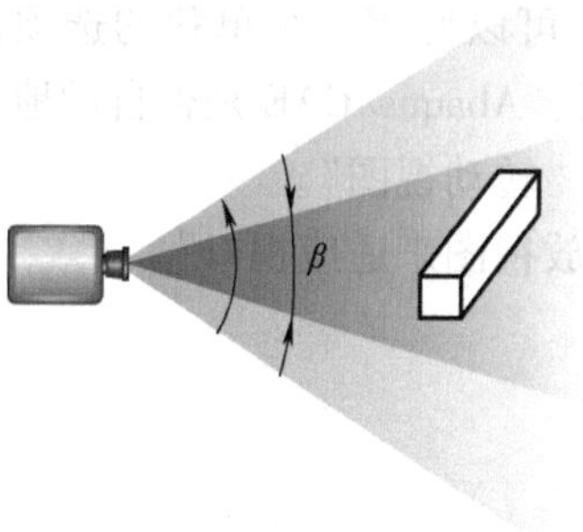

图 5-8　缩放视图

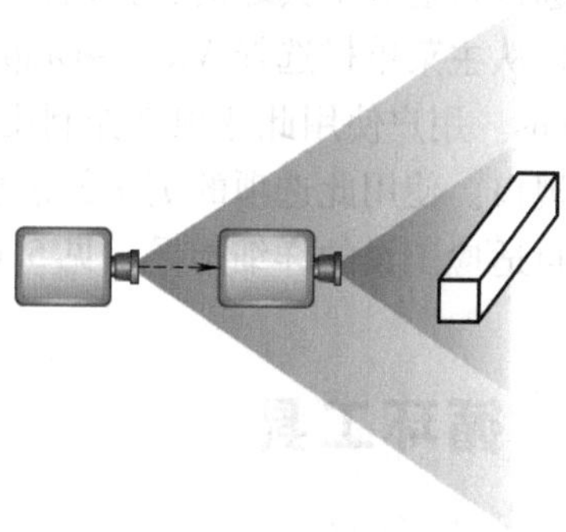

图 5-9　将相机靠近模型

以此方式来移动相机，在移动模式开启时是最有用的。然后，用户的视图不受限制；用户可以移动相机通过模型，这样用户可以通过近面或者远面来删除不想看到的任何零件，或者实际上处在相机后面。如果用户没有使用电影模式，则相机仅能移动向前，直到相机到达模型的外边界。

当在视口中显示 *X-Y* 图时，用户可以放大用户的数据视图来聚焦 *X-Y* 曲线的特定部分。Abaqus/CAE 在用户改变 *X-Y* 图的大小时更新轴上的值。

如果用户丢失了位置的追踪，则用户可以使用自适应工具来重新缩放视图来适合视口。使用自动适合工具也将相机目标重新设置到模型的中心。

5.2.5 箱形变焦工具

当用户选择箱形变焦工具和要作用的视口时，Abaqus/CAE 进入箱形变焦模式，通过一个十字准线形状的光标来表示。用户使用此工具来选择模型或者图的矩形区域；Abaqus/CAE 放大用户选择的模型区域或者图来充满视口。对于 *X-Y* 图，Abaqus/CAE 放大选择的 *X-Y* 曲线视图并且更新轴的值来匹配用户选择的数据。

5.2.6 自适应工具

从 View Manipulation 工具栏使用自适应工具可以快速调整用户的模型视图，模型或者模型图会充满视口，并且定位在视口中心。当用户适合匹配一个模型视图时，如显示三角形说明的那样，方向没有发生变化。

当想要自动地适合一个 *X-Y* 图时，自适应工具将轴中的值重新设置成指定的最大和最小值；见 47.5 节"定制 *X-Y* 图轴"。自适应工具没有使用 *X-Y* 图的自动充满视口，因为表选项可以让图仅占有视口的一部分；更多关于表大小和位置选项的信息，见 47.7 节"定制 *X-Y* 图外观"。

只要用户单击了自适应工具，就会使视图在当前视口中自动适合。如果用户有多个视口，则在选择自适应工具之前选择用户想要重新缩放的视口来让它变成当前的视口。

当用户从主菜单栏选择 View→Graphics Options 时，可以使用一个单独的选项，Auto-fit after rotations。用户使用此选项来控制用户在转动模型时，Abaqus/CAE 是否自动地再缩放视图来充满视口。使用此选项的更多的信息，见 5.6.3 节"转动视图"。

使用自适应工具的详细指导，见 5.6.6 节"重新缩放视图来适应视口"。

5.2.7 循环工具

当用户选择循环工具 ⇅ 和要工作的视口时，双向箭头形式的光标显示 Abaqus/CAE 已经进入循环模式。用户可以在每一个视口中循环至多八个最近使用过的视图。

要循环之前的视图，单击用户想要改变视图的视口。要控制循环的方向，单击弹出区域中的 Backward 或者 Forward。默认是向后循环。在用户向后循环到最老的可使用视图后，连续单击没有作用。类似地，在用户向前循环到最新的视图后，连续单击也没有作用。

对于使用循环工具的详细指导，见 5.6.7 节“循环浏览视图”。

5.2.8 定制视图

Views 工具栏允许用户对所选视口中的模型施加一个定制的视图（一个视图是在视口中的位置、方向和模型聚焦因子的组合）。

注意：默认在 Abaqus/CAE 主窗口中不能使用 Views 工具栏。要显示 Views 工具栏，从主菜单选择 View→Toolbars→Views。

定制视图包括七个预定义的视图（例如前视图和后视图）以及至多四个用户定义的视图。

预定义的视图

预定义的视图是以视图立方体的六个面和一个等轴视图为基础的。视图三角形坐标说明一个视口中此视图立方体的方向。图 5-10 说明了六个预定义立方体的面视图。

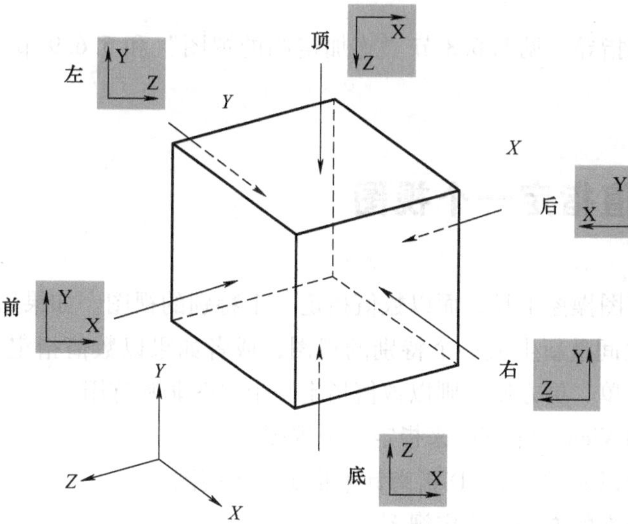

图 5-10 预定义的视图

注意：当在当前的视口中显示 X-Y 图时，预定义的视图没有作用。

用户定义的视图

用户可以使用视图操控工具来在一个视口中定位用户的模型视图，然后单击 Views 工具栏中的来将视图保存成四个用户定义视图之一。用户可以使用此保存的视图来在视口中将对象重载成一个已知的方向，并且用户可以对其他的视口施加一个保存的视图。默认情况下，在计算模型会话之间不存储保存的视图。如果用户想要为后续计算模型的会话保留一个已保存的视图，可以将视图以 XML 文件保存到模型数据库，或者保存到输出数据库。更多信息见 9.9 节“管理程序会话对象和程序会话选项”。

视图由三个分量组成：方向、聚焦因子和位置。用户可以选择是否使用 Scale & Position 选项来保存所有这些三个分量，具体如下：

Auto-fit

选择此选项后保存视图时，仅保存了方向。当用户应用一个保存此选项的视图时，只应用保存的方向，不过，可以另外调整聚焦因子和位置来使得视图充满视口。

Save current（保存当前）

选择此选项后保存视图时，仅保存了方向、聚焦因子和位置。当用户应用使用此选项保存的视图时，对视口中的对象应用保存的方向、聚焦因子和位置。要通过并排视口来在不同的视口中对比不同的对象，使用 Save current 选项对每一个视口施加一个已知的方向、聚焦因子和位置。

定制视图的详细指导，见 5.6.8 节“施加定制的视图”和 5.6.9 节“保存用户定义的视图”。

5.2.9　以数值指定一个视图

用户可以忽略视图操控工具，而以数值指定一个特别的视图。如果用户想要在 Abaqus/CAE 计算模型会话之间重新生成一个特别的视图，或者如果以数值指定一个视图比施加一系列的视图操控更简单、更方便，则以数值指定一个视图非常有用。

选择主菜单栏的 View→Specify 来指定一个视图。

技巧：用户也可以通过双击 3D 指南针来指定一个视图。

用户可以使用下面的方法来指定视图：

转动角度

输入三个角度（θ_1、θ_2、θ_3），代表用户的模型视图分别围绕屏幕的或者模型的 1 轴、2 轴和 3 轴所发生的转动。转动是以（θ_1、θ_2、θ_3）的次序来说明的，并且正角代表围绕轴的右手转动。如果用户在使用转动视图工具时，在之前指定了一个非默认的转动中心（见

5. 2. 3 节“转动视图工具”)，则指定的转动将也围绕此点发生。用户必须使用下面的一种模式来施加转动：

• Increment About Model Axes。当用户选择 Increment About Model Axes 时，Abaqus/CAE 对当前的视图简单地施加转动。图 5-11 显示了从等轴测视图施加一个 90、0、0 的增量模型轴转动结果。

• Increment About Screen Axes。屏幕 X 轴是水平的，Y 轴是竖直的，Z 轴方向远离屏幕。屏幕轴的原点是相机目标。在大部分的情况中，相机目标与视口的中心重合，但是一些视图操控方法可以移动相机目标（更多信息见 5. 1. 1 节“相机模式和显示术语”）。当用户选择 Increment About Screen Axes 时，Abaqus/CAE 简单地对当前视图施加转动。图 5-12 显示了从等轴视图施加围绕屏幕轴的（90，0，0）转动的结果。

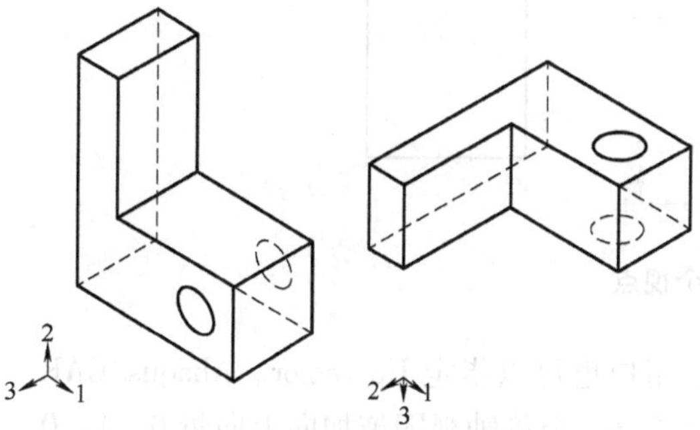

图 5-11　指定一个增量的模型轴转动角

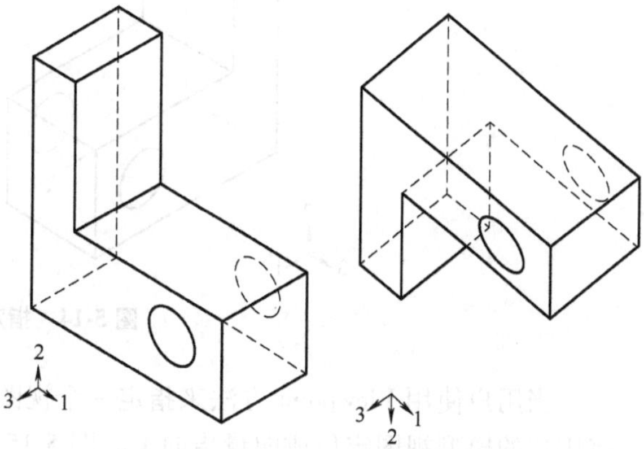

图 5-12　指定一个增量的屏幕轴转动角

• Total Rotation From（0，0，1）。当用户选择 Total Rotation From（0，0，1）时，Abaqus/CAE 首先转动视图到默认的位置（从 3 轴向下看，1 轴和 2 轴在屏幕平面上的视图），然后施加想要的转动。图 5-13 显示了从等轴视图施加（90，0，0）的总转动结果。

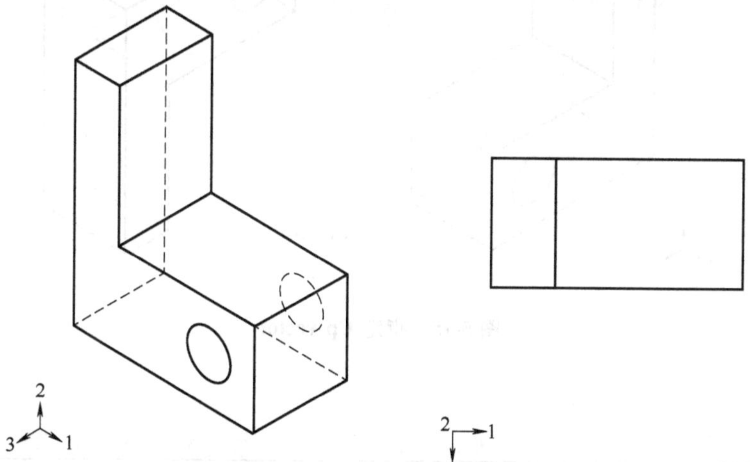

图 5-13　指定一个总转动角度

Viewpoint

当用户选择 Viewpoint 时，用户输入的三个值代表观察者的 1 位置、2 位置和 3 位置。Abaqus/CAE 从模型的原点到用户指定的位置构建一个向量，并且转动用户的模型视图，这样此向量指向屏幕外面。图 5-14 所示为施加 1、1、1 视点（一个等轴视图）和 1、0、0 视点的结果。

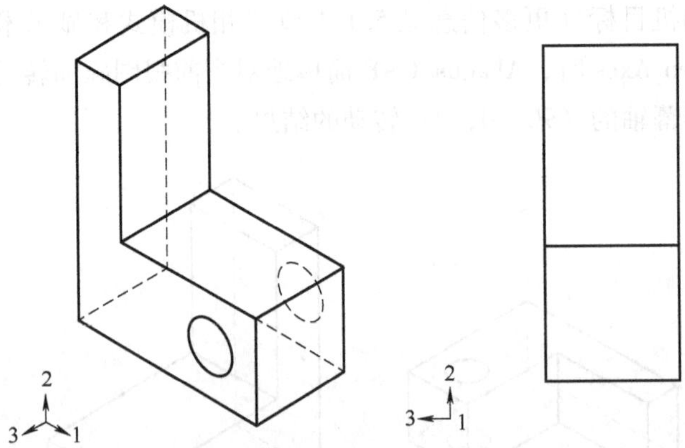

图 5-14 指定一个视点

当用户使用 Viewpoint 方法来指定一个视图时，用户也可以指定 Up vector。Abaqus/CAE 将用户的模型视图定位成向量指向上。图 5-15 显示了给一个等轴视图施加向上向量 0、1、0 和向上向量 0、-1、0 的结果。Up vector 必须不等于 Viewpoint 向量。

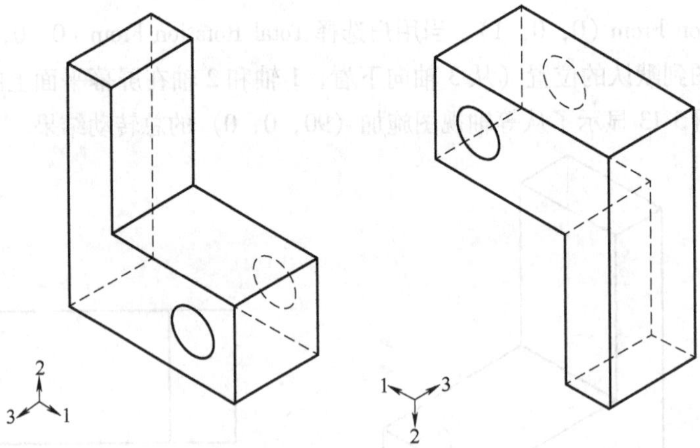

图 5-15 指定 Up vector

Zoom

输入的值代表缩放因子。大于 1 的值放大视口中的用户模型视图；例如，Zoom factor 值为 2 会双倍放大用户模型视图。0 到 1 之间的值收缩视口中用户的模型视图；例如，0.25 的 Zoom factor 值将用户的模型视图收缩到原始大小的 1/4。值必须大于 0。

用户必须选择下面的方法来施加聚焦：

- Absolute。当用户选择 Absolute 时，Abaqus/CAE 首先将视图充满视口，然后施加期望的 Zoom factor 值。
- Relative。当用户选择 Relative 时，Abaqus/CAE 对当前的视图施加 Zoom factor 值。

Pan（平移）

Abaqus/CAE 使用输入的 Pan 值将模型的视图平移指定的水平距离和竖直距离。Abaqus/CAE 在视口中相对于视图的当前位置移动视图。用户输入的值对应视口尺寸的比；第一个值代表水平运动，第二个值代表竖直运动。正的第一个值将用户的模型视图向视口的右边移动，正的第二个值将用户的模型视图向视口的顶部移动。例如，如果视口宽 200mm、高 100mm，且用户在 Fraction of viewport to pan（X，Y）区域中输入值 0.5、-0.1，则 Abaqus/CAE 将用户的模型视图相对于当前的位置右移 100mm 并且下移 10mm。

对于以数值指定一个视图的详细指导，见 5.6.10 节“施加指定的视图”。

5.3 3D指南针

3D 指南针是出现在视口右上角的视口注释（见图 5-16）。

Abaqus/CAE 中的 3D 指南针是以 CATIA V5 中使用的 3D 指南针为基础的。3D 指南针说明视口中模型的方向，类似于视图三角形坐标。然而与视图三角形坐标不一样的是，用户可以通过单击和对它拖拽来操控 3D 指南针的方向。当用户操控 3D 指南针时，视口相机平动或者转动来进行相应的视口方向变化。指南针视图操控的行为与 CATIA V5 中的指南针视图操控行为是一样的。

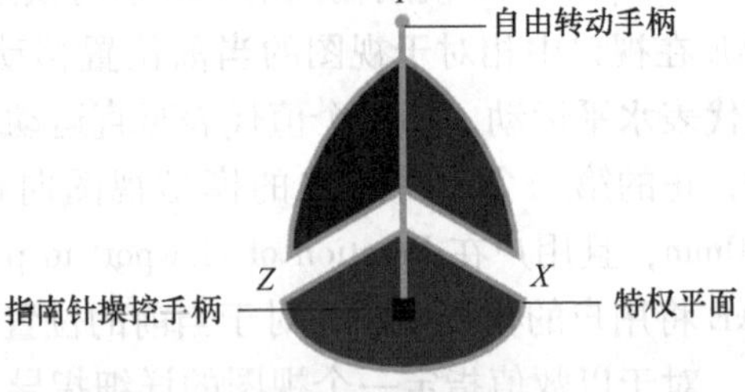

图 5-16 3D 指南针

因为 3D 指南针在所有的模块中，并且在所有的过程中都是可以使用的，所以 3D 指南针是特定视图操控选项的非常有用的快捷方式；用户不需要进入视图操控模式来改变使用 3D 指南针的视口方向。

3D 指南针的基本功能和特征，见以下主题：

- 5.3.1 节 “使用 3D 指南针转动视图”
- 5.3.2 节 “使用 3D 指南针平移视图”
- 5.3.3 节 “3D 指南针的预定义视图”
- 5.3.4 节 “定制 3D 指南针”

5.3.1 使用 3D 指南针转动视图

3D 指南针允许用户使用两个不同的方法来转动模型的视图：用户可以在所有方向上自由地转动，或者用户可以围绕一个具体的轴来限制对转动的操控。在两种情况中，模型视图围绕视口的当前转动中心发生转动，就像通过转动工具定义的那样（见 5.2.3 节 “转动视图工具”）。

自由转动

在任何方向上转动模型，单击并拖拽 3D 指南针上的自由转动手柄（示例如下）。

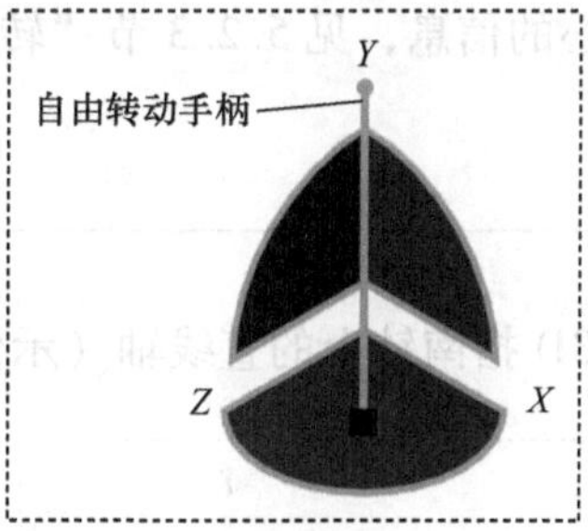

在用户拖动鼠标时，指南针围绕它的鼠标运动方向轴转动（枢轴点与指南针操控手柄重合）。转动取决于鼠标运动的方向，不在指针的位置上；换言之，只要用户连续拖拽，指南针将连续转动。随着指南针方向的变化，模型的视图发生相应的变化。

围绕轴的转动

用户也可以围绕指定的轴转动模型，这样在操控过程中，在特殊方向上可保持方向不变。要围绕一个轴转动，单击并且沿着 3D 指南针三个圆弧之一的周长进行拖拽（示例如下）。

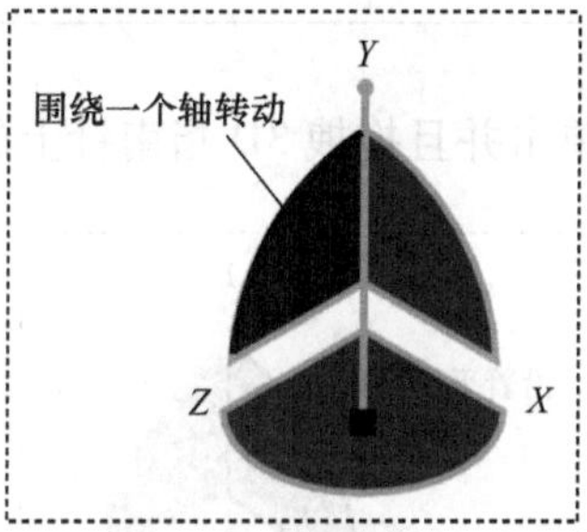

随着用户拖拽鼠标，指南针围绕圆弧所在平面的垂线发生转动（上例中的 X 轴）。转动取决于指针的位置。随着用户拖拽鼠标，将视口中指针的路径投射到所选的指南针圆弧上。指南针依据此投射的路径发生转动。随着指南针方向的变化，模型的视图发生相应的变化。

5.3.2 使用 3D 指南针平移视图

3D 指南针允许用户使用两个不同的方法来平移模型的视图：用户可以沿着指定的轴平移，或者在一个指定的平面内平移。

使用 3D 指南针操控平移与标准的平移工具操控不同（见 5.2.2 节“平移视图工具”）。标准的平移工具在模型前面横向的移动相机；约束相机仅在平行视口的平面内移动。3D 指南针的平移平面没有必要平行视口。因此，使用指南针的平移行为像标准平移和聚焦工具替代模式的组合：相机既横向穿过模型移动，也垂直拉近或者远离模型。指南针的方向和模型视图在平移操控过程中没有变化。

注意：随着标准平移视图工具的替代模式，使用 3D 指南针的视图平移也将视口的转动中心随着相机移动。关于转动中心的信息，见 5.2.3 节“转动视图工具”。

沿着轴平移

要沿着轴平移，单击并拖动 3D 指南针上的直线轴（示例如下）。

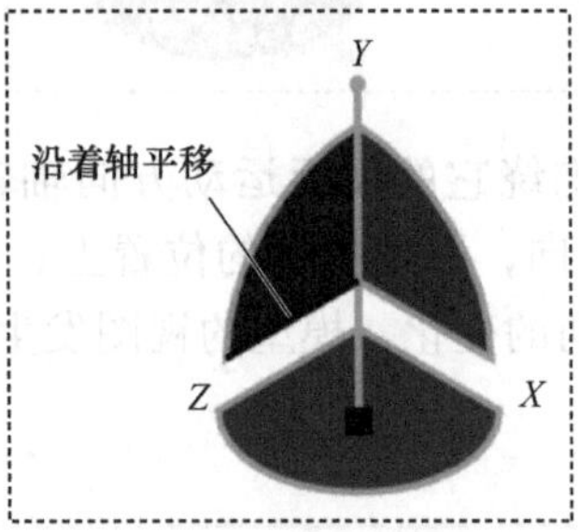

随着用户拖动鼠标，视口平面中的指针路径投影到所选的指南针轴上（上例中的 Z 轴）。相机根据此投影线性路径移动。

沿着一个面平移

要沿着一个平面平移视图，单击并且拖拽 3D 指南针上的任何 1/4 圆平面（示例如下）。

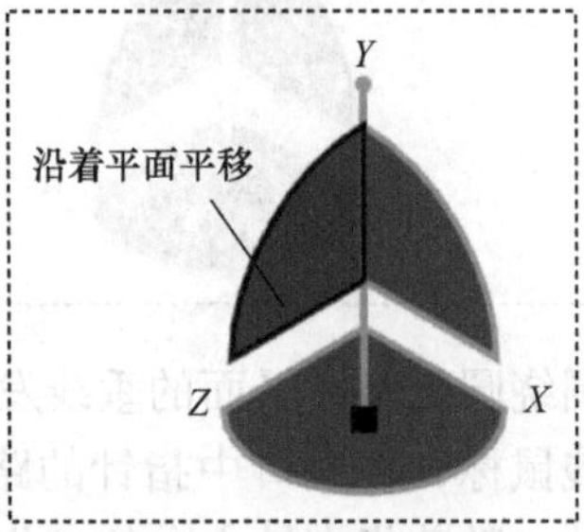

随着用户拖拽鼠标，视口平面中指针的路径是投影到所选指南针平面上的（上例中的 Y-Z 平面）。相机依据此投影的路径来移动。

5.3.3 3D 指南针的预定义视图

用户可以使用 3D 指南针来快速将视口设置到六个预定义视图中的一个，也可以通过指南针来访问 Specify View 对话框。

预定义的视图

预定义的视图对应 3D 指南针的三个平面。要应用一个预定义的视图，单击 3D 指南针上任意轴的标签（示例如下）。

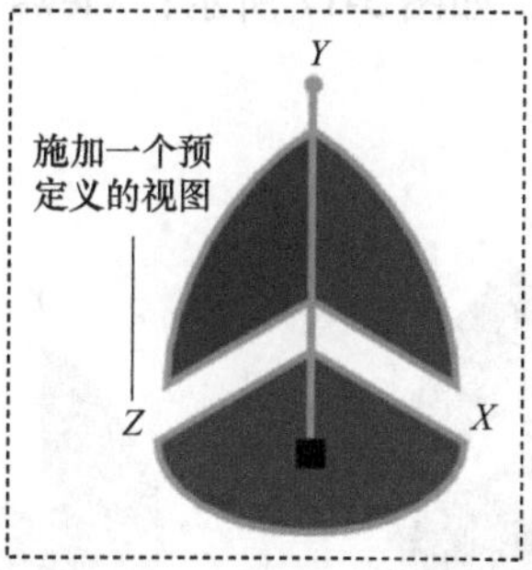

将视图进行了调整，使得所选的轴（上例中的 Z 轴）垂直视口的平面。再次单击相同的轴标签会反转视图的方向到视口平面的相反侧。换言之，重复单击相同的轴标签会使视图在显示模型的前侧与后侧之间摇摆。

与 3D 指南针关联的六个预定义视图与 Views 工具栏中的预定义视图是一样的。

以数值指定一个视图

在 3D 指南针的任何地方上双击都会打开 Specify View 对话框。用户可以使用此方法来以数值指定视点或者相机位置。更多信息见 5.2.9 节“以数值指定一个视图”。

5.3.4 定制 3D 指南针

要定制 3D 指南针的外形和方向，在 3D 指南针上右击鼠标并且从出现的菜单中选择一个选项。用户可以执行下面的定制：

Edit（编辑）

选择 Edit 来显示 Specify View 对话框，并且通过数值指定一个定制视图方向。指定定制视图方向的详细情况，见 5.2.9 节“以数值指定一个视图”。

技巧：用户也可以双击 3D 指南针来显示 Specify View 对话框。

改变特权平面

指南针的基础（包含指南针操控手柄）称为特权平面。默认情况下，在 Abaqus/CAE 中 X-Z 平面是特权平面。特权平面在确定视口中模型的“正确”方向时是有用的。在默认的指南针等轴方向中，特权平面出现在底面上，并且在顶部出现自由旋转手柄；从特权平面到自由转动手柄的轴起作用，说明模型的“上”方向。

如果 Y 轴不对应模型中的“上”方向，则用户可以将特权平面变化到指南针中的任何三个主平面。例如，选择 Make XY the Privileged Plane 来将 *X-Y* 设置成特权平面。改变特权平面仅重新构建 3D 指南针的形状，如图 5-17 所示；Views 工具栏中的视图方向和预定义视图没有变化。

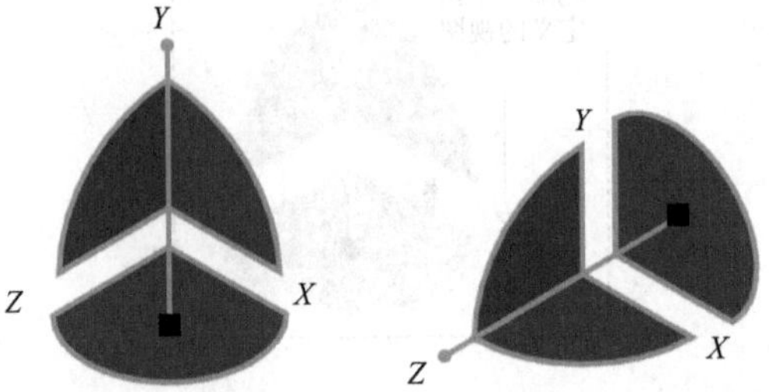

图 5-17　将特权平面从 *X-Z* 平面（左）变化到 *X-Y* 平面（右）

Hide（隐藏）

选择 Hide 来从视口显示中删除 3D 指南针。要重新显示 3D 指南针，用户必须使用视口注释选项（从主菜单中选择 Viewport→Viewport Annotation Options）。对于视口注释可视化控制的信息，见 56.4 节“视口标注选项概览”。

Help（帮助）

选择 Help 来显示使用 3D 指南针文档的帮助窗口。

5.4 定制视图三角形图标

下面显示的视图三角形图标是三个相互垂直轴的集合，说明当前所显示模型的视图方向。*X*、*Y* 和 *Z* 标签分别对应 1 方向、2 方向和 3 方向。随着用户转动模型视图，视图三角形图标会发生变化来说明新的方向。

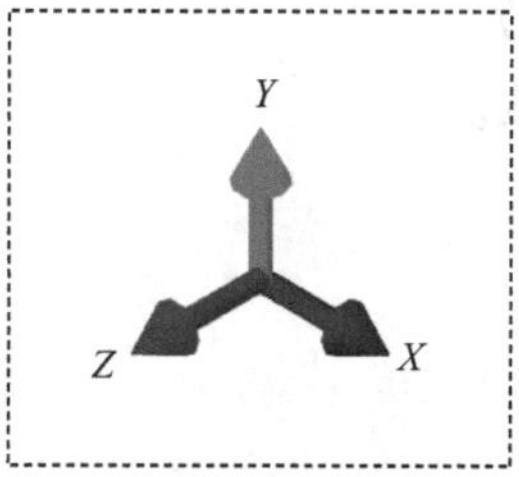

视图三角形图标和 3D 指南针都说明显示方向，并且它们总是彼此对齐。用户可以直接在视口中操控 3D 指南针方向，由此改变模型的视图（见 5.3 节“3D 指南针”）。视图三角形图标仅作为参考来运行；它随着 3D 指南针转动，但是不能对它进行直接操控。

用户可以使用 Viewport→Viewport Annotation Options 菜单项目来要求或者抑制三角形图标的显示，并且控制三角形图标的大小、位置和外观。用户也可以控制三角形图标的标签，包括它们的颜色和字体。

若要控制三角形图标显示选项，执行以下操作：

1. 从主菜单栏选择 Viewport→Viewport Annotation Options。

出现 Viewport Annotation Options 对话框。

2. 切换 Show triad 来在当前视口中显示或者抑制三角形图标。

当切换选中 Show triad 时，三角形图标选项变得可用。

3. 单击 Triad 标签页。

Abaqus/CAE 显示三角形图标显示选项。

4. 输入 Triad size 来作为视口大小的百分比。当用户重新确定视口大小时，三角形图标的大小发生相应的变化。允许的最小三角形图标大小是视口的 1%，并且允许的最大三角形图标大小是视口的 50%。

5. 分别在% Viewport X 和 Viewport Y 方框中输入三角形图标 *X* 和 *Y* 位置的百分比值。0 值的% Viewport X 将三角形图标原点移动到视口的最左边，而 100 的值将三角形图标原点移动到最右边。0 值的% Viewport Y 将三角形图标原点移动到视口的最底部，而 100 的值将三角形图标原点移动到最顶部。

6. 选择三角形图标标签的颜色。

a. 单击颜色样本■。

Abaqus/CAE 显示 Select Color 对话框。

b. 使用 Select Color 对话框中的一个方法来选择一个新颜色。更多信息见 3.2.9 节 “定制颜色”。

c. 单击 OK 来关闭 Select Color 对话框。

颜色样本改变成选中的颜色。

7. 单击 Labels 域旁边的箭头并且为三角形坐标选择数值或者字母标签。

在 Labels 域中出现指定的风格。

8. 单击 Set Label Font 来使用出现的对话框来设置字体类型、大小和风格。

9. 单击 Apply 来完成用户的更改。

程序会话期间会保存用户的更改。

5.5 控制透视

透视显示在二维平面中准确地显示三维对象的空间关系。换言之，当开启透视时，用户平面上的三维模型显示得更加逼真。另外，当关闭透视时，模型中的平行线表现出平行。透视影响所有的图，除了 *X-Y* 图，会应用到所有的模块，并且默认是关闭的。

- 要开启透视，选择位于 View Options 工具栏中的 图标，或者从主菜单栏选择 View→Perspective。
- 要关闭透视，选择位于 View Options 工具栏中的 图标，或者从主菜单栏选择 View→Parallel。

用户的更改仅施加到当前的视口，并且在程序会话期间进行保存。

5.6 使用视图操控工具

本节介绍 View Manipulation 工具栏中工具的详细情况，允许用户操控视口中模型的位置、方向和缩放以及 X-Y 图。当用户操控的视口与其他视口链接时，Abaqus/CAE 也改变程序会话中每一个链接视口中的视图。本节包括以下主题：

- 5.6.1 节 “居中视图”
- 5.6.2 节 “平移视图”
- 5.6.3 节 “转动视图”
- 5.6.4 节 “放大或者缩小视图”
- 5.6.5 节 “扩大视图的选中区域”
- 5.6.6 节 “重新缩放视图来适应视口”
- 5.6.7 节 “循环浏览视图”
- 5.6.8 节 “施加定制的视图”
- 5.6.9 节 “保存用户定义的视图”
- 5.6.10 节 “施加指定的视图”

5.6.1 居中视图

在视口中右击鼠标来访问居中视图的选项。用户也可以使用 View Manipulation 工具栏中的自适应工具来快速平移、放大或者缩小视图，这样视图会充满视口并且在视口中居中。

若要居中视图，执行以下操作：

1. 在视口中将光标定位在用来居中视图的位置处，然后右击鼠标。
2. 从出现的菜单中选择 Center View。

Abaqus/CAE 将用户选中的位置平移到视口的中心。

5.6.2 平移视图

使用 View Manipulation 工具栏中的平移工具来在视口中水平地和竖直地移动视图。

当使用平移工具来访问其他平移工具时按住［Shift］键。当用户平移视图时，结合其他模型转换视图的透视，可创建更加真实的图像（更多的信息见5.2.2节“平移视图工具”）。

如果当前的视口链接到其他视口，则Abaqus/CAE也会移动程序会话中所有链接视口中的对象视图。更多信息见4.6节“链接视口以进行视图操控”。

若要平移视图，执行以下操作：

1. 从View Manipulation工具栏中单击平移工具✥来进入平移模式。

技巧：用户也可以从主菜单栏选择View→Pan，或者按［F2］健。

2. 在用户想要改变视图的视口中定位光标。

光标变成四头箭头：✥。

3. 在某一方向上拖拽光标，直到得到想要的视图。

用户模型图的位置或者视口中的*X-Y*图的位置随着用户拖拽光标而发生变化，并且由一条橡皮筋线说明平移的量。

注意：光标的初始位置是不重要的，只要用户将光标放置在视口内就可以。光标运动仅受限于显示器的物理边界，并且即使用户将光标移动到视口或者窗口之外，平移仍将继续。

4. 重复步骤2和步骤3，直到达到了用户期望的视图。

5. 要退出平移模式，进行下面的一个操作。

- 单击鼠标键2。
- 单击提示区域中的放弃按钮✕。
- 单击平移工具。
- 单击任何其他操控工具。

技巧：使用循环视图操控工具来返回之前的视口。

5.6.3 转动视图

使用View Manipulation工具栏中的转动工具↻来在视口中转动视图。当使用转动工具来获取其他转动模块时按住［Shift］键。其他的模式会转动相机自身，而不是围绕选中的转动中心来转动相机。当用户使用移动相机模式并且定位相机来替代围绕相机自身转动相机的模式，使得模型围绕相机来转动时，其他的模式是非常有用的（更多信息见5.2.3节“转动视图工具”）。用户也可以在每一个视口中指定一个点，或者在每一个视口中选择一个位置来用作转动中心。使用Graphics Options对话框中的Auto-fit after rotations选项，用户可以控制Abaqus/CAE在转动模式时，是否重新缩放模型来充满视口。

注意：用户不能转动*X-Y*图。

如果当前的视口链接到其他视口，则Abaqus/CAE也转动程序会话中所有链接视口中的对象。更多信息见4.6节“链接视口以进行视图操控”。

若要转动视图，执行以下操作：

1. 从 View Manipulation 工具栏中单击转动工具↻来进入转动模式。

技巧：用户也可以从主菜单栏选择 View→Rotate 或者按［F3］键。

2. 默认情况下，Abaqus/CAE 围绕视口的中心转动视图。用户可以使用下面的一个方法来改变转动中心。

- 在模型上或者视口中的任何位置处定位光标，右击鼠标并且选择 Set As Rotation Center。
- 单击提示区域中的 Select。从视口中高亮显示的顶点中选择转动的中心，或者输入坐标来指定一个点。在显示模块中，用户可以选择一个节点，并且转动中心将在未变形的模型状态和变形的模型状态中，保留在此选中的节点上。

当使用此方法时，仅当在视口中存在几何形体时，用户才可以选择转动中心。如果用户正在操作草图器时，选择将不能使用草图绘制的点。

- 右击鼠标并且选择 Use Default Rotation Center，或者选择提示区域中的 Use Default 来返回默认的转动方法（视口的中心）。

用户选择视口中保持的选中转动中心，除非用户显示视口中的其他对象，选择一个新的转动中心，或者返回默认的转动方法。

3. 将光标放置在用户想要改变视图的视口中。

在视口中出现一个大的圆，并且光标变化成向右的箭头。如果用户在视口中选择了一个转动中心，则此中心高亮显示。

4. 在任何方向上拖拽光标。

视图随着用户拖拽光标发生转动，并且橡皮筋线说明转动的角度和方向。

技巧：执行一系列的小转动通常比执行一个大的转动能更容易地达到期望的方向。

要围绕屏幕法向转动视图时，在圆的外面顺时针或者逆时针移动光标并且拖拽光标。

5. 重复步骤 2、步骤 3 和步骤 4，直到达到了用户期望的视图。

6. 要退出转动模式，进行下面的一个操作。

- 单击鼠标键 2。
- 单击提示区域中的放弃按钮✕。
- 单击转动工具。
- 单击任何其他视图操控工具。

技巧：使用循环视图操控工具来返回之前的视图。

若要在转动时重新缩放视图来充满视口，执行以下操作：

1. 从主菜单栏选择 View→Graphics Options。

出现 Graphics Options 对话框。

2. 切换选中 Auto-fit after rotations，自动在用户转动时重新缩放视图来充满视口；切换不选，则抑制转动过程中的自动缩放。

3. 单击 OK 来完成更改，然后关闭对话框。
在程序会话的延续中会保存用户的改变。

5.6.4 放大或者缩小视图

使用 View Manipulation 工具栏中的放大工具 来缩放视口中的视图。在使用放大工具访问其他放大模式时按住［Shift］键。其他模式将相机靠近或者远离视图中的对象，而不改变放大倍数。当用户使用摄像机模式时（更多信息，见 5.2.4 节“放大工具”），其他模式是非常有用的。

用户的视图操控选项构型设置影响放大工具的行为。如果用户正在使用默认的 Abaqus/CAE 视图操控构型，则水平拖拽光标操作放大工具：向右拖拽放大视图，向左拖拽缩小视图。在所有其他视图操控构型中，竖直拖拽光标操作放大工具：向上拖拽放大视图，以及向下拖拽缩小视图。更多信息见 68.2 节“使用视图操控快捷键”。

如果用户的鼠标有滚轮（鼠标键 2），当光标在视口中时，用户也可以通过向上滚动或者向下滚动来改变视图的比例。对于 *X-Y* 图，滚轮滚动的效果取决于光标的位置：

- 当光标在 *X-Y* 图网格中时，用户放大或者缩小图中的 *X-Y* 曲线，视图中的 *X-Y* 图将保留图的长宽比。
- 当光标位于一个轴上时，Abaqus/CAE 将沿着用户选中的轴拉伸或者压缩 *X-Y* 图。此功能允许用户只调整单个轴的数据显示，以便看清图线趋势。

如果当前的视口链接到其他视口，则 Abaqus/CAE 也将改变程序对话中所有链接视口中的视图比例。更多信息见 4.6 节“链接视口以进行视图操控”。

若要放大或者缩小视图，执行以下操作：

1. 从 View Manipulation 工具栏中单击放大工具 来进入放大模式。

技巧：用户也可以从主菜单栏选择 View→Magnify 或者按住［F4］键。

2. 在用户想要改变视图中的定位光标时，光标变成放大镜。

3. 拖拽光标来改变视图。拖拽的方向取决于用户试图操控构型的设置。用户可以通过从主菜单栏选择 Tools→Options，然后从 View Manipulation Options 表页选择一个构型来改变这些设置。

- 如果用户正在使用默认的视图操控构型，则将光标拖拽到起点的右边来放大视图（拉近），拖拽光标到起点的左边来缩小视图（远离）。
- 如果用户正在使用非默认的视图操控构型，则将光标拖拽到起点的上面来放大视图（拉近），拖拽光标到起点的下面来缩小视图（远离）。

Abaqus/CAE 在用户拖拽光标时会从起点画一个橡皮筋线通过屏幕。橡皮筋线表示施加的放大量，此量与用户在有效方向上拖拽运动的分量成比例。

4. 重复步骤 2 和步骤 3，直到用户获得期望的视图。

5. 要退出放大模式，进行下面的操作。

- 单击鼠标键 2。
- 单击提示区域中的放弃按钮。
- 单击放大工具。
- 单击任何其他的视图操控工具。

技巧：使用循环视图操控工具来返回之前的视图。

5.6.5 扩大视图的选中区域

使用 View Manipulation 工具栏中的框放大工具来扩大视图，这样所选的区域会填充视口。如果当前的视口与其他视口链接，则 Abaqus/CAE 在链接的视口中将以相同的因子扩大视图。更多信息见 4.6 节“链接视口以进行视图操控”。

若要拉近视图的选中区域，执行以下操作：

1. 从 View Manipulation 工具栏中单击框放大工具来进入变焦模式。

技巧：用户也可以从主菜单栏选择 View→Box Zoom 或者按住［F5］键。

2. 在用户想要改变视图的视口中定位光标。

光标形状变成十字准线。

3. 在要扩大区域的一个角落处定位光标。
4. 拖拽光标到对角。

矩形表示要扩大到区域。

5. 释放鼠标键 1。

扩大矩形定义的区域来充满视口。

6. 按需求重复步骤 2~步骤 5 来达到期望的视图。
7. 要退出框聚焦模式，进行下面的操作。

- 单击鼠标键 2。
- 单击提示区域中的放弃按钮。
- 单击框聚焦工具。
- 单击任何其他的操控工具。

技巧：使用循环视图操控工具来返回之前的视图。

5.6.6 重新缩放视图来适应视口

使用 View Manipulation 工具栏中的自适应工具来快速平移、放大或者缩小一个视图，这样视图将充满视口，并且在视口中居中。当用户使视口充满一个视图时，方向保持固定，如视图三角形图标说明的那样。如果已经缩放的视口与其他视口链接，则 Abaqus/CAE 以相同的因子放大或者缩小这些视口中的视图。更多信息见 4.6 节“链接视口以进行视图操控”。

从 View Manipulation 工具栏中单击自适应工具来进入自适应模式。

技巧：用户也可以从主菜单栏选择 View→Auto-fit 或者按住［F6］键。

如果用户仅有一个视口，则 Abaqus/CAE 将立即缩放视图来充满视口，而不需要改变方向，并在视口中居中视图，然后退出自适应模式。如果有多个视口，则选择自适应工具，然后将光标放置在想要重新缩放的视口上。单击视口来自动充满；Abaqus/CAE 将重新缩放视图，然后退出自适应模式。

技巧：使用循环视图操控工具来返回之前的视图。

有关在转动过程中如何自动重新缩放视图来充满视口的信息，见 5.6.3 节“转动视图”。

5.6.7 循环浏览视图

使用 View Manipulation 工具栏中的循环工具来循环浏览之前的视图；Abaqus/CAE 可为每一个视口至多保存八个最近的视图。

如果当前的视口链接到其他视口，则在用户的程序会话中，Abaqus/CAE 也将循环浏览所有链接视口中的视图。更多信息见 4.6 节“链接视口以进行视图操控”。

若要循环浏览之前的视图，执行以下操作：

1. 从 View Manipulation 工具栏中单击循环工具来进入循环模式。

技巧：用户也可以从主菜单栏选择 View→Previous Views 或者按住［F7］键。

2. 将光标定位在用户想要改变视图的视口中（光标变成双向箭头），然后单击。
3. 要控制循环的方向，在提示区域中单击 Backward 或者 Forward，默认是向后循环。
4. 按照需求重复步骤 2 和步骤 3 来达到期望的视图。

在用户向后循环到最旧的可访问视图时，继续单击不会再有效果。类似地，在用户向前循环到最近的视图时，继续单击也没有效果。

5. 要退出循环模式，进行下面的操作：

- 单击鼠标键 2。
- 单击提示区域中的放弃按钮或者 Done 按钮。
- 单击循环视图工具。
- 单击任何其他的视图操控工具。

5.6.8 施加定制的视图

使用 Views 工具栏来将视图定向、缩放和定位到 7 个预定义或者 4 个用户定义设置中。若要显示 Views 工具栏，从主菜单选择 View→Toolbars→Views。下图为 Views 工具栏：

可以使用以下内容定制视图：

- Front（前）、Back（后）、Top（顶）、Bottom（底）、Left（左）和 Right（右）：等效于从一个立方体的六个侧面来观察模型。
- Iso（等轴）：一个等轴测视图，是三维模型的默认方向。
- User1（用户 1）、User2（用户 2）、User3（用户 3）和 User4（用户 4）：四个用户定义的视图。如何保存用户定义的视图的描述，见 5.6.9 节“保存用户定义的视图”。

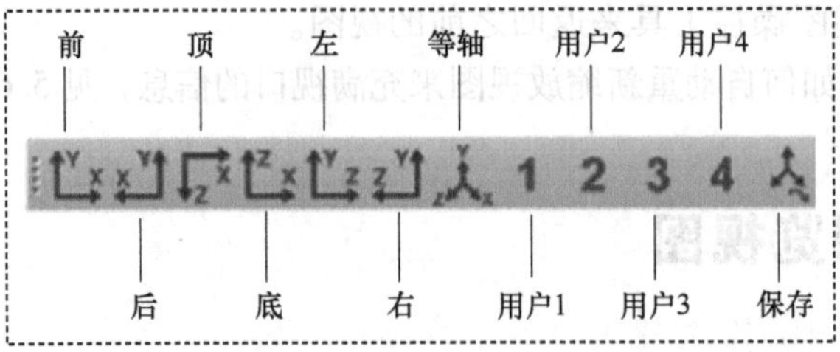

如果当前的视口链接到其他的视口，则 Abaqus/CAE 也将对用户程序中的所有链接视口应用相同的定制视图。更多信息见 4.6 节“链接视口以进行视图操控”。

若要施加一个定制的视图，执行以下操作：

1. 如果已经不可见，则通过从主菜单栏选择 View→Toolbars→Views 来显示 Views 工具栏。Abaqus/CAE 显示 Views 工具栏。

2. 从 Views 工具栏中单击期望的工具。

如果用户仅有一个视口，则 Abaqus/CAE 将立即应用选中的视图，然后从 Views 工具栏不选此视图。如果用户有多个视口，则将光标放在用户想要改变视图的视口。光标将变成三角形图标；单击后，Abaqus/CAE 将选中的视图应用到那个视口。

注意：如果用户施加的视图是选中 Auto-fit 选项来保存的，则视图采用所保存视图的方向，并立即重新缩放视图来充满视口。如果用户施加的视图是选中 Save current 选项来保存的，则视图采用所保存视图的方向、聚焦因子和位置。

3. 按照需要重复步骤 2 来达到期望的视图。

技巧：使用循环视图操控工具来返回之前的视图。

5.6.9 保存用户定义的视图

使用 Views 工具栏中的保存工具  来打开 Save Views 对话框，然后保存用户定义的视图。下面所示为 Save Views 对话框。

使用 Scale & Position 选项来确定所保存的视图是否包含缩放因子和位置信息。

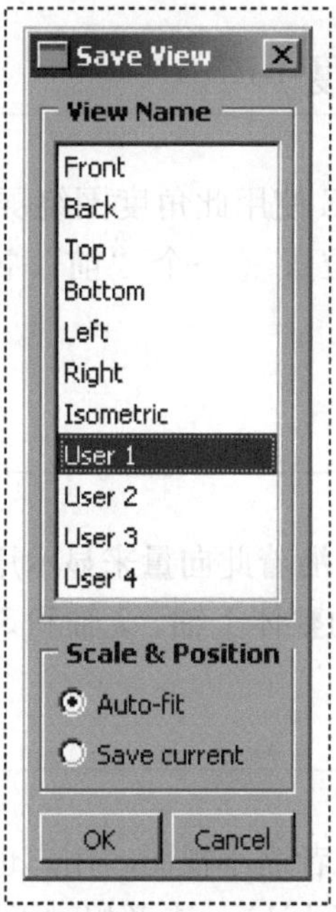

若要保存一个用户定义的视图，执行以下操作：

1. 从主菜单栏选择 View→Save。

技巧：用户也可以通过单击 Views 工具栏中的工具来保存视图。

如果用户仅有一个视口，则 Abaqus/CAE 将立即打开 Save View 对话框。如果用户有多个视口，则在用户想要保存视图的视口中单击，然后 Abaqus/CAE 打开 Save View 对话框。

2. 从 Save View 对话框中选择期望的 Scale & Position 行为：

• 选择 Auto-fit，仅保存视口的方向。当用户应用的视图使用此选项来保存时，施加已经保存的方向，但会调整比例因子和位置来让视图充满视口。

• 使用 Save current 来保存视图的方向、聚焦因子和位置。当用户施加的视图使用此选项来保存时，施加所有保存的方向、比例因子和位置。

3. 在 Save Views 对话框中的 View Name 列表中，单击用户将调用此视图的工具名。

如果用户对六个自定义视图（前、后、顶、底、左、右）中的一个进行多次操作，则其他五个视图仍然保留其方向定义，即这些视图没有转动到与用户保存的视图垂直的位置。

4. 在 Save View 对话框中单击 OK。

Abaqus/CAE 保存用户选中视口的定义。Abaqus/CAE 仅为当前程序对话的延续保存此视图，用户下次运行 Abaqus/CAE 时将不能访问保存的视口。

5.6.10 施加指定的视图

从主菜单栏选择 View→Specify 来指定一个视口，用户可以选择下面的方法：

Rotation Angles（转动角度）

用户可以指定角度，Abaqus/CAE 使用此角度围绕屏幕 1 轴、2 轴和 3 轴来转动用户的模型视图。用户也可以选择从绝对位置（一个“前”视图）或者从当前位置转动模型的视图。

Viewpoint（视点）

用户可以指定向量的坐标，视角沿着此向量来显示用户的模型。用户也可以通过指定表示“上”方向的向量来定向视口中的整体 1 轴、2 轴和 3 轴。

Zoom（缩放）

用户指定一个缩放因子来放大或者缩小视图。用户也可以选择相对于视口中对象的绝对大小来缩放视图（缩放因子的默认值为 1），或者相对于视口中对象的当前大小来缩放视图。

Pan（平移）

用户可以指定 1 方向和 2 方向上的视图运动。此值对应视口水平尺寸和视口竖直尺寸与当前视图的比值。

更多详细解释见 5.2.9 节“以数值指定一个视图”。

如果当前的视口链接到其他视口，则 Abaqus/CAE 也施加指定的视图到程序会话中的所有链接视口。更多信息见 4.6 节“链接视口以进行视图操控”。

若要指定视图，执行以下操作：

1. 从主菜单栏选择 View→Specify。

技巧：用户也可以通过双击 3D 指南针来指定一个视图。

Abaqus/CAE 显示 Specify View 对话框。

2. 从 Specify View 主菜单选择期望的 Method 并进行下面的操作。

• 如果用户已经选择了 Rotation Angles 方法，输入围绕 X 轴、Y 轴和 Z 轴的转动角（θ_x、θ_y、θ_z）。正值对应围绕每一个轴的逆时针转动角度。

使用 Mode 按钮来指定 Abaqus/CAE 如何施加用户的转动：

—选择 Increment About Model Axes 来对当前视图的模型轴施加转动。

—选择 Increment About Screen Axes 来对当前视图的屏幕轴施加转动。屏幕 X 轴是水平的，Y 轴是竖直的，Z 轴是指向屏幕外的。屏幕轴的原点是视口的中心。

—选择 Total Rotation From（0，0，1），将视图转动到默认的位置（1 轴和 2 轴在屏幕的平面上，3 轴为俯视的视图方向），然后施加转动。

• 如果用户选择了 Viewpoint 方法，则输入视点向量的 X 坐标、Y 坐标、Z 坐标以及向上向量的坐标。

• 如果用户选择 Zoom 方法，则输入聚焦因子，并选择 Absolute 或者 Relative 大小。大于 1 的聚焦因子扩展模型的用户视图，在 0 与 1 之间的聚焦因子收缩用户的模型视图。

• 如果用户选择 Pan 方法，输入的值表示用户想要定位模型的视图相对于当前视口的位置。值是视口尺寸的比值；第一个值代表水平运动，第二个值代表竖直运动。

3. 单击 OK 来应用用户指定的视图，然后关闭 Specify View 对话框。

技巧：使用循环视图操控工具来返回原始的视图。

5.7 使用 3Dconnexion 运动控制器辅助操作 Abaqus/CAE

3Dconnexion 制造的各种视图操控装置在 CAE 和 CAD 系统的用户中流行，如图 5-18 所示的装置 SpaceBall（空间球）。

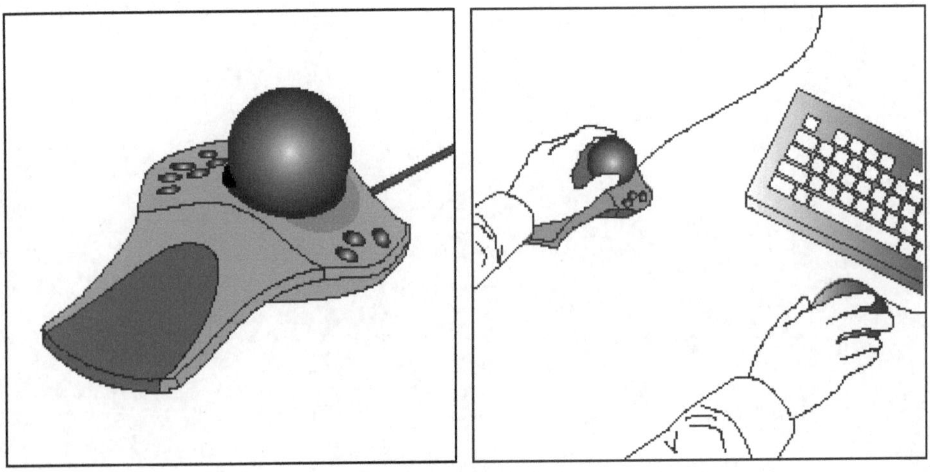

图 5-18 3Dconnexion SpaceBall

用户可以使用 3Dconnexion 运动控制器与鼠标一起，与 Abaqus/CAE 更有效地互动。当用户使用一只手操作鼠标来从模型中选择时，另一只手可以使用运动控制器来操控模型的视图。运动控制器可以操控光标下面的任何对象，例如，视口中的零件或者变形图或者对话框中的滚动条。如果光标下面没有视口或者滚动条，则运动控制器对当前的视口进行操作。

如果用户将运动控制器与转动视图操控工具一起使用，则可以改变目标的转动中心。默认情况下，转动工具和运动控制器都能围绕视口的中心转动一个对象。然而，用户可以通过把光标定位在视口中作为转动中心的地方，右击鼠标，然后选择 Set As Rotation Center 来选择转动工具和运动控制器的转动中心。

另外，如果用户单击 View Manipulation 工具栏中的转动工具 ↻，则在提示区域中出现 Select 按钮。单击此按钮，则用户可以从视口中的顶点或者节点选择转动中心。即使在用户退出转动模式之后，运动控制器也继续使用指定的转动中心。更多信息见 5.2.3 节“转动视图工具”。

此外，Abaqus 提供通过标准 3Dconnexion 用户界面可以访问的一组“应用功能”（一些提供视图操控、图像和显示工具的快捷键）。用户可以将这些功能映射到 3Dconnexion 运动控制器中建立的可编程按钮上。

在 Windows 平台的 Abaqus 上提供以下功能：

Movie Mode（电影模式）

在默认的和其他的转动模式之间切换。默认的转动模式类似于围绕相机目标或者选定的转动中心来转动相机；其他的转动模式围绕相机自身来转动，而不是围绕相机对象来转动。如果用户在使用转动视图操控工具时按下不放［Shift］键，也可以切换选中其他的转动模式。更多信息见 5.1.1 节“相机模式和显示术语”；5.1.2 节“使用显示选项来控制相机”以及 5.2.3 节“转动视图工具”。

降低 Abaqus 敏感性

降低 3Dconnexion 运动控制器的敏感性。仅在 Abaqus/CAE 中操控视图时施加此设置。

增加 Abaqus 敏感性

增加 3Dconnexion 运动控制器的敏感性。仅在 Abaqus/CAE 中操控视图时施加此设置。

自动充满

将模型充满视口。此功能与自动充满视图操控工具相同。更多信息见 5.2.6 节“自适应工具”。

Keep in View（保持视图）

在转动和平移过程中保持模型始终显示在视图范围中。当用户使用运动控制器操控视图时，切换选中此功能来防止用户将相机的目标移动到视口的外面。类似地，如果用户改变了转动中心，则此选项防止用户将重心移到视口外面。

Zoom to Cursor（聚焦到光标）

使用聚集来替代转动和平移。如果用户按住鼠标键 2 并操控运动控制器，则 Abaqus/CAE 抑制正常的平移和转动模式，并将它们替换成只对鼠标光标下的区域进行聚焦的模式。如果用户释放鼠标键 2，则重载正常的平移和转动模式。此行为默认是可以使用的。用户可以使用此功能在两个模式之间进行切换。

线框/阴影（Wireframe/Shaded）

在线框和阴影渲染风格之间切换。这与位于 Render Style 工具栏中的线框和阴影图标的功能一样。更多信息见 76.2 节“选择渲染风格”。

Perspective（透视）

在透视视图和平行视图之间切换。这与 View Options 工具栏中的透视和平行图标的功能一样。更多信息见 5.5 节“控制透视”。

Manipulate Layers（操控层）

操控所有层或者当前层。如果用户已经在显示模块中创建了结果的覆盖图，则用户可以使用此功能在施加视图操控到所有层或者仅施加到当前层之间进行切换。更多信息见 79.2.3 节“操控叠加图的显示”。

向上翻页（Page Up）

在滚动条对话框中向上翻页。如果对话框仅允许水平滑动，则此按钮将页面移动到右边。

向下翻页（Page Down）

在滚动条对话框中向下翻页。如果对话框仅允许水平滑动，则此按钮将页面移动到左边。

设置转动中心（Set Rotation Center）

将转动中心设置在光标指定的位置。

清除转动中心（Clear Rotation Center）

清除之前的转动中心设置。

设置视口中心（Set View Center）

将视图居中到光标指定的位置。

在 Linux 平台上，Abaqus 也提供通过标准 3Dconnexion 用户界面可以使用的一组“应用功能”。用户应当从 Applications 的列表中选择 Abaqus。如果没有列出 Abaqus，则用户应当选择 XWindow Driver Version 2.0/3.0。

Linux 平台上可编程按钮的默认映射如下所示。

按钮	含义
4	电影模式
5	降低敏感性
6	增加敏感性
7	重新设置敏感性
8	自动充满
9	保持在视图中
A	聚焦到光标 ON/OFF
B	线框/阴影

对于 Abaqus 应用，按钮映射是固定的。然而，3Dconnexion 允许用户重新分配按钮，以使用其驱动程序提供的标准功能。更多信息见 Linux 版本的 3Dconnexion 文档。

6 在视口中选择对象

本章介绍如何选择出现在视口中的对象，如节点、单元、顶点、边、面和几何单元，包括以下主题：

- 6.1 节 “理解在视口中选择”
- 6.2 节 “在当前视口中选择对象”
- 6.3 节 “使用选择选项”

在 3.2 节“与对话框交互”中讨论了如何设置对话框选项；在 4.4.2 节“选择视口”中讨论了如何选择视口。

6.1　理解在视口中选择

本节介绍用户可以在视口中选择的对象，并解释这些对象的含义，包括以下主题：

- 6.1.1 节　“用户从视口中可以选择什么？”
- 6.1.2 节　“什么是选择组？”
- 6.1.3 节　“理解几何对象和物理对象之间的对应关系”

6.1.1　用户从视口中可以选择什么？

在当前视口中选择一个对象是用户在模拟过程中常用的任务之一。在不同的进程中，用户需要通过从视口来直接选择几何对象（顶点、边、面、几何单元和基准面）或者离散对象（节点和单元）。图 6-1 所示为这些不同的对象类型。

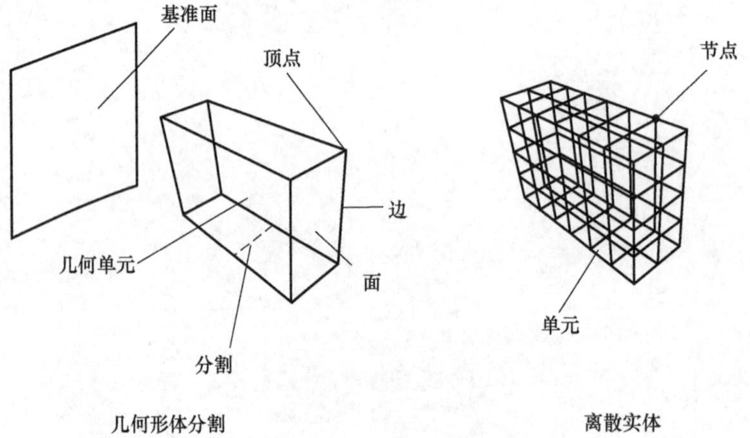

图 6-1　用户可以选择的对象类型

用户可以在特定的过程中，在视口中选择对象，如以下过程：

- 创建集合和面。
- 分割零件实例。
- 编辑特征。
- 在网格划分之前，为零件实例提供种子信息。
- 创建或者编辑包含单元或者节点的显示组。
- 在用户的模型中为单元编码着色。

- 创建通过用户模型的节点列表路径。
- 创建载荷。

用户也可以在选择一个过程之前从视口中选择对象。如果用户在选择一个过程之前做出了选择，Abaqus/CAE 将不会限制用户的选择。当用户选择一个过程时，Abaqus/CAE 将对用户的选择进行过滤并仅保留合适过程的选择。更多信息见 6.3.7 节“在选择一个过程前选择对象”。

如果选择对象是过程的一部分，则在绝大部分情况下，Abaqus/CAE 仅允许用户选择对于当前过程来说合适的对象。例如，分割一个边的第一步是选择感兴趣的边。在此过程的此步骤中，用户仅可以选择一个边，而不能选择一个对象单元、面或者顶点。弹出的信息会指导用户执行过程中的多个步并说明可选择的对象类型。用户只能选择当前显示组的对象类型。

在一些情况中，Abaqus/CAE 不能确定选项的合适对象，因此不限制用户的选择。例如，当用户创建一个集合时，用户可以从对象单元、面、边和顶点中选择包括在集合中的对象，Abaqus/CAE 允许用户选择这些对象中的任何一个。如果用户在过程中从视口进行模糊选择，则 Abaqus/CAE 允许用户循环尝试可用的对象，直到选择了想要的对象。6.2.10 节“循环通过有效的选择”中描述了这种模糊选择。用户可能会发现，使用选择过滤器来限制可选择的对象类型更为容易。更多信息见 6.3 节“使用选择选项”。

许多定义属性（相互作用、约束、载荷、边界条件、预定义场和工程特征）的过程都允许用户从视口中选择对象来确定施加属性的区域。这些过程的默认行为是创建一个包含所选对象的集合或者面。用户可以通过切换不选选项来改变此行为（在提示区域创建一个集合或者面）。提示区域中提供了一个默认名称，但用户也可以输入一个新的名称。

6.1.2 什么是选择组？

用户可以将视口中高亮显示的实体（顶点、边、面或者对象单元）复制到一个称为“选择组”的临时存储区域中。Abaqus/CAE 会在程序会话期间保存选择组。用户可以将选择组粘贴到选择中，而不需要在选择过程中手动地重新选择相同的实体。例如，用户可以通过 Geometry Diagnostics 查询工具将所有高亮显示的小面复制到一个选择组中。然后当用户使用几何编辑工具集来修复小面时，就可以将相同的选择组粘贴到用户的选择中。

当用户将一个组粘贴到选择中时，用户可以从选择组和显示组中选择。选择组的设计是为了临时方便用户，它们不会与显示组一起出现在显示组工具集中。用户可以创建任意数量的显示组。相比之下，Abaqus/CAE 最多只能保存五个选择组。如果用户创建的选择组多于五个，则 Abaqus/CAE 会覆盖已有的选择组。

在选择了期望的实体后，用户可以通过在视口中右击鼠标并从出现的菜单中选择 Copy 来创建一个选择组。Abaqus/CAE 会将所有高亮显示的实体复制到一个选择组中。用户可以通过在视口中右击鼠标并从出现的菜单中选择 Paste 来将选择组粘贴到用户的当前选项。Abaqus/CAE 显示 Paste to Selection 对话框，用户可以选择一个或者多个现有的选择组来粘贴到用户的当前选项。当用户粘贴一个组时，Abaqus/CAE 会将组中的实体附加到用户已经选取的任何其他实体上。

注意：如果用户在选择一个过程之前选择对象，则无法创建或者使用选择组。

6.1.3　理解几何对象和物理对象之间的对应关系

当用户在一个视口中选择几何对象时，理解每一个对象代表的物理结构是非常重要的。组成模型的几何对象——对象单元、面、边和顶点——可以代表不同的物理结构，具体取决于它们所嵌入的空间。

例如，几何模型中由边代表的梁和其他线框零件（见图 6-2）。这些零件的端面由两侧的顶点表示，圆周面由连接顶点的线表示。要选择线框零件，用户可以单击边，并且如果有必要，Abaqus/CAE 会提示用户指定感兴趣的面。

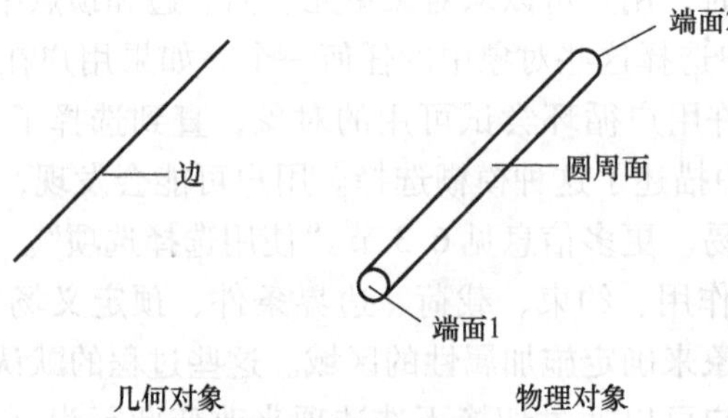

图 6-2　选择线框零件

同样，轴对称的壳也是由几何模型中的边来表示的（见图 6-3）。用户可以通过单击视口中的边来选择轴对称的壳，并且如果有必要，Abaqus/CAE 会提示用户指定壳的内部面或者外部面。在给面施加指定条件或者接触定义时，用户必须选择内部面或者外部面。例如，如果用户要给一个壳施加压力载荷，则必须指定壳的哪一侧受载荷。

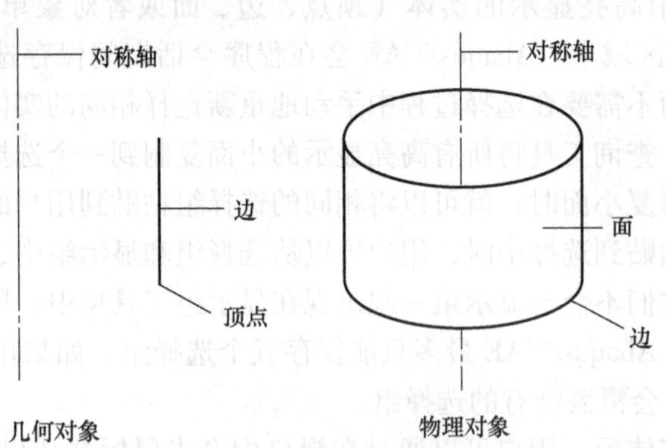

图 6-3　选择轴对称壳

有关选择面的更多信息，见 73.2.5 节“指定区域的特定侧面或者端部”。模拟空间的更多信息，见 11.3.1 节“零件与特征之间的关系”和 11.4.1 节“零件模拟空间”。

6.2 在当前视口中选择对象

本节介绍用户在当前视口中选取一个或者多个对象所使用的技术，包括以下主题：

6.2.1 选择和不选单独的对象

在当前视口中选择和不选对象是使用标准方法的直观操作。选择视口的更多信息，见 4.4.2 节“选择视口”。

预选择高亮显示允许用户预览在当前位置单击鼠标时 Abaqus/CAE 将选择的对象。此外，草图器中的预选择使用辅助光标来说明将选择的对象的确切位置和类型（草图器预选择的更多信息，见 20.4.5 节“草图器光标和预选”）。

以下三种选择操作最为常用：

单击选择对象

要从当前视口中选择单个对象，将光标移动到该对象并单击鼠标。

• 要选择一个点，单击对应的点标识。当选中点标识时，点标识会改变颜色。用户可以选择的顶点以小实心圆标识；基准点以小空心圆标识（有关基准点的信息，见 62.1 节“理解基准几何形体的角色”）；用户可以选择的边中点和圆心以小菱形标识。

注意：用户使用草图模块时出现的一些选择标识与这里描述的可能不同。有关使用草图模块时选择对象的信息，见 20.4.5 节“草图器光标和预选”。

- 要选择一条边，在光标远离任何顶点时单击边。所选的边将高亮显示。
- 要选择一个面，在光标远离任何边或者顶点时单击面。所选的面以网格花纹高亮显示（网格花纹与网格单元位置没有关系）。
- 要选择一个实体单元，单击单元的任意面。所选单元实体的所有边都将高亮显示。

如果无法选择想要的对象，用户可以使用 Selection 工具栏来更改选择行为。更多信息见 6.3 节“使用选择选项”。

选择对象后，当前视口中之前选择的任何对象都会自动不选。

如果用户的当前过程、选项和光标位置没有明确地指定预选择的对象，则 Abaqus/CAE 将高亮显示所有可能的选项，并在光标箭头旁添加省略标记（...）来说明模糊的预选择。如果用户接受模糊的预选择或者因此做出一个模糊的选择，则使用提示区域中的按钮来做出最终的选择。更多信息见 6.2.10 节“循环通过有效的选择”。

[Shift] 键+单击来选择其他对象

要选择其他对象，将光标移动到对象，然后按下 [Shift] 键+单击。用户原来的选择保留高亮显示，同时高亮显示新选择的对象。

选择多个对象的其他方法是围绕对象拖拽一个矩形。更多信息见 6.2.2 节“拖拽选择多个对象”。

[Ctrl] 键+单击来不选对象

要不选一个对象，将光标移动到对象，然后按下 [Ctrl] 键+单击。要不选所有的对象，单击当前视口中未使用的区域。

当用户在视口中完成项目的选择和不选时，单击鼠标键 2 来确认选择。用户可以使用选择选项工具来调整拖拽选取区域的形状，也可以通过拖拽选取的区域来选择要选取的对象。选择选项工具位于 Selection 工具栏中。更多信息见 6.3.5 节“更改拖拽选择区域的形状”和 6.3.6 节“通过拖拽选择的区域来选取对象”。

6.2.2 拖拽选择多个对象

大多数提示都要求用户从当前视口中仅选择一个对象。不过，有些任务也允许用户选择多个对象；例如，工具集合允许用户选择相同类型的几个对象并将它们分组到集合中。用户可以使用 [Shift] 键+单击的方法来选择多个对象，如 6.2.1 节“选择和不选单独的对象”中描述的那样。选择多个对象的另一个方法是围绕这些对象拖拽矩形。用户可以使用选择选项工具来调整拖拽选择区域的形状。用户也可以通过拓展选择区域来选择要选择的对象。选择选项工具位于 Selection 工具栏。更多信息见 6.3.5 节“更改拖拽选择区域的形状”，以及 6.3.6 节“通过拖拽选择的区域来选取对象”。

若要拖拽选择多个对象，执行以下操作：

1. 想象一个仅包含想要选择对象的矩形。

2. 单击矩形的一个拐角，并保持按住鼠标键，然后拖拽鼠标，直到使其包围了所有想要选择的对象。

3. 释放鼠标键。

所有处在内部或者与矩形相交的有效对象高亮显示。

4. 单击鼠标键 2 来说明完成了对象的选择。

有时候，使用［Shift］键+单击和拖拽选择技术十分方便。更多信息见 6. 2. 8 节“组合选择技术”。

技巧：如果用户选择多个对象，然后想不选一个或者多个对象，则［Ctrl］键+单击用户不想选择的对象。要不选所有的对象，单击视口的非使用区域。

6. 2. 3 使用角度和特征边方法选择多个对象

从复杂模型的几何形体中选择单个面或边，或者从网格中选择单元面或节点可能是费时的并且易于出错。例如，当从一个网格创建一个面时，用户必须选择组成面的多个单个单元面，并将它们附加到用户的选择中。为了加快选择过程，Abaqus/CAE 为选择多个面、边、单元、单元面或者节点提供了角度和特征边方法。

当用户执行的任务必须从几何形体中拾取多个面或边，或者必须从网格拾取多个单元、单元面或节点时，Abaqus/CAE 会在提示区域显示一个域。此域允许用户选择三个方法之一来直接选择——individually、by angle 和 by feature edge，如图 6-4 所示。

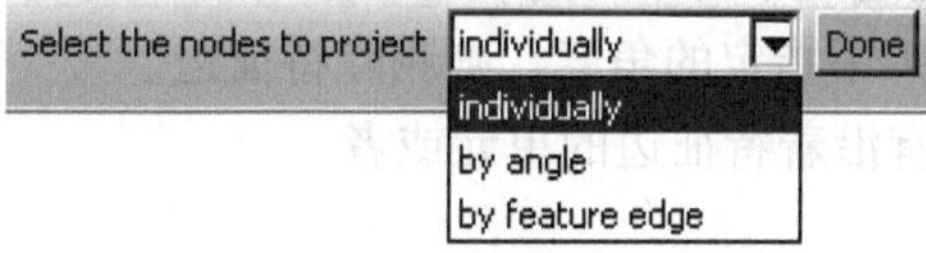

图 6-4 从提示区域中的域选择方法

individually

在 6. 2. 1 节“选择和不选单独的对象”中描述了如何选择单个对象。

by angle

通过角度。使用角度方法选择对象有两个步骤。

1. 在提示区域输入一个角度（从 0°到 90°）。

2. 从零件或者装配体中选择一个面、边、单元面或者节点。

假设相邻的边或者面是通过弯曲一个直线或者折叠一系列的面得到的，则转动角度必须比此折叠角更大。Abaqus/CAE 从所选的几何形体开始选取所有的相邻几何形体，直到角度等于用户输入的角度或者超出输入的角度为止。

例如，要选择一个正六边形，可以输入大于 60°的角度（因为直线必须弯曲 60°来形成每一个相邻的边），并选择一个边。然后，Abaqus/CAE 选择每一个相邻的边，因为没有角度等于或者超出用户输入的角度。

图 6-5 所示为角度方法如何允许用户选择排气歧管网格法兰周围的所有单元。

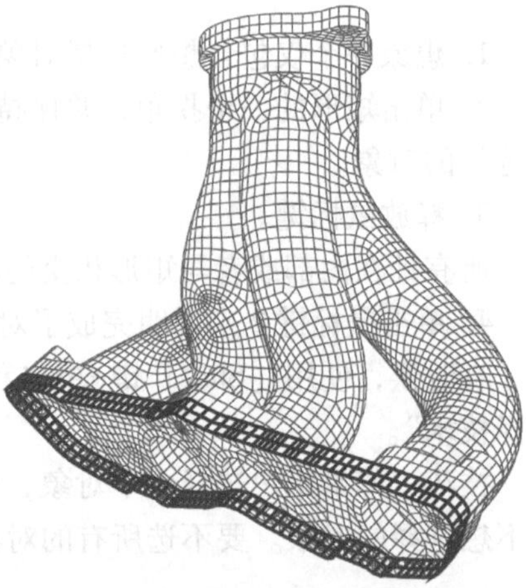

图 6-5　输入一个角度并选择一个单元来选择整个面

在草图模块中，仅当用户从基底零件或者装配体中选择对象时，才可以使用角度方法。当用户在草图中选择边时，链方法取代角度方法。使用链方法来选择首尾连接的一组边。链方法的更多信息，见 20.4.6 节“使用链方法在草图器中选择边”。

by feature edge

通过特征边。特征边方法有多个步骤。

1. 在提示区域输入一个角度（从 0°到 90°）。

2. Abaqus/CAE 通过寻找用户模型中两个相邻面之间的角度大于指定角度的所有单元边，来确定所有特征边。

3. 从网格中选择一个单元边或者节点。

4. Abaqus/CAE 会沿着通过选中的单元边或者节点的特征边进行操作。如果其他特征边与此特征边的夹角大于步骤 1 中指定的角度，则删除特征边。

5. Abaqus/CAE 选择所有沿着特征边的单元或者节点。

图 6-6 所示为特征边方法如何允许用户选择沿着排气歧管网格法兰边的所有节点。

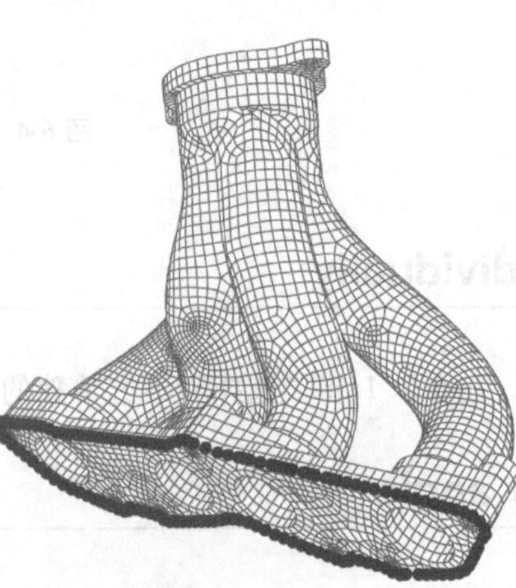

图 6-6　输入一个角度并选择一个边片段来选择相邻的节点

用户在使用角度或者特征边方法时，可以单击提示区域中的 individually 方法，然后通过［Shift］键+单击单个面、边、单元、单元面或者节点来将用户的选择附加到它们后面。用户也可以［Ctrl］键+单击项目来不选他们。此外，用户可以连续使用角度和特征边方法，并且使用［Shift］键+单击来将面、边、单元、单元面或者节点附加到用户的选择后面。用户在连续附加项目时，可以选择保持相同的角度，或者改变角度。更多信息见 6.2.8 节“组合选择技术”。

6.2.4 使用面曲率方法选择多个面

除了通过角度在对象之间进行选取，用户还可以基于面的曲率，从一个零件选取多个面。当用户执行的任务允许用户拾取多个几何面时，Abaqus/CAE 会在提示区域显示一个域。此域允许用户在三个选择方法之间选取——individually、by face angle 和 by face curvature，如图 6-7 所示。

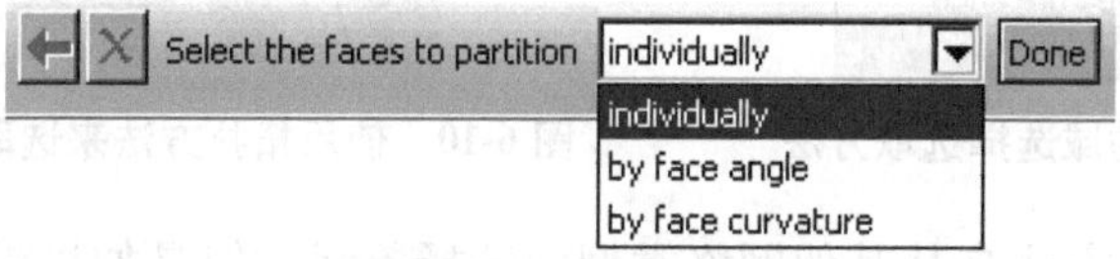

图 6-7　从提示区域的域中选择选取方法

6.2.3 节“使用角度和特征边方法选择多个对象”中对角度选择方法进行了描述。

面曲率方法可以在选择面的过程中使用。如果一个过程接受的对象类型不是面，用户可以在 Selection 工具栏中将对象类型变化成 Faces 来获取面曲率方法。

从零件或者装配体中选择一个面。Abaqus/CAE 会选择在两个主方向上具有类似曲率的，并且面之间的夹角小于 20°的所有连接面。如果用户选择一个平坦的面，Abaqus/CAE 将添加任何位于相同平面中的连接面。Abaqus 不会选取共享类似曲率的非连接面，也不会选取共享类似曲率但在边界上遇到相反面法向的面。图 6-8 所示为使用面曲率方法选择的两个倒圆面。

图 6-8　选择单个弯曲的面来选择具有类似曲率的相邻面

用户在使用面曲率方法时，可以单击弹出菜单中的 individually 方法，并通过［Shift］键+单击单个的面来将它们附加到用户的选择中。此外，用户也可以连续使用面曲率方法，并使用［Shift］键+单击来将面附加到用户的选择中。更多信息见 6.2.8 节“组合选择技术”。

6.2.5 使用拓扑方法选择多个单元

用户可以以单元的行或者层连接为基础来选择多个单元。当用户执行的任务允许用户拾取多个单元时，Abaqus/CAE 会在弹出菜单中显示一个域。此域允许用户在四个选择方法之间选择——individually、by angle、by feature edge 和 by topology，如图 6-9 所示。

6.2.3 节“使用角度和特征边方法选择多个对象”中描述了角度和特征边选取方法。

在选取单元的大部分过程中可以使用拓扑方法。如果过程接受的对象不是单元，则用户可以在 Selection 工具栏中将对象类型改变成 Elements 来获取拓扑方法。

拓扑方法是为二维和三维结构网格设计的。从网格中选择单元面，然后 Abaqus/CAE 选择在整个网格中连接到单元面的所有单元。从网格中选择一个单元边，然后 Abaqus/CAE 选择将共享所选边的单元面作为起始的层中的所有单元。图 6-10 左边显示了内部行的选取，右边显示了内部层的选取。

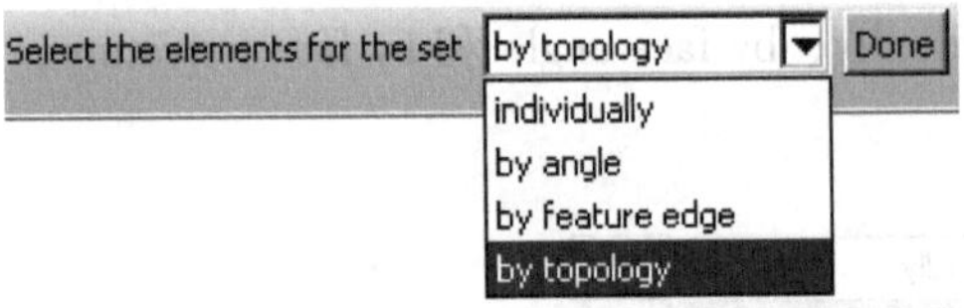

图 6-9 从提示区域中的域选择选取方法

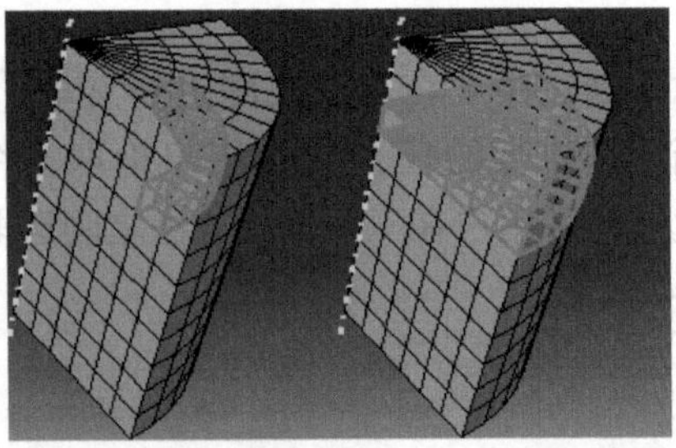

图 6-10 使用拓扑方法来选取一行单元或者一层单元

用户可以使用拓扑方法来从其他网络类型中选择单元，但是如果没有清晰的结构单元行定义或者层定义，选择可能是不可预测的。在某些情况中，如四边形网格，仅将拓扑选择限制在共享用户选择的面或者边的单元中。

用户在使用拓扑方法后，可以在提示区域中选择其他方法，然后通过［Shift］键+单击来将更多的单元附加到用户的选择中。用户也可以通过［Ctrl］键+单击项目来不选它们。此外，用户可以连续地使用拓扑方法并使用［Shift］键+单击来将单元附加到用户的选择中。更多信息见 6.2.8 节“组合选择技术”。

6.2.6 使用限制角度、层和解析方法选择多个单元面

当用户选择不与几何模型关联的单元面来创建几何形体时（更多信息见 69.7.10 节“从单元面创建面”），Abaqus/CAE 会在提示区域中显示一个域。此域允许用户在五个选择方法之间选择——individually、by angle、by limiting angle、by layer 和 by analytic，如图 6-11 所示。6.2.3 节“使用角度和特征边方法选择多个对象”中对角选择方法进行了描述。仅当选择不与几何形体关联的单元面时才能使用限制角度、层和解析方法来创建新的几何面。

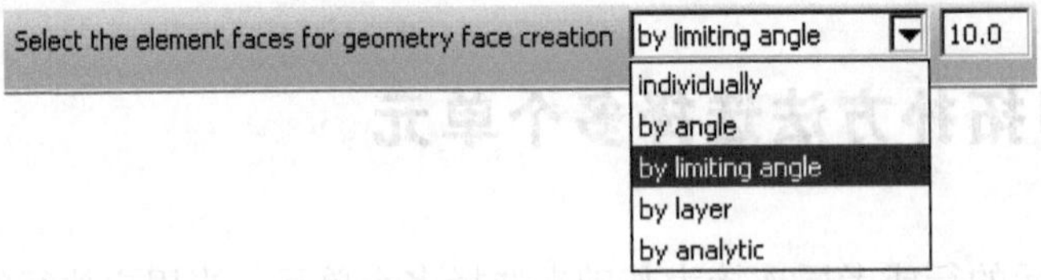

图 6-11 从提示区域的域中选择选取方法

by limiting angle

通过限制角度。使用限制角来选取对象有两个步骤。

1. 在提示区域输入一个角度（从 0°到 90°）。

2. 从零件或者装配体中选择一个不与几何形体关联的单元面。

角度必须大于所选单元面与连接单元面之间的总夹角。Abaqus/CAE 从所选几何形体开始选取所有相邻的几何形体，直到所选面与相邻面序列中的最后面之间的夹角等于或者超过用户输入的角度。图 6-12 所示为使用限制角度为45°的单元面的选择，选取了圆面下的一个竖直单元面。

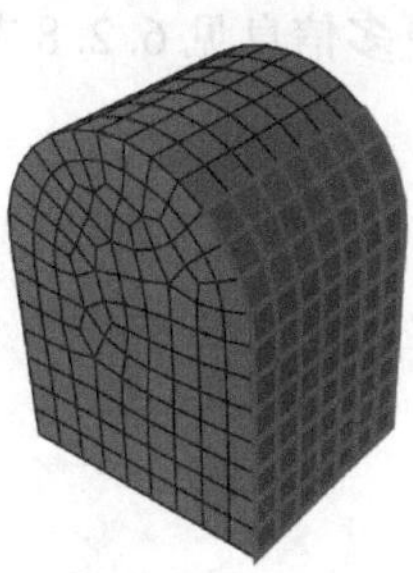
图 6-12　45°限制角度，选取一个竖直面

增加限制角度到最大 90°，将选择圆周部分的顶面。与使用 13°角或者更大的角度方法相比较，将继续选取圆周部分，并选择到下端的面，因为每一个相邻面之间的夹角都小于 13°。

by layer

通过层。使用层方法选择对象有两个步骤。

1. 在提示区域输入一些层。

2. 从零件或者装配体中选取不与几何对象关联的单元面。

Abaqus/CAE 从所选的面开始，在所有方向上选取围绕所选面的相邻单元面。继续围绕拐角和其他特征进行选择，直到获得指定的层数或者没有更多相邻的孤立单元面。

图 6-13 所示为围绕一个起始面和生成的几何形体面选择三层孤立的壳单元面。

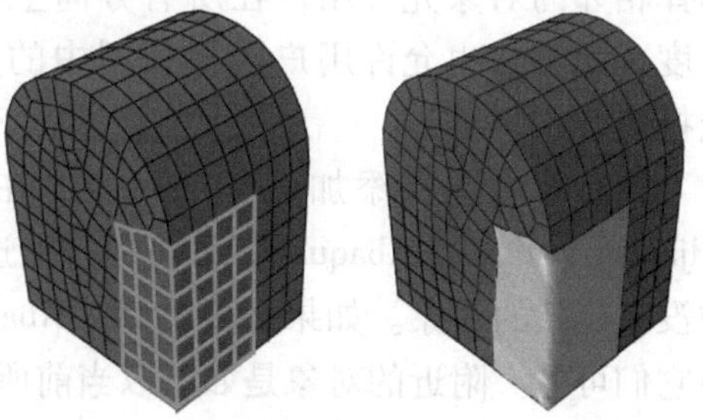
图 6-13　面层选择以及创建一个几何面

如图 6-13 所示，层的选择可以跨过尖锐的拐角以及其他通常表示几何面末端的模型特征。在大部分的情况中，用户应当通过创建分开的面来保留逻辑上的模型边以及其他特征。否则，生成的几何可能难以修补和网格划分。

注意：当用户使用实体孤立单元工作、创建单个几何面时，不能接受包括来自同一个孤立单元的多个面。

by analytic

通过解析。几何形体无关联面对分析选项是以分析型几何形体（如平面、圆柱面、锥面、球面和圆环面）中的基本面识别为基础的，或者以这些形状的一部分作为基础。解析型选择会试图识别一组无几何形体关联单元面的逻辑边界，以形成一个可识别的几何面。

图 6-14 所示为无几何关联单元面的解析选择。高亮显示单元面的一个球部分；不能使用其他多对象选择选项来实现此选择。

用户在使用了任何上述方法后，都可以选择提示区域中的其他方法，然后通过［Shift］键+单击来将更多的单元附加到用户的选择中。用户也可以通过［Ctrl］键+单击项目来不选它们。此外，用户可以连续使用当前的方法并使用［Shift］键+单击来将单元附加到用户的选择中。更多信息见 6.2.8 节“组合选择技术”。

图 6-14　解析型几何形体选择

6.2.7　为选项添加相邻的对象

如果用户已经选择一个或者多个对象，则用户可以扩展选项来包括相同类型的所有相邻对象。添加相邻对象是使用拖拽选择或者角度方法选择多个对象的替代方法（分别见 6.2.2 节“拖拽选择多个对象”和 6.2.3 节“使用角度和特征边方法选择多个对象”）。选择相邻的对象允许用户在所有方向上扩展选择，无论周围特征的形状或者连接对象的角度。此方法也允许用户选择模型中的多个感兴趣区域，并且同时扩展每一个区域中的选择集合。

给当前的选择添加相邻的对象，在已经存在的选择对象上右击鼠标并且选择 Add Adjacent Entities。Abaqus/CAE 将用户的选择扩展相同类型的所有相邻对象，包括当前显示中没有包括的对象。如果必要的话，Abaqus/CAE 将新选取的对象添加到当前的显示组中，使它们可见。附近的对象是如下以当前所选物体形式为基础来定义的：

- 边，与一个或者多个所选边共享一个共同的顶点。
- 顶点，与一个或者多个所选顶点共享一个共同的边。
- 面，与一个或者多个所选面共享一个共同的顶点。
- 节点，与一个或者多个所选面共享一个共同的边。
- 单元，与一个所选单元共享一个共同的单元边或者节点。

6.2.8　组合选择技术

有时候，组合使用选取和不选对象的方法是方便的。例如，用户可以在使用集合工具集创建一个节点集合时拖拽一组节点。然后可以通过［Ctrl］键+单击来单个地不选节点，然后通过［Shift］键+单击额外的节点来将节点添加到用户的选项。这三个技术的组合说明如下：

1. 首先，使用拖拽来选择一组节点。

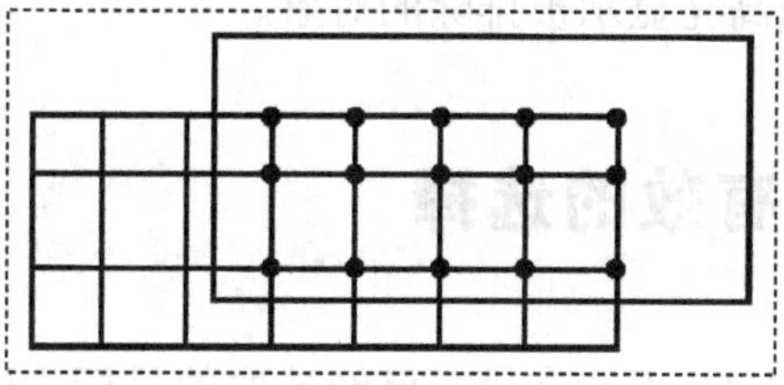

2. 然后，使用［Ctrl］键+单击来不选单个节点。

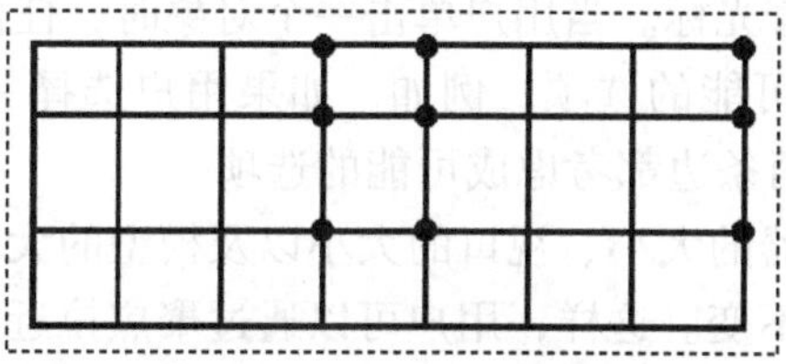

3. 最后，使用［Shift］键+单击来将节点添加到用户的集合，然后单击鼠标键 2 来说明已经完成选取。

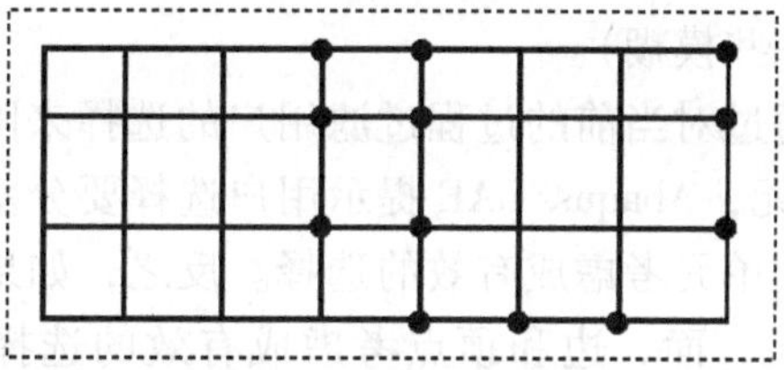

用户可以发现，调整视图方向来使得视口中的具体项目更加可获取是有用的。用户可以在选取过程中将视图方向调整到任何点。视图操控工具的信息见第 5 章“操控视图和控制透视”。

技巧：要不选择所有的对象，单击当前视口中未使用的零件。

6.2.9 从用户的选择中排除对象

当从视口选择一个对象时，用户的选择包括所有与对象关联的更低维的物体。例如，如果用户选择一个实体单元，则用户的选择包括与实体单元关联的所有面、边和顶点。类似地，如果用户选择一个边，则用户的选择包括与边相关联的所有顶点。在一些情况中，用户可能想从用户的选择中排除较低维数的实体。例如，如果用户选择在一个集合中包括一条边，用户可能不想集合包含边每一端处的顶点。从用户的选择中排除较低维数的实体可以解决用户遇到的过约束问题。

若要从用户的选择中排除对象，执行以下操作：

1. 使用选择、拖拽选择、［Ctrl］键+单击和［Shift］键+单击的组合来选择所有的对象，Abaqus/CAE 使用红色来高亮显示所选的对象。

2. ［Ctrl］键+单击一个对象来从用户的选择中排除它。

Abaqus/CAE 使用紫色来高亮显示被排除的对象。

6.2.10　循环通过有效的选择

在一些情况中，Abaqus/CAE 不能在用户已经选取的目标，以及其他附近目标或者相关目标之间进行区分。下面的情况可以引起此模糊：

- 想象一个小方形围绕着光标。当用户单击一个对象时，任何落入此方形的其他相同类型的有效对象都会被考虑成可能的选项。例如，如果用户选择一个定位非常靠近其他边的边，则 Abaqus/CAE 可以将两条边都考虑成可能的选项。

方形的大小独立于显示器的大小、视口的大小以及模型的大小。当用户聚焦拉近或者远离模型时，方形的大小保持不变。这样，用户可以通过聚焦拉近用户的模型，增加对象之间的距离，在视口中更加精确地选择特定的对象。

- 如果用户的模型是三维的，想象一个通过光标垂直于屏幕的，并且进入模型的线。当用户选择一个对象时，任何相同类型的，与此线相交的有效对象都会被考虑成可能的选项（转动用户的模型可以去除一些模糊）。

Abaqus/CAE 任何时候通过对当前的过程过滤用户的选择来降低可能的模糊。例如，如果用户正在分割一个实体单元，Abaqus/CAE 提示用户选择要分割的实体单元。当用户做选择时，Abaqus/CAE 仅将实体单元考虑成有效的选择。反之，如果用户创建一个几何实体集合，Abaqus/CAE 将实体单元、面、边和顶点考虑成有效的选择，因此增加了模糊性。此外，预先选择高亮显示允许在用户进行选择前确切地看到将选取哪一个对象。围绕视口移动光标可以去除选择中的模糊性，并且使得 Abaqus/CAE 高亮显示用户选择的对象。如果保留模糊性，则 Abaqus/CAE 改变光标，在箭头的右侧添加省略号（...），并且高亮显示所有可能的选择。

当用户的选择模糊时，Abaqus/CAE 在显示区域显示按钮，让用户可以在所有可能的选择之间循环，如下所示。

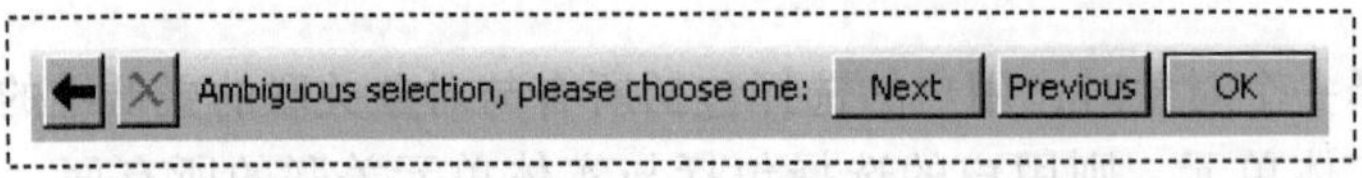

使用 Next 和 Previous 按钮来循环向前或者向后视口中可能选取的所有对象；每一个对象依次高亮显示。当用户的选择对象高亮显示时，单击 OK 或者单击鼠标键 2 来确认用户的选项（用户也可以在当前的视口中右击鼠标来调用提示区域中的选项菜单）。

6.2.11　在选择实体时使用组

用户可以将实体组附加到用户的选择，来加速从视口选取许多实体的过程。组可以是一个显示组，或者组可以是一个临时的选择组。用户可以在视口中右击鼠标并且如下操作：

• 通过将视口中高亮显示的实体（顶点、边、面或者实体单元）复制到一个选择组中来创建一个选择组。

• 通过将存储在选择组中的或者显示组中的实体粘贴到用户的当前选择中，来附加到用户的已选实体中。

6.2.12 选择内部面

用户可以使用选择工具来选择模型的一个内部面；例如，当用户创建一个面或者当用户使用实体偏置网格工具选择一个区域时。

若要选择一个内部的面，执行以下操作：

1. 在 Selection 工具栏中，切换选中 Select From Interior Entities 工具。

注意：默认隐藏 Select From Interior Entities 工具。更多信息见 3.3.2 节“使用包含隐藏图标的工具箱和工具栏”。

2. 从视口选择内部的面。

6.3　使用选择选项

Abaqus/CAE 提供以一组工具来更加容易或者更加有效地让用户从视口中选择实体。选择工具位于 Selection 工具栏中。可以使用的选项取决于当前的选择过程；在一个程序外面可以使用一些选项来预先选择实体。

- 6.3.1 节　“选择选项概览”
- 6.3.2 节　“根据对象类型过滤用户的选择”
- 6.3.3 节　“根据对象的位置过滤用户的选择”
- 6.3.4 节　“在选择之前高亮显示对象”
- 6.3.5 节　“更改拖拽选择区域的形状”
- 6.3.6 节　“通过拖拽选择的区域来选取对象”
- 6.3.7 节　“在选择一个过程前选择对象”

6.3.1　选择选项概览

当用户试图从视口中选择一个对象时，Abaqus/CAE 为用户提供更加容易并更加有效地做出期望选择的选择工具。

使用 Selection 工具栏来构建选择选项。图 6-15 所示为 Selection 工具栏，显示了选择工具的布局。如果对于当前的过程选择工具无效，则灰显选择工具。

图 6-15　Selection 工具栏

6.3.2　根据对象类型过滤用户的选择

为了帮助用户从视口中选择想要的对象（顶点、边、面、对象实体、节点和单元），Abaqus/CAE 提供一组过滤器让用户以对象的类型为基础来限制选择。例如，如果用户正在创建一个仅包含面的集合，则用户可以将选择限制成面——将不会选到顶点、边和对象实体。

在 Selection 工具栏中列出了对象过滤器。Abaqus/CAE 以当前的过程为基础来构建过滤器列表。如果用户还没有开始一个选项过程，则 Abaqus/CAE 列出一些常用的过滤器（更多在程序外面选择对象的信息，见 6.3.7 节“在选择一个过程前选择对象”）。

如果当前的视口包含一个 Abaqus/CAE 零件或者零件实例，则用户可以使用下面的一个过滤器：

所有（ALL）

所有的对象，但不包括蒙皮和加强筋。

顶点（Vertices）

所有的点对象，例如顶点、基准点和节点。

边（Edges）

所有的边对象，例如边、基准轴和单元边。

面（Faces）

所有的平面对象，例如面、基准平面和单元面。

实体单元（Cells）

所有的体积对象，例如实体单元和单元。

蒙皮（Skins）

所有的蒙皮加强。

加强筋（Stringers）

所有的加强筋。

参考点（Reference Points）

所有的参考点。

默认情况下，Abaqus/CAE 从所有的顶点、边、面、实体单元和参考点中选取，但是不包括蒙皮和加强筋。用户可以在选择合适的过滤器后在视口中选择一个蒙皮或者加强筋。在用户改变模块或者选择程序时，可使用过滤器的列表得到更新。

类似地，如果用户在当前的视口中选择与实体模型无关联的单元时（例如要赋予一个单元类型），则用户可以选择下面的一个过滤器：

- 所有。
- 零维单元。
- 一维单元。
- 二维单元。
- 三维单元。
- 蒙皮。
- 加强筋。

默认情况下，Abaqus/CAE 从所有的单元中选择，但是不包括蒙皮和加强筋。

6.3.3　根据对象的位置过滤用户的选择

选取工具允许用户以对象在视口中的位置为基础来从要选的对象中选取。Selection 工具栏包含所有的选取工具。下面以位置为基础的选取工具，仅在用户开始一个要求选取对象的过程中才可用（在过程以外不能使用以位置为基础的选择）：

最靠近屏幕的对象

切换选中此工具来只选择最靠近平面前面的对象。此工具默认是切换选中的。

如果用户切换不选此工具，则 Abaqus/CAE 允许用户在所有可能的选择之间循环。使用提示区域中的 Next 和 Previous 按钮来循环前进或者后退视口中可能选择的所有对象；每一个对象依次变得高亮。更多信息见 6.2.10 节“循环通过有效的选择”。

此过滤器可以应用到本地的顶点、边、面和实体单元，以及与几何形体无关联的节点和单元。

内部的和外部的对象

选择下面的一个过滤器：

- ，选择位于一个零件内部的和外部的多个对象。
- ，仅选择位于零件外部的对象。在绝大部分情况中，默认选择此工具。
- ，仅选择位于零件内部的对象。

6.3.4　在选择之前高亮显示对象

当用户从视口选择对象，并且停止移动光标时，Abaqus/CAE 高亮显示光标处可以选择的对象。将此行为称为“预选择”，允许用户在做出选择之前就明确地看到要选择的对象。如果当前的选择选项可以获取多个选择，则 Abaqus/CAE 变化光标，在箭头的右面添加省略号（...），并且高亮显示所有可能的选择。用户为选择所选取的位置和类型过滤器也可以应用到预选择。

切换不选 Selection 工具栏中的 Allow Preselection During Picking 工具来切换不选当前程序会话中程序的预先选择亮显。默认切换选中此工具。

注意：大模型可能延迟预先选择亮显；切换不选预先选择可以改善显示速度。

6.3.5 更改拖拽选择区域的形状

选取工具允许用户改变拖拽选择区域的形状。从 Selection 工具栏选择下面中的一个：

矩形

，单击来说明矩形的一个角，然后拖动光标到第二个角。默认选择此工具。

圆形

，单击来说明圆心，然后拖拽光标到圆周上的一点。

多边形

，单击来说明多边形的一个顶点，并且拖动光标到第二个顶点。然后，用户继续单击多边形的每一个顶点。单击鼠标键 2 来说明已经完成顶点输入。对多边形中的顶点数量没有限制。

6.3.6 通过拖拽选择的区域来选取对象

此选择工具允许用户通过拖拽区域来选取哪些对象可以被选中。在 Selection 工具栏中选择下面的一个：

内部

，仅选择完全在拖拽区域内部的对象。

内部和相交的

，仅选择拖拽区域内部的或者相交的对象。默认选择此工具。

相交

，仅选择与拖拽区域相交的对象。

外面的和相交的

，仅选择拖拽区域外面的和相交的对象。

外面的

，仅选择拖拽区域外面的对象。

6.3.7　在选择一个过程前选择对象

用户可以在选择要操作的过程之前从当前视口中选择对象。用户可以使用 Selection 工具栏

来切换选中的选择，并且以对象的类型为基础来限制视口选择。Selection 工具是工具栏的第一个工具；仅当在视口中还没有激活的过程时才可以使用它。默认情况下，此选择激活，并且不限制视口对象类型。用户可以使用 6.2.8 节“组合选择技术”中描述的方法来选择多个对象。切换为不选对象，可以防止用户不在过程中时选择对象。

注意：大模型可能会延迟预先选择的高亮显示；切换为不选对象，可以通过防止预先选择来改善显示速度，除非用户的第一次选择要求选择对象的过程，否则应当切换选中预先选择高亮显示。

当用户从视口选择对象后才选择一个过程时，Abaqus/CAE 为过程应用选择过滤器。例如，如果用户选择一个顶点、一个面和一个边，然后开启一个仅能接受顶点的过程，则 Abaqus/CAE 接受已经选取的顶点，放弃已经选择的面和边，并且从第二步开始过程。类似地，如果用户选择的过程要求一个单独的对象选取，并且用户已经选取了多个有效的对象，则 Abaqus/CAE 接受第一个有效的选取并且放弃剩余的选取。如果 Abaqus/CAE 不能确定用户首先选取了某个对象，则放弃所有的选取并且在第一步开始过程。

如果一个过程包括多个选择步，则仅可以使用在过程之前选取的对象来完成第一个选取步。任何后续的选取步都要求用户从视口迭代选取新的对象，或者如果可以的话，使用已经保存的选取组。用户在启动一个过程之前不能保存已经进行的选取。

7 构建图像显示选项

本章介绍如何在 Abaqus/CAE 中构建图像显示选项，包括以下主题：

- 7.1 节 “图像显示选项概览”
- 7.2 节 “使用显示列表”
- 7.3 节 “使用图形保真”
- 7.4 节 “选择高亮显示方法”
- 7.5 节 “选择半透明模式”
- 7.6 节 “控制拖拽模式”
- 7.7 节 “选择背景颜色”

显示在线文档见 2.6 节 “获取帮助”。

7.1 图像显示选项概览

当用户启动程序会话时，Abaqus 会检测安装在用户系统中的图形硬件并据此设置图像选项。如果 Abaqus/CAE 不支持用户的图形硬件，或者如果用户希望覆盖默认的图像选项，则用户可以使用 Graphics Options 对话框来调整显示性能。Abaqus/CAE 对所有的视口应用此设置，并在程序会话期间保留设置。要在每一次启动 Abaqus/CAE 程序会话时使用定制设置，请更改环境文件（abaqus_v6. env）。对于环境文件的更多信息，见《Abaqus 安装和许可证手册》。

注意：图像适配器的推荐设置可以从 www. 3ds. com/simulia 的 Support 页面获取。

用户也可以使用 Graphics Options 对话框来进行下面的操作：

- 选择转动、平动或者缩放视图时用户模型的外观。外观与渲染类型有关，并且可以设置成 Fast（wireframe）或者 As is。
- 选择在转动视图后，Abaqus/CAE 是否自动将图像调整到视口大小。将图像自动充满视口相当于单击 View Manipulation 工具栏中的自动充满工具。自动充满功能会调整用户的模型显示，使模型充满视口并居中。视图方向保持固定，可以从显示三角形图标看出。
- 选择 Abaqus/CAE 是否为性能、精度或者介于二者之间的水平而优化半透明对象的显示。
- 选择视口背景颜色。用户选择的颜色将应用到 Abaqus/CAE 当前程序会话中的所有视口。

若要指定图像显示选项，执行以下操作：

从主菜单栏选择 View→Graphics Options。

Graphics Options 对话框显示下面的选项。

- 使用显示列表，高亮显示方法和半透明模式的选项来调整性能。
- 选择用户在视口中拖拽对象时的显示模式。
- 激活或者抑制转动后将用户的视图自动充满视口。
- 选择视口的背景颜色。

7.2　使用显示列表

显示列表可以帮助用户更快地显示重复的图片。启动显示列表后，每一个绘图操作都会记录在一个列表中，必要时可以快速回放。这使绝大部分系统上的图的刷新速度更快，但是要求图像内存块来记录每一个绘图操作。在显示模块中，根本不使用显示列表。在 Abaqus/CAE 中，通常可以使用显示列表；如果用户在显示极大模型时遇到内存问题，或者遇到图像性能降低，则应当抑制使用显示列表。

若要控制显示列表，执行以下操作：

1. 定位显示列表选项。

从主菜单栏选择 View→Graphics Options。

Abaqus/CAE 显示 Graphics Options 对话框。

2. 在 Hardware 选项中，切换选中或者不选 Use display lists 来控制显示列表或者图的使用。此选项在显示模块中没有效果。

当切换选中 Use display lists 时，用户可能注意到首次绘制一幅图像时的一个小延迟；因为 Abaqus/CAE 必须构建显示列表后才发生显示。后续的图片绘制会加快。

3. 单击 OK 来完成用户的更改，然后关闭对话框。

用户的更改保存在程序会话的存续中。

7.3 使用图形保真

Abaqus/CAE 使用图形保真来改善模型上曲线和对角线的显示。在适用系统中图形保真是起作用的，并且用户可以切换不选此选项来改善一些系统的性能。

若要激活或者抑制线段图形保真，执行以下操作：

1. 定位图像选项。

从主菜单栏选择 View→Graphics Options。

Abaqus/CAE 显示 Graphics Options 对话框。

2. 从 Hardware 选项，切换选中 Anti-alias lines 来激活图形保真或者切换不选 Anti-alias lines 来抑制图形保真。

3. 单击 OK 来完成用户的更改，然后关闭对话框。

用户的更改保存在程序会话的存续中。

7.4　选择高亮显示方法

高亮显示的方法控制用户与模型交互时，Abaqus/CAE 如何在视口中进行高亮显示。当用户使用视图操控工具来转动模型，或者在草图模块中草图绘制一个侧面时，改变高亮显示方法的效果是最明显的。Hardware Overlay 能提供最好的图片性能；然而，不是所有的图像适配器都支持此选项。

在绝大部分的情况中，用户不必改变默认的高亮显示设置。当用户开始一个程序会话时，Abaqus/CAE 探测安装在用户系统上的图像硬件，并且选择合适的高亮方法。然后，如果用户正在使用不支持的图像适配器，则 Abaqus/CAE 选择的默认设置可能不是最优的。

若要控制高亮显示方法，执行以下操作：

1. 定位高亮显示方法选项。

从主菜单栏选择 View→Graphics Options。

Abaqus/CAE 显示 Graphics Options 对话框。

2. 从 Highlight method 菜单选择以下一个选项。

• Hardware Overlay。仅当用户系统上的图像适配器支持此选项时才出现此选项。此选项使用图像硬件来显示高亮显示的层。如果用户的工作站支持此选项，选择 Hardware Overlay 提供最优的质量和性能。

• XOR。此选项使用软件来模仿高亮显示的层。选择 XOR 选项，使用像素布尔操作来仿真绘图操作，可以根据基底像素的颜色来产生不同的颜色。

• Software Overlay。此选项也使用软件来仿真高亮显示的层，并且提供合适性能情况下的良好质量。然而，在一些系统上，选择此选项导致不好的性能。

• Blend。混合方法将基底像素的颜色与期望的颜色混合来产生透明图像的近似。仅当没有其他满意的选项时，用户才应当选择此选项。如果用户选择 Blend 选项，则可能影响性能和质量。

3. 单击 OK 来完成用户的更改，然后关闭对话框。

用户的更改保存在程序会话的存续中。

7.5 选择半透明模式

半透明模式控制速度和半透明度，Abaqus/CAE 在视口中使用此模式来显示半透明度的对象。当用户使用视图操控工具来操控模型的显示时，改变半透明模式的效果是最明显的。Fast 设置提供最佳的图像性能，而 Accurate 设置提供最佳的透明对象渲染。

在绝大部分的情况下，用户不必改变默认的透明方法设置。当用户开始一个程序会话时，Abaqus/CAE 探测在用户系统上安装的图像硬件，并且选择合适的半透明模式。然而，如果用户正在使用较低性能的图像适配器，则 Abaqus/CAE 选择的默认设置对于用户的模型可能不是最优的。

若要控制半透明模式，执行以下操作：

1. 定位半透明模式选项。

从主菜单栏选择 View→Graphics Options。

Abaqus/CAE 显示 Graphics Options 对话框。

2. 拖拽 Translucency mode 滑块到用户想要的设置。对于一些图形卡，Abaqus/CAE 支持 Fast 与 Accurate 之间的三个中间半透明模式设置。对于其他的图形卡，Abaqus/CAE 仅支持 Fast 与 Accurate 之间的一个中间半透明模式设置。

3. 单击 OK 来完成用户的更改，然后关闭对话框。

用户的更改保存在程序会话的存续中。

7.6 控制拖拽模式

拖拽模式控制转动、平移或者放大视图操控中用户模型的外观。拖拽模式可以设置成 Fast（wireframe）或者 As is。

Fast（wireframe）

当用户将拖拽模式设置成 Fast（wireframe）时，将在视图操控过程中绘制框轮廓线。在适合系统上，Fast（wireframe）默认是拖拽模式。

As is

当用户将拖拽模式设置成 As is 时，视窗中显示的所有对象将在视图操控过程中继续显示。在更旧或者更慢的系统上，用户操控视图，显示可能落后于鼠标的运动，尤其是模型复杂时。对于使用图像硬件加速的更加新的系统，可以在没有显著性能损失的情况下实现 As is 设置。

在显示操控过程中，将拖拽模式设置成 As is 来观察模型；例如，在用户转动一个云图时，定位高应力集中的区域。

此外，用户可以选择 Abaqus/CAE 在转动视图后，是否将图片自动充满当前的视口。

自动将图片充满视口等效于在 View Manipulation 工具栏中单击自适应工具。这会调整模型的用户视图，使模型充满视口并且在视口中居中。方向保持固定，如视图三角形图标说明的那样。

若要控制拖拽模式，执行以下操作：

1. 定位拖拽模式选项。

从主菜单栏选择 View→Graphics Options。

Abaqus/CAE 显示 Graphics Options 对话框。

2. 从 View Manipulation 场中，选择 Fast（wireframe）或者 As is 拖拽模式。

3. 如果需要，切换选中 Auto-fit after rotations。

4. 单击 OK 来完成用户的更改，然后关闭对话框。

用户的更改保存在程序会话的存续中。

7.7 选择背景颜色

用户模型的外观受模型颜色与视口背景中颜色之间的对比差异的影响。用户可以通过改变视口背景中显示一个或者多个颜色来改善此对比。Abaqus/CAE 提供两个颜色选择：用户可以选择显示整个充满视口背景的一个单独颜色，或者创建混合两个不同颜色的梯度变化背景。

Abaqus/CAE 为用户程序会话中的每一个视口提供背景颜色选择功能。

若要选择背景颜色，执行以下操作：

1. 定位背景颜色选项。

从主菜单栏选择 View→Graphics Options。

Abaqus/CAE 显示 Graphics Options 对话框。

2. 从 Viewport Background 域中选择以下一个。

- Solid 来选择视口背景的一个颜色。
- 选择顶部颜色和底部颜色来绘制视口顶部到视口底部的梯度变化背景。

3. 选择视口背景颜色。

a. 单击颜色样本■。

Abaqus/CAE 显示 Select Color 对话框。

b. 使用 Select Color 对话框中的一个方法来选择一个新的颜色。更多信息见 3.2.9 节“定制颜色”。

c. 单击 OK 来关闭 Select Color 对话框。

颜色样本改变成选中的颜色。

d. 对于梯度变化的背景，用户可以直接选择顶部颜色和底部颜色；或者用户可以选择顶部颜色，然后单击 Auto-Select 来让 Abaqus/CAE 以顶部颜色的变化为基础来选择底部的颜色。

e. 草图或者 *X-Y* 图不能使用梯度变化的背景来清楚地显示。对于这些视图，即使用户已经指定一个替代变化的背景，Abaqus/CAE 依然显示实体背景。

4. 单击 OK 来完成用户的更改，然后关闭对话框。

Abaqus/CAE 为程序会话中的每一个视口实现背景颜色选择。用户的更改会保存在程序会话的存续中。

8 打印视口

本章介绍用户如何将所选视口的图片直接发送给打印机或文件，包括以下主题：

- 8.1节 “理解打印”
- 8.2节 “控制所打印图片的目标位置和外观”

有关配置打印机的更多信息见《Abaqus安装和许可证手册》。

8.1　理解打印

Abaqus/CAE 允许用户快照一个或多个视口及其内容，并将图片直接发送到打印机或文件以备后续使用，如用在展示材料中，嵌入到打印报告中，或者显示在 HTML 文档中。其他选项允许用户在产生的图片中选择视口的外观，以及图片的颜色、分辨率和大小。

本节介绍用户将输出发送到打印机或文件之前应当了解的基本概念，包括以下主题：

- 8.1.1 节　“打印图片的格式”
- 8.1.2 节　“Windows 和 PostScript 图片布局”
- 8.1.3 节　“Windows 打印机图片大小”
- 8.1.4 节　“EPS、TIFF、PNG 和 SVG 图片大小”
- 8.1.5 节　“硬拷贝的图片质量”
- 8.1.6 节　“将 Abaqus/CAE 图片导入其他软件产品”

8.1.1　打印图片的格式

Abaqus/CAE 允许用户将图片直接打印到 Windows 打印机。打印机驱动程序创建必要的信息，并以所需的任何格式将必要的信息发送到打印机。

如果 Windows 打印机驱动程序不可用，或者如果用户正在使用其他平台，则用户可以使用打印命令来创建并直接发送 PostScript 文件到 PostScript 打印机。用户也可以采用 PostScript（PS）、Encapsulated PostScript（EPS）、Tag Image File Format（TIFF）、Portable Network Graphics（PNG）或 Scalable Vector Graphics（SVG）格式保存图片。下面对这些文件格式进行详细介绍。

PostScript

PostScript 是公认的桌面出版标准。PostScript 实际上是一种编程语言，其指令和数据通常以 ASCII 格式存储，并且可以在不同操作系统之间轻松传递。用户使用打印命令打印到 PostScript 打印机，或者在 PostScript 文件中保存图片时，使用 PostScript 格式。当用户选择 PostScript 格式时，Abaqus/CAE 会生成用户图片的压缩光栅表示或矢量表示。为了提高生成光栅图片的效率，用户应当最小化用户图片的大小，并将图片的分辨率限制为最多打印或显示图片的设备的分辨率。

Encapsulated PostScript

Encapsulated PostScript（EPS）是 PostScript 的变异，即封装的 PostScript，它描述了一个单独的图片，可以不经修改地包含在一个更大的文档中。除了描述图片大小和位置的一些信息不同，EPS 文件与 PostScript 文件是一样的。因此，上述关于用户图片矢量表示和光栅表示的讨论同样适用于 EPS 格式。大部分文字处理和图形应用程序都支持包含 EPS 文件。

TIFF

Tag Image File Format（TIFF）是被许多应用软件认可的、一种成熟的光栅图片格式。TIFF 格式支持彩色和灰度。默认情况下，Abaqus/CAE 将视口的 TIFF 图片限制为 8 位颜色（256 色）。此外，用户也可以使用 24 位颜色（在 Windows 系统上）或系统颜色设置（在 Linux 系统上）。

PNG

Portable Network Graphics（PNG）是存储光栅图片的行业标准。万维网非常流行使用 PNG 文件，并且这种格式的图片由运行在不同操作系统上的浏览器显示。PNG 文件由颜色信息和图片的压缩光栅表示组成。默认情况下，Abaqus/CAE 将视口的 PNG 图片限制为 8 位颜色（256 色）。此外用户也可以使用 24 位颜色（在 Windows 系统上）或系统颜色设置（在 Linux 系统上）。

SVG

Scalable Vector Graphics（SVG）是一种采用 XML 编写的行业标准矢量图语言。

8.1.2 Windows 和 PostScript 图片布局

当用户直接打印所选视口的快照到 Windows 打印机或 PostScript 打印机，或者打印到文件时，图片的布局由可用的页面大小、方向和视口的长宽比来确定：

可用的页面大小

可用的页面大小是由总页面大小和用户提供的边距信息计算得到的，如图 8-1 所示。

纸张大小决定了总页面大小。对于 Windows 打印机，单击 Print 对话框中的 Printer Properties 按钮，打开 Document Properties 对话框并改变纸张大小。对于 PostScript 打印机或文件，单击 Print 对话框中的 Postscript Format Options 按钮来改变纸张大小。

方向

页面的方向可以是纵向或横向。

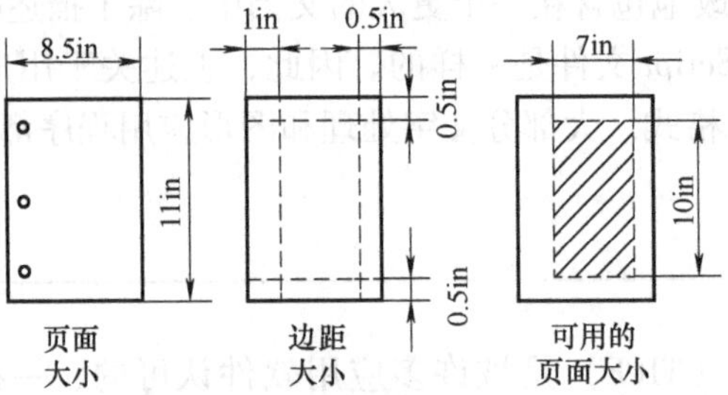

图 8-1　可用的页面大小

注：1in = 25.4mm。

长宽比

长宽比是用户选择要打印视口的总宽度和总高度之间的比率。Abaqus/CAE 始终保持对象的长宽比，如图 8-2 所示。用户可以通过在打印前操控画板上的视口来控制长宽比。

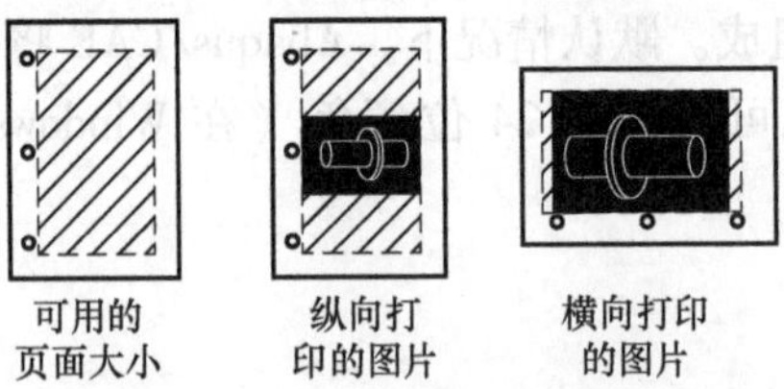

图 8-2　缩放图片仍保持长宽比

在 Windows 打印机上确定图像的默认方法，即在 PostScript 打印机和文件上确定图片大小的唯一方法：缩放图片以适应长宽比和可用的页面大小。

更多信息见 8.2.5 节“定制发送到 Windows 打印机的图片”，以及 8.2.6 节“定制发送到 PostScript 打印机或者文件的图片”。

8.1.3　Windows 打印机图片大小

当用户直接将所选视口的快照发送到 Windows 打印机时，图片大小由以下方法确定：

适合页面

使用此方法缩放图片以适合可用的页面大小，且默认使用此方法。

使用屏幕上的大小

使用此方法将要打印的图片大小匹配画板上的当前大小。如果图片大小超出了可用的页面大小，则用户必须重新确定图片的大小，改变页面大小或边距，或者选择不同的方法来打印图片。

使用设置

使用此方法可以直接指定要打印图片的大小。用户指定宽度或高度后，由 Abaqus/CAE 调整其他尺寸来保持图片的长宽比。如果图片超出可用的页面大小，用户必须重新确定图片的大小，改变页面大小或边距，或者选择不同的方法来打印图片。

更多信息见 8.2.5 节“定制发送到 Windows 打印机的图片”。

8.1.4 EPS、TIFF、PNG 和 SVG 图片大小

当用户将一个所选视口的快照打印成 Encapsulated PostScript（EPS）、TIFF、PNG 或 SVG 格式文件时，Abaqus/CAE 会以用户指定的大小和视口的整体长宽比为基础确定图片的大小。用户可以通过操控画板上的视口来控制长宽比。

在选项对话框中（EPS Options、TIFF Options、PNG Options 或 SVG Options），用户可以选择以下方法来指定要打印图片的大小：

• 使用屏幕上图片的大小。Abaqus/CAE 在选项对话框中显示当前图片的大小，此方法是默认方法。

• 设置宽度或高度。用户仅指定一个维度的尺寸；由 Abaqus/CAE 计算另一个尺寸来保持视口的长宽比。当用户创建一个 EPS 格式的文件时，用户以英寸或毫米为单位来指定宽度或高度。当用户创建一个 TIFF、PNG 或 SVG 格式的文件时，用户以屏幕像素为单位来指定宽度或高度；增加像素数会增加图片的大小。允许的最大图片大小为 1280×1024 像素。

更多信息见 8.2.7 节“定制保存在 Encapsulated PostScript 文件中的图片”，以及 8.2.8 节“定制保存成 TIFF、PNG 或者 SVG 文件的图片”。

8.1.5 硬拷贝的图片质量

当用户将一个所选视口的快照直接打印到 PostScript 打印机，或者保存为一个 PostScript（PS）或 Encapsulated PostScript（EPS）文件时，Abaqus/CAE 会创建图片的矢量或光栅表示（更多信息见 8.1.1 节“打印图片的格式”）。

矢量表示图片与无关分辨率，其质量仅取决于用户打印机的分辨率。

对于 PostScript 和 EPS 图片，用户可以使用对应选项对话框中的 Resolution 域来指定用

户保存或打印图片的分辨率。在更高的分辨率下，光栅图片看起来更平滑，且锯齿更少。如果将低分辨率的矢量图缩放成更大的尺寸，则该图片可能会有孔洞。

虽然更高分辨率的图片具有更高的质量，但需要更多的数据来定义图片；生成的文件会占用大量的磁盘存储空间。分辨率较低的图片通常可以更快地打印和显示。一般来说，用户应当选择可以产生可接受图片的最低分辨率。用户可能会希望在制作作品的草稿副本时保存较低分辨率的图片，而在生成最终版本时转换成更高的分辨率。

用户打印机的分辨率设置要比打印图片的分辨率更高。例如，如果用户以每英寸600点（dpi）的分辨率保存一个图片，并在分辨率为300dpi的打印机上打印，则打印图片的分辨率将仅仅为300dpi。

在创建图片之后，用户使用外部软件改变图片也会影响光栅表示的图片质量，如缩放和旋转。缩放和旋转可能会扭曲光栅图片。因此，在打印图片的光栅表示之前，用户应当在画板上调整视口来匹配在最终应用中出现的尺寸和方向。缩放和转动不会扭曲或降低矢量表示图片的质量。

对于PostScript和EPS图片的矢量表示，用户可以使用对应选项对话框中的Shading Quality域来指定图片中曲面上的照明质量。此选项不影响图片分辨率或文件大小。更加细致的阴影质量将产生接近光栅表示的图片。而更加粗糙的阴影质量通常会更快地打印和显示。类似于光栅图片的分辨率，用户应当选择产生可接受图片的最粗糙阴影质量。

矢量PostScript和EPS图片不支持半透明；当使用矢量PostScript或EPS格式打印时，全透明或半透明对象将表现为不透明。

8.1.6　将Abaqus/CAE图片导入其他软件产品

许多流行的软件应用，如word处理器，允许用户导入的文件包含由Abaqus/CAE生成的图片；并且大部分的这些应用允许用户预览导入的图片。此外，如果用户使用的是Windows系统，则可以通过［Ctrl］键+［C］键将图片复制到系统剪贴板的当前视口，并且通过［Ctrl］键+［V］键粘贴图片到其他应用。Windows在剪贴板中以位图（.bmp）格式和屏幕分辨率来存储图片。虽然图片在线显示的效果令人满意，但打印时可能难以令人接受。如果用户期望打印图片，应当以PostScript格式或封装的PostScript格式保存图片。

8.2 控制所打印图片的目标位置和外观

本节介绍可用于控制所打印图片目标位置和外观的选项，包括以下主题：

- 8.2.1 节 “打印到打印机或者文件”
- 8.2.2 节 “选择要打印图片的某一部分”
- 8.2.3 节 “选择图片的颜色”
- 8.2.4 节 “选择图片的目标位置”
- 8.2.5 节 “定制发送到 Windows 打印机的图片”
- 8.2.6 节 “定制发送到 PostScript 打印机或者文件的图片”
- 8.2.7 节 “定制保存在 Encapsulated PostScript 文件中的图片”
- 8.2.8 节 “定制保存成 TIFF、PNG 或者 SVG 文件的图片”

8.2.1 打印到打印机或者文件

Abaqus/CAE 允许用户打印画板上一个或者多个视口的照片，并将图片直接发送到打印机或者文件中以备后续使用，如用在展示材料中，嵌入到打印报告中，或者显示在 HTML 文档中。被打印的图片将复制画板上视口的布局，即如果一个视口在画板上遮挡了另一个视口，则在打印的图片上不会出现被遮挡的部分。用户可以选择要打印图片的格式，生成图片中视口的外观，以及图片的颜色、分辨率、方向和大小。

若要创建打印的图片，从主菜单栏选择 File→Print。若要配置用户的图片，使用出现的 Print 对话框。与对话框中条目相关的详细帮助，用户需要请求与单个条目背景有关的特定帮助。

当用户完成选项选取时，单击 Print 对话框中的 OK 来发送图片到选中的目标位置。然后，Abaqus/CAE 关闭 Print 对话框，发送图片到选中的目标位置，并在会话期间保存用户的打印选项。

8.2.2 选择要打印图片的某一部分

当用户直接打印图片到打印机或文件时，可以使用 Print 对话框来选择画板上的哪些视口包含要打印的图片。用户可以选择以下选项：

所有或当前视口

选择 All Viewports（所有视口）来打印画板上的所有视口。在画板上但处在绘图区域之外不可见的视口，仍将被打印。如果视口重叠，则被打印图片将复制画板上的布局，即如果一个视口遮挡了另一个视口，则被遮挡的部分将不会出现在要打印的图片中。默认情况下，Abaqus/CAE 会打印画板上的所有视口。

选择 Current Viewport（当前视口）仅打印最近使用的视口。有关选择视口的更多信息见 4.4.2 节“选择视口”。

注意：不管 Print 对话框中用户的选择如何，都不会打印最小化的视口。

视口装饰

切换选中 Print viewport decorations（如果可见）来选择用户的图片是否包含视口装饰。装饰被定义为视口边界和视口标题。

视口背景

切换选中 Print viewport backgrounds 来控制打印图片中视口背景的外观。当选择了此选项且视口背景图片或视频处于激活状态时，Abaqus/CAE 打印图片的背景中包含视口背景图片或视频的当前帧。如果 Print viewport backgrounds 处于活动状态，但视口背景图片或视频处于非活动状态，Abaqus/CAE 将在背景中显示视口背景颜色。

仅当选择灰度或彩色图片时，才能使用 Print viewport backgrounds 选项；当用户选择黑白时，Abaqus/CAE 总是在白色背景上打印黑色图片。

注意：没有视口背景（背景表现为透明或白色）的打印通常会产生最具吸引力的硬拷贝图片。

视口指南针

切换选中 Print viewport compass（如果可见）以包含打印图中的 3D 指南针。如果指南针在当前视口中不可见（见 5.3.4 节“定制 3D 指南针”），则无论此选项的设置如何，指南针都不会出现在打印图片中。

若要选择打印图片的某一部分，执行以下操作：

1. 从主菜单栏选择 File→Print。

技巧：用户也可以单击 File 工具栏中的🖶。

出现 Print 对话框。

2. 从对话框顶部的 Print 域中选择操作。

- All Viewports 打印所有的视口，即使它们位于绘图区域之外。
- Current Viewport 打印最近操作的视口。

3. 切换 Print viewport decorations（如果可见）。

当切换选中 Print viewport decorations（如果可见）时，将打印所有画板上的可见视口标题和边界。

当切换不选 Print viewport decorations（如果可见）时，将不会打印任何视口标题或者边界。若要打印没有边界的当前视口，用户必须切换不选此选项。

4. 切换 Print viewport backgrounds。

当切换选中 Print viewport backgrounds 时，用户的图片将继承显示器上视口的背景颜色或者背景图片。

当切换不选 Print viewport backgrounds 时，视口背景的外观取决于用户为图片选择的格式：

- 当用户选择 PS（PostScript）或者 EPS（Encapsulated PostScript）格式时，或者直接打印到 Windows 打印机时，用户图片中的视口将具有白色背景。
- 当用户选择 TIFF、PNG 或者 SVG 格式时，用户图片中的视口将具有透明背景。

5. 切换 Print viewport compass（如果可见）。

当切换选中 Print viewport compass（如果可见）时，视口中当前可见的任何 3D 指南针都将出现在用户的打印图中。

当切换不选 Print viewport compass（如果可见）时，3D 指南针将不会出现在用户打印图片中的任何地方。

6. 当用户完成 Print 对话框时，单击 OK 来生成期望的输出。

Abaqus/CAE 生成输出并关闭 Print 对话框。Print 对话框中的用户设置，会在会话期间保存。

8.2.3 选择图片的颜色

当用户直接打印画板上的图片到打印机或者文件时，可以使用 Print 对话框来选择用户图片的颜色。可以使用以下颜色选项：

Black & White（黑白）

此选项用来在白色背景上打印黑色图片。此选项对于打印零件、装配和网格（包括任何分区和基准几何形体）线框和隐藏线的图片是有用的。用户也可以打印未变形和变形形状图的黑白图片。当用户选择 Black & White 时，Abaqus/CAE 总是在白色背景上打印黑色图片，并将视口背景打印成透明或白色的。不能使用此选项来打印颜色鲜艳的图片，如云图。

Greyscale（灰度）

此选项用来打印彩色图片的灰度图片，其中每一个颜色都通过灰色阴影来近似（Abaqus/

CAE 将每一个颜色转化为 256 种真实灰度中的一种)。此选项对于将彩色图片，如云图，打印到黑白激光打印机是有用的。若要改善发送到打印机的图片外观，用户可以打印没有背景颜色的视口（使其显示为白色或透明)。

Color（彩色）

此选项用来打印用户所见颜色的近似值。如果用户试图将彩色图片打印到黑白打印机，打印机会将彩色转化成灰色阴影。

默认情况下，Abaqus/CAE 对于光栅格式打印的图片至多使用 256 种不同的颜色（PNG、TIFF 和光栅格式的 PostScript)。然而，对于 TIFF 或 PNG 格式打印的图片，用户可以选择允许更多的颜色，虽然这会增加文件的大小，但是允许图片更接近现实。更多信息见 8.2.8 节“定制保存成 TIFF、PNG 或者 SVG 文件的图片”。

若要选择图片的颜色，执行以下操作：

1. 从主菜单栏选择 File→Print。

技巧：用户也可以单击 File 工具栏中的 。

出现 Print 对话框。

2. 从 Settings 域中的 Rendition 文本框选择颜色。

- 选择 Black & White 可在白色背景上创建黑色图片。
- 选择 Greyscale 来打印彩色图片的灰度近似值。
- 选择 Color 来打印屏幕上彩色的近似颜色。

3. 当用户完成 Print 对话框时，单击 OK 来生成期望的输出。

Abaqus/CAE 生成输出并关闭 Print 对话框。Print 对话框中用户的设置会在会话期间保存。

8.2.4 选择图片的目标位置

用户可以选择直接将图片发送到打印机，也可以将图片保存到文件中。如果用户直接发送图片到打印机，则可以选择想要使用的 Windows 打印机。如果用户在另一个平台，或者在用户的 Windows 系统上没有打印机驱动程序，Abaqus/CAE 会选择 PostScript 格式，或者用户可以指定打印命令。其他选项允许用户选择副本数量、纸张大小、方向、边距、图片质量及是否包括日期和 SIMULIA 徽标。

如果用户选择将图片保存为文件，则必须提供文件名称并选择以下文件格式：

PostScript

如果用户想要保存的图片文件与 Abaqus/CAE 将要打印到 PostScript 打印机的图片一样，

则选择 PostScript（PS）格式。此格式的其他选项允许用户选择纸张大小、方向、边距和图片的分辨率，以及是否包括日期和 SIMULIA 徽标。更多信息见 8.2.6 节“定制发送到 PostScript 打印机或者文件的图片”。

Encapsulated PostScript

如果用户想要将已经保存的图片合并到单独的文档中，可以选择 Encapsulated PostScript（EPS）格式。此格式的其他选项允许用户指定图片的大小和分辨率。更多信息见 8.2.7 节“定制保存在 Encapsulated PostScript 文件中的图片”。

TIFF

如果用户想要将已经保存的图片合并到单独的文档中，可以选择 TIFF 格式，如文字处理文件。此格式的其他选项允许用户指定图片的大小。更多信息见 8.2.8 节“定制保存成 TIFF、PNG 或者 SVG 文件的图片”。

PNG

如果用户想要将已经保存的文档合并到单独的文档中，可以选择 PNG 格式，如在万维网上显示的 HTML 文件。此格式的其他选项允许用户指定图片的大小。更多信息见 8.2.8 节“定制保存成 TIFF、PNG 或者 SVG 文件的图片”。

SVG

如果用户想要将已经保存的图片合并到单独的文档中，还可以选择 SVG 格式，如在万维网上显示的 HTML 文件。此格式的其他选项允许用户指定图片的大小。更多信息见 8.2.8 节“定制保存成 TIFF、PNG 或者 SVG 文件的图片”。

若要选择图片的目标位置，执行以下操作：

1. 从主菜单栏选择 File→Print。

技巧：用户也可以单击 File 工具栏中的打印图标。

出现 Print 对话框。

2. 从 Settings 域中的 Destination 按钮选择以下操作。

Printer

选择 Printer 将图片发送到打印机。在 Windows 系统上，类似其他 Windows 程序，用户可以从已安装的打印机列表中选择。在其他系统上，或者在没有安装打印机驱动程序的 Windows 系统上，用户可以在 Print command 文本域中敲入一个打印命令。此命令应当与用户在工作站上用来打印 PostScript 文件所使用的命令一样。打印命令中不要包含文件名；Abaqus/CAE 会自动地将文件名附加到用户的命令后。有关用户站点有效命令的详细信息，需要联系系统管理员。

无论用户是选择打印机还是输入打印命令，单击 Copies 域中的箭头来设置要打印的期望副本数量，或者在文本域中输入想要的副本数量。用户可以打印至多100份副本。如果需要，单击 Page Setup 和 Printer Properties 按钮（对于 Windows 打印机）或 Postscript Format Options格式选项按钮（使用打印命令的系统）来指定页面大小、打印图片的质量及其他选项。

File

选择 File 将图片发送到文件。提供文件名的方法有以下两种。

1） File name。

在 File name 文本域中输入名称。用户可以敲入任何 Windows 系统或 Linux 系统合法的文件名字符，如在 Windows 系统上：

stressfield. png

. . \. . \nozzle\presentation\injector_mesh

~ \pump\actuator\strainpattern. eps

如果用户没有输入文件扩展名，则 Abaqus/CAE 将在文件名后附加一个扩展名（. ps、. eps、. png、. tif 或者 . svg）。

2） Select。

使用 Select 按钮，使用标准文件浏览器提供文件名。有关文件选择的更多信息，见 3. 2. 10 节“使用文件选择对话框”。

3. 如果用户选择将图片打印到文件，单击 Format 域边上的箭头来选择 PostScript（PS）、Encapsulated PostScript（EPS）、TIFF、PNG 或 SVG 格式文件。如果需要，单击相应的选项按钮来指定其他选项。

4. 当用户完成 Print 对话框，单击 OK 来生成期望的输出。

Abaqus/CAE 生成输出并关闭 Print 对话框。Print 对话框中用户的设置会在会话期间保存。

8. 2. 5　定制发送到 Windows 打印机的图片

当用户将画板上的视口直接打印到 Windows 打印机时，可以使用 Page Setup 对话框来定制生成的打印文件。用户可以配置以下内容：

Orientation（方向）

用户可以选择 Portrait（纵向）或 Landscape（横向）。Portrait 和 Landscape 的说明如下所示。

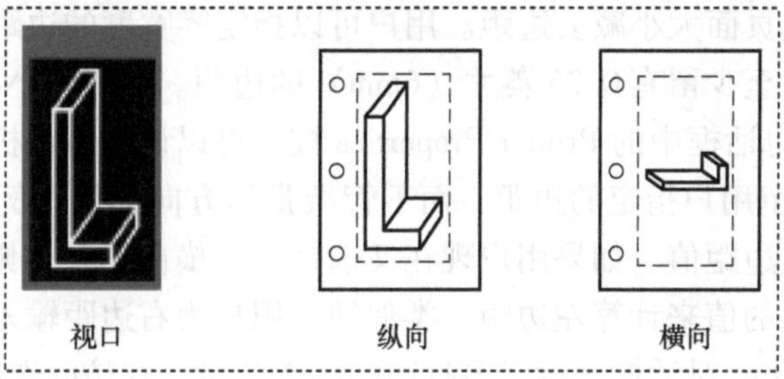

Units（单位）

用户可以选择 Inch（英寸）或 Millimeter（毫米）单位。用户的选择决定了此对话框中出现的图片大小和边距设置使用的单位。

Quality（质量）

用户可以选择三种程度的质量。每一种设置都限制了发送到打印机的最大文件大小：

- Coarse 限制文件到 2MB。
- Medium 限制文件到 10MB。
- Fine 限制文件到 50MB。

质量层级与图片大小和打印机设置一起工作来确定要打印图片的分辨率。

注意：在 Print 对话框中单击 Printer Properties 按钮可以访问打印机设置。

Date and logo（日期和徽标）

默认情况下，在直接发送到 Windows 打印机的图片顶部，Abaqus/CAE 会显示日期、时间及徽标。用户可以选择从输出中删除日期、时间或徽标。

Image Size（图片大小）

用户可以选择以下三个方法中的一个来确定要打印图片的大小。

- Fit to page　选择适合当前的页面大小和边距来打印图片。
- Use size on screen　使用屏幕尺寸打印屏幕上出现的图片。不适合当前页大小和边距的图片部分将从打印输出中切除。
- Use settings below　允许用户输入宽度或者高度；Abaqus/CAE 会调整用户未编辑的任何尺寸以保留当前的长宽比。

Margins（边距）

用户可以提供 Top（上）、Bottom（下）、Left（左）和 Right（右）边距。Abaqus/CAE

将最大图片大小计算成页面大小减去边距。用户可以指定零宽度的边距；然而，打印机不能打印到纸的边缘，通常至少留有 0.25 英寸（6mm）的边距。页面大小在打印机设置中设置。

注意：单击 Print 对话框中的 Printer Properties 按钮可以访问打印机设置。

Abaqus/CAE 会保留用户指定的边距，而不管纸张的方向如何。例如，假定用户选择了纵向图片并输入一个上边距值。如果用户现在又选择一个横向图片，则 Abaqus/CAE 会使用之前用户为上边距输入的值来计算左边距。类似地，用户为右边距输入的值将变成上边距。

用户还可以使用 Print 对话框来设置要打印的副本数量，并访问选中打印机的特别设置。单击 Printer Properties 按钮打开 printer name Document Properties 对话框。可用的打印机设置取决于已安装的打印机驱动程序和配置，而不是 Abaqus/CAE。

更多信息见 8.1.2 节“Windows 和 PostScript 图片布局”，以及 8.1.5 节“硬拷贝的图片质量”。

若要定制发送到 Windows 打印机的图片，执行以下操作：

1. 从主菜单栏选择 File→Print。

技巧：用户也可以单击 File 工具栏中的。

出现 Print 对话框。

2. 从 Destination 按钮选择 Printer。

3. 从 Printer 列表中，选择用户想要使用的打印机名称。

4. 单击 Copies 文本域右边的箭头来增加或者减少要打印的副本数量，或者在文本域中直接输入副本数量。用户可以打印 1~100 份副本。

5. 从 Print 对话框的右下角单击 Page Setup。

出现 Page Setup 对话框。

6. 从 Orientation 域选择纸方向。

7. 从 Units 域选择用于图片大小和边距的单位。

8. 从 Quality 域单击箭头并选择 Coarse、Medium 或者 Fine 图片质量。

9. 如果需要，切换不选 Print date 来删除来自输出的日期和时间。

10. 如果需要，切换不选 Print SIMULIA logo 来删除来自输出的徽标。

11. 从 Image Size 域选择要打印图片的大小。

12. 从 Margins 域输入上、下、左和右边距（采用用户之前选择的单位）。

13. 单击 OK 来保存用户的定制设置，然后关闭 Page Setup 对话框。

14. 如果需要，单击 Print 对话框中的 Printer Properties 按钮来打开 Document Properties 对话框，访问用户打印机的特定选项。

注意：Document Properties 对话框是 Windows 对话框，而不是 Abaqus/CAE 的一部分。如果用户对此对话框中信息有疑问，应当将它们报告给系统管理员，或者查阅打印机或打印机驱动程序的文档。

15. 当用户完成 Print 对话框时，单击 OK 来生成期望的输出。

Abaqus/CAE 生成输出并关闭 Print 对话框。Print 对话框中的用户设置会在会话期间保存。

8.2.6 定制发送到 PostScript 打印机或者文件的图片

用户将画板上的视口打印到 PostScript 文件或者直接打印到 PostScript 打印机时，可以使用 PostScript Option 对话框来定制生成的打印图片。用户可以配置以下项目：

Paper Size（页面大小）

用户可以从标准页面大小列表中选择。

Orientation（方向）

用户可以选择 Portrait（纵向）或 Landscape（横向）。Portrait 和 Landscape 的说明如下所示。

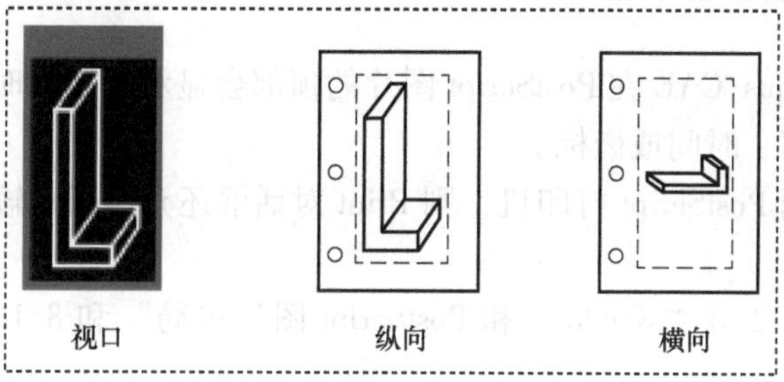

Margins（边距）

用户可以提供 Top（上）、Bottom（下）、Left（左）和 Right（右）边距。Abaqus/CAE 将图片最大尺寸计算成页面大小减去边距。用户可以指定零宽度的边距；然而，打印机不能打印到纸张的边缘，通常至少留有 0.25 英寸（6mm）的边距。Abaqus/CAE 会保留用户指定的边距，而不管纸张的方向如何。例如，假定用户选择了纵向图片，并且为上边距输入一个值。如果用户又选择一个横向图片，则 Abaqus/CAE 会使用之前用户为上边距输入的值来计算左边距。类似地，用户为右边距输入的值将变成上边距。

Text Rendering（文本渲染）

用户可以指定想要视口内的文本在打印图片中的显示方式。用户可以使用 PostScript 字体或将文本字符作为小位图输出。

Resolution（分辨率）

用户可以从标准分辨率列表中选择，更多信息见 8.1.1 节“打印图片的格式”。光栅

PostScript 图片的最大有效分辨率受限于要显示图片的设备的分辨率。默认情况下，Abaqus/CAE 将 PostScript 图片的分辨率设置成 150dpi。若要节省磁盘空间，用户在生成光栅 PostScript 图片时应当选择可接受的最小分辨率。更多信息见 8.1.5 节“硬拷贝的图片质量”。

图片格式

用户可以选择矢量（默认的）或光栅格式。矢量图可以缩放且与分辨率无关。光栅（或位图）图片是像素化的，依赖于分辨率，并且在缩放时会降低质量。

Shading Quality（阴影质量）

对于矢量图，用户可以选择精细曲面的着色方式。

Data and logo（日期和徽标）

默认情况下，Abaqus/CAE 在 PostScript 图片的顶部会显示日期、时间及徽标。用户可以选择从输出中删除日期、时间或徽标。

如果用户要打印到 PostScript 打印机，则 Print 对话框还允许用户输入打印机命令，并设置要打印的副本数量。

更多信息，见 8.1.2 节“Windows 和 PostScript 图片布局”和 8.1.5 节“硬拷贝的图片质量”。

若要自定义发送到 PostScript 打印机或文件的图片，执行以下操作：

1. 从主菜单栏选择 File→Print。

技巧：用户也可以在 File 工具栏中单击打印图标。

出现 Print 对话框。

2. 从 Destination 按钮选择 Printer 来发送用户图片到 PostScript 打印机，或者从 File 选择文件将图片发送到 PostScript 文件。

3. 如果用户将图片发送到 PostScript 打印机。

a. 在 Print command 文本域中输入打印命令。

b. 单击 Copies 文本域右边的箭头来增加或者减少要打印的副本数量，或者在文本域中直接输入数字。用户可以打印 1~100 份副本。

4. 如果用户将图片发送到 PostScript 文件。

a. 在 File name 文本域中输入文件名或者单击文件夹图标从标准文件浏览器中选择文件名。

b. 从 Format 域选择 PS。

5. 从 Print 对话框的底部，单击 Postscript Format Options 按钮。

出现 Postscript Format Options 对话框。

6. 从 Paper Size 域选择标准页面大小。

7. 从 Orientation 域选择页面方向。

8. 从 Margins 域输入以英寸为单位的上、下、左和右边距。

9. 从 Text Rendering 域选择以下选项之一。

- 选择 Always use PostScript printer fonts 来仅打印在 PostScript 打印机上可以经常使用的字体库（Courier、Helvetica、Times 和 Symbol）。任何其他字体都将替换为默认字体 Courier。
- 选择 Use PostScript printer fonts when available 来打印以 Courier、Helvetica、Times 或 Symbol 字体显示的任何视口文本。其他字体的文本都作为每一个字符的小位图输出。此选项有更多的处理过程，并且会产生更大的 PostScript 文件。默认字体不会替换任何字体。
- 选择 Always use displayed fonts（WYSIWYG）将所有字符输出为小位图。

10. 从 Resolution 域单击箭头并从分辨率列表中选择。

11. 从 Image Format 域选择矢量或光栅格式。

12. 对于矢量图，选择 Shading Quality。

13. 如果需要，切换不选 Print date 来从输出中删除日期和时间。

14. 如果需要，切换不选 Print SIMULIA logo 来从输出中删除徽标。

15. 单击 OK 来保存用户的 PostScript 自定义设置，然后关闭 PostScript Options 对话框。

16. 当用户完成 Print 对话框时，单击 OK 来生成期望的输出。

Abaqus/CAE 生成输出并关闭 Print 对话框。Print 对话框中用户的设置会在会话期间保存。

8.2.7 定制保存在 Encapsulated PostScript 文件中的图片

用户将视口打印到 EPS（Encapsulated PostScript）文件时，可以定制结果图片。Encapsulated PostScript Options 对话框允许用户配置以下项目：

Image Size（图片大小）

用户可以保存与屏幕上的图片大小一样的图片，也可以指定以英寸或者毫米为单位的图片大小。用户指定宽度或者高度；由 Abaqus/CAE 计算其他尺寸来保留视口的长宽比。

Text Rendering（文本渲染）

用户可以指定想要视口内的文本在打印图片中的显示方式。用户可以使用 PostScript 字体或将文本字符作为小位图输出。

Resolution（分辨率）

用户可以从标准分辨率列表中选择，更多信息见 8.1.1 节“打印图片的格式”。光栅表示 EPS 图片的最大有效分辨率受限于显示图片的设备的分辨率。默认情况下，Abaqus/CAE 将 EPS 图片的分辨率设置成 150dpi。若要节省存储空间，生成光栅 PostScript 图片时应当选择可接受的最小分辨率。更多信息见 8.1.5 节“硬拷贝的图片质量”。

Image Format（图片格式）

用户可以选择矢量或光栅格式。矢量图可以缩放且与分辨率无关。光栅（或者位图）图片是像素化的，依赖于分辨率，并且在缩放时会降低质量。

Shading Quality（阴影质量）

对于矢量图，用户可以选择精细曲面的着色方式。

若要定制保存在 Encapsulated PostScript 文件中的图片，执行以下操作：

1. 从主菜单栏选择 File→Print。

技巧：用户也可以单击 File 工具栏中的 。

出现 Print 对话框。

2. 从 Destination 按钮选择 File。

3. 在 File name 文本域中，输入文件名或单击 从标准文件浏览器中选择文件名。

4. 从 Format 域选择 EPS。

5. 从 Print 对话框的底部，单击 Encapsulated Postscript Format Options 按钮。

出现 Encapsulated PostScript Options 对话框。

6. 从 Image Size 域选择以下操作。

- 选择 Use size on screen 来保存 EPS 图片，此图片的大小与用户打印视口选择的整个宽度和高度一样。Abaqus/CAE 在 Use size on screen 按钮的右边显示结果大小。
- 选择 Use settings below 来指定以英寸或者毫米为单位的生成图片的宽度或高度。

7. 从 Text Rendering 域选择以下操作。

- 选择 Always use PostScript printer fonts 来仅打印 PostScript 打印机上常用的字体库（Courier、Helvetica、Times 和 Symbol）。任何其他字体都将替换为默认字体 Courier。
- 选择 Use PostScript printer fonts when available 来打印以 Courier、Helvetica、Times 或 Symbol 字体显示的任何视口文本。其他字体的文本都作为每一个字符的小位图输出。此选项有更多的处理过程，并且会产生更大的 PostScript 文件。默认字体不会替换任何字体。
- 选择 Always use displayed fonts（WYSIWYG）将所有的字符输出为小位图。

8. 从 Resolution 域单击箭头并且从分辨率列表中选取。

9. 从 Image Format 域选择矢量或光栅格式。

10. 对于矢量图，选择 Shading Quality。

11. 单击 OK 来保存用户的定制设置，然后关闭 Encapsulated PostScript Options 对话框。

12. 当用户完成 Print 对话框时，单击 OK 来生成期望的输出。

Abaqus/CAE 生成输出并关闭 Print 对话框。Print 对话框中用户的设置会在会话期间保存。

8.2.8 定制保存成 TIFF、PNG 或者 SVG 文件的图片

用户将视口打印成 TIFF、PNG 或 SVG 格式文件时，可以定制结果图片。用户保存的图片可以与屏幕上的图片大小一样，也可以采用像素来指定图片的大小。

更多信息见 8.1.4 节“EPS、TIFF、PNG 和 SVG 图片大小”，以及 8.1.1 节“打印图片的格式”。

若要定制保存在 TIFF、PNG 或者 SVG 文件中的图片，执行以下操作：

1. 从主菜单栏选择 File→Print。

注意：用户也可以单击 File 工具栏中的 。

出现 Print 对话框。

2. 在 File name 文本域中，输入文件名或单击 从标准文件浏览器中选择文件名。

3. 从 Format 域选择 TIFF、PNG 或 SVG。

4. 从 Print 对话框的底部，单击 TIFF Format Options、PNG Format Options 或 SVG Format Options 按钮。

出现相应的对话框。

5. 从 Image Size 域选择以下操作：

- 选择 Use size on screen，来保存图片，其大小与用户选择打印视口的整个宽度和高度一样。Abaqus/CAE 在 Use size on screen 按钮右边显示结果大小。
- 选择 Use settings below 来指定以像素为单位的生成图片的宽度或高度。允许的最大图片大小为 1280×1024 像素。

6. 单击 OK 来保存用户的定制设置，然后关闭对话框。

7. 对于彩色的 PNG 和 TIFF 图片，用户可以使用默认的 8 位色彩深度（256 色）或切换不选 Reduce to 256 colors 来使用更多的颜色。

如果用户没有使用默认的设置，则一个图片可以使用的色彩数量取决于系统类型和设置。对于 Windows 系统，Abaqus/CAE 使用 24 位颜色（167 万色）。对于 Linux 系统，Abaqus/CAE 使用与显示相同的颜色设置。

8. 当用户完成 Print 对话框时，单击 OK 来生成期望的输出。

Abaqus/CAE 生成输出并关闭 Print 对话框。Print 对话框用户的设置会在会话期间保存。

第Ⅱ部分　使用 Abaqus/CAE 模型数据库、模型和文件

用户在 Abaqus/CAE 模块中操作时执行的几乎所有建模操作都有助于在模型数据库中定义模型。本部分介绍 Abaqus/CAE 模型和模型数据库、建模过程中创建的文件，以及用户如何使用这些模型和文件。它包括以下主题：

- 第 9 章　“理解和使用 Abaqus/CAE 模型、模型数据库和文件”
- 第 10 章　“导入和导出几何形体数据和模型”

9 理解和使用 Abaqus/CAE 模型、模型数据库和文件

一个完成的模型包含 Abaqus/CAE 创建并提交到 Abaqus/Standard 或 Abaqus/Explicit 进行分析的所有数据。模型存储在模型数据库中。本章讨论模型和模型数据库，并介绍 Abaqus/CAE 生成的和读取的各种文件。它包括以下内容：

9.1　什么是 Abaqus/CAE 模型数据库?

模型数据库（文件扩展名 .cae）用于存储模型和分析作业，更多与分析作业有关的信息见 19.2 节“理解分析作业”）。用户可以在工作站或网络上存储多个模型数据库，但 Abaqus/CAE 在任何时候都只能处理一个模型数据库。一个模型数据库可以包含多个模型；如果用户计划同时处理多个模型，则必须将它们存储在一个模型数据库中。正在使用的模型数据库称为当前模型数据库；Abaqus/CAE 在主窗口顶部显示当前模型数据库的名称，如图 9-1 所示。

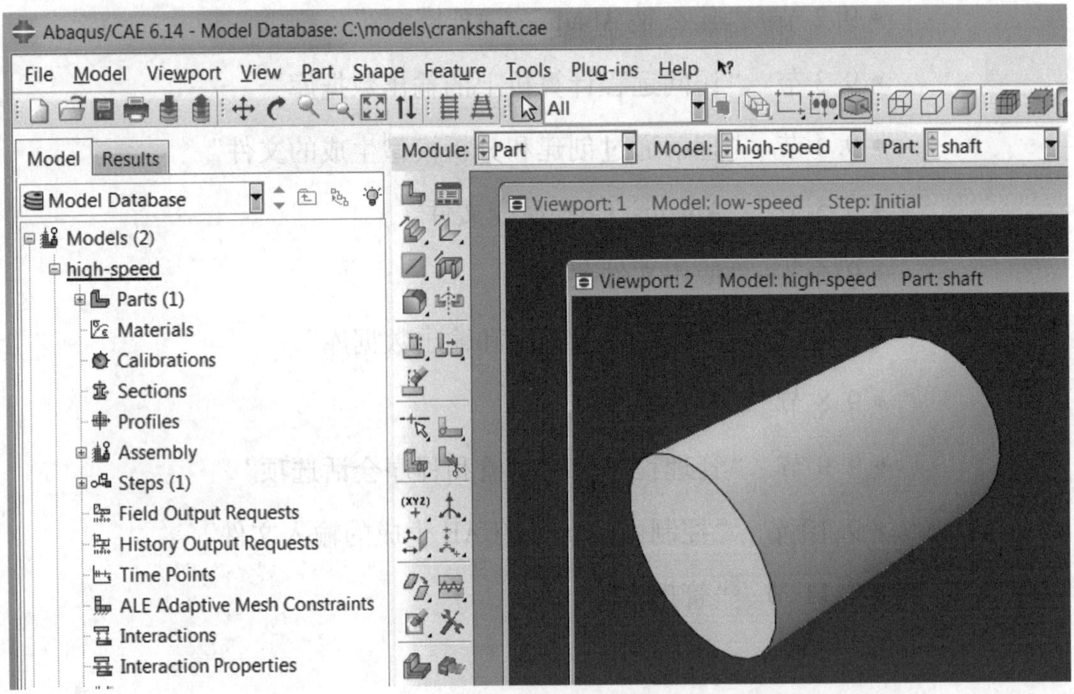

图 9-1　Abaqus/CAE 显示模型数据库名称和模型名称

当用户第一次启动 Abaqus/CAE 时，Start Session 对话框允许用户创建一个新的空模型数据库，或者打开一个现有的模型数据库。用户在 Abaqus/CAE 中创建或者定义的任何内容都存储在此模型数据库中。用户通过从主菜单栏选择 File→Save 或者 File→Save As 来保存内容。

Abaqus/CAE 不会保存模型数据库，除非用户执行一个明确的保存操作，如没有基于计时器的自动保存。但是，当用户处理模型时，Abaqus/CAE 会保留其更改模型数据库的所有操作记录。虽然用户可能没有保存模型数据库，但用户总是可以重新运行复制当前状态的操作。重新创建模型数据库的更多信息，见 9.5.3 节“创建未保存的模型数据库”。Abaqus/CAE 是可以向后兼容的，即可以打开之前版本 Abaqus/CAE 创建的模型数据库。

用户开始 Abaqus/CAE 会话后，可以通过从主菜单栏选择 File→Open 来打开一个现有的模型数据库，也可以通过选择 File→New 来创建一个新的模型数据库。如果用户对当前模型数据库进行更改后打开或者创建另一个模型数据库，则 Abaqus/CAE 会在关闭当前模型数据库之前询问用户是否保存更改。

用户可以在显示模块中打开一个模型数据库来探测或者查询模型的节点和单元，并绘制所选属性的云图或符号。更多信息见 40.1 节“理解显示模块的角色”。

对于创建并保存模型数据库的更多信息见 9.7 节“管理模型数据库和输出数据库”。

9.2 什么是 Abaqus/CAE 模型?

本节介绍 Abaqus/CAE 模型，包括以下主题：
- 9.2.1 节 “Abaqus/CAE 模型包含什么?”
- 9.2.2 节 “什么是模型属性?”

9.2.1 Abaqus/CAE 模型包含什么?

一个 Abaqus/CAE 模型包含以下类型的对象：
- 零件。
- 材料和截面。
- 装配。
- 集合和面。
- 步。
- 载荷、边界条件和场。
- 相互作用及其属性。
- 网格。

一个模型数据库可以包含任意数量的模型，所以用户可以将与一个问题有关的所有模型保存在一个数据库中，更多信息见 9.1 节“什么是 Abaqus/CAE 模型数据库?”。用户可以同时从模型数据库打开多个模型，并且可以在不同的视口中处理不同的模型。视口标题栏（如果可见的话）显示与视口关联的模型名称。与当前视口关联的模型称为当前模型，并且只有一个当前模型。图 9-1 所示为在同一个模型数据库中（crankshaft. cae）显示两个不同模型（high-speed 和 low-speed）的视口；图 9-1 中的当前视口显示为 high-speed 模型。

用户可以从主菜单栏使用 Model Manager 或 Model 菜单项目创建并管理模型；使用位于环境栏中的 Model 列表切换到当前模型数据库中的不同模型。

用户可以在模型数据库中创建一个模型副本；也可以在模型之间复制以下对象：
- 草图。
- 零件（包括复制零件组）。
- 实例。
- 材料。
- 截面（包括连接器截面）。
- 侧面。

• 幅值。
• 相互作用属性。

详细指导见 9.8.1 节“在模型数据库中操控模型”和 9.8.3 节“在模型之间复制对象”。

用户可以从其他模型数据库文件中导入一个模型，这样就可以在当前模型数据库中创建模型的完整副本，更多信息见 10.5.1 节“从 Abaqus/CAE 模型数据库导入模型”。

当用户提交模型用于分析时，Abaqus/CAE 会检查模型是否完整。例如，如果用户请求进行动力学分析，则必须指定材料的密度，以便计算模型的质量和惯性属性。如果用户在属性模块中没有提供材料密度，作业模块将报告错误，更多信息见 19.2.6 节“监控分析作业的进程”。

在一些模块中，Abaqus/CAE 分析不支持 Abaqus/Standard、Abaqus/Explicit 或 Abaqus/CFD 功能。用户可以通过使用 Keywords Editor 来编辑与模型关联的 Abaqus 关键字来添加此类功能。从主菜单栏选择 Model→Edit Keywords→模型名称，来启动 Keywords Editor（用户可以通过使用主菜单栏的 Help→Keyword Browser 来查看 Abaqus/CAE 支持的关键字。）

用户可以指定模型使用之前分析中的信息。当用户提交模型用于分析时，Abaqus/CAE 将从所选的步骤继续分析，更多信息见 14.13.2 节“构建重启动输出请求”和 19.6 节“重启动分析”。

9.2.2 什么是模型属性？

模型属性描述模型的特征，并随模型一起保存在模型数据库中。以下列表描述了 Abaqus/CAE 模型的属性：

• 描述。如果模型数据库中有许多类似的模型，则用户可以使用描述来区分模型。用户输入的描述与模型属性一起保存；描述会写到输入文件的头部，但不会写入输出数据库，更多信息见 9.10.2 节“对 Abaqus/CAE 模型添加描述”。

• 类型。用户可以在 Standard & Explicit 模型（默认的）、CFD 模型或 Electromagnetic 模型之间选择。一旦用户选择了一个模型类型，Abaqus/CAE 就会过滤主菜单栏、工具箱和模型树中的选项集合，以便它们适用于用户的模型类型选择。

• 模型的物理常数。用户可以输入绝对零度和玻尔兹曼常数的值。在热传导分析中需要这些值来指定表面发射率和辐射条件。

用户也可以输入通用气体常数的值，并从指定声波公式列表中选择一个选项。

• 重新启动将使用之前分析中的数据启动分析的信息。用户可以指定以下内容：

—Abaqus/CAE 将会读取重启信息的作业名称。

—Abaqus/CAE 将会重启动分析步名称。

—Abaqus/CAE 将会重启动分析增量步或迭代步。

更多信息见 19.6 节“重启动分析”和《Abaqus 分析用户手册——分析卷》的 4.1 节“重启动一个分析”。

• 使用子模型信息来驱动模型中的子模型边界条件或载荷。用户可以指定以下内容：

—全局解决方案将用于驱动子模型边界条件或载荷的作业。

—是否将使用壳的整体模型来驱动一个实体子模型。

更多信息见第 38 章“子模型”。

• 模型实例信息。用户可以控制从此模型创建模型实例时，是否将初始分析步中定义的约束、连接器截面指定、面到面的接触，以及自接触相互作用复制到当前的工作模型中，更多信息见 13.4 节“使用模型实例”。

从主菜单栏选取 Model→Edit Attributes→模型名称，来编辑所选模型的属性。相关主题的更多信息见 9.8.4 节“指定模型属性”。

9.3 访问远程计算机上的输出数据库

本节介绍用户如何创建和启动网络连接器。用户可以使用网络连接器来浏览远程主机上的目录结构，并访问远程输出数据库。

- 9.3.1 节 “什么是网络 ODB 连接器?”
- 9.3.2 节 “访问网络 ODB 连接器的安全性如何?”
- 9.3.3 节 “调整缓存大小来提高网络 ODB 的性能”

9.3.1 什么是网络 ODB 连接器?

网络 ODB 连接器创建到远程计算机的连接，并允许用户访问远程输出数据库。例如，用户可以把分析提交到高性能 Linux 系统，并在分析仍在运行时在本地 Windows 工作站上查看结果。

用户可以从任何平台（Windows 或 Linux）创建网络 ODB 连接器。但是，网络 ODB 服务器必须驻留在 Linux 平台上；用户不能访问驻留在远程 Windows 系统上的输出数据库。用户只能访问远程输出数据库；不能访问远程模型数据库。

从主菜单栏上选择 File→Network ODB Connector→Create 来创建与远程主机上目录的连接。当用户正在创建网络 ODB 连接器时，可以使用 Abaqus/CAE 自动启动网络 ODB 服务器，并在主机和远程系统之间建立通信端口号。另外，用户也可以在命令行使用 abaqus networkDBConnector 执行程序手动启动网络 ODB 服务器。如果用户从命令行启动服务器，则在后续创建网络 ODB 连接器时，用户要输入由执行程序返回的通信端口号。更多信息见《Abaqus 分析用户手册——介绍、空间建模、执行与输出卷》的 3.2.26 节“网络输出数据库文件连接器”。

用户创建网络 ODB 连接器后，从主菜单栏选择 File→Network ODB Connector→Start→连接器名称，来启动连接器。远程系统必须安装 Abaqus，以便 Abaqus/CAE 可以建立网络连接。更多信息见 9.7.4 节“创建网络 ODB 连接器”，以及 9.7.6 节“管理网络 ODB 连接器”。

用户创建并启动网络连接器后，可以使用它来浏览远程主机上的目录结构。当用户从主菜单栏选择 File→Open 来从 Abaqus/CAE 打开一个数据库时，在文件选择对话框中的 Directory 下面会出现 Network connectors 条目。无论用户是尝试打开输出数据库还是模型数据库，都出现该条目；但是在打开模型数据库时，用户不能使用网络连接器。更多信息见 3.2.10 节“使用文件选择对话框”。

网络连接器允许用户进行以下操作：

- 以只读方式打开一个远程输出数据库，并使用显示模块来显示输出数据库的内容。更多信息见 9.7.2 节“打开模型数据库或者输出数据库”。

当输出数据库处于远程状态时，显示模块的功能并没有变化；例如，用户可以在远程计算机上运行分析时查看输出数据库，并且多个用户可以一起查看输出数据库。但是，用户不能单击 Job Manager 中的 Results 来打开与远程分析关联的远程输出数据库。

- 从远程输出数据库导入一个零件。更多信息见 10.7.2 节“导入零件”。
- 从远程输出数据库导入一个模型。更多信息见 10.5.3 节“从输出数据库导入模型”。
- 升级远程输出数据库。

在大部分的显示模块操作后及动画制作过程中，Abaqus/CAE 监控输出数据库的更新结果，并据此更新当前的视口。如果用户正在查看来自远程输出数据库的数据，若通过网络监控数据库的时间过长，则会降低 Abaqus/CAE 的性能。若要提高性能，用户可以降低 Abaqus/CAE 监控输出数据库更新的频率，也可以抑制监控。更多信息见 42.6.10 节“控制结果缓存”。

9.3.2 访问网络 ODB 连接器的安全性如何？

Abaqus/CAE 通过生成服务器与客户端之间往返通行的密钥，来保证网络 ODB 连接器的安全连接。如果远程服务器上的用户主目录中出现文件 .abaqus_net_passwd，则 Abaqus/CAE 使用文件中的密钥来替代 Abaqus/CAE 生成的钥匙进行认证。Abaqus/CAE 会检查用户是否是唯一许可用户来读取和写入密钥文件。此外，用户必须在 30 天后更新文件，且密钥长度必须至少为 8 个字符。如果用户手动启动网络 ODB 服务器，则 Abaqus 使用密钥文件来验证客户端与服务器之间的连接。这些文件在《Abaqus 分析用户手册——介绍、空间建模、执行与输出卷》的 3.2.26 节“网络输出数据库文件连接器”中进行了介绍。

9.3.3 调整缓存大小来提高网络 ODB 的性能

当用户启动 Abaqus/CAE 程序会话时，会在临时文件目录中创建缓存。当用户使用网络 ODB 连接器从远程输出数据库读取数据时，Abaqus/CAE 使用此缓存进行本地数据存储。缓存极大地提高了用户从远程输出数据库访问数据时 Abaqus/CAE 中显示模块的性能。

Abaqus/CAE 允许将缓存大小增加到足以打开远程输出数据库中的所有数据。但是，Abaqus/CAE 也将缓存限制为目录中总可用空间的 80%。例如，如果临时目录有 35G 可用空间，则 Abaqus/CAE 将允许缓存增加到 28G。另外，用户还可以使用 Abaqus 环境文件 abaqus_v6.env 中的 nodb_cache_limit 参数来限制缓存的大小。用户必须将 nodb_cache_limit 参数设置成限制缓存大小的兆字节数，如

nodb_cache_limit = 20000

它表示将最大缓存大小设置成 20G。Abaqus/CAE 在程序会话过程中仅使用需要的缓存空间，因而其实际的缓存大小可以极大地小于用户设置的限制。nodb_cache_limit 的最小值

为 500，表示缓存大小限制为 500MB。如果用户设置的最大缓存大小大于可用空间大小，则 Abaqus/CAE 会将缓存降低到等于可用空间的值。

当从远程输出数据库读取数据时，Abaqus/CAE 使用缓存来提高性能。通过网络获取数据的速度远远小于从本地磁盘驱动器获取数据的速度。因此，远程输出数据库的性能将明显低于本地输出数据库的性能。缓存通过保留已通过网络传输的数据来减小此类性能差异，进而减少通过网络传输数据的需求。然而，如果没有足够大的缓存，Abaqus/CAE 将不得不通过网络传输更多的数据，而这也将影响其性能。

在大多数情况下，用户不必使用 nodb_cache_limit 参数来调整缓存的大小。但是，如果缓存占用太多的磁盘空间，降低了用户系统上其他应用程序的速度，则用户必须减小缓存的大小。类似地，如果缓存太小，不能支持用户所有的远程输出数据库，并且 Abaqus/CAE 的性能降低，则用户必须增加缓存的大小。如果不能增加缓存的大小，则用户应当关闭一些远程输出数据库。

如果期望的内存大小大于临时文件目录中的可用空间，则用户可以使用 scratch 环境文件参数将临时文件目录移动到更大的磁盘中。更多信息见《Abaqus 分析用户手册——介绍、空间建模、执行与输出卷》的 3.3.1 节“Abaqus 环境文件设置”，以及《Abaqus 分析用户手册——介绍、空间建模、执行与输出卷》的 3.4 节“管理内存和磁盘空间”。

9.4 理解通过创建和分析模型生成的文件

当用户启动会话并开始定义模型时，Abaqus/CAE 会生成以下文件：

重放文件（abaqus.rpy）

重放文件包含 Abaqus/CAE 命令，记录了用户在程序会话中执行的几乎所有建模操作。更多信息见 9.5.1 节“重放 Abaqus/CAE 程序会话”。

当用户从主菜单栏中选择 File→Save 并保存模型数据库时，Abaqus/CAE 会保存以下文件：

模型数据库文件（模型数据库名称.cae）

模型数据库文件包含模型和分析作业。更多信息见 9.1 节“什么是 Abaqus/CAE 模型数据库?”。

日志文件（模型数据库名称.jnl）

日志文件包含 Abaqus/CAE 命令，将存储到磁盘空间的模型数据库进行复制。更多信息见 9.5.2 节“重新创建保存过的模型数据库”。

当用户继续处理模型时，Abaqus/CAE 会继续在重放文件中记录用户的操作。此外，Abaqus/CAE 还保存以下文件：

恢复文件（模型数据库名称.rec）

恢复文件包含恢复内存中模型数据库版本的 Abaqus/CAE 命令。模型数据库恢复文件仅包含用户自上次保存以来更改模型数据库的命令。更多信息见 9.5.3 节“创建未保存的模型数据库”。

当用户提交分析作业时，Abaqus/Standard 和 Abaqus/Explicit 会创建一组文件；这些文件的完整列表见《Abaqus 分析用户手册——介绍、空间建模、执行与输出卷》的 3.6 节“文件扩展定义”。下面描述了 Abaqus/Standard 和 Abaqus/Explicit 创建的一些文件及其与 Abaqus/CAE 的关系：

输入文件（作业名 . inp）

当用户提交分析作业时，Abaqus/CAE 会生成由 Abaqus/Standard 或 Abaqus/Explicit 读取的输入文件。更多信息见 19.2.1 节“分析模型的基本步骤”。

输出数据库文件（作业名 . odb）

输出数据库文件包含分析结果。用户使用步模块的输出请求管理器来选择在分析过程中写入输出数据库的变量及写入速率。输出数据库与用户从作业模块提交的作业相关联；例如，如果用户将作业命名为 FrictionLoad，则分析创建的输出数据库名称为 FrictionLoad. odb。

当用户打开一个输出数据库时，Abaqus/CAE 将加载显示模块，并允许用户查看内容的图形表示。用户也可以将输出数据库中的零件作为网格导入。如果用户打开文件的写入权限，则可以将 *X-Y* 数据对象保存到输出数据库文件；否则，一旦创建输出文件，用户就不能更改输出数据库的内容。

输出数据库锁定文件（作业名称 . lck）

锁定文件（作业名 . lck）会在使用写入访问权限打开输出数据库文件时写入，包括在运行分析和将输出写入输出数据库文件时。锁定文件防止用户以多源同时写入输出数据。当关闭输出数据库或创建分析结束时，锁定文件将被自动删除。

重启动文件（作业名 . res）

重启动文件用于继续之前未完成就停止的分析。用户使用分析步模块来指定哪些分析步应写入重启动信息及写入频率。如果使用 Abaqus/Explicit，则用户在分析步模块中提供的重启动信息控制着写入状态文件（作业名 . abq）的数据。更多信息见 14.13.2 节“构建重启动输出请求”。

数据文件（作业名 . dat）

数据文件包含来自分析输入文件处理器的打印输出，以及在分析过程中写入的所选结果的打印输出。Abaqus/CAE 自动要求在每一步结束时生成当前分析过程的默认打印输出；用户不能使用 Abaqus/CAE 对数据文件的内容进行任何额外的控制。

消息文件（作业名 . msg）

消息文件包含与求解进程有关的诊断性或信息性消息。用户可以使用分析步模块控制输出到消息文件的诊断信息。更多信息见 14.5.3 节“诊断输出”。

状态文件（作业名称 . sta）

状态文件（作业名称 . sta）包含与分析进程有关的信息。此外，用户可以使用分析步模块请求将单个节点上的单个自由度值输出到状态文件。更多信息见 14. 5. 4 节“自由度监控请求”。

结果文件（作业名 . fil）

结果文件包含从分析中选择的结果，其格式可以被其他应用程序读取，如后处理程序。子模型分析可以从输出数据库文件或结果文件中读取整体模型的结果。默认情况下，来自 Abaqus/CAE 的分析并不创建结果文件。更多信息见《Abaqus 分析用户手册——分析卷》的 5. 2 节“子模型”，以及第 38 章—“子模型”。

注意：在分析作业的过程中，Abaqus/Standard 和 Abaqus/Explicit 写入数据文件、消息文件和状态文件的错误和警告可以由作业模块来监控。更多信息见 19. 2. 6 节“监控分析作业的进程”。

当用户在显示模块中打开输出数据库文件并创建新的场输出变量时（更多信息见 42. 7 节“创建新的场输出”），Abaqus/CAE 将生成以下文件：

临时输出数据库文件（作业名 . ods）

临时输出数据库文件（作业名 . ods）包含一个“会话步骤”，在此区域中保存了用户创建的场输出变量（通过对场或帧进行操作）。当关闭原始输出数据库文件（场输出的来源）或 Abaqus/CAE 程序会话结束时，临时输出数据库文件自动删除。

在大多数情况下，由 Abaqus/CAE 生成的文件被写入工作目录。用户从此工作目录来启动 Abaqus/CAE 程序会话，除非用户通过从主菜单栏选择 File→Set Work Directory 来更改目录。更多信息见 9. 7. 8 节“设置工作目录”。

9.5 Abaqus/CAE 命令文件

本节介绍用户可以使用的命令文件来重现用户的工作和自定义 Abaqus/CAE，包括以下主题：

- 9.5.1 节 “重放 Abaqus/CAE 程序会话”
- 9.5.2 节 “重新创建保存过的模型数据库”
- 9.5.3 节 “创建未保存的模型数据库”
- 9.5.4 节 “创建和运行用户自己的脚本”
- 9.5.5 节 “创建和运行宏”
- 9.5.6 节 “定制用户的 Abaqus/CAE 环境”

9.5.1 重放 Abaqus/CAE 程序会话

用户在 Abaqus/CAE 中执行的每个操作几乎都以 Abaqus 脚本界面命令的形式自动记录在重放文件中（abaqus. rpy）。执行重放文件相当于重放原始操作序列，包括用户所做的任何冗余过程和错误，以及后续更正。重放文件还包括画板操作，如创建一个新的视口。

Abaqus/CAE 保留了最近的 5 个重放文件版本。最近的重放文件版本命名为 abaqus. rpy；它在用户启动程序会话时创建。其余 4 个旧版本在文件名的后面附加一个数字；最小编号文件名表示最早的重放文件，最大编号文件名表示次新的重放文件。

用户可以在启动 Abaqus/CAE 或在一个程序会话过程中执行重放文件中的命令；但是，如果重放文件生成错误，则结果可能不同。

从 Abaqus 执行过程中运行

从 Abaqus 执行过程运行重放文件，需要输入 abaqus cae（或者 abaqus viewer）replay=重放文件名 . rpy。如果执行重放文件生成错误，则 Abaqus/CAE 会忽略此错误并继续执行重放文件中的下一个命令。因此，Abaqus/CAE 总是试图执行重放文件中的每个命令。用户不能使用 replay 选项来执行具有控制流语句的脚本。更多信息见《Abaqus 分析用户手册——介绍、空间建模、执行与输出卷》的 3.2.7 节“Abaqus/CAE 执行”。

在 Abaqus/CAE 程序会话中

在程序会话中运行重放文件，需要从主菜单栏选择 File→Run Script。如果重放文件生成错误，则 Abaqus/CAE 停止执行重放文件，并在命令区域显示错误消息。推荐用户从 Abaqus 执行程序中运行重放文件。

用户也可以使用 Abaqus Python 开发环境（Abaqus PDE）来执行重放文件。重放文件中的 Abaqus 脚本界面命令必须在 Abaqus PDE 中的内核工作空间中运行。有关 Abaqus PDE 的更多信息见《Abaqus 脚本用户手册》第 7 章“使用 Abaqus Python 开发环境”。

9.5.2 重新创建保存过的模型数据库

当用户保存模型数据库时（通过从主菜单选择 File→Save 或者 File→Save As），Abaqus/CAE 也会保存包含 Abaqus 脚本界面命令的模型数据库日志文件（模型数据库名称 . jnl），用户可以使用这些脚本界面命令重新创建模型数据库。即使保存的模型数据库崩溃了，用户也可以通过启动具有恢复选项的 Abaqus/CAE 来重新创建它。输入 abaqus cae recover = 模型数据库名称 . jnl，通过 recover 选项执行指定模型数据库日志文件中的命令。

模型数据库日志文件与重放文件不同，它并不包含程序会话过程中执行的每一个操作。模型数据库日志文件仅包含更改已保存模型数据库的命令；例如，创建或编辑零件的命令，改变分析步时间增量的命令，或者修改网格的命令。不改变模型数据库的操作不保存在日志文件中；例如，发送一张图片到打印机，创建一个视口，旋转模型或在显示模块中查看结果。

随着用户连续地对模型进行操作，内存中的模型数据库将会与最近保存的模型数据库不同。仅当用户使用 File→Save 或 File→Save As 明确地执行模型数据库保存时，模型数据库日志文件才会更新。如果用户将模型数据库复制到其他位置，则还应复制相关的模型数据库日志文件。否则，用户将不能重新创建模型数据库。

9.5.3 创建未保存的模型数据库

当用户启动一个新的程序会话并更改模型时，Abaqus/CAE 会记录模型数据库恢复文件（abaqus*n*. rec）的变化。如果用户后续保存模型数据库，Abaqus/CAE 会将恢复文件的命令附加到模型数据库日志文件（模型数据库名称 . jnl）中，并删除恢复文件。如果用户进一步更改模型，Abaqus/CAE 将创建一个新的恢复文件（模型数据库名称 . rec）来记录自最后一次用户保存以来的变化。在进行下一次保存时，恢复文件中的命令将附加到日志文件并删除恢复文件。日志文件包含重建整个模型数据库所需的所有命令。例如，表 9-1 列出了 Abaqus/CAE 对名为 engine 的模型的模型数据库、恢复文件和日志文件进行的更改。

表 9-1 建模更改及其对模型数据库、恢复文件和日志文件的影响

用户操作	Abaqus/CAE 操作	文件
启动 Abaqus/CAE 程序会话	无	无
更改模型	在恢复文件中记录命令	abaqus1. rec

（续）

用户操作	Abaqus/CAE 操作	文件
保存模型数据库	创建模型数据库文件 将恢复命令复制到日志文件 删除恢复文件	engine. cae engine. jnl
对模型进行更多的更改	在恢复文件中记录命令	engine. rec engine. cae（旧的） engine. jnl（旧的）
保存模型数据库	更新模型数据库文件 将恢复命令附加到日志文件 删除恢复文件	engine. cae（已更新） engine. jnl（已更新）

如果用户的 Abaqus/CAE 程序会话意外终止，如计算机断电，恢复文件仍可用于 Abaqus/CAE 的下一次程序会话。Abaqus/CAE 会首先检查 abaqus*n*. rec 形式的恢复文件是否存在；如果存在这样的文件，它可能来自之前意外终止的程序会话，或者同一目录下用户开启过的 Abaqus/CAE 程序会话。由于 Abaqus/CAE 无法区分这两种情况且不能自动确定用户是否想要实施更改，所以 Abaqus/CAE 会提示用户三个选项：恢复更改并删除恢复文件；不恢复更改并且删除恢复文件；或者忽略恢复文件，因为它的更改属于另一个 Abaqus/CAE 程序会话。当用户恢复更改时，如果认为发出的最后一个命令造成程序会话的终止，则用户可以跳过恢复文件中的最后一个命令。

如果恢复文件属于模型数据库（模型数据库名称 . rec），则 Abaqus/CAE 将不会检测到恢复文件，直到用户试图打开模型数据库。当用户试图打开模型数据库时，Abaqus/CAE 会提示用户恢复或者忽略更改。如果用户恢复更改，Abaqus/CAE 将会把数据库恢复文件中的更改附加到日志文件，并删除数据库恢复文件；如果用户选择忽略更改，则 Abaqus/CAE 将删除恢复文件并且不会实现文件中描述的任何模型更改。

9.5.4 创建和运行用户自己的脚本

用户在 Abaqus/CAE 程序会话中执行的每一个操作几乎都可以通过一个脚本（脚本名称 . py）进行复制，此脚本包含一组 Abaqus 脚本界面命令。相反，从 Abaqus/CAE 中运行脚本相当于使用 Abaqus/CAE 提供的菜单、工具箱和对话框执行对应的操作。

用户可以创建脚本来复制程序会话中惯常执行的操作；如用户可以编写定义常用材料的材料属性脚本，或者生成以特定显示方向显示的特定变量云图的脚本。

Abaqus/CAE 命令使用 Python 脚本语言编写，用户也可以使用 Python 来改进 Abaqus/CAE 生成的脚本。在重放文件、日志文件和恢复文件及 Abaqus/CAE 脚本文件中将命令保存为 ASCII 文本形式。因此，用户可以使用标准文本编辑器来编辑文件的内容。更多有关命令的信息，见《Abaqus 脚本用户手册》。

要运行一个脚本，需要从主菜单栏选择 File→Run Script，并从 Run Script 对话框选择要运行的脚本。

注意：用户应当使用 Abaqus/CAE 执行过程中的恢复选项来运行日志文件，并重新创建保存过的模型数据库。敲入 abaqus cae recover=模型数据库名称 .jnl，选择 File→Run Script 来运行日志文件可能导致模型数据库不完整。

用户也可以使用 Abaqus Python 开发环境（Abaqus PDE）来创建和运行脚本。脚本中的 Abaqus 脚本界面命令必须在 Abaqus PDE 的内核工作空间中运行。有关 Abaqus PDE 的更多信息见《Abaqus 脚本用户手册》第 7 章“使用 Abaqus Python 开发环境”。

9.5.5 创建和运行宏

当用户与 Abaqus/CAE 交互时，Macro Manager 允许用户在宏文件中记录一系列的 Abaqus 脚本界面命令。每个命令对应与 Abaqus/CAE 进行的交互，重现宏会重新产生交互序列。用户可以使用宏来自动执行重复的任务，如打印当前的视口或应用预定义视图。有关 Abaqus 脚本界面命令的更多信息，见《Abaqus 脚本用户手册》。

宏储存在名为 abaqusMacros. py 的文件中。Abaqus/CAE 采用以下次序在三个目录中搜索 abaqusMacros. py：

- Abaqus 安装的本地目录。
- 用户的主目录。
- 当前的工作目录。

abaqusMacros. py 文件可以存在于上述多个目录中。Macro Manager 包含 Abaqus/CAE 在所有 abaqusMacros. py 文件中检测到的现有宏的列表。如果一个宏在多个 abaqusMacros. py 文件中使用相同的名称，则 Abaqus/CAE 使用最后遇到的宏。

要创建、删除或运行一个宏，需要从主菜单栏选择 File→Macro Manager，更多信息见 9.11 节“管理宏”。

9.5.6 定制用户的 Abaqus/CAE 环境

用户使用 Abaqus 环境文件（abaqus_v6. env）来指定控制 Abaqus/Standard 和 Abaqus/Explicit 的参数。此外，用户可以使用环境文件来指定启动 Abaqus/CAE 程序对话时执行的一组命令。在 19. 2. 7 节“远程递交作业”中给出了如何在一个远程主机上运行一个作业的命令配置例子。

9.6 使用文件菜单

使用主菜单栏 File 中的条目来执行以下操作：

• 选择 File→New Model Database→With Standard/Explicit Model 为 Abaqus/Standard 或 Abaqus/Explicit 分析创建一个新的模型数据库。用户也可以单击 File 工具栏中的 。更多信息见 9.7.1 节“创建一个新的模型数据库”。

• 选择 File→New Model Database→With CFD Model 为 Abaqus/CFD 分析创建一个新的模型数据库。更多信息见 9.7.1 节“创建一个新的模型数据库”。

• 选择 File→New Model Database→With Electromagnetic Model 创建一个新的模型数据库进行电磁分析。更多信息见 9.7.1 节“创建一个新的模型数据库”。

• 选择 File→Open 来打开现有的模型数据库或输出数据库。用户也可以单击工具栏中的 。更多信息见 9.7.2 节“打开模型数据库或者输出数据库”。

• 选择 File→Network ODB Connector 来创建与远程主机的连接，使用户可以使用此连接来读取远程的输出数据库。更多信息见 9.7.4 节“创建网络 ODB 连接器”。

• 选择 File→Close ODB 来关闭输出数据库。更多信息见 9.7.7 节“关闭当前的输出数据库”。

• 选择 File→Set Work Directory 来更改工作目录。更多信息见 9.7.8 节“设置工作目录”。

• 选择 File→Save 来保存当前的模型数据库。用户也可以单击 File 工具栏中的 。更多信息见 9.7.9 节“保存当前的模型数据库”。

• 选择 File→Save As 将当前的模型数据库另存为一个新的文件。更多信息见 9.7.11 节“将当前的模型数据库另存为新的文件”。

• 选择 File→Compress MDB 来压缩当前的模型数据库。更多信息见 9.7.12 节“压缩当前模型数据库文件的大小”。

• 选择 File→Save Display Options 来保存用户定制的零件、装配和显示模块的显示设置。更多信息见 3.6 节“理解 Abaqus/CAE GUI 设置”，以及 76.16 节“保存用户的显示选项设置”。

• 选择 File→Save Session Objects 来保存程序对话特定的对象定义，如视口切割、显示组或文件、模型数据库或输出数据库的路径。更多信息见 9.9 节“管理程序会话对象和程序会话选项”。

• 选择 File→Load Session Objects 来将之前保存的程序对话特定的对象定义加载到当前会话中。更多信息见 9.9 节“管理程序会话对象和程序会话选项”。

• 选择 File→Import→Sketch 来导入一个平面草图。更多信息见 10.7.1 节“导入草图”。

• 选择 File→Import→Part 来导入一个零件。更多信息见 10.7.2 节“导入零件”。

● 选择 File→Import→Model 来导入一个模型。更多信息见 10.8 节“导入一个模型”。

● 选择 File→Export→Sketch 来导出当前的草图。更多信息见 10.9.1 节“将草图导出成 ACIS、IGES 或者 STEP 格式的文件”。

● 选择 File→Export→Part 来导出当前的零件。更多信息见 10.9.2 节“将零件导出成 ACIS、IGES、STEP 或者 VDA 格式的文件”。

● 选择 File→Export→Assembly 来导出装配中的零件实例。更多信息见 10.9.3 节“将装配导出成 ACIS 格式的文件”。

● 选择 File→Export→VRML 将当前的视口导出为 VRML 格式的文件。更多信息见 10.9.4 节“将视口数据导出成 VRML 格式的文件”。

● 选择 File→Export→3DXML 将当前的视口导出为 3D XML 格式的文件。更多信息见 10.9.5 节“将视口数据导出成 3D XML 格式的文件”。

● 选择 File→Export→OBJ 将当前的视口导出为 OBJ 格式的文件。更多信息见 10.9.6 节“将视口数据导出成 OBJ 格式的文件”。

● 选择 File→Run Script 来执行包含 Abaqus 脚本界面命令的文件。更多信息见 9.5.1 节“重放 Abaqus/CAE 程序会话”，以及 9.5.4 节“创建和运行用户自己的脚本”。

● 选择 File→Macro Manager 在宏文件中将用户的操作存储为一系列的 Abaqus 脚本界面命令。用户也可以运行宏并重新命名现有的宏。更多信息见 9.5.5 节“创建和运行宏”。

● 选择 File→Print 来打印所有或者选中的视口和注释。用户也可以单击 File 工具栏中的 。更多信息见第 8 章“打印视口”。

● 选择 File→Abaqus PDE 来打开 Abaqus Python 开发环境。Abaqus PDE 是用来创建、编辑、测试和调试脚本的一个单独应用程序。更多信息见《Abaqus 脚本用户手册》的 7.1 节“Abaqus Python 开发环境概览”。

● 选择 File→Exit 来退出 Abaqus/CAE 程序会话。更多信息见 2.1.2 节“退出 Abaqus/CAE 程序会话”。

9.7 管理模型数据库和输出数据库

本节介绍如何使用主菜单栏的 File 菜单来管理模型数据库和输出数据库，包括以下主题：

- 9.7.1 节 “创建一个新的模型数据库”
- 9.7.2 节 “打开模型数据库或者输出数据库”
- 9.7.3 节 “升级模型数据库或者输出数据库”
- 9.7.4 节 “创建网络 ODB 连接器”
- 9.7.5 节 “定制网络 ODB 连接器”
- 9.7.6 节 “管理网络 ODB 连接器”
- 9.7.7 节 “关闭当前的输出数据库”
- 9.7.8 节 “设置工作目录”
- 9.7.9 节 “保存当前的模型数据库”
- 9.7.10 节 “保存没有许可证的当前模型数据库”
- 9.7.11 节 “将当前的模型数据库另存为新的文件”
- 9.7.12 节 “压缩当前模型数据库文件的大小”

9.7.1 创建一个新的模型数据库

用户可以在计算机上创建和存储多个模型数据库，但用户在任何时刻都只能打开一个模型数据库。选择以下的一个选项来创建新的模型数据库：

- 单击 File 工具栏中的 或选择 File→New Model Database→With Standard/Explicit Model 来为 Abaqus/Standard 分析或 Abaqus/Explicit 分析创建新的模型数据库。
- 选择 File→New Model Database→With CFD Model 为 Abaqus/CFD 分析创建新的模型数据库。
- 选择 File→New Model Database→With Electromagnetic Model 创建一个新的模型数据库进行电磁分析。

如果用户已经对当前的数据库做出了更改，Abaqus/CAE 将询问用户是否在关闭当前模型数据库之前保存更改，并创建一个新的数据库。然后，新的数据库变成当前的数据库。若要保存新的模型数据库，需要从主菜单栏选择 File→Save 并输入数据库的名称。在用户保存模型数据库后，Abaqus/CAE 会在主窗口的标题栏中显示数据库的名称。

9.7.2 打开模型数据库或者输出数据库

从主菜单栏选择 File→Open 来打开下面任意一种数据库：

- 模型数据库（文件扩展名 . cae）。
- 输出数据库（文件扩展名 . odb）。

从出现的 Open Database 对话框选择 File Filter，然后选择要打开的文件并且单击 OK。

用户可以打开多个输出数据库，并且在一个单独的视口中，通过使用 Append to layers 选项来以叠加图的方式显示多个输出数据库的组合内容。有关使用叠加图的详细情况，见第 79 章“叠加多个图”。

默认情况下，以只读方式打开输出数据库。用户可以选择打开具有写权限的输出数据库；如果用户想要把 *X-Y* 数据对象复制到输出数据库，则用户必须打开具有写入权限的输出数据库（更多信息见 47.2.8 节“将程序会话中的 *X-Y* 数据对象复制到输出数据库文件中”）。存在于远程计算机上的输出数据库文件仅可以打开成只读模式；用户不能对远程输出数据库文件进行写操作。

Abaqus 之前版本的输出数据库和模型数据库必须在打开的时候升级到当前的版本（更多信息见 9.7.3 节“升级模型数据库或者输出数据库”）。当用户打开多个输出数据库时，所有的文件必须已经升级成当前的版本；否则，Abaqus/CAE 将在信息区域显示一个警告，并且不会打开要求升级的文件。

如果用户正在使用旧版本的 Abaqus/CAE，则用户不能打开后面版本创建的模型数据库或者输出数据库。

若要打开模型数据库或者输出数据库，执行以下操作：

1. 从主菜单栏选择 File→Open。

技巧：用户也可以单击 File 工具栏中的图标来打开模型数据库或者输出数据库。

Abaqus/CAE 显示 Open Database 对话框。

2. 从 Open Database 对话框底部处的 File Filter 菜单选择以下的一个。

Model Database（ * . cae）

  Abaqus/CAE 列出选中目录中具有扩展名 . cae 的所有文件。

Output Database（ * . odb * ）

  Abaqus/CAE 列出选中目录中具有扩展名 . odb 的所有文件。

Model & Output Databases（ * . cae， * . odb * ）

  Abaqus/CAE 列出选中目录中具有扩展名 . cae 或者 . odb 的所有文件。

3. 如果用户在步骤 2 中选择了 Output Database（ * . odb * ），则使用下面的选项来进一步过滤文件列表，或者改变打开文件的行为。

Network connectors

如果用户之前创建并且启动了一个网络 ODB 连接器，则 Directory 域包括的 Network connectors 条目允许用户访问远程目录并且打开远程输出数据库。更多信息见 9.7.4 节“创建网络 ODB 连接器”。

Read-only

默认情况下，输出数据库文件以只读模式打开。要打开具有写入权限的输出数据库文件，在单击 OK 之前切换不选 Open Database 对话框底部的 Read-only。如果用户想要从程序会话中复制 *X-Y* 数据对象到文件，或者永久地将旧文件升级到 Abaqus/CAE 的当前版本，则必须打开具有写入权限的输出数据库。用户仅可以采用只读模式打开远程输出数据库文件。

Append to layers

如果用户想要打开多个数据库并在一个视口中以叠加图的形式显示组合的内容，则切换选中 Append to layers 并选择多个文件。用户可以使用下面的方法来选择多个输出数据库文件。

- 使用［Shift］键+单击或者［Ctrl］键+单击来选择多个文件。
- 在 File Name 域中输入以逗号分隔的文件名列表，如

lug. odb，hinge. odb

- 在 File Name 域中输入以双引号括起来的文件名称列表，如

“lug. odb”“hinge. odb”

注意：如果在创建输出数据库文件的分析正在运行但在写入输出结果之前打开此文件，则用户可能必须关闭文件并在可获取结果之后重新打开它。

4. 单击 OK 来打开选中的一个或者多个文件。

Abaqus/CAE 保存选中的过滤器类型，用于下一次打开文件的默认类型，然后关闭 Open Database 对话框。

如果用户打开了一个模型数据库，Abaqus/CAE 会在主窗口的标题栏中显示其名称。所有的操作将引用新的模型数据库。如果用户更改了当前的模型数据库，Abaqus/CAE 会询问用户是否要在打开选中的模型数据库之前保存它。

如果用户打开一个或者多个数据库，则 Abaqus/CAE 会在当前的视口中启动显示模块，并显示字母顺序中最后一个模型的未变形图状态。任何其他已经选中的输出数据库也将打开，只是不显示，除非用户切换选中 Append to layers，在此情况中，选中的输出数据库都显示在同一个视口中。

9.7.3 升级模型数据库或者输出数据库

之前 Abaqus 版本的输出数据库文件和模型数据库文件在打开时必须升级到当前的版本。

要永久地升级输出数据库，用户必须打开具有写入权限的文件，并在提示时进行转换，或者使用 abaqus upgrade 工具（见《Abaqus 分析用户手册——介绍、空间建模、执行与输出卷》的 3.2.19 节“输出数据库升级工具”）。用户仅可以使用 abaqus upgrade 工具来从所在

的系统升级远程输出数据库。

当打开之前版本的模型数据库或者输出数据库时，Abaqus/CAE 进行下面的操作。

- 如果 Abaqus/CAE 有权对原始文件进行写入操作（即用户已经选择打开的、具有写入权限的输出数据库或者模型数据库文件），则系统将提示用户将文件转换成当前的版本。在转换过程中，Abaqus/CAE 会创建原始模型或者输出数据库的备份，以及与模型数据库关联的日志文件；在当前的目录中（用户打开 Abaqus/CAE 的目录）使用原来的文件名称来保存转换后的数据库文件和新的日志文件。如果不是从当前目录打开的数据库，则此目录仍将包含使用原始文件名称的原始版本文件。

当完成转换时，Abaqus/CAE 创建一个名称为 *file_name*-upgrade. log 的日志文件来说明转换的结果。对于模型数据库文件的升级，Abaqus/CAE 也显示对话框来提供转换日志文件的名称，并且包括 View the conversion log file 选项。切换选中此选项，并且单击 OK 来显示 Abaqus/CAE 对话框中的转换日志文件，用户可以从此对话框浏览日志文件或者搜寻日志文件的错误信息内容。

- 如果用户正在将局部输出数据库文件打开成只读状态，则 Abaqus/CAE 自动创建输出数据库的转换版本，并且保存在临时位置。将转换后的输出数据库文件保存到用户系统上的 $TMPDIR（Linux）或者 TEMP（Windows）环境变量定义的目录；如果没有定义此变量，则将新文件保存到当前工作目录。此输出数据库文件的临时版本，会在用户退出 Abaqus/CAE 时进行删除。

- 如果用户正在打开远程输出数据库文件，则 Abaqus/CAE 试图创建保存到临时位置的输出数据库文件的转换版本。将转换后的输出数据库文件保存到远程系统上的/tmp 目录，或者保存到由远程系统上的 $TMPDIR 环境变量定义的目录中。如果没有定义临时目录，则数据库升级失败。此输出数据库文件的临时版本，会在用户退出 Abaqus/CAE 时进行删除。

当用户升级一个更旧的模型数据库时，升级过程可能会在升级的输入文件中将用户手动添加的关键字放置在错误的位置上。结果，用户在作业模块中递交用于分析的模型时会遇到问题。如果是这种情况，则用户应当打开要升级的模型，返回到 Keywords Editor，单击 Discard All Edits 来删除用户添加的所有关键字。然后，用户可以重新在输入文件的正确位置处创建关键字。

9.7.4 创建网络 ODB 连接器

用户可以使用网络 ODB 连接器来访问远程计算机上的输出数据库。例如，用户可以给高性能 Linux 计算机服务器递交分析，并且在本地 Windows 工作站上显示结果。用户可以从任何平台创建网络 ODB 连接器——Windows 或者 Linux。然而，网络 ODB 服务器必须驻留在 Linux 平台上。Abaqus/CAE 通过在服务器与代理之间生成来回传递的许可证来维持与网络 ODB 连接器的安全连接。更多信息见 9.3.2 节“访问网络 ODB 连接器的安全性如何？”。

从主菜单栏选择 File→Network ODB Connector→Create 来创建一个连接器。在用户创建一个网络 ODB 连接器之后，要启动一个连接器，用户必须从主菜单栏选择 File→Network ODB connector→Start→连接器名称。为了 Abaqus/CAE 能够建立网络连接，远程系统必须安装有 Abaqus。更多信息见 9.7.6 节“管理网络 ODB 连接器”。

在绝大部分情况中，用户将使用 Abaqus/CAE 来启动远程系统上的网络 ODB 服务器，并且赋予端口号。仅当远程主机上的用户名与本地系统上的用户名一样时，Abaqus/CAE 才可以启动服务器。如果用户遇到建立连接的问题，或者用户名不一样，则用户可以通过在远程系统上运行执行过程来启动服务器。更多信息见《Abaqus 分析用户手册——介绍、空间建模、执行与输出卷》的 3.2.26 节“网络输出数据库文件连接器”。

若要创建与远程系统的连接，执行以下操作：

1. 从主菜单栏选择 File→Network ODB Connector→Create。

2. 从出现的 Network ODB Connector 编辑器，输入远程连接器的名称。当用户后续打开一个输出数据库时，Open Database 对话框显示远程连接器的名称。Abaqus/CAE 也在 Network ODB Connector Manager 中显示此名称。

3. 从 Network ODB 编辑器的 Basic 标签页输入以下内容。

1）Host name（主机名）。URL 或者 IP 地址格式的远程系统的名称，如 computeserver. mycompany. com.

2）Directory（目录）。打开远程系统上的目录。用户输入的目录必须包含用户想要访问的远程输出数据库，或者输入的目录所包含的子目录必须包含远程的输出数据库。

4. 在绝大部分情况中，用户将能够单击 OK 来关闭对话框，并且建立使用默认构建选项的连接。然而，如果用户与远程系统建立连接有困难，或者如果用户现场要求特别的构建，则用户可能需要定制网络 ODB 连接器。更多信息见 9.7.5 节“定制网络 ODB 连接器”。

9.7.5 定制网络 ODB 连接器

如果用户建立与远程系统的连接有困难，或者如果用户的现场要求特别的构型，则用户可能需要定制网络 ODB 连接器。使用 Edit Network ODB Connector 对话框的 Advanced 标签页来定制一个网络 ODB 连接器。

若要定制网络 ODB 连接器，执行以下操作：

1. 从主菜单栏选择 File→Network ODB Connector→Edit→连接器名称。

2. 从出现的 Edit Network ODB Connector 对话框单击 Advanced 标签页。

3. 从 Advanced 标签页，选择服务器将如何启动。

• 选择 Automatically start server 来说明 Abaqus/CAE 将在用户启动网络 ODB 连接器时期的网络 ODB 服务器。

• 选择 Use manually started server 来说明用户已经使用 abaqus networkDBConnector 执行过程来启动了一个网络 ODB 服务器。

4. 选择将由本地系统使用的壳来执行网络 ODB 服务器上的命令。用户必须确认已经安装所选择的壳命令，并且在本地系统上的 PATH 环境变量中可以找到此命令。

- 选择 ssh 来使用安全壳命令。当与服务器通信时，此安全壳命令使用一样的认证和加密，并且提供比远程的壳命名更多的安全性。必须在远程系统上运行 ssh 虚拟光驱服务。
- 选择 rsh 来使用远程的壳命令。必须在远程计算机上运行 rsh 虚拟光驱服务。

注意：必须构建安全壳命令和远程壳命令，这样不提示用户密码。更多信息见 www. 3ds. com/support/knowledge-base 处的达索系统知识库。

5. 如果用户选择 Automatically start server 来说明 Abaqus/CAE 将启动网络 ODB 服务器，执行以下的步骤。

a. 从下面的选择来指定端口号。

- 选择 Auto-assign port 来允许主机和远程系统建立它们自己的网络通信端口号。
- 选择 Specify port 来强制主机系统和远程系统使用指定的端口号。在出现的 Port 域中，输入期望的端口号。端口号必须是有效的端口号。用户不能使用系统保留的端口号或者已经使用的端口号。

b. 在 Remote ABAQUS execution procedure 域中，输入命令来运行远程系统上的 Abaqus。默认的命令是用户用来启动 Abaqus/CAE 当前程序对话的命令；然而，用户的现场具有执行 Abaqus 的定制命令。

c. 在 Server timeout 域中，输入以分钟计的网络 ODB 服务器超时时间。默认值是一天（1440min）。如果在指定时间内没有收到来自代理的任何通信，则服务器退出。如果用户使用 Abaqus/CAE 启动服务器，则不管此设置，当用户结束 Abaqus/CAE 程序对话时退出服务器。要停止服务器，用户也可以从主菜单栏选择 File→Network ODB Connector→Stop→服务器名称。

d. 单击 OK 来创建网络 ODB 连接器，然后关闭编辑器。用户仍然需要启动 ODB 连接器来激活连接器，并且打开一个远程的输出数据库；更多信息见 9.7.6 节“管理网络 ODB 连接器”。

6. 如果用户选择 Use manually started server 来说明已经从命令行启动网络 ODB 服务器，则执行下面的步骤。

a. 输入 abaqus networkDBConnector 执行过程返回的端口号。

b. 单击 OK 来创建网络 ODB 连接器，然后关闭编辑器。用户仍然需要启动网络 ODB 连接器来激活连接器，然后打开一个远程输出数据库；更多信息见 9.7.6 节“管理网络 ODB 连接器”。

如果用户从命令行手动地启动服务器，则用户可以使用 abaqus networkDBConnector 执行过程的 stop 参数来关闭服务器，或者用户可以等待服务器超时。在《Abaqus 分析用户手册——介绍、空间建模、执行与输出卷》的 3.2.26 节“网络输出数据库文件连接器”中描述了 abaqus networkDBConnector 执行过程。

9.7.6 管理网络 ODB 连接器

从主菜单栏选择 File→Network ODB Connector→Manager 来管理用户的网络连接器。管理器也监控网络 ODB 连接器的状态。

用户可以使用 Network ODB Connector Manager 来创建网络 ODB 连接器，更多信息见 9.7.4 节“创建网络 ODB 连接器”。用户也可以进行以下操作：

- 编辑网络 ODB 连接器。
- 将网络 ODB 连接器复制成不同名称的另一个连接器。
- 重新命名一个网络 ODB 连接器。
- 删除一个网络 ODB 连接器。
- 启动一个网络 ODB 连接器。在用户创建一个网络 ODB 连接器后，用户必须启动连接器并且激活连接器。

注意：用户也可以通过选择 Open Database 对话框中 Directory 域的 Network connectors 来启动一个连接器。Abaqus/CAE 显示网络连接器的列表，并且用户可以双击一个连接器来启动它。用户通过从主菜单栏选择 File→Open 来显示 Open Database 对话框。

- 停止用户之前启动的网络 ODB 连接器。用户必须在编辑、重新命名或删除连接器之前停止连接器。

9.7.7 关闭当前的输出数据库

从主菜单栏选择 File→Close ODB 来关闭输出数据库。关闭输出数据库可以释放计算机资源，如缓存。

若要关闭输出数据库，执行以下操作：

1. 从主菜单栏选择 File→Close ODB。

出现的 Close Output Database 对话框列出了已经打开的所有输出数据库、最后更新的数据以及参考每一个打开输出数据库的视口。

2. 选择要关闭的输出数据库，然后单击 OK 来关闭数据库。

Abaqus/CAE 关闭选中的输出数据库，并且清除显示此输出数据库数据的任何视口。

9.7.8 设置工作目录

当用户为了分析而递交作业时，Abaqus/CAE 将生成的文件写到称为工作目录的目录中，例如输出文件和输出数据库文件。更多信息见 9.4 节“理解通过创建和分析模型生成的文件”。

从主菜单栏选择 File→Set Work Directory 来更改工作目录。当用户启动 Abaqus/CAE 程序会话时，用户可以从选定的工作目录启动 Abaqus/CAE。更改工作目录不改变保存重放文件的位置，也不改变打开或者保存模型数据库文件的默认目录。然而，Abaqus/CAE 确实使用新的工作目录来保存用户在保存时没有显示路径的文件。例如，将报告文件（abaqus. rpt）写到工作目录中。

当用户使用文件选择对话框时，用户可以单击工作图标来访问工作目录（文件选择对话框显示用户正在访问的目录完整路径）。更多信息见 3.2.10 节“使用文件选择对话框”。

9.7.9　保存当前的模型数据库

如果模型数据库是新的，或者在当前的程序会话中对之前保存的模型数据库增加变化，则从主菜单栏选择 File→Save 或者单击 File 工具栏中的 来保存当前的模型数据库。在用户保存了模型数据库之后，Abaqus/CAE 会在主窗口的标题栏中显示模型数据库的名称。

在用户第一次保存当前的模型数据库之前，此模型数据库仅存在于内存中，并且没有名称。当用户第一次保存当前的模型数据库时，Abaqus/CAE 显示 Save Model Database As 对话框来允许用户输入名称；后续的保存使用此名称，并且将在当前的程序对话中做出的改变附加到之前保存的模型数据库。如果用户忽略了文件扩展名，则 Abaqus/CAE 给文件名附加 .cae。

有关使用不同的名称来将模型数据库保存到一个新的文件的信息，见 9.7.11 节“将当前的模型数据库另存为新的文件”。有关保存文件的更多信息，见 3.2.10 节“使用文件选择对话框”。

用户应当定期保存模型数据库。Abaqus/CAE 从来不保存模型数据库，除非用户执行一个明确的保存操作；例如，没有基于时间的自动保存。如果用户试图保存没有进行更改的模型数据库，则不需要采取任何操作。

Abaqus/CAE 询问用户是否想要在退出程序会话之前保存发生变化的模型数据库。

即使用户已经从模型中删除了条目，File→Save 命令也不压缩模型数据库。当用户删除模型内容时，要降低文件的大小，使用 File→Compress MDB 命令或者将模型数据库保存成一个新的文件名称（使用 File→Save As 命令）。

9.7.10　保存没有许可证的当前模型数据库

如果用户的系统丢失了与许可证服务器的联系，或者在程序会话过程中因为其他原因让用户失去了许可证，用户也可以在当前状态下保存模型数据库。Abaqus/CAE 显示包含以下选项的消息对话框：

- 试图要求一个许可证，或者检查是否可以访问服务器。
- 保存模型数据库。
- 不保存模型数据库就退出 Abaqus。

默认情况下，Abaqus/CAE 将试图要求一个许可证，或者重新连接到许可证服务器。要保存模型数据库，选择第二个选项并且提供一个文件名；如果用户已经在当前的程序会话中保存了模型，则 Abaqus/CAE 将最后的文件名以及路径作为保存当前模型数据库的默认显示。当用户单击 OK 时，Abaqus/CAE 保存模型。

注意：如果用户正处在创建操控或者编辑材料等的过程中，则仅可以保存过程启动之前完成的模型部分。

如果用户选择不保存模型就退出模型，则 Abaqus/CAE 将试图在下一次启动程序会话时恢复模型信息。一旦用户保存过模型，则 Abaqus 从对话框中去除保存选项——用户可以继续试图得到一个许可证，或者退出程序会话。

用户应当定期保存模型数据库。Abaqus/CAE 从来不保存模型数据库，除非用户执行了一个明确的保存操作；例如，没有基于时间的自动保存。如果用户试图保存没有进行更改的模型数据库，则不需要采取任何操作。

9.7.11 将当前的模型数据库另存为新的文件

从主菜单栏选择 File→Save As 来将当前的模型保存成一个使用不同名称的新文件。如果用户在当前的程序会话中从模型中删除条目，则使用 File→Save As 可以降低用户文件的大小（有关压缩文件的更多信息，见 9.7.12 节“压缩当前模型数据库文件的大小”）。从出现的 Save Model Database As 对话框，输入模型数据库的新名称并且单击 OK。如果用户忽略了文件扩展名，则 Abaqus/CAE 给文件名附加 . cae。有关使用相同的名称保存模型数据库的信息，见 9.7.9 节“保存当前的模型数据库”。

使用 File→Save As 来保存相同文件名的文件将不会降低文件的大小。

注意：用户不能使用 abaqus 作为文件名来保存模型数据库。

9.7.12 压缩当前模型数据库文件的大小

从主菜单栏选择 File→Compress MDB 来压缩当前的模型数据库（MDB）。压缩 MDB 会试图压缩文件。如果用户已经从模型中删除了多个条目，则变化将非常显著。

如果用户选择 File→Save As 并使用新名称来保存文件，则 Abaqus/CAE 使用压缩功能。

9.8 管理模型

本节介绍如何管理当前模型数据库中的模型，包括以下主题：

- 9.8.1 节 “在模型数据库中操控模型”
- 9.8.2 节 “打开一个现有的模型”
- 9.8.3 节 “在模型之间复制对象”
- 9.8.4 节 “指定模型属性”

有关管理对象的一般信息，见 3.4 节“管理对象”，以及 3.4.10 节“使用管理器菜单管理对象”。

9.8.1 在模型数据库中操控模型

一个模型数据库可以包括许多模型。虽然用户在任何时刻仅可以使用一个模型数据库，但是用户可以一次打开多个模型。主窗口的标题栏显示模型数据库的名称，并且每一个视口的标题栏显示与视口关联的模型名称。通过灰色的标题栏来说明是当前的视口；与当前视口关联的模型称为当前模型。当前模型的名称也显示在环境栏中的 Model 列表中。

要创建一个新的模型，从主菜单栏选择 Model→Create 并且在出现的 Edit Model Attributes 对话框中输入模型的名称。

要打开一个模型并且将它与当前的视口关联，从环境栏中的 Model 列表中选择期望的模型。Model 列表包含当前模型数据库中的所有模型。

要复制、重新命名或者删除模型，从主菜单栏上的 Model 菜单下面列出的 Copy Model、Rename 或者 Delete 条目中进行选择。Copy Model、Rename 和 Delete 条目包含的子菜单列出了当前模型数据库中的所有模型。对于如何使用这些菜单的一般信息，见 3.4.10 节“使用管理器菜单管理对象”。

用户也可以使用 Model Manager 来创建、复制、重新命名和删除模型。要显示 Model Manager，从主菜单栏选择 Model→Manager。Model Manager 对话框包含的功能与 Model 菜单下面列出的那些功能一样，快捷按钮列出了当前模型数据库中可以使用的所有模型。有关如何使用管理器的一般信息，见 3.4 节“管理对象”。

用户可以将一个模型复制到一个模型数据库中的新模型中。此外，用户可以在模型数据库中的模型之间复制草图、零件和材料那样的对象；更多信息见 9.8.3 节“在模型之间复制对象”。用户也可以从其他 Abaqus/CAE 模型数据库中将一个模型复制到当前模型数据库中的新模型中；更多信息见 10.5.1 节“从 Abaqus/CAE 模型数据库导入模型”。

9.8.2 打开一个现有的模型

要打开一个模型并且将它与当前的视口关联起来，则从环境栏中的 Model 列表选择期望的模型。Model 列表包含当前模型数据库中的所有模型。

Abaqus/CAE 切换到选中的模型，并且将它与当前的视口关联起来（通过红色的边界来显示）。在环境栏中的模型列表里出现新的模型。

用户可以在任何时刻打开多个模型；视口的标题栏说明与当前视口关联的模型。用户不需要在打开已经存在的模型之前保存当前的模型，因为 Abaqus/CAE 会在模型数据库中保存所有的模型。

9.8.3 在模型之间复制对象

从主菜单栏选择 Model→Copy Objects 来在当前模型数据库中的模型之间复制对象。用户可以复制以下对象：

- 草图。
- 零件（包括零件集合）。
- 零件实例。
- 材料。
- 截面（包括连接器截面）。
- 侧面。
- 幅值。
- 相互作用属性。

当用户选择零件实例来复制时，默认选择了对应的零件；如果零件已经存在，则可以不选零件。用户不能复制其他单个对象，例如装配、载荷或者载荷步；然而，用户可以通过将整个模型复制到一个新的模型，然后在新的模型中编辑对象来达到类似的效果。更多信息见 9.8.1 节“在模型数据库中操控模型”。当用户在模型之间复制一个对象时，不会自动复制关联的对象。例如，如果用户复制一个截面，相关的材料不与截面一同复制；用户必须在单独的复制操作中复制材料。

如果用户正在复制一个零件，并且视口中正在显示的装配环境正是用户将对象复制到达的模型装配环境，则仅当用户正在将对象复制进的模型装配中，存在正被复制的零件实例时，才重新生成装配。

若要在模型之间复制对象，执行以下操作：

1. 从主菜单栏选择 Model→Copy Objects。

出现 Copy Objects 对话框。

2. 从对话框选择要复制出来的对象模型。

3. 使用下面的技术来指定要从选中模型复制出来的对象。

• 单击期望对象类别旁边的箭头。从出现对象的列表中，切换选中用户选择的对象名称。如果对象的列表没有包含对象，则不能使用对象类别。

• 切换选中期望的对象类别。此动作选择或者不选类别中的所有目标。

当选中类别中的所有对象时，对象类别旁边的选中框显示白色背景上的黑色选中记号。如果仅选中类别中的部分对象，选中框显示亮灰背景上的灰黑选中记号。用户必须至少选中一个要复制对象或者要复制的对象类别。

4. 从 Copy Object 对话框的底部，选择要复制进选中对象的模型。

5. 单击 OK 来复制选中的对象，并且关闭 Copy Object 对话框。

Abaqus/CAE 复制选中的对象。如果要复制对象的模型中已经存在相同名称的对象，则 Abaqus/CAE 会要求用户确认是否想要覆盖现有的对象。单击 Yes to All 来覆盖与用户复制对象名称相同的现有对象。

9.8.4 指定模型属性

用户可以指定下面的模型属性来描述模型的特征：

• 名称。

• 模型类型。

• 模型的描述。

• 当用户将模型写到输入文件中时，是否应当包括零件和装配体。

• 模型的物理约束。

• 如果需要，则将要启动分析的重启动信息会使用来自之前分析的数据。更多信息见 19.6 节“重启动分析”，以及《Abaqus 分析用户手册——分析卷》的 4.1 节“重启动一个分析”。

• 整体模型是否驱动子模型边界条件或者载荷。用户也可以指定整体模型是从实体子模型推导得到的壳。更多信息见第 38 章“子模型”。

• 当用户从模型中复制模型实例时，初始步中定义的约束、连接器截面赋予、以及面到面的接触和自接触相互作用是否将复制到当前的工作模型。更多信息见 13.4 节“使用模型实例”。

若要指定模型属性，执行以下操作：

1. 从主菜单栏中使用下面的方法来显示 Edit Model Attributes：

• 在新的模型中指定模型属性，从主菜单栏选择 Model→Create。

• 在现有模型中指定模型属性，从主菜单栏选择 Model→Edit Attributes→模型名称。

2. 如果用户正在创建一个新模型，则选择以下模型类型。

• 选择 Standard & Explicit（默认的）来为 Abaqus/Standard 或者 Abaqus/Explicit 分析创

建一个模型。

- 选择 CFD 来为 Abaqus/CFD 分析创建一个模型。
- 选择 Electromagnetic 来为电磁分析创建一个模型。

用户不能改变现有模型中的模型类型。

3. 如果需要，为模型输入描述或者细化描述。

a. 单击 Edit Model Attributes 对话框中的✎。

出现模型描述编辑器。

b. 在模型描述编辑器中，输入想要的信息来记录与模型有关的信息。

c. 单击 OK 来存储描述，然后关闭模型描述编辑器。

在模型数据库中保存用户输入的描述，然后当用户递交用于分析的模型时，在输入文件头部写入这些描述；不将此描述写到输出数据库。更多信息见 9.10.2 节“对 Abaqus/CAE 模型添加描述”。

4. 如果用户想要 Abaqus/CAE 写没有零件和装配体的输入文件，切换选中 Do not use parts and assemblies in input files。更多与此选项有关的信息，见 9.10.4 节“写入没有零件和装配体的输入文件”。

5. 在对话框的 Physical Constants 部分，进行如下操作。

- 要在热分析中指定面发射率和辐射条件，输入绝对零度值和史蒂夫-玻尔兹曼常数。
- 要指定一般气体常数，在 Universal gas constant 域输入值。
- 要在声学分析中为入射波相互作用确定入射波载荷的类型，切换选中 Specify acoustic wave formulation，单击文本域右边的箭头，然后选择方程。

—选择 Scattered wave 来得到由入射波载荷产生的分散波场解。

—选择 Total wave 来得到总的声压波解。

6. 如果需要，单击 Restart 标签页来指定会使用之前的分析数据作为启动分析的重启动信息。切换选中 Read data from job，然后进行下面的操作。

- 输入作业的名称，Abaqus/CAE 将从中读取重启动信息。
- 输入步的名称，Abaqus/CAE 将从此步重启动分析。
- 选择步的增量、间隔、迭代或者循环，从它开始 Abaqus 重启动分析。

7. 如果需要，则单击 Submodel 标签页并且进行下面的操作。

- 切换选中 Read data from job，然后输入输出数据库的名称，其中的整体解将用来驱动子模型边界条件或者载荷。如果不能访问输出数据库，则用户也可以输入结果文件的名称。
- 指定整体壳模型驱动的实体是否是子模型。

更多信息见 38.2 节“创建一个子模型”。

8. 默认情况下，当用户从模型创建模型实例时，初始步中定义的约束、连接器截面赋予以及面到面的接触和自接触相互作用（与它们的接触相互作用属性一起）将复制到当前的工作模型中。要改变此行为，单击 Model Instances 标签页，然后切换不选用户不想复制的对象。

9. 单击 OK 来保存用户的数据，然后关闭对话框。

9.9 管理程序会话对象和程序会话选项

本节介绍如何将程序会话目标和程序会话选项保存到一个文件，以及用户如何在后续的程序会话中加载这些对象和选项，包括以下主题：

- 9.9.1 节 “将程序会话对象和程序会话选项保存到一个文件”
- 9.9.2 节 “从文件中加载程序会话对象和程序会话选项”

9.9.1 将程序会话对象和程序会话选项保存到一个文件

默认情况下，Abaqus/CAE 中的许多对象和选项仅对当前的程序会话保持存留。为了在将来的 Abaqus/CAE 程序会话中保留这些程序会话对象或者程序会话选项，将它们保存到模型数据库、输出数据库，或者 XML 格式的设置中。如果用户将设置保存到模型数据库或者保存到一个输出数据库，则当用户打开那个文件时，Abaqus/CAE 将这些设置用作新的默认值；如果用户将设置保存成一个设置文件，则用户必须从此文件加载设置到用户的程序会话中来使用它们。

当用户保存程序会话对象或者选项时，用户可以保存在此程序会话中设置的所有程序会话的指定设置，或者用户可以从单个的类别中选择设置。例如，当排除所有的显示切割定义时，用户可以将程序会话中的所有显示组和路径定义保存到文件。当用户选择类别时，Save Session Objects & Options 对话框保存特定类别中的所有定义。用户不能将单个的显示组保存到文件，同时排除其他的显示组。如果用户仅想要在后续的程序会话中可以使用显示组的一个子集，则用户必须在将显示组保存到文件之前从用户的程序会话中删除其他的显示组。

当用户将程序会话目标和选项保存到一个文件中时，用户必须注意对象相关性。例如，一个自由体切割必须参照之前定义的显示组，所以如果用户想要在将来保留自由体切割，则保存显示组和自由体切割是合理的。否则，如果用户想要将有效视图切割和自由体切割的列表保存到一个文件，则用户也保存视口切割和自由体切割自身。

程序会话目标通常是用户在程序会话中定义的条目，例如显示组或者视口切割；而程序会话选项通常是对话框中的设置，例如 Common Plot Options 对话框。用户可以保存以下的程序会话对象：

- 显示组。
- 路径。
- *X-Y* 数据对象。

- 自由体定义。
- 视图切割（仅在显示模块中）。
- 自由体切割和视图切割的有效状态。
- 当前选中的视图和在 Views 工具栏上指定的 11 个视图。
- 谱。

用户可以保存下面的程序会话选项：

- ODB Display Options（ODB 显示选项）。
- Result Options（结果选项）。
- Common Plot Options（常用显示选项）。
- Contour Plot Options（云图选项）。
- Superimpose Plot Options（叠加视图选项）。
- Material Orientation Plot Options（材料方向视图选项）。
- Ply Stack Plot Options（堆叠图选项）。
- Symbol Plot Options（符号图选项）。
- Free Body Plot Options（自由体图示选项）。
- View Cut Options（仅来自 Free Body 和 Slicing 标签页）。
- Color Mapping（颜色映射）。

仅当打开具有写权限的输出数据库时，用户才可以将程序会话对象和选项保存到输出数据库中。更多信息见 9.7.2 节“打开模型数据库或者输出数据库”。

若要将程序会话对象或者程序会话选项保存到一个文件，执行以下操作：

1. 从主菜单栏选择 File→Save Session Objects。

技巧：用户也可从 File 工具栏中单击 。

出现 Save Session Objects & Options 对话框。

2. 从 Destination 选项中选择文件类型来保存用户想要保存的程序会话目标和选项，如果可行的话，进行下面的操作来选择文件。

- 选择 File 来保存 XML 格式的设置文件，然后指定文件名称。
- 选择 MDB（.cae）来保存当前的模型数据库。
- 选择 ODB 来保存到输出数据库，并且指定一个当前在用户的程序会话中打开的输出数据库。

3. 指定用户想要保存的程序会话对象类别或者程序会话框选项。

- 如果用户想要保存所有的程序会话对象或者所有的程序会话选项，分别切换选中 Objects 或 Options。
- 如果用户想要单独地选择程序会话目标的类别或者程序会话选项，扩展 Objects 或者显示 Options 容器，并且切换选中用户想要保存的类别。

4. 单击 OK。如果用户选择 MDB（.cae）作为目标文件，则用户必须选择 File→Save 或者 File→Save As 来保存模型数据库。

9.9.2　从文件中加载程序会话对象和程序会话选项

用户可以从文件中将程序会话对象或者程序会话选项加载到用户的程序会话中。可以从当前的模型数据库、输出数据库或者 XML 格式的设置文件中加载程序会话选项或者对象。

当用户加载程序会话对象或者选项时，用户可以加载用户在此文件中指定的所有程序会话的特定设置，或者用户可以从单个的类别中选择设置。例如，在排除所有的视图切割定义时，用户可以将用户程序会话中的所有显示组和路径定义加载到一个文件中。当用户选择类别时，Load Session Objects & Options 对话框加载特定类别中的所有定义；用户不能在排除其他显示组时加载单个的显示组。如果用户仅想要文件中包含的显示组子集，则用户必须加载包括在文件中的显示组，并且删除不想要使用的显示组。

若要从一个文件将程序会话对象或者程序会话选项加载到用户的程序会话中，执行以下操作：

1. 从主菜单栏选择 File→Load Session Objects。

技巧：用户也可以单击 File 工具栏中的 。

出现 Load Session Objects & Options 对话框。

2. 从 Source 选项中进行下面的操作。

• 从 XML 格式的设置文件中选择 File 来加载，然后指定文件名称。

• 选择 MDB（. cae）来从当前的模型数据库加载。

• 选择 ODB 来从输出数据库加载，并且在当前用户的程序会话中打开的多个输出数据库中指定一个输出数据库。

3. 指定用户想要加载的程序会话目标类别或者程序会话选项类别。

• 如果用户想要加载所有的程序会话对象或者所有的程序会话选项，分别切换选中 Objects 或者显示 Options。

• 如果用户想要单独的选择程序会话的类别或者程序选项，则扩展 Objects 或者显示 Options 容器，然后切换选中想要加载的类别。

4. 单击 OK。

9.10 控制由 Abaqus/CAE 生成的输入文件

本节介绍的技术可以让用户控制 Abaqus/CAE 生成的输入文件，包括以下主题：

- 9.10.1 节 “对 Abaqus/CAE 模型添加不支持的关键字”
- 9.10.2 节 “对 Abaqus/CAE 模型添加描述”
- 9.10.3 节 “解决输入文件中的冲突”
- 9.10.4 节 “写入没有零件和装配体的输入文件”

9.10.1 对 Abaqus/CAE 模型添加不支持的关键字

当用户递交分析作业时，Abaqus/CAE 使用用户的模型定义来生成放置在输入文件中的 Abaqus/Standard、Abaqus/Explicit 或者 Abaqus/CFD 关键字和数据。当前的 Abaqus/CAE 可能不支持用户想要在用户模型中包括的 Abaqus/Standard、Abaqus/Explicit 或者 Abaqus/CFD 功能。如果是这种情况，用户可以使用 Keywords Editor（关键字编辑器）来添加功能。若要启动 Keywords Editor，从主菜单栏选择 Model→Edit Keywords→模型名称。

要使用 Keywords Editor，用户应当熟悉 Abaqus 关键字和数据语法。例如，分析步模块不允许用户提供声学和耦合的声学-结构分析的边界阻抗或者无反射边界。要提供边界阻抗或者无反射边界，用户可以使用 Keywords Editor 来给模型添加 * IMPEDANCE 关键字。

当用户在作业模块中递交用于分析的模块时，Abaqus/CAE 在递交分析的输入文件中包括使用 Keywords Editor 做出的变化。使用 Keywords Editor 添加到用户模型的关键字，即使在用户使用 Abaqus/CAE 更改或者重新生成模型后依然存在，因为 Abaqus/CAE 在模型数据库中将 Keywords Editor 的内容与模型定义一起保存。结果，输入文件的内容可能无效（例如，如果在后来删除了用户添加的关键字所参照的步），进而分析失败。

警告：如果用户使用 Keywords Editor 来编辑原始的模型，则当用户重新启动分析时，Abaqus/CAE 会忽略那些变化。更多信息见 19.6.3 节“重启动分析准则”。

Abaqus/CAE 在 Keywords Editor 中确定一些关键字来让输入文件在屏幕上更加可读。缩进的关键字永远不会出现在自己的输入文件中，并且总是用来与其他的关键字结合。Abaqus/CAE 生成的输入文件不包括用户在 Keywords Editor 中看到的缩进。

Keywords Editor 不允许用户编辑模型的几何形体；用户必须使用 Abaqus/CAE 来进行几何形体改变。这样，仅在用户已经生成网格之后才可以使用 Keywords Editor。如果 Abaqus/CAE 生成的输入文件特别长，Keywords Editor 将一次只在一个缓冲区中显示输入文件。用户可以使用滑动块滚动每一个缓冲区，并且编辑器底部处的按钮显示之前和之后的缓冲区。

如果用户使用 Keywords Editor 来更改输入文件，然后使用 Abaqus/CAE 来更改模型，则 Abaqus/CAE 将变化合并到输入文件中。如果在合并过程中出现冲突，则 Abaqus/CAE 发出一个警告信息。

推荐用户不编辑 Abaqus/CAE 支持的关键字；例如，用户应当使用属性模块，而不是使用 Keywords Editor 来改变材料的属性。此方法在直接支持的模型方面与通过 Keywords Editor 添加到模型方面之间保持兼容。如果用户的确使用 Keywords Editor 来编辑一个关键字，然后使用 Abaqus/CAE 来改变用户参照相同关键字的模型，将出现冲突。

要对显示在 Keywords Editor 中的输入文件长度进行最小化，Abaqus/CAE 隐藏要求大量数据的关键字数据行，尤其是 * NODE、 * ELEMENT 和 * DISTRIBUTION。如果用户在 Keywords Editor 中更改紧跟这些关键字的数据行，则当 Abaqus/CAE 合并和写输出文件时，会发生冲突。

有关解决 Keywords Editor 生成的输入文件冲突的技巧，见 9.10.3 节“解决输入文件中的冲突”。

用户可以通过选择主菜单栏中的 Help→Keyword Browser 来审阅 Abaqus/CAE 支持的关键字。

若要编辑模型的关键字，执行以下操作：

1. 从主菜单栏选择 Model→Edit Keywords→模型名称。

出现 Keywords Editor 并且显示与用户选中模型关联的关键字。

注意：仅在用户已经生成网格之后才可以编辑关键字。如果用户在对象名或者描述中包括星号（ * ），则缩减内容。

2. 输入文件中的每一个关键字出现在它自己所在的块中。Keywords Editor 左下角中的按钮允许用户进行下面的操作。

1） Add After。在选中块下面添加空的文本块；用户添加到新块中的文本是蓝色的。

2） Remove。删除使用 Keywords Editor 添加的选中文本块。用户不能删除 Abaqus/CAE 生成的块。

3） Discard Edits。丢弃用户使用 Keywords Editor 对 Abaqus/CAE 生成的块进行的最近更改。

4） Buffer x of y：。显示大输入文件的下一个和之前的缓冲区。使用滚动栏来在缓冲器中滚动。

此外，用户可以单击任何块并且编辑内部的文本。蓝绿色的文本说明用户编辑的，由 Abaqus/CAE 生成的块。

3. 在 Keywords Editor 底部的按钮中单击 OK 来包括用户的更改，并且关闭编辑器。单击 Cancel 来关闭编辑器并且放弃用户的更改。单击 Discard All Edit 来保持编辑器打开，并且删除用户对输入文件所做的所有变化。

9.10.2 对Abaqus/CAE模型添加描述

在Abaqus/CAE中，用户可以分别在Edit Model Attributes对话框中和Edit Material对话框中输入模型的模型描述和材料描述。当用户递交用于分析的作业时，Abaqus/CAE生成一个输入文件，并且将这些描述写到使用评论行的输入文件中。模型的评论行在输入文件的头部前面，材料描述的评论行在材料定义的前面。

有关使用描述的相关信息，见10.5.2节“从Abaqus输入文件导入模型”中的“导入描述”。

9.10.3 解决输入文件中的冲突

如果用户使用Keywords Editor编辑关键字，并且使用Abaqus/CAE来更改参照相同关键字的模型，则Abaqus/CAE不能确定输入文件中包含哪一版本的关键字，并且将文本写入标注问题的输入文件。结果，当用户递交用于分析的模型时，会产生一个错误。如果用户使用Keywords Editor来显示输入文件，则通过 * 冲突声明来说明冲突的关键字或者数据行。此外，* 冲突声明说明文本是通过Abaqus/CAE还是通过Keywords Editor来生成的。用户应当使用Keywords Editor来移除任何不想要的关键字或者数据行。用户应当删除所有的 * 冲突声明。

不能使用Keywords Editor来解决特定的输入文件冲突；例如，对紧跟在隐藏数据行之后的输入文件行进行更改所造成的冲突（见9.10.1节“对Abaqus/CAE模型添加不支持的关键字”）。在此情形中，用户可以使用作业模块来将完整的输入文件写成一个文本文件（详细情况见19.7.2节“仅写入输入文件”）。用户可以使用文本编辑器来更改此输入文件，然后手动地递交用于分析的更改后的输入文件（见《Abaqus分析用户手册——介绍、空间建模、执行与输出卷》的3.2.2节“Abaqus/Standard、Abaqus/Explicit和Abaqus/CFD执行”）。要在Abaqus/CAE中执行分析，使用更改后的输入文件作为作业来源，在作业模块中创建一个新的作业（见19.7.1节“创建一个新的分析作业”）。

9.10.4 写入没有零件和装配体的输入文件

当用户递交分析作业时，Abaqus/CAE使用用户的模型定义来生成Abaqus/Standard、Abaqus/Explicit或者Abaqus/CFD输入文件。Abaqus/CAE模型包含零件和装配体；并且默认情况下，Abaqus/CAE生成的输入文件包含零件和装配体。包含零件和装配体的模型不支持某些Abaqus功能。当写入一个没有零件和装配体的输入文件时，Abaqus/CAE会试图保留模型的节点标签和单元标签。如果在任何零件标签或者零件实例标签之间都没有冲突，则Abaqus/CAE在将节点和单元写入输入文件时保留模型中的标签。相反，如果在任何零件标签或者零件实例标签之间产生任何冲突，例如两个零件实例使用相同节点标签和单元标签，则 Abaqus/CAE 在使用重新编号的节点标签和单元标签写入输入文件之前显示一个警告。

如果用户想要 Abaqus/CAE 写没有零件和装配体的输入文件，则用户可以使用下面的一个方法来改变 Abaqus/CAE 生成的输入文件格式：

当前用户启动一个 Abaqus/CAE 程序会话时

要改变由 Abaqus/CAE 生成的输入文件格式时，用户可以更改 Abaqus 环境文件（abaqus_v6.env）中的 cae_no_parts_input_file 参数，如下所示：

cae_no_parts_input_file=ON

如果用户使用此方法，则输入文件格式不能在 Abaqus/CAE 程序会话过程中发生变化。有关定义环境文件参数的附加信息，参考《Abaqus 安装和许可证手册》。

在 Abaqus/CAE 程序会话中

有两种方法可以用来改变 Abaqus/CAE 生成的输入文件。

- 为用户想要改变的模型选择 Model→Model Attributes→模型名称，然后切换选中 Do not use parts and assemblies in input files。
- 在 Abaqus/CAE 主菜单底部的命令行界面中输入以下的 Abaqus 脚本界面命令：

mdb.models［模型名称］.setValues（noPartsInputFile=ON）

注意：默认隐藏命令行界面，但是它使用的空间与主菜单底部处信息区域占有的空间相同。要访问命令行界面，单击主菜单栏左下角中的>>>。

如果用户使用任一方法，则改变后的输入文件格式是模型定义的一部分。当用户退出 Abaqus/CAE 程序会话并且在后来返回到模型数据库时，系统保留改变后的输入文件格式。

如果用户反复地改变 Abaqus/CAE 生成的输入文件格式，用户可以创建并且运行包含之前 Abaqus 脚本界面命令的宏。有关宏的更多信息，见 9.11 节“管理宏”。

警告：当 Abaqus/CAE 写没有零件和装配体的输入文件时，Abaqus/CAE 试图保留 Abaqus/CAE 中生成的节点标签和单元标签。然而，如果用户使用 Keywords Editor 来编辑使用零件和装配体输入文件格式的模型中的关键字，然后改变 Abaqus/CAE 生成的输入文件格式，当写入输入文件并且重新生成关键字时，可能会发生冲突。更多信息见 9.10.3 节“解决输入文件中的冲突”。

9.11 管理宏

要管理包含一组 Abaqus 脚本界面命令的宏，从主菜单栏选择 File→Macro Manager。当用户创建一个宏时，Abaqus/CAE 记录用户与其交互时的一系列 Abaqus 脚本界面命令。每一个命令对应与 Abaqus/CAE 的交互，并且重放宏再现交互的序列。

将宏保存在命名为 abaqusMacros. py 的文件中。Abaqus/CAE 为 abaqusMacros. py 以下面的次序搜寻三个目录：

- Abaqus 安装的本地目录。
- 用户的主目录。
- 当前的工作目录。

可以在多个这些目录中同时存在 abaqusMacros. py 文件。Macro Manager 包含 Abaqus/CAE 在所有 abaqusMacros. py 文件中探测到的现有宏的列表。如果一个宏在多个 abaqusMacros. py 文件中使用相同的名称，则 Abaqus/CAE 使用遇到的最后一个宏。

用户的宏将仅在记录宏的相同环境中才能使用。例如，如果用户创建一个宏来将名为 gear1 的零件复制成名称为 gear2 的零件，则仅当存在 gear1 零件时，才会在新的 Abaqus/CAE 程序会话中执行宏。

Abaqus 脚本界面命令存储在 ASCII 文本中。用户可以使用标准的文本编辑器来编辑 abaqusMacros. py；然而，引入文件中的任何错误都会阻止 Macro Manager 显示。与命令有关的更多信息，见《Abaqus 脚本用户手册》。

技巧：如果用户使用文本编辑器编辑任何的 abaqusMacros. py，则用户可以从 Macro Manager 的底部按钮中选择单击 Reload 来更新宏列表，而不关闭管理器。

若要创建一个宏，执行以下操作：

1. 从主菜单栏选择 File→Macro Manager。

出现 Macro Manager 对话框。

2. 从 Macro Manager 对话框底部的按钮中单击 Create。

3. 在出现的 Create Macro 对话框中输入宏的名称，然后单击 Continue。用户不能覆盖现有的宏。

用户与 Abaqus/CAE 的每一次交互都会存储成 abaqusMacros. py 文件中的一个命令。出现 Recording macro 对话框来提醒用户正在记录宏。此外，在记录宏时，Macro Manager 中不能使用 Create、Delete、Run 和 Reload 按钮。

4. 单击 Stop recording 按钮来将宏保存在 abaqusMacros. py 中。

Abaqus/CAE 更新 Macro Manager 中的宏列表。

若要删除一个宏，执行以下操作：

1. 从主菜单栏选择 File→Macro Manager。

出现 Macro Manager 对话框。

2. 选择要删除的宏。用户可以选择多个宏。

3. 从 Macro Manager 对话框的底部按钮中单击 Delete。

4. 从出现的对话框中单击 OK 来确认用户的动作。

Abaqus/CAE 从 abaqusMacros. py 中删除宏，并且更新 Macro Manager 中的宏列表。用户不能恢复删除掉的宏。

若要运行一个宏，执行以下操作：

1. 从主菜单栏选择 File→Macro Manager。

出现 Macro Manager 对话框。

2. 选择要运行的宏。

3. 从 Macro Manager 对话框底部处的按钮中单击 Run。用户仅可以运行一个宏；如果用户选择多个宏，则不能访问 Run 按钮。

Abaqus/CAE 运行选中宏中的命令，并且在宏执行完成时，在信息区域中显示一个信息。

10 导入和导出几何形体数据和模型

本章介绍可以导入和导出 Abaqus/CAE 的文件，包括以下内容：

- 10.1 节 “将文件导入 Abaqus/CAE 和将文件导出 Abaqus/CAE”
- 10.2 节 “有效的零件、精确的零件和容差”
- 10.3 节 “控制导入过程”
- 10.4 节 “理解 IGES 文件的内容”
- 10.5 节 “用户可以如何导入模型?”
- 10.6 节 “成功导入 IGES 文件的逻辑方法”
- 10.7 节 “导入草图和零件”
- 10.8 节 “导入一个模型”
- 10.9 节 “导出几何形体、模型和网格数据”

10.1 将文件导入 Abaqus/CAE 和将文件导出 Abaqus/CAE

Abaqus/CAE 可以从不同的外部来源和 CAD 系统导入零件和装配体。Abaqus/CAE 的相关界面为导入几何形体提供直接而强大的技术。使用标准 CAD 文件格式的几何形体导入和导出也可以使用更传统的技术。理解每一种格式的能力，以及一个文件中一个零件的几何形体局限性，将有助于用户选择适合于用户应用的导入或者导出技术。

- 10.1.1 节 “Abaqus/CAE 可以导入和导出什么类型的文件?”
- 10.1.2 节 “可以使用关联界面做什么?”
- 10.1.3 节 “可以使用 Elysium 插件做什么?”
- 10.1.4 节 “导入一个装配体”
- 10.1.5 节 “获知所需的最终产品”
- 10.1.6 节 “不同供应商对标准的解释不同”
- 10.1.7 节 “实体建模器如何表示一个实体?”

10.1.1 Abaqus/CAE 可以导入和导出什么类型的文件?

Abaqus/CAE 读取和写入以 Abaqus 及非 Abaqus 文件格式存储的几何形体数据。

1. Abaqus 文件格式

Abaqus/CAE 读取和写入以下 Abaqus 文件格式保存的几何形体数据:

Abaqus 输出数据库（输出数据库名称 . odb）

一个输出数据库包含 Abaqus/Standard 或者 Abaqus/Explicit 分析过程中生成的数据。用户可以采用网格的形式从输出数据库导入零件。网格划分零件不包含特征信息，而是从输出数据库中提取节点、单元、面和集合的集合。如果输出数据库包含多个零件实例，则用户可以选择要输入的实例。Abaqus/CAE 为每一个零件实例导入一个单独的零件。用户可以导入未变形的或者变形的形状。如果用户导入变形后的形状，则用户可以指定要导入的步和帧。

若要确认网格的质量，用户可以在网格划分模块中显示零件，并且从主菜单栏选择 Mesh→Verify。此外，用户可以使用网格划分模块来改变赋予网格的单元类型，并且编辑原始的网格定义。更多信息见 10.7.12 节“从输出数据库导入零件”和 64.1 节“可以使用编辑网格工具集做什么?”，以及 17.5 节“赋予 Abaqus 单元类型”。

用户也可以从输出数据库导入一个模型。导入的模型将包含代表输出数据库中每一个未变形零件实例的零件，以及代表未变形装配的网格。模型也将包含在输出数据库中定义的任何集合、面、材料、截面定义和梁外形。更多信息见 10.5.3 节“从输出数据库导入模型”。

Abaqus/CAE 模型数据库（模型数据库名称 .cae）

Abaqus/CAE 可以从不同的 Abaqus/CAE 模型数据库中将模型导入到当前的模型数据库。更多有关从其他模型数据库导入模型数据的信息，见 10.5.1 节“从 Abaqus/CAE 模型数据库导入模型”。

Abaqus/Standard 和 Abaqus/Explicit 输入文件

当用户递交用于分析的作业时，Abaqus/CAE 会生成一个输入文件。用户可以将输入文件导入到 Abaqus/CAE 中，Abaqus/CAE 将导入的输入文件中的关键字和数据行翻译成一个新的模型；然而，它仅支持有限的 Abaqus/Standard 和 Abaqus/Explicit 关键字集合，如 10.5.2 节“从 Abaqus 输入文件导入模型”中所描述的那样。更多有关创建和递交作业的信息，见 19.2.1 节“分析模型的基本步骤”。

Abaqus 子结构文件（子结构名称 .sim）

Abaqus/CAE 可以从 SIM 数据库中将子结构定义导入成一个新的零件定义。用户导入的 .sim 文件所驻留的目录必须与 SIM 数据库参考的支持性 Abaqus 文件所在目录一致；这些支持性文件可以包括“.prt”“.mdl”“.stt”或者“.sup”格式的数据。详细指导见 10.7.13 节“将子结构作为零件导入模型数据库”。

2. 受支持的非 Abaqus 文件格式

Abaqus/CAE 可以存储和读写下面非 Abaqus 文件格式的几何形体数据：

3D XML（文件名 .3dxml）

3D XML 是以 XML 为基础的格式，是达索系统为了编译三维图片和数据而开发的。此格式是开放和可扩展的，允许将三维图片进行共享并且集成到现有的应用和过程中。3D XML 文件可以比通常模型数据库文件小很多倍。显示 3D XML 文件要求达索的 3D XML 显示器，后者将此显示器集成到商务应用中。用户也可以在 CATIA V5 中显示 3D XML 文件。不能使用此输出能力来把几何形体或者模型转化成 3DEXPERIENCE 平台计算机应用程序。

用户可以从 Abaqus/CAE 将视口数据输出到 3D XML 格式，或者压缩成 3D XML 格式。更多信息见 10.9.5 节“将视口数据导出成 3D XML 格式的文件”。用户不能将 3D XML 导入到 Abaqus/CAE 中。

ACIS（文件名.sat）

ACIS 是 Spatial 开发的实体模型功能库，并且绝大部分的 CAD 产品可以生成 ACIS 格式的零件。用户可以导入 ACIS 格式的零件，并且用户可以输出 ACIS 格式的零件或者装配体。此外，用户可以导入或者输出 ACIS 格式的草图。更多信息见 10.7.4 节“从 ACIS 格式的文件导入零件”；10.7.1 节“导入草图”；10.9 节“导出几何形体、模型和网格数据”。

ANSYS 输入文件（文件名.cdb）

ANSYS Mechanical 和 ANSYS Multiphysics 软件是允许用户进行有限元分析和计算流体动力学分析的计算机辅助工程产品。用户可以将 ANSYS 输入文件格式的模型导入到 Abaqus/CAE 中。更多信息见 10.5.5 节“从 ANSYS 输入文件导入模型”和 10.8 节“导入一个模型”。

Assembly 文件（文件名.eaf）

相关截面应用创建了 Assembly（装配）文件，是第三方 CAD 系统的插件，允许用户使用称为“相关联导入”的技术来从 CAD 系统传递模型到 Abaqus/CAE（见 10.1.2 节“可以使用关联界面做什么?”）。相关联界面插件在装配文件中保存模型信息，并且用户可以使用装配文件来从第三方 CAD 系统关联地导入模型到 Abaqus/CAE 中。更多信息见 10.7.14 节“从装配文件导入装配体”。用户不能以装配文件格式从 Abaqus/CAE 导出装配。

AutoCAD（文件名.dxf）

存储在 AutoCAD（.dxf）文件中的二维面可以导入成独立的草图。然而，Abaqus/CAE 仅支持有限数量的 AutoCAD 对象，并且用户应当在没有其他可用格式时才使用此格式。Abaqus/CAE 支持的 AutoCAD 实体的更多信息和详细情况，见 10.7.1 节“导入草图”。

CATIA V4（文件名.model、文件名.catdata，或者文件名.exp）

用户可以导入 CATIA 格式的零件。用户也可以将整个的 CATIA V4 装配导入到 Abaqus/CAE 装配中，或者用户可以选择仅导入被选择的零件实例。更多信息见 10.7.15 节“从 CATIA V4 格式的文件导入装配体”。用户不能从 Abaqus/CAE 导出 CATIA 格式的零件。

CATIA V5 Elysium 中性文件（文件名 . enf_abq）

Abaqus 为使用 Elysium 中性文件（. enf）格式生成几何文件的 CATIA V5 提供一个转换器插件。用户可以使用 Elysium 中性文件导入 CATIA V5 零件。此外，用户可以使用 Elysium 中性文件来将整个 CATIA V5 装配导入到 Abaqus/CAE 装配中，或者用户可以仅导入被选择的零件实例。更多信息见 10.7.6 节“从 Elysium 中性文件导入零件”，以及 10.7.16 节“从 Elysium 中性文件导入装配体”。用户不能采用 Elysium 中性文件格式从 Abaqus/CAE 导出零件或者装配体。

CATIA V5 零件和装配体（文件名 . CATPart 或者 文件名 . CATProduct）

使用 Abaqus/CAE 的可选 CATIA V5 相关联界面附加特征，用户可以导入 CATIA V5 格式的零件和装配体。更多信息见 10.7.5 节“从 CATIA V4 格式或者 CATIA V5 格式的文件导入零件”。用户不能以 CATIA V5 格式导出零件。

CATIA V6 零件和装配体（文件名 . CATPart 或者 文件名 . CATProduct）

用户使用 CATIA V6 关联界面来导入 CATIA V6 格式的零件和装配体。首先将 CATIA V6 零件和装配体转化成 CATIA V5 格式，然后 Abaqus/CAE 导入产生的 CATIA V5 CATPart 或者 CATProduct 文件。更多信息见 10.7.5 节“从 CATIA V4 格式或者 CATIA V5 格式的文件导入零件”。用户不能以 CATIA V6 格式导出零件。

IGES（文件名 . igs 或者 文件名 . iges）

Initial Graphics Exchange Specification（IGES）是中性数据格式，设计用来在计算机辅助设计（CAD）系统之间进行图形交互。

用户可以导入 IGES 格式的零件，并且用户可以采用 IGES 格式输出零件。此外，用户可以导入和输出 IGES 格式的草图。更多信息见 10.7.7 节“从 IGES 格式的文件导入零件”；10.7.1 节“导入草图”；10.9 节“导出几何形体、模型和网格数据”。

IGES 格式允许许多的解释，并且用户使用 IGES 格式导入 Abaqus/CAE 中的大部分零件，在可以使用它们之前需要进行修复。这样，如果可能的话，推荐尝试使用其他格式。

Nastran 输入文件（文件名 . bdf、文件名 . dat、文件名 . nas、文件名 . nastran、文件名 . blk 或者文件名 . bulk）

用户可以从 Nastran 输入文件将 Nastran 模型数据导入到 Abaqus/CAE 中，并且用户可以从 Abaqus/CAE 模型和作业将数据输出成 Nastran 数据文件格式。导入和输出的模型包括许多 Nastran 批数据中常用的实体。更多有关支持将 Nastran 输入文件导入到 Abaqus/CAE 的实体信息，见《Abaqus 分析用户手册——介绍、空间建模、执行与输出卷》的 3.2.30 节“将 Nastran 批数据文件转换成 Abaqus 输入文件”。更多有关支持将 Abaqus/CAE 作业和模型输出到 Nastran 的实体信息，见《Abaqus 分析用户手册——介绍、空间建模、执行与输出卷》的 3.2.31 节“将 Abaqus 文件转换成 Nastran 批数据文件”。

NX Elysium 中性文件（文件名.enf_abq）

Abaqus 提供的 NX 转换器插件将生成使用 Elysium 中性文件（.enf）格式的几何形体文件。用户可以使用 Elysium 中性文件来导入 NX 零件。此外，用户可以使用 Elysium 中性文件来将整个 NX 装配体导入到 Abaqus/CAE 装配体，或者用户可以选择仅导入来自装配体的一些被选中零件实例。更多信息见 10.7.6 节“从 Elysium 中性文件导入零件”，以及 10.7.16 节“从 Elysium 中性文件导入装配体”。用户不能从 Abaqus/CAE 采用 Elysium 中性文件格式来导出零件或者装配体。

OBJ（文件名.obj）

OBJ 开放文件格式以几何形体中顶点的位置、顶点之间的边以及组成每一个多边形的面的方式来描述几何形体。将 OBJ 格式的数据保存成一个文本文件。

用户采用 OBJ 格式从 Abaqus/CAE 输出几何形体数据或者网格数据。更多信息见 10.9.6 节“将视口数据导出成 OBJ 格式的文件”。用户不能将 OBJ 格式数据导入到 Abaqus/CAE 中。

Parasolid（文件名.x_t、文件名.x_b、文件名.xmt_txt、文件名.xmt_bin）

Parasolid 是 UGS 开发的视图建模功能库。不同的 CAD 产品可以生成 Parasolid 格式的零件，例如 NX、SOLIWORKS、Solid Edge、FEMAP 和 MSC. Patran。用户可以导入 Parasolid 格式的零件。用户也可以将整个 Parasolid 装配体导入到 Abaqus/CAE 装配体中，或者用户可以选择性地导入选中的零件实例。更多信息见 10.7.9 节“从 Parasolid 格式的文件导入零件”；10.7.17 节“从 Parasolid 格式的文件导入装配体”。用户不能以 Parasolid 格式导出零件或者装配。

Pro/ENGINEER Elysium 中性文件（文件名.enf_abq）

Abaqus 提供的 Pro/ENGINEER 转换器插件，将生成使用 Elysium 中性文件（.enf）格式的几何形体文件。用户可以使用 Elysium 中性文件来导入 Pro/ENGINEER 零件。此外，用户可以使用 Elysium 中性文件来将整个的 Pro/ENGINEER 装配体导入到 Abaqus/CAE 装配体中，或者用户可以选择仅导入装配体中选中的零件实例。更多信息见 10.7.6 节“从 Elysium 中性文件导入零件”，以及 10.7.16 节“从 Elysium 中性文件导入装配体”。用户不能从 Abaqus/CAE 以 Elysium 中性文件格式导出零件或者装配体。

STEP（文件名 . stp 或者 . step）

将 STandard for the Exchange of Product model data（STEP ISO 10303-1）设计成对 IGES 的高端替换，试图克服 IGES 的一些短处。将 STEP AP203 设计成对机械产品提供整个生命周期的计算机解释性表达，独立于具体的系统。

用户可以导入 STEP 格式的零件，并且用户可以采用 STEP 格式输出零件。此外，用户可以采用 STEP 格式导入和输出草图。更多信息见 10.7.10 节“从 STEP 格式的文件导入零件”；10.9 节“导出几何形体、模型和网格数据”。

STEP 格式的零件类似于 IGES 格式的零件，用户导入到 Abaqus/CAE 中的大部分零件在使用它们前需要进行修复。因此，推荐用户尽可能地使用其他格式。

VDA-FS（文件名 . vda）

The Verband der Automobilindustrie Flächen Schnittstelle（VDA-FS）面数据格式是由德国汽车工业开发的几何形体标准。VDA-FS 和 IGES 文件都包含 ASCII 格式的零件数学表述；然而，VDA-FS 标准专注于几何信息。IGES 标准包括其他信息，例如尺寸、文本和颜色，VDA-FS 文件并不包括这些。

用户可以导入 VDA-FS 格式的零件，并且用户可以采用 VDA-FS 格式输出零件。更多信息见 10.7.11 节“从 VDA-FS 格式的文件导入零件”；10.9 节“导出几何形体、模型和网格数据”。

VDA-FS 格式零件类似于 IGES 格式的零件，用户采用 VDA-FS 格式导入 Abaqus/CAE 中的零件，在使用它们前需要修复。因此，如果可能的话，推荐用户尝试使用其他格式。

VRML（文件名 . wrl）

Virtual Reality Modeling Language（VRML）是在网络浏览器或者单独的 VRML 客户端上显示三维图片的 ISO 标准。它是一个开放的、独立平台的、以向量为基础的、三维建模语言，编码计算机生成的图像使得它们在网络上可以进行容易地共享。VRML 文件为所有的长度和距离使用米作为单位。VRML 格式的文件可以比典型的模型数据库文件小好几倍。要求特殊的插件显示器（如 Cortona、Cosmo），来显示 VRML 文件。

用户可以采用 VRML 格式或者压缩的 VRML 格式从 Abaqus/CAE 输出视口数据。更多信息见 10.9.4 节“将视口数据导出成 VRML 格式的文件”。

10.1.2 可以使用关联界面做什么？

关联界面是简化 CAD 系统与 Abaqus/CAE 之间的模型数据传输过程的选择性附加产品。关联界面使用 CAD 连接工具集来创建 Abaqus/CAE 与一个运行关联界面插件的 CAD 系统之间的连接。下面的 CAD 系统可以使用关联界面插件：

- CATIA V6。
- CATIA V5。
- NX（Unigraphics）。
- SOLIDWORKS。
- Pro/ENGINEER。

关联界面允许模型从 CAD 系统到 Abaqus/CAE 的相关性导入。用户可以通过单击来将整个的装配体从 CAD 系统导出到 Abaqus/CAE 中。用户在 Abaqus/CAE 中创建的特征，例如载荷、边界条件、几何和面，也在用户导入更改后的模型时得到更新。除了更改模型，用户对装配体中实体位置的任何改变都会导出到 Abaqus/CAE。

当用户在同一台计算机上运行 CAD 系统和 Abaqus/CAE，并且以分析结果进行模型设计迭代时，关联性导入是有用的。图 10-1 所示为在 SolidWorks 与 Abaqus/CAE 之间使用关联性导入的连接。

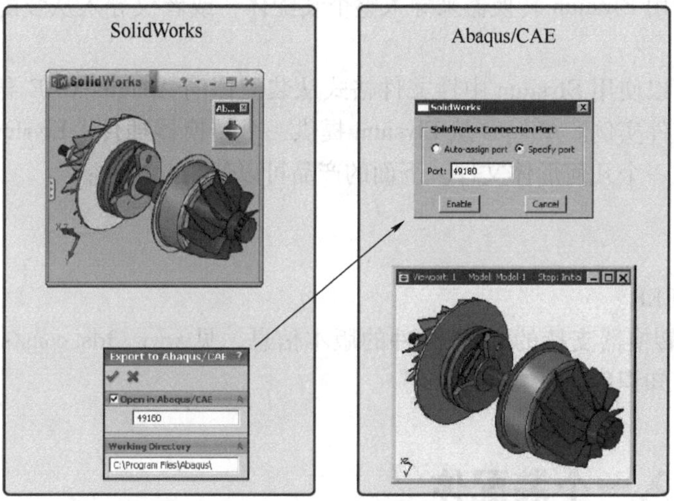

图 10-1 使用 SolidWorks 关联界面的关联性导入

在设计迭代时，用户可以使用 CAD 系统或者 Abaqus/CAE 来更改模型。如果从 CAD 系统导入一个模型到 Abaqus/CAE 中，然后在 Abaqus/CAE 中给模型添加特征，则在用户下一次从 CAD 系统导入模型时，Abaqus/CAE 在模型中重新生成这些特征。用户在 Abaqus/CAE 中进行的几何形体更改（例如分割、倒圆等）也在用户从 CAD 系统导入模型时重新生成。如果用户利用 CAD 系统显著改变了模型的拓扑，则 Abaqus/CAE 可能不能成功地重新生成特征。在 Abaqus/CAE 中进行的几何更改不会传播到原来的 CAD 模型中，虽然 Pro/ENGINEER 关联界面的确提供在 Abaqus/CAE 内部改变原始 Pro/ENGINEER 模型中几何实体的方法（见 60.2 节“更新导入模型中的几何形体参数”）。

关联界面也允许用户在 CAD 系统中将装配保存成装配文件格式，可以后续导入到 Abaqus/CAE 中。例如，CATIA V5 关联界面以装配文件（.eaf）格式保存的 CATIA V5 装配（.CATProduct），可以手动地导入进 Abaqus/CAE。类似地，CATIA V6 关联界面将用户的 CATIA V6 产品转换成 CATIA V5 装配，然后以装配文件格式进行保存，用户可以将其手动导入到 Abaqus/CAE 中。

更多有关在 Abaqus/CAE 与 CAD 系统之间创建连接的信息，见第 60 章 “CAD 连接工具集”。有关关联界面支持的 CAD 软件版本信息，见 www. 3ds. com/support/knowledge-base 处的达索系统知识库。

10. 1. 3 可以使用 Elysium 插件做什么？

用户可以使用以中性文件为基础的转换器，将下面 CAD 软件创建的零件导入到 Abaqus/CAE 中：

- CATIA V4。
- 创建 Parasolid 格式文件的 CAD 软件，例如 SOLIDWORKS、NX、Solid Edge、FEMAP 和 MSC. Patran。

用户也可以使用 Elysium 转换器来导入整个装配体，或者仅导入从装配体中选中的几个零件实例。

此外，用户可以使用 Elysium 中性文件格式从装配体向 Abaqus/CAE 导入一个零件、装配体或者选中的零件实例。Abaqus 从 Elysium 提供一个转换器插件，Elysium 将使用 Elysium 中性文件格式生成一个几何形体文件。下面的产品可以使用此插件：

- CATIA V5。
- NX。
- Pro/ENGINEER。

有关 Elysium 转换器支持的 CAD 软件的版本信息，见 www. 3ds. com/support/knowledge-base 处的达索系统知识库。

10. 1. 4 导入一个装配体

一个来自 CAD 系统的文件，例如 CATIA，可以包含一个单独的零件或者多个零件组成的装配体。Abaqus/CAE 允许用户从主菜单选择 File→Import 并且选择 Part 或者 Assembly。两个选项都允许用户导入装配体中的所有零件，但结果有些不同。

导入零件（Importing parts）

如果用户选择从一个包含零件装配体的文件中导入零件，用户可以从文件中导入所有的零件或者仅导入一个指定的零件。如果用户导入所有的零件，则 Abaqus/CAE 创建一组零件，对应原始装配体中的每一个零件实例。要创建原始的装配体，用户必须使用装配模块来实例化每一个导入的零件。然而，会在导入过程中失去原始装配体中的零件与零件实例之间的关系。例如，如果原始装配体包含实例化九次的螺栓，则 Abaqus/CAE 创建九个一样的零件。当用户在 Assembly 模块中重新创建装配体时，Abaqus/CAE 为九个螺栓中的每一个都创建一个零件实例。虽然失去了零件与零件实例之间的关系，但 Abaqus/CAE 依然保留零件的位置。因此，当用户实例化每一个零件时，零件出现在装配体中的正确位置上。

导入一个装配体

如果用户选择导入一个装配体，用户可以导入整个装配体或者仅导入选中的零件实例。Abaqus/CAE 将用户的选择附加到现有的装配体并且保留实例的原始位置。此外，Abaqus/CAE 创建对应被导入零件实例的零件，并且保留零件和它们的实例之间的关系。例如，如果螺栓在装配过程中实例了九次，则 Abaqus/CAE 导入螺栓的九个实例，但是仅创建一个单独的零件。

导入一个装配体也有以下好处：

- 在大部分的情况中，Abaqus/CAE 保留零件和零件实例在原始文件中的名称。
- 如果第三方 CAD 系统对原始文件中的零件和零件实例进行了着色，则 Abaqus/CAE 在导入过程中保留那些颜色。更改颜色编码的信息，见第 77 章“彩色编码几何形体和网格单元”。

10.1.5　获知所需的最终产品

如果用户知道所需的最终产品，则可以简化 Abaqus/CAE 中与导入一个复杂实体零件关联的许多问题：使用 Abaqus/Standard 或者 Abaqus/Explicit 分析的零件有限元网格。

导入零件中的小特征会造成细节特征面上的细致网格。细致网格将影响相邻的区域，并且可以控制执行分析所花费的时间。如果用户对分析此特征没有兴趣，则用户应当在将零件导入到 Abaqus/CAE 之前使用 CAD 系统删除细节特征。删除小特征可以解决导入零件的精确性错误。小特征的例子包括：

- 倒圆。
- 倒角。
- 孔。

简化实体零件将提高用户将零件成功导入 Abaqus/CAE 的机会。用户必须确定分析得到有意义结果所需要的细节特征详细程度。

最后，用户应当考虑分析要求的网格类型。如果用户计划使用三角形单元或者四边形单元来划分零件，或者使用推进先进波前算法生成的四边形单元来划分零件，则在生成网格前，用户可以使用网格划分模块中的虚拟拓扑（Virtual Topology）工具集来删除小的细节。更多信息见第 75 章“虚拟拓扑工具集”。

10.1.6　不同供应商对标准的解释不同

使用可接受的工业标准，例如 IGES 和 VDA-FS，来在 CAD 系统与 Abaqus/CAE 之间交换几何信息并不能保证成功。当 CAD 系统输出一个零件时，系统将它的零件专有表示，映射到可以从标准得到的实体矩阵中。类似地，当 Abaqus/CAE 导入文件时，它将标准定义的实体转换成它的内部表示——ACIS。

ACIS 仅识别 IGES 和 VDA-FS 标准中定义的一些实体，并且在被修剪的面中发生一些特定程度的光顺或者连续。虽然进行输出的 CAD 系统不了解 Abaqus/CAE 的要求，但是设置正确的输出选项将提高成功的机会。更多信息见 10.1.7 节“实体建模器如何表示一个实体?”，以及 10.4 节“理解 IGES 文件的内容”。

此外，因为 CAD 系统对工业标准不同的说明，用户可能遇到问题。在许多情况中，有多种方法来定义几何实体，产生文件格式的独特“风味”。在更加极端的情况中，供应商违反标准，尤其是创建裁切面的时候。

10.1.7 实体建模器如何表示一个实体?

Abaqus/CAE 提供工具来允许用户导入草图、零件或者装配体到当前的模型。当用户导入草图或者平的零件或者装配体时，过程通常是直接的。然而，当用户导入实体时，用户可能发现不得不执行以下额外的步来得到满意的结果。要理解每个步完成了什么以及用户为什么要执行它们，需要用户理解实体建模器如何表示实体。

随着过去 30 年建模系统的发展，用来表示实体的技术也得到发展。每一代新的建模器包含更多构建物体的知识，并且更少依赖数据点的完全体积来描述物体。

线框（Wireframe）

使用二维线框的原始 CAD 系统复制传统的机械图。后来引进的三维版本是等轴制图和透视图形式的。在线框中，通过一组定义物体边的曲线来表示实体；然而，系统没有边之间的面信息。线框模型通过它的边和顶点来定义对象；结果，实体的线框表示仅具有有限的用处。例如，用户不能计算实体的体积，并且用户不能网格划分实体。

剪裁面（Trimmed surface）

后来的系统引入剪裁面的概览，如图 10-2 所示。

一个剪裁面是通过面几何形体和剪裁曲线的组合来定义的。面几何形体是面的通用表达；剪裁线形成面几何形体上的封闭环，并且定义面的边界。一个面也可以具有多个内部剪裁弯曲面。将一个实体定义成形成闭合体积的一组剪裁面。

例如，一个圆柱形可以用图 10-3 所示的三个剪裁面来定义。

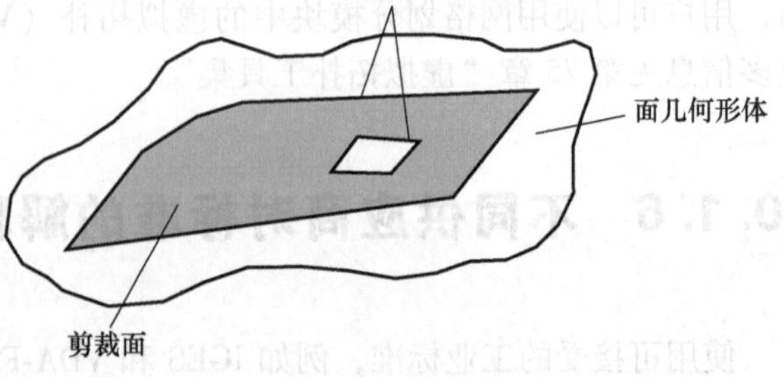

图 10-2 剪裁面

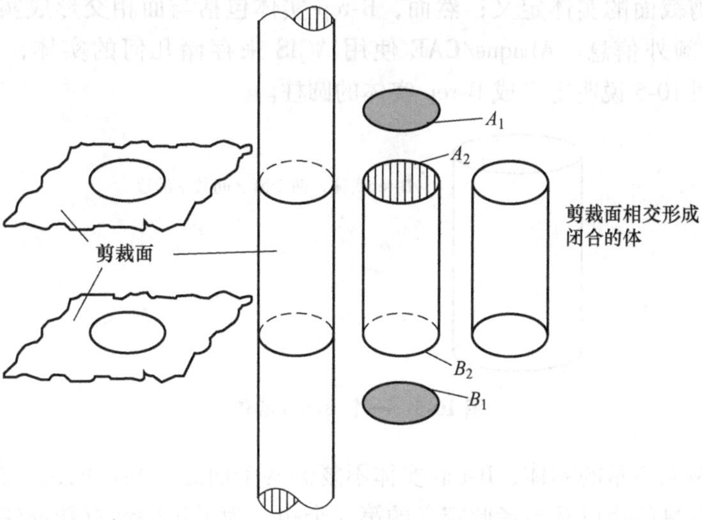

图 10-3 三个剪裁面定义一个圆柱

每一个面包括一组定义面边界的边。圆柱体顶部处的剪裁平面包含曲线 A_1。圆柱体底部处的剪裁平面包含曲线 B_1。圆柱形的剪裁面有两个剪裁曲线形成的边界——A_2 和 B_2。当两个剪裁面相交时，每一个面复制产生的边定义。没有信息显示一组剪裁面形成一个体。

当截面是平的、圆柱的或者球形时，也定义了实体的边。然而，当更加复杂的线相交时，必须由近似两个面交线的多项式来描述生成的边。近似的精度取决于多项式的阶数。如果边不位于任何面中，则产生一个间隙并且将考虑实体是无效的。图 10-4 说明了剪裁面之间的间隙。

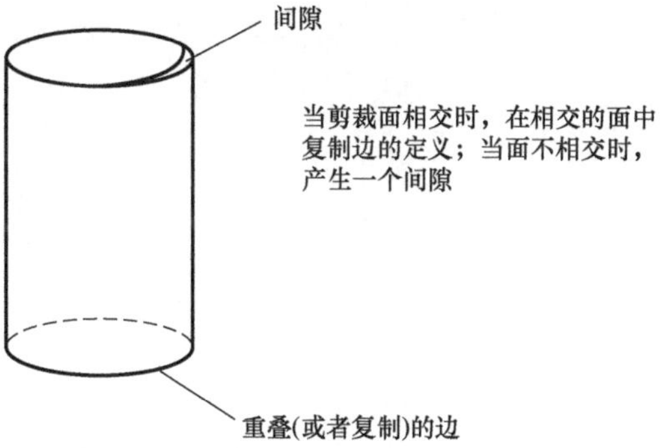

图 10-4 剪裁面之间的间隙

用户可以使用几何形体编辑工具集来缝补间隙。更多信息见 69.3 节“什么是缝补?”。

IGES 和 VDA-FS 标准适用于剪裁面。导入中出现的大部分问题来自原始文件剪裁面到 Abaqus/CAE 识别格式的转换。

边界表示（B-rep）

近来，实体建模器已经引入了“边界表示”或者“B-rep”的概念来定义实体对象。B-rep

实体类似于一组剪裁面的实体定义；然而，B-rep 实体包括与面相交形成实体时生成的面、边和顶点有关的额外信息。Abaqus/CAE 使用 ACIS 来存储几何的实体，并且 ACIS 使用 B-reps 的概念。图 10-5 说明定义成 B-rep 实体的圆柱。

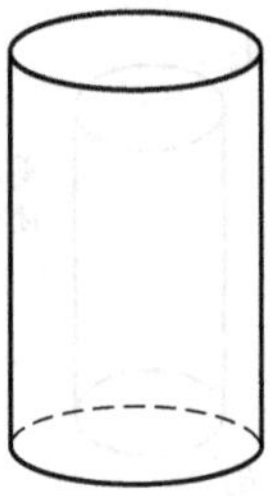

图 10-5　一个 B-rep 实体

不像仅由剪裁面表示的实体，B-rep 实体不复制两个面之间共享的边。在 B-rep 实体中，一个剪裁面定义共享的边以及参考此定义的第二个边。为了正确地重新创建 B-rep 实体，必须有可能将第一个面定义的剪切曲线沿着第二个面的几何形体进行复制。在一些情况中，ACIS 将缝补相邻的边来创建 B-rep 实体。

IGES 和 STEP 标准包括 B-reps 的概念，虽然 IGES 将它们称为 Manifold Solid B-rep Objects 或者 MSBOs。如果用户导入的 IGES 或者 STEP 文件所包含的两个或者更多剪裁面足够的靠近，则可以缝补成一个 B-rep 实体。Abaqus/CAE 将面组成在一起成为一个单独的实体对象。VDA-FS 标准没有包括 B-rep 实体的概念；VDA-FS 仅适用剪裁的面来定义实体。

10.2 有效的零件、精确的零件和容差

如果用户希望使用 Abaqus/Standard 或者 Abaqus/Explicit 来分析零件，则用户导入 Abaqus/CAE 中的零件必须是有效的。本节介绍有效和精确的零件，以及 Abaqus/CAE 如何使用不精确建模和容差来构建导入的零件，包括以下主题：

- 10.2.1 节 “什么是有效和精确的零件?”
- 10.2.2 节 “精度与容差之间如何关联?”
- 10.2.3 节 “使用无效零件”

10.2.1 什么是有效和精确的零件?

当用户导入一个实体零件时，Abaqus/CAE 试图创建一个封闭的实体零件。类似地，当用户导入一个壳零件时，Abaqus/CAE 试图创建一个已经连接的壳零件。如果成功导入零件，则将零件考虑成有效的和精确的。然而，如果原始零件的精度小于 Abaqus/CAE 使用的精度，则零件可以是不精确的或者无效的。在大部分的情况中，用户可以继续使用不精确的零件工作。如果修复了无效的零件或者选择无视无效的状态，则用户也可以使用无效的零件进行工作。

下面对术语“不精确的”和“无效的”进行更详细的描述。

不精确的

一个有效的零件可以是精确的或者不精确的。如果 Abaqus/CAE 必须在一些区域中使用较松的容差来从导入的零件重新创建一个封闭的体积，则将零件视为不精确的。用户可以使用不精确的零件来完成大部分的建模操作。

用户应当试图使用不精确的模型来工作。如果 Abaqus/CAE 不能进行，则可以抑制不精确的区域或者使用几何形体编辑工具来尝试让零件精确。然而，如果零件包含许多复杂的面，则几何形体编辑工具可能不能让零件变得精确，并且使用工具可能耗费时间。如果用户使用不精确的零件不能工作，并且用户不能使零件精确，则应当返回到生成原始文件的 CAD 应用并增加精度。

无效的

如果容差过大，Abaqus/CAE 不能从导入的零件重新创建一个封闭的体积，则会将零件视为无效的。例如，边之间的大间隙造成零件无效。类似地，远离基底面的边上的点造成零

件无效。

如果零件是无效的，则用户可以使用几何形体编辑工具集来尝试让零件有效。如果用户不能修复零件，则用户可以说明想要忽略无效零件状态并且继续将此零件作为有效的零件来使用（更多信息见 10.2.3 节“使用无效零件”）。然而，对无效几何形体的操作可能失败，给出不合逻辑的结果，或者造成 Abaqus/CAE 的不稳定。如果用户在忽略零件无效性后遇到建模问题，则考虑试图在生成原始文件的 CAD 应用中修复几何形体。

如果用户没有修复或者忽略无效零件的状态，则用户在 Abaqus/CAE 中可以使用的唯一方法是在相互作用模块中应用一个显示体或者零件的刚性体约束。仅为了显示目的而在模型中包括显示体。如果用户施加一个显示体约束，则用户不需要网格划分实例，并且可以继续分析用户的模型。更多信息见第 27 章“显示体”。

10.2.2 精度与容差之间如何关联？

将零件成功地导入 Abaqus/CAE 中，精度和容差是重要的考虑。对于剪裁面，容差定义边与边围绕的面之间的最大允许偏离。定义剪裁面的边的多项式阶数取决于 CAD 系统的容差。Abaqus/CAE 使用 ACIS 来表示一个零件或者装配体。ACIS 使用 10^{-6} 的精度来定义几何形体实体。

要成功地导入由剪裁面或者 B-reps 定义的实体，原始文件的容差以及 Abaqus/CAE 的容差必须在可接受范围内匹配。如果原始文件的容差远大于 Abaqus/CAE 的容差，则由于 Abaqus/CAE 不能从剪裁的面和 B-rep 信息构建实体，所以导入可能失败。

在用户将零件导入到 Abaqus/CAE 后，弥合过程会改善零件的精度。Abaqus/CAE 尝试改变相邻的实体，使其几何形体可以精确地匹配。转换为精确表示通常会产生精确的几何形体。然而，这可能是个冗长的操作，会增加导入零件的复杂性。结果，后续的过程和零件分析变得更慢。并且，如果零件包含许多复杂的面，则转换为精确表示容易失败。如果可能的话，用户应当返回到生成原始文件的 CAD 应用并且增加精度。

用户可以使用零件模块中的查询工具集来高亮显示具有几何形体精度和有效性错误的导入零件。可以将不精确的顶点考虑成虚拟球环绕的顶点，球的直径等于本地精度。当用户弥合一个零件时，ACIS 假定虚拟球中的任何点与顶点重合，如图 10-6 所示。

类似地，可以将不精确的边想象成由虚拟管包围的边，管的直径等于本地精度。当用户弥合一个零件时，ACIS 假定虚拟管内部的任何点位于边上，如图 10-7 所示。

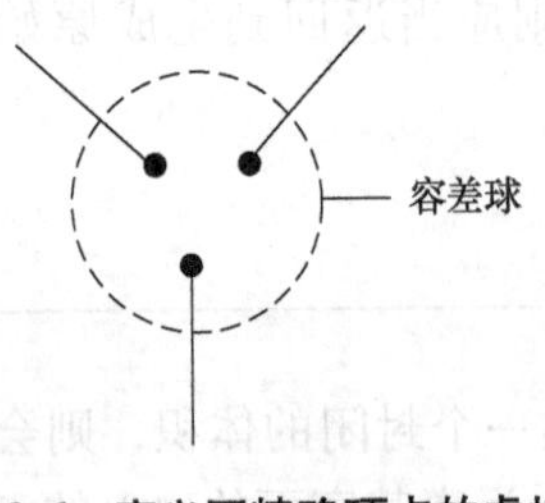

图 10-6 定义不精确顶点的虚拟球

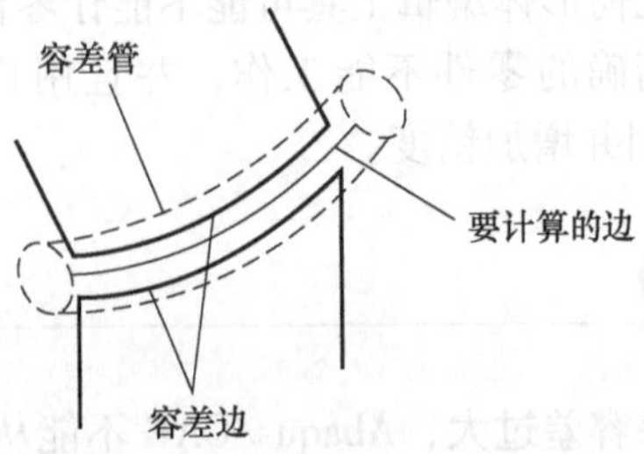

图 10-7 定义不精确边的虚拟管

在弥合过程中，ACIS也使用容差来确定剪裁曲线是否定位在基底面几何形体上，如图10-8所示。

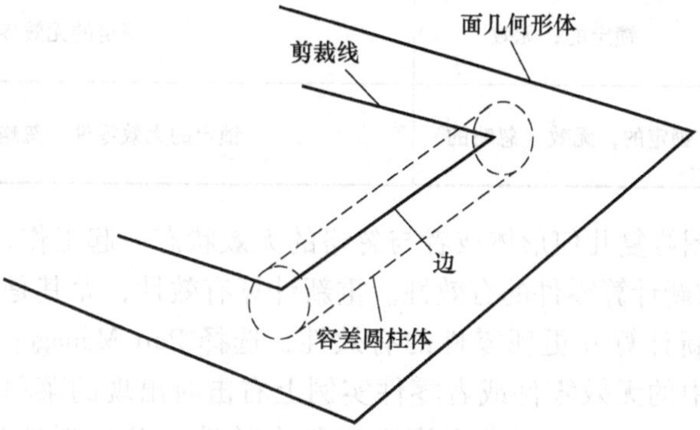

图 10-8 容差确定剪裁线是否位于基底面上

10.2.3 使用无效零件

如果几何形体错误不让Abaqus/CAE为实体或者壳零件创建一个封闭的体积，则将零件视为无效。在大部分情况中，因为导入到Abaqus/CAE中的零件有错误，所以零件是无效的。由于不同Abaqus/CAE版本之间几何形体的ACIS说明发生变化，也可能改变零件的有效性。如果用户的零件对于分析是必需的并且不能修复，则用户可以忽略无效的状态。如果在数据库升级过程中一个有效的零件变成了无效，则用户可以不锁定零件来忽略无效的几何形体；这允许用户在不需要重新生成零件的情况下重新网格划分零件。

用户有两种方法来忽略零件的有效性：

- 在Part Manager中选择一个无效的零件，然后单击Ignore Invalidity。
- 选择一个无效的零件或者模型树中无效的非关联实例，右击鼠标，然后选择Ignore Invalidity。

当用户选择忽略零件或者零件实例的有效性时，Abaqus/CAE显示警告。警告说明，当忽略零件的有效性而允许用户执行所有的几何形体和网格划分功能期间，忽略有效性可以造成一些零件功能失败或者导致其他不想要的行为。如果用户接受此警告，则Abaqus/CAE将零件的状态改变成Invalid（ignored）。零件状态显示在Part Manager和模型树中。表10-1显示说明无效零件状态的模型树符号和文本。

表 10-1 模型树和 Part Manager 中的无效零件状态

模型树符号	Part Manager 文本	含义
!	无效	未锁定的无效零件
(!)	无效（忽略的）	未锁定的无效零件，忽略无效的状态

（续）

模型树符号	Part Manager 文本	含义
	锁定的，无效	锁定的无效零件
	锁定的，无效（忽略的）	锁定的无效零件，忽略无效的状态

无论用户是否试图修复几何形体或者与忽略的无效状态一起工作，在用户改变零件时，Abaqus/CAE 不总是重新计算零件的有效性。重新计算有效性，尤其是复杂的零件，可以花费大量的时间。要重新计算并更新零件的有效性，选择 Part Manager 中的 Update Validity，或者当用户在模型树中的无效零件或者零件实例上右击时出现的菜单中的 Update Validity。用户也可以使用 Geometry diagnostics 查询来更新有效性（几何形体诊断的更多信息，见 71.2.4 节“使用几何形体调试工具”）。

10.3 控制导入过程

当用户从一个第三方 CAD 系统生成的文件导入一个零件时，Abaqus/CAE 允许用户控制如何说明文件的内容。本节介绍用户可以使用的选项，包括以下主题：

- 10.3.1 节 “在导入过程中修复零件”
- 10.3.2 节 “什么是零件属性?”
- 10.3.3 节 “在导入过程中缩放零件”

10.3.1 在导入过程中修复零件

用户可以导入一个零件，并且后续可能使用零件模块中的几何形体编辑工具集来进行要求的修复操作，使得 Abaqus/CAE 可以使用导入的零件；更多信息见“几何形体编辑工具集”。另外，用户可以导入一个零件并且在导入过程中修复零件，如本节所描述的那样。

当用户导入一个零件时，Abaqus/CAE 扫描零件的内容并且显示具有 Name-Repair 标签页的对话框来允许用户控制下面的选项：

名称（Name）

零件的名称。

修复操作（Repair Options）

对于支持的大部分文件格式，Abaqus/CAE 自动在导入过程中修复零件。然而，当用户导入 IGES 格式文件或者 VDA-FS 格式文件时，Abaqus/CAE 提供下面的附加选项：

- Convert to analytical representation（转化成分析型表示）。
- Stitch gaps（缝合间隙）。

在大部分情况中，这些选项的默认设置提供最好的结果。更多信息见 69.2 节“编辑技术概览”。

零件筛选（Part Filter）

下面的文件格式可以在一个单独的文件中包含多个零件：

- ACIS。
- CATIA V4。
- Elysium 中性文件（CATIA V5 或者 Pro/ENGINEER）。
- Parasolid。
- STEP。

Abaqus/CAE 默认导入文件中所有的零件。如果用户导入文件中的所有零件，用户可以为它们中的每一个创建单独的 Abaqus 零件，或者将它们组合为一个单独的 Abaqus 零件；此外，如果用户组合这些零件，则 Abaqus/CAE 使用用户指定的缝合容差值来缝合这些导入的零件。另外，用户可以切换选中 Import part number 并且输入要从文件中导入的单个零件数量。Abaqus/CAE 会对出现有效性或者精确性问题的任何零件进行说明。

在一些情况中，当用户将零件导入 Abaqus/CAE 中时，零件的几何形体包含无意义的额外边和顶点。额外的几何形体将面切割成额外的面，以及将边切割成额外的边，产生不必要的复杂性。额外的几何形体将让用户过度的划分网格，因此用户应当使用几何形体编辑工具集来删除冗余的边和顶点。用户也可以使用网格划分模块中的虚拟拓扑来合并小面和边，这样来忽略不必要的顶点和边；更多信息见第 75 章“虚拟拓扑工具集”。

10.3.2 什么是零件属性？

零件具有下面的属性：

建模空间

当用户导入一个零件时，Abaqus/CAE 扫描文件并且试图如下确定要导入零件的建模空间：

- 如果 Abaqus/CAE 确定零件是三维的，则将建模空间设置成三维的。
- 如果 Abaqus/CAE 确定零件是平的，则用户可以选择建模空间是二维的还是三维的。
- 如果 Abaqus/CAE 确定零件是平的，并且零件的几何形体不与 Y 轴相交，则用户可以选择建模空间是轴对称的、二维的或者三维的。如果用户选择轴对称的，则默认 Y 轴是回转轴，并且用户可以添加扭曲自由度。

更多信息见 11.4.1 节“零件模拟空间”。

类型

Abaqus/CAE 总是假定零件类型是可变形的。另外，用户可以选择 Discrete rigid 来导入离散刚体零件，或者选择 Eulerian 来导入欧拉零件。更多信息见 11.4.2 节“零件类型”。

虽然用户不能将一个导入的零件定义成分析型刚体零件，但是用户可以将分析型零件的几何形体导入到草图中。然后用户可以创建一个新的分析型刚体零件，并且将导入的草图复制到草图工具集中。

10.3.3 在导入过程中缩放零件

当用户导入一个零件时，用户可以选择保留文件中存储的尺寸，或者用户可以在导入过程中改变零件的大小。可以进行如下操作：

- 输入一个比例因子，Abaqus/CAE 将施加到文件中的所有坐标上。将相应地缩放任何距原点的偏置。
- 如果用户正在从 ACIS 文件导入零件，则用户可以从文件读取比例因子、转动矩阵和平动矩阵。

用户也可以在复制到一个新零件的时候改变零件的比例因子。更多信息见 11.5 节“复制零件的可选操作”。

10.4 理解 IGES 文件的内容

IGES 中性文件格式是允许用户在 Abaqus/CAE 与其他 CAD 应用之间传递几何形体数据的国际标准。用户可以使用 IGES 格式的文件来导入和导出草图和零件。本节介绍 IGES 格式，以及当导入和导出 IGES 文件时用户可以使用的选项，包含以下主题：

- 10.4.1 节 "Abaqus/CAE 中的 IGES 选项"
- 10.4.2 节 "什么是 IGES 实体?"
- 10.4.3 节 "IGES 日志文件"
- 10.4.4 节 "导出成 IGES 文件"

对于如何导入和导出 IGES 格式文件的详细描述，见 10.7.7 节 "从 IGES 格式的文件导入零件"，以及 10.9 节 "导出几何形体、模型和网格数据"。

10.4.1 Abaqus/CAE 中的 IGES 选项

IGES 选项允许用户控制以下内容：

剪裁曲线（首选项）

IGES 文件可以包含使用实数空间、参数空间或者二者来定义的曲线。当用户从 IGES 文件导入零件到 Abaqus/CAE 中时，面和剪裁曲线会转化成零件的内部表示。默认情况下，Abaqus/CAE 使用存储在 IGES 文件中的信息来确定如何定义剪裁曲线；另外，用户可以强制 Abaqus/CAE 总是使用实数空间或者参数空间。

- 依照 IGES 文件（As per IGES file）。这是默认的选项。当选择此选项时，Abaqus/CAE 使用 Always use parametric data 选项或者 Always use 3D data 选项来确定剪裁曲线是如何定义的。IGES 文件中的信息确定使用两个选项中的哪一个。

- 总是使用参数数据（Always use parametric data）。此选项使用曲线所在的面来参数化计算剪裁曲线。在剪裁曲线上的每一个数据点是通过面参数（u，v）来定位的。Abaqus/CAE 评估对应数据点的面，并且为点生成三维坐标。

如果基底面有太多的急剧变形而不能精确地参数化定义，则当 Abaqus/CAE 试图重新构建零件时，剪裁曲线可能不会位于面中。这产生剪裁错误并且可以导致边之间的间隙。

- 总是使用 3D 数据（Always use 3D data）。此选项从空间中的三维坐标——零件的坐标系——计算剪裁曲线，同时说明剪裁曲线位于参数化面中。每一个数据点拥有其自身的三维几何点；结果每一次移动面，都要重新评估剪裁曲线。剪裁曲线可以仅沿着面移动。Always use 3D data 选项应当允许剪裁曲线与基底面待在一起；然而，并不能保证这样。如果用户选择 Always use 3D data 选项，则完成导入会花费更长的时间。

- MSBO。Manifold Solid B-rep Object（MSBO，186 类型实体）是 B-rep 实体店 IGES 术语。就像所有的 B-rep 实体，MSBO 实体通过所有定义实体的剪裁面来说明实体对象的整体拓扑。Abaqus/CAE 在扫描 IGES 格式的文件并找到对象后自动设置 MSBO 选项。

对于包含 MSBO 对象的 IGES 文件，创建文件的 CAD 软件包必须在导出过程中包括 MSBO。CATIA V5 允许 MSBO 实体；SOLIDWORKS 不允许包括 MSBO 实体。

- 层级（Levels）。CAD 应用可以采用层级（或者称为层）的序列来存储 IGES 格式文件的物体。例如，不同的层级可以包含几何形体、尺寸、文本标注、构型线、注意或者文字描述。当用户从 IGES 格式文件导入一个零件时，Abaqus/CAE 扫描文件，并且 Create Part from IGES File 对话框显示在 IGES 文件中找到的层级列表。

如果一个层级包含不是几何形体的物体，例如尺寸，则 Abaqus/CAE 在导入过程中忽略此层级。然而，如果一个层级的确包含几何形体，用户可以在对话框中从列表中删除层级，然后 Abaqus/CAE 将不导入此层级。用户必须至少导入一个层级。结果，如果 IGES 文件仅包含一个层级，则不能获取 Level 域。Abaqus/CAE 忽略任何在 IGES 文件中没有出现的用户输入层级。

如果用户在导入过程中遇到困难，则可以更改默认的设置。

10.4.2 什么是 IGES 实体？

当用户导入一个 IGES 格式的文件时，Abaqus 在显示 Create Part from IGES 对话框之前扫描文件的内容。然后用户可以使用 IGES Options 标签页上的按钮来显示下面的内容：

IGES 头部

IGES 头部信息包括写 IGES 文件的应用所具有的详细信息，也包括写入文件时与作者和数据有关的信息，以及缩放、分辨率和单位。

实体列表

一个实体可以是几何的形体，例如一个点、一个圆弧或者一条线。另外，实体可以从几何形体分离，例如一个评论说明。IGES 给每一个实体分配一个编号，例如一个圆弧是实体编号 100。IGES 实体列表显示文件中可以找到的每一种类型实体的列表。列表包括 IGES 实体编号，实体的描述以及可以在文件中找到的数量。

对于可以导入到 Abaqus/CAE 中的 IGES 实体的完整列表，见 10.7.8 节“当导入零件或者草图时，Abaqus/CAE 识别的 IGES 实体”。

10.4.3　IGES 日志文件

当用户从一个 IGES 文件导入一个零件时，Abaqus/CAE 在用户开始程序会话的目录中创建一个命名为 abaqus_read_iges.log 的文件。IGES 日志文件包含与遇到的问题一起转化的实体有关的信息。

Abaqus/CAE 在每一个 IGES 导入之后覆盖 abaqus_read_iges.log 文件。将下面的信息写到 IGES 日志文件中：

- 整体头信息。
- 找到的 IGES 实体总结。
- IGES 读取选项。显示的选项是导入过程中 Abaqus/CAE 的 ACIS 几何形体引擎使用的选项。用户可以仅控制下面的选项。

—MSBO。

—读取裁切曲线。

- 转换日志。
- 错误。

10.4.4　导出成 IGES 文件

CAD 应用使用它们自己的 IGES 标准解释来将数据存储到 IGES 格式的文件中。Abaqus/CAE 能解释绝大部分应用生成的 IGES 格式文件。此外，当用户将一个零件或者装配体导出成 IGES 格式的文件时，Abaqus/CAE 允许用户指定将读取文件的应用，并且以合适的定制格式或者风格写出数据。用户可以选择以下类型中的一种：

- 标准的（Standard）。
- MSBO。
- AutoCAD。
- SolidWorks。
- JAMA（日本汽车制造协会）。

默认情况下，Abaqus/CAE 使用标准的风格来将数据输出到 IGES 文件。Abaqus/CAE 将几何形体数据写到 IGES 文件中的一个单独层中。

10.5 用户可以如何导入模型?

用户可以从一个输入文件、一个输出数据库或者一个 Abaqus/CAE 模型数据库导入模型。用户也可以从一个输入文件或者模型数据库导入完整的模型;然而,用户仅可以从输出数据库导入零件、截面定义、材料和梁截面。

- 10.5.1 节 “从 Abaqus/CAE 模型数据库导入模型”
- 10.5.2 节 “从 Abaqus 输入文件导入模型”
- 10.5.3 节 “从输出数据库导入模型”
- 10.5.4 节 “从 Nastran 输入文件导入模型”
- 10.5.5 节 “从 ANSYS 输入文件导入模型”

下面的部分描述用户如何导入一个模型。对于如何导入模型的详细描述,见 10.8 节 “导入一个模型”。

10.5.1 从 Abaqus/CAE 模型数据库导入模型

用户可以通过选择主菜单栏中的 File→Import→Model,从不同的模型数据库将一个模型导入到当前的 Abaqus/CAE 模型数据库中。从出现的对话框中选择一个模型数据库(.cae)文件,然后从 Import Model from Model Database 对话框中选择想导入的模型。来自 Abaqus 之前版本的模型数据库必须在导入它们的模型数据之前进行升级。

当用户从一个模型数据库导入模型时,Abaqus/CAE 创建一个要导入模型的副本,包括原始版本中的所有模型数据。然而,此导入不包括出现在原始模型数据库中的,却不与模型直接关联的以下数据:

- 作业数据。
- 使用 Abaqus 脚本界面创建的定制用户数据。

用户也可以在导入模型后提示 Abaqus/CAE 立即显示 Copy Objects 对话框。此对话框让用户在当前模型数据库中的模型之间复制单个对象,例如零件、草图或者材料。更多有关复制对象的信息,见 9.8.3 节 “在模型之间复制对象”。

从不同模型数据库导入的模型与原始的模型没有链接关系;导入发生之后对原始模型进行的任何变化都不会传递到复制文件中。

10.5.2 从 Abaqus 输入文件导入模型

用户可以通过从主菜单栏选择 File→Import→Model，来使用一个 Abaqus 输入文件将一个模型导入进 Abaqus/CAE 中。新的模型包含从输入文件导入的 Abaqus 关键字；例如，如果从 * ELASTIC 关键字导入了杨氏模量，则可以在属性模型中使用。导入过程会忽略不支持的关键字。Abaqus/CAE 在处理模型部件标签时，对大小写敏感，如果相同类型的模型部件标签仅存在大小写差异，可能会在导入时出现问题；因此，建议使用完全不同的名称来区分模型部件，以确保导入的准确性。输入文件不需要是完整的；例如，它可以不包括任何历史数据。因为输入文件不能存储所有来自 Abaqus/CAE 模型数据库的数据，因此用户不应当使用输入文件来备份模型数据。

可以从 Abaqus 输入文件将下面的功能导入到模型中：

- 节点和单元。
- 面、节点和单元集合，以及接触节点集合。
- 自适应网格控制。
- 材料、截面和方向定义。
- 模型和材料描述。
- 相互作用和相互作用属性。
- 离散的紧固件（之前在 Abaqus/CAE 中进行了定义）。
- 载荷和边界条件（在整体坐标系中）。
- 幅值。
- 过程、输出请求和监控变量。

注意：导入具有大量属性（如多个步或者多个预定义场，数量级为 8000 或者更多）的模型，可能需要花费大量的时间。

输入文件读取器支持的关键字的完整列表，见附录 A.2“输入文件阅读器支持的关键字”。并非所有的关键字数据行都支持导入；当遇到不支持的输入时，Abaqus/CAE 会发出警告信息。用户可以使用关键字编辑器来包括输入文件读取器不支持的选项；使用关键字编辑器的详细指导，见 9.10.1 节“对 Abaqus/CAE 模型添加不支持的关键字”。

导入零件

零件以网格的形式从输入文件导入；网格由节点和单元定义以及赋予的单元类型构成。输入文件读取器可以导入包含大多数常用单元类型的网格。然而，输入文件读取器不能导入包含以下单元类型的网格：

- 管支持单元（ITS *）。
- 用户定义的单元（U *）。

可以导入以下单元类型，但尚不支持它们的截面属性：

- 分布的耦合单元（DCOUP *）。

- 拖拽链单元（DRAG＊）。
- 框架单元（FRAME＊）。
- 间隙接触应力/位移单元（GAPCYL、GAPSPHER 和 GAPUNI）。
- 界面单元（INTER＊、ISL＊、IRS＊、ISP＊、ITT＊和 DINTER＊）。
- 连接单元（JOINT＊）。
- 线性弹簧单元（LS＊）。

可以导入孔隙压力胶粘单元，但用户无法在 Abaqus/CAE 模型中查看它们。不过，用户可以在分析完成后在显示模块中查看孔隙压力胶粘单元。

用户可以使用网格模块来改变从输入文件导入的单元类型。

导入集合和面

导入功能可根据任何＊ELSET 或＊NSET 关键字，以及其他支持关键字上的任何 ELSET 或 NSET 参数来创建集合。如果输入文件是以零件实例的装配形式编写的，则在创建零件和装配体集合时，Abaqus/CAE 会保留用户的意图。如果在零件（变形的或者刚性的）中定义了集合，则 Abaqus/CAE 将创建一个零件集合。当用户在装配模块中实例化零件时，用户可以引用零件集合；然而，装配体相关的模块仅提供对零件集合的只读访问。如果在装配体中定义一个集合，则 Abaqus/CAE 将创建一个装配体集合。更多信息见 73.2.2 节“零件集合和装配集合有何不同?”。

相反，如果输入文件不是以零件实例装配体的形式书写的，则 Abaqus/CAE 会尽量减少创建的集合数量。在大部分情况中，输入文件中的集合仅作为装配体集合导入。然而，如果截面赋予引用了集合，则 Abaqus/CAE 仅将该集合作为零件集合导入。

可以导入基于单元的面；然而，Abaqus/CAE 会将基于节点的面作为节点集合导入，而不是作为面导入。因此，导入的基于节点的面会出现在集合管理器中，而不是面管理器中。

导入描述

输入文件中作为注释行出现的模型描述和材料描述会被导入到 Abaqus/CAE 中。输入文件的开头部分包含了关于模型的描述信息，可以从 Edit Model Attributes 对话框中访问。在材料和材料行为定义之前出现的注释行存储着材料描述，可以从 Edit Material 对话框中访问。

来自 Edit Job 对话框的作业描述，会作为输入文件开头部分的数据行出现。如果需要的话，用户可以更改此数据行，来包括与作业有关的更多细节；然而，此数据行不会导入到 Abaqus/CAE 中。

导入相互作用、约束和紧固件

仅当在第一个分析步中抑制接触对时，Abaqus/CAE 才会导入重新激活的接触对。

依据输入文件如何确定所包含的节点，Abaqus/CAE 将多点约束作为 MPC 连接器截面和线框特征导入，或者作为 MPC 约束导入。

完全定义的离散紧固件包含附着线和连接器截面赋予。为了导入时在 Abaqus/CAE 中重新建立与原始模型一样的离散紧固件，Abaqus/CAE 会在用户递交作业分析时向输入文件写入特殊的注释行。这些特殊注释行紧跟在用于定义离散紧固件的 Abaqus 关键字之前，以 ** @ ABQCAE 开头，并且会被 Abaqus 求解器忽略。

不能从输入文件中导入装配紧固件和基于点（与网格无关）的紧固件。

分析子模型

当用户使用 Abaqus/Standard 或者 Abaqus/Explicit 分析子模型时，需要在 Abaqus 执行过程中提供包含整体解的输出数据或者结果文件的名称；该文件名称不会出现在输入文件中。因此，当用户导入分析子模型的输入文件时，用户必须指定输出数据库或者结果文件的名称，该文件包含驱动子模型的整体解。在 Submodel 标签页中选择 Model→Edit Attributes→模型名称，并输入包含整体解的文件名称。

10.5.3 从输出数据库导入模型

用户可以通过从主菜单栏选择 File→Import→Model，使用输出数据库来将模型导入到 Abaqus/CAE 中。

用户可以从输出数据库为模型导入下面的功能：

- 节点和单元。
- 面、节点和单元集合，以及接触节点集合。
- 材料和截面定义。
- 梁侧面。

虽然导入了截面，但是没有导入相应单元集合的截面赋予。类似地，也没有导入相应梁截面的梁截面赋予。当用户为分析递交一个输入文件时，Abaqus 不会将一些材料定义写到输出数据库。因此，如果用户将输出数据库导入到 Abaqus/CAE 中，则模型将失去这些材料。如果发生这种情况，则用户可以从输入文件导入模型，以代替从输出数据库导入模型。

通过对定义装配中的每一个零件实例的节点和单元进行读取，Abaqus/CAE 从输出数据库导入零件。如果创建输出数据库的输入文件是使用零件和装配体构建的，则从输出数据库导入的零件实例在 Abaqus/CAE 中作为单个零件出现。此外，Abaqus/CAE 中的装配和每一个零件实例一起出现。因此，导入到 Abaqus/CAE 中的模型包含对应输出数据库中每一个零件实例的零件实例。

在输出数据库中定义零件实例的节点和单元平动到和转动到它们在装配中的位置。导入到 Abaqus/CAE 中产生的零件名称与输出数据库中的原始零件实例一样，并且方向反映输出数据库中零件实例的方向。因此，导入零件的方向可能与输入文件中的零件方向不同，该输出文件生成输出数据库。

如果创建输出数据库的输入文件不是使用零件和装配体来构建的，则 Abaqus/CAE 将网格定义作为单个零件和单个零件实例来写到输出数据库中。如果输出数据库中的单个零件包括分析型刚性面，则 Abaqus/CAE 试图导入的零件将包含可变形零件和分析型刚性零件的无效组合。结果不能导入输出数据库。

10.5.4 从 Nastran 输入文件导入模型

用户可以通过从主菜单栏选择 File→Import→Model，使用 Nastran 文件来将模型导入到 Abaqus/CAE 中。Abaqus/CAE 可以将 Nastran 批数据中的多个共同实体导入到用户创建的模型中；更多有关被支持的实体信息，见《Abaqus 分析用户手册——介绍、空间建模、执行与输出卷》的 3.2.30 节“将 Nastran 批数据文件转换成 Abaqus 输入文件”。

当用户将 Nastran 输入文件导入到 Abaqus/CAE 中时，用户可以控制 Nastran 到 Abaqus 转换的诸多方面。这些选项包括：

- 从 Nastran 到 Abaqus 的单元类型的单元映射。
- 为转化 Nastran 截面或者膜数据到 Abaqus 截面选择一个方法。用户可以创建对应每一个 Nastran PSHELL 或者 PCOMP 属性 ID 的 Abaqus 截面，为参考同一个材料的所有均质单元创建截面，或者为 Nastran 输入文件中的方向、偏置和/或厚度的每一个组合创建单独的壳或者膜截面。
- 使用预先集成的壳截面。
- 为 Abaqus/CAE 模型中创建的所有密度、质量和转动惯量值施加一个比例因子。
- 在具有载荷工况的 Abaqus 摄动步中使用 Nastran 库 SOL101、SOL108 或者 SOL111 的转换声明。
- 通过在偏置位置创建新的节点来耦合梁单元偏置，改变与新节点的梁连接性，以及刚性耦合新节点和原始节点。

10.5.5 从 ANSYS 输入文件导入模型

通过从主菜单栏选择 File→Import→Model，用户可以使用 ANSYS 输入文件来将模型导入到 Abaqus/CAE 中。Abaqus/CAE 可以将 ANSYS 输入文件中的多个常用实体导入到用户创建的模型中；有关可支持实体的更多信息，见《Abaqus 分析用户手册——介绍、空间建模、执行与输出卷》的 3.2.32 节“将 ANSYS 输入文件转换成部分 Abaqus 输入文件”。

10.6 成功导入IGES文件的逻辑方法

如果用户从IGES文件导入零件到Abaqus/CAE中时遇到问题，下面的列表给出了用户应当遵守的步骤。导入其他文件类型也可以使用相同的方法，但是基于文件类型，导入选项将发生变化。

抑制零件特征

用户从CAD系统输出一个零件时，应当知道想要使用Abaqus分析的零件类型，以及想要从分析得到什么。例如，用户可以删除那些影响网格和控制分析执行花费时间的过度细节。更多信息见10.1.5节“获知所需的最终产品”。

更改Abaqus/CAE中的导入选项

如果用户从一个IGES文件导入零件，用户可以选择下面的选项：

- 剪裁曲线（首选项）（Trim Curve Preference）。
- 比例（Scale）。
- MSBO。

用户也可以指定要导入的IGES文件中的级。有关设置这些选项作业的更多信息，见10.4.1节“Abaqus/CAE中的IGES选项”。

试图修复零件

如果Abaqus/CAE请求执行一个精确的零件（例如，如果用户需要分割零件），则用户可以使用零件模块中的几何形体编辑工具集来编辑零件。更多信息见69.2节“编辑技术概览”。

调试和定位问题

如果用户不明确为什么Abaqus/CAE仍然不能使用一个零件，则用户可以尝试下面的操作：

- 查看IGES Options对话框中的IGES Entity Filter列表来确定不支持的实体。

- 面上灰色的或者更亮的未连接线说明是面中起伏的轮廓线，是 Abaqus/CAE 试图让面更加精确而引入的线。用户应当手动删除这些面，或者不使用 Convert to precise representation 自动修复选项来再次导入零件。
- 试图网格划分零件。Abaqus/CAE 不能网格划分的面，说明几何形体质量欠佳。

试图再次导入零件

如果修复工具不能生成有效的零件，则描述零件的文件可能是无效的，或者包含病态的声明。用户应当试图将零件导入回创建零件的 CAD 系统。如果不能导入零件，则用户应当检查导出设置并重新生成零件。文件中不与零件定义关联的实体将造成导入失败；例如，零件周围的边界或者标题框。理想情况下，用户不应当试图将零件导入到 Abaqus/CAE 中，直到用户知道零件可以导入回生成零件的 CAD 系统中。

10.7 导入草图和零件

本节介绍如何使用主菜单栏的 File 菜单来导入草图和零件，包括以下主题：

- 10.7.1 节 “导入草图”
- 10.7.2 节 “导入零件”
- 10.7.3 节 “导入装配体”
- 10.7.4 节 “从 ACIS 格式的文件导入零件”
- 10.7.5 节 “从 CATIA V4 格式或者 CATIA V5 格式的文件导入零件”
- 10.7.6 节 “从 Elysium 中性文件导入零件”
- 10.7.7 节 “从 IGES 格式的文件导入零件”
- 10.7.8 节 “当导入零件或者草图时，Abaqus/CAE 识别的 IGES 实体”
- 10.7.9 节 “从 Parasolid 格式的文件导入零件”
- 10.7.10 节 “从 STEP 格式的文件导入零件”
- 10.7.11 节 “从 VDA-FS 格式的文件导入零件”
- 10.7.12 节 “从输出数据库导入零件”
- 10.7.13 节 “将子结构作为零件导入模型数据库”
- 10.7.14 节 “从装配文件导入装配体”
- 10.7.15 节 “从 CATIA V4 格式的文件导入装配体”
- 10.7.16 节 “从 Elysium 中性文件导入装配体”
- 10.7.17 节 “从 Parasolid 格式的文件导入装配体”

10.7.1 导入草图

从主菜单栏选择 File→Import→Sketch 来从下面的文件中导入草图：

- IGES 格式的文件（.igs 文件）。
- AutoCAD 格式的文件（.dxf 文件）。
- ACIS 格式的文件（.sat 文件）。
- STEP 格式的文件（.stp 文件）。

如果用户导入一个草图，则文件必须包含可以直接映射到草图平面的二维平面侧面图。如果文件包含三维的几何形体，则 Abaqus/CAE 进行如下操作：

- 如果用户正在导入 AutoCAD 文件，则 Abaqus/CAE 仅使用 *X-Y* 平面中的几何形体来创建草图。

• 如果用户正在导入 IGES、ACIS 或者 STEP 文件，则 Abaqus/CAE 显示出错信息并且放弃导入过程。

用户可以从仅包含简单几何形体的文件导入草图，因为 Abaqus/CAE 必须能够将几何形体转化成对应的草图器实体，如线、圆、圆弧或者样条曲线。如果 Abaqus/CAE 找到不能转化的几何形体，则忽略此几何形体。Abaqus/CAE 支持的 IGES 和 AutoCAD 形体列表，见 20.3.2 节“导入的草图”。

若要导入一个草图，执行以下操作：

1. 从主菜单栏选择 File→Import→Sketch。

Abaqus/CAE 显示 Import Sketch 对话框。

2. 从 Import Sketch 对话框底部的 File Filter 菜单中选择以下一个选项。

• ACIS SAT（*.sat*）。

• IGES（*.igs*）。

• STEP（*.stp*）。

• AutoCAD DXF（*.dxf*）。

3. 选择包含要导入草图的文件，然后单击 OK。

Abaqus/CAE 将文件中的侧面图转化成一个草图。草图将出现在模型的草图列表中，并且可以在用户进入草图模块时恢复。有关如何使用导入草图的信息，见 20.3.1 节“独立草图”。

10.7.2 导入零件

从主菜单栏选择 File→Import→Part 来从下面的任何一处来源导入零件：

一个外部格式的文件

用户可以从以下格式导入几何形体信息。

• ACIS。

• CATIA V4。

• Pro/ENGINEER、NX、CATIA V5 或者 CATIA V6 生成的 Elysium 中性文件。

• CATIA V5。

• IGES。

• Parasolid。

• STEP。

• VDA-FS。

有关 Abaqus/CAE 支持的 CAD 软件版本信息，见 www.3ds.com/support/knowledge-base 处的达索知识库。

用户可以导入一个装配中的所有零件，也可以仅导入指定的零件。Abaqus/CAE 创建导入的每一个零件的单独零件。因此，如果在装配中一个零件实例化了许多次，则 Abaqus/CAE 将创建对应每一个实例的单个零件。Abaqus/CAE 不保留零件名称或者颜色编码。

一个输出数据库

用户可以采用网格划分零件的形式来导入存储在输出数据库中的零件实例。网格划分零件不包含特征信息，并且从输出数据库中将网格划分零件提取成节点、单元、面和集合的容器。用户可以导入未变形的形状或者变形后的形状。如果用户导入变形后的形状，则用户可以指定变形形状的步和增量。更多信息见 10.7.12 节“从输出数据库导入零件”。

一个子结构

用户可以将子结构作为一个新的零件定义来导入模型数据库。更多信息见 10.7.13 节“将子结构作为零件导入模型数据库”。

若要导入一个零件，执行以下操作：

1. 从主菜单栏选择 File→Import→Part。

出现 Import Part 对话框。

2. 从 Import Part 对话框底部处的 File Filter 菜单选择以下一项。

- ACIS SAT（*.sat*）；更多信息见 10.7.4 节“从 ACIS 格式的文件导入零件”。
- IGES（*.igs*，*.iges*）；更多信息见 10.7.7 节“从 IGES 格式的文件导入零件”。
- VDA（*.vda*）；更多信息见 10.7.11 节“从 VDA-FS 格式的文件导入零件”。
- STEP（*.stp*，*.step*）；更多信息见 10.7.10 节“从 STEP 格式的文件导入零件”。
- CATIA V4（*.model*，*.catdata*，*.exp*）；更多信息见 10.7.5 节“从 CATIA V4 格式或者 CATIA V5 格式的文件导入零件”。
- CATIA V5（*.CATPart*，*.CATProduct*）；更多信息见 10.7.5 节“从 CATIA V4 格式或者 CATIA V5 格式的文件导入零件”。
- Parasolid（*.x_t*，*.x_b*，*.xmt*）；更多信息见 10.7.9 节“从 Parasolid 格式的文件导入零件”。
- ProE/NX/CATIA V5 Elysium Neutral（*.enf*）；更多信息见 10.7.6 节“从 Elysium 中性文件导入零件”。
- Output Database（*.odb）；更多信息见 10.7.12 节“从输出数据库导入零件”。
- Substructure（*.sim*）；更多信息见 10.7.13 节“将子结构作为零件导入模型数据库”。

3. Abaqus/CAE 列出选中目录中的所有文件，并且带有文件扩展名。选择包含零件的文件来导入，然后单击 OK。

4. 选择期望的修复选项和零件属性，然后单击 OK。更多信息见 10.3 节“控制导入过程”，以及 10.3.2 节“什么是零件属性?”。

10.7.3 导入装配体

从主菜单栏选择 File→Import→Assembly，以下面的格式导入一个装配体。

- 装配文件。
- CATIA V4。
- 由 Pro/ENGINEER、CATIA V5 或者 CATIA V6 生成的 Elysium Neutral 文件。
- Parasolid。

Abaqus/CAE 支持的 CAD 软件的版本，见 http://www.3ds.com/support/knowledge-base 处的达索系统知识基地。Abaqus/CAE 不支持子装配。因此，导入文件中的装配体和子装配体在 Abaqus/CAE 中作为单独的装配体出现。

用户可以导入整个装配体，也可以仅导入选中的零件实例。Abaqus/CAE 将用户的选择附加到现有的装配体中，并保留实例的原始位置。

若要导入一个装配体，执行以下操作：

1. 从主菜单栏选择 File→Import→Assembly。

出现 Import Assembly 对话框。

2. 从 Import Assembly 对话框底部的 File Filter 菜单选择下面中的一个。

- Assembly File（*.eaf*）；更多信息见 10.7.14 节“从装配文件导入装配体”。
- CATIA V4（*.model*，*.catdata*，*.exp*）；更多信息见 10.7.15 节“从 CATIA V4 格式的文件导入装配体”。
- Parasolid（*.x_t*，*.x_b*，*.xmt*）；更多信息见 10.7.17 节“从 Parasolid 格式的文件导入装配体”。
- ProE/NX/CATIA V5 Elysium Neutral（*.enf*）；更多信息见 10.7.16 节“从 Elysium 中性文件导入装配体”。

3. Abaqus/CAE 列出选中目录中的所有文件，并且带有文件扩展名。选择包括装配的文件来导入，然后单击 OK。

Abaqus/CAE 进入装配模块并显示 Import Assembly from *format* File 对话框。

4. 进行下面的一个操作。

- 单击装配体名来导入装配体中的所有零件实例。
- 单击装配体名左侧的箭头来显示装配体中的所有零件实例。单击想要导入的零件实例名称。

5. 单击 OK 来导入装配体或者选中的零件实例，然后退出 Import Assembly from *format* File 对话框。

Abaqus/CAE 创建零件实例以及对应的零件。

Abaqus/CAE 在信息区域显示一个信息来说明是否有零件实例是无效的或者不精确的。如果有必要，使用查询工具集来定位无效的和不精确的几何形体区域。更多信息见 11.16.4

节“使用零件模块中的查询工具集”。

10.7.4 从 ACIS 格式的文件导入零件

许多计算机辅助模拟和草图应用可以读取和写入 ACIS 格式的文件；用户可以使用这些文件来在这些应用与 Abaqus/CAE 之间交换几何形体信息。从主菜单栏选择 File→Import→Part 来导入 ACIS 格式文件的零件。用户可以导入存储在 ACIS 格式文件中的多个零件。用户可以从 Abaqus/CAE 导出零件和装配体到 ACIS 格式的文件。

用户不能从 ACIS 格式文件中导入混合建模空间的零件；例如，实体和轴对称面。此外，用户不能导入混合类型的零件；例如，变形体和离散刚体面。

导入的 ACIS 零件形成 Abaqus/CAE 中新零件的基础特征；用户不能直接更改此基础特征，但用户可以对基础特征添加额外的特征，如实体拉伸或者盲切割。

若要从 ACIS 格式的文件导入一个零件，执行以下操作：

1. 从主菜单栏选择 File→Import→Part。

出现 Import Part 对话框。

2. 从 Import Part 对话框底部的 File Filter 菜单中选择 ACIS SAT（*.sat*）。

Abaqus/CAE 列出选中目录中所有具有 .sat* 文件扩展名的文件。

3. 选择包含一个或者多个零件的 ACIS 文件来导入，然后单击 OK。

出现 Create Part from ACIS File 对话框。

4. 单击 Name-Repair 标签页来设置以下内容。

1）Name。新零件的名称，更多信息见 3.2.1 节“使用基本对话框组件”。

2）Part Filter。零件过滤器，一个 ACIS 文件可以包含多个零件，Abaqus/CAE 默认导入文件中的所有零件。如果用户导入 ACIS 文件中的所有零件，则用户可以为它们的每一个创建单独的 Abaqus 零件，或者用户可以将它们组合成一个单独的 Abaqus 零件。

此外，如果用户组合这些零件，则 Abaqus/CAE 可以使用户控制几何形体组合的以下方面。

- 用户可以保留导入零件之间的相交边界，从而删除无效的几何形体。
- 用户可以使用指定的缝补容差值来将这些导入的零件缝补到一起。

如果用户想要从 ACIS 文件导入单个零件，则用户可以切换选中 Import part number 并输入要从文件导入的单个零件的数量。

5. 单击 Part Attributes 标签页来设置以下内容。

- 导入零件的建模空间。当用户导入一个零件时，Abaqus/CAE 会扫描文件并尝试确定建模空间。

- 导入零件的类型。Abaqus/CAE 总是假定零件类型是可变形的。此外，用户可以选择 Discrete rigid 来导入离散的刚体零件，或者选择 Eulerian 来导入一个欧拉零件。更多信息见 11.4.2 节“零件类型”。

在大部分情况中，用户应当接受默认的设置；更多信息见 10. 3. 2 节“什么是零件属性?”。

6. 单击 Scale 标签页来在导入过程中缩放零件。

• 选择 No scale 来保留文件中存储的尺寸。

• 选择 Use transform from file，including scale 来读取来自 ACIS 文件的缩放因子、转动矩阵以及平动矩阵。

• 选择 Multiply all lengths by，然后输入一个缩放因子。Abaqus/CAE 对文件中的所有坐标施加缩放因子。结果，也会相应地缩放距离原点的偏置。

7. 单击 OK 来导入 ACIS 零件。

Abaqus/CAE 进入零件模块，导入的零件替换当前视口的内容，并替换环境栏中零件的模型列表中出现的零件。

当用户导入单个零件时，Abaqus/CAE 会在信息区域中显示信息来说明零件是否包含有效性或者精度问题。如果用户从单个的 ACIS 文件中导入多个零件，则用户可以使用 Part Manager 来检查是否有零件是无效的或者不精确的。如果有必要，使用查询工具集来定位无效的和不精确的几何形体区域。更多信息见 11. 16. 4 节“使用零件模块中的查询工具集”。

10. 7. 5 从 CATIA V4 格式或者 CATIA V5 格式的文件导入零件

从主菜单栏选择 File→Import→Part 来从 CATIA V4 格式或者 CATIA V5 格式的文件直接将一个零件导入到 Abaqus/CAE 中。用户可以导入 CATIA 格式的零件，但是不能导出 CATIA 格式的零件。Abaqus/CAE 支持的 CATIA V4 和 CATIA V5 版本的有关信息，见 http://www. 3ds. com/support/knowledge-base 处的达索系统知识基地。

注意：仅当用户拥有可选的 CATIA V5 关联界面许可证时，用户才可以直接导入 CATIA V5 格式的文件。更多信息见 10. 1. 2 节“可以使用关联界面做什么?”。

导入的 CATIA 零件形成 Abaqus/CAE 中新零件的基础特征；用户不能直接更改此基础特征，但是用户可以对基础特征添加额外的特征，如实体拉伸或者盲切割。

若要从 CATIA 格式的文件导入一个零件，执行以下操作：

1. 从主菜单栏选择 File→Import→Part。

出现 Import Part 对话框。

2. 从 Import Part 对话框底部的 File Filter 菜单中选择 CATIA V4（*. model *，*. catdata *，*. exp *）或者 CATIA V5（*. CATPart *，*. CATProduct *）。

Abaqus/CAE 列出选中目录中具有可接受文件扩展的所有文件。

3. 选择包含有要导入零件的 CATIA 文件，然后单击 OK。

Abaqus/CAE 显示 Create Part from CATIA File 对话框。

4. 单击 Name-Repair 标签页来设置以下内容。

1）Name。新零件的名称，更多信息见 3.2.1 节“使用基本对话框组件”。

2）Repair Options。

修复选项。Abaqus/CAE 自动在导入过程中修复一个 CATIA 零件。

3）Part Filter。零件过滤器，一个 CATIA 文件可以包含多个零件，Abaqus/CAE 默认导入文件中的所有零件。如果用户导入 CATIA 文件中的所有零件，则用户可以为它们的每一个创建单独的 Abaqus 零件，或者用户可以将它们组合成一个单独的 Abaqus 零件；此外，如果用户组合这些零件，Abaqus/CAE 可以使用用户使用指定的缝合容差值来将这些导入的零件缝合到一起。

如果用户想要从 CATIA 文件导入单个大零件，用户可以切换选中 Import part number 并输入从文件中导入单个零件的数量。

5. 单击 Part Attributes 标签页来设置以下内容。

• 导入零件的模型空间。当用户导入一个零件时，Abaqus/CAE 会扫描文件并尝试确定模拟空间。

• 导入零件的类型。Abaqus/CAE 总是假定零件是可变形的。另外，用户可以选择 Discrete rigid 来导入一个离散的刚性零件，或者选择 Eulerian 来导入一个欧拉零件。更多信息见 11.4.2 节“零件类型”。

在大部分情况下，用户应当接受默认的设置；更多信息见 10.3.2 节“什么是零件属性?”。

6. 单击 Scale 标签页来在导入过程中缩放零件。

• 选择 No scale 来保持存储在文件中的尺寸。仅当导入 CATIA V4 格式的零件时才可以使用此选项。

• 选择 Use transform from file，including scale 来从 CATIA 文件中读取比例因子、转动矩阵和平动矩阵。仅当导入 CATIA V4 格式的零件时才可以使用此选项。

• 选择 Multiply all lengths by，并输入缩放因子。Abaqus/CAE 会对文件中的所有坐标施加比例因子。因此，任何从原点的偏置也将相应地进行缩放。

7. 单击 OK 来导入零件，然后退出 Create Part from CATIA File 对话框。

这取决于选中的选项，Abaqus/CAE 会扫描 CATIA 文件并启动修复过程。如果用户希望放弃此导入过程，单击提示区域中的 Stop。

8. 当用户导入单个零件时，Abaqus/CAE 会显示信息来说明零件是否包含任何有效性或者精确度文本。如果用户从一个 CATIA 文件导入多个零件，则用户使用 Part Manager 来检查是否有零件是无效的或者不精确的。如果有必要，使用查询工具集来定位无效的和不精确的几何形体区域。更多信息见 11.16.4 节“使用零件模块中的查询工具集”。

10.7.6 从 Elysium 中性文件导入零件

从主菜单栏选择 File→Import→Part 来从 Elysium 中性文件导入一个零件。用户可以导入由下面软件生成的 Elysium 中性文件：

• 使用 Elysium 转换器插件的 CATIA V5。

• 使用 NX 关联 Abaqus/CAE 界面的 NX。

• 使用 Pro/ENGINEER 关联界面的 Pro/ENGINEER。

Abaqus/CAE 支持的 CATIA V5、NX 和 Pro/ENGINEER 版本的有关信息，见 http://www.3ds.com/support/knowledge-base 处的达索系统知识基地。

在零件导入过程中，Abaqus/CAE 会自动确定选中文件是否是由 CATIA V5、NX 和 Pro/ENGINEER 生成的，并相应地调整导入过程。来自 Elysium 中性文件的导入零件在 Abaqus/CAE 中形成新零件的基础特征；用户不能直接更改此基础特征，但是用户可以对基础特征添加额外的特征，如实体拉伸或者盲切割。

若要从 Elysium 中性文件导入一个零件，执行以下操作：

1. 从主菜单栏选择 File→Import→Part。

出现 Import Part 对话框。

2. 从 Import Part 对话框底部的 File Filter 菜单中选择 ProE/NX/CATIA V5 Elysium Neutral (*.enf*)。

Abaqus/CAE 列出选中目录中具有 .enf* 文件扩展名的所有文件。

3. 选择包含要导入零件的 Elysium 文件，然后单击 OK。

Abaqus/CAE 显示 Create Part from ENF File 对话框。

4. 单击 Name-Repair 标签页来设置以下内容。

1）Name。新零件的名称，更多信息见 3.2.1 节“使用基本对话框组件”。

2）Repair Options。修复选项，Abaqus/CAE 自动在导入过程中修复一个 CATIA 零件。

3）Part Filter。零件过滤器，Elysium 文件可以包含多个零件，并且 Abaqus/CAE 默认导入文件中的所有零件。如果用户导入 Elysium 文件中的所有零件，用户可以创建每一个导入零件的单独 Abaqus 零件，或者用户可以将它们组合成一个单独的 Abaqus 零件；此外，如果用户组合这些零件，Abaqus/CAE 让用户使用用户指定的缝合容差值来将这些导入的零件缝合到一起。

如果用户想要从 CATIA 文件导入一个单个大零件，则用户可以切换选中 Import part number，并且输入从文件中导入单个零件的数量。

5. 单击 Part Attributes 标签页来设置以下内容。

• 导入零件的模型空间。当用户导入一个零件时，Abaqus/CAE 扫描文件并且试图确定模拟空间。

• 导入零件的类型。Abaqus/CAE 总是假定零件是可变形的。另外，用户可以选择 Discrete rigid 来导入一个离散的刚性零件，或者选择 Eulerian 来导入一个欧拉零件。更多信息见 11.4.2 节“零件类型”。

在大部分情况下，用户应当接受默认的设置；更多信息见 10.3.2 节“什么是零件属性?”。

6. 单击 Scale 标签页来在导入过程中缩放零件。

• 选择 Do not change units 来保持存储在文件中的单位和尺寸。

• 选择 Convert units to mm 来将 Elysium 中性文件中存储的单位转换成毫米。

• 选择 Multiply all lengths by，然后输入缩放因子。Abaqus/CAE 对文件中的所有坐标施加比例因子。结果，将相应地缩放距离原点的任何偏置。

7. 单击 OK 来导入零件，然后退出 Create Part from ENF File 对话框。

取决于选中的选项，Abaqus/CAE 扫描 Elysium 中性文件并且启动修复过程。如果用户希望放弃此导入过程，单击提示区域中的 Stop。

8. 当用户导入一个单独零件时，Abaqus/CAE 显示信息来说明零件是否包含任何有效性或者精确度文本。如果用户从一个 CATIA 文件导入多个零件，则用户使用 Part Manager 来检查是否有零件是无效的或者不精确的。如果必要的话，使用查询工具集来定位无效和不精确几何形体的区域。更多信息见 11.16.4 节“使用零件模块中的查询工具集”。

10.7.7 从 IGES 格式的文件导入零件

许多计算机辅助建模和草图绘制应用可以读取和写入 IGES 格式的文件；用户可以使用这些文件来在这些应用与 Abaqus/CAE 之间交换几何形体信息。从主菜单栏选择 File→Import→Part 来导入来自 IGES 格式文件的零件。用户可以导入存储在 IGES 格式文件中的多个零件。用户可以从 Abaqus/CAE 导出零件和装配体到 IGES 格式的文件。

如果 IGES 格式的文件包含多个零件，Abaqus/CAE 将它们导入成一个单独的零件。一个导入的 IGES 零件形成 Abaqus/CAE 中新零件的基础特征；用户不能直接地更改此基础特征，但是用户可以对基础特征添加额外的特征，例如实体拉伸或者盲切割。

若要从 IGES 格式的文件导入一个零件，执行以下操作：

1. 从主菜单栏选择 File→Import→Part。

出现 Import Part 对话框。

2. 从 Import Part 对话框底部的 File Filter 菜单中选择 IGES（*.igs*.*.iges*）。

Abaqus/CAE 列出了选中目录中具有 .igs* 或者 .iges* 文件扩展的所有文件。

3. 选择包含要导入零件的 IGES 文件，然后单击 OK。

Abaqus/CAE 显示 Create Part from IGES File 对话框。

4. 单击 Name-Repair 标签页来设置以下内容。

• 新零件的名称。

• 导入过程中 Abaqus/CAE 将施加的修复选项。

在大部分的情况中，用户应当接受默认的设置；更多信息见 10.3 节“控制导入过程”。

5. 单击 Part Attributes 标签页来设置以下内容。

• 被导入零件的模型空间。当用户导入一个零件时，Abaqus/CAE 扫描文件并且试图确定模拟空间。

• 导入零件的类型。Abaqus/CAE 总是假定零件是可变形的。另外，用户可以选择 Discrete rigid 来导入一个离散的刚性零件，或者选择 Eulerian 来导入一个欧拉零件。更多信息见 11.4.2 节“零件类型”。

在大部分情况下，用户应当接受默认的设置；更多信息见 10.3.2 节“什么是零件属性?”。

6. 单击 Scale 标签页来在导入过程中缩放零件。

• 选择 No scale 来保持存储在文件中的单位和尺寸。

• 选择 Use transform from file，including scale 来从 IGES 文件中读取缩放因子、转动矩阵和平动矩阵。

• 选择 Multiply all lengths by，并且输入缩放因子。Abaqus/CAE 对文件中的所有坐标施加比例因子。结果，将相应地缩放距离原点的任何偏置。

7. 单击 IGES Option 标签页来设置以下内容。

• Abaqus/CAE 如何将面和修剪曲线转换成零件的内部表现。

• Abaqus/CAE 是否识别多种多样的实体 B 对象（MSBO，对象类型 186）。在大部分的情况中，在扫掠 IGES 格式的文件以及找到实体后，Abaqus/CAE 自动地设置 MSBO 选项。然而，如果 IGES 文件非常大，用户必须手动地设置此选项。

• Abaqus/CAE 将尝试导入 IGES 文件中的层级。例如，如果 Levels 场包含 0：2，4，则 Abaqus 将尝试导入层级 0、1、2 和 4。如果一个层级包含一些不是几何形体的元素，则 Abaqus/CAE 将忽略导入过程中的层级。用户可以从列表中删除层级，但是用户不能添加层级。如果 IGES 文件仅包含一个层级，则不能使用此域。

更多信息见 10.4.1 节“Abaqus/CAE 中的 IGES 选项”，以及 10.4.2 节“什么是 IGES 实体?”。用户也可以使用 IGES Options 对话框来显示 IGES 文件中的头信息，并且显示文件中找到的实体列表。更多信息见 10.4.2 节“什么是 IGES 实体?”。

8. 单击 OK 来导入 IGES 零件，然后退出 Create Part from IGES File 对话框。

取决于选中的选项，Abaqus/CAE 扫描 IGES 中性文件并且启动修复过程。如果用户希望放弃此导入过程，单击提示区域中的 Stop。

9. 当用户导入零件时，Abaqus/CAE 显示信息来说明零件是否包含任何有效性或者精确度问题。如果有必要的话，使用查询工具集来定位无效和不精确几何形体的区域。更多信息见 11.16.4 节“使用零件模块中的查询工具集”。

10.7.8 当导入零件或者草图时，Abaqus/CAE 识别的 IGES 实体

在导入过程中，Abaqus/CAE 将 IGES 文件中存储的实体转换成 Abaqus/CAE 识别出的内部表示。IGES 文件可以包含 Abaqus/CAE 不能识别的实体；然而，在转换中忽略这些实体。

表 10-2 列出了 Abaqus/CAE 可以识别的 IGES 实体。

表 10-2 当导入一个零件或者一个草图时，Abaqus/CAE 可以识别的 IGES 实体

实体	形式	IGES 实体名称
100	0	圆弧
104	1	二次曲线：一般的
104	2	二次曲线：椭圆
104	3	二次曲线：抛物线
106	11	海量数据：2D 路径
106	12	海量数据：3D 路径
106	63	海量数据：封闭的 2D 曲线
108	1	平面实体：有边界的
110	0	线
112	0	参数化的样条曲线
114	0	参数化的样条曲面
116	0	点
118	1	直纹曲面
120	0	回转面
122	0	列表显示的柱面
123	0	方向
124	0	变换
126	0	有理 B 样条曲线
128	0	有理 B 样条曲面
130	0	偏置曲线
140	0	偏置面
141	0	边界实体
142	0	参数面上的曲线
143	0	有边界的面
144	0	切割的面
186	0	MSBO
190	0	平面
192	0	正圆柱面
194	0	正圆锥面
196	0	球面
198	0	圆环面

（续）

实体	形式	IGES 实体名称
502	1	顶点列表
504	1	边列表
508	1	环
510	1	面
514	1	壳

用户不能将复合曲线（IGES 实体识别号 102）导入到 Abaqus/CAE 中。

10.7.9 从 Parasolid 格式的文件导入零件

从主菜单选择 File→Import→Part 来从 Parasolid 格式的文件导入一个零件。Parasolid 是商标为 EDS 的 Unigraphics Solutions 开发的实体模型库。用户可以使用 Elysium 公司的转换器来将 Parasolid 格式的零件直接导入到 Abaqus/CAE 中。很多不同的 CAD 产品可以生成 Parasolid 格式的零件，例如 Unigraphics、SolidWorks、Solid Edge、FEMAP 和 MSC. Patran。有关 Elysium 公司的转换器支持的 CAD 软件版本信息，见 http://www.3ds.com/support/knowledge-base 处的达索系统知识基地。

一个导入的 Parasolid 零件形成 Abaqus/CAE 中新零件的基础特征；用户不能直接更改此基础特征，但是用户可以对基础特征添加附加的特征，例如实体拉伸或者盲切割。

若要从一个 Parasolid 格式的文件导入零件，执行以下操作：

1. 从主菜单栏选择 File→Import→Part。

出现 Import Part 对话框。

2. 从 Import Part 对话框底部的 File Filter 菜单中选择 Parasolid（*.x_t*，*.x_b*，*.xmt*）。

Abaqus/CAE 列出了选中目录中具有 .x_t*，.x_b* 或者 .xmt* 文件扩展的所有文件。

3. 选择包含要导入零件的 Parasolid 文件，然后单击 OK。

Abaqus/CAE 显示 Create Part from PARASOLID File 对话框。

4. 单击 Name-Repair 标签页来设置以下内容。

1）Name。新零件的名称。更多信息见 3.2.1 节“使用基本对话框组件”。

2）Repair Options。修复选项。Abaqus/CAE 自动地在导入过程中修复一个 CATIA 零件。

3）Part Filter。零件过滤器。Parasolid 文件可以包含多个零件，并且 Abaqus/CAE 默认导入文件中的所有零件。如果用户导入 Parasolid 文件中的所有零件，用户可以创建每一个导入零件的单独 Abaqus 零件，或者用户可以将它们组合成一个单独的 Abaqus 零件；此外，如果用户组合这些零件，Abaqus/CAE 让用户使用用户指定的缝合容差值来将这些导入的零件缝合到一起。

如果用户想要从 Parasolid 文件导入一个单独的零件，则用户可以切换选中 Import part number 并且输入从文件中导入单个零件的数量。

5. 单击 Part Attributes 标签页来设置以下内容。

• 导入零件的模型空间。当用户导入一个零件时，Abaqus/CAE 扫描文件并且试图确定模拟空间。

• 导入零件的类型。Abaqus/CAE 总是假定零件是可变形的。另外，用户可以选择 Discrete rigid 来导入一个离散的刚性零件，或者选择 Eulerian 来导入一个欧拉零件。更多信息见 11.4.2 节“零件类型”。

在大部分情况下，用户应当接受默认的设置；更多信息见 10.3.2 节“什么是零件属性?”。

6. 单击 Scale 标签页来在导入过程中缩放零件。

• 选择 Multiply all lengths by，并且输入缩放因子。Abaqus/CAE 对文件中的所有坐标施加比例因子。结果，将相应地缩放距离原点的任何偏置。

7. 单击 OK 来导入 Parasolid 零件，然后退出 Create Part from PARASOLID File 对话框。

取决于选中的选项，Abaqus/CAE 扫描 Parasolid 中性文件并且启动修复过程。如果用户希望放弃此导入过程，单击提示区域中的 Stop。

8. 当用户导入一个单独零件时，Abaqus/CAE 显示信息来说明零件是否包含任何有效性或者精确度文本。如果用户从一个 Parasolid 文件导入多个零件，则用户使用 Part Manager 来检查是否有零件是无效的或者不精确的。如果必要的话，使用查询工具集来定位无效和不精确几何形体的区域。更多信息见 11.16.4 节“使用零件模块中的查询工具集”。

10.7.10 从 STEP 格式的文件导入零件

从主菜单栏选择 File→Import→Part 来从 STEP 格式的文件导入一个零件。用户可以从 Abaqus/CAE 中将草图和零件导出成 STEP 格式的文件，但是用户不能将装配导出成 STEP 格式的文件。

若要从 STEP 格式的文件导入一个或者多个零件，执行以下操作：

1. 从主菜单栏选择 File→Import→Part。

出现 Import Part 对话框。

2. 从 Import Part 对话框底部的 File Filter 菜单中选择 STEP（*.stp，*.step）。

Abaqus/CAE 列出了选中目录中具有 .stp 或者 .step 文件扩展的所有文件。

3. 选择那个包含要导入零件的 STEP 文件，然后单击 OK。

Abaqus/CAE 显示 Create Part from STEP File 对话框。

4. 单击 Name-Repair 标签页来设置以下内容。

1）Name。名称，当用户将零件导入到 Abaqus/CAE 中，用户可以使用在 STEP 格式文件中指定的零件名称，或者可以为导入的一个或者多个零件提供名称。如果用户导入多个零件并且提供零件名称，则 Abaqus/CAE 使用用户的名称并且给名称附加一个数字；例如，如果用户指定零件名称 ImportedPart 并且创建三个单独的零件，则新导入的 Abaqus/CAE 零件将命名成 ImportedPart-1、ImportedPart-2 和 ImportedPart-3。

2）Part Filter。零件过滤器，STEP 文件可以包含多个零件，并且 Abaqus/CAE 默认导入文件中的所有零件。如果用户导入 STEP 文件中的所有零件，则用户可以为每一个导入的零件创建单独的 Abaqus 零件，或者用户可以将它们组合成单独的 Abaqus 零件；此外，如果用户组合这些零件，则 Abaqus/CAE 让用户使用用户指定的缝合容差值来将这些导入的零件缝合到一起。

如果用户想要从 STEP 文件导入一个单个大零件，则用户可以切换选中 Import part number 并且输入从文件中导入单个零件的数量。

5. 单击 Part Attributes 标签页来设置以下内容。

• 导入零件的模型空间。当用户导入一个零件时，Abaqus/CAE 扫描文件并且试图确定模拟空间。

• 导入零件的类型。Abaqus/CAE 总是假定零件是可变形的。另外，用户可以选择 Discrete rigid 来导入一个离散的刚性零件，或者选择 Eulerian 来导入一个欧拉零件。更多信息见 11.4.2 节“零件类型”。

在大部分情况下，用户应当接受默认的设置；更多信息见 10.3.2 节“什么是零件属性?”。

6. 单击 Scale 标签页来在导入过程中缩放零件。

• 选择 No scale 来保持存储在文件中的单位和尺寸。

• 选择 Use transform from file，including scale 来读取 STEP 文件中的缩放因子、转动矩阵和平动矩阵。

• 选择 Multiply all lengths by，并且输入缩放因子。Abaqus/CAE 对文件中的所有坐标施加比例因子。结果，将相应地缩放距离原点的任何偏置。

7. 单击 OK 来导入零件，然后退出 Create Part from STEP File 对话框。

取决于选中的选项，Abaqus/CAE 扫描 Elysium 中性文件并且启动修复过程。如果用户希望放弃此导入过程，单击提示区域中的 Stop。

当用户导入一个单独零件时，Abaqus/CAE 显示信息来说明零件是否包含任何有效性或者精确度问题。如果用户从一个 STEP 文件导入多个零件，则用户使用 Part Manager 来检查是否有零件是无效的或者不精确的。如果必要的话，使用查询工具集来定位无效和不精确几何形体的区域。更多信息见 11.16.4 节“使用零件模块中的查询工具集”。

10.7.11 从 VDA-FS 格式的文件导入零件

许多计算机辅助建模和草图应用可以读取和写入 VDA-FS 格式的文件；用户可以使用这些文件来在这些应用与 Abaqus/CAE 之间交换几何信息。从主菜单栏选择 File→Import→Part 来从 VDA-FS 格式的文件中导入一个零件。用户可以从 Abaqus/CAE 将零件导出成 VDA-FS

格式的文件，但是用户不能将装配体导出成 VDA-FS 格式的文件。

如果 VDA-FS 格式的文件包含多个零件，则 Abaqus/CAE 将它们导入成一个单独的零件。一个导入的 VDA-FS 格式的零件可以形成 Abaqus/CAE 中新零件的基础特征；用户不能直接更改此基础特征，但是用户可以对基础特征添加额外的特征，例如实体拉伸或者盲切割。

若要从 VDA-FS 格式的文件导入一个零件，执行以下操作：

1. 从主菜单栏选择 File→Import→Part。

出现 Import Part 对话框。

2. 从 Import Part 对话框底部的 File Filter 菜单中选择 VDA-FS（ *. vda * ）。

Abaqus/CAE 列出了选中目录中具有 . vda * 文件扩展的所有文件。

3. 选择包含要导入零件的 CATIA 文件，然后单击 OK。

Abaqus/CAE 显示 Create Part from VDA File 对话框。

4. 单击 Name-Repair 标签页来设置以下内容。

- 新零件的名称。
- 导入过程中 Abaqus/CAE 将施加的修复选项。

在大部分的情况中，用户应当接受默认的设置；更多信息见 10. 3 节“控制导入过程”。

5. 单击 Part Attributes 标签页来设置以下内容。

- 被导入零件的模型空间。当用户导入一个零件时，Abaqus/CAE 扫描文件并且试图确定模拟空间。
- 导入零件的类型。Abaqus/CAE 总是假定零件是可变形的。另外，用户可以选择 Discrete rigid 来导入一个离散的刚性零件，或者选择 Eulerian 来导入一个欧拉零件。更多信息见 11. 4. 2 节“零件类型”。

在大部分情况下，用户应当接受默认的设置；更多信息见 10. 3. 2 节“什么是零件属性?”。

6. 单击 Scale 标签页来在导入过程中缩放零件。

- 选择 No scale 来保持存储在文件中的单位和尺寸。
- 选择 Use transform from file，including scale 来从 VDA-FS 文件中读取缩放因子、转动矩阵和平动矩阵。
- 选择 Multiply all lengths by，并且输入缩放因子。Abaqus/CAE 对文件中的所有坐标施加比例因子。结果，将相应地缩放距离原点的任何偏置。

7. 单击 OK 来导入 VDA-FS 零件，然后退出 Create Part from VDA File 对话框。

取决于选中的选项，Abaqus/CAE 扫描 VDA-FS 中性文件并且启动修复过程。如果用户希望放弃此导入过程，单击提示区域中的 Stop。

当用户导入零件时，Abaqus/CAE 显示信息来说明零件是否包含任何有效性或者精确度问题。如果有必要的话，使用查询工具集来定位无效和不精确几何形体的区域。更多信息见 11. 16. 4 节“使用零件模块中的查询工具集”。

10.7.12 从输出数据库导入零件

从主菜单栏选择 File→Import→Part 来导入存储在输出数据库中的网格划分零件形式的零件实例。如果输出数据库包含多个零件实例，则用户可以选择要导入的零件实例。Abaqus/CAE 将每一个零件实例导入成一个单独的零件。用户可以导入未变形的或者变形的形状。如果用户导入变形的形状，则用户可以指定要导入的步和帧。

要确认网格划分的质量，用户可以在网格划分模块中显示零件，并且从主菜单栏中选择 Mesh→Verify。此外，用户可以使用网格划分模块来改变赋予网格的单元类型以及编辑原始网格定义。更多信息见 64.1 节“可以使用网格编辑工具集做什么?”，以及 17.5 节“赋予 Abaqus 单元类型”。

若要从输出数据库导入一个零件，执行以下操作：

1. 从主菜单栏选择 File→Import→Part。

出现 Import Part 对话框。

2. 从 Import Part 对话框底部的 File Filter 菜单中选择 Output Database（*.odb）。

Abaqus/CAE 列出了选中目录中具有 .odb 文件扩展的所有文件。

3. 选择包含要导入零件的输出数据库，然后单击 OK。

Abaqus/CAE 显示 Create Part from Output Database 对话框。对话框列出了输出数据库中的每一个零件实例以及它的类型（可变形的物体或者离散的刚性面）。

4. 从对话框中选择要导入的实例。

5. 如果用户仅选择一个单独的零件实例，则 Abaqus/CAE 使用实例的名称来命名产生的零件，虽然如果期望的话，用户可以改变名称。相比而言，如果用户选择多个零件来导入，则 Abaqus/CAE 使用每一个实例的名称来命名每一个零件，并且用户不能改变它们的名称。

Abaqus/CAE 确定零件实例的建模空间（三维、二维或者轴对称）。用户不能改变建模空间或者类型。

6. 默认情况下，Abaqus/CAE 导入零件的未变形构型。要导入变形后的零件，单击 Import deformed configuration。在输出数据库中可以访问的步和帧中选择包含变形后形状的步和帧。

7. 单击 OK 来从输出数据库导入孤立网格并且关闭对话框。

8. 如果用户输入的名称与模型中现存的零件名称一样，则 Abaqus/CAE 询问用户是否想要覆盖现有的零件或者替换网格。

如果用户选择替换网格，Abaqus/CAE 使用导入孤立网格的节点和单元来替换现有零件的节点和单元。保留参照原来零件的集合和截面赋予。然而，因为集合和截面赋予参照节点和单元编号，导入零件的网格应当类似原始零件的网格。例如，用户可以使用变形后的网格来替换未变形的网格。

Abaqus/CAE 进入零件模块，导入零件替换当前视口的内容，并且零件出现在环境栏中零件的模型列表中。

10.7.13 将子结构作为零件导入模型数据库

从主菜单栏选择 File→Import→Part 来将一个子结构定义以新零件定义的方式导入到一个 . sim 文件中。用户导入的 . sim 文件所在的目录必须与 SIM 数据行参照的 Abaqus 支持文件所在的目录相同；这些支持文件可以包括 . prt、. mdl、. stt 或者 . sup 形式的数据。此外，用户导入的 . sim 文件的版本必须与用户使用的 Abaqus/CAE 版本兼容。

子结构导入也要求一个输出数据库（. odb）文件来进行网格显示。

若要从 SIM 数据库导入一个子结构，执行以下操作：

1. 从主菜单栏选择 File→Import→Part。

出现 Import Part 对话框。

2. 从 Import Part 对话框底部的 File Filter 菜单中选择 Substructure（ *. sim * ）。

Abaqus/CAE 列出了选中目录中具有 . sim * 文件扩展的所有文件。

3. 选择包含要导入子结构的 SIM 数据库，然后单击 OK。

出现 Create Substructure Part 对话框。显示子结构名称和它的唯一标识符（此标识符以字母“Z”开始）。

4. 如果需要，为用户正在导入的子结构定制 Part name。

5. 在 Use mesh from ODB file 域中，用户指定输出数据库文件的名称，从输出数据库包含用户想要与此子结构定义关联的网格。

6. 单击 OK。

Abaqus/CAE 将子结构作为新零件定义来导入到用户的模型中。

10.7.14 从装配文件导入装配体

从主菜单栏选择 File→Import→Assembly 来从装配文件导入一个装配体。通过 Abaqus/CAE 的所有关联界面创建装配文件（见 10.1.2 节“可以使用关联界面做什么?”）。

装配体中单个零件的几何形体文件必须与装配体文件位于同一个目录中。装配体文件总是具有文件扩展名 . eaf；然而，零件几何形体文件的文件类型取决于使用哪一个关联截面来写入模型：

CATIA V6 Associative Interface：CATIA V5 零件文件（. CATPart）。在导出 CATIA V6 零件和关联的装配之前，将它们转换成 CATIA V5 格式。

CATIA V5 Associative Interface：CATIA V5 文件（. CATPart）。

SolidWorks Associative Interface：ACIS 文件（. sat）。

Pro/ENGINEER Associative Interface：Pro/ENGINEER Elysium 中性文件（. enf_abq）。

Abaqus/CAE Associative Interface for NX：NX Elysium 中性文件（.enf_abq）。

当执行模型装配的手动关联导入时，下面的过程是必要的。使用关联界面来导入模型的完整装配体文件以及不同方法的有关细节，参考每一个关联界面的用户手册。可以在 http://www.3ds.com/support/knowledge-base 处的达索系统知识基地得到可以使用的用户手册。

若要从装配文件导入一个装配体，执行以下操作：

1. 从主菜单栏选择 File→Import→Assembly。

出现 Import Assembly 对话框。

2. 从 Import Assembly 对话框底部的 File Filter 菜单中，选择 Assembly File（*.eaf*）。

Abaqus/CAE 列出了选中目录中具有 .eaf 扩展名的文件。

3. 选择包含装配体的文件来导入，并且单击 OK。

Abaqus/CAE 显示 Import Assembly from EAF File 对话框。

4. 进行下面的操作。

- 单击装配体名称来导入装配体中的所有零件实例。
- 单击装配体名称左边的箭头来显示其中的所有零件实例。单击用户想要导入零件实例的名称。

5. 单击 OK 来导入装配体或者选中的零件实例，然后退出 Import Assembly from EAF File 对话框。

Abaqus/CAE 显示信息来说明是否有任何没有找到的零件，或者是否有任何无效的或者不精确的零件实例。如果必要的话，使用查询工具集来定位无效的和不精确几何形体的区域。更多信息见 11.16.4 节“使用零件模块中的查询工具集”。

10.7.15 从 CATIA V4 格式的文件导入装配体

从主菜单栏选择 File→Import→Assembly 来从 CATIA V4 格式的文件直接将装配体导入到 Abaqus/CAE 中。有关 Abaqus/CAE 支持的 CATIA V4 版本的信息见 http://www.3ds.com/support/knowledge-base 处的达索系统知识基地。

若要从一个 CATIA 格式的文件导入装配体，执行以下操作：

1. 从主菜单栏选择 File→Import→Assembly。

出现 Import Assembly 对话框。

2. 从 Import Assembly 对话框的底部 File Filter 菜单中，选择 CATIA V4（*.model*，*.catdata*，*.exp*）。

Abaqus/CAE 列出了选中目录中具有 .model*、.catdata* 或者 .exp* 扩展名的文件。

3. 选择包含装配体的 CATIA 文件，然后单击 OK。

Abaqus/CAE 显示 Import Assembly from CATIA File 对话框。

4. 进行下面的操作。

• 单击装配体名称来导入装配中的所有零件实例。

• 单击装配体名称左边的箭头来显示其中的所有零件实例。单击用户想要导入零件实例的名称。

5. 单击 OK 来导入装配体或者选中的零件实例，然后退出 Import Assembly from CATIA File 对话框。

Abaqus/CAE 显示信息来说明是否有无效的或者不精确的零件实例。如果有必要，使用查询工具集来定位无效的和不精确的几何形体区域。更多信息见 11.16.4 节“使用零件模块中的查询工具集”。

10.7.16 从 Elysium 中性文件导入装配体

从主菜单栏选择 File→Import→Assembly 来从 Elysium 中性文件导入一个装配体。用户可以导入的 Elysium 中性文件可以由以下方式生成：

• 使用 CATIA V6 关联界面的 CATIA V6。

• 使用 Elysium 转换器插件的 CATIA V5。

• 使用 Pro/ENGINEER 关联界面的 NX。

• 使用 Pro/ENGINEER 关联界面的 Pro/ENGINEER。

有关 Abaqus/CAE 支持的 CATIA V6、CATIA V5 和 Pro/ENGINEER 版本的详细信息，见 www.3ds.com/support/knowledge-base 处的达索系统知识库。

若要从 Elysium 中性文件导入一个装配体，执行以下操作：

1. 从主菜单栏选择 File→Import→Assembly。

出现 Import Assembly 对话框。

2. 从 Import Assembly 对话框底部的 File Filter 菜单中，选择 ProE/NX/CATIA V5 Elysium Neutral（*.enf*）。

Abaqus/CAE 列出选中目录中具有合适扩展名的所有文件。

3. 选择包含要导入的装配体的 ENF 文件，然后单击 OK。

Abaqus/CAE 显示 Import Assembly from ENF File 对话框。

4. 进行下面的操作。

• 单击装配体名称来导入装配体中的所有零件实例。

• 单击装配体名称左边的箭头来显示其中的所有零件实例。单击用户想要导入零件实例的名称。

5. 单击 OK 来导入装配体或者选中的零件实例，然后退出 Import Assembly from ENF File 对话框。

Abaqus/CAE 显示信息来说明是否找到的零件，或者是否有无效的或者不精确的零件实例。如果必要的话，使用查询工具集来定位无效的和不精确几何形体的区域。更多信息见 11.16.4 节“使用零件模块中的查询工具集”。

10.7.17 从 Parasolid 格式的文件导入装配体

从主菜单选择 File→Import→Part 来从 Parasolid 格式的文件导入一个零件。Parasolid 是商标为 EDS 的 Unigraphics Solutions 开发的实体模型库。用户可以使用来自 Elysium 公司的转换器来直接将 Parasolid 格式的零件导入到 Abaqus/CAE 中。很多不同的 CAD 产品都可以生成 Parasolid 格式的零件，例如 Unigraphics、SolidWorks、Solid Edge、FEMAP 和 MSC. Patran。有关 Elysium 公司的转换器支持的 CAD 软件版本信息见 http://www.3ds.com/support/knowledge-base 处的达索系统知识基地。

若要从 Parasolid 格式的文件导入一个装配体，执行以下操作：

1. 从主菜单栏选择 File→Import→Assembly。

出现 Import Assembly 对话框。

2. 从 Import Assembly 对话框底部的 File Filter 菜单中选择 Parasolid（*.x_t*，*.x_b*，*.xmt*）。

Abaqus/CAE 列出了选中目录中具有 .x_t*、x_b* 和 .xmt* 扩展名的所有文件。

3. 选择包含装配体的 Parasolid 文件来导入，并且单击 OK。

Abaqus/CAE 显示 Import Assembly from PARASOLID File 对话框。

4. 进行下面的操作。

- 单击装配体名称来导入装配中的所有零件实例。
- 单击装配体名称左边的箭头来显示其中的所有零件实例。单击用户想要导入零件实例的名称。

5. 单击 OK 来导入装配体或者选中的零件实例，然后退出 Import Assembly from PARASOLID File 对话框。

Abaqus/CAE 显示信息来说明是否找到的零件，或者是否有无效的或者不精确的零件实例。如果必要的话，使用查询工具集来定位无效的和不精确几何形体的区域。更多信息见 11.16.4 节“使用零件模块中的查询工具集”。

10.8 导入一个模型

从主菜单栏选择 File→Import→Model 来导入一个模型。用户可以从下面的对象中导入一个模型：

Abaqus/CAE 模型数据库（*.cae）

Abaqus/CAE 创建用户在当前模型数据库中选中模型的一个副本。使用 Abaqus 脚本界面创建的分析作业或者定制用户数据那样的非模型数据，没有被复制到当前的模型数据库中。

Abaqus 输入文件（*.inp，*.pes）

将输入文件中的选项和参数转换成导入功能可以识别的对象，然后 Abaqus/CAE 创建一个新的模型。导入模型功能支持的关键字详细列表见 A.2 节“输入文件阅读器支持的关键字”。

可以对孤立单元赋予绝大部分的常用单元类型。然而，不能从输入文件导入一些单元类型。对于输入文件阅读器的描述和不支持单元的完全列表，见 10.5.2 节“从 Abaqus 输入文件导入模型”。

输入文件阅读器不能导入非常多的步（大约 8000 步或者更多）。

Abaqus 输出数据库（*.odb）

Abaqus/CAE 导入输出数据库中定义的节点和单元和材料、集合、面、截面定义以及梁截面，然后创建一个新模型。

Nastran input file（*.bdf，*.dat，*.nas，*.nastran，*.blk，*.bulk）

Abaqus/CAE 将 Nastran 输入文件中的对象导入成当前模型数据库中的新模型。Nastran 到 Abaqus 的转化让用户选择映射 Nastran 单元的 Abaqus 单元，选择一个方法将 Nastran 截面数据转化成 Abaqus 截面，使用预积分的壳截面、缩放质量/惯性值、在线性摄动步中将 Nastran 子结构转换成 Abaqus 载荷，并且耦合梁单元偏置。

ANSYS 输入文件（*.cdb）

Abaqus/CAE 将 ANSYS 输入文件中的对象导入成当前模型数据库中的新模型。ANSYS 到 Abaqus 的转化将选中的 ANSYS 对象转化成 Abaqus 中的等效对象，并且在日志文件中标注不能进行转化的对象。

若要导入一个模型，执行以下操作：

1. 从主菜单栏选择 File→Import→Model。

出现 Import Model 对话框。

2. 选择导入模型的文件类型。

• 选择 Abaqus/CAE Database（文件扩展名 .cae）来从 Abaqus/CAE 数据库导入一个模型。更多信息见 10.5.1 节“从 Abaqus/CAE 模型数据库导入模型”。

• 选择 Abaqus Input File（文件扩展名 .inp 和 .pes）来从 Abaqus 输入文件导入一个模型。Abaqus/CAE 导入输入文件并且使用被支持选项所提供的信息来创建模型。忽略不支持的选项和参数。更多信息见 10.5.2 节“从 Abaqus 输入文件导入模型”。

• 选择 Abaqus Output Database（文件扩展名 .odb）来从输出数据库导入一个模型。Abaqus/CAE 导入输出数据库并且创建一个新模型。更多信息见 10.5.3 节“从输出数据库导入模型”。

• 选择 Nastran Input File（文件扩展名 .bdf、dat、.nas、.nastran、.blk 和 .bulk）来从 Nastran 输入文件导入一个模型。Abaqus/CAE 导入 Nastran 数据，然后创建一个新的模型。更多信息见 10.5.4 节“从 Nastran 输入文件导入模型”。

• 选择 Ansys Input File（文件扩展名 .cdb）来从 ANSYS 输入文件导入一个模型。Abaqus/CAE 导入 ANSYS 数据，然后创建一个新的 Abaqus 模型。更多信息见 10.5.5 节“从 ANSYS 输入文件导入模型”。

Abaqus/CAE 以用户的文件类型选择为基础来过滤可用文件的列表。

3. 选择要导入数据的文件，然后单击 OK。有关指定要打开文件的更多信息，见 3.2.10 节“使用文件选择对话框”。

4. 如果用户正在从一个模型数据库文件导入模型，则出现 Import Model from Model Database 对话框。完成下面的附加步骤。

a. 从选中数据库选择用户想要复制的模型。

b. 如果需要，在用户将模型导入到当前模型数据库的过程中重新命名模型。默认情况下，被复制的模型保留它的原始名称。

c. 如果用户想要在导入模型后立即在模型之间复制对象，则切换选中 After export, show “Model->Copy Objects” dialog。

d. 单击 OK 来关闭 Import Model from Model Database 对话框。

Abaqus/CAE 将选中的模型导入到当前的模型数据库中，并且如果用户选择了 After export, show “Model->Copy Objects” dialog，则 Abaqus/CAE 打开 Copy Objects 对话框。可以使

用此对话框来选择单独的对象，用来在当前模型数据库的模型之间进行复制。有关在此对话框中选择条目的更多信息，见 9.8.3 节“在模型之间复制对象”。

5. 如果用户正在从 Abaqus 输入文件，或者正在从输出数据库文件导入一个模型，则 Abaqus/CAE 通过执行下面的步骤来完成导入过程。

- 创建新模型。
- 使用与原始的输入文件或者输出数据库文件相同的名称来命名模型。
- 让导入的模型成为当前模型。
- 在环境栏中的模型列表里显示导入的模型。

6. 如果用户正在从 Nastran 输入文件导入一个模型，则出现 Import Nastran Input File 对话框。完成下面的附加步骤。

a. 如果需要，在将模型导入到 Abaqus/CAE 时重新命名模型。默认情况下，导入的模型继承 Nastran 输入文件的名称。

b. 从 Element Type Mapping 选项选择 Abaqus 单元类型来映射 Nastran 单元类型 CBAR、CQUAD4、CHEXA（8）和 CTETRA（10）。对于每一个 Nastran 单元类型，单击✎，然后通过切换选中出现的对话框中的单元控制来选择 Abaqus 单元类型。

c. 从 Section consolidation 选项选择方法来转化 Nastran 输入文件中的截面或者膜数据。

- 选择 Preserve section IDs 来创建对应每一个 Nastran PSHELL 或者 PCOMP 属性标识符的 Abaqus 截面，并且为 Nastran 中的壳或者膜厚度以及材料场数据创建 Abaqus 离散场。
- 选择 Group by material ID 来为参照相同材料的所有单元创建一个单独的 Abaqus 截面，并且为 Nastran 中的壳厚度和材料方向创建 Abaqus 离散场。
- 选择 None 来为方向、偏置和/或厚度的每一个组合创建单独的壳或者膜截面。

d. 切换选中 Use pre-integrated shell sections 来在分析之前提供截面属性数据。如果没有选中此选项，则 Abaqus 在分析过程中从截面积分点计算（积分）横截面的行为。

e. 切换选中 Apply mass/inertia scaling from PARAM，WTMASS 来使用Nastran 数据行 PARAM、WTMASS 上的值作为 Abaqus 模型中创建的所有密度、质量和转动惯量值的乘子。

f. 切换选中 Convert subcases to load cases in a linear perturbation step 来将使用 Nastran 库 SOL101、SOL108 或者 SOL111 的 Nastran 数据行转换成使用载荷工况的 Abaqus 摄动步。

g. 切换选中 Couple beam element offsets 来通过在偏置位置处创建新的节点，将梁连接性改变成新的节点，并且刚性耦合新节点和原始节点来转换 Nastran 数据中的梁单元偏置。如果没有选择此选项，则 Abaqus 将梁单元偏置转换成梁通用截面定义的中心和剪心。

h. 如果用户想要在转换过程中保留创建得到的 Abaqus 输入文件，切换选中 Keep generated Abaqus input file。

i. 单击 OK 来关闭 Import Nastran Input File 对话框。

Abaqus/CAE 依据用户的指定来转化 Nastran 数据，并且将模型导入成当前的模型数据。如果在转化过程中出现任何错误，用户可以在 Import Nastran Log 对话框中显示转化日志文件，这将让用户浏览日志文件，并且搜寻内容寻找错误信息。

10.9 导出几何形体、模型和网格数据

本节介绍用户如何导出草图、零件、装配或者模型，包括以下主题：

- 10.9.1 节 “将草图导出成 ACIS、IGES 或者 STEP 格式的文件”
- 10.9.2 节 “将零件导出成 ACIS、IGES、STEP 或者 VDA 格式的文件”
- 10.9.3 节 “将装配导出成 ACIS 格式的文件”
- 10.9.4 节 “将视口数据导出成 VRML 格式的文件”
- 10.9.5 节 “将视口数据导出成 3D XML 格式的文件”
- 10.9.6 节 “将视口数据导出成 OBJ 格式的文件”
- 10.9.7 节 “将模型数据导出成 Nastran 批数据文件格式”

10.9.1 将草图导出成 ACIS、IGES 或者 STEP 格式的文件

从主菜单栏选择 File→Export→Sketch 来将当前的草图导出成 ACIS、IGES 或者 STEP 文件。许多计算机辅助建模和草图软件可以读取和写 ACIS、IGES 和 STEP 文件；因此，用户可以在 Abaqus/CAE 与这些软件之间进行转换。

在草图器中保存草图后，用户可以在 Abaqus/CAE 程序对话过程中的任何时刻导出草图。

若要将草图导出成 ACIS 格式、IGES 格式或者 STEP 格式的文件，执行以下操作：

1. 从主菜单栏选择 File→Export→Sketch。

出现 Export Sketch 对话框。

2. 从 Export Sketch 对话框底部的 File Filter 菜单栏选择下面的一个。

- ACIS SAT（*.sat）。
- IGES（*.igs）。
- STEP（*.stp）。

Abaqus/CAE 列出了选中目录中具有合适扩展名的所有文件。

3. 选择要将草图导出到的文件，或者在 File Name 文本域中输入新文件的名称。

4. 单击 Export Sketch 对话框中的 OK。

Abaqus/CAE 关闭对话框，然后用户选择 Select Sketch 对话框，此对话框有所有被保存

草图的列表。

5. 从 Select Sketch 对话框选择要导出的草图并且单击 OK。

6. 如果用户将草图导出成一个 IGES 文件，Abaqus/CAE 显示 IGES Flavors 对话框。进行下面的操作。

a. 选择下面的软件来写 IGES 文件。

- Standard。
- AutoCAD。
- SolidWorks。
- JAMA。

b. 单击 OK。

Abaqus/CAE 对 IGES 的内部表示进行修改来匹配选中软件的期盼格式。默认情况下，Abaqus/CAE 导出 Standard 格式的草图。Abaqus 将所有的几何形体数据写到 IGES 文件中的单个层上。IGES 文件仅包含几何形体数据，Abaqus/CAE 不会从草图导出构型线和尺寸。

10.9.2 将零件导出成 ACIS、IGES、STEP 或者 VDA 格式的文件

从主菜单栏选择 File→Export→Part 来将当前的零件导出成使用下面一种格式的文件：

- ACIS SAT（*.sat）。
- IGES（*.igs）。
- STEP（*.stp）。
- VDA（*.vda）。

在用户导出零件之前，用户必须在当前视口中显示想要导出的零件。用户可以仅导出零件的几何形体；如果存在孤立单元的话，则在导出零件中不包括孤立单元。

若要导出零件，执行以下操作：

1. 在当前视口中，显示希望导出的零件。

2. 从主菜单栏选择 File→Export→Part。

出现 Export Part 对话框。

3. 从 Export Part 对话框底部处的 File Filter 菜单选择文件格式。

Abaqus/CAE 列出选中目录中具有合适文件扩展符的所有文件。

4. 选择用户想要将零件导出到的文件，或者在 File Name 文本域中输入新文件的名称，然后单击 OK。

5. 如果用户正在将零件导出成一个 IGES 文件，Abaqus/CAE 显示 IGES Flavors 对话框。进行下面的操作。

a. 选择下面的软件来写 IGES 文件。

- Standard。

- AutoCAD。
- SolidWorks。
- JAMA。

b. 单击 OK。

Abaqus/CAE 对 IGES 文件的内部表达进行更改来匹配选中软件所用的格式。默认情况下，Abaqus/CAE 以 Standard 格式导出零件。Abaqus/CAE 将所有的几何形体数据写到 IGES 文件中的一个单独层中。

10.9.3 将装配导出成 ACIS 格式的文件

从主菜单选择 File→Export→Assembly 来将装配导出成 ACIS 格式的文件。许多计算机辅助建模和草图软件可以读取和写 ACIS 文件；这样，用户可以在 Abaqus/CAE 与这些软件之间传递零件。用户仅可以导出零件的几何形体；如果存在孤立单元时，在导出的零件中不包括孤立单元。

用户可以在 Abaqus 程序会话的任何时刻导出装配。Abaqus/CAE 单独地导入每一个零件以及零件的位置。如果用户后续导入一个包含装配的 ACIS 格式文件，则当用户将装配模块中的零件实例化时，为了后面的使用，Abaqus/CAE 创建对应每一个实例的零件同时，会保留每一个零件的原始位置。当用户创建导入的 ACIS 零件的实例时，Abaqus/CAE 使用位置信息来重新创建原始的装配。用户不能直接导入装配。

若要将装配导出成 ACIS 格式的文件，执行以下操作：

1. 从主菜单栏选择 File→Export→Assembly。

出现 Export to ACIS File 对话框。

Abaqus/CAE 列出了选中目录中具有 . sat 文件扩展名的所有文件。

2. 选择用户想要将装配导出到的文件，或者在 File Name 文本区域中输入新文件的名称。

3. 单击 OK 来导出装配，然后关闭 Export to ACIS File 对话框。

10.9.4 将视口数据导出成 VRML 格式的文件

从主菜单栏选择 File→Export→VRML 来将当前视口中的模型导出成 VRML 格式的文件。用户可以使用 VRML 格式的文件来在网页浏览器中或者单机 VRML 客户端中显示三维图像。VRML 文件为所有的长度和距离使用单位“米”。要求 Cortona 或者 Cosmo 那样的特殊插件浏览器来显示 VRML 文件。

用户可以在 Abaqus/CAE 程序会话中的任何时刻将模型导出成标准的 VRML 文件或者压缩的 VRML 文件。压缩的 VRML 文件通常将比对应的标准 VRML 文件小许多，但是压缩率取决于模型的内容。

可以在标准文本编辑器中显示存储成 ASCII 格式的 VRML 文件。必须对压缩的 VRML 文件进行解压，才能将它们转换成 ASCII 格式。

将不会输出动画和二维图，例如草图或者层（有关导出动画的信息，见 49.3 节“保存动画文件”）。此外，也不会输出视图方向或者坐标系三角形标识和视口箭头标注。视口图片中的文本字体在 VRML 文件中表现得小一点；用户可以增加视口中的字体大小来确保 VRML 文件中的文本容易阅读（更多信息见 3.2.8 节“定制字体”）。

当用户导出显示有面标签的壳或者膜的图像时，面标签将仅出现在 Abaqus/CAE 中显示有图片的视图中。如果用户转动图片或者因此改变 VRML 显示器中的视图，则显示的面标签低于显示的面可能是不合适的。例如，如果用户输出的壳模型图片显示正方向侧的面（SPOS），则将在 VRML 显示器中显示 SPOS，即使用户转动模型来显示负方向面时。

若要将视口数据输出到 VRML 格式的文件，执行以下操作：

1. 从主菜单栏选择 File→Export→VRML。

显示 Export to VRML File 对话框。

2. 从对话框底部的 File Filter 菜单选择以下选项中的一项。

VRML（ * . wrl）

Abaqus/CAE 列出选中目录中使用文件扩展名 . wrl 的所有文件。

Compressed VRML（ * . wrz）

Abaqus/CAE 列出选中目录中使用文件扩展名 . wrz 的所有文件。

3. 选择用户想要将图片输出到的文件，或者在 File Name 文本域中输入新文件的名称。

4. 单击 OK 来导出图片，然后关闭 Export to VRML 对话框。

10.9.5 将视口数据导出成 3D XML 格式的文件

从主菜单栏选择 File→Export→3DXML 来将当前视口中的模型导出成 3D XML 格式的文件。可以使用 3D XML 文件来将三维图片集成到常用的商用软件中，例如邮件信息、网页、word 处理文档以及 PPT。可以将 3D XML 播放器（免费从达索系统获取）使用成单机的 3D XML 客户端，并且在其他软件中要求此播放器来显示 3D XML 文件。用户也可以在没有 3D XML 播放器的 CATIA V5 中显示 3D XML 文件。不能使用此输出功能来将几何形体或者模型转化成 3DEXPERIENCE 平台应用程序。

用户可以在 Abaqus/CAE 程序会话中的任何时刻将用户的模型导出成标准的 3D XML 文件，或者导出成压缩的 3D XML 文件。压缩的 3D XML 文件将比对应的标准 3D XML 文件小很多，但是压缩率取决于模型的内容。

以通用的标准 XML 语言为基础来存储 XML 格式的 3D XML 文件。压缩的 3D XML 文件必须解压才能转化成 XML 格式。

要显示导出的 3D XML 文件中特定的以线为基础的特征（例如单元边、方向三角形标识和基准面)，将 3D XML 播放器中的视图模式设置成 Shading with Edges。不导出一维特征和二维特征（包括梁或者杆单元、线框图、参考点、草图和层、坐标系三角形标识）。此外，不导出文本；因此，在 3D XML 文件中不显示标注、图例和标签。

为了显示的目的，3D XML 播放器模型是 *X-Y* 平面中的“地板”，并且默认的等轴测视图将 *Z* 轴方向设置成上方。在 Abaqus/CAE 中，默认的等轴测视图将 *Y* 轴方向设置成上方。因此，默认的 Abaqus/CAE 视图中竖直出现的模型，在默认的 3D XML 播放器视图中横卧出现在地板上。要避免此问题，Abaqus 自动将模型围绕 *X* 轴转动 90°，并且在导出的 3D XML 文件中围绕 *Z* 轴转动 90°。这些转动让 Abaqus/CAE 和 3D XML 播放器中的模型默认显示等同。

3D XML 格式仍然只显示图片。有关导出动画的信息，见 49. 3 节“保存动画文件”。

注意：一些 3D XML 显示器不支持 3D XML 文件中的纹理映射。因此，当导出云图时，用户可能需要转换纹理渲染方法来显示一些 3D XML 显示器中的颜色；在 Contour Plot Options 对话框中将 Contour Method 选成 Tessellated，如 44. 5. 6 节“选择云图方法”中描述的那样。

若要将视口数据输出成 3D XML 格式的文件，执行以下操作：

1. 从主菜单栏选择 File→Export→3DXML。

出现 Export to 3DXML 对话框。

2. 从对话框底部的 File Filter 菜单选择以下中的一项。

• 3DXML（ * . 3dxml）

• Compressed 3DXML（ * . 3dxml）

Abaqus/CAE 列出选中目录中具有文件扩展名 . 3dxml 的所有文件。

3. 选择要将图片导入到的文件，或者在 File Name 文本域中输入新文件的名称。

4. 单击 OK 来导出图片，然后关闭 Export to 3DXML File 对话框。

10. 9. 6 将视口数据导出成 OBJ 格式的文件

从主菜单选择 File→Export→OBJ 来将当前视口中的模型导出成 OBJ 格式的文件。当用户从显示模块中导出数据时，Abaqus/CAE 仅将网格数据导出成 OBJ 格式的文件。如果用户从任何其他模块中导出数据，则如果当前视口中显示网格，Abaqus/CAE 导出网格数据，否则 Abaqus/CAE 导出几何形体数据。

从显示模块导出对于当前的步和帧是敏感的。如果用户在视口中显示未变形图，则 Abaqus/CAE 将未变形数据导出成 OBJ 格式的文件；如果用户显示变形图，则 Abaqus/CAE 导出当前步和帧的变形数据到 OBJ 格式的文件中。

Abaqus/CAE 在导出过程中对几何形体和网格数据执行下面的约定：

• 模型数据库中的实体单元被转化成 OBJ 格式文件中的壳单元。

• 模型数据库中的四边形单元被转化成 OBJ 格式文件中的三角形单元。

• 模型数据库中的二阶单元被转化成 OBJ 格式文件中的一阶单元。

如果用户的模型使用大量的二阶单元进行划分，则由于 Abaqus/CAE 将二阶单元分裂成一阶单元，导出过程会创建一个大的 OBJ 文件。

几何形体或者网格数据的质量和最后的文件大小都取决于曲线细化设置。有关改变曲线细化质量的更多信息，见 76.4 节“控制曲线细化”。

若要将视口数据导出成 OBJ 格式的文件，执行以下操作：

1. 如果用户正在从显示模块导出数据，选择用户想要导出数据的图示状态。对于从变形图状态导出数据，选择用户想要导出数据的步和帧。有关选择当前步和帧的更多信息，见 42.3 节“选择结果步和帧”。

2. 从主菜单栏选择 File→Export→OBJ。

出现 Export to OBJ File 对话框。

3. 从对话框底部处的 File Filter 菜单选择 OBJ（ *. obj）。

Abaqus/CAE 列出选中目录中使用文件扩展名 . obj 的所有文件。

4. 选择用户想要将几何形体和网格数据导出到的文件，或者在 File Name 文本域中输入新文件的名称。

5. 单击 OK 来导出数据，然后关闭 Export to OBJ File 对话框。

10.9.7 将模型数据导出成 Nastran 批数据文件格式

从作业模块中的主菜单栏选择 Job→Export→Nastran Input File→作业名称，来将模型数据和与 Abaqus 作业关联的作业数据导出成 Nastran 批数据文件（. bdf）格式。

技巧：用户也可以从模型树来开始导出操作。扩展 Jobs 容器，在作业上右击，然后选择 Export→Nastran Input File。

用户创建的 Nastran 批数据文件包括从 Abaqus 模型和作业选中的数据；有关被支持的 Abaqus 关键字和它们映射的 Nastran 对象的更多信息，见《Abaqus 分析用户手册——介绍、空间建模、执行与输出卷》的 3.2.31 节“将 Abaqus 文件转换成 Nastran 批数据文件”。批数据文件包括 Abaqus 模型中的选中历史数据，但是此批数据文件不包括零件和装配体，Nastran 中不支持它们。

第Ⅲ部分　使用 Abaqus/CAE 模块创建和分析模型

本部分介绍如何使用 Abaqus/CAE 中的模块来定义模型的几何形体和其他物理属性，以及递交模型类分析，包括以下主题：

- 第 11 章　“零件模块”
- 第 12 章　“属性模块”
- 第 13 章　“装配模块”
- 第 14 章　“分析步模块”
- 第 15 章　“相互作用模块”
- 第 16 章　“载荷模块”
- 第 17 章　“网格划分模块”
- 第 18 章　“优化模块”
- 第 19 章　“作业模块”
- 第 20 章　“草图模块”

11 零件模块

零件是 Abaqus/CAE 模型的构建基础。用户可以使用零件模块来创建零件，并使用装配模块装配零件的实例。《Abaqus/CAE 入门》附录 C“使用额外的技术在 Abaqus/CAE 中创建和分析模型”中的教程，包含了如何创建、更改和操控零件的示例。本章介绍如何使用零件模块中的工具来处理零件，包括以下主题：

- 11.1 节 “理解零件模块的角色”
- 11.2 节 “进入和退出零件模块”
- 11.3 节 “什么是基于特征的建模”
- 11.4 节 “在 Abaqus/CAE 中如何定义零件？”
- 11.5 节 “复制零件的可选操作”
- 11.6 节 “什么是孤立节点和单元？”
- 11.7 节 “模拟刚体和显示体”
- 11.8 节 “参考点和点零件”
- 11.9 节 “用户可以创建什么类型的特征？”
- 11.10 节 “有效地使用基于特征的建模”
- 11.11 节 “获取用户的设计和分析意图”
- 11.12 节 “什么是零件和装配体锁定？”
- 11.13 节 “什么是拉伸、回转和扫掠？”
- 11.14 节 “什么是放样？”
- 11.15 节 “草图器与零件模块协同工作”

- 11.16 节 “理解零件模块中的工具集”
- 11.17 节 “使用零件模块工具箱”
- 11.18 节 “管理零件”
- 11.19 节 “使用 Create Part 对话框”
- 11.20 节 “给零件添加特征”
- 11.21 节 “添加实体特征”
- 11.22 节 “添加壳特征”
- 11.23 节 “添加线框特征”
- 11.24 节 “添加切割特征”
- 11.25 节 “使用 Edit Feature 对话框”
- 11.26 节 “使用 Edit Loft 对话框”
- 11.27 节 “混合边”
- 11.28 节 “镜像零件”

11.1 理解零件模块的角色

在 Abaqus/CAE 中创建零件有以下几种方式：

- 使用零件模块中提供的工具创建零件。
- 从以第三方格式存储的几何文件中导入零件。
- 从输出数据库导入零件网格。
- 从 Abaqus 输入文件导入网格划分的零件。
- 在装配模块中合并或者分割零件实例。
- 在网格划分模块中创建网格划分的零件。

使用零件模块工具创建的零件称为本地零件，并具有基于特征的表示。特征可以捕捉用户的设计意图，并且包含几何形体信息以及控制几何形体行为的一组规则。例如，一个圆孔是特征，Abaqus/CAE 存储孔洞的直径以及孔穿透零件的信息。如果增大零件的尺寸，Abaqus/CAE 会识别孔的深度必须增加来继续穿透零件。

用户可以使用零件模块创建、编辑和管理当前模块中的零件。Abaqus/CAE 以特征有序列表的形式存储每一个零件。定义每一个特征的参数——拉伸深度、孔径、扫掠路径等——共同定义零件的几何形体。

零件模块允许用户进行如下操作：

- 创建可变形的零件、离散的刚体、分析型刚体或者欧拉零件。零件工具也允许用户编辑和操控当前模型中定义的现存零件。
- 创建特征——实体、壳、线框、切割和倒圆，定义零件的几何形体。
- 使用特征操控工具集来编辑、删除、抑制、恢复和再生成零件的特征。
- 给一个刚体赋予参考点。
- 使用草图器来创建、编辑和管理形成零件特征侧面的二维草图。可以将这些侧面拉伸、旋转或者扫掠来创建零件几何形体；或者可以直接使用它们来形成平面的或者轴对称的零件。
- 使用集合工具集、分割工具集和基准面工具集。这些工具集操作当前视口中的零件，并且允许用户分别创建集合、分割和基准几何形体。

11.2　进入和退出零件模块

在 Abaqus/CAE 程序会话中，通过单击位于环境栏的 Module 列表中的 Part，用户可以在任何时候进入零件模块。在主菜单栏上出现 Part、Shape、Feature 和 Tools 菜单，并且如果存在一个当前零件，则当前视口的标题栏显示当前零件的名称。

要退出零件模块，从 Module 列表中选择任何其他模块。用户在退出模块前不需要执行任何特别的操作来保存零件；用户可以通过从主菜单选择 File→Save 或者 File→Save As 来保存整个模型。

11.3 什么是基于特征的建模?

本节介绍 Abaqus/CAE 用来定义零件的基于特征的方法，包括以下主题：

- 11.3.1 节 “零件与特征之间的关系”
- 11.3.2 节 “基础特征”
- 11.3.3 节 “简化零件的特征列表”
- 11.3.4 节 “什么是零件实例?”

11.3.1 零件与特征之间的关系

Abaqus/CAE 中创建的零件以特征为基础表示。特征是有意义的一段设计，为工程师提供建立和更改零件的便捷方法。在 Abaqus/CAE 中创建的零件从特征的有序列表和定义特征几何形体的参数来构建。用户可以选择下面的形状特征来在零件模块中建立零件：

- 实体。
- 壳。
- 线框。
- 切割。
- 混合。

在零件模块中使用工具，用户可以创建和编辑描述模型中每一个零件所必要的所有特征。Abaqus/CAE 存储每一个特征并且使用此信息来定义整个零件，如果用户编辑零件，则使用这些信息来重新生成零件，并且在装配模块中生成零件实例。零件如何与零件实例关联的更多信息，见 11.3.4 节“什么是零件实例?”。

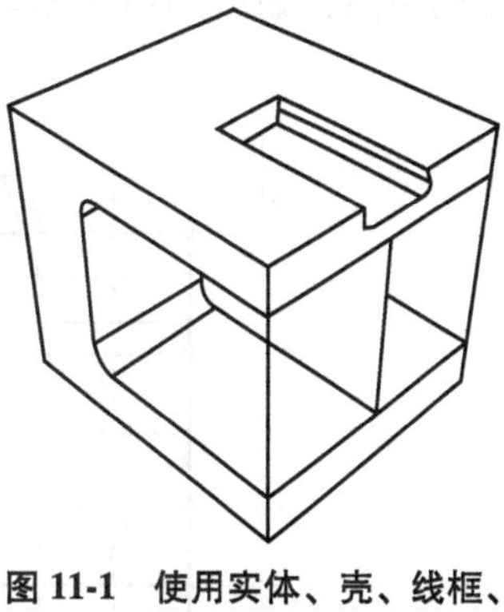

图 11-1 使用实体、壳、线框、切割和混合特征来构建的三维零件

下面的序列说明如何使用 Abaqus/CAE 中可以使用的特征来构建图 11-1 所示的三维零件：

1. 将构建一个零件时所创建的第一个特征称为基础特征；用户通过添加更多的特征来对基础特征进行更改或者添加细节来构建零件的剩余部分。在此例子中，基础特征是 U 形零件；用户草图绘制一个二维侧面并且拉伸它来形成基础特征，如图 11-2 所示。

草图和拉伸深度（a）是可以更改的参数，它们定义基础特征。用户可以通过使用特征操控工具集来更改截面草图或者拉伸距离来重新访问特征，并且更改它的尺寸或者形状。如果需要的话，用户可以删除基础特征，然后草图绘制一个新的形状。

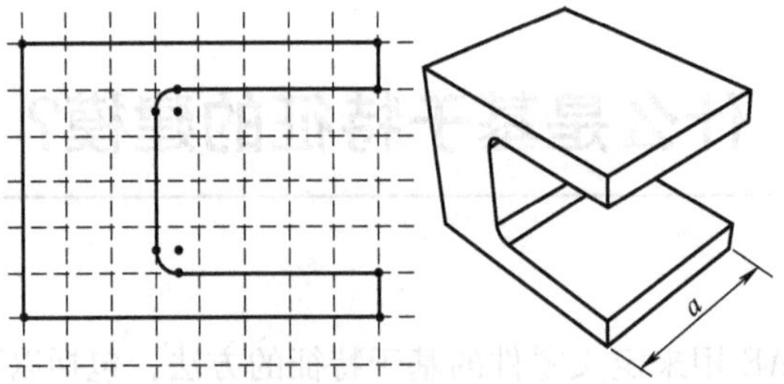

图 11-2　基础特征

2. 将一个加强筋腹板添加成壳特征。用户在一个内部面上草图绘制一条线，然后拉伸草图到相对的面，如图 11-3 所示。草图是定义壳特征的唯一可更改参数。

3. 将杆作为线框特征添加到拐角。通过连接用户选中的两个点来创建线框，如图 11-4 所示。以此方法创建的线框没有可以更改的参数；如果用户需要更改它们，则必须删除它们并重新创建。

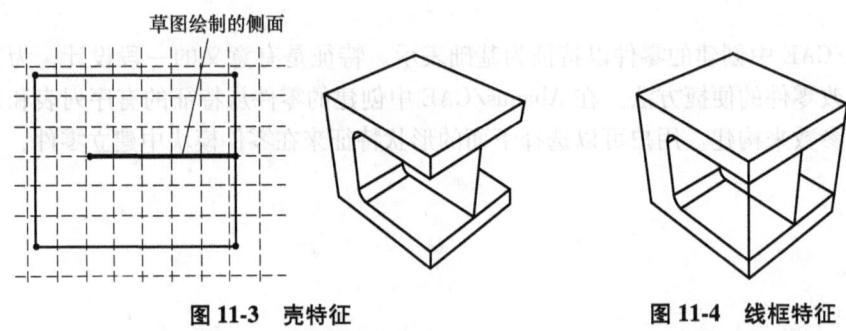

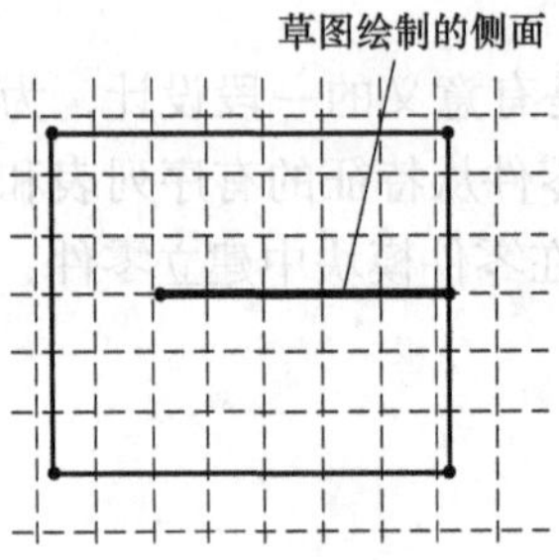

图 11-3　壳特征

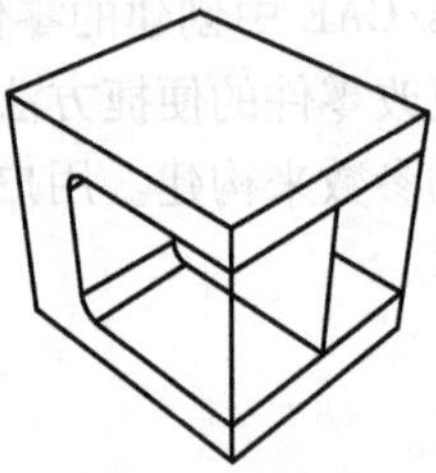

图 11-4　线框特征

4. 在夹子的顶上切一个盲孔。用户草图绘制一个二维的侧面，并且在夹子中拉伸侧面指定的距离，如图 11-5 所示。槽的草图和深度是定义盲孔特征的可更改参数。

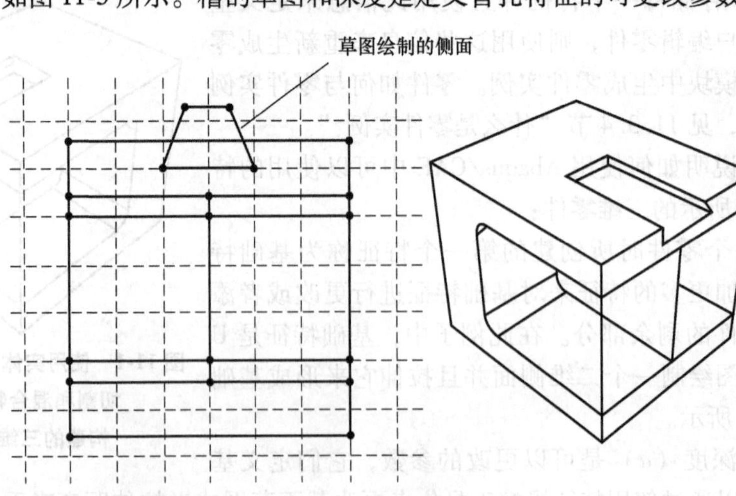

图 11-5　切割特征

5. 倒圆孔边。用户选择要倒圆的边并且提供圆的半径，如图 11-6 所示。半径是定义倒圆特征的可更改参数。

如果新特征的几何形体取决于已经存在的特征，则 Abaqus/CAE 在特征之间创建一个父子关系。新特征是子，子特征取决于父特征。例如，在上面描述的零件中，倒圆特征是切割特征的子。如果用户改变切割的位置或者大小，边依然保持倒圆。类似地，如果用户删除切割，则 Abaqus/CAE 也删除倒圆。

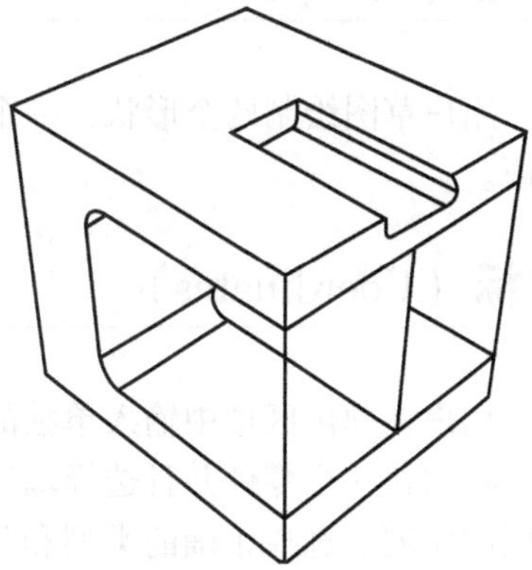

图 11-6　倒圆特征

如果用户更改父特征，则更改可能让父特征的子特征失效。例如，在上面描述的零件中，如果用户增加切割的深度使得它成为贯穿切除，则用户会失去沿着边的倒圆，即在更改后不能再重新生成倒圆。Abaqus/CAE 给用户提供下面两个选择：

- 保持父特征的变化，但是抑制不能再生成的特征。也会抑制被抑制特征的子特征。
- 终止父特征的更改，并且返回最后成功重新生成的状态。

11.3.2　基础特征

将用户在建立零件时创建的第一个特征称为基础特征；用户通过添加更多特征来对基础特征进行更改或者添加细节来构建零件的剩余部分。使用零件模块中的工具来建立 Abaqus/CAE 本地零件的过程，遵守在机加车间中构建零件的类似操作序列。例如，从一块坯料开始（基础特征），然后用户可以进行如下操作：

- 给坯料增加一块（施加实体拉伸、旋转壳或者草图线框）。
- 切除坯料（施加拉伸切除、旋转切除或者圆孔；或者边倒圆和倒角）。

当用户创建一个新零件时，用户必须描述基础特征。用户通过指定基础特征的两个属性来实现形状和类型。形状说明特征的基本拓扑，即它是否是实体、壳、线框或者点。类型说明后续将使用哪种方法来生成基础特征：

平面（Planar）

用户在二维草图平面上绘制特征。

拉伸（Extrusion）

用户草图绘制特征侧面，然后拉伸它通过一个指定的距离。

旋转（Revolution）

用户草图绘制特征侧面，然后围绕一个轴旋转指定的角度。

扫掠（Sweep）

用户草图绘制两个形状：一个扫掠路径和一个扫掠侧面。然后侧面沿着路径扫掠来创建特征。

坐标（Coordinates）

用户在弹出区域中输入单独的点坐标。

在创建一个零件并且选择基础特征的形状和类型之前，用户应当知道构建想要零件将要使用的序列。选择正确的类型和基础特征的形状是重要的。创建零件的更多信息，见 11.19 节“使用 Create Part 对话框”。

表 11-1 所列为以零件的建模空间和类型为基础，用户可以选择的基础特征。

表 11-1 可以选择的基础特征

零件类型	建模空间	
	三维的	二维的或者轴对称的
可变形的体	任何	平面壳、平面框或者点
离散的刚体	任何（在用户实例零件前，必须将 3D 实体的离散刚体转化成壳）	平面的线框或者点
分析型刚体	拉伸的或者旋转的壳	平面的线框
欧拉零件	拉伸的、旋转的或者扫掠的实体	不适用
流体零件	拉伸的、旋转的或者扫掠的实体	不适用
电磁零件	拉伸的、旋转的或者扫掠的实体	平面壳

从包含第三方格式几何形体的文件导入的零件，作为一个单独的特征来导入 Abaqus/CAE 中，作为新零件的基础特征。用户不能更改此基础特征，但是用户可以对此基础特征添加额外的特征。类似地，在网格划分模块中创建的或者从输出数据库导入的一个网格划分的零件作为新零件的基础特征。用户可以使用网格编辑工具来从网格添加和删除节点和单元，或者使用零件模块中的工具来给网格添加几何形体的特征。

此手册包含在用户的模型中创建和定义一个新零件和管理零件的详细指导，包含以下主题：

- 11.18 节 “管理零件”
- 11.19 节 “使用 Create Part 对话框”

11.3.3 简化零件的特征列表

当用户将零件复制成一个新的零件时，用户可以把所有的特征和参数信息简化成一个简单的定义。如果简化特征列表，则如果用户后续更改零件，则 Abaqus/CAE 将更快地重新生成零件；然而，用户将不再能更改任何零件参数。如果要复制零件，用户可以从主菜单栏选择 Part→Copy→零件名称。

如果用户已经花费大量的时间来创建一个零件，并且对设计迭代了许多次，则简化零件列表是特别有用的。例如，如果用户创建一个槽并且在达到最终设计之前重新确定槽的尺寸，则原始的零件包含定义槽每一次版本的特征。如果用户复制零件并且简化特征列表，则新零件将仅包含定义槽的最后版本的特征。

11.3.4 什么是零件实例？

可以将零件实例考虑成原始零件的代表。用户在零件模块中创建一个零件，然后在属性模块中定义它的属性。然而，当用户使用装配模块来装配模型时，用户仅使用零件的实例来工作，而不是零件自身。相互作用模块和载荷模块也操作装配，以及零件实例。相比而言，网格划分模块让用户操作装配或者一个及多个装配的部件零件。

用户在装配模块中创建零件实例。然后用户在整体坐标系中定位这些实例相对于彼此的位置来形成装配体。用户可以创建并且定位一个零件的多个实例。此外，当求解接触问题时，用户可以装配可变形的零件、分析型刚体和离散刚性零件的实例。更多有关在 Abaqus/CAE 中用户可以创建的零件类型信息，见 11.4.2 节“零件类型”。

下面的例子说明零件与零件实例之间的关系。三个零件组成一个泵箱：箱罩、螺栓和垫片。在零件模块中，用户可以创建图 11-7 所示的三个零件。

- 一个箱罩。
- 一个螺栓。
- 一个垫片。

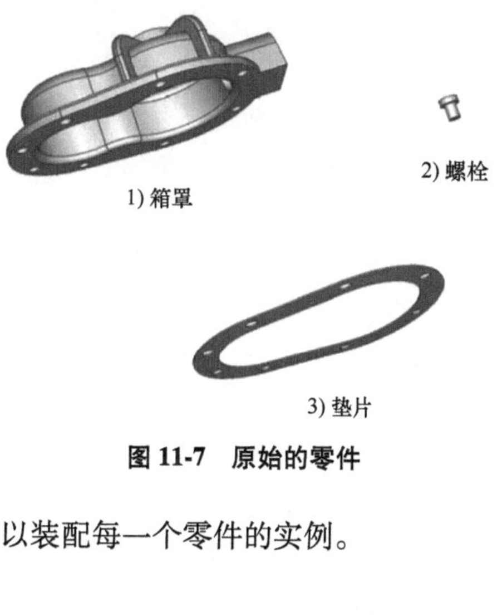

图 11-7 原始的零件

在装配模块中，用户可以装配每一个零件的实例。

- 体的一个实例。
- 垫片的一个实例。

- 螺栓的八个实例。

然后用户相对于常用坐标系定位实例，这样创建泵箱的模型，如图 11-8 所示。

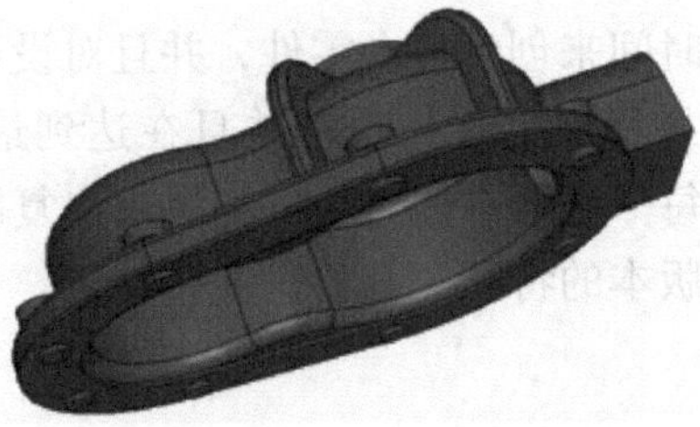

图 11-8　从零件的实例形成装配模型

现在，假定用户想要改变螺栓的长度。用户返回零件模块并且通过编辑原始零件来更改螺栓的长度。当用户返回装配模块时，Abaqus/CAE 识别零件经过了修改，并且自动地重新生成螺栓的八个实例来反映长度的变化。

用户不能直接更改零件实例的几何形体；用户仅能在零件模块中更改零件自身。当用户更改零件时，Abaqus/CAE 自动重新生成装配中已经更改零件的所有实例。零件实例在 13.3 节“使用零件实例”的装配模块上下文中进行了更加详细的讨论。

11.4 在 Abaqus/CAE 中如何定义零件?

本节介绍用户可以在零件模块中创建的零件——可变形的、刚性的和欧拉——以及电磁模块和 Abaqus/CFD 模块中可以获取的电磁和流体零件，包括以下主题：

- 11.4.1 节 “零件模拟空间”
- 11.4.2 节 “零件类型”
- 11.4.3 节 “零件大小”

11.4.1 零件模拟空间

当用户创建一个新零件时，用户必须指定零件所在的模拟空间。用户可以赋予下面三种类型的模拟空间：

三维（Three-dimensional）

Abaqus/CAE 将零件置于 *XYZ* 坐标系中。一个三维零件可以包含实体、壳、线框、切除、圆角和倒角特征的任何组合。用户可以使用三维实体、壳、梁、杆或者膜单元来建模三维零件。

二维平面（Two-dimensional planar）

Abaqus/CAE 将零件置于 *X-Y* 平面中。一个二维平面零件仅可以包含平面壳和线框特征的组合，并且将所有的切割特征定义成平面通过的切割。用户可以使用二维实体连续单元和杆或者梁单元来模拟二维平面零件。

轴对称（Axisymmetric）

Abaqus/CAE 将模型置于 *X-Y* 平面中，并且 *Y* 轴是回转轴。轴对称零件仅包含平面壳和线框特征的组合，并且将所有的切割特征定义成平面通过的切割。用户使用轴对称的实体连续单元或者轴对称的壳单元来模拟轴对称零件。

建模空间是指放置零件的空间，而不是零件自身的拓扑。因此，用户可以使用拓扑二维的壳特征或者一维的线框特征来创建三维零件。用户可以在已经创建零件后，在模型树中的零件上右击，然后从出现的菜单中选择 Edit 来改变零件的模型空间。

Abaqus/CAE 使用下面的方法来确定导入零件的建模空间：

- 当用户从包含几何形体的、采用第三方格式的文件中导入一个零件时，用户可以指定零件的建模空间，前提是 Abaqus/CAE 不确定建模空间是三维的。
- 当用户从输出数据库中导入一个网格时，Abaqus/CAE 从存储在输出数据库中的信息来确定新零件的建模空间。
- 当用户从输入文件中导入一个网格时，Abaqus/CAE 根据单元类型来确定新零件的建模空间。
- 当用户在网格划分模块中创建一个网格划分零件时，网格划分零件的建模空间与原始零件的建模空间是一样的。

在创建和导入一个零件时如何指定建模空间的详细指导可以在 11.19.2 节“选择新零件的模拟空间”和 10.7 节“导入草图和零件”中找到。使用在线文档的指导见 2.6 节“获取帮助”。

11.4.2　零件类型

当用户创建一个新零件，或者从一个包含以第三方格式存储的几何形体的文件中导入一个零件时，必须选择零件的类型。Abaqus/Standard 和 Abaqus/Explicit 的可用零件类型如下：

可变形的体

用户创建或者导入的任何任意形状的轴对称、二维或者三维零件，都可以指定成可变形的零件。一个可变形的零件代表在载荷作用下可以变形的零件；载荷可以是机械的、热的或者电的。默认情况下，Abaqus/CAE 创建可变形的零件。

离散的刚体

离散的刚体可以具有任意形状，这一点与可变形零件类似。但是，如果假定离散的刚性零件是刚性的，并且在接触分析中用来模拟体，则不会发生变形。

分析型刚体

分析型刚体在接触分析中代表刚性面，这类似于离散的刚体。然而，分析型刚体的形状不是任意的，并且必须由一组草图绘制的线、圆弧和抛物线形成。

欧拉零件

使用欧拉零件来定义一个区域，在此区域中材料可以为欧拉分析而流动。欧拉零件在分析过程中不会变形；相反，零件中的材料在载荷作用下发生变形并且可以流过刚体单元边界。更多有关欧拉分析的信息，见第 28 章“欧拉分析”。

电磁零件

仅在电磁模型中使用电磁零件类型。更多信息见《Abaqus 分析用户手册——分析卷》的 1.7.5 节“涡流分析”。

流体零件

仅在 Abaqus/CFD 模型中使用流体零件类型。

用户可以在装配模块中装配可变形的体、离散刚体、分析型刚体、欧拉零件、电磁零件和流体零件。如果允许的话，用户可以在创建零件后，在模型树中的零件上右击，然后从出现的菜单中选择 Edit 来改变零件的类型。

Abaqus/CAE 使用下面的方法来确定导入零件的类型：

- 当用户从包含以第三方格式存储的几何形体的文件导入零件时，用户可以指定零件是可变形的、离散刚性的或者欧拉的。
- 当用户从输出数据库导入网格时，Abaqus/CAE 从存储在输出数据库中的信息确定新零件的类型。
- 当从输入文件导入网格时，Abaqus/CAE 根据单元类型确定新零件的类型。
- 当用户在网格划分模块中创建网格时，网格划分零件的类型与原始零件的类型相同。

在创建零件时，如何设置零件类型的详细指导，见 11.19.3 节“选择新零件的类型”。

11.4.3 零件大小

当用户创建一个新零件时，必须选择零件的大概尺寸。Abaqus/CAE 使用用户输入的大小来计算草图的大小和坐标方格的大小。用户应当将零件的大概尺寸设置成与最终零件的最大尺寸匹配。如果用户后续发现零件超出了草图的尺寸，可使用草图定制功能来增加草图的大小。用户不能在已经完成零件之后改变零件的大概尺寸。然而，用户可以将零件复制成一个新零件，然后在复制操作过程中缩放零件。更多信息见 11.18.3 节“复制零件”。

Abaqus/CAE 使用几何形体引擎来建模零件和特征。推荐的大概尺寸范围是从 0.001（10^{-3}）到 10000（10^{-4}）单位。此范围应当防止用户的模型超出几何形体引擎的限制。例如，几何形体引擎所支持的最小尺寸是 10^{-6}，所以将几何形体保持在 10^{-3}数量级通常将会使节点和单元尺寸保持在最小尺寸以上。超出推荐限制的零件可能表现出几何形体缺陷。如果用户发现需要指定的大概尺寸超出了推荐的范围，则用户应当考虑采用不同的单位系统。

在创建零件时如何指定零件近似大小的详细指导，见 11.19.5 节“设置新零件的大体尺寸”。

11.5　复制零件的可选操作

从主菜单选择 Part→Copy→零件名称，来将一个零件复制成一个新的零件。用户可以创建原始零件的相同副本，或者在复制操作过程中进行如下操作：

压缩特征

Abaqus/CAE 通过用户输入的缩放因子来缩放新的零件。如果用户选择缩放一个零件，则 Abaqus/CAE 也压缩它的特征。用户可以使用缩放来矫正导入的零件。如果导入零件的缩放比例不正确，用户可以将零件复制成一个新的零件，并在复制过程中缩放零件到正确的尺寸。在某些情况中，用户可以通过缩小零件、修复零件，然后放大回零件的原始尺寸来生成有效的零件。用户也可以在导入的过程中进行缩放。更多信息见 10.7 节“导入草图和零件”。

关于平面镜像零件

Abaqus/CAE 围绕所选的平面（*X-Y*、*Y-Z* 或 *X-Z*）镜像零件。如果用户选择 Mirror part about plane 选项，则 Abaqus/CAE 选择 Compress features 项。

要围绕不是主平面的平面来镜像零件，并且不压缩特征，使用 Shape→Transform→Mirror。更多信息见 11.28 节“镜像零件”。

将不连接的区域分离成多个零件

在某些情况中，当用户导入 IGES 格式或者 VDA-FS 格式的零件，并且选择 Stitch edges 修复选项时，Abaqus/CAE 会将分开的多个零件导入成一个单独的零件。如果用户切换选中 Separate disconnected regions into parts 选项，并且将导入的零件复制成一个新的零件，则 Abaqus/CAE 会将不连接的区域分开成多个零件。更多信息见 10.3 节“控制导入过程”。

用户可以复制一个网格划分的零件，并且以节点连接性为基础来将零件分开成不连接的多个零件。Abaqus/CAE 假定所有连接的节点属于一个单独的零件，并且不考虑单元的类型。然而，Abaqus/CAE 会忽略具有非线性、非对称变形（CAXA）的轴对称实体单元以及一些线单元（连接器、弹簧、阻尼器、间隙和点）之间的连接性。

用户可以复制包含几何形体和孤立网格特征的零件，可以对任何零件使用压缩、缩放、镜像和分离非连接区域的选项。

注意：当用户在复制操作过程中压缩或者镜像一个零件时，Abaqus 不会复制参考点、点零件和基准平面。

11.6 什么是孤立节点和单元?

孤立节点和单元是与几何形体无任何关联的有限单元网格部件。实际上是将网格信息从它的父几何形体孤立出来，可以有多种方式来建立孤立节点和单元:

- 从输出数据库导入（更多信息见 10.7.12 节“从输出数据库导入零件”）。
- 从 Abaqus 输入文件导入（更多信息见 10.8 节“导入一个模型”）。
- 创建成网格划分零件（更多信息见 17.20 节“创建网格划分零件”）。
- 创建一个自下而上的网格划分过程（更多信息见 17.11 节“自下而上的网格划分”）。
- 通过特定的网格编辑操作来创建，例如创建单元和偏置（更多信息见 64.4 节“网格编辑工具概览”）。
- 通过删除与父几何形体的关联性来创建（更多信息见 64.7.12 节“删除网格-几何形体的关联性”）。

上面所述的前三个方法将孤立网格特征创建成新零件的基础特征。剩下的方法是编辑网格工具集的一部分；这些方法可编辑现有的网格，并使网格并不作为零件的特征存在。更多信息见第 64 章“编辑网格工具集”。

用户可以选择将孤立单元的面作为草图平面来添加几何形体特征。此外，在网格划分模块中，用户可以改变赋予孤立单元的单元类型，以及确认和编辑网格。

11.7　模拟刚体和显示体

本节介绍刚体和显示体包括以下主题：

- 11.7.1 节　“刚体”
- 11.7.2 节“草图绘制分析型刚体的侧面”
- 11.7.3 节　“刚性零件与刚体约束之间的区别?”
- 11.7.4 节　“什么是显示体?”

11.7.1　刚体

当用户的模型包含彼此接触的零件时，用户可以指定一个或者多个零件是刚性的（即将零件定义成刚体）。对于这类零件，可以不考虑变形。

与定义成刚体的零件相比，如果用户定义成可变形的零件，则在与刚性零件或者其他可变形零件接触时可以发生变形。例如，金属冲压的模型可以使用可变形的零件来模拟板料，以及使用刚体来模拟凸模和凹模，如图 11-9 所示。

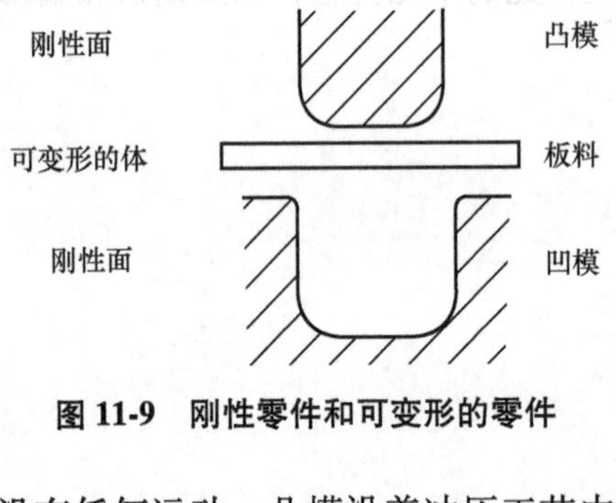

图 11-9　刚性零件和可变形的零件

在此例子中，约束凹模没有任何运动，凸模沿着冲压工艺中指定的路径运动。用户通过选择刚体参考点并约束或者指定参考点的运动来控制刚体的运动。更多信息见 11.8.1 节“参考点”。

计算效率是刚性零件相对于可变形零件的主要优势。在分析过程中，不会对刚体进行单元层级的计算，仅更新刚体运动以及装配集中载荷和分布载荷需要一些计算努力，刚体的运动完全通过参考点来确定。要从可变形类型变化成刚性类型，或者反之，用户可以在模型树中的零件上右击，然后从出现的菜单中选择 Edit。更多信息见 11.7.3 节“刚性零件与刚体约束之间的区别?”和第 27 章“显示体”。

用户可以在以下两种刚性零件之间进行选择：

离散型刚性零件

用户声明成离散刚性的零件可以是任意三维形状的、二维形状的或者轴对称形状的。因此，用户可以使用所有的零件模块特征工具——实体、壳、线框、切割和混合——来创建离散型刚性零件。然而，在网格划分模块中，仅可以使用刚性单元网格划分包含壳和线框的离散型刚性零件。如果用户试图在装配模块中创建一个实体离散型刚性零件的实例，则 Abaqus/CAE 显示一个错误信息；用户必须返回到零件模块并将实体的面转化成壳。

分析型刚性零件

分析型刚性零件与离散型刚性零件类似的地方在于，可以使用它在接触分析中代表刚性零件。如果可能的话，在描述一个刚性零件时，用户应当使用分析型刚性零件，因为它的计算成本比离散型刚性零件更低。分析型刚性零件的形状不是任意的，并且侧面必须光滑。用户仅可以使用下面的方法来创建分析型刚性零件。

- 用户可以草图绘制零件的二维侧面，然后围绕对称轴回转侧面来形成三维回转的分析型刚性零件，如图 11-10 所示。

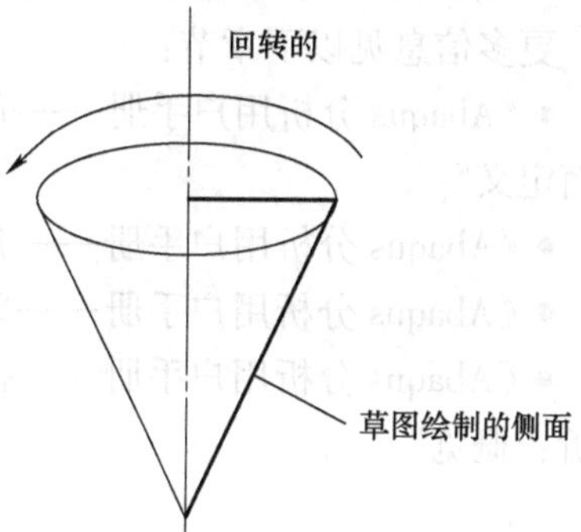

图 11-10　回转的分析型刚性零件

- 用户可以草图绘制零件的二维侧面，然后无限拉伸侧面来形成三维拉伸的分析型刚性零件。虽然 Abaqus/CAE 将拉伸考虑成延伸到无限，但零件模块会使用用户指定的深度来显示三维拉伸的分析型刚性零件，如图 11-11 所示。

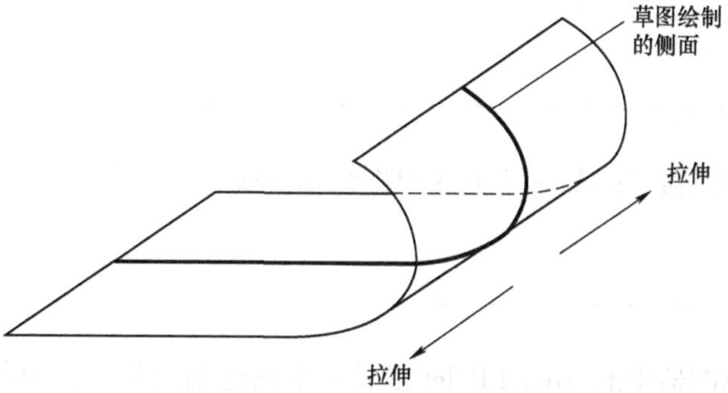

图 11-11　拉伸的分析型刚性零件

- 用户可以草图绘制平面二维分析型刚性零件的侧面，如图 11-12 所示。
- 用户可以草图绘制轴对称二维分析型刚性零件的侧面，如图 11-13 所示。

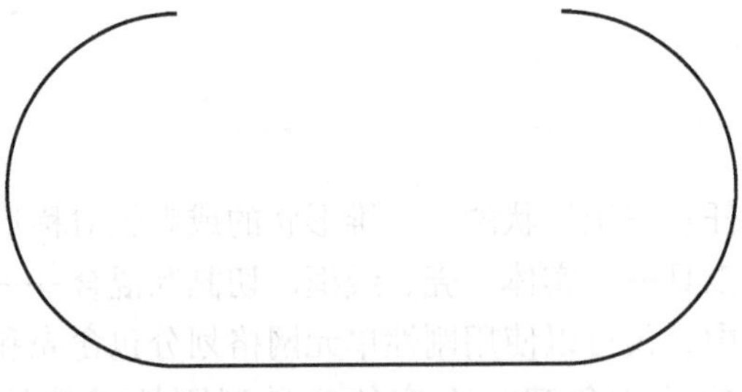

图 11-12　平面分析型刚性零件

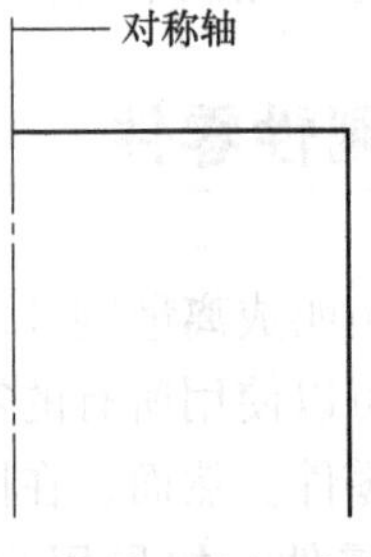

图 11-13　轴对称分析型刚性零件

用户可以从包含几何形体的，以第三方格式存储的文件导入一个零件，并将零件定义成可变形或者离散型刚性零件；然而，用户不能将导入的零件定义成分析型刚性零件。反之，用户可以将分析型刚性零件的几何形体导入到草图中。然后，用户创建一个新的分析型刚性零件，并将导入的草图复制到草图器工具集中。

Abaqus/CAE 中的刚性零件等效于 Abaqus/Standard 或者 Abaqus/Explicit 分析中的刚性面。更多信息见以下章节：

- 《Abaqus 分析用户手册——介绍、空间建模、执行与输出卷》的 2.3.4 节“分析型刚性面定义”
- 《Abaqus 分析用户手册——介绍、空间建模、执行与输出卷》的 2.4 节“刚体定义”
- 《Abaqus 分析用户手册——单元卷》的 4.3.1 节“刚性单元”
- 《Abaqus 分析用户手册——指定条件、约束与相互作用卷》的 3.1 节“接触相互作用分析：概览”

11.7.2　草图绘制分析型刚体的侧面

Abaqus/CAE 可以使用一系列线、圆弧和抛物线组成的侧面来表示分析型刚性零件。在草图器中可以使用以下几个工具来帮助用户构建刚性零件侧面的每一个部分：

线

用户可以使用草图器中的 Line 工具来草图绘制直线。

圆弧和倒圆

用户可以使用草图器中的 Arc 和 Fillet 工具来草图绘制圆弧或者两条线的倒圆。生成的圆弧圆心角必须小于 108°；如果用户想要构建圆心角大于 180°的圆弧，则应当创建两段相邻的圆弧。如果用户在草图绘制分析型刚性面时，所创建的圆弧圆心角大于 180°，则 Abaqus/CAE 显示一个错误信息。

样条曲线

用户可以使用草图器中的 Spline 工具来草图绘制抛物线。用户通过定义三点样条曲线来创建一个抛物线，其中三个点是样条曲线的起点、沿着样条曲线的任意一个点，以及样条曲线的终点。只有由恰好三个点组成的样条曲线才能生成分析型刚性零件定义所需的抛物线，如果在草图绘制分析型刚性零件的侧面时，用户使用多于三个点来创建样条曲线，则 Abaqus/CAE 显示一个错误信息。

用户可以从任何线、圆弧和抛物线的组合来构建一个分析型刚性零件；然而，生成的轮廓必须是一条连接的（但不一定是封闭的）曲线。此外，曲线必须是光滑的，这样使用 Abaqus/Standard 或者 Abaqus/Explicit 可以得到收敛的解。用户可以使用一系列小线段、圆弧或者抛物线来去除任何面的不连续性（Abaqus/CAE 在 Abaqus/Standard 和 Abaqus/Explicit 的 * SURFACE 选项上没有等效的 FILLET RADIUS 参数）。有关创建抛物线和保持相切的更多信息，见 20.10.10 节“草图绘制样条曲线”。更多有关控制分析型刚性面的信息，见《Abaqus 分析用户手册——介绍、空间建模、执行与输出卷》的 2.3.4 节“分析型刚性面定义”。

包括一条线、一个圆弧和一个倒圆的分析型刚性零件草图如图 11-14 所示。

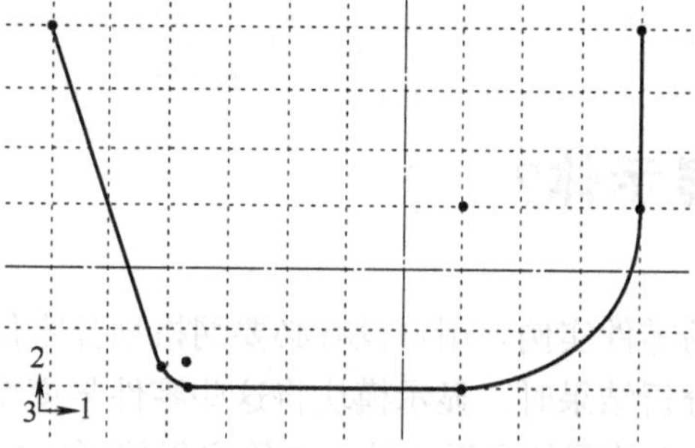

图 11-14　分析型刚性零件的草图

分析型刚性零件完全由用户使用草图器创建的基础特征的二维侧面来定义；因此，当用户从草图器返回零件模块时，不能使用零件模块工具来添加特征。用户仅可以通过编辑原始的草图来更改零件。

在创建一个分析型刚性面后，必须为其指定一个刚体参考点。用户可以通过约束或者规定参考点的运动来控制分析型刚性面的运动。更多信息见 11.8.1 节“参考点”。

11.7.3　刚性零件与刚体约束之间的区别？

用户可以在零件模块中通过创建零件并声明它的类型（离散型刚性或者分析型刚性）来创建刚体。用户可以创建一个参考点并将它指定成刚体参考点。对参考点施加的运动或者约束会施加给整个刚体。

类似地，用户可以在相互作用模块中创建一个刚体约束。刚体约束允许用户将装配区域的运动约束成参考点的运动。作为刚体一部分的区域的相对位置在整个分析中保持约束。此外，用户可以从一个零件实例中选择区域，并且使用刚体约束来为完全耦合的热-应力分析指定热各向同性的刚体。定义刚体约束并且赋予刚体参考点的详细指导，见 15.15.2 节“定义刚体约束”。

用户并不是必须为一个零件创建一个参考点，即使零件类型是离散型的或者分析型的刚性。然而，如果用户不为刚体创建一个参考点，则刚体约束中必须包括装配中的每一个零件实例。

刚性零件与零件关联；刚体约束与装配的区域关联。例如，如果将零件定义成刚性，则装配中的每一个零件实例是刚性的。相反，如果用户定义零件是可变形的，则可以使用刚体约束来仅让一些实例是刚性的。如果用户在零件模块中没有创建一个参考点，则用户不能通过将刚性零件的实例与在装配模块中创建的参考点进行关联来创建一个刚体参考点。然而，用户可以将具有刚体约束的实例与在装配模块中创建的参考点进行关联。

如果用户将一个零件定义成刚性的，则用户可以使用模型树来将零件类型改变成可变形的。要检查用户的基本模型是否正确，可以将零件定义成刚性的，运行快速分析后再将类型改变成可变形的。类似地，如果用户将一个零件定义成可变形的，并且在装配中对零件的实例施加一个刚体约束，则用户可以在稍后容易地删除约束。用户可以对施加有刚体约束的零件实例进行快速的分析，然后删除约束，再对是可变形体的零件实例运行一个完全分析。两个方法非常类似。

11.7.4　什么是显示体?

显示体是仅用于显示的零件实例。用户没有必要网格划分零件，并且分析中也不包括此零件；然而，当用户显示分析结果时，显示模块将这些零件与模型的其他部分一起显示。如果 Abaqus/CAE 报告一个导入的零件是无效的，则用户仍然可以在模型中将它们包括成显示体。更多信息见 10.2.1 节“什么是有效和精确的零件?”。

用户通过在相互作用模块中施加显示体约束来创建一个显示体。用户可以对可变形零件和刚性零件都施加显示体约束，并且用户可以对包含几何形体和孤立单元的零件施加显示体约束。用户可以将零件实例约束成空间中固定的，或者可以将它约束成跟随选中的点。更多信息见 15.5 节“理解约束”。使用显示体约束的模型例子，见第 27 章“显示体”。

11.8 参考点和点零件

本节介绍如何创建一个与零件关联的参考点，以及如何创建一个仅包含一个单独点的零件，并且此点也是参考点，包括以下主题：

- 11.8.1 节 “参考点”
- 11.8.2 节 “点零件”

11.8.1 参考点

用户可以通过选择主菜单栏中的 Tools→Reference Point，使用参考点工具集来创建与一个零件关联的参考点。一个零件仅包含一个参考点，并且 Abaqus/CAE 将其标签成 RP。如果用户试图创建第二个点，则 Abaqus/CAE 询问用户是否删除原来的点。零件上的参考点出现在装配中的所有零件实例上。装配可以包括多个参考点，并且 Abaqus/CAE 将它们标签成 RP-1、RP-2、RP-3 等。更多有关参考点的信息见，第 72 章“参考点工具集”。

Abaqus/CAE 在想要的位置显示参考点和它的标签。用户可以通过从模型树选择 Rename 来改变参考点标签。如果需要，可以关闭参考点的符号显示和参考点标签；更多信息见 76.11 节“控制参考点显示”。

如果零件是离散型刚性零件或者分析型刚性零件，则用户使用参考点来说明刚体的参考点。当用户创建装配时，参考点显示在每一个零件实例上。用户使用相互作用模块来对参考点施加约束，或者使用载荷模块来使用载荷或者边界条件来定义参考点的运动。然后施加给参考点的运动可以将约束施加到整个刚性零件。

11.8.2 点零件

当用户创建一个零件时，用户可以将零件的基础特征形状选择成一个实体、一个壳、一个线框或者一个点。如果用户选择一个点，则用户必须指定点的坐标，并且 Abaqus/CAE 创建一个基础特征是此点处的点的零件。此外，点是此零件的参考点。点坐标的模块空间可以是三维的、二维的或者轴对称的。点零件的类型可以是可变形的或者刚性的。

用户可以继续给点零件添加特征，例如基准面和线框。更加典型的是，用户将使用一个具有质量和惯量的点零件来取代一个刚性零件，来简化模型。用户可以给一个刚性点零件添加质量；见第 33 章“惯量”。此外，用户可以给点附加一个显示体，并且使用显示体来代表原来的刚性零件，见第 27 章“显示体”。最后，用户可以通过建模一个 JOIN 或者 REVOLUTE 那样的连接器来将点零件约束到用户的模型，见第 24 章“连接器”。

11.9　用户可以创建什么类型的特征?

用户在选择了零件的类型和形状，并且草图绘制了零件基础特征的二维侧面后，可以添加额外的特征或者更改现有的特征来创建最终的零件。下面的章节介绍可以添加到零件的特征：

- 11.9.1 节　“实体特征”
- 11.9.2 节　“壳特征”
- 11.9.3 节　“线框特征”
- 11.9.4 节　“切割特征”
- 11.9.5 节　“混合特征”

11.9.1　实体特征

要创建一个实体特征，从主菜单栏选择 Shape→Solid 或者在零件模块工具箱中选择一个实体工具。一旦用户草图绘制了初始的侧面，则执行下面的一个操作来创建特征：

- 要创建一个拉伸的实体特征，用户通过指定的距离（d）来拉伸侧面，如图 11-15 所示。

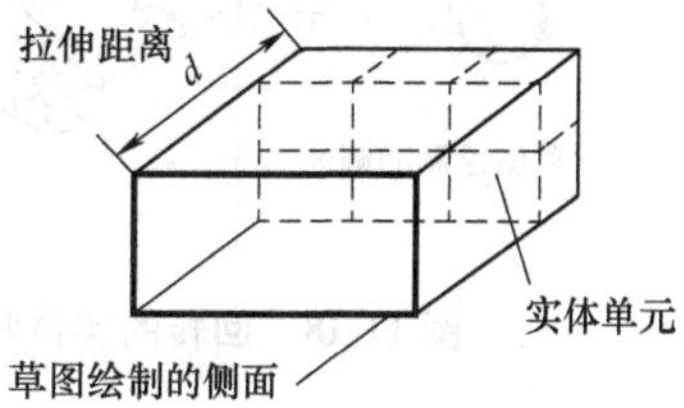

图 11-15　一个拉伸的实体特征

此外，用户可以给拉伸施加拔模角度（θ）或者扭曲，如图 11-16 所示。用户可以为具有拔模角度的拉伸定义拔模角度，或者为具有扭转的拉伸定义扭转的中心以及螺距（扭转 360°时发生的拉伸距离）。从主菜单栏选择 Shape→Solid→Extrude 来创建此类型的特征。

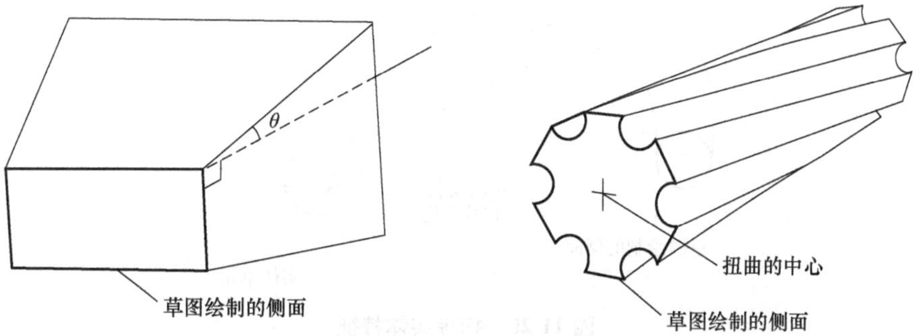

图 11-16　具有拔模角度和扭曲的拉伸实体特征

• 要创建一个实体放样特征，将形状从初始放样截面转变成不同形状或者不同方向的末端截面。Abaqus/CAE 使用切向约束、中间截面和路径曲线来确定起始截面与末端截面之间的形状。图 11-17 显示了一个简单的放样（仅有两个放样截面、没有切向约束、直线路径）。从主菜单栏选择 Shape→Solid→Loft 来创建此类型特征。

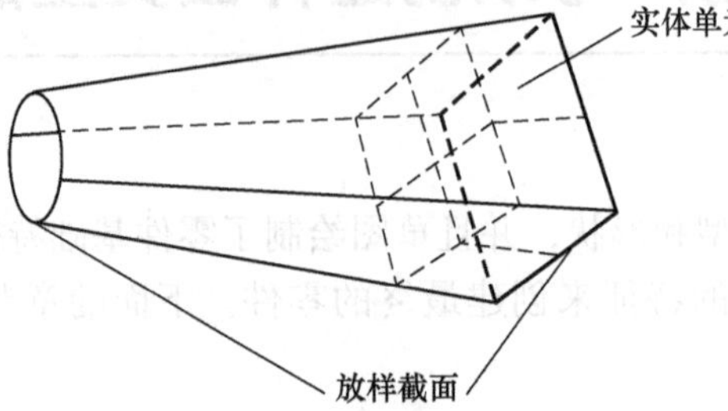

图 11-17　实体放样特征

• 要创建一个回转的视图特征，通过一个指定的角度（α）来回转侧面。图 11-18 显示了一根作为转轴的构型线。此外，用户可以输入螺距值（p）来在回转侧面转动时沿着回转轴平动。图 11-19 显示了一个具有螺距的回转 360°的实体。从主菜单栏选择 Shape→Solid→Revolve 来创建此类型的特征。

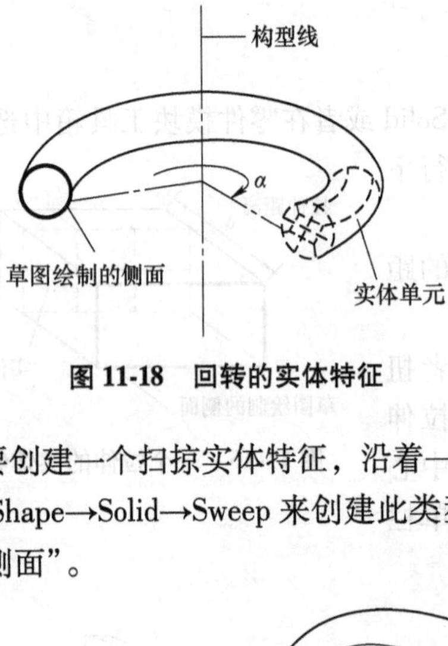

图 11-18　回转的实体特征

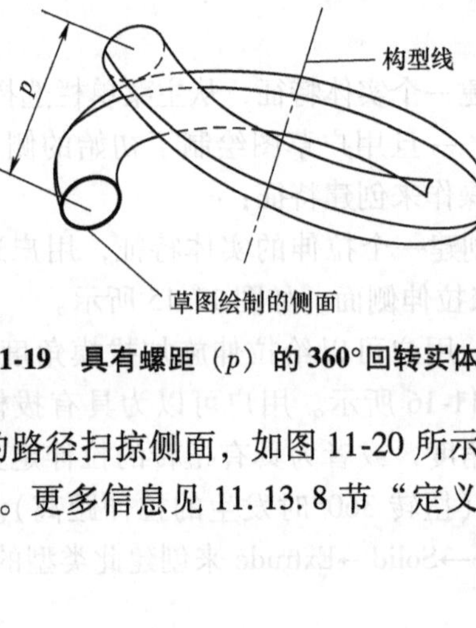

图 11-19　具有螺距（p）的 360°回转实体特征

• 要创建一个扫掠实体特征，沿着一个指定的路径扫掠侧面，如图 11-20 所示。从主菜单选择 Shape→Solid→Sweep 来创建此类型的特征。更多信息见 11.13.8 节“定义扫掠路径和扫掠侧面”。

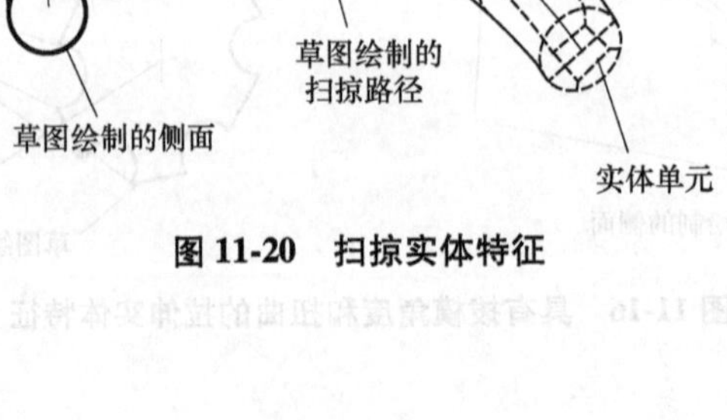

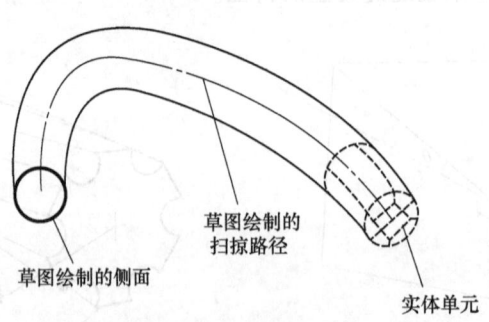

图 11-20　扫掠实体特征

用户可以使用任何实体工具来给在三维模型空间中创建的可变形零件或者离散的零件添加实体特征。用户不能给二维或者轴对称零件添加实体特征。

图 11-15、图 11-17、图 11-18 和图 11-20 说明了每一个特征后续会如何进行网格划分。用户可以使用 Abaqus/Standard 或者 Abaqus/Explicit 中提供的任何可用三维、实体连续单元来网格划分实体特征。

11.9.2 壳特征

壳特征是厚度与宽度和深度相比相当小的理想化实体。要创建一个壳特征，从主菜单栏选择 Shape→Shell 或者选择零件模块工具箱中的壳工具。用户可以使用壳工具通过以下方式之一创建壳特征。

- 要创建拉伸的壳特征，用户应草图绘制侧面并拉伸指定的距离（d），如图 11-21 所示。

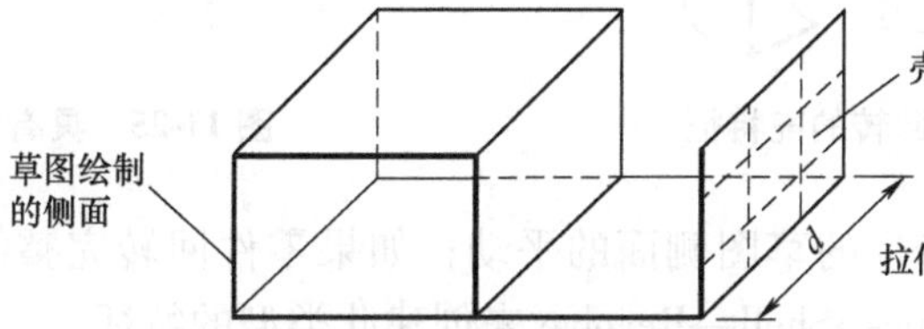

图 11-21 拉伸的壳特征

此外，用户可以应用拉伸的拔模角度或者扭曲，如图 11-22 所示。

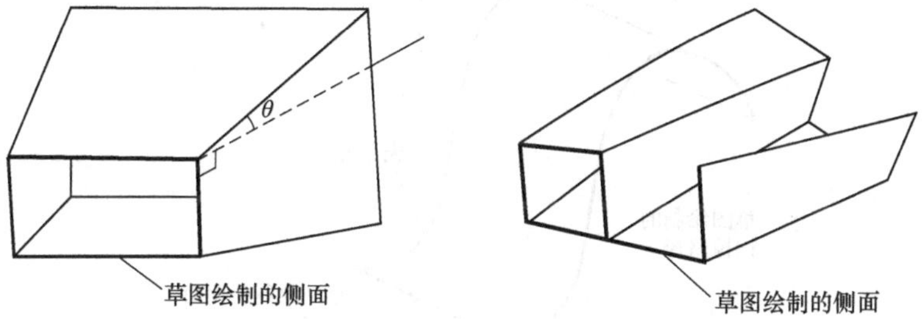

图 11-22 具有拔模角度和扭曲的拉伸壳特征

用户为具有拔模角度的拉伸定义拔模角度，或者为具有扭转的拉伸定义扭转中心和螺距（发生 360°扭转时的拉伸距离）。从主菜单栏选择 Shape→Shell→Extrude 来创建此类型的特征。

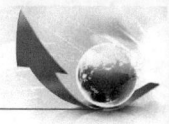

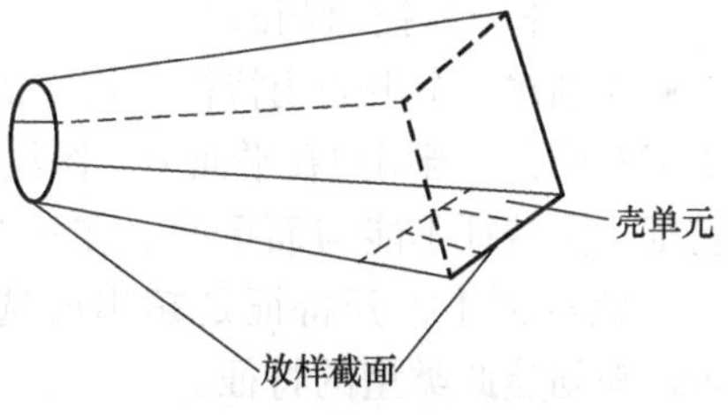

图 11-23 壳放样特征

- 要创建一个壳放样特征，用户需要将形状从放样的开始转化到不同形状或者方向的末端截面。Abaqus/CAE 使用切向约束、中间截面和路径曲线来确定起始和末端截面。图 11-23 所示为一个简单的壳放样特征（仅有两个放样截面，没有切向约束和直线路径）。从主菜单栏选择 Shape→Shell→Loft 来创建此类型的特征。

• 要创建一个回转的壳特征，用户需要在草图中绘制一个侧面，并将其旋转一个指定的角度（α）。图 11-24 所示为一个回转的壳特征（构型线作为回转轴）。

此外，用户可以输入一个螺距值，在草图侧面回转时也沿着回转轴平动，如图 11-25 所示的具有螺距的回转壳特征。

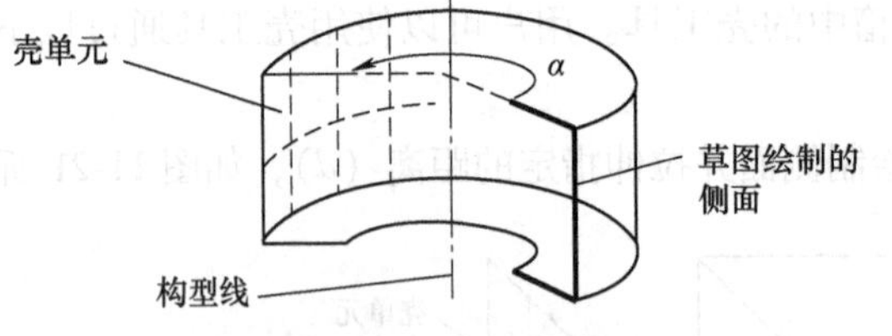

图 11-24　回转的壳特征

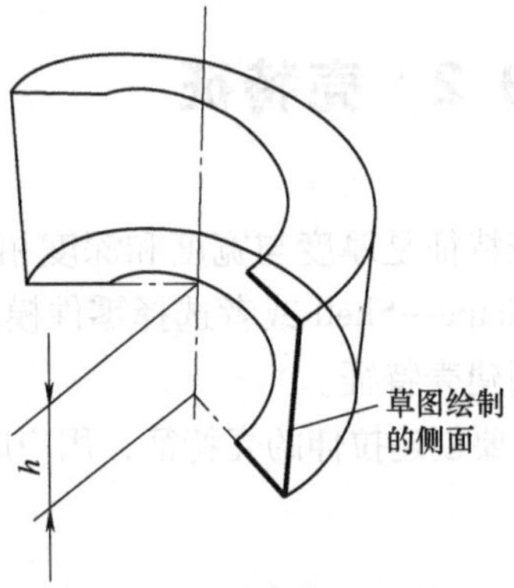

图 11-25　具有螺距的回转壳特征

尺寸 h 表示由于螺距产生的草图侧面的平动；如果零件回转完整的 360°，则 h 将等于螺距。从主菜单栏选择 Shape→Shell→Revolve 来创建此类型的特征。

• 要创建一个扫掠的壳特征，用户需要在草图中绘制一个侧面，然后沿着指定的路径扫掠它，如图 11-26 所示。

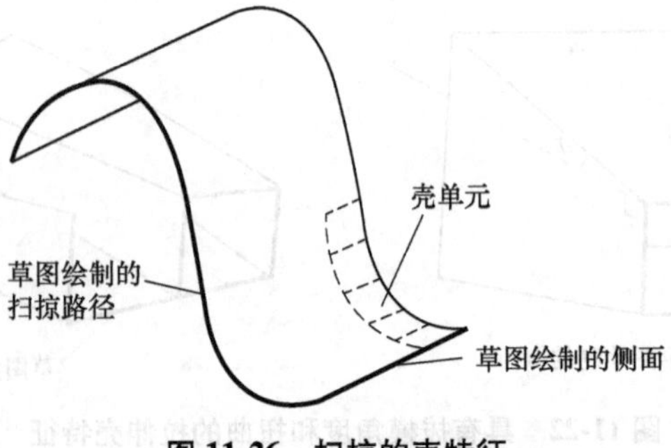

图 11-26　扫掠的壳特征

从主菜单栏选择 Shape→Shell→Sweep 来创建此类型的特征。更多信息见 11.13.8 节“定义扫掠路径和扫掠侧面”。

• 要创建一个平的壳特征，用户需要在所选的平面或者基准面上草图绘制壳的外框，如图 11-27 所示。当用户在平面上草图绘制时（如立方体的一侧），仅可以在超出面的地方创建壳特征；壳特征不能与面重叠。在一个立方体平面上的草图以及产生的壳特征如图 11-27 所示。在此示例中，壳特征是超出所选立方体面的散热片。从主菜单栏选择 Shape→Shell→Planar 来创建此类型的特征。

• 要创建一个实体-壳的特征，用户需要将实体特征的面转换成壳特征；实际上就是掏空一个实体。图 11-28 所示为一个实体-壳的特征。从主菜单栏选项 Shape→Shell→From Solid

来创建此类型的特征。

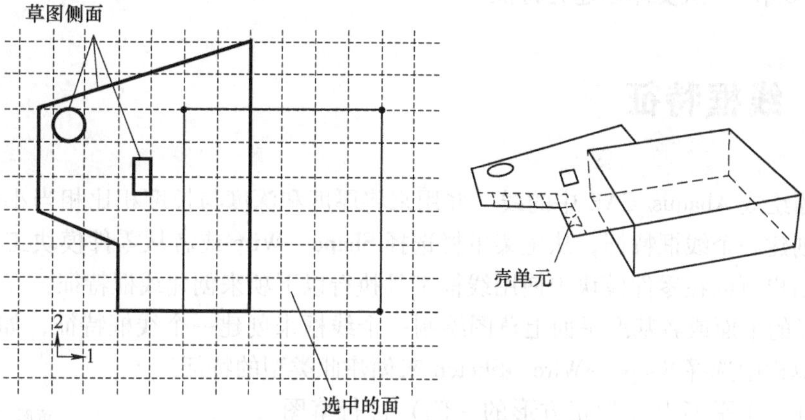

图 11-27 草图绘制的特征

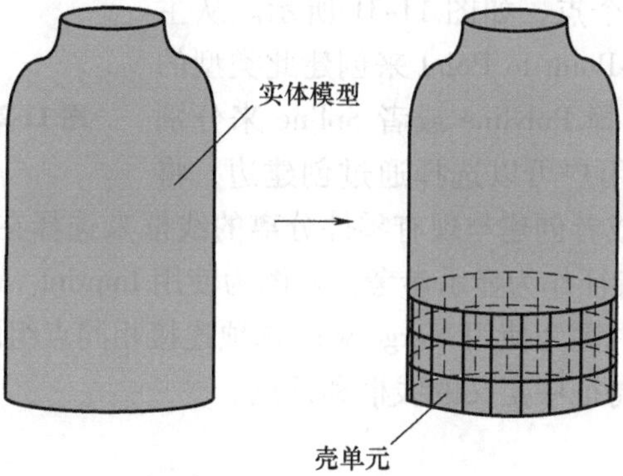

图 11-28 实体-壳的特征

用户可以使用任何壳工具对在三维建模空间中创建的零件添加壳特征；然而，当用户对在二维模型空间或者轴对称模型空间中创建的零件进行处理时，用户仅能使用平面壳工具来添加壳特征。用户可以使用属性模块来创建规定期望厚度的截面，然后将截面属性赋予壳特征的截面。更多信息见 12. 2. 3 节“定义截面”以及 12. 3 节“可以给零件赋予什么属性?”。

用户可以使用以下方法来网格划分一个壳特征：

- 二维的或者轴对称的连续单元（仅限于平面壳特征）。
- 三维的壳单元。
- 膜单元。

本手册包含使用零件模块工具来将壳特征添加到三维实体零件、二维平面零件或者轴对称零件的详细指导，包括以下主题：

- 11. 22. 1 节 “添加拉伸的壳特征”
- 11. 22. 2 节 “添加回转的壳特征”
- 11. 22. 3 节 “添加扫掠的壳特征”
- 11. 22. 4 节 “添加壳放样特征”

- 11.22.5 节　“添加平面壳特征”
- 11.22.6 节　“从实体创建壳特征”

11.9.3　线框特征

将线框描绘成 Abaqus/CAE 中的线，并用来将厚度和深度与长度相比相当小的实体进行理想化。要创建一个线框特征，从主菜单栏选择 Shape→Wire 或者从零件模块工具箱中选择线框工具。用户可以在零件模块中使用线框工具执行以下项来创建线框特征：

- 在选择的平面或者基准平面上草图绘制一个线框来创建一个线框特征，如图 11-29 所示。从主菜单栏中选择 Shape→Wire→Sketch 来创建此类型的特征。

当用户在一个平面上（如正方形的一侧）进行草图绘制时，仅可以在超出面的部分创建线框特征。

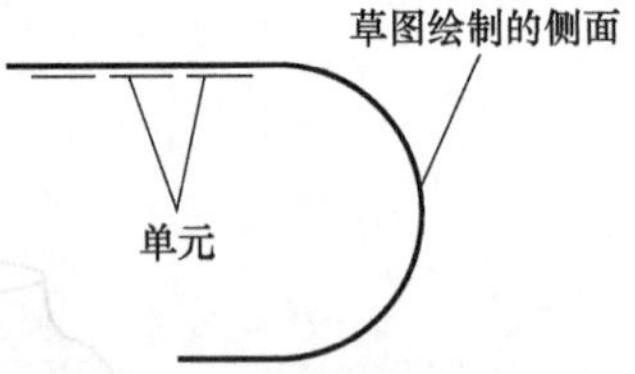

图 11-29　草图绘制的线框特征

- 使用直线连接两个或者多个点，如图 11-30 所示；或者使用样条曲线连接多个点，如图 11-31 所示。从主菜单栏选择 Shape→Wire→Point to Point 来创建此类型的特征。为 Geometry Type 选择 Polyline 或者 Spline 来分别创建直线或者样条曲线。用户可以选择通过创建边、将线框与现有的零件合并，或者创建与现有零件分离的线框来选择在现有的零件上压印线框。以图 11-31 中的矩形实体特征作为显示参考，左图为使用 Imprint wire 或者 Separate wire 选项的样条曲线的完整长度，右图为使用 Merge wire 选项连接相同点组的样条线框。用户可以创建几何形体组来包括线框特征中定义的线框和顶点。

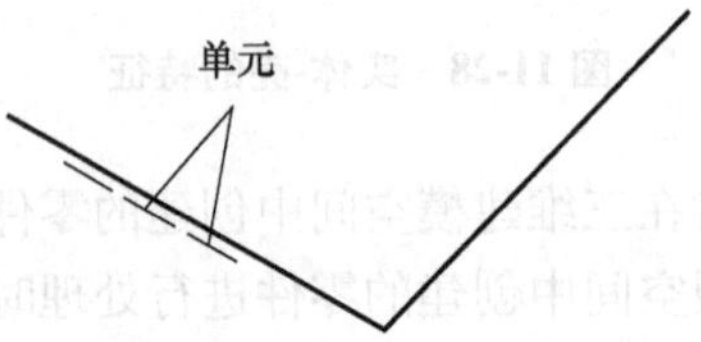

图 11-30　连接多个点的线框特征

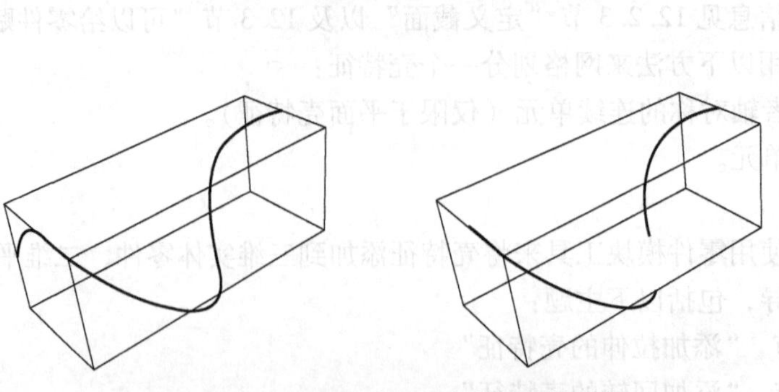
图 11-31　连接实体特征多个点的线框特征

用户可以使用线框工具来将线框特征添加到任何可变形的或者离散的刚性零件中。用户不能将线框特征添加到分析型刚性零件中；用户仅可以更改定义零件的原始草图。

用户可以使用属性模块来创建描述期望横截面几何形体的截面，并将此截面赋予线框特征更多信息见 12.2.3 节“定义截面”，以及 12.3 节“可以给零件赋予什么属性?”。用户可以使用 Abaqus/Standard 和 Abaqus/Explicit 中可用的任何梁、杆或者轴对称壳单元来模拟线框特征。

注意：虽然用户可以创建梁单元的网格，但当前的 Abaqus/CAE 版本仅允许用户给线框赋予以下截面：

- 梁截面。
- 杆截面。

本手册包含使用零件模块工具来给三维实体零件、二维平面零件或者轴对称零件添加线框特征的详细指导，包括以下主题：

- 11.23.1 节 “添加草图绘制的线框特征”
- 11.23.2 节 “添加点到点的线框特征”

11.9.4 切割特征

切割是指从零件去除材料的特征。切割可以是圆孔或者任何形状。任何切割的草图侧面都必须是封闭的。在许多情况中，完整的侧面将影响切割特征的形状，即使侧面最初不与要切割的面接触。要创建一个切割特征，从主菜单栏选择 Shape→Cut 或者从零件模块工具箱中选择切割工具。

注意：大部分特征图在与零件面相交时并没有显示出封闭的切割侧面。

一旦用户已经草图绘制了初始的侧面，用户就可以执行下面的一个操作来创建切割特征：

- 要创建一个拉伸的切割，用户需要拉伸侧面到一个指定的距离（d），如图 11-32 所示。

此外，用户可以对拉伸的切割施加拔模角度或者扭曲，如图 11-33 所示。用户为具有拔模角度的拉伸切割定义拔模角度，或者为具有扭曲的拉伸切割定义扭曲中心和螺距（发生 360°扭曲时的拉伸距离）。从主菜单栏选择 Shape→Cut→Extrude 来创建此类型的特征。

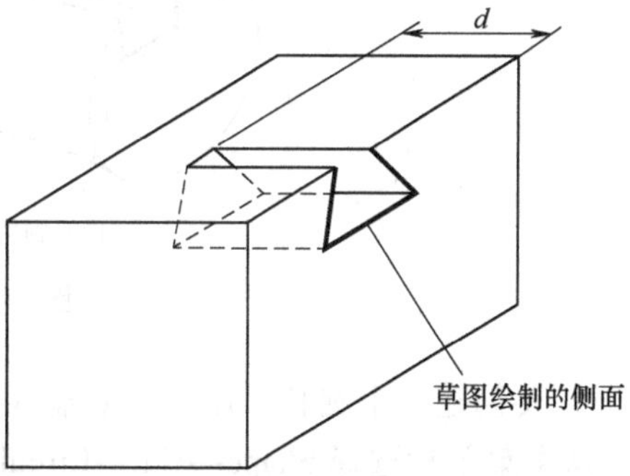

图 11-32 拉伸的切割特征

- 要创建一个放样切割特征，用户需要从初始放样截面将形状过渡到不同形状或者方向的末端截面，如图 11-34 所示。Abaqus/CAE 使用切向约束、中间截面和路径曲线来确定起点截面与终点截面的形状。从主菜单栏选择 Shape→Cut→Loft 来创建此类型的特征。

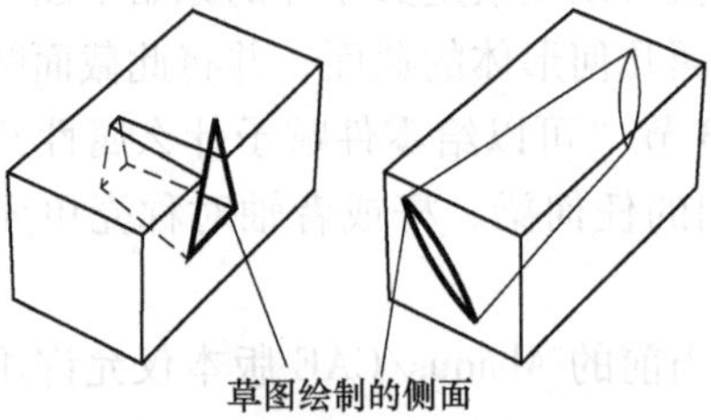

图 11-33　具有拔模角度和扭曲的拉伸切割特征

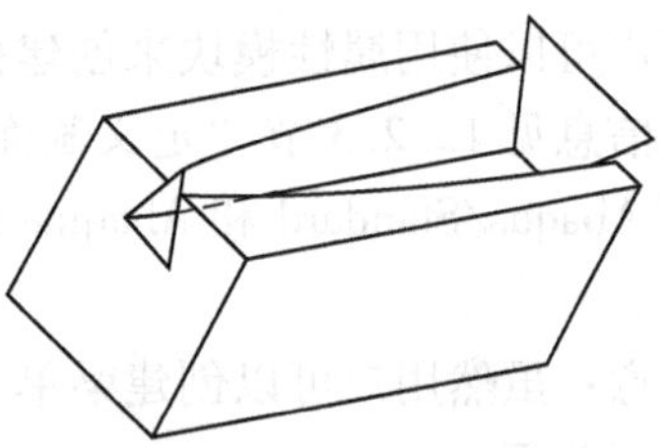

图 11-34　放样切割特征

• 要创建一个回转的切割，用户需要在回转的侧面指定一个角度（α）。指定一个构型线作为回转轴。此外，用户可以输入一个螺距，在回转侧面时沿着回转轴进行平动，创建类似螺纹的细节结构。图 11-35 所示为回转体的切割和具有螺距的回转切割。从主菜单栏选择 Shape→Cut→Revolve 来创建此类型的特征。

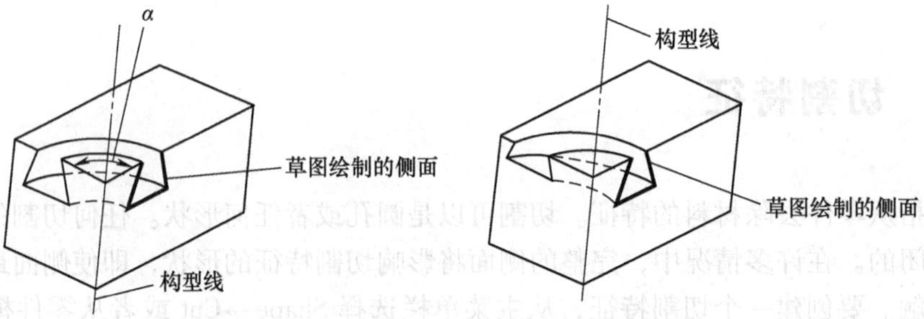

图 11-35　回转体的切割和具有螺距的回转切割

• 要创建一个扫掠切割，用户需要沿着指定的路径扫掠侧面，如图 11-36 所示。从主菜单栏选择 Shape→Cut→Sweep 来创建此类型的特征。更多信息见 11. 13. 8 节“定义扫掠路径和扫掠侧面”。

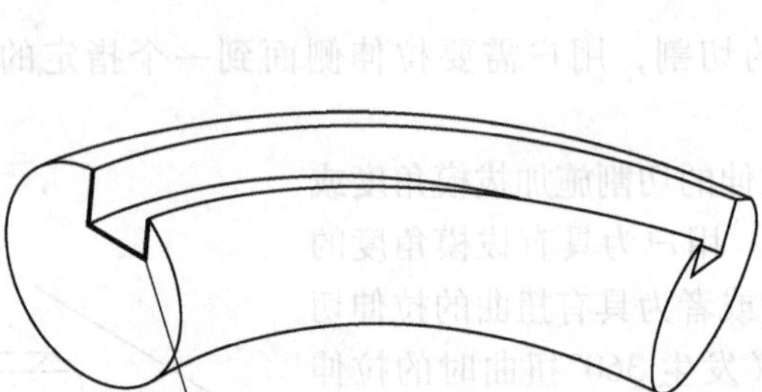

图 11-36　扫掠切割特征

• 要创建一个圆孔，用户需要输入孔的直径和圆心到两个选择边的距离，如图 11-37 所示。从主菜单栏选择 Shape→Cut→Circular Hole 来创建此类型的特征。

当用户草图绘制拉伸、回转或者扫掠切割的侧面时，可以在一个单独的草图中绘制多个侧面。当用户退出草图器并且创建图 11-38 所对应的每一个侧面的切割时，Abaqus/CAE 拉伸每一个侧面。一系列的切割可以存储成一个单独的特征，并且用户可以将它仅作为一个单独的特征进行编辑。例如，如果用户改变拉伸深度，特征中所有切割的深度都将发生变化。

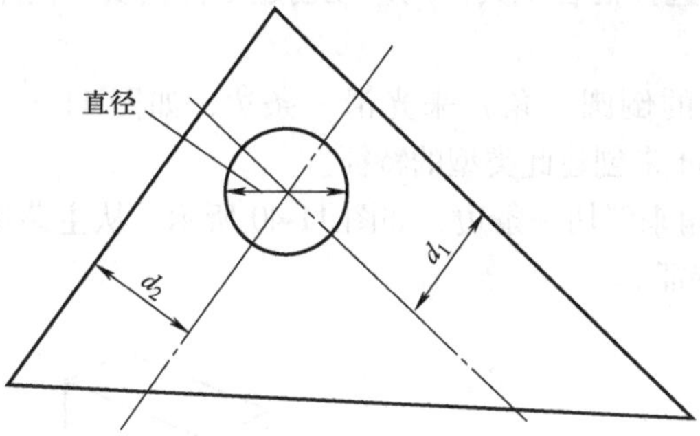

图 11-37 圆孔特征

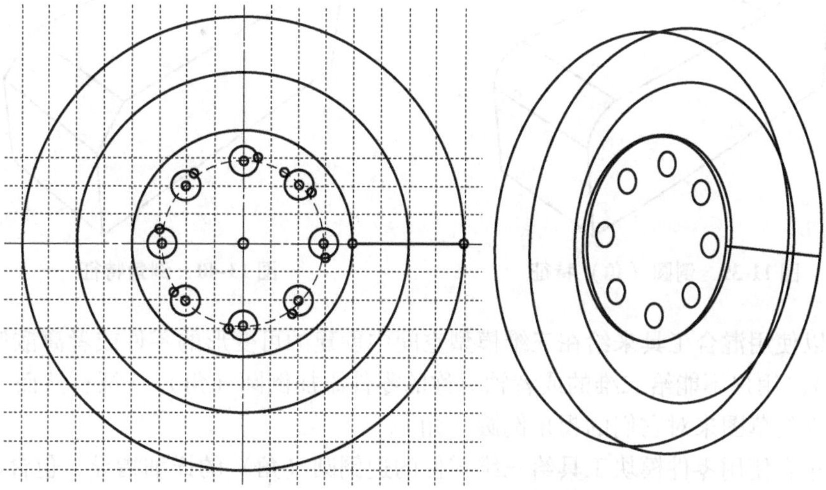

图 11-38 从一个单独的草图拉伸多个侧面

用户可以使用切割工具来给任何可变形的和离散型刚性零件添加切割特征。用户不能对一个分析型刚性零件添加切割特征；用户仅可以更改定义零件的原始草图。

本手册包含使用零件模块工具给三维实体零件、二维平面零件或者轴对称零件添加切割特征的详细指导，包括以下主题：

- 11.24.1 节 “创建拉伸切割”
- 11.24.2 节 “创建放样切割”
- 11.24.3 节 “创建回转切割”
- 11.24.4 节 “创建扫掠切割”
- 11.24.5 节 “切割圆孔”

11.9.5 混合特征

混合特征用于平滑三维实体零件的边。要创建混合特征，从主菜单栏选择 Shape→Blend

或者从零件模块工具箱中选择混合工具。用户在创建零件模块中使用混合工具进行下面的一个操作来创建混合特征：

- 使用一个指定半径的倒圆（角）来光滑一条边，如图 11-39 所示。从主菜单栏选择 Shape→Blend→Round/Fillet 来创建此类型的特征。
- 使用指定长度的倒角来斜切一条边，如图 11-40 所示。从主菜单栏选择 Shape→Blend→Chamfer 来创建此类型的特征。

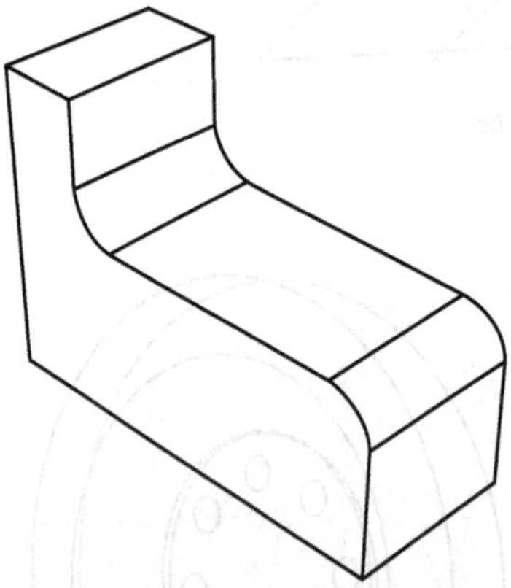

图 11-39　倒圆（角）特征

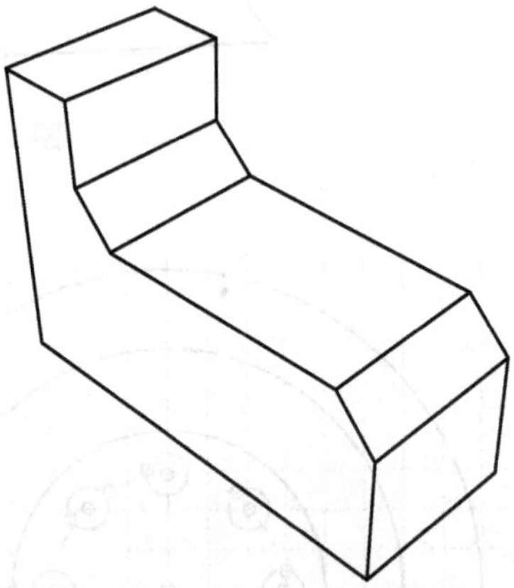

图 11-40　倒角特征

用户可以使用混合工具来给在三维模型空间中创建的可变形的零件或者离散型的刚性零件倒圆（角）。用户不能给二维的或者轴对称的零件添加倒圆（角）特征；然而，用户可以通过编辑零件的草图来对它们的拐角倒圆（角）。

本手册包含使用零件模块工具给三维零件的边倒圆（角）的详细指导，包含以下主题：

- 11.27.1 节　“边倒圆”
- 11.27.2 节　“边倒角”

11.10 有效地使用基于特征的建模

如果用户理解 Abaqus/CAE 如何使用以特征为基础的建模，并且理解如何应用定义特征的法则，则用户可以策划出效率更高的方法来创建零件。以下技术将帮助用户创建可以容易修改的稳定零件：

制订策略

以特征为基础的建模具有灵活性，但也增加了模型的管理成本。例如，用户可以使用特征操控工具集中的抑制工具来抑制拉伸；用户可以通过删除切割特征来有效地抑制拉伸；用户可以通过删除切割特征来后续重载拉伸，但产生的零件包含以特征为基础的额外信息，可以让重生成过程的速度下降。用户可以通过使用几何形体快速保存不同状态的零件来改善重生成速度，但快速存储功能使用系统内存，其他操作有可能使用系统内存（更多信息见 65.3 节“调整特征重新生成”）。此外，如果用户给零件添加更多的细节，则相关性可能造成特征重生成失败；并且，因为不再能看到拉伸，所以确定重生成失败的原因可能比较困难。

在用户确定如何创建一个零件之前，应当总是考虑在将来是否需要更改零件。如果用户需要更改零件，则应当考虑创建定义零件的特征将要使用的技术。最简单的技术可能不能灵活地更改特征。因此，用户可能意识到，编辑或者抑制几何形体的单个项目是烦琐的，例如一个拉伸、一个倒圆或者一个孔。

另外，如果用户知道将再也不会更改最后的设计，则用户可能不需要以特征为基础的建模所提供的灵活性，而使用最简单的和最方便的技术来定义零件。

通常，应当在开始创建零件实例并且在装配中定位它们之前，试图完成在零件模块中创建用户的零件。用户应当在给装配施加属性之前，例如集合、载荷和边界条件，试图完成创建所有的零件。如果用户给装配施加属性，并且返回零件模块来更改原始的零件，则 Abaqus/CAE 可能不能确定应当将属性施加在哪里。例如，如果用户给面施加一个压力载荷并且返回零件模块来将面分割成两个区域，则 Abaqus/CAE 将在这些区域中的一个施加压力。

使用参考几何形体

当用户给一个零件添加一个特征时，用户应当总是使用基底参考几何形体来定义相对于现有特征的特征位置。当草图绘制一个特征时，用户可以直接选择参考几何形体；例如，如果用户草图绘制一个圆，则用户可能能够从参考几何形体选择一个顶点来定义它的中心。另外，用户可能必须在参考几何形体与新特征之间添加一个信息。如果用户不使用参考几何形体来定位新特征的草图，并且用户后续会更改零件，则可能不能预测产生的特征变化。

使用尺寸

尺寸可以对定义特征的草图添加清晰度，并且为将来的参考文档来总结用户的设计意图。尺寸也可以对用户的草图添加约束。用户可以在草图器中更改尺寸，然后零件和装配体将重新生成。

注意用户创建特征的顺序

零件的一个新特征影响现有的特征。此外，如果新特征的定位信息取决于现有的特征，则 Abaqus/CAE 创建特征之间的父子关系。父子关系和用户创建特征的顺序在特征生成过程中扮演重要的角色。

注意排序的建模策略并遵守下面的序列，则不易产生非必要的或者病态的建模问题：

1. 使用拉伸、回转、切割和扫掠来创建零件的基础几何形体。
2. 添加拉伸、回转、扫掠和平面的特征。
3. 添加圆形的或者倒圆特征。
4. 仅当剩下的几何形体完成时才添加分割。

允许一些重叠

如果可能的话，用户应当允许现有特征与填充孔的特征或者切割孔的特征之间有重叠。允许重叠使得用户的零件可靠，并且特征更易于成功地重新生成。例如，当用户切割一个槽时，要将草图绘制的侧面延伸到要切割面的正上面，如图 11-41 所示。

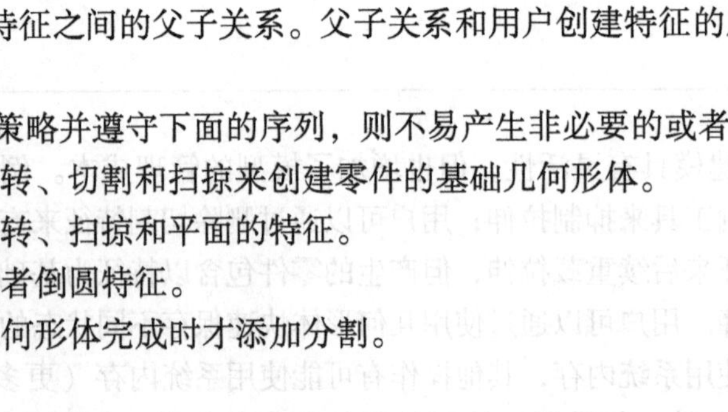

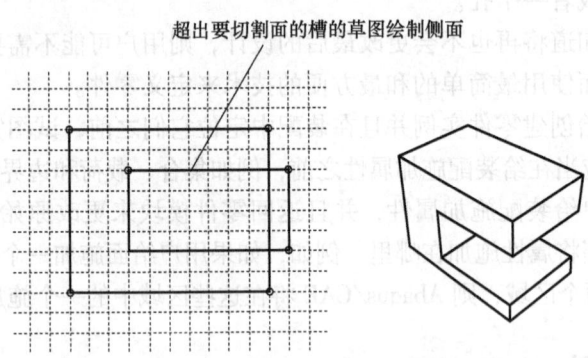

图 11-41　槽的草图侧面应当延伸超出要切割的面

尽可能地创建实体

实体特征比壳特征更加的可靠。用户可能会发现难以将一组壳特征精确地定位到边。相反，实体的截面可以重叠，并且误差变得不那么重要。使用实体的另一个好处是用户可以使用倒圆和倒角特征来定义几何形体。如果用户正在模拟一个壳，则用户应当尝试创建实体特征，并且在完成定义形状后将实体转化成壳。此外，如果用户后续想要给壳零件添加额外的壳特征，而壳零件是从一个实体生成的，则用户应当如下操作：

1. 删除最后一个实体到壳的特征，来将模型转化回一个实体。
2. 添加用户的新实体特征。
3. 创建一个新的实体到壳特征来将模型转化回一个壳。

11.11　获取用户的设计和分析意图

通过细致地运用 Abaqus/CAE 的以特征为基础的建模方法，用户可以确保其设计和分析意图都被模型准确地反映出来。

设计意图是以设计考虑为基础进行更改的能力。例如，当用户添加一个切割特征时，用户可以选择通透切割或者盲切割。如果切割特征代表一个螺栓孔，则用户知道孔必须总是完全通过零件。因此，用户应当选择通透切割，Abaqus/CAE 将识别出孔并保持通透，即使用户改变了零件的厚度。

分析意图是以分析考虑为基础进行更改的能力。虽然 Abaqus/CAE 允许用户创建复杂的、详细的几何形体，但是用户的最终目的通常是网格划分零件并进行一个有限元分析。如果细节太多，例如圆角和小孔，可能会导致需要非常细密的网格区域，大幅增加 Abaqus/Standard 或者 Abaqus/Explicit 计算求解的时间。当用户在零件模块中创建零件时，用户提供的细节量应当反映用户的目的。另外，用户可以创建具有详细特征的零件，但要在网格划分装配前抑制它们。例如，如果一个模型花费几个小时来分析，则用户可以通过抑制特征来简化模型；然后用户就可以递交一个运行更快的分析，先检查基本的设计是否正确。如果简化后的模型行为符合预期，则用户可以重新加入被抑制的特征并且重新递交一个完整的分析。

以设计意图和分析意图为基础的基于特征的不同设计方法的例子，参考图 11-42 中显示的盖板模型。

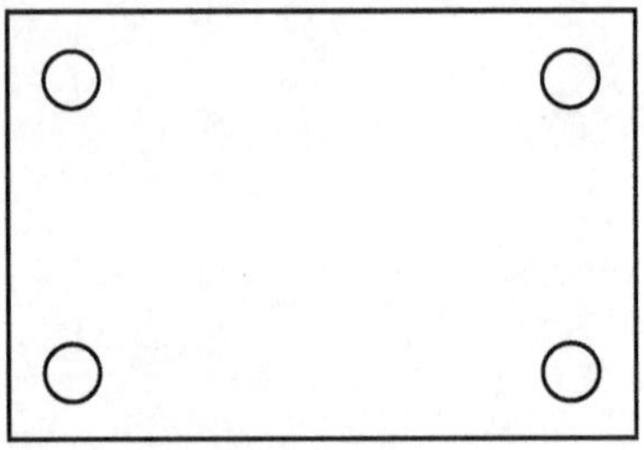

图 11-42　盖板模型

用户可以采用多种方法来创建模拟平板的三维壳：

1. 草图绘制包含四个孔的基础特征。
2. 草图绘制一个长方形基础特征，然后添加四个分别的切割特征。
3. 草图绘制一个长方形的基础特征，然后添加一个切割所有孔的切割特征。

三个方法的任何一个都可以生成相同的零件，但是用户的设计意图和用户的分析用途控制最好的方法。例如：

• 用户是否为了不同的应用，创建并分析具有不同孔大小的不同大小的板？如果所有四个孔的直径总是相同的，则用户应当将所有的四个孔创建成一个单独的切割特征。然而，如果单个的孔径不同，则用户应当创建四个单独的切割特征。

• 用户是否想在最终确定设计前抑制特征？例如，用户可以执行一系列抑制孔的分析来确定想要的平板厚度。用户可以不抑制孔并且分析最后的模型。此外，抑制孔可以简化 Abaqus/CAE 生成的网格，或者抑制特征让装配可以扫掠网格划分。

如果用户想要抑制矩形盖板例子中的所有四个孔，则用户应当将所有的四个孔创建成一个单独的切割特征。然而，如果用户想要抑制单个孔，用户应当创建四个单独的切割特征。如果分析是明确的并且用户不需要分析简化的模型，则用户应当草图绘制一个包括四个孔的基础特征。

11.12　什么是零件和装配体锁定？

零件和装配体锁定是 Abaqus/CAE 防止零件的特征或者装配体的特征发生改变的功能。用户可以锁定零件或者装配体来防止意外的变化，例如在与 Abaqus 用户共享模型时，或者当处理包含许多类似零件的模型时。如果用户计划更改零件或者装配体时，必须解锁它。

注意：零件和装配体锁定不是安全特征；任何用户都可以解锁并且更改由其他用户锁定的零件和装配体。

用户可以在模型树中的零件或者装配体上右击，然后使用出现的菜单来锁定和解锁特征。模型树中特征名前面的挂锁说明用户或者数据库升级已经锁定零件或者装配体。更多信息见 65.2 节“使用模型树管理特征”。

另外，用户可以使用 Part Manager 来锁定或者解锁模型中的任何零件。如果解锁了零件，则 Part Manager 中的 Status 场是空的。如果锁定了零件，则 Status 场说明以下两个条件中的一个：

已经锁定的（数据库升级）

当从之前的 Abaqus 版本升级模型时，Abaqus/CAE 自动锁定零件。

已经锁定的

用户使用模型树或者 Part Manager 来锁定零件。

当从 Abaqus 的旧版本升级数据库时，Abaqus/CAE 自动锁定模型中的装配体和所有的零件。如果还要重新生成装配体和零件，则锁定装配体和零件允许 Abaqus/CAE 更快地完成升级。如果用户解锁由于数据库升级产生的锁定，则 Abaqus/CAE 重新生成零件。类似地，如果用户解锁一个由数据库升级而锁定的装配体，则 Abaqus/CAE 重新生成装配体。

警告：如果零件被锁定是由于数据库升级造成的，则用户应当在进行任何集合或者属性定义变化前解锁零件。如果用户在更改后解锁零件，则当 Abaqus/CAE 重新生成零件时，用户的更改变得无效。

如果用户对使用模型树或者 Part Manager 锁定的零件进行解锁，则 Abaqus/CAE 并不重新生成零件，因为在零件锁定时不能进行更改。类似地，当用户在使用模型树锁定装配体后再解锁，Abaqus/CAE 并不重新生成装配体。如果用户解锁的零件不能再生成，则保留已经锁定的版本和已经解锁的版本。用户可以在零件的解锁版本上重新创建失去的特征，并且使用这些重新创建的特征来在整个模型上替换锁定的零件。

用户可以实例化锁定的零件并且在装配过程中使用它。此外，用户可以添加或者删除锁定零件或者锁定装配体的集合或者属性定义。然而，用户必须在可以给零件或者装配体添加特征或编辑现有的特征之前解锁它们。

11.13 什么是拉伸、回转和扫掠?

本节介绍可以用来拉伸、回转和扫掠二维草图来生成三维零件或者特征的技术，包括以下主题：

11.13.1 定义拉伸距离

用户可以草图绘制二维的侧面并且拉伸此侧面来创建下面的特征：

- 一个三维的拉伸实体特征。
- 一个三维的拉伸壳特征。
- 一个三维的拉伸切割特征。

Abaqus/CAE 为定义拉伸距离提供下面的方法：

盲 (Blind)

指定 Abaqus/CAE 拉伸草图的距离。草图和距离定义特征并且可以使用特征操控工具集来编辑。当创建拉伸实体、壳和切割特征时，用户可以使用此方法。图 11-43 所示为一个实体零件中的简单拉伸切割。

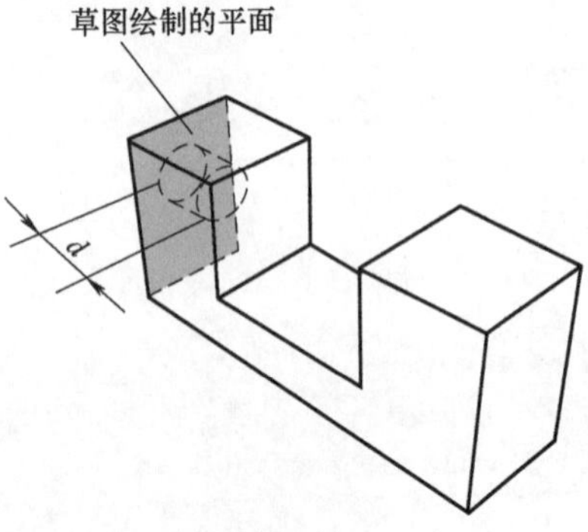

图 11-43 简单的拉伸切割

直到一个面（Up to Face）

为 Abaqus/CAE 选择拉伸到的一个单独面。所选的面不需要与草图面平行。所选的面可以是一个不平的面；然而，所选的面必须完整地包含拉伸的截面。如果用户选择此方法来定义拉伸距离，则使用特征操控工具集只能更改草图；如果用户希望拉伸到一个不同的面，则用户必须创建一个新的拉伸切割特征。当创建拉伸实体、壳和切割特征时，用户可以使用此方法。图 11-44 所示为一个拉伸到不平面的实体特征。

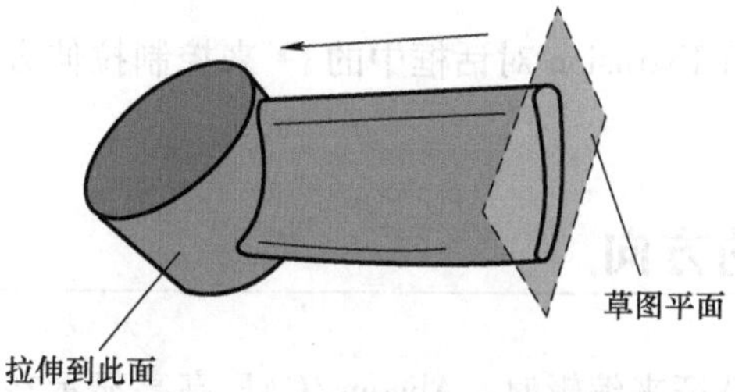

图 11-44　一个拉伸到不平面的实体特征

通过全部（Through All）

仅拉伸切割特征可以使用此方法。Abaqus/CAE 拉伸定义侧面的草图完全地切割通过零件。如果用户选择此方法来定义拉伸距离，则使用特征操控工具集仅能编辑草图。图 11-45 所示为拉伸通过全部的切割。

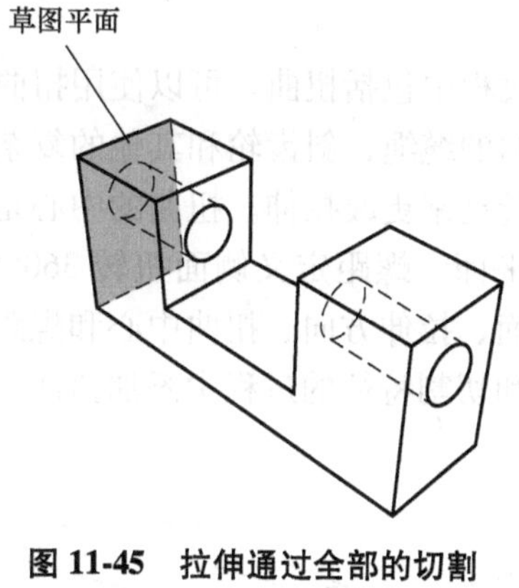

图 11-45　拉伸通过全部的切割

11.13.2　控制拉伸特征的方向

当用户给一个三维零件添加拉伸特征时，Abaqus/CAE 依据用户创建的特征类型，选择从草图侧面拉伸的默认方向。默认情况下，向外拉伸实体或者壳特征使得对现有的基础特征增加材料。相反，向内拉伸特征，使得从现有的基础特征上去除材料。

用户可以如下控制拉伸特征的方向：

当添加一个拉伸特征时，选择方向

当用户完成草图来为一个现有的零件添加拉伸特征时，Abaqus/CAE 在原始的零件上显示新的草图侧面。草图绘制的侧面包括说明拉伸方向的箭头。Abaqus/CAE 也显示 Edit Extrusion 对话框。

用户可以通过单击 Edit Extrusion 对话框中的 ↱ 来控制拉伸方向。视口中的箭头改变方向来显示新的拉伸方向。

编辑现有拉伸特征的方向

当用户选择一个拉伸特征来编辑时，Abaqus/CAE 高亮显示在视口中选中的特征并且出现 Edit Feature 对话框。

用户可以通过切换 Edit Feature 对话框中的 Flip extrude direction 来反转拉伸方向。Abaqus/CAE 不显示说明拉伸方向的箭头；然而，用户可以单击 Apply 来显示更改。当方向可接受时，单击 OK 来结束编辑过程。

用户在创建新零件时不能改变拉伸方向，因为无论方向如何变化，零件是一样的。

11.13.3　在拉伸中包括扭曲

用户可以选择在创建拉伸过程中包括扭曲。可以使用扭曲，通过将不变的横截面经过一系列的平行平面来创建形成扭曲的缆绳，斜齿轮和其他的复杂形状。扭曲通过围绕平行于拉伸方向的轴，对草图侧面进行转动来更改拉伸。扭曲的中心是草图侧面中的孤立点；使用此点上的轴来扭转拉伸通过草图平面。螺距定义侧面扭转 360°时的拉伸距离。用户可以使用特征操控工具集来更改拉伸侧面、拉伸方向、扭曲中心和螺距。

用户可以在拉伸实体、壳和切割特征的过程中添加扭曲。图 11-46 所示为扭曲拉伸。

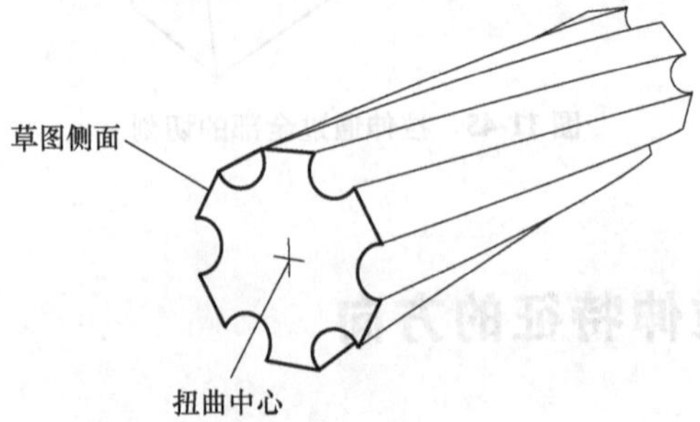

图 11-46　扭曲拉伸

如果用户想要创建一个草图侧面旋转的，而不是拉伸的复杂形状，例如螺纹或者圈弹簧，用户可以在转动实体、壳或者切割特征中包括螺距。所有可以使用的特征类型信息，见 11.9 节“用户可以创建什么类型的特征?”，有关转动特征的更多信息，见 11.13.5 节“定义轴对称零件和回转特征的回转轴”。

11.13.4 在拉伸中包括拔模角度

用户可以选择创建具有拔模角度的拉伸，可以使用拔模角度来精确地表示用于从模具中容易移出铸件或者模压零件的小角度，也可以使用拉伸中的拔模角度来创建逐渐变细的零件。

在直线拉伸中，拔模角度是 0°，所以所有的拉伸面都垂直原始的侧面。拔模角度通过调整拉伸的面和原始草图面之间的角度来更改拉伸。Abaqus/CAE 将施加的拔模角度从向内反转成向外。如果草图侧面中的外部环路是扩张，则内部环路就是收缩；拔模角度期望此行为，并且从模具中移除零件要求这样的行为（所有的面在相同的方向上变细）。

用户可以使用特征操控工具集来更改拔模角度和拉伸侧面及方向。用户可以在拉伸实体、壳和切割特征创建过程中添加拔模角度。图 11-47 说明了实体零件中具有拔模角度的拉伸。

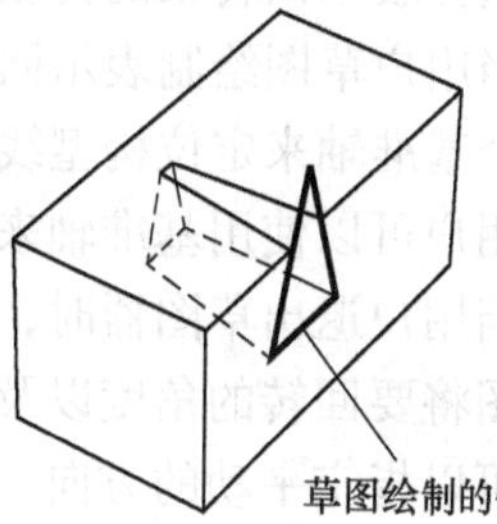

图 11-47　具有拔模角度的切割特征

注意：图 11-47 中切割的完整草图侧面是一个三角形。如果侧面是一个矩形，顶边与块的边重合，则切割将看上去非常的不同。随着侧面的拉伸，拔模角度使得侧面更小。梯形侧面的顶面将立即进入块面以下，而不是拉伸通过顶面。

Abaqus/CAE 不能使用六面体单元来网格划分包括拔模角度的拉伸实体，除非用户将实体切割成结构型区域。

11.13.5 定义轴对称零件和回转特征的回转轴

当用户创建一个轴对称的零件以及当给零件添加一个回转特征时，侧面的草图必须包括定义转动轴的构型线。对草图和构型线应用下面的规则：

创建一个轴对称的零件

用户可以从主菜单栏中选择 Part→Create，通过壳或者线框，与对称轴一起来创建轴对称的零件。Abaqus/CAE 允许用户创建轴对称零件时，在模型中包括扭转自由度。

当用户草图绘制零件的基础特征时，Abaqus/CAE 在草图的 *Y* 轴上显示了代表对称轴的竖直构型线。用户必须在线的右边绘制草图。用户的操控可以触及此线但是不能穿过它。

用户可以仅给轴对称的基础特征添加壳和线框特征。当用户添加特征时，Abaqus/CAE

显示原始的草图和构型线，并且施加相同的法则——用户不能删除此构型线，并且仅能在线的右边绘制草图。

创建回转特征

用户可以通过从主菜单栏选择 Part→Create 来创建具有回转实体或者回转壳基础特征的三维零件。类似地，用户可以通过从主菜单栏选择 Shape→Solid→Revolve、Shape→Shell→Revolve 或者 Shape→Cut→Revolve 来给三维实体和壳添加回转的实体、壳和切割。

回转特征的草图必须包含表示回转轴的构型线。当用户创建一个新的回转零件时，Abaqus/CAE 创建通过草图坐标方格原点的竖直构型线。如果需要，用户可以删除此构型线并在一个新的角度和位置上重新绘制。相比之下，当用户给一个现有的零件添加回转特征时，用户必须绘制表示回转轴的构型线。用户可以在构型线的左侧或者右侧绘制草图。用户的草图可以触及此线但不能穿过它。如果完整的草图包含多条构型线，则 Abaqus/CAE 提示用户选择表示回转轴的构型线。

当用户草图绘制表示回转轴的构型线时，如果存在基底零件，则用户可以从基底零件选择一个基准轴来定位构型线。用户不能直接选择基准轴；用户必须从基准轴的端点选择一个点。用户可以使用基准轴来创建同轴特征。

当用户退出草图器时，Abaqus/CAE 将打开一个对话框来完成回转特征的定义。用户输入草图将要回转的角度以及回转方向，并选择是否通过包括螺距来沿着回转轴平动侧面。用户也可以指定平动的方向。螺距是侧面转动 360°过程中平动的距离。螺距允许创建弹簧以及螺纹那样的零件细节。

如果用户想要创建一个由草图拉伸而不是回转的复杂形状，如扭曲的线缆或者斜齿轮，则用户可以在转动实体、壳或者切割特征中包括扭转。所有可以使用的特征类型信息，见 11.9 节“用户可以创建什么类型的特征?”，有关拉伸特征的更多信息，见 11.13.1 节“定义拉伸距离”。

11.13.6　控制回转特征的方向

在创建具有回转基础特征的零件或者给三维零件添加回转特征时，用户可以控制回转的方向。如果在回转特征中包括螺距，则用户还可以控制平动的方向。下面的描述提供了控制方向和回转的详细情况，以及如果可以实施的话，用户在 Abaqus/CAE 中创建的回转特征的平动方向。

创建回转特征时选择方向

当用户完成草图来创建回转特征时，Abaqus/CAE 显示的草图侧面包含指示回转方向的箭头。如果用户创建具有回转基础特征的零件，则还会显示回转轴。此外，Abaqus/CAE 显示 Edit Revolution 对话框。

如果需要，转动视图，直到用户可以分清指示回转方向的箭头方向。用户可以通过单击 Revolve direction 对话框中的 来反转转动方向。视口中的箭头改变方向来显示新的回转方向。

如果用户为回转特征选中 Include translation，则视口中会出现另一个箭头来说明沿着回转轴平动的方向。在对话框中单击 Pitch direction 的 来反转平动的方向。类似于回转方向的改变，视口中的相应箭头会改变方向来显示新的平动方向。

编辑现有回转零件或者特征的方向

当用户选择一个回转特征进行编辑时，Abaqus/CAE 会高亮显示视口中选中的特征并出现 Edit Feature 对话框。

要反转回转的方向，切换 Edit Feature 对话框中的 Flip revolve direction。单击 Apply 来显示用户的更改。

如果用户正在编辑的回转特征包括螺距，则用户还可以编辑平动的方向。切换 Flip pitch direction 来反转平动的方向。单击 Apply 来显示用户的更改。

单击 OK 来接受更改。

11.13.7 控制具有螺距的回转特征横截面

当用户创建没有螺距的回转特征时，草图绘制的侧面会围绕由回转轴与草图之间的半径描述的圆形路径进行扫掠。回转特征的横截面是草图；横截面在任何时候都平行回转轴并垂直圆形路径。

当用户的回转特征中包括螺距时，草图的路径变成螺旋状。用户可以选择保持草图与回转轴平行，也可以选择转动草图来与螺旋路径垂直。

要让用户的草图绘制侧面与具有螺距的回转特征螺旋路径垂直，切换选中 Edit Revolution 对话框中的 Sweep sketch normal to path。当 Abaqus/CAE 创建回转特征时，它会在起点处旋转草图侧面，使其与回转路径垂直。整个特征创建过程保持侧面与路径垂直。无论螺距的值是多少，横截面都将与草图侧面匹配。使用此选项，用户可以创建弹簧或者其他特征，这些特征的路径横截面是用户的草图绘制侧面。

如果用户不选择 Sweep sketch normal to path，则草图绘制的侧面始终保持与回转轴平行，因此回转特征的横截面将与侧面不同。侧面与横截面之间的差异将因为用户增加螺距值而增大。例如，如果没有螺距，圆的草图侧面将创建圆的横截面。如果用户增加螺距，则横截面将渐渐变椭圆。用户可以创建螺纹或者其他特征，这些回转轴的横截面是草图绘制的侧面。

要在创建特征后改变横截面的行为，用户可以切换选中 Edit Feature 对话框中的 Move sketch normal to path。

11.13.8 定义扫掠路径和扫掠侧面

要创建一个扫掠特征，从主菜单栏选择 Shape→Solid→Sweep、Shape→Shell→Sweep 或

者 Shape→Cut→Sweep，或者从零件模块工具箱中选择等效的工具。Abaqus/CAE 显示 Create Solid Sweep、Create Shell Sweep 或者 Create Cut Sweep 对话框。

扫掠由两部分组成：首先定义扫掠路径，然后定义扫掠侧面。侧面沿着路径的长度扫掠，以形成三维实体、壳或者切割特征。扫掠路径可以是使用草图器创建的任何连续路径，或者用户零件中任何序列的连接边或者线框。后者允许用户定义三维扫掠路径，如点到点的样条线框；草图方法提供了更大的灵活性，但仅支持二维路径。图 11-48 所示为扫掠路径和扫掠侧面的例子。

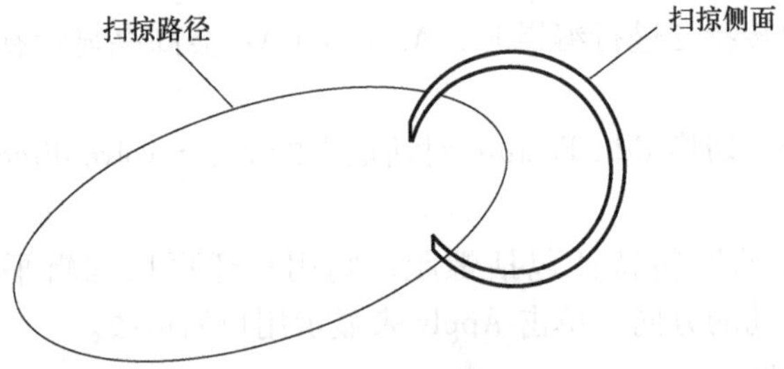

图 11-48　扫掠路径和扫掠侧面的例子

沿着上述路径扫掠侧面创建的特征如图 11-49 所示。用户可以在草图器中定义扫掠侧面，或者通过选择几何形体中的构件来定义扫掠路径。对于实体或者切割扫掠特征，用户可以在零件中选择一个面来作为扫掠侧面；对于壳扫掠特征，用户可以选择零件中的一个或者多个边作为扫掠侧面。

如果用户使用草图器来定义扫掠路径或者扫掠侧面，则用户可以使用特征操控工具集来更改特征。仅当用户处理在三维建模空间中创建的可变形零件或者离散零件时，才能使用扫掠工具。

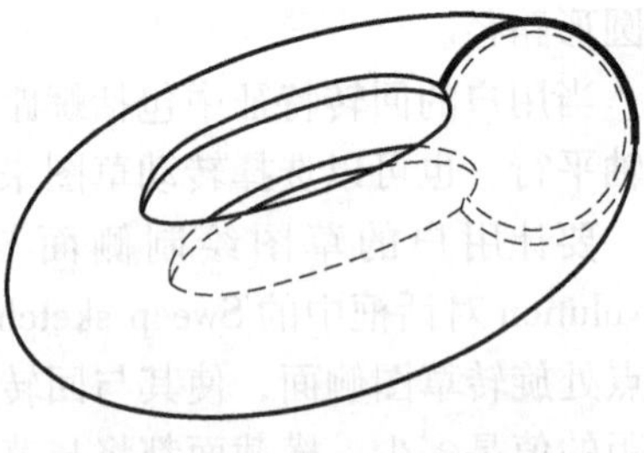

图 11-49　生成的扫掠特征

用户可以定义一个扫掠实体、扫掠壳或者扫掠切割特征，它们的扫掠侧面是从扫掠路径偏置的。在此情况中，Abaqus/CAE 将扫掠路径移动到一个平行的位置，通过扫掠侧面，可以在此位置创建扫掠特征。

用户可以控制扫掠侧面在沿着扫掠路径移动时，方向是否发生变化。当扫掠路径是线性的时，对扫掠特征施加拔模角度是最好的。如果用户切换选中 Keep profile normal constant，则 Abaqus/CAE 不改变扫掠侧面方向，并且扫掠路径开始处的侧面将与扫掠路径结束处的侧面平行。如果用户切换不选此选项，则 Abaqus/CAE 会调整扫掠侧面的方向，以便扫掠路径与侧面法向之间的角度在侧面经过扫掠路径时保持不变。拔模角度选项和 Keep profile normal constant 选项是相互排斥的，用户只能选择其一。

当用户创建扫掠实体或者切割特征时，扫掠侧面必须是封闭的。不像扫掠路径可以是开放的或者封闭的（无论用户是创建扫掠实体、壳还是切割特征）。如果扫掠路径是封闭的，则路径的两个端点必须是相切连接的。例如，图 11-50 中标签为“不好”的封闭扫掠路径是不允许的，因为路径的端部成角度连接。

用户在定义扫掠特征时，可以应用扭曲或者拔模角度。此工具的更多信息见 11.9 节

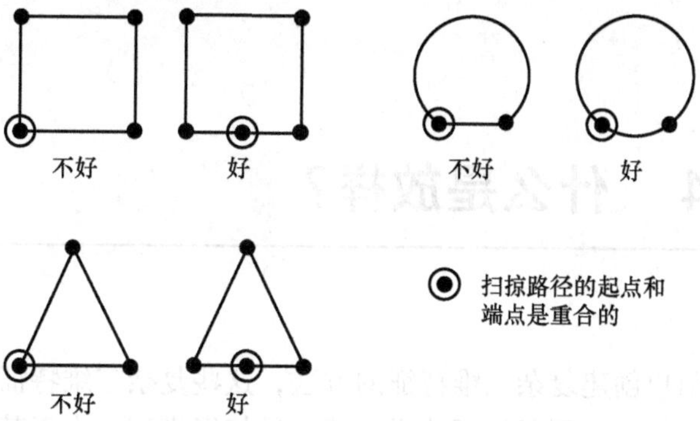

图 11-50 有效的和无效的扫掠路径

“用户可以创建什么类型的特征?”。用户也可以切换选中 Keep internal boundaries 来保留在扫掠实体特征与现有零件之间生成的任何面或者边。内部边界创建的区域可以不借助分割来构建结构的或者扫掠的网格划分。

11.14　什么是放样？

放样是一种允许用户创建复杂三维特征的方法，这些复杂三维特征不能使用拉伸、回转或者扫掠来创建。例如，用户可以使用放样来建立排气管模型，由于其不同的横截面，使用其他方法难以创建。用户可以在 Abaqus/CAE 中创建实体、壳或者切割放样特征。放样特征从起始截面形状和方向转变到终止截面形状和方向。首先，用户创建定义通过空间中区域的放样形状。然后，Abaqus/CAE 可以自动创建截面之间的路径，或者用户可以定义一个或者多个路径来将每一个放样截面上的一个点连接到下一个截面上的对应点。用户还可以选择多个相切选项来控制远离起始截面或者接近终止截面的放样形状。本节介绍在创建放样特征之前定义放样截面、放样路径和放样切向可以使用的选项，并且解释自相交，包括以下主题：

- 11.14.1 节　“定义放样截面”
- 11.14.2 节　“定义放样路径”
- 11.14.3 节　“定义放样相切”
- 11.14.4 节　“自相交检查”

11.14.1　定义放样截面

放样截面代表沿着放样路径的具体点处将具有的放样特征形状。创建一个放样特征要求至少两个截面。用户可以创建附加的截面来控制起点截面和终点截面之间的放样形状。在一个实体或者切割放样中，每一个放样截面必须是没有分叉的封闭环。在壳放样中，放样截面可以都是开放的或者都是封闭的。用户可以定义平面的或者不平的放样截面来创建放样特征。一旦创建了放样，则放样中的截面数量和它们的次序不能改变。

用户通过在当前视口中从现有零件上拾取边来创建界面。可以选择任何边；例如：

- 定义拉伸、回转或者扫掠特征的边。
- 定义平面线框或者壳特征的边。
- 样条线框特征。

用户可以从一些特征中使用单个的边来定义一个单独的截面。然而，在基准面上草图绘制的平面线框是用户可以用来定义放样截面的最简单的方法之一。使用最简单的方法来定义放样截面将给予用户更多的控制并且将产生更加可靠的放样特征。

用户不能直接地更改放样截面。一旦创建了放样特征，用户就可以使用特征操控工具集来编辑特征，那些特征创建了用在放样截面中的边。在放样截面中使用的顶点或者边移动，将改变截面的形状以及对应的放样特征形状。

11.14.2 定义放样路径

用户创建的每一个放样特征要求至少一个放样路径。当用户定义了放样截面时，用户可以选择更改一个或者多个放样路径。放样特征的路径将截面上的点与末端截面上的点连接起来。如果定义了多于两个的放样截面，则每一个路径也通过每一个中间截面上的点。用户可以使用 Transition 对话框的 Edit Loft 标签页上的选项来定义一个放样路径。

当用户创建一个放样特征时，用户可以从下面的方法中选择一个来定义放样路径：

指定切向

Specify tangencies 是默认的放样路径定义。如果用户选择 Specify tangencies，则 Abaqus/CAE 创建一个通过每一个放样截面中心的光滑路径，如图 11-51 所示。用户可以施加切向条件来更改靠近起点放样截面和终点放样截面的形状。更多有关放样切向的信息，见 11.14.3 节“定义放样相切”。

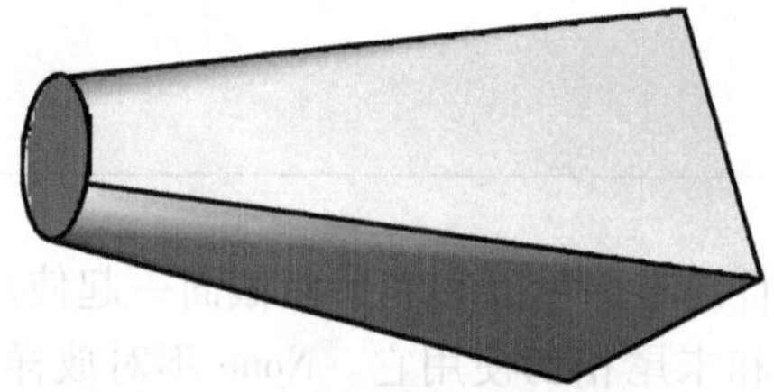

图 11-51 具有 Abaqus/CAE 定义路径的扫掠特征

选择路径

如果用户选择 Select path，则用户可以选择现有的边来定义一个放样路径。此方法也允许用户定义多个放样路径。下面的放样特征通过放样截面沿着路径连接到下一个放样截面来创建，如图 11-52 所示。只选择一个路径的放样特征类似于扫掠特征，但是放样的横截面发生连续变化，来匹配沿着路径的下一个放样截面的位置和形状。

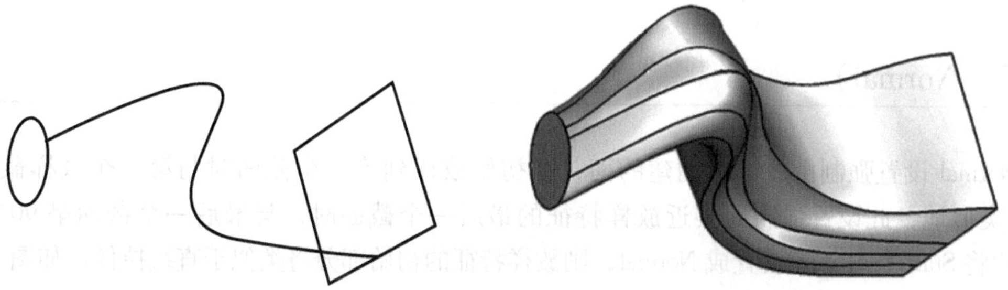

图 11-52 使用单个用户定义路径的放样特征

用户必须选择视口中现有的线段来创建连接所有放样截面的路径。每一个路径必须是光滑的曲线，并且它连接的截面次序必须与创建放样时的截面次序一样。用户可以使用 工具来创建定义三维路径的样条线框。

一旦创建了放样特征，用户就不能直接编辑路径，无论用户选择哪一个路径定义。然而，如果用户使用 Select path，则可以通过使用特征操控工具集来编辑创建每一个样条线框的点，以此来编辑创建线框顶点的特征。

11.14.3　定义放样相切

如果用户为放样接受默认的 Specify tangencies 方法，则用户可以从几个放样相切选项中选择。放样相切影响放样面离开第一个放样截面的角度以及接近最后截面的角度。切向设置的影响是短暂的，与到起点和终点的距离成比例的消失。任何中间截面之间的放样特征形状不受放样相切的影响。

用户可以为起始和结束截面独立的设置除 None 外的所有放样相切选项。例如，用户可以将起始相切设置成 Normal，将结束相切设置成 Radial。用户可以从下面的选项进行选择来定义放样相切：

无（None）

None 是默认的设置，并且是唯一可以和非平面截面一起使用的相切设置。如果用户选择 None，则用户必须为起始和末尾相切使用它。None 不对放样的形状或者方向施加条件。放样特征的边将从起始截面线性的接近第二个截面，以及从倒数第二个截面线性的接近最后一个截面，如图 11-53 所示。

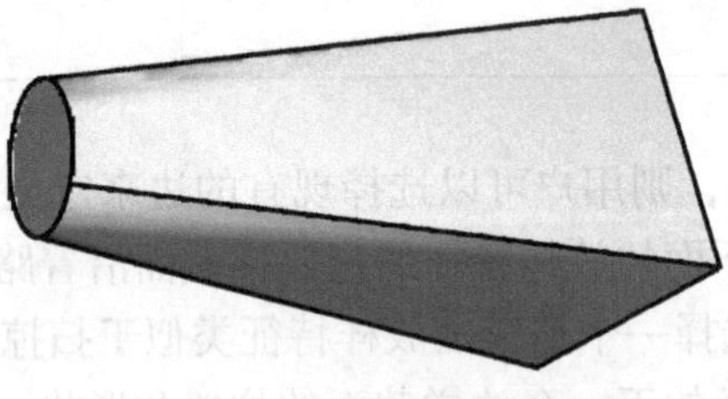

图 11-53　没有相切的放样特征

垂直（Normal）

Normal 设置强制由放样边创建的面，在初始放样到第二个截面时与第一个放样截面成 90°。类似地，此设置强制面接近放样特征的最后一个截面时，与最后一个截面呈 90°。如果用户将 Start Tangency 设置成 Normal，则放样特征的初始部分将类似于直线拉伸，如图 11-54 所示。

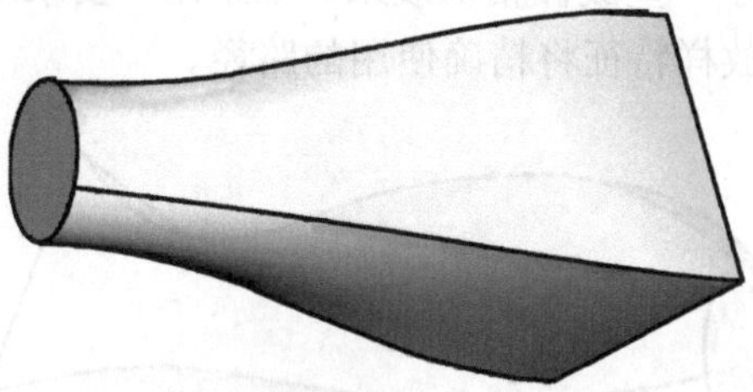

图 11-54 在两端使用法向相切的放样特征

径向（Radial）

Radial 设置会强制由放样边创建的面在初始朝着第二个截面放样时，与第一个放样截面成 0°。类似地，此设置强制放样面接近放样特征的最后截面时与截面成 0°。这样，最初的面从起始放样截面径向向外，或者向内接近终端的放样截面。如果用户将 Start Tangency 设置成 Radial，则放样特征的初始部分将类似于使用接近 90°的拔模斜角来拉伸，如图 11-55 所示。

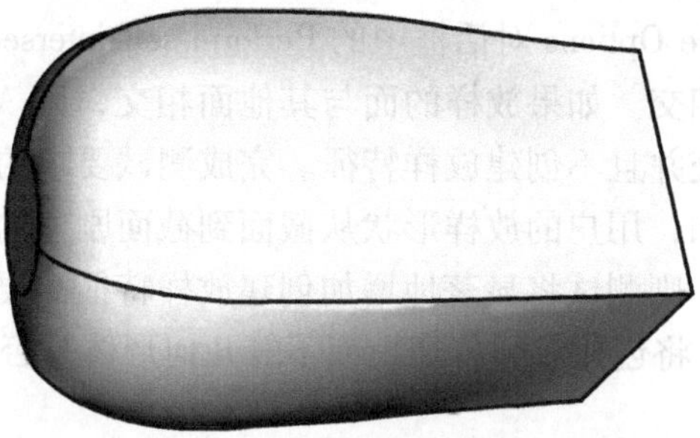

图 11-55 在左端使用径向相切，而在右端使用法向相切的放样特征

警告：如果用户试图创建仅有两个放样截面的特征，并且具有不同的顶点数量，则将 Start Tangency 和 End Tangency 设置成 Radial 可能导致放样特征失败。

指定（Specify）

Specify 设置允许用户控制施加给放样边的 Angle，以及代表角度将影响放样的相对距离 Magnitude %。如果用户将 Start Tangency 设置成 Specify，则放样特征的初始部分将类似于使用拔模角度 Angle 度的拉伸，如图 11-56 所示。图 11-56 中显示了一个 45°（左）的 Start Tangency 角和 135°（右）的 End Tangency 角，两个都施加 25%的大小。作为参考，Normal 切向设置对应指定 90°的角和 25%的大小，Radial 相切设置对应于指定 0°的角和 25%的大小。

任何点处的放样面角度都取决于 Angle 和 Magnitude %的设置，连续放样截面之间的距离，以及放样截面之间的变化剧烈程度。取决于这些条件，从一个放样截面到下一个截面形成光滑过渡的要求可以优先于一些放样相切效果。如果用户要求对放样形状更大的控制，则使用 Select path 方法来定义放样特征将精确使用的路径。

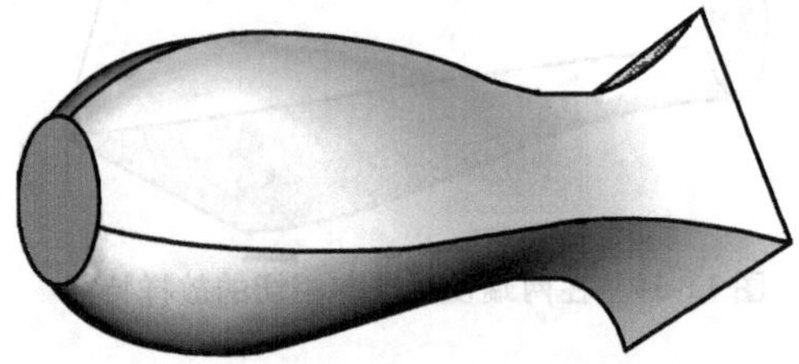

图 11-56　在两端使用指定相切的放样特征

11.14.4　自相交检查

由于用户可以通过放样创建特征的灵活性，可以使用一组测试来确保几何形体对于分析将是有效的。用户可以定义放样特征会自相交的放样截面和路径。具有自相交的放样特征作为制造零件将是不切现实的，并且也会造成网格划分和分析困难或者不可能。

当用户切换选中 Feature Options 对话框中的 Perform self-intersection checks，Abaqus/CAE 创建放样特征时会测试自相交。如果放样的面与其他面相交，则 Abaqus/CAE 显示一个错误信息，声明存在无效的相交并且不创建放样特征。完成测试要求的时间随着用户试图创建的放样的复杂程度而异。例如，用户的放样形状从截面到截面剧烈的变化，或者如果用户已经定义一个复杂的放样路径，则测试将显著地增加创建放样特征需要的时间。如果用户选择不包括测试，则 Abaqus/CAE 将创建放样特征，而不管几何形体是否有效。

11.15 草图器与零件模块协同工作

草图是二维侧面，来形成定义 Abaqus/CAE 本地零件特征的几何形体。用户使用草图器来创建这些草图；在零件模块中，用户直接使用它们来定义平面零件或者梁，或者用户拉伸、扫掠或者回转它们来形成三维的或者轴对称的零件。无论何时用户需要创建一个新的零件特征，给一个零件添加特征，或者更改现有的特征，零件模块自动进入草图器，并且用户对形成特征二维侧面的草图进行操作。当用户完成草图绘制时，Abaqus/CAE 自动返回到零件模块中。

如果用户添加一个特征或者对现有特征进行更改，则用户必须选择草图所在的平面。Abaqus/CAE 如何确定零件相对于草图平面的方向的详细描述，见 20.4.3 节“Abaqus/CAE 如何定向用户的草图”。

11.16　理解零件模块中的工具集

零件模块提供一组工具集，让用户添加和更改定义零件的特征。本节介绍在零件模块中如何使用这些工具集，包括以下主题：

- 11.16.1 节 “使用零件模块中的基准工具集”
- 11.16.2 节 “使用零件模块中的特征操控工具集”
- 11.16.3 节 “使用零件模块中的分割工具集”
- 11.16.4 节 “使用零件模块中的查询工具集”
- 11.16.5 节 “使用零件模块中的参考点工具集”
- 11.16.6 节 “使用零件模块中的几何形体编辑工具集”
- 11.16.7 节 “使用零件模块中的集合工具集”

有关每一个工具集的更多详细信息参考，见以下章节：

- 第 62 章 “基准工具集”
- 第 64 章 “网格编辑工具集”
- 第 65 章 “特征操控工具集”
- 第 66 章 “过滤器工具集”
- 第 69 章 “几何形体编辑工具集”
- 第 70 章 “分割工具集”
- 第 71 章 “查询工具集”
- 第 72 章 “参考点工具集”
- 第 73 章 “集合和面工具集”
- 第 78 章 “使用显示组显示模型的子集合”

11.16.1　使用零件模块中的基准工具集

当零件不包含必要的几何形体时，可以将基准面看成是帮助用户创建特征的参考几何形体或者构型；用户使用基准面工具集来创建基准几何形体。基准面是零件的特征，并且与零件的剩余部分一起重新生成。进而，基准几何形体是可见的，除非用户通过从主菜单栏选择 View→Part Display Options→Datum 来将它切换不选。在零件模块中创建的基准平面，与装配模块或者其他以装配为基础的模块中的每个零件实例一起出现。

基准点是草图器中投影到草图平面上的点，并且可以选取投影的点。然而，用户不能在草图器中参考基准轴或者平面。下面给出了用户可以在零件模块中使用基准平面和轴的例子。

基准平面

用户可以直接在基准平面上绘制草图，并且用户在基准平面上草图绘制的特征将投影到零件上。如果零件已经不包含方便的草图平面，则从一个基准平面投影一个草图是有用的。

例如，假设用户想要平行 X 轴来笔直地挖一个孔通过三维的三角零件，如图 11-57 所示。

零件并不具有适合草图绘制孔侧面的面；在一个面上直接草图绘制侧面产生的孔与面垂直，如图 11-58 所示。

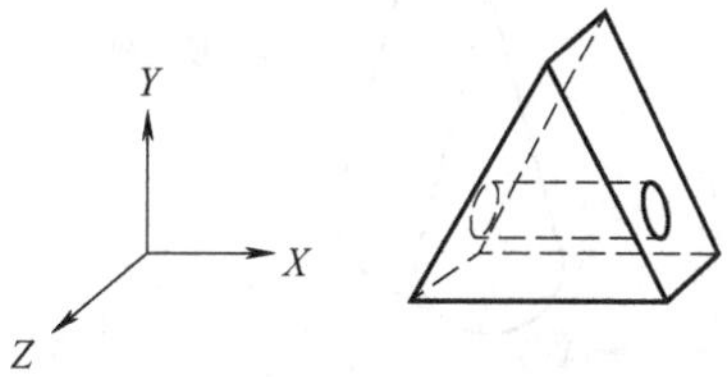

图 11-57 期望的切割特征

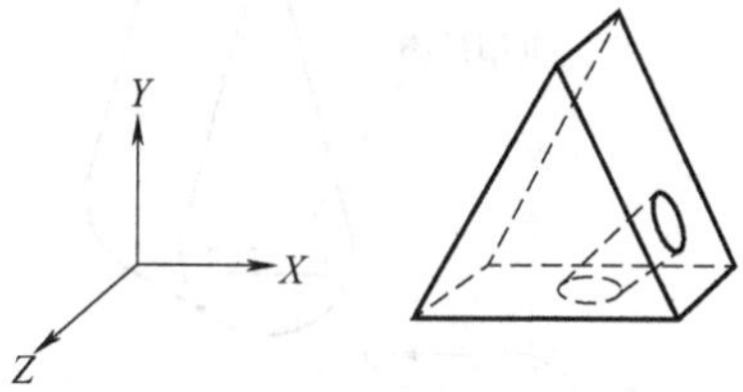

图 11-58 与面垂直的切割

要切割想要的孔，首先使用基准面工具集在 Y-Z 主平面上创建一个基准平面，如图 11-59 所示。

然后，在新基准平面上草图绘制切割的侧面，如图 11-60 所示。

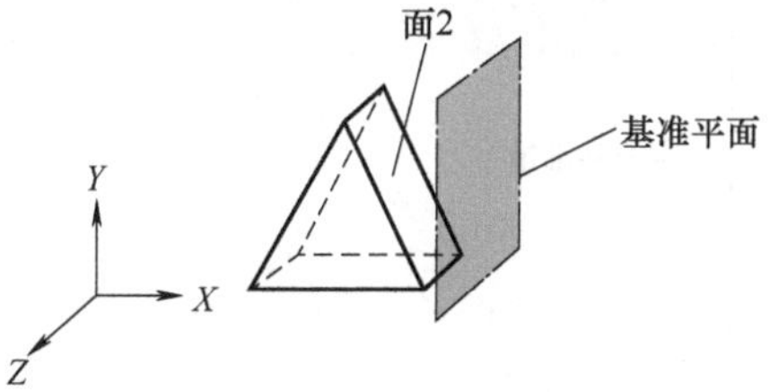

图 11-59 一个基准平面

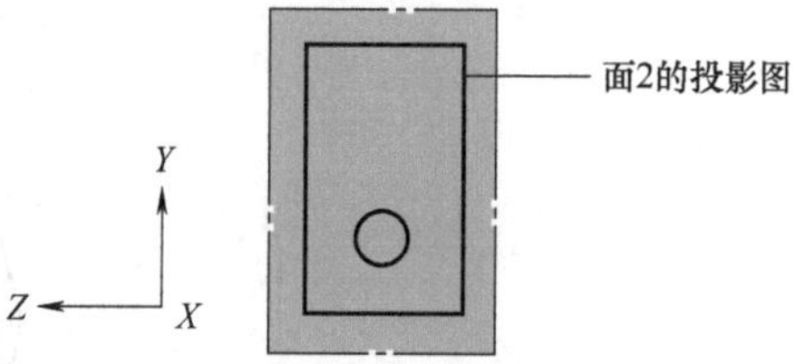

图 11-60 基准平面上的草图

当用户退出草图器时，Abaqus/CAE 切割草图绘制的孔穿过零件，垂直基准平面并且平行 X 轴。图 11-61 显示了此切割。

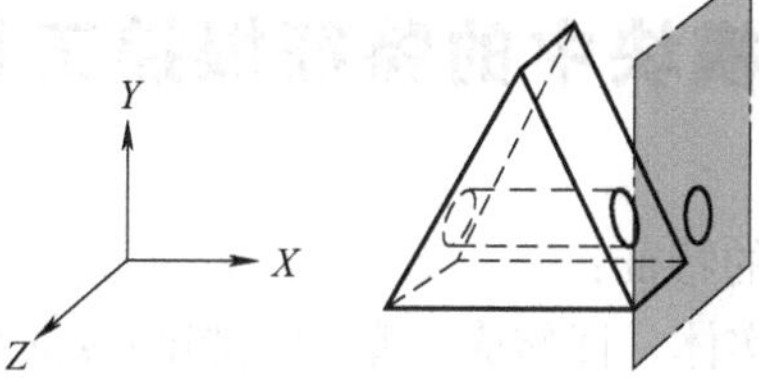

图 11-61 想要的切割

基准轴

用户可以使用基准工具集来创建基准轴。然后当添加或者更改三维实体的特征时，用户可以选择基准轴来控制草图器网格上的零件方向。当零件还没有包含必要的轴时，创建一个基准轴是有用的。

例如，假如用户想要切割一个通过零件的槽时，期望的槽如图 11-62 所示。

草图绘制槽是困难的，因为选择零件两个直边的任何一个作为垂直轴会造成草图网格线与用户选择的线对齐，而不是与 X 轴或者 Y 轴对齐。要想容易地创建具有期望方向的槽，首先使用基准工具集来创建沿着 Y 轴的基准轴，如图 11-63 所示。

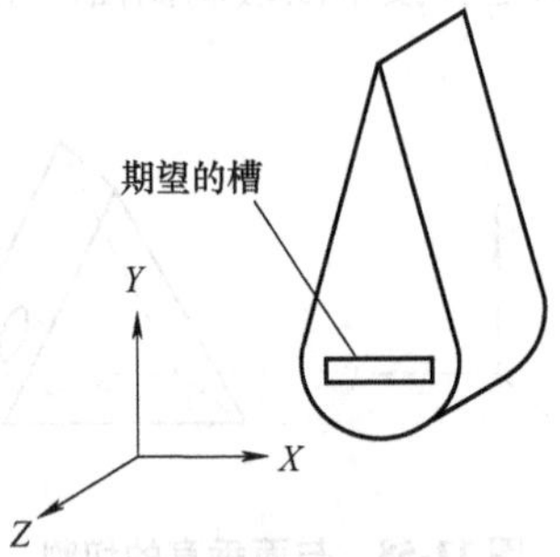

图 11-62　期望的槽

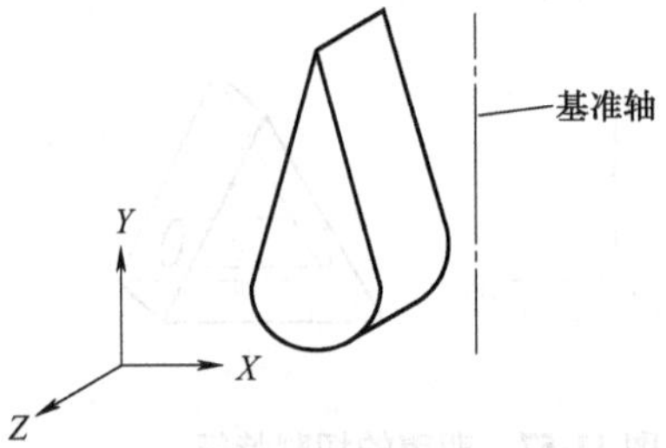

图 11-63　基准轴

当用户选择基准轴竖直出现在右边时，草图器启动，并且它的网格与零件的 X 轴和 Y 轴对齐，如图 11-64 所示。

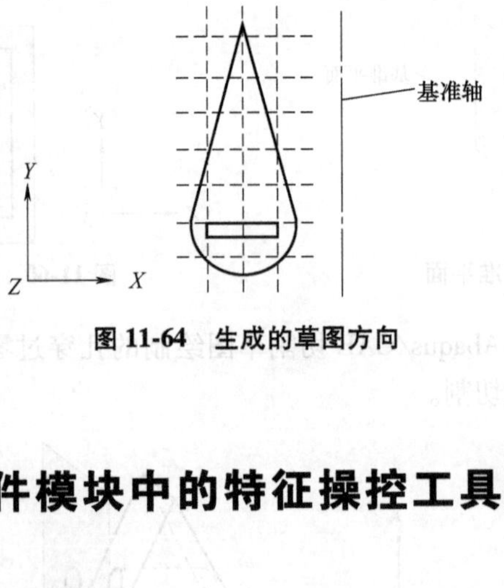

图 11-64　生成的草图方向

11.16.2　使用零件模块中的特征操控工具集

以下内容可以考虑成零件的特征：

- 几何的特征，例如拉伸实体、回转壳、草图绘制的线框和圆角的边。
- 修复操作。
- 分割。
- 基准几何形体。

当特征操控工具集要求用户选择一个特征时，用户可以从视口中选择它们。另外，用户可以从模型树中选择特征。

如果用户在模型树中的特征上右击，则出现的菜单允许用户进行如下操作：

编辑（Edit）

当用户编辑特征时，Abaqus/CAE 显示特征编辑器。用户可以直接更改特征参数，或者如果可能的话，用户可以更改形成二维侧面或者特征扫描路径的草图。

重生成（Regenerate）

当用户更改复杂零件中的特征时，因为重生成可以是耗时的，所以推迟重生成直到完成所有改变可能是方便的。当用户准备好重新生成零件时，选择 Feature→Regenerate。

重命名（Rename）

重命名一个零件。

抑制（Suppress）

抑制一个特征是临时地将零件从它的定义中删除。一个被抑制的特征是不可见的，不能进行网格划分，并且模型的分析中不包括它。用户不能抑制基础特征，并且抑制父特征将抑制它的所有子特征。

恢复（Resume）

恢复一个特征会将抑制的特征重新加载到零件中；恢复一个父特征重新加载它的所有子特征。用户可以选择恢复所有的特征，大部分最近抑制的特征设置，或者一个选择的特征。

删除（Delete）

删除特征从零件中删除它。用户不能恢复已删除的特征。

查询（Query）

当用户查询一个零件时，Abaqus/CAE 在信息区域中显示信息，并且将相同的信息以注释的形式写到重放文件（abaqus. rpy）。

选项（Options）

Feature Options 对话框允许用户调整当前模型的重新生成性能。

11.16.3 使用零件模块中的分割工具集

在零件模块中，用户可以使用分割工具集来将零件分割成额外的区域。在用户分割一个零件后，用户可以使用属性模块来给产生的区域赋予不同的截面；例如，用户可以使用分割来描绘包含不同材料的零件。

用户创建的分割是与零件关联的特征，这样，装配中零件的每一个实例将包含零件模块中创建的所有分割。当与其他模块中的装配体一起工作时，用户可以使用区域；例如，用户可以在载荷模块中对一个区域施加载荷。如果用户不想将分割与零件的每一个实例关联起来，则在装配模块中创建一个不关联的实例，然后分割不关联的实例。更多信息见 13.8.3 节“分割装配”。

如果用户创建了装配体并给装配体赋予了属性，例如载荷、边界条件和集合，并且如果用户后续决定返回零件模块并分割一个原始的零件，则应当谨慎。如果分割影响区域，则赋予属性的区域可能发生无法预料的变化。通常，在用户开始创建零件实例并且给装配施加集合、载荷和网格划分之前，用户应当试图在零件模块中完成零件的创建。如果用户确实返回零件模块来创建分割，用户应当至少检查装配体中的区域所赋予的属性是否仍然有效。

11.16.4 使用零件模块中的查询工具集

从主菜单栏选择 Tools→Query，或者单击 Query 工具栏中的 🛈 工具来启动查询工具集。

用户可以使用查询工具集来要求一般的信息或者指定模块的信息。对于一般查询显示的信息，见 71.2.2 节“获取与模型有关的一般信息”。

下面的查询是零件模块特有的：

零件属性（Part attributes）

Abaqus/CAE 显示零件名称、建模空间和信息区域中的类型和形状（实体、壳、线框或者点）和实体的数量（实体单元、面、边和顶点）。

重生成警告（Regeneration warnings）

如果由于集合或者面的基底几何形体已经发生了更改或者删除，则不能生成所选零件中的任何集合或者面，Abaqus/CAE 显示集合或者面名称、面的原始数量，以及查询过程中找到面的名称。

子结构统计（Substructure statistics）

Abaqus/CAE 显示与所选子结构零件有关的下面信息：保留节点的编号，特征模态和零件中的子结构载荷；子结构中恢复矩阵的可用性、重力载荷向量、缩减质量矩阵、缩减的结构阻尼矩阵和缩减的黏性阻尼矩阵；以及子结构的质量属性。

11.16.5 使用零件模块中的参考点工具集

从主菜单栏选择 Tools→Reference Point 来在零件上创建参考点。一个零件仅能包括一个参考点。更多信息见 11.8 节“参考点和点零件”和第 72 章“参考点工具集”。

Abaqus/CAE 在期望的位置显示参考点，并且标签成 RP。用户可以通过在模型树中的特征上右击并且从出现的菜单选择 Rename 来改变参考点标签。如果需要，用户可以关闭参考点符号和参考点标签的显示；更多信息见 76.11 节“控制参考点显示”。

11.16.6 使用零件模块中的几何形体编辑工具集

用户可以使用几何形体编辑工具集来修复包含无效或者不精确几何形体的零件区域。更多信息见 69.2 节“编辑技术概览”。用户可以使用查询工具集来定位需要修复的区域。更多信息见第 71 章“查询工具集”。

11.16.7 使用零件模块中的集合工具集

通过从零件选择几何形体来创建的集合称为零件集合，用户可以使用集合工具集来创建和管理零件集合。用户可以在零件模块中使用零件集合，来选择应当通过几何形体编辑工具集来修复的区域。此外，在零件模块中，用户可以给零件集合指定的区域赋予截面。当 Abaqus/CAE 提示用户选择一个区域时，用户可以从当前视口中的零件选择区域，或者选择一个已命名的零件集合。

零件模块的 Set Manager 中只能显示零件集合。当用户在装配模块中实例一个零件时，Abaqus 创建的零件实例集合参考之前创建的任何零件集合。更多信息见 73.2 节“理解集合和面”，以及 13.8.6 节“在装配模块中使用集合和面”。

11.17　使用零件模块工具箱

用户可以通过主菜单栏或者零件模块工具箱来访问所有的零件模块工具。图 11-65 所示为零件模块工具箱中所有零件工具的隐藏图标。

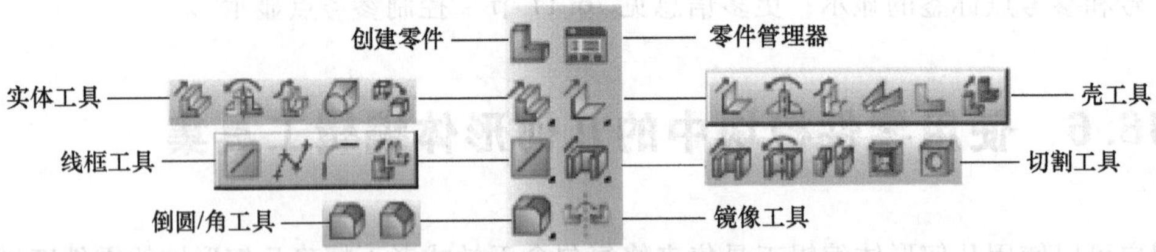

图 11-65　零件模块工具箱

11.18 管理零件

本节介绍在零件模块中工作时，如何关联模型中的零件，包括以下主题：

- 11.18.1 节 “管理零件的操作”
- 11.18.2 节 “创建新的零件”
- 11.18.3 节 “复制零件”

11.18.1 管理零件的操作

要创建、复制、重命名和删除零件，使用下面的一个操作：

- 主菜单栏上的 Part 菜单下列出的 Create、Copy、Rename 和 Delete 条目。

Copy、Rename 和 Delete 条目包含的子菜单列出了当前模型中的所有零件。

- Part Manager 对话框。Part Manager 对话框包含的功能类似于主菜单的 Part 菜单下面列出的那些功能，使用的传统浏览器列出了当前模型中所有可使用零件的名称以及它们的建模空间（三维、二维或者轴对称），类型（可变形、离散刚性、分析刚性或者欧拉）以及状态[被锁住、有效或者无效（被忽略的）]。

要显示 Part Manager 对话框，从主菜单选择 Part→Manager。

为了在当前模型数据库中编辑而锁定或解锁零件，使用 Part Manager 对话框中的 Lock 和 Unlock 按钮。Status 域说明 Locked 的零件。有关零件锁定的更多信息，见 11.12 节“什么是零件和装配体锁定?”。

要更新零件的有效性或者忽略零件的无效性，使用 Part Manager 对话框中的 Update Validity 和 Ignore Invalidity 按钮。Status 域说明 Invalid 零件或者 Invalid（ignored）零件。有关零件有效性的更多信息，见 10.2.3 节“使用无效零件”。

从模型数据库重新得到零件并且在当前视口中显示零件，从位于环境栏中的 Part 列表选择零件。Part 列表包含当前模型中的所有零件。

11.18.2 创建新的零件

从主菜单栏选择 Part→Create 来在当前视口中创建一个新零件。

一个模型可以包含多个零件；每一个零件存在于局部坐标系中，并且用户使用装配模块来创建零件的实例，并且在整体坐标系中相对于彼此定位这些实例。当用户创建一个零件时，用户可以对零件命名并且选择它们的类型、建模空间、基础特征和大体的尺寸；然后，用户可以草图绘制零件基础特征的侧面。

若要创建一个新零件，执行以下操作：

1. 从主菜单栏选择 Part→Create。

出现 Create Part 对话框。更多信息见 11.19 节“使用 Create Part 对话框”。

技巧：用户也可以使用零件模块工具箱中的 工具来创建零件。对于零件模块工具箱中的工具图标，见 11.17 节“使用零件模块工具箱”。

2. 为零件输入一个名称。有关命名 Abaqus/CAE 对象的信息，见 3.2.1 节“使用基本对话框组件”。用户可以在创建零件之后重新命名零件。

3. 选择新零件的建模空间、类型、基础特征和大体尺寸。更多信息见 11.4 节“在 Abaqus/CAE 中如何定义零件?”。

注意：要改变零件的模型空间或者类型，用户必须使用模型树来编辑零件。更多信息见 11.4 节“在 Abaqus/CAE 中如何定义零件?”。

4. 单击 Continue 来关闭 Create Part 对话框。

草图器启动，然后在当前视口中出现 Sketch 网格。

如果用户创建三维的回转实体或者回转壳，则 Abaqus/CAE 在作为回转轴的草图 Y 轴上显示一个竖直约束。用户可以在此约束线的任何一侧草图绘制，但是草图不能穿过约束线。

如果用户正在创建一个轴对称零件，则 Abaqus/CAE 在草图左侧显示一个竖直的构型线来作为回转轴。用户必须在此构型线的右侧进行草图绘制。

5. 使用草图器来绘制基础特征的二维侧面。更多信息见第 20 章“草图模块”。

如果用户正在构建一个扫掠零件，用户必须首先草图绘制扫掠路径，然后退出草图器。Sketch 将然后自动重启，用户可以草图绘制要扫掠的侧面。

6. 当用户完成草图绘制基础特征时，单击鼠标键 2 来退出当前的 Sketch 工具。

7. 在提升区域，单击 Done 来退出草图器。如果基础特征是三维实体或者壳拉伸。出现 Edit Base Extrusion 对话框。用户必须使用 Depth 域来输入拉伸侧面的距离。用户也可以选择 Twist 或者 Draft 来更改 Abaqus/CAE 将创建的拉伸形式。如果基础特征是一个三维的回转实体或者壳，则用户必须输入转动侧面的角度。

Abaqus/CAE 退出草图器并且在当前的视口中显示新的零件。

8. 如果必要的话，使用零件模块工具来对基础特征添加额外的特征。更多信息见 11.3 节“什么是基于特征的建模?”。

11.18.3　复制零件

从主菜单栏选择 Part→Copy→零件名称，来将一个零件复制成一个新的零件。用户可以复制包含几何形体和孤立单元的零件。压缩、缩放和镜像功能可以操作几何形体和网格。分开的不连续区域功能也对包含几何形体和孤立单元的零件起作用；然而，因为孤立单元不存在区域，所以仅几何形体区域得到复制而成为新的零件。

若要复制零件，执行以下操作：

1. 从主菜单栏选择 Part→Copy→零件名称。

Abaqus/CAE 显示 Part Copy 对话框。

2. 从对话框输入新零件的名称。

3. 用户可以创建与原始零件相同的副本，也可以从下面的 Copy options 中选择其他项。

- Compress features
- Scale part by
- Mirror part about
- Separate disconnected regions into parts

有关 Copy options 的更多信息，见 11.5 节“复制零件的可选操作”。

4. 单击 OK。

Abaqus/CAE 关闭 Part Copy 对话框，并且将选中的零件复制成一个新零件。新零件变成当前的零件。用户可以通过从环境栏上 Part 列表选择零件来返回原始的零件。更多信息见 2.2.4 节“环境栏”。

11.19 使用 Create Part 对话框

本节介绍 Create Part（创建零件）对话框中的功能，包括以下主题：

- 11.19.1 节 “使用 Create Part 对话框定义零件的属性”
- 11.19.2 节 “选择新零件的模拟空间”
- 11.19.3 节 “选择新零件的类型”
- 11.19.4 节 “选择新零件的基础特征”
- 11.19.5 节 “设置新零件的大体尺寸”

11.19.1 使用 Create Part 对话框定义零件的属性

当用户创建零件时，用户首先使用 Create Part 对话框来定义零件的属性，然后用户使用 Sketch 来草图绘制基础特征的二维侧面。用户使用 Create Part 对话框来定义以下内容：

Name（名称）

使用 Create Part 对话框顶部的 Name 文本域来命名用户正在创建的零件。要重新命名一个零件，从主菜单栏选择 Part→Rename。有关有效名称的信息，见 3.2.1 节 “使用基本对话框组件”。

在用户创建零件后，Abaqus/CAE 在当前视口的标题栏上显示新零件的名称。

Modeling Space（模拟空间）

使用 Modeling Space 圆按钮来选择新零件的模拟空间。用户可以定义在 Abaqus/Standard 或者 Abaqus/Explicit 中将零件定义成三维的、二维的（平面的）或者轴对称的。在 Abaqus/CFD 中，仅可以创建三维的模型。

如果用户创建轴对称的变形零件，则用户可以切换选中 Create Part 对话框中的 Include twist 来在模型中包括翘曲自由度。用户可以在创建模型后改变模拟空间，通过在模型树中的零件上右击，然后从出现的菜单中选择 Edit。更多信息见 11.19.2 节 “选择新零件的模拟空间”。

Type（类型）

在 Abaqus/Standard 或者 Abaqus/Explicit 中，使用 Type 圆按钮来选择新零件的类型。用

户可以将零件定义成是可变形的、离散型刚性、分析型刚性或者欧拉型。在 Abaqus/CFD 模型中，仅可以创建流体零件。如果允许的话，用户可以在创建零件后改变零件的类型，通过在模型树中的零件上右击，然后从出现的菜单中选择 Edit。更多信息见 11. 19. 3 节“选择新零件的类型”。

Base Feature（基础特征）

使用 Base Feature 场来定义新零件基础特征的形状和类型。Abaqus/CAE 显示的形状和类型选项取决于零件的建模空间和类型。用户不能在创建零件基础特征后改变零件基础特征的类型。更多信息见 11. 19. 4 节“选择新零件的基础特征”。

Approximate size（大体尺寸）

使用大体尺寸域来输入零件的大小。Abaqus/CAE 使用用户输入的大小来计算草图器平面的大小以及网格的间距。更多信息见 11. 19. 5 节“设置新零件的大体尺寸”。在用户创建零件之后开始草图绘制零件基础特征的侧面，用户可以使用 Sketch 定制选项来增加草图器平面的大小。要显示草图器定制选项，单击草图器工具箱底部的工具。

11. 19. 2 选择新零件的模拟空间

使用 Create Part 对话框顶部的 Modeling Space 圆按钮来选择用户正在创建零件的模拟空间。Abaqus/CAE 在整个建模过程中执行零件的模拟空间；例如，模拟空间确定在零件模块中可以使用哪些工具，以及在网格划分模块中可以使用哪些单元。用户可以在创建零件后改变模拟空间，通过在模型树中的零件上右击鼠标，然后从出现的菜单栏中选择 Edit。

模拟空间指定是零件可以占据的空间，而不是零件自身。即使用户在三维空间中创建零件，也可以使用拓扑二维壳或者线框特征来构建此零件。在 Abaqus/CFD 模型中，仅可以创建三维零件。在 Abaqus/Standard 或者 Abaqus/Explicit 模型中，新零件的模拟空间可以设置成下面的任何一个类型：

Three-dimensional（三维）

Abaqus/CAE 在三维空间中布置零件。

Two-dimensional planar（二维平面）

Abaqus/CAE 在平面的二维空间中布置零件。

Axisymmetric（轴对称）

Abaqus/CAE 将零件布置在轴对称的二维空间中。如果用户创建一个轴对称的可变形零件，Abaqus/CAE 允许用户在模型中包含翘曲自由度。

若要选择一个新零件的模拟空间，执行以下操作：

1. 从 Create Part 对话框的顶部选择期望的 Modeling Space 圆按钮。
2. 当用户完成选择选项时，单击 Continue 来关闭 Create Part 对话框。

启动草图器，然后用户可以草图绘制新零件基础特征的侧面。

11.19.3 选择新零件的类型

使用 Create Part 对话框中的 Type 圆按钮来选择用户在 Abaqus/Standard 或者 Abaqus/Explicit 模型中正在创建零件的类型。在 Abaqus/CFD 模型中，仅可以创建流体零件。Abaqus/CAE 在整个建模过程中执行零件的类型；例如，用户不能对刚性零件赋予截面和材料属性，用户不能网格划分分析型刚性零件，并且用户仅可以给欧拉零件赋予欧拉截面和材料赋予场。如果允许的话，用户可以在创建零件之后改变零件的类型，通过在模型树中的零件上右击，然后从出现菜单上选择 Edit。

在 Abaqus/Standard 或者 Abaqus/Explicit 模型中，可以将新零件的类型设置成以下的一项：

Deformable（可变形的）

用户创建或者导入的任意形状的轴对称二维零件或者三维零件，可以指定成可变形零件。可变形零件代表受载下可以变形的零件；可以使用机械的、热的或者电的载荷。默认情况下，Abaqus/CAE 创建可以变形的零件。

Discrete rigid（离散型刚性）

离散型刚性零件类似于可变形的零件，可以是任何形状的。然而，假定离散型刚性零件是刚性的，并且在接触分析中用来模拟不能变形的物体。

Analytical rigid（分析型刚性）

分析型刚性零件类似于离散型刚性零件，用来表示接触分析中的刚性面。然而，分析型刚性零件的形状不是任意的，必须由一组草图绘制的线、弧和抛物线形成。

Eulerian（欧拉型）

使用欧拉零件来定义一个域，此域中的材料在欧拉分析中可以流动。欧拉零件在分析中不会变形；取而代之的是，零件内的材料在载荷作用下会变形，并且可以流动通过刚性单元边界。有关欧拉分析的更多信息见第 28 章“欧拉分析”。

用户创建离散型刚性零件或分析型刚性零件后，必须进行以下操作：

- 指定刚体参考点。用户在载荷模块中对刚体参考点施加约束或指定运动，则将对整个刚性零件施加相同的约束或运动。更多信息见 11.8.1 节“参考点”。
- 如果零件是离散型刚性零件或分析型刚性零件，则用户必须在装配模块中使用面工具集来选择零件的某一侧表示外表面。更多信息见第 73 章“集合和面工具集”。

要选择新零件的类型：

1. 从 Create Part 对话框的中部选择所需类型的圆按钮。
2. 当用户完成选项选择，单击 Continue 来关闭 Create Part 对话框。

启动草图器，然后用户在草图绘制新零件基础特征的轮廓。

11.19.4 选择新零件的基础特征

使用圆按钮和 Create Part 对话框底部 Base Feature 域中的列表来选择用户正在创建零件的基础特征。选择取决于零件的建模空间和零件类型；例如，轴对称可变形体只能有平面壳、平面线或者点基础特征。有关可创建的基础特征的不同形状和类型的详细信息，见 11.3.2 节“基础特征”。

用户对基础特征类型的选择是很重要的，因为用户在创建零件后不能更改类型。用户可以更改基础特征，但是用户应当意识到后续添加到零件的任何特征都将链接到基础特征。因此，如果用户更改基础特征，则这些相关特征（或者子特征）可能会移动或无法重新生成。

若要选择基础特征，执行以下操作：

1. 从 Create Part 对话框的底部选择所需的基础特征形状（Solid、Shell、Wire 或者 Point）。可用的选择取决于建模空间和用户正在创建的零件类型。
2. 如果用户正在创建三维可变形零件或者离散型刚性零件，则用户还必须选择零件的其他类型（Extrusion、Revolution、Sweep、Planar 或 Coordinates）。
3. 当用户完成选项选择，单击 Continue 来关闭 Create Part 对话框。

草图器启动，然后用户在草图绘制新零件基础特征的轮廓。

11.19.5 设置新零件的大体尺寸

使用 Create Part 对话框底部的 Approximate size 文本域来设置新零件的大体尺寸。

Abaqus/CAE 使用用户输入的尺寸来计算草图平面的大小和它的网格间距。大体的零件尺寸必须在 10000（10^4）和 0.001（10^{-3}）单位之间。Abaqus/CAE 不使用特定的单位，但是单位必须在整个模型中兼容。

当用户退出 Create Part 对话框时，Abaqus/CAE 打开草图器，然后用户草图绘制基础特征的侧面。草图器显示一个正方形的平面，覆盖有网格，并且将平面的尺寸调整成零件的大体尺寸。因此，用户在创建零件时，草图的大小与零件的大小具有相同的数量级。

如果用户后续编辑零件，Abaqus/CAE 将根据用户创建基础特征时使用的尺寸来确定草图器平面的大小。因此，用户应当将零件的大体尺寸设置得与完成零件的最大尺寸相匹配。如果用户后续发现零件超出草图器平面的尺寸，则可以使用 Sketch 定制选项来增加平面尺寸。

若要设置新零件的大体尺寸，执行以下操作：

1. 在 Create Part 对话框底部的 Approximate 文本域中输入新零件的大体尺寸。
2. 完成选项选择后，单击 Continue 来关闭 Create Part 对话框。

草图打开时，使用的平面大小和网格间距以新零件的大体尺寸为基础，然后用户可以草图绘制新零件基础特征的侧面。

11.20 给零件添加特征

使用 Shape 菜单来给当前的零件添加特征。用户可以进行下面的操作：

- 使用 Solid 工具来给三维实体零件添加一个实体特征。更多信息见 11.21 节“添加实体特征”。
- 使用 Shell 工具来给零件添加一个壳特征。更多信息见 11.22 节“添加壳特征”。
- 使用 Wire 工具来给零件添加一个线框特征。更多信息见 11.23 节“添加线框特征”。
- 使用 Cut 工具来给零件添加一个切割特征。更多信息见 11.24 节“添加切割特征”。
- 使用 Blend 工具来给三维实体零件添加一个倒角。更多信息见 11.27 节“混合边”。
- 使用 Transform 工具来关于选中平面镜像一个零件。更多信息见 11.28 节“镜像零件”。

11.21　添加实体特征

本节介绍使用零件模块的工具对当前视口中的三维实体零件添加实体特征，包括以下主题：

- 11.21.1 节　“添加一个拉伸的实体特征”
- 11.21.2 节　“添加一个回转的实体特征”
- 11.21.3 节　“添加一个扫掠的实体特征”
- 11.21.4 节　“添加一个实体放样特征”
- 11.21.5 节“从一个壳创建一个实体特征”

11.21.1　添加一个拉伸的实体特征

从主菜单栏选择 Shape→Solid→Extrude 来给当前视口中的零件添加拉伸实体特征。用户仅可以对三维零件添加拉伸的实体特征。

用户可以通过草图绘制一个二维横截面，然后定义对二维截面的拉伸距离来添加拉伸实体特征。下面所示为一个草图和最后生成的拉伸实体特征。

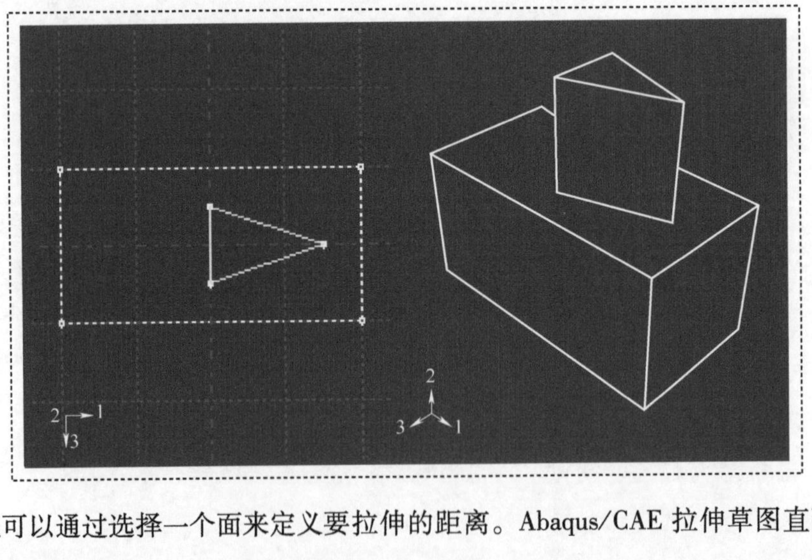

用户也可以通过选择一个面来定义要拉伸的距离。Abaqus/CAE 拉伸草图直到遇到选中的面。

此外，用户可以选择一个中心点并指定一个螺距，Abaqus/CAE 用来在拉伸截面时扭转横截面。另外，Abaqus/CAE 可以在拉伸横截面时，沿着指定的拔模角扩展或者收缩横截面。更多信息见 11.13.3 节“在拉伸中包括扭曲”和 11.13.4 节“在拉伸中包括拔模角度”。

若要添加拉伸的实体特征，执行以下操作：

1. 从主菜单栏选择 Shape→Solid→Extrude。

Abaqus/CAE 在提示区域显示提示来指导用户进行下面的过程。

技巧：用户也可以使用 工具来添加拉伸实体特征，此工具与零件模块工具箱中的实体工具在一起。有关零件工具箱中的工具图标，见 11.17 节“使用零件模块工具箱”。

2. 如果需要，指定用户想要使用的方法来选择拉伸实体特征的草图原点。从提示区域中的 Sketch Origin 域选择以下选项中的一项。

- 选择 Auto-Calculate 来自动放置草图原点。
- 选择 Specify 来定义定制的草图原点。
- 选择 Session Default 来使用在程序会话中先前指定的定制原点。

3. 选择将拉伸实体的平面。如果不存在合适的面，则用户可以选择基准平面或孤立的单元面。

技巧：如果不能选择期望的平面，用户可以使用 Selection 工具栏来改变选择行为。更多信息见 6.3 节“使用选择选项”。

在视口中高亮显示选中的面。

4. 如果将 Specify 选择成 Sketch Origin 方法，则可以通过在视口中单击一个点来指定原点位置，或者通过在提示区域中输入原点的三维坐标。用户也可以通过切换选中 Set as session default 来将此定制原点设置成程序会话中所有草图的默认原点。

5. 在草图器网格上选择一个边和边的方向。此边必须不垂直选中的面。默认情况下，选中的边将竖直显示，并且在草图器网格的右侧。要选择边的不同方向，单击对话框右侧的箭头，并从出现的列表中选择一个方向。

技巧：如果没有期望方向上的直边，则用户可以创建一个基准轴。然后用户可以选择基准轴来控制草图器网格上的零件方向。

Abaqus/CAE 高亮显示选中的边，进入草图器，转动零件直到选中的面与草图器网格的平面对齐，选中的边与期望方向上的网格对齐。

如果用户不确定相对于草图器网格的零件方向，从 View Manipulation 工具栏使用操控工具来显示零件的位置。使用重设置视图工具 来返回原始的视图。

6. 使用草图器来草图绘制拉伸的二维侧面。在提示区域中，单击 Done 来退出草图器，然后打开 Edit Extrusion 对话框。

Abaqus/CAE 显示进入草图器之前有效的零件视图。零件包括用户的草图侧面，以及显示拉伸方向的箭头。

7. 如果必要的话，单击 Edit Extrusion 对话框中的 来反转拉伸方向。

如果箭头方向难以看到，使用转动工具来转动零件。

8. 选择以下一个结束条件。

- 选择 Blind，并且在 Depth 域中输入一个值来指定 Abaqus/CAE 拉伸草图侧面的距离。

• 选择 Up to Face 来指定 Abaqus/CAE 将侧面拉伸到选中的面。

9. 如果需要，进行下面的操作。

• 切换选中 Include twist，然后输入螺距。螺距是将发生 360°扭转的拉伸距离。草图绘制的拉伸侧面必须包括一个独立的点来说明扭转的中心。

• 切换选中 Include draft，然后输入拔模角度（大于-90°并且小于 90°）。正拔模角度说明侧面的外部面扩大、内部面收缩。

10. 切换选中 Keep internal boundaries 来保留在被拉伸实体特征与现有零件之间生成的任何面或者边。内部边界创建的区域可以是结构化的或者扫掠的网格划分，而不需要求助于分割。

11. 单击 OK 来拉伸侧面。

如果用户选择了扭曲选项，并且用户的草图包括一个单独点，则 Abaqus/CAE 将此点作为扭曲中心。如果用户的草图不包括孤立的点，则 Abaqus/CAE 会返回草图器提示用户创建一个。如果用户的草图包含多个孤立点，则 Abaqus/CAE 也会返回草图器，然后提示用户选择一个孤立点作为扭曲中心。

12. 如果用户选择了 Up to Face，则 Abaqus/CAE 提示用户选择侧面将拉伸到的面。选择一个面来满足下面的要求。

• 选中的面不必与草图平面平行。
• 可以不是平的面。
• 必须完整地包含要拉伸的选取对象。
• 不能是基准平面。

Abaqus/CAE 创建拉伸的实体特征。

11.21.2　添加一个回转的实体特征

从主菜单栏选择 Shape→Solid→Revolve 来对当前视口中的零件添加一个回转的实体特征。用户仅可以对三维零件添加回转实体特征。

用户通过在选中面上草图绘制二维横截面和构型线来添加回转的实体特征。构型线作为回转轴，然后 Abaqus/CAE 通过围绕轴以指定转动角度转动横截面来创建实体特征。此外，用户可以在指定回转轴时一起指定螺距和方向，这样 Abaqus/CAE 可以用来在回转侧面时，沿着回转轴平移草图。下面所示为一个草图和生成的特征，具有螺距的 180°回转。

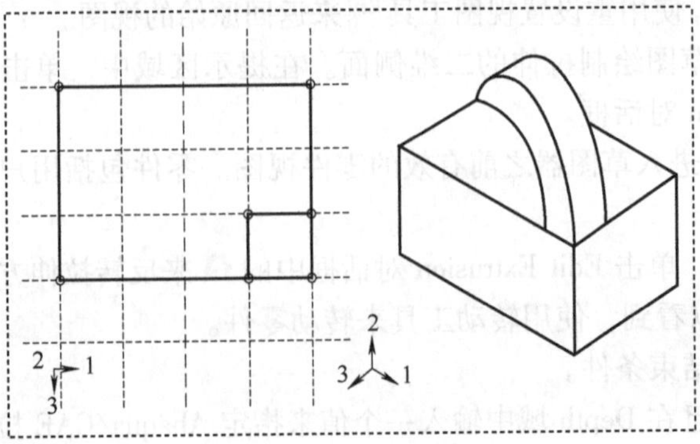

若要添加一个回转的实体特征，执行以下操作：

1. 从主菜单栏选择 Shape→Solid→Revolve。

Abaqus/CAE 在提示区域显示提示来指导用户进行回转过程。

技巧：用户也可以使用工具来添加回转实体特征，此工具与零件模块中的实体工具在一起。对于零件模块工具箱中的工具图标，见 11.17 节“使用零件模块工具箱”。

2. 如果需要，指定选择回转实体特征的草图原点要使用的方法。从提示区域中的 Sketch Origin 域选择以下的一个选项。

- 选择 Auto-Calculate 来自动放置草图原点。
- 选择 Specify 来定义定制的草图原点。
- 选择 Session Default 来使用在程序会话中先前指定的定制原点。

3. 选择将回转实体的平面。如果不存在合适的面，则用户可以选择基准平面或者孤立的单元面。

技巧：如果不能选择期望的平面，则用户可以使用 Selection 工具栏来改变选择行为。更多信息见 6.3 节“使用选择选项”。

在视口中高亮显示选中的面。

4. 如果将 Specify 选择成 Sketch Origin 方法，则可以通过在视口中单击一个点来指定原点位置，或者通过在提示区域中输入原点的三维坐标。用户也可以通过切换选中 Set as session default 来将此定制原点设置成程序会话中所有草图的默认原点。

5. 在草图器网格上选择一个边和边的方向。此边必须不与选中的面垂直。默认情况下，选中的边将竖直显示，并且在草图器网格的右侧。要选择边的不同方向，单击对话框右侧的箭头，并从出现的列表中选择一个方向。

技巧：如果没有期望方向上的直边，则用户可以创建一个基准轴。然后，用户可以选择基准轴来控制草图器网格上的零件方向。

Abaqus/CAE 高亮显示选中的边，进入草图器，然后转动零件直到选中的面与草图器网格的平面对齐，选中的边与期望方向上的网格对齐。

如果用户不确定相对于草图器网格的零件方向，则从 View Manipulation 工具栏使用操控工具来显示零件的位置。使用重设置视图工具来返回原始的视图。

6. 使用水平、竖直、角度或者倾斜构型线工具来草图绘制转动角。用户可以通过从基底零件选择一个基准轴来定位构型线。用户不能直接选择基准轴；用户必须从基准轴的一个端部选择一个点。

7. 使用草图器来草图绘制回转特征的二维侧面。草图必须不穿过回转轴。

8. 在提示区域中，单击 Done 来说明用户已经完成草图侧面和轴的绘制。如果草图包含多个构型线，则 Abaqus/CAE 提示用户选择作为转动轴的构型线。

Abaqus/CAE 显示进入草图器之前有效的零件视图。零件包括用户的草图侧面，并且显示回转方向的箭头。出现 Edit Revolution 对话框。

9. 在 Edit Revolution 对话框中输入期望的回转角或者接受的默认值。

10. 单击 Revolve direction 旁边的来改变箭头方向和关联的回转方向。

如果箭头方向难以看到，使用转动工具来转动零件。

11. 如果需要，切换选中 Include translation 并且输入一个正的螺距。螺距值是在转动360°的过程中，侧面沿着轴平动的距离。

出现一个箭头来显示回转轴，并且说明草图沿着轴平动的方向。如果必要的话，单击 Edit Revolution 对话框中 Pitch direction 旁边的↻来反向箭头。

12. 如果需要，切换选中 Sweep sketch normal to path 来转动垂直回转路径的草图轮廓。仅当选中 Include translation 时才可以使用此选项。

Abaqus 将从草图平面转动特征的初始侧面来创建特征。

13. 切换选中 Keep internal boundaries 来保留在回转实体特征与现有零件之间生成的任何面或者边。内部边界创建的区域可以是结构化或者扫掠网格划分的，而不需要求助于分割。

14. 单击 OK 来接受显示的方向并创建回转的实体特征。

Abaqus/CAE 使用用户选择的参数来创建回转的特征。

11.21.3 添加一个扫掠的实体特征

从主菜单栏选择 Shape→Solid→Sweep 来给当前视口中的零件添加扫掠实体特征。用户仅可以对三维零件添加扫掠实体特征。

用户通过定义扫掠路径，然后定义一个扫掠侧面来添加扫掠实体特征。定义每一个分量可以使用不同的方法：

- 用户可以通过在选中面上草图绘制路径，或者选择想要路径遵守的一系列边或者线框来定义扫掠路径。草图绘制方法提供了更大的灵活性，但是仅支持二维路径。边或者线框方法让用户可以沿着特征定义三维扫掠路径，例如三维零件中的样条线框或者一组边。
- 用户可以通过使用草图器来草图绘制一个扫掠侧面，或者选择模型中的一个面作为侧面来定义扫掠侧面。扫图侧面最初是与路径垂直的；用户可以让此方向沿着整个扫掠路径保持不变，或者用户可以在沿着扫掠路径长度扫掠过程中，让扫掠侧面保持与扫掠路径垂直。

下面所示为扫掠路径、扫掠侧面和生成的实体特征。

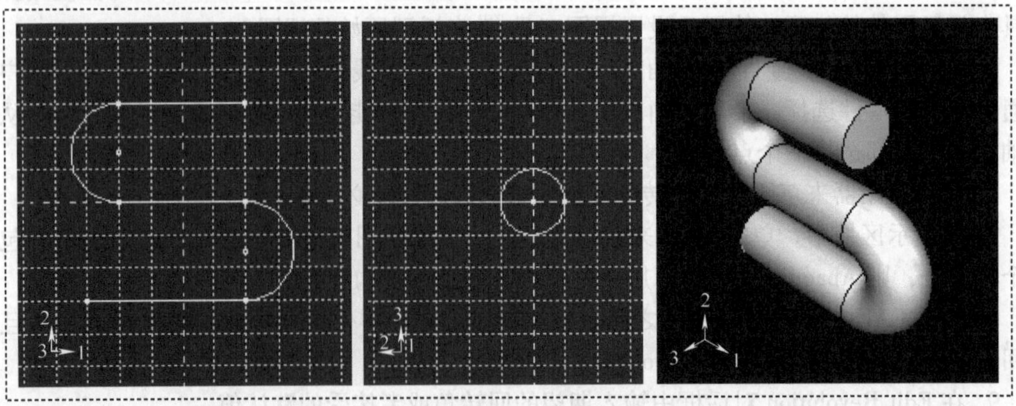

指定扫掠路径的草图或者一组边，以及指定扫掠侧面的草图或者面来定义扫掠实体特

征；如果用户使用草图器来定义扫掠路径和扫掠截面，则可以使用特征操控工具集来更改扫掠路径和扫掠侧面。用户也可以创建扫掠实体，其扫掠侧面是从扫掠路径偏置得到的。在此情况中，Abaqus/CAE 将扫掠路径移动到通过扫掠侧面的平行位置，然后在那个位置创建扫掠实体。

当用户定义扫掠路径时，用户可以对路径施加扭转或者拔模角度。有关这些工具的更多信息，见 11.9 节“用户可以创建什么类型的特征?”。用户可以切换选中 Keep profile normal constant，在扫掠侧面沿着扫掠路径进行时，保持扫掠侧面的方向相同；如果切换不选此选项，则扫掠侧面方向发生改变，保持与扫掠路径垂直。此外，用户可以切换选中特征操控工具集中的 Keep internal boundaries，来保留扫掠实体特征与现有零件之间生成的任何面或者边。内部边界创建的区域可以是结构化网格划分的或者扫掠网格划分的，而不需要借助于分割。

若要添加扫掠实体特征，执行以下操作：

1. 从主菜单栏选择 Shape→Solid→Sweep。

技巧：用户也可以使用 工具来添加扫掠实体特征，此工具与零件模块工具箱中的实体工具在一起。对于零件模块工具集中的工具图标，见 11.17 节“使用零件模块工具箱”。

出现 Create Solid Sweep 对话框。

2. 如果用户想要草图绘制扫掠路径，进行下面的操作。

a. 从 Path 选项选择 Sketch 并且单击 。

Abaqus/CAE 在提示区域中显示提示来指导用户进行下面的过程。

b. 如果需要，对用户选择扫掠实体特征的草图原点所使用的方法进行指定。从提示区域中的 Sketch Origin 域选择下面的一个选项。

- 选择 Auto-Calculate 来自动放置草图原点。
- 选择 Specify 来定义一个定制的草图原点。
- 选择 Session Default 来使用用户在程序会话中先前指定的定制原点。

c. 选择绘制扫掠路径的平面。如果不存在合适的面，则用户可以选择一个基准面。

技巧：如果用户不能选择期望的平面，则用户可以使用 Selection 工具栏来改变选择行为。更多信息见 6.3 节“使用选择选项”。

d. 如果用户将 Specify 指定成 Sketch Origin 方法，则通过在视口中单击一个点来指定原点位置，或者通过在提示区域输入原点的三维坐标来指定原点位置。用户也可以为程序会话中的所有草图，通过切换选中 Set as session default 来将此定制原点设置成默认的原点。

e. 在草图器网格上选择一条边和边的方向。边不必与选中的面垂直。默认情况下，选中的边将竖直出现，并且在草图器网格的右侧。要选择边的不同方向，单击对话框右侧的箭头并且从出现的列表中选择一个方向。

技巧：如果没有期望方向的直边，用户可以创建一个基准轴。然后用户可以选择基准轴来控制草图器网格上零件的方向。

Abaqus/CAE 高亮显示选中的边，进入草图器，然后转动零件直到选中的面与草图器网格的平面对齐，并且选中的边与期望方向上的网格对齐。

如果用户不确认相对于草图器网格的零件方向，则从 View Manipulation 工具栏使用操控工具来显示零件的位置。使用重设置视图工具 ▦ 来返回原始的视图。

f. 草图绘制扫掠路径。扫掠路径必须满足下面的准则。

• 路径可以封闭，但是端部必须光滑的相接；例如，端部不应当相接成一个角。有效扫掠路径的例子，见 11.13.8 节“定义扫掠路径和扫掠侧面”。

• 路径必须连续；例如，路径必须没有分支。

• 生成的实体不能自相交。

在提示区域中，单击 Done 来说明用户已经完成扫掠路径的草图绘制。

Abaqus/CAE 退出草图器，并且重新加载零件的原始视图。高亮显示的线说明扫掠路径和它的方向。Abaqus/CAE 也重新打开 Create Solid Sweep 对话框并且在 Path 选项中的 Sketch 标签旁添加词句（Defined）来说明在草图器中已经定义扫掠路径。

3. 如果用户想要将扫掠路径指定成一些列的边或者线框，则进行下面的操作。

a. 从 Path 选项选择 Edges 并且单击 ✎。

Abaqus/CAE 在提示区域中显示提示来指导用户完成操作过程。

b. 如果需要，在提示区域中指定用户是在用户扫掠路径 individually 中还是在 by edge angle 中选择边。有关选择对象的更多信息，见 6.2.3 节“使用角度和特征边方法选择多个对象”。

c. 选择用户想要在扫掠路径中包括的边。

Abaqus/CAE 在用户的零件上显示扫掠路径并且说明扫掠方向。

d. 在提示区域中，单击 Yes 来确认扫掠路径方向或者单击 Flip 来反向扫掠路径方向。

Abaqus/CAE 重新打开 Create Solid Sweep 对话框并且在 Path 选项中的 Sketch 标签旁添加词句（Defined）来说明已经使用了一系列的边定义了扫掠路径。

4. 如果用户草图绘制扫掠路径，进行下面的操作。

a. 从 Path 选项选择 Edges 并且单击 ✎。

Abaqus/CAE 在提示区域中显示提示来指导用户完成操作过程。

b. 草图绘制扫掠侧面。扫掠侧面必须满足以下的准则。

• 侧面必须是封闭的。

• 产生的实体不能与自身相交。

用户可以在草图器网格上的任何地方草图绘制侧面；Abaqus/CAE 沿着平行扫掠路径的路径来扫掠侧面。在提示区域中，单击 Done 来说明用户已经完成草图绘制扫掠侧面。

Abaqus/CAE 退出草图器，并且重新加载零件的原始视图。

c. 在草图器网格上选择一条边和边的方向。选中的边不必平行于扫掠路径方向。默认情况下，选中的边将竖直出现，并且在草图器网格的右侧。要选择边的不同方向，单击对话框右侧的箭头，并从出现的列表中选择一个方向。

Abaqus/CAE 高亮显示选中的边，再次打开草图器，并且旋转零件，这样草图器网格所在的平面与开始处的扫掠路径垂直，扫掠路径方向指向屏幕外。此外，选中的边与期望方向上的网格对齐。两个虚线的交点说明扫掠路径的原点。Abaqus/CAE 也重新打开 Create Solid Sweep 对话框，并且给 Profile 选项中的 Sketch 标签旁添加文字（Defined），来说明已经在草图器中定义了扫掠侧面。

5. 如果用户想要将一个面选择成扫掠侧面，进行下面的操作。

a. 从 Profile 选项选择 Face 并且单击✎。

Abaqus/CAE 在提示区域中显示提示来指导用户完成操作过程。

b. 从视口选择一个面。

Abaqus/CAE 高亮显示选中的面，并且显示 Create Solid Sweep 对话框。

Abaqus/CAE 重新打开 Create Solid Sweep 对话框，并且给 Profile 选项中的 Sketch 标签旁添加文字（Defined），来说明已经使用一个面定义了扫掠侧面。

6. 如果需要，进行下面的任何操作。

• 切换选中 Include twist，然后输入螺距。螺距是发生 360°扭转时将拉伸的距离。草图划分的拉伸侧面必须包括一个单独的点，说明扭转的中心。

• 切换选中 Include draft，然后输入拔模角度（大于-90°并且小于 90°）。正拔模角说明侧面的外表面扩展，内部面收缩。如果选中了 Keep profile normal constant 选项，则不能施加拔模角度。

• 切换选中 Keep profile normal constant 来让侧面沿着整个扫掠路径保持相同的方向。如果切换不选此选项，则 Abaqus/CAE 调整侧面方向，这样扫掠侧面与扫掠路径的法向之间的夹角保存不变。如果选中了 Include draft，则用户不能切换选中此选项。

• 切换选中 Keep internal boundaries 来保留扫掠实体特征与现有零件之间生成的任何面或者边。内部边界可以创建结构化网格划分或者扫掠网格划分的面，不许要借助于分割。

7. 单击 OK 来创建新的扫掠实体。

11.21.4 添加一个实体放样特征

从主菜单栏选择 Shape→Solid→Loft 来给当前视口中的零件添加实体放样特征。用户仅可以对三维零件添加实体放样特征。

用户通过从选中的边创建两个或者多个截面，并且定义一个或者多个放样路径来添加一个实体放样特征。放样截面、放样路径和产生的实体放样特征如下所示。

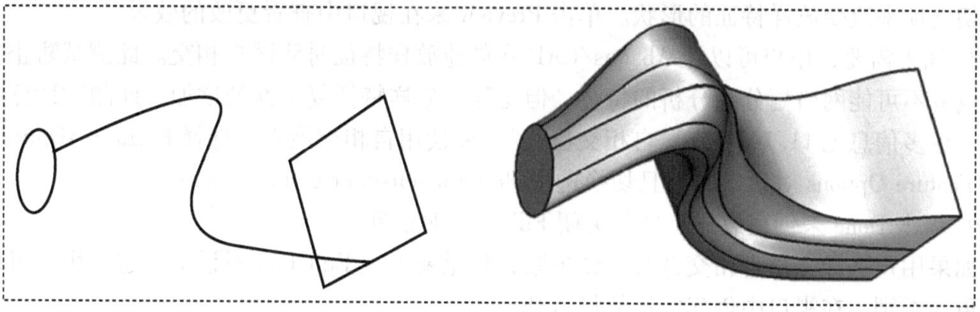

用户可以允许 Abaqus/CAE 使用一个光滑的路径连接每一个截面的中心来定义单独的放样路径。如果用户允许 Abaqus/CAE 定义路径，则用户可以对放样的起始截面和结束截面应用相切方法。曲线和相切来定义截面之间放样特征的路径。另外，用户可以通过选择连接每一个放样截面上的点到下一个放样截面上的点的曲线来定义一条或者多条放样路径。每一个放样路径必须提供连接每一个连续放样段的连续线。如果放样路径不光滑（路径上任何点

处如果有多个切向），Abaqus/CAE 将在用户试图创建放样时显示一个错误信息。更多有关放样截面、放样路径和放样相切的信息，见 11.14 节“什么是放样?”。

注意：当添加放样特征时，用户不使用草图器。结果，定义放样截面和放样路径的所有边必须在用户创建放样之前已经存在于零件几何形体之中。要创建一个放样路径或者创建一个非平面的放样截面，用户可以使用 工具，此工具与零件模块工具箱中的线框工具在一起。要创建一个样条线框（更多信息见 11.23.2 节“添加点到点的线框特征”）。

若要添加一个实体放样特征，执行以下操作：

1. 从主菜单栏选择 Shape→Solid→Loft。

Abaqus/CAE 在提示区域显示提示来引导用户完成操作过程。

技巧：用户也可以使用 工具来添加一个实体放样特征，此工具与零件模块工具箱中的实体工具在一起。对于零件模块工具箱中的工具图标，见 11.17 节“使用零件模块工具箱”。

出现 Edit Loft 对话框。

2. 通过从视口中的零件选择边来创建放样截面。有关创建放样截面的详细指导，见 11.26.1 节“创建放样截面”。

3. 切换选中 Keep internal boundaries 来保留放样实体特征与现有零件之间生成的任何面或者边。内部边界可以创建结构化或者扫掠网格划分的区域，而不需要借助于分割。

4. 当用户完成创建放样截面时，单击 Edit Loft 对话框中的 Transition 标签页。

5. 进行下面的操作。

- 单击 Select path，通过从视口中的零件选择路径来创建放样路径（或者多个路径）。
- 单击 Specify tangencies，通过使用放样相切来创建放样路径（或者多个路径）。

有关创建一个放样路径的详细指导，见 11.26.2 节“创建放样路径”。

6. 在 Edit Loft 对话框中单击 Preview 按钮。

Abaqus/CAE 显示放样的线框表示，线框是使用用户的当前设置来创建的。

7. 如果需要，用户可以添加或者删除放样截面，改变放样路径定义方法，或者编辑放样相切选项来改变放样特征的形状。单击 Preview 来在视口中查看更改的效果。

8. 如果需要，用户可以让 Abaqus/CAE 在创建放样特征时测试自相交。此测试防止创建难以或者不可能网格划分和分析的特征，但是随着放样特征复杂性的增加，此测试计算成本变高。更多信息见 11.14.4 节“自相交检查”。要使用自相交检查，选择 Feature→Options 来打开 Feature Options 对话框，并且切换选中 Perform self-intersection checks。

9. 单击 Done 来创建放样，并且关闭 Edit Loft 对话框。

如果用户选择测试自相交并且测试失败，将重新出现 Edit Loft 对话框，这样用户可以进行变更。否则，在视口中创建实体放样特征。

11.21.5 从一个壳创建一个实体特征

从主菜单栏选择 Shape→Solid→From Shell，通过选择形成封闭零件的面来从三维壳零件创建实体特征。Abaqus/CAE 通过添加材料，把由选中面定义的区域由壳改变成实体。

若要从一个壳创建一个实体特征，执行以下操作：

1. 从主菜单栏选择 Shape→Solid→From Shell。

Abaqus/CAE 在提示区域中显示提示来引导用户完成操作过程。

技巧：用户也可以通过单击 工具，从壳创建一个实体特征，此工具与零件模块工具箱中的实体工具在一起。对于零件模块工具箱中的工具图标，见 11.17 节“使用零件模块工具箱”。

2. 从可以转化成实体的壳中选择面，并单击鼠标键 2 来说明用户已经完成面选择。如果用户选择多个面，则 Abaqus/CAE 选择添加材料的方向，此方向也改变由壳转换成实体所选择的区域。

3. 如果用户选择单独的面，Abaqus/CAE 高亮显示面，并且显示一个箭头来说明添加材料来创建实体的方向。如果需要，单击 Flip 来反向箭头的方向。

4. 单击鼠标键 2 来确认箭头的方向。

Abaqus/CAE 在显示的方向上填充壳，并且创建一个实体区域。

5. 单击 Done 来创建实体零件。

11.22　添加壳特征

本节介绍将壳特征添加到当前视口中的零件所使用工具，包括以下主题：

- 11.22.1 节　“添加拉伸的壳特征”
- 11.22.2 节　“添加回转的壳特征”
- 11.22.3 节　“添加扫掠的壳特征”
- 11.22.4 节　“添加壳放样特征”
- 11.22.5 节　“添加平面壳特征”
- 11.22.6 节　“从实体创建壳特征”

11.22.1　添加拉伸的壳特征

从主菜单栏选择 Shape→Shell→Extrude 来给当前视口中的零件添加拉伸的壳特征。用户仅可以对三维零件添加拉伸的壳特征。

用户通过在选中的面上草图绘制侧面，然后在垂直面的方向上拉伸侧面指定的距离来添加拉伸壳特征。下面所示为一个草图和生成的拉伸壳特征。

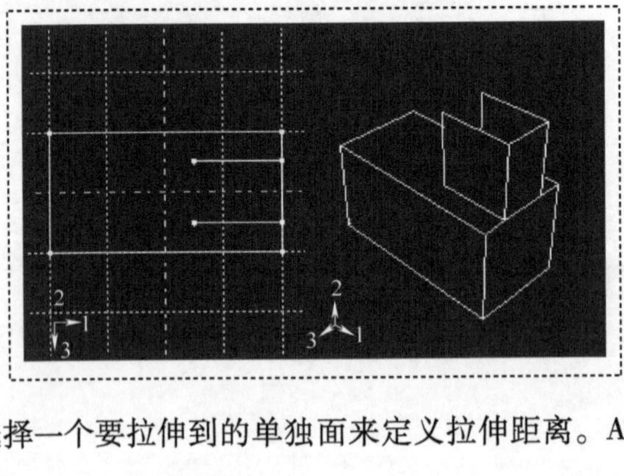

用于也可以通过选择一个要拉伸到的单独面来定义拉伸距离。Abaqus/CAE 拉伸草图直到遇到选中的面。

此外，用户可以选择一个中心点并且指定一个螺距，Abaqus 用来在拉伸时扭转横截面。另外，Abaqus/CAE 可以在拉伸横截面时，沿着指定的拔模角度扩展或者收缩横截面。更多信息见 11.13.3 节“在拉伸中包括扭曲”，以及 11.13.4 节“在拉伸中包括拔模角度”。

若要添加一个拉伸壳特征，执行以下操作：

1. 从主菜单栏选择 Shape→Shell→Extrude。

Abaqus/CAE 在提示区域中显示提示来引导用户完成操作过程。

技巧：用户也可以使用 工具来添加拉伸壳特征，此工具与零件模块工具箱中的壳工具在一起。零件模块工具箱中的工具图标，见 11.17 节“使用零件模块工具箱”。

2. 如果需要，指定方法来选择拉伸壳特征草图的原点。从提示区域的 Sketch Origin 域中选择以下选项中的一个。

- 选择 Auto-Calculate 来自动放置草图原点。
- 选择 Specify 来定义一个定制的草图原点。
- 选择 Session Default 来使用先前在程序会话中指定的定制原点。

3. 选择将拉伸壳的平面。如果不存在合适的面，用户可以选择一个基准平面或者一个孤立单元面。

技巧：如果用户不能选择期望的平面，则可以使用 Selection 工具栏来改变选择行为。更多信息见 6.3 节“使用选择选项”。

在视口中高亮显示选中的面。

4. 如果用户将 Sketch Origin 方法选择成 Specify，则通过在视口中单击一个点来指定原点位置，或者通过在提示区域中输入原点的三维坐标来指定原点位置。用户也可以通过切换选中 Set as session default 来将此定制原点设置成程序会话中所有草图的默认原点。

5. 在草图器网格上选择一个边和边的方向。此边必须不垂直选中的面。默认情况下，选中的边将竖直出现并且在草图器网格的右边。要选择边的不同方向，单击对话框右侧上的箭头并且从出现的列表选择一个方向。

技巧：如果选中面的边是弯曲的，或者不提供期望的方向，则用户可以创建一个基准轴。然后，用户可以选择基准轴来控制草图器网格上的零件方向。

Abaqus/CAE 高亮显示选中的边，进入草图器，然后转动零件，直到选中的面与草图器网格的平面对齐，并且选中的边与期望的方向对齐。

如果用户不确认零件相对于草图器网格的零件方向，使用来自 View Manipulation 工具栏的视图草图工具来显示零件的位置。使用重设置视图工具 来返回到原始视图。

6. 使用草图器来草图绘制要拉伸的线侧面。在提示区域中，单击 Done 退出草图器并打开 Edit Extrusion 对话框。

Abaqus/CAE 在进入草图器之前显示有效的零件视图。零件包括用户的草图侧面以及显示拉伸方向的箭头。

7. 如果必要的话，单击 Edit Extrusion 对话框中的 来反转拉伸方向。

如果难以看到箭头方向，使用转动工具来转动零件。

8. 选择以下一个结束条件。

- 选择 Blind 并且在 Depth 域中输入一个值来指定 Abaqus/CAE 将拉伸草图侧面的距离。
- 选择 Up to Face 来指定 Abaqus/CAE 将把侧面拉伸到选中的面。

9. 如果需要，进行下面一个操作。

- 切换选中 Include twist，并且输入螺距。螺距是发生 360°扭转时的拉伸距离。草图拉伸侧面必须包括单独的点，说明扭曲的中心。

● 切换选中 Include draft，并且输入拔模角度（大于-90°并且小于 90°）。正的拔模角度说明侧面的外部面扩张，内部面收缩。

注意：当用户将拔模角度与壳特征一起使用时，不能使用不连续的侧面。不连续的侧面是连贯的侧面，但是不能在一个连续的动作中贯通。如果用户在不连续侧面上指定草图，则 Abaqus/CAE 对每一个面单独的施加拔模角度，并且拉伸边不连接到一起。

10. 切换选中 Keep internal boundaries 来保留拉伸壳特征与现有零件之间生成的任何面或者边。内部边界可以创建结构型或者扫掠网格划分的区域，而不需要求助于分割。

11. 单击 OK 来拉伸侧面。

如果用户选择扭曲选项，并且用户的草图包括一个单独的点，则 Abaqus/CAE 将此点用作扭曲中心。如果用户的草图不包括一个孤立的点，则 Abaqus/CAE 返回草图器让用户创建一个点。如果用户的草图包含多个孤立的点，Abaqus/CAE 返回草图器并提示用户选择一个隔离点来作为扭曲中心。

12. 如果用户选择 Up to Face，则 Abaqus/CAE 提示用户选择侧面会拉伸到的面。选择一个面来满足下面的要求。

● 选中的面不必平行草图平面。
● 可以不是平面。
● 必须完全包含要拉伸的选择。
● 不能是一个基准面。

Abaqus/CAE 创建拉伸的壳特征。

11.22.2　添加回转的壳特征

从主菜单栏选择 Shape→Shell→Revolve 来给当前视图中的零件添加回转的壳特征。用户仅可以对三维零件添加回转的壳特征。

用户通过在选中面上草图绘制一个侧面和一条构型线来添加一个回转的壳特征。构型线作为回转的轴，Abaqus/CAE 通过指定围绕轴转动的回转角度来创建壳特征。下面所示为一个草图和生成的特征，围绕回转轴转动 90°。

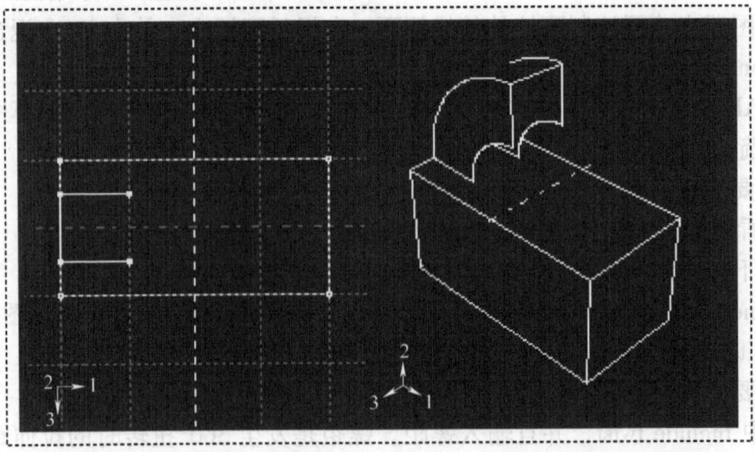

此外，用户可以指定一个螺距和沿着回转轴的方向，Abaqus 用来在回转草图时沿着回转轴平动草图。

若要添加一个回转壳特征，执行以下操作：

1. 从主菜单栏选择 Shape→Shell→Revolve。

Abaqus/CAE 在提示区域显示提示来引导用户完成操作过程。

技巧：用户也可以使用工具来添加回转壳特征，此工具与零件模块工具箱中的壳工具在一起。零件模块工具箱中的工具图标见 11.17 节“使用零件模块工具箱”。

2. 如果需要，指定方法来选择拉伸壳特征草图的原点。从提示区域的 Sketch Origin 域中选择以下选项中的一个。

- 选择 Auto-Calculate 来自动地放置草图原点。
- 选择 Specify 来定义一个定制的草图原点。
- 选择 Session Default 来使用先前在程序会话中指定的定制原点。

3. 选择回转的壳所在的平面。如果不存在合适的面，则用户可以选择一个基准平面或者一个孤立的单元面。

技巧：如果用户不能选择期望的平面，则可以使用 Selection 工具栏来改变选择行为。更多信息见 6.3 节“使用选择选项”。

在视口中高亮显示选中的面。

4. 如果用户将 Sketch Origin 方法选择成 Specify，则通过在视口中单击一个点来指定原点位置，或者通过在提示区域中输入原点的三维坐标来指定原点位置。用户也可以通过切换选中 Set as session default 来将此定制原点设置成程序对话中所有草图的默认原点。

5. 在草图器网格上选择一个边以及边的方向。此边不能垂直选中的面。默认情况下，选中的边将竖直出现并且在草图器网格的右边。要选择边的不同方向，单击对话框右侧的箭头并且从出现的列表选择一个方向。

技巧：如果选中面的边是弯曲的，或者不提供期望的方向，则用户可以创建一个基准轴。然后用户可以选择基准轴来控制草图器网格上的零件方向。

Abaqus/CAE 高亮显示选中的边，进入草图器，然后转动零件直到选中的面与草图器网格的平面对齐，并且选中的边与期望的方向对齐。

如果用户不确认零件相对于草图器网格的零件方向，使用来自 View Manipulation 工具栏的视图草图工具来显示零件的位置。使用重设置视图工具。

6. 使用水平、竖直、角度或者倾斜工具绘制基准轴。

零件选择一个基准轴来定位构型线。用户不能直接选择基准轴；用户必须从基准轴的任何一个端部选择一个点。

7. 使用草图器来草图绘制回转特征的二维侧面。草图必须不超过回转轴。

8. 在提示区域中，单击 Done 来说明用户已经完成草图侧面和轴的绘制。如果草图包含多个构型线，则 Abaqus/CAE 提示用户选择将作为转动轴的构型线。

Abaqus/CAE 显示进入草图器之前有效的零件视图。零件包括用户的草图侧面，以及显示回转方向的箭头。出现 Edit Revolution 对话框。

9. 在 Edit Revolution 对话框中输入期望的回转角或者可接受的默认值。

10. 单击 Revolve direction 旁边的↷来改变箭头方向和关联的回转方向。

如果箭头方向难以看到，使用转动工具来转动零件。

11. 如果需要，切换选中 Include translation 并且为螺距输入正值。螺距值是在转动 360°的过程中，沿着轴平动侧面的距离。

出现一个箭头来显示回转轴，并且说明沿着轴平动草图的方向。如果必要的话，单击 Edit Revolution 对话框中 Pitch direction 旁边的↷来反向箭头。

12. 如果需要，切换选中 Sweep sketch normal to path 来将草图绘制侧面转动成垂直回转路径。仅当使用 Include translation 时才可以使用此选项。

将从草图平面转动特征的初始侧面来创建特征。

13. 切换选中 Keep internal boundaries 来保留在回转实体特征与现有零件之间生成的任何面或者边。内部边界创建的区域可以是结构化的或者扫掠网格划分的，而不需要求助于分割。

14. 单击 OK 来接受显示的方向并且创建回转的实体特征。

Abaqus/CAE 使用用户选择的参数来创建回转的特征。

11.22.3　添加扫掠的壳特征

从主菜单栏选择 Shape→Shell→Sweep 来给当前视口中的零件添加扫掠壳特征。用户仅可以对三维零件添加扫掠壳特征。

用户通过定义扫掠路径，然后定义一个扫掠侧面来添加一个扫掠壳特征。可以使用不同的方法来定义每一个组成构件：

- 用户可以通过在选中面上草图绘制路径，或者通过选择用户想要路径遵循的一系列边或者线框来定义扫掠路径。草图绘制方法提供更大的灵活性，但是仅支持二维路径。边/线框方法让用户沿着特征定义三维扫掠路径，例如三维零件中的样条线框或者一组边。
- 用户可以通过使用草图器来草图绘制一个扫掠侧面，或者通过选择模型中的一个面作为侧面来定义扫掠侧面。扫掠侧面最初是垂直路径的；用户可以让此方向沿着整个扫掠路径保留不变，或者用户可以在沿着扫掠路径长度扫掠过程中，让扫掠侧面保持与扫掠路径垂直。

下面所示为扫掠路径、扫掠侧面和生成的壳特征。

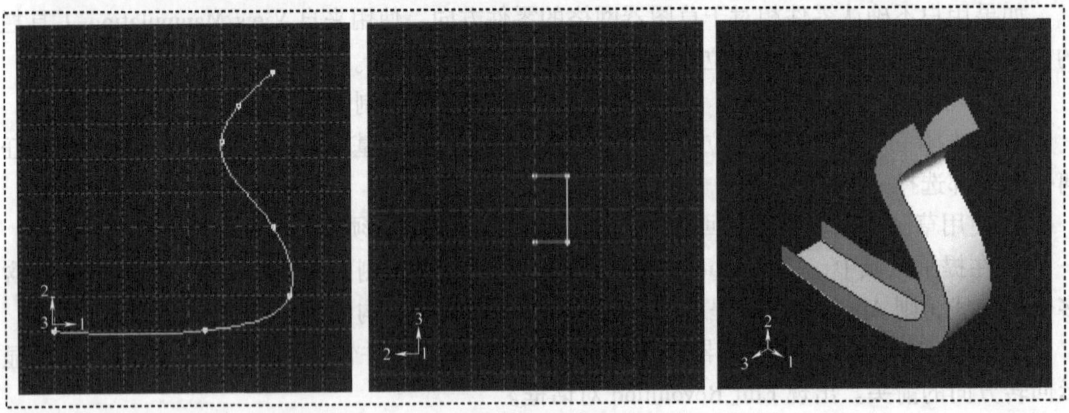

指定扫掠路径的草图或者一组边，以及指定扫掠侧面的草图、一个或者多个边的组合来定义扫掠壳特征；如果用户使用草图器来定义扫掠路径和扫掠截面，则可以使用特征操控工具集来更改扫掠路径和扫掠侧面。用户也可以创建扫掠壳，其扫掠侧面是从扫掠路径偏置得到的。在此情况中，Abaqus/CAE 将扫掠路径移动到通过扫掠侧面的平行位置，然后在那个位置处创建扫掠壳。

当用户定义扫掠路径时，用户可以对路径施加扭转或者拔模角度。有关这些工具的更多信息，见 11.9 节“用户可以创建什么类型的特征?”。用户可以切换选中 Keep profile normal constant，在扫掠侧面沿着扫掠路径进行时，保持扫掠侧面的方向相同；如果切换不选此选项，则扫掠侧面方向发生改变，保持与扫掠路径垂直。此外，用户可以切换选中特征操控工具集中的 Keep internal boundaries，来保留扫掠壳特征与现有零件之间生成的任何面或者边。内部边界创建的区域可以是结构化网格划分的或者扫掠网格划分的，不需要借助于分割。

若要添加扫掠壳特征，执行以下操作：

1. 从主菜单栏选择 Shape→Shell→Sweep。

技巧：用户也可以使用工具来添加扫掠壳特征，此工具位于零件模块工具箱中的壳工具。对于零件模块工具集中的工具图标，见 11.17 节“使用零件模块工具箱”。

出现 Create Solid Sweep 对话框。

2. 如果用户想要草图绘制扫掠路径，可以进行下面的操作。

a. 从 Path 选项选择 Sketch 并且单击。

Abaqus/CAE 在提示区域中显示提示来指导用户进行下面的过程。

b. 如果需要，对选择扫掠壳特征的草图原点所使用的方法进行指定。从提示区域中的 Sketch Origin 域选择下面的一个选项。

- 选择 Auto-Calculate 来自动放置草图原点。
- 选择 Specify 来定制一个草图原点。
- 选择 Session Default 来使用用户先前在程序会话中指定的定制原点。

c. 选择绘制扫掠路径的平面。如果不存在合适的面，则用户可以选择一个基准面。

技巧：如果用户不能选择期望的平面，则用户可以使用 Selection 工具栏来改变选择行为。更多信息见 6.3 节“使用选择选项”。

d. 如果用户将 Specify 指定成 Sketch Origin 方法，则通过在视口中单击一个点来指定原点位置，或者通过在提示区域输入原点的三维坐标来指定原点位置。用户也可以为程序会话中的所有草图，通过切换选中 Set as session default 将此定制原点设置成默认的原点。

e. 在草图器网格上选择一条边和边的方向。边不能垂直选中的面。默认情况下，选中的边将竖直出现，并且在草图器网格的右侧。要选择边的不同方向，单击对话框右侧的箭头并且从出现的列表中选择一个方向。

技巧：如果没有期望方向的直边，用户可以创建一个基准轴。然后，可以选择基准轴来控制草图器网格上零件的方向。

Abaqus/CAE 高亮显示选中的边，进入草图器，然后转动零件直到选中的面与草图器网格的平面对齐，并且选中的边与期望方向上的网格对齐。

如果用户不确认相对于草图器网格的零件方向，从 View Manipulation 工具栏使用操控工具来显示零件的位置。使用重设置视图工具 ▦ 来返回原始的视图。

f. 草图绘制扫掠路径。扫掠路径必须满足下面的准则。

• 路径可以封闭，但是端部必须光滑的相接；例如，端部不应当相接成一个角。有效扫掠路径的例子，见 11.13.8 节“定义扫掠路径和扫掠侧面”。

• 路径必须连续；例如，路径必须没有分支。

• 产生的壳不能自相交。

在提示区域中，单击 Done 来说明用户已经完成扫掠路径的草图绘制。

Abaqus/CAE 退出草图器，并且重新加载零件的原始视图。高亮显示的线说明扫掠路径和它的方向。Abaqus/CAE 也重新打开 Create Solid Sweep 对话框，并且在 Path 选项中的 Sketch 标签旁添加词句（Defined）来说明在草图器中已经定义了扫掠路径。

3. 如果用户想要将扫掠路径指定成一系列的边或者线框，则进行下面的操作。

a. 从 Path 选项选择 Edges 并且单击 ✎。

Abaqus/CAE 在提示区域中显示提示来指导用户完成操作过程。

b. 如果需要，在提示区域中指定用户是在用户扫掠路径 individually 中还是在 by edge angle 中选择边。有关选择对象的更多信息，见 6.2.3 节“使用角度和特征边方法选择多个对象”。

c. 选择用户想要在扫掠路径中包括的边。

Abaqus/CAE 在用户的零件上显示扫掠路径并且说明扫掠方向。

d. 在提示区域中，单击 Yes 来确认扫掠路径方向或者单击 Flip 来反向扫掠路径方向。

Abaqus/CAE 重新打开 Create Shell Sweep 对话框并且在 Path 选项中的 Edges 标签旁添加词句（Defined）来说明已经使用了一系列的边来定义扫掠路径。

4. 如果用户草图绘制扫掠路径，可以进行下面的操作。

a. 从 Path 选项选择 Sketch 并且单击 ✎。

Abaqus/CAE 在提示区域中显示提示来指导用户完成操作过程。

b. 草图绘制扫掠侧面。扫掠侧面必须满足以下的准则。

• 侧面必须是封闭的。

• 产生的壳不能与自身相交。

用户可以在草图器网格上的任何地方草图绘制侧面；Abaqus/CAE 沿着平行扫掠路径的路径来扫掠侧面。在提示区域中，单击 Done 来说明用户已经完成草图绘制扫掠侧面。

Abaqus/CAE 退出草图器，并且重新加载零件的原始视图。

c. 在草图器网格上选择一条边和边的方向。选中的边不能平行扫掠路径方向。默认情况下，选中的边将竖直出现，并且在草图器网格的右侧。要选择边的不同方向，单击对话框右侧的箭头，并且从出现的列表中选择一个方向。

Abaqus/CAE 高亮显示选中的边，再次进入草图器，并且旋转零件，这样草图器网格位于的平面与开始处的扫掠路径垂直，扫掠路径方向指向屏幕外。此外，选中的边与期望方向上的网格对齐。两个虚线的交点说明扫掠路径的原点。Abaqus/CAE 也重新打开 Create Solid Sweep 对话框，并且给 Profile 选项中的 Sketch 标签旁添加文字（Defined），来说明已经在草图器中定义了扫掠侧面。

5. 如果用户想要将一个面选择成扫掠侧面，进行下面的操作。

a. 从 Profile 选项选择 Edges 并且单击 ✎。

Abaqus/CAE 在提示区域中显示提示来指导用户完成操作过程。

b. 从视口选择一个面。

Abaqus/CAE 高亮显示选中的面，并且显示 Create Shell Sweep 对话框。

Abaqus/CAE 重新打开 Create Shell Sweep 对话框，并且给 Profile 选项中的 Edges 标签旁添加文字（Defined），来说明已经使用一个面定义了扫掠侧面。

6. 如果需要，进行下面的任意操作。

- 切换选中 Include twist，然后输入螺距。螺距是将发生 360°扭转时的拉伸距离。草图划分的拉伸侧面必须包括一个单独的点，说明扭转的中心。
- 切换选中 Include draft，然后输入拔模角度（大于−90°并且小于 90°）。正拔模角说明侧面的外表面扩展，内部的面收缩。如果选中了 Keep profile normal constant 选项，则不能施加拔模角度。
- 切换选中 Keep profile normal constant 来让侧面沿着整个扫掠路径保持相同的方向。如果切换不选选项，则 Abaqus/CAE 调整侧面方向，这样扫掠侧面与扫掠路径的法向之间的夹角保存不变。如果选中了 Include draft，则用户不能切换选中此选项。
- 切换选中 Keep internal boundaries 来保留扫掠实体特征与现有零件之间生成的任何面或者边。内部边界可以创建结构化网格划分或者扫掠网格划分的面，不需要借助于分割。

7. 单击 OK 来创建新的扫掠壳。

11.22.4 添加壳放样特征

从主菜单栏选择 Shape→Shell→Loft 来给当前视口中的零件添加壳放样特征。用户仅可以对三维零件添加实体放样特征。

用户通过从选中的边创建两个或者多个截面，并且定义一个或者多个放样路径来添加一个壳放样特征。放样截面、放样路径和生成的壳放样特征如下所示。

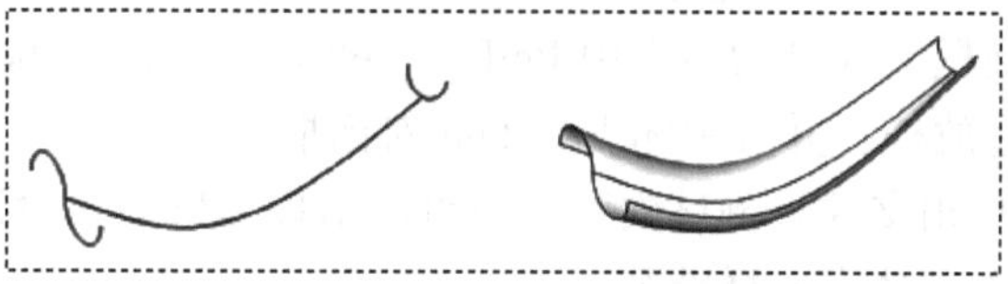

用户可以允许 Abaqus/CAE 使用一个光滑的路径连接每一个截面的中心来定义单独的放样路径。如果用户允许 Abaqus/CAE 定义路径，用户可以对放样的起始截面和结束截面应用相切方法。曲线和相切会定义截面之间放样路径的特征。另外，用户可以通过选择连接每一个放样截面上的点到下一个放样截面上的点的曲线来定义一条或者多条放样路径。每一个放样路径必须提供连接每一个连续放样段的连续线。如果放样路径不光滑（如果到路径上的

任何点有多个切向)，则 Abaqus/CAE 将在用户试图创建放样时显示一个错误信息。更多有关放样截面、放样路径和放样相切的信息，见 11.14 节“什么是放样?”。

注意：当添加放样特征时，用户不使用草图器。因此，定义放样截面和放样路径的所有边必须在用户创建放样之前已经在零件几何形体之中存在。要创建一个放样路径或者创建一个非平面的放样截面，用户可以使用 工具，此工具与零件模块工具箱中的线框工具在一起。要创建一个样条线框（更多信息见 11.23.2 节“添加点到点的线框特征”）。

若要添加一个实体放样特征，执行以下操作：

1. 从主菜单栏选择 Shape→Shell→Loft。

Abaqus/CAE 在提示区域显示提示来引导用户完成操作过程。

技巧：用户也可以使用 工具来添加一个实体放样特征，此工具与零件模块工具箱中的壳工具在一起。对于零件模块工具箱中的工具图标，见 11.17 节“使用零件模块工具箱”。

出现 Edit Loft 对话框。

2. 通过从视口中的零件选择边来创建放样截面。有关创建放样截面的详细指导，见 11.26.1 节“创建放样截面”。

切换选中 Keep internal boundaries 来保留放样壳特征与现有零件之间生成的任何面或者边。内部边界可以创建结构化或者扫掠网格划分的区域，而不需要借助于分割。

3. 当用户已经完成创建放样截面时，单击 Edit Loft 对话框中的 Transition 标签页。

4. 进行下面的操作。

- 单击 Select path，通过从视口中的零件选择路径来创建放样路径（或者多个路径）。
- 单击 Specify tangencies，通过使用放样相切来创建放样路径（或者多个路径）。

有关创建一个放样路径的详细指导，见 11.26.2 节“创建放样路径”。

5. 单击 Preview。Abaqus/CAE 显示放样的线框表示，线框是使用用户的当前设置来创建的。

6. 如果需要，用户可以添加或者删除放样截面，改变放样路径的定义方法，或者编辑放样相切选项来改变放样特征的形状。单击 Preview 来在视口中查看更改的效果。

7. 如果需要，用户可以让 Abaqus/CAE 在创建放样特征时测试自相交。此测试防止创建难以或者不可能网格划分和分析的特征，但是随着放样特征复杂性的增加，此测试计算成本变高。更多信息见 11.14.4 节“自相交检查”。要使用自相交检查，选择 Feature→Options 来打开 Feature Options 对话框，并且切换选中 Perform self-intersection checks。

8. 单击 Done 来创建放样，并且关闭 Edit Loft 对话框。

如果用户选择测试自相交并且测试失败，将重新出现 Edit Loft 对话框，这样用户可以进行变更。否则，在视口中创建壳放样特征。

11.22.5 添加平面壳特征

从主菜单栏选择 Shape→Shell→Planar 来给当前视口中的壳特征添加一个平面壳。无论当前视口中是何种建模空间，总是可以使用平面壳。

用户通过在选中平面上草图绘制特征来添加平面壳特征。草图和生成的平面壳特征如下所示。

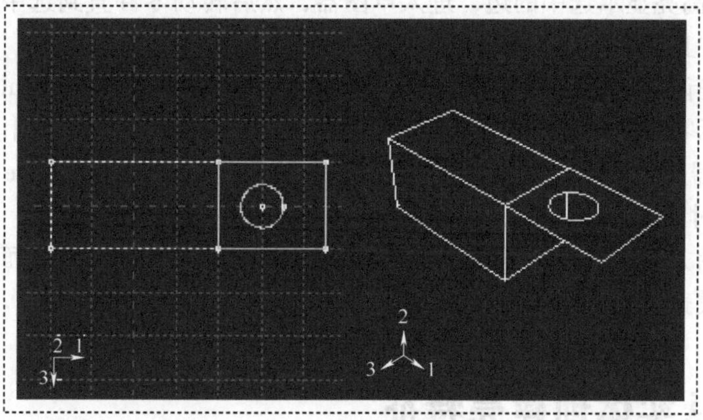

草图定义平面壳特征，并且可以使用特征操控工具集来更改草图特征。

若要添加平面壳特征，执行以下操作：

1. 从主菜单栏选择 Shape→Shell→Planar。

Abaqus/CAE 在提示区域中显示提示来引导用户完成操作过程。

技巧：用户也可以使用 工具来添加平面壳特征，此工具与零件模块工具箱中的壳工具在一起。对于零件模块工具箱中的工具图标，见 11.17 节“使用零件模块工具箱”。

2. 如果需要，指定用户选择平面壳特征的草图原点所使用的方法。从提示区域中的 Sketch Origin 域选择下面选项之一。

- 选择 Auto-Calculate 来自动放置草图原点。
- 选择 Specify 来定义一个定制的草图原点。
- 选择 Session Default 来使用用户先前在程序会话中指定的定制原点。

3. 如果零件的建模空间是二维的或者轴对称的，则 Abaqus/CAE 进入草图器，并且将零件的 X 轴、Y 轴与草图对齐。

如果零件的建模空间是三维的，则进行下面的操作。

a. 选择将放置壳的平面。如果不存在合适的面，用户可以选择一个基准平面。

技巧：如果用户不能选择期望的平面，则可以使用 Selection 工具栏来改变选择行为。更多信息见 6.3 节“使用选择选项”。

b. 如果用户将 Sketch Origin 方法选择成 Specify，则通过在视口中单击一个点来指定原点位置，或者通过在提示区域中输入原点的三维坐标来指定原点位置。用户也可以通过切换选中 Set as session default 来将此定制原点设置成程序会话中所有草图的默认原点。

c. 在草图器网格上选择一个边和边的方向。此边不能垂直选中的面。默认情况下，选中的边将竖直出现并且在草图器网格的右边。要选择边的不同方向，单击对话框右侧上的箭头并且从出现的列表选择一个方向。

技巧：如果选中面的边是弯曲的，或者不提供期望的方向，则用户可以创建一个基准轴。然后，用户可以选择基准轴来控制草图器网格上的零件方向。

Abaqus/CAE 高亮显示选中的边，进入草图器，然后转动零件直到选中的面与草图器网格的平面对齐，并且选中的边与期望的方向对齐。

如果用户不确认零件相对于草图器网格的方向，使用来自 View Manipulation 工具栏的视图草图工具来显示零件的位置。使用重设置视图工具 ▦ 来返回到原始视图。

4. 使用草图器来草图绘制要拉伸的线侧面。在提示区域中，单击 Done 退出草图器并打开 Edit Extrusion 对话框。

零件返回原始方向，并且将平面壳放置在选中的面上。仅在伸出零件面的地方创建壳特征；壳特征不能覆盖面。

11.22.6 从实体创建壳特征

从主菜单栏选择 Shape→Shell→From Solid 来从实体特征的面创建壳特征。用户仅可以对三维零件添加一个从实体得到壳的特征。

用户通过选取从零件中删除的实体部分来添加从实体得到的壳特征；Abaqus/CAE 将与删除的实体关联的任何保留面转换成壳。

From Solid 工具是创建具有弯曲边的壳的容易方法，如下所示。实体的弯曲壳是通过圆角工具给边倒圆角来创建的。

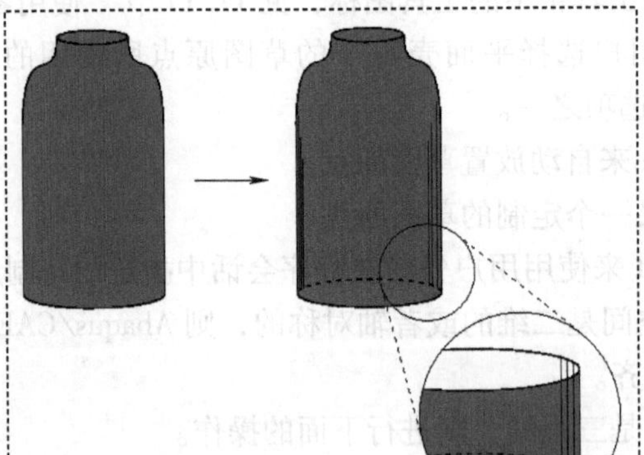

若要从实体创建壳特征，执行以下操作：

1. 从主菜单栏选择 Shape→Shell→From Solid。

Abaqus/CAE 在提示区域中显示提示来引导用户完成操作过程。

技巧：用户也可以使用 ▣ 工具来添加由实体得到的壳特征，此工具与零件模块工具箱中的壳工具在一起。有关零件模块工具箱中的工具图标，见 11.17 节“使用零件模块工具箱”。

2. 选择一个或者多个单元实体来转换成壳。使用［Shift］键+单击来将附加的实体单元添加到用户的选择中，以及使用［Ctrl］键+单击来不选它。单击鼠标键 2 来说明用户已经完成要转换实体的选择。

Abaqus/CAE 将选中的实体单元转换成壳。

技巧：使用 Previous 按钮（←）来撤销一个或者多个步骤；使用放弃按钮（×）来中止从实体得到壳的创建。

11.23 添加线框特征

本节介绍用来给当前视口中的零件添加一个线框特征的零件模块工具，以及如何给装配添加一个线框特征，包括以下主题：

- 11.23.1 节 “添加草图绘制的线框特征”
- 11.23.2 节 “添加点到点的线框特征”
- 11.23.3 节 “给线框的顶点倒圆”
- 11.23.4 节 “从边创建线框特征”。

11.23.1 添加草图绘制的线框特征

从主菜单栏选择 Shape→Wire→Sketch 来给当前视口中的零件添加草图绘制的线框特征。无论当前视口中的零件建模空间如何，总是可以使用平面线框工具。

用户通过在选中平面上草图绘制特征来添加平面线框。Abaqus/CAE 删除任何与现有平面重叠的线框。下面所示为草图和生成的平面线框。

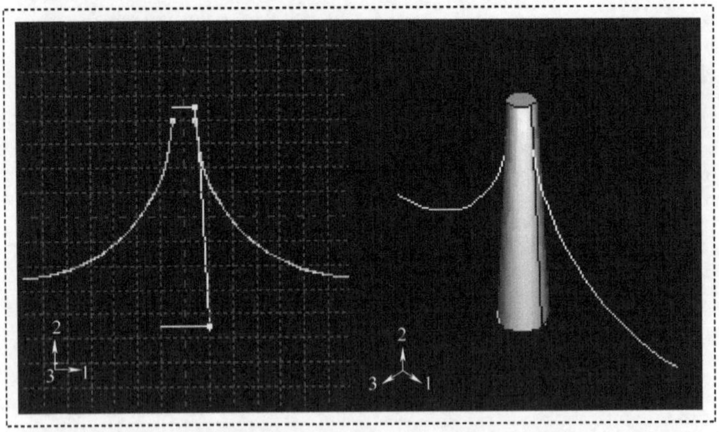

此草图完全定义了一个平面线框特征，并且可以使用特征操控工具集来进行更改。

若要添加草图绘制的线框特征，执行以下操作：

1. 从主菜单栏选择 Shape→Wire→Sketch。

Abaqus/CAE 在提示区域中显示提示来引导用户完成操作过程。

技巧：用户也可以使用 ◩ 工具来添加草图线框特征，此工具与零件模块工具箱中的线框工具在一起。对于零件模块工具箱中的工具图标，见 11.17 节“使用零件模块工具箱”。

2. 如果需要，对用户选择线框特征草图原点所使用的方法进行指定。从提示区域中的 Sketch Origin 域选择下面选项之一。

- 选择 Auto-Calculate 来自动放置草图原点。
- 选择 Specify 来定义一个定制的草图原点。
- 选择 Session Default 来使用用户先前在程序会话中指定的定制原点。

3. 如果零件的建模空间是二维的或者轴对称的，则 Abaqus/CAE 进入草图器，并且将零件的 X 轴、Y 轴与草图对齐。

如果零件是三维的，进行下面的操作。

a. 选择将放置线框的平面。如果不存在合适的面，则用户可以选择一个基准平面。

技巧：如果用户不能选择期望的平面，则可以使用 Selection 工具栏来改变选择行为。更多信息见 6.3 节“使用选择选项”。

b. 如果用户将 Sketch Origin 方法选择成 Specify，则通过在视口中单击一个点来指定原点位置，或者通过在提示区域中输入原点的三维坐标来指定原点位置。用户也可以通过切换选中 Set as session default 来将此定制原点设置成程序会话中所有草图的默认原点。

c. 在草图器网格上选择一个边和边的方向。此边不能垂直选中的面。默认情况下，选中的边将竖直出现并且在草图器网格的右边。要选择边的不同方向，单击对话框右侧上的箭头并且从出现的列表选择一个方向。

技巧：如果选中面的边是弯曲的，或者不提供期望的方向，则用户可以创建一个基准轴。然后，用户可以选择基准轴来控制草图器网格上的零件方向。

Abaqus/CAE 高亮显示选中的边，进入草图器，然后转动零件直到选中的面与草图器网格的平面对齐，并且选中的边与期望的方向对齐。

如果用户不确认零件相对于草图器网格的方向，使用来自 View Manipulation 工具栏的视图草图工具来显示零件的位置。使用重设置视图工具 ▦ 来返回到原始视图。

4. 如果用户将 Sketch Origin 方法选择成 Specify，则通过在视口中单击一个点来指定原点位置，或者通过在提示区域中输入原点的三维坐标来指定原点位置。用户也可以通过切换选中 Set as session default 来将此定制原点设置成程序会话中所有草图的默认原点。

5. 使用草图器来草图绘制平面线框。在提示区域中，单击 Done 来说明用户已经完成草图绘制。

零件返回原始方向，并且将平面线框放置在选中的面上。仅在伸出零件面的地方创建线框特征；线框特征不能覆盖面。

11.23.2 添加点到点的线框特征

用户可以对零件或者装配体添加点到点的线框特征。对于装配层级的线框特征，用户可以更改线框特征或者从特征中删除线框，如 15.12.9 节“为多个连接器创建或者更改线框特征”所描述的那样。

装配层级的线框特征是不可网格划分的。线框特征包含连接当前视口中的零件或者装配体，以及多个零件或者多个装配体中的多点连接到地的线框。要模拟连接器，用户必须在用户的装配上定义一个或者多个线框特征。当用户在零件或者装配体上创建一个线框特征时，用户创建的几何形体可以包括在线框特征中定义的多个线框。此外，当用户在零件上创建一个线框特征时，用户创建的几何形体集合可以包括在线框特征中定义的顶点。

要在一个零件上添加一个线框特征，从零件模块中的主菜单栏选择 Shape→Wire→Point to Point。点到点的线框工具在零件模块中总是可以使用的，不管当前视口所指定的零件建模空间。要在装配上添加一个线框特征，从相互作用模块中的主菜单栏选择 Connector→Geometry→Create Wire Feature。

用户通过选择几何形体类型、折线或者样条曲线来给零件添加点到点的线框特征；对于装配，用户仅可以添加折线线框特征。用户可以通过创建多条边、将线框与现有的零件合并或者创建从现有零件分离的线框来在现有的零件上印痕线框。仅在零件模块中可以使用线框合并选项。

如果用户正在创建折线特征，用户必须接下来选择一个点的选择方法，并且从当前零件或者装配体拾取要连接的点。用户可以选择不连接的点（即不是自动端到端的连接），链接的点（即自动端到端的连接），或者连接到地的点。Abaqus/CAE 使用直线来连接点对，或者将点连接到地，取决于用户选择的方法。下面所示为连接零件中四个点的折线线框特征。

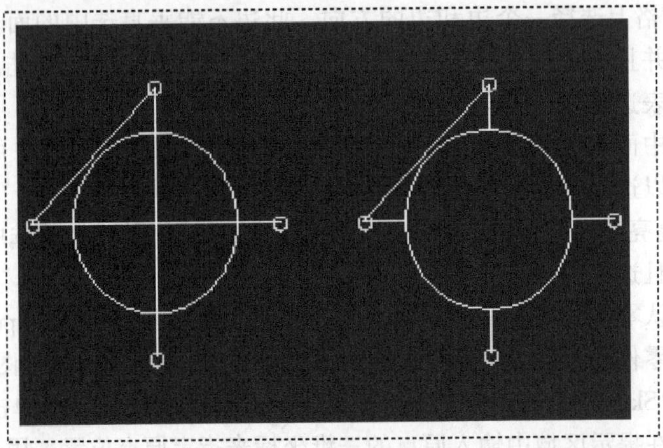

为了参考而显示平面壳特征。左图显示了使用 Imprint wire 或者 Separate wire 选项的点到点线框的完全长度，而右图显示使用 Merge wire 选项连接同一组点的点到点的线框。

如果用户正在零件上创建样条曲线线框，则链接点选取方法是唯一可以使用的方法。Abaqus/CAE 通过在沿着样条线的所有点之间使用三次样条线拟合来计算曲线的形状；此外，样条曲线的一阶导数和二阶导数是连续的。下面所示为样条线框特征。

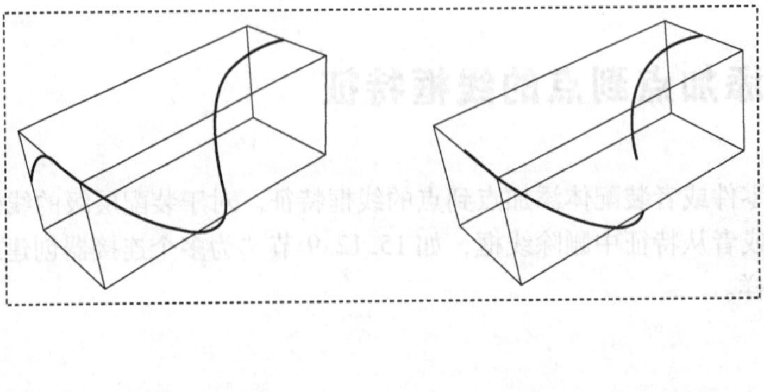

这里为了方便参考而显示正方体。左边使用 Imprint wire 或者 Separate wire 选项的样条线框的整个长度，右边使用 Merge wire 选项连接同一组点的样条线框。

在零件或者装配体上创建线框的过程中，用户可以更改点选择。对于零件层级的线框特征，在绝大部分情况中，一旦用户已经创建线框特征，用户便不能直接更改它。用户能够使用几何形体编辑工具集来从特征中删除线框边（更多信息见 69.6.6 节“删除线框边”）。如果用户想要改变连接在一起的点，或者改变连接次序，则必须删除显卡并且创建一个连接期望点的新线框连接。因为点到点的线框取决于其他特征创建的点，所以用户可以通过使用特征操控工具集，对创建点的特征进行更改来改变线框。

虽然用户不能使用非平面的基础特征来创建零件，但是用户可以通过使用空间中的单独点作为基础特征，并且输入其余点的坐标来创建非平面的点到点的线框特征。在此情况中，起点是用户更改线框时唯一可以编辑的点。用户也可以使用基准点，在此情况中用户可以编辑所有的点。

若要给一个零件或者装配体添加点到点的线框特征，执行以下操作：

1. 使用下面的方法来显示 Create Wire Feature 对话框。

• 从零件模块中的主菜单栏选择 Shape→Wire→Point to Point。

技巧：用户也可以使用 ${\cal N}$ 工具对零件添加点到点的线框特征，此工具与零件模块工具箱中的线框工具在一起。对于零件模块工具箱中的工具图标，见 11.17 节“使用零件模块工具箱”。

• 从相互作用模块中的主菜单栏选择 Connector→Geometry→Create Wire Feature。

技巧：用户也可以使用 ⟋ 工具给一个装配体添加线框特征，此工具位于相互作用模块工具箱中。对于相互作用模块工具箱中的工具图标，见 15.11 节“使用相互作用模块工具箱”。

2. 如果用户正在零件模块中创建一个线框，则选择 Polyline 来创建一条或者多条直线，或者选择 Spline 来创建一个连续的样条曲线。

3. 如果用户正在给一个零件添加线框特征，则在对话框的 Wire Merge Scheme 部分中指定一个合并选项。仅在零件模块中可以使用线框合并选项。

• 选择 Imprint wire，通过创建边来在现有零件上印痕新创建的线框。

• 选择 Merge wire 来将新创建的线框与现有的零件合并。

• 选择 Separate wire 来创建从现有零件分离的线框；没有创建边，并且线框没有与现有的零件合并。

4. 在对话框的 Point Pairs 部分中，指定点选取方法。

• 选择 Disjoint wires 来选取没有自动端到端连接在一起的点。使用此方法来指定使用线框模拟连接器（见 24.1 节“连接器模拟概览”）。

用户首先选择的两个点分别成为点对的 Point 1 和 Point 2；接下来选取的两个点分别成为下一个点对的 Point 1 和 Point 2；由此类推。当用户使用连机器来模拟两个点之间的多点约束时，Point 2 的运动受到 Point 1 运动的约束。

• 选择 Chained wires 来选择端到端自动连接的点。用户选择的第一个点成为点对的

Point 1。用户选择的第二个点变成点对的 Point 2，并且成为下一点对的 Point 1，由此类推。

对于样条曲线线框，Chained wires 是可以使用的唯一方法，并且单独的显示，而不是成对显示。

● 选择 Wires to ground 来选取连接到地的点。使用此方法来指定点到地的线框，来模拟连接器（见 24.1 节“连接器模拟概览”）。Abaqus/CAE 自动将用户选取的点作为点对的 Point 2（即，Point 2 是连接到地的）。然而，用户可能想要将 Point 1 连接到地。如果这样的话，用户可以在完成点选取后更改线框定义。选择用户想要更改的点对所在的行，然后单击 Swap 来改变 Point 1 和 Point 2 的输入（如步骤 5 中所描述的那样）。

5. 在对话框的 Point Pairs 部分，单击 ✚ 来选择将连接的多个点。

● 如果用户给零件添加线框特征，则用户可以从视口选择点，或者用户可以在提示区域中的文本框中输入坐标。Abaqus/CAE 高亮显示用户可以单击的所有点。可能的选项如下：

—顶点。

—线和弧的中点。

—圆和弧的圆形。

—基准点。

● 如果用户给装配体添加一个线框特征，则用户可以从视口选择点。Abaqus/CAE 高亮显示所有用户选取的点。可能的选项如下：

—顶点。

—孤立节点。

—参考点。

Abaqus/CAE 在提示区域显示提示来引导用户完成整个过程。

技巧：如果用户不能选择期望的点，用户可以使用 Selection 工具栏来改变选择行为。更多信息见 6.3 节“使用选择选项”。

当用户选取点时，Abaqus/CAE 以亮显成红色的当前选项为基础来显示完整的点到点的线框表示。

6. 当用户完成点的选取时，单击提示区域中的 Done。

重新出现 Create Wire Feature 对话框。在 Point Pairs 表中列出了用户选取来定义线框的点。

7. 从 Point Pairs 表中用户可以进行下面的操作。

● 要给折线添加更多的点对，或者为样条曲线添加更多的点，重复步骤 3~步骤 5。

注意：当用户为样条曲线添加点时，新点会将现有的样条曲线从最后存在的点处延长。如果用户对折线添加点对，仅当用户重新选择现有的一个点，这些点对才连接到现有的折线上。

● 要编辑一个点，在标签页中选择此点，单击 ✎，然后重新选择一个点。更新视口中的选取来显示新编辑的点。

● 要在视口中确定特定的点，选择期望的行。对于折线，连接选中点对的线高亮显示成红色。对于样条曲线，高亮显示选中行上点的符号。

● 要从折线删除一个点对或者从样条曲线删除一个点，选择期望的行并且单击 ✐。

• 要交换折线的一对点 Point 1 和 Point 2 的输入，选择期望的行并且单击 ⟳。

用户也可以从 ASCII 文件输入表格数据。要从文件输入数据，在表中的单元上右击；然后从出现的菜单中选择 Read From File。更多信息见 3.2.7 节“输入表格数据”。

8. 在对话框的 Set Creation 部分，进行下面的操作。

• 如果用户想要 Abaqus/CAE 创建线框的几何形体集合，切换选择 Create set of wires。

• 如果用户想要 Abaqus/CAE 在线看定义中创建 Point 1 输入的几何形体集合，以及 Point 2 输入的几何形体集合，切换选中 Create set of vertices。仅在零件模块中才可以使用 Create set of vertices 选项。

9. 单击 OK 来创建点到点的线框特征。

零件层级的线框特征在视口中显示成实体线，并且也出现在零件下 Features 容器中的模型树里。

装配层级的线框特征是不能网格划分的，在视口中表现成虚线，并且出现在装配下 Features 容器中的模型树里。

11.23.3 给线框的顶点倒圆

从主菜单栏选择 Shape→Wire→Round 来“圆角”，或者倒圆线框零件中两个边之间的顶点。

若要给线框的顶点倒圆，执行以下操作：

1. 从主菜单栏选择 Shape→Wire→Round。

Abaqus/CAE 在提示区域中显示提示来引导用户完成操作过程。

技巧：用户也可以使用 ⌐ 工具来倒圆线框中两个边之间的顶点，此工具与零件模块工具箱中的线框工具在一起。有关零件模块工具箱中的工具图标，见 11.17 节“使用零件模块工具箱”。

Abaqus/CAE 提示用户选择用户想要倒圆的顶点，并且在提示区域中显示提示来引导用户完成操作过程。

2. 选择要倒圆的顶点。使用［Shift］键+单击来将附加的顶点添加到用户的选择中，以及使用［Ctrl］键+单击来不选它。

技巧：如果用户不能选择期望的顶点，用户可以使用 Selection 工具栏来改变选择选项。更多信息见 6.3 节“使用选择选项”。

3. 当用户完成顶点选取时，单击提示区域中的 Done。

在提示区域中出现一个默认的半径。

4. 如果必要的话，在提示区域中的文本域中输入新的半径。

5. 单击 Done 来接受新的半径，并且完成倒圆过程。

Abaqus/CAE 重新绘制使用顶点倒圆的零件。

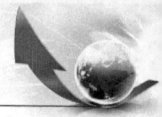

11.23.4 从边创建线框特征

从主菜单栏选择 Shape→Wire→From Edge 来使用线框特征替换现有的壳或者实体特征。由边产生线框的工具总是可以使用的，而不管当前视口中零件的建模空间。

用户通过从当前的零件拾取一个或者多个边来从边创建线框特征。Abaqus/CAE 删除面和选中的边，如果必要的话将零件从零件转换成壳，并且创建线框来替换删除的边。下面所示为由边生成的线框特征。

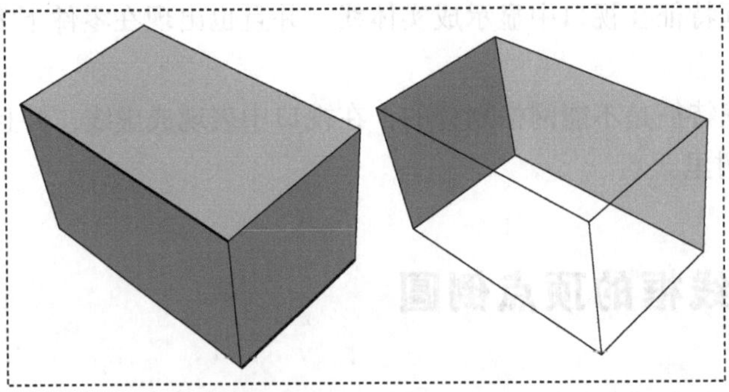

左边为原始实体零件上的选中边，右边为生成的零件。选中的每一条边与两个面关联；Abaqus/CAE 删除这些面，并且将实体转换成壳。选中的边和所有的其他边不再与面关联，组成了新的线框特征。

不能更改从边创建线框特征。

若要从边创建线框特征，执行以下操作：

1. 从主菜单栏选择 Shape→Wire→From Edge。

Abaqus/CAE 在提示区域中显示提示来引导用户完成操作过程。

技巧：用户也可以使用工具来添加由边产生的线框特征，此工具与零件模块工具箱中的线框工具在一起。对于零件模块工具箱中的工具图标，见 11.17 节“使用零件模块工具箱”。

2. 选择由线框替换的边。

3. 单击 Done 来创建线框特征。

Abaqus/CAE 显示对话框说明将删除与选中的边关联的面和实体单元。

4. 单击 Yes 来继续或者 No 来放弃操作过程。

如果用户选择 Yes，则 Abaqus/CAE 删除与选中的边关联的面，并且添加线框来替换所有删除的特征边。

11.24 添加切割特征

本节介绍用来对当前视口中的零件添加切割特征的零件模块工具，包括以下主题：

- 11.24.1 节 “创建拉伸切割”
- 11.24.2 节 “创建放样切割”
- 11.24.3 节 “创建回转切割”
- 11.24.4 节 “创建扫掠切割”
- 11.24.5 节 “切割圆孔”

11.24.1 创建拉伸切割

从主菜单栏选择 Shape→Cut→Extrude 来创建穿过当前视口中零件几何形体的拉伸切割。拉伸切割工具总是可以使用的，无论当前视口中的零件建模空间如何。

用户通过在选中面上草图绘制切割的二维横截面和定义 Abaqus/CAE 切割通过的距离来在三维零件中创建拉伸切割。用户可以选择以下方法中的一个来定义切割拉伸通过的距离：

- Blind，在指定方向上从草图平面延伸具有指定深度的切割。
- Up to Face，从草图平面延伸切割到选中的面。
- Through All，在指定的方向上从草图平面延伸切割穿过整个几何形体。

图 11-66 对三种方法进行了描述。

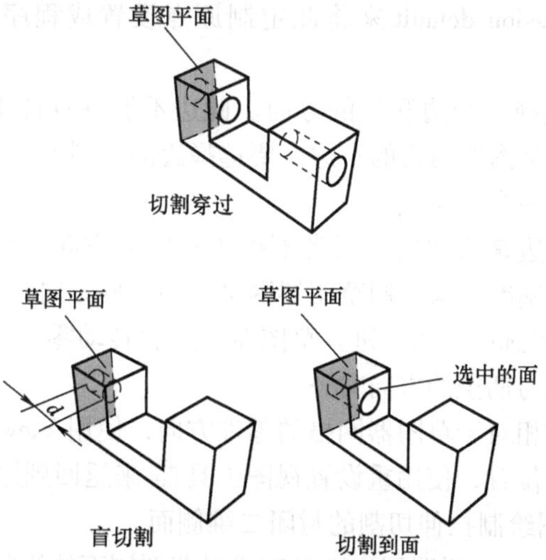

图 11-66 创建拉伸切割的三种方法

用户在二维平面零件或者轴对称平面零件上通过在零件的平面上直接地草图绘制二维横截面来创建拉伸切割。切割总是完整地通过零件。

当在三维零件上创建一个拉伸的切割时，用户可以选择一个中心点并指定一个螺距，Abaqus/CAE 使用此螺距在拉伸横截面时扭转横截面。另外，Abaqus/CAE 可以在拉伸横截面时沿着指定拔模角度扩展或者收缩横截面。更多信息见 11. 13. 3 节“在拉伸中包括扭曲”，以及 11. 13. 4 节“在拉伸中包括拔模角度”。

若要创建一个拉伸切割，执行以下操作：

1. 从主菜单栏选择 Shape→Cut→Extrude。

Abaqus/CAE 在提示区域中显示提示来引导用户完成操作过程。

技巧：用户也可以使用工具来添加草图线框特征，此工具与零件模块工具箱中的切割工具在一起。对于零件模块工具箱中的工具图标，见 11. 17 节“使用零件模块工具箱”。

2. 如果需要，对用户选择拉伸切割特征草图原点所使用的方法进行指定。从提示区域中的 Sketch Origin 域选择下面的一个选项。

- 选择 Auto-Calculate 来自动放置草图原点。
- 选择 Specify 来定义一个定制的草图原点。
- 选择 Session Default 来使用用户在程序会话中先前指定的定制原点。

3. 如果当前的视口包含二维或者轴对称的平面零件，则 Abaqus/CAE 进入草图器后，用户可以在零件的平面上草图绘制拉伸切割的封闭侧面。

如果当前的视口包含三维的零件，则用户必须进行下面的操作。

a. 选择将拉伸切割的平面。如果不存在合适的面，则用户可以选择一个基准平面。

技巧：如果用户不能选择想要的平面，则可以使用 Selection 工具栏来改变选择行为。更多信息见 6. 3 节“使用选择选项”。

b. 如果用户将 Sketch Origin 方法选择成 Specify，则可以通过在视口中单击一个点来指定原点的位置，或者通过在提示区域中输入原点的三维坐标来指定原点位置。用户也可以通过切换选中 Set as session default 来将此定制原点设置成程序对话中所有草图的默认原点。

c. 在草图器网格上选择一个边和边的方向。此边不能垂直选中的面。默认情况下，选中的边将竖直出现并且在草图器网格的右边。要选择边的不同方向，单击对话框右侧上的箭头并从出现的列表中选择一个方向。

技巧：如果选中面的边是弯曲的，或者不提供想要的方向，则用户可以创建一个基准轴。然后，用户可以选择基准轴来控制草图器网格上的零件方向。

Abaqus/CAE 高亮显示选中的边，进入草图器，然后转动零件直到选中的面与草图器网格的平面对齐，选中的边与期望的方向对齐。

如果用户不确定零件相对于草图器网格的零件方向，使用 View Manipulation 工具栏的视图草图工具来显示零件的位置，使用重设置视图工具来返回到原始视图。

d. 使用草图器来草图绘制拉伸切割的封闭二维侧面。

4. 在提示区域单击 Done，说明用户已经完成对草图侧面的绘制。

5. 如果当前的视口包含二维零件或者轴对称零件，则零件返回它的原始方向，然后 Abaqus/CAE 使用草图绘制的侧面切割平面。

如果当前的视口包含三维零件，则 Abaqus/CAE 采用显示基础零件的原始方向来显示零件。用户草图绘制侧面时，箭头指示拉伸方向。出现 Edit Cut 对话框。完成下面的步骤来创建三维零件中的拉伸切割：

a. 如果必要的话，单击 Edit Cut 对话框中的 来反转拉伸方向。

如果难以看到箭头方向，使用转动工具来转动零件。

b. 选择以下一个结束条件：

- 选择 Blind，在 Depth 域中输入一个值来指定 Abaqus/CAE 将拉伸草图侧面的距离。
- 选择 Up to Face 来指定 Abaqus/CAE 将侧面拉伸到选中的面。
- 选择 Through All 来指定 Abaqus/CAE 将从草图平面完整地拉伸通过几何形体。

6. 如果需要，进行下面的操作：

- 选择 Twist，然后输入螺距。螺距是将发生 360°扭转的拉伸距离。草图绘制的拉伸侧面必须包括单独的点来说明扭转的中心。
- 选择 Draft，然后输入拔模角度（大于-90°并且小于 90°）。正拔模角度说明侧面的外部面扩大，而内部的面收缩。

7. 单击 OK 来拉伸侧面。

如果用户选择扭曲选项，并且用户的草图包括单独的点，则 Abaqus/CAE 将此点设置成扭曲中心。如果用户的草图不包括单独的点，则 Abaqus/CAE 会返回草图器让用户创建一个。如果用户的草图包含多个单独的点，则 Abaqus/CAE 也会返回草图器并提示用户选择一个点作为扭曲中心。

8. 如果用户选择 Up to Face，则 Abaqus/CAE 会提示用户选择将侧面切割到的面。选择一个面来满足下面的要求。

- 选中的面不必与草图平面平行。
- 可以是非平面。
- 必须完整包含要拉伸的选择。
- 不能是基准平面或者孤立的单元面。

Abaqus/CAE 创建拉伸的切割特征。

注意：切割特征仅应用到零件几何形体。切割区域中的任何孤立单元都不受切割的影响。

11.24.2 创建放样切割

从主菜单栏选择 Shape→Cut→Loft 来给当前视口中的零件几何模型添加放样切割。用户仅可以对三维零件添加放样切割。

用户通过从选中的边创建两个或者多个截面，并定义一个或者多个放样路径来添加放样切割。放样截面和生成的实体放样特征如下所示。

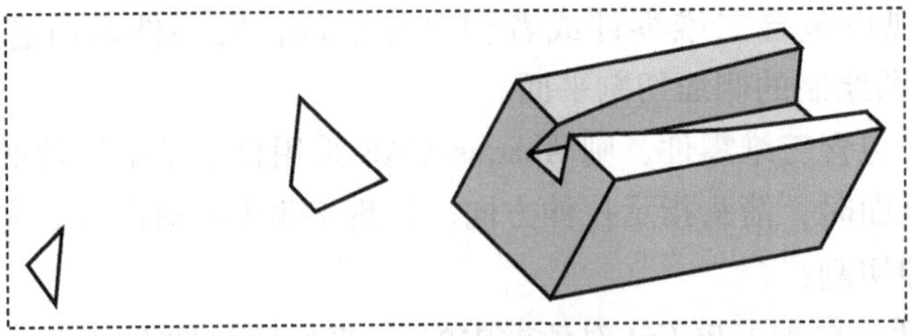

用户可以允许 Abaqus/CAE 使用平滑的路径来连接每一个截面的中心，定义单个放样路径（如上图所示）。如果用户允许 Abaqus/CAE 定义路径，则用户可以对放样的起始截面和结束截面应用切线方法。曲线和切线定义了截面之间放样特征的路径。另外，用户可以通过选择连接每一个放样截面上的点与下一个放样截面上的点的曲线来定义一条或者多条放样路径。每个放样路径必须提供连接每一个连续放样段的连续的线。如果放样路径不平滑（路径上的点有多个切线），则 Abaqus/CAE 将在用户试图创建放样时显示一个错误信息。更多有关放样截面、放样路径和放样切线的信息，见 11.14 节“什么是放样?”。

注意：在添加放样特征时，不使用草图器。因此，定义放样截面和放样路径的所有边必须在用户创建放样之前就已经在零件几何形体中存在。要创建放样路径或者非平面的放样截面，用户可以使用 $\mathcal{N}$ 工具，此工具位于零件模块工具箱中的线框工具中。要创建样条线，更多信息见 11.23.2 节“添加点到点的线框特征”。

若要添加放样切割，执行以下操作：

1. 从主菜单栏选择 Shape→Cut→Loft。

Abaqus/CAE 会在提示区域显示提示来引导用户完成操作过程。

技巧：用户也可以使用 工具来添加一个实体放样特征，此工具与零件模块工具箱中的切割工具在一起。对于零件模块工具箱中的工具图标，见 11.17 节“使用零件模块工具箱”。

出现 Edit Loft 对话框。

2. 通过从视口中的零件选择边来创建放样截面。有关创建放样截面的详细指导，见 11.26.1 节“创建放样截面”。

3. 当用户完成放样截面创建时，单击 Edit Loft 对话框中的 Transition 标签页。

4. 通过再次从视口中的零件选择边，或者通过使用放样相切来创建放样路径（或者路径）。有关创建放样路径的详细指导，见 11.26.2 节“创建放样路径”。

5. 单击 Preview。

Abaqus/CAE 显示使用用户当前设置创建的放样的线框表示。

6. 如果需要，用户可以添加或者删除放样截面，改变放样路径的定义方法，或者编辑放样相切选项来改变放样特征的形状。单击 Preview 来在视口中查看更改的效果。

7. 如果需要，用户可以让 Abaqus/CAE 在创建放样特征时测试自相交。此测试防止创建难以或者不可能网格划分和分析的特征，但是随着放样特征复杂性的增加，此测试计算成本变高。更多信息见 11.14.4 节“自相交检查”。要使用自相交检查，选择 Feature→Options 来打开 Feature Options 对话框，并且切换选中 Perform self-intersection checks。

8. 单击 Done 来创建放样，并且关闭 Edit Loft 对话框。

如果用户选择测试自相交并且测试失败，将重新出现 Edit Loft 对话框，以便用户可以进行更改。否则，在视口中创建实体放样特征。

注意：切割特征仅可以施加到零件几何形体。切割领域中的任何孤立单元不受切割的影响。

11.24.3 创建回转切割

从主菜单栏选择 Shape→Cut→Revolve 来添加穿过当前视口中零件的回转切割。用户仅可以对三维零件添加回转实体特征。

用户通过在选中面上草图绘制封闭的二维横截面和构型线来添加回转切割。构型线作为回转轴，然后 Abaqus/CAE 通过围绕轴指定横截面的转动角度来创建回转的切割。此外，用户可以在指定回转轴时一起指定螺距和方向，这样 Abaqus/CAE 可以在回转侧面时，沿着回转轴平移草图。下面所示为两个旋转切割特征，右边为具有螺距的回转切割。

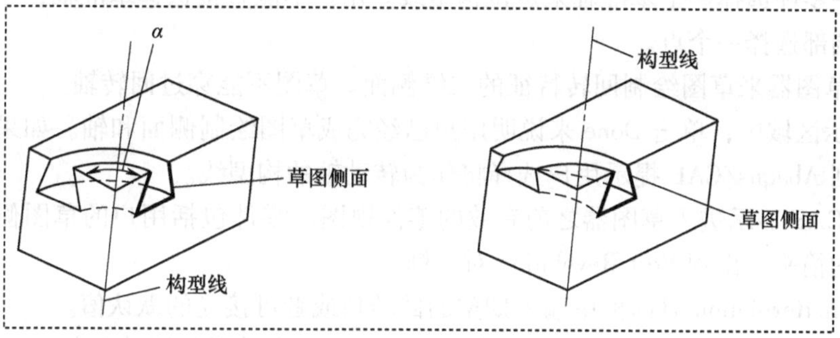

若要添加一个回转切割，执行以下操作：

1. 从主菜单栏选择 Shape→Cut→Revolve。

Abaqus/CAE 在提示区域显示提示来指导用户完成操作过程。

技巧：用户也可以使用 工具来创建回转切割，此工具与零件模块中的切割工具在一起。对于零件模块工具箱中的工具图标，见 11.17 节“使用零件模块工具箱”。

2. 如果需要，对用户选择回转切割特征的草图原点所使用的方法进行指定。从提示区域中的 Sketch Origin 域选择以下的一个选择。

- 选择 Auto-Calculate 来自动地放置草图原点。
- 选择 Specify 来定义定制的草图原点。
- 选择 Session Default 来使用用户先前在程序会话中指定的定制原点。

3. 选择将回转切割的平面。如果不存在合适的面，用户可以选择基准平面或者孤立的单元面。

技巧：如果不能选择期望的平面，用户可以使用 Selection 工具栏来改变选择行为。更多信息见 6.3 节“使用选择选项”。

在视口中高亮显示选中的面。

4. 如果将 Specify 选择成 Sketch Origin 方法，通过在视口中单击一个点来指定原点位置，或者通过在提示区域中输入原点的三维坐标。用户也可以通过切换选中 Set as session default 来将此定制原点设置成程序对话中所有草图的默认原点。

5. 在草图器网格上选择一个边和边的方向。此边不能垂直选中的面。默认情况下，选中的边将竖直显示，并且在草图器网格的右侧。要选择边的不同方向，单击对话框右侧上的箭头，并且从出现的列表中选择一个方向。

技巧：如果没有期望方向上的直边，则用户可以创建一个基准轴。然后用户可以选择基准轴来控制草图器网格上的零件方向。

Abaqus/CAE 高亮显示选中的边，进入草图器，然后转动零件直到选中的面与草图器网格的平面对齐，并且选中的边与期望方向上的网格对齐。

如果用户不确认相对于草图器网格的零件方向，则从 View Manipulation 工具栏使用操控工具来显示零件的位置。使用重设置视图工具 ▦ 返回原始视图。

6. 使用水平 ┼ 、竖直 ┼ 、角度 ⊿ 或者倾斜 ⁄ 构型线工具来草图绘制转动角。用户可以通过从基底零件选择一个基准轴来定位构型线。用户不能直接选择基准轴；用户必须从基准轴的一个端部选择一个点。

7. 使用草图器来草图绘制回转特征的二维侧面。草图不能穿过回转轴。

8. 在提示区域中，单击 Done 来说明用户已经完成草图绘制侧面和轴。如果草图包含多个构型线，则 Abaqus/CAE 提示用户选择将作为转动轴的构型线。

Abaqus/CAE 显示进入草图器之前有效的零件视图。零件包括用户的草图侧面，以及显示回转方向的箭头。出现 Edit Revolution 对话框。

9. 在 Edit Revolution 对话框中输入期望的回转角或者可接受的默认值。

10. 单击 Revolve direction 旁边的 ↱ 来改变箭头方向和关联的回转方向。

如果箭头方向难以看到，则使用转动工具来转动零件。

11. 如果需要，切换选中 Include translation 并且为螺距输入正值。螺距值是在转动 360°的过程中，沿着轴平动侧面的距离。

出现一个箭头来显示回转轴，并且说明沿着轴平动草图的方向。如果必要的话，单击 Edit Revolution 对话框中 Pitch direction 旁边的 ↱ 来反向箭头。

12. 如果需要，切换选中 Sweep sketch normal to path 来转动草图侧面，保持草图绘制侧面与扫掠路径垂直。

特征的初始侧面将随着草图平面转动来创建特征。

13. 单击 OK 来接受显示的方向并且创建回转切割特征。

Abaqus/CAE 使用用户选择的参数来创建回转的特征。

注意：切割特征仅应用于零件几何形体。切割区域内部的任何孤立单元不受切割的影响。

11.24.4 创建扫掠切割

从主菜单栏选择 Shape→Cut→Sweep 来创建通过当前视口中零件的扫掠壳切割。用户仅可以对三维零件添加扫掠实体特征。

用户通过首先定义扫掠路径，然后定义一个扫掠侧面来添加扫掠切割特征。定义每一个分量可以使用不同的方法：

- 用户可以通过在选中面上草图绘制路径，或者通过选择用户想要路径遵守的一系列边或者线框来定义扫掠路径。草图绘制方法提供更大的灵活性，但是仅支持二维路径。边/线框方法让用户可以沿着特征定义三维扫掠路径，例如三维零件中的样条线框或者一组边。
- 用户可以通过使用草图器草图绘制一个扫掠侧面，或者通过选择模型中的一个面作为侧面来定义扫掠侧面。扫掠侧面最初是与路径垂直的；用户可以让此方向沿着整个扫掠路径保持不变，或者用户可以在沿着扫掠路径长度扫掠过程中，让扫掠侧面保持与扫掠路径垂直。

下面所示为在选中的面上草图绘制一个扫掠路径和一个封闭扫掠侧面，未显示侧面的定边。

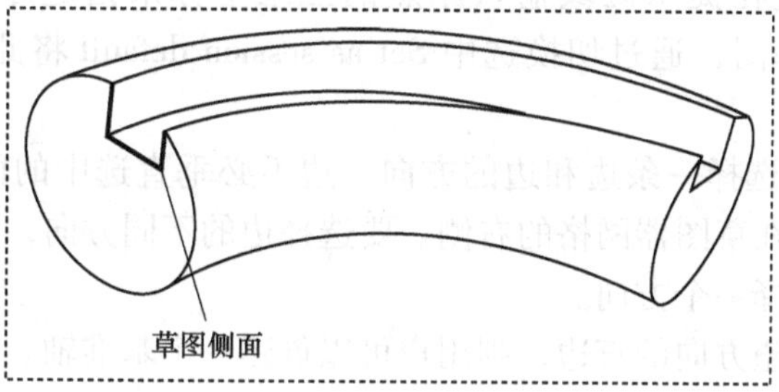

定义扫掠路径的草图或者一组边，以及草图、边或者定义扫掠侧面的边来定义扫掠切割特征；如果用户使用草图器来定义扫掠路径和扫掠截面，则可以使用特征操控工具集来更改扫掠路径和扫掠侧面。用户也可以创建扫掠切割，其扫掠侧面是从扫掠路径偏置得到的。在此情况中，Abaqus/CAE 将扫掠路径移动到通过扫掠侧面的平行位置处，然后在那个位置处创建扫掠切割特征。

当用户定义扫掠路径时，用户可以对路径施加扭转或者拔模角度。有关这些工具的更多信息，见 11.9 节“用户可以创建什么类型的特征?”。用户可以切换选中 Keep profile normal constant，在扫掠侧面沿着扫掠路径进行时，保持扫掠侧面的方向相同；如果切换不选此选项，扫掠侧面方向发生改变，保持与扫掠路径垂直。此外，用户可以切换选中特征操控工具集中的 Keep internal boundaries，来保留扫掠实体特征与现有零件之间生成的任何面或者边。内部边界创建的区域可以是结构化网格划分的或者扫掠网格划分的，不必借助于分割。

若要创建扫掠切割特征，执行以下操作：

1. 从主菜单栏选择 Shape→Solid→Sweep。

Abaqus/CAE 在提示区域中显示提示来引导用户完成操作过程。

技巧：用户也可以使用工具来创建扫掠切割，此工具与零件模块工具箱中的切割工具在一起。对于零件模块工具集中的工具图标，见 11.17 节"使用零件模块工具箱"。

2. 如果用户想要草图绘制扫掠路径，进行下面的操作。

a. 从 Path 选项选择 Sketch 并且单击 ✎ 。

Abaqus/CAE 在提示区域中显示提示来指导用户进行下面的过程。

b. 如果需要，指定用户选择扫掠实体特征的草图原点所使用的方法。从提示区域中的 Sketch Origin 域选择下面的一个选项。

- 选择 Auto-Calculate 来自动地放置草图原点。
- 选择 Specify 来定义一个定制的草图原点。
- 选择 Session Default 来使用用户先前在程序会话中指定的定制原点。

c. 选择绘制扫掠路径的平面。如果不存在合适的面，则用户可以选择一个基准面。

技巧：如果用户不能选择期望的平面，则用户可以使用 Selection 工具栏来改变选择行为。更多信息见 6.3 节"使用选择选项"。

d. 如果用户将 Specify 指定成 Sketch Origin 方法，则通过在视口中单击一个点来指定原点位置，或者通过在提示区域输入原点的三维坐标来指定原点位置。用户也可以为程序会话中的所有草图，通过切换选中 Set as session default 将此定制原点设置成默认的原点。

e. 在草图器网格上选择一条边和边的方向。边不必垂直选中的面。默认情况下，选中的边将竖直出现，并且在草图器网格的右侧。要选择边的不同方向，单击对话框右侧的箭头并且从出现的列表中选择一个方向。

技巧：如果没有期望方向的直边，则用户可以创建一个基准轴。然后，用户可以选择基准轴来控制草图器网格上零件的方向。

Abaqus/CAE 高亮显示选中的边，进入草图器，然后转动零件直到选中的面与草图器网格的平面对齐，并且选中的边与期望方向上的网格对齐。

如果用户不确认相对于草图器网格的零件方向，从 View Manipulation 工具栏使用操控工具来显示零件的位置。使用重设置视图工具 ▦ 来返回原始的视图。

f. 草图绘制扫掠路径。扫掠路径必须满足下面的准则。

- 路径可以封闭，但是端部必须光滑的相接；例如，端部不应当相接成一个角。有效扫掠路径的例子，见 11.13.8 节"定义扫掠路径和扫掠侧面"。
- 路径必须连续；例如，路径必须没有分支。
- 产生的实体不能自我相交。

在提示区域中，单击 Done 来说明用户已经完成扫掠路径的草图绘制。

Abaqus/CAE 退出草图器，并且重新加载零件的原始视图。高亮显示的线说明扫掠路径和它的方向。Abaqus/CAE 也重新打开 Create Solid Sweep 对话框，并且在 Path 选项中的 Sketch 标签旁添加词句（Defined）来说明在草图器中已经定义了扫掠路径。

3. 如果用户想要将扫掠路径指定成一系列的边或者线框，则进行下面的操作。

a. 从 Path 选项选择 Edges 并且单击 ✎ 。

Abaqus/CAE 在提示区域中显示提示来指导用户完成操作过程。

b. 如果需要，在提示区域中指定用户是在用户扫掠路径 individually 中还是在 by edge angle 中选择边。有关选择对象的更多信息，见 6.2.3 节"使用角度和特征边方法选择多个对象”。

c. 选择用户想要在扫掠路径中包括的边。

Abaqus/CAE 在用户的零件上显示扫掠路径并且说明扫掠方向。

d. 在提示区域中，单击 Yes 来确认扫掠路径方向或者单击 Flip 来反向扫掠路径方向。

Abaqus/CAE 重新打开 Create Solid Sweep 对话框并且在 Path 选项中的 Sketch 标签旁添加词句（Defined）来说明已经使用一系列的边对扫掠路径进行了定义。

4. 如果用户草图绘制扫掠路径，则进行下面的操作。

a. 从 Path 选项选择 Sketch 并且单击 ✎。

Abaqus/CAE 在提示区域中显示提示来指导用户完成操作过程。

b. 草图绘制扫掠侧面。扫掠侧面必须满足以下的准则。

- 侧面必须是封闭的。
- 产生的实体不能自相交。

用户可以在草图器网格上的任何地方草图绘制侧面；Abaqus/CAE 沿着平行扫掠路径的路径来扫掠侧面。在提示区域中，单击 Done 来说明用户已经完成草图绘制扫掠侧面。

Abaqus/CAE 关闭草图器，并且重新加载零件的原始视图。

c. 在草图器网格上选择一条边和边的方向。选中的边不必平行扫掠路径方向。默认情况下，选中的边将竖直出现，并且在草图器网格的右侧。要选择边的不同方向，单击对话框右侧的箭头，并且从出现的列表中选择一个方向。

Abaqus/CAE 高亮显示选中的边，再次打开草图器，并且旋转零件，这样草图器网格位于的平面与开始处的扫掠路径垂直，扫掠路径方向指向屏幕外。此外，选中的边与期望方向上的网格对齐。两个虚线的交点说明扫掠路径的原点。Abaqus/CAE 重新打开 Create Solid Sweep 对话框，并且给 Profile 选项中的 Sketch 标签旁添加文字（Defined），来说明已经在草图器中定义了扫掠侧面。

5. 如果用户想要将一个面选择成扫掠侧面，可以进行下面的操作。

a. 从 Profile 选项选择 Face 并且单击 ✎。

Abaqus/CAE 在提示区域中显示提示来指导用户完成操作过程。

b. 从视口选择一个面。

Abaqus/CAE 高亮显示选中的面，并且显示 Create Solid Sweep 对话框，并且给 Profile 选项中的 Sketch 标签旁添加文字（Defined），来说明已经使用一个面定义了扫掠侧面。

6. 如果需要，进行下面的操作。

- 切换选中 Include twist，然后输入螺距。螺距是将发生 360°扭转时的拉伸距离。草图划分的拉伸侧面必须包括一个单独的点，说明扭转的中心。

- 切换选中 Include draft，然后输入拔模角度（大于−90°并且小于 90°）。正拔模角说明侧面的外表面扩展，内部的面收缩。如果选中了 Keep profile normal constant 选项，则不能施加拔模角度。

- 切换选中 Keep profile normal constant 来让侧面沿着整个扫掠路径保持相同的方向。如果切换不选选项，则 Abaqus/CAE 调整侧面方向，这样扫掠侧面与扫掠路径法向之间的夹角保存不变。如果选中了 Include draft，则用户不能切换选中此选项。

• 切换选中 Keep internal boundaries 来保留扫掠实体特征与现有零件之间生成的任何面或者边。内部边界可以创建结构化网格划分或者扫掠网格划分的面，不需要借助于分割。

7. 单击 OK 来创建新的扫掠实体。

注意：切换特征仅施加到零件几何形体。切割区域中的任何孤立单元不受切割的影响。

11.24.5 切割圆孔

从主菜单栏选择 Shape→Cut→Circular Hole 来切一个圆孔通过当前视口中的零件。圆孔工具总是可以使用的，而不管当前视口中零件的建模空间。

用户通过指定到两个选中直边的距离和指定孔的直径来切一个圆孔，如下所示。

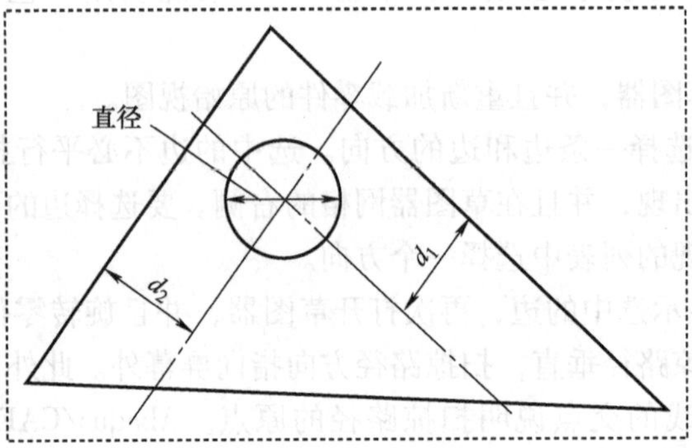

零件必须包含至少两个直边；例如，用户不能使用此工具来切割通过一个圆零件。

如果当前的视口包含二维或者轴对称的平面零件，孔总是通过所有的零件。然而，如果当前的视口包含一个三维的零件，则 Abaqus/CAE 提示用户选择孔的类型。用户可以选择 Through All 或者 Blind 来定义切割深度。

若要切割一个圆孔，执行以下操作：

1. 从主菜单栏选择 Shape→Cut→Circular Hole。

Abaqus/CAE 在提示区域显示提示来引导用户完成操作过程。

技巧：用户也可以使用 工具来切割圆孔，此工具与零件模块工具箱中的切割工具在一起。对于零件模块工具箱中的工具图标，见 11.17 节“使用零件模块工具箱”。

2. 如果当前的视口包含二维的零件，选取第一个边来定位孔的中心。

如果当前的视口包含三维零件，用户必须进行下面的操作。

a. 从提示区域中的按钮选择以下一种类型的切割类型。

• 单击 Through All 来切一个圆孔，使其从选中的面沿着选中的方向延伸通过零件。下面的例子为一个通孔。

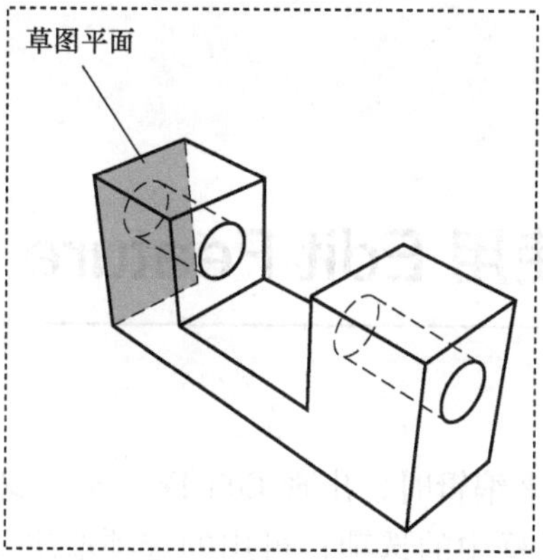

• 单击 Blind 来切一个圆孔，使其从选中的面在选中的方向上延伸，但是仅到指定的深度。下面的例子为一个盲孔。

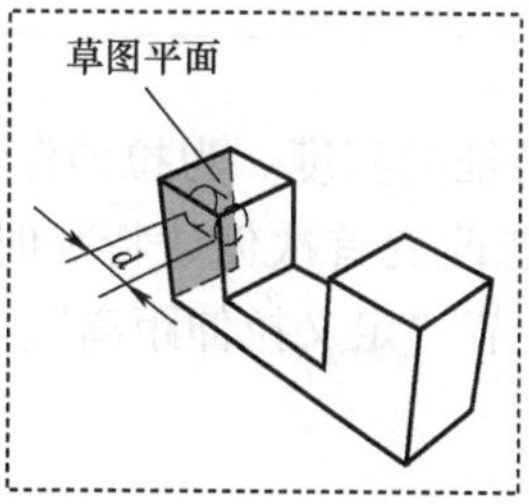

b. 选择将开孔的面。

技巧：如果用户不能选择期望的面，用户可以使用 Selection 工具栏来改变选择行为。更多信息见 6.3 节“使用选择选项”。

出现一个箭头，说明切孔的轴方向。

c. 如果必要的话，从提示区域中的按钮单击 Flip 来反转箭头。单击 OK 来接受方向。

技巧：如果难以看见箭头方向，使用转动工具来转动零件。

d. 选择定位圆孔中心的第一条边。选中的边不需要位于选中面上，但是这些边不能与选中面垂直。

3. 在提示区域中的文本域中敲入从选中边到孔中心的距离。

4. 选择第二条边，从此边定位孔的中心。两条边必须不平行。

5. 在提示区域中的文本域中输入从选中边到孔中心的距离。

6. 在提示区域中的文本域中输入孔的直径。

如果当前的视口包含二维或者轴对称的平面零件，则 Abaqus/CAE 给零件切圆孔。

如果当前的视口包含三维零件并且用户选择一个盲切割，则默认的孔深度出现在提示区域中。单击鼠标键 2 来接受默认的值，或者输入一个新的孔深度。

零件返回到原始的方向，从选中的面开圆孔。

注意：切割特征仅施加到零件几何形体。切割不影响切割区域中的任何孤立单元。

11.25 使用 Edit Feature 对话框

当用户首先选择一个特征来编辑时，出现 Edit Feature（编辑特征）对话框。

本节介绍 Edit Feature 对话框中的选项；可用的选项取决于选中的特征。用户可以使用 Edit Feature 对话框来改变下面的选项：

Depth（深度）

使用 Depth 参数来改变盲拉伸特征的深度。为拉伸深度输入新的值，并且单击 Apply 来查看视口中更改后的特征。用户不能改变首次创建特征时定义拉伸的方式；例如，从 Blind 到 Up to Face。更多信息见 11.13.1 节“定义拉伸距离”。

Radius（半径）

使用 Radius 参数来改变圆/倒圆特征的半径。为倒圆半径输入一个新值，并且单击 Apply 来更改视口中的特征。更多信息见 11.27.1 节“边倒圆”，以及 11.23.3 节“给线框的顶点倒圆”。

Flip extrude direction（反转拉伸方向）

切换选中 Flip extrude direction 来改变选中特征的拉伸方向。单击 Apply 来在视口中查看更改后的特征。仅添加到基础特征上的拉伸特征可以使用此选项。更多信息见 11.13.2 节“控制拉伸特征的方向”。

Keep internal boundaries（保留内部边界）

切换选中 Keep internal boundaries 来保留在特征和现有零件之间生成的任何面或者边。内部边界可以创建结构化的或者扫掠网格划分的区域，而不需要求助于分割。仅添加到基础特征上的拉伸、回转和放样实体和壳特征才可以使用此选项。

Draft angle（拔模角度）

使用 Draft angle 参数来改变拉伸特征的拔模角度。为拔模角度输入一个新值，并且单击

Apply 来在视口中查看更改后的特征。零度的拔模角将会创建一个直的拉伸。创建特征时如果没有定义拔模角，则用户不能给拉伸添加拔模角。更多信息见 11.13.4 节“在拉伸中包括拔模角度”。

Pitch（螺距）

使用 Pitch 参数来改变拉伸特征的扭转，或者改变回转特征的螺距。为螺距输入一个新值，并且单击 Apply 来在视口中查看更改后的特征。如果在创建特征的时候没有定义螺距，则用户不能给特征添加螺距。

在一个拉伸特征中，螺距定义草图扭转 360°时拉伸的距离。更多信息见 11.13.3 节“在拉伸中包括扭曲”。类似地，在回转特征中，草图是侧面回转 360°过程中平动的距离。更多信息见 11.13.5 节“定义轴对称零件和回转特征的回转轴”。

Angle（角度）

使用 Angle 参数来改变回转特征的回转角。输入一个新值，并且单击 Apply 来在视口中查看更改后的特征。

Flip revolve direction（反转方向）

切换选中 Flip revolve direction 来反转回转特征的回转方向。单击 Apply 来在视口中查看更改后的特征。更多信息见 11.13.6 节“控制回转特征的方向”。

Flip pitch direction（反转螺距方向）

切换选中 Flip pitch direction 来改变使用螺距的回转特征中的平动方向。单击 Apply 来在视口中查看更改后的特征。仅回转特征并且与 Pitch 参数一起使用时才可以使用此选项。更多信息见 11.13.6 节“控制回转特征的方向”。

Sweep sketch normal to path（草图垂直路径扫掠）

切换选中 Sweep sketch normal to path 来改变具有螺距的回转特征的初始草图创建方向。单击 Apply 来在视口中更改特征。仅使用螺距的回转特征才可以使用此选项。更多信息见 11.13.7 节“控制具有螺距的回转特征横截面”。

Edit Section Sketch（编辑截面草图）

使用 Edit Section Sketch 按钮来改变选中特征的侧面。实施改变，关闭草图器，然后单击 Apply 来在视口中查看更改后的特征。

Edit Sweep Path Sketch（编辑扫掠路径草图）

使用 Edit Sweep Path Sketch 按钮来改变扫掠特征的路径。实施改变，关闭草图器，并且单击 Apply 来在视口中查看更改后的特征。更多信息见 11.13.8 节“定义扫掠路径和扫掠侧面”。

Stitch tolerance（缝补容差）

当用户缝补零件中自由边之间的间隙时，使用 Stitch tolerance 参数来增大或者减小 Abaqus/CAE 修复的间隙大小。更多信息见 69.6.1 节“缝合边来创建面”。

Regenerate on OK（单击 OK 时重新生成）

切换选中 Regenerate on OK 来控制特征重新生成。默认切换选中 Regenerate on OK。如果用户不想要在单击 OK 时重新生成特征，则切换不选此选项。更多信息见 65.4.6 节“重新生成零件或者装配体”。

11.26 使用 Edit Loft 对话框

本节介绍 Edit Loft（编辑放样）对话框，可以创建实体扫掠特征、壳扫掠特征或者切割扫掠特征，包括以下主题：

- 11.26.1 节 “创建放样截面”
- 11.26.2 节 “创建放样路径”

11.26.1 创建放样截面

放样截面代表放样特征在沿着路径的特定点处将具有的形状。创建一个放样特征至少要求两个截面。用户通过从当前视口中的零件拾取现有的边来创建放样截面。

若要创建放样截面，执行以下操作：

1. 从 Edit Loft 对话框选择 Insert Before 或者 Insert After 来创建第一个放样截面。

2. 选择定义放样截面的边。[Shift] 键+单击来选取额外的边来将它们添加到用户的选择中，并且 [Ctrl] 键+单击选取一个选中的边来不选它。选中的边高亮显示成红色，并且将保留高亮显示，直到完成放样特征。

一个放样截面可以由来自当前零件的任意边组成，并且必须满足以下的条件。

- 对于实体放样或者切割放样，截面必须是封闭的，并且第一截面和最后一个截面必须是平的。
- 对于壳放样，如果一个截面开放，则所有的截面必须开放；并且如果一个截面封闭，则所有的截面必须封闭。
- 截面必须是一条连续的环，没有分叉。
- 在一个放样截面中使用的边不能用于同一个放样的其他截面中。

所有的壳截面，以及实体放样和切割放样的中间截面，可以不是平面的。要创建非平面的截面，用户可以选择使用样条曲线线框创建的边，或者选择现有非平面的边。

3. 在提示区域，单击 Done 来说明用户已经完成定义放样截面的边选择。

Abaqus/CAE 返回 Edit Loft 对话框，然后在 Sections 列表中出现截面。

4. 重复步骤 2 和步骤 3 来定义所有的放样截面。使用 Insert Before 和 Insert After 按钮来说明相对于当前高亮显示的截面，用户想要下一个出现的放样截面出现在列表的那个位置。列表中高亮显示的截面也在视口中高亮显示成品红色，以区别于其他放样截面。以用户创建截面的次序来编号截面，但是 Abaqus/CAE 以 Sections 列表中显示的次序来创建放样特征。用户仅可以通过添加或者删除放样截面来改变列表的次序。

用户不能编辑已经完成的放样截面。

11.26.2 创建放样路径

放样特征的路径连接起始截面上的一个点到结束截面上的点。如果定义了多于两个的放样截面，则所有的路径必须经过每一个中间截面上的点。当用户创建放样特征时，每一个放样路径必须提供光滑的曲线（沿着路径上的任何点处，必须仅存在一条切线），采用将要连接的相同类型来连接所有的放样截面。

若要创建一个放样路径，执行以下操作：

1. 从 Transition 对话框中的 Edit Loft 标签页选择下面的一个方法来创建放样路径。

• Specify tangencies。Abaqus/CAE 将使用连接每一个放样截面中心的光滑曲线来创建一个单独的放样路径。

• Select path。选择边来定义放样路径。

用户不能在创建好放样特征后再编辑放样路径。

2. 如果用户选择 Specify tangencies 来定义放样路径。用户可以为放样特征选择 Start Tangency 和 End Tangency。用户可以从下面的放样切向选项中选择。

• None 是默认的，并且如果选择此选项，则是在放样的两端处必须施加的设置。

• Normal，放样面在起始或者结束放样截面附近处是 90°角。

• Radial，放样面在起始或者结束放样截面附近处是 0°角。

• Specify，用户指定 0°~180°的一个角来施加到放样面，并且用户指定 0%~100%之间的值来确定施加角度的相对位置。

切向效果随着距离消失，并且不影响中间截面处的放样特征。更多放样切向信息和示例，见 11.14.3 节“定义放样相切”。

用户不能在完成放样特征后编辑切向。

3. 如果用户选择 Select path，则用户必须在开始放样过程之前，在零件中至少创建一个合适的光滑曲线来。如下选择每一个放样路径。

a. 单击 Add。

出现 Edit Loft 对话框。

b. 选择边来定义放样路径。使用［Shift］键+单击来给用户的选择添加额外的边，并且［Ctrl］键+单击来不选选中的边。以蓝色来高亮显示选中的边，并且将保持高亮显示，直到 Abaqus/CAE 创建放样特征。

用户必须创建连接每一个放样截面上的点到下一个放样截面上的点的光滑曲线，使用的次序与放样截面列表中的次序一样。Abaqus/CAE 将以截面列表的次序，满足每一条放样路径来创建放样特征。

c. 单击 Done。

出现 Eidt Loft 对话框。

d. 如果需要，使用上述的步骤来添加更多的放样路径。要成功地使用多个放样路径来创建一个放样特征，路径必须不共享任何点。

单击 Delete 来从列表中删除高亮显示的路径。

e. 如果用户想要路径的影响位于面附近，则切换关闭 Global Smoothing；Abaqus/CAE 将对用户没有定义路径的任何放样边应用简单的路径。如果用户让整体光滑起作用，则 Abaqus/CAE 将为用户没有定义路径的边应用一个平均方程来创建复杂的路径。

不能在创建放样特征之后添加或者删除放样路径；仅可以通过移动创建每一个路径的顶点来编辑放样路径。

11.27　混合边

本节介绍用来对当前视口中的零件进行倒边的零件模块工具，包括以下主题：

- 11.27.1 节　“边倒圆”
- 11.27.2 节　“边倒角”

11.27.1　边倒圆

从主菜单栏选择 Shape→Blend→Round/Fillet 来对当前视口中零件的选中边进行倒圆。用户可以对顶点和凹边“圆化”或者倒圆。下面的例子为具有倒圆边的零件。

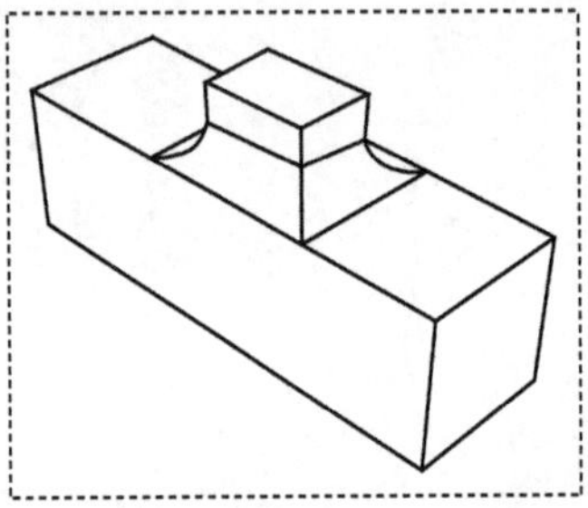

用户定义倒圆的半径，并且 Abaqus/CAE 将所有选中的边作为一个组来施加此半径；这样，后续的特征操控操作，例如编辑、删除和抑制，将施加到选中边的整个组。因此，如果用户选择多个边来倒圆，则用户不能仅更改一个倒圆边。此外，生成的边形状取决于用户施加倒圆的次序，如下所示。零件左侧上的圆角是通过选择所有的三条边，并且在一个单独的操作中对选中的边组施加圆角/倒圆工具。对比而言，零件右侧上的倒圆是通过单独选择每一条边，并且对序列中的每一条边施加圆角/倒圆工具来创建的。

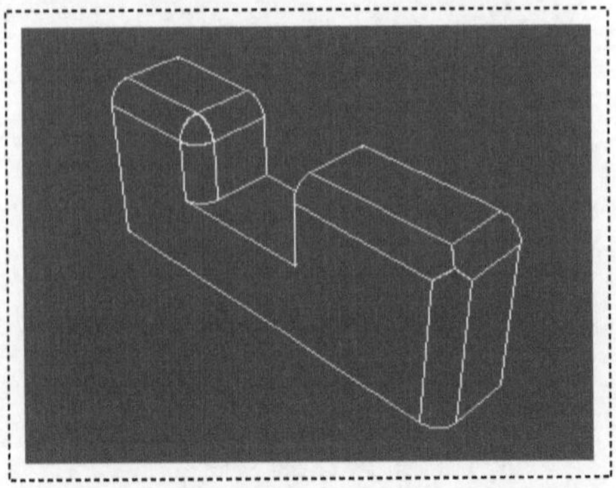

仅在当前的视口中包含三维实体或者壳零件时，才可以使用圆角/倒圆工具。此外，用户不能对包含线框的边进行倒圆。圆边的半径定义特征，并且可以使用特征操控工具集来进行更改。

若要倒圆边，执行以下操作：

1. 从主菜单栏选择 Shape→Blend→Round/Fillet。

Abaqus/CAE 提示用户选择要倒圆的边。

Abaqus/CAE 在提示区域中显示提示来引导用户完成操作。

技巧：用户也可以使用 工具来对选中的边进行倒圆，此工具与零件模块工具箱中的倒边工具在一起。对于零件模块工具箱中的工具图标，见 11.17 节“使用零件模块工具箱”。

2. 选择边来倒圆，并且单击鼠标键 2 来进行选择。使用 [Shift] 键+单击额外的边来将它们添加到用户的选择中，以及使用 [Ctrl] 键+单击来选择不想选的边。

技巧：如果用户不能选择想要的边，则用户可以使用 Selection 工具栏来改变选择行为。更多信息见 6.3 节“使用选择选项”。

在提示区域中出现一个默认的半径。

3. 如果必要的话，在提示区域的文本域中输入一个新的半径。单击鼠标键 2 来执行此半径。

Abaqus/CAE 使用倒圆的边来重新绘制零件。

11.27.2 边倒角

从主菜单栏选择 Shape→Blend→Chamfer 来对当前视口中零件的选中边进行倒角。用户可以输入倒角延伸到每一个面的距离，Abaqus/CAE 使用此距离来定义倒角，如下面的例子中显示的那样。

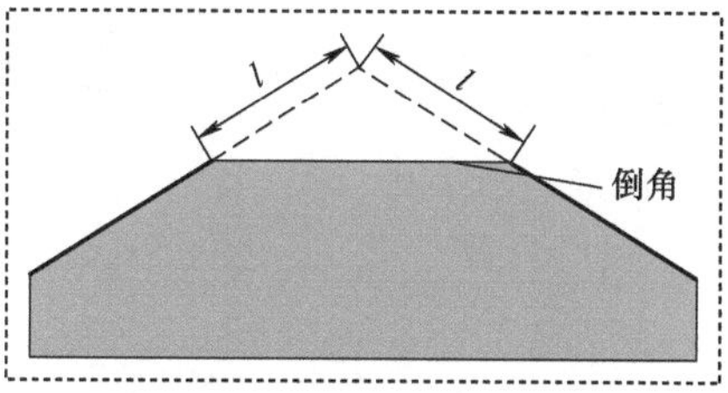

Abaqus/CAE 将所有选中的边作为一个组来施加此倒角；后续的特征操控操作，例如编辑、删除和抑制，将施加于选中边的整个组。因此，如果用户选择多个边来倒角，则用户不能仅更改一个倒角边。

仅在当前的视口包含三维实体或者壳零件时，才可以使用倒角工具。此外，用户不能对包含线框的边进行倒角。倒角的长度定义特征，并且可以使用特征操控工具集来进行更改。

若要倒角边，执行以下操作：

1. 从主菜单栏选择 Shape→Blend→Chamfer。

Abaqus/CAE 提示用户选择要倒角的边。

Abaqus/CAE 在提示区域中显示提示来引导用户完成操作。

技巧：用户也可以使用工具来倒角选中的边，此工具与零件模块工具箱中的倒圆工具在一起。对于零件模块工具箱中的工具图标，见 11.17 节“使用零件模块工具箱”。

2. 选择边来倒角，并且单击鼠标键 2 来进行用户的选择。使用［Shift］键+单击额外的边来将它们添加到用户的选择中，以及使用［Ctrl］键+单击来选择不想选的边。

技巧：如果用户不能选择想要的边，则用户可以使用 Selection 工具栏来改变选择行为。更多信息见 6.3 节“使用选择选项”。

在提示区域中出现一个默认的倒角长度。

3. 如果必要的话，在提示区域的文本域中输入一个新的倒角长度。单击鼠标键 2 来执行此倒角长度。Abaqus/CAE 使用倒角的边来重新绘制零件。

11.28 镜像零件

从主菜单栏选择 Shape→Transform→Mirror 来将当前视口中的零件转换成零件自身的一个镜像图。此操作类似于使用镜像选项来复制一个零件（11.5 节“复制零件的可选操作”）。然而，转换原始零件保留完整的特征创建历史，以及编辑那些特征的功能。用户可以选择保留原始几何形体和镜像后的几何形体，并且用户可以选择任何平面或者基准面作为镜像平面。

仅在当前视口包含三维实体或者壳零件时才可以使用此镜像工具。镜像特征，就像所有的特征那样，可以进行删除、抑制和恢复；然而，镜像特征不包含可以更改的参数，所以在用户创建镜像零件后不能编辑镜像零件。

若要镜像一个零件，执行以下操作：

1. 从主菜单栏选择 Shape→Transform→Mirror。

技巧：用户也可以使用工具来镜像一个零件，此工具位于零件模块工具箱中。对于零件模块工具箱中的工具图标，见 11.17 节“使用零件模块工具箱”。

2. 从提示区域切换选中 Keep original geometry 来在镜像零件时保留原始的几何形体。

3. 从提示区域中切换选中 Keep internal boundaries，在镜像零件时保留原始几何形体与新几何形体之间的任何相交边界。

如果没有使用 Keep original geometry，则此选项没有作用。

4. 从视口中选择基准面或者平面。

Abaqus/CAE 使用用户选择的选项来创建镜像的几何形体。

12 属性模块

用户可以使用属性模块执行以下任务:

- 定义材料。
- 定义梁截面的侧面。
- 定义截面。
- 赋予零件的截面、方向、法向和切向。
- 定义复合材料铺层。
- 定义蒙皮加强。
- 定义零件上的惯量(点质量、转动惯量和热容)。
- 定义两个点之间的或者一个点与地之间的弹簧和阻尼器。
- 定义材料校准。

本章包括以下主题:

- 12.1 节 “进入和退出属性模块”
- 12.2 节 “理解属性”
- 12.3 节 “可以给零件赋予什么属性?”
- 12.4 节 “理解属性模块编辑器”
- 12.5 节 “使用材料库”
- 12.6 节 “使用属性模块工具箱”
- 12.7 节 “创建和编辑材料”
- 12.8 节 “定义通用材料数据”
- 12.9 节 “定义力学材料模型”

- 12.10 节　“定义热材料模型”
- 12.11 节　“定义电和磁材料模型”
- 12.12 节　“定义其他类型的材料模型”
- 12.13 节　“创建和编辑截面”
- 12.14 节　“创建和编辑复合材料铺层”
- 12.15 节　“对零件赋予截面、方向、法向和切向”
- 12.16 节　“为材料方向和复合材料铺层方向赋予离散方向”
- 12.17 节　“创建材料校准”
- 12.18 节　“使用属性模块中的特殊菜单”
- 12.19 节　“使用查询工具集获取赋予信息”

定义惯量的信息见第 33 章“惯量”；定义蒙皮加强的信息见第 36 章“蒙皮和桁条加强筋”；定义弹簧和阻尼器的信息见第 37 章“弹簧和阻尼器”。

12.1 进入和退出属性模块

用户可以在 Abaqus/CAE 程序会话过程中的任何时候，通过单击环境栏中 Module 列表里的 Property 来进入属性模块。当用户进入属性模块时，主菜单栏中出现 Material、Section、Profile、Assign、Special、Feature 和 Tools 菜单。在环境栏中出现一个 Part 列表，允许用户选择要赋予属性的零件。

要退出属性模块，从 Module 列表中选择另外的模块。在退出模块之前，用户不需要采取任何特别的动作来保存用户的材料、截面和其他定义；当用户选择主菜单栏中的 File→Save 或者 File→Save As 时，自动保存用户的材料、截面和其他定义。

12.2　理解属性

用户可以通过创建一个截面并将它赋予零件的办法，来指定一个零件或者零件区域的属性。在绝大部分情况中，截面会参考用户已经定义的材料。梁截面也参照用户已经定义的侧面。手册的此部分解释了材料、侧面、截面、螺纹钢和截面赋予。用户使用属性模块编辑器来创建材料、侧面和截面，如12.4节“理解属性模块编辑器”所描述的那样。本节包括以下主题：

- 12.2.1节“定义材料”
- 12.2.2节“定义侧面”
- 12.2.3节“定义截面”
- 12.2.4节“定义复合材料叠层”
- 12.2.5节“理解壳截面中的加强筋”

12.2.1　定义材料

一个材料定义指定所有与材料关联的属性数据。用户通过包括一组材料行为来指定材料定义，并且用户为包括的每一种材料行为提供属性数据。用户使用材料编辑器来指定定义每一个材料的所有信息。

用户为创建的每一个材料赋予它自己的名称，并且独立于任何具体的截面；用户可以为尽可能多的所需的截面参照一个单独的材料。当用户将参照材料的截面赋予区域时，Abaqus/CAE就将材料属性赋予了零件区域。

12.2.2　定义侧面

侧面指定梁截面的属性，此属性是与横截面的形状和大小（例如横截面的面积和惯性矩）关联的。当用户定义一个梁截面时，用户必须在截面定义中包含参考侧面。

用户可以创建下面类型的侧面：

以形状为基础的侧面

以形状为基础的侧面定义梁横截面的具体形状和尺寸。Abaqus使用以形状为基础的侧面提供的信息来计算截面的工程属性。

用户可以通过首先从形状选项列表中选择一个形状，然后指定具体形状的尺寸来创建此类型的侧面。例如，如果用户选择一个盒子形状，则用户必须接着指定盒子的高和宽，以及四个壁的厚度。图 12-1 所示为可以使用的形状选项。

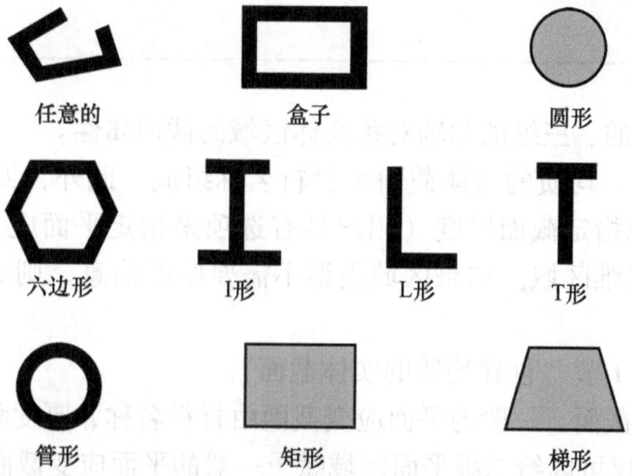

图 12-1 可以使用的形状选项

每一个侧面形状的详细信息，见《Abaqus 分析用户手册——单元卷》的 3.3.9 节“梁截面库”。

通用侧面

通用侧面直接指定截面的工程属性。用户可以通过指定面积值、惯性矩、扭转常数，以及如果可应用的话，扇形矩和翘曲常数来创建一个通用截面。更多信息见《Abaqus 分析用户手册——单元卷》的 3.3.7 节“使用通用梁截面定义截面行为”。

用户创建的每一个侧面都具有各自的名称，并且独立于任何特定的梁截面；用户可以按需要让许多梁参考一个单独的侧面。在用户给梁赋予梁截面和梁方向后，就可以使用零件显示选项来显示以形状为基础的或者通用梁截面的理想化表示。对于检查是否给一个特定的区域赋予了正确的侧面，以及赋予的梁方向是否产生了期望的侧面方向，显示梁截面是有用的。更多信息见 76.7 节“控制梁截面显示”。

12.2.3 定义截面

截面包含零件或者零件的一个区域的有关信息。截面定义中要求的信息取决于问题中的区域类型。例如，如果区域是可变形的线框、壳或者二维实体，则对于提供与横截面几何形体有关信息的区域，用户必须赋予一个截面。同样地，刚性区域要求描述质量属性的截面。绝大部分的截面必须参考一个材料名称。梁截面必须也参考一个侧面名称。

当用户给一个零件赋予一个截面时，Abaqus/CAE 自动将该截面赋予零件的每一个实例。结果，当用户网格划分这些零件实例时，所创建的单元将具有那个截面中指定的属性。

独立于任何具体区域、零件或者装配体来命名和创建截面。用户可以将一个单独的截面赋予必要多的不同区域。用户可以使用属性模块来创建实体截面、壳截面、梁截面、流体截面和其他截面。

实体截面

实体截面定义二维的、三维的和轴对称实体区域的截面属性。

• 均质的实体截面。均质的实体截面由材料名称组成。此外，如果截面与二维区域一起使用，则用户必须也指定截面厚度（用户具有选项来指定平面应力或者平面应变厚度，即使将会把截面赋予三维区域。如果区域类型不需要厚度信息，则 Abaqus/CAE 忽略厚度信息）。

更多信息见 12. 13. 1 节“创建均质的实体截面”。

• 一般的平面应变截面。一般的平面应变截面由材料名称、厚度和围绕整体 1 轴和整体 2 轴的楔角组成。用户仅可以给二维平面区域赋予一般的平面应变截面。

更多信息见 12. 13. 2 节“创建一般的平面应变截面”。

• 欧拉截面。欧拉截面由材料名称的列表组成。此列表指定欧拉区域中出现的所有材料。用户仅可以给欧拉零件赋予欧拉截面。

更多信息见 12. 13. 3 节“创建欧拉截面”。对于欧拉分析的概览见第 28 章“欧拉分析”。

• 复合的实体截面。复合实体截面由多层材料组成。用户必须对每一层材料指定材料名称、厚度和方向。

更多信息见 12. 13. 4 节“创建复合实体截面”。

• 电磁实体截面。电磁实体截面对于电磁模型是有效的，并且由一个材料名称组成。此外，如果截面将与二维区域一起使用，则用户必须指定截面厚度（用户具有选项来指定平面应力或者平面应变厚度，即使将会把截面赋予三维区域。如果区域类型不需要厚度信息，则 Abaqus/CAE 忽略厚度信息）。

更多信息见 12. 13. 5 节“创建电磁实体截面”。

壳截面

壳截面定义壳区域的截面属性。如果壳模拟的结构在一个尺寸（厚度）上明显小于另外两个尺寸，厚度方向上的应力可以忽略。用户可以在壳截面中定义一个或者多个加强层（螺纹钢）。更多信息见 12. 2. 5 节“理解壳截面中的加强筋”。

• 均质壳截面。均质壳截面由壳的厚度、材料名称、截面泊松比和可选的加强层构成。用户可以选择在分析之前提供截面属性数据，或者让 Abaqus 在分析中从截面积分点计算（积分）横截面行为。如果选择了后者，提供选项来控制截面积分和整个厚度上的温度变化。

更多信息见 12. 13. 6 节“创建均质壳截面”。

• 复合壳截面。复合壳截面由多层的材料、泊松比和可选的加强层组成。对于每一层材料，用户必须指定材料名称、厚度和方向。用户可以选择在分析前提供数据或者让 Abaqus 在计算过程中从截面积分点计算（积分）横截面行为。如果选择了后者，则提供选项来控制截面积分和通过厚度的温度变化。

更多信息见 12.13.7 节“创建复合壳截面”。

• 膜截面。膜代表空间中的薄面，提供面平面内的强度，但是没有弯曲刚度。膜截面由材料名称、膜厚度、截面泊松比和可选的加强筋层组成。

更多信息见 12.13.8 节“创建膜截面”。

• 面截面。面截面代表空间中的面，具有零厚度，没有内在刚度并且行为像膜单元那样。面截面由可选的加强筋层组成。

更多信息见 12.13.9 节“创建面截面”。

• 一般的壳刚度截面。一般的壳刚度截面允许用户通过直接地指定刚度矩阵和热膨胀响应来定义壳的机械响应。一般的壳刚度截面由截面刚度矩阵和比例系数组成。可选地，用户也可以指定截面中的热膨胀系数和热应力。

更多信息见 12.13.10 节“创建一般的壳刚度截面”。

梁截面

在二维或者三维中使用梁来模拟细长的、杆类型的结构，提供轴向强度和弯曲刚度。梁代表的结构中，假定横截面与长度相比是小的。用户仅可以将梁截面赋予线框区域。此外，用户必须为所有使用梁截面的区域赋予梁截面方向。

• 梁截面。梁截面由泊松比和一个侧面参照组成。取决于用户选择在分析之前还是在分析过程中计算（积分）截面刚度，来要求额外的信息。

对于与侧面有关的信息，见 12.2.2 节“定义侧面”。更多有关梁截面的信息，见 12.13.11 节“创建梁截面”。

• 杆截面。杆像梁那样用在二维和三维中来模拟细长的、杆类型的结构，提供轴向强度，但是没有弯曲刚度。杆截面由材料名称和横截面面积组成。

更多信息见 12.13.12 节“创建杆截面”。

用户可以使用零件显示选项来显示梁或者杆侧面沿着线框区域的理想化表示。更多信息见 76.7 节“控制梁截面显示”。

流体截面

流体截面定义三维流体区域的材料属性。这些截面仅用于 Abaqus/CFD 模型中。

• 均质的流动截面。均质的流动截面由材料名称组成。更多信息见 12.13.13 节“创建均质流体截面”。

其他截面

用户可以创建的其他截面包括垫片截面、胶粘截面、声学有限元截面和声学界面截面。

• 垫片截面（仅 Abaqus/Standard 分析）。垫片模型薄密封分量位于结构部件之间。使用垫片截面来提供密封部件的压力闭合行为。垫片截面由材料名称、初始垫片厚度、初始间隙、初始空洞和横截面面积组成。

更多信息见 12.13.15 节“创建垫片截面”和第 32 章“垫片”。

• 胶粘截面。使用胶粘截面来模拟有限厚度的胶，脱胶应用的可忽略薄胶层，以及垫片。没有可以使用的指定垫片行为（通常以压力对比闭合的方式来定义）。胶粘截面由材料名称、响应、初始厚度和法向厚度组成。

更多信息见 12.13.16 节“创建胶粘截面”和第 21 章“胶接和胶粘界面”。

• 声学无限截面。使用声学无限截面来模拟承受外部区域的小压力变化的声学介质。声学无限截面由声学介质材料名称组成。此外，如果截面与二维区域一起使用，则用户也必须指定截面厚度（用户有指定平面应力或者平面应变厚度的选项，即使将截面赋予三维区域。如果区域类型不需要厚度信息，则 Abaqus/CAE 忽略厚度信息）。

更多信息见 12.13.17 节“创建声学无限截面”。

• 声学界面截面。使用声学界面截面来将声学介质耦合到结构模型。声学界面截面由声学介质材料名称组成。此外，如果截面将与二维区域一起使用，则用户也必须指定截面厚度（用户有选项指定平面应力或者平面应变厚度，即使会将截面赋予三维区域。如果区域类型不需要厚度信息，则 Abaqus/CAE 忽略厚度信息）。

更多信息见 12.13.18 节“创建声学界面截面”。

警告：用户赋予一个零件的截面类型必须由单元类型组成，用户在网格划分模块中对零件实例赋予此单元类型。例如，如果用户在属性模块中给一个线框零件赋予一个杆截面，则用户应当在网格划分模块中给该零件的任何实例都赋予一个杆单元类型（而不是梁单元类型）。

12.2.4 定义复合材料叠层

用户可以使用复合材料叠层来模拟包含许多铺层的零件，其中每一个铺层通过一个材料、一个厚度和参考方向来定义。复合材料叠层类似于复合材料壳或者复合材料实体截面。复合材料截面中的铺层与复合材料叠层中的铺层是一样的；然而，复合材料截面总是包含相同数量的铺层。而复合材料叠层可以在不同的区域中包含不同数量的铺层。当用户分析模型时，Abaqus/CAE 将复合材料叠层转化成它的本构复合材料截面。Abaqus/CAE 允许用户定义三种类型的复合材料叠层——壳、连续的壳和实体。更多信息见第 23 章“复合材料叠层”。

12.2.5 理解壳截面中的加强筋

用户可以通过为每一个加强筋层指定唯一的层名称来定义一个或者多个壳截面中的加强筋层（螺纹钢）。用户也可以指定形成每一个加强筋层的材料名称，并且指定每一个层中每个加强条的横截面、间距和螺纹钢的方向。

要定义每一个螺纹钢层的方向，用户可以指定方向夹角或者方向名称。螺纹钢层的角度方向是相对于螺纹钢参考方向定义的。用户可以使用 Assign 菜单来给壳区域赋予一个螺纹钢参考方向。如果用户指定一个方向名称，则用户必须提供用户子程序 ORIENT。更多信息见 12.13.19 节“定义加强筋层”，以及 12.15.4 节“赋予材料方向或者加强筋参考方向”中的“赋予加强筋参考方向”。

在步模块中，用户必须要求在 Abaqus 写到输出数据库的数据中包括螺纹钢的输出，并且输出到显示模块中加强筋方向的显示图中。在显示模块中，Abaqus/CAE 为了输出的目的将加强筋层处理成截面点，并且用户可以创建材料方向图来显示加强筋方向。

更多信息见《Abaqus 分析用户手册——介绍、指定条件、约束与相互作用卷》的 2.2.3 节“定义加强筋”。

12.3 可以给零件赋予什么属性?

一旦用户创建了一个截面，就可以给零件赋予下面的属性：

截面

用户可以给零件的一个区域赋予截面。Section Assignment Manager 允许用户显示、创建、编辑、抑制、恢复和删除截面赋予。在属性模块中，Abaqus/CAE 将区域着色成绿色来说明区域已经具有一个截面赋予。如果存在重复的截面赋予，则 Abaqus/CAE 将区域着色成黄色。

梁截面方向

用户可以给线框区域赋予梁截面方向。用户通过定义横截面模糊的局部 1 方向来给一个梁截面赋予一个方向。

材料方向

用户可以给壳和实体区域赋予材料方向。整体坐标系确定默认的材料方向。用户可以通过选择一个现有的基准坐标系来定义材料方向，或者通过定义一个离散的方向来定义离散的场。对于一个 Abaqus/Standard 分析，可以在用户子程序中定义材料方向。

加强筋参考方向

加强筋层的角度方向是相对于加强筋参考方向来定义的。用户可以给壳区域赋予加强筋参考方向。整体坐标系确定默认的加强筋参考方向。用户可以通过从视口选择一个现有的基准坐标系来定义一个加强筋参考方向，然后选择基准坐标系上的一个轴来近似壳的法向。

单元法向

用户可以将壳/膜法向赋给孤立单元、壳和膜区域，以及具有线框区域的轴对称零件。壳/膜的法向影响赋给区域的材料方向。如果用户反转壳区域的法向，则会反转材料的 2 方向。材料 2 方向的反转对分析结果没有影响。然而，当解释壳的截面点输出时，用户应当谨慎。

单元切向

用户可以给孤立的单元和线框区域赋予梁/杆切向。梁截面方向取决于梁的切向。如果用户反转切向，则会反转局部 2 方向，并且当说明结果时，尤其是当用户确定梁截面点的位置时，应当谨慎。

用户可以使用属性模块主菜单栏中的 Assign 菜单来给一个零件赋予属性。用户可以采用下面的方式来选择要赋予属性的区域：

- 直接选择视口中的区域。
- 选择单个的单元，或者使用角度方法来选择单元（给孤立的单元赋予壳模块）。
- 使用集合工具集来创建一个由零件区域组成的或者孤立单元组成的集合（从主菜单栏中的 Tools 菜单可以访问集合工具集）。然后用户可以给区域或者由集合定义的单元赋予属性。

如果用户给一个区域赋予截面，然后重新命名或者删除截面，则此截面不会再施加给区域。如果用户模型的区域缺乏截面属性，则用户的作业将失败并且作业模块将报告此问题。

然而，重新命名的或者删除的截面原始名称将继续与已经赋予的区域相关，除非采取下面的一个措施：

- 给区域赋予一个不同的截面。
- 创建一个具有原始截面名称的新截面，并且对于区域是类型合适的（例如，壳区域的壳截面）；新截面中定义的属性自动应用到区域。
- 如果用户重新命名了一个截面，则将截面的名称改回它的原始名称。

用户可以使用询问工具集来确定赋给区域的命名；更多信息见 71.1 节“理解查询工具集的角色”。

类似地，如果用户在一个截面定义中参考一个材料，并且重新命名或者删除材料，则截面变得无效；在此截面中定义的属性不再施加到赋予了截面的区域。然而，被重新命名或者被删除材料的原始名称依然与参考那些材料的区域关联；这样，用户可以使用类似上面列出的技术来重新加载截面。

给模型赋予属性并且管理截面赋予的详细指导，见下面的部分：

- 12.15.1 节 “赋予一个截面”
- 12.15.2 节 “管理截面赋予”
- 12.15.3 节 “赋予一个梁方向”
- 12.15.4 节 “赋予材料方向或者加强筋参考方向”
- 12.15.5 节 “赋予壳/膜法向”
- 12.15.6 节 “赋予梁/杆切向”
- 12.16 节 “为材料方向和复合材料铺层方向赋予离散方向”

12.4　理解属性模块编辑器

当用户创建或者编辑一个材料、侧面或者截面时，用户必须在合适的编辑器中输入数据。例如，当用户创建一个材料时，必须在材料编辑器中输入数据。本节介绍每一个编辑器类型的信息，包括以下主题：

- 12.4.1 节 “创建材料”
- 12.4.2 节 “创建侧面”
- 12.4.3 节 “创建截面”
- 12.4.4 节 “创建复合材料铺层”
- 12.4.5 节 “选择材料行为”
- 12.4.6 节 “指定材料参数和数据”
- 12.4.7 节 “评估超弹性和黏弹性材料行为”

12.4.1　创建材料

要创建一个材料，从主菜单栏选择 Material→Create。出现 Edit Material 对话框，在其中用户可以输入材料的名称并且创建或者编辑材料属性。图 12-2 所示为材料编辑器。

注意：一旦用户已经创建一个材料，就不能使用材料编辑器来重新命名；用户必须使用 Material→Rename 来改变现有材料的名称。

材料编辑器由下面组成：

材料行为（Material Behaviors）列表

在材料定义中已经被用户选择的行为列表。

行为菜单

用户所选材料行为的行为列表下面的一组菜单。

行为定义区域

窗口下面的部分，其中出现与所选行为关联的参数、表数据区域和子选项。

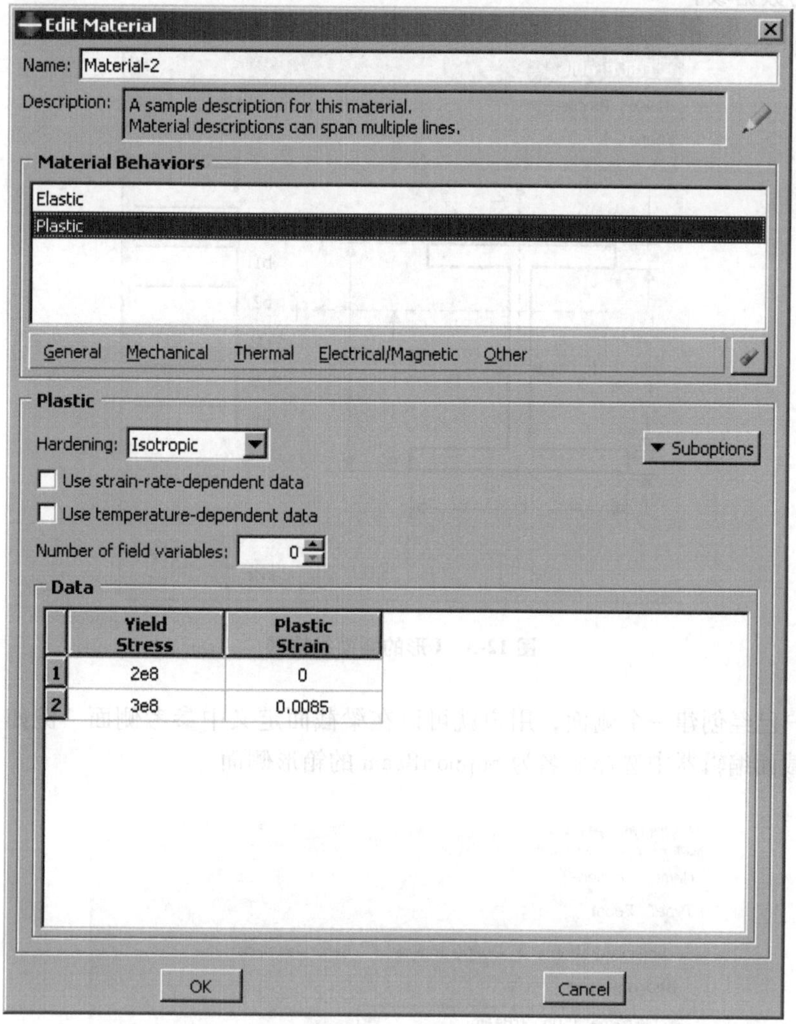

图 12-2 材料编辑器

注意：用户可以通过从主菜单栏选择 Help→On Context，然后单击感兴趣的编辑器特征来显示这里还没有讨论的编辑器特定方面的帮助。

12.4.2 创建侧面

要创建侧面，从主菜单栏选择 Profile→Create。出现 Create Profile 对话框，其中用户可以输入侧面的名称并且选择侧面类型。一旦完成信息输入，单击 Create Profile 对话框中的 Continue 来显示侧面编辑器，它允许用户创建和编辑侧面。

所有的侧面编辑器显示侧面形状和文本域的表，用户可以输入定义侧面所必要的所有数据。例如，I 形的侧面编辑器如图 12-3 所示。编辑器包含 I 形的侧面表，以及用户可以输入每一个尺寸的数据域。

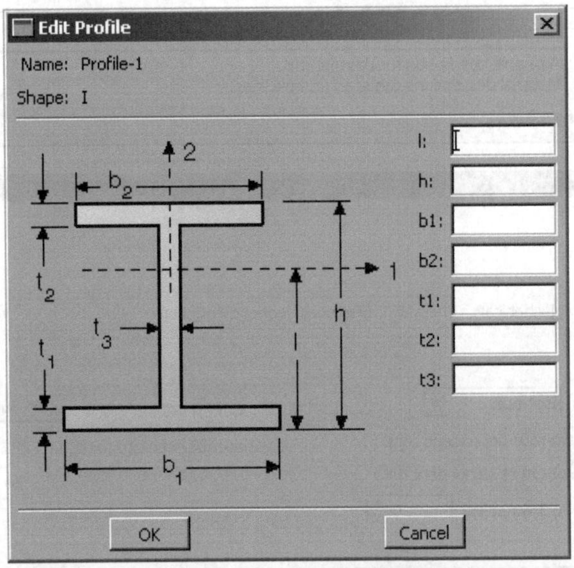

图 12-3　I 形的侧面编辑器

一旦用户已经创建一个侧面，用户就可以在梁截面定义中参考侧面。例如，图 12-4 中显示的在梁截面编辑器中选择命名为 SupportBeam 的箱形侧面。

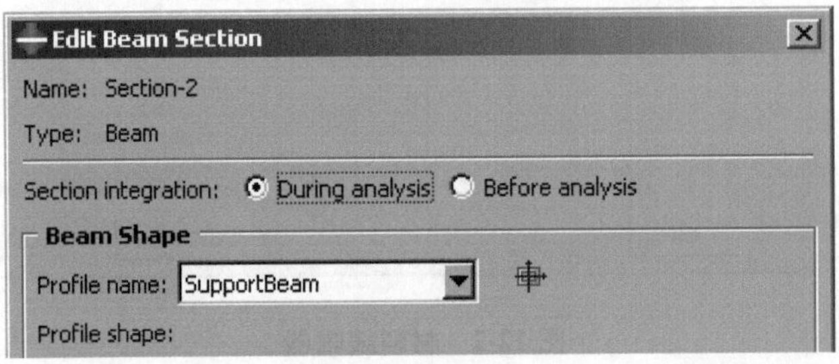

图 12-4　在梁截面编辑器中指定一个侧面名称

有关侧面的更多信息，见 12. 2. 2 节“定义侧面”。

12. 4. 3　创建截面

用户可以使用属性模块来创建下面类型的截面：

- 均质的实体截面。
- 一般的平面应变截面。
- 欧拉截面。
- 复合实体截面。

- 电磁实体截面。
- 均质壳截面。
- 复合壳截面。
- 膜截面。
- 面截面。
- 一般的壳刚度截面。
- 梁截面。
- 杆截面。
- 流体截面。
- 垫片截面。
- 胶粘截面。
- 声学无限截面。
- 声学界面截面。

要创建一个截面，从主菜单栏选项 Section→Create。出现 Create Section 对话框，其中用户可以命名截面并且指定用户想要创建的截面类型。一旦用户已经指定一个截面名称和类型，单击 Create Section 对话框中的 Continue 来显示截面编辑器，此编辑器允许用户创建和编辑截面。

截面编辑器的格式随着用户定义的截面类型发生变化。例如，图 12-5 中显示的均质壳截面编辑器。

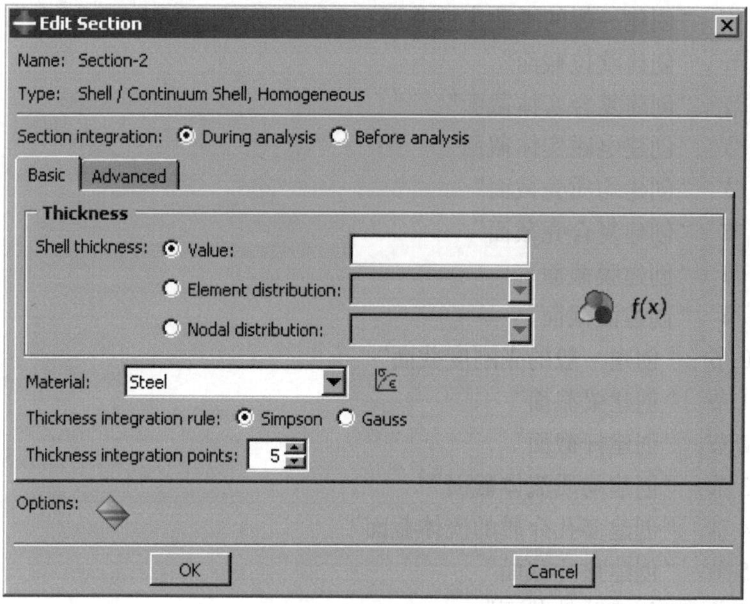

图 12-5　均质壳截面编辑器

注意：用户可以通过选择主菜单栏上的 Help→On Context，然后单击感兴趣的编辑器特征来显示这里还没有讨论的编辑器具体方面的帮助。将显示帮助窗口，包含本手册的相关章节。

一些编辑器包含 Rebar Layers 选项（图标），如图 12-5 所示。如果用户单击此图标，则出现另一个对话框，其中用户可以输入考虑加强筋层的数据，如图 12-6 所示。

注意：要显示 Rebar Layers 对话框中项目的背景相关的帮助，用户必须选择感兴趣的项目并且按［F1］键（在显示选项对话框时不能访问主菜单栏中的 Help 菜单）。

一旦输入了定义截面所需的所有数据，就可以单击 OK 来关闭截面编辑器并保存截面。

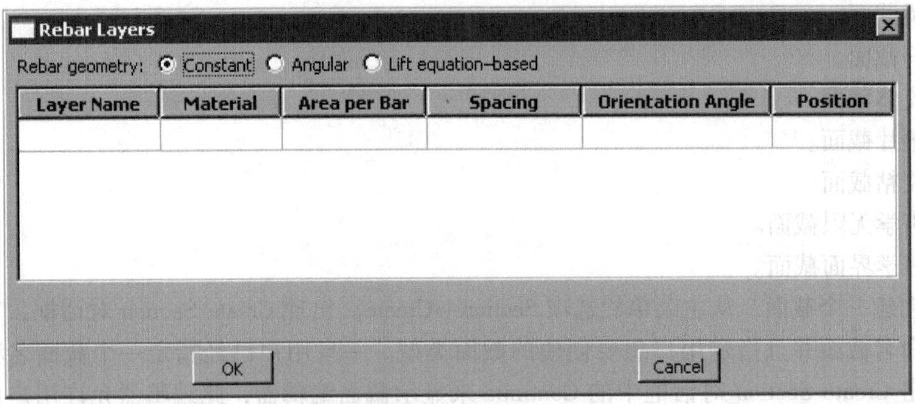

图 12-6　Rebar Layers 对话框

使用截面编辑器的详细指导，见下面的章节：

- 12.13.1 节　“创建均质的实体截面”
- 12.13.2 节　“创建一般的平面应变截面”
- 12.13.3 节　“创建欧拉截面”
- 12.13.4 节　“创建复合实体截面”
- 12.13.5 节　“创建电磁实体截面”
- 12.13.6 节　“创建均质壳截面”
- 12.13.7 节　“创建复合壳截面”
- 12.13.8 节　“创建膜截面”
- 12.13.9 节　“创建面截面”
- 12.13.10 节　“创建一般的壳刚度截面”
- 12.13.11 节　“创建梁截面”
- 12.13.12 节　“创建杆截面”
- 12.13.13 节　“创建均质流体截面”
- 12.13.14 节　“创建多孔介质的流体截面”
- 12.13.15 节　“创建垫片截面”
- 12.13.16 节　“创建胶粘截面”
- 12.13.17 节　“创建声学无限截面”
- 12.13.18 节　“创建声学界面截面”
- 12.13.19 节　“定义加强筋层”
- 12.13.20 节　“创建侧面”

12.4.4 创建复合材料铺层

用户可以使用属性模块来创建下面类型的复合材料铺层：

- 壳。
- 连续壳。
- 实体。

要创建一个复合材料铺层，从主菜单栏选择 Composite→Create。出现 Create Composite Layup 对话框，用户可以在其中命名铺层，指定初始叠层数量以及指定用户想要创建的复合材料铺层类型。一旦用户完成了此信息的输入，就可以单击 Create Composite Layup 对话框中的 Continue 来显示复合材料编辑器，此编辑器允许用户创建和编辑铺层。

复合材料铺层编辑器的格式根据用户定义的铺层类型而不同。例如，图 12-7 中显示了壳复合材料铺层编辑器。

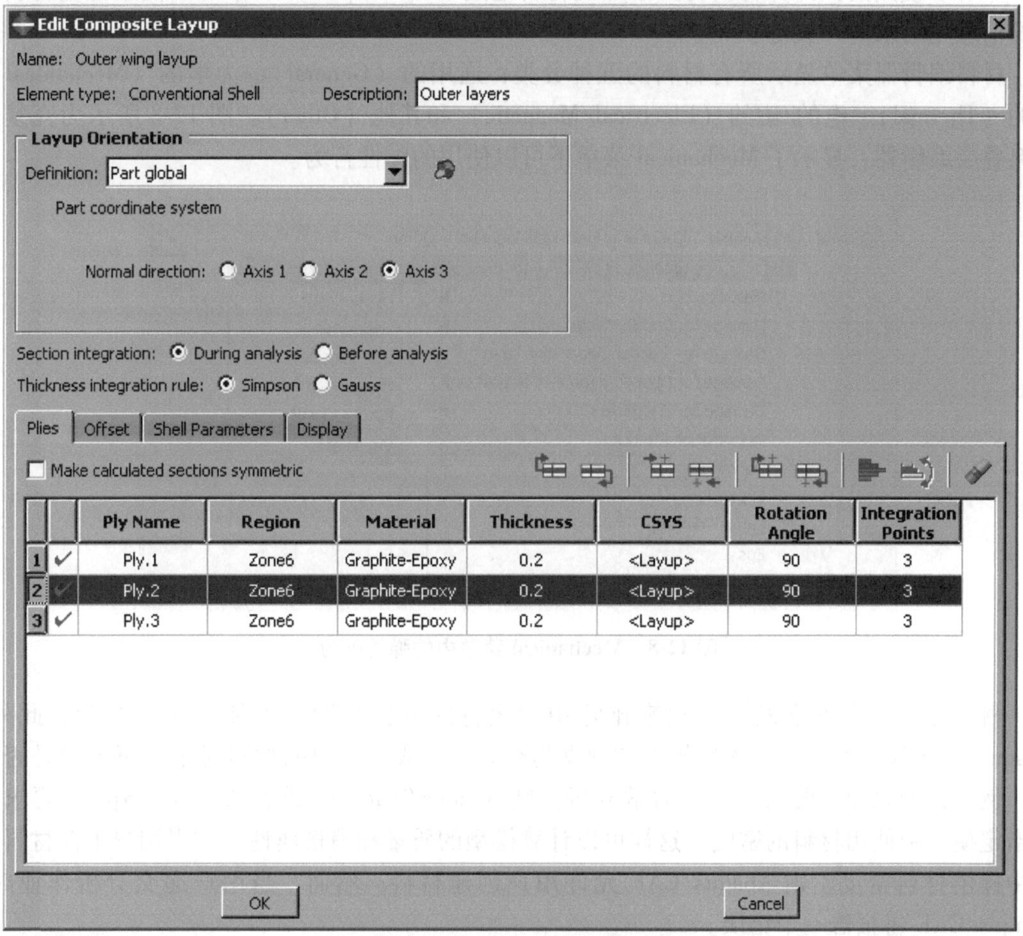

图 12-7 壳复合材料铺层编辑器

注意：用户可以通过从主菜单栏选择 Help→On Context，并且单击感兴趣的编辑器特征来显示这里还没有显示的编辑器特定方面的帮助。将出现一个帮助窗口，此窗口包含此手册的相关章节。

一旦用户输入了所有定义层叠所必要的数据，就可以单击 OK 来关闭编辑器并且保存复合材料铺层。

对于使用复合材料铺层编辑器的详细指导，见下面的章节：

- 12.14.2 节　“创建传统壳复合材料铺层”
- 12.14.3 节　“创建连续壳复合材料铺层”
- 12.14.4 节“创建实体复合材料铺层”

12.4.5　选择材料行为

材料编辑器包含一些菜单来允许用户将 Abaqus/Standard、Abaqus/Explicit 或者 Abaqus/CFD 中可以使用的大部分材料行为添加到材料定义中（Abaqus/CAE 中可以使用哪些材料行为的信息见附录 A“关键字”）。

材料编辑器菜单显示所有材料的五种分类：通用的（General）、力学的（Mechanical）、热的（Thermal）、电的/磁的（Electrical/Magnetic）和其他（Other）。图 12-8 所示为壳复合材料叠层编辑器，显示了 Mechanical 菜单下可以使用的弹性行为。

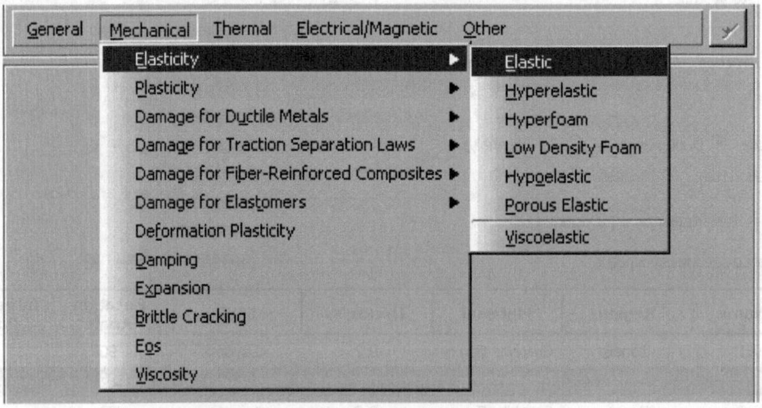

图 12-8　Mechanical 菜单中的弹性行为

材料行为列表不会发生变化来排除用户运行的分析类型中不能使用的行为。此外，Abaqus/CAE 不检查用户输入编辑器的数据是否有效，或者用户的材料对于分析类型是否合适。例如，如果用户要求一个动力学分析，则 Abaqus/Standard 或者 Abaqus/Explicit 要求用户指定模型中使用材料的密度，这样可以计算模型的质量和惯量属性。如果用户不在材料定义中提供材料密度，则 Abaqus/CAE 允许用户创建材料；然而，当用户递交分析作业时，Abaqus/CAE 将报告一个错误。

当用户选择一个行为时，行为的名称出现在编辑器顶部的 Material Behaviors 列表中，并且行为变成用户材料定义的一部分。例如，图 12-9 中的列表反映已经选择的 Elastic 和 Plastic 行为，以及 Elastic 行为的 Fail Stress 子选项。

像 Elastic 和 Plastic 那样的行为是主要行为。测试数据和 Fail Stress 那样的子选项出现在对应主要行为的下面，以及适合于表达它们的下级位置上。

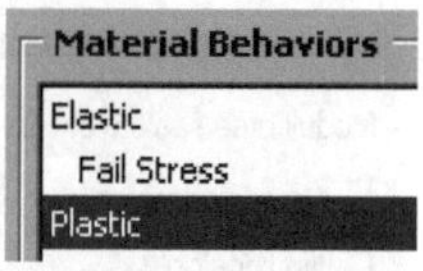

图 12-9 Material Behaviors 表

如果用户想从材料定义中删除一个行为或者子选项，用户可以从 Material Behaviors 列表选择那个行为或者子选项，然后单击图标。

如果用户正在创建一个新的材料，则所选的行为列表是初始空白的。当用户选择行为时，行为名称出现在列表中；如果存在太多的行为而不能一起显示，则在列表的右侧出现一个滚动条。

12.4.6 指定材料参数和数据

当用户选择一个行为时，行为定义区域发生改变来显示当前所选行为的所有关联参数和数据项。在描述行为的区域顶部显示参数，并且在行为描述的底部显示数据项。

取决于用户的分析要求，用户可以选择接受或者改变默认的参数值；例如，用户可以选择是否通过使用弹性表上的 Type 组合框来使用各向同性的弹性，如图 12-10 所示。

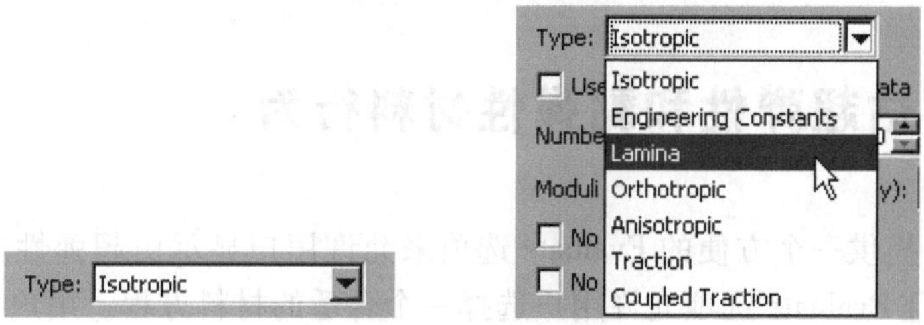

图 12-10 Type 组合框

在参数区域的底部出现一个表，包含剩余要求材料参数的域；例如图 12-11 显示了当用户选择各向同性弹性时出现的表格。

取决于不同的设置参数，可以访问不同的区域。例如，当用户选择层合弹性而不是各向同性时，出现图 12-12 所示的表格。

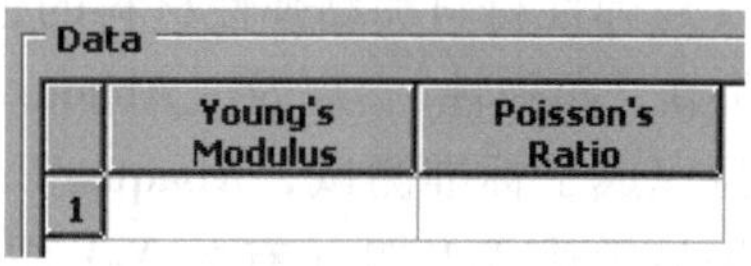

图 12-11 各向同性的弹性表格

用户可以使用键盘来将数据输入表格。另外，用户可以在表格中的任何地方右击鼠标来显示指定表数据的选项列表。例如，可以从一个文件自动输入数据的选项。还有另一个选项可以用来从表格中的数据创建 *X-Y* 数据对象；用户可以在显示模块中显示 *X-Y* 数据，并且可视化地检查数据的有效性。每一个选项的详细信息，见 3.2.7 节“输入表格数据”。

在材料编辑器中特定特征的详细信息，见下面的章节：

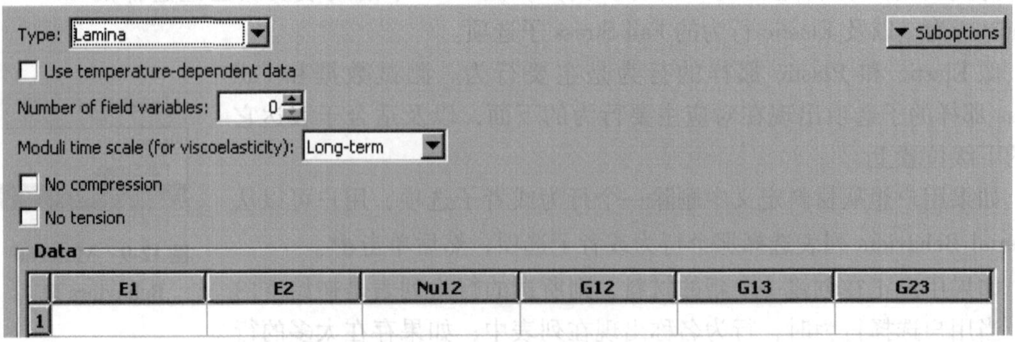

图 12-12　层合弹性表格

- 12.7.1 节　“创建或者编辑材料”
- 12.7.2 节　“浏览和编辑材料行为”
- 12.7.3 节　“输入应变率相关的数据”
- 12.7.4 节　“输入温度相关的数据”
- 12.7.5 节　“指定场变量相关性”
- 12.7.6 节　“选择和更改子选项或者测试数据”
- 12.7.7 节　“显示超弹性材料行为的 *X-Y* 图”
- 12.7.8 节　“显示黏弹性材料行为的 *X-Y* 图”

12.4.7　评估超弹性和黏弹性材料行为

Abaqus/CAE 提供一个方便的 Evaluate 选项来允许用户显示由超弹性或者黏弹性材料预测的行为，并且 Evaluate 选项允许用户选择一个合适的材料方程。用户可以评估任何超弹性的材料，但是仅当黏弹性材料是在时域中定义时，并且包括超弹性和/或弹性材料数据时，才能评估和显示。如果用户的材料定义包括在频域定义的黏弹性数据，则用户不能在 Abaqus/CAE 中评估材料的黏弹性材料行为，但是会将它的材料评估数据写到数据（.dat）文件中。Evaluate 选项提示 Abaqus/CAE 使用现有的材料执行一个或者多个标准测试（超弹性材料和黏弹性材料的标准测试信息见《Abaqus 分析用户手册——材料卷》的 2.5 节“超弹性”，以及《Abaqus 分析用户手册——材料卷》的 2.7 节“线性黏弹性”）。一旦完成了标准测试，Abaqus/CAE 将测试结果输入显示模块并且在新的视口中将测试结果显示成 *X-Y* 图（有关 *X-Y* 图的更多信息，见第 47 章“*X-Y* 图”）。Abaqus/CAE 也显示一个信息对话框，包含每一个超弹性应变势能的稳定性限制和参数，以及超弹性响应的黏弹性材料参数。由评估得到的信息保存在材料名称_*i*.dat 文件中，其中 *i* 从 1 开始，并且为相同材料的后续评估而递增。用户可以审核评估值并且对材料定义进行必要的调整。

要初始化评估过程，从主菜单栏选择 Material→Evaluate→材料名称。另外，用户可以在 Material Manager 中选择感兴趣的材料，然后单击 Evaluate。出现 Evaluate Material 对话框，在其中，用户可以指定想让 Abaqus/CAE 如何执行标准测试。有关评估超弹性材料行为的详细指导，见 12.7.7 节“显示超弹性材料行为的 X-Y 图”。对于评估黏弹性材料行为的详细指导，见 12.7.8 节“显示黏弹性材料行为的 X-Y 图”。

注意：材料评估过程生成与材料名称相同的作业；这样，这些材料名称必须遵守作业名的规则（更多有关命名对象的信息，见 3.2.1 节“使用基本对话框组件”）。

在下面的情景中，Evaluate 选项是特别有用的。

将测试数据与特定应变势能预测的行为进行对比

当用户使用试验数据定义超弹性材料时，也要指定想要应用于数据的应变势能。Abaqus 使用试验数据来计算指定应变势能所必要的系数。然而，确认在材料定义预测的行为与试验数据之间存在可接受的关系是非常重要的。

用户可以使用 Evaluate 选项，使用用户在材料定义中指定的应变势能，以试验数据为基础来计算材料响应。当测试完成时，Abaqus/CAE 进入显示模块并且显示测试结果的 X-Y 图。图中包括试验数据和评估得到的每一个应变势能曲线。Abaqus/CAE 会打开包含稳定性限制和每一个应变势能参数的对话框。

例如，图 12-13 中的 X-Y 图显示了一个使用 Ogden N=3 应变势能的平面测试结果。

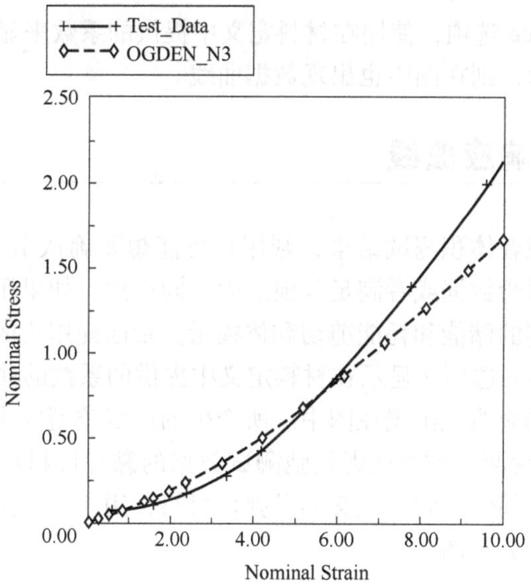

图 12-13　平面测试的结果

此外，下面的信息也将汇总到数据（.dat）文件中：

- 为应变势能计算的系数。
- 测试过程中发现的任何材料不稳定性。

一旦成功地完成分析，则 Abaqus/CAE 主窗口的信息区域中出现数据（.dat）文件的路径。

评估多个应变势能

如果用户正在使用试验数据来定义一个超弹性材料，并且用户不确定指定哪一个应变势能，用户可以从材料编辑器中的 Strain energy potential 列表中选择 Unknown。然后，用户可以使用 Evaluate 选项来使用多应变势能的试验数据执行标准测试。

当完成测试时，Abaqus/CAE 进入显示模块并且显示每一个测试的 *X-Y* 图，以及包含每一个应变势能的稳定性限制和系数的对话框。每一个图包括试验数据和每一个评估得到的应变势能曲线。用户可以可视化地对比应变势能曲线和试验曲线，并且选择拟合最好的应变势能。

一旦用户确定了哪一个应变势能提供试验数据的最好拟合，就必须返回到属性模型中的材料编辑器并将 Strain energy potential 选择从 Unknown 改变成已经选择的应变势能。

显示由系数预测的行为

如果用户已经获得特定应变势能的系数（通过上面所述的评估一个或者多个应变势能，或者从其他来源得到），则用户可能想要确认由应变势能预测的行为是否匹配用户的试验数据或者满足其他准则。

用户可以使用 Evaluate 选项，使用在材料定义中提供的系数来显示应变势能曲线。如果材料系数也包括试验数据，则在图中也出现数据曲线。

显示黏弹性材料的响应曲线

如果用户拥有剪切或者体积测试结果，则用户可能想要确认由 Abaqus 预测的蠕变和松弛行为是否匹配用户的试验数据或者满足其他准则。同样地，如果用户拥有频率数据，则用户可能想要确认预测得到的储能和耗能剪切和体模量分量匹配用户的数据。

用户可以使用 Evaluate 选项来显示在材料定义中提供的系数的曲线。如果材料定义包括试验数据，则这些数据的曲线也出现在图中。所产生的曲线类型取决于材料定义。对于使用 Prony 级数、时间上的蠕变测试数据或者松弛测试数据的黏弹性材料，用户可以产生对比时间的蠕变和松弛图。为时间使用频率定义的黏弹性材料，用户可以选择生成对比频率对数的剪切和体模量储能和耗能分量图。

调整材料数据

如果用户对测试数据与材料预测得到的行为之间的拟合不满意，则用户可以返回到属性模块并且调整测试数据，并且再次评估材料。用户可以重复此过程，直到用户对材料行为满意。在一些情况中，有可能是以此方法来优化超弹性材料定义中包括的系数值。更多信息见《Abaqus 分析用户手册——材料卷》的 2.5.1 节“橡胶型材料的超弹性行为”中的“改进试验数据拟合的精确性和稳定性”。

评估材料的详细指导见下面的章节：

- 12.7.7 节 “显示超弹性材料行为的 *X-Y* 图”
- 12.7.8 节 “显示黏弹性材料行为的 *X-Y* 图”

Abaqus 中有关应变势能的更多信息，见《Abaqus 分析用户手册——材料卷》的 2.5.1 节“橡胶型材料的超弹性行为”中的“应变势能”。

12.5 使用材料库

用户可以使用一个材料库来保持所有 Abaqus/CAE 分析模型中使用的材料属性数据设置一致。仅在属性模块中才可以使用材料库。

本节提供访问、使用和管理材料库的信息。要访问材料库，单击属性模块中主窗口左上角附近出现的 Material Library 标签页，在 Model 和 Results 标签页旁边。本节包括以下主题：

- 12.5.1 节 “材料库概览”
- 12.5.2 节 “管理材料库”
- 12.5.3 节 “将库中的材料添加到用户的模型中”

12.5.1 材料库概览

材料库工具位于属性模块中模型树区域内。材料库提供在多个分析中存储材料属性的便捷方法。用户可以创建一个或者多个库来保存和组织与一个项目、一组项目或者整个公司有关的材料数据。使用材料库允许用户保持材料属性的连贯设置，并且给模型快速地添加材料。

自动加载材料库，但会将材料库考虑成 Abaqus/CAE 的插件，虽然不需要使用 Plug-ins 菜单。材料库具有文件扩展名 .lib，并且存储在 Abaqus 父目录、用户的主目录或者当前目录（用户加载 Abaqus/CAE 的目录）中的 abaqus_plugins 目录中。用户也可以使用 abaqus_v6.env 文件中的 plugin_central_dir 环境变量来指定一个额外的目录路径（插件目录位置的更多信息，见 81.6.1 节“插件文件存储到哪里?”）。Abaqus/CAE 为材料库文件搜索指定插件位置的所有子目录。

默认情况下，Abaqus/CAE 以树的形式显示材料库，类似于模型树。在此格式中，用户可以扩展和收起树来帮助定位一个想要的材料。图 12-14 所示为一个包含金属材料的简单材料库。用户可以将材料库以材料名称的字母顺序显示，而不需要分类。

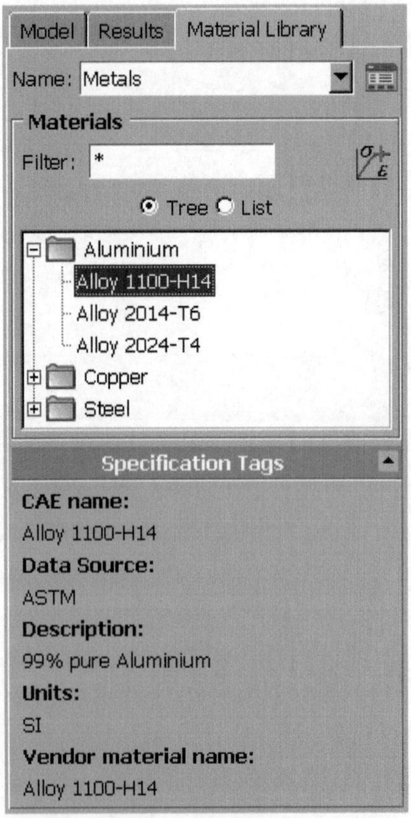

图 12-14 材料库

用户可以使用位于材料列表上方的 Filter 来搜索材料名。过滤可以包括 Abaqus 材料名中允许的任何字符（对象命名的更多信息，见 3.2.1 节“使用基本对话框组件”）。不能对类型名称施加过滤，所以如果对类型名称施加过滤，会产生“空”类型。

工具可以打开 Material Library Manager，用户可以创建、编辑、重命名和重新组织材料库。用户也可以使用过滤器来创建、编辑、重命名和删除 Specification Tags 来帮助确定库中的材料。

图 12-14 还显示了预定义的 Specification Tags。工具可以从库复制一个选中的材料到当前的模型。

12.5.2 管理材料库

Material Library Manager 允许用户创建、编辑和重新命名材料库、库分类和库材料。默认的 Specification Tags 说明了材料数据的来源、描述和度量单位，以及供应商材料名称。用户可以创建、编辑、重新命名和删除库中每一个材料的规范标签。材料属性和类型按字母顺序显示，与 Abaqus/CAE 主窗口中的默认库显示是一样的；首先，出现材料分类，然后是不在分类中的材料。用户可以使用管理器将材料从模型复制到库，或者从库复制到模型。图 12-15 所示为 Material Library Manager。

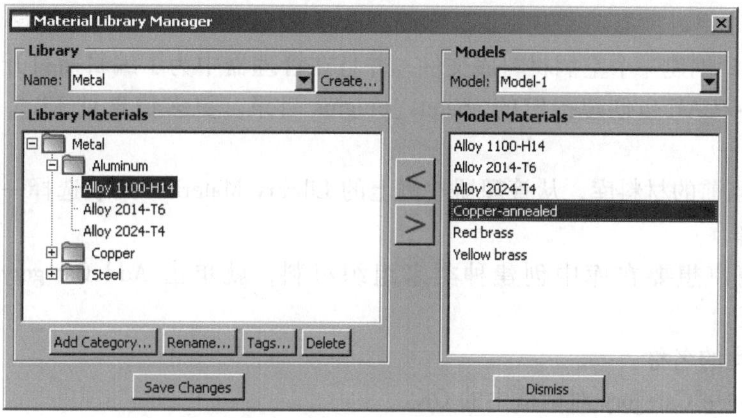

图 12-15 Material Library Manager（材料库管理器）

用户在操作材料库时，应仔细考虑材料和类型名称。用户可以使用完全相同的名称来创建多个类型和（或者）材料。例如，用户可以拥有同一钢等级标准的多个记录，每一个标准记录包含不同单位设置的属性。使用合适的分类名称，用户可以容易地确定每一个材料。然而，如果用户以列表格式显示库，则在列表中将出现一样的记录。更改材料名称来包括单位信息，可以更加容易地区分想要的材料。例如，用户可以给一个材料命名 Steel 1020 US 和 Steel 1020 SI。另外，用户可以单击材料库管理器中的 Tags 来说明出现在主窗口中材料列表下面的 Specification Tags 中的单位。重新命名材料库中的材料将仅改变库中的名称，而不会改变从 Abaqus/CAE 模型复制的，或者复制到 Abaqus/CAE 模型的基底材料名称。从模型的库添加的材料仍然保留旧名称。

用户不能在材料库过滤器中显示或者编辑材料属性。要显示或者编辑材料属性，用户必须给模型添加材料并且使用 Edit Material 对话框（更多信息见 12.7.1 节“创建或者编辑材料”）。使用 Material Library Manager 的详细指导，见此手册的对应章节。在 Material Library Manager 中进行的更改在管理器对话框中是立即可见的。然而，除非用户单击 Save Changes，否则不会记录对库文件的更改。Abaqus/CAE 在主窗口中不会更新库显示，除非用户退出材料管理器。

若要管理材料库，执行以下操作：

1. 从模型树区域中的 Material Library 标签页中单击位于 Name 域右侧的 Material Library Manager 图标。

Abaqus/CAE 显示 Material Library Manager。

2. 从管理器的顶部单击 Create 来创建一个新的材料库，或者选择一个库名称来编辑一个现有的库。

3. 如果用户已经选择之前步中的 Create，则出现 Create Material Library 对话框。

a. 输入新库的名称。

b. 选择 Home 或者 Current 来选择 abaqus_plugins 目录所在的位置，在这些位置将保存库。

c. 单击 OK。

Abaqus/CAE 创建一个空洞材料库文件，并且在管理器中为了编辑而打开它。如果有必要的话，Abaqus/CAE 也创建指定的 abaqus_plugins 目录。更多信息见 12.5.1 节“材料库概览”。

4. 要编辑当前的材料库，从管理器左侧上的 Library Materials 列表选择一个项目，然后选择下面的操作。

1）如果用户想要在库中创建种类来组织材料，就单击 Add Category。出现 Create Category 对话框。

a. 输入种类的名称。

b. 单击 Create Category 对话框中的 OK。

Abaqus/CAE 创建新的种类。

种类出现在的库中的层级与用户选中项目的层级相同。例如，如果用户选择库名称，则新种类与其他种类直接出现在库名称下面；如果用户选择一个现有的种类，则新种类出现在那个种类中。

2）如果用户想要重新命名选中的项目，单击 Rename。在出现的对话框中输入新的名称，然后单击 OK。

注意：重新命名库会改变 Abaqus/CAE 中出现的名称；但是不改变库文件（.lib）的名称。

3）如果在用户扩展材料库底部处的 Specification Tags 域时想要编辑出现的材料信息，单击 Tags。标签包含来源、描述、单位和材料供应商名称。默认情况下，供应商名称标签包含材料名称，并且另外的每一个标签包含“从 CAE 导入的”。用户可以使用标签来澄清具有相同名称或者类似属性的材料的适用情况。

4）如果用户想要从库中删除材料或者一个空的种类，则选中它然后单击 Delete。用户可以使用［Ctrl］键+单击和［Shift］键+单击的组合来选择多个项目。

注意：用户不能从 Abaqus/CAE 中删除材料库；用户必须从用户系统上的保存位置删除库文件。

5. 使用位于 Library Materials 列表与 Model Materials 列表之间的箭头来从一个库将材料复制到一个模型，或者反之。

当用户复制一个材料时，Abaqus/CAE 将新材料放置在选中种类的末端，如果有的话，在库的末端。

a. 从 Material Library Manager 中的 Models 列表选择用户想要复制给（或者从中复制）材料的模型。

b. 从 Library Materials 列表或者 Model Materials 列表选择想要的材料。用户可以使用［Ctrl］键+单击和［Shift］键+单击的组合来选择多个项目。

c. 如果用户正在给库复制进一个材料，在想要 Abaqus/CAE 放置材料的 Library Materials 列表中选择种类。

d. 单击合适的箭头来复制材料。

Abaqus/CAE 为模型在选中库的种类末端添加新的材料，或者将材料添加到材料列表的末端。

用户在 Material Library Manager 中进行的更改可以在管理器对话框中立即看到。然而，这些改变不会立即起作用，直到用户单击 Save Changes。Abaqus/CAE 在主窗口中不更新库，直到用户退出材料库管理器。

12.5.3 将库中的材料添加到用户的模型中

要显示材料库，选择属性模块的模型树中的 Material Library 标签页。如果可以获取多个库，则从标签页的顶部列表选择一个库。在默认的 Tree 视图中，扩展种类可以显示每一种类中的材料。要隐藏种类并且显示当前库中所有材料的字母顺序列表，选择 List 视图。

要从库选择一个材料并添加到当前的模型，高亮显示树中的或者列表视图中的材料名称，并且单击 Materials 列表右上角处的 Add Material 图标。另外，用户可以双击库中的材料名称来将其添加到模型中。

一旦用户给模型添加了一个材料，就可以使用 Edit Material 对话框来显示或者编辑材料属性。使用属性模块中的其他工具来将材料与截面关联，并且给用户模型的零件赋予截面。

若要使用材料库来对用户的模型添加多个材料，执行以下操作：

1. 单击位于主窗口左侧模型树区域顶部处的 Material Library。

技巧：如果没有显示模型树，从主菜单栏选择 View→Show Model Tree。

2. 从 Name 列表选择一个库名称。

如果 Abaqus/CAE 未在程序会话开始时找到任何材料库，则用户可以创建一个新材料库。更多信息见 12.5.2 节"管理材料库"。

Abaqus/CAE 显示材料库内容。默认情况下，库以树格式来显示，材料可以类似于模型树那样分散在不同的种类中。

3. 使用下面任何的方法来调用想要的库中的材料。

- 扩展 Tree 视图中的种类来显示它们的内容。
- 切换选中 List 来隐藏种类，然后显示库中的所有材料。
- 在 Filter 域中输入一个字符串来仅显示名称包含此字符串的那些材料。

4. 单击材料的名称来选择它。

5. 如果需要，单击 Specification Tags（位于材料列表下面）右侧的箭头来显示与选中材料有关的更多信息。

6. 单击 Materials 列表右上角处的 Add Material 图标来对当前的模型添加材料。

一旦用户已经对用户的模型添加一个材料，则使用 Edit Material 对话框来显示或者编辑材料属性。使用属性模块中的其他工具来将材料与截面关联起来，然后将截面赋予到用户模型的零件。

12.6 使用属性模块工具箱

用户可以通过主菜单栏或者属性模块工具箱来获取所有的属性模块工具。图 12-16 显示了属性模块工具箱中所有属性工具的图标。

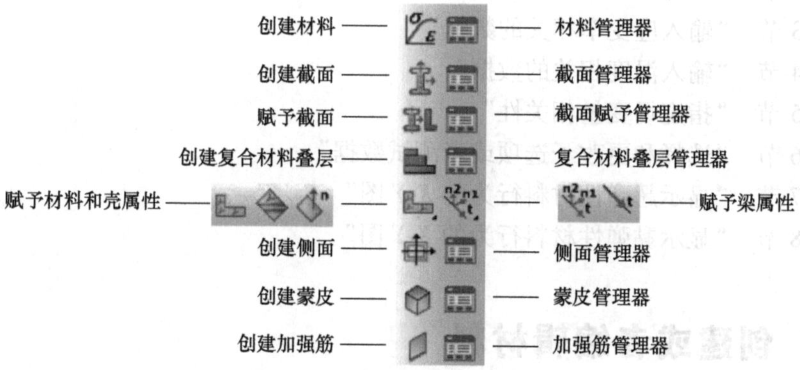

图 12-16 属性模块工具箱

12.7　创建和编辑材料

本节介绍材料编辑器的每一个特征，包括以下主题：

- 12.7.1 节　“创建或者编辑材料”
- 12.7.2 节　“浏览和编辑材料行为”
- 12.7.3 节　“输入应变率相关的数据”
- 12.7.4 节　“输入温度相关的数据”
- 12.7.5 节　“指定场变量相关性”
- 12.7.6 节　“选择和更改子选项或者测试数据”
- 12.7.7 节　“显示超弹性材料行为的 *X-Y* 图”
- 12.7.8 节　“显示黏弹性材料行为的 *X-Y* 图”

12.7.1　创建或者编辑材料

用户可以使用 Edit Material 对话框来创建新材料或者编辑现有的材料。当用户从主菜单栏选择 Material→Create 时，用户可以输入所选材料的名称或者接受默认的名称，用户可以提供材料的描述，然后定义材料属性。当用户选择 Material→Edit 时，用户可以重新定义材料描述或者属性，但是用户必须使用 Material→Rename 来改变现有材料的名称。

使用 Material Behaviors 列表下面的菜单栏来为材料添加属性。一些菜单条目包含子菜单；例如，下面所示为 Mechanical→Elasticity 菜单条目下面可以使用的行为。

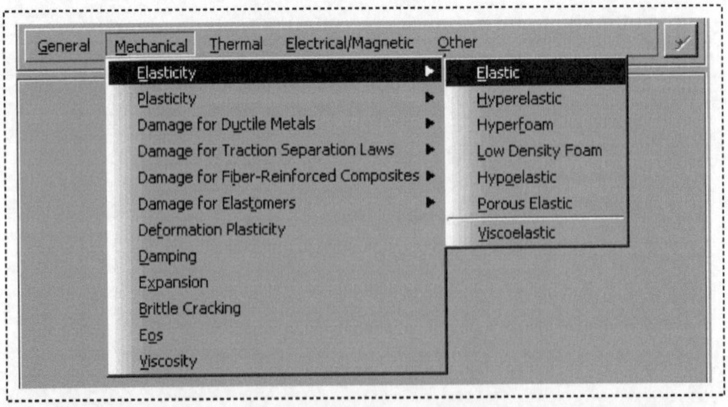

注意：要显示特定材料行为上的信息，单击并保持该行为然后按［F1］键。出现帮助窗口，包含与行为有关的参数和数据有关的信息。

使用 Material Behaviors 列表来选择现有的材料行为来进行编辑。

注意：Abaqus/CAE 不检查材料行为的缺失或者错误，直到用户递交用于分析的作业时才检查（作业模块会报告每一个警告和错误）。因此，用户必须谨慎地提供分析要求的所有材料行为的有效数据。

若要创建或者编辑材料，执行以下操作：

1. 使用下面的一个方法来显示材料编辑器。

• 从主菜单栏选择 Material→Create。

技巧：用户也可以单击 Material Manager 中的 Create，或者选择属性模块工具箱中的材料工具。

• 从主菜单栏选择 Material→Edit→材料名称。

技巧：用户也可以选择一个材料，然后单击 Material Manager 中的 Edit。

出现 Edit Material 对话框。

2. 如果用户正在创建一个新材料，则为材料输入用户选择的名称。有关命名对象的更多信息，见 3.2.1 节“使用基本对话框组件”。

3. 如果需要，为材料输入一个描述。

a. 单击 Edit Material 对话框中的。

出现材料描述编辑器。

b. 在材料描述编辑器中，输入用户想要记录的与材料有关的信息。

c. 单击 OK 来存储描述，然后关闭材料描述编辑器。

当用户递交一个作业时，Abaqus/CAE 使用注释行将材料描述写到输入文件；材料描述不会写到输出数据库。更多信息见 9.10.2 节“对 Abaqus/CAE 模型添加描述”。

4. 使用菜单栏或者 Material Behaviors 列表来分别选择一个新的或者现有的材料行为。

对话框中的行为定义区域发生变化，显示与选中材料行为关联的所有参数和数据。

5. 编辑参数和数据来完成材料定义。

6. 如果用户希望删除一个材料行为，则选择此材料行为并且单击菜单栏右边的。

7. 当用户完成材料定义的编辑时，单击 OK 来保存材料并且关闭对话框。

12.7.2 浏览和编辑材料行为

材料编辑器窗口顶部处的选中行为列表，显示组成当前材料的行为和子选项；当用户添加和删除行为时，列表更新。下面所示为使用以应力为基础的失效限制定义来完成弹性-塑性材料时，列表的样子。

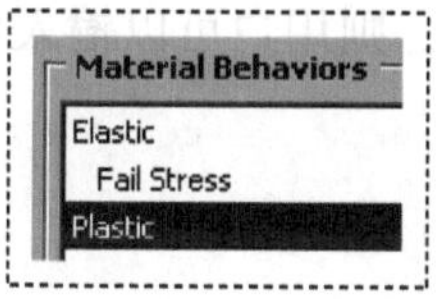

使用选中的行为列表，用户可以如下添加、删除或者更改材料：

添加材料行为

在选中行为类别下面的菜单中，选择定义用户材料所需要的行为。当用户选择一个行为时，行为的名称出现在列表中，并且在编辑器视窗底部中的数据区域中出现与行为关联的参数和数据。在对应的主行为下出现自选项，并且缩进来说明它们的从属位置。

删除材料行为

在选中的行为列表内，单击用户想要删除的行为或者子选项；然后单击位于行为列表右下角附近的图标。此过程从行为列表和材料定义中删除行为。如果用户删除的材料行为在其下面的列表中显示有子选项，则也删除子选项。

更改材料参数或者数据

在选中的行为列表中，单击用户想要更改数据的行为。当与行为关联的参数和数据出现在窗口底部的数据区域中时，用户可以进行想要的更改。

12.7.3 输入应变率相关的数据

如果用户的材料包括应变率相关性，则用户可以输入数据来定义材料属性随着应变率如何变化。

若要输入应变率相关的数据，执行以下操作：

1. 切换选中材料编辑器中的 Use strain-rate-dependent data。

在表格数据区域中出现标签为 Rate 的列。

2. 在每一行输入合适的值。对于编辑选项的特定标签页，或者从一个 ASCII 文件读取数据，右击鼠标（更多信息见 3.2.7 节“输入表格数据”）。

12.7.4 输入温度相关的数据

如果用户的材料包括温度相关性，则用户可以输入数据来定义材料属性随增加的温度如何变化。

若要输入温度关联的数据，执行以下操作：

1. 切换选中材料编辑器中的 Use temperature-dependent data。

在表格数据区域中出现标签为 Temp 的列。

2. 在每一行输入合适的值。对于编辑选项的特定标签页，或者从一个 ASCII 文件读取数据，右击鼠标（更多信息见 3.2.7 节“输入表格数据”）。

12.7.5 指定场变量相关性

材料编辑器中的 Number of field variables 文本域允许用户指定场变量的数量，给出的材料行为参考这些场变量。编辑器数据区域中的表出现每一个场变量的列。

若要指定场变量，执行以下操作：

1. 使用以下方法中的一个来将 Number of field variables 框中的场变量数量改变成期望的数值。

- 单击文本域右边的箭头来增加或者减少场变量的数量。
- 在文本域中直接输入数字。

任何方法都对数据域中的表添加场变量列。

2. 在表的每一个单元中输入合适的值。用户可以使用键盘来将数据输入到表中。另外，用户可以在表中的任何地方右击鼠标来显示指定表数据的选项列表。有关每一个选项的详细信息，见 3.2.7 节“输入表格数据”。

12.7.6 选择和更改子选项或者测试数据

如果当前的行为可以使用子选项或者测试数据，则在数据区域的右上角中，Suboptions、Test Data 或者 Uniaxial Test Data 菜单变得可用。当用户从菜单中选择一个选项时，出现 Suboption Editor 或者 Test Data Editor，其中用户可以输入需要的数据。

注意：要显示 Suboption Editor 或者 Test Data Editor 中指定按钮、文本域和其他选项的环境特定帮助，用户必须选择感兴趣的选项，然后按［F1］键（显示编辑器时，主菜单栏中的 Help 菜单不可用）。有关使用［F1］键得到帮助的详细信息，见 2.6.1 节“显示上下文相关的帮助”。

若要添加材料子选项或者测试数据，执行以下操作：

1. 单击数据区域右上角中的 Suboptions、Test Data 或者 Uniaxial Test Data，并且从出现

的列表中选择用户所选材料模型的选项。

Suboption Editor 或者 Test Data Editor，出现在单独的对话框中。

2. 将要求的数据输入编辑器，并且单击 OK 来返回材料编辑器。

用户可以使用键盘将数据输入到子选项或者测试数据表中。另外，用户可以在表中的任何地方右击鼠标来显示指定表数据的选项列表。例如，存在从表中的数据创建 *X-Y* 数据对象的选项；用户可以在显示模块中查看 *X-Y* 数据，并且直观地检查数据的有效性。存在另一个选项可以用来自动从一个文件输入数据。有关每一个选项的详细信息，见 3.2.7 节“输入表格数据”。

12.7.7　显示超弹性材料行为的 *X-Y* 图

Abaqus/CAE 允许用户使用选中的应变势能来自动创建相应曲线，以及对超弹性材料行为进行评估。当完成曲线拟合时，Abaqus/CAE 打开显示模块，然后显示测试数据的 *X-Y* 图，并且显示包含每一个应变势能稳定限制的对话框。用户可以评审结果并且做必要的材料调整。更多信息见 12.4.7 节“评估超弹性和黏弹性材料行为”。

若要显示超弹性材料行为的 *X-Y* 图，执行以下操作：

1. 从主菜单选择 Material→Evaluate→材料名称。用户选择的材料必须包括超弹性材料数据。

技巧：用户也可以选择 Material Manager 中的材料名称并且单击 Evaluate。

出现 Evaluate Material 对话框。

2. 如果用户选中的超弹性材料也包括黏弹性材料数据，如果还没有选中，则切换选中 Perform hyperelastic evaluation。

如果需要，用户也可以评估材料的黏弹性行为。更多信息见 12.7.8 节“显示黏弹性材料行为的 *X-Y* 图”。

3. 在 Available Input Data 域中，进行下面的操作。

a. 选择用户选中材料模型的 Source 选项。

• 如果用户想要 Abaqus 从材料定义中指定的试验数据计算必要的应变势能系数，则选择 Test data。

• 如果用户想要 Abaqus 使用材料定义中指定的系数，则选择 Coefficients。

b. 如果用户在之前的步骤中选择了 Test data，则可以指定测试数据类型或者用户想要 Abaqus 在应变势能系数计算中使用的类型（只有用户在材料定义中已指定的数据类型才能出现在列表中）。

c. 如果用户想要评估 Marlow 应变势能，可以指定 Abaqus 将用来定义偏量响应的测试数据类型。用户也可以指定是否应当使用压缩、拉伸或者两种类型的测试数据，以及是否应当使用体积测试数据来定义体积响应（更多信息见《Abaqus 分析用户手册——材料卷》的 2.5.1 节“橡胶型材料的超弹性行为”中的“Marlow 形式”）。

注意：如果用户的超弹性材料模型包括侧面正应变、温度相关的数据或者场变量，则评估可以使用的唯一应变势能将是 Marlow。

4. 从 Standard Tests 的列表中，选择用户想要响应计算的一个或者多个测试，这些计算使用材料定义中的数据。

5. 对于用户选择的每一个测试，输入将成为应力-应变响应曲线上限和下限的最小和最大应变值。

6. 单击 Strain Energy Potentials 标签页，然后进行下面的操作。

- 如果用户选择了 Test data 作为数据来源，则出现所有可使用应变势能的列表。从此列表中选择用户想要 Abaqus 应用于试验数据的一个或者多个应变势能。有关 Abaqus 中可使用应变势能的更多信息，见《Abaqus 分析用户手册——材料卷》的 2.5.1 节“橡胶型材料的超弹性行为”中的“应变势能”。
- 如果用户将 Coefficients 选成数据来源，则出现在材料定义中指定的应变势能名称。用户可以简单地审查信息，并且移动进行到下一步。

7. 如果用户正在评估的材料包括黏弹性材料属性，单击 Viscoelastic 表；用户可以切换不选 Perform viscoelastic evaluation，或者选择黏弹性的评估选项。更多信息见 12.7.8 节“显示黏弹性材料行为的 *X-Y* 图”。

8. 单击 OK 来开始响应计算。

如果在材料系数的提取过程中，由于非线性曲线拟合的问题而让评估失败，则 Abaqus/CAE 显示的对话框包含数据文件（.dat）的名称；数据文件的路径显示在信息区域中。数据文件在遇到的每一个问题上提供详细的信息（有关数据文件的更多信息，见《Abaqus 分析用户手册——介绍、空间建模、执行与输出卷》的 4.1 节“输出”）。

如果成功地完成了测试，Abaqus/CAE 进入显示模块，然后在新视口中显示测试结果的 *X-Y* 图（有关 *X-Y* 图的信息，见第 47 章“*X-Y* 图”）。*X-Y* Data Manager 中出现数据对象；用户可将数据对象复制到输出数据库，或者执行在显示模块中可以在其他 *X-Y* 数据上执行的任何任务。

此外，Abaqus/CAE 显示的信息对话框包含每一个超弹性应变势能的稳定性限制和系数。如果执行了黏弹性评估，则对话框也显示黏弹性材料参数。Abaqus/CAE 在信息区域中显示数据文件（.dat）的路径，此文件包含所有的材料评估信息。

9. 如果需要，返回属性模块来编辑材料数据或者评估其他材料。

例如，如果之前将超弹性材料的 Strain energy potential 设置成 Unknown，则用户可以使用评估结果来完成使用最优应变势能的材料定义。

12.7.8 显示黏弹性材料行为的 *X-Y* 图

Abaqus/CAE 允许用户通过创建松弛曲线和蠕变曲线（对于 Prony 级数系数、松弛测试数据或者蠕变测试数据），或者以材料定义为基础的剪切模量和块模量曲线（频率数据的），来评估黏弹性材料行为。当完成曲线拟合时，Abaqus/CAE 打开显示模块并且显示测试结果的 *X-Y* 图，以及包含材料参数的对话框。用户可以审核结果并且做必要的材料调整。更多信息见 12.4.7 节“评估超弹性和黏弹性材料行为”。

若要显示黏弹性材料行为的 *X-Y* 图，执行以下操作：

1. 从主菜单栏选择 Material→Evaluate→材料名称。用户选择的材料必须包括与超弹性和/或弹性材料数据一起定义的时域黏弹性材料数据。

技巧：用户也可以选择 Material Manager 中的材料名称，然后单击 Evaluate。

出现 Evaluate Material 对话框。

2. 如果用户所选的黏弹性材料也包含超弹性材料数据，则单击 Viscoelastic 标签页；如果还没有选中 Perform viscoelastic evaluation，则切换选中它。

如果需要，用户也可以评估材料的超弹性行为。更多信息见 12.7.7 节“显示超弹性材料行为的 *X-Y* 图”。

3. 在 Available Input Data 域中，进行下面的操作。

a. 选择用户选中材料选项的 Source 选项。

• 如果用户想要 Abaqus 使用在材料定义中指定的试验数据来计算黏弹性响应，则选择 Test data。

• 如果用户想要 Abaqus 使用在材料定义中指定的系数来计算黏弹性响应，则选择 Coefficients。如果使用 Prony 级数、松弛测试数据或者时间的蠕变数据来定义材料，则 Abaqus 使用超弹性或者弹性系数数据。如果使用时间的频率数据来定义材料，则 Abaqus 使用黏弹性材料定义中指定的频率系数。

b. 如果用户在之前的步骤中选择了 Test data，则切换选中用户想要 Abaqus 在材料选项计算中使用的测试数据类型（在列表中仅出现用户已经在材料定义中指定的数据类型）。

注意：Combined 数据不能与 Shear 或者 Volumetric 数据同时选取。

4. 在 Normalized Response Plots 域中，切换选中 Stress Relaxation 和/或 Creep 来定义 Abaqus 将计算的响应模式；然后输入归一化响应曲线的时间区域。

如果在时域中使用频率数据定义了黏弹性，则不能使用 Normalized Response Plots。相反，Abaqus 以对数的频率比例产生剪切和体模量响应。

注意：当用户使用频率数据来评估一个黏弹性材料时，通过将 Prony 级数从时域转换成频域，Abaqus 来得到剪切模量和体模量的表达式。推荐用户在将使用数据的域中单独对材料模型进行确认。更多信息见《Abaqus 分析用户手册——材料卷》的 2.7.1 节“时域黏弹性”中的“黏弹性材料参数的确定”。

5. 单击 OK 来开始响应计算。

如果在材料系数的提取过程中，由于非线性曲线拟合的问题而让评估失败，则 Abaqus/CAE 显示的对话框包含数据文件（.dat）的名称；数据文件的路径显示在信息区域中。数据文件在遇到的每一个问题上提供详细的信息（有关数据文件的更多信息，见《Abaqus 分析用户手册——介绍、空间建模、执行与输出卷》的 4.1 节“输出”）。

如果成功地完成了测试，则 Abaqus/CAE 进入显示模块，然后在新视口中显示测试结果的 *X-Y* 图（有关 *X-Y* 图的信息，见第 47 章“*X-Y* 图”）。*X-Y* Data Manager 中出现数据对象；用户可以将数据对象复制到输出数据库，或者在显示模块中执行可以在其他 *X-Y* 数据上执行的任何任务。

此外，Abaqus/CAE 显示的信息对话框包含每一个超弹性应变势能的稳定性限制和系数。如果执行了黏弹性评估，则对话框也显示黏弹性材料参数。Abaqus/CAE 在信息区域中显示数据文件（. dat）的路径，此文件包含所有的材料评估信息。

6. 如果需要，返回属性模块来编辑材料数据或者评估其他材料。

12.8 定义通用材料数据

本节介绍如何指定通用材料数据，包括以下主题：

- 12.8.1 节 “指定材料质量密度”
- 12.8.2 节 “指定求解相关的状态变量”
- 12.8.3 节 “在 Abaqus/Explicit 中调整用户定义的材料数据”
- 12.8.4 节 “为用户材料定义常数”
- 12.8.5 节 “在材料点定义场变量”
- 12.8.6 节 “指定用户变量的数量”

12.8.1 指定材料质量密度

用户可以将密度定义成温度和场变量的函数。对于声学、热交换、耦合的温度-位移以及耦合的热-电单元，持续地将温度更新成对应当前温度和场变量的值。然而，对于所有其他单元，密度仅是温度初始值和场变量，以及体积变化的函数。如果在分析过程中温度和场变量发生变化，则 Abaqus 不更新密度值。更多信息见《Abaqus 分析用户手册——材料卷》的 1.2 节“通用属性：密度”。

若要指定密度，执行以下操作：

1. 从 Edit Material 对话框中的菜单栏选择 General→Density。

有关显示 Edit Material 对话框的信息，见 12.7.1 节“创建或者编辑材料”。

2. 单击 Distribution 域右边的箭头，然后从出现的列表中选择分布选项。

- 选择 Uniform 来定义密度均匀地分布到整个材料上。
- 选择一个分析场［有一个（A）标签］，或者一个离散场［有一个（D）标签］，来定义空间变化的密度。在选择列表中仅有对于密度有效的分析场和离散场。更多信息见第 58 章“分析场工具集”以及第 63 章“离散场工具集”。

另外，用户可以单击来创建一个新的离散场。

3. 切换选中 Use temperature-dependent data 来将密度定义成温度的函数。

在 Data 表中出现标签为 Temp 的列。

4. 单击 Number of field variables 域右边的箭头来增加或者减少决定密度的场变量数量。

5. 在 Data 表中输入下面的数据。

Mass Density

质量密度（量纲为 ML^{-3}）。

Temp

温度。

Field *n*

预定义的场变量。

有关如何输入数据的详细信息，见 3.2.7 节“输入表格数据”。

6. 单击 OK 来关闭 Edit Material 对话框。另外，用户可以从 Edit Material 对话框中的菜单选择定义其他材料行为（更多信息见 12.7.2 节“浏览和编辑材料行为”）。

12.8.2 指定求解相关的状态变量

求解相关的状态变量是用户子程序中的值，用户可以将这些值定义成随着分析解进行更新。如果用户在一个用户子程序中参考材料定义，则用户可以使用 Edit Material 对话框来指定施加有材料的点或者节点处要求的解相关变量的数量。更多信息见《Abaqus 分析用户手册——分析卷》的 13.1 节“用户子程序：概览”。

若要指定求解相关状态变量的数量，执行以下操作：

1. 从 Edit Material 对话框中的菜单栏选择 General→Depvar。

有关显示 Edit Material 对话框的信息，见 12.7.1 节“创建或者编辑材料”。

2. 单击 Number of solution-dependent state variables 域右边的箭头来指定在每一个可施加积分点处或者接触从节点处，用户想要分配的解相关的状态变量空间。

3. 如果可行的话，输入状态变量数量来控制标签成 Variable number controlling element deletion 域中的单元删除标识。更多信息见《Abaqus 分析用户手册——材料卷》的 6.7.1 节“用户定义的力学材料行为”中的“使用状态变量从 Abaqus/Explicit 网格中删除单元”。

4. 单击 OK 来关闭 Edit Material 对话框。另外，用户可以从 Edit Material 对话框中的菜单选择其他材料行为来定义（更多信息见 12.7.2 节“浏览和编辑材料行为”）。

12.8.3 在 Abaqus/Explicit 中调整用户定义的材料数据

将材料数据插值成独立变量的函数要求在分析过程中对材料数据值进行查表。在 Abaqus/Explicit 中经常发生查表，并且如果从规则的数据插值，则会最经济。

如果必要的话，Abaqus/Explicit 使用容差来调整输入数据。选择每一个独立变量范围中的插值数量，这样使得分段线性调整后的数据与用户定义的每一个点之间的容差小于容差和关联变量范围的乘积。

更多信息见《Abaqus 分析用户手册——材料卷》的 1.1.2 节“材料数据定义”中的

“Abaqus/Explicit 和 Abaqus/CFD 中用户定义数据的规范化”。

若要调整用户定义的材料数据，执行以下操作：

1. 从 Edit Material 对话框中的菜单栏选择 General→Regularization。

有关显示 Edit Material 对话框的信息，见 12.7.1 节“创建或者编辑材料”。

2. 在 Rtol 域中，输入用户想要 Abaqus 用于调整材料数据的容差。默认的值为 0.03。

3. 指定用户想要如何调整应变率相关的数据。

- 为使用对数间隔，而不是均匀间隔的应变率数据，选择 Logarithmic 调整。此选项对典型的应变率相关曲线通常提供更好的匹配。
- 选择 Linear 来为应变率调整使用均匀的间隔。

4. 单击 OK 来关闭 Edit Material 对话框。另外，用户可以从 Edit Material 对话框中的菜单选择定义其他材料行为（更多信息见 12.7.2 节“浏览和编辑材料行为”）。

12.8.4　为用户材料定义常数

下面的用户子程序允许用户创建用户定义的材料模型：

- Abaqus/Standard 中力学材料模型的 UMAT。
- Abaqus/Explicit 中力学材料模型的 VUMAT。
- Abaqus/Explicit 中热材料模型的 UMATHT。

用户可以在 Edit Material 对话框中输入用于这些子程序的常数。更多信息见下面的部分：

- 《Abaqus 分析用户手册——材料卷》的 6.7.1 节“用户定义的力学材料行为”。
- 《Abaqus 分析用户手册——材料卷》的 6.7.2 节“用户定义的热材料行为”。

若要定义用户材料的材料常数，执行以下操作：

1. 从 Edit Material 对话框中的菜单栏选择 General→User Material。

有关显示 Edit Material 对话框的信息，见 12.7.1 节“创建或者编辑材料”。

2. 如果用户正在执行一个 Abaqus/Standard 分析，则单击 User material type 域右边的箭头，然后选择定义常数的材料类型。

3. 如果用户正在执行一个 Abaqus/Standard 分析，且材料刚度矩阵 $\partial\Delta\sigma/\partial\Delta\varepsilon$ 不是对称的，或者在热本构模型的情况中 $\partial f/\partial(\partial\theta/\partial x)$ 不是对称的，则切换选中 Use unsymmetric material stiffness matrix。此参数造成 Abaqus/Standard 使用非对称方程求解进程。

4. 如果用户正在定义一个机械的或者形变热材料，则输入 Data 表中的 Mechanical Constants。

有关如何输入数据的详细信息，见 3.2.7 节“输入表格数据”。

5. 如果用户正在定义一个热或者热机械材料，输入 Data 表中的 Thermal Constants。

有关如何输入数据的详细信息，见 3.2.7 节“输入表格数据”。

6. 单击 OK 来关闭 Edit Material 对话框。另外，用户可以从 Edit Material 对话框中的菜单选择其他材料行为来定义（更多信息见 12.7.2 节“浏览和编辑材料行为”）。

12.8.5 在材料点定义场变量

在 Abaqus/Standard 中，用户可以使用用户子程序 USDFLD 来引入对解变量的相关性。此子程序允许用户将材料点处的场变量定义成时间的函数，材料方向以及任何可使用材料点量的函数，这些可以使用的材料点量列在《Abaqus 分析用户手册——介绍、空间建模、执行与输出卷》的 4.2.1 节“Abaqus/Standard 输出变量标识符”中。定义成这些场变量的函数的材料属性因此而取决于解。

在材料定义包括参考用户子程序的每一点处会调用用户子程序 USDFLD。

若要在材料定义中包括对用户子程序 USDFLD 的参考，执行以下操作：

1. 从 Edit Material 对话框中的菜单栏选择 General→User Defined Field。

有关显示 Edit Material 对话框的信息，见 12.7.1 节“创建或者编辑材料”。

2. 单击 OK 来关闭 Edit Material 对话框。另外，用户可以从 Edit Material 对话框中的菜单中选择其他材料行为来定义（更多信息见 12.7.2 节“浏览和编辑材料行为”）。

12.8.6 指定用户变量的数量

用户可以为用户子程序 UVARM 中定义的用户定义输出变量，在每一个材料计算点处分配空间。

要指定用户变量的数量：

1. 从 Edit Material 对话框中的菜单栏选择 General→User Output Variables。

有关显示 Edit Material 对话框的信息，见 12.7.1 节“创建或者编辑材料”。

2. 单击 Number of user-defined variables at each material point 域右边的箭头来指定用户想要给每一个材料计算点分配的用户定义的变量空间。可以使用任何数量的用户定义的输出变量。

3. 单击 OK 来关闭 Edit Material 对话框。另外，用户可以从 Edit Material 对话框中的菜单选择其他材料行为来定义（更多信息见 12.7.2 节“浏览和编辑材料行为”）。

12.9　定义力学材料模型

本节介绍用户如何指定力学材料模型和相关的材料数据，包括以下主题：

- 12.9.1 节　“定义弹性”
- 12.9.2 节　“定义塑性”
- 12.9.3 节　“定义损伤”
- 12.9.4 节　“定义其他力学模型”

12.9.1　定义弹性

用户使用 Edit Material 对话框来创建弹性材料，然后指定它的弹性材料属性。用户可以创建以下弹性材料模型：

- Elastic；见“创建线性弹性材料模型”
- Isotropic Hyperelastic；见“创建各向同性的超弹性材料模型”
- Anisotropic Hyperelastic；见“创建各向异性的超弹性材料模型”
- Hyperfoam；见“创建超弹性泡沫材料模型”
- Low-Density Foam；见“创建低密度的泡沫材料模型”
- Hypoelastic；见“创建次弹性材料模型”
- Porous Elastic；见“创建多孔弹性材料模型”
- Viscoelastic；见“创建黏弹性材料模型”

更多信息见《Abaqus 分析用户手册——材料卷》的 2.1 节“弹性行为：概览”。

1. 创建线性弹性材料模型

线性弹性是 Abaqus 中可以使用的最简单的弹性形式。线性弹性模型可以定义各向同性、正交异性或者各向异性材料行为，并且对于小弹性应变是有效的。有关如何定义线性弹性材料模型的详细信息，见“指定弹性材料属性”。

提供失效理论来与线性弹性一起使用。可以使用它们来得到后处理输出请求。下面的部分描述如何指定这些失效模型：

- “定义弹性模型的以应力为基础的失效度量”
- “定义弹性模型的以应变为基础的失效度量”

若要指定弹性材料属性，执行以下操作：

1. 从 Edit Material 对话框中的菜单栏中选择 Mechanical→Elasticity→Elastic。

有关显示 Edit Material 对话框的信息，见 12.7.1 节“创建或者编辑材料”。

2. 从 Type 域，选择用户指定弹性材料属性的数据类型。

• 选择 Isotropic 来指定各向同性的弹性属性，如《Abaqus 分析用户手册——材料卷》的 2.2.1 节“线弹性行为”中的“定义各向同性的弹性”中描述的那样。

• 选择 Engineering Constants，通过给出工程常数来指定正交异性的弹性属性，如《Abaqus 分析用户手册——材料卷》的 2.2.1 节“线弹性行为”中的“通过指定工程常数来定义正交异性弹性”中描述的那样。

• 选择 Lamina 来指定平面应力值的正交异性弹性属性，如《Abaqus 分析用户手册——材料卷》的 2.2.1 节“线弹性行为”中的“定义平面应力中的正交异性弹性”中描述的那样。

• 选择 Orthotropic 来直接指定正交异性弹性属性，如《Abaqus 分析用户手册——材料卷》的 2.2.1 节“线弹性行为”中的“通过指定弹性刚度矩阵中的项来定义正交异性的弹性”中描述的那样。

• 选择 Anisotropic 来指定各向异性的弹性属性，如《Abaqus 分析用户手册——材料卷》的 2.2.1 节“线弹性行为”中的“定义完全各向异性的弹性”。

• 选择 Traction 来指定翘曲单元的正交弹性属性，如《Abaqus 分析用户手册——材料卷》的 2.2.1 节“线弹性行为”中的“为翘曲单元定义正交异性弹性”中描述的那样，或者为胶粘单元定义非耦合的弹性属性，如《Abaqus 分析用户手册——材料卷》的 2.2.1 节“线弹性行为”中的“为胶粘单元的牵引和分离方式定义弹性”中描述的那样。

• 选择 Coupled Traction 来为胶粘单元指定耦合的弹性属性，如《Abaqus 分析用户手册——材料卷》的 2.2.1 节“线弹性行为”中的“为胶粘单元的牵引和分离方式定义弹性”中描述的那样。

• 选择 Shear 来指定一个线性各向同性偏材料模型。更多信息见《Abaqus 分析用户手册——材料卷》的 5.2 节“状态方程”中的“偏量行为”。

3. 要定义取决于温度的行为数据，切换选中 Use temperature-dependent data。

在 Data 表中出现标签为 Temp 的列。

4. 要定义取决于场变量的行为数据，单击 Number of field variables 域右边的箭头来增加或者减少变量的数量。

在 Data 表中出现 Field 变量列。

5. 如果用户正在定义黏弹性材料的弹性行为，则单击 Moduli time scale (for viscoelasticity) 域右边的箭头来指定长期的或者瞬时的弹性响应。

6. 如果用户想要将弹性材料响应更改成不能生成压缩应力，则切换选中 No compression。详细情况见《Abaqus 分析用户手册——材料卷》的 2.2.2 节“无压缩或者无拉伸”。

7. 如果用户想要将弹性材料响应更改成不能生成拉伸应力，则切换选中 No tension。详细情况见《Abaqus 分析用户手册——材料卷》的 2.2.2 节“无压缩或者无拉伸”。

8. 在 Data 表中输入材料属性。

- 对于 Isotropic 数据，输入杨氏模量 E 和泊松比 ν。
- 对于 Engineering Constants 数据，输入主方向上的广义杨氏模量 E_1、E_2、E_3；主方向上的泊松比 ν_{12}、ν_{13}、ν_{23}；以及主方向上的剪切模量 G_{12}、G_{13}、G_{23}。
- 对于 Lamina 数据，输入杨氏模量 E_1、E_2；泊松比 ν_{12}；以及剪切模量 G_{12}、G_{13}、G_{23}。G_{13}和 G_{23}剪切模量需要用来定义壳中的横向剪切行为。
- 对于 Orthotropic 数据，输入 9 个弹性刚度参数：D_{1111}、D_{1122}等等（量纲为 FL^{-2}）。
- 对于 Anisotropic 数据，输入 21 个弹性刚度参数：D_{1111}、D_{1122}等等（量纲为 FL^{-2}）。
- 对于 Traction 数据，用户的输入取决于用户模拟的单元类型。

—对于使用翘曲单元模拟的实体横截面的铁木辛哥梁单元，输入杨氏模量 E 和材料方向上的剪切模量 G_1 和 G_2。

—对于具有非耦合拉伸的胶粘单元，输入法向上的弹性模量以及两个局部剪切方向上的弹性模量，E_{nn}、E_{ss}和 E_{tt}。

- 对于 Coupled Traction 数据，输入 6 个弹性模量：E_{nn}、E_{ss}、E_{tt}、E_{ns}、E_{nt}和 E_{st}。
- 对于 Shear 数据，输入 Shear Modulus。

9. 如果想要定义材料的平面应力正交失效度量，单击 Suboptions。详细情况见下面的部分。

- “定义弹性模型的以应力为基础的失效度量”
- “定义弹性模型的以应变为基础的失效度量”

10. 单击 OK 来创建材料，然后关闭 Edit Material 对话框。另外，用户可以从 Edit Material 对话框中的菜单选择其他材料行为来定义（更多信息见 12.7.2 节“浏览和编辑材料行为”）。

1） 定义弹性模型的以应力为基础的失效度量

使用Suboption Editor 来为弹性材料模型的以应力为基础的失效度量定义应力限制。更多信息见《Abaqus 分析用户手册——材料卷》的 2.2.3 节“平面应力正交异性失效度量”。

若要定义弹性模型的以应力为基础的失效度量，执行以下操作：

1. 创建如“指定弹性材料属性”中描述的线性弹性材料模型。
2. 从 Edit Material 对话框中的 Suboptions 菜单选择 Fail Stress。

出现 Suboption 编辑器。

3. 要定义取决于温度的行为数据，切换选中 Use temperature-dependent data。

在 Data 表中出现标签为 Temp 的列。

4. 要定义取决于场变量的行为数据，单击 Number of field variables 域右边的箭头来增加或者减少场变量的数量。

在 Data 表中出现 Field 变量列。

5. 在 Data 表中，输入应力限制。

Ten Stress Fiber Dir

纤维方向上的拉应力，X_t。

Com Stress Fiber Dir

纤维方向上的压应力，X_c。

Ten Stress Transv Dir

横向方向上的拉应力，Y_t。

Com Stress Transv Dir

横向方向上的压应力，Y_c。

Shear Strength

X-Y 平面中的剪切，*S*。

Cross-prod Term Coeff

叉积项系数 f^*（$-1.0 \leq f^* \leq 1.0$）。仅将此值用于蔡-吴理论，并且如果提供了 σ_{bias}，则忽略此值。默认是零。

Stress Limit

双轴应力极限，σ_{bias}。仅将此值用于蔡-吴理论。如果输入非零的值，则忽略 f^*。

用户可能需要扩展对话框来查看 Data 表中的所有列。有关如何输入值的详细信息，见 3.2.7 节“输入表格数据”。

6. 单击 OK 来返回 Edit Material 对话框。

2）定义弹性模型的以应变为基础的失效度量

使用 Suboption Editor 来为弹性材料模型定义以应变为基础的失效度量的应变限制。更多信息见《Abaqus 分析用户手册——材料卷》的 2.2.3 节“平面应力正交异性失效度量”。

若要定义应变为基础的失效度量，执行以下操作：

1. 如“指定弹性材料属性”中描述的那样创建线性弹性材料。
2. 从 Edit Material 对话框的 Suboptions 菜单中选择 Fail Strain。
3. 要定义取决于温度的行为数据，切换选中 Use temperature-dependent data。

在 Data 表中出现标签为 Temp 的列。

4. 要定义取决于场变量的行为数据，单击 Number of field variables 域右边的箭头来增加或者减少场变量的数量。

在 Data 表中出现 Field 变量列。

5. 在 Data 表中，输入应变限制。

Ten Strain Fiber Dir

纤维方向上的拉应变限制，$X_{\varepsilon t}$。

Com Strain Fiber Dir

纤维方向上的压应变，$X_{\varepsilon c}$。

Ten Strain Transv Dir

横向方向上的拉应变限制，$Y_{\varepsilon t}$。

Com Strain Transv Dir

横向方向上的压应力，$Y_{\varepsilon c}$。

Shear Strain

X-Y平面中的剪切应变限制，S_{ε}。

用户可能需要扩展对话框来查看 Data 表中的所有列。有关如何输入值的详细信息，见 3.2.7 节“输入表格数据”。

6. 单击 OK 来返回 Edit Material 对话框。

2. 创建各向同性的超弹性材料模型

各向同性超弹性模型描述近乎不可压缩材料的行为，此材料表现出大到大应变的瞬间弹性响应。更多信息见《Abaqus 分析用户手册——材料卷》的 2.5.1 节“橡胶型材料的超弹性行为”。

1）各向同性超弹性材料定义概览

以“应变势能”的方式来描述各向同性超弹性材料，此方式将每单位参考体积（初始构型中的体积）材料中存储的应变能定义成材料中此点处应变的函数。在 Abaqus 中可以使用多种形式的应变势能来近似模拟不可压缩的各向同性弹性体。有关超弹性材料的更多信息，见《Abaqus 分析用户手册——材料卷》的 2.5.1 节“橡胶型材料的超弹性行为”。

当用户定义一个各向同性的超弹性材料时，用户可以选择直接指定材料参数，或者允许 Abaqus 从用户提供的测试数据计算这些材料参数。详细的指导见下面的部分：

- “输入材料参数来定义各向同性的超弹性材料”
- “提供测试数据来定义各向同性的超弹性材料”

2）输入材料参数来定义各向同性的超弹性材料

用户可以将超弹性应变势能的参数直接提供成温度的函数。

若要直接通过指定材料常数来指定各向同性超弹性材料，执行以下操作：

1. 从 Edit Material 对话框中的菜单栏选择 Mechanical→Elasticity→Hyperelastic。

有关显示 Edit Material 对话框的信息，见 12.7.1 节“创建或者编辑材料”。

2. 选择 Isotropic 作为材料类型。

3. 单击 Strain energy potential 域右边的箭头来选择材料的应变势能类型。

Arruda-Boyce：Arruda-Boyce 模型也称为八链模型。更多信息见《Abaqus 分析用户手册——材料卷》的 2.5.1 节“橡胶型材料的超弹性行为”中的“Arruda-Boyce 形式”。

Marlow：更多信息见《Abaqus 分析用户手册——材料卷》的 2.5.1 节“橡胶型材料的超弹性行为”中的“Marlow 形式”。

Mooney-Rivlin：Mooney-Rivlin 模型等效于使用 $N=1$ 的多项式模型。更多信息见《Abaqus 分析用户手册——材料卷》的 2.5.1 节“橡胶型材料的超弹性行为”中的“Mooney-Rivlin 形式”。

Neo Hooke：Neo Hookean 模型等效于使用 $N=1$ 的简化多项式模型。更多信息见《Abaqus 分析用户手册——材料卷》的 2.5.1 节“橡胶型材料的超弹性行为”中的“Neo-Hookean 形式”。

Ogden：更多信息见《Abaqus 分析用户手册——材料卷》的 2.5.1 节“橡胶型材料的超弹性行为”中的“Ogden 形式”。

Polynomial：更多信息见《Abaqus 分析用户手册——材料卷》的 2.5.1 节“橡胶型材料的超弹性行为”中的“多项式形式”。

Reduced Polynomial：简化的多项式模型等效于使用 $C_{ij}=0$，$j\neq 0$ 的多项式模型。更多信息见《Abaqus 分析用户手册——材料卷》的 2.5.1 节“橡胶型材料的超弹性行为”中的“简化的多项式形式”。

User-defined：用户可以在用户子程序 UHYPER 中定义与应变不变量有关的应变势能推导。此方法仅对于 Abaqus/Standard 分析有效。更多信息见《Abaqus 分析用户手册——材料卷》的 2.5.1 节“橡胶型材料的超弹性行为”中的“Abaqus/Standard 中的用户子程序指定”。

Van der Waals：Van der Waals 模型也称为 Kilian 模型。更多信息见《Abaqus 分析用户手册——材料卷》的 2.5.1 节“橡胶型材料的超弹性行为”中的“Van der Waals 形式”。

Yeoh：Yeoh 模型等效于 $N=3$ 的简化多项式模型。更多信息见《Abaqus 分析用户手册——材料卷》的 2.5.1 节“橡胶型材料的超弹性行为”中的“Yeoh 形式”。

Unknown：如果用户使用试验数据来定义一个各向同性的超弹性材料，则用户也有临时不指定特定应变势能的选项。用户可以使用 Evaluate 选项来确定材料数据的最优应变势能，并且再次显示材料编辑器来完成材料定义。更多信息见 12.4.7 节“评估超弹性和黏弹性材料行为”。

4. 将 Input source 选择成 Coefficients。此 Input Source 选项对于 Marlow 模型或者未知型应变势能是无效的。

5. 如果用户正在定义黏弹性材料的超弹性行为，单击 Moduli time scale（for viscoelasticity）域右边的箭头来指定是长期弹性响应还是瞬时弹性响应。

6. 如果用户将应变势能选择成 User-defined，则执行下面的步骤。

- 切换选中 Include compressibility 来说明用户子程序 UHYPER 定义的材料是可以压缩的。否则，Abaqus 假定材料是不可压缩的。
- 在用户子程序 UHYPER 中指定所需的 Number of property values。

7. 如果用户将应变势能选择成 Ogden、Polynomial 或者 Reduced Polynomial，单击 Strain energy potential order 域左边的箭头来选择一个值。

8. 要定义取决于温度的行为数据，切换选中 Use temperature-dependent data。

在 Data 表中出现标签为 Temp 的列。

9. 在对应选中应变势能的 Data 表中输入材料属性。

Arruda-Boyce

输入 μ、λ_m和 D。

Mooney-Rivlin

输入 C_{10}、C_{01}和 D_1。

Neo Hooke

输入 C_{10}和 D_1。

Ogden

输入 μ_i、α_i和 D_i，其中 i 从 1 到 N，其中 N 是为 Strain energy potential order 指定的值。

Polynomial

输入 C_{ij}，其中 $i+j$ 从 1 到 N，并且输入 D_i，其中 i 从 1 到 N，其中 N 是为 Strain energy potential order 指定的值。

Reduced Polynomial

输入 C_{i0}和 D_i，其中 i 从 1 到 N，其中 N 是为 Strain energy potential order 指定的值。

Van der Waals

输入 μ、λ_m、a、β 和 D。

Yeoh

输入 C_{10}、C_{20}、C_{30}、D_1、D_2和 D_3。

10. 如果需要，从 Suboptions 菜单选择 Hysteresis 来定义滞回行为。详细情况见“为各向同性的超弹性材料模型定义滞回行为”。

11. 单击 OK 来创建材料，然后关闭 Edit Material 对话框。另外，用户可以从 Edit Material 对话框中的菜单选择定义其他的材料行为（更多信息见 12.7.2 节“浏览和编辑材料行为”）。

3）提供测试数据来定义各向同性的超弹性材料

Abaqus 可以从用户输入 Test Data Editor 中的测试数据来计算材料参数。

若要通过提供测试数据来指定一个各向同性的超弹性材料，执行以下操作：

1. 从 Edit Material 对话框中的菜单栏选择 Mechanical→Elasticity→Hyperelastic。

有关显示 Edit Material 对话框的信息，见 12.7 节“创建和编辑材料”。

2. 将材料类型选择成 Isotropic。

3. 单击 Strain energy potential 域右边的箭头，然后选择材料类型的应变势能。

Arruda-Boyce：Arruda-Boyce 模型也称为八链模型。更多信息见《Abaqus 分析用户手册——材料卷》的 2.5.1 节“橡胶型材料的超弹性行为”中的“Arruda-Boyce 形式”。

Marlow：更多信息见《Abaqus 分析用户手册——材料卷》的 2.5.1 节“橡胶型材料的超弹性行为”中的“Marlon 形式”。

Mooney-Rivlin：Mooney-Rivlin 模型等效于使用 $N=1$ 的多项式模型。更多信息见《Abaqus 分析用户手册——材料卷》的 2.5.1 节“橡胶型材料的超弹性行为”中的“Mooney-Rivlin 形式”。

Neo Hooke：Neo Hookean 模型等效于使用 $N=1$ 的简化多项式模型。更多信息见《Abaqus 分析用户手册——材料卷》的 2.5.1 节“橡胶型材料的超弹性行为”中的“Neo-Hookean 形式”。

Ogden：更多信息见《Abaqus 分析用户手册——材料卷》的 2.5.1 节“橡胶型材料的超弹性行为”中的“Ogden 形式”。

Polynomial：更多信息见《Abaqus 分析用户手册——材料卷》的 2.5.1 节“橡胶型材料的超弹性行为”中的“多项式形式”。

Reduced Polynomial：简化的多项式模型等效于使用 $C_{ij}=0$，$j\neq0$ 的多项式模型。更多信息见《Abaqus 分析用户手册——材料卷》的 2.5.1 节“橡胶型材料的超弹性行为”中的“简化的多项式形式”。

User-defined：用户可以在用户子程序 UHYPER 中定义与应变不变量有关的应变势能推导。此方法仅对于 Abaqus/Standard 分析有效。更多信息见《Abaqus 分析用户手册——材料卷》的 2.5.1 节“橡胶型材料的超弹性行为”中的“Abaqus/Standard 中的用户子程序指定”。

Van der Waals：Van der Waals 模型也称为 Kilian 模型。更多信息见《Abaqus 分析用户手册——材料卷》的 2.5.1 节“橡胶型材料的超弹性行为”中的“Van der Waals 形式”。

Yeoh：Yeoh 模型等效于 $N=3$ 的简化多项式模型。更多信息见《Abaqus 分析用户手册——材料卷》的 2.5.1 节“橡胶型材料的超弹性行为”中的“Yeoh 形式”。

Unknown：如果用户使用试验数据来定义一个各向同性的超弹性材料，用户也有临时不指定特定应变势能的选项。用户可以使用 Evaluate 选项来确定材料数据的最优应变势能，并且再次显示材料编辑器来完成材料定义。更多信息见 12.4.7 节“评估超弹性和黏弹性材料行为”。

4. 将 Input source 选择成 Test data。此 Input Source 选项对于 Marlow 模型或者未知型应变势能是无效的。

5. 如果用户正在定义黏弹性材料的超弹性行为，单击 Moduli time scale (for viscoelasticity) 域右边的箭头来指定是长期弹性响应还是瞬时弹性响应。

6. 如果用户将应变势能选择成 Marlow，则选择用户所选模型的 Data to define deviatoric response 和 Data to define volumetric response。

- 通过步骤 8 中描述的指定 Uniaxial、Biaxial 或者 Planar 测试数据来定义偏响应。
- 通过下面的一个方法来定义体积响应。

—Ignore test data。Abaqus/Standard 假定完全不可压缩的行为，而 Abaqus/Explicit 假定对应 0.475 泊松比的压缩性。

—Volumetric test data。直接指定体积测试数据，如步骤 8 中描述的那样。

—Poisson's ratio。为各向同性超弹性材料的泊松比指定一个值。

—Lateral nominal strain。如步骤 8 中所描绘的那样，将侧面名义应变指定成单轴、双轴或者平面测试数据的一部分。

7. 如果用户选择了 Ogden、Polynomial 或者 Reduced Polynomial 作为应变势能，则单击 Strain energy potential order 域左边的箭头来选择一个值。

8. 如果用户选择 Van der Waals 作为应变势能，则选择指定 Beta 的方法。

- 选择 Fitted value 来从测试数据的非线性最小二乘法拟合来确定 β 的值。
- 选择 Specify，并且直接输入值来指定 β。允许的值是 $0\leqslant\beta\leqslant1$。如果仅可以获取一种类型的测试数据，则推荐设置 $\beta=0$。

9. 用户可以指定至多四种简单测试的试验应力-应变数据：单轴的、双轴的、平面的以及如果材料是可压缩的，体积压缩测试。使用 Test Data 菜单来指定试验数据。详细情况见下面的部分。

- "为各向同性的超弹性材料模型指定单轴测试数据"
- "为各向同性的超弹性材料模型指定双轴测试数据"
- "为各向同性的超弹性材料模型指定平面测试数据"
- "为各向同性的超弹性材料模型指定体积测试数据"

10. 如果需要，从 Suboptions 菜单选择 Hysteresis 来定义滞回行为。详细情况见"定义各向同性的超弹性材料模型的滞回行为"。

11. 单击 OK 来创建材料，然后关闭 Edit Material 对话框。另外，用户可以从 Edit Material 对话框中的菜单选择定义其他的材料行为（更多信息见 12.7.2 节"浏览和编辑材料行为"）。

4）为各向同性的超弹性材料模型指定单轴测试数据

使用 Test Data Editor 来指定单轴测试数据，Abaqus 可以从此测试数据校对超弹性材料系数。更多信息见《Abaqus 分析用户手册——材料卷》的 2.5.1 节"橡胶型材料的超弹性行为"。

若要指定单轴测试数据，执行以下操作：

1. 如"提供测试数据来定义各向同性的超弹性材料"中描述的那样创建各向同性超弹性材料模型。

2. 从 Edit Material 对话框中的 Test Data 菜单选择 Uniaxial Test Data。

出现 Test Data Editor 对话框。

3. 如果用户想要 Abaqus 对应力-应变数据施加一个光顺过滤器，则切换选中 Apply smoothing。如果用户使用 Marlow 模型，则特别推荐此选项。

4. 如果用户已经要求数据光顺，单击 Apply smoothing 域右边的箭头来指定每一个点左边和右边的数据点数量，Abaqus 将在这些点中进行最小二乘法多项式拟合。

5. 如果用户正在定义一个 Marlow 模型，则用户可以选择下面的选项。

• 要包括侧面名义应变数据，切换选中 Include lateral nominal strain。

在 Data 表中出现标签为 Lateral Nominal Strain 的列。

• 要定义取决于温度的行为数据，切换选中 Use temperature-dependent data。

在 Data 表中出现标签为 Temp 的列。

• 要定义取决于场变量的行为数据，单击 Number of field variables 域右边的箭头来增加或者减少场变量的数量。

在 Data 表中出现 Field 变量列。

6. 在 Data 表中，输入测试数据。

Nominal Stress

名义应力，T_U。

Nominal Strain

名义应变，ε_U。

Lateral Nominal Strain

名义侧面应变，$\varepsilon_2=\varepsilon_3$。

Temp

温度，θ。

Field *n*

预定义的场变量。

7. 单击 OK 来返回 Edit Material 对话框。

5）为各向同性的超弹性材料模型指定双轴测试数据

使用 Test Data Editor 来指定双轴测试数据，Abaqus 可以从这些数据矫正超弹性材料系数。更多信息见《Abaqus 分析用户手册——材料卷》的 2.5.1 节“橡胶型材料的超弹性行为”。

若要指定双轴测试数据，执行以下操作：

1. 如“提供测试数据来定义各向同性的超弹性材料”中描述的那样创建各向同性的超弹性材料模型。

2. 从 Edit Material 对话框中的 Test Data 菜单选择 Biaxial Test Data。

出现 Test Data Editor。

3. 如果用户想要 Abaqus 对应力-应变数据施加一个光顺过滤器，则切换选中 Apply smoothing。如果用户正在使用 Marlow 模型，则特别推荐此选项。

4. 如果用户已经要求数据光顺，则单击 Apply smoothing 域右边的箭头来指定每一个点左边和右边的数据点数量，Abaqus 将使用这些点来进行最小二乘法多项式拟合。

5. 如果用户正在定义 Marlow 模型，用户可以选择下面的选项。

• 要包括侧面名义应变数据，切换选中 Include lateral nominal strain。

在 Data 表中出现一个标签为 Lateral Nominal Strain 的列。

• 要定义取决于温度的行为数据，切换选中 Use temperature-dependent data。

在 Data 表中出现一个标签为 Temp 的列。

• 要定义取决于场变量的行为数据，单击 Number of field variables 域右边的箭头来增加或者减少场变量的数量。

在 Data 表中出现 Field 变量列。

6. 在 Data 表中，输入测试数据。

Nominal Stress

名义应力，T_B。

Nominal Strain

名义应变，ε_B。

Lateral Nominal Strain

名义侧面应变，ε_3。

Temp

温度，θ。

Field *n*

预定义的场变量。

用户可能需要扩展对话框来查看 Data 表中的所有列。有关如何输入数据的详细信息，见 3.2.7 节“输入表格数据”。

7. 单击 OK 来返回 Edit Material 对话框。

6）为各向同性的超弹性材料模型指定平面测试数据

使用 Test Data Editor 来指定平面测试数据，Abaqus 从这些测试数据校准超弹性材料系数。更多信息见《Abaqus 分析用户手册——材料卷》的 2.5.1 节“橡胶型材料的超弹性行为”。

若要指定平面测试数据，执行以下操作：

1. 如“提供测试数据来定义各向同性的超弹性材料”中描述的那样创建各向同性超弹性材料模型。

2. 从 Edit Material 对话框中的 Test Data 菜单选择 Planar Test Data。

出现 Test Data Editor 对话框。

3. 如果用户想要 Abaqus 对应力-应变数据施加光顺过滤器，则切换选中 Apply smoothing。如果用户正在使用 Marlon 模型，则特别推荐此功能。

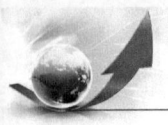

4. 如果用户已经要求数据光顺，则单击 Apply smoothing 域右边的箭头来指定每一个点左边和右边的数据点数量，Abaqus 将使用这些点来进行最小二乘法多项式拟合。

5. 如果用户正在定义 Marlow 模型，用户可以选择下面的选项。

- 要包括侧面名义应变数据，切换选中 Include lateral nominal strain。

在 Data 表中出现一个标签为 Lateral Nominal Strain 的列。

- 要定义取决于温度的行为数据，切换选中 Use temperature-dependent data。

在 Data 表中出现一个标签为 Temp 的列。

- 要定义取决于场变量的行为数据，单击 Number of field variables 域右边的箭头来增加或者减少场变量的数量。

在 Data 表中出现 Field 变量列。

6. 在 Data 表中，输入测试数据。

Nominal Stress

名义应力，T_S。

Nominal Strain

名义应变，ε_S。

Lateral Nominal Strain

名义侧面应变，ε_3。

Temp

温度，θ。

Field *n*

预定义的场变量。

用户可能需要扩展对话框来查看 Data 表中的所有列。有关如何输入数据的详细信息，见 3.2.7 节"输入表格数据"。

7. 单击 OK 来返回 Edit Material 对话框。

7）为各向同性的超弹性材料模型指定体积测试数据

使用 Test Data Editor 来指定体积测试数据，Abaqus 从这些测试数据校准超弹性材料系数。更多信息见《Abaqus 分析用户手册——材料卷》的 2.5.1 节"橡胶型材料的超弹性行为"。

若要指定体积测试数据，执行以下操作：

1. 如"提供测试数据来定义各向同性的超弹性材料"中描述的那样创建各向同性超弹性材料模型。

2. 从 Edit Material 对话框中的 Test Data 菜单选择 Volumetric Test Data。

出现 Test Data Editor 对话框。

3. 如果用户想要 Abaqus 对应力-应变数据施加光顺过滤器，则切换选中 Apply

smoothing。如果用户正在使用 Marlon 模型，则特别推荐此功能。

4. 如果用户已经要求数据光顺，则单击 Apply smoothing 域右边的箭头来指定每一个点左边和右边的数据点数量，Abaqus 将使用这些点来进行最小二乘法多项式拟合。

5. 如果用户正在定义 Marlow 模型，用户可以选择下面的选项。

• 要定义取决于温度的行为数据，切换选中 Use temperature-dependent data。

在 Data 表中出现一个标签为 Temp 的列。

• 要定义取决于场变量的行为数据，单击 Number of field variables 域右边的箭头来增加或者减少场变量的数量。

在 Data 表中出现 Field 变量列。

6. 在 Data 表中，输入测试数据。

Pressure

总压力，p。

Volume Ratio

体积比率（当前的体积/原始的体积），J。

Temp

温度，θ。

Field *n*

预定义的场变量。

用户可能需要扩展对话框来查看 Data 表中的所有列。有关如何输入数据的详细信息，见 3.2.7 节“输入表格数据”。

7. 单击 OK 来返回 Edit Material 对话框。

8）定义各向同性超弹性材料模型的滞后行为

使用 Suboption Editor 来定义各向同性超弹性材料的应变率相关的响应，此材料在循环载荷下表现出显著的滞后。更多信息见《Abaqus 分析用户手册——材料卷》的 2.8.1 节“弹性体的迟滞”。

若要定义滞后材料行为，执行以下操作：

1. 如“输入材料参数来定义各向同性的超弹性材料”或者“提供测试数据来定义各向同性的超弹性材料”中描述的那样创建一个各向同性的超弹性材料模型。

2. 从 Edit Material 对话框中的 Suboptions 菜单来选择 Hysteresis。

出现 Suboption Editor 对话框。

在 Suboption Editor 的 Data 表中，输入蠕变行为数据。

Stress Scaling Factor

应力缩放因子，S。

Creep Parameter

蠕变参数，A。

Eff Stress Exponent

有效的应力分量，m。

Creep Strain Exponent

蠕变应变指数，C。

用户可能需要扩展对话框来查看 Data 表中的所有列。有关如何输入数据的详细信息，见 3.2.7 节“输入表格数据”。

3. 单击 OK 来返回 Edit Material 对话框。

3. 创建各向异性的超弹性材料模型

各向异性超弹性模型提供的材料模拟功能所模拟的材料，表现出各向异性和非线性弹性行为，例如生物软体组织和纤维增强的弹性体。更多信息见《Abaqus 分析用户手册——材料卷》的 2.5.3 节“各向异性超弹性行为”。

在 Abaqus/CAE 中，材料的局部方向向量是正交的，并且与赋予材料方向的轴对齐。最好的行为是在 Abaqus/CAE 中使用离散的方向来对齐方向。有关定义离散方向的信息，见 12.16 节“为材料方向和复合材料铺层方向赋予离散方向”。

若要通过指定材料常数来指定各向异性的超弹性材料，执行以下操作：

1. 从 Edit Material 对话框中的菜单栏选择 Mechanical→Elasticity→Hyperelastic。

有关显示 Edit Material 对话框的信息，见 12.7.1 节“创建或者编辑材料”。

2. 选择 Anisotropic 作为材料类型。

3. 单击 Strain energy potential 域右边的箭头来选择用户所选材料模型的应变势能。

Fung-Anisotropic：对于完全各向异性的以应变为基础的 Fung 模型，用户必须指定 21 个独立的分量 b_{ijkl}。更多信息见《Abaqus 分析用户手册——材料卷》的 2.5.3 节“各向异性超弹性行为”中的“广义的 Fung 形式”。

Fung-Orthotropic：对于正交的以应变为基础的 Fung 模型，用户必须指定 9 个独立的分量 b_{ijkl}。更多信息见《Abaqus 分析用户手册——材料卷》的 2.5.3 节“各向异性超弹性行为”中的“广义的 Fung 形式”。

Holzapfel：使用此不变量为基础的应变势能形式来模拟具有分布胶原纤维方向的动脉层。更多信息见《Abaqus 分析用户手册——材料卷》的 2.5.3 节“各向异性超弹性行为”中的“Holzapfel-Gasser-Ogden 形式”。

User：用户可以使用用户子程序来直接地定义以应变为基础的或者以不变量为基础的应变势能形式，见《Abaqus 分析用户手册——材料卷》的 2.5.3 节“各向异性的超弹性行为”中的“用户定义的形式（基于应变的）”，以及《Abaqus 分析用户手册——材料卷》的 2.5.3 节“各向异性的超弹性行为”中的“用户定义的形式（基于不变量的）”。

4. 要定义以场变量为基础的材料参数，单击 Number of field variables 域右边的箭头来增加或者减少场变量的数量。

在数据表中出现 Field 变量列。

5. 对于应变势能的 Fung-Anisotropic、Fung-Orthotropic 和 Holzapfel 形式，切换选中 Use

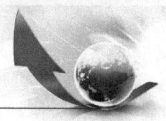

temperature-dependent coefficients 来定义取决于温度的材料参数。

在数据表中出现标签为 Temp 的列。

6. 如果用户正在定义黏弹性材料的超弹性行为，单击 Moduli 域右边的箭头来指定 Long-term 或者 Instantaneous 弹性响应。更多信息见《Abaqus 分析用户手册——材料卷》的 2.5.3 节“各向异性的超弹性行为”中的“黏弹性”。

7. 对于 Holzapfel 应变势能，单击 Number of local directions 域右边的箭头来增加或者减少材料中优先局部方向（或者纤维方向）的数量。默认值（并且是最小的）是 1。更多信息见本小节以及《Abaqus 分析用户手册——材料卷》的 2.5.3 节“各向异性的超弹性行为”中的“Holzapfel-Gasser-Ogden 形式”。

8. 对于用户定义的应变势能，用户必须指定下面的选项。

- 将 Strain 或 Invariant 作为用户子程序定义的方程。
- 将 Incompressible 或者 Compressible 作为用户子程序定义的材料类型。更多信息见《Abaqus 分析用户手册——材料卷》的 2.5.3 节“各向异性超弹性行为”中的“可压缩性”。
- 指定用户子程序中所需数据的 Number of property values（属性值的数量）。

9. 在所选应变势能的对应数据表中输入材料参数。

Fung-Anisotropic

输入 b_{1111}、b_{1122}、b_{2222}、b_{1133}、b_{2233}、b_{3333}、b_{1112}、b_{2212}、b_{3312}、b_{1212}、b_{1113}、b_{2213}、b_{3313}、b_{1213}、b_{1313}、b_{1123}、b_{2223}、b_{3323}、b_{1223}、b_{1323}、b_{2323}、c（量纲为 FL^{-2}）以及 D（量纲为 $F^{-1}L^2$）。

Fung-Orthotropic

输入 b_{1111}、b_{1122}、b_{2222}、b_{1133}、b_{2233}、b_{3333}、b_{1212}、b_{1313}、b_{2323}、c（量纲为 FL^{-2}）以及 D（量纲为 $F^{-1}L^2$）。

Holzapfel

输入 C_{10}（量纲为 FL^{-2}）、D（量纲为 $F^{-1}L^2$）、k_1（量纲为 FL^{-2}）、k_{12}和光纤色散参数 κ（$0\leqslant\kappa\leqslant1/3$）。

用户可能需要扩展对话框来查看数据表中的所有列。有关如何输入数据的详细信息，见 3.2.7 节“输入表格数据”。

10. 单击 OK 来创建材料，然后关闭 Edit Material 对话框。另外，用户可以从 Edit Material 对话框中的菜单选择其他的材料行为（更多信息见 12.7.2 节“浏览和编辑材料行为”）。

4. 创建超弹性泡沫材料模型

用户可以创建超弹性泡沫材料模型来描述多胞固体，此材料的多孔性允许非常大的体积改变。有关超弹性泡沫材料的更多信息，见《Abaqus 分析用户手册——材料卷》的 2.5.2 节“弹性体泡沫中的超弹性行为”。

1) 超弹性泡沫材料定义概览

当用户定义超弹性泡沫材料时，用户可以直接地指定材料参数，也可以允许 Abaqus 从用户提供的测试数据计算材料参数。对于详细的指导，见下面的章节：

- “输入材料参数来定义超弹性泡沫材料”
- “提供测试数据来定义超弹性泡沫材料模型”

更多有关超泡沫材料的信息，见《Abaqus 分析用户手册——材料卷》的 2.5.2 节“弹性体泡沫中的超弹性行为”。

2）输入材料参数来定义超弹性泡沫材料

用户可以直接将超弹性应变势能的参数提供成温度的函数。

若要直接指定超弹性泡沫材料的参数，执行以下操作：

1. 从 Edit Material 对话框中的菜单栏选择 Mechanical→Elasticity→Hyperfoam。
与显示 Edit Material 对话框有关的信息，见 12.7.1 节“创建或者编辑材料”。
2. 单击 Strain energy potential order 域右边的箭头来增加或者减少应变势能的阶数 N。
3. 要指定材料参数取决于温度，切换选中 Use temperature-dependent data。
在 Data 表中出现标签为 Temp 的列。
4. 如果用户正在定义黏弹性材料的超泡沫行为，单击 Moduli time scale（for viscoelasticity）域右边的箭头来指定长期弹性响应或者瞬时弹性响应。
5. 在 Data 表中，输入材料参数。

mu *i*, alpha *i*, and nu *i*
材料参数 μ_i、α_i 和 ν_i。

Temp
温度。

用户可能需要扩展对话框来查看数据表中的所有列。有关如何输入数据的详细信息，见 3.2.7 节“输入表格数据”。

6. 单击 OK 来创建材料，然后关闭 Edit Material 对话框。另外，用户可以从 Edit Material 对话框中的菜单选择其他的材料行为（更多信息见 12.7.2 节“浏览和编辑材料行为”）。

3）提供测试数据来定义超弹性泡沫材料模型

用户可以从输入 Test Data Editor 中的测试数据来计算材料参数。

若要通过提供测试数据来定义超弹性泡沫，执行以下操作：

1. 从 Edit Material 对话框中的菜单栏选择 Mechanical→Elasticity→Hyperfoam。
与显示 Edit Material 对话框有关的信息，见 12.7.1 节“创建或者编辑材料”。
2. 切换选中 Use test data（Suboptions must be specified）。
3. 单击 Strain energy potential order 域右边的箭头来增加或者减少应变势能的阶数 N。

4. 说明用户如何定义泊松效应。

- 如果用户想要输入在整个计算过程中保持不变的泊松比，则切换选中 Use constant Poisson's ratio。
- 如果用户想要从体积测试数据和/或其他测试数据中的侧面应变来定义泊松效应，切换不选 Use constant Poisson's ratio。

5. 如果用户正在定义黏弹性材料的超泡沫行为，单击 Moduli time scale（for viscoelasticity）域右边的箭头来指定是长期的弹性响应还是瞬时的弹性响应。

6. 使用 Test Data 菜单来指定试验数据，Abaqus 从这些数据可以计算材料参数。对于详细的指导，见下面的章节。

- "为超弹性泡沫材料模型指定单轴测试数据"
- "为超弹性泡沫材料模型指定双轴测试数据"
- "为超弹性泡沫材料模型指定简单的剪切测试数据"
- "为超弹性泡沫材料模型指定平面测试数据"
- "为超弹性泡沫材料模型指定体积测试数据"

7. 单击 OK 来创建材料，然后关闭 Edit Material 对话框。另外，用户可以从 Edit Material 对话框中的菜单选择其他的材料行为（更多信息见 12.7.2 节"浏览和编辑材料行为"）。

4）为超弹性泡沫材料模型指定单轴测试数据

使用 Test Data Editor 来指定单轴测试数据，Abaqus 从这些测试数据校准超弹性泡沫材料系数。更多信息见《Abaqus 分析用户手册——材料卷》的 2.5.2 节"弹性体泡沫中的超弹性行为"。

若要指定单轴测试数据，执行以下操作：

1. 如"提供测试数据来定义超弹性泡沫材料模型"中所描述的那样创建超弹性泡沫材料模型。

2. 从 Edit Material 对话框中的 Suboptions 菜单选择 Uniaxial Test Data。

出现 Test Data Editor。

3. 在 Data 表中，输入单轴测试数据。

Nominal Stress

名义应力，T_U。

Nominal Strain

名义应变，ε_U。

Lateral Nominal Strain

名义侧面应变，$\varepsilon_2=\varepsilon_3$。如果用户已经在 Edit Material 对话框中输入了不变的泊松比，则此参数没有必要。

用户可能需要扩展对话框来查看数据表中的所有列。有关如何输入数据的详细信息，见

3.2.7 节“输入表格数据”。

4. 单击 OK 来返回 Edit Material 对话框。

5）为超弹性泡沫材料模型指定双轴测试数据

使用 Test Data Editor 来指定双轴测试数据，Abaqus 从这些测试数据校准超泡沫材料系数。更多信息见《Abaqus 分析用户手册——材料卷》的 2.5.2 节“弹性体泡沫中的超弹性行为”。

若要指定双轴测试数据，执行以下操作：

1. 如“提供测试数据来定义超弹性泡沫材料模型”中描述的那样创建超弹性泡沫材料模型。

2. 从 Edit Material 对话框中的 Suboptions 菜单选择 Biaxial Test Data。

出现 Test Data Editor 对话框。

3. 在 Data 表中输入测试数据。

Nominal Stress

名义应力，T_L。

Nominal Strain

名义应变，ε_B。

Lateral Nominal Strain

名义侧面应变，ε_3。如果用户已经在 Edit Material 对话框中输入了不变的泊松比，则此参数没有必要。

用户可能需要扩展对话框来查看 Data 表中的所有列。有关如何输入数据的详细信息，见 3.2.7 节“输入表格数据”。

4. 单击 OK 来返回 Edit Material 对话框。

6）为超弹性泡沫材料模型指定简单的剪切测试数据

使用 Test Data Editor 来指定简单的剪切测试数据，Abaqus 从这些测试数据校准超泡沫材料系数。更多信息见《Abaqus 分析用户手册——材料卷》的 2.5.2 节“弹性体泡沫中的超弹性行为”。

若要指定简单的剪切测试数据，执行以下操作：

1. 如“提供测试数据来定义超弹性泡沫材料模型”中描述的那样创建超弹性泡沫材料模型。

2. 从 Edit Material 对话框中的 Suboptions 菜单选择 Simple Shear Test Data。

出现 Test Data Editor。

3. 在 Data 表中输入测试数据。

Nominal Stress

名义应力，T_S。

Nominal Strain

名义剪切应变，γ。

Nominal transverse stress

名义横向应变，T_T（剪切应力与边相垂直）。此应力值是可选的，但是强烈推荐给出。如果给出此值，则将得到更加精确的材料响应。

用户可能需要扩展对话框来查看 Data 表中的所有列。有关如何输入数据的详细信息，见 3.2.7 节“输入表格数据”。

4. 单击 OK 来返回 Edit Material 对话框。

7）为超弹性泡沫材料模型指定平面测试数据

使用 Test Data Editor 来指定平面测试数据，Abaqus 从这些数据矫正超泡沫材料系数。仅有平面测试数据是不够的；用户必须在材料定义中也包括单轴和/或者双轴测试数据。更多信息见下面的章节：

- 《Abaqus 分析用户手册——材料卷》的 2.5.2 节“弹性体泡沫状的超弹性行为”
- “为超弹性泡沫材料模型指定单轴测试数据”
- “为超弹性泡沫材料模型指定双轴测试数据”

若要指定平面测试数据，执行以下操作：

1. 如“提供测试数据来定义超弹性泡沫材料模型”中描述的那样创建超弹性泡沫材料模型。

2. 从 Edit Material 对话框中的 Suboptions 菜单选择 Planar Test Data。

出现 Test Data Editor 对话框。

3. 在 Data 表中输入测试数据。

Nominal Stress

名义应力，T_L。

Nominal Strain

名义剪切应变，ε_P。

Nominal transverse stress

名义横向应变，ε_3（剪切应力与边相垂直）。如果用户已经在 Edit Material 对话框中输入了不变的泊松比，则此参数没有必要。

用户可能需要扩展对话框来查看 Data 表中的所有列。有关如何输入数据的详细信息，见 3.2.7 节“输入表格数据”。

4. 单击 OK 来返回 Edit Material 对话框。

8）为超弹性泡沫材料模型指定体积测试数据

使用 Test Data Editor 来指定体积测试数据，Abaqus 可以从这些数据矫正超泡沫材料系数。更多信息见《Abaqus 分析用户手册——材料卷》的 2.5.1 节“橡胶型材料的超弹性行为”。

若要指定体积测试数据，执行以下操作：

1. 如“提供测试数据来定义超弹性泡沫材料模型”中描述的那样创建超弹性泡沫材料模型。

2. 从 Edit Material 对话框中的 Suboptions 菜单选择 Volumetric Test Data。

出现 Test Data Editor 对话框。

3. 在 Data 表中输入测试数据。

Pressure

压力，p。

Volume Ratio

体积比（当前的体积/原始的体积），J。

用户可能需要扩展对话框来查看 Data 表中的所有列。有关如何输入数据的详细信息，见 3.2.7 节“输入表格数据”。

4. 单击 OK 来返回 Edit Material 对话框。

5. 创建低密度的泡沫材料模型

用户可以创建一个材料模型来描述低密度的，高可压缩的弹性泡沫，具有明显的速率敏感行为（例如聚氨酯泡沫）。Abaqus 从输入到 Test Data Editor 中的测试数据来计算材料参数。用户必须为拉伸和压缩提供单轴测试数据。用户的测试数据必须指定不同应变率值的单轴应力-应变曲线。

有关如何指定低密度泡沫的材料属性的详细情况，见“指定低密度的泡沫材料属性”。

1）指定低密度的泡沫材料属性

如下面所描述的那样在 Edit Material 对话框中输入属性。有关低密度泡沫材料的更多信息，见《Abaqus 分析用户手册——材料卷》的 2.9 节“率敏感的弹性泡沫：低密度泡沫”。

若要指定低密度的泡沫材料属性，执行以下操作：

1. 从 Edit Material 对话框中的菜单栏选择 Mechanical→Elasticity→Low Density Foam。

有关显示 Edit Material 对话框的信息，见 12.7.1 节“创建或者编辑材料”。

2. 选择 Strain rate measure。

● 选择 Volumetric（默认的）来使用名义体积应变率，此名义体积应变率在保持体积的变形模式下不产生率敏感行为（即，简单的剪切）。

● 选择 Principal 来让 Abaqus 使用沿着每一个主方向评估的应变率。

更多信息见《Abaqus 分析用户手册——材料卷》的 2.9 节“率敏感的弹性泡沫：低密度泡沫”中的“应变率”。

3. 切换选中 Extrapolate stress-strain curve beyond maximum strain rate，激活以斜率为基础的应变率扩展（成为应变率）。更多详细信息见《Abaqus 分析用户手册——材料卷》的 2.9 节“率敏感的弹性泡沫：低密度泡沫”中的“应力-应变曲线的外推”。

4. 切换选中 Maximum allowable principal tensile stress 来输入材料可以承受的截止值。将 Abaqus 计算得到的最大主拉应力强制等于此值，或者在此值以下。更多信息见《Abaqus 分析用户手册——材料卷》的 2.9 节“率敏感的弹性泡沫：低密度泡沫”中的“张力截止和失效”。

5. 如果用户为 Maximum allowable principal tensile stress 指定一个值，则切换选中 Remove elements exceeding maximum 来造成 Abaqus 删除最大主应力达到此值的任何单元。这是模拟断裂的最简单方法。

6. 用户可以接受 Relaxation coefficients 的默认值，或者输入 mu0、mu1 和 alpha 的新值。这些材料参数的详细描述，见《Abaqus 分析用户手册——材料卷》的 2.9 节“率敏感的弹性泡沫：低密度泡沫”中的“松弛系数”。

7. 要定义材料的单轴测试数据，单击 Uniaxial Test Data。详细情况见下面的章节。

● “为低密度的泡沫材料模型指定单轴拉伸测试数据”

● “为低密度的泡沫材料模型指定单轴压缩测试数据”

8. 单击 OK 来创建材料，然后关闭 Edit Material 对话框。另外，用户可以从 Edit Material 对话框中的菜单选择其他材料行为（更多信息见 12.7.2 节“浏览和编辑材料行为”）。

2）为低密度的泡沫材料模型指定单轴拉伸测试数据

使用 Test Data Editor 来为拉伸指定单轴测试数据。

若要指定单轴拉伸测试数据，执行以下操作：

1. 如“指定低密度的泡沫材料属性”中描述的那样创建低密度的泡沫材料模型。

2. 从 Edit Material 对话框中的 Uniaxial Test Data 菜单选择 Uniaxial Tension Test Data。出现 Test Data Editor。

3. 要指定取决于温度的测试数据，切换选中 Use temperature-dependent data。

在 Data 表中出现标签为 Temp 的列。

4. 要指定取决于场变量的测试数据，单击 Number of field variables 域右侧的箭头来增加或者减少场变量的数量。

在 Data 表中出现 Field 变量列。

5. 在 Data 表中输入测试数据。

Nominal Stress

名义应力，T_U。

Nominal Strain

名义应变，ε_U。

Nominal Strain Rate

名义应变率，$\dot{\varepsilon}_U$（正值指定载荷响应，负值指定卸载）。

Temp

温度，θ。

Field *n*

预定义的场变量。

用户可能需要扩展对话框来查看 Data 表中的所有列。有关如何输入数据的详细信息，见 3.2.7 节“输入表格数据”。

6. 单击 OK 来返回 Edit Material 对话框。

3）为低密度的泡沫材料模型指定单轴压缩测试数据

使用 Test Data Editor 来为压缩指定单轴测试数据。

若要指定单轴压缩测试数据，执行以下操作：

1. 如“指定低密度的泡沫材料属性”中描述的那样创建低密度的泡沫材料模型。

2. 从 Edit Material 对话框中的 Uniaxial Test Data 菜单选择 Uniaxial Compression Test Data。出现 Test Data Editor 对话框。

3. 要指定取决于温度的测试数据，切换选中 Use temperature-dependent data。

在 Data 表中出现标签为 Temp 的列。

4. 要指定取决于场变量的测试数据，单击 Number of field variables 域右侧的箭头来增加或者减少场变量的数量。

在 Data 表中出现 Field 变量列。

5. 在 Data 表中输入测试数据。

Nominal Stress

名义应力，T_U。

Nominal Strain

名义应变，ε_U。

Nominal Strain Rate

名义应变率，$\dot{\varepsilon}_U$（正值指定载荷响应，负值指定卸载）。

Temp

温度，θ。

Field *n*

预定义的场变量。

用户可能需要扩展对话框来查看 Data 表中的所有列。有关如何输入数据的详细信息，见 3.2.7 节“输入表格数据”。

6. 单击 OK 来返回 Edit Material 对话框。

6. 创建次弹性材料模型

用户可以创建一个次弹性材料定义来描述非线性的、小应变弹性材料。用户可以在材料编辑器中直接输入次弹性材料参数，或者在用户子程序 UHYPEL 中定义材料参数。用户子程序 UHYPEL 允许用户指定以温度为基础的数据。

更多信息见下面的章节：

- 《Abaqus 分析用户手册——材料卷》的 2.4 节“次弹性”
- 《Abaqus 用户子程序参考手册》的 1.1.40 节“UHYPEL”

若要创建次弹性材料，执行以下操作：

1. 从 Edit Material 对话框中的菜单选择 Mechanical→Elasticity→Hypoelastic。

有关显示 Edit Material 对话框的信息，见 12.7.1 节“创建或者编辑材料”。

2. 为指定材料参数选择下面的一个选项。

- 切换选中 Use user subroutine UHYPEL。
- 在 Data 区域中输入材料参数。

Young's Modulus

瞬时杨氏模量，E。

Poisson's Ratio

瞬时泊松比，ν。

I1

第一应变不变量，I_1。

I2

第二应变不变量，I_2。

I3

第三应变不变量，I_3。

用户可能需要扩展对话框来查看 Data 表中的所有列。有关如何输入数据的详细信息，见 3.2.7 节“输入表数据”。

3. 单击 OK 来创建材料，然后关闭 Edit Material 对话框。另外，用户可以从 Edit Material 对话框中的菜单选择其他材料行为来定义（更多信息见 12.7.2 节“浏览和编辑材料行为”）。

7. 创建多孔弹性材料模型

多孔弹性材料模型定义了多孔材料的弹性参数。更多信息见《Abaqus 分析用户手册——材料卷》的 2.3 节“多孔弹性：多孔材料的弹性行为”。

若要定义多孔弹性材料，执行以下操作：

1. 从 Edit Material 对话框中的菜单栏选择 Mechanical→Elasticity→Porous Elastic。

有关显示 Edit Material 对话框的信息，见 12.7.1 节“创建或者编辑材料”。

2. 单击 Shear 域右侧的箭头，然后为定义多孔材料中的偏弹性行为选择一个选项。

- 选择 G 来指定不变的剪切模量。在此情况中，剪切行为不受材料收缩的影响。

在 Data 表中出现 Shear Modulus 列。

- 选择 Poisson 来允许 Abaqus 从块模量和泊松比计算瞬态剪切模量。在此情况中，弹性剪切刚度随着材料收缩而升高。

在 Data 表中出现 Poisson's ratio 列。

3. 要定义取决于温度的行为数据，切换选中 Use temperature-dependent data。

在 Data 表中出现标签为 Temp 的列。

4. 要定义取决于场变量的行为数据，单击 Number of field variables 域右侧的箭头来增加或者减少场变量的数量。

在 Data 表中出现 Field 变量列。

5. 在 Data 表中输入材料参数。

Log Bulk Modulus

块模量对数，κ（无量纲）。

G

剪切模量，G。如果用户从 Shear 选项列表中选中 G，则输入此值。

Poisson's ratio

泊松比，ν。如果用户从 Shear 选项中选中 Poisson，则输入此值。

Tensile Limit

弹性拉伸限，p_t^{el}（此值不能是负的）。

Temp

温度，θ。

Field *n*

预定义的场变量。

用户可能需要扩展对话框来查看 Data 表中的所有列。有关如何输入数据的详细信息，见 3.2.7 节“输入表格数据”。

6. 单击 OK 来创建材料，然后关闭 Edit Material 对话框。另外，用户可以从 Edit Material 对话框中的菜单选择其他材料行为来定义（更多信息见 12.7.2 节“浏览和编辑材料行为”）。

8. 创建黏弹性材料模型

用户可以将材料中的黏弹性定义成频率的函数（对于稳定状态的小振动分析），或者作为缩减时间的函数（对于时间相关的分析）。更多信息见下面的章节：

- 《Abaqus 分析用户手册——材料卷》的 2.7.1 节“时域黏弹性”
- 《Abaqus 分析用户手册——材料卷》的 2.7.2 节“频域黏弹性”

1）黏弹性材料定义概览

有关在 Edit Material 对话框中定义黏弹性的详细指导，见下面的章节：

- “定义时域黏弹性”
- “定义频域黏弹性”

有关黏弹性的更多信息，见《Abaqus 分析用户手册——材料卷》的 2.7.1 节“时域黏弹性”以及“定义频域黏弹性”。

2）定义时域黏弹性

此类型的材料模型描述材料的各向同性率相关的材料行为，在时域中必须模拟材料内部阻尼产生的耗散。

Abaqus 假设通过 Prony 级数展开来定义时域黏弹性。用户可以直接指定 Prony 级数中每一项的 Prony 级数参数。另外，Abaqus 可以使用用户提供的时域蠕变测试数据、时域松弛测试数据，或者频率相关的循环测试数据来计算 Prony 级数中的项。

有关时域粘弹性的更多信息，见《Abaqus 分析用户手册——材料卷》的 2.7.1 节“时域黏弹性”。

若要定义时域黏弹性，执行以下操作：

1. 从 Edit Material 对话框中的菜单栏选择 Mechanical→Elasticity→Viscoelastic。

有关显示 Edit Material 对话框的信息，见 12.7.1 节“创建或者编辑材料”。

2. 单击 Domain 域右侧的箭头，然后选择 Time。

3. 单击 Time 域右边的箭头，然后选择类型的选项来确定黏弹性材料参数。

- 如果用户想要直接为每一项输入 Prony 级数参数，则选择 Prony。
- 如果用户想要 Abaqus 从用户提供的蠕变测试数据计算 Prony 级数中的参数，则选择 Creep test data。如果用户选择此选项，则用户必须在 Test Data Editor 中输入剪切测试数据和/或体积测试数据。
- 如果用户想要 Abaqus 从松弛测试数据计算 Prony 级数参数，则选择 Relaxation test data。如果用户选择此选项，则用户必须在 Test Data Editor 中输入剪切测试数据和/或体积测试数据。
- 如果用户想要 Abaqus 从频率相关的循环测试数据计算 Prony 级数参数，则选择 Frequency data。

4. 如果用户从 Time 选项列表中选择了测试数据，则用户可以指定与 Prony 级数参数校正有关的两个附加参数。

- 单击 Maximum number of terms in the Prony series 域右边的箭头来指定 Prony 级数中项

的最大数量（N）。Abaqus 将执行从 $N=1$ 到 $N=\mathrm{NMAX}$ 的最小二乘法拟合，直到容差达到了收敛点最低值 N。

- 在 Allowable average root-mean-square error 域中，为最小二乘法拟合中的数据点输入容差。

5. 如果用户从 Time 选项的列表中选择 Prony，则在 Data 表中输入 Prony 参数。

g_i Prony

剪切松弛或者剪切拉伸松弛模量比，$\bar{g}_i^P$。

k_i Prony

块松弛或者法向拉伸松弛模量比，$\bar{k}_i^P$。

tau_i Prony

松弛时间，τ_i。

用户可以扩展对话框来查看 Data 表中的所有列。有关如何输入数据的详细信息，见 3.2.7 节“输入表格数据”。

6. 如果用户从 Time 选项列表中选择 Frequency data，则在 Data 表中输入频率相关的测试数据。

Omega g* real

ωg^* 的实部。

Omega g* imag

ωg^* 的虚部。

Omega k* real

ωk^* 的实部。

Omega k* imag

ωk^* 的虚部。

Frequency

频率，单位时间上的循环 f。

用户可能需要扩展对话框来查看 Data 表中的所有列。有关如何输入数据的详细信息，见 3.2.7 节“输入表格数据”。

7. 如果可以实施的话，单击 Test Data 来指定测试数据，从这些数据定义黏弹性行为。详细情况见下面的章节。

- “指定剪切测试数据”
- “指定体积测试数据”
- “指定组合测试数据”

8. 要指定热流变简单（thermo-rheologically simple，TRS）温度效应，使用 Suboptions 菜单。详细情况见“指定时域黏弹性的热流变简单（TRS）温度相关性”。

9. 单击 OK 来创建材料，然后关闭 Edit Material 对话框。另外，用户可以从 Edit Material 对话框中的菜单选择其他材料行为来定义（更多信息见 12.7.2 节“浏览和编辑材料行为”）。

3）指定时域黏弹性的热流变简单（TRS）温度相关性

用户可以通过输入 Williams-Landel-Ferry 近似的参数，或者使用用户子程序 UTRS 来定义平移方程。有关时域黏弹性中温度效应的更多信息，见《Abaqus 分析用户手册——分析卷》的 2.7.1 节“时域黏弹性”。

若要定义平移方程，执行以下操作：

1. 如“定义时域黏弹性”中描述的那样创建时域黏弹性材料。
2. 从 Edit Material 对话框中的 Suboptions 菜单选择 Trs。

出现 Suboption Editor 对话框。

3. 单击 Shift function 域右边的箭头，然后选中用户所选方程的选项。

- 选择 WLF 来定义使用 Williams-Landel-Ferry 近似的平移方程。
- 选择 User Subroutine UTRS 来定义使用用户子程序 UTRS 的平移方程。

4. 如果用户从 Shift 方程选项中选择 WLF，则在 Data 表中输入所需的数据。

Theta 0

参考温度，θ_0。

C1

矫正常数，C_1。

C2

矫正常数，C_2。

用户可能需要扩展对话框来查看 Data 表中的所有列。有关如何输入数据的详细信息，见 3.2.7 节“输入表格数据”。

5. 单击 OK 来返回 Edit Material 对话框。

4）定义频域黏弹性

此类型材料模型描述在小的、稳态的谐振动中的材料频域行为。在这些情况中，必须在频域中模拟内部阻尼效应造成的耗散损失。

通过将 g^* 和 k^*（对于可压缩材料）的实部和虚部给成频率的函数来定义材料行为的耗散部分。可以采用三种方法来将模量定义成频率的函数：剪切和体松弛模量的指数规律、表输入或者 Prony 级数表达。

有关频域黏弹性的更多信息，见《Abaqus 分析用户手册——材料卷》的 2.7.2 节“频域黏弹性”。

若要定义频域黏弹性，执行以下操作：

1. 从 Edit Material 对话框中的菜单栏，选择 Mechanical→Elasticity→Viscoelastic。

有关显示 Edit Material 对话框的信息，见 12.7.1 节“创建或者编辑材料”。

2. 单击 Domain 域右边的箭头，然后选择 Frequency。

3. 单击 Frequency 域右边的箭头，然后选择选中方法的选项来确定黏弹性材料参数。

- 选择 Formula，通过幂方程来定义频率相关性。
- 选择 Tabular 来定义表形式的频率响应。用户必须将 ωg^* 和 ωk^* 的实部和虚部——其中 ω 是圆频率——提供成频率的函数，频率是单位时间的循环数。
- 如果用户想要 Abaqus 从无量纲的剪切和体松弛模量的时域 Prony 级数描述来计算频率相关性，则应该选择 Prony。
- 如果用户想要 Abaqus 从提供的蠕变测试数据来计算 Prony 级数中的参数，则选择 Creep test data。如果用户选择此选项，则必须在 Test Data Editor 中输入剪切测试数据和/或体积测试数据。
- 如果用户想要 Abaqus 从松弛测试数据计算 Prony 级数参数，则选择 Relaxation test data。如果用户选择此选项，则用户必须在 Test Data Editor 中输入剪切测试数据和/或体积测试数据。

4. 如果用户从 Frequency 选项列表选择了 Creep test data 或者 Relaxation test data，则用户可以指定与 Prony 级数的矫正有关的两个附加参数。

- 单击 Maximum number of terms in the Prony series 域右边的箭头来指定 Prony 级数中的最大项数量（N）。Abaqus 将执行从 $N=1$ 到 $N=$NMAX 的最小二乘法拟合，直到相对于容差来说，达到收敛的最低值 N。
- 在 Allowable average root-mean-square error 域中，输入最小二乘法拟合中数据点的容差。

5. 如果用户从 Frequency 选项列表选择 Tabular，则用户可以指定两个附加的选项。

Type

此参数指定用户是定义连续的材料属性，还是定义有效厚度方向上的垫片属性。

如果用户正在定义连续的材料属性，则选择 Isotropic。当为使用连续材料属性的连续的、结构的或者特定目的的单元使用黏弹性材料时，此选项是合适的。

如果用户正在定义有效厚度方向上的垫片属性，则选择 Traction。仅直接使用垫片行为来模拟行为的垫片单元支持此选项。

Preload

此参数指定用于定义频域黏弹性材料属性或者有效厚度方向上垫片属性所使用的预载荷属性。

选择 Uniaxial 来指定材料属性，对应于单轴测试。

选择 Volumetric 来指定材料参数，对应于体积测试。此设置不能用来定义有效厚度方向上的垫片属性。

选择 Uniaxial and Volumetric 来指定材料属性，对应于两种类型的测试。此设置不能用于定义有效厚度方向上的垫片属性。

如果用户选择不指定预载荷参数，则选择 None。

6. 如果用户从 Frequency 选项的列表中选择了 Formula，则在 Data 表中输入下面的数据。

g1* real

g_1^* 的实部。

g1* imag

g_1^* 的虚部。

a

a 的值。

k1* real

k_1^* 的实部。

k1* imag

k_1^* 的虚部。如果材料是不可压缩的，则忽略此值。

b

b 的值。如果材料是不可压缩的，则忽略此值。

7. 如果用户从 Frequency 选项列表中选择了 Tabular，则输入与 Type 和 Preload 选项有关的数据（并非施加下面所有的参数）。

Omega g* real

ωg^* 的实部 $[\omega\Re(g^*)=G_l/G_\infty]$。

Omega g* imag

ωg^* 的虚部 $[\omega\Im(g^*)=1-G_s/G_\infty]$。

Omega k* real

ωk^* 的实部 $[\omega\Re(k^*)=K_l/K_\infty]$。如果材料是不可压缩的，则忽略此值。

Omega k* imag

ωk^* 的虚部 $[\omega\Im(k^*)=1-K_s/K_\infty]$。如果材料是不可压缩的，则忽略此值。

Frequency

频率 f，单位时间的循环数。

Loss Modulus

单轴耗散模量或者体耗散模量。

Storage Modulus

单轴储能模量或体储能模量。

Uniaxial Strain

单轴名义应变（定义单轴预载荷的程度）。

Volume Ratio

体积比 J（当前的体积/原始的体积；定义体积预载荷的程度）。

Normalized Loss Modulus

ωk^* 的实部。对于没有预载荷的厚度方向上的垫片，$\omega\Re(k^*)=K_l/K_\infty$。

Normalized Shear Modulus

ωk^* 的虚部。对于没有预载荷的厚度方向上的垫片，$\omega\Im(k^*)=1-K_s/K_\infty$。

用户可能需要扩展对话框来查看 Data 表中的所有列。有关如何输入数据的详细信息，见 3.2.7 节“输入表格数据”。

8. 如果用户从 Frequency 选项中选择 Prony，则在 Data 表中输入下面的数据。

g_i Prony

剪切松弛模量 Prony 级数展开中第一项中的模量比，$\bar{g}_i^P$。

k_i Prony

块松弛模量 Prony 级数展开中第一项中的模量比，$\bar{k}_i^P$。

tau_i Prony

Prony 级数展开中第一项的松弛时间，τ_i。

用户可能需要扩展对话框来查看 Data 表中的所有列。有关如何输入数据的详细信息，见 3.2.7 节“输入表格数据”。

9. 如果可以应用的话，使用 Test Data 菜单来指定测试数据，从这些测试数据定义黏弹性行为。详细情况见下面的部分。

- “指定剪切测试数据”
- “指定体积测试数据”
- “指定组合测试数据”

10. 单击 OK 创建材料，并关闭 Edit Material 对话框。另外，用户可以从 Edit Material 对话框中的菜单选择其他材料行为来定义（更多信息见 12.7.2 节“浏览和编辑材料行为”）。

5）指定剪切测试数据

用户可以使用 Test Data Editor 来将归一化的剪切蠕变柔度或者松弛模量指定成时间的函数。有关使用剪切测试数据来定义黏弹性材料行为的信息，见《Abaqus 分析用户手册——材料卷》的 2.7.1 节“时域黏弹性”或者《Abaqus 分析用户手册——材料卷》2.7.2 节“频域黏弹性”。

若要指定剪切测试数据，执行以下操作：

1. 如“定义时域黏弹性”或者“定义频域黏弹性”中所描述的那样创建黏弹性材料模型。

2. 从 Edit Material 对话框中的 Test Data 菜单选择 Shear Test Data。

出现 Test Data Editor。

3. 在 Long-term normalized shear compliance or modulus 域中，输入蠕变测试数据的长期归一化剪切柔度 $j_S(\infty)$，或者松弛测试数据的长期归一化剪切模量 $g_R(\infty)$。

4. 在 Data 表中，输入下面的数据。

js、gR

蠕变测试数据的归一化剪切柔度 $j_S(t)$，$j_S(t)\geqslant 1$；或者松弛测试数据的归一化剪切松弛模量 $g_R(t)$，$0\leqslant g_R(t)\leqslant 1$。

Time

时间 t，$t>0$。

有关如何输入数据的详细信息，见 3.2.7 节“输入表格数据”。

5. 单击 OK 来返回到 Edit Material 对话框。

6）指定体积测试数据

用户可以使用 Test Data Editor 来将归一化的块蠕变柔度或者松弛模量指定成时间的函数。有关使用体积测试数据来定义黏弹性材料行为的信息，见《Abaqus 分析用户手册——材料卷》的 2.7.1 节“时域黏弹性”或者《Abaqus 分析用户手册——材料卷》的 2.7.2 节“频域黏弹性”。

若要指定体积测试数据，执行以下操作：

1. 如“定义时域黏弹性”或者“定义频域黏弹性”中所描述的那样创建黏弹性材料模型。

2. 从 Edit Material 对话框中的 Test Data 菜单选择 Volumetric Test Data。

出现 Test Data Editor 对话框。

3. 在 Long-term normalized shear compliance or modulus 域中，输入蠕变测试数据的长期归一化体积柔度 $j_K(\infty)$，或者松弛测试数据的长期归一化体积模量 $k_R(\infty)$。

4. 在 Data 表中输入下面的数据。

jK、kR

蠕变测试数据的归一化剪切柔度 $j_K(t)$，$j_K(t)\geqslant 1$；或者松弛测试数据的归一化剪切松弛模量 $k_R(t)$，$0\leqslant k_R(t)\leqslant 1$。

Time

时间 t，$t>0$。

有关如何输入数据的详细信息，见 3.2.7 节“输入表格数据”。

5. 单击 OK 来返回到 Edit Material 对话框。

7）指定组合测试数据

用户可以使用 Test Data Editor 来将归一化的剪切和块蠕变柔度或者松弛模量指定成时间的函数。有关使用组合的测试数据来定义黏弹性材料行为的信息，见《Abaqus 分析用户手册——材料卷》的 2.7.1 节“时域黏弹性”或者《Abaqus 分析用户手册——材料卷》的 2.7.2 节“频域黏弹性”。

若要指定组合测试数据，执行以下操作：

1. 如“定义时域黏弹性”或者“定义频域黏弹性”中所描述的那样创建黏弹性材料模型。

2. 从 Edit Material 对话框中的 Test Data 菜单选择 Combined Test Data。

出现 Test Data Editor。

3. 在 Long-term normalized shear compliance or modulus 域中，输入蠕变测试数据的长期归一化剪切柔度 $j_S(\infty)$，或者松弛测试数据的长期归一化剪切模量 $g_R(\infty)$。

4. 在 Long-term normalized volumetric compliance or modulus 域中，输入蠕变测试数据的长期归一化体积柔度 $j_K(\infty)$，或者松弛测试数据的长期归一化体积模量 $k_R(\infty)$。

5. 在 Data 表中输入下面的数据。

js、gR

蠕变测试数据的归一化剪切柔度 $j_S(t)$，$j_S(t)\geqslant 1$；或者松弛测试数据的归一化剪切松弛模量 $g_R(t)$，$0\leqslant g_R(t)\leqslant 1$。

jK、kR

蠕变测试数据的归一化体积柔度 $j_K(t)$，$j_K(t)\geqslant 1$；或者松弛测试数据的归一化体积松弛模量 $k_R(t)$，$0\leqslant k_R(t)\leqslant 1$。

Time

时间 t，$t>0$。

有关如何输入数据的详细信息，见 3.2.7 节“输入表格数据”。

6. 单击 OK 来返回到 Edit Material 对话框。

12.9.2 定义塑性

用户使用 Edit Material 对话框来创建塑性材料，并指定材料属性。用户可以创建以下塑性材料模型：

- Classical metal plasticity；见“定义经典的金属塑性”
- Cap plasticity；见“定义盖塑性”
- Cast iron plasticity；见“定义铸铁塑性”
- Clay plasticity；见“定义黏土塑性”
- Concrete damaged plasticity；见“定义混凝土损伤塑性”
- Concrete smeared cracking；见“定义混凝土弥散开裂”
- Crushable foam plasticity；见“定义可压碎泡沫塑性”
- Drucker-Prager plasticity；见“定义 Drucker-Prager 塑性”
- Mohr-Coulomb plasticity；见“定义 Mohr-Coulomb 塑性”
- Porous metal plasticity；见“定义多孔金属塑性”
- Creep；见“定义蠕变规律”
- Swelling；见“定义膨胀”
- Viscous；见“定义双层黏塑性模型的黏性分量”

更多信息见《Abaqus 分析用户手册——材料卷》的 3.1 节“非弹性行为：概览”。

1. 定义经典的金属塑性

经典的金属塑性模型允许用户定义在相对低的温度下金属的屈服和非弹性流动，其中载荷是相对单调变化的，并且蠕变效应不重要。更多信息见《Abaqus 分析用户手册——材料卷》的 3.2.1 节“经典的金属塑性”。

1）经典金属塑性概览

当用户使用 Edit Material 对话框来定义材料的经典塑性行为时，用户必须为指定硬化行为选择下面的一个选项。

- 选择 Isotropic 模拟的硬化在所有方向上，屈服面均匀地改变大小，因此屈服应力随着屈服应变的发生，在所有应力方向上增大（或者减小）。详细指导见“使用各向同性的硬化模型来定义经典的金属塑性”。
- 选择 Kinematic 来模拟具有常数硬化率的材料循环加载。详细指导见“使用线性运动循环硬化模型来定义经典的金属塑性”。
- 选择 Johnson-Cook 在 Abaqus/Explicit 中模拟各向同性的硬化，其中将屈服应力提供成等效塑性应变、应变率和温度的分析函数。详细指导见“使用 Johnson-Cook 硬化模型来定义经典的金属塑性”。
- 选择 User，通过用户子程序 UHARD 来描述等效硬化的屈服应力。详细指导见“指定用户子程序 UHARD 来定义经典的金属塑性”。
- 选择 Combined 来模拟具有非线性的各向同性/运动硬化的金属循环加载。详细指导见“使用非线性的各向同性/运动循环硬化模型来定义经典的金属塑性”。

有关选择 Hardening 选项的通用信息，见《Abaqus 分析用户手册——材料卷》的 3.2.1 节“经典的金属塑性”中的“硬化”。

2）使用各向同性的硬化模型来定义经典的金属塑性

对于包含严重塑性应变的情况，或者在整个分析的应变空间中，每一个点处的应变完全是在相同方向上的情况，各向同性的硬化模型是有用的。

若要定义各向同性的硬化模型，执行以下操作：

1. 从 Edit Material 对话框中的菜单栏选择 Mechanical→Plasticity→Plastic。

有关显示 Edit Material 对话框的信息，见 12.7.1 节“创建或者编辑材料”。

2. 单击 Hardening 域右边的箭头，然后选择 Isotropic。

3. 如果用户想要输入测试数据，显示在不同等效塑性应变率下，屈服应力与等效塑性应变的关系，可以切换选中 Use strain-rate-dependent data。

Data 表中出现标签为 Rate 的列。

另外，如果想要使用屈服应力比来定义应变率相关性，则用户必须从 Suboptions 菜单选择 Rate Dependent。详细情况见“使用屈服应力比来定义率相关的屈服”。有关率相关性的背景信息，见《Abaqus 分析用户手册——材料卷》的 3.2.3 节“率相关的屈服”。

4. 切换选中 Use temperature-dependent data 来定义取决于温度的行为数据。

Data 表中出现标签为 Temp 的列。

5. 要定义取决于场变量的行为数据，单击 Number of field variables 域右边的箭头来增加或者减少场变量的数量。

6. 在 Data 表中输入下面的数据。

Yield Stress

开始屈服时的应力。

Plastic Strain

塑性应变。

Rate

等效塑性应变率 $\dot{\bar{\varepsilon}}^{pl}$，每一个应力-应变曲线对应一个应变率。

Temp

温度。

Field *n*

预定义的场变量。

用户可能需要扩展对话框来查看 Data 表中的所有列。有关如何输入数据的详细信息，见 3.2.7 节“输入表格数据”。

7. 如果需要，使用 Suboptions 菜单来输入额外的数据。详细情况见下面的章节。

- “使用屈服应力比来定义率相关的屈服”
- “指定弹性-塑性材料的退火温度”

8. 单击 OK 创建材料，并关闭 Edit Material 对话框。另外，用户可以从 Edit Material 对话框中的菜单选择其他材料行为来定义（更多信息见 12.7.2 节“浏览和编辑材料行为”）。

3）使用线性运动循环硬化模型来定义经典的金属塑性

使用线性运动模型来定义循环硬化的不变速率。更多信息见《Abaqus 分析用户手册——材料卷》的 3.2.2 节“承受循环载荷的金属模型”。

若要定义线性运动硬化模型，执行以下操作：

1. 从 Edit Material 对话框中的菜单栏选择 Mechanical→Plasticity→Plastic。

有关显示 Edit Material 对话框的信息，见 12.7.1 节“创建或者编辑材料”。

2. 单击 Hardening 域右边的箭头，然后选择 Kinematic。

3. 要定义取决于温度的行为数据，切换选中 Use temperature-dependent data。

Data 表中出现标签为 Temp 的列。

4. 在 Data 表中输入下面的数据。

Yield Stress

屈服开始时的应力。

Plastic Strain

塑性应变。

Rate

等效塑性应变率 $\dot{\bar{\varepsilon}}^{pl}$，每一个应力-应变曲线对应一个应变率。

Temp

温度。

用户可能需要扩展对话框来查看 Data 表中的所有列。有关如何输入数据的详细信息，见 3.2.7 节“输入表格数据”。

5. 如果需要，使用 Suboptions 菜单来输入额外的数据。详细情况见下面的章节。

- “定义各向异性的屈服和蠕变”
- “在塑性和蠕变计算中使用 Oak Ridge National Laboratory（ORNL）本构模型”
- “为 ORNL 模型指定循环的屈服应力数据”
- “指定弹性-塑性材料的退火温度”

6. 单击 OK 创建材料，并关闭 Edit Material 对话框。另外，用户可以从 Edit Material 对话框中的菜单选择其他材料行为来定义（更多信息见 12.7.2 节“浏览和编辑材料行为”）。

4）使用 Johnson-Cook 硬化模型来定义经典的金属塑性

Johnson-Cook 塑性模型特别适用于模拟金属的高应变率变形。此模型是包括硬化率和率相关性分析形式的特殊类型密塞斯塑性。通常在绝热瞬态动力学分析中使用此模型。更多信息见《Abaqus 分析用户手册——材料卷》的 3.2.7 节“Johnson-Cook 塑性模型”。

若要定义 Johnson-Cook 硬化模型，执行以下操作：

1. 从 Edit Material 对话框中的菜单栏选择 Mechanical→Plasticity→Plastic。

有关显示 Edit Material 对话框的信息，见 12.7.1 节“创建或者编辑材料”。

2. 单击 Hardening 域右边的箭头，然后选择 Johnson-Cook。

3. 在 Data 表中输入下面的数据。

A、B、n、m

刚好在转化温度上或者之下测得的材料参数。

Melting Temp

熔化温度 θ_{melt}，在此温度之上，材料熔化，像流体那样流动。

Transition Temp

转化温度 $\theta_{\text{transition}}$。刚好在转化温度上或者之下，屈服应力表达式中没有温度相关性。

用户可能需要扩展对话框来查看 Data 表中的所有列。有关如何输入数据的详细信息，见 3.2.7 节“输入表格数据”。

4. 如果需要，使用 Suboptions 菜单来输入额外的数据。详细情况见下面的章节。

- “使用屈服应力比来定义率相关的屈服”
- “指定弹性-塑性材料的退火温度”

5. 单击 OK 创建材料，并关闭 Edit Material 对话框。另外，用户可以从 Edit Material 对话框中的菜单选择其他材料行为来定义（更多信息见 12.7.2 节“浏览和编辑材料行为”）。

5）指定用户子程序 UHARD 来定义经典的金属塑性

用户子程序 UHARD 允许用户定义各向同性塑性或者组合硬化模型的屈服面大小和硬化参数。

1. 从 Edit Material 对话框中的菜单栏选择 Mechanical→Plasticity→Plastic。

有关显示 Edit Material 对话框的信息，见 12.7.1 节“创建或者编辑材料”。

2. 单击 Hardening 域右边的箭头，然后选择 User。

3. 在 Data 表中，输入需要作为用户子程序 UHARD 中的数据的 Hardening Properties 数量。

4. 单击 OK 创建材料，并关闭 Edit Material 对话框。另外，用户可以从 Edit Material 对话框中的菜单选择其他材料行为来定义（更多信息见 12.7.2 节“浏览和编辑材料行为”）。

6）使用非线性的各向同性/运动循环硬化模型来定义经典的金属塑性

此模型的演化规律由两个分量组成：

- 一个是非线性运动硬化分量，描述应力空间中穿过背应力 α 的屈服面移动。
- 一个是各向同性的硬化分量，将定义屈服面大小的等效应力 σ^0 的变化，描述成塑性变形的函数。

用户可以在 Edit Material 对话框中的 Hardening 选项列表中选择 Combined，然后输入所需的数据来定义运动硬化分量。

用户可以从 Suboptions 菜单选择 Cyclic Hardening，然后在出现的 Suboption Editor 中输入数据来定义各向同性的硬化分量。

有关循环硬化的更多信息，见《Abaqus 分析用户手册——材料卷》的 3.2.2 节“承受循环载荷的金属模型”。

若要定义非线性的各向同性/运动硬化模型，执行以下操作：

1. 从 Edit Material 对话框中的菜单栏选择 Mechanical→Plasticity→Plastic。

有关显示 Edit Material 对话框的信息，见 12.7.1 节“创建或者编辑材料”。

2. 单击 Hardening 域右边的箭头，然后选择 Combined。

3. 单击 Data type 域右边的箭头，然后指定如何定义模型的运动硬化分量。

- 选择 Half Cycle 来提供从单轴拉伸或者压缩试验的第一个半循环得到应力-应变数据。
- 选择 Parameters 来直接地指定运动硬化参数 C_k 和 γ_k。
- 选择 Stabilized 来提供从承受对称应变循环的样件的稳定循环试验中得到的应力-应变数据。

4. 要指定模型中包括的背应力数量，单击 Number of backstresses 域右边的箭头。默认背应力的数量为 1。允许的最大背应力数量为 10。

如果用户从 Data type 选项的列表中选择 Parameters，则表中出现附加的列来指定多背应力的运动硬化参数。

5. 切换选中 Use temperature-dependent data 来定义取决于温度的行为数据。

Data 表中出现标签为 Temp 的列。

6. 要定义取决于场变量的行为数据，单击 Number of field variables 域右边的箭头来增加或者减少场变量的数量。

7. 如果用户从 Data type 选项的列表中选择了 Stabilized，则用户可以选择切换选中 Use strain-range-dependent data。如果应力-应变曲线的形状对于不同的应变范围显著不同，则此选项是有用的。

8. 在 Data 表中，输入与用户的 Data type 选择有关的数据（不一定应用下面的所有参数）。

Yield Stress

开始屈服的应力。

Plastic Strain

塑性应变。

Yield Stress At Zero Plastic Strain

零塑性应变处的屈服应力 $\sigma|_0$。

Kinematic Hard Parameter C1

运动硬化参数 C_1。

Gamma 1

运动硬化参数 γ_1。

Kinematic Hard Parameter C*k* and Gamma *k*

多背应力的运动硬化参数 C_k 和 γ_k。

Temp

温度。

Field *n*

预定义的场变量。

Strain Range

得到应力-应变曲线的应变范围。

用户可能需要扩展对话框来查看 Data 表中的所有列。有关如何输入数据的详细信息，见 3.2.7 节“输入表格数据”。

9. 要定义模型的各向同性硬化分量，从 Suboptions 菜单选择 Cyclic Hardening，然后为出现的 Suboption Editor 输入所需的数据。详细情况见“定义非线性的各向同性/运动硬化模型的各向同性硬化分量”。

10. 如果需要，使用 Suboptions 菜单中的选项来输入额外的数据。详细情况见下面的章节。

- “定义各向异性的屈服和蠕变”
- “指定弹性-塑性材料的退火温度”

11. 单击 OK 创建材料，并关闭 Edit Material 对话框。另外，用户可以从 Edit Material 对

话框中的菜单选择其他材料行为来定义（更多信息见 12.7.2 节“浏览和编辑材料行为”）。

7）定义非线性的各向同性/运动硬化模型的各向同性硬化分量

Suboption Editor 允许用户定义非线性的各向同性/运动硬化模型的弹性区域扩展。更多信息见下面的章节：

- 《Abaqus 分析用户手册——材料卷》的 3.2.2 节“承受循环载荷的金属模型”
- “使用非线性的各向同性/运动循环硬化模型来定义经典的金属塑性”

若要定义各向同性的硬化分量，执行以下操作：

1. 如“使用非线性的各向同性/运动循环硬化模型来定义经典的金属塑性”中描述的那样创建材料模型。

2. 从 Edit Material 对话框中的 Suboptions 菜单选择 Cyclic Hardening。

出现 Suboption Editor。

3. 切换选中 Use temperature-dependent data 来定义取决于温度的数据。

在 Data 表中出现标签为 Temp 的列。

4. 要定义取决于场变量的数据，单击 Number of field variables 域右边的箭头来增加或者减少场变量的数量。

5. 指定如何定义各向同性的硬化分量。

- 如果用户想要输入指数规律的材料参数，则切换选中 Use parameters。
- 如果用户想要将屈服面大小的演变定义成等效塑性应变表格形式的函数，则切换选中 Use parameters。

6. 如果用户切换选中 Use parameters，则在 Data 表中输入下面的数据。

Equiv Stress

定义零塑性应变时弹性范围大小的等效应力。

Q-infinity

各向同性硬化参数 Q_∞。

Hardening Param b

各向同性硬化参数 b。

Temp

温度。

Field *n*

预定义的场变量。

用户可能需要扩展对话框来查看 Data 表中的所有列。有关如何输入数据的详细信息，见 3.2.7 节“输入表格数据”。

7. 如果切换不选 Use parameters，则在 Data 表中输入下面的数据。

Equiv Stress

定义弹性范围大小的等效应力。

Equiv Plastic Strain

等效塑性应变。

Temp

温度。

Field *n*

预定义的场变量。

用户可能需要扩展对话框来查看 Data 表中的所有列。有关如何输入数据的详细信息，见 3.2.7 节“输入表格数据”。

8. 单击 OK 来返回 Edit Material 对话框。

8）使用屈服应力比来定义率相关的屈服

当屈服强度取决于应变率，并且预期应变率很大时，Abaqus 允许用户精确地定义材料的屈服行为。用户可以采用两种方式来定义应变率相关性：

- 直接输入不同应变率时的硬化曲线，见以下章节：

—“使用各向同性的硬化模型来定义经典的金属塑性”

—“定义 Drucker-Prager 硬化”

- 定义屈服应力比来独立地指定率相关性，见以下章节。

有关应变率相关性的更多的信息，见《Abaqus 分析用户手册——材料卷》的 3.2.3 节“率相关的屈服”。

若要使用应力比来定义率相关的屈服，执行以下操作：

1. 如下面章节中描述的那样创建一个材料模型。

- “使用各向同性的硬化模型来定义经典的金属塑性”
- “使用 Johnson-Cook 硬化模型来定义经典的金属塑性”
- “定义 Drucker-Prager 硬化”

2. 从 Edit Material 对话框中的 Suboptions 菜单选择 Rate Dependent。

出现 Suboption Editor。

3. 单击 Hardening 域右边的箭头，然后为定义硬化相关性选择一个方法。

- 选择 Power Law 来使用 Cowper-Symonds 过应力规律定义屈服应力比。
- 选择 Tabular 来直接以表格形式将屈服应力比输入成等效塑性应变比的函数。
- 选择 Johnson-Cook 来使用分析的 Johnson-Cook 形式来定义 R。

4. 如果可行的话，切换选中 Use temperature-dependent data 来定义取决于温度的数据。

在 Data 表中出现标签为 Temp 的列。

5. 如果可行的话，单击 Number of field variables 域右边的箭头来增加或者减少作为数据基础的场变量数量。

6. 如果用户从 Hardening 选项列表中选择 Power Law，则在 Data 表中输入以下数据。

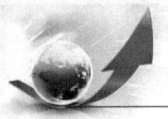

Mulitiplier

材料参数 D。

Exponent

材料参数 n。

Temp

温度。

Field *n*

预定义的场变量。

用户可能需要扩展对话框来查看 Data 表中的所有列。有关如何输入数据的详细信息，见 3.2.7 节“输入表格数据”。

7. 如果用户从 Hardening 选项列表中选择 Yield Ratio，则在 Data 表中输入以下数据。

Yld Stress Ratio

屈服应力比，$R=\overline{\sigma}/\sigma^0$。

Eq Plastic Strain Rate

等效塑性应变率，$\dot{\overline{\varepsilon}}^{pl}$（或者 $|\dot{\varepsilon}^{pl}_{axial}|$，对于可压缩的泡沫模型，单轴压缩中的轴向塑性应变率绝对值）。

Temp

温度。

Field *n*

预定义的场变量。

用户可能需要扩展对话框来查看 Data 表中的所有列。有关如何输入数据的详细信息，见 3.2.7 节“输入表格数据”。

8. 如果用户从 Hardening 选项列表中选择 Johnson-Cook，则在 Data 表中输入以下数据。

C

材料约束 C，独立于温度和场变量。

Epsilon dot zero

材料系数 $\dot{\varepsilon}_0$，独立于温度和场变量。

有关如何输入数据的详细信息，见 3.2.7 节“输入表格数据”。

9. 单击 OK 来返回 Edit Material 对话框。

9）定义各向异性的屈服和蠕变

Abaqus 为不同方向上表现出不同屈服或蠕变行为的材料提供各向异性的屈服和蠕变模型。用户可以通过指定施加在 Hill 势方程中的应力比来定义各向异性的屈服或者蠕变。更多信息见《Abaqus 分析用户手册——材料卷》的 3.2.6 节“各向异性屈服/蠕变”。

若要定义各向异性的屈服或者蠕变，执行以下操作：

1. 如下面章节中描述的那样创建一个材料模型。

- “使用各向同性的硬化模型来定义经典的金属塑性”
- “使用线性运动循环硬化模型来定义经典的金属塑性”
- “使用非线性的各向同性/运动循环硬化模型来定义经典的金属塑性”
- “定义黏土塑性”
- “定义蠕变规律”
- “定义双层黏塑性模型的黏性分量”

2. 从 Edit Material 对话框中的 Suboptions 菜单，选择 Potential。

出现 Suboption Editor 对话框。

3. 切换选中 Use temperature-dependent data 来定义取决于温度的数据。

在 Data 表中出现标签为 Temp 的列。

4. 单击 Number of field variables 域右边的箭头来增加或者减少作为数据基础的场变量数量。

5. 在 Data 表中输入下面的数据。

R11、R22、R33、R12、R13、R23

屈服或者蠕变应力比。

Temp

温度。

Field *n*

预定义的场变量。

用户可能需要扩展对话框来查看 Data 表中的所有列。有关如何输入数据的详细信息，见 3.2.7 节“输入表格数据”。

6. 单击 OK 来返回 Edit Material 对话框。

10） 在塑性和蠕变计算中使用 Oak Ridge National Laboratory（ORNL）[⊖]本构模型

如原子能标准 NE F9-5T（1981）中指定的那样，Abaqus/Standard 中的 ORNL 本构模型应用于 304 和 316 不锈钢。将此本构理论解耦成率无关的塑性响应和率相关的蠕变响应，每一个响应通过一个本构规律来控制。更多信息见《Abaqus 分析用户手册——材料卷》的 3.2.12 节“ORNL-Oak Ridge 国家实验室本构模型”，以及《Abaqus 理论手册》的 4.3.8 节“ORNL 本构理论”。

若要指定由 Oak Ridge 国家实验室建立的本构模型，执行以下操作：

1. 如下面章节中描述的那样创建材料模型。

- “使用线性运动循环硬化模型来定义经典的金属塑性”
- “定义蠕变规律”

⊖ Oak Ridge National Laboratory（ORNL）是美国橡树岭国家实验室。

2. 从 Edit Material 对话框中的 Suboptions 菜单选择 Ornl。

出现 Suboption Editor 对话框。

3. 在 Saturation rates for kinematic shift 域中，输入 A 的值，此参数等于蠕变应变产生的运动位移饱和率。此参数通过原子能标准 4.3.3-3 节的公式（15）来定义。默认值为 0.3。使用标准的 1986 年版本，则设置 $A=0$。

4. 在 Rate of kinematic shift wrt creep strain 域中，输入 H 的值，此参数等于与蠕变应变有关的运动位移速度。此参数通过原子能标准 4.3.2-1 节的公式（7）来定义。使用标准的 1986 年版本，则设置 $H=0.0$。如果用户省略了此参数，则 Abaqus 依据 1981 年版本的标准确定此值。

5. 如果需要，切换选中 Invoke reset procedure 来调用原子能标准 4.3.5 节中描述的可选的 α 来重设置过程。

6. 单击 OK 来返回 Edit Material 对话框。

11）为 ORNL 模型指定循环的屈服应力数据

用户必须使用 Suboption 编辑器来为 ORNL 本构模型指定第十循环的屈服应力和硬化值。仅当用户遵守“在塑性和蠕变计算中使用 Oak Ridge 国家实验室（ORNL）本构模型”中描述的过程时，此选项才有意义。

若要为 ORNL 模型指定循环的屈服应力数据，执行以下操作：

1. 如“使用线性运动循环硬化模型来定义经典的金属塑性”中描述的那样创建材料模型。

2. 从 Edit Material 对话框中的 Suboptions 菜单选择 Cycled Plastic。

出现 Suboption Editor 对话框。

3. 切换选中 Use temperature-dependent data 来定义取决于温度的数据。

在 Data 表中出现标签为 Temp 的列。

4. 在 Data 表中，为屈服应力、塑性应变，以及温度（如果可施加）输入值。

有关如何输入数据的详细信息，见 3.2.7 节“输入表格数据”。

5. 单击 OK 来返回 Edit Material 对话框。

12）指定弹性-塑性材料的退火温度

当材料点的温度超过退火温度时，Abaqus 假定材料点丧失了它的硬化记忆。用户可以指定退火温度，并且如果需要，以场变量的形式来定义它。更多信息见《Abaqus 分析用户手册——材料卷》的 3.2.5 节“退火或者熔化”。

若要指定退火温度，执行以下操作：

1. 如下面章节中描述的那样创建材料模型。

- “使用各向同性的硬化模型来定义经典的金属塑性”
- “使用线性运动循环硬化模型来定义经典的金属塑性”
- “使用非线性的各向同性/运动循环硬化模型来定义经典的金属塑性”
- “使用 Johnson-Cook 硬化模型来定义经典的金属塑性”

2. 从 Edit Material 对话框中的 Suboptions 菜单选择 Anneal Temperature。

出现 Suboption Editor。

3. 单击 Number of field variables 域右边的箭头来增加或者减少作为退火温度基础的场变量数量。

4. 在 Data 表中输入下面的数据。

Anneal Temperature

退火温度值。

Field *n*

预定义的场变量。

有关如何输入数据的详细信息，见 3.2.7 节“输入表格数据”。

5. 单击 OK 来返回 Edit Material 对话框。

2. 定义盖塑性

Abaqus 允许用户为使用改进的 Drucker-Prager/Cap 塑性模型的弹性-塑性材料定义屈服面参数。更多信息见《Abaqus 分析用户手册——材料卷》的 3.3.2 节“改进的 Drucker-Prager/Cap 模型”。

1) 指定盖塑性行为

用户可以使用改进的 Drucker-Prager/Cap 塑性模型来仿真屈服表现出与压力相关的地质材料。当材料剪切屈服，并且提供非弹性硬化机制来表示塑性压实时，附加的盖屈服面有助于控制体积膨胀。用户也可以在 Abaqus/Standard 分析中，定义与塑性行为耦合的非弹性时间相关的行为（蠕变）。

有关盖塑性的更多信息，见《Abaqus 分析用户手册——材料卷》的 3.3.2 节“改进的 Drucker-Prager/Cap 模型”。

若要定义盖塑性，执行以下操作：

1. 从 Edit Material 对话框中的菜单栏选择 Mechanical→Plasticity→Cap Plasticity。

有关显示 Edit Material 对话框的信息，见 12.7.1 节“创建或者编辑材料”。

2. 切换选中 Use temperature-dependent data 来定义取决于温度的数据。

在 Data 表中出现标签为 Temp 的列。

3. 单击 Number of field variables 域右边的箭头来增加或者减少作为数据基础的场变量数量。

4. 在 Data 表中，输入下面的数据。

Material Cohesion

p-t 平面（Abaqus/Standard）或者 *p-q* 平面（Abaqus/Explicit）中的材料胶粘压力 d。（量纲为 FL^{-2}）。

Angle of Friction

p-t 平面（Abaqus/Standard）或者 *p-q* 平面（Abaqus/Explicit）中的材料摩擦角 β。以度为单位输入值。

Cap Eccentricity

帽偏心参数 R。值必须大于零（通常 $0.0001 \leqslant R \leqslant 1000.0$）。

Init Yld Surf Pos

初始盖屈服面位置 $\varepsilon_{vol}^{pl}|_0$。

Transition Surf Rad

位移面半径参数 α。此值与一个单位相比应该是一个小值。如果用户让此域空白，则默认的值是 0.0（即，无平移面）。如果用户在材料模型中包括蠕变属性，则用户必须将 α 设置成零。

Flow Stress Ratio

三轴拉伸中的流动应力与三轴压缩中的流动应力之比 K。K 的值应当是 $0.778 \leqslant K \leqslant 1.0$。如果用户将此域空白或者输入 0.0 值，则 Abaqus 默认使用 1.0 的值。如果用户在材料模型中包括蠕变属性，则用户应当将 K 设置为 1.0。仅对 Abaqus/Standard 分析施加此参数。

Temp

温度。

Field *n*

预定义的场变量。

5. 要定义盖塑性模型的硬化部分，从 Suboptions 菜单选择 Cap Hardening。详细的指导见“为盖塑性模型定义硬化参数”。

6. 如果用户想要指定盖蠕变行为，从 Suboptions 菜单选择下面的一个选项。

- 选择 Cap Creep Cohesion 的凝聚蠕变机理，遵守剪切-失效塑性中有效的塑性类型。
- 选择 Cap Creep Consolidation 的固结机理，遵守盖塑性区域中有效的塑性类型。

详细的指导见“为盖塑性模型定义蠕变参数”。有关盖蠕变行为的更多信息，见《Abaqus 分析用户手册——材料卷》的 3.3.2 节“改进的 Drucker-Prager/Cap 模型”中的“蠕变方程”。

7. 单击 OK 创建材料，并关闭 Edit Material 对话框。另外，用户可以从 Edit Material 对话框中的菜单选择其他材料行为来定义（更多信息见 12.7.2 节“浏览和编辑材料行为”）。

2）为盖塑性模型定义硬化参数

为此模型指定的硬化曲线说明了静水压意义中的屈服：将静水压屈服应力定义成体积非弹性应变的函数，并且如果需要，也可以定义成温度和其他预定义场变量的函数。用户定义的 p_b 值范围应当足够包括材料在分析过程中将遭受的有效压应力的所有值。

更多信息见《Abaqus 分析用户手册——材料卷》的 3.3.2 节“改进的 Drucker-Prager/Cap 模型”。

若要定义盖硬化，执行以下操作：

1. 如“指定盖塑性行为”中描述的那样创建一个材料模型。
2. 从 Edit Material 对话框中的 Suboptions 菜单选择 Cap Hardening。

出现 Suboption Editor 对话框。

3. 切换选中 Use temperature-dependent data 来定义取决于温度的数据。

在 Data 表中出现标签为 Temp 的列。

4. 单击 Number of field variables 域右边的箭头来增加或者减少作为数据基础的场变量数量。
5. 在 Data 表中输入下面的数据。

Yield Stress

静水压屈服应力（最初的表值必须大于零，值必须随着体积非弹性应变的增加而增加）。

Vol Plas Strain

对应体积非弹性应变的绝对值。

Temp

温度。

Field *n*

预定义的场变量。

用户可能需要扩展对话框来查看 Data 表中的所有列。有关如何输入数据的详细信息，见 3.2.7 节“输入表格数据”。

6. 单击 OK 来返回 Edit Material 对话框。

3）为盖塑性模型定义蠕变参数

盖蠕变模型在不同的加载区域中有两个可能的有效机理：一个是聚合机理，此机理符合剪切失效塑性区域中有效的塑性类型；另一个机理是固结机理，此机理符合盖塑性区域中有效的塑性类型。

更多信息见《Abaqus 分析用户手册——材料卷》的 3.3.2 节“改进的 Drucker-Prager/Cap 模型”中的“Abaqus/Standard 蠕变方程”。

若要定义盖蠕变，执行以下操作：

1. 如“指定盖塑性行为”中描述的那样创建一个材料模型。
2. 从 Edit Material 对话框中的 Suboptions 菜单选择 Cap Creep Cohesion 或者 Cap Creep Consolidation。有关两个蠕变机理的详细信息，见《Abaqus 分析用户手册——材料卷》的

3.3.2 节“改进的 Drucker-Prager/Cap 模型”中的“Abaqus/Standard 蠕变方程”。

3. 单击 Law 域右边的箭头，并且选择用户所选机理的蠕变规律选项。

- 选择 Strain 来选择一个应变硬化指数规律。
- 选择 Time 来选择一个时间硬化指数规律。
- 选择 SinghM 来选择 Singh-Mitchell 类型的规律。
- 选择 User 来指定使用用户子程序 CREEP 的蠕变规律。

更多信息见《Abaqus 分析用户手册——材料卷》的 3.3.2 节“改进的 Drucker-Prager/Cap 模型”中的“指定蠕变规律”。

4. 切换选中 Use temperature-dependent data 来定义取决于温度的数据。

在 Data 表中出现标签为 Temp 的列。

5. 单击 Number of field variables 域右边的箭头来增加或者减少作为数据基础的场变量数量。

6. 如果选择 Strain 或者 Time 蠕变规律选项，则在 Data 表中输入下面的数据。

A、n、m

蠕变材料参数。

Temp

温度。

Field *n*

预定义的场变量。

用户可能需要扩展对话框来查看 Data 表中的所有列。有关如何输入数据的详细信息，见 3.2.7 节“输入表格数据”。

7. 如果用户选择 SinghM 蠕变规律选项，则在 Data 表中输入下面的数据。

A、alpha、m、t1

蠕变材料参数 A、α、m 和 t_1。

Temp

温度。

Field *n*

预定义的场变量。

用户可能需要扩展对话框来查看 Data 表中的所有列。有关如何输入数据的详细信息，见 3.2.7 节“输入表格数据”。

8. 单击 OK 来返回 Edit Material 对话框。

3. 定义铸铁塑性

铸铁塑性模型描述灰铸铁的机械行为，此材料的微结构由钢基材中的石墨薄片组成。模型定义包括塑性泊松比和压缩以及拉伸下的硬化信息。更多信息见《Abaqus 分析用户手册——材料卷》的 3.2.10 节“铸铁塑性”。

若要定义铸铁塑性，执行以下操作：

1. 从 Edit Material 对话框中的菜单栏选择 Mechanical→Plasticity→Cast Iron Plasticity。

有关显示 Edit Material 对话框的信息，见 12.7.1 节“创建或者编辑材料”。

2. 显示 Plasticity 标签页，然后进行下面的操作。

a. 切换选中 Use temperature-dependent data 来定义取决于温度的数据。

在 Data 表中出现标签为 Temp 的列。

b. 单击 Number of field variables 域右边的箭头来增加或者减少作为数据基础的场变量数量。

c. 在 Data 表中输入下面的数据。

Plastic Poisson's Ratio

塑性“泊松比”ν_{pl}的值，其中$-1.0 \leqslant \nu_{pl} \leqslant 0.5$（无量纲）。默认的值是 0.04。

Temp

温度 θ。

Field *n*

预定义的场变量。

有关如何输入数据的详细信息，见 3.2.7 节“输入表格数据”。

3. 定义 Compression Hardening 标签页，然后进行下面的操作。

a. 切换选中 Use temperature-dependent data 来定义取决于温度的数据。

在 Data 表中出现标签为 Temp 的列。

b. 单击 Number of field variables 域右边的箭头来增加或者减少作为数据基础的场变量数量。

c. 在 Data 表中输入下面的数据。

Sigmac

压缩中的屈服应力 σ_c。

Epsilonc

对应塑性应变的绝对值（此表的第一个值必须总是零）。

Temp

温度。

Field *n*

预定义的场变量。

用户可能需要扩展对话框来查看 Data 表中的所有列。有关如何输入数据的详细信息，见 3.2.7 节“输入表格数据”。

4. 显示 Tension Hardening 标签页，然后进行下面的操作。

a. 切换选中 Use temperature-dependent data 来定义取决于温度的数据。

在 Data 表中出现标签为 Temp 的列。

b. 单击 Number of field variables 域右边的箭头来增加或者减少作为数据基础的场变量数量。

c. 在 Data 表中输入下面的数据。

Sigmat

单轴拉伸中的屈服应力 σ_t。

Epsilont

对应的塑性应变（此表的第一个值必须总是零）。

Temp

温度。

Field *n*

预定义的场变量。

用户可能需要扩展对话框来查看 Data 表中的所有列。有关如何输入数据的详细信息，见 3.2.7 节“输入表格数据”。

5. 单击 OK 创建材料，并且关闭 Edit Material 对话框。另外，用户可以从 Edit Material 对话框中的菜单选择另外一个材料行为来定义（更多信息见 12.7.2 节“浏览和编辑材料行为”）。

4. 定义黏土塑性

黏土塑性模型允许用户指定弹性-塑性材料行为的塑性部分，此材料使用扩展的 Cam-黏土塑性模型。更多信息见《Abaqus 分析用户手册——材料卷》的 3.3.4 节“临界状态（黏土）塑性模型”。

1）指定黏土塑性行为

Abaqus/Standard 黏土塑性模型描述无内聚力土壤的非弹性响应。此模型能对饱和土壤试验可观察到的行为提供合理的匹配。用户通过提供以三个应力不变量为基础的，一个关联的流动假设来定义塑性应变率，以及根据非弹性体积应变来改变屈服面大小的应变硬化理论的屈服方程，来定义非弹性的材料行为。

更多信息，见《Abaqus 分析用户手册——材料卷》的 3.3.4 节“临界状态（黏土）塑性模型”。

若要定义黏土塑性，执行以下操作：

1. 从 Edit Material 对话框中的菜单栏选择 Mechanical→Plasticity→Clay Plasticity。

有关显示 Edit Material 对话框的信息，见 12.7.1 节“创建或者编辑材料”。

2. 单击 Hardening 域右边的箭头，然后选择用户所选塑性模型的硬化规律。

- 选择 Exponential 来指定指数硬化/软化规律。
- 选择 Tabular 来指定分段线性的硬化/软化关系。

更多信息见《Abaqus 分析用户手册——材料卷》的 3.3.4 节“临界状态（黏土）塑性模型”中的“硬化规律”。

3. 如果用户选择硬化规律的 Exponential 形式，则用户有输入 Intercept 值的选项。此参数对应于 e_1，孔隙比对比压应力对数的图中，原始压实线与孔隙比轴之间的交点。

如果用户指定 Intercept 值，则 Abaqus 忽略在 Data 表中为初始屈服面大小 a_0 指定的任何值。

4. 切换选中 Use temperature-dependent data 来定义取决于温度的数据。

在 Data 表中出现标签为 Temp 的列。

5. 单击 Number of field variables 域右边的箭头来增加或者减少作为数据基础的场变量数量。

6. 如果用户从硬化规律中选择 Exponential，则在 Data 表中输入下面的数据。

Log Plas Bulk Mod

对数的塑性体模量，λ（无量纲）。

Stress Ratio

临界状态下的应力比，M。

Init Yld Surf Size

初始屈服面大小，a_0（量纲为 FL^{-2}）。如果用户已经指定了 Intercept 的值，则 Abaqus 忽略此数据项目。

Wet Yld Surf Size

定义临界状态“湿”侧上的屈服面大小的参数 β。如果省略此值或者设置成零，则假定值为 1.0。

Flow Stress Ratio

三轴拉伸中流动应力对比三轴压缩中流动应力的比 K。$0.778 \leqslant K \leqslant 1.0$。如果空白此值或者设置成零，则假定值为 1.0。

Temp

温度。

Field *n*

预定义的场变量。

用户可能需要扩展对话框来查看 Data 表中的所有列。有关如何输入数据的详细信息，见 3.2.7 节“输入表格数据”。

7. 如果用户选择硬化规律的 Tabular 形式，则在 Data 表中输入下面的数据。

Stress Ratio

临界状态下的应力比，M。

Init Vol Plas Strain

初始体积塑性应变 $\varepsilon_{vol}^{pl}|_0$，对应于 $p_c|_0$。

Wet Yld Surf Size

定义临界状态“湿”侧上的屈服面大小的参数 β。如果省略此值或者设置成零，则假定值为 1.0。

Flow Stress Ratio

三轴拉伸中流动应力对比三轴压缩中流动应力的比 K。$0.778 \leqslant K \leqslant 1.0$。如果此值空白或者此值设置成零，则假定值为 1.0。

Temp

温度。

Field *n*

预定义的场变量。

用户可能需要扩展对话框来查看 Data 表中的所有列。有关如何输入数据的详细信息，见 3.2.7 节“输入表格数据”。

8. 如果用户选择硬化规律的 Tabular 形式，则从 Suboptions 菜单选择 Compressive Clay Hardening 来将静水压压力屈服应力提供成体积塑性应变的函数，来定义 Cam 黏土塑性屈服面的分段线性硬化/软化。详细的指导见“定义黏土塑性模型的压缩黏土硬化”。

9. 如果用户选择硬化规律的 Tabular 形式，则从 Suboptions 菜单选择 Tensile Clay Hardening，来将静水压拉伸屈服应力提供成体积塑性应变的函数，来定义 Cam 黏土塑性屈服面的分段线性硬化/软化。详细的指导见“定义黏土塑性模型的压缩黏土硬化”。

10. 如果需要，从 Suboptions 菜单中选择 Potential 来指定各向异性的屈服行为。更多信息见“定义各向异性的屈服和蠕变”。

11. 如果需要，从 Suboptions 菜单选择 Softening Regularization 来指定正则化方案来减轻潜在的结果网格相关性。详细的指导见“为黏土塑性模型指定软化规则”。

12. 单击 OK 创建材料，并且关闭 Edit Material 对话框。另外，用户可以从 Edit Material 对话框中的菜单选择其他材料行为来定义（更多信息见 12.7.2 节“浏览和编辑材料行为”）。

2） 定义黏土塑性模型的压缩黏土硬化

Suboption Editor 允许用户将静水压缩屈服应力提供成体积塑性应变的函数，来定义 Cam-黏土塑性屈服面的分段线性硬化/软化。有关此硬化规律形式的更多信息，见《Abaqus 分析用户手册——材料卷》的 3.3.4 节“临界状态（黏土）塑性模型”中的“分段线性形式”。

若要定义压缩黏土硬化，执行以下操作：

1. 如“指定黏土塑性行为”中描述的那样创建材料模型。

2. 从 Edit Material 对话框中的 Suboptions 菜单选择 Compressive Clay Hardening。

出现 Suboption Editor 对话框。

3. 切换选中 Use temperature-dependent data 来定义取决于温度的数据。

在 Data 表中出现标签为 Temp 的列。

4. 单击 Number of field variables 域右边的箭头来增加或者减少作为数据基础的场变量数量。

5. 在 Data 表中输入下面的数据。

Yield Stress

屈服时静水压应力的值 p_c。将 p_c 给成正值，并且必须随着体积塑性应变增加而增加。

Vol Plas Strain

对应压缩体积塑性应变的绝对值（表中的第一个值必须总是零）。

Temp

温度。

Field *n*

预定义的场变量。

用户可能需要扩展对话框来查看 Data 表中的所有列。有关如何输入数据的详细信息，见 3.2.7 节“输入表格数据”。

6. 单击 OK 来返回 Edit Material 对话框。

3）为黏土塑性模型定义拉伸黏土硬化

Suboption Editor 允许用户将静水拉伸屈服应力提供成体积塑性应变的函数，来定义 Cam-黏土塑性屈服面的分段线性硬化/软化。有关此硬化规律形式的更多信息，见《Abaqus 分析用户手册——材料卷》的 3.3.4 节“临界状态（黏土）塑性模型”中的“分段线性形式”。

若要定义拉伸黏土硬化，执行以下操作：

1. 如“指定黏土塑性行为”中描述的那样创建材料模型。

2. 从 Edit Material 对话框中的 Suboptions 菜单选择 Tensile Clay Hardening。

出现 Suboption Editor。

3. 切换选中 Use temperature-dependent data 来定义取决于温度的数据。

在 Data 表中出现标签为 Temp 的列。

4. 单击 Number of field variables 域右边的箭头来增加或者减少作为数据基础的场变量数量。

5. 在 Data 表中输入下面的数据。

Yield Stress

屈服时静水压应力的值 p_t。p_t可以是零或者负值，并且必须随着体积塑性应变增加而减小。

Vol Plas Strain

对应压缩体积塑性应变的绝对值（表中的第一个值必须总是零）。

Temp

温度。

Field *n*

预定义的场变量。

用户可能需要扩展对话框来查看 Data 表中的所有列。有关如何输入数据的详细信息，见 3.2.7 节“输入表格数据”。

6. 单击 OK 来返回 Edit Material 对话框。

4）为黏土塑性模型指定软化规则

Suboption Editor 允许用户指定调整策略，在塑性变形增加时表现出应变局部化的情况中，缓解 Cam 黏土塑性模型中潜在的结果网格相关性。更多信息见《Abaqus 分析用户手册——材料卷》的 3.3.4 节“临界状态（黏土）塑性模型”中的“软化规则”。

若要定义软化规则，执行以下操作：

1. 如“指定黏土塑性行为”中描述的那样创建材料模型。
2. 从 Edit Material 对话框中的 Suboptions 菜单选择 Softening Regularization。
出现 Suboption Editor。
3. 切换选中 Use temperature-dependent data 来定义取决于温度的数据。
在 Data 表中出现标签为 Temp 的列。
4. 单击 Number of field variables 域右边的箭头来增加或者减少作为数据基础的场变量数量。
5. 在 Data 表中输入下面的数据。

Crack Band Length

裂纹带长度，$l_c^{(m)}$（此值必须大于零）。

Exponent

指数 n_r（此值必须大于零）。

Bound

调整大小的边界 f_{max}（此值必须大于零）。

Temp

温度。

Field n

预定义的场变量。

用户可能需要扩展对话框来查看 Data 表中的所有列。有关如何输入数据的详细信息，见 3.2.7 节“输入表格数据”。

6. 单击 OK 来返回 Edit Material 对话框。

5. 定义混凝土损伤塑性

混凝土损伤塑性模型，提供所有类型结构中混凝土和其他准脆性材料的通用模拟功能。此模型将各向同性损伤的弹性概念与各向同性的拉伸和压缩塑性一起使用来代表混凝土的非弹性行为。更多信息见《Abaqus 分析用户手册——材料卷》的 3.6.3 节“混凝土损伤塑性”。

1）定义混凝土损伤塑性模型

混凝土损伤塑性模型是以标量（各向同性的）损伤为基础的，并且设计成在混凝土承受任意载荷条件中进行应用，包括循环载荷。此模型考虑拉伸和压缩中塑性应变产生的弹性刚度退化。此模型也考虑了循环加载下的刚度恢复效应。

更多信息见《Abaqus 分析用户手册——材料卷》的 3.6.3 节“混凝土损伤塑性”。

若要定义混凝土损伤塑性，执行以下操作：

1. 从 Edit Material 对话框中的 Suboptions 菜单选择 Mechanical→Plasticity→Concrete Damaged Plasticity。有关显示 Edit Material 对话框的信息，见 12.7.1 节“创建或者编辑材料”。

2. 如果必要的话，单击 Plasticity 标签页来显示 Plasticity 标签页。

3. 切换选中 Use temperature-dependent data 来定义取决于温度的数据。

在 Data 表中出现标签为 Temp 的列。

4. 单击 Number of field variables 域右边的箭头来增加或者减少作为数据基础的场变量数量。

5. 在 Data 表中输入下面的数据。

Dilation Angle

p-q 平面中的膨胀角 ψ（以度为单位来输入值）。

Eccentricity

流动势偏心率 ε。偏心率是小的正值，定义双曲线逼近渐近线的速率。默认 $\varepsilon=0.1$。

fb0/fc0

σ_{b0}/σ_{c0}，初始等轴压缩屈服应力对初始等值压缩屈服应力的比。默认的值为 1.16。

K

对于任何给定压力不变量 p 值，在初始屈服时，拉伸子午线上的第二应力不变量 q(TM) 对比压缩子午线上的第二应力不变量 q(CM) 的比值 K_c，所以最大主应力是负的 $\hat{\sigma}_{\max}$。此比值必须满足条件 $0.5<K_c\leqslant1.0$。默认的值为 2/3。

Viscosity Parameter

黏性参数 μ，在 Abaqus/Standard 分析中用于混凝土本构方程的黏塑性规则。在 Abaqus/Explicit 中忽略此参数。默认的值为 0.0（量纲为 T）。

Temp

温度。

Field *n*

预定义的场变量。

用户可能需要扩展对话框来查看 Data 表中的所有列。有关如何输入数据的详细信息，见 3.2.7 节“输入表格数据”。

6. 单击 Compressive Behavior 表来显示 Compressive Behavior 标签页（有关压缩硬化的信息，见《Abaqus 分析用户手册——材料卷》的 3.6.3 节“混凝土损伤塑性”中的“定义压缩行为”）。

7. 如果压应力是应变率的函数，则切换选中 Use strain-rate-dependent data。

8. 切换选中 Use temperature-dependent data 来定义取决于温度的数据。

在 Data 表中出现标签为 Temp 的列。

9. 单击 Number of field variables 域右边的箭头来增加或者减少作为数据基础的场变量数量。

10. 在 Data 表中输入下面的数据。

Yield Stress

压缩中的屈服应力 σ_c（量纲为 FL^{-2}）。

Inelastic Strain

非弹性的（压碎）应变$\tilde{\varepsilon}_c^{in}$。

Rate

非弹性（压碎）应变率$\dot{\tilde{\varepsilon}}_c^{in}$（量纲为 T^{-1}）。

Temp

温度。

Field *n*

预定义的场变量。

11. 如果需要，从 Suboptions 菜单选择 Compression Damage 来指定表格形式的损伤（如果用户省略了损伤数据，则模型行为表现成塑性模型）。详细情况见“定义混凝土压缩损伤”。

12. 单击 Tensile Behavior 表来显示 Tensile Behavior 标签页（有关拉伸加劲的信息，见《Abaqus 分析用户手册——材料卷》的 3.6.3 节“混凝土损伤塑性”中的“定义拉伸加劲”。

13. 单击 Type 域右边的箭头，然后选中一个方法来定义后开裂行为。

- 选择 Strain，通过输入后失效应力/开裂-应变关系来指定后开裂行为。
- 选择 Displacement，通过输入后失效应力/开裂-位移关系来定义后开裂行为。
- 选择 GFI，通过输入失效应力和开裂能来定义后开裂行为。

14. 如果后开裂应力取决于应变率，则切换选中 Use strain-rate-dependent data。

15. 切换选中 Use temperature-dependent data 来定义取决于温度的数据。

在 Data 表中出现标签为 Temp 的列。

16. 单击 Number of field variables 域右边的箭头来增加或者减少作为数据基础的场变量数量。

17. 在 Data 表中，输入与第 13 步的 Type 选择有关的数据（并不会施加下面所有的项）。

Yield Stress

如果用户从 Type 选项列表中选择 Strain 或者 Displacement，则输入开裂后的保留方向应力 σ_t（量纲为 FL^{-2}）。

如果用户从 Type 选项列表中选择 GFI，则输入失效应力 σ_{t0}（量纲为 FL^{-2}）。

Cracking Strain

方向开裂应变$\tilde{\varepsilon}_t^{ck}$。

Displacement

方向开裂位移 u_t^{ck}（量纲为 L）。

Fracture Energy

开裂能 G_f（量纲为 FL^{-1}）。

Rate

如果用户从 Type 选项列表选择 Strain，则输入方向开裂应变率$\dot{\tilde{\varepsilon}}_t^{ck}$（量纲为 T^{-1}）。

如果用户从 Type 选项列表选择 Displacement 或者 GFI，则输入方向开裂位移速率 $\dot{\tilde{u}}_t^{ck}$（量纲为 LT^{-1}）。

Temp

温度。

Field *n*

预定义的场变量。

用户可能需要扩展对话框来查看 Data 表中的所有列。有关如何输入数据的详细信息，见 3.2.7 节“输入表格数据”。

18. 如果需要，从 Suboptions 菜单选择 Tension Damage 来指定表格形式的损伤（如果用户省略数据，则模型的行为和塑性模型一样）。详细情况见“定义混凝土拉伸损伤”。

19. 单击 OK 来创建材料，然后关闭 Edit Material 对话框。另外，用户可以从 Edit Material 对话框中的菜单选择定义其他的材料行为（更多信息见 12.7.2 节“浏览和编辑材料行为”）。

2）定义混凝土压缩损伤

用户可以将单轴压缩损伤变量 d_c 定义成非弹性应变（压碎）的表格函数。更多信息见《Abaqus 分析用户手册——材料卷》的 3.6.3 节“混凝土损伤塑性”中的“定义损伤和刚度恢复”。

若要定义压缩损伤，执行以下操作：

1. 如“定义混凝土损伤塑性模型”中描述的那样创建材料模型。

2. 从 Compressive Behavior 标签页的 Suboptions 菜单选择 Compression Damage。

出现 Suboption Editor 对话框。

3. 在 Tension recovery 域中，输入刚度恢复因子 ω_t 的值，此值确定了当载荷从压缩转变成拉伸时所恢复的拉伸刚度大小。

如果 $\omega_t=1$，则材料完全地恢复拉伸刚度；如果 $\omega_t=0$，则没有刚度恢复。ω_t 的中间值（$0\leqslant\omega_t\leqslant1$）导致部分恢复拉伸刚度。默认的值是 0.0。

4. 切换选中 Use temperature-dependent data 来定义取决于温度的数据。

在 Data 表中出现标签为 Temp 的列。

5. 单击 Number of field variables 域右边的箭头来增加或者减少作为数据基础的场变量数量。

6. 在 Data 表中输入下面的值。

Damage Parameter

压缩损伤变量 d_c。

Inelastic Strain

非弹性应变（压碎）$\tilde{\varepsilon}_c^{in}$。

Temp

温度。

Field *n*

预定义的场变量。

7. 单击 OK 来返回 Edit Material 对话框。

3）定义混凝土拉伸损伤

用户可以将单轴拉伸损伤变量 d_t 定义成开裂应变或者开裂位移的表格函数。更多信息见《Abaqus 分析用户手册——材料卷》的 3.6.3 节“混凝土损伤塑性”中的“定义损伤和刚度恢复”。

若要定义拉伸损伤，执行以下操作：

1. 如“定义混凝土损伤塑性模型”中描述的那样创建材料模型。

2. 从 Tensile Behavior 标签页的 Suboptions 菜单选择 Tension Damage。

出现 Suboption Editor 对话框。

3. 单击 Type 域右边的箭头，然后为定义拉伸损伤变量选择一个方法。

- 选择 Strain 来将拉伸损伤变量指定成开裂应变的函数。
- 选择 Displacement 来将拉伸损伤变量指定成开裂位移的函数。

4. 在 Compression recovery 中，输入刚度恢复因子 ω_c 的值，此值确定了当载荷从拉伸转变成压缩时所恢复的压缩刚度大小。

如果 $\omega_c=1$，则材料完全地恢复压缩刚度；如果 $\omega_c=1$，则没有刚度恢复。ω_c 的中间值（$0\leqslant\omega_c\leqslant1$）导致部分恢复压缩刚度。默认的值是 1.0，对应于当裂纹闭合，假设压缩刚度不受拉伸损伤的影响。

5. 切换选中 Use temperature-dependent data 来定义取决于温度的数据。

在 Data 表中出现标签为 Temp 的列。

6. 单击 Number of field variables 域右边的箭头来增加或者减少作为数据基础的场变量数量。

7. 在 Data 表中输入与用户在步骤 3 中的 Type 选择有关的数据（将不会施加所有以下的值）。

Damage Parameter

拉伸损伤变量 d_t。

Cracking Strain

方向开裂应变，$\tilde{\varepsilon}_c^{ck}$。

Displacement

方向开裂位移，u_t^{ck}（量纲为 L）。

Temp

温度。

Field *n*

预定义的场变量。

8. 单击 OK 来返回 Edit Material 对话框。

6. 定义混凝土弥散开裂

用户可以使用混凝土弥散开裂模型在 Abaqus/Standard 分析中定义无筋混凝土弹性范围之外的属性。更多信息见《Abaqus 分析用户手册——材料卷》的 3.6.1 节“混凝土弥散开裂”。

1）指定混凝土弥散开裂模型

弥散开裂模型允许用户定义在相当低的约束压力情况下，混凝土的相对单调加载行为。Abaqus 假定开裂是行为最重要的方面，并且开裂和后开裂行为的表示主导了建模。更多信息见《Abaqus 分析用户手册——材料卷》的 3.6.1 节“混凝土弥散开裂”。

若要定义混凝土弥散开裂，执行以下操作：

1. 从 Edit Material 对话框中的菜单栏选择 Mechanical→Plasticity→Concrete Smeared Cracking。

有关显示 Edit Material 对话框的信息，见 12.7.1 节“创建或者编辑材料”。

2. 切换选中 Use temperature-dependent data 来定义取决于温度的数据。

在 Data 表中出现标签为 Temp 的列。

3. 单击 Number of field variables 域右边的箭头来增加或者减少作为数据基础的场变量数量。

4. 在 Data 表中输入下面的数据。

Comp Stress

压缩应力的绝对值（量纲为 FL^{-2}）。

Plastic Strain

塑性应变的绝对值。每一个温度处和场变量处给出的第一个应力-应变点，必须在零塑性应变处，并且将定义那个温度和场变量的初始屈服点。

Temp

温度。

Field *n*

预定义的场变量。

用户可能需要扩展对话框来查看 Data 表中的所有列。有关如何输入数据的详细信息，见 3.2.7 节“输入表格数据”。

5. 从 Suboptions 菜单选择 Tension Stiffening 来模拟裂纹上方向应变的后失效行为。详细情况见“为混凝土弥散开裂模型定义拉伸加劲”。

6. 如果需要，从 Suboptions 菜单选择 Shear Retention 来定义随着混凝土开裂，剪切刚度如何消失。详细情况见“为混凝土弥散开裂模型定义剪切剩余”。

7. 如果需要，从 Suboptions 菜单选择 Failure Ratios 来定义随着混凝土开裂，剪切刚度如何消失。详细情况见“为混凝土弥散开裂模型定义失效面形状”。

8. 单击 OK 来创建材料，然后关闭 Edit Material 对话框。另外，用户可以从 Edit Material 对话框中的菜单选择定义其他的材料行为（更多信息见 12.7.2 节“浏览和编辑材料行为”）。

2）为混凝土弥散开裂模型定义拉伸加劲

用户可以为具有拉伸加劲的横裂纹的方向应变进行后失效行为（postfailure）模拟，这允许用户定义开裂混凝土的应变软化行为。此行为也允许以简单的方式仿真加强相与混凝土的相互作用影响。

用户可以通过后失效应力-应变关系来指定拉伸加劲，或者通过施加裂纹能量开裂准则来指定拉伸加劲。更多信息见《Abaqus 分析用户手册——材料卷》的 3.6.3 节“混凝土弥散开裂”中的“拉伸加劲”。

混凝土弥散开裂模型要求拉伸加劲信息。

若要定义拉伸加劲，执行以下操作：

1. 如“指定混凝土弥散开裂模型”中描述的那样创建一个材料模型。

2. 从 Suboptions 菜单选择 Tension Stiffening。

出现 Suboption Editor。

3. 单击 Type 域右边的箭头，然后选择一个方法来定义后开裂行为。

- 选择 Displacement，输入开裂后发生强度线性损失时，得到零应力的位移值。
- 选择 Strain 来直接地输入后失效应力-应变关系。

4. 切换选中 Use temperature-dependent data 来定义取决于温度的数据。

在 Data 表中出现标签为 Temp 的列。

5. 单击 Number of field variables 域右边的箭头来增加或者减少作为数据基础的场变量数量。

6. 在 Data 表中，输入与步骤 3 的 Type 选择有关的数据（将不会施加下面所有的项目）。

Disp

位移 u_0，开裂后强度的线性损失在此位移上给出零应力（量纲为 L）。

sigma/sigma_c

剩余应力与开裂时应力的比值。

epsilon-epsilon_c

方向应变减去开裂时方向应变的绝对值。

Temp

温度。

Field *n*

预定义的场变量。

用户可能需要扩展对话框来查看 Data 表中的所有列。有关如何输入数据的详细信息，见 3.2.7 节“输入表格数据”。

7. 单击 OK 来返回 Edit Material 对话框。

3）为混凝土弥散开裂模型定义剪切剩余

作为混凝土开裂，剪切刚度减小。用户可以通过将剪切模量的减小指定成贯穿裂纹开放应变的函数来定义此效应。用户也可以为闭合的裂纹指定降低的剪切模量。更多信息见《Abaqus 分析用户手册——材料卷》的 3.6.1 节“混凝土弥散开裂”中的“开裂后的剪切残留”。

如果用户没有为混凝土弥散开裂模型定义剪切剩余，则 Abaqus/Standard 自动地假定剪切力响应不受开裂的影响（完全保留剪切力）。此假定通常是合理的：在许多情况中，整体的响应并不强烈取决于剪切力的剩余量。

若要定义剪切剩余，执行以下操作：

1. 如“指定混凝土弥散开裂模型”中描述的那样创建模型。

2. 从 Suboptions 菜单选择 Shear Retention。

出现 Suboption Editor。

3. 切换选中 Use temperature-dependent data 来定义取决于温度的数据。

在 Data 表中出现标签为 Temp 的列。

4. 单击 Number of field variables 域右边的箭头来增加或者减少作为数据基础的场变量数量。

5. 在 Data 表中输入下面的数据。

Rho_close

乘子 ρ^{close}，闭合裂纹的剪切模量与未开裂混凝土弹性剪切模量的比。默认值是 1.0。

Eps_max

贯穿裂纹的最大方向应变 ε^{max}。默认值是非常大的数字（完全保留剪切力）。

Temp

温度。

Field *n*

预定义的场变量。

用户可能需要扩展对话框来查看 Data 表中的所有列。有关如何输入数据的详细信息，见 3.2.7 节“输入表格数据”。

6. 单击 OK 来返回 Edit Material 对话框。

4）为混凝土弥散开裂模型定义失效面形状

用户可以指定失效比来定义失效面的形状。如果用户不定义失效面的形状，则 Abaqus 使用下面列出的默认值。

若要指定失效比，执行以下操作：

1. 如“指定混凝土弥散开裂模型”中描述的那样创建模型。

2. 从 Suboptions 菜单选择 Failure Ratios。

出现 Suboption Editor。

3. 切换选中 Use temperature-dependent data 来定义取决于温度的数据。

在 Data 表中出现标签为 Temp 的列。

4. 单击 Number of field variables 域右边的箭头来增加或者减少作为数据基础的场变量数量。

5. 在 Data 表中输入下面的数据。

Ratio 1

最大双轴压缩应力与单轴压缩最大应力的比。默认的值为 1.16。

Ratio 2

失效时的单轴拉伸应力对失效时的单轴压缩应力比值的绝对值。默认的值为 0.09。

Ratio 3

双轴压缩中最大应力处的塑性应变主分量的大小对比单轴压缩中最大应力处的塑性应变的比值。默认值为 1.28。

Ratio 4

平面应力中开裂处拉伸主应力值对比单轴拉伸情况下拉伸开裂应力的比值。默认的值为 1/3。此时另外一个非零主应力分量是最大的压缩应力值。

Temp

温度。

Field *n*

预定义的场变量。

用户可能需要扩展对话框来查看 Data 表中的所有列。有关如何输入数据的详细信息，见 3.2.7 节“输入表格数据”。

单击 OK 来返回 Edit Material 对话框。

7. 定义可压碎泡沫塑性

可压碎泡沫模型允许用户不仅定义通常作为能量吸收结构的可压碎泡沫，也可以定义不是泡沫的其他可压碎材料。更多信息见《Abaqus 分析用户手册——材料卷》的 3.3.5 节“可压碎泡沫塑性模型”。

1) 指定可压碎泡沫模型

用户可以使用可压碎泡沫模型来模拟由于压缩中晶胞壁的屈曲过程，泡沫材料产生的抗变形能力增强。此模型以产生的变形不是瞬间恢复的，并且对于短时间延续的情况，可以确定成是以塑性假定为基础的。更多信息见《Abaqus 分析用户手册——材料卷》的 3.3.5 节

“可压碎泡沫塑性模型”。

若要定义可压碎泡沫模型，执行以下操作：

1. 从 Edit Material 对话框中的菜单栏选择 Mechanical→Plasticity→Crushable Foam。

有关 Edit Material 对话框的信息，见 12.7.1 节“创建或者编辑材料”。

2. 单击 Hardening 域右边的箭头，然后选择一个硬化模型。

• 选择 Volumetric 指定的材料，假定材料经历的体积收缩塑性应变控制屈服面。体积硬化是 Abaqus/Standard 分析唯一可以使用的模型。

• 选择 Isotropic 指定的材料所使用的屈服面是中心位于 p-q 应力平面中原点处的椭圆。屈服面以自我相似的方式进化，并且由等效塑性应变来控制。在 Abaqus/Explicit 分析中仅可以使用此模型。

3. 切换选中 Use temperature-dependent data 来定义取决于温度的数据。

在 Data 表中出现标签为 Temp 的列。

4. 单击 Number of field variables 域右边的箭头来增加或者减少作为数据基础的场变量数量。

5. 在 Data 表中，输入与步骤 2 中的 Hardening 选择有关的数据（不一定施加下面的所有项目）。

Compression Yield Stress Ratio

压载荷的屈服应力比 $k=\sigma_c^0/p_c^0$，$0<k<3$。输入单轴压缩中的初始屈服应力与静水压缩中的初始屈服应力的比。

Hydrostatic Yield Stress Ratio

静水压的屈服应力比 $k_t=p_t/p_c^0$，$k_t\geqslant 0$。输入静水拉伸中屈服应力与静水压缩中初始屈服应力的比例，提供成正值。默认值为 1.0。

Plastic Poisson's Ratio

塑性泊松比 ν_p，$-1\leqslant\nu_p\leqslant 0.5$。

Temp

温度。

Field *n*

预定义的场变量。

用户可能需要扩展对话框来查看 Data 表中的所有列。有关如何输入数据的详细信息，见 3.2.7 节“输入表格数据”。

6. 从 Suboptions 菜单选择 Foam Hardening 来定义可压缩泡沫模型的硬化数据。详细情况见“定义可压碎泡沫硬化”。

7. 如果需要，从 Rate Dependent 菜单选择 Foam Hardening 来指定应变率相关的材料行为。详细情况见“为可压碎泡沫塑性模型定义率相关性”。

8. 单击 OK 来创建材料，并关闭 Edit Material 对话框。另外，用户可以从 Edit Material 对话框中的菜单选择定义其他材料行为（更多信息见 12.7.2 节“浏览和编辑材料行为”）。

2）定义可压碎泡沫硬化

用户必须提供可压碎泡沫硬化数据来完成可压碎泡沫塑性定义。更多信息见《Abaqus分析用户手册——材料卷》的 3.3.5 节“可压碎泡沫塑性模型”。

若要定义可压碎泡沫硬化，执行以下操作：

1. 如“指定可压碎泡沫模型”中描述的那样创建材料模型。
2. 从 Suboptions 菜单选择 Crushable Foam Hardening。
出现 Suboption Editor 对话框。
3. 切换选中 Use temperature-dependent data 来定义取决于温度的数据。
Data 表中出现标签为 Temp 的列。
4. 单击 Number of field variables 场右边的箭头来增加或者减少作为数据基础的场变量数量。
5. 在 Data 表中输入下面的数据。

Yield Stress

单轴压缩中的屈服应力 σ_c，提供成正值。

Vol Plastic Strain

对应塑性应变的绝对值（输入的第一个值必须是零）。

Temp

温度。

Field n

预定义的场变量。

用户可能需要扩展对话框来查看 Data 表中的所有列。有关如何输入数据的详细信息，见 3.2.7 节“输入表格数据”。

6. 单击 OK 来返回 Edit Material 对话框。

3）为可压碎泡沫塑性模型定义率相关性

随着应变率的增加，许多材料显示出屈服应力的增加。对于许多可压碎泡沫材料，当应变率在（0.1~1）/s 的范围内，此塑性应力的增加变得重要，如果应变率在（10~100）/s 的范围内，此塑性应力的增加变得非常重要，正如高能动力学事件中经常发生的那样。

有关应变率相关性的更多信息，见《Abaqus 分析用户手册——材料卷》的 3.3.5 节“可压碎泡沫塑性模型”，以及《Abaqus 分析用户手册——材料卷》的 3.2.3 节“率相关的屈服”。

若要定义率相关的屈服，执行以下操作：

1. 如“指定可压碎泡沫模型”中描述的那样创建材料模型。

2. 从 Edit Material 对话框中的 Suboptions 菜单选择 Rate Dependent。

出现 Suboption Editor 对话框。

3. 单击 Hardening 场右边的箭头，然后选择定义硬化相关性的方法。

- 选择 Power Law 来使用 Cowper-Symonds 过应力规律定义屈服应力。
- 选择 Tabular 来直接以表的形式将屈服应力比输入成等效塑性应变率的表格函数。

4. 如果可应用的话，切换选中 Use temperature-dependent data 来定义取决于温度的数据。Data 表中出现标签为 Temp 的列。

5. 如果可应用的话，单击 Number of field variables 场右边的箭头来增加或者减少作为数据基础的场变量数量。

6. 如果用户从 Hardening 选项的列表中选择了 Power Law，则在 Data 表中输入下面的数据。

Mulitiplier

材料参数 D。

Exponent

材料参数 n。

Temp

温度。

Field *n*

预定义的场变量。

用户可能需要扩展对话框来查看 Data 表中的所有列。有关如何输入数据的详细信息，见 3.2.7 节“输入表格数据”。

7. 如果从 Hardening 选项的列表中选择了 Yield Ratio，则在 Data 表中输入以下数据。

Yld Stress Ratio

屈服应力比 $R=\overline{\sigma}/\sigma^0$。

Eq Plastic Strain Rate

等效塑性应变率$\dot{\bar{\varepsilon}}^{pl}$（或者对于可压碎泡沫模型，$|\dot{\bar{\varepsilon}}^{pl}|$，单轴压缩中的轴塑性应变率）。

Temp

温度。

Field *n*

预定义的场变量。

用户可能需要扩展对话框来查看 Data 表中的所有列。有关如何输入数据的详细信息，见 3.2.7 节“输入表格数据”。

8. 单击 OK 来返回 Edit Material 对话框。

8. 定义 Drucker-Prager 塑性

用户可以定义 Drucker-Prager 模型来模拟有摩擦阻力的材料，此材料通常是颗粒型的土壤和岩石，并且表现出压力相关的屈服。更多信息见《Abaqus 分析用户手册——材料卷》的 3.3.1 节“扩展的 Drucker-Prager 模型”。

1）定义 Drucker-Prager 模型

塑性模型的扩展 Drucker-Prager 族描述了颗粒材料或者聚合物粒子的行为，它们的屈服行为取决于等效压应力。非弹性变形有时与摩擦机制相关，如粒子通过彼此的滑动。更多信息见《Abaqus 分析用户手册——材料卷》的 3.3.1 节“扩展的 Drucker-Prager 模型”。

若要定义 Drucker-Prager 塑性模型，执行以下操作：

1. 从 Edit Material 对话框中的菜单选择 Mechanical→Plasticity→Drucker Prager。

有关显示 Edit Material 对话框的信息，见 12.7.1 节“创建或者编辑材料”。

2. 单击 Shear criterion 域右边的箭头，并指定用户想要定义的场准则。更多信息见下面的章节。

- 《Abaqus 分析用户手册——材料卷》的 3.3.1 节“扩展的 Drucker-Prager 模型”中的“线性 Drucker-Prager 模型”
- 《Abaqus 分析用户手册——材料卷》的 3.3.1 节“扩展的 Drucker-Prager 模型”中的“双曲线和一般指数模型”

3. 如果用户正在执行 Abaqus/Standard 分析，则为 Flow potential eccentricity 输入一个值 ε。

离心率是一个小的正值，定义双曲流动势靠近渐近线的速度。对于指数模型，默认 $\varepsilon=0.1$，并且如果 $\psi=\beta$，则为双曲模型设置 $\varepsilon=(d'|_0-p_t|_0\tan\beta)/(\overline{\sigma}|_0\tan\beta)$ 来确认关联的流动。更多信息见《Abaqus 分析用户手册——材料卷》的 3.3.1 节“扩展的 Drucker-Prager 模型”。

4. 如果用户已经从 Shear criterion 选项选择了 Exponent Form，则切换选中 Use Suboption Triaxial Test Data 来要求 Abaqus 从不同水平约束压力的三轴测试数据计算材料常数。更多信息见《Abaqus 分析用户手册——材料卷》的 3.3.1 节“扩展的 Drucker-Prager 模型”中的“一般指数模型”。

5. 切换选中 Use temperature-dependent data 来定义取决于温度的数据。

在 Data 表中出现标签为 Temp 的列。

6. 单击 Number of field variables 场右边的箭头来增加或者减少作为数据基础的场变量数量。

7. 在 Data 表中输入与用户的 Shear criterion 选择有关的数据（不一定会施加下面所有的条目）。

Angle of Friction

如果用户从 Shear criterion 选项中选择了 Linear，则输入材料在 p-t 平面中的摩擦角 β。

如果用户从 Shear criterion 选项列表中选择了 Hyperbolic，则输入 p-q 平面中高围压下的材料摩擦角 β。

以°为单位输入值。

Flow Stress Ratio

三轴拉伸中的流动应力对三种压缩中流动应力的比值 K。$0.778 \leqslant K \leqslant 1.0$。如果用户空出此域或者输入 0.0 值，则 Abaqus 使用默认值 1.0。如果用户计划定义蠕变行为，则将 K 设置成 1.0。

Dilation Angle

如果用户从 Shear criterion 选项列表中选择了 Linear，则输入 p-t 平面中的膨胀角 ψ。

如果用户从 Shear criterion 选项列表中选择了 Hyperbolic 或者 Exponent Form，则输入 p-q 平面中高围压时的膨胀角 ψ。

以°为单位输入值。

Init Tension

输入静水压强度 $p_t|_0$（量纲为 FL^{-3}）。

a

材料常数 a。

b

指数 b。要确认凸屈服面 $b \geqslant 1$。

用户可能需要扩展对话框来查看 Data 表中的所有列。有关如何输入数据的详细信息，见 3.2.7 节“输入表格数据”。

8. 从 Suboptions 菜单选择 Drucker Prager Hardening 来指定 Drucker-Prager 模型的硬化数据。更多信息见“定义 Drucker-Prager 硬化”。

9. 如果需要，从 Suboptions 菜单选择 Drucker Prager Creep 来为 Drucker-Prager 模型指定蠕变数据。仅当用户从 Shear criterion 选项的列表选择了 Linear，并且正在执行 Abaqus/Standard 分析时，此选项才有效。详细情况见“定义 Drucker-Prager 蠕变”。

10. 如果用户在步骤 4 中切换选中了 Use Suboption Triaxial Test Data，则从 Suboptions 菜单选择 Triaxial Test Data 来输入三轴测试数据。详细信息见“为 Drucker-Prager 材料模型指定三轴测试数据”。

11. 单击 OK 来创建材料，并且关闭 Edit Material 对话框。另外，用户可以从 Edit Material 对话框中的菜单选择定义其他的材料行为（更多信息见 12.7.2 节“浏览和编辑材料行为”）。

2）定义 Drucker-Prager 硬化

使用 Suboption Editor 来为 Drucker-Prager 模型指定硬化数据。有关 Drucker-Prager 硬化的更多信息，见《Abaqus 分析用户手册——材料卷》的 3.3.1 节“扩展的 Drucker-Prager 模型”中的“硬化和率相关”。

若要定义 Drucker-Prager 硬化，执行以下操作：

1. 如“定义 Drucker-Prager 模型”中描述的那样创建一个材料模型。
2. 从 Edit Material 对话框中的 Suboptions 菜单选择 Drucker Prager Hardening。

出现 Suboption Editor 对话框。

3. 选择用户选取硬化规律的 Hardening behavior type。

随着塑性变形发展的屈服面是以等效应力 $\overline{\sigma}$ 的方式来描述的，用户可以将此等效应力选取成单轴 Compression 屈服应力、单轴 Tension 屈服应力或者 Shear（内聚）屈服应力。

4. 如果用户想要输入的数据能够显示屈服应力值对比不同等效塑性应变率时的等效塑性应变，则切换选中 Use strain-rate-dependent data。

在 Data 表中出现标签为 Rate 的列。

另外，如果用户想要使用屈服应力比来定义应变率相关性，则用户必须从 Edit Material 对话框中的 Suboptions 菜单选择 Rate Dependent。详细信息见“使用屈服应力比来定义率相关的屈服”。有关率相关性的背景信息，见《Abaqus 分析用户手册——材料卷》的 3.2.3 节“率相关的屈服”。

5. 切换选中 Use temperature-dependent data 来定义取决于温度的数据。

在 Data 表中出现标签为 Temp 的列。

6. 单击 Number of field variables 域右边的箭头来增加或者减少作为数据基础的场变量数量。

7. 在 Data 表中输入下面的数据。

Yield Stress

屈服应力。

Abs Plastic Strain

对应塑性应变的绝对值（表中输入的第一个值总是零）。

Rate

硬化曲线对应的等效塑性应变率 $\dot{\bar{\varepsilon}}^{pl}$。

Temp

温度。

Field *n*

预定义的场变量。

用户可能需要扩展对话框来查看 Data 表中的所有列。有关如何输入数据的详细信息，见 3.2.7 节“输入表格数据”。

8. 单击 OK 来返回 Edit Material 对话框。

3）定义 Drucker-Prager 蠕变

在 Abaqus/Standard 分析中，用户可以根据扩展的 Drucker-Prager 模型来定义表现出塑性的材料的经典“蠕变”行为。这样的材料中的蠕变行为最初是绑定到塑性行为的（通过蠕变流动势的定义和测试数据的定义），所以用户必须在材料定义中包括 Drucker-Prager 塑性和 Drucker-Prager 硬化数据。

用户输入的蠕变数据必须与定义 Drucker-Prager 硬化时选择的 Hardening behavior type 一致（详细情况见“定义 Drucker-Prager 硬化”）。

更多信息见《Abaqus 分析用户手册——材料卷》的 3. 3. 1 节“扩展的 Drucker-Prager 模型”中的“线性 Drucker-Prager 模型的蠕变模型”。

若要定义 Drucker-Prager 蠕变，执行以下操作：

1. 如“定义 Drucker-Prager 模型”中描述的那样创建一个材料模型。

2. 从 Edit Material 对话框中的 Suboptions 菜单选择 Drucker Prager Creep。

出现 Suboption Editor 对话框。

3. 单击 Law 域右边的箭头来选择用户选取蠕变的蠕变规律。

- 选择 Strain 来选择应变硬化幂规律。
- 选择 Time 来选择时间硬化幂规律。
- 选择 SinghM 来选择 Singh-Mitchell 类型规律。
- 选择 User 来指定使用用户子程序 CREEP 的蠕变规律。

更多信息见《Abaqus 分析用户手册——材料卷》的 3. 3. 1 节“扩展的 Drucker-Prager 模型”中的“蠕变规律的指定”。

4. 切换选中 Use temperature-dependent data 来定义取决于温度的数据。

在 Data 表中出现标签为 Temp 的列。

5. 单击 Number of field variables 域右边的箭头来增加或者减少作为数据基础的场变量数量。

6. 如果用户选择了 Strain 或者 Time 蠕变规律选项，则在 Data 表中输入下面的数据。

A、n、m

蠕变材料参数。

Temp

温度。

Field *n*

预定义的场变量。

用户可能需要扩展对话框来查看 Data 表中的所有列。有关如何输入数据的详细信息，见 3. 2. 7 节“输入表格数据”。

7. 如果用户选择了 SinghM 蠕变规律选项，则在 Data 表中输入下面的数据。

A、alpha、m、t1

蠕变材料参数 A、α_1、t_1 和 m。

Temp

温度。

Field *n*

预定义的场变量。

用户可能需要扩展对话框来查看 Data 表中的所有列。有关如何输入数据的详细信息，见 3. 2. 7 节“输入表格数据”。

8. 单击 OK 来返回 Edit Material 对话框。

4）为 Drucker-Prager 材料模型指定三轴测试数据

Abaqus 可以使用三轴测试数据来校准定义 Drucker-Prager 塑性的 Exponent Form 的材料参数。更多信息见《Abaqus 分析用户手册——材料卷》的 3.3.1 节“扩展的 Drucker-Prager 模型”中的“一般指数模型”。

若要输入三轴数据，执行以下操作：

1. 如“定义 Drucker-Prager 模型”中描述的那样创建一个材料模型。
2. 从 Edit Material 对话框中的 Suboptions 菜单选择 Drucker Prager Creep。

出现 Suboption Editor 对话框。

3. 如果已知 Material constant a、Material constant b 和 Material constant pt，并且在输入后保持固定，则输入它们的值。另外，如果用户想要 Abaqus 从三轴测试数据校准值，则用户可以使一个或者多个域空白。
4. 在 Data 表中输入下面的值。

Confining Stress

约束应力的符号和大小，$\sigma_1=\sigma_2$。

Loading Dirn Stress

载荷方向上的应力符号和大小，σ_3。

有关如何输入数据的详细信息，见 3.2.7 节“输入表格数据”。

5. 单击 OK 来返回 Edit Material 对话框。

9. 定义 Mohr-Coulomb 塑性

用户可以为地质工程设计应用使用 Mohr-Coulomb 塑性模型。模型使用经典的 Mohr-Coulomb 屈服准则：子午面中的直线和偏斜面中的不规则六边形截面。然而，Abaqus 的 Mohr-Coulomb 模型拥有完全的光顺流动势来替代经典的六棱锥：流动势是子午面中的双曲线，并且流动势使用 Menétrey 和 Willam 提出的光顺偏差截面。更多信息见《Abaqus 分析用户手册——材料卷》的 3.3.3 节“Mohr-Coulomb 塑性模型”。

若要定义 Mohr-Coulomb 塑性，执行以下操作：

1. 从 Edit Material 对话框中的菜单栏选择 Mechanical→Plasticity→Mohr Coulomb Plasticity。

有关显示 Edit Material 对话框的信息，见 12.7.1 节“创建或者编辑材料”。

2. 如果必要的话，单击 Plasticity 标签来显示 Plasticity 标签页。
3. 选择如何定义 Deviatoric eccentricity e。

- 选择 Calulated default 来允许 Abaqus 将偏离离心率计算成 $e=(3-\sin\phi)/(3+\sin\phi)$，其中 ϕ 是用户在 Data 表中指定的 Mohr-CoulombFriction Angle。
- 选择 Specify，然后在提供的域中输入偏心率的值。e 可以具有的值范围是 $1/2<e\leqslant 1$。

4. 输入 Meridional eccentricity，ε 的值。

子午偏心率是一个小的正值，定义流动势接近渐近线的速度。

5. 切换选中 Use temperature-dependent data 来定义取决于温度的数据。

在 Data 表中出现标签为 Temp 的列。

6. 单击 Number of field variables 域右边的箭头来增加或者减少作为数据基础的场变量数量。

7. 在 Data 表中输入下面的数据。

Friction Angle

p-$R_{mc}q$ 平面中高围压下的摩擦角 ϕ，以度为单位输入值。

Dilation Angle

p-$R_{mc}q$ 平面中高围压下的膨胀角 ψ，以度为单位输入值。

Temp

温度。

Field *n*

预定义的场变量。

用户可能需要扩展对话框来查看 Data 表中的所有列。有关如何输入数据的详细信息，见 3.2.7 节“输入表格数据”。

8. 单击 Cohesion 标签来显示 Cohesion 标签页。

9. 切换选中 Use temperature-dependent data 来定义取决于温度的数据。

在 Data 表中出现标签为 Temp 的列。

10. 单击 Number of field variables 域右边的箭头来增加或者减少作为数据基础的场变量数量。

11. 在 Data 表中输入下面的数据。

Cohesion Yield Stress

胶粘屈服应力。

Abs Plastic Strain

对应塑性应变的绝对值（表中的第一个输入值必须是零）。

Temp

温度。

Field *n*

预定义的场变量。

用户可能需要扩展对话框来查看 Data 表中的所有列。有关如何输入数据的详细信息，见 3.2.7 节“输入表格数据”。

12. 如果需要，切换选中 Specify tension cutoff 并且单击 Tension Cutoff 表来指定拉伸截止应力数据，以此来限制模型拉伸区域附近材料的承载能力。

13. 切换选中 Use temperature-dependent data 来定义取决于温度的数据。

在 Data 表中出现标签为 Temp 的列。

14. 单击 Number of field variables 域右边的箭头来增加和减少作为数据基础的场变量数量。

15. 在 Data 表中输入下面的数据。

Tension Cutoff Stress

单轴拉伸的屈服应力 σ_t。

Tensile Plastic Strain

对应的塑性应变（输入表中的第一个值必须是零）。

Temp

温度。

Field *n*

预定义的场变量。

用户可能需要扩展对话框来查看 Data 表中的所有列。有关如何输入数据的详细信息，见 3.2.7 节“输入表格数据”。

16. 单击 OK 来创建材料，并且关闭 Edit Material 对话框。另外，用户可以从 Edit Material 对话框中的菜单选择定义其他的材料行为（更多信息见 12.7.2 节“浏览和编辑材料行为”）。

10. 定义多孔金属塑性

用户可以为孔隙浓度的相对密度大于 0.9 的材料使用多孔金属塑性。更多信息见《Abaqus 分析用户手册——材料卷》的 3.2.9 节“多孔金属塑性”。

1）定义多孔金属塑性模型

多孔金属塑性模型描述的材料表现出孔隙初始和增长形式的损伤。用户也可以为一些高相对密度的粉末金属工艺仿真使用此模型（将相对密度定义成实体金属的体积与材料总体积的比值）。此模型是以具有空穴成核的 Gurson 的多孔金属塑性理论为基础的，并且适用于和相对密度大于 0.9 的材料一起使用。对于相对单调的载荷，此模型是足够的。

更多信息见《Abaqus 分析用户手册——材料卷》的 3.29 节“多孔金属塑性”。

若要定义多孔金属塑性，执行以下操作：

1. 从 Edit Material 对话框中的菜单栏选择 Mechanical→Plasticity→Porous Metal Plasticity。

有关显示 Edit Material 对话框的更多信息，见 12.7.1 节“创建或者编辑材料”。

2. 为材料的初始 Relative density 输入一个值。

3. 切换选中 Use temperature-dependent data 来定义取决于温度的数据。

在 Data 表中出现标签为 Temp 的列。

4. 单击 Number of field variables 域右边的箭头来增加或者减少作为数据基础的场变量的数量。

5. 在 Data 表中输入下面的数据。

q1、q2、q3

材料参数 q_1、q_2、q_3。

对于典型的金属，文献报道的参数范围是 $q_1 = 1.0 \sim 1.5$、$q_2 = 1.0$、$q_3 = q_1^2 = 1.0 \sim 2.25$（见《Abaqus 基准手册》的 1.1.9 节“圆拉伸棒的缩颈”）。当 $q_1 = q_2 = q_3 = 1.0$ 时，恢复成 Gurson 模型。

Temp

温度。

Field *n*

预定义的场变量。

用户可能需要扩展对话框来查看 Data 表中的所有列。有关如何输入数据的详细信息，见 3.2.7 节“输入表格数据”。

6. 如果需要，从 Suboption 菜单选择 Porous Failure Criteria 来为 Abaqus/Explicit 分析指定材料失效准则。详细情况见“定义多孔材料失效准则”。

7. 如果需要，从 Suboption 菜单选择 Void Nucleation 来定义多孔材料中的空穴成核。详细情况见“定义多孔材料中的空穴成核”。

8. 单击 OK 来创建材料，并且关闭 Edit Material 对话框。另外，用户可以从 Edit Material 对话框中的菜单选择定义其他材料行为（更多信息见 12.7.2 节“浏览和编辑材料行为”）。

2）定义多孔材料失效准则

用户使用 Suboption Editor 来定义多孔金属塑性模型中的失效。更多信息见《Abaqus 分析用户手册——材料卷》的 3.2.9 节“多孔金属塑性”中的“Abaqus/Explicit 中的失效准则”。

若要指定多孔金属失效准则，执行以下操作：

1. 如“定义多孔金属塑性模型”中描述的那样创建一个材料模型。
2. 从 Edit Material 对话框中的 Suboptions 菜单选择 Porous Failure Criteria。

出现 Suboption Editor。

3. 为 Total volume void fraction at total failure 输入一个值，$f_F>0$。默认值是 1。
4. 为 Critical void volume fraction 输入一个值（应力承载能力快速丧失的阈值），$f_c \geq 0$。默认值是 f_F。
5. 单击 OK 来返回 Edit Material 对话框。

3）定义多孔材料中的空穴成核

用户使用 Suboption Editor 来定义多孔金属塑性模型中的空穴成核。更多信息见《Abaqus 分析用户手册——材料卷》的 3.2.9 节“多孔金属塑性”中的“空穴成长和成核”。

若要定义空穴成核，执行以下操作：

1. 如“定义多孔金属塑性模型”中描述的那样创建一个材料模型。

2. 从 Edit Material 对话框中的 Suboptions 菜单选择 Void Nucleation。

出现 Suboption Editor。

3. 切换选中 Use temperature-dependent data 来定义以温度为基础的数据。

4. 单击 Number of field variables 域右边的箭头来增加或减少作为数据基础的场变量数量。

5. 在 Data 表中输入下面的数据。

Mean

成核应变名义分布的平均值 ε_N。

Standard Deviation

成核应变名义分布的标准偏差 s_N。

Volume Fraction

成核空隙的体积分数 f_N。

Temp

温度。

Field *n*

预定义的场变量。

用户可能需要扩展对话框来查看 Data 表中的所有列。有关如何输入数据的详细信息，见 3.2.7 节“输入表格数据”。

6. 单击 OK 来返回 Edit Material 对话框。

11. 定义蠕变规律

如果用户正在执行 Abaqus/Standard 分析，则用户可以通过指定用户子程序 CREEP 或者通过为一些样本蠕变规律提供参数来定义经典的偏态金属蠕变行为。更多信息见《Abaqus 分析用户手册——材料卷》的 3.2.4 节“率相关的塑性：蠕变和膨胀”。

若要定义蠕变，执行以下操作：

1. 从 Edit Material 对话框中的菜单栏选择 Mechanical→Plasticity→Creep。

有关显示 Edit Material 对话框的更多信息，见 12.7.1 节“创建或者编辑材料”。

2. 单击 Law 域右边的箭头，然后选择用户所选材料的蠕变规律。更多信息见《Abaqus 分析用户手册——材料卷》的 3.2.4 节“率相关的塑性：蠕变和膨胀”中的“蠕变行为”。

3. 切换选中 Use temperature-dependent data 来定义取决于温度的数据。

在 Data 表中出现标签为 Temp 的列。

4. 单击 Number of field variables 域右边的箭头来增加或者减少作为数据基础的场变量数量。

5. 如果用户选择 Strain-Hardening 或者 Time-Hardening 蠕变规律，则在 Data 表中输入下面的数据。

Power Law Multiplier

幂规律乘子 A（量纲为 $F_{-n}L_{2n}T_{-1-m}$）。

Eq Stress Order

等效偏应力阶数 n。

Time Order

Time-Hardening 蠕变规律的总时间阶数 m，或者 Strain-Hardening 蠕变规律的应变阶数 m。

Temp

温度。

Field n

预定义的场变量。

用户可能需要扩展对话框来查看 Data 表中的所有列。有关如何输入数据的详细信息，见 3.2.7 节“输入表格数据”。

6. 如果用户选择 Hyperbolic-Sine 蠕变规律，则在 Data 表中输入下面的数据。

Power Law Multiplier

幂规律乘子 A（量纲为 T^{-1}）。

Hyperb Law Multiplier

双曲线正弦规律乘子 B（量纲为 $F^{-1}L^{2}$）。

Eq Stress Order

等效应力阶数 n。

Activation Energy

活化能 ΔH（量纲为 JM^{-1}）。

Univeral Gas Const

通用气体常数 R（量纲为 $JM^{-1}\theta^{-1}$）。

Temp

温度。

Field n

预定义的场变量。

用户可能需要扩展对话框来查看 Data 表中的所有列。有关如何输入数据的详细信息，见 3.2.7 节“输入表格数据”。

7. 如果需要，从 Suboptions 菜单选择 Ornl，通过指定 Oak Ridge 国家实验室本构模型来完成蠕变规律。更多信息见“在塑性和蠕变计算中使用 Oak Ridge National Laboratory（ORNL）本构模型”。

8. 如果需要，从 Suboptions 菜单选择 Potential 来指定各向异性的蠕变行为。更多信息见“定义各向异性的屈服和蠕变”。

9. 单击 OK 来创建材料，并且关闭 Edit Material 对话框。另外，用户可以从 Edit Material 对话框中的菜单选择定义其他的材料行为（更多信息见 12.7.2 节“浏览和编辑材料行为”）。

12. 定义膨胀

用户子程序 CREEP（《Abaqus 用户子程序参考手册》的 1.1.1 节“蠕变”）提供非常通用的能力来完成蠕变或者膨胀模型那样的黏弹性模型。用户也可以输入表格形式的膨胀数据。更多信息见《Abaqus 分析用户手册——材料卷》的 3.2.4 节“率相关的塑性：蠕变和膨胀”中的“体积膨胀行为”。

1）定义体积膨胀模型

与蠕变规律类似，体积膨胀规律通常是复杂的，并且在用户子程序 CREEP 中指定是最方便的。然而，用户也可以在 Edit Material 对话框中输入表格化的膨胀数据。更多信息见《Abaqus 分析用户手册——材料卷》的 3.2.4 节“率相关的塑性：蠕变和膨胀”中的“体积膨胀行为”。

若要定义膨胀，执行以下操作：

1. 从 Edit Material 对话框中的菜单栏选择 Mechanical→Plasticity→Swelling。

有关显示 Edit Material 对话框的信息，见 12.7.1 节“创建或者编辑材料”。

2. 单击 Law 域右边的箭头并且为指定膨胀数据选择一个选项。

1）选择 Input 来在 Edit Material 对话框中输入表数据。

2）选择 User-defined 来在用户子程序 CREEP 中定义膨胀行为。

3. 如果用户在步骤 2 中选择了 Input，则切换选中 Use temperature-dependent data 来定义取决于温度的数据。

在 Data 表中出现标签为 Temp 的列。

4. 如果用户在步骤 2 中选择了 Input，则单击 Number of field variables 域右边的箭头来增加或者减少作为数据基础的场变量数量。

5. 如果用户在步骤 2 中选择了 Input，则在 Data 表中输入下面的数据。

Strain Rate

体积膨胀应变率。

Temp

温度。

Field *n*

预定义的场变量。

6. 如果需要，从 Suboptions 菜单选择 Ratios 来定义各向异性的膨胀。详细情况见“定义各向异性膨胀”。

7. 单击 OK 来创建材料，并且关闭 Edit Material 对话框。另外，用户可以从 Edit Material 对话框中的菜单选择定义其他的材料行为（更多的信息见 12.7.2 节“浏览和编辑材料行为”）。

2）定义各向异性膨胀

用户可以在 Suboptions Editor 中指定比率来定义每一个材料方向上的膨胀率。更多信息见《Abaqus 分析用户手册——材料卷》的 3.2.4 节“率相关的塑性：蠕变和膨胀”中的“体积膨胀行为”。

若要定义各向异性的膨胀，执行以下操作：

1. 如“定义体积膨胀模型”中描述的那样创建一个材料模型。
2. 从 Edit Material 对话框中的 Suboptions 菜单选择 Ratios。
出现 Suboption Editor。
3. 切换选中 Use temperature-dependent data 来定义以温度为基础的数据。
4. 单击 Number of field variables 域右边的箭头来增加或减少作为数据基础的场变量数量。
5. 在 Data 表中输入下面的数据。

r11、r22、r33

各向异性的膨胀比 r_{11}、r_{22}和 r_{33}。

Temp

温度。

Field *n*

预定义的场变量。

用户可能需要扩展对话框来查看 Data 表中的所有列。有关如何输入数据的详细信息，见 3.2.7 节“输入表格数据”。

6. 单击 OK 来返回 Edit Material 对话框。

13. 定义双层黏塑性模型的黏性分量

Abaqus/Standard 中的双层黏塑性模型，对于模拟材料中明显可观察的时间相关行为以及塑性是有用的。对于材料，此现象通常发生在高温时。此模型由三部分组成：弹性、塑性和黏性。用户可以通过选择一个蠕变规律和输入黏性参数来定义材料的黏性行为。更多信息见《Abaqus 分析用户手册——材料卷》的 3.2.11 节“双层黏塑性”。

若要定义一个双层黏塑性模型的黏性，执行以下操作：

1. 从 Edit Material 对话框中的菜单选择 Mechanical→Plasticity→Viscous。
有关显示 Edit Material 对话框的更多信息，见 12.7.1 节“创建或者编辑材料”。
2. 单击 Law 域右边的箭头来选择蠕变规律。
- 选择 Strain 来选择应变硬化幂规律。
- 选择 Time 来选择时间硬化幂规律。

- 选择 SinghM 来选择 Singh-Mitchell 类型规律。
- 选择 User 来指定使用用户子程序 CREEP 的蠕变规律。

更多信息见《Abaqus 分析用户手册——材料卷》的 3.3.1 节“扩展的 Drucker-Prager 模型”中的“蠕变规律的指定”。

3. 切换选中 Use temperature-dependent data 来定义取决于温度的数据。

在 Data 表中出现标签为 Temp 的列。

4. 单击 Number of field variables 域右边的箭头来增加或者减少作为数据基础的场变量数量。

5. 如果用户选择了 Strain-Hardening n 或者 TTime-Hardening 蠕变规律，则在 Data 表中输入下面的数据。

A

幂律乘子 A（量纲为 $F_{-n}L_{2n}T_{-1-m}$）。

n

等效偏应力阶数 n。

m

总时间或者等效蠕变应变阶数 m。

f

摩擦 f，定义弹性-黏性网络的弹性模量对比总（瞬时）模量的比例。

Temp

温度。

Field *n*

预定义的场变量。

用户可能需要扩展对话框来查看 Data 表中的所有列。有关如何输入数据的详细信息，见 3.2.7 节“输入表格数据”。

6. 如果用户正在使用用户子程序 CREEP 来定义蠕变规律，则在 Data 表中输入下面的数据。

f

摩擦 f，定义弹性-黏性网络的弹性模量对比总（瞬时）模量的比例。

Temp

温度。

Field *n*

预定义的场变量。

用户可能需要扩展对话框来查看 Data 表中的所有列。有关如何输入数据的详细信息，见 3.2.7 节“输入表格数据”。

7. 如果需要，从 Suboptions 菜单选择 Potential 来定义各向异性的黏性。详细情况见“定义各向异性的屈服和蠕变”。

8. 单击 OK 创建材料，并关闭 Edit Material 对话框。另外，用户可以从 Edit Material 对话框中的菜单选择定义其他的材料行为（更多信息见 12.7.2 节“浏览和编辑材料行为”）。

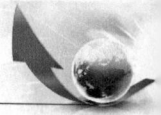

12.9.3　定义损伤

用户可以使用 Edit Material 对话框来指定材料损伤初始准则和相关的损伤演化。一旦满足了初始准则，Abaqus 就会应用相关的损伤演化规律来确定材料退化。用户可以在 Abaqus/CAE 中指定以下损伤类型：

- Ductile，见“韧性损伤”。
- FLD，见“成形极限图（FLD）损伤”。
- Johnson-Cook，见“Johnson-Cook 损伤”。
- Maxe 或者 Quade，见“最大或者二次名义应变损伤”。
- Maxe 或者 Quade，见“最大或者二次名义应力损伤”。
- Maxps 或者 Maxpe，见“最大主应力或者应变损伤”。
- M-K，见“Marciniak-Kuczynski（M-K）损伤”。
- MSFLD，见“Müschenborn-Sonne 成形极限图（MSFLD）损伤”。
- Shear，见“剪切损伤”。
- Hashin，见“Hashin 损伤”。
- Mullins Effect，见“Mullins 效应”。

用户可以定义多个损伤初始准则和损伤演化模型，来精确地表示材料的行为。当满足损伤初始准则时，材料开始损伤。Abaqus 使用与初始准则相关的损伤演化定义来评估损伤的扩展。“损伤演化”章节中对损伤演化进行了描述。如果用户没有定义损伤演化，则 Abaqus 会继续评估损伤初始准则，来表示分析超出初始点的程度。

除了损伤初始和演化，Abaqus/Standard 还使用黏性正则化策略来改善纤维增强复合材料受损时（Hashin 损伤模型）的收敛性。“损伤稳定性”列出了此策略要求的黏度系数。

有关材料损伤的更多信息，见《Abaqus 分析用户手册——材料卷》的第 4 章“渐进性损伤和失效”。

1. 韧性损伤

Ductile 损伤初始准则是一个用来预测韧性金属中由于孔隙的成核、扩展和聚结而形成损伤初始的模型。此模型假定损伤初始时的等效塑性应变是三轴应力和应变率的函数。此韧性准则可以与 Mises、Johnson-Cook、Hill 和 Drucker-Prager 塑性模型（包括状态方程）一起使用。

更多信息见《Abaqus 分析用户手册——材料卷》的 4.2.2 节“韧性金属的损伤初始化”。

若要定义韧性损伤，执行以下操作：

1. 从 Edit Material 对话框中的菜单选择 Mechanical→Damage for Ductile Metals→Ductile Damage。

有关显示 Edit Material 对话框的信息，见 12.7.1 节“创建或者编辑材料”。

2. 要定义取决于温度的材料损伤数据，切换选中 Use temperature-dependent data。

在 Data 表中出现标签为 Temp 的列。

3. 要定义取决于场变量的行为数据，单击 Number of field variables 域右边的箭头来增加或者减少场变量的数量。

在 Data 表中出现 Field 变量列。

4. 在 Data 表中输入损伤参数。

Fracture Strain

损伤初始时的等效开裂应变。

Stress Triaxiality

将应力锥定义成 $\eta=-p/q$，其中 p 为压应力，q 为 Mises 等效应力。

Strain Rate

等效塑性应变率 $\dot{\bar{\varepsilon}}^{pl}$。

Temp

温度 θ。

Field *n*

预定义的场变量。

用户可能需要扩展对话框来查看 Data 表中的所有列。有关如何输入数据的详细信息，见 3.2.7 节“输入表格数据”。

5. 选择 Suboptions→Damage Evolution 来定义损伤开始后发生的材料退化。更多信息见“损伤演化”。

6. 单击 OK 来退出材料编辑器。

2. 成形极限图（FLD）损伤

成形极限图（FLD）是在主（平面内）对数应变空间中成形极限应变的图。FLD 损伤初始准则适用于预测板料成形中颈缩不稳定性的发生。在颈缩发生之前的板料可承受的最大应变称为成形极限应变。

不能使用此模型评估由于弯曲变形引起的损伤。更多信息见《Abaqus 分析用户手册——材料卷》的 4.2.2 节“韧性金属的损伤初始化”。

若要定义 FLD 损伤，执行以下操作：

1. 从 Edit Material 对话框中的菜单选择 Mechanical→Damage for Ductile Metals→FLSD Damage。

有关显示 Edit Material 对话框的信息，见 12.7.1 节“创建或者编辑材料”。

2. 要定义取决于温度的材料损伤数据，切换选中 Use temperature-dependent data。

在 Data 表中出现标签为 Temp 的列。

3. 要定义取决于场变量的行为数据，单击 Number of field variables 域右边的箭头来增加或者减少场变量的数量。

在 Data 表中出现 Field 变量列。

4. 在 Data 表中输入损伤参数。

Major Principal Stress

平面内主极限应变的最大值。

Minor Principal Stress

平面内主极限应变的最小值。

Temp

温度 θ。

Field *n*

预定义的场变量。

用户可能需要扩展对话框来查看 Data 表中的所有列。有关如何输入数据的详细信息，见 3.2.7 节“输入表格数据”。

5. 选择 Suboptions→Damage Evolution 来定义损伤开始后发生的材料退化。更多信息见“损伤演化”。

6. 单击 OK 来退出材料编辑器。

3. Johnson-Cook 损伤

Johnson-Cook 损伤初始准则是韧性损伤准则模型的特别情况，用于预测韧性金属中孔隙的成核、生长和聚集引起的损伤初始。此模型假定损伤发生时等效塑性应变是三轴应力和应变率的函数。Johnson-Cook 准则可以与 Mises、Johnson-Cook、Hill 和 Drucker-Prager 塑性模型（包括状态方程）一起使用。

更多信息见《Abaqus 分析用户手册——材料卷》的 4.2.2 节“韧性金属的损伤初始化”。

若要定义 Johnson-Cook 损伤，执行以下操作：

1. 从 Edit Material 对话框中的菜单栏选择 Mechanical→Damage for Ductile Metals→Johnson-Cook Damage。

有关显示 Edit Material 对话框的信息，见 12.7.1 节“创建或者编辑材料”。

2. 在 Data 表中输入损伤参数。

d_1 ~ d_5

失效参数。

熔化温度

θ_{melt}。

Transition temperature

转变温度 $\theta_{transition}$。

Reference strain rate

参考应变率 $\dot{\varepsilon}_0$。

用户可能需要扩展对话框来查看 Data 表中的所有列。有关如何输入数据的详细信息，见 3.2.7 节“输入表格数据”。

3. 选择 Suboptions→Damage Evolution 来定义损伤开始后发生的材料退化。更多信息见“损伤演化”。

4. 单击 OK 来退出材料编辑器。

4. 最大或者二次名义应变损伤

Maxe 和 Quade[⊖]损伤初始准则用于预测胶粘单元中的损伤初始，其中胶粘层以拉伸-分离的形式来定义。两种形式都评估三个方向上给定应变值与名义应变值峰值之间的应变比。ε_n^0、ε_s^0 和 ε_t^0 分别表示变形仅垂直界面或者仅在第一或第二剪切方向上时的名义应变峰值。Maxe 准则基于三个比率的最大值，而 Quade 准则基于所有三个比率的二次组合。

更多信息见《Abaqus 分析用户手册——单元卷》的 6.5.6 节“使用牵引-分离描述定义胶粘单元的本构响应”。

若要定义 Maxe 或者 Quade 损伤，执行以下操作：

1. 从 Edit Material 对话框中的菜单栏选择 Mechanical→Damage for Traction Separation Laws→Maxe Damage 或者 Quade Damage。

有关显示 Edit Material 对话框的信息，见 12.7.1 节“创建或者编辑材料”。

2. 如果用户使用扩展的有限元方法（XFEM）来模拟裂纹，则用户可以指定满足损伤初始准则时的裂纹扩展方向。裂纹可以在与局部 1 方向垂直的方向（默认的）或者与局部 1 方向平行的方向上延伸。

3. 输入 Tolerance 值。此值应当等于损伤初始准则必须满足的容差。

4. 选择 Position 域右边的箭头，然后为计算裂纹尖端前面的应力/应变场选择计算方法，以确定是否满足损伤初始准则，并确定裂纹扩展方向（如果需要的话）。

- 选择 Centroid 来使用单元中心处的应力/应变。
- 选择 Crack tip 来使用外推到裂纹尖端的应力/应变。
- 使用 Combined，使用外推到裂纹尖端的应力/应变来确定损伤初始准则是否得到满足，并使用单元中心处的应力/应变来确定裂纹扩展方向（如果需要的话）。

5. 要定义取决于温度的材料损伤数据，切换选中 Use temperature-dependent data。

在 Data 表中出现标签为 Temp 的列。

6. 要定义取决于场变量的行为数据，单击 Number of field variables 域右边的箭头来增加或者减少场变量的数量。

在 Data 表中出现标签为 Field 的列。

7. 在 Data 表中输入损伤参数。

Nominal Strain Normal-only Mode

仅在法向模式中损伤初始时的名义应变。

⊖ Maxe 为最大应变损伤，Quade 为二次名义应变损伤。

Nominal Strain Shear-only mode First Direction

仅在剪切模式中损伤初始时的名义应变，此模式仅涉及沿第一剪切方向的分离。

Nominal Strain Shear-only mode Second Direction

仅在剪切模式中损伤初始时的名义应变，此模式仅涉及沿第二剪切方向的分离。

Temp

温度 θ。

Field *n*

预定义的场变量。

用户可能需要扩展对话框来查看 Data 表中的所有列。有关如何输入数据的详细信息，见 3.2.7 节“输入表格数据”。

8. 选择 Suboptions→Damage Evolution 来定义损伤开始后发生的材料退化。

更多信息见“损伤演化”。

9. 选择 Suboptions→Damage Stabilization Cohesive 来输入黏度系数，进而提高模型收敛性。

更多信息见“损伤稳定性”。

10. 单击 OK 来退出材料编辑器。

5. 最大或者二次名义应力损伤

Maxs 和 Quads[⊖] 损伤初始准则用于预测胶粘单元中的损伤初始，其中胶粘层以拉伸-分离的形式来定义。两种形式都评估三个方向上给定应力值与名义应力值峰值之间的应力比。t_n^0、t_s^0 和 t_t^0 分别表示变形仅垂直界面或者仅在第一或第二剪切方向上时的名义应力峰值。Maxs 准则基于三个比率的最大值，而 Quads 准则基于所有三个比率的二次组合。

更多信息见《Abaqus 分析用户手册——单元卷》的 6.5.6 节“使用牵引-分离描述定义胶粘单元的本构响应”。

若要定义 Maxs 或者 Quads 损伤，执行以下操作：

1. 从 Edit Material 对话框中的菜单栏选择 Mechanical→Damage for Traction Separation Laws→Maxe Damage 或者 Quade Damage。

有关显示 Edit Material 对话框的信息，见 12.7.1 节“创建或者编辑材料”。

2. 如果用户使用扩展的有限元方法（XFEM）来模拟裂纹，则用户可以指定满足损伤初始准则时的裂纹扩展方向。裂纹可以在与局部 1 方向垂直的方向（默认的）或者与局部 1 方向平行的方向上延伸。

3. 输入 Tolerance 值。此值应当等于损伤初始准则必须满足的容差。

4. 选择 Position 域右边的箭头，然后为计算裂纹尖端前面的应力/应变场选择计算方法，以确定是否满足损伤初始准则，并确定裂纹扩展方向（如果需要的话）。

- 选择 Centroid 来使用单元中心处的应力/应变。

⊖ Maxs 为最大应力损伤，Quads 为二次名义应力损伤。

- 选择 Crack tip 来使用外推到裂纹尖端的应力/应变。
- 使用 Combined，使用外推到裂纹尖端的应力/应变来确定损伤初始准则是否得到满足，并且使用单元中心处的应力/应变来确定裂纹扩展方向（如果需要的话）。

5. 要定义取决于温度的材料损伤数据，切换选中 Use temperature-dependent data。

在 Data 表中出现标签为 Temp 的列。

6. 要定义取决于场变量的行为数据，单击 Number of field variables 域右边的箭头来增加或者减少场变量的数量。

在 Data 表中出现标签为 Field 的列。

7. 在 Data 表中输入损伤参数。

Maximum Nominal Stress Normal-only Mode

仅在法向模式中损伤初始时的名义应力。

Maximum Nominal Stress Shear-only mode First Direction

仅在剪切模式中损伤初始时的名义应力，此模式仅涉及沿第一剪切方向的分离。

Maximum Nominal Stress Shear-only mode Second Direction

仅在剪切模式中损伤初始时的名义应力，此模式仅涉及沿第二剪切方向的分离。

Temp

温度 θ。

Field *n*

预定义的场变量。

用户可能需要扩展对话框来查看 Data 表中的所有列。有关如何输入数据的详细信息，见 3.2.7 节“输入表格数据”。

8. 选择 Suboptions→Damage Evolution 来定义损伤开始后发生的材料退化。

更多信息见“损伤演化”。

9. 选择 Suboptions→Damage Stabilization Cohesive 来输入黏度系数，进而提高模型收敛性。

更多信息见“损伤稳定性”。

10. 单击 OK 来退出材料编辑器。

6. 最大主应力或者应变损伤

Maxps 和 Maxpe㊀损伤初始准则用于预测 XFEM 扩展区域中的损伤初始。

更多信息见《Abaqus 分析用户手册——分析卷》的 5.7 节“使用扩展的有限元方法将不连续性模拟成一个扩展特征”。

若要定义 Maxps 或者 Maxpe 损伤，执行以下操作：

1. 从 Edit Material 对话框中的菜单栏选择 Mechanical→Damage for Traction Separation Laws→Maxe Damage 或者 Maxpe Damage。

有关显示 Edit Material 对话框的信息，见 12.7.1 节“创建或者编辑材料”。

㊀ Maxps 为最大主应力损伤，Maxpe 为最大主应变损伤。

2. 输入 Tolerance 值。此值应当等于损伤初始准则必须满足的容差。

3. 选择 Position 域右边的箭头，然后为计算裂纹尖端前面的应力/应变场选择计算方法，以确定是否满足损伤初始准则，并确定裂纹扩展方向（如果需要的话）。

- 选择 Centroid 来使用单元中心处的应力/应变。
- 选择 Crack tip 来使用外推到裂纹尖端的应力/应变。
- 使用 Combined，使用外推到裂纹尖端的应力/应变来确定损伤初始准则是否得到满足，并且使用单元中心处的应力/应变来确定裂纹扩展方向（如果需要的话）。

4. 要定义取决于温度的材料损伤数据，切换选中 Use temperature-dependent data。

在 Data 表中出现标签为 Temp 的列。

5. 要定义取决于场变量的行为数据，单击 Number of field variables 域右边的箭头来增加或者减少场变量的数量。

在 Data 表中出现标签为 Field 的列。

6. 在 Data 表中输入损伤参数。

Maximum Principal Stress or Maximum Principal Strain

损伤初始时的最大主应力或者应变。

Temp

温度 θ。

Field *n*

预定义的场变量。

用户可能需要扩展对话框来查看 Data 表中的所有列。有关如何输入数据的详细信息，见 3.2.7 节“输入表格数据”。

7. 选择 Suboptions→Damage Evolution 来定义损伤开始后发生的材料退化。

更多信息见“损伤演化”。

8. 选择 Suboptions→Damage Stabilization Cohesive 来输入黏度系数，进而提高模型收敛性。

更多信息见“损伤稳定性”。

9. 单击 OK 来退出材料编辑器。

7. Marciniak-Kuczynski（M-K）损伤

M-K 损伤初始准则用于预测任意载荷路径的板材成形极限。此模型在板材中引入了以槽的形式存在的厚度缺陷来仿真缺陷。当槽中的变形相对于原始板材厚度中的变形比率超过临界值时，就会发生损伤。默认情况下，Abaqus 评估每一次时间增量时围绕材料局部 1 方向的等空间间距角度（0°、45°、90°和 135°）处的四个槽，并使用最差结果来确定损伤初始。M-K 准则可与 Mises 和 Johnson-Cook 塑性模型（包括运动硬化）一起使用。

更多信息见《Abaqus 分析用户手册——材料卷》的 4.2.2 节“韧性金属的损伤初始化”。

若要定义 M-K 损伤，执行以下操作：

1. 从 Edit Material 对话框中的菜单栏选择 Mechanical→Damage for Ductile Metals→M-K

Damage。

有关显示 Edit Material 对话框的信息，见 12.7.1 节“创建或者编辑材料”。

2. 要定义取决于温度的材料损伤数据，切换选中 Use temperature-dependent data。

在 Data 表中出现标签为 Temp 的列。

3. 要定义取决于场变量的行为数据，单击 Number of field variables 域右边的箭头来增加或者减少场变量的数量。

在 Data 表中出现标签为 Field 的列。

4. 如果需要，更改临界变形严重因子 F_{eq}、F_{nn} 和 F_{nt}。

每一个严重因子的默认值均为 10，并且和槽区域与名义厚度区域中的等效塑性、法向和切向应变比率关联。Abaqus/Explicit 将忽略设置成 0 的严重因子。如果将所有这些参数设置成 0，则 M-K 准则仅基于平衡方程和相容方程的非收敛性来进行。

5. 选择 Frequency——计算 M-K 准则之间的增量数量。

使用默认的频率 1 可能代价高昂，因为 Abaqus 会在每一个增量时评估每一个槽，耗时巨大。

6. 选择 Number of imperfections——要评估的角槽位置数量。

槽位置是空间等距的，围绕材料的局部 1 方向，从 0°开始，到 $180\frac{(n-1)}{n}$ 结束。

7. 在 Data 表中输入损伤参数。

Groove Size

槽处的厚度与名义材料厚度的比。

Angle

围绕材料的局部 1 方向的开始角度（以度为单位）。

Temp

温度 θ。

Field *n*

预定义的场变量。

用户可能需要扩展对话框来查看 Data 表中的所有列。有关如何输入数据的详细信息，见 3.2.7 节“输入表格数据”。

8. 选择 Suboptions→Damage Evolution 来定义损伤开始后发生的材料退化。

更多信息见“损伤演化”。

9. 单击 OK 来退出材料编辑器。

8. Müschenborn-Sonne 成形极限图（MSFLD）损伤

MSFLD 损伤初始准则用于预测任意载荷路径的金属板材成形极限。此模型以等效塑性应变为基础，并且假定成形极限曲线表示最高可达到的等效塑性应变的总和。此方法要求将原始成形极限曲线（无预变形效应）从主应变对比次应变的空间，转化成等效塑性应变 $\bar{\varepsilon}^{pl}$ 对比主应变率比 $\alpha=\dot{\varepsilon}_{\text{minor}}/\dot{\varepsilon}_{\text{major}}$ 的空间。

不能使用此模型来评估由弯曲变形产生的损伤。更多信息见《Abaqus 分析用户手册——材料卷》的 4.2.2 节“韧性金属的损伤初始化”。

若要定义 MSFLD 损伤，执行以下操作：

1. 从 Edit Material 对话框中的菜单栏选择 Mechanical→Damage for Ductile Metals→MSFLD Damage。

有关显示 Edit Material 对话框的信息，见 12.7.1 节“创建或者编辑材料”。

2. 选择以下 Definitions 中的一个。

- 选择 MSFLD 来输入等效塑性应变形式的数据，以及次应变率与主应变率的比值。
- 选择 FLD 来输入主应变和次主应变形式的数据和等效塑性应变，并让 Abaqus 将数据转换成 Müschenborn-Sonne 形式。

3. 如果需要，用户可以改变 ω 的值（$0<\omega\leqslant1$）。ω 用来过滤主应变率之间的比值，防止比值由于应变方向（变形路径）的突然改变而跳跃到更高的值；默认值 $\omega=1$。

4. 要定义取决于温度的材料损伤数据，切换选中 Use temperature-dependent data。

在 Data 表中出现标签为 Temp 的列。

5. 要定义取决于场变量的行为数据，单击 Number of field variables 域右边的箭头来增加或者减少场变量的数量。

在 Data 表中出现标签为 Field 的列。

6. 在 Data 区域中输入损伤参数（仅对此定义类型使用 MSFLD 或者 FLD 前面的参数）。

Plastic Strain at Initiation（MSFLD）

局部颈缩开始时的等效塑性应变。

Ratio of Principal Strains（MSFLD）

次应变与主应变的比 α。

Major Principal Strain（FLD）

损伤初始时的主应变。

Minor Principal Strain（FLD）

损伤初始时的次应变。

Plastic Strain Rate

等效塑性应变率。

Temp

温度 θ。

Field *n*

预定义的场变量。

用户可能需要扩展对话框来查看 Data 表中的所有列。有关如何输入数据的详细信息，见 3.2.7 节“输入表格数据”。

7. 选择 Suboptions→Damage Evolution 来定义损伤开始后发生的材料退化。

更多信息见“损伤演化”。

8. 单击 OK 来退出材料编辑器。

9. 剪切损伤

Shear 损伤初始准则是预测剪切区域局部损伤开始的模型。此模型假设损伤开始时的等效塑性应变是剪切应力比和应变率的函数。剪切准则可以与 Mises、Johnson-Cook、Hill 和 Drucker-Prager 塑性模型（包括状态方程）一起使用。

更多信息见《Abaqus 分析用户手册——材料卷》的 4.2.2 节“韧性金属的损伤初始化”。

若要定义剪切损伤，执行以下操作：

1. 从 Edit Material 对话框中的菜单栏选择 Mechanical→Damage for Ductile Metals→Shear Damage。

有关显示 Edit Material 对话框的信息，见 12.7.1 节“创建或者编辑材料”。

2. 输入材料参数 k_s。

3. 要定义取决于温度的材料损伤数据，切换选中 Use temperature-dependent data。

在 Data 表中出现标签为 Temp 的列。

4. 要定义取决于场变量的行为数据，单击 Number of field variables 域右边的箭头来增加或者减少场变量的数量。

在 Data 表中出现标签为 Field 的列。

5. 在 Data 区域中输入损伤参数。

Fracture Strain

损伤初始时的等效开裂应变。

Shear Stress Ratio

将剪切应力比定义成 $\theta_s=(q+k_s p)/\tau_{\max}$，其中 q 是密塞斯等效应力，p 是压力应力，$\tau_{\max}$ 是最大剪切应力。

Strain Rate

等效塑性应变率 $\dot{\bar{\varepsilon}}^{pl}$。

Temp

温度 θ。

Field *n*

预定义的场变量。

用户可能需要扩展对话框来查看 Data 表中的所有列。有关如何输入数据的详细信息，见 3.2.7 节“输入表格数据”。

6. 选择 Suboptions→Damage Evolution 来定义损伤开始后发生的材料退化。

更多信息见“损伤演化”。

7. 单击 OK 来退出材料编辑器。

10. Hashin 损伤

Hashin 损伤模型预测弹性-脆性材料中的各向异性损伤，主要用于纤维增强复合材料，它考虑了四种不同的失效模式：纤维拉伸、纤维压缩、基材拉伸和基材压缩。

更多信息见《Abaqus 分析用户手册——材料卷》的 4.3.2 节“纤维增强复合材料的损伤初始化”。

若要定义 Hashin 损伤，执行以下操作：

1. 从 Edit Material 对话框中的菜单栏选择 Mechanical→Damage for Fiber-Reinforced Composites→Hashin Damage。

有关显示 Edit Material 对话框的信息，见 12.7.1 节“创建或者编辑材料”。

2. 选择 $\alpha=0$，使用 1973 年提出的模型；选择 $\alpha=1$，使用 1980 年提出的模型。更多信息见《Abaqus 分析用户手册——材料卷》的 4.3.2 节“纤维增强复合材料的损伤初始化”。

3. 要定义取决于温度的材料损伤数据，切换选中 Use temperature-dependent data。

在 Data 表中出现标签为 Temp 的列。

4. 要定义取决于场变量的行为数据，单击 Number of field variables 域右边的箭头来增加或者减少场变量的数量。

在 Data 表中出现标签为 Field 的列。

5. 在 Data 区域中输入损伤参数。

Fiber Tensile Strength

纤维拉伸强度。

Fiber Compressive Strength

纤维压缩强度。

Matrix Tensile Strength

基材拉伸强度。

Matrix Compressive Strength

基材压缩强度。

Longitudinal Shear Strength

纵向剪切强度。

Transverse Shear Strength

横向剪切强度。

Temp

温度 θ。

Field *n*

预定义的场变量。

用户可能需要扩展对话框来查看 Data 表中的所有列。有关如何输入数据的详细信息，见 3.2.7 节“输入表格数据”。

6. 选择 Suboptions→Damage Evolution 来定义损伤开始后材料发生的退化。

更多信息见“损伤演化”。

7. 选择 Suboptions→Damage Stabilization 来输入黏度系数，并提高模型收敛性。

更多信息见“损伤演化”。

8. 单击 OK 来退出材料编辑器。

11. Mullins 效应

Mullins 效应材料行为模型模拟了填充橡胶弹性体在准静态循环载荷下的应力软化。

Abaqus 提供三种方法来定义材料中的 Mullins 效应：

- 将 Mullins 效应参数直接指定成温度和/或场变量的函数。
- 使用试验卸载-重新加载测试数据来校准 Mullins 效应参数。
- 在 Abaqus/Standard 中使用用户子程序 UMULLINS，在 Abaqus/Explicit 中使用用户子程序 VUMULLINS。

有关 Mullins 效应的更多信息，包括 Mullins 系数 r、m 和 β 的意义，见《Abaqus 分析用户手册——材料卷》的 2.6 章“弹性体中的应力软化”。

若要定义 Mullins 效应模型，执行以下操作：

1. 从 Edit Material 对话框中的菜单栏选择 Mechanical→Damage for Elastomers→Mullins Effect。

有关显示 Edit Material 对话框的信息，见 12.7.1 节“创建或者编辑材料”。

2. 要仅使用材料常数定义 Mullins 数据，执行下面的步骤。

a. 从 Definition 域选择 Constants。

b. 要定义取决于温度的材料损伤数据，切换选中 Use temperature-dependent data。

在 Data 表中出现标签为 Temp 的列。

c. 要定义取决于场变量的行为数据，单击 Number of field variables 域右边的箭头来增加或者减少场变量的数量。

在 Data 表中出现标签为 Field 的列。

d. 在 Data 表中输入损伤参数。

r

Mullins 效应模型中 r 系数的值，r 必须大于 1。

m

Mullins 效应模型中 m 系数的值，m 必须大于或等于零，并且 m 和 β 不能都为零。

beta

Mullins 效应模型中 β 系数的值，β 必须大于或等于零，并且 m 和 β 不能都为零。

Temp

温度 θ。

Field *n*

预定义的场变量。

如果数据中包括温度，则用户可以指定多个材料数据行。用户可能需要扩展对话框来查看 Data 表中的所有列。有关如何输入数据的详细信息，见 3.2.7 节“输入表格数据”。

3. 要指定试验卸载-重新加载测试数据来校准 Mullins 效应参数，则执行下面的步骤。

a. 从 Definition 域选择 Test Data Input。

b. 如果需要，在 Define Parameters 选项中输入一个或者两个损伤参数 r、m 和 β 的值。对于此类型的 Mullin 效应定义，Abaqus/CAE 使用用户提供的测试数据来计算剩余的损伤参数。要为损伤参数提供一个值，切换选中此参数并在合适的域中指定它的值。

r

Mullins 效应模型中 r 系数的值，r 必须大于 1。

m

Mullins 效应模型中 m 系数的值，m 必须大于或等于零，并且 m 和 β 不能都为零。

beta

Mullins 效应模型中 β 系数的值，β 必须大于或等于零，并且 m 和 β 不能都为零。

c. 从 Edit Material 对话框中的 Add Test 菜单选择 Biaxial Test、Planar Test 或者 Uniaxial Test，来将选中类型的卸载-重新加载曲线添加到材料模型中。

用户可以对材料模型添加每种类型测试的多个版本。Abaqus/CAE 会根据测试类型和创建测试的次序来命名用户创建的每一个测试，这样用户定义的前两个单轴材料测试可以命名成 Uniaxial Test 1 和 Uniaxial Test 2。

d. 在 Test data 表中，输入选中测试的测试数据。

Nominal Stress

名义应力 T_U。

Nominal Strain

名义应变 ϵ_U。

有关如何输入表格数据的详细信息，见 3.2.7 节“输入表格数据”。

e. 重复上面的两个步骤来指定额外的数据校准测试。

f. 如果用户想要删除校准测试，则在 Tests 列表中高亮显示它的名称，然后单击 Delete Test。用户删除测试时，Abaqus/CAE 会从列表中删除测试，然后重新命名现有的测试，以便测试编号保持连续。例如，如果用户创建三个双轴测试并删除第一个测试（Biaxial Test 1），则 Biaxial Test 2 将重新命名成 Biaxial Test 1，并且 Biaxial Test 3 将重新命名成 Biaxial Test 2。

4. 执行下面的步骤，通过在 Abaqus/Standard 中的用户子程序 UMULLINS 和 Abaqus/Explicit 中的用户子程序 VUMULLINS 中指定损伤变量来定义 Mullins 效应。

a. 从 Definition 域选择 User Defined。

b. 在 Mullins Properties 域中，输入值来指定此用户定义的超弹性材料的材料属性矩阵。Abaqus/CAE 使用此矩阵来输入传递给用户子程序 UMULLINS 和 VUMULLINS 的变量 PROPS。

更多信息见以下章节：

- 19.8.6 节“指定通用作业设置”
- 《Abaqus 用户子程序参考手册》的 1.1.48 节“UMULLINS”
- 《Abaqus 用户子程序参考手册》的 1.2.23 节“VUMULLINS”

5. 单击 OK 来退出材料编辑器。

12. 损伤演化

损伤演化定义材料如何在满足一个或者多个损伤初始准则后退化。多种形式的损伤演化可以同时作用在一个材料上——为每一个损伤初始准则定义一种损伤演化。

有关属性模块中可用的损伤演化类型的更多信息，见《Abaqus 分析用户手册——材料卷》的 4. 2. 3 节“韧性金属的损伤演化和单元删除”；《Abaqus 分析用户手册——材料卷》的 4. 3. 3 节“纤维增强复合材料的损伤演化和单元删除”；以及《Abaqus 分析用户手册——单元卷》的 5. 2. 7 节“连接器损伤行为”。

下面的过程包括属性模块中可用的每一种损伤演化类型的数据输入。选择会因当前的损伤初始形式而异。

若要定义损伤演化，执行以下操作：

1. 当用户在 Edit Material 对话框中创建损伤初始准则时，选择 Suboptions→Damage Evolution 来指定相关的损伤演化参数。

有关输入损伤初始准则的信息，见 12. 9. 3 节“定义损伤”。

2. 选择损伤演化类型。

Displacement

位移损伤演化，将损伤定义成损伤初始后总位移（对于胶粘单元中的弹性材料）或者塑性位移（对于块弹性-塑性材料）的函数。此类型对应 Data 表中的 Displacement at Failure 域。

Energy

能量损伤演化，以能量的形式定义损伤，此能量是损伤初始后失效所需的能量（开裂能）。此类型对应 Data 表中的 Fracture Energy 域。

3. 选择 Softening 方法。

Linear

线性软化，为线性弹性材料指定线性软化应力-应变响应，或者为弹性-塑性材料指定随着变形而线性演化的损伤变量。默认的方法是线性软化。

Exponential

指数软化，为线性弹性材料指定指数软化的应力-应变响应，或者为弹性-塑性材料指定随着变形而指数演化的损伤变量。

Tabular

表格软化，指定随着变形的发生，以表格形式演化的损伤变量，并且仅当选择 Displacement 类型时才可用。Damage Variable 场和 Displacement 场替代 Data 表中的 Displacement at Failure 场，并且用户可以添加额外的行来定义位移。

4. 选择 Mixed mode behavior（仅对于与胶粘单元关联的材料）。

Mode-Independent

模式独立，是默认的选择。

Tabular

表混合模式行为，将开裂能或者位移（总位移或者塑性位移）直接指定成胶粘单元的剪切-法向模式混合的函数。当用户将 Displacement 类型与胶粘单元一起使用时，必须使用此方法。

Power Law

幂律混合模式行为，通过模式开裂准则的幂律混合模式，将开裂能指定成模式混合的函数；仅当用户选择 Energy 类型与胶粘单元时才可以使用此行为。法向模式以及第一方向和第二方向剪切模式分量中的开裂能代替 Data 表中的 Fracture Energy 域。

BK

BK 混合模式行为，通过 Benzeggagh-Kenane 混合模式开裂准则，将开裂能指定成模式混合的函数。Data 表的输入与 Power Law 表的输入相同。

5. 选择 Degradation 来确定在多形式有效时，Abaqus 如何组合损伤演化。

Maximum

最大退化形式，说明当前的损伤演化机制将在最大意义上与其他损伤演化机理相互作用，以确定源自多个机制的总损伤。最大退化是默认的选择。

Multiplicative

乘法退化形式，说明当前的损伤演化机制在与其他的损伤演化机理相互作用中，以乘法的形式来确定源自多个机制的总损伤。使用最大退化定义的其他损伤演化机制，将与使用乘法形式的损伤演化机制相互作用。

6. 选择 Mode Mix Ratio 来与 Mixed mode behavior 定义一起使用（对于胶粘单元）。

Energy

能量混合模式比，根据不同模式中开裂能的比来定义模式混合。此定义是默认的，当用户为 Mixed mode behavior 选择 Power Law 或者 BK 时，必须使用。

Traction

拉伸混合模式比，根据拉伸分量的比来定义模式混合。

7. 当用户为胶粘单元的 Mixed mode behavior 选择 Power Law 或者 BK 时，切换选中 Power，然后输入幂律或者 Benzeggagh-Kenane 准则中的分量，此时这两个准则定义了胶粘单元的开裂能随模式混合的变化。

8. 对于 Hashin 损伤演化模式，Data 表包含下面的域。

- Fiber Tensile Fracture Energy（纤维拉伸开裂能）。
- Fiber Compressive Fracture Energy（纤维压缩开裂能）。
- Matrix Tensile Fracture Energy（基材拉伸开裂能）。
- Matrix Compressive Fracture Energy（基材压缩开裂能）。

更多信息见《Abaqus 分析用户手册——材料卷》的 4.3.3 节“纤维增强复合材料的损伤演化和单元删除”。

9. 要定义取决于温度的损伤演化数据，切换选中 Use temperature-dependent data。

在 Data 表中出现标签为 Temp 的列。

10. 要定义取决于场变量的损伤演化，单击 Number of field variables 域右边的箭头来增加或者减少场变量的数量。

在 Data 表中出现 Field 变量列。

11. 在 Data 表中输入损伤演化参数。

用户可能需要扩展对话框来查看 Data 表中的所有列。有关如何输入数据的详细信息，见 3.2.7 节“输入表格数据”。

12. 单击 OK 来保存损伤演化数据，并返回材料编辑器。

13. 损伤稳定性

使用此选项，为拉伸分离规律和纤维增强材料指定黏度系数，此黏度系数用在损伤模型的黏性正则策略中。黏性正则化旨在提高材料失效时的收敛性。

1）为拉伸分离规律定义损伤稳定性

对于拉伸分离规律，损伤稳定性可以与下面的损伤模型一起使用：

- Maxe 和 Quade 损伤模型（有关在 Abaqus/CAE 中输入 Maxe 和 Quade 损伤初始准则的信息，见“最大或者二次名义应变损伤”）。
- Maxs 和 Quads 损伤模型（有关在 Abaqus/CAE 中输入 Maxs 和 Quads 损伤初始准则的信息，见“最大或者二次名义应力损伤”）。
- Maxps 和 Maxpe 损伤模型（有关在 Abaqus/CAE 中输入 Maxps 和 Maxpe 损伤初始准则的信息，见“最大主应力或者应变损伤”）。

用户通过输入黏度系数，可以为拉伸分离规律定义损伤稳定性。

2）为纤维增强材料定义损伤稳定性

损伤稳定性可用于以下纤维增强材料的损伤模型：

- Hashin 损伤模型（有关在 Abaqus/CAE 中输入 Hashin 损伤初始准则的信息，见“Hashin 损伤”）。

更多的信息，见《Abaqus 分析用户手册——材料卷》的 4.3.3 节“纤维增强复合材料的损伤演化和单元删除”中的“黏性调整”。

用户通过为每一个可能的失效模式输入黏度系数，可以为纤维增强材料定义损伤稳定性：

- 纤维拉伸失效。
- 纤维压缩失效。
- 基材拉伸失效。
- 基材压缩失效。

每一个黏度系数与增量大小相比必须是小的。

12.9.4 定义其他力学模型

用户可以创建的其他材料模型如下：

- Deformation Plasticity，见“定义变形塑性”。
- Damping，见“定义阻尼”。
- Expansion，见“定义热膨胀”。
- Brittle Cracking，见“定义脆性开裂”。

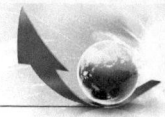

- Eos，见“定义状态方程”。
- Viscosity，见“定义黏性”。

1. 定义变形塑性

Abaqus/Standard 为在韧性金属中应用断裂力学而建立完全的塑性解提供 Ramberg-Osgood 塑性变形理论模型。在必须为模型的一个零件建立完全塑性的解，并且使用小位移分析的静态载荷中，应用此塑性模型是非常常见的。

更多信息见《Abaqus 分析用户手册——材料卷》的 3.2.13 节“变形塑性”。

若要定义变形的塑性模型，执行以下操作：

1. 从 Edit Material 对话框中的菜单选择 Mechanical→Deformation Plasticity。

有关显示 Edit Material 对话框的信息，见 12.7.1 节“创建或者编辑材料”。

2. 切换选中 Use temperature-dependent data 来定义取决于温度的数据。

在 Data 表中出现标签为 Temp 的列。

3. 在 Data 表中输入下面的数据。

Young's Modulus

杨氏模量 E，定义成零应力处的应力-应变斜率。

Poisson's Ratio

泊松比 ν。

Yield Stress

屈服应力 σ^0。

Exponent

塑性的硬化指数 n（非线性项）。

Yield Offset

屈服偏置 α。

Temp

温度。

用户可能需要扩展对话框来查看 Data 表中的所有列。有关如何输入数据的详细信息，见 3.2.7 节“输入表格数据”。

4. 单击 OK 来创建材料，并且关闭 Edit Material 对话框。另外，用户可以从 Edit Material 对话框中的菜单选择定义其他材料行为（更多信息见 12.7.2 节“浏览和编辑材料行为”）。

2. 定义阻尼

用户可以为 Abaqus/Standard 中的以模态为基础的分析，以及直接积分的动态分析，以及为 Abaqus/Explicit 中的显式动力学分析定义阻尼。更多信息见《Abaqus 分析用户手册——分析卷》的 1.3.1 节“动态分析过程：概览”，以及《Abaqus 分析用户手册——材料卷》的 6.1.1 节“材料阻尼”。

若要定义阻尼，执行以下操作：

1. 从 Edit Material 对话框中的菜单选择 Mechanical→Deformation Plasticity。

有关显示 Edit Material 对话框的信息，见 12.7.1 节“创建或者编辑材料”。

2. 在 Alpha 域中，为 α_R 因子输入值来创建 Rayleigh 质量比例阻尼。默认值为 0（量纲为 T^{-1}）。

3. 在 Beta 域中，为 β_R 因子输入值来创建 Rayleigh 刚度比例阻尼。默认值为 0（量纲为 T）。

4. 在 Composite 域中输入一个值，该值表示在计算模型的复合阻尼因子时，将使用的材料的临界阻尼比。默认值为 0（仅 Abaqus/Standard 分析应用此值）。

5. 在 Structural 域中，输入 s 因子的值来创建虚刚度比例阻尼。默认值为 0。

6. 单击 OK 来创建材料，并且关闭 Edit Material 对话框。另外，用户可以从 Edit Material 对话框中的菜单选择定义其他材料行为（更多信息见 12.7.2 节“浏览和编辑材料行为”）。

3. 定义热膨胀

用户通过在 Edit Material 对话框中输入热膨胀系数来定义热膨胀，或者如果热应变是场和状态变量的复数方程，则使用用户子程序 UEXPAN 来定义热膨胀。更多信息见《Abaqus 分析用户手册——材料卷》的 6.1.2 节“热膨胀”。

若要定义热膨胀，执行以下操作：

1. 从 Edit Material 对话框中的菜单选择 Mechanical→Deformation Plasticity。

有关显示 Edit Material 对话框的信息，见 12.7.1 节“创建或者编辑材料”。

2. 单击 Type 域右边的箭头，然后指定热膨胀的方向相关性。

3. 如果用户想要在用户子程序 UEXPAN 中定义热应变的增量，则切换选中 Use user subroutine UEXPAN。

4. 如果用户切换选中 Use user subroutine UEXPAN，则单击 OK 来创建材料，并且关闭 Edit Material 对话框。另外，用户可以从 Edit Material 对话框中的菜单选择定义其他材料行为（更多信息见 12.7.2 节“浏览和编辑材料行为”）。

如果用户选择直接在 Edit Material 对话框中指定热膨胀系数，则在此过程中执行剩余的步骤。

5. 如果热膨胀是温度相关的或者场变量相关的，则输入 Reference temperature 项的值 θ^0。

6. 切换选中 Use temperature-dependent data 来定义取决于温度的数据。

在 Data 表中出现标签为 Temp 的列。

7. 单击 Number of field variables 域右边的箭头来增加或者减少作为数据基础的场变量数量。

8. 在 Data 表中输入可应用的数据。

Expansion Coeff alpha

各向同性的热膨胀系数 α（量纲为 θ^{-1}）。

alpha11、alpha22、alpha33

定义正交热膨胀的 3 个值 α_{11}、α_{22} 和 α_{33}（量纲为 θ^{-1}）。

alpha11、alpha22、alpha33、alpha12、alpha13、alpha23

定义正交热膨胀的 6 个值 α_{11}、α_{22}、α_{33}、α_{12}、α_{13} 和 α_{23}（量纲为 θ^{-1}）。

Temp

温度 θ。

Field *n*

预定义的场变量。

如果用户在用户的数据中包括温度，则用户可以指定多个材料数据行。用户可能需要扩展对话框来查看 Data 表中的所有列。有关如何输入数据的详细信息，见 3.2.7 节“输入表格数据”。

9. 单击 OK 来创建材料，并且关闭 Edit Material 对话框。另外，用户可以从 Edit Material 对话框中的菜单选择定义其他材料行为（更多信息见 12.7.2 节“浏览和编辑材料行为”）。

4. 定义脆性开裂

用户可以在 Abaqus/Explicit 中为混凝土行为使用脆性开裂模型，在此模型中拉伸开裂主导混凝土行为，而压缩失效是不重要的。更多信息见《Abaqus 分析用户手册——材料卷》的 3.6.2 节“混凝土的开裂模型”。

若要定义脆性开裂模型，执行以下操作：

1. 从 Edit Material 对话框中的菜单选择 Mechanical→Brittle Cracking。

有关显示 Edit Material 对话框的信息，见 12.7.1 节“创建或者编辑材料”。

2. 单击 Type 域右边的箭头，并且为定义后开裂行为选择一个方法。

- 选择 Strain，通过直接输入后失效应力-应变关系来指定后处理行为。
- 选择 Displacement，通过直接输入后失效应力/位移关系来定义后开裂行为。
- 选择 GFI，通过输入失效应力和模式 I 开裂能来定义后开裂行为。

3. 切换选中 Use temperature-dependent data 来定义取决于温度的数据。

在 Data 表中出现标签为 Temp 的列。

4. 单击 Number of field variables 域右边的箭头来增加或者减少作为数据基础的场变量数量。

5. 如果用户从 Type 选项的列表选择了 Strain 或者 Displacement，则在 Data 表中输入下面的数据。

Direct stress after cracking

开裂后的正应力 σ_t^I（量纲为 FL^{-2}）。

Direct cracking strain

正开裂应变 e_{nn}^{ck}（如果用户从 Type 选项的列表选择了 Strain，则输入此值）。

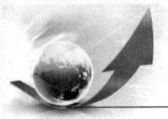

Direct cracking displacement

正开裂位移 u_n^{ck}（量纲为 L）（如果用户从 Type 选项的列表选择了 Displacement，则输入此值）。

Temp

温度 θ。

Field *n*

预定义的场变量。

如果用户在用户的数据中包括温度，则用户可以指定多个材料数据行。用户可能需要扩展对话框来查看 Data 表中的所有列。有关如何输入数据的详细信息，见 3.2.7 节“输入表格数据”。

6. 如果用户从 Type 选项列表选择了 GFI，则在 Data 表中输入下面的值。

Failure stress

失效应力 σ_{tu}^I（量纲为 FL^{-2}）。

Mode I fracture energy

模式 I 开裂能 G_f^I（量纲为 FL^{-1}）。

Temp

温度 θ。

Field *n*

预定义的场变量。

如果在用户的数据中包括温度，则用户可以指定多个材料数据行。用户可能需要扩展对话框来查看 Data 表中的所有列。有关如何输入数据的详细信息，见 3.2.7 节“输入表格数据”。

7. 从 Suboptions 菜单选择 Brittle Shear 来定义材料的后开裂剪切行为。详细情况见“定义脆性剪切”。

8. 如果需要，从 Suboptions 菜单选择 Brittle Failure 来指定脆性失效准则。详细情况见“定义脆性失效”。

9. 单击 OK 来创建材料，并且关闭 Edit Material 对话框。另外，用户可以从 Edit Material 对话框中的菜单选择定义其他材料行为（更多信息见 12.7.2 节“浏览和编辑材料行为”）。

1）定义脆性剪切

开裂模型的一个重要特征是开裂初始时，仅是以模式 I 开裂为基础的，后开裂行为包括模式 Ⅱ 以及模式 I 。

模式 Ⅱ 剪切行为是以基于裂纹打开量的常规观察为依据的。更加特定的，开裂的剪切模量随着裂纹打开而降低。这样，Abaqus/Explicit 提供的剪切剩余模型中，将后开裂剪切刚度定义成裂纹上的打开应变的函数。

用户必须提供后开裂剪切数据来完成脆性开裂模型的定义。更多信息见《Abaqus 分析用户手册——材料卷》的 3.6.2 节“混凝土的开裂模型”中的“剪切剩余模型”。

若要定义脆性剪切，执行以下操作：

1. 如“定义脆性开裂”中描述的那样创建一个材料模型。

2. 从 Edit Material 对话框中的 Suboptions 菜单选择 Brittle Shear。

出现 Suboption Editor。

3. 单击 Type 域右边的箭头，然后选择一个方法来指定后开裂剪切行为。

- 选择 Retention Factor，通过直接输入剪切剩余因子与裂纹打开应变之间的关系来指定后开裂剪切行为。
- 选择 Power Law，通过输入幂规律剪切剩余模型的材料参数来指定后开裂剪切行为。

4. 切换选中 Use temperature-dependent data 来定义取决于温度的数据。

在 Data 表中出现标签为 Temp 的列。

5. 单击 Number of field variables 域右边的箭头来增加或者减少作为数据基础的场变量数量。

6. 如果用户从 Type 选项列表选择了 Retention Factor，则在 Data 表中输入下面的数据。

Shear retention factor

剪切剩余因子 ρ。

Crack opening strain

裂纹打开应变 e_{nn}^{ck}。

Temp

温度 θ。

Field n

预定义的场变量。

如果用户在用户的数据中包括温度，则用户可以指定多个材料数据行。用户可能需要扩展对话框来查看 Data 表中的所有列。有关如何输入数据的详细信息，见 3.2.7 节“输入表格数据”。

7. 如果用户从 Type 选项列表选择 Power Law，则在 Data 表中输入下面的数据。

e、p

材料参数 e_{max}^{ck} 和 p。

Temp

温度 θ。

Field n

预定义的场变量。

如果在用户的数据中包括温度，则用户可以指定多个材料数据行。用户可能需要扩展对话框来查看 Data 表中的所有列。有关如何输入数据的详细信息，见 3.2.7 节“输入表格数据”。

8. 单击 OK 来返回 Edit Material 对话框。

2）定义脆性失效

当材料点处的一个、两个或者三个局部方向开裂应变或者位移分量，达到定义成失效应变或者位移的值时，材料点失效，并且所有的应力分量设置成零。如果单元中所有的材料点失效，则从网格中删除单元。更多信息见《Abaqus 分析用户手册——材料卷》的 3.6.2 节“混凝土的开裂模型”中的“脆性失效准则”。

若要定义脆性失效，执行以下操作：

1. 如“定义脆性开裂”中描述的那样创建一个材料模型。

2. 从 Edit Material 对话框中的 Suboptions 菜单选择 Brittle Failure。

出现 Suboption Editor。

3. 从 Failure criteria 列表中选择失效。

- 选择 Unidirectional，如果任意局部方向开裂应变（或者位移）分量达到失效值，Abaqus 就会删除单元。
- 选择 Bidirectional，如果任意两个局部方向开裂应变（或者位移）分量达到失效值，Abaqus 就会删除单元。
- 选择 Tridirectional，如果三个局部方向开裂应变（或者位移）分量达到失效值，Abaqus 就会删除单元。

4. 切换选中 Use temperature-dependent data 来定义取决于温度的数据。

在 Data 表中出现标签为 Temp 的列。

5. 单击 Number of field variables 域右边的箭头来增加或者减少作为数据基础的场变量数量。

6. 在 Data 表中输入下面的数据。

Direct cracking failure strain or displacement

用户输入的数据取决于在 Edit Material 对话框中选择的方法，此方法指定后开裂行为（见“定义脆性开裂”中的描述）。

如果用户选中 Strain，则输入直接开裂失效应变 $(e_{nn}^{ck})_f$。

如果用户选中 Displacement 或者 GFI，则输入直接开裂失效位移 $(u_n^{ck})_f$（量纲为 L）。

Temp

温度 θ。

Field *n*

预定义的场变量。

7. 单击 OK 来返回 Edit Material 对话框。

5. 定义状态方程

Edit Material 对话框允许用户以状态方程的形式来定义流体动力学模型，详细情况见下面的章节：

- “定义状态方程的过程”
- “定义点火和成长状态方程”
- “定义塑性收缩状态方程”
- “定义爆炸性材料的爆炸点”

1）定义状态方程的过程

用户可以使用 Edit Material 对话框来定义流体动力学材料，材料的体积强度由状态方程来确定。更多信息见《Abaqus 分析用户手册——材料卷》的 5.2 节“状态方程”。

若要定义状态方程，执行以下操作：

1. 从 Edit Material 对话框中的菜单栏选择 Mechanical→Eos。

有关显示 Edit Material 对话框的信息，见 12.7.1 节“创建或者编辑材料”。

2. 单击 Type 域右边的箭头，然后选择用户想要定义的状态方程类型。

- 选择 Ideal Gas 来定义理想气体状态方程。更多信息见《Abaqus 分析用户手册——材料卷》的 5.2 节“状态方程”中的“理想气体状态方程”。
- 选择 JWL 来定义 Jones-Wilkins-Lee 爆炸状态方程。更多信息见《Abaqus 分析用户手册——材料卷》的 5.2 节“状态方程”中的“JWL 高爆爆炸物状态方程”。
- 选择 Us-Up 来定义线性 U_s-U_p状态方程。更多信息见《Abaqus 分析用户手册——材料卷》的 5.2 节“状态方程”中的“Mie-Grüneisen 状态方程”。
- 选择 Ignition and growth 来定义模拟冲击开始和爆炸波传递的状态方程。更多信息见《Abaqus 分析用户手册——材料卷》的 5.2 节“状态方程”中的“点火和成长状态方程”。
- 选择 Tabular 来定义能量中线性形式的状态方程。更多信息见《Abaqus 分析用户手册——材料卷》的 5.2 节“状态方程”中的“表格化的状态方程”。

3. 如果用户在步骤 2 中选择 Ideal Gas，则在 Data 表中输入下面的数据。

Gas Constant

气体常数 R（量纲为 $JM^{-1}K^{-1}$）。

Ambient Pressure

大气压力 p_A（量纲为 FL^{-2}）。

有关如何输入数据的详细信息，见 3.2.7 节“输入表格数据”。

4. 如果用户在步骤 2 中选择了 JWL，则在 Data 表中输入下面的数据。

Detonation Wave Speed

爆炸波速度 C_d（量纲为 LT^{-1}）。

A、B

材料参数 A 和 B（量纲为 FL^{-2}）。

omega、R1、R2

材料常数 ω、R_1 和 R_2（无量纲）。

Detonation Energy Dens

爆炸波能量密度 E_0（量纲为 JM^{-1}）。

Pre-deton Bulk Modulus

爆炸前体模量 K_{pd}（量纲为 FL^{-2}）。

有关如何输入数据的详细信息，见 3.2.7 节“输入表格数据”。

5. 如果用户在步骤 2 中选中 Us-Up，则在 Data 表中输入下面的数据。

c0

参考声速 c_0（量纲为 LT^{-1}）。

s

U_s-U_p曲线的斜率 s（无量纲）。

Gamma0

Grüneisen 率 Γ_0（无量纲）。

有关如何输入数据的详细信息，见 3.2.7 节“输入表格数据”。

6. 如果用户在步骤 2 中选择了 Tabular，则在 Data 表中输入下面的数据。体积应变值必须安排成升序（即，从最极端的拉伸状态到最极端的压缩状态）。

f1

f_1（量纲为 FL^{-2}）。

f2

f_2（无量纲）。

epsilon_vol

体积应变 ε_{vol}（无量纲）。

有关如何输入数据的详细信息，见 3.2.7 节“输入表格数据”。

7. 如果用户在步骤 2 中选中了 Ignition and growth，则详细指导见“定义点火和成长状态方程”。

8. 如果用户在步骤 2 中选择了 JWL，则从 Suboptions 菜单选择 Detonation Point 来定义爆炸性材料的爆炸点。详细指导见“定义爆炸性材料的爆炸点”。

9. 如果用户在步骤 2 中选择了 Us-Up 或者 Tabular，用户可以从 Suboptions 菜单选择 Eos Compaction 来指定韧性多孔材料的塑性收缩行为。详细指导见“定义塑性收缩状态方程”。

10. 单击 OK 来关闭 Edit Material 对话框。另外，用户可以从 Edit Material 对话框中的菜单选择定义其他材料行为（更多信息见 12.7.2 节“浏览和编辑材料行为”）。

2）定义点火和成长状态方程

此类型的状态方程模拟实体高爆炸性材料的冲击燃爆和爆炸波传递。更多信息见《Abaqus 分析用户手册——材料卷》的 5.2 节“状态方程”中的“点火和成长状态方程”。

若要定义点火和成长状态方程，执行以下操作：

1. 如“定义状态方程的过程”中描述的那样定义点火和成长状态方程。
2. 在 Detonation energy 域中输入 E_d 的值。默认值为 0。
3. 在 Solid Phase 标签页上，在 Data 表中输入以下未达到燃爆点的材料常数。

A、B

材料常数 A、B（量纲为 FL^{-2}）。

omega、R1、R2

材料常数 ω、R_1、R_2（无量纲）。

有关如何输入数据的详细信息，见 3.2.7 节“输入表格数据”。

4. 在 Gas Phase 标签页中，在 Data 表中为反应气体产品输入下面的材料常数。

A、B

材料常数 A、B（量纲为 FL^{-2}）。

omega、R1、R2

材料常数 ω、R_1、R_2（无量纲）。

有关如何输入数据的详细信息，见 3.2.7 节“输入表格数据”。

5. 在 Reaction Rate 标签页上，在 Data 表中输入下面的数据。

I

初始压力（量纲为 T^{-1}）。

a

产品体积（无量纲）。

b

未反应部分的指数（燃爆项，无量纲）。

x

指数（燃爆项，无量纲）。

G1

第一燃烧率系数（量纲为 T^{-1}）。

c

未反应部分的指数（成长项，无量纲）。

d

已发生反应部分的指数（燃爆项，无量纲）。

y

压力指数（成长项，无量纲）。

G2

第二燃烧率系数（量纲为 T^{-1}）。

e

未反应部分的指数（完成项，无量纲）。

g

已经反应部分的指数（完成项，无量纲）。

z

压力指数（完成项，无量纲）。

Fig(max)

最初反应部分，F_{ig}^{max}（无量纲）。

FG1(max)

成长项的最大反应部分，F_{G1}^{max}（无量纲）。

FG2(min)

完成项的最小反应部分，F_{G2}^{max}（无量纲）。

有关如何输入数据的详细信息，见 3.2.7 节“输入表格数据”。

6. 在 Gas Specific 标签页中，为反应后的气体产物输入比热数据。

a. 切换选中 Use temperature-dependent data 来定义取决于温度的数据。在 Data 表中出现标签为 Temp 的列。

b. 单击 Number of field variables 域右边的箭头来增加或者减少作为数据基础的场变量数量。

c. 在 Data 表中输入下面的数据。

Specific Heat

反应气体产物的比热，按单位质量计（量纲为 $JM^{-1}\theta^{-1}$）。

Temp

温度 θ。

Field *n*

预定义的场变量。

用户可能需要扩展对话框来查看 Data 表中的所有列。有关如何输入数据的详细信息，见 3.2.7 节“输入表格数据”。

7. 单击 OK 来关闭 Edit Material 对话框。另外，用户可以从 Edit Material 对话框中的菜单选择定义其他材料行为（更多信息见 12.7.2 节“浏览和编辑材料行为”）。

3）定义塑性收缩状态方程

如果用户定义线性的或者表格化的状态方程（如“定义状态方程的过程”中所描述的那样），用户可以使用 Suboption Editor 来指定韧性多孔材料的塑性收缩行为。更多信息见《Abaqus 分析用户手册——材料卷》的 5.2 节“状态方程”中的“P-α 状态方程”。

若要定义塑性收缩，执行以下操作：

1. 如“定义状态方程的过程”中描述的那样定义一个 U_s-U_p 或者表格化的状态方程。

2. 从 Edit Material 对话框中的 Suboptions 菜单选择 Eos Compaction。

出现 Suboption Editor 对话框。

3. 在 Reference sound speed in the porous material 域中，为 c_e 输入一个值（量纲为 LT^{-1}）。

4. 在 Value of the porosity of the unloaded material 域中，为 n_0 输入一个值（无量纲）。

5. 在 Pressure required to initialize plastic behavior 域中，为 p_e 输入一个值（量纲为 FL^{-2}）。

6. 在 Compaction pressure at which all pores are crushed 域中，为 p_s 输入一个值（量纲为 FL^{-2}）。

7. 单击 OK 来返回 Edit Material 对话框。

4）定义爆炸性材料的爆炸点

用户可以为爆炸性材料定义任何数量的爆炸点。必须将爆炸点的坐标与保障延迟时间一起定义。每一个材料点对可见的第一个爆炸点做出反应。更多信息见《Abaqus 分析用户手册——材料卷》的 5.2 节“状态方程”中的“JWL 高爆爆炸物状态方程”。

若要定义爆炸点，执行以下操作：

1. 如“定义状态方程的过程”中描述的那样定义 Jones-Wilkins-Lee（JWL）状态方程。
2. 从 Edit Material 对话框中的 Suboptions 菜单选择 Detonation Point。
出现 Suboption Editor 对话框。
3. 在 Data 表中输入下面的数据。

X

爆炸点的坐标 1。

Y

爆炸点的坐标 2。

Z

爆炸点的坐标 3。

Detonation Delay Time

爆炸延迟时间（总时间，如《Abaqus 分析用户手册——介绍、空间建模、执行与输出卷》的 1.2.2 节“约定”中定义的那样）。默认值为 0。

有关如何输入数据的详细信息，见 3.2.7 节“输入表格数据”

4. 单击 OK 来返回 Edit Material 对话框。

6. 定义黏性

用户可以为材料定义牛顿黏性。更多信息见《Abaqus 分析用户手册——材料卷》的 6.1.4 节“黏性”。

若要定义黏性，执行以下操作：

1. 从 Edit Material 对话框中的菜单栏选择 Mechanical→Viscosity。
有关显示 Edit Material 对话框的信息，见 12.7.1 节“创建或者编辑材料”。
2. 切换选中 Use temperature-dependent data 来定义取决于温度的数据。
在 Data 表中出现标签为 Temp 的列。
3. 单击 Number of field variables 域右侧的箭头来增加或者减少作为数据基础的场变量数量。
4. 在 Data 表中输入下面的数据。

Dynamic Viscosity

动力黏度。

Temp

温度 θ。

Field *n*

预定义的场变量。

用户可能需要扩展对话框来查看 Data 表中的所有列。有关如何输入数据的详细信息，见 3.2.7 节“输入表格数据”。

5. 单击 OK 来关闭 Edit Material 对话框。另外，用户可以从 Edit Material 对话框中的菜单选择定义其他的材料行为（更多信息见 12.7.2 节“浏览和编辑材料行为”）。

12.10 定义热材料模型

本节介绍如何定义热材料模型，包括以下主题：

12.10.1 指定热传导性

用户可以使用 Edit Material 对话框来指定各向同性的、正交异性的或者完全各向异性的热传导性。更多信息见《Abaqus 分析用户手册——材料卷》的 6.2.2 节“传导”。

若要指定热传导性，执行以下操作：

1. 从 Edit Material 对话框中的菜单栏选择 Thermal→Conductivity。

有关显示 Edit Material 对话框的信息，见 12.7.1 节“创建或者编辑材料”。

2. 单击 Type 域右边的箭头，然后指定热传导性的方向相关性。

3. 切换选中 Use temperature-dependent data 来将导热性定义成温度的函数。

在 Data 表中出现标签为 Temp 的列。

4. 单击 Number of field variables 域右边的箭头来增加或者减少作为导热性基础的场变量数量。

5. 在 Data 表中输入可以应用的数据。

Conductivity

各向同性的传导性 k（量纲为 $JT^{-1}L^{-1}\theta^{-1}$）。

k11、k22、k33

正交异性的 3 个传导性值 k_{11}、k_{22}和 k_{33}（量纲为 $JT^{-1}L^{-1}\theta^{-1}$）。

k11、k12、k22、k13、k23、k33

正交异性的 6 个传导性值 k_{11}、k_{12}、k_{22}、k_{13}、k_{23}、k_{33}（量纲为 $JT^{-1}L^{-1}\theta^{-1}$）。

Temp

温度 θ。

Field *n*

预定义的场变量。

用户可能需要扩展对话框来查看 Data 表中的所有列。有关如何输入数据的详细信息，见 3.2.7 节“输入表格数据”。

6. 单击 OK 来关闭 Edit Material 对话框。另外，用户可以从 Edit Material 对话框中的菜单选择定义其他的材料行为（更多信息见 12.7.2 节“浏览和编辑材料行为”）。

12.10.2 在热传导分析中包括体积热生成

使用子程序 HETVAL 允许用户为热传导、耦合的热-电或者耦合的温度-位移分析定义由内部的热生成产生的热流。

Abaqus/Standard 在每一个点上，为包括用户子程序参照的材料定义调用用户子程序 HETVAL。更多信息见《Abaqus 用户子程序参考手册》的 1.1.13 节“HETVAL”。

若要在材料定义中包括用户子程序 HETVAL 的引用，执行以下操作：

1. 从 Edit Material 对话框中的菜单栏选择 Thermal→Heat Generation。

有关显示 Edit Material 对话框的更多信息，见 12.7.1 节“创建或者编辑材料”。

2. 单击 OK 来关闭 Edit Material 对话框。另外，用户可以从 Edit Material 对话框中的菜单选择定义其他的材料行为（更多信息见 12.7.2 节“浏览和编辑材料行为”）。

3. 进入作业模块，并且为感兴趣的分析作业显示作业编辑器（更多信息见 19.7 节“创建、编辑和操控作业”）。

4. 在作业编辑器中，单击 General 表，然后指定包含用户子程序 HETVAL 的文件。更多信息见 19.8.6 节“指定通用作业设置”。

注意：用户仅可以在作业编辑器中指定一个用户子程序；如果用户的分析涉及多个用户子程序，则用户必须将这些用户子程序合并成一个文件，然后指定此文件。

12.10.3 指定非弹性热分数

在绝热的或者完全耦合的热-应力分析中，用户可以指定非弹性热分数来将非弹性的能量耗散提供成热源。

非弹性的热分数通常用于高速制造工艺仿真中，涉及大量的非弹性应变，其中材料变形产生的材料加热显著地影响依赖温度的材料属性。将生成的热看作热平衡方程中的体积热流量的来源。

更多信息见下面的章节：

- 《Abaqus 分析用户手册——分析卷》的 1.5.3 节“完全耦合的热-应力分析”中的“作为一个热源的非弹性能量耗散”。
- 《Abaqus 分析用户手册——分析卷》的 1.5.4 节“绝热分析”。

若要指定一个非弹性的热分数，执行以下操作：

1. 从 Edit Material 对话框的菜单选择 Thermal→Inelastic Heat Fraction。

有关显示 Edit Material 对话框的更多信息，见 12.7.1 节“创建或者编辑材料”。

2. 在 Fraction 域中，输入表示成单位体积热通量的非弹性耗散率分数。如果有要求的话，该值可以包括单位转化因子。默认的值为 0.9。

3. 单击 OK 来关闭 Edit Material 对话框。另外，用户可以从 Edit Material 对话框中的菜单选择定义其他的材料行为（更多信息见 12.7.2 节“浏览和编辑材料行为”）。

12.10.4　指定焦耳热分数

当电流通过导体时，耗散的能量转换成热能，就产生焦耳热。焦耳热分数是耦合的热-电问题中，耗散掉的电能释放成热的分数。

更多信息见《Abaqus 分析用户手册——分析卷》的 1.7.3 节“耦合的热-电分析”。

若要指定一个焦耳热分数，执行以下操作：

1. 从 Edit Material 对话框的菜单选择 Thermal→Joule Heat Fraction。

有关显示 Edit Material 对话框的更多信息，见 12.7.1 节“创建或者编辑材料”。

2. 在 Fraction 域中，输入释放成热的电能分数，包括任何的单位转换因子。默认的值为 1.0。

3. 单击 OK 来关闭 Edit Material 对话框。另外，用户可以从 Edit Material 对话框中的菜单选择定义其他的材料行为（更多信息见 12.7.2 节“浏览和编辑材料行为”）。

12.10.5　指定潜热数据

材料的潜热模拟材料相变过程中发生的大内能变化。假定潜热在较低温度（固相线）到较高温度（液相线）的温度范围上释放。

如果在已知的温度范围内发生相变，则用户可以在 Edit Material 对话框中直接地输入固相线和液相线温度。否则，用户必须使用用户子程序来模拟此效应。更多信息见《Abaqus 分析用户手册——材料卷》的 6.2.4 节“潜热”。

若要指定潜热数据，执行以下操作：

1. 从 Edit Material 对话框的菜单选择 Thermal→Latent Heat。

有关显示 Edit Material 对话框的更多信息，见 12.7.1 节“创建或者编辑材料”。

2. 在 Data 表中输入下面的数据。

Latent Heat

每单位质量的潜热（量纲为 JM^{-1}）。

Solidus Temp

发生相变的温度范围下限。

Liquidus Temp

发生相变的温度范围上限。

有关如何输入数据的详细信息，见 3.2.7 节“输入表格数据”。

3. 单击 OK 来关闭 Edit Material 对话框。另外，用户可以从 Edit Material 对话框中的菜单选择定义其他的材料行为（更多信息见 12.7.2 节“浏览和编辑材料行为”）。

12.10.6 指定比热容

用户可以将材料的每单位质量比热容定义成温度和场变量的函数。如果可能，用户应当使用潜热而不是比热容定义来模拟相变过程中内能的大变化。更多信息见下面的章节：

- 《Abaqus 分析用户手册——材料卷》的 6.2.3 节“比热容”。
- 12.10.5 节“指定潜热数据”。

若要指定比热容，执行以下操作：

1. 从 Edit Material 对话框中的菜单栏，选择 Thermal→Specific Heat。

有关显示 Edit Material 对话框的更多信息，见 12.7.1 节“创建或者编辑材料”。

2. 选择比热 Type。

- 在 Abaqus/Standard 或者 Abaqus/Explicit 中为结构模型使用 Constant Volume。
- 在 Abaqus/CFD 中为流体模型（不可压缩流）使用 Constant Pressure。

3. 切换选中 Use temperature-dependent data 来将比热定义成温度的函数。

在 Data 表中出现标签为 Temp 的列。

4. 单击 Number of field variables 域右边的箭头来增加或者减少作为比热基础的场变量数量。

5. 在 Data 表中输入下面的数据。

Specific Heat

每单位质量的比热容（量纲为 $JM^{-1}\theta^{-1}$）。

Temp

温度。

Field *n*

预定义的场变量。

有关如何输入数据的详细信息，见 3.2.7 节“输入表格数据”。

6. 单击 OK 来关闭 Edit Material 对话框。另外，用户可以从 Edit Material 对话框中的菜单选择定义其他的材料行为（更多信息见 12.7.2 节“浏览和编辑材料行为”）。

12.11 定义电和磁材料模型

本节介绍如何定义电材料或者磁材料模型，包括以下主题：

- 12.11.1 节 “定义电导率”
- 12.11.2 节 “定义绝缘材料属性”
- 12.11.3 节 “定义压电属性”
- 12.11.4 节 “定义磁导率”

12.11.1 定义电导率

如果用户在耦合的热-电或者耦合的热-电-结构分析中正在使用一个材料，则用户必须定义材料的电导率。对于时谐涡流分析，则必须使用材料的电导率来定义导体的电磁响应。用户可以指定各向同性的、正交异性的或者完全各向异性的电导率。更多信息见下面的章节：

- 《Abaqus 分析用户手册——材料卷》的 6.5.1 节“导电性”
- 《Abaqus 分析用户手册——分析卷》的 1.7.3 节“耦合的热-电分析”
- 《Abaqus 分析用户手册——分析卷》的 1.7.4 节“完全耦合的热-电-结构分析”
- 《Abaqus 分析用户手册——分析卷》的 1.7.5 节“涡流分析”

若要定义电导率，执行以下操作：

1. 从 Edit Material 对话框中的菜单栏，选择 Electrical/Magnetic→Electrical Conductivity。

有关显示 Edit Material 对话框的更多信息，见 12.7.1 节“创建或者编辑材料”。

2. 单击 Type 域右边的箭头，然后指定电导率的方向相关性。

3. 切换选中 Use frequency-dependent data 来定义随着频率变化的电导率。

在 Data 表中出现标签为 Frequency 的列。

4. 切换选中 Use temperature-dependent data 来定义作为温度函数的电导率。

在 Data 表中出现标签为 Temp 的列。

5. 单击 Number of field variables 域右边的箭头来增加或者减少作为电导率基础的场变量数量。

6. 在 Data 表中输入可应用的数据。

Conductivity

各向同性的电导率（量纲为 $CT^{-1}L^{-1}\varphi^{-1}$）。

s11(E)、s22(E)、s33(E)

正交异性电导率的 3 个值，σ_{11}^{E}、σ_{22}^{E}和 σ_{33}^{E}（量纲为 $CT^{-1}L^{-1}\varphi^{-1}$）。

s11(E)、s12(E)、s22(E)、s13(E)、s23(E)、s33(E)

各向异性电导率的 6 个值，σ_{11}^{E}、σ_{12}^{E}、σ_{22}^{E}、σ_{13}^{E}、σ_{23}^{E}和 σ_{33}^{E}（量纲为 $CT^{-1}L^{-1}\varphi^{-1}$）。

Frequency

频率，单位循环/时间。

Temp

温度。

Field *n*

预定义的场变量。

有关如何输入数据的详细信息，见 3.2.7 节“输入表格数据”。

7. 单击 OK 来关闭 Edit Material 对话框。另外，用户可以从 Edit Material 对话框中的菜单选择定义其他的材料行为（更多信息见 12.7.2 节“浏览和编辑材料行为”）。

12.11.2 定义绝缘材料属性

对话框允许用户定义完全受约束材料的绝缘属性（介电常数），以便用于耦合的压电分析中。更多信息见《Abaqus 分析用户手册——材料卷》的 6.5.2 节“压电行为”。

若要定义绝缘材料属性，执行以下操作：

1. 从 Edit Material 对话框中的菜单栏选择 Electrical/Magnetic→Dielectric（Electrical Permittivity）。有关显示 Edit Material 对话框的更多信息见 12.7.1 节“创建或者编辑材料”。

2. 单击 Type 域右边的箭头，然后指定绝缘常数的方向相关性。

3. 切换选中 Use temperature-dependent data 来定义随着频率变化的绝缘常数。

在 Data 表中出现标签为 Frequency 的列。

4. 单击 Number of field variables 域右边的箭头来增加或者减少作为绝缘常数基础的场变量数量。

5. 在 Data 表中输入可应用的数据。

Dielectric constant

各向同性行为的绝缘常数（量纲为 $C\varphi^{-1}L^{-1}$）。

D11、D22、D33

定义正交行为的 3 个值，$D_{11}^{\varphi(\varepsilon)}$、$D_{22}^{\varphi(\varepsilon)}$和 $D_{33}^{\varphi(\varepsilon)}$（量纲为 $C\varphi^{-1}L^{-1}$）。

D11、D12、D22、D13、D23、D33

定义各向异性行为的 6 个值，$D_{11}^{\varphi(\varepsilon)}$、$D_{12}^{\varphi(\varepsilon)}$、$D_{22}^{\varphi(\varepsilon)}$、$D_{13}^{\varphi(\varepsilon)}$、$D_{23}^{\varphi(\varepsilon)}$和 $D_{33}^{\varphi(\varepsilon)}$（量纲为 $C\varphi^{-1}L^{-1}$）。

Temp

温度 θ。

Field *n*

预定义的场变量。

用户可能需要扩展对话框来查看 Data 表中的所有列。有关如何输入数据的详细信息，见 3.2.7 节“输入表格数据”。

6. 单击 OK 来关闭 Edit Material 对话框。另外，用户可以从 Edit Material 对话框中的菜单选择定义其他的材料行为（更多信息见 12.7.2 节“浏览和编辑材料行为”）。

12.11.3 定义压电属性

用户可以通过提供应力系数 e^{φ}_{mij} 或者应变系数 d^{φ}_{mkl} 来定义压电材料属性。更多信息见《Abaqus 分析用户手册——材料卷》的 6.5.2 节“压电行为”。

若要定义压电属性，执行以下操作：

1. 从 Edit Material 对话框中的菜单栏选择 Electrical/Magnetic→Piezoelectric。

有关显示 Edit Material 对话框的更多信息，见 12.7.1 节“创建或者编辑材料”。

2. 切换选中 Use temperature-dependent data 来定义随着温度变化的压电属性。

在 Data 表中出现标签为 Temp 的列。

3. 单击 Number of field variables 域右边的箭头来增加或者减少作为压电属性基础的场变量数量。

4. 在 Data 表中，输入压电应力或者应变系数矩阵。更多信息见《Abaqus 分析用户手册——材料卷》的 6.5.2 节“压电行为”中的“指定压电材料属性”。如果可应用的话，为温度和场变量输入值。

5. 单击 OK 来关闭 Edit Material 对话框。另外，用户可以从 Edit Material 对话框中的菜单选择定义其他的材料行为（更多信息见 12.7.2 节“浏览和编辑材料行为”）。

12.11.4 定义磁导率

对于时谐涡流分析，用户必须定义材料的磁导率。用户可以指定各向同性、正交异性或者完全各向异性的磁导率。更多信息见下面的章节：

- 《Abaqus 分析用户手册——材料卷》的 6.5.3 节“磁导率”
- 《Abaqus 分析用户手册——分析卷》的 1.7.5 节“涡流分析”

若要定义磁导率，执行以下操作：

1. 从 Edit Material 对话框中的菜单栏选择 Electrical/Magnetic→Magnetic Permeability。

有关显示 Edit Material 对话框的更多信息，见 12.7.1 节“创建或者编辑材料”。

2. 切换选中 Specify using nonlinear B-H curve 来定义非线性的磁导率。

在 Data 表中，标签为 B 和 H 的列替换用于线性数据的 Magnetic Permeability 列。

3. 单击 Type 域右边的箭头，然后指定磁导率的方向相关性。

4. 切换选中 Use frequency-dependent data 来定义随着频率变化的磁导率。

在 Data 表中出现标签为 Frequency 的列。

注意：非线性磁导率不能使用频率相关性。

5. 切换选中 Use temperature-dependent data 来定义随着温度变化的磁导率。

在 Data 表中出现标签为 Temp 的列。

6. 单击 Number of field variables 域右边的箭头来增加或者减少作为磁导率基础的场变量数量。

7. 在 Data 表中输入可应用的数据。

B

磁通强度。

用户必须为各向同性非线性磁导率提供一组单独的值，以及为正交非线性磁导率的三个主方向的每一个主方向提供一组单独的值。

H

磁场强度。

用户必须为各向同性非线性磁导率提供一组单独的值，以及为正交非线性磁导率的三个主方向的每一个主方向提供一组单独的值。

Magnetic Permeability

各向同性线性磁导率（量纲为 FA^{-2}）。

mu11(E)、mu22(E)、mu33(E)

正交磁导率的 3 个值，μ_{11}、μ_{22}和μ_{33}（量纲为 FA^{-2}）。

D11、D12、D22、D13、D23、D33

各向异性线性磁导率的 6 个值，μ_{11}、μ_{12}、μ_{22}、μ_{13}、μ_{23}和μ_{33}（量纲为 $C\varphi^{-1}L^{-1}$）。

Frequency

频率，单位循环/时间。

Temp

温度 θ。

Field *n*

预定义的场变量。

用户可能需要扩展对话框来查看 Data 表中的所有列。有关如何输入数据的详细信息，见 3.2.7 节“输入表格数据”。

8. 单击 OK 来关闭 Edit Material 对话框。另外，用户可以从 Edit Material 对话框中的菜单选择定义其他的材料行为（更多信息见 12.7.2 节“浏览和编辑材料行为”）。

12.12 定义其他类型的材料模型

本节介绍如何定义额外类型的材料模型，包括以下主题：

- 12.12.1 节 “定义声学介质”
- 12.12.2 节 “定义质量扩散”
- 12.12.3 节 “定义流体填充的多孔材料”
- 12.12.4 节 “定义垫片行为”

12.12.1 定义声学介质

用户可以定义声学介质来模拟纯声学分析中的或者耦合的声学-结构分析中的声音传播问题。更多信息见《Abaqus 分析用户手册——材料卷》的 6.3 节 “声学属性”。

若要定义一个声学介质，执行以下操作：

1. 从 Edit Material 对话框中的菜单栏选择 Other→Acoustic Medium。

有关显示 Edit Material 对话框的更多信息，见 12.7.1 节 “创建或者编辑材料”。

2. 显示 Bulk Modulus 标签页。

3. 切换选中 Use temperature-dependent data 来将体模量定义成温度的函数。

在 Data 表中出现标签为 Temp 的列。

4. 单击 Number of field variables 域右边的箭头来增加或者减少作为体模量基础的场变量数量。

5. 在 Data 表中输入下面的数据。

Bulk Modulus

块模量 K_f（量纲为 FL^{-2}）。更多信息见《Abaqus 分析用户手册——材料卷》的 6.3 节 “声学属性” 中的 “定义一种声学介质”。

Temp

温度 θ。

Field *n*

预定义的场变量。

有关如何输入数据的详细信息，见 3.2.7 节 “输入表格数据”。

6. 如果需要，显示 Volumetric Drag 标签页，然后切换选中 Include volumetric drag。更多

信息见《Abaqus 分析用户手册——材料卷》的 6.3 节“声学属性”中的“体积阻力”。

7. 切换选中 Use temperature-dependent data 来将体积阻力定义成温度的函数。

在 Data 表中出现标签为 Temp 的列。

8. 单击 Number of field variables 域右边的箭头来增加或者减少作为体积阻力数据基础的场变量数量。

9. 在 Data 表中输入下面的数据。

Volumetric Drag

体积阻力系数（量纲为 FTL^{-4}）。

Frequency

频率，循环/时间。频率相关性仅在 Abaqus/Standard 中的频域过程中才有效。

Temp

温度。

Field *n*

预定义的场变量。

有关如何输入数据的详细信息，见 3.2.7 节“输入表格数据”。

10. 单击 OK 来关闭 Edit Material 对话框。另外，用户可以从 Edit Material 对话框中的菜单选择定义其他的材料行为（更多信息见 12.7.2 节“浏览和编辑材料行为”）。

12.12.2　定义质量扩散

用户可以使用 Edit Material 对话框来定义质量扩散的特定方面。详细情况见下面的部分：

- “定义扩散”
- “定义一般温度驱动的质量扩散”
- “定义压力驱动的质量扩散”
- “定义溶解度”

1. 定义扩散

扩散性定义一个材料通过另外一个材料的扩散或者运动。质量扩散的控制方程是 Fick 方程的扩展：这些方程允许基础材料中扩散成分的非均匀溶解，也允许温度和压力梯度驱动的质量扩散。更多信息见下面的章节：

- 《Abaqus 分析用户手册——材料卷》的 6.4.1 节“扩散”。
- 《Abaqus 分析用户手册——分析卷》的 1.9 节“质量扩散分析”。

若要定义扩散，执行以下操作：

1. 从 Edit Material 对话框中的菜单栏选择 Other→Mass Diffusion→Diffusivity。

有关显示 Edit Material 对话框的更多信息，见 12.7.1 节“创建或者编辑材料”。

2. 单击 Type 域右边的箭头，然后指定扩散的方向相关性。

3. 选择一个 Law 选项来指定用户想要定义什么样的扩散行为。

- 选择 General 来选取通用的质量扩散行为。
- 选择 Fick 来选取 Fick 扩散规律。

更多信息见《Abaqus 分析用户手册——材料卷》的 6.4.1 节“扩散”中的“定义扩散”。

4. 切换选中 Use temperature-dependent data 来将扩散性定义成温度的函数。

在 Data 表中出现标签为 Temp 的列。

5. 单击 Number of field variables 域右边的箭头来增加或者减少作为扩散数据基础的场变量数量。

6. 在 Data 表中输入可应用的数据。

D

各向同性扩散（量纲为 L^2T^{-1}）。

D11、D22、D33

正交扩散项（量纲为 L^2T^{-1}）。

D11、D12、D22、D13、D23、D33

各向异性的扩散项（量纲为 L^2T^{-1}）。

Concentration

正在扩散材料的质量浓度。

Temp

温度 θ。

Field *n*

预定义的场变量。

用户可能需要扩展对话框来查看 Data 表中的所有列。有关如何输入数据的详细信息，见 3.2.7 节“输入表格数据”。

7. 要描述温度驱动的扩散，从 Suboptions 菜单选择 Soret Effect（仅当用户在步骤 3 中选择了时，此选项才是有效的）。详细的指导见“定义一般温度驱动的质量扩散”。

8. 要描述压力驱动的质量扩散，从 Suboptions 菜单选择 Pressure Effect。详细的指导见“定义压力驱动的质量扩散”。

9. 单击 OK 来关闭 Edit Material 对话框。另外，用户可以从 Edit Material 对话框中的菜单选择定义其他的材料行为（更多信息见 12.7.2 节“浏览和编辑材料行为”）。

2. 定义一般温度驱动的质量扩散

Soret 效应因子 κ_s，控制温度驱动的质量扩散。用户可以将 Soret 效应因子定义成浓度、温度和/或场变量的函数。更多信息见《Abaqus 分析用户手册——材料卷》的 6.4.1 节“扩散”。

注意：仅当用户在扩散定义中选择了通用质量扩散行为时，用户才能指定 Soret 效应（如果用户选择 Fick 扩散规律，则 Abaqus 自动计算 Soret 效应因子）。更多信息见《Abaqus 分析用户手册——分析卷》的 1.9 节“质量扩散分析”中的“Fick 定律”。

若要定义 Soret 效应因子，执行以下操作：

1. 如“定义扩散”中描述的那样定义扩散性。

2. 从 Edit Material 对话框中的 Suboptions 菜单选择 Soret Effect。

出现 Suboption Editor。

3. 切换选中 Use temperature-dependent data 来将 Soret 效应因子定义成温度的函数。

在 Data 表中出现标签成 Temp 的列。

4. 单击 Number of field variables 域右边的箭头来增加或者减少作为 Soret 效应因子定义中包括的场变量数量。

5. 在 Data 表中输入下面的数据。

kappa_s

Soret 效应因子 κ_s（量纲为 $F^{1/2}L^{-2}$）。

Concentration

扩散材料的质量浓度。

Temp

温度 θ。

Field *n*

预定义的场变量。

6. 单击 OK 来返回 Edit Material 对话框。

3. 定义压力驱动的质量扩散

压应力因子 κ_p 通过等效压应力的梯度来控制质量扩散。用户可以将压应力因子定义成浓度、温度和/或场变量的函数。更多信息见《Abaqus 分析用户手册——材料卷》的 6.4.1 节“扩散”。

若要定义压应力因子，执行以下操作：

1. 如“定义扩散”中描述的那样定义扩散性。

2. 从 Edit Material 对话框中的 Suboptions 菜单选择 Pressure Effect。

出现 Suboption Editor。

3. 切换选中 Use temperature-dependent data 来将压应力因子定义成温度的函数。

在 Data 表中出现标签为 Temp 的列。

4. 单击 Number of field variables 域右边的箭头来增加或者降低压应力因子定义中包含的场变量。

5. 在 Data 表中输入下面的数据。

kappa_p

压应力因子 κ_p（量纲为 $LF^{-1/2}$）。

Concentration

扩散材料的质量密度。

Temp

温度 θ。

Field *n*

预定义的场变量。

6. 单击 OK 返回 Edit Material 对话框。

4. 定义溶解度

使用溶解度 s 来定义质量扩散过程中扩散相的“归一化浓度”ϕ：

$$\phi = c/s$$

其中，c 为浓度。归一化的浓度通常也称为扩散材料的“有效性”，并且归一化浓度的梯度与温度和压应力的梯度一起驱动扩散过程。更多信息见下面的章节：

- 《Abaqus 分析用户手册——材料卷》的 6.4.1 节“扩散”
- 《Abaqus 分析用户手册——分析卷》的 1.9 节“质量扩散分析”

若要定义溶解度，执行以下操作：

1. 从 Edit Material 对话框的主菜单栏选择 Other→Mass Diffusion→Solubility。

有关显示 Edit Material 对话框的信息，见 12.7.1 节“创建或者编辑材料”。

2. 切换选中 Use temperature-dependent data 来将溶解度定义成温度的函数。

在 Data 表中出现标签为 Temp 的列。

3. 单击 Number of field variables 域右边的箭头来增加或者降低作为溶解度的基础的场变量数量。

4. 在 Data 表中输入下面的数据。

Solubility

溶解度（量纲为 $PLF^{-1/2}$）。

Temp

温度。

Field *n*

预定义的场变量。

有关如何输入数据的详细信息，见 3.2.7 节“输入表格数据”。

5. 单击 OK 来关闭 Edit Material 对话框。另外，用户也可以从 Edit Material 对话框中的菜单选择定义其他的材料行为（更多信息见 12.7.2 节“浏览和编辑材料行为”）。

12.12.3 定义流体填充的多孔材料

用户可以为流体填充的多孔材料定义特别的属性。在耦合的多孔流体扩散/应力分析中考虑此类型的多孔介质（《Abaqus 分析用户手册——分析卷》的 1.8.1 节“耦合的孔隙流体扩散和应力分析”）。此外，在 Abaqus/CFD 分析中考虑渗透性（《Abaqus 分析用户手册——分析卷》的 1.6.2 节“不可压缩流体的动力学分析”）。

详细指导见以下章节：

- “定义凝胶溶胀”
- “定义吸湿溶胀”
- “定义各向异性的溶胀”
- “定义渗透性”
- “定义孔隙流体膨胀”
- “定义多孔体模量”
- “定义吸附”
- “定义穿过间隙面的法向流动”
- “定义穿过间隙面的切向流动”

1. 定义凝胶溶胀

用户可以模拟粒子型饱和多孔介质中溶胀和容纳湿流体的凝胶粒子生长。更多信息见《Abaqus 分析用户手册——材料卷》的 6.6.5 节“凝胶溶胀”。

若要定义一个凝胶溶胀，执行以下操作：

1. 从 Edit Material 对话框中的菜单栏选择 Other→Pore Fluid→Gel。

有关显示 Edit Material 对话框的信息，见 12.7.1 节“创建或者编辑材料”。

2. 在 Data 表中输入下面的数据。

r_a(dry)

当完全干燥时，凝胶粒子的半径 r_a^{dry}（量纲为 L）。

r_a(f)

凝胶粒子完全膨胀后的半径 r_a^f（量纲为 L）。

k_a

单位体积中凝胶粒子的数量 k_a（量纲为 L^{-3}）。

tau_1

凝胶粒子长期膨胀的松弛时间常数 τ_1（量纲为 T）。

3. 单击 OK 来关闭 Edit Material 对话框。另外，用户也可以从 Edit Material 对话框中的菜单选择定义其他的材料行为（更多信息见 12.7.2 节“浏览和编辑材料行为”）。

2. 定义吸湿溶胀

对话框允许用户定义粒子饱和流体条件中的多孔介质实体骨架具有的饱和驱动体积溶胀。用户可以在耦合流体流动的分析以及多孔介质应力分析中使用此类型的材料定义。更多信息见以下章节：

●《Abaqus 分析用户手册——材料卷》的 6.6.6 节“吸湿溶胀”。

●《Abaqus 分析用户手册——分析卷》的 1.8.1 节“耦合的孔隙流体扩散和应力分析”。

若要定义吸湿溶胀，执行以下操作：

1. 从 Edit Material 对话框中的菜单栏选择 Other→Pore Fluid→Moisture Swelling。

有关显示 Edit Material 对话框的信息，见 12.7.1 节“创建或者编辑材料”。

2. 在 Data 表中输入下面的数据：

Strain

体积吸湿溶胀应变 ε^{ms}。

Saturation

饱和度 s。此值必须位于 $0.0 \leqslant s \leqslant 1.0$。

有关如何输入数据的详细信息，见 3.2.7 节“输入表格数据”。

3. 如果用户想要定义各向异性的溶胀，从 Suboptions 菜单选择 Ratios。详细指导见“定义各向异性的溶胀”。

4. 单击 OK 来关闭 Edit Material 对话框。另外，用户也可以从 Edit Material 对话框中的菜单选择定义其他的材料行为（更多信息见 12.7.2 节“浏览和编辑材料行为”）。

3. 定义各向异性的溶胀

用户可以通过定义比率 r_{11}、r_{22} 和 r_{33} 来在吸湿溶胀行为中反映各向异性，三个比率中有两个或者三个比率各不相同。吸湿溶胀应变方向依赖用户指定的局部方向（见《Abaqus 分析用户手册——介绍、空间建模、执行与输出卷》的 2.2.5 节“方向”）。

若要定义各向异性的溶胀，执行以下操作：

1. 如“定义吸湿溶胀”中所描述的那样定义吸湿溶胀行为。

2. 从 Edit Material 对话框中的 Suboptions 菜单选择 Ratios。

出现 Suboption Editor。

3. 切换选中 Use temperature-dependent data 来将各向异性比例定义成温度的函数。

在 Data 表中出现标签为 Temp 的列。

4. 单击 Number of field variables 域右边的箭头来增加或者减少各向异性比例定义中包含的场变量数量。

5. 在 Data 表中，输入各向异性比例 r_{11}、r_{22} 和 r_{33}。如果可施加的话，为温度和场变量输入值。有关如何输入数据的详细信息，见 3.2.7 节“输入表格数据”。

6. 单击 OK 来返回 Edit Material 对话框。

4. 定义渗透性

渗透性是通过多孔介质的特定湿流体单位面积上的体积流率，与有效流体压力梯度之间的关系。更多信息见《Abaqus 分析用户手册——材料卷》的 6.6.2 节“渗透性”。

用户可以使用 Edit Material 对话框来定义渗透性的特定方面。详细情况见以下章节：

- “在 Abaqus/Standard 分析中定义渗透性”
- “定义渗透性的饱和度相关性”
- “定义渗透性的速度相关性”
- “在 Abaqus/CFD 分析中定义各向同性的渗透性”
- “以 Carman-Kozeny 关系为基础来定义渗透性”

在 Abaqus/Standard 分析中定义渗透性

在 Abaqus/Standard 中，用户必须为有效的应力/湿润流体扩散分析指定湿润流体的渗透性。更多信息见《Abaqus 分析用户手册——材料卷》的 6.6.2 节“渗透性”。

若要在 Abaqus/Standard 分析中定义渗透性，执行以下操作：

1. 在 Edit Material 对话框中的菜单栏选择 Other→Pore Fluid→Permeability。

有关显示 Edit Material 对话框的信息，见 12.7.1 节“创建或者编辑材料”。

2. 单击 Type 域右边的箭头，然后指定渗透性的方向相关性。

3. 为 Specific weight of wetting liquid 输入一个值。

4. 切换选中 Use temperature-dependent data 来将渗透性定义成温度的函数。

在 Data 表中出现标签为 Temp 的列。

5. 在 Data 表中输入下面的数据。

k

完全饱和介质的各向同性渗透性 k（量纲为 LT^{-1}）。

k11、k22、k33

正交异性渗透性的 3 个值，k_{11}、k_{22}和 k_{33}（量纲为 LT^{-1}）。

k11、k12、k22、k13、k23、k33

各向异性渗透性的 6 个值，k_{11}、k_{12}、k_{22}、k_{13}、k_{23}和 k_{33}（量纲为 LT^{-1}）。

Void Ratio

孔隙率 e。

Temp

温度。

有关如何输入数据的详细信息，见 3.2.7 节“输入表格数据”。

6. 如果用户想要定义关于饱和度的渗透相关性，从 Suboptions 菜单选择 Saturation Dependence。详细指导见“定义渗透性的饱和度相关性”。

7. 如果用户想要定义关于速度的渗透相关性，从 Suboptions 菜单选择 Velocity Dependence。详细指导见“定义渗透性的速度相关性”。

8. 单击 OK 来关闭 Edit Material 对话框。另外，用户也可以从 Edit Material 对话框中的菜单选择定义其他的材料行为（更多信息见 12.7.2 节“浏览和编辑材料行为”）。

定义渗透性的饱和度相关性

用户可以通过指定 k_s 来定义与饱和度 s 有关的渗透相关性 $\bar{k}$。Abaqus/Standard 默认假定 $k_s=s^3$（$s<1.0$）；$k_s=1.0$（$s\geq 1.0$）。对于 $k_s(s)$ 的表格定义（$s\geq 1.0$），必须指定 $k_s=1.0$。

更多信息见《Abaqus 分析用户手册——材料卷》的 6.6.2 节“渗透性”。

若要定义饱和度相关性，执行以下操作：

1. 如“在 Abaqus/Standard 分析中定义渗透性”中描述的那样定义渗透性。
2. 从 Edit Material 对话框中的 Suboptions 菜单选择 Saturation Dependence。
出现 Suboption Editor 对话框。
3. 在 Data 表中输入下面的数据。
k_s
关于湿流体饱和度的渗透相关性。
Saturation
流体饱和度（对于完全饱和的介质，$s=1$；对于完全干燥的介质，$s=0$）。
有关如何输入数据的详细信息，见 3.2.7 节“输入表格数据”。
4. 单击 OK 来返回 Edit Material 对话框。

定义渗透性的速度相关性

通常，由 Forchheimer 规律来定义渗透性，将渗透性的变化考虑成流体流动速度的函数。Suboption Editor 允许用户将速度系数定义成材料空隙率的函数。更多信息见《Abaqus 分析用户手册——材料卷》的 6.6.2 节“渗透性”。

若要定义速度相关性，执行以下操作：

1. 如“在 Abaqus/Standard 分析中定义渗透性”中描述的那样定义渗透性。
2. 从 Edit Material 对话框中的 Suboptions 菜单选择 Velocity Dependence。
出现 Suboption Editor。
3. 在 Data 表中输入下面的数据：
Beta
速度系数 $\beta(e)$。
Void ratio
孔隙率 e。
有关如何输入数据的详细信息，见 3.2.7 节“输入表格数据”。
4. 单击 OK 来返回 Edit Material 对话框。

在 Abaqus/CFD 分析中定义各向同性的渗透性

在 Abaqus/CFD 中，必须为多孔介质流动指定渗透性，并可以关于多孔性进行各向同性的关联。更多信息见《Abaqus 分析用户手册——材料卷》的 6.6.2 节“渗透性”。

若要在 Abaqus/CFD 分析中定义渗透性，执行以下操作：

1. 在 Edit Material 对话框中的菜单栏选择 Other→Pore Fluid→Permeability。

有关显示 Edit Material 对话框的信息，见 12.7.1 节“创建或者编辑材料”。

2. 单击 Type 域右边的箭头，然后选择 Isotropic（CFD）。

3. 为 Inertial drag coefficient 指定一个值。将此参数属性设置成多孔介质中的惯性（二次的形式）阻力值。默认值为 0.142887。

4. 在 Data 表中输入下面的数据：

K

完全饱和介质的各向同性渗透性 K（量纲为 L^2）。

Porosity

多孔性 ε。

有关如何输入数据的详细信息，见 3.2.7 节“输入表格数据”。

5. 单击 OK 来关闭 Edit Material 对话框。另外，用户也可以从 Edit Material 对话框中的菜单选择定义其他的材料行为（更多信息见 12.7.2 节“浏览和编辑材料行为”）。

以 Carman-Kozeny 关系为基础来定义渗透性

在 Abaqus/CFD 中，必须为多孔介质流动指定渗透性，并可以通过 Carman-Kozeny 的渗透性-多孔性关系来指定。更多信息见《Abaqus 分析用户手册——材料卷》的 6.6.2 节“渗透性”。

若要以 Carman-Kozeny 关系为基础来定义渗透性，执行以下操作：

1. 在 Edit Material 对话框中的菜单栏选择 Other→Pore Fluid→Permeability。

有关显示 Edit Material 对话框的信息，见 12.7.1 节“创建或者编辑材料”。

2. 单击 Type 域右边的箭头，然后选择 Carman-Kozeny。

3. 为 Inertial drag coefficient 指定一个值。将此参数属性设置成多孔介质中的惯性（二次的形式）阻力值。默认值为 0.142887。

4. 在 Kozeny Constant 域中为 Carman-Kozeny 常数输入一个值。

5. 在 Pore Particle Radius 域中为孔隙-粒子半径输入一个值。对于纤维介质，半径等于特征纤维半径。

6. 单击 OK 来关闭 Edit Material 对话框。另外，用户也可以从 Edit Material 对话框中的菜单选择定义其他的材料行为（更多信息见 12.7.2 节“浏览和编辑材料行为”）。

5. 定义孔隙流体膨胀

用户可以使用 Edit Material 对话框来定义多孔介质中孔隙流体的热膨胀。更多信息见《Abaqus 分析用户手册——材料卷》的 6.1.2 节“热膨胀”。

若要定义孔隙流体膨胀，执行以下操作：

1. 在 Edit Material 对话框中的菜单栏选择 Other→Pore Fluid→Pore Fluid Expansion。

有关显示 Edit Material 对话框的信息，见 12.7.1 节“创建或者编辑材料”。

2. 在 Reference temperature 域中，如果热膨胀的系数是温度或者场变量的函数，则为参考温度输入一个值。

3. 切换选中 Use temperature-dependent data 来将膨胀系数定义成温度的函数。

在 Data 表中出现标签为 Temp 的列。

4. 单击 Number of field variables 域右边的箭头来增加或者减少作为膨胀系数基础的场变量数量。

5. 在 Data 表中输入下面的数据。

Expansion Coeff

热膨胀系数 α。(量纲为 Θ^{-1})。

Temp

温度。

Field *n*

预定义的场变量。

有关如何输入数据的详细信息，见 3.2.7 节“输入表格数据”。

6. 单击 OK 来关闭 Edit Material 对话框。另外，用户也可以从 Edit Material 对话框中的菜单选择定义其他的材料行为（更多信息见 12.7.2 节“浏览和编辑材料行为”）。

6. 定义多孔体模量

用户可以定义固体颗粒的体模量以及渗透流体，这样在多孔介质的分析中就可以考虑它们的压缩性。更多信息见《Abaqus 分析用户手册——材料卷》的 6.6.3 节“多孔体模量”。

若要定义多孔体模量，执行以下操作：

1. 在 Edit Material 对话框中的菜单栏选择 Other→Pore Fluid→Porous Bulk Moduli。

有关显示 Edit Material 对话框的信息，见 12.7.1 节“创建或者编辑材料”。

2. 切换选中 Use temperature-dependent data 来将膨胀系数定义成温度的函数。

在 Data 表中出现标签为 Temp 的列。

3. 在 Data 表中输入下面的数据：

Bulk mod of grains

固体颗粒的体模量（量纲为 FL^{-2}）。

Bulk mod of fluids

渗透流体的体模量（量纲为 FL^{-2}）。

Temp

温度。

有关如何输入数据的详细信息，见 3.2.7 节“输入表格数据”。

4. 单击 OK 来关闭 Edit Material 对话框。另外，用户也可以从 Edit Material 对话框中的菜单选择定义其他的材料行为（更多信息见 12.7.2 节“浏览和编辑材料行为”）。

7. 定义吸附

用户可以在耦合的湿流体流动和孔隙介质应力的分析中定义部分饱和孔隙介质的吸收和外吸渗行为。更多信息见《Abaqus 分析用户手册——材料卷》的 6.6.4 节“吸附性”。

若要定义吸附，执行以下操作：

1. 在 Edit Material 对话框中的菜单栏选择 Other→Pore Fluid→Sorption。

有关显示 Edit Material 对话框的信息，见 12.7.1 节“创建或者编辑材料”。

2. 显示 Absorption 标签页。

3. 单击 Law 域右边的箭头，然后指定用户想要定义的吸收行为。

- 选择 Log，通过分析型对数形式来定义吸收行为。
- 选择 Tabular，定义表格形式的吸收行为。

4. 如果在之前的步骤中选择了 Log，则在 Data 表中输入下面的数据。

A

A，此值必须是正的（无量纲）。

B

B，此值必须是正的（量纲为 L^2F^{-1}）。

s0

s_0，此值必须满足 $0.01 \leqslant s_0 < s_1 < 0.9$。默认值为 0.01。

s1

s_1，此值必须满足 $0.01 \leqslant s_0 < s_1 < 0.9$。默认值约为 0.01，是 0.01 加一个非常小的正值（因为 s_1 不能等于 s_0）。

5. 如果用户在步骤 3 中选择了 Tabular，则在 Data 表中输入下面的数据。

Pore Pressure

孔隙压力 u_w，前提条件是 $u_w \leqslant 0.0$（量纲为 FL^{-2}）。

Saturation

饱和度 s。此值必须满足 $0.01 \leqslant s \leqslant 1.0$。

6. 如果用户想要在吸附定义中包括外吸渗行为，则打开 Exsorption 标签页，然后切换选中 Include exsorption。否则，跳到第 12 步。

7. 单击 Law 域右边的箭头，然后指定用户想要定义的外吸渗行为：

- 选择 Log，通过分析型对数形式来定义外吸渗行为。
- 选择 Tabular，定义表格形式的外吸渗行为。

8. 切换选中 Include scanning，通过扫描常数斜率 $(du_w/ds)|_s$ 线来定义吸收与外吸渗之间的行为。此斜率应当大于吸收或者外吸渗行为任何段的斜率。

如果用户没有指定扫描线斜率来定义吸附行为，则 Abaqus 使用 1.05 乘以吸收和外吸渗行为定义中 du_w/ds 的最大值作为斜率。

9. 如果用户切换选中 Include scanning，则在 Slope 域中输入扫描线的斜率值。

10. 如果在步骤 7 中选择了 Log，则在 Data 表中输入下面的数据。

A

A，此值必须是正的（无量纲）。

B

B，此值必须是正的（量纲是 L^2F^{-1}）。

s0

s_0。此值必须满足 $0.01 \leq s_0 < s_1 < 0.9$。默认值为 0.01。

s1

s_1，此值必须满足 $0.01 \leq s_0 < s_1 < 0.9$。默认值约为 0.01，是 0.01 加一个非常小的正值（因为 s_1 不能等于 s_0）

11. 如果用户在步骤 7 中选择了 Tabular，则在 Data 表中输入下面的数据。

Pore Pressure

孔隙压力 u_w，前提条件是 $u_w \leq 0.0$（量纲为 FL^{-2}）。

Saturation

饱和度 s。此值必须满足 $0.01 \leq s < 1.0$。

12. 单击 OK 来关闭 Edit Material 对话框。另外，用户也可以从 Edit Material 对话框中的菜单选择定义其他的材料行为（更多信息见 12.7.2 节“浏览和编辑材料行为”）。

8. 定义穿过间隙面的法向流动

用户可以通过定义多孔流体材料的流体泄漏系数来模拟通过间隙面的法向流动。此系数定义胶粘单位中节点与其相邻面节点之间的压力-流动关系。可以将此流体泄漏系数插值成胶粘单元面上材料有限层的渗透性。更多信息见以下章节：

- 《Abaqus 分析用户手册——单元卷》的 6.5.7 节“定义胶粘单元间隙中的流体本构响应”
- 《Abaqus 用户子程序参考手册》的 1.1.36 节“UFLUIDLEAKOFF”

若要定义流体泄漏系数，执行以下操作：

1. 从 Edit Material 对话框中的菜单选择 Other→Pore Fluid→Fluid Leakoff。

有关显示 Edit Material 对话框的信息，见 12.7.1 节“创建或者编辑材料”。

2. 单击 Type 域右边的箭头，然后指定用户想要定义的流体泄漏系数：

- 选择 Coefficients，在 Edit Material 对话框中直接输入系数。
- 选择 User 来定义用户子程序 UFLUIDLEAKOFF 中的系数。如果用户选择此选项，则跳到步骤 6。

3. 切换选中 Use temperature-dependent data 来将流体泄漏系数定义成温度的函数。

在 Data 表中出现标签为 Temp 的列。

4. 单击 Number of field variables 域右边的箭头来增加或者减少作为流体泄漏系数基础的场变量的数量。

5. 在 Data 表中输入下面的数据。

Top Coefficient

单元顶面处的流体泄漏系数。

Bottom Coefficient

单元底面处的流体泄漏系数。

Temp

温度。

Field *n*

预定义的场变量。

有关如何输入数据的详细信息，见 3.2.7 节“输入表格数据”。

6. 单击 OK 来关闭 Edit Material 对话框。另外，用户也可以从 Edit Material 对话框中的菜单选择定义其他的材料行为（更多信息见 12.7.2 节“浏览和编辑材料行为”）。

9. 定义穿过间隙面的切向流动

用户可以使用 Edit Material 对话框来为多孔压力胶粘单元定义切向流动的本构参数。更多信息见《Abaqus 分析用户手册——单元卷》的 6.5.7 节“定义胶粘单元间隙中的流体本构响应”。

若要定义切向流体参数，执行以下操作：

1. 从 Edit Material 对话框中的菜单选择 Other→Pore Fluid→Gap Flow。

有关显示 Edit Material 对话框的信息，见 12.7.1 节“创建或者编辑材料”。

2. 单击 Type 域右边的箭头，然后指定用户想要定义的流动参数：

- 选择 Newtonian 来定义牛顿流体的黏性。
- 选择 Power law 来定义幂规律的流体浓度和指数。

3. 切换选中 Use temperature-dependent data 来将流动参数定义成温度的函数。

在 Data 表中出现标签为 Temp 的列。

4. 单击 Number of field variables 域右边的箭头来增加或者减少作为流动参数基础的场变量数量。

5. 如果用户在步骤 2 中选择了 Newtonian，则切换选中 Maximum permeability 来输入 Abaqus 可以使用的最大渗透值。

6. 如果在步骤 2 中选择了Newtonian，则在 Data 表中输入下面的数据。

Viscosity

孔隙流体黏度 u。

Temp

温度 θ。

Field *n*

预定义的场变量。

有关如何输入数据的详细信息，见 3.2.7 节“输入表格数据”。

7. 如果在步骤 2 中选择了 Power law，则在 Data 表中输入下面的数据。

Consistency

流体浓度 K。

Exponent

幂律指数 α。

Temp

温度 θ。

Field *n*

预定义的场变量。

有关如何输入数据的详细信息，见 3.2.7 节“输入表格数据”。

8. 单击 OK 来关闭 Edit Material 对话框。另外，用户也可以从 Edit Material 对话框中的菜单选择定义其他的材料行为（更多信息见 12.7.2 节“浏览和编辑材料行为”）。

12.12.4 定义垫片行为

用户可以使用 Edit Material 对话框来定义垫片行为。详细情况见下面的部分：

- “定义厚度方向上的垫片行为”
- “为平均压力输出指定垫片接触面积或者接触宽度”
- “定义垫片的弹性横向剪切行为”
- “定义垫片的膜行为”

1. 定义厚度方向上的垫片行为

Abaqus/Standard 将厚度方向上的变形度量成垫片单元底面和顶面之间的闭合量；这样，厚度方向上的行为必须总是以闭合的方式来定义。在所有的情况中，用户可以将厚度方向上的行为定义成温度和/或场变量的函数。更多信息见《Abaqus 分析用户手册——单元卷》的 6.6.6 节“使用垫片行为模型直接定义垫片行为”。

若要定义厚度方向上的垫片行为，执行以下操作：

1. 从 Edit Material 对话框中的菜单选择 Other→Pore Fluid→Gasket Thickness Behavior。有关显示 Edit Material 对话框的信息，见 12.7.1 节“创建或者编辑材料”。
2. 单击 Type 域右边的箭头，然后指定用户想要定义的垫片厚度方向上的行为。

- 选择 Elastic-Plastic 来定义一个弹性-塑性的模型。更多信息见《Abaqus 分析用户手册——

单元卷》的6.6.6节“使用垫片行为模型来直接定义垫片行为”中的“定义非线弹塑性模型”。

• 选择Damage来定义损伤弹性模型。更多信息见《Abaqus分析用户手册——单元卷》的6.6.6节“使用垫片行为模型来直接地定义垫片行为”中的“定义非线弹塑性模型”。

3. 单击Units域右边的箭头，然后为定义的厚度方向上的行为指定一个单位坐标系。

• 选择Stress，以压力对比闭合的方式来定义厚度方向上的行为。对于所有的垫片单元类型都可以使用此选项。

• 选择Force，以力对比闭合或者单位长度上的力对比闭合的方式来定义厚度方向上的行为。此选项取决于垫片行为使用的单元类型，仅对链接单元和三维线单元有效。

如果用户选择此选项，则可以从Suboptions菜单选择Contact Area来定义接触面积或者接触宽度对比闭合的曲线，通过CS11来输出平均压力。详细指导见“为平均压力输出指定垫片接触面积或者接触宽度”。

有关选择一个单位坐标系的更多信息，见《Abaqus分析用户手册——单元卷》的6.6.6节“使用垫片行为模型来直接定义垫片行为”中的“选择用来定义厚度方向行为的单位系统”。

4. 显示Loading标签页。

5. 单击Yield onset method域右边的箭头，然后选择定义屈服发生的方法：

• 选择Relative slope drop来将屈服发生点定义成比记录到的加载曲线最大斜率降低特定百分比的点。在提供的域中输入相关的下降值，默认值为0.1（或者10%）。

• 选择Closure value来指定发生屈服的闭合值。在提供的域中输入闭合值。

6. 在Tensile stiffness factor域中，用初始压缩刚度乘以一个系数来定义拉伸刚度。默认值为0.001。更多信息见《Abaqus分析用户手册——单元卷》的6.6.6节“使用垫片行为模型来直接定义垫片行为”中的“厚度方向行为的数值稳定性”。

7. 切换选中Use temperature-dependent data来将垫片厚度行为定义成温度的函数。

在Data表中出现标签为Temp的列。

8. 单击Number of field variables域右边的箭头来增加或者减少作为垫片厚度行为基础的场变量数量。

9. 在Data表中，以压力对比闭合的形式、力对比闭合的形式或者每单位长度的力对比闭合的形式来定义载荷。如果可以应用的话，为温度和场变量输入值。有关如何输入数据的详细信息，见3.2.7节“输入表格数据”。

10. 显示Unloading标签页，如果需要，切换选中Include user-specified unloading curves。用户指定的卸载曲线附加在默认的卸载曲线上，此指定的卸载曲线是屈服点开始之前的加载曲线的缩放部分。如果用户切换不选此选项，则跳到步骤13。

11. 切换选中Use temperature-dependent data来将卸载曲线定义成温度的函数。

在Data表中出现标签为Temp的列。

12. 单击Number of field variables域右边的箭头来增加或者减少作为卸载曲线基础的场变量数量。

13. 在Data表中，指定卸载曲线。

• 如果用户在步骤2中选择了Damage，则提供压力（或者力、单位长度上的力）对比弹性闭合到给定最大闭合的数据点。更多信息见《Abaqus分析用户手册——单元卷》的

6.6.6 节“使用垫片行为模型来直接定义垫片行为”中的“定义具有损伤的非线弹性模型”。

- 如果用户在步骤 2 中选择了 Elastic-Plastic，则为每一个给定塑性闭合，以闭合的升序值来提供压力（或者力、每单位长度上的力）对比闭合（弹性加塑性）的关系。更多信息见《Abaqus 分析用户手册——单元卷》的 6.6.6 节“使用垫片行为模型来直接定义垫片行为”中的“定义非线弹塑性模型”。

有关如何输入数据的详细信息，见 3.2.7 节“输入表格数据”。

14. 单击 OK 来关闭 Edit Material 对话框。另外，用户也可以从 Edit Material 对话框中的菜单选择定义其他的材料行为（更多信息见 12.7.2 节“浏览和编辑材料行为”）。

2. 为平均压力输出指定垫片接触面积或者接触宽度

当用户以力或者单位长度上的力对比闭合的形式来定义垫片厚度方向上的行为时，Abaqus/Standard 将厚度方向上的力或者单位长度上的力定义成输出变量 S11。在此情况中，用户可以将要用来得到每一个积分点处的平均“接触”压力的接触宽度，或者接触面积对比闭合的曲线定义成输出变量 CS11。

更多信息见《Abaqus 分析用户手册——单元卷》的 6.6.6 节“使用垫片行为模型来直接定义垫片行为”中的“定义平均接触压力输出的接触面积”。

若要指定接触面积或者接触宽度，执行以下操作：

1. 如“定义厚度方向上的垫片行为”中描述的那样定义垫片厚度方向上的行为。
2. 从 Edit Material 对话框中的 Suboptions 菜单选择 Contact Area。

出现 Suboption Editor。

3. 切换选中 Use temperature-dependent data 来将数据定义成温度的函数。

在 Data 表中显示标签为 Temp 的列。

4. 单击 Number of field variables 域右边的箭头来增加或者减少作为数据基础的场变量数量。
5. 在 Data 表中，定义接触面积或者接触宽度对比闭合的曲线。如果可以应用的话，包括温度和场变量。有关如何输入数据的详细信息，见 3.2.7 节“输入表格数据”。
6. 单击 OK 来返回 Edit Material 对话框。

3. 定义垫片的弹性横向剪切行为

Abaqus/Standard 通过度量垫片单元沿着 2 方向或者 3 方向的垫片单元底部与顶部之间的相对位移，来定义垫片中的横向剪切。用户可以使用 Edit Material 对话框来将弹性横向刚度定义成单位位移上的应力（或者力、单位长度上的力）。更多信息见《Abaqus 分析用户手册——单元卷》的 6.6.6 节“使用垫片行为模型来直接定义垫片行为”中的“定义垫片的横向剪切行为”。

若要定义垫片的横向剪切行为，执行以下操作：

1. 从 Edit Material 对话框中的菜单选择 Other→Gasket→Gasket Transverse Shear Elastic。

有关显示 Edit Material 对话框的信息，见 12.7.1 节“创建或者编辑材料”。

2. 单击 Units 域右边的箭头，然后选择用户将要定义横向剪切行为的单位坐标系：

- 选择 Stress，以单位位移上应力的形式来定义横向剪切刚度。
- 选择 Force，以单位位移上的力或者单位位移上单位长度上的力来定义横向剪切刚度，此选项取决于行为参照的单元类型。

用户为横向剪切行为选择的单位坐标系必须与为厚度方向行为选择的单位坐标系一致（见“定义厚度方向上的垫片行为”）。更多信息见《Abaqus 分析用户手册——单元卷》的 6.6.6 节“使用垫片行为模型来直接定义垫片行为”中的“选择一个单位系统来定义横向剪切行为”。

3. 切换选中 Use temperature-dependent data 来将剪切刚度定义成温度的函数。

在 Data 表中出现标签为 Temp 的列。

4. 单击 Number of field variables 域右边的箭头来增加或者减少作为剪切刚度基础的场变量数量。

5. 在 Data 表中，指定剪切刚度。如果可以应用的话，包括温度和场变量。有关如何输入数据的详细信息，见 3.2.7 节“输入表格数据”。

6. 单击 OK 来关闭 Edit Material 对话框。另外，用户也可以从 Edit Material 对话框中的菜单选择定义其他的材料行为（更多信息见 12.7.2 节“浏览和编辑材料行为”）。

4. 定义垫片的膜行为

用户可以通过提供杨氏模量和泊松比来定义垫片的线性弹性行为。这些数据可以是温度和/或场变量的函数。如果用户没有指定垫片的线性弹性行为，则垫片没有膜刚度。在此情况下，用户必须确保在与垫片厚度方向垂直的方向上单元节点得到足够的约束。

若要定义垫片的膜行为，执行以下操作：

1. 在 Edit Material 对话框中的菜单栏选择 Other→Gasket→Gasket Membrane Elastic。

有关显示 Edit Material 对话框的信息，见 12.7.1 节“创建或者编辑材料”。

2. 切换选中 Use temperature-dependent data 来将数据定义成温度的函数。

在 Data 表中出现标签为 Temp 的列。

3. 单击 Number of field variables 域右边的箭头来增加或者减少作为数据基础的场变量数量。

4. 在 Data 表中，输入杨氏模量和泊松比数据。如果可以应用的话，包括温度和场变量数据。有关如何输入数据的详细信息，见 3.2.7 节“输入表格数据”。

5. 单击 OK 来关闭 Edit Material 对话框。另外，用户也可以从 Edit Material 对话框中的菜单选择定义其他的材料行为（更多信息见 12.7.2 节“浏览和编辑材料行为”）。

12.13 创建和编辑截面

本节介绍如何使用截面编辑器来创建和编辑截面，包括以下主题：

- 12.13.1 节 “创建均质的实体截面”
- 12.13.2 节 “创建一般的平面应变截面”
- 12.13.3 节 “创建欧拉截面”
- 12.13.4 节 “创建复合实体截面”
- 12.13.5 节 “创建电磁实体截面”
- 12.13.6 节 “创建均质壳截面”
- 12.13.7 节 “创建复合壳截面”
- 12.13.8 节 “创建膜截面”
- 12.13.9 节 “创建面截面”
- 12.13.10 节 “创建一般的壳刚度截面”
- 12.13.11 节 “创建梁截面”
- 12.13.12 节 “创建杆截面”
- 12.13.13 节 “创建均质流体截面”
- 12.13.14 节 “创建多孔介质的流体截面”
- 12.13.15 节 “创建垫片截面”
- 12.13.16 节 “创建胶粘截面”
- 12.13.17 节 “创建声学无限截面”
- 12.13.18 节 “创建声学界面截面”
- 12.13.19 节 “定义加强筋层”
- 12.13.20 节 “创建侧面”

12.13.1 创建均质的实体截面

使用均质的实体截面来定义二维的、三维的和轴对称的实体区域截面属性。更多信息见《Abaqus 分析用户手册——单元卷》的 2.1.1 节 “实体（连续）单元”。

若要指定均质的实体截面属性，执行以下操作：

1. 从主菜单栏选择 Section→Create。

出现 Create Section 对话框。

技巧：用户也可以单击 Section Manager 中的 Create，或者从属性模块工具箱中选择创建界面工具。

2. 输入截面名称。有关命名对象的更多信息，见 3.2.1 节“使用基本对话框组件”。

3. 将截面 Category 选择成 Solid，将类型 Type 选择成 Homogeneous，然后单击 Continue。出现实体截面编辑器。

4. 为实体截面选择一个材料。如果需要，单击来创建一个材料；更多信息见 12.7.1 节“创建或者编辑材料”。

5. 为截面 Plane stress/strain thickness 输入一个值。如果截面将与二维区域一起使用，则用户必须指定截面厚度。如果区域类型并不需要厚度，则 Abaqus/CAE 忽略厚度信息。

6. 单击 OK 来保存用户的变化，并关闭实体截面编辑器。

12.13.2　创建一般的平面应变截面

使用一般的平面应变截面来定义二维平面区域的截面属性。用户必须创建一个参考点来说明一般平面应变单元要求的参考节点。除了参考点处的材料和截面厚度，用户也可以指定围绕整体 1 轴和整体 2 轴的楔形角，如图 12-17 所示。更多信息见《Abaqus 分析用户手册——单元卷》的 1.2 节“选择单元的维度”中的“广义平面应变单元”。

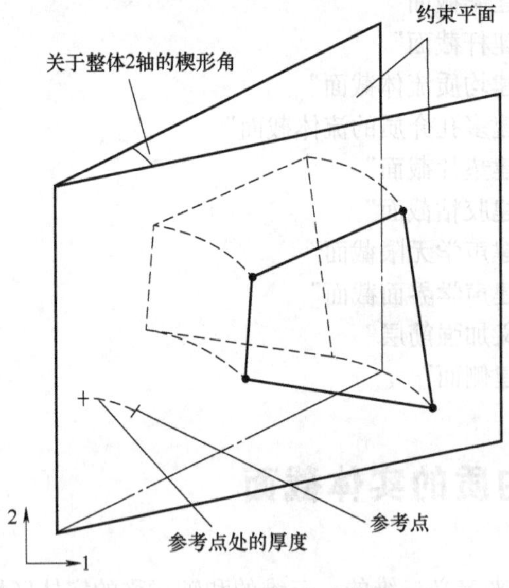

图 12-17　一般的平面应变截面定义

若要指定一般的平面应变截面属性，执行以下操作：

1. 从主菜单栏选择 Section→Create。

出现 Create Section 对话框。

技巧：用户也可以在 Section Manager 中单击 Create，或者从模块工具箱中选择创建截面工具。

2. 输入截面名称。有关命名对象的更多信息，见 3.2.1 节“使用基本对话框组件”。

3. 将截面 Category 选择成 Solid，以及将截面 Type 选择成 Generalized plane strain，然后单击 Continue。

出现一般的平面应变截面编辑器。

4. 为截面选择一个材料。如果需要，单击来创建一个材料；更多信息见 12.7.1 节“创建或者编辑材料”。

5. 为材料 Thickness at the reference point 输入一个值。

6. 为 Wedge angle about global 1-axis 输入一个值，在径向上，在参考点处围绕整体 1 轴转动。

7. 为 Wedge angle about global 2-axis 输入一个值，在径向上，在参考点处围绕整体 2 轴转动。

8. 单击 OK 来保存用户的更改，并关闭一般的平面应变截面编辑器。

12.13.3 创建欧拉截面

使用欧拉截面来指定在欧拉区域中可以出现的材料。仅可以对欧拉类型的零件赋予欧拉截面，并且必须对整个欧拉零件赋予一个单独的欧拉截面。

欧拉截面在欧拉零件内部不创建材料，它仅提供零件内部可以存在的材料列表。默认欧拉零件仅包含空材料。在创建一个欧拉截面后，用户可以使用材料赋予预定义场来对零件添加材料（见 16.11.10 节“定义材料赋予场”）。更多信息见《Abaqus 分析用户手册——分析卷》的 9.1 节“欧拉分析：概览”。对于在 Abaqus/CAE 中模拟欧拉分析的概览，见第 28 章“欧拉分析”。

若要创建一个欧拉截面，执行以下操作：

1. 从主菜单栏选择 Section→Create。

出现 Create Section 对话框。

技巧：用户也可以单击 Section Manager 中的 Create，或者从属性模块工具箱中选择创建截面工具。

2. 输入一个截面名称。有关命名对象的更多信息，见 3.2.1 节“使用基本对话框组件”。

3. 将截面 Category 选择成 Solid，以及将截面 Type 选择成 Eulerian。然后单击 Continue。

出现欧拉截面编辑器。

4. 通过 Material Instances 表中的列来表示欧拉区域中存在的每一个材料。若要对表添加列，在列上右击鼠标，然后从出现的菜单中选择 Insert Row Before 或者 Insert Row After。

5. 对于 Material Instances 表中的每一行，输入下面的数据。

Base Material

可以出现在欧拉零件中的材料。单击 Base Material 列，然后单击出现的箭头来显示可以使用材料的列表，然后选择合适的材料。

Instance Name

在装配相关的模块中，用来说明基础材料的名称，如当用户使用预定义的材料赋予场来定义欧拉区域的初始复合材料时（见 16.11.10 节“定义材料赋予场”）。为每一个材料实例名称创建单独的输出（见 28.7 节“显示欧拉分析的输出”）。在一些情况中，有必要创建多个、独特的材料实例名称来表示相同的基本材料；例如，如果用户想要得到模型不同区域的输出数据，并且此模型包含同一个基本材料。当用户选择一个基本材料时，Abaqus/CAE 会自动创建一个材料实例名称；然而，如果需要，用户也可以覆盖默认的实例。

6. 单击 OK 来保存用户的更改，并关闭欧拉截面编辑器。

12.13.4 创建复合实体截面

使用复合实体截面来定义三维区域的截面属性，此三维区域由不同方向的不同材料层复合而成。更多信息见《Abaqus 分析用户手册——单元卷》的 2.1.1 节“实体（连续）单元”中的“定义 Abaqus/Standard 中的复合实体单元”。

仅可以在 Abaqus/Standard 中使用复合实体截面。必须将复合实体截面赋予仅具有位移自由度的三维六面体单元。复合实体单元主要为了便于模拟。在大部分情况中，用户应当将复合截面模拟成一个壳或者连续的壳。不过，用户应当为下面的情况使用复合实体截面：

- 当横向剪切效应为主时。
- 当用户不能忽略法向应力时。
- 当用户要求精确的层间应力时，如靠近复杂载荷或者几何形体的局部区域。

如果用户赋予复合实体截面的区域在厚度上包括多个单元，则每一个单元将包含在数据表中定义的所有材料层，并且分析结果将不是所期望的那样。

若要创建一个复合实体截面，执行以下操作：

1. 从主菜单栏选择 Section→Create。

出现 Create Section 对话框。

技巧：用户也可以单击 Section Manager 中的 Create，或者从属性模块工具箱中选择创建截面工具。

2. 输入一个截面名称。有关命名对象的更多信息，见 3.2.1 节“使用基本对话框组件”。

3. 将截面 Category 选择成 Solid，将截面 Type 选择成 Composite，然后单击 Continue。

出现复合实体截面编辑器。

4. 也可以输入叠层名称。Abaqus/CAE 会在铺层图中显示此名称。有关命名对象的更多信息，见 3.2.1 节“使用基本对话框组件”。

5. 如果截面中的材料层是关于中心核对称的，则切换选中 Symmetric layers。在数据表中输入材料层，从第一行的底层开始，到中心层结束。在分析过程中，Abaqus 通过相反的次序来重复中心层到截面的顶部，将多个层附加到截面定义中。如果用户命名材料层，则可以在铺层图和输出数据库中，通过在重复层的原始名称前面添加 Sym_，来对每一个生成的层进行标签显示。

6. 复合实体截面的每一个层在数据表中通过一个行来表示。

注意：通过赋予实体区域的材料方向来确定复合层的铺层方向。更多信息见 12.15.4 节“赋予材料方向或者加强筋参考方向”中的“赋予材料方向”。

要给表添加行，在一个行上右击鼠标，然后从出现的菜单选择 Insert Row Before 或者 Insert Row After。对于每一个层，输入下面的数据。

Material

形成此层的材料名称。单击 Material 列，然后单击出现的箭头来显示可以使用材料的列表，然后选择形成此层的材料。

Element Relative Thickness

层的相对厚度。Abaqus 从单元几何形体来确定整个的截面厚度，因而厚度对于一个给定的截面定义来说，在整个模型上可以是发生变化的。这样，用户指定的厚度值仅是每一层的相对厚度。层的实际厚度是单元厚度乘以为每层与总厚度的比。用户不必使用具有物理意义的单位来指定层叠厚度比例，并且层相对厚度的总和未必需要是 1。

Orientation Angle

方向。可以将方向指定成以度为单位的角度或者指定成方向名称。方向角是围绕法线并且相对于截面方向定义，以逆时针转动度量为正的。

如果用户指定一个方向名称，则 Abaqus/CAE 假定一个用户定义的方向。用户必须提供用户子程序 ORIENT，此子程序包含指定方向名的用户定义方向定义。用户不能使用离散场来定义可变的方向角；要定义复合实体中层到层叠的方向分布，用户必须使用复合铺层编辑器（见 12.14 节“创建和编辑复合材料铺层”）。

Integration Points

厚度上的积分点数量。用户仅可以指定奇数数量。

Ply Name

层叠名称。当用户在显示模块中和铺层图中显示复合层时，Abaqus/CAE 显示此名称。

在复合实体截面中命名层不是必需的。然而，如果用户为任何层提供了名称，则用户必须提供截面中所有层的名称。

7. 单击 OK 来保存用户更改，并且关闭复合实体截面编辑器。

12.13.5 创建电磁实体截面

电磁实体截面用于定义二维和三维实体区域的截面属性，并且必须仅赋予电磁模型中的电磁单元。更多信息见《Abaqus 分析用户手册——单元卷》的 2.1.1 节“实体（连续）单元”。

若要指定电磁实体截面属性，执行以下操作：

1. 从主菜单栏选择 Section→Create。

出现一个 Create Section 对话框。

技巧：用户也可以单击 Section Manager 中的 Create，或者选择属性模块工具箱中的创建截面工具。

2. 输入一个截面名称。有关命名对象的更多信息，见 3.2.1 节“使用基本对话框组件”。

3. 将截面 Category 选择成 Solid，并将截面 Type 选择成 Electromagnetic、Solid，然后单击 Continue。

出现电磁实体截面编辑器。

4. 为电磁实体截面选择一种材料。如果需要，单击来创建材料，更多信息见 12.7.1 节“创建或者编辑材料”。

5. 输入平面应力/应变厚度的值。如果截面将与二维区域一起使用，则用户必须指定截面厚度。如果区域类型不需要厚度信息，则 Abaqus/CAE 将忽略该信息。

6. 单击 OK 来保存用户更改，并关闭电磁实体截面编辑器。

12.13.6 创建均质壳截面

壳截面行为是以壳截面对拉伸、弯曲、剪切和扭转的响应方式来定义的。更多信息见《Abaqus 分析用户手册——单元卷》的 3.6.4 节“壳截面行为”。

用户创建壳截面时，必须选择一个截面积分方法。用户可以选择在分析之前提供截面属性数据（预积分的壳截面），或者在分析过程中让 Abaqus 从截面积分点计算（积分）横截面行为。

在分析过程中，积分的壳截面允许通过壳厚度上的数值积分来计算横截面行为，从而在材料建模中提供完整的通用性。用户可以在整个厚度上定义任意数量的材料点，并且材料响应可以因点而异。此类型的壳截面通常是与截面中的非线性材料行为一起使用的。它必须与提供热传递的外壳一起使用。更多信息见《Abaqus 分析用户手册——单元卷》的 3.6.5 节“使用分析中积分的壳截面定义截面行为”。

可以使用预积分的壳截面来定义线性弯矩和力-膜应变关系。在此情况中，所有的计算都是根据截面力和力矩进行的。截面属性由弹性材料指定；另外，用户也可以根据壳的预期行为假设应用理想化。如果壳的响应是线弹性的，且壳的行为不依赖于温度变化或预定义的场变量，则使用预积分的壳截面。更多信息见《Abaqus 分析用户手册——单元卷》的 3.6.6 节“使用通用壳截面定义截面行为”。

下面介绍如何创建均质壳截面：

- “创建一个均质壳截面”
- “指定均质壳截面的基本属性”

●“指定均质壳截面的高级属性”

1. 创建一个均质壳截面

1. 从主菜单栏选择 Section→Create。

出现一个 Create Section 对话框。

技巧：用户也可以单击 Section Manager 中的 Create，或者选择属性模块工具箱中的创建截面工具。

2. 输入一个截面名称。有关命名对象的更多信息，见 3.2.1 节“使用基本对话框组件”。

3. 将截面 Category 选择成 Shell，并将截面 Type 选择成 Homogeneous，然后单击 Continue。

出现壳截面编辑器。

4. 选择截面积分方法。选择 During analysis 来指定在分析过程中积分均质壳截面的属性；选择 Before analysis 来指定预积分均质壳截面的属性。

2. 指定均质壳截面的基本属性

在 Basic 标签页上：

1. 指定 Shell thickness。

● 选择 Value，然后输入一个壳厚度值。在连续壳中，使用此值来估计特定的截面属性，如沙漏刚度，然后在后续使用中从单元几何形体计算得到的实际厚度来计算。

● 选择 Element distribution；并选择标有（A）的分析场，或标有（D）的基于单元的离散场，来定义空间变化的基于单元的壳厚度。或者，用户可以单击f(x)来创建一个新的分析场，或者单击来创建一个新的离散场。更多信息见第 58 章“分析场工具”和第 63 章“离散场工具集”。

● 选择 Nodal distribution；并选择标有（A）的分析场，或标有（D）的基于单元的离散场，来定义空间变化的基于单元的壳厚度。或者，用户可以单击f(x)来创建一个新的分析场，或者单击来创建一个新的离散场。更多信息见第 58 章“分析场工具”和第 63 章“离散场工具集”。

2. 为壳截面选择一个材料。如果需要，单击来创建材料；更多信息见 12.7.1 节“创建或者编辑材料”。线性或非线性材料行为可以与截面定义相关联。然而，如果材料响应是线性的，则使用通用的壳截面是更经济的方法。

3. 如果用户要指定在分析之前积分均质壳截面的属性，则可以指定一个 Idealization，以壳的假定期望行为为基础来应用截面。更多信息见《Abaqus 分析用户手册——单元卷》的 3.6.6 节“使用通用壳截面定义截面行为”中“截面响应的理想化”。

● 选择 No idealization 来考虑从材料赋予中得到壳截面的完整刚度。

● 如果壳的主要响应将是平面拉伸，则选择 Membrane only；从壳刚度计算中去除弯曲刚度项。

● 如果壳的主要响应将是纯弯曲，则选择 Bending only；从壳刚度计算中去除膜刚度项。

4. 如果用户指定在分析过程中积分均质壳截面的属性，则选择 Thickness integration rule。

● 选择 Simpson 来使用壳截面积分的 Simpson 法则。

● 选择 Gauss 来为壳截面积分使用 Gauss 积分。

更多信息见《Abaqus 分析用户手册——单元卷》的 3.6.5 节“使用分析中积分的壳截面定义截面行为”中的“定义壳截面积分”。

5. 如果用户指定在分析过程中积分均质壳截面的属性，则输入厚度积分点的数量。默认的厚度上的积分点数量对于 Simpson 积分准则是 5，对于 Gauss 积分准则是 3。要指定一个新的积分点数量，用户可以直接输入数量，或者单击 Thickness integration points 文本域中的箭头。

● 如果用户正在使用 Simpson 积分法则，则用户可以仅指定 3~15 中的奇数。

● 如果用户正在使用 Gauss 积分法则，则用户可以指定 2~15 中的数量。

3. 指定均质壳截面的高级属性

在 Advanced 标签页上：

1. 指定 Section Poisson′s ratio 来定义壳厚度行为。

● 在传统的壳单元中，允许大变形分析中的有限膜应变，指定截面泊松比造成壳厚度的变化是膜应变的函数。

—切换选中 Use analysis default 来使用默认的值。在 Abaqus/Standard 中，默认的值是 0.5，这样对于膜应变将强制使用不可压缩的单元行为。在 Abaqus/Explicit 中，默认的厚度变化是以单元材料定义为基础的。

—切换选中 Specify value，然后输入一个泊松比的值。此值必须在-1.0 和 0.5 之间。0.0 值将强制壳厚度不变，负值将对拉伸膜应变产生壳厚度增加的响应。

● 在连续壳单元中，指定截面泊松比来定义小位移分析和大位移分析的厚度行为。

—切换选中 Use analysis default 来说明厚度上的变化是以单元材料定义为基础的。

—切换选中 Specify value，然后输入泊松比的值来让壳厚度变化作为膜应变的函数。此值必须在-1.0 与 0.5 之间。连续壳不能使用 0.5 值。0.0 值将强制壳厚度不变，负值将对拉伸膜应变产生壳厚度增加的响应。

2. 对于连续壳单元，切换选中 Thickness modulus，然后输入有效厚度系数的值。如果用户没有指定厚度系数，则 Abaqus 将试图以初始弹性材料属性为基础来进行计算。

3. 如果用户正指定在分析中积分均匀壳截面的属性，则为定义截面上的 Temperature variation 项选择一个方法。

● 选择 Linear through thickness 来说明已经指定参考面处的温度和温度梯度，或者通过截面的梯度。用户可以使用载荷模块来指定这些温度。

● 选择 Piecewise linear over *n* values 来在提供的文本域中输入截面上的温度点数量(值)。用户可以使用载荷模块来指定每一个点上的温度。

4. 切换选中 Density，然后输入壳的单位面积质量值。壳的质量除了来自选中材料的贡献，还包括来自密度的贡献。

5. 对于大部分的壳截面，Abaqus 将计算单元方程中要求的横向剪切刚度值。如果需要，从 Transverse Shear Stiffnesses 选项中切换选中 Specify values，来在截面定义中包括非默认的横向剪切刚度效应，然后输入 K_{11}，第一方向中的截面剪切刚度；K_{12}，截面剪切刚度中的耦合项；以及 K_{22}，第二方向上的截面剪切刚度。如果省略 K_{11} 或者 K_{22}，或者给成零，则将为两者使用非零值。

6. 如果用户正指定在分析过程中积分均质壳截面的属性，则单击壳截面编辑器底部的◆来定义壳截面中的加强筋层，如 12.13.19 节“定义加强筋层”中所描述的那样。

7. 单击 OK 来保存用户更改，并且关闭壳截面编辑器。

12.13.7 创建复合壳截面

壳截面行为是以壳截面对拉伸、弯曲、剪切和扭转的响应方式来定义的。更多信息见《Abaqus 分析用户手册——单元卷》的 3.6.4 节“壳截面行为”。复合壳截面是在不同方向上，由不同材料的层复合得到的。

创建壳截面时，用户必须选择一个截面积分方法。用户可以选择在分析之前提供截面属性（预积分的壳截面），或者在分析过程中让 Abaqus 从截面积分点计算（积分）横截面行为。

分析中，积分的壳截面允许通过壳厚度上的数值积分来计算横截面行为，这样在材料模拟中提供完整的通用性。可以在整个厚度上定义任意数量的材料点，并且材料响应可以点到点地发生变化。此类型的壳截面通常是与截面中的非线性行为一起使用的。此类型的壳截面必须与提供热传导的壳一起使用。更多信息见《Abaqus 分析用户手册——单元卷》的 3.6.5 节“使用分析中积分的壳截面定义截面行为”。

可以使用预积分的壳截面来定义线性的力矩弯曲和力膜应变关系。在此情况中，所有的计算是以截面力和力矩的形式来实现的。通过弹性材料来指定截面属性；另外，用户也可以指定以假设的壳期望行为为基础的理想化状态。如果壳的响应是线性弹性的，并且壳的行为不依赖温度变化或者预定义的场，则使用预积分的壳截面。更多信息见《Abaqus 分析用户手册——单元卷》的 3.6.6 节“使用通用壳截面定义截面行为”。

下面的部分介绍如何创建一个复合壳截面：

- “创建一个复合壳截面”
- “指定复合壳截面的基本属性”
- “指定复合壳截面的高级属性”

1. 创建一个复合壳截面

1. 从主菜单栏选择 Section→Create。

出现一个 Create Section 对话框。

技巧：用户也可以单击 Section Manager 中的 Create，或者选择属性模块工具箱中的截面创建工具。

2. 输入一个截面名称。有关命名对象的更多信息，见 3.2.1 节“使用基本对话框组件”。

3. 将截面 Category 选择成 Shell，并且将截面 Type 选择成 Homogeneous，然后单击

Continue。出现壳截面编辑器。

4. 选择截面积分方法。选择 During analysis 来指定在分析过程中积分均质壳截面的属性。选择 Before analysis 来指定预积分的均质壳截面属性。

5. 输入一个层名称。Abaqus/CAE 在铺层图中显示此名称。有关命名对象的更多信息，见 3.2.1 节“使用基本对话框组件”。

6. 单击壳截面编辑器底部的来定义壳截面中的加强筋层，如 12.13.19 节“定义加强筋层”中描述的那样。

7. 单击 OK 来保存用户更改，并且关闭壳截面编辑器。

2. 指定复合壳截面的基本属性

在 Basic 标签页上：

1. 输入层名称。有关命名对象的更多信息，见 3.2.1 节“使用基本对话框组件”。

2. 如果用户正指定在分析之前积分复合壳截面的属性，则指定 Idealization 来以期望的行为或者壳的构造为基础来应用截面。更多信息见《Abaqus 分析用户手册——单元卷》的 3.6.6 节“使用通用壳截面定义截面行为”中的“截面响应的理想化”。

- 选择 No idealization，考虑由材料赋予和层复合来指定完整的壳截面刚度。
- 如果用户不知道复合壳中确切的材料层堆栈序列，则选择 Smeared properties。将来自每一指定层的贡献糅合到壳的整个厚度上，产生独立于铺层次序的一般响应。
- 如果壳的主要响应将是平面中的拉伸，则选择 Membrane only；从壳刚度计算中去除弯曲刚度。
- 如果壳的重要响应将是纯粹的弯曲，则选择 Bending only；从壳刚度计算中去除膜刚度项。

3. 如果用户正指定在分析过程中积分复合壳截面的属性，则选择 Thickness integration rule。

- 选择 Simpson 来为壳截面积分使用 Simpson 法则。
- 选择 Gauss 来为壳截面积分使用 Gauss 积分。

更多信息见《Abaqus 分析用户手册——单元卷》的 3.6.5 节“使用分析中积分的壳截面定义截面行为”中的“定义壳截面积分”。

4. 如果截面中的材料层是关于一个中心核对称的，则切换选中 Symmetric layers。在数据表中输入材料层，以底层开始第一行，以中心层结束。在分析过程中，Abaqus 通过以相反的次序重复输入到截面顶部的层（包括中心层）来将剩余的对称层附加到截面定义中。在铺层图和输出数据库中，对每一个生成的层进行标签显示，在重复层叠原始名称开始处添加 Sym_。

5. 复合壳截面的每一层是由数据库中的行表示的。要给表添加行，在行上右击鼠标，然后从出现的菜单中选择 Insert Row Before 或者 Insert Row After。对于每一层，输入下面的数据。

Material

形成此层的材料名称。单击 Material 列，然后单击出现的箭头来显示可以使用材料列表，并且选择形成层的材料。

Thickness

层的厚度。对于连续的壳单元，Abaqus 从单元几何形体确定厚度，并且厚度对于给定的截面定义，可以在整个模型上发生变化。这样，用户指定的厚度值仅与每一层的厚度关联。一个层的实际厚度是单元的厚度乘以每层与总厚度的比例。用户不必使用具有物理意义的单位来为层指定厚度比，并且各层相对厚度的总和不必为 1。Abaqus 使用壳厚度来估计特定的截面属性，例如沙漏刚度，会后续从单元几何形体进行计算。

Orientation Angle

方向，作为截面方向定义的参照，或者作为以度为单位的方向角。方向角 ϕ 围绕法线以逆时针度量为正，并且与截面方向定义有关。

如果截面方向的两个局部方向不在壳的面中，则在壳面上投影截面方向之后再应用 ϕ。如果还没有定义截面方向，则相对于默认的壳局部方向度量 ϕ。

如果用户指定一个方向名称，则 Abaqus/CAE 假定一个用户定义的方向。用户必须提供的子程序 ORIENT 包含具有指定方向名的用户方向定义。用户不能使用离散场来定义可变的方向角；要在复合壳中定义层到层的方向分布，则用户必须使用复合铺层编辑器（见 12.14 节“创建和编辑复合材料铺层”）。

Integration Points

如果用户正指定在分析过程中积分复合壳截面的属性，则要指定的壳厚度上的积分点数量。

对于 Simpson 规则积分，默认的积分点数量是 3，而对于 Gauss 二次积分，默认的积分点数量是 2。

- 如果用户正在使用 Simpson 积分法则，则用户仅可以指定奇数数量。
- 如果用户正在使用 Gauss 积分法则，则用户可以指定小于或者等于 7 的数量。

Ply Name

层的名称。当正在显示模块和在铺层图中显示复合材料层时，Abaqus/CAE 显示此名称。

3. 指定复合壳截面的高级属性

在 Advanced 标签页中：

1. 指定 Shell thickness。

- 选择 Use section thickness 来使用从各层厚度计算得到的厚度。
- 选择 Element distribution；然后选择以（A）为标签的分析场，或者一个使用（D）作为标签的以单元为基础的离散场，来定义一个空间变化的以单元为基础的壳厚度。另外，用户可以单击 f(x) 来创建一个新的分析场，或者单击图标来创建一个新的离散场。更多信息见第 58 章“分析场工具集”和第 63 章“离散场工具集”。
- 选择 Nodal distribution；然后选择以（A）为标签的分析场，或者一个使用（D）作为标签的以节点为基础的离散场，来定义一个空间变化的以节点为基础的壳厚度。另外，用户可以单击 f(x) 来创建一个新的分析场，或者单击图标来创建一个新的离散场。更多信息见第 58 章“分析场工具集”和第 63 章“离散场工具集”。

2. 选择 Section Poisson's ratio 来定义壳厚度行为。

- 在大变形分析中，在有限膜应变传统壳单元中，允许指定截面泊松比来造成壳厚度变化作为膜应变的函数。

—切换选中 Use analysis default 来使用默认的值。在 Abaqus/Standard 中，默认的值是 0.5，将强制膜应变单元的不可压缩行为。在 Abaqus/Explicit 中，默认是以单元材料定义为基础来确定厚度的变化。

—切换选中 Specify value，然后输入泊松比的值。此值必须在-1.0 与 0.5 之间。0.0 值将强制壳厚度不变，负值将使得壳厚度在响应拉伸膜应变时增加。

- 在指定截面泊松比的连续壳单元中，为小变形分析和大变形分析定义厚度行为。

—切换选中 Use analysis default 来说明厚度的变化是以单元材料定义为基础的。

—切换选中 Specify value，然后输入泊松比的值来让壳厚度作为膜应变的函数。此值必须在-1.0 与 0.5 之间。连续壳不能与值 0.5 一起使用。0.0 值将强制壳厚度不变，负值将使得壳厚度在响应拉伸膜应变时增加。

3. 对于连续壳单元，切换选中 Thickness modulus，然后输入有效厚度系数的值。如果用户没有指定厚度系数，则 Abaqus 将试图以初始弹性材料属性为基础来计算单元厚度系数。

4. 如果用户正指定在分析过程中积分复合壳截面的属性，则为定义整个截面上的 Temperature variation 选择一个方法。

- 选择 Linear through thickness 来说明指定了参考面处的温度以及温度梯度，或者截面上的梯度。用户可以使用载荷模块来指定这些温度。
- 选择 Piecewise linear over *n* values，在提供的文本域中输入截面上的温度点数量(值)。用户可以使用载荷模块来指定每一个点上的温度。

5. 切换选中 Density，然后为壳单位面积上的质量输入一个值。壳的质量包括来自密度的贡献以及来自选中材料的任何贡献。

6. 对于绝大部分的壳截面，Abaqus 将计算单元方程中要求的横向剪切刚度值。如果需要，从 Transverse Shear Stiffnesses 选项切换选中 Specify values 来在截面定义中包括非默认的横向剪切刚度效应，并且输入 K_{11} 值，第一方向上的截面剪切刚度；K_{12}，截面剪切刚度中的耦合项；以及 K_{22}，第二方向上的截面剪切刚度。如果省略了值 K_{11} 或者 K_{22}，或者给成零，则将为两个值都使用非零值。

12.13.8　创建膜截面

使用膜截面定义空间中薄面的截面属性来提供平面的强度，但是没有弯曲刚度。更多信息见《Abaqus 分析用户手册——单元卷》的 3.1.1 节“膜单元”。

若要指定膜截面属性，执行以下操作：

1. 从主菜单栏选中 Section→Create。

出现 Create Section 对话框。

技巧：用户也可以单击 Section Manager 中的 Create，或者选择属性模块工具箱中的截面创建工具。

2. 输入截面名称。有关命名对象的更多信息，见 3.2.1 节“使用基本对话框组件”。

3. 将截面 Category 选择成 Shell，并且将截面 Type 选择成 Membrane，然后单击 Continue。出现膜截面编辑器。

4. 为膜截面选择一个材料。如果需要，单击 Create 来创建一个材料；更多信息见 12.7.1 节“创建或者编辑材料”。

5. 指定 Membrane thickness。

- 选择 Value，然后输入膜厚度的值。
- 选择 Element distribution；然后选择以（A）为标签的分析场，或者一个使用（D）作为标签的以单元为基础的离散场，来定义一个空间变化的以单元为基础的膜厚度。另外，用户可以单击f(x)来创建一个新的分析场，或者单击来创建一个新的离散场。更多信息见第 58 章“分析场工具集”和第 63 章“离散场工具集”。

6. 选择 Section Poisson's ratio 来定义膜厚度将如何随着变形而发生变化。

- 切换选中 Use analysis default 来使用默认的值。在 Abaqus/Standard 中，默认的值是 0.5，将强制膜应变单元的不可压缩行为。在 Abaqus/Explicit 中，默认是以单元材料定义为基础来确定厚度的变化。
- 切换选中 Specify value，然后输入泊松比的值。此值必须在-1.0 与 0.5 之间。0.0 值将强制壳厚度不变，负值将使得壳厚度响应拉伸膜应变而增加。

7. 单击膜截面编辑器底部处的来定义膜截面中的加强筋层，如 12.13.19 节“定义加强筋层”。

8. 单击 OK 来保存用户更改，并且关闭膜截面编辑器。

12.13.9 创建面截面

使用面截面来定义空间中没有固有刚度的，并且面的行为像零厚度膜的面截面属性。更多信息见《Abaqus 分析用户手册——单元卷》的 6.7.1 节“面单元”。

若要指定面截面属性，执行以下操作：

1. 从主菜单栏选中 Section→Create。

出现 Create Section 对话框。

技巧：用户也可以单击 Section Manager 中的 Create，或者选择属性模块工具箱中的截面创建工具。

2. 输入截面名称。有关命名对象的更多信息，见 3.2.1 节“使用基本对话框组件”。

3. 将截面 Category 选择成 Shell，并且将截面 Type 选择成 Surface，然后单击 Continue。出现面截面编辑器。

4. 要使模型增大质量，切换选中 Density 并且输入单位面积上的质量密度。

5. 单击膜截面编辑器底部处的◆来定义膜截面中的加强筋层，如 12.13.19 节“定义加强筋层”。

6. 单击 OK 来保存用户更改，并且关闭面截面编辑器。

12.13.10　创建一般的壳刚度截面

以壳截面对拉伸、弯曲、剪切和扭曲的响应方式来定义壳截面行为。更多信息见《Abaqus 分析用户手册——单元卷》的 3.6.4 节“壳截面行为”。

一般的壳刚度截面允许用户直接以刚度矩阵和热膨胀响应的方式来指定壳截面属性。这些数据完整地定义壳截面的机械响应，所以不需要将材料作为截面定义的一部分。这在已知可以使用的刚度和热应力矩阵项时，提供了一种高效、灵活的方法来定义壳响应。更多信息见《Abaqus 分析用户手册——单元卷》的 3.6.6 节“使用通用壳截面定义截面行为”中的“直接指定传统壳的等效截面属性”。

一般的壳刚度截面不能与可变厚度壳或者连续壳一起使用。就像其他预先积分的壳截面那样，一般壳刚度截面不会在它们的厚度上进行积分，并且不提供热传导。在 Abaqus/Standard 分析中，来自一般的壳刚度截面的输出不能使用应力和应变。

下面的部分介绍如何创建一般的壳刚度截面：

- “创建一般的壳刚度截面”
- “指定一般的壳刚度截面的依赖性”
- “指定一般的壳刚度截面的高级属性”

1. 创建一般的壳刚度截面

1. 从主菜单栏选中 Section→Create。

出现 Create Section 对话框。

技巧：用户也可以单击 Section Manager 中的 Create，或者选择属性模块工具箱中的截面创建工具。

2. 输入截面名称。有关命名对象的更多信息，见 3.2.1 节“使用基本对话框组件”。

3. 将截面 Category 选择成 Shell，并且将截面 Type 选择成 General shell stiffness，然后单击 Continue。

4. 在 Stiffness 标签页上，在数据表中输入壳刚度矩阵的半个对称部分。第一行包含 D_{11} 到 D_{16} 的矩阵输入，第二行包含 D_{22} 到 D_{26} 的矩阵输入，等等；最后一行包含矩阵输入 D_{66}。更多信息见 3.2.7 节“输入表格数据”。

2. 指定一般的壳刚度截面的依赖性

Dependencies 标签页允许用户定义壳截面上的热应力。用户也可以对壳刚度矩阵施加温度相关性和场变量相关性比例因子和热应力。有关用来定义壳刚度相关性的方程信息的详细情况，参考《Abaqus 分析用户手册——单元卷》的 3.6.6 节“使用一般的壳截面定义截面行为”中的“直接指定传统壳的等效截面属性”。

在 Dependencies 标签页上：

1. 如果用户正定义温度函数的热膨胀系数，则切换选中 Specify reference temperature，并且在提供的域中输入参考温度 θ^0。

2. 要定义壳截面上的热应力，切换选中 Apply thermal stress，并且在提供的表中输入应力分量：ε_{11}(Sigma11)、ε_{22}(Sigma22)、γ_{12}(Gamma12)、κ_{11}(K11)、κ_{22}(K22) 和 κ_{12}(K12)。

3. 要定义取决于温度的比例因子，切换选中 Use temperature-dependent data。

在 Scaling factors 标签页中出现标签为 Temp 的列。

4. 要定义取决于场变量的比例因子，单击 Number of field variables 右边的箭头来增加或者减少场变量的数量。

在 Scaling factors 数据表中出现 Field 变量列。

5. 在 Scaling factors 数据表中，为刚度矩阵输入 Scaling modulus（Y），以及为热应力输入 Thermal Expansion Coefficient（α）。

3. 指定一般的壳刚度截面的高级属性

在 Advanced 标签页中：

1. 指定 Section Poisson's ratio 来定义壳厚度行为。指定截面泊松比造成壳厚度作为膜应变的函数来变化。

• 切换选中 Use analysis default 来使用默认值 0.5，此值会强迫膜应变单元的不可压缩行为。

• 切换选中 Specify value，然后为泊松比输入一个值。值必须在-1.0 与 0.5 之间。0.0 值将强制壳厚度不变，负值将对拉伸膜应变产生壳厚度增加的响应。

2. 切换选中 Density，然后输入壳单位面积上的质量值。壳的质量由此密度确定。

3. 对于大部分的壳截面，Abaqus 将计算单元方程中要求的横向剪切刚度值。如果需要，切换选中 Transverse Shear Stiffnesses 选项中的 Specify values 来包括截面定义中非默认的横向剪切刚度效应，并且输入第一方向上的截面剪切刚度 K_{11}；截面剪切刚度中的耦合项 K_{12}；以及第二方向中的截面剪切刚度 K_{22}。如果省略了 K_{11} 或者 K_{22} 值，或者给成零，则将为两个值使用非零值。

4. 单击 OK 来保存用户更改，并且关闭通用壳刚度截面编辑器。

12.13.11 创建梁截面

以梁截面对拉伸、弯曲、剪切和扭曲的响应方式来定义梁截面行为。更多信息见《Abaqus 分析用户手册——单元卷》的 3.3.5 节“梁截面行为”。

当用户创建梁截面时，用户必须选择一个截面积分方法。用户可以选择在分析之前提供截面属性数据（一个通用的梁截面），或者在分析中让 Abaqus 从截面积分点计算（积分）

横截面行为。下面的部分介绍如何为每一个积分方法定义一个梁截面：

- “指定分析过程中积分的梁截面属性”
- “指定通用梁截面的属性”

1. 指定分析过程中积分的梁截面属性

分析过程中，积分梁截面允许在分析的进程中通过在横截面上数值积分应力来计算横截面行为，以此截面行为来定义梁的响应。在截面上的每一个点处独立地评估材料的行为。当截面非线性仅是由于非线性材料响应产生时，应当使用此类型的梁截面。更多信息见《Abaqus 分析用户手册——单元卷》的 3.3.6 节“使用分析中积分的梁截面定义截面行为”。

若要指定分析过程中积分的梁截面属性，执行以下操作：

1. 从主菜单栏选中 Section→Create。

出现 Create Section 对话框。

技巧：用户也可以单击 Section Manager 中的 Create，或者选择属性模块工具箱中的截面创建工具。

2. 输入截面名称。有关命名对象的更多信息，见 3.2.1 节“使用基本对话框组件”。

3. 将截面 Category 选择成 Beam，并且将截面 Type 选择成 Beam，然后单击 Continue。

出现梁截面编辑器。

4. 将 Section integration 方法选择成 During analysis。

5. 为梁截面选择一个侧面。如果需要，单击来创建一个侧面；更多信息见 12.13.20 节“创建侧面”。

Profile shape 域得到更新来反映用户的选择。

6. 在 Basic 标签页上。

a. 选择一个与梁截面定义一起使用的 Material name。如果需要，单击来创建一个材料；更多信息见12.7节“创建和编辑材料”。

b. 为 Section Poisson's ratio 输入一个值来提供由于梁的轴应变产生的截面中的均匀应变（这样，当梁受拉伸时，横截面面积发生变化），此值必须在-1.0 与 0.5 之间。0.5 值将强迫不可压缩的行为。

c. 选择一个方法来定义通过截面的 Temperature variation。

- 选择 Linear by gradients 来说明指定了横截面原点处的温度和温度梯度，或者截面上的梯度。用户可以使用载荷模块来指定这些温度。
- 选择 Interpolated from temperature points 来说明是梁截面侧面的形状来确定温度点的数量和位置（有关温度点的更多信息，见《Abaqus 分析用户手册——单元卷》的 3.3.9 节“梁截面库”）。用户可以使用载荷模块来指定每一个点处的温度。

7. 在 Stiffness 标签页上，进行下面的操作。

a. 选择 Use consistent mass matrix formulation 来让 Abaqus 使用 McCalley-Archer 相容质量

矩阵，以变形的三次插值和转动的二次插值为基础来计算梁截面的质量方程。如果用户切换不选此选项，则 Abaqus 使用集总质量方程来进行计算。

b. 切换选中 Specify transverse shear 来在截面定义中包括非默认的横向剪切刚度影响，并且指定 Slenderness compensation。

• 选择 Use analysis product default 来让 Abaqus 为梁截面计算剪切刚度，以及来自弹性材料定义的细长补偿因子。

• 选择 Value 来直接地指定横向剪切刚度效应。

—在提供的域中输入细长补偿因子。

—在提供的域中输入截面剪切刚度 K_{23} 和 K_{13} 的值。

8. 在 Fluid Inertia 标签页上，切换选中 Specify fluid inertia effects 来仿真被浸入流体中的梁的惯性影响。详细情况见《Abaqus 分析用户手册——单元卷》的 3.3.5 节“梁截面行为”中的“浸入流体所产生的附加惯性”。

a. 指定梁在流体中是 Fully submerged 还是 Half submerged。如果选择 Half submerged，则单位长度上的附加惯性降低 0.5 因子。

b. 指定 Fluid density。

c. 在 Section radius 域中输入湿横截面的作用半径。

d. 指定 C_A，Lateral motions of the beam 的附加质量系数。

e. 指定 C_{A-E}，Motions along beam axis 的附加质量系数。

f. 如果梁横截面原点与湿横截面的中心不同，则指定相对于横截面原点的中心 X 和 Y 坐标。

9. 单击 OK 来保存用户更改，并且关闭梁截面编辑器。

2. 指定通用梁截面的属性

在通用梁截面中，仅在预处理过程中计算一次横截面属性。分析过程中的所有截面计算是以预先计算得到的值来执行的。通用梁截面不需要材料定义。当梁的响应是线性的，或者当梁的响应是非线性的，并且非线性不仅仅由材料产生时，例如发生截面坍塌，使用此类型的梁截面。更多信息见《Abaqus 分析用户手册——单元卷》的 3.3.7 节“使用通用梁截面定义截面行为”。

若要指定一般梁截面的属性，执行以下操作：

1. 从主菜单栏选中 Section→Create。

出现 Create Section 对话框。

技巧：用户也可以单击 Section Manager 中的 Create，或者选择属性模块工具箱中的截面创建工具。

2. 输入截面名称。有关命名对象的更多信息，见 3.2.1 节“使用基本对话框组件”。

3. 将截面 Category 选择成 Beam，并且将截面 Type 选择成 Beam，然后单击 Continue。

出现梁截面编辑器。

4. 将 Section integration 方法选择成 Before analysis。

5. 从 Beam shape along length 选项中进行下面的一项操作。

- 要在梁的整个长度上保留相同的横截面侧面，就选择 Constant，并且从 Beam Shape 选项中选择一个梁截面。如果需要，单击来创建一个侧面；更多信息见 12. 13. 20 节“创建侧面”。

- 要在梁的每一个端部定义不同的横截面侧面，选择 Tapered 并且从 Beam Start 和 Beam End 选项中分别选择开始和结束侧面。如果需要，单击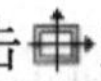来创建一个侧面；更多信息见 12. 13. 20 节“创建侧面”。开始和结束侧面必须是相同的形状。

仅 Abaqus/Standard 分析支持渐变的梁。Abaqus/CAE 在起点侧面和终点侧面之间线性缩放梁侧面。

6. 如果用户选择一个通用的侧面，则用户可以通过指定沿着横截面轴的哪一个方向来移动截面中心和/或剪切中心，以及移动偏置多少来偏置梁截面。如果需要，为 Centroid 和/或 Shear Center 输入局部 x_1 坐标和 x_2 坐标。

7. 在 Basic 标签页上。

a. 要定义截面热膨胀系数，切换选中 Use thermal expansion data。

在数据表中出现标签为 Thermal Expansion 的列。

b. 要定义依赖温度的截面数据，切换选中 Use temperature-dependent data。

在数据表这出现标签为 Temperature 的列。

c. 要定义依赖场变量的截面数据，单击 Number of field variables 域右边的箭头来增加或者减少域变量的数量。

在表数据中出现 Field 变量列。

d. 在数据表中为截面 Young's Modulus 和扭转 Shear Modulus 输入值。

e. 为 Section Poisson's ratio 输入一个值来提供由于梁的轴应变产生的截面中的均匀应变（这样，当梁受拉伸时，横截面面积发生变化），此值必须在-1.0 与 0.5 之间。0.5 值将强迫不可压缩的行为。默认值是 0。

f. 要为梁截面定义密度，切换选中 Specify section material density 并且在提供的域中输入一个值。在 Abaqus/Explicit 分析中要求此值。在 Abaqus/Standard 分析中，仅当要求质量时才需要此材料密度，例如在动力学分析或者重力载荷分析中。

g. 如果热膨胀系数是依赖温度的，则切换选中 Specify reference temperature 并且在提供的域中输入热膨胀的值。

8. 在 Damping 标签页中，指定阻尼属性来在截面的动力学响应中包括质量和刚度比例阻尼。

a. 在 Alpha 域中为 α_R 因子输入值来创建直接积分动力学中的质量比例阻尼。在模态动力学中忽略此值。

b. 在 Beta 域中为 β_R 因子输入值来创建直接积分动力学中的刚度比例阻尼。在模态动力学中忽略此值。

c. 在 Composite 域中为计算模型的复合阻尼因子用到的临界阻尼分数输入值。仅对 Abaqus/Standard 分析可以应用此值，并且在直接积分的动力学中忽略此值。

9. 在 Stiffness 标签页中进行下面的操作。

a. 选择 Use consistent mass matrix formulation 来让 Abaqus 使用 McCalley-Archer 相容质量矩阵，以变形的三次插值和转动的二次插值为基础来计算梁截面的质量方程。如果用户切换不选此选项，Abaqus 使用集总质量方程来进行此计算。

b. 切换选中 Specify transverse shear 来在截面定义中包括非默认的横向剪切刚度影响，并且指定 Slenderness compensation。

- 选择 Use analysis product default 来让 Abaqus 为梁截面计算剪切刚度，以及来自弹性材料定义的细长补偿因子。
- 选择 Value 来直接指定横向剪切刚度效应。

—在提供的域中输入细长补偿因子。

—在提供的域中输入截面剪切刚度 K_{23} 和 K_{13} 的值。

10. 在 Fluid Inertia 标签页上，切换选中 Specify fluid inertia effects 来仿真被浸入流体中的梁的惯性影响。详细情况见《Abaqus 分析用户手册——单元卷》的 3.3.5 节“梁截面行为”中的“浸入流体所产生的附加惯性”。

a. 指定梁在流体中是 Fully submerged 还是 Half submerged。如果选择 Half submerged，则单位长度上的附加惯性降低 0.5 因子。

b. 指定 Fluid density。

c. 在 Section radius 域中输入湿横截面的作用半径。

d. 指定 G_A，Lateral motions of the beam 的附加质量系数。

e. 指定 C_{A-E}，Motions along beam axis 的附加质量系数。

f. 如果梁横截面原点与湿横截面的中心不同，则指定相对于横截面原点的中心 X 和 Y 坐标。

11. 在 Output Points 标签页中，用户可以在要求应力和应变输出的梁截面中定位点。按需输入任何数量的截面点局部 x_1 位置和 x_2 位置。

12. 单击 OK 来保存用户更改，并且关闭梁截面编辑器。

12.13.12 创建杆截面

使用杆截面来定义二维或者三维中细长的、杆形状结构的截面属性，仅提供轴向强度，而没有弯曲刚度。更多信息见《Abaqus 分析用户手册——单元卷》的 3.2.1 节“杆单元”。

若要指定杆截面属性，执行以下操作：

1. 从主菜单栏选中 Section→Create。

出现 Create Section 对话框。

技巧：用户也可以单击 Section Manager 中的 Create，或者选择属性模块工具箱中的截面创建工具 。

2. 输入截面名称。有关命名对象的更多信息，见 3.2.1 节“使用基本对话框组件”。

3. 将截面 Category 选择成 Beam，并且将截面 Type 选择成 Truss，然后单击 Continue。出现杆截面编辑器。

4. 为杆截面选择一个材料。如果需要，单击来创建一个材料；更多信息见 12.7.1 节“创建或者编辑材料”。

5. 为 Cross-sectional area 输入一个值。

6. 单击 OK 来保存用户更改，并且关闭杆截面编辑器。

12.13.13 创建均质流体截面

使用流体截面来在 Abaqus/CFD 模型中定义流体材料的截面属性。更多信息见第 30 章“流体动力学分析”。

若要指定均质流体截面属性，执行以下操作：

1. 从主菜单栏选中 Section→Create。
出现 Create Section 对话框。
技巧：用户也可以单击 Section Manager 中的 Create，或者选择属性模块工具箱中的创建截面工具。

2. 输入截面名称。有关命名对象的更多信息，见 3.2.1 节“使用基本对话框组件”。

3. 将截面 Category 选择成 Fluid，并且将截面 Type 选择成 Homogeneous，然后单击 Continue。出现杆截面编辑器。

4. 为杆截面选择一个材料。如果需要，单击来创建一个材料；更多信息见 12.7.1 节“创建或者编辑材料”。

5. 单击 OK 来保存用户更改，并且关闭杆截面编辑器。

12.13.14 创建多孔介质的流体截面

使用流体截面来定义 Abaqus/CFD 模型中的多孔介质的截面属性。更多信息见第 30 章“流体动力学分析”。

若要指定多孔介质的流体截面属性，执行以下操作：

1. 从主菜单栏选中 Section→Create。
出现 Create Section 对话框。
技巧：用户也可以单击 Section Manager 中的 Create，或者选择属性模块工具箱中的截面创建工具。

2. 输入截面名称。有关命名对象的更多信息，见 3.2.1 节“使用基本对话框组件”。

3. 将截面 Category 选择成 Fluid，并且将截面 Type 选择成 Porous，然后单击 Continue。

出现流体截面编辑器。

4. 选择用于流体截面中的多孔介质的实体（基础）材料。如果需要，单击来创建一个材料；更多信息见 12.7.1 节“创建或者编辑材料”。

5. 选择用于流体截面中的多孔介质的流体材料。如果需要，单击来创建一个材料；更多信息见 12.7.1 节“创建或者编辑材料”。

6. 单击 OK 来保存用户更改，并且关闭杆截面编辑器。

12.13.15 创建垫片截面

使用垫片截面来定义密封组件的截面属性，密封组件位于结构部件之间。更多信息见《Abaqus 分析用户手册——单元卷》的 6.6.6 节“使用垫片行为模型直接定义垫片行为”。第 32 章“垫片”描述了涉及垫片的分析整个建模过程。

若要指定垫片截面属性，执行以下操作：

1. 从主菜单栏选中 Section→Create。

出现 Create Section 对话框。

技巧：用户也可以单击 Section Manager 中的 Create，或者选择属性模块工具箱中的截面创建工具。

2. 输入截面名称。有关命名对象的更多信息，见 3.2.1 节“使用基本对话框组件”。

3. 将截面 Category 选择成 Other，并且将截面 Type 选择成 Gasket，然后单击 Continue。

出现垫片截面编辑器。

4. 为垫片截面选择一个材料。如果需要，单击来创建一个材料；更多信息见 12.7.1 节“创建或者编辑材料”。

5. 指定 Stabilization stiffness，用来稳定并非在所有节点上都支持的垫片单元，例如延伸到相邻部件外面的那些节点。

- 切换选中 Use default 来使用默认的 10^{-9}值来乘以厚度方向上的初始压缩刚度。该默认值通常是合适的。
- 切换选中 Specify，然后输入期望的稳定刚度值（量纲为 FL^{-2}）。

6. 指定垫片的 Initial thickness。

- 切换选中 Use nodal coordinates 来得到从节点坐标得到的初始垫片厚度。
- 切换选中 Specify，然后输入初始垫片厚度值。

7. 输入 Initial gap 的值，此值是需要生成压力所需要的垫片闭合。

8. 输入 Initial void 的值，是垫片中的内层空间。

9. 输入 Cross-sectional area、width 或者 out-of-plane thickness 的值，这取决于垫片单元类型。对于二维和三维链接单元，应当给出单元的横截面面积。对于轴对称的链接单元和三维线单元，应当给出单元的宽度。对于一般的二维单元，则要求平面外的厚度。对于三维面单元，定义单元几何形体并不需要额外的量。

10. 单击 OK 来保存用户更改，并且关闭垫片截面编辑器。

12.13.16　创建胶粘截面

使用胶粘截面来定义两个粘接在一起的零件之间界面处的胶粘层的截面属性。更多信息见《Abaqus 分析用户手册——单元卷》的 6.5.1 节“胶粘单元：概览”。第 21 章“胶接和胶粘界面”描述了涉及胶粘截面的分析的整个模拟过程。

若要指定胶粘截面属性，执行以下操作：

1. 从主菜单栏选中 Section→Create。

出现 Create Section 对话框。

技巧：用户也可以单击 Section Manager 中的 Create，或者选择属性模块工具箱中的截面创建工具 。

2. 输入截面名称。有关命名对象的更多信息，见 3.2.1 节“使用基本对话框组件”。

3. 将截面 Category 选择成 Other，并且将截面 Type 选择成 Cohesive，然后单击 Continue。出现胶粘截面编辑器。

4. 为胶粘截面选择一个材料。如果需要，单击 来创建一个材料；更多信息见 12.7.1 节“创建或者编辑材料”。

5. 为定义胶粘截面的本构行为选择一个 Response。

- 如果直接以拉伸和分离的方式定义响应，则选择 Traction Separation。使用此选项来模拟可忽略厚度的胶粘层（可能开胶）。
- 选择 Continuum 来模拟包含一个方向（打开应变）和两个横向剪切分量的应变状态。使用此选项来模拟有限厚度的胶粘层。
- 选择 Gasket 来指定应力状态是单轴的。

6. 指定胶粘截面的 Initial thickness。

- 切换选中 Use analysis default 来为 Traction Separation 或者 Continuum 响应使用分析默认值。对于 Gasket 响应没有默认值。
- 切换选中 Use nodal coordinates 来得到来自节点坐标的初始厚度。
- 切换选中 Specify，然后为初始厚度输入一个值。

7. 为截面 Out-of-plane thickness 输入一个值。如果截面将与二维区域一起使用，则用户必须指定截面厚度。如果区域类型不需要厚度，则 Abaqus/CAE 忽略厚度信息。

8. 单击 OK 来保存用户更改，并且关闭胶粘截面编辑器。

12.13.17 创建声学无限截面

使用声学无限截面来定义二维、三维和轴对称区域的截面属性，这些区域模拟承受小压力变化的声学介质。当用户想要对包含外部区域的分析进行精度改善时，可以使用声学无限截面。用户必须创建一个参考点来说明声学无限单元要求的参考节点。更多信息见《Abaqus分析用户手册——单元卷》的2.3.1节“无限单元”。

若要指定声学无限截面属性，执行以下操作：

1. 从主菜单栏选中 Section→Create。

出现 Create Section 对话框。

技巧：用户也可以单击 Section Manager 中的 Create，或者选择属性模块工具箱中的截面创建工具。

2. 输入截面名称。有关命名对象的更多信息，见3.2.1节“使用基本对话框组件”。

3. 将截面 Category 选择成 Other，并且将截面 Type 选择成 Acoustic infinite，然后单击 Continue。

出现截面编辑器。

4. 为声学无限截面选择一个声学介质材料。如果需要，单击来创建一个材料；更多信息见12.7.1节“创建或者编辑材料”。

5. 为截面 Plane stress/strain thickness 输入一个值。如果截面将与二维区域一起使用，则用户必须指定截面厚度。如果区域类型不需要厚度，则 Abaqus/CAE 忽略厚度信息。

6. 要定义将用来解决无限方向上声学区域变量的九阶多项式的个数，单击 Order 域右边的箭头来降低将使用的多项式个数（将应用于 Abaqus/Explicit 分析）。在 Abaqus/Standard 中总是使用默认值10。

7. 单击 OK 来保存用户更改，并且关闭截面编辑器。

创建与声学无限单元一起使用的参考点

用户必须创建用来确定声学无限单元每一个节点处的“半径”和“节点射线”的参考点。用户使用如72.3节“创建参考点”中描述的过程，在零件模块中或者属性模块中创建与一个零件关联的参考点。更多信息见《Abaqus分析用户手册——单元卷》的2.3.1节“无限单元”中的“定义声学无限单元的参考点和厚度”。

12.13.18 创建声学界面截面

使用声学无限截面来定义二维、三维和轴对称区域的截面属性，这些区域模拟承受小压力变化的声学介质。当用户想要将声学介质耦合到结构模型时，使用声学界面截面。更多信息见《Abaqus 分析用户手册——单元卷》的 6.13.1 节“声学界面单元”。

若要指定声学界面截面属性，执行以下操作：

1. 从主菜单栏选中 Section→Create。

出现 Create Section 对话框。

技巧：用户也可以单击 Section Manager 中的 Create，或者选择属性模块工具箱中的截面创建工具。

2. 输入截面名称。有关命名对象的更多信息，见 3.2.1 节“使用基本对话框组件”。

3. 将截面 Category 选择成 Other，并且将截面 Type 选择成 Acoustic infinite，然后单击 Continue。

出现截面编辑器。

4. 为声学无限截面选择一个声学介质材料。如果需要，单击来创建一个材料；更多信息见 12.7.1 节“创建或者编辑材料”。

5. 为截面 Plane stress/strain thickness 输入一个值。如果截面将与二维区域一起使用，则用户必须指定截面厚度。如果区域类型不需要厚度，则 Abaqus/CAE 忽略厚度信息。

6. 单击 OK 来保存更改，并且关闭截面编辑器。

12.13.19　定义加强筋层

当用户创建均质壳截面、复合壳截面、膜截面或者面截面时，用户可以通过使用 Rebar Layers 选项来定义一层或者多层加强（加强筋）。用户可以从截面编辑器访问 Rebar Layers 对话框。更多信息见《Abaqus 分析用户手册——介绍、空间建模、执行与输出卷》的 2.2.3 节“定义加强筋”。

若要定义加强筋层，执行以下操作：

1. 从壳、膜或者面截面编辑器的 Options 域选择。

出现 Rebar Layers 对话框。

2. 指定加强筋几何形体的类型。

- 为不变的加强筋间距选择 Constant。
- 如果以加强筋间距变化作为圆柱坐标系中的径向位置的函数，则选择 Angular。
- 如果加强筋间距和方向是由轮胎升程方程确定的，则选择 Lift equation-based。

3. 在表中，为每一个加强筋层输入一行数据。

每一行应当包含下面的信息。

- 加强筋层的名称。
- 形成加强筋层的材料名称。在 Material 列中单击，然后单击出现的箭头来显示可以使用材料的列表，然后选择形成加强筋层的材料。

• 每个梁的横截面面积。

• 截面平面中的加强筋间距。对于角度的加强筋间距，指定以角度为单位的间距角。对于升程方程为基础的间距，指定未固化几何形体中的间距。

• 相对于加强筋参考方向 1 方向的加强筋角度方向（以度为单位）。对于升程方程为基础的间距，指定未固化几何形体中的角度。

另外，用户可以指定一个方向名称，在此情况中，Abaqus/CAE 假定一个用户定义的方向。用户必须提供用户子程序 ORIENT 来包含指定方向名称的方向定义。

• 壳厚度方向中的加强筋位置是从壳的中面度量的，在壳的正法向上为正（不可应用于膜截面或者面截面）。

• 帘的延伸率 e，（仅应用于升程为基础的间距）。

• 描述未聚合几何形体中加强筋位置的半径 r_0，相对于圆柱坐标系中的回转轴来度量（仅应用于升程方程为基础的间距）。

4. 单击 OK 来返回截面编辑器。

12.13.20 创建侧面

要创建一个侧面，用户必须选择一个侧面类型，并且输入在 Edit Profile 对话框中定义侧面所必需的所有数据。详细指导见下面的章节：

• “选择一个侧面类型”
• “定义一个方侧面”
• “定义一个管侧面”
• “定义一个圆侧面”
• “定义一个矩形侧面”
• “定义一个六边形侧面”
• “定义一个梯形侧面”
• “定义一个 I 形侧面”
• “定义一个 L 形侧面”
• “定义一个 T 形侧面”
• “定义一个任意形状的侧面”
• “定义一个通用的侧面”

1. 选择一个侧面类型

Create Profile 对话框允许用户指定想要定义的侧面类型。用户可以通过提供几何形体数据来定义以形状为基础的侧面，Abaqus 根据这些几何形体数据计算截面的工程属性。另外，用户可以通过直接提供截面的工程属性来定义一个通用侧面。更多信息见《Abaqus 分析用户手册——单元卷》的 3.3.5 节“梁截面行为”。

在用户给零件赋予梁截面和梁方向后，用户可以使用零件显示选项来显示以形状为基础的或者通用梁侧面的理想化表示。对于检查特定区域是否赋予了正确的侧面，以及赋予的梁方向是否产生了期望的侧面方向，显示梁侧面是有用的。更多信息见 76.7 节“控制梁截面显示”。

若要选择一个侧面类型，执行以下操作：

1. 从主菜单栏选择 Profile→Create。

出现 Create Profile 对话框。

技巧：用户也可以单击 Profile Manager 中的 Create，或者选择属性模块工具箱中的侧面创建工具。

2. 输入一个侧面名。有关命名对象的更多信息，见 3.2.1 节“使用基本对话框组件”。

3. 选择一个侧面形状，并且单击 Continue。

出现用户选中侧面形状的 Edit Profile 对话框。

4. 在 Edit Profile 对话框中，输入要求的侧面数据。详细情况见下面的章节。

- “定义一个方侧面”
- “定义一个管侧面”
- “定义一个圆侧面”
- “定义一个矩形侧面”
- “定义一个六边形侧面”
- “定义一个梯形侧面”
- “定义一个 I 形侧面”
- “定义一个 L 形侧面”
- “定义一个 T 形侧面”
- “定义一个任意形状的侧面”
- “定义一个通用的侧面”

2. 定义一个方侧面

通过提供矩形的、中空方形几何形体数据来定义一个方侧面。

若要定义一个方侧面，执行以下操作：

1. 如“选择一个侧面类型”中描述的那样显示 Edit Profile 对话框。

2. 在 Width（a）域中，输入与局部 1 轴平行的线段长度。

3. 在 Height（b）域中，输入与局部 2 轴平行的线段长度。

4. 单击 Thickness 域右边的箭头，然后说明用户想要如何定义每一个线段的厚度。

- 如果方形的四个线段具有同样的厚度，则选择 Uniform。如果用户选择此选项，则在 Thickness 域下面输入线段厚度。
- 选择 Individual 来分别输入每一线段的值，如果用户选择此选项，则输入下面内容。

—在 t1 域中，为表中标签为 t_1 的线段输入厚度。
—在 t2 域中，为表中标签为 t_2 的线段输入厚度。
—在 t3 域中，为表中标签为 t_3 的线段输入厚度。
—在 t4 域中，为表中标签为 t_4 的线段输入厚度。
5. 单击 OK 来保存侧面，并且关闭 Edit Profile 对话框。

3. 定义一个管侧面

通过提供一个空心圆的几何形体数据，以及通过为薄壁管或者厚壁管选择一个积分策略来定义管侧面。

若要定义一个管侧面，执行以下操作：

1. 如“选择一个侧面类型”中描述的那样显示 Edit Profile 对话框。
2. 从 Integration scheme 选项指定薄壁管或者一个厚壁管。
3. 在 Radius 域中，输入管中心到管外壁的圆半径。
4. 在 Thickness 域中，输入管壁的厚度。
5. 单击 OK 来保存侧面，并且关闭 Edit Profile 对话框。

4. 定义一个圆侧面

通过提供实体圆的几何数据来定义一个圆侧面。

若要定义一个圆侧面，执行以下操作：

1. 如“选择一个侧面类型”中描述的那样显示 Edit Profile 对话框。
2. 在 r 域中输入圆半径。
3. 单击 OK 来保存侧面，并且关闭 Edit Profile 对话框。

5. 定义一个矩形侧面

通过提供实体矩形的几何数据来定义一个矩形侧面。

若要定义一个矩形侧面，执行以下操作：

1. 如“选择一个侧面类型”中描述的那样显示 Edit Profile 对话框。
2. 在 a 域中输入与局部 1 轴平行的矩形边长度。
3. 在 b 域中输入与局部 2 轴平行的矩形边长度。
4. 单击 OK 来保存侧面，并且关闭 Edit Profile 对话框。

6. 定义一个六边形侧面

通过提供空心六边形的几何数据来定义一个六边形侧面。

若要定义一个六边形侧面，执行以下操作：

1. 如“选择一个侧面类型”中描述的那样显示 Edit Profile 对话框。
2. 在 r 域中输入外接圆半径。
3. 在 t 域中输入壁厚。
4. 单击 OK 来保存侧面，并且关闭 Edit Profile 对话框。

7. 定义一个梯形侧面

通过提供实体梯形的几何数据来定义梯形侧面。

若要定义一个梯形侧面，执行以下操作：

1. 如“选择一个侧面类型”中描述的那样显示 Edit Profile 对话框。
2. 在 a 域中输入平行局部 1 轴的梯形底边长度。
3. 在 b 域中输入平行局部 2 轴的梯形高度。
4. 在 c 域中输入平行局部 1 轴的梯形顶边宽度。
5. 在 d 域中输入梯形底边与局部横截面轴之间的距离。
6. 单击 OK 来保存侧面，并且关闭 Edit Profile 对话框。

8. 定义一个 I 形侧面

通过提供 I 梁截面的几何数据来定义 I 形侧面。

若要定义一个 I 形侧面，执行以下操作：

1. 如“选择一个侧面类型”中描述的那样显示 Edit Profile 对话框。
2. 在 I 域中输入底法兰边与局部横截面轴之间的距离。
3. 在 h 域中输入 I 形状的高度，从底边到顶边。
4. 在 b1 域中输入平行 1 轴的底法兰宽度。
5. 在 b2 域中输入平移 1 轴的顶法兰宽度。
6. 在 t1 域中输入底法兰的厚度。
7. 在 t2 域中输入顶法兰的厚度。
8. 在 t3 域中输入连接顶法兰和底法兰的线段厚度。
9. 单击 OK 来保存侧面，并且关闭 Edit Profile 对话框。

9. 定义一个 L 形侧面

通过提供 L 梁截面的几何数据来定义 L 形侧面。

若要定义一个 L 形侧面，执行以下操作：

1. 如“选择一个侧面类型”中描述的那样显示 Edit Profile 对话框。

2. 在 a 域中输入平行 1 轴的法兰长度。
3. 在 b 域中输入平行 2 轴的法律长度。
4. 在 t1 域中输入平行 1 轴的法兰厚度。
5. 在 t2 域中输入平行 2 轴的法兰厚度。
6. 单击 OK 来保存侧面，并且关闭 Edit Profile 对话框。

10. 定义一个 T 形侧面

通过提供 T 梁截面的几何数据来定义 T 形侧面。

若要定义一个 T 形侧面，执行以下操作：

1. 如“选择一个侧面类型”中描述的那样显示 Edit Profile 对话框。
2. 在 b 域中输入平行 1 轴的线段长度。
3. 在 h 域中输入 T 形状的高度，从底边到顶边。
4. 在 I 域中输入底边与局部横截面轴之间的距离。
5. 在 tf 域中输入平行局部 1 轴的线段厚度。
6. 在 tw 域中输入平行局部 2 轴的线段厚度。
7. 单击 OK 来保存侧面，并且关闭 Edit Profile 对话框。

11. 定义一个任意形状的侧面

用户可以创建一个任意形状的侧面来模拟简单的、薄壁的、开放或者封闭截面的形状。用户通过输入一系列由直线段链接的点来定义侧面。更多信息见《Abaqus 分析用户手册——单元卷》的 3.3.9 节“梁截面库”中的“任意的薄壁开放和封闭的截面”。

若要定义一个任意形状的侧面，执行以下操作：

1. 如“选择一个侧面类型”中描述的那样显示 Edit Profile 对话框。
2. 在数据表中输入 Point 1 的局部坐标。

有关如何输入数据的详细信息，见 3.2.7 节“输入表格数据”。

3. 输入 Point 2 的局部坐标。在表中连接 Point 1 和 Point 2 的线会标签成 Segment 1-2。
4. 输入 Segment 1-2 的 Thickness。
5. 输入 Point 3 的局部坐标。在表中连接 Point 2 和 Point 3 的线会标签成 Segment 2-3。
6. 输入 Segment 2-3 的 Thickness 项的值。

注意：对于任意截面的单独线段，连接线段端点的线都没有弯曲刚度。因此，任意截面必须至少包括两个线段。

7. 如果必要的话，输入附加点的局部坐标，然后提供生成线段的厚度。
8. 单击 OK 来保存侧面，并且关闭 Edit Profile 对话框。

12. 定义一个通用的侧面

当用户创建一个通用的侧面时，用户可以在 Edit Profile 对话框中直接提供截面的工程属性。更多信息见《Abaqus 分析用户手册——单元卷》的 3.3.5 节“梁截面行为”。

若要定义一个通用的侧面，执行以下操作：

1. 如“选择一个侧面类型”中描述的那样显示 Edit Profile 对话框。
2. 在 Area 域中输入侧面形状的面积。
3. 在 I11 域中，输入关于截面 1 轴的弯曲惯性矩。
4. 在 I12 域中，输入横截面的惯性矩。
5. 在 I22 域中，输入关于截面 2 轴的弯曲惯性矩。
6. 在 J 域中输入扭转常数。
7. 如果侧面描述一个开放截面梁，则输入以下内容。
- 在 Gamma O 域中输入扇形力矩 Γ_0。
- 在 Gamma W 域中输入扇形力矩 Γ_W。
8. 单击 OK 来保存侧面并且关闭 Edit Profile 对话框。

12.14 创建和编辑复合材料铺层

本节介绍如何创建一个复合层，包括以下主题：

- 12.14.1 节 “当定义一个复合材料铺层时使用层列表”
- 12.14.2 节 “创建传统壳复合材料铺层”
- 12.14.3 节 “创建连续壳复合材料铺层”
- 12.14.4 节 “创建实体复合材料铺层”

12.14.1 当定义一个复合材料铺层时使用层列表

创建复合铺层时（壳、连续壳或者实体的铺层），用户可以使用铺层表中的行来输入与铺层中层有关的信息。行的数量确定铺层中的层数量，并且铺层表的第一行对应铺层底部的层。铺层表的每一行要求如下：

- 层是否有效。
- 层的名称。
- 赋予层的区域。
- 用于此层的材料名称。
- 层厚度。
- 指定层参考方向的坐标系。
- 相对于参考方向的转动角。
- 层中的积分点数量，如果用户正在指定在分析过程中积分得到复合层的属性。

有关在 Abaqus/CAE 中使用表进行操作的一般信息，见 3.2.7 节“输入表格数据”。

在表中输入层数据时，高亮显示层区域并且在视口中的模型上显示了层方向。用户可以更改显示来切换不选高亮显示，显示层方向或者选择要显示方向向量。

如果 Abaqus/CAE 试图在坐标系中的单独点上为复合铺层中的层方向绘制坐标系（即用户在这些点上选中的坐标系和几何或者单元的几何法向，不能推导出在 Abaqus/CAE 中用于显示目的的有效方向），则坐标系会被折叠。

如果使用离散场来指定铺层方向，则相对于零件的基础坐标系来显示层方向，并且不能显示铺层方向。对于连续的壳单元，Abaqus/CAE 不在中面上投影被显示的方向。在这两种情况中，用户可以执行数据检查，并且在显示模块中显示输出数据库来确认方向。更多信息见 19.7.3 节“对模型进行数据检查”。

可以使用许多工具来从层表中添加或者删除层。大部分的工具在层表上显示成图标。特定的工具只能通过在层表上右击鼠标，然后从出现的背景菜单上选择一个条目来获取。可以使用下面的工具：

Edit

编辑选中表单元的内容。例如，用户可以从视口中的零件选择一个区域，选择一个材料或者输入厚度。在大部分的情况中，用户可以选择多个单元，然后 Abaqus/CAE 对每一个选中的单元应用更改。用户可以选择一个列表头来选择整个列。

从环境菜单可以选择 Edit 工具。另外，用户可以双击 Region、Material 或者 CSYS 中的一个单元来进行编辑。用户也可以双击一个列的表头来对列中所有的单元施加相同的编辑。

Move Plies Up or Down

将选中的层在层表中向上或者向下移动一行。单击来将选中的层向上移动一行，或者单击来将选中的层向下移动一行。

Copy Plies Before or After

通过将选中的行复制到上一行或者下一行来创建新的层。单击来将选中的层复制到上一行，或者单击来将选中的层复制到下一行。

Insert Row Before or After

在每一个选中的层之前或者之后插入一个空行。单击来在选中的层之前插入一个空行，或者单击来在选中的层之后插入一个空行。

Delete Plies

删除选中的层。单击来删除选中的层。

Pattern Plies

使用阵列来复制选中的层。单击来阵列选中的层。

要复制阵列层的位置可以是铺层中的第一层或者最后一层，或者选中层的第一层或者最后一层。用户也可以通过选择要复制层上面的层名称来指定位置。如果用户选择要复制层上面的层名称，则用户可以选择将那些复制的层插入到层表中，或者覆盖任何已经存在的层。阵列可以是下面中的一种：

N-Copy

选中层的指定数量副本。

Symmetry

选中层的单个副本。重新排序要复制的层，这样原始层的次序和复制层的次序关于指定的位置对称。

Invert Plies

反向两个或者更多选中相邻层的次序。单击来将选中层的次序进行反向。

Read From File

注意：文件的 Region 列中的数据指零件中进行命名的集合。区域名称是大小写敏感的。这样，用户在文件中使用的区域名称必须与用户零件中的现有集合名称一致。对于 CSYS 列传的数据也是这样——用户在文件中使用的坐标系名称必须与用户零件中现有的基准坐标系名称一致。

Write To File

将整个层表格写到指定的文件。Abaqus/CAE 使用逗号来给数据设限。

仅可以从背景菜单获得 Write To File 工具。

可以使用的选项是背景敏感的；例如，如果用户正在编辑层表格的第一行，则不出现图标和上下文菜单中的 Move Plies Up 选项。

12.14.2 创建传统壳复合材料铺层

传统的壳复合材料铺层是由不同方向上的不同材料制成的层组成的。一个铺层可以在不同的区域包含不同数量的层。更多信息见第 23 章“复合材料铺层”。Abaqus 仅使用传统的壳单元来离散每一个层的参考平面来模拟壳复合材料铺层。壳截面行为是以壳截面对拉伸、弯曲、扭曲和横向剪切的响应方式来定义的。更多信息见《Abaqus 分析用户手册——单元卷》的 3.6.4 节“壳截面行为”。

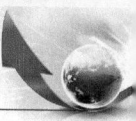

当用户创建传统的壳复合材料铺层时，用户必须选择一个截面积分方法。用户可以选择在分析之前提供截面属性数据（预定义的壳截面），或者让 Abaqus 在分析过程中从截面积

分点计算（积分）横截面行为。

在分析过程中积分的传统壳复合材料铺层，允许用户在壳厚度上通过数值积分来计算横截面行为，这样在材料模拟中提供完整的概括性。可以在厚度上定义任何数量的材料点，并且材料响应可以点到点地发生变化。当复合材料铺层包括非线性的材料行为时，用户通常可以使用分析过程中积分的壳单元。用户必须使用在分析过程中积分的壳单元来模拟热传导。更多信息见《Abaqus 分析用户手册——单元卷》的 3.6.5 节“使用分析中积分的壳截面定义截面行为”。

可以使用预先积分的复合材料铺层来定义线性力矩弯曲与力膜拉伸应变之间的关系。在此情况中，所有的计算是以截面力和力矩的形式完成的。通过弹性材料来指定截面属性；另外，用户也可以采用期望行为或者铺层组成的假设为基础来施加理想化。如果铺层的响应是线弹性的，并且此线弹性的行为不依赖温度变化或者预定义的场变量，则用户应当使用预先积分的复合材料铺层。更多信息见《Abaqus 分析用户手册——单元卷》的 3.6.6 节“使用通用壳截面定义截面行为”。

在用户完成传统壳复合材料铺层后，可以使用铺层图来图像显示铺层区域的核样本。更多信息见第 53 章“查看铺层图”。

下面的部分介绍如何创建一个壳复合材料铺层：

- “创建一个传统壳复合材料铺层”
- “指定传统壳复合材料铺层的层”
- “指定传统壳复合材料铺层的偏置”
- “指定传统壳复合材料铺层的壳参数”
- “指定传统壳复合材料铺层的选中层显示”

1. 创建一个传统壳复合材料铺层

用户可以定义由一个或者多个材料制成的层组成的传统壳复合材料铺层。对于每一层，用户可以指定名称、材料、厚度、方向和积分点的数量。此外，用户可以选择赋予层的区域。更多信息见《Abaqus 分析用户手册——单元卷》的 3.6.4 节“壳截面行为”。

若要创建一个传统壳复合材料铺层，执行以下操作：

1. 从主菜单选择 Composite→Create。

出现 Create Composite Layup 对话框。

技巧：用户也可以单击 Composite Layup Manager 中的 Create，或者选择属性模块工具箱中的复合材料铺层创建工具。

2. 输入复合材料铺层名称。Abaqus/CAE 在层堆栈图中显示此名称。有关命名对象的更多信息，见 3.2.1 节“使用基本对话框组件”。

3. 指定初始层数量。当出现复合材料铺层编辑器时，此编辑器将为每一个层显示一个行；然而，用户可以使用编辑器来后续添加或者删除层。层表格的第一行对应铺层的底层。

4. 将 Element Type 选择成 Conventional Shell，并且单击 Continue。

出现复合材料铺层编辑器。

5. 输入铺层的描述。Abaqus/CAE 在复合材料铺层管理器中显示此描述。

6. 进行下面的一个操作来指定铺层方向。

1）选择 Part global 来使用零件的坐标系，然后选择代表 Normal direction 的轴。

2）选择 Coordinate system 来选择一个已经存在的坐标系（或者创建一个新坐标系，然后选择此新坐标系），然后进行下面的操作。

a. 选择代表 Normal direction 的轴。

b. 指定一个额外的转动。选中的坐标系围绕选中轴转动一定角度。用户可以指定一个角度，或者选择一个现有的标量离散场来定义铺层上空间变化的角度。Abaqus/CAE 允许用户仅选择离散场，额外的转动则是对单元施加标量离散场。用户也可以通过单击来创建一个新的离散场，见第 63 章“离散场工具集”。

3）选择 Discrete 来定义离散方向，并且进行下面的操作。

a. 单击。

b. 在出现的 Edit Discrete Orientation 对话框中，使用 12. 16 节“为材料方向和复合材料铺层方向赋予离散方向”描述的过程来定义法向轴和主轴。

c. 指定一个额外的转动。通过此角度来围绕选中的法向轴转动方向。用户可以指定一个角度，或者选择或创建一个标量离散场来定义角度，此角度在铺层上空间变化。Abaqus/CAE 允许用户仅选择有效的离散域，此离散域对于施加到单元的附加转动是标量离散场。用户也可以通过单击来创建一个新的离散场。更多信息见第 63 章“离散场工具集”。

4）选择 User-defined 来定义用户子程序 ORIENT 中的方向。此选项仅对于 Abaqus/Standard 分析才有效。更多的信息见下面的章节。

—19. 8. 6 节“指定通用作业设置”。

—《Abaqus 用户子程序参考手册》的 1. 1. 15 节“ORIENT”。

5）选择一个方向离散场的名称来指定铺层上空间变化的坐标系。用户也可以通过单击 Definition 域右边的来创建一个新的离散场。更多信息见第 63 章“离散场工具集”。在选择离散场后，用户必须进行下面的操作。

a. 选择代表 Normal direction 的轴。

b. 指定一个额外的转动。围绕选中的轴将选中的坐标系转动一定角度。用户可以指定一个角度，或者选择或创建一个标量的离散场来定义铺层上空间变化的角度。

铺层方向是使用默认方向坐标系的任何层的参考方向（在层表格的 CSYS 列中通过<Layup>来说明）。为各自层中的材料计算和应力输出、截面力输出和横向剪切刚度使用此方向。用户可以通过指定一个参考方向和/或一个转动角度来为连续壳复合材料铺层的各自层指定不同的方向。更多信息见 23. 3 节“理解复合材料铺层和方向”。

7. 选择下面的一个 Section integration 方法。

- 选择 During analysis 为在分析过程中积分的壳复合材料铺层指定属性。
- 选择 Before analysis 为预先积分的壳复合材料铺层指定属性。

8. 如果用户正在指定在分析之前积分复合材料铺层的属性，则以期望的行为或者铺层构成的假定为基础来指定施加到壳的 Idealization。更多信息见《Abaqus 分析用户手册——单元卷》的 3.6.6 节“使用通用壳截面定义截面行为”中的“截面响应的理想化”。

- 选择 No idealization 来将壳的完整刚度考虑成由赋予的材料和层复合材料来决定。
- 如果用户不指定复合材料铺层中的确切铺层序列，则选择 Smeared properties。每一个指定层的贡献弥散到铺层的整个厚度上，产生与铺层次序无关的通用响应。
- 如果壳的主要响应将是平面中的拉伸，则选择 Membrane only；从壳刚度计算中去除弯曲刚度项。
- 如果壳的主要响应将是纯弯曲，则选择 Bending only；从壳刚度计算中去除膜刚度项。

9. 如果用户正指定在分析过程中积分复合材料铺层的属性，则选择 Thickness integration rule。

- 选择 Simpson 来为壳截面积分使用 Simpson 法则。
- 选择 Gauss 来为壳截面积分使用 Gauss 积分。

更多信息见《Abaqus 分析用户手册——单元卷》的 3.6.5 节“使用分析中积分的壳截面定义截面行为”中的“定义壳截面积分”。

10. 当用户完成壳复合材料铺层定义时，单击 OK 来保存用户更改并且关闭编辑器。

2. 指定传统壳复合材料铺层的层

复合材料铺层由一系列的层构成。用户可以选择赋予层的区域，并且指定每一层的名称、材料、厚度、方向和积分点数量。用户必须指定在整个模型上独特的层名称来确保以层为基础的结果得到正确显示。使用层表格上面的图标或者在层表格上右击鼠标来显示一个菜单，此菜单允许用户编辑表格单元的内容，并且操控表中的数据；例如，用户可以添加和删除层、阵列层和反向层。用户也可以从一个文件读取数据到表中，或者从表中将数据写到一个文件。更多信息见 12.14.1 节“当定义一个复合材料铺层时使用层列表”。

若要指定传统壳复合材料铺层的层，执行以下操作：

1. 从 Composite Layup 编辑器单击 Plies 表。

2. 如果复合铺层中的层是关于中心核对称的，则切换选中 Make calculated sections symmetric。输入层表格中的层，开始的第一行是底层，结束的最后一行是中心层。在分析过程中，Abaqus 通过反向重复已经输入的层（包括中心层）来将到铺层顶部的层添加到铺层定义中。在铺层图中对生成的每一个层进行标签，并且通过在重复的层原始名称前添加 Sym_来在输出数据库中标签层。

如果使用离散场来定义铺层中层的厚度或者转动角度，则不能使用此选项。

3. 对于每一个层，在层表格中输入下面的数据。

Ply Name

层的名称。当用户正在显示模块和铺层图中显示复合材料铺层时，Abaqus/CAE 显示此名称。

Region

选择赋予层的区域。用户可以从视口选择面，或者用户可以选择参照一个面的集合。如果用户正在显示网格划分了的关联零件，则用户可以从视口选择壳单元或者选择一个单元集合。要从视口选择单元，用户必须显示本地网格，并且用户必须使用 Selection 工具栏来使得可以选择 2D Elements。用户也可以从网格划分零件选择壳单元。更多信息见 17.3.11 节“显示本地网格划分”以及 6.3.2 节“根据对象类型过滤用户的选择”。

Material

层的材料名称。右击鼠标从出现的菜单选择 Edit Material，并且进行下面的操作。

- 从可以选择材料的列表中选择期望的材料。
- 单击 来创建一个新的材料。

Thickness

层厚度。在表中直接输入一个均匀厚度，或者右击鼠标，然后选择 Edit Thickness 来进行下面的操作。

- 选择 Specify Value 来为层输入均匀的厚度。
- 选择 Distribution 并且选择一个标量的离散场来指定整个层上空间变化的厚度。

Coordinate system

要定义将用作层参考方向基础的坐标系，进行下面的操作。

- 右击鼠标，然后从出现的菜单选择 Edit CSYS。

注意：如果从菜单选择 Edit Orientation，则用户可以定义坐标系和转动角度。

- 选择基础方向。用户可以选择基础铺层方向，或者用户可以选择一个坐标系。如果用户选择一个坐标系，则用户必须选择定义法向的轴。

Rotation Angle

层参考方向的附加转动（围绕法向逆时针）。在表中直接输入一个均匀的转动，或者右击鼠标，然后选择 Edit Rotation Angle 来进行下面的操作。

- 选择预定义的角度（0°、45°、90°或者-45°）来定义一个均匀的转动。
- 选择 Uniform，并且输入 Angle 项的值来定义一个均匀的转动。
- 选择一个标量离散域来定义在层上空间变化的转动。用户也可以单击 来创建一个新的离散场。

Integration Points

如果用户正指定在分析过程中积分复合材料铺层的属性，则是积分点的数量。

3. 指定传统壳复合材料铺层的偏置

在大部分的情况中，用户可以使用单元的中面来表示参考面。然而，在一些情况中，用户需要将参考面定义成到单元的中面偏置。例如，从一个 CAD 软件系统导入的模型可能假定壳位于单元的顶面或者底面上。此外，用户可以为壳厚度非常重要的接触问题指定一个壳偏置来定义更加精确的面几何形体。将偏置值定义成从中面度量到参考面的距离除以总厚度。

偏置的正直是在正单元法向方向上的。当设置的偏置是+0.5 时，单元的顶面是参考面。当设置的偏置是-0.5 时，底面是参考面。默认的偏置是 0，说明单元的中面是参考面。图 12-18 所示为偏置到单元的顶面。

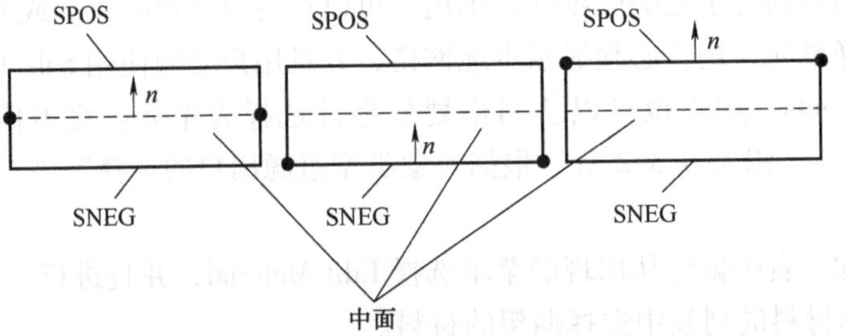

图 12-18　偏置到单元的顶面

注：SPOS 为单元正法向方向的面，SNEG 为单元负法向方向的面，n 为法向。

更多信息见《Abaqus 分析用户手册——单元卷》的 3.6.3 节“定义传统壳单元的初始几何形体”。用户可以使用一个离散场来模拟具有连续可变偏置的单元。更多信息见第 63 章“离散场工具”。

若要指定传统壳复合材料铺层的偏置，执行以下操作：

1. 从 Composite Layup 编辑器单击 Offset 表。
2. 进行下面的操作：

• 选择 Middle surface、Top surface 或者 Bottom surface 来表示参考面。

• 选择 Specify offset ratio，然后输入一个数值。

• 选择 Distribution，并且选择一个现有的标量离散场来定义在整个铺层上空间变化的偏置。Abaqus/CAE 允许用户仅选择有效的离散域，对于偏置，离散场是应用到单元的标量离散场。用户也可以通过单击创建一个新的离散场。更多信息见第 63 章“离散场工具集”。

4. 指定传统壳复合材料铺层的壳参数

若要指定传统壳复合材料铺层的壳参数，执行以下操作：

1. 从 Composite Layup 编辑器单击 Shell Parameters 表。
2. 指定 Shell thickness。

• 选择 Use section thickness 来使用从各自层厚度计算得到的厚度。

• 选择 Element distribution；并且选择一个分析场［使用（A）进行标签］，或者以单元为基础的离散场［使用（D）来进行标签］，来定义空间变化的、以单元为基础的壳厚度。另外，用户可以单击 $f(x)$ 来创建一个新的分析场，或者单击来创建一个新的离散场。更多信息见第 58 章“分析场工具集”和第 63 章“离散场工具集”。

• 选择 Nodal distribution；并且选择一个分析场［使用（A）进行标签］，或者以节点为基础的离散场［使用（D）来进行标签］，来定义空间变化的、以节点为基础的壳厚度。另外，用户可以单击 $f(x)$ 来创建一个新的分析场，或者单击来创建一个新的离散场。更多信息见第 58 章“分析场工具集”和第 63 章“离散场工具集”。

3. 指定 Section Poisson′s ratio 来定义壳厚度行为。在允许大变形分析中的有限膜应变的传统壳单元中，指定截面泊松比使得壳厚度作为膜应变的函数来变化。

● 选择 Use analysis default 来使用默认的值。在 Abaqus/Standard 中，默认的值是 0.5，这将强制膜应变的不可压缩单元行为。在 Abaqus/Explicit 中，默认是以单元的材料定义为基础来进行厚度的改变。

● 选择 Specify value，并且输入泊松比的值。此值必须在-1.0 和 0.5 之间。0.0 值将强制不变的壳厚度，负值将使得壳响应拉伸膜应变时，壳厚度会增加的响应。

4. 如果用户正在指定在分析过程中积分得到复合材料铺层的属性，则选择一个方法来定义通过截面的 Temperature variation。

● 选择 Linear through thickness 来说明指定了参考面处的温度和温度梯度，或者通过层的梯度。用户可以使用载荷模块来指定这些温度。

● 选择 Piecewise linear over *n* values 来在提供的文本域中输入层上的温度点数量（值）。用户可以使用载荷模块来指定每一个点处的温度。

5. 切换选中 Density，然后输入密度的值。除了来自选中材料的贡献，层的质量还包括来自密度的贡献。

6. 对于大部分的壳截面，Abaqus 计算单元公式中要求的横向剪切刚度值。如果需要，从 Transverse Shear Stiffnesses 选项中切换选中 Specify values 来在截面定义中包括非默认的横向剪切刚度影响，并且输入 K_{11} 的值，第一方向上截面的剪切刚度；K_{12}，截面的剪切刚度中的耦合项；以及 K_{22}，第二方向上的截面剪切刚度。如果省略 K_{11} 或者 K_{22} 值，或者给成值零，则将为两个值使用非零的值。更多信息见《Abaqus 分析用户手册——单元卷》的 3.6.5 节“使用分析中积分的壳截面定义截面行为”中的“定义横向剪切刚度”。

5. 指定传统壳复合材料铺层的选中层显示

若要指定选中层的显示，执行以下操作：

1. 从 Composite Layup 编辑器单击 Display 表。

2. 选择 Abaqus/CAE 如何高亮显示层表中选中的层。

● 选择 On 来高亮显示选中的层。

● 选中 Off 来停止高亮显示的选中层。如果在模型中有大量的层，用户可以切换不选高亮显示来提高性能。

3. 选择 Abaqus/CAE 在选中层上显示哪一个方向。

● 选择 Ply 来在选中层上显示层方向。

● 选择 Layup 来在选中层上显示铺层方向。

● 选中 None 来停止显示方向。

4. 指定在选中层上想要显示的哪一个方向向量。用户可以切换选中 1 方向、2 方向和 3

方向上（或者法向）的向量显示，以及显示层材料方向转动之前的1方向的参考方向。

12.14.3　创建连续壳复合材料铺层

Abaqus使用完全离散化每一层的连续壳单元来模拟连续壳复合材料铺层，但连续壳单元具有以壳理论为基础的运动学行为。连续壳复合材料铺层是由不同方向上的不同材料制成的。一个铺层可以在不同区域包含不同数量的层。更多信息见第23章“复合材料铺层”。

连续壳复合材料铺层在其厚度上预计只有一个单独的单元，并且该单元包含铺层表格中定义的多个铺层。如果用户赋予连续壳复合材料铺层的区域包含多个单元，则每个单元都包含铺层表格中定义的铺层，且分析将不符合预期。

用户对连续壳单元在铺层中的铺层方向进行选择，这允许Abaqus更加精确地模拟整个厚度的响应。此外，连续壳复合材料铺层考虑了双侧接触和厚度变化，这比传统的壳复合材料铺层提供更加精确的模拟。更多信息见《Abaqus分析用户手册——单元卷》的3.6.4节“壳截面行为”。

当用户创建连续壳复合材料铺层时，用户必须选择截面积分方法。用户可以选择在分析之前提供截面属性数据（前积分点连续壳复合材料铺层），或者让Abaqus在分析过程中从积分点计算（积分）横截面行为。

分析过程中的连续壳复合材料铺层积分，允许通过整个连续壳厚度上的数值积分来计算横截面的行为，这样在材料模拟中完整地提供生成。可以在整个厚度上定义任意数量的材料点，并且材料响应可以点到点地发生变化。当复合材料铺层包括非线性的材料行为时，用户通常可以使用分析过程中积分的连续壳单元。用户必须使用分析过程中积分的连续壳单元来模拟热传导。更多信息见《Abaqus分析用户手册——单元卷》的3.6.5节“使用分析中积分的壳截面定义截面行为”。

可以使用预先积分的连续壳复合材料铺层，来定义线性弯矩和力-膜应变之间的关系。在此情况中，以截面力和力矩的形式来完成所有的计算。通过弹性材料来指定截面属性；用户也可以在铺层的期望行为或者组成的假定基础上应用理想化。如果铺层的响应是线弹性的，并且铺层的响应不依赖温度的变化或者预定义的场变量，则用户应当使用预先积分的连续壳复合材料铺层。更多信息见《Abaqus分析用户手册——单元卷》的3.6.6节“使用通用壳截面定义截面行为”。

在用户已经创建了一个连续壳复合材料铺层后，用户可以使用铺层图来显示铺层区域核心样本的图像表示。更多信息见第53章“查看铺层图”。

下面的部分介绍如何创建一个连续壳复合材料铺层：

- “创建一个连续壳复合材料铺层”
- “指定连续壳复合材料铺层的层”
- “指定连续壳复合材料铺层的壳参数”
- “指定连续壳复合材料铺层的选中层显示”

1. 创建一个连续壳复合材料铺层

用户可以定义具有指定铺层方向的连续壳复合材料铺层，由一个或者多个材料制成的层构成。对于每一个铺层，用户可以指定名称、材料、相对厚度、方向和积分点数量。此外，用户可以选择要赋予层的区域。更多信息见《Abaqus 分析用户手册——单元卷》的 3.6.5 节“使用分析中积分的壳截面定义截面行为”中的“定义复合壳截面”。

若要创建一个连续壳复合材料铺层，执行以下操作：

1. 从主菜单栏选择 Composite→Create。

出现 Create Composite Layup 对话框。

技巧：用户也可以单击 Composite Layup Manager 中的 Create，或者选择属性模块工具箱中的复合材料铺层创建工具。

2. 输入复合材料铺层名称。Abaqus/CAE 在铺层图中显示此名称。有关命名对象的更多信息，见 3.2.1 节“使用基本对话框组件”。

3. 指定初始层数。当出现复合材料铺层编辑器时，此编辑器将为每一个层显示一个行；然而，用户可以使用编辑器来后续添加或删除层。

4. 将 Element Type 选择成 Continuum Shell，然后单击 Continue。

出现复合材料铺层编辑器。

5. 输入铺层的描述。Abaqus/CAE 在复合材料铺层管理器中显示此描述。

6. 进行下面的一个操作来指定铺层方向。

1）选择 Part global 来使用零件的坐标系，然后选择表示 Normal direction 的轴。

2）选择 Coordinate system 来选择一个现有的坐标系（或者创建一个新的坐标系，然后选择它），并且进行下面的操作。

a. 选择代表 Normal direction 的轴。

b. 指定一个额外的转动。选中的坐标系围绕选中的轴转动一定角度。用户可以指定一个角度，或者选择一个现有的标量离散场来定义在铺层上空间变化的角度。Abaqus/CAE 仅允许用户选择有效的离散场，额外的转动则是对单元施加标量离散场。用户也可以通过单击来创建一个新的离散场。更多信息见第 63 章“离散场工具集”。

3）选择 Discrete 来定义离散方向，并进行下面的操作。

a. 单击。

b. 在出现的 Edit Discrete Orientation 对话框中，使用 12.16 节“为材料方向和复合材料铺层方向赋予离散方向”中描述的过程来定义法向轴和主轴。

c. 选择代表 Normal direction 的轴。

d. 指定一个额外的转动。方向围绕选中的法向轴转动一定角度。用户可以指定一个角度，或者选择或创建一个标量离散场来定义在铺层上空间变化的角度。Abaqus/CAE 仅允许用户选择有效的离散场，额外的转动则是对单元施加标量离散场。用户也可以通过单击来创建一个新的离散场。更多信息见第 63 章“离散场工具集”。

4）选择 User-defined 来定义用户子程序 ORIENT 中的方向。此方向仅对于 Abaqus/Standard 分析是有效的。更多的信息见下面的章节。

—19.8.6 节“指定通用作业设置”。

—《Abaqus 用户子程序参考手册》的 1.1.15 节“ORIENT”。

5）选择方向离散场的名称来指定整个铺层上空间变化的坐标系。用户也可以通过单击 Definition 域右边的来创建一个新的离散场。更多信息见第 63 章“离散场工具集”。在选择离散场后，用户必须进行下面的操作。

a. 选择代表 Normal direction 的轴。

b. 指定额外的转动。选中的坐标系围绕选中的轴转动一定角度。用户可以指定一个角度，或者选择或创建一个标量的离散场来定义在铺层上空间变化的角度。

铺层方向是使用默认方向坐标系的任何层的参考方向（在铺层表的 CSYS 列中由<Layup>表示）。Abaqus 将为各层中的材料计算和应力输出、截面力输出和横向剪切刚度使用此方向。用户可以通过指定参考方向和/或转动角度来指定连续壳复合材料铺层中各层的不同方向。更多信息见 23.3 节“理解复合材料铺层和方向”。

7. 选择下面的一个来指定连续壳单元的铺层方向。

- Element direction 1。
- Element direction 2。
- Element direction 3。
- Layup orientation（此叠加方向与铺层方向垂直）。

用户可以使用查询工具集来确定网格铺层方向。然而，所显示的方向仅考虑扫掠路径；它们没有考虑上面描述的铺层方向变化。有关查询工具集的更多信息，见 71.2.1 节“使用查询工具集来查询模型”。有关网格铺层方向的更多信息，见《Abaqus 分析用户手册——单元卷》的 3.6.1 节“壳单元：概览”中的“定义堆叠方向和厚度方向”。

8. 选择下面 Section integration 方法中的一个。

- 选择 During analysis 为在分析过程中积分的连续复合材料铺层指定属性。
- 选择 Before analysis 为预先积分的连续复合材料铺层指定属性。

9. 如果用户指定在分析之前积分复合材料铺层的属性，则以期望的行为或者铺层构成假定为基础来指定施加到壳的 Idealization。更多信息见《Abaqus 分析用户手册——单元卷》的 3.6.6 节“使用通用壳截面定义截面行为”中的“截面响应的理想化”。

- 选择 No idealization 来将壳的完整刚度考虑成由赋予的材料和层复合材料来决定。
- 如果用户不知道复合材料铺层中的确切层堆栈序列，则选择 Smeared properties。每一个指定层的贡献弥散到铺层的整个厚度上，产生与铺层次序无关的通用响应。
- 如果壳的主要响应将是平面中的拉伸，则选择 Membrane only；从壳刚度计算中去除弯曲刚度项。
- 如果壳的主要响应将是纯弯曲，则选择 Bending only；从壳刚度计算中去除膜刚度项。

10. 如果用户正指定在分析过程中积分复合材料铺层的属性，则选择 Thickness integration rule。

- 选择 Simpson 来为壳截面积分使用 Simpson 法则。

• 选择 Gauss 来为壳截面积分使用 Gauss 积分。

更多信息见《Abaqus 分析用户手册——单元卷》的 3.6.5 节“使用分析中积分的壳截面定义截面行为”中的“定义壳截面积分”。

11. 当用户完成壳复合材料铺层定义时，单击 OK 来保存用户更改并且关闭编辑器。

2. 指定连续壳复合材料铺层的层

复合材料铺层由一系列的层构成。用户可以选择赋予层的区域，并且指定每一层的名称、材料、厚度、方向和积分点数量。用户必须指定在整个模型上独特的层名称，来确保以层为基础的结果正确显示。使用层表格上的面图标或者在层表格上右击鼠标来显示一个菜单，此菜单允许用户编辑表单元的内容，并且操控表中的数据；例如，用户可以添加和删除层、阵列层和反向层。用户也可以从一个文件读取数据到表中，或者从表中将数据写到一个文件。更多信息见 12.14.1 节“当定义一个复合材料铺层时使用层列表”。

若要指定连续壳复合材料铺层的层，执行以下操作：

1. 从 Composite Layup 编辑器单击 Plies 表。

2. 如果复合铺层中的层是关于中心核对称的，则切换选中 Make calculated sections symmetric。输入层表格中的层，开始的第一行是底层，结束的最后一行是中心层。在分析过程中，Abaqus 通过反向重复已经输入的层（包括中心层），来将到铺层顶部的层附加到铺层定义中。在层普通图中对生成的每一个层进行标签，并且通过在重复的层原始名称前添加 Sym_来在输出数据库中标签层。

如果使用离散场来定义铺层中层的厚度或者转动角度，则不能使用此选项。

3. 对于每一个层，在层表中输入下面的数据。

Ply Name

层的名称。当用户正在显示模块和层堆栈图中显示复合材料铺层时，Abaqus/CAE 显示此名称。

Region

选择赋予层的区域。用户可以从视口选择面，或者用户可以选择参照一个面的集合。如果用户正在显示网格划分了的关联零件，则用户可以从视口选择实体单元或者选择一个单元集合。要从视口选择单元，用户必须显示本地网格，并且用户必须使用 Selection 工具栏来使得可以选择 3D Elements。用户也可以从网格划分零件选择壳单元。更多信息见 17.3.11 节“显示本地网格划分”，以及 6.3.2 节“根据对象类型过滤用户的选择”。

Material

层的材料名称。右击鼠标，从出现的菜单选择 Edit Material，并且进行下面的操作。

• 从可以选择材料的列表中选择期望的材料。

• 单击 σ/ε 来创建一个新的材料。

Element Relative Thickness

相对层厚度。

对于连续壳单元，Abaqus 从单元几何形体确定厚度，然后对于一个给定的铺层，厚度可以在模型上变化。这样，用户指定的厚度值仅是每一层的相对厚度。层的实际厚度是单元厚度乘以每一层与总厚度的比例。用户没有必要使用物理单位来为层指定厚度比，并且各层相对厚度的总和不必为 1。

Coordinate system

要定义将要用作层参考方向基础的坐标系，可以进行下面的操作。

• 右击鼠标，然后从出现的菜单选择 Edit CSYS。

注意：如果从菜单选择 Edit Orientation，用户可以定义坐标系和转动角度。

• 选择基础方向。用户可以选择基础铺层方向或者一个坐标系。如果用户选择一个坐标系，则用户必须选择定义法向的轴。

Rotation Angle

层参考方向的附加转动（围绕法向逆时针）。在表中直接输入一个均匀的转动，或者右击鼠标，然后选择 Edit Rotation Angle 来进行下面的操作。

• 选择预定义的角度（0°、45°、90°或者-45°）来定义一个均匀的转动。

• 选择 Uniform，并且输入 Angle 来定义一个均匀的转动。

• 选择一个标量离散域来定义层上空间变化的转动。用户也可以通过单击来创建一个新的离散场。

Integration Points

如果用户正指定在分析过程中积分复合材料铺层的属性，则是积分点的数量。

3. 指定连续壳复合材料铺层的壳参数

若要指定连续壳复合材料铺层的壳参数，执行以下操作：

1. 从 Composite Layup 编辑器单击 Shell Parameters 表。

2. 指定 Section Poisson's ratio 来定义壳厚度行为。

• 切换选中 Use analysis default 来使用默认的值。在 Abaqus/Standard 中，默认值是 0.5，这将强制对于膜应变单元的不可压缩行为。在 Abaqus/Explicit 中，此默认值是以单元材料定义为基础来改变厚度的。

• 切换选中 Specify value，并且输入泊松比的值。此值必须在-1.0 与 0.5 之间。0.0 值将强制不变的壳厚度，负值将使得响应拉伸膜应变时，壳厚度会增加。

3. 切换选中 Thickness modulus，然后输入厚度模量的值。如果用户不输入值，则 Abaqus 假定有效的厚度模量以材料定义为基础的初始平面剪切模量的两倍。

4. 如果用户要指定在分析过程中积分复合材料铺层的属性，则为定义截面上的 Temperature variation 选择一个方法。

• 选择 Linear through thickness 来说明已经指定参考面处的温度和温度梯度，或者通过截面的梯度。用户可以使用载荷模块来指定这些温度。

• 选择 Piecewise linear over n values 来在提供的文本域中输入通过截面的温度点数量（值）。用户可以使用载荷模块来指定每一个这些点上的温度。

5. 切换选中 Density，然后输入壳的单位面积质量值。壳的质量除了来自选中材料的贡献，还包括来自密度的贡献。

6. 对于大部分的连续壳复合材料铺层，Abaqus 将计算单元方程中要求的横向剪切刚度值。如果需要，从 Transverse Shear Stiffnesses 选项中切换选中 Specify values 来在截面定义中包括非默认的横向剪切刚度效应，然后输入 K_{11}，即第一方向中的截面剪切刚度；K_{12}，即截面剪切刚度中的耦合项；以及 K_{22}，即第二方向上的截面剪切刚度。如果省略 K_{11} 或者 K_{12}，或者给成零，则两者有非零值。更多信息见《Abaqus 分析用户手册——单元卷》的 3.6.5 节“使用分析中积分的壳截面定义截面行为”中的“定义横向剪切刚度”。

4. 指定连续壳复合材料铺层的选中层显示

若要指定选中层的显示，执行以下操作：

1. 从 Composite Layup 编辑器单击 Display 表。
2. 选择 Abaqus/CAE 如何高亮显示层表格中的选中层。
- 选择 On 来高亮显示选中的层。
- 选中 Off 来停止高亮显示的选中层。如果用户在模型中有大量的层，则用户可以切换不选高亮显示来提高性能。

3. 为 Abaqus/CAE 选择在选中层上显示的方向。
- 选择 Ply 来在选中层上显示层方向。
- 选择 Layup 来在选中层上显示铺层方向。
- 选中 None 来停止显示方向。

4. 指定在选中层上想要显示的方向向量。用户可以切换选中 1 方向、2 方向和 3 方向（或者法向）上的向量显示，以及显示层材料方向转动之前的 1 方向的参考方向。

12.14.4 创建实体复合材料铺层

在大部分情况中，用户应将复合材料实体建模为一个壳或连续壳的复合材料铺层。但是，用户应当在以下情况使用实体复合材料铺层：

- 当横向剪切效应占主导地位时。
- 当用户不能忽略法向应力时。
- 当需要精确的层间应力时，如复杂载荷或几何形体的局部区域附近。

实体复合材料铺层在其厚度上预计有一个单独的单元，并且该单元包含铺层表格中定义的多个铺层。如果用户赋予实体复合材料铺层的区域包含多个单元，则每个单元都将包含铺层表格中定义的铺层，且分析结果将不符合预期。

下面的部分介绍如何创建一个实体复合材料铺层：

- “创建实体复合材料铺层”
- “指定实体复合材料铺层的层”
- “指定实体复合材料铺层的选中层显示”

1. 创建实体复合材料铺层

在 Abaqus/Standard 中，实体单元可以为层压复合材料实体的分析提供多个具有不同材料的层；然而，在 Abaqus/Explicit 中，实体单元仅可以包含单一均质材料。复合材料实体的使用权限仅限于仅具有位移自由度的三维六面体单元。使用复合材料实体单元主要是由于模拟便利。它们通常不提供比复合材料壳单元更好的精确解。更多信息见《Abaqus 分析用户手册——单元卷》的 2.1.1 节“实体（连续）单元”中“定义 Abaqus/Standard 中的复合实体单元”，以及《Abaqus 分析用户手册——单元卷》的 2.1.1 节“实体（连续）单元”中的“使用 Abaqus/Standard 中的实体单元模拟厚的复合材料”。

若要创建实体复合材料铺层，执行以下操作：

1. 从主菜单栏选择 Composite→Create。

出现 Create Composite Layup 对话框。

技巧：用户也可以单击 Composite Layup Manager 中的 Create，或者选择属性模块工具箱中的复合材料铺层创建工具。

2. 输入复合材料铺层名称。有关命名对象的更多信息，见 3.2.1 节“使用基本对话框组件”。

3. 指定初始层数。当出现复合材料铺层编辑器时，此编辑器将为每一个层显示一个行；但用户也可以使用编辑器来添加或者删除层。

4. 将 Element Type 选择成 Continuum Shell，然后单击 Continue。

出现复合材料铺层编辑器。

5. 输入铺层的描述。Abaqus/CAE 在复合材料铺层管理器中显示此描述。

6. 进行下面的一个操作来指定铺层方向：

1）选择 Coordinate system 来选择一个现有坐标系（或者创建一个新的坐标系并选择它），并且进行下面的操作。

a. 选择代表 Rotation axis 的轴。

b. 指定一个额外的转动。选中的坐标系围绕选中的轴转动一定角度。用户可以指定一个角度，或者选择一个现有的标量离散场来定义在铺层中空间变化的角度。Abaqus/CAE 仅允许用户选择有效的离散场，额外的转动则是对单元施加标量离散场。用户也可以通过单击来创建一个新的离散场。更多信息见第 63 章“离散场工具集”。

2）选择 Discrete 来定义离散方向，并进行下面的操作。

a. 单击。

b. 在出现的 Edit Discrete Orientation 对话框中，使用 12.16 节“为材料方向和复合材料铺层方向赋予离散方向”中描述的过程来定义法向轴和主轴。

c. 选择代表 Rotation axis 的轴。

d. 指定一个额外的转动。围绕选中的法向轴转动一定角度。用户可以指定一个角度，或者选择或创建一个标量离散场来定义在铺层上空间变化的角度。Abaqus/CAE 仅允许用户选择有效的离散场，额外的转动则是对单元施加标量离散场。用户也可以通过单击来创建一个新的离散场。更多信息见第 63 章“离散场工具集”。

3）选择 User-defined 来定义用户子程序 ORIENT 中的方向。此方向仅对于 Abaqus/

Standard 分析是有效的。更多信息见下面的章节。

—19.8.6 节“指定通用作业设置”。

—《Abaqus 用户子程序参考手册》的 1.1.15 节“ORIENT”。

4）选择方向离散场的名称来指定整个铺层上空间变化的坐标系。用户也可以通过单击 Definition 域右边的来创建一个新的离散场。更多信息见第 63 章“离散场工具集”。在选择离散场后，用户必须进行下面的操作。

a. 选择代表 Rotation axis 的轴。

b. 指定额外的转动。选中的坐标系围绕选中的轴转动一定角度。用户可以指定一个角度，或者用户可以选择或者创建一个标量的离散场来定义在铺层上空间变化的角度。

铺层方向是使用默认方向坐标系的任何层的参考方向（在铺层表的 CSYS 列中由<Layup>表示）。Abaqus 将为各层中的材料计算和应力输出、截面力输出和横向剪切刚度使用此方向。用户可以通过指定参考方向和/或转动角度，来指定连续壳复合材料铺层中各层的不同方向。更多信息见 23.3 节“理解复合材料铺层和方向”。

7. 选择下面的一个来指定连续壳单元的铺层方向。

- Element direction 1
- Element direction 2
- Element direction 3

用户可以使用查询工具集来确定网格铺层方向。然而，所显示的方向仅考虑扫掠路径；它们没有考虑上面描述的铺层方向变化。有关查询工具集的更多信息，见 71.2.1 节“使用查询工具集来查询模型”。有关网格铺层方向的更多信息，见《Abaqus 分析用户手册——单元卷》的 3.6.1 节“壳单元：概览”中的“定义堆叠方向和厚度方向”。

2. 指定实体复合材料铺层的层

复合材料铺层由一系列的层构成。用户选择赋予层的区域，并且指定每一层的名称、材料、厚度、方向和积分点数量。用户必须指定在整个模型上独特的层名称来确保以层为基础的结果得到正确显示。使用层表格上面的图标或者在层表格上右击鼠标来显示一个菜单，此菜单允许用户编辑表中单元的内容，并且操控表中的数据；例如，用户可以添加和删除层、阵列层和反向层。用户也可以从一个文件读取数据到表中，或者从表中将数据写入一个文件。更多信息见 12.14.1 节“当定义一个复合材料铺层时使用层列表”。

若要指定实体复合材料铺层的层，执行以下操作：

1. 从 Composite Layup 编辑器单击 Plies 表。

2. 如果复合铺层中的层是关于中心核对称的，则切换选中 Make calculated sections symmetric。在层表格中输入层，开始的第一行是底层，结束的最后一行是中心层。在分析过程中，Abaqus 通过反向重复已经输入的层（包括中心层），来将到铺层顶部的层附加到铺层定义中。在层铺层图中对生成的每一个层进行标签，并且通过在重复的层原始名称前添加 Sym_来在输出数据库中标签层。

如果使用离散场来定义铺层中层的厚度或者转动角度，则不能使用此选项。

3. 对于每一个层，在层表格中输入下面的数据。

Ply Name

层的名称。当用户正在显示模块和铺层图中显示复合材料铺层时，Abaqus/CAE 显示此名称。

Region

选择赋予层的区域。用户可以从视口选择面，或者用户可以选择参照一个面的集合。如果正在显示网格划分后的关联零件，则用户可以从视口选择实体单元或者选择一个单元集合。要从视口选择单元，用户必须显示本地网格，并且必须使用 Selection 工具栏来使得可以选择 3D Elements。用户也可以从网格划分零件选择壳单元。更多信息见 17.3.11 节“显示本地网格划分”，以及 6.3.2 节“根据对象类型过滤用户的选择”。

Material

层的材料名称。右击鼠标，从出现的菜单选择 Edit Material，并且进行下面的操作。

- 从可以选择材料的列表中选择想要的材料。
- 单击来创建一个新的材料。

Element Relative Thickness

相对层厚度。

对于连续壳单元，Abaqus 从单元几何形体确定厚度，然后对于一个给定的铺层，厚度可以在模型上发生变化。这样，用户指定的厚度值仅是每一层的相对厚度。层的实际厚度是单元厚度乘以每一层与总厚度的比例。用户没有必要使用物理单位来为层指定厚度比，并且各层相对厚度的总和不必为 1。

Coordinate system

要定义将要用作层参考方向基础的坐标系，进行下面的操作。

- 右击鼠标，然后从出现的菜单选择 Edit CSYS。

注意：如果从菜单选择 Edit Orientation，则用户可以定义坐标系和转动角度。

- 选择基础方向。用户可以选择基础铺层方向，或者用户可以选择一个坐标系。如果用户选择一个坐标系，则用户必须选择定义法向的轴。

Rotation Angle

层参考方向的附加转动（围绕法向逆时针）。在表中直接输入一个均匀的转动，或者右击鼠标，然后选择 Edit Rotation Angle 来进行下面的操作。

- 选择预定义的角度（0°、45°　90°或者−45°）来定义一个均匀的转动。
- 选择 Uniform，并且输入 Angle 项的值来定义一个均匀的转动。
- 选择一个标量离散域来定义层上空间变化的转动。用户也可以通过单击来创建一个新的离散场。

Integration Points

如果用户正在指定在分析过程中积分复合材料铺层的属性，则是积分点的数量。

3. 指定实体复合材料铺层的选中层显示

若要指定选中层的显示，执行以下操作：

1. 从 Composite Layup 编辑器单击 Display 表。

2. 选择 Abaqus/CAE 如何高亮显示层表格中选中的层。

• 选择 On 来高亮显示选中的层。

• 选中 Off 来停止高亮显示选中的层。如果用户在模型中有大量的层，则用户可以切换不选高亮显示来提高性能。

3. 选择 Abaqus/CAE 在选中层上显示的方向。

• 选择 Ply 来在选中层上显示层方向。

• 选择 Layup 来在选中层上显示铺层方向。

• 选中 None 来停止显示方向。

4. 指定在选中层上想要显示的方向向量。用户可以切换选中 1 方向、2 方向和 3 方向上（或者法向）的向量显示，以及显示层材料方向转动之前的 1 方向参考方向。

12.15 对零件赋予截面、方向、法向和切向

本节介绍如何使用 Assign 菜单来给零件赋予属性，以及如何管理截面赋予，包括以下主题：

- 12.15.1 节 “赋予一个截面”
- 12.15.2 节 “管理截面赋予”
- 12.15.3 节 “赋予一个梁方向”
- 12.15.4 节 “赋予材料方向或者加强筋参考方向”
- 12.15.5 节 “赋予壳/膜法向”
- 12.15.6 节 “赋予梁/杆切向”

12.15.1 赋予一个截面

用户可以通过先创建一个截面，然后选择 Assign→Section 将截面赋予零件，来给零件、零件区域，包括零件的蒙皮或者加强筋，或者单元集合赋予截面属性。赋予一个零件的截面属性会自动将其赋予到装配中零件的所有实例。Abaqus/CAE 在属性模块中将区域着色成绿色来说明该区域具有一个截面赋予，如果存在重复的截面赋予，则区域着色成黄色。如果用户删除一个已经在一个截面赋予中使用过的截面，则 Abaqus/CAE 将区域着色成红色来说明没有找到此截面。

注意：赋予的顺序是有关联的；当截面赋予重复时，起作用的将是最后赋予的截面。

用户也可以使用 Section Assignment Manager 来显示、创建、编辑、抑制、恢复和删除截面赋予。更多信息见 12.15.2 节 “管理截面赋予”。用户可以使用查询工具集来确认已经给选中区域赋予的正确的截面。更多信息见 12.19 节 “使用查询工具集获取赋予信息”。

用户可以在除了包含欧拉零件的区域之外，模型中的任何地方创建重复的截面赋予。仅可以对欧拉零件施加单个截面赋予，并且用户不能对欧拉零件施加另外一个截面赋予，即使抑制了原来的截面赋予。

当用户从输入文件导入网格时，也可以导入与网格关联的一些截面属性；在这些情况中，没有必要赋予零件截面属性。更多信息见 10.5.2 节 “从 Abaqus 输入文件导入模型”。

若要给零件赋予一个截面，执行以下操作：

1. 如果用户想要赋予一个截面的零件在当前视口中不可见，则单击位于环境栏的 Part

列表中的期望零件。

用户选择的零件出现在当前视口中。

2. 从主菜单栏选择 Assign→Section。

技巧：用户也可以单击 Section Assignment Manager 中的 Create，或者选择属性模块工具箱中的工具。

3. 从视口中选择零件的区域，然后单击鼠标键 2 来说明用户已经完成了选择（更多信息见第 6 章“在视口中选择对象”）。如果欧拉零件在当前的视口中，则 Abaqus/CAE 自动地选择整个零件。

技巧：用户可以通过使用 Selection 工具栏中的工具来限制在视口中可以选择的对象类型。更多信息见 6. 3 节“使用选择选项”。

如果用户选择 Skins 作为对象类型，则用户可以将截面赋予整个蒙皮，或者蒙皮的一个或者多个面。从提示区域选择（pick entire skin）或者（pick partial skin），然后在视口中进行用户的选择。如果所选的零件具有多个的蒙皮，则 Abaqus/CAE 将在用户进行选择时，在提示区域中显示模糊的选取选项。

如果用户选择 Stringers 作为对象类型，则用户可以将截面赋予整个桁条，或者桁条的一条或者多条边。从提示区域选择（pick entire stringer）或者（pick partial stringer），然后在视口中进行用户的选择。如果所选的零件具有多条桁条，则 Abaqus/CAE 将在用户进行选择时，在提示区域中显示模糊的选取选项。

如果用户想从现有集合列表中选取，则进行下面的操作。

a. 单击提示区域右侧上的 Sets。

Abaqus/CAE 显示包含可用零件集合和单元集合列表的 Region Selection 对话框。

b. 选择想要的集合，然后单击 Continue。

注意：默认的选择方法基于用户最近使用的方法。若要变化成其他方法，单击提示区域右边的按钮——Select in Viewport 或者 Sets。

出现 Edit Section Assignment 对话框。此对话框包含可以赋给选中区域或者集合的现有截面列表。例如，如果用户选中一个实体区域，则在 Edit Section Assignment 对话框中出现任何现有实体截面。此外，对话框包含 Create Section 按钮以及所显示截面的截面类型、材料和区域。

4. 在 Edit Section Assignment 对话框中，选择感兴趣的截面并且单击 OK。

Abaqus/CAE 给零件或者集合赋予选中的截面，并且将选中的区域着色成绿色来说明此区域具有一个截面赋予。如果在区域上有重复的截面赋予，则 Abaqus/CAE 将此区域着色成黄色。

注意：赋予的顺序是相关联的；当截面赋予重复时，起作用的将是最后赋予的截面。

5. 赋予一个截面厚度。

From section

使用在截面定义中定义的厚度。

From geometry

使用几何截面的厚度。

6. 如果用户给壳赋予了一个均匀的或者复合材料截面，则用户可以定义用于 Shell Offset 的方法。单击 Definition 域右边的箭头，并且从出现的列表中选取用户选择的选项。

● 选择 Middle surface、Top surface 或者 Bottom surface 来表示参考面。

● 选择 Specify value，并且在 Offset ratio 域中输入从壳的中面到参考面的一个正的或者负的距离（作为壳厚度的分数）。

正的偏置将生成靠近壳顶面的节点和单元，并且一个负偏置将更加靠近底面地生成节点和单元。大于$|\pm0.5|$的偏置将造成节点超出壳的面。

● 选择一个现有的标量离散场来定义在截面上空间变化的偏置。Abaqus/CAE 允许用户仅选择有效的离散场，对于偏置，此离散场是应用于单元的标量离散场。此部分仅对于 Abaqus/Standard 分析才有效。另外，用户可以单击来创建一个新的离散场（更多信息见第 63 章“离散场工具集”）。

● 选择 From geometry 来让 Abaqus/CAE 从几何形体上定义的厚度来计算偏置。如果在 Thickness 域中选择了 From geometry，则此选项是默认的。在 Abaqus/Explicit 分析中，用户不能使用此选项来计算偏置。

7. 如果用户想要将截面赋予更多的区域，则重复步骤 3 和步骤 4。当用户完成截面赋予时，使用下面的一个方法来退出截面赋予模式。

● 如果用户正在从视口选择零件的区域，则单击鼠标键 2，或者单击提示区域中的 Done。

● 如果用户正在从 Region Selection 对话框中选择预先存在的集合，则单击 Cancel 来关闭对话框，然后单击鼠标键 2 或者单击提示区域中的 Done。

12.15.2　管理截面赋予

Section Assignment Manager 允许用户显示、创建、编辑、抑制、恢复和删除截面赋予。管理器以创建的次序列出截面赋予，并显示截面名称、截面类型、材料名称和与每一个截面赋予关联的区域。在属性模块中，Abaqus/CAE 将一个区域着色成绿色来说明区域具有一个截面赋予，或者如果存在重复截面赋予，则将区域着色成黄色。

注意：赋予的次序可能是相关联的；当截面赋予重复时，最后的赋予将起作用。

若要创建、编辑、抑制、恢复或者删除截面赋予，执行以下操作：

1. 从主菜单栏选择 Section→Assignment Manager。

2. 从管理器的底部进行下面的选择。

1）如果用户想要创建一个新的截面赋予，则单击 Create，然后依照 12.15.1 节“赋予一个截面”中描述的过程。在管理器中出现新的截面赋予。

2）如果用户想要编辑一个截面赋予，则在管理器中选择截面赋予并且单击 Edit。出现 Edit Section Assignment 对话框，并且在视口中高亮显示当前赋予了此截面的区域。

a. 如果需要，为截面赋予选择不同的截面。

b. 单击 来为截面赋予选择一个新的区域。

c. 从视口或者从现有集合的列表选择一个区域，并且单击鼠标键 2 来说明用户已经完成选择。

d. 单击 OK 来关闭 Edit Section Assignment 对话框。

3）如果用户想要删除一个截面赋予，则在管理器中选择此截面并且单击 Delete。

3. 在管理器的左列中，单击绿色的对号来抑制一个截面赋予，或者单击红“×”来恢复一个被抑制的赋予。

注意：抑制和恢复一个连接器截面赋予，将抑制或者恢复对应的连接器方向。

Abaqus/CAE 更新选中零件或者区域的颜色来反映得到修改的截面赋予状态。

4. 单击 Dismiss 来关闭 Section Assignment Manager 对话框。

12.15.3 赋予一个梁方向

在用户已经将梁截面赋予零件的线框或者它的桁架之后，用户必须通过定义横截面的近似局部 1 方向来给梁截面赋予一个方向。用户赋予一个零件的梁方向，会自动地赋予到装配中那个零件的所有实例上。用户可以使用查询工具集来确认已经给选中的区域赋予了正确的梁方向。更多信息见 12.19 节“使用查询工具集获取赋予信息”。

若要对一个零件赋予一个梁方向，执行以下操作：

1. 如果用户想要赋予一个方向的零件在当前视口中不可见，则单击位于环境栏 Part 列表中的想要的零件名称。

在当前的视口中出现选中的零件。

2. 从主菜单栏选择 Assign→Beam Section Orientation。

技巧：用户也可以单击属性模块工具箱中的工具。

3. 从视口中选择零件的线框区域，然后单击鼠标键 2 来说明用户已经完成选择（更多信息见第 6 章“在视口中选择对象”）。

技巧：用户可以通过使用 Selection 工具栏中的工具来限制用户可以在视口中选择的对象类型。更多信息见 6.3 节“使用选择选项”。

如果用户选择 Stringers 作为对象类型，则用户可以对整个桁条或者它的一个或者多个边赋予梁方向。从提示区域选择（pick entire stringer）或者（pick partial stringer），然后在视口中进行用户的选择。如果所选的零件具有多个桁条，则 Abaqus/CAE 将在提示区域中显示模糊的选取选项。

如果用户想从现有集合列表中选取，则进行下面的操作。

a. 单击提示区域右侧的 Sets。

Abaqus/CAE 显示包含可用零件集合列表的 Region Selection 对话框。在列表中出现仅包含线框的零件集合。

b. 选择感兴趣的零件集合，然后单击 Continue。

注意：默认的选择方法基于最近采用的选择方法。要更改成其他方法，单击提示区域右侧的按钮——Select in Viewport 或者 Sets。

4. Abaqus/CAE 提示用户输入表示模糊 n_1 方向（横截面的局部 1 方向）的向量。有关定义 n_1 方向的更多信息，见《Abaqus 分析用户手册——单元卷》的 3.3.4 节“梁单元横截面方向”。

注意：如果在二维模拟空间创建零件，则 n_1 总是与 X-Y 平面垂直（0.0，0.0，-1.0）。

Abaqus/CAE 在选中线框区域中显示（n_1，n_2，t）轴坐标系。

5. 如果显示的（n_1，n_2，t）轴坐标系是正确的，则单击提示区域中的 OK 来确认选择。如果用户希望改变梁方向，单击 Previous 按钮（←）并且输入一个新的 n_1 方向。

6. 如果用户想要对其他的线框区域赋予梁方向，则重复步骤 3~步骤 5。

7. 单击鼠标键 2 来说明用户已经完成赋予梁方向。

12.15.4　赋予材料方向或者加强筋参考方向

用户可以赋予材料方向或者加强筋方向。下面的部分介绍如何赋予这些方向：

- “赋予材料方向”
- “赋予加强筋参考方向”

1. 赋予材料方向

整体坐标系确定默认材料方向。然而，用户可以通过选择一个基准坐标系或者离散场，或者通过定义一个离散方向来对壳、实体零件、区域、蒙皮或者桁条赋予指定的材料方向。对于一个 Abaqus/Standard 分析，用户可以在用户子程序 ORIENT 中定义局部坐标系。基准坐标系可以是矩形的、圆柱的或者球形的。并且如果想要的话，用户可以对坐标系施加额外的转动。更多信息见《Abaqus 分析用户手册——介绍、空间建模、执行与输出卷》的 2.2.5 节“方向”。

在 Abaqus/CAE 试图在坐标系的奇点上为材料方向画坐标系的情况中（即，用户在此点上选择的坐标系和来自几何或者单元的几何法向不能产生一个有效的方向，不能在 Abaqus/CAE 中显示），将不能实现坐标系。

对于连续的壳单元，Abaqus/CAE 不在中面上对显示的材料方向进行投影。用户可以执行一个数据检查，或者在显示模块中显示输出数据库来确认材料方向。更多信息见 19.7.3 节“对模型进行数据检查”。

用户赋予一个零件或者区域的材料方向会自动赋予到装配中零件的所有实例上的。用户可以使用查询工具集来确认用户已经对选中的区域赋予了正确的材料方向。更多信息见 12.19 节“使用查询工具集获取赋予信息”。

用户可以通过在模型树中的材料方向上右击鼠标，然后从出现的列表中选择抑制或者恢复选项，来编辑、抑制和恢复之前定义的材料方向。更多信息见 3.4.3 节“抑制和恢复对象”。

若要对一个零件赋予一个材料方向，执行以下操作：

1. 如果当前视口中没有显示用户想要赋予材料方向的零件，则单击位于环境栏中的 Part 列表里的期望零件名称。

在当前视口中出现选中的零件。

2. 从主菜单栏选择 Assign→Material Orientation。

技巧：用户也可以单击属性模块工具箱中的工具。

3. 从视口中选择壳或者实体区域，并且单击鼠标键 2 来说明用户已经完成选择（更多信息见第 6 章“在视口中选择对象”）。

技巧：用户可以通过使用 Selection 工具栏中的工具来限制用户可以在视口中选择的对象类型。更多信息见 6.3 节“使用选择选项”。

如果用户选择 Skins 作为对象类型，则用户可以对整个蒙皮或者它的一个或者多个面赋予材料方向。从提示区域，选择（pick entire skin）或者（pick partial skin），然后在视口中进行用户的选择。如果所选的零件具有多个蒙皮，则在用户进行选择时，Abaqus/CAE 将在提示区域中显示模糊的选取选项。

如果用户选择 Stringers 作为对象类型，则用户可以对整个桁条或者它的一个或者多个边赋予梁方向。从提示区域选择（pick entire stringer）或者（pick partial stringer），然后在视口中进行用户的选择。如果所选的零件具有多个桁条，则在用户进行选择时，Abaqus/CAE 将在提示区域中显示模糊的选取选项。

如果用户想从现有集合列表中选取，则进行下面的操作。

a. 单击提示区域右侧的 Sets。

Abaqus/CAE 显示包含可用零件集合列表的 Region Selection 对话框。在列表中出现仅包含线框的零件集合。

b. 选择感兴趣的零件集合，然后单击 Continue。

注意：默认的选择方法基于最近采用的选择方法。要更改成其他方法，单击提示区域右侧的按钮——Select in Viewport 或者 Sets。

4. 如果用户想要使用现有的基准坐标系来指定一个材料方向，则进行下面的操作。

a. 选择基准坐标系。

- 在视口中选择一个坐标系。
- 通过名称来选择一个基准坐标系。从提示区域单击 Datum CSYS List，从列表中选择一个名称，然后单击 OK。

Abaqus/CAE 显示为区域指定的结果材料方向，并且出现 Edit Material Orientation 对话框。

b. 选择 Axis 1、Axis 2 或者 Axis 3 来指定坐标系轴。

- 对于壳区域，在对话框的 Normal Direction 部分指定与壳近似垂直的坐标系轴。
- 对于实体区域，在对话框的 Additional Rotation Direction 部分指定坐标系轴，以及围绕此轴发生可选的额外转动。

c. 如果需要，使用下面的方法，用户可以设置材料方向围绕壳法向的额外转动（对于一个壳区域）或者围绕基准坐标系轴局部轴的额外转动（对于实体区域）。

• 选择 Angle，然后输入以度为单位的额外转动。

• 选择 Distribution，然后选择现有标量离散场来定义在区域上空间变化的角度。另外，用户可以单击来创建一个新的离散场（更多信息见第 63 章“离散场工具集”）。

如果需要的话，Abaqus/CAE 施加额外的转动，并且显示施加到区域上的最终材料方向。

5. 如果用户想要使用整体坐标系（默认的）或者指定离散方向、用户子程序或者离散场中的材料方向，则从提示区域中单击 Use Default Orientation or Other Method。用户也可以选择现有的基准坐标系，或者使用此过程来创建一个新的坐标系。

a. 在出现的 Edit Material Orientation 对话框中，单击 Definition 域右边的箭头，然后选择下面的一个。

• 选择 Coordinate system，然后单击来从视口选择一个坐标系，或者通过名称选择坐标系。另外，用户可以单击来创建新的基准坐标系。

• 选择 Global 来使用整体坐标系，或者将之前赋予的材料坐标系重新设置成整体坐标系。

• 选择 Discrete，并且单击来定义一个离散的方向。在出现的 Edit Discrete Orientation 对话框中，使用 12.16 节“为材料方向和复合材料铺层方向赋予离散方向”中描述的过程来定义法向轴和主轴。

• 选择 User-defined 来在用户子程序 ORIENT 中定义方向。此选项仅对于 Abaqus/Standard 分析才有用。更多的信息见下面的章节。

—19.8.6 节“指定通用作业设置”

—《Abaqus 用户子程序参考手册》的 1.1.15 节“ORIENT”

• 选择离散场来定义空间变化的方向。另外，用户可以单击 Definition 域右边的来创建一个新的离散场（更多信息见第 63 章“离散场工具集”）。

b. 选择 Axis 1、Axis 2 或者 Axis 3 来指定坐标系轴。

• 对于壳区域，在对话框的 Normal Direction 部分指定与壳近似垂直的坐标系轴。

• 对于实体区域，在对话框的 Additional Rotation Direction 部分指定坐标系轴，以及围绕此轴发生可选的额外转动。

c. 如果想要的话，使用下面的一个方法，用户可以设置材料方向围绕壳法向的额外转动（对于一个壳区域）或者围绕基准坐标系轴局部轴的额外转动（对于实体区域）。

• 选择 Angle，然后输入以度为单位的额外转动。

• 选择 Distribution，然后选择现有标量离散场来定义区域上空间变化的角度。另外，用户可以单击来创建一个新的离散场（更多信息见第 63 章“离散场工具集”）。

如果需要的话，Abaqus/CAE 施加额外的转动，并且显示施加到区域上的最终材料方向。

d. 选择下面的一项来指定连续壳单元或者实体单元的铺层方向。

• Element isoparametric direction 1。

• Element isoparametric direction 2。

• Element isoparametric direction 3（bottom to top）。

• Normal direction of material orientation（Continuum Shells only）。铺层方向是材料方向的

方向 3。

如果选中的网格已经进行了单元划分，则 Abaqus/CAE 显示每一个单元的材料铺层方向。

6. 单击对话框中的 OK。

2. 赋予加强筋参考方向

加强筋层的角方向是相对于加强筋参考方向来定义的。整体坐标系确定默认的加强筋参考方向。然而，用户可以通过从视口选择一个现有的基准坐标系，然后选择基准坐标系上的一个轴来对壳零件、区域、蒙皮或者桁条赋予一个加强筋参考方向，选择的基准坐标系上的轴近似壳法向的方向。基准坐标系可以是矩形的、圆柱的或者球形的；并且如果想要的话，用户可以对坐标系施加一个额外的转动。更多信息见《Abaqus 分析用户手册——介绍、空间建模、执行与输出卷》的 2.2.5 节“方向”。

用户赋予零件或者区域的加强筋参考方向是自动赋予到装配中零件的所有实例中的。用户可以使用查询工具集来确认用户已经将正确的加强筋参考方向赋予到选中的区域中。更多信息见 12.19 节“使用查询工具集获取赋予信息”。

若要对一个零件赋予加强筋参考方向，执行以下操作：

1. 如果在当前视口中没有显示用户想要赋予加强筋参考方向的零件，则单击位于环境栏中 Part 列表里的期望零件名称。

在当前视口中出现选中的零件。

2. 从主菜单栏选择 Assign→Rebar Reference Orientation。

技巧：用户也可以单击属性模块工具箱中的工具。

3. 从视口选择区域，并且单击鼠标键 2 来说明已经完成选择（更多信息见第 6 章“在视口中选择对象”）。

技巧：用户可以通过使用 Selection 工具栏中的工具来限制用户可以在视口中选择的对象类型。更多信息见 6.3 节“使用选择选项”。

如果用户选择 Skins 作为对象类型，则用户可以对整个蒙皮或者它的一个或者多个面赋予材料方向。从提示区域，选择（pick entire skin）或者（pick partial skin），然后在视口中进行用户的选择。如果所选的零件具有多个蒙皮，则在用户进行选择时，Abaqus/CAE 将在提示区域中显示模糊的选取选项。

如果用户选择 Stringers 作为对象类型，则用户可以对整个桁条或者它的一个或者多个边赋予梁方向。从提示区域，选择（pick entire stringer）或者（pick partial stringer），然后在视口中进行用户的选择。如果所选的零件具有多个桁条，则在用户进行选择时，Abaqus/CAE 将在提示区域中显示模糊的选取选项。

如果用户想从现有集合列表中选取，则进行下面的操作。

a. 单击提示区域右侧的 Sets。

Abaqus/CAE 显示包含可用零件集合列表的 Region Selection 对话框。在列表中出现仅包含线框的零件集合。

b. 选择感兴趣的零件集合，然后单击 Continue。

注意：默认的选择方法基于最近采用的选择方法。要更改成其他方法，单击提示区域右侧上的 Select in Viewport 或者 Sets。

4. 使用下面方法的一个来指定选中区域中的一个局部坐标系。

- 在视口中选择一个坐标系。
- 通过名称来选择一个基准坐标系。从提示区域单击 Datum CSYS List，从列表中选择一个名称，然后单击 OK。
- 单击 Use Default Orientation 来使用整体坐标系。

Abaqus/CAE 显示为区域指定的结果材料方向，并且出现 Edit Material Orientation 对话框。

5. 选择 Axis 1、Axis 2 或者 Axis 3 来指定坐标系轴。

- 对于壳区域，在对话框的 Normal Direction 部分指定与壳近似垂直的坐标系轴。
- 对于实体区域，在对话框的 Additional Rotation Direction 部分指定坐标系轴，以及围绕此轴发生可选的额外转动。

6. 如果需要，使用下面的方法，用户可以设置材料方向围绕壳法向的额外转动（对于一个壳区域）或者围绕基准坐标系轴局部轴的额外转动（对于实体区域）。选择 Angle，然后为额外的转动输入以度为单位的值。

如果需要的话，Abaqus/CAE 施加额外的转动，并且显示施加到区域的最终加强筋参考方向。

7. 在对话框中单击 OK。

12.15.5　赋予壳/膜法向

当用户使用壳区域创建一个零件，或者使用线框区域创建轴对称零件时，Abaqus 为区域赋予一个法向。用户可以反向这些区域的法向。此外，用户可以将导入零件或者选中孤立单元的法向进行反转。

用户也可以反向蒙皮加强筋的法向；然而，如果在几何零件的面上定义有多个蒙皮，则用户不能仅反向这些蒙皮中的一个的法向，而不反向为此面定义的其他每一个蒙皮法向。如果具有多个蒙皮的面是一个网格零件的特征，则用户可以反向各自蒙皮的法向，而不反向在此面上定义的其他蒙皮的法向。

当用户反转一个区域法向时，定义材料方向的局部法向也反转。用户可以使用查询工具集来确认选中区域的材料方向是正确的。更多信息见 12.19 节“使用查询工具集获取赋予信息”。

若要对一个零件赋予一个壳/膜法向，执行以下操作：

1. 如果用户想要赋予法向的零件不能在当前视口中可见，则单击位于环境栏中的 Part 列表里的期望零件名称。

选中的零件出现在当前视口中。

2. 从主菜单栏选择 Assign→Element Normal。

技巧：用户也可以单击属性模块工具栏中的 ，或者选择网格划分模块中的 Mesh→Orientation→Normal。

Abaqus/CAE 使用阴影渲染风格来显示零件。面法向与壳法向重合的壳侧面（顶面）是着色成棕色的；将相反的一侧（底面）着色成紫色。

3. 如果选中的零件是以几何形体为基础的，则使用下面的一个方法来选择用户想要反转法向的区域。

1）从视口选择区域并且单击鼠标键 2（更多信息见第 6 章“在视口中选择对象”）。

技巧：用户可以通过使用 Selection 工具栏中的工具来限制可以在视口中选择的对象类型。更多信息见 6.3 节“使用选择选项”。

如果用户选择 Skins 作为对象类型，则用户可以对整个蒙皮或者它的一个或者多个面赋予材料方向。从提示区域，选择（pick entire skin）或者（pick partial skin），然后在视口中进行用户的选择。如果所选的零件具有多个蒙皮，则在用户进行选择时，Abaqus/CAE 将在提示区域中显示模糊的选取选项。

2）要从现有集合列表中选择，进行下面的选择。

a. 单击提示区域右侧的 Sets。

Abaqus/CAE 显示包含可用零件集合列表的 Region Selection 对话框。

b. 选择感兴趣的零件，然后单击 Continue。

注意：默认的选择方法基于用户最近使用的选择方法。若要改变成其他方法，单击提示区域右侧的 Select in Viewport 或者 Sets。

Abaqus/CAE 反转选中区域的壳/膜法向。

4. 如果选中的零件是一个网格划分零件，则使用下面的一个方法来选择用户想要反转法向的壳单元。

Selecting individual elements

a. 单击提示区域中 Selection method 域右边的箭头，然后从出现的列表中选择 Individually。

b. 选择用户想要反转法向的单元。

c. 使用［Shift］键+单击其他的单元来将它们添加到用户的选择中。

d. 如果必要的话，使用［Ctrl］键+单击选中的单元来不选他们。

e. 当用户完成选择单元时，单击鼠标键 2。

Specifying an existing element set

a. 单击提示区域右边的 Sets。

Abaqus/CAE 显示包含用户已经创建单元集合列表的 Region Selection 对话框。

b. 选择用户想要编辑的单元集合，然后单击 Continue。

注意：默认的选择方法基于用户最近使用的选择方法。若要改变成其他方法，单击提示区域右侧的 Select in Viewport 或者 Sets。

Selecting elements using the angle method

a. 从弹出区域中的场选择 by angle。

b. 输入一个角度（从 0°到 90°），然后选择一个单元面。Abaqus/CAE 从选中的面选择每一个相邻的壳单元，直到单元面之间的角度等于或者超出用户输入的角度（更多信息见 6.2.3 节“使用角度和特征边方法选择多个对象”）。

c. 在用户使用 by angle 方法后，用户可以使用［Shift］键+单击额外的单元来将它们添加到用户的选择，或者使用［Ctrl］键+单击已经选中的单元来从选择中将它们移除（更多信息见 6.2.8 节“组合选择技术”）。

d. 当用户完成单元选择时，单击鼠标键 2。

技巧：用户可以通过使用 Selection 工具栏中的工具来显示可以在视口中选择的对象类型，见第 6 章“在视口中选择对象”。

5. 从提示区域选择一个方法来反转壳/膜法向。

- 单击 Flip All 来反转所有选中单元的法向。
- 单击 Select Normal 来改变选中单元的法向，这样选中单元的法向指向的方向与用户指定参考单元的法向是相同的。

6. 如果用户在之前的步骤中选择 Select Normal，则进行下面的操作。

a. 在视口中，选择参考单元。

b. 在提示区域单击 OK。

Abaqus/CAE 改变选中单元的法向，这样选中单元的法向与参考单元法向是一样的。

7. 按需求重复之前的步骤来反转额外的壳/膜法向。当用户完成了法向赋予时，使用下面的一个方法来退出赋予模式。

- 如果用户正在从视口选择零件的区域或者单元，则单击鼠标键 2 或者单击提示区域中的 Done。
- 如果用户正在从 Region Selection 对话框中选择预先存在的集合，则单击 Cancel 来关闭对话框，然后单击鼠标键 2 或者单击提示区域中的 Done。

Abaqus/CAE 调整成之前选中的渲染模式来启动反转壳/膜法向的过程。

12.15.6 赋予梁/杆切向

当用户使用线框区域创建一个零件时，Abaqus 给区域赋予默认的切向。梁截面方向取决于切向。用户可以反转梁的方向或者杆的切向，来得到期望的梁截面方向。用户可以使用查询工具集来确认选中区域的梁截面方向是正确的。更多信息见 12.19 节“使用查询工具集获取赋予信息”。

用户也可以反转桁条加强的切向；然而，如果在一个几何零件的边上定义了多个桁条，则用户不能仅反转这些桁条中的一个桁条切向，而不反转为此边定义的其他桁条的切向。如果具有多个桁条的边是网格零件的一个特征，则用户可以反转一个单独桁条的切向，而不需要反转为此边定义的其他桁条的切向。

若要对一个零件赋予一个梁/杆切向，执行以下操作：

1. 如果在当前视口中没有显示用户想要赋予切向的零件，则单击位于环境栏中的 Part 列表中的期望零件名称。

在当前视口中显示选中的零件。

2. 从主菜单栏选择 Assign→Element Tangent。

技巧：用户也可以单击属性模块工具箱中的工具，或者选择网格划分模块中的 Mesh→Orientation→Tangent。

Abaqus/CAE 在每一个区域中心处的切向上显示一个箭头。

3. 使用下面的一个方法来选择用户想要反转切向的区域。

1）从视口选择区域，然后单击鼠标键 2（更多信息见第 6 章“在视口中选择对象”）。

技巧：用户可以通过使用 Selection 工具栏中的工具来限制可以在视口中选择的对象类型。更多信息见 6.3 节“使用选择选项”。

如果用户选择 Stringers 作为对象类型，则用户可以对整个桁条或者它的一个或者多个边赋予梁/杆切向。从提示区域选择（pick entire stringer）或者（pick partial stringer），然后在视口中进行用户的选择。如果所选的零件具有多个桁条，则在用户进行选择时，Abaqus/CAE 将在提示区域中显示模糊的选取选项。

2）要从现有集合的列表中选择，进行下面的操作。

a. 单击提示区域右侧的 Sets。

Abaqus/CAE 显示包含可用零件集合列表的 Region Selection 对话框。

b. 选择感兴趣的零件，并且单击 Continue。

Abaqus/CAE 为选中区域反转切向的方向。

注意：默认的选择方向基于用户最近采用的选择方法。若要改变成其他方法，单击提示区域右侧的 Select in Viewport 或者 Sets。

4. 按需求重复之前的步骤来反转额外的切向。当用户完成了切向赋予时，使用下面的一个方法来退出赋予模式。

- 如果用户正在从视口选择零件的区域，则单击鼠标键 2 或者单击提示区域中的 Done。
- 如果用户正在从 Region Selection 对话框中选择预先存在的集合，则单击 Cancel 来关闭对话框，然后单击鼠标键 2 或者单击提示区域中的 Done。

12.16　为材料方向和复合材料铺层方向赋予离散方向

离散方向定义每一个网格单元中心处的空间变化方向。方向可以依赖零件的拓扑，允许用户定义连续变化的方向。用户定义法向轴和主轴，并且 Abaqus/CAE 使用这些轴来构建右手笛卡儿坐标系。对于二维和轴对称零件，法向轴总是平面外的方向，并且表示坐标系的 3 轴正向。离散方向可以用于材料方向和复合材料铺层方向。

用户可以使用不同的选择方法来定义想要的轴。基准轴和向量值方法定义不变的轴方向，而区域选择方法允许不同的方向。例如，用户可能想要选择一个弯曲的面，并且允许法向遵从弯曲的形状。

Abaqus/CAE 使用用户指定的法向轴和主轴，以及下面的算法来计算离散的方向：

1. Abaqus/CAE 保留法向轴方向，并且将指定的主轴方向使用成构型方向。如果指定的主轴方向和法向轴方向形成一个 90°角，则最后的主轴方向将与指定的主轴方向一样。否则，将对主轴方向进行调整来形成笛卡儿坐标系。

2. 如果用户通过选择一个表面或者面来定义法向轴，则 Abaqus/CAE 找到表面或者面上最靠近的点，并且使用此点上的法向作为法向轴方向（$\hat{N}$）。

3. 如果用户通过选择一条边来定义主轴，则 Abaqus/CAE 找到边上最靠近的点，并且使用此点处的边切向作为主轴构建方向（$\hat{P}_1$）。

4. Abaqus/CAE 通过取主轴方向和法向轴方向的叉积（$\hat{S}=\hat{P}_1\times\hat{N}$）来计算第二轴方向（$\hat{S}$）。

5. Abaqus/CAE 通过取第二轴方向与法向轴方向的叉积（$\hat{P}=\hat{S}\times\hat{N}$）来计算最后的主轴方向（$\hat{P}$）。

若要定义一个离散的方向，执行以下操作：

1. 要显示 Edit Discrete Orientation 对话框，进行下面的操作。

a. 赋予材料方向或者创建一个复合材料铺层。

• 使用 12.15.4 节“赋予材料方向或者加强筋参考方向”中描述的过程来显示 Edit Material Orientation 对话框。

• 使用 12.14 中“创建和编辑复合材料铺层”描述的过程来显示复合材料铺层编辑器。

b. 单击 Definition 域右边的箭头，然后从出现的列表选择 Discrete。

c. 单击✎。

2. 对于三维零件，选择用户想要 Normal axis direction 来表示的结果方向中的坐标系轴。

3. 对于三维零件，使用下面的一个方法来定义方向的法向轴。

1）选择 Surface/Faces 来选择一个区域，并且进行下面的操作。

a. 单击↖。

b. 从提示区域选择 individually 或者选择 by angle 并且输入一个角度。更多信息见 6.2.3 节“使用角度和特征边方法选择多个对象”。

c. 通过在视口中选择区域，或者通过单击提示区域中的 Surfaces 或者 Sets，并且选择一个现有的面或者集合来确定定义材料方向法向轴的区域。

2）选择 Datum axis 来选择基准几何形体，并且进行下面的操作。

a. 要创建一个基准轴，单击↘，并且在视口中选择两个点来定义轴。

b. 单击↖。

c. 选择基准轴来定义材料方向的法向轴。

3）选择 Vector(i,j,k)，然后输入分向量的值。

Abaqus/CAE 在视口中显示的箭头说明用户的选择和轴方向；例如，标签成 *N*-3 的箭头。如果必要的话，用户可以单击 Flip Direction 来得到想要的方向。

4. 选择坐标系轴来代表结果方向中的 Primary axis direction。

5. 使用下面的一个方法来定义方向的主轴。

1）选择 Edges 来选择一个区域，并且进行下面的操作。

a. 单击↖。

b. 从提示区域中选择 individually 或者选择 by edge angle，并且输入一个角度。

c. 通过在视口中选择区域，或者通过单击提示区域中的 Sets 并且选择现有的一个集合，来确定定义材料方向主轴的区域。

2）选择 Datum axis 来选择区域几何形体，并且进行下面的操作。

a. 要创建一个基准轴，单击↘并且在视口中选择定义轴的两个点。

b. 单击↖。

c. 选择定义材料方向主轴的基准轴。

3）选择 Vector(i,j,k)，然后输入分向量的值。

Abaqus/CAE 在视口中显示箭头来说明用户的选择和轴方向；例如，标签为 *P*-1 的箭头。如果必要的话，用户可以单击↷来得到想要的方向。

6. 单击 Continue 来保存离散方向定义，并且关闭 Edit Discrete Orientation 对话框。

12.17　创建材料校准

本节介绍如何将数据导入到 Abaqus 中，如何对数据进行过滤和处理，以及如何使用数据来指定 Abaqus 材料行为，包括以下主题：

• 12.17.1 节　“什么是材料校准?”
• 12.17.2 节　“为校准创建和编辑数据集”
• 12.17.3 节　“处理校准数据”
• 12.17.4 节　“定义校准行为”

12.17.1　什么是材料校准?

材料校准是从材料测试数据集合推导得到弹性和塑性型 Abaqus 材料行为的过程。用户可以在以下三个步骤中创建材料校准：

• 创建数据集合或者将数据导入到 Abaqus/CAE 中。

• 使用过滤器和工具让用户缩放、光顺和删节数据，并对数据进行归一化和真实形式之间的转换，对这些数据集进行处理。

• 导出材料属性，例如从用户的数据集导入杨氏模量、泊松比或者 Mullins 效应。

要开始一个新的数据校准，双击模型树中的 Calibrations，在出现的 Create Calibration 对话框中输入一个校准名称，并且单击 OK。Abaqus/CAE 在模型树中添加新的校准。

12.17.2　为校准创建和编辑数据集

用户可以从文本（.txt）文件导入材料数据，并且在数据表中定制这些数据。用户也可以指定描述数据的量类型，例如应力与应变，或者力与位移。

若要为校准定义一个数据集，执行以下操作：

1. 从模型树扩展 Calibrations，然后双击 Data Sets。

出现 Create Data Set 对话框。

2. 要从一个文件导入一个数据集，进行下面的操作。

a. 单击 Import Data Set。

出现 Read Data From Text File 对话框。

b. 浏览用户想要导入的文件。有关文件选择的更多信息，见 3.2.10 节“使用文件选择对话框”。

c. 如果导入文件中的数据不使用空格、制表符或者逗号来分隔，则切换选中 other，然后在 Delimiter 域中输入分隔字符。

d. 从 Data Set Type 选项，选择描述导入数据的输入变量对。默认的类型是 Stress/Strain。

e. 如果想要的话，指定 Abaqus/CAE 将导入数据的区域数量。默认情况下，Abaqus/CAE 对数据集中的第一个和第二区域读取数据。

f. 如果需要，指定 True 的 Data Set Form 来以真实的形式导入材料数据。默认情况下，以名义（或者工程）形式来从文本文件导入材料数据。

Abaqus/CAE 在对话框中显示表中导入的数据和选中的量类型。

3. 如果想要的话，通过添加、删除或者更改行来定制在表中显示的数据。更多有关表数据输入的信息，见 3.2.7 节“输入表格数据”。

4. 单击 OK 来创建新的数据集，并且关闭 Create Data Set 对话框。

Abaqus/CAE 在模型树中的 Data Sets 容器中显示新的数据集，并且在视口中图示数据。

12.17.3 处理校准数据

校准数据过程选项让用户可以在使用材料数据定义材料行为之前对材料数据进行清理，可用的选项如下：

- 转换。
- 缩放。
- 光顺。
- 截取和移动。

1. 在名义和真实形式之间进行转换

Convert 选项让用户将校准数据集中的数据从名义形式转换成真实形式，或者反之。Abaqus/CAE 使用《Abaqus 分析用户手册——材料卷》的 3.1 节“非弹性行为：概览”中的“应力和应变度量”中描述的算法来执行转换。

若要在名义形式与真实形式之间转换校准数据，执行以下操作：

1. 在模型树中，在用户想要转换的数据集上右击鼠标，并且从出现的菜单中选择 Process。

出现 Data Set Processing 对话框。

2. 选择 Convert，然后单击 Continue。

出现 Change Data Set Form 对话框。

3. 选择用户想要将选中数据集转换成的形式。选项是 Nominal（Engineering）Form 和

True Form。

4. 如果需要，用户可以在执行数据转换时保留原始的数据集，并且创建一个新的数据集。用户也可以定制新创建数据集的名称。

5. 单击 OK。

Abaqus/CAE 为数据执行选中的形式转换。

2. 缩放校准数据

Scale 选项让用户可以对校准数据集合中的任何列施加不同的缩放因子。

若要比例缩放数据，执行以下操作：

1. 在模型树中，在用户想要转换的数据集上右击鼠标，并且从出现的菜单中选择 Process。

出现 Data Set Processing 对话框。

2. 选择 Scale，然后单击 Continue。

出现 Scale Data Set 对话框。

3. 通过编辑 Col 1 或者 Col 2 域中的值来为数据集中的任何列指定一个缩放因子。

4. 如果需要，单击 Preview 来审阅通过缩放因子创建的新数据值。

Abaqus/CAE 为数据集中的每一个列显示新的缩放因子。

5. 如果需要，用户可以在执行数据转换时保留原始的数据，并且创建一个新的数据集。用户也可以定制新创建数据集的名称。

6. 单击 OK。

Abaqus/CAE 执行为数据选中的比例缩放。

3. 平滑校准数据

Smooth 选项让用户操作一个校准数据集，来生成具有更加平滑曲线的数据。默认的数据集合具有与原始数据集相同的 *X* 坐标值。Abaqus/CAE 使用指数移动平均算法来平滑数据；smooth2 *X-Y* 操作符也使用此算法。更多信息见 47.4.31 节“平滑一个 *X-Y* 数据对象”。

若要平滑校准数据，执行以下操作：

1. 在模型树中，在想要转换的数据集上右击鼠标，并且从出现的菜单中选择 Process。

出现 Data Set Processing 对话框。

2. 选择 Smooth，并且单击 Continue。

出现 Smooth Data Set 对话框。

3. 在 Weight 域中，为平滑参数指定一个值。用户可以为曲线指定 0 到 1 之间的平滑因子；一个更小的值产生更加平滑的曲线。默认的平滑因子是 0.75。

4. 如果需要，用户可以在用户执行数据转换时保留原始的数据集，并创建一个新的数据集。用户也可以定制新创建数据集合的名称。

5. 单击 OK。

Abaqus/CAE 平滑数据集。

4. 删节和移动校准数据

Truncate and Shift 选项允许用户从校准数据集排除数据点，此数据集的 X 坐标值小于或者大于用户指定的值，或者包括位于两个指定 X 坐标值之间的数据点。

若要删节和移动校准数据，执行以下操作：

1. 在模型树中，在用户想要转换的数据集上右击鼠标，并且从出现的菜单选择 Process。

出现 Data Set Processing 对话框。

2. 选择 Truncate and Shift，并且单击 Continue。

出现 Truncate Data Set 对话框。

3. 在数据集的左侧或者右侧指定删节点，或者在数据集的两侧指定点。用户可以通过拖拽视口中的滑块，或者通过在合适的 X-axis 域中输入值来设置删节点。

4. 使用下面的一个技术来移动选中的数据点子集合。

- 切换选中 Offset first point to（0，0）来移动选中的数据点子集合，这样子集合的最左边点停留在（0，0）。
- 通过指定 Offset X-axis 或者 Offset Y-axis 域中的值来沿着任何轴移动选中的数据点子集合。

5. 如果想要的话，用户可以在执行数据转换时保留原始的数据集，并且创建一个新的数据集。用户也可以定制新创建数据集的名称。

6. 单击 OK。

Abaqus/CAE 执行指定的删节或者移动。

12.17.4 定义校准行为

本节介绍如何从校准数据集合提取材料常数。用户可以为下面材料模型定义校准行为：

- 各向同性的弹性。
- 各向同性的弹塑性。
- 具有永久变形的超弹性。

用户也可以为定制校准行为添加支持，这作为 Calibration Behavior 对话框中出现的新选项。更多信息见 www.3ds.com/support/knowledge-base 处的达索系统知识库中的“在 Abaqus/CAE 中创建定制材料校准插件”。

当 Abaqus/CAE 计算材料属性并且图示材料响应曲线时，不使用从体积测试得到的测试数据，就假定材料是完全不可压缩的。

1. 为各向同性弹性材料行为校准数据

各向同性弹性校准行为使用户可以从校准数据集合推导各向同性弹性数据（杨氏模量和泊松比），并将这些材料常数施加到用户模型中材料定义的弹性材料属性。

若要为各向同性弹性材料行为校准数据，执行以下操作：

1. 从模型树扩展 Calibrations 容器并且双击 Behaviors。

出现 Create Calibration Behavior 对话框。

2. 输入材料校准行为的名称，选择 Elastic Isotropic 并且单击 Continue。

出现 Edit Behavior 对话框。

3. 从 Parameter Set 1 选项，为计算杨氏模量值进行下面的操作。

a. 从 Data set 列表选择数据，用户使用这些数据来计算杨氏模量。

b. 单击▦。

Abaqus/CAE 计算杨氏模量并且在 Young's modulus 标签右侧显示杨氏模量的值。

4. 从 Parameter Set 2 选项进行下面的操作来计算泊松比的值。

a. 从 Data set 列表选择用户想要计算泊松比的数据。

b. 单击▦。

Abaqus/CAE 计算泊松比，并且将值显示在 Poisson's ratio 标签的右面。

5. 从 Material 列表选择材料定义来应用此校准行为，或者单击来为此校准行为创建一个新的材料定义。有关定义新材料模型的更多信息，见 12.7.1 节“创建或者编辑材料”。

6. 单击 OK 来将各向同性弹性行为保存到选中的材料模型中。

Abaqus/CAE 将新行为添加到模型树，并且对选中材料的 Elastic 材料属性添加指定的杨氏模量和泊松比。

2. 为各向同性弹性-塑性材料行为校准数据

各向同性弹性-塑性校准行为使用户可以推导各向同性弹性和塑性材料行为。

若要为各向同性弹性-塑性材料行为校准数据，执行以下操作：

1. 从模型树扩展 Calibrations 容器并且双击 Behaviors。

出现 Create Calibration Behavior 对话框。

2. 输入材料校准行为的名称，选择 Elastic Plastic Isotropic 并且单击 Continue。

出现 Edit Behavior 对话框。

3. 从 Elastic-Plastic Data 选项进行下面操作。

a. 扩展 Data set 列表并且选择用户想要计算第一组校正值的数据。

b. 从 Ultimate point 选项，单击▦来自动计算极大值，或者单击并且从视口选择极大点。

Abaqus/CAE 在视口中图示极大点，并且在对话框中显示极大点的坐标。

c. 从 Yield point 选项单击 ，然后从视口中单击屈服点。

Abaqus/CAE 在视口中的原点与屈服点之间显示一条线，在对话框中显示屈服点的坐标，并且计算杨氏模量，并且在 Young's modulus 标签右边显示它的值。

d. 通过下面的一个操作来为此材料校准选择塑性点。

- 拖拽 Plastic points 滑块到右侧来计算更多数量的塑性点，或者拖拽到左侧来计算更少的塑性点。
- 单击 来从视口拾取塑性点。

Abaqus/CAE 将塑性数据点添加到对话框中的表中。如果用户想要定制更多的塑性点，则用户可以编辑任何这些数据。

4. 从 Poisson's Ratio Data 选项进行下面的操作。

a. 从 Data set 列表选择数据来计算泊松比。

b. 单击 。

Abaqus/CAE 计算泊松比，在 Poisson's ratio 域中显示值，并且在视口中图示泊松比。如果需要，用户可以通过改变域中的值来调整泊松比的计算值。

5. 从 Material 列表选择材料定义来应用此校准行为；或者单击 来为校准行为创建一个新的材料定义。有关定义一个新材料模型的更多信息，见 12.7.1 节“创建或者编辑材料”。

6. 单击 OK。

Abaqus/CAE 更新新的校准行为。如果用户指定了一个材料定义，则 Abaqus/CAE 将各向同性弹性-塑性校准行为参数映射到材料定义的 Elastic 和 Plastic 材料行为。

注意：任何选中材料中的弹性或者塑性材料行为，在从校准行为映射到材料定义时被覆盖。

3. 校准具有永久变形的超弹性数据

使用参数设置校准行为的超弹性让用户从加载、卸载和弹性体和热塑性体的重复加载的单轴和双轴数据集中，提取塑性和超弹性材料行为和 Mulline 效应。用户可以从一个单轴测试、双轴测试或者从两个测试提取数据。校准过程包括下面的操作：

1. 将单轴和/或双轴测试数据文件上传到 Abaqus/CAE，形成一个新的数据集合。

2. 从用户提供的数据文件提取加载、卸载和重复加载循环和参数设置数据，并且为加载、卸载和每一个循环的重复阶段创建各自的数据集合。

3. 如果需要，选中要从材料行为的计算中排除的任何数据循环。

4. 从视口选择屈服点，如果需要，编辑主要载荷数据集上的单个点来创建一个更加平滑的曲线。永久变形曲线是以当前的屈服点为基础的，这样，当用户选择一个新的屈服点时，这些曲线也发生变化。

5. 一旦用户确定了想要用于推导材料行为的测试数据集合，指定主要的曲线选项，就可以从选中的数据推导材料行为。Abaqus/CAE 将材料的塑性、超弹性和 Mullins 效应材料行为映射到用户选择的材料。

若要校准具有永久变形的超弹性数据，执行以下操作：

1. 从模型树扩展 Calibrations 容器并且双击 Behaviors。

出现 Create Calibration Behavior 对话框。

2. 为材料校准行为输入一个名称，选择 Hyperelasticity with permanent set 并且单击 Continue。

出现 Edit Behavior 对话框。

3. 从 Uniaxial 或者 Biaxial 标签页执行下面的步骤。

a. 选取循环并且从中提取数据来校准 Mullins 效应。默认情况下，Abaqus/CAE 提取最后的卸载和再加载曲线。

• 选择 Last cycle found 来从所提供测试数据中的每一个应变水平提取最后的卸载曲线和再加载曲线。

• 选择 First cycle found 来从所提供测试数据中的每一个应变水平提取第一个卸载曲线和再加载曲线。

b. 扩展 Data set 列表，并且选择数据来为单轴或者双轴数据测试计算校准值。

c. 单击。

Abaqus/CAE 提取主要加载曲线，每一个循环应变水平的指定卸载和再加载曲线，以及永久变形曲线，然后为每一个循环应变水平的每一个分量创建新的校准数据集。在 Uniaxial Test Data Sets 或者 Biaxial Test Data Sets 选项中可以使用每一个新的数据集，并且图示在视口中。

d. 切换选中用户想要包括在材料校准计算中的单个加载、卸载或者再加载数据集。当用户切换选中一个数据集时，Abaqus/CAE 在视口中显示对应的 *X-Y* 曲线。用户可以选择下面的任何一个。

• 选择 All 来包括选中测试数据文件中找到的所有原材料数据。

• 选择 Primary 来包括来自主加载曲线的数据。

• 选择 Unloading 来包括来自每一个应变水平的卸载曲线数据，或者扩展此容器来选择单个卸载曲线。

• 选择 Reloading 来包括来自每一个应变水平的再加载曲线数据，或者扩展此容器来选择单个的再加载曲线。

• 选择 Permanent Set 来包括来自两个永久变形曲线的数据，或者扩展此容器来选择永久变形的应力关联或者应变关联分量。

e. 从 Yield Point 选项，进行下面的操作。

• 单击，并且从视口选择主曲线上的屈服点。

• 单击，并且输入 Strain 或者 Stress 值；Abaqus/CAE 从主曲线计算另外一个值，并且填充剩余的域。

4. 如果需要，从 Uniaxial 或者 Biaxial 标签页提取另外一个数据集。

5. 如果用户已经提取了单轴和双轴测试数据，则 Abaqus/CAE 默认在数据行为的计算中等同的应用数据。如果用户想要一个数据集合在这些计算中具有更大的权重，则从 Options 表中执行下面的步骤。

a. 在 Material Properties 选项中，拖拽 Weight 滑块到用户想要在材料行为计算中赋予更大权重的数据类型（单轴或者双轴）。

b. 指定相对权重是以线性插值为基础，还是以对数插值为基础。

6. 从 Material 列表选择材料定义来应用此校准行为；或者单击来为此校准行为创建一个新的材料定义。更多有关定义新材料模型的信息，见 12.7.1 节“创建或者编辑材料”。

7. 单击 OK。

Abaqus/CAE 更新新校准行为，并且将具有永久变形校准行为参数的超弹性映射到材料定义的 Hyperelastic，Plastic 和 Mullins Effect 材料行为。

注意：选中材料中的任何超弹性、塑性或者 Mullins 效应材料行为，在用户从校准行为映射数据到材料定义时，都进行了覆盖。

12.18　使用属性模块中的特殊菜单

用户可以使用属性模块中的特殊（Special）菜单来定义下面的工程特征：

- Skin。蒙皮加强用来定义粘接到现有零件表面上的蒙皮，并且指定它的工程属性。更多信息见第 36 章“蒙皮和桁条加强筋”。
- Inertia。用户可以在零件上的一个点处定义集中质量、转动惯量和热容。用户也可以定义质量和惯性比例阻尼。在 Abaqus/Standard 分析中，用户可以定义复合材料阻尼。更多信息见第 33 章“惯量”。
- Spring/Dashpots。用户可以定义弹簧和阻尼器，表现出与场变量无关的相同的线性行为。用户也可以在相同的点集合上定义弹簧行为和阻尼器行为。在 Abaqus/Explicit 或者 Abaqus/Standard 分析中，用户可以模拟连接两个点的弹簧和阻尼器，符合两个点之间的作用线。在 Abaqus/Standard 分析中，用户也可以模拟连接两个点的弹簧和阻尼器，作用在固定方向上，或者将点连接到地。更多信息见第 37 章“弹簧和阻尼器”。

12.19 使用查询工具集获取赋予信息

用户可以使用查询工具集来显示以下信息：

- 用户已经赋予截面的所有区域的列表。
- 赋予选中区域的截面名称。
- 与要求截面赋予的区域有关的信息。
- 赋予选中线框区域的梁方向。
- 赋予选中壳和实体区域的材料方向。
- 复合材料铺层或者复合材料截面中层的图像表示。
- 赋予选中壳区域的螺纹钢加强参考方向。
- 赋予所有壳和对称线框区域的壳/膜法向。
- 赋予所有线框区域的梁/杆切向。
- 包含分离区域的复合材料铺层和层。

若要显示与一个区域有关的信息，执行以下操作：

1. 从主菜单栏选择 Tools→Query。

技巧：用户也可以通过单击 Query 工具栏中的ⓘ工具来查询模型。

Abaqus/CAE 显示 Query 对话框。

用户可以要求通用的查询或者一个模块特定的查询。Shell element normals 和 Beam element tangents 查询是通用查询。对于由通用查询显示的信息的有关讨论，见 71.2.2 节“获取与模型有关的一般信息”。Section assignments、Regions missing sections、Beam orientations、Material orientations、Rebar orientations、Ply stack plot 和 Disjoint ply regions 查询是属性模块特定的查询。

2. 从 Property Module Queries 列表选择感兴趣的属性。

3. 在视口中选择用户想要查询的区域。

技巧：用户可以通过单击提示区域中的截面过滤器工具，然后在出现的对话框中单击选择的选取过滤器来限制可以在视口中选择的对象类型。更多信息见 6.3 节“使用选择选项”。

4. 一旦用户选取了想要查询的区域，就会出现下面的信息。

Section assignment queries

Abaqus/CAE 在信息区域中显示截面的名称，或者赋予选中区域的截面名称。如果用户查询的区域使用已经抑制的截面赋予，则 Abaqus/CAE 不报告此区域的截面赋予。

Regions missing sections

如果用户零件的区域要求截面赋予，但是却还没有截面，则 Abaqus/CAE 在视口中高亮显示这些区域，并且提示用户将这些区域保存成一个集合。如果用户想要将这些区域保存成一个有名称的集合，则从出现的对话框中切换选中 Save regions in a set；并且如果需要，定制默认的集合名称。

Beam section orientation queries

Abaqus/CAE 在信息区域中显示赋予选中梁区域的梁方向名称。此外，零件中每一个梁区域的 n1 方向出现在信息区域中。

Material orientation queries

Abaqus/CAE 在信息区域中显示赋予选中区域的材料方向类型。对于 GLOBAL SYSTEM 和 DISCRETE 类型，Abaqus/CAE 在视口中显示材料方向三角形标志。此外，在信息区域中出现与零件中每一个区域的材料方向有关的信息。

Rebar orientation queries

Abaqus/CAE 在信息区域显示赋予到选中区域的加强筋方向名称。此外，在信息区域中显示与零件中每一个区域的加强筋参考方向有关的信息。

Ply stack plot

Abaqus/CAE 创建一个新的视口，并且显示复合材料铺层核心样本的或者复合材料截面的图像表示。图像显示了铺层中的层以及每一层的详细信息，例如层的纤维方向、厚度、参考平面和积分点。更多信息见第 53 章“查看铺层图”。

Disjoint ply regions

Abaqus/CAE 在信息区域中显示复合材料铺层的名称，以及包含分离区域的复合材料中的铺层名称。

5. 要退出查询过程，单击提示区域中的放弃按钮X。

13 装配模块

用户使用装配模块来创建和更改装配。一个模型包括一个主要装配，由来自模型的零件实例以及其他模型的零件实例构成。《使用 Abaqus/CAE 开始》的附件 C“在 Abaqus/CAE 中使用附加的技术来创建和分析一个模型”包含使用装配模块来创建零件实例以及将零件实例在整体坐标系下相对彼此定位的例子。本章介绍如何使用装配模块中的工具来创建装配，包括以下主题：

13.1 理解装配模块的角色

当用户创建一个零件时，此零件处在它自己的坐标系中，与模型中的其他零件彼此独立。用户使用装配模块来创建零件的实例，并且将这些实例在整体坐标系中相对于彼此进行定位。用户通过顺序的施加位置约束，通过施加简单的平动和转动来对齐所选的面、边或者顶点来定位零件。

用户也可以在自己的主要模型中创建其他模型的实例，允许用户在单个零件上附加完整的子装配。使用与零件实例完全相同的方式来创建模型实例，并且以类似的方式来定位和操控模型实例。

一个实例保留与原始零件或者模型的关联性。如果零件或者模型的几何形体发生变化，则 Abaqus/CAE 自动更新零件或者模型的所有实例来反映这些变化。用户不能直接编辑实例的几何形体。

用户的主要模型可以包含许多零件和模型子装配，并且在主要模型装配中可以实例化一个零件或者模型很多次；然而，一个模型仅包含一个顶层的装配。载荷、边界条件、预定义的场和网格都是施加在完整装配上的。即使用户的模型仅由一个单独的零件构成，用户也必须创建仅由此零件的一个单独实例构成的装配。

可以将一个零件实例考虑成原始零件的代表。用户可以创建相关联的或者独立的零件实例。独立的实例实际上是零件的一个复制。一个相关联的实例只是零件、分割或者虚拟拓扑的指针；因此，用户不能网格划分一个相关联的实例。然而，用户可以网格划分生成实例的原始零件，在此情况中，Abaqus/CAE 对每一个零件的关联实例施加相同的网格划分。

模型实例总是相关联的，而不是独立的。

13.2　进入和退出装配模块

用户可以在 Abaqus/CAE 程序会话中单击位于环境栏 Module 列表中的 Assembly，在任何时候进入装配模块。在主菜单栏上出现 Instance、Constraint、Feature 和 Tools 菜单。

要退出装配模块，从 Module 列表中选取任何其他模块。用户在退出模块之前不需要保存装配；当用户通过选择主菜单栏的 File→Save 或者 File→Save As 时，将自动保存装配。

13.3 使用零件实例

本节介绍零件实例如何与原始的零件关联，如何链接和排除零件实例，以及如何使用零件实例来创建装配，包括以下主题：

- 13.3.1 节 “理解模型、零件、实例和装配之间的关系”
- 13.3.2 节 “关联零件实例与独立零件实例之间的差异”
- 13.3.3 节 “如何确定是创建一个关联的零件实例，还是创建一个独立的零件实例?”
- 13.3.4 节 “从关联零件实例变化成独立零件实例，或者反之”
- 13.3.5 节 “在模型之间链接零件实例”
- 13.3.6 节 “从分析中排除零件实例”
- 13.3.7 节 “集合和零件实例”

13.3.1 理解模型、零件、实例和装配之间的关系

模型可以包含许多零件；然而，模型仅可以包含一个顶层装配。装配由在整体坐标系中，相对于彼此定位的零件实例组成，如 11.3.4 节“什么是零件实例?”中描述的那样。顶层装配也可以包含来自其他模型的、有效创建的子装配模型实例。

零件、零件实例和装配的概念贯穿 Abaqus/CAE 的建模过程：

1. 用户在零件模块中创建一个零件；每一个零件是单个的实体，可以进行与其他零件没有关联地更改和操控。零件存在于它们自己的坐标系中，并且不知道其他零件的情况。

2. 用户在属性模块中定义截面属性，并且也将一个材料与截面关联。用户使用属性模块来将这些截面属性赋予一个零件或者一个零件的选定区域。

3. 用户在装配模块中创建零件的实例，并且用户在整体坐标系中将这些实例相对于彼此定位，来形成装配。用户也在装配中添加其他模型的实例。

Abaqus/CAE 允许用户创建独立的或者相关的零件实例，如 13.3.2 节“关联零件实例与独立零件实例之间的差异”中描述的那样。独立的零件实例与相关的零件实例都与原始的零件保持关联。如果用户在零件模块中更改原始零件，Abaqus/CAE 会在用户返回装配模块时更新零件实例。用户可以实例化一个零件很多次，并且装配相同零件的多个实例。零件的每一个实例会与属性模块中赋予零件的截面属性关联。

4. 用户使用相互作用模块和载荷模块来完成模型定义，例如定义接触以及施加载荷和边界条件那样的项目。在装配上操作相互作用模块和载荷模块。

5. 用户使用网格模块来网格划分装配。用户可以进行下面的操作。

- 在装配中独立的网格划分每一个独立的零件实例。
- 网格划分原始零件。Abaqus/CAE 然后将网格划分与装配中零件的每一个相关实例关联。

在 13. 3. 2 节“关联零件实例与独立零件实例之间的差异”中对两种网格划分方法进行了描述。13. 10. 4 节“创建零件或者模型实例”包含创建零件实例的详细指导。

13. 3. 2　关联零件实例与独立零件实例之间的差异

当用户创建一个零件实例时，用户可以选择创建一个关联的零件实例或者一个独立的零件实例。用户也可以编辑一个零件实例，并且将此零件实例从关联的变化成独立的，或者反之。当用户创建一个模型实例时，模型实例总是关联的。

关联零件实例

默认情况下，Abaqus/CAE 创建一个关联的零件实例。一个关联的实例仅是原始零件的指针。实际上，关联的实例共享原始零件的几何形体和网格。因此，用户可以网格划分原始的零件，但是用户不能网格划分关联的实例。当用户网格划分原始的零件时，Abaqus/CAE 对零件的所有关联实例应用相同的网格划分。在关联的零件实例上不允许大部分的更改；例如，用户不能添加分割或者创建虚拟拓扑。然而，仍然允许不改变关联零件实例几何形体的操作；例如，用户可以创建集合、施加载荷和边界条件，并且定义连接器截面赋予。如果用户已经网格划分一个零件或者给零件添加了虚拟拓扑，则用户仅可以创建零件的关联实例。

如果用户在网格划分模块中给一个关联零件实例施加一个自适应网格重划分，则 Abaqus/CAE 重新网格划分原始的零件并且给零件的每一个关联实例施加新的网格划分。

用户不能改变一个单独关联零件实例的网格属性；例如，网格种子、网格控制和单元类型。然而，用户可以改变原始零件的网格属性，并且 Abaqus/CAE 将变化传递到所有的零件关联实例。虽然用户已经网格划分了原始零件，并且对关联的实例施加了相同的网格划分，但是网格仅在网格划分模块中可见。用户在装配模块、相互作用模块和载荷模块中继续处理本地 Abaqus/CAE 几何形体。一般来说，用户不能使用编辑网格划分工具集来编辑关联零件实例的网格；然而，用户可以使用编辑网格工具集来编辑和投影关联零件实例的节点。Abaqus/CAE 移动原始网格划分零件的节点，并且在零件的所有关联实例上体现用户的更改。

关联零件实例的好处是它们消耗更少的内存资源，并且用户仅需要网格划分零件一次。此外，Abaqus/CAE 在输入文件中通过写一组单独的节点坐标和单元连接性来定义零件，以及定义每一个零件实例的移动来实例化一个关联零件实例。

独立零件实例

相比而言，一个独立的零件实例是原始零件的几何形体复制。用户不能网格划分创建出独立零件实例的零件；然而，用户可以网格划分独立的实例。除了网格划分，用户可以执行其他大部分的独立实体上的操作；例如，用户可以添加分割并且创建虚拟拓扑。独立实例的劣势是耗费更多的内存资源，并且用户必须单独网格划分每一个独立的实例。此外，Abaqus/CAE 不能利用包含独立零件实例的输入文件中的实例零件——为每一个独立的零件实例向输入文件写节点坐标的集合和单元连接性。

用户不能为同一个零件创建关联的和独立的实例。因此，如果用户创建一个零件的关联实例，则所有的后续实例必须是关联的。相同的参数应用到独立的实例。网格划分零件的实例总是关联的。

用户可以使用模型树来确定一个实例是关联的还是独立的。当用户网格划分一个独立零件实例时，模型树中出现的网格在零件实例容器下面，如图 13-1 所示。此外，图 13-1 还说明了当用户移动光标到实例上时，模型树显示的信息说明实例是关联的还是独立的。

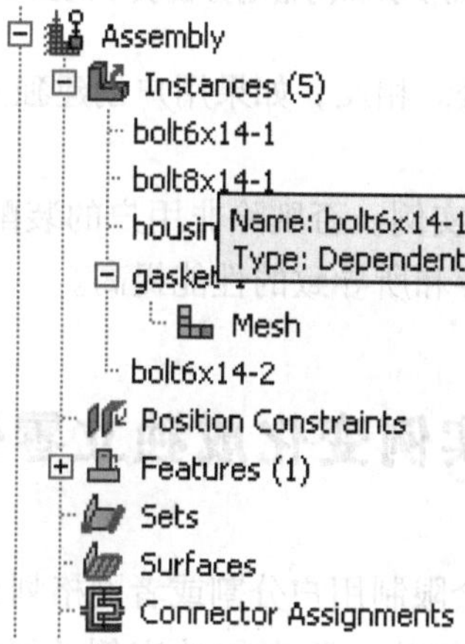

图 13-1 模型树说明一个零件实例是关联的还是独立的

13.3.3 如何确定是创建一个关联的零件实例，还是创建一个独立的零件实例？

如果用户的装配包括一些无关联的零件实例，则关联实例对于独立实例没有优势。每一个零件都是不同的，并且用户必须为每一个零件创建实例。相反，如果用户的装配包含一样的零件实例，则用户可以通过装配零件的关联实例来节省时间。如果用户后续划分原始的零件，Abaqus/CAE 会将那些网格应用于装配中零件的每一个关联实例。此外，关联实例消耗更少的内存资源，并且产生更小的输入文件。

例如，图 13-2 说明独立零件实例和关联零件实例的装配。泵箱是一个独立的零件实例，8 个螺栓是关联零件实例。左图显示了装配模块中的装配。右图显示了网格模块中的装配。用户已经网格划分了代表螺栓的零件，并且 Abaqus/CAE 将网格与螺栓的每一个关联实例进行关联。

用户将发现当用户使用线性或者径向阵列排列工具创建一样的实例阵列排列时，使用关联零件实例是更加方便的。当用户网格划分原始的零件时，Abaqus/CAE 给阵列排列中的每

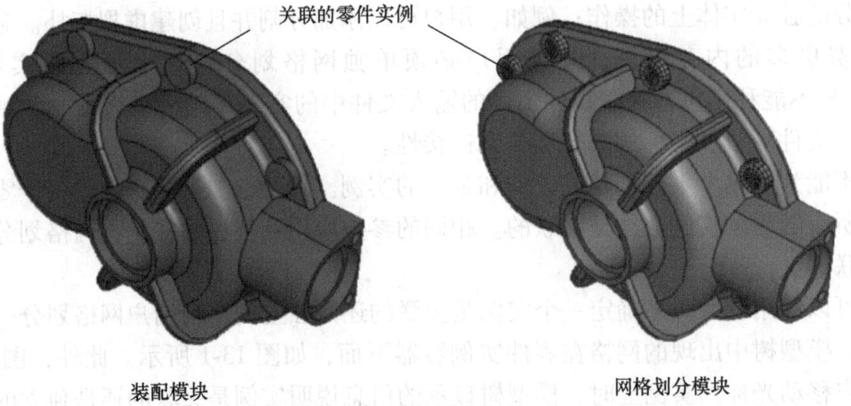

图 13-2　装配模块和网格划分模块中的关联零件实例

一个关联实例施加相同的网格划分。相反，如果用户创建独立实例阵列排列，则必须单独地网格划分每一个实例。

Abaqus/CAE 默认创建关联的实例。否则除非用户的装配仅包含很少的零件，否则推荐用户使用关联实例是因为节省内存和所导致的性能提高。

13.3.4　从关联零件实例变化成独立零件实例，或者反之

关联零件实例的局限性可能会限制用户分割或者网格划分装配的能力，或者用户可能发现用户希望给一个实例施加虚拟拓扑。要在零件实例关联或者独立之间进行转换，用户可以在模型树中的实例上右击鼠标，然后从出现的菜单上选择 Make Dependent 或者 Make Independent。

如果用户网格划分一个零件并且创建零件的关联实例，则 Abaqus/CAE 将网格与实例关联。如果用户后续将实例从关联变化成独立的实例，则 Abaqus/CAE 继续将网格与独立的实体关联。然而，反之不真。如果用户创建一个独立的实例，网格划分实例，然后将实例转换成关联的实例，则 Abaqus/CAE 从关联的实例生成网格。相同的处理应用于分割和虚拟拓扑。当用户将零件实例改变成关联的零件实例时，Abaqus/CAE 删除应用于独立零件实例的任何分割或者虚拟拓扑。

在一些情况中，用户可以通过创建原始零件的复制以及通过创建此复制零件的独立实例来绕过关联零件实例的局限性。然后，用户可以分割或者网格划分此新的实例或者对它施加虚拟拓扑。类似地，虽然用户不能创建相同零件的关联和独立实例，但是用户可以创建零件的复制并且创建复制零件实例的任何一种实例类型。

13.3.5　在模型之间链接零件实例

用户可以在模型之间链接零件实例。链接零件实例允许实例和零件在用户更改实例或者

原始模型的零件时，自动进行更新。

在模型树中，选择用户要链接到其他模型中零件的零件实例（子实例）。右击鼠标，选择 Link Instances，并且指定要进行每一个子实例链接的父模型和零件实例。类似地，用户可以将之前已经链接的零件实例断开链接。详细的指导见 13. 10. 2 节“使用模型树操控零件实例”。

如果用户选择所有的零件实例进行链接，则零件也是自动链接的。零件和它的特征、集合和面使用父零件进行更新。没有复制装配层级的特征和集合以及面。使用父实例更新实例，并且保留在父实例上定义的集合和面。

如果用户仅选择链接零件的一部分实例，则在将实例和新零件链接到父模型之前创建一个新的零件（零件名附加上“-LinkedCopy”）。

已经链接的零件实例和零件是不能进行编辑的。链接的子实例位置仅由父实例的位置决定，并且不能进行更新。

默认情况下，在视图中灰色着色被链接的零件实例和零件。在模型树中显示的图标显示零件和零件实例的链接状态，并且如果分析也不包括零件实例，则也显示零件实例的链接状态和零件的未包括状态，如图 13-3 所示。Beam-1 是链接的实例，Beam-2 是一个链接的和未包括的零件实例。更多信息见 13. 3. 6 节“从分析中排除零件实例”。

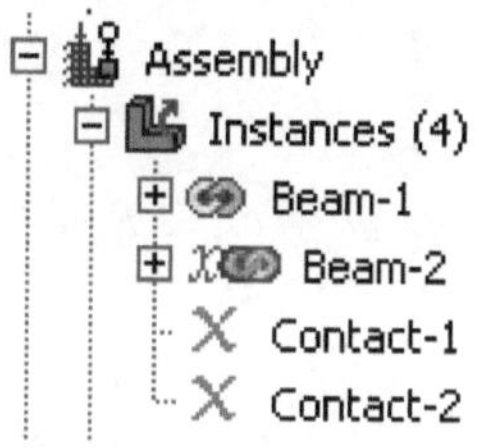

图 13-3　说明零件实例的链接和排除状态的模型树图标

13. 3. 6　从分析中排除零件实例

用户可以从分析中排除零件实例，这样在递交分析作业时，就不会将它们写入输入文件。被排除的零件实例参与了除分析外的所有操作。

在模型树中，选择用户想要从分析中排除的零件实例。右击鼠标，然后选择 Exclude from Simulation。类似地，用户可以通过选择 Include in Simulation 来包括之前排除的零件实例。如果用户从分析中排除零件实例并且在后来包括它们，则会保留零件实例上的约束。

默认情况下，从分析中排除的零件实例在视口中着色成深灰色。在模型树中显示的图标说明零件实例的排除状态；并且如果零件实例在模型之间链接，则说明零件实例的链接和排除状态，如图 13-3 所示。Contact-1 和 Contact-2 是从分析中排除的零件实例，Beam-2 是一个已链接且排除的零件实例。更多信息见 13. 3. 5 节“在模型之间链接零件实例”。

13.3.7　集合和零件实例

当用户从零件创建零件实例时，零件集合也得到传递。例如，用户可以从一个零件的区域创建一个集合，并使用属性模块来为该集合赋予截面。当用户在装配模块中实例化零件时，Abaqus 会参考用户之前创建的零件集合来创建零件实例集合。Abaqus 在装配关联的模块中提供对这些零件实例的只读访问权限。用户不能从 Set Manager 中访问零件实例集合；然而，用户可以通过单击 Set 按钮，然后从出现的 Region Selection 对话框中选择集合的方式，在进程中选择合适的零件实例。更多信息见 73.2 节“理解集合和面”。

13.4 使用模型实例

用户可以在主模型中创建其他模型的实例，从而允许用户添加完整的子装配，而不仅仅是单个零件。模型实例的创建方式与零件实例完全相同，并且可以采用相同的方式进行定位和操控。

当用户创建一个新的模型实例时，将在当前工作模型的装配中实例化参考模型的主装配。此实例从其他模型的内容中生成一个子装配。因为参考模型装配可能包含其他模型实例作为子装配，所以可以实现多层级的复杂子装配。

要实例化的外部模型必须包含在当前模型数据库（.cae）文件中才可用。如果要实例化的模型包含在其他模型数据库中，请使用 File→Import→Model 来将该模型数据库导入当前的模型数据库。一个模型数据库文件可以始终包含多个模型。

模型实例具有下面的特征：

● 可以将一个特定的模型实例化很多次，并且用户可以根据需要实例化任意多个不同的模型。

● 模型实例总是关联的，而不是独立的。

● 用户可以自由地将模型实例与零件实例混合。

● 模型实例子装配可以包含几何零件或者孤立的网格划分零件。

● 模型实例可以通过使用转换（Translate、Translate To、Rotate）和位置约束来在主装配中定位和定向。转换和约束必须施加到完整的模型实例子装配，即必须在模型的最高层级上操作。如果用户选择一个模型实例中的子实例，则转换或者约束将施加到整个父模型实例。

● 不支持线性和径向阵列排列，并且不能与模型实例一起使用。

● 零件实例命令，例如 Suppress/Resume、Hide/Show、Delete、Show Parents/Children 和 Switch Context，也可用于模型实例。

Suppress 和 Delete 命令不能用于模型实例的子实例，仅能用于模型实例自身。如果用户在原始（参考）模型装配中抑制子实例（零件或者模型），则也将在主模型中抑制此子实例。若要被抑制的实例在主模块中得到正确的抑制，用户必须使用环境栏中的 Model 列表来从原始（参考）模型切换到主模型。移动到模型树中的主模型不会自动更新模型子实例。因此，必须在原始模型中恢复子实例。关于环境栏的信息，见 2.2.1 节“主窗口组件”。

● 不支持 Replace、Exclude from Simulation、Merge/Cut 和 Link Instances，不能用于模型实例。

● 不支持分割工具集，不能与模型实例一起使用。

● 支持查询工具集，可以用来确定模型实例的位置和属性。

● 在模型实例中引入参考模型中定义的所有集合和面，从而保持特征的模型树层级关系。在主模型中可以访问这些集合和面。

• 初始步中定义的面-面接触和自接触相互作用（以及它们的接触相互作用属性）是在参考模型中定义的，引入模型实例中的唯一历史层级特征；其他历史层级特征，如步、载荷、边界条件、其他相互作用和幅值不会引入模型实例。在参考模型中定义的一些模型层级特征——紧固件和其他工程特征——不会引入模型实例。

• 在 Display Groups 和 Assembly Display Options 的 Instance 标签栏中，可以支持和选择模型实例。

• 模型实例不支持虚拟拓扑工具集。

用户的子装配（参考）模型中需要使用的任何零件层级的属性，必须在原始模型中创建并赋予，而不能在主模型装配中创建。例如，材料、截面、方向和蒙皮/加强筋赋予必须在原始的模型中创建。用户可以在原始的独立零件实例上进行网格划分，然后这些网格将出现在模型实例中。

当用户创建模型实例时，参考模型装配的所有零件实例，都将作为子零件实例添加到主模型装配中。任何被抑制的零件实例或者从仿真中排除的实例，都将在子装配中保持相同的状态。

如果用户在主模型装配中更改或者删除现有的零件实例或者模型实例子装配，则当用户从装配模块切换出去然后再切换回来时，Abaqus/CAE 会自动重新生成所有父实例（零件和模型）的子实例。

如果用户尝试从另一个包含子模型实例的模型中创建新的模型实例，Abaqus/CAE 会防止模型引用循环的问题。Abaqus/CAE 会阻止用户创建此类型的有问题的实例。

Abaqus/CAE 可确保模型实例建模空间的一致性——如果主模型中的所有实例是三维的，则任何要实例化的其他模型也必须是三维的。

在输入文件中保存的模型实例数据

Abaqus/CAE 在为包含模型实例的模型装配生成输入（.inp）文件时，会生成单一的装配。所有模型实例子装配会按顺序排列在一起，形成一个扁平的列表结构。

模型实例原始模型的大部分特征都保存在输入文件中，但也有一些例外。

• 在初始步中定义的面-面接触和自接触相互作用，是唯一保存在输入文件中的模型实例的历史层级特征。接触相互作用属性名称和面名称，附加在主装配中的模型实例名称后面；例如：

模型实例名称#接触属性名称

模型实例名称# Surf-1、模型实例名称# Surf-2

• 模型实例的模型层级特征保存在输入文件中；例如，材料、截面赋予、连接器截面赋予、蒙皮、加强筋和方向。在模型实例中定义的材料和单元名称，附加在主装配中的模型名称后面；例如：

模型名称#材料名称

在主装配中，将连接器截面赋予附加在模型实例名称后面；例如：

模型实例名称# Wire-3-Set-1

其他模型层级数据，如模型实例的初始条件和幅值定义，不会保存在输入文件中。

- 在模型实例中的零件层级上定义的工程特征，如质量和惯性单元、弹簧和阻尼器，会保存在输入文件中，但在原始模型中的装配层级上定义的工程特征，不会保存在输入文件中。
- 模型实例中的集合和面保存在输入文件中。这些集合和面名称，在主装配中附加在模型实例名称后面；例如：

模型实例名称# Set-1

- 模型实例的约束、参考点、附加点、附加线和线框保存在输入文件中。
- 对于约束，约束名称附加在模型实例名称后面；例如：

模型实例名称# 约束名称

- 通过在子装配中创建的集合可以访问附加点、附加线和线框。

以下内容为模型实例的限制和不支持的功能：

- 包含模型实例的模型不支持生成平面输入文件。
- 包含模型实例的模型不支持重新启动分析。
- 不支持包含子结构实例的模型实例。
- 不支持包含装配紧固件的模型实例。

13.5　创建装配

在创建零件实例或者模型实例后，用户需要施加后续的位置约束和定位操作，以将其相对于整体坐标系中的其他实例进行定位。本节介绍 Abaqus/CAE 定位及约束零件和模型树的工具，以及用户如何替换零件实例，讨论了以下主题：

- 13.5.1 节　“装配模块中的定位工具”
- 13.5.2 节　“位置约束方法的差异”
- 13.5.3 节　“在位置约束、平动和转动之间产生冲突”
- 13.5.4 节　“使用‘平动到’（Translate To）工具来定位零件或者模型实例”
- 13.5.5 节　“替换零件实例”

13.5.1　装配模块中的定位工具

在零件模块中，零件都有它们自己的坐标系，并在它们自己的坐标系中创建模型实例。用户可以使用装配模块将这些零件和模型实例相对于整体坐标系进行定位和定向。

Abaqus/CAE 为定位零件和模块实例提供了以下工具：

自动偏置工具

用户在装配模块中创建第一个零件或者模型实例时，Abaqus/CAE 会显示一个三角形图标来说明整体坐标系的原点和方向。Abaqus/CAE 定位第一个实例，使零件或者模型的原点与整体坐标系的原点重合，并对齐轴。如果用户创建其他实例，Abaqus/CAE 将继续定位新的实例，使其坐标系与整体坐标系对齐。由于这通常会导致新的实例与现有的实例重合，因此 Abaqus/CAE 允许用户在创建实例之前施加一个偏置。对于三维实例和二维实例，沿着 X 轴施加偏置，而对于轴对称实例，沿着 Y 轴施加偏置。详细指导见 13.10.4 节“创建零件或者模型实例”。

基本定位工具

Abaqus/CAE 为定位零件和模型实例提供下面的基本方法。

• 通过指定平移向量的起点坐标和终点坐标，用户可以沿着此向量平移选中的实例。用户可以使用下面的方法来确定选中实例移动的距离。

—选中的实例沿着起点到终点形成的平移向量进行移动。

—选中的实例沿着起点到终点形成的平移向量移动，并继续移动，直到选中的面或者面与固定实例的面或者边相距指定的距离。更多信息见 13.5.4 节“使用“平动到”（Translate To）工具来定位零件或者模型实例”。

- 用户可以围绕一个轴转动选中的实例。用户需要指定转动轴的起点和终点坐标以及转动的角度。

位置约束工具

位置约束定义了两个实例之间的关系。不像简单的平动或者转动，用户不需要直接指定位置。位置约束定义了零件或者模型实例在装配中必须总是满足的一组规则；例如，一个面必须与另一个面平行。

在装配模块中定义的位置约束，仅在实例的初始位置上创建约束，而在相互作用模块中定义的约束，定义分析自由度上的约束。在装配模块中，约束会被存储成装配特征。如果更改零件，或者移动零件或模型实例，Abaqus/CAE 会在重新生成装配时施加所有现有的位置约束。13.5.2 节“位置约束方法的差异”中对位置约束进行了描述。

创建最终的装配是创建实例、施加位置约束和施加平动和转动的迭代过程。每次重新定位后，Abaqus/CAE 都会显示临时的图像来说明操作的结果。用户可以接受新的位置、放弃操作或者通过单击提示区域中的 Previous 按钮⬅来在重新定位过程中回退。

用户可以使用查询工具集获取顶点的坐标，并度量选中顶点之间的距离。这可以帮助用户确定需要平动实例的向量或者转动实例的角度。13.12 节“使用查询工具集查询装配”中有如何获取装配信息的详细指导。

13.5.2 位置约束方法的差异

位置约束定义了两个零件或模型实例之间的关系——一个将移动（可移动实例），另一个将保持静止（固定实例）。当用户施加一个位置约束时，Abaqus/CAE 为可移动实例计算一个位置来满足此关系；用户不直接指定位置。用户可以在装配模块中为实例施加以下位置约束：

- 平行面（仅三维实例）。
- 面到面（仅三维实例）。
- 平行边。
- 边到边。
- 同轴（仅三维实例）。
- 重合点。
- 平行坐标系。

通常，施加单独的位置约束不足以定义可移动实例的精确位置。用户必须施加多个位置约束——对于三维装配通常有三个，对于二维装配通常有两个——来将实例定位到期望的位置。施加位置约束可能造成零件实例和模型实例重叠；Abaqus/CAE 不能防止边、面或实体单元之间的重叠。类似地，Abaqus/CAE 不会阻止用户过度约束实例或重复约束。

约束特征的定义包括用户最初选择的所有面和边。如果用户后续更改零件，移动零件实例或模型实例，Abaqus/CAE 会以用户最初的面和边的选择为基础，自动重新计算约束。因此，在重新生成装配后，一个或更多实例可能发生移动。例如，不同的边可能变成平行的。更多有关特征的信息，见 13.8.2 节“在装配模块中操控特征”和第 65 章“特征操控工具集”。

装配模块提供以下位置约束：

平行面（Parallel Face）

平行面位置约束使可移动实例的所选面与固定实例的所选面平行。然而，位置约束并没有指定可移动实例的精确位置，并且平行面之间的距离是任意的。若要在两个实例之间施加平行面位置约束，执行以下操作：

- 从可移动实例和固定实例中选择要约束成平行的面，如图 13-4 所示。

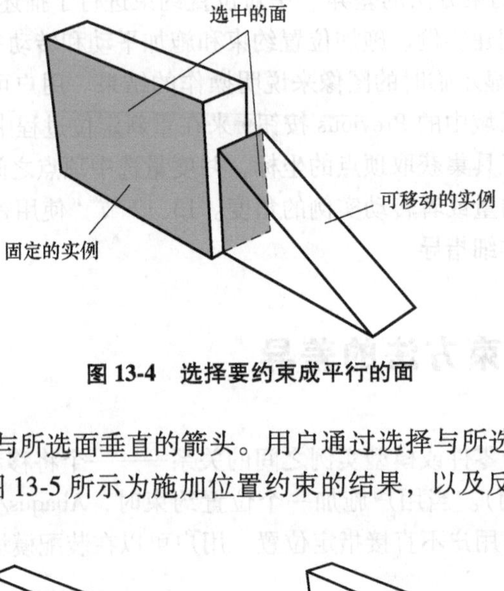

图 13-4 选择要约束成平行的面

- Abaqus/CAE 显示与所选面垂直的箭头。用户通过选择与所选面垂直的箭头方向来指定可移动实例的方向。图 13-5 所示为施加位置约束的结果，以及反转箭头方向对可移动实例的影响。

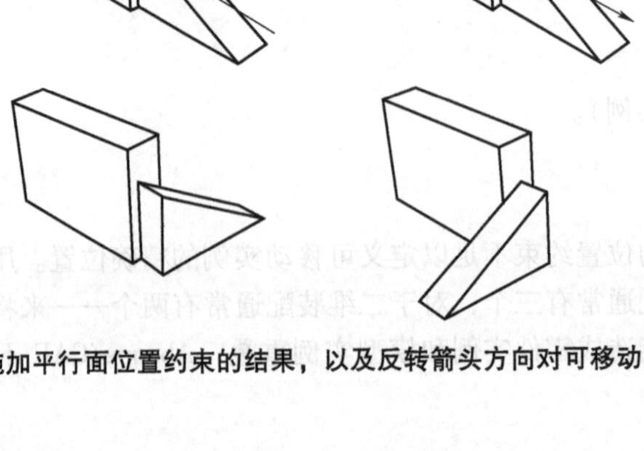

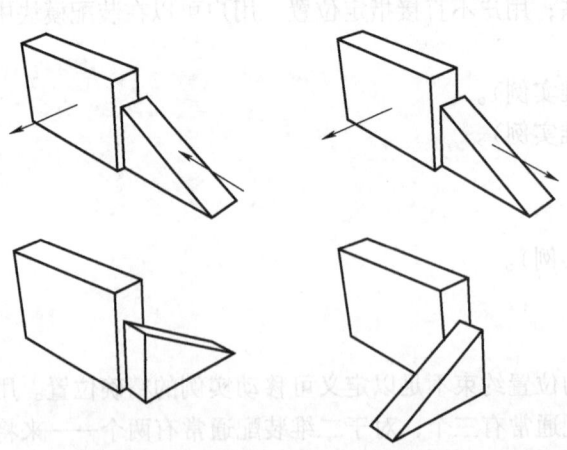

图 13-5 施加平行面位置约束的结果，以及反转箭头方向对可移动实例的影响

Abaqus/CAE 旋转可移动实例，直到两个所选面平行且箭头指向同一方向。

用户从可移动实例和固定实例中选择的面必须是平面的。平行面位置约束仅可以施加到三维实例中。详细指导见 13. 11. 2 节“使用平行的平面来约束两个实例”。

面到面（Face to Face）

面到面位置约束类似于平行面位置约束，除了用户还要定义平面之间的间隙。间隙是在两个所选面之间的测量的，沿固定实例的法向为正值。除了此间隙，可移动实例的精确位置不受限制。假设用户选择了与图 13-4 相同的两个面，施加面到面约束的效果如图 13-6 所示。图 13-6 也说明了将与所选面垂直方向的箭头反转后对可移动实例的影响。

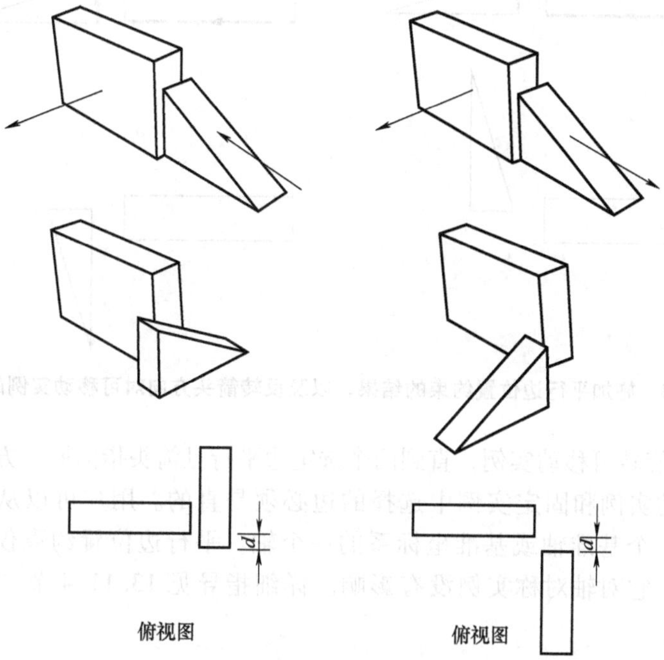

图 13-6　施加面到面位置约束的结果，以及反转箭头方向对可移动实例的影响

Abaqus/CAE 旋转可移动实例，直到两个所选面平行且箭头指向同一方向。此外，用户可以移动可移动实例来满足指定的间隙。用户从可移动实例和固定实例中选择的面必须是平面的。面到面位置约束仅可以施加到三维实例中。详细指导见 13. 11. 3 节“使用具有指定分隔距离的平行平面来约束两个实例”。

平行边（Parallel Edge）

平行边位置约束使可移动实例的选定边与固定实例的选定边平行。然而，位置约束并没有指定可移动实例的精确位置，并且平行边之间的距离是任意的。若要在两个实例之间施加平行边位置约束，执行以下操作：

- 从可移动实例和固定实例中选择要约束成平行的边，如图 13-7 所示。

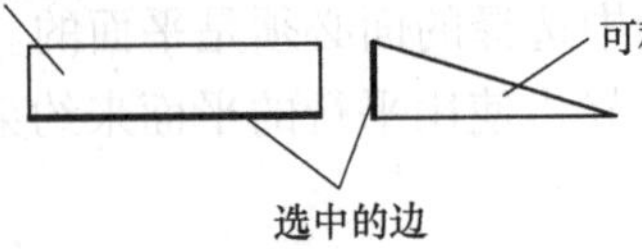

图 13-7　选择要约束成平行的边

• Abaqus/CAE 沿选定边显示箭头。用户通过选择沿选定边箭头的方向来指定可移动实例的方向。图 13-8 所示为施加位置约束的结果，以及反转箭头方向对可移动实例的影响。

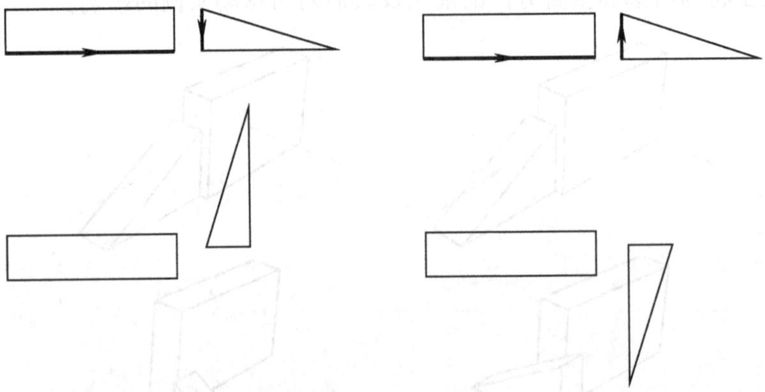

图 13-8　施加平行边位置约束的结果，以及反转箭头方向对可移动实例的影响

Abaqus/CAE 旋转可移动实例，直到两个选定边平行且箭头指向同一方向。

用户从可移动实例和固定实例中选择的边必须是直的。用户可以从实例中选择一条边，也可以选择一个基准轴或基准坐标系的一个轴。平行边位置约束仅可以应用于二维实例和三维实例。它对轴对称实例没有影响。详细指导见 13.11.4 节“使用平行的边约束两个实例”。

边到边

边到边的位置约束类似于平行边位置约束，除了用户还要通过约束来定义平行边之间的间隙。假设用户选择了与图 13-7 相同两个边，给二维装配施加边到边位置约束的效果如图 13-9 所示。图 13-9 也说明了反转选中边箭头的方向对可移动实例影响。

装配体的建模空间决定了用户施加边到边位置约束后 Abaqus/CAE 的行为。

• 如果装配是三维的，则 Abaqus/CAE 将定位可移动实例，以便边缘重合。

• 如果装配是二维的，则用户可以指定选定边之间的间隙。间隙是在两个选定边之间测量的，沿固定实例的法向为正值。

除此之外，可移动实例的精确位置不受约束。用户可以将边到边位置约束施加到二维、三维和轴对称的实例；然而，轴对称实例仅可以平行于旋转轴移动。详细指导见 13.11.5 节“使用具有指定分隔距离的平行边来约束两个实例”。

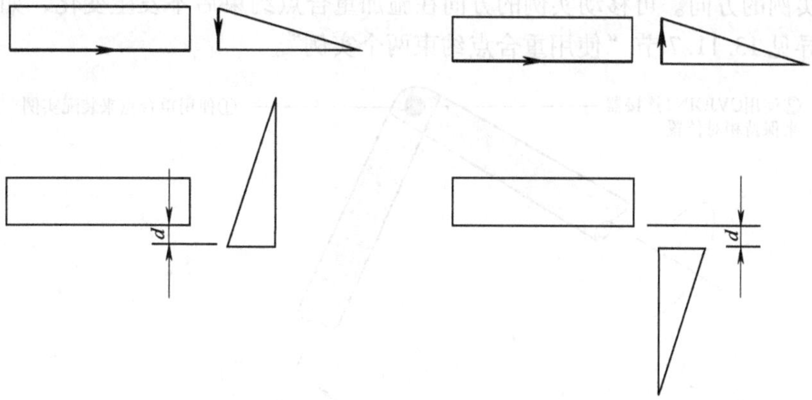

图 13-9 施加边到边位置约束的结果，以及反转箭头方向对可移动实例的影响

同轴（Coaxial）

同轴位置约束使选中的可移动实例的圆柱面或圆锥面，与选中的固定实例的圆柱面或圆锥面同轴。然而，同轴位置约束并不能约束可移动实例的精确位置。若要在两个实例之间施加同轴位置约束，执行以下操作：

- 从可移动的实例和固定的实例中选择要约束成同轴的圆柱面或圆锥面，如图 13-10 所示。
- Abaqus/CAE 沿选中实例的旋转轴显示箭头。用户可以通过沿着其旋转轴选择箭头的方向来规定可移动实例的方向。图 13-11 所示为施加同轴位置约束的效果。

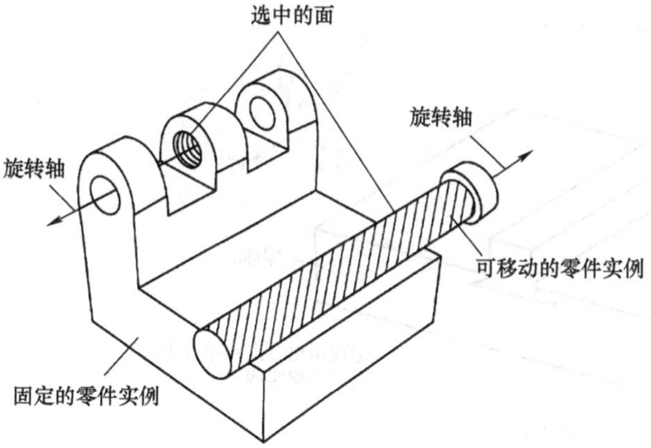

图 13-10 选择要约束成同轴的面

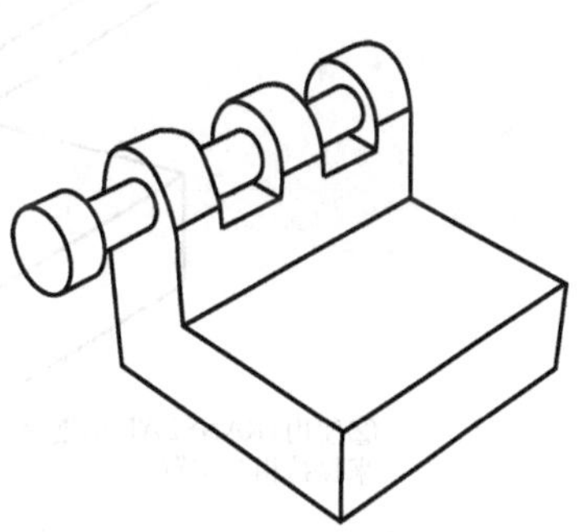

图 13-11 施加同轴位置约束的效果

Abaqus/CAE 旋转和平移可移动实例，直到两个所选面同轴，且箭头指向同一方向。仅能对三维实例施加同轴位置约束。详细指导见 13.11.6 节“使用同轴面约束两个实例”。

重合点（Coincident Point）

重合点约束使可移动实例上的选中点与固定实例上的选中点重合。然而，重合点约束不约束可移动实例的方向。可移动实例的方向在施加重合点约束后不发生变化，如图 13-12 所示。详细指导见 13.11.7 节“使用重合点约束两个实例”。

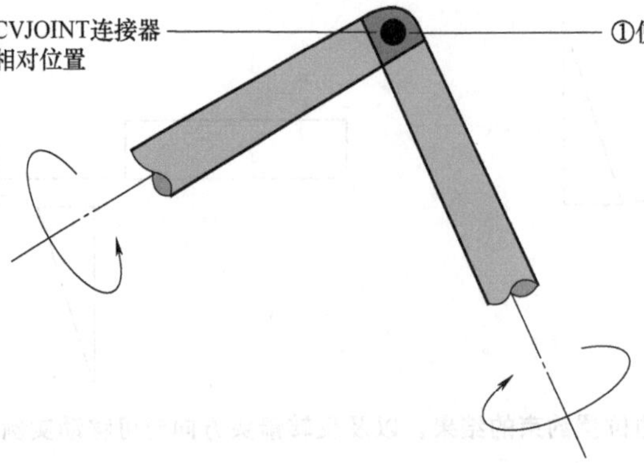

图 13-12　施加重合点约束的效果

平行坐标系（Parallel CSYS）

平行坐标系约束使可移动实例上的基准坐标系轴与固定实例上的基准坐标系轴平行。然而，平行坐标系约束并没有指定可移动实例的精确位置。图 13-13 所示为施加平行坐标系约束和重合点约束的效果。

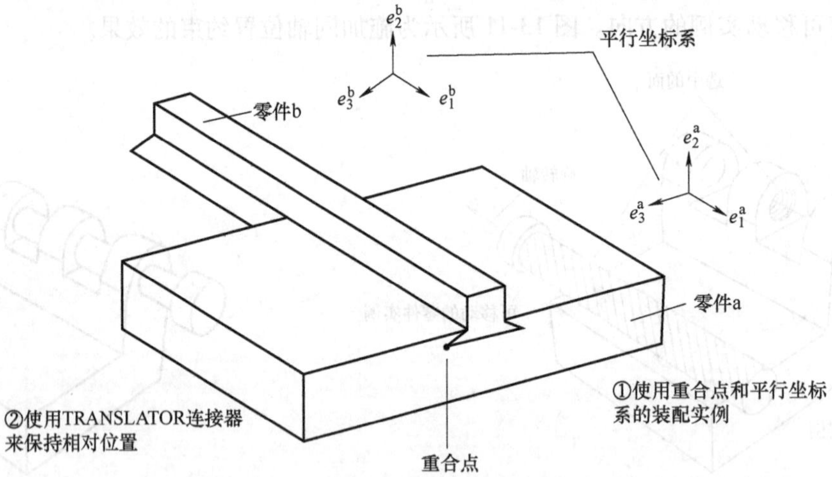

图 13-13　施加平行坐标系约束和重合点约束的效果

坐标系可以是直角坐标系（X 轴、Y 轴和 Z 轴），圆柱坐标系（R 轴、θ 轴和 Z 轴），或球坐标系（R 轴、θ 轴和 ϕ 轴）。详细指导见 13. 11. 8 节“使用平行的坐标系来约束两个实例”。

用户可以使用基准来定位零件和模型实例。当系统提示用户选择一个面时，用户可以选择一个基准面。当系统提示用户选择一个边时，用户可以选择一个基准轴或基准坐标系的一个轴。用户可以选择在零件模块中创建的基准，因为该基准与零件实例关联并随零件实例移动。然而，如果位置约束使用用户通过从一个零件实例中选择而在装配模块中创建的基准（如一个零件实例的面），则 Abaqus/CAE 会改变它的重新生成行为，并按照用户创建它们的次序来重新生成特征。更多信息见 65.3.5 节“如何重新生位置约束?”。如果用户在装配模块中创建基准并且它依赖于多个零件实例，则用户不能将可移动零件实例选择为一个基准，如通过两个零件实例的顶点形成的基准轴。

13.5.3 在位置约束、平动和转动之间产生冲突

在试图施加位置约束的一些场合会产生与现有位置约束相冲突的情况。在此情况中，Abaqus/CAE 会显示一个错误信息，用户可以施加不同的位置约束，或使用特征操控工具集来更改现有的位置约束。

类似地，试图平移或旋转一个零件实例或模型实例，也可能产生与现有位置约束的冲突。一旦发生冲突，Abaqus/CAE 将执行以下操作：

平移（Translation）

Abaqus/CAE 仅沿未受约束的自由度应用平移分量。如果约束了所有的自由度，则 Abaqus/CAE 会显示一个错误信息，并且平移失败。

转动（Rotation）

Abaqus/CAE 显示一个错误信息，并且转动失败。

如果用户遇到与现有位置约束的冲突，可以使用 Instance→Convert Constraints 来删除所有的现有位置约束，而无须改变实例的位置。然后，用户可以施加新的位置约束、平移或旋转。用户不能重载已删除的位置约束。另外，用户可以删除一个位置约束，但 Abaqus/CAE 会将实例移回其原始位置。详细指导见 13.10.11 节“转换约束”。

13.5.4 使用“平动到”（Translate To）工具来定位零件或者模型实例

平动到（Translate To）工具通过沿定义运动方向的用户定义的向量平移一个实例，来定位两个零件或模型实例，直到选中的可移动实例的面或边与选中的固定实例的面或边相隔指定距离。

当使用平动到（Translate To）工具在三维建模空间中定位实例时，用户需要选择面来实现接触；对于二维或轴对称建模空间中的实例，用户需要选择边来实现接触。此外，当用户使用平动到（Translate To）工具来定位轴对称实例时，平移向量必须与旋转轴平行。

当用户使用平动到（Translate To）定位工具时，可以从固定实例和可移动实例中选择

多个面或边。可移动实例沿着所选向量移动时，如果用户不确定模型的哪些零件会发生接触，选择多个面或边将是非常有用的。然而，为了加快进程，用户应当尽可能少地选择面或边。

若要将可移动零件实例或模型实例转换成固定的实例，执行以下操作：

- 从将要移动的实例和将要保持静止的实例中选择面或边。
- 通过定义平移向量来规定可移动实例的运动。图 13-14 所示为选中的边和平移向量。
- 定义所选面或边之间的期望间隙。图 13-15 所示为在指定零间隙的和间隙 d 的值后，接触约束的效果。若要测量间隙 d，Abaqus/CAE 首先沿平移向量移动实例，直到任何一对选中的面或边发生接触。然后，Abaqus/CAE 根据间隙值沿平移向量将实例移动一个指定距离。间隙值可以为零、正数或负数；间隙的负值会导致选中面或边之间的过度闭合。当用户使用平动到（Translate To）工具时，Abaqus/CAE 会根据可移动实例的尺寸计算可移动实例在容差内的位置。如果用户想要避免任何过度闭合的可能性，则应当指定一个小的间隙值，而不是简单的指定零。

如果沿平移向量不可能发生选中的面或边之间的接触，则 Abaqus/CAE 会显示一个错误信息，并且不会移动实例。详细指导见 13.10.8 节“将零件或者模型实例平动到其他实例”。

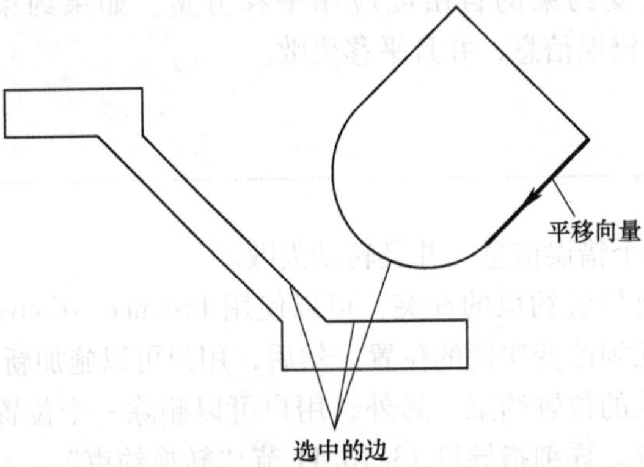

图 13-14　选择要接触的边，并定义平移向量

即使用户将可移动实例平动到与固定实例发生接触，所选面的物理接近度也不足以说明它们之间有任何类型的交互。用户必须使用交互模块来指定面与面之间的机械接触。移动到（Translate To）定位工具仅满足以用户模型的大小为基础的容差。因此，接触可能不精确，除非它施加在两个平面之间。

Abaqus/CAE 使用一组小面片来近似一个弯曲的面。同样，Abaqus/CAE 使用一组分段的边来近似弯曲的边。面片及分段边的数量取决于在零件模块中创建零件时用户指定的曲线细化程度。使用方形放大工具来查看施加到装配中曲面或曲边的面片化。当用户平移曲面或曲边时，Abaqus/CAE 使用此面片化的表示来计算接触位置。用户可能希望采用已知将会接触的面或边的曲率将曲线或曲面设置得更加精细。更多信息见 76.4 节“控制曲线细化”。

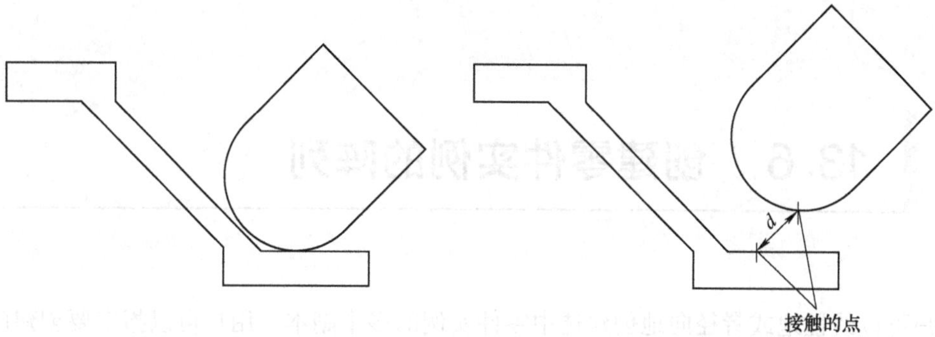

图 13-15　施加接触约束并指定间隙值为零和 d 效果

13.5.5　替换零件实例

用户可以使用另一个零件实例来替换零件实例。确切地说，用户正在替换从中创建零件实例的零件。Abaqus/CAE 定位新零件实例，使零件实例的原点位于原始零件实例的原点，且其轴对齐。此外，用户可以选择新零件实例是否从它替换的实例继承所有的约束。

替换操作不会改变实例的属性。例如，如果原始实例是关联的，则替换原始实例的实例将也是关联的。因此，如果存在零件的独立实例，则用户不能使用替换过程来创建相同零件的关联实例。

当用户使用相似几何形状的零件实例来替换一个零件实例时，替换零件实例是非常有用的。例如，新零件实例可能具有原始零件实例没有的其他细节。用户也可以使用相同零件的网格表示来替换基于几何形状的零件。例如，用户可以使用从输出数据库导入的变形零件的网格表示来替换一个零件。详细指导见 13.10.10 节“替换一个零件实例”。

13.6　创建零件实例的阵列

用户可以线性地或者径向地创建选中零件实例的多个副本。用户可以指定要创建的实例数量及阵列的结构，如下所述。这些命令不能用于模型实例。

线性阵列

线性阵列沿着一个方向线性地定位新的实例；例如，在 X 方向上线性地定位新的实例。所选零件实例的原点和新零件实例的原点位于由方向指定的线上。用户可以指定实例的数量及实例之间的距离。此外，用户可以通过从装配中选择一条代表新方向的线来改变线性阵列的方向。

用户可以创建另一个方向来创建复制实例的阵列，如 Y 方向。图 13-16 所示为一个零件实例如何在 X 轴和 Y 轴上阵列。

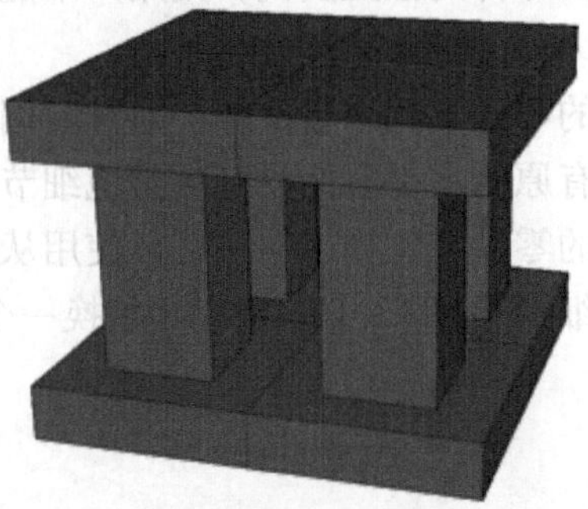

图 13-16　在两个线性方向上阵列的零件实例

径向阵列

径向阵列以圆周阵列的方式定位新的实例。用户可以指定实例的数量，并且用户可以指定第一个副本和最后一个副本之间的角度，其中正角度对应逆时针方向。例如，图 13-17 所示为图 13-16 中出现的相同零件实例的径向阵列。

默认情况下，Abaqus/CAE 创建围绕 Z 轴的径向阵列。用户也可以从装配中选择一条线来定义圆周阵列的轴。

如果用户创建相互接触的实例阵列，并且想要将此阵列视为单独的零件，则用户必须使用 Merge/Cut 工具将阵列中的所有零件实例合并为单独的零件实例。例如，图 13-17 中显示的径向阵列中的实例彼此重叠，并已合并为单独的零件实例。更多信息见 13.7 节“对零件实例执行布尔运算”。如果用户不合并零件实例，则阵列可能包括实例接触的重复面或节点。

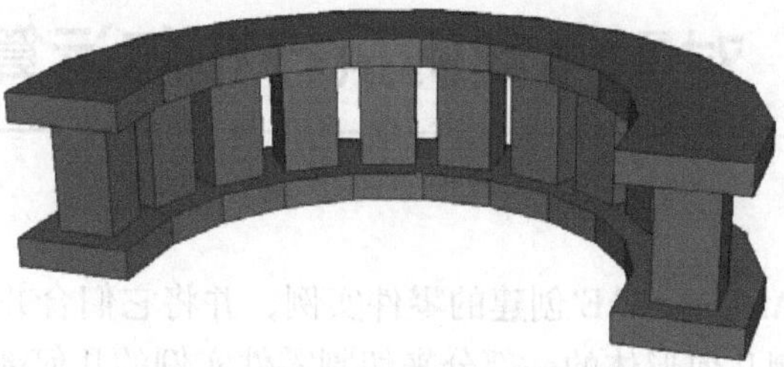

图 13-17 零件实例的径向阵列

如果一个零件包含零件层级的集合或面，则 Abaqus/CAE 在阵列中将为每个零件实例创建单独的装配层级的集合和面（有关零件层级和装配层级的集合和面的进一步讨论，见 73.2.2 节“零件集合和装配集合有何不同?”）。例如，如果图 13-16 和图 13-17 中原始零件的顶面包含在零件层级的面中，则 Abaqus/CAE 在阵列的装配中为每一个零件实例的顶面创建单个的装配层级面。通常，将这些重复的集合和面合并成一个单独的集合或面是非常有用的。当用户合并阵列后的零件实例时，Abaqus/CAE 还会将重复的集合或重复的面合并到合并零件和零件实例上的单独集合或面。如果用户没有合并阵列后的零件实例，仍然可以使用模型树中的 Boolean 选项来合并集合或面（详细指导见 73.3.4 节“对集合或者面执行布尔操作”）。

当用户创建实例的线性或径向阵列时，会发现使用关联的零件实例更加方便。当用户使用网格划分原始零件时，Abaqus/CAE 会对阵列中的每一个实例施加相同的网格划分。相反，如果用户创建独立实例的阵列，则必须单独对每个实例进行网格划分。更多信息见 13.3.2 节“关联零件实例与独立零件实例之间的差异”。

13.7 对零件实例执行布尔运算

用户可以选择使用 Abaqus/CAE 创建的零件实例，并将它们合并成一个实例。此外，用户可以使用其他零件实例几何形体的一部分来切割零件实例的几何部分。用户也可以合并同时包含几何形体和孤立单元的实例。详细指导见 13.10.12 节“合并或者分割零件实例”。本节介绍用户如何合并和切割零件实例，讨论了以下主题：

- 13.7.1 节 “合并和切开零件实例”
- 13.7.2 节 “合并和切割独立的和关联的零件实例”

13.7.1 合并和切开零件实例

从主菜单栏选择 Instance→Merge/Cut 来合并多个零件实例。被合并的零件可以包含几何形体和孤立网格节点和单元的任何组合；并且有合并几何形体、网格（孤立的和本地的）或者二者的选项。

此外，用户可以使用一个或者多个零件实例来切开零件实例的几何形体部分。合并和切开操作创建一个新的零件实例和一个新零件。当用户合并或者切开零件实例时，用户可以选择抑制或者删除原始的零件实例。合并和切开操作在下面进行了更加详细的描述。

合并

用户可以选择多个零件实例并且将它们合并成一个单独的零件实例。例如，图 13-18 所示为两个零件实例来模拟 15 针的连接器。沿着一个共用面来定位两个零件实例，然后合并成一个单独的零件实例，就可以进行网格划分和分析。即使实例没有接触或者重合，用户也可合并零件。用户可以选择删除还是保留合并零件实例之间的相交边界，如图 13-19 所示。如果需要，用户可以使用 Part Copy 对话框来关于三个主平面中的一个创建零件的一个镜像图片。更多信息见 11.5 节“复制零件的可选操作”。

如果用户合并网格，则用户可以指定 Node merging tolerance，它将是会合并的节点之间的最大距离。Abaqus/CAE 通过删除比指定距离近的节点并且使用一个单独的新节点来替换它们，来创建一个兼容的网格。新节点的位置是删除的多个节点的平均位置。如果用户为 Node merging tolerance 输入的值太大，则 Abaqus/CAE 可以从相同的单元发现复制的节点。Abaqus/CAE 将不会从相同的单元合并节点。然而，大的容差可以产生扭曲的网格，并且 Abaqus/CAE 询问用户是否想继续还是结束合并过程。如果没有节点比指定的距离更近，则

Abaqus/CAE 询问用户是否想要放弃合并或者从选中的实例创建一个单独的实例。

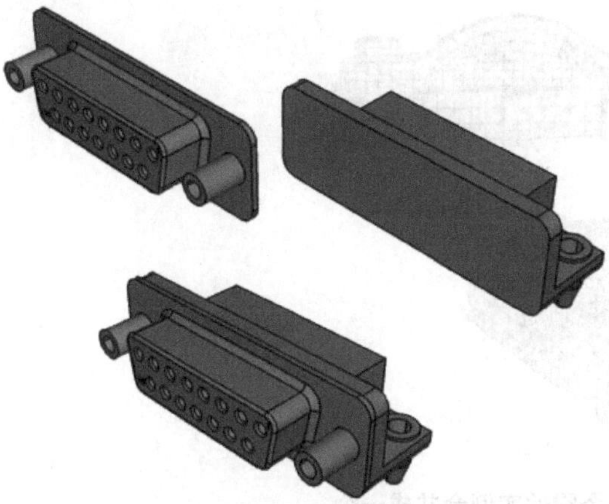

图 13-18 合并成一个单独零件实例的两个零件实例

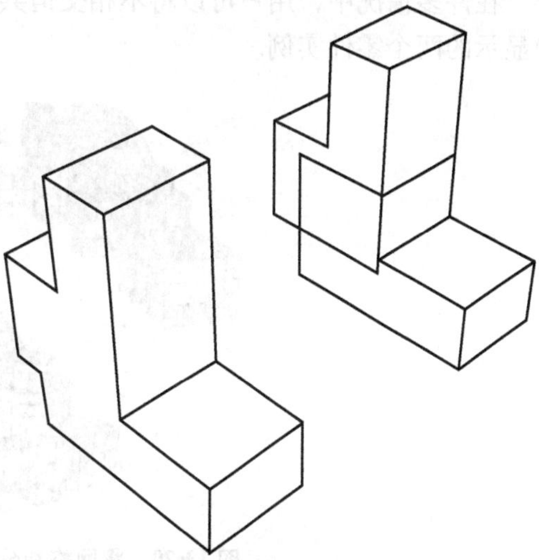

图 13-19 删除和保留相交边界的效果

当用户合并已经划分网格的相交零件实例时，用户可以选择是否创建复制的单元以及复制的节点。复制的单元具有与其他的单元相同的连接性。默认情况下，Abaqus/CAE 删除复制的单元，并且在大部分情况中，用户应当接受默认的行为。然而，如果用户想要模拟具有组合材料属性的材料，并且 Abaqus 并不支持这样的材料组合，则用户必须保留复制的单元。如《Abaqus 分析用户手册——材料卷》的 2.2.2 节“无压缩或者无拉伸”中的稳定性讨论描述的那样。

用户可以在下面的合并节点方法中选择：

唯一边界（Boundary only）

默认情况下，Abaqus/CAE 仅沿着它们的边界来合并网格划分的零件实例（三维实例由自由面定义，二维实例由自由边定义）。自由面和边是仅属于一个几何实体或者单元的那些面和边。使用此设置，Abaqus/CAE 不检查零件内部的重复节点，这样加速了合并过程。如果三维零件实例之间仅在共有的面处相交，或者如果二维实例仅在共有的边处相交，则用户应当保留此默认的设置。

所有的（ALL）

如果零件实例重叠，则用户可能想要合并选中零件实例中的所有节点。

无（None）

用户可以选择不合并节点。在此情况中，Abaqus/CAE 会将多个零件实例合并成一个，但保留所有的原始节点。

在许多情况中，用户可以将不相交但共享一个面的零件实例进行合并；例如，图 13-20 中显示的两个零件实例。

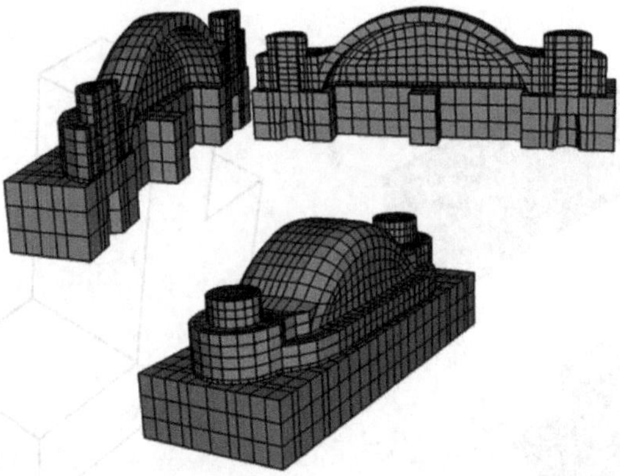

图 13-20 将网格划分的多个零件实例合并成一个

用户也可以使用网格编辑工具集来合并网格划分零件的选中节点。更多信息见 64. 1. 1 节“操控节点”。

虽然生成的合并网格在视口中看上去可以接受，但网格中的节点和单元面之间可能会有一些不易察觉的小间隙。此网格还可能包含网格样式不兼容的合并面。用户可以使用查询工具集中的 Mesh gaps/intersections 工具来检查小间隙和不兼容的面。更多信息见 71. 2. 2 节“获取与模型有关的一般信息”。

当用户合并零件实例时，原始零件和零件实例上的任何集合或者面，都将映射到新的零件和零件实例上。如果来自不同零件的集合或者面具有相同的名称，则它们会在将要合并的零件和零件实例上合并成一个集合或者面。如果用户选择删除合并零件之间的相交边界，则集合或者面位于边界边和面上的部分，会从映射的集合和面中去除。

来自原始零件的截面赋予也会映射到新的零件上。如果原始装配中的零件相交，则 Abaqus/CAE 仅可以在相交区域中映射一个截面。类似地，如果零件恰好接触或者相交，并且在合并过程中去除了相交边界，则 Abaqus/CAE 仅将一个截面映射到整个合并零件。在这些相交情况中，得到的映射截面取决于不同的因素，并且可能不符合用户建模的期望。当合并相交区域时，用户应当保留相交边界。边界将保留非相交区域中的原始截面赋予，并且如果有必要，可以简单更改映射的截面赋予（详细情况见 12. 15. 2 节“管理截面赋予”）。

注意：梁截面赋予和加强筋参考方向不会映射到合并的零件中。用户必须在合并后重新创建它们和相关属性。

用户可能会为了下面的原因来合并零件实例：

- 如果不同的几何形体有接触或者重叠，但用户不合并实例，则 Abaqus/CAE 会为每一个实例创建单独的网格，用户必须施加绑定约束才能有效合并节点。相比而言，当用户合并零件实例时，Abaqus/CAE 会创建一个合并网格，用户不需要施加计算成本高昂的绑定约束。实际上，用户已经在零件实例之间创建了一个兼容的网格。如果想要保留单独零件实例的概念，则用户可以在合并实例的共有界面处创建分割。

• 合并零件实例允许用户为通过合并操作创建的零件赋予材料属性，以简化材料属性的管理，不需要为每一个零件分别赋予材料属性。

• 用户可以为一组合并的零件实例施加显示体约束，而不需要为每一个零件实例分别施加显示体约束。

• 当用户导入一个复杂的装配体时，在 Abaqus/CAE 中，装配可以表现成将分别划分网格的大量单个的零件实例。用户可以将所有的零件实例合并成一个单独的零件实例，或者可以将多组零件实例合并成几个单独的零件实例。

在合并零件实例时，用户可以使用以下选项：

几何形体（Geometry）

仅合并几何形体。被合并的实例的任何孤立网格部分将从合并的零件和零件实例中删除。

网格（Mesh）

合并所有的本地和孤立网格构件。从合并的零件和零件实例中删除任何合并的实例几何形体。原始零件的本地网格选项成为新零件中孤立网格的一部分。

二者都（Both）

合并几何形体和孤立的网格。在合并几何形体的过程中删除任何本地的网格。

切割（Cut）

用户可以选择要切割的单个零件实例的几何形体部分，然后用户可以选择与要切割零件实例接触的或者重合的一个或者多个零件实例。Abaqus/CAE 使得被切割实体（毛坯）切除掉几何形体（模具）。几何形体必须接触或者重叠来创建一个切割零件和零件实例。如果被切割的零件实例包括孤立的网格单元，则孤立单元不受切割操作的影响。

当用户切割零件实例时，可以将来自原始零件和零件实例的集合、面和截面赋予映射到新的零件和零件实例上。位于原始几何形体切割部分中的原始集合和面的一部分，会从映射的集合和面中删除。

如果用户想要从零件创建一个模具，或者反之，切割操作是有用的。图 13-21 显示了一个瓶子和一个矩形的毛坯，以及切割过程如何创建模具。用户不能使用壳零件实例来进行切割。因此，在执行切割操作之前，应在零件模块中将瓶子从壳转变成实体零件。更多信息见 11.21.5 节“从一个壳创建一个实体特征”。此外，在切割操作之后抑制原始的零件实例（毛坯和模具）。当用户只需要一个声学或者冲击分析时，切割操作对于模拟一个结构和一个声学介质也是有用的。

注意：用户不能合并和切割包含虚拟拓扑的零件实例。

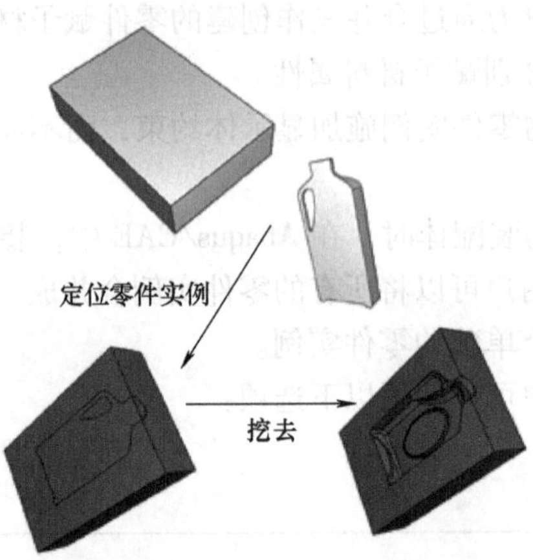

图 13-21 使用切割操作来从平板和一个模具创建一个模

详细指导见 13.10.12 节“合并或者分割零件实例”。

13.7.2 合并和切割独立的和关联的零件实例

合并选中的零件实例来生成一个新的零件实例和一个新的零件。如果用户合并独立的零件实例，生成的零件实例也是独立的。类似地，如果用户合并关联的零件实例，则生成的零件实例也是关联的。最后，如果用户合并独立的零件实例和关联的零件实例组合，则生成的零件实例是关联的。

当用户合并几何形体的网格和/或孤立的网格单元时，所产生的零件实例总是孤立的网格零件，并且总是关联的。当用户合并网格和包含几何形体和孤立网格节点及单元的零件几何形体时，生成的零件实例是混合体，包含几何形体和孤立的节点和单元，并且此混合体总是关联的。

切割选中零件实例的几何形体也会生成一个新的零件实例和一个新的零件。对于混合孤立零件实例和关联零件实例的讨论，也适合于切割孤立零件实例和关联零件实例的几何形体；然而，零件实例中的孤立网格单元不能进行切割，或者用来切割其他实例的几何形体。

13.8 理解装配模块中的工具集

装配模块提供了一些工具集，允许用户更改定义装配的特征。本节介绍如何在装配模块中使用这些工具集，包括以下主题：

- 13.8.1 节 “在装配模块中使用基准几何形体”
- 13.8.2 节 “在装配模块中操控特征”
- 13.8.3 节 “分割装配”
- 13.8.4 节 “查询装配”
- 13.8.5 节 “创建参考点”
- 13.8.6 节 “在装配模块中使用集合和面”

有关每一个工具集的详细信息参考，见以下章节：

- 第 62 章 “基准工具集”
- 第 65 章 “特征操控工具集”
- 第 70 章 “分割工具集”
- 第 71 章 “查询工具集”
- 第 72 章 “参考点工具集”
- 第 73 章 “集合和面工具集”

第 78 章讨论了“使用显示组显示模型的子集合”。

13.8.1 在装配模块中使用基准几何形体

在装配模块中，用户可以使用基准工具集来提供装配不提供的额外参考几何形体（顶点、边和面）。使用参考几何形体可以帮助用户定义位置约束，以及零件实例或者模型实例。例如，用户在创建平行面或者面到面的约束时，如果不存在想要的面，则可以使用基准平面。类似地，用户在创建平行边或者边到边的约束时，如果不存在想要的边，也可以使用基准轴。基准是任何选用此基准的约束的父特征。基准不会改变零件实例或者模块实例的几何形体；因此，用户可以创建参考孤立零件实例和关联零件实例的基准。

在装配模块中创建零件实例时，用户在零件模块中创建的基准几何形体与剩余的零件几何形体一起移动。此外，在装配模块中平动和转动零件实例时，用户在零件模块中创建的基准也与实例一起平动和转动。相比而言，在装配中创建的基准仅跟随用来创建基准的参考点运动。因此，如果在平动和转动零件实例时，基准的行为可能无法反映用户的设计意图。如果用户知道一个基准与一个零件关联，则用户应当在零件模块中创建此基准。

图 13-22 所示为在两个刚性面之间压制一个可变形的弯曲壳。通过在下刚性面（固定的刚性零件实例）的选中边，以及与壳（可移动的变形零件实例）关联的基准轴之间施加边到边的位置约束，可以很容易地定位壳。该基准轴是在零件模块中与可变形零件一起创建的，在施加位置约束时，与可移动零件实例一起移动。相比而言，图 13-23 所示为在多个可移动零件实例与一个提供参考几何形体的固定基准轴之间施加边到边的位置约束。在此示例中，基准轴是沿着装配体的 X 轴创建的，并且不与任何零件实例关联。对图中所示的三个实例各施加一个边到边的位置约束，将导致三个实例沿着基准轴对齐。

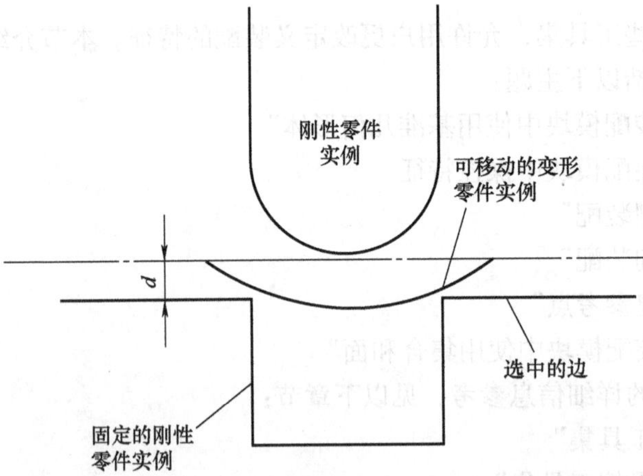

图 13-22　在基准轴与所选边之间施加边到边的约束

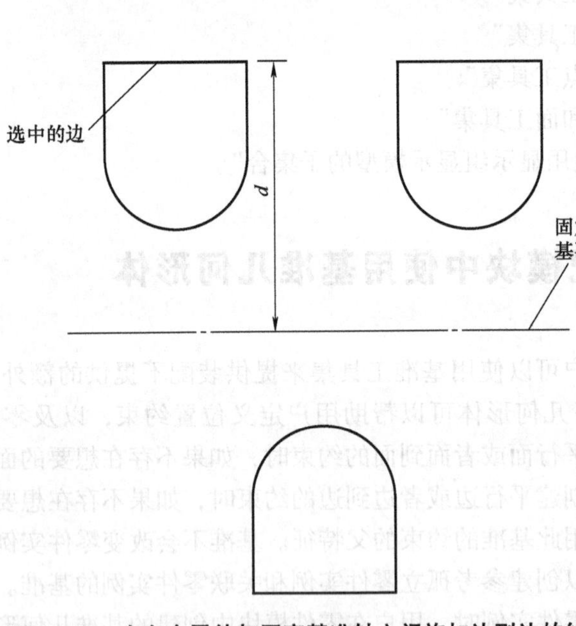

图 13-23　在多个零件与固定基准轴之间施加边到边的约束

基准轴是装配体一个的特征，与装配体的剩余部分一起重新生成。用户可以通过从主菜单选择 View→Assembly Display Options，使基准几何形体不可见，但仍保留在装配体中。更多信息见 76.9 节“控制基准显示”。

指示整体坐标系原点和方向的空间坐标轴是由装配模块创建的基准坐标系。用户可以抑制或者删除它，但不能进行更改。

13.8.2 在装配模块中操控特征

与基准几何形体和分割一起，以下对象也被视为装配体的特征，并显示在模型树的特征列表中：

零件实例（Part instances）

用户可以抑制、恢复和删除零件实例。用户也可以分割零件实例，但用户不能编辑它的形状或者特征。要更改零件实例，用户必须在零件模块中编辑原始的零件；返回装配模块时，Abaqus/CAE 会自动重新生成更改后的零件实例。

用户可以通过从主菜单栏选择 View→Assembly Display Options→Instance，使零件实例不可见，但仍保留在装配体中。更多信息，见 76.14 节“控制实例可见性”。此技术与抑制零件实例不同；抑制零件是从装配中删除它，直到用户选择恢复。用户也可以使用显示组来让零件实例不可见；更多信息见第 78 章“使用显示组显示模型的子集合”。

用户可以链接零件实例，也可以从分析中排除零件实例；更多信息见 13.3.5 节“在模型之间链接零件实例”以及 13.3.6 节“从分析中排除零件实例”。

模型实例（Model instances）

用户可以抑制、恢复和删除模型实例。要更改模型实例，用户必须编辑原始模型的装配体。

用户可以通过从主菜单栏选择 View→Assembly Display Options→Instance，使模型实例不可见，但仍保留在装配体中。用户也可以使用显示组来让模型实例不可见。

位置约束（Position constrains）

用户可以编辑、抑制、恢复和删除位置约束。用户可以更改以下位置约束参数：

- 选中面或者可移动零件实例选中边的法线箭头方向。
- 可移动零件实例的选中面或者边，与固定零件实例的选中面或者边之间的间隙。间隙参数仅施加到面到面、边到边和接触约束中。

平动和转动不作为特征来存储，并且不能进行编辑、抑制、恢复或者删除。

用户可以使用特征操控工具集来更改装配体的特征。当 Abaqus 提示用户选择要更改的特征时，用户可以从视口中选择可见的特征，如零件实例、基准或者分割。用户必须从模型树中选择位置约束。

从特征操控工具集中可以访问以下特征操控工具：

编辑（Edit）

当用户编辑一个特征时，Abaqus/CAE 将显示 Edit Feature 对话框，然后用户可以更改定义特征的参数或者草图。用户不能编辑零件实例，必须返回到零件模块中更改原始的零件。

重生成（Regenerate）

当更改复杂装配体中的特征时，应在完成所有的更改后再重生成，因为重生成可能会很耗时。当用户准备好重生成装配体时，选择 Feature→Regenerate。

重命名（Rename）

重命名一个特征。

抑制（Suppress）

抑制特征可以暂时将此特征从装配体定义中删除。被抑制的特征是不可见的，不能进行网格划分，也不包含在模型分析中。抑制父特征时，也将抑制所有子特征。

恢复（Resume）

恢复特征可将被抑制的特征恢复到装配体中。用户可以选择恢复所有特征、最近抑制的特征集合，或者仅恢复选中的特征。

删除（Delete）

删除特征会将特征从装配体中删除；已删除的特征无法恢复。

查询（Query）

查询特征时，Abaqus/CAE 会在消息区域中显示信息，并以注释的形式将相同的信息写入重放文件（abaqus. rpy）。

选项（Options）

Feature Options 对话框允许用户控制 Abaqus/CAE 是否执行自相交检查，并允许用户将约束特征的重新生成优先于其他装配特征。

更多有关特征操控工具集的详细解释，见第 65 章“特征操控工具集”。

13.8.3 分割装配

在装配模块中，用户可以使用分割工具集来将装配体分割成几个区域。用户可以使用一个零件实例中的顶点、边和面来创建分割另一个零件实例的区域；例如，用户可以使用 Extend Face 方法，通过延长一个零件实例的面来分割另一个零件实例。分割不能跨越多个实例。

装配上的分割出现在操作装配的每一个模块中。当用户在装配模块中创建一个零件实例时，在零件模块中创建的分割与剩下的零件几何形体一起转化。分割是装配的特征，并且它们与装配的剩余部分一起重新生成。用户不能关闭分割的显示。分割更改零件实例的几何形体；因此，用户不能分割关联的零件实例。

分割工具集不能用于处理装配中的模型实例。

13.8.4 查询装配

用户可以使用装配工具集来请求通用信息或者特定模块的信息。有关由通用查询显示的信息的讨论，见 71.2.2 节“获取与模型有关的一般信息”。

此外，用户可以使用装配模块特定的查询来确定下面零件实例或者模块实例的属性。

- 名称、类型和建模空间。
- 原点。
- 施加到实例的平动和转动的总和。

更多信息见 13.12 节“使用查询工具集查询装配”。

13.8.5 创建参考点

从主菜单栏选择 Tools→Reference Point，可以在零件实例或者模块实例上创建参考点。用户可以在装配上创建多个参考点；Abaqus/CAE 会将它们命名为 RP-1、RP-2、RP-3 等。更多信息见第 72 章“参考点工具集”。

Abaqus/CAE 在期望的位置显示参考点和它的标签。用户可以通过右击模型树中的特征，然后从出现的菜单中选择 Rename 来改变参考点的标签。如果需要，用户可以关闭参考点符号和参考点标签的显示；更多信息见 76.11 节“控制参考点显示”。

13.8.6 在装配模块中使用集合和面

通过从装配体中选择几何形体来创建的集合称为装配集合，用户可以使用集合工具集来创建和管理装配集合。例如，用户可以选择一个装配集合来指示在哪里施加载荷、边界条件和相互作用。用户也可以使用装配集合来定义模型的区域，Abaqus/CAE 将在分析过程中生成这些区域的输出；例如，选中的顶点或者面。装配集合可以包括来自多个零件实例的区域。

相比而言，零件集合是通过从零件实例或者属性模块中选择几何形体来创建的。当用户在装配模块中实例化一个零件时，用户可以引用任何之前用户创建的零件集合；但是，Abaqus 仅在与装配关联的模块中提供这些零件集合的只读访问权限。此外，用户不能从与装配有关的模块的 Set Manager 中访问零件集合；然而，用户可以在进程中通过单击 Set 按钮，以及从出现的 Region Selection 对话框中选择集合来选择合适的零件集合。更多信息见 73.2 节“理解集合和面”。

用户可以通过从装配体中选择面或者边来创建面，并使用面工具集来创建和管理面。当进程需要一个面时，通常用户要选择一个面；例如，在用户施加分布的载荷（如压力载荷）和定义接触相互作用时。更多信息见 73.2.3 节“什么是面?”。

对于模型实例，原始模型中定义的任何集合或者面，都将带入到模型实例中，以保持特征的模型树层级关系。

13.9 使用装配模块工具箱

用户可以通过主菜单栏或者装配模块工具箱访问所有的装配模块工具。图13-24所示为工具箱中所有装配模块工具的隐藏图标。

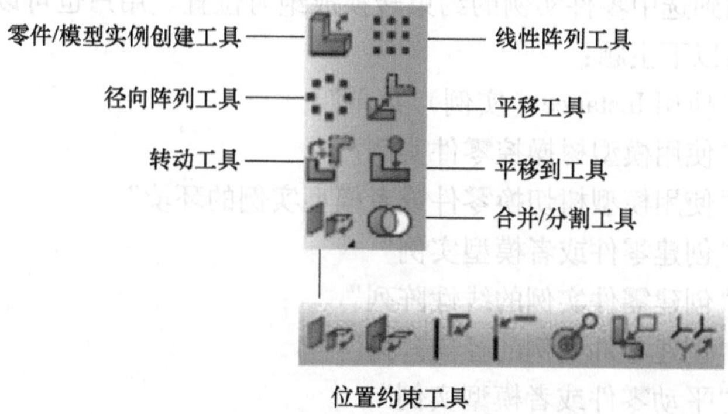

图13-24 装配模块工具

要查看包含装配模块工具简明定义的工具技巧，将鼠标悬停在工具上一会儿。使用工具箱和选择隐藏图标的信息，见3.3.2节“使用包含隐藏图标的工具箱和工具栏”。

13.10 创建和操控零件和模型实例

本节介绍如何使用装配模块的 Instance（实例）菜单来创建零件和模型实例，以及如何相对于整体坐标系来定位实例。用户也可以使用 Instance 菜单来用其他零件实例替换另一个零件实例，并将施加到选中零件实例的约束转换成绝对位置。用户也可以使用模型树来访问其他功能。本节包括以下主题：

13.10.1 使用 Instance（实例）菜单

使用 Instance（实例）菜单可以进行下面的操作：

- 从当前模型创建零件实例，并将其添加到装配体中。用户也可以创建其他模型的实例并添加到当前的装配体中。
- 创建零件实例的线性阵列。
- 创建零件实例的径向阵列。
- 沿着指定的向量平动选中的零件或者实例。
- 沿着指定的向量平动选中的零件或者实例，直到它们与其他实例的距离为指定距离。
- 围绕指定轴以指定角度转动选中的零件或者模型实例。
- 使用另一个零件实例替换当前零件实例。
- 将位置约束转换成绝对位置。
- 合并或者分割零件实例。

用户可以使用装配模块工具箱来更方便地访问实例工具。有关装配工具箱中的工具图表，见 13.9 节“使用装配模块工具箱”。

13.10.2 使用模型树操控零件实例

用户可以通过使用模型树来获取操控零件实例的额外功能。用户在模型树中选择一个或者多个零件实例后，可以右击鼠标，然后选择下面的选项：

● 要将零件实例从关联转换成独立，则从出现的菜单中选择 Make Independent。类似地，用户可以从菜单中选择 Make Dependent 来将一个零件实例从独立转换成关联。

● 要链接零件实例，从出现的菜单中选择 Link Instances 来显示 Link Instances 对话框，并进行下面的操作。

1. 对于每一个子零件实例，选择想要链接的模型和零件实例。默认情况下，对话框会显示模型数据库中非当前模型的所有模型，它们具有与选中实例相同名称的零件实例。用户可以通过单击表的 Model 列或者 Instance 列，然后从出现的名称列表中进行选择来指定其他值。

2. 如果用户在递交用于分析的作业时，想要 Abaqus/CAE 生成的输入文件不包括子零件实例，则切换选中 Also exclude child instances from simulation。

3. 单击 Link。

模型树中出现图标，说明零件实例的链接状态。默认情况下，链接的零件实例在视口中着色成灰色。

类似地，用户可以从菜单中选择 Unlink Instances 来将之前链接的零件实例解除链接。更多信息见 13.3.5 节“在模型之间链接零件实例”。

● 要从分析中排除零件实例，则从出现的菜单中选择 Exclude from Simulation。模型树中出现图标，说明零件实例的排除状态。默认情况下，从分析中排除的零件实例在视口中着色成灰黑色。类似地，用户可以从菜单中选择 Include in Simulation 来在分析中包括之前排除的零件实例。更多信息见 13.3.6 节“从分析中排除零件实例”。

● 要忽略零件实例的无效状态，选择 Ignore Invalidity。更多信息见 10.2.3 节“使用无效零件”。

13.10.3 使用模型树切换零件或者模型实例的环境

用户可以使用装配模块或者网格划分模块中的模型树，来切换零件实例或者模型实例及其子零件实例的环境。

在模型树中，选择想要切换环境的实例。如果用户选择多个实例，则环境将切换到用户选中的第一个实例所对应的零件或者模型上。右击鼠标，然后选择 Switch to part/model context。Abaqus/CAE 会按照以下方式切换环境（取决于用户的选择）：

● 在装配模块中，如果用户选择了一个零件实例或者子零件实例，则环境会切换到零件模块，并在视口中显示创建实例的原始零件。

• 在网格划分模块中，如果用户选择了一个零件实例或者子零件实例，则环境会切换到在视口中显示创建该实例的原始零件。

• 如果用户选择了一个模型实例，则环境会切换到在视口中显示创建该实例的原始模型。

13.10.4 创建零件或者模型实例

要创建一个零件或者模型实例，从主菜单栏选择 Instance→Create，然后从出现的 Create Instance 对话框中选择想要的零件或者模型。用户可以从当前模型中的任何现有零件，或者当前模型数据库中的任何现有模型中选择。用户可以创建同一个零件或者模型的多个实例，但不能将在不同模型空间（三维、二维或者轴对称）中创建的零件实例或者模型实例进行装配。

当用户创建第一个实例时，Abaqus/CAE 将显示一个图像符号来说明装配的整体坐标系的原点和方向。此符号是一个基准坐标系。如果需要，用户可以使用装配显示选项来隐藏它；更多信息见 76.9 节“控制基准显示”。

默认情况下，Abaqus/CAE 创建关联的零件实例。关联的实例仅是原始零件几何形体的指针。因此，不允许对关联的零件实例进行许多操作；例如，用户不能添加分割、创建虚拟拓扑或者网格划分实例。相比而言，独立的零件实例是原始零件几何形体的副本。用户可以在独立的实例上执行大部分的操作；例如，用户可以添加分割、创建虚拟拓扑和网格划分实例。用户不能为同一个零件创建独立实例和关联实例。用户可以从模型树中选择一个零件实例，然后将其从独立实例改成关联实例，反之亦然。更多信息见 13.3.2 节“关联零件实例与独立零件实例之间的差异”。

当用户创建实例时，默认情况下，Abaqus/CAE 会定位实例，以便原始几何形体的原点与装配坐标系的原点对齐。当用户创建多个实例时，可以将新实例定位在现有实例上。然而，如果用户切换选中 Create Instance 对话框中的 Auto-offset from other instances，则 Abaqus/CAE 会沿着 X 轴平移每一个新实例，直到新实例不与任何现有实例重合。如果装配体是轴对称的，则 Abaqus/CAE 会沿着回转轴平移新实例，而不是沿着 X 轴。

若要创建零件或模型实例，执行以下操作：

1. 从主菜单栏选择 Instance→Create。

Abaqus/CAE 显示 Create Instance 对话框。

技巧：用户也可以使用装配模块工具箱中的工具来创建一个实例。对于装配工具箱中的工具图，见 13.9 节“使用装配模块工具箱”。

2. 选择 Parts 或者 Models。

根据用户的选择，Create Instance 对话框将显示用户当前模型中所有现有零件的列表，或者模型数据库中所有其他模型的列表。

3. 从列表中选择想要的零件或者模型。用户可以使用 [Ctrl] 键+单击和 [Shift] 键+单击的组合来选择多个项目。选中实例的临时图片将显示在当前视口中。Abaqus/CAE 定位临时图片，使其原点与整体坐标系的原点重合。

4. 默认情况下，Abaqus/CAE 创建 Dependent 零件实例。如果需要，切换选中 Independent 来创建独立的零件实例。

5. 如果需要，切换选中 Auto-offset from other instances 来偏置新的实例。

6. 如果用户满意已经选择的正确实例，单击 Apply。

Abaqus/CAE 创建实例，并在选中时应用自动偏置。

7. 要创建其他实例，请从步骤 2 开始重复此过程。完成实例创建后，单击 OK 来关闭 Create Instance 对话框。

13.10.5 创建零件实例的线性阵列

要以线性阵列的形式来创建选中零件实例的多个副本，请从主菜单栏选择 Instance→Linear Pattern。用户可以创建在一个方向上扩展的阵列（如水平或者竖直），也可以在两个方向上创建阵列（如水平和竖直）。创建阵列后不能编辑阵列。用户可以指定下面的操作：

- 在每个方向上创建实例的数量，此数量包括选中的实例。用户可以创建任何数量的实例。
- 沿着指定方向的每一个实例之间的距离。
- 定义方向的线，Abaqus/CAE 沿着此线生成实例。

更多的情况，见 13.6 节“创建零件实例的阵列”。用户不能对模型实例使用线性阵列工具。

若要创建零件实例的线性阵列，执行以下操作：

1. 从主菜单栏选择 Instance→Linear Pattern。

技巧：用户也可以使用装配模块工具箱中的⁝⁝⁝工具来创建零件实例的线性阵列。对于装配工具箱中的工具图，见 13.9 节“使用装配模块工具箱”。

2. 选择想要复制的零件实例。

技巧：要选择多个实例，在单击每一个实例时按住 [Shift] 键，或者围绕实例拖拽一个矩形。要不选一个实例，使用 [Ctrl] 键+单击的操作。更多信息见第 6 章“在视口中选择对象”。

3. 单击鼠标键 2 来说明用户已经完成实例的选择。

Abaqus/CAE 显示 Linear Pattern 对话框。

4. 在 Linear Pattern 对话框中，在 Direction-1 上构建阵列（默认情况下，Direction-1 是 X 方向）。

a. 单击 Number 右侧的箭头来增加或者减少要创建副本的数量，此数量包括选中的实例。用户单击箭头后，装配中的副本数量会得到更新，并提供设置的预览。

另外，用户可以输入一个数字并按住［Enter］键来预览设置。用户可以输入任何大于或等于 1 的数字。如果用户输入的值为 1，则 Abaqus/CAE 仅显示选中的实例，并且不创建选中实例的任何副本；实际上，用户在 Direction-1 上禁用了副本。

b. 输入沿着指定方向的每个副本之间的 Spacing 值。

c. 默认情况下，Abaqus/CAE 沿着 *X* 方向创建副本。如果用户想要改变 Abaqus/CAE 创建副本的方向，则单击 并从装配体中选择一条线来定义新的方向。用户必须选择一条直边或者一个基准轴。

d. 默认情况下，Abaqus/CAE 在正方向上创建副本。单击 可以反转 Abaqus/CAE 创建副本的方向。

5. 要在另一个方向上创建副本，输入大于 1 的 Number 值，并指定 Spacing、Direction 和 Flip 方向，以用于 Direction-2 方向（默认情况下，Direction-2 是 *Y* 方向）。用户至少要在一个方向上输入大于 1 的 Number 值。

6. 在大部分的情况中，当用户在 Linear Pattern 对话框中输入值时，用户可能想要预览 Abaqus/CAE 将创建的线性阵列。然而，如果用户选择创建大量的副本，预览功能可能会影响 Abaqus/CAE 的性能。在此情况中，用户应当切换不选 Preview 按钮。

7. 要复制更多的实例，请从步骤 1 开始重复以上步骤。

13.10.6 创建零件实例的径向阵列

要以径向阵列的形式来创建选中零件实例的多个副本，请从主菜单栏选择 Instance→Radial Pattern。创建阵列后不能编辑阵列。用户可以指定下面的操作：

- 在径向方向上创建副本的数量，此数量包括选中的实例。用户可以创建任何数量的实例。
- 阵列中原始实例与最后一个副本之间的总角度。
- 圆阵列的轴位置。

更多的情况，见 13.6 节“创建零件实例的阵列”。用户不能对模型实例使用径向阵列工具。

若要创建零件实例的径向阵列，执行以下操作：

1. 从主菜单栏选择 Instance→Radial Pattern。

技巧：用户也可以使用装配模块工具箱中的 工具来创建零件实例的径向阵列。对于装配工具箱中的工具图，见 13.9 节“使用装配模块工具箱”。

2. 选择想要复制的零件实例。

技巧：要选择多个实例，在单击每一个实例时按住［Shift］键，或者围绕实例拖拽一个矩形。要不选一个实例，使用［Ctrl］键+单击的操作。更多信息见第 6 章“在视口中选择对象”。

3. 单击鼠标键 2 来说明用户已经完成实例的选择。

Abaqus/CAE 显示 Radial Pattern 对话框。

4. 在 Radial Pattern 对话框中，构建径向阵列。

a. 单击 Number 右侧的箭头来增加或者减少要创建副本的数量，此数量包括选中的实例。用户单击箭头后，装配中的副本数量会得到更新，并提供设置的预览。

另外，用户可以输入一个数字并按住［Enter］键来预览设置。用户可以输入大于或等于 1 的数字。

b. 输入用户选择的原始实例与最后一个副本之间的 Total angle 值。角度必须为 -360° ~ +360°。正角度对应逆时针方向。

c. 默认情况下，Abaqus/CAE 围绕 *Z* 轴转动选中的实例来创建阵列。要定义一个新的转动轴，单击 并从装配体中选择一条线来表示新的转动轴。用户也可以从整体坐标系三角形标识中选择一个轴。

5. 在大部分的情况中，当用户在 Radial Pattern 对话框中输入值时，用户可能想要预览 Abaqus/CAE 创建的径向阵列。然而，如果用户选择创建大量的副本，预览功能可能会影响 Abaqus/CAE 的性能。在此情况中，用户应当切换不选 Preview 按钮。

6. 要复制更多的实例，请从步骤 1 开始重复以上步骤。

13.10.7 平动零件或者模型实例

从主菜单栏选择 Instance→Translate 来沿着选中的向量移动选中的零件或者模型实例。向量的大小和方向是任意的，但是仅可以沿着转动轴平移轴对称零件实例除外。如果平移与之前的位置约束发生冲突，如对齐两个面的约束，Abaqus/CAE 将仅能沿着未约束的自由度施加平动分量。如果约束了所有的自由度，则 Abaqus/CAE 显示错误信息和平动失败。

用户在装配中创建第一个实例时，Abaqus/CAE 会显示一个图片来说明装配默认坐标系的原点和方向。用户可以使用此图片来帮助确定如何平动零件实例。此外，用户可以使用查询工具集来审阅之前应用的实例平动和转动，以及选中顶点之间的距离总和。不会把平动和转动考虑成装配的特征，并且不能进行编辑和删除。

若要平动零件或者模型实例，执行以下操作：

1. 从主菜单栏选择 Instance→Translate。

技巧：用户也可以使用装配模块工具箱中的 工具来平动实例。装配工具箱中的工具图见 13.9 节“使用装配模块工具箱”。

Abaqus/CAE 在提示区域中显示提示来指导用户完成操作过程。

2. 选择要移动的零件或者模型实例。用户也可以单击提示区域右侧的 Instance List 按钮，然后从出现的 Instance List 对话框中选择要平动的实例。

技巧：如果用户不能选择期望的实例，则用户可以使用 Selection 工具栏来改变选择行为。更多信息见 6.3 节“使用选择选项”。

用户可以使用［Ctrl］键+单击和［Shift］键+单击的组合来选择多个实例。

Abaqus/CAE 高亮显示选中的实例。

3. 选择平动向量的起点。用户可以选择任何现有的顶点或者基准点，或者用户可以在提示区域的文本框中输入坐标。

4. 选择平动向量的终点。用户可以再次选择任何现有的顶点或者基准点，或者用户可以在提示区域的文本框中输入坐标。

Abaqus/CAE 显示临时图片来说明将施加到选中实例的平动。用户不能在施加平动后再编辑或者删除平动。试图平动一个实例可能造成与存在的位置约束冲突。Abaqus/CAE 仅沿着未约束的自由度施加平动分量。如果约束了所有的自由度，则 Abaqus/CAE 显示一个错误信息并且不能实现平动。

5. 进行下面的一个操作。

a. 如果用户对平动满意，则单击提示区域中的 OK 按钮。

Abaqus/CAE 平动实例，并将实例定位到与实例的临时图片一样的位置。

b. 如果用户不满意平动，则单击 Previous 按钮（⬅），并指定一个新的平动向量。

c. 通过单击放弃按钮（☒）来终止平动。

13.10.8 将零件或者模型实例平动到其他实例

从主菜单栏选择 Instance→Translate To，通过沿着定义运动方向的向量来平动一个实例，直到可移动实例的选中面或者边，到固定实例的选中面或者边的距离是指定距离。

Abaqus/CAE 仅在容差之内计算接触，此容差是以模型的大小为基础的。因此，接触可能不精确，除非在两个平面之间施加接触。如果选中的面或者边在 Abaqus/CAE 平动可移动实例时永远不接触，则不施加平动。

若要将零件或者模型实例平动到其他实例，执行以下操作：

1. 从主菜单栏选择 Instance→Translate To。

技巧：用户也可以使用装配模块工具箱中的工具来定义 Translate To 约束。对于装配工具箱中的工具表，见 13.9 节“使用装配模块工具箱”。

Abaqus/CAE 会在提示区域显示提示来引导用户完成操作过程。

2. 在将移动的零件或者模型实例，以及将保持固定的实例中选择面（对于三维零件实例）或者边（对于二维零件实例）。用户可以从固定的和可移动的实例中选择多个面或者边。如果可移动实例沿着选中的向量移动时，用户不确定模型的哪一个部分将相互接触，则选择多个面或者边是有用的。然而，对于更快的过程，用户应当尽可能少地选择面或者边。用户不能选择基准平面。

3. 选择定义移动方向的向量起点和结束点。用户可以选择任何已经存在的顶点或基准点，或者用户可以在提示区域的文本框中输入坐标。如果实例是轴对称的，则移动向量必须与回转轴平行。

4. 在提示区域中出现的文本框中输入两个选中面之间的间隙值；负值说明过闭合。平动不作为特征来保存，并且用户不能在完成操作后改变间隙。

5. 从提示区域单击 Preview。

Abaqus/CAE 沿着平动向量移动可移动的零件或者模型实例，直到可移动实例的选中面距离固定实例的选中面一个指定的间隙。

6. 如果实例的新位置是正确的，则单击提示区域中的 Done。

试图平动一个实例可能造成与现有位置约束冲突。Abaqus/CAE 仅沿着未约束的自由度施加平动分量。如果约束了所有的自由度，则 Abaqus/CAE 显示一个错误信息并且不能实现平动。要避免冲突，用户可以试图反转将移动的实例选择和将保持固定的实例选择。另外，用户可以将现有的约束转换成绝对位置，并且重新施加平动。

13.10.9 转动零件或者模型实例

从主菜单栏选择 Instance→Rotate 来围绕选中的轴转动选中的零件或者实例。要转动三维的实例，用户必须选择定义轴的两个点，实例将围绕此轴转动。要转动一个二维实例，用户必须选择一个单独的点，实例将围绕此点转动。用户不能转动轴对称的实例。如果转动与之前的位置约束冲突（例如，与两个面对齐的约束），则 Abaqus/CAE 会显示一个错误信息并且不能执行转动。

当用户创建装配中的第一个实例时，Abaqus/CAE 显示一个图片来说明装配整体坐标系的原点和方向。用户可以使用此图片来帮助决定如何转动零件和模型实例。此外，用户可以使用查询工具集来审核之前施加给实例的平动和转动，以及选中顶点之间距离的总和。Abaqus 不会将装配的转动和平动考虑成特征，并且不能编辑或者删除转动和平动。

若要转动零件或者模型实例，执行以下操作：

1. 从主菜单栏选择 Instance→Rotate。

技巧：用户也可以使用装配模块工具箱中的工具来转动实例。对于装配工具箱中的工具表，见 13.9 节“使用装配模块工具箱”。

Abaqus/CAE 会在提示区域显示提示来引导用户完成操作过程。

2. 从装配中，选择要转动的零件或者模型实例。用户也可以单击提示区域右侧的 Instance List 按钮，并且从出现的 Instance List 对话框中选择要转动的实例。

技巧：如果用户不能选择期望的实例，则用户可以使用 Selection 工具栏来改变选择行为。更多信息见 6.3 节“使用选择选项”。

用户可以使用 [Ctrl] 键+单击和 [Shift] 键+单击的组合来选择多个实例。

Abaqus/CAE 高亮显示选中的实例。

3. 选择定义转动轴的向量起点。用户可以选择任何现有的顶点或基准点，或者用户可以在提示区域的文本框中输入坐标。

4. 选择定义转动轴的向量终点。用户可以再次选择任何现有的顶点或基准点，或者用户可以在提示区域的文本框中输入坐标。

5. 在出现在提示区域中的文本框中输入一个转动角。正角度说明逆时针的转动；负角度说明顺时针的转动。

Abaqus/CAE 显示临时图片来说明将施加到选中实例的转动。用户不能在施加转动后再编辑或者删除转动。试图转动一个实例可能造成与存在的位置约束冲突。如果发生冲突，则 Abaqus/CAE 显示一个错误信息并且不能进行转动。

6. 进行下面的一个操作。

a. 如果用户对转动满意，则单击提示区域中的 OK 按钮。

Abaqus/CAE 转动实例，并将实例定位到与实例的临时图片一样的位置。

b. 如果用户不满意平动，则单击 Previous 按钮（←）并且指定一个新的转动。

c. 通过单击放弃按钮（X）来终止转动。

13.10.10 替换一个零件实例

从主菜单栏选择 Instance→Replace 来使用模型的其他零件实例来替换选中的零件实例。Abaqus/CAE 定位新的零件实例，这样新零件的原点位于原始零件实例的原点处，并且它们的轴对齐。此外，用户可以选择新零件实例是否继承来自被替换实例的约束。

替换操作不改变实例的属性。例如，如果原始实例是关联的，则替换原始实例的实例也将是关联的。因此，如果零件实例独立存在，则用户不能使用替换过程来创建同一个零件的关联实例。

当用户正在使用相似的几何形体来替换一个零件实例时，替换一个零件实例是非常有用的。例如，新零件实例可能具有在原始零件实例中没有体现的额外细节。

用户不能对模型实例使用 Replace 命令。

若要替换一个零件实例，执行以下操作：

1. 从主菜单栏选择 Instance→Replace 来替换选中的零件实例。

2. 从装配中选择要替换的零件实例。用户也可以单击提示区域右侧的 Instance List 按钮，并且从出现的 Instance List 对话框中选择实例。

技巧：如果用户不能选择想要的零件实例，则用户可以使用 Selection 工具栏来改变选择行为。更多信息见 6.3 节“使用选择选项”。

Abaqus/CAE 显示的 Replace Instance 对话框中会列出模型中的所有零件。

3. 从 Replace Instance 对话框中选择将替换装配中选中零件实例的零件。

Abaqus/CAE 显示装配中新零件实例的临时图片，并将新零件实例定位成原点位于原始零件实例的原点，并且它们的轴对齐。

4. 如果选择了正确的零件实例，则单击 Replace Instance 对话框中的 OK。

如果用户还没有对原始的零件实例施加任何位置约束，则 Abaqus/CAE 使用新的零件实例来替换原始的零件实例。

5. 如果用户已经对原始的零件实例施加了位置约束，则用户必须选择以下提示区域中的一个按钮。

- 单击 OK 来将新零件实例定位成与被替换实例的位置相同。当保持实例的位置时，Abaqus/CAE 会删除施加到原始实例的任何约束。
- 如果用户想要新零件实例继承被替换零件实例的位置约束，则单击 Apply previous constraints。Abaqus/CAE 会施加新零件实例满足的所有之前施加给原始零件实例的约束，并忽略任何不能满足的约束。

Abaqus/CAE 使用新零件实例来替换原始的零件实例。

13.10.11 转换约束

在移除零件实例的当前位置时，要删除施加到选中零件或者模型实例的所有面、边、同轴和接触约束，从主菜单栏选择 Instance→Convert Constraints。转换等效于对实例施加一个单独的平动和转动，使得将实例从原始位置移动到当前的位置。任何之前的约束不再出现在特征的列表中，并且不能重新载入。

若要为一个零件或者模型实例转换约束，执行以下操作：

1. 从主菜单栏选择 Instance→Convert Constraints 来将任何现有的约束转换成当前的位置。
2. 从装配中选择零件或者模型实例来转换它们的约束。用户也可以单击提示区域右侧的 Instance List 按钮，并且从出现的 Instance List 对话框中选择实例。

技巧：如果用户不能选择想要的实例，则用户可以使用 Selection 工具栏来改变选择行为。更多信息见 6.3 节“使用选择选项”。

实例不移动，但是 Abaqus/CAE 会将任何现存的约束转换成当前的位置。

用户不能重载原始的面、边、同轴和接触约束。

13.10.12 合并或者分割零件实例

要合并一组选中的零件实例，从主菜单栏选择 Instance→Merge/Cut。用户可以合并在零件模块中创建的多个零件的几何形体，用户可以合并多个零件实例的网格（使任何本地网格变成一个孤立网格），或者用户可以合并几何形体和孤立网格特征。用户也可以使用网格划分模块中的编辑网格工具集来合并选中的节点；更多信息见 64.1.1 节“操控节点”。用户可以使用一个或者多个其他零件实例来切割选中零件实例的几何形体；任何被切割实例中的孤立网格节点或者单元保留在新切割零件实例中。

合并或者切割操作创建装配中的一个新零件实例和一个新零件。用户可以选择抑制用户选择的原始零件实例，或者用户可以从装配中删除它们。更多信息见 13.7 节“对零件实例执行布尔运算”。

用户不能对模型实例使用 Merge/Cut 命令。

若要合并或者分割零件实例，执行以下操作：

1. 从主菜单栏选择 Instance→Merge/Cut。

技巧：用户也可以使用装配模块工具箱中的工具来合并或者切割零件实例。有关装配工具箱中的工具表，见 13.9 节“使用装配模块工具箱”。

Abaqus/CAE 显示 Merge/Cut Instances 对话框。

2. 输入操作将创建的零件名称。

3. 选择操作的类型。

- 要合并多个零件实例的几何形状，选择 Merge 和 Geometry。任何本地或者孤立网格节点和单元不包括在新零件之中。
- 要合并零件实例的网格，选择 Merge 和 Mesh。新零件中不包括任何几何形体，并且任何本地网格都变成孤立网格。
- 要合并几何形体和零件实例的网格特征，选择 Merge 和 Both。新零件中包括几何形体，并且删除所有本地网格。
- 要切割零件实例，选择 Cut geometry。

4. 选择想要 Abaqus/CAE 如何处理被合并或者切割的原始实例。

- 选择 Suppress 来抑制原始的零件实例，但是在模型数据库中保留它们。在完成 Merge/Cut 操作后，如果必要的话，用户可以恢复原始的零件实例（见 3.4.3 节“抑制和恢复对象”）。
- 选择 Delete 来从模型数据库删除原始的零件实例。用户不能恢复被删除的零件实例。

5. 如果用户选择一个 Merge 操作，则进行下面的操作。

a. 选择想要的操作。

Geometry

默认情况下，Abaqus/CAE 删除相交零件实例之间的边界。如果用户想要保留相交零件实例之间的边界，则从 Merge/Cut Instances 对话框的底部选择 Retain。下面所示为删除和保留边界的效果。

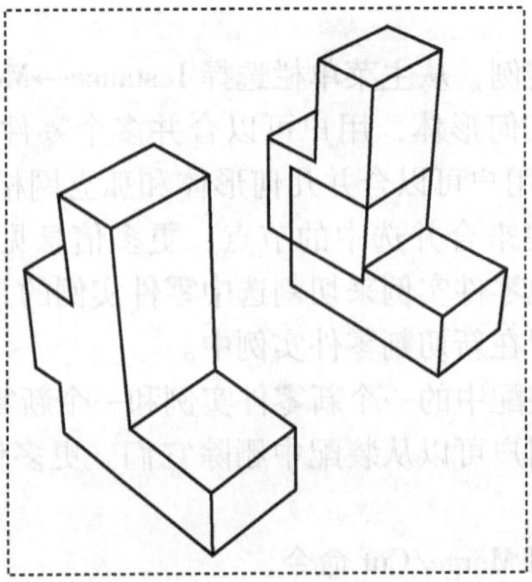

Mesh

选择 Abaqus/CAE 将用来合并节点的方法。

- Boundary only。默认情况下，Abaqus/CAE 仅沿着它们的边界合并网格。因此，Abaqus/CAE 将不检查零件内部的重复节点，这加速了合并过程。如果零件实例仅在公共面处相交，则用户应当保留此默认的设置。
- All。合并选中零件实例中的所有节点。默认情况下，Abaqus/CAE 删除与现有单元具有相同连接性的单元。切换不选 Remove duplicate elements 来保留复制的单元。
- None。将多个零件实例合并成一个单独的零件实例，但是保留原始的节点。

如果可以应用的话，输入 Node merging tolerance 项的值。Abaqus/CAE 将之间的距离比指定的容差更小的节点进行删除，并且使用一个单个的新节点来替代。新节点的位置是合并成新节点的一组节点的平均位置。

b. 单击 Continue。

c. 选择零件实例来合并。用户可以使用［Ctrl］键+单击和［Shift］键+单击的组合来选择多个零件实例。用户也可以单击提示区域右侧的 Instance List 按钮，并且从出现的 Instance List 对话框中选择实例。

技巧：如果用户不能选择想要的零件实例，则用户可以使用 Selection 工具栏来改变选择行为。更多信息见 6.3 节“使用选择选项”。

d. 单击鼠标键 2 来说明用户已经完成零件实例选择。

e. 如果用户正在合并网格，并且用户为 Node merging tolerance 输入的值过大，则 Abaqus/CAE 可以在同一个单元中发现重复节点。Abaqus/CAE 将不从同一个单元中合并节点，但是大容差可以导致扭曲的网格。如果 Node merging tolerance 项的值过大，则 Abaqus/CAE 询问用户是否想要继续合并零件实例。

- 单击 Yes 来继续。
- 单击 No 来放弃合并过程。

f. Abaqus/CAE 将任何会合并的节点亮显成红色，并且询问用户是否希望继续。

- 单击 Yes 来继续。
- 单击 No 来放弃合并过程。

Abaqus/CAE 将之间的距离比指定的容差更小的节点进行合并，并且使用一个单个的新节点来替代。新节点的位置是合并成新节点的一组节点的平均位置。如果没有比指定容差更近的节点，则 Abaqus/CAE 询问用户是否想要放弃合并过程，或者将选中的实例合并成一个单独的零件实例。

Abaqus/CAE 合并选中的实例，创建一个新的零件实例和一个新的零件，并且更改集合和面来包括新的零件实例。

6. 如果用户选中一个 Cut 选项，则进行下面的操作。

a. 单击 Continue。

b. 选择要切割的零件实例的几何形体。用户仅可以选择一个零件实例，并且仅能选择几何形体，即使零件包括孤立网格节点和单元。

c. 选择将实施切割的零件实例。用于切割的几何形体必须接触或者重叠要切割的零件实例的几何形体。

d. 单击鼠标键 2 来说明用户已经完成零件实例选择。

Abaqus/CAE 切割选中的实例，并且创建一个新的零件实例和一个新的零件。被切割零件上的任何孤立网格将被复制到新的实例和零件中。

13.11 对零件和模型实例施加约束

本节介绍如何使用装配模块的 Constraint（约束）菜单，来给装配中的零件和模型实例施加位置约束，包括以下主题：

- 13.11.1 节 “使用 Constraint（约束）菜单”
- 13.11.2 节 “使用平行的平面来约束两个实例”
- 13.11.3 节 “使用具有指定分隔距离的平行平面来约束两个实例”
- 13.11.4 节 “使用平行的边约束两个实例”
- 13.11.5 节 “使用具有指定分隔距离的平行边来约束两个实例”
- 13.11.6 节 “使用同轴面约束两个实例”
- 13.11.7 节 “使用重合点约束两个实例”
- 13.11.8 节 “使用平行的坐标系来约束两个实例”

13.11.1 使用 Constraint（约束）菜单

使用 Constraint（约束）菜单可以执行以下约束：

- Parallel Face，定位可移动零件或者模型实例，使得选中的面平行于固定实例的选中面。
- Face to Face，定位可移动零件或者模型实例，使得选中的面平行于固定实例的选中面，并相距一个指定的距离。
- Parallel Edge，定位可移动的零件或者模型实例，使得选中的边平行于固定实例的选中边。
- Edge to Edge，定位可移动的零件或者模式实例，使得选中的边平行于固定实例的选中边，并相距一个指定的距离。
- Coaxial，定位可移动的零件或者模型实例，使得选中面的回转轴与固定实例的选中面回转轴重合。
- Coincident Point，定位可移动的零件或者模型实例，使得选中的点与固定实例的选中点重合。
- Parallel CSYS，定位可移动零件或者模型实例，使得选中的与实例关联的基准坐标系和固定实例的选中基准坐标系平行。

约束是用来将一个实例相对于另一个实例进行定位的；因此，在装配体中至少需要包含两个零件或者模型实例才能应用约束。

用户可以通过使用装配模块工具箱来更方便地访问约束工具。对于装配工具箱中的工具图表，见 13.9 节“使用装配模块工具箱”。

13.11.2　使用平行的平面来约束两个实例

从主菜单栏选择 Constraint→Parallel Face 来施加约束，定位一个可移动实例，使得选中面与固定实例的选中面平行。所有的位置约束是装配特征，并且可以使用特征操控工具集来抑制或者删除位置约束。

若要使用平行的平面来约束两个零件或者模型实例，执行以下操作：

1. 从主菜单选择 Constraint→Parallel Face。

技巧：用户也可以使用装配模块工具箱中的 工具来施加平行面约束。对于装配工具箱中的工具表，见 13.9 节“使用装配模块工具箱”。

Abaqus/CAE 会在提示区域显示提示来引导用户完成操作过程。

2. 从移动的零件或者模型实例中选取一个平面，然后从保持固定的实例中选取一个平面，如下所示。

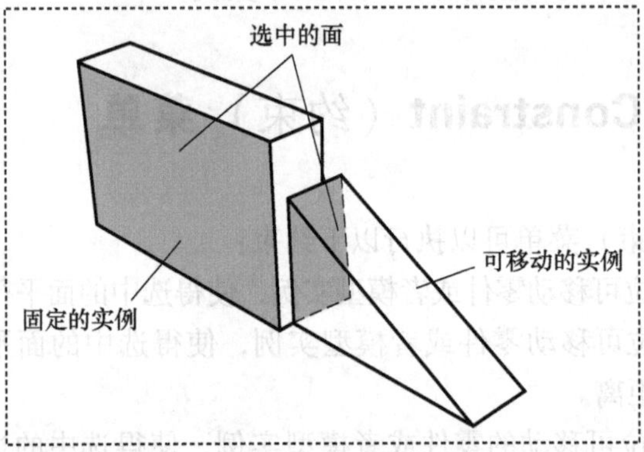

Abaqus/CAE 显示与选中面垂直的箭头。

当 Abaqus/CAE 提示用户从固定实例选择面时，用户可以选择在零件模块或者装配模块中创建的一个基准平面。相比而言，当用户从可移动零件实例选择面时，用户仅可以选择在零件模块中创建的基准平面。

3. 从提示区域的按钮执行下面一个操作。

- 单击 OK 来接受可移动实例面上的箭头方向。
- 单击 Flip 来反转可移动实例面上的箭头方向，并单击 OK。

Abaqus/CAE 将可移动零件或者模型实例定位成两个面是平行的，并且箭头指向相同的方向。固定实例的方向保持不变。改变箭头方向的效果如下所示。

如果平行面约束与现有的约束冲突，则 Abaqus/CAE 显示一个错误信息，并且放弃操作。要避免冲突，用户可以试图反转可移动实例和保持固定实例的选择。另外，用户可以删除现有的相对位置约束，施加绝对位置约束，并且重新施加平行面约束。

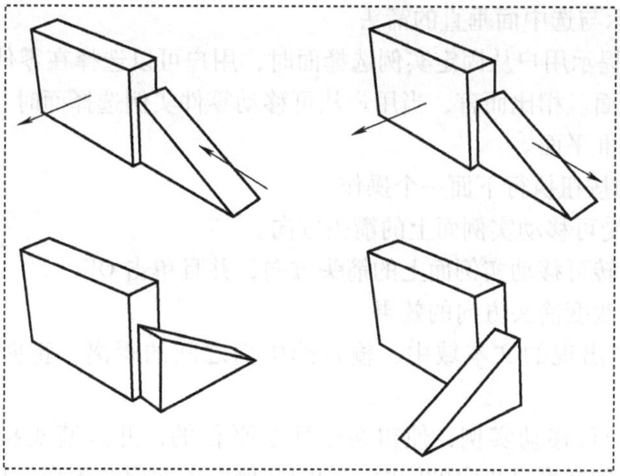

13.11.3 使用具有指定分隔距离的平行平面来约束两个实例

从主菜单栏选择 Constraint→Face to Face 来施加约束，定位一个可移动实例使得选中面与固定实例的选中面平行，并且相距一个指定的距离。面到面的约束是装配的特征，并且可以使用特征操控工具集来抑制或者删除。此外，用户可以编辑两个选中面之间的间隙。

若要使用具有指定分隔距离的平行平面来约束两个零件实例，执行以下操作：

1. 从主菜单选择 Constraint→Face to Face。

技巧：用户也可以使用装配模块工具箱中的工具来施加面到面的约束。对于装配工具箱中的工具表，见 13.9 节“使用装配模块工具箱”。

Abaqus/CAE 在提示区域显示提示来引导用户完成操作过程。

2. 从将移动的零件或者模型实例选择一个平面，以及从将会保持固定的实例中选取一个平面，如下所示。

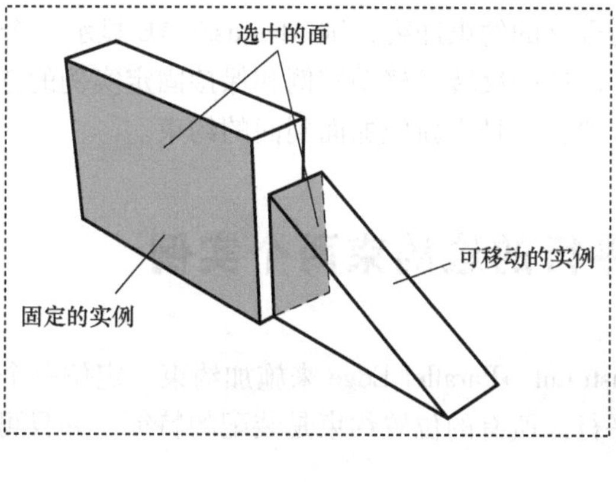

Abaqus/CAE 显示与选中面垂直的箭头。

当 Abaqus/CAE 提示用户从固定实例选择面时，用户可以选择在零件模块或者装配模块中创建的一个基准平面。相比而言，当用户从可移动零件实例选择面时，用户仅可以选择在零件模块中创建的基准平面。

3. 从提示区域的按钮执行下面一个操作。

- 单击 OK 来接受可移动实例面上的箭头方向。
- 单击 Flip 来反转可移动实例面上的箭头方向，并且单击 OK。

在下一步中显示改变箭头方向的效果。

4. 在提示区域中出现的文本域中，输入选中面之间的距离，正向沿着固定实例的面法向。

Abaqus/CAE 定位可移动实例，使得两个面是平行的，并且箭头指向相同的方向。此外，平动可移动的实例来满足指定的间隙。固定实例的方向保持不变。指定距离的效果如下所示。

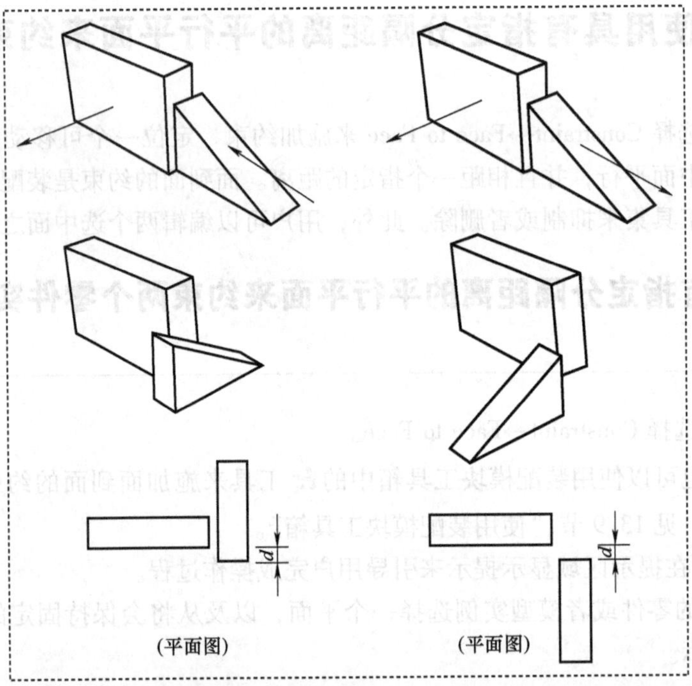

如果面到面的约束与现有的约束冲突，则 Abaqus/CAE 显示一个错误信息，并且放弃操作。要避免冲突，用户可以试图反转可移动实例和保持固定实例的选择。另外，用户可以将现有的约束转化成绝对位置，并且重新施加面到面的约束。

13.11.4　使用平行的边约束两个实例

从主菜单栏选择 Constraint→Parallel Edge 来施加约束，定位一个可移动实例，使得选中边与固定实例的选中边平行。所有的位置约束是装配的特征，并且可以使用特征操控工具集来抑制或者删除。

若要使用平行的边来约束两个零件或者模型实例，执行以下操作：

1. 从主菜单选择 Constraint→Parallel Edge。

技巧：用户也可以使用装配模块工具箱中的 工具来施加平行边约束。对于装配工具箱中的工具表，见 13.9 节“使用装配模块工具箱”。

Abaqus/CAE 在提示区域显示提示来引导用户完成操作过程。

2. 从将移动的实例选择一个直边，以及从将保持固定的实例中选取一个直边，如下所示。

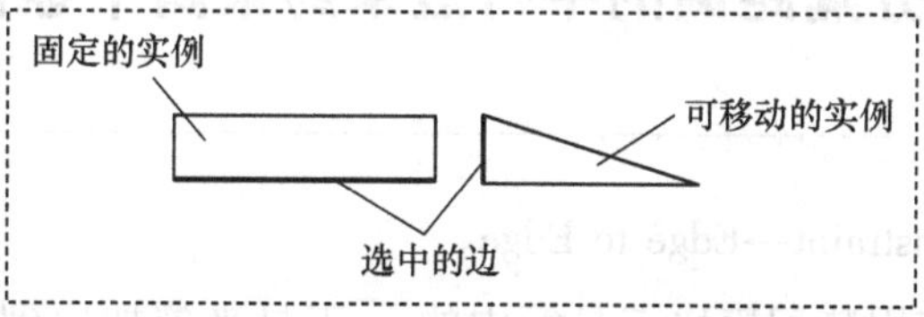

除了选择一个边或者一个基准轴，用户也可以选择基准坐标系的一个轴。

Abaqus/CAE 显示沿着选中边的箭头。

当 Abaqus/CAE 提示用户从固定实例选择边时，用户可以选择在零件模块或者装配模块中创建的一个基准轴。相比而言，当用户从可移动零件实例选择边时，用户仅可以选择在零件模块中创建的基准轴。

3. 单击提示区域的按钮来执行下面一个操作。

- 单击 OK 来接受沿可移动实例边上的箭头方向。
- 单击 Flip 来反转沿可移动实例边上的箭头方向，并且单击 OK。

Abaqus/CAE 定位可移动实例，使得两个边是平行的，并且箭头指向相同的方向。固定实例的方向保持不变。改变箭头方向的效果如下所示。

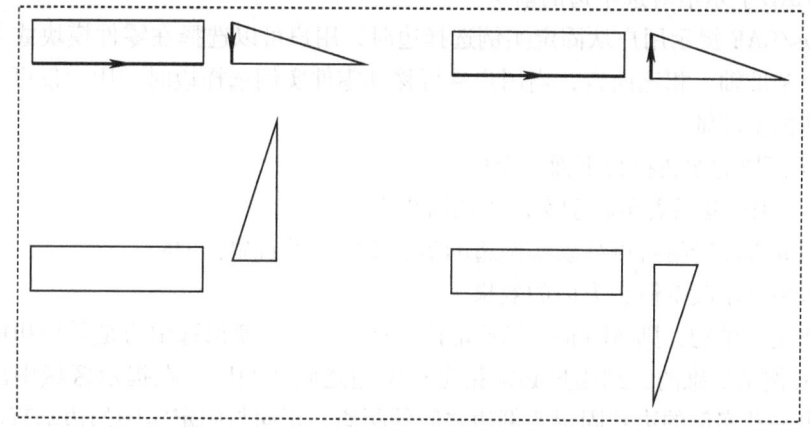

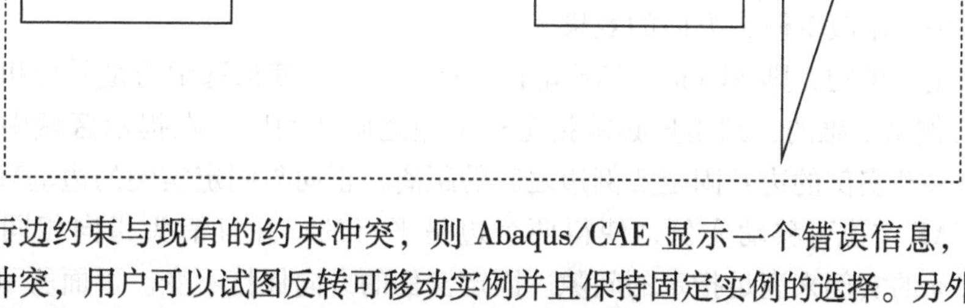

如果平行边约束与现有的约束冲突，则 Abaqus/CAE 显示一个错误信息，并且放弃操作。要避免冲突，用户可以试图反转可移动实例并且保持固定实例的选择。另外，用户可以将现有的约束转化成绝对位置，并且重新施加平行边约束。

13.11.5　使用具有指定分隔距离的平行边来约束两个实例

从主菜单栏选择 Constraint→Edge to Edge 来施加约束，定位一个可移动实例，使得选中边与固定实例的选中边平行。此外，如果实例是二维的，则用户必须指定选中边之间的距离；否则，Abaqus/CAE 让他们重合。所有的位置约束是装配的特征，并且可以使用特征操控工具集来抑制或者删除。此外，在可以应用的地方，用户可以编辑两个选中边之间的间隙。更多信息见 13.5.2 节“位置约束方法的差异”。

若要使用具有指定分隔距离的平行边来约束两个零件或者模型实例，执行以下操作：

1. 从主菜单选择 Constraint→Edge to Edge。

技巧：用户也可以使用装配模块工具箱中的 工具来施加边到边的约束。对于装配工具箱中的工具表，见 13.9 节“使用装配模块工具箱”。

Abaqus/CAE 在提示区域显示提示来引导用户完成操作过程。

2. 从将移动的实例选择一个直边，并且从保持固定的实例中选取一个直边，如下所示。

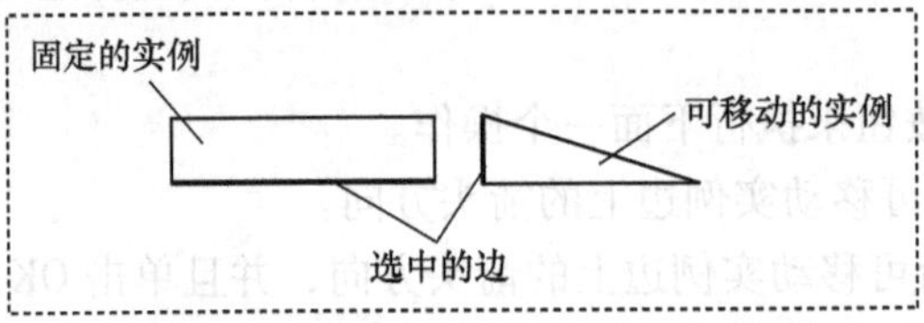

除了选择一个边或者一个基准轴外，用户也可以设置基准坐标系的一个轴。

Abaqus/CAE 显示沿着选中边的箭头。

当 Abaqus/CAE 提示用户从固定实例选择边时，用户可以选择在零件模块或者装配模块中创建的一个基准轴。相比而言，当用户从可移动零件实例选择边时，用户仅可以选择在零件模块中创建的基准轴。

3. 从提示区域的按钮执行下面一个操作。

- 单击 OK 来接受沿着可移动实例边的箭头方向。
- 单击 Flip 来反转沿着可移动实例边的箭头方向，并且单击 OK。

在下一步中显示改变箭头方向的效果。

如果实例是三维的，则 Abaqus/CAE 定位可移动实例，使得选中边是平行和重合的。

4. 如果实例是二维的，则用户必须指定选中边之间的间隙。在提示区域中出现的文本域中，输入可移动实例的边到固定实例边之间的距离，正向与固定实例的边垂直。

Abaqus/CAE 定位可移动实例，使得两个边是平行的，并且箭头指向相同的方向。此外，平动可移动的实例来满足指定的间隙。固定实例的方向保持不变。下面所示为在二维实例中指定距离和改变箭头方向的效果。

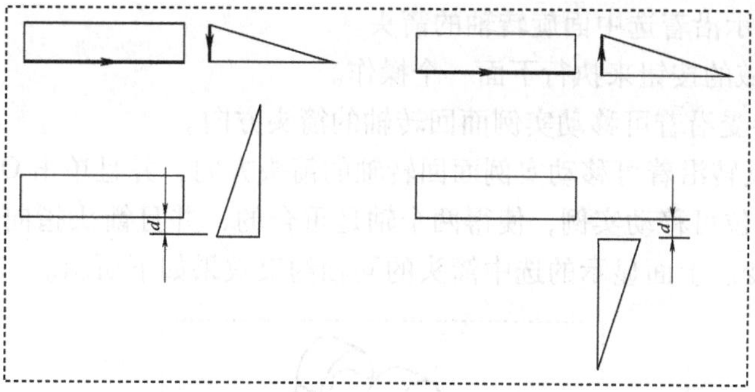

如果边到边的约束与现有的约束冲突，则 Abaqus/CAE 显示一个错误信息，并且放弃操作。要避免冲突，用户可以试图反转可移动的实例和保持固定的实例的选择。另外，用户可以将现有的约束转化成绝对位置，并且重新施加边到边的约束。

13.11.6 使用同轴面约束两个实例

从主菜单栏选择 Constraint→Coaxial 来施加约束，定位一个可移动实例，使得选中面的回转轴与固定实例的选中面回转轴重合。所有的位置约束是装配的特征，并且可以使用特征操控工具集来抑制或者删除。

可移动实例和固定实例的选中面必须是圆柱的或者圆锥的。此外，仅可以对三维实例施加同轴约束。更多信息见 13.5.2 节“位置约束方法的差异”。

若要使用同轴面来约束两个零件或者模型实例，执行以下操作：

1. 从主菜单选择 Constraint→Coaxial。

技巧：用户也可以使用装配模块工具箱中的工具来施加同轴约束。对于装配工具箱中的工具表，见 13.9 节“使用装配模块工具箱”。

Abaqus/CAE 在提示区域显示提示来引导用户完成操作过程。

2. 从将移动的实例和将保持固定的实例中选择圆面或者锥面，如下所示。

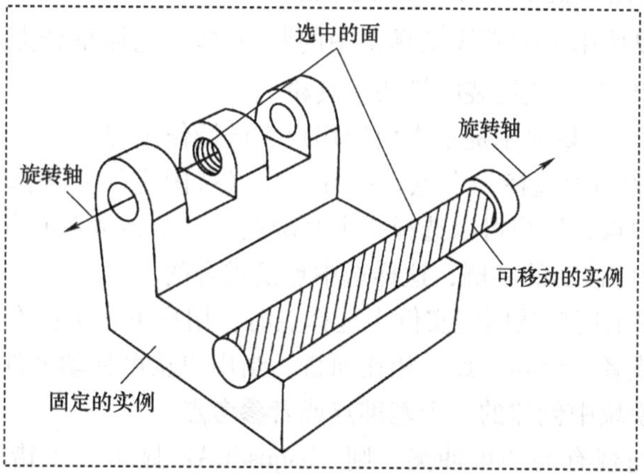

Abaqus/CAE 显示沿着选中面旋转轴的箭头。

3. 单击提示区域的按钮来执行下面一个操作。

- 单击 OK 来接受沿着可移动实例面回转轴的箭头方向。
- 单击 Flip 来反转沿着可移动实例面回转轴的箭头方向，并且单击 OK。

Abaqus/CAE 定位可移动实例，使得两个轴是重合的，并且箭头指向相同的方向。固定实例的方向保持不变。上面显示的选中箭头的同轴约束效果如下所示。

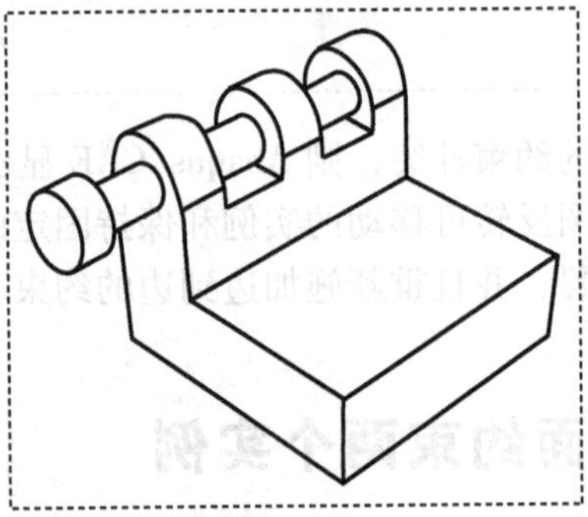

如果同轴约束与现有的约束冲突，则 Abaqus/CAE 显示一个错误信息，并且放弃操作。要避免冲突，用户可以试图反转可移动实例和保持固定实例的选择。另外，用户可以将现有的约束转化成绝对位置，并且重新施加同轴约束。

13.11.7　使用重合点约束两个实例

从主菜单栏选择 Constraint→Coincident Point 来施加约束，定位一个可移动实例，使得选中点与固定实例的选中点重合。所有的位置约束是装配的特征，并且可以使用特征操控工具集来抑制或者删除。

若要使用重合点来约束两个零件或者模型实例，执行以下操作：

1. 从主菜单选择 Constraint→Coincident Point。

技巧：用户也可以使用装配模块工具箱中的工具来施加重合点约束。对于装配工具箱中的工具表，见 13.9 节“使用装配模块工具箱”。

Abaqus/CAE 在提示区域显示提示来引导用户完成操作过程。

2. 从将要移动的实例中选择一个点，并且从将保持固定的实例选择一个点。此外，选择一个顶点或者一个中点，用户可以选择一个基准点、一个参考点或者基准坐标系的原点。

Abaqus/CAE 移动可移动的实例，这样选中点是重合的。

当 Abaqus/CAE 提示用户从固定实例中选择点时，用户可以选择在零件或者装配体模块中创建的一个基准点或者一个参考点。相比而言，当用户从可移动零件实例中选择点时，用户仅可以选择在零件模块中创建的一个基准点或者参考点。

如果重合点约束与现有的约束冲突，则 Abaqus/CAE 显示一个错误信息，并且放弃操作。要避免冲突，用户可以试图反转可移动实例和保持固定实例的选择。另外，用户可以将现有的约束转化成绝对位置，并且重新施加重合点约束。

13.11.8 使用平行的坐标系来约束两个实例

从主菜单栏选择 Constraint→Parallel CSYS 来施加约束，定位一个可移动实例，使得选中坐标系与固定实例的选中坐标系平行。所有的位置约束是装配的特征，并且可以使用特征操控工具集来抑制或者删除。

若要使用平行的坐标系来约束两个零件或者模型实例，执行以下操作：

1. 从主菜单选择 Constraint→Parallel CSYS。

技巧：用户也可以使用装配模块工具箱中的工具来施加平行坐标系约束。对于装配工具箱中的工具表，见 13.9 节“使用装配模块工具箱”。

Abaqus/CAE 在提示区域显示提示来引导用户完成操作过程。

2. 从将要移动的实例中选择一个基准坐标系，并且从将保持固定的实例选择一个基准坐标系。

当 Abaqus/CAE 提示用户从固定实例中选择基准坐标系时，用户可以选择在零件或者装配体模块中创建的一个基准坐标系。相比而言，当用户从可移动零件实例中选择基准坐标系时，用户仅可以选择在零件模块中创建的一个基准坐标系。

Abaqus/CAE 转动可移动实例，这样选中的坐标系是平行的。

如果平行坐标系约束与现有的约束冲突，则 Abaqus/CAE 显示一个错误信息，并且放弃操作。要避免冲突，用户可以试图反转可移动实例和保持固定实例的选择。另外，用户可以将现有的约束转化成绝对位置，并且重新施加平行坐标系约束。

13.12　使用查询工具集查询装配

从主菜单栏选择 Tools→Query 来启动查询工具集。用户可以使用查询工具集来要求通用信息或者模块特定的信息。对于通用查询显示的信息的有关讨论，见 71.2.2 节“获取与模型有关的一般信息”。此外，用户可以使用查询工具集中的装配模块特定工具来确定选中零件或者模型实例的属性和位置。

若要查询装配，执行以下操作：

1. 从主菜单栏选择 Tools→Query。

技巧：用户也可以选择 Query 工具栏中的ⓘ工具。

Abaqus/CAE 显示 Query 工具箱。

2. 从 Query 对话框单击下面中的一个。

Instance Attributes

选择一个零件或者模型实例。

Abaqus/CAE 在信息区域中显示下面的内容。

- 实例的名称、模拟空间和类型（可变形或者刚性，依赖的或者独立的）。

Instance Position

选择一个零件或者模型实例。

Abaqus/CAE 在信息区域显示下面的内容。

- 实例原点相对于整体坐标系的位置。
- 相对于装配的整体坐标系的，施加到实例的转动总和。
- 施加到实例的约束列表。

3. 当用户完成查询装配时，关闭 Query 对话框。

14 分析步模块

用户可以使用分析步模块来执行下面的任务：

- 创建分析步。
- 指定输出请求。
- 指定自适应网格划分。
- 指定分析控制。

本章包括以下主题：

- 14.1 节 “理解分析步模块的角色”
- 14.2 节 “进入和退出分析步模块”
- 14.3 节 “理解分析步”
- 14.4 节 “理解输出请求”
- 14.5 节 “理解积分、重启动、诊断和监控输出”
- 14.6 节 “理解 ALE 自适应网格划分”
- 14.7 节 “如何定制 Abaqus 分析控制？”
- 14.8 节 “使用分析步模块工具箱”
- 14.9 节 “使用步管理器”
- 14.10 节 “使用步编辑器”
- 14.11 节 “构建分析过程设置”
- 14.12 节 “定义输出请求”
- 14.13 节 “请求专用的输出”
- 14.14 节 “定制 ALE 自适应网格划分”
- 14.15 节 “定制 Abaqus 分析控制”

有关显示在线文档的更多信息，见 2.6 节“获取帮助”。

14.1 理解分析步模块的角色

用户可以使用分析步模块来执行下面的任务：

创建分析步（简称步）

在一个模型中，用户可以定义一个或者多个分析步的序列。分析步序列提供便捷的方法来捕捉模型载荷和边界条件中的变化，模型中多个零件彼此之间的相互作用变化，零件的删除或者添加，以及在分析的过程中在模型内可能发生的任何其他变化。此外，分析步允许用户改变分析进程，数据输出和不同的控制。用户也能使用步来定义关于非线性基础状态的线性摄动分析。用户可以使用替换方程来改变现有步调分析进程。

指定输出情况

Abaqus 将输出从分析写到输出数据库；用户通过创建输出请求来指定输出，创建的输出请求会传递到后续的分析步中。输出请求定义在分析步过程中将输出哪一个变量，输出变量将在模型的哪一个区域输出，以及输出变量将以多快的频率输出。例如，用户可以要求在分析步的结束时输出整个模型的位移场，并且也要求输出约束点处的反作用力历史。

指定自适应的网格划分

用户可以定义自适应网格划分区域，并且指定这些区域中的自适应网格划分控制。

指定分析控制

用户可以定制通用的求解控制和求解器控制。

14.2 进入和退出分析步模块

用户通过单击位于环境栏中的 Module 列表中的 Step，在 Abaqus/CAE 程序会话过程中的任何时候进入分析步模块。Step、Output、Other 和 Tools 菜单出现在主材料栏上。如果当前的视口包含一些不是装配的物体，则当用户启动分析步模块时，视口的内容会消失。

要退出分析步模块，从 Module 列表中选择任何其他的模块。用户在退出模块之前不需要保存分析步或者输出请求；当用户通过选择主菜单栏的 File→Save 或者 File→Save As 来保存模型数据库时，会自动保存分析步或者输出请求。

14.3 理解分析步

本节给出分析步概览。对于分析步的其他信息，见《Abaqus 分析用户手册——分析卷》的 1.1.2 节“定义一个分析”。

- 14.3.1 节 “什么是分析步?”
- 14.3.2 节 “线性和非线性过程”
- 14.3.3 节 “步序列约束”
- 14.3.4 节 “什么是步替换?”
- 14.3.5 节 “使用 Abaqus/Explicit 进程来替换 Abaqus/Standard 进程，或者反之”

有关步的附加信息，见《Abaqus 分析用户手册——分析卷》的 1.1.2 节“定义一个分析”。

14.3.1 什么是分析步?

一个 Abaqus/CAE 模型使用下面两种类型的分析步：

初始分析步

Abaqus/CAE 在模型分析步序列的开始时创建一个特别的初始分析步，并且命名成 Initial。Abaqus/CAE 仅为用户模型创建一个初始分析步，并且不能重新命名、编辑、替换、复制或者删除此初始分析步。

初始分析步允许用户定义在分析的开始时可以施加的边界条件、预定义的场，以及相互作用。例如，如果在整个分析中施加一个边界条件或者相互作用，则在初始步中施加这样的条件通常是方便的。同样地，当第一个分析步是一个线性摄动步时，在初始分析步中施加的条件形成摄动基本状态的一部分。

分析步

初始分析步后面是一个或者多个分析步。每一个分析步与特定的过程关联，此过程定义在分析步中将执行的分析类型，例如一个静态的应力分析或者瞬态的热传导分析。用户可以采用任何有意义的方式来步到步的改变分析进程，这样，用户在执行分析时具有极大的灵活性。因为模型的状态（应力、应变、温度等等）是在所有的通用分析步上更新的，每一个新分析步的响应中总是包括之前的历史作用。

对用户可以定义的分析步数量没有限制，但是对分析步的序列有限制（更多信息见14.3.3节“步序列约束”）。

用户使用Step菜单中的项目来创建步，选择和定义分析步中使用的分析进程，并且管理现有的分析步。另外，用户可以选择主菜单栏中的Step→Manager来显示Step Manager。

例如，考虑管路系统的一部分的分析：

初始分析步

施加边界条件来固定管道左端，并且仅允许右端处的轴向移动。

步骤1：压缩

给管的右端施加一个压缩力。此分析步是一个通用分析步。

步骤2：特征模态

计算管受压状态的振动频率和模态。此分析步是线性摄动步。

图14-1显示了用户创建这些分析步之后的Step Manager。

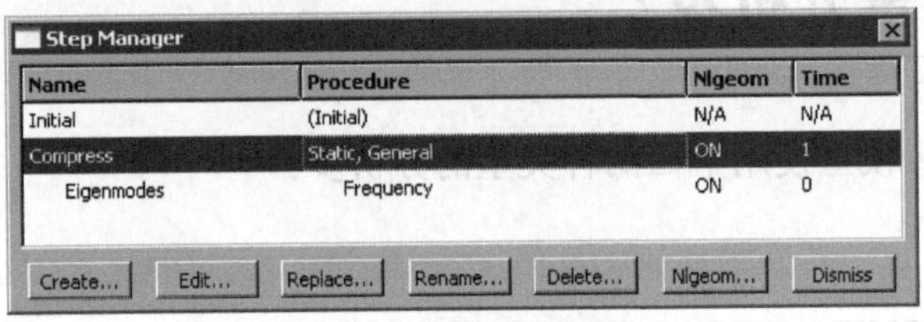

图14-1　Step Manager

管理器列出了分析中的所有步，以及考虑每一步的重要细节。Step2，Eigenmodes，缩进表明是以Step1的结束时模型状态Compress为基础的线性摄动步。

创建、编辑和替换步的详细情况，见此手册的下面章节：

- 14.9.1节　“步管理器”
- 14.9.2节　“创建一个步”
- 14.9.3节　“编辑步”
- 14.9.4节　“替换步”
- 14.9.5节　“重新设置步编辑器中的默认值”
- 14.10.1节　“步编辑器”
- 14.10.2节　“增量标签页”

14.3.2　线性和非线性过程

Step Manager通过确定线性摄动步的名称和进程描述，来区分通用非线性步和线性摄动步。通用非线性分析步定义顺序事件：一个通用步结束时的模型状态为下一个通用步开始时的初始状态。线性摄动分析步提供上一个通用非线性步结束时达到状态的模态线性响应。当用户选择 Create Step 对话框中的进程时，可以使用 Procedure type 域在 General 和 Linear perturbation 分析步之间进行选择。

对于分析中的每一个步，Step Manager 都会显示 Abaqus 是否考虑来自大位移和大变形的非线性效果的提示。如果在步过程中，由于加载引起的模型中的位移是相对小的，则大位移和大变形效应小到足够可以忽略。然而，在模型的载荷产生大位移的情况中，非线性几何效应可以变得非常重要。一个分析步的 Nlgeom 设定确定了 Abaqus 是否将考虑那个分析步中的几何非线性。

Abaqus/Explicit 分析步默认选中 Nlgeom 设置，Abaqus/Standard 分析步默认关闭 Nlgeom 设置。分析步的序列和当前的 Nlgeom 设置，确定了用户是否可以改变一个具体分析步中的 Nlgeom 设置。例如，如果 Abaqus 已经考虑了几何非线性，则会为所有后续的分析步切换选中 Nlgeom 设置，并且用户不能切换不选它。下面的方法允许用户为分析步改变 Nlgeom 设置：

- 单击 Step Editor 中的 Basic 标签页，并且切换 Nlgeom 设置。
- 从主菜单栏选择 Step→Nlgeom。
- 单击 Step Manager 中的 Nlgeom。

更多信息见 14.9.6 节“考虑几何非线性”或者《Abaqus 分析用户手册——分析卷》的 1.1.3 节“通用和线性摄动过程”。

14.3.3 步序列约束

从主菜单栏选择 Step→Create，出现 Create Step 对话框，用户可以在其中指定正在创建分析步的进程类型。类似地，当用户从主菜单栏选择 Step→Replace 时，出现 Replace Step 对话框，用户可以在其中为现有的分析步指定一个新的进程类型。Create Step 对话框和 Replace Step 对话框中的进程类型选择取决于以下内容：

- 模型类型。
- 已经与现有分析步关联的进程。
- 分析步序列中新的分析步或者被替代分析步的位置。

例如，当用户在分析中创建第一个分析步时，用户可以从有效的进程类型中做出选择；列表中出现 Abaqus/Standard 和 Abaqus/Explicit 进程类型。然而，一旦用户创建了第一步，Create Step 对话框中的有效进程类型列表就会变化成仅包括与第一步兼容的那些进程。例如，如果第一个步是 Abaqus/Standard 分析步，则在列表中不再出现 Abaqus/Explicit 进程。

14.3.4 什么是步替换?

在定义了模型并执行了分析后，用户可能想要运行一个使用不同进程的其他分析，而不想在模型中重新定义对象，如载荷、边界条件和相互作用。用户可以使用替换功能来为现有的分析步使用 Abaqus/Standard 或者 Abaqus/Explicit 允许的进程来替换分析进程；例如，用户可以从 Static、General 进程变化成 Dynamic、Explicit 进程，或者从 Static、General 进程变化到 Static、Riks 进程。用户从主菜单栏选择 Step→Replace 后，就可以选择想要替换的分析步以及该分析步的新分析进程。出现 Edit Step 对话框，并显示新分析进程的默认值。用户可以更改默认值，并在分析步编辑器中指定可选设置的值。

当用户想替换一个步时，Abaqus/CAE 会将所有兼容的分析步关联对象复制到新的分析步。如果对象与新分析步不兼容，则 Abaqus/CAE 使用一个等效的对象来进行替代，并且抑制或者删除剩余的对象。这样，用户可以在替换分析步之前复制模型。Abaqus/CAE 在消息区域中显示分析步替代过程中抑制或者删除的对象列表。例如，如果用户采用 Dynamic、Explicit 进程替换一个包含 Abaqus/Standard 自接触的相互作用、压力载荷和惯性释放载荷的 Static、General 进程，Abaqus/CAE 有如下操作：

- 在 Dynamic、Explicit 进程中，将 Abaqus/Standard 自接触相互作用替换成 Abaqus/Explicit 自接触相互作用。
- 将压力载荷复制到 Dynamic、Explicit 进程。
- 抑制惯性释放载荷。惯性释放载荷仅施加在 Abaqus/Standard 中。

在用户替换一个分析步后，应当确认之前定义的初始分析步中的属性、单元类型、作业和边界条件，以及预定义场对于模型是否是持续有效的。在作业模块中，用户可以单击 Job Manager 中的 Write Input 来写入文件，并且检查输入文件的错误。

用户可以使用替换功能，通过将现有的分析步替换成同样进程类型的分析步，来重新将分析步设置成它们的默认值。

14.3.5　使用 Abaqus/Explicit 进程来替换 Abaqus/Standard 进程，或者反之

如果用户想使用 Abaqus/Explicit 分析进程来替换 Abaqus/Standard 分析进程，或者反之，则在模型中，在 Replace Step 对话框中，必须只出现一个期望进程类型的分析步。如果用户的模型包含多个分析步，则用户可以使用分析步关联的过滤器来将对象移动到一个单独的步中。然后用户可以删除其他的分析步，并且使用新的分析进程来替换剩余分析步。

例如，如果用户想要将包含四个 Static、General 进程的 Abaqus/Standard 分析改变成为一个 Abaqus/Explicit 分析，则用户可以使用 Load Manager 来将所有的载荷移动到四个步中的一个中。类似地，用户可以使用 Interaction Manager 来移动相互作用。然后用户可以删除其他的三个分析步，并且使用一个 Dynamic，Explicit 进程来替换保留的分析步。如果需要，用户可以创建额外的 Abaqus/Explicit 分析步，并且使用分析步关联的过滤器，来将分析步替换过程中复制的对象移动到合适的 Abaqus/Explicit 进程中。

更多信息见 3.4.6 节“更改步相关对象的历史”。

14.4 理解输出请求

本节给出输出请求概览，包括以下主题：

- 14.4.1 节 “什么是输出请求？”
- 14.4.2 节 “场输出和历史输出之间的差异”
- 14.4.3 节 “输出请求传递”
- 14.4.4 节 “输出请求管理器”
- 14.4.5 节 “创建和更改输出请求”

14.4.1 什么是输出请求？

Abaqus 分析产品在步的每一个增量上计算许多的变量值。通常用户仅对所有此计算数据的一小部分子集感兴趣。用户可以通过创建输出请求来指定想要写到输出数据库的数据。一个输出请求由下面的信息组成：

- 感兴趣的变量或者变量分量。
- 模型的区域和积分点，它们的值将被写入输出数据库。
- 变量或者分量值写到输出数据库的频率。

当用户创建第一个分析步时，Abaqus/CAE 选择对应分析步分析进程的输出变量默认集合。默认情况下，从模型的每一个节点或者积分点，以及从默认的截面点上要求输出。此外，Abaqus/CAE 选择默认的频率将变量写到输出数据库。用户可以编辑默认的输出请求，或者创建并编辑新的输出请求。

会把默认的输出要求和用户更改的输出要求传递到分析中的后续步中。如果用户有大模型包括默认输出的要求，并且要求大量的帧输出，则会产生非常大的输出数据库。用户可以使用 C++程序来从大的输出数据库提取数据，并且仅将选中的帧复制到另外一个输出数据库。更多信息见《Abaqus 脚本用户手册》的 10.15.4 节“通过保留特定帧的数据来降低输出数据库中的数据量”。

当完成分析时，用户可以使用显示模块来读取输出数据库，并且图像化地显示写到输出数据库的数据。

有关创建和编辑输出要求的详细指导，见下面的章节：

- 14.12.1 节 “创建输出请求”
- 14.12.2 节 “更改场输出请求”
- 14.12.3 节 “更改历史输出请求”

14.4.2　场输出和历史输出之间的差异

当创建一个输出请求时，用户可以选择场输出或者历史输出。

场输出

Abaqus 根据整个模型或者部分模型的空间分布数据生成场输出。在大部分情况中，用户可以使用显示模块来对使用变形图、云图或者符号图的场输出数据进行显示。在分析中，Abaqus 生成的场输出量通常很大。因此，用户通常要求 Abaqus 以较低的频率将场数据写入输出数据库；例如，在每一个步后或者分析结束时。

用户在创建场输出请求时，可以指定等间距时间间隔的输出频率或者在特定时间长度上的输出频率。另外，对于 Abaqus/Standard 分析进程，用户可以根据增量指定输出频率，在每一步最后的增量后请求输出，或者根据一组时间点请求输出。对于 Abaqus/Explicit 分析进程，用户可以根据时间增量或者一组时间点来请求场输出。对于 Abaqus/CFD 分析进程，用户可以根据增量指定输出频率。

创建场输出请求时，Abaqus 会选中变量的每一个分量，并将其写入输出数据库。例如，如果用户使用实体单元来模拟在顶部有载荷的悬臂梁，则用户可以请求载荷步最后增量之后的整个模型应力（所有的六个分量）和位移（所有的六个分量）数据。然后，用户可以使用显示模块来显示最后加载状态中的应力和变形云图。

历史输出

Abaqus 根据模型中指定点处的数据生成历史输出。在大部分情况中，用户可以使用显示模块来显示使用 *X-Y* 图的历史输出。输出的频率取决于用户想如何使用分析生成的数据，并且频率可以是非常高的。例如，为调试目的生成的数据可以在每次增量后写入输出数据库。用户也可以将历史输出用于与整个模型或者部分模型关联的数据；例如，整个模型的能量。

用户在创建历史输出请求时，可以指定等间距时间间隔的输出频率或者在特定时间长度上的输出频率。对于 Abaqus/Standard 分析进程，用户可以根据增量指定输出频率，在每一步最后的增量后请求输出，或者根据一组时间点请求输出。对于 Abaqus/Explicit 分析进程，用户可以根据时间增量请求历史输出。对于 Abaqus/CFD 分析进程，用户可以根据增量指定输出频率。

用户在创建历史输出请求时，可以指定 Abaqus/CAE 将写入输出数据库的变量的各个分量。例如，如果用户模拟在顶部施加载荷的悬臂梁响应，则用户需要请求下面载荷步在每一个增量后的输出：

- 梁根部单个节点处的主应力。
- 梁顶部单个节点处的垂直位移。

然后，用户可以使用显示模块来显示随着载荷增加，根部应力与顶部位移的 *X-Y* 图。

14.4.3 输出请求传递

用户在分析中创建第一个分析步时，Abaqus/CAE 会根据用户为分析步选择的分析进程生成默认的场和历史输出请求。这些默认的输出请求将传递到后续的分析步。Field Output Requests Manager 和 History Output Requests Manager 是分析步关联的管理器，用于显示分析步之间输出请求的传递和状态。

在通用步中请求的输出与在线性摄动步中请求的输出是相互独立的。此外，通用步与线性摄动步之间的输出请求传递行为是不同的。

通用步

Abaqus/CAE 会为模型中第一个通用步创建默认的场输出请求，并传递此默认输出请求到所有后续的通用步。类似地，如果用户创建一个新的输出请求或者更改默认的输出请求，则新的或者更改后的请求也会传递到后续的通用步中。

如果用户在分析步序列中插入一个新的通用步，则之前通用步的输出请求会传递到新的分析步。

线性摄动步

Abaqus/CAE 会为模型中的第一个线性摄动步创建默认的场输出请求，并传递此默认输出请求到所有使用相同分析进程的后续线性摄动步中；例如，所有的频率分析。类似地，如果用户创建一个新的要求或者更改默认的输出请求，则新的或者更改后的请求也会传递到使用相同分析进程的后续分析步中。

如果用户在分析步的序列中插入一个新的线性摄动步，则之前使用相同分析进程的线性摄动步的输出请求会传递到新的分析步。如果用户创建使用不同分析进程的线性摄动步，则 Abaqus/CAE 将创建一个新的默认输出请求。新的默认输出请求会传递到使用相同分析进程的所有后续线性摄动步中。

用户应当注意下面的行为：

- 如果用户在现有通用分析步序列的开始插入一个新的通用步，则 Abaqus/CAE 不会为新的通用步创建默认的输出请求。类似地，如果用户在现有相同进程类型的线性摄动分析步序列的开始插入一个新的线性摄动步，则 Abaqus/CAE 不会为新的摄动分析步创建默认的输出请求。在这两种情况中，用户都必须为新的分析步创建一个新的输出请求。或者，用户可以使用输出请求过滤器来将后面紧跟的分析步输出请求移动到新的分析步中。
- 如果用户删除包含新的输出请求的分析步（通用或者线性摄动），则 Abaqus/CAE 将在所有传递有此请求的后续分析步中删除输出请求。
- 如果分析步不包含输出请求，则在生成输入文件时，Abaqus/CAE 会在作业模块中显示警告。

14.4.4 输出请求管理器

Abaqus/CAE 为场输出请求和历史输出请求提供单独的管理器。输出请求管理器是分析步关联的管理器，这意味着这些管理器会包含有关分析的每步中每个输出请求状态的信息，并允许用户控制整个分析步序列的请求传递。更多信息见 3.4.2 节“什么是步相关的管理器?”。

Field Output Requests Manager 和 History Output Requests Manager 包含用户已经创建的所有输出请求的列表。例如，图 14-2 所示的 Field Output Requests Manager。

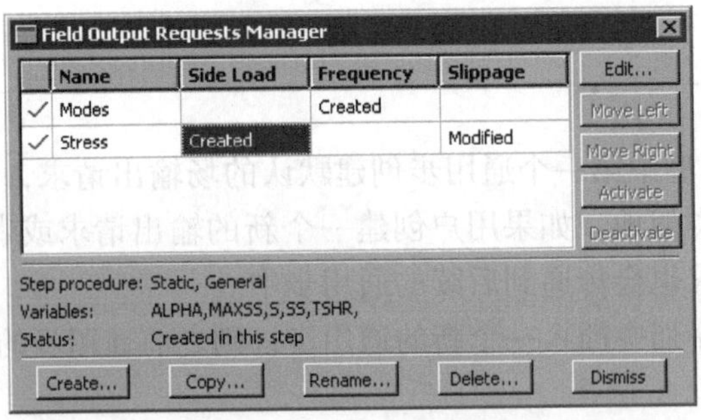

图 14-2 Field Output Requests Manager

在用户选择分析步后，两个管理器中的 Create 按钮允许用户在分析步过程中创建新的输出请求。类似地，Edit、Copy、Rename 和 Delete 按钮允许用户编辑、复制、重新命名和删除选中的输出请求。用户也可以使用主菜单栏中的 Output→Field Output Requests 和 Output→History Output Requests 子菜单来开始创建、编辑、复制、重新命名和删除进程。

用户可以使用 Field Output Requests Manager 和 History Output Requests Manager（或者对应的菜单命令或者模型树）中的 Copy 按钮来复制一个输出请求。用户可以从任何分析步将输出请求复制到任何有效的分析步，但具有一些限制。更多详细情况见 3.4.11 节“使用管理器对话框复制步相关的对象”。

Move Left、Move Right、Activate 和 Deactivate 按钮允许用户控制分析过程上的输出请求传递。更多信息见 3.4.6 节“更改步相关对象的历史”。

用户可以使用管理器左列中的图标来为分析抑制输出请求，或者恢复之前被抑制的输出请求。从主菜单栏中的 Output→Field Output Requests 和 Output→History Output Requests 子菜单中也可以获取抑制和恢复进程。更多信息见 3.4.3 节“抑制和恢复对象”。

14.4.5 创建和更改输出请求

要创建一个输出请求，从主菜单栏选择 Output→Field Output Requests→Create 或者 Output→History Output Requests→Create。出现一个编辑器，在其中，用户可以输入定义输出

请求所必要的所有信息。编辑器的顶部显示下面的信息：

- 输出请求的名称。
- 分析步的名称。在此分析步中，用户正在创建或者编辑输出请求。
- 与步关联的分析进程名称。

例如，图 14-3 所示的 Field Output Request 编辑器。

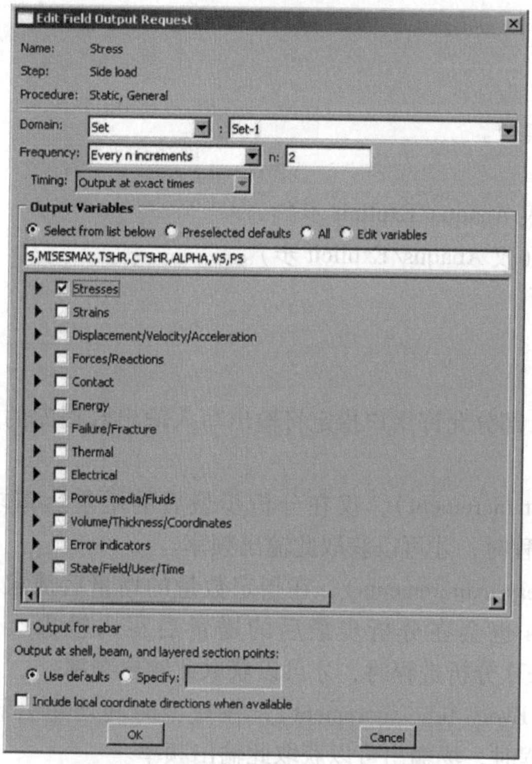

图 14-3 Field Output Request 编辑器

编辑器的 Domain 部分允许用户选择将生成输出的区域，用户可以要求 Abaqus 为了下面的对象，将场数据写到输出数据库中：

- 整个模型。
- 整个模型，仅外部节点和单元（Abaqus/Standard 或者 Abaqus/Explicit 分析中的三维模型）。
- 集合。
- 螺栓载荷。
- 蒙皮。
- 加强筋。
- 紧固件。
- 装配好的紧固件集合。
- 相互作用。
- 复合材料铺层。

- 子结构。

类似地，用户可以请求 Abaqus 将历史数据写入输出数据库，用于以下内容：

- 整个模型。
- 集合。
- 螺栓载荷。
- 蒙皮。
- 加强筋。
- 紧固件。
- 装配好的紧固件集合。
- 围线积分。
- 通用的接触面（仅 Abaqus/Explicit 步）。
- 积分的输出截面（仅 Abaqus/Explicit 步）。
- 相互作用。
- 弹簧/阻尼器。
- 复合材料铺层。

编辑器的 Frequency 部分允许用户指定将输出写入输出数据库的频率，请选择下面中的一个：

- 最后的增量（Last increment），仅在分析步最后的增量后请求输出。仅当用户选择 Abaqus/Standard 分析进程时，才可以获取此输出频率。
- 每 n 个增量（Every n increments），在指定数量的增量后请求输出。如果用户以增量来指定频率，则 Abaqus 也会在分析步最后的增量后写入输出。仅当用户选择 Abaqus/Standard 或者 Abaqus/CFD 分析进程时，才可以获取此输出频率。
- 每个时间增量（Every time increment），在每个时间增量处请求输出。当用户选择 Abaqus/Explicit 分析进程时，场输出可以获取此输出频率。
- 每 n 个时间增量（Every n time increments），以指定的时间增量请求输出。当用户选择 Abaqus/Explicit 分析进程时，历史输出可以获取此输出频率。
- 均匀时间间隔（Evenly spaced time intervals），在一定数量的均匀间隔时间处请求输出。
- 每 x 单位的时间（Every x units of time），在特定时间长度后请求输出。
- 从时间点（From time points），依据一组用户指定的时间点来请求输出。当用户选择 Abaqus/Standard 分析进程时，场输出和历史输出都可以获取此输出频率；当用户选择 Abaqus/Explicit 分析进程时，仅场输出可以获取此输出频率。

编辑器的 Output Variables 部分包含的变量类型列表，可以用于分析步进程和选中的区域，请选择下面中的一个：

- 从下面的列表选择（Select from list below），从复选框列表中请求变量。用户可以单击类型名称边上的复选框来选择此类型中的所有变量，也可以单击类型名称边上的箭头来显示此类型中的变量列表，然后选择单个变量。
- 预先选择的默认项（Preselected defaults），用于请求进程的默认输出变量。
- 所有（All），请求进程的所有输出变量。

• 编辑变量（Edit variables），请求文本域中的变量。用户可以手动编辑此区域，输入或者删除变量名称。

注意：除了当前的分析进程，模型的其他方面也可能影响预先选择的默认输出变量。例如，如果对于分析进程是有效的输出变量，但是对于网格中所用单元类型无效，则 Abaqus 将在分析过程中删除该变量。

如果用户使用 Field Output Request 编辑器来选择在场输出请求中包括的向量或者张量变量，Abaqus 会自动在步过程中将该变量的所有分量写入输出数据库。例如，如果用户选择三维模型中的向量 U，则 Abaqus 会将三个位移分量 U1、U2 和 U3 和三个转动分量 UR1、UR2 和 UR3 一起输出到输出数据库中。

相反，如果用户使用 History Output Request 编辑器来选择在历史输出请求中包括向量或者张量变量，则 History Output Request 编辑器允许用户选择变量的单个分量。在历史输出请求中指定单个分量是非常有用的，因为这些变量的输出频率通常很高——有可能每一个增量都输出。

如果用户的模型包括加强筋，则用户必须切换选中 Output for rebar，来在 Abaqus 写入到输出数据库的数据中包括加强筋输出，并在显示模块中显示加强筋的方向图。更多信息见 12.2.5 节“理解壳截面中的加强筋”。

编辑器还允许用户指定获得输出的截面点。如果用户从复合材料铺层中请求输出，则用户可以为铺层的每一层指定输出的截面点。更多信息见 23.5 节“从复合材料铺层中请求输出”。

例如，在图 14-3 中，用户正在编辑一个与 Static，General 分析进程关联的场输出请求。用户选择了 Stresses 类型中的所有变量。这些变量将包括在名为 Side Load 步的输出请求中。Abaqus 将在每次增量时从默认截面点写入输出。

有关选择输出变量和分量的详细指导，见以下章节：

• 14.12.2 节 “更改场输出请求”

• 14.12.3 节 “更改历史输出请求”

用户创建输出请求后，可以采用下面的方式进行更改：

• 选择 Output→Field Output Requests→Edit 或者 Output→History Output Requests→Edit 来显示场输出请求编辑器，或者历史输出请求编辑器。

• 选择 Output→Field Output Requests→Manager 或者 Output→History Output Requests→Manager 来显示场输出要求管理器，或者历史输出要求管理器。使用管理器来更改输出请求的逐步历史（更多信息见 3.4.2 节“什么是步相关的管理器?”）。

如果用户在创建了请求的分析过程中更改输出请求，则用户可以更改域、输出变量、加强筋选项的输出、截面点和输出频率。然而，如果用户在分析步过程中更改的输出请求是传递到此分析步中的，则用户仅可以更改输出变量和输出频率。

当用户从围线积分请求输出时，History Output Request 编辑器仅允许用户选择输出频率，围线积分的数量和围线积分计算的类型。更多信息见 31.2.11 节“请求围线积分输出”。

14.5 理解积分、重启动、诊断和监控输出

本节介绍分析步模块中可以使用的附加输出控制，包括以下主题：

- 14.5.1 节 “积分输出请求”
- 14.5.2 节 “重启动输出请求”
- 14.5.3 节 “诊断输出”
- 14.5.4 节 “自由度监控请求”

14.5.1 积分输出请求

要得到接触中，外部面上的合力，或者通过面之间的绑定约束传递的合力（见《Abaqus 分析用户手册——介绍、空间建模、执行与输出卷》的 4.1.3 节“输出到输出数据库”中的“积分输出”）那样的历史输出变量，用户必须参照一个积分的输出截面来确定需要输出的面。此外，积分的输出截面定义可以提供一个局部坐标系，在此局部坐标系中，将向量输出量和/或参考节点表达成锚点，关于此锚点来计算面上的总力矩。

默认情况下，整体坐标的原点作为积分输出截面的锚点，并且不跟随定义积分输出的面的运动。用户可以定义一个参考点来作为输出截面的锚点，并且指定此参考节点如何追踪面的平均运动。参考点必须不与有限元模型的任何其他零件连接。

积分点输出截面与一个坐标系关联，和/或可以使用一个独立于积分输出请求的参考节点来追踪面的平均运动。

用户通过从主菜单栏选择 Output→Integrated Output Sections→Create 来定义积分点输出截面。详细的指导，见 14.13.1 节“定义积分输出截面”。有关积分输出截面的输出要求信息，见 14.12.3 节“更改历史输出请求”。

14.5.2 重启动输出请求

用户可以使用 Abaqus 创建的重启动文件，从之前分析的一个指定步开始继续一个分析。此部分描述用户如何控制重启动数据的输出。用户在后续作业中如何使用重启动数据的定义，见 19.6 节“重启动分析”和 9.2.2 节“什么是模型属性?”。

默认情况下，对于 Abaqus/Standard 或者 Abaqus/CFD 分析没有写重启动信息，并且仅在 Abaqus/Explicit 分析每一步的开始和结束时写重启动信息。然而，为分析中的每一步自动

地创建默认的重启动要求。通过从步模块的主菜单栏选择 Output→Restart Requests 来调用的 Edit Restart Requests 对话框，允许用户指定写重启动信息的频率。

用户可以指定 Abaqus 将数据写到重启动文件的频率；然而，在分析产品之间，重启动行为会不同。

Abaqus/Standard 和 Abaqus/CFD

用户可以采用增量的形式或者时间间隔的形式来要求频率。对于 Abaqus/Standard 步，用户可以选择输出是在精确的时间间隔上写出，还是在最接近的增量上近似写出。

Abaqus/Explicit

对于一个 Abaqus/Explicit 分析，用户指定等间距时间间隔的数量，Abaqus 在此时间间隔上将数据写到重启动文件。此外，对于一个 Abaqus/Explicit 步，用户可以选择输出是在精确的时间间隔上写出，还是在最接近时间增量上近似写出。然而，用户不能避免为 Abaqus/Explicit 分析步写信息到重启动文件；必须将时间间隔的数量设置成 1 或者更大。

对于一个 Abaqus/Standard 或者一个 Abaqus/Explicit 分析，用户可以要求让写到重启动文件的数据覆盖之前的增量数据。如果用户选择此选项，则 Abaqus 在重启动文件中仅保留每一步的一个增量信息，这样来最小化文件的大小。默认情况下，Abaqus 不覆盖数据。

更多信息见 19.6 节“重启动分析”和《Abaqus 分析用户手册——分析卷》4.1 节“重启动一个分析”。要求重启动输出的详细指导，见 14.13.2 节“构建重启动输出请求”。

用户可以使用 abaqus restartjoin 执行进程来从重启动分析创建的输出数据库提取数据，并且将数据附加到另外一个输出数据库后面。更多信息见《Abaqus 分析用户手册——介绍、空间建模、执行与输出卷》的 3.2.23 节“连接来自重启动分析的输出数据库（.odb）文件”。

14.5.3 诊断输出

如果用户的分析失败或者产生非预期的结果，则用户可以通过查看写到下面文件的选中诊断信息来逐一检查迭代的进程：

对于 Abaqus/Standard 分析

诊断信息写到消息（.msg）文件中，并且一个信息子集写到输出数据库（.odb）文件中。用户可以在显示模块中显示输出数据库中的调试信息（更多信息见第 41 章“查看诊断输出”）。默认情况下，在每一个迭代中写信息；用户可以通过指定零点输出频率来要求 Abaqus 将调试信息不连续地写到信息文件中。

对于 Abaqus/Explicit 分析：

调试信息写到状态（.sta）文件中。对于写信息的频率的有关内容，见《Abaqus 分析用户手册——介绍、空间建模、执行与输出卷》的 4.1 节“输出”。

用户通过从主菜单栏选择 Output→Diagnostic Print 来显示 Edit Diagnostic Print 对话框。

对于请求诊断输出的详细指导，见 14.13.3 节“设置诊断信息显示”。

注意：在 Abaqus/Standard 分析中，改变诊断输出请求不会影响诊断信息写入输出数据库。

14.5.4　自由度监控请求

用户可以请求 Abaqus 将选中点处的自由度值写到（.sta）状态文件中，并且对于 Abaqus/Standard 分析，在分析过程中，将特定增量时的自由度值写到信息（.msg）文件中。此外，当用户提交分析时，在一个新的视口中自动地生成时间上的自由度值图（更多信息见 19.2.6 节“监控分析作业的进程”）。用户可以使用此信息来监控求解的进度。

用户必须通过选取现有几何形体或者节点集合，或者通过选取视口中的一个点来指定想要监控的顶点或者节点。一旦用户指定了点，用户必须说明在顶点或者节点处想要监控哪个自由度，想要在视口中显示信息的频率，以及用户想要将信息输出到状态和信息文件中的频率。

对于监控一个自由度的详细指导，见 14.13.3 节“设置诊断信息显示”。

14.6 理解 ALE 自适应网格划分

任意的拉格朗日-欧拉（ALE）自适应网格划分，通过允许网格独立于材料的移动，即使在发生大变形或者材料损失的时候，也让用户在整个分析中保持高质量的网格划分。自适应网格划分仅移动节点；网格拓扑保持不变。自适应网格划分仅对 Coupled temp-displacement；Dynamic，Explicit；Dynamic，Temp-disp，Explicit；Soils 和 Static，General 步是可用的。

用户可以通过从主菜单栏选择 Other→ALE Adaptive Mesh Domain 来定义想要自适应网格划分的模型区域。如果必要的话，用户可以选择 Other→ALE Adaptive Mesh Controls 或者 Other→ALE Adaptive Mesh Constraint 来分别定制自适应网格划分控制，或者添加区域性的自适应网格约束。当前，用户仅可以为特定的步定义一个 ALE 自适应网格划分区域。

对于自适应网格划分的详细信息，见《Abaqus 分析用户手册——分析卷》的 7.2 节“ALE 自适应网格划分”。

对于定义自适应网格区域的详细指导，见以下章节：

- 14.14.1 节 “定义一个 ALE 自适应网格划分区域”
- 14.14.2 节 “指定 ALE 自适应网格划分约束”
- 14.14.3 节 “为 ALE 自适应网格划分指定控制”

14.7 如何定制Abaqus分析控制?

本节介绍如何调整控制 Abaqus 分析的参数，包括以下主题：

- 14.7.1 节“通用求解控制”
- 14.7.2 节“求解器控制”

14.7.1 通用求解控制

用户可以在 Abaqus 中定义许多变量来控制收敛性和时间积分进度算法。默认的求解控制通常工作良好，但是定制这些控制可以产生更加便宜的解或者帮助用户得到分析特别困难的解。

注意：仅通用 Abaqus/Standard 分析步可以使用这些选项。

用户可以通过从主菜单栏选择 Other→General Solution Controls 来获取求解控制。更多信息见《Abaqus 分析用户手册——分析卷》的 2.2 节“分析收敛性控制”。

警告：求解控制适用于有经验的分析人员，并且应当谨慎使用。这些控制的默认设置对于大部分的非线性分析是合适的。不正确地改变这些值可能极大地增加分析的计算时间，或者产生不精确的结果。

有关设置通用求解控制的详细指导，见 14.15.1 节“定制通用的求解控制”。

14.7.2 求解器控制

用户可以定制控制迭代线性方程求解器的变量。

注意：用户仅可以为 Static，General；Static，Linear perturbation；Visco；Heat transfer；Geostatic；Soils 分析步使用迭代线性方程求解器。

用户可以通过从主菜单栏选择 Other→Solver Controls 来访问求解器控制。更多信息见《Abaqus 分析用户手册——分析卷》的 1.1.6 节“迭代线性方程求解器”。

对于设置求解器控制的详细指导，见 14.15.2 节“定制求解器控制”。

14.8 使用分析步模块工具箱

用户可以通过主菜单栏来访问所有的分析步模块工具；此外，用户也可以通过分析步模块工具箱来访问工具。图 14-4 显示了分析步模块工具箱中的工具。

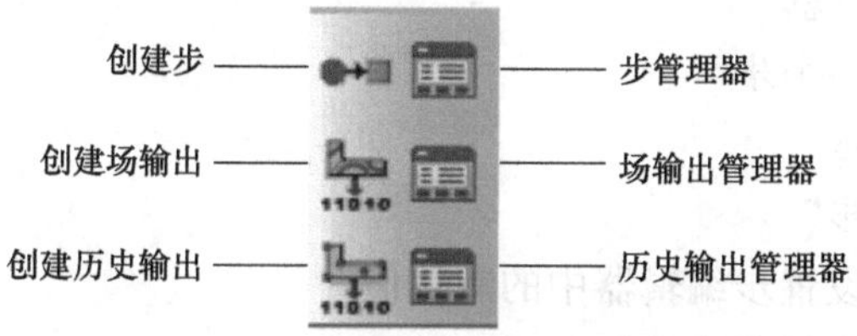

图 14-4 分析步模块工具箱

14.9　使用步管理器

本节介绍如何可以使用 Step Manager（步管理器）来创建、编辑和操控分析步（有关管理器的通用信息，见 3.4 节“管理对象”），包括以下主题：

- 14.9.1 节　“步管理器”
- 14.9.2 节　“创建一个步”
- 14.9.3 节　“编辑步”
- 14.9.4 节　“替换步”
- 14.9.5 节　“重新设置步编辑器中的默认值”
- 14.9.6 节　“考虑几何非线性”

14.9.1　步管理器

用户使用 Step Manager 来创建、编辑和操控与当前模型有关的分析步。要启动 Step Manager，从主菜单栏选择 Step→Manager。Step Manager 对话框中的列显示了与每一步有关的以下信息：

Name

分析步的名称。线性摄动分析步的名称相对于通用分析步的名称缩进。

Procedure

当创建分析步时，用户为此步选择的分析过程。用户可以在创建一个分析步之后改变分析过程。单击 Replace 来为选中的分析步选择一个新的过程类型。Procedure 列也说明热和土壤步是否假定稳态或者瞬态条件，或者二者不能都应用。

Nlgeom

分析步是否考虑几何非线性。用户使用 Nlgeom 按钮来控制特别步的 Nlgeom 设置。一旦用户为步设置了 Nlgeom，则用户的设置对于所有后续的分析步有效。

Time

步的时间段。时间段的默认值是1.0个时间单位。单击 Edit 来显示分析步编辑器，这样用户可以更改时间段。

用户可以使用 Step Manager 对话框底部的按钮来在选中分析步后面创建一个分析步，或者操控选中的分析步。用户使用 Dismiss 按钮来关闭 Step Manager 对话框。用户可以使用 Step 菜单中可以使用的下拉菜单来执行相同的任务。

用户可以抑制一个分析步来从分析中排除过程。从环境栏、重启动请求对话框和诊断信息对话框去除被抑制的分析步。在分析步中创建的任何依赖步的属性或者传递属性自动得到抑制，并且在分析中忽略。一旦恢复分析步，则每一个属性的状态将返回到原始的状态。例如，抑制然后恢复一个分析步将不恢复之前抑制的关联载荷。只要分析步序列保持有效，用户就可以抑制或者恢复一个分析步。

警告：如果用户使用 Step Manager 或者 Step 菜单来删除一个分析步，则也删除与分析步关联的对象，例如指定的条件或者输出请求。如果用户使用 Step Manager 或者 Step 菜单来替换一个分析步，则与新分析过程不兼容的对象会由等效的对象替换，或者如果可能的话，被删除。

14.9.2 创建一个步

用户可以创建 Abaqus 分析产品允许的任何过程序列；Create Step 对话框中的过程列表得到更新来仅显示新分析步可以使用过程。例如，如果用户的第一个分析步包含静应力/位移过程，则用户后面不能是一个包含热传导过程的新分析步。

若要创建一个步，执行以下操作：

1. 从主菜单栏选择 Step→Create。

出现 Create Step 对话框。

技巧：用户可以采用两个方法来开始 Create 过程。

- 单击 Step Manager 中的 Create（用户可以通过从主菜单栏选择 Step→Manager 来显示 Step Manager）。
- 单击分析步模块工具箱中的●→■工具。

2. 如果想要的话，使用 Name 文本域来改变新步的名称。

所有的步必须具有独有的名称，并且用户不能将一个步命名成“Initial”。

3. 从现有的分析步列表，选择将在其后插入新步的分析步。

4. 单击 Procedure type 域旁边的箭头，并且从出现的列表选择 General 或者 Linear perturbation。

对话框下半部显示了可使用过程的列表。

5. 选择想要的过程并单击 Continue。

出现 Edit Step 对话框。

6. 使用 Edit Step 对话框来更改它们的默认值设置，并且提供可选设置的值（有关特别编辑器特征的详细帮助，从主菜单栏选择 Help→On Context，然后单击感兴趣的特征）。

7. 单击 OK。

Abaqus/CAE 关闭 Edit Step 对话框，并且在 Step Manager 中出现新的分析步。

14.9.3 编辑步

用户可以使用分析步编辑器来编辑与现有分析步关联的分析过程设置。

若要编辑步，执行以下操作：

1. 从主菜单栏选择 Step→Edit→步名称。

出现分析步编辑器。

技巧：用户也可以选择 Step Manager 中的分析步名称，并且单击 Edit。

2. 使用分析步编辑器中的表来更改设置（有关特定编辑器特征的详细帮助，从主菜单栏选择 Help→On Context，然后单击感兴趣的特征）。

3. 单击 OK 来关闭步编辑器，并且保存新设置。

14.9.4 替换步

用户可以使用 Abaqus 分析产品允许的任何过程来替换现有的过程；更新 Replace Step 对话框中列出的过程，仅显示修正步可以使用的过程。例如，用户可以将 Static，General 过程改变成 Static，Riks 过程。Abaqus/CAE 将兼容的分析步依赖对象复制到新分析步中，替代等效的对象，如果可能的话，删除剩余的对象。

在用户替换分析步后，用户应当确认之前定义的属性、单元类型、作业和边界条件，以及初始分析步中的场对于模型保持有效。更多信息见 14.3.4 节“什么是步替换？”。

若要替换步，执行以下操作：

1. 从主菜单栏选择 Step→Replace→步名称。

出现 Replace Step 对话框。

技巧：用户也可以选择 Step Manager 中的步名称，并且单击 Replace。

2. 单击 New procedure type 域旁边的箭头，然后从出现的列表选择 General 或者 Linear perturbation。

对话框的下半部显示可用过程的列表。

3. 选择新的过程，然后单击 Continue。

出现 Edit Step 对话框。

4. 使用 Edit Step 对话框来更改设置的默认值，并且提供可选设置的值（有关特定编辑器特征的详细帮助，从主菜单栏选择 Help→On Context，然后单击感兴趣的特征）。

5. 单击 OK。

如果分析步依赖的对象不与新分析步兼容，则 Abaqus/CAE 在信息区域中显示分析步替换过程中删除的对象列表，并且关闭 Edit Step 对话框。

14.9.5 重新设置步编辑器中的默认值

当用户创建、编辑或者替换分析步时，用户使用分析步编辑器来构建分析过程设置。用户可以通过使用替换功能，将相同过程类型的一个分析步替换现有的分析步，来将分析步编辑器中的设置重新设置成它们的默认值。

若要为过程设置重新设置默认的值，执行以下操作：

1. 从主菜单栏选择 Step→Replace→步名称。

出现 Replace Step 对话框，在可用过程的列表中高亮显示当前的过程。

技巧：用户也可以选择 Step Manager 中的步名称，并且单击 Replace。

2. 单击 Continue。

出现 Edit Step 对话框，对话框使用过程设置的默认值。

3. 使用 Edit Step 对话框来更改它们的默认值设置，并且提供可选设置的值（有关特别编辑器特征的详细帮助，从主菜单栏选择 Help→On Context，然后单击感兴趣的特征）。

4. 单击 OK。

Abaqus/CAE 将依赖分析步的对象复制到新分析步，并且关闭 Edit Step 对话框。

14.9.6 考虑几何非线性

分析步的 Nlgeom（非线性）设置决定 Abaqus 是否将在分析步中考虑几何非线性。对于 Abaqus/Explicit 步，默认 Nlgeom 设置是切换打开的，对于 Abaqus/Standard 步，默认 Nlgeom 设置是切换不选的。

步的序列和当前的 Nlgeom 设置确定了用户是否能改变特定分析步中的 Nlgeom 设置。例如，如果 Abaqus 已经考虑了几何非线性，则为所有的后续分析步切换打开 Nlgeom 设置，并且用户不能切换不选它。类似地，用户不能在线性摄动分析步过程中改变 Nlgeom 设置。更多信息见 14.3.2 节“线性和非线性过程”。

注意：当用户创建步时，用户可以单击 Step Editor 中的 Basic 标签页，并且将 Nlgeom 设置选择成 On 或者 Off。

若要改变现有步的 Nlgeom 设置，执行以下操作：

1. 要显示 Edit Nlgeom 对话框并且改变可应用处的设置，进行下面的一个操作。

- 从主菜单栏选择 Step→Nlgeom。
- 从主菜单栏选择 Step→Edit→步名称。

出现 Step Editor 对话框。在 Basic 标签页上的 Nlgeom 域上单击✎。

- 从主菜单栏选择 Step→Manager。

出现 Step manager 对话框。在管理器底部的按钮单击 Nlgeom。

2. 从 Edit Nlgeom 对话框，单击感兴趣的分析步名称来切换选中或者不选此分析步的 Nlgeom。

如果切换选中一个分析步的 Nlgeom，则在 Nlgeom 列中出现一个对号。如果切换不选步的 Nlgeom，则不出现对号。

3. 单击 OK 来关闭 Edit Nlgeom 对话框。

14.10 使用步编辑器

本节介绍步编辑器以及在步编辑器中出现的选项，包括以下主题：
- 14.10.1 节 “步编辑器”
- 14.10.2 节 “增量标签页”

14.10.1 步编辑器

当用户创建、编辑或者替换一个分析步时，分析步编辑器显示一组标签页来允许用户为选择的过程构建设置。对于每一个过程，此标签页是唯一的；例如，当用户构建 Static、General 过程时，分析步编辑器显示 Basic、Incrementation 和 Other 标签页。用户可以使用这些标签页构建的设置包括分析步的时段、增量的最大数量、增量大小、使用时间的默认载荷变量以及是否考虑几何非线性。

Abaqus 在输出数据库中保存用户在 Basic 标签页的 Description 域中输入的文字，并且由显示模块显示在状态区域中。

如果用户想要将过程设置重新设置成它们的默认值，则用户可以将现有的分析步替换成相同过程类型的分析步。更多信息见 14.9.5 节“重新设置步编辑器中的默认值”。

有关编辑器的特定特征的详细帮助，选择 Help→On Context，然后单击感兴趣的特征。

14.10.2 增量标签页

当用户构建通用过程时，用户使用步编辑器中的 Basic 标签页来输入分析步的总时间段。用户使用 Incrementation（增量）标签页来构建 Abaqus 将使用的方法来将分析步的总时段分成增量。对于通用的、静态步，以及对于许多其他类型的分析步，用户可以在 Incrementation 标签页中设置以下选项：

Time incrementation

- 当用户选择 Automatic 时间增量时，Abaqus 使用为初始增量大小输入的值来开始增量。后续时间增量的大小调整是以求解收敛如何快为基础的。此选项是默认的选择。
- 当用户选择 Fixed 时间增量时，Abaqus 使用为整个步而输入的初始增量大小值。

警告：选择 Fixed 时间增量可能防止解收敛，因而不推荐。

Maximum number of increments

Abaqus 将一个分析步中的增量数量进行限制，等于用户为增量的最大数量输入的值。如果此分析步超出此增量数量，则分析停止，并且将诊断信息报告给作业模块，并且写到信息文件中。默认情况下，Abaqus/CAE 将增量的最大数量设置成 100。

Initial increment size

Abaqus 使用为初始增量大小输入的值来开始步。

Minimum increment size

仅当用户使用自动时间增量分析模型时，Abaqus 才检查最小增量大小。如果 Abaqus 需要一个比此值更小的时间增量来获得一个收敛解，则终止分析，并报告给作业模块，然后将诊断信息写到信息文件中。如果用户没有输入最小增量大小，则 Abaqus 使用 10^{-5} 乘以总时间段。

Maximum increment size

仅当用户使用自动时间增量来分析模型时，Abaqus 才检查最大增量大小。Abaqus 在分析过程中不会将增量大小增加超过此值。如果用户没有指定此值，则 Abaqus/CAE 将值设置成总时间段值（除了动力学、隐式过程，在此过程中，默认的最大增量大小取决于分析设置的变化；见 14.11.1 节“构建通用分析过程”中的“构建一个动力学、隐式过程”）。

注意：必须为上面描述的每一个增量选项输入一个值。如果用户删除了增量选项的默认值，并且没有提供另外一个值，则 Abaqus/CAE 不允许用户创建步。

有关 Incrementation 标签页中其他条目的详细信息，单击 Help→On Context，然后单击感兴趣的条目。

14.11 构建分析过程设置

Edit Step 对话框允许用户构建特定分析步的分析过程设置。本节介绍每一个分析过程的指导，包括以下主题：

- 14.11.1 节 “构建通用分析过程”
- 14.11.2 节 “构建线性摄动分析过程”

14.11.1 构建通用分析过程

用户可以构建通用分析过程来分析线性或者非线性响应。用户可以在 Abaqus/Standard、Abaqus/Explicit 或者 Abaqus/CFD 分析中包括通用的分析过程。更多信息见《Abaqus 分析用户手册——分析卷》的 1.1.3 节“通用和线性摄动过程”。

本节介绍使用分析步编辑器来构建不同类型通用分析过程的指导，包括以下主题：

- “构建一个静态、通用的过程”
- “构建一个静态、弧长法（Riks）过程”
- “构建一个动力学、显式过程”
- “构建一个热传导过程”
- “构建一个动力学、隐式过程”
- “构建一个完全耦合、同时发生的热传导和应力过程”
- “构建一个完全耦合、同时发生的热传导和电过程”
- “构建一个完全耦合、同时发生的热传导、电和结构过程”
- “构建一个直接循环过程”
- “构建一个使用显式积分的、动力学的、完全耦合的热-应力过程”
- “构建一个地应力场过程”
- “构建一个质量扩散过程”
- “构建流体填充的多孔介质的有效应力分析”
- “构建一个依赖时间变化的材料响应的瞬态、静态、应力/位移分析”
- “构建一个退火过程”
- “构建一个流动过程”

1. 构建一个静态、通用的过程

静态应力分析过程是忽略惯性效应的过程。分析可以是线性的或者非线性的，并且忽略依赖时间的材料效应。更多信息见《Abaqus 分析用户手册——分析卷》的 1.2.2 节“静态应力分析”。

若要创建或者编辑一个静态、通用的过程，执行以下操作：

1. 遵照 14.9.2 节“创建一个步”（Procedure type：General；Static，General）或者 14.9.3 节“编辑步”中标出的过程来显示 Edit Step 对话框。

2. 在 Basic、Incrementation 和 Other 标签页上，构建后面过程中描述的分析步时段、增量的最大数量、增量大小、默认的随时间变化的载荷以及是否考虑几何非线性那样的设置。

若要在基本标签页上构建设置，执行以下操作：

1. 在 Edit Step 对话框中，显示 Basic 标签页。

2. 在 Description 域，输入分析步的扼要描述。Abaqus 在输出数据库中存储用户输入的文本，并且由显示模块在状态区域中显示此文本。

3. 在 Time period 域中，输入步的时间段。更多信息见《Abaqus 分析用户手册——分析卷》的 1.2.2 节“静态应力分析”中的“时间区段”。

4. 选择 Nlgeom 选项。

- 切换选中 Nlgeom Off 来在当前分析中执行几何线性分析。
- 切换选中 Nlgeom On 来说明 Abaqus/Standard 应当在步中考虑几何非线性。一旦用户切换选中了 Nlgeom，则会在分析中的所有后续分析步中激活几何非线性。

更多信息见 14.3.2 节“线性和非线性过程”。

5. 如果用户预见到问题具有面褶皱、材料不稳定或者局部屈曲那样的局部不稳定，则选择自动稳定方法。Abaqus/Standard 可以通过对整个模型施加阻尼来稳定此类型的问题。更多信息见《Abaqus 分析用户手册——分析卷》的 1.2.2 节“静态应力分析”中的“不稳定问题”，以及《Abaqus 分析用户手册——分析卷》的 2.1 节“求解非线性问题”中的“使用一个不变阻尼因子的静态问题的自动稳定性”。

单击 Automatic stabilization 右边的箭头，并且为定义阻尼因子选择一个箭头。

- 选择 Specify dissipated energy fraction 来允许 Abaqus/Standard 从用户提供的耗散能分数来计算阻尼因子。在相邻的域中输入耗散能分数值（默认是 2.0×10^{-4}）。更多信息见《Abaqus 分析用户手册——分析卷》的 2.1.1 节“求解非线性问题”中的“基于耗散能量分数来计算阻尼因子”。
- 选择 Specify damping factor 来直接地输入阻尼因子。在相邻的域中输入阻尼因子的值。更多信息见《Abaqus 分析用户手册——分析卷》的 2.1.1 节“求解非线性问题”中的“直接指定阻尼因子”。
- 选择 Use damping factors from previous general step 来使用之前的分析步结束时的阻尼因子，来作为当前分析步的可变阻尼策略中的初始因子。这些因子覆盖任何计算得到的初始阻尼因子或者在当前分析步中直接指定的阻尼因子。如果没有与之前的通用分析步关联的阻尼因子（例如，如果之前的分析步不使用任何的稳定性，或者当前分析步是分析的第一步），则 Abaqus 使用自适应稳定性来确定要求的阻尼因子。

6. 当使用自动稳定性时，Abaqus 可以在分析步过程中使用相同的阻尼因子，或者 Abaqus 以收敛历史和阻尼耗散的能量对比总应变能的比值为基础，在分析步过程，在空间和时间上改变阻尼因子。更多信息见《Abaqus 分析用户手册——分析卷》的 2.1.1 节“求解非线性问题”中的“自适应自动稳定性方案”。如果用户选择 Specify dissipated energy fraction，则自适应稳定性是可选的，并且默认是切换选中的。如果用户选择 Specify damping factor，则自适应稳定性是可选的，并且默认是切换不选的。如果用户选择 Use damping factors from previous general step，则要求自适应稳定性。

要使用自适应稳定性，切换选中 Use adaptive stabilization with max. ratio of stabilization to strain energy（如果必要的话），并且在相邻的域中，为阻尼耗散的能量对每一个增量中的总应变能的比率，输入可以接受的精度值。默认值 0.05 对于大部分的情况是合适的。

7. 如果用户正在执行绝热应力分析，则切换选中 Include adiabatic heating effects。此选项仅对于使用密塞斯屈服面的各向同性金属塑性材料有关。更多信息见《Abaqus 分析用户手册——分析卷》的 1.5.4 节“绝热分析”。

8. 当用户完成静态、通用步的设置构建时，单击 OK 来关闭 Edit Step 对话框。

若要在增量标签页上构建设置，执行以下操作：

1. 在 Edit Step 对话框中显示 Incrementation 标签页。

有关显示 Edit Step 对话框的信息，见 14.9.2 节“创建一个步”，或者 14.9.3 节“编辑步”。

2. 选择 Type 选项。

- 选择 Automatic 来允许 Abaqus/Standard 以计算效率为基础选择时间增量的大小。
- 选择 Fixed 来指定增量的直接用户控制。Abaqus/Standard 在整个分析步中使用用户指定的常数增量大小作为增量大小。

3. 在 Maximum number of increments 域中，输入分析步中增量数量的上限。如果在 Abaqus/Standard 达到分析步的完整解之前超出了此最大值，分析停止。

4. 如果用户在分析步骤 2 中选择了 Automatic，则为 Increment size 输入值。

a. 在 Initial 域中，输入初始时间增量。Abaqus/Standard 在整个步上根据要求更改此值。

b. 在 Minimum 域中，输入允许的最小时间增量。如果 Abaqus/Standard 需要比此值更小的时间增量，则终止分析。

c. 在 Maximum 域，输入允许的最大时间增量。

5. 如果用户在分析步骤 2 中选择了 Fixed，在 Increment size 域中为常数时间增量输入一个值。

6. 当用户完成静态、通用步的构型设置时，单击 OK 来关闭 Edit Step 对话框。

若要在其他标签页上构建设置，执行以下操作：

1. 在 Edit Step 对话框中显示 Other 标签页。

有关显示 Edit Step 对话框的信息，见 14.9.2 节“创建一个步”，或者 14.9.3 节“编辑步”。

2. 选择一个 Equation Solver Method 选项。

• 选择 Direct 来使用默认的直接稀疏求解器。

• 选择 Iterative 来使用迭代线性方程求解器。对于具有百万自由度的箱型结构，迭代求解器是特别有用的。更多信息见《Abaqus 分析用户手册——分析卷》的 1.1.6 节“迭代线性方程求解器”。

3. 选择 Matrix storage 选项。

• 选择 Use solver default 来允许 Abaqus/Standard 来决定是需要对称矩阵存储和求解策略，还是需要非对称矩阵存储和求解策略。

• 选择 Unsymmetric 来限制 Abaqus/Standard 使用非对称存储和求解策略。

• 选择 Symmetric 来限制 Abaqus/Standard 使用对称存储和求解策略。

有关矩阵存储的更多信息，见《Abaqus 分析用户手册——分析卷》的 1.1.2 节“定义一个分析”中的“Abaqus/Standard 中的矩阵存储和求解方案”。

4. 选择一个 Solution technique。

• 选择 Full Newton 来使用牛顿法来作为求解非线性均衡方程的数值技术。更多信息见《Abaqus 理论手册》的 2.2.1 节“Abaqus/Standard 中的非线性求解”。

• 选择 Quasi-Newton 来为求解非线性均衡方程使用拟牛顿技术。此技术可以在一些情况中节省实际计算成本。一般情况下，当方程组比较大，并且刚度矩阵迭代与迭代之间不发生太多变化，此方法是非常有用的。用户仅可以为对称方程组使用此技术。

如果用户选择此技术，则为 Number of iterations allowed before the kernel matrix is reformed 输入一个值。允许的迭代的最大数量是 25。默认的迭代数量是 8。

更多信息见《Abaqus 理论手册》的 2.2.2 节“拟牛顿求解技术”。

5. 单击 Convert severe discontinuity iterations 域右边的箭头，然后为处理非线性分析过程中的严重不连续选择一个选项。

• 如果在迭代过程中发生严重的不连续，则选择 Off 来强制一个新迭代，而不管穿透和力容差的大小。此选项也改变一些时间增量参数，并且使用不同的准则来确定是执行另外一个迭代，还是使用一个更小的增量大小来进行一个新的尝试。

• 选择 On 来使用局部收敛准则来确定是否需要一个新的迭代。Abaqus/Standard 将确定最大穿透，并且评估与严重不连续有关联的力容差，以及检查这些容差是否在容差设定之内。这样，如果严重的不连续是较小的，则解可以收敛。

• 选择 Propagate from previous step 来使用之前的通用分析步中指定的值。在域右边的括弧中出现此值。

有关严重不连续的更多信息，见《Abaqus 分析用户手册——分析卷》的 1.1.2 节“定义一个分析”中的“Abaqus/Standard 中的严重不连续性”。

6. 为 Default load variation with time 选择一个选项。

• 如果用户想要在步的开始时即刻施加载荷，并且在步上保持不变，则选择 Instantaneous。

• 如果载荷大小是在步上线性变化的，从前面的步结束处的值开始到步上的完整大小，则选择 Ramp linearly over step。

7. 单击 Extrapolation of previous state at start of each increment 域右边的箭头，并且为确定增量解的第一个猜测选择一个方法。

- 选择 Linear 来说明过程基本上是单调的，并且 Abaqus/Standard 应当使用前面增量解在时间上的 100%线性外推，来开始当前增量的非线性方程求解。
- 选择 Parabolic 来说明过程应当使用前面两个增量解在时间上的二次外推来开始当前增量的非线性方程求解。
- 选择 None 来抑制任何外推。

更多信息见《Abaqus 分析用户手册——分析卷》的 1.1.2 节“定义一个分析”中的“解的外推”。

8. 如果“完全的塑性”分析要求变形理论塑性，则切换选中 Stop when region *region name* is fully plastic。如果用户切换选中此选项，则输入监控完全塑性行为的区域名称。

如果单元集中的所有本构计算点处的解是完全塑性的（由 10 倍的屈服应变偏置定义的等效应变），则步结束。然而，如果超过了用户在 Incrementation 标签页中指定的增量最大数量，或者超过了用户在 Basic 标签页上指定的时间段，则在所有本构点的解完全塑性之前，分析步也可以结束。

9. 如果在 Incrementation 标签页上选择了 Fixed 时间增量，则用户可以切换选中 Accept solution after reaching maximum number of iterations。此选项指定在已经完成允许的最大迭代数之后，即使没有满足平衡容差，Abaqus/Standard 也接受增量的解。如果用户使用此选项，则非常小的增量和至少两个迭代通常是必要的。

警告：不推荐此方法；仅当用户已经完全理解如何解释以此方法得到的结果时，才应当使用此方法。

10. 切换选中 Obtain long-term solution with time-domain material properties 来得到使用时域黏弹性的完全松弛的长期弹性解，或者双层黏塑性的长期弹性-塑性解。此参数仅与时域黏弹性和双层黏塑性材料有关。

11. 当用户完成构建静态、通用步的设置时，单击 OK 来关闭 Edit Step 对话框。

2. 构建一个静态、弧长法（Riks）过程

几何非线性静态问题有时候包含屈曲或者坍塌行为，在这些地方，载荷-位移响应显示一个负刚度，并且结构必须释放应变能来保持平衡。改进的 Riks 方法允许用户找到响应不稳定阶段过程中的静态平衡状态。

用户可以为单个标量参数控制载荷大小的情况使用此方法。对于求解病态问题，例如限制载荷问题或者表现出软化的大部分不稳定问题，此方法也是有用的。更多信息见《Abaqus 分析用户手册——分析卷》的 1.2.4 节“非稳定失稳和后屈曲分析”。

若要创建或者编辑一个静态、弧长法（Riks）过程，执行以下操作：

1. 遵照 14.9.2 节“创建一个步”（Procedure type：General；Static，Riks）或者 14.9.3 节“编辑步”中标出的过程来显示 Edit Step 对话框。

2. 在 Basic、Incrementation 和 Other 标签页上，构建后面过程中描述的停止准则、增量

的最大数量、弧长增量长度和是否考虑几何非线性。

若要在基本的标签页上构建设置，执行以下操作：

1. 在 Edit Step 对话框中显示 Basic 标签页。

2. 在 Description 域，输入分析步的扼要描述。Abaqus 在输出数据库中存储用户输入的文本，并且由显示模块在状态区域中显示此文本。

3. 选择 Nlgeom 选项。

• 切换选中 Nlgeom Off 来在当前分析中执行几何线性分析。

• 切换选中 Nlgeom On 来说明 Abaqus/Standard 应当在步中考虑几何非线性。一旦用户切换选中了 Nlgeom，则会在分析中的所有后续步中激活几何非线性。

更多信息见 14.3.2 节“线性和非线性过程”。

4. 如果用户正在执行一个绝热应力分析，则切换选中 Include adiabatic heating effects。此选项仅与使用密塞斯屈服面的各向同性金属塑性材料有关。更多信息见《Abaqus 分析用户手册——分析卷》的 1.5.4 节“绝热分析”。

5. 因为载荷大小是解的一部分，所有用户需要一个方法来指定步何时完成。选择一个或者两个以下选项。

• 切换选中 Maximum load proportionality factor 来输入载荷比例因子 λ_{end} 的最大值。当载荷超出特定大小时，Abaqus/Standard 使用此值来终止步。更多信息见《Abaqus 分析用户手册——分析卷》的 1.2.4 节“非稳定失稳和后屈曲分析”中的“比例载荷”。

• 切换选中 Maximum displacement 来输入特定自由度（DOF）处的最大位移。用户也必须指定 Abaqus/Standard 监控完成位移的 Node Region（节点区域）。如果超出此最大位移，则 Abaqus/Standard 终止此步。

如果用户不指定这些完成条件，则分析继续分析，直到完成用户在 Incrementation 标签页上指定的增量数量。

若要构建增量标签页上的设置，执行以下操作：

1. 在 Edit Step 对话框中显示 Other 标签页。

有关显示 Edit Step 对话框的信息，见 14.9.2 节“创建一个步”，或者 14.9.3 节“编辑步”。

2. 选择一个 Type 选项。

• 选择 Automatic 来允许 Abaqus/Standard 选择以计算效率为基础的弧长增量大小。

• 选择 Fixed 来指定增量的直接用户控制。Abaqus/Standard 使用在整个步上增量大小不变的圆弧长度增量。不为 Riks 分析推荐此方法，因为此方法防止 Abaqus/Standard 在遇到严重非线性时降低弧长。

更多信息见《Abaqus 分析用户手册——分析卷》的 1.2.4 节“非稳定失稳和后屈曲分析”中的“增量”。

3. 在 Maximum number of increments 域中输入步中增量数量的上限。如果在 Abaqus/

Standard 获得步的完全解之前超出此最大值，则分析停止。

4. 如果在步骤 2 中选择了 Automatic，则为 Arc length increment 输入值。

a. 在 Initial 域中，输入在载荷-位移比例的空间中，沿着静态平衡路径的弧长初始增量 Δl_{in}。

b. 在 Minimum 域中，输入最小弧长增量 Δl_{min}。如果用户输入零，则 Abaqus 假定建议的初始弧长长度或者 10^{-5}乘以总弧长值二者之间的较小值。

c. 在 Maximum 域中，输入最大弧长增量 Δl_{max}。如果没有指定此值，则施加上限值。

d. 在 Estimated total arc length 域中，输入与此步关联的总弧长比例因子 l_{period}。如果此输入是零或者未指定，则 Abaqus/Standard 假定 1.0 的默认值。

5. 如果用户在步骤 2 中选择了 Fixed，则在 Arc length increment 域中输入不变弧长增量的值。

若要在其他标签页上构建设置，执行以下操作：

1. 在 Edit Step 对话框中显示 Other 标签页。

有关显示 Edit Step 对话框的信息，见 14.9.2 节“创建一个步”，或者 14.9.3 节“编辑步”。

2. 选择 Matrix storage 选项。

- 选择 Use solver default 来允许 Abaqus/Standard 来决定是需要对称的还是非对称的矩阵存储和求解策略。
- 选择 Unsymmetric 来限制 Abaqus/Standard 使用非对称存储和求解策略。
- 选择 Symmetric 来限制 Abaqus/Standard 使用对称存储和求解策略。

有关矩阵存储的更多信息，见《Abaqus 分析用户手册——分析卷》的 1.1.2 节“定义一个分析”中的“Abaqus/Standard 中的矩阵存储和求解方案”。

3. 单击 Convert severe discontinuity iterations 域右边的箭头，然后为处理非线性分析过程中的严重不连续选择一个选项。

- 如果在迭代过程中遇到严重的不连续，则选择 Off 来强制一个新的迭代，而不管穿透和力容差的大小。此选项也改变了一些时间增量参数，并且使用不同的准则来确定是否进行另外一个迭代，或者使用一个较小的增量大小来进行一次新的尝试。
- 选择 On 来使用局部收敛准则来确定是否需要一个新的迭代。Abaqus/Standard 将确定与严重不连续关联的最大穿透和评估力容差，并且检查这些容差是否在容差设定之中。这样，如果严重的不连续是较小的时候，求解可以收敛。
- 选择 Propagate from previous step 来使用在之前通用分析步中指定的值。此值出现在域右侧的括号中。

有关严重不连续的更多信息，见《Abaqus 分析用户手册——分析卷》的 1.1.2 节“定义一个分析”中的“Abaqus/Standard 中的严重不连续性”。

4. 单击 Extrapolation of previous state at start of each increment 域右边的箭头，并且选择一个方法来确定增量解的第一个猜测。

- 选择 Linear 来说明过程基本上是单调的，并且 Abaqus/Standard 应当使用之前增量解的 1%线性外推来开始当前增量的非线性方程解。

- 选择 None 来抑制任何外推。

Parabolic 选项不与 Riks 分析有关。更多信息见《Abaqus 分析用户手册——分析卷》的 1.1.2 节“定义一个分析”中的“解的外推”。

5. 如果“完全塑性”分析需要变形理论塑性，则切换选中 Stop when region *region name* is fully plastic。如果切换选中此选项，输入监控完全塑性行为的区域名称。

如果单元集合中的所有本构计算点处的解是完全塑性的（由偏置 10 倍屈服应变的等效应变来定义），则步停止。然而，如果超过了用户在 Incrementation 标签页中指定的增量最大数量，则在所有本构点的解完全塑性之前，分析步也可以结束。

6. 如果在 Incrementation 标签页上选择了 Fixed 时间增量，用户可以切换选中 Accept solution after reaching maximum number of iterations。此选项指定在完成了允许的最大迭代数之后，Abaqus/Standard 接受增量的解，即使没有满足平衡容差。如果用户使用此选项，则非常小的增量和至少两个迭代通常是必要的。

警告：不推荐此方法；仅当用户已经完全理解如何解释以此方法得到的结果时，用户才应当使用此方法。

7. 切换选中 Obtain long-term solution with time-domain material properties 来得到使用时域黏弹性的完全松弛的长期弹性解，或者双层黏塑性的长期弹性-塑性解。此参数仅与时域黏弹性和双层黏塑性材料有关。

当用户完成构建静态的、Riks 步的设置时，单击 OK 来关闭 Edit Step 对话框。

3. 构建一个动力学、显式过程

一个显式的、动力学分析对于使用相对短的动力学响应时间的大模型分析，以及对于极端不连续事件或者过程的分析是计算高效的。此类型的分析允许定义非常通用的接触条件，并且使用一个连续的、大变形的理论。更多信息见《Abaqus 分析用户手册——分析卷》的 1.3.3 节“显式动力学分析”。

若要创建或者编辑一个动力学的、显式过程，执行以下操作：

1. 遵照 14.9.2 节“创建一个步”（Procedure type：General；Dynamic，Explicit）或者 14.9.3 节“编辑步”中标出的过程来显示 Edit Step 对话框。

2. 在 Basic、Incrementation，Mass scaling 和 Other 标签页上，构建后面过程中描述的步的时段、最大时间增量、增量大小、质量缩放定义以及体黏性参数。

若要构建基本标签页上的设置，执行以下操作：

1. 在 Edit Step 对话框中显示 Basic 标签页。

2. 在 Description 域中输入分析步的简短描述。Abaqus 在输出数据库中存储用户输入的文本，并且显示模块在状态区域中显示此文本。

3. 在 Time period 域中输入步的时间段。

4. 选择一个 Nlgeom 选项。

● 切换选中 Nlgeom Off 在当前步过程中执行几何线性分析。

● 切换选中 Nlgeom On 来说明 Abaqus/Explicit 应当在步过程中考虑几何非线性。一旦用户已经切换选中 Nlgeom，则 Nlgeom 在分析中的所有后续步中有效。

更多信息见 14.3.2 节“线性和非线性过程”。

5. 如果用户正在执行一个绝热的应力分析，则切换选中 Include adiabatic heating effects。此选项仅与金属塑性有关。更多信息见《Abaqus 分析用户手册——分析卷》的 1.5.4 节“绝热分析”。

若要构建增量标签页上的设置，执行以下操作：

1. 在 Edit Step 对话框中显示 Incrementation 标签页。

有关显示 Edit Step 对话框的信息，见 14.9.2 节“创建一个步”，或者 14.9.3 节“编辑步”。

2. 选择一个 Type 选项。

● 选择 Automatic 来允许 Abaqus/Explicit 自动地确定时间增量。更多信息见《Abaqus 分析用户手册——分析卷》的 1.3.3 节“显式动力学分析”中的“自动的时间增量”。

● 选择 Fixed 来使用固定时间增量策略。通过为步估计的初始单元稳定性，或者通过用户指定的时间增量来确定固定时间增量大小。更多信息见《Abaqus 分析用户手册——分析卷》的 1.3.3 节“显式动力学分析”中的“固定的时间增量”。

3. 如果用户选择 Automatic 时间增量，执行下面的步骤。

a. 选择一个 Stable increment estimator 选项。

● 选择 Global，允许整体评估器来确定步进行过程中的稳定性限制。自适应的、整体评估算法确定使用当前膨胀波速度的整体模型的最大频率。此算法持续的更新最大频率的评估。整体评估器通常将允许增量时间超出单元到单元的值。

● 选择 Element-by-element 来允许 Abaqus/Explicit 确定每一个单元中使用当前膨胀波速度的单元到单元的评估。

单元到单元的评估是保守的；此方法给出的稳定时间增量小于以整个模型的最大频率为基础的真实稳定限制。通常，边界条件和运动接触那样的约束对特征值谱有压缩作用，并且单元到单元的评估没有考虑此影响。

b. 选择一个 Max. time increment 选项。

● 如果用户不想对时间增量施加上限，则选择 Unlimited。

● 选择 Value 来为允许的最大增量输入值。在提供的域中输入值。

更多信息见《Abaqus 分析用户手册——分析卷》的 1.3.3 节“显式动力学分析”中的“自动的时间增量”。

4. 如果选择了 Fixed 时间增量，则为确定增量大小选择一个选项。

● 选择 User-defined time increment 来直接指定一个时间增量。在提供的域中输入时间增量大小。

● 选择 Use element-by-element time increment estimator 来使用初始单元到单元的稳定性限

制来作为整个步中的时间增量大小。使用步开始时每一个单元中的膨胀波速度来计算固定的时间增量大小。

更多信息见《Abaqus 分析用户手册——分析卷》的 1.3.3 节“显式动力学分析”中的“固定的时间增量”。

5. 如果需要，输入 Time scaling factor 来调整由 Abaqus/Explicit 计算的稳定时间增量（如果用户已经为 Fixed 时间增量策略指定了 User-defined time increment，则此选项不可用）。更多信息见《Abaqus 分析用户手册——分析卷》的 1.3.3 节“显式动力学分析”中的“缩放时间增量”。

若要构建质量缩放标签页上的设置，执行以下操作：

1. 在 Edit Step 对话框中显示 Mass scaling（质量缩放）标签页。有关质量缩放的背景信息，见《Abaqus 分析用户手册——分析卷》的 6.6 节“质量缩放”。有关显示 Edit Step 对话框的信息，见 14.9.2 节“创建一个步”，或者 14.9.3 节“编辑步”。

2. 为指定质量缩放选择下面的一个选项。

• 如果用户想要之前步的质量缩放定义传递到当前的步中，选择 Use scaled mass and “throughout step” definitions from the previous step。如果用户选择此选项，则用户可以跳过此过程的剩余步。

• 选择 Use scaling definitions below 来为此步创建一个或者多个新质量缩放定义。如果用户选择此选项，则在此过程中完成剩余的步。

3. 在 Data 表的底部，单击 Create。

显示 Edit mass scaling 对话框。

4. 指定用户想要创建哪一种类型的质量缩放定义。

• 选择 Semi-automatic mass scaling 来为除了块金属辊压外的任何分析类型定义质量缩放。

• 选择 Automatic mass scaling 来为块金属辊压分析定义质量分析。更多信息见《Abaqus 分析用户手册——分析卷》的 6.6 节“质量缩放”中的“为块金属辊压的分析自动质量缩放”。

• 选择 Reinitialize mass 来将单元的质量重新初始化成它们的原始值。此选项允许用户在当前的步中使用来自之前步的缩放质量。更多信息见《Abaqus 分析用户手册——分析卷》的 6.6 节“质量缩放”中的“恢复质量矩阵到原始状态”。

• 选择 Disable mass scaling thoughout step 来在此步中抑制来自之前步的所有可变质量缩放。更多信息见《Abaqus 分析用户手册——分析卷》的 6.6 节“质量缩放”中的“没有进一步缩放的连续质量矩阵”。

5. 如果用户选择 Semi-automatic mass scaling、Automatic mass scaling 或 Reinitialize mass，则说明用户想要施加质量缩放定义的区域。

• 选择 Whole model 来对模型中的所有单元施加质量缩放定义。

• 选择 Set 来对特定的单元集合施加质量缩放。在提供的域中输入集合名称。

6. 如果用户选择了 Semi-automatic mass scaling，则用户需要说明想要 Abaqus/Explicit 在何时缩放单元质量。

• 选择 At beginning of step 来在步的开始时执行固定的质量缩放。更多信息见《Abaqus 分析用户手册——分析卷》的 6.6 节“质量缩放”中的“固定的质量缩放”。

• 选择 Throughout step 来在步过程中定期地缩放单元质量。更多信息见《Abaqus 分析用户手册——材料卷》的 6.6 节“质量缩放”中的“可变质量缩放”。

7. 如果用户选择了 Semi-automatic mass scaling，则用户需要说明想要 Abaqus/Explicit 如何缩放单元质量。

• 切换选中 Scale by factor 来在步的开始时通过用户在域中提供的值来缩放单元。更多信息见《Abaqus 分析用户手册——分析卷》的 6.6.1 节“质量缩放”中的“直接定义一个缩放因子”。

• 切换选中 Scale to target time increment of *n* 来在提供的域中输入一个想要的单元稳定时间。单击 Scale element mass 域右边的箭头，然后选择想要 Abaqus/Explicit 如何应用此目标时间增量。

—选择 Uniformly to satisfy target 来相等地缩放单元的质量，这样，被缩放单元的最小单元稳定时间增量等于目标值。

—选择 If below minimum target 来仅对单元稳定时间增量小于目标值的单元质量进行缩放。

—选择 Nonuniformly to equal target 来缩放所有单元的质量，使得它们都具有等于目标值的相同单元稳定时间增量。

更多信息见《Abaqus 分析用户手册——分析卷》的 6.6.1 节“质量缩放”中的“定义一个期望的单元-单元的稳定时间增量”。

如果用户切换选中 Scale by factor 和 Scale to target time increment，Abaqus/Explicit 首先使用用户输入的因子值来缩放质量，然后有可能再次缩放它们，这取决于用户为目标时间增量输入的值以及用户为施加此目标选择的选项。

8. 如果用户选择 Automatic mass scaling，输入以下值。

• 在 Feed rate 域中，输入稳态条件下在辊压方向上的工件平均速度估计。

• 在 Extruded element length 域中，输入辊压方向上平均的单元长度。

• 在 Nodes in cross-section 域中，输入工件横截面中节点的数量。增加此值降低了质量缩放的量。

更多信息见《Abaqus 分析用户手册——分析卷》的 6.6.1 节“质量缩放”中的“块金属轧制分析的自动质量缩放”。

9. 如果用户在步上选择了 Semi-automatic mass scaling 或者 Automatic mass scaling，则指定在步过程中，用户想要 Abaqus/Explicit 何时执行质量缩放计算。

• 选择 Every *n* increments 来指定 Abaqus/Explicit 执行质量缩放计算的增量频率。在提供的域中输入期望的频率。

例如，如果用户输入值 5，则 Abaqus/Explicit 在步的开始时和增量 5、10、15 等处缩放质量。

• 选择 At *n* equal intervals 来指定 Abaqus/Explicit 执行质量缩放计算的步中的间隔数量。在提供的域中输入期望的值。

例如，如果用户输入值 2，则 Abaqus/Explicit 在步的开始时，紧接着步中点处的增量以及步的最终增量处缩放质量。

10. 单击 OK 关闭 Edit mass scaling 对话框，并且返回到 Edit Step 对话框的 Mass scaling 标签页上。

在 Data 表中出现用户已经创建的质量缩放定义。

11. 如果需要，重复步骤 3~步骤 10 来创建额外的质量缩放定义。

12. 一旦用户已经创建一个或者多个质量缩放定义，如果想要的话，用户可以编辑或者删除它们。在 Data 表中选择一个具体的质量比例，并且单击 Data 表底部的 Edit 或者 Delete。

若要在其他标签页上构建设置，执行以下操作：

1. 在 Edit Step 对话框中，显示 Other 标签页。

有关显示 Edit Step 对话框的信息，见 14.9.2 节“创建一个步”，或者 14.9.3 节“编辑步”。

2. 为 Linear bulk viscosity parameter 输入一个值。Abaqus/Explicit 默认包括线性的体黏性。

3. 为 Quadratic bulk viscosity parameter 输入一个值。此形式的体黏性压力仅可以在实体连续单元中找到，并且仅当体积应变率是压缩时才施加。

更多信息见《Abaqus 分析用户手册——分析卷》的 1.3.3 节“显式动力学分析”中的“体黏性”。

当用户完成动力学的、显式步的构型设置时，单击 OK 来关闭 Edit Step 对话框。

4. 构建一个热传导过程

用户可以执行一个非耦合的热传导分析来模拟具有一般的依赖温度的导热系数、内能（包括潜热效应）和一般的对流和辐射边界条件，包括空腔辐射的实体热传导。更多信息见《Abaqus 分析用户手册——分析卷》的 1.5.2 节“非耦合的热传导分析”。

若要创建或者编辑一个热传导过程，执行以下操作：

1. 遵照 14.9.2 节“创建一个步”（Procedure type：General；Dynamic，Explicit）或者 14.9.3 节“编辑步”中标出的过程来显示 Edit Step 对话框。

2. 在 Basic、Incrementation 和 Other 标签页上，构建后面过程中描述的分析步时段、每增量允许的最大温度变化和方程求解器优选项。

若要构建基本标签页上的设置，执行以下操作：

1. 在 Edit Step 对话框中显示 Basic 标签页。

2. 在 Description 域中，输入分析步的简短描述。Abaqus 将用户输入的文本存储到输出数据库，并通过显示模块将文本显示在状态框中。

3. 选择一个 Response 选项。

● 选择 Steady-state 来省略控制热传导方程中的内能项（比热项）。更多信息见《Abaqus 分析用户手册——分析卷》的 1.5.2 节“非耦合的热传导分析”中的“静态分析”。

● 选择 Transient 在纯传导单元中执行向后欧拉方法的时间积分。此方法对于线性问题是无条件稳定的。更多信息见《Abaqus 分析用户手册——分析卷》的 1.5.2 节“非耦合的热传导分析”中的“瞬态分析”。

注意：在用户选择了 Response 选项后，会出现一个通知用户 Abaqus/Standard 已经选择 Default load variation with time 选项的信息（位于 Other 标签页上），对应用户的 Response 选项。单击 Dismiss 来关闭消息对话框。

4. 在 Time period 域中输入步的时间段。

若要构建增量标签页上的设置，执行以下操作：

1. 在 Edit Step 对话框中显示 Incrementation 标签页。

有关显示 Edit Step 对话框的信息，见 14.9.2 节“创建一个步”，或者 14.9.3 节“编辑步”。

2. 选择一个 Type 选项。

● 如果用户想要 Abaqus/Standard 来确定合适的时间增量大小，则选择 Automatic。

● 选择 Fixed 来指定增量的直接用户控制。Abaqus/Standard 使用一个增量大小来作为整个步上的不变增量大小。

3. 在 Maximum number of increments 域中输入步中增量的上限。如果在 Abaqus/Standard 达到步的完整解之前超出此最大值，则分析停止。

4. 如果用户在步骤 2 中选择了 Automatic，输入 Increment size 的值。

a. 在 Initial 域中，输入初始时间增量。Abaqus/Standard 在整个步中按要求更改此值。

b. 在 Minimum 域中，输入允许的最小时间值。如果 Abaqus/Standard 需要一个比此值更小的时间增量，就终止分析。

c. 在 Maximum 域中输入允许的最大时间增量。

5. 如果用户在步骤 2 选择了 Fixed，则在 Increment size 域中输入不变的增量值。

6. 如果用户在 Basic 标签页中选择了 Transient 分析，则进行下面的操作。

a. 如果用户想要在每一个自由度处的温度变化速度小于用户指定的速度时停止分析，切换选中 End step when temperature change is less than n。如果用户切换选中此选项，则在提供的域中输入期望的温度变化率。

b. 如果用户在步骤 2 中选择了 Automatic，则输入 Max. allowable temperature change per increment 项的值。Abaqus/Standard 约束时间步来确认此值在步的任何增量过程中不会超过此值（除了已经通过边界条件、MPC 等来约束温度自由度的节点）。

7. 如果用户在步骤 2 中选择了 Automatic，并且用户正在执行空腔辐射分析，则输入 Max. allowable emissivity change per increment 项的值或者接受 0.1 的默认值。如果超过此值，Abaqus/Standard 会分割增量，直到发射率小于指定值。更多信息见《Abaqus 分析用户手册——指定条件、约束与相互作用卷》的第 8 章“在 Abaqus/Standard 中定义腔辐射”。

若要构建其他标签页上的设置，执行以下操作：

1. 在 Edit Step 对话框中显示 Other 标签页。

有关显示 Edit Step 对话框的信息，见 14.9.2 节“创建一个步”，或者 14.9.3 节“编辑步”。

2. 选中一个 Equation Solver Method 选项。

● 选择 Direct 来使用默认的直接稀疏求解器。

● 选择 Iterative 来使用迭代线性方程求解器。对于具有几百万自由度的箱形结构，迭代求解器是特别有用的。更多信息见《Abaqus 分析用户手册——分析卷》的 1.1.6 节“迭代线性方程求解器”。

3. 选择一个 Matrix storage 选项。

● 选择 Use solver default 来允许 Abaqus/Standard 确定是否需要对称的或者非对称的矩阵存储和求解策略。

● 选择 Unsymmetric 来让 Abaqus/Standard 采用非对称存储和求解策略。

● 选择 Symmetric 来让 Abaqus/Standard 采用对称存储和求解策略。

有关矩阵存储的更多信息，见《Abaqus 分析用户手册——分析卷》的 1.1.2 节“定义一个分析”中的“Abaqus/Standard 中的矩阵存储和求解方案”。

4. 选择一个 Solution technique 选项。

● 选择 Full Newton 来将牛顿法用作求解非线性平衡方程的数值技术。更多信息见《Abaqus 理论手册》的 2.2.1 节“Abaqus/Standard 中的非线性求解”。

● 选择 Quasi-Newton 来为求解非线性平衡方程使用准牛顿技术。此技术可以在某些情况中节省相当多的计算资源。当系统较大，并且刚度矩阵迭代与迭代之间不发生大的变化时，此技术通常是非常成功的。用户仅可以为对称方程组使用此技术。

如果用户选择此技术，则输入 Number of iterations allowed before the kernel matrix is reformed 项的值。允许的最大迭代次数是 25；默认的迭代次数是 8。

更多信息见《Abaqus 理论手册》的 2.2.2 节“拟牛顿求解技术”。

5. 单击 Convert severe discontinuity iterations 域右边的箭头，并且选择处理非线性分析中严重不连续的选项。

● 如果在迭代过程中发生严重的不连续，则选择 Off 来强制一个新的迭代，而不管穿透和力容差的大小。此选项也改变了一些时间增量参数，并且使用不同的准则来确定是否做另外一个迭代，或者尝试一个新的更小的增量大小。

● 选择 On，使用局部收敛准则来确定是否需要一个新的迭代。Abaqus/Standard 将确定与严重不连续关联的最大穿透和评估的力容差，并且检查这些容差是否位于设定容差内。这样，如果严重不连续是较小的，则解可以收敛。

● 选择 Propagate from previous step 来使用在之前的通用分析步中指定的值。此值出现在域右边的圆括号中。

有关严重不连续的更多信息，见《Abaqus 分析用户手册——分析卷》的 1.1.2 节“定义一个分析”中的“Abaqus/Standard 中的严重不连续性”。

6. Abaqus/Standard 自动选择对应 Basic 标签页中 Response 选项的 Default load variation with time 选项。推荐用户不改变 Default load variation with time 选项。

7. 单击 Extrapolation of previous state at start of each increment 域右边的箭头，并选择一个确定增量解第一个猜测的方法。

- 选择 Linear 来说明过程基本上是单调的，并且 Abaqus/Standard 应当使用之前的增量在时间上的 100%线性外推，来开始当前增量的非线性方程解。
- 选择 Parabolic 来说明过程应当使用之前的两个增量在时间上的外推来开始当前增量中的非线性方程求解。
- 选择 None 来抑制任何外推。

更多信息见《Abaqus 分析用户手册——分析卷》的 1.1.2 节“定义一个分析”中的“解的外推”。

当用户完成了热传递步的设置构建时，单击 OK 来关闭 Edit Step 对话框。

5. 构建一个动力学、隐式过程

Abaqus/Standard 中的通用线性或者非线性动力学分析使用隐式时间积分来计算系统的瞬态动力学响应。有关隐式动力学分析的详细情况，见《Abaqus 分析用户手册——分析卷》的 1.3.2 节“使用直接积分的隐式动力学分析”，或者《Abaqus 理论手册》2.4.1 节“隐式动力学分析”。

若要创建或者编辑一个动力学、隐式过程，执行以下操作：

1. 遵照 14.9.2 节“创建一个步”（Procedure type：General；Dynamic，Implicit）或者 14.9.3 节“编辑步”中标出的过程来显示 Edit Step 对话框。

2. 在 Basic、Incrementation 和 Other 标签页上，构建后面过程中描述的分析步时段、增量大小和方程求解器优选设置。

若要构建基本标签页上的设置，执行以下操作：

1. 在 Edit Step 对话框中显示 Basic 标签页。

2. 在 Description 域中，输入分析步的简短描述。Abaqus 将用户输入的文本存储到输出数据库中，并且由显示模块将文本显示在状态区域中。

3. 在 Time period 域中输入步的时间段。

4. 选择一个 Nlgeom 选项。

- 切换选中 Nlgeom Off 来在当前分析步过程中执行几何线性分析。
- 切换选中 Nlgeom On 来说明 Abaqus/Standard 应当在分析步过程中考虑几何非线性。一旦用户切换选中了 Nlgeom，则将在分析中的所有后续分析步中激活 Nlgeom。

更多信息见 14.3.2 节“线性和非线性过程”。

5. 选择 Application 选项。此应用选项设置将不同的数值设置（例如阻尼和时间增量）调整到最有效率和精确地捕获用户分析想要的行为。

• Transient fidelity 应用——例如卫星系统的分析——使用小时间增量来精确地求解结构的振动响应，并且保持最小的数值能量耗散。

• Moderate dissipation 应用——包括各种各样的注塑、冲击和成形分析——使用一些能量耗散（通过塑性、黏弹性或者数值影响）来降低求解噪声并改善收敛行为，而不显著地降低求解精度。

• Quasi-static 应用主要导入惯性效应来调整分析中的不稳定行为，而此分析的主要焦点是最后的静态响应。当有可能最小化计算成本时，可以采用较大的时间增量，并且可以使用显著的数值耗散来得到载荷历史特定阶段中的收敛。

• Analysis product default 取决于模型中存在的接触：将包括接触的分析处理成适中的大耗散应用；将没有接触的分析处理成瞬态保真应用。

6. 如果用户正在执行一个绝热的应力分析，则切换选中 Include adiabatic heating effects。此选项仅与使用密塞斯屈服面的各向同性金属塑性材料才有关联。更多信息见《Abaqus 分析用户手册——分析卷》的 1.5.4 节“绝热分析”。

若要构建增量标签页上的设置，执行以下操作：

1. 在 Edit Step 对话框中显示 Incrementation 标签页。

有关显示 Edit Step 对话框的信息，见 14.9.2 节“创建一个步”，或者 14.9.3 节“编辑步”。

2. 选择一个 Type 选项。

• 选择 Automatic 来允许 Abaqus/Standard 以计算效率为基础选择增量的大小。

• 选择 Fixed 来指定增量的直接用户控制。Abaqus/Standard 使用的增量大小在步上指定成大小不变。

警告：一般不推荐固定的增量大小；当用户仅对如何解释此方法得到的结果有完全的理解时，才应当使用此方法。使用固定的时间增量来求解冲击事件是特别困难的。

3. 在 Maximum number of increments 域中，输入步中增量数量的上限。如果在 Abaqus/Standard 达到步的完全解之前超出了此最大迭代数量，则分析停止。

4. 如果用户在步骤 2 中选择了 Automatic，则进行下面的操作。

a. 输入 Increment size 的值。

• 在 Initial 域中，输入初始时间增量。Abaqus/Standard 按要求在步中更改此值。

• 在 Minimum 域中，输入允许的最小时间增量。如果 Abaqus/Standard 需要一个比此值更小的时间增量，则终止分析。

b. 指定 Maximum increment size 的值。

• 选择 Specify 来直接地输入最大增量大小。

• 选择 Analysis application default，以应用设置为基础自动设置最大的增量大小。

—对于瞬态保真应用，默认的最大增量是由 100 分隔的分析步时间段。

—对于适当的耗散应用，默认的最大增量是由 10 分隔的分析步时间段。

—对于准静态应用，默认的最大增量是分析步的时间段。

c. 半增量的残差表示时间增量上的一半平衡残余容差（不平衡力）。如果半增量残差较小，则说明解答精度是较高的，并且可以安全地增加时间步；相反，如果半增量残差较大，则应当减小求解中使用的时间步。更多信息见《Abaqus 分析用户手册——分析卷》的1.3.2节“使用直接积分的隐式动力学分析”中的“数值细节”。

用户必须指定合适的 Half-increment Residual。

- 切换选中 Suppress calculation，通过跳过半增量残差检查来降低求解成本。
- 选择 Analysis product default，以应用设置为基础来自动设置半增量残差。

—对于包括接触的瞬态保真应用，默认的半增量残差是10000倍的时间平均力和力矩值。

—对于没有接触的瞬态保真应用，默认的半增量残差是1000倍的时间平均力和力矩值。

—对于中等的耗散和准静态应用，抑制半增量残差容差检查。

- 选择 Specify scale factor 来将半增量残差输入成施加到时间平均力和力矩值的比例因子。
- 选择 Specify value 来直接输入半增量残差值。

5. 如果在步骤2中选择了 Fixed，则进行下面的操作。

a. 在 Increment size 域中输入约束时间增量的值。

b. 如果需要，切换选中 Suppress calculation，跳过半增量残差检查并且降低求解成本。

若要构建其他标签页上的设置，执行以下操作：

1. 在 Edit Step 对话框中显示 Other 标签页。

有关显示 Edit Step 对话框的信息，见14.9.2节“创建一个步”，或者14.9.3节“编辑步”。

2. 选择 Matrix storage 选项。

- 选择 Use solver default 来允许 Abaqus/Standard 确定是需要对称矩阵存储和求解策略，还是需要非对称矩阵存储和求解策略。
- 选择 Unsymmetric 来限制 Abaqus/Standard 只能使用非对称存储和求解策略。
- 选择 Symmetric 来限制 Abaqus/Standard 只能使用对称存储和求解策略。

有关矩阵存储的更多信息，见《Abaqus 分析用户手册——分析卷》的1.1.2节“定义一个分析”中的“Abaqus/Standard 中的矩阵存储和求解方案”。

3. 选择 Solution technique。

- 选择 Full Newton 来将牛顿法用成求解非线性平衡方程的数值技术。更多信息见《Abaqus 理论手册》的2.2.1节“Abaqus/Standard 中的非线性求解”。
- 选择 Quasi-Newton 来为求解非线性平衡方程使用准牛顿技术。此技术可以在某些情况下节省大量的计算成本。通常，当系统较大，并且刚度矩阵在迭代到迭代之间变化不大时，此技术是非常成功的。用户仅可以为对称的方程组使用此技术。

如果用户选择此技术，则为 Number of iterations allowed before the kernel matrix is reformed 项输入一个值。允许的最大迭代数量是25；默认的迭代数量是8。

更多信息见《Abaqus 理论手册》的2.2.2节“拟牛顿求解技术”。

4. 单击 Convert severe discontinuity iterations 域右边的箭头，然后为处理非线性分析中的

严重不连续选择一个选项。

• 如果在迭代中发生严重的不连续，则选择 Off 来强制一个新迭代，而不管穿透和力容差的大小。此选项也改变一些时间增量参数，并且使用不同的准则来确定是使用更小的增量大小还是尝试进行另一个迭代。

• 选择 On 使用局部收敛准则来确定是否需要一个新迭代。Abaqus/Standard 将确定与严重不连续关联的最大穿透以及评估力容差，并且检查这些容差是否在设定容差中。这样，如果严重的不连续是较小的，求解就可以收敛。

• 选择 Propagate from previous step 来使用在之前的通用分析步中指定的值。此值出现在域右边的圆括号中。

有关严重不连续的更多信息，见《Abaqus 分析用户手册——分析卷》的 1.1.2 节“定义一个分析”中的“Abaqus/Standard 中的严重不连续性”。

5. 为 Default load variation with time 选择一个选项。

• 如果用户想要在步的开始时即刻施加载荷，并且在整个步上保持不变，则选择 Instantaneous。

• 如果载荷大小在步上线性地变化，从之前步结束时的值到载荷的整个大小，则选择 Ramp linearly over step。

6. 单击 Extrapolation of previous state at start of each increment 域右侧的箭头，然后为确定增量解的第一个猜测选择一个方法。

• 选择 None 来抑制任何扩展。

• 选择 Linear 来说明过程基本上是单调的，并且 Abaqus/Standard 应当使用之前的增量解在时间上的 100%线性扩展，来开始当前增量的非线性方程解。

• 选择 Parabolic 来说明过程应当使用之前的两个增量解在时间上的，以二次位移为基础的扩展，来开始当前增量的非线性方程解。

• 选择 Velocity parabolic 来说明过程应当使用之前的两个增量解在时间上的，以二次速度为基础的扩展，来开始当前增量的非线性方程解。

• 选择 Analysis product default，以应用设置为基础来自动地选择扩展方法。

—对于瞬态保真应用，Abaqus/Standard 使用速度为基础的二次扩展方法。

—对于中等的耗散和准静态应用，Abaqus/Standard 使用线性扩展方法。

更多信息见《Abaqus 分析用户手册——分析卷》的 1.1.2 节“定义一个分析”中的“解的外推”。

7. 对于瞬态保真应用，说明 Alpha，隐式操作符中的数值（人为）阻尼控制参数：

• 选择 Analysis product default 来为微小的数值阻尼设置 $\alpha=-0.05$。

• 选择 Specify 来为 α 输入一个非默认的值。允许的值是 0（无阻尼）到 -0.5（$\alpha=-0.333$提供最大的阻尼）。

对于中等的耗散应用，不能改变 α 的默认值 -0.41421。在准静态应用中不能使用 α 参数。

8. 说明 Abaqus/Standard 应当如何处理 Initial acceleration calculations at beginning of step。

• 选择 Allow 来计算动力学步开始时模型中的实际加速度。

• 选择 Bypass，以下面的准则为基础来设置初始加速度。

—如果当前步是第一个动态步，则 Abaqus/Standard 假定当前步的初始加速度是零。

—如果紧接的步也是一个动态步，则 Abaqus/Standard 使用之前步结束处的加速度来继续新的步。

此方法仅适合在新步开始时载荷不突然变化的情况。更多信息见《Abaqus 分析用户手册——分析卷》的 1.3.2 节“使用直接积分的隐式动力学分析”中的“在一个动态步的开始时控制加速度的计算”。

- 选择 Analysis product default，以用于步的应用设置为基础来确定初始加速度（仅当 Basic 标签页上的 Application 选项也设置成 Analysis product default 时，才可以使用此选项）。

—对于瞬态保真应用，计算实际的初始加速度。

—对于中等的耗散应用，则以上面为 Bypass 选项描述的准则为基础来设置实际的初始加速度。

9. 如果在 Incrementation 标签页上选择了 Fixed 时间增量，则用户可以切换选中 Accept solution after reaching maximum number of iterations。此选项指导 Abaqus/Standard 完成允许的迭代数量之后，接受增量解，即使不满足平衡容差。如果用户使用此选项，则非常小的增量和最小两个迭代是必要的。

警告：不推荐此方法；仅当用户已经理解如何说明以此方法得到的结果时，才可以在特别的情况中使用此方法。

当用户完成了分析步构建设置时，单击 OK 来关闭 Edit Step 对话框。

6. 构建一个完全耦合、同时发生的热传导和应力过程

当应力分析取决于温度分布，并且温度分布取决于应力解时，用户必须构建完全耦合的温度-位移分析。例如，金属功问题可以包括由于材料的非弹性变形产生的显著升温，进而，改变了材料属性。对于这种情况，热和机械解必须同时得到，而不是顺序地得到。更多信息见《Abaqus 分析用户手册——分析卷》的 1.5.3 节“完全耦合的热-应力分析”。

若要创建或者编辑耦合的热-位移过程，执行以下操作：

1. 依照 14.9.2 节“创建一个步”中指出的过程（Procedure type：General；Coupled temp-displacement），或者 14.9.3 节“编辑步”中指出的过程那样显示 Edit Step 对话框。

2. 在 Basic、Incrementation 和 Other 标签页上，构建后面过程中描述的分析步时间段、增量大小和优先求解技术那样的设置。

若要构建基本标签页上的设置，执行以下操作：

1. 在 Edit Step 对话框中显示 Basic 标签页。

2. 在 Description 域中，输入分析步的简短描述。Abaqus 将用户输入的文档保存到输出数据库中，并且由显示模块显示在状态区域中。

3. 说明用户是想要 Steady-state 响应，还是 Transient 响应。更多信息见以下章节：

- 《Abaqus 分析用户手册——分析卷》的 1.5.3 节“完全耦合的热-应力分析”中的

“稳态分析”。

●《Abaqus 分析用户手册——分析卷》的 1.5.3 节“完全耦合的热-应力分析”中的“瞬态分析”。

注意：在用户已经选择了 Response 选项后，出现一个信息来通知用户 Abaqus/Standard 已经选择了 Default load variation with time 选项（位于 Other 标签页上），此选项对应于 Response 选择。单击 Dismiss 来关闭信息对话框。

4. 在 Time period 域中输入步的时间段。

5. 选择一个 Nlgeom 选项。

● 切换选中 Nlgeom Off 来在当前步中执行一个几何线性分析。

● 切换选中 Nlgeom On 来说明 Abaqus/Standard 在步中应当考虑几何非线性。一旦用户切换选中 Nlgeom，则 Nlgeom 在分析的所有后续步中有效。

更多信息见 14.3.2 节“线性和非线性过程”。

6. 如果用户预见到问题具有面褶皱、材料不稳定性或者局部屈曲，则应当选择一个自动地稳定性方法。Abaqus/Standard 可以通过在整个模型上施加阻尼来稳定此类型问题。更多信息见《Abaqus 分析用户手册——分析卷》的 1.2.2 节“静态应力分析”中的“不稳定问题”，以及《Abaqus 分析用户手册——分析卷》的 2.1 节“求解非线性问题”中的“使用一个不变阻尼因子的静态问题的自动稳定性”。

单击 Automatic stabilization 右边的箭头，并且为定义阻尼因子选择一个方法。

● 选择 Specify dissipated energy fraction 来允许 Abaqus/Standard 从提供的耗散能量分数计算阻尼因子。在相邻域中为耗散能量分数输入一个值（默认是 2.0×10^{-4}）。更多信息见《Abaqus 分析用户手册——分析卷》的 2.1 节“求解非线性问题”中的“基于耗散能量分数来计算阻尼因子”。

● 选择 Specify damping factor 来直接输入阻尼因子。为相邻域中的阻尼因子输入一个值。更多信息见《Abaqus 分析用户手册——分析卷》的 2.1 节“求解非线性问题”中的“直接指定阻尼因子”。

● 选择 Use damping factors from previous general step 来将前面步结束时的阻尼因子用作当前步可见阻尼策略中的初始因子。这些因子覆盖当前步骤计算得到的或者直接指定的任何初始阻尼因子。如果没有与之前的通用步关联的阻尼因子（例如，如果之前的步不使用任何的稳定性，或者当前的步是分析的第一步），则 Abaqus 使用自适应稳定性来确定要求的阻尼因子。

7. 当使用自动稳定性时，Abaqus 可以在步的分析过程中使用相同的阻尼因子，或者 Abaqus 可以以收敛历史为基础，以及以总应变能的阻尼产生的能量耗散率为基础来在空间和时间上改变阻尼因子。更多信息见《Abaqus 分析用户手册——分析卷》的 2.1 节“求解非线性问题”中的“自适应自动稳定性方案”。如果用户选择了 Specify dissipated energy fraction，则自适应的稳定性是可选的，并且默认是切换选中的。如果用户选择了 Specify damping factor，则自适应的稳定性是可选的，并且默认是切换不选的。如果用户选择了 Use damping factors from previous general step，则要求自适应稳定性。

要使用自适应稳定性，切换选中 Use adaptive stabilization with max. ratio of stabilization to strain energy（如果必要的话），并且在相邻的域中为每一个增量中的阻尼耗散能对比总应变能的比，输入允许的精确度容差值。默认的 0.05 值应当适用于大部分的情况。

8. 如果需要，切换选中 Include creep/swelling/viscoelastic behavior。如果用户切换不选此选项，则用户说明在此步中没有蠕变或者黏弹性响应，即使已经定义了蠕变或者黏弹性材料属性。

若要构建增量标签页上的设置，执行以下操作：

1. 在 Edit Step 对话框中显示 Incrementation 标签页。

有关显示 Edit Step 对话框的更多信息，见 14.9.2 节“创建一个步”，或者 14.9.3 节“编辑步”。

2. 选择一个 Type 选项。

• 如果用户想要 Abaqus/Standard 来确定合适的时间增量大小，则选择 Automatic。

• 选择 Fixed 来指定增量的直接用户控制。Abaqus/Standard 使用一个用户指定的增量大小来作为整个步上的不变增量大小。

3. 在 Maximum number of increments 域中，输入步中增量数量的上限。如果在 Abaqus/Standard 达到此步的完整解之前超出了此最大值，则停止分析。

4. 如果用户在步骤 2 中选择了 Automatic，则为 Increment size 输入值。

a. 在 Initial 域中，输入初始时间增量。在整个步中，Abaqus/Standard 根据要求来更改此值。

b. 在 Minimum 域中，输入允许的最小时间增量。如果 Abaqus/Standard 需要一个比此值更小的时间增量，则终止分析。

c. 在 Maximum 域中，输入允许的最大时间增量。

5. 如果用户在步骤 2 中选择了 Fixed，则在 Increment size 域中输入不变的时间增量值。

6. 如果用户在步骤 2 中选择了 Automatic，并且用户在 Basic 标签页上选择了 Transient 响应，则进行下面的操作。

a. 输入 Max. allowable temperature change per increment 的值。Abaqus/Standard 限制时间步来确保此值在分析步的任何增量过程中，在任何节点处不超过此值。

b. 如果用户切换选中了 Basic 标签页上的 Include creep/swelling/viscoelastic behavior，则切换选中 Creep/swelling/viscoelastic strain error tolerance 来输入增量开始时和结束时，从蠕变应变率计算得到的蠕变应变增量最大差异。此值控制蠕变积分的精度。更多信息见《Abaqus 分析用户手册——分析卷》的 1.5.3 节“完全耦合的热-应力分析”中的“通过蠕变响应控制的自动增量”。

7. 如果用户切换选中 Basic 标签页上的 Include creep/swelling/viscoelastic behavior，选择一个 Creep/swelling/viscoelastic integration 选项。

• 如果用户想要允许 Abaqus/Standard 调用隐式积分策略，则选择 Explicit/Implicit。对于耦合的热-应力分析，向后差分算子的无条件稳定性（隐式方法）是可以接受的。

• 如果用户想要限制 Abaqus/Standard 使用显式积分，则选择 Explicit。显式积分计算上可以是较便宜的，并且简化了用户子程序 CREEP 中的用户定义蠕变规律的执行。

更多信息见《Abaqus 分析用户手册——分析卷》的 1.5.3 节“完全耦合的热-应力分

析”中的“通过蠕变响应控制的自动增量”。

若要构建 Other 标签页上的设置，执行以下操作：

1. 在 Edit Step 对话框中，显示 Other 标签页。

有关显示 Edit Step 对话框的信息，见 14.9.2 节“创建一个步”，或者 14.9.3 节“编辑步”。

2. 选择一个 Matrix storage 选项。

• 选择 Use solver default 来允许 Abaqus/Standard 决定是需要对称的矩阵存储和求解策略，还是需要非对称的矩阵存储和求解策略。

• 选择 Unsymmetric 来限制 Abaqus/Standard 只能使用非对称存储和求解策略（如果用户选择 Full Newton 求解技术，则非对称存储和求解策略是唯一可以使用的矩阵存储选项）。

• 选择 Symmetric 来限制 Abaqus/Standard 使用对称存储和求解策略。

有关矩阵存储的更多信息，见《Abaqus 分析用户手册——分析卷》的 1.1.2 节“定义一个分析”中的“Abaqus/Standard 中的矩阵存储和求解方案”。

3. 选择一个 Solution technique。

• 选择 Full Newton 来将牛顿方法用作求解非线性平衡方程的数值技术。更多信息见《Abaqus 理论手册》的 2.2.1 节“Abaqus/Standard 中的非线性求解”。

• 选择 Separated 来指定完全耦合过程中单个场的线性化方程是为每一个场分离且单独求解的。此选项提供完全耦合分析的便宜解，此完全耦合是指机械解和热解同时发展，但是在两个解之间是一个微弱的耦合。更多信息见《Abaqus 分析用户手册——分析卷》的 1.5.3 节“完全耦合的热-应力分析”中的“近似实现”。

4. 单击 Convert severe discontinuity iterations 域右边的箭头，并且为处理非线性分析中的严重不连续选择一个选项。

• 如果在迭代过程中发生严重的不连续，则选择 Off 来强制一个新的迭代，而不管穿透和力容差的大小。此选项也改变了一些时间增量参数，并且使用不同的准则来确定是否进行另外一个迭代，或者尝试一个新的更小的增量。

• 选择 On 来使用局部收敛准则来确定是否需要一个新的迭代。Abaqus/Standard 将确定与严重不连续关联的最大穿透和评估的力容差，并且检查这些容差是否位于设定容差内。这样，如果严重的不连续较小，则求解可以收敛。

• 选择 Propagate from previous step 来使用在之前的通用分析步中指定的值。此值出现在域右边的圆括号中。

有关严重不连续的更多信息，见《Abaqus 分析用户手册——分析卷》的 1.1.2 节“定义一个分析”中的“Abaqus/Standard 中的严重不连续性”。

5. Abaqus/Standard 自动选择对应于 Basic 标签页中 Response 选项的 Default load variation with time 选项。推荐用户不改变 Default load variation with time 选项。

6. 单击 Extrapolation of previous state at start of each increment 域右边的箭头，并且选择一

个方法来确定增量解的第一个猜测。

- 选择 Linear 来说明过程基本上是单调的，并且 Abaqus/Standard 应当使用之前的增量解在时间上的 100%线性外推，来开始当前增量的非线性方程解。
- 选择 Parabolic 来说明过程应当使用之前的两个增量解在时间上的外推，来开始当前增量的非线性方程求解。
- 选择 None 来抑制任何外推。

更多信息见《Abaqus 分析用户手册——分析卷》的 1.1.2 节“定义一个分析”中的“解的外推”。

当用户完成分析步的设置构建时，单击 OK 来关闭 Edit Step 对话框。

7. 构建一个完全耦合、同时发生的热传导和电过程

当流动通过一个导体的电流耗散能量时，产生的焦耳热转化成热能。Abaqus/Standard 为分析此类型的问题提供完全耦合的热-电过程；为节点处的温度和电势同时求解耦合的热-电方程。更多信息见《Abaqus 分析用户手册——分析卷》的 1.7.3 节“耦合的热-电分析”。

若要创建或者编辑一个耦合的热-电过程，执行以下操作：

1. 依照 14.9.2 节“创建一个步”中指出的过程（Procedure type：General；Coupled thermal-electric），或者 14.9.3 节“编辑步”中指出的过程那样显示 Edit Step 对话框。
2. 在 Basic、Incrementation 和 Other 标签页上，构建后面过程中描述的分析步时间段、增量大小和优先求解技术那样的设置。

若要构建 Basic 标签页上的设置，执行以下操作：

1. 在 Edit Step 对话框中显示 Basic 标签页。
2. 在 Description 域中，输入分析步的简短描述。Abaqus 将用户输入的文档保存到输出数据库中，并且由显示模块显示在状态区域中。
3. 选择 Response 选项。

- 选择 Steady-state 来省略控制热传导方程中的内能项（比热项）。在电问题中只考虑直流电，并且假定系统具有可忽略的电容（电瞬态效应是如此之迅速，以至于可以忽略电瞬态）。更多信息见《Abaqus 分析用户手册——分析卷》的 1.7.3 节“耦合的热-电分析”中的“稳态分析”。
- 选择 Transient 来使用非耦合热传导分析中使用的相同的向后欧拉方法来执行时间积分。此方法对于线性问题是无条件稳定的。更多信息见《Abaqus 分析用户手册——分析卷》的 1.7.3 节“耦合的热-电分析”中的“瞬态分析”。

注意：在用户已经选择了 Response 选项后，出现一个通知用户 Abaqus/Standard 已经选择的 Default load variation with time 选项的信息（位于 Other 标签页上），对应于用户的 Response 选项。单击 Dismiss 来关闭消息对话框。

4. 在 Time period 域中，输入分析步的时间段。

若要构建 Incrementation 标签页上的设置，执行以下操作：

1. 在 Edit Step 对话框中显示 Incrementation 标签页。

有关显示 Edit Step 对话框的信息，见 14.9.2 节“创建一个步”，或者 14.9.3 节“编辑步”。

2. 选择一个 Type 选项。

- 如果用户想要 Abaqus/Standard 来确定合适的时间增量大小，则选择 Automatic。
- 选择 Fixed 来指定增量的直接用户控制。Abaqus/Standard 使用一个增量大小来作为整个步上的不变增量大小。

3. 在 Maximum number of increments 域中，输入步中增量的上限。如果在 Abaqus/Standard 达到步的完整解之前超出此最大值，就会停止分析。

4. 如果用户在步骤 2 中选择了 Automatic，则输入 Increment size 的值。

a. 在 Initial 域中，输入初始时间增量。Abaqus/Standard 在整个步中按要求更改此值。

b. 在 Minimum 域中，输入允许的最小时间值。如果 Abaqus/Standard 需要一个比此值更小的时间增量，则终止分析。

c. 在 Maximum 域中输入允许的最大时间增量。

5. 如果用户在步骤 2 选择了 Fixed，则在 Increment size 域中输入不变的增量值。

6. 如果用户在 Basic 标签页中选择了 Transient 分析，则进行下面的操作。

a. 如果用户想要在每一个自由度处的温度变化速度小于用户指定的速度时停止分析，则切换选中 End step when temperature change is less than *n*。如果用户切换选中此选择，则在提供的域中输入期望的温度变化率。

b. 如果用户在步骤 2 中选择了 Automatic，则输入 Max. allowable temperature change per increment 的值。Abaqus/Standard 约束时间步来确认此温度变化值在步的任何增量过程中不会超过此变化值设定（除了通过边界条件、MPC 等来约束温度自由度的节点）。

7. 如果用户在步骤 2 中选择了 Automatic，并且用户正在执行腔辐射分析，则输入 Max. allowable emissivity change per increment 的值或者接受 0.1 的默认值。如果超过此值，Abaqus/Standard 切割增量，直到发射率小于指定的值。更多信息见《Abaqus 分析用户手册——指定条件、约束与相互作用卷》的第 8 章“在 Abaqus/Standard 中定义腔辐射”。

若要构建 Other 标签页上的设置，执行以下操作：

1. 在 Edit Step 对话框中显示 Other 标签页。

有关显示 Edit Step 对话框的信息，见 14.9.2 节“创建一个步”，或者 14.9.3 节“编辑步”。

2. 选择一个 Matrix storage 选项。

- 选择 Use solver default 来允许 Abaqus/Standard 确定需要对称的还是非对称的矩阵存储和求解策略。

● 选择 Unsymmetric 来限制 Abaqus/Standard 采用非对称存储和求解策略（如果用户选择 Full Newton 求解技术，则此求解策略是唯一可以使用的矩阵存储选项）。

● 选择 Symmetric 来限制 Abaqus/Standard 只能采用对称存储和求解策略。

有关矩阵存储的更多信息，见《Abaqus 分析用户手册——分析卷》的 1.1.2 节“定义一个分析”中的“Abaqus/Standard 中的矩阵存储和求解方案”。

3. 选择一个 Solution technique 选项。

● 选择 Full Newton 来将牛顿法用作求解非线性平衡方程的数值技术。更多信息见《Abaqus 理论手册》的 2.2.1 节“Abaqus/Standard 中的非线性求解”。

● 选择 Separated 来指定完全耦合过程中的单个场的线性化方程，是为每一个场分离且单独求解的。此选项提供完全耦合分析的便宜解，此完全耦合是指机械和热解同时发展，但是在两个解之间是一个微弱的耦合。更多信息见《Abaqus 分析用户手册——分析卷》的 6.7.3 节“耦合的热-电分析”中的“近似实现”。

4. 单击 Convert severe discontinuity iterations 域右边的箭头，并且为处理非线性分析中的严重不连续选择一个选项。

● 如果在迭代过程中发生严重的不连续，则选择 Off 来强制一个新的迭代，而不管穿透和力容差的大小。此选项也改变了一些时间增量参数，并且使用不同的准则来确定是否做另外一个迭代，或者尝试一个新的更小的增量大小。

● 选择 On 来使用局部收敛准则来确定是否需要一个新的迭代。Abaqus/Standard 将确定与严重不连续关联的最大穿透和评估的力容差，并且检查这些容差是否位于设定容差内。这样，如果严重的连续是较小的，则求解可以收敛。

● 选择 Propagate from previous step 来使用在之前的通用分析步中指定的值。此值出现在域右边的圆括号中。

有关严重不连续的更多信息，见《Abaqus 分析用户手册——分析卷》的 1.1.2 节“定义一个分析”中的“Abaqus/Standard 中的严重不连续性”。

5. Abaqus/Standard 自动地选择对应 Basic 标签页中 Response 选项的 Default load variation with time 选项。推荐用户不改变 Default load variation with time 选项。

6. 单击 Extrapolation of previous state at start of each increment 域右边的箭头，并且选择一个方法来确定增量解的第一个猜测。

● 选择 Linear 来说明过程基本上是单调的，并且 Abaqus/Standard 应当使用之前的增量解在时间上的 100%线性外推，来开始当前增量的非线性方程解。

● 选择 Parabolic 来说明过程应当使用前面的两个增量解在时间上的外推，来开始当前增量的非线性方程求解。

● 选择 None 来抑制任何外推。

更多信息见《Abaqus 分析用户手册——分析卷》的 1.1.2 节“定义一个分析”中的“解的外推”。

当用户完成步的设置构建时，单击 OK 来关闭 Edit Step 对话框。

8. 构建一个完全耦合、同时发生的热传导、电和结构过程

完全耦合的热-电-结构分析是耦合的热-位移分析和耦合的热-电分析的联合。温度和电

自由度之间的耦合来自依赖温度的电导和内热生成（焦耳热），是电流密度的函数。温度和位移自由度之间的耦合来自依赖温度的材料属性、热膨胀和内热生成，是材料非弹性变形的函数。电和位移自由度之间的耦合来自接触面之间流过电流的问题。

更多信息见《Abaqus分析用户手册——分析卷》的1.7.4节“完全耦合的热-电-结构分析”。

若要创建或者编辑一个耦合的热-电-结构过程，执行以下操作：

1. 依照14.9.2节“创建一个步”中指出的过程（Procedure type：General；Coupled thermal-electric-structural），或者14.9.3节“编辑步”中指出的过程那样显示Edit Step对话框。

2. 在Basic，Incrementation和Other标签页上，构建后面过程中描述的分析步时间段、增量大小和优先求解技术那样的设置。

若要构建Basic标签页上的设置，执行以下操作：

1. 在Edit Step对话框中显示Basic标签页。

2. 在Description域中，输入分析步的简短描述。Abaqus将用户输入的文档保存到输出数据库中，并且由显示模块显示在状态区域中。

3. 选择Response选项。

• 选择Steady-state来省略热传导控制方程中的内能项（比热项）。假定一个静态位移求解。在电问题中只考虑直流电，并且假定系统具有可忽略的电容（电瞬态效应是如此的迅速，以至于可以忽略电瞬态）。更多信息见《Abaqus分析用户手册——分析卷》的1.7.4节“完全耦合的热-电-结构分析”中的“稳态分析”。

• 选择Transient来执行瞬态分析。作为稳态响应，忽略电瞬态效果，并且假定一个静态的位移解。用户可以直接地控制瞬态分析中的时间增量，或者Abaqus/Standard可以自动地控制时间增量。通常优先自动的时间增量。更多信息见《Abaqus分析用户手册——分析卷》的1.7.4节“完全耦合的热-电-结构分析”中的“瞬态分析”。

4. 在Time period域中，输入步的时间段。

5. 选择一个Nlgeom选项。

• 切换选中Nlgeom Off来在当前步中执行一个几何线性分析。

• 切换选中Nlgeom On来说明Abaqus/Standard在步中应当考虑几何非线性。一旦用户切换选中Nlgeom，则Nlgeom在分析的所有后续步中有效。

更多信息见14.3.2节“线性和非线性过程”。

6. 如果用户预见到问题具有面褶皱、材料不稳定性或者局部屈曲，则选择一个自动地稳定性方法。Abaqus/Standard可以通过在整个模型上施加阻尼来稳定此类型问题。更多信息见《Abaqus分析用户手册——分析卷》的1.2.2节“静态应力分析”中的“不稳定问题”，以及《Abaqus分析用户手册——分析卷》的2.1节“求解非线性问题”中的“使用一个不变阻尼因子的静态问题的自动稳定性”。

单击Automatic stabilization右边的箭头，并且为定义阻尼因子选择一个方法。

● 选择 Specify dissipated energy fraction 来允许 Abaqus/Standard 从提供的耗散能量分数计算阻尼因子。在相邻域中为耗散能量分数输入一个值（默认是 2.0×10^{-4}）。更多信息见《Abaqus 分析用户手册——分析卷》的 2.1 节“求解非线性问题”中的“基于耗散能量分数来计算阻尼因子”。

● 选择 Specify damping factor 来直接输入阻尼因子。为相邻域中的阻尼因子输入一个值。更多信息见《Abaqus 分析用户手册——分析卷》的 2.1 节“求解非线性问题”中的“直接指定阻尼因子”。

● 选择 Use damping factors from previous general step 来将前面步结束时的阻尼因子用作当前步可变阻尼策略中的初始因子。这些因子覆盖当前步骤计算得到的或者直接指定的任何初始阻尼因子。如果没有与之前的通用步关联的阻尼因子（例如，如果之前的步不使用任何的稳定性，或者当前的步是分析的第一步），则 Abaqus 使用自适应稳定性来确定要求的阻尼因子。

7. 当使用自动稳定性时，Abaqus 可以在步的分析过程中使用相同的阻尼因子，或者 Abaqus 可以以收敛历史为基础，以及以总应变能的阻尼产生的能量耗散率为基础来在空间和时间上改变阻尼因子。更多信息见《Abaqus 分析用户手册——分析卷》的 2.1 节“求解非线性问题”中的“自适应自动稳定性方案”。如果用户选择了 Specify dissipated energy fraction，则自适应的稳定性是可选的，并且默认是切换选中的。如果用户选择了 Specify damping factor，则自适应的稳定性是可选的，并且默认是切换不选的。如果用户选择了 Use damping factors from previous general step，则要求自适应稳定性。

要使用自适应稳定性，切换选中 Use adaptive stabilization with max. ratio of stabilization to strain energy（如果必要的话），并且在相邻的域中为每一个增量中的阻尼耗散能对总应变能的比，输入允许的精确度容差值。默认的 0.05 值应当适用于大部分的情况。

8. 如果需要，切换选中 Include creep/swelling/viscoelastic behavior。如果用户切换不选此选项，则用户说明在此步中没有蠕变或黏弹性响应，即使已经定义了蠕变或黏弹性材料属性。

若要构建 Incrementation 标签页上的设置，执行以下操作：

1. 在 Edit Step 对话框中显示 Incrementation 标签页。

有关显示 Edit Step 对话框的更多信息，见 14.9.2 节“创建一个步”，或者 14.9.3 节“编辑步”。

2. 选择一个 Type 选项。

● 如果用户想要 Abaqus/Standard 来确定合适的时间增量大小，则选择 Automatic。

● 选择 Fixed 来指定增量的直接用户控制。Abaqus/Standard 使用一个用户指定的增量大小来作为整个步上的不变增量大小。

3. 在 Maximum number of increments 域中，输入步中增量数量的上限。如果在 Abaqus/Standard 达到此步的完整解之前超出了此最大值，就停止分析。

4. 如果用户在步骤 2 中选择了 Automatic，则为 Increment size 输入值。

a. 在 Initial 域中，输入初始时间增量。在整个步中，Abaqus/Standard 根据要求来更改此值。

b. 在 Minimum 域中，输入允许的最小时间增量。如果 Abaqus/Standard 需要一个比此值更小的时间增量，就终止分析。

c. 在 Maximum 域中，输入允许的最大时间增量。

5. 如果用户在步骤 2 中选择了 Fixed，则在 Increment size 域中输入不变时间增量的值。

6. 如果用户在步骤 2 中选择了 Automatic，并且用户在 Basic 标签页上选择了 Transient 响应，则进行下面的操作。

a. 输入 Max. allowable temperature change per increment 的值。Abaqus/Standard 限制时间步，来确保此值在步的任何增量过程中，在任何节点处不超过此值。

b. 如果用户切换选中了 Basic 标签页上的 Include creep/swelling/viscoelastic behavior，则切换选中 Creep/swelling/viscoelastic strain error tolerance 来输入增量开始和结束时，从蠕变应变率计算得到的蠕变应变增量最大差异。此值控制蠕变积分的精度。更多信息见《Abaqus 分析用户手册——分析卷》的 1.5.3 节“完全耦合的热-应力分析”中的“通过蠕变响应控制的自动增量”。

7. 如果用户切换选中 Basic 标签页上的 Include creep/swelling/viscoelastic behavior，选择一个 Creep/swelling/viscoelastic integration 选项。

• 如果用户想要允许 Abaqus/Standard 调用隐式积分策略，则选择 Explicit/Implicit。对于耦合的热-应力分析，向后差分算子的无条件稳定性（隐式方法）是可以接受的。

• 如果用户想要限制 Abaqus/Standard 使用显式积分，则选择 Explicit。显式积分在计算上是可以较便宜的，并且简化执行了用户子程序 CREEP 中的用户定义蠕变规律。

更多信息见《Abaqus 分析用户手册——分析卷》的 1.5.3 节“完全耦合的热-应力分析”中的“通过蠕变响应控制的自动增量”。

若要构建 Other 标签页上的设置，执行以下操作：

1. 在 Edit Step 对话框中，显示 Other 标签页。

有关显示 Edit Step 对话框的信息，见 14.9.2 节“创建一个步”，或者 14.9.3 节“编辑步”。

2. 选择一个 Matrix storage 选项。

• 选择 Use solver default 来允许 Abaqus/Standard 决定是需要对称的矩阵存储和求解策略，还是需要非对称的矩阵存储和求解策略。

• 选择 Unsymmetric 来限制 Abaqus/Standard 只能使用非对称存储和求解策略（如果用户选择 Full Newton 求解技术，则非对称存储和求解策略是唯一可以使用的矩阵存储选项）。

• 选择 Symmetric 来限制 Abaqus/Standard 只能使用对称存储和求解策略。

有关矩阵存储的更多信息，见《Abaqus 分析用户手册——分析卷》的 1.1.2 节“定义一个分析”中的“Abaqus/Standard 中的矩阵存储和求解方案”。

3. 单击 Convert severe discontinuity iterations 域右边的箭头，并且为处理非线性分析中的严重不连续选择一个选项。

• 如果在迭代过程中发生严重的不连续，则选择 Off 来强制一个新的迭代，而不管穿透和力容差的大小。此选项也改变了一些时间增量参数，并且使用不同的准则来确定是否做另外一个迭代，或者尝试一个新的更小的增量大小。

• 选择 On 来使用局部收敛准则来确定是否需要一个新的迭代。Abaqus/Standard 将确定与严重不连续关联的最大穿透和评估的力容差，并且检查这些容差是否位于设定容差内。这样，如果严重的连续是较小的，则求解可以收敛。

• 选择 Propagate from previous step 来使用在之前的通用分析步中指定的值。此值出现在域右边的圆括号中。

有关严重不连续的更多信息，见《Abaqus 分析用户手册——分析卷》的 1.1.2 节“定义一个分析”中的“Abaqus/Standard 中的严重不连续性”。

4. Abaqus/Standard 自动地选择对应 Basic 标签页中 Response 选项的 Default load variation with time 选项。推荐用户不改变 Default load variation with time 选项。

5. 单击 Extrapolation of previous state at start of each increment 域右边的箭头，并且选择一个猜测第一个增量解的方法。

• 选择 Linear 来说明过程基本上是单调的，并且 Abaqus/Standard 应当使用之前的增量解在时间上的 100%线性外推，来开始当前增量的非线性方程解。

• 选择 Parabolic 来说明过程应当使用之前的两个增量解在时间上的外推，来开始当前增量的非线性方程求解。

• 选择 None 来抑制任何外推。

更多信息见《Abaqus 分析用户手册——分析卷》的 1.1.2 节“定义一个分析”中的“解的外推”。

当用户完成步的设置构建时，单击 OK 来关闭 Edit Step 对话框。

9. 构建一个直接循环过程

直接循环过程是准静态分析，使用非线性材料行为的傅里叶级数和时间积分来迭代地得到结构的稳定循环响应。要避免与瞬态分析有关的大量数值成本，可以使用直接循环过程来直接地计算结构的循环响应。此方法的基础是构建一个位移方程 $\bar{u}(t)$，来描述结构在具有周期 T 的载荷循环中，所有时间 t 时的结构响应。更多信息见《Abaqus 分析用户手册——分析卷》的 1.2.6 节“直接循环分析”。

Abaqus/Standard 假定直接循环过程的几何线性行为。更多信息见 14.3.2 节“线性和非线性过程”。

若要创建或者编辑一个直接循环过程，执行以下操作：

1. 依据 14.9.2 节“创建一个步”中（Procedure type：General；Direct cyclic）或者 14.9.3 节“编辑步”中指出的那样显示 Edit Step 对话框。

2. 在 Basic、Incrementation、Fatigue 和 Other 标签页上，如下面过程中描述的那样构建循环时间段、增量的最大数量、增量大小、低循环的疲劳选项和优选方程求解器那样的设置。

若要构建 Basic 标签页上的设置，执行以下操作：

1. 在 Edit Step 对话框中，显示 Basic 标签页。

2. 在 Description 域中，输入分析步的简短描述。Abaqus 将用户输入的文本存储到输出数据库中，并且由显示模块将文本显示在声明区域中。

3. 在 Cycle time period 域中，输入单个载荷循环的时间。

4. 切换选中 Use displacement Fourier coefficients from previous direct cyclic step 来说明当前分析步是之前直接循环步的延续。更多信息见《Abaqus 分析用户手册——分析卷》的 1.2.6 节“直接循环分析”。

若要构建 Incrementation 标签页上的设置，执行以下操作：

1. 在 Edit Step 对话框中显示 Incrementation 标签页。

有关显示 Edit Step 对话框的信息，见 14.9.2 节“创建一个步”，或者 14.9.3 节“编辑步”。

2. 选择一个 Type 选项。

• 选择 Automatic 允许 Abaqus/Standard 以计算效率为基础来选择时间增量的大小。

• 选择 Fixed 来指定增量的直接用户控制。Abaqus/Standard 将用户指定的增量大小用成整个分析步上的不变增量大小。

3. 在 Maximum number of increments 域中，输入单个载荷循环中的增量数量上限。如果在 Abaqus/Standard 达到步的完整解之前超出此最大值，则分析停止。更多信息见《Abaqus 分析用户手册——分析卷》的 1.2.6 节“直接循环分析”中的“在循环时间区段中控制增量”。

4. 如果在步骤 2 中选择了 Automatic，则输入 Increment size 的值。

a. Initial 域中，输入初始时间增量。在整个步中，Abaqus/Standard 根据要求来更改此值。

b. 在 Minimum 域中，输入允许的最小时间增量。如果 Abaqus/Standard 需要一个比此值更小的时间增量，则终止分析。

c. 在 Maximum 域中，输入允许的最大时间增量。

5. 如果用户在步骤 2 中选择了 Fixed，在 Increment size 域中输入不变的时间增量值。

6. 在 Maximum number of iterations 域中，输入循环迭代数量的上限。更多信息见《Abaqus 分析用户手册——分析卷》的 1.2.6 节“直接循环分析”中的“控制改进的牛顿法中的迭代”。

7. 在 Number of Fourier terms 域中，输入 Initial 的值，傅里叶项的 Maximum 数量，以及项数量中的 Increment。得到精确解所要求的傅里叶项数量取决于周期上载荷的变化以及结构响应的变化。更多的傅里叶项通常提供更加精确的解，但是需要更多的数据存储和计算时间。每一个这些值必须大于 0，并且小于 100。更多信息见《Abaqus 分析用户手册——分析卷》的 1.2.6节“直接循环分析”中的“控制傅里叶表示”。

8. 如果用户在步骤 2 中选择了 Automatic，则选择以下的一个或者两个选项。

• 切换选中 Max. allowable temperature change per increment 来输入允许在一个增量中改变的最大温度变化。Abaqus/Standard 将限制时间增量，来确保在步的任何增量中的任何节点处不会超过此值。

• 切换选中 Creep/swelling/viscoelastic strain error tolerance，输入以增量开始和结束时的条件为基础，从蠕变应变率计算得到的蠕变应变增量中的最大差异，这样来控制蠕变积分的时间积分精度。

有关这些选项的更多详细信息，见《Abaqus 分析用户手册——分析卷》的 6.2.6 节“直接循环分析”中的“自动的增量”。

9. 切换选中 Evaluate structure response at time points 来定义应当评估响应的特定时刻。单击域右边的箭头，并且从出现的列表中选择一组时间点。否则，单击 来定义一组新的时间点。更多信息见 14.13.5 节“定义时间点”及《Abaqus 分析用户手册——分析卷》的 1.2.6 节“直接循环分析”中的“定义必须评估响应的时间点”。

若要构建 Fatigue 标签页上的设置，执行以下操作：

1. 在 Edit Step 对话框中显示 Fatigue 标签页。

有关显示 Edit Step 对话框的信息，见 14.9.2 节“创建一个步”，或者 14.9.3 节“编辑步”。

2. 切换选中 Include low-cycle fatigue analysis 使用直接循环方法来得到结构的稳定响应，此结构承受周期载荷。在一个单独的直接循环分析中可以包括多个循环。分析以连续损伤方法为基础，模拟块材料中本构点上的渐进损伤和失效。也可以使用此方法来模拟层合复合材料中，在界面处发展的分层/脱胶。更多信息见《Abaqus 分析用户手册——分析卷》的 1.2.7 节“使用直接循环方法的低周疲劳分析”。

3. 在 Cycle increment size 域中输入循环数量中的 Minimum 增量值和 Maximum 增量值，在此循环数量上外推发展损伤。每一个值必须大于 0。更多信息见《Abaqus 分析用户手册——分析卷》的 1.2.7 节“使用直接循环方法的低周疲劳分析”中的“块材料中的损伤扩展技术”。

4. 在 Maximum number of cycles 域中，选择下面的一个选项来指定步中允许的循环总数。

• 选择 Default 使用的值等于一加上循环数量中最大增量的一半，在此循环数量上外推发展损伤。

• 选择 Value 并且输入一个数量。

更多信息见《Abaqus 分析用户手册——分析卷》的 1.2.7 节“使用直接循环方法的低周疲劳分析”中的“Abaqus/Standard 中的低周疲劳”。

5. 在 Damage extrapolation tolerance 域中，输入一个值，或者接受默认的 1.0。此值将限制最大的外推损伤增量。更多信息见《Abaqus 分析用户手册——分析卷》的 1.2.7 节“使用直接循环方法的低周疲劳分析”中的“当使用连续损伤力学方法时，控制块材料中的损伤外推精度”。

若要构建 Other 标签页上的设置，执行以下操作：

1. 在 Edit Step 对话框中，显示 Other 标签页。

有关显示 Edit Step 对话框的信息，见 14.9.2 节“创建一个步”，或者 14.9.3 节“编辑步”。

2. 选择一个 Matrix storage 选项。

• 选择 Use solver default 来允许 Abaqus/Standard 决定是需要对称的矩阵存储和求解策略，还是需要非对称的矩阵存储和求解策略。

• 选择 Unsymmetric 来限制 Abaqus/Standard 只能使用非对称存储和求解策略（如果用户选择 Full Newton 求解技术，则非对称存储和求解策略是唯一可以使用的矩阵存储选项）。

• 选择 Symmetric 来限制 Abaqus/Standard 只能使用对称存储和求解策略。

有关矩阵存储的更多信息，见《Abaqus 分析用户手册——分析卷》的 1.1.2 节“定义一个分析”中的“Abaqus/Standard 中的矩阵存储和求解方案”。

3. 单击 Convert severe discontinuity iterations 域右边的箭头，并且为处理非线性分析中的严重不连续选择一个选项。

• 如果在迭代过程中发生严重的不连续，则选择 Off 来强制一个新的迭代，而不管穿透和力容差的大小。此选项也改变了一些时间增量参数，并且使用不同的准则来确定是否做另外一个迭代，或者尝试一个新的更小的增量大小。

• 选择 On 来使用局部收敛准则来确定是否需要一个新的迭代。Abaqus/Standard 将确定与严重不连续关联的最大穿透和评估的力容差，并且检查这些容差是否位于设定容差内。这样，如果严重的连续是较小的，则求解可以收敛。

• 选择 Propagate from previous step 来使用在之前的通用分析步中指定的值。此值出现在域右边的圆括号中。

有关严重不连续的更多信息，见《Abaqus 分析用户手册——分析卷》的 1.1.2 节“定义一个分析”中的“Abaqus/Standard 中的严重不连续性”。

4. 单击 Extrapolation of previous state at start of each increment 域右边的箭头，并且选择一个确定第一个猜测增量解的方法。

• 选择 Linear 来说明过程基本上是单调的，并且 Abaqus/Standard 应当使用之前的增量解在时间上的 100%线性外推，来开始当前增量的非线性方程解。

• 选择 Parabolic 来说明过程应当使用前面两个增量解在时间上的外推来开始当前增量的非线性方程求解。

• 选择 None 来抑制任何外推。

更多信息见《Abaqus 分析用户手册——分析卷》的 1.1.2 节“定义一个分析”中的“解的外推”。

当用户完成直接循环步的设置构建时，单击 OK 来关闭 Edit Step 对话框。

10. 构建一个使用显式积分的、动力学的、完全耦合的热-应力过程

当应力分析依赖温度分布，并且温度分布依赖应力解时，用户必须构建一个完全耦合的温度-位移分析。对于这种情况，热和力解必须同时得到，而不是顺序地得到。在 Abaqus/Explicit 中，一个完全耦合的热-应力分析包括惯性效应和模型瞬态热响应。更多信息见《Abaqus 分析用户手册——分析卷》的 1.5.3 节“完全耦合的热-应力分析”中的“Abaqus/Explicit 中的完全耦合的热-应力分析”。

若要创建或者编辑一个使用显式积分点耦合温度-位移过程，执行以下操作：

1. 依据 14.9.2 节“创建一个步”中（Procedure type：General；Dynamic，Temp-disp，Explicit）或者 14.9.3 节“编辑步”中指出的那样显示 Edit Step 对话框。

2. 在 Basic、Incrementation、Mass scaling 和 Other 标签页上，如下面过程中描述的那样构建步的时间段、增量的大小、质量缩放定义和块黏性参数那样的设置。

若要构建 Basic 标签页上的设置，执行以下操作：

1. 在 Edit Step 对话框中，显示 Basic 标签页。

2. 在 Description 域中，输入分析步的简短描述。Abaqus 将用户输入的文本存储到输出数据库中，并且由显示模块将文本显示在声明区域中。

3. 在 Time period 域中，输入步的时间段。

4. 选择一个 Nlgeom 选项。

● 切换选中 Nlgeom Off 来在当前步中执行几何线性分析。

● 切换选中 Nlgeom On 来说明 Abaqus/Explicit 应当考虑步中的几何非线性。一旦用户切换选中了 Nlgeom，则将激活分析中的所有后续步。

若要构建 Incrementation 标签页上的设置，执行以下操作：

1. 在 Edit Step 对话框中显示 Incrementation 标签页。

有关显示 Edit Step 对话框的信息，见 14.9.2 节“创建一个步”，或者 14.9.3 节“编辑步”。

2. 选择一个 Type 选项。

● 选择 Automatic，允许 Abaqus/Explicit 自动地确定时间增量。更多信息见《Abaqus 分析用户手册——分析卷》的 1.5.3 节“完全耦合的热-应力分析”中的“自动的时间增量”。

● 选择 Fixed 来使用固定时间增量策略。由为步评估的初始单元稳定性，或者由用户指定的时间增量来确定固定时间增量大小。更多信息见《Abaqus 分析用户手册——分析卷》的 1.5.3 节“完全耦合的热-应力分析”中的“固定的时间增量”。

3. 如果用户选择了 Automatic 时间增量，执行以下的步。

● 选择 Stable increment estimator 选项。

—选择 Global 来允许整体评估器来确定随着分析步进行过程的稳定限制。自适应的整体评估算法使用当前的膨胀波速度来确定整体模型的最大频率。此算法会连续更新评估的最大频率。此整体评估器通常将允许增量超出单元到单元的值。

—选择 Element-by-element 来允许 Abaqus/Explicit 使用每一个单元中的当前膨胀波速来确定单元到单元的评估。

单元到单元的评估是保守的；此评估给出的稳定时间增量，将比以整个模型的最大频率为基础的真实稳定限制更小。通常，边界条件和运动接触那样的约束具有压缩特征谱的效果，而单元到单元的评估没有考虑此特征谱压缩。

- 选择 Max. time increment 选项。

—如果用户不想对时间增量施加一个上限，则选择 Unlimited。

—选择 Value 来输入允许的最大时间增量值。在提供的域中输入值。

更多信息见《Abaqus 分析用户手册——分析卷》的 1.5.3 节“完全耦合的热-应力分析”中的“自动的时间增量”。

4. 如果用户选择了 Fixed 时间增量，则为确定增量大小选择一个选项。

- 选择 User-defined time increment 来直接地指定一个时间增量。在提供的域中输入此时间增量大小。
- 选择 Use element-by-element time increment estimator 来将时间增量大小使用成步过程中初始的单元到单元的稳定限。使用步开始时每一个单元中的膨胀波速来计算固定的时间增量大小。

更多信息见《Abaqus 分析用户手册——分析卷》的 1.5.3 节“弯曲耦合的热-应力分析”中的“固定的时间增量”。

5. 如果需要，输入一个 Time scaling factor 来调整由 Abaqus/Explicit 计算得到的稳定时间增量（如果用户已经为 Fixed 时间增量方法指定了 User-defined time increment）。更多信息见《Abaqus 分析用户手册——分析卷》1.5.3 节“完全耦合的热-应力分析”中的“缩放时间增量”。

若要构建质量缩放标签页上的设置，执行以下操作：

1. 在 Edit Step 对话框中，显示 Mass scaling 标签页。有个质量缩放的背景信息，见《Abaqus 分析用户手册——分析卷》的 6.6 节“质量缩放”。

有关显示 Edit Step 对话框的信息，见 14.9.2 节“创建一个步”，或者 14.9.3 节“编辑步”。

2. 为指定质量缩放选择下面的一个选项。

- 如果用户想要前面步的质量缩放定义传递到当前的步，则选择 Use scaled mass and “throughout step” definitions from the previous step。如果用户选择此选项，则用户可以在跳过此过程中的剩余步骤。
- 选择 Use scaling definitions below 来为此步创建一个或者更多的新质量缩放定义。如果用户选择此选项，则需要对此步中的剩余步都进行质量缩放操作。

3. 在 Data 表的底部，单击 Create。

出现 Edit mass scaling 对话框。

4. 指定用户想要创建哪种类型的质量缩放定义。

- 选择 Semi-automatic mass scaling 来为除块金属辊压之外的分析类型定义质量缩放。
- 选择 Automatic mass scaling 来为块金属辊压分析定义质量缩放。更多信息见《Abaqus 分析用户手册——分析卷》的 6.6 节“质量缩放”中的“块金属轧制分析的自动质量缩放”。

● 选择 Reinitialize mass 来将单元质量重新初始化成它们的原始值。此选项允许用户防止在当前步中使用之前步中的被缩放质量。更多信息见《Abaqus 分析用户手册——分析卷》的6.6节“质量缩放”中的“恢复质量矩阵到原始状态”。

● 选择 Disable mass scaling thoughout step 在此步中抑制来自之前步的所有可变质量缩放定义。更多信息见《Abaqus 分析用户手册——分析卷》的6.6节“质量缩放”中的“没有进一步缩放的连续质量矩阵”。

5. 如果用户选择了 Semi-automatic mass scaling、Automatic mass scaling 或者 Reinitialize mass，则说明用户想要施加质量缩放定义的区域。

● 选择 Whole model 来对模型中的所有单元施加质量缩放定义。

● 选择 Set 来将质量缩放定义用于到一个特定的单元集合上。单击 Set 域右边的箭头，并且选择感兴趣的集合名称。

6. 如果用户选择了 Semi-automatic mass scaling，则说明想要 Abaqus/Explicit 什么时候在步中缩放单元质量。

● 选择 At beginning of step 来在分析步的开始时执行固定的质量缩放。更多信息见《Abaqus 分析用户手册——分析卷》的6.6节“质量缩放”中的“固定的质量缩放”。

● 选择 Throughout step 来在分析步中周期的缩放单元质量。更多信息见《Abaqus 分析用户手册——分析卷》的6.6节“质量缩放”中的“可变质量缩放”。

7. 如果用户选择了 Semi-automatic mass scaling，则说明想要 Abaqus/Explicit 如何缩放单元质量。

● 切换选中 Scale by factor，在步的开始时使用在所提供域中输入的值来缩放单元一次。更多信息见《Abaqus 分析用户手册——分析卷》的6.6节“质量缩放”中的“直接定义一个缩放因子”。

● 切换选中 Scale to target time increment of n 来在提供的域中输入期望的单元稳定时间增量。单击 Scale element mass 域右边的箭头，并且选中用户想要 Abaqus/Explicit 如何施加此目标时间增量。

—选择 Uniformly to satisfy target 来进行等效的单元质量缩放，使得被缩放单元的最小稳定时间增量等于目标值。

—选择 If below minimum target，仅将单元稳定时间增量小于目标值的单元质量进行缩放。

—选择 Nonuniformly to equal target 来缩放所有单元的质量，使得所有单元具有等于目标值的单元稳定时间增量。

更多信息见《Abaqus 分析用户手册——分析卷》的6.6节“质量缩放”中的“定义一个期望的单元-单元的稳定时间增量”。

如果用户切换选中 Scale by factor 和 Scale to target time increment，则 Abaqus/Explicit 首先使用用户输入的因子值来缩放质量，然后可能的话，进行再次缩放，取决于用户输入的目标时间增量值，以及用户为施加此目标而选择的选项。

8. 如果用户选择 Automatic mass scaling，则输入下面的值。

a. 在 Feed rate 域中，输入稳态条件下辊压方向上工件的平均速度评估值。

b. 在 Extruded element length 域这，输入辊压方向上的平均单元长度。

c. 在 Nodes in cross-section 域中，输入工件横截面中的节点数量。增加此值降低了质量缩放的量。

更多信息见《Abaqus 分析用户手册——分析卷》的 6.6 节“质量缩放”中的“块金属轧制分析的自动质量缩放”。

9. 如果用户选择在整个步中 Semi-automatic mass scaling，或者选择了 Automatic mass scaling，则指定用户想要 Abaqus/Explicit 在步中何时执行质量缩放计算。

• 选择 Every *n* increments 来指定以增量为单位的频率，Abaqus/Explicit 以此频率来执行质量缩放计算。在提供的域中输入想要的频率。

例如，如果用户输入值 5，则 Abaqus/Explicit 在步的开始时，以及 5、10、15 等步缩放质量。

• 选择 At *n* equal intervals 来指定步中的间隔数量，在此间隔增量处，Abaqus/Explicit 执行质量缩放计算。在提供的域中输入想要的值。

例如，如果用户输入值 2，则 Abaqus/Explicit 在分析步的开始时，紧接着一半分析步的点后面的增量处，以及分析步中的最后增量处缩放质量。

10. 单击 OK 来关闭 Edit mass scaling 对话框，并且返回 Edit Step 对话框的 Mass scaling 标签页。

在 Data 表中出现用户已经创建的质量缩放定义。

11. 如果想要的话，重复布 3 到 10 来创建附加的质量缩放定义。

12. 对于用户已经创建的一个或者多个质量缩放定义，如果需要，也可以编辑或者删除它们。在 Data 表中选择一个特定的质量缩放比例定义，并且单击 Data 表底部处的 Edit 或者 Delete。

若要构建 Other 标签页上的设置，执行以下操作：

1. 在 Edit Step 对话框中，显示 Other 标签页。

有关显示 Edit Step 对话框的信息，见 14.9.2 节“创建一个步”，或者 14.9.3 节“编辑步”。

2. 为 Linear bulk viscosity parameter 输入一个值。在 Abaqus/Explicit 中默认包括线性块黏性。

3. 为 Quadratic bulk viscosity parameter 输入一个值。此形式的体黏度压力仅可以在实体连续单元中找到，并且仅当体积应变率是压缩的时候才可以应用。

更多信息见《Abaqus 分析用户手册——分析卷》的 1.3.3 节“显式动力学分析”中的“体黏性”。

当用户完成步的设置构建时，单击 OK 来关闭 Edit Step 对话框。

11. 构建一个地应力场过程

一个地应力场过程允许用户确认地应力场与施加的载荷和边界条件平衡。如果必要的话，也允许用户迭代来得到平衡；或者用户可以允许 Abaqus 来自动计算初始状态未知的情况。此类型的过程通常是地质分析的第一步，在耦合的多孔流体扩散/应力或者静态分析过程之前。更多信息见《Abaqus 分析用户手册——分析卷》的 1.8.2 节“自重应力状态”。

若要创建或者编辑一个地应力场过程，执行以下操作：

1. 按照 14.9.2 节“创建一个步”（Procedure type：General；Geostatic）或者 14.9.3 节“编辑步”中指出的流程来显示 Edit Step 对话框。

2. 在 Basic 和 Other 标签页中，如下面的过程所描述的那样构建设置，例如控制是否包括大位移的非线性效果，以及方程求解器优先选项。

若要构建 Basic 标签页上的设置，执行以下操作：

1. 在 Edit Step 对话框中显示 Basic 标签页。

2. 在 Description 域中，输入分析步的简短描述。Abaqus 在输出数据库中存储用户输入的文本，并且由显示模块在状态区域中显示此文本。

3. 选择一个 Nlgeom 选项。

- 切换选中 Nlgeom Off 来在当前步中执行几何线性分析。
- 切换选中 Nlgeom On 来说明 Abaqus/Standard 应当在步过程中考虑几何非线性。一旦用户切换选中了 Nlgeom，则在分析中的所有后续步骤中激活几何非线性。

更多信息见 14.3.2 节“线性和非线性过程”。

若要构建 Incementiation 标签页上的设置，执行以下操作：

1. 在 Edit Step 对话框中显示 Incrementation 标签页。

有关显示 Edit Step 对话框的信息，见 14.9.2 节“创建一个步”，或者 14.9.3 节“编辑步”。

2. 选择一个 Type 选项。

- 如果用户想要 Abaqus/Standard 确定合适的时间增量大小，就选择 Automatic。
- 选择 Fixed 来使用固定的增量大小。

如果用户选择 Fixed，则在 Incrementation 标签页上不能使用进一步的输入。

3. 如果用户在步骤 2 选择了 Automatic 增量，则输入 Increment size 的值和 Max. displacement change 的值。

a. 在 Initial 域中，输入初始时间增量。Abaqus/Standard 按照步过程中的要求来更改值。

b. 在 Minimum 域中，输入允许的最小时间增量。当 Abaqus/Standard 需要比此值更小的时间增量时，终止分析。

c. 在 Maximum 域中，输入允许的最大时间增量。

d. 在 Max. displacement change 域中，输入 Abaqus/Standard 计算模型的平衡状态可以接受的最大位移量，其中被计算模型的初始应力状态未知或者近似知道。

若要构建 Other 标签页上的设置，执行以下操作：

1. 在 Edit Step 对话框中显示 Other 标签页。

有关显示 Edit Step 对话框的信息，见 14.9.2 节“创建一个步”，或者 14.9.3 节“编辑步”。

2. 选择一个 Equation Solver Method 选项。

• 选择 Direct 来使用默认的直接稀疏求解器。

• 选择 Iterative 来使用迭代线性方程求解器。此迭代求解器通常对于具有大量自由度的箱形结构是特别有用的。更多信息见《Abaqus 分析用户手册——分析卷》的 1.1.6 节“迭代线性方程求解器”。

3. 选择一个 Matrix storage 选项。

• 选择 Use solver default 来允许 Abaqus/Standard 决定是需要对称的，还是非对称的矩阵存储和求解策略。

• 选项 Unsymmetric 来限制 Abaqus/Standard 只能使用非对称的存储和求解策略。

• 选项 Symmetric 限制 Abaqus/Standard 只能使用对称的存储和求解策略。

有关矩阵存储的更多信息，见《Abaqus 分析用户手册——分析卷》的 1.1.2 节“定义一个分析”中的“Abaqus/Standard 中的矩阵存储和求解方案”。

4. 选择 Solution technique。

• 选择 Full Newton 来将牛顿法用作求解非线性平衡方程的数值技术。更多信息见《Abaqus 理论手册》的 2.2.1 节“Abaqus/Standard 中的非线性求解”。

• 选择 Quasi-Newton 来为求解非线性平衡方程使用拟牛顿技术。此技术可以在某些情况中节省大量的计算成本。在方程组巨大而刚度矩阵在迭代到迭代之间变化不大时，此技术的应用是非常成功的。用户仅可以为对称方程组使用此技术。

如果用户选择此技术，则输入 Number of iterations allowed before the kernel matrix is reformed 的值。允许的迭代最大数量是 25。默认的迭代数是 8。

更多信息见《Abaqus 理论手册》的 2.2.2 节“拟牛顿求解技术”。

5. 单击 Convert severe discontinuity iterations 域右边的箭头，并且选择一个选项来处理非线性分析过程中的严重不连续。

• 选择 Off，则如果在一个迭代过程中发生严重的不连续时，强制一个新的迭代，而不管穿透和力误差的大小。此选项也改变一些时间增量参数，并且使用不同的准则来确定是否进行另外一个迭代，还是使用一个更小的增量大小来进行新的尝试。

• 选择 On 来使用局部收敛准则来确定是否需要一个新的迭代。Abaqus/Standard 将确定与严重不连续有关的最大穿透和评估得到的力误差，并且检查这些误差是否在设定容差内。这样，如果严重不连续较小，则解可以收敛。

• 选择 Propagate from previous step 来使用之前的通用分析步中指定的值。此值出现在域右边的圆括号中。

有关严重不连续的更多信息，见《Abaqus 分析用户手册——分析卷》的 1.1.2 节“定义一个分析”中的“Abaqus/Standard 中的严重不连续性”。

当用户完成步的构型设置时，单击 OK 来关闭 Edit Step 对话框。

12. 构建一个质量扩散过程

质量扩散分析模拟一个材料通过另外一种材料的瞬态或者稳态扩散，例如氢通过一个金属的扩散。质量扩散的控制方程是 Fick 方程的延伸：这些方程允许基材中溶解物质的非均匀溶解，并且允许温度梯度和压力驱动的质量扩散。更多信息见《Abaqus 分析用户手册——分析卷》的 1.9 节“质量扩散分析”。

若要创建或者编辑质量扩散过程，执行以下操作：

1. 按照 14.9.2 节“创建一个步”（Procedure type：General；Mass diffusion）或者 14.9.3 节“编辑步”中指出的流程来显示 Edit Step 对话框。

2. 在 Basic、Incrementation 和 Other 标签页中，构建稳态或者瞬态响应那样的设置，或者下面过程中描述的自动或者固定增量。

若要构建 Basic 标签页中的设置，执行以下操作：

1. 在 Edit Step 对话框中显示 Basic 标签页。

2. 在 Description 域中，输入分析步的简短描述。Abaqus 将用户输入的文本存储到输出数据库中，并且由显示模块将它们显示在状态区域中。

3. 选择一个 Response 选项。

• 选择 Steady-state 来指定分析直接提供稳态解。在稳态分析中，控制扩散方程省略了与时间有关的浓度变化率。更多信息见《Abaqus 分析用户手册——分析卷》的 1.9 节“质量扩散分析”中的“稳态分析”。

• 选择 Transient 来使用向后欧拉方法进行时间积分。此方法对于线性问题是无条件稳定的。更多信息见《Abaqus 分析用户手册——分析卷》的 1.9 节“质量扩散分析”中的“瞬态分析”。

注意：在用户已经选择 Response 选项后，出现一个信息来通知用户 Abaqus/Standard 已经选择 Default load variation with time 选项（位于 Other 标签页上），此选项对应用户的 Response 选项。单击 Dismiss 来关闭消息对话框。

4. 在 Time period 域中输入步的时间段。

若要构建 Incrementation 标签页上的设置，执行以下操作：

1. 在 Edit Step 对话框中，显示 Incrementation 标签页。

有关显示 Edit Step 对话框的信息，见 14.9.2 节“创建一个步”，或者 14.9.3 节“编辑步”。

2. 选择一个 Type 选项。

• 如果用户想要 Abaqus/Standard 确定合适的时间增量大小，选择 Automatic。

• 选择 Fixed 来指定增量的直接用户控制。Abaqus/Standard 使用用户指定的增量大小来作为整个步上的不变增量大小。

3. 在 Maximum number of increments 域中，在步中输入增量数量的上限。如果在 Abaqus/Standard 得到步的完全解之前超出了此最大值，就停止分析。

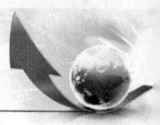

4. 如果用户在步骤 2 中选择了 Automatic 增量，则输入 Increment size 的值。

a. 在 Initial 域中，输入初始时间增量。Abaqus/Standard 在分析步上依据要求更改此值。

b. 在 Minimum 域中，输入允许的最小时间增量。如果 Abaqus/Standard 需要比此值小的时间增量，就终止分析。

c. 在 Maximum 域中，输入允许的最大时间增量。

5. 如果用户在步骤 2 中选择了 Fixed 增量，则在 Increment size 域中输入不变时间增量值。

6. 如果用户在步骤 2 中选择了 Automatic 增量，并且在 Basic 标签页上选择了 Transient 分析，则进行下面的操作。

a. 在 End step when normalized concentration change is less than *n* 域中输入一个值。当所有的节点归一化浓度改变的速度小于用户输入的速度时，停止分析。

b. 在 Max. allowable normalized concentration change 域中输入一个值。Abaqus/Standard 对时间步进行约束，确保在分析步的任何增量过程中任何节点上（除了具有边界条件的节点）不超过此值。

若要构建 Other 标签页上的设置，执行以下操作：

1. 在 Edit Step 对话框中显示 Other 标签页。

有关显示 Edit Step 对话框的信息，见 14.9.2 节“创建一个步”，或者 14.9.3 节“编辑步”。

2. 接受 Unsymmetric 矩阵存储和求解策略的选择。此策略对于质量扩散分析是唯一有效的 Matrix storage 选项。更多有关矩阵存储的信息，见《Abaqus 分析用户手册——分析卷》的 1.1.2 节“定义一个分析”中的“Abaqus/Standard 中的矩阵存储和求解方案”。

3. 单击 Convert severe discontinuity iterations 域右边的箭头，并且为处理非线性分析过程中的严重不连续选择一个选项。

- 选择 Off，如果在一个迭代过程中发生严重的不连续时，强制一个新的迭代，而不管穿透和力误差的大小。此选项也改变一些时间增量参数，并且使用不同的准则来确定是否进行另外一个迭代，还是使用一个更小的增量大小来进行新的尝试。
- 选择 On 来使用局部收敛准则来确定是否需要一个新的迭代。Abaqus/Standard 将确定与严重不连续有关的最大穿透和评估得到的力误差，并且检查这些误差是否在设定容差内。这样，如果严重不连续较小，解可以收敛。
- 选择 Propagate from previous step 来使用之前的通用分析步中指定的值。此值出现在域右边的圆括号中。

有关严重不连续的更多信息，见《Abaqus 分析用户手册——分析卷》的 1.1.2 节“定义一个分析”中的“Abaqus/Standard 中的严重不连续性”。

4. Abaqus/Standard 自动地选择 Default load variation with time 选项，此选项对应 Basic 标签页上的 Response 选项。推荐用户不改变 Default load variation with time 选择。

5. 单击 Extrapolation of previous state at start of each increment 域右边的箭头，并且选择一个方法来确定增量解的第一个猜测值。

● 选择 Linear 来说明过程基本是单调的，并且 Abaqus/Standard 应当使用之前增量在时间上的 100%线性外推来开始当前增量的非线性方程求解。

● 选择 Parabolic 来说明过程应当使用之前两个增量解在时间上的二次外推来开始当前增量的非线性方程求解。

● 选择 None 来抑制任何外推。

更多信息见《Abaqus 分析用户手册——分析卷》的 1.1.2 节“定义一个分析”中的“解的外推”。

当用户完成步的构型设置时，单击 OK 来关闭 Edit Step 对话框。

13. 构建流体填充的多孔介质的有效应力分析

一个耦合的多孔流体扩散/应力分析允许用户模拟单相、粒子或者完全饱和的流体流动通过多孔介质。更多信息见《Abaqus 分析用户手册——分析卷》的 1.8.1 节“耦合的孔隙流体扩散和应力分析”。

若要创建或者编辑耦合的多孔流体扩散/应力分析，执行以下操作：

1. 按照 14.9.2 节“创建一个步”（Procedure type：General；Soils）或者 14.9.3 节“编辑步”中指出的流程来显示 Edit Step 对话框。

2. 在 Basic、Incrementation 和 Other 标签页中，构建稳态或者瞬态响应设置，或者下面过程中描述的自动或者固定增量。

若要构建 Basic 标签页上的设置，执行以下操作：

1. 在 Edit Step 对话框中显示 Basic 标签页。

2. 在 Description 域中，输入分析步的简短描述。Abaqus 将用户输入的文本存储到输出数据库中，并且由显示模块将这些文本显示在状态区域中。

3. 选择一个 Pore fluid response 选项。

● 选择 Steady-state 来指定在湿流体连续方程中没有瞬态效应。稳态解对应每单位体积中不变的湿流体速度和不变的湿流体体积。更多信息见《Abaqus 分析用户手册——分析卷》的 1.8.1 节“耦合的孔隙流体扩散和应力分析”中的“稳态分析”。

● 选择 Transient consolidation 来使用向后微分算子来积分连续方程。此操作提供无条件稳定性，这样与时间积分有关的唯一担忧就是精度。更多信息见《Abaqus 分析用户手册——分析卷》的 1.8.1 节“耦合的孔隙流体扩散和应力分析”中的“瞬态分析”。

注意：在用户已经选择 Pore fluid response 选项后，会出现一个信息来通知用户 Abaqus/Standard 已经选择 Default load variation with time 选项和 Matrix storage 选项（都位于 Other 标签页上），它们对应用户的 Pore fluid response 选项。单击 Dismiss 来关闭信息对话框。

4. 在 Time period 域中，输入步的时间段。

5. 选择 Nlgeom 选项。

● 切换选中 Nlgeom Off 来在当前步过程中执行一个几何线性分析。

• 切换选择 Nlgeom On 来说明 Abaqus/Standard 应当在步中考虑几何非线性。一旦用户切换选中了 Nlgeom，则将在分析中的所有后续步骤中激活 Nlgeom。

更多信息见 14.3.2 节“线性和非线性过程”。

6. 如果用户预见到问题具有局部的不稳定，例如面褶皱、材料不稳定或者局部屈曲。Abaqus/Standard 可以通过在整个模型上施加阻尼来稳定此类型的问题。更多信息见《Abaqus 分析用户手册——分析卷》的 1.2.2 节“静态应力分析”中的“不稳定问题”，以及《Abaqus 分析用户手册——分析卷》的 2.1 节“求解非线性问题”中的“使用一个不变阻尼因子的静态问题的自动稳定性”。

单击 Automatic stabilization 右边的箭头，并且为定义阻尼因子选择一个方法。

• 选择 Specify dissipated energy fraction，允许 Abaqus/Standard 从用户提供的耗散能量分数计算阻尼因子。在相邻的域中输入耗散能量分数值（默认是 2.0×10^{-4}）。更多信息见《Abaqus 分析用户手册——分析卷》的 2.1 节“求解非线性问题”中的“基于耗散能量分数来计算阻尼因子”。

• 选择 Specify damping factor 来直接地输入阻尼因子。在相邻的域中输入阻尼因子的值。更多信息见《Abaqus 分析用户手册——分析卷》的 2.1 节“求解非线性问题”中的“直接指定阻尼因子”。

• 选择 Use damping factors from previous general step 来将之前的分析步结束时的阻尼因子用作当前分析步可变阻尼策略的初始因子。这些因子覆盖任何计算得到的初始阻尼因子或者在当前步中直接指定的初始因子。如果没有与之前的通用分析步关联的阻尼因子（例如，如果之前的分析步不使用任何稳定性，或者当前分析步是分析的第一步），则 Abaqus 使用自适应的稳定性来确定要求的阻尼因子。

7. 当用户使用自动稳定时，Abaqus 可以在分析步的过程中使用相同的阻尼因子，或者以收敛历史以及阻尼耗散的能量对总应变能的比值为基础来在空间和时间上改变阻尼因子。更多信息见《Abaqus 分析用户手册——分析卷》的 2.1 节“求解非线性问题”中的“自适应自动稳定性方案”。如果用户已经选择 Specify dissipated energy fraction，则自适应稳定性是可选的，并且默认是切换打开的。如果用户已经选择 Specify damping factor，则自适应稳定性是可选的，并且默认是切换不选的。如果用户已经选择 Use damping factors from previous general step，则要求自适应稳定性。

要使用自适应稳定性，切换选中 Use adaptive stabilization with max. ratio of stabilization to strain energy（如果必要的话），并且在相邻的域中，为每一增量中的阻尼耗散能量与总应变能的比输入允许的精度容差。默认值 0.05 在大部分的情况中应当是合适的。

8. 如果需要，切换选中 Include creep/swelling/viscoelastic behavior。如果用户切换不选此选项，则说明即使用户已经定义了黏弹性材料属性，但在此步的过程中依然没有发生蠕变或者黏弹性响应。

若要构建 Incrementiation 标签页上的设置，执行以下操作：

1. 在 Edit Step 对话框中显示 Incrementation 标签页。

有关显示 Edit Step 对话框的信息，见 14.9.2 节“创建一个步”，或者 14.9.3“编辑步”。

2. 选择一个 Type 选项。

● 如果用户想要 Abaqus/Standard 来确定合适的增量大小，则选择 Automatic。

● 选择 Fixed 来指定增量的直接用户控制。Abaqus/Standard 在整个步上使用用户指定成不变常数的增量大小。

注意：在此情况中，通常不推荐固定的增量，因为在典型的扩散分析中，时间增量在仿真中可以几个数量级地增加；自动增量通常是一个更好的选择。

3. 在 Maximum number of increments 域中，输入步中增量数量的上限。如果在 Abaqus/Standard 得到分析步的完整解之前超过了此最大值，分析就停止。

4. 如果用户在步骤 2 中选择了 Automatic，则输入 Increment size 的值。

a. 在 Initial 域中输入初始时间增量。Abaqus/Standard 在整个分析步上按需求更改此值。

b. 在 Minimum 域中输入允许的最小时间增量。如果 Abaqus/Standard 需要比此值更小的时间增量，就终止分析。

c. 在 Maximum 域中，输入允许的最大时间增量。

5. 如果用户在步骤 2 中选择了 Fixed，则在 Increment size 域中输入不变的时间增量值。

6. 如果用户在 Basic 标签页上选择了 Transient consolidation，则切换选中 End step when pore pressure change rate is less than n 来输入孔隙压力变化率的最小值。如果所有的孔隙压力的变化速度比用户指定的速度小，则分析将结束。

7. 如果用户在步骤 2 中选择了 Automatic，则进行下面的操作。

a. 如果用户在 Basic 标签页上选择了 Transient consolidation 响应，则输入 Max. pore pressure change per increment 的值。Abaqus/Standard 限制时间步，来确保在步的任何增量过程中的任何节点上不会超出此值（除了具有边界条件的节点）。

b. 如果用户切换选中了 Basic 标签页上的 Include creep/swelling/viscoelastic behavior，则切换选中 Creep/swelling/viscoelastic strain error tolerance 来输入蠕变应变增量中的最大差异，从增量开始时和结束时的蠕变应变率计算得到此差异。此值控制蠕变积分的精度。更多信息见《Abaqus 分析用户手册——材料卷》的 3.2.4 节“率相关的塑性：蠕变和膨胀”中的“指定自动增量的容差”。

若要构建 Other 标签页上的设置，执行以下操作：

1. 在 Edit Step 对话框中显示 Other 标签页。

有关显示 Edit Step 对话框的信息，见 14.9.2 节“创建一个步”，或者 14.9.3 节“编辑步”。

2. 选择一个 Equation Solver Method 选项。

● 选择 Direct 来使用默认的直接稀疏求解器。

● 选择 Iterative 来使用迭代线性方程求解器。对于具有几百万自由度的箱形结构，迭代求解器通常是最有用的。更多信息见《Abaqus 分析用户手册——分析卷》的 1.1.6 节“迭代线性方程求解器”。

3. 选择一个 Matrix storage 选项。

● 选择 Use solver default 来允许 Abaqus/Standard 决定是使用对称矩阵存储和求解策略，

还是使用非对称矩阵存储和求解策略。

• 使用 Unsymmetric 来限制 Abaqus/Standard 只能使用非对称存储和求解策略。

注意：稳态耦合的方程是强烈非对称的；这样，为了稳态分析步而自动地选中非对称矩阵求解和存储策略（见《Abaqus 分析用户手册——分析卷》的 1.1.2 节“定义一个分析”）。

• 选择 Symmetric 来限制 Abaqus/Standard 只能使用对称存储和求解策略。

有关矩阵存储的更多信息，见《Abaqus 分析用户手册——分析卷》的 1.1.2 节“定义一个分析”中的“Abaqus/Standard 中的矩阵存储和求解方案”。

4. 选择 Solution technique。

• 选择 Full Newton 来将牛顿法作为求解非线性平衡方程的数值技术。更多信息见《Abaqus 理论手册》的 2.2.1 节“Abaqus/Standard 中的非线性求解”。

• 选择 Quasi-Newton 来使用拟牛顿技术来求解非线性平衡方程。在某些情况中，此技术可以节省大量的计算成本。通常当方程组过大，并且刚度矩阵在迭代与迭代之间没有变化很大时，此技术是最成功的。用户仅可以为对称的方程组使用此技术。

如果用户选择此技术，则输入 Number of iterations allowed before the kernel matrix is reformed 的值。允许的最大迭代数量是 25。默认的迭代数量是 8。

更多信息见《Abaqus 理论手册》的 2.2.2 节“拟牛顿求解技术”。

5. 单击 Convert severe discontinuity iterations 域右边的箭头，并且选择一个选项来处理非线性分析过程中的严重不连续。

• 选择 Off，如果在一个迭代过程中发生严重的不连续，则强制一个新的迭代，而不管穿透和力误差的大小。此选项也改变一些时间增量参数，并且使用不同的准则来确定是进行另外一个迭代，还是使用一个更小的增量大小来进行新的尝试。

• 选择 On，使用局部收敛准则来确定是否需要一个新的迭代。Abaqus/Standard 将确定与严重不连续有关的最大穿透和评估得到的力误差，并且检查这些误差是否在设定容差内。这样，如果严重不连续较小，解可以收敛。

• 选择 Propagate from previous step，使用在之前的通用分析步中指定的值。此值出现在域右边的圆括号中。

有关严重不连续的更多信息，见《Abaqus 分析用户手册——分析卷》的 1.1.2 节“定义一个分析”中的“Abaqus/Standard 中的严重不连续性”。

6. Abaqus/Standard 自动地选取 Default load variation with time 选项，此选项对应 Basic 标签页上的 Pore fluid response 选项。推荐用户不改变 Default load variation with time 选择。

7. 单击 Extrapolation of previous state at start of each increment 域右边的箭头，并且选择一个方法来确定增量解的第一个猜测值。

• 选择 Linear 说明过程基本上是单调的，并且 Abaqus/Standard 应当使用之前增量在时间上的 100%线性外推，来开始当前增量的非线性方程求解。

• 选择 Parabolic 来说明过程应当使用之前两个增量解在时间上的二次外推，来开始当前增量的非线性方程求解。

• 选择 None 来抑制任何外推。

更多信息见《Abaqus 分析用户手册——分析卷》的 1.1.2 节“定义一个分析”中的

"解的外推"。

当用户完成步的构型设置时，单击 OK 来关闭 Edit Step 对话框。

14. 构建一个依赖时间变化的材料响应的瞬态、静态、应力/位移分析

用户可以使用一个准静态应力分析，来分析材料的响应会依赖时间的分析问题（蠕变、黏弹性和双层黏塑性）。当可以忽略惯性效应时，此类型的分析是有效的。分析可以是线性的或者非线性的。更多信息见《Abaqus 分析用户手册——分析卷》的 1.2.5 节"准静态分析"。

若要创建或者编辑准静态应力分析过程，执行以下操作：

1. 按照 14.9.2 节"创建一个步"（Procedure type：General；Visco）或者 14.9.3 节"编辑步"中指出的流程来显示 Edit Step 对话框。

2. 在 Basic、Incrementation 和 Other 标签页中，构建稳态或者瞬态响应那样的设置，或者下面过程中描述的自动或者固定增量。

若要构建 Basic 标签页上的设置，执行以下操作：

1. 在 Edit Step 对话框中显示 Basic 标签页。

2. 在 Description 域中，输入分析布步的简短描述。Abaqus 将用户输入的文本存储到输出数据库中，并且由显示模块将这些文本显示在状态区域中。

3. 在 Time period 域中，输入分析步的时间段。

4. 选择 Nlgeom 选项。

- 切换选中 Nlgeom Off 来在当前分析步过程中执行一个几何线性分析。
- 切换选中 Nlgeom On 来说明 Abaqus/Standard 应当在分析步中考虑几何非线性。一旦用户切换选中了 Nlgeom，则将在分析中的所有后续步中激活 Nlgeom。

更多信息见 14.3.2 节"线性和非线性过程"。

5. 如果用户预见到问题具有局部的不稳定，例如面褶皱、材料不稳定或者局部屈曲。Abaqus/Standard 可以通过在整个模型上施加阻尼来稳定此类型的问题。更多信息见《Abaqus 分析用户手册——分析卷》的 1.2.2 节"静态应力分析"中的"不稳定问题"，以及《Abaqus 分析用户手册——分析卷》的 2.1 节"求解非线性问题"中的"使用一个不变阻尼因子的静态问题的自动稳定性"。

单击 Automatic stabilization 右边的箭头，然后为定义阻尼因子选择一个方法。

- 选择 Specify dissipated energy fraction 来允许 Abaqus/Standard 从用户提供的耗散能量分数计算阻尼因子。在相邻的域中输入耗散能量分数值（默认是 2.0×10^{-4}）。更多信息见《Abaqus 分析用户手册——分析卷》的 2.1 节"求解非线性问题"中的"基于耗散能量分数来计算阻尼因子"。
- 选择 Specify damping factor 来直接输入阻尼因子。在相邻的域中输入阻尼因子的值。更多信息见《Abaqus 分析用户手册——分析卷》的 2.1 节"求解非线性问题"中的"直接

指定阻尼因子”。

• 选择 Use damping factors from previous general step 来将之前步结束时的阻尼因子用作当前步可变阻尼策略的初始因子。这些因子覆盖任何计算得到的初始阻尼因子或者在当前步中直接指定的初始因子。如果没有与之前的通用步关联的阻尼因子（例如，如果之前的步不使用任何稳定性，或者当前步是分析的第一步），Abaqus 使用自适应的稳定性来确定要求的阻尼因子。

6. 当用户使用自动稳定性时，Abaqus 可以在步的分析过程中使用相同的阻尼因子，或者以收敛历史和阻尼耗散的能量对总应变能的比值为基础来在空间和时间上改变阻尼因子。更多信息见《Abaqus 分析用户手册——分析卷》的 2.1 节“求解非线性问题”中的“自适应自动稳定性方案”。如果用户已经选择了 Specify dissipated energy fraction，则自适应稳定性是可选的，并且默认是切换打开的。如果用户已经选择了 Specify damping factor，则自适应稳定性是可选的，并且默认是切换不选的。如果用户已经选择了 Use damping factors from previous general step，则要求自适应稳定性。

要使用自适应稳定性，切换选中 Use adaptive stabilization with max. ratio of stabilization to strain energy（如果必要的话），并且在相邻的域中为每一增量中的阻尼耗散能量与总应变能的比值输入允许的精度容差。默认值 0.05 在大部分的情况中是合适的。

若要构建 Incrementation 标签页上的设置，执行以下操作：

1. 在 Edit Step 对话框中显示 Incrementation 标签页。

有关显示 Edit Step 对话框的信息，见 14.9.2 节“创建一个步”，或者 14.9.3 节“编辑步”。

2. 选择一个 Type 选项。

• 如果用户想要 Abaqus/Standard 以积分的精度为基础来确定合适的增量大小，则选择 Automatic。在增量上允许用户限制最大非弹性应变率变化的 Creep/swelling/viscoelastic strain error tolerance 参数。为几乎所有的情况推荐 Automatic 增量。

• 选择 Fixed 来指定增量的直接用户控制。Abaqus/Standard 在整个分析步上使用用户指定成不变常数的增量大小。

3. 在 Maximum number of increments 域中，输入分析步中增量数量的上限。如果在 Abaqus/Standard 得到分析步的完整解之前超过了此最大值，就停止分析。

4. 如果用户在步骤 2 上选择了 Automatic，则进行下面的操作。

a. 输入 Increment size 值。

• 在 Initial 域中，输入初始时间增量。Abaqus/Standard 在步上依据要求更改此值。

• 在 Minimum 域中，输入允许的最小时间增量。如果 Abaqus/Standard 需要比此值小的时间增量，就终止分析。

• 在 Maximum 域中，输入允许的最大时间增量。

b. 在 Creep/swelling/viscoelastic strain error tolerance 域中，输入从增量的开始时和结束时的蠕变应变速率计算得到的蠕变应变增量最大差异。此值控制蠕变积分的精度。更多信息见《Abaqus 分析用户手册——分析卷》的 1.2.5 节“准静态分析”中的“自动的增量”。

5. 如果用户在步骤 2 中选择了 Fixed，则在 Increment size 域中输入不变时间增量的值。

6. 选择 Creep/swelling/viscoelastic integration 选项。

• 如果用户想要允许 Abaqus/Standard 调用隐式积分策略，则选择 Explicit/Implicit。对于极低应力水平下的蠕变，向后微分算子的无条件稳定（隐式方法）是令人满意的。

• 如果用户想要限制 Abaqus/Standard 仅适用显式积分，则选择 Explicit。显式积分可以计算成本较低，并且在用户子程序 CREEP 中能简单实现用户定义的蠕变规律。

更多信息见《Abaqus 分析用户手册——分析卷》的 1.2.5 节“准静态分析”中的“选择显式蠕变积分”。

若要构建 Other 标签页上的设置，执行以下操作：

1. 在 Edit Step 对话框中显示 Other 标签页。

有关显示 Edit Step 对话框的信息，见 14.9.2 节“创建一个步”，或者 14.9.3 节“编辑步”。

2. 选择一个 Equation Solver Method 选项。

• 选择 Direct，使用默认的直接稀疏求解器。

• 选择 Iterative，使用迭代线性方程求解器。对于具有几百万自由度的箱形结构，迭代求解器通常是最有用的。更多信息见《Abaqus 分析用户手册——分析卷》的 1.1.6 节“迭代线性方程求解器”。

3. 选择一个 Matrix storage 选项。

• 选择 Use solver default 来允许 Abaqus/Standard 决定是使用对称矩阵存储和求解策略，还是使用非对称矩阵存储和求解策略。

• 使用 Unsymmetric 来限制 Abaqus/Standard 只能使用非对称存储和求解策略。

• 选择 Symmetric 来限制 Abaqus/Standard 只能使用对称存储和求解策略。

有关矩阵存储的更多信息，见《Abaqus 分析用户手册——分析卷》的 1.1.2 节“定义一个分析”中的“Abaqus/Standard 中的矩阵存储和求解方案”。

4. 选择一个 Solution technique。

• 选择 Full Newton 来将牛顿法作为求解非线性平衡方程的数值技术。更多信息见《Abaqus 理论手册》的 2.2.1 节“Abaqus/Standard 中的非线性求解”。

• 选择 Quasi-Newton 来使用拟牛顿技术来求解非线性平衡方程。在某些情况中，此技术可以节省大量的计算成本。通常当方程组过大，并且刚度矩阵在迭代与迭代之间没有很大变化时，此技术是最成功的。用户仅可以让对称的方程组使用此技术。

如果用户选择此技术，则输入 Number of iterations allowed before the kernel matrix is reformed 的值。允许的最大迭代数量是 25。默认的迭代数量是 8。

更多信息见《Abaqus 理论手册》的 2.2.2 节“拟牛顿求解技术”。

5. 单击 Convert severe discontinuity iterations 域右边的箭头，并且选择一个选项来处理非线性分析过程中的严重不连续性。

• 选择 Off，如果在一个迭代过程中发生严重不连续，则强制一个新的迭代，而不管穿透和力误差的大小。此选项也改变一些时间增量参数，并且使用不同的准则来确定是进行另外一个迭代，还是使用一个更小的增量大小来进行新的尝试。

• 选择 On 来使用局部收敛准则来确定是否需要一个新的迭代。Abaqus/Standard 将确定与严重不连续有关的最大穿透和评估得到的力误差，并且检查这些误差是否在设定容差内。这样，如果严重不连续较小，则解依然可以收敛。

• 选择 Propagate from previous step 来使用之前的通用分析步中指定的值。此值出现在域右边的圆括号中。

有关严重不连续的更多信息，见《Abaqus 分析用户手册——分析卷》的 1.1.2 节“定义一个分析”中的“Abaqus/Standard 中的严重不连续性”。

6. 为 Default load variation with time 选择一个选项。

• 如果用户想要在分析步开始时即刻地施加，并且在整个分析步上保持不变，则选择 Instantaneous。

• 如果载荷大小在分析步上线性的变化，则选择 Ramp linearly over step 从之前分析步结束时的值线性地变化到载荷的完整大小。

7. 单击 Extrapolation of previous state at start of each increment 域右边的箭头，并且选择一个方法来确定增量解的第一个猜测值。

• 选择 Linear 来说明过程基本上是单调的，并且 Abaqus/Standard 应当使用之前增量在时间上的 100%线性外推，来开始当前增量的非线性方程求解。

• 选择 Parabolic 来说明过程应当使用之前两个增量解在时间上的二次外推，来开始当前增量的非线性方程求解。

• 选择 None 来抑制任何外推。

更多信息见《Abaqus 分析用户手册——分析卷》的 1. 1. 2 节“定义一个分析”中的“解的外推”。

当用户完成分析步的构型设置时，单击 OK 来关闭 Edit Step 对话框。

15. 构建一个退火过程

退火过程适用于仿真将金属加热到高温时发生的应力和塑性应变释放。物理上，退火是将金属加热到高温来允许微结构重新结晶、消除材料冷作造成的位错。在退火过程中，Abaqus/Explicit 设置所有的属性状态变量为零。这些变量包括应力、背应力、塑性应变和速度。在金属多孔塑性的情况中，将有效体积分数也设置成零，这样材料变成完全致密。

在退火步中没有时间尺度；这样，时间不推进。退火过程瞬间发生。退火过程不要求任何数据。

更多信息见《Abaqus 分析用户手册——分析卷》的 1. 12 节“退火分析”。

若要构建一个退火过程，执行以下操作：

1. 按照 14. 9. 2 节“创建一个步”（Procedure type：General；Anneal）或者 14. 9. 3 节“编辑步”中指出的流程来显示 Edit Step 对话框。

2. 在 Description 域中，输入分析步的简短描述。Abaqus 将用户输入的文本存储到输出数据库中，并且由显示模块将这些文本显示在状态区域中。

3. 选择一个 Post-anneal reference temperature 选项。

• 选择 Maintain current 来在完成退火后，保持模型中所有节点处的当前温度。

• 选择 Value 来指定退火完成后，将模型中的所有节点温度设置成的最后值。在提供的域中输入值。

4. 单击 OK 来关闭 Edit Step 对话框。

16. 构建一个流动过程

此部分提供构建一个流动过程的详细指导。

流动过程定义概览

使用一个流动过程来模拟 Abaqus/CFD 中的流体动力学分析。仅可以使用流动步来模拟不可压缩的流动。

更多信息见第 30 章“流体动力学分析”，以及《Abaqus 分析用户手册——分析卷》的 1.6.2 节“不可压缩流体的动力学分析”。

若要构建一个流动过程，执行以下操作：

1. 按照 14.9.2 节“创建一个步”（Procedure type：Flow）或者 14.9.3 节“编辑步”中指出的流程来显示 Edit Step 对话框。

2. 在 Basic、Incrementation、Solvers 和 Turbulence 标签页中，构建下面过程中描述的步的时间段、增量的最大数量、增量大小、求解器方程的设置以及湍流模拟选项等的设置。

• “构建基本的流动过程设置”

• “构建时间增量设置”

• “构建求解器选项”

• “构建湍流选项”

构建基本的流动过程设置

基本流动过程设置让用户描述分析步的通用属性，例如描述、时间段和分析步是否应当使用以温度为基础的能量方程。

若要构建 Basic 标签页上的设置，执行以下操作：

1. 在 Edit Step 对话框中显示 Basic 标签页。

2. 在 Description 域中，输入分析步的简短描述。Abaqus 将用户输入的文本存储到输出数据库中，并且由显示模块将这些文本显示在状态区域中。

3. 在 Time period 域中输入步的时间段。

4. 从 Energy equation 选项进行下面的操作。

• 选择 None，从此分析步中排除能量传输方程。

• 选择 Temperature，在此分析步中包括以温度为基础的能量方程。

更多信息见《Abaqus 用户分析手册——分析卷》的 1.6.2 节“不可压缩流体的动力学

分析”中的“能量方程”。

5. 当用户完成流动步的基本设置构建，则进行时间增量的设置。更多信息见“构建时间增量设置”。

构建时间增量设置

增量选项让用户为一个流动步指定并且构建固定的时间增量，或者 Courant-Friedrichs-Lewy 时间增量。有关 Abaqus/CFD 分析时间增量的更多信息，见《Abaqus 分析用户手册——分析卷》的 1.6.2 节“不可压缩流体的动力学分析”中的“时间增量”。

若要构建 Incrementation 标签页上的设置，执行以下操作：

1. 在 Edit Step 对话框中显示 Incrementation 标签页。

有关显示 Edit Step 对话框的信息，见 14.9.2 节“创建一个步”，或者 14.9.3 节“编辑步”。

2. 从 Type 选项选择下面的一个。

- 选择 Automatic（Fixed CFL）来使用 Courant-Friedrichs-Lewy（CFL）时间增量。
- 选择 Fixed 来使用固定的时间增量。

3. 如果用户选择 Automatic（Fixed CFL）增量，则进行下面的操作。

a. 在 Initial time increment 域中输入此步的初始时间增量。

b. 在 Maximum CFL number 域中输入最大 Courant-Friedrichs-Lewy 增量。

c. 在 Increment adjustment frequency 域中输入增量中的增量调整频率。

d. 在 Time step growth scale factor 域中输入时间步的增长比例因子。

e. 在 Divergence tolerance 域中输入发散容差。

4. 如果用户选择 Fixed 增量，则进行下面的操作。

a. 在 Time increment 域中输入时间增量的长度。

b. 在 Divergence tolerance 域中输入发散容差。

5. 指定 Time Integration Parameters 选项。

a. 从 Viscous 选项选择 Trapezoid（1/2）、Galerkin（2/3）或 Backward-Euler（1）来指定黏性时间积分参数。

b. 从 Load/Boundary condition 选项选择 Trapezoid（1/2）、Galerkin（2/3）或者 Backward-Euler（1）来指定载荷和边界时间积分参数。

c. 从 Advection 选项选择 Trapezoid（1/2）、Galerkin（2/3）或者 Backward-Euler（1）来指定对流时间增量参数。

6. 当用户完成流动步的设置后，进入求解器设置阶段。更多信息见“构建求解器选项”。

构建求解器选项

求解器选项使用户能够为流动步中的动量方程、压力方程和传输方程构建选项。有关这些方程的默认设置和定制选项的更多信息，见《Abaqus 分析用户手册——分析卷》的 1.6.2 节“不可压缩流体的动力学分析”中的“线性方程求解器”。

若要构建 Solvers 标签页上的设置，执行以下操作：

1. 在 Edit Step 对话框中显示 Solvers 标签页。

有关显示 Edit Step 对话框的信息，见 14.9.2 节“创建一个步”，或者 14.9.3 节“编辑步”。

2. 单击 Momentum Equation 标签页，指定求解动量方程的定制选项，并进行下面的操作。

a. 切换选中 Include diagnostic output，输出来自求解器的诊断数据。

b. 切换选中 Include convergence output，输出来自求解器的收敛数据。

c. 在 Iteration limit 域中，输入求解器的迭代次数限制。

d. 在 Convergence checking frequency 域中，为求解器的检查频率，输入一个正的整数值。

e. 在 Linear convergence limit 域中，输入求解器的线性收敛限制。

3. 单击 Pressure Equation 标签页，指定流动步中压力计算的选项，并进行下面的操作。

a. 切换选中 Include diagnostic output，输出来自求解器的输出诊断。

b. 切换选中 Include convergence output，输出来自求解器的收敛数据。

c. 在 Iteration limit 域中，输入求解器的迭代次数限制。

d. 在 Convergence checking frequency 域中，为增量中的求解器检查频率，输入一个正的整数值。

e. 在 Linear convergence limit 域中，输入求解器的线性收敛限制。

4. 在 Pressure Equation 标签页上的 Solver options 中，进行下面的操作。

• 选择 Use analysis defaults，接受默认的压力方程求解器选项。

• 选择 Specify，定制预处理类型、复杂水平、求解器类型或者压力方程求解器的残差平滑器。

5. 要指定压力方程的定制设置，进行下面的操作。

a. 从 Preconditioner Type 选项选择以下的一个选项。

• 选择 Algebraic multi-grid 来使用代数多重网格（AMG）方法计算预处理器矩阵。当用户选择此选项时，用户也可以指定 Complexity Level、Solver Type 和 Residual Smoother 选项的定制设置。

• 选择 Symmetric successive over-relaxation 来使用对称连续超松弛（SSOR）方法计算预处理矩阵。

b. 如果用户将 Algebraic multi-grid 选择成 Preconditioner Type，则选择 Complexity Level 选项来确定用户的求解器类型和残差平滑器选择。用户可以选择 User defined 来指定这些选项的定制设置，或者用户可以为残差平滑器设置选择 Preset，并且选择三个域设置选项中的一个。可以使用下面的三个预设置。

• 选择 1 来使用 Conjugate gradient 求解器，并且为残差平滑的 Polynomial 算法使用两个预扫描和两个后扫描。

• 选择 2 来使用 Conjugate gradient 求解器，并且为残差平滑的 Incomplete factorization 算法使用一个预扫掠和一个后扫掠。

• 选择 3 来使用 Bi-conjugate gradient，stabilized 求解器，并且为残差平滑的 Incomplete factorization 算法使用一个预扫掠和一个后扫掠。

c. 如果用户将 Algebraic multi-grid 选择成 Preconditioner Type，并且从 Complexity Level 选项选择 User defined，从 Solver Type 选项中选择下面一个稳定性方法。

• 切换选中 Conjugate gradient，使用共轭梯度平方（CGS）方法来稳定解。

• 切换选中 Bi-conjugate gradient，stabilized，使用双共轭梯度稳定性（BCGSTAB）方法来稳定解。

• 切换选中 Flexible generalized minimal residual，使用柔性广义最小残差方法（FGMRES）来稳定解。

d. 如果用户将 Preconditioner Type 选择成 Algebraic multi-grid，并且从 Complexity Level 选项中选择了 User defined，则在 Residual Smoother 选项中进行下面的操作。

• 选择残差平滑方法。

• 选择 Incomplete factorization，使用不完全的因式分解预处理来求解方程组。

• 选择 Polynomial 来使用多项式预处理器来求解方程组。

• 从 Smoothing sweeps 选项，调整固定的多重网格循环的预松弛和后松弛次数。Pre-sweeps 选项控制预松弛的次数。Post-sweeps 选项控制后松弛的次数。

6. 单击 Transport Equation 标签页，为流动步中传输计算指定选项，并且进行下面的操作。

a. 切换选中 Include diagnostic output 来从求解器输出诊断数据。

b. 切换选中 Include convergence output 来从求解器输出收敛数据。

c. 在 Iteration limit 域中输入求解器的迭代限制。

d. 在 Convergence checking frequency 域中为增量中的求解器检查频率输入正整数值。

e. 在 Linear convergence limit 域中输入求解器的线性收敛限制。

7. 当用户完成流动步的构型设置后，进入湍流设置阶段。更多信息见“构建湍流选项”。

构建湍流选项

湍流选项使用户能够为流动步选择一个湍流模型，并构建湍流模型的常数。更多有关湍流模型的信息，见《Abaqus 分析用户手册——分析卷》的 1.6.2 节“不可压缩流体的动力学分析”中的“湍流模型”。

若要构建 Turbulence 标签页上的设置，执行以下操作：

1. 在 Edit Step 对话框中显示 Turbulence 标签页。

有关显示 Edit Step 对话框的信息，见 14.9.2 节“创建一个步”，或者 14.9.3 节“编辑步”。

2. 选择湍流模型。

1）选择 None，说明没有使用湍流模型。

2）选择 Spalart-Allmaras，使用 Spalart-Allmaras 湍流模型。如果需要，定制下面设置的默认值。

a. 在 Turbulent Prandtl number 域中为 Turbulent Prandtl 数指定值。仅当 Basic 标签页上的 Energy equation 选项已经设置成 Temperature 时，才可以使用此选项。

b. 在合适的域中，为 Spalart-Allmaras 湍流模型系数输入以下任意常数的值：c_{b1}、c_{b2}、c_{v1}、c_{v2}、c_{w1}、c_{w2}、c_{w3}、σ 和 κ。

3）选择 k-epsilon renormalization group（RNG）来使用 k-ε RNG 湍流模型。如果需要，定制下面设置的默认值。

a. 在 Turbulent Prandtl number 域中，指定 Turbulent Prandtl 数的值。仅当 Basic 标签页上的 Energy equation 选项已经设置成 Temperature 时，才可以使用此选项。

b. 在合适的域中，为 k-ε RNG 湍流模型系数输入以下任意常数的值：C_{μ}、$C_{\varepsilon1}$、$\widetilde{C}_{\varepsilon2}$、$\sigma_{\kappa}$、$\sigma_{\varepsilon}$、$\beta$ 和 λ_0。

3. 当用户完成流动步的构建设置后，单击 OK 来关闭 Edit Step 对话框。

14.11.2 构建线性摄动分析过程

用户可以构建线性摄动分析来分析线性问题。线性摄动过程仅可以在 Abaqus/Standard 中使用。线性摄动方法允许线性分析技术在某些情况中的一般应用，这些情况的线性响应取决于模型的预载荷或者非线性响应历史。更多信息见《Abaqus 分析用户手册——分析卷》的 1.1.3 节“通用和线性摄动过程”。

本节提供使用分析步编辑器来构建不同类型线性摄动过程的指导，包括以下主题：

- “构建一个静态、线性摄动过程”
- “构建一个频率过程”
- “构建一个屈曲过程”
- “构建一个复频率过程”
- “构建一个模态动力学过程”
- “构建一个随机响应过程”
- “构建一个响应谱过程”
- “构建一个直接求解的稳态动力学过程”
- “构建一个基于模态的稳态动力学分析”
- “构建一个基于子空间的稳态动力学分析”
- “构建一个子结构生成过程”
- “构建一个时谐电磁分析”

1. 构建一个静态、线性摄动过程

线性分析步中的响应是与基础状态有关的线性摄动响应。基础状态是线性摄动步前面的

最后一个通用分析步，在结束时的模型当前状态。如果分析的第一步是摄动步，则从初始条件确定基础状态。更多信息见《Abaqus 分析用户手册——分析卷》的 1.1.3 节“通用和线性摄动过程”中的“线性摄动分析步”。

若要创建一个静态、线性摄动过程，执行以下操作：

1. 按照 14.9.2 节“创建一个步”（Procedure type：Linear perturbation；Static，Linear perturbation）或者 14.9.3 节“编辑步”中指出的流程来显示 Edit Step 对话框。

2. 在 Basic 和 Other 标签页上，如下面的过程中所描述的那样描述分析步，并输入方程求解器优选项。

若要构建一个静态、线性摄动过程，执行以下操作：

1. 在 Edit Step 对话框中显示 Basic 标签页。

2. 在 Description 域中，输入分析步的简短描述。Abaqus 将用户输入的文本存储到输出数据库中，并且由显示模块将这些文本显示在状态区域中。

3. 显示 Other 标签页。

4. 选择一个 Equation Solver Method 选项。

● 选择 Direct 来使用默认的直接稀疏求解器。

● 选择 Iterative 来使用迭代线性方程求解器。对于具有几百万自由度的箱形结构，此迭代求解器通常是非常有用的。更多信息见《Abaqus 分析用户手册——分析卷》的 1.1.6 节“迭代线性方程求解器”。

5. 选择一个 Matrix storage 选项。

● 选择 Use solver default 来允许 Abaqus/Standard 决定是需要对称矩阵存储和求解策略，还是需要非对称的矩阵存储和求解策略。

● 选择 Unsymmetric 来限制 Abaqus/Standard 只能使用非对称存储和求解策略。

● 选择 Symmetric 来限制 Abaqus/Standard 只能使用对称存储和求解策略。

有关矩阵存储的更多信息，见《Abaqus 分析用户手册——分析卷》的 1.1.2 节“定义一个分析”中的“Abaqus/Standard 中的矩阵存储和求解方案”。

6. 当用户完成静态、线性摄动步的设置构建，则单击 OK 来关闭 Edit Step 对话框。

2. 构建一个频率过程

此部分提供构建一个频率提取过程的详细指导。

频率提取过程概览

当用户已经构建频率过程的分析步时，Abaqus/Standard 在分析步中执行特征值提取过程来计算固有频率和系统的对应模态形状。

当用户构建一个频率分析步时，用户必须选择下面一个特征提取方法：

Lanczos

Lanczos 方法是默认的方法，因为此方法具有通用的能力。然而，此法通常比 AMS 方法更慢。更多信息见《Abaqus 分析用户手册——分析卷》的 1.3.5 节“固有频率提取”中的“Lanczos 特征值求解器”，以及《Abaqus 理论手册》的 2.5.1 节“特征值提取”。

有关 Lanczos 特征值提取方法设置构建的详细指导，见“为频率提取过程使用 Lanczos 特征值求解器”。

自动的多层子结构（AMS）

AMS 方法是 Abaqus/Standard 的附加分析能力。AMS 方法比 Lanczos 方法更快，特别是当用户要求拥有大量自由度的系统的大量特征模态时。然而，AMS 方法具有一些限制。更多信息见《Abaqus 分析用户手册——分析卷》的 1.3.5 节“固有频率提取”中的“自动的多层子结构（AMS）特征值求解器”。

有关 AMS 提取方法的设置构建指导详细情况，见“为频率提取过程使用 AMS 特征值求解器”。

子空间迭代（Subspace iteration）

对于子结构迭代过程，用户仅需要指定要求的特征值数量；Abaqus/Standard 选择合适的迭代向量数量。用户也可以指定感兴趣的最大频率；Abaqus/Standard 提取特征值，直到提取得到了要求数量的特征值，或者提取得到的最后频率超出了感兴趣的最大频率。更多信息见《Abaqus 理论手册》的 2.5.1 节“特征值提取”。

有关子空间迭代提取方法构建设置的详细指导，见“为频率提取过程使用子空间迭代特征值求解器”。

有关频率提取过程的背景信息，见《Abaqus 分析用户手册——分析卷》的 1.3.5 节“固有频率提取”。

为频率提取过程使用 Lanczos 特征值求解器

Edit Step 对话框提供 Basic 和 Other 标签页，在这些标签页上，用户可以指定 Lanczos 特征值求解器的设置。

用户可以按照 14.9.2 节“创建一个步”（Procedure type：Linear perturbation；Frequency），或者 14.9.3 节“编辑步”中指出的那样显示 Edit Step 对话框。

若要构建 Basic 标签页上的设置，执行以下操作：

1. 在 Edit Step 对话框中显示 Basic 标签页。
2. 在 Description 域中，输入分析步的简短描述。Abaqus 将用户的文本输入存储到输出数据库，并且由显示模块将这些文本显示在状态区域中。
3. 从 Eigensolver 选项列表中选择 Lanczos。
4. 选择一个 Number of eigenvalues requested 选项来说明用户想要计算出多少特征值：

• 如果用户想要 Abaqus/Standard 在用户输入的最大频率值（以及如果想要的话，一个最小频率值）所确定的范围内计算出所有的特征值，则选择 All in frequency range。

• 如果用户想要计算出特定数量的特征值，则选择 Value。在提供的域中输入此值。

5. 切换选中 Frequency shift（cycles/time）＊＊2 来指定一个正的或者负的漂移平方频率 S。如果用户切换选中此选项，则在提供的域中输入频率漂移值。更多信息见《Abaqus 分析用户手册——分析卷》的 1.3.5 节“固有频率提取”中的“频移”。

6. 切换选中 Minimum frequency of interest（cycles/time）来指定频率范围的下限，Abaqus/Standard 将在此下限以上的范围中计算特征值。如果用户切换选中了此选项，则在提供的域中输入最小频率值。

如果用户想要以并行模式使用 Lanczos 求解器，则会要求此选项。

7. 切换选中 Maximum frequency of interest（cycles/time）来指定频率范围的上限，Abaqus/Standard 将在此频率值以下计算特征值。如果用户切换选中此选项，则在提供的域中输入最大频率值。

如果用户想要以并行模式使用 Lanczos 求解器，则会要求此选项。

8. 如果模型包括耦合到一起的声学和结构单元，或者 ASI 类型的单元，则用户可以切换选中 Include acoustic-structural coupling where applicable 来在频率提取过程中包括声-结构耦合的影响（默认切换选中此选项）。更多信息见《Abaqus 分析用户手册——分析卷》的 1.3.5 节“固有频率提取”中的“结构-声学的耦合”。

9. 指定用户想要的分块数量。

• 选择 Default 来使用默认的分块大小 7，此值通常是合适的。

• 选择 Value 来输入特别的分块数量。在提供的域中输入值。通常，Lanczos 法的分块大小应当与想要的最大特征值多重性一样大。

更多信息见《Abaqus 分析用户手册——分析卷》的 1.3.5 节“固有频率提取”中的“Lanczos 特征值求解器”。

10. 指定 Maximum number of block Lanczos steps 的用户优先值。

• 选择 Default 来让 Abaqus/Standard 确定每一个 Lanczos 运行中分块 Lanczos 步的数量。此默认值通常是合适的。

• 选择 Value 来输入每一个 Lanczos 运行中 Lanczos 步的数量限制。在提供的域中输入值。通常，如果特定类型的特征值问题收敛缓慢，则提供更多的分块 Lanczos 步将会降低分析成本。另一方面，如果用户知道特定类型的问题收敛会较快，则提供更少的分块 Lanczos 步将降低内核内存的使用量。

11. 切换选中 Use SIM-based linear dynamics procedures 来激活高性能的、基于模态的线性动力学分析能力。如果在此步中提取的特征模态将用于后续的、基于模态的或者子空间基础的线性动力学过程，则以 SIM 为基础的功能，为具有最小输出请求的大模型提供改善的效率。更多信息见《Abaqus 分析用户手册——分析卷》的 1.3.1 节“动态分析过程：概览”中的“为模态叠加动力学分析使用 SIM 构架”。

12. 如果用户切换选中 Use SIM-based linear dynamics procedures，则为了 Abaqus 在后续的稳态阻尼步中使用，将在模型中定义的结构和黏性阻尼算子进行投影。要抑制阻尼算子的投影，切换不选 Project damping operators。抑制阻尼算子可以改善频率提取步的性能；然而，将会在后续的稳态动力学步中忽略结构和黏性材料阻尼。更多信息见《Abaqus 分析用户手册——分析卷》的 1.3.1 节“动态分析过程：概览”中的“基于模态的稳态动力学和使用 SIM 构架的瞬态线性动力学分析中的阻尼”。

13. 切换选中 Include residual modes 来要求 Abaqus/Standard 以紧随的静态、线性摄动步中指定的载荷为基础来计算残余模态。更多信息见《Abaqus 分析用户手册——分析卷》的 1. 3. 5 节“固有频率提取”中的“为了在基于模态的过程中使用而得到残余模态”。

若要构建 Other 标签页上的设置，执行以下操作：

1. 在 Edit Step 对话框中显示 Other 标签页。

2. 接受默认的 Matrix storage 设置。因为 Abaqus/Standard 仅为对称矩阵提供特征值提取，所以使用特征值提取或者特征值屈曲预测过程的分析步，总是使用对称矩阵存储和求解策略。用户不能改变此设置。在这样的步中，Abaqus/Standard 将刚度矩阵的贡献进行对称化。

3. 为正交化特征向量选择一个选项。

• 选择 Displacement 来正交化特征向量，这样，每一个向量中的最大位移、转动或者声压力输入变成一个单位。

• 选择 Mass 来关于结构质量矩阵正交化特征向量（将特征向量进行缩放，这样每一个向量的广义质量是一个单位）。

如果用户切换选中 Basic 标签页上的 Use SIM-based linear dynamics procedures，则仅可以使用质量正交化。更多信息见《Abaqus 分析用户手册——分析卷》的 1. 3. 5 节“固有频率提取”中的“归一化”。

4. 切换选中 Evaluate dependent properties at frequency 来评估特征值提取过程中，黏弹性、弹簧和阻尼器的频率相关属性。如果用户切换选中此选项，则在提供的域中输入想要的评估频率。更多信息见《Abaqus 分析用户手册——分析卷》的 1. 3. 5 节“固有频率提取”中的“评估频率相关的材料属性”。

当用户完成频率步的设置时，单击 OK 来关闭 Edit Step 对话框。

为频率提取过程使用 AMS 特征值求解器

Edit Step 对话框提供 Basic 和 Other 标签页，用户可以为 AMS 特征求解器指定设置。

用户可以按照 14. 9. 2 节“创建一个步”（Procedure type：Linear perturbation；Frequency），或者 14. 9. 3 节“编辑步”中指出的那样显示 Edit Step 对话框。

若要构建 Basic 标签页上的设置，执行以下操作：

1. 在 Edit Step 对话框中显示 Basic 标签页。

2. 在 Description 域中，输入分析步的简短描述。Abaqus 将用户输入的文本存储到输出数据库中，并且由显示模块将这些文本显示在状态区域中。

3. 从 Eigensolver 选项列表中选择 AMS。

4. 结构和声学区域的耦合没有影响使用 AMS 特征求解器的频率提取过程：将结构和声学模型计算成好像没有耦合。默认情况下，Abaqus 将模型中定义的结构-声学耦合算子投影用于后面的稳态动力学步。要抑制此投影，切换不选 Project acoustic-structural coupling where applicable。抑制耦合算子可以提高分析速度，但是在后续的稳态动力学步中将忽略结构-声学耦合。

5. 对于包括结构和声学单元的模型，当像计算结构特征值那样计算声学特征值时，Abaqus 默认使用相同的频率区域。要为两个区域指定不同的频率范围，输入一个 Acoustic range factor。Abaqus 将 Maximum frequency of interest 乘以此因子来确定声学区域的不同最大频率。为两个区域保持最小的频率。

6. 切换选中 Minimum frequency of interest（cycles/time）来指定频率范围的下限，Abaqus/Standard 将在其中计算特征值。如果用户切换选中此选项，则在提供的域中输入最小的频率值。

7. 在 Maximum frequency of interest（cycles/time）域中，输入频率范围的上限，Abaqus/Standard 将在其中提取所有的模态。

8. 如果用户想要将特征向量计算仅限制在特定区域中的节点上，则切换选中 Limit region of saved eigenvectors。如果用户切换选中此区域，则单击所提供域右边的箭头来选择感兴趣的区域。

9. 默认情况下，Abaqus 将任何的结构，或者模型中定义的黏性阻尼因子进行投影，来用于后续的稳态动力学步。要抑制这些算子的投影，切换不选 Project damping operators。抑制阻尼因子可以提高频率提取步的性能；然而，将在后续的稳态动力学步中忽略结构和黏性材料阻尼。更多信息见《Abaqus 分析用户手册——分析卷》的 1.3.1 节“动态分析过程：概览”中的“基于模态的稳态动力学和使用 SIM 构架的瞬态线性动力学分析中的阻尼”。

10. 切换选中 Include residual modes 来要求 Abaqus/Standard 以模型的静态响应为基础，来将残余模态计算成名义载荷（或者单位）。

如果用户切换选中此选项，则指定残余模态区域和用户想要计算残余模态的自由度（DOF）。Abaqus/Standard 为每一个要求的自由度计算一个残余模态。

更多信息见《Abaqus 分析用户手册——分析卷》的 1.3.5 节“固有频率提取”中的“为了在基于模态的过程中使用而得到残余模态”。

若要构建 Other 标签页上的构建设置，执行以下操作：

1. 在 Edit Step 对话框中显示 Other 标签页。

2. 接受默认的 Matrix storage 设置。因为 Abaqus/Standard 仅为对称的矩阵提供特征值提取，使用特征频率提取或者特征值屈曲预测过程的分析步，总是使用对称的矩阵存储和求解策略。用户不能改变此设置。在这样的步中，Abaqus/Standard 将刚度矩阵的所有贡献对称化。

3. 在 Cutoff multiplier for substructure eigenproblems 域中，输入子结构特征值问题的截止频率 AMS_{cutoff_1}，定义成感兴趣的最大频率的乘子。默认值是 5。

4. 在 First cutoff multiplier for reduced eigenproblems 域中，输入缩减特征值问题的第一个截止频率 AMS_{cutoff_2}，定义成感兴趣的最大频率的乘子。默认值是 1.6。$AMS_{cutoff_2} < AMS_{cutoff_1}$。

5. 在 Second cutoff multiplier for reduced eigenproblems 域中，输入缩减特征值问题的第二个截止频率 AMS_{cutoff_3}，定义成感兴趣的最大频率的乘子。默认的值是 1.3。$AMS_{cutoff_3} < AMS_{cutoff_2}$。

更多信息见《Abaqus 分析用户手册——分析卷》的 1.3.5 节“固有频率提取”中的“自动的多层子结构（AMS）特征值求解器”。

当用户完成频率步的构建设置时，单击 OK 来关闭 Edit Step 对话框。

为频率提取过程使用子空间迭代特征值求解器

Edit Step 对话框提供 Basic 和 Other 标签页，用户可以为子空间迭代特征值求解器指定设置。

用户可以按照 14.9.2 节“创建一个步”（Procedure type：Linear perturbation；Frequency）或者 14.9.3 节“编辑步”中指出的那样显示 Edit Step 对话框。

若要构建 Basic 标签页上的设置，执行以下操作：

1. 在 Edit Step 对话框中显示 Basic 标签页。
2. 在 Description 域中，输入分析步的简短描述。Abaqus 将用户输入的文本存储到输出数据库中，并且由显示模块将这些文本显示在状态区域中。
3. 从 Eigensolver 选项列表中选择 Subspace。
4. 在 Number of eigenvalues requested 域中输入用户想要 Abaqus/Standard 计算的特征值数量。
5. 切换选中 Frequency shift（cycles/time）* *2 来指定一个正的或者负的漂移平方频率 S。如果用户切换选中此选项，则在提供的域中输入频率漂移值。更多信息见《Abaqus 分析用户手册——分析卷》的 1.3.5 节“固有频率提取”中的“频移”。
6. 切换选中 Maximum frequency of interest（cycles/time）来指定频率范围的上限，Abaqus/Standard 将在此上限以下的范围计算特征值。如果用户切换选中了此选项，则在提供的域中输入最小频率值。

   Abaqus/Standard 将提取特征值，直到提取了要求数量的特征值，或者所提取的最后频率超出感兴趣的最大频率。
7. 为 Vectors used per iteration 的数量输入一个值。通常，使用更多向量时，收敛性更快，但是所需的内存也更大。这样，如果用户已知特定类型的特征值问题收敛较慢，通过使用此选项提供更多的向量，将降低分析成本。
8. 为 Maximum number of iterations 输入一个值。默认值为 30。

若要构建 Other 标签页上的设置，执行以下操作：

1. 在 Edit Step 对话框上显示 Other 标签页。

2. 接受默认的 Matrix storage 设置。因为 Abaqus/Standard 仅为对称矩阵提供特征值提取，所以使用特征频率提取或者特征值屈曲预测的过程，总是使用对称矩阵存储和求解策略。用户不能改变此设置。在这样的步中，Abaqus/Standard 将刚度矩阵的所有贡献对称化。

3. 为归一化特征向量选择一个选项。

- 选择 Displacement 来归一化特征向量，这样每一个向量中的最大位移、转动或者声学压力输入是一个单位。
- 选择 Mass 来归一化与结构质量矩阵有关的特征向量（缩放特征向量，这样每一个向量的广义质量是一个单位）。

更多信息见《Abaqus 分析用户手册——分析卷》的 1.3.5 节“固有频率提取”中的“归一化”。

4. 切换选中 Evaluate dependent properties at frequency 来评估特征值提取过程中的黏弹性、弹簧和阻尼器的频率相关属性。如果用户切换选中此选项，则在提供的域中输入想要的评估频率。更多信息见《Abaqus 分析用户手册——分析卷》的 1.3.5 节“固有频率提取”中的“评估频率相关的材料属性”。

当用户完成频率步的设置后，单击 OK 来关闭 Edit Step 对话框。

3. 构建一个屈曲过程

通常使用特征值屈曲分析来评估刚硬结构的临界屈曲载荷（经典的特征值屈曲）。此类型分析是线性摄动过程，并且屈曲载荷是相对于结构的基础状态计算得到的。更多信息见《Abaqus 分析用户手册——分析卷》的 1.2.3 节“特征值屈曲预测”。

若要创建或者编辑一个屈曲过程，执行以下操作：

1. 按照 14.9.2 节“创建一个步”（Procedure type：Linear perturbation；Buckle）或者 14.9.3 节“编辑步”中指出的过程那样显示 Edit Step 对话框。

2. 在 Basic 标签页中，构建下面过程中描述的特征求解器提取方法和迭代最大数量那样的设置。

Other 标签页显示默认的矩阵存储选项。用户不能改变此设置，因为 Abaqus/Standard 仅为对称矩阵提供特征值提取。在特征值屈曲预测过程中，Abaqus/Standard 将刚度矩阵的所有贡献对称化。

若要构建 Basic 标签页上的设置，执行以下操作：

1. 在 Edit Step 对话框中显示 Basic 标签页。

2. 在 Description 域中，输入分析步的简短描述。Abaqus 将用户输入的文本存储到输出数据库中，并且由显示模块将这些文本显示在状态区域中。

3. 选择 Lanczos 特征求解器或者 Subspace 迭代特征求解器。

在具有许多自由度的系统要求大量的特征模态时，Lanczos 方法通常是更快的。然而，此方法也有一些限制（见 Basic 对话框底部的警告）。仅当只需要少数（少于 20）特征模态时，子空间迭代方法可以更快。更多信息见《Abaqus 分析用户手册——分析卷》的 1.2.3 节“特征值屈曲预测”中的“选择特征值提取方法”。

4. 在 Number of eigenvalues requested 域中，输入用户想要评估的特征值数量。特征值实际数量的明显过度评估会造成非常大的文件。如果用户估计特征值实际数量不足，则 Abaqus/Standard 将发出对应的警告信息。

5. 如果用户选择 Lanczos 特征值求解器，则进行下面的操作。

a. 切换选中 Minimum eigenvalue of interest，创建 Abaqus/Standard 将提取特征值范围的下限。如果用户切换选中此选项，则在提供的域中输入值。

b. 切换选中 Maximum eigenvalue of interest，创建 Abaqus/Standard 将提取特征值范围的上限。如果用户切换选中此选项，则在提供的域中输入值。

如果用户指定特征值的范围，则 Abaqus/Standard 将提取特征值，直到在给定的区域中已经提取了要求的数量的特征值，或者已经提取了给定区域中的所有特征值。

c. 选择一个 Block size 选项。

- 选择 Default 来使用默认的 7 个分块，通常是合适的。
- 选择 Value 来在要求的域中输入一个特别的分块大小。通常，Lanczos 方法的分块大小应当与特征值的最大期待多重值一样大。

更多信息见《Abaqus 分析用户手册——分析卷》的 1.2.3 节“特征值屈曲预测”中的“选择特征值提取方法”。

d. 为 Maximum number of block Lanczos steps 指定用户优先选项。

- 选择 Default 来让 Abaqus/Standard 决定每一个 Lanczos 运行中分块 Lanczos 步的数量。默认的值通常是合适的。
- 选择 Value 来输入每一个 Lanczos 运行中 Lanczos 步的数量限制。通常，如果特定类型的特征值问题收敛缓慢，则提供更多的分块 Lanczos 步将降低分析成本。另一方面，如果用户知道特定问题收敛迅速，则提供更少的分块 Lanczos 步将降低所使用内核内存的数量。

6. 如果用户选择了 Subspace 特征值求解器，则进行下面的操作。

a. 切换选中 Maximum eigenvalue of interest 来输入 Abaqus/Standard 将提取特征值的范围上限。如果用户切换选中了此选项，则在提供的域中输入值。

Abaqus/Standard 将提取特征值，直到已经提取了要求数量的特征值，或者最后提取的特征值超过了感兴趣的最大特征值。

b. 输入 Vectors used per iteration 的数量值。通常，使用更多的向量将收敛更快，但是也要求更大的内存。这样，如果用户知道特定类型的特征值文本收敛缓慢，则通过使用此选项来提供更多的向量会降低分析成本。

c. 输入 Maximum number of iterations 的值。默认值是 30。

7. 单击 OK 来保存步并且关闭 Edit Step 对话框。

4. 构建一个复频率过程

一个复频率过程执行特征值提取，来计算复特征值和对应的系统复模态形状。此过程是一个线性摄动过程，并且在复特征值提取之前要求用户执行一个特征频率提取过程（在

“构建一个频率过程”中进行了描述)。更多信息见《Abaqus 分析用户手册——分析卷》的 1.3.6 节“复特征值提取”。

若要创建或者编辑一个复频率过程，执行以下操作：

1. 按照 14.9.2 节“创建一个步”(Procedure type: Linear perturbation; Complex frequency) 或者 14.9.3 节“编辑步”中指出的过程显示 Edit Step 对话框。

2. 在 Basic 和 Other 标签页中，构建下面过程中描述的所需特征值数量的设置和矩阵求解器优先选项的设置。

若要构建 Basic 标签页上的设置，执行以下操作：

1. 在 Edit Step 对话框中显示 Basic 标签页。

2. 在 Description 域中，输入分析步的简短描述。Abaqus 将输入的文本存储到输出数据库中，并且由显示模块将这些文本显示到状态区域中。

3. 为指定 Number of eigenvalues requested 选择一个选项。

- 如果用户想要 Abaqus/Standard 报告投影子空间中可以得到的所有特征模态，则选择 All。子空间是在之前频率步中计算得到的所有特征模态的基础上构建的。
- 选择 Value 来输入用户想要 Abaqus/Standard 报告的特征模态的特定数量值。

4. 切换选中 Frequency shift (cycles/time) 来为复特征值提取过程指定一个转换点 S ($S \geqslant 0$)。

Abaqus/Standard 以 $|Im(\mu_n)-S|$ 的增量次序来报告复特征模态 μ_n，这样最先报告最靠近给定转换点的、具有虚部的模态。当考虑特定频率范围时，此特征是有用的。默认没有转换点。

5. 切换选中 Minimum frequency of interest (cycles/time)，指定 Abaqus/Standard 报告特征模态的频率范围下限。

6. 切换选中 Maximum frequency of interest (cycles/time)，指定 Abaqus/Standard 报告特征模态的频率范围上限。

7. 切换选中 Include friction-induced damping effects，来包括阻尼矩阵的、由摩擦产生的贡献。更多信息见《Abaqus 分析用户手册——分析卷》的 1.3.6 节“复特征值提取”中的“具有滑动摩擦的接触条件”。

若要构建 Other 标签页上的设置，执行以下操作：

1. 在 Edit Step 对话框中显示 Other 标签页。

有关显示 Edit Step 对话框的信息，见 14.9.2 节“创建一个步”，或者 14.9.3 节“编辑步”。

2. 选择一个 Matrix solver 选项。

- 选择 Use solver default 来让 Abaqus/Standard 决定是需要一个对称的矩阵存储和求解策

略，还是需要非对称的矩阵存储和求解策略。

- 选择 Unsymmetric 来限制 Abaqus/Standard 仅使用非对称的存储和求解策略。
- 选择 Symmetric 来限制 Abaqus/Standard 仅使用对称的存储和求解策略。

有关矩阵存储的更多信息，见《Abaqus 分析用户手册——分析卷》的 1.1.2 节“定义一个分析”中的“Abaqus/Standard 中的矩阵存储和求解方案”。

3. 切换选中 Evaluate dependent properties at frequency 来输入一个频率，Abaqus/Standard 将在此频率上评估依赖频率的材料属性。更多信息见《Abaqus 分析用户手册——分析卷》的 1.3.6 节“复特征值提取”中的“评估频率相关的材料属性”。

完成分析步的构建后，单击 OK 来关闭 Edit Step 对话框。

5. 构建一个模态动力学过程

一个瞬态模态动力学分析将模型的响应反映成时间的函数，并且以给出的依赖时间的载荷为基础。结构的响应是以系统的模态子集合为基础的，必须首先使用特征频率提取过程来提取这些模态子集合（在“构建一个频率过程”中进行了描述）。更多信息见《Abaqus 分析用户手册》的 6.3.7 节“瞬态模态动力学分析”。

若要创建或者编辑一个模态动力学过程，执行以下操作：

1. 按照 14.9.2 节“创建一个步”（Procedure type：Linear perturbation；Modal dynamics）或者 14.9.3 节“编辑步”中指出的过程显示 Edit Step 对话框。

2. 在 Basic、Damping 和 Other 标签页上，构建的设置是否从之前分析步结果中继承初始条件，以及在特定模态或者频率下的阻尼，见以下步骤。

若要构建 Basic 标签页上的设置，执行以下操作：

1. 在 Edit Step 对话框中显示 Basic 标签页。

2. 在 Description 域中，输入分析步的简短描述。Abaqus 将用户输入的文本存储到输出数据库中，并且由显示模块将这些文本显示在状态区域中。

3. 说明是否要继承之前分析步的初始条件。

- 如果用户想要 Abaqus/Standard 继承之前分析步的初始条件，则选择 Use initial conditions (when applicable)，之前的分析步必须是模态动力学步，或者静态摄动步。

—如果之前的分析步是模态动力学步，则继承此分析步结束时的位移和速度，并且作为当前分析步的输出条件。

—如果之前的分析步是静态摄动步，则从此分析步继承位移。如果已经定义初始速度（《Abaqus 分析用户手册——指定条件、约束与相互作用卷》的 1.2.1 节“Abaqus/Standard 和 Abaqus/Explicit 中的初始条件”），则将使用此初始速度；否则，初始速度将为零。

- 如果用户想要模态动力学步以零初始条件开始，则选择 Zero initial conditions。如果用户已经定义初始速度，则 Abaqus/Standard 将使用它们；否则，初始速度将为零。

4. 在 Time period 域中，输入步的时间段。

5. 在 Time increment 域中，输入期望时间增量的值。

若要构建 Damping 标签页上的设置，执行以下操作：

1. 在 Edit Step 对话框中显示 Damping 标签页。

有关显示 Edit Step 对话框的信息，见 14.9.2 节“创建一个步”，或者 14.9.3 节“编辑步”。

2. 说明想要如何提供阻尼值。

- 选择 Specify damping over ranges of Modes 来提供特定模态范围的阻尼。
- 选择 Specify damping over ranges of Frequencies 来提供指定频率处的阻尼值。Abaqus/Standard 在指定的频率之间线性地插值阻尼系数。

如果用户省略了 Damping 标签页上的数据，则 Abaqus/Standard 假定零阻尼值。更多信息见《Abaqus 分析用户手册——分析卷》的 1.3.7 节“瞬态模态动力学分析”中的“指定模态阻尼”。

3. 如果用户在步骤 2 中选择了 Modes，则为定义阻尼选择一个或者多个以下的选项。

1）显示 Direct modal 标签页来为特定的模态范围指定临界阻尼分数 ξ，并进行下面的操作。

a. 切换选中 Use direct damping data。

b. 在数据表中输入以下信息。

- Start Mode：模态范围的最低模态编号。
- End Mode：模态范围的最高模态编号。
- Critical Damping Fraction：临界阻尼分数 ξ。

2）显示 Composite modal 标签页，使用在之前频率步中计算得到的阻尼系数来选择复合模型阻尼（频率步中执行的阻尼计算是使用材料定义中提供的阻尼数据来执行的）。进行下面的操作。

a. 切换选中 Use composite damping data。

b. 在数据表中输入以下信息。

- Start Mode：模态范围的最低模态编号。
- End Mode：模态范围的最高模态编号。

3）显示 Rayleigh 标签页来定义 Rayleigh 阻尼，并进行下面的操作。

a. 切换选中 Use Rayleigh damping data。

b. 在数据表中输入以下信息。

- Start Mode：模态范围的最低模态编号。
- End Mode：模态范围的最高模态编号。
- Alpha：质量比例阻尼 α_M。
- Beta：刚度比例阻尼 β_M。

有关如何输入数据的详细信息，见 3.2.7 节“输入表格数据”。

4. 如果用户在步骤 2 中选择了 Frequencies，则为定义阻尼选择下面的一个或者多个选项。

1）显示 Direct modal 标签页来为特定的频率范围指定临界阻尼分数 ξ，并进行下面的操作。

a. 切换选中 Use direct damping data。

b. 在数据表中输入以下信息。

• Frequency：以周期/时间为量纲的频率值。

• Critical Damping Fraction：临界阻尼分数 ξ。

2）定义 Rayleigh 标签页来定义 Rayleigh 阻尼，并进行下面的操作。

a. 切换选中 Use Rayleigh damping data。

b. 在数据表中输入以下信息。

• Frequency：以周期/时间为量纲的频率值。

• Alpha：质量比例阻尼 α_M。

• Beta：刚度比例阻尼 β_M。

有关如何输入数据的详细信息，见 3. 2. 7 节“输入表格数据”。

5. 如果需要，重复步骤 2~步骤 4 来创建多个阻尼定义。

若要构建 Other 标签页上的设置，执行以下操作：

1. 在 Edit Step 对话框中显示 Other 标签页。

有关显示 Edit Step 对话框的信息，见 14. 9. 2 节“创建一个步”，或者 14. 9. 3 节“编辑步”。

2. 为 Default load variation with time 选择一个选项。

• 如果用户想要在步的开始时刻就施加载荷，并在分析步上保持不变，则选择 Instantaneous。

• 如果载荷大小在分析步过程中，从之前分析步结束时的值线性地变化到步的完整大小，则选择 Ramp linearly over step。

完成分析步的构建后，单击 OK 来关闭 Edit Step 对话框。

6. 构建一个随机响应过程

随机响应分析是一个线性摄动过程，提供对用户定义的随机激励的线性动力学响应。此类型的分析使用之前特征频率提取过程中提取的模态集合（在“构建一个频率过程”中进行了描述）来计算响应变量的功率谱密度以及对应的均方根值。更多信息见《Abaqus 分析用户手册——分析卷》的 1. 3. 11 节“随机响应分析”。

若要创建或者编辑一个随机响应过程，执行以下操作：

1. 按照 14. 9. 2 节“创建一个步”（Procedure type：Linear perturbation；Random response）或者 14. 9. 3 节“编辑步”中指出的过程显示 Edit Step 对话框。

2. 在 Basic 和 Damping 标签页上，构建下面过程中描述的频率范围和阻尼定义。

3. 在显示模块中计算得到密塞斯平衡应力的功率谱密度和密塞斯平衡应力的均方根。

要得到这些数据，用户必须请求特别的场和历史输出。

a. 如 14.12.1 节“创建输出请求”中描述的那样显示输出要求编辑器。

b. 对于之前频率步的场输出请求，选择应力分量和不变量输出变量。

c. 对于随机响应步的历史输出请求，进行下面的操作。

- 将 Domain 选择成 Set，并从列表中选择想要的集合。
- 要得到密塞斯平衡应力的功率谱密度，选择 MISES 输出变量。
- 要得到密塞斯平衡应力的均方根，选择 RMISES 输出变量。

d. 用户可以在显示模块中显示 MISES 和 RMISES 输出变量。

- 要得到 MISES 和 RMISES 输出变量的云图，见 42.5.3 节“选择主场输出变量”。
- 可以在单元节点，以及特定节点输出变量位置处获取 MISES 和 RMISES 输出变量的 *X-Y* 数据图。要得到这些图，见 47.2.2 节“从输出数据库场输出读取 *X-Y* 数据”。

若要构建 Basic 标签页上的设置，执行以下操作：

1. 在 Edit Step 对话框中显示 Basic 标签页。

2. 在 Description 域中，输入分析步的简短描述。Abaqus 将用户输入的文本存储到输出数据库中，并且由显示模块将这些文本显示在状态区域中。

3. 选择 Scale 选项来使用 Logarithmic 比例或 Linear 比例划分感兴趣的频率范围。

4. 在 Data 表中输入下面的数据。

Lower Frequency

频率范围的下限或者单个频率，量纲为周期/时间。

Upper Frequency

频率范围的上限，量纲为周期/时间。如果用户输入 0，则 Abaqus/Standard 假定仅在 Lower Frequency 列出的指定频率处请求结果。

Number of Points

特征频率之间的点数量。在这些点处计算响应，包括从频率范围的下限到范围中的第一个特征频率的端点，在特征频率到特征频率的每个间隔中，以及从范围中的最高特征频率到频率范围的上限。如果给出的值小于 2（或者省略），则假定默认为 20 点。仅当使用了足够的点时，Abaqus/Standard 才可以在频率范围内精确地积分，才可以得到精确的 RMS 值。

Bias

偏置参数。仅当用户要求四个或者更多的频率点时，此参数才是有用的。通常使用此参数来向间隔端部方向偏置结果点，以便在那里得到更好的解，因为每一个间隔的端部是响应频率，端部处的响应幅值变化最快。默认的偏置参数为 3.0。更多信息见《Abaqus 分析用户手册——分析卷》的 1.3.11 节“随机响应分析”中的“偏置参数”。

有关如何输入数据的详细信息，见 3.2.7 节“输入表格数据”。

若要构建 Damping 标签页上的设置，执行以下操作：

1. 在 Edit Step 对话框中显示 Damping 标签页。

有关显示 Edit Step 对话框的信息，见 14.9.2 节“创建一个步”，或者 14.9.3 节“编辑步”。

2. 说明想要如何提供阻尼值。

- 选择 Specify damping over ranges of Modes 来提供特定模态范围的阻尼。
- 选择 Specify damping over ranges of Frequencies 来提供指定频率处的阻尼值。Abaqus/Standard 在指定的频率之间线性地插值阻尼系数。

如果用户省略了 Damping 标签页上的数据，则 Abaqus/Standard 假定阻尼值为 0。更多信息见《Abaqus 分析用户手册——分析卷》的 1.3.7 节“瞬态模态动力学分析”中的“指定模态阻尼”。

3. 如果用户在步骤 2 中选择了 Modes，则为定义阻尼选择一个或者多个以下的选项。

1）显示 Direct modal 标签页来为特定的模态范围指定临界阻尼分数 ξ，并进行下面的操作。

a. 切换选中 Use direct damping data。

b. 在数据表中输入以下信息。

- Start Mode：模态范围的最低模态编号。
- End Mode：模态范围的最高模态编号。
- Critical Damping Fraction：临界阻尼分数 ξ。

2）显示 Composite modal 标签页，使用在之前频率步中计算得到的阻尼系数来选择复合模型阻尼（频率步中执行的阻尼计算是使用材料定义中提供的阻尼数据来执行的）。进行下面的操作。

a. 切换选中 Use composite damping data。

b. 在数据表中输入以下信息。

- Start Mode：模态范围的最低模态编号。
- End Mode：模态范围的最高模态编号。

3）显示 Rayleigh 标签页来定义 Rayleigh 阻尼，并进行下面的操作。

a. 切换选中 Use Rayleigh damping data。

b. 在数据表中输入以下信息。

- Start Mode：模态范围的最低模态编号。
- End Mode：模态范围的最高模态编号。
- Alpha：质量比例阻尼 α_M。
- Beta：刚度比例阻尼 β_M。

4）显示 Structural 标签页来定义与内力成比例的阻尼，但其方向与速度的方向相反。进行下面的操作。

a. 切换选中 Use direct damping data。

b. 在数据表中输入以下信息。

- Start Mode：模态范围的最低模态编号。
- End Mode：模态范围的最高模态编号。
- Damping Constant：阻尼因子 s。

有关如何输入数据的详细信息，见 3.2.7 节“输入表格数据”。

4. 如果用户在步骤 2 中选择了 Frequencies，则为定义阻尼选择一个或者多个以下的选项。

1）显示 Direct modal 标签页来为特定的模态范围指定临界阻尼分数ξ，并进行下面的操作。

a. 切换选中 Use direct damping data。

b. 在数据表中输入以下信息。

- Frequency：频率值，量纲为周期/时间。
- Critical Damping Fraction：临界阻尼分数ξ。

2）显示 Rayleigh 标签页来定义 Rayleigh 阻尼，并进行下面的操作。

a. 切换选中 Use Rayleigh damping data。

b. 在数据表中输入以下信息。

- Frequency：频率值，量纲为周期/时间。
- Alpha：质量比例阻尼 α_M。
- Beta：刚度比例阻尼 β_M。

3）显示 Structural 标签页来定义与内力成比例的阻尼，但其方向与速度的方向相反。进行下面的操作。

a. 切换选中 Use direct damping data。

b. 在数据表中输入以下信息。

- Frequency：频率值，量纲为周期/时间。
- Damping Constant：阻尼因子s。

有关如何输入数据的详细信息，见 3.2.7 节“输入表格数据”。

5. 如果需要，重复步骤 2~步骤 4 来创建多个阻尼定义。

完成步分析的构建后，单击 OK 来关闭 Edit Step 对话框。

用户可以在显示模块中显示密塞斯等效应力的均方根，从 Field Output 对话框显示 RMISES 输出变量，或者从 ODB field output 创建 *X-Y* 数据。有关显示场输出的更多信息，见 42.5 节“选择要显示的场输出”和 47.2.2 节“从输出数据库场输出读取 *X-Y* 数据”。

7. 构建一个响应谱过程

用户可以使用响应谱分析来评估结构对特定基础运动的峰值响应（位移、应力等）。此方法只是近似的，但对于初步设计研究来说，它通常是有用且便宜的方法。响应谱过程基于使用系统的模态子集，必须使用特征频率提取过程来首先提取这些模态子集（在“构建一个频率过程”中进行了描述）。更多信息见《Abaqus 分析用户手册——分析卷》的 1.3.10 节“响应谱分析”。

若要创建或者编辑响应谱过程，执行以下操作：

1. 按照 14.9.2 节“创建一个步”（Procedure type：Linear perturbation；Response spectrum）或者 14.9.3 节“编辑步”中指出的以下过程显示 Edit Step 对话框。

2. 在 Basic 和 Damping 标签页上，构建阻尼系数的设置，以及组合多方向激励的方法，见以下步骤。

若要构建 Basic 标签页上的设置，执行以下操作：

1. 在 Edit Step 对话框中显示 Basic 标签页。

2. 在 Description 域中，输入分析步的简短描述。Abaqus 将输入的文档保存到输出数据库，并且由显示模块将此文档显示在状态区域中。

3. 单击 Excitations 域右边的箭头，并选择一个方向合并方法。

● 对于下面的选项，Abaqus/Standard 首先合并方向激励分量，然后执行模态合并。

—选择 Single direction，以代数方式合并单一方向的方向激励分量。

—选择 Multiple direction absolute sum，以代数方式合并多个方向的方向激励分量。

● 对于下面的选项，Abaqus/Standard 首先执行模态合并，然后合并方向性激励分量。

—选择 Multiple direction square root of the sum of squares，使用平方和的平方根来合并多个方向的方向激励分量。

—选择 Multiple direction thirty percent rule，使用 30%法则来合并多个方向的方向激励分量。

—选择 Multiple direction forty percent rule，使用 40%法则来合并多个方向的方向激励分量。

更多信息见《Abaqus 分析用户手册——分析卷》的 1.3.10 节“响应谱分析”中的“方向性的求和方法”。

4. 单击 Summations 域右边的箭头，并选择一个模态合并方法。有关每一个方法的信息，见《Abaqus 分析用户手册——分析卷》的 1.3.10 节“响应谱分析”中的“模态求和方法”。

5. 在 First direction 标签页上（如果可行的话，也在 Second direction 和 Third direction 标签页上），进行下面的操作。

a. 在 Use response spectrum 域中，选择用于计算响应的谱大小。另外，用户可以单击来创建一个新的幅值。更多信息见 57.11 节“定义谱”。

b. 输入方向余弦 X、Y 和 Z。

c. 在 Scale factor 域中，输入乘以响应谱大小的因子。

d. 在 Time duration 域中，输入创建谱的动态事件时间段。仅当指定了 Double sum combination 模态合并时才可以应用此设置。

对于多个方向的激励，用户可以切换选中 Third direction 标签页上的 Apply third direction 选项来包括第三方向上的数据。

若要构建 Damping 标签页上的设置，执行以下操作：

1. 在 Edit Step 对话框中显示 Damping 标签页。

有关显示 Edit Step 对话框的信息，见 14.9.2 节“创建一个步”，或者 14.9.3 节“编辑步”。

2. 说明如何提高阻尼值。

• 选择 Specify damping over ranges of Modes 来提供特定模态范围的阻尼值。

• 选择 Specify damping over ranges of Frequencies 来提供特定频率处的阻尼值。Abaqus/Standard 在指定频率之间线性地插值模态的阻尼系数。

如果用户在 Damping 标签页上省略阻尼数据，则 Abaqus/Standard 假定阻尼值为 0。更多信息见《Abaqus 分析用户手册——分析卷》的 1.3.10 节“响应谱分析”中的“指定阻尼”。

3. 如果用户在步骤 2 中选择了 Modes，则为定义阻尼选择一个或者多个以下的选项。

1）显示 Direct modal 标签页来为特定的模态范围指定临界阻尼分数 ξ，并进行下面的操作。

a. 切换选中 Use direct damping data。

b. 在数据表中输入以下信息。

• Start Mode：模态范围的最低模态编号。

• End Mode：模态范围的最高模态编号。

• Critical Damping Fraction：临界阻尼分数 ξ。

2）显示 Composite modal 标签页，使用在之前频率步中计算得到的阻尼系数来选择复合模型阻尼（频率步中执行的阻尼计算是使用材料定义中提供的阻尼数据来执行的）。进行下面的操作。

a. 切换选中 Use composite damping data。

b. 在数据表中输入以下信息。

• Start Mode：模态范围的最低模态编号。

• End Mode：模态范围的最高模态编号。

3）显示 Rayleigh 标签页来定义 Rayleigh 阻尼，并进行下面的操作。

a. 切换选中 Use Rayleigh damping data。

b. 在数据表中输入以下信息。

• Start Mode：模态范围的最低模态编号。

• End Mode：模态范围的最高模态编号。

• Alpha：质量比例阻尼 α_M。

• Beta：刚度比例阻尼 β_M。

有关如何输入数据的详细信息，见 3.2.7 节“输入表格数据”。

4. 如果用户在步骤 2 中选择了 Frequencies，则为定义阻尼选择一个或者多个以下的选项。

1）显示 Direct modal 标签页来为特定的模态范围指定临界阻尼分数 ξ，并进行下面的操作。

a. 切换选中 Use direct damping data。

b. 在数据表中输入以下信息。

• Frequency：频率值，量纲为周期/时间。

• Critical Damping Fraction：临界阻尼分数 ξ。

2）显示 Rayleigh 标签页来定义 Rayleigh 阻尼，并进行下面的操作。

a. 切换选中 Use Rayleigh damping data。

b. 在数据表中输入以下信息。

● Frequency：频率值，量纲为周期/时间。

● Alpha：质量比例阻尼 α_M。

● Beta：刚度比例阻尼 β_M。

有关如何输入数据的详细信息，见 3.2.7 节“输入表格数据”。

5. 如果需要，重复步骤 2~步骤 4 来创建多个阻尼定义。

完成分析步的构建后，单击 OK 来关闭 Edit Step 对话框。

8. 构建一个直接求解的稳态动力学过程

在直接求解稳态动力学过程中，Abaqus/Standard 使用系统的质量、阻尼和刚度矩阵，根据模型物理自由度来直接计算稳态谐响应。更多信息见《Abaqus 分析用户手册——分析卷》的 1.3.4 节“直接求解的稳态动力学分析”。

若要创建或者编辑直接求解的稳态动力学过程，执行以下操作：

1. 按照 14.9.2 节“创建一个步”（Procedure type：Linear perturbation；Steady-state dynamics，Direct）或者 14.9.3 节“编辑步”中指出的过程显示 Edit Step 对话框。

2. 在 Basic 和 Other 标签页上，构建下面过程中描述的频率范围和方程求解器首选项等设置。

若要构建 Basic 标签页上的设置，执行以下操作：

1. 在 Edit Step 对话框中显示 Basic 标签页。

2. 在 Description 域中，输入分析步的简短描述。Abaqus 将用户输入的文本存储到输出数据库中，并且由显示模块将这些文本显示在状态区域中。

3. 选择下面的一个选项。

● 如果用户想要 Abaqus/Standard 忽略阻尼项，则选择 Compute real response only。此选项可以显著地降低计算时间。

● 如果用户想要包括阻尼项，并且允许将复杂系统矩阵进行因式分解，则选择 Compute complex response。

更多信息见《Abaqus 分析用户手册——分析卷》的 1.3.4 节“直接求解的稳态动力学分析”中的“阻尼”。

4. 选择 Scale 来使用 Logarithmic 比例或者 Linear 比例划分感兴趣的频率范围。

5. 如果用户想要使用系统特征频率来细分感兴趣的频率范围，则切换选中 Use eigenfrequencies to subdivide each frequency range。此选项要求前面有频率分析步。更多信息见《Abaqus 分析用户手册——分析卷》的 1.3.4 节“直接求解的稳态动力学分析”中的“选择要求频率输出的间隔类型”。

6. 切换选中 Include friction-induced damping effects 来包括摩擦对阻尼矩阵产生的贡献。更多信息见《Abaqus 分析用户手册——分析卷》的 1.3.4 节“直接求解的稳态动力学分析”

中的“具有滑动摩擦的接触条件”。

7. 在 Data 表中输入下面的数据。

Lower Frequency

频率范围的下限或者单个频率，量纲为周期/时间。

Upper Frequency

频率范围的上限，量纲为周期/时间。如果用户输入 0，则 Abaqus/Standard 假定仅在 Lower Frequency 列出的指定频率处请求结果。

Number of Points

频率范围中的点数量，在这些点处给出结果。

如果用户切换选中 Use eigenfrequencies to subdivide each frequency range，则应该给出结果的点数量，包括端点、从频率范围的下限到范围中的第一个特征频率，从特征频率到特征频率的每一个间隔，以及从范围中的最高特征频率到频率范围中的上限。

如果用户切换不选 Use eigenfrequencies to subdivide each frequency range，则应该给出频率范围中点的总数量，包括端点。

Bias

偏置参数。仅当用户要求四个或者更多的频率点时，此参数才是有用的。通常使用此参数来向间隔端部方向偏置结果点，以便在那里得到更好的解。如果用户已经切换选中 Use eigenfrequencies to subdivide each frequency range，则推荐此选项，因为每一个间隔的端部是响应幅值变化最快的特征频率。

更多信息见《Abaqus 分析用户手册——分析卷》的 1.3.11 节“随机响应分析”中的“偏置参数”。

有关如何输入数据的详细信息，见 3.2.7 节“输入表格数据”。

若要构建 Other 标签页上的设置，执行以下操作：

1. 在 Edit Step 对话框中显示 Other 标签页。

有关显示 Edit Step 对话框的信息，见 14.9.2 节“创建一个步”，或者 14.9.3 节“编辑步”。

2. 选择一个 Matrix storage 选项。

- 选择 Use solver default 来允许 Abaqus/Standard 确定是需要对称矩阵存储和求解策略，还是非对称矩阵存储和求解策略。
- 选择 Unsymmetric 来限制 Abaqus/Standard 只能使用非对称存储和求解策略。
- 选择 Symmetric 来限制 Abaqus/Standard 只能使用对称存储和求解策略。

有关矩阵存储的更多信息，见《Abaqus 分析用户手册——分析卷》的 1.1.2 节“定义一个分析”中的“Abaqus/Standard 中的矩阵存储和求解方案”。

完成分析步设置后，单击 OK 来关闭 Edit Step 对话框。

9. 构建一个基于模态的稳态动力学分析

用户可以构建一个基于模态的稳态动力学分析，来计算一个系统对谐激励的稳态动力学线性化响应。Abaqus/Standard 根据系统的特征频率和模态来计算响应，必须首先使用特征频率提取过程来提取特征频率和模态（在“构建一个频率过程”中进行了描述）。此类型过程比直接求解的，或者基于子空间的稳态分析计算成本更低，但是精度稍差，特别是材料阻尼明显的时候。更多信息见《Abaqus 分析用户手册——分析卷》的 1. 3. 8 节“基于模态的稳态动力学分析”。

若要创建或者编辑一个基于模态的稳态动力学过程，执行以下操作：

1. 按照 14. 9. 2 节“创建一个步”（Procedure type：Linear perturbation；Steady-state dynamics，Modal）或者 14. 9. 3 节“编辑步”中指出的过程显示 Edit Step 对话框。

2. 在 Basic 和 Damping 标签页上，构建下面过程中描述的频率范围和阻尼定义等设置。

若要构建 Basic 标签页上的设置，执行以下操作：

1. 在 Edit Step 对话框中显示 Basic 标签页。

2. 在 Description 域中，输入分析步的简短描述。Abaqus 将用户输入的文本存储到输出数据库中，并且由显示模块将这些文本显示在状态区域中。

3. 选择 Scale 来使用 Logarithmic 比例或者 Linear 比例划分感兴趣的频率范围。

4. 如果用户想要使用系统特征频率来细分感兴趣的频率范围，则切换选中 Use eigenfrequencies to subdivide each frequency range。更多信息见《Abaqus 分析用户手册——分析卷》的 1. 3. 8 节“基于模态的稳态动力学分析”中的“选择要求输出频率的间隔类型”。

5. 在 Data 表中输入下面的数据。

Lower Frequency

频率范围的下限或者单个频率，量纲为周期/时间。

Upper Frequency

频率范围的上限，量纲为周期/时间。如果用户输入 0，则 Abaqus/Standard 假定仅在 Lower Frequency 列出的指定频率处请求结果。

Number of Points

频率范围中的点数量，在这些点处给出结果。

如果用户切换选中 Use eigenfrequencies to subdivide each frequency range，则应该给出结果的点数量，包括端点、从频率范围的下限到范围中的第一个特征频率，从特征频率到特征频率的每一个间隔，以及从范围中的最高特征频率到频率范围中的上限。

如果用户切换不选 Use eigenfrequencies to subdivide each frequency range，则应该给出频率范围中点的总数量，包括端点。

Bias

偏置参数。仅当用户要求四个或者更多的频率点时，此参数才是有用的。通常使用此参数来向间隔端部方向偏置结果点，以便在那里得到更好的解。如果用户已经切换选中 Use eigenfrequencies to subdivide each frequency range，则推荐此选项，因为每一个间隔的端部是响应幅值变化最快的特征频率。

更多信息见《Abaqus 分析用户手册——分析卷》的 1.3.11 节“随机响应分析”中的“偏置参数”。

有关如何输入数据的详细信息，见 3.2.7 节“输入表格数据”。

若要构建 Damping 标签页上的设置，执行以下操作：

1. 在 Edit Step 对话框中显示 Damping 标签页。

有关显示 Edit Step 对话框的信息，见 14.9.2 节“创建一个步”，或者 14.9.3 节“编辑步”。

2. 说明如何提供阻尼值。

- 选择 Specify damping over ranges of Modes 来提供特定模态范围的阻尼。
- 选择 Specify damping over ranges of Frequencies 来提供指定频率处的阻尼值。Abaqus/Standard 在指定的频率之间线性地插值阻尼系数。

如果用户省略了 Damping 标签页上的数据，则 Abaqus/Standard 假定阻尼值为 0。更多信息见《Abaqus 分析用户手册——分析卷》的 1.3.7 节“瞬态模态动力学分析”中的“指定模态阻尼”。

3. 如果用户在步骤 2 中选择了 Modes，则为定义阻尼选择一个或者多个以下的选项。

1）显示 Direct modal 标签页来为特定的模态范围指定临界阻尼分数 ξ，并进行下面的操作。

a. 切换选中 Use direct damping data。

b. 在数据表中输入以下信息。

- Start Mode：模态范围的最低模态编号。
- End Mode：模态范围的最高模态编号。
- Critical Damping Fraction：临界阻尼分数 ξ。

2）显示 Composite modal 标签页，使用在之前频率步中计算得到的阻尼系数来选择复合模型阻尼（频率步中执行的阻尼计算是使用材料定义中提供的阻尼数据来执行的）。进行下面的操作。

a. 切换选中 Use composite damping data。

b. 在数据表中输入以下信息

- Start Mode：模态范围的最低模态编号。
- End Mode：模态范围的最高模态编号。

3）显示 Rayleigh 标签页来定义 Rayleigh 阻尼，并进行下面的操作。

a. 切换选中 Use Rayleigh damping data。

b. 在数据表中输入以下信息。

- Start Mode：模态范围的最低模态编号。
- End Mode：模态范围的最高模态编号。
- Alpha：质量比例阻尼 α_M。
- Beta：刚度比例阻尼 β_M。

4）显示 Structural 标签页来定义与内力成比例的阻尼，但其方向与速度的方向相反。进行下面的操作。

a. 切换选中 Use structural damping data。

b. 在数据表中输入以下信息。

- Start Mode：模态范围的最低模态编号。
- End Mode：模态范围的最高模态编号。
- Damping Constant：阻尼因子 s。

有关如何输入数据的详细信息，见 3.2.7 节"输入表格数据"。

4. 如果用户在步骤 2 中选择了 Frequencies，则为定义阻尼选择下面的一个或者多个选项。

1）显示 Direct modal 标签页来为特定的频率范围指定临界阻尼分数 ξ，并进行下面的操作。

a. 切换选中 Use direct damping data。

b. 在数据表中输入以下信息。

- Frequency：以周期/时间为量纲的频率值。
- Critical Damping Fraction：临界阻尼的分数 ξ。

2）定义 Rayleigh 标签页来定义 Rayleigh 阻尼，并进行下面的操作。

a. 切换选中 Use Rayleigh damping data。

b. 在数据表中输入以下信息。

- Frequency：以周期/时间为量纲的频率值。
- Alpha：质量比例阻尼 α_M。
- Beta：刚度比例阻尼 β_M。

3）显示 Structural 标签页来定义与内力成比例的阻尼，但其方向与速度的方向相反。进行下面的操作。

a. 切换选中 Use structural damping data。

b. 在数据表中输入以下信息。

- Frequency：频率，量纲为周期/时间。
- Damping Constant：阻尼因子 s。

有关如何输入数据的详细信息，3.2.7 节见"输入表格数据"。

5. 如果想要的话，重复步骤 2~步骤 4 来创建多个阻尼定义。

完成分析步的构建后，单击 OK 来关闭 Edit Step 对话框。

10. 构建一个基于子空间的稳态动力学分析

用户可以构建基于子空间的稳态动力学分析，来计算一个系统对谐激励的稳态动力学线性响应。此类型的过程是以投影到模态子空间的稳态动力学方程的直接解为基础的。用户必须首先使用特征频率提取过程来提取模态（在"构建一个频率过程"中进行了描述）。更多信息见《Abaqus 分析用户手册——分析卷》的 1.3.9 节"基于子空间的稳态动力学分析"。

若要创建或者编辑基于子空间的稳态动力学过程，执行以下操作：

1. 按照 14.9.2 节"创建一个步"（Procedure type：Linear perturbation；Steady-state dy-

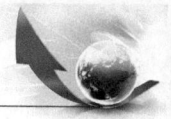

namics，Subspace）或者 14.9.3 节“编辑步”中指出的过程显示 Edit Step 对话框。

2. 在 Basic 和 Other 标签页上，构建下面过程中描述的频率范围和矩阵求解器首选项等设置。

若要构建 Basic 标签页上的设置，执行以下操作：

1. 在 Edit Step 对话框中显示 Basic 标签页。

有关显示 Edit Step 对话框的信息，见 14.9.2 节“创建一个步”，或者 14.9.3 节“编辑步”。

2. 在 Description 域中，输入分析步的简短描述。Abaqus 将用户输入的文本存储到输出数据库中，并且由显示模块将这些文本显示在状态区域中。

3. 选择下面的一个选项。

• 如果用户想要 Abaqus/Standard 忽略阻尼项，则选择 Compute real response only。此选项可以减少计算时间。

• 如果用户想要包括阻尼项，并可以因式分解复杂的方程组矩阵，则选择 Compute complex response。

4. 选择 Scale 来使用 Logarithmic 比例或者 Linear 比例细分感兴趣的频率范围。

5. 切换选中 Include friction-induced damping effects 来包括摩擦对阻尼矩阵的贡献。更多信息见《Abaqus 分析用户手册——分析卷》的 1.3.9 节“基于子空间的稳态动力学分析”中的“具有滑动摩擦的接触条件”。

6. 如果用户想要使用系统的特征频率来细分感兴趣的频率范围，则切换选中 Use eigenfrequencies to subdivide each frequency range。更多信息见《Abaqus 分析用户手册——分析卷》的 1.3.9 节“基于子空间的稳态动力学分析”中的“选择要求频率输出的频率间隔类型”。

7. 单击 Projection 域右边的箭头，并为控制子空间投影的频率选择一个选项。

• 选择 Evaluate at each frequency，将用户指定的每一个频率处的动力学方程投影到子空间。此方法计算成本最高。

• 选择 Constant，仅使用在所有范围的中心处以及用户指定的单个频率处评估的模型属性，仅执行一次投影。此方法计算成本较低。然而，只有当材料属性不强烈依赖频率时，才应选择此方法。

• 选择 Interpolate at eigenfrequencies，在所需的频率范围中的每一个特征频率处，以及范围外的最靠近的特征频率处执行投影。投影后的质量、刚度和阻尼矩阵会在所需的每一个频率点处进行插值。

• 选择 As a function of property changes，根据作为频率函数的材料属性，选择在模态子空间上执行子空间投影的频率。如果用户选择此选项，则进行下面的操作。

—在 Max. damping change 域中，输入在执行新的投影之前，阻尼材料属性中的最大相对变化。

—在 Max. stiffness change 域中，输入在执行新的投影之前，刚性材料属性中的最大相对变化。

• 选择 Interpolate at lower and upper frequency limits 来在上一个频率范围的下限和上限处执行投影。此方法仅可以与 SIM 构架一起使用。

8. 在 Data 表中输入下面的数据。

Lower Frequency

频率范围的下限或者单个频率，量纲为周期/时间。

Upper Frequency

频率范围的上限，量纲为周期/时间。如果用户输入 0，则 Abaqus/Standard 假定仅在 Lower Frequency 列出的指定频率处请求结果。

Number of Points

频率范围中的点数量，在这些点处给出结果。

如果用户切换选中 Use eigenfrequencies to subdivide each frequency range，则应该给出结果的点数量，包括端点、从频率范围的下限到范围中的第一个特征频率，从特征频率到特征频率的每一个间隔，以及从范围中的最高特征频率到频率范围中的上限。

如果用户切换不选 Use eigenfrequencies to subdivide each frequency range，则应该给出频率范围中点的总数量，包括端点。

Bias

偏置参数。仅当用户要求四个或者更多的频率点时，此参数才是有用的。通常使用此参数来向间隔端部方向偏置结果点，以便在那里得到更好的解。如果用户切换选中 Use eigenfrequencies to subdivide each frequency range，则推荐此选项，因为每一个间隔的端点是特征频率的响应幅值变化最快的地方。默认的偏置参数为 3.0。

更多信息见《Abaqus 分数用户手册——分析卷》的 1.3.11 节“随机响应分析”中的“偏置参数”。

有关如何输入数据的详细信息，见 3.2.7 节“输入表格数据”。

若要构建 Other 标签页上的设置，执行以下操作：

1. 在 Edit Step 对话框中显示 Basic 标签页。

有关显示 Edit Step 对话框的信息，见 14.9.2 节“创建一个步”，或者 14.9.3 节“编辑步”。

2. 选择一个 Matrix solver 选项。

• 选择 Use solver default 来允许 Abaqus/Standard 确定是需要对称矩阵存储和求解策略，还是需要非对称矩阵存储和求解策略。

• 选择 Unsymmetric 来限制 Abaqus/Standard 只能使用非对称存储和求解策略。

• 选择 Symmetric 来限制 Abaqus/Standard 只能使用对称存储和求解策略。

有关矩阵存储的更多信息，见《Abaqus 分析用户手册——分析卷》的 1.1.2 节“定义一个分析”中的“Abaqus/Standard 中的矩阵存储和求解方案”。

11. 构建一个子结构生成过程

用户可以构建一个子结构生成过程来控制为子结构生成的数据。

若要创建或者编辑子结构生成过程，执行以下操作：

1. 按照14.9.2节“创建一个步”（Procedure type：Linear perturbation；Substructure generation）或者14.9.3节“编辑步”中指出的过程显示Edit Step对话框。

2. 在Basic、Options和Damping标签页上，构建子结构生成选项和阻尼指定等设置。

若要构建Basic标签页上的设置，执行以下操作：

1. 在Edit Step对话框中显示Basic标签页。

有关显示Edit Step对话框的信息，见14.9.2节“创建一个步”，或者14.9.3节“编辑步”。

2. 在Description域中，输入分析步的简短描述。Abaqus将用户输入的文本存储到输出数据库中，并且由显示模块将这些文本显示在状态区域中。

3. 在Substructure identifier域中，输入1到999之间的一个整数来唯一地标识模型中的子结构。Abaqus将子结构标识符存储到模型数据库中时，会在用户指定的数字前面前缀一个“Z”。

4. 如果需要，切换选中Evaluate recovery matrix for来在分析中激活选择性恢复，并进行下面的操作。

- 选择Whole model来激活整个模型的选择性恢复。
- 选择Region，并从列表中选择一个节点集合或者单元集合，来为用户模型中的单个集合激活选择性恢复。

若要构建Options标签页上的设置，执行以下操作：

1. 在Edit Step对话框中显示Options标签页。

有关显示Edit Step对话框的信息，见14.9.2节“创建一个步”，或者14.9.3节“编辑步”。

2. 从Generation Options进行下面对操作。

- 切换选中Compute gravity load vectors来计算子结构生成过程中的子结构重量载荷向量。
- 切换选中Compute reduced mass matrix来生成子结构的缩减质量矩阵。
- 切换选中Compute reduced structural damping matrix来生成子结构的缩减结构阻尼。
- 切换选中Compute reduced viscous damping matrix来生成子结构的缩减黏弹性阻尼矩阵。
- 切换选中Evaluate frequency-dependent properties at frequency来在子结构生成中评估依赖频率的材料属性。如果用户切换选中此选项，则用户也可以为依赖频率的属性指定定制的频率。

3. 如果用户想要为耦合的声学-结构子结构生成指定的保留特征模态，则切换选中

Specify retained eigenmodes by，然后选择 Mode range 或者 Frequency range。

4. 如果用户正在通过模态范围指定要保留的特征模态，则在 Data 表中输入下面数据来生成特征模态的列表。

Start Mode

开始模态编号。

End Mode

结束模态编号。

Increment

开始和结束模态之间的模态编号增量。

有关如何输入数据的详细信息，见 3.2.7 节“输入表格数据”。

5. 如果用户正在通过频率范围指定要保留的特征模态，则在 Data 表中输入下面的数据。

Lower Frequency

频率范围的下限或者单个频率，量纲为周期/时间。

Upper Frequency

频率范围的上限，量纲为周期/时间。

有关如何输入数据的详细信息，见 3.2.7 节“输入表格数据”。

若要构建 Damping 标签页上的设置，执行以下操作：

1. 在 Edit Step 对话框中显示 Damping 标签页。

有关显示 Edit Step 对话框的信息，见 14.9.2 节“创建一个步”，或者 14.9.3 节“编辑步”。

2. 从 Global Damping Ratios 选项指定 Field，将在此步中施加整体阻尼。

- 选择 None 来排除整体阻尼的影响。
- 选择 All 来对模型中所有的位移、转动和声场施加整体阻尼。
- 选择 Acoustic 来仅对模型中的声场施加整体阻尼。
- 选择 Mechanical 来仅对模型中的位移和转动场施加整体阻尼。

3. 如果选择了 None 以外的任何 Field 设置，则进行下面的一个操作。

- 对于 Alpha 选项，为第一 Rayleigh 阻尼比指定一个值。
- 对于 Beta 选项，为第二 Rayleigh 阻尼比指定一个值。
- 对于 Structural 选项，为结构阻尼比指定一个值。

4. 对于 Viscous damping 选项，选择下面的一个操作。

- 选择 None，在使用层级上完全排除黏性阻尼影响。
- 选择 Element 来仅激活子结构生成的压缩黏性阻尼矩阵。
- 选择 Factor 来仅激活 Rayleigh 黏性阻尼。
- 选择 Combined 来激活组合生成的和 Rayleigh 黏性阻尼矩阵。

5. 对于 Structural damping 选项，选择下面的一个操作。

- 选择 None 来排除结构阻尼影响。
- 选择 Element 来仅激活子结构生成的压缩结构阻尼矩阵。

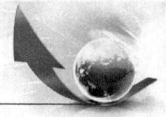

- 选择 Factor 来仅激活 Rayleigh 结构阻尼矩阵。
- 选择 Combined 来激活组合生成的和结构成比例的。

6. 完成子结构生成分析步的设置后，单击 OK 来关闭 Edit Step 对话框。

12. 构建一个时谐电磁分析

时谐电磁分析在电磁模型中是有效的。在时谐电磁（或者涡流）分析中，用户可以指定一个或者多个激励频率、一个或者多个频率范围，或者激励频率的组合以及范围来直接得到给定激励频率处的时谐解。更多信息见《Abaqus 分析用户手册——分析卷》的 1.7.5 节“涡流分析”。

若要创建或者编辑一个时谐电磁过程，执行以下操作：

1. 按照 14.9.2 节“创建一个步”（Procedure type：Linear perturbation；Electromagnetic，Time harmonic）或者 14.9.3 节“编辑步”中指出的过程显示 Edit Step 对话框。

2. 在 Basic 和 Other 标签页上，按下面过程中的描述配置频率范围和方程求解器优选项等。

若要构建 Basic 标签页上的设置，执行以下操作：

1. 在 Edit Step 对话框中显示 Basic 标签页。

2. 在 Description 域中，输入分析步的简短描述。Abaqus 将用户输入的文本存储到输出数据库中，并且由显示模块将这些文本显示在状态区域中。

3. 在 Data 表中输入下面的数据。

Lower Frequency

频率范围的下限或者单个频率，量纲为周期/时间。

Upper Frequency

频率范围的上限，量纲为周期/时间。如果用户输入 0，则 Abaqus/Standard 假定仅在 Lower Frequency 列出的指定频率处请求结果。

Number of Points

在应当给出结果的频率范围中的点数量。最小的点数量是 2。如果省略了值，则假定默认为值 20。

有关如何输入数据的详细信息，见 3.2.7 节“输入表格数据”。

若要构建 Other 标签页上的设置，执行以下操作：

1. 在 Edit Step 对话框中显示 Other 标签页。

有关显示 Edit Step 对话框的信息，见 14.9.2 节“创建一个步”，或者 14.9.3 节“编辑步”。

2. 选择一个 Matrix storage 选项。

- 选择 Use solver default 来允许 Abaqus/Standard 决定是需要对称矩阵存储和求解策略，还是需要非对称矩阵存储和求解策略。
- 选择 Unsymmetric 来限制 Abaqus/Standard 使用非对称存储和求解策略。
- 选择 Symmetric 来限制 Abaqus/Standard 使用对称存储和求解策略。

有关矩阵存储的更多信息，见《Abaqus 分析用户手册——分析卷》的 1.1.2 节“定义一个分析”中的“Abaqus/Standard 中的矩阵存储和求解方案”。

完成子结构生成分析步的设置后，单击 OK 来关闭 Edit Step 对话框。

14.12　定义输出请求

本节介绍如何定义和编辑输出请求，包括以下主题：

- 14.12.1 节　“创建输出请求”
- 14.12.2 节　“更改场输出请求”
- 14.12.3 节　“更改历史输出请求”

14.12.1　创建输出请求

当用户创建一个序列步中的第一个步时，Abaqus/CAE 会根据用户为步选取的分析过程，生成默认的场和历史输出请求。输出请求会传递到分析中的后续步中。更多信息见 14.4.3 节“输出请求传递”。用户可以使用输出请求编辑器来编辑用户创建步中的默认输出请求。用户也可以使用输出请求编辑器来创建新的输出请求。新的输出请求会覆盖任何传递得到的请求。

若要创建输出请求，执行以下操作：

1. 从主菜单栏选择 Output→Field Output Requests→Create 或者 Output→History Output Requests→Create。

技巧：用户也可以使用和工具来创建场和历史的输出请求，此工具位于模块工具箱中。对于分析步模块工具箱中的工具图，见 14.8 节“使用分析步模块工具箱”。

Abaqus/CAE 显示 Create Field Output 或者 Create History Output 对话框。

2. 在对话框中进行下面的操作。

a. 为输出请求输入一个名称或者接受默认的名称。

b. 单击 Step 文本域旁边的箭头，并从出现的列表中选择分析步。Abaqus/CAE 会在选中分析步的过程中创建输出请求。创建一个输出请求之后，用户可以使用输出请求管理器来将输出请求移动到分析步前面或者分析步后面。

c. 单击 Continue。

Abaqus/CAE 显示 Edit Field Output Request 或者 Edit History Output Request 对话框。

3. 在编辑器中，输入必要的数据来定义输出请求。有关使用编辑器的更多信息，见 14.12.2 节“更改场输出请求”，或者 14.12.3 节“更改历史输出请求”。

4. 完成输出请求构建后，单击 OK 来保存数据并退出编辑器。

14.12.2 更改场输出请求

用户可以使用场输出编辑器来更改现有的场输出请求。如果用户在分析步的过程中，对传递到步中的场输出请求进行更改，则用户仅可以更改输出变量以及输出频率。

若要更改场输出请求，执行以下操作：

1. 从主菜单栏选择 Output→Field Output Request→Manager。

Abaqus/CAE 显示 Field Output Requests Manager。管理器说明在哪个步中创建了输出请求，以及输出请求传递到哪些步中。

2. 从管理器中的场输出请求列表中，选择用户想要更改请求的步。

3. 从 Field Output Requests Manager 右边单击 Edit。

Abaqus/CAE 显示 Edit Field Output Request 编辑器。编辑器顶部显示以下信息。

- 输出请求的名称。
- 用户正在编辑输出请求的步的名称。
- 与步关联的分析过程。

4. 如果用户正好在创建输出请求的步中编辑输出请求，则用户可以改变将输出变量的区域。从编辑器的顶部单击 Domain 文本域旁边的箭头，并且选择下面的一个选项。

- 选择 Whole model，要求 Abaqus 为整个模型将场数据写入输出数据库。切换选中 Exterior only，仅要求外表节点和单元上的输出；仅对于 Abaqus/Standard 或者 Abaqus/Explicit 中的三维模型才能使用此选项。
- 选择 Set 来要求 Abaqus 仅将用户指定的命名区域的场数据写入输出数据库。单击箭头，然后从出现的集合列表中选择名称。
- 选择 Bolt load 来要求 Abaqus 仅将用户指定的螺栓载荷的场数据写入输出数据库。单击箭头，然后从出现的螺栓载荷列表中选择名称。
- 选择 Composite layup 来要求 Abaqus 仅将用户指定的复合材料铺层中的夹层场数据写入输出数据库。单击箭头，然后从出现的复合材料铺层列表中选择名称。
- 选择 Fastener 来要求 Abaqus 仅将用户指定的紧固件的场数据写入输出数据库。单击箭头，然后从出现的紧固件列表中选择名称。
- 选择 Substructure 来要求 Abaqus 仅将用户指定的子结构集合的场数据写入输出数据库。单击来打开 Select Substructure Sets 对话框，然后切换选中想要写入场数据的每一个子结构零件实例中的子结构集合。如果用户想要为特定子结构零件实例中的所有集合写入场数据，则切换选中 Entire Substructure 选项。
- 选择 Interaction 来要求 Abaqus 仅为用户指定的相互作用，将场数据写入输出数据库。单击箭头，然后从出现的面-面接触列表和自接触相互作用列表中选择名称。
- 选择 Skin 来要求 Abaqus 仅为用户指定的蒙皮加强，将场数据写入输出数据库。单击箭头，然后从出现的蒙皮列表中选择名称。

• 选择 Stringer 来要求 Abaqus 仅为用户指定的桁架加强，将场数据写入输出数据库。单击箭头，然后从出现的桁架列表中选择名称。

5. 指定想要的输出频率。

• 选择 Last increment 来仅为最后的增量请求场输出。仅当用户选择一个 Abaqus/Standard 分析过程时才可以使用此输出频率。

• 选择 Every n increments 来要求 Abaqus 将场数据写到增量中的输出数据库中。然后用户可以在出现的 n 域中指定增量的数量。如果用户以增量指定频率，Abaqus 还会在步的最后一个增量之后写入输出。当用户选择 Abaqus/Standard 分析过程或者 Abaqus/CFD 分析过程时，才可以使用此输出频率。

• 选择 Every time increment 来要求 Abaqus 在每一个时间增量时将场数据写入输出数据库。仅当用户选择 Abaqus/Explicit 分析过程时才可以使用此输出频率。

• 选择 Evenly spaced time intervals 来要求 Abaqus 在时间的一系列等间距间隔处，将场数据写入输出数据库。然后，用户可以在出现的 Intervals 域中指定间隔的数量。

• 选择 Every x units of time 来要求 Abaqus 每一个特定时间长度就将场数据输出到输出数据库中。然后，用户可以在出现的 x 域中指定时间长度。

• 选择 From time points 来要求 Abaqus 根据一组时间点来将场数据写入输出数据库。然后，用户可以从出现的 Time Points 列表中选择一组时间点，或者单击 来创建一组新的时间点。更多有关创建一组时间点的信息，见 14.13.5 节“定义时间点”。当用户选中一个 Abaqus/Standard 或者 Abaqus/Explicit 分析过程时，才可以使用此输出频率。

6. 如果用户在 Evenly spaced time intervals、Every x units of time 或者 From time points 要求了输出时，用户也可以从 Timing 域来选择 Output at exact times，改变时间增量大小可以精确地匹配时间间隔。

7. 在编辑器的 Output Variables 部分中，选择下面的一个变量选择方法。

Select from list below

选择此方法来从下面的变量类型列表中选择感兴趣的输出变量。使用下面的技术来选择特别的变量。

• 单击想要的变量类型旁边的箭头。从出现的变量列表中选择想要的变量。

• 切换选中想要的变量。此动作选择或者不选此类型中的所有变量。

在选择了此类型中的所有变量时，变量类型旁边的选中框变实心。如果仅选中类型中的一些变量时，选中框变成半实心。

Preselected defaults

选择此方法来允许 Abaqus/CAE 为步的分析过程选择合适的预先选中的（默认的）输出变量集合。

All

选择此方法来自动选择列表中每一个变量类型中的所有允许输出变量。

Edit variables

选择此方法来在位于变量类型列表上面的文本域中输入或者删除输出变量。

注意：除了当前分析过程，模型的其他方面可以影响预先选中的默认输出变量。例如，如果选中的输出变量对于分析过程是有效的，但是对于网格中使用的单元类型无效，则

Abaqus 将在分析过程中删除此变量。

8. 如果用户的区域是 Whole model、Set、Skin 或者 Stringer 的集合，则进行下面的操作。

a. 如果用户的模型包含有加强筋，并且用户在创建加强筋的步中编辑输出请求，则用户可以在场数据中包括 Abaqus 写到输出数据库的加强筋输出。从编辑器的底部切换选中 Output for rebar，并且选择一个以下出现的选项。

Include

选择 Include 来要求 Abaqus 将基底材料输出之外的加强筋输出也写到输出数据库。

Only

选择 Only 来要求 Abaqus 仅将加强筋的输出写到输出数据库。

如果用户想要在显示模块中显示加强筋方向，则用户必须切换选中 Output for rebar。

b. 如果用户在创建输出请求的步中编辑输出请求，则用户可以改变将输出变量的截面点。从编辑器的底部选择下面的一个选项。

Use defaults

选择 Use defaults 来要求 Abaqus 从默认的截面点，将场数据写到输出数据库中。Abaqus 以在属性模块中选择的截面为基础来选择默认的截面点（默认的截面点通常是截面的外纤维）。更多信息见第 12 章“属性模块”。

Specify

选择 Specify 来输入截面点，Abaqus 将为这些截面点把场数据写到输出数据库中。仅在选中的输出请求中使用指定的截面点；Abaqus 为后续的输出要求而恢复成默认的截面点。

c. 切换不选 Include local coordinate directions when available，通过从保存的数据中排除材料方向来缩减输出数据库。

9. 如果将用户的区域设置成 Bolt load 或者 Interaction，则切换不选 Include local coordinate directions when available 来通过从保存的数据排除材料方向，以压缩输出数据库文件的大小。

注意：如果用户从输出数据库排除局部坐标方向，则 Abaqus/CAE 在默认的坐标系中显示来自输出数据库的所有分析结果。

10. 如果将用户的区域设置成 Composite layup，则指定将输出变量的截面点。更多信息见 23.5 节“从复合材料铺层中请求输出”。

注意：默认的情况下，Abaqus/CAE 仅从复合材料叠层的顶部和底部写出场输出数据，并且没有所有铺层的数据。这样，如果用户的模型包含复合材料铺层，并且用户想要来自个别铺层的数据，则用户必须创建一个新的输出请求，或者编辑默认的输出请求，并且指定将输出变量的截面点。

从编辑器的底部选择下面的一个选项。

Selected

选择 Selected points for each ply 来要求 Abaqus 将来自选中复合材料铺层的每一个铺层的顶部、中间和/或者底部截面点的场数据写到输出数据库。

All

选择 All section points in all plies 来要求 Abaqus 将来自选中复合材料铺层中的所有铺层的所有截面点的场数据写到输出数据库中。

Specify

选择 Specify 来输入截面点，Abaqus 将在这些点处的场数据写到输出数据库中。截面点是从第一个铺层的顶部顺序编号到最后铺层的底部。仅在选中输出请求中使用指定的截面点；Abaqus 为后续的输出请求恢复默认的截面点。

11. 如果用户在创建输出请求的步中为 Abaqus/Explicit 分析过程编辑输出请求，则用户可以施加一个过滤器来删除取自场输出的高频数据。

从编辑器的底部切换选中 Apply filter，然后选择默认的 Antialiasing 过滤器，或者使用过滤器工具集来创建一个命名过滤器。更多信息见第 66 章“过滤器工具集”。

12. 当用户完成输出请求的定义时，单击 OK 来保存变化。

14.12.3 更改历史输出请求

用户可以使用历史输出编辑器来编辑现有的历史输出请求。如果用户在创建历史输出请求的分析步中编辑历史输出请求，则用户仅可以更改输出变量和输出频率。

若要更改一个历史输出请求，执行以下操作：

1. 从主菜单栏选择 Output→History Output Request→Manager。

Abaqus/CAE 显示 History Output Requests Manager。管理器说明在哪一个步中创建了输出请求，以及将输出请求传递到哪些步。

2. 从管理器中的历史输出请求列表中选择用户想要更改历史输出请求的步。

3. 从 History Output Requests Manager 右侧的按钮中单击 Edit。

Abaqus/CAE 显示 Edit History Output Request 编辑器。编辑器顶部处的信息说明以下信息。

- 输出请求的名称。
- 用户正在编辑输出请求的分析步名称。
- 与分析步关联的分析过程。

4. 如果用户在创建输出请求的步中编辑输出请求，则用户可以改变输出变量的区域。从编辑器的顶部，单击 Domain 文本域旁边的箭头，然后选择下面的一个选项。

- 选择 Whole model 来要求 Abaqus 为整个模型将历史数据写到输出数据库中。
- 选择 Set 来要求 Abaqus 仅将用户指定的命名区域的历史数据写到输出数据库。单击箭头，然后从出现的集合列表中选择名称。
- 选择 Bolt load 来要求 Abaqus 仅将用户指定的螺栓载荷的历史数据写到输出数据库。单击箭头并且从出现的螺栓载荷列表中选择名称。
- 选择 Composite layup 来要求 Abaqus 仅将用户指定的复合材料铺层中的夹层历史数据写到输出数据库。单击箭头，然后从出现的复合材料堆叠列表中选择名称。
- 选择 Contour integral 来要求 Abaqus 仅为用户指定的围线积分将历史数据写到输出数据库。单击箭头，然后从出现的围线积分列表选择名称。

• 当用户从围线积分要求输出时，History Output Request 编辑器允许用户仅选择输出的频率、围线积分的数量以及围线积分计算的类型。更多信息见 31.2.11 节“请求围线积分输出”。

• 选择 Fastener 来要求 Abaqus 仅将用户指定的紧固件的历史数据写入输出数据库。单击箭头，然后从出现的紧固件列表中选择名称。

• 选择 General contact surface 来要求 Abaqus 仅为用户指定的通用接触面将历史数据写入输出数据库（此选项仅对于 Abaqus/Explicit 分析是可以使用的）。单击箭头并且从出现的面列表中选择面。将仅为通用接触区域中的面写历史输出。

• 选择 Integrated output section 来要求 Abaqus 仅为用户指定的积分输出截面将历史数据写到输出数据库。单击箭头，并且从出现的截面列表中选择名称。有关创建一个积分输出截面的信息，见 14.13.1 节“定义积分输出截面”。

• 选择 Interaction 来要求 Abaqus 仅为用户指定的相互作用，将历史数据写到输出数据库中。单击箭头并且从出现的面到面接触列表和自接触相互作用列表中选择名称。

• 选择 Skin 来要求 Abaqus 仅为用户指定的蒙皮加强，将历史数据写到输出数据库中。单击箭头并且从出现的蒙皮列表中选择名称。

• 选择 Spring/Dashpot 来要求 Abaqus 仅为用户指定的弹簧/阻尼器，将历史数据写到输出数据库中。单击箭头，然后从出现的弹簧/阻尼器列表中选择名称。

• 选择 Stringer 来要求 Abaqus 仅为用户指定的桁架加强，将历史数据写到输出数据库中。单击箭头并且从出现的桁架列表中选择名称。

5. 指定想要的输出频率。

• 选择 Last increment 来仅为最后的增量要求历史输出。仅当用户选择一个 Abaqus/Standard 分析过程时才可以使用此输出频率。

• 选择 Every n increments 来要求 Abaqus 将历史数据写到增量中的输出数据库中。然后用户可以在出现的 n 域中指定增量的数量。如果用户指定增量的频率，则 Abaqus 也在步的最后增量之后写输出。当用户选择 Abaqus/Standard 分析过程或者 Abaqus/CFD 分析过程时，才可以使用此输出频率。

• 选择 Every n time increment 来要求 Abaqus 在时间增量中，将历史数据写到输出数据库。然后用户可以在出现的 n 域中指定增量的数量。仅当用户选择 Abaqus/Explicit 分析过程时，才可以使用此输出频率。

• 选择 Evenly spaced time intervals 来要求 Abaqus 在时间的一系列等间距间隔处，将历史数据写到输出数据库中。然后用户可以在出现的 Intervals 域中指定间隔的数量。

• 选择 Every x units of time 来要求 Abaqus 每一个特定时间长度就将历史数据输出到输出数据库中。然后，用户可以在出现的 x 域中指定时间长度。

• 选择 From time points 来要求 Abaqus 根据一组时间点，将历史数据写到输出数据库中。然后用户可以从出现的 Time Points 列表中选择一组时间点，或者单击来创建一组新的时间点。更多有关创建一组时间点的信息，见 14.13.5 节“定义时间点”。当用户选中一个 Abaqus/Standard 或者 Abaqus/Explicit 分析过程时，才可以使用此输出频率。

6. 如果用户选择了一个 Abaqus/Standard 分析过程，并且在 Evenly spaced time intervals、Every x units of time，或者 From time points 时要求输出，则用户也可以从 Timing 域中选择

Output at exact times，变化时间增量大小来精确的匹配时间间隔。

7. 从 Output Variables 域中，选择要输出的变量和变量分量。

Select from list below

选择此方法来从下面的变量类型列表中选择感兴趣的输出变量。使用下面的技术来选择特别的变量。

- 在编辑器的上半部，单击想要变量类型旁边的箭头。从出现的变量列表选择用户选择的变量。如果感兴趣的变量具有分量，则单击变量旁边的箭头，并且选择感兴趣的分量。要寻找或者不选择变量的所有分量，则切换变量其自身。
- 切换想要的变量类型来选中或者不选此类型中的所有变量和变量分量。

当选中所有变量种类，并且选中了这些变量的所有分量时，变量类型旁边的选中框完全得到填充。如果仅选中类型中的一些变量或者变量分量时，选中框就变成半选中。否则，在选中了变量的所有分量时，变量名称旁边的选中框变成完全选中。如果仅选中了变量的一部分分量时，选中框就变成半填充。

Preselected defaults

选择此方法来允许 Abaqus/CAE 为步的分析过程选择合适的预先选中的（默认的）输出变量和分量集合。

All

选择此方法来自动地选择列表中每一个变量类型中的所有允许输出变量和变量分量。

Edit variables

选择此方法来在位于变量类型列表上面的文本域中输入或者删除输出变量和分量。

注意：除了当前分析过程之外，模型的其他方面可以影响预先选中的默认输出变量。例如，如果选中的输出变量对于分析过程是有效的，但是对于网格中使用的单元类型却无效，则 Abaqus 将在分析过程中删除此变量。

8. 如果用户想要包括传感器输出，则切换选中 Include sensor when available。仅当选中 Set 域时，才可以使用此选项。

9. 切换 Use global directions for vector-valued output。当选中 Set 域时，才可以使用此选项。

当切换选中 Use global directions for vector-valued output 时，在整体方向上请求节点历史输出。

当切换不选 Use global directions for vector-valued output 时，在节点变换定义的局部方向上请求节点历史输出。

10. 如果用户的区域是 Whole model、Set、Skin 或者 Stringer 的集合，则进行下面的操作。

a. 如果用户的模型包含加强筋，并且用户在创建加强筋的步中编辑输出请求，则用户可以在场数据中包括 Abaqus 写到输出数据库的加强筋输出。从编辑器的底部切换选中 Output for rebar，并且选择一个以下出现的选项。

Include

选择 Include 来要求 Abaqus 将基底材料输出之外的加强筋输出也写到输出数据库。

Only

选择 Only 来要求 Abaqus 仅将加强筋的输出写到输出数据库。

如果用户想要在显示模块中显示加强筋方向，则用户必须切换选中 Output for rebar。

b. 如果用户在创建输出请求的步中编辑输出请求，则用户可以改变将输出变量的截面点。从编辑器的底部选择下面的一个选项。

Use defaults

选择 Use defaults 来要求 Abaqus 从默认的截面点，将场数据写到输出数据库中。Abaqus 以在属性模块中选择的截面为基础来选择默认的截面点（默认的截面点通常是截面的外纤维）。更多信息见第 12 章“属性模块”。

Specify

选择 Specify 来输入截面点，Abaqus 将为这些截面点把场数据写到输出数据库中。仅在选中的输出请求中使用指定的截面点；Abaqus 为后续的输出要求恢复成默认的截面点。

11. 如果将用户的区域设置成 Composite layup，则指定将输出变量的截面点。更多信息见 23.5 节“从复合材料铺层中请求输出”。

注意：默认的情况下，Abaqus/CAE 仅从复合材料叠层的顶部和底部写场输出数据，并且没有来自所生成铺层的数据。这样，如果用户的模型包含一个复合材料铺层，并且用户想要来自个别铺层的数据，则用户必须创建一个新的输出请求，或者编辑默认的输出请求，并且指定将输出变量的截面点。

从编辑器的底部选择下面的一个选项。

Selected

选择 Selected points for each ply 来要求 Abaqus 将来自选中复合材料铺层的每一个铺层的顶部、中间和/或底部截面点的场数据写到输出数据库中。

All

选择 All section points in all plies 来要求 Abaqus 将来自选中复合材料堆叠中的所有叠层的所有截面点的场数据写到输出数据库中。

Specify

选择 Specify 来输入截面点，Abaqus 将在这些点处的场数据写到输出数据库中。截面点是从第一个铺层的顶部顺序编号到最后铺层的底部。例如，如果用户有三个铺层，每一个铺层有三个截面点，并且用户想要来自每一铺层中点处的点输出，则用户应当输入 2、5、8。仅在选中输出请求中使用指定的截面点；Abaqus 为后续的输出请求恢复默认的截面点。

12. 如果用户在创建输出请求的步中为 Abaqus/Explicit 分析过程编辑输出请求，用户可以施加一个过滤器来删除来自场输出的高频数据。

从编辑器的底部切换选中 Apply filter，并且选择默认的 Antialiasing 过滤器，或者使用过滤器工具集来创建一个命名过滤器。更多信息见第 66 章“过滤器工具集”。

13. 当用户完成输出请求的定义时，单击 OK 来保存变化。

14.13　请求专用的输出

本节介绍如何请求和构建专用的输出，包括以下主题：

- 14.13.1 节　“定义积分输出截面”
- 14.13.2 节　“构建重启动输出请求”
- 14.13.3 节　“设置诊断信息显示”
- 14.13.4 节　“构建监控请求”
- 14.13.5 节　“定义时间点”

14.13.1　定义积分输出截面

从主菜单栏选择 Output→Integrated Output Sections 来创建一个积分输出截面。更多信息见《Abaqus 分析用户手册——介绍、空间建模、执行与输出卷》的 2.5 节“积分输出截面定义”。

若要创建一个积分输出截面，执行以下操作：

1. 从主菜单栏选择 Output→Integrated Output Sections→Create。

出现 Create Integrated Output Section 对话框。

2. 在对话框中为输出截面输入一个名称或者接受默认的名称。

3. 选择一个面来使用下面的一个方法来定义积分输出截面。

• 在视口中选择一个面。当用户完成选择时，单击鼠标键 2。

如果模型包含网格和几何形体的组合，则从提示区域单击下面的一个类型。

—单击 Geometry 来定义几何形体上的截面。

—单击 Mesh 来定义本地网格面或者孤立网格面上的截面。

• 要从现有面的列表中选择，进行下面的操作。

—在提示区域的右侧单击 Surfaces。

Abaqus/CAE 显示包含一列可用面的 Region Selection 对话框。

—选择感兴趣的面，并且单击 Continue。

注意：默认的选择方法基于用户最近采用的选择方法。要恢复成其他方法，则单击提示区域右侧的 Select in Viewport 或者 Surfaces。

出现积分输出截面编辑器。用户正在定义截面的面会高亮显示在视口中。

4. 默认情况下，在全局原点处固定积分输出截面。要定义将会固定截面的一个参考点，选择 Anchor at reference point，并且单击 Edit 。

5. 如果参考点没有物理地连接到模型，则用户可以调整参考点的初始位置，并且指定参考点应当与面的平均运动一致，此面域积分输出截面关联。默认情况下，参考点没有追踪面的平均运动。

• 要在初始构型中将参考点重新定位到面中心，则切换选中 Move point to center of surface。

• 要指定参考点应当随着面的运动而平动和转动，则为 Point motion 选择 Average translation and rotation。

• 要指定参考点应当随着面的平均平动而平动，没有任何转动，则为 Point motion 选择 Average translation。

6. 默认情况下，会将积分输出截面的坐标系初始化到整体坐标系。要选择一个局部坐标系来进行替代，则单击 CSYS 域旁边的 。

7. 如果想要的话，切换选中 Project orientation onto surface 来将坐标系（整体或者局部）投影到截面上。

8. 单击 OK 来关闭积分输出截面编辑器。

14. 13. 2　构建重启动输出请求

从主菜单栏选择 Output→Restart Requests 来构建写到重启动文件中的信息。更多信息见 19. 6 节“重启动分析”和《Abaqus 分析用户手册——分析卷》的 4. 1 节“重启动一个分析”。

若要构建一个重启动请求，执行以下操作：

1. 从主菜单栏选择 Output→Restart Requests。

Edit Restart Requests 对话框中出现当前模型中的分析步列表。

2. 从对话框选择步，并且指定 Abaqus 写重启动信息的频率，进行下面的操作。

1）Abaqus/Standard 和 Abaqus/CFD。对于 Abaqus/Standard 或者 Abaqus/CFD 分析步，输入增量或者时间间隔的频率。

• 在每一规则数量的增量之后写重启动信息，在 Frequency 列中输入此规则数量。

• 在分析步过程中的指定数量等间距时间间隔处写重启动信息，在 Intervals 列中输入此数量。在由时间间隔指定的时间后立即结束的增量处写重启动信息。在 Abaqus/Standard 分析中，用户可以切换选中 Time Marks 列来在时间间隔指定的确切时刻处写重启动信息。

默认情况下，不为 Abaqus/Standard 或者 Abaqus/CFD 分析步写重启动信息（即，设置频率为零）。

2）Abaqus/Explicit。对于一个 Abaqus/Explicit 分析步，输入等间距时间 Intervals 的数量，在这些间隔时间点处写重启动信息。默认情况下，Abaqus/Explicit 仅在每一个步的开始处和结束处写重启动信息（即，将 Intervals 设置成 1）。用户不能避免为 Abaqus/Explicit 分析步写重启动文件的数据；必须将 Intervals 的数量设置成一或者更大。

默认情况下，Abaqus/Explicit 在时间间隔指定的时刻后立即结束的增量处写重启动信息。切换选中 Time Marks 列来在时间间隔指定的确切时刻处写重启动信息。

3. 对于 Abaqus/Standard 或者 Abaqus/Explicit 分析，用户可以仅从每一个步的一个增量处要求信息，或者从保留的每一个指定增量处要求信息。

- 切换选中 Overlay 列来要求仅在重启动文件中，保留来自每个步的一个增量信息，这样来最小化文件的大小。当分析步完成时，保留最后的增量。
- 切换不选 Overlay 列来要求在重启动文件中，保留来自每一个指定增量或者时间间隔的信息。

用户仅可以在频率大于零时才可以使用 Overlay 列。

4. 为分析的每一个步重复步骤 2 和步骤 3。
5. 当用户完成重启动输出请求构建时，单击 OK 来关闭 Edit Restart Requests 对话框。

14.13.3 设置诊断信息显示

选择 Output→Diagnostic Print 来设置 Abaqus 写到信息文件（对于 Abaqus/Standard）或者写到状态文件（对于 Abaqus/Explicit）的诊断信息显示，以及在分析过程中报告给作业模块的诊断信息显示。如果用户的模型分析失败，或者产生了不期望的结果，则用户可以检查这些信息并且查看分析的描述（更多信息见 14.5.3 节“诊断输出”）。

Abaqus/Standard 也会将大部分诊断信息写到输出数据库（这些信息在显示模块中可用）。然而，写到输出数据库的诊断信息不受诊断信息显示设置的影响（更多信息见第 41 章“查看诊断输出”）。

若要设置诊断信息显示，执行以下操作：

1. 从主菜单栏选择 Output→Diagnostic Print。

显示 Edit Diagnostic Print 对话框，具有当前模型中所有分析步的列表。

2. 在 Frequency 列中，为用户想要为每一步写出的诊断信息指定频率（Abaqus/Explicit 分析不能使用此选项）。

3. 单击其他列来要求特定步中的指定诊断信息。

出现一个对号来说明已经在分析步过程中激活了诊断信息显示类型。再次在列中单击来切换不选诊断信息显示。

4. 当用户完成诊断信息显示的设置时，单击 OK 来退出 Edit Diagnostic Print 对话框。

14.13.4 构建监控请求

使用 DOF Monitor 对话框来监控分析过程中一个点处的自由度。Abaqus 将此点的自由度值报告给作业模块、汇总到状态文件中（jobname. sta），以及对于 Abaqus/Standard 分析，汇总到信息文件中（jobname. msg）。更多信息见 14. 5. 4 节“自由度监控请求”。

若要监控一个自由度，执行以下操作：

1. 从主菜单栏选择 Output→DOF Monitor。

出现 DOF Monitor 对话框。

2. 在对话框中，切换 Monitor a degree of freedom throughout the analysis。

如果切换选中了 Monitor a degree of freedom throughout the analysis，则对话框中的监控选项变得可以使用。

3. 单击 Region 域旁边的 ，并且使用下面的一个方法来选择要监控的点。

• 使用现有的设置来定义点。在提示区域的右侧，单击 Points。从出现的 Region Selection 对话框选择一个存在的集合，并且单击 Continue（如果用户选择一个包含多个顶点或者节点的集合，则当用户单击 DOF Monitor 对话框中的 OK 时，Abaqus/CAE 显示一个错误信息）。

注意：默认的选择方法基于用户最近使用的选择方法。要恢复成其他方法，单击提示区域右侧的 Select in Viewport 或者 Points。

• 使用鼠标来选择视口中的一个点（更多信息见 6. 2 节“在当前视口中选择对象”）。

用户选中的点在视口中高亮显示成红色。

4. 在 Degree of freedom 域中，输入用户想要监控的自由度。

5. 如果用户正在执行一个 Abaqus/Standard 分析，则在 Print to the message file every n increments 域中输入用户想要 Abaqus 将自由度值写到信息文件中的频率。

没有选项来控制将值写到输出文件的频率，因为由 Abaqus 确定此频率。更多信息见《Abaqus 分析用户手册——介绍、空间建模、执行与输出卷》的 4. 1 节“输出”。

6. 单击 OK 来保存用户的更改并且退出对话框。

14. 13. 5 定义时间点

当用户想要要求 Abaqus 写场输出或者历史输出数据时，用户可以定义命了名的时间点集合，来描述分析过程中的所有时刻。通过要求指定时刻处的输出，用户可以创建一个不规则的采样，这些采样在分析中的关键点中收集数据。

Create Time Points 对话框提供两个方法来定义时间点的集合。用户可以通过在对话框的表格部分中的自身行中，各个的输入每一个值来指定每一个时间点。另外，用户可以选择 Specify using delimiters 来定义具有不同增量的一些时间范围，这些时间增量定义每一个范围中的采样速率。例如，用户可以为 0 ~1 的时间范围创建均匀的 0. 1s 的时间点，然后为 1 ~2 的时间范围将增量改变成 0. 05s。个别的时间点定义和时间范围定义方法是相互排斥的；例如，用户不能对由时间范围方法指定的一系列时间点添加个别的时间点。

注意：用户也可以从 ASCII 文件中将单个的一组时间点或者时间范围导入模型数据库。一旦导入了数据，用户就可以编辑那些时间点。

Create Time Points 对话框以表的格式表示一组时间点数据。用户可以通过添加、删除和清除数据的行，或者通过编辑单个的数据点或者时间范围来更改这些集合。一旦用户创建了一组时间点，则用户就可以编辑时间点集合的内容，或者复制、重命名或者删除集合。如果用户重新命名或者删除要求的场或者历史输出的一组时间点，则 Abaqus/CAE 发出一个错误信息。

若要创建一组时间点，执行以下操作：

1. 打开 Create Time Points 对话框。

从主菜单栏选择 Output→Time Points→Create。

2. 为此集合的时间点输入一个名称，并且单击 OK。

出现 Edit Time Points 对话框。

3. 要从 ASCII 文件读取时间点数据，执行下面的步骤。

a. 在对话框的表格部分右击鼠标；然后从出现的列表中选择 Read from File。

出现 Read Data from ASCII File 对话框。

b. 单击，并且使用 ASCII File Selection 对话框来浏览用户想要导入的文件。当用户选择文件时，单击 OK。

c. 如果需要，用户可以为数据导入更改时间点表格的起始位置。默认情况中，导入的开始行值和列值都等于 1；如果用户想要使用额外的行值和列值来定制导入的数据，则更改行值或者列值。

d. 单击 OK 来将值导入到时间点表格。

4. 选择两个时间点定义方法中的一个。

• 要单个地定义时间点，在行 1 中输入一个时间点，然后为集合中的每一个附加时间点添加一个新的行和时间点。单个输入的时间点必须按顺序排列来输入。

• 要使用分隔符来指定时间点，选择 Specify using delimiters，然后为用户想要创建的每一序列时间点输入起始时间、结束时间和增量。与表格数据输入有关的更多信息，见 3.2.7 节“输入表格数据”。

5. 单击 OK 来保存用户的时间点集合。

14.14 定制 ALE 自适应网格划分

本节介绍如何在特定分析步中构建 ALE 自适应网格划分，包括以下主题：

- 14.14.1 节 “定义一个 ALE 自适应网格划分区域”
- 14.14.2 节 “指定 ALE 自适应网格划分约束”
- 14.14.3 节 “为 ALE 自适应网格划分指定控制”

14.14.1 定义一个 ALE 自适应网格划分区域

用户可以定义想要 ALE 自适应网格划分的模型区域，并且用户可以指定此区域的自适应网格划分频率和强度。更多信息见以下章节：

- 《Abaqus 分析用户手册——分析卷》的 7.2.1 节 “ALE 自适应网格划分：概览”
- 《Abaqus 分析用户手册——分析卷》的 7.2.2 节 “在 Abaqus/Explicit 中定义 ALE 自适应网格区域”
- 《Abaqus 分析用户手册——分析卷》的 7.2.6 节 “在 Abaqus/Standard 中定义 ALE 自适应网格区域”

注意：用户为任何特定的步仅可以定义一个自适应网格划分区域。

若要对一个区域施加 ALE 自适应网格划分，执行以下操作：

1. 从主菜单栏选择 Other→ALE Adaptive Mesh Domain→Manager。

Abaqus/CAE 显示 ALE Adaptive Mesh Domain Manager，显示在模型中定义的分析步以及与每一个分析步关联的自适应网格划分控制。

2. 在 ALE Adaptive Mesh Domain Manager 中，选择构建自适应网格划分的分析步，并且单击 Edit。

Abaqus/CAE 显示 ALE 自适应网格划分区域编辑器。

3. 在编辑器的顶部选择 Use the ALE adaptive mesh domain below。

4. 单击 Region 域旁边的 ↖，并且使用下面的一个方法来选择用户想要网格划分的区域。

- 使用现有的集合来定义区域。在提示区域的右侧单击 Sets。从出现的 Region Selection 对话框选择现有的集合，并且单击 Continue。
- 使用鼠标来在视口中选择一个区域（更多信息见 6.2 节 “在当前视口中选择对象”）。

单击鼠标键 2 来说明用户完成了选择。

Abaqus/CAE 在视口中将选中的区域高亮显示成红色。

注意：默认的选择方法基于最近使用的选择方法。要恢复成其他方法，单击提示区域右侧的 Select in Viewport 或者 Sets。

5. 如果用户想要指定非默认的自适应网格划分控制，切换选中 ALE Adaptive mesh controls，并且选择与区域关联的自适应网格划分控制名称。

如果用户还没有创建网格划分控制，则用户可以单击 ALE Adaptive mesh controls 域右边的 + 来定义用户想要赋予自适应网格划分区域的控制。更多信息见 14.14.3 节“为 ALE 自适应网格划分指定控制”。

6. 输入增量形式的频率值，Abaqus 将使用此频率来网格划分区域。

7. 输入 Remeshing sweeps per increment 的数量。此情况中的一个增量是每一个自适应网格划分增量，如上面 Frequency 设置中定义的那样。

8. 对于 Abaqus/Explicit 分析步中的自适应网格划分，输入 Abaqus/Explicit 将在分析步的开始时将施加的 Initial remeshing sweeps 数量。

9. 单击 OK 来保存设置并且关闭 ALE 自适应网格划分区域编辑器。

ALE Adaptive Mesh Domain Manager 显示与分析步关联的自适应网格划分控制。

10. 单击 Dismiss 来关闭 ALE Adaptive Mesh Domain Manager。

14.14.2　指定 ALE 自适应网格划分约束

用户可以定义自适应网格划分区域上的 ALE 自适应网格划分的网格运动约束。ALE 自适应网格约束可以指定自适应网格划分区域的独立网格运动，或者指定必须跟随材料的节点。更多信息见以下章节：

- 《Abaqus 分析用户手册——分析卷》的 7.2.1 节“ALE 自适应网格划分：概览”
- 《Abaqus 分析用户手册——分析卷》的 7.2.2 节“在 Abaqus/Explicit 中定义 ALE 自适应网格区域”
- 《Abaqus 分析用户手册——分析卷》的 7.2.6 节“在 Abaqus/Standard 中定义 ALE 自适应网格区域”

若要为 ALE 自适应网格划分指定约束，执行以下操作：

1. 从主菜单栏选择 Other→ALE Adaptive Mesh Constraint→Create。

Abaqus/CAE 显示 ALE 自适应网格划分约束编辑器。

2. 为 ALE 自适应网格划分约束输入一个名称。

3. 选择用户想要创建约束的分析步。

4. 选择网格运动的类型，Displacement/Rotation 或者 Velocity/Angular velocity，并且单击 Continue。

5. 使用下面的一个方法来选择想要约束的区域。

• 使用现有的集合来定义区域。在提示区域的右侧单击 Sets。从出现的 Region Selection 对话框中选择现有的一个集合，然后单击 Continue。

• 使用鼠标来选择视口中的区域（更多信息见 6.2 节“在当前视口中选择对象”）。单击鼠标键 2 来说明用户完成了选择。

Abaqus/CAE 将视口中选中的区域高亮显示成红色。

注意：默认的选择方法基于用户最近使用的选择方法。要变化成其他方法，单击提示区域右侧的 Select in Viewport 或者 Sets。

出现 Edit ALE Adaptive Mesh Constraint 对话框。

6. 如果用户正在编辑一个现有的网格划分约束，则用户可以通过单击编辑器顶部中的来编辑施加有约束的区域。使用步骤 5 中描述的区域选择技术。

7. 如果用户想要改变施加约束的坐标系（CSYS），则单击并且使用下面的一个方法。

• 在视口中选择一个现有的基准坐标系。

• 通过名称来选择一个现有的基准坐标系。

—从提示区域单击 Datum CSYS List 来显示基准坐标系的列表。

—从列表选择一个名称并且单击 OK。

• 从提示区域单击 Use Global CSYS 来变化成整体坐标系。

仅在创建约束的步骤中才可以使用此坐标系编辑选项。

8. 单击 Motion 域右边的箭头，并且指定用户是否想要指定网格运动独立于基底材料，或者定义节点是否必须跟随基底材料。

如果用户正在执行一个 Abaqus/Standard 分析，则用户也可以选择在用户子程序 UMESHMOTION 中定义网格运动。

9. 如果用户已经在步骤 8 中选择了 Independent of underlying material，则切换选中用户想要约束的自由度。用户可以为自由度指定值的文本域变得可以使用。切换不选自由度来让自由度不受约束。

10. 如果用户已经在步骤 8 中选择了 Independent of underlying material，则单击 Amplitude 域右边的箭头，并且从出现的列表中选择用户选择的幅值。另外，用户可以单击 Create 来创建一个新的幅值（更多信息见第 57 章“幅值工具集”）。

11. 单击 OK 来保存命名的约束并且关闭编辑器。

14.14.3 为 ALE 自适应网格划分指定控制

用户可以为自适应网格划分和施加到自适应网格划分区域的平流算法指定控制。更多信息见《Abaqus 分析用户手册——分析卷》的 7.2.3 节“Abaqus/Explicit 中的 ALE 自适应网格划分和重映射”，以及《Abaqus 分析用户手册——分析卷》的 7.2.7 节“Abaqus/Standard 中的 ALE 自适应网格划分和重映射”。

下面的部分提供指定 ALE 自适应网格划分控制的指导：

- "为 Abaqus/Standard 分析指定 ALE 自适应网格划分控制"。
- "为 Abaqus/Explicit 分析指定 ALE 自适应网格划分控制"。

1. 为 Abaqus/Standard 分析指定 ALE 自适应网格划分控制

用户使用 Edit ALE Adaptive Mesh Controls 对话框，来定制自适应网格划分和施加到自适应网格划分区域的平流算法的不同方面。更多信息见《Abaqus 分析用户手册——分析卷》的 7.2.7 节 "Abaqus/Standard 中的 ALE 自适应网格划分和重映射"。

若要为 ALE 自适应网格划分指定控制，执行以下操作：

1. 从主菜单栏选择 Other→ALE Adaptive Mesh Controls→Create。

出现 Create ALE Adaptive Mesh Controls 对话框。

2. 在对话框中为 ALE 自适应网格划分控制输入名称，并且单击 Continue。

出现 Edit ALE Adaptive Mesh Controls 对话框。

3. 单击 Smoothing algorithm 域右边的箭头，并且为计算自适应网格划分光顺选择一个方法。

- 为用户正在使用的分析产品选择 Determined by analysis product 来接受默认（在此情况中是 Abaqus/Standard）。
- 选择 Enhanced algorithm based on evolving geometry 来使用几何增强形式的基本光顺算法来作为减小扭曲的技术。这些形式是试探性的，并且仅以极大位置为基础。由于它们的试探性属性，所以几何增强可能不总是改善网格光顺。
- 选择 Conventional smoothing 来使用光顺算法的传统形式。

有关自适应网格光顺的更多信息，见《Abaqus 分析用户手册——分析卷》的 7.2.7 节 "Abaqus/Standard 中的 ALE 自适应网格划分和重映射" 中的 "ALE 自适应网格扫描算法"。

4. Abaqus/Standard 中的新网格计算是以两个基本光顺方法的组合为基础的：原始构型投影光顺和体积光顺。用户必须在 Volumetric 和 Original configuration projection 域中为每一个方法指定权重因子。更多信息见《Abaqus 分析用户手册——分析卷》的 7.2.7 节 "Abaqus/Standard 中的 ALE 自适应网格划分和重映射" 中的 "平顺方法的组合"。

5. 在 Initial feature angle 域中，输入初始几何特征角 θ_I，单位为度（$0° \leqslant \theta_I \leqslant 180°$）。使用此角度来探测几何边和拐角。默认的值是 $\theta_I = 30°$。设置 $\theta_I = 180°$ 将确保没有探测到或者强制几何边或者拐角。

更多信息见《Abaqus 分析用户手册——分析卷》的 7.2.6 节 "在 Abaqus/Standard 中定义 ALE 自适应网格区域" 中的 "控制几何边和拐角的检测"。

6. 在 Transition feature angle 域中，输入初始几何特征角 θ_T，单位为度（$0° \leqslant \theta_I \leqslant 180°$）。使用此角度来确定何时应当抑制几何边和拐角来允许重新网格划分穿过它们。默认的值是 $\theta_T = 30°$。设置 $\theta_T = 0°$ 将确保没有抑制几何边或者拐角。

更多信息见《Abaqus 分析用户手册——分析卷》的 7.2.6 节 "在 Abaqus/Standard 中定

义 ALE 自适应网格区域”中的“控制几何边和拐角的激活和抑制”。

7. 单击 OK 来保存被命名的控制设置并且关闭编辑器。

2. 为 Abaqus/Explicit 分析指定 ALE 自适应网格划分控制

用户使用 Edit ALE Adaptive Mesh Controls 对话框，来定制自适应网格划分和施加到自适应网格划分区域的平流算法的不同方面。更多信息见《Abaqus 分析用户手册——分析卷》的 7.2.3 节“Abaqus/Explicit 中的 ALE 自适应网格划分和重映射”。

若要为 ALE 自适应网格划分指定控制，执行以下操作：

1. 从主菜单栏选择 Other→ALE Adaptive Mesh Controls→Create。

出现 Create ALE Adaptive Mesh Controls 对话框。

2. 在对话框中，为 ALE 自适应网格控制输入一个名称，并且单击 Continue。

出现 Edit ALE Adaptive Mesh Controls 对话框。

3. 选择一个网格光顺 Priority。

● 选择 Improve aspect ratio 来执行自适应网格划分，以扩散初始网格梯度为代价来最小化单元扭曲并且提供单元长宽比。为具有中等到大的整体变形问题推荐此任务。更多信息见《Abaqus 分析用户手册——分析卷》的 7.2.3 节“Abaqus/Explicit 中的 ALE 自适应网格划分和重映射”中的“指定一个均匀的网格平滑目标”。

● 选择 Preserve initial mesh grading 来执行自适应网格划分，试图随着分析进展，在降低扭曲时依然保留初始网格梯度。仅对于承受低程度到中等程度整体变形的，具有合适结构梯度的网格推荐此任务。更多信息见《Abaqus 分析用户手册——分析卷》的 7.2.3 节“Abaqus/Explicit 中的 ALE 自适应网格划分和重映射”中的“指定一个均匀的网格平滑目标”。

4. 单击 Smoothing algorithm 域右边的箭头，并且为计算自适应网格划分光顺选择一个方法。

● 选择 Determined by analysis product 来为用户正在使用的分析产品接受默认（在此情况中是 Abaqus/Explicit）。

● 选择 Enhanced algorithm based on evolving geometry 来使用几何增强形式的基本光顺算法来作为减小扭曲的技术。

● 选择 Conventional smoothing 来使用光顺算法的传统形式。

有关自适应网格光顺的更多信息，见《Abaqus 分析用户手册——分析卷》的 7.2.3 节“Abaqus/Explicit 中的 ALE 自适应网格划分和重映射”中的“网格平顺方法”。

5. 选择 Meshing predictor 选项。

● 选择 Current deformed position 来以当前的节点位置为基础来执行自适应网格划分。为所有的拉格朗日型问题和具有非常大变形的问题推荐此方法。更多信息见《Abaqus 分析用户手册——分析卷》的 7.2.3 节。“Abaqus/Explicit 中的 ALE 自适应网格划分和重映射”中的“在拉格朗日区域内定位节点”。

● 选择 Position from previous ALE adaptive mesh increment 来以之前的自适应网格增量结

束时的节点位置为基础，来执行自适应网格划分。为与整体变形相比，材料的流动是显著的欧拉型问题推荐此技术。更多信息见《Abaqus 分析用户手册——分析卷》的 7.2.3 节“Abaqus/Explicit 中的 ALE 自适应网格划分和重映射”中的“在欧拉区域中定位节点”。

6. 在 Curvature refinement 域中，为曲线细化权重 α_C 输入一个值。一个合适的值允许用户确保在高度弯曲边界附近具有足够的网格细化。在广泛的问题上，$\alpha_C=1$ 的默认值工作良好。更多信息见《Abaqus 分析用户手册——分析卷》的 7.2.3 节“Abaqus/Explicit 中的 ALE 自适应网格划分和重映射”中的“基于凹边界曲率的解相关的网格划分”。

7. Abaqus/Explicit 中新网格的计算是以三个基本光顺方法的组合为基础的：体积光顺、拉普拉斯光顺以及等位光顺。用户必须为 Volumetric，Laplacian 和 Equipotential 域中的每一个方法指定权重因子。更多信息见《Abaqus 分析用户手册——分析卷》的 7.2.3 节“Abaqus/Explicit 中的 ALE 自适应网格划分和重映射”中的“网格平顺方法”。

8. 在 Initial feature angle 域中，输入初始几何特征角 θ_I，单位为度（$0° \leqslant \theta_I \leqslant 180°$）。使用此角度来探测几何边和拐角。默认 $\theta_I=30°$。设置 $\theta_I=180°$将确保没有探测到或者强制施加几何边或者拐角。

9. 在 Transition feature angle 域中，输入初始几何特征角 θ_T，单位为度（$0° \leqslant \theta_T \leqslant 180°$）。使用此角度来确定何时应当抑制几何边和拐角来允许重新网格划分穿过它们。默认 $\theta_T=30°$。设置 $\theta_T=0°$将确保没有抑制几何边或者拐角。

更多信息见《Abaqus 分析用户手册——分析卷》的 7.2.6 节“在 Abaqus/Standard 中定义 ALE 自适应网格区域”中的“控制几何边和拐角的激活和抑制”。

10. 在 Mesh constraint angle field 中，输入网格约束角 θ_C，单位为度（$5° \leqslant \theta_C \leqslant 85°$）。默认 $\theta_C=60°$。

对拉格朗日或者滑动边界区域上的节点施加自适应网格划分约束时，如果边界区域的法向与指定约束的方向之间的角度变得小于 θ_C，则终止分析。对拉格朗日或者自适应几何边的一部分的节点施加自适应网格划分约束时，如果指定约束与垂直边的平面之间的角度变得小于 θ_C 时，则终止分析。

11. 在执行了自适应网格划分之后，为重新映射求解变量选择一个算法。

- 选中 First order，以提供体单元差异为基础来使用一阶方法。
- 选中 Second order，以 Van Leer 的工作为基础来使用二阶方法。

更多信息见《Abaqus 分析用户手册——分析卷》的 7.2.3 节“Abaqus/Explicit 中的 ALE 自适应网格划分和重映射”中的“单元变量的移流方法”。

12. 为移流动量选择一个方法。

- 为最便宜的方法选择 Element center projection。
- 为计算成本高昂但可以展示出更好的扩散属性的方法选择 Half-index shift。

更多信息见《Abaqus 分析用户手册——分析卷》的 7.2.3 节“Abaqus/Explicit 中的 ALE 自适应网格划分和重映射”中的“动量移流”。

13. 单击 OK 来保存被命名的控制设置并且关闭编辑器。

14.15 定制 Abaqus 分析控制

本节介绍如何定制 Abaqus 分析控制，包括以下主题：

14.15.1 定制通用的求解控制

通用求解控制编辑器允许用户更改用于收敛性和时间积分精度的算法。更多信息见《Abaqus 分析用户手册——分析卷》的 2.2 节“分析收敛性控制”。

注意：此选项仅对于通用的 Abaqus/Standard 分析步才可以使用。

若要定制通用的求解控制，执行以下操作：

1. 从主菜单栏选择 Other→General Solution Controls→Manager。

Abaqus/CAE 显示 General Solution Controls Manager，显示在模型中定义的分析步，以及与每一个分析步关联的通用求解控制。

2. 在 General Solution Controls Manager 中，选择感兴趣的分析步，并且单击 Edit。

出现 General Solution Controls Editor。

3. 为指定求解控制选择一个选项。

- 如果用户想要来自之前分析步的求解控制设置，在当前的分析步中依然有效，则应当选择 Propagate from previous step。
- 如果用户想要编辑器中的所有标签页上的所有参数，恢复到它们的默认值，则应当选择 Reset all parameters to their system-defined defaults。
- 如果用户想要为此分析步的特别参数输入新的值，则选择 Specify。

4. 如果需要，显示 Field Equations 标签页来定义场方程的容差。

a. 如果用户想要选择一个特别类型的方程，对此方程的求解控制参数进行定义，则选择 Specify individual fields。否则，选择 Apply to all applicable fields 来将用户输入的值施加到所有的域。

b. 为一个或者多个下面的参数输入新值。

- R_n^α，最大残差与收敛的对应平均流动范数比值的收敛准则。默认$R_n^\alpha=5\times10^{-3}$。
- C_n^α，最大解校正与最大的对应增量解值的比值的收敛准则。默认$C_n^\alpha=5\times10^{-2}$。

• $\widetilde{q}_0^\alpha$，此步的时间平均通量初始值。默认是来自之前步的时间平均通量，或者如果当前步是步骤 1，则为 10^{-2}。

• $\widetilde{q}_u^\alpha$，用户定义的平均通量。当定义了此值时，对于所有的 t，$\widetilde{q}^\alpha(t)=\widetilde{q}_u^\alpha$。剩余的项目很少需要改动它们的默认值。

• R_P^α，用在I_P^α迭代之后的可变残余收敛准则。默认$R_P^\alpha=2\times10^{-2}$。

• ϵ^α，与$\widetilde{q}^\alpha$相比的零通量准则。默认$\epsilon^\alpha=10^{-5}$。

• C_ϵ^α，最大解校正，与模型中零通量时最大对应增量解值之间的比值的收敛准则。默认$C_\epsilon^\alpha=10^{-3}$。

• R_l^α，最大残余与对应平均通量范数的比值，作为一个迭代中可以接受的收敛（即，对于一个线性情况）。默认$R_l^\alpha=10^{-8}$。

• C_f，当两个场之一的大小可以忽略时，两个有效场之间关系缩放中使用的场转换比。默认$C_f=1.0$。

• ϵ_l^α，当前步中，与模型内最大通量$\widetilde{q}_{max}^\alpha$的时间平均值相比的零通量准则，默认$\epsilon_l^\alpha=10^{-5}$。

• ϵ_d^α，模型中与特征单元长度相比的零位移单元准则（和/或零穿透，如果分析步的 Convert severe discontinuity iterations 设置是 On）。仅对于位移场和翘曲自由度平衡方程才能使用此条目。默认$\epsilon_d^\alpha=10^{-8}$。

在任何时间，用户都可以单击 System-defined Defaults for this Page 来将此标签页上的所有参数返回到它们的系统定义默认值。更多信息见《Abaqus 分析用户手册——分析卷》的 2.2.2 节“常用的控制参数”中的“为场方程定义容差”。

5. 如果需要，显示 Time Incrementation 标签页来设置时间增量控制参数。

a. 切换选中 Discontinuous analysis 来设置 $I_0=8$ 和 $I_R=10$。这些设置有助于帮助避免时间增量的过早截止。

b. 为下面的一个或者多个参数输入新的值。

• I_0，平衡迭代的数量（没有严重的不连续），在此迭代数量后检查残差是否在两个连续迭代中增加。最小值是$I_0=3$。默认$I_0=4$。如果用户切换选中 Discontinuous analysis，则$I_0=8$并且不能改变。

• I_R，连续平衡迭代的数量（没有严重的不连续），在此迭代数上开始检查收敛的对数速率。默认$I_R=8$。如果用户切换选中 Discontinuous analysis，则$I_R=10$并且不能进行改变。如果使用固定时间增量，则不检查收敛点对数速率。

剩余的条目很少需要重新设置它们的默认值。

• I_P，连续平衡迭代的数量（没有严重的不连续），在此迭代数之后，使用残差R_P来替代R_n。默认$I_P=9$。

• I_C，连续平衡迭代的数量上限（没有严重的不连续），以收敛对数速率的预测为基础。默认$I_C=16$。

• I_L，连续平衡迭代的数量（没有严重的不连续），在此迭代数以上，将降低到下一个增量大小。默认$I_L=10$。

• I_G，对于增加的时间增量，连续增量中允许的连续平衡迭代的最大数量（没有严重的不连续）。默认$I_G=4$。

• I_S，如果步的 Convert severe discontinuity iterations 设置是 Off。在一个增量中允许的严重不连续迭代的最大数量。默认$I_S=12$。如果步的 Convert severe discontinuity iterations 设置是 On，则没有使用此参数。

• I_A，增量允许的最大截止数量。默认$I_A=5$。

• I_J，如果步的 Convert severe discontinuity iterations 设置是 Off，则对于增加的时间增量，在两个连续增量中允许的严重不连续迭代的最大数量。默认$I_J=5$。如果步的 Convert severe discontinuity iterations 设置是 On，则不使用此参数。

• I_T，连续增量的最小数量，在这些连续增量中，必须没有削减地满足时间积分精度度量来允许时间增量增加。默认$I_T=3$。允许的最大$I_T=10$。

• I_S^c，如果步的 Convert severe discontinuity iterations 设置是 On，则在增量中允许的严重不连续迭代最大数量。默认$I_S^c=50$。此参数仅作为保护来防止默认收敛准则的失效，并且很少需要改变。如果步的 Convert severe discontinuity iterations 设置是 Off，则不使用此参数。

• D_f，当求解出现发散时使用的截止因子。默认$D_f=0.25$。

• D_C，当收敛的对数速率预测将需要太多的平衡迭代时，使用的截止因子。默认$D_C=0.5$。

• D_B，当前增量值使用了太多的平衡迭代（I_L）时，下一个增量的截止因子。默认$D_B=0.75$。

• D_A，当超出了时间积分精度容差时使用的截止因子。默认$D_A=0.85$。

• D_S，因为严重的不连续而产生太多的迭代（I_L）时的截止因子。默认$D_S=0.25$。

• D_H，当在大位移问题中，有极端扭曲那样问题的单元计算时，使用的截止因子。默认$D_H=0.25$。

• D_D，在少量平衡迭代（I_G）中，两个连续增量收敛时的增加因子。默认$D_D=1.5$。

• W_G，I_T增量上平均时间积分精度的度量，与下一个允许的时间增量的对应容差的比值是增加的。默认$W_G=0.75$。

• D_G，当时间积分精度度量小于I_T连续增量值的容差W_G时，下一个时间增量的增量因子，是I_T增量上平均积分精度度量与对应容差的比值。默认$D_G=0.8$。

• D_M，除了动力学应力分析和扩散主导的过程的所有情况中的最大时间增量增加因子。$D_M=1.5$。

• D_M，动力学，动力学应力分析的最大时间增量增加因子。默认$D_M=1.25$。

• D_M，扩散过程，扩展为主的过程的最大时间增量增加因子（蠕变、瞬态热传递、土壤结块、瞬态质量扩散）。默认$D_M=2.0$。

• D_L，提议的下一个时间增量与D_M的最小比值，乘以线性瞬态问题中所使用提议时间增量的当前时间增量。此参数适用于避免系统矩阵的过度分解，并且应当小于1.0。默认$D_L=0.95$。

• D_E，提议的时间增量，与发生的解向量外推的最后成功时间增量的最小比值。默认$D_E=0.1$。

• D_R，时间增量，与有条件稳定时间积分过程的稳定限的比值的最大允许比例。默认是1.0。

• D_F，当时间增量超出了上面的因子乘以稳定限时，用作当前时间增量的稳定限制分数。此值不能超出1.0，默认0.95。

• D_T，时间点之前，或者步到达的结束时刻的时间增量增加分数。使用此参数来避免小的时间增量，有时此小时间增量对于触及时间点或者完成一个步是有必要的，并且此增加分数必须大于或者等于1.0。如果在一个分析步的确切时间上要求了输出或者重启动数据，则默认$D_T=1.25$；否则，默认$D_T=1.0$。

在任何时候，用户都可以单击System-defined Defaults for this Page，来将标签页上的所有参数返回到它们的系统定义默认值。更多信息见《Abaqus 分析用户手册——分析卷》的2.2.2节“常用的控制参数”中的“控制时间增量方案”。

6. 如果需要，显示Constraint Equations标签页，并且为一个或者多个值输入新值。

• T^{vol}，混合固体单元的体积应变兼容容差。默认$T^{vol}=10^{-5}$。

• T^{axial}，混合梁单元的轴向应变兼容容差。默认$T^{axial}=10^{-5}$。

• T^{tshear}，混合梁单元的横向剪切应变兼容容差。默认$T^{tshear}=10^{-5}$。

• T^{cont}，接触和滑动兼容容差。如果步的Convert severe discontinuity iterations设置是On，则接触或者滑动约束中的最大误差与最大的位移增量之比必须小于此容差。

如果步的Convert severe discontinuity iterations设置是Off，则将此项目仅与接触相互作用属性中指定的软化接触一起使用。软化接触约束间隙中，容差与接触压力为零的用户指定间隙之比，对于$p>p^0$，必须小于此容差，其中p^0是零间隙时的压力值。默认$T^{cont}=5\times10^{-3}$。

• T^{soft}，低压的软化接触兼容容差。此容差，仅当步的Convert severe discontinuity iterations设置是Off时才可以使用，与软化接触的T^{cont}类似，除了当$p=0.0$时，T^{soft}代表容差。实际的容差对于$0\leqslant p\leqslant p^0$来说在$T^{cont}$与$T^{soft}$之间进行线性插值，默认$T^{soft}=0.1$。

• T^{disp}，分布耦合单元的位移兼容容差。兼容耦合位移兼容性中的容差与耦合布置的特征长度度量之比，必须比此容差小。此特征长度是回转的耦合节点布置的平均主半径的两倍。$T^{disp}=10^{-5}$。

• T^{rot}，分布耦合单元的转动兼容容差。默认$T^{rot}=10^{-5}$。

在任何时候，用户都可以单击System-defined Defaults for this Page来将标签页上的所有参数返回到它们的系统定义默认值。更多信息见《Abaqus 分析用户手册——分析卷》的2.2.2节“常用的控制参数”中的“控制时间增量方案”。

7. 如果需要，显示Line Search Control标签页，并且为下面的一个或者多个值输入新的值。

• N^{ls}，线性搜寻容差的最大数量。对于使用牛顿法的步，默认$N^{ls}=0$，对于使用准牛顿法的步，默认$N^{ls}=5$。线性搜索算法的激活建议值是$N^{ls}=5$。指定$N^{ls}=0$来强制抑制此方法。

• s^{ls}_{max}，最大校准比例因子。默认$s^{ls}_{max}=1.0$。

• s^{ls}_{min}，最小校准比例因子。默认$s^{ls}_{min}=0.0001$。

• f^{ls}_s，线性搜索终止的残余降低因子。默认$f^{ls}_s=0.25$。

• η^{ls}，新旧校准比例因子的比值，低于此比值，线性搜索终止。默认$\eta^{ls}=0.10$。

在任何时候，用户都可以单击System-defined Defaults for this Page来将标签页上的所有参数返回到它们的系统定义默认值。更多信息见《Abaqus 分析用户手册——分析卷》的2.2.2节“常用的控制参数”中的“控制时间增量方案”。

8. 如果需要，显示 VCCT Linear Scaling 标签页，并且为β输入一个值。默认$\beta=0.9$。

对于使用 VCCT 或者改进 VCCT 准则的大部分裂纹扩展仿真，直到裂纹扩展触发点，变形都可以是近乎线性的；超过此点，分析可以是强烈非线性的。在此情况中，线性比例可以用来显著地降低求解时间来获取裂纹扩展的触发。更多信息见 14.15.1 节“定制通用的求解控制”。

9. 如果需要，显示 Direct Cyclic 标签页，并且为下面的一个或者多个值输入新的值。

- I_{PI}，首次施加周期条件的迭代数。默认$I_{PI}=1$。
- CR_n^α，傅里叶级数中，任何项上的最大残余系数，与对应平均通量范数之比的稳定状态探测准则。默认$CR_n^\alpha=5\times10^{-3}$。
- CU_n^α，傅里叶级数中，任何项上的位移系数最大校正，与最大位移系数之比的稳定状态探测准则。默认$CU_n^\alpha=5\times10^{-3}$。
- CR_0^α，傅里叶级数中，常数项上的最大残余系数，与对应平均通量范数之比的塑性棘轮探测准则。默认$CR_0^\alpha=5\times10^{-3}$。
- CU_0^α，傅里叶级数中，常数项上位移系数的最大校正，与最大位移系数之比的塑性棘轮探测准则。默认$CU_0^\alpha=5\times10^{-3}$。

在任何时候，用户都可以单击 System-defined Defaults for this Page 来将标签页上的所有参数返回到它们的系统定义默认值。更多信息见《Abaqus 分析用户手册——分析卷》的 2.2.2 节“常用的控制参数”中的“控制时间增量方案”。

10. 单击 OK 来保存用户的定制设置，并且关闭编辑器。

14.15.2 定制求解器控制

求解器控制编辑器，允许用户更改控制迭代线性方程求解器的参数。更多信息见《Abaqus 分析用户手册——分析卷》的 1.1.6 节“迭代线性方程求解器”。

注意：求解器控制仅在 Static，General；Static，Linear perturbation；Visco；Heat transfer；Geostatic 和 Soils 分析步才能使用。

若要定制通用求解器控制，执行以下操作：

1. 从主菜单栏选择 Other→Solver Controls→Manager。

Abaqus/CAE 显示 Solver Controls Manager，显示在模型中定义的步，以及与每一个步关联的求解器控制。

2. 在 Solver Controls Manager 中，选择感兴趣的分析步，并且单击 Edit。

出现 Edit Solver Controls 对话框。

3. 选择用户想要如何指定求解器控制。

- 如果用户想要之前分析步中的求解器控制设置在当前分析步中保持有效，则选择 Propagate from previous step。

• 如果用户想要编辑器中的所有参数恢复成默认值，则选择 Reset all parameters to their system-defined defaults。

• 如果用户想要为步中的特别参数输入新的值，则选中 Specify。

4. 输入指定定制求解器控制所必需的数据。

• 在 Relative tolerance 域中，输入收敛相对容差的值。

• 在 Max. number of iterations 域中，为线性求解器迭代最大数量输入值。

• 在 ILU factorization fill-in level 域中，为不完全 LU 因式分解填充层级（0≤层级≤3）输入一个值。此设置仅对于 Geostatic 和 Soils 分析步才可以使用。

有关这些参数的更多信息，见《Abaqus 分析用户手册——分析卷》的 1.1.6 节“迭代线性方程求解器”中的“设置迭代线性求解器的控制”。

5. 单击 OK 来保存用户的定制设置并且关闭编辑器。

15 相互作用模块

用户可以使用相互作用模块来定义和管理下面的对象：

• 模型区域之间的，或者模型区域与其周围环境之间的机械相互作用和热相互作用。

• Abaqus/Standard 到 Abaqus/Explicit 协同仿真的界面区域和耦合方案。

• 流体-结构协同仿真的界面区域和耦合分析步周期（在 Abaqus/CFD 与 Abaqus/Standard 或者 Abaqus/Explicit 之间）。

• 模型区域之间的分析约束。

• 装配层级的线框特征、连接器截面和赋予到模型连接器的连接器截面。

• 模型区域上的惯性（点质量、转动惯量和热容）。

• 模型区域上的裂纹。

• 模型两个点之间的弹簧和阻尼器，或者模型的一个点与地之间的弹簧和阻尼器。

本章包含以下主题：

15.1 节　“理解相互作用模块的角色”

15.2 节　“进入和退出相互作用模块”

15.3 节　“理解相互作用”

15.4 节　“理解相互作用属性”

15.5 节　“理解约束”

15.6 节　“理解接触和约束探测”

15.7 节 “理解连接器”

15.8 节 “理解连接器截面和功能”

15.9 节 “理解相互作用模块管理器和编辑器”

15.10 节 “理解表示相互作用、约束和连接器的符号”

15.11 节 “使用相互作用模块工具箱”

15.12 节 “使用相互作用模块”

15.13 节 “使用相互作用编辑器”

15.14 节 “使用相互作用属性编辑器”

15.15 节 “使用约束编辑器”

15.16 节 “使用接触和约束探测”

15.17 节 “使用连接器截面编辑器”

15.18 节 “使用查询工具集获取连接器赋予信息”

15.1 理解相互作用模块的角色

用户可以使用相互作用模块来定义下面的对象：

- 接触相互作用。
- 弹性基础。
- 空腔辐射。
- 热的膜条件。
- 发射到周围环境的辐射和来自周围环境的辐射。
- Abaqus/Standard 到 Abaqus/Explicit 的协同仿真相互作用。
- 流体-结构协同仿真相互作用（在 Abaqus/CFD 与 Abaqus/Standard 或者 Abaqus/Explicit 之间）。
- 压力穿透。
- 入射波。
- 声阻抗。
- 循环对称。
- 用户定义的作动器/传感器相互作用。
- 模型变化相互作用。
- 绑定约束。
- 刚体约束。
- 显示体约束。
- 耦合约束。
- 调整点约束。
- MPC 约束。
- 壳-实体耦合约束。
- 嵌入区域约束
- 连接器截面赋予。
- 惯性。
- 裂纹。
- 弹簧和阻尼器。

相互作用是依赖分析步的对象，这意味着在用户定义它们时，必须指出相互作用在分析的哪一个分析步中是有效的。与分析步有关的对象的更多信息，见 3.4.4 节“理解分析步中对象的状态”。例如，用户可以只在热传导、温度-位移耦合，或者热-电耦合分析步中定义面上的膜和辐射条件。类似地，用户也可以只在初始分析步中定义与用户定义的作动器/传感器的相互作用。

相互作用模块中的集合和面工具集，允许用户定义和命名想要施加相互作用和约束的模型区域。用户可以使用幅值工具集在分析过程中定义一些相互作用属性的变化。分析场工具集允许用户创建分析场来定义选中的相互作用空间变化的参数。参考点工具集允许用户定义参考点，将其用于约束中，以及创建装配层级的线框特征。

Abaqus/CAE 不能识别零件实例之间，或者装配区域之间的机械接触，除非在相互作用模块中已经指定了此接触；装配中两个面的物理接近不足以说明面之间的任何相互作用类型。

关于定义裂纹来研究其初始化和扩展的信息，见第 31 章“断裂力学”。为流体-结构相互作用定义裂纹的信息见 15. 13. 15 节“定义流体-结构协同仿真相互作用”。定义惯性的信息见第 33 章“惯量”。定义弹簧和阻尼器的信息见第 37 章“弹簧和阻尼器”。

15.2　进入和退出相互作用模块

用户可以在 Abaqus 程序对话的任何时候，通过单击环境栏中 Module 列表里的 Interaction 来进入相互作用模块。在主菜单栏上出现 Interaction、Constraint、Connector、Special、Feature 和 Tools 菜单；并且在环境栏下面出现 Step 列表。

要退出相互作用模块，单击 Module 列表中的其他模块。在退出模块前，用户不需要采取任何特别的操作来保存相互作用模块中创建的对象；当用户通过选择主菜单栏中的 File→Save 或者 File→Save As 来保存整个模型时，它们会自动保存。

15.3 理解相互作用

用户可以使用相互作用模块来定义以下类型的相互作用:

通用接触

通用接触相互作用允许用户使用单独的相互作用来定义模型的多个区域或所有区域之间的接触。通用接触也用于在耦合的欧拉-拉格朗日分析中定义拉格朗日体与欧拉材料之间的接触（见 28.3 节“定义欧拉-拉格朗日模型中的接触”）。类似地，为包含所有面的全包容面、特征边，以及在 Abaqus/Explicit 中，分析型刚性面、以梁和杆为基础的边，以及欧拉材料边界，要进行通用接触相互作用的定义；要细化接触区域，用户可以包括或排除特定的面对。通用接触相互作用中使用的面可以跨越模型中许多不连续的区域。像接触属性、面属性和接触方程等属性，可以作为接触相互作用定义的一部分被分配，但独立于接触区域定义，这允许用户在区域定义中使用一组面，在属性分配中使用另一组面。创建此类型相互作用的详细指导，见 15.13.1 节“定义通用接触”。

在同一个分析中，可以一起使用通用接触相互作用和面-面接触相互作用，或者自接触相互作用。在分析过程中，一个分析步仅有一个通用接触相互作用是有效的。

更多信息见《Abaqus 分析用户手册——指定条件、约束与相互作用卷》的 3.1 节“接触相互作用分析：概览”；《Abaqus 分析用户手册——指定条件、约束与相互作用卷》的 3.2.1 节“在 Abaqus/Standard 中定义通用接触相互作用”；《Abaqus 分析用户手册——指定条件、约束与相互作用卷》的 3.4.1 节“在 Abaqus/Explicit 中定义通用接触相互作用”；以及《Abaqus 分析用户手册——分析卷》的第 9 章“欧拉分析”。在 Abaqus/CAE 中不支持赋予罚刚度比例因子。此外，以节点为基础的面不能用在 Abaqus/CAE 中的通用接触相互作用中。

面-面接触、自接触和压力穿透

面-面接触相互作用描述了两个可变形面之间的接触，或者可变形面与刚性面之间的接触。自接触相互作用描述了单个面上不同区域之间的接触。对于创建这些相互作用类型的详细指导，见 15.13.7 节“定义面-面接触”、15.13.8 节“定义自接触”，以及 15.16 节“使用接触和约束探测”。更多信息见《Abaqus 分析用户手册——指定条件、约束与相互作用卷》的 3.3.1 节“在 Abaqus/Standard 中定义接触对”，以及《Abaqus 分析用户手册——指定条件、约束与相互作用卷》的 3.5.1 节“在 Abaqus/Explicit 中定义接触对”。

如果用户的模型包含复杂的几何形体和大量的接触相互作用，则用户可能需要定制控制接触算法的变量来得到便宜的解。这些控件适用于高级用户，应当谨慎使用。更多信息见15.9.4节“接触控制编辑器”。

压力穿透相互作用，允许用户仿真面-面接触中涉及的两个面之间的流体穿透压力。流体压力垂直于面施加。用户必须创建一个面-面接触相互作用来指定压力穿透的主面和从面。形成连接的主体可以都是可变形的，如螺纹连接器的情况；或者可以一个是刚性的，如在加刚性结构之间使用软垫圈的情况。压力穿透相互作用仅可以在 Abaqus/Standard 分析中使用。有关创建压力穿透相互作用的详细指导，见15.13.16节“定义压力穿透”。更多信息见《Abaqus 分析用户手册——指定条件、约束与相互作用卷》的4.1.7节“压力穿透载荷”。

流体腔

流体腔相互作用允许用户为模型中的流体填充腔或者气体填充腔选择和赋予属性。流体腔的选择包括一个参考点和围住腔的面。在流体腔相互作用属性中可定义多个属性（更多信息见15.4节“理解相互作用属性”）。用户可以在 Abaqus/Standard 或者 Abaqus/Explicit 分析的初始分析步中定义流体腔相互作用。流体腔相互作用在分析的所有分析步中均保持不变；用户在初始分析步之后不能更改或者抑制流体腔相互作用。有关创建流体腔相互作用的详细指导，见15.13.11节“定义流体腔相互作用”。

流体交换

流体交换相互作用允许用户定义腔和环境之间，或者两个腔之间的流体运动。要创建流体交换相互作用，则用户必须先为每一个腔选择一个现有的流体腔相互作用（与环境交换的一个流体腔相互作用，腔之间交换的两个流体腔相互作用）。然后用户可以选择或创建一个流体交换相互作用属性（更多信息见15.4节“理解相互作用属性”），并设置有效的交换面积。有关创建流体交换相互作用的详细指导见15.13.12节“定义流体交换相互作用”。

XFEM 裂纹扩展

XFEM 裂纹扩展相互作用，允许用户激活或停用使用扩展有限元法所创建的裂纹。创建此类型相互作用的详细介绍，见31.3.5节“抑制和激活 XFEM 裂纹生长”。

模型变化

模型变化相互作用允许用户在分析过程中删除和重新激活单元。除了静态、Riks 进程和线性摄动进程，用户可以在所有的 Abaqus/Standard 分析进程中使用模型变化相互作用。有关创建此类型相互作用的详细指导，见15.13.13节“定义模型变化相互作用”。更多有关删除和重新激活单元的信息，见《Abaqus 分析用户手册——分析卷》的6.2节“单元和接触对的删除和再激活”。

循环对称（仅 Abaqus/Standard）

循环对称使用户可以通过仅分析模型的单个重复扇区，以极低的成本降低计算花费来模拟完整的360°结构。用户仅可以在初始分析步中创建循环对称相互作用。一旦创建了循环对称相互作用，则循环对称将施加到整个分析历史。如果用户在一个频率分析步中停用循环对称相互作用，则 Abaqus/CAE 将评估此分析步中所有可能的节径。有关创建此类型相互作用的详细指导，见 15.13.19 节“定义循环对称”。更多有关 Abaqus 中循环对称的信息，见《Abaqus 分析用户手册——分析卷》的 5.4.3 节“表现出循环对称的模型的分析”。

弹性基础（仅 Abaqus/Standard）

弹性基础允许用户模拟面上分布支撑的刚度效应，而不需要实际地模拟支撑的细节。用户仅可以在初始分析步中创建弹性基础相互作用。一旦激活了弹性基础，用户就不能在后面的分析步中停用它。有关创建此类型相互作用的详细指导，见 15.13.20 节“定义基础”。更多信息见《Abaqus 分析用户手册——介绍、空间建模、执行与输出卷》的 2.2.2 节“单元基础”。

空腔辐射（仅 Abaqus/Standard）

空腔辐射相互作用描述了由于封闭中的辐射产生的热传导。在 Abaqus/CAE 中可以使用两种空腔辐射模型：完全的隐式定义空腔辐射和空腔辐射近似。完全的隐式定义空腔辐射可以用于二维、三维和轴对称模型中无变形的热传导。它可以包含开放的腔或者封闭的腔，并考虑对称性和面阻隔，但完全的隐式定义不支持腔内的面运动。有关创建此类型相互作用的详细指导，见 15.13.21 节“定义空腔辐射相互作用”。

使用面辐射相互作用来定义空腔辐射近似。用户可以在任何热传导分析中对空腔辐射进行近似分析，无论腔是否变形。然而，用户仅可以在三维模型的封闭腔中使用近似空腔辐射。近似性会把腔处理成封闭的块体，其温度等于整个面的平均温度。在这样的限制条件下，近似空腔辐射可以节省大量的计算费用。有关创建此类型相互作用的详细指导，见 15.13.24 节“定义面辐射相互作用”。

有关两种空腔辐射的更多信息，见《Abaqus 分析用户手册——指定条件、约束与相互作用卷》的第 8 章“在 Abaqus/Standard 中定义腔辐射”。

热的膜条件

膜条件相互作用定义了由于周围的流体对流产生的加热或冷却。在 Abaqus/CAE 中可以使用两种膜条件相互作用：定义模型面上对流的面的膜条件，定义节点或顶点对流的集中的膜条件。用户仅可以在热传导、完全耦合的热-应力，或者耦合的热-电分析步中定义膜条件相互作用。有关创建此类型相互作用的详细指导，见 15.13.22 节“定义面的膜条件相互作用”，以及 15.13.23 节“定义集中的膜条件相互作用”。更多信息见《Abaqus 分析用户手册——指定条件、约束与相互作用卷》的 1.4.4 节“热载荷”。

发射到周围环境的辐射和来自周围环境的辐射

辐射相互作用描述了由于辐射而辐射到无反射环境的热传导。在 Abaqus/CAE 中可以使用两种类型的辐射相互作用：描述与非腔面进行热传导的面辐射相互作用，以及描述来自节点或顶点的辐射的集中辐射相互作用。用户仅可以在热传导、完全耦合的热-应力，或者耦合的热-电分析步中定义辐射相互作用。更多有关创建这些类型相互作用的详细介绍，分别见 15.13.24 节“定义面辐射相互作用”和 15.13.25 节“定义集中的辐射相互作用”。更多信息见《Abaqus 分析用户手册——指定条件、约束与相互作用卷》的 1.4.4 节“热载荷”。

Abaqus/Standard 到 Abaqus/Explicit 协同仿真

对于 Abaqus/Standard 到 Abaqus/Explicit 协同仿真，用户必须为协同仿真指定界面区域（用于交换数据的区域）以及耦合方法（数据交换的时间增量进程和频率）。在每一个模型中，用户都可以创建一个 Standard-Explicit（标准-显式）协同仿真相互作用来定义协同仿真行为；一个模型中仅可以激活一个 Standard-Explicit 协同仿真相互作用。每一个协同仿真相互作用中的设置在 Abaqus/Standard 模型和 Abaqus/Explicit 模型中必须是一样的。

用户仅可以在通用静态、隐式动力学或显式动力学分析步中创建 Standard-Explicit 协同仿真相互作用。相互作用仅在创建此相互作用的分析步中有效，并且不会传递到后续的分析步中。有关创建此类型相互作用的详细指导，见 15.13.14 节“定义 Standard-Explicit（标准-显式）协同仿真相互作用”。更多信息见《Abaqus 分析用户手册——分析卷》的 12.3.1 节“结构-结构的协同仿真”。

流体-结构的协同仿真（在 Abaqus/CFD 与 Abaqus/Standard 或 Abaqus/Explicit 之间）

对于流体-结构相互作用（FSI），用户必须为协同仿真指定界面边界（交换数据的区域）和耦合分析步周期。在每一个模型中，用户都要创建一个流体-结构协同仿真相互作用来定义行为；在一个特定的模型中仅可以激活一个协同仿真相互作用。

在流体模型（Abaqus/CFD）中，FSI 协同仿真相互作用仅可以在流动分析步中创建。在结构模型中（Abaqus/Standard 或 Abaqus/Explicit），FSI 协同仿真相互作用仅可以在隐式动力学、显式动力学或热传导分析步中创建。

对于创建此类型相互作用的详细指导，见 15.13.15 节“定义流体-结构协同仿真相互作用”。更多信息见《Abaqus 分析用户手册——分析卷》的 12.3.2 节“流体-结构的协同仿真和共轭热传导”。

入射波

入射波相互作用可以模拟由于外部声源引起的入射波载荷。有关创建此类型相互作用的详细指导，见 15.13.18 节“定义入射波”。更多信息见《Abaqus 分析用户手册——指定条件、约束与相互作用卷》的 1.4.6 节“声学和冲击载荷”。

声阻抗

声阻抗指定了声学介质的压力与声学-结构界面处垂直运动之间的关系。对于创建此类型相互作用的详细指导，见 15.13.17 节“定义声阻抗”。更多信息见《Abaqus 分析用户手册——指定条件、约束与相互作用卷》的 1.4.6 节“声学和冲击载荷”。

作动器/传感器（仅 Abaqus/Standard）

作动器/传感器相互作用为传感器和作动器的组合进行建模，因此允许模拟控制系统分量。当前，此类型的相互作用只允许在一个点上感知和作动。创建此类型相互作用的详细指导，见 15.13.26 节“定义作动器/传感器相互作用”。

相互作用定义和它的相关属性可以用来定义相互作用的基本方面，但用户必须提供用户子程序 UEL，以提供作动器如何以传感器读取为基础来作动的公式。当用户在作业模块中创建分析作业时，可以指定包含用户子程序的文件名称。

警告：此功能仅适用于高级用户。除了最简单的测试示例，在所有的使用中，它都需要用户/开发者进行大量的编程工作。在使用此特征之前，应当阅读《Abaqus 分析用户手册——单元卷》的 6.17.1 节“用户定义的单元”。

作动器/传感器相互作用仅适用于 Abaqus/Standard 分析。更多信息见《Abaqus 分析用户手册——分析卷》的 13.1 节用户子程序：概览的相关内容。

15.4 理解相互作用属性

用户可以定义相互作用参考的一组数据，但这些数据独立于相互作用；例如，定义接触过程中的摩擦系数。这组数据称为相互作用属性。许多不同的相互作用可以参考同一个相互作用属性。

用户可以创建以下类型的相互作用属性：

接触（Contact）

一个接触相互作用属性可以定义切向行为（摩擦和弹性滑动）和法向行为（硬的、软的或阻尼接触及分离）。此外，一个接触属性可以包含与阻尼、热传导、热辐射和由摩擦产生的热有关的信息。通用接触、面-面接触或自接触相互作用可以参考同一个接触相互作用属性。定义此类型相互作用属性的详细指导，见 15.14.1 节“定义接触相互作用属性”。

膜条件（Film condition）

膜条件件相互作用属性将膜系数定义成温度和场变量的函数。仅膜条件相互作用可以参考膜条件件相互作用属性。有关定义此类型相互作用属性的详细指导，见 15.14.2 节“定义膜条件件相互作用属性”。

空腔辐射（Cavity radiation）

空腔辐射相互作用属性将腔的辐射定义成温度和场变量的函数。仅腔辐射相互作用可以参考腔辐射相互作用属性。有关定义此类型相互作用属性的详细指导，见 15.14.3 节“定义空腔辐射相互作用属性”。

流体腔（Fluid cavity）

流体腔相互作用属性定义了占据腔的流体类型和流体属性。用户可以选择液体流体或者气体流体。液压流体必须包括流体密度，并且可以包括流体的体积模量、热膨胀系数和其他温度相关的数据。气体流体必须包括理想气体分子量，并且可以包括摩尔热容（仅 Abaqus/Explicit）。有关定义此类型相互作用属性的详细指导，见 15.14.4 节“定义流体腔相互作用属性”。

流体交换（Fluid exchange）

流体交换相互作用属性定义了腔与环境之间的流体流动，或者从一个腔到另一个腔的流体流动。用户可以体积黏度、质量通量、质量泄漏率、体积通量或体积泄漏率为基础来定义流动交换。有关定义此类型相互作用属性的详细指导，见 15. 14. 5 节“定义流体交换相互作用属性”。

声阻抗（Acoustic impedance）

声阻抗相互作用属性定义了声学分析中，压力与面位移法向分量和速度之间的面阻抗或者比例因子。仅声阻抗相互作用可以参考声阻抗相互作用属性。有关定义此类型相互作用属性的详细指导，见 15. 14. 6 节“定义声阻抗相互作用属性”。

入射波（Incident wave）

入射波相互作用属性定义了入射波的速度和波载荷的其他特征。仅入射波相互作用可以参考入射波相互作用属性。有关定义此类型相互作用属性的详细指导，见 15. 14. 7 节“定义入射波相互作用属性”。

作动器/传感器（Actuator/sensor）

作动器/传感器相互作用属性提供传递到 UEL 用户子程序中的，与作动器/传感器相互作用一起使用的 PROPS、JPROPS、NPROPS 和 NJPROPS 变量。有关定义此类型相互作用属性的详细指导，见 15. 14. 8 节“定义作动器/传感器相互作用属性”。

15.5　理解约束

在相互作用模块中定义的约束用来定义分析自由度上的约束，而在装配模块中定义的约束仅定义实例初始位置上的约束。在相互作用模块中，用户可以约束模型区域之间的自由度，并且可以抑制和恢复约束来改变分析模型。当前，用户可以创建以下类型的约束：

绑定（Tie）

绑定约束允许用户将两个区域融合，即使区域上的网格划分可能不同。有关创建此类型约束的详细指导，见15.15.1节“定义绑定约束”，以及15.16节“使用接触和约束探测”。更多信息见《Abaqus分析用户手册——指定条件、约束与相互作用卷》的2.3.1节“网格绑缚约束”。

刚体（Rigid body）

刚体约束允许用户将装配区域的运动约束成一个参考点的运动。作为刚体一部分的区域的相对位置在整个分析过程中保持不变。有关创建此类型约束的详细指导见15.15.2节“定义刚体约束”。有关参考点的更多信息见第72章“参考点工具集”。更多信息见《Abaqus分析用户手册——介绍、空间建模、执行与输出卷》的2.4节“刚体定义”。

显示体（Display body）

显示体约束允许用户选择仅用来显示的零件实例。用户不必网格划分此零件实例，并且在分析中不包括此零件实例；然而，当用户查看分析结果时，显示模块将显示选中的零件实例。用户可以将零件实例约束成在空间中固定，或者用户可以将此零件实例约束成跟随选中的节点。用户可以对Abaqus本地零件的实例施加显示体约束，或者对孤立网格划分零件的实例施加显示体约束。有关创建此类型约束的详细指导，见15.15.3节“定义显示体约束”。用户可以在显示模块中定制显示体的外观；更多信息见55.8节“定制显示体的外观”。

在刚体之间通过连接器彼此相互作用的机构或者多体动力学问题中，显示体约束是特别有用的。在这种情况中，用户可以创建一个简单的刚体（如一个点零件），以及一个更能代表物理零件的显示体。有关包含显示体约束与连接器相结合的模型示例，见第27章“显示体”。用户还可以使用显示体来模拟分析中未涉及但有助于用户查看结果的静态对象。

更多信息见《Abaqus分析用户手册——介绍、指定条件、执行与输出卷》的2.9节

"显示体定义"。

耦合 (Coupling)

耦合约束允许用户将面的运动约束成单个点的运动。有关创建此类型约束的详细指导见15.15.4节"定义耦合约束"。更多信息见《Abaqus分析用户手册——指定条件、约束与相互作用卷》的2.3.2节"耦合约束"。

调整点 (Adjust points)

调整点约束允许用户在指定面上移动一个或多个点。有关创建此类型约束的详细指导，见15.15.5节"定义调整点约束"。更多信息见《Abaqus分析用户手册——介绍、空间建模、执行与输出卷》的2.1.6节"节点坐标调整"。此调整在装配紧固件和其他应用中可能是有用的；见29.1.3节"关于装配的紧固件"和29.5节"创建装配的紧固件"。

MPC约束 (MPC constraint)

MPC约束允许用户将区域从属节点的运动约束成单个点的运动。有关创建此类型约束的详细指导见15.15.6节"定义MPC约束"。两点之间的多点约束是使用连接器定义的。更详细的指导见第24章"连接器"。更多信息见《Abaqus分析用户手册——指定条件、约束与相互作用卷》的2.2.2节"通用多点约束"。

壳-实体耦合 (Shell-to-solid coupling)

壳-实体耦合约束允许用户将壳边的运动耦合到相邻实体面的运动。有关创建此类型约束的详细指导见15.15.7节"定义壳-实体耦合约束"。更多信息见《Abaqus分析用户手册——指定条件、约束与相互作用卷》的2.3.3节"壳-实体耦合"。

嵌入区域 (Embedded region)

嵌入区域约束允许用户将模型的区域嵌入到模型的"主体"区域或整个模型中。有关创建此类型约束的详细指导见15.15.8节"定义嵌入的区域约束"。更多信息见《Abaqus分析用户手册——指定条件、约束与相互作用卷》的2.4节"嵌入单元"。

方程 (Equation)

方程是线性的，是多点约束方程，允许用户描述各自由度之间的线性约束。有关创建此类型约束的详细指导，见15.15.9节"定义方程约束"。更多信息见《Abaqus分析用户手册——指定条件、约束与相互作用卷》的2.2.1节"线性约束方程"。

15.6 理解接触和约束探测

Abaqus/CAE 中的接触探测工具提供了定义三维模型中接触相互作用和绑定约束的快捷和简单的方法。替代单独地选择面和定义这些选中面之间的相互作用，用户可以操作 Abaqus/CAE 自动定位模型中以最初的接近距离为基础的可能发生相互作用的所有面。用户可以调整接近度设置并指定控制有效搜索区域、面定义以及默认相互作用或约束设置的不同选项。搜索适用于几何形体和网格模型。

每个探测到的相互作用或约束都包含两个确定的面，也称为接触对候选。接触探测对话框以表的形式列出每一个接触对候选及其默认参数。默认的接触对候选参数与传统 Abaqus/CAE 相互作用编辑器中使用的默认参数相比略有不同；具体而言，接触探测工具最初给每一个接触对候选赋予面-面的离散化，以替代节点-面的离散化。

使用表格界面，用户可以审核接触对候选来确保面定义是全面的，主面和从面赋予是合适的，并且参数正确。如有必要，用户可以更改表格中的参数或面赋予，并可以在适当的地方创建新的接触对。一旦用户指定构建了接触对候选，则 Abaqus/CAE 将同时定义所有的接触相互作用和约束。

有关使用接触探测对话框的分析步到分析步的指导，见 15.16 节“使用接触和约束探测”。下面的主题描述了 Abaqus/CAE 中接触探测的一般功能：

- 15.6.1 节 “接触探测对话框”
- 15.6.2 节 “接触探测算法”
- 15.6.3 节 “默认的相互作用和约束参数”
- 15.6.4 节 “接触探测工具的使用技巧”

15.6.1 接触探测对话框

要使用接触探测，从主菜单栏中选择 Interaction→Find contact pairs 或者 Constraint→Find contact pairs。接触探测对话框外观如图 15-1 所示；最初没有已确定的接触对。

使用接触探测工具有两个步骤：首先，Abaqus/CAE 搜索模型中可能会相互作用的面；然后，用户在创建相互作用和约束之前，有机会审核已确定的面并更改默认的接触对参数。用户提供了一些基本的准则来指导搜索。这些准则包括搜索区域和可能接触的面之间的距离。

在输入必要的搜索准则后，单击 Find Contact Pairs 开始搜索。Abaqus/CAE 更新接触对候选表，如图 15-2 所示。

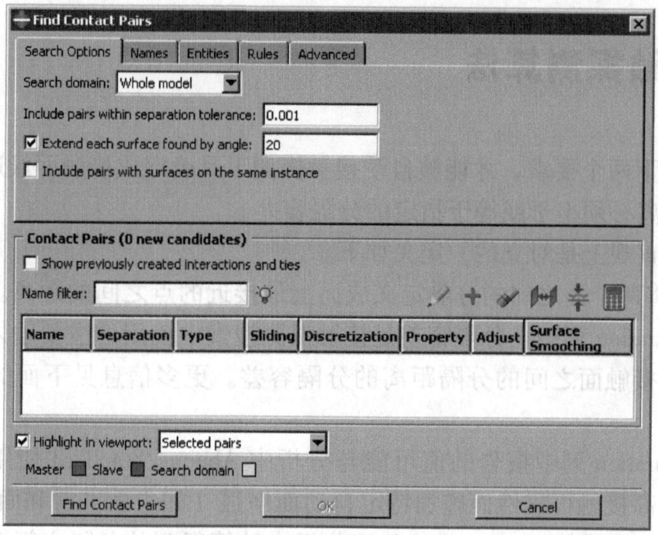

图 15-1　接触探测对话框外观

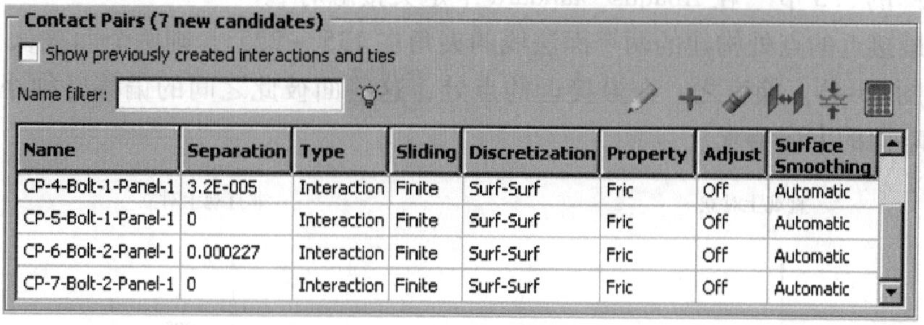

Name	Separation	Type	Sliding	Discretization	Property	Adjust	Surface Smoothing
CP-4-Bolt-1-Panel-1	3.2E-005	Interaction	Finite	Surf-Surf	Fric	Off	Automatic
CP-5-Bolt-1-Panel-1	0	Interaction	Finite	Surf-Surf	Fric	Off	Automatic
CP-6-Bolt-2-Panel-1	0.000227	Interaction	Finite	Surf-Surf	Fric	Off	Automatic
CP-7-Bolt-2-Panel-1	0	Interaction	Finite	Surf-Surf	Fric	Off	Automatic

图 15-2　接触对候选表

用户可以为表中的每一个接触对候选创建接触相互作用或绑定约束。用户也可以通过单击相应的单元格（见图 15-3）来更改相互作用或约束定义的参数。

图 15-3　更改接触对候选表中的单元格值

在表格中右击可显示扩展选项的菜单，并允许用户手动添加接触对到表格中。当用户切换选中 Show previously created interactions and ties 时，任何预先存在的相互作用和绑定约束都会添加到接触对候选表中；用户可以采用与新探测到的接触对候选相同的方式来更改现有的接触对。

在用户单击 OK 之前，接触对候选表中的相互作用和约束不会成为模型的一部分。当用户完成接触对参数设置后，单击 OK。然后，Abaqus/CAE 依据指定的参数，为表格中每一个接触对创建接触相互作用和绑定约束。已经创建的相互作用和约束被添加到模型树和 Interaction Manager 中；用户可以使用这些界面查看、更改、抑制和删除创建的相互作用。

对于使用自动接触探测工具的详细指导，见 15.16 节“使用接触和约束探测”。

15.6.2　接触探测算法

面必须满足以下两个要求，才能被自动接触探测工具确定成接触面候选：

- 分开面的距离必须小于或等于指定的分隔容差。
- 这些面必须直观上是对立的，定义如下。

Abaqus/CAE 将两个面之间的分隔定义成面上最接近的点之间的距离。该距离报告在接触对候选表的 Separation 列中。分隔容差是接触探测搜索中使用的主要输入。用户应指定包含模型中所有潜在接触面之间的分隔距离的分隔容差。更多信息见下面的“选择分隔容差和延伸角”。

注意：在 Separation 列中报告的值可能与分析中 Abaqus/Standard 使用的分隔不完全一致。在分析中为提高接触可靠性而施加特定自动面增强（如主面平滑和面延伸），可能会导致 Abaqus/CAE 前处理器与 Abaqus/Standard 分析中计算得到的分隔之间存在微小差异。有关自动面增强和接触方程的详细情况，参考《Abaqus 分析用户手册——指定条件、约束与相互作用卷》的 3.3 节“在 Abaqus/Standard 中定义接触对”。

如果在最接近的点处构建的两个面法线的夹角在 135°~225°，则两个面被认为直观上是对立的（见图 15-4）。换言之，在最接近的点处，这些面彼此之间的偏移必须小于 45°。不能调整或忽略面的方向要求。

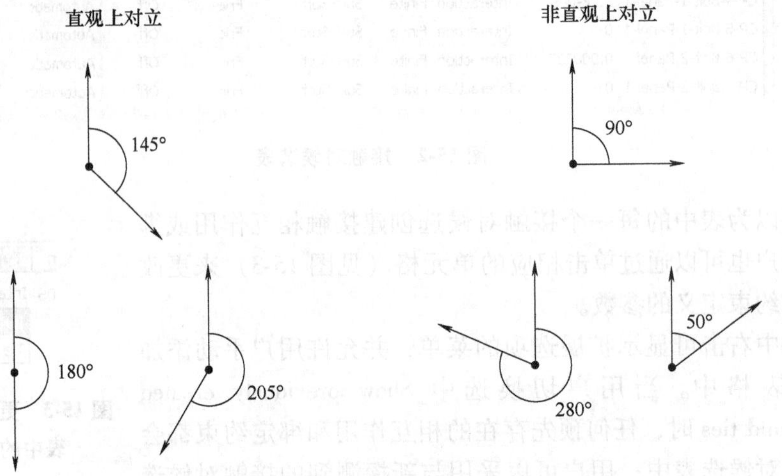

图 15-4　法线的相对方向确定面是否直观上是对立的

图 15-5 所示为接触对要求的简单示例。虚线表示从面 *X* 计算得到的分隔容差。面 *B* 平行于面 *X*，因为它既在分隔容差内，又直观地与面 *X* 对立，所以面 *B* 被确定成接触对的一部分。类似地，面 *C* 也满足这两个准则。面 *D* 虽然直观上与面 *X* 对立，但它在任何点处都没有位于分隔容差内；所以没有考虑将面 *D* 包含在接触对中。面 *A* 虽然位于分隔容差内，但它直观上没有与面 *X* 对立；因此，面 *A* 也被排除在任何接触对定义之外。接触的面（*A*、*B*、*C* 和 *D*）彼此之间不形成接触对。默认情况下，Abaqus/CAE 仅搜索单个零件实例上的面。

然而，即使用户能够在相同的实例中搜索（见“在相同的实例中定义接触和自接触”），这些面也不符合方向要求。

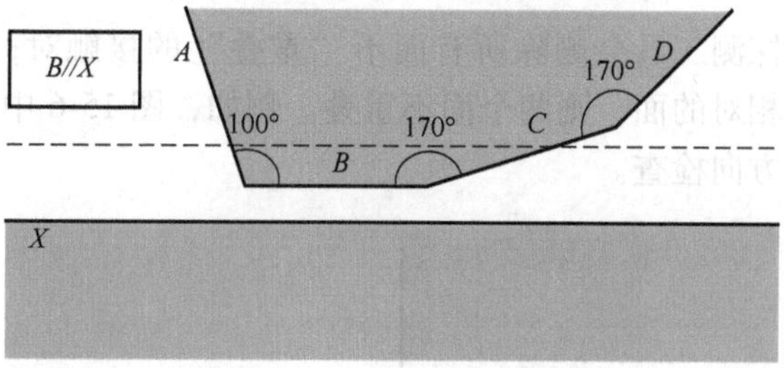

图 15-5 潜在接触中包含的两个实体（为了简化将实体表达成二维的）

定义接触对的附加准则

在使用分隔和方向检查来汇编潜在的接触对列表后，接触探测工具可以执行一系列额外的检查来调整面定义，使接触对更加有用和真实。所有这三个附加检查都是可选的，默认情况下它们是选中状态。

延伸面（Extending surface）

默认情况下，任何接触探测工具确定的面都会延伸到包括 20°以内的相邻模型面，即使相邻的面不满足分隔和方向要求。20°角是探测到的面法线与公共边处相邻面法线之间的角度偏移。用户可以使用 Extend each surface found by angle 选项来更改延伸角。随着为面定义添加面，Abaqus/CAE 也将检查新添加面的所有相邻面。如果延伸面包含了单独定义的接触对的面，则 Abaqus/CAE 会删除所有冗余的定义。例如，考虑对图 15-5 中的模型在 20°范围内延伸面。Abaqus/CAE 创建单独的接触对：一个面由面 *X* 组成，另一个面由面 *B*、*C* 和 *D* 组成。面 *D* 在面 *C* 的 20°范围内，而面 *C* 在面 *B* 的 20°范围内；删除了由面 *C* 和面 *X* 组成的冗余接触对。

合并指定角度内的接触对

用户可以使用 Merge pairs when surfaces are within angle 选项来将多个接触对合并为一个定义。包含在接触对中的面必须是相邻的，并且它们必须位于指定的角度内（如上所述）。合并选项不会延伸面；合并选项仅合并明确确定的接触对。默认情况下，使用接触探测工具来合并面在 20°范围内的接触对。通常将合并选项用作另一种面延伸来自动合并接触对候选，而需要不将面定义延伸超过分隔容差。例如，对于图 15-5 中的模型，在合并 20°范围内的接触对而不延伸模型的面的情况下，会产生一个单独的接触对：一个面由面 *X* 组成，另一个面由面 *B* 和 *C* 组成。

检查面重叠（Checking for surface overlap）

默认情况下，接触探测工具会删除所有面不“重叠”的接触对；如果其中一个面上任何一点的法线没有通过相对的面，则两个面不重叠。例如，图 15-6 中的几个面并没有重叠，即使它们通过了间隔和方向检查。

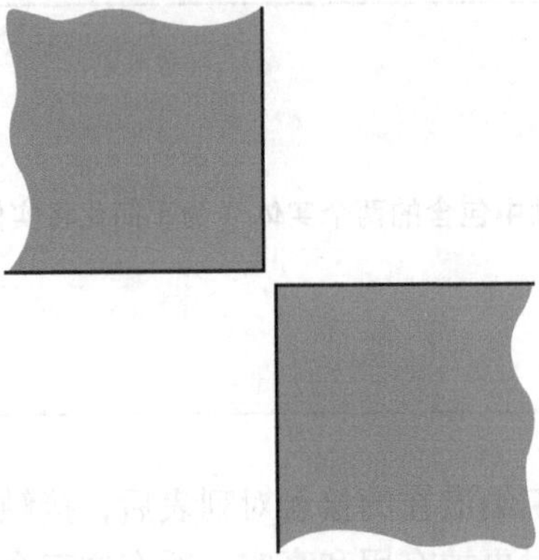

图 15-6　非重叠的面（为了简化将体表达成二维的）

用户可以通过使用 Include opposing surfaces that do not overlap 选项来抑制对面重叠的检查，并允许为不重叠的面创建接触对。

几何形体的接触探测

Abaqus/CAE 开始搜索由几何形体构成的模型，然后将模型分成单独的面。面由连接起来的几何边围绕的区域或者分割构成。一旦确定了所有的面，Abaqus/CAE 将对面进行比较来确定它们是否满足分隔容差和方向要求，然后通过施加延伸、合并和重叠检查（见上面的“定义接触对的附加准则”）来从面片定义面。所有满足要求的两个面都会被标记成接触对候选。

Abaqus/CAE 会自动在探测到的接触对中为面赋予主面名称和从面名称。总是将分析型刚性面和离散型刚性面赋予主面；如果接触对包含两个刚性面，则任意的赋予主面和从属面。对于包含两个可变形面的接触对，则 Abaqus/CAE 首先确定是否网格划分了面，然后将网格划分更粗糙的面赋予主面。如果不能获取网格信息，则面积更大的面会是主面。赋予主面和从属面的算法没有考虑不同的基底刚度或者单元赋予；如果这些因素在用户的接触相互作用中扮演关键的角色，则用户在创建一个相互作用之前，应当审核主面赋予和从属面赋予。主面赋予和从属面赋予的进一步讨论，见《Abaqus 分析用户手册——指定条件、约束与相互作用卷》的 3.3.1 节“在 Abaqus/Standard 中定义接触对”中的“选择接触对中使用的面”。

已经网格划分的模型的接触探测

接触探测也适用于网格模型。网格模型搜索算法的工作方式与几何形体基本一致，只不过它使用单元面来替代几何面。默认情况下，Abaqus/CAE 仅在分离的零件实例之间搜索接触对。导入 Abaqus/CAE 中的网格模型通常仅由单独的零件实例构成；然而，在这些模型上使用接触探测之前，用户应当在相同的实例中使用搜索（更多详细情况见“在相同的实例中定义接触和自接触”）。

警告：不像以几何形体为基础的搜索，以网格为基础的面所报告的面之间的间隔不一定是最接近的确切点之间的距离，而是一个近似值。如果与特征单元尺寸相比，指定的搜索容差非常大，则会极大地降低这种近似的精度。

在单元面上定义面之前，Abaqus/CAE 施加与几何形体面相同的延伸、合并和重叠检查（见“定义接触对的附加准则”）。因为单元面通常比几何面小得多，所以用户应当总是允许一些面的延伸来从面定义得到足够的收敛；图 15-7 对比了不允许面延伸时，几何形体和网格划分的几何形体所创建的面之间的差异。

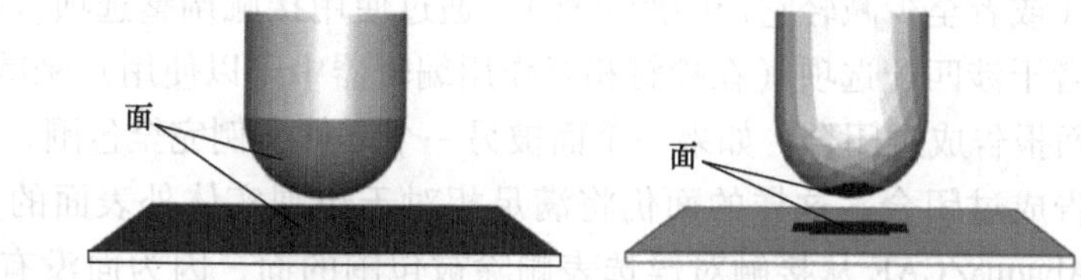

图 15-7　不允许面延伸时，几何形体（左）和网格划分的几何形体（右）所创建的面之间的差异

如果用户重新划分了模型，则在单元面上定义的任何面都可能无效。通过延伸，基于这些面的相互作用和约束也会变得无效。

当对网格面赋予主面和从面名称时，刚性面总是主面；如果接触对包含两个刚性面，则任意赋予主面和从属面。对于包含两个可变形面的接触对，Abaqus/CAE 考虑每一个面上的网格密度；具有更加粗糙网格划分的面变成主面。如果两个面上的网格密度相等，则主面和从面的赋予是任意的。赋予主面和从面的算法不考虑不同的基底刚度或者单元类型；如果这些因素在用户的接触相互作用中扮演关键的角色，则用户应当在创建相互作用之前审核主面和从面赋予。主面赋予和从面赋予的进一步分析讨论，见《Abaqus 分析用户手册——指定条件、约束与相互作用卷》的 3. 3. 1 节“在 Abaqus/Standard 中定义接触对”中的“选择接触对中使用的面”。

接触探测工具不会探测几何形体和孤立单元之间，或者分析面与孤立单元之间的接触。如果用户的模型包括已经划分网格的零件实例，则用户可以使用接触探测对话框 Advanced 标签页上的选项来说明在搜索过程中，是否将这些实例视为几何形体（默认的）或者网格。如果用户的模型既包含几何形体，又包括孤立的网格单元，则用户应当首先网格划分所有的几何形体，然后执行基于网格的搜索来捕捉所有可能的接触对。

在大部分的情况中，几何形体要比网格划分的几何形体更加可靠地表示要模拟的对象。此外，基于几何形体的相互作用和约束不会受网格重划分的影响。然而，网格是分析中使用的几何形体。网格离散化可能会使两种表示之间的分隔距离略有差异，在精确分析中，此差异变得很重要。在执行一个搜索后，用户可以通过使用 Recalculate Separation 选项来检查本地模型和网格划分的几何形体之间各个接触对的差异。

探测过闭合的面

如果装配体中的两个面相交，接触探测工具会将这些面报告成过闭合的接触对。在接触对候选表中出现的过闭合接触对必须仍然满足面的方向要求 。Separation 列中的红色零说明接触对中的两个面是相交的。

注意：Separation 列中的黑色零说明两个面在它们的最接近点处恰好接触。在此情况中不存在过闭合或者相交。

如果用户延伸或者合并过闭合的面来包括没有过闭合的面，Abaqus/CAE 会将整个接触对报告成过闭合。

用户在创建接触相互作用之前，应当目测检查所有的过闭合面，调整具有严重过闭合的模型来删除过闭合（或者至少减轻它们的严重性）。通过使用接触调整选项（在接触对候选表中可以使用）或者干涉匹配选项（在接触相互作用编辑器中可以使用）来减轻过闭合。

将必须相交的面报告成过闭合。如果一个面被另一个零件实例完全包围，则自动接触探测工具不将该面报告成过闭合。这样的面仍将满足相对于包围实体外表面的分隔和方向要求。默认情况下，Abaqus/CAE 从接触对候选表删除被包围的面，因为面没有“重叠”（见“定义接触对的附加准则”）。如果用户抑制重叠检查，则 Abaqus/CAE 为被包围的面报告接触对候选，但是接触对候选表不提供面是过闭合的还是穿透的任何说明。因为接触探测工具不能识别这些面是过闭合的，默认施加到过闭合面的调整选项（见 15.6.3 节“默认的相互作用和约束参数”）不施加到此接触对上。如果被包围的面嵌入的深度大于任何外表面处的分隔容差，则自动接触探测工具不将这些面确定成接触对候选。

具体示例如图 15-8 所示。为此搜寻设置的分隔容差是 0.1。零件实例 B 末端处的圆面在分隔容差内，并且直观上与零件实例 A 上的矩形面相对，但是没有相交。接触对候选表列出了由圆面和矩形面构成的正常接触对类别，分隔间隙是 0.06。零件实例 B 的圆柱侧面列成过闭合，因为它与零件实例 A 的矩形面相交。

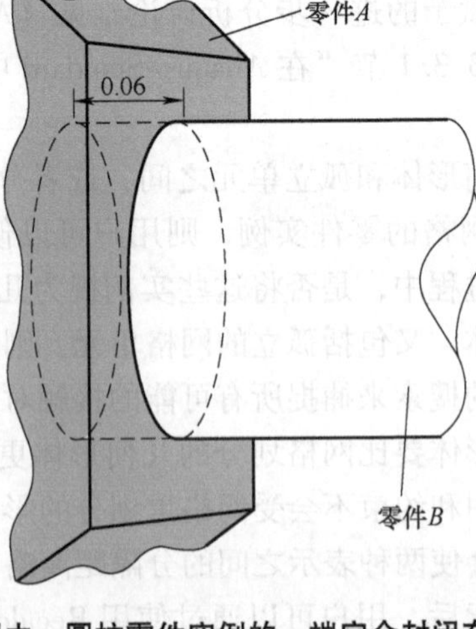

图 15-8　在此模型中，圆柱零件实例的一端完全封闭在另一个零件实例中

虽然接触删除工具没有把完全封闭的面识别成过闭合，但是在分析中仍然将这样的面处理成过闭合。严重的过闭合通常会导致收敛困难。当在接触对候选表中检查过闭合的接触对时，Abaqus 会检查完全封闭面的相邻面。

在相同的实例中定义接触和自接触

用户可以使用接触探测工具来定义同一个零件实例或者模型实例的面之间的接触。对于作为单个零件实例导入 Abaqus/CAE 的复杂模型，此功能是特别有用的。如果用户激活了 Include pairs with surfaces on the same instance 选项，则 Abaqus/CAE 会在同一个零件实例或者模型实例上检查不同的几何形体面或者单元面，来确定它们是否满足分隔和方向要求。面和接触对是在满足要求的面上定义的。

在一些情况中，面延伸选项会造成主面和从面重叠。如果主面和从面由相同的面组成，则 Abaqus/CAE 会自动调整接触对来创建自接触的相互作用，在自接触中，一个面在变形时与其自身接触。在此情况中，将创建一个面。

壳的考虑

如果给一个壳零件赋予截面定义，则接触探测工具会在分隔计算中考虑壳的厚度。依据壳截面赋予中指定的厚度和偏置，对从报告得到的分隔进行调整。用户可以使用 Account for shell thickness and offset 选项在接触探测搜索过程中忽略壳的截面属性。在分隔计算中从不考虑变化的厚度分布。

接触探测工具会自动选择壳的一侧来创建一个面（更多信息见 73. 2. 5 节“指定区域的特定侧面或者端部”）。选中的壳侧使得最接近的点处的面法向是直观相对的。

当与包含孤立壳单元的模型一起工作时，应确保单元之间的单元法向是一致的，即正的单元面（SPOS）应当都位于壳结构的相同一侧（更多信息见《Abaqus 分析用户手册——单元卷》的 3. 6. 1 节“壳单元：概览”）。如果单元法向不一致，则 Abaqus/CAE 将错误地说明单元面之间的角度，并且面延伸和合并操作不能正确执行。

对于特定的基于样条曲线的壳或者面，同一个面有可能与壳的两个面都有相互作用（见图 15-9）。通常，用户将定义一个包含每一侧壳的单独接触。然而，接触探测工具不能创建多个接触对来包含相同的两个面；接触探测工具可以定义一个接触对，并依据最接近的点处的方向来选择壳侧。用户必须手动为壳的另一侧定义另一个接触对。

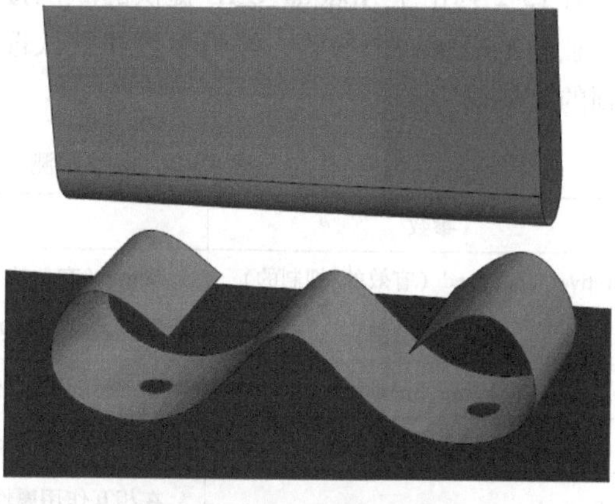

图 15-9　基于样条曲线的壳

接触探测工具不能创建任何双侧的面。如果合适的话，用户可以在模型树中编辑所创建的面定义来让此面变成双侧的（见 73. 3. 5 节“编辑集合和面”）。

15.6.3 默认的相互作用和约束参数

在完成对可能接触对的搜索后，Abaqus/CAE 使用所有的创建相互作用所必要的参数来填充接触对候选表。为接触对和任何创建的面提供名称。表 15-1 列出了在接触探测工具中用来创建名称的语法。

表 15-1 在接触探测工具中用来创建名称的语法

接触对	前缀-接触对编号-主实例-从属实例
主面	前缀-接触对编号-主实例
从面	前缀-接触对编号-从属实例
合并的主面	前缀-All-m
合并的从面	前缀-All-s
合并的“所有”面	前缀-All

在执行搜索之前使用 Names 标签页来更改命名前缀，并且控制面的创建。详细情况见 15.16.1 节“指定接触探测的搜索准则”中的“指定接触探测的命名选项”。

由接触探测工具提供给接触对的默认参数，与传统相互作用或者约束编辑器中使用的默认参数稍微不同。最值得注意的是，接触探测工具最初给每一个接触对赋予面-面的离散化，替代节点到面的离散。有关面离散和关联约束实施方法的讨论，见《Abaqus 分析用户手册——指定条件、约束与相互作用卷》的 2.3.1 节“网格绑缚约束”，《Abaqus 分析用户手册——指定条件、约束与相互作用卷》的 5.1.1 节“Abaqus/Standard 中的接触方程”。

默认的面调整选项取决于接触对中面之间的分隔。用户可以在执行搜寻之前使用 Rules 标签页来控制默认的调整选项，这些调整选项也赋予到探测到的接触对中。用户也可以使用此标签页来指定间隔容差，在此容差内的所有接触对会被默认成绑定约束。更多有关 Rules 标签页的信息，见 15.16.1 节“指定接触探测的搜索准则”中的“定义默认的接触对参数”。

表 15-2 列出了 Abaqus/CAE 提供的默认接触对参数。用户可以在创建相互作用和约束之前单独地编辑每一个参数。编辑参数和默认选项的详细指导，见 15.16.3 节“审核并更改探测到的接触对”。

表 15-2 接触探测工具的默认接触对参数

参数	默认值
Active/suppressed（有效的/抑制的）	Active（有效的）
Type① （类型）	Interaction（相互作用）
Sliding（滑动）	Finite sliding（有限的滑动）
Discretization（离散化）	Surface-to-Surface（面-面）
Interaction Property（相互作用属性）	在相互作用属性过滤器②中列出的第一个接触相互作用属性；如果还没有创建相互作用属性，此参数是空的

（续）

参数	默认值
Adjust① (调整)	不感兴趣面之间的接触相互作用是 Off；感兴趣面之间的接触相互作用是 0；约束是 On
Creation step (创建分析步)	Initial (初始的)
Surface smoothing (面平滑)	Automatic (自动的)

① 通过 Rules 选项来控制 Type 和 Adjust parameter 的默认值。

② 相互作用属性过滤器以名称的字母顺序列出了所有已经创建的相互作用属性。

注意：上面讨论的一些参数在接触对候选表中默认是不可见的。在表格中的任何地方右击，然后选择 Edit Visible Columns 来控制在表格中出现的参数。

有关相互作用和约束参数的更多信息，见《Abaqus 分析用户手册——指定条件、约束与相互作用卷》的 2.3.1 节“网格绑缚约束”；《Abaqus 分析用户手册——指定条件、约束与相互作用卷》的 3.3.1 节“在 Abaqus/Standard 中定义接触对”；《Abaqus 分析用户手册——指定条件、约束与相互作用卷》的 3.5.1 节“在 Abaqus/Explicit 中定义接触对”。

15.6.4 接触探测工具的使用技巧

在要求创建接触相互作用和绑定约束的三维模型中，可以使用接触探测工具。此工具可以基于最小的指定来快速和彻底地确定和创建相互作用和绑定。此工具在不能实施通用接触定义的模型中，可以极大地简化接触定义过程。

下面的部分中给出了一些基本的指导，可以确保最有效和高效地使用工具：

- “选择一个分隔容差和延伸角度”。
- “检查接触对候选”。
- “保存搜索参数”。
- “可以造成接触探测工具困难的特征”。
- “接触探测工具的局限性”。

选择一个分隔容差和延伸角度

指定的分隔容差是接触对搜索算法的主要驱动。Abaqus/CAE 以用户模型中面的相对尺寸为基础来提供默认的分隔容差。用户可能需要依据分析中对模型的期望响应来更改此值。要有效地捕获所有关键的接触对，所指定的分隔容差应当与模型中的期望位移或者变形数量级相同或者数量级稍大。

指定一个非常大的分隔容差通常要捕捉比分析中所需的接触对更多的接触对。当额外的接触对不会必然地降低模型质量时，额外的定义将难以管理并且可能降低性能。

当选择一个角度来控制面的延伸时，用户应当考虑可能会接触的区域的拓扑和面特征。面应当稍微超过可能接触的区域，所以设置延伸角度来捕获沿着面的边的任何倒角或者圆角。凹陷、槽或者凸出有时可以分裂一个面的定义；这些特征与主面的角度应当控制此延伸角。

对于网格划分的模型，用户在执行接触对的搜索之前，可以通过仅显示模型上的特征边来预示面的延伸（见 76.5 节“定义网格特征边”）。如果延伸角等于特征角，则特定区域中的面定义延伸得尽量远，来最靠近可见的特征角。调整特征角，直到可见的边包围用户想捕获的区域，然后以此设置延伸角。

检查接触对候选

用户应当在创建相互作用和约束之前，总是检查接触对候选。在面定义中寻找任何不连续性。不连续通常由小的连接面产生，它们不直观地与接触对中逻辑上接触的面相对（见图 15-10）。

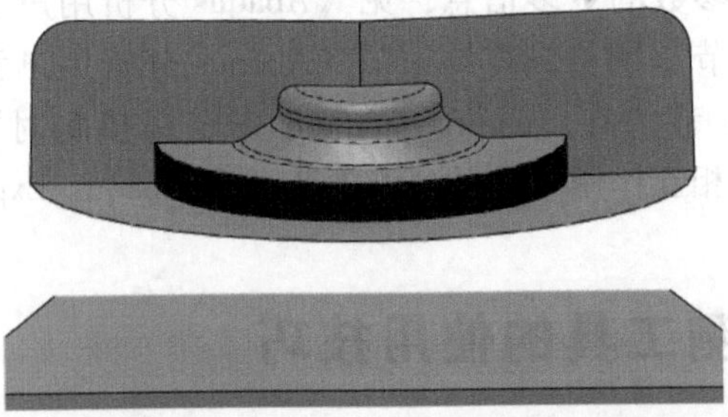

图 15-10　自动解除探测工具将不会确定高亮显示的直立面

用户可能想要使用修正过的延伸和合并选项来再次运行搜索，将不连续包括进更大的面中。如果必要的话，使用 Add 选项来手动地添加接触对。用户也可以使用 Merge 选项来组合不连续的面。

用户应当调查任何相交面来确认它们匹配用户的模拟意图。将仅具有一个单个过闭合节点的接触对报告成相交，轻微的不一致可能造成过闭合。没有合适调整或者干涉匹配选项的过闭合接触对，可以导致分析中的收敛困难。用户也应当检查任何面或者靠近过闭合接触对的面，来确认它们不是封闭的面。更多信息见 15.6.2 节“接触探测算法”中的“探测过闭合的面”。

保存搜索参数

默认情况下，用户在 Find Contact Pairs 对话框中指定的搜索参数，只要对话框打开就继续存在；如果用户关闭了对话框，则在下次用户访问接触探测工具时提供默认的搜索参数。

如果用户单击 Advanced 标签页上的 ，Abaqus/CAE 将当前的指定搜索参数设置成默认的搜索参数。这些参数在 Abaqus/CAE 的所有将来程序会话中，提供成默认值。唯一没有得到保存的参数是搜索区域，此参数总是使用 Whole model 来作为默认值。

当用户保存当前的搜索参数时，Abaqus/CAE 询问用户是否想要将当前的分隔容差保存成默认的分隔容差。正常情况下，Abaqus/CAE 以当前模块为基础，重新计算默认的分隔容差；如果用户选择保存分隔容差，则跳过此计算并且提供一样的值作为默认的分隔容差。

在 abaqus_2016. gpr 文件中保存默认的接触探测工具搜索参数；更多信息见 3.6 节“理解 Abaqus/CAE GUI 设置”。要将默认的搜索参数返回到它们的原始设置，单击 Advanced 标签页中的 。

可以造成接触探测工具困难的特征

用户将探测工具与特定的模型特征和设计一起使用时，可能会遇到困难。这些情况不会造成性能或者稳定性问题，但是大部分情况下，搜索结果通常将不会匹配用户的模拟意图。

堆叠的壳和薄层

具有多层壳的模型，或者薄板的平行紧密堆叠层，可以导致额外无关的接触对定义。自动解除探测工具可以找到涉及由中间层分隔的面的接触对，只要这些面是直观相对的，并且处在分隔容差中。此外，如果激活了相同实例中的搜索，并且抑制了重叠面检查，则接触探测工具可以探测到薄连续壳的顶侧和底侧之间的可能接触。Abaqus/CAE 为所有的这些面创建接触对候选，即使它们不可能会接触。当层或者板是模型的本地特征时，此问题是非常常见的，因为要求了一个更大的分隔容差来捕捉模型其他区域中的面。要克服此问题，将搜索区域限制在模型的特定区域，并且使用对此区域来说是合适的分隔容差。用户也能够使用接触探测对话框的 Entities 标签页，从用户的搜索区域中去除特定的几何或者单元类型（例如壳）。否则，用户应当在创建相互作用之前删除无关的接触对候选。

凹面

当接触搜索算法有效地考虑了大部分的合适面时，算法能误解凹面与平面之间的关系。凹面造成困难是因为凹面的面法向在一个单独面的范围上会大范围地变化，并且面之间的最近接近点有时候是不好的参考。例如，考虑图 15-11 中的例子，即使这些模型中的最近点是在分割容差内，在这些点中的面法向也并没有通过方向测试。接触探测工具将不会将这些面报告成接触对的候选，并且调整分隔容差对此行为没有效果。用户有时可以更改延伸角来捕获其他面定义中的凹面。否则，用户必须手动使用 Add 选项来定义接触对。

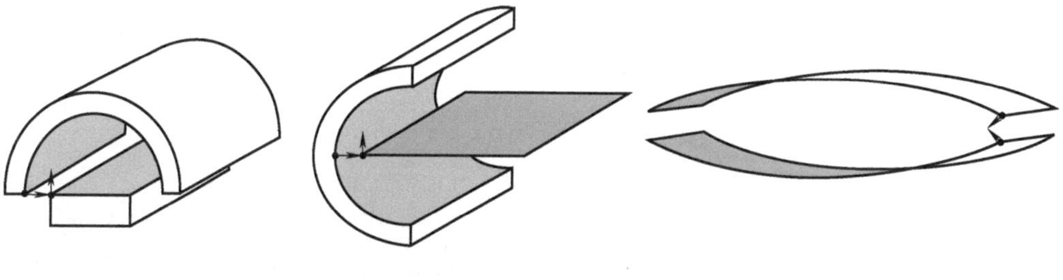

图 15-11　阴影面的法向在最接近点处不是直观相对的

包含大转动的机制

当模拟承受大转动的机构时，接触探测工具通常不能有效地捕获用户的模拟意图。在这样的机制中，预期接触面的最初位置可以彼此很远，而附近的面实际上永远不会发生接触。图 15-12 中显示的棘轮机构是一个典型例子。

图 15-12　棘轮机构的运动

此模型中的重要接触面是右面物体中的销和左面物体中的槽。在最初的构型中，销相对于任何槽都有一定的距离。而另一方面，相邻的面对于模型的接触条件是无关紧要的。这种模型的接触最好是使用相互作用编辑器来手动定义（见 15. 13. 7 节“定义面-面接触”）。

接触探测工具的局限性

接触探测不能创建包含下面特征的接触对：

- 二维的模型。
- 轴对称的模型。
- 梁和杆。
- 面到边的接触。
- 边到边的接触。
- 孤立网格单元和分析刚性面之间的接触。
- 包含孤立网格和未网格划分几何形体的混合模型。

允许的最小分隔容差为 1×10^{-5}，允许的最大分隔容差为 1×10^{5}。超出此范围，Abaqus/CAE 不能精确地计算分隔。如果用户的模型要求的分隔容差没有满足此要求，则用户应当缩放整个模型的尺寸，使得分隔落入此功能范围内。

15.7 理解连接器

连接器允许用户在装配中模拟两个零件之间的连接，或者装配中一个点与地之间的连接。要在 Abaqus/CAE 中模拟一个连接器，用户必须创建一个装配层级的线框特征、一个连接器截面和一个将连接器截面与选中线框关联到一起的连接器截面赋予。

线框特征包含一个或者多个定义基本连接器几何形体的线框。连接器截面指定了连接的类型、连接器行为和截面数据。类似于在属性模块中为一个截面赋予模型区域的方式，用户创建一个连接器截面来将连接器截面赋予到模型的一个区域中；具体来说，用户为线框赋予了一个连接器截面。用户还可以在连接器截面赋予定义中为线框端点指定局部方向。

有关 Abaqus/CAE 中连接器的更多信息，包括连接器模拟的概览和示例，见第 24 章“连接器”。

15.8　理解连接器截面和功能

连接器截面定义了连接器类型，并可以包括连接器行为和截面数据。对于一些复杂的耦合连接器行为，必须定义描述耦合效应属性的附加功能（连接器衍生分量和连接器势）。一个或者多个不同的连接器赋予可以参考一个连接器截面，包括以下主题：

- 15.8.1 节　“连接类型”
- 15.8.2 节　“连接器行为”
- 15.8.3 节　“可以使用何种类型的摩擦模型？”
- 15.8.4 节　“连接器推导得到的分量和连接器势”

15.8.1　连接类型

表 15-3 总结了创建连接器截面时可以使用的连接类型。用户可以定义基本类型、装配的/复杂的类型和 MPC 类型。

表 15-3　连接类型

基本类型		装配的/复杂的类型	MPC 类型
平动	转动		
加速度	对齐	梁	梁
轴向	万向	衬套型	铰链
笛卡儿	恒定速度	恒定速度连接	链接
连接	欧拉角	圆柱的	销
链接	弯曲扭转	铰链	绑定
投影笛卡儿	材料流转换	平面的	用户定义的
径向推动	弯曲扭转（允许 2 个弯曲 1 个扭转）	材料流转换（连接两节点）	—
平面滑动	转动	滑动铰链	—
槽	转动（通过转动向量参数化）	槽	—
—	转动-加速度	万向连接	—
—	万向	焊接	—

基本连接类型

基本连接类型包括平动类型和转动类型。平动类型影响赋予连接器截面的线框两端处的平动自由度，并且可以影响线框第一个点处的转动自由度。转动类型仅影响线框两个端点处的转动自由度。用户可以使用一个基本的连接类型（平动或者转动）或者一个平动类型和一个转动类型。

装配连接类型

装配连接类型是预先定义的基本连接类型的组合。

复杂连接类型

复杂连接类型影响连接中的自由度组合，并且不能与其他连接类型组合。通常使用它们来模拟高度耦合的物理连接。

MPC 连接类型

MPC 连接类型用于定义两个点之间的多点约束。

对于每一个连接类型的描述，以及定义装配式连接的运动约束的等效基本连接类型的描述，见《Abaqus 分析用户手册——单元卷》的 5.1.5 节“连接类型库”《Abaqus 分析用户手册——指定条件、约束与相互作用卷》的 2.2.2 节“通用多点约束”。

15.8.2 连接器行为

用户可以将连接器行为施加到具有可用相对运动分量的连接类型。相对运动的可用分量是没有运动学约束的位移和转动。用户可以在一个连接器截面中定义多个连接器行为。用户可以指定以下连接器行为：

- 弹性（Elasticity）：定义弹簧类型的弹性行为。
- 阻尼（Damping）：定义阻尼类型的阻尼行为。
- 摩擦（Friction）：使用预定义摩擦类型或者用户定义的摩擦模型来定义库仑摩擦和滞后摩擦。
- 塑性（Plasticity）：定义塑性行为。
- 损伤（Damage）：定义损伤初始化和裂纹扩展行为。
- 截至（Stop）：定义允许位置范围的限制值。
- 锁定（Lock）：指定一个用户定义的锁定准则。
- 失效（Failure）：定义力、力矩或者位置的限制值。
- 参考长度（Reference Length）：定义本构力和力矩为零的平动位置和转动位置。
- 积分（Integration）：指定弹性、阻尼和摩擦的隐式时间积分或者显式时间积分（仅 Abaqus/Explicit 分析）。

对于定义连接器行为的详细指导，见 15.17 节“使用连接器截面编辑器”。有关连接器行为的更多信息见《Abaqus 分析用户手册——单元卷》的 5.2.1 节“连接器行为”。

15.8.3　可以使用何种类型的摩擦模型?

用户可以模拟预定义的或者用户定义的摩擦行为。通常，对于预定义的摩擦，用户指定一组几何量来特征化模拟摩擦的连接类型。此外，用户可以定义内部接触力贡献，如来自连接的预应力。Abaqus 自动定义了接触力贡献，以及与摩擦一起发生的局部切向。

用户可以为以下连接类型建立预定义的摩擦：

装配的/复杂的连接类型

- 圆柱的（滑动+转动）。
- 铰链（连接+转动）。
- 平面的（平面滑动+转动）。
- 滑动铰链（复杂的）。
- 槽（滑动+对齐）。
- 万向连接（连接+万向）。

基本连接类型

- 平面滑动。
- 槽。

如果用户定义了与这些装配类型之一等效的平动和转动连接类型，则预定义的摩擦也可用。如果用户要模拟预定义的摩擦，则仅可以为给定的连接类型定义一种摩擦行为。

如果不能使用预定义的摩擦模型，或者不能充分描述要分析的机构，则用户可以指定用户定义的摩擦模型（Slip Ring 连接类型除外，这种连接类型不允许用户定义摩擦模型）。用户必须指定滑动方向信息、产生摩擦的法向力或者法向力矩，以及摩擦定律。用户可以使用几个连接器摩擦行为来表示连接器中的摩擦效果。

定义摩擦的详细指导见 15.17.3 节“定义摩擦”。更多信息见《Abaqus 分析用户手册——单元卷》的 5.2.5 节“连接器摩擦行为”。

15.8.4　连接器推导得到的分量和连接器势

用户可以使用连接器推导得到的分量和连接器势来定义连接器的复杂耦合行为。连接器推导得到的分量是以相对运动的内在连接器的分量方程为基础的用户指定的分量定义。用户可以创建推导得到的分量来将连接器内生成摩擦的法向力指定成连接器力和力矩的复杂混合，或者用作连接器势函数中的中间结果。

连接器势是用户定义的相对运动内在分量，或者推导得到分量的数学方程。这些方程可以是二次的、三次的或者最大范数。用户使用连接器势来定义耦合的摩擦、塑性和损伤连接器行为。

与定义推导得到的分量和连接器势有关的详细指导，见 15.17.15 节“指定连接器推导得到的分量”和 15.17.16 节“指定势项”。有关连接器方程的更多信息见《Abaqus 分析用户手册——单元卷》的 5.2.4 节“耦合行为的连接器方程”。

15.9 理解相互作用模块管理器和编辑器

用户可以在相互作用模块中使用管理器和编辑器来创建和管理对象，包括以下主题：

- 15.9.1 节 “在相互作用模块中管理对象”
- 15.9.2 节 “相互作用编辑器”
- 15.9.3 节 “相互作用属性编辑器”
- 15.9.4 节 “接触控制编辑器”
- 15.9.5 节 “接触初始化编辑器”
- 15.9.6 节 “约束编辑器”
- 15.9.7 节 “连接器截面编辑器”
- 15.9.8 节 “连接器截面赋予编辑器”

15.9.1 在相互作用模块中管理对象

相互作用模块提供了以下管理器，用户可以使用它们来组织和操控与给定模型关联的对象：

- 相互作用管理器（Interaction Manager）允许用户创建和管理相互作用。
- 相互作用属性管理器（Interaction Property Manager）允许用户创建和管理相互作用属性。
- 接触控制管理器（Contact Controls Manager）允许用户创建和管理面-面接触和自接触相互作用的接触控制。
- 接触初始化管理器（Contact Initialization Manager）允许用户创建和管理 Abaqus/Standard 中通用接触相互作用的接触初始化准则。
- 约束管理器（Constraint Manager）允许用户创建和管理约束。
- 连接器截面管理器（Connector Section Manager）允许用户创建和管理连接器截面。
- 连接器截面赋予管理器（Connector Section Assignment Manager）允许用户创建和管理连接器截面赋予。

例如，在图 15-13 中相互作用属性管理器（Interaction Property Manager）中显示的相互作用属性列表。

管理器中的 Create、Edit、Copy、Rename 和 Delete 按钮允许用户创建新的对象，或者编辑、复制、重命名和删除现有的对象。在连接器截面赋予管理器中（Connector Section Assignment Manager)，用户仅能够创建、编辑或者删除连接器截面赋予。用户也可以从主菜单

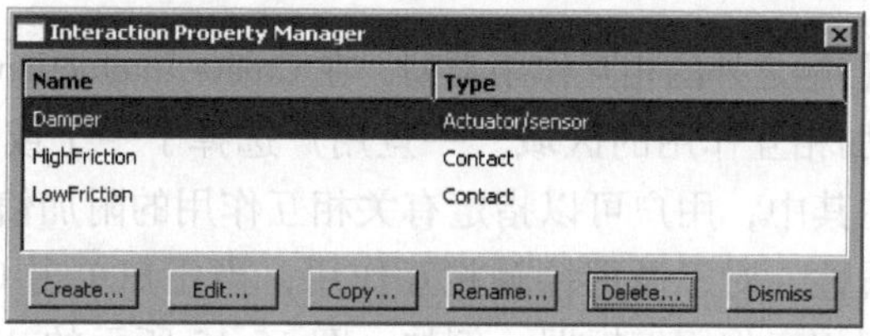

图 15-13　相互作用属性管理器（Interaction Property Manager）

栏选择 Interaction、Interaction→Property、Interaction→Contact Controls、Interaction→Contact Initialization、Constraint、Connector→Section 和 Connector→Assignment 菜单来启动这些进程。在用户从主菜单栏选择一个管理操作后，其进程与用户单击管理器对话框内的对应按钮完全相同。

用户可以使用相互作用管理器（Interaction Manager）中的 Copy 按钮、对应的菜单命令或者模型树来复制一个相互作用。用户可以从任何分析步中复制一个相互作用到任何有效的分析步，但有一些限制。更多的详细情况，见 3.4.11 节“使用管理器对话框复制步相关的对象”。

相互作用管理器（Interaction Manager）是一个分析步相关的管理器，这意味着在整个分析中，此管理器包含了每一个相互作用历史的附加信息。图 15-14 所示为相互作用管理器（Interaction Manager）。

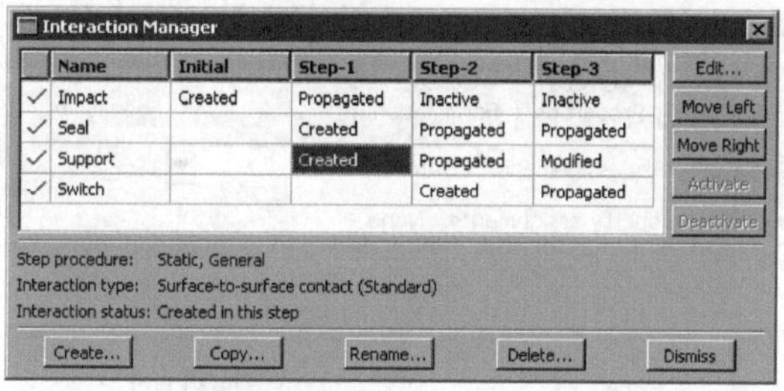

图 15-14　相互作用管理器（Interaction Manager）

Move Left、Move Right、Activate 和 Deactivate 按钮允许用户操控相互作用的分步历史。更多信息见 3.4.6 节“更改步相关对象的历史”。

用户可以在管理器中抑制和恢复之前定义的相互作用、约束和连接器截面赋予。用户可以使用管理器左侧列中的图标来抑制这些属性，或者恢复之前抑制的属性。抑制和恢复进程也可以从主菜单栏的 Interaction、Constraint 和 Connector 菜单中获得。更多信息见 3.4.3 节“抑制和恢复对象”。

有关创建相互作用、相互作用属性、约束、连接器截面和连接器截面赋予的详细指导，见 15.12 节“使用相互作用模块”。

15.9.2　相互作用编辑器

要创建相互作用，从主菜单栏选择 Interaction→Create。出现 Create Interaction 对话框，在其中，用户可以提供相互作用的名称，选择将要创建相互作用的分析步，以及选择相互作用的类型。

如果用户选择了通用接触之外的相互作用类型，在 Create Interaction 对话框中单击 Continue，系统会提示用户选择要施加相互作用的区域。一旦用户选择了一个或者多个区域，就会出现一个相互作用编辑器，在其中，用户可以指定有关相互作用的附加信息，如用户想与相互作用进行关联的相互作用属性。对于通用接触相互作用，当用户单击 Create Interaction 对话框中的 Continue 时，会出现相互作用编辑器。例如，图 15-15 所示的 Abaqus/Explicit 分析的通用接触编辑器。

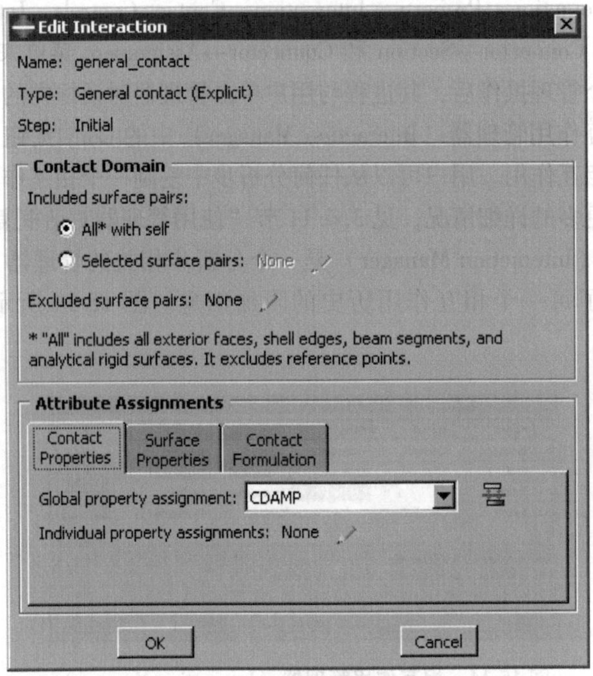

图 15-15　通用接触编辑器

每一个相互作用编辑器在对话框的顶部都显示了当前分析步以及用户正在定义的相互作用的名称和类型。编辑器其余部分格式取决于用户正在定义的相互作用类型。

用户创建的相互作用可以采用以下方式进行更改：

- 用户可以更改输入到编辑器中的部分或者全部数据。
- 用户可以使用 Interaction Manager 来更改相互作用的分步历史。更多信息见 3.4.2 节“什么是步相关的管理器？”

用户可以通过从主菜单栏选择 Help→On Context，然后单击感兴趣的编辑器功能来显示特定编辑器功能上的信息。

15.9.3　相互作用属性编辑器

要创建相互作用属性，从主菜单选择 Interaction → Property → Create。出现 Create

Interaction Property 对话框，在其中，用户可以指定相互作用属性的名称以及用户想要创建的相互作用属性类型。一旦用户指定了这些信息，就可以单击 Create Interaction Property 对话框中的 Continue 来显示相互作用属性编辑器。

相互作用属性编辑器的格式取决于用户正在定义的相互作用属性的类型。例如，膜条件和作动器/传感器属性编辑器显示用户定义属性可以输入的所有必要信息数据的域。图 15-16 所示为膜条件属性编辑器。

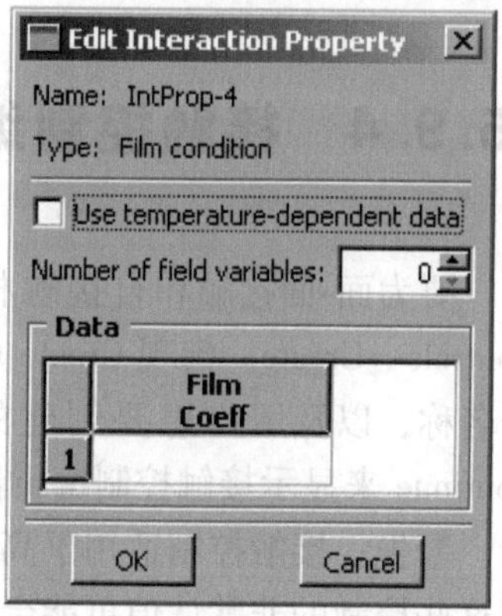

图 15-16 膜条件属性编辑器

接触属性编辑器的格式与属性模块中的材料编辑器格式相同（更多信息见 12.4.1 节“创建材料”）。与材料编辑器一样，接触属性编辑器包含的菜单使用户可以选择包含属性定义的选项，如图 15-17 所示。

当用户从菜单中选择一个选项时，该选项的名称会出现在编辑顶部的 Contact Property Options 列表中，并且该选项会成为相互作用属性定义的一部分。此外，编辑器下半部分的选项定义区域也会变化成输入域，在此输入域中，用户可以指定当前选中选项的信息。

图 15-17 包含 Mechanical 和 Thermal 选项菜单的接触属性编辑器

例如，图 15-18 所示的 Contact Property Options 列表反映了在属性定义中已经包含的 Tangential Behavior 和 Normal Behavior 选项（位于 Mechanical 菜单中）。当前选中的是 Tangential Behavior，并且关联的参数出现在了编辑器的下半部分中。如果用户想要从接触属性定义中删除一个选项，则用户可以从 Contact Property Options 列表中选择想要删除的选项并单击 。

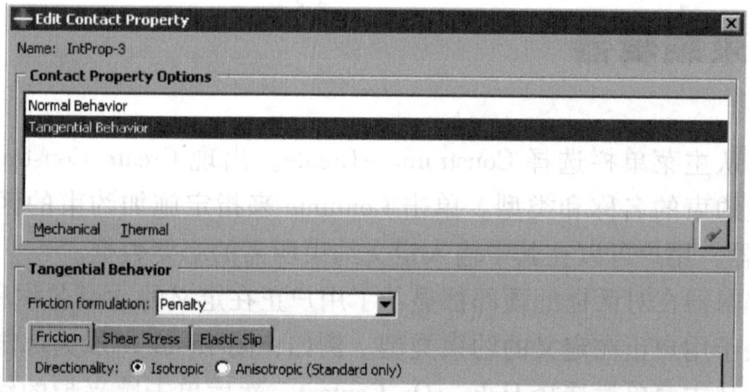

图 15-18 包括 Tangential Behavior 和 Normal Behavior 选项的机械接触属性定义

用户可以通过从主菜单栏选择 Help→On Context，然后单击感兴趣的功能来显示编辑器的某个特定功能的帮助。有关创建属性的详细指导，见 15.12.2 节“创建相互作用属性”和 15.14 节“使用相互作用属性编辑器”。

15.9.4 接触控制编辑器

要为面-面接触和自接触相互作用创建接触控制，从主菜单栏选择Interaction→Contact Controls→Create。出现 Create Contact Controls 对话框，在其中，用户可以为接触控制指定一个名称，以及用户想要创建的接触控制类型。一旦用户指定了这些信息，就可以单击 Continue 来显示接触控制编辑器。

警告：接触控制适用于高级用户。这些控制的默认设置对于大部分的分析是合适的。使用这些控制的非默认值可能会极大地增加分析的计算时间，或者产生不精确的结果。但改变 Abaqus/Standard 中的这些设置也可能造成收敛问题。

每一个接触控制编辑器在对话框的顶部都显示了用户正在定义的接触控制的名称和类型。编辑器其余部分的格式取决于用户是为 Abaqus/Standard 分析还是为 Abaqus/Explicit 分析定义控制。

用户可以通过从主菜单栏选择 Help→On Context，然后单击感兴趣的功能来显示编辑器的某个特定功能的帮助。更多信息见 15.13.9 节“在 Abaqus/Standard 分析中指定接触控制”和 15.13.10 节“在 Abaqus/Explicit 分析中指定接触控制”。

15.9.5 接触初始化编辑器

要在 Abaqus/Standard 中为一个通用接触相互作用创建初始化准则，从主菜单栏选择 Interaction→Contact Initialization→Create。出现接触初始化编辑器，在其中，用户可以指定初始化定义的名称，以及与此定义关联的准则。

用户可以通过从主菜单栏选择 Help→On Context，然后单击编辑器来显示接触初始化编辑器的帮助。更多信息见 15.12.4 节“创建接触初始化”。

15.9.6 约束编辑器

要创建约束，从主菜单栏选择 Constraint→Create。出现 Create Constraint 对话框，在其中，用户可以指定约束的名称和类型。单击 Continue 来指定施加约束的区域（如果可以施加），并显示编辑器，用户可以在其中输入定义约束所需的必要数据。

每一个约束编辑器在对话框的顶部都显示了用户正在定义的约束名称和类型。编辑器其余部分的格式取决于用户正在定义的约束类型。例如，图 15-19 所示为绑定约束编辑器。

用户可以通过从主菜单栏选择 Help→On Context，然后单击感兴趣的编辑器功能来显示编辑器的某个特定功能的信息。有关创建约束的详细情况，见 15.15 节“使用约束编辑器”。

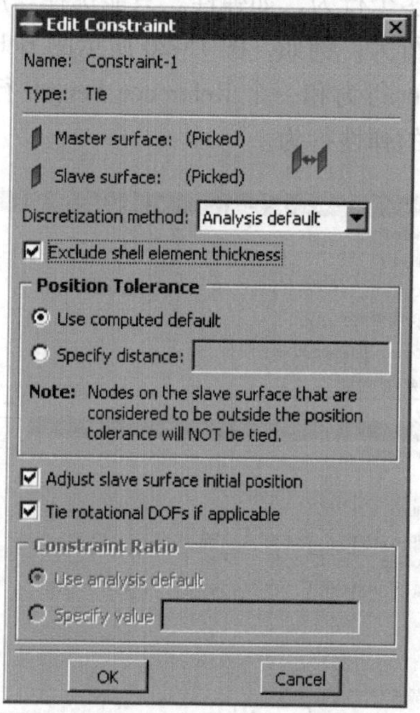

图 15-19　绑定约束编辑器

15.9.7　连接器截面编辑器

要创建连接器截面，从主菜单栏选择 Connector→Section→Create。出现 Create Connector Section 对话框，在其中，用户可以指定想要创建的连接器截面的名称、范畴和类型。当用户从 Assembled/Complex 或者 Basic 范畴中选择一个连接类型时，对话框中会显示此连接类型的可用相对运动分量和受约束的相对运动分量（CORM）。此外，用户可以单击 💡 来查看连接类型的示意图以及 Abaqus 对连接的理想化表示。一旦用户指定了名称、范畴和类型，就可以单击 Create Connector Section 对话框中的 Continue 来显示连接器截面编辑器。对于 MPC 范畴中的连接器类型，如果需要，选择该类型并输入数据。单击 OK 来完成 MPC 截面的创建，并关闭 Create Connector Section 对话框。

连接器截面编辑器允许用户添加 Abaqus/Standard 和 Abaqus/Explicit 中可用的连接器行为。当用户单击 Behavior Options 标签页中的 Add 时，会出现一个行为列表。用户选择一个行为后，在编辑器顶部的 Behavior Options 列表中会出现行为的名称，并且该行为会成为用户连接器截面定义的一部分。编辑器下半部分的选项定义区域会变化成输入域，用户可以在这些输入域中指定当前选中的行为的信息。如果用户想要从连接器截面定义中删除一个行为，用户可以从 Behavior Options 列表中选择它，然后单击 Delete。

注意：Abaqus/CAE 不对其他行为的相关性进行任何检查；用户应当确保所有需要的行为都被定义。例如，如果用户定义了一个塑性行为，则用户也必须定义一个弹性行为。

用户可以定义同一类型的多个行为，如弹性。只能选择与所选连接类型的相对运动的可用分量一致力或者力矩来定义行为。例如，图 15-20 所示的 Behavior Options 反映了在连接器截面定义中，包含两个 Elasticity 行为和一个 Reference Length 行为。高亮显示的 Elasticity 行为定义了与所选力矩相同方向的弹性行为。

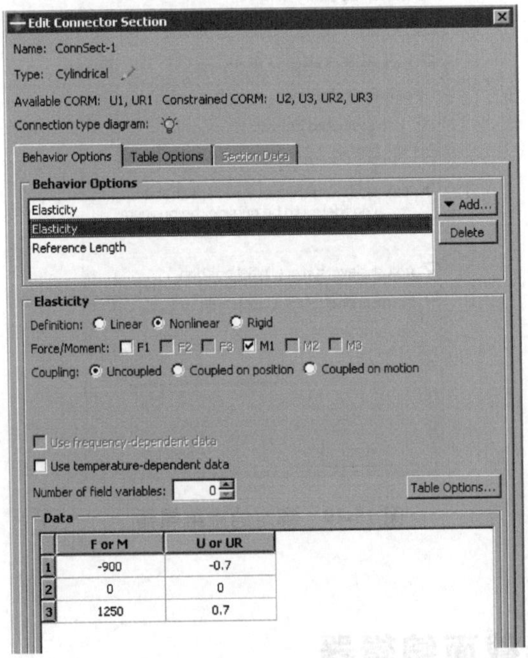

图 15-20　连接器截面编辑器

在 Table Options 标签页中，用户可以为连接器截面中所有行为选项的表格数据正则化（仅 Abaqus/Explicit 分析）和外插值指定行为设置。另外，用户也可以通过单击编辑器下半部分选项定义区域内的 Table Options 按钮，来指定单个行为选项的行为设置。单个行为选项的行为设置优先于连接器截面的行为设置。

当截面数据对于指定的连接器类型可施加时，用户可以在 Section Data 标签页中输入数据。

用户可以通过从主菜单栏选择 Help→On Context，然后单击感兴趣的功能来显示编辑器的某个特定功能的帮助。有关创建连接器截面和定义行为和截面数据的详细指导，见 15.12.11 节“创建连接器截面”和 15.17 节“使用连接器截面编辑器”。

15.9.8　连接器截面赋予编辑器

要创建连接器截面赋予，从主菜单栏选择 Connector→Assignment→Create。选择用户想要赋予连接器截面的线框。

连接器截面赋予编辑器包含三个标签页，允许用户指定想要赋予线框的连接器，以及线框端点的方向。例如，图 15-21 所示为给选中的线框赋予连接器截面 Shock_Absorber 的连接器截面赋予编辑器。

用户可以通过从主菜单栏选择 Help→On Context，然后单击感兴趣的编辑器功能，来显示编辑器的某个特定功能的信息。有关创建编辑器截面赋予的详细指导，见 15. 12. 12 节“创建和编辑连接器截面赋予”。

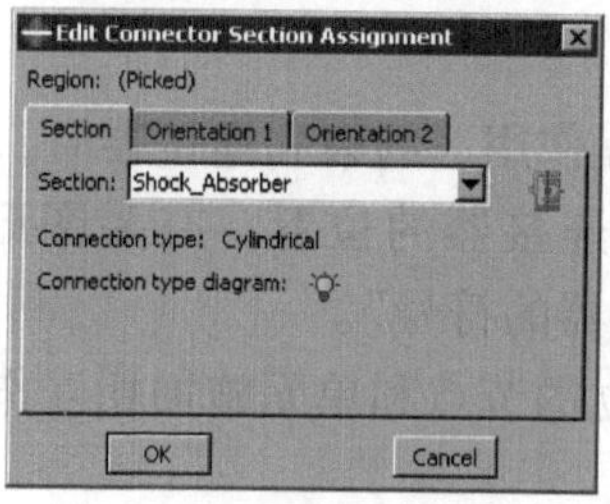

图 15-21　连接器截面赋予编辑器

15.10　理解表示相互作用、约束和连接器的符号

当用户给模型的区域施加相互作用、约束和连接器时，用户可以选择在视口中显示符号来表示施加了相互作用、约束和连接器的位置。有关图形符号类型的信息，见 C.2 部分“用来表示相互作用、约束和连接器的符号”。

用户可以对几何形体或者孤立的节点和单元施加相互作用、约束和连接器。

相互作用和约束

如果用户给几何形体施加相互作用或者约束，则符号会在施加约束或者相互作用的一个或者多个面上以近似相等的间距出现。如果相互作用或者约束定义涉及一个节点区域而不是一个面，则符号会在节点区域的边上和节点区域的任何顶点处以相等的间距出现。如果相互作用或者约束是施加到单独的顶点上的，则在此顶点处会出现一个符号。

如果用户对孤立的节点或者单元施加相互作用或者约束，则对于基于面的区域，符号会出现在每一个单元面的中心处，对于基于节点的区域，符号会出现在节点处。

对于使用分析场分布的相互作用（和预定义条件），符号是基于分析场值来进行缩放的。此外，在每个符号的内部都显示一个加号（+）或者一个减号（-），来说明相互作用的大小在该位置是正还是负。当分析场将相互作用区域的一部分评估成零时，Abaqus/CAE 为相互作用显示缩小符号。这些缩小符号相比于默认的符号大小显著缩小。对于这些符号的例子，见 16.5.1 节“理解指定条件符号的类型、颜色和大小”。更多信息见 58.2 节“使用分析表达式场”。

连接器

当用户给线框施加连接器时，在线框的第一个点处会出现正方形，在线框的第二个点处会出现三角形。如果用户为方向 1 指定一个不是整体坐标系的方向，则在线框的第一个点处会出现一个方向三角形。对于方向 2，仅当用户通过名称指定一个坐标系时，在线框的第二个点处才会出现一个方向三轴符号。如果用户将选项切换选中成 Use orientation 1，则在第二个点处不会出现方向三轴符号。连接类型标签出现在选中的多个线框端点之间的连线中点处。用户也可以使与连接器截面赋予相关的标签可见，尽管此显示默认是关闭的。

对于控制这些符号可见性的信息，见 76.15 节“控制属性显示”。

15.11 使用相互作用模块工具箱

用户可以通过主菜单栏或者相互作用模块工具箱来获取所有的相互作用模块工具。图 15-22 所示为相互作用模块工具箱中所有工具的图标。

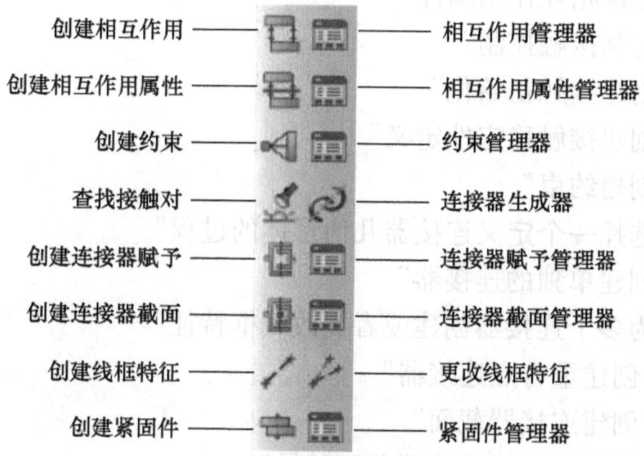

图 15-22 相互作用模块工具箱

15.12 使用相互作用模块

本节详细介绍如何使用相互作用模块的不同功能，包括以下主题：

- 15.12.1 节 “创建相互作用”
- 15.12.2 节 “创建相互作用属性”
- 15.12.3 节 “定制接触控制”
- 15.12.4 节 “创建接触初始化”
- 15.12.5 节 “创建接触稳定性定义”
- 15.12.6 节 “创建约束”
- 15.12.7 节 “选择一个定义连接器几何形体的过程”
- 15.12.8 节 “创建单独的连接器”
- 15.12.9 节 “为多个连接器创建或者更改线框特征”
- 15.12.10 节 “创建重合点连接器”
- 15.12.11 节 “创建连接器截面”
- 15.12.12 节 “创建和编辑连接器截面赋予”
- 15.12.13 节 “编辑施加相互作用或者约束的区域”
- 15.12.14 节 “在相互作用模块中使用 Special（特殊）菜单”

有关管理相互作用的信息，见 3.4.2 节“什么是步相关的管理器?”。

15.12.1 创建相互作用

当用户创建相互作用时，必须指定相互作用的名称、激活相互作用的分析步、相互作用的类型以及用户想要施加相互作用的装配区域。区域选择并不适用于通用接触相互作用。可用的相互作用类型取决于为分析步选择的过程。例如，用户仅可以在热传导、耦合的温度-位移，或者耦合的热-电分析步中定义面热通量。类似地，用户仅可以在初始分析步中定义使用用户定义的作动器/传感器的相互作用。

如果用户正在创建面-面接触相互作用，则用户可以通过使用接触探测工具来自动完成后面过程的许多分析步。更多信息见 15.16 节“使用接触和约束探测”。

若要创建相互作用，执行以下操作：

1. 从主菜单栏选择 Interaction→Create。

出现 Create Interaction 对话框，Name 文本域中默认显示一个名称。

技巧：用户也可以使用相互作用模块工具箱中的 工具来创建相互作用。

2. 输入一个相互作用名称。更多有关命名对象的信息，见 3. 2. 1 节“使用基本对话框组件”。

3. 选择激活相互作用的分析步。单击 Step 文本域旁边的箭头，然后从出现的列表中选择分析步。

Types for Selected Steps 列表变化成所有可用相互作用类型的列表。

4. 从 Types for Selected Steps 列表中选择相互作用类型，并单击 Continue。

5. 如果用户正在创建一个不是通用接触的相互作用，则使用下面的一个方法来选择区域，用户可以对此区域施加相互作用：

• 在视口中选择一个区域。用户可以使用角度方法从几何形体中选择一组面或边，或者一组单元面。更多信息见 6. 2. 3 节“使用角度和特征边方法选择多个对象”。当用户完成选择后，单击鼠标键 2。

技巧：用户可以通过指定 Selection 工具栏中的过滤选项来限制用户可以在视口中选择的对象类型。更多信息见 6. 3 节“使用选择选项”。

如果模型包含网格和几何形体的组合，则从提示区域选择以下选项之一。

—单击 Geometry，对几何形体区域或者参考点施加相互作用。

—单击 Mesh，对本地网格或者孤立网格选择施加相互作用。

默认情况下，对于大部分的相互作用，会创建包含选中对象的一个集合或者面。用户可以通过切换不选提示区域中创建一个集合或者面的选项来改变这一行为。在提示区域提供了一个默认名称，但用户也可以输入一个新的名称。

• 要从现有的集合或者面的列表中选择，执行以下操作：

—单击提示区域右侧的 Sets 或者 Surfaces。按钮名称取决于用户正在创建的对象类型。例如，如果用户正在创建一个面-面接触相互作用，则会出现 Surfaces 按钮。

Abaqus/CAE 显示的 Region Selection 对话框包含了可用集合或者面的列表。

—选择感兴趣的集合或者面，并单击 Continue。

注意：默认的选择方法基于用户最近使用的选择方法。若要变化成其他方法，单击提示区域右侧的 Select in Viewport 或 Sets，或者 Surfaces。

出现相互作用编辑器。施加相互作用的区域在视口中高亮显示。

6. 如果用户正在创建一个通用接触相互作用，则会出现相互作用编辑器。

7. 输入定义相互作用所有必要的数据，然后单击 OK。有关编辑器特定功能的详细信息，从主菜单栏选择 Help→On Context，然后单击感兴趣的功能，或者参见 15. 13 节“使用相互作用编辑器”。

在视口中显示的符号表示用户刚创建的相互作用。更多信息见 15. 10 节“理解表示相互作用、约束和连接器的符号”。

15. 12. 2 创建相互作用属性

用户可以通过在相互作用属性编辑器中输入数据来创建相互作用属性。编辑器的格式根据用户正在定义的属性类型而变化；当用户创建一个属性时，用户必须首先指定属性类型，以打开合适的属性编辑器。更多信息见 15.4 节“理解相互作用属性”，以及 15.14 节“使用相互作用属性编辑器”。

若要创建相互作用属性，执行以下操作：

1. 从主菜单栏选择 Interaction→Property→Create。

技巧：用户也可以使用相互作用模块工具箱中的工具来创建相互作用属性。

出现 Create Interaction Property 对话框。

2. 输入一个属性名称。有关命名对象的更多信息，见 3.2.1 节“使用基本对话框组件”。

3. 选择属性类型并单击 Continue。

出现用户已指定的属性类型的编辑器。

4. 在编辑器中，输入定义相互作用属性所有必要的数据。

注意：用户可以通过从主菜单栏选择 Help→On Context，然后单击感兴趣的编辑器功能来显示特定编辑器功能的帮助。

5. 单击 OK 来保存数据并退出编辑器。

有关创建不同类型相互作用属性的详细指导，见以下章节：

- 15.14.1 节 “定义接触相互作用属性”
- 15.14.2 节 “定义膜条件相互作用属性”
- 15.14.3 节 “定义空腔辐射相互作用属性”
- 15.14.4 节 “定义流体腔相互作用属性”
- 15.14.5 节 “定义流体交换相互作用属性”
- 15.14.6 节 “定义声阻抗相互作用属性”
- 15.14.7 节 “定义入射波相互作用属性”
- 15.14.8 节 “定义作动器/传感器相互作用属性”

15.12.3 定制接触控制

接触控制编辑器允许用户更改用于实施接触条件的算法。默认的接触控制通常是足够的，但定制这些控制可能产生更加经济的解决方案。

警告：接触控制适用于高级用户。这些控制的默认设置对于大部分的分析是合适的。使用这些控制的非默认值可能会极大地增加分析的计算时间，或者产生不精确的结果。但改变 Abaqus/Standard 分析中的这些设置也可能造成收敛问题。

若要定制接触控制，执行以下操作：

1. 从主菜单栏选择 Interaction→Contact Controls→Create。
2. 在出现的 Create Contact Controls 对话框中执行以下操作：

- 命名接触控制。
- 选择 Abaqus/Standard contact controls 或者 Abaqus/Explicit contact controls。

3. 单击 Continue。

出现用户指定的接触控制类型的编辑器。

4. 在编辑器中，输入必要的数据来定制接触控制。详细的指导，见以下章节：

- 15.13.9 节 “在 Abaqus/Standard 分析中指定接触控制”。
- 15.13.10 节“在 Abaqus/Explicit 分析中指定接触控制”。

5. 如果用户想要将编辑器中的值重新设置成默认值，则单击编辑器底部的 Defaults。

6. 单击 OK 来保存用户的定制设置并退出编辑器。

15.12.4 创建接触初始化

默认情况下，Abaqus 在通用接触区域中略微调整过闭合面的位置，如《Abaqus 分析用户手册——指定条件、约束与相互作用卷》的 3.2.4 节“在 Abaqus/Standard 中控制初始接触状态”。接触初始化用于更改接触面调整的默认行为。每一个接触初始化定义都包含一组调整规则；通用接触定义指定施加每一个初始化定义的面（见 15.13.3 节“为通用接触指定和更改接触初始化赋予”）。

接触初始化的目的是纠正面之间的小间隙或者过闭合。指定大的初始化调整会导致网格扭曲，并增加分析的计算成本。

若要创建接触初始化，执行以下操作：

1. 从主菜单栏选择 Interaction→Contact Initialization→Create。

出现 Edit Contact Intialization 对话框。

2. 为接触初始化定义输入一个名称。

3. 处理两个面之间的初始干涉（Initial Overclosures 项），用户可以指定以下技术：

- 选择 Resolve with strain-free adjustments，在分析开始时将某些面调整为恰好接触，而不在模型中产生应变。仅位于指定距离范围内的面部分被调整。

- 选择 Treat as interference fits，在分析的第一个分析步中，逐步解决面的过闭合问题；此技术随着面移动在模型中产生应变。仅位于指定过闭合距离范围内的面部分才会使用干涉匹配来调整。

- 要在解决干涉匹配之前建立均匀的过闭合，切换选中 Specify interference distance，并为过闭合距离输入一个值。位于指定距离范围内的面部分（过闭合和开放的）被调整成指定程度的过闭合。在分析的开始时发生调整，而没有在模型中创建应变；在分析中第一个分析步之后的干涉匹配解决，将会在模型中创建应变。

- 在分析开始时，通过选择 Specify clearance distance 将特定的面调整成由一个指定值分隔，但不在模型中引入应变。仅位于指定距离范围内的面部分被调整。

4. 指定过闭合距离范围；使用无应变调整或者逐渐过盈配合来调整过闭合值小于指定

距离的节点。

• 选择 Analysis default，让 Abaqus 根据每一个面上的基本单元面片大小计算最大的过闭合调整距离。

• 选择 Specify value 来直接输入最大过闭合调整距离值。如果用户输入的值小于某个面的默认计算分析距离，则 Abaqus 将使用此面的分析默认值。

警告：如果两个面（或者两个面的部分）的初始过闭合距离大于指定的调整值，则在分析中不会执行这些严重过闭合面区域之间的接触；更多信息见《Abaqus 分析用户手册——指定条件、约束与相互作用卷》的 3.2.4 节“在 Abaqus/Standard 中控制初始接触状态”。

5. 指定一个开口距离范围；与相对面间隔的值小于指定距离的节点将使用无应变调整。

• 选择 Analysis default，在初始调整中忽略所有打开的节点。

• 选择 Specify value 来直接输入最大开口调整。

6. 如果用户想要将对话框中的值重新设置成默认值，则单击对话框底部的 Defaults。

7. 单击 OK 来保存用户接触初始化定义，并关闭 Edit Contact Initialization 对话框。

15.12.5　创建接触稳定性定义

接触稳定性使用黏性阻尼来抵抗两个面之间增加的相对运动。这种阻尼可以用来在接触闭合之前稳定未约束的刚体运动，同时不降低结果的精度。接触稳定性是基于《Abaqus 分析用户手册——指定条件、约束与相互作用卷》的 3.2.5 节“Abaqus/Standard 中通用接触的稳定性”中描述的一组因子。

每个接触稳定性定义都包含一组稳定性因子；通用接触定义指定施加稳定性定义的每一个面（见 15.13.4 节“为通用接触指定和更改接触稳定性赋予”）。

若要创建接触稳定性定义，执行以下操作：

1. 从主菜单栏选择 Interaction→Contact Stabilization→Create。

出现 Edit Contact Stabilization 对话框。

2. 为接触稳定性定义输入一个名称。

3. 指定稳定性类型：

• 选择 Define new stabilization behavior 来定义标准稳定性。

• 选择 Reset values from previous steps 来定义一个特殊类型的稳定性，此类型的稳定性将取消应用于之前分析步中的稳定性效果；必须仍然在通用接触定义中对面赋予正在取消的稳定性。此类型的稳定性不需要任何额外的数据。

4. 指定 Zero stabilization distance，面分隔距离大于此值的面不进行稳定性处理。在分析中，一个依赖间隙的比例因子在 1（当面相接触时）和 0（当面之间的间隙超出指定的零稳定性距离时）之间变化。

• 选择 Analysis default，将间隙距离设置成等于特征面尺寸。

• 选择 Specify 来直接输入间隙距离。

5. 指定一个 Reduction factor 来确定阻尼值在连续增量中的变化。小于 1 的值会使阻尼随着每一个增量减小；大于 1 的值（不推荐）会使阻尼随着每一个增量增大。

6. 指定 Scale factor，在法向上施加稳定性阻尼影响。

7. 指定 Tangential factor，在切向上施加稳定性阻尼影响。

8. 如果需要，选择一个 Amplitude 包络来改变分析步过程中的稳定性。

另外，用户也可以单击 来创建一个新的幅值大小。更多信息见第 57 章“幅值工具集”。

选择默认斜线变化以外的幅值，可能导致稳定性影响跨越多个分析步；详细情况见《Abaqus 分析用户手册——指定条件、约束与相互作用卷》的 3.2.5 节“Abaqus/Standard 中通用接触的稳定性”。

9. 如果用户想要将对话框中的值重新设置成默认值，则单击对话框底部的 Defaults。

10. 单击 OK 来保存用户的接触稳定性定义并关闭 Edit Contact Stabilization 对话框。

15.12.6 创建约束

用户可以创建以下约束：

- 绑定约束，将分离的面绑定到一起，使面之间没有相对运动。
- 刚体约束，允许用户将区域集合指定成刚体。
- 显示体约束，允许用户将一个零件实例指定成仅用于显示。
- 耦合约束，允许用户将面的运动约束成参考节点的运动。
- 调整点约束，允许用户将一个或者多个点移动到指定的面上。
- 多点约束，允许用户将区域的从节点运动约束成单独点的运动。
- 壳-实体耦合约束，允许用户将壳边的运动耦合到相邻实体面的运动。
- 嵌入区域约束，允许用户将模型的区域嵌入到一个模型的“宿主”区域或者整个模型中。
- 方程约束，描述单个自由度之间的线性约束。

若要创建约束，执行以下操作：

1. 从主菜单栏选择 Constraint→Create。

技巧：用户也可以使用相互作用模块工具箱中的 工具来创建约束。

2. 在出现的 Create Constraint 对话框中进行下面的操作：

a. 命名约束，有关命名对象的更多信息，见 3.2.1 节“使用基本对话框组件”。

b. 选择想要的约束类型。

3. 单击 Continue 来创建约束并关闭 Create Constraint 对话框。

4. 如果可以施加，选择施加约束的区域。更多信息见第 6 章“在视口中选择对象”。

5. 在出现的编辑器中，输入定义约束所必要的任何数据。

有关创建不同类型约束的详细指导，见以下章节：

- 15.15.1 节 “定义绑定约束”
- 15.15.2 节 “定义刚体约束”

- 15.15.3 节 “定义显示体约束”
- 15.15.4 节 “定义耦合约束”
- 15.15.5 节 “定义调整点约束”
- 15.15.6 节 “定义 MPC 约束”
- 15.15.7 节 “定义壳-实体耦合约束”
- 15.15.8 节 “定义嵌入的区域约束”
- 15.15.9 节 “定义方程约束”

15.12.7 选择一个定义连接器几何形体的过程

用户必须创建装配层级的线框特征，为模拟连接器定义基本几何形体。线框特征包含连接当前视口中装配中的点的线框，或者连接装配到地的点的线框。

Abaqus/CAE 提供两个方法来让用户为装配创建连接器几何形体：

- Connector Builder 使用户能够执行所有涉及连接器建模的步骤：创建单独的装配层级的线性特征，可选地在线框端点处创建参考点，为线框特征赋予一个连接器截面，并为线框的任何一个端点指定方向。用户应当使用此对话框来添加少量的线框特征。有关使用 Connector Builder的指导，见 15.12.8 节“创建单独的连接器”。
- Create Wire Feature 对话框使用户能够在单个线框特征中创建多个线框。用户应当使用此对话框来定义大量的相似连接器。此对话框仅创建线框特征；用户必须使用相互作用模块中的其他对话框来执行后续的模拟分析步，如创建参考点和基准坐标系、为线框赋予连接器属性，以及指定线框端点的方向；有关使用 Create Wire Feature 对话框的指导，见 15.12.9 节“为多个连接器创建或者更改线框特征”。

15.12.8 创建单独的连接器

Connector Builder 使用户能够执行建模单个连接器中涉及的所有步骤。这些步骤包括：

- 在两个点之间，或者在点与地之间创建线框特征。
- 在任一端点处创建参考点，并沿着线框长度创建一个基准坐标系。
- 为新的线框特征创建一个连接器截面赋予。
- 为线框特征连接的任一端点指定方向。

因为 Connector Builder 一次只能创建一个连接器，用户应当使用它为装配添加少量的连接器。如果用户计划定义大量的连接器，则首先应在 Create Wire Feature 对话框中为装配添加线框特征。更多信息见 15.12.9 节“为多个连接器创建或者更改线框特征”。

若要创建单独的连接器，执行以下操作：

1. 从主菜单栏选择 Connector→Connector Builder。

技巧：用户也可以使用相互作用模块工具箱中的 工具来启动 Connector Builder。

2. 选择想要连接的点。

a. 在视口中选择连接器的第一个点和第二个点。

注意：用户也可以单击提示区域中的 Connect to Ground，将连接器的一侧接地。用户不能将连接器的两个点都接地。

Connector Builder 打开的点是用户在对话框的 Endpoints 部分中选择的点。在视口中，第一个点高亮显示成红色，第二个点高亮显示成粉红色。

b. 如果需要，单击 来对调用户选择的两个端点。

c. 如果需要，当用户保存线框特征时，切换选中任何点描述下的 Create a reference point 来在此端点处创建一个参考点。如果选中的点是一个基准点或者用户感兴趣的点，则 Abaqus/CAE 将自动在该处创建一个参考点。

3. 选择一个连接器截面，如果需要，单击 来创建一个新的连接器截面。

编辑器中将显示连接类型。对于基本的、装配的和复杂的连接类型，用户可以单击 来查看连接类型的示意图以及 Abaqus 对连接的理想化表示。对于 MPC 连接类型，第二点的运动受制于第一点的运动。用户选择的连接类型也决定了为连接器方向选择的初始值。如果用户改变了连接器截面赋予，则 Abaqus/CAE 会将这些方向重新设置成此连接类型的默认值。

4. 如果需要，可以更改以下任何方向的设置：

a. 沿着端点之间的轴线投影基准坐标系。

在对话框的 CSYS 1 部分，选择 Create CSYS on axis between points 选项，然后选择 1 轴、2 轴或者 3 轴作为新基准坐标系的轴。Abaqus/CAE 可能对某些连接类型默认选择此选项。

b. 在对话框的 CSYS 1 部分中为连接器的第一个点指定一个整体坐标系以外的方向。如果连接器没有连接到地，且选中的连接器截面赋予允许用户调整连接器中的第二个点，则用户也可以在对话框的 CSYS 2 部分中为第二个点指定一个方向。

在对话框的任一部分中，选择 Specify CSYS，单击 ，然后使用以下方法之一来选择基准坐标系。

- 按名称选择预定义的基准坐标系。从提示区域单击 Datum CSYS List，从列表中选择一个名称并单击 OK。
- 在视口中选择一个预定义的坐标系。
- 对于连接器中的第二个点，选择 Use CSYS 1，在连接器中的第二个点处也使用第一点定义的坐标系。

在视口中，选中的方向高亮显示成红色。出现 Connector Builder，并显示用于连接器中选中点的方向坐标系的描述。

技巧：用户也可以通过单击对话框的 CSYS 1 或者 CSYS 2 部分中的 来创建一个新的基准坐标系。

c. 如果需要，用户可以为任何一个端点指定一个围绕基准坐标系的轴的附加转动。为其中一个点选择 Specify additional rotation 选项，为转动角度输入以度为单位的值，并为 About axis 选项选择 1、2 或者 3。仅当用户指定了整体坐标系以外的基准坐标系时，Specify additional rotation 选项才可用。

5. 单击 OK 来保存用户的连接器并关闭 Connector Builder，或者单击 OK/Repeat 来保存装配层级的线框，并保持对话框打开来创建一个新的线框。

15.12.9　为多个连接器创建或者更改线框特征

在相互作用模块中，从主菜单栏选择 Connector→Geometry→Create Wire Feature 来添加一个或者多个线框特征。用户可以添加不连续的线框、链接在一起的线框，或者连接到地的线框。用户可以创建一个在后续选取过程中包括的，要使用线框特征中所有线框的几何集合；例如，当用户为连接器截面赋予定义或者施加连接器载荷而选择线框时。有关创建装配层级线框特征的详细指导，见 11.23.2 节"添加点到点的线框特征"。

用户可以通过从主菜单栏选择 Connector→Geometry→Modify Wire Feature 来更改装配层级的线框特征。用户可以在 Modify Wire Feature 对话框中，从想要更改的特征中选择任何线框并进行更改。当用户在对话框中单击 OK 时，Abaqus/CAE 将执行以下操作：

- 重命名并抑制原始的线框特征。
- 使用与原始线框特征相同的名称来创建一个新的线框特征。
- 如果存在的话，重新命名包含原始线框特征的几何形体集合。
- 如果可以施加的话，创建一个包含更改后线框特征的新的几何形体集合。

例如，在图 15-23 中，Wire-1 重新命名为 OldWire-1-1，并被抑制。类似地，Wire-1-Set-1 重新命名为 OldWire-1-Set-1。

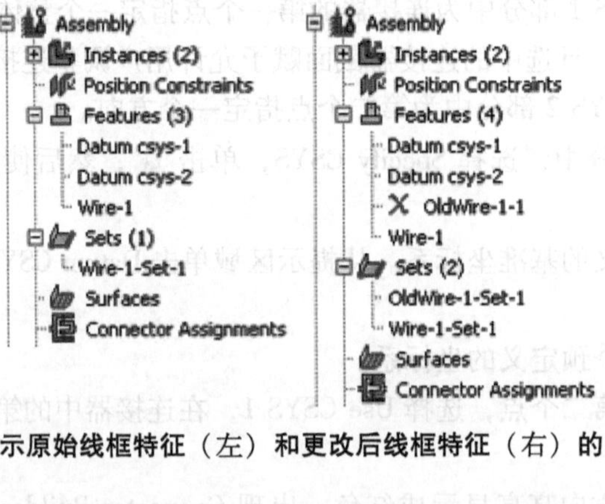

图 15-23　模型树中显示原始线框特征（左）和更改后线框特征（右）的 Features 和 Sets 容器

当用户选择线框来定义连接器截面赋予、连接器载荷和连接器边界条件时，通过使用为线框特征创建的默认几何形体集合名称，用户可以确保这些对象在更改线框特征时依然有效。否则，如果用户更改了线框特征时，参考任何原始线框特征零件的对象都是无效的；例如，用户定义一个连接器作用力并从视口选择线框，或者使用具有不同名称的几何形体集合。

用户可以通过从主菜单栏选择 Connector→Geometry→Remove Wires From Feature 来从线框特征中删除线框。从特征中删除线框边的操作也被存储为零件的一个特征；因此，用户可以使用模型树来删除或者抑制该操作。

若要更改装配层级的线框特征，执行以下操作：

1. 从相互作用模块中的主菜单选择 Connector→Geometry→Modify Wire Feature。

技巧：用户也可以使用相互作用模块工具箱中的工具来更改装配层级的线框特征。

2. 在视口中选择想要更改的任何特征线框。

出现 Modify Wire Feature 对话框，并显示定义原始线框特征中装配层级线框的点对。

3. 在对话框的 Point Pairs 部分，用户可以进行下面的操作：

• 要添加更多的点对，指定方法，单击 +，并从视口中选择点。添加的线框高亮显示成粉红色。

• 要编辑一个点，在表格中选择该点，单击，并重新选择一个点。视口中高亮显示的选取得到更新，显示新编辑的点。

• 要在视口中确定一个特定的点对，选择所需的行。连接选中点对的线高亮显示成红色。

• 要删除一个点对，选择所需的行并单击。

• 要交换点对中的 Point 1 和 Point 2，选择所需的行并单击。

4. 在对话框的 Set Creation 部分中，如果用户想要 Abaqus/CAE 为更改后的线框特征创建一个新的线框几何形体集合，则切换选中 Create set of wires。

5. 单击 OK 来更改线框特征。

重新命名并抑制原始的线框特征。在模型树装配下面的 Features 容器中，出现更改后的装配层级线框特征，使用的名称与原始的线框特征名称相同。

15.12.10 创建重合点连接器

在相互作用模块中，从主菜单栏选择 Connector→Coincident Builder，为一组重合点创建连接器线框特征和截面赋予。有关创建装配层级的线框特征的详细指导，见 11.23.2 节“添加点到点的线框特征”。

若要创建重合点连接器线框特征，执行以下操作：

1. 从相互作用模块中的主菜单选择 Connector→Coincident Builder。

2. 在视口中选择想要包括在连接器线框特征中的重合点，然后单击提示区域中的 Done。对于用户从视口中选择多个点可以使用的方法概览，见 6.2.2 节“拖拽选择多个对象”。

Coincident Point Builder 对话框打开，在对话框的 Endpoints 部分中将显示已选择的重合点。

3. 如果需要，可以通过以下操作对想要使用的端点的内容和次序进行定制：

• 高亮显示任何重合点的行，并单击来删除重合的点对。

• 高亮显示任何重合点的行，并单击来对调重合点对的第一点和第二点。

4. 选择一个连接器截面。如果需要，单击 来创建一个新的连接器截面。

在编辑器中显示连接类型。对于基本的、装配的和复杂的连接类型，用户可以单击 来查看连接类型的示意图以及 Abaqus 对连接的理想化表示。对于 MPC 连接类型，第二点的运动受制于第一点的运动。

5. 如果需要，可以更改以下任何方向的设置：

a. 在对话框的 CSYS 1 部分中为重合点连接器线框特征指定一个整体坐标系以外的方向。如果选中的连接器截面赋予允许用户调整连接器中的第二个点，则用户也可以在对话框的 CSYS 2 部分中为第二个点指定一个方向。

在对话框的任一部分中，单击 ，然后使用以下方法之一来选择基准坐标系：

- 按名称选择预定义的基准坐标系。从提示区域单击 Datum CSYS List，从列表中选择一个名称并单击 OK。
- 在视口中选择一个预定义的坐标系。
- 对于连接器中的第二个点，选择 Use CSYS 1，在连接器中的第二个点处也使用第一个点定义的坐标系。

在视口中，选中的方向高亮显示成红色。出现 Coincident Point Builder，并显示用于连接器选中点的方向坐标系的描述。

技巧：用户也可以通过单击对话框的 CSYS 1 或者 CSYS 2 部分中的 来创建一个新的基准坐标系。

b. 如果需要，用户可以为任何一个端点指定一个围绕基准坐标系的轴的附加转动。为其中一个点选择 Specify additional rotation 选项，为转动角度输入以度为单位的值，并为 About axis 选项选择 1、2 或者 3。仅当用户指定了整体坐标系以外的基准坐标系时，Specify additional rotation 选项才可用。

6. 单击 OK 来创建线框特征以及连接器截面赋予。Abaqus/CAE 也将创建包含装配层级线框的集合。

重新命名并抑制原始的线框特征。在模型树装配下面的 Features 容器中，出现更改后的装配层级线框特征，使用的名称与原始的线框特征名称相同。

15.12.11 创建连接器截面

用户可以通过选择连接类型来定义连接器功能，从而创建一个连接器截面。

- “为装配的、复杂的和基本的连接类型创建连接器截面”
- “为 MPC 类型创建连接器截面”

1. 为装配的、复杂的和基本的连接类型创建连接器截面

连接器截面编辑器允许用户指定装配的、复杂的和基本的连接类型，连接器行为以及包含在截面定义中的截面数据。更多信息见《Abaqus 分析用户手册——单元卷》的 5.1.2 节“连接器单元”。

若要为装配的、复杂的和基本的连接类型创建连接器截面，执行以下操作：

1. 从主菜单栏选择 Connector→Section→Create。

技巧：用户也可以使用相互作用模块工具箱中的 工具来创建连接器截面。

出现 Create Connector Section 对话框。

2. 输入一个截面名称。有关命名对象的更多信息，见 3.2.1 节“使用基本对话框组件”。

3. 选择下面的一个连接类型：

1）选择 Assembled/Complex 来使用预定义的基本连接类型的组合或者复杂的连接类型。

单击 Assembled/Complex type 文本域旁边的箭头，然后从出现的列表中选择想要的连接类型。

2）选择 Basic，以使用平动和转动连接类型。

a. 如果需要，单击 Translational type 文本域旁边的箭头，然后从出现的列表中选择连接类型。

b. 如果想要的话，单击 Rotational type 文本域旁边的箭头，然后从出现的列表中选择连接类型。

用户可以选择一个平动类型、一个转动类型，或者一个平动类型和一个转动类型来定义连接器截面。

Abaqus/CAE 为用户选择的连接类型显示可用的和受限的相对运动分量（CORM）。此外，用户可以单击 来查看连接类型的示意图以及 Abaqus 对连接的理想化表示。

装配的、复杂的和基本的连接类型的描述，见《Abaqus 分析用户手册——单元卷》的 5.1.5 节“连接类型库”。

4. 单击 Continue。

出现连接器截面编辑器。

注意：用户可以通过从主菜单栏选择 Help→On Context，然后单击感兴趣的编辑器功能来显示某个特定编辑器功能的帮助。有关编辑器功能的更多信息，见 15.17 节“使用连接器截面编辑器”。

5. 要编辑连接类型，单击连接类型右侧的 ，显示连接器截面类型编辑器。如上所述，选择连接类型。在编辑连接类型之前，用户必须从编辑器中删除所有行为。

6. 在 Behavior Options 标签页上，用户可以如下添加、删除和更改行为。

Adding behaviors

添加行为。单击编辑器右侧的 Add，显示可用行为的列表。选择所需的行为来定义连接器截面。用户可以为某些行为定义多个相同类型的行为。当用户选择一个行为时，Behavior Options 列表中将出现此行为的名称，并在编辑器下半部分中出现与行为关联的数据域。使用数据域为当前的选中行为输入信息。更多信息见 15.17 节“使用连接器截面编辑器”。

Deleting behaviors

删除行为。在 Behavior Options 列表中，选择想要删除的行为，然后单击编辑器右侧的 Delete。此过程会将该行为从行为选项列表和连接器截面定义列表中删除。

Changing behavior data

更改行为。在 Behavior Options 列表中，选择想要更改数据的行为。当与该行为关联的数据域出现在窗口的下半部分时，根据需要更改为行为输入的信息。

7. 在 Table Options 标签页上，用户可以为连接器截面中的所有行为选项指定正则化（仅 Abaqus/Explicit 分析）和设置所有表格数据外推的行为选项。另外，用户也可以为单个行为选项指定行为设置。对于选中的行为选项，在 Behavior Options 标签页上可以使用 Table Options 按钮。单个行为选项的行为设置优先于连接器截面行为设置。更多信息见 15.17.14 节“指定表格数据的行为设置”，以及《Abaqus 分析用户手册——单元卷》的 5.2.1 节“连接器行为”中的“使用表格数据定义连接器行为”。

在 Table Options 标签页上指定行为设置如下：

a. 在标签页的 Regularization 部分，为 Abaqus/Explicit 分析中的表格数据指定正则化设置。默认情况下，Abaqus/Explicit 将数据正则化成以自变量的均匀间隔方式定义的表格。

- 切换选中 Regularize data 来正则化表格数据。
- 切换不选 Regularize data 来关闭表格数据的正则化，并直接使用用户定义的数据。

b. 如果用户想要正则化表格数据，指定误差。

- 选择 Use default，使用默认值 0.03。
- 选择 Specify，并为误差输入一个值。

c. 在标签页的 Extrapolation 部分中，指定表格数据的外推方法。用户输入的数据点构成了本构空间中的非线性曲线。默认情况下，Abaqus 将因变量外推为常量值，该常量值对应自变量指定范围之外的曲线端点。

- 选择 Constant，以使用自变量指定范围之外的因变量常数外推。
- 选择 Linear，以使用自变量指定范围之外的因变量线性外推。

8. Section Data 标签页对以下连接类型可用。

- 对于 Flow-Converter 或者 Retractor 连接类型，输入以下截面数据：

Node b material flow scaling factor

输入与节点 b 处的材料流动动量关联的 β_s（节点 b 指 Abaqus/CAE 中用来模拟连接器的线框的第二个点），默认值为 1。

更多信息见《Abaqus 分析用户手册——单元卷》的 5.1.5 节“连接类型库”中的“FLOW-CONVERTER”，以及“RETRACTOR”。

- 对于 Slip Ring 连接类型，输入以下截面数据。

Mass per unit reference length

输入带材料单位参考长度的质量。

Contact angle around node b

接触角是指带缠绕节点 b 所形成的角度（节点 b 是在 Abaqus/CAE 中用来模拟连接器的

线框的第二个点)。

对于 Abaqus/Standard 分析，用户必须直接指定接触角。对于 Abaqus/Explicit 分析，用户可以直接指定接触角，或者用户可以让 Abaqus 根据用户模型的构型来计算接触角：

- 要让 Abaqus 计算接触角，选择 Compute。
- 要直接指定接触角，选择 Specify，并输入以度为单位的接触角。

更多信息见《Abaqus 分析用户手册——单元卷》的 5.1.5 节“连接类型库”中的“SLIPRING”。

9. 单击 OK 来保存数据并退出编辑器。

2. 为 MPC 类型创建连接器截面

连接器截面编辑器允许用户指定 MPC 连接类型。更多信息见《Abaqus 分析用户手册——指定条件、约束与相互作用卷》的 2.2.2 节“通用多点约束”。

若要为 MPC 类型创建连接器截面，执行以下操作：

1. 从主菜单栏选择 Connector→Section→Create。

技巧：用户也可以使用相互作用模块工具箱中的 工具来创建连接器截面。

出现 Create Connector Section 对话框。

2. 输入一个截面名称。有关命名对象的更多信息，见 3.2.1 节“使用基本对话框组件”。

3. 选择 MPC 连接类型。

4. 单击 MPC type 文本域旁边的箭头，然后从出现的列表中选择想要的连接类型。

更多信息见以下章节。

- 《Abaqus 分析用户手册——指定条件、约束与相互作用卷》的 2.2.2 节“通用多点约束”。
- 《Abaqus 用户子程序参考手册》的 1.1.14 节“MPC”。

5. 单击 OK 来保存截面定义并关闭对话框。

15.12.12 创建和编辑连接器截面赋予

用户可以通过为线框特征（定义连接器）或者附着线（定义离散紧固件）赋予连接器截面，并指定与线框或者附着线端点关联的局部方向，来创建连接器截面赋予。根据连接类型，选中线框或者附着线第一点处的局部方向，可以是必需的、可选的或者不能施加的。根据连接类型，选中线框或者附着线第二点处的局部方向是可选的或者不能施加的。对于每种连接类型的局部方向要求，见《Abaqus 分析用户手册——单元卷》的 5.1.5 节“连接类型库”。表 15-4 将连接类型库中参考的数字坐标轴与 Abaqus/CAE 中使用的坐标轴标签关联。用户可以使用查询工具集来得到选中线框或者附着线的连接器赋予信息。

表 15-4　用来显示与线框或者附着线的端点关联的局部方向的坐标系轴标签

局部坐标方向	笛卡儿	圆柱形	球形
1	x	r	r
2	y	t	t
3	z	z	p

当用户创建连接器截面赋予时，Abaqus/CAE 会生成识别字符串，将赋予与连接器方向关联。这些字符串称为“标签”，不能进行更改，它们显示在连接器截面赋予管理器、模型树提示工具以及（可选的）视口中（见 76.15 节“控制属性显示”）。

若要创建和编辑连接器截面赋予，执行以下操作：

1. 使用下面的方法来显示连接器截面赋予编辑器：

1）要创建一个新的连接器截面赋予，执行以下操作。

a. 从主菜单栏选择 Connector→Assignment→Create。

技巧：用户也可以使用相互作用模块工具箱中的 工具来创建连接器截面赋予。

b. 选择想要赋予连接器截面的区域（线框或者附着线）。

只能选择在装配层级上已经创建了的线框特征或者附着线。选择区域的最佳方法是使用线框特征几何形体集合的默认名称（更多信息见 15.12.9 节“为多个连接器创建或者更改线框特征”）或附着线（更多信息见 59.6 节“通过投影点创建附着线”）。一个线框或者附着线特征可以包含多个线框或者附着线。用户可以选择特征的单个线框或者附着线；然而，每个单独的线框或者附着线只能有一个连接器截面。

使用下面的一个方法来选择区域。

- 从现有的集合列表中选择。单击提示区域右侧的 Sets，从出现的 Region Selection 对话框中选择感兴趣的集合，并单击 Continue。
- 在视口中选择线框或者附着线。

c. 单击提示区域中的 Done。

出现连接器截面赋予编辑器。

2）要编辑一个现有的连接器截面赋予，从主菜单栏选择 Connector→Assignment→Manager，以显示 Connector Section Assignment Manager。选中用户想要改变的数据行，然后单击 Edit。出现连接器截面赋予编辑器，且连接器符号在当前视口中以高亮显示。

如果用户想要为连接器截面赋予选择不同的线框或者附着线，则在编辑器的 Region 区域中单击 并重新选择区域。

2. 在 Section 标签页上选择连接器截面。如果需要，单击 来创建一个新的连接器截面。在编辑器中将显示连接器类型；如果可以施加的话，用户可以单击 来显示连接类型的示意图以及 Abaqus 对连接的理想化表示。

3. 在 Orientation 1 标签页上，如果方向是必须的或者可选的，则用户可以为选中线框或者附着线的第一点指定方向。如果方向是不能施加的，则编辑器中的 Orientation 1 标签页不可用。

a. 如果用户想要指定整体坐标系以外的方向，则单击 ↖ 并使用下面的一个方法来选择基准坐标系：

- 按名称选择一个预定义的基准坐标系。从提示区域单击 Datum CSYS List，从列表中选择一个名称，并单击 OK。
- 在视口中选择预定义的坐标系。

在视口中，选中的方向高亮显示成红色。重新出现连接器截面赋予编辑器，并显示坐标系的描述（用于选中线框或者附着线的第一个点的方向）。

b. 如果可以应用，用户可以指定一个围绕基准坐标系的轴的附加转动。选择 Additional rotation angle 选项，为转动角输入以度为单位的值，并为 About axis 选项选择 1、2 或者 3。仅当用户指定了整体坐标系以外的基准坐标系时，Additional rotation angle 选项才可用。

4. 如果选中线框或者附着线的第二点的方向是可选的，则 Abaqus/CAE 将第一个点的方向（如果进行了指定，则包括附加的转动角）作为默认选择。用户可以在 Orientation 2 标签页上为选中线框或者附着线的第二个点指定一个不同的坐标系。如果方向不可应用，则在编辑器中，Orientation 2 标签页不可用。

a. 在 Orientation 2 标签页上，切换选中 No modifications to CSYS 并单击 ↖ 。使用下面的一个方法来选择基准坐标系：

- 按名称选择一个预定义的基准坐标系。从弹出区域单击 Datum CSYS List，从列表中选择一个名称并单击 OK。
- 在视口中选择一个预定义的坐标系。

在视口中，选中的方向将高亮显示成红色。重新出现连接器截面赋予编辑器，并显示用于选中线框或者附着线第一个点的方向的坐标系描述。

b. 如果可以应用，用户可以指定一个围绕基准坐标系的轴的附加转动。选择 Additional rotation angle 选项，为转动角输入以度为单位的值，并为 About axis 选项选择 1、2 或者 3。仅当用户指定了整体坐标系以外的基准坐标系时，Additional rotation angle 选项才可用。

5. 单击 OK 来保存用户的连接器截面赋予并关闭编辑器。

在视口中会出现表示用户刚创建的连接器截面赋予的符号。更多信息见 15. 10 节“理解表示相互作用、约束和连接器的符号”。

15. 12. 13 编辑施加相互作用或者约束的区域

用户仅可以在创建相互作用的分析步中对施加的相互作用进行编辑。

若要编辑施加相互作用或者约束的区域，执行以下操作：

1. 从主菜单栏中的 Interaction 或者 Constraint 选择 Manager 来显示 Interaction Manager 或者 Constraint Manager。

2. 选择下面的一个操作：

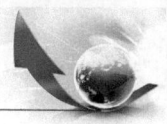

• 若要编辑一个相互作用，单击用户想要编辑的位于相互作用行中的单元，以及位于创建此相互作用的分析步列中的单元，然后单击 Edit。或者，用户可以双击单元进行操作。

技巧：用户也可以通过单击环境栏 Step 列表中的创建此相互作用的分析步来开始此过程。从主菜单栏中的 Interaction 菜单选择 Edit→相互作用名称。

• 若要编辑一个约束，选择约束的名称并单击 Edit。

技巧：用户也可以从主菜单栏选择 Edit→约束名称，来开始此过程。

如果用户正在编辑一个基础相互作用，则可以通过在视口中选取或者不选对象来编辑区域，或者用户可以通过出现的 Region Selection 对话框选择已经使用面工具集创建的面。

如果用户正在编辑任何其他类型的相互作用或者约束，则系统会显示合适的编辑器。除了通用接触，所有相互作用的编辑器，都包含相互作用或者约束定义中涉及的每一个区域的 Edit Region 选项。

如果用户的相互作用或者约束定义包括一个主面和一个从面，或者一个区域，则在编辑过程中，主面高亮显示成红色，从面或者区域高亮显示成粉红色。

3. 如果用户正在编辑一个通用的接触相互作用，则使用 15.13.1 节“定义通用接触”中描述的方法来更改接触区域。

4. 如果用户正在编辑除了通用接触或者基础接触之外的约束或相互作用，则为用户想要更改的区域单击  。例如，如果用户正在编辑一个面-面接触相互作用，并且用户想要更改主面，则单击编辑器中 Master surface 标签旁边的  。

5. 如果用户正在编辑一个约束，或者通用接触以外的相互作用，则可以通过在视口中选取或者不选对象来编辑区域。如果用户正在编辑的主区域施加有嵌入区域约束，则首先选择选取方法。当用户完成区域编辑后，单击鼠标键 2。更多信息见第 6 章“在视口中选择对象”。

技巧：用户可以通过在 Selection 工具栏中指定过滤选项来限制可以在视口中选取的对象类型。更多信息见 6.3 节“使用选择选项”。

如果用户想从现有集合或者面的列表中选择，则进行下面的操作：

a. 单击提示区域右侧的 Sets 或者 Surfaces。按钮的名称取决于用户正在编辑的对象类型。例如，如果用户正在编辑一个相互作用，则出现 Surfaces 按钮。

Abaqus/CAE 显示包含可用集合或者面列表的 Region Selection 对话框。

b. 选择感兴趣的集合或者面，并单击 Continue。

注意：默认的选择方法以用户最近使用的选择方法为基础。若要变化成其他方法，单击提示区域右侧的 Select in Viewport、Sets 或者 Surfaces。

6. 如期望的那样完成编辑相互作用或者约束定义，然后单击鼠标键 2（如果用户正在编辑一个基础相互作用）或者单击编辑器中的 OK（如果用户正在编辑任何其他类型的相互作用或者约束）。

15.12.14 在相互作用模块中使用 Special（特殊）菜单

用户可以使用相互作用模块中的 Special（特殊）菜单来定义下面的工程特征：

• Inertia。用户可以定义装配上一个点处的集总质量、转动惯量和热容。在 Abaqus/Standard 分析中，用户也可以定义质量和惯性比例的阻尼和复合阻尼。更多信息见第 33 章“惯量”。

• Crack。用户可以使用下面的技术来研究裂纹的初始化和扩展：

—具有重复重叠节点的嵌入缝裂纹。

—围线积分分析。

—扩展有限元法（XFEM）。

—虚拟裂纹闭合技术（VCCT）。

此外，用户可以在 Abaqus/CFD 分析中使用裂纹来将缝模拟成零厚度的壳，来执行具有壳/膜的流体-结构相互作用分析。

更多信息见“模拟裂纹和缝”。

• Springs/Dashpots。用户可以定义弹簧和阻尼器具有独立于场变量的线性行为，也可以在相同的点集合上定义弹簧和阻尼器行为。在 Abaqus/Explicit 或者 Abaqus/Standard 分析中，用户可以模拟连接两个点的弹簧和阻尼器，与两个点之间的作用线一致。在 Abaqus/Standard 分析中，用户也可以模拟连接两个点的弹簧和阻尼器，作用在固定的方向上，或者将点连接到地。更多信息见第 37 章“弹簧和阻尼器”。

• Fasteners。用户可以使用依赖点的或者离散的紧固件，来模拟两个或者更多面之间的点到点连接。可以使用附着点、参考点或者孤立节点来定义依赖点的紧固件。可以使用附着线来定义离散紧固件。更多信息见第 29 章“紧固件”。

模拟裂纹和缝

当用户模拟裂纹时，用户将缝赋予用户模型的区域。生成网格时，Abaqus/CAE 将重叠的重复节点沿着缝布置。一个缝不能沿着零件的边界扩展，并且必须嵌入到二维零件的面中，或者嵌入到实体零件的单元体中。因为一条缝会更改网格，所有用户不能在关联零件实例上创建一个缝。

对于断裂力学，一条缝可以定义具有重叠节点的一条边或者一个面，在分析过程中可以分开。用户可以在模型中包括一条缝裂纹。另外，当创建一个围线积分时，用户可以参考此缝；然而，用户不能使用采用扩展有限元法（XFEM）的缝。更多信息见第 31 章“断裂力学”。

在具有壳/膜的流-固相互作用中的 Abaqus/CFD 分析中，一条缝定义网格状的零厚度壳。用户可以创建一个双侧面来表示缝，并且将此面选择成流体-结构相互作用边界的区域。更多信息见 15.13.15 节“定义流体-结构协同仿真相互作用”。

若要赋予一条缝，执行以下操作：

1. 从相互作用模块中的主菜单选择 Special→Crack→Assign seam。

2. 从视口中的模型选择代表缝的实体。此实体必须是二维零件面中的嵌入边，或者实体零件的单元体中的嵌入面；用户不能选择位于零件边界上的任何实体。

3. 单击鼠标键 2 来说明用户已经完成了缝选取。

Abaqus/CAE 创建此缝。

15.13　使用相互作用编辑器

本节介绍如何在相互作用编辑器中输入数据，以定义特定类型的相互作用，包括以下主题：

- 15.13.1 节　“定义通用接触”
- 15.13.2 节　“为通用接触指定和更改接触属性赋予”
- 15.13.3 节　“为通用接触指定和更改接触初始化赋予”
- 15.13.4 节　“为通用接触指定和更改接触稳定性赋予”
- 15.13.5 节　“为通用接触指定面属性赋予”
- 15.13.6 节　“为通用接触指定主-从赋予”
- 15.13.7 节　“定义面-面接触”
- 15.13.8 节　“定义自接触”
- 15.13.9 节　“在 Abaqus/Standard 分析中指定接触控制”
- 15.13.10 节　“在 Abaqus/Explicit 分析中指定接触控制”
- 15.13.11 节　“定义流体腔相互作用”
- 15.13.12 节　“定义流体交换相互作用”
- 15.13.13 节　“定义模型变化相互作用”
- 15.13.14 节　“定义 Standard-Explicit（标准-显式）协同仿真相互作用”
- 15.13.15 节　“定义流体-结构协同仿真相互作用”
- 15.13.16 节　“定义压力穿透”
- 15.13.17 节　“定义声阻抗”
- 15.13.18 节　“定义入射波”
- 15.13.19 节　“定义循环对称”
- 15.13.20 节　“定义基础”
- 15.13.21 节　“定义空腔辐射相互作用”
- 15.13.22 节　“定义面的膜条件相互作用”
- 15.13.23 节　“定义集中的膜条件相互作用”
- 15.13.24 节　“定义面辐射相互作用”
- 15.13.25 节　“定义集中的辐射相互作用”
- 15.13.26 节　“定义作动器/传感器相互作用”

15.13.1 定义通用接触

在 Abaqus/Standard 中，通用接触仅可以在初始分析步中定义，并且此通用接触定义对于所有的后续分析步都是有效的。在 Abaqus/Explicit 中，用户可以在任何分析步中定义通用接触；一个分析步中只能有一个通用接触相互作用。对于通用接触的扼要概览，见 15.3 节"理解相互作用"。更多详细讨论见《Abaqus 分析用户手册——指定条件、约束与相互作用卷》的 3.2.1 节"在 Abaqus/Standard 中定义通用接触相互作用"，以及《Abaqus 分析用户手册——指定条件、约束与相互作用卷》的 3.4.1 节"在 Abaqus/Explicit 中定义通用接触相互作用"。

在 Abaqus/Standard 中，通用接触定义可以为模型中的所有外表面以及壳边创建相互作用。在 Abaqus/Explicit 中，通用接触定义可以为模型中的所有外表面、分析刚性面、壳边、基于梁和杆的边以及欧拉材料边界创建相互作用；然而，用户不能在两个分析刚性面之间指定通用接触（包括自接触）。

在 Abaqus/Explicit 中，用户可以通过使用分析步模块中的历史输出请求编辑器来获得通用接触区域中指定面的接触数据。在编辑器中的 Domain 部分中，选择 General contact surface，并从出现的菜单中选择面。更多信息见 14.12.1 节"创建输出请求"。

若要定义通用接触，执行以下操作：

1. 从主菜单栏选择 Interaction→Create。

技巧：用户也可以使用相互作用模块工具箱中的 工具来创建通用接触相互作用。

2. 在出现的 Create Interaction 对话框中，进行下面的操作：

- 命名相互作用，有关命名对象的更多信息，见 3.2.1 节"使用基本对话框组件"。
- 选择将创建相互作用的分析步。在 Abaqus/Standard 中，仅可以在初始分析步中创建通用接触。
- 选择 General contact（Standard）或者 General contact（Explicit）相互作用类型，这取决于用户在模型中定义的分析步。

3. 单击 Continue 来关闭 Create Interaction 对话框。

出现 Edit Interaction 对话框。

4. 使用以下方法之一来指定接触区域：

1）选择 All* with self 来为所有允许的单元面和模型实体指定接触（包括自接触）。这是定义接触区域最简单的方法。

2）要指定单独的接触面对。

a. 选择 Selected surface pairs，然后单击 。

出现 Edit Included Pairs 对话框。默认情况下，当用户从列表或者表格中选择一个面时，Abaqus/CAE 会在视口中高亮显示该面；然而，高亮显示不会应用于为（All*）、（Self）和欧拉材料面。用户可以切换不选对话框底部的 Highlight selected regions 来关闭高亮显示选项。

b. 从左侧的第一列的现有面列表中选择一个或者多个面。选择（All*）来指定一个包括所有允许的单元面和模型实体的面。

技巧：用户也可以单击 来定义一个新的面，并将该面添加到列表中。有关定义面的指导，见 73.3.3 节“创建面”。

c. 从第二列的现有面列表中选择第二个或者多个面来定义面对。

—当在任何列中选择了多个面时，所有可能的组合都将在列表中生成。

—要指定自接触，在第二列中选择相同的面名称或者（Self）。

—指定面的次序对分析并不重要。

d. 单击对话框中间的箭头 >> 来将面对传递到将会包括在接触区域中的配对列表中。

对话框右侧的列表将更新，以反映用户的选择（面对的次序是无关紧要的）。

e. 根据需要重复上面的步骤，以完整地定义包含的接触区域。如果用户想要删除已包括的配对，选择这些行，然后单击 。

f. 单击 OK 来保存用户的选择并关闭 Edit Included Pairs 对话框。

重新出现相互作用编辑器，并对接触区域中包括的选中面对的数量信息进行了更新。

5. 如果需要，从接触区域选择要排除的面对。

a. 单击 Excluded surface pairs 旁边的 Edit。

出现 Edit Excluded Pairs 对话框。默认情况下，当用户从列表或者表格中选择一个面时，Abaqus/CAE 会在视口中高亮显示该面；然而，高亮显示不会应用于（All*）、（Self）和欧拉材料面。用户可以切换不选对话框底部的 Highlight selected regions 来关闭高亮显示选项。

b. 从左侧第一列的现有面列表选择一个或者多个面。选择（All*）来指定一个包括所有允许的单元面和模型实体的面。

技巧：用户也可以单击 来定义一个新的面，并将该面添加到列表中。有关定义面的指导，见 73.3.3 节“创建面”。

c. 从第二列的现有面列表中选择第二个或者多个面来定义面对。

—当在任何列中选择了多个面时，所有可能的组合都将在列表中生成。

—要指定自接触，在第二列中选择相同的面名称或者（Self）。

—指定面的次序对分析并不重要。

—如果被排除的区域与包括的区域重叠，则接触排除将优先于接触包括。

d. 单击对话框中间的箭头 >> 来将面对传递到将会包括在自接触区域中的配对列表中。

对话框右侧的列表将更新，以反映用户的选择（面对的次序是无关紧要的）。

e. 根据需要重复上面的步骤，以完整地定义排除的接触区域。如果用户想要删除包括的配对，则选择这些行，然后单击 。

f. 单击 OK 来保存用户的选择并关闭 Edit Excluded Pairs 对话框。

重新出现相互作用编辑器，并对接触区域中包括的选中面对的数量信息进行了更新。

6. 在相互作用编辑器的底部指定 Attribute Assignments。在 Abaqus/Standard 中，用户可以在任何激活了通用接触相互作用的分析步中更改接触属性或者稳定性，但所有其他属性都是赋予整个分析的。在 Abaqus/Explicit 中，用户可以指定或者更改任何通用接触相互作用有效的分析步中的属性。用户可以指定以下内容：

● Contact Properties。详细指导见 15.13.2 节“为通用接触指定和更改接触属性赋予”。

● Contact Initializations（仅 Abaqus/Standard）。详细指导见 15.13.3 节“为通用接触指定和更改接触初始化赋予”。

● Contact Stabilizations（仅 Abaqus/Standard）。详细指导见 15.13.4 节“为通用接触指定和更改接触稳定性赋予”。

● Surface Properties。详细指导见 15.13.5 节“为通用接触指定面属性赋予”。

● Contact Formulation。详细指导见 15.13.6 节“为通用接触指定主-从赋予”。

7. 单击 OK 来创建相互作用并关闭编辑器。

15.13.2 为通用接触指定和更改接触属性赋予

通用接触相互作用属性，如接触属性，是在相互作用编辑器的 Attribute Assignments 部分中独立于接触区域指定的。用户可以将接触属性整体地赋予到通用接触区域的通用接触相互作用中，也可以单独地赋予到通用接触区域的特定区域中。对于通用接触的扼要概览，见 15.3 节“理解相互作用”。

用户可以在原始相互作用定义传递到的任何分析步中，对赋予通用接触相互作用的接触属性进行更改。在 Abaqus/Standard 中，只允许改变原始接触属性定义与新的接触属性定义之间的摩擦行为（见 15.14.1 节“定义接触相互作用属性”中的“为力学接触属性选项指定摩擦行为”），Abaqus 会一直使用通用接触相互作用创建的摩擦定义，直到对分析步赋予新的属性；为后续的分析步使用新的摩擦定义。

若要指定接触属性赋予，执行以下操作：

1. 使用下面的一个方法来显示通用接触相互作用编辑器：

● 要创建一个新的通用接触相互作用，按照 15.13.1 节“定义通用接触”中的指导进行操作。

● 要编辑一个现有的通用接触相互作用，从主菜单栏选择 Interaction→Edit→相互作用名称。

2. 单击相互作用编辑器 Attribute Assignments 部分中的 Contact Properties 标签页（如果还未选中）。

3. 如果有必要，单击相互作用编辑器 Contact Properties 部分中的 ![icon] 来创建一个接触相互作用属性；更多信息见 15.14.1 节“定义接触相互作用属性”。

4. 使用下面任一方法来为相互作用指定接触属性赋予：

1）要对整个接触区域赋予一个接触属性，从 Global property assignment 旁边的列表中选择一个属性。

2）要对单个面对赋予不同的接触属性：

a. 单击 Individual property assignments 旁边的 ![icon]。

出现 Edit Individual Contact Property Assignments 对话框。默认情况下，当用户从列表或者表格中选择一个面时，Abaqus/CAE 会在视口中高亮显示该面；然而，高亮显示不会应用于（Global）、（Self）和欧拉材料面。用户可以切换不选对话框底部的 Highlight selected regions 来关闭高亮显示选项。

b. 从左侧第一列的现有面列表中选择一个或者多个面。选择（Global）来在整个接触区域与单独的面之间赋予一个接触属性。

技巧：用户可以单击 来定义一个新的面，并将此面添加到列表中。有关定义面的指导，见 73.3.3 节“创建面”。

c. 从第二列的现有面列表中选择第二个或者多个面来定义面对。

—当在任何列中选择了多个面时，所有可能的组合都将在列表中生成。

—要为自接触赋予属性，在第二列中选择相同的面名称或者（Self）。

—接触区域以外区域的任何接触属性赋予都将被忽略。

d. 在第三列的现有相互作用属性列表中，选择要赋予的属性。当用户正在 Edit Individual Contact Property Assignments 对话框中操作时，用户可以创建新的相互作用属性（见 15.14.1 节“定义接触相互作用属性”）。

e. 单击对话框中间的箭头 >>> 来将用户的选择传递到属性赋予列表中。

对话框右侧的列表将更新，以反映用户的选择。

f. 根据需要重复上面的步骤，以完成接触属性赋予。如果用户想要删除接触属性赋予，选择相应的行，然后单击 。

注意：赋予的次序是有意义的；当属性赋予重叠时，最后赋予的属性优先。

g. 单击 OK 来保存用户的选择并关闭 Edit Individual Contact Property Assignments 对话框。

重新出现相互作用编辑器，对与单个接触属性赋予有关的数量信息进行了更新。

注意：单独的接触属性赋予优先整体赋予。

5. 单击 OK 来创建相互作用并关闭编辑器。

若要更改接触属性赋予，执行以下操作：

1. 从主菜单栏选择 Interaction→Edit→相互作用名称。

出现 Edit Interaction 对话框。

2. 单击相互作用编辑器 Attribute Assignments 部分中的 Contact Properties 标签页（如果还未选中）。

3. 单击 Individual property assignments 旁边的 。

出现 Edit Individual Contact Property Assignments 对话框。

4. 从对话框右侧的列表中选择包含要更改属性赋予的一个或者多个行。

5. 从对话框左侧的第三列中选择一个新的相互作用属性。

6. 单击对话框中间的箭头 > 来将相互作用属性替换成用户的新选择。

7. 单击 OK 来保存用户的选择并关闭对话框。

出现相互作用编辑器。

8. 单击 OK 来保存用户的更改并关闭相互作用编辑器。

15.13.3 为通用接触指定和更改接触初始化赋予

接触初始化决定了 Abaqus 如何在分析前调整通用接触区域中的面。面的接触初始化是独立于相互作用编辑器 Attribute Assignments 部分中的接触区域指定的。仅可以在 Abaqus/Standard 分析的初始分析步中赋予接触初始化。有关接触初始化的更多信息，见 15.12.4 节“创建接触初始化”，以及《Abaqus 分析用户手册——指定条件、约束与相互作用卷》的 3.2.4 节“在 Abaqus/Standard 中控制初始接触状态”。

若要指定接触初始化赋予，执行以下操作：

1. 使用下面的一个方法来显示通用接触相互作用编辑器：

● 要创建一个新的通用接触相互作用，按照 15.13.1 节“定义通用接触”中的指导进行操作。

● 要编辑一个现有的通用接触相互作用，从主菜单栏选择 Interaction→Edit→相互作用名称。

2. 单击相互作用编辑器 Attribute Assignments 部分中的 Contact Properties 标签页（如果还未选中）。

3. 如果有必要，单击相互作用编辑器 Contact Properties 部分中的 来创建一个接触初始化定义；更多信息见 15.12.4 节“创建接触初始化”。

4. 单击 Initialization assignments 旁边的 。

出现 Edit Initialization Assignments 对话框。默认情况下，当用户从列表或者表格中选择一个面时，Abaqus/CAE 会在视口中高亮显示该面；然而，高亮显示不会应用于（Global）和（Self）。用户可以切换不选对话框底部的 Highlight selected regions 来关闭高亮显示选项。

5. 从左侧第一列的现有面列表中选择一个或者多个面。选择（Global）来在整个接触区域与单独的面之间赋予一个接触初始化。

技巧：用户可以单击 来定义一个新的面，并将此面添加到列表中。有关定义面的指导，见 73.3.3 节“创建面”。

6. 从第二列的现有面列表中选择第二个或者多个面来定义面对。

—当在任何列中选择了多个面时，所有可能的组合都将在列表中生成。

—要为自接触赋予初始化，在第二列中选择相同的面名称或者（Self）。

—接触区域以外区域的任何接触初始化赋予都将被忽略。

7. 从第三列的现有初始化列表中，选择要赋予的初始化。当用户正在 Edit Initialization Assignments 对话框中操作时，用户可以创建新的接触初始化（见 15.12.4 节“创建接触初始化”）。

8. 单击对话框中间的箭头 >>> 来将用户的选择传递到属性赋予列表中。

对话框右侧的列表将更新，以反映用户的选择。

9. 根据需要重复上面的步骤，以完成初始化赋予。如果用户想要删除初始化赋予，选择相应的行，然后单击 。

注意：赋予的次序是有意义的；当初始赋予重叠时，最后赋予的初始化优先。

10. 单击 OK 来保存用户的选择并关闭 Edit Initialization Assignments 对话框。

重新出现相互作用编辑器，对单个初始化赋予的数量信息进行了更新。

11. 单击 OK 来创建相互作用并关闭编辑器。

若要更改接触初始化赋予，执行以下操作：

1. 从主菜单栏选择 Interaction→Edit→相互作用名称。

出现 Edit Interaction 对话框。

2. 单击相互作用编辑器 Attribute Assignments 部分中的 Contact Properties 标签页（如果还未选中）。

3. 单击 Initialization assignments 旁边的 。

出现 Edit Initialization Assignments 对话框。

4. 从对话框右侧的列表中选择包含要更改初始化赋予的一个或者多个行。

5. 从对话框左侧的第三列中选择一个新的初始化。

6. 单击对话框中间的箭头 > 来将初始化替换成用户的新选择。

7. 单击 OK 来保存用户的选择并关闭对话框。

出现相互作用编辑器。

8. 单击 OK 来保存用户的更改并关闭相互作用编辑器。

15.13.4 为通用接触指定和更改接触稳定性赋予

接触稳定性在两个面之间引入黏性阻尼，以在接触建立之前稳定刚体运动。在相互作用编辑器的 Attribute Assignments 部分中，接触稳定性定义是独立于接触区域赋予面的。

接触稳定性定义可以在 Abaqus/Standard 分析中的非初始分析步的任何分析步中赋予。因为必须在初始分析步中创建通用接触相互作用，所以稳定性赋予要求用户对之前创建的通用接触相互作用进行编辑。

通常在施加了稳定性的分析步中实施稳定性影响。然而，如果将非默认的幅值选择成接触稳定性定义的一部分，则稳定性影响可能会延续到后续的分析步中，如《Abaqus 分析用户手册——指定条件、约束与相互作用卷》的 3.2.5 节“Abaqus/Standard 中通用接触的稳定性”中所描述的那样。要删除此条件下的稳定性影响，用户必须使用 Reset values from previous steps 选项来创建单独的接触稳定性定义，并在后续分析步中施加此稳定性定义。

有关接触稳定性定义的更多信息，见 15.12.5 节“创建接触稳定性定义”。

若要指定接触稳定性赋予，执行以下操作：

1. 从主菜单栏选择 Interaction→Edit→相互作用名称。

2. 单击相互作用编辑器 Attribute Assignments 部分中的 Contact Properties 标签页（如果还未选中）。

3. 如果有必要，单击相互作用编辑器 Contact Properties 部分中的 来创建一个接触稳定性定义；更多信息见 15.12.5 节“创建接触稳定性定义”。

4. 单击 Stabilization assignments 旁边的 。

出现 Edit Stabilization Assignments 对话框。默认情况下，当用户从列表或者表格中选择一个面时，Abaqus/CAE 会在视口中高亮显示该面；然而，高亮显示不会应用于（Global）和（Self）的默认面。用户可以切换不选对话框底部的 Highlight selected regions 来关闭高亮显示选项。

5. 从左侧第一列的现有面列表中选择一个或者多个面。选择（Global）来在整个接触区域与单独的面之间赋予一个稳定性影响。

技巧：用户可以单击 来定义一个新的面，并将此面添加到列表中。有关定义面的指导，见 73.3.3 节“创建面”。

6. 从第二列的现有面列表中选择第二个或者多个面来定义面对。

—当在任何列中选择了多个面时，所有可能的组合都将在列表中生成。

—要为自接触赋予稳定性定义，在第二列中选择相同的面名称或者（Self）。

—接触区域以外区域的任何稳定性赋予都将被忽略。

7. 从第三列的现有稳定性定义列表中，选择要赋予的稳定性。当用户正在 Edit Stabilization Assignments 对话框中操作时，用户可以创建新的接触稳定性定义（见 15.12.5 节“创建接触稳定性定义”）。

8. 单击对话框中间的箭头 >>> 来将用户的选择传递到稳定性赋予列表中。

对话框右侧的列表将更新，以反映用户的选择。

9. 根据需要重复上面的步骤，以完成稳定性赋予。如果用户想要删除稳定性赋予，选择相应的行，然后单击 。

注意：赋予的次序是有意义的；当稳定性赋予重叠时，最后赋予的稳定性优先。

10. 单击 OK 来保存用户的选择并关闭 Edit Stabilization Assignments 对话框。

重新出现相互作用编辑器，对单个稳定性赋予的数量信息进行了更新。

11. 单击 OK 来保存更改并关闭编辑器。

若要更改接触稳定性赋予，执行以下操作：

1. 从主菜单栏选择 Interaction→Edit→相互作用名称。

出现 Edit Interaction 对话框。

2. 单击相互作用编辑器 Attribute Assignments 部分中的 Contact Properties 标签页（如果

还未选中)。

3. 单击 Stabilization assignments 旁边的 ✎ 。

出现 Edit Stabilization Assignments 对话框。

4. 从对话框右侧的列表中选择包含要更改稳定性赋予的一个或者多个行。

5. 从对话框左侧的第三列中选择一个新的稳定性定义。

6. 单击对话框中间的箭头 > 来将稳定性定义替换成用户的新选择。

7. 单击 OK 来保存用户的选择并关闭对话框。

重新出现相互作用编辑器。

8. 单击 OK 来保存用户的更改并关闭相互作用编辑器。

15.13.5 为通用接触指定面属性赋予

通用接触相互作用的属性，如面属性，是在相互作用编辑器 Attribute Assignments 部分中独立于接触区域指定的。对于通用接触的扼要概览，见 15.3 节“理解相互作用”。对于更多的详细讨论，见《Abaqus 分析用户手册——指定条件、约束与相互作用卷》的 3.2.2 节“Abaqus/Standard 中通用接触的面属性”，以及《Abaqus 分析用户手册——指定条件、约束与相互作用卷》的 3.4.2 节“Abaqus/Standard 中为通用接触赋予面属性”。用户可以在一个通用接触相互作用中指定以下属性：

- Surface thickness assignments，为壳或者膜面赋予非默认的面厚度。
- Shell/Membrane offset assignments，赋予面偏置，定义从中间面到参考面的距离（作为面厚度的一部分）。
- Surface smoothing assignments，为模型面赋予非默认的接触平滑。接触平滑可以提高弯曲的面的接触应力和压力精度（见《Abaqus 分析用户手册——指定条件、约束与相互作用卷》的 5.1.3 节“在 Abaqus/Standard 中平滑接触面”）。
- Feature edge criteria assignments，对通用接触区域中包括的特征边进行控制。模型的特征边包括壳周边和几何形体特征边。Abaqus/Standard 分析不允许模拟边到边的接触。

若要指定面厚度赋予，执行以下操作：

1. 使用下面的一个方法来显示通用接触相互作用编辑器：

- 要创建一个新的通用接触相互作用，按照 15.13.1 节“定义通用接触”中的指导进行操作。
- 要编辑一个现有的通用接触相互作用，从主菜单栏选择 Interaction→Edit→相互作用名称。

2. 单击相互作用编辑器 Attribute Assignments 部分中的 Surface Properties 标签页。

仅在壳和膜上定义的面可以更改面厚度。

3. 单击 Surface thickness assignments 旁边的 ✎ 。

出现 Edit Surface Thickness Assignments 对话框。默认情况下，当用户从列表或者表格中选择一个面时，Abaqus/CAE 会在视口中高亮显示该面；然而，高亮显示不会应用于（Global）。用户可以切换不选对话框底部的 Highlight selected regions 来关闭高亮显示选项。

4. 从左侧第一列的现有面列表中选择一个或者多个面。选择（Global）来对整个接触区域赋予壳/膜厚度。

技巧：用户可以单击 来定义一个新的面，并将此面添加到列表中。有关定义面的指导，见 73.3.3 节“创建面”。

5. 单击对话框中间的箭头 >>> 来将用户的选择传递到壳/膜厚度赋予列表。

对话框右侧的列表将更新，以反映用户的选择。

6. 在 Surface Thickness Assignments 表格的中间列指定每一个面的厚度。

- 输入 ORIGINAL 来将壳/膜厚度设置成等于原始的壳/膜厚度（默认的）。
- 输入 THINNING 来将壳/膜厚度设置成等于当前的壳/膜厚度（此选项仅在 Abaqus/Explicit中可用）。
- 指定一个壳/膜厚度的值。

7. 在 Surface Thickness Assignments 表格的最后一列为壳/膜厚度指定一个比例因子（可选项）。

8. 根据需要重复上面的步骤来完成壳/膜厚度赋予。如果用户想要删除厚度赋予，选择相应行并单击 。

注意：赋予的次序是有意义的；当壳/膜厚度赋予重叠时，最后赋予的属性优先。

9. 单击 OK 来保存用户的选择，并且关闭 Surface Thickness Assignments 对话框。

重新出现相互作用编辑器，壳/膜厚度赋予的数量信息得到更新。

10. 单击 OK 来创建相互作用并且关闭编辑器。

若要指定面平滑赋予，执行以下操作：

1. 使用下面的一个方法来显示通用接触相互作用编辑器：

- 要创建一个新的通用接触相互作用，按照 15.13.1 节“定义通用接触”中的指导进行操作。
- 要编辑一个现有的通用接触相互作用，从主菜单栏选择 Interaction→Edit→相互作用名称。

在 Abaqus/Standard 的通用接触相互作用中，仅可以在初始分析步中指定面平滑赋予。在 Abaqus/Explicit 的通用接触相互作用中，可以在任何分析步中指定或者更改面平滑赋予。

2. 单击相互作用编辑器 Attribute Assignments 部分中的 Surface Properties 标签页。

3. 单击 Surface smoothing assignments 旁边的 。

出现 Edit Surface Smoothing Assignments 对话框。默认情况下，当用户从列表或者表格中选择一个面时，Abaqus/CAE 会在视口中高亮显示该面，并显示将用在光滑计算中的曲轴或者曲率中心。用户可以切换不选对话框底部的 Highlight selected regions 来关闭高亮显示选项。

4. 切换选中 Automatically assign smoothing for geometric faces 来确定 Abaqus/CAE 是否对

通用接触区域中所有的合适面自动地施加面平滑。对于 Abaqus/Standard 通用接触相互作用，默认选中此选项，而对于 Abaqus/Explicit 通用接触相互作用，默认不选此选项。

5. 从左边列的现有面列表中选择一个或者多个面。

技巧：用户可以单击 来定义一个新的面，并将此面添加到列表中。有关定义面的指导，见 73.3.3 节“创建面”。

6. 单击对话框中间的箭头 >>> 来将用户的选择传递到面平滑赋予的列表中。

对话框右侧的列表将更新，以反映用户的选择。

7. 在 Surface Smoothing Assignments 表格的第二列中指定每一个面要施加的平滑。如果施加了默认的整体平滑，则为这些面指定的平滑覆盖默认的整体平滑。

- 选择 REVOLUTION，对围绕旋转轴对称的曲面（或者围绕中心点对称的二维圆弧）进行圆周平滑处理。
- 选择 SPHERICAL，对围绕中心点对称的曲面进行球形平滑处理。
- 选择 TOROIDAL，对围绕旋转轴圆弧对称的曲面进行圆环平滑处理。
- 选择 NONE 来防止对指定面进行平滑处理。

8. 根据需要重复上面的步骤，以完成面平滑赋予。如果用户想要删除平滑赋予，选择相应的行，然后单击 。

注意：赋予的次序是有意义的；当平滑赋予重叠时，最后赋予的平滑优先。

9. 单击 OK 来保存用户的选择并关闭 Edit Surface Smoothing Assignments 对话框。

重新出现相互作用编辑器，对面平滑赋予的数量信息进行了更新。

10. 单击 OK 来创建相互作用并关闭编辑器。

若要指定特征边准则赋予，执行以下操作：

1. 使用下面的一个方法来显示通用接触相互作用编辑器：

- 要创建一个新的通用接触相互作用，按照 15.13.1 节“定义通用接触”中的指导进行操作。
- 要编辑一个现有的通用接触相互作用，从主菜单栏选择 Interaction→Edit→相互作用名称。

2. 单击相互作用编辑器 Attribute Assignments 部分中的 Surface Properties 标签页。

3. 单击 Feature edge criteria assignments 旁边的 。

出现 Edit Feature Edge Criteria Assignments 对话框。默认情况下，当用户从列表或者表格中选择一个面时，Abaqus/CAE 会在视口中高亮显示该面；然而，高亮显示不会应用于（Global）。用户可以切换不选对话框底部的 Highlight selected regions 来关闭高亮显示选项。

4. 从左侧第一列的现有面列表中选择一个或者多个面。选择（Global）来对整个接触区域赋予面特征。

技巧：用户可以单击 来定义一个新的面，并将此面添加到列表中。有关定义面的指导，见 73.3.3 节“创建面”。

5. 单击对话框中间的箭头 >>> 来将用户的选择传递到面特征赋予的列表中。

对话框右侧的列表将更新，以反映用户的选择。

6. 通过以下方式之一为 Surface Feature Assignments 表格第二列中的每一个面指定特征边准则。

• 输入 PERIMETER，仅包括通用接触区域中的周边。

• 输入 ALL，包括通用接触区域中的所有边（此选项仅对于 Abaqus/Explicit 可用）。

• 输入 PICKED，仅包括在通用接触区域中作为面定义一部分明确选择的边（在 Abaqus/Explicit 中，此选项仅对于壳几何形体和单元可用）。

• 输入 NONE，在通用接触区域中不包括特征边。

• 指定一个以度为单位的角度，将通用接触域中的周边，以及特征角度大于或等于指定角度的几何边包括在通用接触区域中。

7. 根据需要重复上面的步骤，以完成面特征赋予。如果用户想要删除面特征赋予，选择相应的行，然后单击 。

注意：赋予的次序是有意义的；当面特征赋予重叠时，最后赋予的面特征优先。

8. 单击 OK 来保存用户的选择并关闭 Edit Feature Edge Criteria Assignments 对话框。

重新出现相互作用编辑器，对特征边准则赋予的信息进行了更新。

9. 单击 OK 来创建相互作用并关闭编辑器。

15.13.6 为通用接触指定主-从赋予

通用接触相互作用的属性，如接触方程，是在相互作用编辑器 Attribute Assignments 部分中独立于接触区域指定的。默认情况下，Abaqus/Standard 自动为相互作用对中的每一个面赋予一个主面和一个从面；Abaqus/Explicit 为所有的面使用平衡的主-从赋予（除了基于节点的面和分析型刚性面）。用户可以覆盖默认的赋予，并为通用接触相互作用中的面对直接指定主-从赋予。

对于通用接触的扼要概览，见 15.3 节“理解相互作用”。有关主-从赋予的更多详细讨论，见《Abaqus 分析用户手册——指定条件、约束与相互作用卷》的 3.2.6 节“Abaqus/Standard 中通用接触的数值控制”；以及《Abaqus 分析用户手册——指定条件、约束与相互作用卷》的 5.2.1 节“Abaqus/Explicit 中通用接触的接触方程”。

若要指定主-从赋予，执行以下操作：

1. 使用下面的一个方法来显示通用接触相互作用编辑器：

• 要创建一个新的通用接触相互作用，按照 15.13.1 节“定义通用接触”中的指导来操作。

• 要编辑一个现有的通用接触相互作用，从主菜单栏选择 Interaction→Edit→相互作用名称。

2. 单击相互作用编辑器 Attribute Assignments 部分中的 Contact Formulation 标签页。

3. 单击以下域旁边的 。

- Abaqus/Standard 通用接触定义的 Master-slave assignments。
- Abaqus/Explicit 通用接触定义的 Pure master-slave assignments。

出现 Edit Master-Slave Assignments 对话框。默认情况下，当用户从列表或者表格中选择一个面时，Abaqus/CAE 会在视口中高亮显示该面；然而，高亮显示不会应用于（Global）和（Self）。用户可以切换不选对话框底部的 Highlight selected regions 来关闭高亮显示选项。

4. 从左侧第一列的现有面列表中选择一个或者多个面。选择（Global）来为整个接触区域与单个面之间的接触赋予一个纯粹的主-从权重。

技巧：用户可以单击 来定义一个新的面，并将此面添加到列表中。有关定义面的指导，见 73.3.3 节“创建面”。

5. 从第二列的现有面列表中选择第二个或者多个面来定义面对。

—当在任何列中选择了多个面时，所有可能的组合都将在列表中生成。

—对于 Abaqus/Standard 的通用接触定义，在第二列中选择相同的面名称或者（Self）来为特定面上的自接触相互作用指定一个平衡的主-从表述。

—如果主面和从面重叠，则将为重合区域排除自接触。

6. 单击对话框中间的箭头 >>> 来将用户的选择传递到主-从赋予列表中。

对话框右侧的表将更新，以反映用户的选择。

7. 在 Master-Slave Assignments 表格的最后一列中为第一个面指定类型。

- 选择 SLAVE，表示第一个面是从面。
- 选择 MASTER，表示第一个面是主面。
- 选择 BALANCED 来指定两个面之间平衡的主-从接触（仅在 Abaqus/Standard 中可用）。

对于自接触的面对，用户必须选择 BALANCED。

8. 根据需要重复上面的步骤，以完成主-从赋予。如果用户想要删除主-从赋予，则选择相应的行，然后单击 。

9. 单击 OK 来保存用户的选择。

重新出现相互作用编辑器，对直接指定的主-从赋予的数量信息进行了更新。

10. 单击 OK 来创建相互作用并关闭编辑器。

15.13.7　定义面-面接触

面-面接触定义可以作为通用接触的替代方法，用来模拟模型中特定面之间的接触相互作用。仅可以通过面-面接触来定义特定的相互作用行为。对于 Abaqus 中可用的面-面接触和其他类型相互作用的扼要概览，见 15.3 节“理解相互作用”和《Abaqus 分析用户手册——指定条件、约束与相互作用卷》的 3.1 节“接触相互作用分析：概览”。

用户可以在任何分析步中（包括初始分析步）定义面-面接触。从主菜单栏选择 Interaction→Create，然后选择主面和从面。用户可以定义线框边之间，或者实体或者壳的面之间的接触。特定的连接限制也可以施加到接触面，这取决于接触方程的类型。如果需要，用户可以在一个分析步中抑制面-面接触相互作用，也可以在后续的分析步中重新激活此相互作用。如果在分析中不再需要某些相互作用，则用户可以在一个分析步中进行抑制操作。

用户可以通过在分析步模块中使用场和历史输出请求编辑器，来得到特定面-面接触相互作用的接触数据。在编辑器的 Domain 部分中，选择 Interaction 并从出现的菜单中选取面-面接触相互作用的名称。更多信息见 14.12.1 节“创建输出请求”。

定义面-面接触的过程取决于用户是使用 Abaqus/Standard 还是使用 Abaqus/Explicit 来执行分析。本节提供了使用相互作用编辑器来定义不同的面-面接触选项的指导，包括以下主题：

- “在 Abaqus/Standard 分析中定义面-面接触”
- “在 Abaqus/Explicit 分析中定义面-面接触”
- “指定过盈配合选项”

1. 在 Abaqus/Standard 分析中定义面-面接触

在 Abaqus/Standard 中，仅可以通过使用面-面接触来定义特定的相互作用行为；更多信息见《Abaqus 分析用户手册——指定条件、约束与相互作用卷》的 3.1 节“接触相互作用分析：概览”中的“Abaqus/Standard 中的接触仿真功能”。

若要在 Abaqus/Standard 分析中定义面-面接触，执行以下操作：

1. 从主菜单栏选择 Interaction→Create。

技巧：用户也可以使用相互作用模块工具箱中的 工具来创建面-面接触相互作用。

2. 在出现的 Create Interaction 对话框中进行下面的操作：

- 命名相互作用，有关命名对象的更多信息，见 3.2.1 节“使用基本对话框组件”。
- 选择将要创建相互作用的分析步。
- 选择 Surface-to-surface contact（Standard）相互作用类型。

3. 单击 Continue 来关闭 Create Interaction 对话框。

4. 使用以下方法之一来选择主面：

- 使用现有的面来定义区域。在提示区域的右侧，单击 Surfaces，从出现的 Region Selection 对话框中选择一个现有的面，并单击 Continue。

注意：默认的选择方法基于用户最近使用的选择方法。若要变化成其他方法，在提示区域的右侧单击 Select in Viewport 或者 Surfaces。

- 在视口中选择一个区域。更多信息见 6.2 节“在当前视口中选择对象”。单击鼠标键 2 来表明用户已经完成了选择。特定的连接限制也可以施加到接触面，这取决于接触方程的类型。详细信息见《Abaqus 分析用户手册——指定条件、约束与相互作用卷》的 3.3.1 节“在 Abaqus/Standard 中定义接触对”。

如果模型包含网格和几何形体的组合，则从提示区域单击以下选项之一。

—如果用户想要从几何区域选择面，则单击 Geometry。

—如果用户想要从本地或者孤立网格中选择面，则单击 Mesh。

用户可以使用角度方法从几何形体中选择一组面或边，或者从网格中选择一组单元面。更多信息见 6.2.3 节“使用角度和特征边方法选择多个对象”。

用户选择的主面在视口中高亮显示成红色。

5. 选择从面。

a. 在提示区域选择以下选项之一。

- 如果用户想要选择一个面，则选择 Surface。
- 如果用户想要选择一个区域来创建一个接触节点集合，则选择 Node Region。

b. 使用之前分析步中描述的相同方法来选择从面或者区域。

用户选择的从面或者区域在视口中高亮显示成粉红色。

出现 Edit Interaction 对话框。

6. Switch Surfaces 选项允许用户内部对调所选择的主面和从面，而不需要重新开始。仅当用户在之前的分析步中选择了 Surface 时，Switch Surfaces 图标才可用。

7. 选择滑动方程。

- 选择 Finite sliding 来使用有限滑动方程，此方法最通用并且允许面的任意运动。
- 选择 Small sliding 来使用小滑动方程，此方法假定虽然两个物体可能产生大的运动，但两个面之间的滑动相对较小。

更多信息见《Abaqus 分析用户手册——指定条件、约束与相互作用卷》的 5.1.1 节“Abaqus/Standard 中的接触方程”。

8. 选择离散方法。

- 选择 Node to surface 来使用节点-面的离散方法。
- 选择 Surface to surface 来使用面-面的离散方法。

更多信息见《Abaqus 分析用户手册——指定条件、约束与相互作用卷》的 5.1.1 节“Abaqus/Standard 中的接触方程”中的“接触对中面的离散化”。

9. 根据用户的滑动方程和离散方法选择，可以获得不同的可用场。

- 默认情况下，壳和膜的厚度包括在以下组合的接触计算中：Small sliding 和 Node to surface、Small sliding 和 Surface to surface，以及 Finite sliding 和 Surface to surface。用户可以切换选中 Exclude shell/membrane element thickness 来忽略任何这些组合的壳和膜厚度。

使用 Finite sliding 和 Node to surface 的接触相互作用不考虑面厚度。更多信息见《Abaqus 分析用户手册——指定条件、约束与相互作用卷》的 3.3.2 节“在 Abaqus/Standard 中为接触对赋予面属性”中的“考虑壳和膜厚度”。

- 对于使用 Node to surface 离散方法的接触相互作用，用户可以在 Degree of smoothing for master surface 域中指定一个平滑因子。更多信息见《Abaqus 分析用户手册——指定条件、约束与相互作用卷》的 5.1.1 节“Abaqus/Standard 中的接触方程”中的“有限滑动的节点-面方程的平滑主面”。
- 默认情况下，为以下组合使用一个补充接触约束的可选策略：Finite sliding 和 Node to surface、Small sliding 和 Node to surface，以及 Small sliding 和 Surface to surface。对于这些组合，用户可以指定何时使用 Use supplementary contact points，方法如下：

—选择 Selectively 来使用补充接触约束的可选策略。

—选择 Never 来放弃使用补充接触约束。

—选择 Always 来在可应用时添加补充接触约束。

更多信息见《Abaqus 分析用户手册——指定条件、约束与相互作用卷》的 3.3.6 节

“在 Abaqus/Standard 中调整接触控制”中的“增补接触约束”。

• 对于使用 Finite sliding 和 Surface to surface 的接触相互作用，用户可以选择 Contact tracking 方法。

—选择 Single configuration（state）来使用基于状态的追踪算法。

—选择 Two configurations（path）来使用基于路径的追踪算法。

更多信息见《Abaqus 分析用户手册——指定条件、约束与相互作用卷》的 5.1.1 节“Abaqus/Standard 中的接触方程”中的基于路径的追踪算法与基于状态的追踪算法”。

注意：如果用户的接触相互作用使用面-面的离散方法，并且接触相互作用中的一个或者多个面是一个分析刚性面，则用户应当选择基于状态的追踪算法。

10. 指定从属节点调整选项。更多信息见《Abaqus 分析用户手册——指定条件、约束与相互作用卷》的 3.3.5 节“调整 Abaqus/Standard 接触对的初始面位置并指定初始间隙”，以及《Abaqus 分析用户手册——指定条件、约束与相互作用卷》的 3.3.7 节“在 Abaqus/Standard 中定义绑定接触”。

11. 对于使用 Surface to surface 离散方法的接触相互作用，用户可以对接触面进行平滑处理，以降低由于曲面几何形体上的网格离散化造成的接触压力不精确。单击 Surface Smoothing 标签页，并选择以下选项之一：

• 选择 Do not smooth，以防止施加平滑。

• 选择 Automatically smooth 3D geometry surfaces when applicable，对 Abaqus/CAE 自动识别的对称面或者球形面（或者部分曲面）施加平滑。

有关接触平滑技术的更多信息，见《Abaqus 分析用户手册——指定条件、约束与相互作用卷》的 5.1.3 节“在 Abaqus/Standard 中平滑接触面”。

12. 对于使用 Small sliding 方程的接触相互作用，用户可以在从面与主面的节点之间指定一个初始间隙。单击 Clearance 标签页，从 Initial clearance 域选择一个间隙类型，并输入定义间隙和接触方向所有必要的数据。更多信息见《Abaqus 分析用户手册——指定条件、约束与相互作用卷》的 3.3.5 节“调整 Abaqus/Standard 接触对的初始面位置并指定初始间隙”中的“为小滑动接触定义精确的初始间隙或者过闭合”。

13. 如果用户为接触相互作用指定节点-面的离散，则用户也可以将粘接限制在特定子集合中的从节点上。单击 Bonding 标签页，切换选中 Limit bonding to slave nodes in subset，并从列表中选择一个节点集合。

用户可以为下面的任何一种情况限制粘接：

• 当用户想要指定初始从节点的子集时，此子集的节点应当经历胶粘力。将为那些最初没有接触，但在节点集合中指定过的节点进行无应变调整。此集合之外的所有节点（包括最初与主面接触的节点）在分析过程中将仅经历压缩接触力。更多信息见 15.14.1 节“定义接触相互作用属性”中的“为力学接触属性选项指定胶粘行为属性”。

• 当用户想要确定 VCCT 裂纹中从面的初始粘接区域时，从面非粘接部分的行为就像正常的接触面一样。将预先确定的裂纹面假定为初始部分的粘接，以便在分析过程中可以明确识别裂纹尖端。更多信息见《Abaqus 分析用户手册——分析卷》的 6.4.3 节“裂纹扩展分析”中的“在 Abaqus/Standard 中定义初始粘接的裂纹面”。

14. 选择一个接触相互作用属性。如果需要，单击 来创建相互作用属性。

更多信息见 15.14.1 节"定义接触相互作用属性"，以及《Abaqus 分析用户手册——指定条件、约束与相互作用卷》的 5.1.2 节"Abaqus/Standard 中接触约束的实施方法"。

15. 要指定过盈配合选项，单击 Interference Fit。过盈选项不能在初始分析步中指定。有关输入过盈选项的更多详细指导，见下面的"指定过盈配合选项"。

16. 如果需要，单击 Contact controls 域旁边的箭头，然后选择用于此相互作用的定制接触控制。在列表中仅出现之前创建的 Abaqus/Standard 接触控制。更多信息见 15.13.9 节"在 Abaqus/Standard 分析中指定接触控制"。

17. 要在分析步中抑制和重新激活接触相互作用，切换选中 Active in this step。在创建相互作用的分析步中，接触相互作用是有效的。更多信息见《Abaqus 分析用户手册——指定条件、约束与相互作用卷》的 3.3.1 节"在 Abaqus/Standard 中定义接触对"中的"删除和重新激活接触对"。

18. 单击 OK 来创建相互作用并关闭编辑器。

2. 在 Abaqus/Explicit 分析中定义面-面接触

在 Abaqus/Explicit 中，仅可以通过使用面-面接触来定义特定的相互作用行为；更多信息见《Abaqus 分析用户手册——指定条件、约束与相互作用卷》的 3.1 节"接触相互作用分析：概览"中的"Abaqus/Explicit 中的接触仿真功能"。

若要在 Abaqus/Explicit 分析中定义面-面接触，执行以下操作：

1. 从主菜单栏选择 Interaction→Create。

技巧：用户也可以使用相互作用模块工具箱中的工具来创建面-面接触相互作用。

2. 在出现的 Create Interaction 对话框中，进行下面的操作：

- 命名相互作用，有关命名对象的更多信息，见 3.2.1 节"使用基本对话框组件"。
- 选择将要创建相互作用的分析步。
- 选择 Surface-to-surface contact（Explicit）相互作用类型。

3. 单击 Continue 来关闭 Create Interaction 对话框。

4. 使用以下方法之一来选择主面。

• 使用现有的面来定义区域。在提示区域的右侧，单击 Surfaces，从出现的 Region Selection 对话框选择一个现有的面，并单击 Continue。

注意：默认的选择方法基于用户最近使用的选择方法。若要变化成其他方法，单击提示区域右侧的 Select in Viewport 或者 Surfaces。

• 在视口中选择一个区域（更多信息见 6.2 节"在当前视口中选择对象"）。单击鼠标键 2 来表明用户已经完成了选择。特定的连接限制也可以施加到接触面，这取决于接触方程的类型。详细信息见《Abaqus 分析用户手册——指定条件、约束与相互作用卷》的 3.5.1 节"在 Abaqus/Explicit 中定义接触对"。

如果模型包含网格和几何形体的组合，则从提示区域单击以下选项之一：

—如果用户想要从几何形体区域选择面，则单击 Geometry。

—如果用户想要从本地或者孤立网格中选择面，则单击 Mesh。

用户可以使用角度方法从几何形体中选择一组面或边，或者从网格中选择一组单元面。更多信息见 6. 2. 3 节“使用角度和特征边方法选择多个对象”。

用户选择的主面在视口中高亮显示成红色。

5. 选择从面。

a. 在提示区域选择以下选项之一：

- 如果用户想要选择一个面，则选择 Surface。
- 如果用户想要选择一个区域来创建接触节点集合，则选择 Node Region。

b. 使用之前分析步中描述的相同方法来选择从面或者区域。

用户选择的从面或者区域在视口中高亮显示成粉红色。

出现 Edit Interaction 对话框。

6. Switch Surfaces 选项允许用户内部对调所选择的主面和从面，而不需要重新开始。仅当用户在之前的分析步中选择了 Surface 时，Switch Surfaces 图标才可用。

7. 选择机械约束方程。

- 选择 Kinematic contact method 来使用运动预测/矫正接触算法。
- 选择 Penalty contact method 来使用罚接触算法。

更多信息见《Abaqus 分析用户手册——指定条件、约束与相互作用卷》的 5. 2. 3 节“Abaqus/Explicit 中接触约束的施加方法”。

8. 选择滑动方程。

- 选择 Finite sliding 来使用有限滑动方程，此方法最通用并且允许面的任意运动。
- 选择 Small sliding 来使用小滑动方程，此方法假定虽然两个物体可能产生大运动，但两个面之间的滑动相对较小。

仅可以在分析的初始分析步中或者第一个通用分析步中为相互作用指定小滑动方程。在后续分析步中创建的相互作用，默认总是使用有限滑动方程。更多信息见《Abaqus 分析用户手册——指定条件、约束与相互作用卷》的 5. 2. 2 节“Abaqus/Explicit 中接触对的接触方程”。

9. 对于使用 Small sliding 方程的接触相互作用，用户可以在从面与主面的节点之间指定一个初始间隙。间隙选项仅在第一个通用分析步中可用。从 Initial clearance 域选择一个间隙类型，并且输入要定义间隙和接触方向所有必要的数据。更多信息见《Abaqus 分析用户手册——指定条件、约束与相互作用卷》的 3. 5. 4 节“调整 Abaqus/Explicit 中接触对的初始面位置并指定初始间隙”。

10. 选择一个接触相互作用属性。如果需要，单击 来创建相互作用属性；更多信息见 15. 14. 1 节“定义接触相互作用属性”。

11. 选择权重因子。更多信息见《Abaqus 分析用户手册——指定条件、约束与相互作用卷》的 5. 2. 2 节“Abaqus/Explicit 中接触对的接触方程”。

12. 如果需要，单击 Contact controls 域旁边的箭头，然后选择用于此相互作用的定制的接触控制。在列表中仅出现之前创建的 Abaqus/Explicit 接触控制。更多信息见 15. 13. 10 节“在 Abaqus/Explicit 分析中指定接触控制”。

13. 要在分析步中抑制和重新激活接触相互作用，切换选中 Active in this step。在创建相互作用的分析步中，接触相互作用是有效的。

14. 单击 OK 来创建相互作用并关闭编辑器。

3. 指定过盈配合选项

当用户为 Abaqus/Standard 定义面-面接触时，用户可以指定过盈配合选项来帮助 Abaqus/Standard 解决模型初始构型中面之间的过闭合。更多信息见《Abaqus 分析用户手册——指定条件、约束与相互作用卷》的 3.3.4 节“在 Abaqus/Standard 中模拟接触过盈配合”。

要打开 Interference Fit Options 对话框，在 Abaqus/Standard 相互作用编辑器中单击 Interference Fit（详细情况见上面的“在 Abaqus/Standard 分析中定义面-面接触”）。

若要指定过盈配合选项，执行以下操作：

1. 在 Interference Fit Options 对话框中，选择 Gradually remove slave node overclosure during the step 来指定允许的过盈。

2. 选择以下选项之一。

- 如果用户想要 Abaqus/Standard 为每一个等于节点初始过盈的从节点赋予不同的允许过盈，则选择 Automatic shrink fit（first general analysis step only）。如果用户选择此选项，则跳到步骤 6。
- 选择 Uniform allowable interference 来指定将施加到每个从节点上的单一允许的过盈。

3. 单击 Amplitude 域右侧的箭头，选择一个幅值名称，该幅值定义了分析步中指定过盈的大小。或者，用户也可以选择（Ramp），在分析步开始时立即施加指定的过盈，并在分析步中将其线性地降至零。

如果有必要，用户可以单击来定义一个新的幅值曲线。更多信息见 57.3 节“选择要定义的幅值类型”。

4. 在 Magnitude at start of step 域中，在分析步开始时输入允许过盈的幅值。

5. 如果需要，选择 Interference Direction→Along direction 来指定一个平移方向向量。在 Abaqus/Standard 确定接触条件之前，将对从节点施加相对移动。如果用户选择此选项，则输入以下信息：

- 在 X 域中，输入平移方向向量的 X 方向余弦。
- 在 Y 域中，输入平移方向向量的 Y 方向余弦。
- 在 Z 域中，输入平移方向向量的 Z 方向余弦。

6. 单击 OK 来保存用户已经指定的过盈配合选项，并返回 Edit Interaction 对话框。

15.13.8　定义自接触

自接触定义可以作为另一种通用接触，以模拟单个表面不同区域之间的接触相互作用。某些相互作用仅可以通过使用自接触来定义。对于自接触以及 Abaqus 中可用的其他类型相互作用的扼要概览，见 15.3 节“理解相互作用”，以及《Abaqus 分析用户手册——指定条件、约束与相互作用卷》的 3.1 节“接触相互作用分析：概览”。

用户可以在任何分析步中进行自接触定义，包括初始分析步。从主菜单栏选择 Interaction→Create，并选择面。用户可以定义线框的边、实体面或壳之间的自接触。施加到接触面的特定连接限制，取决于接触方程的类型。用户可以在一个分析步中停用自接触相互作用，如果需要，可以在后续的分析步中重新激活此相互作用。如果分析中不再需要相互作用，则用户也可以在某个分析步中停用此相互作用。

用户可以通过在分析步模块中使用场和历史输出请求编辑器，来得到特定自接触相互作用的接触数据。在编辑器的 Domain 部分中，选择 Interaction 并从出现的菜单中选择自接触相互作用的名称。更多信息见 14.12.1 节“创建输出请求”。

定义自接触的过程取决于用户是使用 Abaqus/Standard 执行分析，还是使用 Abaqus/Explicit来执行分析。此部分提供使用相互作用编辑器来定义不同的面到面接触选项的指导，包括以下主题：

- 在 Abaqus/Standard 分析中定义自接触。
- 在 Abaqus/Explicit 分析中定义自接触。

1. 在 Abaqus/Standard 分析中定义自接触

可以在 Abaqus/Standard 中通过使用自接触来定义特定的相互作用行为；更多信息见《Abaqus 分析用户手册——指定条件、约束与相互作用卷》的 3.1 节“接触相互作用分析：概览”中的“Abaqus/Standard 中的接触仿真功能”。

若要在 Abaqus/Standard 分析中定义自接触，执行以下操作：

1. 从主菜单栏选择 Interaction→Create。

技巧：用户也可以使用相互作用模块工具箱中的工具来创建自接触相互作用。

2. 在出现的 Create Interaction 对话框中，进行下面的操作：

- 命名相互作用，有关命名对象的更多信息，见 3.2.1 节“使用基本对话框组件”。
- 选择将创建相互作用的分析步。
- 选择 Self-contact（Standard）相互作用类型。

3. 单击 Continue 来关闭 Create Interaction 对话框。

4. 使用以下方法之一来选择面：

- 使用现有的面来定义区域。在提示区域的右侧，单击 Surfaces，从出现的 Region Selection 对话框中选择一个现有的面，并单击 Continue。

注意：默认的选择方法基于用户最近使用的选择方法。若要变化成其他方法，单击提示区域右侧的 Select in Viewport 或 Surfaces。

- 使用鼠标在视口中选择一个区域，更多信息见 6.2 节“在当前视口中选择对象”。施加到接触面的特定连接限制取决于接触方程的类型。详细信息见《Abaqus 分析用户手册——指定条件、约束与相互作用卷》的 3.3.1 节“在 Abaqus/Standard 中定义接触对”。

如果模型包含网格和几何形体的组合，则从提示区域单击以下选项之一：

—如果用户想要从一个几何区域选择面，则单击 Geometry。

—如果用户想要从本地或孤立网格中选择面，则单击 Mesh。

用户可以使用角度方法从几何形体中选择一组面或边，或者从网格中选择一组单元面，更多信息见 6.2.3 节“使用角度和特征边方法选择多个对象”。

出现 Edit Interaction 对话框。

5. 选择离散方法。

- 选择 Node to surface 来使用节点到面的离散方法。
- 选择 Surface to surface 来使用面到面的离散方法。

更多信息见《Abaqus 分析用户手册——指定条件、约束与相互作用卷》的 5.1.1 节“Abaqus/Standard 中的接触方程”中的“接触对中面的离散化”。

6. 基于用户的离散方法选择，可以使用不同的场。

1）对于使用 Node to surface 离散方法的接触相互作用，用户可以指定以下操作。

a. 在 Degree of smoothing 域中输入一个平滑因子。更多信息见《Abaqus 分析用户手册——指定条件、约束与相互作用卷》的 5.1.1 节“Abaqus/Standard 中的接触方程”中的“有限滑动的节点-面方程的平滑主面”。

b. 默认情况下，使用补充接触约束的可选方法。用户可以指定何时使用 Use supplementary contact points，如下所示。

—选择 Selectively 来使用补充接触约束的可选方法。

—选择 Never 来放弃使用补充接触约束。

—选择 Always 在可应用时添加补充接触约束。

更多信息见《Abaqus 分析用户手册——指定条件、约束与相互作用卷》的 3.3.6 节“在 Abaqus/Standard 中调整接触控制”中的“增补接触约束”。

2）对于使用 Surface to surface 离散方法的接触相互作用，用户可以指定以下操作。

a. 默认情况下，接触计算中包括壳和膜的厚度。用户可以启用 Exclude shell/membrane element thickness 来忽略壳和膜的厚度。使用 Node to surface 离散方法的接触相互作用没有考虑面的厚度。

b. 选择 Constraint position。

—选择 Node centered，在从节点处对接触约束进行中心定位。

—选择 Face centered，在从面内对接触约束进行中心定位。

更多信息见《Abaqus 分析用户手册——指定条件、约束与相互作用卷》的 3.3.1 节“在 Abaqus/Standard 中定义接触对”中的“定义自接触”。

c. 选择 Contact tracking 算法。

—选择 Single configuration（state）来使用基于状态的追踪算法。

—选择 Two configurations（path）来使用基于路径的追踪算法。

更多信息见《Abaqus 分析用户手册——指定条件、约束与相互作用卷》的 5.1.1 节“Abaqus/Standard 中的接触方程”中的“基于路径的追踪算法与基于状态的追踪算法”。

注意：如果用户使用面到面的离散方法，并且用户正在定义自接触的面是一个解析刚性面，则应当选择基于状态的追踪算法。

7. 选择一个接触相互作用属性。如果需要，单击 来创建相互作用属性；更多信息见 15.14.1 节“定义接触相互作用属性”。

如果用户选择 Surface to surface 离散方法，则用户选择的接触相互作用属性不能指定

"硬"接触压力-过闭合关系。更多信息见《Abaqus 分析用户手册——指定条件、约束与相互作用卷》的 5.1.2 节"Abaqus/Standard 中接触约束的施加方法",以及 15.14.1节"定义接触相互作用属性"中的"定义力学接触属性选项"。

8. 如果需要,单击 Contact controls 域旁边的箭头,然后选择用于此相互作用的定制的接触控制。列表中仅显示之前创建的 Abaqus/Standard 接触控制,更多信息见 15.13.9 节"在 Abaqus/Standard 分析中指定接触控制"。

9. 要在一个分析步中停用和重新激活接触相互作用,用户需要在该分析步中切换 Active in this step。在创建接触对的分析步中,接触对是激活状态。更多信息见《Abaqus 分析用户手册——指定条件、约束与相互作用卷》的 3.3.1 节"在 Abaqus/Standard 中定义接触对"中的"删除和重新激活接触对"。

10. 单击 OK 来创建相互作用并关闭编辑器。

2. 在 Abaqus/Explicit 分析中定义自接触

在 Abaqus/Explicit 中,某些相互作用行为仅可以通过使用自接触来定义;更多信息见《Abaqus 分析用户手册——指定条件、约束与相互作用卷》的 3.1 节"接触相互作用分析:概览"中的"Abaqus/Explicit 中的接触仿真功能"。

若要在 Abaqus/Explicit 分析中定义自接触,执行以下操作:

1. 从主菜单栏选择 Interaction→Create。

技巧:用户也可以使用相互作用模块工具箱中的 工具来创建自接触相互作用。

2. 在出现的 Create Interaction 对话框中进行下面的操作。

- 命名相互作用,有关命名对象的更多信息,见 3.2.1 节"使用基本对话框组件"。
- 选择将创建相互作用的分析步。
- 选择 Self-contact (Explicit) 相互作用类型。

3. 单击 Continue 来关闭 Create Interaction 对话框。

4. 使用以下方法之一来选择面。

- 使用现有的面来定义区域。在提示区域的右侧,单击 Surfaces,从出现的 Region Selection 对话框中选择一个现有的面,并单击 Continue。

注意:默认的选择方法基于用户最近使用的选择方法。若要变化成其他方法,单击提示区域右侧的 Select in Viewport 或 Surfaces。

- 使用鼠标在视口中选择一个区域,更多信息见 6.2 节"在当前视口中选择对象"。施加到接触面的特定连接限制取决于接触方程的类型。详细信息见《Abaqus 分析用户手册——指定条件、约束与相互作用卷》的 3.5.1 节"在 Abaqus/Explicit 中定义接触对"。

如果模型包含网格和几何形体的组合,则从提示区域单击以下选项之一。

—如果用户想要从一个几何区域选择面,则单击 Geometry。

—如果用户想要从本地或孤立网格中选择面,则单击 Mesh。

用户可以使用角度方法从几何形体中选择一组面或边,或者从网格中选择一组单元面,更多信息见 6.2.3 节"使用角度和特征边方法选择多个对象"。

出现 Edit Interaction 对话框。

5. 选择机械约束方程。

• 选择 Kinematic contact method 来使用运动预测器/连接器接触算法。

• 选择 Penalty contact method 来使用罚接触算法。

更多信息见《Abaqus 分析用户手册——指定条件、约束与相互作用卷》的 5.2.3 节“Abaqus/Explicit 中接触约束的施加方法”。

6. 选择一个接触相互作用属性。如果需要，单击 来创建相互作用属性；更多信息见 15.14.1 节“定义接触相互作用属性”。

7. 如果需要，单击 Contact controls 域旁边的箭头，然后选择用于此相互作用的定制的接触控制。列表中仅显示之前创建的 Abaqus/Explicit 接触控制，更多信息见 15.13.10 节“在 Abaqus/Explicit 分析中指定接触控制”。

8. 要在一个分析步中停用和重新激活接触相互作用，用户需要在该分析步中切换 Active in this step。在创建接触对的分析步中，接触对是激活状态。

9. 单击 OK 来创建相互作用并关闭编辑器。

15.13.9 在 Abaqus/Standard 分析中指定接触控制

用户可以在 Abaqus/Standard 分析中为面-面接触和自接触相互作用指定接触控制。更多信息见《Abaqus 分析用户手册——指定条件、约束与相互作用卷》的 3.3.6 节“在 Abaqus/Standard 中调整接触控制”。

警告：接触控制适用于高级用户。这些控制的默认设置适用于大多数分析。使用这些控制的非默认值，可能会极大地增加分析的计算时间，产生不精确的结果，或者造成收敛问题。

若要在 Abaqus/Standard 分析中指定接触控制，执行以下操作：

1. 从主菜单栏选择 Interaction→Contact Controls→Create。

2. 在出现的 Create Contact Controls 对话框中进行下面的操作。

• 命名接触控制。

• 选择 Abaqus/Standard contact controls 作为接触控制的类型。

3. 单击 Continue 来关闭 Create Contact Controls 对话框。

出现 Edit Contact Controls 对话框。

4. 在编辑器的 Stabilization 部分中，用户可以指定在使用黏性阻尼的接触问题中，与刚体运动自动稳定性有关的控制。

• 选择以下选项之一。

—选择 Automatic stabilization 来使用由 Abaqus/Standard 自动计算得到的默认阻尼系数。如果需要，用户可以为 Factor 输入一个值，默认的阻尼系数将乘以此系数。

—选择 Stabilization coefficient 来直接指定阻尼系数，然后输入一个值。

● 在 Tangent fraction 域中，为法向稳定性的分数输入一个值，用来更改切向稳定性。默认情况下，切向稳定性和法向稳定性是相同的。

● 为 Fraction of damping at end of step 输入一个值。

● 指定 Clearance at which damping becomes zero 项。

—选择 Computed 来使用 Abaqus/Standard 计算得到的默认间隙值。

—选择 Specify 来为阻尼变成零的间隙输入一个值。

5. 在编辑器的 Augmented Lagrange 部分中，用户可以为相互作用指定控制，使用增强的拉格朗日面编辑器的接触相互作用属性来定义此相互作用。

● 在 Stiffness scale factor 域中，输入一个因子值，Abaqus/Standard 将通过此因子来缩放默认的罚刚度，来得到用于罚接触对的刚度，默认值为 1。

● 在 Penetration tolerance 域中，选择以下选项之一来指定允许违反不可穿透条件的允许穿透。

—选择 Absolute，然后为允许的穿透输入一个值。

—选择 Relative，然后输入允许穿透与特征接触面尺寸的比值，默认值为 0.001。

6. 单击 OK 来创建接触控制并关闭编辑器。

15.13.10 在 Abaqus/Explicit 分析中指定接触控制

用户可以在 Abaqus/Explicit 中为面-面接触和自接触相互作用指定接触控制。更多信息见《Abaqus 分析用户手册——指定条件、约束与相互作用卷》的 3.5.5 节“Abaqus/Explicit 中接触对的接触控制”。

警告：接触控制适用于高级用户。这些控制的默认设置适用于大多数分析。使用这些控制的非默认值，可能会极大地增加分析的计算时间，产生不精确的结果，或者造成收敛问题。

若要在 Abaqus/Explicit 分析中指定接触控制，执行以下操作：

1. 从主菜单栏选择 Interaction→Contact Controls→Create。

2. 在出现的 Create Contact Controls 对话框中进行下面的操作：

● 命名接触控制。

● 选择 Abaqus/Explicit contact controls 作为接触控制的类型。

3. 单击 Continue 来关闭 Create Contact Controls 对话框。

出现 Edit Contact Controls 对话框。

4. 默认情况下，整体接触搜索之间的最大增量数，对于自接触相互作用为 4，对于面到面的接触相互作用为 100。如果用户想要知道整体搜索之间的最大增量数，切换选中编辑器 Global Search Frequency 部分中的 Specify max number of increments，然后输入一个值。

5. 默认情况下，Abaqus/Explicit 为局部接触搜索（局部追踪）使用的技术，使用最少的计算时间。如果用户实施合适的接触条件有困难，则可以切换不选 Fast local tracking，以使用更加合适的局部接触搜索。仅可以为面-面接触相互作用进行此设置。

6. 在 Penalty stiffness scaling factor 域中，输入一个因子值，Abaqus/Explicit 将通过此因子来缩放默认的罚刚度，来得到用于罚接触对的刚度，默认值为 1。

7. 在 Warp check increment 域中，为主面上高度扭曲面片的检查之间，输入增量数值，默认值为 20。更频繁的检查将造成计算时间稍微增加。

8. 在 Angle criteria for highly warped facet（degrees）域中，为面外扭曲角（单位为度）输入一个值，Abaqus/Explicit 将以此角度来考虑一个面片是否是高度扭曲的。将面外扭曲角度定义成面片上的面法向的变化，默认值为 20°。

9. 单击 OK 来创建接触控制并关闭编辑器。

15.13.11 定义流体腔相互作用

流体腔相互作用允许用户在模型中定义流体填充的或气体填充的体积。用户可以在 Abaqus/Standard 或者 Abaqus/Explicit 分析的初始分析步中定义流体腔相互作用。而在后续的分析步分析中，用户不能更改或者抑制此流体腔相互作用。更多信息见《Abaqus 分析用户手册——分析卷》的 6.5.2 节“流体腔定义”。

若要定义流体腔相互作用，执行以下操作：

1. 从主菜单栏选择 Interaction→Create。

技巧：用户也可以使用相互作用模块工具箱中的 工具来创建流体腔相互作用。

2. 在出现的 Create Interaction 对话框中进行下面的操作：

- 命名相互作用，有关命名对象的更多信息，见 3.2.1 节“使用基本对话框组件”。
- 选择将创建相互作用的分析步的 Initial。
- 选择 Fluid cavity 相互作用类型。

3. 单击 Continue 来关闭 Create Interaction 对话框。

4. 选择腔点。

腔点是用来标识腔的参考节点，不能与模型中的任何单元连接。对于对称模型，腔点必须位于对称轴上。用户可以从视口或已保存的集合中选择一个腔点。默认的选择方法基于用户最近使用的选择方法。若要更改方法，单击提示区域右侧的 Select in Viewport 或 Sets。

5. 如果用户的模型同时包含网格和几何形体区域，请在提示区域中选择 Geometry 或 Mesh 来指定包含腔的区域。

6. 选择腔面。

腔面由封闭腔的所有模型面组成。用户可以从视口选择腔面的面片或选择一个已保存的面。默认的选择方法基于用户最近使用的选择方法。若要更改方法，单击提示区域右侧的 Select in Viewport 或 Surfaces。

出现 Edit Interaction 对话框。

7. 选择流体腔属性。如果需要，单击 来创建相互作用属性；更多信息见 15.14.4 节

"定义流体腔相互作用属性"。

8. 如果需要，切换选中 Specify ambient pressure，然后输入压力来考虑流体腔上外部环境压力的影响。

9. 对于二维模型，用户必须指定面外厚度。

使用面外厚度来定义腔体积。

10. 对于使用气体流体腔相互作用属性的 Abaqus/Explicit 分析，如果需要，切换选中 Use adiabatic behavior。

11. 如果需要，切换不选 Check surface normals，以防止 Abaqus/CAE 检查围绕流体腔所有面的法向都指向腔。

对于复杂的腔几何形体，这种检查的计算成本较高。

12. 单击 OK 来创建相互作用并关闭编辑器。

在视口中显示的符号表示用户刚创建的流体腔相互作用，更多信息见 15.10 节"理解表示相互作用、约束和连接器的符号"。

15.13.12 定义流体交换相互作用

流体交换相互作用允许用户定义腔与周围环境之间，或者两个腔之间的流体运动。流体交换相互作用不能在后续的分析步中进行更改或停用。更多信息见《Abaqus 分析用户手册——分析卷》的 6.5.3 节"流体交换定义"。

若要定义流体交换相互作用，执行以下操作：

1. 从主菜单栏选择 Interaction→Create。

技巧：用户也可以使用相互作用模块工具箱中的工具来创建流体腔相互作用。

2. 在出现的 Create Interaction 对话框中进行下面的操作：
- 命名相互作用，有关命名对象的更多信息，见 3.2.1 节"使用基本对话框组件"。
- 选择将创建相互作用的分析步的 Initial。
- 选择 Fluid exchange 相互作用类型。

3. 单击 Continue 来关闭 Create Interaction 对话框。

Abaqus/CAE 打开 Edit Interaction 对话框。

4. 切换选中想要的交换定义 To environment 或 Between cavities。

5. 选择主要的流体腔相互作用 Fluid cavity interaction 1。

6. 如果用户要定义腔之间的交换，选择 Fluid cavity interaction 2。

7. 选择一个 Fluid exchange property。如果需要，单击来创建相互作用属性；更多信息见 15.14.5 节"定义流体交换相互作用属性"。

8. 为 Effective exchange area 输入一个值。

有效交换面积表示流体交换通过的管的截面积。

9. 单击 OK 来创建相互作用并关闭编辑器。

在视口中显示的符号表示用户刚创建的流体交换相互作用，更多信息见15.10节“理解表示相互作用、约束和连接器的符号”。

15.13.13　定义模型变化相互作用

模型变化相互作用允许用户停用和重新激活单元，来模拟删除部分模型，删除可以是临时的，也可以是持续的。用户可以在除了静态、Riks分析步及线性摄动分析步的Abaqus/Standard分析步中创建模型变化相互作用。更多信息见《Abaqus分析用户手册——分析卷》的6.2节“单元和接触对的删除和再激活”。

若要定义模型变化相互作用，执行以下操作：

1. 从主菜单栏选择Interaction→Create。

技巧：用户也可以使用相互作用模块工具箱中的 工具来创建模型变化相互作用。

2. 在出现的Create Interaction对话框中进行下面的操作。

- 命名相互作用，有关命名对象的更多信息，见3.2.1节“使用基本对话框组件”。
- 选择将创建相互作用的分析步。
- 选择Model change相互作用类型。

3. 单击Continue来关闭Create Interaction对话框。

出现Edit Interaction对话框。

4. 指定模型变化定义。

- 选择Region来为当前仿真的模型变换相互作用定义区域。
- 选择Restart，以允许在后续重新启动分析中的单元或接触模型变化。当没有其他模型变化相互作用出现时，使用此模型改变定义。如果用户在第一个分析步中抑制接触对，或者在第一个分析步之后创建了接触对，则不能使用此定义。

5. 如果用户选择了Region模型变化定义，则执行下面的操作。

a. 选择区域类型和区域。

- 选择Geometry，将模型几何形体用于模型变化区域，单击 选择区域，并在视口中进行用户的选择。
- 选择Skins，在模型变化区域使用蒙皮，并单击 选择区域。从提示区域选择pick entire skin或pick partial skin，然后在视口中进行用户的选择。如果选中的零件具有多个蒙皮，则Abaqus/CAE在用户进行选择时，其提示区域会显示模糊的拾取选项。
- 选择Stringers，在模型变化区域使用桁条，并单击 选择区域。从提示区域选择pick entire stringer或pick partial stringer，然后在视口中进行用户的选择。如果选中的零件是多个长桁，则Abaqus/CAE在用户进行选择时，其提示区域会显示模糊的拾取选项。
- 选择Elements，在模型变化区域使用单元，并单击 选择区域。从提示区域选择individually或by angle，然后在视口中进行用户的选择。对于选择的单元来说，网格必须可见。有关此选择方法的更多信息，见 6.2.3 节“使用角度和特征边方法选择多个对象”。

对于所有的区域类型，用户都可以使用现有的集合来定义区域。在提示区域的右侧单击 Sets；从出现的 Region Selection 对话框中选择一个有效的集合，并单击 Continue。

默认的选择方法基于用户最近使用的选择方法。若要更改为旧的方法，单击提示区域右侧的 Select in Viewport 或 Sets。

b. 选择激活状态的区域单元。

- 选择 Deactivated in this step 来抑制当前分析步中的选中区域。
- 选择 Reactivated in this step 来激活当前分析步中的选中区域。在后续步骤中，即使之前抑制了选中的区域，用户也可以选择此选项来重新激活选中的区域。

c. 如果用户已经选中 Reactivated in this step，则可以切换选中 Reactivate elements with strain（如果适用），以包括重新激活的应力/位移单元的应变。切换不选此选项可将单元重新设置成初始应变配置。

6. 单击 OK 来创建相互作用并关闭编辑器。

在视口中显示的符号表示用户刚创建的模型变化相互作用，更多信息见 15.10 节“理解表示相互作用、约束和连接器的符号”。

15.13.14 定义 Standard-Explicit（标准-显式）协同仿真相互作用

用户可以使用 Standard-Explicit（标准-显式）协同仿真相互作用，来为 Abaqus/Standard 到 Abaqus/Explicit 的协同仿真定义界面区域和耦合方法。从主菜单栏选择 Interaction→Create，并选择交换数据的区域。更多信息见第 26 章“协同仿真”。

仅可以在通用静态、隐式动力学或显式动力学的分析步中创建 Standard-Explicit 的协同仿真相互作用。此相互作用仅在创建了相互作用的分析步中才有效，并且不会传递到后续的分析步中。在一个模型中仅可以激活一个 Standard-Explicit 的协同仿真相互作用。

若要定义 Standard-Explicit 的协同仿真相互作用，执行以下操作：

1. 从主菜单栏选择 Interaction→Create。

技巧：用户也可以使用相互作用模块工具箱中的 工具来创建 Standard-Explicit 的协同仿真相互作用。

2. 在出现的 Create Interaction 对话框中进行下面的操作。

- 命名相互作用，有关命名对象的更多信息，见 3.2.1 节“使用基本对话框组件”。
- 选择将创建相互作用的分析步。
- 选择 Standard-Explicit co-simulation 相互作用类型。

3. 单击 Continue 来关闭 Create Interaction 对话框。

4. 在提示区域为协同仿真区域类型选择以下选项之一。

- 如果用户想要选择面，则选择 Surface。

• 如果用户想要选择节点，则选择 Node Region。

5. 使用以下方法之一来选择区域。

• 使用现有的集合或面来定义区域。在提示区域右侧单击 Sets 或 Surfaces。从出现的 Region Selection 对话框中选择一个现有的集合或面，并单击 Continue。

注意：默认的选择方法基于用户最近使用的选择方法。若要变化成其他方法，单击 Select in Viewport，或者单击提示区域右侧的 Sets 或 Surfaces。

• 使用鼠标在视口中选择一个区域，更多信息见 6.2 节“在当前视口中选择对象”。

如果模型包含网格和几何形体的组合，则从提示区域单击以下选项之一。

—如果用户想要从一个几何形体区域选择面，则单击 Geometry。

—如果用户想要从本地或孤立网格中选择面，则单击 Mesh。

用户可以使用角度方法从几何形体中选择一组面或边，或者从网格中选择一组单元面，更多信息见 6.2.3 节“使用角度和特征边方法选择多个对象”。

6. 选择 Incrementation control 方法，必须在 Abaqus/Standard 和 Abaqus/Explicit 分析中使用相同的增量方法。此选项在通用静态分析步中不能使用。

• 选择 Allow subcycling 来允许 Abaqus/Standard 增量大小与 Abaqus/Explicit 中的增量大小不同；将根据需要交换场。

• 选择 Lock time steps 来强制 Abaqus/Standard 与 Abaqus/Explicit 的增量大小相匹配；将在每个共享增量处进行场交换。

7. 选择 Coupling step period。在 Abaqus/Standard 分析中，Abaqus 总是使用下一个增量大小作为建议的耦合分析步大小。

• 选择 Determined by analysis 来让 Abaqus 使用下一个增量大小作为建议的耦合分析步大小。

• 选择 Specified，并为耦合分析步大小输入一个值（仅在 Abaqus/Explicit 分析中可用）。

8. 单击 OK 来创建相互作用并关闭编辑器。

15.13.15 定义流体-结构协同仿真相互作用

用户可以使用流体-结构协同仿真相互作用来定义协同仿真的界面边界。协同仿真是 Abaqus/CFD 与 Abaqus/Standard 或 Abaqus/Explicit 之间的协同仿真，取决于在结构模型中使用的分析步类型。从主菜单栏选择 Interaction→Create，并选择交换数据的边界区域；由分析自动确定协同仿真的耦合方法。更多信息见第 26 章“协同仿真”。

对于涉及壳/膜的流体-结构相互作用的 Abaqus/CFD 分析，缝定义了网格中的零厚度壳。用户可以创建代表缝的双侧面，并选择此面作为边界区域。更多信息见 15.12.14 节“在相互作用模块中使用 Special（特殊）菜单”中的“模拟裂纹和缝”。

在流体模型（Abaqus/CFD）中，仅可以在流动分析步中创建 FSI 协同仿真相互作用。在结构模型（Abaqus/Standard 或 Abaqus/Explicit）中，仅可以在隐式动力学、显式动力学或热传导分析步中创建 FSI 协同仿真相互作用。

若要定义流体-结构协同仿真相互作用，执行以下操作：

1. 从主菜单栏选择 Interaction→Create。

技巧：用户也可以使用相互作用模块工具箱中的 工具来创建流体-结构协同仿真相互作用。

2. 在出现的 Create Interaction 对话框中进行下面的操作：

• 命名相互作用，有关命名对象的更多信息，见 3.2.1 节“使用基本对话框组件”。

• 选择将创建相互作用的分析步。在 Abaqus/CFD 流体模型中，此分析步必须是一个流体分析步。

• 选择 Fluid-Structure Co-simulation boundary 相互作用类型。

3. 单击 Continue 来关闭 Create Interaction 对话框。

4. 使用以下方法之一来选择区域：

• 使用现有的面来定义区域。在提示区域的右侧单击 Surfaces。从出现的 Region Selection 对话框选择一个现有的面，并单击 Continue。

注意：默认的选择方法基于用户最近使用的选择方法。若要变化成其他方法，在提示区域的右侧单击 Select in Viewport 或 Surfaces。

• 使用鼠标在视口中选择一个区域，更多信息见 6.2 节“在当前视口中选择对象”。

如果此模型包含网格和几何形体的组合，则从提示区域单击以下选项之一：

—如果用户想要从一个几何形体区域选择面，则单击 Geometry。

—如果用户想要从本地或孤立网格中选择面，则单击 Mesh。

用户可以使用角度方法从几何形体选择一组面或边，或者从网格中选择一组单元面，更多信息见 6.2.3 节“使用角度和特征边方法选择多个对象”。

5. 单击 OK 来创建相互作用并关闭此编辑器。

15.13.16 定义压力穿透

压力穿透相互作用允许用户仿真面-面接触的两个面之间的流体压力穿透。流体压力是垂直施加到面的。形成连接的物体可以都是可变形的，如螺纹连接器；或者其中一个可以是刚性的，如在两个刚性结构之间用软垫片密封。

压力穿透相互作用可应用于三维、平面（二维）或轴对称模型，仅可以用在 Abaqus/Standard 分析中。

在定义压力穿透相互作用之前，用户必须创建一个面到面的接触相互作用来为压力穿透指定主面和从面，见 15.13.7 节“定义面-面接触”中的“在 Abaqus/Standard 分析中定义面-面接触”。当用户创建面-面接触相互作用时，可以使用 Sliding formulation 和 Discretization method 的任何组合（与压力穿透的兼容性）。

在压力穿透的定义中，用户可以确定接触面、暴露到流体压力的面上的区域、流体压力的大小和作用在区域上的临界接触压力。在三维模型中，可以选择点、边和面作为暴露于流体压力的区域；在二维模型中，仅可以选择点。在二维模型中，用户必须确定主面和从面上的穿透点（除非主面是一个分析刚性面）。

流体可以从面上的一个或者多个区域渗透。这些区域总是受到压力穿透，而不管它们的接触状态如何。流体将渗透到接触体之间的区域，直到接触压力大于指定临界值的点，从而切断流体的进一步压力渗透。

有关压力穿透的更多信息，见《Abaqus 分析用户手册——指定条件、约束与相互作用卷》的 4.1.7 节“压力穿透载荷”。

若要定义压力穿透，执行以下操作：

1. 从主菜单栏选择 Interaction→Create。

技巧：用户也可以使用相互作用模块工具箱中的工具来创建压力穿透相互作用。

2. 在出现的 Create Interaction 对话框中进行下面的操作。

- 命名相互作用，有关命名对象的更多信息，见 3.2.1 节“使用基本对话框组件”。
- 选择将创建相互作用的分析步。
- 选择 Pressure penetration 相互作用类型。

3. 单击 Continue 来关闭 Create Interaction 对话框。

4. 从 Contact interaction 列表选择将施加压力穿透的面到面接触相互作用。接触相互作用的主面和从面将显示在对话框中，并在视口中以高亮显示。

5. 对于三维模型，在 Penetration Regions 表格中进行下面的操作。

a. 确定暴露于流体压力的、在从属面上的第一个区域。

双击 Region on Slave 列中的空单元，或者选择单元并单击按钮；然后使用以下方法之一来选择区域。

- 使用鼠标在视口中选择模型上的一个面、边或点。如果用户正在操作网格，则可以使用鼠标来选择节点。
- 选择一个现有的集合来指定面、边或者点。在提示区域的右侧单击 Sets。从出现的 Region Selection 对话框选择一个现有的面、边或顶点，并单击 Continue。

注意：默认的方法基于用户最近使用的选择方法。若要变化成其他方法，在提示区域的右侧单击 Select in Viewport 或者 Sets。

没有必要为三维模型标识 Region on Master。然而，进行标识可以帮助用户解决任何遇到的分析问题。用户可以采用与 Region on Slave 完全相同的方法来选择 Region on Master。

注意：如果选中的接触相互作用具有分析刚性主面，则 Region on Master 列将表现为灰色，表示不能进行主面点的添加或者编辑，将忽略已经指定的任何主面区域。

b. 输入 Critical Contact Pressure，在此压力以下，流体将开始穿透。该值越高，则流体越容易进行压力穿透。其默认值为 0，在这种情况中，流体仅在丧失接触时才会发生压力穿透。更多信息见《Abaqus 分析用户手册——指定条件、约束与相互作用卷》的 4.1.7 节“压力穿透载荷”中的“指定临界机械接触压力”。

c. 输入参考 Fluid Pressure 的大小。更多信息见《Abaqus 分析用户手册——指定条件、约束与相互作用卷》的 4.1.7 节“压力穿透载荷”中的“指定施加的流体压力”。

如果分析步是一个稳态动力学分析步（线性摄动），则用户可以指定表达 Fluid Pressure（Real）和 Fluid Pressure（Imaginary）列中的压力实部（同相）和虚部（异相）。更多信息见《Abaqus 分析用户手册——指定条件、约束与相互作用卷》的 4.1.7 节“压力穿透载荷”中的“在线性摄动分析中的应用”。

d. 单击 + 按钮在表中添加一个行，并继续选择额外的渗透区域。此操作把用户直接带到视口中的区域选取分析步。根据需要重复进行，以指定所有的区域。

e. 若要编辑渗透区域，请在表格中选择该区域，单击 ✎ 按钮并重新选择区域。

f. 若要删除区域，在表中选择行并单击 ✐ 按钮。

6. 对于平面（二维）或轴对称模型，在 Penetration Regions 表格中进行下面的操作。

a. 确定暴露在流体压力下的第一对点。

双击 Region on Master 列中的空单元，或者选择单元并单击 ✎ 按钮；然后使用以下方法之一来选择点。

- 使用鼠标在视口中选择模型上的点。
- 选择一个现有的集合来指定点。在提示区域的右侧单击 Sets。从出现的 Region Selection 对话框选择一个现有的节点或顶点。

注意：默认的选择方法基于用户最近使用的选择方法。若要变化成其他方法，单击提示区域右侧的 Select in Viewport 或 Sets。

重复此过程来选择从面上的对应渗透点，使用表的 Region on Slave 列。

注意：如果选中的接触相互作用具有一个分析刚性主面，则 Region on Master 列将表现为灰色，表示不能进行主面点的添加或编辑，将忽略已经指定的任何主面点。

b. 输入 Critical Contact Pressure，在此压力以下将开始流体压力穿透。该值越高，则流体越容易进行压力穿透。其默认值为 0，在这种情况中，流体仅在丧失接触时才会发生压力穿透。更多信息见《Abaqus 分析用户手册——指定条件、约束与相互作用卷》的 4.1.7 节“压力穿透载荷”中的“指定临界机械接触压力”。

c. 输入参考 Fluid Pressure 的大小。更多信息见《Abaqus 分析用户手册——指定条件、约束与相互作用卷》的 4.1.7 节“压力穿透载荷”中的“指定施加的流体压力”。

如果分析步是一个稳态动力学分析步（线性摄动），则用户可以指定表达 Fluid Pressure（Real）和 Fluid Pressure（Imaginary）列中的压力实部（同相）和虚部（异相）。更多信息见《Abaqus 分析用户手册——指定条件、约束与相互作用卷》的 4.1.7 节“压力穿透载荷”中的“在线性摄动分析中的应用”。

d. 单击 + 按钮在表中添加一个行，并继续选择额外的渗透区域。此操作把用户直接带到视口中的区域选取分析步。根据需要重复进行，以指定所有的区域。

e. 若要编辑渗透区域，请在表格中选择该区域，单击 ✎ 按钮并重新选择区域。

f. 若要删除区域，在表中选择行并单击 ✐ 按钮。

7. 在 Penetration time 域中，为新穿透到面片上的流体压力输入渗透达到完全流量大小的时间段。默认的渗透时间是当前分析步时间段的 0.001 倍。在线性摄动分析中，渗透时间不可用。更多信息见《Abaqus 分析用户手册——指定条件、约束与相互作用卷》的 4.1.7 节“压力穿透载荷”中的“为流体压力指定穿透时间”。

8. 另外，用户可以通过在 Amplitude 列表中选择一个幅值曲线来定义分析步过程中流体压力的变化。默认情况下，参考幅值在分析步开始时就立即应用，或在分析步中线性上升，这取决于分配给分析步的幅值变化。一些分析步不能使用流体压力幅值曲线。更多信息见《Abaqus 分析用户手册——指定条件、约束与相互作用卷》的 4.1.7 节“压力穿透载荷”中的“指定施加的流体压力”。

9. 单击 OK 来创建相互作用并关闭编辑器。

15.13.17　定义声阻抗

用户可以通过为声学结构分析和耦合的声学结构分析指定边界阻抗或无反射边界来模拟声阻抗。从主菜单栏选择 Interaction→Create，并选择面来形成声学边界。声阻抗相互作用仅在使用声学自由度的动力学分析步中才有效。用户可以在静态分析步中创建声阻抗相互作用；Abaqus 忽略了静态分析步中的声学影响，但在后面可以应用的任何线性摄动分析步中传递该相互作用。如果用户在线性摄动分析步中创建一个声阻抗相互作用，则该相互作用将不会传递到任何后续分析步中。

对于声阻抗的简要概览，见 15.3 节“理解相互作用”。对于更加详细的讨论，见《Abaqus 分析用户手册——指定条件、约束与相互作用卷》的 1.4.6 节“声学和冲击载荷”。

若要定义声阻抗，执行以下操作：

1. 从主菜单栏选择 Interaction→Create。

技巧：用户也可以使用相互作用模块工具箱中的工具来创建声阻抗相互作用。

2. 在出现的 Create Interaction 对话框中进行下面的操作。

- 命名相互作用，有关命名对象的更多信息，见 3.2.1 节“使用基本对话框组件”。
- 选择将创建相互作用的分析步。
- 选择 Acoustic impedance 相互作用类型。

3. 单击 Continue 来关闭 Create Interaction 对话框。

4. 使用以下方法之一来选择面。

- 使用现有的面来定义区域。在提示区域的右侧单击 Surfaces。从出现的 Region Selection 对话框中选择现有的面，并单击 Continue。

注意：默认的方法基于用户最近使用的选择方法。若要变化成其他方法，在提示区域的右侧单击 Select in Viewport 或 Surfaces。

- 使用鼠标在视口中选择一个区域，更多信息见 6.2 节“在当前视口中选择对象”。

如果模型包含网格和几何形体的组合，则从提示区域中选择以下选项之一。

—如果用户想要从一个几何形体区域选择面，则单击 Geometry。

—如果用户想要从本地或孤立网格中选择面，则单击 Mesh。

用户可以使用角度方法从几何形体选择一组面或边，或者从网格选择一组单元面，更多信息见 6.2.3 节“使用角度和特征边方法选择多个对象”。

5. 从出现的 Edit Interaction 对话框的 Definition 域选择以下选项之一。

- 选择 Tabular，使用声阻抗属性中的导纳或阻抗值来定义阻抗。
- 选择 Nonreflecting 来定义阻抗的无反射边界。

6. 如果用户已经选择了 Tabular 定义选项，则选择声阻抗属性。如果需要，单击 来创建相互作用属性，见 15.14.6 节“定义声阻抗相互作用属性”。

7. 如果用户已经选择了 Nonreflecting 定义选项，则单击 Nonreflecting type 域右侧的箭头；并从出现的列表选择一个选项来定义无反射几何形体。

- 选择 Planar 来为垂直入射平面边界的平面波指定辐射条件。
- 选择 Improved planar 来为任意入射角的平面波指定辐射条件。在线性摄动分析步中，改进的平面声阻抗相互作用是平面声阻抗相互作用的默认设置。
- 选择 Circular 来为二维中的圆边界，或者三维中的直圆柱体指定辐射条件。
- 选择 Spherical 来为球边界指定辐射条件。
- 选择 Elliptical 来为二维中的椭圆边界或三维中的直椭圆柱体指定辐射条件。
- 选择 Prolate sph eroidal 来为长椭球边界指定辐射条件。

8. 如果用户已经选择了 Circular 或 Spherical 无反射定义选项，则在 Radius 域中输入定义边界面的圆半径或球半径。

9. 如果用户已经选择了 Elliptical 或 Prolate spheroidal 无反射定义选项，则执行下面的分析步：

a. 在 Axis length 域中，输入定义面的椭圆或长椭球的半长轴 a。a 是椭圆或球上两点之间最大距离的 1/2，类似于圆或球的半径。

b. 在 Eccentricity 域中，输入椭圆或长椭球的偏心距 ϵ。偏心距是 1 减去半短轴 b 与半长轴 a 之比平方的差的平方根：$\epsilon=\sqrt{1-(b/a)^2}$。

c. 在 Center coordinates 域中，输入定义辐射面的椭圆或长椭球中心的 X 坐标、Y 坐标和 Z 坐标。

d. 在 Direction cosine 域中，输入定义辐射面的椭圆或长椭球的主轴方向余弦的 X 分量、Y 分量和 Z 分量。

15.13.18 定义入射波

用户可以模拟由于外部声波源引起的入射波载荷。从主菜单栏选择 Interaction→Create，然后选择源点、截止点（除了使用 CONWEP 模型的入射波载荷定义）和面。当指定源点和截止点时，用户仅可以选择不与任何其他模型构件关联的参考点。用户可以在以下类型的分析中创建入射波相互作用：隐式动力学、显式动力学、直接稳态动力学和基于子空间的稳态动力学。入射波相互作用仅在创建入射波的分析步中有效，并且不会传递到任何后续的分析步中。如果用户的模型包括入射波相互作用，则必须编辑模型属性来为模型指定声波方程。

对于入射波相互作用的扼要概览，见 15.3 节“理解相互作用”。更多信息见《Abaqus 分析用户手册——分析卷》的 1.10 节“声学、冲击和耦合的声学结构分析”，以及

《Abaqus 分析用户手册——指定条件、约束与相互作用卷》的 1.4.6 节“声学和冲击载荷”中的“由外部声源产生的入射波载荷”。

为模型指定声波方程：

如果用户的模型包含入射波相互作用，则必须编辑模型属性来指定声波方程。用户使用 9.8.4 节“指定模型属性”中描述的过程来选择一个散射波方程或总波方程。用户选择的方程要适用于模型中所有的入射波相互作用。更多信息见《Abaqus 分析用户手册——指定条件、约束与相互作用卷》的 1.4.6 节“声学和冲击载荷”中的“分散波方程和总波方程”。

若要定义入射波相互作用，执行以下操作：

1. 从主菜单栏选择 Interaction→Create。

技巧：用户也可以使用相互作用模块工具箱中的工具来创建入射波相互作用。

2. 在出现的 Create Interaction 对话框中进行下面的操作。

- 命名相互作用，有关命名对象的更多信息，见 3.2.1 节“使用基本对话框组件”。
- 选择将创建相互作用的分析步。
- 选择 Incident wave 相互作用类型。

3. 单击 Continue 来关闭 Create Interaction 对话框。

4. 通过选择与任何其他模型构件无关的参考点来选择入射波源点，更多信息见 72.3 节“创建参考点”。

用户选择的源点在视口中以红色高亮显示。

5. 除了使用 CONWEP 模型的入射波定义，通过选择与任何其他模型构件无关的参考点来选择入射波截止点，更多信息见 72.3 节“创建参考点”。

用户选择的截止点在视口中以绿色高亮显示。

6. 对于使用 CONWEP 数据定义的空气或面爆炸数据的入射波定义，单击提示区域中的 CONWEP（Air/Surface blast）。

Abaqus/CAE 为此入射波定义指定 CONWEP 的 Definition。

7. 使用以下方法之一来选择面。

- 使用现有的面来定义区域。在提示区域的右侧单击 Surfaces。从出现的 Region Selection 对话框选择一个现有的面，并单击 Continue。

注意：默认的选择方法基于用户最近使用的选择方法。若要变化成其他方法，单击提示区域右侧的 Select in Viewport 或 Surfaces。

- 使用鼠标在视口中选择一个区域。

用户选择的面或区域在视口中以粉红色高亮显示，并出现 Edit Interaction 对话框。

8. 对于除了使用 CONWEP 模型的入射波定义，单击 Definition 域的箭头，从出现的列表中选择一个选项。对于直接和基于子空间的稳态动力学分析，用户仅可以指定截止点处的流体压力时程。

- 选择 Pressure 来指定截止点处的流体压力时程。

● 选择 Acceleration 来指定截止点处的流体粒子加速度时程。

● 选择 UNDEX 来指定 UNDEX 气泡数据。

9. 在编辑器的 Wave Data 部分中，执行下面的步骤：

a. 选择一个入射波相互作用属性。如果需要，单击 来创建相互作用属性；更多信息见 15.14.7 节“定义入射波相互作用属性”。存在以下要求：

● 如果用户已经选择了 Pressure 定义，则必须选择具有平面定义或球面定义的相互作用属性，此属性使用声学或广义的衰减传播模型进行定义。

● 如果用户已经选择了 Acceleration 定义，则必须选择具有平面定义的相互作用属性。

● 如果用户已经选择了 UNDEX 定义，则必须选择具有球面定义的相互作用属性，以及 UNDEX 电荷传播模型。

● 如果用户已经选择了 CONWEP 定义，则必须选择具有空气爆炸或面爆炸定义的相互作用属性。

b. 在 Reference magnitude 域中，输入用于缩放幅值定义中给定值的参考幅值。

10. 如果用户已经选择了 Pressure 或 Acceleration 定义，则从编辑器的 Standoff Point 部分执行下面的步骤：

● 对于隐式或显式动力学分析，选择 Pressure amplitude 或 Acceleration amplitude，取决于时程定义。

● 对于直接或基于子空间的稳态动力学分析，切换选中 Real amplitude 和/或 Imaginary amplitude，并选择一个幅值。

如果需要，单击 来创建一个新的幅值，见 57.3 节“选择要定义的幅值类型”。

11. 如果用户选择了 UNDEX 定义，则在编辑器的 UNDEX Data 部分执行下面的步骤：

a. 在 Direction cosine of fluid surface normal 域中，输入流体面法向余弦的 X 分量、Y 分量和 Z 分量。

b. 在 Initial depth 域中，输入 UNDEX 电荷的初始深度。

12. 如果用户选择了 CONWEP 定义，则在编辑器的 CONWEP Data 部分执行下面的步骤：

a. 在 Time of detonation 域中，根据整个分析的总时间指定爆炸发生的时间。

b. 在 Magnitude scale factor 域中指定因子，用户通过此因子将 CONWEP 数据单位缩放为分析数据单位。

13. 单击 OK 来创建相互作用并关闭编辑器。

15.13.19 定义循环对称

用户可以定义循环对称相互作用，仅使用单个重复扇区来模拟整个 360°结构。选择 Interaction→Create，然后选择 Cyclic symmetry，并通过选择结构的一个主面或节点区域、一个从面或节点区域，以及结构的对称轴来指定几何区域。用户也可以控制创建完整的 360°结构的扇区数量，选择将执行特征频率分析的循环对称节径，并选择将为稳态动力学分析步激励的循环对称节径。

用户可以在初始分析步中创建循环对称相互作用，并且在模型中仅可以激活一个循环对称相互作用。

有关 Abaqus 中循环对称的更多信息，见《Abaqus 分析用户手册——分析卷》的 5.4.3 节“表现出循环对称的模型的分析”。

若要定义模型的循环对称，执行以下操作：

1. 从主菜单栏选择 Interaction→Create。

技巧：用户也可以使用相互作用模块工具箱中的  工具来创建循环对称相互作用。

2. 在出现的 Create Interaction 对话框中进行下面的操作。

● 命名相互作用，有关命名对象的更多信息，见 3.2.1 节“使用基本对话框组件”。

● 选择将创建相互作用的分析步。

● 选择 Cyclic symmetry 相互作用类型。

3. 单击 Continue 来关闭 Create Interaction 对话框。

4. 选择主面。

a. 在提示区域选择以下选项之一。

● 如果用户想要选择一个面，则选择 Surface。

● 如果用户想要选择一个区域并从中创建一个基于节点的面，则选择 Node Region。

b. 使用以下方法之一来选择主面。

● 使用现有的面来定义区域。在提示区域的右侧单击 Surfaces。从出现的 Region Selection 对话框选择一个现有的面，并单击 Continue。

注意：默认的选择方法基于用户最近使用的选择方法。若要变化成其他方法，单击提示区域右侧的 Select in Viewport 或 Surfaces。

● 使用鼠标在视口中选择一个区域，更多信息见 6.2 节“在当前视口中选择对象”。单击鼠标键 2 来说明用户已经完成选择。

如果模型包含网格和几何形体的组合，则从提示区域选择以下选项之一。

—如果用户想要从一个几何区域选择面，则单击 Geometry。

—如果用户想要从本地或孤立网格中选择面，则单击 Mesh。

用户可以使用角度方法从几何形体选择一组面或边，或者从网格选择一组单元面，更多信息见 6.2.3 节“使用角度和特征边方法选择多个对象”。

在视口中将用户选择的主面以红色高亮显示。

5. 选择从面。

a. 在提示区域选择以下选项之一。

● 如果用户想要选择一个面，则选择 Surface。

● 如果用户想要选择一个区域并从中创建基于节点的集合，则选择 Node Region。

b. 使用之前分析步中描述的相同方法之一来选择从面或者区域。

用户选择的从面或区域在视口中以粉红色高亮显示。

Abaqus/CAE 提示用户定义对称轴。

6. 使用以下方法之一来选择对称轴上的第一个点。

● 使用一个现有的集合来定义区域。此集合必须包含一个单独的点或顶点。在提示区域的右侧单击 Sets。从出现的 Region Selection 对话框选择一个现有的集合，并单击 Continue。

注意：默认的选择方法基于用户最近使用的选择方法。若要变化成其他方法，单击提示区域右侧的 Select in Viewport 或 Sets。

- 使用鼠标在视口中选择一个节点或顶点，更多信息见 6.2 节“在当前视口中选择对象”。

如果模型包含网格和几何形体的组合，则从提示区域选择以下选项之一。

—如果用户想要从几何区域选择面，则单击 Geometry。

—如果用户想要从本地或者孤立网格中选择面，则单击 Mesh。

用户选择的点在视口中以红色高亮显示。

7. 使用上一个步骤中描述的方法之一来选择对称轴上的第二个点。

用户选择的点在视口中以粉红色高亮显示，并打开 Edit Cyclic Symmetry 对话框。

8. 从 Position Tolerance 选项指定一个距离，在此距离以内，Abaqus 将从面上的节点连接到主面上。选择以下选项之一。

- 选择 Use computed distance，以使用基于约束的单元方程和面类型自动计算得到的距离。
- 选择 Specify distance，然后输入一个值来设置距离，在此距离内将从面上的节点连接到主面。

9. 切换不选 Adjust slave surface initial position，以防止 Abaqus 将从面上的所有绑定节点移动到主面上。

默认情况下，此选项处于选中状态，所有的绑定节点将移动到初始构型中，且没有对模型施加应变。

10. 指定组成完整 360°结构的 Total number of sectors。

11. 从 Extracted Nodal Diameters 选项指定将执行特征频率分析的循环对称节径的数量范围。用户仅可以在初始分析步或频率提取分析步中定义此数量范围。使用以下选项之一来指定此数量范围：

- 选择 All possible nodal diameters 来提取每一个可能的循环对称节径。
- 选择 Specified range 来提取用户指定的 Lowest nodal diameter 与 Highest nodal diameter 之间的每一个循环对称节径。最高节径数量必须小于或等于扇区数量的一半。

12. 指定与载荷定义中的载荷关联的 Excited nodal diameter。用户可以从初始分析步或基于模态的稳态动力学分析步中选择激励直径。仅可以激励一个循环对称节径。

13. 单击 OK。

Abaqus/CAE 创建循环对称相互作用。

15.13.20 定义基础

用户可以通过定义选中面单位面积上的（或梁的单位长度上的）基础刚度来模拟弹性基础。从主菜单栏选择 Interaction→Create，并选择要模拟成弹性基础的面。对于弹性基础的扼要概览，见 15.3 节“理解相互作用”。更多信息见《Abaqus 分析用户手册——介绍、空间建模、执行与输出卷》的 2.2.2 节“单元基础”。

弹性基础允许用户模拟分布支撑的刚度效应，而不需要实际模拟支撑的详细情况。用户仅可以在初始分析步中创建弹性基础相互作用。一旦激活了弹性基础，用户将不能在后续的分析步中抑制弹性基础。

若要定义基础，执行以下操作：

1. 从主菜单栏选择 Interaction→Create。

技巧：用户也可以使用相互作用模块工具箱中的  工具来创建弹性基础相互作用。

2. 在出现的 Create Interaction 对话框中进行下面的操作：

• 使用现有的面来定义区域。在提示区域的右侧单击 Surfaces。从出现的 Region Selection 对话框中选择一个现有的面，并单击 Continue。

注意：默认的选择方法基于用户最近使用的选择方法。若要变化成其他方法，单击提示区域右侧的 Select in Viewport 或 Surfaces。

• 命名相互作用，有关命名对象的更多信息，见 3.2.1 节“使用的基本对话框组件”。

• 选择将创建相互作用的分析步。

• 选择 Elastic foundation 相互作用类型。

3. 单击 Continue 来关闭 Create Interaction 对话框。

4. 使用以下方法之一来选择面。

• 使用鼠标在视口中选择一个区域，更多信息见 6.2 节“在当前视口中选择对象”。

如果模型包含网格和几何形体的组合，从提示区域单击以下选项之一。

—如果用户想要从一个几何区域选择面，则单击 Geometry。

—如果用户想要从本地或孤立网格中选择面，则单击 Mesh。

用户可以使用角度方法从几何形体中选择一组面或边，或者从网格中选择一组单元面，更多信息见 6.2.3 节“使用角度和特征边方法选择多个对象”。

5. 在提示区域中出现的文本域输入单位面积的基础刚度。

Abaqus/CAE 创建弹性基础相互作用。

15.13.21　定义空腔辐射相互作用

本小节介绍用户如何在 Abaqus/CAE 中创建空腔辐射相互作用，并利用空腔辐射对称性来降低计算费用，包括以下主题：

• “定义空腔辐射属性和角系数”

• “定义空腔辐射对称性”

1. 定义空腔辐射属性和角系数

用户通过创建空腔辐射相互作用，可以模拟封闭中的辐射产生的热传导。从主菜单栏选择 Interaction→Create，并选择面。对于空腔辐射的扼要概览，见 15.3 节“理解相互作用”；更多信息见《Abaqus 分析用户手册——指定条件、约束与相互作用卷》的第 8 章“在

Abaqus/Standart 中定义腔辐射”。

若要定义空腔辐射相互作用，执行以下操作：

1. 从主菜单栏选择 Interaction→Create。

技巧：用户也可以使用相互作用模块工具箱中的 工具来创建空腔辐射相互作用。

2. 在出现的 Create Interaction 对话框中进行下面的操作。

• 命名相互作用，有关命名对象的更多信息，见 3.2.1 节“使用基本对话框组件”。

• 选择分析步。用户仅可以在热传导或耦合的热-电分析步中定义空腔辐射。

• 选择 Cavity radiation 相互作用类型。

3. 单击 Continue 来关闭 Create Interaction 对话框。

4. 使用以下方法之一来选择腔面，仅选择施加空腔辐射相互作用属性的部分面。

• 使用现有的面来定义区域。在提示区域的右侧单击 Surfaces。从出现的 Region Selection 对话框选择一个现有的面，并单击 Continue。

注意：默认的选择方法基于用户最近使用的选择方法。若要变化成其他方法，单击提示区域右侧的 Select in Viewport 或 Surfaces。

• 使用鼠标在视口中选择一个区域，更多信息见 6.2 节“在当前视口中选择对象”。

如果模型包含网格和几何形体的组合，从提示区域选择以下选项之一：

—如果用户想要从一个几何形体区域选择面或顶点，则单击 Geometry。

—如果用户想要从本地或孤立网格中选择面或节点，则单击 Mesh。

用户可以使用角度方法从几何形体中选择一组面或边，或者从网格中选择一组单元面，更多信息见 6.2.3 节“使用角度和特征边方法选择多个对象”。

Abaqus/CAE 显示 Edit Interaction 对话框，然后在 Properties 标签页上的 Surface 列内显示面名称或者（picked）。

5. 若要定义其他腔面，在表格中单击鼠标键 3，选择 Add Row 并进行以下操作之一。

• 双击 Surfaces 列中的一个空单元。

• 在空的标签页行中右击鼠标，然后选择 Edit Surface。

注意：用户也可以使用这些操作来替换现有的腔面；当用户编辑现有的腔面时，Abaqus/CAE 不会提示或保留用户的原始选择。

6. 在 Definition 域中选择空腔类型。

• 选择 Closed 来为辐射指定一组封闭的面。

• 选择 Open 来包括对周围环境的一些辐射，并为开放空腔的定义指定 Ambient temperature。

7. 指定 Properties 选项。

a. 选择 Blocking surface checks。默认情况下，当执行辐射角系数计算时，Abaqus 检查空腔中的阻塞面。

• 选择 All，表示所有的阻塞检查都有效。

• 选择 None，表示跳过阻塞检查。

• 选择 Partial，表示指定 Abaqus 应当检查的潜在阻塞面。

更多信息见《Abaqus 分析用户手册——指定条件、约束与相互作用卷》的第 8 章“在

Abaqus/Standard 中定义腔辐射”中的“控制面阻塞检查”。

b. 如果用户选择 Partial 选项，则在 Blocking Surface 表格中双击一个空单元来选择用户想要 Abaqus 检查的面。

技巧：用户也可以在 Blocking Surface 表格中右击鼠标，然后选择 Edit Surface、Add Row 或 Delete Row 来编辑该表格。

面的选择方法与步骤 4 中描述的方法相同。

c. 选择热反射行为。

- 为灰体辐射选择 Yes。灰体的发射率为 0~1，由空腔辐射相互作用属性定义。
- 为黑体辐射选择 No。黑体的固定发射率为 1——没有热反射。

d. 如果用户在之前的分析步中选择了灰体辐射，则必须为表格中的每一个行指定空腔辐射相互作用属性。用户可以使用以下方法之一。

- 单击 Property 列中的单元来选择预先定义的空腔辐射相互作用属性。
- 在表格中右击鼠标，并选择 Create Property 来创建一个新的空腔辐射相互作用属性，或者选择 Edit Property 来编辑选中行中的现有空腔辐射相互作用属性，更多信息见 15.14.3 节“定义空腔辐射相互作用属性”。
- 在 Emissivity 列中输入一个值。Abaqus/CAE 将自动创建空腔辐射相互作用属性，并使用默认的名称和指定的发射率。

用户定义完成后，表格中的每一行都包含一个面和一个发射率值或者（table），表示在相互作用属性中定义了一个发射率表。如果用户输入发射率值，Property 单元可以是空的——当用户关闭 Edit Interaction 对话框时，Abaqus/CAE 将添加一个默认的相互作用属性名称。

8. 指定 View factors 选项。

a. 如果需要，切换选中 Specify blocking range 并为距离输入一个值，超出此距离值，Abaqus 将不会计算由于阻塞效应而产生的角系数。

b. 指定 Accuracy tolerance，默认值为 0.05。

角系数容差表示与理想角系数总和的允许偏差。对于封闭的空腔，如果超出了容差，则 Abaqus 结束分析；对于开放的空腔，如果超出了容差，则会对周围环境产生辐射。

c. 指定 Infinitesimal facet area ratio，默认值为 64。

该值表示最大的面片面积与最小的面片面积之比。Abaqus 为每一个面片对计算此比率。

d. 指定 Gauss integration points per edge，默认值为 3。

该值用于数值积分方法，可能的值为 1~5。

e. 指定 Lumped area distance-square value，默认值为 5。

该值表示每一个面片对中心之间距离的平方根与面片对中较大面片面积的比。如果计算得到的值大于此设置，则 Abaqus 使用集总的面积近似值进行积分。

f. 如果需要，单击 Defaults 来将所有的角系数重新设置成 Abaqus 的默认值。

如果面片对的计算值小于或等于 Lumped area distance-square value 设置，并且超出了 Infinitesimal facet area ratio，则 Abaqus 使用极微小的有限的面积近似。如果超出了 Lumped area distance-square value，但是没有超出面片比，则 Abaqus 完成围线积分的数值积分来得到精确值。

更多信息见《Abaqus 分析用户手册——指定条件、约束与相互作用卷》的第 8 章“在

Abaqus/Standard 中定义腔辐射”中的“控制角系数计算的精度”。

9. 指定 Symmetry 选项。有关可用的空腔辐射对称类型的详细情况，见“定义空腔辐射对称性”。

10. 在 Edit Model Attributes 对话框中指定所用温度尺度上的绝对零度 θ^Z 及斯蒂芬-玻尔兹曼常数 σ，如 9.8.4 节“指定模型属性”中描述的那样。

11. 单击 OK 来创建相互作用并关闭编辑器。

2. 定义空腔辐射对称性

利用对称性可以降低用户的空腔模型计算规模。可应用的对称性和组合依据模型类型变化。《Abaqus 分析用户手册——指定条件、约束与相互作用卷》的第 8 章“在 Abaqus/Standard 中定义腔辐射”中的“组合对称”，展示了可用的对称性组合。用户可以使用下面的对称类型来完成空腔定义：

Reflection

镜像。选择 Number of reflection symmetries，并为每个镜像选择可参考的对称值 z（轴对称模型）、对称轴（二维模型）或对称平面（三维模型）。

Abaqus/CAE 给空腔定义添加镜像面，并减少模型中允许的剩余对称数量。切换选中 Highlight，以查看视口中当前的参数选择。

Periodic

周期。为每一个周期的对称选择 Number of periodic symmetries 和重复次数。对于轴对称模型，选择一个参考对称值 z 和周期距离值 z。对于二维的和三维模型，分别为每个周期对称选择对称轴和距离向量，或者对称平面和距离向量。

对于用户为 Properties 选项选择的腔面，Abaqus/CAE 将为其添加周期面，并减少模型中允许的剩余对称数量。切换选中 Highlight，以查看视口中当前的参数选择。

Cyclic

切换选中 Use cyclic symmetric 并选择扇区总数。选择对称点和对称轴上的一个点（二维模型），或者对称轴上第一个点和第二点以及对称平面上的一个点（三维模型）。

圆周对称通过围绕对称轴顺时针旋转原始的几何形体来创建新的扇区。圆周对称不适用于轴对称模型。

必须满足下面的条件：

- 对于二维模型，对称轴上的选中点必须位于定义原始扇区的几何形体的顺时针侧。
- 对于三维模型，对称平面上的选中点必须位于定义原始扇区的几何形体的逆时针侧。
- 扇区总数必须定义一个完整的圆（360°）。如果用户更改了扇区数量，则必须重新定义几何形体来表示模型的正确部分。

有关循环对称的更多信息，包括显示扇区定义的图，见《Abaqus 分析用户手册——指定条件、约束与相互作用卷》的第 8 章“在 Abaqus/Standard 中定义腔辐射”中的“圆周对称”。

警告：Abaqus/CAE 不检查定义的对称是否产生物理上可以实现的空腔模型。

15.13.22　定义面的膜条件相互作用

用户可以通过创建一个面的膜条件相互作用来模拟对流引起的来自面的热传导。从主菜单栏选择 Interaction→Create 并选择面。对于膜条件的扼要概述，见 15.3 节“理解相互作用”。更加详细的讨论见《Abaqus 分析用户手册——指定条件、约束与相互作用卷》的 1.4.4 节“热载荷”。

若要定义面的膜条件相互作用，执行以下操作：

1. 从主菜单栏选择 Interaction→Create。

技巧：用户也可以使用相互作用模块工具箱中的 工具来创建面的膜条件相互作用。

2. 在出现的 Create Interaction 对话框中进行下面的操作：

• 命名相互作用，有关命名对象的更多信息，见 3.2.1 节“使用基本对话框组件”。

• 选择分析步。用户仅可以在热传导、耦合的热-位移或耦合的热-电分析步中定义来自面的对流。

• 选择 Surface film condition 相互作用类型。

3. 单击 Continue 来关闭 Create Interaction 对话框。

4. 使用以下方法之一来选择面。

• 使用现有的面来定义区域。在提示区域的右侧单击 Surfaces。从出现的 Region Selection 对话框选择一个现有的面，并单击 Continue。

注意：默认的选择方法基于用户最近使用的选择方法。若要变化成其他方法，单击提示区域右侧的 Select in Viewport 或 Surfaces。

• 使用鼠标在视口中选择一个区域，更多信息见 6.2 节“在当前视口中选择对象”。

如果模型包含网格和几何形体的组合，则从提示区域选择以下选项之一。

—如果用户想要从一个几何形体区域选择面或顶点，则单击 Geometry。

—如果用户想要从本地或孤立网格中选择面或节点，则单击 Mesh。

用户可以使用角度方法从几何形体中选择一组面或边，或者从网格中选择一组单元面，更多信息见 6.2.3 节“使用角度和特征边方法选择多个对象”。

5. 在出现的 Edit Interaction 对话框中，单击 Definition 域右侧的箭头，然后从出现的列表中选择一个选项：

• 在此对话框中选择 Embedded Coeficient 来指定膜系数。

• 选择 Property Reference，使用膜条件相互作用属性将膜系数定义成温度和场变量的函数。

• 选择 User-defined 在用户子程序 FILM 中定义非均匀膜系数（此选项仅在 Abaqus/Standard 分析中才有效）。更多信息见以下章节。

—19.8.6 节“指定通用作业设置”。

—《Abaqus 用户子程序参考手册》的 1.1.6 节“FILM”。

• 选择一个分析场来定义空间变化的膜系数。分析场不影响热温度。选择在列表中显示仅对于此相互作用有效的分析场。另外，用户可以单击 f(x) 来创建一个新的分析场。更多信息见第 58 章“分析场工具集”。

6. 如果用户已经选择了 Embedded Coefficient 或分析场来定义选项，则执行下面的步骤：

a. 在 Film coefficient 域输入膜系数 h。

b. 如果用户想要膜系数随着时间变化，单击 Film coefficient amplitude 域右侧的箭头，然后从出现的列表选择一个幅值。如果需要，单击 来创建一个新的幅值。更多信息见 57.3 节“选择要定义的幅值类型”。

c. 在 Sink temperature 域输入热沉温度θ^0。

d. 如果用户想要定义一个空间变化的热沉温度，单击 Sink definition 域右侧的箭头，然后选择一个标签为（A）的分析场，或者一个标签为（D）的离散场。在选择列表中仅可以使用对温度有效的分析场和离散场。更多信息见第 58 章“分析场工具集”和第 63 章“离散场工具集”。

另外，用户也可以单击 来创建一个新的离散场。

e. 如果用户想要热沉温度随着时间变化，单击 Sink amplitude 域右侧的箭头，然后从出现的列表选择一个幅值。如果需要，单击 来创建一个新的幅值；更多信息见 57.3 节“选择要定义的幅值类型”。

7. 如果用户已经选择了 Property Reference 来定义选项，则执行下面的步骤：

a. 选择膜相互作用属性。如果需要，单击 来创建相互作用属性；更多信息见 15.14.2 节“定义膜条件相互作用属性”。

b. 在 Sink temperature 域输入热沉温度 θ^0。

c. 如果用户想要定义一个空间变化的热沉温度，单击 Sink definition 域右侧的箭头，然后选择一个标签为（A）的分析场，或者一个标签为（D）的离散场。在选择列表中仅可以使用对温度有效的分析场和离散场。更多信息见第 58 章“分析场工具集”和第 63 章“离散场工具集”。

另外，用户也可以单击 来创建一个新的离散场。

d. 如果用户想要热沉温度随着时间变化，则单击 Sink amplitude 域右侧的箭头，然后从出现的列表选择一个幅值。如果需要，单击 来创建一个新的幅值；更多信息见 57.3 节“选择要定义的幅值类型”。

8. 如果用户选择 User-defined 来定义选项，则执行下面的步骤。

a. 在 Film coefficient 域输入膜系数 h。

b. 在 Sink temperature 域输入热沉温度θ^0。

c. 进入作业模块，并为感兴趣的分析作业打开作业编辑器，更多信息见 19.7 节“创建、编辑和操控作业”。

d. 在作业编辑器中单击 General 标签页，并指定包含用户子程序 FILM 的文件。更多信息见 19.8.6 节“指定通用作业设置”。

注意：用户仅可以在作业编辑器中指定一个用户子程序文件；如果用户的分析包含多个用户子程序，则必须将用户子程序组合成一个文件，然后指定此文件。

9. 单击 OK 来创建相互作用并关闭编辑器。

15. 13. 23 定义集中的膜条件相互作用

用户可以通过创建一个集中的膜条件相互作用，模拟结构中由于对流产生的一点或更多点的热传导。从主菜单栏选择 Interaction→Create，并选择一个或者多个节点或顶点，抑或节点或者顶点的集合。对于膜条件的扼要概览，见 15. 3 节“理解相互作用”。更多的详细讨论，见《Abaqus 分析用户手册——指定条件、约束与相互作用卷》的 1. 4. 4 节“热载荷”。

若要定义集中的膜条件相互作用，执行以下操作：

1. 从主菜单栏选择 Interaction→Create。

技巧：用户也可以使用相互作用模块工具箱中的 工具来创建集中的膜条件相互作用。

2. 在出现的 Create Interaction 对话框中进行下面的操作。

• 命名相互作用，有关命名对象的更多信息，见 3. 2. 1 节“使用基本对话框组件”。

• 选择分析步。用户仅可以在热传导、耦合的热-位移或耦合的热-电分析步中定义来自节点区域的对流。

• 选择 Concentrated film condition 相互作用类型。

3. 单击 Continue 来关闭 Create Interaction 对话框。

4. 使用以下方法之一来选择点。

• 使用现有的节点或顶点集合来定义区域。在提示区域的右侧单击 Sets。从出现的 Region Selection 对话框选择一个现有的集合，并单击 Continue。

注意：默认的选择方法基于用户最近使用的选择方法。若要变化成其他方法，单击提示区域右侧的 Select in Viewport 或 Sets。

• 使用鼠标在视口中选择节点或顶点，更多信息见 6. 2 节“在当前视口中选择对象”。

如果模型包含网格和几何形体的组合，则从提示区域选择以下选项之一。

—如果用户想要从一个几何形体区域选择面或顶点，则单击 Geometry。

—如果用户想要从本地或孤立网格中选择面或节点，则单击 Mesh。

用户可以使用角度方法从几何形体中选择一组节点，更多信息见 6. 2. 3 节“使用角度和特征边方法选择多个对象”。

5. 在出现的 Edit Interaction 对话框中，单击 Definition 域右侧的箭头，然后从出现的列表中选择一个选项：

• 在此对话框中选择 Embedded Coeficient 来指定膜系数。

• 选择 Property Reference，使用膜条件相互作用属性将膜系数定义成温度和场变量的函数。

• 选择 User-defined 在用户子程序 FILM 中定义非均匀膜系数（此选项仅在 Abaqus/Standard 分析中才有效）。更多信息见以下章节：

—19.8.6 节“指定通用作业设置”。

—《Abaqus 用户子程序参考手册》的 1.1.6 节“FILM”。

● 选择一个分析场来定义空间变化的膜系数。分析场不影响热温度。选择在列表中显示仅对此相互作用有效的分析场。另外，用户可以单击 f(x) 来创建一个新的分析场。更多信息见第 58 章“分析场工具集”。

6. 如果需要，指定如何将集中的膜条件施加到自适应网格区域的边界。此选项仅对于 Abaqus/Explicit 分析有效。单击 Adaptive mesh boundary type 域右侧的箭头，然后从出现的列表中选择一个选项。更多信息见《Abaqus 分析用户手册——分析卷》的 7.2.2 节“在 Abaqus/Explicit 中定义 ALE 自适应网格区域”。

● 选择 Lagrangian 来对跟随材料的节点（非自适应的）施加一个集总膜。

● 选择 Sliding 来对在材料上滑动的节点施加一个集总膜。通常对节点施加网格约束，以在空间上固定节点。

● 选择 Eulerian 来将集总膜施加到可以独立于材料移动的节点上。此选项仅可以用于边界区域，此边界区域上的材料可以流进或流出自适应网格区域。网格约束必须垂直于欧拉边界区域，以允许材料流动通过此区域。如果没有施加网格约束，则欧拉边界区域的行为将与滑动边界区域相同。

7. 在 Associated nodal area 域中，输入与节点关联的区域，并在此节点处施加集总膜条件。

8. 如果用户已经选择了 Embedded Coefficient 或分析场来定义选项，则执行下面的步骤。

a. 在 Film coefficient 域输入膜系数 h。

b. 如果用户想要膜系数随着时间变化，单击 Film coefficient amplitude 域右侧的箭头，然后从出现的列表选择一个幅值。如果需要，单击 来创建一个新的幅值。更多信息见 57.3 节“选择要定义的幅值类型”。

c. 在 Sink temperature 域输入热沉温度 θ^0。

d. 如果用户想要定义一个空间变化的热沉温度，单击 Sink definition 域右侧的箭头，然后选择一个标签为（A）的分析场，或者一个标签为（D）的离散场。在选择列表中仅可以使用对温度有效的分析场和离散场。更多信息见第 58 章“分析场工具集”和第 63 章“离散场工具集”。

另外，用户也可以单击 来创建一个新的离散场。

e. 如果用户想要热沉温度随着时间变化，单击 Sink amplitude 域右侧的箭头，然后从出现的列表选择一个幅值。如果需要，单击 来创建一个新幅值；更多信息见 57.3 节“选择要定义的幅值类型”。

9. 如果用户已经选择了 Property Reference 来定义选项，则执行下面的步骤：

a. 选择膜相互作用属性。如果需要，单击 来创建相互作用属性；更多信息见 15.14.2 节“定义膜条件相互作用属性”。

b. 在 Sink temperature 域输入热沉温度 θ^0。

c. 如果用户想要定义一个空间变化的热沉温度，单击 Sink definition 域右侧的箭头，然后选择一个标签为（A）的分析场，或者一个标签为（D）的离散场。在选择列表中仅可以使用对温度有效的分析场和离散场。更多信息见第 58 章“分析场工具集”和第 63 章“离散场工具集”。

另外，用户也可以单击 来创建一个新的离散场。

d. 如果用户想要热沉温度随着时间变化，单击 Sink amplitude 域右侧的箭头，然后从出现的列表选择一个幅值。如果需要，单击 来创建一个新幅值；更多信息见 57.3 节“选择要定义的幅值类型”。

10. 如果用户选择 User-defined 来定义选项，则执行下面的步骤：

a. 在 Film coefficient 域输入膜系数 h。

b. 在 Sink temperature 域输入热沉温度 θ^0。

c. 进入作业模块，并为感兴趣的分析作业打开作业编辑器，更多信息见 19.7 节“创建、编辑和操控作业”。

d. 在作业编辑器中，单击 General 标签页，并指定包含用户子程序 FILM 的文件。更多信息见 19.8.6 节“指定通用作业设置”。

注意：用户仅可以在作业编辑器中指定一个用户子程序文件；如果用户的分析包含多个用户子程序，则必须将用户子程序组合成一个文件，然后指定此文件。

11. 单击 OK 来创建相互作用并关闭编辑器。

15.13.24　定义面辐射相互作用

用户可以通过创建面辐射相互作用，模拟非凹面与无反射环境之间由于辐射产生的热传导；也可以使用面辐射来近似三维模型中封闭腔的空腔辐射。从主菜单栏选择 Interaction→Create，然后选择面。对于辐射相互作用的扼要概览，见 15.3 节“理解相互作用”。对于更多的详细讨论，见《Abaqus 分析用户手册——指定条件、约束与相互作用卷》的 1.4.4 节“热载荷”。有关空腔辐射的更多信息，见 15.13.21 节“定义空腔辐射相互作用”，以及《Abaqus 分析用户手册——指定条件、约束与相互作用卷》的第 8 章“在 Abaqus/Standard 中定义腔辐射”。

若要定义面辐射相互作用，执行以下操作：

1. 从主菜单栏选择 Interaction→Create。

技巧：用户也可以使用相互作用模块工具箱中的 工具来创建面辐射相互作用。

2. 在出现的 Create Interaction 对话框中进行下面的操作：

• 命名相互作用，有关命名对象的更多信息，见 3.2.1 节“使用基本对话框组件”。

• 选择分析步。用户仅可以在热传导、耦合的热-位移或耦合的热-电分析步中定义来自面的辐射。

• 选择 Surface radiation 相互作用类型。

3. 单击 Continue 来关闭 Create Interaction 对话框。

4. 使用以下方法之一来选择面。

• 使用现有的面来定义区域。在提示区域的右侧单击 Surfaces。从出现的 Region

Selection 对话框选择一个现有的面，并单击 Continue。

注意：默认的选择方法基于用户最近使用的选择方法。若要变化成其他方法，单击提示区域右侧的 Select in Viewport 或 Surfaces。

● 使用鼠标在视口中选择一个区域，更多信息见 6.2 节“在当前视口中选择对象”。

如果模型包含网格和几何形体的组合，则从提示区域选择以下选项之一。

—如果用户想要从一个几何形体区域选择面或顶点，则单击 Geometry。

—如果用户想要从本地或孤立网格中选择面或节点，则单击 Mesh。

用户可以使用角度方法从几何形体中选择一组面或边，或者从网格中选择一组单元面，更多信息见 6.2.3 节“使用角度和特征边方法选择多个对象”。

5. 在出现的 Edit Interaction 对话框中选择 Radiation type。

● 选择 To ambient 来指定热传导到周围的环境。

● 选择 Cavity approximation（3D only），使用均匀的发射率、封闭的空腔和平均空腔温度来近似三维模型中的空腔辐射。

6. 如果用户在之前的分析步中选择了 To ambient，则如下完成辐射定义。

a. 单击 Emissivity distribution 域右侧的箭头，然后从出现的列表中选择以下选项：

● 选择 Uniform 来定义面上均匀的发射率。

● 选择一个分析场来定义空间变化的发射率。选择在列表中显示仅对此相互作用有效的分析场。另外，用户可以单击 f(x) 来创建一个新的分析场。更多信息见第 58 章“分析场工具集”。

b. 在 Emissivity 域输入面的发射率 ϵ。

c. 在 Ambient temperature 域输入环境温度 θ^0。

d. 如果用户想要环境温度随时间变化，单击 Ambient temperature amplitude 域右侧的箭头，然后从出现的列表选择一个幅值。如果需要，单击 来创建一个新的幅值。更多信息见 57.3 节“选择要定义的幅值类型”。

7. 如果用户已经在步骤 5 中选择了 Cavity approximation（3D only），则在 Emissivity 域输入面的发射率 ϵ。

8. 在 Edit Model Attributes 对话框中指定所用温度尺度上的绝对零度 θ^Z 和斯蒂芬-玻尔兹曼常数 σ，如 9.8.4 节“指定模型属性”中描述的那样。

9. 单击 OK 来创建相互作用并关闭编辑器。

15.13.25 定义集中的辐射相互作用

用户可以通过创建集中辐射到环境的相互作用，模拟装配中一个或者多个点与无反射环境之间由于辐射产生的热传导。从主菜单栏选择 Interaction→Create，然后选择一个或者多个节点或顶点，或者一个已保存的节点或顶点集合。对于辐射相互作用的扼要概览，见 15.3 节“理解相互作用”。更多的详细讨论，见《Abaqus 分析用户手册——指定条件、约束与相互作用卷》的 1.4.4 节“热载荷”。

若要定义集中的辐射相互作用，执行以下操作：

1. 从主菜单栏选择 Interaction→Create。

技巧：用户也可以使用相互作用模块工具箱中的 工具来创建集中的辐射相互作用。

2. 在出现的 Create Interaction 对话框中进行下面的操作。

• 命名相互作用，有关命名对象的更多信息，见 3.2.1 节“使用基本对话框组件”。

• 选择分析步。用户仅可以在热传导、耦合的热-位移或耦合的热-电分析步中定义来自节点区域的辐射。

• 选择 Concentrated radiation to ambient 相互作用类型。

3. 单击 Continue 来关闭 Create Interaction 对话框。

4. 使用以下方法之一来选择点。

• 使用现有的节点或顶点集合来定义区域。在提示区域的右侧单击 Sets。从出现的 Region Selection 对话框选择一个现有的集合，并单击 Continue。

注意：默认的选择方法基于用户最近使用的选择方法。若要变化成其他方法，单击提示区域右侧的 Select in Viewport 或者 Sets。

• 使用鼠标在视口中选择一个节点或者顶点，更多信息见 6.2 节“在当前视口中选择对象”。

如果模型包含网格和几何形体的组合，则从提示区域选择以下选项之一。

—如果用户想要从一个几何形体区域选择顶点，则单击 Geometry。

—如果用户想要从本地或孤立网格中选择节点，则单击 Mesh。

用户可以使用角度方法从网格中选择一组节点，更多信息见 6.2.3 节“使用角度和特征边方法选择多个对象”。

5. 在出现的 Edit Interaction 对话框中执行下面的分析步：

a. 如果需要，指定如何将集中的辐射条件施加到自适应网格区域的边界。此选项仅对于 Abaqus/Explicit 分析有效。单击 Adaptive mesh boundary type 域右侧的箭头，然后从出现的列表中选择一个选项。更多信息见《Abaqus 分析用户手册——分析卷》的 7.2.2 节“在 Abaqus/Explicit 中定义 ALE 自适应网格区域”。

• 选择 Lagrangian 来对跟随材料的节点（非自适应的）施加一个集中的辐射条件。

• 选择 Sliding 来对在材料上滑动的节点施加一个集中的辐射条件。通常对节点施加网格约束，以在空间上固定节点。

• 选择 Eulerian 来将集中的辐射条件施加到可以独立于材料移动的一个节点上。此选项仅可以用于边界区域，此边界区域上的材料可以流进或流出自适应网格区域。网格约束必须垂直欧拉边界区域，以允许材料流动通过此区域。如果没有施加网格约束，则欧拉边界区域的行为将与滑动边界区域相同。

b. 在 Associated nodal area 域中，输入与节点关联的区域，并在此节点处施加集中的辐射条件。

c. 单击 Emissivity distribution 域右侧的箭头，然后从出现的列表中选择以下选项：

• 选择 Uniform 来定义整个区域上均匀的发射率。

• 选择一个分析场来定义空间变化的发射率。选择在列表中显示仅对此相互作用有效的分析场。另外，用户可以单击 f(x) 来创建一个新的分析场。更多信息见第 58 章“分析场工具集”。

d. 在 Emissivity 域输入面的发射率 ϵ。

e. 在 Ambient temperature 域输入环境温度 θ^0。

f. 如果用户想要环境温度随着时间变化，单击 Ambient temperature amplitude 域右侧的箭头，然后从出现的列表选择一个幅值。如果需要，单击 来创建一个新的幅值。更多信息见 57.3 节“选择要定义的幅值类型”。

6. 在 Edit Model Attributes 对话框中指定所用温度尺度上的绝对零度 θ^z 和斯蒂芬-玻尔兹曼常数 σ，如 9.8.4 节“指定模型属性”中描述的那样。

7. 单击 OK 来创建相互作用并关闭编辑器。

15.13.26 定义作动器/传感器相互作用

用户可以在模型的单个顶点处创建作动器/传感器相互作用。作动器/传感器相互作用提供用户子程序 UEL 的界面。子程序表示线性或非线性的用户定义单元。作动器/传感器相互作用必须在初始分析步中定义，并且仅对 Abaqus/Standard 分析有效。

警告：此功能仅适用于高级用户。除了最简单的测试示例，使用此功能将要求用户/开发人员具备相当的编程能力。在开始使用之前应当阅读《Abaqus 分析用户手册——单元卷》的 6.17.1 节“用户定义的单元”。

若要定义作动器/传感器相互作用，执行以下操作：

1. 从主菜单栏选择 Interaction→Create。

技巧：用户也可以使用相互作用模块工具箱中的 工具来创建作动器/传感器相互作用。

2. 在出现的 Create Interaction 对话框中进行下面的操作。

• 命名相互作用，有关命名对象的更多信息，见 3.2.1 节“使用基本对话框组件”。

• 选择初始分析步。

• 选择 Actuator/sensor 相互作用类型。

3. 单击 Continue 来关闭 Create Interaction 对话框。

4. 从装配中选择将施加相互作用的点。单击鼠标键 2 表示用户已经完成了点的选择。

技巧：用户可以通过指定 Selection 工具栏中的过滤选项来限制在视口中可以选择的对象类型。更多信息见 6.3 节“使用选择选项”。

Abaqus/CAE 显示 Edit Interaction 对话框。

5. 在 Edit Interaction 对话框中输入必要的数据。所需的数据是用户定义的单元子程序的函数。用户可能需要创建实数和整数作动器/传感器相互作用属性。更多信息见 15.14.8 节“定义作动器/传感器相互作用属性”。

下面是 Edit Interaction 对话框中的场与用户子程序 UEL 中的变量之间的对应关系。

场	UEL 变量
用户单元类型标识（User element type id）	JTYPE
自由度（Degrees of freedom）	NDOFEL
坐标分量的数量（Number of coordinate components）	MCRD
依赖求解的状态变量（Solution-dependent state variables）	SVARS 和 NSVARS

PROPS、JPROPS、NPROPS 和 NJPROPS 变量使用作动器/传感器相互作用属性中输入的实数和整数。有关可以传递到用户子程序 UEL 中的所有变量的描述，见《Abaqus 分析用户手册——单元卷》的 6.17.1 节“用户定义的单元”。

15.14 使用相互作用属性编辑器

本节介绍如何在相互作用属性编辑器中输入数据来定义特定类型的相互作用属性，包括以下主题：

- 15.14.1 节 “定义接触相互作用属性”
- 15.14.2 节 “定义膜条件相互作用属性”
- 15.14.3 节 “定义空腔辐射相互作用属性”
- 15.14.4 节 “定义流体腔相互作用属性”
- 15.14.5 节 “定义流体交换相互作用属性”
- 15.14.6 节 “定义声阻抗相互作用属性”
- 15.14.7 节 “定义入射波相互作用属性”
- 15.14.8 节 “定义作动器/传感器相互作用属性”

15.14.1 定义接触相互作用属性

接触属性编辑器包含以下菜单，用户可以从中选择要包含在属性定义中的选项：

- Mechanical，见“定义力学接触属性选项”
- Thermal，见“定义热接触属性选项”
- Electrical，见“定义电接触属性选项”

通用接触、面到面的接触或自接触相互作用都可以参照接触相互作用属性。更多信息见《Abaqus 分析用户手册——指定条件、约束与相互作用卷》的 4.1 节“力学接触属性”，4.2 节“热接触属性”，以及 4.3 节“电接触属性”。

编辑器顶部处的 Contact Property Options 列表显示了属性定义中当前包括的选项；当用户添加和删除选项时，列表将进行更新。用户可以如下添加、删除或更改属性选项：

添加属性选项

从 Mechanical、Thermal 和 Electrical 菜单选择需要的选项来定义属性。当用户选择一个选项时，Contact Property Options 列表中将显示选项的名称，并在编辑器下半部分的数据区域显示与选项关联的数据域。使用数据域来输入当前选中选项的信息。

删除属性选项

在 Contact Property Options 列表中选择用户想要删除的选项，然后单击编辑器右侧的 Delete。此过程将从选项列表和属性定义中删除该选项。

更改选项数据

在 Contact Property Options 列表中选择用户想要更改数据的选项。当与该选项关联的数据域出现在窗口的下半部分时，可以根据需要更改用户已经为该选项输入的信息。

1. 定义力学接触属性选项

用户可以定义力学接触属性选项来指定切向行为（摩擦和弹性滑动）、法向行为（硬、软或阻尼接触和分隔），以及由摩擦产生的阻尼。以下各部分将介绍如何指定力学接触属性模型：

- “为力学接触属性选项指定摩擦行为”
- “为力学接触属性选项指定压力-过闭合关系”
- “为力学接触属性选项指定阻尼”
- “为力学接触属性选项指定胶粘行为属性”
- “为力学接触属性选项指定胶粘损伤属性”
- “为裂纹扩展指定开裂准则属性”
- “为力学接触属性选项指定几何属性”

1） 为力学接触属性选项指定摩擦行为

用户可以指定一个摩擦模型来定义力学接触分析中抵抗面相对切向运动的力。更多信息见《Abaqus 分析用户手册——指定条件、约束与相互作用卷》的 4.1.5 节“摩擦行为”。

若要指定摩擦行为，执行以下操作：

1. 从主菜单栏选择 Interaction→Property→Create。
2. 在出现的 Create Interaction Property 对话框中进行下面的操作：
- 命名相互作用属性，有关命名对象的更多信息，见 3.2.1 节“使用基本对话框组件”。
- 选择 Contact 相互作用属性类型。
3. 单击 Continue 来关闭 Create Interaction Property 对话框。
4. 从接触属性编辑器中的菜单栏选择 Mechanical→Tangential Behavior。
5. 在出现的编辑器中，单击 Friction formulation 域右侧的箭头，然后选择用户将要定义的接触面之间的摩擦：
- 如果用户想要 Abaqus 假设接触中的面可以无摩擦地自由滑动，则选择 Frictionless。
- 当接触面应当粘接在一起时，选择 Penalty，使用刚度（罚）方法来允许面的一些相对运动（弹性滑动）。当面粘接时（即$\tau_{eq}<\tau_{crit}$），滑动的幅度仅限于这种弹性滑动。Abaqus 将继续调整罚约束的大小来实施此条件。更多信息见《Abaqus 分析用户手册——指定条件、约束与相互作用卷》的 4.1.5 节“摩擦行为”中的“在 Abaqus/Standard 中施加摩擦约束的刚度方法”，以及“摩擦行为”中的“在 Abaqus/Explicit 中施加摩擦约束的刚度方法”。
- 选择 Static-Kinetic Exponential Decay 来直接指定静态和动态摩擦系数。在该模型中，假设摩擦系数从静态值到动态值指数衰减。用户也可以输入测试数据来拟合指数模型。Fric-

tion formulation 选项也允许用户指定弹性滑动。更多信息见《Abaqus 分析用户手册——指定条件、约束与相互作用卷》的 4.1.5 节“摩擦行为”中的“指定静态和动态摩擦系数”。

• 选择 Rough 来指定一个无限摩擦系数。更多信息见《Abaqus 分析用户手册——指定条件、约束与相互作用卷》的 4.1.5 节“摩擦行为”中的“不管接触压力多大，总是防止滑动”。

• 选择 Lagrange Multiplier（Standard only），使用拉格朗日乘子实现来实施两个面之间界面处的粘接约束。使用此方法，在两个靠近的封闭面之间没有相对运动，直到$\tau_{eq}=\tau_{crit}$。更多信息见《Abaqus 分析用户手册——指定条件、约束与相互作用卷》的 4.1.5 节“摩擦行为”中的“Abaqus/Standard 中施加摩擦约束的拉格朗日乘子法”。

• 选择 User-defined 来使用用户子程序 FRIC 或 VFRIC，定义接触面之间的剪切相互作用。更多信息见《Abaqus 分析用户手册——指定条件、约束与相互作用卷》的 4.1.5 节“摩擦行为”中的“用户定义的摩擦模型”。

6. 如果用户选择了 Penalty 或者 Lagrange Multiplier（Standard only）摩擦方程，则执行以下步骤：

a. 打开 Friction 标签页。

b. 选择 Directionality：

• 选择 Isotropic 来输入均匀的摩擦系数。

• 选择 Anisotropic（Standard only），以允许在接触面上的两个正交方向上有不同的摩擦系数。更多信息见《Abaqus 分析用户手册——指定条件、约束与相互作用卷》的 4.1.5 节“摩擦行为”中的“使用 Abaqus/Standard 中的各向异性摩擦模型”。

c. 如果摩擦系数取决于滑动速率，则切换选中 Use slip-rate-dependent data。

d. 如果摩擦系数取决于接触压力，则切换选中 Use contact-pressure-dependent data。

e. 如果摩擦系数取决于温度，则切换选中 Use temperature-dependent data。

f. 单击 Number of field variables 域右侧的箭头来指定摩擦系数所依赖的场变量数量。

g. 在提供的数据表格中输入所需的数据。

h. 打开 Shear Stress 标签页，然后选择 Shear stress limit 选项：

• 如果用户不想在开始滑动之前对界面可以承受的剪切应力进行限制，则选择 No limit。

• 选择 Specify 来输入等效的剪切应力极限τ_{max}。如果用户选择此选项，则不管接触压应力的大小如何，如果等效剪切应力到达此值，将发生滑动。更多信息见《Abaqus 分析用户手册——指定条件、约束与相互作用卷》的 4.1.5 节“摩擦行为”中的“使用可选的切应力极限”。

i. 如果用户选择了 Penalty 摩擦方程，则显示 Elastic Slip 标签页，用户可以指定想要定义的弹性滑动。

• 如果用户正在执行 Abaqus/Standard 分析，则选择一个选项来指定 Specify maximum elastic slip。

—选择 Fraction of characteristic surface dimension 来将允许的弹性滑动计算成特征接触面长度的小分数。

—选择 Absolute distance 来输入允许的弹性滑动γ_i的绝对值。对于稳态传输分析，将此参数设置成等于允许弹性滑动速度（$\dot{\gamma}_i$）的绝对值，粘接摩擦的刚度方法使用此弹性滑动速度绝对值。

• 如果用户正在执行一个 Abaqus/Explicit 分析，则选择 Elastic slip stiffness 选项：

—选择 Infinite（no slip）来抑制剪切软化。

—选择 Specify 来激活软化的切向行为。输入曲线的斜率来将剪切拉伸定义成两个面之间弹性滑动的函数。

更多信息见《Abaqus 分析用户手册——指定条件、约束与相互作用卷》的 4.1.5 节“摩擦行为”中的“黏着时切应力与弹性滑动的关系”。

7. 如果用户已经选择了 Static-Kinetic Exponential Decay 摩擦方程，则执行下面的步骤：

a. 打开 Friction 标签页。

b. 为定义指数衰减摩擦模型选择一个选项：

• 选择 Coefficients 来直接指定静态摩擦系数、动态摩擦系数和衰减系数。

• 选择 Test data 来指定拟合指数模型的测试数据点。

更多信息见《Abaqus 分析用户手册——指定条件、约束与相互作用卷》的 4.1.5 节“模型行为”中的“指定静态和动态摩擦系数”。

c. 如果用户已经选择了 Coefficients 定义选项，则在提供的数据表格中输入以下内容：

• 静态摩擦系数 μ_s。

• 动态摩擦系数 μ_k。

• 衰减系数 d_c。

如果用户已经选择了 Test data 定义选项，则在提供的数据表格中输入以下内容。

• 在第一行中，输入静态摩擦系数 μ_1。

• 在第二行中，输入动态摩擦系数 μ_2，以及测量 μ_2 的参考滑动速率 $\dot{\gamma}_2$。

• 在第三行中，输入动态摩擦系数 μ_∞。此值对应无限大滑动率 $\dot{\gamma}_\infty$ 下摩擦系数的渐近值。如果省略了此数据行，则 Abaqus/Standard 将自动计算 μ_∞，如 $(\mu_2-\mu_\infty)/(\mu_1-\mu_\infty)=0.05$。

d. 打开 Elastic Slip 标签页，然后指定用户想要定义的弹性滑动。

• 如果用户正在执行 Abaqus/Standard 分析，则选择 Specify maximum elastic slip 选项：

—选择 Fraction of characteristic surface dimension，将允许的弹性滑动计算成特征接触面长度的一个小分数。

—选择 Absolute distance 来输入允许弹性滑动 γ_i 的绝对大小［对于稳态传输分析，将此参数设置成等于允许弹性滑动速度（$\dot{\gamma}_i$）的绝对值、粘接摩擦的刚度方法使用此弹性滑动速度的绝对值］。

• 如果用户正在执行一个 Abaqus/Explicit 分析，则选择 Elastic slip stiffness 选项：

—选择 Infinite（no slip）来抑制剪切软化。

—选择 Specify 来激活软化的切向行为。输入曲线的斜率来将剪切拉伸定义成两个面之间弹性滑动的函数。

更多信息见《Abaqus 分析用户手册——指定条件、约束与相互作用卷》的 4.1.5 节“摩擦行为”中的“黏着时切应力与弹性滑动的关系”。

8. 如果用户已经选择了 User-defined 摩擦方程，则执行下面的步骤。

a. 单击 Number of state-dependent variables 域右侧的箭头，以指定在用户子程序 FRIC 或 VFRIC 中将定义的状态变量数量。

b. 在 Friction Properties 表格中输入用户子程序 FRIC 或 VFRIC 所需的属性值。有关如何输入数据的详细信息，见 3.2.7 节“输入表格数据”。

更多信息见《Abaqus 分析用户手册——指定条件、约束与相互作用卷》的 4.1.5 节“摩擦行为”中的“用户定义的摩擦模型”。

9. 单击 OK 来创建接触属性，并退出 Edit Contact Property 对话框。另外，用户可以从 Edit Contact Property 对话框中的菜单选择要定义的其他接触属性选项。

2）为力学接触属性选项指定压力-过闭合关系

在力学接触分析中，用户可以为控制面运动的接触压力与过闭合的关系定义本构模型。更多信息见《Abaqus 分析用户手册——指定条件、约束与相互作用卷》的 4.1.2 节“接触压力与过盈的关系”。

若要指定接触压力-过闭合关系，执行以下操作：

1. 从主菜单栏选择 Interaction→Property→Create。

2. 在出现的 Create Interaction Property 对话框中执行下面的操作：

- 命名相互作用属性，有关命名对象的更多信息，见 3.2.1 节“使用基本对话框组件”。
- 选择 Contact 相互作用属性类型。

3. 单击 Continue 来关闭 Create Interaction Property 对话框。

4. 从接触属性编辑器中的菜单栏选择 Mechanical→Normal Behavior。

5. 在 Abaqus/Standard 分析中，从 Pressure-Overclosure 域选择“Hard” Contact，以使用经典的拉格朗日乘子法，在 Abaqus/Explicit 分析中使用罚接触。

如果用户想要防止面在接触后分离，则可以切换不选 Allow separation after contact。此方法仅对 Abaqus/Standard 分析有效。

如果用户选择“Hard” Contact，则可以对约束施加方法进行定制设置。有关约束施加方法的更多信息，见《Abaqus 分析用户手册——指定条件、约束与相互作用卷》的 5.2.3 节“Abaqus/Explicit 中接触约束的实加方法”。若要指定这些设置，从 Constraint enforcement method 表格中选择一个选项并进行下面的操作：

a. 选择 Default，使用接触压力-过闭合关系来施加约束。

b. 选择 Augmented Lagrange（Standard），使用增强的拉格朗日方法来施加接触约束。此方法仅对 Abaqus/Standard 分析有效。

如果用户选择此选项，则从 Contact Stiffness 选项指定以下附加设置：

- 从 Stiffness value 域选择 Use default 来让 Abaqus 自动地计算罚接触刚度，或者选择 Specify 并为罚接触刚度输入一个正值。
- 指定一个因子来乘以 Stiffness scale factor 域中选中的罚刚度。
- 指定 Clearance at which contact pressure is zero，默认值为 0。

c. 选择 Penalty（Standard）约束施加方法，使用罚方法来施加接触约束。此方法仅对 Abaqus/Standard 分析有效。

如果用户选择了此选项，则从 Contact Stiffness 选项指定以下附加设置：

• 从 Behavior 域选择 Linear，使用线性罚方法施加接触约束，或者选择 Nonlinear，使用非线性罚方法施加接触约束。更多信息见《Abaqus 分析用户手册——指定条件、约束与相互作用卷》的 5.1.2 节“Abaqus/Standard 中接触约束的施加方法”中的“罚方法”。

• 指定接触刚度。

—对于线性罚方法，在 Stiffness value 域中指定接触刚度。用户可以选择 Use default 来让 Abaqus 自动地计算罚接触刚度，或者用户可以选择 Specify 并为线性罚刚度输入一个正值。

—对于非线性罚方法，在 Maximum stiffness value 域中指定接触刚度。用户可以选择 Use default 来让 Abaqus 自动地计算罚接触刚度，或者用户可以选择 Specify 并为最后的非线性罚刚度输入一个正值。

• 指定一个因子乘以 Stiffness scale factor 域中选中的罚刚度。

• 对于非线性罚方法，用户可以为下面的选项指定值：

—输入初始罚刚度与 Initial/Final stiffness ratio 域中最后罚刚度的比。

—在 Upper quadratic limit scale factor 域中输入二次上限 d 的比例因子，此因子等于比例因子乘以特征接触面片长度。

—输入 $(e-c_0)/(d-c_0)$，定义 Lower quadratic limit ratio 域中的二次下限 e。

• 指定 Clearance at which contact pressure is zero，默认值为 0。

d. 选择 Direct（Standard），无近似或无增强迭代地直接实施接触约束。

6. 从 Pressure-Overclosure 域选择 Exponential 来定义一个指数的压力-过闭合关系。如果用户选择此选项，则指定以下信息：

a. 在数据表格中输入零间隙处的接触压力p_0，以及接触压力为零时的间隙c_0。

b. 指定模型可以达到的接触刚度限制k_{max}（仅适用于 Abaqus/Explicit 分析）。

• 选择 Infinite（no slip），对于运动接触，将k_{max}设置为无穷大，对于罚接触，将k_{max}设置为默认的罚刚度。

• 选择 Specify，并为最大的刚度输入一个值。

7. 从 Pressure-Overclosure 域选择 Linear 来定义一个线性的压力-过闭合关系。如果用户选择此选项，则指定以下信息：

• 在 Contact stiffness 域为压力-过闭合曲线的斜率 k 输入一个正值。

8. 从 Pressure-Overclosure 域选择 Tabular，以表格的形式来定义一个线性分段的压力-过闭合关系。如果用户选择此选项，则指定以下信息：

• 以过闭合的升序输入数据，将过闭合定义成压力的函数。数据表格必须以零压力开始。通过相同的斜率将压力-过闭合关系外推到最后一个过闭合点以外。

9. 从 Pressure-Overclosure 域选择 Scale Factor（General Contact，Explicit），以缩放默认的接触刚度为基础来定义线性分段的压力-过闭合关系。此选项仅适用于 Abaqus/Explicit 中的通用接触算法。如果用户选择此选项，则指定以下信息：

a. 若要将过闭合压力定义成最小单元大小的百分比，选择 Overclosure 域中的 factor，并输入一个正值 r。

b. 若要直接定义过闭合度量，选择 Overclosure 域中的 measure，并输入一个正值 d。

c. 在 Contact stiffness scale factor 域输入一个大于 1 的值 s 来定义“基本”刚度的几何

比例。

d. 在 Initial stiffness scale factor 域输入一个正值s_0来为“基本”默认接触刚度定义一个附加的比例因子，默认值为 1。

10. 单击 OK 来创建接触属性，并退出 Edit Contact Property 对话框。另外，用户可以从 Edit Contact Property 对话框中的菜单选择要定义的其他接触属性选项。

3）为力学接触属性选项指定阻尼

用户可以定义一个阻尼模型来抵抗力学接触分析中接触面相对运动的力。更多信息见《Abaqus 分析用户手册——指定条件、约束与相互作用卷》的 4.1.3 节“接触阻尼”。

若要指定接触阻尼，执行以下操作：

1. 从主菜单栏选中 Interaction→Property→Create。

2. 在出现的 Create Interaction Property 对话框中进行下面的操作。

• 命名相互作用属性，有关命名对象的更多信息，见 3.2.1 节“使用基本对话框组件”。

• 选择 Contact 相互作用属性类型。

3. 单击 Continue 来关闭 Create Interaction Property 对话框。

4. 从接触属性编辑器中的菜单栏选择 Mechanical→Damping。

5. 在出现的编辑器中，单击 Definition 域右侧的箭头，然后选择一个选项来确定阻尼系数的维度。

• 选择 Damping coefficient 来指定阻尼系数，为相对速度上的因子。更多信息见《Abaqus 分析用户手册——指定条件、约束与相互作用卷》的 4.1.3 节“接触阻尼”中的“指定阻尼系数以使阻尼力直接与面之间的相对运动速率成比例”。

• 选择 Critical damping fraction（Explicit only），采用与接触刚度关联的临界阻尼分数来指定无量纲的阻尼系数；此方法仅适用于 Abaqus/Explicit。更多信息见《Abaqus 分析用户手册——指定条件、约束与相互作用卷》的 4.1.3 节“接触阻尼”中的“在 Abaqus/Explicit 中将阻尼系数指定成临界阻尼的百分比”。

6. 选择一个选项指定 Tangent fraction（切向阻尼系数与法向阻尼系数的比）：

• 选择 Use default 来接受默认的切向分数值。对于 Abaqus/Standard，默认为 0.0，因此切向的阻尼系数为零。对于 Abaqus/Explicit，切向分数的默认值为 1.0，因此切向阻尼系数等于法向阻尼系数。

• 选择 Specify value 来为切向分数输入一个值。

更多信息见《Abaqus 分析用户手册——指定条件、约束与相互作用卷》的 4.1.3 节“接触阻尼”中的“指定切向阻尼系数”。

7. 为曲线选择一个形状来描述间隙与阻尼系数之间的关系。

• 如果用户正在执行 Abaqus/Explicit 分析，则选择 Step（Explicit only）。当面接触时，阻尼系数将保持指定值不变，否则为零。

• 选择 Linear（Standard only），以定义阻尼系数从特定间隙值（c_0）处的零，线性地增加到面接触时的最大值。

• 选择 Bilinear（Standard only），以定义阻尼系数从特定间隙值（c_0）处的零，线性地增加到间隙减小到另一个值（c）时的最大值。随着间隙继续从 c 减小到零，阻尼系数保持最大值不变。

8. 在提供的表格中输入合适的数据。

• 如果用户正在执行 Abaqus/Explicit 分析，则为阻尼系数或临界阻尼分数输入一个值（取决于步骤 5 中的用户选项）。

• 如果用户正在执行 Abaqus/Standard 分析，并在之前的分析步中选择了 Linear（Standard only），则输入下面的数据：

—在第一行中，输入阻尼系数的值。

—在第二行中，输入 c_0 的值，在此间隙时的阻尼系数为零。

• 如果用户正在执行 Abaqus/Standard 分析，并在之前的分析步中选择了 Bilinear（Standard only），则输入下面的参数：

—在第一行中，输入阻尼系数的值。

—在第二行中，输入 c 的值，在此间隙时的阻尼系数达到最大值。

—在第三行中，输入 c_0 的值，在此间隙时的阻尼系数为零。

9. 单击 OK 来创建接触属性，并退出 Edit Contact Property 对话框。另外，用户可以从 Edit Contact Property 对话框中的菜单选择要定义的其他接触属性选项。

4）为力学接触属性选项指定胶粘行为属性

用户可以定义在面接触相互作用中考虑的胶粘行为属性。更多信息见《Abaqus 分析用户手册——指定条件、约束与相互作用卷》的 4.1.10 节“基于面的胶粘行为”。

此外，用户还可以通过定义基于裂纹的胶粘行为面相互作用来完成裂纹扩展能力的定义。用户通过将裂纹扩展赋予到最初部分粘接到一起的面对来激活裂纹扩展。如果满足断裂准则，则在这两个面之间发生裂纹扩展。胶粘行为也用于指定粘接的弹性行为。

若要指定胶粘行为接触属性，执行以下操作：

1. 从主菜单栏选择 Interaction→Property→Create。

2. 在出现的 Create Interaction Property 对话框中进行下面的操作。

• 命名相互作用属性，有关命名对象的更多信息，见 3.2.1 节“使用基本对话框组件”。

• 选择 Contact 相互作用属性类型。

3. 单击 Continue 来关闭 Create Interaction Property 对话框。

4. 从接触属性编辑器中的菜单选择 Mechanical→Cohesive Behavior。

5. 当已经定义了扩展损伤时，切换选中 Allow cohesive behavior during repeated post-failure contacts 来编辑默认的后失效行为。默认情况下，一旦从面上的节点处发生了最终失效，则不会对这些从面上的节点实施胶粘行为。当切换选中此选项时，Abaqus/CAE 将为最终失效的从面上的节点施加再接触的胶粘行为。

6. 从 Eligible Slave Nodes 选择以下选项之一。

• 选择 Any slave nodes experiencing contact，不仅为分析步开始时与主面接触的从面上的所有节点定义胶粘行为，也为最初不与主面接触的从节点但可以在分析步过程中接触主面的从节点定义胶粘行为。

• 选择 Only slave nodes initially in contact，限制仅分析步开始时与主面接触的从面节点具有胶粘行为。

• 选择 Specify the bonding node set in the surface-to-surface Std interaction，限制当用户指定初始粘接的接触条件时，胶粘行为仅施加在已经定义的从节点子集上。

7. 从 Traction-separation Behavior 选项接受默认的接触罚实施方法，或者切换选中 Specify stiffness coefficients 并执行下面的附加步骤：

a. 指定用户是否想要为 Uncoupled 或 Coupled 拉伸行为指定刚度系数。

b. 如果拉伸-分离行为取决于温度，则切换选中 Use temperature-dependent data。

c. 单击 Number of field variables 域右侧的箭头来指定作为拉伸-分离行为基础的场变量数量。

d. 在提供的数据表格中输入所需的数据。

8. 单击 OK 来创建接触属性，并退出 Edit Contact Property 对话框。另外，用户可以从 Edit Contact Property 对话框中的菜单选择要定义的其他接触属性选项。

5）为力学接触属性选项指定胶粘损伤属性

用户可以定义在面接触相互作用中考虑的损伤初始化、扩展和稳定性属性。更多信息见《Abaqus 分析用户手册——指定条件、约束与相互作用卷》的 4.1.10 节“基于面的胶粘行为”。

若要指定力学接触损伤属性，执行以下操作：

1. 从主菜单栏选择 Interaction→Property→Create。

2. 在出现的 Create Interaction Property 对话框中进行下面的操作。

• 命名相互作用属性，有关命名对象的更多信息，见 3.2.1 节“使用基本对话框组件”。

• 选择 Contact 相互作用属性类型。

3. 单击 Continue 来关闭 Create Interaction Property 对话框。

4. 从接触属性编辑器中的菜单选择 Mechanical→Damage。

5. 从 Initiation 标签页执行下面的步骤。

a. 从 Criterion 列表选择以下选项之一。

• 选择 Maximum nominal stress，以胶粘单元的最大法向应力准则为基础来指定损伤初始准则。

• 选择 Maximum separation，以最大分离值为基础来指定损伤初始准则。

• 选择 Quadratic traction，以胶粘单元的二次拉伸-相互作用准则为基础来指定损伤初始准则。

• 选择 Quadratic separation 来以胶粘单元的二次分离-相互作用准则为基础来指定损伤初始准则。

b. 如果损伤初始行为取决于温度，则切换选中 Use temperature-dependent data。

c. 单击 Number of field variables 域右侧的箭头来指定损伤初始行为所依赖的场变量数量。

d. 在提供的数据表格中输入所需的数据。

6. 如果用户想要指定损伤扩展准则，则切换选中 Specify damage evolution，单击 Evolution 标签页，然后执行下面的步骤：

a. 从 Type 选项选择以下类型之一：

• 选择 Displacement，将损伤扩展定义成损伤初始后总位移（对于胶粘单元中的弹性材料）或塑性位移（对于块弹性-塑性材料）的函数。

• 选择 Energy，以定义损伤初始后失效所需能量（断裂能）的损伤扩展。

b. 从 Softening 选项选择以下类型之一。

• 选择 Linear 来为线性弹性材料指定一个线性软化应力-应变响应（损伤初始后），或者为弹性-塑性材料指定一个随着变形，损伤变量线性扩展的响应（损伤初始后）。

• 选择 Exponential 来为线性弹性材料指定一个指数软化应力-应变响应（损伤初始后），或者为弹性-塑性材料指定一个随着变形，损伤变量指数扩展的响应（损伤初始后）。

• 选择 Tabular，以表格的形式指定损伤变量随着变形的扩展（损伤初始后）。此选项仅适用于位移形式的损伤演化。

c. 如果用户想要指定模式相关的行为，则切换选中 Specify mixed mode behavior 并选择以下选项之一。

• 选择 Tabular，将断裂能或位移（总位移或者塑性位移）直接指定为胶粘单元剪切-法向混合模式的函数。当根据位移定义损伤演化时，必须使用此方法指定胶粘单元的混合模式行为。

• 选择 Power law，通过幂律混合模式的断裂准则，将断裂能指定为模式混合的函数。

• 选择 Benzeggagh-Kenane，通过 Benzeggagh-Kenane 混合模式的断裂准则，将断裂能指定为混合模式的函数。

d. 如果用户已经为混合模式行为指定了 Tabular，则选择以下选项之一：

• 选择 Energy，以不同模式中断裂能的比的形式来定义模式混合。

• 选择 Traction，以拉伸分量的比的形式来定义模式混合。

e. 如果用户切换选中 Specify mixed mode behavior，并选择 Power law 或 Benzeggagh-Kenane 作为开裂准则，则可以指定幂律准则或 Benzeggagh-Kenane 准则中的指数，这些准则定义断裂能随着胶粘单元混合模式的变化。切换选中 Specify power-law/criterion 并在该域输入指数的值。

f. 如果损伤演化行为取决于温度，则切换选中 Use temperature-dependent data。

g. 单击 Number of field variables 域右侧的箭头来指定损伤演化行为所依赖的场变量数量。

h. 在提供的数据表格中输入所需的数据。

7. 如果用户想要指定本构方程的黏性规则来定义基于面的胶粘行为，则切换选中

Specify damage stabilization，单击 Stabilization 表格并指定一个黏性系数。

8. 单击 OK 来创建接触属性，并退出 Edit Contact Property 对话框。另外，用户可以从 Edit Contact Property 对话框中的菜单选择要定义的其他接触属性选项。

6）为裂纹扩展指定开裂准则属性

用户可以在 Abaqus/Standard 模型中使用虚拟裂纹闭合技术（VCCT）来指定用于模拟裂纹扩展的断裂准则。断裂准则规定了临界能量释放速率。更多信息见《Abaqus 分析用户手册——分析卷》的 6.4.3 节“裂纹扩展分析”。

若要指定裂纹扩展开裂准则属性，执行以下操作：

1. 从主菜单栏选择 Interaction→Property→Create。

2. 在出现的 Create Interaction Property 对话框中进行下面的操作。

- 命名相互作用属性，有关命名对象的更多信息，见 3.2.1 节“使用基本对话框组件”。
- 选择 Contact 相互作用属性类型。

3. 单击 Continue 来关闭 Create Interaction Property 对话框。

4. 从接触属性编辑器中的菜单选择 Mechanical→Fracture Criterion。

5. 选择裂纹沿着初始部分粘接面扩展的准则类型——虚拟裂纹闭合技术（VCCT）准则，或者增强的虚拟裂纹闭合技术（Enhanced VCCT）准则。虚拟裂纹闭合技术仅在 Abaqus/Standard 分析中可用。

6. 如果用户在扩展区域使用裂纹扩展准则，当满足断裂准则时，选择相对局部 1 方向的裂纹扩展方向。裂纹可以在最大切向应力方向的垂直方向上扩展（默认的）、与单元的局部 1 方向垂直，或者与单元的局部 1 方向平行。

7. 选择混合模式行为：

- 选择 BK，通过 Benzeggagh-Kenane 混合模式断裂准则，将断裂能指定为混合模式的函数。
- 选择 Power，通过幂律混合模式断裂准则，将断裂能指定为混合模式的函数。
- 选择 Reeder，通过 Reeder 混合模式断裂准则，将断裂能指定为混合模式的函数。

8. 如果需要，指定容差，在此容差中必须满足裂纹扩展准则，默认值为 0.2。

9. 如果需要，指定容差，在此容差中必须满足不稳定裂纹扩展，当不稳定的裂纹问题满足 VCCT 准则时，允许裂纹尖端处的和前面的多个节点脱胶开裂，无须在一个增量中削减增量大小。此默认值为无穷大。

10. 如果需要，指定用于黏性规则中的黏性系数，默认值为 0.0。

11. 如果用户为断裂准则选择了 VCCT，则要定义每一个模式的能量释放率（对于裂纹触发和裂纹扩展）：G_{IC}、G_{IIC}和G_{IIIC}。

12. 如果用户为断裂准则选择了 Enhanced VCCT，则进行下面的操作：

- 为每一个模式的裂纹触发定义能量释放率：G_{IC}、G_{IIC}和G_{IIIC}。
- 为每一个模式的裂纹扩展定义能量释放率：：G_{IC}^P、G_{IIC}^P和G_{IIIC}^P。

13. 如果用户选择 Reeder 或 BK 作为断裂准则，则要定义 Reeder 法则或 Benzeggagh-Kenane 模式中的指数 η。

14. 如果用户将断裂准则选择成 Power，则在幂律模式中定义三个指数a_m、a_n和a_0。

15. 如果断裂准则取决于温度，则切换选中 Use temperature-dependent data。

16. 单击 Number of field variables 域右侧的箭头来指定断裂准则所依赖的场变量数量。

17. 在提供的数据表格中输入所需的数据。

18. 单击 OK 来创建接触属性，并退出 Edit Contact Property 对话框。另外，用户可以从 Edit Contact Property 对话框中的菜单选择要定义的接触属性选项。

7）为力学接触属性选项指定几何属性

用户可以定义在面接触相互作用中考虑的其他几何属性。

若要指定几何接触属性，执行以下操作：

1. 从主菜单栏选择 Interaction→Property→Create。
2. 在出现的 Create Interaction Property 对话框中进行下面的操作。
- 命名相互作用属性，有关命名对象的更多信息，见 3.2.1 节“使用基本对话框组件”。
- 选择 Contact 相互作用属性类型。
3. 单击 Continue 来关闭 Create Interaction Property 对话框。
4. 从接触属性编辑器中的菜单选择 Mechanical→Geometric Properties。
5. 如果用户正在执行 Abaqus/Standard 分析，则可以为二维模型指定面外的面厚度，或者为基于节点的面上的每个节点指定横截面积。在 Out-of-plane surface thickness or cross-sectional area（Standard）域输入此值。
6. 如果用户正在执行 Abaqus/Explicit 分析，则可以指定两个相互作用面之间的界面层厚度。切换选中 Thickness of interfacial layer（Explicit），并输入厚度。
7. 单击 OK 来创建接触属性，并退出 Edit Contact Property 对话框。另外，用户可以从 Edit Contact Property 对话框中的菜单选择要定义的其他接触属性选项。

2. 定义热接触属性选项

用户可以定义热接触属性选项来指定摩擦引起的热传导、热生成和热辐射。以下各部分将介绍如何指定热接触属性模型：

- “为热接触属性选项指定热传导”
- “为热接触属性选项指定热生成”
- “为热接触属性选项指定辐射”

1）为热接触属性选项指定热传导

用户可以指定热传导来定义非常接近的（或接触）面之间的热交换传递。更多信息见

《Abaqus 分析用户手册——指定条件、约束与相互作用卷》的 4.2 节“热接触属性”中的“模拟面之间的传导系数”。

若要指定热传导，执行以下操作：

1. 从主菜单栏选择 Interaction→Property→Create。

2. 在出现的 Create Interaction Property 对话框中进行下面的操作。

- 命名相互作用属性，有关命名对象的更多信息，见 3.2.1 节“使用基本对话框组件”。
- 选择 Contact 相互作用属性类型。

3. 单击 Continue 来关闭 Create Interaction Property 对话框。

4. 从接触属性编辑器中的菜单选择 Thermal→Thermal Conductance。

出现 Edit Contact Property 对话框。

5. 在出现的编辑器中，单击 Definition 域右侧的箭头，然后为定义热传导选择一个选项：

- 选择 Tabular，输入将热传导关联到接触面之间的间隙或压力的数据。
- 选择 User-defined，在用户子程序 GAPCON 中定义热传导。如果用户选择此选项，则跳到步骤 9。

6. 说明用户是否要将热传导定义成面之间的间隙、面之间的接触压力或二者的函数。

7. 如果用户想要将热传导定义成间隙的函数，则显示 Clearance Dependency 标签页并进行下面的操作：

a. 如果数据取决于温度，则切换选中 Use temperature-dependent data。

b. 如果数据取决于单位面积上的平均质量流率 $\overline{|\dot{m}|}$，则切换选中 Use mass flow rate-dependent data（Standard only）。

c. 单击 Number of field variables 域右侧的箭头来指定数据所依赖的场变量数量。

d. 在数据表格中，将热传导定义成间隙的函数。

表格数据必须从零间隙开始（闭合间隙），并定义间隙增加时的热传导。用户必须提供至少两对点。热传导的值在最后一个数据点后立即降低到零，因此当间隙大于最后的数据点所对应的值时，没有热传导。如果间隙也没有定义成接触压力的函数，则对于所有的压力，将保持零间隙时的热传导不变。

8. 如果用户想要将热传导定义成接触压力的函数，则在 Pressure Dependency 标签页进行下面的操作：

a. 如果数据取决于温度，则切换选中 Use temperature-dependent data。

b. 如果数据取决于单位面积上的平均质量流率 $\overline{|\dot{m}|}$，则切换选中 Use mass flow rate-dependent data（Standard only）。

c. 单击 Number of field variables 域右侧的箭头来指定数据所依赖的场变量数量。

d. 在数据表格中，将热传导定义成界面处接触压力的函数。

表格数据必须从零接触压力开始（或在接触可以承受拉力的情况中，以最负压力的数据点开始），并定义压力增加时的热传导。对于接触压力超出数据点定义的区间时，热传导值保持不变。如果也没有将传导定义成间隙的函数，则对于所有的正间隙值，热传导为零，并且在零间隙处不连续。

9. 单击 OK 来创建接触属性，并退出 Edit Contact Property 对话框。另外，用户可以从 Edit Contact Property 对话框中的菜单选择要定义的其他接触属性选项。

2）为热接触属性选项指定热生成

用户可以指定由于接触面的机械界面或电界面引起的能量耗散所产生的热生成。更多信息见《Abaqus 分析用户手册——指定条件、约束与相互作用卷》的 4.2 节“热接触属性”中的“模拟由无热表面相互作用产生的热”。

若要指定热生成，执行以下操作：

1. 从主菜单栏选择 Interaction→Property→Create。
2. 在出现的 Create Interaction Property 对话框中进行下面的操作。
- 命名相互作用属性，有关命名对象的更多信息，见 3.2.1 节“使用基本对话框组件”。
- 选择 Contact 相互作用属性类型。
3. 单击 Continue 来关闭 Create Interaction Property 对话框。
4. 从接触属性编辑器中的菜单选择 Thermal→Heat Generation。
5. 在出现的编辑器中，指定 Fraction of dissipated energy caused by friction or electric currents that is converted to heat：
- 选择 Use default（1.0），将所有耗散的能量转换成热。
- 选择 Specify，输入用户选择的分数。
6. 指定 Fraction of converted heat distributed to slave surface：
- 选择 Use default（0.5），在主面与从面之间均匀地分布热。
- 选择 Specify，输入分布到从面的热分数。剩余部分将分布到主面。
7. 单击 OK 来创建接触属性，并退出 Edit Contact Property 对话框。另外，用户可以从 Edit Contact Property 对话框中的菜单选择要定义的其他接触属性选项。

3）为热接触属性选项指定辐射

用户可以指定紧邻的面之间的辐射热。更多信息见《Abaqus 分析用户手册——指定条件、约束与相互作用卷》的 4.2.1 节“热接触属性”中的“模拟间隙较小的面之间的辐射”。

若要指定辐射，执行以下操作：

1. 从主菜单栏选择 Interaction→Property→Create。
2. 在出现的 Create Interaction Property 对话框中进行下面的操作。
- 命名相互作用属性，有关命名对象的更多信息，见 3.2.1 节“使用基本对话框组件”。

• 选择 Contact 相互作用属性类型。

3. 单击 Continue 来关闭 Create Interaction Property 对话框。

4. 从接触属性编辑器中的菜单选择 Thermal→Radiation。

5. 在出现的编辑器中输入主面和从面的发射率 ϵ。

6. 在提供的表格中，将角系数定义成间隙的函数。

角系数的值应介于0.0~1.0之间。至少要求两对点。表格数据必须从零间隙（闭合间隙）开始，并定义间隙增加时的角系数。在最后一个数据点之后，角系数立即降低到零，因此当间隙大于最后的数据点对应的值时，没有热辐射。

7. 单击 OK 来创建接触属性，并退出 Edit Contact Property 对话框。另外，用户可以从 Edit Contact Property 对话框中的菜单选择要定义的其他接触属性选项。

3. 定义电接触属性选项

用户可以定义电接触属性选项来指定间隙电导。

为电接触属性选项指定间隙电导

用户可以指定紧邻的或接触的面之间的间隙电导。电导与间隙之间的电势差成比例。电导是面之间间隙（分隔）的函数，也可以是接触压力的函数。更多信息见《Abaqus 分析用户手册——指定条件、约束与相互作用卷》的 4.3 节“电接触属性”。

若要指定间隙电导，执行以下操作：

1. 从主菜单栏选择 Interaction→Property→Create。

2. 在出现的 Create Interaction Property 对话框中进行下面的操作。

• 命名相互作用属性，有关命名对象的更多信息，见 3.2.1 节“使用基本对话框组件”。

• 选择 Contact 相互作用属性类型。

3. 单击 Continue 来关闭 Create Interaction Property 对话框。

4. 从接触属性编辑器中的菜单选择 Electrical→Electrical Conductance。

出现 Edit Contact Property 对话框。

5. 在出现的编辑器中，单击 Definition 域右侧的箭头，然后为定义电导选择一个选项。

• 选择 Tabular，输入将电导与接触面之间的间隔进行关联的数据。

• 选择 User-defined，在用户子程序 GAPELECTR 中定义电导。如果用户选择此选项，则跳到步骤 9。

6. 说明用户是否想要将电导定义成面之间的间隙、面之间的接触压力，或者二者的函数。

7. 如果用户想要将电导定义成间隙的函数，则在 Clearance Dependency 标签页进行下面的操作：

a. 如果数据取决于温度，则切换选中 Use temperature-dependent data。

b. 单击 Number of field variables 域右侧的箭头来指定数据所依赖的场变量数量。

c. 在数据表格中，将电导定义成间隙的函数。

表格数据必须从零间隙开始（闭合间隙），并定义随着间隙增加的电导。至少要求两对点。电导值在最后的数据点之后立即降低到零，因此当间隙大于最后数据点对应的值时，没有电导。如果也没有将电导定义成接触压力的函数，则对于所有的压力，将保持零间隙时的电导不变。

8. 如果用户想要将电导定义成接触压力的函数，则在 Pressure Dependency 标签页进行下面的操作：

a. 如果数据取决于温度，则切换选中 Use temperature-dependent data。

b. 单击 Number of field variables 域右侧的箭头来指定数据所依赖的场变量数量。

c. 在数据表格中，将电导定义成界面处接触压力的函数。

表格数据必须从零接触压力开始（或在接触可以承受拉力的情况中，以最负压力的数据点开始），并定义压力增加时的电导。对于数据点定义区间之外的接触压力，电导值保持不变。如果也没有将电导定义成间隙的函数，则对于所有的正间隙值，电导为零，并且在零间隙处不连续。

9. 单击 OK 来创建接触属性，并退出 Edit Contact Property 对话框。另外，用户可以从 Edit Contact Property 对话框中的菜单选择要定义的其他接触属性选项。

15.14.2 定义膜条件相互作用属性

用户可以将膜系数定义成温度和场变量的函数。只有面的膜条件相互作用或者集中的膜条件相互作用可以应用膜条件相互作用属性。更多信息见 15.13.22 节“定义面的膜条件相互作用”，以及 15.13.23 节“定义集中的膜条件相互作用”。

若要定义膜条件相互作用属性，执行以下操作：

1. 从主菜单栏选择 Interaction→Property→Create。
2. 在出现的 Create Interaction Property 对话框中进行下面的操作。
   - 命名相互作用属性，有关命名对象的更多信息，见 3.2.1 节“使用基本对话框组件”。
   - 选择 Film condition 相互作用属性类型。
3. 单击 Continue 来关闭 Create Interaction Property 对话框。
4. 切换选中 Use temperature-dependent data 来定义随着温度变化的膜系数。在数据表格中出现标签为 Temp 的列。
5. 若要定义取决于场变量的膜系数，单击 Number of field variables 域右边的箭头来增加或者减少场变量的数量。数据表格将出现场变量列。
6. 在数据表格中，将膜系数 h（量纲为 $JT^{-1}L^{-2}\theta^{-1}$），作为温度和场变量的函数。用户可以使用键盘将数据输入表格。另外，用户也可以在表格的任何地方单击鼠标键 3 来查看指定表格数据的选项列表。有关每个选项的详细信息，见 3.2.7 节“输入表格数据”。

7. 单击 OK 来创建膜条件相互作用属性并退出编辑器。

15.14.3 定义空腔辐射相互作用属性

用户可以将腔面的辐射率定义成温度和场变量的函数。只有空腔辐射相互作用可以应用空腔辐射相互作用属性。更多信息见 15.13.21 节“定义空腔辐射相互作用”。

若要定义空腔辐射相互作用属性，执行以下操作：

1. 从主菜单栏选择 Interaction→Property→Create。

2. 在出现的 Create Interaction Property 对话框中进行下面的操作。

• 命名相互作用属性，有关命名对象的更多信息，见 3.2.1 节“使用基本对话框组件”。

• 选择 Cavity radiation 相互作用属性类型。

3. 单击 Continue 来关闭 Create Interaction Property 对话框。

4. 切换选中 Use temperature-dependent data 来定义随着温度变化的空腔辐射属性。在数据表格中出现标签为 Temp 的列。

5. 若要定义取决于场变量的空腔辐射属性，单击 Number of field variables 域右侧的箭头来增加或者减少场变量的数量。数据表格将出现场变量列。

6. 在数据表格中，输入作为温度和场变量函数的发射率 ϵ。用户可以使用键盘在表格中输入数据。另外，用户也可以在表格中的任何地方单击鼠标键 3 来查看指定表格数据的选项列表。有关每个选项的详细信息，见 3.2.7 节“输入表格数据”。

7. 单击 OK 来创建空腔辐射相互作用属性并退出编辑器。

15.14.4 定义流体腔相互作用属性

流体腔相互作用编辑器包含下面两个流体类型定义：

• Hydraulic，见“定义液体型流体腔属性选项”

• Pneumatic，见“定义气体型流体腔属性选项”

仅流体腔相互作用可以参照流体腔相互作用属性。更多信息见 15.13.11 节“定义流体腔相互作用”。

1. 定义液体型流体腔属性选项

用户应当使用液体型流体的定义来模拟腔中几乎不可压缩或者完全不可压缩的流体行为。液体型流体必须包括密度，并且可以包括体积模量和膨胀数据。更多信息见《Abaqus 分析用户手册——分析卷》的 6.5.2 节“流体腔定义”。

若要定义液体型流体腔相互作用属性，执行以下操作：

1. 从主菜单栏选择 Interaction→Property→Create。
2. 在出现的 Create Interaction Property 对话框中进行下面的操作。
- 命名相互作用属性，有关命名对象的更多信息，见 3.2.1 节“使用基本对话框组件”。
- 选择 Fluid cavity 相互作用属性类型。
3. 单击 Continue 来关闭 Create Interaction Property 对话框。

Abaqus/CAE 打开 Edit interaction property 对话框。

4. 选择 Hydraulic 流体定义。
5. 输入 Fluid density。
6. 在 Fluid Bulk Modulus 标签中，切换选中 Specify fluid bulk modulus 来输入体积模量，并允许输入温度和场变量数据。

流体体积模量对于 Abaqus/Explicit 是必须的，而对于 Abaqus/Standard 是可选的。

7. 切换选中 Use temperature-dependent data 来定义随着温度变化的流体体积模量。在数据表格中出现标签为 Temp 的列。
8. 要定义取决于场变量的流体体积模量，单击 Number of field variables 域右侧的箭头来增加或者减少场变量的数量。数据表格将出现场变量列。
9. 在数据表格中，输入作为温度和场变量函数的体积模量。用户可以使用键盘在表格中输入数据。另外，用户也可以在表格中的任何地方右击鼠标来查看指定表格数据的选项列表。有关每个选项的详细信息，见 3.2.7 节“输入表格数据”。
10. 在 Fluid Expansion 标签中，切换选中 Specify fluid thermal expansion coefficients 来指定膨胀数据。
11. 切换选中 Use temperature-dependent data 来定义随着温度变化的流体膨胀。在数据表格中出现标签为 Temp 的列。
12. 若要定义取决于场变量的流体膨胀，单击 Number of field variables 域右侧的箭头来增加或减少场变量的数量。数据表格将出现场变量列。
13. 如果流体膨胀取决于温度或者场变量，则输入用于计算膨胀系数的 Reference temperature。
14. 在数据表格中，输入作为温度和场变量函数的流体膨胀系数。用户可以使用键盘在表格中输入数据。另外，用户也可以在表格中的任何地方单击鼠标键 3 来查看指定表格数据的选项列表。有关每个选项的详细信息，见 3.2.7 节“输入表格数据”。
15. 单击 OK 来创建液体型流体腔相互作用属性并退出编辑器。

2. 定义气体型流体腔属性选项

气体型流体必须包括理想气体分子量；对于 Abaqus/Explicit 分析，气体型流体还可以包括摩尔热容数据。更多信息见《Abaqus 分析用户手册——分析卷》的 6.5.2 节“流体腔定义”。

若要定义气体型流体腔相互作用属性，执行以下操作：

1. 从主菜单栏选择 Interaction→Property→Create。
2. 在出现的 Create Interaction Property 对话框中进行下面的操作。
- 命名相互作用属性，有关命名对象的更多信息，见 3.2.1 节“使用基本对话框组件”。
- 选择 Fluid cavity 相互作用属性类型。
3. 单击 Continue 来关闭 Create Interaction Property 对话框。

Abaqus/CAE 打开 Edit interaction property 对话框。

4. 选择 Pneumatic 流体定义。
5. 输入 Ideal gas molecular weight。
6. 对于 Abaqus/Explicit 分析，如果需要，切换选中 Specify molar heat capacity，以包括热传导数据。
7. 如果用户想要指定摩尔热容，则选择 Polynomial 或者 Tabular 数据类型。
8. 如果用户在之前的分析步中选择了 Polynomial，则为多项式中的五个项输入系数（不需要的项输入 0）。如果用户在之前的分析步中选择 Tabular，则进行下面的操作来完成数据表格。

a. 切换选中 Use temperature-dependent data 来定义随着温度变化的流体膨胀。在数据表格中出现标签为 Temp 的列。

b. 若要定义取决于场变量的流体膨胀，单击 Number of field variables 域右边的箭头来增加或者减少场变量的数量。数据表格将出现场变量列。

c. 在数据表格中，输入作为温度和场变量函数的摩尔热容。用户可以使用键盘在表格中输入数据。另外，用户也可以在表格中单击鼠标键 3 来查看指定表格数据的选项列表。有关每个选项的详细信息，见 3.2.7 节“输入表格数据”。

9. 单击 OK 来创建气体型流体腔相互作用属性并退出编辑器。

15.14.5 定义流体交换相互作用属性

用户使用流体交换相互作用属性来定义流体在腔和环境之间的交换方法，或者两个腔之间的交换方法。只有流体交换相互作用可以应用流体交换相互作用属性。更多信息见 15.13.12 节“定义流体交换相互作用”。

若要定义流体交换相互作用属性，执行以下操作：

1. 从主菜单栏选择 Interaction→Property→Create。
2. 在出现的 Create Interaction Property 对话框中进行下面的操作。
- 命名相互作用属性，有关命名对象的更多信息，见 3.2.1 节“使用基本对话框组件”。
- 选择 Fluid exchange 相互作用属性类型。
3. 单击 Continue 来关闭 Create Interaction Property 对话框。

Abaqus/CAE 打开 Edit interaction property 对话框。

4. 选择下列流体交换的定义之一：

Bulk viscosity

流体交换速率是基于黏性阻力系数和流体动力阻力系数的。这两个系数可以包括对平均绝对压力、平均温度和任何用户定义的场变量平均值的依赖性。

Mass flux

流体交换速率是基于流体交换相互作用中定义的有效区域的单位面积质量流率。

Mass rate leakage

流体交换速率是基于质量流率的，由主要腔与环境之间的，或者主要腔与第二个腔之间压力差的绝对值驱动。质量流率和压力差的绝对值都从零开始，且必须是正值。质量泄漏率可以包括对平均绝对压力、平均温度和任何用户定义的场变量的平均值的依赖性。

Volume flux

流体交换速率是基于流体交换相互作用中定义的有效区域的单位面积体积流率。

Volume rate leakage

流体交换速率是基于体积流率的，由主要腔与环境之间的，或者主要腔与第二个腔之间压力差的绝对值驱动。体积流率和压力差的绝对值都从零开始，且必须是正值。体积泄漏率可以包括对平均绝对压力、平均温度和任何用户定义的场变量平均值的依赖性。

5. 如果用户选择了 Bulk viscosity、Mass rate leakage 或者 Volume rate leakage 流体交换定义，则进行下面的操作来完成流体交换属性定义：

a. 切换选中想要的选项，向表格中添加数据列。

用户可以添加依赖压力或者温度的数据，也可以添加场变量。

b. 在数据表格中，输入作为温度、压力和场变量函数的属性数据。用户可以使用键盘在表格中输入数据。另外，用户也可以在表格中的任何地方单击鼠标键 3 来查看指定表格数据的选项。有关每个选项的详细信息，见 3.2.7 节“输入表格数据”。

6. 如果用户选择了 Mass flux 或者 Volume flux 流体交换定义，则分别输入单位面积上的质量流率，或者单位面积上的体积流率。

7. 单击 OK 来创建流体交换相互作用属性并退出编辑器。

15.14.6　定义声阻抗相互作用属性

用户使用声阻抗相互作用属性来定义声学分析中压力与面位移和速度法向分量之间的比例因子。只有声阻抗相互作用可以应用声阻抗相互作用属性。更多信息见 15.13.17 节“定义声阻抗”。

若要定义声阻抗相互作用属性，执行以下操作：

1. 从主菜单栏选择 Interaction→Property→Create。

2. 在出现的 Create Interaction Property 对话框中进行下面的操作。

- 命名相互作用属性，有关命名对象的更多信息，见 3.2.1 节“使用基本对话框组件”。
- 选择 Acoustic impedance 相互作用属性类型。

3. 单击 Continue 来关闭 Create Interaction Property 对话框。

4. 从 Data type 域选择用户将用来定义声阻抗的表格数据类型。

- 选择 Impedance 来指定一个使用阻抗的实部和虚部的阻抗。
- 选择 Admittance 来指定一个使用导纳值的阻抗。

5. 切换选中 Use frequency-dependent data 来定义随着频率变化的声阻抗。在数据表格中出现标签为 Frequency 的列。

6. 如果用户使用的是阻抗数据，则在表格中输入下面的数据：

- Re（Z），面阻抗的实部（量纲为 $FL^{-3}T$）。
- Im（Z），面阻抗的虚部（量纲为 $FL^{-3}T$）。

7. 如果用户使用的是导纳数据，则在表格中输入下面的数据。

- $1/c_1$，法向上的压力与面速度之间的比例因子。这个量是复导纳的实部（量纲为 $F^{-1}L^3T^{-1}$）。
- $1/k_1$，法向上的压力与面位移之间的比例因子。这个量是复导纳的虚部（量纲为 $F^{-1}L^3$）。

8. 单击 OK 来创建声阻抗相互作用属性并退出编辑器。

15.14.7 定义入射波相互作用属性

用户可以定义入射波的速度和其他波载荷的特征。对于球形入射波载荷，用户可以有选择地指定由于 UNDEX 气泡或者入射波场的空间衰减引起的载荷影响。只有入射波相互作用可以应用入射波相互作用属性。只有使用 UNDEX 定义的入射波相互作用可以应用指定 UNDEX 数据的入射波相互作用属性。更多信息见 15.13.18 节“定义入射波”。

若要定义入射波相互作用属性，执行以下操作：

1. 从主菜单栏选择 Interaction→Property→Create。

2. 在出现的 Create Interaction Property 对话框中进行下面的操作。

- 命名相互作用属性，有关命名对象的更多信息，见 3.2.1 节“使用基本对话框组件”。
- 选择 Incident wave 相互作用属性类型。

3. 单击 Continue 来关闭 Create Interaction Property 对话框。

4. 在 Speed of sound in fluid 域输入流体中的声速 c_f。

5. 在 Fluid density 域输入流体质量密度 ρ_f。

6. 从 Definition 域选择定义入射波属性的波类型。

- 选择 Planar 来指定平面入射波。
- 选择 Spherical 来指定球形入射波。
- 选择 Diffuse 来指定从多个角度入射的平面波场。

- 选择 Air blast 来指定使用 CONWEP 模型的结构上的空气爆炸载荷。
- 选择 Surface blast 来指定使用 CONWEP 模型的结构上的面爆炸载荷。

7. 如果用户指定的是球形入射波，则选择传播模型。更多信息见《Abaqus 分析用户手册——指定条件、约束与相互作用卷》的 1.4.6 节“声学和冲击载荷”中的“描述入射波载荷”。

- 选择 Acoustic 来指定入射波，其幅值与声源的距离成反比。
- 选择 UNDEX charge 来指定 UNDEX 气泡数据。
- 选择 Generalized decay 来指定入射波场的空间衰减。

8. 如果用户选择了 UNDEX charge 传播模型，则单击 Physical、Material 和 Bubble Model 选项卡，并指定下面的值。

物理数据（Physical Data）

- 气体比热比 γ。
- 重力加速度 g。
- 大气压p_{atm}。
- 流动阻力系数C_D。
- 流动阻力指数E_D。
- 切换选中 Neglect wave effects in fluid and gas，可忽略波效应。

材料数据（Material Data）

- 电荷材料常数 k。
- 电荷材料常数 A。
- 电荷材料常数 B。
- 绝热电荷常数K_c。
- 电荷材料的密度ρ_c。
- 电荷材料的质量m_c。

气泡模型步数据（Bubble Model Step Data）

- 持续时间T_{final}。
- 气泡仿真的时间步最大数量N_{steps}。当步的数量达到N_{steps}或者达到时间段T_{final}时，气泡幅值才停止。
- 相对步长控制参数Ω_{rel}。
- 绝对步长控制参数X_{abs}。
- 步长控制指数β。根据误差评估$(\Omega_{rel}|x|+X_{abs})^{\beta}\leqslant\Delta t\left|\frac{\mathrm{d}x}{\mathrm{d}t}\right|^{\beta}$来增加或者减少步长 Δt。

9. 如果用户已经选择了 Generalized decay 传播模型，则输入无量纲常数 A、B 和 C 的值，其中 $A>-1$，$B>-1$ 和 $C\geqslant 0$。

10. 如果用户定义的是扩散入射波，则在 Seed number 域中为扩散源计算指定种子数量。

11. 如果用户选择了 Air blast 或者 Surface blast 定义，则在对话框的 CONWEP Charge 部分中指定以下设置。

- 在 Equivalent mass of TNT 域中，用户可以用任何偏好的质量单位来指定 TNT 等效质量。

• 在 Conversion for mass to kilograms 域中，指定乘子因子，将首选的质量单位转换为千克。

• 在 Conversion for length to meters 域中，指定乘子因子，将分析中使用的长度单位转换为米。

• 在 Conversion for time to seconds 域中，指定乘子因子，将分析中使用的时间单位转换为秒。

• 在 Conversion for pressure to pascals 域中，指定乘子因子，将分析中使用的压力单位转换为帕斯卡。

12. 单击 OK 来创建入射波相互作用属性并退出编辑器。

15.14.8 定义作动器/传感器相互作用属性

作动器/传感器相互作用属性提供 PROPS、JPROPS、NPROPS 和 NJPROPS 变量，这些变量被传递到用于作动器/传感器相互作用的 UEL 用户子程序中。更多信息见 15.13.26 节“定义作动器/传感器相互作用”。

若要定义作动器/传感器相互作用属性，执行以下操作：

1. 从主菜单栏选择 Interaction→Property→Create。
2. 在出现的 Create Interaction Property 对话框中进行下面的操作。

• 命名相互作用属性，有关命名对象的更多信息，见 3.2.1 节“使用基本对话框组件”。

• 选择 Actuator/sensor 相互作用属性类型。

3. 单击 Continue 来关闭 Create Interaction Property 对话框。
4. 单击 Real Properties 选项卡，然后输入实数属性值来提供传递到 UEL 用户子程序的 PROPS 和 NPROPS 变量。
5. 单击 Integer Properties 选项卡，然后输入整数属性值来提供传递到 UEL 用户子程序的 JPROPS 和 NJPROPS 变量。
6. 单击 OK 来创建作动器/传感器相互作用属性并退出编辑器。

15.15　使用约束编辑器

本节介绍如何在约束编辑器中输入数据来定义特定类型的约束，包括以下主题：

- 15.15.1 节　“定义绑定约束”
- 15.15.2 节　“定义刚体约束”
- 15.15.3 节　“定义显示体约束”
- 15.15.4 节　“定义耦合约束”
- 15.15.5 节　“定义调整点约束”
- 15.15.6 节　“定义 MPC 约束”
- 15.15.7 节　“定义壳-实体耦合约束”
- 15.15.8 节　“定义嵌入的区域约束”
- 15.15.9 节　“定义方程约束”

15.15.1　定义绑定约束

绑定约束将两个分离的面绑定到一起，使它们之间没有相对运动。这种类型的约束允许用户将两个区域融合到一起，即使区域面上的网格划分可能不相同。用户可以定义线框边之间或者实体或者壳的面之间的绑定约束。更多信息见 15.5 节“理解约束”，以及《Abaqus 分析用户手册——指定条件、约束与相互作用卷》的 2.3.1 节“网格绑缚约束”。

如果用户正在创建多个绑定约束，则用户可能想要使用自动接触探测工具。这个工具可以自动化面搜索过程，并允许用户同时创建多个约束。更多信息见 15.16 节“使用接触和约束探测”。

若要定义绑定约束，执行以下操作：

1. 从主菜单栏选择 Constraint→Create。

技巧：用户也可以使用相互作用模块工具箱中的 工具来创建绑定约束。

2. 在出现的 Create Constraint 对话框中进行下面的操作。

a. 命名约束，有关命名对象的更多信息，见 3.2.1 节“使用基本对话框组件”。

b. 从 Type 列表选择 Tie，然后单击 Continue。

3. 选择主面。

a. 在提示区域选择以下选项之一。

● 如果用户想要选择一个命名过的面，则选择 Surface。

● 如果用户想要选择一个区域来创建基于节点的面，则选择 Node Region。

b. 使用下列方法之一选择主面。

● 使用现有的面来定义区域。在提示区域的右侧，单击 Surfaces，从出现的 Region Selection 对话框中选择一个现有的面，并单击 Continue。

注意：默认的选择方法基于用户最近使用的选择方法。若要变化成其他方法，单击提示区域右侧的 Select in Viewport 或 Surfaces。

● 使用鼠标在视口中选择一个区域，更多信息见 6.2 节“在当前视口中选择对象”。单击鼠标键 2 来表明用户完成了选择。

如果模型包含网格和几何形体的组合，则从提示区域单击以下选项之一：

—如果用户想要从几何区域选择面或者顶点，则单击 Geometry。

—如果用户想要从本地或孤立网格中选择面或者节点，则单击 Mesh。

用户可以使用角度方法从几何形体中选择一组面或者边，或者从网格中选择一组单元面。更多信息见 6.2.3 节“使用角度和特征边方法选择多个对象”。

用户选择的主面在视口中高亮显示成红色。

4. 选择从面。

a. 在提示区域选择以下选项之一。

● 如果用户想要选择一个面，则选择 Surface。

● 如果用户想要选择一个区域来创建一个基于节点的面，则选择 Node Region。

b. 使用之前分析步中描述的相同方法来选择从面或者区域。

用户选择的从面或者区域在视口中高亮显示成粉红色。

出现约束编辑器。

5. Switch Surfaces 选项允许用户内部对调所选择的主面和从面，而不需要重新开始。仅当主面区域和从面区域是相同类型时，Switch Surfaces ⇆ 才可以用于都是面或者基于节点的区域。

6. 从编辑器选择 Discretization method。

● 选择 Analysis default 来使用默认的离散方法：对于 Abaqus/Standard 是面到面，对于 Abaqus/Explicit 是节点到面。

● 根据从属节点投影到主面上的点的插值函数，选择 Node to surface 来生成绑定系数。

● 选择 Surface to surface 来生成绑定系数，为指定的面对优化应力精度。

7. 如果用户想要在涉及位置容差和初始间隙调整的计算中忽略壳厚度效应，则切换选中 Exclude shell element thickness。

8. 选择下面的一个 Position Tolerance（位置容差）方法。

● Use computed default。Abaqus 使用默认的位置容差来确定要绑定的节点。更多信息见《Abaqus 分析用户手册——指定条件、约束与相互作用卷》的 2.3.1 节“网格绑缚约束”。

● Specify distance。用户可以指定到主面的绝对距离，从面上要绑定的所有节点必须位于此绝对距离内。

9. 如果用户想要 Abaqus 在初始构型中将从面的所有节点移动到主面上，则切换选中 Adjust slave surface initial position。

10. 如果用户想要 Abaqus 约束主面和从面上存在的转动自由度，则切换选中 Tie rotational DOFs if applicable。

11. 如果需要，用户可以为约束比指定一个值。用户必须切换不选 Tie rotational DOFs if applicable，才可以使用约束比选项。

12. 单击 OK 来保存用户的约束定义并关闭编辑器。

15.15.2 定义刚体约束

用户可以通过指定想要包含在刚体中的区域，以及指定一个刚体参考点来创建一个刚体约束。有关刚体的详细信息，见《Abaqus 分析用户手册——介绍、空间建模、执行与输出卷》的“刚体定义”2.4 节。

若要创建刚体约束，执行以下操作：

1. 从主菜单栏选择 Constraint→Create。

技巧：用户也可以使用相互作用模块工具箱中的工具来创建刚体约束。

2. 在出现的 Create Constraint 对话框中进行下面的操作。

a. 命名约束，有关命名对象的更多信息，见 3.2.1 节“使用基本对话框组件”。

b. 从 Type 列表选择 Rigid Body，然后单击 Continue。

出现约束编辑器。

3. 从编辑器选择用户想要包括在刚体中的所有区域。

a. 从 Region type 列表选择以下选项之一。

- 如果用户想要在刚体中包括几何区域的单元或者孤立单元，则选择 Body。
- 选择 Pin 来包括节点，使节点仅具有与刚体关联的平动自由度。
- 选择 Tie 来包括节点，使节点仅具有与刚体关联的平动自由度和转动自由度。
- 选择 Analytical Surface 来使刚体中包括分析面。

b. 在用户选择了一个区域类型后，单击编辑器右侧的。

c. 选择装配的一个区域来与之前分析步中选择的 Region type 区域相关联。使用下列方法之一来选择区域。

- 使用一个现有的集合或者面来定义区域。在提示区域的右侧，单击 Sets 或者 Surfaces，从出现的 Region Selection 对话框选择一个现有的集合或者面，然后单击 Continue。

注意：默认的选择方法基于用户最近使用的选择方法。若要变化成其他方法，单击提示区域右侧的 Select in Viewport，或者 Sets 或 Surfaces。

- 使用鼠标在视口中选择区域，更多信息见 6.2 节“在当前视口中选择对象”。

如果模型包含网格和几何形体的组合，则从提示区域选择以下选项之一。

—如果用户想要选择一个几何区域，则单击 Geometry。

—如果用户想要从本地或孤立网格中选择节点，则单击 Mesh。

用户可以使用角度方法从几何形体中选择一组面或者边，或者从网格中选择一组单元面。更多信息见 6.2.3 节“使用角度和特征边方法选择多个对象”。

d. 若要从刚体中删除一个区域类型，则选择该区域类型，然后单击编辑器右侧的 。

4. 按需求重复步骤 3 来选择用户想要包含在刚体中的所有区域。

5. 选择刚体参考点。

a. 在编辑器的底部单击 。

b. 使用上述方法之一来选择一个顶点或者节点作为刚体参考点。更多信息见第 72 章“参考点工具集”。

6. 如果用户想要 Abaqus 将刚体参考点重新定位在刚体的计算质心处，则切换选中 Adjust point to center of mass at start of analysis。

7. 切换选中 Constrain selected regions to be isothermal 来为完全耦合的热-应力分析指定各向同性热传导的刚体。

8. 单击 OK 来保存用户的约束定义并退出编辑器。

15.15.3 定义显示体约束

用户可以通过选择一个将会显示但不包括在分析中的零件实例来创建一个显示体约束。用户可以在空间中固定约束显示体，或者用户可以将显示体约束成跟随装配中的选中节点。用户可以对模型中的任何零件实例施加显示体约束。更多信息见《Abaqus 分析用户手册——介绍、空间建模、执行与输出卷》的 2.9 节“显示体定义”。此外，用户可以控制显示体在显示模块中的外观；更多信息见 55.8 节“定制显示体的外观”。有关包括显示体约束与连接器的组合的模型示例，见第 27 章“显示体”。

若要创建显示体约束，执行以下操作：

1. 从主菜单栏选择 Constraint→Create。

技巧：用户也可以使用相互作用模块工具箱中的 工具来创建显示体约束。

2. 在出现的 Create Constraint 对话框中进行下面的操作。

a. 命名约束，有关命名对象的更多信息，见 3.2.1 节“使用基本对话框组件”。

b. 从 Type 列表选择 Display body，然后单击 Continue。

3. 选择将成为显示体的零件实例。

出现约束编辑器。

4. 默认情况下，零件实例是固定的；用户也可以将零件实例约束成跟随装配中的选中点。从约束编辑器的 Motion control 域选择以下选项之一。

No motion

选择 No motion，在分析过程中把选中的零件实例固定在空间中。这是默认选项。

Follow single point

选择 Follow single point，单击 并选择将约束零件实例的点。用户必须从不同的零件实例选择该点，并且该零件实例不能是一个显示体。在分析过程中，显示体将跟随选中的点平动和转动。

Follow three points

选择 Follow three points，单击 ↖ 并选择将约束零件实例的三个点。用户必须从不同的零件实例选择这些点，并且零件实例不能是显示体。在分析过程中，显示体将遵守选中点定义的坐标系的平动和转动。第一个点表示坐标系的原点，第二个点表示 *X* 轴方向，第三个点表示 *X-Y* 平面。这三个点应该是非共线的，并且应在分析过程中保持非线性。

5. 单击 OK 来保存用户的约束定义并关闭编辑器。

15.15.4　定义耦合约束

用户使用耦合约束来约束面的运动和一个或者多个点的运动。用户可以通过指定一个或者多个控制点、一个约束区域以及影响半径来创建耦合约束，影响半径定义了约束区域中要包括的点。用户可以指定运动或者分布耦合的约束类型。有关耦合约束的详细信息，见《Abaqus 分析用户手册——指定条件、约束与相互作用卷》的 2.3.2 节“耦合约束”。

若要创建耦合约束，执行以下操作：

1. 从主菜单栏选择 Constraint→Create。

技巧：用户也可以使用相互作用模块工具箱中的 ◀ 工具来创建耦合约束。

2. 在出现的 Create Constraint 对话框中进行下面的操作。

a. 命名约束，有关命名对象的更多信息，见 3.2.1 节“使用基本对话框组件”。

b. 从 Type 列表选择 Coupling，然后单击 Continue。

3. 使用以下方法之一来选择一个或者多个点来定义约束控制点：

• 在视口中选择一个或者多个点。

技巧：默认切换不选 Selection 工具栏中的 ■ Select the Entity Closest to the Screen 工具。如果用户进行模糊选择，则 Abaqus/CAE 会高亮显示点，并在视口的左下角显示点的描述。使用 Next 和 Previous 按钮来查看选择项，单击 OK 来确认选择项。

更多信息见 6.2 节“在当前视口中选择对象”。单击鼠标键 2 来表明用户已经完成了选择。

如果模型包含网格和几何形体的组合，则从提示区域单击以下选项之一。

—如果用户想要从几何形体选择约束控制点或者参考点，则单击 Geometry。

—如果用户想要从本地或者孤立网格中选择约束控制点，则单击 Mesh。

• 使用一个现有的集合来定义区域。在提示区域的右侧，单击 Sets，从出现的 Region Selection 对话框选择一个现有的集合，然后单击 Continue。

注意：默认的选择方法基于用户最近使用的选择方法。若要变化成其他方法，单击提示区域右侧的 Select in Viewport 或者 Sets。

用户选择的点在视口中高亮显示成红色。

4. 在提示区域中选择以下方法之一来定义约束区域类型。

• 如果用户想要选择一个面，则选择 Surface。

• 如果用户想要选择一个区域来创建基于节点的面，则选择 Node Region。

5. 使用以下方法之一选择约束区域。

• 在视口中选择一个区域，更多信息见 6.2 节“在当前视口中选择对象”。单击鼠标键 2 来表明用户已经完成了选择。

如果模型包含网格和几何形体的组合，则从提示区域选择以下选项之一。

—如果用户想要从几何形体区域选择面，则单击 Geometry。

—如果用户想要从本地或者孤立网格中选择面，则单击 Mesh。

• 使用一个现有的面来定义区域。在提示区域的右侧，单击 Surfaces，从出现的 Region Selection 对话框选择一个现有的面，然后单击 Continue。

注意：默认的选择方法基于用户最近使用的选择方法。若要变化成其他方法，单击提示区域右侧的 Select in Viewport 或者 Surfaces。

用户选择的区域在视口中高亮显示成品红色，并且出现约束编辑器。

6. 从编辑器选择以下 Coupling type 类型之一。

1）选择 Kinematic 来定义耦合点与约束区域中多个点之间的运动耦合约束，然后切换选中用户想要约束的自由度。

2）选择 Continuum distributing 或者 Structural distributing 来定义控制点与约束区域中多个点之间的分布耦合约束。Abaqus/CAE 自动地约束平动自由度。

a. 切换选中用户想要约束的转动自由度。

b. 单击 Weighting method 域右侧的箭头，然后从出现的列表中选择一个加权方法。更多信息见《Abaqus 分析用户手册——指定条件、约束与相互作用卷》的 2.3.2 节“耦合约束”。

7. 从编辑器选择以下方法之一来定义 Influence radius。

• To outermost point on the region。Abaqus 包括耦合定义中指定区域上的所有点（节点）。

• Specify。用户可以指定球半径，以约束控制点为中心，来限制耦合定义中的点。有关选择耦合点的更多信息，见《Abaqus 分析用户手册——指定条件、约束与相互作用卷》的 2.3.2 节“耦合约束”。

8. 如果需要，切换选中 Adjust control points to lie on surface。Abaqus/CAE 将把控制点移动到约束面上。

9. 如果用户想要改变耦合约束的坐标系（CSYS），则单击 并使用以下方法之一：

1）通过名称选择一个预定义的基准坐标系。

a. 从提示区域单击 Datum CSYS List 来显示基准坐标系的列表。

b. 从列表选择一个名称并单击 OK。

2）在视口中选择一个预定义的坐标系。

技巧：默认切换不选 Selection 工具栏中的 工具。对于具有重合原点的多个坐标系，当用户循环浏览所有可能的选择时，Abaqus 会高亮显示该坐标系，并在视口中显示该坐标系的描述。

3）从提示区域单击 Use Global CSYS 来使用整体坐标系。

10. 单击 OK 来保存用户的约束定义并退出编辑器。

15.15.5　定义调整点约束

用户使用调整点约束来将一个或者多个点移动到指定面上。有关调整点的更多信息，见《Abaqus 分析用户手册——介绍、空间建模、执行与输出卷》的 2.1.6 节“节点坐标调整”。这种调整在装配紧固件模板模型和其他应用中可能是有用的，见 29.1.3 节“关于装配的紧固件”和 29.5 节“创建装配的紧固件”。

当主模型附着点位于螺栓孔中心时，不能在装配紧固件模板模型中使用调整点约束。沿着螺栓孔中心线的任何点将被错误地移动到孔周围的随机位置上，而不是沿着面法向投影到孔中心上。

若要创建调整点约束，执行以下操作：

1. 从主菜单栏选择 Constraint→Create。

技巧：用户也可以使用相互作用模块工具箱中的 ◀ 工具来创建调整点约束。

2. 在出现的 Create Constraint 对话框中进行下面的操作。

a. 命名约束，有关命名对象的更多信息，见 3.2.1 节“使用基本对话框组件”。

b. 从 Type 列表选择 Adjust points，然后单击 Continue。

3. 使用以下方法之一来选择要移动的点或者点集：

• 在视口中选择一个或者多个点。

技巧：默认切换不选 Selection 工具栏中的 ■ Select the Entity Closest to the Screen 工具。如果用户进行模糊选择，则 Abaqus/CAE 会高亮显示点，并在视口的左下角显示点的描述。使用 Next 和 Previous 按钮来查看选择项，单击 OK 来确认选择项。

单击鼠标键 2 来表明用户已经完成了选择。更多信息见 6.2 节“在当前视口中选择对象”。

如果模型包含网格和几何形体的组合，则从提示区域单击以下选项之一。

—如果用户想要从几何形体选择点，或者选择一个或多个参考点，则单击 Geometry。

—如果用户想要从本地网格或者孤立网格中选择这些点，则单击 Mesh。

• 使用一个现有的集合来定义一个或者多个点。在提示区域的右侧，单击 Sets，从出现的 Region Selection 对话框选择一个现有的集合，然后单击 Continue。

注意：默认的选择方法基于用户最近使用的选择方法。若要变化成其他方法，单击提示区域右侧的 Select in Viewport 或者 Sets。

用户选择的点在视口中高亮显示成红色。

4. 在提示区域中选择点将移动到的区域类型。

• 如果用户想要选择一个面，则选择 Surface。

• 如果用户想要选择一个区域来创建一个基于节点的面，则选择 Node Region。

5. 使用以下方法之一来选择点将移动到的面。

• 在视口中选择一个面。单击鼠标键 2 来表明用户完成了选择。

如果模型包含网格和几何形体的组合，则从提示区域单击以下选项之一。

—如果用户想要从几何形体选择点，或者选择一个或多个参考点，则单击 Geometry。

—如果用户想要从本地或者孤立网格中选择这些点，则单击 Mesh。

• 使用一个现有的面或者集合来定义区域。在提示区域的右侧，单击 Surfaces 或者 Sets，从出现的 Region Selection 对话框选择一个现有的面或者集合，然后单击 Continue。

注意：默认的选择方法基于用户最近使用的选择方法。若要变化成其他方法，则单击提示区域右侧的 Select in Viewport 或者 Surfaces（或者 Sets）。

用户选择的区域在视口中高亮显示成粉红色，并且出现约束编辑器。

6. 单击 OK 来保存用户的约束定义并退出编辑器。

15.15.6 定义 MPC 约束

用户使用 MPC 约束来约束区域的从节点运动到一个点的运动。用户可以通过指定一个控制点和由节点、边和面组成的区域来创建一个 MPC 约束。有关多点约束的详细信息，见《Abaqus 分析用户手册——指定条件、约束与相互作用卷》的 2.2.2 节“通用多点约束”。

若要创建 MPC 约束，执行以下操作：

1. 从主菜单栏选择 Constraint→Create。

技巧：用户也可以使用相互作用模块工具箱中的 ◁ 工具来创建多点约束。

2. 在出现的 Create Constraint 对话框中进行下面的操作。

a. 命名约束，有关命名对象的更多信息，见 3.2.1 节“使用基本对话框组件”。

b. 从 Type 列表选择 MPC Constraint，然后单击 Continue。

3. 使用以下方法之一来定义约束控制点。

• 在视口中选择一个点。

技巧：默认切换不选 Selection 工具栏中的 ◧ Select the Entity Closest to the Screen 工具。如果用户进行模糊选择，则 Abaqus/CAE 会高亮显示点，并在视口的左下角显示点的描述。使用 Next 和 Previous 按钮查看选择项，单击 OK 来确认选择项。更多信息见 6.2 节“在当前视口中选择对象”。单击鼠标键 2 来表明用户已经完成了选择。

如果模型包含网格和几何形体的组合，则从提示区域单击以下选项之一。

—如果用户想要从几何形体选择控制点，则单击 Geometry。

—如果用户想要从本地或者孤立网格中选择控制点，则单击 Mesh。

• 使用一个现有的集合来定义一个或者多个点。在提示区域的右侧，单击 Sets，从出现的 Region Selection 对话框选择一个现有的集合，然后单击 Continue。

注意：默认的选择方法基于用户最近使用的选择方法。若要变化成其他方法，单击提示区域右侧的 Select in Viewport 或者 Sets。

用户选择的点在视口中高亮显示成红色。

4. 选择从节点区域。使用下列方法之一来选择区域。

• 在视口中选择一个区域，更多的信息见 6.2 节“在当前视口中选择对象”。用户选择的区域可以跨越多个零件实例。单击鼠标键2来表明用户完成了选择。

如果模型包含网格和几何形体的组合，则从提示区域单击以下选项之一。

—如果用户想要选择一个几何形体区域，则单击 Geometry。

—如果用户想要从本地或者孤立网格中选择这些点，则单击 Mesh。

用户可以使用角度方法从网格中选择一组节点。更多信息见6.2.3节“使用角度和特征边方法选择多个对象”。

• 使用一个现有的集合来定义区域。在提示区域的右侧，单击 Sets，从出现的 Region Selection 对话框选择一个现有的集合，然后单击 Continue。

注意：默认的选择方法基于用户最近使用的选择方法。若要变化成其他方法，则单击提示区域右侧的 Select in Viewport 或者 Sets。

用户选择的区域在视口中高亮显示成粉红色。

出现约束编辑器。

5. 从编辑器选择 MPC type。

• 选择 Beam 来定义一个刚性梁连接，将每个从节点的位移和转动约束到控制点的位移和转动。

• 选择 Tie，使每一个从节点和控制点处的所有有效自由度相等。

• 选择 Link 来定义每一个从节点与控制点之间的销接刚性连接。

• 选择 Pin 来定义每一个从节和控制点之间的销连接。

• 选择 Elbow，将 ELBOW31 或者 ELBOW32 单元的节点约束到一起（见《Abaqus 分析用户手册——单元卷》的3.5.1节“具有变形横截面的管和管弯：弯头单元”）。

• 选择 User-defined 来定义用户子程序 MPC 中的多点约束（对于 Abaqus/Standard）。更多信息见下面的章节。

—19.8.6节“指定通用作业设置”。

—《Abaqus 用户子程序参考手册》的1.1.14节“MPC”。

6. 如果用户选择了一个用户定义的 MPC 类型，则进行下面的操作。

a. 为用户子程序 MPC 选择程序模型。

• 如果用户想要每次调用用户子程序都约束一个单独的自由度，则选择 DOF-by-DOF。

• 如果用户想要每次调用用户子程序都能一次性施加一组约束，则选择 Node-by-Node。

b. 在 Constraint type 域中，输入用户子程序中使用的一个整数值，以区分不同的约束类型。默认值为0。

7. 如果用户想要改变耦合约束的坐标系（CSYS），则单击 并使用以下方法之一。

1）通过名称选择一个预定义的基准坐标系。

a. 从提示区域单击 Datum CSYS List 来显示基准坐标系的列表。

b. 从列表选择一个名称并单击 OK。

2）在视口中选择一个预定义的坐标系。

技巧：默认切换不选 Selection 工具栏中的 工具。对于具有重合原点的多个坐标系，当用户在循环浏览所有可能的选择时，Abaqus/CAE 会高亮显示该坐标系，并在视口中显示该坐标系的描述。

3）从提示区域单击 Use Global CSYS 来使用整体坐标系。

8. 单击 OK 来保存用户的约束定义并关闭编辑器。

15.15.7 定义壳-实体耦合约束

用户使用壳-实体耦合约束将壳边的运动耦合到相邻实体面的运动。用户可以通过指定壳边面和实体面区域来创建壳-实体耦合约束。耦合的壳边面和实体面区域必须属于不同的零件实例，除非壳边面是实体模型内中间面区域的一部分。

有关壳-实体耦合约束的详细信息，见《Abaqus 分析用户手册——指定条件、约束与相互作用卷》的 2.3.3 节“壳-实体耦合”。

仅当壳截面和实体截面存在于同一零件中，壳面的两侧都可以检测到实体面，并且壳截面和实体截面彼此之间近乎垂直时，Abaqus/CAE 才会自动创建壳-实体耦合约束。

若要创建壳-实体耦合约束，执行以下操作：

1. 从主菜单栏选择 Constraint→Create。

技巧：用户也可以使用相互作用模块工具箱中的 ◀ 工具来创建壳-实体耦合约束。

2. 在出现的 Create Constraint 对话框中进行下面的操作。

a. 命名约束，有关命名对象的更多信息，见 3.2.1 节“使用基本对话框组件”。

b. 从 Type 列表选择 Shell-to-solid coupling，然后单击 Continue。

3. 使用以下方法之一来选择壳边面。

• 使用现有的面来定义区域。在提示区域的右侧。单击 Surfaces，从出现的 Region Selection 对话框选择一个现有的面，然后单击 Continue。

注意：默认的选择方法基于用户最近使用的选择方法。若要变化成其他方法，单击提示区域右侧的 Select in Viewport 或者 Surfaces。

• 在视口中选择一个区域，更多信息见 6.2 节“在当前视口中选择对象”。单击鼠标键 2 来表明用户已经完成了选择。

如果模型包含网格和几何形体的组合，则从提示区域单击以下选项之一。

—如果用户想要选择面，则单击 Geometry。

—如果用户想要从本地或者孤立网格中选择面，则单击 Mesh。

用户可以使用角度方法从网格中选择一组面或者边，或者从网格中选择一组单元面。更多信息见 6.2.3 节“使用角度和特征边方法选择多个对象”。

用户选择的壳边面在视口中高亮显示成红色。

4. 选择实体面区域。

a. 在提示区域单击文本域旁边的箭头，然后选择以下选项之一。

• 如果用户想要选择一个面，则选择 Surface。

• 如果用户想要选择一个区域来创建一个基于节点的面，则选择 Node Region。

b. 使用之前步骤中描述的一个相同方法来选择实体面区域。

用户选择的实体面区域在视口中高亮显示成粉红色。

出现约束编辑器。

5. 从编辑器选择以下 Position Tolerance 方法之一。

• Use computed default。Abaqus 使用默认的位置容差来确定壳边面上的节点与实体面区域的耦合。更多信息见《Abaqsu 分析用户手册——指定条件、约束与相互作用卷》的 2.3.3 节“壳-实体耦合”。

• Specify distance。用户可以指定一个到实体面区域的绝对距离，在此距离中包括的所有壳节点必须位于耦合中。

6. 从编辑器选择以下 Influence Distance 方法之一。

• Use analysis default。Abaqus 使用默认的影响距离来确定实体面区域与壳边面耦合的节点。更多信息见《Abaqus 分析用户手册——指定条件、约束与相互作用卷》的 2.3.3 节“壳-实体耦合”。

• Specify value。用户可以指定到壳边面的距离，在此距离中包含的所有实体节点必须位于耦合中。

7. 单击 OK 来保存用户的约束定义并关闭编辑器。

15.15.8 定义嵌入的区域约束

用户可以使用嵌入的区域约束来将模型的一个区域嵌入到模型的“寄主”区域中，或者嵌入到整个模型中。用户可以通过指定嵌入区域、寄主区域、加权因子圆整容差和绝对外部容差或者外部容差的比来创建嵌入区域约束。更多信息见《Abaqus 分析用户手册——指定条件、约束与相互作用卷》的 2.4 节“嵌入单元”。

若要创建嵌入的区域约束，执行以下操作：

1. 从主菜单栏选择 Constraint→Create。

技巧：用户也可以使用相互作用模块工具箱中的 ◁ 工具来创建嵌入区域约束。

2. 在出现的 Create Constraint 对话框中进行下面的操作。

a. 命名约束，有关命名对象的更多信息，见 3.2.1 节“使用基本对话框组件”。

b. 从 Type 列表选择 Embedded region，然后单击 Continue。

3. 使用以下方法之一来选择嵌入区域。

• 在视口中选择一个区域，更多信息见 6.2 节“在当前视口中选择对象”。单击鼠标键 2 来表明用户已经完成了选择。

如果模型包含网格和几何形体的组合，则从提示区域单击以下选项之一。

—如果用户想要选择面，则单击 Geometry。

—如果用户想要从本地或者孤立网格中选择面，则单击 Mesh。

• 使用一个现有的集合来定义区域。在提示区域的右侧，单击 Sets，从出现的 Region Selection 对话框选择一个现有的集合，然后单击 Continue。

注意：默认的选择方法基于用户最近使用的选择方法。若要变化成其他方法，单击提示区域右侧的 Select in Viewport 或者 Sets。

用户选择的区域在视口中高亮显示成红色。

4. 选择寄主区域。

在提示区域选择以下选项之一。

• 如果用户想要在视口中选择一个区域，或者使用一个现有的集合来定义区域，则选择 Select Region。使用之前步骤中所描述的方法来选择寄主区域。

用户选择的区域在视口中高亮显示成粉红色。

• 如果用户想要将嵌入区域嵌入到整个模型中，则选择 Whole Model。

出现约束编辑器。

5. 在编辑器中，为容差参数指定数值。如果用户指定外部容差参数的值，则 Abaqus 将使用两个容差的较小值。

• Weight factor roundoff tolerance。用户可以指定一个较小值，小于此值的加权因子将归零。默认值为 10^{-6}。

• Absolute exterior tolerance。用户可以指定绝对值，嵌入区域上的节点可以位于主面之外。如果省略此参数，或者参数值为 0.0，将施加 Fractional exterior tolerance。

• Fractional exterior tolerance。用户可以指定小数值，嵌入区域上的节点可以位于宿主区域的外面。该小数值基于宿主区域中的平均单元大小。默认值为 0.05。

6. 单击 OK 来保存用户的约束定义并关闭编辑器。

15.15.9 定义方程约束

用户可以通过在 Edit Constraint 对话框中输入数据来创建一个方程约束。方程的项由在集合中每一个节点的自由度上施加的系数组成。有关方程的详细信息，见《Abaqus 分析用户手册——指定条件、约束与相互作用卷》的 2.2.1 节“线性约束方程”。

若要创建方程约束，执行以下操作：

1. 从主菜单栏选择 Constraint→Create。

技巧：用户也可以使用相互作用模块工具箱中的 工具来创建方程约束。

2. 在出现的 Create Constraint 对话框中进行下面的操作。

a. 命名约束，有关命名对象的更多信息，见 3.2.1 节“使用基本对话框组件”。

b. 从 Type 列表选择 Equation，然后单击 Continue。

出现约束编辑器。

3. 在编辑器中的表格中，为方程中的每一项输入一行数据。该方程必须至少具有两项。单击 查看表格中的数据与所需方程之间的关系描述。

每一行应包含以下信息：

• 系数。

• 现有集合的名称。有关创建集合的信息，见第 73 章“集合和面工具集”。用户可以在表格的第一行中输入包含一个或者多个点的集合。后续的集合必须只包含一个点。

- 自由度。
- 用户将施加约束的坐标系标识。用户可以接受默认的坐标系，也可以选择一个现有的基准坐标系。如果不存在想要的基准坐标系，则用户可以使用基准工具集来创建基准坐标系。更多信息见 62.9 节“创建基准坐标系”。

要确定坐标系的标识，从主菜单栏选择 Tools→Query。更多信息见 71.2.2 节“获取与模型有关的一般信息”。

4. 单击 OK 来保存用户的方程定义并关闭约束编辑器。

15.16 使用接触和约束探测

接触探测工具极大地简化了在模型中定义接触相互作用和约束的过程。本节详细介绍如何使用接触探测工具箱来自动定位和创建相互作用或者约束。包括以下主题：

- 15.16.1 节 “指定接触探测的搜索准则”
- 15.16.2 节 “为接触对执行搜索”
- 15.16.3 节 “审核并更改探测到的接触对”
- 15.16.4 节 “为自动探测到的接触对创建相互作用”

对于接触探测和 Abaqus/CAE 使用的搜索方法讨论，见 15.6 节“理解接触和约束探测”。

15.16.1 指定接触探测的搜索准则

接触探测工具使用用户定义的参数矩阵来识别模型中可能的接触对。从主菜单栏选择 Interaction→Find contact pairs 或者 Constraint→Find contact pairs，然后输入接触探测参数。用户可以在下面的区域指定参数：

- “指定接触探测的通用搜索选项”
- “指定接触探测的命名选项”
- “指定接触探测的实体选项”
- “定义默认的接触对参数”
- “指定接触探测的高级搜索选项”

1. 指定接触探测的通用搜索选项

通用搜索选项包括用户想要 Abaqus/CAE 搜寻的候选接触对的区域。用户可以指定模型的哪一个区域包括接触对，要求相互作用或者接触定义的面与面之间的估计距离。

若要定义通用搜索选项，执行以下操作：

1. 从主菜单栏选择 Interaction→Find contact pairs 或者 Constraint→Find contact pairs。

技巧：用户也可以使用相互作用模块工具箱中的 工具来搜索接触对。

Abaqus/CAE 显示接触探测对话框。

2. 显示 Search Options 标签页。

3. 指定 Search domain。

1）选择 Whole model 来包括当前模型中的每一个实例。

2）选择 Instance 来仅包括指定的零件实例以及子零件实例。使用下面的过程来指定实例：

a. 单击 ↖。

b. 从视口中选择实例（有关选择实例的信息，见第 6 章“在视口中选择对象”）。

c. 在用户已经选择了所有想要的实例后，在提示区域中单击 Done。

3）选择 Displayed entities 仅包括当前显示在视口中的部分模型。用户可以使用装配显示选项和显示组来控制模型的显示。详细情况见 76.14 节“控制实例可见性”，以及第 78 章“使用显示组显示模型的子集合”。

4. 在 Include pairs within separation tolerance 域中输入可能接触对的面之间的最大距离。有关选择分隔容差的技巧，见 15.6.4 节“接触探测工具的使用技巧”中的“选择一个分隔容差和延伸角”。

5. 默认情况下，Abaqus/CAE 将面定义扩展到搜索探测到的 20°内的面（对于几何形体）或者面片（对于网格划分的模型）。用户可以通过改变 Extend each surface found by angle 域中的值来调整此角度。若要防止面定义的扩展，切换不选 Extend each surface found by angle。有关 Abaqus/CAE 如何扩展面的详细情况，见 15.6.2 节“接触探测算法”中的“定义接触对的附加准则”。

6. 默认情况下，Abaqus/CAE 从位于不同零件实例或者模型实例上的面创建接触对。要在相同零件实例或者模型实例上的不同区域搜索接触对，或者搜索潜在的自接触实例，则切换选中 Include pairs with surfaces on the same instance。详细情况见 15.6.2 节“接触探测算法”中的“在相同的实例中定义接触和自接触”。

2. 指定接触探测的命名选项

除了创建接触对相互作用，自动接触探测工具还为接触对中包含的每一个面创建命名面，见 15.6.3 节“默认的相互作用和约束参数”。Names 标签页为调节此面的创建行为提供了一些选项。

若要指定命名选项，执行以下操作：

1. 从主菜单栏选择 Interaction→Find contact pairs 或者 Constraint→Find contact pairs。

技巧：用户也可以使用相互作用模块工具箱中的 工具来搜索接触对。

Abaqus/CAE 显示接触探测对话框。

2. 显示 Names 标签页。

3. 在 Name prefix 域中，输入当命名每一个接触对和面时要用到的前缀（如 15.6.3 节“默认的相互作用和约束参数”中讨论的那样）。

4. 若要防止创建命名面，则切换不选 Name each surface found。此选项将不影响创建接触对。

5. Create additional named surfaces containing 域允许用户创建额外的复合面：

• 要创建一个单独命名的面，此面由作为主面的所有接触对面组成，切换选中 All

master。在创建的复合面中包括任何来自预先存在的接触对的主面。

• 要创建一个单独命名的面，此面由作为从面的所有接触对面组成，切换选中 All slave。在创建的复合面中包括任何来自预先存在的接触对的从面。

• 要创建一个单独命名的面，此面由接触对定义中包含的面组成，切换选中 All。在创建的复合面中包括任何来自预先存在的接触对的面。

3. 指定接触探测的实体选项

Entities 标签页允许用户控制搜索包括的几何和单元类型。用户可以使用这些选项来忽略接触相互作用或者约束并非必需的模型或者零件实例的特定特征；例如，实体外面的一层膜单元。从搜索中删除特征也可以改善性能；例如，如果复杂模型中的所有接触面是平的，则从接触对搜索中删除圆柱特征和样条为基础的特征可以导致更快的搜索时间。通常，默认的实体选项提供可接受的性能，并且应当仅在搜索花费过多时间完成时才应当进行更改。

若要指定实体选项，执行以下操作：

1. 从主菜单栏选择 Interaction→Find contact pairs 或者 Constraint→Find contact pairs。

技巧：用户也可以使用相互作用模块工具箱中的工具来搜索接触对。

Abaqus/CAE 显示接触探测对话框。

2. 显示 Entities 标签页。

3. 默认情况下，当计算壳实体之间的分隔时，Abaqus/CAE 包含壳厚度和偏置属性因素。应以模型中壳实体的几何表示为基础，来忽略壳截面属性并计算分隔，切换不选 Account for shell thickness and offset during search。

4. 当执行几何搜索时，切换选中 Search the following geometric entities 域中的以下特征来从搜索区域包括或者排除这些特征。

• Planar 指模型中的所有平面。默认切换选中这些特征。

• Cylindrical/Spherical/Toroidal 指通过拉伸或者回转直线、圆或者椭圆线生成的模型中的曲面。默认切换选中这些特征。

• Spline-based 指从样条线或者路径生成的模型中的不规则曲面（更多信息见 20.10.10 节“草图绘制样条曲线”）。默认切换选中这些特征。

5. 当执行网格划分后几何形体的搜索时，在 Search the following mesh entities 域中切换选中下面的单元类型，来从搜索区域包括或者排除这些单元类型：

• Solid 指实体连续单元上的面。默认切换选中这些单元。

• Shell 指壳单元上的面。默认切换选中这些单元。

• Membrane 指膜或者面单元上的面。默认切换不选这些单元。

4. 定义默认的接触对参数

接触探测法则允许用户指定一组条件选项来确定赋给探测到的接触对的默认设置。用户可以总是在探测到接触对之后改变接触对设置，但在搜索之前指定法则，可以使用用户依据特定的模拟意图来快速地定义合适的接触对。当 Abaqus/CAE 执行接触对候选的搜索时，施加这些法则。有关接触对默认设置的更多信息，见 15.6.3 节“默认的相互作用和约束参数”。

若要指定默认接触对设置的法则执行以下操作：

1. 从主菜单栏选择 Interaction→Find contact pairs 或者 Constraint→Find contact pairs。

技巧：用户也可以使用相互作用模块工具箱中的工具来搜索接触对。

Abaqus/CAE 显示接触探测对话框。

2. 显示 Rules 标签页。

3. 单击。

Abaqus/CAE 显示 Edit Rules 对话框。

4. 要为包含的面位于特定容差中的所有接触对创建绑定约束，则切换选中 Use tie constraints when the separation value does not exceed，并且在提供的域中输入容差。默认抑制此法则。

5. 要将绑定约束上的位置容差设置成等于接触探测工具报告的面分隔，则切换选中 Set tie position tolerance to separation value when nonzero。默认抑制此法则。有关绑定约束位置容差的更多信息，见《Abaqus 分析用户手册——指定条件、约束与相互作用卷》的 2.3.1 节“网格绑缚约束”。

6. 要将接触相互作用上的面调整设置成等于接触探测工具所报告的面分隔，则切换选中 Adjust separated interactions by the separation value。默认抑制此法则。有关面调整选项的更多信息，见《Abaqus 分析用户手册——指定条件、约束与相互作用卷》的 3.3.5 节“调整 Abaqus/Standard 接触对的初始面位置并指定初始间隙”。

7. 要将接触相互作用中任何过盈的从节点直接移动到主面，则切换选中 Adjust interactions to remove overclosure。在分析过程中执行调整。默认抑制此法则。有关面调整选项的更多信息，见《Abaqus 分析用户手册——指定条件、约束与相互作用卷》的 3.3.5 节“调整 Abaqus/Standard 接触对的初始面位置并指定初始间隙”。

8. 单击 OK。

5. 指定接触探测的高级搜索选项

高级搜索选项提供搜索区域上的附加控制水平，以及接触对的面创建。在绝大部分情况中，通用搜索选项是足够的；然而，用户也可能想要使用高级的选项来考虑独特的模拟条件。有关不同模拟条件和搜索推荐技术的讨论，见 15.6.4 节“接触探测工具的使用技巧”。

若要指定高级搜索选项，执行以下操作：

1. 从主菜单栏选择 Interaction→Find contact pairs 或者 Constraint→Find contact pairs。

技巧：用户也可以使用相互作用模块工具箱中的工具来搜索接触对。

Abaqus/CAE 显示接触探测对话框。

2. 显示 Advanced 标签页。

3. 默认情况下，Abaqus/CAE 将任何接触对中位于彼此 20°之内的相邻面融合到一起

（有关此计算的详细情况，见 15.6.2 节“接触探测算法”中的“定义接触对的附加准则”）。用户也可以通过改变 Merge pairs when surfaces are within angle 域中的值来调整此角度。若要防止相邻接触对的合并，则切换不选 Merge pairs when surfaces are within angle。

4. 默认情况下，当搜索接触对时，Abaqus/CAE 包括过闭合的和相交的面。若要忽略过闭合面，则切换不选 Include overclosed surfaces。有关自动接触探测工具如何解释过闭合面的详细情况，见 15.6.2 节“接触探测算法”中的“探测过闭合的面”。

5. 默认情况下，如果两个面彼此横向偏置，则 Abaqus/CAE 不创建接触对候选（即与任何一个面垂直的面不与对面的面相交）。若要在接触对候选列表中包括这些面，则切换选中 Include opposing surfaces that do not overlap。这样的面必须仍然满足搜索的分隔和方向要求。此选项的进一步讨论，见 15.6.2 节“接触探测算法”中的“定义接触对的附加准则”。

6. 如果用户的搜索包括已经从几何形体网格划分的零件实例，则 Abaqus/CAE 应指出如何在搜索中解释这些实例：

- 若要将实例处理成几何形体，则选择 Geometry。Abaqus/CAE 默认使用 Geometry 选项。
- 若要将实例处理成单元网格，则选择 Mesh。

技巧：要探测几何形体与网格实例之间的接触，首先网格划分几何形体，然后执行以一个网格为基础的搜索。

对于几何形体与网格之间差异的讨论，见 15.6.2 节“接触探测算法”中的“已经网格划分的模型的接触探测”。

7. 为了将当前搜索的参数保存为 Abaqus/CAE 未来程序会话的默认值，单击 🖫（更多信息见 15.6.4 节“接触探测工具的使用技巧”中的“保存搜索参数”）。若要将保存的搜索参数重新设置成原始的默认值，则单击 ⟲。

15.16.2 为接触对执行搜索

一旦用户指定了合适的接触准则，Abaqus/CAE 将搜索用户的模型来将满足这些准则的面进行定位。有关 Abaqus/CAE 如何说明搜索准则，以及探测接触对候选的讨论，见 15.6.2 节“接触探测算法”。

若要为接触对执行一个搜索，执行以下操作：

1. 从主菜单栏选择 Interaction→Find contact pairs 或者 Constraint→Find contact pairs。

技巧：用户也可以使用相互作用模块工具箱中的 ⚲ 工具来搜索接触对。

Abaqus/CAE 显示接触探测对话框。

2. 如 15.16.1 节“指定接触探测的搜索准则”中描述的那样输入搜索参数。

3. 单击 Find Contact Pairs。

4. Abaqus/CAE 搜索可能的接触对。当搜索完成时，Abaqus/CAE 填充接触对候选表。若要在搜索完成之前终止搜索，则在提示区域中单击 Stop。

15.16.3 审核并更改探测到的接触对

在执行接触对搜索后（见15.16.1节“指定接触探测的搜索准则”和15.16.2节“为接触对执行搜索”），用户有机会在创建相互作用和绑定约束之前审核搜索结果。搜索结果显示在接触对候选列表中：每一个接触对包含表中的一行；每一列表示接触对定义的参数。为每一个必要的相互作用参数提供了默认值。

使用以下过程来审核并更改接触对定义：

- “在视口中确认搜索结果”
- “构建接触对候选表的布局”
- “审核探测到的接触对”
- “更改接触对定义”
- “创建被抑制的相互作用和约束”
- “其他审核过程”

1. 在视口中确认搜索结果

作为显示辅助，切换选中Highlight in viewport，在视口中高亮显示用户模型上的指定实体。选择用户想要高亮显示的实体。

选择对

高亮显示接触对候选表中当前选中的一个或者多个接触对中包含的面。主面高亮显示成红色；从面高亮显示成粉红色。对于轴对称的面或者球形面，Abaqus/CAE会显示面的对称轴或者球心；如果应用了面平滑计算，则在面平滑计算中使用轴或者球心（见“更改接触对定义”）。

选择主面

高亮显示接触对候选表中当前选中的一个或者多个接触对中赋予的主面。对于轴对称的面或者球形面，Abaqus/CAE会显示面的对称轴或者球心；如果应用了面平滑计算，则在面平滑计算中使用轴或者球心（见“更改接触对定义”）。

选择从面

高亮显示接触对候选表中当前选中的一个或者多个接触对中赋予的从面。对于轴对称的面或者球形面，Abaqus/CAE会显示面的对称轴或者球心；如果应用了面平滑计算，则在面平滑计算中使用轴或者球心（见“更改接触对定义”）。

搜索区域

高亮显示通过当前 Search domain 域指定的模型中的零件实例（见 15.16.1 节“指定接触探测的搜索准则”中的“指定接触探测的通用搜索选项”）。

选择接触对+搜索区域

高亮显示当前选中的接触对和整体搜索区域。

2. 构建接触对候选表的布局

可以使用许多选项来构建接触对候选表的显示。用户可以定制表格来仅显示建模所需的必要单元。

若要定制接触对候选表显示，执行以下操作：

1. 切换选中 Show previously created interactions and ties，可将任何之前定义的接触相互作用以及绑定约束添加到接触对候选表中。用户可以采用与新探测接触对相同的方法来编辑之前定义的相互作用和绑定。

2. 要将表格显示限制在只有名称包含特定字符串的接触对候选，在 Name filter 域中输入那些字符串并且按下［Enter］键。单击来查看有效过滤语法的例子。

Abaqus/CAE 仍然为过滤器隐藏的接触对候选创建相互作用和约束。

3. 按需求在表格显示中添加或者删除列。

a. 在接触对候选表上的任何地方右击鼠标，从出现的菜单中选择 Edit Visible Columns。出现 Edit Visible Columns 对话框。

b. 在 Edit Visible Columns 对话框中，切换选中用户想要显示的列；切换不选用户想要隐藏的列：

Suppression

在接触对创建时激活或者抑制（见“创建被抑制的相互作用和约束”）。默认隐藏此列。

Name

显示接触对的名称。默认显示此列。

Separation

显示接触中两个面之间的距离（见 15.6.2 节“接触探测算法”）。默认显示此列。

Master surface name

显示接触对中扮演主面的面的名称。默认隐藏此列。

Slave surface name

显示接触对中扮演从面的面的名称。默认隐藏此列。

Master instance name

显示主面所在零件实例的名称。默认隐藏此列。

Slave instance name

显示从面所在零件实例的名称。默认隐藏此列。

Type

Abaqus/CAE 创建一个接触相互作用或者接触对的绑定约束。默认显示此列。

Sliding

接触相互作用方程中使用的追踪方法。默认显示此列。

Discretization

接触相互作用或者绑定约束方程中使用的面离散化。默认显示此列。

Property

接触方程中使用的接触相互作用属性。默认显示此列。

Adjust

对于接触相互作用，显示一个区域，其中的从节点将精确地调整到主面上。如果调整的多个节点在一个集合中，则此列显示集合的名称。

对于绑定约束，指示是否将所有绑定的节点精确地调整到主面上。默认显示此列。

Create step

显示 Abaqus/CAE 激活接触相互作用或者绑定约束的分析步名称。默认隐藏此列。

Surface smoothing

面平滑是否施加到接触对中的轴对称面或者球面（见《Abaqus 分析用户手册——指定条件、约束与相互作用卷》的 5.1.3 节“在 Abaqus/Standard 中平滑接触面”）。默认显示此列。

c. 进行下面的操作：

- 单击 OK 来应用设置，并且关闭 Edit Visible Columns 对话框。
- 单击 Apply 来应用设置，并且让 Edit Visible Columns 对话框保持打开。
- 单击 Cancel 可忽略任何更改，并且关闭 Edit Visible Columns 对话框。

4. 通过单击感兴趣参数列的表头，根据参数值对表的内容进行排序。列表头中的向上箭头表示值按升序列出；向下的箭头表示参数值按降序列出。

3. 审核探测到的接触对

用户应当审核接触对候选表中的接触对候选，以确认包含的面对于用户的模拟需求是精确的和足够的。单击接触对名称，并切换选中 Highlight in viewport 选项，可查看每一个可能的面相互作用或者绑定的位置。如果有必要，用户可以添加、删除或者更改接触对候选。

若要更改接触对候选的列表，执行以下操作：

1. 为任何用户想要包括在模型中，但未标识的接触对，在表格中添加一行。

a. 在接触对候选表中的任何地方单击鼠标键 3，并且从出现的菜单中选择 Add。用户也可以单击接触对候选表上面的 + 按钮。

b. 在视口中选择一个主面，然后单击提示区域中的 OK。

有关面选择的详细信息，见第 6 章“在视口中选择对象”。

c. 在视口中选择从面，并且单击 OK。

Abaqus/CAE 以用户选择的面为基础，将接触对候选行添加到接触对候选表中；为行中的每一列提供默认值。

2. 删除模拟目的所不必要的接触对候选。在用户想要删除的接触对候选表示行的任意地方右击鼠标，然后从出现的菜单中选择 Delete。用户也可以单击想要删除的行，然后单击接触对候选表上的 按钮。

3. 如果多个接触对将在它们的接触相互作用或者绑定约束定义中使用相同的参数，则用户可以将这些接触组合到一个单独的接触对中。

a. 在接触对候选表中，高亮显示用户想要组合的接触对表示行（有关在表格中选择多行的指导，见 3.2.11 节“从列表和表格中选择多个项”）。

b. 在任何高亮显示的单元上右击鼠标，并且从出现的菜单中选择 Merge。用户也可以单击接触对候选表上的 按钮。

Abaqus/CAE 使用单独的接触对来替换选中的接触对。选中的主面合并为单个面，选中的从面也合并为单个面。合并后的接触对所使用的参数是在接触对候选表的选中接触对中出现最多的参数。

注意：当组合接触对时，产生的合并面必须满足方向和连接性要求，《Abaqus 分析用户手册——指定条件、约束与相互作用卷》的 3.3.1 节“在 Abaqus/Standard 中定义接触对”和 3.5.1 节“在 Abaqus/Explicit 中定义接触对”中对这些方向和连接性要求进行了讨论。

4. 更改接触对定义

接触对候选表以一种格式显示所有已识别的接触对候选，使用户可以轻松地审核和更改每一个接触对定义的参数。Abaqus/CAE 为接触对定义的每一个参数提供默认值（见 15.6.3 节“默认的相互作用和约束参数”）。用户可以通过使用 Rules 标签页定制一些默认的参数设置，来满足用户的模拟需要（见 15.16.1 节“指定接触探测的搜索准则”中的“定义默认的接触对参数”）。然而，用户可能仍然需要在创建相互作用和约束之前手动地更改一些参数。Rules 选项不考虑诸如小滑动接触的适应性或者不同的摩擦接触属性赋予等模拟问题。用户也可能需要将接触对中的主面和从面对调来确保连续性和可靠性。

要更改一个参数，改变在接触对候选表的对应单元中显示的值。用户采用四个方法中的一个来更改单元值：

- 要改变一个命名参数，单击单元格并输入一个新名称。在用户输入新名称时覆盖旧名称。
- 对于接受特定值的单元，首先单击单元格来激活它。单击单元格旁边的大箭头，然后从出现的列表选择想要的值。
- 对于要求更多详细信息来定义参数的单元格，双击单元格，然后在出现的对话框中输入合适的信息。
- 对于不是命名参数的所有单元格，在单元格上右击鼠标，然后从出现的菜单中选择 Edit Cells。用户也可以单击单元格，然后单击接触对候选表上的 按钮。在出现的对话框中输入合适的信息。

用户不能更改下面参数的值：

- Separation
- Master Instance
- Slave Instance

接触对候选表的每一行代表一个单独的接触对候选。对一个单独的行应用下面的指导。为表格中的每一行按需要重复这些指导。有关同时编辑多个接触对候选参数的指导，见“其他审核过程”。

若要更改接触对定义，执行以下操作：

1. 如果想要的话，在 Name 列中改变接触对的名称。

2. 如果想要的话，在 Master Surface 或者 Slave Surface 列中改变生成的主面或者从面的名称。

注意：默认在接触对候选表格中不显示 Master Surface 和 Slave Surface 列。有关给表添加这些列的指导见“构建接触对候选表的布局”。

3. 在行中的任何单元格上右击鼠标，并且从出现的菜单选择 Switch Surfaces 来为选中的接触对反转主面和从属面。用户也可以单击行，然后单击接触对候选表上的 按钮。要在接触对中确定角色赋予，见 15.16.3 节“审核并更改探测到的接触对”中的“在视口中确认搜索结果”。

4. 要说明为候选的接触对是定义了一个接触相互作用，还是定义了一个绑定约束，选择 Type 列中的 Interaction 或者 Tie。

用户不能改变之前创建的绑定约束 Type 或者其中包括节点为基础的区域的相互作用。

5. 要指定将在 Abaqus/Standard 接触方程中使用的追踪方法，在 Sliding 列中选择一个值。

- 选择 Finite 来使用有限滑动的追踪方法。
- 使用 Small 来使用小滑动的追踪方法。

创建绑定约束时，对于 Abaqus/Explicit 分析，Abaqus/CAE 会忽略 Sliding 列。有关追踪方法的更多信息，见《Abaqus 分析用户手册——指定条件、约束与相互作用卷》的 5.1.1 节“Abaqus/Standard 中的接触方程”。

6. 要指定将用在接触或者绑定方程中的面离散化，在 Discretization 列中选择一个值。

- 选择 Node-Surf 来使用节点到面的离散化。
- 选择 Surf-Surf 来使用面到面的离散化。

有关面离散化的更多信息，见《Abaqus 分析用户手册——指定条件、约束与相互作用卷》的 2.3.1 节“网格绑缚约束”，5.1.1 节“Abaqus/Standard 中的接触方程”，以及 5.2.2 节“Abaqus/Explicit 中接触对的接触方程”。

7. 对于接触相互作用，在 Property 列中选择相互作用属性。

如果没有合适的接触属性，用户可以创建一个新的属性：

a. 在接触对候选表格中的任意地方右击鼠标，然后从出现的菜单中选择 Create Property。Abaqus/CAE 打开相互作用属性编辑器。

b. 如 15.14.1 节“定义接触相互作用属性”中描述的那样创建一个接触相互作用属性。当用户完成相互作用属性编辑器的使用后，创建的属性将可以在接触对候选表格中的

Property 列下面使用。

Abaqus/CAE 在创建绑定约束时会忽略 Property 列。

8. 使用调整选项在分析开始时将从面（或者从面的一部分）精确地重新定位到主面上。

a. 双击 Adjust 列中的单元。

出现 Slave Node/Surface Adjustment Options 对话框。

b. 对于关联的接触对候选，Slave Node/Surface Adjustment Options 对话框中可用的选项取决于 Type 列中的值。

• 如果用户正在创建一个接触相互作用，则选择下面的一个选项。

No adjustment

Abaqus/CAE 将不会重新定位任何节点或者面。

Adjust only to remove overclosure

Abaqus/CAE 将把初始过闭合的从节点或者约束点，精确地重新定位到主面上。

Specify tolerance for adjustment zone

Abaqus/CAE 将到主面指定距离内的从节点或者约束点，精确地重新定位到主面上。

Adjust slave nodes in set

Abaqus/CAE 将指定几何形体集合内包括的从节点或者约束点，将其精确地重新定位到主面上。

在 Abaqus/Explicit 分析中，Abaqus/CAE 忽略接触相互作用的 Adjust 列。有关接触相互作用调整选项的更多信息，见《Abaqus 分析用户手册——指定条件、约束与相互作用卷》的 3.3.5 节“调整 Abaqus/Standard 接触对的初始面位置并指定初始间隙”。

• 如果用户正在创建一个绑定约束，则用户可以在 Slave Node/Surface Adjustment Options 对话框中更改调整选项和位置容差。

—默认情况下，Abaqus 将调整所有被绑定的从节点，使其可以精确地定位到主面上。要防止从节点调整（但仍会把从节点自由度绑定到主面），切换不选 Adjust slave surface initial position。

—Abaqus 仅将距离主面特定距离内的从节点进行调整。要让 Abaqus 自动计算一个合理的距离，选择 Use computed default。要直接地指定一个距离，选择 Specify distance，并在提供的域中输入距离。

与绑定约束的调整选项和位置容差有关的更多信息，见《Abaqus 分析用户手册——指定条件、约束与相互作用卷》的 2.3.1 节“网格绑缚约束”。

c. 单击 OK。

9. 要改变接触对的有效分析步，在 Create Step 列中选择一个分析步名称。

注意：默认在接触对候选表格中不显示 Create Step 列。有关在表格中添加列的指导，见 15.16.3 节“审核并更改探测到的接触对”中的“构建接触对候选表的布局”。

10. 对于使用面到面的离散的接触相互作用，选择是否在 Surface Smoothing 列中施加接触平滑。

• 选择 Automatic 来让 Abaqus/CAE 识别接触对中的面（或者部分面）是轴对称的还是球形的。如果选择了 Highlight in viewport 选项，Abaqus/CAE 会在视口中显示识别出的面的对称轴或者球心。Abaqus 会在接触计算中平滑这些面来最小化网格离散化造成的不精确。

Automatic 选项仅对于几何模型才可用。

- 选择 None 来防止在接触对中的面上施加接触平滑。

Abaqus/CAE 在 Abaqus/Explicit 分析中忽略绑定约束和接触相互作用的 Surface Smoothing 列。有关接触面平滑的更多信息，见《Abaqus 分析用户手册——指定条件、约束与相互作用卷》的 5.1.3 节“在 Abaqus/Standard 中平滑接触面”。

5. 创建被抑制的相互作用和约束

在某些情况下，用户可能无法确定某些接触对候选的必要性。用户可以从接触对候选表中删除这样的候选，并避免为它们创建接触，但如果证明它们的接触是有必要的，则用户在后面不得不返回并重新创建接触。为了解决这些情况，接触删除工具提供了创建相互作用和约束的选项，这些相互作用和约束最初会被抑制。被抑制的相互作用和约束是完全定义的，但 Abaqus 会在写输入文件或者执行分析时忽略它们。只需一个简单的过程即可激活这些相互作用和约束，并将这些相互作用和约束重新引入到模型中（详细情况见 3.4.3 节“抑制和恢复对象”）。

有两个方法可以创建最初被抑制的接触对：

- 在相应接触对的行中右击鼠标，并从出现的菜单中选择 Suppress。接触对行的背景色变成灰色，说明创建的相互作用或者约束最初将被抑制。要将接触对恢复成有效状态，则在相应行上右击鼠标，然后从出现的菜单中选择 Resume。
- 单击 Suppression 列中相应接触对的单元格。再次单击单元格来将接触对恢复成有效状态。

注意：默认不显示 Suppression 列。有关添加此列到表格中的指导，见 15.16.3 节“审核并更改探测到的接触对”中的“构建接触对候选表的布局”。

Suppression 单元格中的绿色箭头说明创建的相互作用或者约束是有效的。此单元格中的红色“X”说明创建的相互作用或者约束最初被抑制。

6. 其他审核过程

Abaqus/CAE 提供了以下工具，用于在接触对候选表格中操控数据：

Recalculating the separation between surfaces（重新计算面之间的间隔）

对于根据几何形体网格划分的零件实例，用户可以指定接触探测工具是否要在搜索过程中将这些相互作用处理成几何形体或者单元网格（见 15.16.1 节“指定接触探测的搜索准则”中的“指定接触探测的高级搜索选项”）。执行搜索后，用户可以根据几何形体或者网格表示，重新计算接触对候选中网格划分面之间的间隔。用户也可以使用此技术来计算之前定义的，出现在接触对候选表格中的相互作用或者绑定面之间的间隔（见 15.16.3 节“审核并更改探测到的接触对”中的“构建接触对候选表的布局”）。

1. 在相应接触对的行上右击鼠标，并从出现的菜单中选择 Recalculate Separation。用户也可以单击行，然后单击接触对候选表上的 按钮。

2. 在出现的 Recalculate Separation 对话框中，选择 Mesh，根据模型的网格划分表示计算面间隔；选择 Geometry，根据模型的几何形体表示计算面间隔。

3. 单击 OK。

Abaqus/CAE 重新计算高亮显示的接触对候选中的面间隔，并在 Separation 列中更新单元。

Editing multiple cells（编辑多个单元格）

用户可以使用一个过程来将多个单元格设置成相同的值：

1. 在同一列中高亮显示多个单元格（见 3.2.11 节“从列表和表格中选择多个项”）。

2. 在高亮显示的单元格的任意地方右击鼠标，然后从出现的菜单中选择 Edit Cells。用户也可以单击接触对候选表上的 按钮。

3. 在出现的对话框中选择想要的值。

4. 单击 OK。

Abaqus/CAE 将所有的高亮显示单元设置成选中的值。

Highlighting the entire table（高亮显示整个表格）

要快速高亮显示表格中的每一个单元格，在表格中的任意地方右击鼠标，然后从出现的菜单中选择 Select All。

15.16.4 为自动探测到的接触对创建相互作用

Abaqus/CAE 根据用户指定的参数，为接触对候选表中的每一个项目创建接触相互作用和绑定约束。

若要创建接触相互作用和绑定约束，执行以下操作：

1. 从主菜单选择 Interaction→Find contact pairs 或者 Constraint→Find contact pairs。

技巧：用户也可以使用相互作用模块工具箱中的 工具来搜寻接触对。

Abaqus/CAE 显示接触探测对话框。

2. 如 15.16.1 节“指定接触探测的搜索准则”中描述的那样输入搜索参数。

3. 如 15.16.2 节“为接触对执行搜索”中描述的那样执行接触对搜索。

4. 在接触对候选表格中，如 15.16.3 节“审核并更改探测到的接触对”中描述的那样输入定义相互作用所必要的所有参数。

5. 单击 OK。

Abaqus/CAE 创建指定的接触相互作用和绑定约束。

15.17　使用连接器截面编辑器

在为连接器截面指定连接类型后，用户可以为具有一个或者多个可用相对运动分量的连接类型定义连接器行为。如果用户在定义连接器行为后改变连接类型，则必须删除连接器行为，并为新的连接类型重新定义连接器行为。本节介绍如何在连接器截面编辑器中输入与连接器行为有关的数据，包括以下主题：

- 15.17.1 节　“定义弹性”
- 15.17.2 节　“定义阻尼”
- 15.17.3 节　“定义摩擦”
- 15.17.4 节　“构建连接器摩擦的切向行为”
- 15.17.5 节　“指定预定义的摩擦参数或者接触力”
- 15.17.6 节　“定义塑性”
- 15.17.7 节　“定义损伤”
- 15.17.8 节　“定义损伤演化”
- 15.17.9 节　“定义停止条件”
- 15.17.10 节　“定义锁住”
- 15.17.11 节　“定义失效”
- 15.17.12 节　“定义参考长度”
- 15.17.13 节　“定义时间积分”
- 15.17.14 节　“指定表格数据的行为设置”
- 15.17.15 节　“指定连接器推导得到的分量”
- 15.17.16 节　“指定势项”

15.17.1　定义弹性

用户可以为相对运动的可用分量定义类似弹簧的弹性行为。更多信息见《Abaqus 分析用户手册——单元卷》的 5.2.2 节“连接器弹性行为”。

若要创建或者编辑弹性行为，执行以下操作：

1. 使用下面的一个方法来显示连接器截面编辑器。

- 要创建新的连接器截面，按照 15.12.11 节“创建连接器截面”中指出的过程进行操作。

● 要编辑现有的连接器截面，从主菜单栏选择 Connector→Section→Manager，从出现的列表中选择连接器截面，然后单击 Edit。

2. 在 Edit Connector Section 对话框中进行下面的一个操作。

● 要定义一个新的弹性行为，单击 Add，然后从出现的菜单中选择 Elasticity。

● 要编辑现有的弹性行为，从 Behavior Options 列表中选择该行为，以显示该选项的相关数据域。

3. 选择 Definition。

● 选择 Linear 来定义线性弹性刚度。

● 选择 Nonlinear 来将力或者力矩定义成相对运动可用分量的表格函数。

● 选择 Rigid 来定义刚性弹性行为。

4. 如果用户正在定义线性弹性行为，进行下面的操作。

a. 在 Force/Moment 域中，切换选中由相对运动可用分量组成的力或者力矩，用户为这些分量定义弹性行为。

b. 在 Coupling 域中，选择下面的一个选项。

● 选择 Uncoupled 来为相对运动的可用分量指定单独的弹性刚度；例如，由 Force/Moment 选择确定的 D11、D22 和 D33。用户可以使用单个弹性行为来指定所有的刚度，即使相对运动的每一个可用分量值是不同的。

● 选择 Coupled 来指定与相对运动的可用分量耦合的弹性刚度；例如，由 Force/Moment 选择确定的 D11、D12 和 D13。

5. 如果要定义非线性、非耦合的行为，进行下面的操作

a. 在 Force/Moment 域中，切换选中由相对运动可用分量组成的力或者力矩，用户为这些分量定义弹性行为。如果多个分量的行为相同，则用户可以定义一个使用此方程的单独的弹性行为。如果多个分量的行为不同，则用户必须定义各自的弹性行为。

b. 在 Coupling 域中，选择 Uncoupled 来将力或者力矩指定成各自相对运动可用分量的表格函数。

6. 如果要定义非线性的、耦合的行为，进行下面的操作。

a. 在 Force/Moment 域中，切换选中由相对运动可用分量组成的力或者力矩，用户为这些分量定义弹性行为。

b. 在 Coupling 域中，选择 Coupled on position 或者 Coupled on motion，来将力或者力矩分别指定成一个或者多个相对位置，或者本构位移/转动分量的函数。

c. 在 Independent components 域中，切换选中由相对运动可用分量组成的力或者力矩，用户为这些分量定义弹性行为。用户可能需要在分析步编辑器中使用非对称方程求解器来改善收敛性。

7. 如果要定义刚性弹性行为，则切换选中相对运动的可用分量，用户为这些分量定义刚性弹性行为。

8. 要定义取决于频率、温度或者场变量的行为数据，进行下面的操作。

a. 如果可用，切换选中 Use frequency-dependent data 来定义随着频率变化的行为数据。在数据表格中出现一个标签为 Frequency 的列。

b. 切换选中 Use temperature-dependent data 来定义随着温度变化的行为数据。在数据表格中出现一个标签为 Temp 的列。

c. 要定义取决于场变量的行为数据，单击 Number of field variables 域右侧的箭头来增加或者减少场变量的数量。数据表格中会出现场变量列。

9. 在表格中输入数据。用户可以使用键盘将数据输入到表格中。另外，用户可以在表格中的任意地方右击鼠标来显示指定表格数据的选项列表。有关每一个选项的详细信息，见 3.2.7 节“输入表格数据”。

10. 要为数据的正则化（仅 Abaqus/Explicit 分析）或者外推更改行为设置；使用 15.17.14 节“指定表格数据的行为设置”中描述的过程。

11. 选择下面的一个操作。

• 如果用户想要继续定义行为，单击 Add，选择想要的行为，然后继续定义连接器截面。有关定义其他行为的指导，见 15.17 节“使用连接器截面编辑器”。

• 如果用户想要显示或者编辑一个现有的行为，从 Behavior Options 列表中选择该行为。有关编辑行为的指导，见 15.17 节“使用连接器截面编辑器”。

• 如果用户想要保存连接器截面定义并退出编辑器，则单击 OK。

15.17.2 定义阻尼

用户可以为相对运动的可用分量定义类似阻尼器的阻尼行为。更多信息见《Abaqus 分析用户手册——单元卷》的 5.2.3 节“连接器阻尼行为”。

若要创建或者编辑阻尼行为，执行以下操作：

1. 使用下面的一个方法来显示连接器截面编辑器。

• 要创建新的连接器截面，按照 15.12.11 节“创建连接器截面”中指出的过程进行操作。

• 要编辑现有的连接器截面，从主菜单栏选择 Connector→Section→Manager，从出现的列表中选择连接器截面，然后单击 Edit。

2. 在 Edit Connector Section 对话框中进行下面的一个操作。

• 要定义一个新的阻尼行为，单击 Add，然后从出现的菜单中选择 Damping。

• 要编辑现有的阻尼行为，从 Behavior Options 列表中选择该行为，以显示该选项相关的数据域。

3. 选择 Definition。

• 选择 Linear 来定义线性阻尼系数。

• 选择 Nonlinear 来将力或者力矩定义成相对速度的表格函数。

4. 如果要定义线性阻尼行为，进行下面的操作。

a. 在 Force/Moment 域中，切换选中与相对速度一致的力或者力矩，用户为这些相对速度定义阻尼行为。

b. 在 Coupling 域中，选择下面的一个选项。

● 选择 Uncoupled 来指定与相对速度关联的单个阻尼系数；例如，由 Force/Moment 选择确定的 C11、C22 和 C33。用户可以使用单个阻尼选项来指定所有的系数，即使每一个相对速度的系数值都是不同的。

● 选择 Coupled 来指定与相对速度关联的耦合阻尼系数；例如，由 Force/Moment 选择确定的 C11、C12 和 C13。

5. 如果要定义非线性、非耦合的行为，进行下面的操作。

a. 在 Force/Moment 域中，切换选中与相对速度一致的力或者力矩，用户为这些相对速度定义阻尼行为。如果多个分量的行为相同，则用户可以定义一个使用此方程的单独的阻尼行为。如果多个分量的行为不同，则用户必须定义各自的阻尼行为。

b. 在 Coupling 域中，选择 Uncoupled 来将力或者力矩指定成各自相对速度可用分量的表格函数。

6. 如果要定义非线性、耦合的行为，进行下面的操作。

a. 在 Force/Moment 域中，切换选中与相对速度一致的力或者力矩，用户为这些选中的相对速度定义阻尼行为。

b. 在 Coupling 域中，选择 Coupled on position 或者 Coupled on motion，来将力或者力矩分别指定成一个或者多个相对位置，或者速度分量的函数。

c. 在 Independent components 域中，切换选中相对位置或者本构运动的可用分量，用户为这些相对位置或者本构运动定义耦合行为。

7. 要定义取决于频率、温度或者场变量的行为数据，进行下面的操作。

a. 如果可用，切换选中 Use frequency-dependent data 来定义随着频率变化的行为数据。在数据表格中出现一个标签为 Frequency 的列。

b. 切换选中 Use temperature-dependent data 来定义随着温度变化的行为数据。在数据表格中出现一个标签为 Temp 的列。

c. 要定义取决于场变量的行为数据，单击 Number of field variables 域右侧的箭头来增加或者减少场变量的数量。数据表格中会出现场变量列。

8. 在表格中输入数据。用户可以使用键盘将数据输入到表格中。另外，用户可以在表格中的任意地方右击鼠标来显示指定表格数据的选项列表。有关每一个选项的详细信息，见 3.2.7 节“输入表格数据”。

9. 要为数据的正则化（仅 Abaqus/Explicit 分析）或者外推更改行为设置；使用 15.17.14 节“指定表格数据的行为设置”中描述的过程。

10. 选择下面的一个操作。

● 如果用户想要继续定义行为，单击 Add，选择想要的行为，然后继续定义连接器截面。有关定义其他行为的指导，见 15.17 节“使用连接器截面编辑器”。

● 如果用户想要显示或者编辑一个现有的行为，从 Behavior Options 列表中选择该行为。有关编辑行为的指导，见 15.17 节“使用连接器截面编辑器”。

● 如果用户想要保存连接器截面定义并退出编辑器，则单击 OK。

15.17.3　定义摩擦

用户可以为相对运动的可用分量定义摩擦影响。更多信息见《Abaqus 分析用户手册——单元卷》的 5.2.5 节“连接器摩擦行为”。

若要创建或者编辑摩擦行为，执行以下操作：

1. 显示连接器截面编辑器。

• 要创建新的连接器截面，按照 15.12.11 节“创建连接器截面”中指出的过程进行操作。

• 要编辑现有的连接器截面，从主菜单栏选择 Connector→Section→Manager，从出现的列表中选择连接器截面，然后单击 Edit。

2. 在 Edit Connector Section 对话框中进行下面的操作。

• 要定义一个新的摩擦行为，单击 Add，然后从出现的菜单中选择 Friction。

• 要编辑现有的摩擦行为，从 Behavior Options 列表中选择该行为，以显示该选项相关的数据域。

3. 选择 Friction model。更多信息见 15.8.3 节“可以使用何种类型的摩擦模型?”。

• 选择 Predefined 来使用预定义的摩擦模型。Abaqus 将显示发生摩擦的滑动方向。

• 选择 User-defined 来指定施加摩擦力或者力矩的滑动方向，并且定义产生摩擦力的接触力贡献。

4. 如果要指定一个用户定义的摩擦模型，则选择 Slip direction。

• 选择 Specify direction 来指定相对运动的可用分量，沿着这些分量施加有摩擦力或者力矩。用户可以定义多个摩擦行为来为多个分量模拟摩擦，但 Abaqus 仅允许每个分量有一个摩擦行为。

• 选择 Compute using force potential，使用一个力势来计算瞬时滑动方向。选择 Force Potential标签页，并定义至少一个力势项。更多信息见 15.17.16 节“指定势项”。

5. 选择 Stick stiffness。

• 选择 Use default 来让 Abaqus 自动计算一个合适的黏滞刚度。

• 选择 Specify 来输入与滑动方向指定的摩擦行为关联的黏滞刚度。

6. 构建 Tangential Behavior。更多信息见 15.17.4 节“构建连接器摩擦的切向行为”。

7. 如果要指定一个预定义的摩擦模型，则指定 Predefined Friction Parameters 值。如果要指定一个用户定义的摩擦模型，则指定 Contact Force 值。更多信息见 15.17.5 节“指定预定义的摩擦参数或者接触力”。

8. 选择下面的一个操作。

• 如果用户想要继续定义行为，单击 Add，选择想要的行为，然后继续定义连接器截面。有关定义其他行为的指导，见 15.17 节“使用连接器截面编辑器”。

• 如果用户想要显示或者编辑一个现有的行为，从 Behavior Options 列表中选择该行为。

有关编辑行为的指导，见 15.17 节“使用连接器截面编辑器”。

- 如果用户想要保存连接器截面定义并退出编辑器，则单击 OK。

15.17.4 构建连接器摩擦的切向行为

用户可以使用连接器截面编辑器中的 Tangential Behavior 标签页，来选择预定义的和用户定义的连接器摩擦模型的摩擦方程。更多信息见《Abaqus 分析用户手册——指定条件、约束与相互作用卷》的 4.1.5 节“摩擦行为”中的“使用基本库仑摩擦模型”。用户可以从以下选项中进行选择：

- Penalty，指定一个摩擦系数。
- Static-Kinetic Exponential Decay，指定不同的静态和动态摩擦系数，并通过一个平滑的指数曲线来定义它们之间的过渡区域。

若要使用罚摩擦方程来构建切向行为，执行以下操作：

1. 通过 15.17.3 节“定义摩擦”中指出的过程来显示截面编辑器，并选择 Tangential Behavior 标签页。

2. 从 Friction formulation 域选择 Penalty。

3. 在 Friction Coefficient 标签页中，输入下面的数据：

Friction Coeff

摩擦系数 μ。

Slip Rate

如果需要，切换选中 Use slip-rate-dependent data，并输入滑动速率 $\dot{\gamma}_{eq}$。

Contact Pressure

如果需要，切换选中 Use contact-pressure-dependent data，并输入接触压力 p。

Temp

如果需要，切换选中 Use temperature-dependent data，并输入两个接触面之间接触点处的平均温度 $\bar{\theta}$。

Field 1、Field 2 等

如果需要，指定 Number of field variables 值，并输入第一个场变量的平均值 $\bar{f}_1$、第二个场变量的平均值 $\bar{f}_2$，等等。

4. 在 Shear Stress 标签页中，指定剪切应力限制。

No limit

表示不限制等效剪切应力。

Specify

输入等效剪切应力限制 τ_{max}，即等效剪切应力的最大可达到值。

5. 在 Elastic Slip 标签页中，为更改允许的弹性滑动选择一个方法（仅 Abaqus/Standard

分析）。

Fraction of characteristic model dimension

输入允许的最大弹性滑动与特征模型尺寸的比，默认值为0.0001。

Absolute distance

处理黏滞摩擦，使用刚度方法时，指定允许的弹性滑动 γ_i 的绝对大小。

若要使用静态-动态指数衰减摩擦方程来构建切向行为，执行以下操作：

1. 通过15.17.3节“定义摩擦”中指出的过程来显示连接器截面编辑器，并选择 Tangential Behavior 标签页。

2. 从 Friction formulation 域选择 Static-Kinetic Exponential Decay。

3. 在 Friction Coefficients 标签页中，选择指数衰减定义并输入系数或者测试数据。

• Coefficients，直接提供静态摩擦系数、动态摩擦系数和衰减系数。

Static Coeff

输入静态摩擦系数 μ_s。

Kinetic Coeff

输入动态摩擦系数 μ_k。

Decay Coeff

输入衰减系数 d_c。

• Test data，提供测试数据点来拟合指数模型。

Friction Coeff

• 输入 $\dot{\gamma}_{eq}=0.0$ 时的静态摩擦系数。

• 输入动态摩擦系数，即在参考滑动速率 $\dot{\gamma}_2$ 处取的试验值。

• 输入动态摩擦系数 μ_∞。此值对应无限大滑动速率 $\dot{\gamma}_\infty$ 处的摩擦系数逼近值。

Slip Rate

输入用来度量动态摩擦系数的参考滑动速率 $\dot{\gamma}_2$。

4. 在 Elastic Slip 标签页中，选择更改允许弹性滑动的方法（仅适用于 Abaqus/Standard 分析）。

Fraction of characteristic model dimension

输入允许最大弹性滑动与特征模型尺寸的比，默认值为0.0001。

Absolute distance

处理黏滞摩擦，使用刚度方法时，指定允许的弹性滑动 γ_i 的绝对大小。

15.17.5　指定预定义的摩擦参数或者接触力

用户可以使用连接器截面编辑器中的 Predefined Friction Parameters 标签页，来指定预定义连接器摩擦模型的几何常数和内部接触力。用户使用连接器截面编辑器中的 Contact Force

标签页，来为用户定义的连接器摩擦模型指定产生摩擦的接触力和内部接触力。更多信息见《Abaqus 分析用户手册——单元卷》的 5.2.5 节“连接器摩擦行为”。

若要指定预定义的摩擦参数，执行以下操作：

1. 通过 15.17.3 节“定义摩擦”中指出的过程来显示连接器截面编辑器，并输入必要的数据。
2. 将 Friction model 指定成 Predefined。
3. 选择 Predefined Friction Parameters 标签页。
4. 根据选择的连接类型指定几何常数和内部接触力。要显示定义所需数据对象的连接类型描述，见 15.8.1 节“连接类型”。

若要指定产生摩擦的接触力和内部接触力，执行以下操作：

1. 通过 15.17.3 节“定义摩擦”中指出的过程来显示连接器截面编辑器，并输入必要的数据。
2. 将 Friction model 指定成 User-defined。
3. 选择 Contact Force 标签页。
4. 如果需要，切换选中 Specify component，使用内在的连接器分量，或者推导得到的连接器分量来定义产生摩擦的接触力或者力矩。

- 选择 Intrinsic component，并选择力或者力矩，这些力或者力矩与相对运动的可用分量一致，用户为这些可用的相对运动定义产生摩擦的接触力或者力矩。
- 选择 Derived component，并单击 来定义推导出分量的连接器。更多信息见 15.17.15 节“指定连接器推导得到的分量”。

5. 如果切换不选 Specify component，则用户必须在 Contact Force 标签页的 Internal Contact Force 部分的数据标签页中，为内部接触力输入一个值。如果需要，用户可以进行下面的操作来指定内部接触力。

Use independent components

切换选中 Use independent components，选择 Position 或者 Motion，并选择相对位置或者本构运动的可用分量。在表的相应域中输入独立分量指定方向上的连接器相对位置或者本构运动。

Accum Slip

切换选中 Use accumulated slip dependence，并输入滑动方向上累计的滑动。

Temp

切换选中 Use temperature-dependent data，并输入温度。

Field 1、Field 2 等

指定 Number of field variables 值，并输入第一个场变量的值、第二个场变量的值，等等。

Internal Contact Force

指定内部接触力数据。

6. 要为数据的正则化（仅 Abaqus/Explicit 分析）或者外推更改行为设置，使用 15.17.14 节“指定表格数据的行为设置”。

15.17.6　定义塑性

用户可以为相对运动的可用分量定义塑性行为。更多信息见《Abaqus 分析用户手册——单元卷》的 5.2.6 节“连接器塑性行为”。如果用户指定了一个塑性行为选项，也必须指定一个弹性行为选项。

若要创建或者编辑塑性行为，执行以下操作：

1. 使用下面的一个方法来显示连接器截面编辑器。

• 要创建新的连接器截面，按照 15.12.11 节“创建连接器截面”中指出的过程进行操作。

• 要编辑现有的连接器截面，从主菜单栏选择 Connector→Section→Manager，从出现的列表中选择连接器截面，然后单击 Edit。

2. 在 Edit Connector Section 对话框中进行下面的一个操作。

• 要定义一个新的塑性行为，单击 Add，然后从出现的菜单中选择 Plasticity。

• 要编辑现有的塑性行为，从 Behavior Options 列表中选择该行为，以显示该选项相关的数据域。

3. 如果要定义非耦合的塑性行为，进行下面的操作。

a. 在 Coupling 域中，选择 Uncoupled 来将力或者力矩指定成各自可用的相对运动分量的表格函数。

b. 在 Force/Moment 域中，切换选中与相对运动可用分量一致的力或者力矩，用户为这些相对运动分量定义塑性行为。如果多个分量的行为相同，则用户可以定义一个使用此方程的塑性行为。如果多个分量的行为不同，则用户必须定义各自的塑性行为。

4. 如果要定义耦合的塑性行为，进行下面的操作。

a. 在 Coupling 域中，选择 Coupled。

b. 选择 Force Potential 标签页，然后定义至少一个力势项。更多信息见 15.17.16 节“指定势项”。

5. 选择硬化行为。

• 切换选中 Specify isotropic hardening 来定义初始域值，并将屈服面大小的扩展 F_0 定义成等效塑性相对运动$\bar{u}_{pl}$的函数（可选操作）。

• 切换选中 Specify kinematic hardening，通过背力 α 定义力空间中的屈服面平移。

用户必须至少定义一种硬化行为，即各向同性或者运动硬化行为。用户也可以同时选择两种类型的硬化来定义组合的各向同性或者运动硬化行为。

6. 如果用户切换选中 Specify isotropic hardening，进行下面的操作。

a. 选择 Isotropic Hardening 标签页。

b. 选择 Definition。

- 选择 Tabular，以表格形式直接指定力本构的运动数据。
- 选择 Exponential Law，指定用来计算定义屈服面大小的指数规律等效力的材料参数。

7. 如果用户切换选中 Specify kinematic hardening，进行下面的操作。

a. 选择 Kinematic Hardening 标签页。

b. 选择 Definition。

- 选择 Half-cycle，指定从单轴拉伸或者压缩试验的前半个周期得到的力本构运动数据。
- 选择 Stabilized，指定从对称循环试样的稳定循环中得到的力本构运动数据。
- 选择 Parameters，可直接指定材料参数。

8. 要定义取决于温度或者场变量的行为数据，在 Isotropic Hardening 或者 Kinematic Hardening 标签页中进行下面的操作。

a. 切换选中 Use temperature-dependent data 来定义随着温度变化的行为数据。在数据表格中出现标签为 Temp 的列。

b. 要定义取决于场变量的数据，单击 Number of field variables 域右侧的箭头来增加或者减少场变量的数量。数据表格中会出现场变量列。

9. 在 Isotropic Hardening 和/或 Kinematic Hardening 标签页的表格中输入塑性硬化数据。用户可以使用键盘在表格中输入数据。或者，用户也可以在表格中的任意地方右击鼠标来访问指定表格数据的选项列表。有关各选项的详细信息，见 3.2.7 节“输入表格数据”。

10. 要为数据的正则化（仅 Abaqus/Explicit 分析）或者外推更改行为设置，使用 15.17.14 节“指定表格数据的行为设置”中描述的过程。对于包括使用 Tabular 定义的各向同性硬化的 Abaqus/Explicit 分析，用户也可以为速率相关的数据评估指定设置。

11. 选择下面的一个操作。

- 如果用户想要继续定义行为，单击 Add，选择想要的行为，然后继续定义连接器截面。有关定义其他行为的指导，见 15.17 节“使用连接器截面编辑器”。
- 如果用户想要显示或者编辑一个现有的行为，则从 Behavior Options 列表中选择该行为。有关编辑行为的指导，见 15.17 节“使用连接器截面编辑器”。
- 如果用户想要保存连接器截面定义并退出编辑器，单击 OK。

15.17.7 定义损伤

用户可以为相对运动的可用分量定义损伤行为。更多信息见《Abaqus 分析用户手册——单元卷》的 5.2.7 节“连接器损伤行为”。如果用户指定了一个损伤行为选项，则必须也指定一个弹性行为选项。此外，如果用户要定义基于塑性运动的损伤初始化行为，则必须指定一个塑性行为选项。

若要创建或者编辑损伤行为，执行以下操作：

1. 使用下面的一个方法来显示连接器截面编辑器。

• 要创建新的连接器截面，按照 15.12.11 节“创建连接器截面”中指出的过程进行操作。

• 要编辑现有的连接器截面，从主菜单栏选择 Connector→Section→Manager，从出现的列表中选择连接器截面，然后单击 Edit。

2. 在 Edit Connector Section 对话框中进行下面的一个操作。

• 要定义一个新的损伤行为，单击 Add，然后从出现的菜单中选择 Damage。

• 要编辑现有的损伤行为，从 Behavior Options 列表中选择该行为，以显示该选项相关的数据域。

3. 在 Coupling 域中，选择下面的一个选项。

• 选择 Uncoupled，为相对运动每一个可用分量独立地指定损伤准则。

• 选择 Coupled 来指定耦合所有或者部分相对运动可用分量的损伤准则。

4. 如果要定义非耦合的损伤行为，则切换选中与相对运动的可用分量一致的力或者力矩，用户在 Force/Moment 域中为这些可用分量定义损伤行为。如果多个分量的行为相同，则用户可以定义一个使用此方程的单独的损失行为。如果多个分量的行为不同，则用户必须定义各自的损伤行为。

5. 选择 Initiation criterion。

• 选择 Force，根据连接器中力或者力矩来指定损伤初始准则。用户可以为力或者力矩损伤初始值提供下限（压缩）、上限（拉伸）或者二者都。

• 选择 Motion，根据连接器中的相对本构位移/转动方式来指定损伤初始准则。用户可以为本构位移/转动损伤初始值提供下限（压缩）、上限（拉伸）或者二者都。

• 选择 Plastic motion，根据连接器中的等效相对塑性运动来指定损伤初始准则。用户可以提供相对等效塑性位移/转动作为相对塑性比的函数，损失将在该位移/转动处发生。用户也必须指定一个塑性行为选项；更多信息见 15.17.6 节“定义塑性”。

6. 如果要定义耦合的损伤行为，则用户必须指定以下一个连接器势。

• 如果用户已经将 Initiation criterion 选择成 Force 或者 Motion，则用户必须指定一个连接器势来定义等效力的大小或者等效运动的大小。选择 Initiation Potential 标签页，并定义至少一个力势项。更多信息见 15.17.16 节“指定势项”。

• 如果用户已经将 Initiation criterion 选择成 Plastic motion，则用户必须在耦合的连接器塑性行为选项中，指定一个连接器势来定义相对等效塑性运动。

在力势中，如果耦合的塑性定义包括至少两项，则用户可以在损伤行为选项的 Initiation 标签页上的数据表格中提供 Mode-Mix Ratio 值，来反映前两项对力势贡献的相对权重。有关如何定义此权重的信息，见《Abaqus 分析用户手册——单元卷》的 5.2.6 节“连接器塑性行为”中的“模式混合比”。

7. 要定义损伤初始准则，在 Initiation 标签页中进行下面的操作。

a. 要定义取决于温度或者场变量的损伤初始准则。

• 切换选中 Use temperature-dependent data 来定义随着温度变化的行为数据。在数据表格中出现标签为 Temp 的列。

• 要定义取决于场变量的行为数据，单击 Number of field variables 域右侧的箭头来增加或者减少场变量的数量。数据表格中会出现场变量列。

b. 在表格中输入合适的损伤初始准则数据。用户可以使用键盘将数据输入到表格中。或者，用户也可以在表格中的任意地方右击鼠标来访问指定表格数据的选项列表。有关各选项的详细信息，见 3.2.7 节“输入表格数据”。

c. 要为数据的正则化（仅 Abaqus/Explicit 分析）或者外推更改行为设置，使用 15.17.14 节“指定表格数据的行为设置”中描述的过程。对于包括基于塑性运动的损伤初始准则的 Abaqus/Explicit 分析，用户也可以为速率相关的数据评估指定设置。

8. 如果需要，定义损伤演化规律，该规律规定了损伤变量如何演化，如 15.17.8 节“定义损伤演化”中描述的那样。

9. 选项下面的一个操作。

• 如果用户想要继续定义行为，单击 Add，选择想要的行为，然后继续定义连接器截面。有关定义其他行为的指导，见 15.17 节“使用连接器截面编辑器”。

• 如果用户想要显示或者编辑一个现有的行为，则从 Behavior Options 列表中选择该行为。有关编辑行为的指导，见 15.17 节“使用连接器截面编辑器”。

• 如果用户想要保存连接器截面定义并退出编辑器，单击 OK。

15.17.8 定义损伤演化

连接器损伤演化指定了损伤变量的演化规律。在演化过程中，连接器的响应将退化。如果用户没有为特定的损伤行为指定损伤演化规律，则关联的损伤变量将固定在 0.0，并且该损伤行为不会导致连接器中的响应退化。更多信息见《Abaqus 分析用户手册——单元卷》的 5.2.7 节“连接器损伤行为”。

若要定义损伤演化规律，执行以下操作：

1. 如 15.17.7 节“定义损伤”中描述的那样定义一个损伤行为。

2. 在 Edit Connector Section 对话框中，切换选中 Specify damage evolution，并选择 Evolution 标签页。

3. 如果用户定义的是基于非耦合力或者本构运动的损伤初始行为，进行下面的操作。

• 将 Evolution type 选择成 Motion 来定义基于运动的损伤演化规律，并选择 Evolution softening 类型。

—选择 Linear 来定义线性损伤演化规律。用户应提供最大失效时的本构相对运动与损伤初始时本构相对运动之间的差异。

—选择 Exponential 来定义指数损伤演化规律。用户应提供最大失效时的相对运动与损伤初始时相对运动之间的差异，以及指数系数。

—选择 Tabular 来将损伤变量直接定义成最大失效时的相对运动与损伤初始时相对运动之间差异的表格函数。

• 将 Energy 选择成 Evolution type，来定义基于能量的损伤演化规律。用户应提供最大失效时的后损伤初始耗散能。

4. 如果用户定义的是基于非耦合塑性运动的损伤初始行为，进行以下的操作。

a. 定义非耦合的塑性行为选项。更多信息见 15.17.6 节“定义塑性”。

b. 选择 Evolution type。

• 选择 Motion 来定义基于运动的损伤演化规律，并选择 Evolution softening 类型。根据关联的塑性行为定义计算等效的塑性相对运动。

—选择 Linear 来定义线性损伤演化规律。用户应提供最大失效时的关联等效塑性相对运动与损伤初始时关联等效塑性相对运动之间的差异。

—选择 Exponential 来定义指数损伤演化规律。用户应提供最大失效时的等效相对塑性运动与损伤初始时等效相对运动之间的差异，以及指数系数。

—选择 Tabular 来将损伤变量直接定义成最大失效时的等效相对塑性运动与损伤初始时相对运动之间差异的表格函数。

• 选择 Energy 来定义基于能量的损伤演化规律。用户应提供最大失效时的后损伤初始耗散能。

5. 如果用户定义的是基于耦合的力或者本构运动的损伤初始行为，进行下面的操作。

1）将 Evolution type 选择成 Motion 来定义基于运动的损伤演化规律，并进行下面的操作。

a. 选择 Evolution softening 类型。

—选择 Linear 来定义线性损伤演化规律。用户应提供最大失效时的等效运动与损伤初始时等效运动之间的差异。

—选择 Exponential 来定义指数损伤演化规律。用户应提供最大失效时的相对运动与损伤初始时相对运动之间的差异，以及指数系数。

—选择 Tabular 来将损伤变量直接定义成最大失效时的等效相对运动与损伤初始时相对运动之间差异的表格函数。

b. 选择 Evolution Potential 标签页，并定义至少一个力势项。更多信息见 15.17.16 节“指定势项”。

2）将 Evolution type 选择成 Energy 来定义能量为基础的损伤演化规律。用户提供最大失效时的后损伤初始耗散能。

6. 如果用户定义的是基于耦合的运动的损伤初始行为，进行下面的操作。

a. 定义耦合的塑性行为选项。更多信息见 15.17.6 节“定义塑性”。

如果关联的耦合塑性定义在力势中包括至少两项，则用户为损伤演化提供的数据也可以是模式混合比的函数。Mode-Mix Ratio 定义了开始两项对力势贡献的相对权重。有关如何定义此相对权重的信息，见《Abaqus 分析用户手册——单元卷》的 5.2.6 节“连接器塑性行为”中的“模式混合比”。

b. 选择 Evolution type。

• 选择 Motion 来定义基于运动的损伤演化规律，并选择 Evolution softening 类型。等效塑性的相对运动由相关的塑性行为定义计算得出。

—选择 Linear 来定义线性损伤演化规律。用户应提供最大失效时关联等效塑性的相对运动与损伤初始时相关等效塑性的相对运动之间的差异。

—选择 Exponential 来定义指数损伤演化规律。用户应提供最大失效时的等效相对塑性运动与损伤初始时等效相对塑性运动之间的差异，以及指数系数。

—选择 Tabular 来将损伤变量直接定义成最大失效时的等效相对塑性运动与损伤初始时相对运动之间差异的表格函数。

• 选择 Energy 来定义基于能量的损伤演化规律。用户应提供最大失效时的后损伤初始耗散能。

7. 在 Evolution 标签页中，切换选中 Specify affected components，并切换选中与相对运动可用分量一致的力或者力矩，这些可用的相对运动将受损伤演化规律的影响。

8. 如果为同一连接器截面定义了多个损伤行为，则选择 Degradation 类型来指定此损伤行为对整体损伤效果的贡献。

• 选择 Maximum 来将与此行为关联的损伤值，与任何为此连接器截面定义的其他损伤行为的损伤值进行对比，并只考虑整体损伤的最大值。

• 选择 Multiplicative 来将与此连接器截面关联的所有损伤行为的损伤值进行乘法组合，来得到整体损伤值。

9. 要定义取决于温度或者场变量的损伤演化规律，进行下面的操作。

a. 切换选中 Use temperature-dependent data 来定义随着温度变化的行为数据。在数据表格中出现标签为 Temp 的列。

b. 要定义取决于场变量的行为数据，单击 Number of field variables 右侧的箭头来增加或者减少场变量的数量。数据表格中会出现场变量列。

10. 在表格中输入合适的损伤演化规律数据。用户可以使用键盘来将数据输入到表格中。或者，用户也可以在表格中的任意地方右击鼠标来访问指定表格数据的选项列表。有关各选项的详细信息，见 3.2.7 节“输入表格数据”。

11. 要为数据的正则化（仅 Abaqus/Explicit 分析）或者外推更改行为设置，使用 15.17.14 节“指定表格数据的行为设置”中描述的过程。

15.17.9 定义停止条件

用户可以为一个或者多个可用的相对运动分量，限制可接受的运动范围值。更多信息见《Abaqus 分析用户手册——单元卷》的 5.2.8 节“连接器停止和锁住”。

若要创建或者编辑停止条件，执行以下操作：

1. 使用下面的一个方法来显示连接器截面编辑器。

• 要创建新的连接器截面，按照 15.12.11 节“创建连接器截面”中的过程进行操作。

• 要编辑现有的连接器截面，从主菜单栏选择 Connector→Section→Manager，从出现的列表中选择连接器截面，然后单击 Edit。

2. 在 Edit Connector Section 对话框中进行下面一个操作。

• 要定义一个新的停止选项，从出现的选项菜单中单击 Add，然后从出现的菜单中选择 Stop。

• 要编辑现有的停止选项，从 Behavior Options 列表中选择该选项，以显示其相关的数据域。

3. 在 Components 域中，切换选中要定义停止的相对运动的所有可用分量。如果用户想要为不同的分量指定不同的限制，则用户必须指定多个停止选项。

4. 在编辑器的 Admissible Positions at Stop 部分，输入将触发停止的相对运动可用分量的可接受位置限制值。

5. 选择下面的一个操作。

• 如果用户想要继续定义行为，单击 Add，选择想要的行为，然后继续定义连接器截面。有关定义其他行为选项的指导，见 15.17 节“使用连接器截面编辑器”。

• 如果用户想要显示或者编辑一个现有的行为，则从 Behavior Options 列表中选择该选项。有关编辑行为选项的指导，见 15.17 节“使用连接器截面编辑器”。

• 如果用户想要保存连接器截面定义并退出编辑器，单击 OK。

15.17.10　定义锁住

用户可以为相对运动的任何分量指定锁住准则。锁住准则可能取决于相对运动可用分量的运动，也可能取决于相对运动的可用分量和受约束分量中的力或者力矩。满足任何一个准则都可以发生锁住，更多信息见《Abaqus 分析用户手册——单元卷》的 5.2.8 节“连接器停止和锁住”。

若要创建或者编辑锁住，执行以下操作：

1. 使用下面的一个方法来显示连接器截面编辑器。

• 要创建新的连接器截面，按照 15.12.11 节“创建连接器截面”中指出的过程进行操作。

• 要编辑现有的连接器截面，从主菜单栏选择 Connector→Section→Manager，从出现的列表中选择连接器截面，然后单击 Edit。

2. 在 Edit Connector Section 对话框中进行下面的一个操作。

• 要定义一个新的锁住选项，单击 Add，然后从出现的菜单中选择 Lock。

• 要编辑现有的锁住选项，从 Behavior Options 列表中选择该选项，以显示其相关的数据域。

3. 在 Components 域中，切换选中用来定义锁住准则的相对运动可用分量。如果用户想要为不同的分量指定不同的限制，则用户必须定义多个锁住选项。

4. 单击 Lock 域右侧的箭头，然后从出现的列表中选择一个选项。

• 选择 All，在满足任何锁住准则时，锁住相对运动的所有分量。

● 选择 Specify，在满足任何锁住准则时，选择要锁住的相对运动的可用分量。

5. 要根据运动来定义锁住准则，在编辑器的 Position Locking Criteria 部分，输入将要触发锁住的可用相对运动分量的相对位置限制。

6. 要根据力或者力矩来定义锁住准则，在编辑器的 Force/Moment Locking Criteria 部分，输入将要触发锁住的可用的或者受约束的相对运动分量的力或力矩限制。

7. 选择下面的一个操作。

● 如果用户想要继续定义行为，单击 Add，选择想要的行为，然后继续定义连接器截面。有关定义其他行为选项的指导，见 15.17 节“使用连接器截面编辑器”。

● 如果用户想要显示或者编辑一个现有的行为，则从 Behavior Options 列表中选择该选项。有关编辑行为选项的指导，见 15.17 节“使用连接器截面编辑器”。

● 如果用户想要保存连接器截面定义并退出编辑器，单击 OK。

15.17.11 定义失效

对于 Abaqus/Standard 分析，用户可以为相对运动的任何可用分量指定失效准则。对于 Abaqus/Explicit 分析，失效准则可能取决于相对运动可用分量的运动，以及相对运动可用和受约束分量的力或者力矩。满足任何一个准则都可以发生失效。更多信息见《Abaqus 分析用户手册——单元卷》的 5.2.9 节“连接器失效行为”。

当用户定义取决于力或者力矩的失效准则时，来自所有行为选项的合力或者合力矩将与失效准则进行对比。在 Abaqus/Standard 分析中，要使失效准则有效，用户必须定义一个行为选项（如弹性），来为相对运动可用分量生成用来定义失效准则的力或者力矩。

若要创建或者编辑失效，执行以下操作：

1. 使用下面的一个方法来显示连接器截面编辑器。

● 要创建新的连接器截面，按照 15.12.11 节“创建连接器截面”中指出的过程进行操作。

● 要编辑现有的连接器截面，从主菜单栏选择 Connector→Section→Manager，从出现的列表中选择连接器截面，然后单击 Edit。

2. 在 Edit Connector Section 对话框中进行下面的一个操作。

● 要定义一个新的失效选项，单击 Add，然后从出现的菜单中选择 Failure。

● 要编辑现有的失效选项，从 Behavior Options 列表中选择该选项，以显示其相关的数据域。

3. 在 Components 域中，切换选中用来定义失效准则的相对运动可用分量。如果用户想要为不同的分量指定不同的限制，则用户必须定义多个失效选项。

4. 单击 Release 域右侧的箭头，然后从出现的列表中选择一个选项。

● 选择 All，在满足任何失效准则时，释放相对运动的所有分量。连接器不会对超过此点的分析产生任何影响。

- 选择 Specify，在满足任何失效准则时，选择要释放的相对运动的可用分量。

5. 要根据运动来定义失效准则，在编辑器的 Position Failure Criteria 部分，输入将造成失效的可用相对运动分量的相对位置限制。

6. 要根据力或者力矩来定义失效准则，在编辑器的 Force/Moment Failure Criteria 部分，输入将要造成失效的可用相对运动分量的力或者力矩限制。在 Abaqus/Explicit 分析中，用户也可以输入将造成失效的相对运动受约束分量的力或者力矩限制。

7. 选择下面的一个操作。

- 如果用户想要继续定义行为选项，单击 Add，选择想要的行为，然后继续定义连接器截面。有关定义其他行为选项的指导，见 15.17 节“使用连接器截面编辑器”。
- 如果用户想要显示或者编辑一个现有的行为选项，则从 Behavior Options 列表中选择该选项。有关编辑行为选项的指导，见 15.17 节“使用连接器截面编辑器”。
- 如果用户想要保存连接器截面定义并退出编辑器，单击 OK。

15.17.12 定义参考长度

用户可以定义平动或者转动位置，在这些位置处，相对运动的可用分量的本构力和力矩为零。参考长度或者角度将会从相对运动分量中减去，然后再用于弹性和摩擦行为。用户仅可以定义一个参考长度选项。更多信息见《Abaqus 分析用户手册——单元卷》的 5.2.1 节“连接器行为”。

若要创建或者编辑参考长度，执行以下操作：

1. 使用下面的一个方法来显示连接器截面编辑器。

- 要创建新的连接器截面，按照 15.12.11 节“创建连接器截面”中指出的过程进行操作。
- 要编辑现有的连接器截面，从主菜单栏选择 Connector→Section→Manager，从出现的列表中选择连接器截面，然后单击 Edit。

2. 在 Edit Connector Section 对话框中进行下面的一个操作。

- 要定义一个新的参考长度选项，单击 Add，然后从出现的菜单中选择 Reference Length。
- 要编辑现有的参考长度选项，从 Behavior Options 列表中选择该选项，以显示其相关的数据域。

3. 在编辑器的 Constitutive Reference Length and Angle 部分，输入与相对运动可用分量关联的参考长度和参考角度。如果用户不输入值，则参考长度和参考角度由连接器的初始构型决定。

4. 选择下面的一个操作。

- 如果用户想要继续定义行为选项，单击 Add，选择想要的行为，然后继续定义连接器截面。有关定义其他行为选项的指导，见 15.17 节“使用连接器截面编辑器”。

• 如果用户想要显示或者编辑一个现有的行为选项，则从 Behavior Options 列表中选择该选项。有关编辑行为选项的指导，见 15.17 节“使用连接器截面编辑器”。

• 如果用户想要保存连接器截面定义并退出编辑器，单击 OK。

15.17.13 定义时间积分

用户可以在 Abaqus/Explicit 分析中指定弹性、阻尼和摩擦的隐式或者显式时间积分。默认情况使用隐式时间积分。用户仅可以定义一种积分选项。更多信息见《Abaqus 分析用户手册——单元卷》的 5.2.1 节“连接器行为”。

若要创建或者编辑时间积分，执行以下操作：

1. 使用下面的一个方法来显示连接器截面编辑器。

• 要创建新的连接器截面，按照 15.12.11 节“创建连接器截面”中指出的过程进行操作。

• 要编辑现有的连接器截面，从主菜单栏选择 Connector→Section→Manager，从出现的列表中选择连接器截面，然后单击 Edit。

2. 在 Edit Connector Section 对话框中进行下面的一个操作。

• 要定义一个新的积分选项，单击 Add，然后从出现的菜单中选择 Integration。

• 要编辑现有的积分选项，从 Behavior Options 列表中选择该选项，以显示其相关的数据域。

3. 单击 Integration 域右侧的箭头，然后从出现的列表中选择一个选项。

• 选择 Implicit 来使用隐式时间积分。

• 选择 Explicit 来使用显式时间积分。

4. 选择下面的一个操作。

• 如果用户想要继续定义行为选项，单击 Add，选择想要的行为，然后继续定义连接器截面。有关定义其他行为选项的指导，见 15.17 节“使用连接器截面编辑器”。

• 如果用户想要显示或者编辑一个现有的行为选项，则从 Behavior Options 列表中选择该选项。有关编辑行为选项的指导，见 15.17 节“使用连接器截面编辑器”。

• 如果用户想要保存连接器截面定义并退出编辑器，单击 OK。

15.17.14 指定表格数据的行为设置

用户可以为数据的正则化（仅 Abaqus/Explicit 分析）和外推更改行为设置，这些数据用来定义弹性、阻尼、用户定义的摩擦、塑性和损伤行为选项，以及连接器推导得到的分量。用户也可以在 Abaqus/Explicit 分析中为选中的选项指定速率相关的数据评估设置。更多信息见《Abaqus 分析用户手册——单元卷》的 5.2.1 节“连接器行为”中的“使用表格数据定义连接器行为”。

用户可以为连接器截面中的所有行为选项更改行为设置，也可以为单个行为选项指定行为设置。单个行为选项的行为设置优先于连接器截面的行为设置。用户可以在连接器截面编辑器的 Table Options 标签页上为连接器截面中的所有行为选项指定行为设置。更多信息见15.12.11 节“创建连接器截面”。

要显示 Edit Table Options 对话框中与选项的使用环境相关的帮助，选择感兴趣的选项，然后按〈F1〉键。(主菜单栏中的 Help 菜单在显示对话框时不可用)。

若要为单个连接器行为指定表格数据的行为设置，执行以下操作：

1. 显示 Edit Table Options 对话框。

• 对于使用表格数据的弹性、阻尼、用户定义的摩擦、塑性或者损伤行为，单击连接器截面编辑器 Behavior Options 标签页上的 Table Options。更多信息见以下章节：

—15.17.1 节“定义弹性”

—15.17.2 节“定义阻尼”

—15.17.5 节“指定预定义的摩擦参数或者接触力”

—15.17.6 节“定义塑性”

—15.17.7 节“定义损伤”

—15.17.8 节“定义损伤演化”

• 对于连接器推导得到的分量项，从 Edit Derived Component Term 对话框中单击 Table Options。更多信息见 15.17.15 节“指定连接器推导得到的分量”。

2. 在对话框的 Regularization 部分，指定 Abaqus/Explicit 分析中数据正则化的设置。

a. 指定此行为选项要使用的正则化行为设置。

• 切换选中 Use behavior settings 来使用将会应用到连接器截面中所有行为选项的正则化行为设置。

• 切换不选 Use behavior settings 来使用在此对话框中指定的正则化行为设置。

b. 默认情况下，Abaqus/Explicit 将数据正则化到表格中，此表格以独立变量的均匀间隔方式定义。

• 切换选中 Regularize data 来正则化表格数据。

• 切换不选 Regularize data 来关闭表格数据的正则化，直接使用用户定义的数据。

c. 如果用户想要正则化表格数据，还应指定误差。

• 选择 Use default，使用默认值 0.03。

• 选择 Specify，然后输入误差的值。

3. 如果用户正在定义的塑性行为包括各向同性硬化或者损伤初始行为，则对话框的 Rate Options 部分可用。用户可以在 Abaqus/Explicit 分析中指定速率相关的数据评估设置。这些设置仅适用于使用 Tabular 定义的各向同性硬化的塑性行为（直接以表格的形式指定力本构运动数据），或者基于塑性运动初始准则的损伤行为。

a. 指定速率过滤因子 ω 的值。

• 选择 Use default，使用默认值 0.9。

• 选择 Specify，然后输入一个值（$0<\omega\leqslant 1$）。$\omega=1$ 时，不提供过滤功能，应谨慎使用。

b. 指定内插方法。

● 当对速率相关的损伤初始数据插值时，选择 Linear，使用线性间隔来计算等效相对塑性运动速率。

● 当对速率相关的损伤初始数据插值时，选择 Logarithmic，使用对数间隔来计算等效相关塑性运动速率。

4. 在对话框的 Extrapolation 部分，为数据外推指定设置。

a. 指定此行为选项要使用的外推行为设置。

● 切换选中 Use behavior settings 来使用外推行为设置，这些设置将施加到连接器截面中的行为选项。

● 切换不选 Use behavior settings 来使用用户在此对话框中指定的外推行为设置。

b. 为数据表外推指定方法。用户输入的数据点组成本构空间中的非线性曲线。默认情况下，Abaqus 将自变量指定范围之外的因变量值外推成对应于曲线末端点的值。

● 选择 Constant，将自变量范围之外的应变量外推指定成常数。

● 选择 Linear，将自变量范围之外的应变量外推指定成应变量的线性外推。

5. 单击 OK 来保存用户的行为设置，并返回到连接器截面编辑器。

15.17.15 指定连接器推导得到的分量

用户可以创建连接器推导得到的分量，来将连接器中生成摩擦的法向力指定成连接器力和力矩的组合，或者将创建得到的连接器推导分量用作连接器势函数中的中间结果。有关连接器推导得到的分量的详细信息，见《Abaqus 分析用户手册——单元卷》的 5.2.4 节“耦合行为的连接器方程”。

要显示推导分量编辑器中与选项的使用环境相关的帮助，或者显示 Edit Derived Component Term 对话框，用户可以选择感兴趣的选项，然后按［F1］键。（主菜单栏中的 Help 菜单在显示编辑器时不可用）。

若要创建或者编辑连接器推导得到的分量，执行以下操作：

1. 当用户定义摩擦模型时，要显示连接器推导分量编辑器，从连接器截面编辑器或者势贡献编辑器中单击 ✎。更多信息见 15.17.5 节“指定预定义的摩擦参数或者接触力”，以及 15.17.16 节“指定势项”。

2. 在 Edit Derived Component 对话框中，用户可以添加、编辑和删除下面的推导分量项。

Adding terms

单击 ＋ 来显示 Edit Derived Component Term 对话框。

Modifying terms

在 Derived Component Terms 列表中，选择想要改变的项，然后单击 ✎ 来显示 Edit Derived Component Term 对话框。

Deleting terms

在 Derived Component Terms 列表中，选择想要删除的项，然后单击 。

3. 在 Edit Derived Component Term 对话框中进行下面的操作。

a. 选择 Term operator 来指定用来计算推导得到分量项的方法。

Square root of sum of squares

Abaqus 将推导得到的分量项，计算成每一个内在分量贡献平方和的平方根。

Direct sum

Abaqus 将推导得到的分量项，计算成内在分量贡献的直接和。

Macauley sum

Abaqus 将推导得到的分量项，计算成内在分量的贡献和，并对每一个贡献使用 Macauley 括号函数。

b. 选择 Overall term sign。

Positive

为推导得到的项选择一个正号。

Negative

为推导得到的项选择一个负号。

c. 选择在导出分量的定义中使用的内在分量，并在数据表格中，为每一个分量输入比例因子（α_1）。

d. 如果需要，切换选中 Use local directions，选择 Independent position components 或者 Independent constitutive motion components，并选择在连接器推导分量的定义中，用作自变量的可用相对位置分量或者本构运动。在表的相应场中输入独立分量所定义方向上的连接器相对位置或者本构运动。更多信息见《Abaqus 分析用户手册——单元卷》的 5.2.1 节“连接器行为”中的“定义取决于相对位置或者本构位移/转动的非线性连接器行为属性”。

e. 如果需要，切换选中 Use temperature-dependent data 来定义数据随着温度的变化。在数据表格中出现标签为 Temp 的列。

f. 如果需要，单击 Number of field variables 域右侧的箭头，增加或者减少场变量数量，来定义依赖场变量的数据。在数据表格中出现域变量列。

4. 要更改正则化的行为设置（仅对于 Abaqus/Explicit 分析）或者数据的外推设置，使用 15.17.14 节“指定表格数据的行为设置”中描述的过程。

5. 单击 OK 来保存数据并退出编辑器。

15.17.16　指定势项

连接器势是用户定义的数学函数，表示连接器中相对运动分量所包含的空间中的屈服面、限制面或者大小度量。用户可以使用势来定义耦合摩擦、塑性或者损伤行为选项。更多信息见《Abaqus 分析用户手册——单元卷》的 5.2.4 节“耦合行为的连接器方程”。

要显示势贡献编辑器中与选项的使用环境相关的帮助，用户可以选择感兴趣的选项，然后按［F1］键（主菜单栏中的 Help 菜单在显示编辑器时不可用）。

若要创建或者编辑势项，执行以下操作：

1. 显示势标签页。

• 对于摩擦编辑器，使用 15.17.3 节“定义摩擦”中指出的过程来显示 Force Potential 标签页。

• 对于塑性行为，使用 15.17.6 节“定义塑性”中指出的过程来显示 Force Potential 标签页。

• 对于损伤行为，使用 15.17.7 节“定义损伤”，以及 15.17.8 节“定义损伤演化”中指出的过程来显示 Initiation Potential 和 Evolution Potential 标签页。

2. 选择 Operator。

Sum

将势定义成贡献的总和。

Maximum

将势定义成产生最大值的贡献。

3. 如果在 Operator 域中选择了 Sum，则在 Exponent 域中输入一个正值来指定势定义中整个指数的倒数 β，从而定义一般椭圆形式的势。默认值为 2，即二次势函数。

4. 在标签页的 Potential Contributions 部分，选择下面的一个选项。

• 要定义势的贡献 P_i，单击 + 。

出现势贡献编辑器。

• 要编辑现有的贡献，从列表中选择一个贡献，并单击 ✎ 。

出现势贡献编辑器。

• 要删除现有的贡献，从列表中选择一个贡献，并单击 ✐ 。

5. 在势分布编辑器中，进行下面的操作。

a. 指定在势贡献中使用的分量。

Specify component

选择相对运动的可用分量来定义势贡献。

Specify derived component

单击 ✎ ，指定连接器推导分量来定义势贡献。更多信息见 15.17.15 节“指定连接器推导得到的分量”。

b. 选择 Sign。

Positive

为势贡献选择一个正号。

Negative

为势贡献选择一个负号。

c. 输入下面的数据。

Scaling factor

输入非零缩放因子 R，默认值为 1。

Positive exponent

输入正指数 α 的值。如果用户选择 Operator 域中的 Maximum，则忽略正指数值。

Shift factor

输入移动因子 a，默认值为 0。

H-function

选择用来生成贡献的函数 H，默认为 ABS。

- ABS，使用绝对值函数来生成贡献。
- MACAULEY，使用 Macauley 括号（$\langle X\rangle=0$，如果 $X\leqslant 0$；以及 $\langle X\rangle=X$，如果 $X>0$）来生成贡献。
- IDENTITY，仅当下面的条件为真时，才选择标识函数。

—Positive exponent(α) = Exponent(β) = 1

15.18 使用查询工具集获取连接器赋予信息

用户可以使用查询工具集来显示与连接器截面赋予有关的详细信息。

若要显示与线框或者附着线有关的信息，执行以下操作：

1. 从主菜单栏选择 Tools→Query。

技巧：用户也可以通过单击 Query 工具栏中的 ⓘ 来查询模型。

Abaqus/CAE 显示 Query 对话框。

用户可以请求一般查询，也可以请求特定于模块的查询。对于一般查询显示的信息讨论，见 71.2.2 节“获取与模型有关的一般信息”。Connector assignments 查询是相互作用模块特有的。

2. 从 Interaction Module Queries 列表中选择 Connector assignments。

出现连接器截面赋予的摘要。

3. 在视口中选择用户想要查询的线框或者附着线，更多信息见第 6 章“在视口中选择对象”。

4. 单击 Done 或者鼠标键 2，为选中的线框或者附着线显示与连接器截面赋予有关的详细信息。

5. 要退出查询过程，单击提示区域中的 ⊠ 按钮。

16 载荷模块

用户可以使用载荷模块定义和管理以下指定条件：

- 载荷。
- 边界条件。
- 预定义的场。
- 载荷工况（见第 34 章“载荷工况”）。

本章包含以下主题：

- 16.1 节 “理解载荷模块的角色”
- 16.2 节 “进入和退出载荷模块”
- 16.3 节 “管理指定的条件”
- 16.4 节 “创建和更改指定的条件”
- 16.5 节 “理解表示指定条件的符号”
- 16.6 节 “在 Abaqus 分析之间传递结果”
- 16.7 节 “使用载荷模块工具箱”

有关模拟螺栓载荷见第 22 章“螺栓载荷”。另外，还包括下面的章节：

- 16.8 节 “使用载荷模块”
- 16.9 节 “使用载荷编辑器”
- 16.10 节 “使用边界条件编辑器”
- 16.11 节 “使用预定义场编辑器”

16.1　理解载荷模块的角色

Abaqus/CAE 中的指定条件是分析步相关的对象，这意味着用户必须指定要激活指定条件的分析步。用户可以使用载荷、边界条件和预定义场管理器来显示和操控指定条件的分步历史。用户也可以使用位于环境栏中的 Step 列表来指定分析步，在指定分析步中，默认新的载荷、边界条件和预定义场是激活的。

用户可以使用载荷模块中的幅值工具集来指定所施加指定条件的复杂事件或者频率相关性。载荷模块中的集合和面工具集允许用户定义和命名想要施加指定条件的模型区域。分析场工具集和离散场工具集允许用户创建场来定义所选指定条件的空间变化参数。

载荷工况是用来定义特殊载荷条件的一组载荷和边界条件。用户可以在静态摄动和稳态动力学中直接创建载荷工况。有关载荷工况的更多信息，见第 34 章“载荷工况”。

16.2 进入和退出载荷模块

用户可以在 Abaqus/CAE 程序对话的任何时候，通过单击环境栏的 Module 列表中的 Load 来进入载荷模块。在主菜单栏上会出现 Load、BC、Predefined Field、Load Case、Feature 和 Tools 菜单。在环境栏中会出现 Step 列表。

要退出载荷模块，在环境栏的 Module 列表中指定另一个模块。用户不需要在退出模块之前采取任何特殊的行动来保存用户指定的条件；当用户从主菜单栏选择 File→Save 或者 File→Save As 来保存整个模型时，用户指定的条件会自动保存。

16.3　管理指定的条件

用户可以使用指定条件的管理器对话框来组织和操控与给定模型关联的指定条件。在载荷模块中，用户可以定义的每一种指定条件都有一个单独的管理器。用户可以通过从主菜单栏的相应菜单中选择 Manager 来访问管理器。载荷模块提供了以下管理器：

- 载荷管理器（Load Manager）。
- 边界条件管理器（Boundary Condition Manager）。
- 预定义场管理器（Predefined Field Manager）。

指定条件管理器包含用户所创建的按照字母顺序排列的特定类型的所有指定条件。例如，图 16-1 所示的 Load Manager 包含一个载荷列表。

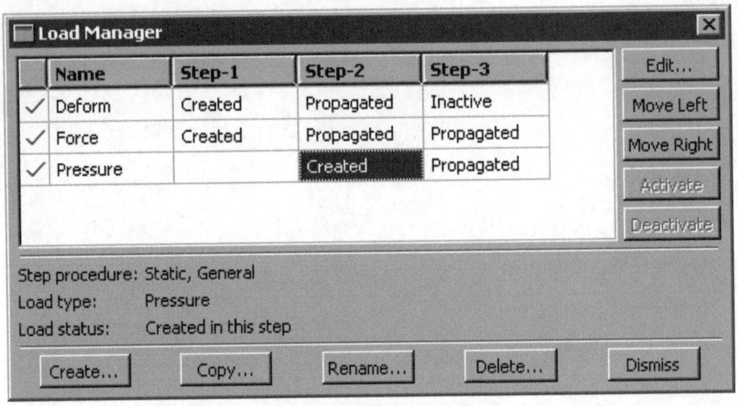

图 16-1　载荷管理器（Load Manager）

管理器中的 Create、Edit、Copy、Rename 和 Delete 按钮允许用户创建新的指定条件，或者编辑、复制、重命名和删除现有的指定条件。用户也可以通过使用主菜单栏的 Load、BC 和 Predefined Field 菜单启动创建、编辑、复制、重命名和删除过程。用户从主菜单栏选择一个管理器操作后，过程与用户单击管理器对话框内部的相应按钮完全相同。

指定条件管理器是分析步关联的管理器，这意味着管理器包含有关模型中每一个载荷、边界条件和预定义场的历史的附加信息。用户可以使用管理器左侧列中的图标来抑制指定条件或者恢复之前抑制的分析指定条件。抑制和恢复过程也可以从主菜单栏的 Load、BC 和 Predefined Field 菜单中获得。更多信息见 3.4.3 节“抑制和恢复对象”。

用户可以使用管理器对话框中的 Copy 按钮、相应的菜单命令或者模型树来复制载荷、边界条件或者预定义场。用户可以将这些对象从任何分析步复制到任何有效的分析步，但有一些限制。更多信息见 3.4.11 节“使用管理器对话框复制步相关的对象”。

Move Left、Move Right、Activate 和 Deactivate 按钮允许用户操控指定条件的分步历史。更多信息见 3.4.6 节“更改步相关对象的历史”。

注意：Activate 和 Deactivate 按钮在 Predefined Field Manager 中不可用。

有关创建、编辑和操控指定条件的详细介绍，见以下章节：

- 16.8 节 “使用载荷模块”
- 16.9 节 “使用载荷编辑器”
- 16.10 节 “使用边界条件编辑器”
- 16.11 节 “使用预定义场编辑器”

16.4 创建和更改指定的条件

要创建一个载荷、边界条件或者预定义场，从主菜单栏的相应菜单中选择 Create。然后会出现一个对话框，用户可以在其中为指定的条件创建一个名称，并选择想要创建的指定条件的类型。

当用户单击 Create 对话框中的 Continue 时，系统会提示用户选择想要施加指定条件的区域，除非是对整个模型施加指定条件。用户仅可以对与一个连接器截面关联的线框施加连接器载荷和连接器边界条件（位移、速度和加速度）。如果用户选择多个线框，则在连接器截面赋予中为线框赋予的多个连接器截面必须具有相对运动的可用分量，由用户为这些可用分量定义载荷和边界条件。用户仅可以给线框的端点施加连接器材料流动边界条件，而这里的线框是与连接器截面赋予相关联的。一旦用户选择了区域，就会弹出编辑器，用户可以在其中指定与指定条件有关的附加信息，如尺寸。

每一个指定条件编辑器的顶部面板都会显示指定条件的名称和类型、当前的分析步，以及将施加指定条件的模型区域。如果用户在第一次创建的分析步中编辑指定条件，则 Region 区域的旁边会出现 Edit Region（ ）按钮；此按钮允许用户编辑施加了指定条件的区域。如果编辑区域要求指定条件的完整定义（例如，如果施加指定条件到整个模型或者参考原来选中区域中的子区域），则不会出现 Edit Region 按钮。更多信息见 16.8.4 节“编辑施加了指定条件的区域”。

编辑器剩余部分的格式取决于用户定义的指定条件类型和在编辑器顶部指定的分析步。例如，图 16-2 所示的集中力的编辑器。此编辑器包含特殊的文本区域，在此区域中，用户可以指定方向 1、方向 2 和方向 3 上的力分量。编辑器还包含一个 Amplitude 文本区域，允许用户将指定条件的大小作为时间的函数。用户可以接受默认的幅值，选择一个使用幅值工具集定义的幅值，或者单击 来定义一个新的幅值（更多信息见第 57 章“幅值工具集”）。

用户可以指定将在其中施加下列载荷或者边界条件的坐标系：

载荷（Loads）

- 集中力。
- 力矩。
- 一般的面拉伸和剪切面拉伸。
- 一般的壳边载荷。
- 惯性释放。
- 当前的密度。

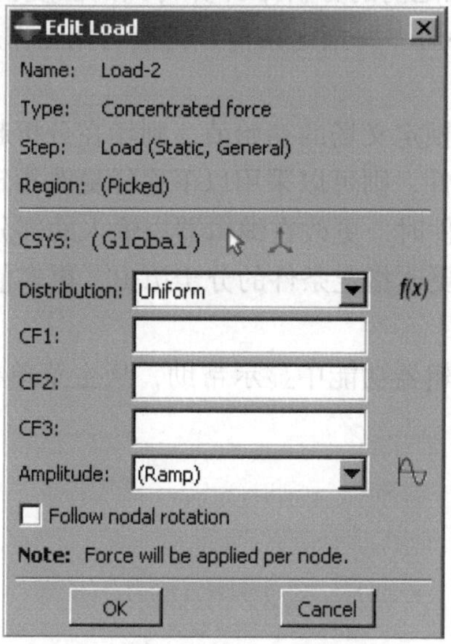

图 16-2 集中力的编辑器

边界条件（边界条件）

- 对称的/反对称的/端部固定。
- 位移/转动。
- 速度/角速度。
- 加速度/角加速度。
- 欧拉网格运动。
- 磁矢势。

其他所有的指定条件都使用整体坐标系，除非压力施加在所选面的法向上。

如果载荷或者边界条件允许用户指定坐标系，则用户可以使用现有的基准坐标系，或者可以接受整体坐标系。如果不存在期望的基准坐标系，则用户可以使用基准工具集来创建它（更多信息见 62.9 节“创建基准坐标系”）。另外，用户也可以参考定义坐标系的 Abaqus/Standard 用户子程序（见《Abaqus 用户子程序参考手册》的 1.1.15 节“ORIENT”）。

注意：如果用户删除或者抑制了基准坐标系，载荷或者边界条件的方向就会恢复到整体坐标系。

创建和更改预定义场的规则会根据预定义场的类型发生变化：

- 一些预定义场要求用户仅指定初始条件。用户仅可以在初始分析步中创建和编辑此类型的预定义场。Abaqus 会随着分析的进展来计算预定义场的后续值。此类型的预定义场是初始速度指定、硬化指定和材料赋予（欧拉分析）。更多信息见《Abaqus 分析用户手册——指定条件、约束与相互作用卷》的 1.2.1 节“Abaqus/Standard 和 Abaqus/Explicit 中的初始条件”。
- 用户可以为分析中的任何分析步创建预定义的温度场。用户可以通过输入期望的分析步值，或者通过读取 Abaqus 在之前的分析中计算得到的温度值来定义当前模型的温度。更多信息见《Abaqus 分析用户手册——指定条件、约束与相互作用卷》的 1.6 节“预定义场”中的“预定义温度”。

注意：如果用户没有定义预定义场的初始值，则场在分析起始时的默认值为 0。

如果用户已经创建指定条件，则可以采用以下途径更改指定条件：

- 用户可以在创建指定条件时，更改在编辑器中输入的部分或者所有数据。
- 用户可以使用管理器来更改指定条件的分步历史，更多信息见 3.4.2 节“什么是步相关的管理器?”

要在特定的管理器或者编辑器功能中显示帮助，从主菜单栏选择 Help→On Context，然后单击感兴趣的功能。

16.5 理解表示指定条件的符号

当用户给一个区域施加指定条件时，用户可以选择在视口中显示符号来表示以下内容：

- 用户施加指定条件的区域。
- 指定条件的类型。
- 如果可以施加的话，用户施加指定条件的自由度。
- 如果可以施加的话，用户施加指定条件的方向（负向或者正向）。
- 如果可以施加的话，指定条件的空间变化。

本节介绍如何解释符号，包括以下主题：

- 16.5.1 节 “理解指定条件符号的类型、颜色和大小”
- 16.5.2 节 “单箭头和双箭头代表什么?”
- 16.5.3 节 “理解符号的位置和方向”

有关控制这些符号可见性的信息，见 76.15 节“控制属性显示”。

16.5.1 理解指定条件符号的类型、颜色和大小

代表指定条件的符号类型、颜色和大小可以随以下情况变化：

- 符号所代表的指定条件类型。
- 施加指定条件的自由度。
- 指定条件的空间变化（对于分析场分布）。

对于符号类型和颜色的含义总结，参考 C.1 节“用来表示指定条件的符号”。

例如，图 16-3 所示为施加到顶点的集中力。集中力不同分量的箭头都是黄色的。

另一方面，图 16-4 所示为施加到平动和转动自由度的速度/角速度（Velocity/Angular Velocity）边界条件。棕黄色箭头表示施加到平动自由度的边界条件分量。品红色箭头表示施加到转动自由度的边界条件分量。

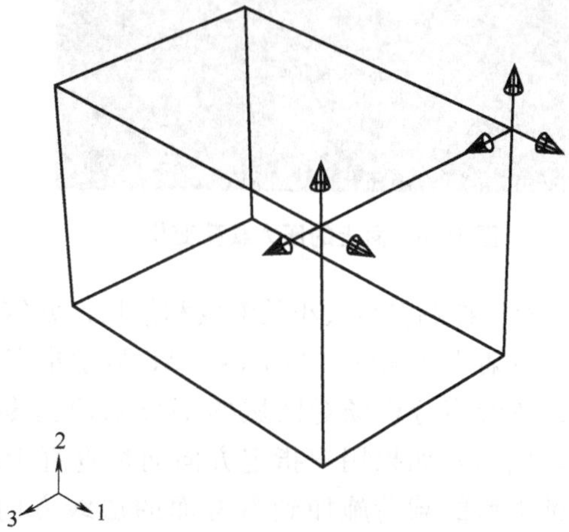

图 16-3 施加到顶点的集中力

注意：当边界条件在一个地方固定了自由

度时，表示分量的箭头将缺少箭杆。

图 16-5 所示为一个施加到面的均匀温度场。

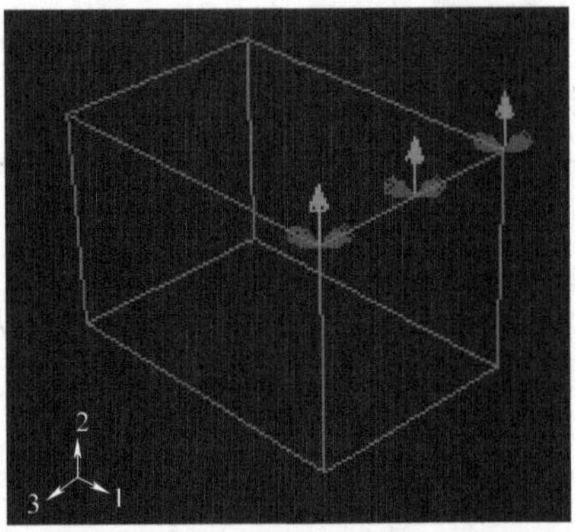

图 16-4　施加到一条边的边界条件

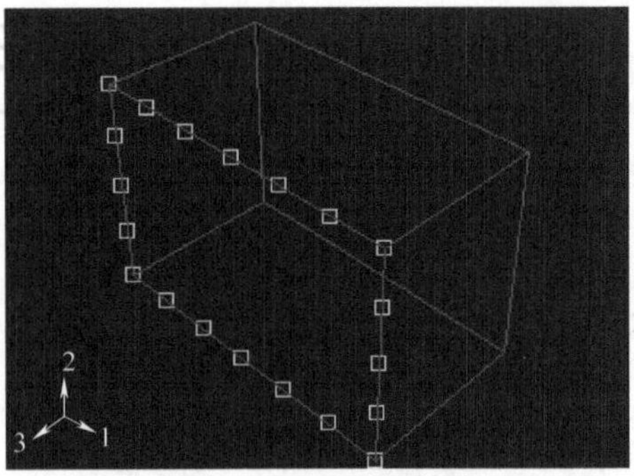

图 16-5　一个均匀的温度场

一般情况下，符号的大小是一样的，并且与指定条件的大小无关。对于使用分析场分布的指定条件，符号的大小取决于分析场值。图 16-6 所示为一个压力载荷，此载荷试验分析场用于指定空间变化的幅度。

此外，对于箭头以外的符号，在每一个符号内显示加号（+）或者减号（-），来说明该位置指定条件大小的正负。图 16-7 所示为使用分析场分布的温度边界条件。为了清晰起见，增大了符号。

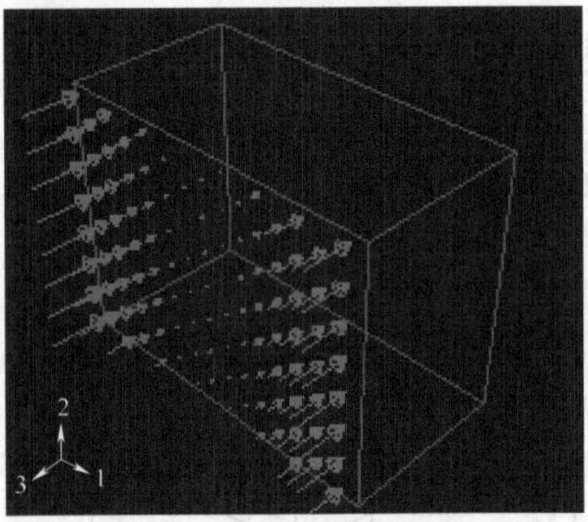

图 16-6　面上的压力载荷变化

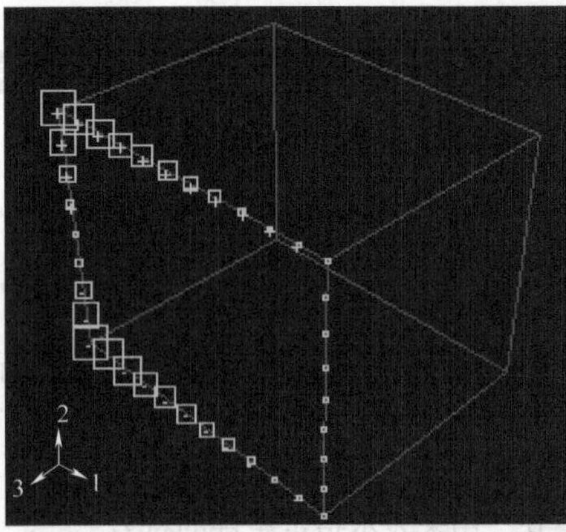

图 16-7　使用分析场分布的温度边界条件

对于控制符号大小的缩放和信息，见 76.15 节“控制属性显示”。

在某些情况中，Abaqus/CAE 显示指定条件的缩小符号，如当指定条件对分析没有影响，或者当分析场对区域的部分求值为零时。这些缩小的符号明显小于默认的符号大小。例如，如果用户指定方向向量垂直于面的剪切面拉伸载荷，则 Abaqus/CAE 不能将此种类型的载荷施加到参考面的法线方向，并且在视口中将以非常小的箭头符号来表示此载荷。

16.5.2 单箭头和双箭头代表什么?

在许多情况中，Abaqus/CAE 在视口中使用箭头来表示指定条件。这些箭头代表了指定条件的每一个分量（除了流体边界条件，在这种情况中，箭头代表产生的方向）。例如，图 16-8 所示的箭头代表施加到两个顶点上的集中力的三个分量。

单箭头代表施加到平动自由度的指定条件分量。例如，图 16-8 中集中力的三个分量是施加到自由度 1~3 上的；因此，图中的每一个箭头都为单箭头。

当指定条件的分量施加到转动自由度时，该分量显示成双箭头。图 16-9 中的箭头说明 Velocity/Angular Velocity 边界条件是施加到顶点的自由度 4 和 6 上。

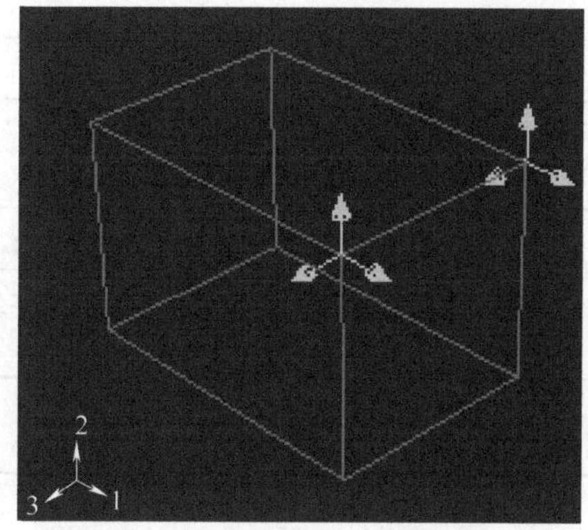

图 16-8 具有三个分量的集中力

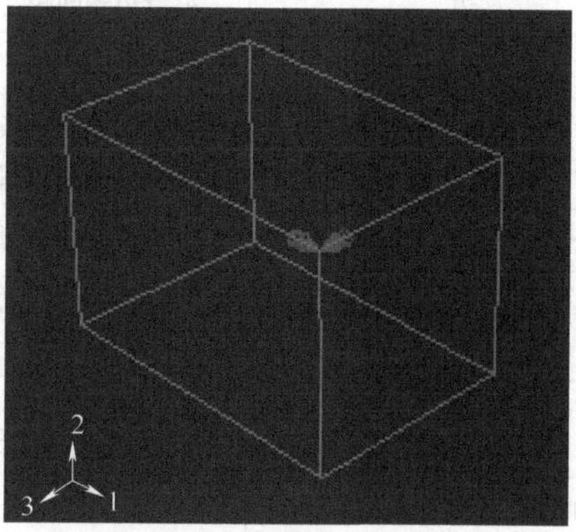

图 16-9 施加到转动自由度的边界条件

图 16-10 所示为双箭头的放大图。

如果用户给平动自由度和转动自由度都施加指定条件，则单箭头和双箭头都会出现。例如，图 16-11 中给顶点的自由度 1、3、4 和 6 施加 Velocity/Angular Velocity 边界条件。

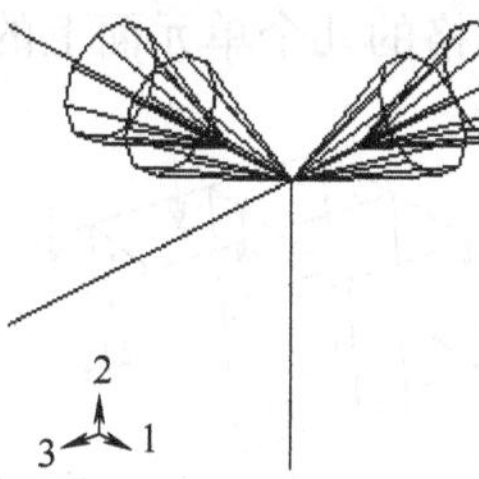

图 16-10 双箭头的放大图

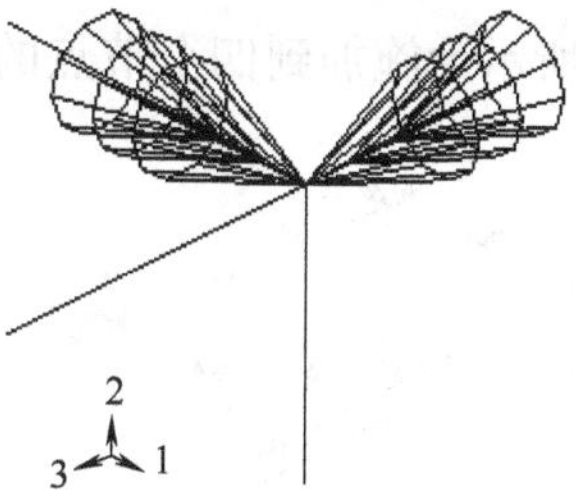

图 16-11 施加到平动自由度和转动自由度上的边界条件放大图

在图 16-11 中，单箭头说明顶点的自由度 1~3 是固定的。双箭头直接出现在单箭头后面，并说明顶点的自由度 4 和 6 是固定的。

对于箭头颜色的信息，见 16.5.1 节“理解指定条件符号的类型、颜色和大小”。有关何时希望箭头指向或者背离区域的信息，见 16. 5. 3 节“理解符号的位置和方向”。

16. 5. 3 理解符号的位置和方向

符号在模型上的位置取决于符号表示的指定条件类型，以及施加指定条件的区域类型。表 16-1 表示符号在几何模型上出现的位置，表 16-2 表示符号在网格划分模型上出现的位置。

表 16-1 几何模型上的符号位置

施加指定条件的区域类型	模型上的符号位置
顶点	在顶点处
边	沿着边等间距
装配层级线框	线框的中点处
面	对于定向指定条件（如压力载荷），在面的内部等间距 对于非定向指定条件（如面电荷和边界条件），在面的边上等间距
单元体	沿着单元体的每一条边等间距
整个模型	在定义刚体运动所需的点上（仅惯性释放载荷）；否则，在表示原点和整体坐标系方向的三个点上

表 16-2 位于网格划分模型上的符号

施加指定条件的区域类型	模型上的符号位置
节点	节点处
单元边（对于二维网格）	在单元边的中点处
单元面（对于三维网格）	在单元面的中点处
装配层级的线框	线框的中点处

例如，图 16-12 所示为施加到两个顶点的集中力，以及施加到几何模型面的边界条件。图 16-13 所示为施加到四个节点的边界条件和施加到网格的几个单元面上的压力载荷。

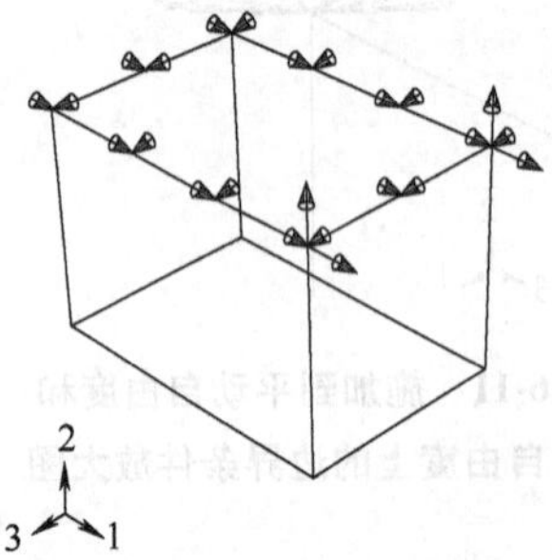

图 16-12 集中力和边界条件

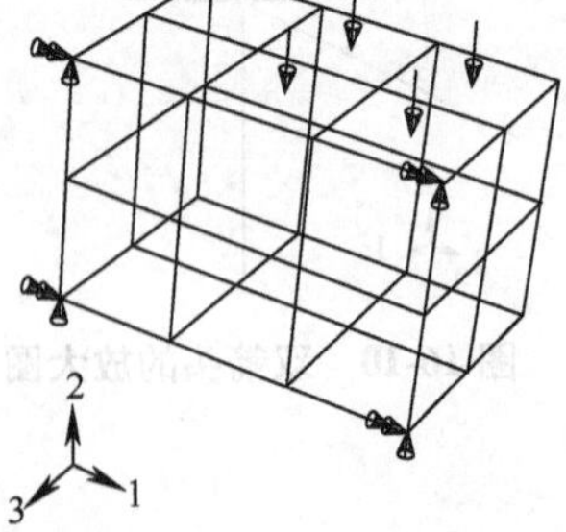

图 16-13 压力载荷和边界条件

注意：如果用户将压力载荷施加到平面几何面，而这个面的面积与封闭面相比是小的

（例如由两个同心圆形成的环），那么无论 Assembly Display Options 对话框中的符号密度设置如何，载荷符号可能都不会均匀分布。

当边界条件将一个自由度固定时，代表该分量的箭头指向区域但没有箭杆。例如，图 16-14 中的边界条件将自由度 1~3 固定。

同样的，如果对一个区域施加正压载荷或者欧拉流入边界条件，则代表压力载荷或者边界条件的箭头会指向该区域，如图 16-15 所示。

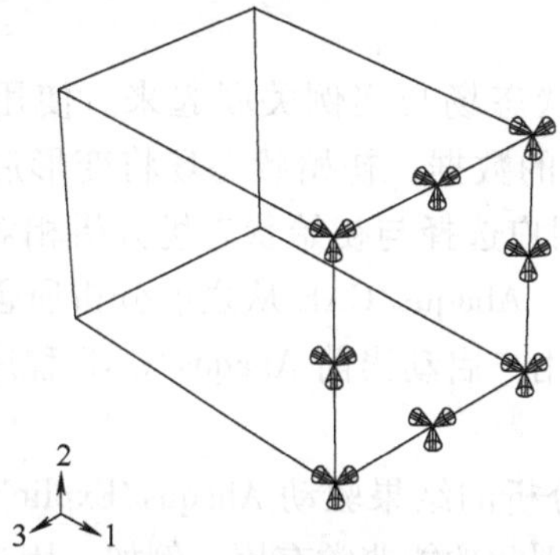

图 16-14　边界条件将自由度 1~3 固定

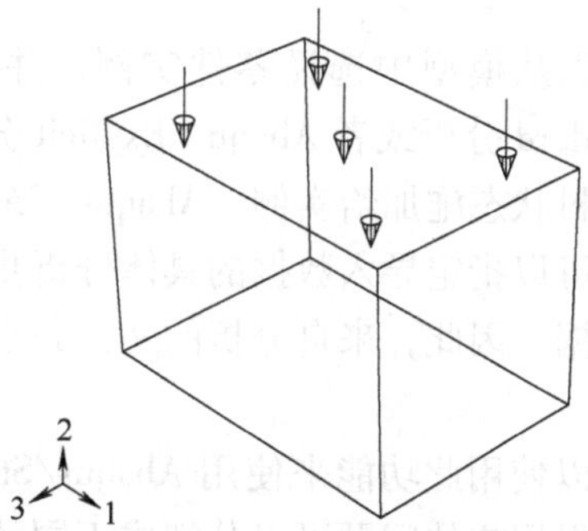

图 16-15　正压载荷

如果一个载荷被定义为复数，并且实部和虚部具有不同的符号（如 2-3i），则该载荷将显示为两个端部的箭头。类似地，流入和流出分量的欧拉边界条件也显示为两个端部的箭头。

在所有其他情况中，代表指定条件分量的箭头方向背离该区域。

注意：当集中力的分量为 0 时，该分量不会出现箭头。同样，当边界条件空出一个未约束的自由度，该分量也不会出现箭头。

16.6　在 Abaqus 分析之间传递结果

用户可以从模型中选择零件实例，并将初始状态场与实例关联起来。使用从之前的 Abaqus/Standard 分析或者 Abaqus/Explicit 分析导入的数据，初始状态场将变形后的网格和相关联的材料状态施加给实例。Abaqus/CAE 允许用户选择与初始状态场分析相对应的作业名。用户也可以指定导入数据的具体分析步和增量。Abaqus/CAE 从之前分析所创建的几个文件导入数据。因此，来自分析的文件必须保存在用户启动当前 Abaqus/CAE 程序会话的目录中。

用户可以使用此功能来使用 Abaqus/Standard 分析的结果驱动 Abaqus/Explicit 分析，反之亦然。如果用户的问题可以分解成不同的阶段，则此功能非常有用；例如，用户可以使用 Abaqus/Explicit 来分析一个金属成形问题，然后用 Abaqus/Standard 分析回弹。用户也可以使用此功能来改变分析步之间的模型定义。更多信息见《Abaqus 分析用户手册——分析卷》的 4.2.1 节“在 Abaqus 分析之间传递结果：概览”。

用户也可以从 Abaqus/Standard 分析中传递结果和模型信息到一个新的 Abaqus/Standard 分析，在继续分析之前，用户可以在得到结果和模型信息的 Abaqus/Standard 中指定额外的模型定义。例如，用户可以首先研究装配过程中特定分量的局部行为，然后研究装配产品的行为。用户可以通过在 Abaqus/Standard 分析中分析该分量的局部行为来开始。然后，用户可以从此分析中传递模型信息和结果到另一个 Abaqus/Standard 分析，在另一个 Abaqus/Standard 分析中，用户可以为其他部件指定额外的模型定义，并分析整个产品的行为。

Abaqus/CAE 总是将材料状态与变形后的网格一起导入。如果用户只想导入变形后的网格，则可以从输出数据库中的选中分析步和增量导入网格。更多信息见 10.1.1 节“Abaqus/CAE 可以导入和导出什么类型的文件?”。

当用户为分析递交一个作业时，Abaqus 将使用导入的信息；然而，Abaqus/CAE 不更新选中实例的形状来反映施加变形后的网格。因此，当用户给装配添加新的实例，并将其相对于现有的零件实例进行定位时，应谨慎。例如，一个新零件实例可以表现为和关联初始状态场的一个实例接触；然而，当分析施加导入的变形网格时，实例可能被分开或者干涉。

为了避免未变形状态与导入状态之间的不匹配，用户可以从分析中导入变形后的网格来替代未变形的零件实例。即使用户导入了变形后的网格，也必须注意，导入网格的帧与在初始状态场中指定的分析步和增量应相同。更多信息见 10.7.12 节“从输出数据库导入零件”。另外，用户也可以从之前的 Abaqus/Standard 或者 Abaqus/Explicit 分析模型中复制来创建当前的模型。更多信息见 9.8.1 节“在模型数据库中操控模型”。

参考构型是计算位移（和相关应变）的模型构型。默认情况下，Abaqus/CAE 不使用导入的数据来更新参考构型。因此，位移和应变是相对于原始分析开始时的参考构型计算的总值，并且在分析之间这些值是连续的。用户可以改变默认的行为，并构建 Abaqus/CAE 来更新导入构型的参考构型。Abaqus/CAE 现在会计算相对于新导入参考构型的位移和应变，如回弹分析。

当用户试图创建一个初始状态场时，Abaqus 施加了许多约束。这些约束的详细讨论见《Abaqus 分析用户手册——分析卷》的 4.2.1 节“在 Abaqus 分析之间传递结果：概览”。例如，用户从当前模型中选取的零件实例网格，必须匹配正在导入的零件实例网格。例如，接下来用户可以改变材料定义、添加载荷和边界条件，以及从 Abaqus/Standard 变化成 Abaqus/Explicit 分析步。然而，用户不能进行改变选中零件实例网格的操作；例如，用户不能分割零件实例。

仅当原始分析使用以下分析步之一时，用户才能在分析之间传递结果：

- 静态应力。
- 动态应力。
- 稳态传输。

此外，如果用户从一个 Abaqus/Standard 分析将数据导入到另一个 Abaqus/Standard 分析，则原始的分析可以使用耦合的温度-位移分析步。用户不能从线性摄动分析步导入数据。

此外，Abaqus/CAE 施加了以下限制：

- 选中的零件实例与之前分析的实例必须具有相同的名称。
- 在定义初始状态文件后，Abaqus/CAE 将继续显示模型的未变形形状。
- 用户不能使用装配模块的定位和约束工具，如不能使用 Translate 和 Face to Face 来移动与初始场关联的零件实例。
- Abaqus/CAE 仅从之前的分析中导入网格和材料状态。因此，用户必须在当前的模型装配层级上重新定义集合、面和所有的指定条件（载荷、边界条件、预定义场、相互作用、连接器等）。用户不应在当前模型的零件定义中重新定义任何这些部件。
- Abaqus/CAE 检查是否包含之前 Abaqus/Standard 或者 Abaqus/Explicit 分析数据的文件；然而，Abaqus/CAE 不检查是否已经将指定的分析步和增量写入文件。如果指定分析步的数据或者增量不存在，则作业递交会失败。
- 用户不能更改与初始场关联的零件实例（也不能更改用来创建实例的零件）。此外，用户不能更改与初始场关联的零件实例网格（也不能更改创建实例的零件网格）。
- 用户不能为零件赋予新的截面、材料方向、法向或者梁方向，这里的零件是用户创建与初始场关联的实例时用到的零件。类似地，用户也不能赋予质量或者惯量。但是，用户可以编辑材料定义（Abaqus/CAE 将材料定义与网格一起导入）。导入的材料定义将覆盖任何现有的材料定义。

16.7 使用载荷模块工具箱

用户可以通过主菜单栏或者载荷模块工具箱来访问所有的载荷模块工具。图 16-16 所示为载荷模块工具箱中所有载荷工具的图标。

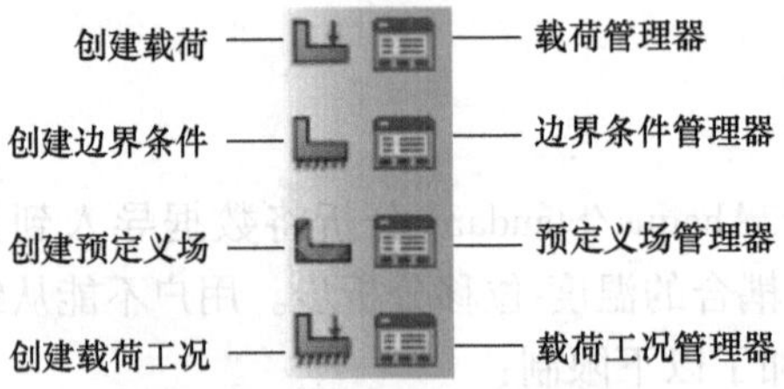

图 16-16 载荷模块工具箱

16.8 使用载荷模块

本节提供与定义载荷、边界条件和预定义场有关的通用信息，包括以下主题：

16.8.1 创建载荷

当用户创建一个载荷时，用户必须指定载荷的名称、要激活载荷的分析步、载荷类型以及用户想要施加载荷的装配区域。

若要创建载荷，执行以下操作：

1. 从主菜单栏选择 Load→Create。

出现 Create Load 对话框，并在 Name 文本域显示默认的名称。

技巧：用户也可以使用载荷模块工具箱中的工具来创建载荷。

2. 输入载荷的名称，有关命名对象的更多信息，见 3.2.1 节 “使用基本对话框组件”。

3. 选择要激活载荷的分析步。单击 Step 文本域右侧的箭头，然后从出现的列表中选择分析步。仅可以在分析步中创建载荷；用户不能在初始分析步中创建载荷。

4. 从对话框左侧的 Category 列表中选择想要的类型。可用的 Category 选择取决于用户正在执行的分析过程类型。

对话框右侧的 Types for Selected Step 列表将变为所有可用载荷类型的列表。

5. 从 Types for Selected Step 列表中选择载荷类型并单击 Continue。

6. 如果用户正在创建一个重力载荷或者一个惯性释放载荷，则会出现载荷编辑器。

7. 如果用户正在使用装配紧固件创建一个连接器力或者连接器力矩，则用户可以单击提示区域中的 Done 来从模板模型中选择一个线框集合。

出现载荷编辑器。

a. 单击 Assembled fastener 域旁边的箭头，从出现的列表中选择紧固件模板。

编辑器中将显示与装配紧固件关联的模板模型名称。Template set 列表中将会出现与参考模板模型关联的线框集合。

b. 从 Template set 列表中选择一个线框集合。用户必须确保线框集合有一个截面赋予，且该截面赋予具有用户想要定义的力的可用相对运动分量。

显示相对运动可用分量的合适域。

8. 对于所有其他载荷类型，选择用户想要施加载荷的区域。

如果用户正在创建连接器力或者连接器力矩，则用户必须选择与连接器截面赋予关联的线框。选择线框的最佳方法是使用线框特征的默认几何集合名称（更多信息见 15.12.9 节“为多个连接器创建或者更改线框特征”）。如果用户选择了多个线框，则用户必须确保连接器截面赋予中的线框的连接器截面具有用户想要定义的力或者力矩的可用相对运动分量。如果对于连接器力或者连接器力矩没有足够可用的相对运动分量，则会出现一条信息来询问用户是选择不同的线框，或者改变连接类型。

使用以下方法之一来选择加载区域：

- 在视口中选择一个区域。用户可以使用角度方法从几何形体中选择一组面或者边，或者从网格选择一组单元面。更多信息见 6.2.3 节“使用角度和特征边方法选择多个对象”。当用户完成选择后，单击鼠标键 2。

技巧：用户也可以通过指定 Selection 工具栏中的过滤选项来限制用户可以在视口中选择的对象类型。更多信息见 6.3 节“使用选择选项”。

如果模型包含网格和几何形体的组合，则从提示区域单击以下选项之一。

—单击 Geometry 来对几何形体或者参考点施加载荷。

—单击 Mesh 来为本地网格或者孤立网格选取施加载荷。

默认情况下，对于大部分载荷类型，会创建包含选中对象的集合或者面。用户可以通过在提示区域中切换不选创建一个集合或者面的选项来改变这一行为。在提示区域会提供默认的名称，但用户也可以输入一个新的名称。

- 若要从现有的集合或者面中进行选择，执行以下操作：

—单击提示区域右侧的 Sets 或者 Surfaces（按钮名称取决于用户正在创建的对象类型。例如，如果用户正在创建一个压力载荷，则出现 Surfaces 按钮）。

Abaqus/CAE 显示包含可用集合或者面列表的 Region Selection 对话框。

—选择感兴趣的集合或者面，然后单击 Continue。

注意：默认的选择方法基于用户最近使用的选择方法。若要变化成其他方法，单击提示区域右侧的 Select in Viewport，或者 Sets 或 Surfaces。

出现载荷编辑器。用户正在施加载荷的区域将在视口中高亮显示。

9. 输入定义载荷的所有必要数据，然后单击 OK。

注意：如果用户创建的连接器力或者连接器力矩超过了连接器失效准则，则该连接器力或者连接器力矩仍将被应用。

有关编辑器特定功能的详细信息，从主菜单栏选择 Help→On Context，然后单击感兴趣的功能，或者见 16.9 节“使用载荷编辑器”。

视口中会出现代表用户刚创建的载荷符号。更多信息见 16.5 节“理解表示指定条件的符号”。

16.8.2 创建边界条件

当用户创建边界条件时，必须指定边界条件的名称、要激活边界条件的分析步、边界条件的类型以及用户想要施加边界条件的装配区域。

若要创建边界条件，执行以下操作：

1. 从主菜单栏选择 BC→Create。

出现 Create Boundary Condition 对话框，并在 Name 文本域中显示默认的名称。

技巧：用户也可以使用载荷模块工具箱中的工具来创建边界条件。

2. 输入边界条件的名称。有关命名对象的更多信息，见 3.2.1 节“使用基本对话框组件”。

3. 选择要激活边界条件的分析步。单击 Step 文本域旁边的箭头，然后从出现的列表中选择分析步。

4. 从对话框左侧的 Category 列表中选择想要的类型。可用的 Category 选项取决于用户正在执行的分析过程类型。

5. 从 Types for Selected Step 列表中选择边界条件类型并单击 Continue。

6. 如果用户正在使用装配紧固件创建一个连接器边界条件，则用户可以单击提示区域中的 Done 来从模板模型中选择一个线框集合。

出现边界条件编辑器。

a. 单击 Assembled fastener 域旁边的箭头，从出现的列表中选择紧固件模板。

编辑器中将显示与装配紧固件关联的模板模型名称。Template set 列表将会出现与参考模板模型关联的线框集合。

b. 从 Template set 列表中选择一个线框集合。用户必须确保线框集合有一个截面赋予，且该截面赋予有用户想要定义的速度的可用相对运动分量。

显示相对运动可用分量的合适域。

7. 对于所有其他边界条件类型，选择用户想要施加边界条件的区域。

如果用户正在创建连接器位移、连接器速度或者连接器加速度边界条件，则用户必须选择与连接器截面赋予关联的线框。选择线框的最佳方法是使用线框特征的默认几何集合名称（更多信息见 15.12.9 节“为多个连接器创建或者更改线框特征”）。如果用户选择了多个线框，则用户必须确保连接器截面赋予中的连接器截面具有用户想要定义的位移、速度或者加速度的可用相对运动分量。如果对于连接器边界条件没有足够可用的相对运动分量，则会出现一条信息来询问用户是否选择不同的线框，或者改变连接类型。

如果用户正在创建连接器材料流动边界条件，则用户必须选择与连接器截面赋予关联的线框端点。

如果用户正在创建欧拉网格运动边界条件，则在视口中选择一个欧拉零件实例。否则，使用以下方法之一来选择边界条件的区域。

- 在视口中选择一个区域。用户可以使用角度方法从几何形体中选择一组面或者边，或者从网格选择一组单元面。更多信息见 6.2.3 节“使用角度和特征边方法选择多个对象”。当用户完成选择后，单击鼠标键 2。

技巧：用户也可以通过指定 Selection 工具栏中的过滤选项来限制用户可以在视口中选择的对象类型。更多信息见 6.3 节“使用选择选项”。

如果模型包含网格和几何形体的组合，则从提示区域单击以下选项之一。

—单击 Geometry 来对几何形体或者参考点施加载荷。

—单击 Mesh 来为本地网格或者孤立网格选取施加载荷。

默认情况下，会创建包含选中对象的集合或者面。用户可以通过在提示区域中切换不选创建一个集合或者面的选项来改变这一行为。在提示区域会提供默认的名称，但用户也可以输入一个新的名称。

- 若要从现有的集合或者面中进行选择，执行以下操作。

—单击提示区域右侧的 Sets 或者 Surfaces（按钮名称取决于用户正在创建的对象类型。例如，如果用户正在创建一个压力载荷，则出现 Surfaces 按钮）。

Abaqus/CAE 显示包含可用集合或者面列表的 Region Selection 对话框。

—选择感兴趣的集合或者面，然后单击 Continue。

注意：默认的选择方法基于用户最近使用的选择方法。若要变化成其他方法，单击提示区域右侧的 Select in Viewport，或者 Sets 或 Surfaces。

出现载荷编辑器。用户正在施加载荷的区域将在视口中高亮显示。

8. 输入定义边界条件的所有必要数据，然后单击 OK。

注意：如果用户创建的连接器位移边界条件超过了连接器失效准则，则连接器的位移将被忽略。

有关编辑器特定功能的详细信息，从主菜单栏选择 Help→On Context，然后单击感兴趣的功能，或者见 16.10 节“使用边界条件编辑器”。

视口中会出现代表用户刚创建的边界条件的符号。更多信息见 16.5 节“理解表示指定条件的符号”。

16.8.3 创建预定义场

当用户创建预定义场时，必须指定场的名称、要激活场的分析步、场的类型以及用户想要施加场的装配区域。

注意：对创建温度场的过程有单独的介绍，见 16.11.9 节“定义温度场”。

若要创建预定义场，执行以下操作：

1. 从主菜单栏选择 Predefined Field→Create。

出现 Create Predefined Field 对话框，并在 Name 文本域中显示默认的名称。

技巧：用户也可以使用载荷模块工具箱中的 ◣ 工具来创建预定义场。

2. 输入预定义场的名称。有关命名对象的更多信息，见 3.2.1 节“使用基本对话框组件”。

3. 选择要激活预定义场的分析步。单击 Step 文本域旁边的箭头，然后从出现的列表选择分析步。

4. 从对话框左侧的 Category 列表中选择想要的类型。可用的 Category 选项取决于用户正在执行的分析过程类型。

对话框左侧的 Types for Selected Step 列表将变为所有可用预定义场类型的列表。

5. 从 Types for Selected Step 列表中选择预定义场类型并单击 Continue。

6. 如果模型包含网格和几何形体的组合，则用户必须选择想要施加预定义场的区域类型，从提示区域选择以下类型之一。

- 单击 Geometry 来将预定义场施加到几何形体或一个参考点上。
- 单击 Mesh 来将预定义场施加到本地网格或者孤立网格上。

7. 如果用户正在创建一个 Fluid 之外类型的预定义场，或者用户正在对并非整个模型的某个区域施加流体类型的预定义场，则选择用户想要施加预定义场的区域。

如果用户正在创建一个材料赋予场，或者一个初始状态场，则在视口中选择一个零件实例。对于所有其他预定义场，使用以下方法之一来选择区域。

- 在视口中选择一个区域。用户可以使用角度方法从几何形体中选择一组面或者边，或者从网格选择一组单元面。更多信息见 6.2.3 节“使用角度和特征边方法选择多个对象”。当用户完成选择后，单击鼠标键 2。

技巧：用户也可以通过指定 Selection 工具栏中的过滤选项来限制用户可以在视口中选择的对象类型。更多信息见 6.3 节“使用选择选项”。

默认情况下，会创建包含所选对象的集合。用户可以通过在提区域切换不选创建一个集合的选项来改变这一行为。在提示区域会提供默认的名称，但用户也可以输入一个新的名称。

- 若要从现有的集合列表中进行选择，执行以下操作：

—单击提示区域右侧的 Sets。

Abaqus/CAE 显示包含可用集合列表的 Region Selection 对话框。

—选择感兴趣的集合，然后单击 Continue。

注意：默认的选择方法基于用户最近使用的选择方法。若要变化成其他方法，单击提示区域右侧的 Select in Viewport 或者 Sets。

出现预定义场编辑器。用户想要施加预定义场的区域将在视口中高亮显示。

8. 输入定义预定义场的所有必要数据，然后单击 OK。有关编辑器特定功能的详细信息，从主菜单栏选择 Help→On Context，然后单击感兴趣的功能，或者见 16.11 节“使用预定义场编辑器”。

视口中会出现代表用户刚创建的预定义场的符号。更多信息见 16.5 节“理解表示指定条件的符号”。

16.8.4 编辑施加了指定条件的区域

用户可以在创建了载荷、边界条件或者预定义场的分析步中，对施加指定条件的区域进行编辑。如果指定条件的定义参考了原始区域中的子区域（如一个材料赋予预定义场），则用户不能编辑该区域。

注意：用户可以对模型中的区域施加重力载荷，但在 Abaqus/CAE 中不能将重力载荷施加到单独的点质量上。

若要编辑施加了指定条件的区域，执行以下操作：

1. 从主菜单栏的 Load、BC 或者 Predefined Field 菜单中选择 Manager 来显示 Load Manager、Boundary Condition Manager 或者 Predefined Field Manager。

2. 单击位于想要更改指定条件的行和感兴趣的分析步的列中的单元格，然后单击 Edit。或者，用户也可以双击该单元格。

技巧：用户也可以通过单击位于环境栏的 Step 列表中创建了指定条件的分析步来开始这一过程。从主菜单栏的 Load、BC 或者 Predefined Field 菜单中选择 Edit→指定的条件。例如，要编辑一个载荷，用户可以选择 Load→Edit→所选择的载荷。

出现一个编辑器。

3. 在编辑器的顶部，单击  来编辑区域选择。

4. 使用以下方法之一来编辑区域。

1）在视口中选择或者不选对象。当用户完成区域编辑后，单击鼠标键 2。更多信息见第 6 章“在视口中选择对象”。

技巧：用户也可以通过指定 Selection 工具栏中的过滤选项来限制用户可以在视口中选择的对象类型。更多信息见 6.3 节“使用选择选项”。

2）若要从现有的集合或者面中进行选择，执行以下操作。

a. 单击提示区域右侧的 Sets 或者 Surfaces（按钮名称取决于用户正在编辑的对象类型。例如，如果用户正在编辑一个压力载荷，则出现 Surfaces 按钮）。

Abaqus/CAE 显示包含可用集合或者面列表的 Region Selection 对话框。

b. 选择感兴趣的集合或者面，然后单击 Continue。

注意：默认的选择方法基于用户最近使用的选择方法。若要变化成其他方法，单击提示区域右侧的 Select in Viewport，或者 Sets 或 Surfaces。

5. 在编辑器中，根据需要完成对指定条件定义的编辑，然后单击 OK。

视口中表示指定条件的符号将显示在新编辑的区域上。

16.9 使用载荷编辑器

本节介绍如何在载荷编辑器中输入数据来定义特定的载荷类型，包括以下主题：

- 16.9.1 节 “定义集中力”
- 16.9.2 节 “定义力矩”
- 16.9.3 节 “定义压载荷”
- 16.9.4 节 “定义壳边载荷”
- 16.9.5 节 “定义面拉伸载荷”
- 16.9.6 节 “定义管压力载荷”
- 16.9.7 节 “定义体力”
- 16.9.8 节 “定义线载荷”
- 16.9.9 节 “定义重力载荷”
- 16.9.10 节 “定义广义平面应变载荷”
- 16.9.11 节 “定义转动体力”
- 16.9.12 节 “定义科氏力”
- 16.9.13 节 “定义连接器力”
- 16.9.14 节 “定义连接器力矩”
- 16.9.15 节 “定义子结构载荷来激活子结构载荷工况”
- 16.9.16 节 “定义惯性释放载荷”
- 16.9.17 节 “定义面热通量”
- 16.9.18 节 “定义体热通量”
- 16.9.19 节 “定义集中热通量”
- 16.9.20 节 “定义向心体积加速度”
- 16.9.21 节 “定义集中孔隙流体流动”
- 16.9.22 节 “定义面孔隙流体流动”
- 16.9.23 节 “定义流体参考压力”
- 16.9.24 节 “定义孔隙阻力体力”
- 16.9.25 节 “定义集中电流”
- 16.9.26 节 “定义面电流”
- 16.9.27 节 “定义体电流”
- 16.9.28 节 “定义面电流密度”
- 16.9.29 节 “定义体电流密度”
- 16.9.30 节 “定义集中电荷”

- 16.9.31 节 “定义面电荷”
- 16.9.32 节 “定义体电荷”
- 16.9.33 节 “定义集中浓度通量”
- 16.9.34 节 “定义面浓度通量”
- 16.9.35 节 “定义体浓度通量”

在第Ⅳ部分的“模拟技术”中，包括以下主题：

- 第 22 章 “螺栓载荷”
- 38.5 节 “创建子模型载荷”

16.9.1 定义集中力

用户可以对顶点或者节点施加集中力。

若要创建或者编辑集中力，执行以下操作：

1. 使用下面的一个方法来显示集中力载荷编辑器。

- 要创建新的集中力载荷，请按照 16.8.1 节“创建载荷”中指出的过程操作（从 Category 选择 Mechanical；从 Types for Selected Step 选择 Concentrated force）。
- 要使用菜单或者管理器来编辑现有的集中力载荷，见 3.4.13 节“编辑步相关的对象”。要编辑施加了载荷的区域，见 16.8.4 节“编辑施加了指定条件的区域”。

2. 单击 Distribution 域右侧的箭头，然后从出现的列表中选择用户要选取的选项：

- 选择 Uniform 来定义区域内均匀的载荷。
- 选择分析场来定义空间变化的载荷。选择列表中仅显示对于此载荷类型有效的分析场。另外，用户可以单击 f(x) 来创建一个新的分析场。更多信息见第 58 章“分析场工具集”。

3. 在 CF1、CF2 和 CF3 文本域中，输入各个方向的集中力分量（量纲为 F）。

如果用户使文本域保持空白，则自动对该方向施加数值为 0 的力。然而，用户必须在编辑器中至少输入一个非零的分量来定义载荷。

4. 如果需要，单击 Amplitude 域右侧的箭头，然后从出现的列表中选择用户所选力的幅值。或者，用户也可以单击来创建一个新的幅值。更多信息见第 57 章“幅值工具集”。

5. 如果需要，切换选中 Follow nodal rotation，使载荷的方向随着节点处的转动而转动。

Follow nodal rotation 仅影响具有转动自由度的节点，以及将 Nlgeom 设置为激活状态的分析步。

6. 如果用户想要改变集中力载荷的坐标系（CSYS），则单击并使用以下方法之一。

1）在视口中选择一个现有的基准坐标系。

2）通过名称选择一个现有的基准坐标系。

a. 从提示区域单击 Datum CSYS List 来显示基准坐标系的列表。

b. 从列表中选择一个名称，然后单击 OK。

3）从提示区域选择 Use Global CSYS 来恢复成整体坐标系。

这一坐标系编辑选项仅在创建了集中力载荷的分析步中可用。默认情况下，使用整体坐标系来定义载荷。

7. 单击 OK 来保存用户的数据并退出编辑器。

16.9.2 定义力矩

用户可以创建一个力矩载荷来定义顶点或者节点处的转动。

若要创建或者编辑力矩，执行以下操作：

1. 使用下面的一个方法来显示力矩载荷编辑器。

● 要创建一个新的力矩载荷，请按照 16.8.1 节“创建载荷”中指出的过程操作（从 Category 选择 Mechanical；从 Types for Selected Step 选择 Moment）。

● 要使用菜单或者管理器来编辑现有的力矩载荷，见 3.4.13 节“编辑步相关的对象”。要编辑施加了载荷的区域，见 16.8.4 节“编辑施加了指定条件的区域”。

2. 单击 Distribution 域右侧的箭头，然后从出现的列表中选择用户要选取的选项：

● 选择 Uniform 来定义区域内均匀的载荷。

● 选择分析场来定义空间变化的载荷。选择列表中仅显示对于此载荷类型有效的分析场。另外，用户可以单击 f(x) 来创建一个新的分析场。更多信息见第 58 章“分析场工具集”。

3. 在 CM1、CM2 和 CM3 文本域中，输入各个方向的力矩分量（量纲为 FL）。

如果用户使文本域保持空白，则自动对该方向施加数值为 0 的力矩。然而，用户必须在编辑器中至少输入一个非零的分量来定义载荷。

4. 如果需要，单击 Amplitude 域右侧的箭头，然后从出现的列表中选择用户选取力矩的幅值。或者，用户也可以单击 来创建一个新的幅值。更多信息见第 57 章“幅值工具集”。

5. 如果需要，切换选中 Follow nodal rotation，使载荷的方向随着节点处的转动而转动。

Follow nodal rotation 仅影响具有转动自由度的节点，以及将 Nlgeom 设置为激活状态的分析步。

6. 如果用户想要改变力矩载荷的坐标系（CSYS），单击 并使用以下方法之一。

1）在视口中选择一个现有的基准坐标系。

2）通过名称选择一个现有的基准坐标系。

a. 从提示区域单击 Datum CSYS List 来显示基准坐标系的列表。

b. 从列表中选择一个名称，然后单击 OK。

注意：用户不应当在圆柱坐标系的原点处施加力矩载荷；这样做会使径向载荷和切向载荷变得不确定。

3）从提示区域选择 Use Global CSYS 来恢复成整体坐标系。

这一坐标系编辑选项仅在创建了力矩的分析步中可用。默认情况下，使用整体坐标系来定义力矩。

7. 单击 OK 来保存用户的数据并退出编辑器。

16.9.3　定义压载荷

用户可以创建一个压力载荷来定义面上的压力。

若要创建或者编辑压载荷，执行以下操作：

1. 使用下面的一个方法来显示压载荷编辑器。

• 要创建一个新的压载荷，请按照 16.8.1 节“创建载荷”中指出的过程操作（Category 选择 Mechanical；Types for Selected Step 选择 Pressure）。

• 要使用菜单或者管理器来编辑现有的压载荷，见 3.4.13 节“编辑步相关的对象”。要编辑施加了载荷的区域，见 16.8.4 节“编辑施加了指定条件的区域”。

2. 单击 Distribution 域右侧的箭头，然后从出现的列表中选择用户要选取的选项。

• 选择 Uniform 来定义在面上均匀分布的压力。对于此选项，用户提供的载荷大小必须是单位面积的力。

• 选择 Total Force 来定义面上均匀分布的压力。对于此选项，用户提供的载荷大小必须是施加到面上的总力（而不是单位面积的力）。

• 选择 Hydrostatic 来定义施加到面上的静水压力（此选项仅对于 Abaqus/Standard 分析有效）。

• 选择 Stagnation 来定义施加到面上的滞止压力（此选项仅对于 Abaqus/Explicit 分析有效）。

• 选择 Viscous 来定义施加到面的黏性压力（此选项仅对于 Abaqus/Explicit 分析有效的）。

• 选择 User-defined 来定义用户子程序 DLOAD（对于 Abaqus/Standard）或者 VDLOAD（对于 Abaqus/Explicit）中的载荷大小。更多信息见以下章节：

—19.8.6 节“指定通用作业设置”。

—《Abaqus 用户子程序参考手册》的 1.1.5 节“DLOAD”。

—《Abaqus 用户子程序参考手册》的 1.2.3 节“VDLOAD”。

• 选择一个分析场，以（A）进行标签，或者一个离散场，以（B）进行标签，来定义空间变化的压力。选择列表中仅显示对此载荷类型有效的分析场和离散场。

另外，用户也可以单击 f(x) 来创建一个新的分析场。更多信息见第 58 章“分析场工具集”。

3. 如果用户已选择了 Uniform、Total Force、分析场或者离散场分布选项，则执行以下操作。

a. 在 Magnitude 文本域中输入压力的幅值。

对于 Uniform 分布，输入总力的幅值除以施加力的表面积（量纲为 FL^{-2}）。

对于总力分布，输入总力的值（量纲为 F）。基于未变形模型的几何形体，Abaqus/CAE 根据输入的力来计算一个恒定的均匀表面压力。然而，在大位移分析中，由于受力面的变形，实际的总力可能在分析中发生变化。

b. 如果需要，单击 Amplitude 域右侧的箭头，然后从出现的列表中选择用户选取的幅值。另外，用户也可以单击来创建一个新的幅值。更多信息见第 57 章“幅值工具集”。

c. 单击 OK 来保存用户的数据并退出编辑器。

4. 如果用户已经选择了 Hydrostatic 分布选项，则执行以下操作。

a. 在 Magnitude 文本域中输入压力的值（量纲为 FL^{-2}）。

b. 在 Zero pressure height 域中，输入压力为 0 的 Z 坐标（如果用户工作在三维或者轴对称空间中）或者 Y 坐标（如果用户工作在二维空间中）高度。

c. 在 Reference pressure height 域中，输入 Z 坐标（如果用户工作在三维或者轴对称空间中）或者 Y 坐标高度（如果用户工作在二维空间中），在此高度上的压力是 Magnitude 域中指定的大小。

d. 如果需要，单击 Amplitude 域右侧的箭头，并且从出现的列表选择用户选取的幅值。另外，用户也可以单击来创建一个新的幅值。更多信息见第 57 章“幅值工具集”。

5. 如果用户已经选择了 Stagnation 或者 Viscous 分布选项，则执行以下操作。

a. 在 Magnitude 文本域中输入压力的幅值（量纲为 FL^{-2}）。

b. 如果需要，单击 Amplitude 域右侧的箭头，然后从出现的列表中选择用户选取的幅值。另外，用户也可以单击来创建一个新的幅值。更多信息见第 57 章“幅值工具集”。

c. 如果需要，切换选中 Determine velocity from reference point，从施加压力的面的速度中减去参考节点的速度。

d. 单击，使用下面的方法来选择参考点。

- 从视口中选择一个点。
- 选择提示区域中的 Points，然后选择一个已命名的集合。

注意：用户选择的集合必须包含一个节点或者顶点。

e. 单击 OK 来保存用户的数据并退出编辑器。

6. 如果用户已经选择了 User-defined 分布选项，则执行以下操作：

a. 如果需要，在 Magnitude 域中输入压力的值（量纲为 FL^{-2}）。用户在编辑器中输入的幅值数据会传递到 Abaqus/Standard 分析的用户子程序中，但在 Abaqus/Explicit 分析中会忽略它们。

b. 单击 OK 来保存用户的数据并退出编辑器。

c. 进入作业模块并查看感兴趣的分析作业的作业编辑器。更多信息见 19.7 节“创建、编辑和操控作业”。

d. 在作业编辑器中，单击 General 选项卡，然后指定包含用户子程序的文件来定义载荷大小。更多信息见 19.8.6 节“指定通用作业设置”。

注意：用户仅可以在作业编辑器中指定一个用户子程序文件；如果用户的分析涉及多个

用户子程序，则用户必须将它们合并为一个文件，然后指定该文件。

16.9.4　定义壳边载荷

用户可以创建一个壳边载荷来定义通用的、剪切的、法向的或者切向的拉力，或者沿着壳边的力矩。

若要创建或者编辑壳边载荷，执行以下操作：

1. 使用下面的一个方法来显示壳边载荷编辑器。

• 要创建一个新的壳边载荷，请按照 16.8.1 节“创建载荷”中指出的过程操作（从 Category 选择 Mechanical；从 Types for Selected Step 选择 Shell edge load）。

• 要使用菜单或者管理器来编辑现有的壳边载荷，见 3.4.13 节“编辑步相关的对象”。要编辑施加了载荷的区域，见 16.8.4 节“编辑施加了指定条件的区域”。

2. 单击 Distribution 域右侧的箭头，然后从出现的列表中选择用户选取的选项。

• 选择 Uniform 来定义壳边上的均匀载荷。

• 选择 User-defined 来定义用户子程序 UTRACLOAD 中的载荷大小（对于 Abaqus/Standard）。更多信息见以下章节。

—19.8.6 节“指定通用作业设置”。

—《Abaqus 用户子程序参考手册》的 1.1.55 节“UTRACLOAD”。

• 选择分析场来定义空间变化的载荷。选择列表中仅显示对于此载荷类型有效的分析场。另外，用户可以单击 f(x) 来创建一个新的分析场。更多信息见第 58 章“分型场工具集”。

3. 单击 Traction 域右侧的箭头，然后从出现的列表中选择用户选取的选项。

• 选择 Normal 来定义一个法向壳边拉力。

• 选择 Transverse 来定义一个切向壳边拉力。

• 选择 Shear 来定义一个剪切壳边拉力。

• 选择 Moment 来定义一个壳边力矩。

• 选择 General 来定义一个通用壳边拉力。

4. 如果用户已经选择了 General 拉力类型，请指定载荷方向。

a. 单击 Vector 旁边的 来指定方向向量的坐标。

b. 默认情况下，相对于整体轴来指定拉力分量。要为拉力的方向分量引用一个局部坐标系：

• 选择 CSYS：Picked，然后单击 来选择一个先前定义的局部坐标系。

• 选择 CSYS：User-defined，然后输入定义了局部坐标系的用户子程序名称。

c. 如果用户已经选择了 CSYS：Picked，则用户可以定义围绕某个轴的附加转动。单击 Additional rotation about axis 域右侧的箭头，选择另外两个将围绕其转动的轴，并为附加转动角度输入一个值。

5. 在 Magnitude 文本域中，输入壳边载荷（量纲为 FL^{-1}）。

6. 如果需要，单击 Amplitude 域右侧的箭头，然后从出现的列表中选择用户选取的幅值。另外，用户也可以单击∿来创建一个新的幅值。更多信息见第 57 章“幅值工具集”。

7. 如果需要，单击 Traction is defined per unit 域右侧的箭头，然后选择 deformed area 来定义相对于当前（变形后的）面积的壳边载荷，或者选择 undeformed area 来定义相对于参考（原始的）面的壳边载荷。

8. 如果用户已经选择了 General 拉力类型，则切换不选 Follow rotation 来定义非跟随载荷（即载荷总是作用在固定的整体方向上，而不是随着几何非线性分析中的壳边发生转动）。

9. 单击 OK 来保存用户的数据并退出编辑器。

16.9.5 定义面拉伸载荷

用户可以创建一个面拉伸载荷来定义面上的通用或者剪切拉伸载荷。

若要创建或者编辑面拉伸载荷，执行以下操作：

1. 使用下面的一个方法来显示面拉伸载荷编辑器。

• 要创建一个新的面拉伸载荷，请按照 16.8.1 节“创建载荷”中指出的过程操作（从 Category 选择 Mechanical；从 Types for Selected Step 选择 Surface traction）。

• 要使用菜单或者管理器来编辑现有的面拉伸载荷，见 3.4.13 节“编辑步相关的对象”。要编辑施加了载荷的区域，见 16.8.4 节“编辑施加了指定条件的区域”。

2. 单击 Distribution 域右侧的箭头，然后从出现的列表中选择用户选取的选项：

• 选择 Uniform 来定义壳边上的均匀载荷。

• 选择 User-defined 来定义用户子程序 UTRACLOAD 中的载荷大小（对于 Abaqus/Standard）。更多信息见以下章节。

—19.8.6 节“指定通用作业设置”。

—《Abaqus 用户子程序参考手册》的 1.1.55 节“UTRACLOAD”。

• 选择一个分析场来定义空间变化的载荷。选择列表中仅显示对于此载荷类型有效的分析场。另外，用户也可以单击 f(x) 来创建一个新的分析场。更多信息见第 58 章“分析场工具集”。

3. 单击 Traction 域右侧的箭头，然后从出现的列表中选择用户选取的选项。

• 选择 Shear 来定义一个剪切面拉伸载荷。

• 选择 General 来定义一个通用面拉伸载荷。

4. 指定载荷方向。

a. 单击 Vector 或者 Vector before projection 旁边的↖来指定方向向量的坐标。

b. 默认情况下，相对于整体轴来指定拉伸载荷分量。要为拉伸载荷方向分量引用一个局部坐标系：

• 选择 CSYS：Picked，然后单击来选择一个先前定义的局部坐标系。

• 选择 CSYS：User-defined，然后输入定义了局部坐标系的用户子程序名称。

c. 如果用户已经选择了 CSYS：Picked，则用户可以定义围绕某个轴的附加转动。单击 Additional rotation about axis 域右侧的箭头，选择另外两个将围绕其转动的轴，并为附加转动角度输入一个值。

5. 在 Magnitude 文本域中，输入面拉伸载荷（量纲为 FL^{-2}）。

6. 如果需要，单击 Amplitude 域右侧的箭头，然后从出现的列表中选择用户选取的幅值。另外，用户也可以单击来创建一个新的幅值。更多信息见第 57 章“幅值工具集”。

7. 如果需要，单击 Traction is defined per unit 域右侧的箭头，然后选择 deformed area 来定义相对于当前（变形后的）面积的面拉伸载荷，或者选择 undeformed area 来定义相对于参考（原始的）面的面拉伸载荷。

8. 如果用户已经选择了 General 拉力类型，则切换不选 Follow rotation 来定义一个非跟随载荷（即载荷总是作用在固定的整体方向上，而不是随着几何非线性分析中的面发生转动）。

9. 单击 OK 来保存用户的数据并退出编辑器。

16.9.6　定义管压力载荷

用户可以创建此类型的载荷来指定管或者弯头中的内部或外部压力。

若要创建或者编辑管压力载荷，执行以下操作：

1. 使用下面的一个方法来显示管压力载荷编辑器。

• 要创建一个新的管压力载荷，请按照 16.8.1 节“创建载荷”中指出的过程操作（从 Category 选择 Mechanical；从 Types for Selected Step 选择 Pipe pressure）。

• 要使用菜单或者管理器来编辑一个现有的管压力载荷，见 3.4.13 节“编辑步相关的对象”。要编辑施加了载荷的区域，见 16.8.4 节“编辑施加了指定条件的区域”。

2. 选择用户选取的 Side 选项：

• 选择 Internal 来指定管内的内部压力。

• 选择 External 来指定管上的外部压力。

3. 在 Effective diameter 域中，输入合适的管径。

• 如果用户在之前的分析步中选择 Internal，则输入管的内径。

• 如果用户在之前的分析步中选择 External，则输入管的外径。

注意：用户输入的有效直径在分析中保持不变。此直径不会随着压力下的管膨胀或者管收缩而缩放，即使切换选中了 Nlgeom 设置。有关 Nlgeom 设置的更多信息，见 14.9.6 节“考虑几何非线性”。

4. 单击 Distribution 域右侧的箭头，然后从出现的列表中选择用户选取的选项：

- 选择 Uniform 来定义管面上的均匀载荷。
- 选择 Hydrostatic 来定义管上或者管内的静水压力。
- 选择 User-defined 来定义用户子程序 DLOAD 中的载荷。更多信息见以下章节。

—19.8.6 节“指定通用作业设置”。

—《Abaqus 用户子程序参考手册》的 1.1.5 节“DLOAD”。

- 选择一个分析场来定义空间变化的载荷。选择列表中仅显示对于此载荷类型有效的分析场。另外，用户也可以单击 f(x) 来创建一个新的分析场。更多信息见第 58 章“分析场工具集”。

5. 如果用户已经选择了 Uniform 或者分析场分布选项，则执行以下步骤。

a. 在 Magnitude 文本域中，输入压力（量纲为 FL^{-2}）。

b. 如果需要，单击 Amplitude 域右侧的箭头，然后从出现的列表中选择用户选取的幅值。另外，用户也可以单击 来创建一个新的幅值。更多信息见第 57 章“幅值工具集”。

c. 单击 OK 来保存用户的数据并退出编辑器。

6. 如果用户已经选择了 Hydrostatic 分布选项，则执行以下步骤。

a. 在 Magnitude 文本域中，输入压力（量纲为 FL^{-2}）。

b. 在 Zero pressure height 域中，输入压力为 0 时高度的 Z 坐标。

c. 在 Reference pressure height 域中，输入高度的 Z 坐标，在此高度处，压力的大小等于 Magnitude 域中指定的大小。

更多信息见《Abaqus 分析用户手册——指定条件、约束与相互作用卷》的 1.4.3 节“分布载荷”中的“Abaqus/Standard 中二维、三维和轴对称单元中的静水压力载荷”。

d. 如果需要，单击 Amplitude 域右侧的箭头，然后从出现的列表中选择用户选取的幅值。另外，用户也可以单击 来创建一个新的幅值。更多信息见第 57 章“幅值工具集”。

7. 如果用户已经选择了 User-defined 分布选项，则执行以下步骤。

a. 如果需要，在 Magnitude 域中输入压力（量纲为 FL^{-2}）。用户在编辑器中输入的幅值数据会传递到用户子程序中。

b. 单击 OK 来保存用户的数据并退出编辑器。

c. 进入作业模块并查看感兴趣的分析作业的作业编辑器。更多信息见 19.7 节“创建、编辑和操控作业”。

d. 在作业编辑器中，单击 General 选项卡，然后指定包含用户子程序 DLOAD 的文件。更多信息见 19.8.6 节“指定通用作业设置”。

注意：用户仅可以在作业编辑器中指定一个用户子程序文件；如果用户的分析涉及多个用户子程序，则用户必须将它们合并为一个文件，然后指定该文件。

16.9.7 定义体力

用户可以定义一个体力来指定物体单位体积上的载荷。

若要创建或者编辑体力，执行以下操作：

1. 使用下面的一个方法来显示体力载荷编辑器。

• 要创建一个新的体力载荷，请按照 16.8.1 节“创建载荷”中指出的过程操作（从 Category 选择 Mechanical；从 Types for Selected Step 选择 Body）。

• 要使用菜单或者管理器来编辑现有的体力载荷，见 3.4.13 节“编辑分析步相关的对象”。要编辑施加了载荷的区域，见 16.8.4 节“编辑施加了指定条件的区域”。

2. 如果在编辑器中出现 Distribution 域，则单击该域右侧的箭头，然后从出现的列表中选择用户选取的选项。

• 选择 Uniform 来定义在体上的均匀载荷。

• 选择 User-defined 来定义用户子程序 DLOAD 中的载荷（对于 Abaqus/Standard），或者用户子程序 VDLOAD 中的载荷（对于 Abaqus/Explicit）。更多信息见以下章节。

—19.8.6 节“指定通用作业设置”。

—《Abaqus 用户子程序参考手册》的 1.1.5 节“DLOAD”。

—《Abaqus 用户子程序参考手册》的 1.2.3 节“VDLOAD”。

• 选择一个分析场来定义空间变化的载荷。选择列表中仅显示对于此载荷类型有效的分析场。另外，用户也可以单击 Create 来创建一个新的分析场。更多信息见第 58 章“分析场工具集”。

3. 如果用户已经选择了 Uniform，或者分析场的分布选项，则执行以下步骤。

a. 在 Component 1、Component 2 和 Component 3（如果用户正工作在三维空间中）域中，输入每一个方向上单位体积的体力（量纲为 FL^{-3}）：

• 如果用户正工作在三维或者二维空间中，则 Component 1、Component 2 和 Component 3 域对应方向 1、方向 2 和方向 3（如果适用）。

• 如果用户工作在轴对称空间中，则 Component 1 对应径向方向，Component 2 对应轴向方向。

b. 如果需要，单击 Amplitude 域右侧的箭头，并从出现的列表中选择用户选取的幅值。另外，用户也可以单击来创建一个新的幅值。更多信息见第 57 章“幅值工具集”。

c. 单击 OK 来保存用户的数据并退出编辑器。

4. 如果用户选择了 User-defined 分布选项，则执行以下步骤：

a. 如果需要，在 Component 1、Component 2 和 Component 3（如果适用）域输入每一个方向上单位体积的体力（量纲为 FL^{-3}）。

用户输入到编辑器中的载荷数据在 Abaqus/Standard 分析中会传递到用户子程序中，但在 Abaqus/Explicit 分析中会被忽略。

b. 单击 OK 来保存用户的数据并退出编辑器。

c. 进入作业模块并查看感兴趣的分析作业的作业编辑器。更多信息见 19.7 节“创建、编辑和操控作业”。

d. 在作业编辑器中，单击 General 选项卡，然后指定包含载荷大小定义的用户子程序文件。更多信息见 19.8.6 节“指定通用作业设置”。

注意：用户仅可以在作业编辑器中指定一个用户子程序文件；如果用户的分析涉及多个用户子程序，则用户必须将它们合并为一个文件，然后指定该文件。

16.9.8 定义线载荷

用户可以创建一个线载荷来指定梁上每单位长度的力。

若要创建或者编辑线载荷，执行以下操作：

1. 使用下面的一个方法来显示线载荷编辑器。

• 要创建一个新的线载荷，请按照 16.8.1 节“创建载荷”中指出的过程操作（从 Category 选择 Mechanical；从 Types for Selected Step 选择 Line load）。

• 要使用菜单或者管理器来编辑现有的线载荷，见 3.4.13 节“编辑步相关的对象”。要编辑施加了载荷的区域，见 16.8.4 节“编辑施加了指定条件的区域”。

2. 单击 System 域右侧的箭头，然后从出现的列表中选择用户想要定义载荷的坐标系：

• 如果用户想要在整体 1 方向、整体 2 方向和整体 3 方向（如果用户正工作在三维空间中）上指定载荷方向，则选择 Global。

• 如果想要指定梁局部 1 方向上（如果用户正工作在三维空间中）以及梁局部 2 方向上的载荷分量，就选择 Local。更多信息见 12.15.3 节“赋予一个梁方向”。

3. 单击 Distribution 域右侧的箭头，然后从出现的列表中选择用户选取的选项：

• 选择 Uniform 来定义区域内的均匀载荷。

• 选择 User-defined 来定义用户子程序 DLOAD 中的载荷（对于 Abaqus/Standard），或者用户子程序 VDLOAD 中的载荷（对于 Abaqus/Explicit）。更多信息见以下章节：

—19.8.6 节“指定通用作业设置”。

—《Abaqus 用户子程序参考手册》的 1.1.5 节“DLOAD”。

—《Abaqus 用户子程序参考手册》的 1.2.3 节“VDLOAD”。

• 选择一个分析场来定义空间变化的载荷。选择列表中仅显示对于此载荷类型有效的分析场。另外，用户也可以单击 Create 来创建一个新的分析场。更多信息见第 58 章“分析场工具集”。

4. 如果用户已经选择了 Uniform，或者分析场分布选项，则执行以下步骤。

a. 在 Component 域中，输入每一个方向上单位长度的体力（量纲为 FL^{-1}）。

• 如果用户已经选择了 Global 坐标系，则 Component 1、Component 2 和 Component 3 域对应 1 方向、2 方向和 3 方向（如果适用）。

• 如果用户已经选择了 Local 坐标系，则 Component 1 域对应梁局部 1 方向，Component 2 域对应梁局部 2 方向。

b. 如果需要，单击 Amplitude 域右侧的箭头，并从出现的列表中选择用户选取的幅值。另外，用户也可以单击来创建一个新的幅值。更多信息见第 57 章“幅值工具集”。

c. 单击 OK 来保存用户的数据并退出编辑器。

5. 如果用户已经选择了 User-defined 分布选项，则执行以下步骤。

a. 如果需要，在 Component 域输入每一个方向每单位长度的力（量纲为 FL^{-1}）。

对于用户定义的载荷，在编辑器中输入载荷，大小是可选的。在 Abaqus/Standard 分析中，会将用户输入的任何数据都传递到用户子程序中，而在 Abaqus/Explicit 分析中，会忽略输入的数据。

b. 单击 OK 来保存用户的数据并退出编辑器。

c. 进入作业模块并查看感兴趣分析作业的作业编辑器。更多信息见 19.7 节“创建、编辑和操控作业”。

d. 在作业编辑器中，单击 General 选项卡，然后指定包含定义载荷的用户子程序文件。更多信息见 19.8.6 节“指定通用作业设置”。

注意：用户仅可以在作业编辑器中指定一个用户子程序文件；如果用户的分析涉及多个用户子程序，则用户必须将它们合并为一个文件，然后指定该文件。

16.9.9　定义重力载荷

用户可以创建一个重力载荷来定义固定方向上的均匀加速度。Abaqus 使用用户在重力载荷定义中输入的加速度大小，以及在材料定义中指定的密度来计算载荷。

若要创建或者编辑重力载荷，执行以下操作：

1. 使用下面的一个方法来显示重力载荷编辑器。

- 要创建一个新的重力载荷，请按照 16.8.1 节“创建载荷”中指出的过程操作（从 Category 选择 Mechanical；从 Types for Selected Step 选择 Gravity）。
- 要使用菜单或者管理器来编辑现有的重力载荷，见 3.4.13 节“编辑步相关的对象”。

2. 默认情况下，重力载荷应用于整个模型。如果需要，用户可以将重力载荷施加到特定的模型区域中：

a. 单击。

b. 选择用户想要施加载荷的区域，如 16.8.1 节“创建载荷”中描述的那样。

c. 单击提示区域中的 Done。

注意：用户不能对单个点质量施加重力载荷。要在重力载荷中包括点质量，应对整个模型施加载荷。

3. 单击 Distribution 域右侧的箭头，然后从出现的列表中选择用户选取的选项。

- 选择 Uniform 来定义区域上的均匀载荷。
- 选择一个分析场来定义空间变化的载荷。选择列表中仅显示对于此载荷类型有效的分析场。另外，用户也可以单击 f(x) 来创建一个新的分析场。更多信息见第 58 章“分析场工具集”。

4. 在 Component 1、Component 2 和 Component 3（如果用户正工作在三维空间中）域中输入每一个方向上的加速度分量：

● 如果用户正工作在三维或者二维空间中，则 Component 1、Component 2 和 Component 3 域对应方向 1、方向 2 和方向 3（如果适用）。

● 如果用户工作在轴对称空间中，则只有 Component 2 域可用，Component 2 对应轴向方向。

如果用户使文本域保持空白，则将对此方向自动赋予零值。然而，用户必须在编辑器中至少输入一个非零分量来定义载荷。

5. 如果需要，单击 Amplitude 域右侧的箭头，并从出现的列表中选择用户选取的幅值。另外，用户也可以单击 来创建一个新的幅值。更多信息见第 57 章“幅值工具集”。

6. 单击 OK 来保存用户的数据并退出编辑器。

16.9.10 定义广义平面应变载荷

用户可以创建一个广义平面应变载荷来定义施加到区域参考点的一个轴向载荷，此区域使用广义平面应变单元来模拟。更多信息见《Abaqus 分析用户手册——单元卷》的 1.2 节“选择单元的维度”中的“广义平面应变单元”。

若要创建或者编辑广义平面应变载荷，执行以下操作：

1. 使用下面的一个方法来显示广义平面应变载荷编辑器。

● 要创建一个新的广义应变载荷，请按照 16.8.1 节“创建载荷”中指出的过程操作（从 Category 选择 Mechanical；从 Types for Selected Step 选择 Generalized plane strain）。

● 要使用菜单或者管理器来编辑现有的广义应变载荷，见 3.4.13 节“编辑步相关的对象”。要编辑施加了载荷的区域，见 16.8.4 节“编辑施加了指定条件的区域”。

2. 单击 Distribution 域右侧的箭头，然后从出现的列表中选择用户选取的选项。

● 选择 Uniform 来定义区域上的均匀载荷。

● 选择一个分析场来定义空间变化的载荷。选择列表中仅显示对于此载荷类型有效的分析场。另外，用户也可以单击 f(x) 来创建一个新的分析场。更多信息见第 58 章“分析场工具集”。

3. 在 Axial force 文本域中，输入轴向力（量纲为 F）。

4. 在 Moment about X 域中，输入施加在参考点处的关于 X 轴的力矩。

5. 在 Moment about Y 域中，输入施加在参考点处的关于 Y 轴的力矩。

6. 如果需要，单击 Amplitude 域右侧的箭头，并从出现的列表中选择用户选取的幅值。另外，用户也可以单击 来创建一个新的幅值。更多信息见第 57 章“幅值工具集”。

7. 单击 OK 来保存用户的数据并退出编辑器。

16.9.11 定义转动体力

用户可以创建一个旋转体力载荷来定义由于模型的转动而产生的载荷。用户可以指定角速度或者角加速度；Abaqus 通过使用角速度的平方或者通过直接使用加速度来定义载荷。在任何一种载荷定义情况中，必须进行下面的定义来包括一个转动轴：

- 如果用户正在三维空间中工作，则通过输入两个点的坐标来定义轴的位置和方向。
- 如果用户正在二维空间中工作，则通过在平面中输入一个点的坐标来指定轴的位置。轴的方向总是指向平面外。
- 如果用户正在轴对称空间中工作，则轴总是在整体 Z 轴的位置和方向上。

注意：用户仅可以在二维或者三维空间中定义一个角加速度力。

若要创建或者编辑转动体力，执行以下操作：

1. 使用下面的一个方法来显示转动体力载荷编辑器。

- 要创建一个新的转动体力载荷，请按照 16.8.1 节“创建载荷”中指出的过程操作（从 Category 选择 Mechanical；从 Types for Selected Step 选择 Rotational body force）。

如果用户正在二维或者三维空间中工作，则在提示区域中输入与转动轴位置和方向（如果适用）有关的信息。

- 要使用菜单或者管理器来编辑现有的旋转体力载荷，见 3.4.13 节“编辑步相关的对象”。要编辑施加了载荷的区域，见 16.8.4 节“编辑施加了指定条件的区域”。

如果用户在创建载荷的分析步中编辑此载荷，则用户在载荷编辑器中指定的每一个点旁边都会出现一个 Edit（✎）按钮。如果用户想要改变确定位置和方向的坐标，则单击✎（仅当用户在二维或者三维空间中操作时，才可以应用此选项）。

2. 选择用户选取的力类型。

- 如果用户想要定义一个离心力，则切换选中 Centrifugal。
- 如果用户想要定义一个角加速度力，则切换选中 Rotary acceleration。

3. 单击 Distribution 域右侧的箭头，然后从出现的列表中选择用户选取的选项。

- 选择 Uniform 来定义体上的均匀载荷。
- 选择一个分析场来定义空间变化的载荷。选择列表中仅显示对于此载荷类型有效的分析场。另外，用户也可以单击 f(x) 来创建一个新的分析场。更多信息见第 58 章“分析场工具集”。

4. 在出现的文本域中，输入合适的值。

- 如果用户正在定义一个离心力，则输入以弧度/时间为量纲的角速度。
- 如果用户正在定义一个角加速度力，则输入以（弧度/时间）^{2} 为量纲的角加速度。

5. 如果需要，单击 Amplitude 域右侧的箭头，然后从出现的列表中选择用户选取的幅值。另外，用户也可以单击∿来创建一个新的幅值。更多信息见第 57 章“幅值工具集”。

对于离心载荷，幅值用于计算载荷，而不是角速度。

6. 单击 OK 来保存用户的数据并退出编辑器。

16.9.12 定义科氏力

用户可以创建一个科氏力载荷来定义模型转动产生的载荷。

• 如果用户正在三维空间中工作，则通过输入两个点的坐标来定义轴的位置和方向。

• 如果用户正在二维空间中工作，则通过在平面中输入一个点的坐标来指定轴的位置。轴的方向总是指向平面外。

• 如果用户正在轴对称空间中工作，则轴总是在整体 Z 轴的位置和方向上。

若要创建或者编辑科氏体力，执行以下操作：

1. 使用下面的一个方法来显示科氏力载荷编辑器。

• 要创建一个新的科氏力载荷，请按照 16.8.1 节“创建载荷”中指出的过程操作（从 Category 选择 Mechanical；从 Types for Selected Step 选择 Coriolis force）。

如果用户正在二维或者三维空间中工作，则在提示区域中输入与转动轴位置和方向（如果适用）有关的信息。

• 要使用菜单或者管理器来编辑现有的科氏力载荷，见 3.4.13 节“编辑步相关的对象”。要编辑施加了载荷的区域，见 16.8.4 节“编辑施加了指定条件的区域”。

如果用户在创建载荷的步中编辑此载荷，则用户在载荷编辑器中指定的每一个点旁边都会出现一个 Edit（✎）按钮。如果用户想要改变确定位置和方向的坐标，则单击✎（仅当用户在二维或者三维空间中操作时，才可以应用此选项）。

2. 单击 Distribution 域右侧的箭头，然后从出现的列表中选择用户选取的选项。

• 选择 Uniform 来定义体上的均匀载荷。

• 选择一个分析场来定义空间变化的载荷。选择列表中仅显示对于此载荷类型有效的分析场。另外，用户也可以单击 f(x) 来创建一个新的分析场。更多信息见第 58 章“分析场工具集”。

3. 在 Coriolis force 域中，输入力的值。

4. 如果需要，单击 Amplitude 域右侧的箭头，并从出现的列表中选择用户选取的幅值。另外，用户也可以单击∿来创建一个新的幅值。更多信息见第 57 章“幅值工具集”。

5. 单击 OK 来保存用户的数据并退出编辑器。

16.9.13 定义连接器力

用户可以创建一个连接器力来将离心力施加到连接器相对运动的可用分量上。

若要创建或者编辑连接器力，执行以下操作：

1. 使用下面的一个方法来显示连接器力载荷编辑器。

• 要创建一个新的连接器力，请按照 16.8.1 节“创建载荷”中指出的过程操作（从 Category 选择 Mechanical；从 Types for Selected Step 选择 Connector force）。

• 要使用菜单或者管理器来编辑现有的连接器力，见 3.4.13 节“编辑步相关的对象”。

要编辑施加了连接器力的区域，见 16.8.4 节“编辑施加了指定条件的区域”。

2. 在可用的 F1、F2 和 F3 文本域中，输入相对运动的每个可用平动分量的集中力分量（量纲为 F）。编辑器中仅所有选中线框共有的分量是可用的。

如果用户使文本域保持空白，则对相对运动的分量将自动赋予零力。然而，用户必须在编辑器中至少输入一个非零分量来定义载荷。

注意：无论连接器力是否超过连接器的失效准则，连接器力都将被应用。

3. 如果需要，单击 Amplitude 域右侧的箭头，并从出现的列表中选择用户选取的幅值。另外，用户也可以单击来创建一个新的幅值。更多信息见第 57 章“幅值工具集”。

4. 单击 OK 来保存用户的数据并退出编辑器。

16.9.14 定义连接器力矩

用户可以创建一个连接器力矩来将集中力矩施加到连接器相对运动的可用分量上。

若要创建或者编辑连接器力矩，执行以下操作：

1. 使用下面的一个方法来显示连接器力矩载荷编辑器。

- 要创建一个新的连接器力矩，请按照 16.8.1 节“创建载荷”中指出的过程操作（从 Category 选择 Mechanical；从 Types for Selected Step 选择 Connector moment）。
- 要使用菜单或者管理器来编辑现有的连接器力矩，见 3.4.13 节“编辑步相关的对象”。要编辑施加了连接器力的区域，见 16.8.4 节“编辑施加了指定条件的区域”。

2. 在可用的 M1、M2 和 M3 文本域中，输入相对运动的每个可用转动分量的力矩分量（量纲为 FL）。编辑器中仅所有选中线框共有的分量是可用的。

如果用户使文本域保持空白，则对相对运动的分量将自动赋予零力矩。然而，用户必须在编辑器中至少输入一个非零分量来定义载荷。

注意：无论连接器力矩是否超过连接器的失效准则，连接器力矩都将被施加。

3. 如果需要，单击 Amplitude 域右侧的箭头，并从出现的列表中选择用户选取的幅值。另外，用户可以单击来创建一个新的幅值。更多信息见第 57 章“幅值工具集”。

4. 单击 OK 来保存用户的数据并退出编辑器。

16.9.15 定义子结构载荷来激活子结构载荷工况

用户可以在使用子结构的模型中创建一个子结构载荷定义，来激活分析中的一个或者多个子结构的子结构载荷工况。在激活过程中，用户可以使用两个选项来改变子结构载荷工况和边界条件的大小：

- 幅值乘子选项对指定的子结构载荷工况的载荷和边界条件施加一个缩放值。为了精确地再现子结构生成过程中定义的载荷条件，接受默认为 1.0 的幅值乘子。

- 幅值选择使用户可以对子结构载荷工况的载荷和边界条件施加一个可变乘子。

有关 Abaqus/CAE 中载荷工况的更多信息，见第 34 章“载荷工况”。

若要创建或者编辑子结构载荷来激活子结构载荷工况，执行以下操作：

1. 使用下面的一个方法来显示子结构载荷编辑器。

- 要创建一个新的子结构载荷，请按照 16.8.1 节“创建载荷”中指出的过程操作（从 Category 选择 Mechanical；从 Types for Selected Step 选择 Substructure load)。
- 要使用菜单或者管理器来编辑现有的子结构载荷，见 3.4.13 节“编辑步相关的对象”。

2. 执行以下操作。

a. 单击 ，打开 Select Substructure Load Cases 对话框。

b. 切换选中用户想要激活的每一个子结构载荷工况的复选框。

c. 单击 OK，关闭 Select Substructure Load Cases 对话框。

3. 在 Magnitude multiplier 文本域中，输入用户想要对指定子结构载荷工况的载荷和边界条件进行缩放的值。默认值为 1.0，即未缩放状态。

4. 如果需要，单击 Amplitude 域右侧的箭头，并从出现的列表中选择用户选取的幅值。另外，用户也可以单击 来创建一个新的幅值。更多信息见第 57 章“幅值工具集”。

5. 单击 OK 来保存用户的数据并退出编辑器。

16.9.16 定义惯性释放载荷

用户可以创建一个惯性释放载荷来平衡自由体或者部分自由体上的外部作用力。惯性释放载荷应用于整个模型。用户仅可以为每一个通用分析步施加一个有效的惯性释放载荷。有关惯性释放载荷的详细信息，见《Abaqus 分析用户手册——分析卷》的 6.1 节“惯性释放”。

注意：用户不能在子模型中施加惯性释放载荷。对于子模型，Abaqus 通过在整体模型中包括惯性释放载荷，来忽略计算得到的惯性释放影响。

若要创建或者编辑惯性释放载荷，执行以下操作：

1. 使用下面的一个方法来显示惯性释放载荷编辑器。

- 要创建一个新的惯性释放载荷，请按照 16.8.1 节“创建载荷”中指出的过程操作(从 Category 选择 Mechanical；从 Types for Selected Step 选择 Inertia relief)。
- 要使用菜单或者管理器来编辑现有的惯性释放载荷，见 3.4.13 节“编辑步相关的对象”。

2. 如果一个 Method 域出现在编辑器的顶部，则单击该域右侧的箭头，然后选择以下选项之一。

• 选择 Compute loading，继续计算指定方向的载荷。

• 选择 Fix at current loading，将载荷固定在从之前的步得到的大小和方向上。

在创建惯性释放的分析步中，Method 选项不可用。

3. 切换选中一个自由度来定义一个自由方向，以便沿着此自由方向施加惯性释放载荷。显示的自由度取决于建模空间。

4. 如果用户想要改变惯性释放载荷的坐标系（CSYS），单击 并使用以下方法之一。

• 在视口中选择一个现有的基准坐标系。

• 通过名称来选择一个现有的基准坐标系。

—从提示区域单击 Datum CSYS List 来显示基准坐标系的列表。

—从列表中选择一个名称，然后单击 OK。

• 从提示区域单击 Use Global CSYS 来恢复成整体坐标系。

这一坐标系编辑选项仅在创建了惯性释放载荷的分析步中可用。默认情况下，使用整体坐标系来定义载荷。

5. 如果 X、Y 和 Z 文本域出现在编辑器的底部，则输入定义刚体运动所需的附加点坐标。用户必须为自由方向的特定组合定义一个附加点。更多信息见《Abaqus 分析用户手册——分析卷》的 6.1 节“惯性释放”。

6. 单击 OK 来保存用户的数据并退出编辑器。

16.9.17　定义面热通量

用户可以创建一个面热通量载荷来定义基于面的热通量。

若要创建或者编辑面热通量，执行以下操作：

1. 使用下面的一个方法来显示面热通量编辑器。

• 要创建一个新的面热通量载荷，请按照 16.8.1 节“创建载荷”中指出的过程操作（从 Category 选择 Thermal；从 Types for Selected Step 选择 Surface heat flux）。

• 要使用菜单或者管理器来编辑一个现有的面热通量载荷，见 3.4.13 节“编辑步相关的对象”。要编辑施加了载荷的区域，见 16.8.4 节“编辑施加了指定条件的区域”。

2. 单击 Distribution 域右侧的箭头，然后从出现的列表中选择用户选取的选项。

• 选择 Uniform 来定义在面上的均匀载荷。对于此选项，用户提供的必须是单位面积上的通量。

• 选择 User-defined 来定义用户子程序 DFLUX 中的载荷（此选项仅 Abaqus/Standard 分析中可用）。更多信息见以下章节。

—19.8.6 节“指定通用作业设置”。

—《Abaqus 用户子程序参考手册》的 1.1.3 节“DFLUX”。

• 选择 Total Flux 来定义在面上的均匀载荷。对于此选项，用户提供的必须是施加到面上的总通量大小（而不是单位面积上的通量）。

• 选择一个分析场，使用（A）进行标签，或者一个离散型场，使用（D）进行标签，来定义空间变化的面热通量。选择列表中仅显示对于此载荷类型有效的分析场和离散场。另外，用户也可以单击 f(x) 来创建一个新的分析场。更多信息见第 58 章“分析场工具集”。

3. 如果用户已经选择了 Uniform、Total Flux、分析场或者离散场分布选项，则执行以下步骤。

a. 在 Magnitude 文本域中，输入面热通量的大小。正值表示热流入面。

对于 Uniform 分布，输入总通量的大小除以施加通量的表面积（量纲为 $JT^{-1}L^{-2}$）。

对于 Total Flux 分布，输入总通量的大小（量纲为 JT^{-1}）。Abaqus/CAE 根据输入的通量大小计算恒定的均匀面通量。

b. 如果需要，单击 Amplitude 域右侧的箭头，然后从出现的列表中选择用户选取的幅值。另外，用户也可以单击∿来创建一个新的幅值。更多信息见第 57 章“幅值工具集”。

c. 单击 OK 来保存用户的数据并退出编辑器。

4. 如果用户已经选择了 User-defined 分布选项，则执行以下步骤。

a. 如果需要，在 Magnitude 域中输入热通量的大小（量纲为 $JT^{-1}L^{-2}$）。正值表示热流入面。用户输入编辑器中的幅值数据会传递到用户子程序中。

b. 单击 OK 来保存用户的数据并退出编辑器。

c. 进入作业模块并查看感兴趣的分析作业的作业编辑器。更多信息见 19.7 节“创建、编辑和操控作业”。

d. 在作业编辑器中单击 General 选项卡，然后指定包含定义载荷的用户子程序文件。更多信息见 19.8.6 节“指定通用作业设置”。

注意：用户仅可以在作业编辑器中指定一个用户子程序文件；如果用户的分析涉及多个用户子程序，则用户必须将它们合并为一个文件，然后指定该文件。

16.9.18 定义体热通量

用户可以创建一个体热通量载荷来定义体积上的分布热通量。

若要创建或者编辑体热通量，执行以下操作：

1. 使用下面的一个方法来显示体热通量载荷编辑器。

• 要创建一个新的体热通量载荷，请按照 16.8.1 节“创建载荷”中指出的过程操作（从 Category 选择 Thermal；从 Types for Selected Step 选择 Body heat flux）。

• 要使用菜单或者管理器来编辑现有的体热通量载荷，见 3.4.13 节“编辑步相关的对象”。要编辑施加了载荷的区域，见 16.8.4 节“编辑施加了指定条件的区域”。

2. 单击 Distribution 域右侧的箭头，然后从出现的列表中选择用户选取的选项。

● 选择 Uniform 来定义体上的均匀载荷。

● 选择 User-defined 来定义用户子程序 DFLUX 中的载荷（此选项仅在 Abaqus/Standard 分析中有效）。更多信息见以下章节。

—19.8.6 节“指定通用作业设置”。

—《Abaqus 用户子程序参考手册》的 1.1.3 节“DFLUX”。

● 选择一个分析场，使用（A）进行标签，或者一个离散场，使用（D）进行标签，来定义一个空间变化的载荷。选择列表中仅显示对于此载荷类型有效的分析场和离散场。

另外，用户也可以单击 f(x) 来创建一个新的分析场。更多信息见第 58 章“分析场工具集”。

3. 如果用户已经选择了 Uniform、分析场或者离散场分布选项，则执行以下步骤：

a. 在 Magnitude 文本域中，输入体热通量（量纲为 $JT^{-1}L^{-3}$）。正值表示热流入体。

b. 如果需要，单击 Amplitude 域右侧的箭头，然后从出现的列表中选择用户选取的幅值。另外，用户也可以单击图标来创建一个新的幅值。更多信息见第 57 章“幅值工具集”。

c. 单击 OK 来保存用户的数据并退出编辑器。

4. 如果用户已经选择了 User-defined 分布选项，则执行以下步骤。

a. 如果需要，在 Magnitude 域中输入体热通量（量纲为 $JT^{-1}L^{-3}$）。正值表示热流入体。用户输入到编辑器中的幅值数据会传递到用户子程序中。

b. 单击 OK 来保存用户的数据并退出编辑器。

c. 进入作业模块并查看感兴趣分析作业的作业编辑器。更多信息见 19.7 节“创建、编辑和操控作业”。

d. 在作业编辑器中，单击 General 选项卡，并指定包含载荷定义的用户子程序文件。更多信息见 19.8.6 节“指定通用作业设置”。

注意：用户仅可以在作业编辑器中指定一个用户子程序文件；如果用户的分析涉及多个用户子程序，则用户必须将它们合并为一个文件，然后指定该文件。

16.9.19　定义集中热通量

用户可以给一个顶点或者节点施加集中热通量。

若要创建或者编辑集中热通量，执行以下操作：

1. 使用下面的一个方法来显示集中热通量载荷编辑器。

● 要创建一个新的集中热通量载荷，请按照 16.8.1 节“创建载荷”中指出的过程操作（从 Category 选择 Thermal；从 Types for Selected Step 选择 Concentrated heat flux）。

● 要使用菜单或者管理器来编辑现有的集中热通量载荷，见 3.4.13 节“编辑步相关的对象”。要编辑施加了载荷的区域，见 16.8.4 节“编辑施加了指定条件的区域”。

2. 单击 Distribution 域右侧的箭头，然后从出现的列表中选择用户选取的选项。

● 选择 Uniform 来定义区域上的均匀载荷。

• 选择一个分析场来定义空间变化的载荷。选择列表中仅显示对于此载荷类型有效的分析场。另外，用户也可以单击 f(x) 来创建一个新的分析场。更多信息见第 58 章“分析场工具集”。

3. 在 Magnitude 文本域中，输入体的集中热通量（量纲为 JT^{-1}）。正值表示在顶点或者节点处有热流入体。

4. 如果需要，单击 Amplitude 域右侧的箭头，然后从出现的列表中选择用户选取的幅值。另外，用户也可以单击 来创建一个新的幅值。更多信息见第 57 章“幅值工具集”。

5. 如果用户正在使用壳单元，并且想要对不是 11 的自由度施加热通量，则在 Degree of freedom 域中输入所需的自由度。否则，接受默认的自由度。

用户可以在 Degree of freedom 域中输入 11～31 之间的任何数字。如果用户更喜欢的话，可以使用域右侧的箭头来在有效自由度的范围中滚动选择。

更多信息见《Abaqus 分析用户手册——指定条件、约束与相互作用卷》的 1.4.4 节“热载荷”中的“定义集中热流量”。

6. 单击 OK 来保存用户的数据并退出编辑器。

16.9.20 定义向心体积加速度

用户可以创建一个向心体积加速度载荷来指定声学介质边界上顶点或者节点处的体积加速度。更多信息见《Abaqus 分析用户手册——分析卷》的 1.10 节“声学、冲击和耦合的声学结构分析”中的“载荷”。

若要创建或者编辑向心体积加速度，执行以下操作：

1. 使用下面的一个方法来显示向心体积加速度载荷编辑器。

• 要创建一个新的向心体积加速度载荷，请按照 16.8.1 节“创建载荷”中指出的过程操作（从 Category 选择 Acoustic；从 Types for Selected Step 选择 Inward volume acceleration）。

• 要使用菜单或者管理器来编辑现有的向心体积加速度载荷，见 3.4.13 节“编辑步相关的对象”。要编辑施加了载荷的区域，见 16.8.4 节“编辑施加了指定条件的区域”。

2. 单击 Distribution 域右侧的箭头，然后从出现的列表中选择用户选取的选项。

• 选择 Uniform 来定义区域上的均匀载荷。

• 选择一个分析场来定义空间变化的载荷。选择列表中仅显示对于此载荷类型有效的分析场。另外，用户也可以单击 f(x) 来创建一个新的分析场。更多信息见第 58 章“分析场工具集”。

3. 在 Magnitude 文本域中，输入体积加速度（量纲为 L^3T^{-2}）。

4. 如果需要，单击 Amplitude 域右侧的箭头，然后从出现的列表中选择用户选取的幅值。另外，用户也可以单击 来创建一个新的幅值。更多信息见第 57 章“幅值工具集”。

5. 单击 OK 来保存用户的数据并退出编辑器。

16.9.21 定义集中孔隙流体流动

用户可以创建一个集中孔隙流体流动载荷来定义黏土分析中顶点或节点处的集中孔隙流体流动。

若要创建或者编辑集中孔隙流体流动，执行以下操作：

1. 使用下面的一个方法来显示集中孔隙流体流动载荷编辑器。

• 要创建一个新的集中孔隙流体流动载荷，请按照 16.8.1 节“创建载荷”中指出的过程操作（从 Category 选择 Fluid；从 Types for Selected Step 选择 Concentrated pore fluid）。

• 要使用菜单或者管理器来编辑现有的集中孔隙流体流动载荷，见 3.4.13 节“编辑步相关的对象”。要编辑施加了载荷的区域，见 16.8.4 节“编辑施加了指定条件的区域”。

2. 单击 Distribution 域右侧的箭头，然后从出现的列表中选择用户选取的选项。

• 选择 Uniform 来定义区域上的均匀载荷。

• 选择一个分析场来定义空间变化的载荷。选择列表中仅显示对于此载荷类型有效的分析场。另外，用户也可以单击 f(x) 来创建一个新的分析场。更多信息见第 58 章“分析场工具集”。

3. 在 Magnitude 文本域中，输入流动速度（量纲为 LT^{-1}）。正值表示流体在顶点或者节点处流入体。

4. 如果需要，单击 Amplitude 域右侧的箭头，然后从出现的列表中选择用户选取的幅值。另外，用户也可以单击来创建一个新的幅值。更多信息见第 57 章“幅值工具集”。

5. 单击 OK 来保存用户的数据并退出编辑器。

16.9.22 定义面孔隙流体流动

用户可以创建一个面孔隙流体流动载荷来定义土壤分析中与面垂直的孔隙流体流动速度。

若要创建或者编辑面孔隙流体流动，执行以下操作：

1. 使用下面的一个方法来显示面孔隙流体流动载荷编辑器。

• 要创建一个新的面孔隙流体流动载荷，请按照 16.8.1 节“创建载荷”中指出的过程操作（从 Category 选择 Fluid；从 Types for Selected Step 选择 Surface pore fluid）。

• 要使用菜单或者管理器来编辑现有的面孔隙流体流动载荷，见 3.4.13 节“编辑步相关的对象”。要编辑施加了载荷的区域，见 16.8.4 节“编辑施加了指定条件的区域”。

2. 单击 Distribution 域右侧的箭头，然后从出现的列表中选择用户选取的选项。

• 选择 Uniform 来定义面上的均匀载荷。

• 选择 User-defined 来定义用户子程序 DFLOW 中的载荷。更多信息见以下章节。

—19.8.6 节“指定通用作业设置”。

—《Abaqus 用户子程序参考手册》的 1.1.2 节“DFLOW”。

• 选择一个分析场，使用（A）进行标签，或者一个离散场，使用（D）进行标签，来定义一个空间变化的载荷。选择列表中仅显示对于此载荷类型有效的分析场和离散场。

另外，用户也可以单击 f(x) 来创建一个新的分析场。更多信息见第 58 章“分析场工具集”。

3. 如果用户已经选择了 Uniform、分析场或者离散场分布选项，则执行以下步骤。

a. 在 Magnitude 文本域中，输入流体速度（量纲为 LT^{-1}）。正值表示流体流入面。

b. 如果需要，单击 Amplitude 域右侧的箭头，然后从出现的列表中选择用户选取的幅值。另外，用户也可以单击 来创建一个新的幅值。更多信息见第 57 章“幅值工具集”。

c. 单击 OK 来保存用户的数据并退出编辑器。

4. 如果用户选择了 User-defined 分布选项，则执行以下步骤。

a. 如果需要，在 Magnitude 域中输入流动速度（量纲为 LT^{-1}）。正值表示流体流入面。用户输入到编辑器中的幅值数据会传递到用户子程序中。

b. 单击 OK 来保存用户的数据并退出编辑器。

c. 进入作业模块并查看感兴趣的分析作业的作业编辑器。更多信息见 19.7 节“创建、编辑和操控作业”。

d. 在作业编辑器中，单击 General 选项卡，并指定包含载荷定义的用户子程序文件。更多信息见 19.8.6 节“指定通用作业设置”。

注意：用户仅可以在作业编辑器中指定一个用户子程序文件；如果用户的分析涉及多个用户子程序，则用户必须将它们合并成一个文件，然后指定该文件。

16.9.23 定义流体参考压力

用户可以在 Abaqus/CFD 分析中创建一个流体参考压力载荷来指定模型中某一个点处的静水压力水平。

若要创建或者编辑流体参考压力，执行以下操作：

1. 使用下面的一个方法来显示流体参考压力载荷编辑器。

• 要创建一个新的流体参考压力，请按照 16.8.1 节“创建载荷”中指出的过程操作（从 Category 选择 Fluid；从 Types for Selected Step 选择 Fluid reference pressure）。

• 要使用菜单或者管理器来编辑现有的流体参考压力载荷，见 3.4.13 节“编辑步相关的对象”。要编辑施加了载荷的区域，见 16.8.4 节“编辑施加了指定条件的区域”。

2. 在 Magnitude 域中，指定流体参考压力的大小。

3. 单击 OK 来保存用户的数据并退出编辑器。

16.9.24 定义孔隙阻力体力

用户可以在 Abaqus/CFD 分析中为流经多孔的介质创建一个孔隙阻力体力。

若要创建或者编辑孔隙阻力体力，执行以下操作：

1. 使用下面的一个方法来显示孔隙阻力体力编辑器。

• 要创建一个新的孔隙阻力体力，请按照 16.8.1 节“创建载荷”中指出的过程操作（从 Category 选择 Fluid；从 Types for Selected Step 选择 Porous drag body force）。

• 要使用菜单或者管理器来编辑现有的孔隙阻力体力，见 3.4.13 节“编辑步相关的对象”。要编辑施加了载荷的区域，见 16.8.4 节“编辑施加了指定条件的区域”。

2. 单击 Distribution 域右侧的箭头，然后从出现的列表中选择用户选取的选项。

• 选择 Uniform 来定义体上的均匀载荷。

• 选择一个分析场来定义空间变化的载荷。选择列表中仅显示对于此载荷类型有效的分析场。另外，用户也可以单击 f(x) 来创建一个新的分析场。更多信息见第 58 章“分析场工具集”。

3. 在 Magnitude 文本域中，指定无量纲孔隙度的值 ε（流体与多孔介质总体积的比）。

4. 如果需要，单击 Amplitude 域右侧的箭头，然后从出现的列表中选择用户选取的幅值。另外，用户可以单击来创建一个新的幅值。更多信息见第 57 章“幅值工具集”。

5. 单击 OK 来保存用户的数据并退出编辑器。

16.9.25 定义集中电流

用户可以创建一个集中电流载荷来定义耦合的热-电分析中顶点处或者节点处的集中电流。

若要创建或者编辑集中电流，执行以下操作：

1. 使用下面的一个方法来显示集中电流载荷编辑器。

• 要创建一个新的集中电流载荷，请按照 16.8.1 节“创建载荷”中指出的过程操作（从 Category 选择 Electrical/Magnetic；从 Types for Selected Step 选择 Concentrated current）。

• 要使用菜单或者管理器来编辑现有的集中电流载荷，见 3.4.13 节“编辑步相关的对象”。要编辑施加了载荷的区域，见 16.8.4 节“编辑施加了指定条件的区域”。

2. 单击 Distribution 域右侧的箭头，然后从出现的列表中选择用户选取的选项：

• 选择 Uniform 来定义区域上的均匀载荷。

• 选择一个分析场来定义空间变化的载荷。选择列表中仅显示对于此载荷类型有效的分析场。另外，用户也可以单击 f(x) 来创建一个新的分析场。更多信息见第 58 章“分析场工具集”。

3. 在 Magnitude 文本域中，输入电流（量纲为 CT^{-1}）。正值表示在顶点处或者节点处有电流流入体。

4. 如果需要，单击 Amplitude 域右侧的箭头，然后从出现的列表中选择用户选取的幅值。另外，用户也可以单击来创建一个新的幅值。更多信息见第 57 章“幅值工具集”。

5. 单击 OK 来保存用户的数据并退出编辑器。

16.9.26 定义面电流

用户可以创建一个面电流载荷来定义耦合的热-电分析中面上的电流密度。

若要创建或者编辑面电流，执行以下操作：

1. 使用下面的一个方法来显示面电流载荷编辑器。

- 要创建一个新的面电流载荷，请按照 16.8.1 节“创建载荷”中指出的过程操作（从 Category 选择 Electrical/Magnetic；从 Types for Selected Step 选择 Surface current）。
- 要使用菜单或者管理器来编辑现有的面电流载荷，见 3.4.13 节“编辑步相关的对象”。要编辑施加了载荷的区域，见 16.8.4 节“编辑施加了指定条件的区域”。

2. 单击 Distribution 域右侧的箭头，然后从出现的列表中选择用户选取的选项。

- 选择 Uniform 来定义区域上的均匀载荷。
- 选择一个分析场来定义空间变化的载荷。选择列表中仅显示对于此载荷类型有效的分析场。另外，用户也可以单击 f(x) 来创建一个新的分析场。更多信息见第 58 章“分析场工具集”。

3. 在 Magnitude 文本域中，输入电流密度（量纲为 $CL^{-2}T^{-1}$）。正值表示有电流流入面。

4. 如果需要，单击 Amplitude 域右侧的箭头，然后从出现的列表中选择用户选取的幅值。另外，用户可以单击来创建一个新的幅值。更多信息见第 57 章“幅值工具集”。

5. 单击 OK 来保存用户的数据并退出编辑器。

16.9.27 定义体电流

用户可以创建一个体电流载荷来定义耦合的热-电分析中体上的电流密度。

若要创建或者编辑体电流，执行以下操作：

1. 使用下面的一个方法来显示体电流载荷编辑器。

• 要创建一个新的体电流载荷，请按照 16. 8. 1 节“创建载荷”中指出的过程操作（从 Category 选择 Electrical/Magnetic；从 Types for Selected Step 选择 Body current）。

• 要使用菜单或者管理器来编辑现有的体电流载荷，见 3. 4. 13 节“编辑步相关的对象”。要编辑施加了载荷的区域，见 16. 8. 4 节“编辑施加了指定条件的区域”。

2. 单击 Distribution 域右侧的箭头，然后从出现的列表中选择用户选取的选项。

• 选择 Uniform 来定义体上的均匀载荷。

• 选择一个分析场来定义空间变化的载荷。选择列表中仅显示对于此载荷类型有效的分析场。另外，用户也可以单击 f(x) 来创建一个新的分析场。更多信息见第 58 章“分析场工具集”。

3. 在 Magnitude 文本域中，输入电流密度（量纲为 $CL^{-3}T^{-1}$）。正值表示有电流流入面。

4. 如果需要，单击 Amplitude 域右侧的箭头，然后从出现的列表中选择用户选取的幅值。另外，用户也可以单击∿来创建一个新的幅值。更多信息见第 57 章“幅值工具集”。

5. 单击 OK 来保存用户的数据并退出编辑器。

16. 9. 28　定义面电流密度

用户可以创建一个面电流密度载荷来定义涡流分析中面上的电流密度。面电流密度载荷仅可以在电磁模型中使用。

若要创建或者编辑面电流密度，执行以下操作：

1. 使用下面的一个方法来显示面电流密度载荷编辑器。

• 要创建一个新的面电流密度载荷，请按照 16. 8. 1 节“创建载荷”中指出的过程操作（从 Category 选择 Electrical/Magnetic；从 Types for Selected Step 选择 Surface current density）。

• 要使用菜单或者管理器来编辑现有的面电流密度载荷，见 3. 4. 13 节“编辑步相关的对象”。要编辑施加了载荷的区域，见 16. 8. 4 节“编辑施加了指定条件的区域”。

2. 单击 Distribution 域右侧的箭头，然后从出现的列表中选择用户选取的选项。

• 选择 Uniform 来定义面上的均匀载荷。

• 选择 User-defined 来定义用户子程序 UDSECURRENT 中的载荷大小和方向。更多信息见以下章节：

—19. 8. 6 节“指定通用作业设置”。

—《Abaqus 用户子程序参考手册》的 1. 1. 27 节“UDSECURRENT”。

3. 如果用户选择了 Uniform、分析场或者离散场分布选项，则执行以下步骤。

a. 在 Component 1、Component 2 和 Component 3（如果适用）域中，输入面电流密度向量的实部（同相）和虚部（异相）。

Abaqus/CAE 计算面电流密度向量的大小和方向。

b. 如果需要，单击 Amplitude 域右侧的箭头，然后从出现的列表中选择用户选取的幅值。

另外，用户也可以单击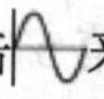来创建一个新的幅值。更多信息见第 57 章“幅值工具集”。

c. 单击 OK 来保存用户的数据并退出编辑器。

4. 如果用户已经选择了 User-defined 分布选项，则执行以下步骤。

a. 如果需要，在 Component 1、Component 2 和 Component 3（如果适用）域中输入面电流密度向量的实部（同相）和虚部（异相）。

Abaqus/CAE 计算面电流向量的大小和方向，并且这些信息会传递到用户子程序中。

b. 单击 OK 来保存用户的数据并退出编辑器。

c. 进入作业模块并查看感兴趣分析作业的作业编辑器。更多信息见 19.7 节“创建、编辑和操控作业”。

d. 在作业编辑器中，单击 General 选项卡，并指定包含载荷定义的用户子程序文件。更多信息见 19.8.6 节“指定通用作业设置”。

注意：用户仅可以在作业编辑器中指定一个用户子程序文件；如果用户的分析涉及多个用户子程序，则用户必须将它们合并成一个文件，然后指定该文件。

16.9.29 定义体电流密度

用户可以创建一个体电流密度载荷来定义涡流分析中面上的电流密度。体电流密度载荷仅可以在电磁模型中使用。

若要创建或者编辑体电流密度，执行以下操作：

1. 使用下面的一个方法来显示体电流密度载荷编辑器。

• 要创建一个新的体电流密度载荷，请按照 16.8.1 节“创建载荷”中指出的过程操作（从 Category 选择 Electrical/Magnetic；从 Types for Selected Step 选择 Body current density）。

• 要使用菜单或者管理器来编辑现有的体电流密度载荷，见 3.4.13 节“编辑步相关的对象”。要编辑施加了载荷的区域，见 16.8.4 节“编辑施加了指定条件的区域”。

2. 单击 Distribution 域右侧的箭头，然后从出现的列表中选择用户选取的选项。

• 选择 Uniform 来定义面上的均匀载荷。

• 选择 User-defined 来定义用户子程序 UDSECURRENT 中的载荷大小和方向。更多信息见以下章节。

—19.8.6 节“指定通用作业设置”。

—《Abaqus 用户子程序参考手册》的 1.1.24 节“UDSECURRENT”。

3. 如果用户已经选择了 Uniform、分析场或者离散场分布选项，则执行以下步骤。

a. 在 Component 1、Component 2 和 Component 3（如果适用）域中，输入体电流密度向量的实部（同相）和虚部（异相）。

Abaqus/CAE 计算体电流密度向量的大小和方向。

b. 如果需要，单击 Amplitude 域右侧的箭头，然后从出现的列表中选择用户选取的幅值。另外，用户也可以单击 来创建一个新的幅值。更多信息见第 57 章“幅值工具集”。

c. 单击 OK 来保存用户的数据并退出编辑器。

4. 如果用户已经选择了 User-defined 分布选项，则执行以下步骤。

a. 如果需要，在 Component 1、Component 2 和 Component 3（如果适用）域中输入体电流密度向量的实部（同相）和虚部（异相）。

Abaqus/CAE 计算体电流向量的大小和方向，并且这些信息会传递到用户子程序中。

b. 单击 OK 来保存用户的数据并退出编辑器。

c. 进入作业模块并查看感兴趣分析作业的作业编辑器。更多信息见 19.7 节“创建、编辑和操控作业”。

d. 在作业编辑器中，单击 General 选项卡，并指定包含载荷定义的用户子程序文件。更多信息见 19.8.6 节“指定通用作业设置”。

注意：用户仅可以在作业编辑器中指定一个用户子程序文件；如果用户的分析涉及多个用户子程序，则用户必须将它们合并成一个文件，然后指定该文件。

16.9.30　定义集中电荷

用户可以创建一个集中电荷载荷，在压电分析中对一个顶点或者节点施加电荷。

若要创建或者编辑集中电荷，执行以下操作：

1. 使用下面的一个方法来显示集中电荷载荷编辑器。

• 要创建一个新的集中电荷载荷，请按照 16.8.1 节“创建载荷”中指出的过程操作（从 Category 选择 Electrical/Magnetic；从 Types for Selected Step 选择 Concentrated charge）。

• 要使用菜单或者管理器来编辑现有的集中电荷载荷，见 3.4.13 节“编辑步相关的对象”。要编辑施加了载荷的区域，见 16.8.4 节“编辑施加了指定条件的区域”。

2. 单击 Distribution 域右侧的箭头，然后从出现的列表中选择用户选取的选项。

• 选择 Uniform 来定义区域上的均匀载荷。

• 选择一个分析场来定义空间变化的载荷。选择列表中仅显示对于此载荷类型有效的分析场。另外，用户也可以单击 f(x) 来创建一个新的分析场。更多信息见第 58 章“分析场工具集”。

3. 在 Magnitude 文本域中，输入电荷大小（量纲为 C）。

4. 如果需要，单击 Amplitude 域右侧的箭头，然后从出现的列表中选择用户选取的幅值。另外，用户也可以单击 来创建一个新的幅值。更多信息见第 57 章“幅值工具集”。

注意：只有当幅值对用户创建载荷的摄动步类型有效时，幅值域才会出现。更多信息见《Abaqus 分析用户手册——分析卷》的 1.1.3 节“通用和线性摄动过程”中的“线性摄动分析步”。

5. 单击 OK 来保存用户的数据并退出编辑器。

16.9.31 定义面电荷

用户可以创建一个面电荷载荷，在压电分析中对一个面施加分布电荷。

若要创建或者编辑面电荷，执行以下操作：

1. 使用下面的一个方法来显示面电荷载荷编辑器。

• 要创建一个新的面电荷载荷，请按照 16.8.1 节“创建载荷”中指出的过程操作（从 Category 选择 Electrical/Magnetic；从 Types for Selected Step 选择 Surface charge）。

• 要使用菜单或者管理器来编辑现有的面电荷载荷，见 3.4.13 节“编辑步相关的对象”。要编辑施加了载荷的区域，见 16.8.4 节“编辑施加了指定条件的区域”。

2. 单击 Distribution 域右侧的箭头，然后从出现的列表中选择用户选取的选项。

• 选择 Uniform 来定义区域上的均匀载荷。

• 选择一个分析场来定义空间变化的载荷。选择列表中仅显示对于此载荷类型有效的分析场。另外，用户也可以单击 $f(x)$ 来创建一个新的分析场。更多信息见第 58 章“分析场工具集”。

3. 在 Magnitude 文本域中，输入电荷密度（量纲为 CL^{-2}）。

4. 如果需要，单击 Amplitude 域右侧的箭头，然后从出现的列表中选择用户选取的幅值。另外，用户也可以单击来创建一个新的幅值。更多信息见第 57 章“幅值工具集”。

注意：只有当幅值对用户创建载荷的摄动步类型有效时，幅值域才会出现。更多信息见《Abaqus 分析用户手册——分析卷》的 1.1.3 节“通用和线性摄动过程”中的“线性摄动分析步”。

5. 单击 OK 来保存用户的数据并退出编辑器。

16.9.32 定义体电荷

用户可以创建一个体电荷载荷，在压电分析中对一个体施加电荷。

若要创建或者编辑体电荷，执行以下操作：

1. 使用下面的一个方法来显示体电荷载荷编辑器。

• 要创建一个新的体电荷载荷，请按照 16.8.1 节“创建载荷”中指出的过程操作（从 Category 选择 Electrical/Magnetic；从 Types for Selected Step 选择 Body charge）。

• 要使用菜单或者管理器来编辑现有的体电荷载荷，见 3.4.13 节“编辑步相关的对象”。要编辑施加了载荷的区域，见 16.8.4 节“编辑施加了指定条件的区域”。

2. 单击 Distribution 域右侧的箭头，然后从出现的列表中选择用户选取的选项。

• 选择 Uniform 来定义体上的均匀载荷。

• 选择一个分析场来定义空间变化的载荷。选择列表中仅显示对于此载荷类型有效的分析场。另外，用户也可以单击 f(x) 来创建一个新的分析场。更多信息见第 58 章“分析场工具集”。

3. 在 Magnitude 文本域中，输入电荷密度（量纲为 CL^{-3}）。

4. 如果需要，单击 Amplitude 域右侧的箭头，然后从出现的列表中选择用户选取的幅值。另外，用户也可以单击来创建一个新的幅值。更多信息见第 57 章“幅值工具集”。

注意：只有当幅值对用户创建载荷的摄动步类型有效时，幅值域才会出现。更多信息见《Abaqus 分析用户手册——分析卷》的 1.1.3 节“通用和线性摄动过程”中的“线性摄动分析步”。

5. 单击 OK 来保存用户的数据并退出编辑器。

16.9.33　定义集中浓度通量

用户可以创建一个集中浓度通量载荷，在质量扩散分析中定义一个顶点或者节点处的集中浓度通量。

若要创建或者编辑集中浓度通量，执行以下操作：

1. 使用下面的一个方法来显示集中浓度通量载荷编辑器。

• 要创建一个新的集中浓度通量载荷，请按照 16.8.1 节“创建载荷”中指出的过程操作（从 Category 选择 Mass diffusion；从 Types for Selected Step 选择 Concentrated concentration flux）。

• 要使用菜单或者管理器来编辑现有的集中浓度通量载荷，见 3.4.13 节“编辑步相关的对象”。要编辑施加了载荷的区域，见 16.8.4 节“编辑施加了指定条件的区域”。

2. 单击 Distribution 域右侧的箭头，然后从出现的列表中选择用户选取的选项。

• 选择 Uniform 来定义区域上的均匀载荷。

• 选择一个分析场来定义空间变化的载荷。选择列表中仅显示对于此载荷类型有效的分析场。另外，用户也可以单击 f(x) 来创建一个新的分析场。更多信息见第 58 章“分析场工具集”。

3. 在 Magnitude 文本域中，输入浓度通量（量纲为 $PL^{3}T^{-1}$）。正值表示在顶点或者节点处有浓度流入体。

4. 如果需要，单击 Amplitude 域右侧的箭头，然后从出现的列表中选择用户选取的幅值。另外，用户也可以单击来创建一个新的幅值。更多信息见第 57 章“幅值工具集”。

5. 单击 OK 来保存用户的数据并退出编辑器。

16.9.34 定义面浓度通量

用户可以创建一个面浓度通量载荷，在质量扩散分析中定义面上的浓度通量。

若要创建或者编辑面浓度通量，执行以下操作：

1. 使用下面的一个方法来显示面浓度通量载荷编辑器。

- 要创建一个新的面浓度通量载荷，请按照 16.8.1 节“创建载荷”中指出的过程操作（从 Category 选择 Mass diffusion；从 Types for Selected Step 选择 Surface concentration flux）。
- 要使用菜单或者管理器来编辑现有的面浓度通量载荷，见 3.4.13 节“编辑步相关的对象”。要编辑施加了载荷的区域，见 16.8.4 节“编辑施加了指定条件的区域”。

2. 单击 Distribution 域右侧的箭头，然后从出现的列表中选择用户选取的选项。

- 选择 Uniform 来定义区域上的均匀载荷。
- 选择 User-defined 来在用户子程序 DFLUX 中定义载荷的大小。更多信息见以下章节。

—19.8.6 节“指定通用作业设置”。

—《Abaqus 用户子程序参考手册》的 1.1.3 节“DFLUX”。

- 选择一个分析场，使用（A）进行标签，或者一个离散场，使用（B）进行标签，来定义空间变化的载荷。选择列表中仅显示对于此载荷类型有效的分析场和离散场。另外，用户也可以单击 f(x) 来创建一个新的分析场。更多信息见第 58 章“分析场工具集”。

3. 如果用户已经选择了 Uniform、分析场或者离散场分布选项，则执行以下步骤。

a. 在 Magnitude 文本域中，输入浓度通量密度（量纲为 PLT^{-1}）。正值表示有浓度流入体。

b. 如果需要，单击 Amplitude 域右侧的箭头，然后从出现的列表选择用户选取的幅值。另外，用户也可以单击来创建一个新的幅值。更多信息见第 57 章“幅值工具集”。

c. 单击 OK 来保存用户的数据并退出编辑器。

4. 如果用户已经选择了 User-defined 分布选项，则执行以下步骤。

a. 如果需要，在 Magnitude 域中输入浓度通量密度（量纲为 PLT^{-1}）。正值表示有浓度流入面。用户在编辑器中输入的幅值会传递到用户子程序中。

b. 单击 OK 来保存用户的数据并退出编辑器。

c. 进入作业模块并查看感兴趣的分析作业的作业编辑器。更多信息见 19.7 节“创建、编辑和操控作业”。

d. 在作业编辑器中，单击 General 选项卡，并指定包含载荷定义的用户子程序文件。更多信息见 19.8.6 节“指定通用作业设置”。

注意：用户仅可以在作业编辑器中指定一个用户子程序文件；如果用户的分析涉及多个用户子程序，则用户必须将它们合并为一个文件，然后指定该文件。

16.9.35 定义体浓度通量

用户可以创建一个体浓度通量载荷，在质量扩散分析中定义体上的浓度通量。

若要创建或者编辑体浓度通量，执行以下操作：

1. 使用下面的一个方法来显示体浓度通量载荷编辑器。

● 要创建一个新的体浓度通量载荷，请按照16.8.1节“创建载荷”中指出的过程操作（从Category选择Mass diffusion；从Types for Selected Step选择concentration flux）。

● 要使用菜单或者管理器来编辑现有的体浓度通量载荷，见3.4.13节“编辑步相关的对象”。要编辑施加了载荷的区域，见16.8.4节“编辑施加了指定条件的区域”。

2. 单击Distribution域右侧的箭头，然后从出现的列表中选择用户选取的选项。

● 选择Uniform来定义体上的均匀载荷。

● 选择User-defined来在用户子程序DFLUX中定义载荷的大小。更多信息见以下章节。

—19.8.6节“指定通用作业设置”。

—《Abaqus用户子程序参考手册》的1.1.3节“DFLUX”。

● 选择一个分析场，使用（A）进行标签，或者一个离散场，使用（B）进行标签，来定义空间变化的载荷。选择列表中仅显示对于此载荷类型有效的分析场和离散场。另外，用户也可以单击f(x)来创建一个新的分析场。更多信息见第58章“分析场工具集”。

3. 如果用户已经选择了Uniform、分析场或者离散场分布选项，则执行以下步骤。

a. 在Magnitude文本域中，输入浓度通量密度（量纲为PT^{-1}）。正值表示有浓度流入体。

b. 如果需要，单击Amplitude域右侧的箭头，然后从出现的列表中选择用户选取的幅值。另外，用户也可以单击来创建一个新的幅值。更多信息见第57章“幅值工具集”。

c. 单击OK来保存用户的数据并退出编辑器。

4. 如果用户已经选择了User-defined分布选项，则执行以下步骤。

a. 如果需要，在Magnitude域中输入浓度通量密度（量纲为PLT^{-1}）。正值表示有浓度流入面。用户在编辑器中输入的幅值会传递到用户子程序中。

b. 单击OK来保存用户的数据并退出编辑器。

c. 进入作业模块并查看感兴趣分析作业的作业编辑器。更多信息见19.7节“创建、编辑和操控作业”。

d. 在作业编辑器中，单击General选项卡，并指定包含载荷定义的用户子程序文件。更多信息见19.8.6节“指定通用作业设置”。

注意：用户仅可以在作业编辑器中指定一个用户子程序文件；如果用户的分析涉及多个用户子程序，则用户必须将它们合并成一个文件，然后指定该文件。

16.10 使用边界条件编辑器

本节介绍如何定义指定类型的边界条件，包括以下主题：

- 16.10.1 节 “定义对称的/反对称的/端部固定的边界条件”
- 16.10.2 节 “定义位移/转动边界条件”
- 16.10.3 节 “定义速度/角速度边界条件”
- 16.10.4 节 “定义加速度/角加速度边界条件”
- 16.10.5 节 “定义连接器位移边界条件”
- 16.10.6 节 “定义连接器速度边界条件”
- 16.10.7 节 “定义连接器加速度边界条件”
- 16.10.8 节 “定义基础运动边界条件”
- 16.10.9 节 “定义次要基础运动边界条件”
- 16.10.10 节 “定义保留节点自由度的边界条件”
- 16.10.11 节 “定义流体入口/出口边界条件”
- 16.10.12 节 “定义流体壁边界条件”
- 16.10.13 节 “指定温度”
- 16.10.14 节 “定义孔隙压力边界条件”
- 16.10.15 节 “定义流体腔压力边界条件”
- 16.10.16 节 “定义电势边界条件”
- 16.10.17 节 “定义磁矢势边界条件”
- 16.10.18 节 “定义质量浓度边界条件”
- 16.10.19 节 “定义声学压力边界条件”
- 16.10.20 节 “定义连接器材料流动边界条件”
- 16.10.21 节 “定义欧拉边界条件”
- 16.10.22 节 “定义欧拉网格运动边界条件”

第Ⅳ部分 “模拟技术” 中包括下面的主题：

- 38.4 节 “创建子模型边界条件”

16.10.1 定义对称的/反对称的/端部固定的边界条件

用户可以通过选择对称的/反对称的/端部固定的边界条件编辑器中列出的一个常用类型来定义边界条件。

若要创建或者编辑对称的/反对称的/端部固定的边界条件，执行以下操作：

1. 使用下面的一个方法来显示对称的/反对称的/端部固定的边界条件编辑器。

• 要创建一个新的对称的/反对称的/端部固定的边界条件，请按照 16.8.2 节“创建边界条件”中指出的过程操作（从 Category 选择 Mechanical；从 Types for Selected Step 选择 Symmetry/Antisymmetry/Encastre）。

• 要使用菜单或者管理器来编辑现有的对称的/反对称的/端部固定的边界条件，见 3.4.13 节“编辑步相关的对象”。用户仅可以在创建了对称的/反对称的/端部固定的边界条件的分析步中编辑边界条件。

2. 如果用户正在屈曲分析步中创建边界条件，则选择 Use BC for 选项，指定用户想要使用边界条件的计算。更多信息见《Abaqus 分析用户手册——分析卷》的 1.2.3 节“特征值屈曲预测”中的“边界条件”。

3. 默认情况下，使用整体坐标系来定义边界条件。要改变施加边界条件的坐标系，选择 CSYS 选项，单击，然后进行以下操作。

• 在视口中选择一个现有的基准坐标系。

• 通过名称选择现有的基准坐标系。

—从提示区域单击 Datum CSYS List 来显示基准坐标系的列表。

—从列表中选择一个名称，然后单击 OK。

• 从提示区域单击 Use Global CSYS 来恢复成整体坐标系。

4. 选择下面的一个选项。

XSYMM	关于平面 X=常数对称（U1=UR2=UR3=0）。
YSYMM	关于平面 Y=常数对称（U2=UR1=UR3=0）。
ZSYMM	关于平面 Z=常数对称（U3=UR1=UR2=0）。
XASYMM	关于平面 X=常数反对称（U2=U3=UR1=0；仅 Abaqus/Standard）。
YASYMM	关于平面 Y=常数反对称（U1=U3=UR2=0；仅 Abaqus/Standard）。
ZASYMM	关于平面 Z=常数反对称（U1=U2=UR3=0；仅 Abaqus/Standard）。
PINNED	销接（U1=U2=U3=0）。
ENCASTRE	完全固定（U1=U2=U3=UR1=UR2=UR3）。

5. 单击 OK 来保存用户的数据并退出编辑器。

16.10.2　定义位移/转动边界条件

用户可以创建一个位移/转动边界条件来将选中的自由度约束成零，或者指定每个选中自由度的位移或者转动。对于流动分析步，只有位移是可用的。

若要创建或者编辑位移/转动边界条件，执行以下操作：

1. 使用下面的一个方法来显示位移/转动边界条件编辑器。

• 要创建一个新的位移/转动边界条件，请按照 16.8.2 节“创建边界条件”中指出的过程操作（从 Category 选择 Mechanical；从 Types for Selected Step 选择 Displacement/Rotation）。

• 要使用菜单或者管理器来编辑现有的位移/转动边界条件，见 3.4.13 节“编辑步相关的对象”。要编辑施加了边界条件的区域，见 16.8.4 节“编辑施加了指定条件的区域”。

2. 如果用户正在屈曲分析步中创建边界条件，则选择 Use BC for 选项，指定用户想要使用边界条件的计算。更多信息见《Abaqus 分析用户手册——分析卷》的 1.2.3 节“特征值屈曲预测”中的“边界条件”。

3. 默认情况下，使用整体坐标系来定义边界条件。要改变施加边界条件的坐标系，选择 CSYS 选项，单击 ，然后进行以下操作。

• 在视口中选择一个现有的基准坐标系。

• 通过名称选择现有的基准坐标系。

—从提示区域单击 Datum CSYS List 来显示基准坐标系的列表。

—从列表中选择一个名称，然后单击 OK。

• 从提示区域单击 Use Global CSYS 来恢复成整体坐标系。

这一坐标系编辑选项仅在创建了边界条件的分析步中可用。

4. 如果在编辑器的顶部出现 Method 域，则单击该域右侧的箭头，然后选择以下选项之一。

• 如果用户想要指定特定自由度的值，则选择 Specify Constraints。

• 如果用户想要将自由度的值固定在之前通用分析步的终值上，则选择 Fixed at Current Position。

仅当两个方法对于所选分析步都有效时，编辑器中才会出现 Method 选项。

5. 如果可以实施的话，单击 Distribution 域右侧的箭头进行以下操作。

• 选择 Uniform 来定义均匀的边界条件。

• 选择 User-defined 来定义用户子程序 DISP 中的边界条件。更多信息见以下章节。

—19.8.6 节“指定通用作业设置”。

—《Abaqus 用户子程序参考手册》的 1.1.4 节“DISP”。

流动分析步不能使用用户定义的边界条件。

• 选择一个分析场，使用（A）进行标签，或者离散场，使用（D）进行标签，来定义一个空间变化的边界条件。选择列表中仅显示对于此边界条件可用的分析场和离散场。

另外，用户也可以单击 f(x) 来创建一个新的分析场。更多信息见第 58 章“分析场工具集”。

仅当用户创建边界条件，或者在创建边界条件的分析步中对边界条件进行编辑时，编辑器中才会出现 Distribution 选项。如果用户选择 Fixed at Current Position 方法，则不能使用此选项。

6. 如果用户已经选择了 Uniform、分析场或者离散场分布选项，则执行以下步骤。

a. 使用合适的方法来定义边界条件。

如果每一个自由度旁边都没有出现文本域

• 切换选中自由度来将值固定为0（如果用户正在初始分析步中定义自由度），或者固定在之前分析步结束时的终值上（如果用户正在第二个分析步或者后面的分析步中定义自由度）。

• 切换不选某个自由度，使该自由度不受约束。

如果每一个自由度旁边都出现了文本域

• 切换选中一个自由度来约束该自由度。在用户可以为自由度指定一个值时，文本域才会出现。如果用户正在此分析步中创建边界条件，则在文本域中会出现一个默认值0。如果用户正在此分析步中更改边界条件，则在文本域中会出现从之前分析步传递过来的值。

• 切换不选自由度，使该自由度不受约束。如果用户在更改文本域中的默认值之后，或者更改传递的值之后才切换不选自由度，则更改后的值会丢失。如果再次切换选中此自由度，则在文本域中会重新出现默认的或者传递得到的值。

• 如果在编辑器的底部出现 Amplitude，则单击域右侧的箭头，然后从出现的列表中选择选取的幅值。另外，用户也可以单击来创建一个新的幅值。更多信息见第57章“幅值工具集”。

b. 单击 OK 来保存用户的数据并退出编辑器。

7. 如果用户已经选择了 User-defined 分布选项，则执行以下步骤。

a. 如果需要，使用下面的技术来定义位移。

• 切换选中一个自由度来约束自由度。如果用户正在初始分析步中，则将此自由度设置为0。如果用户在不是初始分析步的其他任何分析步中，则可以使用文本域来指定自由度的值。

• 切换不选自由度，使该自由度不受约束。

用户在编辑器中输入的特定自由度的数据会传递到用户子程序中。

b. 单击 OK 来保存用户的数据并退出编辑器。

c. 进入作业模块并查看感兴趣的分析作业的作业编辑器。更多信息见19.7节“创建、编辑和操控作业”。

d. 在作业编辑器中，单击 General 选项卡，然后指定包含边界条件定义的用户子程序文件。更多信息见19.8.6节“指定通用作业设置”。

注意：用户仅可以在作业编辑器中指定一个用户子程序文件；如果用户的分析涉及多个用户子程序，则用户必须将它们合并为一个文件，然后指定该文件。

16.10.3　定义速度/角速度边界条件

用户可以创建一个速度/角速度边界条件，为选中区域节点的选中自由度指定速度。

注意：要将区域的速度固定为0，用户必须为该区域定义一个指定的位移（见16.10.2节“定义位移/转动边界条件”）。

若要创建或者编辑速度/角速度边界条件，执行以下操作：

1. 使用下面的一个方法来显示速度/角速度边界条件编辑器。

• 要创建一个新的速度/角速度边界条件，请按照 16.8.2 节“创建边界条件”中指出的过程操作（从 Category 选择 Mechanical；从 Types for Selected Step 选择 Velocity/Angular velocity）。

• 要使用菜单或者管理器来编辑现有的速度/转动速度边界条件，见 3.4.13 节“编辑步相关的对象”。要编辑施加了边界条件的区域，见 16.8.4 节“编辑施加了指定条件的区域”。

2. 默认情况下，使用整体坐标系来定义边界条件。要改变施加边界条件所使用的坐标系，选择 CSYS 选项，单击 ↖，然后进行以下操作。

• 在视口中选择一个现有的基准坐标系。

• 通过名称选择现有的基准坐标系。

—从提示区域单击 Datum CSYS List 来显示基准坐标系的列表。

—从列表中选择一个名称，然后单击 OK。

• 从提示区域选择 Use Global CSYS 来恢复成整体坐标系。

这一坐标系编辑选项仅在创建了边界条件的分析步中可用。

3. 如果 Distribution 域出现在编辑器中，则单击该域右侧的箭头，然后选择以下选项之一。

• 选择 Uniform 来定义一个均匀的边界条件。

• 选择 User-defined 来在用户子程序 DISP 中定义边界条件。更多信息见以下章节。

—19.8.6 节“指定通用作业设置”。

—《Abaqus 用户子程序参考手册》的 1.1.4 节“DISP”。

• 选择一个分析场来定义空间变化的边界条件。选择列表中仅显示对于此边界条件类型有效的分析场。另外，用户也可以单击 f(x) 来创建一个新的分析场。更多信息见第 58 章“分析场工具集”。

仅当用户创建边界条件，或者在创建边界条件的分析步中对边界条件进行编辑时，编辑器中才会出现 Distribution 选项。此外，如果用户正在执行 Abaqus/Explicit 分析，则不能使用此选项。

4. 如果用户已经选择了 Uniform 或者分析场分布选项，则执行以下步骤。

a. 使用合适的方法来定义边界条件。

如果每一个自由度旁边都没有出现文本域

用户可以使用以下技术来定义边界条件。

• 切换选中自由度来将值固定为 0。

• 切换不选某个自由度，使该自由度不受约束。

如果每一个自由度旁边都出现了文本域

用户可以使用以下技术来定义边界条件。

• 切换选中一个自由度来约束该自由度。在用户可以为自由度指定一个值时，文本域才会出现。如果用户正在此分析步中创建边界条件，则在文本域中会出现一个默认值0。如果用户正在此分析步中更改边界条件，则在文本域中会出现从之前分析步传递过来的值。

• 切换不选自由度，使该自由度不受约束。如果用户在更改文本域中的默认值之后，或者更改传递的值之后才切换不选自由度，则更改后的值会丢失。如果再次切换选中此自由度，则在文本域中会重新出现默认的或者传递得到的值。

• 如果在编辑器的底部出现 Amplitude，单击域右侧的箭头，然后从出现的列表中选择选取的幅值。另外，用户也可以单击来创建一个新的幅值。更多信息见第57章“幅值工具集”。

b. 单击 OK 来保存用户的数据并退出编辑器。

5. 如果用户已经选择了 User-defined 分布选项，则执行以下步骤。

a. 如果需要，使用下面的技术来定义位移。

• 切换选中一个自由度来进行约束。如果用户正在初始分析步中，则将此自由度设置为0。如果用户在不是初始分析步的其他任何分析步中，则可以使用文本域来指定自由度的值。

• 切换不选自由度，使该自由度不受约束。

用户在编辑器中输入的特定自由度的数据会传递到用户子程序中。

b. 单击 OK 来保存用户的数据并退出编辑器。

c. 进入作业模块并查看感兴趣的分析作业的作业编辑器。更多信息见 19.7 节“创建、编辑和操控作业”。

d. 在作业编辑器中，单击 General 标签页，然后指定包含定义边界条件的用户子程序文件。更多信息见 19.8.6 节“指定通用作业设置”。

注意：用户仅可以在作业编辑器中指定一个用户子程序文件；如果用户的分析涉及多个用户子程序，则用户必须将它们合并为一个文件，然后指定该文件。

16.10.4 定义加速度/角加速度边界条件

用户可以创建一个加速度/角加速度边界条件，为选中区域节点的选中自由度指定加速度。

注意：要将区域的加速度固定为0，用户必须为该区域定义一个指定的位移（见16.10.2 节“定义位移/转动边界条件”）。

若要创建或者编辑加速度/角加速度边界条件，执行以下操作：

1. 使用下面的一个方法来显示加速度/角加速度边界条件编辑器。

• 要创建一个新的加速度/角加速度边界条件，请按照 16.8.2 节“创建边界条件”中指出的过程操作（从 Category 选择 Mechanical；从 Types for Selected Step 选择 Acceleration/Angular acceleration）。

• 要使用菜单或者管理器来编辑现有的加速度/转动加速度边界条件，见 3.4.13 节“编辑步相关的对象”。要编辑施加了边界条件的区域，见 16.8.4 节“编辑施加了指定条件的区域”。

2. 默认情况下，使用整体坐标系来定义边界条件。要改变施加边界条件所使用的坐标系，选择 CSYS 选项，单击 ，然后进行以下操作。

1）在视口中选择一个现有的基准坐标系。

2）通过名称选择现有的基准坐标系。

a. 从提示区域单击 Datum CSYS List 来显示基准坐标系的列表。

b. 从列表中选择一个名称，然后单击 OK。

3）从提示区域选择 Use Global CSYS 来恢复成整体坐标系。

这一坐标系编辑选项仅在创建了边界条件的分析步中可用。

3. 如果 Distribution 域出现在编辑器中，则单击该域右侧的箭头，然后选择以下选项之一。

- 选择 Uniform 来定义一个均匀的边界条件。
- 选择 User-defined 来在用户子程序 DISP 中定义边界条件。更多信息见以下章节。

—19. 8. 6 节“指定通用作业设置”。

—《Abaqus 用户子程序参考手册》的 1. 1. 4 节“DISP”。

- 选择一个分析场来定义空间变化的边界条件。选择列表中仅显示对于此边界条件类型有效的分析场。另外，用户也可以单击 f(x) 来创建一个新的分析场。更多信息见第 58 章“分析场工具集”。

仅当用户创建边界条件，或者在创建边界条件的分析步中对边界条件进行编辑时，编辑器中才会出现 Distribution 选项。此外，如果用户正在执行 Abaqus/Explicit 分析，则不能使用此选项。

4. 如果用户已经选择了 Uniform 或者分析场分布选项，则执行以下步骤。

a. 使用合适的方法来定义边界条件。

如果每一个自由度旁边都没有出现文本域

用户可以使用以下技术来定义边界条件。

- 切换选中自由度来将值固定为 0。
- 切换不选某个自由度，使该自由度不受约束。

如果每一个自由度旁边都出现了文本域

用户可以使用以下技术来定义边界条件。

- 切换选中一个自由度来约束该自由度。在用户可以为自由度指定一个值时，文本域才会出现。如果用户正在此分析步中创建边界条件，则在文本域中会出现一个默认值 0。如果用户正在此分析步中更改边界条件，则在文本域中会出现从之前分析步传递过来的值。
- 切换不选自由度，使该自由度不受约束。如果用户在更改文本域中的默认值之后，或者更改传递的值之后才切换不选自由度，则更改后的值会丢失。如果再次切换选中此自由度，则在文本域中会重新出现默认的值或者传递得到的值。
- 如果在编辑器的底部出现 Amplitude，则单击域右侧的箭头，然后从出现的列表中选择选取的幅值。另外，用户也可以单击 来创建一个新的幅值。更多信息见第 57 章“幅值工具集”。

b. 单击 OK 来保存用户的数据并退出编辑器。

5. 如果用户已经选择了 User-defined 分布选项，则执行以下步骤。

a. 如果需要，使用下面的技术来定义位移。

• 切换选中一个自由度来进行约束。如果用户正在初始分析步中，则将此自由度设置为 0。如果用户在不是初始分析步的其他任何分析步中，则可以使用文本域来指定自由度的值。

• 切换不选自由度，使该自由度不受约束。

用户在编辑器中输入的特定自由度的数据会传递到用户子程序中。

b. 单击 OK 来保存用户的数据并退出编辑器。

c. 进入作业模块并查看感兴趣的分析作业的作业编辑器。更多信息见 19.7 节“创建、编辑和操控作业”。

d. 在作业编辑器中，单击 General 选项卡，然后指定包含定义边界条件的用户子程序文件。更多信息见 19.8.6 节“指定通用作业设置”。

注意：用户仅可以在作业编辑器中指定一个用户子程序文件；如果用户的分析涉及多个用户子程序，则用户必须将它们合并成一个文件，然后指定该文件。

16.10.5　定义连接器位移边界条件

用户可以创建一个连接器位移边界条件，为连接器相对运动的可用分量指定位移。如果连接器位移边界条件超出了连接器的失效准则，则连接器位移将被忽略。

若要创建或者编辑连接器位移边界条件，执行以下操作：

1. 使用下面的一个方法来显示连接器位移边界条件编辑器。

• 要创建一个新的连接器位移边界条件，请按照 16.8.2 节“创建边界条件”中指出的过程操作（从 Category 选择 Mechanical；从 Types for Selected Step 选择 Connector displacement）。

• 要使用菜单或者管理器来编辑现有的连接器位移/转动边界条件，见 3.4.13 节“编辑步相关的对象”。要编辑施加了边界条件的区域，见 16.8.4 节“编辑施加了指定条件的区域”。

2. 如果用户正在屈曲分析步中创建边界条件，则选择 Use BC for 选项，指定用户想要使用边界条件的计算。更多信息见《Abaqus 分析用户手册——分析卷》的 1.2.3 节“特征值屈曲预测”中的“边界条件”。

3. 如果编辑器的顶部出现 Method 域，则单击该域右侧的箭头，然后使用以下选项之一。

• 如果用户想要指定特定相对运动分量的值，则选择 Specify Constraints。

• 如果用户想要把相对运动分量的值固定在之前通用分析步的终值上，则选择 Fixed at Current Position。

仅当两个方法对于所选分析步都有效时，编辑器中才会出现 Method 选项。

4. 如果 Distribution 域出现在编辑器中，则单击该域右侧的箭头，然后选择以下选项之一。

- 选择 Uniform 来定义一个均匀的边界条件。
- 选择 User-defined 来在用户子程序 DISP 中定义边界条件。更多信息见以下章节。

—19. 8. 6 节“指定通用作业设置”。

—《Abaqus 用户子程序参考手册》的 1. 1. 4 节“DISP”。

仅当用户创建边界条件，或者在创建边界条件的分析步中对边界条件进行编辑时，编辑器中才会出现 Distribution 选项。如果用户选择 Fixed at Current Position 方法，或者如果用户正在执行 Abaqus/Explicit 分析，则不能使用此选项。

5. 如果用户在编辑器中直接定义边界条件（而不是在用户子程序 DISP 中），则执行以下步骤。

a. 使用合适的方法来定义边界条件。在编辑器中仅可以使用所有选中线框共有的分量。

如果每一个相对运动分量旁边都没有出现文本域

- 切换选中相对运动分量来将值固定成 0（如果用户正在初始分析步中定义相对运动的一个分量），或者固定在之前分析步的终值上（如果用户正在第二个分析步或者后面的分析步中定义相对运动分量）。
- 切换不选某个自由度，使该自由度不受约束。

如果每一个相对运动分量旁边都出现了文本域

- 切换选中一个相对运动分量来约束该相对运动分量。在用户可以为相对运动分量指定一个值时，文本域才会出现。如果用户正在此分析步中创建边界条件，则在文本域中会出现一个默认值 0。如果用户正在此分析步中更改边界条件，则在文本域中会出现从之前分析步传递过来的值。
- 切换不选相对运动分量，使该相对运动分量不受约束。如果用户在更改文本域中的默认值之后，或者更改传递的值之后才切换不选相对运动分量，则更改后的值会丢失。如果再次切换选中此相对运动分量，则在文本域中会重新出现默认的或者传递得到的值。
- 如果在编辑器的底部出现 Amplitude，则单击该域右侧的箭头，然后从出现的列表中选择选取的幅值。另外，用户也可以单击来创建一个新的幅值。更多信息见第 57 章“幅值工具集”。

b. 单击 OK 来保存用户的数据并退出编辑器。

6. 如果用户正在用户子程序 DISP 中定义边界条件，则执行以下步骤。

a. 如果需要，使用下面的技术来定义位移。在编辑器中仅可以使用所有选中线框共有的分量。

- 切换选中一个相对运动分量来进行约束。如果用户正在初始分析步中，则将此相对运动分量设置为 0。如果用户在不是初始分析步的其他任何分析步中，则可以使用文本域来指定相对运动分量的值。
- 切换不选相对运动分量，使该相对运动分量不受约束。

用户在特定自由度的编辑器中输入的数据会传递到用户子程序中。

b. 单击 OK 来保存用户的数据并退出编辑器。

c. 进入作业模块并查看感兴趣的分析作业的作业编辑器。更多信息见 19. 7 节“创建、编辑和操控作业”。

d. 在作业编辑器中，单击 General 标签页，然后指定包含定义边界条件的用户子程序的文件。更多信息见 19.8.6 节“指定通用作业设置”。

注意：用户仅可以在作业编辑器中指定一个用户子程序文件；如果用户的分析涉及多个用户子程序，则用户必须将它们合并成一个文件，然后指定该文件。

16.10.6 定义连接器速度边界条件

用户可以创建一个连接器速度边界条件，为连接器相对运动的可用分量指定速度。

若要创建或者编辑连接器速度边界条件，执行以下操作：

1. 使用下面的一个方法来显示连接器速度边界条件编辑器。

• 要创建一个新的连接器速度边界条件，请按照 16.8.2 节“创建边界条件”中指出的过程操作（从 Category 选择 Mechanical；从 Types for Selected Step 选择 Connector velocity）。

• 要使用菜单或者管理器来编辑现有的连接器速度边界条件，见 3.4.13 节“编辑步相关的对象”。要编辑施加了边界条件的区域，见 16.8.4 节“编辑施加了指定条件的区域”。

2. 如果 Distribution 域出现在编辑器中，则单击该域右侧的箭头，然后选择以下选项之一。

• 选择 Uniform 来定义均匀的边界条件。

• 选择 User-defined 来定义用户子程序 DISP 中的边界条件。更多信息见以下章节。

—19.8.6 节“指定通用作业设置”。

—《Abaqus 用户子程序参考手册》的 1.1.4 节“DISP”。

仅当用户创建边界条件，或者在创建边界条件的分析步中对边界条件进行编辑时，在编辑器中才会出现 Distribution 选项。此外，如果用户正在执行 Abaqus/Explicit 分析，则不能使用此选项。

3. 如果用户在编辑器中直接定义边界条件（而不是在用户子程序 DISP 中），则执行以下步骤。

a. 使用合适的方法来定义边界条件。在编辑器中仅可以使用所有选中线框共有的分量。

如果每一个相对运动分量旁边都没有出现文本域

用户可以使用下面的技术来定义边界条件。

• 切换选中相对运动分量，将相对运动分量固定为 0。

• 切换不选相对运动分量，使该相对运动分量不受约束。

如果每一个相对运动分量旁边都出现了文本域

用户可以使用下面的技术来定义边界条件：

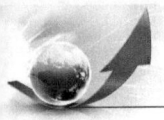

• 切换选中一个相对运动分量来约束该相对运动分量。在用户可以为相对运动分量指定一个值时，文本域才会出现。如果用户正在此分析步中创建边界条件，则在文本域中会出现

一个默认值 0。如果用户正在此分析步中更改边界条件，则在文本域中会出现从之前分析步传递过来的值。

● 切换不选相对运动分量，使该相对运动分量不受约束。如果用户在更改文本域中的默认值之后，或者更改传递的值之后才切换不选相对运动分量，则更改后的值会丢失。如果再次切换选中此相对运动分量，则在文本域中会重新出现默认的或者传递得到的值。

● 如果在编辑器的底部出现 Amplitude，则单击该域右侧的箭头，然后从出现的列表中选择选取的幅值。另外，用户也可以单击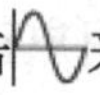来创建一个新的幅值。更多信息见第 57 章“幅值工具集”。

b. 单击 OK 来保存用户的数据并退出编辑器。

4. 如果用户正在用户子程序 DISP 中定义边界条件，则执行以下步骤：

a. 如果需要，使用下面的技术来定义速度。在编辑器中仅可以使用所有选中线框共有的分量。

● 切换选中一个相对运动分量来进行约束。如果用户正在初始分析步中，则将此自由度设置为 0。如果用户在不是初始分析步的其他任何分析步中，则可以使用文本域来指定相对运动分量的值。

● 切换不选相对运动分量，使该相对运动分量不受约束。

用户在特定自由度的编辑器中输入的数据会传递到用户子程序中。

b. 单击 OK 来保存用户的数据并退出编辑器。

c. 进入作业模块并查看感兴趣的分析作业的作业编辑器。更多信息见 19.7 节“创建、编辑和操控作业”。

d. 在作业编辑器中，单击 General 选项卡，然后指定包含定义边界条件的用户子程序文件。更多信息见 19.8.6 节“指定通用作业设置”。

注意：用户仅可以在作业编辑器中指定一个用户子程序文件；如果用户的分析涉及多个用户子程序，则用户必须将它们合并为一个文件，然后指定该文件。

16.10.7 定义连接器加速度边界条件

用户可以创建一个连接器加速度边界条件，为连接器相对运动的可用分量指定加速度。

若要创建或者编辑连接器加速度边界条件，执行以下操作：

1. 使用下面的一个方法来显示连接器加速度边界条件编辑器。

● 要创建一个新的连接器加速度边界条件，请按照 16.8.2 节“创建边界条件”中指出的过程操作（从 Category 选择 Mechanical；从 Types for Selected Step 选择 Connector acceleration）。

● 要使用菜单或者管理器来编辑现有的连接器加速度边界条件，见 3.4.13 节“编辑步相关的对象”。要编辑施加了边界条件的区域，见 16.8.4 节“编辑施加了指定条件的区域”。

2. 如果 Distribution 域出现在编辑器中，则单击该域右侧的箭头，然后选择以下选项之一。

- 选择 Uniform 来定义均匀的边界条件。
- 选择 User-defined 来定义用户子程序 DISP 中的边界条件。更多信息见以下章节。

—19. 8. 6 节“指定通用作业设置”。

—《Abaqus 用户子程序参考手册》的 1. 1. 4 节“DISP”。

仅当用户创建边界条件，或者在创建边界条件的分析步中对边界条件进行编辑时，在编辑器中才会出现 Distribution 选项。此外，如果用户正在执行 Abaqus/Explicit 分析，则不能使用此选项。

3. 如果用户在编辑器中直接定义边界条件（而不是在用户子程序 DISP 中），则执行以下步骤。

a. 使用合适的方法来定义边界条件。在编辑器中仅可以使用所有选中线框共有的分量。

如果每一个相对运动分量旁边都没有出现文本域

用户可以使用下面的技术来定义边界条件。

- 切换选中相对运动分量来将相对运动分量固定为 0。
- 切换不选相对运动分量，使该相对运动分量不受约束。

如果每一个相对运动分量旁边都出现了文本域

用户可以使用下面的技术来定义边界条件。

- 切换选中一个相对运动分量来约束相对运动分量。在用户可以为相对运动分量指定一个值时，文本域才会出现。如果用户正在此分析步中创建边界条件，则在文本域中会出现一个默认值 0。如果用户正在此分析步中更改边界条件，则在文本域中会出现从之前分析步传递过来的值。
- 切换不选相对运动分量，使该相对运动分量不受约束。如果用户在更改文本域中的默认值之后，或者更改传递的值之后才切换不选相对运动分量，则更改后的值将丢失。如果再次切换选中此相对运动分量，则在文本域中会重新出现默认的或者传递得到的值。
- 如果在编辑器的底部出现 Amplitude，则单击该域右侧的箭头，然后从出现的列表中选择选取的幅值。另外，用户也可以单击来创建一个新的幅值。更多信息见第 57 章“幅值工具集”。

b. 单击 OK 来保存用户的数据并退出编辑器。

4. 如果用户正在用户子程序 DISP 中定义边界条件，则执行以下步骤。

a. 如果需要，使用下面的技术来定义加速度。在编辑器中仅可以使用所有选中线框共有的分量。

- 切换选中一个相对运动分量来进行约束。如果用户正在初始分析步中，则将此自由度设置为 0。如果用户在不是初始分析步的其他任何分析步中，则可以使用文本域来指定相对运动分量的值。
- 切换不选相对运动分量，使该相对运动分量不受约束。

用户在特定自由度的编辑器中输入的数据会传递到用户子程序中。

b. 单击 OK 来保存用户的数据并退出编辑器。

c. 进入作业模块并查看感兴趣的分析作业的作业编辑器。更多信息见 19. 7 节“创建、编辑和操控作业”。

d. 在作业编辑器中，单击 General 选项卡，然后指定包含定义边界条件的用户子程序文件。更多信息见 19.8.6 节“指定通用作业设置”。

注意：用户仅可以在作业编辑器中指定一个用户子程序文件；如果用户的分析涉及多个用户子程序，则用户必须将它们合并成一个文件，然后指定该文件。

16.10.8 定义基础运动边界条件

用户可以在模态动力学步、稳态动力学步（基于模态或者子空间的）或者随机响应步中创建基础运动边界条件来指定节点的运动。基础运动可以是加速度、速度或者位移。

有关基础运动的更多信息，见下面章节中的边界条件讨论：

- 《Abaqus 分析用户手册——分析卷》的 1.3.7 节“瞬态模态动力学分析”
- 《Abaqus 分析用户手册——分析卷》的 1.3.8 节“基于模态的稳态动力学分析”
- 《Abaqus 分析用户手册——分析卷》的 1.3.9 节“基于子空间的稳态动力学分析”
- 《Abaqus 分析用户手册——分析卷》的 1.3.11 节“随机响应分析”

若要创建或者编辑加速度、速度或者位移的基础运动边界条件，执行以下操作：

1. 使用下面的一个方法来显示边界条件编辑器。

- 要创建一个新的位移基础运动边界条件，按照 16.8.2 节“创建边界条件”中指出的过程来操作（Category：Mechanical；Types for Selected Step：Acceleration base motion or Velocity base motion or Displacement base motion）。
- 要使用菜单或者管理器来编辑现有的基础运动边界条件，见 3.4.13 节“编辑步相关的对象”。

2. 在 Basic 表中，选择 Degree-of-freedom 来指定定义基础运动的方向。此方向始终是整体方向：U1、U2、U3、UR1、UR2 或者 UR3。

3. 对于模态动力学步或者稳态动力学步（基于模态或者子空间的），指定下面的选项。

a. 如果对次要基础施加基础运动，则切换选中 Secondary base，然后选择之前在特征频率提取步中定义的次要基础边界条件的名称。

b. 选择定义基础运动的时间历史 Amplitude 曲线（模态动力学步）或者频谱（稳态动力学步）。

c. 如果需要，为 Amplitude scale factor 输入一个新值。默认值为 1.0。

d. 无论是否使用节点变换，总是在整体方向上指定基础运动。用户应指定要为其定义基础运动的整体方向（Degree-of-freedom）。如果指定的转动原点不是坐标原点，则用户必须通过单击在视口中拾取一个点或者输入坐标来指定 Center of rotation。

e. 对于稳态动力学步，如果指定的幅值曲线定义了基础运动的虚部（而不是实部，即同相部分），则用户可以切换选中 Define imaginary（out-of-phase）portion given by amplitude。

4. 对于随机响应步，单击 Correlation 标签页，然后切换选中 Specify correlation 来将彼此关联定义成随机载荷定义的一部分。对于相关性选项的完整信息，见《Abaqus 分析用户手册——分析卷》的 1.3.11 节“随机响应分析”中的“定义关联性”。要定义相关性，按如下方式填写表中行的单元格。

a. 单击 Approach 列，然后选择下面的一个方法。

- 如果应当包括相关矩阵中的所有项，则选择 Correlated。
- 如果仅使用对角项，则选择 Uncorrelated。
- 选择 User，说明将调用用户子程序 UCORR 来得到相关矩阵的比例因子。

b. 单击 PSD 列单元格，并选择用户之前定义的 PSD 幅值定义。此幅值表示随机噪声源的功率谱密度函数。

c. 在 Real 和 Imaginary 列中，输入比例因子的实部和虚部。这些比例因子指定在空间相关矩阵中是否将包括实部项和虚部项。

用户可以在表中添加行来创建额外的关联来定义随机载荷。

5. 单击 OK 来保存用户的数据并退出编辑器。

16.10.9　定义次要基础运动边界条件

用户可以在频率提取步中创建次要基础运动边界条件。如果后续的模态动力学步或者稳态动力学步（基于模态或者空间的）具有多个独立的基础运动，则除了主基础外，还必须将驱动节点分组为次要基础。基础运动边界条件的完整讨论，见《Abaqus 分析用户手册——分析卷》的 1.3.5 节“固有频率提取”中的“定义模态叠加过程的主要和次要基础”。

若要创建或者编辑次要基础边界条件，执行以下操作：

1. 使用下面的一个方法来显示边界条件编辑器。

- 要创建一个新的次要基础边界条件，按照 16.8.2 节“创建边界条件”中指出的过程来操作（Category：Mechanical；Types for Selected Step：Secondary base）。
- 要使用菜单或者管理器来编辑现有的边界条件，见 3.4.13 节“编辑步相关的对象”。

2. 选择想要施加边界条件的区域。在 Region 列下面的空表单元格中双击，然后使用下面的一个方法。

- 在视口中选择一个区域。用户可以使用角度方法来从几何形体中选择一组面或者边，或从网格中选择一组单元面。更多信息见 6.2.3 节“使用角度和特征边方法选择多个对象”。完成选择后，单击鼠标键 2。

技巧：用户可以通过在 Selection 工具栏中指定过滤选项来限制可以从视口中选择的对象类型。更多信息见 6.3 节“使用选择选项”。

如果模型包含网格和几何形体的组合，则用户必须选择想要施加边界条件的区域类型。从提示区域选择下面的一个选项。

—单击 Geometry 来将边界条件施加到几何形体或者参考点上。

—单击 Mesh 来将边界条件应用于本地网格或者孤立网格的选择。

- 要从现有的集合中选取，进行下面的操作。

—单击提示区域右侧的 Sets。

Abaqus/CAE 显示包含可用集合列表的 Region Selection 对话框。

—选择感兴趣的集合，然后单击 Continue。

注意：默认的选择方法基于用户最近使用的方法。若要变化成其他方法，单击提示区域右侧的 Select in Viewport 或者 Sets。

3. 通过单击一个或者多个复选框来选择 Constrained-degrees-of-freedom。

4. 单击 OK 来保存用户的数据并退出编辑器。

16.10.10 定义保留节点自由度的边界条件

用户可以创建保留节点自由度的边界条件，来指定保留成子结构外部的自由度。仅可以在 Substructure generation 步中创建此边界条件。

若要创建或者编辑保留节点自由度的边界条件，执行以下操作：

1. 使用下面的一个方法来显示保留节点自由度的边界条件编辑器。

- 要创建一个新的保留节点自由度的边界条件，按照 16.8.2 节“创建边界条件”中指出的过程来操作（Category：Mechanical；Types for Selected Step：Retained nodal dofs）。

- 要使用菜单或者管理器来编辑现有的保留节点自由度的边界条件，见 3.4.13 节“编辑步相关的对象”。要编辑施加了边界条件的区域，见 16.8.4 节“编辑施加了指定条件的区域”。

2. 切换选中下面的选项。

U1，1 方向上的节点自由度。

U2，2 方向上的节点自由度。

U3，3 方向上的节点自由度。

UR1，围绕 1 轴转动。

UR2，围绕 2 轴转动。

UR3，围绕 3 轴转动。

3. 单击 OK 来保存用户的数据并退出编辑器。

16.10.11 定义流体入口/出口边界条件

用户可以创建一个流体入口/出口边界条件，来指定模型中特定面处的流动条件。更多信息见第 30 章“流体动力学分析”。

若要创建或者编辑流体入口/出口边界条件，执行以下操作：

1. 使用下面的一个方法来显示编辑器。

• 要创建一个新的流体入口/出口边界条件，按照 16.8.2 节“创建边界条件”中指出的过程来操作（Category：Mechanical；Types for Selected Step：Fluid inlet/outlet）。

• 要使用菜单或者管理器来编辑现有的流体入口/出口边界条件，见 3.4.13 节“编辑步相关的对象”。要编辑施加了边界条件的区域，见 16.8.4 节“编辑施加了指定条件的区域”。

2. 要根据压力来指定动量，单击 Momentum 标签页，然后进行下面的操作。

a. 切换选中 Specify。

b. 选择 Pressure。

c. 输入入口/出口处的流体压力。

d. 如果需要，单击 Amplitude 域右侧的箭头，然后从出现的列表中选择用户选取的幅值。另外，用户可以单击来创建一个新的幅值。更多信息见第 57 章“幅值工具集”。

3. 要根据速度来指定动量，单击 Momentum 标签页，然后进行下面的操作。

a. 切换选中 Specify。

b. 选择 Velocity。

c. 默认情况下，使用整体坐标系来定义边界条件。

用户也可以选择其他坐标系来指定边界条件；只能选择直角标系。要避免由于有限精度的算法产生的精度损失，在非整体坐标系中施加流体速度边界条件时，用户必须输入所有三个分量的值。Abaqus/CAE 将变换这些值，将它们施加在整体坐标系上。

单击 CSYS 选项的，然后进行下面的操作。

• 在视口中选择一个现有的基准坐标系。

• 通过名称选择一个现有的基准坐标系。

从提示区域单击 Datum CSYS List 来显示基准坐标系的列表，从列表中选择一个名称，然后单击 OK。

• 从提示区域单击 Use Global CSYS 来恢复成整体坐标系。

或者，单击来定义一个新的基准坐标系。

仅在创建边界条件的分析步中才可以使用此坐标系编辑选项。

d. 单击 Distribution 域右侧的箭头，然后从出现的列表中选择用户选取的选项。

• 选择 Uniform 来定义在区域上均匀的流体边界条件。

• 选择一个分析场来定义空间变化的流体边界条件。在选择列表中仅显示对于此边界条件类型有效的分析场。另外，用户可以单击 f(x) 来创建一个新的分析场。更多信息见第 58 章“分析场工具集”。

e. 切换选中想要指定的自由度，并输入速度值。如果用户在非整体坐标系中施加边界条件，则用户必须为所有的速度分量输入值。

f. 如果需要，单击 Amplitude 域右侧的箭头，然后从出现的列表中选择用户选取的幅值。另外，用户可以单击来创建一个新的幅值。更多信息见第 57 章“幅值工具集”。

4. 要指定热能量设置，单击 Thermal Energy 标签页，然后进行下面的操作。

a. 切换选中 Temperature，并输入入口/出口处的流体温度。

b. 如果需要，单击 Amplitude 域右侧的箭头，然后从出现的列表中选择用户选取的幅值。另外，用户可以单击来创建一个新的幅值。更多信息见第 57 章“幅值工具集”。

5. 要指定湍流设置，单击 Turbulence 标签页。

1）如果用户在当前流动步中使用 Spalart-Allmaras 湍流模型，则进行下面的操作。

a. 切换选中 Kinematic eddy viscosity，然后输入流体的运动涡流黏度。

b. 如果需要，单击 Amplitude 域右侧的箭头，然后从出现的列表中选择用户选取的幅值。另外，用户可以单击来创建一个新的幅值。更多信息见第 57 章“幅值工具集”。

2）如果用户在当前的流动步中使用 k-εRNG 湍流模型，则进行下面的操作。

a. 切换选中 Turbulent kinetic energy，然后输入流体的湍流运动能量 k。

b. 如果需要，单击 Amplitude 域右侧的箭头，然后从出现的列表中选择用户选取的幅值。另外，用户可以单击来创建一个新的幅值。更多信息见第 57 章“幅值工具集”。

c. 切换选中 Dissipation rate，然后输入流体的耗散率 ε。

d. 如果需要，单击 Amplitude 域右侧的箭头，然后从出现的列表中选择用户选取的幅值。另外，用户可以单击来创建一个新的幅值。

6. 单击 OK 来保存用户的数据并退出编辑器。

16.10.12 定义流体壁边界条件

用户可以创建一个流体壁边界条件，来为壁边界处的流体指定无滑动、剪切或者渗透边界条件。更多信息见第 30 章“流体动力学分析”。

若要创建或者编辑流体壁边界条件，执行以下操作：

1. 使用下面的一个方法来显示流体壁条件编辑器。

• 要创建一个新的流体壁条件，按照 16.8.2 节“创建边界条件”中指出的过程来操作（Category：Mechanical；Types for Selected Step：Fluid wall condition）。

• 要使用菜单或者管理器来编辑现有的流体入口/出口边界条件，见 3.4.13 节“编辑步相关的对象”。要编辑施加了边界条件的区域，见 16.8.4 节“编辑施加了指定条件的区域”。

2. 从 Condition 选项进行下面的一个操作。

• 选择 No slip 来创建无滑动、无渗透的面，流体黏附在此面上而不会渗透。

• 选择 Shear 来创建一个滑动壁，流体不黏附到壁上，也不渗透面。

• 选择 Infiltration 来创建一个渗透墙，流体在保持无滑动条件时可以渗透面。

3. 如果用户正在定义 No slip 边界条件，则根据需要指定下面的条件。

1）Velocity。自动将速度分量设置成 0。

2）Thermal Energy。热能设置仅对于用户正在当前流动步中使用基于温度的能量方程才可用。要指定热能设置，单击 Thermal Energy 标签页，然后进行下面的操作。

a. 切换选中 Specify，然后选择 Temperature 或者 Heat flux。

b. 在 Magnitude 域中，指定温度或者热通量值。

c. 如果需要，单击 Amplitude 域右侧的箭头，然后从出现的列表中选择用户选取的幅值。另外，用户可以单击 来创建一个新的幅值。更多信息见第 57 章“幅值工具集”。

3）Turbulence。湍流设置仅当用户在当前流动步中使用湍流时才可用。

—如果用户正在使用 Spalart-Allmaras 湍流模型，则涡流黏度和法向距离边界条件将设置成 0。

—如果用户正在使用 k-εRNG 湍流模型，则将法向距离边界条件设置成 0。

4. 如果用户正在定义 Shear 边界条件，则根据需要指定下面的条件。

1）Velocity。要指定速度条件，单击 Velocity 标签页，然后进行下面的操作。

a. 默认情况下，使用整体坐标系来定义边界条件。

用户也可以选择其他坐标系来指定边界条件；只能选择直角坐标系。要避免由于有限精度的算法产生的精度损失，在非整体坐标系中施加流体速度边界条件时，用户必须输入所有三个分量的值。Abaqus/CAE 将变换这些值，将它们施加在整体坐标系上。

单击 CSYS 选项的 ，然后进行下面的操作。

- 在视口中选择一个现有的基准坐标系。
- 通过名称选择一个现有的基准坐标系。

从提示区域单击 Datum CSYS List 来显示基准坐标系的列表，从列表中选择一个名称，然后单击 OK。

- 从提示区域单击 Use Global CSYS 来恢复成整体坐标系。

或者，单击 来定义一个新的基准坐标系。

仅在创建边界条件的分析步中才可以使用此坐标系编辑选项。

b. 单击 Distribution 域右侧的箭头，然后从出现的列表中选择用户选取的选项。

- 选择 Uniform 来定义在区域上均匀的流体边界条件。
- 选择一个分析场来定义空间变化的流体边界条件。仅在选择列表中显示对于此边界条件类型有效的分析场。另外，用户可以单击 f(x) 来创建一个新的分析场。更多信息见第 58 章“分析场工具集”。

c. 切换选中想要指定的自由度，并输入速度值。如果用户在非整体坐标系中施加边界条件，则用户必须为所有的速度分量输入值。

d. 如果需要，单击 Amplitude 域右侧的箭头，然后从出现的列表中选择用户选取的幅值。另外，用户可以单击 来创建一个新的幅值。更多信息见第 57 章“幅值工具集”。

2）Thermal Energy。热能设置仅对于用户正在当前流动步中使用基于温度的能量方程才可用。要指定热能设置，单击 Thermal Energy 标签页，然后进行下面的操作。

a. 切换选中 Specify，然后选择 Temperature 或者 Heat flux。

b. 在 Magnitude 域中，指定温度或者热通量值。

c. 如果需要，单击 Amplitude 域右侧的箭头，然后从出现的列表中选择用户选取的幅值。另外，用户可以单击 来创建一个新的幅值。更多信息见第 57 章“幅值工具集”。

3）Turbulence。湍流设置仅当用户正在当前流动步中使用湍流时才可用。

—如果用户正在使用 Spalart-Allmaras 湍流模型，则涡流黏度和法向距离边界条件将设置成 0。

—如果用户正在使用 k-ε RNG 湍流模型，则将法向距离边界条件设置成 0。

5. 如果用户正在定义 Infiltration 边界条件，则根据需要指定下面的条件。

1）Velocity。要指定速度调节，单击 Velocity 标签页，然后进行下面的操作。

a. 默认情况下，使用整体坐标系来定义边界条件。

用户也可以选择其他坐标系来指定边界条件；只能选择直角坐标系。要避免由于有限精度的算法产生的精度损失，在非整体坐标系中施加流体速度边界条件时，用户必须输入所有三个分量的值。Abaqus/CAE 将变换这些值，将它们施加在整体坐标系上。

单击 CSYS 选项的 ，然后进行下面的操作。

• 在视口中选择一个现有的基准坐标系。

• 通过名称选择一个现有的基准坐标系。

从提示区域单击 Datum CSYS List 来显示基准坐标系的列表，从列表中选择一个名称，然后单击 OK。

• 从提示区域单击 Use Global CSYS 来变化成总体坐标系。

或者，单击 来定义一个新的基准坐标系。

仅在创建边界条件的分析步中才可以使用此坐标系编辑选项。

b. 单击 Distribution 域右侧的箭头，然后从出现的列表中选择用户选取的选项。

• 选择 Uniform 来定义在区域上均匀的流体边界条件。

• 选择一个分析场来定义空间变化的流体边界条件。在选择列表中仅显示对于此边界条件有效的分析场。另外，用户可以单击 $f(x)$ 来创建一个新的分析场。更多信息见第 58 章“分析场工具集”。

c. 切换选中想要指定的自由度，并输入速度值。如果用户在非整体坐标系中施加边界条件，则用户必须输入所有速度分量的值。

d. 如果需要，单击 Amplitude 域右侧的箭头，然后从出现的列表中选择用户选取的幅值。另外，用户可以单击 来创建一个新的幅值。更多信息见第 57 章“幅值工具集”。

2）Thermal Energy。热能设置仅对于用户正在当前流动步中使用基于温度的能量方程时才可用。要指定热能设置，单击 Thermal Energy 标签页，然后进行下面的操作。

a. 切换选中 Specify，然后选择 Temperature 或者 Heat flux。

b. 在 Magnitude 域中，指定温度或者热通量值。

c. 如果需要，单击 Amplitude 域右侧的箭头，然后从出现的列表中选择用户选取的幅值。另外，用户可以单击 来创建一个新的幅值。更多信息见第 57 章“幅值工具集”。

3）Turbulence。湍流设置仅当用户正在当前流动步中使用湍流时才可用。

• 如果用户正在使用 Spalart-Allmaras 湍流模型，则涡流黏度和法向距离边界条件将设置成 0。此外，进行下面的操作。

—切换选中 Kinematic eddy viscosity，然后输入流体的运动涡流黏度。

—如果需要，单击 Amplitude 域右侧的箭头，然后从出现的列表中选择用户选取的幅值。另外，用户可以单击来创建一个新的幅值。更多信息见第 57 章“幅值工具集”。

• 如果用户正在使用 k-ε RNG 湍流模型，则将法向距离边界条件设置成 0。此外，进行下面的操作。

—切换选中 Turbulent kinetic energy，然后输入流体的湍流运动能量 k。

—如果需要，单击 Amplitude 域右侧的箭头，然后从出现的列表中选择用户选取的选项。另外，用户可以单击来创建一个新的幅值。更多信息见第 57 章“幅值工具集”。

—切换选中 Dissipation rate，然后输入流体的耗散率 ε。

—如果需要，单击 Amplitude 域右侧的箭头，然后从出现的列表中选择用户选取的幅值。另外，用户可以单击来创建一个新的幅值。

6. 单击 OK 来保持用户的数据并退出编辑器。

16.10.13 指定温度

用户可以创建温度边界条件来为选中的区域指定温度。

若要在区域中指定温度，执行以下操作：

1. 使用下面的一个方法来显示温度边界条件编辑器。

• 要创建一个新的温度边界条件，按照 16.8.2 节“创建边界条件”中指出的过程来操作（Category：Other；Types for Selected Step：Temperature）。

• 要使用菜单或者管理器来编辑现有的温度边界条件，见 3.4.13 节“编辑步相关的对象”。要编辑施加了边界条件的区域，见 16.8.4 节“编辑施加了指定条件的区域”。

2. 如果 Method 域出现在编辑器的顶部，则单击该域右侧的箭头，然后选择下面的一个选项。

• 如果用户想要指定温度值，则选择 Specify magnitude。

• 如果用户想要将温度值固定成之前通用步的最终值，则选择 Fixed at current magnitude。

仅当两种方法对选中的分析步都有效时，Method 选项才显示在编辑器中。

3. 如果在编辑器中出现 Distribution 域，则单击该域右侧的箭头，然后选择下面的一个选项。

• 选择 Uniform 来定义一个均匀的边界条件。

• 选择 User-defined 来在用户子程序 DISP 中定义边界条件。更多信息见下面的章节。

—19.8.6 节“指定通用的作业设置”。

—《Abaqus 用户子程序参考手册》的 1.1.4 节“DISP”。

• 选择一个分析场来定义空间变化的边界条件。选取列表中仅显示对于此边界条件类型有效的分析场。另外，用户可以单击 f(x) 来创建一个新的分析场。更多信息见第 58 章“分析场工具集”。

仅当用户创建边界条件，或者在创建边界条件的分析步中编辑边界条件时，Distribution 选项才出现在编辑器中。如果用户选择 Fixed at current magnitude 方法，则不能使用此选项。

4. 如果用户选择了 Uniform 或者分析场分布选项，则执行下面的步骤。

a. 如果可施加的话，在 Magnitude 域中输入温度值。

b. 如果可施加的话，单击 Amplitude 域右侧的箭头，然后从出现的列表中选择用户选取的幅值。另外，用户可以单击来创建一个新的幅值。更多信息见第 57 章“幅值工具集”。

注意：如果用户在初始分析步中创建边界条件（在此情况中，值始终为 0），或者将值固定成之前分析步的最终值，则不可以使用 Magnitude 和 Amplitude 域。

5. 如果用户选择了 User-defined 分布选项，则执行下面的步骤。

a. 如果需要，在 Magnitude 域中输入温度值。用户输入到编辑器中的数据会传递到用户子程序中。

如果用户在初始步中创建边界条件，则不能使用 Magnitude 域。

b. 单击 OK 来保存输入的数据并退出编辑器。

c. 进入作业模块，然后选择所需分析作业的作业编辑器。更多信息见 19. 7 节“创建、编辑和操控作业”。

d. 在作业编辑器中，单击 General 表，并指定包含用户子程序的文件，此用户子程序定义边界条件。更多信息见 19. 8. 6 节“指定通用作业设置”。

注意：用户在作业编辑器中仅可以指定一个用户子程序文件。如果用户的分析包含多个子程序，则用户必须将这些用户子程序组合成一个文件，然后指定此文件。

6. 如果选择了壳区域，则输入想要在 Degrees of freedom 域中指定的温度自由度。有关如何标记壳温度自由度的信息，见《Abaqus 分析用户手册——单元卷》的 3. 6. 2 节“选择壳单元”中的“耦合的温度-位移壳单元”。

用户可以输入多个自由度，从 11 到 31，使用逗号来分隔每一个数值。例如，如果用户想要指定自由度 11、12 和 13，则用户必须输入以下内容：

11，12，13

7. 单击 OK 来保存数据并退出编辑器。

16. 10. 14 定义孔隙压力边界条件

用户可以创建一个孔隙压力边界条件来指定孔隙介质中的多余孔隙压力或者总孔隙压力。如果模型中不存在重力载荷，则用户必须指定多余孔隙压力。如果模型包含重力载荷，则用户必须指定总孔隙压力。更多信息，见《Abaqus 分析用户手册——分析卷》的 1. 8. 1 节“耦合的孔隙流体扩散和应力分析”中的“边界条件”。

若要指定孔隙压力，执行以下操作：

1. 使用下面的一个方法来显示孔隙压力边界条件编辑器。

- 要创建一个新的孔隙压力边界条件，按照 16. 8. 2 节“创建边界条件”中指出的过程来操作（Category：Other；Types for Selected Step：Pore pressure）。

● 要使用菜单或者管理器来编辑现有的孔隙压力边界条件，见 3.4.13 节“编辑步相关的对象”。要编辑施加了边界条件的区域，见 16.8.4 节“编辑施加了指定条件的区域”。

2. 如果 Method 域出现在编辑器的顶部，则单击该域右侧的箭头，然后选择下面的一个选项。

● 如果用户想要指定多余孔隙压力或者总孔隙压力的值，则选择 Specify magnitude。

● 如果用户想要将多余孔隙压力或者总孔隙压力固定成之前通用步的最终值，则选择 Fixed at current magnitude。

仅当两种方法对选中的分析步都有效时，Method 选项才显示在编辑器中。

3. 如果在编辑器中出现 Distribution 域，则单击该域右侧的箭头，然后选择下面的一个选项。

● 选择 Uniform 来定义一个均匀的边界条件。

● 选择 User-defined 来在用户子程序 DISP 中定义边界条件。更多信息见下面的章节。

—19.8.6 节“指定通用作业设置”。

—《Abaqus 用户子程序参考手册》的 1.1.4 节“DISP”。

● 选择一个分析场来定义空间变化的边界条件。选取列表中仅显示对于此边界条件类型有效的分析场。另外，用户可以单击 f(x) 来创建一个新的分析场。更多信息见第 58 章“分析场工具集”。

仅当用户创建边界条件，或者在创建边界条件的分析步中编辑边界条件时，才在编辑器中出现 Distribution 选项才出现在编辑器中。如果用户选择 Fixed at current magnitude 方法，则不能使用此选项。

4. 如果用户选择了 Uniform 或者分析场分布选项，则执行下面的步骤。

a. 如果可施加的话，在 Magnitude 域中输入多余孔隙压力或者总孔隙压力的值。

b. 如果可施加的话，单击 Amplitude 域右侧的箭头，然后从出现的列表中选择用户选取的幅值。另外，用户可以单击来创建一个新幅值。更多信息见第 57 章“幅值工具集”。

注意：如果用户在初始步中创建边界条件（在此情况中，值始终为 0），或者将值固定成之前分析步的最终值，则不可以使用 Magnitude 和 Amplitude 域。

c. 单击 OK 来保存用户的数据并退出编辑器。

5. 如果用户选择了 User-defined 分布选项，则执行下面的步骤。

a. 如果需要，在 Magnitude 域中输入孔隙压力的值。用户输入到编辑器中的数据会传递到用户子程序中。

如果用户在初始步中创建边界条件，则不能使用 Magnitude 域。

b. 单击 OK 来保存输入的数据并退出编辑器。

c. 进入作业模块，然后选择所需分析作业的作业编辑器。更多信息见 19.7 节“创建、编辑和操控作业”。

d. 在作业编辑器中，单击 General 表，并指定包含用户子程序的文件，此用户子程序定义边界条件。更多信息见 19.8.6 节“指定通用作业设置”。

注意：用户在作业编辑器中仅可以指定一个用户子程序文件。如果用户的分析包含多个子程序，则用户必须将这些用户子程序组合成一个文件，然后指定此文件。

16.10.15 定义流体腔压力边界条件

用户可以创建一个流体腔压力边界条件来控制整个分析中腔内的压力。流体腔压力与流体腔相互作用关联。流体腔压力用于确定流体交换相互作用的流动情况。用户可以通过为步赋予一个新值以及定义改变之前值的速率幅值来改变流体腔压力。更多信息见《Abaqus 分析用户手册——指定条件、约束与相互作用卷》的 1.2.1 节“Abaqus/Standard 和 Abaqus/Explicit 中的初始条件”。

若要指定流体腔压力，执行以下操作：

1. 使用下面的一个方法来显示流体腔压力边界条件编辑器。

● 要创建一个新的流体腔压力边界条件，按照 16.8.2 节“创建边界条件”中指出的过程来操作（Category：Other；Types for Selected Step：Fluid cavity pressure）。

● 要使用菜单或者管理器来编辑现有的流体腔压力边界条件，见 3.4.13 节“编辑步相关的对象”。

2. 如果 Method 域出现在编辑器的顶部，则单击该域右侧的箭头，然后选择下面的一个选项。

● 如果用户想要为流体腔压力指定一个值，则选择 Specify pressure。

● 如果用户想要将流体腔压力的值固定成之前通用步的最终值，则选择 Fixed at current pressure。

仅当两种方法对选中的分析步都有效时，Method 选项才显示在编辑器中。

3. 如果出现 Fluid cavity interaction 域，单击该域右侧的箭头，然后选择要施加压力的相互作用。

仅当用户创建一个新的边界条件，或者在创建流体压力边界条件的分析步中编辑流体压力边界条件时，Fluid cavity interaction 选项才出现在编辑器中。在传递分析步的过程中编辑边界条件时，是不能更改相互作用的。

4. 如果出现 Fluid cavity pressure 域，则为当前分析步输入一个值。

5. 如果可施加的话，单击 Amplitude 域右侧的箭头，然后从出现的列表中选择用户选取的幅值。另外，用户可以单击来创建一个新的幅值。更多信息见第 57 章“幅值工具集”。

注意：如果用户在初始步中创建边界条件（在此情况中，值始终为 0），或者将值固定成之前通用步的最终值（如编辑频率步时），则不能使用 Amplitude 场。

6. 单击 OK 来保存用户的数据并退出编辑器。

16.10.16 定义电势边界条件

用户可以创建一个电势边界条件来表示一个区域上的电势（更多信息见《Abaqus 分析

用户手册——分析卷》的 1.7.3 节“耦合的热-电分析”中的“边界条件”以及《Abaqus 分析用户手册——分析卷》的 1.7.2 节“压电分析”。)

若要指定一个电势，执行以下操作：

1. 使用下面的一个方法来显示电势边界条件编辑器。

• 要创建一个新的电势边界条件，按照 16.8.2 节“创建边界条件”中指出的过程来操作（Category：Electrical/Magnetic；Types for Selected Step：Electric potential）。

• 要使用菜单或者管理器来编辑一个现有的电势边界条件，见 3.4.13 节“编辑步相关的对象”。要编辑施加有边界条件的区域，见 16.8.4 节“编辑施加了指定条件的区域”。

2. 如果 Method 域出现在编辑器的顶部，则单击域右侧的箭头，然后选择下面的一个选项。

• 如果用户想要指定一个电势值，则选择 Specify magnitude。

• 如果用户想要将电势大小固定成之前通用步的最终值，则选择 Fixed at current magnitude。

仅当选中的步可以使用此两个方法时，才在编辑器中显示 Method 选项。

3. 如果在编辑器中出现 Distribution 域，则单击域右侧的箭头，然后选择下面的一个选项。

• 选择 Uniform 来定义一个均匀的边界条件。

• 选择 User-defined 来在用户子程序 DISP 中定义边界条件。更多信息见下面的章节。

—19.8.6 节“指定通用作业设置”。

—《Abaqus 用户子程序参考手册》的 1.1.4 节“DISP”。

• 选择一个分析场来定义空间变化的边界条件。在选取列表中仅显示对于此边界条件类型有效的分析场。另外，用户可以单击 *f(x)* 来创建一个新的分析场（更多信息见第 58 章“分析场工具集”）。

仅当用户创建边界条件，或者在创建边界条件的分析步中编辑边界条件时，才会在编辑器中出现 Distribution 选项。如果用户选择 Fixed at current magnitude 方法，则不能使用此选项。

4. 如果用户选择了 Uniform 或者分析型场分布选项，则执行下面的步骤。

a. 如果可施加的话，在 Magnitude 文本域中输入电势的大小。

b. 如果可以施加的话，单击 Amplitude 域右侧的箭头，然后从出现的列表选择用户选取的幅值。另外，用户可以单击∿来创建一个新幅值（更多信息见第 57 章“幅值工具集”）。

注意：如果用户正在初始步中创建边界条件（在此情况中，大小总是零），或者将大小固定成之前分析步的最后值，则不可以使用 Magnitude 和 Amplitude 域。

c. 单击 OK 来保存用户的数据并且退出编辑器。

5. 如果用户选择了 User-defined 分布选项，则执行下面的步骤。

a. 如果想要的话，在 Magnitude 域中输入电势大小。用户输入到编辑器中的大小数据会传递到用户子程序（如果用户正在初始步中创建边界条件，则不能使用 Magnitude 域）。

b. 单击 OK 来保存输入的数据并且退出编辑器。

c. 进入作业模块，然后显示感兴趣的分析作业的作业编辑器（更多信息见 19. 7 节“创建、编辑和操控作业”）。

d. 在作业编辑器中，单击 General 表，并且指定包含用户子程序的文件，此用户子程序定义边界条件。更多信息见 19. 8. 6 节“指定通用作业设置”。

注意：用户在作业编辑器中仅可以指定一个用户子程序文件。如果用户的分析包含多个子程序，则用户必须将这些用户子程序组合成一个文件，然后指定此文件。

16. 10. 17 定义磁矢势边界条件

用户可以创建一个磁矢势边界条件来指定面上的磁矢势（更多信息见《Abaqus 分析用户手册——分析卷》的 1. 7. 5 节“涡流分析”中的“边界条件”）。仅在电磁模型中才可以使用磁矢势边界条件。

若要指定磁矢势，执行以下操作：

1. 使用下面的一个方法来显示磁矢势边界条件编辑器。

• 要创建一个新的磁矢势边界条件，按照 16. 8. 2 节“创建边界条件”中指出的过程来操作（Category：Electrical/Magnetic；Types for Selected Step：Magnetic vector potential）。

• 要使用菜单或者管理器来编辑一个现有的磁矢势边界条件，见 3. 4. 13 节“编辑步相关的对象”。要编辑施加有边界条件的区域，见 16. 8. 4 节“编辑施加了指定条件的区域”。

2. 单击 Distribution 域右侧的箭头，然后从出现的列表选择用户选取的选项。

• 选择 Uniform 来定义面上均匀的边界条件。

• 选择 User-defined 来定义用户子程序 UDEMPOTENTIAL 的边界条件大小和方向（对于 Abaqus/Standard）。更多信息见下面的章节。

—19. 8. 6 节“指定通用作业设置”。

—《Abaqus 用户子程序参考手册》的 1. 1. 25 节“UDEMPOTENTIAL”。

3. 如果用户选择了 Uniform 分布选项，则执行下面的步。

a. 在 Component 1、Component 2 和 Component 3（如果可以应用的话）域中，输入磁矢势的实部（相内）和虚部（相外）。

Abaqus/CAE 计算磁矢势的大小和方向。

b. 如果需要，单击 Amplitude 域右侧的箭头，然后从出现的列表选择用户选取的幅值。另外，用户可以单击来创建一个新的幅值（更多信息见第 57 章“幅值工具集”）。

c. 单击 OK 来保存用户的数据并且退出编辑器。

4. 如果用户选择了 User-defined 分布选项，则执行下面的步骤。

a. 如果想要的话，在 Component 1，Component 2 和 Component 3（如果可以应用的话）域中，输入磁矢势的实部（相内）和虚部（相外）。

Abaqus/CAE 计算磁矢势的大小和方向，并且此信息会传递到用户子程序中。

b. 单击 OK 来保存用户的数据并且退出编辑器。

c. 进入作业模块，然后显示感兴趣的分析作业的作业编辑器（更多信息见 19.7 节“创建、编辑和操控作业”）。

d. 在作业编辑器中，单击 General 表，并且指定包含用户子程序的文件，此用户子程序定义边界条件的大小和方向。更多信息见 19.8.6 节“指定通用作业设置”。

注意：用户在作业编辑器中仅可以指定一个用户子程序文件。如果用户的分析包含多个子程序，则用户必须将这些用户子程序组合成一个文件，然后指定此文件。

16.10.18　定义质量浓度边界条件

用户可以创建一个质量浓度边界条件来指定质量扩散分析中区域的归一化浓度值（更多信息见《Abaqus 分析用户手册——分析卷》的 1.9 节“质量扩散分析”中“边界条件”）。

若要指定质量浓度，执行以下操作：

1. 使用下面的一个方法来显示质量浓度边界条件编辑器。

• 要创建一个新的质量浓度边界条件，按照 16.8.2 节“创建边界条件”中指出的过程来操作（Category：Other；Types for Selected Step：Mass concentration）。

• 要使用菜单或者管理器来编辑一个现有的质量浓度边界条件，见 3.4.13 节“编辑步相关的对象”。要编辑施加有边界条件的区域，见 16.8.4 节“编辑施加了指定条件的区域”。

2. 如果一个 Method 域显示在编辑器的顶部，则单击域右侧的箭头，然后选择下面的一个选项。

• 如果用户想要指定质量浓度的值，则选择 Specify magnitude。

• 如果用户想要将质量浓度大小固定成之前通用步的最终值，则选择 Fix at current loading。

仅当选中步可以使用两个方法时，才在编辑器中显示 Method 选项。

3. 如果在编辑器中出现 Distribution 域，则单击域右侧的箭头，然后选择下面的一个选项。

• 选择 Uniform 来定义一个均匀的边界条件。

• 选择 User-defined 来在用户子程序 DISP 中定义边界条件。更多信息见下面的章节。

—19.8.6 节“指定通用作业设置”。

—《Abaqus 用户子程序参考手册》的 1.1.44 节“DISP”。

• 选择一个分析场来定义空间变化的边界条件。在选取列表中仅显示对于此边界条件类型有效的分析场。另外，用户可以单击 f(x) 来创建一个新的分析场（更多信息见第 58 章“分析场工具集”）。

仅当用户创建边界条件，或者在创建边界条件的分析步中编辑边界条件时，才在编辑器中出现 Distribution 选项。如果用户选择 Fixed at current magnitude 方法，则不能使用此选项。

4. 如果用户选择了 Uniform 或者分析型场分布选项，则执行下面的步骤。

a. 在 Magnitude 文本域中，输入压力（量纲为 FL^{-2}）。

b. 如果需要，单击 Amplitude 域右侧的箭头，然后从出现的列表选择用户选取的幅值。另外，用户可以单击来创建一个新幅值（更多信息见第 57 章“幅值工具集”）。

注意：如果用户正在初始步中创建边界条件（在此情况中，大小总是零），或者将边界条件固定在之前通用步的最后值，则不能使用 Magnitude 和 Amplitude 场。

c. 单击 OK 来保存用户的数据并且退出编辑器。

5. 如果用户选择了 User-defined 分布选项，则执行下面的步骤。

a. 如果需要，在 Magnitude 域中输入质量浓度大小。用户输入在编辑器中的大小数据会传递到用户子程序中（如果用户正在初始步中创建边界条件，则不能使用 Magnitude 场）。

b. 单击 OK 来保存用户的数据并且退出编辑器。

c. 进入作业模块，然后显示感兴趣的分析作业的作业编辑器（更多信息见 19.7 节“创建、编辑和操控作业”）。

d. 在作业编辑器中单击 General 标签页，并且指定包含用户子程序的文件，此用户子程序定义边界条件的大小和方向。更多信息见 19.8.6 节“指定通用作业设置”。

注意：用户在作业编辑器中仅可以指定一个用户子程序文件。如果用户的分析包含多个子程序，则用户必须将这些用户子程序组合成一个文件，然后指定此文件。

16.10.19 定义声学压力边界条件

用户可以创建一个声学压力边界条件来指定声学介质的选中区域上的压力（更多信息见《Abaqus 分析用户手册——分析卷》的 1.10 节“声学、冲击和耦合的声学结构分析”中的“边界条件”）。

若要指定声学压力，执行以下操作：

1. 使用下面的一个方法来显示声学压力边界条件编辑器。

• 要创建一个新的声学压力边界条件，按照 16.8.2 节“创建边界条件”中指出的过程来操作（Category：Other；Types for Selected Step：Acoustic pressure）。

• 要使用菜单或者管理器来编辑一个现有的声学压力边界条件，见 3.4.13 节“编辑步相关的对象”。要编辑施加有边界条件的区域，见 16.8.4 节“编辑施加了指定条件的区域”。

2. 如果一个 Method 域显示在编辑器的顶部，则单击域右侧的箭头，然后选择下面的一个选项。

• 如果用户想要指定声学压力的值，则选择 Specify magnitude。

• 如果用户想要将声学压力大小固定成之前通用步的最终值，则选择 Fix at current loading。

仅当选中步可以使用两个方法时，才在编辑器中显示 Method 选项。

3. 如果在编辑器中出现 Distribution 域，则单击域右侧的箭头，然后选择下面的一个选项。

• 选择 Uniform 来定义一个均匀的边界条件。

• 选择 User-defined 来在用户子程序 DISP 中定义边界条件。更多信息见下面的章节。

—19.8.6 节“指定通用作业设置”。

—《Abaqus 用户子程序参考手册》的 1.1.44 节“DISP”。

• 选择一个分析场来定义空间变化的边界条件。在选取列表中仅显示对于此边界条件类型有效的分析场。另外，用户可以单击 f(x) 来创建一个新的分析场（更多信息见第 58 章“分析场工具集”）。

仅当用户创建边界条件，或者在创建边界条件的分析步中编辑边界条件时，才在编辑器中出现 Distribution 选项。如果用户选择 Fixed at current magnitude 方法，则不能使用此选项。

4. 如果用户选择了 Uniform 或者分析型场分布选项，则执行下面的步骤。

a. 在 Magnitude 文本域中，输入声学压力。

b. 如果需要，单击 Amplitude 域右侧的箭头，然后从出现的列表选择用户选取的幅值。另外，用户可以单击 来创建一个新幅值（更多信息见第 57 章“幅值工具集”）。

注意：如果用户正在初始步中创建边界条件（在此情况中，大小总是零），或者将边界条件固定在之前通用步的最后值，则不能使用 Magnitude 和 Amplitude 场。

c. 单击 OK 来保存用户的数据并且退出编辑器。

5. 如果用户选择了 User-defined 分布选项，则执行下面的步骤。

a. 如果需要，在 Magnitude 域中输入声学压力大小。用户输入在编辑器中的大小数据会传递到用户子程序中（如果用户正在初始步中创建边界条件，则不能使用 Magnitude 场）。

b. 单击 OK 来保存用户的数据并且退出编辑器。

c. 进入作业模块，然后显示感兴趣的分析作业的作业编辑器（更多信息见 19.7 节“创建、编辑和操控作业”）。

d. 在作业编辑器中，单击 General 表，然后指定包含用户子程序的文件，此用户子程序定义边界条件的大小和方向。更多信息见 19.8.6 节“指定通用作业设置”。

注意：用户在作业编辑器中仅可以指定一个用户子程序文件。如果用户的分析包含多个子程序，则用户必须将这些用户子程序组合成一个文件，然后指定此文件。

16.10.20 定义连接器材料流动边界条件

用户可以创建一个连接器材料流动边界条件来约束连接器端点处的材料流动。

若要指定连接器材料流动边界条件，执行以下操作：

1. 使用下面的一个方法来显示连接器材料流动边界条件编辑器。

• 要创建一个新的连接器材料流动边界条件，按照 16.8.2 节“创建边界条件”中指出的过程来操作（Category：Other；Types for Selected Step：Connector material flow）。

• 要使用菜单或者管理器来编辑一个现有的连接器材料流动边界条件，见 3.4.13 节“编辑步相关的对象”。要编辑施加有边界条件的区域，见 16.8.4 节“编辑施加了指定条件的区域”。

2. 如果一个 Method 域显示在编辑器的顶部，则单击域右侧的箭头，然后选择下面的一个选项。

• 如果用户想要指定连接器材料流动的值，则选择 Specify magnitude。

• 如果用户想要将连接器材料流动大小固定成之前通用步的最终值，则选择 Fix at current loading。

仅当选中步可以使用两个方法时，才在编辑器中显示 Method 选项。

3. 如果在编辑器中出现 Distribution 域，则单击域右侧的箭头，然后选择下面的一个选项。

• 选择 Uniform 来定义一个均匀的边界条件。

• 选择 User-defined 来在用户子程序 DISP 中定义边界条件。更多信息见下面的章节。

—19. 8. 6 节"指定通用作业设置"。

—《Abaqus 用户子程序参考手册》的 1. 1. 44 节"DISP"。

• 选择一个分析场来定义空间变化的边界条件。在选取列表中仅显示对于此边界条件类型有效的分析场。另外，用户可以单击 f(x) 来创建一个新的分析场（更多信息见第 58 章"分析场工具集"）。

仅当用户创建边界条件，或者在创建边界条件的分析步中编辑边界条件时，才在编辑器中出现 Distribution 选项。如果用户选择 Fixed at current magnitude 方法，则不能使用此选项。

4. 如果用户选择了 Uniform 或者分析型场分布选项，则执行下面的步骤。

a. 在 Magnitude 文本域中，输入连接器材料流动大小。

b. 如果需要，单击 Amplitude 域右侧的箭头，然后从出现的列表选择用户选取的幅值。另外，用户可以单击来创建一个新幅值（更多信息见第 57 章"幅值工具集"）。

注意：如果用户正在初始步中创建边界条件（在此情况中，大小总是零），或者将边界条件固定在之前通用步的最后值，则不能使用 Magnitude 和 Amplitude 场。

c. 单击 OK 来保存用户的数据并且退出编辑器。

5. 如果用户选择了 User-defined 分布选项，则执行下面的步骤。

a. 如果需要，在 Magnitude 域中输入连接器材料流动大小。用户输入在编辑器中的大小数据会传递到用户子程序中（如果用户正在初始步中创建边界条件，则不能使用 Magnitude 场）。

b. 单击 OK 来保存用户的数据并且退出编辑器。

c. 进入作业模块，然后显示感兴趣的分析作业的作业编辑器（更多信息见 19.7 节"创建、编辑和操控作业"）。

d. 在作业编辑器中，单击 General 表，并且指定包含用户子程序的文件，此用户子程序定义边界条件的大小和方向。更多信息见 19. 8. 6 节"指定通用作业设置"。

注意：用户在作业编辑器中仅可以指定一个用户子程序文件。如果用户的分析包含多个子程序，则用户必须将这些用户子程序组合成一个文件，然后指定此文件。

16. 10. 21　定义欧拉边界条件

用户可以创建一个欧拉边界条件来控制材料流入或者流出欧拉区域。欧拉边界条件仅可以施加到具有欧拉截面赋予的零件，并且不能在分析的初始步中施加欧拉边界条件。

若要指定欧拉边界条件，执行以下操作：

1. 使用下面的一个方法来显示连接器材料流动边界条件编辑器。

• 要创建一个新的连接器材料流动边界条件，按照16.8.2节“创建边界条件”中指出的过程来操作（Category：Other；Types for Selected Step：Eulerian boundary）。

• 要使用菜单或者管理器来编辑一个现有的连接器材料流动边界条件，见3.4.13节“编辑步相关的对象”。要编辑施加有边界条件的区域，见16.8.4节“编辑施加了指定条件的区域”。

2. 指定边界条件将控制的Flow type。

• Inflow控制欧拉材料流入区域所穿过的选中面。

• Outflow控制欧拉材料流出区域所穿过的选中面。

• Both允许用户指定同一个边界条件定义中的流入和流出条件。

3. 如果用户将Flow type选择成Inflow（或Both），则选择Inflow条件。

• 选择Free来允许新材料自由地流入欧拉区域。流入区域的材料是以当前占据区域的材料为基础的：当区域中的欧拉材料移出边界面时，同样的材料通过边界流入来替代流出的材料。

• 选择None来防止新欧拉材料（包括空材料）穿过边界面流入。区域中的欧拉材料可以沿着边界面切向移动，但是欧拉材料不能从边界面分离。

• 选择Void来仅允许空材料流入欧拉区域。当区域内的欧拉材料移动远离边界面时，空材料流动穿过边界来取代流出的欧拉材料。

4. 如果用户已经将Flow type选择成Outflow（或者Both），则选择Outflow条件。

• 选择Zero pressure来允许材料流出欧拉区域，同时使用人工阻力对边界面施加零值的净压力。

• 选择Free来允许材料自由地流出欧拉区域，而没有任何人工的阻力。

• 选择Nonreflecting来允许材料流出欧拉区域，同时使用人工阻力尽量减少膨胀波和剪切波能量返回到区域中。

• 选择Equilibrium来允许材料流出欧拉区域，同时使用人工阻力来对边界面施加零阶连续应力的条件。

16.10.22 定义欧拉网格运动边界条件

欧拉网格运动允许在分析中的欧拉网格——通常是刚性的并且不可变形——扩展、收缩和平动。作为网格运动定义的一部分，用户可以确定一个对象来跟随，此对象可以是一个拉格朗日面或者一个欧拉材料实例；欧拉网格在分析过程中重新确定大小并且移动，这样欧拉网格总是包围此对象。

欧拉网格运动是以Abaqus构建的矩形“边界盒”为基础来计算的。边界盒在Abaqus/

CAE 中不可见，但是通常与欧拉网格相对应。边界盒的创建和行为在《Abaqus 分析用户手册——分析卷》的 9.3 节“欧拉网格运动”中进行了描述。用户可以对此边界盒的收缩、扩展和平动设置限制和约束，来作为网格运动边界条件定义的一部分。这些限制可能会阻止欧拉网格在分析过程中始终完全地包络指定对象。

仅可以对使用欧拉截面赋予的零件施加欧拉网格运动边界条件，并且不能在分析的初始步中施加欧拉运动边界条件。

若要指定欧拉网格运动边界条件，执行以下操作：

1. 使用下面的一个方法来显示欧拉网格运动边界条件编辑器。

• 要创建一个新的欧拉网格运动边界条件，按照 16.8.2 节“创建边界条件”中指出的过程来操作（Category：Other；Types for Selected Step：Eulerian mesh motion）。

• 要使用菜单或者管理器来编辑一个现有的欧拉网格运动边界条件，见 3.4.13 节“编辑步相关的对象”。要编辑施加有网格运动定义的零件实例，见 16.8.4 节“编辑施加了指定条件的区域”。

2. 指定 Object to Follow。

1）要采用一个拉格朗日面，选择 Surface region，然后单击 ↖ 来选择一个面。

• 在视口中选择一个面。用户可以使用角度方法来从几何形体选择一组面，或者从网格选择一组单元。更多信息见 6.2.3 节“使用角度和特征边方法选择多个对象”。当用户完成选择后，单击鼠标键 2。

• 要从现有面的列表选择，则进行下面的操作。

—单击提示区域右侧上的 Surfaces。

Abaqus/CAE 显示包含可用面列表的 Region Selection 对话框。

—选择感兴趣的面，并且单击 Continue。

注意：默认的选择方法基于用户最近使用的选择方法。若要改变成其他方法，单击提示区域右侧的 Select in Viewport 或者 Surfaces。

2）要采用一个欧拉材料，选择 Eulerian material instance 并且选择一个实例。

3. 默认情况下，使用整体坐标系来构建网格边界盒。要改变构建网格边界盒的坐标系，单击 CSYS 选项的 ↖，然后进行下面的操作。

1）在视口中选择一个现有的基准坐标系。

2）通过名称来选择一个现有的基准坐标系。

a. 从提示区域单击 Datum CSYS List 来显示基准坐标系的列表。

b. 从列表中选择一个名称，并且单击 OK。

3）从提示区域单击 Use Global CSYS 来改变成整体坐标系。

另外，单击 ⅄ 来定义一个新的基准坐标系。

仅在创建边界条件的分析步中才可以使用此坐标系编辑选项。

4. 在 Controls 标签页上，指定网格边界盒运动上的通用约束和限制。

a. 要防止分析过程中网格的收缩，切换不选 Allow mesh contraction。默认切换选中此选项。

b. 在任何的三个边界盒方向上，为长度对宽度比的可允许最大变化指定 Aspect ratio limit，此值必须大于或等于1。

c. 指定 Mesh velocity factor。此因子将欧拉网格的最大速度定义成允许的对象速度分数。此值必须大于或等于0。

d. 如果对象的材料使用的是欧拉材料，则指定 Volume fraction threshold。为了网格运动的目的，将把欧拉材料体积分数小于此阈值的单元考虑成空的，并且网格不扩展或者移动来考虑这些单元中的材料。此值必须大于0，并且小于或等于1。

e. 指定 Buffer size，在受追踪对象与欧拉网格边界之间保留一些距离。

- 选择 Specify，然后输入一个值来将缓冲定义成等于给定的值乘以最大的欧拉单元大小。此值必须大于或等于0。
- 选择 Initial 来定义缓冲等于对象与网格边界之间的初始距离。

5. 在每一个 Axis 标签页上，指定三个方向的每一个方向上的边界盒运动限制。

a. 选择沿着选中轴，原始的 Center position 是 Free 还是 Fixed。

b. 选择原始的 Positive plane position 是 Free 还是 Fixed。正面是面法向与选中轴的正方向对齐的边界盒面。

c. 选择原始的 Negative plane position 是 Free 还是 Fixed。负面是面法向与选中轴的负方形对齐的边界盒面。

d. 指定沿着选中轴的 Expansion ratio。

- 如果必要的话，选择 Unlimited 来允许边界盒的无限缩放。
- 选择 Specify maximum，然后输入一个值来定义一个最大的缩放比例。此值必须大于或等于1。

e. 指定沿着选中轴的最小 Contraction ratio。此值必须大于或等于0，并且小于或等于1。

16.11 使用预定义场编辑器

本节介绍如何定义或者初始化特定类型的预定义场，包括以下主题：

- 16.11.1 节 “定义初始速度场”
- 16.11.2 节 “定义硬化场”
- 16.11.3 节 “定义初始应力场”
- 16.11.4 节 “定义地质初始应力场”
- 16.11.5 节 “定义流体密度场”
- 16.11.6 节 “定义流体热能场”
- 16.11.7 节 “定义流体湍流场”
- 16.11.8 节 “定义流体速度场”
- 16.11.9 节 “定义温度场”
- 16.11.10 节 “定义材料赋予场”
- 16.11.11 节 “定义初始状态场”
- 16.11.12 节 “定义饱和度场”
- 16.11.13 节 “定义初始孔隙比场”
- 16.11.14 节 “定义多孔介质中的孔隙压力场”
- 16.11.15 节 “定义流体腔压力场”

16.11.1 定义初始速度场

用户可以创建此类型的预定义场来定义选中区域的初始速度。更多信息见《Abaqus 分析用户手册——指定条件、约束与相互作用卷》的 1.2.1 节 “Abaqus/Standard 与 Abaqus/Explicit 中的初始条件”。

若要创建或者编辑初始速度场，执行以下操作：

1. 使用下面的一个方法来显示速度场编辑器。

- 要创建一个新的速度场，按照 16.8.3 节 “创建预定义场” 中指出的过程进行操作（Category：Mechanical；Types for Selected Step：Velocity）。
- 要使用菜单或者管理器来编辑现有的速度场，见 3.4.13 节 “编辑步相关的对象”。

注意：用户仅可以在初始步中创建或者编辑初始速度。

2. 单击 Distribution 域右侧的箭头，然后从出现的列表中选择用户选取的选项。

• 选择 Uniform 来定义区域上均匀的初始速度。

• 选择一个分析场来定义空间变化的初始速度。另外，用户可以单击 f(x) 来创建一个新的分析场。更多信息见第 58 章“分析场工具集”。

3. 单击 Definition 域右侧的箭头，然后从出现的列表中选择用户选取的选项。

• 选择 Translational only 来仅定义初始平动速度。

• 选择 Rotational only 来仅定义初始转动速度。

• 选择 Translational & rotational 来定义初始平动速度和初始转动速度。

4. 如果用户选择了 Translational only 定义选项，则在 V1、V2 和（如果可以施加的话）V3 文本域中输入 1、2 和（如果在三维空间中工作）3 方向上的初始平动速度大小（如果用户让文本域保持空白，则默认对此自由度赋予值为 0 的初始平动速度；必须至少在一个方向上定义速度）。

5. 如果用户选择了 Rotational only 定义选项。

a. 在 Angular velocity 文本域中输入角速度的大小（量纲为弧度/时间）。

b. 定义转动轴。

• 对于三维模型，输入 Axis point 1 和 Axis point 2 文本域中点的 x、y 和 z 坐标，以逗号分隔。

• 对于二维模型，输入 Axis point 文本域中点的 x 和 y 坐标，以逗号分隔。假定转动围绕指定点处的正 z 轴进行。

• 对于轴对称模型，在 Axis radius 文本域中输入半径。假定转动围绕指定半径处的正 z 轴进行。

6. 如果用户选择了 Translational & rotational 定义选项，则按照步骤 3 和步骤 4 中的指导操作。

7. 单击 OK 保存数据并退出编辑器。

16.11.2　定义硬化场

用户可以创建一个硬化场来为塑性硬化定义状态变量的初始值。更多信息见《Abaqus 分析用户手册——指定条件、约束与相互作用卷》的 1.2.1 节“Abaqus/Standard 和 Abaqus/Explicit 中的初始条件”。

若要创建或者编辑硬化场，执行以下操作：

1. 使用下面的一个方法来显示硬化场编辑器。

• 要创建一个新的硬化场，按照 16.8.3 节“创建预定义场”中指出的过程进行操作（Category：Mechanical；Types for Selected Step：Hardening）。

• 使用菜单或者管理器来编辑现有的硬化场，见 3.4.13 节“编辑步相关的对象”。

注意：用户仅可以在初始步中创建或者编辑硬化场。

2. 单击 Distribution 域右侧的箭头，然后从出现的列表中选择用户选取的选项。

• 选择 Uniform 来定义区域上均匀的初始值。

● 选择一个分析场来定义空间变化的初始值。另外，用户可以单击 f(x) 来创建一个新的分析场。更多信息见第 58 章“分析场工具集”。

3. 单击 Definition 域右侧的箭头，然后从出现的列表中选择用户选取的选项。

● 选择 Kinematic hardening 来指定初始等效塑性应变，以及运动硬化材料模型的背应力张量。

● 选择 Crushable foam 来指定可压缩泡沫材料模型的初始压缩塑性应变。

● 选择 Rebar 来指定初始等效塑性应变，以及加强筋层的初始背应力张量（仅 Abaqus/Standard 分析可以使用此选项）。

● 选择 Section points 来指定初始等效塑性应变，以及壳单元厚度上截面点处的初始背应力张量。

● 选择 User-defined 来指定初始等效塑性应变，并且如果相关，指定用户子程序 HARDINI 中的初始背应力张量（此选项仅对 Abaqus/Standard 分析有效），更多信息见下面的章节。

—19.8.6 节“指定通用作业设置”。

—《Abaqus 用户子程序参考手册》的 1.1.12 节“HARDINI”。

4. 如果可行的话，单击 Number of backstresses 域右侧的箭头来指定模型中包含的背应力数量。默认的背应力数量为 1，允许的最大背应力数量为 10。

Data 表中出现附加的列来指定多个背应力张量。

5. 在 Data 表中，输入与用户的 Definition 选择有关的数据（下面的参数不一定都适用）。

Equiv Plast Strain

初始等效塑性应变 $\bar{\varepsilon}^{pl}|_0$。

Vol Plast Strain

初始体积压缩塑性应变 $-\varepsilon^{pl}_{vol}$。

Rebar Layer Name

加强筋层的名称。

Section Point Number

截面点数量。

Alpha 1_11、Alpha 1_22 等

初始第一背应力张量的每一个分量值 $\alpha 1^0$。

Alpha *k*_11、Alpha *k*_22 等

初始第 k 个背应力张量的每一个分量值 αk^0。

6. 单击 OK 保存数据并退出编辑器。

16.11.3 定义初始应力场

用户可以为模型的一个区域创建一个初始应力场。用户仅可以在初始步中创建或者更改初始应力场。更多信息见《Abaqus 分析用户手册——分析卷》的 1.2.1 节“Abaqus/

Standard 和 Abaqus/Explicit 中的初始条件”。

若要创建或者编辑应力场，执行以下操作：

1. 使用下面的一个方法来显示应力场编辑器。

• 要创建一个新的应力场，按照 16.8.3 节“创建预定义场”中指出的过程进行操作（Category：Mechanical；Types for Selected Step：Stress）。

• 使用菜单或者管理器来编辑现有的应力场，见 3.4.13 节“编辑步相关的对象”。

注意：用户仅可以在初始步中创建或者编辑应力场。

2. 单击 Specification 域右侧的箭头，然后从出现的列表中选择用户选取的选项。

• 选择 Direct specification，然后在数据表中指定应力分量。用户最多可以指定六个分量值。

• 选择 From output database file 指定来自用户指定的输出数据库文件的应力值。

3. 如果用户正在从输出数据库文件指定初始应力，则进行下面的操作。

a. 指定要导入应力值的文件名。

b. 从 Step 和 Increment 域中指定要导入应力值的步名称和增量数量。

4. 单击 OK 来创建初始应力场并关闭对话框。

模型上出现蓝色圆圈来表示用户创建的初始应力场。

16.11.4　定义地质初始应力场

当为一个特定区域指定地质应力场时，假定垂直方向上的应力（三维模型和轴对称模型中假定是 z 方向，二维模型中假定是 y 方向）随着垂直坐标线性地变化（分段线性）。仅连续单元才可以应用地质应力场。更多信息见《Abaqus 分析用户手册——指定条件、约束与相互作用卷》的 1.2.1 节“Abaqus/Standard 和 Abaqus/Explicit 中的初始条件”。对于 Abaqus/Explicit 分析，不能为梁和壳指定高程相关的初始应力。

若要创建或者编辑地质应力场，执行以下操作：

1. 使用下面的一个方法来显示地质应力场编辑器。

• 要创建一个新的地质应力场，按照 16.8.3 节“创建预定义场”中指出的过程进行操作（Category：Mechanical；Types for Selected Step：Geostatic Stress）。

• 使用菜单或者管理器来编辑现有的地质应力场，见 3.4.13 节“编辑步相关的对象”。

注意：用户仅可以在初始步中创建或者编辑地质应力场。

2. 在 Stress magnitude 1 域中，指定区域中第一个位置处的（有效）应力垂直分量。

3. 在 Stress coordinate 1 域中，指定对应区域中第一个位置处的垂直坐标。

4. 在 Stress magnitude 2 域中，指定区域中第二个位置处的（有效）应力垂直分量。

5. 在 Stress coordinate 2 域中，指定对应区域中第二个位置处的垂直坐标。

6. 在 Lateral coefficient 1 域中，指定水平应力的第一个系数。此系数定义 x 方向的应力分量。

7. 如果需要，切换选中 Lateral coefficient 2 设置的 Specify，并指定水平应力的第二个系数。此系数定义三维情况中的 y 方向应力分量，以及平面或者轴对称情况中的厚度或者环向分量。如果省略此值，则假定与第一个水平应力系数相同。

8. 单击 OK 保存数据并退出编辑器。

模型上出现亮蓝色圆圈来表示用户创建的初始地质应力场。

16.11.5 定义流体密度场

用户可以创建一个流体密度场，来在 Abaqus/CFD 分析中定义流体密度的初始值。更多信息见第 30 章“流体动力学分析”。

若要创建或者编辑流体密度场，执行以下操作：

1. 使用下面的一个方法来显示流体密度场编辑器。

- 要创建一个新的流体密度场，按照 16.8.3 节“创建预定义场”中指出的过程进行操作（Category：Fluid；Types for Selected Step：Fluid density）。
- 使用菜单或者管理器来编辑现有的流体密度场，见 3.4.13 节“编辑步相关的对象”。

注意：用户仅可以在初始步中创建或者编辑流体密度场。

2. 默认情况下，对整个模型施加流体密度场。如果用户想要改变施加流体密度场的区域，则进行下面的操作。

a. 单击 。

b. 从视口选择一个或者多个区域，或者集合。

c. 从提示区域单击 Done。

Abaqus/CAE 更新流体密度场编辑器来反映用户的选择。

3. 在 Density 域输入流体密度的初始值。

4. 单击 OK 保存数据并退出编辑器。

16.11.6 定义流体热能场

用户可以创建一个流体热能场，来在 Abaqus/CFD 分析中定义流体温度的初始值。更多信息见第 30 章“流体动力学分析”。

若要创建或者编辑流体热能场，执行以下操作：

1. 使用下面的一个方法来显示流体热能场编辑器。

• 要创建一个新的流体热能场，按照 16. 8. 3 节“创建预定义场”中指出的过程进行操作（Category：Fluid；Types for Selected Step：Fluid thermal energy）。

• 使用菜单或者管理器来编辑现有的流体热能场，见 3. 4. 13 节“编辑步相关的对象”。

注意：用户仅可以在初始步中创建或者编辑流体热能场。更多信息见第 30 章“流体动力学分析”。

2. 默认情况下，对整个模型施加流体热能场。如果用户想要改变施加流体热能场的区域，则进行下面的操作。

a. 单击 ↖。

b. 从视口选择一个或者多个区域，或者集合。

c. 从提示区域单击 Done。

Abaqus/CAE 更新流体热能场编辑器来反映用户的选择。

3. 单击 Distribution 域右侧的箭头，然后从出现的列表中选择用户选取的选项。

• 选择 Uniform 来定义区域上均匀的初始流体温度。

• 选择一个分析场，标签为（A），或者离散场，标签为（D），来定义空间变化的初始流体温度。选择列表包含对于温度场有效的所有分析场，以及可以使用的离散场。

另外，用户可以单击 f(x) 来创建一个新的分析场。更多信息见第 58 章“分析场工具集”。

4. 在 Temperature 域输入流体温度的初始值。

5. 单击 OK 保存数据并退出编辑器。

16. 11. 7　定义流体湍流场

用户可以创建一个流体湍流场，来在 Abaqus/CFD 分析中定义以下流体初始条件。

• Spalart-Allmaras 湍流模型：运动涡流黏度。

• k-ε RNG 湍流模型：湍流动能和耗散率。

更多信息见第 30 章“流体动力学分析”。

若要创建或者编辑流体湍流场，执行以下操作：

1. 使用下面的一个方法来显示流体湍流场编辑器。

• 要创建一个新的流体湍流场，按照 16. 8. 3 节“创建预定义场”中指出的过程进行操作（Category：Fluid；Types for Selected Step：Fluid turbulence）。

• 使用菜单或者管理器来编辑现有的流体湍流场，见 3. 4. 13 节“编辑步相关的对象”。

注意：用户仅可以在初始步中创建或者编辑流体湍流场。更多信息见第 30 章“流体动力学分析”。

2. 默认情况下，对整个模型施加流体湍流场。如果用户想要改变施加流体湍流场的区域，则进行下面的操作。

a. 单击 。

b. 从视口选择一个或者多个区域，或者集合。

c. 从提示区域单击 Done。

Abaqus/CAE 更新流体湍流场编辑器来反映用户的选择。

3. 为选中的湍流模型指定初始条件。流体湍流编辑器显示当前流动步中有效湍流模型的合适参数。

1）对于 Spalart-Allmaras 湍流模型，输入 Kinematic eddy viscosity 域中的初始黏度值。

2）对于 k-ε RNG 湍流模型，输入下面的值。

a. 在 Turbulent kinetic energy 域中，输入场的初始湍流动能 k。

b. 在 Dissipation rate 域中，输入流体的初始耗散率 ε。

4. 单击 OK 保存数据并退出编辑器。

16.11.8 定义流体速度场

用户可以创建一个流体速度场，来定义 Abaqus/CFD 分析中的流体速度初始值。更多信息见第 30 章“流体动力学分析”。

若要创建或者编辑流体速度场，执行以下操作：

1. 使用下面的一个方法来显示流体速度场编辑器。

• 要创建一个新的流体速度场，按照 16.8.3 节“创建预定义场”中指出的过程进行操作（Category：Fluid；Types for Selected Step：Fluid velocity）。

• 使用菜单或者管理器来编辑现有的流体速度场，见 3.4.13 节“编辑步相关的对象”。

注意：用户仅可以在初始步中创建或者编辑流体速度场。更多信息见第 30 章“流体动力学分析”。

2. 默认情况下，对整个模型施加流体速度场。如果用户想要改变施加流体速度场的区域，则进行下面的操作。

a. 单击 。

b. 从视口选择一个或者多个区域，或者集合。

c. 从提示区域单击 Done。

Abaqus/CAE 更新流体速度场编辑器来反映用户的选择。

3. 输入速度分量的初始值。

4. 单击 OK 保存数据并退出编辑器。

16.11.9 定义温度场

用户可以为每一个分析步定义选中区域的温度大小和时间变化；Abaqus 将温度内插到

材料点。另外，用户可以使用 Abaqus 在之前分析过程中计算得到的，具有热分量的温度值，来定义当前模型中的温度。

若要创建或者编辑温度场，执行以下操作：

1. 使用下面的一个方法来显示温度场编辑器。

• 要创建一个新的温度场，按照 16.8.3 节“创建预定义场”中指出的过程来操作（Category：Other；Types for Selected Step：Temperature）。

注意：如果用户想要在温度场编辑器、用户子程序 UTEMP 中直接指定温度变量，或者使用分析场或离散型场来指定温度变量，则用户必须为温度场选择一个区域。如果用户想要指定其他温度分布，可以单击提示区域中的 Done 来使用计算得到的值。

• 要使用菜单或者管理器来编辑现有的温度场，见 3.4.13 节“编辑步相关的对象”。

2. 如果用户在非创建的场的任何通用分析步中编辑温度场，单击 Status 域右侧的箭头，然后从出现的列表中选择用户选择的选项。

• 选择 Propagated 来说明在当前步中，温度场是有效的，并且将温度保持在之前步的值上不变。用户不能指定数据；单击 OK 来退出编辑器。如果用户将当前步的状态从 Modified 更改为 Propagated，并单击 OK，则 Abaqus 将删除对当前步的更改。

• 选择 Modified 来编辑当前步的场定义。继续执行步骤 3。

• 选择 Reset to initial 来将场定义重新设置成初始步中指定的场。用户不能指定数据；单击 OK 来重新设置场并退出编辑器。

3. 如果用户正在创建一个新的温度场，单击 Distribution 域右侧的箭头，然后从出现的列表中选择用户选取的选项。

注意：如果用户正在初始步中创建一个温度场，则只能使用 Direct specification 和 From results or output database file，以及分析场和离散场分布选项。

• 选择 Direct specification 来在温度场编辑器中指定选中区域上的温度变化。

• 选择 From results or output database file，从具有温度分量的之前的 Abaqus 分析结果或者输出数据库文件读取温度。

• 选择 User-defined 来在用户子程序 UTEMP 中定义温度值。此选项仅对于 Abaqus/Standard 分析有效。更多信息见下面的章节。

—19.8.6 节“指定通用作业设置”。

—《Abaqus 用户子程序参考手册》的 1.1.54 节“UTEMP”。

• 选择 From results or output database file and user-defined 来从具有热分量的、之前的 Abaqus 分析结果数据库文件或者输出数据库文件读取温度值，并在用户子程序 UTEMP 中更改它们。此选项仅对于 Abaqus/Standard 分析有效。

• 选择一个分析场，标签为（A），或者一个离散场，标签为（B），来定义空间变化的温度。选择列表中会显示所有的分析场，以及仅对温度场有效的离散场。

另外，用户可以单击 f(x) 来创建一个新的分析场。更多信息见第 58 章“分析场工具集”。

4. 如果用户选择了 Direct specification、分析场或者离散场分布选项，则进行下面的操作。

a. 单击 Section variation 域右侧的箭头，然后从出现的列表中选择一个选项。列表中仅出现对于选中区域有效的选项。分析场或者离散场不影响梁和壳的梯度值。用户应当选择如下与温度变化方法一致的选项，在与选中区域关联的截面定义中对此温度的变化方法进行定义。

● 选择 Constant through region 来定义截面上恒定的温度。

在 Magnitude 文本域中输入整个截面上的温度大小。

● 选择 Gradient through shell section 来定义通过壳截面的温度变化。壳截面编辑器中的 Temperature variation 方法必须指定为 Linear through thickness。

在 Reference magnitude 文本域中输入参考面上的温度大小。在 Thickness gradient 文本域中输入穿过截面的温度梯度。

● 选择 Gradient through beam section 来定义梁截面上的温度变量（轴对称模型不能使用此方法）。梁截面编辑器中的 Temperature variation 方法必须指定为 Linear by gradients。

在 Reference magnitude 文本域中输入横截面原点处的温度大小。在 N1 gradient 和 N2 gradient 文本域中输入梁的 n_1 和 n_2 方向截面上的温度梯度。对于平面中的梁，仅温度大小和 N2 gradient 必须指定。

● 选择 Defined at shell/beam temperature points 来定义壳或者梁截面上的分段线性温度变化。壳截面编辑器中的 Temperature variation 方法必须指定为 Piecewise linear over n values。梁截面编辑器中的 Temperature variation 方法必须指定为 Interpolated from temperature points。

通过在 Temperature points 文本域中输入一个整数，或者使用文本域右侧的箭头，来选择要指定的温度点数量，然后在 Section Data 表中输入每一个点处的温度大小。截面定义中值的数量应当小于或等于为此域给出的温度数据点数量。如果值的数量较小，则将重复最后的值来匹配温度数据点的个数。

b. 如果需要（对于不是初始步的所有步），单击 Amplitude 文本域右侧的箭头，然后从出现的列表中选择用户选取的幅值。另外，用户可以单击来创建一个新的幅值。更多信息见第 57 章“幅值工具集”。幅值定义将更改梁和壳的梯度值。

c. 单击 OK 来保存数据并退出编辑器。

5. 如果用户选择了 From results or output database file 分布选项，则执行下面的步骤。

a. 在 File name 文本域输入要读取温度数据的结果或者输出数据库文件的名称；或者单击来显示 Select Results or Output Database File 对话框，然后选择文件（更多信息见 3.2.10 节“使用文件选择对话框”）。

b. 如果用户正在初始步中创建一个温度场。

● 在 Step 文本域中输入分析的步编号，使用此步的结果或者输出数据库文件来作为场数据的输入。

● 在 Increment 文本域中输入分析的增量编号，使用此增量的结果或者输出数据库文件来作为场数据的输入。

c. 可选地，如果用户正在一个不是初始步的分析步中创建温度场。

● 在 Begin step 文本域中输入分析的步编号，使用此步的结果或者输出数据库文件作为输入来初始化要读取的场数据。默认情况下，将使用结果文件或者输出数据库文件中可以使用的第一步。

• 在 Begin increment 文本域中输入分析的增量编号，使用此增量的结果或者输出数据库文件作为输入来初始化要读取的场数据。默认情况下，将使用结果文件或者输出数据库文件中可以使用的第一个增量。

• 在 End step 文本域中输入分析的步编号，使用此步的结果文件或者输出数据库文件作为输入来结束读取的场数据。默认情况下，将使用 Begin step 值。

• 在 End increment 文本域中输入分析的增量编号，使用此增量的结果文件或者输出数据库文件作为输入来结束读取的场数据。默认情况下，将使用结果文件或者输出数据库文件中 End step 值的可用最后增量。

d. 选择 Mesh compatibility。

• 如果原始分析和当前分析中的网格是相同的，或者仅在单元阶数中不同，则选择 Compatible。

如果原始网格和当前网格仅在单元阶数上不同，则用户必须说明二阶单元的中节点温度是通过切换选中 Interpolate midside nodes，从角节点温度插值得到的。

• 如果原始分析和当前分析中的网格不同，则选择 Incompatible。仅当从输出数据库文件读取温度值时才可以使用此选项。

e. 如果原始网格和当前网格不同，则用户可以为 Exterior tolerance 指定一个值。

• 指定 absolute 值，当前模型的节点可以位于原始模型单元区域之外的范围区域中。如果不指定此值或者值为 0.0，则将施加 relative 容差。

• 指定平均单元大小的 relative 分数，当前模型的节点可以位于原始模型单元区域之外的相对分数区域中。

如果同时指定了此容差，Abaqus 将使用更严格的容差。

f. 单击 OK 来保存数据并退出编辑器。

6. 如果用户选择了 User-defined 分布选项，则执行下面的步骤。

a. 单击 OK 来退出编辑器。

b. 进入作业模块，然后查找感兴趣的分析作业的作业编辑器（更多信息见 19.7 节“创建、编辑和操控作业”）。

c. 在作业编辑器中，单击 General 标签页，然后指定包含用户子程序的文件来定义温度场。更多信息见 19.8.6 节“指定通用作业设置”。

注意：用户仅可以在作业编辑器中指定一个用户子程序文件；如果用户的分析包含多个用户子程序，则用户必须将这些子程序组合成一个文件，然后指定此文件。

7. 如果用户选择了 From results or output database file and user-defined 分布选项，则为 From results or output database file 和 User-defined 分布选项按照步骤 5 和步骤 6 中指出的过程来操作。

16.11.10 定义材料赋予场

使用材料赋予场来指定欧拉零件实例初始状态中不同材料的几何形状组合。可以使用的赋予材料，取决于在赋予零件的欧拉截面中定义过的材料实例。对于欧拉零件的材料赋予通用概览，见 28.4 节“为欧拉零件实例赋予材料”。

模型中的每一个欧拉零件实例仅可以具有一个赋予零件实例的材料赋予场。反之，仅可以将材料赋予场施加到一个欧拉零件实例上；如果模型中具有多个欧拉零件实例，则用户必须为每一个实例创建一个材料赋予场。

选择一个欧拉零件实例的区域来赋予材料，然后指定在此区域中出现的材料实例。对每一个材料实例赋予一个百分比，来说明选中区域中材料实例占据的体积分数。如果一个区域中的材料实例百分比没有累加到 100%，则区域中的剩余体积分数由没有材料属性的空白材料来占据。默认对零件实例中没有明确指定材料属性的区域赋予空白材料。关于 Abaqus 如何说明材料体积分数的详细讨论，参考《Abaqus 分析用户手册——分析卷》的 9.1 节“欧拉分析：概览”。

若要创建或者编辑材料赋予场，执行以下操作：

1. 使用下面的一个方法来显示材料赋予场编辑器。

• 要创建一个新的材料赋予场，按照 16.8.3 节“创建预定义场”中指出的过程来操作（Category：Other；Types for Selected Step：Material assignment）。用户仅可以在初始步过程中创建材料赋予场。

• 要使用菜单或者管理器来编辑现有的材料赋予场，见 3.4.13 节“编辑步相关的对象”。注意：用户仅可以在初始步中编辑材料赋予场，并且用户不能编辑施加材料赋予场的区域。

2. 指定用来为每一个材料实例定义体积分数的方法。

• 选择 Uniform 来定义每一个区域上均匀的体积分数。

• 选择 Discrete fields 来使用离散场定义体积分数。用户可以使用离散场来定义区域上空间变化的体积分数。

3. 为材料赋予选择一个区域。此区域必须包含在步骤 1 中选择的零件实例中。如果欧拉零件由单个单元组成（这里没有内部分块），则 Abaqus/CAE 会自动选择整个零件。

a. 在 Volume Fractions 标签页的 Region 区域中右击鼠标，然后从出现的菜单中选择 Edit Region。另外，用户可以在 Region 列中双击鼠标。

b. 使用下面的一个方法来选择零件实例中的单元。

—在视口中选择或者不选择单元。当用户已经完成单元选取后，单击鼠标键 2（更多信息见第 6 章“在视口中选择对象”）。

—要从现有集合列表中选择，单击提示区域右侧的 Sets，在 Region Selection 对话框中选择感兴趣的集合，然后单击 Continue。

注意：默认的选择方法基于用户最近采用的方法。若要改变成其他方法，单击提示区域右侧的 Select in Viewport 或者 Sets。

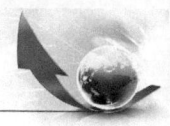

4. Volume Fractions 表中的保留体积对应欧拉截面中的材料实例。将材料实例名称附加到列表头中的零件实例名称（如标签为 Bottle-1. Water 的列对应名称为 Bottle-1 的零件实例中的水材料实例）。如果用户正在定义均匀的体积分数，则也会出现一个 Void 列；用户不能

编辑 Void 列中的值。在对应每一个材料实例的列中，为区域输入合适的体积分数。

● 如果用户正在定义均匀的体积分数，则以小数的形式输入每一个材料实例的体积分数百分比。例如，对于45%的体积分数，输入0.45。大于1的值将自动设置成1。要对区域均等地赋予所有的材料实例，在 Volume Fractions 表中的任意地方右击鼠标，然后从出现的菜单中选择 Equalize Rows。

注意：当用户输入材料体积分数时，Abaqus/CAE 会自动调整 Void 列中的值，这样表中行的所有值合计成1。如果输入值的合大于1，则 Abaqus/CAE 会自动将 Void 设置成0，并对保留值进行归一化，这样它们的合计值将为1。

● 如果用户正在使用离散场定义体积分数，则在材料实例列中单击；然后单击出现的箭头，接下来从可用离散场的列表中选择一个名称。如果还没有定义离散场，则在 Volume Fractions 表中的任意地方右击鼠标，然后从出现的菜单中选择 Create Discrete Field 来访问离散场工具集（见63.2节“创建离散场”）。离散场定义中的体积分数应当指定成小数形式的百分比；例如，对于45%的体积分数，输入0.45。对于不在选中区域的单元，Abaqus 会忽略这些单元的离散场定义中的数据。

警告：因为离散场是网格相关的，所以对欧拉零件网格的后续更改，将会使基于离散场的材料赋予无效。

5. 要清空行中的所有材料体积分数值，就在行中的任意地方右击鼠标，然后从出现的菜单中选择 Clear Rows。

6. 要定义零件实例中其他区域的材料体积分数，在 Volume Fractions 表中右击鼠标，然后从出现的菜单中选择 Add Row。

Abaqus/CAE 为 Volume Fractions 表添加一个新行。重复上面的步骤，可以定义一个新区域，以及相关的材料体积分数。

7. 对零件实例的所有区域赋予了合适的材料实例后，单击 OK 来保存数据并退出材料赋予场编辑器。如果零件实例的一些区域没有赋予材料实例，则 Abaqus 将使用空材料属性来对这些区域赋予空材料。

16.11.11　定义初始状态场

用户可以从模型中选择零件实例，并将初始状态场与实例关联。初始状态场会使用从之前的 Abaqus/Standard 或者 Abaqus/Explicit 分析中导入的数据，来定义一个变形的网格和网格的关联材料状态。用户仅可以在初始步过程中创建一个初始步状态场。更多信息见16.6节“在 Abaqus 分析之间传递结果”，以及《Abaqus 分析用户手册——分析卷》的4.2.1节“在 Abaqus 分析之间传递结果：概览”。

若要创建或者编辑初始状态场，执行以下操作：

1. 使用下面的一个方法来显示初始状态场编辑器。

● 要创建一个新的初始场，按照16.8.3节“创建预定义场”中指出的过程来操作

（Category：Other；Types for Selected Step：Initial state）。用户仅可以在初始步过程中创建初始状态场。

● 要使用菜单或者管理器来编辑现有的初始状态场，见 3.4.13 节“编辑步相关的对象。注意：用户仅可以在初始步中编辑初始状态场。

2. 在编辑器的 Job name 域中输入作业名称，Abaqus/CAE 将从此作业导入变形的网格和材料状态。Abaqus/CAE 会从原始分析创建的一些文件导入数据。因此，来自分析的几个文件必须保存在用户启动当前 Abaqus/CAE 程序会话的目录中。

3. 选取要导入的步，进行下面的一个操作。

● 选择 Last step 来从之前分析的最后步导入数据。

● 选择 Specify，并输入一个整数来指定步，从此步来导入之前分析的数据。值 1 表示指定第一个步。

4. 选择要导入的帧，进行下面的一个操作。

● 选择 Last 来从指定步的最后帧导入数据。

● 选择 Specify，然后输入指定步的指定帧的编号。值 1 表示指定第一帧。

5. 默认情况下，Abaqus/CAE 不使用导入的数据来更新参考构型。因此，要将位移和应变计算成与分析开始时的参考构型相关的值，并从分析的开始来继续。切换选中 Update reference configuration 来将参考构型重新设置成导入的构型。当前的位移和应变将相对于新导入的构型来计算。

6. 单击 OK 来创建初始状态场并关闭对话框。

在模型上出现黄色的圆，表示用户刚创建的初始场。更多信息见 16.5 节“理解表示指定条件的符号”。当用户创建初始状态场时，虽然 Abaqus/CAE 会检查之前的现有分析的文件，但是仅当用户在作业模块中分析模型时，Abaqus/CAE 才从指定的步和增量导入变形的网格以及材料状态。因此，当用户创建初始状态场之后，不会看到当前模型中有任何其他变化；例如，Abaqus/CAE 不更新当前模型的网格。

16.11.12 定义饱和度场

用户可以在耦合的孔隙流体扩散/应力分析中，为一个区域定义初始饱和度 s（见《Abaqus 分析用户手册——分析卷》的 1.8.1 节“耦合的孔隙流体扩散和应力分析”）。用户仅可以在初始步中创建初始饱和度场。

若要创建或者编辑饱和度场，执行以下操作：

1. 使用下面的一个方法来显示饱和度场编辑器。

● 要创建一个新的饱和度场，按照 16.8.3 节“创建预定义场”中的指导来操作（Category：Other；Types for Selected Step：Saturation）。

● 要使用菜单或者管理器来编辑现有的饱和场，见 3.4.13 节“编辑步相关的对象”。

2. 单击 Distribution 域右侧的箭头，然后从出现的列表中选择用户选取的选项。

• 选择 Uniform 来定义区域上均匀的初始饱和度。

• 选择一个分析场来定义空间变化的初始饱和度。另外，用户可以单击 f(x) 创建一个新的分析场。更多信息见第 58 章“分析场工具集”。

3. 从 Saturation 场指定 0.0（对于无饱和）到 1.0（对于完全饱和）之间的值，来为区域指定一个初始饱和度。

4. 单击 OK 来创建饱和度场并退出对话框。

模型上出现绿色的矩形，表示用户刚刚创建的初始饱和度场。

16.11.13　定义初始孔隙比场

对于 Abaqus/Standard 分析，用户可以指定孔隙介质节点处的孔隙比初始值 e（见《Abaqus 分析用户手册——分析卷》的 1.8.1 节“耦合的孔隙流体扩散和应力分析”）。通过从之前的 Abaqus 分析的输出数据库文件插值，或者用户子程序 VOIDRI，可以将初始孔隙比直接定义成与高程相关的函数。更多信息，见《Abaqus 分析用户手册——指定条件、约束与相互作用卷》的 1.2.1 节“Abaqus/Standard 和 Abaqus/Explicit 中的初始条件”。用户仅可以在初始步过程中创建或者更改初始孔隙比场。

若要创建或者编辑初始孔隙比场，执行以下操作：

1. 使用下面的一个方法来显示初始孔隙比场编辑器。

• 要创建一个新的初始孔隙比场，按照 16.8.3 节“创建预定义场”中指出的过程来操作（Category：Other；Types for Selected Step：Void ratio）。

• 要使用菜单或者管理器来编辑现有的初始孔隙比场，见 3.4.13 节“编辑步相关的对象”。

2. 单击 Point 1 distribution 域右侧的箭头，然后从出现的列表中选择用户选取的选项。

• 选择 Uniform 来为选中的区域定义均匀的孔隙比。

• 选择 From output database 来从之前的具有孔隙比分量的 Abaqus 分析输出数据库文件读取孔隙比值。

• 使用用户子程序 VOIDRI 中的选项，选择 User-defined 来指定孔隙比。更多信息见下面的章节。

—19.8.6 节“指定通用作业设置”。

—《Abaqus 用户子程序参考手册》的 1.1.61 节“VOIDRI”。

• 选择一个分析场来定义空间变化的初始孔隙比。另外，用户可以单击 $f(x)$ 来创建一个新的分析场。更多信息见第 58 章“分析场工具集”。

3. 对于均匀的分布，进行下面的操作。

a. 从 Elevation distribution 选项选择 Linear 或者 Constant。

b. 在 Void ratio 1 域中，指定模型中第一个区域中的初始孔隙比。

c. 如果用户选择一个线性变化的高程分布，则指定下面的选项。

• 在 Vertical coordinate 1 域中，指定模型中第一个位置的竖直位置，在此位置，用户指定初始孔隙比。

• 在 Point 2 distribution 域中，为第二个高程处的孔隙比指定 Uniform 分布，或者选择一个分析场来定义第二个高程处空间变化的初始孔隙比。如果用户选择 Uniform，则指定模型中第二个位置的孔隙比和垂直位置。

4. 如果用户正在从输出数据库文件指定孔隙比输出，则进行下面的操作。

a. 指定文件名称，用户将从此文件导入孔隙比值。

b. 从 Step 选项，选择 Last 来从输出数据库的最后一步读取孔隙比输出；或者选择 Specify 并输入步的编号，用户将从此步读取孔隙比数据。

c. 从 Increment 选项，选择 Last 来从选中步的最后增量读取孔隙比输出；或者选择 Specify 并输入增量的编号，用户将从此增量读取孔隙比数据。

d. 切换选中 Interpolate midside nodes 来在不同的网格之间插值孔隙比值。

5. 对于用户定义的孔隙比分布，进行下面的操作。

a. 进入作业模块，并查找感兴趣的分析作业的作业编辑器（更多信息见 19.7 节“创建、编辑和操控作业”）。

b. 在作业编辑器中，单击 General 标签页，然后指定包含用户子程序的文件，此用户子程序定义了预定义的场。更多信息见 19.8.6 节“指定通用作业设置”。

注意：用户仅可以在作业编辑器中指定用户子程序；如果用户的分析包含多个用户子程序，则用户必须将这些子程序组合成一个文件，然后指定此文件。

6. 单击 OK 来创建初始孔隙比场并关闭对话框。

模型上出现棕色方块，表示用户刚刚创建的初始孔隙比场。

16.11.14 定义多孔介质中的孔隙压力场

对于 Abaqus/Standard 分析，用户可以在耦合的孔隙流体扩散/应力分析中，为节点定义初始孔隙压力场 u_w（见《Abaqus 分析用户手册——分析卷》的 1.8.1 节“耦合的孔隙流体扩散和应力分析”）。通过从之前的 Abaqus 分析的输出数据库文件插值，或者用户子程序 UPOREP，可以将初始孔隙比直接定义成与高程相关的函数。用户仅可以在初始分析步过程中创建或者更改孔隙压力场。更多信息见《Abaqus 分析用户手册——指定条件、约束与相互作用卷》的 1.2.1 节“Abaqus/Standard 和 Abaqus/Explicit 中的初始条件”。

若要创建或者编辑孔隙压力场，执行以下操作：

1. 使用下面的一个方法来显示孔隙压力场编辑器。

• 要创建一个新的孔隙压力场，按照 16.8.3 节“创建预定义场”中指出的过程来操作（Category：Other；Types for Selected Step：Pore pressure）。

• 要使用菜单或者管理器来编辑现有的孔隙压力场，见 3.4.13 节“编辑步相关的对象”。用户仅可以在初始步过程中更改孔隙压力场。

2. 单击 Point 1 distribution 域右侧的箭头，然后从出现的列表中选择用户选取的选项。

• 选择 Uniform 来为选中的区域定义均匀的孔隙压力。

• 选择 From output database 来从之前的具有孔隙压力分量的 Abaqus 分析输出数据库文件读取孔隙压力值。

• 使用用户子程序 UPOREP 中的选项，选择 User-defined 来指定孔隙压力输出。更多信息见下面的章节。

—19.8.6 节“指定通用作业设置”。

—《Abaqus 用户子程序参考手册》的 1.1.49 节“UPOREP”。

• 选择一个分析场来定义空间变化的初始孔隙压力。另外，用户可以单击 f(x) 来创建一个新的分析场。更多信息见第 58 章“分析场工具集”。

3. 对于均匀的分布，进行下面的操作。

a. 从 Elevation distribution 选项选择 Linear 或者 Constant。

b. 在 Pore pressure 1 域中，指定模型中第一个区域中的初始孔隙压力。

c. 如果用户选择一个线性变化的高程分布，则指定下面的选项。

• 在 Vertical coordinate 1 域中，指定模型中第一个位置的竖直位置，在此位置，用户指定初始孔隙压力。

• 在 Point 2 distribution 域中，为第二个高程处的孔隙压力指定 Uniform 分布，或者选择一个分析场来定义第二个高程处的空间变化的初始孔隙压力。如果用户选择 Uniform，则指定模型中第二个位置的孔隙压力和垂直位置。

4. 如果用户正在从输出数据库文件指定孔隙压力输出，则进行下面的操作。

a. 指定文件名称，用户将从此文件导入孔隙压力值。

b. 从 Step 选项，选择 Last 来从输出数据库的最后一步读取孔隙压力输出；或者选择 Specify 并输入步的编号，用户将从此步读取孔隙压力数据。

c. 从 Increment 选项，选择 Last 来从选中步的最后增量读取孔隙压力输出；或者选择 Specify 并输入增量的编号，用户将从此增量读取孔隙压力数据。

d. 切换选中 Interpolate midside nodes 来在不同的网格之间插值孔隙压力值。

5. 对于用户定义的孔隙压力分布，进行下面的操作。

a. 进入作业模块，并查找感兴趣的分析作业的作业编辑器（更多信息见 19.7 节“创建、编辑和操控作业”）。

b. 在作业编辑器中，单击 General 标签页，然后指定包含用户子程序的文件，此用户子程序定义了预定义的场。更多信息见 19.8.6 节“指定通用作业设置”。

注意：用户仅可以在作业编辑器中指定用户子程序；如果用户的分析包含多个用户子程序，则用户必须将这些子程序组合成一个文件，然后指定此文件。

6. 单击 OK 来创建孔隙压力场并关闭对话框。

模型上出现粉红色方块，表示用户刚刚创建的孔隙压力场。

16.11.15　定义流体腔压力场

用户可以定义流体填充的腔的初始流体腔压力（见《Abaqus 分析用户手册——分析卷》

的 6. 5. 1 节“基于面的流体腔：概览”）。用户仅可以在初始步中创建或者更改流体腔压力场。更多信息见《Abaqus 分析用户手册——指定条件、约束与相互作用卷》的 1. 2. 1 节“Abaqus/Standard 和 Abaqus/Explicit 中的初始条件”。要在不是初始步的步中更改流体腔压力，用户必须定义一个流体腔压力边界条件（更多信息见 16. 10. 15 节“定义流体腔压力边界条件”）。

若要创建或者编辑流体腔压力场，执行以下操作：

1. 使用下面的一个方法来显示流体腔压力场编辑器。

• 要创建一个新的流体腔压力场，按照 16. 8. 3 节“创建预定义场”中指出的过程来操作（Category：Other；Types for Selected Step：Fluid cavity pressure）。用户仅可以在初始步中创建流体腔压力场。

• 要使用菜单或者管理器来编辑现有的流体腔压力场，见 3. 4. 13 节“编辑步相关的对象”。用户仅可以在初始步过程中更改一个流体腔压力场。

2. 单击 Fluid cavity interaction 域右侧的箭头，然后选择施加流体腔压力的相互作用。

3. 输入 Fluid cavity pressure 值。

4. 单击 OK 来创建流体腔压力场并关闭对话框。

流体腔参考点上出现绿色菱形，表示用户刚刚创建的初始流体腔压力场。

17　网格划分模块

网格划分模块包含的工具允许用户在 Abaqus/CAE 中创建的零件和装配体上生成网格。此外，网格划分模块包含确认已存在的网格的功能。本章包含以下主题：

- 17.1 节 “理解网格划分模块的角色”
- 17.2 节 “进入和退出网格划分模块”
- 17.3 节 “网格划分模块基础”
- 17.4 节 “理解布置种子”
- 17.5 节 “赋予 Abaqus 单元类型”
- 17.6 节 “确认和改善网格”
- 17.7 节 “理解网格生成”
- 17.8 节 “结构型网格划分和映射网格划分”
- 17.9 节 “扫掠网格划分”
- 17.10 节 “自由网格划分”
- 17.11 节 “自下而上的网格划分”
- 17.12 节 “网格与几何形体的关联性”
- 17.13 节 “理解自适应网格重划分”
- 17.14 节 “高级网格划分技术”
- 17.15 节 “使用网格划分模块工具箱”
- 17.16 节 “为模型布置种子”
- 17.17 节 “创建和删除网格”
- 17.18 节 “控制网格特征”

- 17.19 节 “获取网格划分信息和统计”
- 17.20 节 “创建网格划分零件”
- 17.21 节 “控制自适应网格重划分”

有关编辑孤立节点和单元的信息，见 64.1 节“可以使用网格编辑工具集做什么?”。

17.1 理解网格划分模块的角色

网格划分模块允许用户在 Abaqus/CAE 中创建的零件和装配体上生成网格。该模块提供了不同层级的自动化和控制，以便用户可以创建满足分析需求的网格。与创建零件和装配体一样，赋予网格属性到模型的过程——如布置种子、网格划分技术和单元类型——是基于特征的。因此，用户可以更改定义零件或者装配体的参数，然后用户在网格划分模块中指定的网格划分属性将自动重新生成。

网格划分模块提供以下功能：

- 用于在局部和整体层级上指定网格密度的工具。
- 模型着色，用于显示模型中赋予每一个区域的网格划分技术。
- 不同的网格控制。

—单元形状

—网格划分技术

—网格划分算法

—自适应网格重新划分规则

- 给网格单元赋予 Abaqus/Standard、Abaqus/Explicit 或者 Abaqus/CFD 单元类型的工具。单元可以属于用户创建的模型或者孤立的网格。
- 确认网格质量的工具。
- 用于提高网格质量和细化网格的工具。
- 将网格划分后的装配或者选中的零件实例保存成网格划分零件的工具。

17.2 进入和退出网格划分模块

用户可以在 Abaqus/CAE 程序会话的任何时候，通过单击环境栏 Module 列表中的 Mesh 来进入网格划分模块。进入 Mesh 模块后，Abaqus/CAE 界面会有以下变化：

- Seed、Mesh、Feature 和 Tools 菜单会出现在主菜单栏上。
- 出现在环境栏中的 Object 域允许用户显示零件或者装配体。
- Abaqus/CAE 可以改变视口中显示的装配零件实例的颜色。这些颜色潜在描述了每一个实例的可划分性和相关性。独立实例表现出的颜色说明了它们的可划分性，关联实例在装配背景中表现为蓝色，在零件背景中表现为白色。更多信息见 17.3.10 节“网格划分独立的和关联的零件实例”。

注意：仅当选择了 Mesh defaults 色映射时，零件实例才会根据其可划分性和相关性进行彩色编码。如果在不同的模块中显示默认的色映射，则 Abaqus/CAE 会在用户进入网格划分模块时自动施加 Mesh defaults 色映射。如果用户在不同的模块中选用了非默认的色映射，如 Materials，则当用户进入网格划分模块时，Abaqus/CAE 会继续根据选中的色映射（在此情况中，根据材料类型）来进行彩色编码。

要退出网格划分模块，从 Module 列表中选择任何其他的模块。用户不需要在退出模块之前保存网格；当用户从主菜单栏选择 File→Save 或者 File→Save As 来保存整个模型时，网格将自动保存。

17.3　网格划分模块基础

本节提供了用户想要高效使用网格划分模块必须理解的术语和概念的扼要解释。本节给出了可用功能的概览，并且描述了每个功能在网格创建过程中的作用，包括以下主题：

- 17.3.1 节　“网格划分过程”
- 17.3.2 节　“网格划分属性和控制”
- 17.3.3 节　“网格生成”
- 17.3.4 节　“自上而下的网格划分”
- 17.3.5 节　“自下而上的网格划分”
- 17.3.6 节　“网格划分技术彩色编码”
- 17.3.7 节　“网格细化”
- 17.3.8 节　“网格优化”
- 17.3.9 节　“网格检验”
- 17.3.10 节　“网格划分独立的和关联的零件实例”
- 17.3.11 节　“显示本地网格划分”

17.3.1　网格划分过程

要创建可接受的网格，请使用以下过程：

赋予网格属性和设置网格控制

网格划分模块提供多种工具让用户指定不同的网格特征，如网格密度、单元形状和单元类型。

生成网格

网格划分模块使用多种技术来生成网格。不同的网格划分技术为用户提供不同程度的网格控制。

细化网格

网格划分模块提供多种工具让用户细化网格：

—种子工具允许用户调整所选区域中的网格密度。

—分割工具集允许用户将复杂的模型分割成更加简单的子区域。

—虚拟拓扑工具集允许用户通过将小的面和边与相邻的面和边合并来简化模型。

—编辑网格工具集允许用户对网格进行微小调整。

优化网格

用户可以为模型赋予网格重新划分的规则。网格重新划分的规则可以对用户的网格进行连续的细化，并且每次细化都是以分析的结果为基础的。

确认网格

确认工具为用户提供网格划分所使用的单元质量的信息。

17.3.2　网格划分属性和控制

Abaqus/CAE 为用户提供了多种控制网格特征的工具：

• 用户可以通过沿着模型的边创建种子，来指定网格的密度，以说明单元角节点的位置。例如，图 17-1 所示为沿顶边和左边偏置布置种子的模型。

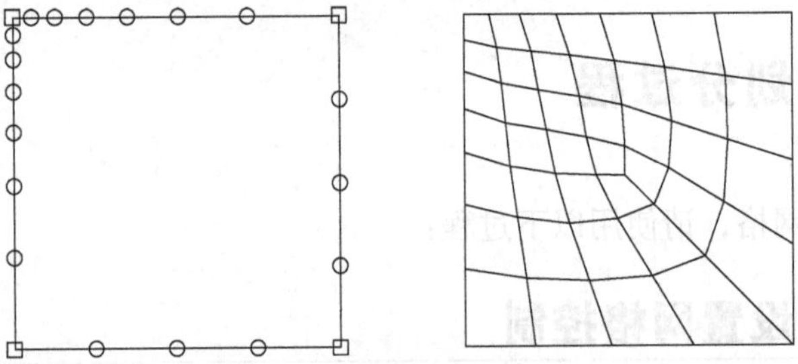

图 17-1　具有偏置布置种子的模型

更多信息见 17.4 节“理解布置种子”。

• 用户可以选择网格单元的形状。例如，图 17-2 所示为先使用正方形进行单元划分，再使用三角形进行单元划分的模型。

更多信息见 17.5 节“赋予 Abaqus 单元类型”。

• 用户可以选择网格划分技术——结构型网格划分、扫掠网格划分或自由网格划分；以及可以在适用的情况下，选择网格划分算法——中轴或波前。更多信息见 17.3.3 节“网格生成”。

• 用户通过选择单元族、几何阶数和形状，以及沙漏那样的特殊单元控制，可以选择赋予网格的单元类型。更多信息见 17.7 节“理解网格生成”。

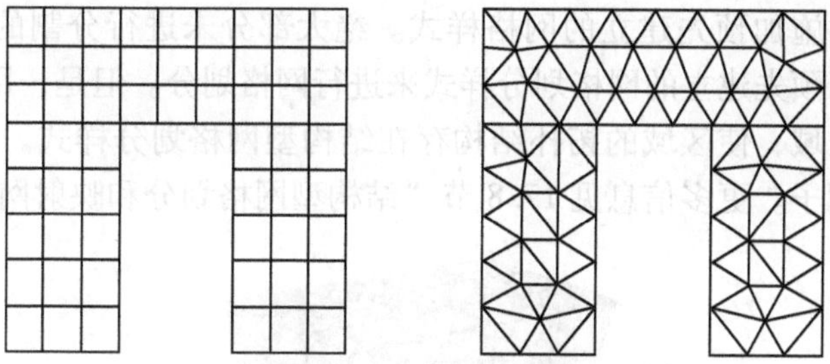

图 17-2 使用不同单元形状的两个网格

17.3.3 网格生成

Abaqus/CAE 可以使用多种网格划分技术来划分不同拓扑结构的模型。在一些情况中，用户可以选择一个模型或模型区域所使用的网格划分技术。在其他情况中，仅有一种技术是有效的。不同的网格划分技术提供了不同程度的自动化和用户控制。在 Abaqus/CAE 中有两种网格划分方法：自上而下和自下而上。

自上而下的网格划分通过从零件或区域的几何形体向下到单个的网格节点和单元来生成网格。用户可以使用自上而下的网格划分技术，使用任何可用的单元类型对一维、二维或三维的几何形体进行网格划分。生成的网格恰好与原始的几何形体一致。严格符合几何形体自上而下的网格划分主要是一个自动化过程，但在形状复杂的区域上提供高质量的网格可能比较困难。

自下而上的网格划分通过从二维实体（几何面、单元面或二维的单元）向上创建三维网格来生成网格。用户仅可以使用自下而上的网格划分技术，使用全部（或者几乎全部）六面体单元来划分实心三维几何形体。使用自下而上的网格划分技术生成网格是一个手动过程，并且生成的网格可能与原始的几何形体有着显著差异。但是，允许网格随几何形体变化可以在形状复杂的区域上生成高质量的六面体网格。

17.3.4 自上而下的网格划分

自上而下的网格划分依赖零件的几何形体来定义网格的外部边界。自上而下的网格划分匹配几何形体；用户可能需要简化和/或分割复杂的几何形体，以便 Abaqus/CAE 能够识别用来生成高质量网格的基本形状。在一些情况中，自上而下的方法可能不允许用户使用想要的单元类型来网格划分复杂零件的一部分。自上而下的技术（结构型网格划分、扫掠网格划分和自由网格划分），以及它们的几何形体要求都有明确的定义，并且施加到零件的载荷和边界条件会自动与生成的网格相关联。

结构型网格划分

结构型网格划分是自上而下的技术，给予了用户对网格的最大控制权，因为此技术会对特定的模型拓扑结构施加预先建立的网格样式。绝大部分未进行分割的实体模型都太过复杂，以至于不能使用预先建立的网格划分样式来进行网格划分。但是，用户通常可以将复杂模型分割成简单的区域，使区域的拓扑结构存在结构型网格划分样式。图 17-3 所示为一个结构型网格划分的例子。更多信息见 17.8 节“结构型网格划分和映射网格划分”。

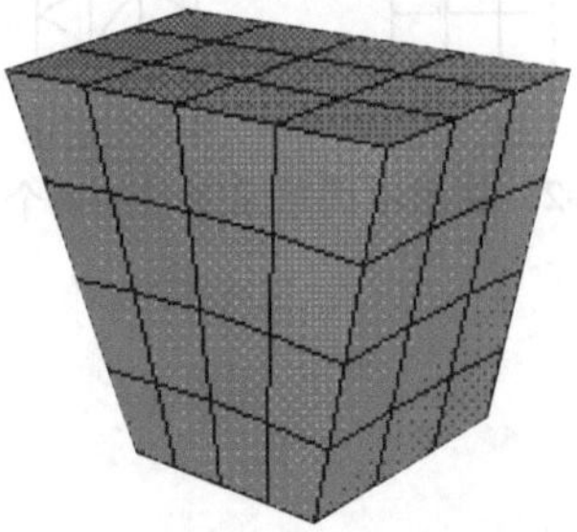

图 17-3 结构型网格划分示例

扫掠网格划分

Abaqus/CAE 通过在内部生成边或面上的网格，然后沿扫掠路径扫掠网格来进行扫掠网格划分。结果可以是从边开始创建得到的二维网格，也可以是从面开始创建得到的三维网格。与结构型网格划分一样，扫掠网格划分也是自上而下的技术，但它仅限于具有特殊拓扑结构和几何形体的模型。图 17-4 所示为一个扫掠网格划分的例子。更多信息见 17.9 节“扫掠网格划分”。

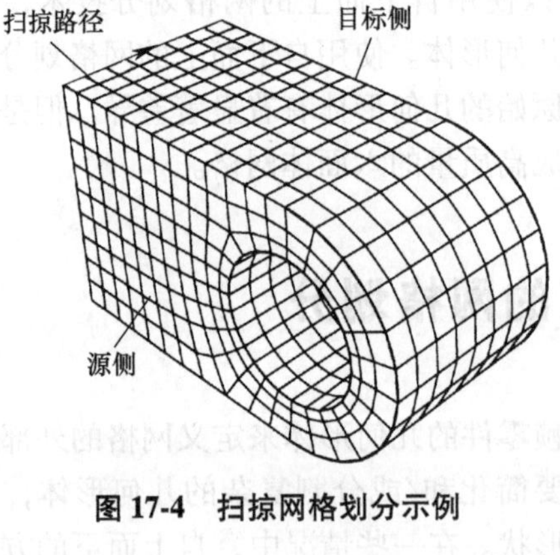

图 17-4 扫掠网格划分示例

自由网格划分

自由网格划分技术是最灵活的自上而下的网格划分技术。此技术不使用预先建立的网格样式，并且可以施加到几乎所有的模型形状上。然而，自由网格划分给予了用户对网格的最少控制权，因为没有办法预测网格样式。图 17-5 所示为一个自由网格划分的例子。更多信息见 17.10 节“自由网格划分”。

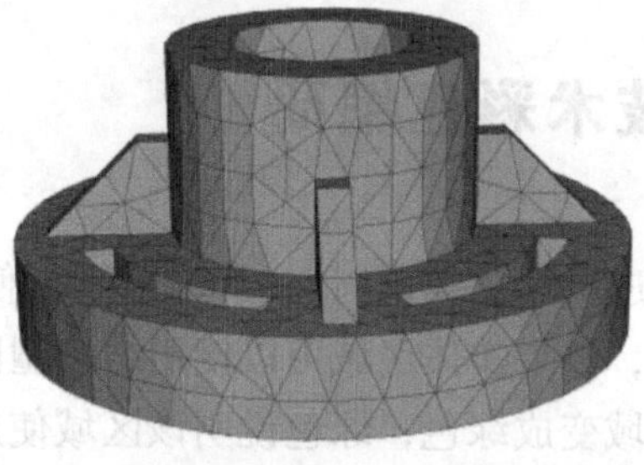

图 17-5 使用四面体单元生成的自由网格

17.3.5 自下而上的网格划分

自下而上的网格划分将零件的几何实体作为网格外部边界的参考，但是不要求网格与几何形体一致。没有了这一限制后，用户对网格具有更大的控制权，并且用户可以在对于结构型网格划分技术或扫掠网格划分技术来说过于复杂的几何形体上创建一个六面体的，或者六面体主导的网格。自下而上的网格划分可以应用于任何实体模型形状。此技术使得用户对网格划分具有最大的控制权，因为用户可以选择驱动网格的方法和参数。然而，用户也必须决定生成的网格是否是几何形体的合适近似。如果不是合适的近似，则用户可以删除网格并尝试其他的自下而上的网格划分方法；或者分割此区域，然后使用自下而上或自上而下的网格划分技术对产生的较小区域进行网格划分。

要网格划分单一的自下而上的区域，用户需要应用多个连续的自下而上网格划分。例如，用户可以使用自下而上的拉伸网格来生成区域的一部分，然后使用拉伸网格的单元面作为起点，来生成拉伸网格未包含的特征的扫掠网格。

给几何形体施加载荷和边界条件，与自上而下的网格不同，自下而上的网格不能完全地与几何形体关联。因此，用户应当检查在施加载荷或边界条件的地方，网格是否正确地与几何形体关联。正确的网格-几何关联将确保在分析过程中载荷和边界条件正确地传递到网格。更多信息见 17.12 节“网格与几何形体的关联性”。由于与自动自上而下的网格划分过程相比，用户需要额外的努力来创建令人满意的网格，因此仅当自上而下的网格划分不能生成合适网格时，才建议使用自下而上的网格划分。

图 17-6 所示为自下而上进行网格划分零件的例子。虽然该零件相对简单，但它需要两个区域和四个自下而上的网格才能完整地网格划分该零件。Abaqus/CAE 显示使用区域几何形体颜色（浅褐色）和网格划分颜色（浅蓝色）混合的自下而上的网格划分区域，以强调几何形体和网格可能不关联。通过同时显示几何形体和网格，用户可以查看和编辑网格与几何形体的关联性。

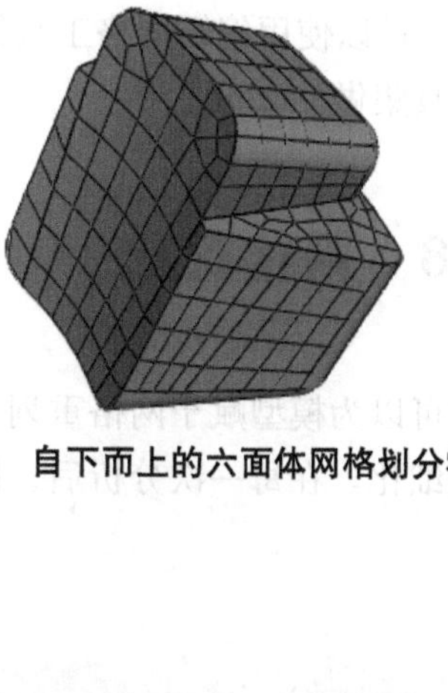

图 17-6 自下而上的六面体网格划分零件

17.3.6　网格划分技术彩色编码

当用户选择 Mesh defaults 进行彩色编码时，Abaqus/CAE 使用不同的颜色来表示当前指定区域的网格划分技术。例如，如果实体区域可以使用结构型网格划分技术来划分，则当用户进入网格划分模块时，该区域变成绿色；绿色说明该区域使用了结构型网格划分技术。黄色说明该区域使用了扫掠网格划分技术。如果一个区域不能使用当前赋予的单元形状进行网格划分，则当用户进入网格划分模块时，该区域会变成橙色。粉红色或浅褐色的区域表示分别使用了自由网格划分技术和自下而上的网格划分技术。

注意：用户必须使用 Mesh Controls 对话框为一个区域指定自下而上的网格划分技术。Abaqus/CAE 不会自动赋予自下而上的网格划分技术，也不会指示一个使用了自下而上技术的区域是否也可以使用自上而下的技术进行网格划分。更多信息见 17. 18. 1 节“赋予网格控制”。

用户可以通过将区域分割成更小的具有更简单拓扑结构的区域，改变指定区域的单元形状，或者使用虚拟拓扑工具集来改变可施加的网格划分技术。

17.3.7　网格细化

网格划分模块为用户提供了一组用来细化网格的工具。

• 用户可以使用分割工具集来将几何形体区域分割成更小的区域。用户可以对分割产生的新边布置种子；因此，用户可以组合分割和布置种子来获取对网格生成过程的额外控制。用户也可以使用分割工具集来生成不同的区域，对新创建的区域赋予不同的单元类型。例如，用户可能想要给模型的一些区域赋予缩减积分的单元，并给其他区域赋予完全积分的单元。更多信息见第 70 章“分割工具集”。

• 在一些情况中，几何形体包含非常小的面和边等细节。虚拟拓扑工具集允许用户通过将小的面与相邻的面合并，或者将小的边与相邻的边合并来删除这些小细节。引入虚拟拓扑是创建干净、格式良好的网格的一种便捷方法。更多信息见第 75 章“虚拟拓扑工具集”。

• 用户可以使用编辑网格工具集来对网格进行微调。更多信息见 64. 1 节“可以使用网格编辑工具集做什么？”。

17.3.8　网格优化

用户可以为模型赋予网格重划分的规则。网格重划分的规则以求解结果为基础来实现连续的网格细化。在每一次分析后，网格划分模块都会对网格进行调整，以降低求解结果中的误差指标。更多信息见 17.13 节“理解自适应网格重划分”，17.14 节“高级网格划分技术”，19.9 节“创建、编辑和操控自适应过程”。

17.3.9 网格检验

网格划分模块提供一组工具来允许用户检验网格，并获取网格划分统计及网格信息。网格划分模块还提供几何诊断工具来帮助用户检验为什么 Abaqus/CAE 不能对区域进行网格划分。更多信息见 17.6.1 节“确认网格”，17.6.2 节“查询网格”，71.2.4 节“使用几何形体调试工具”。

17.3.10 网格划分独立的和关联的零件实例

网格划分独立的和关联的零件实例的方法是不同的。更多信息见 13.3.2 节“关联零件实例与独立零件实例之间的差异”。

独立的

要网格划分一个独立的零件实例，使用环境栏将 Object 更改为 Assembly，然后直接网格划分实例。用户不能网格划分已经用于创建独立实例的零件。

关联的

要网格划分一个关联的实例，使用环境栏将 Object 更改为 Part，并选择关联实例所关联的零件。然后，用户可以网格划分零件，Abaqus/CAE 将对装配中的每一个关联实例施加相同的网格划分。当用户使用零件实例的线性阵列或者径向阵列时，关联的实例是方便的。用户可以网格划分原始零件，Abaqus/CAE 将对矩阵中的每一个零件实例应用相同的网格划分。

17.3.11 显示本地网格划分

用户可以在零件实例的几何形体和相同实例的表示之间，通过单击位于 Visible Objects 工具栏中的 Show native mesh 图标来进行显示切换。

用户可以使用任何与装配相关的模块中的 Show native mesh 工具，在显示装配几何形体与显示装配的网格划分之间切换。Abaqus/CAE 显示装配中独立实例与关联实例的网格表示（假设用户已经创建合适的网格）。

使用 Show native mesh 工具可以在零件的几何形体及其网格表示之间切换，并且用户可以查看网格符合几何形体的程度。此工具还可以让用户了解 Abaqus/CAE 是如何将虚拟拓扑合并到网格中的。此外，用户可以发现单击作业模块中的 Show native mesh 工具是很有用的。用户可以在递交作业用于分析之前确认整个装配已正确进行网格划分。

此工具不影响模型中任何孤立单元的显示；无论是显示零件实例本地部分的几何形体，还是显示单元，孤立单元都会显示。

17.4 理解布置种子

本小节解释布置种子的概念，以及如何布置种子来改善网格划分，包括以下主题：

- 17.4.1 节 “什么是网格划分种子？”
- 17.4.2 节 “用户可以给面或者单元体布置种子吗？”
- 17.4.3 节 “控制种子密度”
- 17.4.4 节 “对用户布置的种子施加曲率控制”
- 17.4.5 节 “约束种子”
- 17.4.6 节 “最小化种子重新定位”
- 17.4.7 节 “顶点与节点之间的关系是什么？”

17.4.1 什么是网格划分种子？

种子是用户沿着区域边布置的标记，用来指定该区域的目标网格密度。区域边界上的网格密度和区域内部的网格密度，都是由区域边的种子决定的。

用户可以使用网格模块主菜单栏中的 Seed 菜单来创建和控制种子。Abaqus/CAE 生成尽可能匹配用户种子的网格。Abaqus/CAE 可以使用以下方法来控制种子的分布：

- 沿着零件或零件实例的所有边，均匀地布置种子。
- 沿着一条边均匀地布置种子。
- 使用偏置来布置种子，使网格密度朝边的一端增加。
- 使用偏置来布置种子，使网格密度从边的两端朝边的中心增加。
- 使用偏置来布置种子，使网格密度从边的中心朝边的两端增加。

图 17-7 所示为均匀布置种子和偏置布置种子的模型组合。

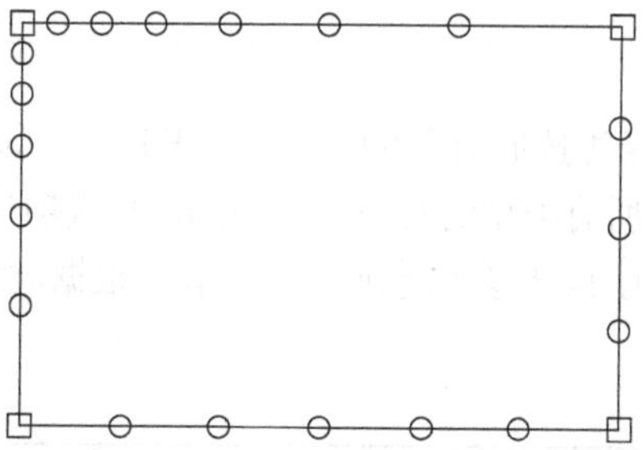

图 17-7 均匀布置种子和偏置布置种子的模型组合

用户应当对所有的边施加种子。如果均匀的种子布置是足够的，则推荐对整个零件或者零件实例布置种子。如果用户想要对网格进行更多的控制，则可以分割区域，然后沿着新创建的分割区域提供种子。此技术在 17.6 节“确认和改善网格”中进行了非常详细的描述。

网格划分种子仅指定目标网格密度。如果用户使用的是六面体或者四边形单元，则 Abaqus/CAE 通常会变化单元分布，以使网格能够成功生成。用户可以通过约束沿着边的种子数量来防止这种调整。当用户约束种子时，主要指定的是沿着边的单元数量，其次在较小程度上，指定节点的精确位置；如果有必要，Abaqus/CAE 会调整节点的位置来减少单元变形。此外，用户应当谨慎使用这样的约束，因为它们会使网格生成器更难获得网格。

默认情况下，Abaqus/CAE 仅在用户定义或者更改种子放置时才显示零件或者装配上的种子。如果用户想要在网格模块中执行其他操作时也显示种子，可以永久激活种子显示；切换 Visible Objects 工具栏中的来保持种子显示。

17.4.2 用户可以给面或者单元体布置种子吗？

用户可以选择边、面或者单元体来布置种子；然而，Abaqus/CAE 仅沿着边创建种子。当用户选择面或者单元体来布置种子时，Abaqus/CAE 仅沿着面的边或者单元体的边创建种子。此外，用户还可以选择一个集合或者面来布置种子；结果，Abaqus/CAE 也仅沿着集合或者面中包含的几何形体的边来创建种子。

当用户施加均匀布置的种子时，可以使用下面方法的组合来选择 Abaqus/CAE 将施加种子的区域：

单独按角度

用户可以单独地选择边、面或者单元体，或者使用角度方法来选择一组边或者面。例如，如果用户选择角度方法并且选择了一条边，则 Abaqus/CAE 会选择相邻的每一条边，直到边之间的角度等于或者超过用户输入的角度。更多信息见 6.2.3 节“使用角度和特征边方法选择多个对象”。

选择过滤器

用户可以使用过滤器来选择要选取对象的类型——Edges、Faces、Cells 或者 All。默认情况下，Abaqus/CAE 允许用户选择所有类型的对象。仅当用户从选项过滤器中选择 Edges 或者 Faces 后，按角度选择的选项才变得可用。更多信息见 6.3.2 节“根据对象类型过滤用户的选择”。

集合或者面

默认情况下，Abaqus/CAE 允许用户为从视口中选择的边、面和单元体施加种子。另外，用户可以单击提示区域右侧的 Sets/Surfaces，然后从可用集合（或者面）中选择。当用户选择一个集合（或者面）时，Abaqus/CAE 对集合（或者面）中的每一条边施加种子，其中包括所有的单元体和面的每条边。Abaqus/CAE 忽略了集合（或者面）中的任何顶点。

17.4.3 控制种子密度

用户可以使用下面的方法来控制沿着所选边的种子密度：

- 为整个模型或者零件实例指定每一条边的平均单元大小。
- 指定沿着边需要的单元数量。
- 指定沿着边的平均单元大小（如果边的长度不是单元长度的整数倍，则 Abaqus/CAE 将稍微改变单元的长度来得到沿着边的整数个单元）。
- 指定沿着边的单元的非均匀分布。单元密度可以从边的一端向另外一端增加（单偏置），或者单元密度可以从边的中心向两端变化（双偏置）。对于非均匀的分布，用户可以指定以下任何一项：

—沿着边期望的单元数量和偏置率。偏置率是最大单元与最小单元的比。

—最小单元的大小和最大单元的大小。

如果用户选择的边之前使用过这些方法的组合来布置过种子，则 Abaqus/CAE 提供了 As Is 选项，允许用户保持布置种子的方法。如果用户选择使用曲率控制或者种子约束的边，则 Abaqus/CAE 也提供了类似的选项。

对于指定种子密度的详细指导，请见以下章节：

- 17.16.1 节 “为整个零件或者零件实例定义种子密度”
- 17.16.2 节 “通过指定单元数量来给边布置种子”
- 17.16.3 节 “通过指定单元大小来给边布置种子”
- 17.16.4 节 “沿着一条边指定种子偏置”
- 17.16.5 节 “对边种子施加约束”
- 17.16.6 节 “对之前网格划分的零件、零件实例或者区域布置种子”
- 17.16.7 节 “删除零件或者实例种子”
- 17.16.8 节 “删除边种子”

通过为整个零件或者零件实例指定平均单元大小而创建的种子，分别称为零件种子或者实例种子，并显示成白色；使用其他方法创建的种子称为边种子，并显示成品红色。边种子总是覆盖零件种子或者实例种子；因此，当用户为整个零件或者零件实例指定平均单元大小时，零件种子或者实例种子仅出现在尚未具有边种子的区域的边上。由分割创建的新边默认被赋予零件或者实例种子。

当用户为指定了扫掠或者旋转网格划分技术的区域的边布置种子时，边布置种子工具会自动从选中的边传递种子布置到区域中的匹配边。换言之，扫掠路径开始处的面或边上的种子，会自动地传递到扫掠路径末端处的面或者边上。同样的，沿着扫掠路径的一条边创建的种子会自动地传递到沿着扫掠路径的其他边上。因此，即使用户仅选择一个面或者边来布置种子，Abaqus/CAE 也会将种子传递到其他的边或者面上。更多信息见 17.9.1 节“什么是扫掠网格划分?”。

17.4.4　对用户布置的种子施加曲率控制

零件布置种子工具允许用户在为零件、零件实例或者多个边布置种子时，指定一个目标单元大小。如果几何形体相对规整，指定一个单独的目标零件大小可以得到可接受的网格划分。然而，如果用户指定一个单独的目标单元大小，但组成零件或者边的几何形体特征大小不同，则产生的网格可能过于粗糙而无法充分表现任何小的特征，如图 17-8 所示。

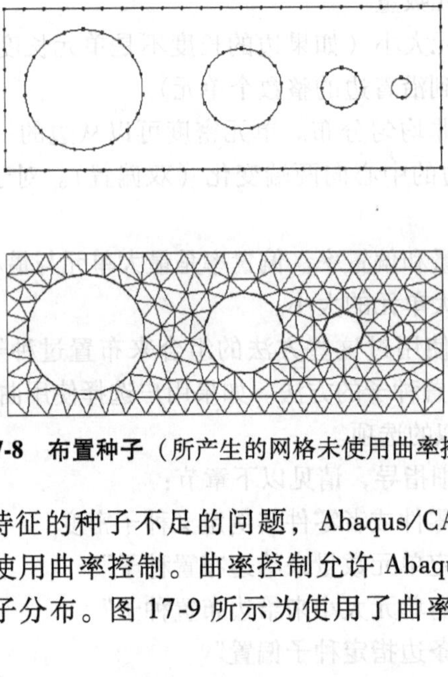

图 17-8　布置种子（所产生的网格未使用曲率控制）

为了避免环绕小弯曲特征的种子不足的问题，Abaqus/CAE 在给一个零件、零件实例或者边布置种子时可以使用曲率控制。曲率控制允许 Abaqus/CAE 以边的曲率和目标单元大小为基础来计算种子分布。图 17-9 所示为使用了曲率控制的布置种子和生成的网格划分。

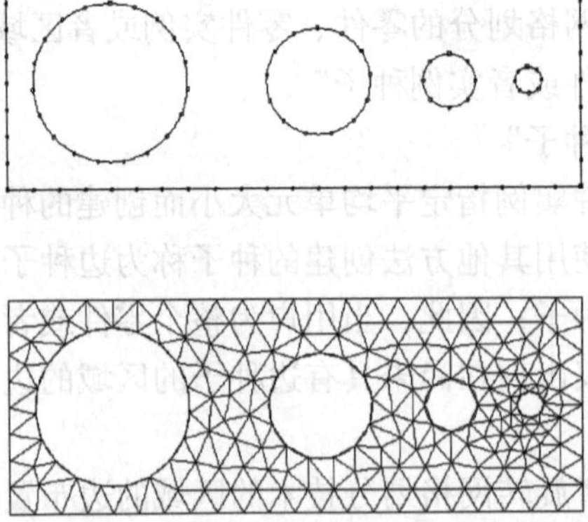

图 17-9　布置种子（所产生的网格使用了曲率控制）

用户可以配置以下内容来指定曲率控制将如何影响种子布置：

偏离因子

偏离因子衡量的是单元边偏离原始几何形体的程度，如图 17-10 所示。

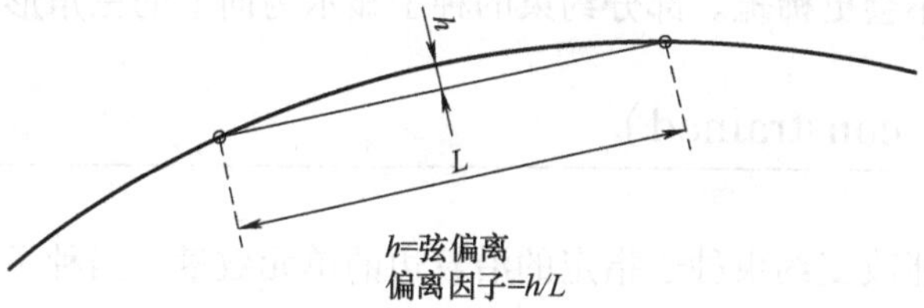

图 17-10 偏离因子

为了帮助用户直观地了解偏离因子，Abaqus/CAE 显示对应用户输入设置的围绕圆将创建的单元近似数量。随着偏离因子的降低，Abaqus/CAE 围绕圆将创建的单元数量会增加。这个数量只是视觉上的一种辅助理解；例如，如果用户对一条样条曲线或者一个椭圆布置种子，则 Abaqus/CAE 将依据沿着边的局部曲率创建不同数量的单元。

指定最小的尺寸因子

指定最小的尺寸因子可以防止 Abaqus/CAE 在用户不感兴趣建模的高曲率区域处建立非常细密的网格；例如，样条曲线中的扭绞处或者半径非常小的圆角。用户输入的代表最小尺寸的值是相对于整体种子尺寸的比例。因此，如果用户改变整体种子尺寸，不必改变最小的尺寸因子。

有关施加曲率控制的详细指导，见 17.16.1 节“为整个零件或者零件实例定义种子密度”。

17.4.5 约束种子

默认情况下，网格种子仅指定一个目标网格密度。当用户使用自由网格划分技术来生成三角形单元或者四边形单元时，Abaqus/CAE 通常会精确匹配网格种子。然而，在其他情况中，Abaqus/CAE 可能会改变单元分布，以便可以成功生成网格。如果用户想要防止 Abaqus/CAE 改变单元分布，可以通过约束沿着边的种子来固定沿着此边的指定单元数量。用户只能约束边种子，而不能约束零件或者实例种子。

用户可以给沿着边的一组种子赋予以下三个状态中的任何一个：

未约束的（Unconstrained）

这是默认的设置。沿着边的单元数量可以增加或者减少，这样网格可以比种子指定的网格更密集或者更稀疏。未约束的种子显示为一个开放的圆。

部分约束（Partially constrained）

沿着边的单元数量可以在网格生成过程中增加，但不能减少。此约束允许网格比种子指定的网格更密集，但不会更稀疏。部分约束的种子显示为向上的三角形。

完全约束（Fully constrained）

网格生成过程不能改变约束种子指定的沿着边的单元数量。当种子完全约束时，网格生成将试图让节点的位置完全对应种子的位置。然而，这并不能保证种子与节点位置之间精确匹配。完全约束的种子显示为正方形。

Abaqus/CAE 总是在区域的几何顶点处创建完全约束的种子，这说明在每一个顶点处都将放置一个有限元节点。

在许多情况中，网格生成器必须重新分布单元（偏离种子的数量和位置）才能成功生成网格。为了尽可能地保障成功划分网格，在给定零件或者零件实例中应使种子不受约束，或者至少避免完全约束大量的种子，这样将使得网格划分器具有更多的自由来重新分布种子。

有关约束边种子的详细指导，见下面的章节：

- 17.16.5 节　“对边种子施加约束”
- 17.16.9 节　“使用容差对话框放松约束”

17.4.6　最小化种子重新定位

在网格生成过程中，Abaqus/CAE 将用户创建的种子作为网格边的节点的目标位置。然而，如果用户使用的是四边形单元或者六面体单元，则种子和节点之间的紧密匹配在很大程度上取决于以下几点：

在过渡区域用户允许的单元形状

如果用户在过渡区域中允许三角形单元，则将在种子和网格节点之间得到更好的匹配。如果用户限制网格只能包括四边形单元，则种子和节点将不太可能匹配。

网格过渡设置

如果用户允许网格过渡，则将在种子与网格的节点之间得到更好的匹配。

网格划分技术

使用先进的波前网格划分算法生成的网格，比使用中轴算法生成的网格能更好地匹配种子。

种子约束

完全约束的种子在数量和位置上都紧密匹配生成的节点。然而，用户必须仅完全约束零件或者零件实例的一些边，否则，Abaqus/CAE 将不能生成网格。

相邻的区域如何布置种子

当网格划分为多个区域时，Abaqus/CAE 通常会重新分布单元，以使网格在区域之间兼容。即使单个区域的网格排列足以在该区域中生成网格，但也要对种子排列进行更改，因为单元的数量必须与沿着共享边的相邻区域兼容。

注意：这种布置并不能保证零件实例之间网格的兼容性。在一些简单的情况中，布置种子仅可以帮助获得零件与零件之间的网格兼容。获得兼容网格的技术在 17.14.3 节“零件实例之间的兼容网格”中进行了描述。

当为整个模型平衡单元重新分布时，Abaqus/CAE 试图最大限度地符合用户指定的种子数量和位置。如果在沿着一个选中边进行大变动，与对许多边进行小变动之间进行选择，Abaqus/CAE 将会进行许多的小变动。

17.4.7 顶点与节点之间的关系是什么?

当用户选择一个模型时，无论顶点沿着模型的边出现在哪里，Abaqus/CAE 都会在顶点上自动布置完全约束的种子。出现在顶点处的完全约束的种子，总是说明节点将出现在这些顶点上（出现在沿着区域边的其他位置上的完全约束的种子并不表示节点的确切位置；它们仅表示沿着该边的节点数量）。因此，当用户绘制零件草图时，应当记住，零件中的顶点位置会影响 Abaqus/CAE 可以生成的网格质量。有关改变顶点位置的信息，见 20.17.1 节“拖动草图对象”。

例如，图 17-11 所示为一个二维零件的草图。注意九个顶点的位置。这些顶点是通过沿着顶边和底边草图绘制的几条线段，而不是通过沿着每个边的一条连续的线段创建的。

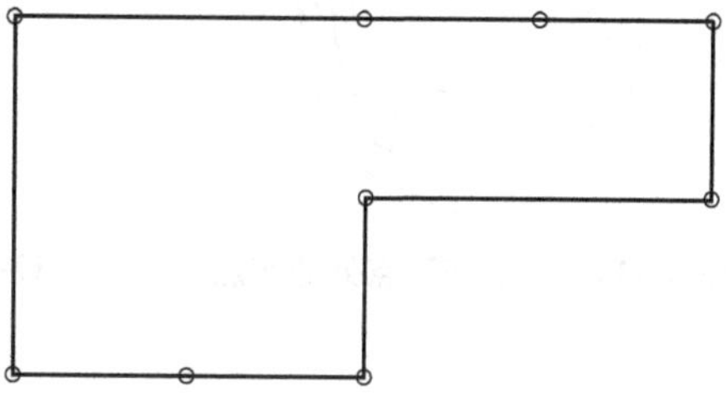

图 17-11　二维零件上的顶点

当给零件或者零件的实例布置种子时，在每个顶点都会出现方形的、完全约束的种子，如图 17-12 所示。

当网格划分模型时，Abaqus/CAE 总是在位于顶点处的完全约束的种子处布置节点，如图 17-13 所示。

同样的，图 17-14 所示为将拉伸形成中空圆柱体的两个同心圆的草图。

注意顶点的位置，草图器会在用户单击的位置处定义圆的参数。

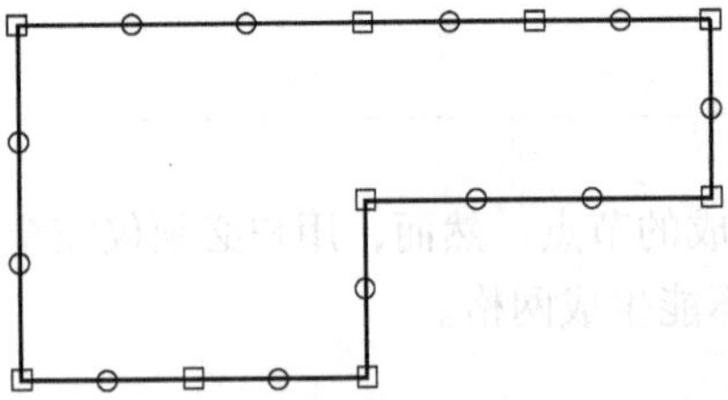

图 17-12　在每个顶点处出现完全约束的种子

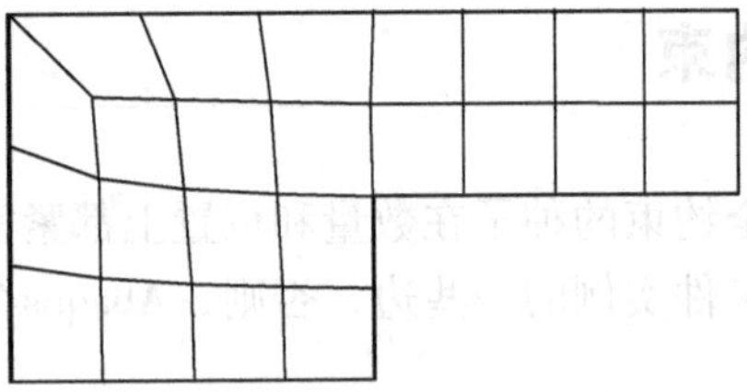

图 17-13　出现在顶点处的节点

当给圆柱体布置种子时，方形的、完全约束的种子将会出现在每一个顶点处，如图 17-15 所示。

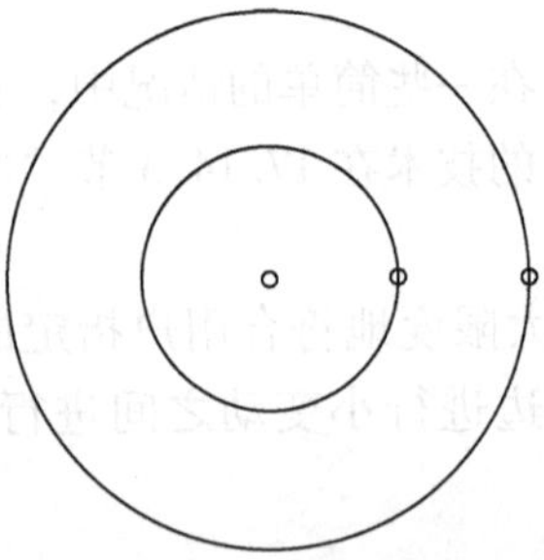

图 17-14　带有对齐顶点的同心圆

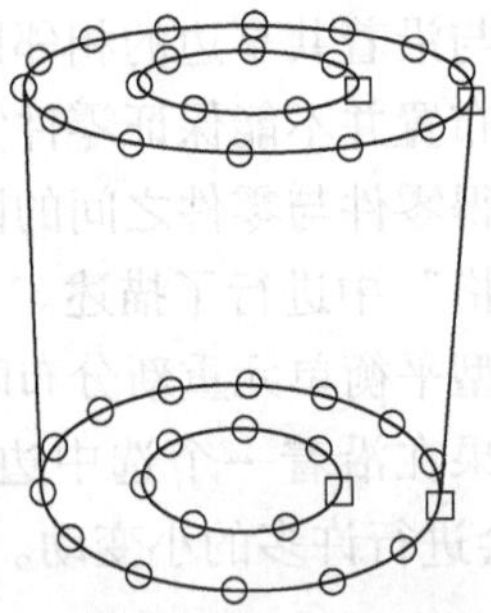

图 17-15　出现在每一个顶点处的完全约束的种子

当网格划分模型时，节点总是出现在位于顶点的完全约束的种子位置处，如图 17-16 所示。

如果用户绘制圆柱体草图时没有对齐两个顶点，则有可能生成一个扭曲的网格。例如，图 17-17 中两个同心圆的顶点就没有对齐。因此，右侧的网格有一点扭曲，如图 17-18 所示。

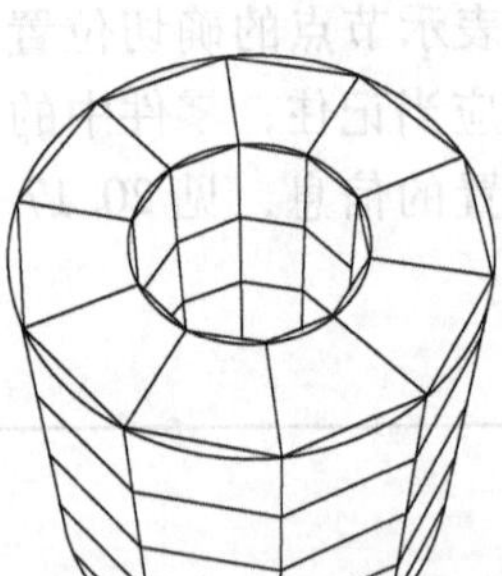

图 17-16　出现在顶点处的节点

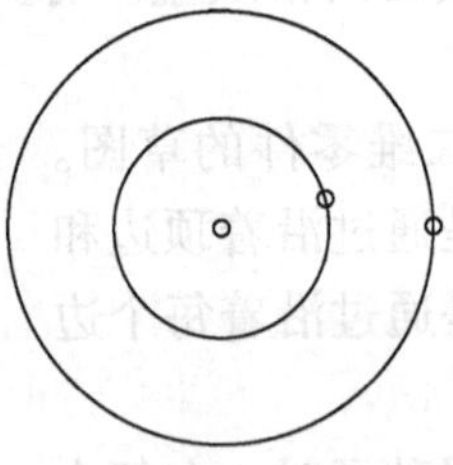

图 17-17　顶点没有对齐的同心圆

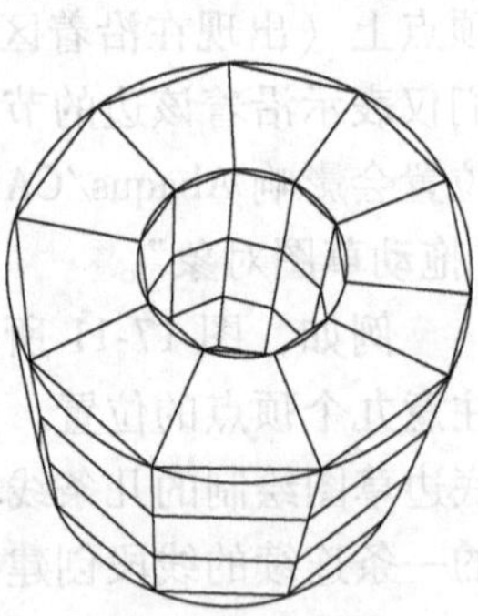

图 17-18　扭曲的网格

17.5 赋予 Abaqus 单元类型

本节介绍如何为几何形体区域和孤立单元赋予 Abaqus/Standard、Abaqus/Explicit 和 Abaqus/CFD 单元类型，包括以下主题：

- 17.5.1 节 “网格单元如何对应 Abaqus 单元？”
- 17.5.2 节 “哪些类型的单元必须在网格划分模块之外生成？”
- 17.5.3 节 “单元类型赋予”

17.5.1 网格单元如何对应 Abaqus 单元？

网格模块可生成包含图 17-19 中所示单元形状的网格。Abaqus/Standard、Abaqus/Explicit 和 Abaqus/CFD 中的大部分单元都对应所示形状中的一个，即它们在拓扑上等效于这些形状。例如，虽然单元 CPE4、CAX4R 和 S4R 用于应力分析，DC2D4 用于热传导分析，AC2D4 用于声学分析，但所有的五个单元在拓扑上都等效于线性四边形。

默认每一个网格区域都赋予一个或者多个 Abaqus 单元类型。每一个单元类型都对应一个可以用于区域中的单元形状。例如，壳网格区域通常默认赋予四边形单元类型和三角形单元类型。然而，对于在拓扑上与赋予区域的单元形状等效的任何 Abaqus 单元，用户都可以改变其单元类型赋予。因此，用户可以选择全部使用三角形单元来网格划分壳区域，并且 Abaqus/CAE 会忽略四边形单元类型赋予。

若要改变在拓扑上与赋给区域的单元形状等效的 Abaqus 单元类型，从主菜单栏选择 Mesh→Element Type。类似地，用户可以选择 Mesh→Controls 来为网格划分选择单元形状。

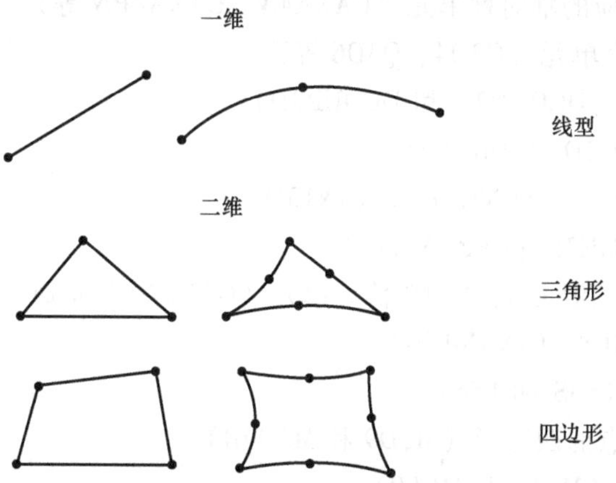

图 17-19 单元形状

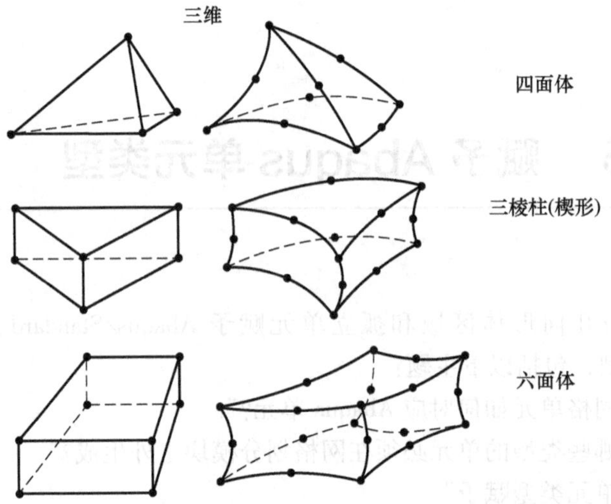

图 17-19 单元形状（续）

然而，由于用户在提交分析之前都不会进行单元类型检查，所以有可能为将要进行的分析选择了不合适的单元。例如，Abaqus/CAE 并不会阻止用户指定 DC2D4 那样的热传导单元，即使用户可能要进行的是应力分析。

17.5.2 哪些类型的单元必须在网格划分模块之外生成？

Abaqus/CAE 为所有 Abaqus/CFD 单元和大多数 Abaqus/Standard 和 Abaqus/Explicit 使用的单元提供支持。有些不被支持的单元必须在网格划分模块之外生成。下面所列的单元是 Abaqus/CAE 不支持的一些单元。如果用户想要给模型赋予这些类型的单元，就必须使用文本编辑器将它们添加到作业模块生成的输入文件中。有关生成输入文件的信息，见 19.2.1 节“分析模型的基本步骤”。

- 声学界面单元（ASI1）
- 具有非轴对称响应的轴对称单元（CAXA4*N*、CAXA8P*N* 等）
- 热-电-结构的耦合单元（Q3D4、Q3D6 等）
- 分布的耦合单元（DCOUP2D 和 DCOUP3D）
- 拖链单元（DRAG2D 和 DRAG3D）
- 弹性-塑性连接单元（JOINT2D 和 JOINT3D）
- 框架单元（FRAME2D 和 FRAME3D）
- 间隙单元、耦合的温度-位移和热传导单元（GAPUNIT 和 DGAP）
- 无限单元（CIN3D8、CINAX4 等）
- 线性弹簧单元（LS3S 和 LS6）
- 膜单元，9 个节点的四边形（M3D9 和 M3D9R）
- 膜单元，圆柱形（MCL6 和 MCL9）

- 粒子单元（PC3D）
- 管-土相互作用单元（PSI24、PSI34 等）
- 滑动线单元（ISL21A 和 ISL22A）
- 应力/位移可变节点单元（C3D15V、C3D27 等）

注意：在用户提交分析后，Abaqus/Standard 会自动将接触对中与从面相邻的任何 C3D20（*R*）（*H*）单元转化成对应的 C3D27（*R*）（*H*）单元（这两个单元在 Abaqus/Explicit 中都不可用）；否则，Abaqus/CAE 无法生成可变的节点六面体。

- 面单元，圆柱形（SFMCL6 和 SFMCL9）
- 厚壳单元，9 个节点的双弯曲（S9R5）
- 管-管接触单元（ITT21 和 ITT31）

用户不能在网格划分模块中赋予某些单元，如 CONN2D2 和 SPRING1；但是，用户可以在相互作用模块中创建等效的连接器，或者在属性模块或相互作用模块中创建工程特征，见表 17-1。这些单元会被写到输入文件中。

表 17-1　Abaqus/CAE 支持连接器和工程特征

单元	Abaqus/CAE 支持
CONN2D2、CONN3D2	相互作用模块中的等效连接器
DASHPOTA、DASHPOT1、DASHPOT2	属性模块或者相互作用模块中的工程特征（独立于场变量的线性行为） 相互作用模块中的等效连接器
GAPCYL、GAPSPHER、GAPUNI	相互作用模块中的等效连接器
HEATCAP	属性模块或者相互作用模块中的工程特征
ITSCYL、ITSUNI	相互作用模块中的等效连接器
JOINTC	相互作用模块中的等效连接器
MASS	属性模块或者相互作用模块中的工程特征
ROTARYI	属性模块或者相互作用模块中的工程特征
SPRINGA、SPRING1、SPRING2	属性模块或者相互作用模块中的工程特征（独立于场变量的线性行为） 相互作用模块中的等效连接器

更多信息见 15.7 节“理解连接器”，第 33 章“惯量”，以及第 37 章“弹簧和阻尼器”。

17.5.3　单元类型赋予

单元类型可以赋予以下对象：

- 从以几何形体为基础的零件或者零件实例中选择的区域。零件实例必须来自用户已经在零件模块中创建的零件或者用户导入的零件。
- 从以几何形体为基础的零件或者零件实例中选择的区域的集合。此集合也可以引用蒙皮加强。
- 一个孤立单元或者单元集合。

所有来自以几何形体为基础的零件或者零件实例的区域，以及所有孤立单元都有默认的单元类型赋予。这些赋予取决于区域或者单元所属的零件类型。用户可以使用 Element Type 对话框查看和改变赋予的 Abaqus 单元类型，可以通过选择 Mesh→Element Type 来显示该对话框。例如，图 17-20 所示为二维结构区域的 Element Type 对话框。

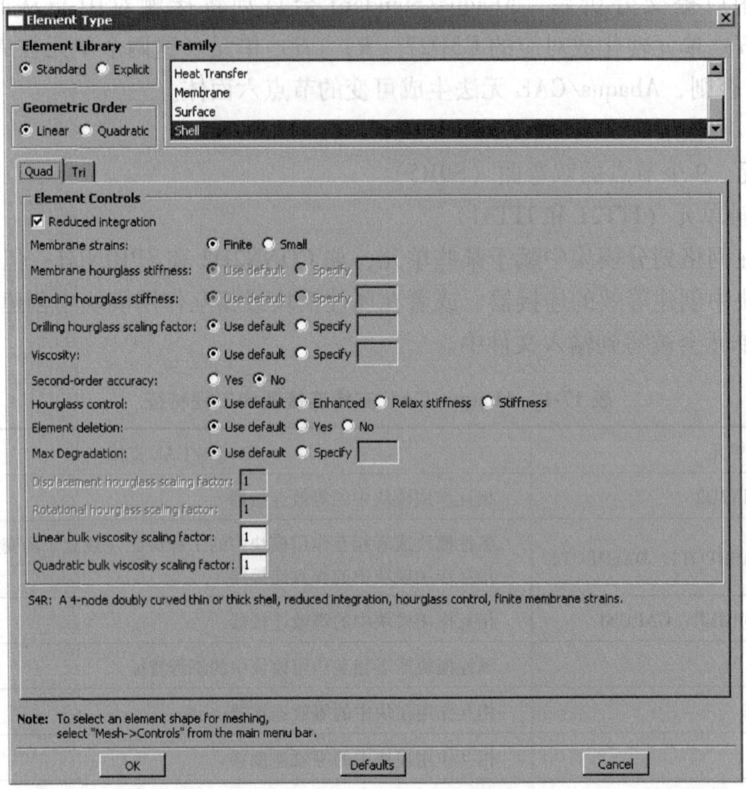

图 17-20　Abaqus/Standard 模型中二维结构区域的 Element Type 对话框

在对话框的顶部，用户进入单元库、单元几何阶数和单元族的优选库。然后，用户通过单击对话框下半部分中的标签页，从出现的选项中选择特定的单元类型。更多有关单元控制选项的信息见《Abaqus 分析用户手册——单元卷》的 1.4 节“截面控制”。

对话框可以包含 1~3 个标签页，这取决于所选区域的维度：

• Line 标签页允许用户选择一个可应用的单元类型，并将它指定给区域中的一维网格划分单元。

• Quad 和 Tri 标签页允许用户选择一个可应用的单元类型，并将它指定给区域中的二维网格划分单元。

• Hex、Wedge 和 Tet 标签页允许用户将三维单元类型指定给区域中的三维网格划分单元。

例如，在图 17-20 中，选择了 Abaqus/Standard 单元库中的线性壳单元的选项。在单击 Quad 标签页后，选择了 Reduced intergration（缩减积分）和 Membrane strains（有限膜应变）。满足所有这些准则的四边形壳单元的名称和简要说明都出现在标签页的底部。

此对话框中的 Tri 标签页显示如图 17-21 所示。满足所有对话框中指定准则的三角形壳单元的名称和简要说明出现在了图 17-21 中 Tri 标签页的底部。如果此示例中选择的区域恰好包含三角形网格单元和四边形网格单元的组合，则：

- 为四边形网格单元赋予 S4R 单元类型。
- 为三角形网格单元赋予 S3 单元类型。

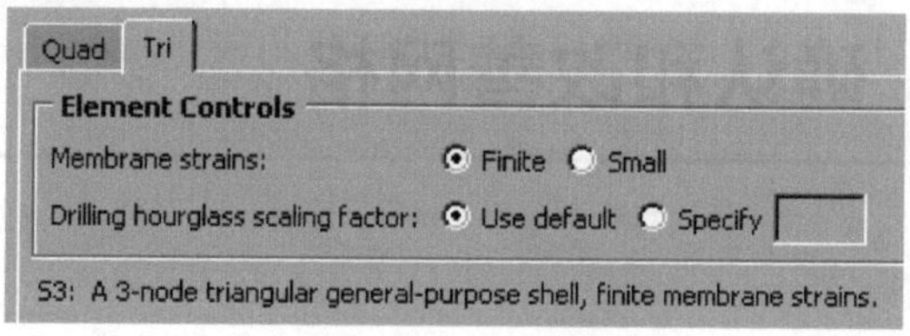

图 17-21　Tri 标签页

如果区域仅包含四边形单元，则将 S4R 单元类型赋予所有的单元。

将单元类型赋予网格划分区域的详细步骤说明，见 17.18.10 节“将 Abaqus 单元与网格划分区域关联”。可以使用的单元类型列表见《Abaqus 分析用户手册——单元卷》的附录 A“Abaqus/Standard 单元索引”，《Abaqus 分析用户手册——单元卷》的附录 B“Abaqus/Explicit 单元索引”和《Abaqus 分析用户手册——单元卷》的附录 C“Abaqus/CFD 单元索引”。用户可以通过 Element Type 对话框选择这些单元中的大多数。17.5.2 节“哪些类型的单元必须在网格划分模块之外生成？”描述了不能选中的单元。

17.6 确认和改善网格

本节介绍如何使用网格划分模块中的工具来检验网格划分的质量，控制网格划分生成，以及改善网格质量，包括以下主题：

- 17.6.1 节 “确认网格”
- 17.6.2 节 “查询网格”
- 17.6.3 节 “为什么要在网格划分模块中分割”
- 17.6.4 节 “分割如何影响种子和其他属性?”
- 17.6.5 节 “在更改几何形体后重新生成分割”
- 17.6.6 节 “使用虚拟拓扑改善网格划分”
- 17.6.7 节 “使用自适应网格重新划分来改善网格”

17.6.1 确认网格

在完成网格划分操作后，Abaqus/CAE 会高亮显示网格中的任何不良单元。Abaqus/CAE 也在网格划分模块中提供了一组工具来允许用户确认网格质量，并得到网格中节点和单元的信息。用户可以使用这些工具来隔离网格质量较差的区域，并在需要细化网格时得到指导。要确认网格的质量，从环境栏选择 Object，然后从主菜单栏选择 Mesh→Verify。然后用户可以选择零件、零件实例、几何形体区域或者单元来进行确认。Abaqus/CAE 允许用户在检查网格是否会在分析产品中通过质量检查，与检查网格是否通过单独的质量检查（如检查具有大长宽比的单元）之间进行选择。任何没有通过指定准则的单元都会在视口中高亮显示，用户可以选择创建并保存一个集合来包含高亮显示的单元，或者如果适用，可以创建并保存与这些单元关联的单元体、面或者边的集合。有关使用网格确认工具的详细信息，见 17.19.1 节 “确认单元质量”。

用户可以使用 Analysis checks 来确认网格中的单元是否通过单元质量检查，而此单元质量检查与输入文件处理器都包含在 Abaqus/Standard 或者 Abaqus/Explicit 中。Abaqus/CAE 会高亮显示没有通过质量测试的单元，并在信息区域中显示被测试单元的数量以及错误和警告的数量。输入文件处理器中的网格质量测试是广泛的，并且对于每一个单元类型是特定的。至少，网格质量测试会为看上去不合适的扭曲单元发出警告，如果扭曲严重，测试会发出错误内容提示。Abaqus/CAE 不支持梁、垫片或者胶粘单元的分析检查。

用户可以使用 Shape metrics 高亮显示所选形状单元中未满足以下选择准则的单元：

形状因子（Shape factor）

Abaqus/CAE 会高亮显示归一化形状因子小于指定值的单元。形状因子准则仅适用于三角形单元和四面体单元。形状因子的范围为 0~1，1 表示最佳的单元形状，0 表示退化的单元。

- 对于三角形单元，归一化形状因子的定义为

$$形状因子 = \frac{单元面积}{最佳单元面积}$$

最佳单元面积是具有单元的外接圆半径的等边三角形面积。外接圆半径是通过三角形三个顶点的圆的半径。

- 对于四面体单元，归一化形状因子的定义为

$$形状因子 = \frac{单元体积}{最佳单元体积}$$

最佳单元体积是具有单元的外接球半径的等边四面体的体积。外接球半径是通过四面体四个顶点的球的半径。

小面拐角

Abaqus/CAE 高亮显示面的两个边的夹角小于指定角度的单元。

大面拐角

Abaqus/CAE 高亮显示面的两个边的夹角大于指定角度的单元。

长宽比

Abaqus/CAE 高亮显示长宽比大于指定值的单元。长宽比是单元最长边与最短边之间的比。

表 17-2 显示了以单元为基础的选择准则的默认限制。

表 17-2 单元形状选择准则限制

选择准则	四边形	三角形	六面体	四面体	楔形
形状因子	无	0.01	无	0.0001	无
小面拐角/(°)	10	5	10	5	10
大面拐角/(°)	160	170	160	170	160
长宽比	10	10	10	10	10

用户可以使用 Size metrics 来高亮显示没有满足以下选择准则之一的单元：

几何偏离因子（Geometric deviation factor）

Abaqus/CAE 高亮显示几何偏离因子大于指定值的边。几何偏离因子度量单元边偏离原始几何形体的程度，Abaqus/CAE 通过将单元边与其父几何面或者几何边之间的最大间隙除以单元边的长度来计算该因子值。默认情况下，Abaqus/CAE 高亮显示几何偏离因子大于 0.2 的单元。

Abaqus/CAE 仅为本地网格中的单元计算几何偏离因子。如果用户选择了没有几何形体的零件，则 Abaqus/CAE 将在 Verify Mesh 对话框中禁用此选项。如果用户既选择了本地单元又选择了孤立单元，则 Abaqus/CAE 仅为本地单元计算几何偏离因子。

短边（Short edge）

Abaqus/CAE 高亮显示边长度小于指定值的单元。

长边（Long edge）

Abaqus/CAE 高亮显示边长度大于指定值的单元。

稳定时间增量（Stable time increment）

Abaqus/CAE 高亮显示计算得到的稳定时间增量小于指定值的单元。稳定时间增量计算需要合适的材料定义和截面赋予，并且仅对 Abaqus/Explicit 分析有意义。

Abaqus/CAE 中的稳定时间增量计算是 Abaqus/Explicit 为单元到单元公式进行的初始稳定时间增量的近似计算。此计算不考虑以下任何条件：

- 质量缩放。
- 点质量。
- 转动惯量。
- 非结构质量。
- 增强材料（螺纹钢）。

Abaqus/CAE 中支持稳定时间增量计算的材料行为包括弹性、超弹性、超泡沫（无用户定义的测试数据）和声学介质。稳定时间增量计算不支持使用多种材料的复合截面。更多信息见《Abaqus 分析用户手册——分析卷》的 1.3.3 节“显式动力学分析”中的“稳定性”。

声学单元的最大允许频率

Abaqus/CAE 高亮显示在 Abaqus/Standard 中对于模态分析或者稳态动力学分析超出指定频率值的无效声学单元。最大允许频率计算需要合适的材料定义和截面分配。该频率以大约每个波长 10 个单元为基础来指导计算：

$$f_{\max}=\frac{PC_{\mathrm{o}}}{10h}$$

其中 P 是插值阶数（1 或 2），h 是单元边界盒的大小，C_{o} 是声速$\left(\sqrt{\frac{体积模量}{密度}}\right)$。

此外，对于形状和尺寸指标，Abaqus/CAE 在信息区域为每一个选中的零件、零件实例或者区域显示以下信息：

- 零件或者零件实例的名称。
- 零件实例或者选中区域中选中形状的单元总数。
- 高亮显示单元的数量以及这些被检验的单元在包含单元中的百分比。
- 选择准则的平均值。对于几何偏离因子，Abaqus/CAE 仅考虑沿着曲线或者面的单元来计算平均值；这些值不包括位于体积中心的实体单元。
- 选择准则的“最坏”值——如果值没有超出准则，则为最接近准则的值，如果超出了准则，则为离准则最远的值。

17.6.2 查询网格

网格模块中的查询工具允许用户获得网格中的节点和单元的信息。此外，用户可以从主菜单栏选择 Tools→Query 来查询以下与网格有关的信息：

- 选中零件、零件实例或者区域中的节点和单元总数，以及每种单元形状的单元数。
- 选中单元的类型和连接性。
- 壳和膜面的正反两面。
- 梁和杆的切向。
- 网格堆叠方向。
- 边界面的边是否具有不匹配的界面、裂纹或者间隙，以及任何边是否与其他面相交。
- 自由边或者交叉边的位置——两个外部单元没有完全共享的外部壳边或者实体单元边。
- 任何未网格划分区域的位置。

有关使用查询工具集的详细信息，见 17.19.2 节“获取网格划分信息”。

17.6.3 为什么要在网格划分模块中分割？

用户可以使用分割工具集将零件或者独立的零件实例分割成较小的区域。在网格划分模块中创建分割有三个原因：

- 要将一个复杂的、三维的零件或者零件实例分割成较小的区域，使得 Abaqus/CAE 可以使用结构型或扫掠网格划分技术，主要使用六面体单元进行网格划分。使用自由网格划分技术几乎可以对所有的三维零件进行网格划分，但三维自由网格仅可以包含四面体单元。

- 更好地控制网格划分生成。
- 获取可指定不同单元类型的区域。

如何使用分割工具集中的每一个工具的详细信息，见第 70 章“分割工具集”。

用户仅可以分割零件或者独立的零件实例。如果需要分割一个关联实例，则用户可以分割创建关联实例的原始零件。另外，用户也可以创建原始零件的副本，然后创建副本的独立实例。然后用户可以将关联实例替换成新的独立实例，并分割独立的实例。更多信息见 13.3.2 节“关联零件实例与独立零件实例之间的差异”。

默认情况下，对所有的二维零件和零件实例施加使用四边形单元的自由网格划分。当用户使用此默认技术创建网格划分时，Abaqus/CAE 会隐式创建分割区域，将零件分割成可以使用结构型网格划分技术进行分割的区域。更多信息见 17.10.2 节“使用四边形和四边形为主的单元进行自由网格划分”。因此，所有的二维零件不需要任何手动分割就可以进行网格划分。

然而，当三维的零件或实例使用六面体单元无法进行网格划分时，用户必须采取以下步骤之一：

- 将单元形状从六面体变为四面体，就可以施加自由网格划分技术。
- 分割成可进行结构型网格划分或者扫掠网格划分的区域。

当选择了 Mesh defaults 色映射时，Abaqus/CAE 使用橙色来表示三维区域不能使用当前赋予的单元形状。例如，图 17-22 所示为不能使用六面体单元网格划分的零件。

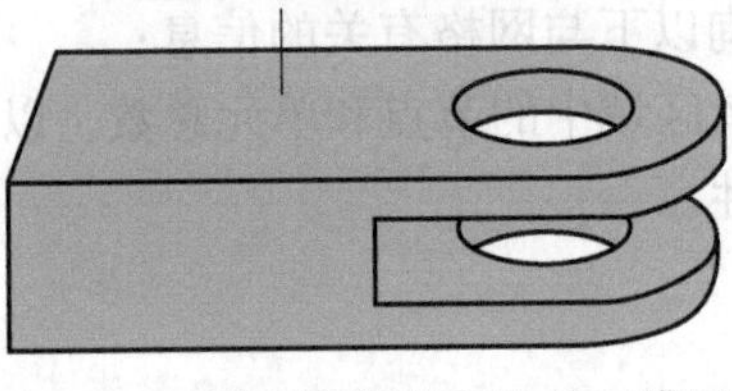

图 17-22　不能进行网格划分的三维区域

通过增加分区，该零件可以使用六面体单元来进行网格划分，如图 17-23 所示；绿色区域是可以使用结构型网格划分技术进行网格划分的区域，黄色区域是可以使用扫掠网格划分技术进行网格划分的区域。

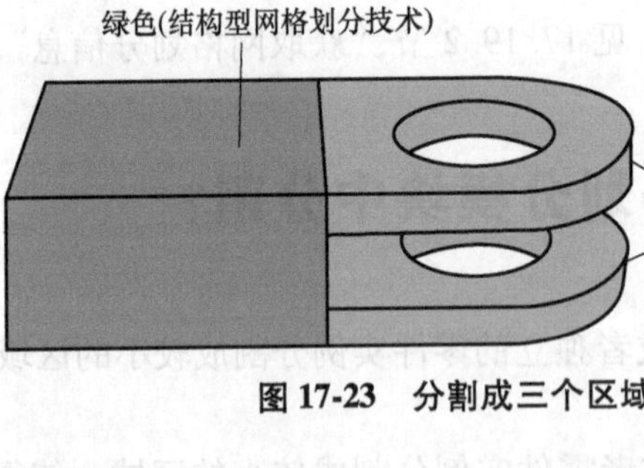

图 17-23　分割成三个区域的模型

即使零件或者实例不经过分割也可以网格划分，用户也仍然想通过分割来获取对网格生成的更多控制。没有使用分割，网格仅沿着外部边对齐；使用了分割，生成的网格将使单元的行或者网格沿着分割对齐，即网格会沿着分割“流动”。例如，图 17-24 中将矩形分成两部分的分割，使网格以一定的角度沿着分割流动。

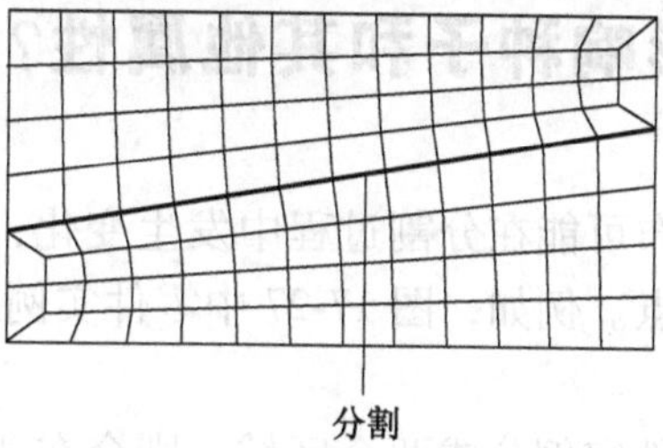

图 17-24　网格沿着分割流动

用户可以使用由面分割产生的额外边来控制网格特征。例如，图 17-25 所示为分割和局部网格划分种子允许用户控制网格流和密度的示意。

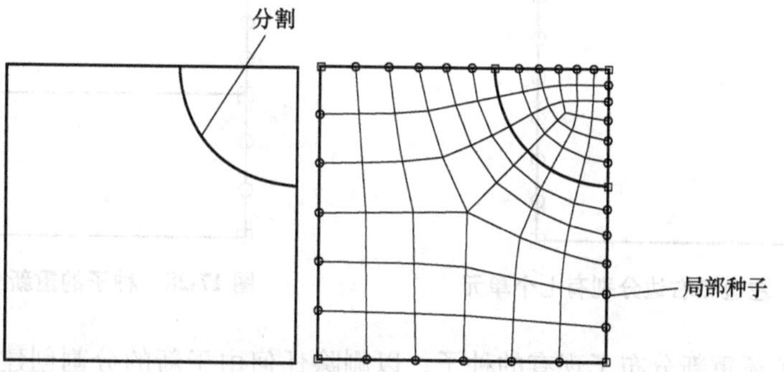

图 17-25　分割和局部网格划分种子允许用户控制网格流和密度

类似地，图 17-26 所示为分割和局部网格划分种子允许用户细化应力集中区域中的网格的示意。

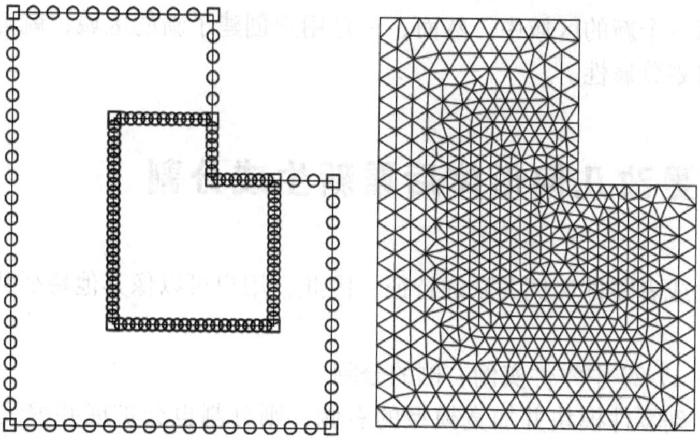

图 17-26　分割和局部网格划分种子允许用户细化应力集中区域中的网格

此外，用户可以对分割创建的区域施加不同的网格划分控制，如单元形状。

分割时，请记住分割将变成单元边界。因此，要确保分割之间或者分割与边之间的夹角尽可能接近 90°。此外，用户应当避免创建不需要的短边，因为这会扭曲网格。

17.6.4　分割如何影响种子和其他属性?

沿着用户选中边的种子分布可能在分割过程中发生变化；Abaqus/CAE 会重新分布种子来兼容任何由分割创建的新顶点。例如，图 17-27 中零件实例左边和右边的种子布局是每条边有七个单元。

如果用户创建的分割将零件实例分成两个区域，则会在两个边的中点处创建新的顶点。在图 17-28 中，用户可以看到 Abaqus/CAE 如何在新的顶点处添加种子，以使节点存在于每一个区域的拐角处。

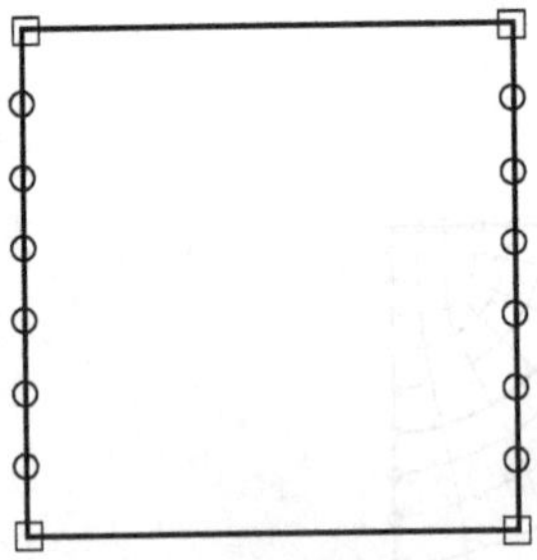

图 17-27　左边和右边分别有七个单元

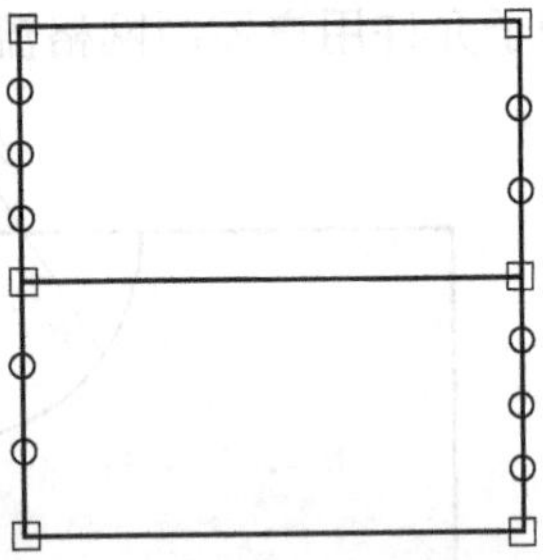

图 17-28　种子的重新分布

Abaqus/CAE 还重新分布了现有的种子，以删除任何由于新的分割创建的过小单元。然而，这种重新分布可能会产生没有对齐的种子。顶部区域在左侧比右侧多出一个种子，底部区域与之相反，即右侧比左侧多出一个种子。在此示例中，用户可以将沿着左右边的单元数量改成偶数，以确保分割后种子对齐。

用户已经施加的任何其他网格划分属性，如单元形状或者单元类型，将自动施加到用户使用分割创建的每一个新的区域中。然而，一旦用户创建了新的区域，就可以对每一个新区域赋予不同的网格划分属性。

17.6.5　在更改几何形体后重新生成分割

分割是与零件或者零件实例关联的特征；因此，用户可以像其他特征那样更改和重新生成它们。

例如，考虑图 17-29 中零件实例右侧的分割。

如果用户返回到零件模块并加宽模型的右侧，则分割也会扩展并继续将面分成两个区域，如图 17-30 所示。

有时重新生成分割会创建未网格划分的区域。在这种情况下，只需添加、更改或者删除分割，直到零件实例再次可以进行网格划分。

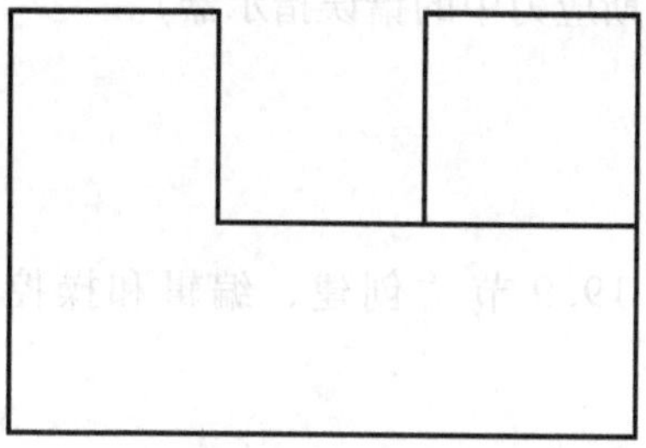

图 17-29　分割后的零件实例

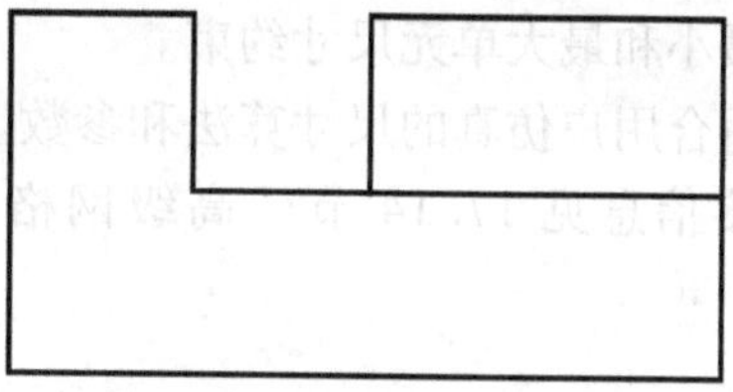

图 17-30　重新生成的分割

17.6.6　使用虚拟拓扑改善网格划分

在一些情况中，零件或者零件实例会包含非常小面和边等细节。虚拟拓扑工具集允许用户通过将小面与相邻的面组合，或者通过将小边与相邻的边组合来删除这些小的细节。用户也可以忽略所选的边和顶点，这与组合面和边的效果是相同的。引入虚拟拓扑是创建干净、格式良好的网格的一种便捷方法。虚拟拓扑工具仅在网格划分模块中可用。

然而，给零件实例添加虚拟拓扑可能会限制用户后续对零件实例进行网格划分的能力。例如，用户不能使用下面的技术来网格划分包含虚拟拓扑的区域：

- 使用中轴算法，以及四边形或者四边形为主的单元自由网格划分二维面。
- 使用中轴算法来三维扫掠网格划分。
- 如果要网格化的区域不受四个角的限制，则使用二维结构型网格划分。
- 如果要网格化的区域不受六个边的限制，则使用三维结构型网格划分。

更多信息见第 75 章“虚拟拓扑工具集”。

此外，用户仅能对独立的实例应用虚拟拓扑。如果用户需要对关联的实例应用虚拟拓扑，则可以创建原始零件的副本，然后为该副本创建独立实例。然后，用户能够使用新的独立实例来替代关联的实例，并对独立的实例应用虚拟拓扑。更多信息见 13.3.2 节“关联零件实例与独立零件实例之间的差异”。

17.6.7　使用自适应网格重新划分来改善网格

在许多情况中，在执行了一定数量的分析并评估了求解结果后，用户才会知道网格细化是否符合所需的特定求解目标。通常，网格细化研究是在这些情况下进行的，即连续细化网格并确认关键的求解结果是否收敛。用户可以通过对模型中感兴趣的区域施加网格重新划分准则，并以一系列执行的分析为基础，使用 Abaqus/CAE 自适应网格重新划分过程来自动执行连续的网格细化。

使用网格重新划分准则，用户可以指定：

- 用户想要细化网格的区域。

- 网格细化所依据的解决方案质量标准（如米塞斯应力中的错误指示器）。
- 网格细化所依据的一个或者多个分析步。
- 最小和最大单元尺寸约束。
- 适合用户仿真的尺寸算法和参数。

更多信息见 17.14 节“高级网格划分技术”，19.9 节“创建、编辑和操控自适应过程”。

17.7 理解网格生成

本节介绍与网格和生成网格有关的基本概念和术语，包括以下主题：

- 17.7.1 节 “概览”
- 17.7.2 节 “保持节点坐标的精度”
- 17.7.3 节 “确定可以网格划分的区域”
- 17.7.4 节 “如果区域不能进行网格划分，应当怎么办？”
- 17.7.5 节 “什么是网格过渡？”
- 17.7.6 节 “中间轴算法与先进波前算法的区别是什么？”
- 17.7.7 节 “什么类型的网格不能自动生成？”
- 17.7.8 节 “什么时候 Abaqus/CAE 将删除网格？”
- 17.7.9 节 “必须在一次操作中网格划分整个模型吗？”
- 17.7.10 节 “可以改变网格中单元的几何形体阶数吗？”

17.7.1 概览

Abaqus/CAE 中的绝大部分网格划分是以“自上而下”的方式完成的。这意味着创建的网格恰好与区域的几何形体一致，并向下延伸到单元和节点的位置。Abaqus/CAE 遵循以下基本步骤来生成网格：

1. 使用当前赋予区域的网格划分技术自上而下地生成网格。默认情况下，Abaqus/CAE 使用一阶线性、四边形或者六面体单元生成整个网格。

2. 将所有区域的网格合并成一个单独的网格。通常，Abaqus/CAE 将沿着相邻区域公共边的节点合并成一个单独的节点集合。然而，在特定的情况中，Abaqus/CAE 将创建绑定的面相互作用来替代合并这些节点；例如，沿着六面体网格与四面体网格的公共界面。更多信息见 17.14.1 节“网格划分多个三维实体区域”。

Abaqus/CAE 生成的自上而下的网格与要离散的零件或者零件实例兼容，如图 17-31 所示：

- 在每一个几何顶点处生成一个节点。
- 沿着每一个几何形体边生成单元边的连接集合。
- 沿着每一个几何形体面生成单元面的连接集合。
- 网格边界上的节点（包括二阶单元的中间节点）总是在几何形体的边界上。
- 内部二阶单元的中间节点在单元边的端部节点之间。

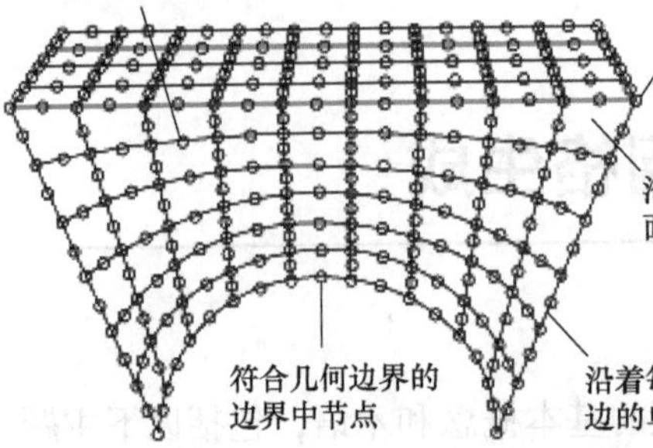

图 17-31　符合零件实例几何形体的网格划分

创建自上而下网格划分的详细情况见 17.17.1 节“创建网格”。

直接依赖几何形体来形成外部的网格边界可能会影响网格质量，因为 Abaqus/CAE 会创建填充小细节的单元。在某些情况中，用户可能无法实施分割策略来允许用户对复杂区域应用自上而下的扫掠技术，或者结构型网格划分技术。对于实体区域，用户可以使用自下而上的网格划分技术代替自上而下的自动网格划分技术来生成六面体网格。自下而上的网格划分是手动的、增量的网格划分过程，从二维实体建立三维网格。用户可以使用自下而上的技术定义要网格划分的区域，控制网格划分过程，决定生成的网格是否满足需要，并且——因为不要求网格与几何形体兼容——控制几何形体与网格的关联性。有关自下而上的网格划分的更多信息，见 17.11 节“自下而上的网格划分”。

17.7.2　保持节点坐标的精度

当用户在零件模块中创建零件时，零件存在于它自己的坐标系中，与模型中的其他零件独立。相比而言，当用户在装配模块中创建一个零件实例并将它相对于其他零件实例定位时，用户是在整体坐标系中工作的。

要保持精度，网格划分模块就要将零件实例的定位信息从实例的几何形体中分离出来。因此，当用户生成网格时，零件实例的节点坐标是相对于原始零件的坐标系来计算的（当作业模块生成输入文件时，Abaqus/CAE 为每一个实例写入相对于它自己的坐标系的节点坐标，并通过 * INSTANCE 关键字将实例的定位和方向信息传递到分析产品中）。

网格划分模块以单精度存储这些节点坐标。如果零件的几何形体远离它自己坐标系的原点，则一些节点坐标的精度会下降。为了防止这种精度下降，用户应当尽量将零件定位在靠近其坐标系原点的地方。例如，Abaqus/CAE 本地零件的坐标系原点位于定义基本特征的草图原点处。因此，如果可能的话，用户应当将基本特征的草图定位在草图器网格的原点处。

17.7.3　确定可以网格划分的区域

当选择了 Mesh defaults 色映射时，网格划分模块中区域的颜色表示当前赋予该区域的网格划分技术，颜色编码如下：

- 结构型网格划分技术：绿色。
- 自由网格划分技术：粉红色。
- 扫掠网格划分技术：黄色。
- 不可网格划分：橙色。
- 自下而上的网格划分技术：浅褐色。

每种网格划分技术的信息，见 17.8 节“结构型网格划分和映射网格划分”；17.10 节“自由网格划分”；17.9 节“扫掠网格划分”；17.11 节“自下而上的网格划分”。有关色映射的更多信息，见第 77 章“对几何形体和网格单元进行彩色编码”。

在许多情况中，Abaqus/CAE 可以使用多种技术来网格划分一个区域；在这些情况中，用户可以接受默认的技术，也可以使用 Mesh Controls 对话框来选择其他技术。此外，用户可以通过给区域添加分割或者为区域赋予不同的单元形状，来改变一个区域的有效网格划分技术。例如，如果用户将不可网格划分三维零件实例的单元赋予从六面体改为四面体，则该零件就可以使用自由网格划分技术进行网格划分。更多信息见 17.6.3 节“为什么要在网格划分模块中分割?”。

注意：用户必须使用 Mesh Controls 对话框来为一个区域赋予自下而上的网格划分技术。要取消自下而上的网格划分技术，用户可以选择其他技术或者单击 Mesh Controls 对话框中的 Defaults，来让 Abaqus/CAE 对该区域使用默认的单元形状和网格划分技术。

二维模型的默认网格划分技术是自由网格划分技术。如果用户对由自由网格划分技术生成的网格质量不满意，或者如果用户想要更加规则的网格划分样式，用户可以为模型的较简单区域赋予结构型网格划分。然而，如果用户的模型很大且复杂，则确定结构型网格划分可应用的简单区域是一个耗时的过程。为了加快此进程，用户可以在整个模型应用结构型网格划分技术，Abaqus/CAE 将进行如下操作。

- 确定是否有面因过于复杂而不能进行结构型网格划分，并询问用户是否希望将这些面从用户的选择中删除。
- 确定是否有面因形状不佳，并将产生不可接受的网格质量，并询问用户是否希望将这些面从用户的选择中删除。

如果 Abaqus/CAE 从用户的选择中删除了任何面，则它们将显示为粉红色，表示将使用自由网格划分来划分它们。保留的面显示为绿色，表示 Abaqus/CAE 将使用结构型网格划分来划分它们。

例如，图 17-32 中所示的电子连接器的壳模型。用户试图为整个装配赋予结构型网格划分，Abaqus/CAE 从用户的选择中删除了不能进行结构型网格划分的面。

如果用户网格划分一个实体模型，则用户必须选择一个或者多个单元，并使用 Mesh Controls 对话框来确定是否可以对这些单元应用结构型网格划分技术。如果有一个区域将使用自由四面体网格划分，则用户可以选择边界面并使用 Mesh Controls 对话框，来确定是否可以应用结构型网格划分技术在四面体网格划分实体之前，先创建三角形边界网格。

有关控制赋予区域的网格划分技术和单元形状的详细信息，见以下章节：

- 17.11 节 “自下而上的网格划分”
- 17.18.1 节 “赋予网格控制”

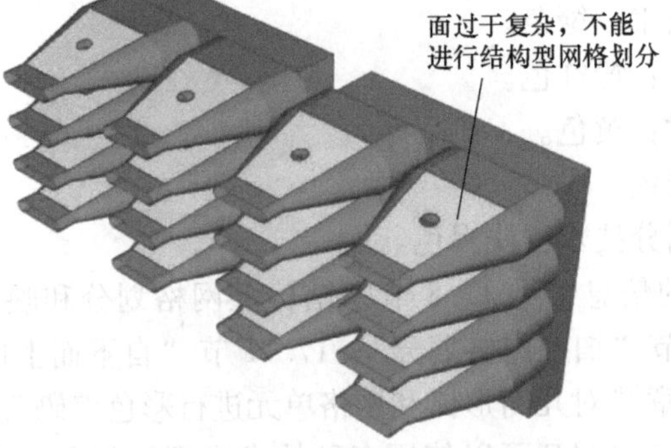

图 17-32　从选择中删除不能进行结构型网格划分的面

- 17.18.2 节　“选择一个网格形状”
- 17.18.3 节　“选择一个网格划分技术”
- 17.18.9 节　“为之前网格划分的区域改变网格划分控制”

17.7.4　如果区域不能进行网格划分，应当怎么办？

如果不能对区域进行网格划分，则 Abaqus/CAE 会显示 Error 对话框来解释为什么网格划分失败。在大部分情况中，Abaqus/CAE 会高亮显示该区域并允许用户将这些区域保存成一个集合。用户可以从该集合中创建一个显示组来研究不能网格划分的区域。

一些常见的不能进行网格划分原因以及相关解决方案如下：

种子不够

区域包含一些小的边，或者种子密度过于稀疏。用户可以使用虚拟拓扑工具集来合并小的边。另外，如果用户将不能网格划分的区域保存成一个集合，则用户可以对保存的集合施加密度更加细化的局部种子。

当用户使用中间轴算法来创建六面体网格、四边形网格或者四边形主导的网格时，Abaqus 可能需要改变种子来生成网格。在一些情况中，因为更改的种子密度过于稀疏，所以网格生成会失败。如果用户采用不同的次序逐步网格划分区域，则网格划分有可能成功，或者如上面所描述的那样，用户可以施加密度更加细化的局部种子，然后重新网格划分零件。

不好的几何形体

不好的几何形体指小的边或面，或者不精确的零件实例。用户可以使用查询工具集来检查几何形体。更多信息见 71.2.4 节“使用几何形体调试工具”。

差的边界三角形

当用户使用四面体单元创建自由网格时，Abaqus/CAE 首先在区域的面上创建三角形网格，然后使用这些三角形作为边界四面体单元的面。用户可以选择预览面上的三角形网格，并在整个区域内部耗时地生成四面体单元之前决定这些边界三角形是否可接受。更多信息见 17.10.4 节“什么是四面体边界网格划分?”。

在一些情况中，Abaqus/CAE 不能完成三角形到四面体的转换，并高亮显示不能插入四面体网格的边界网格上的节点。高亮显示的节点是需要注意的区域指示，用户可以尝试以下操作：

—使用布局种子工具来增加网格密度。

—使用虚拟拓扑工具集来将小的面和边与相邻的面和边合并。

—使用分割工具集来将区域分割成更简单的子区域。

—使用编辑网格工具集来改善四面体边界网格。

—使用网格控制来改变应用到实体区域面的网格划分技术。

垫片区域

用户可以仅在包含垫片网格的区域上生成垫片加强网格。

17.7.5 什么是网格过渡?

网格过渡是指网格从稀疏（大单元）过渡到细密（小单元）的区域，如图 17-33 所示。

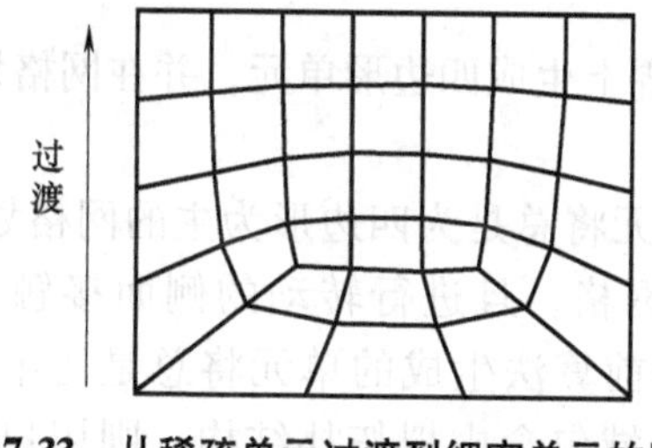

图 17-33 从稀疏单元过渡到细密单元的网格

Abaqus/CAE 为以下类型的网格提供网格过渡控制：

- 使用结构型网格划分技术或者包含中间轴算法的自由网格划分技术创建的二维的、只有四边形的网格。
- 通过扫掠二维网格创建的三维的、只有六面体的网格。更多信息见 17.9.1 节“什么是扫掠网格划分?”。

当用户正在创建的网格类型可以使用过渡控制时，Mesh Controls 对话框的右侧会出现一个切换按钮，允许用户最小化网格过渡。默认情况下，Abaqus/CAE 最小化网格过渡，这在某些情况下将减少网格扭曲。反之，如果用户切换不选此选项来最小化网格过渡，则网格可能会更加靠近指定的网格种子。要显示 Mesh Controls 对话框，从主菜单栏选择 Mesh→Controls。更多信息见 17.18.5 节“设置网格划分算法”。

17.7.6　中间轴算法与先进波前算法的区别是什么?

中间轴算法和先进波前算法是当用户执行以下操作时，Abaqus/CAE 用来生成网格的两个网格划分策略：

- 采用自由网格划分技术，使用四边形或者四边形为主的单元网格来划分一个面。
- 采用扫掠网格划分技术，使用六面体或者六面体为主的单元网格来划分一个实体区域（Abaqus/CAE 使用两种算法，通过扫掠四边形或者四边形为主的单元，从源侧到目标侧生成六面体和六面体为主的网格）。

两种算法的描述如下：

中间轴

中间轴算法首先将要网格划分的区域分解成一组更简单的区域。然后，该算法使用结构型网格划分技术，将每一个简单区域进行单元填充。如果要网格划分的区域相对简单且包含大量的单元，则中间轴算法生成网格的速度比先进波前算法快。最小化网格过渡可以改善网格划分的质量。仅四边形和六面体网格划分可以使用网格过渡。更多信息见 17.7.5 节“什么是网格过渡?”。

先进波前

先进波前算法在区域的边界上生成四边形单元，并在网格划分系统地朝着区域内部移动时，继续生成四边形单元。

由先进波前算法生成的单元将总是为四边形为主的网格划分和六面体为主的网格划分（除非用户创建一个三维转动网格，且进行转动的侧面接触了旋转轴）恰好匹配种子布局。对于其他网格，由先进波前算法生成的单元将总是比中间轴算法生成的单元更加遵守种子布局。如果要划分的区域包含虚拟拓扑结构，则用户仅可以使用先进波前算法来生成网格。

如果用户选择先进波前算法，则用户可以允许 Abaqus/CAE 在合适的地方使用映射网格划分（映射型网格划分与结构型网格划分是一样的，但仅在四边形区域中应用）。更多信息见 17.8.2 节“什么是映射网格划分?”，以及 17.8.6 节“何时 Abaqus/CAE 可以施加映射网格划分?”。

用户可能需要试验两种算法来得到最优的网格划分。图 17-34 所示为使用四边形为主的单元，它采用了两种算法来网格划分简单的壳区域。在此例中，两种算法都生成了可接受的网格划分。

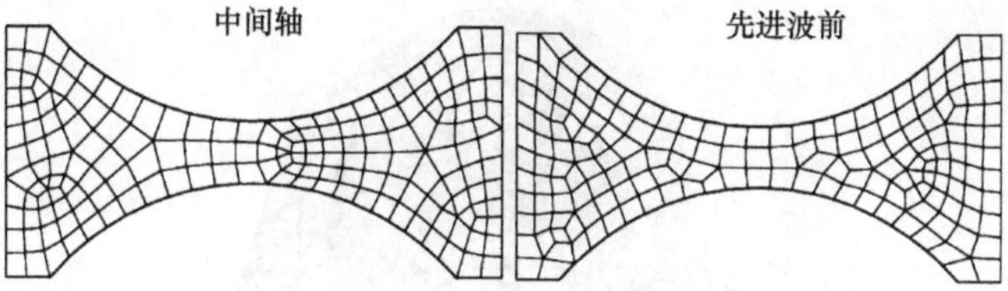

图 17-34　两种算法都生成了可接受的网格划分

因为由先进波前算法生成的单元遵守用户的种子布局，所以生成的网格可能包括一些狭窄区域的单元扭曲，如图 17-35 所示。

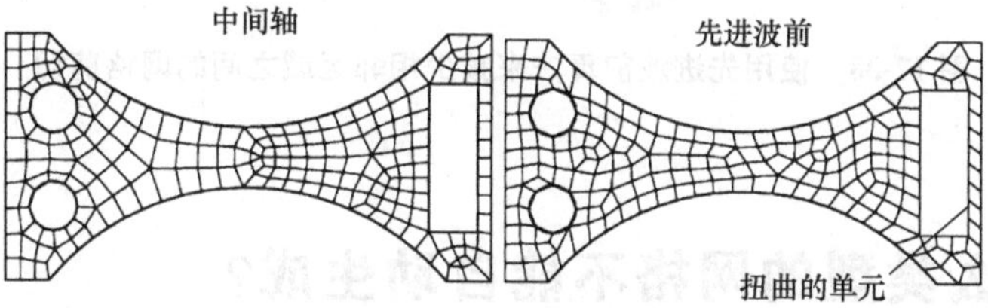

图 17-35　在某些情况中，先进波前算法生成的单元具有一些扭曲

相比而言，先进波前算法可以生成大小更均匀、长宽比更一致的单元，如图 17-36 所示。在分析中，均匀的单元大小可以发挥重要作用；例如，如果用户为 Abaqus/Explicit 分析创建一个网格划分，则网格中的小单元会过度控制时间步长。此外，如果需要单元遵循用户种子是重要的，则优先使用先进波前算法。

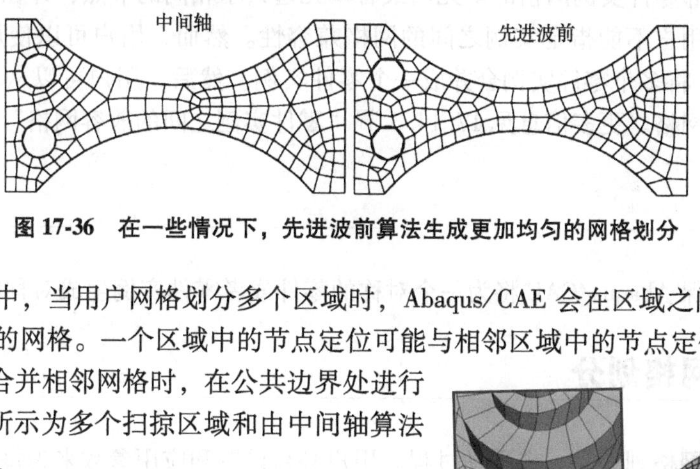

图 17-36　在一些情况下，先进波前算法生成更加均匀的网格划分

在一些情况中，当用户网格划分多个区域时，Abaqus/CAE 会在区域之间的界面上生成经过剪切的单元的网格。一个区域中的节点定位可能与相邻区域中的节点定位不同，这会造成 Abaqus/CAE 合并相邻网格时，在公共边界处进行剪切。图 17-37 所示为多个扫掠区域和由中间轴算法生成的网格划分。

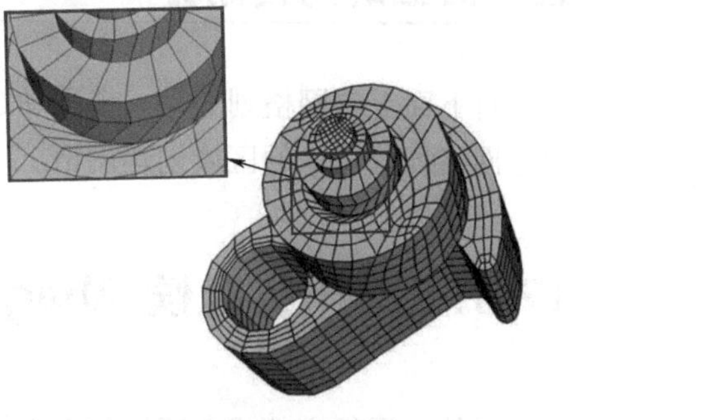

图 17-37　使用中间轴算法的相邻区域之间，网格剪切得相当厉害

先进波前算法在源侧布置的节点位置与用户布局的种子位置相同，因此将会减少对网格的剪切。图 17-38 所示为使用先进波前算法，并具有相同种子布局的相同零件网格划分。然而，如前所述，用户可能需要试验两种算法来得到最优的网格划分。

相关主题的信息参考下面的章节：

- 17.18.5 节　“设置网格划分算法”。

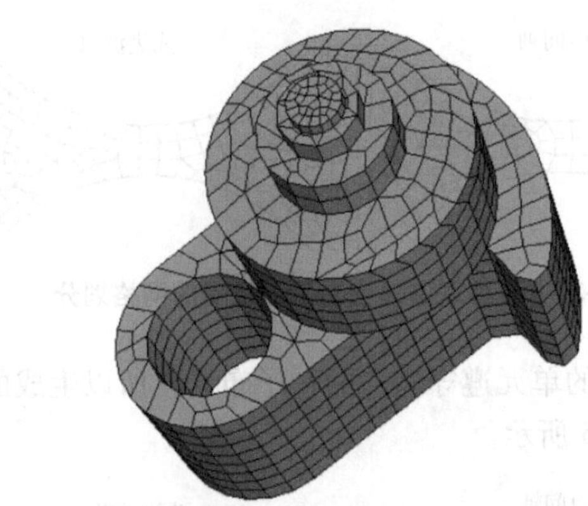

图 17-38　使用先进波前算法来减少相邻区域之间的网格剪切

17.7.7　什么类型的网格不能自动生成?

有一些类型的网格，用户不能在网格划分模块中使用网格生成器来创建:

同一个装配的零件实例之间的兼容网格

兼容性指相邻零件实例网格的单元面或者单元边共享相同的节点，并在公共面上具有相同的拓扑结构。用户不能指定实例之间的网格兼容性。然而，用户可以使用装配模块中的 Merge/Cut 工具，将多个零件实例合并成一个零件实例。然后，用户可以从单个零件实例中创建单独的兼容网格。更多信息见 17.14.3 节“零件实例之间的兼容网格”。

对称网格

用户不能确保 Abaqus/CAE 将为一个对称的零件或者零件实例生成对称的网格。

自下而上的网格划分

自下而上的网格划分是一个手动过程。用户必须设置和应用参数来为每一个赋予了自下而上网格划分技术的区域创建网格。

17.7.8　什么时候 Abaqus/CAE 将删除网格?

零件、零件实例或者区域的以下属性将会影响网格的生成方式:

- 种子布局。

- 单元形状。
- 网格划分技术。
- 网格划分算法。
- 二维结构区域的逻辑拐角。
- 过渡控制。
- 扫掠区域的扫掠路径。

如果用户改变任何上述列出的属性，则现有的网格都将不再与它的属性兼容。因此，Abaqus/CAE 将删除该网格，并且用户可以再创建匹配新属性的新网格（单元阶数和单元族属性是唯一发生变化时，不要求网格删除和重新创建的属性）。

无论何时用户对自上而下的网格划分区域的任何这些属性进行改变，Abaqus/CAE 都会显示一个类似图 17-39 中所示的对话框。

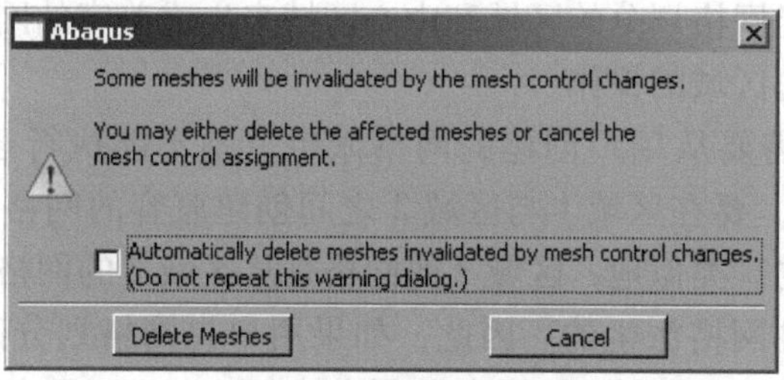

图 17-39　警告对话框

用户可以通过单击 Delete Meshes 来删除网格，也可以保留网格（单击 Cancel 来退出警告对话框）。

用户还可以通过切换选中 Automatically delete meshes invalidated by mesh control changes 来为当前程序对话的剩余部分避免此警告信息。当用户下次试图改变已经包含网格的零件、零件实例或者区域的属性时，网格将被立即删除且不显示任何警告。

如果用户在删除网格之前将模型保存到模型数据库中，则用户如果对后面的网格划分尝试不满意，可以返回到保存状态的网格划分。

因为自下而上地创建网格划分是非常耗时的，所以 Abaqus/CAE 试图在许多会造成删除自上而下网格划分的环境中保存它们。自上而下的网格划分在变化种子布局、分割和虚拟拓扑的过程中得到保留。当用户分割区域或者创建虚拟拓扑特征时，网格将被保留，但与分割或者虚拟拓扑操作所影响的几何形体的关联性将丢失。

警告：当用户改变上面列出的网格划分属性时，没有办法避免删除自上而下的网格。同样地，如果用户改变了零件的几何形体，Abaqus/CAE 总是没有警告就删除自上而下和自下而上的网格。因为对于大型或者复杂的模型，重新网格划分是很耗时的，所以当用户改变这些属性时应当谨慎。

有关删除网格的详细情况，见 17.17.2 节“删除网格”。

17.7.9　必须在一次操作中网格划分整个模型吗？

Abaqus/CAE 允许用户逐步地网格划分模型，每次网格划分操作都对模型的不同区域进行网格划分。用户可以使用这种网格划分方式来微调模型中某选中区域的网格，而不需要重新网格划分整个模型。

当用户网格划分一个选中区域时，Abaqus/CAE 会试图保留模型其他区域的现有网格。然而，逐步的网格划分可能迫使现有网格边界上的节点移动，降低区域之间截面上的网格质量。在一些情况中，Abaqus/CAE 不能继续进行逐步的网格划分操作，并且必须在继续网格划分操作之前删除所有现有的网格：

- 如果现有网格与选中区域之间的种子布局不能兑现，则不能进行逐步的网格划分。用户必须允许 Abaqus/CAE 删除现有的网格，并且重新网格划分原来的区域和选中的区域。

例如图 17-40 所示的零件实例，不能逐步网格划分中心区域，因为一端已经网格划分成 4×4 的网格样式，并且相对端具有 3×3 的网格样式。如果用户试图仅网格划分中心区域，则 Abaqus/CAE 将检测到问题并让用户在下面两个选项中进行选择：

—重新网格划分已经网格划分的区域和中心区域来生成兼容的网格。

—放弃网格划分中心区域的操作。

- 如果现有的网格需要从用户创建的网格派生，则不能执行逐步的网格划分。例如图 17-41 中的零件实例，要在区域 1 与区域 2 之间创建兼容的网格，区域 2 的网格是从区域 1 中的圆柱网格派生的。类似地，区域 3 的网格是从区域 2 的网格派生的，而区域 2 的网格又是从区域 1 中的圆柱网格派生的。因此，如果用户先网格划分区域 3，则 Abaqus/CAE 不能逐步地网格划分区域 1 和区域 2。用户必须允许 Abaqus/CAE 在重新网格划分已经划分的区域之前，先网格划分区域 1。

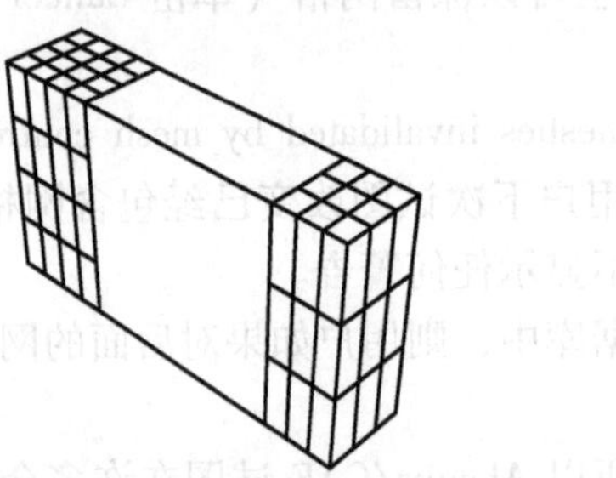

图 17-40　不能对中间的区域进行逐步的网格划分

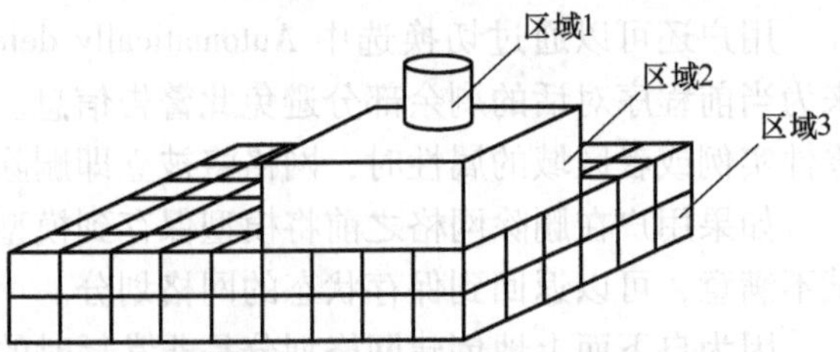

图 17-41　这些区域必须以正确的顺序进行网格划分

如果不能逐步网格划分，则 Abaqus/CAE 在删除现有网格之前会显示一个警告信息。

如果用户想要逐步地网格划分零件或者装配体，则用户遵循的策略会将 Abaqus/CAE 必须删除现有网格的次数降至最低。网格划分策略取决于区域的拓扑、单元形状、网格划分技术和网格种子布局。

- 改变种子布局总是传递到边界上。因此，用户应当从零件或者零件实例的内部开始网格划分，然后继续划分到零件或者实例的边界。
- 然而，如果用户能够确定一组相邻的三维区域可以使用扫掠方法进行网格划分，则用户应当从零件或者零件实例的一侧开始网格划分，并且继续从内部到零件或者实例的另一侧进行网格划分。
- 通过三角形单元或者四面体单元进行网格划分的区域，在逐步网格划分的过程中不会强制删除整个网格。同样的情况也适用于使用先进波前算法进行四边形为主的单元网格划分的区域。Abaqus/CAE 总是可以重新网格划分这些区域，并且用户可以在任何时候对其进行网格划分。

17.7.10 可以改变网格中单元的几何形体阶数吗？

如果用户已经网格划分了一个零件、零件实例或者区域，则 Abaqus/CAE 允许用户更改单元的阶数，而不需要重新创建整个网格。如果用户在线性或者二次单元之间进行更改，则 Abaqus/CAE 只须根据需要添加或者删除中节点。

如果零件或零件实例包含孤立的单元，则用户可以更改所有单元的阶数，也可以仅更改所选单元的阶数。孤立单元不包含基础几何形体信息；因此，用户在更改单元阶数时应谨慎。如果用户将孤立单元从二次改成线性，则会丢失中节点位置上的所有信息。因此，如果用户后续决定将线性单元改变成二次单元，则用户将不能返回到原来的网格。更多信息见 10.1.1 节“Abaqus/CAE 可以导入和导出什么类型的文件”。

17.8 结构型网格划分和映射网格划分

本节描述结构型网格划分和映射型网格划分技术，以及可以应用这些技术的区域类型。包括下面的主题：

- 17.8.1 节 “什么是结构型网格划分?”
- 17.8.2 节 “什么是映射网格划分?”
- 17.8.3 节 “二维的结构型网格划分”
- 17.8.4 节 “三维的结构型网格划分”
- 17.8.5 节 “在凹边界附近使用结构型网格划分”
- 17.8.6 节 “何时 Abaqus/CAE 可以施加映射网格划分?”

17.8.1 什么是结构型网格划分?

结构型网格划分技术使用简单的预定义网格拓扑来生成结构化的网格。Abaqus/CAE 将规则形状区域的网格，如四边形或者六面体，转化到用户想要进行网格划分的几何形体上。例如，图 17-42 说明了三角形、四边形和五边形的简单网格划分样式是如何应用到更加复杂的形状上的。

用户可以应用结构型网格划分技术来简化二维的区域（平面的或者弯曲的）或者简化已经赋予 Hex 或者 Hex-dominated 单元形状选项的三维区域。更多有关将单元形状赋予到区域的信息见 17.18.2 节“选择一个网格形状”。

17.8.2 什么是映射网格划分?

结构型网格划分和映射网格划分在有限单元分析文献中可以互换使用。然而，Abaqus/CAE 在两个术语之间做了细微的区分。映射网格划分是结构型网格划分的子集。映射网格划分仅指四边二维区域的结构型网格划分，如图 17-42 中的四边形网格划分样式。

一些看上去非常复杂的模型实际上包含相对简单的几何形体的面。当用户通过自由或者扫掠网格划分这样的一个模型时，在这些面上产生的单元质量可能很差。然而，如果用户允许 Abaqus/CAE 在几何形体合适的地方使用映射网格划分技术，则通常能生成质量较好的单元，特别是如果该区域是一个细长的矩形面。

用户不能直接对一个区域应用映射网格划分。然而，用户可以通过网格划分一个区域，并

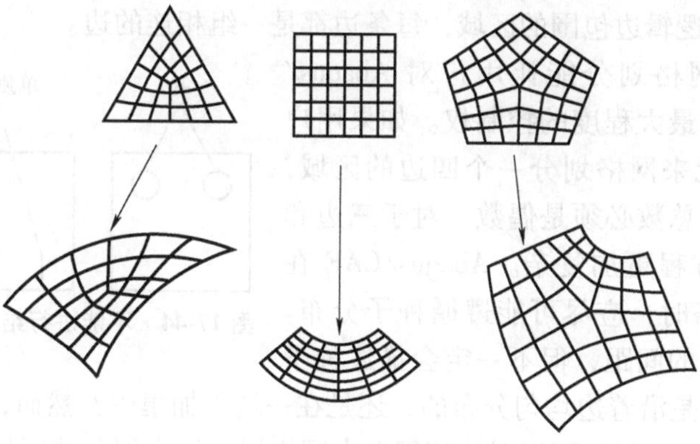

图 17-42　二维的结构型网格划分样式

允许 Abaqus/CAE 在合适的地方应用映射网格划分来间接应用。例如，图 17-43 所示为自由网格划分一个零件的效果，以及允许 Abaqus/CAE 在合适的地方使用映射网格划分的效果。

默认情况下，Abaqus/CAE 在用户进行如下操作时，会在合适的地方使用映射网格划分：

- 使用先进波前算法，使用六面体或者六面体为主的单元来扫掠网格划分一个实体区域。
- 使用先进波前算法，使用四边形或者四边形为主的单元来自由网格划分一个壳区域。
- 使用四面体单元来自由网格划分一个实体区域。
- 使用三角形单元来自由网格划分一个壳区域。

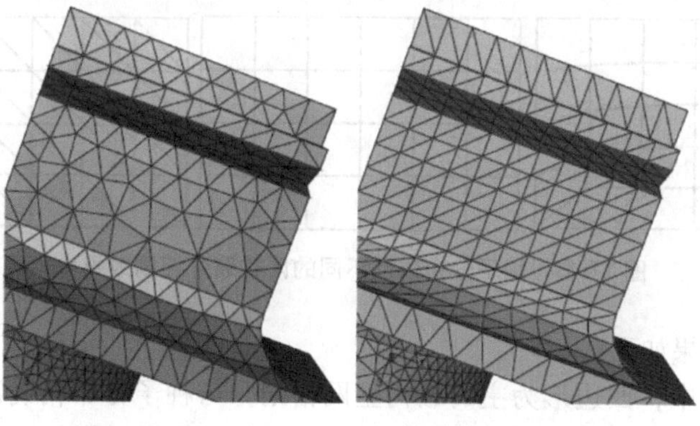

图 17-43　允许映射网格划分的效果

17.8.3　二维的结构型网格划分

如果二维区域具有下面的特征，则可以使用结构型网格划分技术来进行网格划分：

- 区域没有孔、单独的边或者单独的顶点。图 17-44 显示了不能进行结构型网格划分的区域。

- 通过三到五个逻辑边包围的区域，每条边都是一组相连的边。

通常，结构型网格划分能让用户对 Abaqus/CAE 生成的网格具有最大程度的控制权。如果用户全部使用四边形单元来网格划分一个四边的区域，则围绕边界的单元边总数必须是偶数。对于三边和五边的区域，约束方程更加复杂。Abaqus/CAE 在生成一个结构型网格时，应尽可能遵循种子分布。种子分布描述了种子的间距，但不一定会描述种子的数量。例如，种子是沿着边均匀分布的，还是在一端更加集中？然而，网格必须在整个区域上兼容，并且 Abaqus/CAE 可以对与使用自由网格划分技术划分的区域相邻的网格划分区域的节点进行调整。因此，单元节点可能不与种子精确匹配。

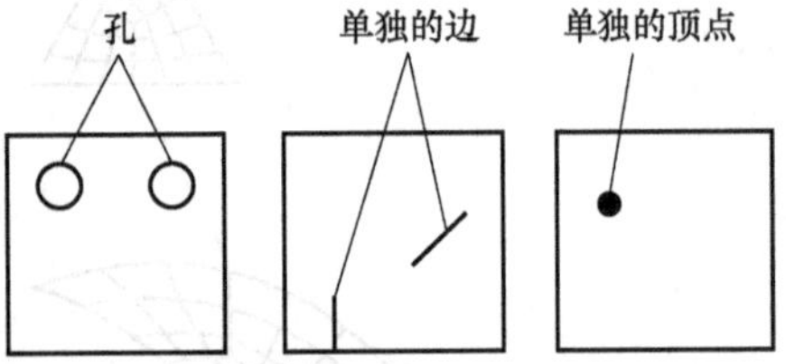

图 17-44　不能进行结构型网格划分的区域

图 17-45 所示为四边区域边上的种子分布，以及不同的网格划分控制效果。

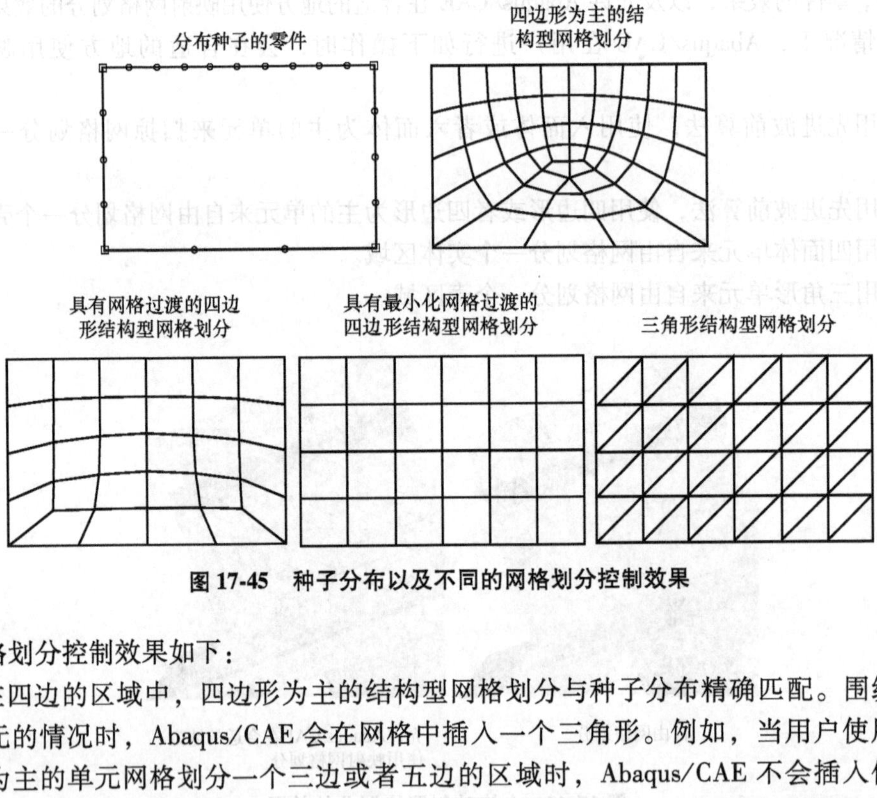

图 17-45　种子分布以及不同的网格划分控制效果

网格划分控制效果如下：

- 在四边的区域中，四边形为主的结构型网格划分与种子分布精确匹配。围绕边界有奇数单元的情况时，Abaqus/CAE 会在网格中插入一个三角形。例如，当用户使用四边形结构型为主的单元网格划分一个三边或者五边的区域时，Abaqus/CAE 不会插入任何三角形。产生的网格都使用四边形单元；然而，产生的网格可能不能精确匹配网格划分的种子布局。
- 两个四边形结构型网格划分不匹配种子布局。当用户选择最小化网格过渡时，这种情况更加明显。
- 三角形结构型网格划分也不匹配种子布局。Abaqus/CAE 通过分割四边形结构型网格的对角线，并且最小化网格过渡来创建三角形网格。

如果边之间的夹角很大，则 Abaqus/CAE 会自动将多个边合并成一个逻辑边。例如，

图 17-46 中每一个区域都有五条边。然而，因为每一个区域上顶部的两个边夹角较大，Abaqus/CAE 会认为这两个边是一个逻辑边。因此，应对这些区域应用四边区域的样式。如果区域包含虚拟拓扑，则用户仅可以在四边区域时使用结构型网格划分技术来进行网格划分。用户不能使用结构型网格来网格划分包含虚拟拓扑的三边区域或者五边区域。

用户可以使用 Mesh Controls 对话框中的 Redefine Region Corners 按钮来自行合并边，而不必考虑它们之间的夹角。要显示 Mesh Controls 对话框，从主菜单栏中选择 Mesh→Controls。此技术允许用户对二维区域施加哪一种结构型网格样式进行控制。此技术不适用于三维区域。更多信息见 17.18.4 节“重新定义区域拐角”。

用户计划使用四边形结构型单元来划分的区域，必须有良好的形状；否则，Abaqus/CAE 可能会创建无效的单元，如图 17-47 所示。

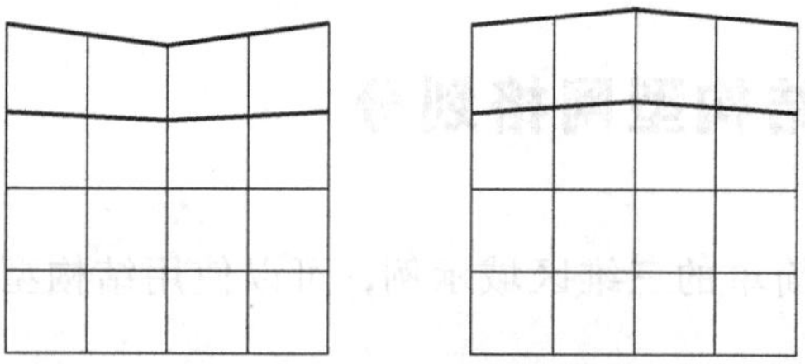

图 17-46　对边形成的浅角

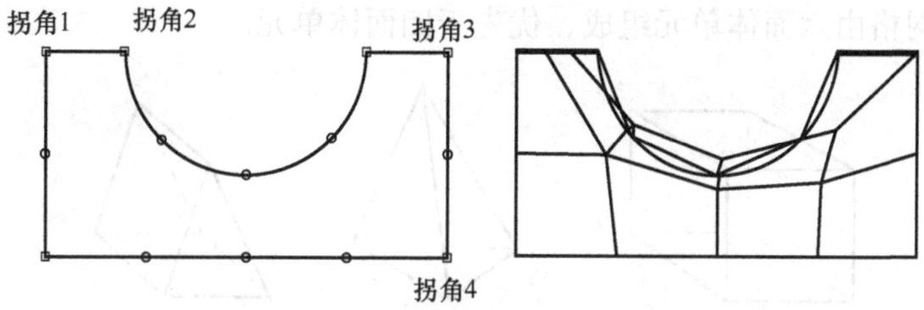

图 17-47　区域必须有良好的形状

如果网格包含无效的单元，则用户可以使用一些技术来纠正网格：

- 调整网格种子的位置。
- 重新定义区域拐角。
- 将面分割成更小的、形状更好的区域。

图 17-48 所示为应用每种技术的网格划分结果。

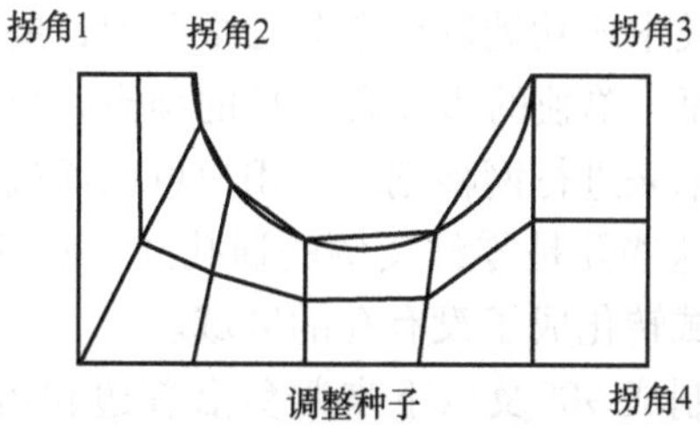

图 17-48　纠正含有无效单元的网格

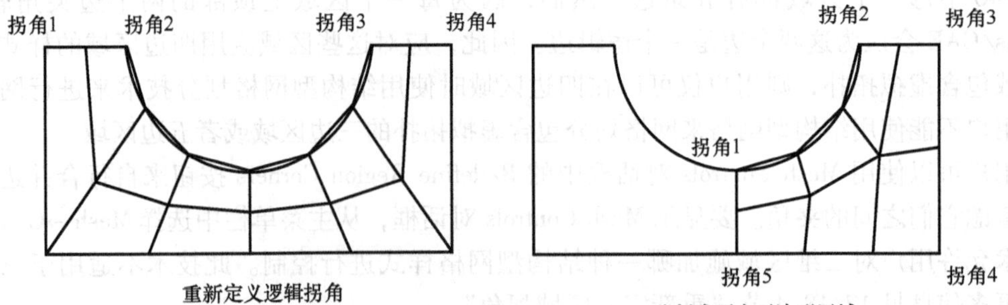

重新定义逻辑拐角　　分割成两个五边形区域

图 17-48　纠正含有无效单元的网格（续）

17.8.4　三维的结构型网格划分

图 17-49 所示为一个简单的三维区域示例，可以使用结构型网格划分技术进行网格划分。

使用此技术网格划分更加复杂的区域可能需要手动分割。如果用户不分割复杂的区域，则用户可以使用的网格划分选项可能只有四面体单元的自由网格划分技术。使用结构型网格划分技术构建的网格由六面体单元组成，优先于四面体单元。

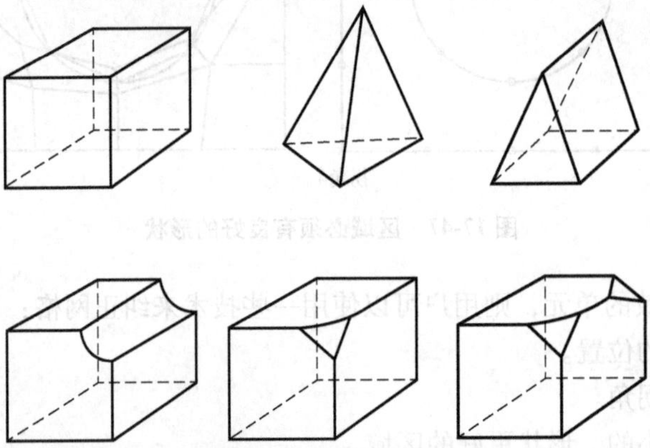

图 17-49　使用结构型网格划分技术进行网格划分的区域

要想使用结构型网格划分技术成功地网格划分三维区域，要求满足以下特征：

- 区域不能有孔、单独的面、单独的边或者单独的顶点。例如，图 17-50 中所示的区域就不能使用结构型网格划分技术来进行网格划分。用户可以通过将孔的周长分割成一半、四分之一等方法来删除孔（无论这些孔是零件实例的通孔还是盲孔）。例如，图 17-51 中的四个分割将零件实例从有孔的区域转化成了没有孔的区域。

- 用户应当将圆弧跨度限制成 90°及以下来避免沿着边和边上的凹陷。例如，图 17-52 中所示的零件实例已经进行了分割，使具有 180°圆弧的单个区域变成了两个 90°圆弧的区域。

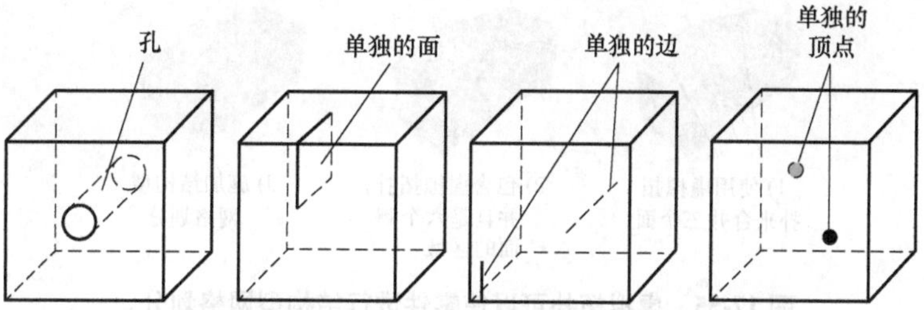

图 17-50 不能使用结构型网格划分技术进行网格划分的区域

● 区域的所有面必须有可以使用二维结构型网格划分技术来进行网格划分的几何形体。例如，在没有分割的情况下，图 17-53 中零件每一个端面仅有两条边（使用结构型网格划分技术进行网格划分的面必须至少具有三条边）。如果用户将零件分割成两半，则每一个半圆就会被分割成两个具有三条边的面。

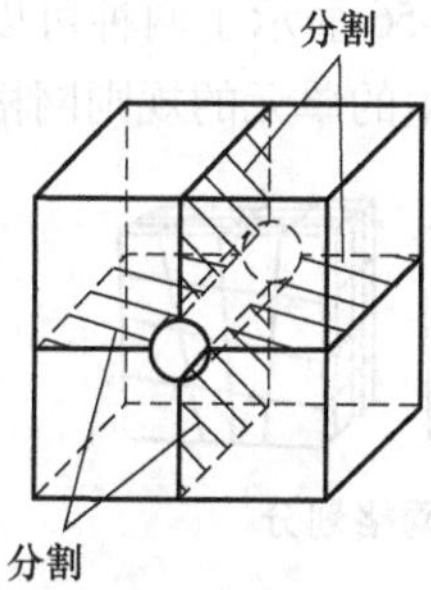

图 17-51 分割可以使零件能够进行结构型网格划分

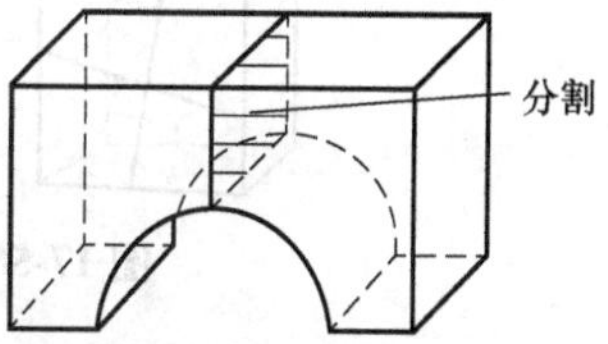

图 17-52 将圆弧跨度限制成 90°及以下

● 区域的三条边必须在每一个顶点处正好相交。例如，图 17-54 中没有分割的四棱镜顶点连接着四条边。然而，如果用户将四棱镜分割成两个四面体区域，则每个单独区域的顶点仅连接三条边。

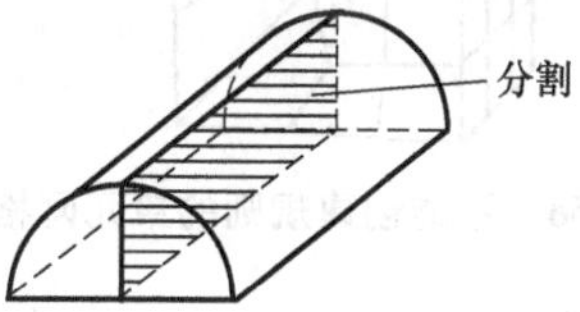

图 17-53 分割创建两个具有三条边的面

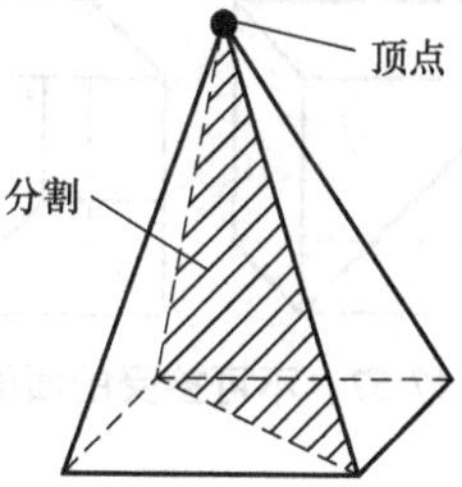

图 17-54 分割后，每个单独区域的顶点仅连接三条边

● 区域必须至少有四个侧面（四面体区域）。如果围绕区域的侧面少于四个，则用户可以进行必要的分割来创建额外的面。

● 如果一个区域包含虚拟拓扑，则该区域必须由六个侧面包围。

● 如果不能使用结构型网格划分技术来网格划分一个区域，则用户可以使用虚拟拓扑来合并面，直到区域由六个侧面包围。图 17-55 显示了用户如何使用虚拟拓扑来创建具有六个侧面的区域，此区域可以使用结构型网格划分技术来进行网格划分。

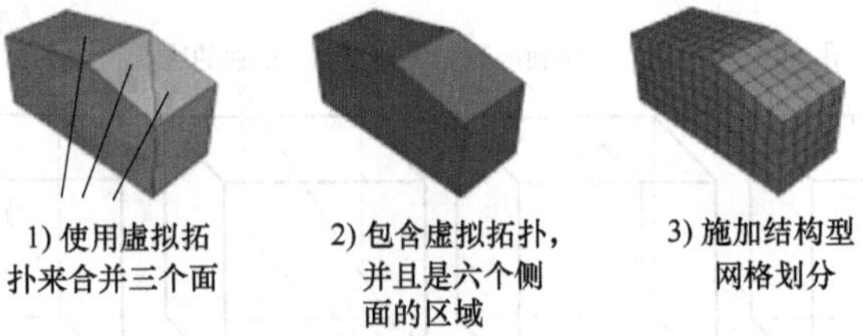
1) 使用虚拟拓扑来合并三个面
2) 包含虚拟拓扑，并且是六个侧面的区域
3) 施加结构型网格划分

图 17-55　虚拟拓扑可以使零件进行结构型网格划分

- 侧面之间的夹角应当尽可能接近 90°；用户应当对具有大于 150°角度的区域进行分割。
- 区域的每一个侧面都必须符合下面定义中的一个：

—如果区域不是一个立方体，则侧面必须对应一个单独的面；即侧面不能包含多个面。

—如果区域是一个立方体，则区域可以是同一个几何面上的一组连接面。然而，每一个面必须具有四个边。此外，在对立方体进行网格划分时，面的样式必须允许沿着整个侧面以规则的网格划分样式进行六面体单元行和列的创建。例如，图 17-56 显示了两种可以接受的面的样式，以及使用结构型网格划分技术，通过网格划分六面体产生的单元的规则网格样式。

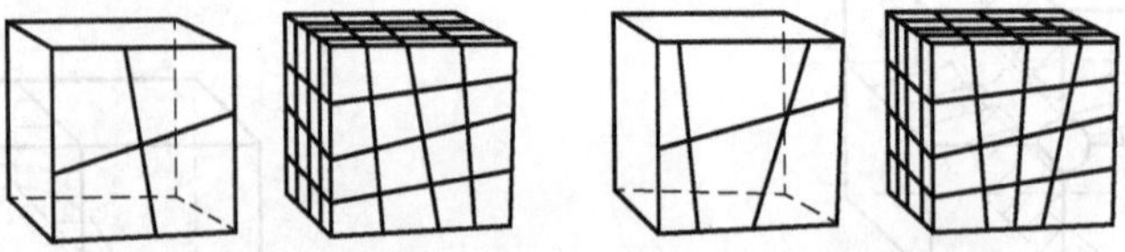

图 17-56　可接受的面的样式和产生的网格划分

图 17-57 中的侧面不含可以接受的面的样式。

结构型网格划分不能接受图 17-57 左边显示的面的样式，因为每一个面仅具有三条边。图 17-57 右边显示的样式中的每一个面具有四条边，但是此样式不允许在六面体分割过渡侧面上创建规则的单元网格，如图 17-58 所示。

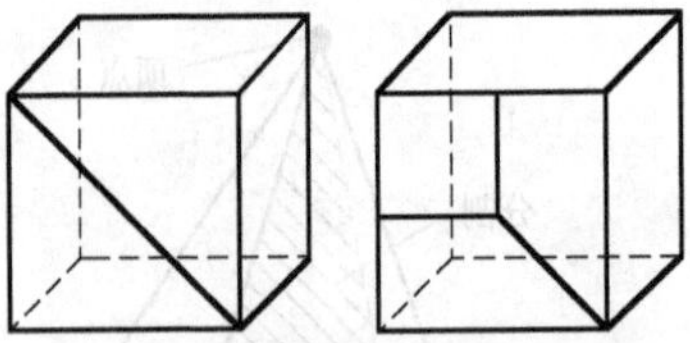

图 17-57　不可接受的面的样式

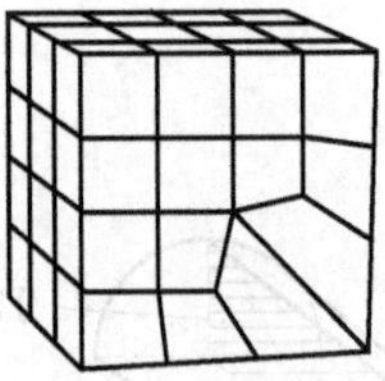

图 17-58　不能创建规则的单元网格

17.8.5　在凹边界附近使用结构型网格划分

无论用户使用何种网格划分技术网格划分一个区域，网格边界上的节点总是位于几何区域的边界上。然而，当 Abaqus/CAE 使用结构型网格划分技术创建网格时，网格内部的节点也可能落到几何形体区域的外面，这将导致扭曲、无效的网格划分。这个问题通常发生在凹边界附近。

例如，图 17-59 中的区域有五条边；因此，当 Abaqus/CAE 使用结构型网格划分技术网格划分此区域时，将对区域施加规则五边形的网格划分样式。

然而，如果用户对该区域进行种子布局会降低单元的数量，如图 17-60 所示，由于高度弯曲的边存在凹陷，产生了扭曲的网格。网格划分样式内部的节点（图 17-61 中所示的封闭圆）落在区域几何形体的外面，而网格边界上的节点（图 17-61 中所示的开放圆）保持在区域几何形体的边界处。

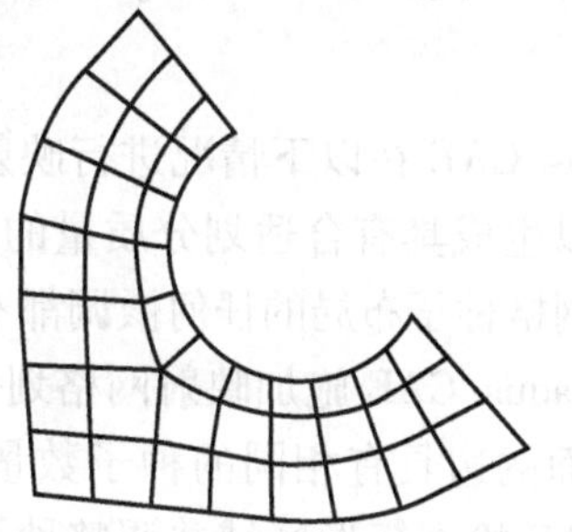

图 17-59　对区域施加规则五边形的网格划分样式

当内部的节点落在区域几何形体外面时，用户可以尝试以下技术来改善网格划分：

● 改变网格种子布局并重新网格划分。

例如，图 17-59 中沿着高度弯曲边的单元数量比图 17-61 中更多。

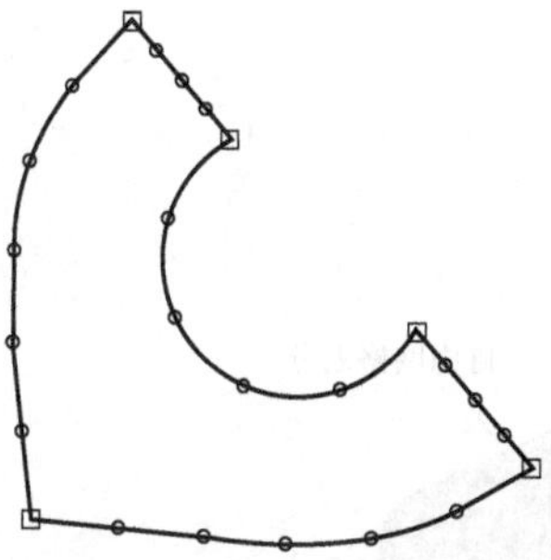

图 17-60　更加粗糙网格划分的种子布局

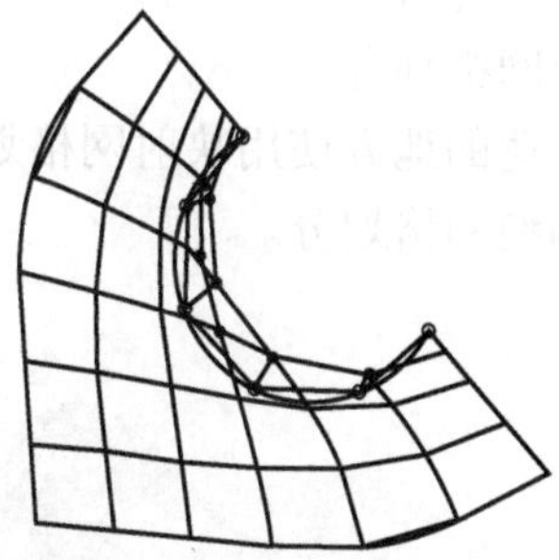

图 17-61　网格内部的节点落在区域几何形体的外面

● 将零件实例分割成更小的、形状更加规则的区域。例如，图 17-62 将模型分割成三个区域。

● 选择不同的网格划分技术。这个选项对于二维区域是最有用的，用户可以从结构型网格划分变换成自由网格划分，并保留网格划分中的四边形单元。三维的自由网格划分只限于四面体单元。更多信息见 17. 10 节“自由网格划分”。图 17-63 显示了使用自由网格划分技术进行网格划分的区域。

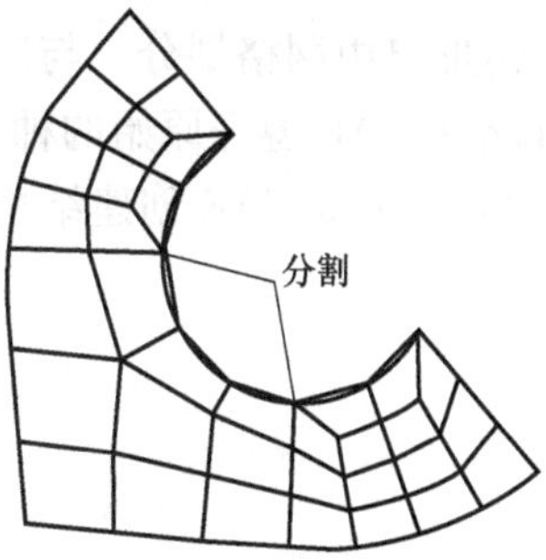

图 17-62　分割区域

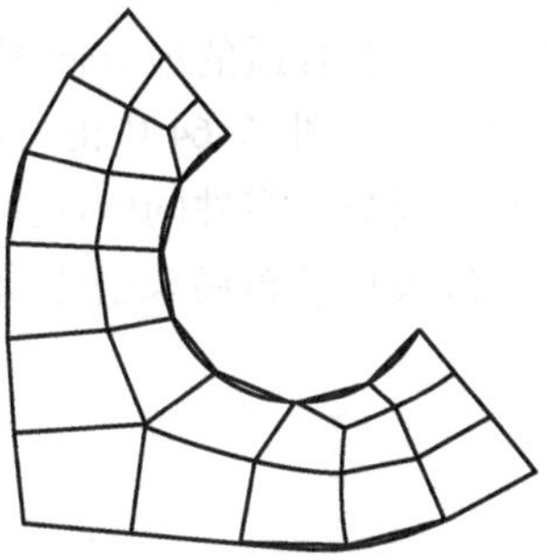

图 17-63　使用自由网格划分技术进行网格划分的区域

图 17-63 中的网格划分不是对称的，这是自由网格划分的典型情况。

17.8.6　何时 Abaqus/CAE 可以施加映射网格划分？

Abaqus/CAE 在以下情况进行映射网格划分是合适的：

- 可以生成具有合适划分质量的规则网格划分样式。
- 对网格种子布局的任何微调都不会违背用户的意图（如任何现有的种子约束所显示的）。

当 Abaqus/CAE 施加映射网格划分时，会对网格划分种子布局进行小的调整，以确保矩形区域对面的边具有相同的种子数量。如果用户的模型较大并且包括许多简单的区域，则 Abaqus/CAE 检查矩形区域并调整种子来产生映射网格所花费的时间可能比不映射网格划分的时间更长。然而，对于大部分的模型，包含映射网格划分的时间与网格质量改善花费的时间相比，差别并不显著。

图 17-64 显示了使用以下网格划分技术和 Abaqus/CAE 中可以使用的算法来进行三角形网格划分的壳零件。

- 自由网格划分。
- 在合适的地方使用映射网格划分的自由网格划分。
- 结构型网格划分。

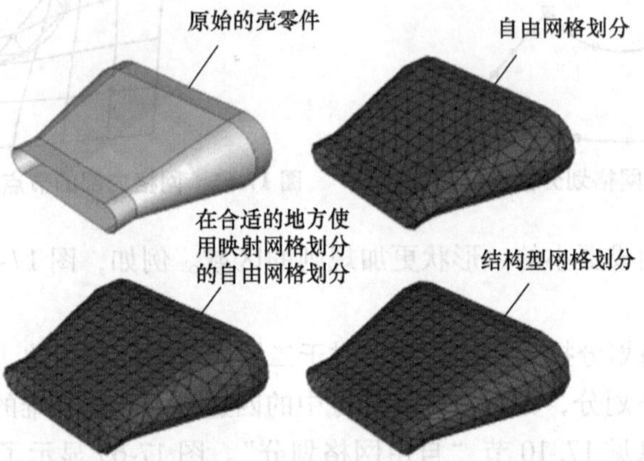

图 17-64　采用三种不同方法进行三角形网格划分的壳零件

在许多情况中，在合适的地方使用映射网格划分进行三角形自由网格划分，与三角形结构型网格划分相同。但图 17-64 中的网格是不同的，因为 Abaqus/CAE 遵守原始的种子布局，并且确定映射网格划分在零件的侧面上是不合适的。相反，当 Abaqus/CAE 创建结构型网格划分时，会显著调整种子布局来创建用户要求的结构型网格。

17.9 扫掠网格划分

本节介绍扫掠网格划分技术，以及可以使用此网格划分技术的区域类型，包括以下主题：

- 17.9.1 节 “什么是扫掠网格划分？”
- 17.9.2 节 “面的扫掠网格划分”
- 17.9.3 节 “三维实体的扫掠网格划分”
- 17.9.4 节 “圆柱实体的扫掠网格划分”
- 17.9.5 节 “几何形体的特征可以让零件不能进行扫掠网格划分”

17.9.1 什么是扫掠网格划分？

Abaqus/CAE 使用扫掠网格划分来网格划分复杂的实体和面区域。扫掠网格划分包括两个步骤：

- Abaqus/CAE 在称为源侧面的区域一侧创建网格。
- Abaqus/CAE 一次复制源侧面上节点的一个单元层，直到目标侧面的最后一侧。Abaqus/CAE 沿着一个边复制节点，此边称为扫掠路径。此扫掠路径可以是任何类型的边，如直边、圆边或者样条曲线。如果扫掠路径是直边或者样条曲线，则将产生的网格称为拉伸扫掠网格。如果扫掠路径是圆边，则将产生的网格称为回转扫掠网格。

例如，图 17-65 所示为一个拉伸扫掠网格。要网格划分此模型，Abaqus/CAE 首先在模型的源侧面上创建一个二维的网格。然后，二维网格中的每一个节点沿着直边的每一层进行复制，直到到达目标侧面。

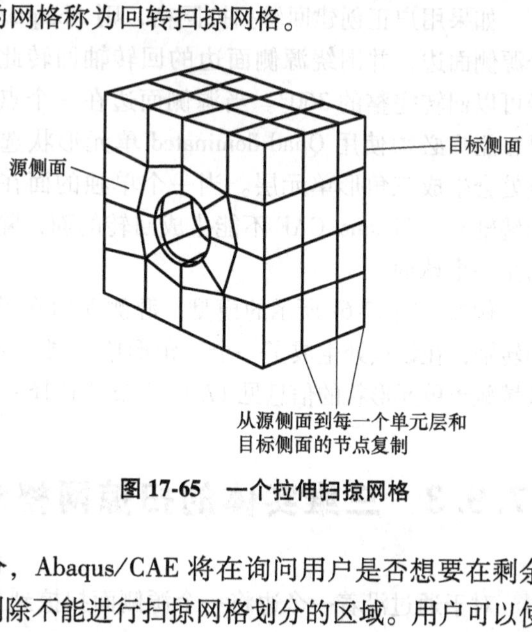

图 17-65　一个拉伸扫掠网格

为了确定一个区域是否可进行扫掠网格划分，Abaqus/CAE 会测试此区域是否可以通过沿着路径将源侧面扫掠到目标侧面来进行复制。通常，Abaqus/CAE 将最复杂的侧面（如具有单独边或者单独顶点的侧面）选择成源侧面。在一些情况中，用户可以使用网格控制工具来选择扫掠路径。如果模型的一些区域过于复杂，不能进行扫掠网格划分，Abaqus/CAE 将在询问用户是否想要在剩余区域上生成扫掠路径之前，从用户的选择中删除不能进行扫掠网格划分的区域。用户可以使用自由网格划分技术来网格划分复杂的区域，或者将区域分割成简化的几何形体来进行结构型网格划分或者扫掠网格划分。

当用户对区域赋予网格划分控制时，Abaqus/CAE 会指示扫掠路径的方向并且允许用户控制方向。如果区域可以在多个方向上扫掠，则 Abaqus/CAE 在可以选做源侧面的面上生成许多不同的二维网格划分。因此，扫掠路径的方向可以影响生成的三维扫掠网格的均匀性，如图 17-66 所示。此外，扫掠路径控制模拟垫片的六面体单元和楔形单元、连续壳、使用圆柱单元的圆柱区域，以及使用胶粘单元的胶粘连接的默认方向。更多信息见 32.3 节“对区域赋予垫片单元”；25.2 节“使用连续壳单元来网格划分零件”；17.9.4 节“圆柱实体的扫掠网格划分”；21.3 节“使用几何和网格划分工具创建具有胶粘单元的模型”。

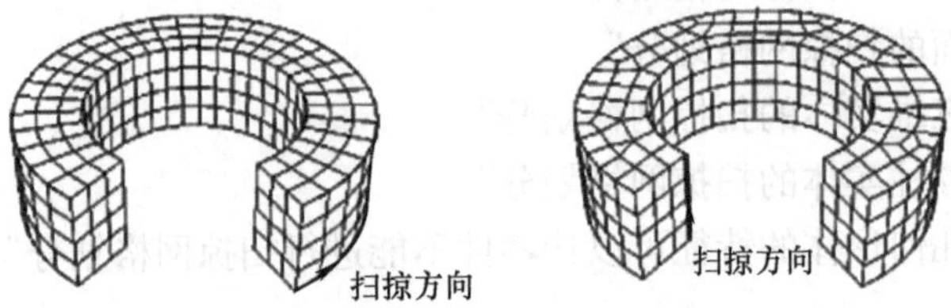

图 17-66　扫掠方向可以影响扫掠网格的均匀性

17.9.2　面的扫掠网格划分

Abaqus/CAE 仅可以对面区域应用扫掠网格划分技术，这些面区域可以沿着扫掠路径将源边扫掠到目标边来生成。扫掠路径总是一条边；并且，对于面区域，源侧和目标侧也是边。面区域可以进行拉伸、回转、扫掠或者摊平。拉伸面区域可以包括扭曲，回转面区域可以包括移动。用户可以使用 Quad 或者 Quad-dominated 单元形状选项来对面区域施加扫掠网格划分技术。

如果用户正创建回转扫掠网格，则 Abaqus/CAE 将网格划分源侧面边，并围绕源侧面边的回转轴回转此网格。扫掠路径可以回转完整的 360°。当源侧面边在一个点处接触回转轴时，用户必须使用 Quad-dominated 单元形状选项，因为在此点处会生成三角形单元层。当一个单独的面在两个点处接触回转轴时，Abaqus/CAE 不能生成回转的面，除非回转得到的面是一个球面。

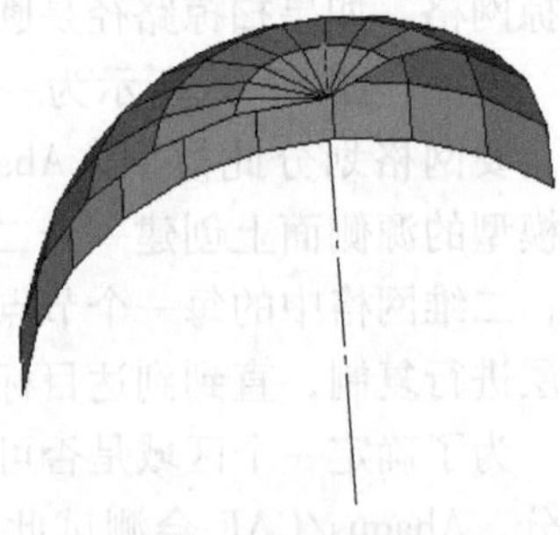

图 17-67　三角形单元层

例如，图 17-67 所示的模型，源侧面边在模型的顶部接触回转轴，在该点处生成了一个三角形单元层。更多有关给一个区域赋予单元形状的信息见 17.18.2 节“选择一个网格形状”。

17.9.3　三维实体的扫掠网格划分

对于通过沿着一个边将一个源侧面扫掠到目标侧面的实体区域，Abaqus/CAE 可以施加网格划分技术。对于三维的实体，扫掠路径是一条边，但源侧和目标侧是面。图 17-68 所示为一个拉伸扫掠网格——Abaqus/CAE 网格划分源侧面，并且沿着边拉伸网格到目标侧面。图 17-69 所示为一个回转的扫掠网格——Abaqus/CAE 网格划分源侧面，并且围绕圆边的轴回转此网格到目标侧面。

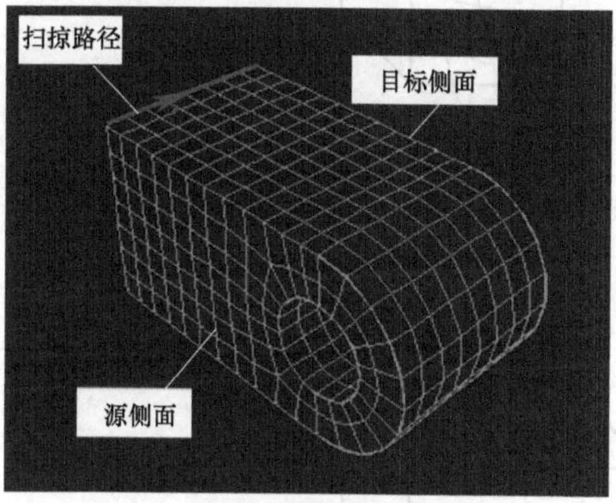

图 17-68　拉伸扫掠网格划分技术沿着一条边扫掠源侧面上的网格

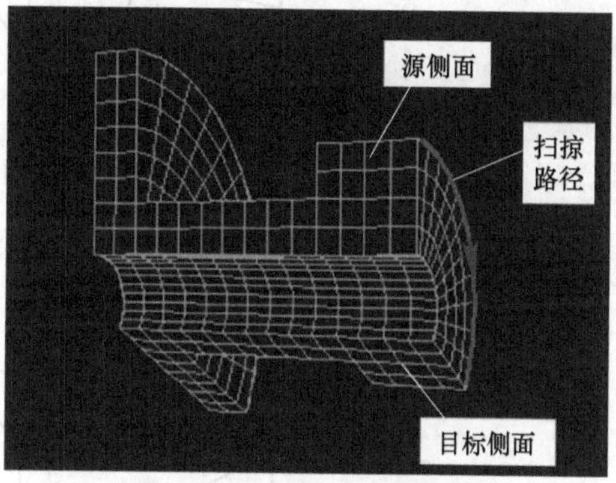

图 17-69　回转扫掠网格技术将源侧面上的网格沿着圆边扫掠

如果区域是可以进行扫掠网格划分的，则 Abaqus/CAE 可以在赋予了 Hex、Hex-dominated 或者 Wedge 单元形状选项的区域上生成扫掠网格划分。要在源侧面上生成初步的二维网格，Abaqus/CAE 可以分别使用 Quad、Quad-dominated 或者 Tri 单元形状选项的自由网格划分技术。

用户使用六面体或者六面体为主的单元，采用扫掠网格划分技术网格划分一个实体区域时，可以在中间轴网格划分算法与先进波前网格划分算法之间进行选择（Abaqus/CAE 将两种算法生成的四边形和四边形为主的单元，从源侧面扫掠到目标侧面来生成六面体和六面体为主的网格）。然而，如果要网格划分的区域包含虚拟拓扑，则用户仅可以使用先进波前算法来生成扫掠网格。更多信息见 17.7.6 节“中间轴算法与先进波前算法的区别是什么?”，以及 17.10.2 节“使用四边形和四边形为主的单元进行自由网格划分”。

如果用户选择先进波前算法，如果合适的话，Abaqus/CAE 将使用映射网格划分来改善区域的网格划分（映射网格划分与结构型网格划分是相同的，但仅应用于四边的区域）。Abaqus/CAE 也会确定在属于源侧面的任何面上，将先进波前算法替换成映射网格划分是否合适。更多信息见 17.8.2 节“什么是映射网格划分?”以及 17.8.6 节“何时 Abaqus/CAE 可以施加映射网格划分?”。Abaqus/CAE 使用映射网格划分在这些合适的边界面上创建四边形和四边形为主的单元，然后将这些单元从源侧面扫掠到目标侧面来创建六面体和六面体为主的单元。

如果三维区域具有以下特征，则可以使用扫掠网格划分技术来进行网格划分：

- 将源侧面连接到目标侧面的每一个侧面必须是单独的面，或者是形成规则网格样式的四边组合面形成的面。图 17-70 提供了两个例子来显示可接受的连接面样式。

图 17-71 中分割的连接侧面对于扫掠网格划分并不具有可接受的连接面样式；左侧模型的扫掠面具有两个三边面，而右侧的模型没有规则的网格样式。

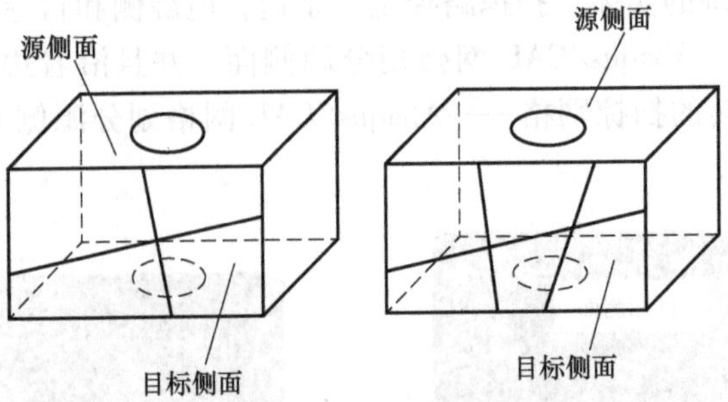

图 17-70 扫掠网格划分可接受的连接面样式

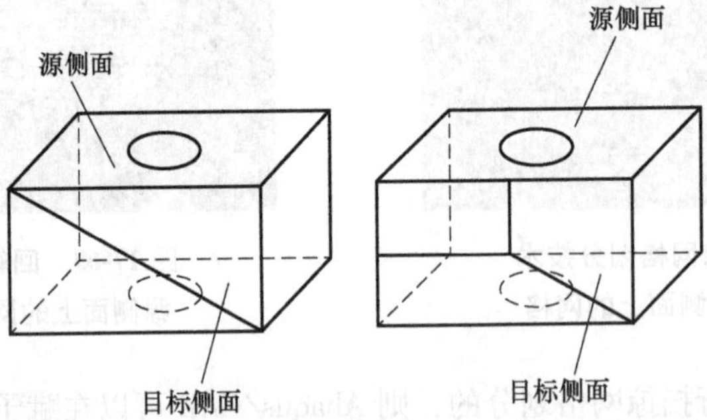

图 17-71 扫掠网格划分不可接受的连接面样式

• 目标侧面必须仅包含单独的面，并且没有单独的边或者单独的顶点。例如，图 17-72 中左侧的区域可以使用扫掠网格划分技术来网格划分，因为所有单独的边在源侧面上；而右侧的区域不能使用此技术进行网格划分，因为目标侧面包含两个面。

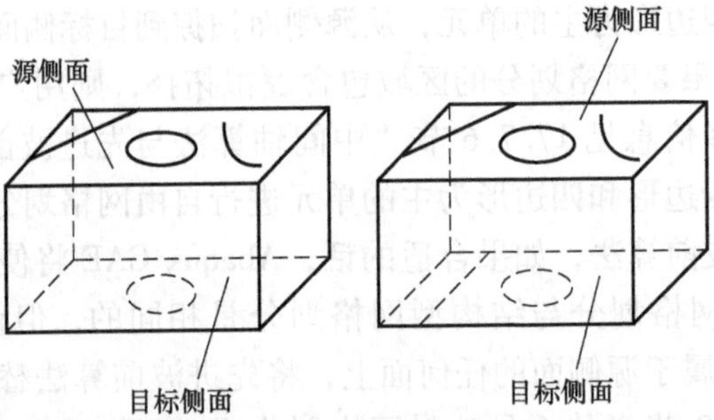

图 17-72 只有左侧的区域可以使用扫掠网格划分技术进行网格划分

图 17-73 所示为沿着一个变化横截面进行扫掠网格划分的零件。零件看上去相对复杂。例如，源侧面不是平面，零件的横截面沿着扫掠路径变化。然而，生成扫掠网格的规则对此仍然适用。

—将源侧面与目标侧面连接到一起的每一个侧面仅包含单独的面。

—虽然源侧面包含两个面，但目标侧面仅包含单独的面。

用户能够使用虚拟拓扑来合并目标侧面上的面，以使零件扫掠网格划分得以进行。图 17-74 所示为一个零件，在使用虚拟拓扑将目标侧面上的五个面合并成单独的面后进行了扫掠网格划分。然而，因为零件包含虚拟拓扑，所以只能使用先进波前算法来进行扫掠网格划分。

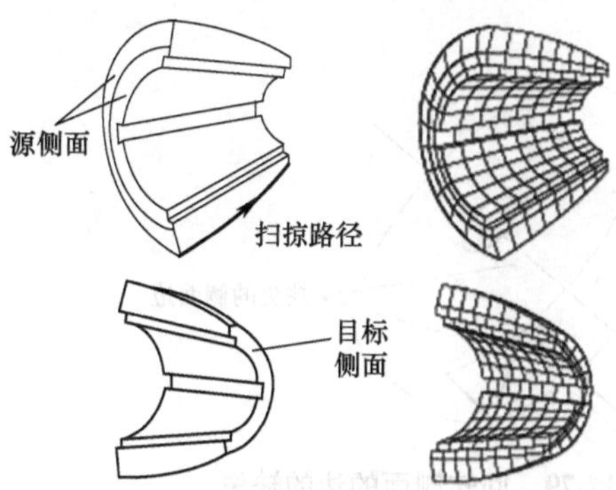

图 17-73 沿着变化的横截面扫掠网格

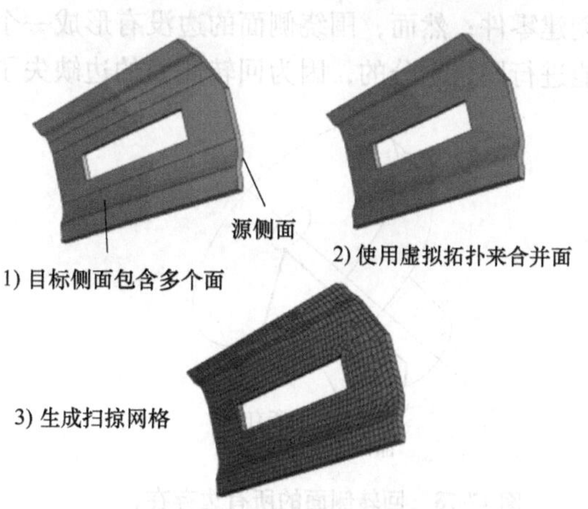

图 17-74 合并面，以使零件可以进行扫掠网格划分

● 对于回转区域，通过旋转来创建区域的侧面不能与回转轴在一个点或者更多单独的点上接触，如图 17-75 所示。

● 类似地，如图 17-76 所示，如果一个或者多个边位于回转轴上，则 Abaqus/CAE 不能使用六面体或者楔形单元来网格划分区域。

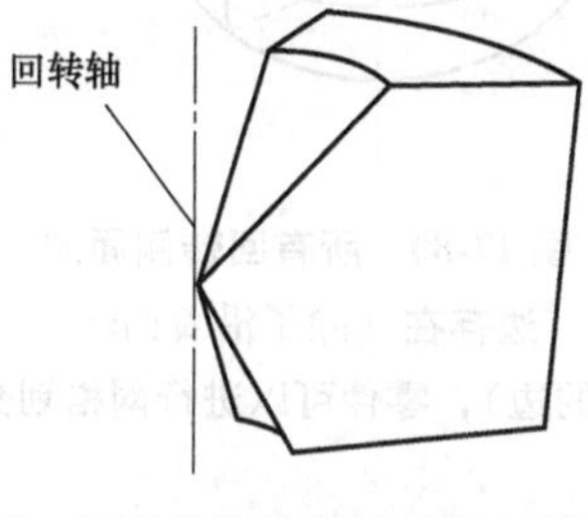

图 17-75 如果单独的点接触了回转轴，则不能使用扫掠网格划分技术来网格划分零件

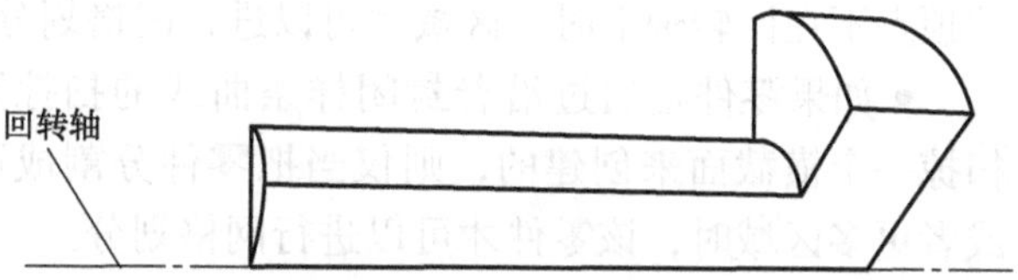

图 17-76 如果一个或者多个边位于回转轴上，Abaqus/CAE 不能使用六面体或者楔形单元来网格划分区域

然而，Abaqus/CAE 可以通过沿着轴生成楔形单元层的方法来以六面体为主的单元对区域进行网格划分，如图 17-77 所示。

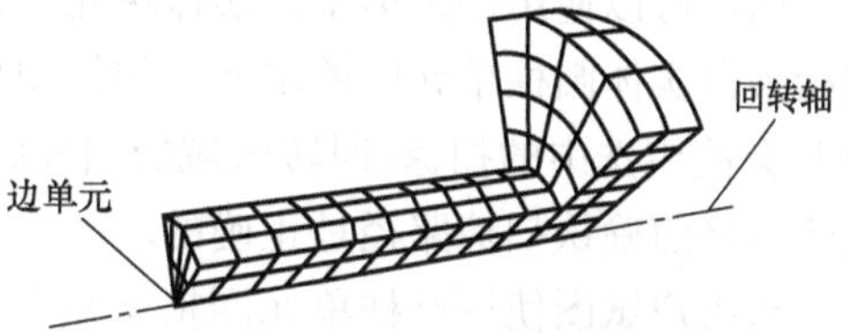

图 17-77 Abaqus/CAE 使用六面体为主的单元网格来划分区域

因此，用户必须在网格划分之前选择 Hex-dominated 单元形状选项。或者，用户可以将区域分割成简单的结构型网格划分区域，并且选择 Hex 单元形状选项，使用所有六面体单元来创建网格划分。更多信息见 17.18.7 节“扫掠网格划分一个实体、回转区域，回转区域的侧面接触回转轴”。

● 没有接触回转轴的完全回转的区域，仅当与要回转侧面关联的所有边都存在时，才可以进行网格划分。然而，绑定轮廓的边不可以创建面。图 17-78 所示为回转侧面的边都存在的可网格划分的零件示例。在此示例中，用户草图绘制侧面，Abaqus/CAE 可以回转侧面来创建零件；然而，围绕侧面的边没有形成一个面。作为对比，图 17-79 所示的零件实例是不能进行网格划分的，因为回转侧面的边缺失了一部分。

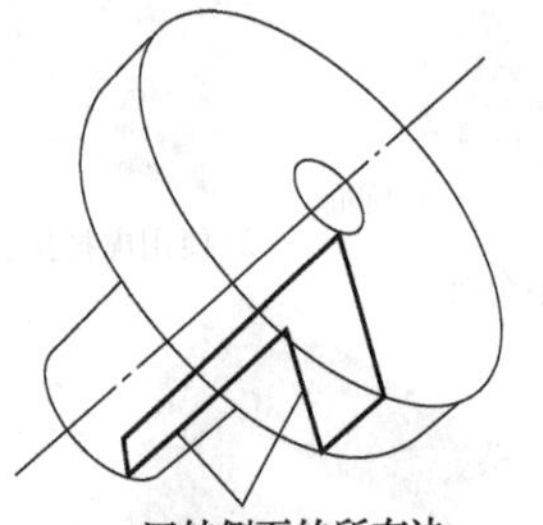

图 17-78　回转侧面的所有边存在，但零件可以进行网格划分

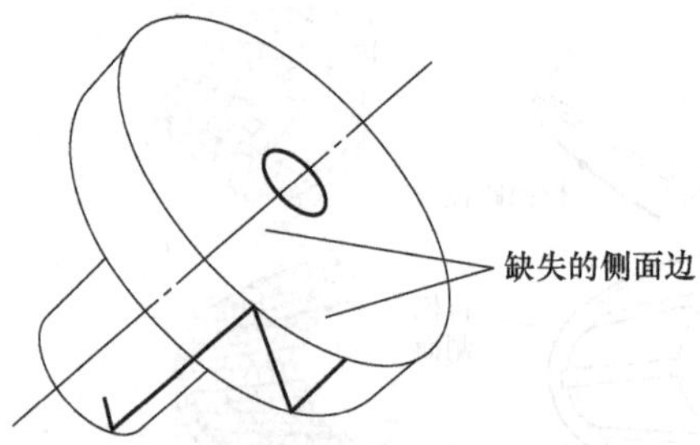

图 17-79　回转侧面的边的缺失一部分，零件不能进行网格划分

• 接触回转轴的一个完全回转的区域，仅当与侧面关联的所有边存在回转时，才可以进行网格划分，与回转轴重合的边除外。图 17-80 所示的零件是可以进行网格划分的，因为，除了与回转轴重合的边，回转侧面的所有边都存在。如果侧面包含与回转轴重合的边，则零件也将可以进行网格划分。

• 如果回转的区域是通过将包含样条曲线对草图进行回转来创建的，则仅当样条曲线的每一个端点处的顶点不在回转轴上时，区域才可以进行网格划分。

• 如果零件是通过沿着封闭样条曲线的扫掠路径扫掠一个横截面来创建的，则仅当把零件分割成两个或者更多区域时，该零件才可以进行网格划分。

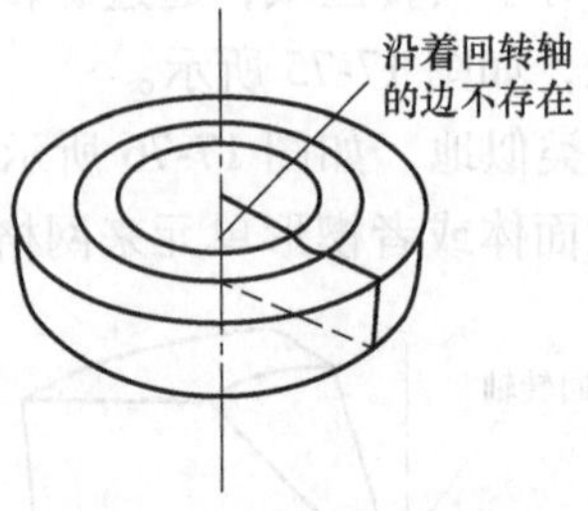

图 17-80　所有回转侧面的边存在（除了沿着回转轴的边），零件可以进行网格划分

17.9.4　圆柱实体的扫掠网格划分

用户可以使用许多类型的实体单元，采用扫掠网格划分来创建圆柱几何形体上的网格，包括来自实体圆柱单元库的单元。如果用户使用实体圆柱单元来创建本地网格，则 Abaqus/CAE 会使用选中的扫掠/回转区域的扫掠路径作为生成的圆柱单元的圆周方向。用户应当在创建网格前确认扫掠路径是正确的。

当用户试图使用圆柱单元网格来划分实体几何形体时，Abaqus 考虑以下对圆柱单元的要求：

• 圆柱单元圆弧边上的中节点必须精确地位于边节点的中间。
• 横截面上的所有节点必须位于相同的径向平面上。
• 单元中的所有圆边必须跨角相同。

- 单元中的圆弧中心必须位于共同的轴上。
- 一个单元的跨角不能大于 180°。

这些要求意味着用户仅能在回转零件，或者用户可以分割成回转区域的零件上，创建有效的圆柱单元。图 17-81 中的 S 形拉伸可以在分割成回转区域后，使用圆柱单元来进行网格划分。

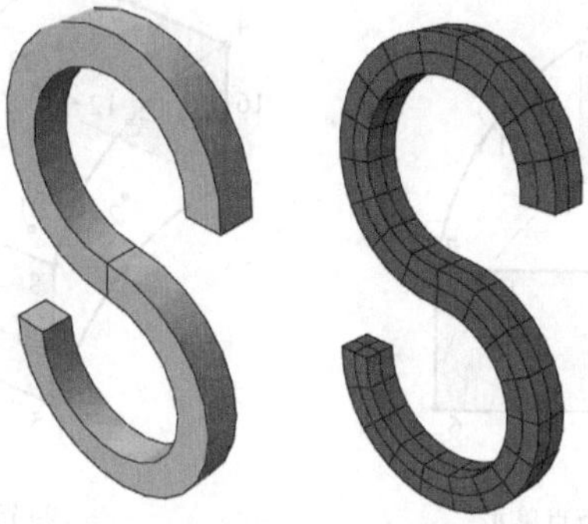

图 17-81　实体圆柱网格划分可以接受的几何形体

图 17-82 所示为三种类型的几何形体——螺旋弹簧、带切口的回转零件以及变细的零件，因为这些网格划分要求，不能使用实体圆柱单元进行扫掠网格划分。

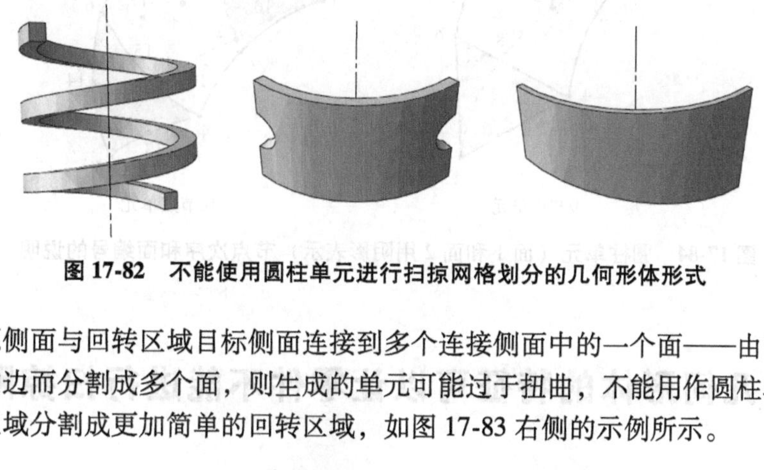

图 17-82　不能使用圆柱单元进行扫掠网格划分的几何形体形式

如果把源侧面与回转区域目标侧面连接到多个连接侧面中的一个面——由于内部的边或者约束网格的边而分割成多个面，则生成的单元可能过于扭曲，不能用作圆柱单元。用户必须将此实体区域分割成更加简单的回转区域，如图 17-83 右侧的示例所示。

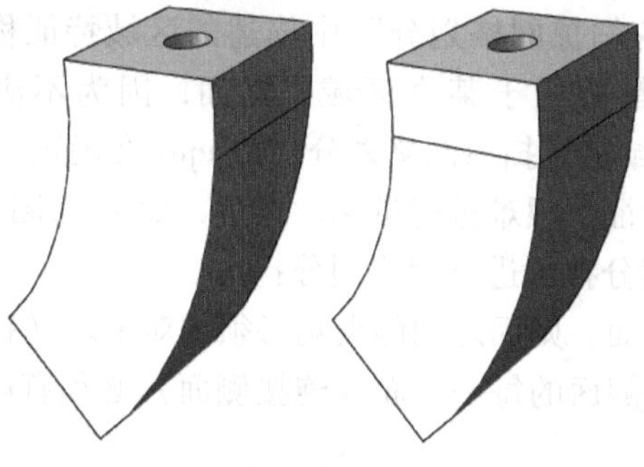

图 17-83　不适合使用圆柱单元进行网格划分的实体区域（左），**以及同一个区域通过分割，从而适合使用圆柱单元进行网格划分**（右）

当用户通过分配圆柱单元来编辑已网格划分的零件时，Abaqus/CAE 将每个圆柱单元的面 1 和面 2 考虑成沿着径向平面的面。图 17-84 所示为一些类型圆柱单元的这些面的位置。用户应当在给零件赋予圆柱单元类型之前，确定单元的堆叠方向；更多信息见 64.6.4 节“确定堆叠方向”中的描述。

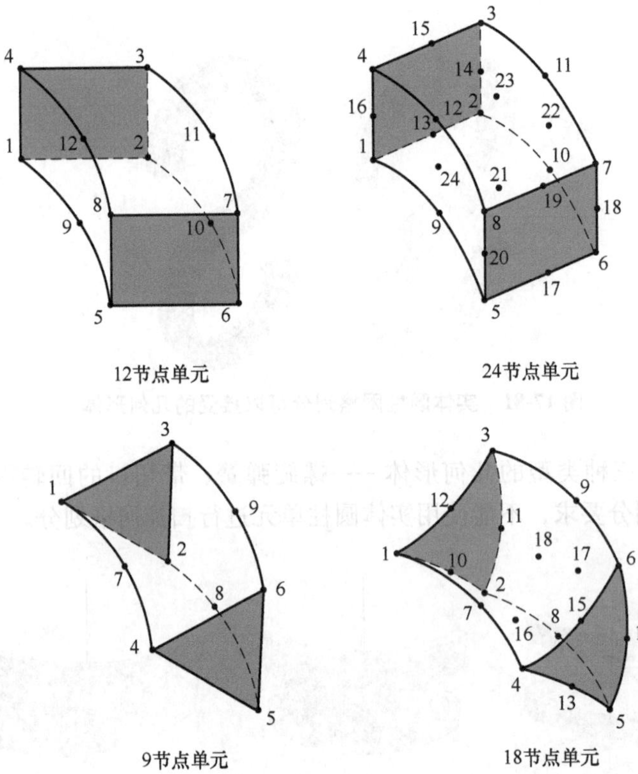

图 17-84　圆柱单元（面 1 和面 2 用阴影表示）节点次序和面编号的说明

17.9.5　几何形体的特征可以让零件不能进行扫掠网格划分

17.9.3 节“三维实体的扫掠网格划分”中描述的区域特征称为“拓扑特征”。在一些情况中，所有的拓扑特征都适用于某个区域；然而，因为不满足“几何形体的特征”，Abaqus/CAE 不允许对该区域进行扫掠网格划分。Abaqus 在确定一个区域是否可以进行扫掠网格划分时所寻找的几何特征，很难进行量化。通常，如果三维区域满足下面的几何形体特征，则可以使用扫掠网格划分技术进行网格划分：

- 如果源侧面包含多个面，则面之间的夹角必须相对平坦（接近 180°）。
- 将源侧面连接到目标侧面的每一个面（连接侧面）必须有四个拐角。每个拐角处的角度必须接近 90°。
- 源侧面与每一个连接侧面之间的夹角都应当接近 90°。类似地，目标侧面与每一个连接侧面之间的夹角也应当接近 90°。

例如，图 17-85 所示为源侧面上的三个面。当形成源侧面的面之间的角度减小时，零件不再满足可扫掠网格划分区域的几何形体特征。

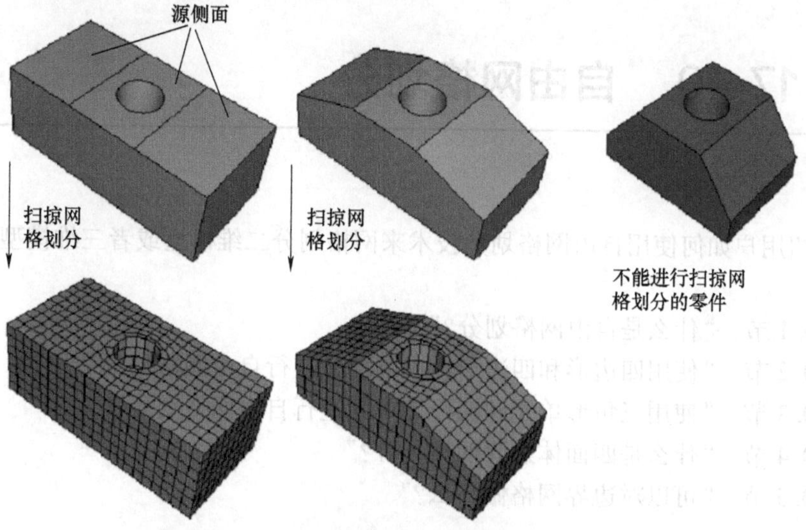

图 17-85 以几何形体特征为基础的扫掠网格划分

用户可以应用虚拟拓扑来满足几何形体特征，让零件可以进行扫掠网格划分。例如，图 17-86 所示为源侧面上的三个面使用虚拟拓扑合并，使零件变得可以扫掠网格划分，只不过产生的网格质量较差。

在一些情况中，Abaqus/CAE 将仍然允许用户创建扫掠的网格，即使这些情况不满足几何形体特征要求。其目的是允许用户尽可能地创建扫掠网格划分。然而，这样生成的网格可能质量较差，甚至是无效的。若要确保扫掠网格是可接受的，则用户应当使用网格检验工具来检验其质量。更多信息见 17.19.1 节“确认单元质量”。

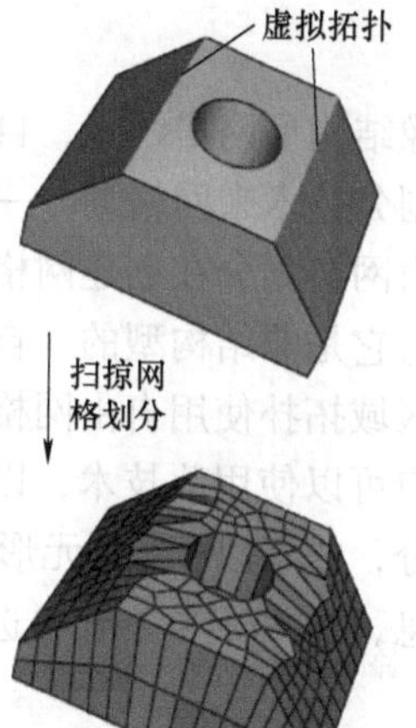

图 17-86 施加虚拟拓扑产生了低质量的网格

17.10　自由网格划分

本节介绍用户如何使用自由网格划分技术来网格划分二维模型或者三维模型，包括以下主题：

- 17.10.1 节　“什么是自由网格划分?”
- 17.10.2 节　“使用四边形和四边形为主的单元进行自由网格划分”
- 17.10.3 节　“使用三角形单元和四面体单元进行自由网格划分”
- 17.10.4 节　“什么是四面体边界网格划分?”
- 17.10.5 节　“可以对边界网格做什么?”

17.10.1　什么是自由网格划分?

不像结构型网格划分，自由网格划分不使用预先建立的网格划分样式。当用户使用结构型网格划分技术来网格划分一个区域时，用户可以在区域拓扑的基础上预测网格的样式。相反，自由网格划分在创建网格之前不能预测网格样式。

因为它是非结构型的，自由网格划分允许比结构型网格划分更加灵活。用户可以对非常复杂的区域拓扑使用自由网格划分技术来进行网格划分。

用户可以使用此技术，以 Tri、Quad 或者 Quad-dominated 单元形状选项为二维区域进行网格划分，或者以 Tet 单元形状选项为三维区域进行网格划分。有关给区域赋予单元形状的更多信息，见 17.18.2 节“选择一个网格形状”。

17.10.2　使用四边形和四边形为主的单元进行自由网格划分

对于二维区域，使用四边形单元的自由网格划分是默认的网格划分技术。用户可以对任何平面的或者弯曲的面应用四边形单元的自由网格划分技术。图 17-87 所示为以此技术生成的网格划分。自由网格划分通常不是对称的，即使零件或零件实例自身是对称的。

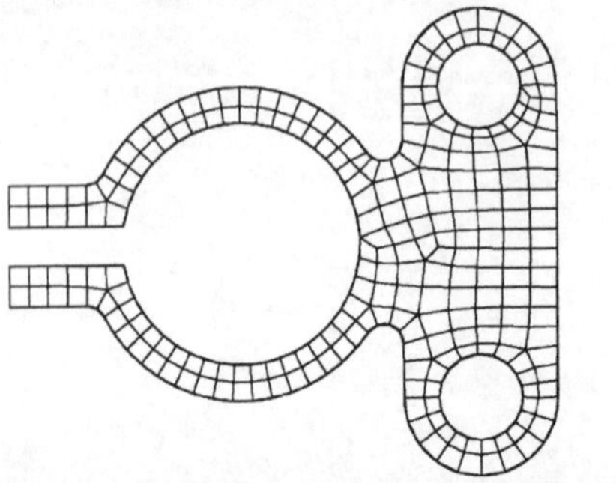

图 17-87　使用四边形单元生成的自由网格

Abaqus/CAE 允许用户在创建四边形或者四边形为主的网格时，在两种网格划分算法之间进行选择。更多信息见 17.7.6 节“中间轴算法与先进波前算法的区别是什么?”。

中间轴（Medial axis）

当用户使用中间轴算法采用四面体单元来网格划分复杂的区域时，Abaqus/CAE 将创建内部的分割，将区域分割成简单的结构型网格划分区域，然后对更小的区域进行种子布局。

如果用户使用中间轴算法来网格划分一个区域，然后重新网格划分此区域（如在更改种子布局后），Abaqus/CAE 会存储内部的分割，从而更快地生成新的网格。此外，内部的分割允许 Abaqus/CAE 生成良好网格所花费的时间与生成粗糙的网格所花费的时间接近。用户不能使用中间轴算法来网格划分包含虚拟拓扑的区域，而且中间轴算法不能很好地处理粗糙零件。

通常，因为以下原因，使用四边形单元的以中间轴为基础的自由网格划分不能与网格划分种子精确匹配：

- Abaqus/CAE 试图在相邻区域和通过内部分割创建的更小的区域之间平衡种子布局。
- Abaqus/CAE 试图最小化单元扭曲。

然而，当用户试图固定种子约束时，Abaqus/CAE 能够精确匹配种子数量，并且试图精确匹配种子位置。图 17-88 所示为具有固定种子的二维平板，以及具有可移动种子的平板生成的完全四边形网格。用户应当仅在一些边上指定固定的种子，否则 Abaqus/CAE 可能无法生成网格。例如，在图 17-88 中，如果用户指定围绕平板中的一个孔固定种子，则整体种子将变得过约束，Abaqus/CAE 无法生成网格。

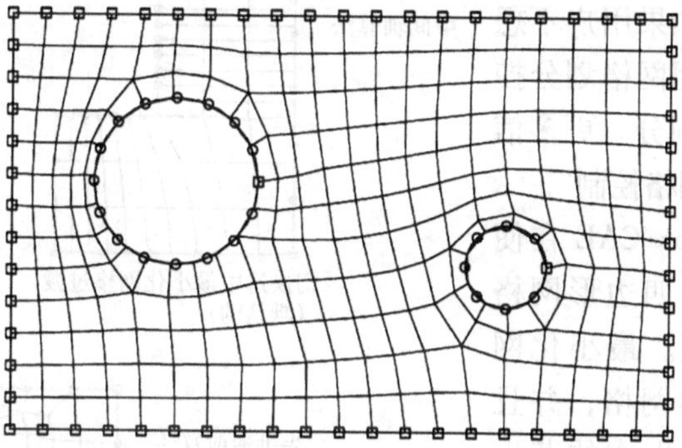

图 17-88　固定的和可移动的种子，以及中间轴网格划分算法

使用中间轴算法，以四边形为主的单元生成的自由网格类似于完全使用四边形单元没有最小化过渡生成的自由网格；然而，Abaqus/CAE 会插入一些分离的三角形，以便更加紧密地匹配网格种子。Abaqus/CAE 使用四边形为主的单元，可以比使用完全四边形单元更快地生成网格。

先进波前（Advancing front）

当用户使用先进波前算法，采用四边形单元自由网格划分一个复杂区域时，Abaqus/CAE 将在区域的边界上生成四边形单元，并且随着单元向区域内部推进继续生成四边形单元。

当用户选择先进波前算法时，Abaqus/CAE 能精确地匹配种子（除了当用户创建一个三维回转网格，并且回转侧面与回转轴接触时）。图 17-89 所示为精确匹配种子的四边形网格。通常，使用先进波前算法生成的网格过渡比中间轴算法生成的过渡更加可接受；然而，在狭窄区域精确匹配种子会牺牲网格质量。与中间轴算法相比，用户可以将先进波前算法与不精确零件和包含虚拟拓扑的区域一起使用。

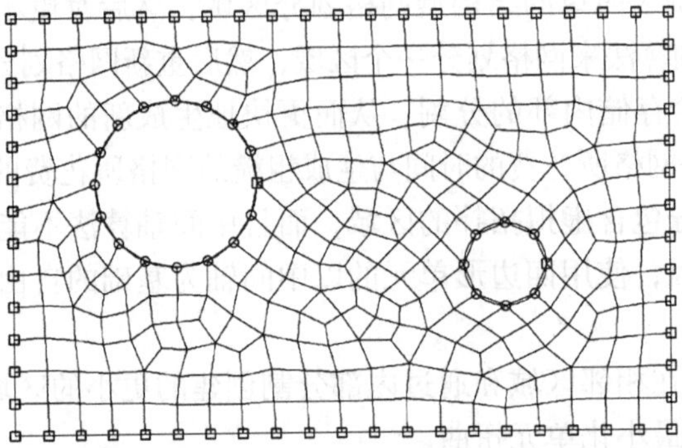

图 17-89　固定的和可移动的种子，以及先进波前网格划分算法

如果用户选择先进波前算法，则 Abaqus/CAE 也将在合适的地方使用映射网格划分（映射网格划分与结构型网格划分是一样的，但是仅适用于四边的区域）。更多信息见 17.8.2 节“什么是映射网格划分?”，以及 17.8.6 节“何时 Abaqus/CAE 可以施加映射网格划分?”。当使用映射网格划分时，Abaqus/CAE 会对网格的种子进行微调。如果用户不想改变种子布局，可以使用网格划分控制来防止使用映射网格划分。更多信息见 17.18.1 节“赋予网格控制”。

默认情况下，Abaqus/CAE 在使用中间轴算法生成自由四边形网格时，会最小化网格过渡。最小化网格过渡可以生成更好的网格，并且生成得更快；然而，所生成的节点会更加偏离网格种子。图 17-90 所示为相同的平面零件实例，使用中间轴算法、没有最小化网格过渡，以及使用先进波前算法进行网格划分的情况。

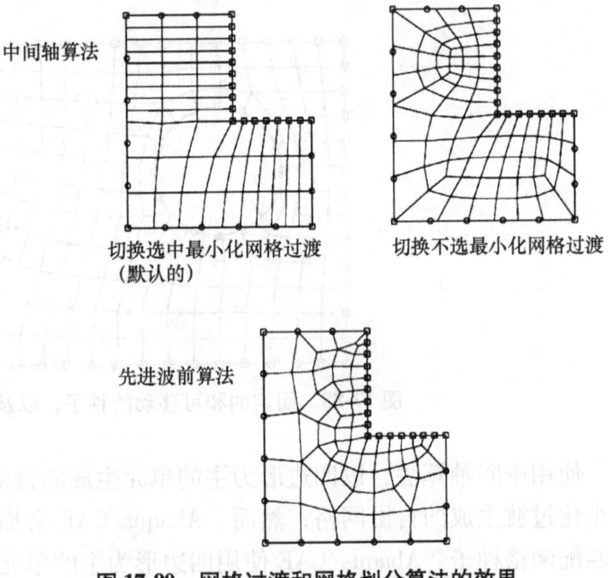

图 17-90　网格过渡和网格划分算法的效果

17.10.3　使用三角形单元和四面体单元进行自由网格划分

三角形单元自由网格划分可以应用于任何平面或者弯曲的面，并且零件可以是精确的或者不精确的。更多信息见 10.2.1 节“什么是有效和精确的零件?”。三角形单元自由网格划分可以精确匹配网格种子。这种网格划分技术可以处理单元大小上的巨大变化，这在用户仅想细化网格的一部分时是有用的。Abaqus/CAE 计算三角形自由网格划分的时间与单元和节点的数量近似线性相关。图 17-91 所示为使用此技术生成网格的一个例子。

四面体单元自由网格划分可以应用于几乎任何三维的区域；实际上，可以使用此技术对非常复杂的模型进行网格划分而不需要对模型进行分割。使用四面体单元进行自由网格划分类似于使用三角形单元进行自由网格划分，零件可以是精确的，也可以是不精确的。通常，如果网格种子没有进行完全约束，则即使网格在小孔周围更加细密，Abaqus/CAE 也可以精确地匹配网格种子。图 17-92 所示为四面体自由网格划分的例子。

不支持使用六面体单元对三维实体进行自由网格划分。

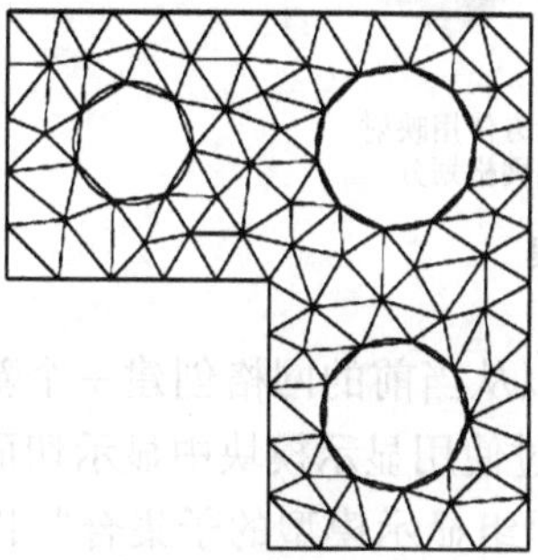

图 17-91　使用三角形单元生成的自由网格

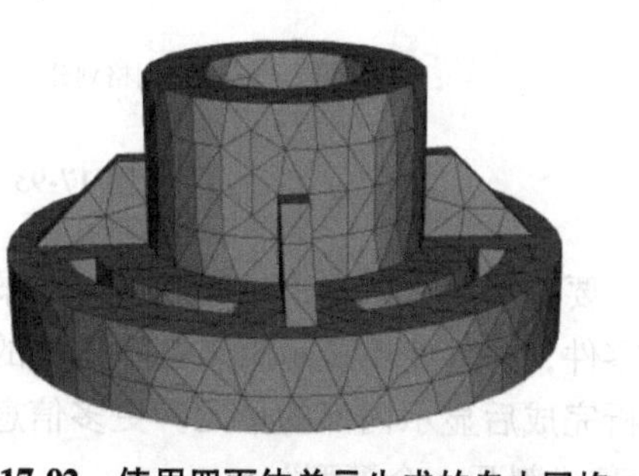

图 17-92　使用四面体单元生成的自由网格

用户应当使用零件模块中的，或者网格划分模块中的查询工具，在使用四面体单元进行自由网格划分之前检查零件或者装配体的几何形体。用户应当检查以下情况：

- 实体中没有自由边。
- 没有短边、小面或者小的面拐角。

更多的例子见 71.2.4 节“使用几何形体调试工具”。

当用户使用四面体单元进行自由网格划分时，可以使用默认的网格生成算法，或者切换不选默认的算法，而使用 Abaqus/CAE 6.4 版本或者更早版本中包括的算法。默认的算法无疑更加稳定，特别是当网格划分复杂的形状和薄实体时。此外，默认的算法允许用户增加内部单元的大小。如果网格密度对于要分析的模型已经足够用，并且感兴趣的区域在网格边界上，则增加内部单元的大小可以提高计算效率。

当用户在面上使用网格划分来创建三角形单元时，Abaqus/CAE 将为合适的区域使用映射网格划分（映射网格划分与结构型网格划分是一样的，但是仅适用于四边的区域）。更多信息见 17.8.2 节“什么是映射网格划分?”，以及 17.8.6 节“何时 Abaqus/CAE 可以施加映射网格划分?”。Abaqus/CAE 仅在映射的三角形网格划分可以改善网格质量时才替换三角形网格划分。如果需要，用户也可以使用网格划分控制来防止 Abaqus/CAE 使用映射网格划分。更多信息见 17.18.1 节“赋予网格控制”。

类似地，当用户使用自由网格划分来创建四面体单元时，可以允许 Abaqus/CAE 决定映射网格划分是否合适。Abaqus/CAE 在确定生成的网格质量将得改善后，会在简单的边界面上将自由网格划分替换成映射的网格划分，并且将生成的三角形单元转化成四面体单元。

图 17-93 所示为在一个实体零件的自由网格划分中，使用四面体单元在合适的地方允许映射网格划分的效果。在可以映射网格划分的四边区域中，网格质量得到改善。

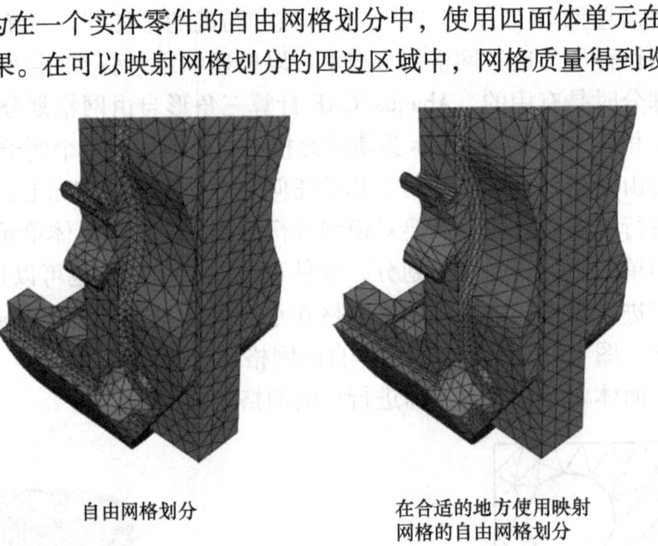

图 17-93　允许映射网格划分的效果

要显示由 Abaqus/CAE 生成的内部四面体单元，用户可以从当前的网格创建一个新的网格零件，并且使用显示组来去除选中的单元。用户也可以通过使用显示模块中显示切面，在分析完成后显示内部的单元。更多信息见第 78 章“使用显示组显示模型的子集合”以及第 80 章“割开一个模型”。

17. 10. 4　什么是四面体边界网格划分？

当 Abaqus/CAE 在实体上使用四面体单元生成自由网格时，网格划分过程由两个步骤组成：

1. 在实体区域的表面上生成三角形的边界网格。
2. Abaqus/CAE 将三角形用作四面体单元的面来生成四面体网格。

创建一个四边形边界的网格，然后为自下而上区域的几何面创建六面体网格也可以使用同样的过程（更多信息见 17. 11. 5 节“为自下而上的区域创建边界网格”）。

如果用户的零件比较复杂，则生成自由的四面体网格可能会比较耗时。预览边界面上的网格可以帮助用户在为整个零件生成网格之前确定问题。用户可以在生成网格之前通过切换选中弹出区域中的 Preview boundary mesh，在网格划分的第一步骤之后预览边界面上的三角形。如果网格可接受，则用户可以继续区域内部的网格划分。如果网格划分不可接受，或者如果一些区域不能网格划分，则 Abaqus/CAE 提供纠正问题的不同工具。更多信息见 17. 10. 5 节“可以对边界网格做什么？”。

如果用户决定预览一个区域的三角形边界网格划分，Abaqus/CAE 允许用户选择面进行网格划分，即使用户的最终意图是网格划分一个实体。当用户切换选中 Preview boundary mesh 时，Abaqus/CAE 自动地改变弹出区域中的选择过滤器来选择 Faces。更多信息见“以对象的类型为基础来过滤用户的选择”。

当选择了 Mesh defaults 着色映射时，Abaqus/CAE 使用白色的边界单元来表示边界单元，与 Abaqus/CAE 表示最终网格的蓝绿色进行对比区分。当用户查询四面体边界网格时，Abaqus/CAE 将单元称为 Tri boundary elements。相比而言，当用户查询最终网格划分时，Abaqus/CAE 将单元称为 Linear tetrahedral elements 或者 Quadratic tetrahedral elements。边界面上的三角形没有几何顺序的概念。

17.10.5 可以对边界网格做什么?

当 Abaqus/CAE 在一个实体上使用四面体单元生成自由网格时，首先在实体区域的外表面上生成三角形的边界网格，如 17.10.4 节“什么是四面体边界网格划分?”中描述的那样。

当用户创建一个自由四面体网格时，Abaqus/CAE 可以在边界面上创建自由的网格或者映射的网格；有两个机制来控制此三角形面网格的网格划分样式：

- 与三维区域关联的整体网格控制：整体控制总是存在。当用户给区域赋予自由四面体网格划分技术时，对整体控制进行设置。在 Abaqus/CAE 确定映射的网格划分合适的区域中，用户可以使用它们来创建映射的网格划分，或者在所有的边界面上创建自由网格划分。
- 在区域的选中面上指定的局部网格控制：要赋予局部控制，用户需要选择区域的一个或者多个面，并且指定 Abaqus/CAE 在选中的区域上创建自由网格划分还是映射或者结构型网格划分。

如果用户对将进行四面体网格划分的实体区域赋予结构型技术，则这些面会着色成绿色，来显示为面网格划分赋予的技术（对于赋予网格控制的详细指导，见 17.18.1 节“赋予网格控制”）。

注意：仅当用户对面赋予网格划分控制时，才施加绿色着色。当过程结束时，显示整体网格控制颜色。

此外，Abaqus/CAE 高亮显示边界上不能进行网格划分的任何面。这些失败通常是由于网格划分种子布局过于粗糙，或者过于小的边或者面。用户可以将高亮显示的面保存成一个集合，然后可以仅对集合中的面施加更细的种子。有关对集合中的面进行种子布局的更多信息，见 17.4.2 节“用户可以给面或者单元体布置种子吗?”。用户可以使用显示组来仅显示集合中的面。更多信息见 78.2.4 节“图示显示组”。

用户可以使用查询工具集来查询一个边界网格。此外，用户可以使用网格确认工具来检查边界网格的质量好坏。网格确认工具允许用户检查所有边界三角形的质量，或者用户可以使用选择过滤器来仅检查选中面的边界三角形。

如果微小边或者面会防止 Abaqus/CAE 生成可接受的四面体网格，则用户可以尝试下面的操作：

- 使用几何形体调试工具来找到小的物体，例如可以影响网格质量的短边、小面和具有小拐角角度的面。用户可以创建一个包含这些小物体的集合。更多信息见 71.2.4 节“使用几何形体调试工具”。
- 使用几何形体编辑工具集来删除冗余的边和顶点。用户也可以删除面，然后缝合产生的间隙。更多信息见69.2节“编辑技术概览”。

- 使用虚拟拓扑工具集来忽略微小的边或者面。更多信息见75.2节“可以使用虚拟拓扑工具集做什么?”。
- 添加分割来降低长面、窄面或者单元体的长宽比。更多信息见第70章“分割工具集”。
- 使用编辑网格工具集来更改预览网格。用户可以在网格划分模块中执行下面的操作。

—编辑节点。

—退化单元边。

—将相邻三角形单元的对角反转。

—分割单元边。

更多信息见64.1节“可以使用编辑网格工具集做什么?”。

在一些情况中，因为面网格划分中非常薄的三角形单元，或者因为薄片面不能使用三角形来网格划分，用户将不能使用四面体单元来网格划分导入的实体零件。64.3.6节“使用工具组合来对导入的实体零件进行四面体单元网格划分”描述了如何使用编辑网格划分工具集和网格划分模块中的其他工具来成功地网格划分零件。

17.11 自下而上的网格划分

本节介绍自下而上的网格划分技术，以及可以应用此网格划分技术的区域类型。也对网格相关性的关联主题进行了解释，包括以下主题：

- 17.11.1 节 “什么是自下而上的网格划分?”
- 17.11.2 节 “自下而上的网格划分区域”
- 17.11.3 节 “自下而上的网格划分方法”
- 17.11.4 节 “为自下而上的网格选择参数”
- 17.11.5 节 “为自下而上的区域创建边界网格”
- 17.11.6 节 “改善自下而上区域的边界网格质量”
- 17.11.7 节 “为自下而上的扫掠网格定义连接侧”
- 17.11.8 节 “创建自下而上的网格划分”
- 17.11.9 节 “包括自下而上网格划分技术的示例”

17.11.1 什么是自下而上的网格划分?

自下而上网格划分是手动的、逐步的网格划分过程，允许用户在任何实体区域中建立六面体网格。结构型的、扫掠的和自由网格划分技术都是自下而上的方式——它们都直接绑定几何形体，这样产生的网格填充几何形体。自下而上的网格划分将网格绑定到几何形体的约束进行了放松，使得用户建立的网格可以忽略一些几何形体特征。用户也可以使用自下而上网格划分技术来更改一个网格零件，在此情况中，没有可以考虑的几何形体特征。如果用户与几何形体一起工作，则用户在自下而上网格划分中创建的单元，总是与用户网格划分的实体区域关联，但是网格边界可以不与区域的几何形体边界关联。这允许用户在自下而上网格划分技术要求广泛分割的地方，或者使用四面体单元来完成网格划分的地方，创建仅使用六面体单元的网格。然而，松弛几何形体约束也意味着用户必须谨慎选择用于创建网格的参数，因为网格可以与几何形体显著不同。一旦 Abaqus 生成了自下而上的网格，则用户需要评估网格是否适于分析，并且如果存在几何形体的话，确认网格与几何形体正确关联。

用户可以对任何实体区域进行自下而上的网格划分，包括可以使用自下而上技术进行网格划分的区域，以及对那些与几何形体无任何关联的网格施加自下而上的网格划分技术。因为自下而上的网格划分是一个手动过程，所以非常耗时，仅当自上而下的方法不能生成令人满意的网格时，才推荐用户使用此自下而上的方法。

生成想要的网格可以要求多次应用自下而上的网格划分技术。如果要求多次应用，则每一次自下而上的网格会变成下一步网格划分的逐步创建模块，直到用户完成了区域的网格划分。每一次自下而上网格划分技术的应用包含四个步骤：

1. 用户在 Abaqus/CAE 将要创建网格的区域中选择区域。用户可以选择三维几何区域或者孤立的单元。

2. 用户选择 Abaqus/CAE 将用来创建网格的方法。用户可以从下面的方法中选择。

- 扫掠
- 拉伸
- 回转
- 偏置（仅对于孤立网格选取才可以使用）

3. 用户选择侧面，称为源侧面，Abaqus/CAE 将用来创建二维的网格，继而进行扫掠、拉伸或者回转操作来填充三维的区域。

4. 用户选择剩下的参数来完成自下而上网格划分的定义。例如，如果用户选择扫掠方法，则用户可以选择连接多个侧面和一个目标侧面。

此外，在用户可以使用网格来继续生成区域网格之前，可能需要编辑自下而上的网格，或者将网格与几何形体进行关联。更多信息见第 64 章“网格编辑工具集”。

图 17-94 显示的零件不能使用自下而上的技术来对其进行六面体单元网格划分。

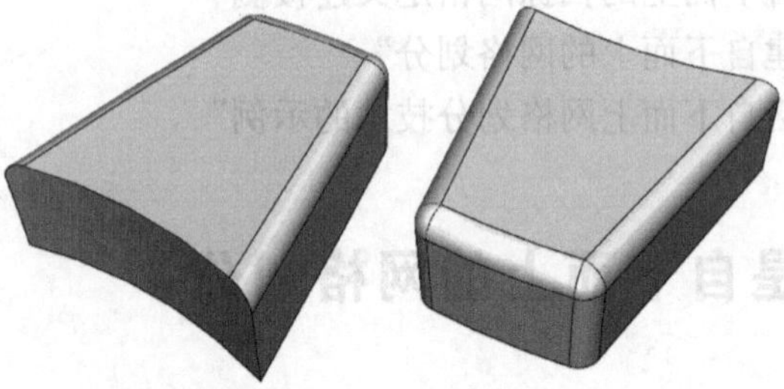

图 17-94　倒圆那样的复杂几何形体可以使用自上而下的网格划分

使用自下而上的扫掠方法来网格划分图 17-95 中的零件。用户为源侧面选择六个面（品红色），将挡在后面的面选作目标侧面（白色），将剩余的六个侧面用作连接侧面（黄色），如图中所示。在此例子中，所选的侧面都是几何面；Abaqus/CAE 也允许用户选择单元面和二维的单元来定义自下而上网格划分的源侧面和连接侧面。

用户可以从扫掠、拉伸或者回转方法中选择一个来网格划分一个选中的几何形体区域，并且如果用户正在操作孤立单元，则也可以选择偏置方法。根据区域的形状和分析意图，产生可接受结果的方法可能不止一种。用户所选的方法以及对应的参数如果可行的话，将确定网格与几何形体良好一致的程度。例如，图 17-96 显示的零件与图 17-95 显示的零件是一样的；这次使用拉伸方法来网格划分零件。拉伸方法的参数包括源侧面、一个拉伸向量和层的数量。如图 17-96 所示，拉伸得到的网格没有捕捉到变细端以及模型后面的圆角。如果这些细节是不重要的，则可以接受简化的网格。另外，用户通过更改或者删除节点和超出原始几何形状的单元来编辑产生的网格。更多有关编辑网格的信息，见第 64 章“网格编辑工具集”。

如果产生的自下而上网格不能接受，则用户可以删除它，然后对相同的区域尝试一个不

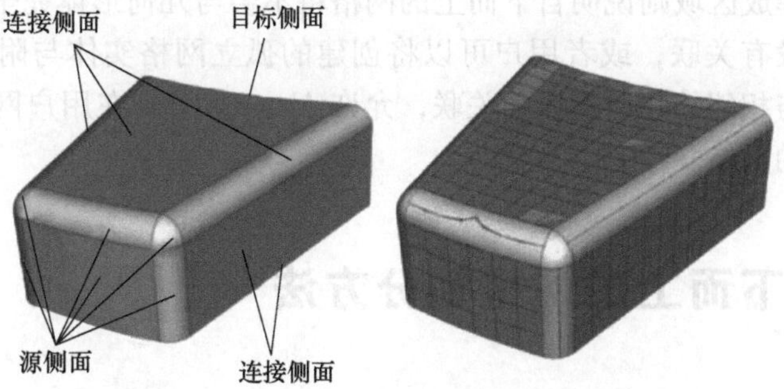

图 17-95 使用扫掠方法的自下而上网格划分

同的自下而上方法，或者分割区域，然后网格划分产生的简单区域。用户也可以使用网格 Undo 和 Redo 功能在自下而上网格划分过程中回退步骤，而不是删除区域整个的自下而上网格并重新开始。

注意：在一些操作后不能使用回退和重复执行，例如删除一个区域网格。

回退和重复执行功能与用于编辑网格工具集的回退和重复操作是一样的（更多信息见 64.9 节“撤销或者重做网格编辑工具集中的更改”）。

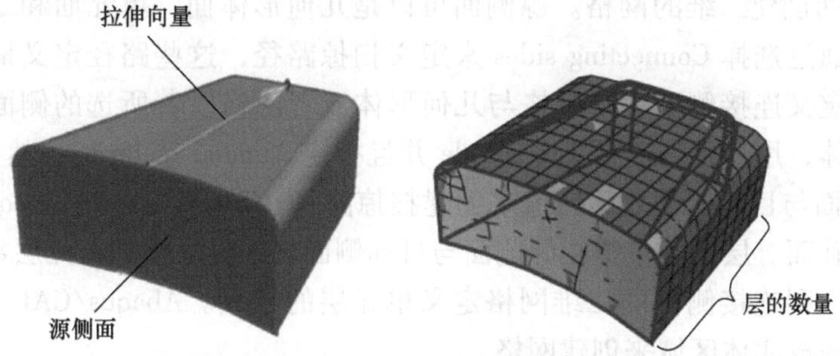

图 17-96 使用拉伸方法的自下而上网格划分

17.11.2 自下而上的网格划分区域

当用户开始创建一个自下而上的网格划分时，第一个要求是定义将要创建网格的区域。此区域决定了创建自下而上的网格是创建本地网格还是创建成孤立节点和单元的集合。要创建一个本地网格，用户选择一个三维的几何形体模型区域应当已经在 Mesh Controls 对话框中赋予了自下而上的网格划分技术（更多信息见 17.18.1 节“赋予网格控制”）。如果没有赋予了自下而上网格划分技术的几何形体区域，则用户必须创建一个赋予了自下而上网格划分技术的几何区域，或者使用孤立的单元区域。

选择一个三维区域作为区域也说明用户想要将自下而上的网格完全与几何形体关联。网格与几何形体之间的关联性对于传递载荷、边界条件和其他几何形体到网格的信息是必要的。网格与几何形体之间的关联在 17.12 节“网格与几何形体的关联性”中进行了讨论。

将孤立单元选择成区域则说明自下而上的网格将不会与几何形体完全关联。所创建的单元要么与几何形体没有关联，或者用户可以将创建的孤立网格实体与附近的几何面进行关联。将孤立网格面与相邻的几何形体面关联，允许 Abaqus/CAE 在用户网格划分几何形体的时候创建一致兼容的网格。

17.11.3　自下而上的网格划分方法

每一个自下而上方法的控制参数，与 Abaqus/CAE 内部用来为三维实体创建自下而上的扫掠网格所使用的参数类似。自下而上的方法和相关的参数定义如下：

Sweep（扫掠）

扫掠方法通过沿着一个扫掠路径移动二维的网格来创建三维的网格。图 17-95 说明了扫掠方法。用户应当在起点侧与结束侧之间区域的横截面发生变化时，使用自下而上的扫掠网格划分。要使用此扫掠方法，用户应当首先选择 Source side 来定义面和多个面，Abaqus/CAE 将在它们上面创建二维的网格。源侧面可以是几何形体面、单元面和二维单元的任何组合。用户可以通过选择 Connecting sides 来定义扫掠路径，这些路径定义期望扫掠区域的侧面。如果用户定义连接侧面，则网格与几何形体或者网格沿着所选的侧面紧密配合。另外，对于几何形体，用户可以选择 Target side 并且指定 Number of layers，然后允许 Abaqus/CAE 通过在源侧面与目标侧面之间插值来创建扫掠路径。Target side 是 Abaqus/CAE 用来结束网格划分的单独面。层的数量指在源侧面与目标侧面之间将安排的单元层数量——如果用户使用连接侧面，则连接侧面的二维网格定义单元层的数量。Abaqus/CAE 从源侧面开始，将二维的网格扫掠成实体区域来创建网格。

Extrude（拉伸）

拉伸方法是扫掠方法的特殊情况，使用由方向和距离定义的线性路径。图 17-96 说明了拉伸方法。该方法适用于截面不变且具有线扫掠路径的区域。自下而上的拉伸网格要求三个参数。与扫掠方法一样，用户选择 Source 侧面来定义 Abaqus/CAE 将创建二维网格的面。然后，用户选择 Vector 的起点和终点来定义拉伸方向，它也可以用来定义拉伸距离。最后，用户说明 Number of layers 来定义源侧面与拉伸网格末端之间的单元数量。如果用户使用向量来定义拉伸距离，则定义是完整的。然而，用户可以 Specify 一个距离或者使用 Project to target，然后选择一个目标侧面来定义拉伸距离。可以从视口中的任何几何形体、网格或者基准面中选择目标侧面；目标侧面与源侧面不必同属于一个零件实例。Abaqus/CAE 在拉伸向量的方向从源侧面拉伸二维的网格。如果用户选择一个对象侧面来定义拉伸距离，则 Abaqus/CAE 在目标侧面处结束拉伸网格。图 17-97 在左侧显示了源侧面和目标侧面；拉伸向量（没有显示）从矩形源侧面的中心延伸到圆柱的中心。所产生的拉伸网格是源侧面网格的拉伸。网格与目标侧面形状非常吻合，但是并未试图将网格的节点位置匹配到目标侧面上。

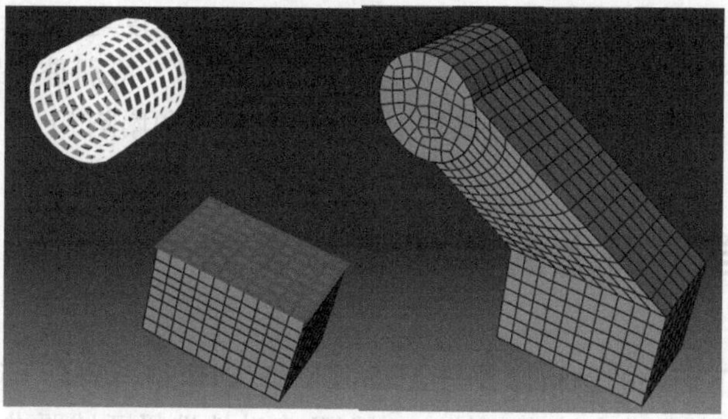

图 17-97 使用可以选择的目标侧面（白色着色）来定义拉伸距离

Bias ratio 参数定义自下而上拉伸的源侧面与拉伸结束处之间创建的多个单元层的单元厚度变化。偏置率是拉伸网格状第一个单元层的厚度与最后一个单元层厚度的比值。默认的偏置率 1.0 说明在整个拉伸距离上，单元厚度相等。

Revolve（回转）

回转方法是扫掠方法的另外一个特殊情况。在此情况中，扫掠路径是一个通过轴和回转角度定义的圆路径。图 17-98 显示了回转方法。该方法适用于横截面不变且扫掠路径为圆形的区域。与扫掠和拉伸方法一样，用户选择 Source side 来定义 Abaqus/CAE 将创建二维网格的区域。源侧面不能与回转轴相交，但是可以包含与轴重合的边。如果有与回转轴重合的边，则包含轴的单元在回转的网格中创建一层楔形单元。源侧面应当不包含任何沿着回转轴的三角单元。然后用户选择 Axis 的起点和终点来定义回转轴。最后，用户说明 Angle 和 Number of layers 来定义源侧面与回转网格末端之间的单元数量。Abaqus/CAE 通过指定的角度从源侧面回转二维的网格，并且最终将产生的区域分隔成期望的单元层数。如果用户从起点到终点沿着回转轴观察，则回转方向是顺时针的。

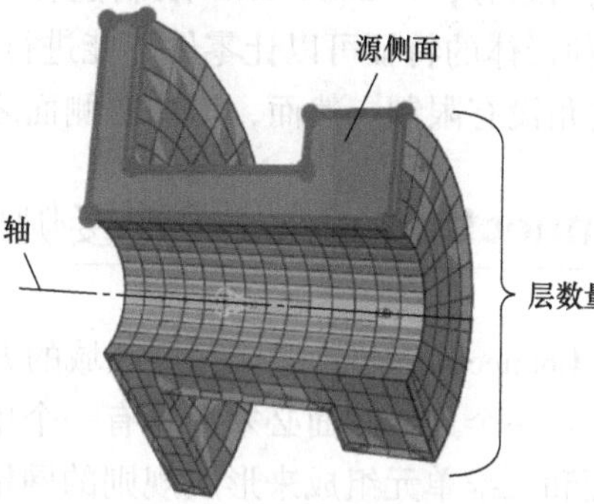

图 17-98 自下而上的回转方法通过指定的角度，围绕轴来扫掠源侧面网格

offset（偏置）

偏置方法如同编辑网格工具集中的 Offset（create solid layers）那样工作；通过偏置所选的单元来创建一层或者多层的实体单元。仅当用户对孤立单元进行操作时才能使用偏置。要创建一个偏置的自下而上网格，用户输入偏置单元的总厚度和期望的单元层数量。用户可以创建一个单元集合或者扩展一个现有的集合，但是用户不能如使用编辑网格工具集那样创建顶面和底面。如果用户将壳单元选为源，则用户必须在弹出菜单中指定想要的偏置方向；用户可以在两个方向上偏置壳单元。如果用户的壳单元选择包含尖锐的拐角，切换选中

Constant thickness around corners，使得拐角中相遇的单元总厚度与其他地方的单元总厚度保持相同。使用此选项可以减少单元扭曲，并且防止单元塌陷，特别是如果单元偏置到拐角内侧时（更多信息见 64.3.3 节“在网格偏置中减少单元扭曲和塌陷”）。

17.11.4　为自下而上的网格选择参数

用户用来创建自下而上的网格参数与 Abaqus/CAE 创建相当的自上而下扫掠网格的参数类似。在自上而下的网格划分方法中，Abaqus/CAE 自动地选择区域要求的几何形体面。自上而下的扫掠网格——包括拉伸的和回转的网格——在 17.9.3 节“三维实体的扫掠网格划分”中进行了讨论。自下而上的网格划分方法中使用的参数在下面进行了讨论。

Source side（源侧面）

Source side 是定义一个或者多个面所要求的参数，在一个或者多个面上，Abaqus/CAE 将创建二维的网格来进行扫掠、拉伸或者回转来创建三维的网格。源侧面可以是几何面、单元面和二维单元的组合；用户也可以选择保存过的面来替代从视口中选取面。对于自上而下的网格划分，Abaqus/CAE 限制选作源侧面的多个面之间的角度（更多信息见 17.9.5 节“几何形体的特征可以让零件不能进行扫掠网格划分”）。选作自下而上的网格源侧面的面之间夹角没有限制。然而，增加源侧面之间的夹角将产生三维单元质量的下降。

Connecting sides（连接侧面）

Connecting sides 定义扫掠区域的方向。连接侧面可以是几何面、单元面和二维单元的组合。每一个连接侧面必须仅具有一个单独的四边几何面，或者由多个四边的组合几何面、单元面和二维单元组成来形成规则的网格样式。

在自上而下的扫掠网格划分中，Abaqus/CAE 沿着源侧面的所有边创建连接侧面。连接侧面完全从源侧面扩展到目标侧面。在自下而上的扫掠网格划分中，连接侧面对于几何形体而言是可选的，但是推荐用户尽可能多地包括连接侧面。连接侧面有助于在网格扫掠通过三维区域时对网格进行控制，并且强制三维区域与产生网格之间的关联。包括连接侧面降低了所需的清理工作，以及将自下而上的扫掠网格与几何形体进行关联的工作。自下而上网格的连接侧面可以完成从源侧面延伸到目标侧面，或者只是包括部分的距离。三维扫掠网格也可以不使用目标侧面，在此情况中，连接侧面的末端定义自下而上扫掠网格的末端。更多信息见 17.11.7 节“为自下而上的扫掠网格定义连接侧”。

Target side（目标侧面）

Target side 定义扫掠网格或者拉伸网格的末端。用户不能为回转的或者偏置的自下而上网格选择目标侧面。扫掠网格的目标侧面必须是一个单独的几何形体面；拉伸网格的目标侧面可以是一个或者多个几何面、一组单元面或者一个基准面。除非不包括任何连接侧面，否则，扫掠网格可以不要求目标侧面。然而，包括目标侧面有助于控制网格，如果可行的话，强制网格对几何形体的关联性。如果没有使用连接侧面，则 Abaqus/CAE 通过从源侧面将节点进行投影来创建目标侧面的网格，或者在使用了零件侧面时，Abaqus/CAE 从最后一层节点投影，从而创建目标侧面的网格。投影得到的节点位置可能超出所选的几何目标侧面。拉伸网格也可以不使用目标侧面，使用目标侧面也只是为了建立拉伸距离；目标侧面的网格面选择将不会改变被拉伸的网格，使其与现有的节点和单元面保持一致。

Number of layers（层的数量）

Number of layers 参数定义 Abaqus/CAE 沿着扫掠方向、拉伸方向或者回转方向生成的单元层数量。如果用户选择自下而上的扫掠方法，并且选择了连接侧，则单元层的数量是通过网格或者连接侧面的种子布局来驱动的。如果用户没有为扫掠方法选择连接侧面，或者如果用户选择拉伸方法或者扫掠方法，则用户必须指定 Abaqus/CAE 应当生成多少层单元。

Vector（向量）

Vector 参数定义拉伸方向，并且可选地定义拉伸网格的距离。用户通过从视口中的诸多节点中、顶点中、基准点中以及感兴趣的点中拾取一个起点和一个终点来选择一个拉伸向量。Abaqus/CAE 通过方向来拉伸源侧面中的网格，如果可以应用的话，也选取向量的距离，而忽略用户在视口中定义向量的位置。

Axis（轴）

Axis 参数定义回转网格的回转轴。用户可以通过从视口中选择两个顶点、节点、基准点或者感兴趣的点来定义回转轴。

Angle（角度）

Angle 参数定义回转网格的回转角度。用户必须为自下而上的回转技术指定回转角度来说明 Abaqus/CAE 应当在哪里结束回转网格。

Bias ratio（偏置率）

Bias ratio 参数定义自下而上网格的源侧面和拉伸末端之间的单元厚度变化，这说明源侧面与自下而上网格末端之间创建了多层单元。偏置率是拉伸网格中的第一层单元厚度与单元最后一层厚度之间的比率。小于 1 的偏置率表明在源侧面附近创建更密的层，等于 1 的偏置率说明每层的单元厚度是相等的，大于 1 的比率表明在源侧面附近创建更厚的层。Abaqus/CAE 在拉伸中的多个层上均匀地分布偏置。

在用户选择参数来定义自下而上的网格时，不仅要考虑当前自下而上网格的形状，也要考虑想要的最终网格形状。许多复杂的零件将要求几次自下而上的网格划分迭代来生成一个完整的网格。例如，用户可以使用连接侧或者自下而上扫掠网格的单元面来作为自下而上拉伸网格的源侧面。如果用户不能在当前迭代中完整地网格划分所选的区域，则用户考虑如何可以添加其他自下而上的网格，或者使用编辑网格工具集来完成网格。对于详细的步到步的自上而下的和自下而上的技术组合来网格划分一个零件，见 17.11.9 节“包括自下而上网格划分技术的示例”。

17.11.5　为自下而上的区域创建边界网格

当用户为一个几何形体区域创建自下而上的网格时，网格划分过程由两个步骤组成：

1. 在源侧面上生成四边形单元的边界网格，如果包括扫掠网格的话，也可以在扫掠网格的连接侧面上生成四边形单元的边界网格。

2. Abaqus/CAE 生成六面体单元，使用四边形单元作为六面体单元的面。

创建边界网格允许用户预览生成自下而上网格的第一阶段。查看边界网格可以帮助用户识别可能阻止生成自下而上网格的问题。自下而上网格区域几何面的边界网格功能与 Abaqus/CAE 中的四面体边界网格划分功能是一样的，区别在于自下而上边界网格是由四边形单元替代四面体单元组成（更多有关四面体边界网格划分的信息，见 17.10.4 节“什么是四面体边界网格划分?”，以及 17.10.5 节“可以对边界网格做什么?”）。

要为自下而上区域的面生成边界网格，用户必须使用自上而下的区域网格划分功能。

若要创建一个边界网格，执行以下操作：

1. 从主菜单栏选择 Mesh→Region。

2. 在弹出区域中切换选中 Preview boundary mesh。

Abaqus/CAE 自动将默认选项从 Regions 转换成 Faces。

3. 选择要创建边界网格的自下而上区域中的几何面。

4. 在弹出区域中单击 Done。

Abaqus/CAE 在选中的面上创建二维网格。

当选择了 Mesh defaults 色映射时，Abaqus/CAE 显示白色的边界网格来表示四边形单元，与 Abaqus/CAE 用来表示最终的实体网格的蓝绿色进行区别。当用户查询自下而上的边界网格时，Abaqus/CAE 将二维的边界单元称为 Quad boundary elements。当用户查询最后的网格时，Abaqus/CAE 将三维实体网格称为 Linear hexahedral elements。

17.11.6　改善自下而上区域的边界网格质量

源侧面上和连接侧面的边界网格质量是影响扫掠网格质量的主要因素。创建边界网格允许用户在使用它们创建自下而上网格之前改善它们的质量。例如，要使用无关联几何形体和无关联单元面的组合来创建可接受的源侧面，用户可能需要创建边界网格划分并且合并二维网格的节点。同样，用户不能使用几何面和单元面的组合来创建连接侧面，但是用户可以创建一个单独的边界网格，并使用此单独边界网格的二维单元和相邻三维网格单元面的组合来创建一个连接侧面。

用户可以使用查询工具集来查询边界网格。此外，用户可以使用网格确认工具来检查边界网格的质量。网格确认工具允许用户检查所有边界单元的质量，或者用户可以使用选择过滤器只检查选中面的边界单元质量。

要改善自下而上区域的边界网格，用户可以尝试下面的操作：

- 更改自下而上区域的面网格划分控制。更多信息见 17. 18. 1 节“赋予网格控制”。
- 使用几何诊断工具来寻找短边、小面和具有小拐角的面那样的小物体，它们会影响网格质量。用户可以创建一个集合来包含这些小物体。更多信息见 71. 2. 4 节“使用几何形体调试工具”。
- 使用几何形体编辑工具集来删除冗余的边和顶点。用户也可以删除面，然后缝合产生的间隙。更多信息见 69. 2 节“编辑技术概览”。
- 使用虚拟拓扑工具集来忽略小的边或者面。更多信息见 75. 2 节“可以使用虚拟拓扑工具集做什么？”。
- 对细长的面或者实体单元添加分割。更多信息见第 70 章“分割工具集”。
- 使用编辑网格工具集来更改边界网格。用户可以在网格划分模块中进行下列操作。

—编辑节点。

—退化单元边。

—将相邻三角形单元对的对角线方向对调。

—分割单元边。

更多信息见 64. 1 节“可以使用网格编辑工具集做什么？”。

17. 11. 7 为自下而上的扫掠网格定义连接侧

定义自下而上网格的连接侧是复杂的工作。仅当将孤立单元面用作源侧面创建扫掠网格时，才要求连接侧。然而，即使没有要求连接侧，使用它们也可以使用户创建网格节省相当多的时间。连接侧面帮助控制扫掠网格的形状，并且网格和几何形体之间的相关性，或者强制网格沿着连接侧匹配已经存在的网格，取决于用户是使用几何形体还是网格。换言之，连接侧强制自下而上扫掠网格更像是自上而下的扫掠网格。没有连接侧的话，则用户可能需要编辑网格形状、合并节点或者采取另外的方式来更改网格，使得网格与相邻的几何形体或者网格兼容，并且如果这些侧面存在施加任何载荷或者边界条件的话，则会需要用户手动地将网格与周围的侧面进行关联。

自下而上的网格连接侧面可以是几何面、单元面和二维单元的组合。单元或者单元面必须是四边形的，并且单独的连接侧面不能既包含网格实体又包含几何面。下面的准则和符合准则的例子应当可以帮助用户选择有效的连接侧面，或者从最初无效的侧面创建有效的连接：

- 每一个几何面必须具有四个逻辑边。
- 几何面的每一个角必须与网格扫掠操作一致。
- 连接侧面必须与源侧面共用一条边。
- 几何面或者网格实体必须形成规则的网格样式。

每一个几何面必须具有四个逻辑边

在图 17-99 中，顶面包含一个空洞，前面的面包括一个三角面。由于这些额外的特征，这两个面都不能用作连接侧面。如果用户选择这样的面，则 Abaqus/CAE 会显示一个错误信息，说明这些面拓扑上不是四边形的。

除了拓扑测试，Abaqus 进行几何形体测试来确定具有四个边或者更多边的面是否可以看成四边形。几何形体测试评估面顶点处的角度，并且确定是否能够生成质量良好的结构网格。用户可以通过使用网格划分控制来给这些面赋予结构网格划分技术，来跳过几何测试。

例如，图 17-100 中，前面的面在拓扑上是四边形的；然而，因为侧面与顶面相切，所以 Abaqus/CAE 不会认出所有的四个拐角。当用户完成连接侧面的选取时，Abaqus/CAE 高亮显示几何上不是四边形的面，并且显示一个错误信息。用户可以使用网格控制来将区域的拐角重新定义成图中高亮显示的样子，这样可以将面用作连接侧面。更多有关在自下而上区域面上使用网格控制的信息，见 17.11.6 节“改善自下而上区域的边界网格质量”。

图 17-99 连接侧面必须具有四个逻辑边

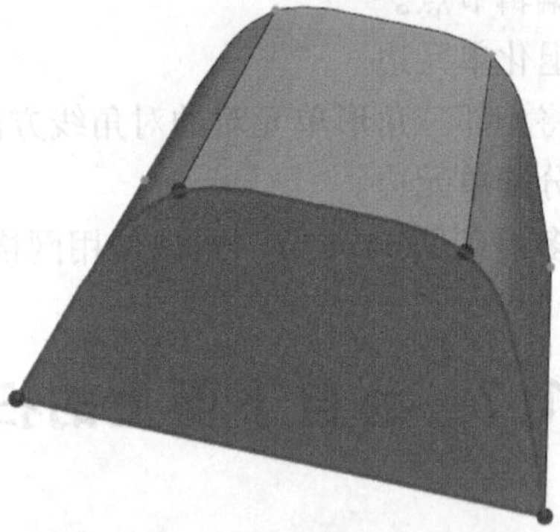

图 17-100 具有圆角的面可能需要进行编辑才能用作连接侧面

每一个几何面的拐角必须与网格扫掠操作一致

图 17-101 中选中面上显示的四个拐角没有匹配相邻源侧面（零件的底面）的拐角。在此情况中，用户可以完成选择连接侧面；但是当用户试图应用自下而上扫掠网格划分时，Abaqus/CAE 说明不能在连接侧面上将网格映射成规则的网格。如果用户使用网格控制来删除半圆挖空处的拐角，并且在侧面的左下角处添加一个拐角，则用户可以将面用作一个连接侧面。

连接侧面必须与源侧面共享一个公共边

源侧面与连接侧面之间共享的公共边不能超出源侧面的边。此外，如果用户使用二维单元或者单元面作为源侧面，并且将几何面选作一个连接侧面，或者反之，则单元边必须与几何边关联，否则 Abaqus 将无法将它们识别为公共边。

作为将单元与几何边关联的替代，用户可以在几何面上创建一个自下而上的边界网格，并且手动地将源侧面的节点和连接侧面网格合并（更多信息见 17.11.5 节“为自下而上的区域创建边界网格”）。如果连接侧面没有与源侧面共享一个公共的边，则 Abaqus/CAE 说明在连接侧面上不能将网格映射成一个规则的网格。

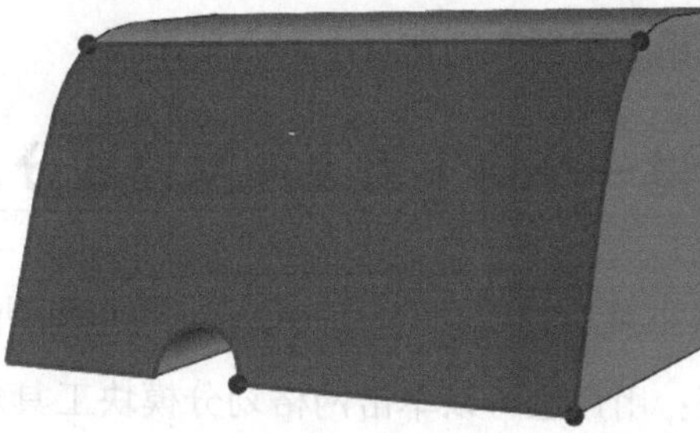

图 17-101　四边面的拐角没有匹配源侧面的拐角

几何面或者网格对象必须形成规则的网格样式

用户选择的几何面或者单元面和二维单元必须形成一个规则的网格样式。图 17-102 给出了连接面样式可接受的两个例子。

图 17-103 中三个四边形面的组合使得它作为连接侧面是不能接受的。在此情况中，当用户说明已经完成选择连接侧面时，Abaqus/CAE 显示一个错误信息声明选中的几何面不能形成一个网格样式。

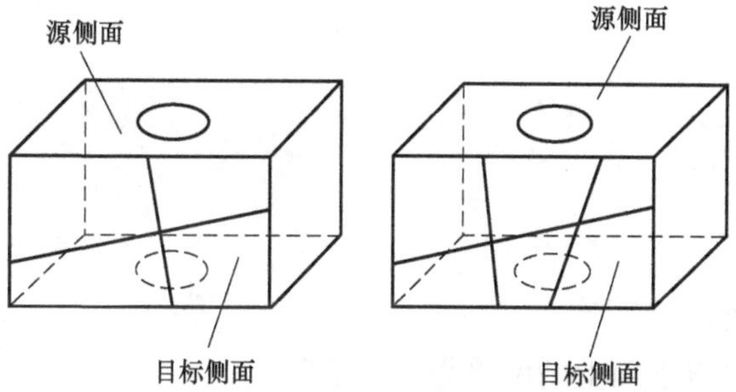

图 17-102　扫掠网格划分可接受的连接面样式

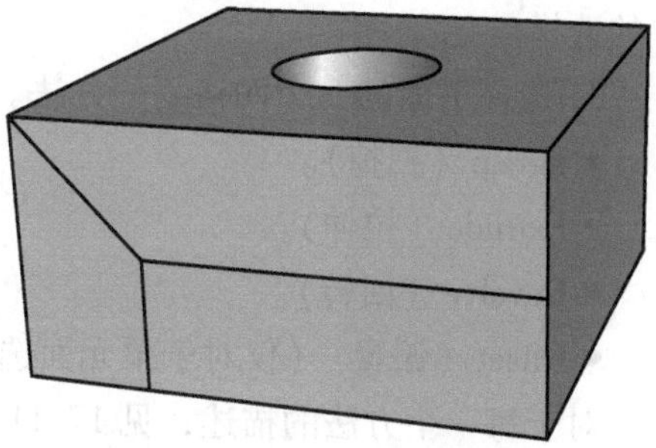

图 17-103　不能接受的面样式

如果用户不能创建可接受的连接侧面，则用户可以省略连接侧面。这样所产生的网格依然可用于分析。然而，用户应当记住将沿着区域侧面的单元与几何进行关联，尤其对网格的侧面施加了载荷或者其他分析属性。更多信息见 17.12 节“网格与几何形体的关联性”。

17.11.8　创建自下而上的网格划分

自下而上的网格划分是一个手动的过程，可能是耗时的，并且要求一些试错才能产生一个可以接受的网格划分。自下而上的网格划分主要适用于需要六面体单元的分析，而用户不能使用自上而下的网格划分技术生成六面体网格。在几何形体上要求创建高质量的自上而下网格，或者用户想要扩展一个网格划分零件的情况中，用户也可以使用自下而上网格划分。下面的过程包括自下而上网格创建的基本步骤。要创建一个自下而上的网格，用户必须首先有一个网格区域或者赋予了自下而上网格划分技术的实体区域（更多信息见 17.18.1 节“赋予网格控制”）。用户也可以在包含本地零件独立实例，或者包含孤立网格和几何形体任何组合的相关实例上创建自下而上的网格。

若要创建一个自下而上的网格划分，执行以下操作：

1. 从主菜单栏选择 Mesh→Create Bottom-Up Mesh。

技巧：用户也可以单击网格划分模块工具箱中的工具。（更多信息见 17.15 节“使用网格划分模块工具箱”）。

Abaqus/CAE 打开 Create Bottom-Up Mesh 对话框，并且在提示区域中显示提示来引导用户完成操作过程。

2. 选择用户想要创建自下而上网格划分的 Domain。

如果当前零件或者装配体只有一个合适的区域，则 Abaqus/CAE 自动地进行选择。如果有多个几何区域，或者单元实体赋予有自下而上的技术，则单击 Select 来选择将与用户创建的自下而上网格关联的单元实体。用户可以选取的区域会着色成棕色。

如果用户操作孤立单元，则在单元与零件的任何几何形体区域之间没有关联。

注意：在为自下而上网格划分选择一个几何区域后，用户可以使用 Edit 按钮来改变用户的选择。

3. 选择下面的一个网格划分方法。

- Sweep（扫掠）。
- Extrude（拉伸）。
- Revolve（回转）。
- Offset（偏置）（仅对于单元面选择有效）。

对于每一个方法的描述，见 17.11.3 节“自下而上的网格划分方法”。

4. 如果用户之前为当前的区域选择过自下而上的网格划分参数，用户可以单击 Fetch Last Selections 来重新使用用户之前的选择。

Abaqus/CAE 为程序会话中的区域、源侧面、连接侧面、目标侧面、拉伸向量和回转轴保存用户的选择，直到它们由新的选择覆盖。

注意：如果用户对模型添加一个分割，用户不能重新使用之前选中的几何形体；然而，只要用户还没有更改网格划分，用户仍然可以重新使用网格选择，例如单元面和二维的单元。

5. 点击 Source side 旁边的 Select；然后选择区域面、单元面或者二维的单元，在这些地方用户想要开始网格划分。

技巧：使用［Shift］键+单击来选择多个面。

如果用户正在创建一个偏置网格，并且用户已经选择了二维单元，则 Abaqus/CAE 提示用户选择将要偏置的一侧。用户可以选择 Brown 侧、Purple 侧或者 Both 。

Abaqus/CAE 将用户的选择着色成紫红色。

6. 当用户已经完成了源侧面的选择时，单击提示区域中的 Done。

7. 如果用户选择 Sweep 方法，则必须选择 Connecting sides 或者 Target side，或者两个都选来完成网格定义。完成下面的步骤来进行用户的选择。

a. 切换选中，然后单击 Select 来选择将网格的源侧面连接到网格末端的一个或者多个侧面。连接几何形体侧面必须是四边的。用户也可以选择四边的单元面或者形成规则网格样式的二维单元。更多信息见 17.11.7 节“为自下而上的扫掠网格定义连接侧”。

b. 如果用户正在操作几何形体，则用户可以切换选中 Target side，然后单击 Select 来选择 Abaqus/CAE 用来结束扫掠网格的单独面。

8. 如果用户选择 Extrude 方法，则用户必须知道一个拉伸向量并且选择拉伸路径。

a. 单击 Vector 旁边的 Select 来从视口中选择两个点，或者在提示区域中输入坐标来定义拉伸向量的起点和终点。

Abaqus/CAE 在视口中显示黄色的箭头来说明拉伸向量。

b. 选择一个方法来定义拉伸深度。

- 切换选中 Use vector length 来拉伸在之前步中创建的向量长度。
- 切换选中 Specify，然后输入拉伸深度。
- 切换选中 Project to target，然后点击 Select 来指定一个目标侧面。目标侧面必须位于拉伸向量指定的方向上。

Abaqus/CAE 使用目标侧面来设置拉伸距离。拉伸的网格将紧密地匹配目标侧面的形状，但是将不会符合目标侧面上的网格（更多信息见 17.11.3 节“自下而上的网格划分方法”）。

9. 如果用户选择 Revolve 方法，则用户必须指定一个轴和一个转动角度。

a. 单击 Axis 旁边的 Select 来从视口中选择两个点，或者在提示区域中输入坐标来定义回转轴的起点和终点。

Abaqus/CAE 在视口中显示一个黄色的箭头来指示轴。

b. 在 Angle 域中，以度为单位为回转网格输入期望的回转角。

10. 如果用户选择 Offset 方法，用户必须指定总厚度，然后用户可以改变偏置二维网格拐角的方法。

a. 在 Total thickness 域中，输入偏置网格的厚度。

b. 对于包含形成尖锐拐角的壳单元，切换选中 Constant thickness around corners 来将拐角处单元的厚度保留成与剩余选中单元的厚度一样。使用此选项可以降低单元扭曲并且防止单元塌陷，尤其是如何单元偏置到拐角内侧的时候（更多信息见 64.3.3 节“在网格偏置中减少单元扭曲和塌陷”）。

11. 在可以应用的地方，输入 Number of layers 来定义源面与自下而上网格端部之间的单元层数量。

注意：仅当用户指定没有连接侧面的目标侧时，才为 Sweep 方法要求 Number of layers 参数。Extrude、Revolve 和 Offset 方法总是要求此参数。

12. 如果需要，为自下而上的拉伸网格输入 Bias ratio 来将单元层朝着或者远离源侧面偏离。Bias ratio 与 Number of layers 一起使用。

偏离比是源侧处的单元层厚度与到源侧最远单元层处的厚度之间的比率。

13. 如果需要，使用 Options 区域来将新的自下而上单元添加到单元集中。

扩展现有的集合

将每一个新的自下而上的单元，添加到任何包含来自源侧面的父单元的网格集合中。

为新单元创建一个集合

为自下而上的单元创建一个新的单元集。用户可以使用默认的集合名称，或者为集合创建一个新的名称。如果用户正在操作孤立单元，则用户也可以为单元的每一层创建各自的集合。如果用户选择此选项，则 Abaqus/CAE 使用-Layer-*n* 来增加基础集合名，其中 *n* 是层编号。

14. Create Bottom-Up Mesh 对话框底部附近的 Undo 域允许用户取消和重做自下而上的网格变化、网格-几何形体的关联变化以及网格编辑。用户可以在编辑网格工具集中访问相同的功能。更多信息见 64.9 节“撤销或者重做网格编辑工具集中的更改”。

15. 单击 Create Bottom-Up Mesh 对话框中的 Mesh 来生成自下而上的网格。

16. 重复步骤 3 到步骤 5 来在相同的区域中创建另外一个自下而上的网格，或者单击 Cancel 来结束过程。

17.11.9 包括自下而上网格划分技术的示例

以下是使用自上而下和自下而上方法网格划分零件的示例。过程和图像描述了为零件创建六面体网格的一个方法。用户在开始前，应当熟悉自上而下网格划分、创建分割和使用编辑网格工具集。用户也应当阅读以下有关网格划分、网格-几何形体关联性和相关技术的章节：

- 17.11.1 节 “什么是自下而上的网格划分?”
- 17.11.3 节 “自下而上的网格划分方法”
- 17.11.4 节“为自下而上的网格选择参数”
- 17.11.5 节 “为自下而上的区域创建边界网格”
- 17.11.6 节 “改善自下而上区域的边界网格质量”
- 17.11.7 节 “为自下而上的扫掠网格定义连接侧”

从 ACIS 文件导入示例零件（bottomup_mesh_example_part. sat）。Abaqus 安装时包括此文件，用户可以使用下面的工具来得到一个副本：

abaqus fetch job=bottomup_mesh_example_part. sat

更多有关 ACIS 文件的信息，见 10.7.4 节“从 ACIS 格式的文件导入零件”。

图 17-104 所示的原始零件有三个实体区域：绿色区域和黄色区域分别可以使用自上而

下的结构化和扫掠网格划分技术来进行网格划分，橙色区域不能使用自上而下的技术和六面体单元进行网格划分。

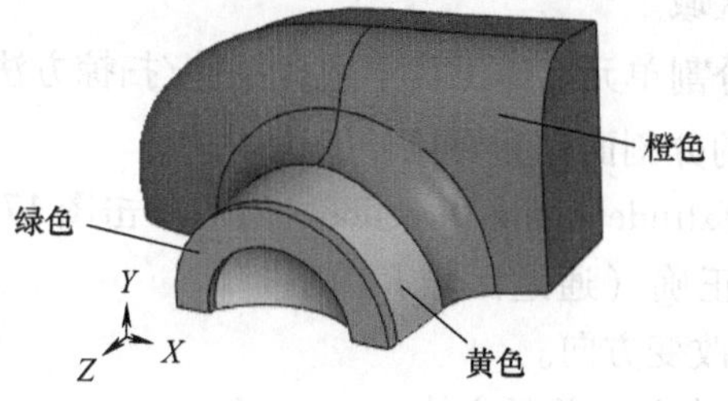

图 17-104　原始零件

分割不能网格划分的区域，并且网格划分自上而下的区域

要网格划分零件，首先创建三个分割。前两个分割在不可网格划分区域的外边附近创建另外的自上而下的扫掠网格划分区域。第三个分割是一个面分割，后面将用作自下而上拉伸方法的向量。用户可以对整个不能网格划分的区域应用自下而上的网格划分技术，而不需要分割。然而，生成的网格将在外边附近包含一些形状不好的单元。实际上，在为整个区域创建令人满意的网格之前，可以先创建一些自下而上的网格。尤其是对于更加复杂的零件，用户可能想要保存具有不同网格划分方法的零件副本，直到用户决定哪一个方法可以生成最佳网格。

若要分割不能网格划分的区域，执行以下操作：

1. 转动零件，直到可以观察到零件的底部，如图 17-105 所示。

2. 完成下面的步来分割面。

a. 从模块工具箱的分割面工具中选择草图方法工具。

b. 选择零件的底面，然后选择一条直边作为右侧的竖直边。

Abaqus/CAE 打开草图器。

c. 从草图器工具箱选择偏置工具。

d. 选择弯曲的边，然后单击鼠标键 2 来接受选中的边。

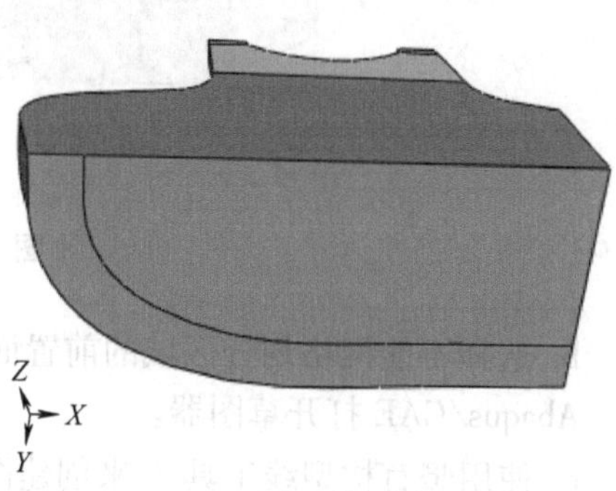

图 17-105　转动零件直到可以观察到底部

e. 在提示区域中输入 2.5 作为偏置距离。

Abaqus/CAE 显示偏置分割预览。

f. 如果偏置显示正确（朝向零件的内部），则单击 OK；如果显示偏置在零件外边，则单击 Flip。

g. 单击鼠标键 2 或者提示区域中的 Done 来分割面。

Abaqus/CAE 返回到网格划分模块并且显示图 17-105 所示的面分割。

3. 拉伸面分割来通过区域。

a. 从模块工具箱中的分割单元实体工具中选择拉伸/扫掠方法工具。

b. 选择步骤 1 中创建的分割面作为要拉伸的边。

c. 单击提示区域中的 Extrude Along Direction，然后单击图 17-106 所示的边。

d. 如果拉伸方向显示正确（通过区域），则单击 OK，或者单击 Flip 来改变方向。

e. 单击 Create Partition 来分割单元实体。

Abaqus/CAE 以黄色显示零件的外部区域，说明现在变得可以使用自上而下的扫掠网格划分技术来进行网格划分。

4. 如图 17-107 所示的那样分割不能网格划分区域的前置面。

a. 从模块工具箱的分割面工具中选择草图方法工具。

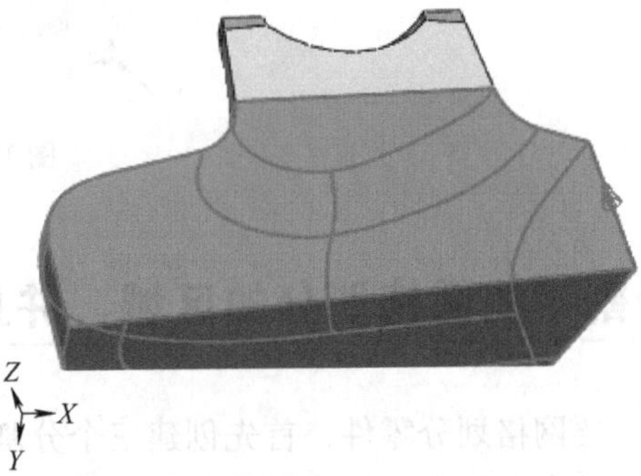

图 17-106　拉伸面分割来通过单元实体

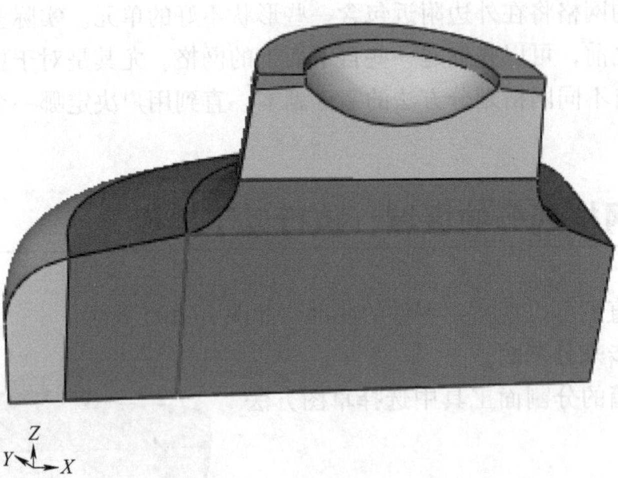

图 17-107　创建面分割

b. 选择不能网格划分区域的前置面，然后选择一个边作为竖直右侧的边。

Abaqus/CAE 打开草图器。

c. 使用竖直构型线工具来创建图 17-108 所示的构型线。

d. 使用连接线工具来创建连接两个点的线，在这两个点处，竖直构型线与零件的面相交。

e. 创建另一条线来将竖直线的上点连接到倒圆末端在前置面上的点——此线应当接近水平。

f. 单击鼠标键 2 或者提示区域中的 Done 来分割面。

在零件中现在有三个区域，用户可以使用自上而下的网格划分技术来进行网格划分。

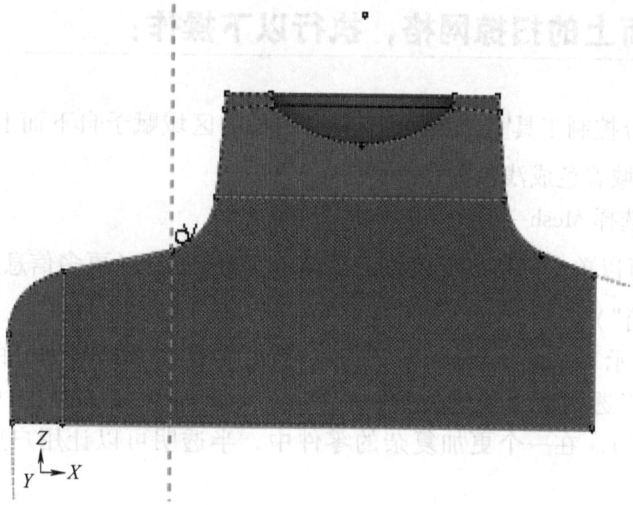

图 17-108　使用竖直构型线来分割面

5. 使用 0.9 左右的大小和曲率控制的默认设置对整个零件赋予整体边种子。

6. 从主菜单栏选择 Mesh→Part 来网格划分自上而下的区域。

Abaqus/CAE 高亮显示不能网格划分的区域，并且显示一个警告说明用户不能自动网格划分此区域。

7. 单击 OK 来网格划分三个自上而下的区域。图 17-109 所示为生成的部分网格。

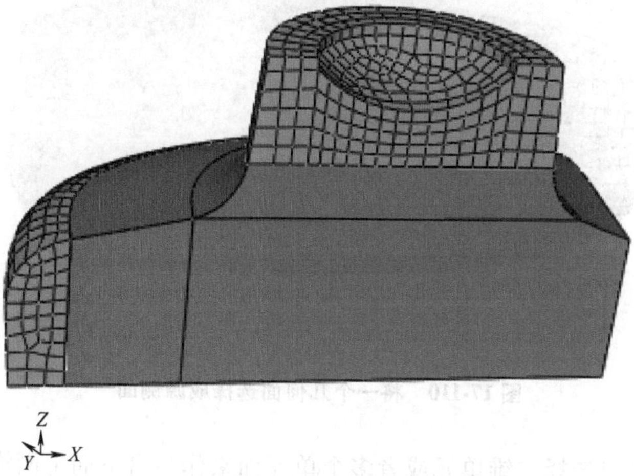

图 17-109　自下而上区域的自动网格划分

开始自下而上的网格划分

现在，自上而下的网格划分完成，用户可以赋予自下而上的网格划分技术，然后开始为剩余的部分创建六面体网格。

若要创建自下而上的扫掠网格，执行以下操作：

1. 使用网格划分控制工具来对不能网格划分的区域赋予自下而上的网格划分技术。Abaqus/CAE 将此区域着色成浅棕色。

2. 从主菜单栏选择 Mesh→Create Bottom-Up Mesh。

技巧：用户也可以单击网格划分模块工具箱中的工具（更多信息见 17.15 节“使用网格划分模块工具箱”）。

Abaqus/CAE 显示 Create Bottom-Up Mesh 对话框并且使未网格划分的区域半透明。半透明的程度取决于半透明度滑块的位置，它位于 Color Code 工具栏中（更多信息见 77.3 节“改变半透明度”）。在一个更加复杂的零件中，半透明可以让用户更加容易地选择内部的区域。

3. 选择 Sweep 方法，然后单击 Source side 右边的 Select。

4. 选择零件底部的半圆面，如图 17-110 所示，将其作为第一个自下而上网格划分的源侧面；然后单击提示区域中的 Done。

用户必须改变默认的选择选项来选择内部的面（更多信息见 6.3 节“使用选择选项”）。

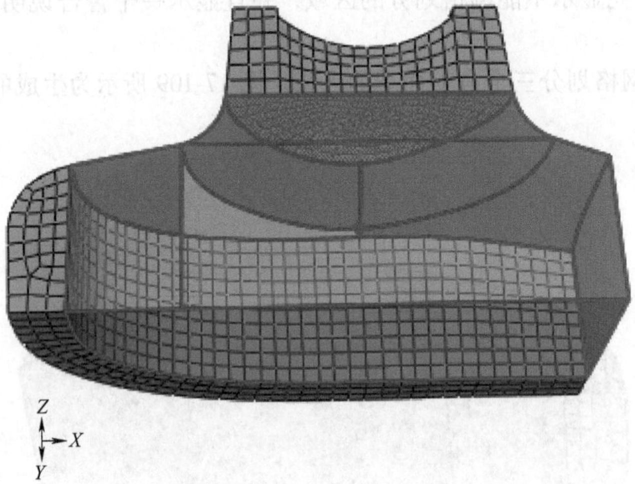

图 17-110　将一个几何面选择成源侧面

技巧：用户也可以选择二维单元或者多个单元面来作为自下而上网格的侧面。在此情况中，另一个源侧面选择可以是扫掠网格底部上的所有单元面。

5. 切换选中 Connecting sides，然后单击 Select。按照需要转动零件来选择表示顶部突出与零件体之间的倒圆，以及零件前置面上的对应平面，如图 17-111 所示。

单击提示区域中的 Done 来结束选取。

6. 单击 Create Bottom-Up Mesh 对话框中的 Mesh 来创建网格划分。

网格尽可能延伸到选中的连接侧区域，自下而上区域保持选中。Create Bottom-Up Mesh 对话框为了下面的步骤保持打开。图 17-112 所示为倒圆区域的自下而上扫掠网格划分。

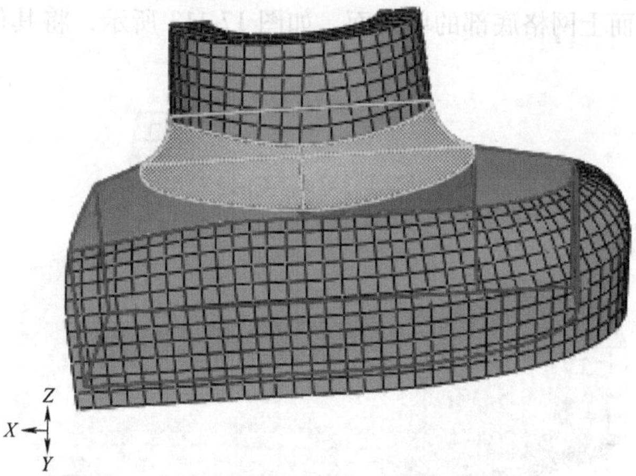

图 17-111　选择连接侧

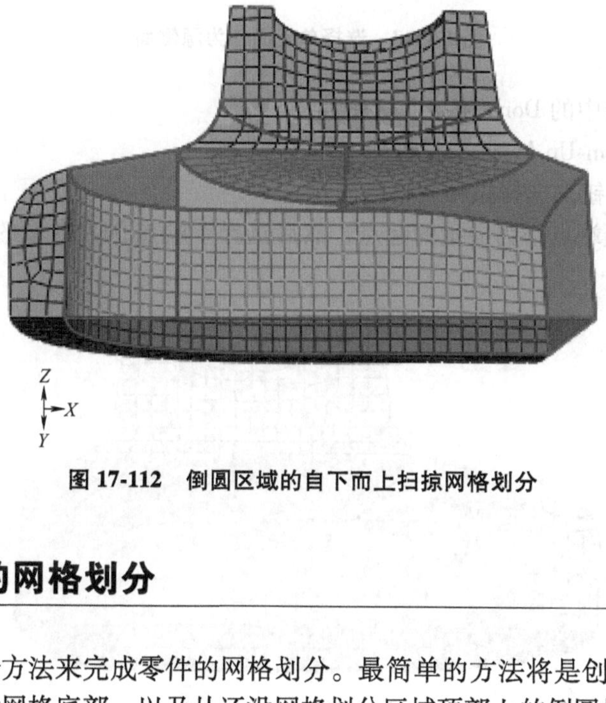

图 17-112　倒圆区域的自下而上扫掠网格划分

继续自下而上的网格划分

用户至少有三个方法来完成零件的网格划分。最简单的方法将是创建另一个扫掠网格，使用用户刚刚完成对网格底部，以及从还没网格划分区域顶部上的倒圆扩展出去的两个面作为源侧面，三个几何竖直面和竖直单元面对集合作为连接侧，以及未网格划分的底面部分作为目标面。此方法将在一个单独的自下而上网格划分步骤中完成零件网格划分，并且单元将完成与选中的面关联。用户也可以使用自下而上的拉伸方法，使用零件的底部作为拉伸距离。然而，为了演示的目的，我们将使用一个更长的过程来组合使用自下而上的方法、相关联的工具和网格编辑工具集。

若要创建自下而上的拉伸网格，执行以下操作：

1. 选择 Extrude 方法，然后单击 Source side 右侧的 Select。

2. 选择之前自下而上网格底部的单元面，如图 17-113 所示，将其作为第二个自下而上网格的源侧面。

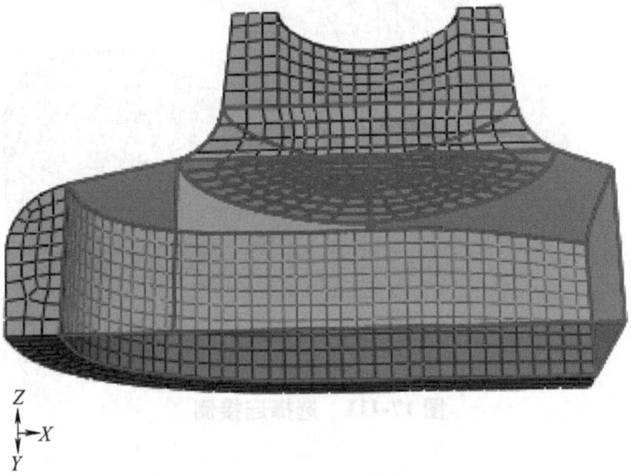

图 17-113　选择单元面作为源侧面

3. 单击提示区域中的 Done 来接受选中的面。

出现 Create Bottom-Up Mesh 对话框。

4. 单击 Select 按钮来选择拉伸网格的向量。

5. 选择分割的上端点作为向量的起点，然后选择下端点作为向量的终点。图 17-114 显示了拉伸向量。

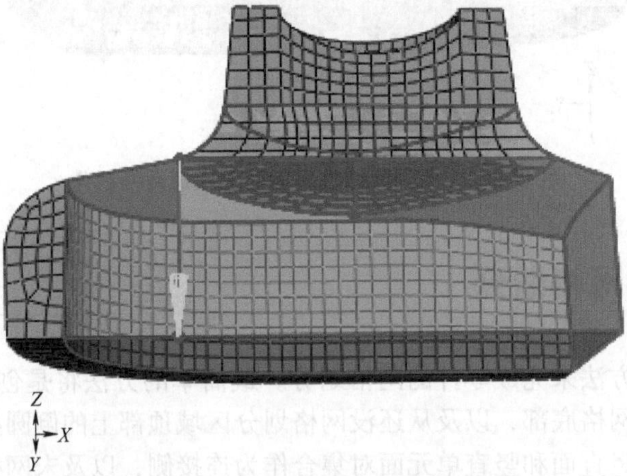

图 17-114　为自下而上的拉伸网格选择向量

6. 在 Number of layers 域输入 10。

在自上而下扫掠网格的内面上有 10 个单元。为拉伸网格使用相同数量的单元，将在用户创建第三个和最后的自下而上网格时提供更好的匹配。

7. 确认拉伸深度使用默认的 Use vector length 方法进行设置，然后单击 Create Bottom-Up Mesh 对话框中的 Mesh 来创建网格。图 17-115 所示为自下而上的拉伸网格。

拉伸的自下而上网格末端接近区域的底面，如非平面源侧面和拉伸向量的长度所预示的

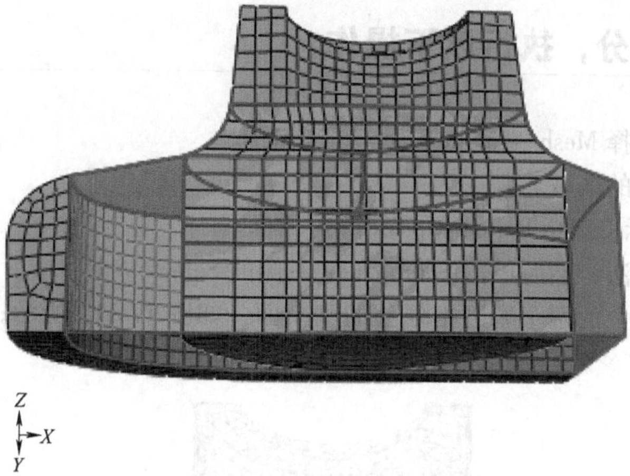

图 17-115　自下而上的拉伸网格

那样。用户可以编辑最后的拉伸单元层中的节点来使它们恰好在区域的底面上。

若要扩展拉伸的网格，执行以下操作：

1. 选择编辑网格工具集，位于网格模块工具箱底部。
2. 选择 Node 种类，然后单击 Edit Mesh 对话框中的 Project。
3. 使用角度方法来选择自下而上拉伸网格底部上的所有节点，如图 17-116 所示；然后单击提示区域中的 Done。

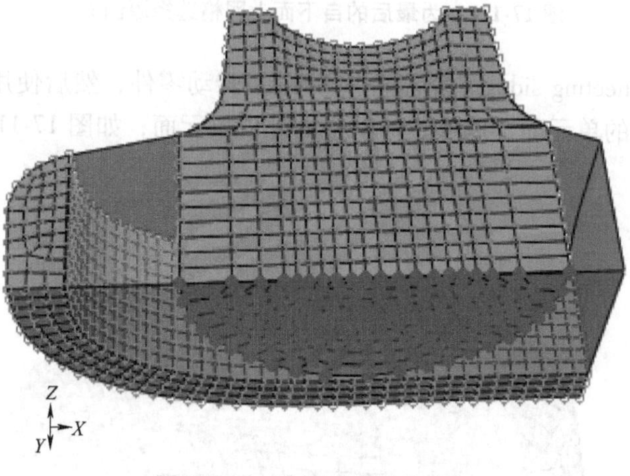

图 17-116　选择要投影的节点

4. 选择自下而上区域的底面，然后单击提示区域中的 Yes 来将节点投影到面上。

完成自下而上区域的网格划分

现在，创建一个最后的扫掠网格来完成零件的网格划分。

若要完成网格划分，执行以下操作：

1. 从主菜单栏选择 Mesh→Create Bottom-Up Mesh。

2. 选择自下而上的区域。

Abaqus/CAE 显示 Create Bottom-Up Mesh 对话框。

3. 选择 Sweep 方法，然后单击 Source side 右侧的 Select。

4. 选择零件顶部上的两个未网格划分的剩余面，如图 17-117 所示；然后单击提示区域中的 Done。

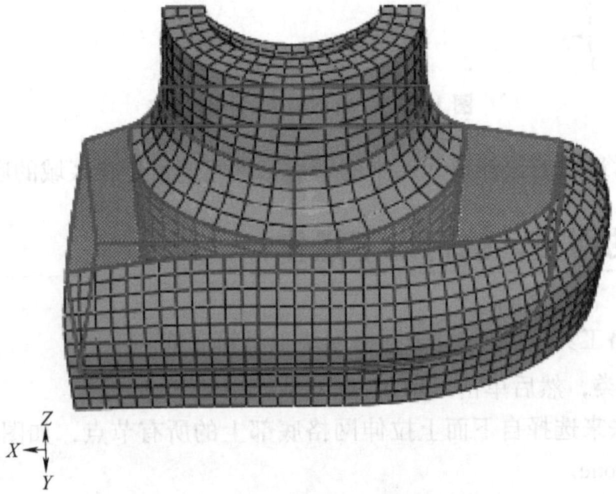

图 17-117　为最后的自下而上网格选择源侧面

5. 切换选中 Connecting sides，然后单击 Select。转动零件，然后使用角度方法来从外部的扫掠网格选择内部的单元面，以及拉伸网格的外表单元面，如图 17-118 所示。

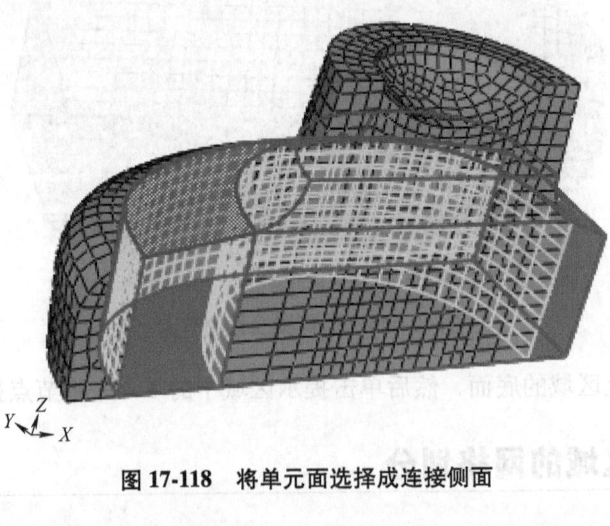

图 17-118　将单元面选择成连接侧面

单击提示区域中的 Done 来结束选择。

6. 切换选中 Target side，然后单击 Select。

Abaqus/CAE 提示用户为扫掠网格选择一个目标侧面。

7. 选择区域的底面。

8. 单击 Create Bottom-Up Mesh 对话框中的 Mesh 来创建网格。

现在，零件完全使用六面体单元来完成网格划分，如图 17-119 所示。

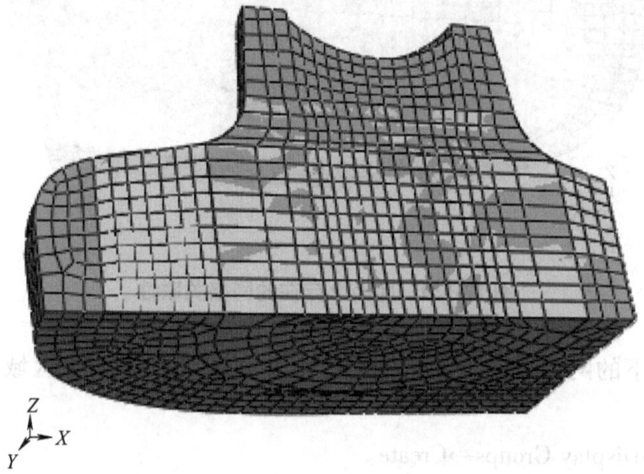

图 17-119　最后网格划分的零件

检查自下而上网格与几何形体的关联性

在为分析使用完整的自下而上网格之前，用户应当检查区域几何形体与自下而上网格单元之间的关联性。Abaqus 中的载荷、边界条件和其他属性是施加到几何形体的，并且它们不能正确地转化到自下而上的单元，除非网格已经正确地与几何形体关联。至少，用户应当检查施加载荷和边界条件的自下而上网格区域的关联性。

在大部分的情况中，如果用户选择一个几何特征，例如一个面，来定义自下而上的网格，则 Abaqus/CAE 自动将合适的单元与此面进行关联。然而，在没有使用几何形体的情况中，例如例题零件中心拉伸的自下而上网格，单元仅与区域关联，而不是与施加载荷的相邻面进行关联（更多信息，见 17.12 节“网格与几何形体的关联性”）。下面的过程将零件底部和前置面上的单元与几何形体面进行关联。

若要将自下而上的网格与几何形体关联，执行以下操作：

1. 从主菜单栏选择 Mesh→Associate Mesh with Geometry。

2. 选择自下而上区域的底面，如图 17-120 所示。

在最后的自下而上网格划分步中创建的单元着色成黄色，因为当将面用作最后的自下而上扫掠网格划分的目标侧面时，它们已经关联上了。然而，半圆拉伸网格状的单元没有与面关联。

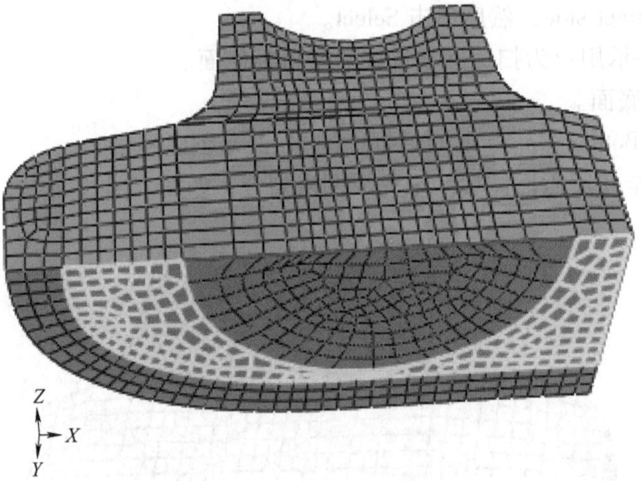

图 17-120　底面上存在的网格关联性

3. 删除自上而下的网格划分单元实体，此单元实体从自下而上区域延伸到零件的外部曲面。

a. 选择 Tools→Display Groups→Create。

Abaqus/CAE 显示 Create Display Group 对话框。

b. 从项目列表选择 Cells，然后单击 Edit Selection。

c. 从视口单击自上而下扫掠区域，此区域沿着零件的弯曲外边延伸，然后单击提示区域中的 Done。

d. 在 Create Display Group 对话框中单击 Remove 按钮。

Abaqus/CAE 从视口中删除选中的单元实体。

更多信息见第 78 章“使用显示组显示模型的子集合”。

4. 使用角度方法来选择自下而上区域顶部的所有面。完后后，自上而下区域底部的所有单元面应当着色成黄色，如图 17-121 所示。

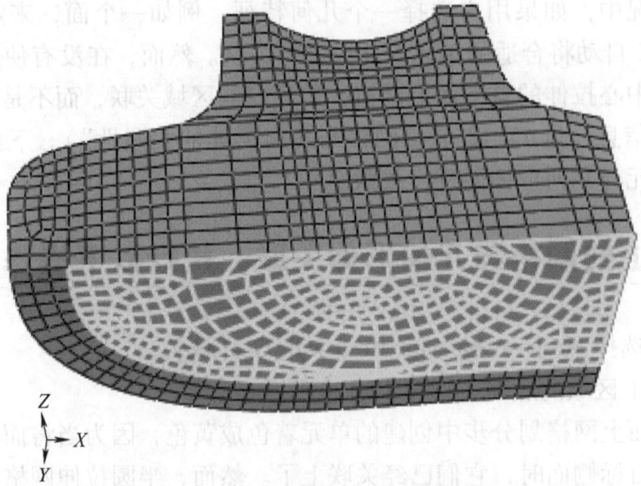

图 17-121　底部面上的最终网格关联性

注意：如果用户没有删除外部的自上而下网格划分过的单元实体，则为了关联性，使用角度方法将也会和自下而上的面一起选中自上而下的单元面，但当用户试图关联面时这会导致产生一个错误信息。

5. 单击提示区域中的 Done 来将选中的单元面与区域面进行关联。

关联剩余的自下而上的网格

要完全关联自下而上的网格，用户应当为前侧面、右侧面和每一个边界边以及自下而上区域中的顶点确认和编辑关联性。用户关联边和顶点采用的方法与前面用户关联单元面对的方法相同，只是用户要分别选择边和单元边或者顶点和节点。Abaqus/CAE 试图以邻近原则将节点与顶点关联，将单元边与几何边关联。如果沿着边的所有单元与边围绕的面已经关联，则 Abaqus/CAE 会自动将单元边与几何边关联。

一旦用户完全网格划分了零件，并且检查了自下而上网格的关联性，就应当保存模型。在运行分析之前，用户也应当确认过网格的质量。网格确认能确保没有隐藏的问题，无论用户是选择自动网格划分（自上而下），还是使用自下而上的技术和网格编辑来构建网格。更多有关网格确认的信息，见 17.19.1 节“确认单元质量”。

17.12 网格与几何形体的关联性

Abaqus/CAE 会自动将自上而下的网格与基底几何形体进行关联。因为网格与几何形体完全兼容，所以 Abaqus/CAE 可以形成此关联性。相比而言，自下而上的网格不需要与几何形体兼容，因此 Abaqus/CAE 可以不将网格划分的零件与几何形体关联。类似地，孤立的网格实体不会与几何形体相关联，因为它们是独立于几何形体创建的，或者说在当前模型中不能获取创建孤立网格的几何形体。

在孤立的实体或者自下而上的网格实体（单元、单元面、单元边和节点）与相邻的几何形体之间创建相关性时，允许将载荷、相互作用和边界条件从几何形体传递到网格。如果用户完全将孤立的网格或者自下而上的网格实体与附近的面关联，则用户也可以使用那些附近的面来创建几何形体区域的本地网格，而这些几何形体区域与用户开始使用的孤立网格或者自下而上的网格是兼容的。完全的关联性意味着：

- 所选的几何面与覆盖整个面的单元面是关联的。
- 几何面的所有边与跨越整个边的单元边是关联的。
- 面的所有顶点与节点关联。

图 17-122 显示了二维孤立单元区域与相邻几何区域之间的网格与几何形体关联性的示例。将两个区域之间的几何边——左图中的黄色线——与孤立单元边和节点关联产生兼容的混合单元。

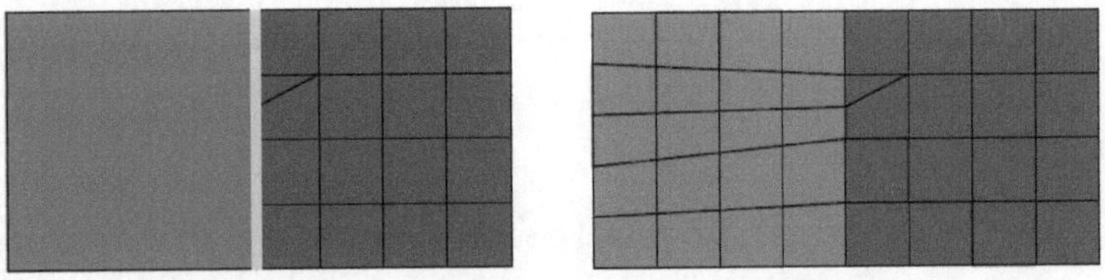

图 17-122 关联边可以创建一个兼容的网格

相反，如果一个模型具有用户需要保留的网格（因为网格包括大量的编辑或者非常适合分析），并且用户不想为整个零件制造孤立的网格，则用户可以删除网格和选中对象之间的关联性，而去创建选中区域中的孤立节点和单元。删除网格关联性可以防止 Abaqus/CAE 在用户编辑几何形体时删除区域的网格。编辑之后，用户可以重新建立几何面与网格面实体之间的关联性。

注意：如果用户删除实体区域的网格-几何形体关联性，则重新建立本地网格的唯一方法是使用 Edit Mesh 对话框中的 Undo 功能，或者将自下而上的网格划分技术赋予到区域，然后重新创建关联性。

当用户操作实体几何形状的区域时，下面的法则适用于自下而上单元的关联性：

- Abaqus/CAE 总是将自下而上的单元与选中的区域进行关联。
- 当使用基底几何形体来定义网格形状时，Abaqus/CAE 将网格与此几何形体进行关联。
- 当部分的几何形体没有用来定义自下而上的网格时，Abaqus/CAE 不会关联它们，即使网格和几何形体在相同的位置上。
- 用户可以编辑基于几何形体的、自下而上的网格划分区域的网格与几何形体的关联性。
- 即使用户对生成的网格进行编辑使得网格与几何形体匹配，用户依然需要手动将网格与几何形体进行关联。

以下三个考虑使得网格与几何形体的关联性对于一个良好分析模型来说非常关键：

1. 当用户操作几何形体时，载荷和边界条件那样的属性是施加在几何形体上的。合适的网格-几何形体关联性确保这些属性在分析中可以正确地传递到网格。

2. 如果用户将一个几何面选作自下而上网格的一个源侧面或者连接侧面，并且仅当网格对象完全与选中面关联时，Abaqus 会再次使用该面上的现有网格对象来创建兼容的网格。

3. Abaqus 试图将与同一个几何实体关联的网格合并。对于无关联的网格，用户可以使用网格编辑工具集来合并沿着网格边界的节点。

当用户操作自下而上网格或者编辑任何网格的关联性时，用户应当总是检查网格-几何形体关联性是正确的。如果用户递交作业，而属性施加在没有关联网格的几何形体上，Abaqus/CAE 将在作业模块中发出一个错误。然而，Abaqus/CAE 不能确定关联性是否正确。例如，如果对一个几何面施加一个载荷，而此面应当具有几百个单元，但是仅一个单元与此面关联，则 Abaqus/CAE 将尝试将整个载荷施加在那个单独关联的单元上，并进行模型分析。

用户可以使用网格划分模块工具箱中的网格-几何形体关联工具和删除网格关联性工具，来显示和编辑或者删除网格与几何形体的关联性。更多详细指导见 64.7.11 节“显示和编辑网格-几何形体的关联性”，以及 64.7.12 节“删除网格-几何形体的关联性”。

17.13 理解自适应网格重划分

自适应网格重划分在《Abaqus 分析用户手册——分析卷》的 7.3 节“自适应网格重划分”中进行了详细的描述。本节介绍如何在 Abaqus/CAE 中执行自适应网格重划分，包括以下主题：

- 17.13.1 节 “什么是网格重划分准则?”
- 17.13.2 节 “可以为自适应网格重划分使用哪些网格控制?”
- 17.13.3 节 “可以为自适应网格重划分使用哪些程序?”
- 17.13.4 节 “自动自适应网格重划分与手动自适应网格重划分之间的差别”
- 17.13.5 节 “何时需要使用手动自适应网格重划分?”

17.13.1 什么是网格重划分准则?

网格重划分准则让 Abaqus/CAE 迭代地自适应用户的网格划分，来满足事先设定的容差指示器目标。用户可以让 Abaqus/CAE 执行迭代网格重划分和分析操作，或者用户可以手动进行网格重划分，然后研究对网格重新划分的效果和产生的分析。Abaqus/CAE 对赋予了自适应规则的面和实体以及任何相邻的面和实体进行自适应网格重划分；其他区域上的网格没有变化。更多信息见《Abaqus 分析用户手册——分析卷》的 7.3.1 节“自适应网格重划分：概览”。

网格重划分准则描述用户自适应网格划分指定的所有方面：

- 施加网格重划分的区域。用户可以对整个模型或者选中的区域施加网格重划分法则。
- Abaqus/CAE 将施加网格自适应划分法则的指定步。将仅在此步中施加网格重划分法则；然而，用户可以对用户模型中的其他步施加具有相同设置的不同网格重划分法则。
- 容差指示器输出变量——将用来计算容差评估的输出变量。更多信息见《Abaqus 分析用户手册——分析卷》的 7.3.2 节“影响自适应网格重划分的容差指标的选择”。
- 确定大小的方法——Abaqus 将用来计算网格中单元大小的方法。更多信息见《Abaqus 分析用户手册——分析卷》的 7.3.3 节“基于求解的网格大小”。
- 网格重划分计算上的任何约束。

网格重划分法则与边种子布局、单元类型和网格划分方法一起工作来确定特定自适应迭代时的网格。网格重划分法则存储在模型数据库中，并且在程序会话中保持。要创建网格重划分准则，从主菜单栏中选择 Adaptivity→Remeshing Rule→Create。更多信息见 17.21.1 节“创建一个网格重划分准则”。

用户可以在用户模型的多个区域上定义多个网格重划分准则。如果用户给模型的同一个区域施加多个网格重划分准则，则 Abaqus/CAE 施加一个保守的单元大小指定，并且优先在特定点定义更细密网格的准则。如果用户给一个独立实例赋予一个网格重划分准则，则 Abaqus/CAE 网格重划分原始的零件，并且每一个关联的零件实例继承相同的网格。

在网格重划分准则有效时，Abaqus/CAE 在用户创建的每一个作业中请求容差指示器输出变量。网格重划分准则对第一个作业中的网格划分没有作用。然而，在第一个作业过程中，Abaqus 使用网格重划分准则来计算容差指示器输出变量。在后续的自适应网格重划分迭代中，网格重划分准则增大用户的网格大小指定，来产生试图优化单元大小和布局的网格，以此来达到准则中描述的容差指示器目标。

17.13.2 可以为自适应网格重划分使用哪些网格控制?

使用自适应网格重划分区域必须赋予的网格控制，见表 17-3。

表 17-3 网格划分控制和自适应网格重划分

维度	单元形状	算法	技术
二维	三角形	无	自由网格划分
二维	四边形区域	先进波前	自由网格划分
三维	四面体	无	自由网格划分

此外，对于与网格重划分准则包括区域相邻的任何面或者实体单元，用户必须赋予上面支持的网格控制。

当 Abaqus/CAE 生成四面体网格时，它首先在实体区域的外表面上创建三角形的边界网格，然后使用外部四面体单元的三角形面来生成四面体的网格。当用户给一个实体区域赋予自适应网格重划分时，Abaqus/CAE 给外部表面上的三角形边界网格施加自适应网格重划分。更多信息见 17.10.3 节“使用三角形单元和四面体单元进行自由网格划分”。

如果在用户为自适应网格重划分选中的区域中使用映射的网格划分技术，则网格大小调整算法可能会收敛变慢，并且要求更多的网格重划分迭代来达到给定的目标容差。要防止 Abaqus/CAE 使用映射网格划分，用户可以切换不选 Mesh Controls 对话框中的 Use mapped meshing where appropriate。更多信息见 17.18.5 节“设置网格划分算法”。

17.13.3 可以为自适应网格重划分使用哪些程序?

仅 Abaqus/Standard 可以使用自适应网格重划分。此外，仅下面的 Abaqus/Standard 过程可以使用自适应网格重划分：

- 静态（通用和线性摄动）。
- 准静态。

- 热传导。
- 完全耦合的热-应力。
- 耦合的孔隙流体扩散-应力。
- 耦合的热-电。

17.13.4　自动自适应网格重划分与手动自适应网格重划分之间的差别

如果用户选择允许 Abaqus/CAE 迭代地网格重划分用户的模型，则作业模块中的自适应过程控制自适应网格重划分。用户仅需要在网格划分模块中定义网格重划分法则，并且将此法则应用到想要网格重划分的模型区域。

相反，用户可以手动施加被更改的网格重划分准则，并且在生成的网格上显示用户更改的效果。当用户对网格重划分准则所产生的期望准则满意时，用户可以使用准则来驱动一系列的 Abaqus/CAE 控制的迭代网格重划分和分析操作。从主菜单栏选择 Adaptivity→Manual Adaptive Remesh 来手动地施加自适应网格重划分。更多信息见 17.21.6 节“手动调整大小和网格重划分”。

当用户施加手动自适应网格重划分时，用户必须输入模型之前分析生成的输出数据库名称。此输出数据库包含容差指示器输出变量，Abaqus/CAE 使用此容差指示器变量来计算网格大小方程。容差指示器输出变量保存在输出数据库中，对用户改变网格重划分准则进行限制。例如，如果用户的原始准则在前一个特定区域中指定了能量密度，则在没有第一次重新运行分析的情况下，用户将不能转换准则来使用等效塑性应变容差。用户可以更改网格重划分准则中的大小确定方法和单元大小约束，并且仍然使用来自之前分析的输出数据库。然而，如果用户更改步、区域或者容差指示器输出变量，则不能使用输出数据库。

17.13.5　何时需要使用手动自适应网格重划分?

用户可以使用手动自适应网格重划分来进行下面的操作：

- 知道不同的大小确定方程和容差指示器输出变量对 Abaqus/CAE 所生成网格的影响。
- 如果预计用户的分析花费较长的时间，则用户可以关闭 Abaqus/CAE 会话并让其他用户可以使用许可证令牌，或者进行一个新的程序会话。然而，要继续自适应过程，用户必须读取分析生成的输出数据库，并且手动重新网格划分模型。
- 如果分析过早结束（例如由于内存不足），则用户可以使用手动网格重划分来继续自适应过程。

17.14 高级网格划分技术

本节介绍如何完成不能直接进行高级网格划分任务的信息，包括以下主题：

- 17.14.1 节 “网格划分多个三维实体区域”
- 17.14.2 节 “网格划分多个二维和三维壳区域”
- 17.14.3 节 “零件实例之间的兼容网格”
- 17.14.4 节 “参数化建模”
- 17.14.5 节 “使用六面体单元来网格划分复杂的实体”

17.14.1 网格划分多个三维实体区域

Abaqus/CAE 以几何形体和拓扑为基础，为每一个区域赋予默认的网格划分技术。然而，有时施加在三维零件或者零件实例相邻区域上的默认网格划分技术并不兼容，所以 Abaqus/CAE 不能生成兼容的网格。

例如，Abaqus/CAE 在图 17-123 中的整个零件实例上使用默认的网格划分技术不能生成兼容的网格，因为左边结构网格上的节点不能与右边扫掠网格上的节点合并（零件实例右侧的立方体是扫掠区域，但是它连接到圆柱，此圆柱也是一个扫掠区域）。如果用户分别对两个区域进行网格划分，则显然在结构型区域的节点与扫掠区域的节点之间会产生不匹配，如图 17-124 所示。

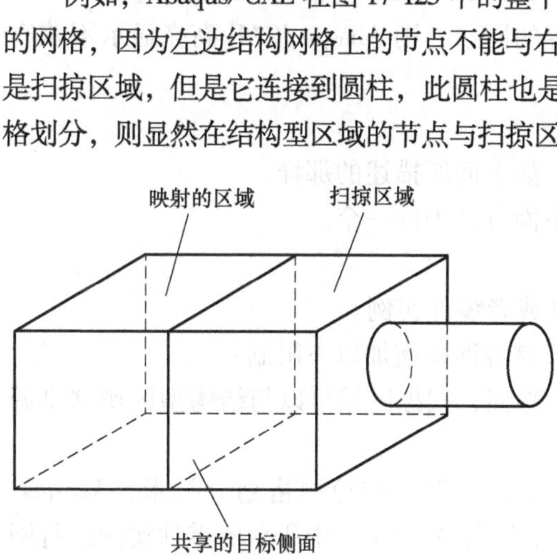

图 17-123 使用默认的网格划分技术不能生成兼容的网格

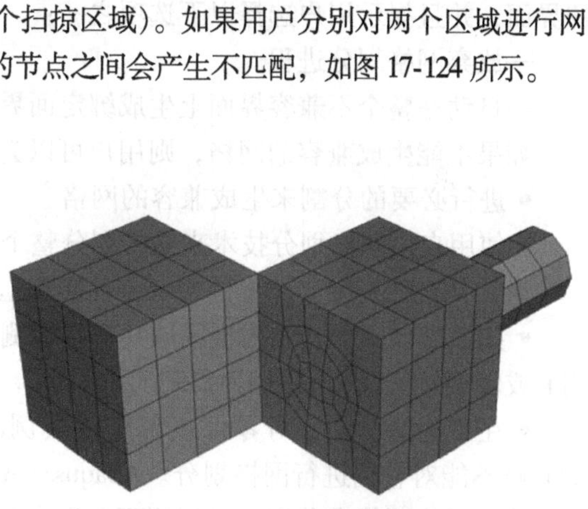

图 17-124 分别网格划分结构型区域和扫掠区域

如果用户初始化网格划分过程，并且 Abaqus/CAE 不能使用默认的网格划分技术生成兼容的网格，则 Abaqus/CAE 试图使用新的网格划分技术来替代默认的网格划分技术。确定这些新的技术不仅通过区域的几何和拓扑，也通过零件或者零件实例中相邻区域的特征。Abaqus/CAE 评估区域之间的界面，并试图最小化不兼容界面的数量。

例如，图 17-123 中零件实例左侧立方体的默认网格划分技术就是结构化的，产生的不兼容网格，如图 17-124 所示。然而，此立方体也可以使用扫掠网格划分技术来进行网格划分。只要 Abaqus/CAE 将赋予此区域的网格划分技术从结构型转换成扫掠，则在整个零件实例上就生成了兼容的网格划分（当 Abaqus/CAE 改变赋予区域的网格划分技术时，赋予一个区域的单元形状保持不变）。

当用户为一个三维零件或者零件实例初始化网格划分过程时，Abaqus/CAE 会检查使用赋予每一个区域的默认网格划分技术是否可以生成兼容的网格。如果能生成兼容的网格，则执行网格划分进程。如果使用默认的网格划分技术不能生成兼容的网格，则 Abaqus/CAE 将检查是否可以采用不同的网格划分技术替代默认的网格划分技术，以生成兼容的网格。

- 如果不同的网格划分技术允许兼容的网格，则 Abaqus/CAE 高亮显示不兼容的界面，并且提示用户选择以下选项之一。

—放弃网格划分进程。

—允许 Abaqus/CAE 必要时替换默认的网格划分技术，然后生成兼容的网格。

—允许 Abaqus/CAE 使用默认的网格划分技术，然后自动在整个不兼容的界面上生成绑定约束。Abaqus/CAE 将自动选择界面的一侧作为自动生成绑定约束的从面，另一面作为主面，但 Abaqus/CAE 也会在不兼容界面的周长上创建公共（合并的）的节点。从面上的节点受到约束，与绑定到一起的主面上的点具有相同的位移值、温度值、孔隙压力值或者电动势值。Abaqus/CAE 通常将具有更加细密网格的面选成从面。绑定约束从属节点为调整区域的深度进行的计算以界面区域的边界尺寸为基础（更多与绑定约束有关的信息，见《Abaqus 分析用户手册——指定条件、约束与相互作用卷》的 2. 3. 1 节“网格绑缚约束”）。

- 如果不同的网格划分技术仍然不能生成兼容的网格，则 Abaqus/CAE 高亮显示不兼容的界面，并且提示用户选择以下选项之一：

—放弃网格划分进程。

—自动在整个不兼容界面上生成绑定面界面，如上面所描述的那样。

如果不能生成兼容的网格，则用户可以尝试下面方法中的一个。

- 进行必要的分割来生成兼容的网格。
- 使用自由网格划分技术来网格划分整个零件或者零件实例。

通常，对在三维实体零件或者零件实例上生成兼容网格施加以下限制：

- 扫掠区域不能与结构型区域共享目标侧面。然而，扫掠区域可以与结构型区域共享源侧面或者连接侧面，如图 17-125 所示。
- 在一些情况中，对零件或者零件实例的多个区域赋予扫掠网格划分技术，Abaqus/CAE 将不能对它们进行网格划分。Abaqus/CAE 不能沿着图 17-126 中所示的零件实例进行网格扫掠，因为不能在共享的目标侧面上生成兼容的网格。

然而，图 17-127 显示了如何使用分割来生成包含四个扫掠区域的网格。

相同零件或者零件实例的不同区域可以使用六面体单元和四面体单元进行划分，如图 17-128 所示。用户可以在精度重要的地方使用六面体单元，如接触面附近或者要求细致网格的区域。用户也可以在其他区域中使用四面体单元，并且 Abaqus/CAE 会在区域连接处创建绑定面。当用户网格划分一个区域时，Abaqus/CAE 不会调整相邻区域上的现有网格。

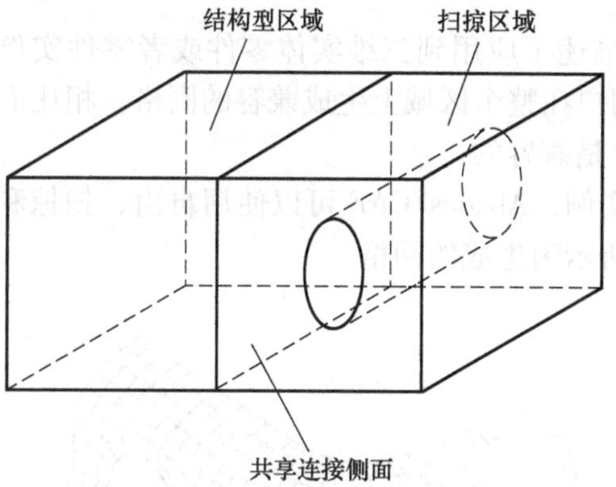

图 17-125　扫掠区域的连接侧面与结构型区域共享

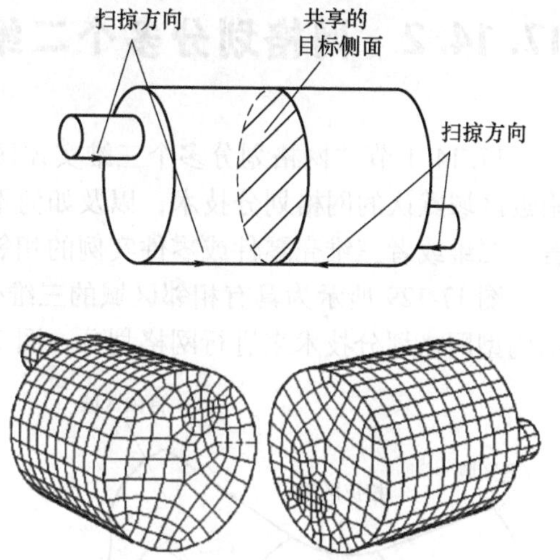

图 17-126　不能沿着此零件实例生成兼容的扫掠网格

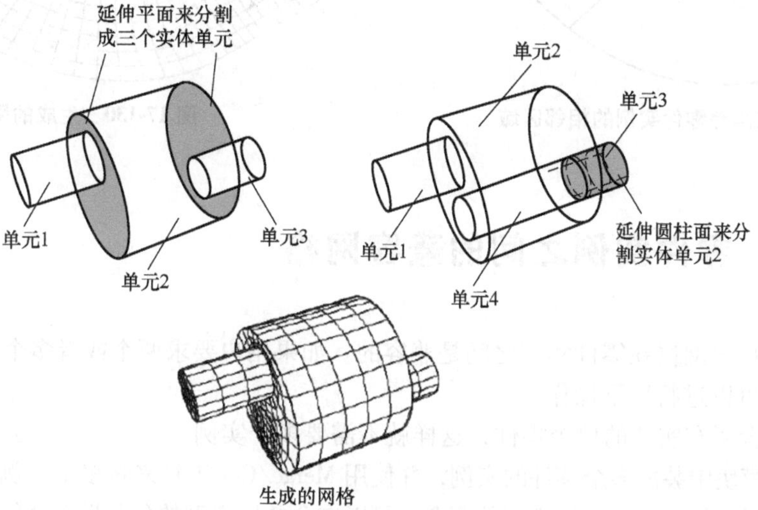

图 17-127　使用分割来生成兼容的扫掠网格

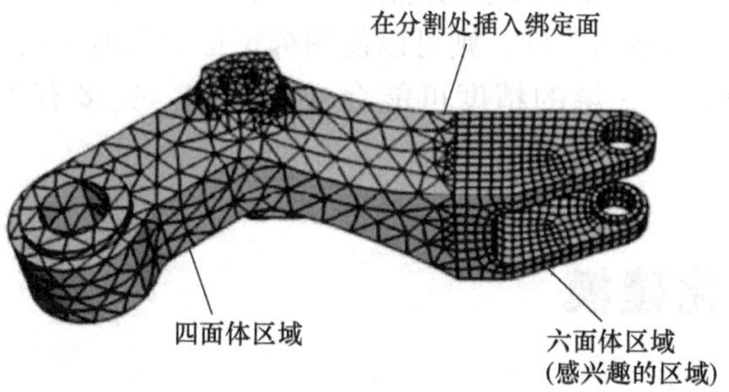

图 17-128　同一个零件或者零件实例的不同区域，可以使用六面体和四面体单元进行网格划分

17.14.2　网格划分多个二维和三维壳区域

17.14.1 节“网格划分多个三维实体区域”，描述了应用到三维实体零件或者零件实例附近区域默认的网格划分技术，以及如何不允许用户在整个区域上生成兼容的网格。相比而言，二维或者三维壳零件或零件实例的相邻区域总是兼容的。

图 17-129 所示为具有相邻区域的三维壳零件实例，Abaqus/CAE 可以使用自由、扫掠和结构型网格划分技术来进行网格划分。图 17-130 所示为生成的网格。

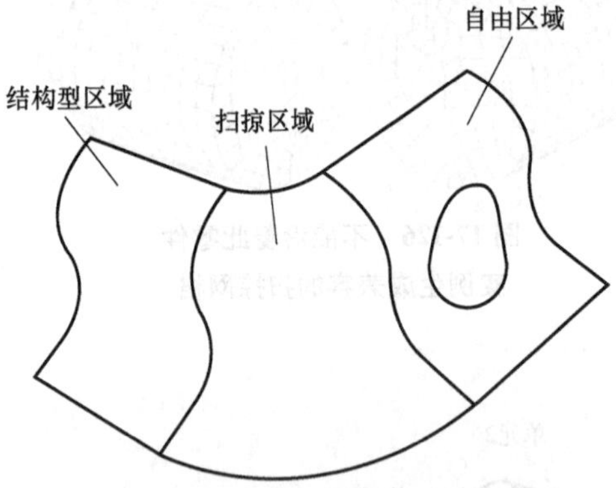

图 17-129　三维壳零件实例的相邻区域

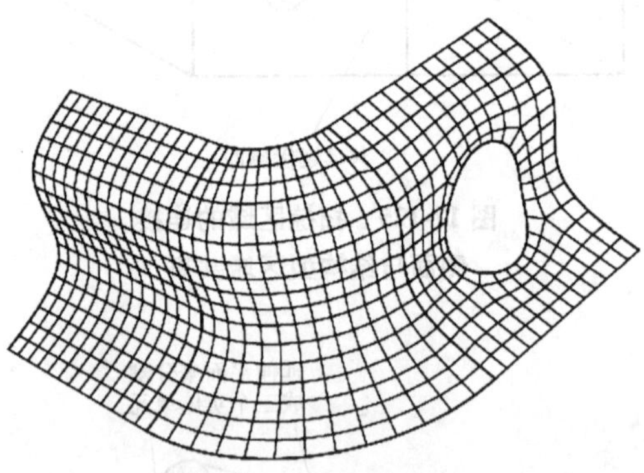

图 17-130　生成的网格

17.14.3　零件实例之间的兼容网格

用户不能指定网格在零件实例之间是兼容的。如果用户要求两个或者多个零件实例之间网格兼容，则可以进行以下操作：

- 创建包含所有实体的单个零件，这样就不需要多个实例。
- 在装配模块中装配多个零件的实例，并使用 Merge/Cut 工具来将多个实例合并成单个实例。如果用户需要保留单个零件实例的概念，可以在合并后实例的公共界面处创建一个分割。

类似地，可以使用 Merge/Cut 工具来合并重复节点，用户可以从包含孤立单元和节点的多个实例中创建一个单独的零件实例。更多信息见 13.7 节“对零件实例执行布尔运算”。

- 如果用户必须使用单独的零件，则可以使用绑定接触来避免网格兼容性的问题。但请记住，这不是真正的兼容性，解的精度可能会受到影响。更多有关绑定接触的信息，见 15.3 节“理解相互作用”。

17.14.4　参数化建模

网格划分模块的一个功能是在更改零件后，可以重新生成分割和网格属性，如单元类型赋予、种子布局和网格控制（在更改模型后，必须始终重新生成网格自身）。

例如，图 17-131 中显示的模型已经分割成四个区域，并且进行了种子布局，指定单元大小约为 3。

用户可以返回零件模块，并更改模型中心处的孔，使其稍大一些。当用户返回网格划分模块时，将重新生成分割和种子，如图 17-132 所示。

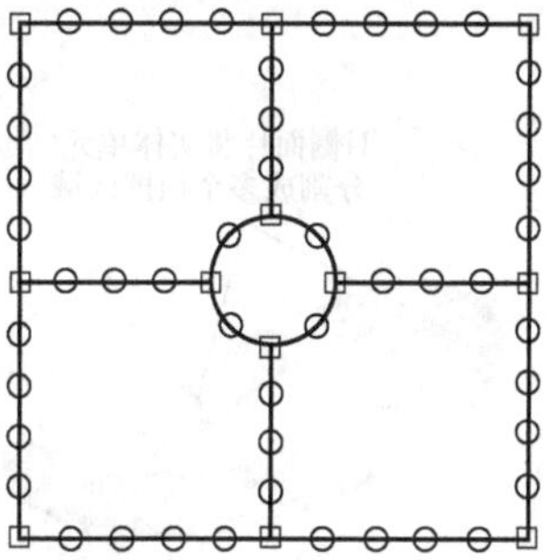

图 17-131　具有小孔的模型种子布局

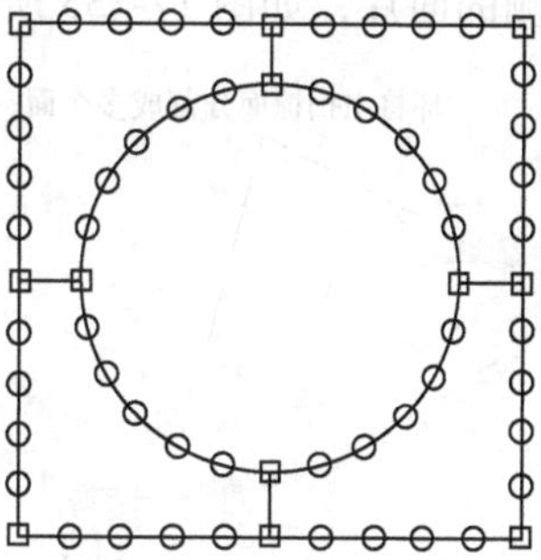

图 17-132　在更改零件后重新生成分割和种子

此外，Mesh Controls 和 Element Type 对话框中的设置（如单元形状、单元类型和网格划分技术）也重新进行了生成（用户可以通过从主菜单栏选择 Mesh→Controls 和 Mesh→Element Type 来显示这两个对话框）。

注意：如果用户大幅更改模型，可能无法成功地重新生成种子和分割。在这些情况中，用户必须在重新进入网格划分模块后创建新的种子和分割。

17.14.5　使用六面体单元来网格划分复杂的实体

用户可以使用零件模块来创建复杂的实体回转零件（包括沿着回转轴的平动），也可以创建实体拉伸零件，包括围绕选中中心点的扭曲。自由网格划分允许用户使用四面体单元来网格划分这些零件，如 17.10.3 节“使用三角形单元和四面体单元进行自由网格划分”。此外，用户也可以使用六面体单元来网格划分扭曲的拉伸零件，如图 17-133 所示。

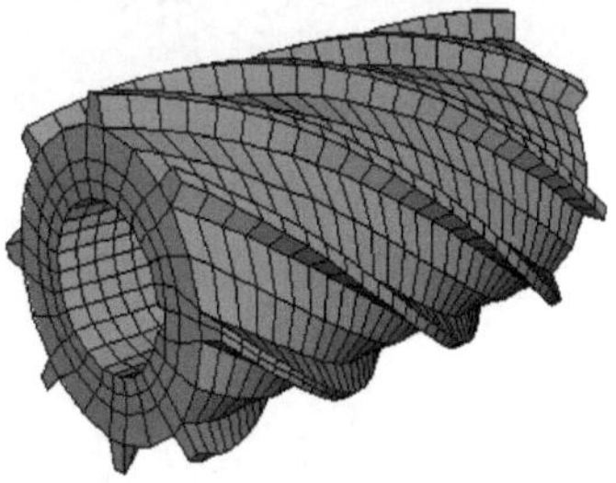

图 17-133　扭曲拉伸零件上的六面体单元扫掠网格划分

然而，如果用户想要使用六面体单元来网格划分一个平动的回转零件，则可能需要引入分割来使零件可以扫掠。

对于网格划分模块，创建六面体单元的三维扫掠网格划分，连接源侧面到目标侧面的每一个侧面必须仅包含单独的面（见 17.9.3 节“三维实体的扫掠网格划分”中的图 17-70）。然而，当用户创建一个回转大于 180°，然后沿着回转轴平动的零件时，Abaqus/CAE 沿着实体长度插入环。这些环仅存在于零件的面上，并且不会创建切割零件的面。因此，连接源侧面和目标侧面的一侧现在包含多个面，并且除非用户引入分割，否则零件使用六面体单元是不能进行扫掠网格划分的。

例如，图 17-134 所示为一个表示螺旋弹簧的零件，其上显示了创建零件时 Abaqus/CAE 插入的环。这些环将源侧面与目标侧面之间的连接面分割；因此，除非用户分割零件，否则不能使用六面体单元的扫掠网格来网格划分螺旋弹簧的实例。

分割操作使用 N 侧的面片来引入切开实体螺旋的分割，以定义新的面。用户可以选择环来定义 N 侧的面片，如图 17-135 所示。

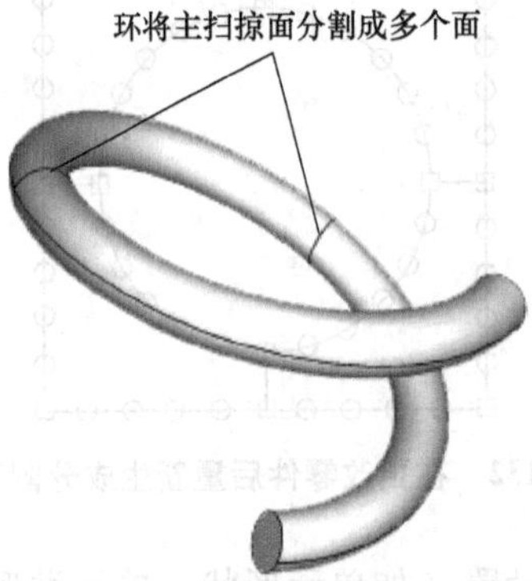

图 17-134　环将螺旋分割成多段

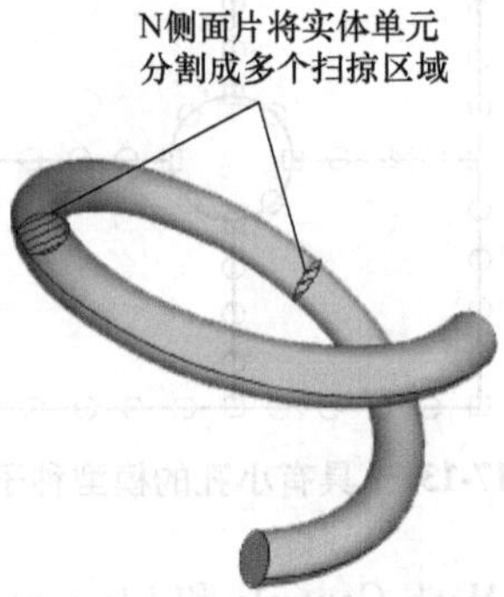

图 17-135　N 侧面片分割单元实体

然后，用户可以对零件实例布局种子，并且使用六面体单元来生成扫掠网格，如图 17-136 所示。

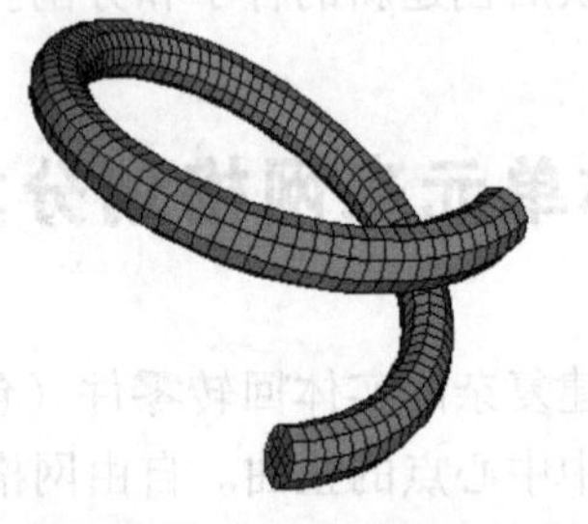

图 17-136　使用六面体单元进行扫掠网格划分的模型

17.15 使用网格划分模块工具箱

用户可以从主菜单栏或者工具箱访问所有的网格划分模块工具。图 17-137 所示为网格划分模块工具箱，包括所有隐藏的图标。

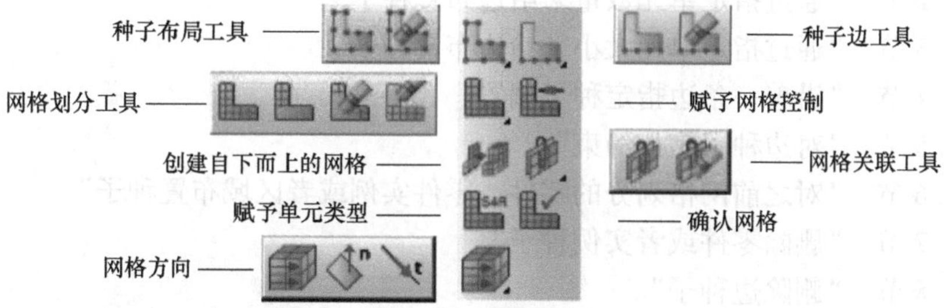

图 17-137 网格划分模块工具箱

本手册包含使用网格划分模块工具箱中每一个工具的详细指导，有关使用在线文档的信息见 2.6 节“获取帮助”。对于使用每一个网格划分模块工具的信息，参考以下章节：

- 17.11 节 “自下而上的网格划分”
- 17.12 节 “网格与几何形体的关联性”
- 17.16 节 “为模型布置种子”
- 17.17 节 “创建和删除网格”
- 17.18 节 “控制网格特征”
- 17.19 节 “获取网格划分信息和统计”

17.16 为模型布置种子

本节介绍如何使用种子布置工具来对零件实例施加种子，包括以下主题：

- 17.16.1 节　“为整个零件或者零件实例定义种子密度”
- 17.16.2 节　“通过指定单元数量来给边布置种子”
- 17.16.3 节　“通过指定单元大小来给边布置种子”
- 17.16.4 节　“沿着一条边指定种子偏置”
- 17.16.5 节　“对边种子施加约束”
- 17.16.6 节　“对之前网格划分的零件、零件实例或者区域布置种子”
- 17.16.7 节　“删除零件或者实例种子”
- 17.16.8 节　“删除边种子”
- 17.16.9 节　“使用容差对话框放松约束”

17.16.1 为整个零件或者零件实例定义种子密度

用户可以从主菜单栏选择 Seed→Part 或者 Seed→Instance，来对还不具有品红色边种子的零件或者零件实例定义所有边的近似单元大小。以此方法定义的种子称为零件种子或者实例种子，并且着色成白色（更多信息见 17.4.3 节“控制种子密度”）。用户应当对所有的边施加种子。如果均匀的种子分布是足够的，则推荐的方法是对整个零件或者零件实例进行种子布置。

若要创建零件种子或者零件实例种子，执行以下操作：

1. 从主菜单栏选择 Seed→Part 或者 Seed→Instance。

Abaqus/CAE 在提示区域显示提示来引导用户完成操作过程。

技巧：用户也可以使用工具来给零件或者零件实例布置种子，此工具与种子工具一起位于网格划分模块工具箱中（更多信息见 17.15 节“使用网格划分模块工具箱”）。

2. 如果用户正在给一个零件实例布置种子，并且用户的装配包含多个零件实例，则选择零件实例来布置种子，并单击鼠标键 2。

注意：边种子总是覆盖零件种子和实例种子；因此，如果用户已经对零件或者零件实例的所有边分别布置了种子，则实例种子不使用并且不显示。如有必要，使用种子删除工具来删除不想要的边种子，见 17.16.8 节“删除边种子”，如果用户已经给零件或者实例赋予了种子，则在用户删除边种子的边上会自动地出现此类种子。

3. 在出现的 Global Seeds 对话框中输入近似的单元大小。

4. 默认情况下，Abaqus/CAE 会对零件或者零件实例的种子布局施加曲率控制，这样在网格中对小孔或者高度弯曲的区域可以进行合适的近似。曲率控制允许 Abaqus/CAE 以边的曲率以及目标单元的大小为基础来计算种子布局。要控制曲率对种子布局的影响，输入 Maximum deviation factor 的值。偏离因子是单元边偏离原始几何形体的度量。为了帮助用户可视化偏离因子的影响，Abaqus/CAE 会显示围绕一个圆将创建的单元数量，此单元数量对应用户输入的设置。

5. 如果需要，更改 Minimum size control。指定最小尺寸控制有助于防止 Abaqus/CAE 在高度弯曲的区域中创建不必要的细密网格，如果这些区域对分析意图不重要。选择下面的一个选项。

- 将最小值指定成占整体单元大小的比。Abaqus/CAE 使用此方法，值 0.1（10%）为默认的最小尺寸。
- 输入绝对的最小单元大小。此值必须大于 0.0，并且小于近似的整体单元大小。

6. 单击 Apply 来显示 Abaqus/CAE 将使用的种子，如果有必要，调整在 Global Seeds 对话框中输入的值。

7. 单击 OK 来执行单元大小并关闭对话框。

除了那些已经赋予了品红色边种子的边，在零件或者零件实例的所有边上显示白色的种子。

8. 要退出零件或者实例种子的布局过程，按［Enter］键或者单击鼠标键 2。

17.16.2 通过指定单元数量来给边布置种子

用户可以通过输入要创建的单元数量来定义沿着选中边的单元大小。Abaqus/CAE 允许用户选择要布置种子的边、面或者单元体。但是，种子仅沿着边来定义——用户选择的边或者面和单元体的边。

所有边种子布置工具生成的边种子显示成品红色。边种子会覆盖用户已经指定的任何零件种子或者零件实例种子。用户应当对所有的边施加种子。

若要通过指定单元数量来给边布置种子，执行以下操作：

1. 从主菜单栏选择 Seed→Edges。

Abaqus/CAE 在提示区域显示提示来引导用户完成操作过程。

技巧：用户也可以使用工具指定单元数量来给边布置种子，此工具与种子工具一起位于网格划分模块工具箱中（更多信息见 17.15 节“使用网格划分模块工具箱”）。

2. 选择要布置种子的边、面或者单元体。

默认情况下，Abaqus/CAE 仅允许用户选择要布置种子的边。要选择面或者单元体来布置种子，使用 Selection 工具来将可以选择的对象类型改变成 Face、Cells 或者 All。更多信息见 6.3.2 节“根据对象类型过滤用户的选择”。

3. 完成边、面或者单元体选择后，单击提示区域中的 Done。有关选择对象的更多信息，见第 6 章“在视口中选择对象”。

4. 从出现的 Local Seeds 对话框选择 By number。

注意：如果用户使用种子布置方法的组合来选择之前布置种子的边，则 Abaqus/CAE 提供的 As Is 选项允许用户保留选取边上的种子布置方法。

5. 输入 Abaqus 沿着每一边应当生成的单元数量。

6. 选择 None 偏置控制。

7. 如果需要，更改 Constraints 标签页上的默认种子布置约束。有关设置种子约束的更多信息，见 17.16.5 节“对边种子施加约束”。

8. 如果需要，切换选中 Create set with name 来创建一个集合，以包含用户选择的边、面和单元体，并输入集合的名称。如果后续想要改变种子布局，则用户可以在步骤 2 中选择集合，而不必重新选择边、面和单元体。

9. 单击 Apply 来显示 Abaqus/CAE 将使用的种子布局。

选中的边上出现品红色的种子。

10. 如果有必要，调整在 Local Seeds 对话框中输入的值。

11. 单击 OK 来执行单元边的种子布局，并关闭对话框。

17.16.3 通过指定单元大小来给边布置种子

用户可以通过输入近似的单元大小来定义沿着选中边的单元大小。用户也可以定义曲率控制参数，Abaqus/CAE 用此参数来调整高曲率区域中的单元大小。Abaqus/CAE 允许用户选择要布置种子的边、面或者单元体。但是，种子仅沿着边来定义——用户选择的边或者面和单元体的边。

所有边种子布置工具生成的边种子显示成品红色。边种子会覆盖用户已经指定的任何零件种子或者零件实例种子。用户应当对所有的边施加种子。

若要通过指定单元大小来对边布置种子，执行以下操作：

1. 从主菜单栏选择 Seed→Edges。

Abaqus/CAE 在提示区域显示提示来引导用户完成操作过程。

技巧：用户也可以使用工具，通过单元大小来给边布置种子，此工具与种子工具一起位于网格划分模块工具箱中（更多信息见 17.15 节“使用网格划分模块工具箱”）。

2. 选择要布置种子的边、面或者单元体。

默认情况下，Abaqus/CAE 仅允许用户选择要布置种子的边。要选择面或者单元体来布置种子，使用 Selection 工具来将可以选择的对象类型改变成 Face、Cells 或者 All。更多信息见 6.3.2 节“根据对象类型过滤用户的选择”。

3. 完成边、面或者单元体选择后，单击提示区域中的 Done。有关选择对象的更多信息，见第 6 章“在视口中选择对象”。

4. 从出现的 Local Seeds 对话框选择 By size。

注意：如果用户使用种子布置方法的组合来选择之前布置种子的边，则 Abaqus/CAE 提供的 As Is 选项允许用户保留选取边上的种子布置方法。

5. 输入沿着选中边要使用的近似单元大小。

6. 选择 None 偏置控制。

7. 默认情况下，Abaqus/CAE 对零件或者零件实例的种子布置施加曲率控制，这样在网格中对小孔或者高度弯曲的区域可以进行合适的近似。曲率控制允许 Abaqus/CAE 以边的曲率以及目标单元大小为基础来计算种子分布。要控制曲率对布置种子的影响，进行下面的操作。

a. 输入偏离因子的值。偏离因子是单元边偏离原始几何形体的度量。要帮助用户可视化偏离因子的影响，Abaqus/CAE 围绕一个圆显示将会创建的单元数量，此单元数量对应用户输入的设置。

b. 如果需要，指定最小的尺寸因子，它是相对于整体单元尺寸的比例值。指定最小尺寸因子可以防止 Abaqus/CAE 在用户不感兴趣的高曲率区域创建非常精细的网格。

8. 如果需要，通过单击提示区域中的 Constraints 按钮，然后响应出现的对话框来改变默认的种子约束。有关设置种子约束的更多信息，见 17.16.5 节“对边种子施加约束”。

9. 如果需要，切换选中 Create set with name 来创建一个包含用户选择的边、面和单元体的集合，并且输入集合的名称。如果用户后续想要改变种子布局，则可以在步骤 2 中选择集合，而不必重新选择边、面和单元体。

10. 单击 Apply 来显示 Abaqus/CAE 将使用的种子布局。

在选中的边上出现品红色的种子。

11. 如果有必要，调整在 Local Seeds 对话框中输入的值。

12. 单击 OK 来执行单元边种子布局，并且关闭对话框。

17.16.4 沿着一条边指定种子偏置

用户可以通过定义沿着边的最粗糙和最细密单元尺寸，或者单元数量及两种尺寸的比率来定义沿着选中边的非均匀单元分布。用户可以定义单个偏置，来改变从边的一端到另外一端的网格密度。另外，用户可以定义一对偏置，从边的中心到每一个边端部变化的网格密度。例如，图 17-138 显示单偏置和双偏置边种子布局的组合。

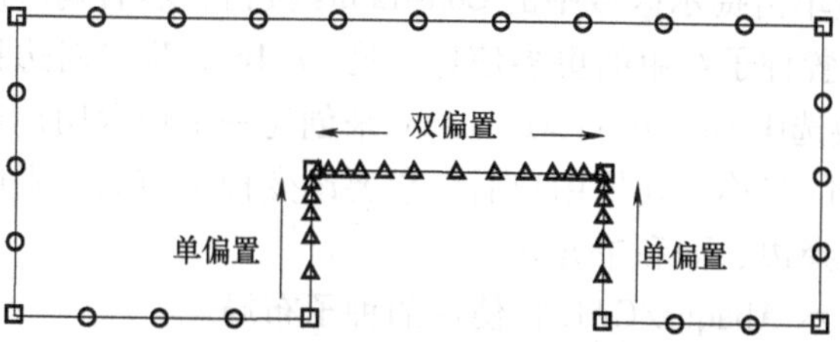

图 17-138　单偏置和双偏置种子布局的组合

所有的边种子布局工具生成边种子，这些种子显示成品红色。边种子布局覆盖用户指定的零件种子或者零件实例种子布局。用户应当对所有的边施加种子。

若要沿着一条边指定种子偏置布局，执行以下操作：

1. 从主菜单栏选择 Seed→Edges。

Abaqus/CAE 在提示区域显示提示来引导用户完成操作过程。

技巧：用户也可以使用工具，此工具与种子工具一起位于网格划分模块工具箱中（更多信息见 17.15 节“使用网格划分模块工具箱”）。

2. 从视口拾取选择方法。

• 对于单偏置种子布局，切换选中 Use single-bias picking，然后选择用户想要布局种子的边。用户仅可以为边选择单偏置种子布局，并且用户必须选择每条边靠近网格更密的端部。

• 对于双偏置种子布局，切换不选 Use single-bias picking，然后选择用户想要布局种子的边、面或者单元体。用户选择的位置不影响种子布局。

默认情况下，Abaqus/CAE 仅允许用户选择边来布局种子。要选择布种子的面或者单元体，使用 Selection 工具栏来将用户可以选择的目标类型改变成 Face、Cells 或者 All。更多信息见 6.3.2 节“根据对象的类型过滤用户的选择”。

3. 当用户已经完成了边、面或者单元体的选择时，单击提示区域中的 Done。

4. 从出现的 Local Seeds 对话框选择偏置控制（Single 或者 Double）。

注意：如果用户选中的边之前使用偏置种子布局方法组合来布局种子，则 Abaqus/CAE 提供一个 As Is 选项来允许用户保留选取边上的种子布局方法。

5. 选择大小确定方法（By size 或者 By number）。

a. 如果用户选择 By size，则输入单元的最小和最大尺寸——偏置种子布局的每一端处单元的近似大小。用户不能对偏置种子布局施加曲率控制。

b. 如果用户选择 By number，则输入单元的数量和偏置比。偏置比是边上最大单元大小与最小单元大小之间的比，并且必须大于 1。

c. 如果需要，单击 Select 来反转种子点布局偏置的方向（当用户选择将要施加偏置的边时，单元密度朝着最靠近用户选取位置的边端部增加）。

Abaqus/CAE 反转每一个选中边上的箭头方向。

注意：如果用户选中的边之前使用偏置种子布局方法组合来布局种子，则 Abaqus/CAE 提供一个 As Is 选项，来允许用户保留选取边上的种子布局方法。

6. 如果需要，通过单击提示区域中的 Constraints 按钮，然后响应出现的对话框来改变默认的种子约束。有关设置种子约束的更多信息，见 17.16.5 节“对边种子施加约束”。

7. 如果需要，切换选中 Create set with name 来创建一个包含用户选择的边、面和单元体的集合，并且输入集合的名称。如果用户后续想要改变种子布局，则用户可以在步骤 2 中选择集合，而不必重新选择边、面和单元体。

8. 单击 Apply 来显示 Abaqus/CAE 将使用的种子布局。

在选中的边上出现品红色的种子。

9. 如果有必要，调整用户在 Local Seeds 对话框中输入的值。

10. 单击 OK 来执行单元边种子布局，并且关闭对话框。

17.16.5 对边种子施加约束

用户可以通过使用边种子布局过程中出现的 Local Seeds 对话框的 Constraints 标签页，在定义种子布局的同时施加种子布局。

注意：当约束网格种子时要当心；如果用户试图生成的网格包含四边形的单元或者六面体的单元，则过约束可能使自动网格生成变得不可能。

若要施加约束，执行以下操作：

1. 从主菜单栏选择 Seed→Edges。然后选择想要布局种子的边，然后单击鼠标键 2。有关执行这些任务的更多信息，见下面的章节。

- 17.16.2 节 “通过指定单元数量来给边布置种子”
- 17.16.3 节 “通过指定单元大小来给边布置种子”
- 17.16.4 节 “沿着一条边指定种子偏置”

注意：如果用户选中的边之前使用偏置种子布局方法组合来布局种子，则 Abaqus/CAE 提供一个 As Is 选项，来允许用户保留选取边上的种子布局方法。

Abaqus/CAE 在提示区域中显示提示来引导用户执行过程。

2. 单击 Local Seeds 对话框的 Constraints 标签页。

3. 选中想要的约束。

Allow the number of elements to increase or decrease（允许单元数量增大或者降低）

此选项完全不约束种子。这样，Abaqus/CAE 沿着一条边创建的单元数量可以大于或者小于种子确定的单元数量；然而，网格生成器试图尽可能接近要求的种子布局方式。此选项对自动网格生成器提供最大的灵活性，在生成网格时提供最大的成功机会。

Allow the number of elements to increase only（仅允许单元数量增大）

此选项（默认的）部分约束种子，这样沿着边的单元数量仅可以大于或者等于种子确定的单元数量。在受部分约束种子附近定位的未约束种子，趋向于像部分受约束那样行动。

Do not allow the number of elements to change（不允许单元数量变化）

此选项完全约束种子，这样保留用户使用种子指定的确切单元数量。

谨慎使用此选项，因为生成网格通常要求沿着区域边界的单元数量调整；防止这样的调整让网格划分生成不可行。

注意：上面描述的约束选项允许用户仅控制沿着边的单元数量，而不控制沿着边的节点位置。Abaqus/CAE 创建尽可能接近种子的网格。

4. 单击 OK。

网格种子改变形状来说明用户已经选择的约束。

- 圆：未受约束种子。
- 三角形：受部分约束的种子。三角形向上，说明沿着边的单元数量仅可以增加。
- 四边形：完全受约束的种子。

17.16.6　对之前网格划分的零件、零件实例或者区域布置种子

要对已经划分过网格的零件、零件实例或者区域重新布置种子，用户必须首先采用下面的一个方法来删除网格：

- 在布置种子之前，使用网格删除工具（见 17.17.2 节“删除网格”），从感兴趣的零件、零件实例或者区域删除网格。
- 不要自己删除网格；相反，试图对感兴趣的零件、零件实例或者区域划分种子。只要用户选择了要种子划分的零件或者边，Abaqus/CAE 就显示类似下面的窗口。

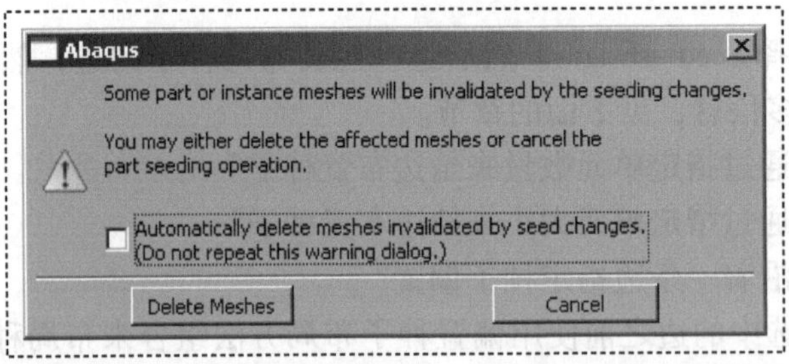

用户可以通过单击 Delete Meshes 来删除网格，或者通过单击 Cancel 来保留网格并退出种子布局过程。

用户可以通过切换选中 Automatically delete meshes invalidated by seed changes 来为剩余的当前程序会话中避免此警告信息。下一次用户试图对包含网格的一个零件、零件实例或者区域布置种子时，Abaqus 将立即删除网格而不显示任何警告。

17.16.7　删除零件或者实例种子

通过从主菜单栏选择 Seed→Delete Part Seeds 或者 Seed→Delete Instance Seeds 来删除零件或者实例种子。

若要删除零件或者实例种子，执行以下操作：

1. 从主菜单栏选择 Seed→Delete Part Seeds 或者 Seed→Delete Instance Seeds。

Abaqus/CAE 在提示区域显示提示来引导用户完成操作过程。

技巧：用户也可以使用工具来删除种子，它与种子工具一起位于网格划分模块工具箱中（更多信息见 17.15 节“使用网格划分模块工具箱”）。

2. 进行下面的操作。

- 如果用户正在删除零件种子，则单击提示区域中的 Yes 来确认删除。
- 如果用户的装配仅包含一个零件实例，则单击提示区域中的 Yes 来确认删除。

● 如果用户的装配包含多个零件实例，则选择用户想要删除种子的实例，并且单击鼠标键 2 来执行用户的选择。

Abaqus/CAE 删除种子。

17.16.8 删除边种子

通过从主菜单栏选择 Seed→Delete Edge Seeds 来删除边种子，然后选择要删除边种子的边、面或者单元体。

若要删除边种子，执行以下操作：

1. 从主菜单栏选择 Seed→Delete Edge Seeds。

Abaqus/CAE 在提示区域显示提示来引导用户完成操作过程。

技巧：用户也可以使用工具来删除种子，它与种子工具一起位于网格划分模块工具箱中（更多信息见 17.15 节“使用网格划分模块工具箱”）。

2. 选择用户想要删除边种子的边。

默认情况下，Abaqus/CAE 允许用户从所有的项目中选择对象来删除边种子。要将选择对象限制成仅是边、面或者单元体，则使用 Selection 工具栏来将可以选择的对象类型改变成 Edges、Faces 或者 Cells。更多信息见 6.3.2 节“根据对象的类型过滤用户的选择”。

3. 当用户完成边、面或者单元体的选择时，单击鼠标键 2 来执行选择。有关选项对象的更多信息，见第 6 章“在视口中选择对象”。

种子从选中对象的所有边消失。

17.16.9 使用容差对话框放松约束

如果过约束种子，则有时候网格生成失败。当过约束种子导致 Abaqus/CAE 不能创建网格时，出现下面的对话框。

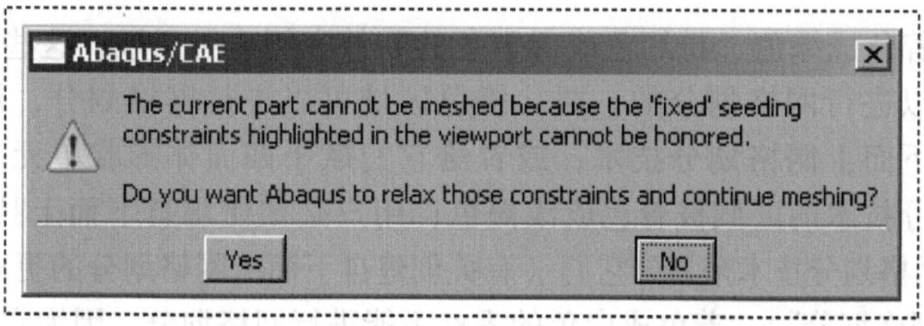

此外，在视口中高亮显示过约束的种子。用户可以选择下面的一个选项：

● 单击 Yes 来放松种子约束，并且继续网格划分此区域。

● 单击 No 来保存种子约束，并且放弃网格划分过程。

17.17　创建和删除网格

本节介绍如何使用网格划分工具来创建或者删除零件实例或者区域上的网格，包括以下主题：

- 17.17.1 节　“创建网格”
- 17.17.2 节　“删除网格”

17.17.1　创建网格

用户可以创建整个零件或者零件实例上的网格，或者仅创建选中区域中的网格。要创建网格，从主菜单栏选择 Mesh→Part、Mesh→Instance，或者 Mesh→Region。

若要创建网格，执行以下操作：

1. 从环境栏中的 Object 域选择要网格划分的零件或者装配体。
2. 从主菜单栏选择 Mesh→Part、Mesh→Instance 或者 Mesh→Region。

Abaqus/CAE 在提示区域显示提示来引导用户完成操作过程。

技巧：用户也可以使用和工具来网格划分零件、零件实例或者区域，此工具与网格划分工具一起位于网格划分工具箱中（更多信息见 17.15 节“使用网格划分模块工具箱”）。

3. 如果用户正在网格划分装配体，则用户必须选择要网格划分的实例或者区域。单击鼠标键 2 来说明已经完成选择（有关选择对象的更多信息，见第 6 章“在视口中选项对象”）。

仅选择那些着色成绿色、粉红色或者黄色的零件实例或者区域，这些颜色说明零件实例或者区域是可以进行网格划分的。要让橙色区域可以进行网格划分，用户必须使用分割工具，赋予自下而上网格划分技术，或者给它们赋予四面体形状单元。用户已经赋予自下而上网格划分技术的区域被着色成浅褐色；用户必须使用自下而上技术来划分它们，或者赋予另外的网格划分技术来划分它们（有关创建自下而上网格划分的更多信息，见 17.11 节“自下而上的网格划分”）。着色成白色的零件不能进行网格划分，因为它们与独立的实例关联。

注意：当选中了 Mesh defaults 色映射时，才依据零件实例网格划分的可能性来着色。如果用户视口中的颜色不与此步骤中的描述匹配，则施加此颜色匹配。

4. 进行下面的操作。

● 从提示区域单击 Yes 来在可网格划分的区域生成网格。

● 如果装配中包括一个将使用四面体单元进行网格划分的实体区域，则 Abaqus/CAE 询问用户是否想要在区域的外表面上预览三角形网格。

—要预览网格，从提示区域切换选中 Preview boundary mesh 并且单击 Yes 来创建边界网格。Abaqus/CAE 在可网格划分的区域上的网格上生成三角形边界网格。

—如果一些区域网格划分失败，或者边界网格不可接受，则 Abaqus/CAE 提供不同的工具，帮助用户在所有的区域中生成网格，并创建可接受的网格。更多信息见 17.10.5 节“可以对边界网格做什么?”。

—如果边界网格是可接受的，则从提示区域单击 Yes 来继续零件、实例或者区域的内部网格划分。

Abaqus/CAE 在可网格划分的区域上生成网格。

17.17.2 删除网格

用户可以删除整体零件、零件实例或者仅是选中区域中的 Abaqus 本地网格。要删除网格，从主菜单栏选择 Mesh→Delete Part Native Mesh、Mesh→Delete Instance Native Mesh 或者 Mesh→Delete Region Native Mesh。

注意：删除网格不会造成种子的删除，这样用户可以更改种子样式并重新生成网格。

若要删除网格，执行以下操作：

1. 从主菜单栏，选择 Mesh→Delete Part Native Mesh、Mesh→Delete Instance Native Mesh 或者 Mesh→Delete Region Native Mesh。

Abaqus/CAE 在提示区域显示提示来引导用户完成操作过程。

技巧：用户也可以使用和工具来删除网格，此工具与网格划分工具一起位于网格划分工具箱中（更多信息见 17.15 节“使用网格划分模块工具箱”）。

2. 进行下面的操作。

● 如果用户正在删除一个零件网格，从提示区域单击 Yes 来确认想要删除网格。

● 如果用户正从零件或者装配体删除区域网格，则选择要删除网格的区域。单击鼠标键 2 来说明用户已经完成选取（有关选择对象的更多信息，见第 6 章“在视口中选择对象”）。

● 如果用户正从装配体删除实例网格，选择要删除网格的实例。单击鼠标键 2 来说明用户已经完成选取（有关选取对象的更多信息，见第 6 章“在视口中选择对象”）。

Abaqus/CAE 删除网格。

17.18　控制网格特征

本节介绍如何控制网格的整体特征，包括以下主题：

- 17.18.1 节　“赋予网格控制”
- 17.18.2 节　“选择一个网格形状”
- 17.18.3 节　“选择一个网格划分技术”
- 17.18.4 节　“重新定义区域拐角”
- 17.18.5 节　“设置网格划分算法”
- 17.18.6 节　“指定扫掠路径”
- 17.18.7 节　“扫掠网格划分一个实体、回转区域，回转区域的侧面接触回转轴”
- 17.18.8 节　“赋予网格堆叠方向”
- 17.18.9 节　“为之前网格划分的区域改变网格划分控制”
- 17.18.10 节　“将 Abaqus 单元与网格划分区域关联”
- 17.18.11 节　“更改所有节点和单元的标签”
- 17.18.12 节　“对四面体网格边界添加楔形单元层”

17.18.1　赋予网格控制

Mesh Controls 对话框允许用户指定网格中的单元形状以及 Abaqus/CAE 用来创建网格的网格划分技术。在一些情况中，用户也可以选择过渡选项并重新定义区域拐角。

若要对区域赋予网格划分控制，执行以下操作：

1. 从主菜单栏选择 Mesh→Controls。

Abaqus/CAE 在提示区域中显示提示来引导用户完成操作过程。

技巧：用户也可以单击工具，此工具位于网格划分模块工具箱中。

2. 如果用户的零件或者装配体包含多个区域，则选择想要显示或者更改网格控制的区域，然后单击鼠标键 2。所有选中的区域必须具有相同的维数。

注意：要为赋予自由网格划分技术和四面体单元形状的区域的面显示或者更改网格划分控制，或者为自下而上区域的面显示或者更改网格划分控制，用户必须将提示区域中的对象选择类型改变成 faces of solid regions。

出现 Mesh Controls 对话框。

3. 选择用户选取的网格控制。有关指定网格控制的更多信息，见以下章节。
- 17.18.2 节 “选择一个网格形状”
- 17.18.3 节 “选择一个网格划分技术”
- 17.18.4 节 “重新定义区域拐角”
- 17.18.5 节 “设置网格划分算法”
- 17.18.12 节 “对四面体网格边界添加楔形单元层”

4. 如果需要，单击 Defaults 来将 Mesh Controls 对话框中的设置改变成默认的值。
5. 单击 OK 来保存用户的设置，并关闭 Mesh Controls 对话框。

17.18.2 选择一个网格形状

用户可以通过从主菜单栏选择 Mesh→Controls 来控制网格中的单元形状。Element Shape 选项位于出现的 Mesh Controls 对话框顶部。

若要指定用在区域中的单元形状，执行以下操作：

1. 从主菜单栏选择 Mesh→Controls。

Abaqus/CAE 在提示区域显示提示来引导用户完成操作过程。

技巧：用户可以使用工具来设置单元形状，此工具位于网格划分模块工具箱中。

2. 如果用户的零件或者装配体包含多个区域，则选择想要显示或者更改的网格控制，然后单击鼠标键 2。所有选中的区域必须具有相同的维数。

出现 Mesh Controls 对话框。

3. 从 Element Shape 选项列表选择想要选取的单元形状。

如果用户选择了二维区域，则用户可以从下面的单元形状选项中进行选择。

Quad

只能单独使用的四边形单元。下面所示为使用此设置构建的网格划分示例。

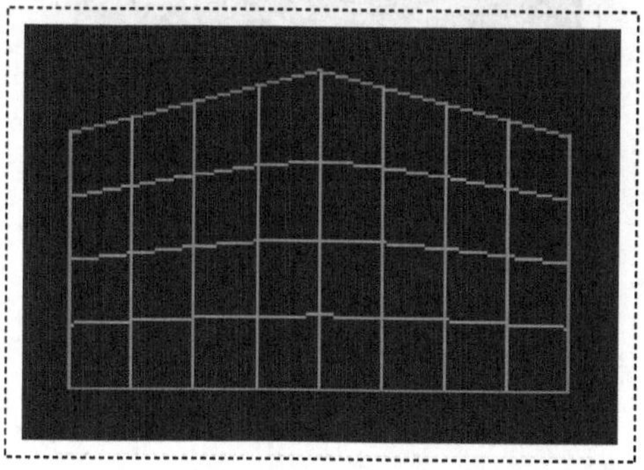

Quad-dominated

主要使用四边形单元，但是在过渡区域允许三角形。此设置是默认的。下面所示为使用此设置构建的网格示例。

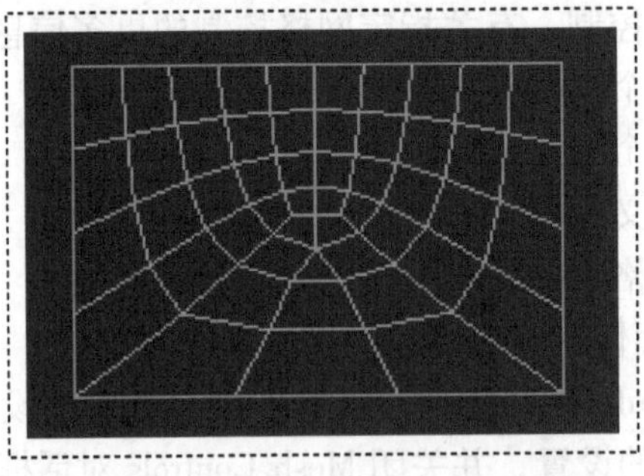

Tri

只能单独使用的三角形单元。仅当用户对实体区域的面施加网格控制时，此设置变成唯一可以使用的设置，因为将使用三角形面网格来生成一个四面体实体网格。下面所示为使用此设置构建的网格划分示例。

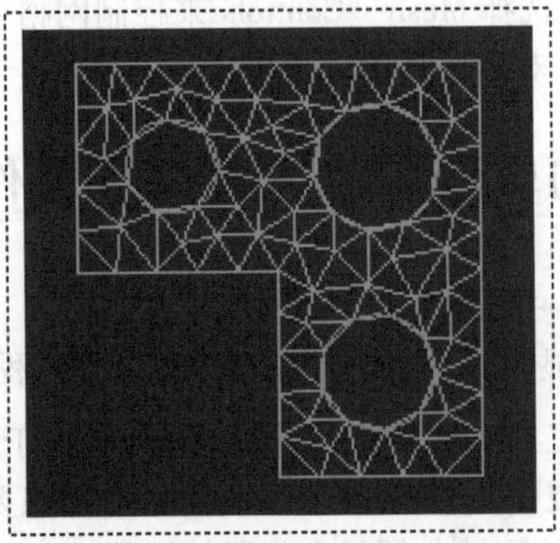

如果用户选择了一个三维区域，则用户可以从下面的单元形状选项中进行选择：

Hex

只能单独使用的六面体单元。此设置是默认的。下面所示为使用此设置构建的网格划分示例。

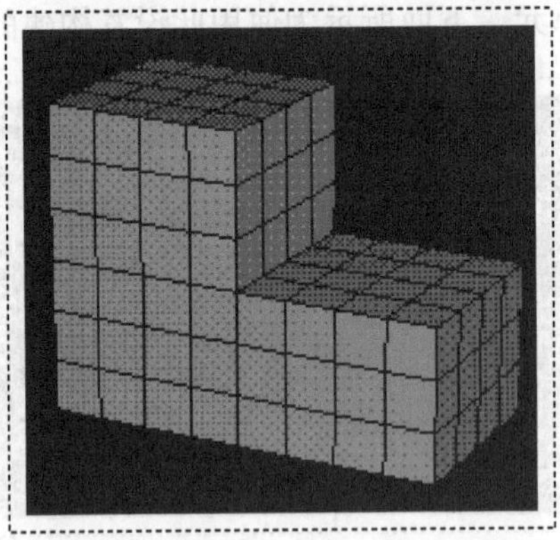

Hex-dominated

主要使用六面体单元，但是在过渡区域中允许一些三棱柱（楔形）。下面所示为使用此设置构建的网格划分示例。

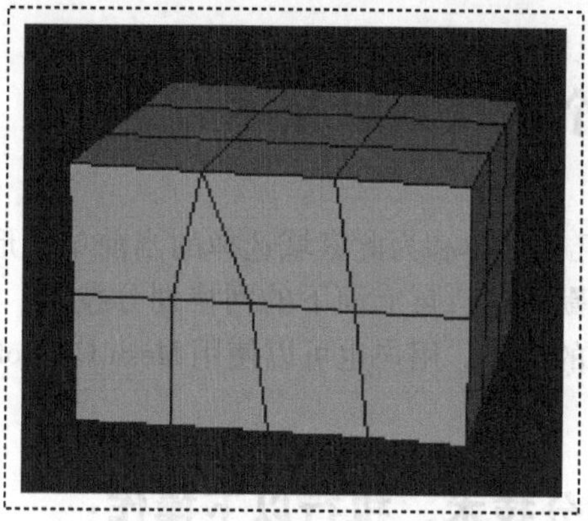

Tet

只能单独使用的四面体单元。下面所示为使用此设置构建的网格划分示例。

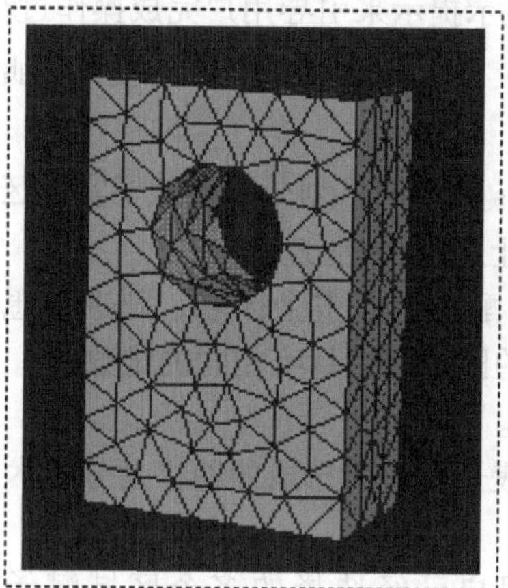

Wedge

只能单独使用的楔形单元。下面所示为使用此设置构建的单个单元网格示例。

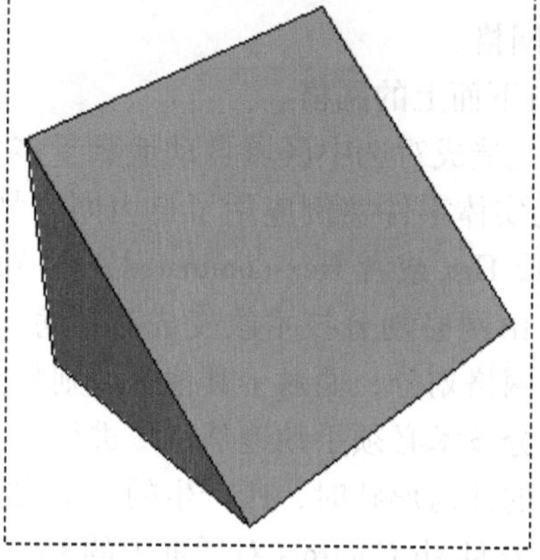

4. 单击 OK。

下次用户在选中区域中生成网格时，将继承用户的选择。

如果所选的区域已经进行网格划分，则将提示用户删除网格或者放弃网格控制过程。

17.18.3 选择一个网格划分技术

Abaqus/CAE 以区域的几何形体和为此区域选择的当前单元形状为基础，给用户模型的每一个可网格划分区域赋予默认的、自上而下的网格划分技术。Abaqus/CAE 使用赋予区域的网格划分技术来生成区域的网格。用户也可以使用 Mesh Controls 对话框来选择一个其他的网格划分技术。

若要选择一个网格划分技术，执行以下操作：

1. 从主菜单栏选择 Mesh→Controls。

Abaqus/CAE 在提示区域显示提示来引导用户完成操作过程。

技巧：用户也可以使用工具来设置网格划分技术，此工具位于网格划分模块工具箱中。

2. 选择 faces of solid regions 来将网格划分控制赋予实体区域的边界面，此实体区域将进行四面体网格划分或者自下而上的网格划分。

3. 如果用户的零件或者装配体包含多个区域，则选择想要显示或者更改的网格控制，然后单击鼠标键 2。所有选中的区域必须具有相同的维数。

出现 Mesh Controls 对话框。

4. 从 Technique 选项的列表选择想要选取的网格划分技术（仅当某些技术对选中区域有效时，才可以使用这些技术）。

- 如果在之前的步中，用户已经选择的多个区域赋予了不同的网格划分技术，则 Abaqus/CAE 选择 As is。
- 选择 Free 来创建自由的网格。
- 选择 Structured 来创建结构化的网格。
- 选择 Sweep 来创建扫掠网格。
- 选择 Bottom-up 来创建自下而上的网格。
- 如果单元形状赋予的变化造成对选中区域自动地赋予多个技术，则 Abaqus/CAE 选择 Multiple。例如，假设对所有的实体零件实例应用了自由网格划分技术。如果用户将这些区域的单元形状赋予从 Tet 改变成 Hex 或者 Hex-dominated，则 Abaqus/CAE 自动地将赋予每一个区域的网格划分技术，从自由网格划分技术改变成对于每一个区域合适的任何技术；例如，对于一些区域是结构化的网格划分，而对于其他区域则是扫掠网格划分。

注意：自下而上的网格划分技术必须手动地从区域进行赋予或者删除。当用户更改赋予自下而上网格划分技术的区域的几何形状时，所产生的一个或者多个区域也将赋予自下而上的网格划分技术。用户可以单击 Mesh Controls 对话框中的 Defaults 来对自下而上区域赋予自上而下的技术。

有关每一个网格划分技术的详细信息，见 17.7 节“理解网格生成”。

当对区域的面赋予网格划分控制时，Abaqus/CAE 依据面上将使用的网格划分技术来着色面。面的颜色可以不与区域的颜色相同。例如，自下而上区域的面将默认出现粉红色，因为它们是自由网格划分的。如果用户对一些面赋予结构化的网格划分技术，则将它们着色成绿色。自下而上区域的实体区域颜色是亮橙色，将进行四面体网格划分的实体区域的颜色是粉红色。

5. 单击 OK 来关闭对话框并保存用户的网格划分技术选择。

下一次用户在选中零件实例或者区域上生成网格时，Abaqus 将保持用户的选择。

如果选中的区域已经包含一个网格，则提示用户删除网格或者放弃网格划分控制过程。

17.18.4 重新定义区域拐角

结构化网格划分存在于具有特定拓扑的区域。例如，Abaqus/CAE 对四边形区域施加一个特别的结构化样式、对五边形区域应用另外一种样式。然而，在一些情况中，用户可以通过重新定义区域拐角来改变赋予到面区域的结构化样式。用户仅可以为已经赋予结构化网格划分技术的面区域重新定义区域拐角。

如果用户单击 Mesh Controls 对话框中的 Redefine Region Corners，则用户可以选择在创建网格时，想要 Abaqus/CAE 将区域的哪一处考虑成拐角。如果用户保持一个拐角未选中，则 Abaqus/CAE 将未选中拐角任何一侧上的边内部“组合”成一个单独的逻辑边（虽然区域的实际拓扑保持不变）。例如，如果用户让五边形区域的一个拐角未选中，则 Abaqus/CAE 将此区域考虑成四条边，而不是五条边。结果，对区域施加四边形区域的结构化网格划分样式，而不是五边形区域的样式。更多信息见 17.8.3 节“二维的结构型网格划分”。

仅当区域由三条到四条逻辑边围绕时，才可以使用结构化网格划分技术来网格划分面区域。然而，如果区域包含虚拟拓扑，则仅当区域具有四个角时，Abaqus/CAE 才可以施加结构化网格划分。因此，要使用虚拟拓扑重新定义区域的拐角，则必须由多于四个的拐角来围绕区域，并且用户必须选择四个现有的拐角。

若要重新定义区域拐角，执行以下操作：

1. 从主菜单选择 Mesh→Controls。

Abaqus/CAE 在提示区域显示提示来引导用户完成操作过程。

技巧：用户也可以使用工具，此工具位于网格划分模块工具箱中（更多信息见 17.15 节“使用网格划分模块工具箱”）。

2. 如果用户的零件或者装配体包含多个区域，则选择想要重新定义拐角的区域，然后单击鼠标键 2。用户选择的区域应当有三个或者更多的顶点。

出现 Mesh Controls 对话框。

3. 如果还没有选择，则将网格划分技术选择成 Structured。

在 Mesh Controls 对话框的右侧出现 Redefine Region Corners 按钮。

4. 单击 Redefine Region Corners。

如果用户选择了多个区域，则此过程按顺序考虑选中的每一个区域（Abaqus/CAE 跳过不能施加结构化样式的选中区域，或者忽略包含三个或者更少顶点的选中区域）。当前考虑的区域高亮显示成品红色，当前选中的区域拐角高亮显示成黄色。

5. 在提示区域选择确定区域拐角的选项。

- 如果用户单击 Accept Highlighted，则 Abaqus/CAE 接受当前高亮显示的拐角。如果已经选中多个区域，则为下一个区域展示多个选项。如果仅选择了一个区域，则在完成过程后重新出现 Mesh Controls 对话框。
- 如果用户单击 Select New，则当前选中的顶点变成红色。用户必须继续进行下一步。
- 如果用户单击 Revert to Defaults，则高亮显示区域的默认拐角，提示用户选择上面描述的 Accept Highlighted 或者 Select New。

6. 如果用户在之前的步中选择了 Select New，则选择想要成为区域拐角的区间顶点。用户可以在三个顶点与四个顶点之间进行选择。

- [Shift]键+单击来选择一个顶点，同时保持所有其他顶点依然选中。
- [Ctrl]键+单击来不选一个单独的顶点，同时保持所有其他顶点依然选中。
- 当用户已经完成顶点的选取，单击鼠标键 2。

被选中顶点是红色的，未选中顶点是黄色的。

如果选中了多个区域，则过程从下一个区域开始。如果仅选中了一个区域，则在完成以上过程后，重新出现 Mesh Controls 对话框。

17.18.5 设置网格划分算法

可以使用的网格划分算法取决于用户选择的单元形状和网格划分技术。如果网格划分算法选项对于用户正在创建的网格类型是可以应用的，则在 Mesh Controls 对话框的右侧出现 Algorithm 域。Abaqus/CAE 提供下面的网格算法选项：

Choose the mesh algorithm（选择网格划分算法）

选择 Medial axis 或者 Advancing front。预测哪一个算法将为特定区域产生更好的网格是困难的；用户可能不得不试验两个算法设置。更多信息见 17.7.6 节“中间轴算法与先进波前算法的区别是什么?”。

Minimize the mesh transition（最小化网格过渡）

用户可以控制在网格从粗糙网格划分到细致网格划分时，Abaqus/CAE 是否将最小化网格过渡。在大部分的情况中，切换选中 Minimize the mesh transition 将最小化网格扭曲。然而，如果用户切换不选 Minimize the mesh transition，则网格可能会移动到更加靠近指定的网格种子的位置。更多信息见 17.7.5 节“什么是网格过渡?”。

Use mapped meshing where appropriate（在合适的地方使用映射网格划分）

一些看上去非常复杂的模型实际上包含具有相对简单的几何面。默认情况下，Abaqus/CAE在简单面上分配使用映射网格划分技术。用户可以切换不选 Use mapped meshing where appropriate 来防止 Abaqus/CAE 使用映射网格划分。然后，如果不允许用户使用映射网格划分来划分具有简单面的模型，则在简单面上生成的单元质量将较差。更多信息见 17.8.2 节“什么是映射网格划分?”，以及 17.8.6 节“何时 Abaqus/CAE 可以施加映射网格划分?”。

Insert boundary layer（插入边界层）

当创建四面体单元的自由网格划分时，用户可以沿着边界区域的面添加楔形单元的边界层。边界层由一系列的楔形单元组成，这些楔形单元层使用靠着壁的最薄的单元，在区域的实体墙法向上堆叠。边界层在壁处创建高密度的网格，并且随着向区域内的四面体网格发展，网格密度逐渐降低。在用户分析管壁与其他结构附近的流动速度和温度时，适合在 Abaqus/CFD 中使用楔形单元。有关创建边界层的详细指导，见 17.18.12 节“对四面体网格边界添加楔形单元层”。

Use the default algorithm（使用默认的算法）

当创建四面体单元的自由网格划分时，用户可以选择默认的网格生成算法，包括可在 Abaqus/CAE6.4 和更早版本中使用的算法。在大部分情况中，默认的算法更加可靠，特别是网格划分复杂形状和薄实体时。更多信息见 17.10.3 节“使用三角形单元和四面体单元进行自由网格划分”。

Increase the size of the interior elements（增加内部单元的大小）

如果用户选择默认的网格生成算法来创建四面体单元的自由网格划分，用户可以切换选中 Non-standard interior element growth 并且使用滑动器控制或者文本域来指定内部单元的生长速度。生长速度必须在 1.0（无或者最小生长）与 2.0（最大生长）之间。

如果网格密度对于要分析的模型是足够的，并且感兴趣的区域是在网格边界上，增加内部单元的大小将提高计算效率。要显示 Abaqus/CAE 生成的内部单元，用户可以使用显示切割或者显示组来从视图中删除外部的单元。

若要设置网格划分算法，执行以下操作：

1. 从主菜单栏选择 Mesh→Controls。

Abaqus/CAE 在提示区域显示提示来引导用户完成操作过程。

技巧：用户也可以使用▇工具，此工具位于网格划分模块工具箱中（更多信息见17.15节“使用网格划分模块工具箱”）。

2. 如果用户的零件或者装配体包含多个区域，则选择感兴趣的区域并单击鼠标键2。

出现 Mesh Controls 对话框。如果网格划分算法选项对于选中的单元形状和网格划分技术是可以施加的，则在 Mesh Controls 对话框的右侧出现 Algorithm 域。

3. 选择想要的算法选项，然后单击 OK 来保存用户的数据并关闭对话框。

17.18.6 指定扫掠路径

如果用户对特定的区域施加扫掠网格划分技术，则在此区域的 Mesh Controls 对话框中出现 Redefine sweep path 按钮。如果区域有多个有效的扫掠路径，则用户可以单击 Redefine sweep path 来选择想要的路径（有关扫掠路径的更多信息，见17.9节“扫掠网格划分”）。

如果用户正在给垫片、连续壳、圆柱或者胶粘区域赋予网格划分控制，此选项是特别有好处的。除非用户赋予另外一个方向（更多信息见17.18.8节“赋予网格堆叠方向”），这些区域类型的方向属性取决于扫掠路径。当用户网格划分一个垫片区域时，每一个垫片单元的轴将与扫掠路径方向重合（更多信息见第32章，“垫片”，以及《Abaqus 分析用户手册——单元卷》的6.6.1节“垫片单元：概览”）。当用户网格划分一个连续壳或者胶粘区域时，扫掠路径与堆叠方向一致（更多信息见25.2节“使用连续壳单元来网格划分零件”，以及21.3节“使用几何和网格划分工具创建具有胶粘单元的模型”）当用户使用圆柱单元网格划分一个圆柱区域时，选中的扫掠/回转区域的扫掠路径与圆柱几何形体的圆周方向一致（更多信息见17.9.4节“圆柱实体的扫掠网格划分”）。

若要指定扫掠路径，执行以下操作：

1. 从主菜单栏选择 Mesh→Controls。

Abaqus/CAE 在提示区域显示提示来引导用户完成操作过程。

技巧：用户也可以单击▇工具，此工具位于网格划分模块工具箱（更多信息见17.15节“使用网格划分模块工具箱”）。

2. 如果零件或者装配体包含多个区域，则选择感兴趣的可扫掠网格划分的区域，然后单击鼠标键2。

出现 Mesh Controls 对话框。

3. 在 Mesh Controls 对话框中，如果还没有选择，则将网格划分技术选择成 Sweep。

如果用户选中的区域存在多条扫掠路径，则对话框靠近底部处出现 Redefine Sweep Path 按钮。

4. 单击 Redefine Sweep Path。

如果用户选择了多个区域，则此过程按顺序考虑每一个选中的区域。当前考虑的区域变得高亮并显示成品红色，默认的扫掠路径高亮显示成红色，并且具有一个说明扫掠方向的箭头。

5. 通过选择提示区域中的合适选项来指定用户选取的扫掠路径和方向。

• 单击 Accept Highlighted 来接受视口中高亮显示的扫掠路径。

• 单击 Flip 来改变当前选中扫掠路径的方向。然后单击 Yes 来说明新的扫掠路径方向是正确的。

• 单击 Select New（如果可以应用），选择不同的路径来作为扫掠路径。然后执行下面的步。

—在扫掠路径中选择一条边。用户可以通过朝着边的端部单击鼠标键来说明想要的扫掠方向，此边的端部将与扫掠路径的端部重合。

新的扫掠路径将高亮显示成红色，并且具有一个说明扫掠方向的箭头。

—如果路径和方向是正确的，则单击提示区域中的 Yes，或者如果用户想要改变扫掠路径的方向，则单击 Flip。然后单击 Yes 来说明新的扫掠路径方向是正确的。

如果选中的多个区域具有多个有效的路径，则过程从下一个区域重新开始。如果仅选中了一个区域，则过程完成并且重新出现 Mesh Controls 对话框。

17.18.7 扫掠网格划分一个实体、回转区域，回转区域的侧面接触回转轴

在大部分的情况中，除非用户创建战略性放置的分割，如果创建区域的回转侧面接触回转轴，则用户不能全部使用六面体单元来扫掠网格划分一个回转的实体区域。例如，下面所示的圆柱零件不能进行扫掠网格划分。

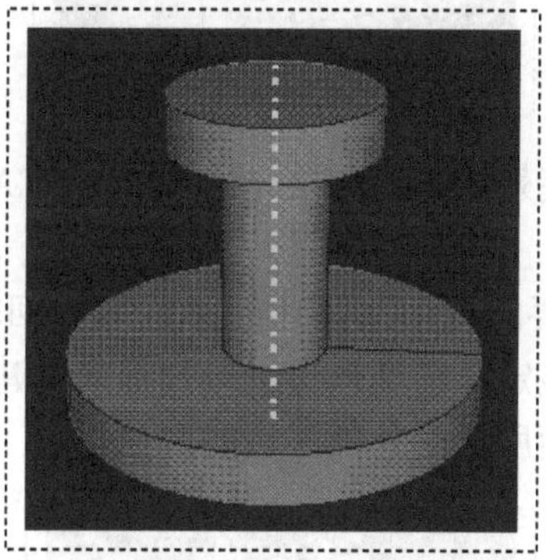

使零件可以进行扫掠网格划分的分割技术，可以将零件或者零件实例分割成下面两个区域：

• 可以使用拉伸扫掠网格划分技术进行网格划分的圆柱核区域。

• 可以使用回转扫掠网格划分技术进行网格划分的外部区域。

有关扫掠网格划分实体区域的详细信息，见 17.9.3 节“三维实体的扫掠网格划分”。

技巧：仅当选择 Mesh defaults 色映射时，下面的指导才会显示颜色索引。在为了扫掠网格划分而试图分割一个实体、回转区域之前，施加此色映射到用户的视口。

若要为了扫掠网格划分而分割一个实体、回转区域，执行以下操作：

1. 使用分割工具集来创建区域中心处的圆柱核（有关分割的详细信息，见第 70 章“分割工具集”）。

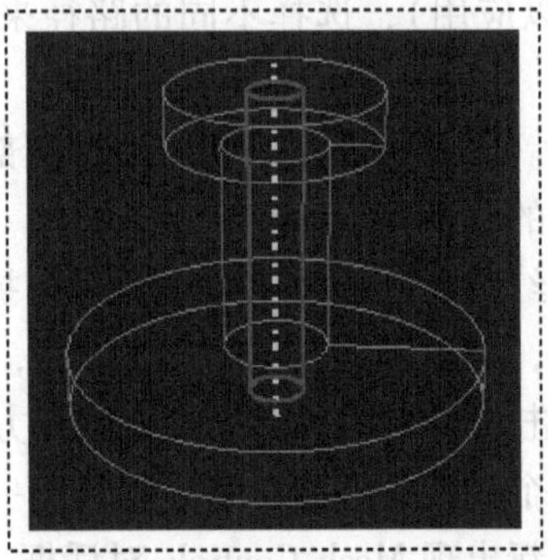

圆柱核可以使用拉伸扫掠网格划分技术来划分，并且因此变成黄色。外部的区域保持橘黄色，因为它仍然不能进行网格划分。

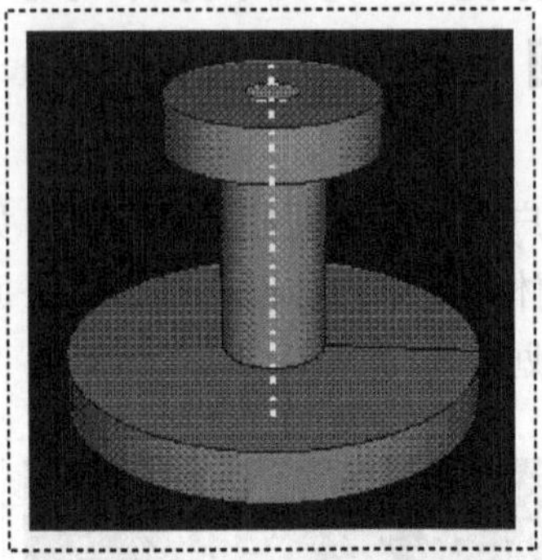

在下一步中，用户将创建额外的分割，来允许 Abaqus/CAE 将外部区域识别成侧面不接触回转轴的回转实体。

2. 使用分割工具集创建必要的分割来描述外部区域的回转侧面。侧面将作为回转网格划分的源侧面，并将沿着圆柱核定义的圆形边进行扫掠来创建实体网格。

例如，使用分割来描述下面所示的外部区域的侧面。

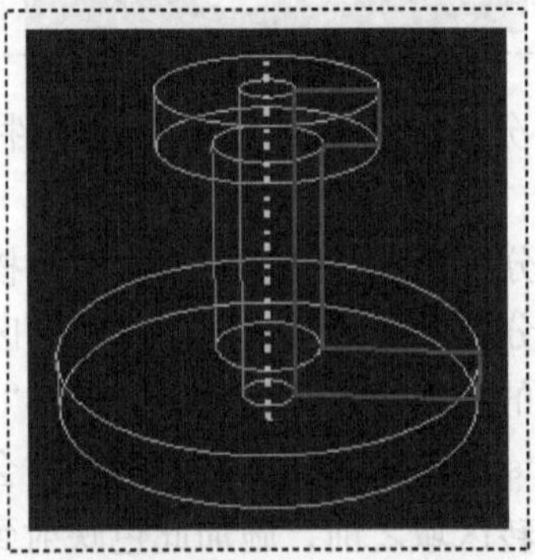

一旦定义了侧面，圆柱内区域和外区域都将着色成黄色，并适于扫掠网格划分。

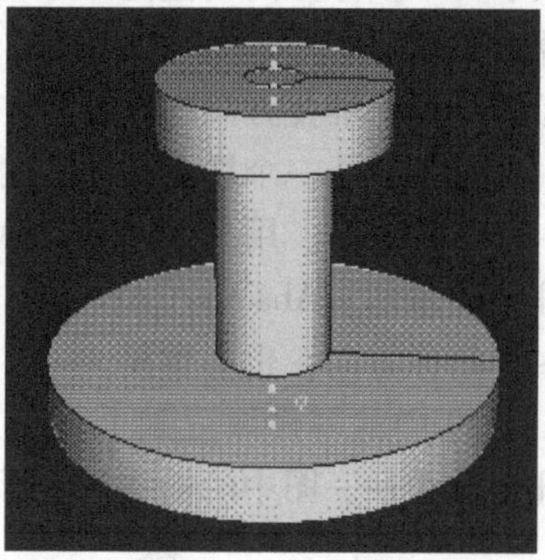

生成的网格如下所示。

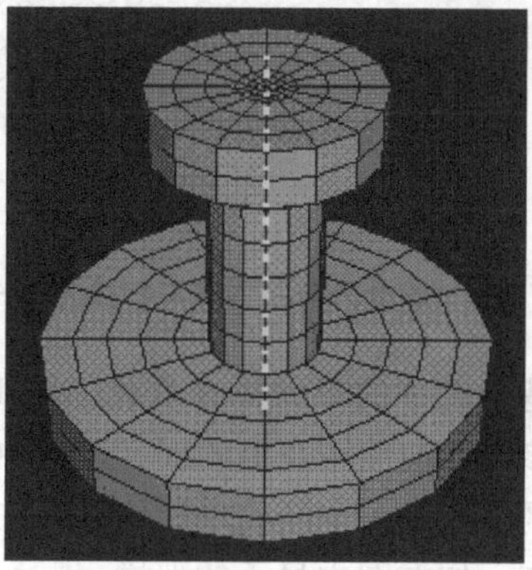

用户可以应用类似的技术来网格划分回转的区域，即使源侧面和目标侧面不是平的，如下所示。

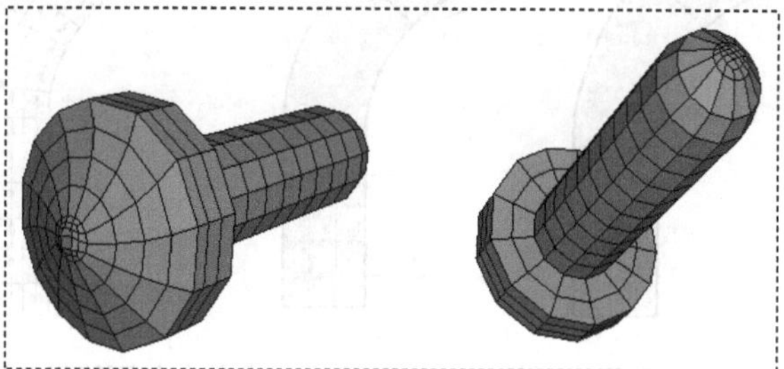

17.18.8 赋予网格堆叠方向

当使用连续壳、胶粘、圆柱或者垫片单元来网格划分零件时，网格堆叠方向是重要的，因为这些单元具有特有的方向行为。如果用户使用扫掠网格划分，则默认的堆叠方向与扫掠路径的方向一致，并且用户可以通过拾取不同的扫掠路径来改变堆叠方向。然而，用户必须单独给零件中的每一个单元体赋予一个扫掠方向（这是一个耗时的过程），并且可用的扫掠方向可能不包括用户想要的堆叠方向。

只要单元体还没有赋予四面体单元，堆叠方向工具就允许用户对所有的单元体，或者对实体零件或者零件实例中的选中单元体赋予一个堆叠方向。用户可以使用工具快速地对一个单独操作中的一组单元体施加一个堆叠方向。用户以选中的面为基础来赋予堆叠方向；将堆叠进行定向，这样选中的面是堆叠的顶部。Abaqus/CAE 施加方向，而不管用于单元体的网格划分技术；这样，即使存在一个扫掠方向，也不重要。

使用堆叠方向工具来对图 17-139 中的零件厚度赋予一个方向。扫掠实体零件的复杂侧面不允许使用扫掠路径的期望堆叠方向——图中的箭头说明了可用的扫掠方向。

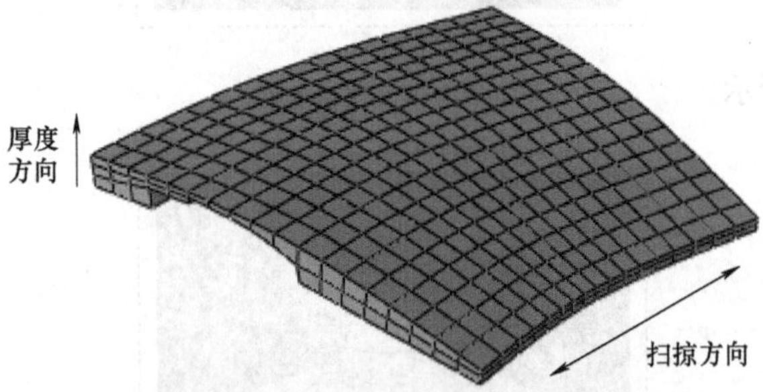

图 17-139　堆叠方向不需要与扫掠方向一致

新堆叠方向的应用，可以基于选中的单元体来变化。图 17-140 说明堆叠方向随着划分的更多单元体而发生变化。为参考方向使用左上的面，这样中图中的两个不连续单元体的网格方向匹配此方向。然而，当网格划分了中间的单元体时，在右下角单元体中的单元方向得到更新，与另外两个单元体对齐，如右图中显示的那样。

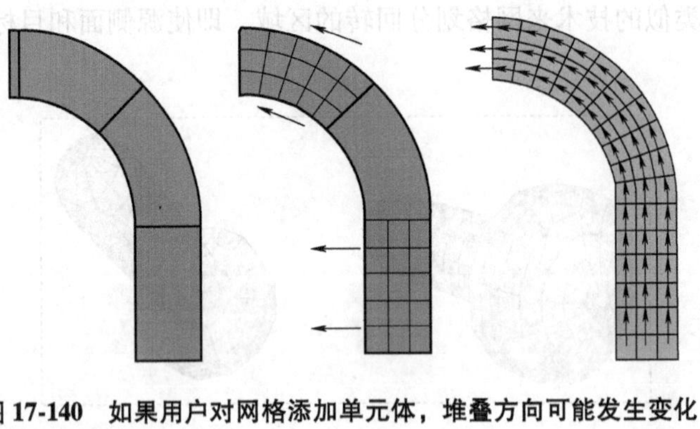

图 17-140　如果用户对网格添加单元体，堆叠方向可能发生变化

若要施加网格堆叠方向，执行以下操作：

1. 从主菜单栏选择 Mesh→Orientation→Stack。

Abaqus/CAE 在提示区域显示提示来引导用户完成操作过程。

技巧：用户也可以使用工具来设置网格堆叠方向，此工具位于网格划分模块工具箱中（更多信息见 17.15 节“使用网格划分模块工具箱”），并且 Assign stack direction 按钮位于 Mesh Controls 对话框中。

2. 如果零件包含多个单元体，则选择用户想要赋予堆叠方向的单元体。

3. 选择一个顶面来定义参考方向。

Abaqus/CAE 在赋予方向之前提示用户来确认选项。

4. 单击 Yes 来接受选中的面和对应的方向，或者单击 No 来返回步骤 3。

当用户接受参考面时，Abaqus/CAE 对选中的单元体施加堆叠方向。

如果选中的单元体包含圆柱单元，则 Abaqus/CAE 显示一个警告信息来说明必须删除圆柱单元，删除后才能施加一个新的堆叠方向。单击 Yes 来删除圆柱网格，或者单击 No 来放弃堆叠方向过程。

17.18.9 为之前网格划分的区域改变网格划分控制

如果用户改变之前赋给网格划分区域的任何网格划分控制，则区域的网格变得无效。在此情况中，当用户单击 Mesh Controls 对话框中的 OK 时，出现下面的警告对话框。

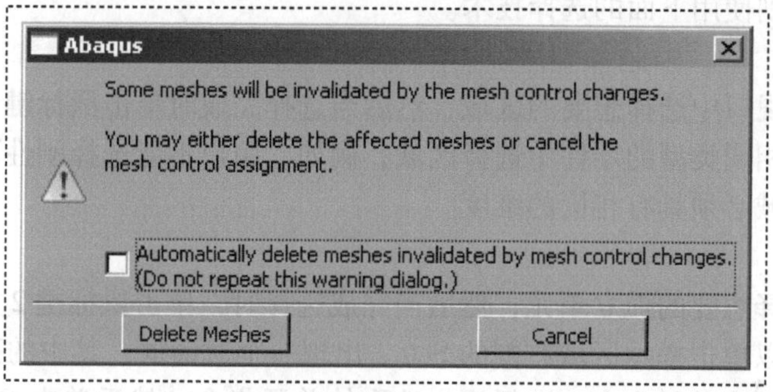

用户可以通过单击 Delete Meshes 来删除网格，或者用户可以保留网格，并且通过单击 Cancel 来放弃 Mesh Controls 对话框中的新设置。

用户也可以通过切换选中 Automatically delete meshes invalidated by mesh control changes 来避免当前程序会话提醒器的警告信息。下一次用户试图对已经包含网格的区域改变赋予的控制时，网格将立即删除，并不出现警告对话框。

17.18.10 将 Abaqus 单元与网格划分区域关联

要将特定的 Abaqus 单元与网格划分区域或者与孤立单元关联，从主菜单选择 Mesh→Element Type。然后选择用户想要赋予单元类型的区域，再使用出现的 Element Type 对话框来进行赋予。

用户可以使用该对话框来为选中区域中可能出现的所有单元形状指定 Abaqus 单元设置，

即使区域当前仅包含一些不同的单元形状。例如，即使选中的区域仅可以包含四边形单元，用户也可以将单元类型与其他形状关联，例如三角形。

单元类型设置行为像特征一样。例如，如果用户对一个区域赋予单元类型，然后将此区域分割成一些更多的区域，则新区域将继承原始父区域的单元类型设置。

若要将 Abaqus 单元与网格划分区域关联，执行以下操作：

1. 从主菜单栏选择 Mesh→Element Type。

Abaqus/CAE 在提示区域显示提示来引导用户完成操作过程。

技巧：用户也可以使用工具来选择单元类型，此工具位于网格划分模块工具箱中（更多信息见 17.15 节“使用网格划分模块工具箱”）。

2. 如果用户的装配或者零件包含孤立单元和几何区域，则选择提示区域中的 geometry 来对几何形状赋予一个单元类型。

装配中的孤立单元属于关联的零件实例；用户不能为关联的零件实例赋予单元类型。要对孤立单元赋予单元类型，用户必须从环境栏 Object 域的列表中选择网格划分零件，并且将单元类型赋予想要的零件单元。

3. 如果用户正在从多个几何区域中选择几何区域，或者正在从输出数据库导入的一个零件中选择单元，则使用下面的选择技术。

Geometry

使用鼠标来在视口中选择想要的区域，然后当选择完成时单击鼠标键 2。

用户仅可以从相同类型的零件中选择区域；例如，用户不能选择刚性面和可变形体。同样，用户选择的区域必须具有相同的维度。

Orphan mesh

使用鼠标来选择想要的孤立单元，然后当完成选择时，单击鼠标键 2。

另外，用户可以单击提示区域右侧的 Sets。出现一个对话框，其中的列表包括与网格划分过的零件关联的所有单元集合。选择用户选取的单元集合，然后单击 Continue。有关创建集合的信息，见第 73 章，“集合和面工具集”。

用户选择的所有单元，不管选择什么方法，必须是相同的阶数。另外，单元必须属于相同类型的零件。

出现 Element Type 对话框。

4. 在对话框的左上角，选择用户选取的 Element Library 选项。

选择 Standard 来从 Abaqus/Standard 单元的列表选择，或者选择 Explicit 来从 Abaqus/Explicit单元的列表选择。在一个 Abaqus/CFD 模型中，仅可以使用流体单元类型。

5. 选择用户选取的 Geometric Order：Linear（一阶）或者 Quadratic（二阶）。

6. 从对话框右侧的 Family 列表，为用户将在模型上执行的分析类型选择一个合适的单元族。例如，如果用户计划做一个热传导分析，则选择 Heat Transfer 族。在 Abaqus/CFD 模型中，仅可以使用 Fluid 族。

在对话框的下半部出现用户指定的单元库默认单元名称、几何阶数和单元族。

注意：用户可以设置仅对应单元族的单元类型。例如，用户不能在平面应变和热传导族中设置线性三角形的单元类型；用户必须选择热传导或者平面应变。在为一个单元族设置单元类型后，如果用户转换成另外一个族，则失去第一个族的设置。

7. 为每一个单元形状选择用户选取的 Abaqus 单元类型。

a. 单击对应感兴趣单元形状的标签页。

b. 选择用户选取的单元特征。有关单元控制选项的更多信息，见《Abaqus 分析用户手册——单元卷》的 1.4 节“截面控制”。

标签页的底部出现满足所有用户准则的 Abaqus 单元名称，并且有扼要的描述。

8. 单击 OK 来执行用户单元类型赋予，或者单击 Defaults 然后单击 OK 来将所有的单元设置恢复成它们的默认值。单元类型依据用户的指定来改变。

9. 要为附加的区域设置单元类型，重复从步骤 2 开始的过程。

17.18.11 更改所有节点和单元的标签

从主菜单栏选择 Mesh→Global Numbering Control 来改变本地区域的节点和/或单元标签，或者改变装配中选中独立零件实例的节点和/或单元标签。输入起始标签，并且当保持原始的阶数和增量时，Abaqus/CAE 改变节点和单元标签。用户可以在 Abaqus/CAE 生成网格之前或者之后改变标签（有关重新编号原始节点的信息，见 64.5.9 节“重新编号节点”，以及 64.6.10 节“重新编号单元”）。

若要改变所有节点和/或单元的标签，执行以下操作：

1. 进入网格划分模块。

2. 从主菜单栏选择 Mesh→Global Numbering Control。

3. 如果用户正在操作装配，则选择独立的零件实例来进行更改。

Abaqus/CAE 显示 Global Numbering Control 对话框以及节点和单元的起始标签。如果用户已经选择一个单独的零件实例，则显示的值是选中零件实例的节点和单元当前的起始标签。如果用户选择了多个零件实例，并且这些零件具有与节点和单元相同的起始标签，则显示这些值；否则，不显示值。

4. 在 Global Numbering Control 对话框中，输入节点和/或单元的起始标签。Abaqus/CAE 对用户选中的每一个独立零件实例施加相同的起始标签。

5. 单击 OK 来重新编号节点和/或单元。

如果存在网格，则 Abaqus/CAE 重新编号节点和/或单元，并且保持原始的阶数和增量。如果还没有创建网格，则当 Abaqus/CAE 网格划分零件或者零件实例时，施加新的起始标签。

17.18.12 对四面体网格边界添加楔形单元层

如果用户对一个区域施加自由网格划分技术和四面体单元形状，则在 Mesh Controls 对话框中可以切换 Insert boundary layer，并且可以使用 Assign Controls 按钮。

对四面体网格区域添加多层楔形单元形成的边界层，对于 Abaqus/CFD 分析是非常有用的。边界层在边界壁处和附近创建一个细密的网格，这些地方的流体流动和温度强烈地受壁和周围条件的接触和热传导影响。

如果用户对多个网格划分单元体添加一个边界层，则 Abaqus/CAE 临时固定单元体之间的任何内部面上的种子布局，这样来简化这些面上的边界层创建。

若要添加楔形单元的边界层，执行以下操作：

1. 从主菜单栏选择 Mesh→Controls（详细指导见 17.18.1 节“赋予网格控制”）。

注意：用户必须选项自由四面体网格划分来包括楔形单元的边界层。

2. 切换选中 Mesh Controls 对话框底部附近的 Insert boundary layer，然后单击 Assign Controls。

Abaqus/CAE 显示 Boundary Layer 对话框。

3. 输入 Wall element height。

壁单元高度设置靠近边界壁的第一层楔形单元的高度或者厚度。

4. 输入 Growth factor。

从壁单元开始并且向内移动，通过将前面层的高度乘以增长因子来确定每一个后续层的高度。所有的增长因子必须在 1.0 与 2.0 之间，其中 1.0 不产生增长，2.0 将每一个新层厚度加倍。

5. 输入边界层中楔形单元层的数量。

Abaqus/CAE 以用户在步骤 3～步骤 5 中的输入为基础来显示总 Boundary layer thickness。

6. 如果需要，切换选中 Inactive faces，并单击 Edit 来选择用户不想包括在边界层中的面。

预计无效的面是近似平的，并且与局部流动方向垂直，或者沿着对称平面。

注意：默认的选择方法基于用户最近使用的方法。要转变成另外一个方法，单击提示区域右侧的 Select in Viewport 或者 Sets。

7. 如果需要，切换选中 Create set，然后输入一个集合名称来保存包含所有边界层单元的集合。

8. 单击 OK 来关闭 Boundary Layer 对话框。

当用户网格划分区域时，将创建边界层。

如果由于边界层中的问题导致网格生成失败，则 Abaqus/CAE 显示边界层网格的预览以及一个警告对话框。在关闭警告对话框并删除网格预览之前，搜寻锐角附近自相交层等问题；可能的失效模式类似于 64.3.3 节“在网格偏置中减少单元扭曲和塌陷”中对偏置网格的那些描述。对边界层控制进行必要的矫正，并且试图再次网格划分此区域。

17.19 获取网格划分信息和统计

本节介绍用户如何使用网格划分模块中的确认工具来图像化确认网格中使用单元的质量。本节还介绍用户如何使用网格划分模块中的查询工具来得到网格、单元和节点统计的列表，包括以下主题：

- 17.19.1 节 “确认单元质量”
- 17.19.2 节 “获取网格划分信息”

17.19.1 确认单元质量

要确认网格的质量，从主菜单栏选择 Mesh→Verify。网格确认工具允许用户进行下面的操作：

- 选择一个零件，或者选择一个或者多个零件实例或者区域；并且高亮显示没有满足指定准则的单元，例如长宽比。用户也可以得到每一个选中零件、零件实例或者区域的网格划分统计，例如单元的总数量，高亮显示单元的数量，以及选择准则的平均值和最差值。
- 选择一个零件，或者选择一个或者多个零件实例或区域；并且高亮显示没有通过网格质量测试的单元，在 Abaqus/Standard 和 Abaqus/Explicit 中包括输入文件处理器和网格质量测试。
- 由确认测试产生的高亮显示的单元，包含在一个集合中并得到保存。对于本地网格，用户可以保存与高亮显示的单元关联的单元体集合、面集合或者边集合。

用户也可以得到单个单元的质量信息。更多信息见 17.6.1 节“确认网格”。

若要确认选中的单元，执行以下操作：

1. 要确认选中单元的质量，从主菜单栏选择 Mesh→Verify。

Abaqus/CAE 在提示区域中显示提示来引导用户完成操作过程。

技巧：用户也可以使用工具来确认选中的单元，此工具位于网格划分模块工具箱中（更多信息见 17.15 节“使用网格划分模块工具箱”）。

2. 从提示区域中的 Select the regions to verify by 选择 Element。
3. 选择用户想要确认的单元。Abaqus/CAE 在信息区域中显示下面的信息。

- 零件或者零件实例的名称。
- 单元索引。
- 单元形状。
- 三角形和四面体单元的形状。

- 最小和最大的面拐角角度。
- 长宽比。
- 几何形体发散因子。
- 稳定时间增量。
- 声学单元的最大可允许频率。
- 最短边和最长边。
- 单元是否通过了 Abaqus/Standard 和 Abaqus/Explicit 中输入文件处理器里找到的检查。

4. 如想要的那样继续选择单元。
5. 当用户已经完成单元的选取，可以进行以下操作。

- 在视口中单击鼠标键 2。
- 从对话框中选择任何其他工具。
- 在提示区域中单击 ✕ 按钮。
- 在网格划分模块工具箱中单击确认网格划分工具。

若要确认一个零件、一个零件实例或者一个区域，执行以下操作：

1. 从环境栏中的 Object 域，选择一个零件或者装配体。
2. 从主菜单栏选择 Mesh→Verify。

Abaqus/CAE 在提示区域中显示提示来引导用户完成操作过程。

技巧：用户也可以使用工具来确认网格，此工具位于网格划分模块工具箱中（更多信息见 17.15 节“使用网格划分模块工具箱”）。

3. 从提示区域中的文本域选择要确认的区域类型。

- 选择 Part 或者 Part Instances，并且选择用户想要确认网格的零件或者零件实例，并单击鼠标键 2。
- Geometric Regions。选择用户想要确认网格的单元体、面或者边，并单击鼠标键 2。

Abaqus/CAE 显示 Verify Mesh 对话框。

4. 从 Verify Mesh 对话框的顶部，单击对应于想要确认检查的标签页，可以获取下面的确认类型（选项）。

- Shape metrics
- Size metrics
- Analysis checks

用户可以在多个标签页中指定确认检查框。当用户单击 Highlight 时，Abaqus/CAE 显示在所有三个标签页上指定的确认检查框。

5. 要保存一个包含选中确认检查框结果的集合，切换选中 Verify Mesh 对话框底部附近的 Create set，并且接受默认的集合名称或者输入一个新的集合名称。

如果有任何显示的结果，则当用户单击 Highlight 时，Abaqus/CAE 创建集合，如下面步骤所描述的那样。

6. 如果用户想要设定 Shape metrics 标签页上的确认检查框，进行下面的操作。

a. 从 Shape factor 选项，指定用户选择对象中的三角形单元和四面体单元的形状因子准则。如果用户的选择包括三角形单元和四面体单元，则 Shape factor 选项为每一个类型提供分别的控制；如果用户的选择中仅包括三角形单元或者仅包含四面体单元，则仅提供一个单独的控制。

b. 如果用户的选择包括三角形单元，则用户可以从 Tri-Face Corner Angle 选项中为三角形单元指定小面拐角角度和大面拐角角度。

c. 如果用户的选择包括四面体单元，则用户可以从 Quad-Face Corner Angle 选项为四面体单元指定小面拐角角度和大面拐角角度。

d. 为 Aspect ratio 指定一个值。

对于选择准则的详细描述，见 17.6.1 节“确认网格”。

7. 如果用户想要指定 Size metrics 标签页上的确认检查框，则为任何下面的内容（选项）指定失效准则。

- Geometric deviation factor
- Shortest edge
- Longest edge
- Stable time increment
- Maximum allowable frequency for acoustic elements

Stable time increment 仅可以用于 Abaqus/Explicit 单元库中的单元。Maximum allowable frequency for acoustic elements 仅可以用于 Abaqus/Standard 单元库中的声学单元。

对于选择准则的详细描述，见 17.6.1 节“确认网格”。

8. 如果用户想要指定分析检查框，单击 Analysis checks 表，并且切换选中 Errors 和 Warnings 来选择将高亮显示哪一个单元。

9. 单击 Highlight。

Abaqus/CAE 将通过高亮显示来警示那些没有通过 Shape Metrics 或者 Size Metrics 标签页中指定的单元检查的单元。此外，将 Abaqus/Standard 和 Abaqus/Explicit 中输入文件处理器中找得到的检查所生成的包含错误和警告的任何单元，以合适的颜色进行高亮显示。如果用户在步骤 5 中选择了 Create set，则 Abaqus/CAE 保存包含有高亮显示单元结果的集合。此外，Abaqus/CAE 在信息区域中显示信息，例如零件实例的名称、单元的总数量、高亮显示单元的数量，以及选择准则的平均值和最坏值。

不管用户是否在 Analysis checks 标签页中的 Errors 和 Warnings 进行选择，Abaqus/CAE 都在信息区域中显示被测试单元的总数量，以及错误和警告的数量。在大部分情况中，从单元形状就可以清楚地知道为什么输入文件处理器发出错误或者警告。如果必要的话，用户可以从作业模块递交一个数据检查分析，然后审阅 Abaqus 写到数据文件的信息。Abaqus/CAE 不支持梁、垫片或者胶粘单元的分析检查。

10. 沿着 Verify Mesh 对话框底部的按钮，用户可以进行下面的操作。

- 单击 Reselect 来选择不同的零件实例或者区域。
- 单击 Defaults 来重载默认的单元失效准则或者所有的标签页。
- 单击 Dismiss 来关闭 Verify Mesh 对话框。

Abaqus 会保存用户对网格划分确认准则的改变，来用于将来的 Abaqus/CAE 程序会话。

17. 19. 2　获取网格划分信息

要得到有关网格划分的信息，从主菜单栏选择 Tools→Query。用户可以要求下面的信息：

- 选中零件、零件实例或者区域中节点和单元的总数，以及每一个单元形状的单元数量。
- 选中单元的类型和连接性。
- 壳面和膜面的正侧和负侧。
- 梁和杆的切向方向。
- 网格堆叠方向。
- 边界面的任何边是否有不兼容的界面、裂纹或者间隙，以及任何边是否与其他面相交。
- 是否有自由的或者非折叠的外部单元边。
- 是否有未网格划分的区域。

若要得到网格划分信息，执行以下操作：

1. 从环境栏中的 Object 域选择一个零件或者装配体。
2. 从主菜单栏选择 Tools→Query。

技巧：用户也可以选择 Query 工具栏中的❶工具。

Abaqus/CAE 显示 Query 对话框。

3. 从 Query 对话框选择下面的一个查询。

Shell element normal

Abaqus/CAE 使用阴影渲染风格来显示零件或者装配体。面法向和壳法向（顶面）重合的壳一侧，阴影显示成棕色；相反侧（底面）则阴影显示成紫色。

Beam element tangents

Abaqus/CAE 显示青色箭头来说明梁切向的方向。

Mesh stack orientation

对于六面体和楔形单元，Abaqus/CAE 将顶面着色成棕色，并且将底面着色成紫色。类似地，箭头说明四边形单元的方向。此外，Abaqus/CAE 高亮显示方向不一致的任何单元面和边。

Mesh

对于装配、零件或者零件实例、几何形体区域或者单元，Abaqus/CAE 显示下面的信息。

- 选中区域中节点和单元的总数量。
- 每一个单元形状的单元数量。

默认情况下，Abaqus/CAE 在信息区域中显示网格划分信息，但用户可以通过切换选中提示区域中的 Display detailed report 来在 Mesh Statistics 对话框中以表格格式显示此信息。Mesh Statistics 对话框也让用户一个零件一个零件的显示网格划分信息，或者一个单元类型一个单元类型的显示网格划分信息。

Element（单元）

选择一个单元。Abaqus/CAE 在信息区域中显示下面的信息。

- 单元标签。
- 单元拓扑。
- Abaqus/CAE 将用于分析的单元类型。
- 节点连接性。

Mesh gaps/intersections（网格间隙/相交）

选择一个零件实例。Abaqus/CAE 在当前视口中高亮显示模型边界面的任何具有下面信息的边：

- 不兼容的界面。
- 裂纹或者间隙。
- 与其他面的交点。

此外，如果发现相交单元，则 Abaqus/CAE 显示一个对话框来允许用户保存一个集合，此集合包含共享高亮显示边的单元。如果可以使用模型几何形体，则用户可以保存与高亮显示单元边有关的，包含单元体、面或者边的一个集合。

Free/Non-manifold edges（自由边/非折叠的边）

如果当前的视口包含一个使用多个零件实例的装配，为查询而选择一个或者多个实体或者壳实体。Abaqus/CAE 高亮显示两种类型的外部单元边：

- 自由单元边是属于一个单独外部单元面的外部边。
- 非折叠单元边是多个相邻外部单元面共享的外部边。

如果 Abaqus/CAE 找到自由的或者非折叠的单元边，则在信息区域中显示这些边的合并总数。Abaqus/CAE 也显示一个对话框，用户从此对话框可以保存一个单元集合来包含所有具有高亮显示边的单元。如果没有自由边或者折叠边，则信息区域说明恰好通过两个外部单元面来阴影表示所有的外表单元边。图 17-141 显示的拉伸壳零件将具有显示成红色的自由边和无折叠边。沿着三个平面外边界的单元边是自由边。在三个面相交处的单元边是非折叠的边——每一条边由三个外部单元面共享。

壳零件应当包含自由边和非折叠边，这对于零件设计是合适的。实体零件不应当包含任何自由边或者无折叠边。

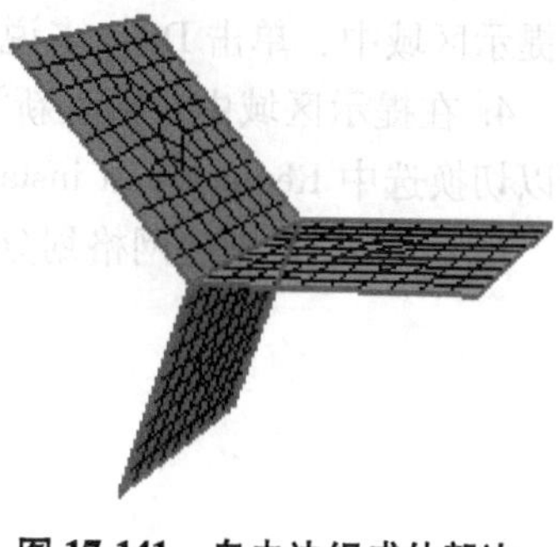

图 17-141　自由边组成外部边，并且非折叠边形成三个连接壳的中心

Unmeshed regions（未网格划分的区域）

Abaqus/CAE 显示一个警告对话框，并且高亮显示模型的任何未网格划分区域。切换选中 Save regions in a set 并且选择一个集合名称来保存包含未网格划分区域的集合。

如果没有未网格划分的区域，则 Abaqus/CAE 在信息区域中说明所有的区域是完全网格划分的。查询不考虑不要求网格的区域，例如显示体和分析型刚性面。

Unassociated geometry（为关联的区域）

Abaqus/CAE 显示 Query Unassociated Geometry 对话框，让用户高亮显示单元体、面、边或者零件的顶点，或者不与网格关联的模型。切换选中 Create set 并选择一个集合名称来保存不与网格关联的几何形体。

如果用户选择的所有几何形体与一个网格关联，则 Abaqus/CAE 显示一个对话框来说明所有选中的几何形体是与网格关联的。查询不考虑不要求网格的区域，例如显示体和分析型刚性面。

4. 完成信息获取后，关闭 Query 对话框。

17.20　创建网格划分零件

从主菜单栏选择 Mesh→Create Mesh Part 来从当前网格划分过的零件或者装配体创建一个没有几何特征的网格划分零件。用户也可以从选中的已经网格划分的零件实例创建一个网格划分零件。如果用户已经对装配体或者选中零件实例的一部分进行了网格划分，则 Abaqus/CAE 仅从这些划分过网格的区域创建网格划分零件；未网格划分的区域不包括在网格划分零件之中。

网格划分零件不包含特征信息，通过收集节点、单元、面和集合来进行定义。集合、面和截面赋予是在用户创建一个网格划分零件时，从源零件或者零件实例复制得到的，因此施加到原始零件的载荷和相互作用也施加到网格划分零件。用户可以对一个网格划分零件添加几何形体特征，也可以使用网格编辑工具来更改节点和单元。更多信息见 64.1 节“可以使用编辑网格工具集做什么？”。

若要创建一个网格划分零件，执行以下操作：

1. 从环境栏中的 Object 域选择一个网格划分的零件或者装配体。
2. 从主菜单栏选择 Mesh→Create Mesh Part。
3. 如果装配包含多个零件实例，则用户必须选择想在网格划分零件中包括的零件实例。在提示区域中，单击 Done 来说明用户已经完成零件实例选择。
4. 在提示区域中，输入新零件的名称。如果用户已经从装配选择了零件实例，则用户可以切换选中 Replace part instances 来使用新网格划分零件来替换装配实例。

Abaqus/CAE 创建网格划分零件。

17.21 控制自适应网格重划分

本节介绍如何定义一个自适应网格重划分，以及用户如何手动地自适应重新网格划分模型，包括以下主题：

- 17.21.1 节 “创建一个网格重划分准则”
- 17.21.2 节 “选择网格重划分准则的步和容差显示器输出变量”
- 17.21.3 节 “选择网格重划分准则的大小确定方法”
- 17.21.4 节 “选择网格重划分约束规则”
- 17.21.5 节 “网格重划分准则管理器”
- 17.21.6 节 “手动调整大小和网格重划分”

17.21.1 创建一个网格重划分准则

网格重划分准则使得 Abaqus/CAE 能够迭代调整网格，来满足用户指定的容差指示器目标以及尺寸准则。更多信息见 17.13.1 节“什么是网格重划分准则?”。

若要创建一个网格重划分法则，执行以下操作：

1. 从主菜单栏选择 Adaptivity→Remeshing Rule→Create。

技巧：用户也可以使用工具来创建一个网格重划分法则，此工具与网格划分工具一起位于网格划分模块工具箱中（更多信息见 17.15 节“使用网格划分模块工具箱”）。

2. 选择 Abaqus/CAE 将施加网格重划分法则的区域，或者单击 Done 来选择整个模型。如果用户对关联的实例赋予一个网格重划分，则 Abaqus/CAE 网格重新划分原始的零件，并且零件的每一个关联实例继承相同的网格划分。区域的模拟空间必须是各向均匀的。例如，Abaqus/CAE 不允许用户选择包含实体和壳的区域。

如果必要的话，用户应当使用分割工具集来隔离将产生应力奇点的区域，并且将这些区域从网格重划分法则中排除。更多信息见《Abaqus 分析用户手册——分析卷》的 7.3.1 节“自适应网格重划分：概览”中的“奇点”。

3. 出现 Create Remeshing Rule 对话框。

4. 如果需要，使用 Name 文本域来改变新法则的名称。

5. 如果需要，使用 Description 文本域来输入网格重划分法则的描述。用户可以使用描述来帮助记录范围和网格重划分法则的目的。Remeshing Rules Manager 显示名称和网格重划分法则的描述。

6. 单击 Step and Indicator 表来选择以下内容。

- 将施加网格重划分的分析步。
- Abaqus/CAE 将写到输出数据库的容差指示器输出变量，以及将写这些变量的频率。

更多信息见 17.21.2 节“选择网格重划分准则的步和容差显示器输出变量”。

7. 单击 Sizing Method 标签页来选择以下内容。

- 网格重划分过程中 Abaqus/CAE 将用来计算单元大小的方法。
- 是否为自适应网格重划分过程使用容差指示器目标的自动降低，或者是否指定容差指示器目标。

更多信息见 17.21.3 节“选择网格重划分准则的大小确定方法”。

8. 单击 Constraints 标签页来选择网格重划分过程中对单元大小的约束。更多信息 17.21.4 节见“选择网格重划分约束规则”。

9. 单击 OK 来创建网格重划分法则并关闭 Create Remeshing Rule 对话框。

17.21.2 选择网格重划分准则的步和容差显示器输出变量

创建网格重划分法则时，用户必须选择将施加法则的分析步。用户也必须选择在分析过程中，Abaqus/CAE 将写入输出数据库的容差指示器输出变量，以及变量的频率。容差指示器输出变量是自适应网格重划分过程的基础。它们为 Abaqus/CAE 提供信息来描述哪里的网格需要重新细化，这样来接近或者达到期望的容差指示器目标。此外，Abaqus/CAE 使用容差指示器输出变量，来确定哪里的网格可以进行粗糙化而不会产生不可接受的误差。《Abaqus 分析用户手册——分析卷》的 7.3.2 节“影响自适应网格重划分的容差指标的选择”。

用户可以使用自适应显示器插件，来审核自适应分析过程中选中容差指示器的历史和单元计数。更多信息见 82.7 节“显示自适应网格重划分容差指示器的历史记录”。

若要为网格重划分法则选择步和容差指示器输出变量，执行以下操作：

1. 从 Create Remeshing Rule 对话框单击 Step and Indicator 标签页。

2. 单击 Step 域右侧的箭头，并且从出现的列表选择用户选择的分析步。将仅在此分析步过程中施加网格重划分法则；然而，用户可以使用相同的设置对模型中的另一个分析步施加不同的网格重划分法则。仅使用 Abaqus/Standard 的过程才能使用自适应网格重划分。此外，Abaqus/CAE 不能在频率提取和稳态动力学过程中施加自适应网格重划分。更多信息见 17.13.3 节“可以为自适应网格重划分使用哪些程序?”。

3. 选择容差指示器输出变量将写到输出数据库的频率。用户可以选择在每一个增量之后或者在分析步的最后增量结束之后写变量。Abaqus/CAE 以分析步最后增量值的容差指示器值为基础来网格重划分模型。然而，如果用户的分析不能收敛，并且用户在每一个增量之后保存容差指示器输出变量，则用户可以使用最近的值来手动地网格重划分模型并且继续。

更多信息见 17.21.6 节“手动调整大小和网格重划分”。

4. 从 Error Indicator Variables 的列表选择一个或者多个将写到输出数据库的变量。对于用户选择的每一个变量，Abaqus/CAE 也将相应的基础解变量写到输出数据库。

17.21.3 选择网格重划分准则的大小确定方法

用户可以允许 Abaqus/CAE 以容差指示器输出变量为基础，选择一个默认的大小确定方法，或者用户可以指定将用于网格重划分准则中的所有容差指示器的大小确定方法。如果用户指定大小确定方法，则用户也可以指定自适应的目标。更多信息见《Abaqus 分析用户手册——分析卷》的 7.3.3 节“基于求解的网格大小”。

若要选择网格重划分法则的大小确定方法，执行以下操作：

1. 从 Create Remeshing Rule 对话框单击 Sizing Method 标签页。

2. 单击 Method 域右侧的箭头，然后选择下面的一个网格大小确定算法。

● 选择 Default method and parameters 来允许 Abaqus/CAE 为每一个容差指示器输出变量选择默认的计算方法。默认情况下，除了单元能量（ENDENERI）和热通量（HFLERI）之外的所有容差指示器都使用 Minimum/maximum control 网格大小确定算法。ENDENERI 和 HFLERI 使用 Uniform error distribution 算法。默认的容差目标是使用中等网格划分偏置的 Automatic target reduction。

● 选择 Uniform error distribution 网格大小确定算法来强迫 Abaqus/CAE 施加一个大小确定方法，来试图在模型的每一个单元中满足指定的容差目标。在大部分的情况中，此方法导致整体收敛的网格。

● 选择 Minimum/maximum control 网格划分大小确定算法，来控制基础解的最小值和最大值位置处的网格密度。

更多信息见《Abaqus 分析用户手册——分析卷》的 7.3.3 节“基于求解的网格大小”。

3. 如果用户选择了 Uniform error distribution，则指定 Abaqus/CAE 将用来确定容差指示器目标的方法。

● 选择 Automatic target reduction 来允许 Abaqus/CAE 生成连续的网格细化，试图对之前的分析降低一定数量的解容差。当在作业模块中创建一个自适应过程时，用户选择网格迭代的最大数量。如果用户选择 Automatic target reduction，则 Abaqus/CAE 将考虑当容差指示器达到 1%时会满足的法则。1%的准则仅适用于防止计算成本过于昂贵的分析作业。在大部分的情况中，Abaqus/CAE 将完成在作业模块中指定的所有网格重划分迭代。

● 选择 Fixed target，然后输入百分比容差目标。Abaqus/CAE 使用此值来应用一个大小确定方法，试图满足模型中每一个单元中的容差目标。这样的方法确保整体收敛的网格。Abaqus/CAE 将考虑当容差指示器达到容差指示器目标时满足的法则。

4. 如果用户选择了 Minimum/maximum control，则从 Error Indicator Targets 区域进行下面的操作。

a. 指定 Abaqus/CAE 将用来确定容差目标的方法。

● 选择 Automatic target reduction 来生成连续的网格划分细化，来试图对之前的分析降低一定数量的解容差。用户选择作业模块中网格迭代的最大数量。如果用户选择 Automatic target reduction，Abaqus/CAE 将考虑当容差指示器达到 1%时会得到满足的法则。1%的准则仅适用于防止计算成本过于昂贵的分析作业。在大部分的情况中，Abaqus/CAE 将完成在作业模块中指定的所有网格重划分迭代。

● 选择 Fixed targets，然后输入基础解的最大值和最小值位置处的容差指示器目标百分比。Abaqus/CAE 使用这些值来应用不同的大小确定方法，来试图同时满足各自位置处的目标。Abaqus/CAE 将考虑当达到容差指示器时满足的法则，此容差指示器对应基础解的最大值。此外，两个容差目标帮助 Abaqus/CAE 确保网格细化聚焦于感兴趣的区域。反过来，容差目标也帮助 Abaqus/CAE 确保没有对基础解值很低处的区域施加不合适的细化。

b. 指定 Mesh Bias。网格偏置进一步的调节最大基础解与最小基础解位置之间的大小分布。当用户选择 Strong 时，大小确定方法作用更加强烈，并且在高基础解强度位置附近聚焦更多的单元。当用户选择 Weak 时，大小确定方法作用不那么强烈，并且在高基础解强度的位置附近生成更少的单元。图 17-142 说明偏置因子的影响。

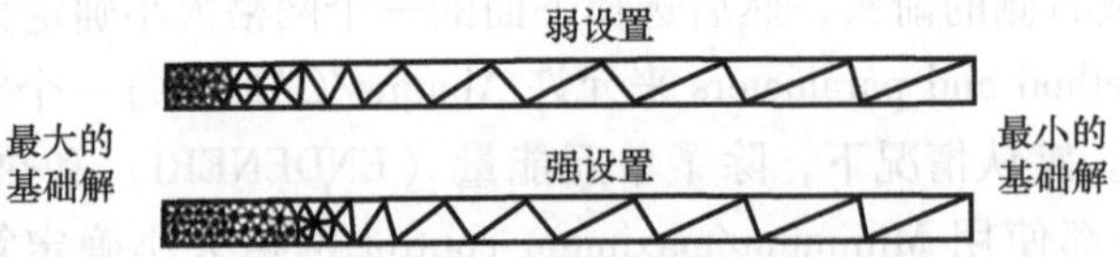

图 17-142 单元大小分布上偏置因子的影响

17.21.4 选择网格重划分约束规则

用户可以对单元大小定义约束，Abaqus/CAE 将在自适应网格重划分过程中施加。用户也可以指定速度限制来控制更大和更小单元的引入，并且调整 Abaqus/CAE 施加大小确定的方法。

用户指定的最小和最大单元大小，限制用在网格大小确定功能中使用的大小，Abaqus/CAE 使用此功能来引导内部的网格划分算法。用户指定的大小不是单元大小上的绝对约束——已经生成网格中的单元大小仅近似大小确定方程。这样，一些单元边可以大于或者小于用户指定的最大和最小单元大小。

用户指定的单元最大数量，限制网格大小确定功能所生成的单元数量。网格大小确定功能调整对象容差和单元大小，这样网格重划分区域中生成的单元数量不会超出指定的值。生成网格中的单元数量（就像单元大小那样）仅近似大小确定功能。这样，所生成单元的数量可以大于指定的单元最大数量。

若要选择单元大小的约束，执行以下操作：

1. 从 Create Remeshing Rule 对话框单击 Constraints 标签页。

2. 指定最大和最小 Element Size。

• 指定 Minimum 值，对单元的大小施加网格重划分算法计算得到的下限。用户可以选择让 Abaqus/CAE 计算最小的单元大小，还是让用户输入最小的单元大小。

• 指定 Maximum 值，对单元的大小施加网格重划分算法计算得到的上限。用户可以选择让 Abaqus/CAE 计算最大的单元大小，还是让用户输入最大的单元大小。

3. 如果需要，指定 Approximate maximum number of elements 来对网格重划分算法计算得到的单元总数施加上限。

4. 指定 Rate Limits。

• Refinement 速度限制，调节大小确定方法的激进性，并且控制较小单元的引入。选择下面的一项。

—Use default 来指定 High 与 Low 之间的折中。

—Specify 并且拖拽 Refinement 滑块来指定速度限制。指定 Low 说明单元大小中的最小降低；指定 High 说明原始单元大小的最大降低。

细化因子对自适应网格划分过程具有显著的影响，并且可以帮助用户获取更快或者更高效的网格收敛。

—Do not refine 来防止单元大小中的降低。

• Coarsening 速度限制，调节大小确定方法的激进性，并且控制更大单元的引入。选择下面的一项。

—Use default 来使用默认的限制。

—Specify 并且拖拽 Coarsening 滑块来指定速度限制。指定 Low 说明单元大小中的最小增长；指定 High 说明原始单元大小的最大增长。

—Do not refine 来防止单元大小中的增长。

17.21.5 网格重划分准则管理器

Remeshing Rules Manager，类似于 Abaqus 中的其他管理器，允许用户进行下面的操作：

• 创建一个网格重划分法则。更多信息见 17.21.1 节“创建一个网格重划分准则”。

• 编辑选中的网格重划分法则。

• 复制、重命名、抑制、恢复或者删除选中的网格重划分法则。

用户也可以通过从主菜单栏选择 Adaptivity→Remeshing Rule→Manager 来显示 Remeshing Rules Manager。Remeshing Rules Manager 中的两列显示下面的信息：

Name

Name 列显示网格重划分规则的名称。单击 Rename 来重新命名选中的网格重划分规则。

Description

Description 列显示网格重划分规则的描述。用户可以使用描述来帮助用户记住网格重划分法规的范围和目的。

17.21.6　手动调整大小和网格重划分

要知道网格重划分法则对 Abaqus/CAE 生成网格的影响，用户可以手动施加一个法则并且显示对生成网格的影响。然而，在用户可以网格重划分模型之前，用户必须运行一个分析，并且创建一个包含容差指示器输出变量的输出数据库。然后，用户可以改变大小确定方法，并且约束和显示更改规则对生成网格的影响。当用户自信某个网格重划分规则满足意图时，可以使用相同的规则来控制自动网格重划分驱动的一些迭代。用户也可以使用手动网格重划分来继续一个过早终止的自适应过程。

更多信息见 17.13.4 节“自动自适应网格重划分与手动自适应网格重划分之间的差别”，以及 17.13.5 节“何时需要使用手动自适应网格重划分?”。

若要重新确定大小和手动地网格重划分，执行以下操作：

1. 从主菜单栏选择 Adaptivity→Manual Adaptive Remesh。

Abaqus/CAE 显示 Manual Adaptive Remesh 对话框。

技巧：用户也可以使用工具来手动地确定网格大小并网格重划分，此工具与网格划分工具一起位于网格划分模块工具箱中（更多信息见 17.15 节“使用网格划分模块工具箱”）。

2. 在 ODB 域，输入包含容差指示器输出变量的输出数据库名称。Abaqus/CAE 使用容差指示器来驱动网格重划分算法。

Abaqus/CAE 显示与输出数据库中的每一个网格重划分法则有关的以下信息。

- 法则的名称。
- 法则所使用的容差指示器输出变量的描述。
- 百分比对象容差。当用户创建网格重划分法则时指定此值。如果用户选择了固定的目标，则 Abaqus/CAE 显示最大和/或者基础解目标。如果用户选择了 Default methods and parameters，则 Abaqus/CAE 显示虚线，或者如果用户选择了 Automatic target reduction，则显示 Auto。
- 规则使用的大小确定方法。

3. 如果需要，单击 Display Error。

Abaqus/CAE 为每一个容差指示器输出变量显示百分比 Error Indicator Result 和 Element Count。单元数是施加网格重划分区域中的单元数量。

4. 单击 Manual Adaptive Remesh。

Abaqus/CAE 网格重划分模型。所有有效的（未受抑制）网格重划分法则对模型的网格重划分都有贡献。如果用户对同一个区域施加多个网格重划分法则，则优先产生最细密网格的法则。

5. 如果需要，用户可以从主菜单栏选择 Adaptivity→Remeshing Rule→Edit→*rule name* 并且更改定义法则的参数。然后，用户可以返回 Manual Adaptive Remesh 对话框，并且显示更改后的规则对容差评估的影响以及产生的网格。

注意：当用户编辑网格重划分规则时，用户可以更改参数，例如网格重划分规则大小确定方法，以及对单元大小的约束，并且显示用户的更改对所生成网格的影响。然而，如果用户改变分析步或者容差指示器输出变量，则用户必须再次返回分析。

6. 用户可以更改网格重划分法则，并且手动网格重划分模型，直到对生成的网格满意为止。然后，用户可以使用相同的法则来驱动一系列的 Abaqus/CAE 控制的网格重划分迭代操作。更多信息见 19.9 节“创建、编辑和操控自适应过程”。

18 优化模块

用户可以使用优化模块创建优化任务，来优化给定一组目标和一组约束的模型的拓扑或者形状。例如，一个优化可以从选中区域去除材料，来满足保留最小刚度的同时最大化重量目标。本章包括以下主题：

- 18.1 节 “理解优化模块的角色”
- 18.2 节 “进入和退出优化模块”
- 18.3 节 “理解优化”
- 18.4 节 “使用优化模块工具箱”
- 18.5 节 “显示和调试优化”
- 18.6 节 “创建和构建优化任务”
- 18.7 节 “构建设计响应”
- 18.8 节 “创建目标函数”
- 18.9 节 “创建约束”
- 18.10 节 “构建几何约束”
- 18.11 节 “创建局部停止条件”

有关显示在线帮助的信息，见 2.6 节“获取帮助”。

18.1 理解优化模块的角色

用户可以使用优化模块来执行下面的任务：

创建优化任务

优化任务包含优化的定义。用户可以在作业模块中使用优化过程来运行优化。一个优化进程指一个优化任务。

创建设计响应

设计响应是从优化中提取的单个标量值。设计响应可以直接从输出数据库提取，例如模型的体积。另外，优化模块可以从输出数据库提取数据并计算设计响应，例如模型的总应变能，这是对模型柔性的度量。

创建目标函数

目标函数定义了优化的目标，是设计响应值或者设计响应值的组合。例如，优化的目标函数可以是最小化模型中的总应变能（最大化刚度）。

创建约束

约束定义了在优化过程中，优化模块可以施加给模型拓扑或者模型形状的变化范围。例如，被优化模型的体积可以约束成原始体积的 50%。如果不能满足约束条件，则优化不可行。约束也可以指设计响应的值，但不能指设计响应的组合。

创建几何约束

几何约束用于对优化模块更改模型拓扑进行限制。几何约束包括冻结区域（不能从此区域中取出材料），以及制造工艺约束，如空腔和缺口约束，防止被优化的模型从模具中移除。

创建停止条件

停止条件是优化已经收敛的解的指示器。例如，在指定次数迭代后，或者当迭代之间的优化方程变化小于指定的值时，可以认为优化完成。

18.2 进入和退出优化模块

用户可以在 Abaqus/CAE 程序会话中的任何时候，通过单击环境栏 Module 列表中的 Optimization 来进入优化模块。然后主菜单栏上出现 Task、Design Response、Objective Function、Constraint、Geometric Restriction、Stop Condition 和 Tools 菜单。如果当前视口包含的一些物体不是装配件，则当用户启动分析步模块时，视口的内容会消失。

要退出优化模块，请从 Module 列表中选择任何其他模块。用户不需要在退出模块前保存优化定义；当用户通过从主菜单栏选择 File→Save 或者 File→Save As 保存模型数据库时，Abaqus 将自动保存优化定义。

18.3 理解优化

优化是一个迭代过程，即在给定一组目标和必须满足的约束前提下，更改用户模型的结构，同时搜索优化的解。本节简要介绍用户可以使用优化模块创建的优化组成。更多信息见《Abaqus 分析用户手册——分析卷》的 8.1 节“结构优化：概览”。

本节包含以下主题：

- 18.3.1 节“任务”
- 18.3.2 节“设计响应”
- 18.3.3 节 “目标函数”
- 18.3.4 节 “约束”
- 18.3.5 节 “几何约束”
- 18.3.6 节 “停止条件”
- 18.3.7 节 “优化过程”

18.3.1 任务

优化任务包含定义用户优化的组成，如设计响应、目标、约束和几何约束。要运行一个优化，用户需要执行一个优化进程。优化进程也称为优化任务。

更多信息见 18.6.1 节“创建优化任务”。

18.3.2 设计响应

用户的优化输入称为设计响应。设计响应可以从 Abaqus 输出数据库文件中读取；例如，刚度、应力、特征频率和位移。另外，优化模块也可以从用户模型的节点位置或者单元层提取设计响应；例如，模型的重量、质心或者惯量。

设计响应与用户模型的区域相关联；它由单个标量值组成，如一个区域中的最大应力或者模型的总体积。此外，设计响应可以与具体的分析步或者载荷工况相关联。更多信息见 18.7 节“构建设计响应”，以及《Abaqus 分析用户手册——分析卷》的 8.2.1 节“设计响应”。

18.3.3 目标函数

目标函数定义了用户优化的目标。目标函数从设计响应中提取，如最低点特征频率或者最小应力。目标函数可以从多个设计响应中构建得到。如果用户指定目标函数将多个设计响应最小化或者最大化，则优化模块将通过设计响应确定的每一个值求和来计算目标函数。此外，用户可以指定一个权重因子（默认的权重因子为 1.0）。对于最常用的优化方程，用户不需要改变权重因子的默认值。然而，在某些情况中，用户可能不得不改变权重因子来平衡主导优化的目标方程。用户应当意识到，改变权重因子可以对最终的设计产生显著的影响。此外，在优化开始时具有主导地位的设计相应，随着优化模块对用户模型的更改，影响会变小。更多信息见 18.8 节“创建目标函数”，以及《Abaqus 分析用户手册——分析卷》的 8.2.2 节“目标和约束”。

18.3.4 约束

约束也是从设计响应中提取的。约束限制设计响应的值；例如，用户可以指定体积必须降低 45%，或者一个区域中的绝对位移不得超过 1mm。用户也可以施加制造和几何约束那样的独立于优化的约束；例如，一个结构必须能够铸造或者冲压，或者轴承面的直径不能发生变化。

当用户执行一个优化进程时，Abaqus 会根据用户在优化模块中定义的约束生成历史输出。对于体积设计响应，历史输出总是作为初始值的一部分报告。对于所有其他设计响应，历史输出报告成绝对值。

满足约束优先于目标函数的最大化或者最小化。仅在满足约束后，优化算法才开始对目标最大化或者最小化。

用户仅可以为基于条件的拓扑优化或者形状优化指定体积约束，并且体积约束必须等于一个固定值，或者优化开始之前的值的一部分。如果要求的体积与初始体积相差很大，则优化模块可能需要几轮设计来满足体积约束。一般的拓扑优化提供更大的灵活性；并且用户可以将任何设计响应选择成一个约束，除了使用 Kreisselmaier-Steinhauser 公式计算特征频率的设计响应。一般拓扑优化中的约束可以小于、大于或者等于一个固定值，或者优化开始之前的值的一部分。更多信息见 18.9 节“创建约束”和《Abaqus 分析用户手册——分析卷》的 8.2.2 节“目标和约束”。

18.3.5 几何约束

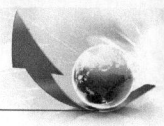

几何约束是不依赖优化的制造和几何形体约束；例如，一个结构必须能够铸造或者冲压，或者轴承面的直径不能变化。更多信息见 18.10 节“构建几何约束”，以及《Abaqus 分

析用户手册——分析卷》的 8.2.2 节“目标和约束”。

18.3.6　停止条件

全局停止条件定义迭代一个优化应当执行的最大数量。局部停止条件指定优化应在满足局部最小化（或者最大化）时停止。更多信息见 18.11 节“创建局部停止条件”，以及《Abaqus 分析用户手册——分析卷》的 8.2.2 节“目标和约束”。

18.3.7　优化过程

用户在作业模块中创建优化过程。优化过程读取用户在优化模块中定义的优化任务，并且以用户在优化任务中定义的目标函数和约束为基础来迭代地搜寻优化解。更多信息见 19.5.1 节“什么是优化过程?”。用户可以在显示模块中使用切割显示来显示优化过程的结果。更多信息见第 80 章“割开一个模型”。

18.4 使用优化模块工具箱

用户可以通过主菜单栏或者优化模块工具箱来访问所有的优化模块工具。图 18-1 显示了优化模块工具箱中的所有图标。

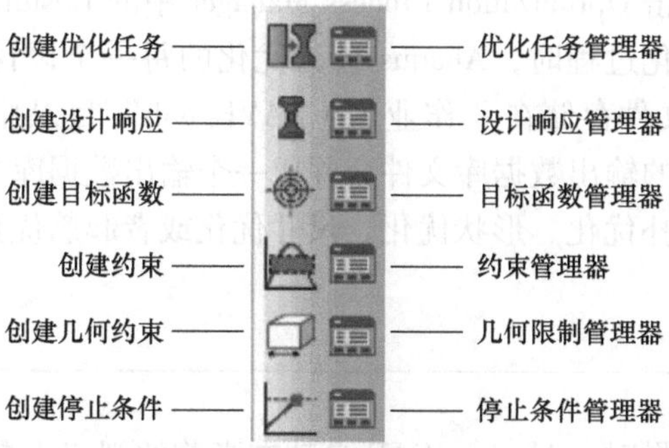

图 18-1 优化模块工具

要查看包含优化模块工具扼要定义的工具提示，将光标放置在工具上一会儿。有关使用工具箱和选择隐藏图标的信息，见 3. 3. 2 节“使用包含隐藏图标的工具箱和工具栏”。

18.5 显示和调试优化

用户可以使用 Abaqus 生成的场输出和历史输出来显示优化过程生成的结果。用户也可以使用输出来调试任何优化的问题；例如，确定优化是否在一个目标上收敛，或者研究收敛的速率。用户可以通过单击 Optimization Process Manager 中的 Results 来显示结果。

当用户为分析递交优化过程时，Abaqus 会为优化的每一个设计循环创建一个输出数据库（.odb）。输出数据库文件存储在“作业名\SAVE.odb”目录中。在显示模块中显示优化之前，用户必须将分开的输出数据库文件合并成一个输出数据库文件。显示模块的行为取决于输出数据库文件从拓扑优化、形状优化、尺寸优化或者起筋优化中的哪一种创建。

拓扑优化

当显示拓扑优化的结果时，Abaqus/CAE 自动在当前的视口上叠加一个显示切面来表示优化后的设计面。显示切面的等值面变量将材料属性归一化，优化模块使用此材料来从分析中“添加”或者“去除”单元。默认情况下，Abaqus/CAE 显示归一化材料属性设置为 0.3 的切面。用户可以使用显示切面管理器来更改等值变量的值，并显示等值面生成的边界。当优化显示切面激活时，不显示边界条件。更多信息见 80.2 节“管理视图切割”。

形状优化

当显示形状优化结果时，Abaqus/CAE 显示使用面节点新位置的、优化后形状的模型。

尺寸优化

当显示尺寸优化的结果时，Abaqus/CAE 显示壳模型和优化后的壳厚度，壳厚度随着优化进程发生变化（当显示壳模型的非优化分析结果时，壳厚度是从模型数据读取的，在分析过程中不发生变化）。

起筋优化

当显示起筋优化的结果时，Abaqus/CAE 显示使用优化后面节点新位置的壳模型。

在用户将分离的多个输出数据库文件合并成一个输出数据库文件时，优化进程中的每一个设计循环作为输出数据库的一帧出现，并且用户可以打开 Step/Frame 对话框来显示来自每一个设计循环的结果。用户可以选择在优化仍然进行时显示优化进程的结果。随着优化进程向前推进到完成，每当用户关闭并再次打开 Step/Frame 对话框时，更新完成步和帧的列表。更多信息见 42. 3. 1 节“选择特定的结果步和帧”，以及 42. 3. 2 节“步进帧”。

用户可以执行变形或者云图的时间历史动画，并且在 Abaqus 遵循约束试图满足目标函数的过程中显示优化的进程。对于拓扑优化，用户可以显示从分析中删除单元的进程，以及产生的模型机械行为上的效果，例如变形或者应力中的变化。打开透明允许用户观察内部单元的优化进程；例如，内部单元的去除所创建的空洞。更多信息见 77. 3 节“改变半透明度”。对于形状优化，用户可以显示随着优化进程，面位置的逐步变化；并且类似于拓扑优化，用户可以显示模型机械行为上产生的影响。

此外，优化过程将数据文件（optimization_report. csv 和 optimization_status_all. csv）写到作业名目录，用户可以使用此数据文件来追踪设计变量。例如，用户可以创建 *X-Y* 图来显示在每一个设计循环后，目标函数和约束的变化。生成的图说明优化模块如何在满足约束的情况下，尝试满足指定的目标函数。用户使用目标函数和约束的 *X-Y* 图作为调试工具，来显示每一个设计循环后的优化进程，并且确定优化是否收敛到一个解，如图 18-2 所示。

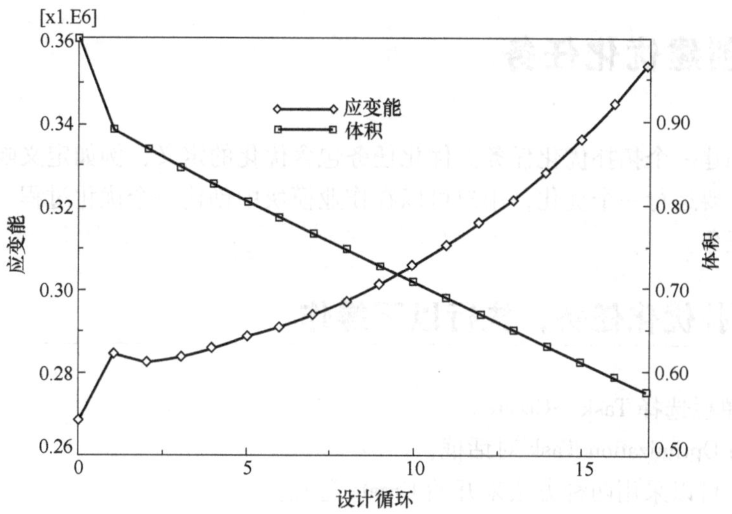

图 18-2　优化进程中的设计目标和约束

用户也可以通过从优化进程管理器中监控优化的进程，显示 *X-Y* 图来显示目标函数和约束在每一个设计循环后的变化。更多信息见 19. 12. 6 节“监控用户的优化过程”。

更多与相关主题有关的信息，参考下面的章节：

- 80. 1 节　“理解视图切割”
- 47. 1 节　“理解 *X-Y* 图”

18.6　创建和构建优化任务

用户可以创建和构建优化任务。优化任务包含用户优化的定义，包括以下主题：

- 18.6.1 节 “创建优化任务”
- 18.6.2 节 “构建拓扑优化任务”
- 18.6.3 节 “构建形状优化任务”
- 18.6.4 节 “构建尺寸优化任务”
- 18.6.5 节 “构建起筋优化任务”

18.6.1　创建优化任务

用户可以创建一个拓扑优化任务。优化任务包含优化的定义，例如定义响应、目标、约束和几何约束。要运行一个优化，用户可以在作业模块中创建一个优化过程。一个优化过程称为一个优化任务。

若要创建拓扑优化任务，执行以下操作：

1. 从主菜单栏选择 Task→Create。

出现 Create Optimization Task 对话框。

技巧：用户可以采用两种方法来开始 Create 过程。

- 单击 Optimization Task Manager 中的 Create（用户可以通过从主菜单栏选择 Task→Manager 来显示 Optimization Task Manager）。
- 单击优化模块工具箱中的工具。

2. 从出现的 Create Optimization Task 对话框输入任务的名称。

3. 选择优化 Type 中的选项（Topology optimization、Shape optimization、Sizing optimization 或 Bead optimization），然后单击 Continue。更多信息见《Abaqus 分析用户手册——分析卷》的 8.1.1 节 “结构优化：概览”。

4. 从视口选择将优化的区域，或者单击 Done 来优化整个模型。

默认情况下，Abaqus/CAE 允许用户选择所有的模型。要选择面或者单元体，使用 Selection工具栏来将用户可以选择的目标类型改变成 Face 或者 Cells。更多信息见 6.3.2 节 “根据对象类型过滤用户的选择”。

出现 Edit Optimization Task 对话框。

如果用户优先从现有集合的列表选择，则进行下面的操作。

a. 单击提示区域右侧的 Sets。

Abaqus/CAE 显示包含可用集合列表的 Region Selection 对话框。

b. 选择感兴趣的集合，并且单击 Continue。

注意：默认的选择方法基于用户最近使用方法。要变化成其他方法，单击提示区域右侧的按钮 Select in Viewport 或者 Sets。

5. 完成优化区域的选择后，单击提示区域中的 Done。有关选择对象的更多信息，见第 6 章“在视口中选择对象”。

6. 如 18.6.2 节“构建拓扑优化任务”，18.6.3 节“构建形状优化任务”，18.6.4 节“构建尺寸优化任务”以及 18.6.5 节“构建起筋优化任务”中描述的那样构建优化任务。

18.6.2 构建拓扑优化任务

优化模块提供不同的设置来让用户构建一个拓扑优化任务。构型设置取决于用户是否正在为一般的拓扑优化，或者为一个基于条件的拓扑优化构建优化任务。本节包括以下主题：

- “构建一般的拓扑优化任务”
- “构建基于条件的拓扑优化任务”

1. 构建一般的拓扑优化任务

一般的拓扑优化是一个灵活的、基于灵敏度的优化，允许对用户的模型施加一定范围的约束和目标函数。用户使用优化任务编辑器来定制一般拓扑优化的不同方面。要显示编辑器，从主菜单栏选择 Task→Edit→优化任务名称。要指定一个一般的拓扑优化，选择 Advanced 标签页并选择 General optimization（sensitivity-based）。

包括下面的主题：

- “构建基本设置”
- “构建密度设置”
- “构建摄动设置”
- “构建收敛选项”
- “构建高级选项”

构建基本设置

若要构建基本设置，执行以下操作：

1. 在优化任务编辑器中单击 Basic 标签页。

2. 选择是否冻结载荷或者边界条件区域。

推荐用户冻结施加指定条件的区域，因为用户可能并不想在优化过程中删除这些区域。冻结这些区域会稳定优化，并且通常具有明显更低的迭代数量。

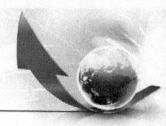

构建密度设置

若要构建密度设置，执行以下操作：

1. 在优化任务编辑器中单击 Density 标签页。

2. 选择 Density update strategy。

此设置控制在分析过程中，优化模块更新设计单元的相对材料密度的速度。在大部分的情况中，用户应当接受默认的设置（Normal）。然而，如果设计响应是非常敏感的，并且在满足约束方面存在问题，则可能需要更保守的速度，要求更多的优化迭代。

3. 进行下面的一个操作来指定初始优化迭代中每一个单元的相对密度。

- 选择 Optimization product default 来允许优化模块确定初始密度。如果将材料体积选择成一个约束，则优化模块计算初始密度，使得体积约束得到确切的满足。如果将材料体积选择成一个目标函数，则每一个单元的初始相对密度是50%。
- 选择 Specify 并输入一个值（0.0<初始密度≤1.0）。仅当用户将体积选择成一个目标函数以及不作为约束，并且在优化之前，用户已经知道初始密度设置成更大的或者更小的值将满足其他的约束时（例如位移约束），才应当使用此选项；用户可以使用大于0.5 的值和体积约束来稳定非线性或者接触问题，并且改进收敛行为。

4. 输入 Minimum density、Maximum density 和 Maximum change per design cycle 项的值。

最小密度必须大于0.0，并且最大密度必须小于或者等于1.0。并不推荐改变密度边界，特别不推荐改变上边界。如果默认的值导致近乎奇异的刚度矩阵，则用户可能需要增加下边界。

数值实验说明，0.25 默认值对于密度的最大变化是可接受的。对于复杂的设计响应和优化方程，推荐更小的密度下限，例如0.1。然而，更小的限制通常导致更高的优化迭代数量。

构建摄动设置

若要构建摄动设置，执行以下操作：

1. 在优化任务编辑器中单击 Perturbation 标签页。

2. 输入要追踪的特征模态数量。默认值是5，说明优化模块追踪最低5个特征频率。

在一些情况中，在优化迭代过程中会出现许多局部的低频率特征模态，将导致追踪高数量的模态并降低性能。通过在第一个优化迭代中将特征频率的下限选择成感兴趣特征频率的25%，来避免追踪高数量的模态。

如果用户的设计响应将使用 Kreisselmaier-Steinhauser 方程来计算特征频率，则不要求模态追踪。用户的 Abaqus 模块必须至少包括正在追踪数量的特征频率的输出请求。

3. 选择优化模块应当追踪特征模态的区域。

默认情况下，优化模块追踪模型中所有节点的特征模态，如果用户的模型过大，则会降低性能。用户可以通过仅追踪选中区域上的特征模态来改进性能；例如，选中模型的面，或者附有集总点或者刚性质量的点。

构建收敛选项

若要构建收敛选项，执行以下操作：

1. 在优化任务编辑器中单击 Convergence 标签页。
2. 指定 Convergence Criteria。下面的选项允许用户指定一般拓扑优化的收敛准则。

Specifying when to start checking for convergence（在开始收敛检查时指定）

用户可以指定迭代，在这些迭代过程中，优化模块将开始检查两个收敛准则。将总是继续优化，直到满足此迭代值。默认值是 4。

Specifying which convergence criterion to check（指定要检查哪一个收敛准则）

用户可以指定满足任何一个收敛准则，或者两个准则都满足时，结束优化。默认值是必须同时满足两个准则。

Convergence based on the change in optimization function（以优化函数的变化为基础来收敛）

用户可以指定优化将以目标函数从一个迭代到下一个迭代的变化为基础来结束优化。默认值是 0.001。

Convergence based on the change in element densities（以单元密度的变化为基础来收敛）

单元密度是拓扑优化的设计变量。用户可以指定将以一个迭代到下一个迭代的单元密度变化平均值为基础来结束优化。默认值是 0.005。

构建高级选项

若要构建高级选项，执行以下操作：

1. 在优化任务编辑器中单击 Advanced 标签页。
2. 选择 General optimization 算法。
3. 对 Delete soft elements in region 项进行选择。

在拓扑优化过程中，当优化模块试图满足约束和优化目标时，优化模块在设计区域中分布一个给定的质量。优化结束后，结构包含硬（填充的）单元和软（空）单元。软单元对结构的刚度影响可以忽略；但是软单元仍然与结构自由度的数量有关，并且因此影响优化过程的速度。Delete soft elements 允许用户选择一个区域，Abaqus 将从此区域中删除那些具有软相邻单元的软单元。如果需要，也可以重新激活被删除的单元；例如，如果优化过程中改变了力流。

选择删除软单元可以帮助 Abaqus 收敛到一个解，因为这些单元将退化或者塌陷。当用户正在优化一个非线性模型时，推荐删除软单元。此外，选择 Conservative 密度更新策略以及每一个循环中密度发生的小变化，将改善结果的精度。更多信息见 18.6.2 节“构建拓扑优化任务”中的“构建密度设置”。

4. 如果用户选择删除软单元，则可以通过选择仅删除具有软单元边界的软单元，来防止删除孤立的软单元。用户可以通过 Average edge length（默认的）或者输入值指定的半径，来定义落在此半径中的相邻单元。如果网格中的单元边长度变化剧烈，则从平均边长度计算得到的半径可能不合适。

5. 如果用户选择删除软单元，则可以选择优化模块中删除单元所使用的方法。

Favor continuity（Standard）［连续性优先（标准方法）］

选择 Favor continuity（Standard）并输入 Relative material density threshold 项的值来在删除软单元之前检查连续性。如果优化模型包含硬单元的“孤岛”，由软单元将这些硬单元与模型的剩余部分割开，则优化模块不删除软单元。此外，优化模块保留软单元来防止硬单元彼此相对移动；例如，共享公共边但不共享公共面的硬单元。如果单元的材料密度小于阈值，则将单元考虑成“软”，并且优化模块将从分析删除此软单元。

Favor continuity（Aggressive）［连续性优先（激进方法）］

选择 Favor continuity（Aggressive）并输入 Relative material density threshold 项的值来删除软单元，而不管连续性。如果单元的相对材料密度小于阈值，则将单元考虑成“软”，并且优化模块将从分析删除这些软单元。

Maximum shear strain（最大剪切应变）

选择 Maximum shear strain 并输入 Maximum shear strain threshold 项的值。优化模块从具有大于阈值的剪切应变的分析中删除单元。

Minimum principal strain（最小化主应变）

选择 Minimum principal strain 并输入 Minimum principal strain threshold 项的值。优化模块删除主应变比阈值低的单元。

Maximum elastoplastic strain（最大弹塑性应变）

选择 Maximum elastoplastic strain 并输入 Maximum elastoplastic strain threshold 项的值。优化模块删除弹塑性应变大于阈值的单元。

Volume compression（体积压缩）

选择 Volume compression 并输入 Relative volume compression 值。优化模块删除受压的，并且相对体积比阈值低的单元。将相对体积 V_{rel} 定义成 $\frac{V_{deform}-V_{org}}{V_{org}}$，其中 V_{deform} 是变形后的单元体积，并且 V_{org} 是原始的单元体积。

如果用户的模型使用壳或者膜单元，或者模型正在经历大变形，则用户应当选择 Volume compression。

注意：用户选择的软删除方法取决于材料行为和单元类型，用户可能需要进行试验来确定最佳方法和删除阈值。文件 TOSCA. OUT 包含与被删除的单元有关的信息，并且将帮助用户确定最佳的软单元删除方法和阈值。Favor continuity 方法提供的默认 Relative material density threshold 值为 0. 05。相比而言，应变和体积方法不提供默认的阈值，因为合适的值取决于用户的模型；例如，取决于材料属性。

6. 选择 Material interpolation technique 和 Penalty factor。

优化生成的硬单元具有接近 1 的密度，或者密度接近 0 的空单元。拓扑优化引入密度在 1 和 0 之间的单元，并且材料内插技术计算这些中间单元的密度与刚度之间的关系。SIMP

（使用罚方法的实体各向同性材料）插值策略定义了单元密度与刚度之间的指数关系，适用于静态问题。罚因子应当大于 1，并且数值试验说明默认值 3 会产生良好的结果。RAMP（材料属性方法的有理逼近）插值策略适用于动态问题。罚因子应当大于 0，并且数值试验说明默认值 3 会产生良好的结果。

默认情况下，优化模块为静态问题选择 SIMP 插值策略，如果在模型中出现至少一个动态载荷，则使用 RAMP 插值策略。

2. 构建基于条件的拓扑优化任务

基于条件的拓扑优化使用应变能目标函数和体积约束。用户可以使用优化任务编辑器定制基于条件的拓扑优化的不同方面。要显示编辑器，从主菜单栏选择 Task→Edit→优化任务名称。要指定一个基于条件的拓扑优化，选择 Advanced 标签页，然后选择 Condition-based optimization。

本节包含以下主题：

- "构建基本设置"
- "构建高级选项"

构建基本设置

若要构建基本设置，执行以下操作：

1. 在优化任务编辑器中单击 Basic 标签页。
2. 选择是否冻结载荷或者边界条件区域。

推荐用户冻结施加指定条件的区域，因为用户不想这些区域在优化过程中被删除。冻结这些区域可以稳定优化过程，通常可以大大减少迭代次数。

构建高级选项

若要构建高级选项，执行以下操作：

1. 在优化任务编辑器中单击 Advanced 标签页。
2. 选择 Condition-based optimization 算法。
3. 对 Delete soft elements in region 项进行选择。

在拓扑优化过程中，优化模块在试图满足约束和优化目标时，会将给定质量分布到设计区域中。在优化结束时，结构包含硬（被填充的）和软（空）单元。软单元对结构刚度的影响可以忽略；但是软单元仍然与结构自由度的数量有关，并且会影响优化过程的速度。Delete soft elements 允许用户选择一个区域，在此区域中将仅删除那些具有软相邻单元的软单元。如果需要，将可以重新激活被删除的单元；例如，优化过程中改变了力流。

4. 如果用户选择删除软单元，则可以通过选择仅删除具有软单元边界的软单元来防止删除孤立的软单元。用户可以通过 Average edge length（默认的）或者用户的输入值指定的半径来定义落在此半径中的相邻单元。如果网格中的单元边长度剧烈变化，则从平均边长度计算得到的半径可能不合适。

5. 如果用户选择删除软单元，则可以选择优化模块删除单元所使用的方法。

- 选择 Standard deletion，在删除单元之前检查连续性。如果优化模型包含硬单元的“孤岛”，由软单元将这些硬单元与模型的剩余部分分割开来，则优化模块不删除软单元。此外，优化模块会保留软单元来防止硬单元彼此相对移动；例如，共享公共边但不共享公共面的硬单元。
- 选择 Aggressive deletion 来删除软单元，无需考虑连续性。

6. 如果需要，在 Relative material density threshold 项输入值。如果相对材料密度小于此值，则单元将被考虑成“软单元”，并且优化模块会从分析中删除此单元。

7. 选择拓扑优化过程中优化模块更改单元属性的速度。用户可以选择不同的速度（Very small、Small、Moderate、Medium 或者 Large），并允许优化模块计算满足此速度所需的设计循环数量（可类比为迭代次数）。

另外，用户可以选择 Dynamic，然后输入设计循环的最大数量。最小设计循环数量是 10（默认值是 15）。设计循环数量的降低可以导致不理想的优化效果。虽然产生的机构具有相同的刚度（对于不同的结果，应变能的和几乎是相同的），但不同的优化速度可以导致求解中的不同框架构型。

8. 选择在第一次循环后要删除的体积。用户可以输入百分比或者一个绝对值。

默认情况下，优化模块在第一次迭代中删除 5%的优化区域体积。在一些情况中，增加此初始值将加速优化，而不影响解，尤其在大区域中出现相对低应力的模型。相比而言，如果初始值太高，则优化模块会在第一个迭代中删除过多的单元，导致优化失败或者产生一个粗糙的结构。

18.6.3 构建形状优化任务

形状优化可以确定每一个面节点的位移，将面上的应力均匀化，并满足目标函数和任何约束。用户可以使用优化任务编辑器来定制形状优化的不同方面，以及在优化中进行稳定性分析。打开编辑器，从主菜单栏选择 Task→Edit→优化任务名称。形状任务的默认设置提供了多种优化模型的合理结果；并且在大部分情况中，用户不需要更改默认设置。

包括以下主题：

- “构建基本设置”
- “构建网格平滑质量”
- “构建高级选项”
- “构建可靠性选项”

1. 构建基本设置

在形状优化过程中，优化模块可以更改模型的面。如果优化模型仅更改面节点，而不调整内部节点，则面单元层将变得扭曲。结果就是，Abaqus 分析的结构将不再可靠，并且将牺牲优化的质量。要保持面单元的质量，优化模块可以对选中的区域施加网格平滑，来调整与面节点有关的内部节点位置。更多信息见《Abaqus 分析用户手册——分析卷》的 8.1.1 节“机构优化：概览”中的“对形状优化施加网格光顺”。

优化模块仅可以对三角形、四边形和四面体单元施加网格平滑。在网格平滑中会忽略其他的单元类型。

注意：在用户开始形状优化之前，良好的有限元网格是非常重要的，尤其是在用户期望改变形状的区域中。

若要构建基本设置，执行以下操作：

1. 在优化任务编辑器中单击 Basic 标签页。
2. 选择是否冻结边界条件区域。

用户在载荷模块中已经施加一个位移边界条件的区域，在优化过程中也具有相同的位移边界条件。载荷模块中控制位移边界条件的坐标系用于控制优化中的边界条件。

3. 默认情况下，优化模块将为整个模块冻结边界条件。如果需要，单击 并选择要冻结边界条件的区域。
4. 选择将施加网格平滑的区域。

● 选择 Specify smoothing region（默认的），然后单击 来选择区域。用户可以对单元体或者面施加网格平滑。

● 选择 Specify first layer，然后单击 来选择代表第一层要平滑单元的面。输入要平滑的单元层数量。

● 选择 Smooth six layers using the task region 来平滑设计区域的六层单元。

推荐用户接受默认的选择，并手动选择将施加网格平滑的区域。

5. 选择临近设计区域的节点层数量，在网格平滑操作中可以控制以下节点层的移动。

● 选择 Fix all（默认），防止自由面移动。

● 选择 Fix none，允许所有的自由面节点移动。

● 选择 Specify，可以输入允许移动的自由面临近层数量。

2. 构建网格平滑质量

尽管在形状优化过程中，设计节点的位移会产生网格扭曲，但是网格平滑可以改善网格的质量。用户可以指定被平滑网格的有关质量，并且可以指定角度的范围（四边形单元和三角形单元）或者长宽比的范围（四面体单元）来定义是否将一个单元考虑成良好质量。对考虑成低质量的单元给出质量等级。单元等级越差，越需要更多的关注来进行单元质量改善。

若要构建网格平滑质量，执行以下操作：

1. 在形状优化的优化任务编辑器中，单击 Mesh Smoothing Quality 标签页。
2. 进行下面的操作。

● 切换选中 Target mesh quality，并选择一个设置（Low、Medium 或者 High）。

在大部分情况中，用户应当接受默认的 Low 设置。用户应当仅在确定网格质量不满意后才选择更高的收敛水平。如果用户的网格包含大量的四面体单元，则即使计算成本高昂，用户也可能想要选择一个更高的收敛水平；否则网格质量很可能令人难以接受。

如果用户不能得到满意的网格质量，则即使使用 High 收敛水平，用户也应当考虑通过降低 Growth scale factor 和 Shrink scale factor 来在形状优化中降低位移量，如 18.6.3 节“构建形状优化任务”中的“构建高级选项”中描述的那样。

● 切换不选 Target mesh quality 来抑制计算单元质量的算法。

3. 切换选中 Report poor quality elements 生成的单元列表中的单元，不属于单元质量标签页中定义的范围。

4. 切换选中 Report solver quality criteria violation 来向 Abaqus 报告考虑成低质量的单元。

5. 如果用户切换选中 Report solver quality criteria violation，则如果 Abaqus 遇到低质量单元，用户就可以选择停止优化过程。优化模块将有可能生成一个低质量的网格，且不允许 Abaqus 分析成功完成，尤其是随着设计循环数量的增加。如果 Abaqus 过早地停止分析，则优化模块不能获得结果，并且优化过早停止。如果用户允许优化模块因为 Abaqus 违反单元质量准则而停止优化，则用户将可以更加容易地排除优化故障并确定优化失败的原因。

6. 如果用户选择允许优化模块调整网格质量，则用户可以使用表来指定角度的范围（四边形和三角形单元）或者长宽比的范围（四面体单元）以定义考虑成良好质量的单元。用户也可以输入四边形单元和三角形单元的最大扭曲角和四边形单元的最大锥度。在大部分情况中，用户不应当更改默认值。更改角度范围或者长宽比对网格的质量没有太大影响。用户应当试图将优化模块中的可接受网格质量与 Abaqus 中的可接受网格质量进行匹配。宁愿因为网格质量降级而造成优化过程结束，也不要让 Abaqus 结束优化过程或者生成无意义的结果。

7. 选择网格平滑操作将会使用的策略或者算法。默认情况下，优化模块使用 Constrained Laplacian 网格平滑算法。如果用户的模型相对较小（网格光顺区域中的节点小于 1000），则用户可以选择 Local gradient 网格光顺算法。

8. 如果用户选择了 Constrained Laplacian 策略，则进行下面的操作：

a. 选择 Convergence level，优化模块会试图改善网格质量所花费的时间量度。在大部分情况中，用户应当接受默认的 Low，这样优化模块会以较大的增量进行少量迭代。选择 Medium 或者 High 将以较小增量进行更多的迭代，但计算时间将显著增加。用户应当使用 Mesh Smoothing Quality 标签页来在更改收敛水平之前调整目标网格质量。

b. 选择 Frequency of evaluating geometric restrictions，确定执行网格光顺算法时，优化模块施加几何约束的频次。在大部分情况中，用户应当接受默认的 Low。选择 Medium 或者 High 将导致优化模块更频繁地施加几何约束，并且计算时间将显著增加。

9. 如果选择 Local gradient 策略，则输入 Feature recognition angle，此角度是优化模块在网格操作中通过探测边和角落来识别特征的角度。其默认值是 30°，在大部分情况中可以提供良好的结果。

3. 构建高级选项

若要构建高级选项，执行以下操作：

1. 在优化任务编辑器中单击 Advanced 标签页。

2. 输入指定 Growth scale factor 和 Shrink scale factor 的值。将成长比例因子施加到成长成形状优化结果（增加模型体积）的节点位移上，将收缩比例因子施加到收缩成形状优化结果（降低模型体积）的节点位移上。

推荐用户执行具有默认 1.0 比例因子的优化，并在检查结果后再次尝试使用更改的比例因子进行优化。大于 1.0 的值会增加节点的增量位移，加速优化。相反，小于 1.0 的值会降低节点的增量位移，减慢优化。

如果优化的最初，一些迭代产生的面节点位置改变较小，则用户应当考虑增加比例因子；例如，使用小单元边长度的细密网格。相反，如果比例因子过大，网格质量将变差，单个的单元可能发生坍塌，并且优化可能不能收敛到优化解。

如果原始的模型接近优化解，则用户应当考虑减小比例因子；当优化包括许多几何约束，并且开始的网格质量很差时，减小比例因子和减慢优化也是有好处的。

在优化接触区域时，用户可能想要输入负值来反转优化方向。这样高应力的区域将收缩，低应力的区域将增加。

3. 选择优化形状向量是在每一个优化循环（默认）后更新，还是仅在第一个循环后进行更新。

优化模块为设计区域中的每一个节点确定优化位移向量。该向量位于节点处外表面的法线上，并且说明优化过程中位移的方向。如果用户选择在每一个优化循环后更新优化形状向量，则优化模块调整向量来考虑条件变化，例如结构形状的变化、网格质量的变化以及设计变量约束的优化。如果用户选择仅在第一个优化循环之后更新优化形状，则向量在后续循环中保持固定。

在大部分情况中，默认在每一个优化循环后更新优化形状向量，这会提供更好的结果，因为网格平滑算法不受限制，生成改善的网格质量。

4. 选择是应当通过优化中设计区域里的节点最小位移来确定步大小，还是通过平均位移来确定步大小。

优化模块会检查用户的网格，并且限制每一个优化循环中设计区域内的节点位移量。此限制防止造成相邻单元坍塌的单个节点大位移。此外，基于条件的优化算法提供每一个设计循环之后设计区域中节点的位移控制——步大小。步大小取决于优化模块已经施加到节点的限制。例如，如果优化模块减小所允许的位移，则基于条件的优化算法减小增量。

此选项允许用户选择基于条件的优化算法使用哪一个位移来确定步大小。用户可以选择优化过程中设计区域内所允许的节点位移值的平均值或者最小值（默认的）。选择平均值导致更大的步大小以及更快的优化解计算。然而，选择平均值也会产生节点受限位移，仅允许小的位移并且产生设计区域中不想要的拐角。

5. 选择优化模块将用来插值中节点的方法。

如果用户选择 Linearly by position（默认），优化线性地从连接拐角节点的优化位置内插中节点的位置。如果用户选择 By optimization displacement of corner nodes，则优化从连接角节点的优化位移内插中节点的位置。

如果节点在它们的原始位置上，则中节点位于拐角节点之间的线上，并且两个内插方法之间没有差异。然而，要防止单元弯曲，则用户必须选择 By optimization displacement of corner nodes。

6. 如果需要，切换选中 Edge length for movement vector 并且输入一个值。

优化模块更改高曲率区域中节点的位移，来防止由于大体积变化而产生网格塌陷。实际上，平滑尖锐的拐角。触发平滑的最小单元边长度默认值是 5.0。更大的值将造成被平滑区域的更大半径。

7. 优化模块可以使用过滤器来平滑局部应力峰值。用户可以通过切换选中 Max. influence radius for equivalent stress 来定义过滤器功能，并且输入下面的值。

- 受过滤器影响的节点之间的最大距离值。
- 确定将使用多大局部面曲率的值，来调整受过滤器影响的节点之间的最大距离。默认的值是 0.2，更小的值会增加面曲率的影响。
- 一个权重值，以到节点距离为基础，控制过滤器的影响。

8. 体积是用户唯一可以施加到形状优化的约束，并且用户可以将体积减小到一个指定值，或者与初始值的比。Equality constraint tolerance 指定设定体积约束与计算得到的体积之间的最小差异，此最小差异导致优化模块假定得到的解是收敛的。优化模块将差异的绝对值与用户输入的容差值进行比较。默认值是 0.001。

4. 构建可靠性选项

通常，用户使用形状优化来更改构件的面几何形体来最小化应力集中。在大部分的情况中，降低应力水平导致可靠性的显著提高。然而，静态分析识别出的峰值应力区域可能不同于可靠性（或者损伤）分析识别出的最大损伤区域，并且单独使用形状优化来更改面几何形体有可能降低可靠性。要避免此情形，用户可以在优化循环中包含可靠性求解器，来确保同时降低应力水平并且增加可靠性。

要在优化中包括可靠性，用户必须在优化任务编辑器中激活可靠性分析，并且构建选中的可靠性求解器。此外，用户必须创建一个损伤设计响应来用作目标。目标必须试图最小化关键区域中的最大损伤。

若要构建可靠性选项，执行以下操作：

1. 在优化任务编辑器中单击 Durability 标签页。
2. 选择 Optimize based on durability analysis。
3. 选择 Durability solver。

优化模块仅支持 fe-safe 和 FEMFAT 可靠性求解器。如果用户选择任何其他的求解器，则必须确保可靠性求解器可以访问要求的文件。更多的信息请联系用户的 SIMULIA 支持办公室。

选择 Custom 来使用由可靠性分析（ONF 600 或者 ONF 601）生成的 Tosca 结构优化中性文件。有关此文件格式的更多信息，请联系用户的 SIMULIA 支持办公室。

4. 选择将由可靠性求解器读取的可靠性输入文件。可靠性输入文件必须位于工作目录中。

5. 输入将由可靠性求解器读取的工作目录中的任何附加文件名称。如果在工作目录之外存储文件，则用户必须一起提供文件的路径与文件名。

18.6.4 构建尺寸优化任务

尺寸优化是灵活的，以灵敏度为基础的优化，允许用户对用户的模型施加一个范围的约束和目标函数。用户使用优化任务编辑器来定制尺寸优化的不同方面。要调用编辑器，从主菜单栏选择 Task→Edit→优化任务名称。

本节包括以下主题：

- “构建基本设置”
- “构建厚度设置”
- “构建摄动设置”
- “构建收敛选项”

1. 构建基本设置

若要构建基本设置，执行以下操作：

1. 在优化任务编辑器中单击 Basic 标签页。
2. 选择是否冻结载荷或者边界条件区域。

推荐用户冻结施加指定条件的区域，因为用户可能不想在优化过程中删除这些区域。冻结这些区域会稳定优化，并且经常使得迭代数量显著降低。

2. 构建厚度设置

若要构建厚度设置，执行以下操作：

1. 在优化任务编辑器中单击 Thickness 标签页。
2. 选择 Thickness update strategy。

此设置控制使用移动渐近线方法的优化过程中，优化模块更新设计单元壳厚度的速率。在大部分情况中，用户应当接受默认的设置（Normal）。然而，如果设计相应非常敏感，并且用户不能满足约束，则用户可能需要要求更多优化迭代的小速率。选择大速率可能导致不稳定的优化或者防止优化收敛到一个解。

3. 输入 Maximum change per design cycle 项的值。

此设置控制每一个设计循环过程中壳单元厚度改变的限制。

3. 构建摄动设置

若要构建摄动设置，执行以下操作：

1. 在优化任务编辑器中单击 Perturbation 标签页。
2. 输入要追踪特征模态的数量。默认值是 5，说明优化模块追踪 5 个最低的特征频率。

在一些情况中，在优化迭代过程中出现许多局部的低频率特征模态，这些低频特征模块将导致追踪高数量的模态并且降低性能。用户可以通过将较低特征频率边界选择成第一个优化迭代中感兴趣特征频率的 25%，来避免追踪高数量的模态。

如果用户的设计响应将使用 Kreisselmaier-Steinhauser 方程来计算特征频率，则不要求模态追踪。用户的 Abaqus 模型必须包括一个输出请求，至少包括用户正在追踪数量的特征频率。

3. 选择优化模块应当追踪特征模态的区域。

4. 构建收敛选项

若要构建收敛选项，执行以下操作：

1. 在优化任务编辑器中单击 Convergence 表。
2. 指定 Convergence Criteria。下面的选项允许用户指定尺寸优化的收敛准则。

Specifying when to start checking for convergence（指定何时开始检查收敛性）

用户可以指定优化模块中的迭代，将在此迭代中开始检查两个收敛准则。将总是继续优化，直到至少满足此值。默认的值是 4。

Specifying which convergence criterion to check（指定要检查哪一个收敛准则）

用户可以指定是当满足任何一个收敛准则时，还是两个准则都满足时结束优化。默认值是必须两个准则都满足才停止优化。

Convergence based on the change in optimization function（以优化方程的变化为基础的收敛性）

用户可以指定优化将以目标函数从一个迭代到下一个迭代的变化为基础来结束。默认值是 0.001。

Convergence based on the change in element thickness（以单元厚度的变化为基础的收敛性）

单元厚度是尺寸优化的设计变量。用户可以指定优化将以单元厚度从一个迭代到下一个迭代的平均变化为基础来结束。默认值是 0.005。

18.6.5 构建起筋优化任务

优化模块为用户提供不同的设置来构建起筋优化任务。构建设置取决于用户是为基于条件的起筋优化（默认的），还是为一般的起筋优化构建优化任务。本节包括以下主题：

- “构建一个基于条件的起筋优化任务”
- “构建一个一般的起筋优化任务”

1. 构建一个基于条件的起筋优化任务

基于条件的起筋优化是以特别的弯曲假设为基础的，并且使用特别的过滤器来沿着弯曲轨道生成筋。用户使用优化任务编辑器来定制基于条件的起筋优化的不同方面。要调用编辑器，从主菜单栏选择 Task→Edit→优化任务名称。要指定一个基于条件的起筋优化，选择 Advanced 标签页并选择 Condition-based optimization。

本小节包括下面的主题：

- “构建基本设置”
- “构建高级选项”

构建基本设置

若要构建基本设置，执行以下操作：

1. 在优化任务编辑器中单击 Basic 标签页。
2. 选中是否遵守已经施加到模型上的边界条件。

推荐用户冻结施加有边界条件的区域，因为用户可能不想在优化中删除这些区域。冻结这些区域会稳定优化并且导致迭代数量的显著降低。

3. 默认情况下，优化模块为整个模型冻结边界条件。如果需要，单击 并且选择应当冻结边界条件的区域。

构建高级选项

若要构建高级选项，执行以下操作：

1. 在优化任务编辑器中单击 Advanced 标签页。
2. 切换选中 Growth direction opposite to shell normal 来反向形成筋的节点位移方向。
3. 默认情况下，节点移动形成筋的方向由优化开始时模型的应力来确定——第一个循环。另外，用户可以指定优化确定每一个设计周期后移动节点的方向。
4. 默认情况下，内部计算得到的值将用于筋宽度。另外，用户可以指定筋的宽度绝对值。
5. 指定起筋优化将执行的迭代数量。迭代的数量更改会优化步的大小。默认值是 2。
6. 指定下面的 Penalty Conditions 项。

Minimum stress ratio（最小应力比）

输入最小冯-密塞斯应力比值来防止 Abaqus/CAE 优化非常低应力的区域。在冯-密塞斯应力小于指定比值乘以设计区域中最高冯-密塞斯应力的区域中，Abaqus/CAE 不施加起筋优化（0.0<最小应力比<1.0）。默认的值是0.001。

Maximum membrane stress ratio（最大膜应力比）

输入最大冯-密塞斯应力比值来防止Abaqus/CAE优化处于主要膜应力或者平面应力的区域（主要膜应力状态下的区域中引入筋有可能造成结构软化）。

在膜应力大于原始模型中的最大弯曲应力除以指定比的区域中，Abaqus/CAE不施加起筋优化（0.0<最小应力比<1.0）。默认的值是1.0。

7. 指定下面的Mesh Smoothing Parameters项。

Curve smooth

输入定义高曲率区域的相对半径值。

优化中引入筋可以将节点挤压到一起，并且由此产生一个小单元。对即使非常高的曲率和大的筋高度，节点可以开始叠加进而造成分析失败。要防止网格坍塌，Abaqus/CAE可以更改在高曲率区域创建筋时如何移动节点。通过将Curve smooth值乘以设计区域中平均单元边的长度来计算得到的半径来定义高曲率。高的Curve smooth值以及围绕许多单元的大半径，计算成本可能非常高。默认的值是五倍的平均单元长度。

Node smooth

默认情况下，Node smooth的值是0.25×筋宽度。另外，用户可以指定创建筋过程中相邻节点之间的最小平面距离绝对值。允许（0.0~0.5）×筋宽度的值。

施加节点平滑来防止相邻节点位移中的突然变化，特别是靠近设计区域与剩余模型之间边界的地方，或者在有效的设计变量约束正在约束节点位移的地方。

2. 构建一个一般的起筋优化任务

一般的起筋优化是灵活的、以敏感度为基础的优化，允许用户对模型施加一个范围的约束和目标函数。以敏感度为基础的算法不执行筋过滤器，因此优化可能不生成一个独特的筋样式。用户使用优化任务编辑器来定制起筋优化的不同方法。要调用编辑器，从主菜单栏选择Task→Edit→优化任务名称。要执行一个一般的起筋优化，选择Advanced并且选取General optimization（sensitivity-based）。

本小节包括以下主题：

- “构建基本设置”
- “构建节点移动设置”
- “构建摄动设置”
- “构建高级选项”

构建基本设置

若要构建基本设置，执行以下操作：

1. 在优化任务编辑器中单击Basic标签页。
2. 选择是否满足已经施加到模型的边界条件。

推荐用户冻结施加有边界条件的区域，因为用户可能不想在优化中删除这些区域。冻结这些区域会稳定优化并且使得迭代数量显著降低。

3. 默认情况下，优化模块为整个模型冻结边界条件。如果需要，单击 并选择应当冻结边界条件的区域。

构建节点移动设置

若要构建节点设置，执行以下操作：

1. 在优化任务编辑器中单击 Nodal Move 标签页。
2. 选择 Nodal update strategy。

此设置控制使用渐近线方法的优化过程中，优化模块更新设计单元壳厚度的速度。在大部分情况中，用户应当接受默认设置（Conservative）。然而，如果设计响应是非常敏感的，并且用户不能满足约束，则用户可能需要更快的速度来要求更多的优化迭代。选择更快的速度可能导致优化不稳定或者阻碍优化收敛到解。

3. 输入 Nodal move limit 项的值。

此设置限制与指定的最大位移有关的每个迭代的节点位移（0.0<节点移动限制<1.0）。默认值是 0.1。如果用户遇到收敛缓慢的困难优化问题，则可以通过减小 Nodal move limit 项的值来减小每一个优化迭代的尺寸大小。

注意：创建一个起筋优化约束时，用户可以通过指定加强筋的高度来指定节点的最大位移。

构建摄动设置

若要构建摄动设置，执行以下操作：

1. 在优化任务编辑器中单击 Perturbation 标签页。
2. 输入要追踪特征模态的数量。默认值是 5，说明优化模块追踪 5 个最低的特征频率。

在一些情况中，在优化迭代过程中出现许多局部的低频率特征模态，这些低频特征模块将导致追踪高数量的模态并且降低性能。用户可以通过将较低特征频率边界选择成第一个优化迭代中感兴趣特征频率的 25%，来避免追踪高数量的模态。

如果用户的设计响应将使用 Kreisselmaier-Steinhauser 方程来计算特征频率，则不要求模态追踪。用户的 Abaqus 模型必须包括一个输出请求，至少包括用户正在追踪数量的特征频率。

3. 选择优化模块应当追踪特征模态的区域。选择非整个模型的区域可能导致性能提高。

构建高级选项

若要构建高级选项，执行以下操作：

1. 在优化任务编辑器中，单击 Advanced 标签页。
2. 指定 Sigmund 过滤器的 Filter Radius，将平滑产生的优化解。改变此值可以有助于用户避免已知的来自敏感度值中波动的问题。下面的选项允许用户指定一般起筋优化的过滤半径。

Relative to average edge length（相对平均边长度）

输入相对过滤器半径。Abaqus/CAE 将过滤器半径计算成指定的值乘以设计区域（将要优化的区域）中的平均单元长度。默认的值是 4。值为 0 则关闭过滤器；产生的筋优化可能生成不平滑的结果，虽然是数值最优，但不具有现实物理意义的解。

Absolute value（绝对值）

输入半径的绝对值。

3. 对于敏感性计算，选择优化是否应当仅考虑将要优化区域中的节点（默认的），或者考虑模型中的所有节点。

4. 输入 Bead perturbation 项的值。Abaqus/CAE 使用此值来计算在单元矩阵上使用有限差分的半解析敏感度分析。将有限差分计算成指定的摄动值乘以平均单元边长度。默认的值是 0.0001，此值适合于绝大部分的起筋优化问题。

18.7 构建设计响应

本节介绍设计响应编辑器和出现在设计响应编辑器中的选项，包括以下主题：

- 18.7.1 节 “创建和编辑一个设计响应”
- 18.7.2 节 “选择设计响应的数据源”
- 18.7.3 节 “组合设计响应”

18.7.1 创建和编辑一个设计响应

用户使用设计响应编辑器来创建和构建设计响应。用户可以将设计响应与模型的区域关联；然而，设计响应由单个的标量值组成，例如区域中的最大应力或者模型的总体积。此外，用户可以将设计响应与特定的步或者步中的载荷工况相关联。目标函数和约束使用设计响应。用户创建的优化类型决定可以使用设计响应；更多信息见《Abaqus 分析用户手册——分析卷》的 8.2.1 节“设计响应”。

一个设计响应可以覆盖多个模型。当与基础状态有关的线性摄动作为载荷工况不再足够时，用户可以在优化中包含多个模型。例如，可以通过创建用户非线性模型的多个副本，并且通过在每一个施加有不同载荷和边界条件的模型中创建一个步来仿真非线性载荷工况（Abaqus/CAE 不支持）。每一个模型必须具有相同的网格和相同的截面赋予，并且模型必须在用户的 Abaqus/CAE 版本中打开。

若要创建或者编辑一个设计响应，执行以下操作：

1. 从主菜单栏选择 Design Response→Create。

出现 Create Design Response 对话框。

技巧：用户可以采用两种方法来开始 Create 过程。

- 单击 Design Response Manager 中的 Create（用户可以通过从主菜单栏选择 Design Response→Manager 来显示 Design Response Manager）。
- 单击优化模块工具箱中的  工具。

2. 从提示区域选择将施加设计响应的区域。

- 选择 Whole Model（默认的）来对整个模型施加设计响应。
- 选择 Body（elements），并且选择设计响应将施加的区域。在优化过程中，设计响应将施加到选中区域中的单元。

• 选择 Point（nodes），并且选择将施加设计响应的区域。在优化过程中，设计响应将施加到选中区域中的节点。

默认情况下，Abaqus/CAE 允许用户选择模型的所有区域。使用 Selection 工具栏来将用户可以选择的目标类型改变成 Vertices、Edges、Faces 或者 Cells。更多信息见 6.3.2 节“根据对象类型过滤用户的选择”。

如果用户优先从现有集合的列表中选择，则进行下面的操作。

a. 单击提示区域右侧的 Sets。

Abaqus/CAE 显示包含可用集合列表的 Region Selection 对话框。

b. 选择感兴趣的集合并且单击 Continue。

注意：默认的选择方法基于用户最近使用的方法。要变化成其他方法，单击提示区域右侧的按钮 Select in Viewport 或者 Sets。

3. 完成优化设计响应区域的选择后，单击提示区域右侧的 Done。有关选择对象的更多信息，见第 6 章“在视口中选择对象”。

出现 Edit Design Response 对话框。

4. 默认情况下，优化模块假定一个设计响应，例如沿着一个轴的位移是在整体坐标系中定义的。要改变定义设计响应的坐标系，单击 CSYS 选项的并进行下面的操作。

1）在视口中选择一个现有的基准坐标系。

2）通过名称来选择一个现有的基准坐标系。

a. 从提示区域单击 Datum CSYS List 来显示基准坐标系的列表。

b. 从列表选择一个名称并且单击 OK。

3）从提示区域单击 Use Global CSYS 来改变成整体坐标系。

另外，单击来定义一个新的坐标系。

5. 从 Edit Design Response 对话框选择 Variable 标签页。

6. 选择变量，并且如果可以应用的话，选择变量的分量。

注意：默认情况下，优化模块显示选中优化任务可以使用的所有变量。要避免创建不能如期使用的设计响应，用户可以仅显示目标函数可以使用的变量，或者仅显示约束可以使用的变量。

7. 如果用户正在创建一个内力或者内力矩设计响应，则用户必须选择节点子集合区域。此区域包含形成单元横截面的节点，此单元在内力或者内力矩将最大或者最小的区域中。

8. 选择 Steps 标签页，然后指定模型和感兴趣的分析步或者载荷。此外，如果用户正在执行一个特征频率优化，则用户必须从 Steps 标签页选择感兴趣的模态。更多信息见 18.7.2 节“选择设计响应的数据源”。

9. 选择将在设计区域中的选中变量上应用的操作符。

• Sum of values：设计区域上值的总和。对于一些变量（例如体积、质量、惯性矩），Sum of values 是唯一的操作符，并且默认选中此操作符。

• Minimum value：设计区域上的最小值。

• Maximum value：设计区域上的最大值。对于一些变量（例如应力、接触应力和应变）Maximum value 是唯一的操作符，并且默认选中此操作符。

10. 如果可以应用的话，选择将应用到步和载荷上选中变量上的操作符。

- Sum of values：选中步或者载荷工况上的值总和。
- Minimum value：选中步或者载荷工况上的最小值。
- Maximum value：选中步或者载荷工况上的最大值。

11. 单击 OK 来保存用户的数据并退出编辑器。

18.7.2 选择设计响应的数据源

默认情况下，优化模块使用来自载荷工况的数据（如果有的话），以及来自用户 Abaqus 模型最后一步的数据来定义设计响应。另外，如果用户的模型包含多分析步或者载荷工况，则用户可以选择将使用哪一个步或者载荷条件来定义设计响应。最后，如果用户在程序会话中打开了多个模型，则用户可以选择将使用哪一个模型和每一个模型中哪一个步或者载荷工况来定义设计响应。

此外，如果设计响应计算特征频率，则用户可以选择要检查的模态或者模态范围。

若要选择设计响应的数据源，执行以下操作：

1. 从 Create Design Response 对话框选择 Steps 标签页。
2. 进行任何一个下面的操作。

- 选择 Use last step and last load case，使用来自最后分析步或者最后载荷工况的数据来定义设计响应。
- 选择 Specify，选择将用来定义设计响应的分析步或者载荷条件。

3. 如果用户选择了 Specify，则进行下面的操作来选择模型、分析步或者载荷工况（一个步中），用来定义设计响应。

- 选择 ✚ 将来自当前模型的步添加到步列表。
- 选择 ✚ 将来在当前模型的所有有效步添加到步列表。
- 选择 ✚ 将来自程序会话中打开模型的所有有效的步添加到步列表中（Abaqus/CAE 在当前模型名称旁边显示一个星号）。
- 选择 来从步列表中删除一个步。

4. 如果需要，单击表上的单元体，然后从出现的菜单选择其他模型、步或者载荷工况。
5. 如果设计响应将计算一个特征频率，则用户可以选择一个模态或者一定范围的模态，将从其中计算特征频率。
6. 如果设计区域是壳，则用户可以选择壳截面中的位置，优化模块将在这些位置上计算壳应力。用户可以从下面选择。

- 壳顶部、中部或者底部的壳应力值（中部层像膜那样不承受弯曲）。
- 壳顶部、中部或者底部的最大壳应力值。
- 壳顶部、中部或者底部的最小壳应力值。

7. 选择优化模块将如何从选中的区域提取设计响应。用户可以从下面选择。
- 选中区域的最大值。
- 选中区域的最小值。
- 选中区域的值总和。

8. 选中优化模块将如何从步和载荷工况中提取设计响应。用户可以从下面选择。
- 选中步和载荷工况的最大值。
- 选中步和载荷工况的最小值。
- 选中步和载荷工况的值总和。

9. 单击 OK 来保存用户的数据并退出编辑器。

18.7.3 组合设计响应

组合设计响应的最简单方法是使用设计响应的加权总和来创建目标函数。另外，用户可以使用设计响应编辑器来组合设计响应。用户应当谨慎组合设计响应来避免创建无意义的优化任务。此外，用户应当理解基于条件的优化和一般优化有何组合项，并且它们有何不同。本节包括以下主题：
- "为基于条件的拓扑优化和形状优化组合设计响应"
- "为一般拓扑优化组合设计响应"
- "为形状优化过滤设计响应"
- "为形状优化施加设计响应截止过滤器"
- "为形状优化归一化设计响应"

为基于条件的拓扑优化和形状优化组合设计响应

对于基于条件的拓扑和形状优化，对于组合四个设计响应（R_1、R_2、R_3 和 R_4），可以使用下面的方法：

加	$R_1+R_2+R_3+R_4$
乘	$R_1\times R_2\times R_3\times R_4$
最小	最小（R_1、R_2、R_3、R_4）
最大	最大（R_1、R_2、R_3、R_4）

对于基于条件的拓扑优化和形状优化，对于两个设计响应的组合（R_1 和 R_2），可以使用下面的方法：

减法	R_1-R_2
除法	$R_1\div R_2$

对于基于条件的拓扑优化和形状优化，对于单个设计响应的操作，可以使用下面的方法：

绝对值（absolute value）	abs（R_1）
正弦（sine）	sin（R_1）
余弦（cosine）	cos（R_1）
正切（tangent）	tan（R_1）
常用对数（common logarithm）	log（R_1）
自然对数（natural logarithm）	ln（R_1）
平方根（square root）	$\sqrt{R_1}$
指数（natural logarithm）	e（R_1）
N 次方根（N^{th} root）	$\sqrt[n]{R_1}$
N 次方	R_1^n
求整	int（R_1）
最近的整数（nearest integer number）	nint（R_1）
符号（sign）	sign（R_1）
Δ_{ij}，两个迭代之间的差异	$R_1 i - R_1 j$

为一般拓扑优化组合设计响应

对于一般的拓扑优化，用户可以创建一个计算成两个相同类型设计响应之间的绝对值，或者几个（至多10）位移设计响应的加权组合。典型的例子是使用两个设计响应之间的绝对位移差作为两个顶点彼此之间的位移约束。下面为可以组合的设计响应：

设计响应	绝对差异	加权总和
位移和转动	√	√
绝对位移和转动		
反作用力	√	√
绝对反作用力		
内力	√	√
绝对内力		
模态特征频率	√	

虽然设计响应是一个单独的标量值，但用户可以使用合适的加权来组合在不同方向上的或者不同坐标系中定义的多个设计响应。

为形状优化过滤设计响应

用户可以对设计响应施加一个过滤器，将平滑掉形状优化的局部峰值。将过滤器定义成

$$\Phi_j = \frac{\sum_{i-1}^{N} \Phi_j B_{ij}}{\sum_{i-1}^{N} B_{ij}},$$

$$B_{ij} = (r_j - d_{ij})^p,$$

$$r_j = r_{\max} e^{-0.5(k_{\max} f\sigma)},$$

$$k_{\max} = \max(|n_j \times n_k|),$$

其中，Φ_j 是节点 j 的过滤方程。主过滤器方程 B_{ij} 降低节点 i 和 j 之间的距离 d_{ij}。最大影响半径 $r_{\max}$ 定义从节点 i 到影响过滤器值的节点 j 之间的最大距离。局部斜率 $k_{\max}$ 通过节点法向 n_j 和相邻节点的法向 n_k 之间的向量叉乘来近似。曲率 r_j 定义一个加权函数来降低更高局部曲率处的半径。

用户可以指定下面的项：

- 影响的最大半径 $r_{\max}$。
- 分量 p 定义加权函数来控制节点 i 和节点 j 之间的距离影响。默认的值是 1.0。
- 面弯曲半径降低 σ。默认的 σ 值是 0.2。一个大值的 σ 会降低面曲率的影响。

为形状优化施加设计响应截止过滤器

用户可以施加一个过滤器来截止形状优化设计响应的局部峰值，可以指定下面的参数：

- 设计响应的下边界。将所有小于此下边界的值假定成零。
- 设计响应的上边界。将所有大于此上边界的值假定成上边界值。

为形状优化归一化设计响应

用户可以对向量进行归一化来用作计算形状优化算法中的项。用户可能想要使用加权在组合这些向量之前归一化设计响应；例如，如果对不同的区域施加不同的载荷。如果需要，用户可以施加下面的任何一个归一化：

- 以每一个设计循环中的最大值为基础的归一化（实际上，每一个循环的 1.0 正交化）。
- 以设计响应的初始值为基础的归一化（第一设计循环中的最大值）。

18.8 创建目标函数

目标函数定义用户优化的目标。要构建一个目标函数，用户可以选择一个设计响应或者多个设计响应的组合，并且指定目标；例如，要最小化模型中的总应变能。

若要创建或者编辑目标函数，执行以下操作：

1. 从主菜单栏选择 Objective Function→Create。

出现 Create Objective Function 对话框。

技巧：用户可以采用两种方法来开始 Create 过程。

- 单击 Objective Function Manager 中的 Create（用户可以通过从主菜单栏选择 Objective Function→Manager 来显示 Objective Function Manager）。
- 单击优化模块工具箱中的工具。

2. 从出现的 Create Objective Function 对话框输入目标函数的名称。

出现 Edit Objective Function 对话框。

3. 选择目标函数的 Target 项。用户可以选择下面的一个值。

- Minimize design response values：创建一个优化模型来试图最小化设计响应与参考值之间的加权差异之和。
- Maximize design response values：创建一个优化模型来试图最大化设计响应与参考值之间的加权差异之和。
- Minimize the maximum design response values：寻找设计响应和参考值之间的最大加权差异，并且创建一个优化模型来最小化此最大差异。

4. 从 Name 列中的菜单选择将用来定义此目标函数的设计响应。

目标函数编辑器显示设计响应的类型以及设计响应的默认权重和参考值。

5. 要创建一个多设计响应加权总和的目标函数，从下面的选项中进行选择。

- 选择来给设计响应的列表添加一个设计响应。
- 选项来给设计响应的列表添加所有的有效设计响应。
- 选择来从设计响应列表删除设计响应。
- 选择来创建一个新的设计响应，然后将其添加到设计响应列表。

6. 如果需要，单击目标函数的加权值或者参考值，并输入一个新的值。

7. 单击 OK 来保存用户的数据并退出编辑器。

18.9　创建约束

一个约束在优化过程中限制优化模块对模型的拓扑进行更改。如果不能满足约束，则优化不可行。要构建一个约束，用户选择一个设计响应或者多个设计响应的组合，并且指定约束的值；例如，优化后模型的体积可以限制成原始体积的 50%。

当用户执行一个优化过程时，Abaqus 从用户在优化模块中定义的约束生成历史输出。对于体积设计响应，总是将历史输出报告成与初始值的比。其他的设计响应会将历史输出报告成绝对值。

若要创建或者编辑一个约束，执行以下操作：

1. 从主菜单栏选择 Constraint→Create。

出现 Create Constraint 对话框。

技巧：用户可以采用两种方式开始 Create 过程。

• 单击 Constraint Manager 中的 Create（用户可以通过从主菜单栏选择 Constraint→Manager 来显示 Constraint Manager）。

• 单击优化模块工具箱中的工具。

2. 从出现的 Create Constraint 对话框输入约束的名称。

出现 Edit Constraint 对话框。

3. 从菜单选择将用来定义约束的设计响应。另外，用户可以选择来创建一个新的设计响应，并将此设计响应添加到设计响应列表中。

约束编辑器显示设计响应的类型，这些设计响应是用户要进行约束的变量。如果用户正在执行基于条件的优化，则用户必须选择一个体积约束。

4. 定义约束。编辑器提供不同的选项，取决于用户所选优化任务的类型。

• 如果用户正在为基于条件的拓扑或者形状优化定义一个约束，则体积约束可以是下面的任何一种。

—等于一个固定的值。

—等于与优化开始前的值的比。

• 如果用户正在为一般的拓扑优化定义约束，则约束可以是下面的任何一种。

—小于、大于或者等于一个固定的值。

—小于、大于或者等于与优化开始之前的值的比。

注意：在基于条件的拓扑或者形状优化过程中，逐步减少体积，直到在最后步中满足体积约束。对比而言，一般的拓扑优化满足第一个设计循环中的体积约束。因此，一般的拓扑优化以非常脆弱的结构开始，然后缩放单元密度来满足剩余的约束和目标。

5. 单击 OK 来保存用户的数据并退出编辑器。

18.10 构建几何约束

本节介绍几何约束编辑器和几何约束编辑器中出现的选项，包括以下主题：

- 18.10.1 节 “创建和编辑几何约束”
- 18.10.2 节 “创建拓扑优化和尺寸优化中的几何约束”
- 18.10.3 节 “创建形状优化中的几何约束”
- 18.10.4 节 “创建起筋优化中的几何约束”

18.10.1 创建和编辑几何约束

用户可以创建几何约束，来对优化模型施加在模型拓扑上的变化进行边界设置。几何约束包括不能删除材料的冻结区域以及制造约束，例如对妨碍从模具中取出优化模型的下陷结构进行限制。

若要创建或者编辑一个几何约束，执行以下操作：

1. 从主菜单栏选择 Geometric Restriction→Create。

出现 Create Geometric Restriction 对话框。

技巧：用户可以采用两种方法来开始 Create 过程。

- 单击 Geometric Restriction Manager 中的 Create（用户可以通过从主菜单栏选择 Geometric Restriction→Manager 来显示 Geometric Restriction Manager）。
- 单击优化模块工具箱中的工具。

2. 从出现的 Create Geometric Restriction 对话框输入几何约束的名称。

3. 选择要施加的几何约束类型，然后单击 Continue。

4. 从视口中选择将施加几何约束的区域，或者单击 Done 来对整个模型施加几何约束。

默认情况下，Abaqus/CAE 允许用户选择所有的模型。要选择面或者单元体，使用 Selection 工具栏来将用户可以选择的目标类型改变成 Face 或者 Cells。更多信息见 6.3.2 节“根据对象类型过滤用户的选择”。

如果用户优先从现有集合的列表中选择，则进行下面的操作。

a. 单击提示区域右侧的 Sets。

Abaqus/CAE 显示包含可用集合列表的 Region Selection 对话框。

b. 选择感兴趣的集合，然后单击 Continue。

注意：默认的选择方法基于用户最近采用的方法。要变成其他方法，单击提示区域右侧的 Select in Viewport 或者 Sets。

5. 完成几何约束区域的选择后，则单击提示区域中的 Done。有关选择对象的更多信息，见第 6 章“在视口中选择对象”。

出现 Edit Geometric Restriction 对话框。对话框的内容取决于用户正在创建的几何约束类型。

6. 单击 OK 来保存用户的数据并退出编辑器。

18.10.2 创建拓扑优化和尺寸优化中的几何约束

本节介绍如何在拓扑或者尺寸优化中创建一个几何形体约束，包括以下主题：

- “创建一个冻结区域的约束”
- “创建一个构件尺寸约束”
- “创建一个循环对称约束”
- “创建一个平面对称约束”
- “创建一个旋转对称约束”
- “创建一个点对称约束”
- “创建一个最小宽度约束”
- “创建一个厚度控制约束”
- “创建一个厚度集聚约束”
- “创建一个脱模约束”

1. 创建一个冻结区域的约束

用户可以选择在拓扑或者尺寸优化过程中将更改的模型区域。此区域持续对模型重量和惯量那样的变量有贡献。用户可以冻结接触其他零件的区域，例如用来支撑模型的区域，以及形成轴承面的区域。推荐用户冻结施加有指定条件的区域。用户可以冻结这些使用几何约束的区域；或者用户可以要求优化模块在创建拓扑优化任务时自动地冻结这些区域，如 18.6.1 节“创建优化任务”中描述的那样。冻结这些区域可以稳定优化，并且通常会使迭代数量显著降低。

若要创建冻结区域几何约束，执行以下操作：

1. 从主菜单栏选择 Geometric Restriction→Create。

出现 Create Geometric Restriction 对话框。

技巧：用户可以采用两种方法来开始 Create 过程。

- 单击 Geometric Restriction Manager 中的 Create（用户可以通过从主菜单栏选择 Geometric Restriction→Manager 来显示 Geometric Restriction Manager）。
- 单击优化模块工具箱中的工具。

2. 从出现的 Create Geometric Restriction 对话框输入几何形体约束的名称。

3. 从几何形体约束的列表选择 Frozen area 或者 Frozen area（Sizing），然后单击 Continue。

4. 从视口选择将冻结的区域。

默认情况下，Abaqus/CAE 允许用户选择所有的模型。要选择面或者单元体，使用 Selection 工具栏来将用户可以选择的对象类型改变成 Face 或者 Cells。更多信息见 6.3.2 节“根据对象类型过滤用户的选择”。

如果用户优先从现有集合的列表中选择，则进行下面的操作。

a. 单击提示区域右侧的 Sets。

Abaqus/CAE 显示包含可用集合列表的 Region Selection 对话框。

b. 选择感兴趣的集合，然后单击 Continue。

注意：默认的选择方法基于用户最近采用的方法。要变成其他方法，单击提示区域右侧的 Select in Viewport 或者 Sets。

5. 完成要冻结区域的选择后，单击提示区域中的 Done。有关选择对象的更多信息，见第 6 章“在视口中选择对象”。

出现 Edit Geometric Restriction 对话框。

6. 单击 OK 来冻结选中的区域并退出编辑器。

2. 创建一个构件尺寸约束

对于一个拓扑优化，用户可以指定模型选中区域的最小或者最大尺寸；例如，优化创建杆的区域中的最小尺寸。用户也可以指定杆之间的最小距离。指定最大构件尺寸强制优化将厚区域分割成几个更小的区域，并且防止优化创建浇注困难的大连续区域。指定最小构件大小避免加工困难的薄杆。最小的构件大小必须大于两倍的平均单元大小，来避免结果与网格大小相关。

在大部分的情况中，用户可以指定相同的最小和最大构件大小，则优化模块创建近似等于指定值的杆。要防止机构崩塌，优化模块试图避免在施加指定条件的区域中创建薄杆。

指定最小或者最大构件大小的计算成本是非常高的，所以应当仅在必要的地方使用。用户应当执行一个没有大小约束的优化来确定应当施加约束的区域。

注意：用户仅可以为一般的拓扑优化组合来构件大小约束和脱模约束。

若要创建构件尺寸几何约束，执行以下操作：

1. 从主菜单栏选择 Geometric Restriction→Create。

出现 Create Geometric Restriction 对话框。

技巧：用户可以采用两种方法来开始 Create 过程。

- 单击 Geometric Restriction Manager 中的 Create（用户可以通过从主菜单栏选择 Geometric Restriction→Manager 来显示 Geometric Restriction Manager）。
- 单击优化模块工具箱中的工具。

2. 从出现的 Create Geometric Restriction 对话框输入几何形体约束的名称。

3. 从几何形体约束的列表选择 Member size（Topology），然后单击 Continue。

4. 从视口选择将施加构件大小约束的区域，或者单击 Done 来对整个模型施加构件大小约束。

默认情况下，Abaqus/CAE 允许用户选择所有的模型。要选择面或者单元体，使用 Selection 工具栏来将用户可以选择的对象类型改变成 Face 或者 Cells。更多信息见 6.3.2 节“根据对象类型过滤用户的选择”。

如果用户优先从现有集合的列表中选择，则进行下面的操作。

a. 单击提示区域右侧的 Sets。

Abaqus/CAE 显示包含可用集合列表的 Region Selection 对话框。

b. 选择感兴趣的集合，然后单击 Continue。

注意：默认的选择方法基于用户最近采用的方法。要变成其他方法，单击提供区域右侧的 Select in Viewport 或者 Sets。

5. 完成要冻结区域的选择后，单击提示区域中的 Done。有关选择对象的更多信息，见第 6 章“在视口中选择对象”。

出现 Edit Geometric Restriction 对话框。

6. 进行下面的一个操作。

- 选择 Minimum thickness，然后输入最小构件厚度。
- 选择 Maximum thickness，然后输入最大构件厚度。
- 选择 Envelope，然后输入下面的选项：

—Minimum 构件厚度。

—Maximum 构件厚度。

—构件之间的 Minimum gap。

7. 单击 OK 来创建冻结区域几何约束，然后退出编辑器。

3. 创建一个循环对称约束

用户可以为拓扑或者尺寸优化指定循环对称几何约束。一个循环对称几何约束在指定距离上复制选中的区域，如图 18-3 所示。

图 18-3 循环对称的拓扑优化

选中区域沿着坐标系的一个轴进行复制。用户可以使用整体坐标系，或者创建一个基准坐标系（更多信息见 62.5.4 节“创建基准坐标系的方法概览”）。用户可以选择从对称约束中删除冻结的区域。

若要创建一个循环的对称约束，执行以下操作：

1. 从主菜单栏选择 Geometric Restriction→Create。

出现 Create Geometric Restriction 对话框。

技巧：用户可以采用两种方法来开始 Create 过程。

• 单击 Geometric Restriction Manager 中的 Create（用户可以通过从主菜单栏选择 Geometric Restriction→Manager 来显示 Geometric Restriction Manager）。

• 单击优化模块工具箱中的工具。

2. 从出现的 Create Geometric Restriction 对话框输入几何形体约束的名称。

3. 从几何形体约束的列表选择 Cyclic symmetry 或者 Cyclic symmetry（Sizing），然后单击 Continue。

4. 从视口选择将通过循环对称复制的区域，或者单击 Done 来对整个模型施加循环对称约束。

默认情况下，Abaqus/CAE 允许用户选择所有的模型。要选择面或者单元体，使用 Selection 工具栏来将用户可以选择的对象类型改变成 Face 或者 Cells。更多信息见 6.3.2 节“根据对象类型过滤用户的选择”。

如果用户优先从现有集合的列表中选择，则进行下面的操作。

a. 单击提示区域右侧的 Sets。

Abaqus/CAE 显示包含可用集合列表的 Region Selection 对话框。

b. 选择感兴趣的集合，然后单击 Continue。

注意：默认的选择方法基于用户最近采用的方法。要变成其他方法，单击提示区域右侧的 Select in Viewport 或者 Sets。

5. 完成要冻结区域的选择后，单击提示区域中的 Done。有关选择对象的更多信息，见第 6 章“在视口中选择对象”。

出现 Edit Geometric Restriction 对话框。

6. 选择坐标系，然后选择将复制区域的轴方向。

7. 输入选中区域将沿着轴平移的距离。

8. 如果需要，切换选中 Ignore frozen area 来从将平移的约束中删除任何冻结区域。

9. 单击 OK 来创建循环对称几何区域约束，然后退出编辑器。

4. 创建一个平面对称约束

用户可以为拓扑或者尺寸优化指定平面对称的几何约束。一个平面对称几何约束强制被优化的模型关于一个指定的平面对称，如图 18-4 所示。

图 18-4　平面对称的拓扑优化

用户通过选择与对称面垂直的坐标系轴来指定对称平面。用户可以使用整体坐标系，或者创建一个基准坐标系（更多信息见 62.5.4 节“创建基准坐标系的方法概览”）。用户可以选择从对称约束删除冻结的区域。

若要创建一个平面对称的约束，执行以下操作：

1. 从主菜单栏选择 Geometric Restriction→Create。

出现 Create Geometric Restriction 对话框。

技巧：用户可以采用两种方法来开始 Create 过程。

- 单击 Geometric Restriction Manager 中的 Create（用户可以通过从主菜单栏选择 Geometric Restriction→Manager 来显示 Geometric Restriction Manager）。
- 单击优化模块工具箱中的工具。

2. 从出现的 Create Geometric Restriction 对话框输入几何形体约束的名称。

3. 从几何形体约束的列表中选择 Planar symmetry 或者 Planar symmetry（Sizing），然后单击 Continue。

4. 从视口选择将实施平面对称的区域，或者单击 Done 来对整个模型施加平面对称约束。

默认情况下，Abaqus/CAE 允许用户选择所有的模型。要选择面或者单元体，使用 Selection 工具栏来将用户可以选择的对象类型改变成 Face 或者 Cells。更多信息见 6.3.2 节“根据对象类型过滤用户的选择”。

如果用户优先从现有集合的列表中选择，则进行下面的操作。

a. 单击提示区域右侧的 Sets。

Abaqus/CAE 显示包含可用集合列表的 Region Selection 对话框。

b. 选择感兴趣的集合，然后单击 Continue。

注意：默认的选择方法基于用户最近采用的方法。要变成其他方法，单击提示区域右侧的 Select in Viewport 或者 Sets。

5. 完成要冻结区域的选择后，单击提示区域中的 Done。有关选择对象的更多信息，见第 6 章“在视口中选择对象”。

出现 Edit Geometric Restriction 对话框。

6. 选择坐标系，然后选择代表对称平面法线的坐标系轴。

7. 如果需要，切换选中 Ignore frozen area 来从对称约束中删除任何冻结区域。

8. 单击 OK 来创建平面对称几何约束，然后退出编辑器。

5. 创建一个旋转对称约束

用户可以为拓扑或者尺寸优化指定旋转对称的几何约束。一个旋转对称几何约束强制优化的模型关于一个指定的轴对称，如图 18-5 所示。

图 18-5　旋转对称的拓扑优化

用户通过选择坐标系轴来指定对称轴。用户可以使用整体坐标系，或者创建一个基准坐标系（更多信息见 62.5.4 节“创建基准坐标系的方法概览”）。此外，用户必须输入指定重复片段部分的角度大小。用户可以选择从对称约束删除冻结的区域。

若要创建一个旋转对称约束，执行以下操作：

1. 从主菜单栏选择 Geometric Restriction→Create。

出现 Create Geometric Restriction 对话框。

技巧：用户可以采用两种方法来开始 Create 过程。

• 单击 Geometric Restriction Manager 中的 Create（用户可以通过从主菜单栏选择 Geometric Restriction→Manager 来显示 Geometric Restriction Manager）。

• 单击优化模块工具箱中的工具。

2. 从出现的 Create Geometric Restriction 对话框输入几何形体约束的名称。

3. 从几何形体约束的列表选择 Rotational symmetry 或者 Rotational symmetry（Sizing），然后单击 Continue。

4. 从视口选择将实施轴对称的区域，或者单击 Done 来对整个模型施加轴对称约束。

默认情况下，Abaqus/CAE 允许用户选择所有的模型。要选择面或者单元体，使用 Selection 工具栏来将用户可以选择的对象类型改变成 Face 或者 Cells。更多信息见 6.3.2 节“根据对象类型过滤用户的选择”。

如果用户优先从现有集合的列表选择，则进行下面的操作。

a. 单击提示区域右侧的 Sets。

Abaqus/CAE 显示包含可用集合列表的 Region Selection 对话框。

b. 选择感兴趣的集合，然后单击 Continue。

注意：默认的选择方法基于用户最近采用的方法。要变成其他方法，单击提示区域右侧的 Select in Viewport 或者 Sets。

5. 完成要冻结区域的选择后，单击提示区域中的 Done。有关选择对象的更多信息，见第 6 章“在视口中选择对象”。

出现 Edit Geometric Restriction 对话框。

6. 选择坐标系，然后选择代表对称平面法线的坐标系轴。

7. 输入 Repeating segment size，指定重复部分的角度大小（度为单位）。此值必须大于或者等于 2°。

8. 如果需要，切换选中 Ignore frozen area 来从对称区域中删除任何冻结区域。

9. 单击 OK 来创建旋转对称几何约束，然后退出编辑器。

6. 创建一个点对称约束

用户可以为拓扑或者尺寸优化指定点对称的几何约束。一个点对称几何约束强制优化后的模型关于一个指定点对称，如图 18-6 所示。

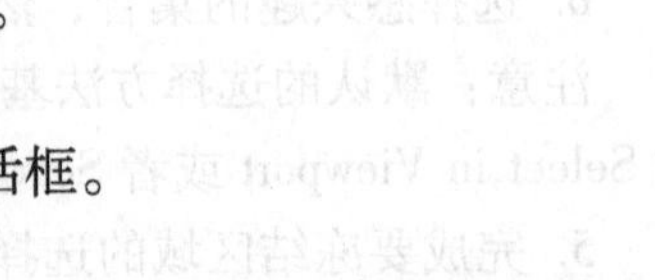

图 18-6 点对称的拓扑优化

用户通过选择坐标系轴来指定对称点（假定对称点是坐标系的原点）。用户可以使用整体坐标系，或者创建一个基准坐标系（更多信息见 62.5.4 节“创建基准坐标系的方法概览”）。用户可以选择从对称约束删除冻结的区域。

若要创建一个点对称约束，执行以下操作：

1. 从主菜单栏选择 Geometric Restriction→Create。

出现 Create Geometric Restriction 对话框。

技巧：用户可以采用两种方法来开始 Create 过程。

- 单击 Geometric Restriction Manager 中的 Create（用户可以通过从主菜单栏选择 Geometric Restriction→Manager 来显示 Geometric Restriction Manager）。
- 单击优化模块工具箱中的工具。

2. 从出现的 Create Geometric Restriction 对话框输入几何形体约束的名称。

3. 从几何形体约束的列表中选择 Point symmetry 或者 Point symmetry（Sizing），然后单击 Continue。

4. 从视口选择将实施点对称的区域，或者单击 Done 来对整个模型施加点对称约束。

默认情况下，Abaqus/CAE 允许用户选择所有的模型。要选择面或者单元体，使用 Selection 工具栏来将用户可以选择的对象类型改变成 Face 或者 Cells。更多信息见 6.3.2 节“根据对象类型过滤用户的选择”。

如果用户优先从现有集合的列表中选择，则进行下面的操作。

a. 单击提示区域右侧的 Sets。

Abaqus/CAE 显示包含可用集合列表的 Region Selection 对话框。

b. 选择感兴趣的集合，然后单击 Continue。

注意：默认的选择方法基于用户最近采用的方法。要变成其他方法，单击提示区域右侧的 Select in Viewport 或者 Sets。

5. 完成要冻结区域的选择后，单击提示区域中的 Done。有关选择对象的更多信息，见第 6 章“在视口中选择对象”。

出现 Edit Geometric Restriction 对话框。

6. 选择坐标系，假定对称点是选中坐标系的原点。

7. 如果需要，切换选中 Ignore frozen area 来从对称约束中删除任何冻结区域。

8. 单击 OK 来创建旋转对称几何约束，然后退出编辑器。

7. 创建一个最小宽度约束

在使用壳单元模拟金属板筋结构时，一个尺寸优化确定优化的单元厚度。指定包含相同厚度单元的区域的最小宽度，防止在尺寸优化后的解中出现等厚度单元的窄区域块。指定一个最小宽度也将防止壳厚度的振荡，或者单元厚度的“棋盘”样式。最小宽度必须大于单元边的平均长度。

若要创建一个最小宽度几何形体约束，执行以下操作：

1. 从主菜单栏选择 Geometric Restriction→Create。

出现 Create Geometric Restriction 对话框。

技巧：用户可以采用两种方法来开始 Create 过程。

• 单击 Geometric Restriction Manager 中的 Create（用户可以通过从主菜单栏选择 Geometric Restriction→Manager 来显示 Geometric Restriction Manager）。

• 单击优化模块工具箱中的工具。

2. 在出现的 Create Geometric Restriction 对话框中输入几何形体约束的名称。

3. 从几何形体约束的列表选择 Member size（Sizing），然后单击 Continue。

4. 从视口选择将施加最小宽度约束的区域，或者单击 Done 来对整个模型施加最小宽度约束。

默认情况下，Abaqus/CAE 允许用户选择所有的模型。要选择面或者单元体，使用 Selection 工具栏来将用户可以选择的对象类型改变成 Face 或者 Cells。更多信息见 6.3.2 节“根据对象类型过滤用户的选择”。

如果用户优先从现有集合的列表中选择，则进行下面的操作。

a. 单击提示区域右侧的 Sets。

Abaqus/CAE 显示包含可用集合列表的 Region Selection 对话框。

b. 选择感兴趣的集合，然后单击 Continue。

注意：默认的选择方法基于用户最近采用的方法。要变成其他方法，单击提示区域右侧的 Select in Viewport 或者 Sets。

5. 完成要冻结区域的选择后，单击提示区域中的 Done。有关选择对象的更多信息，见第 6 章“在视口中选择对象”。

出现 Edit Geometric Restriction 对话框。

6. 选择 Minimum width 并且输入最小宽度。

7. 单击 OK 来创建最小宽度几何约束，然后退出编辑器。

8. 创建一个厚度控制约束

当用户正在构建一个尺寸优化时，可以指定壳单元的厚度上界和下界。值可以是一个绝对厚度或者与初始厚度的比。

若要创建一个厚度控制几何约束，执行以下操作：

1. 从主菜单栏选择 Geometric Restriction→Create。

出现 Create Geometric Restriction 对话框。

技巧：用户可以采用两种方法来开始 Create 过程。

• 单击 Geometric Restriction Manager 中的 Create（用户可以通过从主菜单栏选择 Geometric Restriction→Manager 来显示 Geometric Restriction Manager）。

• 单击优化模块工具箱中的工具。

2. 在出现的 Create Geometric Restriction 对话框输入几何形体约束的名称。

3. 从几何形体约束的列表选择 Thickness control（Sizing），然后单击 Continue。

4. 从视口选择将实施厚度控制约束的区域，或者单击 Done 来对整个模型施加厚度控制约束。

默认情况下，Abaqus/CAE 允许用户选择所有的模型。要选择面或者单元体，使用 Selection 工具栏来将用户可以选择的对象类型改变成 Face 或者 Cells。更多信息见 6.3.2 节“根据对象类型过滤用户的选择”。

如果用户优先从现有集合的列表选择，则进行下面的操作。

a. 单击提示区域右侧的 Sets。

Abaqus/CAE 显示包含可用集合列表的 Region Selection 对话框。

b. 选择感兴趣的集合，然后单击 Continue。

注意：默认的选择方法基于用户最近采用的方法。要变成其他方法，单击提示区域右侧的 Select in Viewport 或者 Sets。

5. 完成要冻结区域的选择后，单击提示区域中的 Done。有关选择对象的更多信息，见第 6 章“在视口中选择对象”。

出现 Edit Geometric Restriction 对话框。

6. 进行下面的操作。

- 选择 Thickness by value 项，输入壳单元厚度的绝对值。
- 选择 Thickness by fraction 项，输入壳单元厚度与初始值的比。

7. 选择 Minimum 来输入最小厚度。

8. 选择 Maximum 来输入最大厚度。

9. 单击 OK 来创建厚度控制几何约束，然后退出编辑器。

9. 创建一个厚度集聚约束

用户可以在尺寸优化之后，指定选中的区域包含等厚度壳单元的集聚。用户可以使用集聚来在用户优化的金属板筋结构中生成加强筋或者加强圈，或者在等厚度的区域之间定义镶边。集聚区域可以是使用等厚度板材的制造中再生成的区域；例如，由焊接和冲压单个金属板筋结构形成的汽车“白车身”。要允许最大的设计灵活性，用户应当首先不指定集聚来优化用户的结构，然后再使用初始的设计来决定对用户的最终优化中的哪一个区域进行集聚。

若要创建一个厚度集聚几何约束，执行以下操作：

1. 从主菜单栏选择 Geometric Restriction→Create。

出现 Create Geometric Restriction 对话框。

技巧：用户可以采用两种方法来开始 Create 过程。

- 单击 Geometric Restriction Manager 中的 Create（用户可以通过从主菜单栏选择 Geometric Restriction→Manager 来显示 Geometric Restriction Manager）。
- 单击优化模块工具箱中的工具。

2. 从出现的 Create Geometric Restriction 对话框输入几何形体约束的名称。

3. 从几何约束的列表选择 Cluster areas（Sizing），然后单击 Continue。

出现 Edit Geometric Restriction 对话框。

4. 从 Eligible Sets 列表中选择在优化之后，将包含等厚度壳单元集聚的指定区域的集合。

注意：如果不存在想要的集合，则单击 来创建集合。

5. 单击箭头来将选中的集合移动到 Selected Sets 列表中。

6. 单击 OK 来创建厚度集聚几何形体约束，然后退出编辑器。

10. 创建一个脱模约束

用户可以为拓扑优化指定脱模几何形体约束。脱模几何形体约束强制优化模型满足指定的制造优化；例如，此约束可以防止必须从模具中拔出的零件出现下陷和中空区域。

若要创建一个脱模约束，执行以下操作：

1. 从主菜单栏选择 Geometric Restriction→Create。

出现 Create Geometric Restriction 对话框。

技巧：用户可以采用两种方法来开始 Create 过程。

- 单击 Geometric Restriction Manager 中的 Create（用户可以通过从主菜单栏选择 Geometric Restriction→Manager 来显示 Geometric Restriction Manager）。
- 单击优化模块工具箱中的 工具。

2. 从出现的 Create Geometric Restriction 对话框输入几何形体约束的名称。

3. 从几何形体约束的列表选择 Demold，然后单击 Continue。

4. 从视口选择将实施脱模约束的区域，或者单击 Done 来对整个模型施加脱模对称约束。

默认情况下，Abaqus/CAE 允许用户选择所有的模型。要选择面或者单元体，使用 Selection 工具栏来将用户可以选择的对象类型改变成 Face 或者 Cells。更多信息见 6.3.2 节“根据对象类型过滤用户的选择”。

如果用户优先从现有集合的列表选择，则进行下面的操作。

a. 单击提示区域右侧的 Sets。

Abaqus/CAE 显示包含可用集合列表的 Region Selection 对话框。

b. 选择感兴趣的集合，然后单击 Continue。

注意：默认的选择方法基于用户最近采用的方法。要变成其他方法，单击提示区域右侧的 Select in Viewport 或者 Sets。

5. 完成要冻结区域的选择后，单击提示区域中的 Done。有关选择对象的更多信息，见第 6 章“在视口中选择对象”。

出现 Edit Geometric Restriction 对话框。

6. 默认情况下，优化模块检查冲突的区域，与实施脱模约束的区域是相同的。如果需要，从 Edit Geometric Restriction 对话框的顶部选择 ，然后选择冲突检查区域。要避免空腔，冲突检查区域应当包括脱模区域以及脱模区域附近的任何单元体。

7. 选择下面的脱模技术。

• 选择 Demolding with a central plane，然后选择优化模块将如何确定中平面。

—选择 Determine automatically。优化模块确定中平面的优化位置，优化在拉动方向上或者相反方向上添加或去除材料。切换选中 Prevent hole formation 来防止优化从中平面删除材料。

—选择 Specify，然后单击 来选择中平面上的点。优化模块创建的结构可以从中平面的两个拉动方向上从模具中取出。

• 选择 Forging（deform only in the pull direction）。将两个半模相遇的中平面假定成位于模具的后面，并且与拉动方向垂直。优化仅在拉动方向上添加或者去除材料。

• 选择 Stamping。如果优化模块决定从结构删除一个单元，则也删除单元后面的所有单元，或者单元前面的所有单元（相对于拉动方向的向量）。

• 选择 Demolding at the region surface 来强制优化仅从约束区域的面添加或者去除材料。

8. 单击 ，然后选择两个点来指定沿着拉动方向的向量。

9. 输入 Draft angle 项的值。此拔模角是将引入优化模型中的，相对于拉动方向的一个小角度，来确保零件可以从模块中移出。正常的值为 0°~10°。

10. 单击 OK 来创建脱模几何形体约束并退出编辑器。

18.10.3 创建形状优化中的几何约束

本节介绍如何在形状优化中创建一个几何约束，包括以下主题：

- “创建一个构件尺寸约束”
- “创建一个平面对称约束”
- “创建一个旋转对称约束”
- “创建一个点对称约束”
- “创建一个冲压控制约束”
- “创建一个转动控制约束”
- “创建一个脱模控制约束”
- “创建一个钻孔控制约束”
- “创建一个穿透检查约束”
- “创建一个固定区域约束”
- “创建一个成长约束”
- “创建一个设计方向约束”
- “创建一个滑动区域控制约束”

1. 创建一个构件尺寸约束

用户可以指定模型选中区域的最小或者最大尺寸；例如，形状优化过程中更改的肋最小厚度。可以将用户输入的值考虑成半径。在优化过程中，优化模块将构件的厚度约束成用户输入值的两倍（直径）。如果用户输入最小厚度值，则优化模块调整面节点，使得沿着模型面的垂直方向必须达到最小直径。如果结构小于特定区域中的指定值，则形状优化仅允许成长，直到区域中的构件尺寸满足约束。相反，如果用户输入最大厚度的值，则优化模块调整面节点，使得沿着模型面的垂直方向必须达到最大直径。如果结构在特定区域中大于指定的值，则形状优化仅允许收缩，直到区域中的构件尺寸满足约束。

若要创建一个构件尺寸几何形体约束，执行以下操作：

1. 从主菜单栏选择 Geometric Restriction→Create。

出现 Create Geometric Restriction 对话框。

技巧：用户可以采用两种方法来开始 Create 过程。

• 单击 Geometric Restriction Manager 中的 Create（用户可以通过从主菜单栏选择 Geometric Restriction→Manager 来显示 Geometric Restriction Manager）。

• 单击优化模块工具箱中的▢工具。

2. 从出现的 Create Geometric Restriction 对话框输入几何形体约束的名称。

3. 从几何形体约束的列表选择 Member size（Shape），然后单击 Continue。

4. 从视口选择将实施膜尺寸约束的区域，或者单击 Done 来对整个模型施加构件尺寸约束。

默认情况下，Abaqus/CAE 允许用户选择所有的模型。要选择面或者单元体，使用 Selection 工具栏来将用户可以选择的对象类型改变成 Face 或者 Cells。更多信息见 6.3.2 节“以对象的类型为基础来过滤用户的选择”。

5. 如果用户优先从现有集合的列表中选择，则进行下面的操作。

a. 单击提示区域右侧的 Sets。

Abaqus/CAE 显示包含可用集合列表的 Region Selection 对话框。

b. 选择感兴趣的集合，然后单击 Continue。

注意：默认的选择方法基于用户最近采用的方法。要变成其他方法，单击提示区域右侧的 Select in Viewport 或者 Sets。

6. 完成要冻结区域的选择后，单击提示区域中的 Done。有关选择对象的更多信息，见第 6 章“在视口中选择对象”。

出现 Edit Geometric Restriction 对话框。

7. 进行下面的操作。

• 选择 Minimum thickness 项，输入构件的最小半径。

• 选择 Maximum thickness 项，输入构件的最大半径。

8. 如果需要，切换选中 Ignore in first design cycle（默认的）。当优化开始时，假定选中的区域已经包括厚度大于最小厚度的构件。如果区域包含更小的构件，则优化模块发出警告并且试图继续。如果切换不选 Ignore in first design cycle，并且区域包括更小的构件，则优化模块发出一个错误信息并且停止运行。

9. 单击 OK 来创建构件尺寸几何约束，然后退出编辑器。

2. 创建一个平面对称约束

用户可以为形状优化指定一个平面对称几何约束。一个平面对称几何约束强制优化模型的选中面关于指定的平面对称。用户通过选择与对称平面垂直的坐标轴来指定对称平面。坐标系的原点是对称平面上的点。用户可以使用整体坐标系，或者创建一个基准坐标系（更多信息见 62.5.4 节“创建基准坐标系的方法概览”）。

网格必须在优化开始之前关于对称平面近似对称，这样优化模块可以对称平面任何一侧上的节点对——主节点和从节点。默认情况下，主节点是优化移动最大的节点（最大增长）或者移动最小的节点（最小收缩）。优化位移移动主节点，并且对称条件为从节点施加相等的位移，这样从节点对于主节点保持对称。另外，如果用户试图优化接触中的面，则用户可以强制优化模块将主节点选择成成长最小的或者收缩最大的节点。

若要创建一个平面对称约束，执行以下操作：

1. 从主菜单栏选择 Geometric Restriction→Create。

出现 Create Geometric Restriction 对话框。

技巧：用户可以采用两种方法来开始 Create 过程。

- 单击 Geometric Restriction Manager 中的 Create（用户可以通过从主菜单栏选择 Geometric Restriction→Manager 来显示 Geometric Restriction Manager）。
- 单击优化模块工具箱中的工具。

2. 从出现的 Create Geometric Restriction 对话框输入几何形体约束的名称。

3. 从几何形体约束的列表中选择 Planar symmetry，然后单击 Continue。

4. 从视口选择将施加平面对称的面。更多信息见 6.2.4 节“使用面曲率方法选择多个面”。

如果用户优先从现有集合的列表选择，则进行下面的操作。

a. 单击提示区域右侧的 Sets。

Abaqus/CAE 显示包含可用集合列表的 Region Selection 对话框。

b. 选择感兴趣的集合，然后单击 Continue。

注意：默认的选择方法基于用户最近采用的方法。要变成其他方法，单击提示区域右侧的 Select in Viewport 或者 Sets。

5. 当用户完成面选择时，单击提示区域中的 Done。

出现 Edit Geometric Restriction 对话框。

6. 选择坐标系，然后选择坐标系的轴来代表对称平面的法向。

7. 选择优化确定主点的方法。在绝大部分情况中，用户应当选择 Determine from most growth and least shrinkage。用户应当仅在试图优化接触中包含的面时，才应当选择 Determine from least growth and most shrinkage。

8. 输入将用来确定 X 轴、Y 轴和 Z 轴中的对称点的容差。

优化模块使用容差来确定关于对称平面对称的节点对。

9. 如果需要，切换选中 Ignore in first design cycle（默认的）。当优化开始时，假定面已经是关于平面对称的了。如果面不是对称的，则优化模块发出警告并且试图继续。如果切换不选 Ignore in first design cycle，并且面不是对称的，则优化模块发出一个错误信息并且停止运行。

10. 单击 OK 来创建平面对称几何形体约束，然后退出编辑器。

3. 创建一个旋转对称约束

用户可以为形状优化指定一个旋转对称几何约束。一个旋转对称几何约束强制优化模型的选中面关于指定的轴对称。用户通过选择代表轴的开始坐标和结束坐标来选择对称轴。用户可以使用整体坐标系，或者创建一个基准坐标系（更多信息见 62. 5. 4 节“创建基准坐标系的方法概览”）。

网格必须在优化开始之前关于对称轴近似对称，这样优化模块可以确定位于选中面上的节点组，此选中面位于垂直对称轴的平面上。默认情况下，主节点是优化移动最大的组（最大增长）或者移动最小的组（最小收缩）中的节点。优化移动主节点，并且对称条件对从节点施加相等的位移，这样从节点关于轴保持对称。如果用户正在尝试优化接触中的面，则用户可以强制优化模块将主节点选择成成长最小的节点或者收缩最大的节点。另外，用户可以选择一个单独的节点，将用作所有其他节点的主节点。优化确定如何移动主节点，并且将所有其他的节点移动相同的量，这样这些节点关于选中的轴保持对称。

若要创建一个轴对称约束，执行以下操作：

1. 从主菜单栏选择 Geometric Restriction→Create。

出现 Create Geometric Restriction 对话框。

技巧：用户可以采用两种方法来开始 Create 过程。

- 单击 Geometric Restriction Manager 中的 Create（用户可以通过从主菜单栏选择 Geometric Restriction→Manager 来显示 Geometric Restriction Manager）。
- 单击优化模块工具箱中的工具。

2. 在出现的 Create Geometric Restriction 对话框中输入几何形体约束的名称。

3. 从几何形体约束的列表选择 Rotational symmetry（Shape），然后单击 Continue。

4. 从视口选择将施加旋转对称的面。更多的信息见 6. 2. 4 节“使用面曲率方法选择多个面”。

如果用户优先从现有集合的列表选择，则进行下面的操作。

a. 单击提示区域右侧的 Sets。

Abaqus/CAE 显示包含可用集合列表的 Region Selection 对话框。

b. 选择感兴趣的集合，然后单击 Continue。

注意：默认的选择方法基于用户最近采用的方法。要变成其他方法，单击提示区域右侧的 Select in Viewport 或者 Sets。

5. 完成面的选择后，单击提示区域中的 Done。

出现 Edit Geometric Restriction 对话框。

6. 输入代表对称轴的向量起点坐标和终点坐标。

7. 切换选中 Create a repeating pattern，然后输入优化创建的样式将重复的角度。角度值必须在 0°到 360°之间。0°说明从节点是关于对称轴对称的，但是优化不创建重复的样式。

8. 选择优化确定主点的方法。在绝大部分情况中，用户应当选择 Determine from most growth and least shrinkage。仅当用户试图优化的面包含在接触中时，才应当选择 Determine from least growth and most shrinkage。

另外，用户可以选择 Region，并且选择将用来代表主节点的顶点。

9. 输入将用来确定 X 轴、Y 轴和 Z 轴中的对称点的容差。

优化模块使用容差来确定面上的多个节点，这些节点位于与对称轴垂直的平面上，并且这些节点距离对称轴的距离相等。

10. 如果需要，切换选中 Ignore in first design cycle（默认的）。当优化开始时，假定面已经是关于平面对称的了。如果面不是对称的，则优化模块发出警告并且试图继续。如果切换不选 Ignore in first design cycle，并且面不是对称的，则优化模块发出一个错误信息并且停止运行。

11. 单击 OK 来创建旋转对称几何形体约束，然后退出编辑器。

4. 创建一个点对称约束

用户可以为形状优化指定一个点对称几何约束。一个点对称几何约束强制优化模型的选中面关于指定的轴对称。用户通过选择一个坐标系来指定对称点（假定对称点是坐标系的原点）。用户可以使用整体坐标系，或者创建一个基准坐标系（更多的信息见 62.5.4 节“创建基准坐标系的方法概览”）。

网格必须在优化开始之前关于点近似对称，这样优化模块可以确定对称点每一侧的节点对——主节点和从节点。默认情况下，主节点是优化移动最大的节点（最大增长）或者移动最小的节点（最小收缩）中的节点。优化移动主节点，并且对称条件对从节点施加相等的位移，这样从节点保持与主节点对称。如果用户正在尝试优化接触中的面，则用户可以强制优化模块将主节点选择成成长最小的或者收缩最大的节点。

若要创建一个点对称约束，执行以下操作：

1. 从主菜单栏选择 Geometric Restriction→Create。

出现 Create Geometric Restriction 对话框。

技巧：用户可以采用两种方法来开始 Create 过程。

- 单击 Geometric Restriction Manager 中的 Create（用户可以通过从主菜单栏选择 Geometric Restriction→Manager 来显示 Geometric Restriction Manager）。

- 单击优化模块工具箱中的工具。

2. 在出现的 Create Geometric Restriction 对话框输入几何形体约束的名称。

3. 从几何形体约束的列表中选择 Point symmetry（Shape），然后单击 Continue。

4. 从视口选择将施加点对称的面。更多信息见 6.2.4 节“使用面曲率方法选择多个面”。

如果用户优先从现有集合的列表中选择，则进行下面的操作。

a. 单击提示区域右侧的 Sets。

Abaqus/CAE 显示包含可用集合列表的 Region Selection 对话框。

b. 选择感兴趣的集合，然后单击 Continue。

注意：默认的选择方法基于用户最近采用的方法。要变成其他方法，单击提示区域右侧的 Select in Viewport 或者 Sets。

5. 当用户完成面选择时，单击提示区域中的 Done。

出现 Edit Geometric Restriction 对话框。

6. 选择坐标系。假定对称点是选中坐标系的原点。

7. 选择优化确定主点的方法。在绝大部分情况中，用户应当选择 Determine from most growth and least shrinkage。仅当试图优化的面包含在接触中时，才应当选择 Determine from least growth and most shrinkage。

另外，用户可以选择 Region，并且选择将用来代表主节点的顶点。

8. 输入将用来确定对称点的 X 轴、Y 轴和 Z 轴中的容差。

优化模块使用容差来确定对于对称点对称的多个节点。

9. 如果需要，切换选中 Ignore in first design cycle（默认的）。当优化开始时，假定面已经是关于点对称的。如果面不是对称的，则优化模块发出警告并且试图继续。如果切换不选 Ignore in first design cycle，并且面不是对称的，则优化模块发出一个错误信息并且停止运行。

10. 单击 OK 来创建点对称几何形体约束，然后退出编辑器。

5. 创建一个冲压控制约束

用户可以为形状优化指定一个冲压控制几何约束。一个冲压控制几何约束产生的优化模型，可以由工具和模具冲压操作沿着指定方向制造出来。用户通过选择代表方向向量起点和终点的坐标来选择方向。用户可以使用整体坐标系，或者创建一个基准坐标系（更多信息见 62.5.4 节“创建基准坐标系的方法概览”）。

网格必须在优化开始之前定义一个可冲压的模型，否则在第一次迭代中，在优化创建一个可冲压模型时，网格可能变得扭曲。主节点可以位于冲压约束控制的选中区域中的任何地方。默认情况下，主节点是区域中优化移动最多的（最大成长）节点，或者移动最少的（最少收缩）的节点。优化移动主节点，并且冲压条件对区域中的剩余节点（从节点）施加相等的位移，这样模型保持可冲压性。如果用户试图优化接触中的面，则用户可以强制优化模块将主节点选择成优化施加最小成长或者最大收缩量的节点。另外，用户可以选择一个单独的点，将用作所有其他节点的主节点。优化确定移动主节点多少，并且所有其他的节点移动相同的量，这样模型保持可冲压性。

若要创建一个冲压控制约束，执行以下操作：

1. 从主菜单栏选择 Geometric Restriction→Create。

出现 Create Geometric Restriction 对话框。

技巧：用户可以采用两种方法来开始 Create 过程。

- 单击 Geometric Restriction Manager 中的 Create（用户可以通过从主菜单栏选择 Geometric Restriction→Manager 来显示 Geometric Restriction Manager）。
- 单击优化模块工具箱中的工具。

2. 从出现的 Create Geometric Restriction 对话框输入几何形体约束的名称。

3. 从几何形体约束的列表选择 Stamp control，然后单击 Continue。

4. 从视口选择将施加冲压控制的面。更多信息见 6.2.4 节“使用面曲率方法选择多个面”。

如果用户优先从现有的面集合列表中选择，则进行下面的操作。

a. 单击提示区域右侧的 Sets。

Abaqus/CAE 显示包含可用集合列表的 Region Selection 对话框。

b. 选择感兴趣的集合，然后单击 Continue。

注意：默认的选择方法基于用户最近采用的方法。要变成其他方法，单击提示区域右侧的 Select in Viewport 或者 Sets。

5. 当用户完成面选择时，单击提示区域中的 Done。

出现 Edit Geometric Restriction 对话框。

6. 输入代表冲压模具移动方向的向量起点和终点坐标。

7. 输入拔模角，代表创建冲压模型的拔模角。值必须为 0°~45°。

8. 输入在冲压区域中可接受的根切量正值。

9. 选择优化确定主点的方法。在绝大部分情况中，用户应当选择 Determine from most growth and least shrinkage。仅当试图优化的面包含在接触中时，才应当选择 Determine from least growth and most shrinkage。

另外，用户可以选择 Region，并且选择将用来代表主节点的顶点。

10. 输入 *X* 轴、*Y* 轴和 *Z* 轴中的容差。

优化模块使用容差来确定面上的节点，此面位于与对称轴垂直的平面中，并且到对称轴的距离是相等的。

11. 如果需要，切换选中 Ignore in first design cycle（默认的）。当优化开始时，假定模型是可冲压的。如果面不可冲压，则优化模块发出警告并且试图继续。如果切换不选 Ignore in first design cycle，并且模型是不可冲压的，则优化模块发出一个错误信息并且停止运行。

12. 单击 OK 来创建冲压控制几何约束，然后退出编辑器。

6. 创建一个转动控制约束

用户可以为形状优化指定一个转动控制几何约束。一个转动控制几何约束产生的优化模型，可以由机床上的工具沿着指定方向切削成模型。用户通过选择一个代表方向向量起点和终点的坐标来选择方向。用户可以使用整体坐标系，或者创建一个基准坐标系（更多信息见 62.5.4 节“创建基准坐标系的方法概览”）。

网格必须在优化开始之前定义一个可转动的模型，否则在第一次迭代中，在优化创建一个可转动模型时，网格可能变得扭曲。主节点可以位于转动约束控制的选中区域中的任何地方。默认情况下，主节点是区域中优化移动最多的（最大成长）节点，或者移动最少的（最少收缩）的节点。优化移动主节点，并且转动条件对区域中的剩余节点（从节点）施加相等的位移，这样模型保持可转动性。如果用户试图优化接触中的面，则用户可以强制优化模块将主节点选择成优化施加最小成长的或者最大收缩量的节点。另外，用户可以选择一个单独的点，将用作所有其他节点的主节点。优化确定移动主节点多少，并且所有其他的节点移动相同的量，这样模型保持可转动性。

若要创建一个转动控制约束，执行以下操作：

1. 从主菜单栏选择 Geometric Restriction→Create。

出现 Create Geometric Restriction 对话框。

技巧：用户可以采用两种方法来开始 Create 过程。

- 单击 Geometric Restriction Manager 中的 Create（用户可以通过从主菜单栏选择 Geometric Restriction→Manager 来显示 Geometric Restriction Manager）。
- 单击优化模块工具箱中的工具。

2. 从出现的 Create Geometric Restriction 对话框输入几何形体约束的名称。

3. 从几何形体约束的列表选择 Turn control，然后单击 Continue。

4. 从视口选择将施加转动控制的面。更多信息见 6.2.4 节“使用面曲率方法选择多个面”。

如果用户优先从现有的面集合列表中选择，则进行下面的操作。

a. 单击提示区域右侧的 Sets。

Abaqus/CAE 显示包含可用集合列表的 Region Selection 对话框。

b. 选择感兴趣的集合，然后单击 Continue。

注意：默认的选择方法基于用户最近采用的方法。要变成其他方法，单击提示区域右侧的 Select in Viewport 或者 Sets。

5. 当用户完成面选择时，单击提示区域中的 Done。

出现 Edit Geometric Restriction 对话框。

6. 输入代表切割工具移动方向的向量起点和终点坐标。

7. 选择优化确定主点的方法。在绝大部分情况中，用户应当选择 Determine from most growth and least shrinkage。用户应当仅在试图优化接触中包含的面时，才应当选择 Determine from least growth and most shrinkage。

另外，用户可以选择 Region，并且选择用来代表主节点的顶点。

8. 输入 X 轴、Y 轴和 Z 轴中的容差。

优化模块使用容差来确定面上的节点，此面位于与对称轴垂直的平面中，并且到对称轴的距离是相等的。

9. 如果需要，切换选中 Ignore in first design cycle（默认的）。当优化开始时，假定模型是可转动的。如果面不可转动，则优化模块发出警告并且试图继续。如果切换不选 Ignore in

first design cycle，并且模型是不可转动的，则优化模块发出一个错误信息并且停止运行。

10. 单击 OK 来创建转动控制几何约束，然后退出编辑器。

7. 创建一个脱模控制约束

用户可以为形状优化指定一个脱模几何形体约束。一个脱模几何约束强制优化后的模型满足指定的制造要求。例如，它可以防止从模具里抽出的零件中出现下陷和中空的区域。用户通过指定代表轴的向量起点和终点坐标来选择脱模方向。用户可以使用整体坐标系，或者创建一个基准坐标系（更多信息见 62. 5. 4 节“创建基准坐标系的方法概览”）。

网格必须在优化开始之前定义一个可脱模的模型，否则在第一次迭代中，在优化创建一个可脱模模型时，网格可能变得扭曲。主节点可以位于所选脱模控制约束控制的选中区域中的任何地方。默认情况下，主节点是区域中优化移动最多的（最大成长）节点，或者移动最少的（最少收缩）的节点。优化移动主节点，并且冲压条件对区域中的剩余节点（从节点）施加相等的位移，这样模型保持可脱模性。如果用户试图优化接触中的面，则用户可以强制优化模块将主节点选择成优化施加最小成长或者最大收缩量的节点。另外，用户可以选择一个单独的点，将用作所有其他节点的主节点。优化确定移动主节点多少，并且所有其他的节点移动相同的量，这样模型保持可脱模性。

若要创建一个脱模约束，执行以下操作：

1. 从主菜单栏选择 Geometric Restriction→Create。

出现 Create Geometric Restriction 对话框。

技巧：用户可以采用两种方法来开始 Create 过程。

• 单击 Geometric Restriction Manager 中的 Create（用户可以通过从主菜单栏选择 Geometric Restriction→Manager 来显示 Geometric Restriction Manager）。

• 单击优化模块工具箱中的工具。

2. 从出现的 Create Geometric Restriction 对话框输入几何形体约束的名称。

3. 从几何形体约束的列表中选择 Demold control，然后单击 Continue。

4. 从视口选择将施加脱模的面。更多信息见 6. 2. 4 节“使用面曲率方法选择多个面”。如果用户优先从现有的面集合列表中选择，则进行下面的操作。

a. 单击提示区域右侧的 Sets。

Abaqus/CAE 显示包含可用集合列表的 Region Selection 对话框。

b. 选择感兴趣的集合，然后单击 Continue。

注意：默认的选择方法基于用户最近采用的方法。要变成其他方法，单击提示区域右侧的 Select in Viewport 或者 Sets。

5. 当用户完成面选择时，单击提示区域中的 Done。

出现 Edit Geometric Restriction 对话框。

6. 默认情况下，优化模块检查碰撞的区域，与实施脱模约束的区域是一样的。如果需要，从 Edit Geometric Restriction 对话框选择 ，并且选择碰撞检查区域。

碰撞检查区域内部的面不能由面外部区域穿透。如果一个节点在形状优化过程中试图穿透碰撞检查区域中的一个单元，则优化模块缩小节点的位移。碰撞检查区域必须包括将施加脱模控制的面。

7. 输入代表模具从脱模区域抽出所沿方向的向量起点和终点坐标。

8. 输入拔模角，代表从脱模区域抽出的拔模角。值必须为0°~45°。

9. 输入在脱模控制区域中可接受的根切量正值。

10. 选择优化确定主点的方法。在绝大部分情况中，用户应当选择 Determine from most growth and least shrinkage。用户应当仅在试图优化接触中包含的面时，才应当选择 Determine from least growth and most shrinkage。

另外，用户可以选择 Region，并且选择将用来代表主节点的顶点。

11. 输入 X 轴、Y 轴和 Z 轴中的容差。

优化模块使用容差来确定面上的节点，此面位于与对称轴垂直的平面中，并且到对称轴的距离是相等的。

12. 如果需要，切换选中 Ignore in first design cycle（默认的）。当优化开始时，假定模型是可脱模的。如果面不可脱模，则优化模块发出警告并且试图继续。如果切换不选 Ignore in first design cycle，并且模型是不可脱模的，则优化模块发出一个错误信息并且停止运行。

13. 单击 OK 来创建脱模几何约束，然后退出编辑器。

8. 创建一个钻孔控制约束

用户可以为形状优化指定一个钻孔控制几何形体约束。一个钻孔控制几何约束强制优化后的模型可以由工具沿着指定方向钻入模型来制作出来。工具创建的孔是关于工具轴线对称的。此外，可以从孔抽出工具。用户通过指定代表轴的向量起点坐标和终点坐标来选择工具的轴（以及钻的方向）。用户可以使用整体坐标系，或者创建一个基准坐标系（更多信息见62.5.4节“创建基准坐标系的方法概览”）。

网格必须在优化开始之前定义一个可钻的模型，当优化在第一次迭代中创建一个钻孔控制约束时，网格可能变得扭曲。主节点可以位于钻孔控制约束控制的选中区域中的任何地方。默认情况下，主节点是区域中优化移动最多的（最大成长）节点，或者移动最少的（最少收缩）节点。优化移动主节点，并且冲压条件对区域中的剩余节点（从节点）施加相等的位移，这样模型保持可钻。如果用户试图优化接触中的面，则用户可以强制优化模块将主节点选择成优化施加最小成长或者最大收缩量的节点。另外，用户可以选择一个单独的点，将用作所有其他节点的主节点。优化确定移动主节点多少，并且所有其他的节点移动相同的量，这样模型保持可钻性。

若要创建一个钻孔控制约束，执行以下操作：

1. 从主菜单栏选择 Geometric Restriction→Create。

出现 Create Geometric Restriction 对话框。

技巧：用户可以采用两种方法来开始 Create 过程。

- 单击 Geometric Restriction Manager 中的 Create（用户可以通过从主菜单栏选择

Geometric Restriction→Manager 来显示 Geometric Restriction Manager）。

- 单击优化模块工具箱中的工具。

2. 在出现的 Create Geometric Restriction 对话框中输入几何形体约束的名称。

3. 从几何形体约束的列表选择 Stamp control，然后单击 Continue。

4. 从视口选择将施加钻孔控制的面。更多信息见 6.2.4 节“使用面曲率方法选择多个面”。

如果用户优先从现有的面集合列表中选择，则进行下面的操作。

a. 单击提示区域右侧的 Sets。

Abaqus/CAE 显示包含可用集合列表的 Region Selection 对话框。

b. 选择感兴趣的集合，然后单击 Continue。

注意：默认的选择方法基于用户最近采用的方法。要变成其他方法，单击提示区域右侧的 Select in Viewport 或者 Sets。

5. 当用户完成了面选择时，单击提示区域中的 Done。

出现 Edit Geometric Restriction 对话框。

6. 输入代表钻孔工具移动方向的向量起点和终点坐标。

7. 输入拔模角，代表钻孔工具的角度。值必须为 0°~45°。

8. 输入在钻孔控制区域中可接受的根切量正值。

9. 选择优化确定主点的方法。在绝大部分情况中，用户应当选择 Determine from most growth and least shrinkage。用户应当仅在试图优化接触中包含的面时，才应当选择 Determine from least growth and most shrinkage。

另外，用户可以选择 Region，并且选择将用来代表主节点的顶点。

10. 输入 X 轴、Y 轴和 Z 轴中的容差。

优化模块使用容差来确定面上的节点，此面位于与对称轴垂直的平面中，并且到对称轴的距离是相等的。

11. 如果需要，切换选中 Ignore in first design cycle（默认的）。当优化开始时，假定模型是可钻的。如果面不可钻，则优化模块发出警告并且试图继续。如果用户切换不选 Ignore in first design cycle 并且模型是不可钻的，则优化模块发出一个错误信息并且停止运行。

12. 单击 OK 来创建钻孔控制几何约束，然后退出编辑器。

9. 创建一个穿透检查约束

形状优化中的穿透检查几何约束，生成一个面不能穿透选中区域的优化模型。

若要创建一个面穿透检查约束，执行以下操作：

1. 从主菜单栏选择 Geometric Restriction→Create。

出现 Create Geometric Restriction 对话框。

技巧：用户可以采用两种方法来开始 Create 过程。

- 单击 Geometric Restriction Manager 中的 Create（用户可以通过从主菜单栏选择

Geometric Restriction→Manager 来显示 Geometric Restriction Manager）。

- 单击优化模块工具箱中的工具。

2. 在出现的 Create Geometric Restriction 对话框输入几何形体约束的名称。

3. 从几何形体约束的列表中选择 Penetration check（Shape），然后单击 Continue。

4. 从视口选择将施加穿透检查的面。更多信息见 6.2.4 节“使用面曲率方法选择多个面”。

如果用户优先从现有的面集合列表选择，则进行下面的操作。

a. 单击提示区域右侧的 Sets。

Abaqus/CAE 显示包含可用集合列表的 Region Selection 对话框。

b. 选择感兴趣的集合，然后单击 Continue。

注意：默认的选择方法基于用户最近采用的方法。要变成其他方法，单击提示区域右侧的 Select in Viewport 或者 Sets。

5. 当用户完成面选择时，单击提示区域中的 Done。

出现 Edit Geometric Restriction 对话框。

6. 选择不能由优化模型的面穿透的区域。

7. 如果想要的话，切换选中 Ignore in first design cycle（默认的）。当优化开始时，假定模型已经穿透了选中的区域。如果模型正在穿透选中的区域，则优化模块发出警告并且试图继续。如果用户切换不选 Ignore in first design cycle 并且模型正穿透选中的区域，则优化模块发出一个错误信息并且停止运行。

8. 单击 OK 来创建穿透检查约束，然后退出编辑器。

10. 创建一个固定区域约束

用户可以为形状优化指定固定区域约束。一个固定区域在选中的自由度（1-方向、2-方向或者 3-方向）上受到抑制。自由度相对于选中的坐标系进行定义。

若要创建一个固定区域约束，执行以下操作：

1. 从主菜单栏选择 Geometric Restriction→Create。

出现 Create Geometric Restriction 对话框。

技巧：用户可以采用两种方法来开始 Create 过程。

- 单击 Geometric Restriction Manager 中的 Create（用户可以通过从主菜单栏选择 Geometric Restriction→Manager 来显示 Geometric Restriction Manager）。
- 单击优化模块工具箱中的工具。

2. 在出现的 Create Geometric Restriction 对话框中输入几何形体约束的名称。

3. 从几何形体约束的列表选择 Fixed region，然后单击 Continue。

4. 从视口选择将施加固定的面。更多信息见 6.2.4 节“使用面曲率方法选择多个面”。

如果用户优先从现有的面集合列表选中择，则进行下面的操作。

a. 单击提示区域右侧的 Sets。

Abaqus/CAE 显示包含可用集合列表的 Region Selection 对话框。

b. 选择感兴趣的集合，然后单击 Continue。

注意：默认的选择方法基于用户最近采用的方法。要变成其他方法，单击提示区域右侧的 Select in Viewport 或者 Sets。

5. 当用户完成了面选择时，单击提示区域中的 Done。

出现 Edit Geometric Restriction 对话框。

6. 选择定义自由度的坐标系。用户可以选择整体坐标系，也可以创建一个基准坐标系（更多信息见 62.5.4 节“创建基准坐标系的方法概览”）。

7. 切换选中用户想要抑制的自由度。

8. 如果需要，切换选中 Ignore in first design cycle（默认的）。当优化开始时，假定已经在选中自由度上抑制了区域。如果区域在选中的自由度上具有位移，则优化模块发出警告并且试图继续。如果用户切换不选 Ignore in first design cycle，并且模型在选中的自由度上具有位移，则优化模块发出一个错误信息并停止运行。

9. 单击 OK 来创建固定区域几何约束并退出编辑器。

11. 创建一个成长约束

用户可以为形状优化指定一个成长约束。一个成长约束限制一个面相对于初始设计可以成长多少（移出一个面节点）或者收缩多少（移入面节点）。例如，如果用户正在优化将浇注的零件，则用户可以使用成长约束来控制区域中的最大和最小壁厚度。

若要创建成长约束，执行以下操作：

1. 从主菜单栏选择 Geometric Restriction→Create。

出现 Create Geometric Restriction 对话框。

技巧：用户可以采用两种其他方式来开始 Create 过程。

- 单击 Geometric Restriction Manager 中的 Create（用户也可以通过从主菜单栏选择 Geometric Restriction→Manager 来显示 Geometric Restriction Manager）。
- 单击优化模块工具箱中的工具。

2. 在出现的 Create Geometric Restriction 对话框输入几何形体约束的名称。

3. 从几何形体约束的列表选择 Growth，然后单击 Continue。

4. 从视口选择将施加成长约束的面。更多信息见 6.2.4 节“使用面曲率方法选择多个面”。

如果用户优先从现有的面集合列表中选择，则进行下面的操作。

a. 单击提示区域右侧的 Sets。

Abaqus/CAE 显示包含可用集合列表的 Region Selection 对话框。

b. 选择感兴趣的集合，然后单击 Continue。

注意：默认的选择方法基于用户最近采用的方法。若要变成其他方法，单击提示区域右侧的 Select in Viewport 或者 Sets。

5. 当用户完成面选择时，单击提示区域中的 Done。

出现 Edit Geometric Restriction 对话框。

6. 切换选中 Maximum in shrink direction，并且输入一个正值来指定面节点的最大内向位移。

7. 切换选中 Maximum in growth direction，并且输入一个正值来指定面节点的最大外向位移。

8. 如果需要，切换选中 Ignore in first design cycle（默认的）。当优化开始时，假定已经限制了面的成长。如果面的成长超出了指定值，则优化模块发出警告并且试图继续。如果用户切换不选 Ignore in first design cycle，并且面的成长超出了指定值，则优化模块发出一个错误信息并停止运行。

9. 单击 OK 来创建成长几何约束并退出编辑器。

12. 创建一个设计方向约束

用户可以为形状优化指定一个设计方向约束。用户可以使用设计方向约束来在优化过程中，将选中的模型节点保留在平面或者圆周面上。优化移动主节点，并且设计方向约束对区域中的剩余节点（客户端节点）施加相等的位移（大小或方向，或者二者都有）。

网格必须在优化开始之前定义可以沿着设计方向移动的节点；否则优化在第一次迭代中移动节点时，网格可能变得扭曲。主节点可以位于设计方向约束控制区域中的任何地方。默认情况下，主节点是区域中优化移动最多的（最大成长）节点，或者移动最少的（最少收缩）节点。如果用户试图优化接触中的面，则可以强制优化模块将主节点选择成优化施加最小成长或者最大收缩量的节点。另外，用户可以选择单独的点，用作所有其他节点的主节点。

若要创建设计方向约束，执行以下操作：

1. 从主菜单栏选择 Geometric Restriction→Create。

出现 Create Geometric Restriction 对话框。

技巧：用户可以采用两种其他方式来开始 Create 过程。

- 单击 Geometric Restriction Manager 中的 Create（用户也可以通过从主菜单栏选择 Geometric Restriction→Manager 来显示 Geometric Restriction Manager）。
- 单击优化模块工具箱中的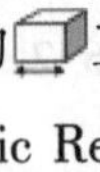工具。

2. 从出现的 Create Geometric Restriction 对话框输入几何形体约束的名称。

3. 从几何形体约束的列表中选择 Design Direction，然后单击 Continue。

4. 从视口选择将施加设计方向约束的面。更多信息见 6.2.4 节“使用面曲率方法选择多个面”。

如果用户优先从现有的面集合列表中选择，则进行下面的操作。

a. 单击提示区域右侧的 Sets。

Abaqus/CAE 显示包含可用集合列表的 Region Selection 对话框。

b. 选择感兴趣的集合，然后单击 Continue。

注意：默认的选择方法基于用户最近采用的方法。若要变成其他方法，单击提示区域右侧的 Select in Viewport 或者 Sets。

5. 当用户完成面选择时，单击提示区域中的 Done。

出现 Edit Geometric Restriction 对话框。

6. 选择一个从节点是否应当在相同方向上跟随主节点，或者跟随相同的距离，或者在方向和距离上都跟随主节点。

7. 如果用户选择客户节点在移动方向和移动大小上与主节点一样，则切换选中轴，沿着此轴将施加移动。

8. 选择优化确定主点的方法。在绝大部分情况中，用户应当选择 Determine from most growth and least shrinkage。仅在用户试图优化的面包含在接触中时，才应当选择 Determine from least growth and most shrinkage。

另外，用户可以选择 Region，并且选择将用来代表主节点的顶点。

9. 如果需要，切换选中 Ignore in first design cycle（默认的）。当优化开始时，假定节点可以沿着指定设计方向移动。如果节点不能沿着设计方向移动，则优化模块发出警告并试图继续。如果用户切换不选 Ignore in first design cycle，并且节点不能沿着设计方向移动，则优化模块发出一个错误信息并且停止运行。

10. 单击 OK 来创建设计方向几何约束，并且退出编辑器。

13. 创建一个滑动区域控制约束

用户可以为形状优化指定一个滑动区域控制，或者接触、几何形体约束。滑动区域控制几何约束产生一个优化的模型，此模型中面接触指定的面，并且符合面的等高线。用户可以从模型选择指定的面。另外，指定的面可以是围绕选中轴旋转选中面生成的回转面。用户通过指定代表轴的向量起点和终点的坐标来选择转动轴。用户可以使用整体坐标系，或者创建一个基准坐标系（更多信息见 62. 5. 4 节“创建基准坐标系的方法概览”）。

如果用户从模型选择面，则完成了面滑动控制约束的定义。如果用户选择将用来形成回转面的一个面，则优化模块从面上的节点选择主节点。默认情况下，主节点是面上优化移动最多的（最大成长）节点，或者移动最少的（最少收缩）的节点。优化移动主节点，可以通过面滑动约束对面上的剩余节点（从节点）强制一个相等的位移，以满足接触条件。

若要创建面滑动控制约束，执行以下操作：

1. 从主菜单栏选择 Geometric Restriction→Create。

出现 Create Geometric Restriction 对话框。

技巧：用户可以采用两种其他方式来开始 Create 过程。

- 单击 Geometric Restriction Manager 中的 Create（用户也可以通过从主菜单栏选择 Geometric Restriction→Manager 来显示 Geometric Restriction Manager）。
- 单击优化模块工具箱中的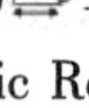工具。

2. 从出现的 Create Geometric Restriction 对话框输入几何形体约束的名称。

3. 在几何形体约束的列表中选择 Slide region control，然后单击 Continue。

4. 从视口选择将施加面滑动控制的面。更多信息见 6.2.4 节“使用面曲率方法选择多个面”。

如果用户优先从现有的面集合列表选择，则进行下面的操作。

a. 单击提示区域右侧的 Sets。

Abaqus/CAE 显示包含可用集合列表的 Region Selection 对话框。

b. 选择感兴趣的集合，然后单击 Continue。

注意：默认的选择方法基于用户最近采用的方法。若要变成其他方法，单击提示区域右侧的 Select in Viewport 或者 Sets。

5. 当用户完成面选择时，单击提示区域中的 Done。

出现 Edit Geometric Restriction 对话框。

6. 选择用户将用来定义接触面的方法。

7. 如果用户已经选择了 Free-form 方法，则选择接触面。

8. 如果用户已经选择了 Conserve a turnable surface 方法，则进行下面的操作。

a. 选择代表转动轴的向量起点和终点。

b. 选择定义向量的坐标系。用户可以选择整体坐标系，或者创建一个基准坐标系（更多信息见 62.5.4 节“创建基准坐标系的方法概览”）。

c. 输入 X 轴、Y 轴和 Z 轴中的容差。

优化模块使用容差来确定接触面上的节点。

9. 如果需要，切换选中 Ignore in first design cycle（默认的）。当优化开始时，假定面在接触状态中。如果面不接触，则优化模块发出警告并试图继续。如果用户切换不选 Ignore in first design cycle，并且面不接触，则优化模块发出一个错误信息并且停止运行。

10. 单击 OK 来创建滑动区域控制几何形体约束，并且退出编辑器。

18.10.4　创建起筋优化中的几何约束

本节介绍如何在一个起筋优化中创建几何形体约束，包括以下主题：

- “创建固定区域约束”
- “创建成长约束”
- “创建穿透检查约束”
- “创建平面对称约束”
- “创建点对称约束”
- “创建旋转对称约束”

1. 创建固定区域约束

用户可以为起筋优化指定固定区域约束。一个固定区域在选中的自由度（1-方向、2-方向或者 3-方向）上受到抑制。自由度相对于选中的坐标系进行定义。

若要创建固定区域约束，执行以下操作：

1. 从主菜单栏选择 Geometric Restriction→Create。

出现 Create Geometric Restriction 对话框。

技巧：用户可以采用两种其他方式来开始 Create 过程。

- 单击 Geometric Restriction Manager 中的 Create（用户也可以通过从主菜单栏选择 Geometric Restriction→Manager 来显示 Geometric Restriction Manager）。
- 单击优化模块工具箱中的工具。

2. 从出现的 Create Geometric Restriction 对话框输入几何形体约束的名称。

3. 从几何形体约束的列表选择 Fixed region（Bead），然后单击 Continue。

4. 从视口选择将施加固定的面。更多信息见 6.2.4 节“使用面曲率方法选择多个面”。

如果用户优先从现有的面集合列表选择，则进行下面的操作。

a. 单击提示区域右侧的 Sets。

Abaqus/CAE 显示包含可用集合列表的 Region Selection 对话框。

b. 选择感兴趣的集合，然后单击 Continue。

注意：默认的选择方法基于用户最近采用的方法。若要变成其他方法，单击提示区域右侧的 Select in Viewport 或者 Sets。

5. 当用户完成面选择时，单击提示区域中的 Done。

出现 Edit Geometric Restriction 对话框。

6. 选择定义自由度的坐标系。用户可以选择整体坐标系，或者创建一个基准坐标系（更多信息见 62.5.4 节“创建基准坐标系的方法概览”）。

7. 切换选中用户想要抑制的自由度。

8. 单击 OK 来创建固定区域几何约束并退出编辑器。

2. 创建成长约束

用户可以为起筋优化指定一个成长约束。在筋的创建过程中，一个成长约束限制一个面相对于初始设计可以成长多少（正在移出筋位置处的壳节点）。

对于一个一般的起筋优化，用户必须通过创建一个成长几何约束来限制成长方向上的位移，以限制筋高度。要求成长几何约束，因为此约束是节点位移的唯一约束。

若要创建成长约束，执行以下操作：

1. 从主菜单栏选择 Geometric Restriction→Create。

出现 Create Geometric Restriction 对话框。

技巧：用户可以采用两种其他方式来开始 Create 过程。

- 单击 Geometric Restriction Manager 中的 Create（用户也可以通过从主菜单栏选择 Geometric Restriction→Manager 来显示 Geometric Restriction Manager）。

• 单击优化模块工具箱中的工具。

2. 从出现的 Create Geometric Restriction 对话框输入几何形体约束的名称。

3. 从几何形体约束的列表选择 Growth（Bead），然后单击 Continue。

4. 从视口选择将施加成长约束的面。更多信息见 6.2.4 节“使用面曲率方法选择多个面”。

如果用户优先从现有的面集合列表中选择，则进行下面的操作。

a. 单击提示区域右侧的 Sets。

Abaqus/CAE 显示包含可用集合列表的 Region Selection 对话框。

b. 选择感兴趣的集合，然后单击 Continue。

注意：默认的选择方法基于用户最近采用的方法。若要变成其他方法，单击提示区域右侧的 Select in Viewport 或者 Sets。

5. 当用户完成面选择时，单击提示区域中的 Done。

出现 Edit Geometric Restriction 对话框。

6. 切换选中 Maximum in shrink direction，并且输入一个正值来指定节点的最大内向位移。用户仅可以为一个一般的起筋优化指定最大内向位移。

7. 切换选中 Maximum in growth direction，并且输入一个正值来指定节点相对于初始位置的最大外向位移。

8. 单击 OK 来创建成长几何约束并退出编辑器。

3. 创造穿透检查约束

起筋优化中的穿透检查几何约束产生一个面不能穿透选中区域的优化模型。

若要创建面穿透检查约束，执行以下操作：

1. 从主菜单栏选择 Geometric Restriction→Create。

出现 Create Geometric Restriction 对话框。

技巧：用户可以采用两种其他方式来开始 Create 过程。

• 单击 Geometric Restriction Manager 中的 Create（用户也可以通过从主菜单栏选择 Geometric Restriction→Manager 来显示 Geometric Restriction Manager）。

• 单击优化模块工具箱中的工具。

2. 从出现的 Create Geometric Restriction 对话框输入几何形体约束的名称。

3. 从几何形体约束的列表选择 Penetration check（Bead），然后单击 Continue。

4. 从视口选择将施加穿透检查的面。更多信息见 6.2.4 节“使用面曲率方法选择多个面”。

如果用户优先从现有的面集合列表中选择，则进行下面的操作。

a. 单击提示区域右侧的 Sets。

Abaqus/CAE 显示包含可用集合列表的 Region Selection 对话框。

b. 选择感兴趣的集合，然后单击 Continue。

注意：默认的选择方法基于用户最近采用的方法。若要变成其他方法，单击提示区域右侧的 Select in Viewport 或者 Sets。

5. 当用户完成面选择时，单击提示区域中的 Done。

出现 Edit Geometric Restriction 对话框。

6. 选择不能由优化模型的面穿透的区域。

7. 单击 OK 来创建穿透检查约束并退出编辑器。

4. 创建平面对称约束

用户可以为基于条件的起筋优化指定一个平面对称几何约束。一个平面对称几何约束强制优化模型关于选中的平面对称。用户通过选择与对称平面垂直的坐标系轴来指定对称平面。用户可以使用整体坐标系，或者创建一个基准坐标系（更多信息见 62.5.4 节“创建基准坐标系的方法概览”）。用户可以选择从对称约束中删除冻结区域。

若要创建平面对称约束，执行以下操作：

1. 从主菜单栏选择 Geometric Restriction→Create。

出现 Create Geometric Restriction 对话框。

技巧：用户可以采用两种其他方式来开始 Create 过程：

- 单击 Geometric Restriction Manager 中的 Create（用户也可以通过从主菜单栏选择 Geometric Restriction→Manager 来显示 Geometric Restriction Manager）。
- 单击优化模块工具箱中的工具。

2. 在出现的 Create Geometric Restriction 对话框中输入几何形体约束的名称。

3. 从几何形体约束的列表选择 Planar symmetry（Bead），然后单击 Continue。

4. 从视口选择将施加平面对称的区域，或者单击 Done 来对整个模型施加平面对称约束。

默认情况下，Abaqus/CAE 允许用户选择所有的模型。要选择面或者单元体，则使用 Selection 来将用户可以选择的对象类型改变成 Face 或者 Cells。更多信息见 6.3.2 节“根据对象类型过滤用户的选择”。

如果用户优先从现有集合的列表选择，则进行下面的操作。

a. 单击提示区域右侧的 Sets。

Abaqus/CAE 显示包含可用集合列表的 Region Selection 对话框。

b. 选择感兴趣的集合，然后单击 Continue。

注意：默认的选择方法基于用户最近采用的方法。若要变成其他方法，单击提示区域右侧的 Select in Viewport 或者 Sets。

5. 当用户已经完成几何约束区域的选择时，单击提示区域中的 Done。有关选择对象的更多信息，见第 6 章“在视口中选择对象”。

出现 Edit Geometric Restriction 对话框。

6. 选择坐标系，然后选择坐标系的轴来表示对称平面的法向。

7. 单击 OK 来创建平面对称几何形体约束并退出编辑器。

5. 创建点对称约束

用户可以为基于条件的起筋优化指定一个点对称几何约束。一个点对称几何约束强制优化模型关于指定的点对称。用户通过选择一个坐标系来指定对称点（假定对称点是坐标系的原点）。用户可以使用整体坐标系，或者创建一个基准坐标系（更多信息见 62.5.4 节“创建基准坐标系的方法概览”）。

若要创建点对称约束，执行以下操作：

1. 从主菜单栏选择 Geometric Restriction→Create。

出现 Create Geometric Restriction 对话框。

技巧：用户可以采用两种其他方式来开始 Create 过程。

• 单击 Geometric Restriction Manager 中的 Create（用户也可以通过从主菜单栏选择 Geometric Restriction→Manager 来显示 Geometric Restriction Manager）。

• 单击优化模块工具箱中的工具。

2. 在出现的 Create Geometric Restriction 对话框中输入几何形体约束的名称。

3. 从几何形体约束的列表中选择 Point symmetry（Bead），然后单击 Continue。

4. 从视口选择将施加点对称的区域，或者单击 Done 来对整个模型施加点对称约束。

默认情况下，Abaqus/CAE 允许用户选择所有的模型。要选择面或者单元体，则使用 Selection 来将用户可以选择的对象类型改变成 Face 或者 Cells。更多信息见 6.3.2 节“根据对象类型过滤用户的选择”。

如果用户优先从现有集合的列表选择，则进行下面的操作。

a. 单击提示区域右侧的 Sets。

Abaqus/CAE 显示包含可用集合列表的 Region Selection 对话框。

b. 选择感兴趣的集合，然后单击 Continue。

注意：默认的选择方法基于用户最近采用的方法。若要变成其他方法，单击提示区域右侧的 Select in Viewport 或者 Sets。

5. 当用户已经完成几何约束区域的选择时，单击提示区域中的 Done。有关选择对象的更多信息，见第 6 章“在视口中选择对象”。

出现 Edit Geometric Restriction 对话框。

6. 选择坐标系。假定对称点是选中坐标系的原点。

7. 单击 OK 来创建点对称几何形体约束并退出编辑器。

6. 创建旋转对称约束

用户可以为基于条件的起筋优化指定一个旋转对称几何约束。一个旋转对称几何约束强制优化模型关于指定的坐标系轴对称。用户可以使用整体坐标系，或者创建一个基准坐标系（更多信息见 62.5.4 节“创建基准坐标系的方法概览”）。

若要创建旋转对称约束，执行以下操作：

1. 从主菜单栏选择 Geometric Restriction→Create。

出现 Create Geometric Restriction 对话框。

技巧：用户可以采用两种其他方式来开始 Create 过程。

- 单击 Geometric Restriction Manager 中的 Create（用户也可以通过从主菜单栏选择 Geometric Restriction→Manager 来显示 Geometric Restriction Manager）。
- 单击优化模块工具箱中的工具。

2. 从出现的 Create Geometric Restriction 对话框输入几何形体约束的名称。

3. 从几何形体约束的列表选择 Rotational symmetry（Bead），然后单击 Continue。

4. 从视口选择将实施旋转对称的区域，或者单击 Done 来对整个模型施加旋转对称约束。

默认情况下，Abaqus/CAE 允许用户选择所有的模型。要选择面或者单元体，则使用 Selection 来将用户可以选择的对象类型改变成 Face 或者 Cells。更多信息见 6.3.2 节“根据对象类型过滤用户的选择”。

如果用户优先从现有集合的列表选择，则进行下面的操作：

a. 单击提示区域右侧的 Sets。

Abaqus/CAE 显示包含可用集合列表的 Region Selection 对话框。

b. 选择感兴趣的集合，然后单击 Continue。

注意：默认的选择方法基于用户最近采用的方法。若要变成其他方法，单击提示区域右侧的 Select in Viewport 或者 Sets。

5. 当用户已经完成几何形体约束区域的选择时，单击提示区域中的 Done。有关选择对象的更多信息，见第 6 章“在视口中选择对象”。

出现 Edit Geometric Restriction 对话框。

6. 选择坐标系，然后选择表示对称轴的坐标系轴。

7. 输入 Repeating segment size，指定重复部分大小的角度（以度为单位）。角度值必须 $\geqslant 2°$。

8. 单击 OK 来创建旋转对称几何形体约束并退出编辑器。

18.11　创建局部停止条件

局部停止条件是一个可选的设置，对优化模块说明何时优化已经收敛到一个解。例如，用户可以指定当优化函数中的改变小于迭代之间的指定值时，优化完成。用户可以选择将进行比较的变量，如位移或者等效应力。用户可以选择比较操作符——大于、等于、小于等。优化函数中的改变可以从之前的迭代（默认的）或者从第一个迭代计算得到。

此外，当用户在作业模块中创建一个优化过程时，可以输入整体停止条件——在优化过程结束之前，应当完成的优化循环的最大数量。更多信息见 19.12.1 节“创建和编辑优化过程”。在大部分的优化问题中，用户将仅使用整体停止条件。仅形状优化才支持局部停止条件，并且很少要求。

若要创建或者编辑一个停止条件，执行以下操作：

1. 从主菜单栏选择 Stop Condition→Create。

出现 Create Stop Condition 对话框。

技巧：用户可以采用其他两种方式来开始 Create 过程。

- 单击 Stop Condition Manager 中的 Create（用户也可以通过从主菜单栏选择 Stop Condition→Manager 来显示 Stop Condition Manager）。
- 单击优化模块工具箱中的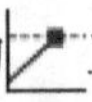工具。

2. 从出现的 Create Stop Condition 对话框输入停止条件的名称，并且单击 Continue。

3. 从视口选择将施加停止条件的区域，或者单击 Done 来对整个模型施加停止条件。

默认情况下，Abaqus/CAE 允许用户选择所有的模型。要选择面或者单元体，则使用 Selection 来将用户可以选择的对象类型改变成 Face 或者 Cells。更多信息见 6.3.2 节“根据对象类型过滤用户的选择”。

如果用户优先从现有集合的列表选择，则进行下面的操作。

a. 单击提示区域右侧的 Sets。

Abaqus/CAE 显示包含可用集合列表的 Region Selection 对话框。

b. 选择感兴趣的集合，然后单击 Continue。

注意：默认的选择方法基于用户最近采用的方法。若要变成其他方法，单击提示区域右侧的 Select in Viewport 或者 Sets。

4. 当用户完成选择停止条件区域时，单击提示区域中的 Done。有关选择对象的更多信息，见第 6 章“在视口中选择对象”。

出现 Edit Geometric Restriction 对话框。

5. 为计算目标函数选择下面的一个操作符。

• Maximum value（最大值）

• Minimum value（最小值）

• Sum of values（值的总和）

• Number of values（值的数量）

6. 选择停止条件将使用的变量。用户可以为形状优化选择位移或者等效应力。

• 来自原始形状的每一个节点的位移。用户可以选择所有的位移，或者仅选择由于增大材料引起的位移，或者仅选择由于材料的减小引起的位移。此外，用户还可以选择位移的相对值或者绝对值。

• 形状优化中的等效应力。用户可以选择整个模型的等效应力，或者从下面的节点计算得到的等效应力。

—只有为任务选择的区域中的节点。

—只有为任务选择的区域中的受限制节点。受限制节点是受约束的节点或者 Abaqus 边界条件限制的节点。

—只有为任务选择的区域中的自由节点或者未受限制节点。自由节点或者未受限制的节点是不受限制的。

—只有面节点。

7. 选择比较操作符。

8. 选择将用于定义参考值的迭代。优化模块将当前的优化函数值与参考值进行比较。

9. 如果需要，输入将用来更改参考值的值和操作符。实际上，用户正在归一化定义停止条件的变量值。对于参考值的讨论，见《Abaqus 分析用户手册——分析卷》的 8.2.2 节“目标和约束”。

10. 单击 OK 来保存用户的数据并退出编辑器。

19 作业模块

用户可以使用作业模块来创建和管理分析作业，并显示分析结果的基本图，也可以使用作业模块来创建和管理自适应分析和协同执行。

本章包含以下主题：

- 19.1 节 “理解作业模块的角色”
- 19.2 节 “理解分析作业”
- 19.3 节 “理解自适应过程”
- 19.4 节 “理解协同执行”
- 19.5 节 “理解优化过程”
- 19.6 节 “重启动分析”
- 19.7 节 “创建、编辑和操控作业”
- 19.8 节 “使用作业编辑器”
- 19.9 节 “创建、编辑和操控自适应过程”
- 19.10 节 “使用自适应过程编辑器”
- 19.11 节 “创建、编辑和操控协同执行”
- 19.12 节 “创建、编辑和操控优化过程”

查看附录 B 中的教程，如何递交和监控一个作业的示例见《使用 Abaqus/CAE 开始》的“在 Abaqus/CAE 中创建和分析一个简单的模型”。

19.1　理解作业模块的角色

一旦用户完成了定义一个模块所包括的所有任务（如定义模型的几何、赋予截面属性和接触），就可以使用作业模块来分析用户的模型。作业模块允许用户创建一个作业，递交作业进行分析并监控分析的进程。如果需要，用户还可以创建多个模型和作业，并且同时运行和监控多个作业。

此外，Abaqus 具有仅为模型创建分析输入文件的选项。此选项允许用户在递交输入文件进行分析之前查看和编辑输入文件。对于一个 Abaqus/Standard 或者 Abaqus/Explicit 分析，用户也可以从主菜单栏选择 Model→Edit Keywords→模型名称，来显示和编辑分析关键字。

用户能够以现有的输入文件为基础，而非 Abaqus/CAE 模型来创建和递交一个作业；例如，如果用户已经在 Abaqus/CAE 之外创建了一个输入文件，但是想要在 Abaqus/CAE 中运行分析、监控分析的进程以及显示结果。用户可以仅为不包含其他结果文件参考的输入文件创建作业；例如，用户不能以包含重启动分析的输入文件为基础来创建一个作业。

如果用户已经在网格划分模块中定义了自适应网格重划分，则可以递交一个网格自适应过程。Abaqus/CAE 递交后续一系列的作业，每一个作业都会试图改善求解精度，并且降低之前作业上的容差指示器。

对于 Abaqus 协同仿真，用户可以创建一个协同执行来彼此同步地执行两个分析作业。

19.2 理解分析作业

本节介绍作业模块的概览，包括以下主题：

- 19.2.1 节 “分析模型的基本步骤”
- 19.2.2 节 “进入和退出作业模块”
- 19.2.3 节 “作业管理器”
- 19.2.4 节 “作业编辑器”
- 19.2.5 节 “选择一个作业类型”
- 19.2.6 节 “监控分析作业的进程”
- 19.2.7 节 “远程递交作业”

19.2.1 分析模型的基本步骤

在用户定义了模型后，用户就可以准备分析模型了。分析一个模型包含以下步骤，可以使用主菜单栏上的 Job 菜单或者 Job Manager 来执行每一个步骤：

创建和构建一个分析作业

用户可以通过从主菜单栏选择 Job→Create 来创建一个分析作业。Abaqus/CAE 要求用户命名新的作业，并且将此名称与从模型数据库中选中的模型，或者现有的输入文件关联起来。用户可以选择数据库中存在的任何模型；当前模型对用户没有限制。作业编辑器允许用户构建作业设置。

输入文件

当用户递交一个与模型关联的作业进行分析时，Abaqus/CAE 首先生成一个输入文件来表示用户的模型，然后 Abaqus/Standard、Abaqus/Explicit 或者 Abaqus/CFD 使用此文件的内容来执行分析。或者，用户可以要求 Abaqus/CAE 仅生成输入文件；Abaqus/CAE 引用 ASCII 格式的输入文件，然后用户可以在工作目录中查看和编辑此输入文件。

警告：如果用户在 Abaqus/CAE 外面使用文本编辑器编辑输入文件，然后在作业模块中为该模型递交作业，则会失去用户对输入文件的更改。因此，用户必须通过创建一个新的作业并且选择 Input file 作为作业 Source 来直接为分析递交改动过的输入文件。然而，如果用户使用 Keywords Editor 来为一个模型更改生成的关键字，则这些更改将保留在模型中，并且应用到任何与此模型关联的作业中。

为分析递交作业

用户可以通过从主菜单栏选择 Job→Submit 来为分析递交作业。随着分析进程，Abaqus/CAE 会在作业监控对话框中显示来自状态文件、数据文件、日志文件和信息文件的信息。在用户的作业完成后，可以在显示模块中，通过从主菜单栏选择 Job→Results 来从输出数据库显示结果。

19.2.2　进入和退出作业模块

用户可以通过单击位于环境栏 Module 列表中的 Job，在程序会话的任何时候进入作业模块。菜单出现在主菜单栏中。

要退出作业模块，从主菜单中选择任何其他模块。如果用户的作业成功完成，则用户也可以通过从主菜单栏选择 Job→Results 来退出作业模块；然后用户将进入显示模块，并且用户分析作业的输出数据库将自动打开。

用户不需要在退出模块前保存作业；当用户通过从主菜单栏选择 File→Save 或者 File→Save As 保存整个模型时，Abaqus 将自动地保存作业。

19.2.3　作业管理器

Job Manager，即作业管理器，类似于 Abaqus/CAE 中的其他管理器，允许用户如下操作：

- 创建一个分析作业，并且将新作业与选中的模型或者输入文件关联。
- 编辑选中的分析作业。
- 复制、重命名或者删除选中的分析作业。

注意：与模型关联的作业仅可以复制到一个与模型关联的作业中。与一个输入文件关联的作业仅可以复制到与一个输入文件关联的作业中。

此外，Job Manager 允许用户进行如下操作：

- 为一个以模型为基础的作业写一个输入文件。
- 在模型上执行数据检查。
- 为分析递交一个作业。
- 在执行数据检查后继续分析，直到完成。
- 在分析进行时监控。
- 显示作业的结果。
- 终止当前运行的作业。

用户可以通过从主菜单栏选择 Job→Manager 来显示 Job Manager。图 19-1 所示为 Job Manager 的布局。

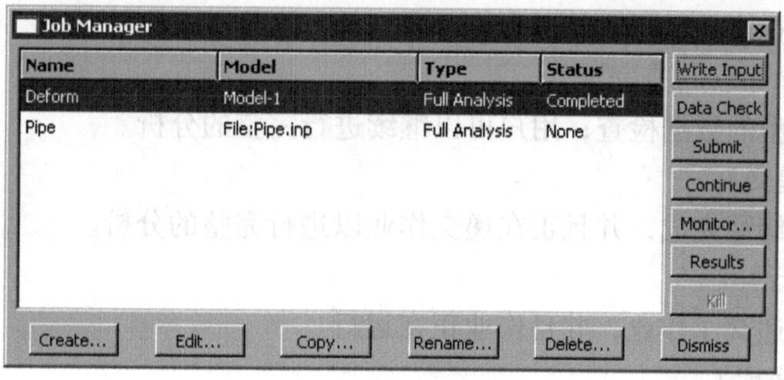

图 19-1 Job Manager

Job Manager 的四列显示如下：

Name（名称）

Name 列显示作业的名称。单击 Rename 可以重命名选中的作业。

Model（模型）

Model 列显示与作业关联的模型或者输入文件的名称。

Type（类型）

当用户使用作业编辑器构建作业时，Type 列显示用户选择作业的类型。作业类型可以是下面中的一个：

- Full Analysis（完全分析）。
- Recover（恢复）。
- Restart（重启动）。

更多信息见 19.2.5 节“选择一个作业类型”。只要作业不运行，用户就可以使用作业编辑器来更改作业类型。

Status（状态）

Status 列显示分析作业的当前状态，并且在用户的作业运行时对作业进行持续更新。状态可以是下面中的一个：

None（无）

还没有将作业递交分析。

Check Submitted（递交检查）

已经写了输入文件，并且递交模型进行数据检查。

Check Running（运行检查）

模型的数据检查正在运行。

Check Completed（检查完成）

成功完成了模型的数据检查；用户可以继续进行完整的分析。

Submitted（递交）

输入文件已经编写完成，并且正在递交作业以进行完整的分析。

Running（运行）

为完整的分析递交了作业，并且作业正在运行。

Completed（完成）

完成了分析。用户可以单击 Results 来显示输出数据库的内容，并且以图像的形式确认结果。

Aborted（中止）

由于输入文件中的致命错误或者缺少磁盘存储空间而产生的作业中止。

Terminated（终止）

用户终止了作业。

有关使用 Job Manager 来创建、编辑和操控作业的详细指导，见 19.7 节“创建、编辑和操控作业”。

19.2.4 作业编辑器

用户使用作业编辑器来定制新作业的设置，或者编辑现有作业的设置。用户可以从主菜单栏选择 Job→Create 或者 Job→Edit→作业名称，来显示作业编辑器（用户也可以单击作业管理器中的 Create 或者 Edit）。

作业编辑器包含下面的标签页：

Submission（递交）

使用 Submission 标签页来构建用户作业的递交属性，例如作业类型、运行模式和递交时间。用户也可以使用递交标签页来指定将作业递交到用户本地 Abaqus 环境文件构建的，或者用户的系统管理者构建的远程队列中。

General（通用）

使用 General 标签页来构建作业设置，例如分析输入文件处理器打印、临时文件使用的目录名称和结果的输出格式。

与输入文件关联的作业不能使用前处理打印输出选项，用户必须在输入文件中指定这些选项。

Memory（内存）

使用 Memory 标签页来构建分配给 Abaqus 分析的内存数量。

Parallelization（并行）

使用 Parallelization 标签页来构建 Abaqus 分析作业的并行执行，例如使用处理器的数量和并行方法。

Precision（精度）

使用 Precision 标签页来指定 Abaqus/Explicit 分析的单精度或者双精度。用户也可以选择分析过程中写入输出数据库的节点输出精度。

有关使用作业编辑器定义作业的详细指导，见下面的章节：

- 19.8.1 节 “浏览作业定制选项”
- 19.8.2 节 “构建作业递交属性”
- 19.8.3 节 “选择作业类型”
- 19.8.4 节 “选择作业运行模式”
- 19.8.5 节 “设置作业递交时间”
- 19.8.6 节 “指定通用作业设置”
- 19.8.7 节 “控制作业内存设置”
- 19.8.8 节 “控制作业并行执行”
- 19.8.9 节 “控制作业精度”

19.2.5 选择一个作业类型

Submission 作业编辑器中的标签页允许用户在下面的作业类型之间选择：

Full analysis（完全分析）

选中此选项来递交作业，生成（或者重新生成）输入文件（如果作业与一个模型关联），执行用户模型的完全分析，然后将结果写入输出数据库。此选项是默认的。

Recover（Explicit）（恢复）

仅当用户运行 Abaqus/Explicit 时才可以使用此选项。在 Abaqus/Explicit 意外中止、无存储空间或者遇到网络问题后，递交选中此选项的作业来完成用户的分析。

用户不能使用此作业类型来恢复过早终止的 Abaqus/Standard 作业。相反，用户应当使用 19.6.9 节“恢复 Abaqus/Standard 分析”中描述的 Abaqus/Standard 重启动功能。

Restart（重启动）

递交选中此选项的作业来开始的分析，所使用的数据来自指定模型之前的分析。用户必须使用 Edit Model Attributes 对话框来指定读取数据的作业，并且指定要重启动分析的步。当用户创建的作业参考具有重启动数据属性的模型时，Abaqus/CAE 默认选择的作业类型是 Restart。

重启动分析在 19.6 节“重启动分析”中进行了更多的详细描述。用户不能为与输入文件关联的作业创建重启动分析。

Job Type 设置类似于 Abaqus 执行过程的参数；更多信息见《Abaqus 分析用户手册——介绍、空间建模、执行与输出卷》的 3.2.2 节“Abaqus/Standard、Abaqus/Explicit 和 Abaqus/CFD 执行”。有关选择一个作业类型的详细指导，见 19.8.3 节“选择作业类型”。

19.2.6　监控分析作业的进程

Job Manager 和 Co-execution Manager 连续更新模型数据库中的分析作业状态。此外，Abaqus/CAE 将来自分析过程的错误信息显示到消息区域，并且在用户的当前目录中创建调试文件。

用户可以通过从主菜单栏选择 Job→Monitor→所选择的作业，或者通过选择用户选取的作业并且单击 Job Manager 中的 Monitor 来监控与所递交作业有关的信息。出现作业的监控对话框，如图 19-2 所示。用户可以根据需要通过多个作业监控来显示多个作业信息。

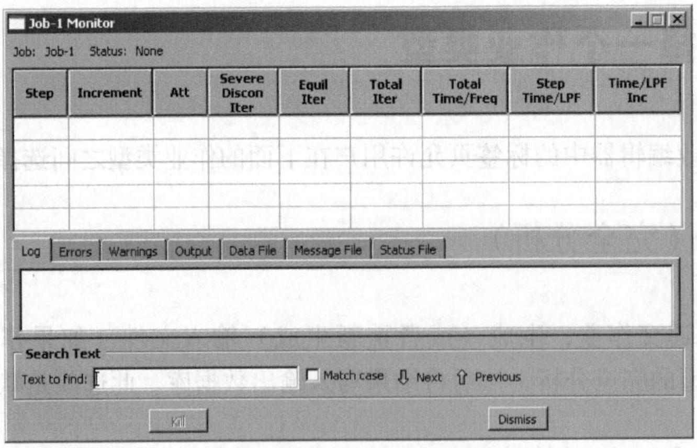

图 19-2　作业监控器

为协同仿真递交的作业出现在模型树中，在 Co-executions 容器中的协同仿真下面的

Jobs 容器中。用户可以通过在模型树中的作业上右击鼠标，然后选择 Monitor 来监控这些作业。

作业监控器对话框的上半部分显示了在 Abaqus 为分析创建的状态文件中可以获取的信息。以分析发出的设置为基础来定制化每一个工作的表头。对话框的下半部分显示了下面的信息：

• 单击 Log 表来显示分析的日志文件中出现的启动和结束时间。

• 单击 Errors 和 Warnings 表来显示与分析关联的错误或者警告。Abaqus/CAE 通过在 Errors 和 Warnings 标签页名称前面添加感叹号来说明存在错误或者警告。如果模型的具体区域造成错误或者警告，则将自动创建节点或者单元集合来包含那个区域。节点或者单元集合的名称与错误或者警告信息一起出现，并且用户可以在显示模块中使用显示组来显示集合（有关显示组的更多信息，见第 78 章“使用显示组显示模型的子集合”）。

当 Abaqus/CAE 创建一个输入文件时，Abaqus/CAE 可能没有执行所有的兼容检查，这可能在分析过程中产生警告或者错误提示信息。如果用户的分析生成警告或者错误提示信息，则考虑运行一个数据检查分析（见 19.7.3 节“对模型进行数据检查”）来调试和解决用户模型中可能的问题。

出现在作业监控器中的错误和警告信息数量分别受环境参数 cae_error_limit 和 cae_warning_limit 的限制（详细情况见《Abaqus 安装和许可证手册》的 4.1.4 节“作业定制参数”）。如果错误或者警告的数量超出了作业监控限制，则要得到信息的完整列表，请参考数据、信息或者状态文件。

• 单击 Output 标签页，在每一个输出数据被写入输出数据库时，都会显示它们的记录。此外，如果用户对信息和状态文件要求 Abaqus 监控特定节点的自由度值，则 Output 表格化的页面会记录每一次这些信息的写入，以及分析该节点对应的自由度值（更多信息见 14.4 节“理解输出请求”以及 14.5.4 节“自由度监控请求”）。

• 随着分析进展，Abaqus 创建下面的文件。

—Abaqus/Standard：数据文件、信息文件和状态文件。

—Abaqus/Explicit：数据文件、信息文件和状态文件。

—Abaqus/CFD：数据文件和状态文件。

Abaqus/CAE 相应地激活 Data File、Message File 和 Status File。用户可以单击任何标签页来选取或者搜寻对应的文件来获取额外的错行和警告信息。

注意：Abaqus/CAE 仅为本地递交的分析提供 Data File、Message File 和 Status File；在远程作业的作业监控器中不显示此信息。此外，虽然 Abaqus/CAE 随着分析运行定期地更新这些表的内容，但是数据不总是与文件中的最新数据同步。

有关在分析过程中 Abaqus 所创建的不同输出文件的详细信息，见《Abaqus 分析用户手册——介绍、空间建模、执行与输出卷》的 4.1 节“输出”。

用户可以在作业监控器中的标签页内显示的任何文件中搜寻特定的错误和警告信息。选择期望的文件标签页，在 Text to find 区域输入搜寻字符串，然后单击 Next 或者 Previous 即可跳转搜寻。切换选中 Match case 来执行区分大小写的搜寻。

作业监控对话框中出现的信息随着分析的进程持续地得到更新。如果作业失败，则 Errors 标签页自动出现在其他标签页的前面来帮助用户确定失败的原因。此外，如果输出错误或者警告信息，则在标签页上出现感叹号。

如果用户开始监控一个作业，然后退出 Abaqus/CAE，则关闭当前的模型数据库，或者打开一个新的模型数据库，Abaqus/CAE 将停止更新作业监控器。作业将继续运行，然而，作业监控器将不会报告作业的状态或者更新增量信息。

如果用户为一个特定的节点要求特定自由度上的 DOF Monitor 输出，则 Abaqus/CAE 通过显示随时间变化的自由度值来监控作业。当用户递交作业时，在自动生成的新视口中出现此图。如果图幅的可见部分早已被一个或者多个视口填满，则会将新视口放置在图幅的不可见部分；在此情况中，用户应当层叠显示视口或者扩大图幅来将视口带入显示区（有关要求特定节点的特定自由度的信息，见 14.5.4 节“自由度监控请求”）。

如果必要的话，用户可以通过单击作业监控对话框底部处的 Kill 来终止分析作业。

19.2.7 远程递交作业

当用户构建一个作业时，用户可以要求 Abaqus/CAE 将作业发送给远程 Linux 主机上的指定序列中。用户可以通过选择作业编辑器 Submission 标签页中的一个关联序列名称来指定远程序列。

注意：作业编辑器显示以本地计算机上的当前程序会话有效的环境文件为基础的内存使用、并行和精度。当用户给一个远程计算机递交一个作业时，Abaqus 使用来自远程计算机上的环境文件默认设置来替换本地计算机上的设置。作业编辑器中的非默认设置与作业一起保存，与用户在哪里运行分析无关。

将作业编辑器中出现的每一个序列名称称为用户 Abaqus 环境文件中的条目，在此条目中，用户指定想要在远程计算机上如何运行作业。换言之，当用户在作业编辑器中选择一个序列时，用户不仅指定主机上想要的序列，也指定其他选项，例如用户想要在主机上运行作业的目录，以及当作业完成时，想要复制回本地目录的文件。

用户可以通过给 Abaqus 环境文件添加下面的语句来指定远程运行作业的优选项：

```
def onCaeStartup( ):
    import os
    def makeQueues( *args):
        session.Queue(name,
                      queueName,
                      hostName,
                      fileCopy,
                      directory,
                      driver,
                      localPlatform,
                      filesToCopy,
                      description)
    addImportCallback('job',makeQueues)
```

使用 Abaqus 命令语言写此输入。下面具体介绍上面输入的每一个参数。

name

用户想要在作业编辑器中出现的队列名称。

queueName

主机上存在的队列名称（有关在主机上创建队列的信息，参考《Abaqus 安装和许可证手册》）。

hostName

主机的名称。默认名是本地计算机的名称。

fileCopy

当分析完成时，此参数的值决定分析文件是否将复制回到递交作业的目录。默认的值是 ON。

directory

用户想要运行作业的主机上的目录名称。用户必须具有此目录的写入优先权。默认是本地目录（用户递交的作业所在的目录）。

driver

主机上执行 Abaqus/Standard 或者 Abaqus/Explicit 命令的名称。默认是 abaqus。

localPlatform

本地计算机平台。用户可以指定 UNIX（Linux）或者 WINDOWS。默认是 UNIX。

filesToCopy

分析文件的三字母扩展名，当作业完成时，此分析文件是用户想要复制回本地目录的文件。默认情况下，将具有下面扩展名的文件进行复制：log、dat、msg、sta、odb、res、abq 和 pac。

注意：重启动（. res）文件、Abaqus/Explicit 状态（. abq）文件及包装（. pac）文件与

平台有关系。如果用户的本地平台和远程平台设置不同，用户如果不对这些文件进行一些转换，则不能复制和使用这些文件。上面列出的其他所有文件可以毫无困难地进行跨平台复制。

description

队列的简短描述。

必须在每一个队列定义中包括 name 和 queueName。然而，如果用户没有包括任何队列定义中的其他参数，则会自动地提供默认值。队列定义的一个例子如下：

```
def onCaeStartup( ):
    import os
    def makeQueues( * args):
        session. Queue(name='long',
                       queueName='aba_long',
                       hostName='jobserver',
                       directory='/scratch/' +os. environ ['USER'] )
addImportCallback ('job', makeQueues)
```

上面例子中的命令构建下面的选项：

name

作业编辑器中显示的队列名称是 long。

queueName

主机上的队列名称是 aba_long。

hostname

主机的名称是 jobserver。

directory

Abaqus 将存储输入文件以及其他所有与作业关联文件的主机目录是/scratch/用户的用户名。

因为 *fileCopy*、*driver*、*localPlatform* 和 *filesToCopy* 参数已经排除在上面的条目之外，所以自动地将这些参数的默认选项赋予此队列。

如果用户想要创建两个或者多个队列，则用户可以按需要多次重复包含 session. Queue 命令的命令行。例如，下面的 Abaqus 环境文件条目指定两个队列，一个命名成 long，另外一个命名成 job。

```
def onCaeStartup():
    import os

    def makeQueues(*args):
        session.Queue(name='long',
                      queueName='aba_long',
                      hostName='jobserver',
                      directory='/scratch/'+os.environ['USER'])
        session.Queue(name='job',
                      queueName='aba_job',
                      hostName='jobserver',
                      fileCopy=OFF)
addImportCallback('job', makeQueues)
```

远程运行的作业可以使用 19.2.6 节“监控分析作业的进程”中描述的监控功能，就像作业在本地运行一样。然而，作业的输出数据库，就像用户已经要求的任何其他分析文件那样，没有复制到用户的本地目录，直到作业完成之后才进行复制。因此，如果用户想要使用显示模块来显示在远程系统上运行的分析所生成的结果，则用户必须创建和启动一个网络输出数据库连接器。更多信息见 9.3 节“访问远程计算机上的输出数据库”。

19.3　理解自适应过程

本节提供自适应过程概览。用户使用自适应过程，以用户的网格重划分准则内容为基础进行自适应网格重划分，控制分析作业的连续性。有关 Abaqus 中可以使用的自适应网格重划分和其他自适应技术的更多信息，见《Abaqus 分析用户手册——分析卷》的 7.1 节“自适应技术：概览”。本节包括以下主题：

- 19.3.1 节　“什么是自适应过程?”
- 19.3.2 节　“网格自适应何时将停止迭代?”
- 19.3.3 节　“手动网格自适应”
- 19.3.4 节　“使用自动和手动网格自适应的组合”
- 19.3.5 节　“自适应过程管理器”

19.3.1　什么是自适应过程?

一个自适应的过程是分析作业的继续，在此作业中，Abaqus/CAE 会在每一个作业之间网格重划分选中的模型区域。Abaqus/CAE 更改每一个分析作业中使用的网格来响应在之前分析中计算得到的容差估计，并且将网格写到输出数据库中。更多信息见《Abaqus 分析用户手册——分析卷》的 7.3.1 节“自适应网格重划分：概览”。

用户在如何执行此连续作业上，有相当的灵活性。在模型的数据库中存储自适应的过程，并且在程序会话之间保持不变。

19.3.2　网格自适应何时将停止迭代?

创建自适应过程时，用户可以定义一系列连续运行的作业。用户可以通过指定允许的最大分析迭代数量 $iter_{max}$ 来指定序列中的作业数量。网格重划分的最大数量将是 $iter_{max}-1$，因为在最后的分析作业运行后，将不会进行网格重划分。当用户递交网格重划分进程时，Abaqus/CAE 运行序列中的每一个作业，直到满足下面的一个条件：

- 符合所有有效的网格重划分准则。更多信息见 17.13.1 节“什么是网格重划分准则?”。
- 完成所有的作业，说明 Abaqus/CAE 已经达到了用户指定的最大分析迭代数量。
- 作业不能完成。此失败可能由于收敛困难，或者由于计算机资源问题。

19.3.3 手动网格自适应

作为替代自动网格划分自适应的选择，用户可以使用作业管理器递交作业。当在网格划分模块中定义网格重划分规则时，用户可以要求在作业执行时写入输出数据库的容差指示器进行变量输出。在作业完成后，用户可以返回网格划分模块并且要求 Abaqus/CAE 创建新的网格，所创建的网格使用用户网格划分规则的组合，以及输出数控库中的容差指示器。用户可以无限期地执行此进程，以连续地调整网格，直到满足网格重划分的目标。更多信息见 17.13.4 节“自动自适应网格重划分与手动自适应网格重划分之间的差别”。

19.3.4 使用自动和手动网格自适应的组合

在许多情况中，用户会想在自动的自适应网格重划分与手动的自适应网格重划分用法之间进行转换。一些例子包括：

- 为了在分析作业之间可以发生自动的网格重划分，用户必须保持当前的 Abaqus/CAE 程序会话有效。如果用户退出 Abaqus/CAE 并且开始一个新的程序会话，则用户必须使用手动的网格重划分来重新划分模型。
- 用户开始一个作业的自动序列，但是一个机械问题（例如磁盘填满）过早地中断了分析。用户可以手动重启动此分析，然后以完全自动的方式继续此分析。此变化情况也包括因为不能收敛造成的分析结束，或者因为用户在特定的迭代中终止作业造成的分析结束。
- 自动网格自适应过程生成的网格会收敛到可接受的构型。现在用户可以更改施加到模型的载荷，并且执行附加的手动迭代来进行微小的网格调整，以补偿新的载荷。

用户可以在自动网格划分自适应与手动网格划分自适应之间直接转换。要从自动网格划分自适应转变到手动网格划分自适应，进入网格划分模块，然后从主菜单栏和网格重划分模块中选择 Adaptivity→Manual Adaptive Remesh。然后返回作业模块并且递交作业进行分析。相反，要从手动网格划分自适应转换成自动网格划分自适应，用户可以在作业模块创建一个自适应过程，然后递交作业进行分析。

19.3.5 自适应过程管理器

类似于 Abaqus/CAE 中其他管理器的 Adaptivity Process Manager，允许用户进行下面的操作：

- 创建自适应过程并且将此过程与选中的模型关联。
- 编辑选中的自适应过程。
- 复制、重命名或者删除选中的自适应过程。

此外，Adaptivity Process Manager 允许用户进行下面的操作：

- 在递交自适应过程之前在模型上执行数据检查。
- 递交自适应过程。
- 在执行数据检查后继续自适应过程。

用户可以通过从主菜单选择 Adaptivity→Manager 来显示 Adaptivity Process Manager。图 19-3 显示了 Adaptivity Process Manager 的布局。

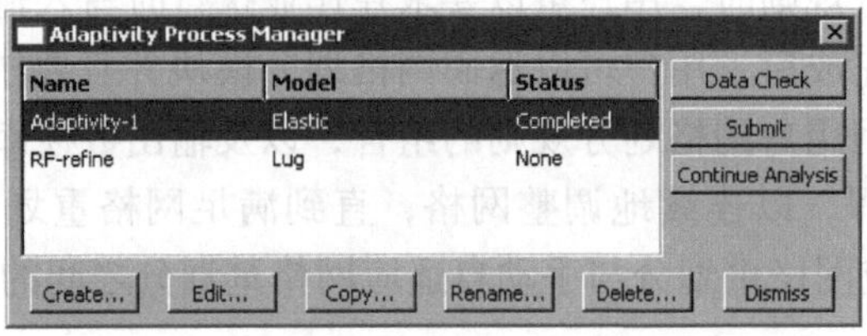

图 19-3　Adaptivity Process Manager

Adaptivity Process Manager 的三个列显示下面的内容：

Name

Name 列显示有效过程的名称。单击 Rename 来重命名选中过程。

Model

Model 列显示与自适应过程关联的模型名称。

Status

Status 列显示自适应过程的当前状态，并且在运行过程的时候连续地进行更新。可以有下面的状态：

None

还没有递交过程进行分析。

Check Submitted

递交模型进行数据检查。

Check Running

正在运行模型的数据检查。

Check Completed

模型的数据检查成功完成；用户现在可以继续自适应过程。

Submitted

递交过程进行执行。

Running

过程已经递交并且正在分析。

Completed

已经完成分析。

Aborted

过程由于模型中的致命错误或者存储空间不足那样的问题而中止。

Terminated

用户终止了过程。

有关使用 Adaptivity Process Manager 来创建、编辑和操控自适应过程的详细指导，见下面的章节：

- 19.9.1 节 “创建新的自适应过程”
- 19.9.2 节 “对自适应过程进行数据检查”
- 19.9.3 节 “递交自适应过程”
- 19.9.4 节 “在数据检查后继续自适应过程”
- 19.9.5 节 “终止自适应过程”

19.4　理解协同执行

本节提供协同执行概览，包括以下主题：

- 19.4.1 节　“什么是协同执行？”
- 19.4.2 节　“协同执行管理器”
- 19.4.3 节　“协同执行编辑器”

19.4.1　什么是协同执行？

协同执行是在 Abaqus/CAE 中同时执行的两个分析作业之间的协同仿真，互相之间使用 19.2 节“理解分析作业”中描述的相同功能。有关此分析技术的更多信息，见《Abaqus 分析用户手册——分析卷》的 12.3.1 节“结构-结构的协同仿真”，以及《Abaqus 分析用户手册——分析卷》的 12.3.2 节“流体-结构的协同仿真和共轭热传导”。

19.4.2　协同执行管理器

类似于 Abaqus/CAE 中的其他管理器，Co-execution Manager 允许用户进行如下操作：

- 创建协同执行并且将此协同执行与选中的分析进行关联。
- 编辑选中的协同执行。
- 复制、重命名或者删除选中的协同执行。

此外，Co-execution Manager 允许用户进行下面的操作：

- 在递交协同执行前在模型上进行数据检查。
- 递交协同执行。
- 显示协同执行的结果。
- 终止当前运行的协同执行。

用户可以通过从主菜单栏选择 Co-execution→Manager 来显示 Co-execution Manager。图 19-4显示了 Co-execution Manager 的布局。

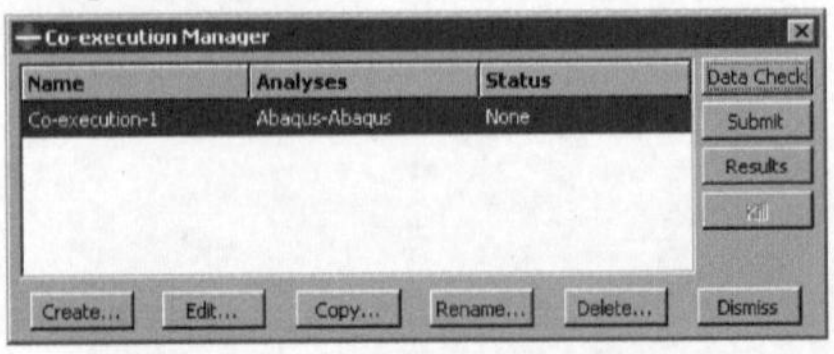

图 19-4　Co-execution Manager

Co-execution Manager 的三列显示如下：

Name

Name 列显示协同执行的名称。单击 Rename 来重命名选中的协同执行。

Analyses

Analyses 列显示与协同执行关联的分析类型；例如 Abaqus-Abaqus。

Status

Status 列显示协同执行中的作业状态，并且在运行协同执行的时候连续地进行更新。可以有下面的状态：

None

还没有递交协同执行进行分析。

Check Submitted

递交分析进行数据检查。

Check Running

正在运行分析的数据检查。

Check Completed

分析数据的检查成功完成；用户现在可以继续协同执行。

Submitted

递交了协调执行。

Running

协同执行已经递交并且正在分析。

Completed

已经完成协同执行。

Aborted

过程由于模型中的致命错误或者缺少存储空间那样的问题而中止协同执行。

Terminated

用户终止了协同执行。

19.4.3 协同执行编辑器

用户使用协同执行编辑器来选择模型，在单独的作业编辑器中定义初始作业参数设置，并改变协同执行的超时值。在创建协同执行后，编辑不能使用协同执行编辑器中的作业参数；用户必须编辑单个的作业。

用户可以从主菜单栏选择 Co-execution→Create 或者 Coexecution→ Edit→联合运行名称，来显示协同执行编辑器（用户也可以在协同执行管理器中单击 Create 或者 Edit）。

下面的协同执行编辑器包含指定作业参数的标签页：

Submission

使用 Submission 标签页来构建用户作业的递交属性，例如作业类型、运行模型和递交时间。用户也可以使用递交标签页来指定将作业递交到远程队列，此远程队列是通过用户的本地 Abaqus 环境文件或者由用户的系统管理员构建的。

General

使用 General 标签页来构建作业设置，例如分析输出文件处理器显示输出文件和临时文件所使用的目录名称。

Memory

使用 Memory 标签页来构建分配给 Abaqus 分析的内存大小。

Parallelization

使用 Parallelization 标签页来构建 Abaqus 分析作业的并行执行，例如使用的处理器数量和并行方法。

Precision

使用 Precision 标签页来指定 Abaqus/Explicit 的单精度或者双精度。用户也可以选择分析过程中，写入输出数据库的节点输出精度。

19.5 理解优化过程

本节提供优化过程概览，包含以下主题：

- 19.5.1 节 “什么是优化过程？”
- 19.5.2 节 “理解优化过程生成的文件”
- 19.5.3 节 “后处理一个优化”
- 19.5.4 节 “优化过程管理器”
- 19.5.5 节 “优化过程编辑器”

19.5.1 什么是优化过程？

图 19-5 说明了当 Abaqus 搜寻优化解时，优化过程如何迭代更新设计变量，更改有限元模型和运行 Abaqus 分析。

优化过程读取用户在优化模块中定义的优化任务，并且以用户在优化任务中定义的目标函数和约束为基础，迭代搜寻优化解。每一个迭代称为设计循环。在每一个设计循环过程中，优化会更改有限元模型，并且 Abaqus 在更改后的模型上进行分析。优化过程读取分析的结果，并且决定是否因为是最优解或者已经达到指定的停止条件而停止优化，或者是否继续优化并且在另一个设计循环上迭代。

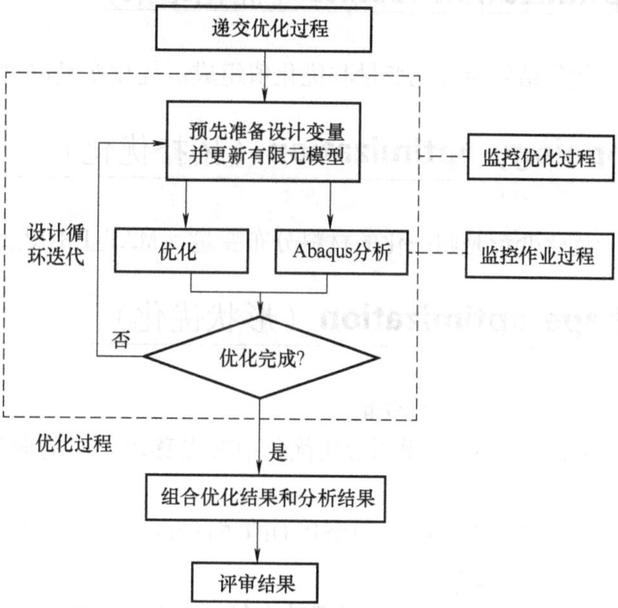

图 19-5 优化过程迭代地搜寻优化解

优化过程生成优化结果和分析结果。用户必须将优化结果和分析结果组合成一个单独的输出数据库文件，这样在显示模块中显示优化的结果，如 19.5.3 节“后处理一个优化”中描述的那样。优化模块不支持在 Abaqus 输入文件中使用零件和装配体。当用户运行优化任务时，优化模块生成的普通输入文件不使用零件和装配体，也不管用户的 Abaqus 模型属性。

一个优化过程出现在模型树的 Analysis 部分，并且包含优化过程中运行的 Abaqus 作业，如图 19-6 所示。

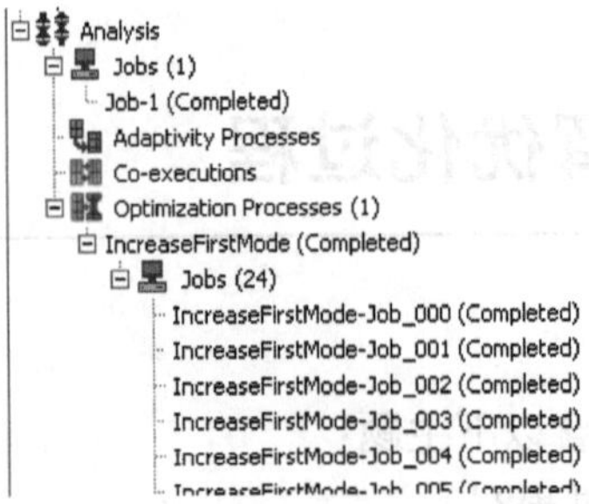

图 19-6　模型树中的优化过程

用户可以检查优化过程的有效性；然而，这种验证并不会检查用户的 Abaqus 模型。用户应当运行模型的完整分析，并且确保在运行一个优化过程之前已经完成了一次分析。

19.5.2　理解优化过程生成的文件

当执行优化过程时，生成两种类型的数据，保存在不同的文件中——优化结果和分析结果。

Optimization results（优化结果）

优化结果由优化变量和优化值组成。优化变量取决于用户执行的优化类型。

Topology optimization（拓扑优化）

优化变量是归一化的材料分布变量（MAT_PROP_NORMALIZED）。

Shape optimization（形状优化）

优化变量是位移变量。

- DISP_OPT：说明形状优化中节点移动方向的向量。因为网格光滑和过滤，此向量未必与节点法向量重合。
- DISP_OPT_VAL：DISP_OPT 向量的大小，具有的符号说明移动的方向——正的为增加，负的为收缩。
- CTRL_INPUT：目标函数在每一个节点处的值（例如应力）。

Sizing optimization（尺寸优化）

优化变量是壳厚度和壳厚度中的变化（THICKNESS 和 DELTA_THICKNESS）。

Bead optimization（起筋优化）

优化变量是位移变量：

- DISP_NORMAL_VAL：向量的大小，此向量说明起筋优化过程中，节点沿着节点法向向量移动的方向。
- DISP_OPT：向量的方向说明起筋优化过程中，节点移动的方向。因为网格光顺和过滤，向量未必与节点法向向量重合。
- DISP_OPT_VAL：DISP_OPT 向量的大小，符号说明位移的方向——正的为增加，负的为收缩。

每一个设计循环后，在单独的优化（.onf）文件中保存优化变量。此外，优化值，例如目标值和约束值，是在每一个设计循环后写到逗号分隔的文本文件（.csv）中的（在用户监控分析过程的进展时显示优化结果，在19.12.6节“监控用户的优化过程”中进行了描述）。

Analysis results（分析结果）

分析结果是分析过程中Abaqus生成的场和历史数据。在每一个设计循环中创建了新的输出数据库。在初始设计循环中，Abaqus将场数据和历史数据写入新的输出数据库文件中；然而，在后续的设计循环中，Abaqus仅写入场数据。Abaqus在每一个设计循环中也生成数据文件（.dat）、信息文件（.msg）和状态文件（.sta）。要节省存储空间并加快后处理，仅在指定的迭代处保存输出数据和数据文件、信息文件和状态文件；默认情况下，在最初的、第一个和最后一个设计循环处保留输出数据和数据文件、信息文件和状态文件（当用户创建优化过程时指定保存文件的速率，如19.12.1节“创建和编辑优化过程”中描述的那样）。此外，Abaqus保存在每一个设计循环中生成的新输入文件。

19.5.3 后处理一个优化

要在显示模块中显示优化过程的结果，用户必须将优化结果和分析结果合并成一个单独的结果输出数据库文件，如19.12.8节“组合优化结果”中描述的那样。

创建基本结果输出数据库文件

被用户选择成基本结果的输出数据库文件，将成为组合结果输出数据库文件的起点。

在初始设计循环与最终设计循环之间选择

用户可以指定从初始设计循环生成的输出数据库文件中，或者从最终的设计循环生成的输出数据库文件中提取基本结果。在大部分的情况中，用户将选择初始的设计循环，并且显示从初始设计循环到最终设计循环的优化进程。例如，跟踪刚度的变化。如果用户执行频繁的优化，并且想要显示最初几个模态的频率和模态形状，则选择最后的设计循环。如果用户进行一个形状优化，则用户应当从第一个设计循环生成的输出数据库文件提取基本结构。

选择原始的模型

优化模块在运行优化过程的最初设计循环之前，更改材料定义和截面赋予。原始的模型是优化模块执行的任何更改之前存在的模型。

用户可以指定从输出数据库文件提取的基本结果是由原始的模型生成的。然而，优化过程没有运行原始模型的 Abaqus 分析。这样，用户必须在可以将原始模型选择成基本结果之前手动运行分析（将原始模型的 Abaqus 输入文件，与优化过程生成的所有输入文件一起保存在“优化进程名称 \ SAVE. inp”目录中。原始模型的输入文件名称是：优化过程名称_org. inp）。

用户为基本数据使用的输出数据库文件必须没有生成零件和装配体，如 9. 10. 4 节“写入没有零件和装配体的输入文件”。优化模块生成的输入文件没有包括零件和装配体，也与 Abaqus/CAE 中的任何用户设置无关。然而，如果用户创建基本结果的输入文件不是优化模块生成的，或者不是从 Abaqus/CAE 中执行作业生成的，则用户必须确保产生的输出数据库文件没有包含零件和装配体。

附加到基本结果上

在用户已经指定了将要用作基本结果源的输出数据库文件后，Abaqus/CAE 在组合的输出数据库文件后附加优化结果和 Abaqus 分析结果。

附加优化结果

Abaqus/CAE 在每一个设计循环后将优化变量作为场数据附加到组合的输出数据库文件，并且每一个设计循环在组合的输出数据库文件中表现成一帧。类似地，Abaqus/CAE 将优化值作为历史数据附加到组合的输出数据库文件后。

附加分析结果

用户进行下面的操作来指定哪一个分析结果数据写入组合的结果输出数据库文件中：

- 指定应当写入分析结果的设计循环。
- 指定应当写入分析结果的模型。Abaqus/CAE 为用户优化过程中的每一个模型创建组合的结果输出数据库文件。
- 为一个选中的模型指定应当从模型的哪一个步写分析结果。

• 指定应当写入哪一个分析场变量。

在组合过程中，不会将历史数据写入组合的数据库文件。组合的输出数据库文件仅包含来自基本结果输出数据库文件的历史数据。

当用户创建优化过程时，推荐用户在初始设计循环和最终设计循环后保存分析结果。在完成优化之后，用户可以将初始设计循环中生成的输出数据库文件作为基本结果。然后用户可以将基本结果输出数据库文件和来自每一个设计循环的优化结果以及最终设计循环的分析结果进行组合，见表 19-1。

表 19-1 在组合的输出数据库文件中保存优化结果和分析结果

内容	设计循环				
	初始	第一个	第二个	第三个	第四个（最终的）
保存的数据	分析结果（场和历史数据）	优化结果	优化结果	优化结果	优化结果和分析结果（仅场数据）
动作	创建基本结果	附加到基本结果	附加到基本结果	附加到基本结果	附加到基本结果

例如，如果用户执行一个拓扑优化，则接下来用户可以进行下面的操作：

• 显示用户模型的初始状态；例如，初始几何形体、载荷和边界条件。

• 显示优化变量中的变化——每一个设计循环中归一化的材料分布变量（MAT_PROP_NORMALIZED）——观察优化的进展。

• 显示用户模型的最终状态；例如，优化后的几何形体和位移，以及应力和应变。

• 创建历史图来追踪目标和约束的变化。

用户可以施加类似的条件来显示形状和尺寸优化的开始状态和最终状态，以及优化进程。

用户仅在构建下面的分析情况时才支持组合优化结果：

• 简单分析（单个模型、单步和单个载荷工况）。

• 频率或者模态分析。

• 使用多载荷工况的线性摄动分析。

• 使用多个模型的优化。

19.5.4 优化过程管理器

类似于 Abaqus/CAE 中其他管理器，Optimization Process Manager 允许用户进行下面的操作：

• 创建和构建一个优化过程。

• 编辑选中的优化过程。

• 复制、重命名或者删除选中的优化过程。

此外，Optimization Process Manager 允许用户进行下面的操作：

• 将 TOSCA 参数文件（. par）的副本和 Abaqus 输入文件（. inp）的副本写到用户的工作目录中。

• 在递交一个优化过程之前，确认优化已经正确地构建了优化任务，并且存在 Abaqus 模型。

• 递交一个优化进程。

• 对由于优化外部的原因或者 Abaqus 分析的原因（例如不能得到 Abaqus 许可证）而失败的优化过程进行重启动。

• 监控优化过程的进展。

• 以可以传递到 CAD 系统或者可以返回到 Abaqus/CAE 内的格式，提取优化后模型面的光滑等参面网格化表示。

• 将优化过程创建的优化结果和分析结果组合成单一的结果输出数据库文件，可以通过显示模块来显示此输出数据库文件。

• 显示优化过程的结果。

用户可以通过从主菜单栏中选择 Optimization Process Manager→Manager 来显示 Optimization Process Manager。图 19-7 显示了 Optimization Process Manager 的布局。

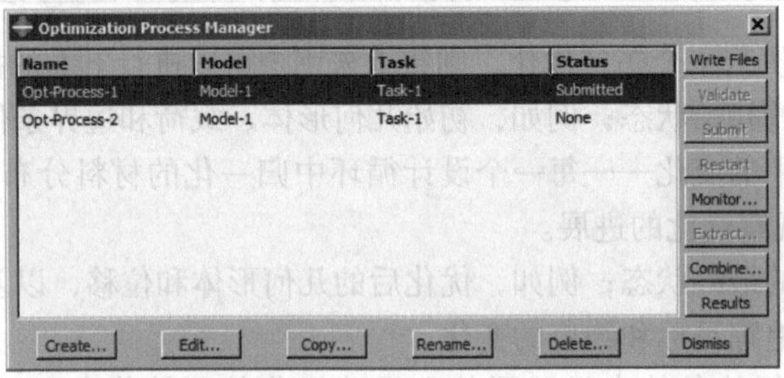

图 19-7　Optimization Process Manager 的布局

Optimization Process Manager 的四个列显示下面的内容：

Name

Name 列显示优化过程的名称。单击 Rename 来重新命名选中的优化过程。

Model

Model 列显示与优化过程关联的 Abaqus/CAE 模型。

Task

Task 列显示与优化过程关联的优化任务。

Status

Status 列显示优化过程中的作业状态，并且在运行优化过程时得到持续更新。状态可以是下面的一种：

None

优化过程还没有递交分析。

Submitted

优化过程已经递交。

Running

优化过程已经递交分析并正在运行。

Completed

优化过程已经运行完成。

Aborted

优化过程由于诸多模型中的一个发生致命错误或者缺少存储空间的问题而中止。

Terminated

优化过程因为用户而终止。

19.5.5 优化过程编辑器

用户使用优化过程编辑器来选择将包括在优化过程中的 Abaqus/CAE 模型和优化任务。用户也可以构建优化设置，例如优化迭代的最大数量。

用户可以通过从主菜单栏选择 Optimization Process→Create 或者 Optimization Process→Edit→优化过程名称，来显示优化过程编辑器［用户也可以单击 Optimization Process Manager（优化过程管理器）中的 Create 或者 Edit］。

优化过程编辑器允许用户构建下面的内容：

Optimization

使用 Optimization 标签页来指定优化过程终止前应当运行的优化迭代的最大数量，以及保存数据的频率。更多信息见 19.12.1 节“创建和编辑优化过程”。

Submission

使用 Submission 标签页来构建用户优化过程的递交属性，例如递交时间以及是否将优化过程递交给远程队列，用户的本地 Abaqus 环境文件或者用户的系统管理器已经对此远程队列进行了定制构建。更多信息见 19.8.2 节“构建作业递交属性”。

Memory

使用 Memory 标签页来构建在优化过程中分配给 Abaqus 作业的内存数量。更多信息见 19.8.7 节“控制作业内存设置”。

Parallelization

使用 Parallelization 标签页来构建优化过程中 Abaqus 分析作业的并行执行，例如要使用的处理器个数和并行方法。更多信息见 19.8.8 节“控制作业并行执行”。

19.6 重启动分析

如果用户的模型包含多个步，则用户不必在单个分析作业中分析所有的步。事实上，分多个阶段运行一个复杂的分析通常是比较理想的。这允许用户检查结果并在继续下一个阶段之前确认分析如预期的那样执行。Abaqus 生成的重启动文件允许用户从指定的步继续分析。更多信息见《Abaqus 分析用户手册——分析卷》的 4.1 节“重启动一个分析”。

本节介绍 Abaqus/CAE 中的重启动功能。下面的主题提供了一些背景信息：

- 19.6.1 节 “控制重启动分析”
- 19.6.2 节 “重启动分析要求的文件”
- 19.6.3 节 “重启动分析准则”
- 19.6.4 节 “模型与重启动分析之间的联系”

下面的主题描述重启动分析经常使用的例子：

- 19.6.5 节 “在向模型添加更多分析步后重启动”
- 19.6.6 节 “更改现有分析步后重启动”
- 19.6.7 节 “从步的中间重启动”
- 19.6.8 节 “重启动分析的可视化结果”
- 19.6.9 节 “恢复 Abaqus/Standard 分析”
- 19.6.10 节 “重启动作业的远程递交”

19.6.1 控制重启动分析

默认情况下，不会为 Abaqus/Standard 分析或者 Abaqus/CFD 分析写入重启动信息，并且对于 Abaqus/Explicit 分析，仅在每一步的开始和结束处写入重启动信息。用户可以使用分析步模块来更改写入重启动信息的频率。更多信息见 14.5.2 节“重启动输出请求”。

在分析生成重启动信息之后，用户可以控制后续重启动分析的以下方面：

Model attributes（模型属性）

要构建重启动分析，用户必须指定模型是否应当重用来自相同模型之前的分析数据。用户可以指定之前分析的步和增量，或者时间上的内插，在这些地方会开始新的分析。用户也应当选择下面的一个。

- 让选中的步继续执行到完成。

- 在指定的增量处终止选中的步，并且开始一个新步。

更多信息见 9.8.4 节“指定模型属性”。

Job type（作业类型）

用户使用作业编辑器来指定作业类型。如果用户编辑模型属性来指定模型应当重用来自之前分析的数据，并且创建一个参考此模型的作业，则 Abaqus/CAE 将作业的类型设置成 Restart。更多信息见 19.2.5 节“选择一个作业类型”。用户创建的重启动作业不能参考与输入文件关联的作业。

19.6.2 重启动分析要求的文件

要重启动一个分析，则用户启动 Abaqus/CAE 程序会话的目录中必须有之前分析创建的各种文件。

Abaqus/Standard

- 输出数据库（.odb）
- 重启动文件（.res）
- 模型文件（.mdl）
- 零件文件（.prt）
- 状态文件（.stt）

Abaqus/Explicit

- 输出数据库（.odb）
- 重启动文件（.res）
- 模型文件（.mdl）
- 打包文件（.pac）
- 零件文件（.prt）
- 状态文件（.abq 和 .stt）
- 选中的结果文件（.sel）

Abaqus/CFD

- 输出数据库（.odb）
- 重启动和分析数据库文件（.sim）

如果在当前目录中不能获取这些文件的任何一个，则此重启动分析都会生成一个错误。

19.6.3 重启动分析准则

使用 Abaqus/CAE 可以直接定义模型和作业的重启动信息；然而，用户应当在使用分析重启动功能之前了解下面的信息：

• 重启动分析中使用的模型，必须与原始分析中重启动位置处使用的模型一样。明确地说明如下：

—对于新模型，不要更改或者添加任何几何形体、网格、材料、截面、梁截面侧面、材料方向、梁截面方向、相互作用属性和约束。

—类似地，不要在重启动位置处或者之前更改任何步或者规定的条件（载荷、边界条件、场、相互作业或者输出请求）。

• 如果用户使用关键字编辑器编辑过原始的模型，则当用户重启动分析时，Abaqus/CAE 会忽略这些改变。

警告：Abaqus/CAE 不进行任何检查来确保为原始作业保存的重启动数据与重启动分析中使用的模型一致。在某些情况中，分析将终止并产生错误信息。在其他情况中，分析将运行，但是结果与用户的预期不符合。将产生错误信息的具体例子是，用户定义了一个耦合约束及其附带的参考节点，然后在原始分析递交之前抑制了此约束。在此例子中，Abaqus/CAE 保留参考节点定义，但如果此参考节点没有附加到其他单元或者约束，Abaqus/Standard 或者 Abaqus/Explicit 可能从模型定义中删除此参考节点定义。此例子中用户的后续 Abaqus/CAE 重启动分析被视为与原始分析不一致。在许多类似此例子的情况中，用户可以手动更改重启动分析输入文件来更正矛盾。

19.6.4 模型与重启动分析之间的联系

当用户第一次基于分析模型递交作业时，Abaqus/CAE 会根据用户模型的定义生成一个输入文件；此输入文件又被递交用于分析。输入文件包含网格划分模块生成的单元定义和节点定义，以及用户使用 Abaqus/CAE 指定的材料、步、输出请求、载荷、相互作用等。

要运行与模型关联的作业的重启动分析，推荐用户将模型复制到一个新模型。新模型包含来自原始模型的所有单元定义和节点定义以及所有的材料、步、输出情况、载荷、相互作用等。要请求重启动分析，用户需要编辑新模型的属性并指定分析从原始分析的指定步继续。当用户创建一个参考新模型的新的重启动作业时，Abaqus/CAE 会将作业类型设置为 Restart。

当用户为分析递交新的作业时，Abaqus/CAE 会根据重启动信息生成一个输入文件。重启动输入文件没有写入零件、装配体或者属性数据。仅写入下面的数据：

• 在分析重启动之后出现的步。

• 与步关联的对象数据，这些对象与重启动步后出现的步关联；例如，载荷、边界条件、场和输出请求。

• 与步关联的对象使用的新区域和大小，这些对象与重启动步之后出现的步关联。

Abaqus 读取零件、装配体和属性数据，以及从重启动文件读取来自重启动步之前出现的步的数据，重启动文件是原始分析生成的。结果，虽然模型包含所有这些信息，但是并没有将信息写到递交给 Abaqus/Standard 或者 Abaqus/Explicit 的输入文件中。这是一个重要的顾虑。一些用户在重启动分析中做出的变化，比如材料属性，将不会出现在进行分析的输入文件中。

19.6.5　在向模型添加更多分析步后重启动

重启动功能的最常见用法是分析用户的模型并且给模型添加一个或者更多的步，然后继续分析。本节介绍此用法的一个例子。

假定用户已经完成下面的操作：

- 创建一个含有两个分析步（Step-1 和 Step-2）、名称为 Model-A 的模型。
- 在步模块中使用 Edit Restart Requests 对话框来输出每一个步结束时的重启动信息。
- 创建使用 Model-A 的名称为 Job-A 的作业。
- 对模型进行了分析。

在研究分析的结果之后，用户决定对模型添加另外一个名称为 Step-3 的分析步。重启动功能允许用户计算 Step-3 的结果，而不要求 Step-1 和 Step-2 的计算。下面的步描述了推荐采取的过程：

1. 复制 Model-A 到一个新的模型，名称为 Model-A-restart，并且将 Model-A-restart 作为当前模型。

2. 给 Model-A-restart 添加新的 Step-3。

3. 在 Step-3 中添加新的指定条件（载荷、边界条件、相互作用、场或者输出请求），或者更改从 Step-2 中传承的指定条件。

4. 从主菜单栏中，选择 Model→Edit Attributes→Model-A-restart。从出现的 Edit Model Attributes 对话框中进行下面的操作。

- 进入 Job-A，因为重启动将要从此作业读取重启动数据。
- 设置重启动位置。

—进入 Step-2 来说明从此步将读取重启动数据。

—选择 Restart from the end of the step。Step-3 将在 Step-2 结束后继续分析。

5. 将 Job-A 复制到一个新的作业，名称为 Job-A-restart，此作业使用 Model-A-restart。

6. 从主菜单栏中选择 Job→Edit→Job-A-restart。从出现的对话框 Edit Job 中选择作业类型为 Restart。

7. 递交 Job-A-restart 进行分析。

19.6.6　更改现有分析步后重启动

用户可以使用重启动功能来分析用户的模型，并且在继续分析之前更改现有的步。本节介绍此用法的一个例子。

假定用户已经完成下面的操作：

- 创建包含两个分析步（Step-1 和 Step-2）、名称为 Model-A 的模型。
- 使用步模块中的 Edit Restart Requests 对话框来输出每一个步结束时的重启动信息。
- 创建使用 Model-A 的，名称为 Job-A 的作业。
- 分析模型。

在检查 Job-A 的结果之后，用户意识到需要对 Step-2 进行更改，对 Step-2 中的输出请求进行更改，或者对 Step-2 中的指定条件进行更改，例如载荷或者边界条件。用户也可能想要添加一些新的步，具有附加的输出请求和载荷，以及对边界条件进行变化。用户明白仍然可以使用来自 Step-1 的结果；然而，用户意识到来自 Step-2 的结果不再有效。重启动功能允许用户重新计算 Step-2 的结果，而不需要重复 Step-1 的计算。下面为推荐的操作步骤：

1. 将 Model-A 复制到一个新的模型，名称为 Model-A-restart，并且将 Model-A-restart 作为当前模型。

2. 如下执行。

- 对 Step-2 进行期望的更改。
- 在 Step-2 后面添加新的步。
- 在 Step-2 和后续的多个步中创建新的规定条件。

3. 从主菜单栏选择 Model→Edit Attributes→Model-A-restart。在出现的 Edit Model Attributes 对话框中进行下面的操作。

- 进入 Job-A，将从此作业读取重启动数据。
- 设置重启动位置。

—进入 Step-1，说明将从此步读取重启动数据。

—选择 Restart from the end of the step。Step-2 将在 Step-1 结束后继续分析。

4. 将 Job-A 复制成一个新的作业，名称为 Job-A-restart，它使用 Model-A-restart。Abaqus/CAE 设置作业类型为 Restart。

5. 递交 Job-A-restart 进行分析。

19.6.7 从步的中间重启动

用户可以使用重启动功能来从已完成步的中间开始继续分析，或者从部分完成步的中间开始继续分析。重启动分析使用新步从之前步的特定增量处开始继续分析。本节介绍此用法的一个例子。

假设用户已经完成下面的操作：

- 创建称为 Model-A 的模型，具有两个 Abaqus/Standard 分析步，Step-1 和 Step-2。
- 使用步模块中的 Edit Restart Requests 对话框来每 10 个增量就输出重启动信息。
- 创建称为 Job-A 的作业，此作业使用 Model-A。
- 分析模型。

用户怀疑载荷对于结构过重，可能导致结构不稳定或者坍塌，并且因此产生收敛困难。

结果，用户使用步模块设置每个步的 10 个增量就保存一次重启动信息。当用户运行分析时，用户会发现在 Step-2 结束之前，在增量为 25 时分析终止。用户使用显示模块来查看分析的结果，并且意识到对负特征值信息确认的结构可能变得不稳定的怀疑是确定的。现在用户对失稳载荷水平有了概念，想要在 Step-2 的增量为 20 处进行重启动分析，使用较低的载荷水平以及更加频繁地输出结果数据。下面的步描述推荐遵守的过程：

1. 将 Model-A 复制到一个新的模型，名称为 Model-A-restart，并且将 Model-A-restart 作为当前模型。

2. 对 Model-A-restart 添加新的 Step-3 步。

3. 更改 Step-3 中的载荷水平和输出请求。例如，如果 Step-2 的增量为 25 处的载荷是 260，Step-2 的增量为 20 处的载荷是 250，用户可以将 Step-2 结束处的载荷水平改变成 262。此外，用户可以增加数据写到输出数据库的频率，这样用户可以追踪结构失稳的进展。用户也可以降低最大增量的值来控制由分析生成的数据推导。更多信息见《Abaqus 分析用户手册——分析卷》的 4.1 节“重启动一个分析”。

4. 从主菜单栏选择 Model→Edit Attributes→Model-A-restart。在出现的 Edit Model Attributes 对话框中进行下面的操作。

- 切换选中 Read data from job，然后输入 Job-A，说明将从此作业读取重启动数据。
- 设置重启动位置。

—进入 Step-2 说明将从此步读取重启动数据。

—选择 Restart from increment，interval，iteration，or cycle，并且输入 20 来说明将读取重启动数据的增量编号。

—选择 and terminate the step at this point 来说明应当在增量 20 处终止 Step-2。将在此位置处继续分析 Step-3。

5. 将 Job-A 复制成一个新的作业，名称为 Job-A-restart，它使用 Model-A-restart。Abaqus/CAE 设置作业类型为 Restart。

6. 递交 Job-A-restart 进行分析。

19.6.8　重启动分析的可视化结果

每一个重启动分析创建一个新的输出数据库。考虑 19.6.5 节“在向模型添加更多分析步后重启动”中描述的例子，在此例子中用户进行如下操作：

- 运行和分析参照 Model-A 的 Job-A，此 Model-A 包含 Step-1 和 Step-2。结果，分析生成的输出数据库 Job-A. odb，包含来自 Step-1 和 Step-2 的结果。
- 运行 Job-A-restart 的重启动分析，此作业参照 Model-A-restart。虽然 Model-A-restart 项包含 Step-1、Step-2 和 Step-3，由重启动分析生成的输出数据库 Job-A-restart. odb，仅包含来自 Step-3 的结果。

用户可以使用显示模块来创建场数据的变形图、云图和符号图；然而，用户可以在任何时候选择仅显示来自一个输出数据库的结果。如果用户正查看来自 Step-1 或者 Step-2 的结果，并且想要查看来自 Step-3 的结果，则用户必须更改输出数据库。

如果用户想要创建来自所有三个步的结果动画，则用户必须组合两个输出数据库。Abaqus 为了此目的提供一个执行过程。更多信息见《Abaqus 分析用户手册——介绍、空间建模、执行与输出卷》的 3. 2. 23 节“连接来自重启动分析的输出数据库（. odb）文件”。

另外，用户可以使用下面的技术来创建所有三个步上的变量历史图：

- 创建来自原始输出数据库——Job-A. odb——的变量 *X-Y* 数据对象。
- 创建由重启动分析生成的输出数据库——Job-A-restart. odb——的另外一个变量 *X-Y* 数据对象。
- 创建两个 *X-Y* 数据对象的 *X-Y* 图。另外，用户可以使用 Operate on XY data 选项来创建一个新的 *X-Y* 数据对象，添加开始的两个 *X-Y* 数据对象，然后创建结果的 *X-Y* 图。

更多的信息见第 47 章“*X-Y* 图”。

用户应当注意 *X-Y* 数据对象并不参照相同的步。例如，考虑 19. 6. 6 节“更改现有分析步后重启动”中描述的重启动，用户在此例子中更改一个现有的步，然后在继续分析之前添加一个新的步。第一个输出数据库包含来自 Step-1 和 Step-2 的数据。第二个输出数据库包含来自 Step-2 和新 Step-3 的数据。用户创建的第一个 *X-Y* 数据对象应当仅使用来自 Step-1 的数据，并且应当不包括来自原始 Step-2 的数据。第二个 *X-Y* 数据对象应当使用来自更改过的 Step-2 和新 Step-3 的数据。

19. 6. 9 恢复 Abaqus/Standard 分析

Abaqus/Explicit 具有恢复过早终止的分析作业的机制；例如，因为磁盘空间不够或者停电。更多信息见 19. 2. 5 节“选择一个作业类型”。然而，不像 Abaqus/Explicit 那样，Abaqus/Standard 没有恢复机制。下面的例子描述用户如何可以使用 Abaqus/Standard 的重启动功能来继续过早终止的分析。假定下面的操作内容：

- 用户分析包含 Step-1、Step-2 和 Step-3 的 Model-A。
- 因为停电，分析在 Step-2 的 Increment 17 处过早结束。
- 用户要求每 10 个增量就保存一次重启动信息。结果，在 Step-2 的 Increment 10 处保存了最后的重启动信息。

下面的过程描述用户如何使用最后保存的重启动信息来恢复分析：

1. 将 Model-A 复制到一个新的模型，名称为 Model-A-restart，并且将 Model-A-restart 作为当前模型。

2. 从主菜单栏选择 Model→Edit Attributes→Model-A-recover，从出现的 Edit Model Attributes 对话框进行下面的操作。

- 切换选中 Read data from job，然后输入 Job-A 来说明将读取重启动数据的作业。
- 设置重启动位置。

—输入 Step-2 来说明将读取重启动数据的步。

—选择 Restart from increment，interval，iteration，or cycle，并且输入 10 来说明将读取重启动数据的增量编号。

—选择 and complete the step。Step-2 将在增量为 10 后继续分析，并且运行到完成。

3. 将 Job-A 复制成一个新作业，名称为 Job-A-recover，此新作业使用 Model-A-recover。Abaqus/CAE 设置作业类型为 Restart。

4. 递交 Job-A-recover 进行分析。

19.6.10　重启动作业的远程递交

如果用户将作业递交给远程计算机来分析，则默认情况下，当作业完成时，Abaqus 会将重启动分析所需的文件复制回本地目录。更多信息见 19.2.7 节“远程递交作业”。如果远程作业过早终止，则用户可能要手动地将文件复制回本地目录。

重启动分析要求的大部分文件是以平台为基础的二进制文件。结果，在 Linux 系统计算机上启动分析后，用户将不能继续在 Windows 系统计算机上继续重启动分析，反之亦然。零件文件（.prt）包含 ASCII 文本，并且可以跨平台进行复制。

不同二进制格式的平台之间缺乏可移植性并不妨碍用户在不同的计算机上重启动一个分析。然而，两台计算机必须二进制兼容，并且推荐原始分析和重启动分析都在相同的平台上运行。Abaqus 不测试重启动文件的跨平台兼容性。

19.7 创建、编辑和操控作业

本节介绍如何使用主菜单或者 Job Manager 来创建、编辑和操控作业，包括以下主题：

- 19.7.1 节 “创建一个新的分析作业”
- 19.7.2 节 “仅写入输入文件”
- 19.7.3 节 “对模型进行数据检查”
- 19.7.4 节 “递交分析作业”
- 19.7.5 节 “在数据检查后继续分析作业”
- 19.7.6 节 “终止分析作业”
- 19.7.7 节 “显示用户作业的结果”

19.7.1 创建一个新的分析作业

要创建一个新的分析作业，从主菜单栏选择 Job→Create。分析作业存储在模型数据库中，并且在程序会话中保留。

若要创建一个新分析作业，执行以下操作：

1. 从主菜单栏选择 Job→Create。

出现 Create Job 对话框。

技巧：用户也可以通过单击模块工具箱中的 图标，或者单击 Job Manager 中的 Create 来创建一个新的分析作业。

2. 在 Name 文本域中输入新作业的名称。用户指定的名称必须遵循用户操作系统的名称法则。

3. 单击 Source 域右侧的箭头来选择作业的来源。

- 选择 Model 来以 Abaqus/CAE 中创建的模型为基础来创建作业。

Model 列表显示在模型数据库中定义的所有模型。从此列表选择与新作业关联的模型。

- 选择 Input file 来以 Abaqus/CAE 已经创建的或者还没创建的输入文件为基础来创建一个作业。

单击 ；Abaqus/CAE 列出了选中目录中具有文件扩展名 . inp 的所有文件。选择输入文件来与新作业关联，并且单击 OK。

注意：用户不能以输入文件为基础来创建一个作业，此输入文件包含其他结果文件的参考，例如重启动分析、一个导入的分析或者子模型分析。

4. 单击 Continue。

出现作业编辑器。

5. 如果需要，输入作业描述。当用户为分析递交作业时，Abaqus/CAE 在输入文件头后面立即写入作业描述。作业描述不写入输出数据库中，并且一旦导入 Abaqus/CAE 中，就不再保留。更多信息见 10.5.2 节“从 Abaqus 输入文件导入模型”中的“导入描述”。

6. 在编辑器中，输入定义作业所必需的全部数据，并且单击 OK（更多信息见 19.8 节“使用作业编辑器”）。

19.7.2　仅写入输入文件

默认情况下，当用户提交一个与模型关联的作业用于分析时，Abaqus/CAE 生成一个输入文件来代表用户的模型，然后 Abaqus 分析此输入文件。然而，有时用户可能更想生成输入文件，然后在执行分析之前显示或者编辑此输入文件。

要写输入文件而不立即执行分析，从主菜单栏选择 Job→Write Input→所选择的作业。将输入文件作业名.inp 写到用户启动 Abaqus/CAE 的目录中。用户也可以通过选择用户选择的作业，然后单击 Job Manager 中的 Write Input 来写输入文件。

以 ASCII 格式写输入文件，并且可以使用文本编辑器显示和编辑。如果用户熟悉 Abaqus 关键字，则用户可以检查输入文件的错误并且检查关键字、参数和数据是否按期望的那样生成。用户也可以更改输入文件的内容。例如，用户可以改变材料属性或者载荷的大小。

警告：如果用户使用 Abaqus/CAE 之外的文本编辑器来编辑模型的输入文件，然后在作业模块中递交模型的作业，则对输入文件的修改将会丢失。相反，用户必须通过创建一个新作业，并且选择 Input file 来作为作业的 Source，来直接递交已更改的输入文件。然而，如果用户使用 Keywords Editor 来为一个模型更改已经生成的关键字，则在模型中保留那些更改，并且施加到与此模型关联的任何作业上（用户可以通过从主菜单栏选择 Model→Edit Keywords 来显示 Keywords Editor）。

19.7.3　对模型进行数据检查

通过分析输入文件处理器运行输入文件来进行数据检查，来确认模型是稳定的，并且已经设置了所有要求的模型选项。如果作业源是一个 Abaqus/CAE 模型，则此选项生成（或者重新生成）作业的输入文件。

要对模型执行数据检查，从主菜单栏选择 Job→Data Check→所选择的作业。用户也可以通过选择用户选取的作业，然后单击 Job Manager 中的 Data Check 来执行数据检查。

要查看数据检查分析的结果，审核用户工作目录中的数据文件（.dat）。用户也可以通过选择 Job→Monitor→所选择的作业，显示作业监控对话框来审核数据检查的结果。有关作业监控的更多信息，见 19.2.6 节“监控分析作业的进程”。

一个数据检查会创建一个输出数据库。用户可以在显示模块中显示输出数据库来确认模型信息，例如面标签、面法向和材料方向。有关显示输出数据库的更多信息，见第V部分“显示结果”。

19.7.4 递交分析作业

要为分析递交一个作业，从主菜单栏选择 Job→Monitor→所选择的作业。用户也可以通过选择 Job Manager 中的名称，然后单击 Submit 来为分析递交一个作业。Abaqus/CAE 使用作业编辑器中定义的作业设置来为分析递交作业。

有关监控用户已递交作业的信息，见19.2.6节“监控分析作业的进程”。

当用户开始一个 Abaqus/CAE 程序对话并且递交一个分析作业时，Abaqus 发送信息到 Abaqus/CAE 来说明作业的当前状态，并且 Abaqus/CAE 相应地更新 Job Manager 中的 Status 列。

19.7.5 在数据检查后继续分析作业

当用户进行数据检查分析时（见19.7.3节“对模型进行数据检查”），Abaqus 创建并且保存后续继续完全分析所必需的全部文件。要继续一个分析，从主菜单选择 Job→Continue→所选择的作业。用户也可以通过选择 Job Manager 中的作业名，然后单击 Continue 来继续一个分析。Abaqus/CAE 使用作业编辑器中定义的作业设置来继续分析。

有关监控用户已提交作业的信息，见19.2.6节“监控分析作业的进程”。

19.7.6 终止分析作业

用户可以使用下面的一个方法来终止一个分析作业：

- 从主菜单栏选择 Job→Kill→所选择的作业。
- 在 Job Manager 中选择作业名称，然后单击 Kill。
- 在特定作业的作业监控对话框中，单击 Kill（更多信息见19.2.6节“监控分析作业的进程”）。

Abaqus/CAE 询问用户确认，终止作业，并且将 Job Manager 中的作业状态更新为 Terminated。

19.7.7 显示用户作业的结果

一旦完成了用户的分析作业，Abaqus/CAE 在输出数据库中存储分析的结果。用户可以使用显示模块来用图像显示这些结果。使用 Job 菜单中的 Results 命令来启动显示模块并且给出用户模型的基本图像。

若要显示分析作业的结果，执行以下操作：

1. 从主菜单栏选择 Job→Results→所选择的作业。

技巧：用户也可以选择 Job Manager 中的作业名称，然后单击 Results。

启动显示模块并且为用户提供模型图。

技巧：使用 Results 命令来退出作业模块。要重新进入作业模块，从位于环境栏中的 Module 列表选择 Job。

2. 使用显示模块来创建和定制用户结果的不同图像。有关使用显示模块的更多信息，见第V部分“显示结果”。

19.8 使用作业编辑器

本节介绍如何使用作业编辑器来构建作业的设置，包括以下主题：

- 19.8.1 节 “浏览作业定制选项”
- 19.8.2 节 “构建作业递交属性”
- 19.8.3 节 “选择作业类型”
- 19.8.4 节 “选择作业运行模式”
- 19.8.5 节 “设置作业递交时间”
- 19.8.6 节 “指定通用作业设置”
- 19.8.7 节 “控制作业内存设置”
- 19.8.8 节 “控制作业并行执行”
- 19.8.9 节 “控制作业精度”

19.8.1 浏览作业定制选项

在递交作业用于分析之前，使用作业编辑器来定制作业的设置。要调用作业编辑器，从主菜单栏选择 Job→Edit→作业名称。作业编辑器包含下面的标签页：

Submission

使用 Submission 标签页来定制作业的基本属性，例如作业类型、运行模式和运行时间。用户也可以使用递交标签页来将作业递交到远程序列。

General

使用 General 标签页来构建前处理器显示输出，并且指定一个临时目录。与输入文件关联的作业不能使用前处理器显示输出选项；用户必须在输入文件自身中指定这些选项。用户也可以使用 General 标签页来指定任何模型参照的用户子程序，并指定结果的输出格式。

Memory

使用 Memory 标签页来构建分配给一个 Abaqus 分析的内存量。

Parallelization

使用 Parallelization 标签页来构建 Abaqus 分析作业的并行执行，例如使用的处理器数量和并行方法。

Precision

使用 Precision 标签页来为 Abaqus/Explicit 分析指定单精度或者双精度。用户也可以选择分析过程中写到输出数据库的节点输出精度。

用户也可以使用 Abaqus 环境文件（abaqus_v6. env）来控制作业编辑器标签页中许多设置的默认值。更多信息见《Abaqus 分析用户手册——介绍、空间建模、执行与输出卷》的 3. 3. 1 节“使用 Abaqus 环境设置”。

19. 8. 2　构建作业递交属性

要调用作业编辑器，从主菜单栏选择 Job→Edit→作业名称。使用作业编辑器中的标签页来构建与作业递交关联的属性。用户可以进行下面的操作：

- 选择分析类型（更多信息见 19. 8. 3 节“选择作业类型”）。
- 选择运行模式（更多信息见 19. 8. 4 节“选择作业运行模式”）。
- 选择递交时间（更多信息见 19. 8. 5 节“设置作业递交时间”）。

19. 8. 3　选择作业类型

要调用作业编辑器，从主菜单栏选择 Job→Edit→作业名称。使用 Submission 标签页中的 Job Type 来选择 Abaqus 将运行的作业类型。用户可以使用下面的一个选项：

Full analysis

选择此选项来递交用于分析的完整模型文件或者输出文件。

Recover（Explicit）

选择此选项来将之前过早终止的 Abaqus/Explicit 分析进行重新递交。Abaqus/Standard 和 Abaqus/CFD 分析不能使用此选项。

Restart

选择此选项来递交一个模型分析，此模型分析使用来自相同模型之前分析的保存数据。

模型属性必须指定已经保存数据的位置。

在 19.2.5 节“选择一个作业类型”中包含可使用作业类型的更多详细信息。

若要选择作业类型，执行以下操作：

1. 在作业编辑器中单击 Submission 标签来显示 Submission 标签页。
2. 从标签页顶部的 Job Type 选项选择用户选取的作业类型。

19.8.4 选择作业运行模式

要调用作业编辑器，从主菜单栏选择 Job→Edit→作业名称。使用 Submission 标签页中的 Run Mode 选项来选择 Abaqus 将运行作业的模式。用户可以选择下面的一个选项：

- Background 来在后台中本地运行用户的作业
- Queue 来将用户的作业递交到命名的本地批处理序列或者远程批处理序列中；从下拉列表选择批处理序列（用户必须在 Abaqus 环境文件中定义序列；更多信息见《Abaqus 安装和许可证手册》的 4.2 节“定义分析批处理序列”；用户也必须让 Abaqus/CAE 可以使用此序列；更多信息见 19.2.7 节“远程递交作业”）。

Run Mode 设置类似于 Abaqus 执行过程的参数。

若要选择运行模式，执行以下操作：

1. 调用作业编辑器。
   从主菜单栏选择 Job→Edit→作业名称。
   Abaqus/CAE 显示 Edit Job 对话框。
2. 单击 Submission 标签来显示 Submission 标签页。
3. 从表中间部分的 Run Mode 选项选择 Background 或者 Queue。

19.8.5 设置作业递交时间

要调用作业编辑器，从主菜单栏选择 Job→Edit→作业名称。使用 Submission 标签页中的 Submit Time 选项来选择何时会执行分析。

若要设置递交时间，执行以下操作：

1. 在作业编辑器中单击 Submission 标签来显示 Submission 标签页。
2. 从标签页底部的 Submit Time 选项，选择下面的一个选项。

Immediately

在用户本地机器的后台中立即执行作业，或者将作业立即递交到批处理序列中。

Wait

在等待一定时间后，在用户的本地机器后台中执行作业。在小时和分钟域中敲入等待时间（仅可以在 Linux 平台上才可以使用此选项；此外，如果将作业递交到批处理序列中，不能使用此选项）。

At

在用户的本地机器后台中，或者批处理序列中指定的时刻执行作业。单击 At 域右侧的 💡 来得到在指定时刻时使用什么语法的信息。如果用户想要作业在指定时刻时在批处理序列中运行，则用户必须在 Abaqus 环境文件中构建此序列来接受使用 after_prefix 序列参数的时间变量。更多信息见《Abaqus 安装和许可证手册》的 4.2 节“定义分析批处理序列”（在 Linux 平台上，可以在后台中和批处理序列中运行的作业可以使用 At 选项；然而，在 Windows 平台上仅对于批处理序列中运行的作业才可以使用 At 选项）。

19.8.6　指定通用作业设置

要调用作业编辑器，从主菜单栏选择 Job→Edit→作业名称。使用 General 标签页来构建其他作业设置。用户可以构建下面的设置：

Preprocessor Printout

Preprocessor Printout 选项允许用户控制 Abaqus 是否显示数据（.dat）文件的输入数据回执、接触约束、模型定义数据和历史数据。默认情况下，切换选中每一个这些选项。

与输入文件关联的作业不能使用预处理显示选项；用户必须在输入文件自身中指定这些选项。

Scratch directory

Scratch directory 选项允许用户为临时文件指定目录名称。在 Linux 系统上，默认的临时目录是 $ TMPDIR 环境变量的值，如果没有定义 $ TMPDIR 环境变量的话，是/tmp。在 Windows 系统上，默认的临时目录是 TEMP 环境变量的值；如果没有定义 TEMP 环境变量的话，是 \ TEMP。要指定临时目录，用户可以进行下面的一个操作：

- 单击 Scratch directory 文本域，然后输入目录路径。
- 单击 📂 来显示 Select Scratch Directory 对话框，然后选择用户选取的路径。

User subroutine file（用户子程序文件）

提供包含模型参照的所有用户子程序的文件名称。要指定一个用户子程序文件，用户可以进行下面的一个操作：

- 单击 User subroutine file 文本域，然后输入文件路径。
- 单击 来显示 Select User Subroutine File 对话框，然后选择用户选取的文件。

如果用户的模型参照用户子程序，但是没有在 General 标签页中指定子程序的名称。Abaqus 生成一个由作业监控对话框报告的错误（用户可以通过从主菜单栏选择 Job→Monitor→用户选择的作业，来显示作业监控对话框）。有关子程序的更多信息，见《Abaqus 分析用户手册——分析卷》的 13.1 节“用户子程序和工具”。

Results Format（结果格式）

选项允许用户以 ODB 格式或者 SIM 格式来写入来自 Abaqus 分析的结果。对于 Abaqus/Standard 或者 Abaqus/Explicit 分析，用户也可以将结果写成两个格式。更多信息见《Abaqus 分析用户手册——介绍、空间建模、执行与输出卷》的 4.1.1 节“输出：概览”中的“输出数据库”。

注意：如果用户选择 ODB 格式，则仍然会创建 . sim 文件；然而，此文件不包含分析结果。

用户可以使用 Abaqus 环境文件（abaqus_v6. env）来控制 General 标签页中大部分设置的默认值。更多信息见《Abaqus 分析用户手册——介绍、空间建模、执行与输出卷》的 3.3 节“环境文件设置”。

19.8.7 控制作业内存设置

要调用作业编辑器，从主菜单栏选择 Job→Edit→作业名称。使用 Memory 标签页来控制分配给 Abaqus/Standard 或者 Abaqus/Explicit 分析的内存量。Abaqus/CAE 使用在 Abaqus 环境文件（abaqus_v6. env）中指定的值来初始填充 Memory 标签页中的设置，然后如果用户想要改变默认的内存设置，则可以编辑环境文件。更多有关定制内存设置的信息，见《Abaqus 分析用户手册——介绍、空间建模、执行与输出卷》的 3.3 节“环境文件设置”。

如果在 Abaqus 环境文件中没有指定内存值，则 Abaqus 自动地探测计算机上的物理内存，并且分配此可用内存的一个百分比。默认的百分比是平台特定的，但是通常表示大部分的可用物理内存。用户应当在下一次作业递交时检查 Abaqus 选择的内存分配值，来确认对于用户的系统和作业分配是合适的。有关默认内存分配设置的详细情况，参考 www. 3ds. com/support/knowledge-base 处的达索系统知识基地。

较小作业使用的内存小于最大可以使用的内存量。如果用户通常在同一时刻运行多个作业，则用户可能想要降低为作业分配的内存，或者调整默认的分配。用户可以控制下面的参数：

- 内存大小对 Memory allocation units 项进行设置。用户可以将内存分配成 Percent of physical memory，或者以 MB 或者 GB 为单位来分配内存。
- Maximum preprocessor and analysis memory 值。此选项指定物理内存的百分比，或者指

定分配给分析可以使用的最大物理内存，单位为 MB 或者 GB。

● Increase memory allocation based on analysis estimates 选项。此设置允许用户使用由 Abaqus 确定的，包括作为缓冲的附加内存量在内，适合此作业的内存分配设置，来作为此作业所有将来递交的内存分配设置。仅当评估值高于用户指定的值时，才更新作业内存值。

有关内存设置的更多信息，见《Abaqus 分析用户手册——介绍、空间建模、执行与输出卷》的 3.4 节“管理内存和磁盘空间”。

19.8.8 控制作业并行执行

要调用作业编辑器，从主菜单栏选择 Job→Edit→作业名称。使用 Parallelization 标签页来控制 Abaqus 分析作业的并行执行。

● 如果可以使用并行处理，选择为分析所使用的处理器数量。

● 对于 Abaqus/Standard 分析，用户可以选择直接稀疏求解器的 GPGPU 加速，并且指定 GPGPU 的数量。更多信息见《Abaqus 分析用户手册——介绍、空间建模、执行与输出卷》的 3.5.2 节“Abaqus/Standard 中的并行执行”。

● 对于 Abaqus/Explicit 分析，用户可以选择下面的操作：

—区域的数量。如果用户选择区域层级的并行，则区域的数量必须等于处理器数量或者处理器数量的整数倍。

当区域的数量是处理器数量的整数倍时，如果需要，用户可以切换选中 Activate dynamic load balancing。此选项可以改善用户分析作业的性能。例如，如果用户具有 4 个处理器，并且选择 8、12、16 等区域，则可以使用动力载荷平衡特征。动力载荷平衡默认是关闭的。此选项等效于 Abaqus/Explicit 执行过程中的 dynamic_load_balancing 选项。更多信息见《Abaqus 分析用户手册——介绍、空间建模、执行与输出卷》的 3.2.2 节“Abaqus/Standard、Abaqus/Explicit 和 Abaqus/CFD 执行”。

在具有强烈时间相关的和/或空间变化的计算载荷的应用中，动力载荷平衡最有可能改善计算速度和效率。当区域的数量是处理器数量的 2 倍或者 4 倍时，大部分的不平衡问题将显示出最优的性能改善。更多的详细情况见《Abaqus 分析用户手册——介绍、空间建模、执行与输出卷》的 3.5.3 节“Abaqus/Explicit 中的并行执行”中的“域层级的并行”。

—并行方法应当是 Domain（默认的）或者是 Loop。区域层级的方法将模型划分成许多拓扑区域，平均分配给可以使用的处理器。循环层级法将在程序中并行最低层级的循环，此程序耗费大部分的计算成本。

如果用户为并行方法选择 Loop，则用户必须为多线程模式选择 Default。更多信息见《Abaqus 分析用户手册——介绍、空间建模、执行与输出卷》的 3.5.1 节“并行执行：概览”。

更多信息见《Abaqus 分析用户手册——介绍、空间建模、执行与输出卷》的 3.5.3 节“Abaqus/Explicit 中的并行执行”。

● 对于 Abaqus/Standard 和 Abaqus/Explicit 分析，用户可以选择多线程模式为 Default、Threads 或者 MPI（Message Passing Interface）。默认的多线程模式取决于分析产品运行的

平台。

注意：用户使用步模块来在 Abaqus/Standard 迭代与直接稀疏求解器之间进行选择。更多信息见 14.10 节“使用步编辑器”。

19.8.9 控制作业精度

要调用作业编辑器，从主菜单栏选择 Job→Edit→作业名称。使用 Precision 标签页来控制 Abaqus/Explicit 分析的精度，或者 Abaqus/Standard 或 Abaqus/Explicit 分析的节点输出精度。用户可以进行下面的操作：

- 为 Abaqus/Explicit 精度选择单精度、强制的单精度（如果有必要，覆盖环境变量 double_precision 的设置）或者双精度（仅分析、仅约束或者分析和打包器）设置。此选项等效于 Abaqus/Explicit 执行过程中的 double 选项。
- 选择单精度或者完整的节点输出精度。此选项等效于 Abaqus 执行程序中的 output_precision 选项。

更多信息见《Abaqus 分析用户手册——介绍、空间建模、执行与输出卷》的 3.2.2 节“Abaqus/Standard、Abaqus/Explicit 和 Abaqus/CFD 执行”，以及《Abaqus 分析用户手册——介绍、空间建模、执行与输出卷》的 3.3 节“环境文件设置”。

19.9 创建、编辑和操控自适应过程

本节介绍如何使用主菜单或者 Adaptivity Process Manager 来创建、编辑和操控自适应过程，包括以下主题：

- 19.9.1 节 “创建新的自适应过程”
- 19.9.2 节 “对自适应过程进行数据检查”
- 19.9.3 节 “递交自适应过程”
- 19.9.4 节 “在数据检查后继续自适应过程”
- 19.9.5 节 “终止自适应过程”

19.9.1 创建新的自适应过程

一个自适应过程是分析作业的继续。Abaqus/CAE 更改每一个分析作业中的网格来响应容差，前面分析的最后增量过程中写到输出数据库中的数据可以计算得到容差。更多信息见 19.3.1 节“什么是自适应过程?”。要创建一个新的自适应过程，从主菜单栏选择 Adaptivity→Create。

若要创建一个新的自适应过程，执行以下操作：

1. 从主菜单栏选择 Adaptivity→Create。

出现 Edit Adaptivity Process 对话框。

技巧：用户也可以通过单击模块工具箱中的 图标，或者单击 Adaptivity Process Manager 中的 Create 来创建一个新的自适应过程。

2. 在 Name 文本域中输入新自适应过程的名称。用户指定的名称必须符合所用操作系统的命名规则。

3. 从 Model 域选择与自适应过程关联的模型。

4. 如果需要，在 Description 文本域中输入自适应过程的描述。在模型数据库和输出数据库中存储此描述，并且用户可以使用此描述来帮助管理自适应过程。

5. 在 Job Prefix 文本域中输入作业前缀。自适应过程的每一个迭代的作业名将以此前缀开始。用户指定的前缀必须符合用户操作系统的命名规则。如果用户不提供一个作业前缀，则 Abaqus/CAE 使用自适应过程的名称。

6. 在编辑器中，输入定义过程所必要的所有数据并且单击 OK（更多信息见 19.10 节

“使用自适应过程编辑器”）。

19.9.2 对自适应过程进行数据检查

通过分析输入文件处理器，一个数据检查运行模型的输入文件来确保模型是一致的，并且已经设置了所有要求的模型选项。在自适应过程上执行一个数据检查将创建一个作业，并且为整个自适应过程的第一个迭代确认模型信息。

要在一个自适应过程上执行数据检查，从主菜单栏选择 Adaptivity→Data Check→自适应过程名称。用户也可以通过选择 Adaptivity Process Manager 中的过程名并且单击 Data Check 来执行数据检查。

数据检查创建的作业出现在 Jobs 容器中，使用 19.9.1 节“创建新的自适应过程”中讨论的命名约定。要观察数据检查的结果，查看用户工作目录中此作业的数据文件（.dat）。用户也能通过从主菜单栏选择 Job→Monitor→已创建的作业，显示作业监控对话框来查看数据的结果。

19.9.3 递交自适应过程

要为分析递交一个自适应过程，从主菜单栏选择 Adaptivity→Submit→自适应过程名称（用户也能通过选择 Adaptivity Process Manager 中的过程名称，然后单击 Submit 来为分析递交一个自适应过程）。Abaqus/CAE 使用自适应过程中定义的设置来递交分析的过程并且重划分网格。

当用户启动 Abaqus/CAE 程序对话并且递交一个自适应过程时，Abaqus/Standard 发送信息到 Abaqus/CAE 说明过程的当前状态。Abaqus/CAE 然后相应地更新 Adaptivity Process Manager 中的 Status 列。为了分析作业之间发生的自动网格重划分，用户必须保持当前的 Abaqus/CAE 程序会话激活。如果用户退出 Abaqus/CAE 并且启动一个新程序会话，则用户必须使用手动网格重划分来继续自适应过程。更多信息见 17.13.5 节“何时需要使用手动自适应网格重划分?”。

此外，在每一个自适应过程的每一个迭代之后，Abaqus/CAE 在信息区域中显示状态信息。此状态信息列出了每一次网格重划分规则中的容差指示器变量，以及对于此变量，是否符合此网格重划分规则。

19.9.4 在数据检查后继续自适应过程

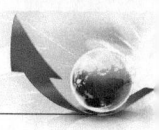

当用户执行自适应过程上的数据检查时，为自适应过程的第一个迭代创建一个作业（如 19.9.2 节“对自适应过程进行数据检查”）。此外，Abaqus 创建和保存后续完成作业所必需的全部文件。用户也可以使用这些文件来从第一个迭代的当前状态继续完整的自适应

过程。

如果只想完成与自适应过程的第一个迭代关联的作业，使用 19.7.5 节“在数据检查后继续分析作业”中列出的过程。将不会发生网格重划分和进一步的迭代。

要继续完整的自适应过程，选择 Adaptivity→Continue Analysis→自适应过程名称。用户也可以通过选择 Adaptivity Process Manager 中的过程名称，然后单击 Continue Analysis 来继续自适应过程。自适应过程如 19.9.3 节“递交自适应过程”中描述的那样进行。

Continue Analysis 选项仅可以与数据检查一起使用；在自适应过程完成之后，不使用此选项来继续网格重划分。一旦自适应过程运行到完成，用户就可以通过重新递交完整的过程来继续模型网格重划分。用户也可以考虑使用 19.3.4 节“使用自动和手动网格自适应的组合”中描述的组合网格重划分技术。

19.9.5　终止自适应过程

要终止一个自适应过程，用户应当使用作业管理器来显示正在运行的分析作业，然后终止作业。终止作业将中断自适应过程。更多信息见 19.7.6 节“终止分析作业”。

19.10 使用自适应过程编辑器

本节介绍如何使用自适应过程编辑器来构建自适应网格重划分过程的设置，包括以下主题：

- 19.10.1 节 “浏览自适应过程定制选项”
- 19.10.2 节 “构建自适应过程属性”
- 19.10.3 节 “指定通用自适应过程设置”
- 19.10.4 节 “控制自适应过程内存设置”
- 19.10.5 节 “控制自适应过程并行执行”
- 19.10.6 节 “控制自适应过程精度”

19.10.1 浏览自适应过程定制选项

在递交作业用于分析之前，使用自适应过程编辑器来定制用户的自适应过程。此设置类似于 Abaqus 执行过程的参数。更多信息见《Abaqus 分析用户手册——介绍、空间建模、执行与输出卷》的 3.2.2 节“Abaqus/Standard、Abaqus/Explicit 和 Abaqus/CFD 执行”。

要调用自适应过程编辑器，从主菜单栏选择 Adaptivity→Edit→自适应过程名称。自适应过程编辑器包含下面的标签页。

Adaptivity

使用 Adaptivity 标签页来指定分析迭代的最大数量并且选择运行模式。更多信息见 19.10.2 节“构建自适应过程属性”。

General

使用 General 标签页来构建前处理器显示输出，并且指定一个临时目录。用户也使用 General 标签页来指定模型参照的任何用户子程序，以及结果的输出格式。更多信息见 19.10.3 节“指定通用自适应过程设置”。

Memory

使用 Memory 标签页来构建分配给每一个自适应分析的内存量。更多信息见 19.10.4 节

“控制自适应过程内存设置”。

Parallelization

使用 Parallelization 标签页来构建 Abaqus 分析作业的并行执行，例如使用的处理器数量和并行方法。更多信息见 19.10.5 节“控制自适应过程并行执行”。

Precision

使用 Precision 标签页来指定每一个分析中写到输出数据库的节点输出精度。更多信息见 19.10.6 节“控制自适应过程精度”。

用户在自适应过程编辑器中指定的设置，施加到在自适应网格重划分的每一个迭代之后运行的每一个分析中。

用户也可以使用 Abaqus 环境文件（abaqus_v6.env）来控制自适应过程编辑器标签页中许多设置的默认值。更多信息见《Abaqus 分析用户手册——介绍、空间建模、执行与输出卷》的 3.3.1 节“使用 Abaqus 环境设置”。

19.10.2　构建自适应过程属性

要调用自适应过程编辑器，从主菜单栏选择 Adaptivity→Edit→自适应过程名称。使用自适应过程编辑器中的 Adaptivity 标签页来指定迭代的最大数量，并且选择运行模式。

选择下面的一项来指定运行模式：

- Background 在后台本地运行用户的作业。
- Queue 将用户的作业递交到一个指定的本地序列或者远程批处理序列中；从下拉列表中选择批处理序列（用户必须在 Abaqus 环境文件中定义序列，更多信息见《Abaqus 安装和许可证手册》的 4.2 节“定义分析批处理序列”，用户必须让 Abaqus/CAE 也可以使用序列，更多信息见 19.2.7 节“远程递交作业”）。

19.10.3　指定通用自适应过程设置

要调用自适应过程编辑器，从主菜单栏选择 Adaptivity→Edit→自适应过程名称。使用 General 标签页来构建其他自适应过程设置。用户可以构建下面的设置：

Preprocessor Printout

Preprocessor Printout 选项允许用户控制 Abaqus 是否显示数据（.dat）文件的输入数据回执、接触约束、模型定义数据和历史数据。默认情况下，切换选中每一个这些选项。

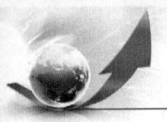

Scratch directory

Scratch directory 选项允许用户为临时文件指定目录的名称。在 Linux 系统上，默认的临时目录是 $ TMPDIR 环境变量的值，如果没有定义 $ TMPDIR 环境变量的话，是/tmp。在 Windows 系统上，默认的临时目录是 TEMP 环境变量的值，如果没有定义 TEMP 环境变量的话，是 \ TEMP。要指定临时目录，用户可以进行下面的一个操作。

- 单击 Scratch directory 文本域，然后输入目录路径。
- 单击 来显示 Select Scratch Directory 对话框，然后选择用户选取的路径。

User subroutine file

提供文件名，此文件中包含模型参照的所有用户子程序。要指定一个用户子程序文件，用户可以进行下面的一个操作。

- 单击 User subroutine file 文本域，然后输入文件路径。
- 单击 来显示 Select User Subroutine File 对话框，然后选择用户选取的文件。

如果用户的模型参照用户子程序，但是没有在 General 标签页中指定子程序的名称。Abaqus 生成一个由自适应过程监控对话框报告的错误（用户可以通过从主菜单栏选择 Job→Monitor→用户选择的作业，来显示自适应过程监控对话框）。有关子程序的更多信息，见《Abaqus 分析用户手册——分析卷》的 13.1 节“用户子程序：概览”。

Results Format

选项允许用户以 ODB 格式或者 SIM 格式，或者两种格式来写入从 Abaqus 分析得到的结果。更多信息见《Abaqus 分析用户手册——介绍、空间建模、执行与输出卷》的 4.1 节“输出：概览”中的“输出数据库”。

注意：如果用户选择 ODB 格式，则仍然会创建 .sim 文件；然而，此文件不包含分析结果。

用户可以使用 Abaqus 环境文件（abaqus_v6.env）来控制 General 标签页中大部分设置的默认值。更多信息见《Abaqus 分析用户手册——介绍、空间建模、执行与输出卷》的 3.3 节“环境文件设置”。

19.10.4 控制自适应过程内存设置

要调用自适应过程编辑器，从主菜单栏选择 Job→Edit→自适应过程名称。使用 Memory 标签页来控制分配给 Abaqus 分析的内存量。Abaqus/CAE 使用在 Abaqus 环境文件（abaqus_v6.env）中指定的值来初始填充 Memory 标签页中的设置，然后如果用户想要改变默认的内存设置，则可以编辑环境文件。更多有关定制内存设置的信息，见《Abaqus 分析用户手册——

介绍、空间建模、执行与输出卷》的 3.3 节“环境文件设置”。

如果在 Abaqus 环境文件中没有指定内存值，则 Abaqus 自动地探测计算机上的物理内存，并且分配一个百分比给可用的内存。默认的百分比是平台特定的，但是通常表示大部分的可用物理内存。用户应当在下一次自适应过程递交时检查 Abaqus 选择的内存分配值，来确认对于用户的系统和自适应过程分配是否是合适的。有关默认内存分配设置的详细情况，参考 www.3ds.com/support/knowledge-base 处的达索系统知识基地。

较小自适应过程使用的内存小于最大可以使用的内存量。如果用户通常在同一时刻运行多个的自适应过程，则用户可能想要降低为自适应过程分配的内存，或者调整默认的分配。用户可以控制下面的参数：

- 内存大小对 Memory allocation units 项进行设置。用户可以将内存分配成 Percent of physical memory，或者以 MB 或者 GB 为单位来分配内存。
- Maximum preprocessor and analysis memory 值。此选项指定物理内存的百分比，或者指定分配给分析可以使用的最大物理内存，单位为 MB 或者 GB。

有关内存设置的更多信息，见《Abaqus 分析用户手册——介绍、空间建模、执行与输出卷》的 3.4 节“管理内存和磁盘空间”。

19.10.5 控制自适应过程并行执行

要调用自适应过程编辑器，从主菜单栏选择 Adaptivity→Edit→自适应过程名称。使用 Parallelization 标签页来控制 Abaqus 分析作业的并行执行。

- 如果并行过程可以使用，则选择用于分析的处理器数量。
- 选择 Threads 多进程模式。仅 Abaqus/Standard 中的线性方程求解器将并行执行。

注意：用户使用分析步模块在 Abaqus/Standard 迭代求解器和直接稀疏求解器之间进行选择。更多信息见 14.10 节“使用步编辑器”。

19.10.6 控制自适应过程精度

要调用自适应过程编辑器，从主菜单栏选择 Job→Edit→自适应过程名称。使用 Precision 标签页来控制节点输出的精度。用户可以选择单精度或者完全的节点输出精度。此选项等效于 Abaqus 执行过程中的 output_precision 选项。更多信息见《Abaqus 分析用户手册——介绍、空间建模、执行与输出卷》的 3.2.2 节“Abaqus/Standard、Abaqus/Explicit 和 Abaqus/CFD 执行”。

19.11 创建、编辑和操控协同执行

本节介绍如何使用主菜单或者 Co-execution Manager 创建、编辑和操控协同执行，包括以下主题：

- 19.11.1 节 “创建和编辑协同执行”
- 19.11.2 节 “对协同执行进行数据检查”
- 19.11.3 节 “递交协同执行”
- 19.11.4 节 “显示协同执行的结果”
- 19.11.5 节 “终止协同执行”

19.11.1 创建和编辑协同执行

协同执行是两个分析作业的协同仿真执行。用户指定协同执行中的作业参数来创建两个分析作业。在创建协同执行之后，用户仅可以在单个的分析作业中编辑作业参数。

如 19.2 节“理解分析作业”中所描述的那样使用相同的功能来从一个分析到另外一个分析同步地执行多个作业。有关此分析技术的更多信息见《Abaqus 分析用户手册——分析卷》的 12.3.1 节“结构-结构的协同仿真”，以及《Abaqus 分析用户手册——分析卷》的 12.3.2 节“流体-结构的协同仿真和共轭热传导”。

若要创建或者编辑协同执行，执行以下操作：

1. 从主菜单栏选择 Co-execution→Create 或者 Co-execution→Edit→协同执行名称。

出现 Edit Co-execution 对话框。

技巧：用户也可以通过单击模块工具箱中的 图标或者单击 Co-execution Manager 中的 Create 来创建协同执行。

2. 在 Name 文本域中输入新的协同执行的名称。用户指定的名称必须符合用户操作系统的文件命名规则。

3. 如果需要，在 Description 文本域中输入协同执行的描述。在模型数据库和输出数据库中存储此描述，并且用户可以使用此描述来帮助管理协同执行。

4. 在 Models 表中，选择当前模型数据库中的模型来与 Model Name 列中列出的协同执行进行关联。

在表中显示用在每一个选中模型中的分析产品，以及每一个模型的默认作业名称。

5. 如果需要，单击 Job Name 列并且编辑作业名称。

6. 使用 Submission、General、Memory、Parallelization 和 Precision 标签页来在单个的作业编辑器中定义初始作业参数设置。在创建协同执行之后，不能编辑协同执行编辑器中的作业参数；用户必须编辑单个的作业。

如下面章节中描述的那样定义初始作业参数设置：

- 19.8.2 节 “构建作业递交属性”
- 19.8.6 节 “指定通用作业设置”
- 19.8.7 节 “控制作业内存设置”
- 19.8.8 节 “控制作业并行执行”
- 19.8.9 节 “控制作业精度”

7. 如果需要，在 Communication time out 域中输入不同的值来指定一个时刻，在此时刻之后，如果 Abaqus/CAE 没有收到任何来自耦合分析的通信，则 Abaqus/CAE 终止。默认的值是 10min。

8. 单击 OK。

19.11.2 对协同执行进行数据检查

通过分析输入文件处理器来为模型的输入文件执行数据检查，来确认模型是正确的并且已经设置所有要求的模型选项。对协同执行进行数据检查将确认为协同执行创建的每一个作业中的模型信息。

要进行协同执行的数据检查，从主菜单栏选择 Co-execution→Data Check→协同执行名称。用户也可以通过选中 Co-execution Manager 中的协同执行名称，然后单击 Data Check 来进行数据检查。

Co-executions 容器的协同执行下面的 Jobs 容器内的模型树中，出现协同执行中涉及的多个作业。用户可以通过在模型树中的作业上右击鼠标，然后单击 Monitor 显示作业监控对话框来审核数据检查的结果。更多信息见 19.2.6 节“监控分析作业的进程”。

19.11.3 递交协同执行

要递交协同执行，从主菜单栏选择 Co-execution→Submit→协同执行名称（用户也可以通过选择 Co-execution Manager 中的协同执行名称，然后单击 Submit 来递交协同执行）。Abaqus/CAE 使用在协同执行编辑器或者单个的作业编辑器中定义的作业设置来为分析递交作业。

协同执行中涉及的作业，出现在 Co-executions 容器内的 Jobs 里的模型树中。通过在模型树中的作业上右击鼠标，并且选择 Monitor 显示作业监控对话框来监控已经递交的作业。更多信息见 19.2.6 节“监控分析作业的进程”。

19.11.4 显示协同执行的结果

协同执行完成后，Abaqus/CAE 会在输出数据库中存储每一个分析作业的结果。用户可以通过显示模块用图像显示组合的结果。

若要显示协同执行的结果，执行以下操作：

1. 从 Co-execution Manager 选择协同执行名称，然后单击 Results。

显示模块启动并显示两个模型的叠加图。

2. 使用显示模块来创建和定制用户结果的不同图像。有关使用叠加图的更多信息，见第 79 章“叠加多个图”。

19.11.5 终止协同执行

要终止协同执行，用户应当使用 Co-execution Manager 来显示正在运行的协同执行，然后终止分析作业。结束作业将终止协同执行。Abaqus/CAE 要求用户在 Co-execution Manager 中确认，终止作业并将协同执行的状态更新成 Terminated。注意，协同执行终止可能导致各种错误信息写入信息区域，这反映了协同执行内部作业信息传递终止的不可预测方式。通常可以忽视协同执行终止后立即出现的这些错误信息。

19.12　创建、编辑和操控优化过程

本节介绍如何使用主菜单或者 Optimization Process Manager 来创建、编辑和操控优化过程，包括以下主题：

- 19.12.1 节　“创建和编辑优化过程”
- 19.12.2 节　“创建优化文件”
- 19.12.3 节　“确认优化过程”
- 19.12.4 节　“递交优化过程”
- 19.12.5 节　“继续一个已经终止的优化过程”
- 19.12.6 节　“监控用户的优化过程”
- 19.12.7 节　“提取平滑的网格”
- 19.12.8 节　“组合优化结果”
- 19.12.9 节　“显示用户优化过程的结果”

19.12.1　创建和编辑优化过程

优化过程读取优化任务，用户在优化模块中定义此任务，并且以用户在优化任务中定义的目标函数和约束为基础，迭代地搜索一个优化解。

若要创建或者编辑一个优化过程，执行以下操作：

1. 从主菜单栏选择 Optimization→Create 或者 Optimization→Edit→优化过程名称。

出现 Edit Optimization Process 对话框。

技巧：用户也可以通过单击模块工具箱中的  图标，或者单击 Optimization Process Manager 中的 Create 来创建一个优化过程。

2. 在 Name 文本域中输入新优化过程的名称。用户指定的名称必须符合用户操作系统的文件命名规则。使用此名称创建一个目录，然后在此目录中存储来自优化过程的输出。

3. 从 Model 域中选择与优化过程关联的模型。

4. 从 Optimization Task 域选择与优化过程关联的优化任务。

如果需要，在 Description 文本域中输入优化过程的描述。在模型数据库和输出数据库中存储描述，并且用户可以使用此描述来帮助管理优化过程。

5. 输入 Abaqus 结束优化过程之前允许的优化设计循环的最大数量。

6. 选择将分析结果写到输出数据库文件的频次，为优化过程的每一个设计循环运行的 Abaqus 作业创建此输出数据库。此选项也指定用来创建相关 Abaqus 分析结果的频次，例如状态文件和信息文件。用户可以选择下面的选项。

- Initial：在初始循环（$n=0$）之后保存数据。优化模块使用初始循环来准备第一个设计循环的模型；例如，通过创建组和输出要求。在初始循环中不执行有限元分析。
- First：从第一个设计循环（$n=1$）保存数据。
- Last：从最后的设计循环保存数据。
- Every n cycles：相对于初始（$n=0$）设计循环，每 n 个设计循环保存数据。例如，如果 $n=3$，则优化过程将保存对应设计循环 2，5，8 等的设计循环。
- Every：在每一个设计循环之后保存数据，包括初始（$n=0$）设计循环。

更多信息见 9.4 节“理解通过创建和分析模型生成的文件”。后处理优化的结果，用户必须将由每一个设计循环生成的输出数据库组合成一个单独的输出数据库。更多信息见 19.12.8 节“组合优化结果”。

7. 使用 Submission，Memory 和 Parallelization 标签页来定义优化过程中运行的每一个 Abaqus 作业的初始设置，如下面章节中描述的那样。

- 19.8.2 节 “构建作业递交属性”
- 19.8.7 节“控制作业内存设置”
- 19.8.8 节 “控制作业并行执行”

8. 单击 OK。

19.12.2 创建优化文件

用户可以在工作目录中创建优化参数（.par）文件和 Abaqus 输入（.inp）文件的副本。参数文件包含用来执行优化的参数，并且包含与优化关联的输入文件的有关信息；进而输入文件定义用户正在优化的 Abaqus 模型。

用户可以从命令行使用下面的命令来运行优化：

abaqus optimization -task 参数文件 -job 结果文件

必须在同一个目录中保存参数文件和输入文件。在优化过程中，Abaqus 创建名为结果文件夹的文件夹，在其中存储优化的结果。

要创建优化文件，从主菜单栏选择 Optimization→Write Files→优化过程名称。用户也可以通过在 Optimization Process Manager 中选择过程并且单击 Write Files 来创建优化文件。

19.12.3 确认优化过程

确认有效性对优化过程进行检查，来确认优化任务已经正确构建并且存在 Abaqus 模型。确认有效性过程不会检查用户的 Abaqus 模型。用户应当运行用户模型的完全分析，并且确认在运行一个优化过程之前运行到完成。

要确认一个优化过程的有效性，从主菜单栏选择 Optimization→Validate→优化过程名称。用户也可以通过选择 Optimization Process Manager 中的过程名称，然后单击 Validate 来确认优化过程的有效性。

19.12.4　递交优化过程

要递交一个优化过程，从主菜单栏选择 Optimization→Submit→优化过程名称（用户也可以通过选择 Optimization Process Manager 中的优化过程名称，然后单击 Submit 来递交优化过程）。Abaqus/CAE 使用优化过程编辑器中定义的设置来递交优化过程。单击 Optimization Process Manager 中的 Monitor 来监控优化过程。更多信息见 19.12.6 节“监控用户的优化过程”。

在模型树中出现优化过程。Optimization Process 容器包括 Jobs 容器，Jobs 容器包括优化过程中执行的 Abaqus 作业。用户可以通过单击优化过程监控器顶部的 Monitor 按钮来监控正在运行的 Abaqus 作业。如果用户的优化过程包括多个模型，则优化模块为每一个模型创建一个分析作业，并且用户必须选择想要监控的作业。用户也可以通过在模型树中的作业上右击鼠标，并且选择 Monitor 来为之前的设计循环中完成的 Abaqus 作业显示监控器。要终止一个优化过程，用户必须终止当前的 Abaqus 作业。更多信息见 19.2.6 节“监控分析作业的进程”。

19.12.5　继续一个已经终止的优化过程

用户可以重启动一个因为优化外部的原因而失败的优化过程。要继续一个优化过程，选择 Optimization→Restart→优化过程名称。用户也可以通过选择 Optimization Process Manager 中的优化过程名称，然后单击 Restart 来继续优化过程。

仅当因为优化外部的问题或者 Abaqus 分析的原因才失败的优化过程才可以重启动，这些原因包括：

- 不能获取许可证。
- Abaqus 由于不足的磁盘存储空间或者内存而失败。
- 用户通过单击作业监控器的 Kill 来终止 Abaqus 分析作业。

如果优化是由于 Abaqus 模型中的错误而失败，则执行一个重启动将不允许继续优化。例如，如果 Abaqus 因为过度扭曲的单元而停止，则在用户试图重启动优化之后将发生同样的问题。在用户重启动过程之前，用户可以使用优化过程编辑器来改变优化任务以及优化过程参照的模型。此外，用户可以改变 Abaqus 结束优化过程之前，允许的优化设计循环的最大数量。

优化总是使用最近更改的模型来重启动 Abaqus 分析。

19.12.6　监控用户的优化过程

用户可以通过选择 Optimization→Monitor→优化过程名称，在优化过程运行时监控进程。

用户也可以通过选择 Optimization Process Manager 中的优化过程名称，然后单击 Monitor 来监控优化过程。此外，用户可以通过在模型树中的作业上右击鼠标，然后选择 Monitor 来监控在之前的设计循环中完成的 Abaqus 作业。

优化过程监控器显示每一次设计循环之后的优化值列表，如 19.5.2 节“理解优化过程生成的文件”中描述的那样。默认情况下，列表仅包括目标函数以及优化过程中的约束。当设计循环完成时，Abaqus/CAE 对列表添加一行。用户可以在列表中的单元格上右击鼠标，然后进行下面的操作：

- 选择 Hide 来移动列表中选中的列。
- 选择 Edit visible columns 并且选择要显示的变量。表 19-2 列出了变量类型。

表 19-2　变量类型

类型	描述
目标函数	目标函数的值（一个设计响应或者多个设计响应的加权组合），以及参考值
目标函数——设计响应	目标函数使用的设计响应值
目标函数项	设计响应的加权值和它的参考值
常数	常数值
变量	每一个设计响应的值

有关多个设计响应加权组合的目标函数方程以及参考值的更多信息，见《Abaqus 分析用户手册——分析卷》的 8.2.2 节“目标和约束”。

要显示每一个设计循环之后设计响应的值变化的 *X-Y* 视图，单击优化过程监控器左上角的 Plot 按钮。在新视口中出现 *X-Y* 图，并且包括表中列出的每一个设计响应。用户可以使用 *X-Y* 图功能来定制图的外观，如第 47 章“*X-Y* 图”中描述的那样。

显示在表中的数据或者显示在 *X-Y* 图中的数据是从文件 optimization_status_all. csv 和 optimization_report. csv 读取的。当执行优化过程时，优化模块必须能够写入这些文件中。例如，当优化过程正在执行时，用户不能在 Microsoft Excel 那样的应用程序中打开这些文件。

优化过程监控器也显示下面的信息：

- Log 标签页显示优化过程的开始时间和结束时间，以及进程的过程日志。
- Errors 和 Warnings 标签页显示与优化过程关联的错误和警告。Abaqus/CAE 通过在 Errors 和 Warnings 标签页之前前缀一个感叹号来说明出现错误或者警告。

环境参数 cae_error_limit 和 cae_warning_limit 分别限制作业监控器中出现的错误和警告信息的数量（详细情况见《Abaqus 安装和许可证手册》的 4.1.4 节“作业定制参数”）。如果错误或者警告的数量超出优化过程限制，则访问数据、信息或者状态文件来获取完整的信息列表。

- 在每一个输出数据写到输出文件时，Output File 标签页显示它的详细记录，包括状态、警告和错误信息。输出文件名为 atom. out，并且在优化过程目录中存储此输出文件（目录使用的名称与优化过程使用的一样）。

要监控与优化过程关联的 Abaqus 分析作业，单击优化过程监控器右上角中的 Monitor 按钮（如果用户的优化过程包括多个模型，则优化模块为每一个模型创建一个分析，并且用户必须首先选择想要监控的作业）。Abaqus/CAE 显示作业监控器并且为优化的每一个迭代连续地更新作业监控器。如果需要，用户可以从作业监控器终止 Abaqus 分析作业，并且因此终止优化过程。更多信息见 19. 12. 5 节“继续一个已经终止的优化过程”，以及 19. 2. 6 节“监控分析作业的进程”。

优化过程对优化过程监控器输出大量的信息，尤其是输出到 Output File 标签页。要帮助用户调用一个特别的字符串，用户可以使用优化过程监控器下半部中的 Search Text 域。选择想要的文件标签页，在 Text to find 域中输入一个搜索字符串，并且单击 Next 或者 Previous 来在输出中从一处移动到下一处或上一处。切换选中 Match case 来执行一个区分大小写的搜索。

优化过程监控器中出现的信息随着优化过程连续地更新。如果优化失败，则在其他标签页的前面自动地出现 Errors 标签页，来帮助用户确定失效的原因。此外，如果输出任何错误或者警告信息，则在表上出现惊叹号。

如果用户开始监控和优化过程，并且退出 Abaqus/CAE，关闭当前的模型数据库，或者打开一个新的模型数控库，则将继续优化过程；但是，用户将不再能够从 Abaqus/CAE 监控优化过程。

19. 12. 7　提取平滑网格

当完成优化过程时，用户可以选择是采用可传递到 CAD 系统中的文件格式，还是采用返回到 Abaqus/CAE 中的格式，来提取优化模型面的等值面网格划分表示。用户可以从拓扑优化、形状优化或者起筋优化提取平滑的面网格。用户可以从整个装配提取一个单个的文件，或者从选中的零件实例提取单个的文件。

优化模型通常是四面体单元和六面体单元的组合，并且可以包括即将生成的等值面表示中没有包括的大量内部单元。此外，模型的表面可以是粗糙和不规则的，这取决于单元密度。平滑操作是移动面上节点的迭代过程，并且在模型的面上生成平滑的三角形网格。

平滑操作后，可以一个数据缩减操作来将几乎重合的相邻三角形合并，以减少面三角形的数量。继续数据缩减迭代，直到三角形的数量降低到原始三角形数量的指定百分比。用户可以指定角度来确定相邻的平面是否重合。

最后，用户可以选择施加一个可选的过滤操作来删除局部的不规则。在平滑操作之前施加过滤。

若要提取一个平滑的面网格，执行以下操作：

1. 从主菜单栏选择 Optimization→Extract→优化过程名称。用户也可以通过选择 Optimization Process Manager 中的优化过程名，然后单击 Extract 来平滑结果。

出现 Extract Surface Mesh 对话框。

2. 输入将提取的输出文件名称。

3. 选择将提取的输出文件内容。用户可以选择下面的任何一个。

- 从整个装配创建一个单个的文件。
- 从选中的零件实例创建一个单个文件。Abaqus/CAE 通过将零件实例的名称附加到输出文件的名称来命名文件。

4. 选择将生成的文件格式。用户可以选择下面的一个。

- 可以导入到 Abaqus/CAE 中的 Abaqus 输入文件（.inp）。
- 可以由 3D CAD 软件读取的 STL 文件（.stl），例如 CATIA V5 和 SOLIDWORKS。

5. 在 Design Cycle 域中，输入应当提取等值面的设计循环。默认情况下，Edit Smoothing Options 对话框显示最后一个设计循环。

6. 输入 0 和 1 之间的一个值来指定 Iso value。

平滑过程确定哪些单元在模型的面上，并且使用等值来计算在单元的内边上的什么地方创建新节点。增加等值导致等值面向模型的内部移动，这导致模型体积的减小。对于具有薄构件的结构，用户应当输入小于 0.7 的等值来防止不连接的机构。

7. 输入 Reduction percentage，定义应当在数据降低操作中删除的面百分比。值为 0 说明不应当删除面；值为 100 说明在给出降低角的前提下，当没有面可以删除时，停止数据降低。

8. 输入 0 到 90 之间的值来指定 Reduction angle。降低角定义一个节点处相邻面之间的最大角度，这样的节点可以在数据缩减过程中删除。

9. 选择平滑循环迭代的次数。更多的循环迭代次数会导致更平滑的模型，但是也会导致计算时间的增加。实际中，5 到 10 次平滑循环通常就足够了。更进一步的平滑可以导致薄构件的收窄或者收缩。用户可以通过选择 0 值来放弃平滑。

10. 输入 0 和 1 之间的值来指定 Target volume。

实体模型的目标体积或者相对体积是由等值面定义的体积和原始体积（由优化生成的实体单元计算得到的体积）之比。同样，壳模型的目标面积是由等值面定义的体积和原始面积（从优化生成的壳单元面积计算得到）之比。如果模型包含实体和壳单元，则仅考虑实体单元。计算得到的体积不考虑实体模型的内部空腔。

如果用户指定目标体积，则数据缩减过程计算指定体积中将产生的等值（忽略用户输入的等值数值）。如果用户为目标体积输入的值过大，大于使用 0 值计算得到的体积，或者如果用户为目标体积输入的值过小，小于使用 1 值计算得到的体积，则数据降低过程生成一个错误。如果数据经过 20 次迭代不能收敛，则数据降低过程也生成一个错误。

11. 在一些情况中，优化的模型将包含小的不规则，用户可以选择使用可选的过滤操作来删除。在平滑操作之前施加过滤并且产生一个更加各向均质的材料分布。选择 Moderate 会施加一个单个的过滤循环，选择 Full 会施加 5 个过滤循环。

12. 单击 OK 来提取平滑后的网格。

在 TOSCA_POST 目录中创建指定的输出文件（.inp 或者 .stl）。对于后续的运行，对文件名附加一个唯一的数字；例如，name_002.inp。

注意：如果用户以 Abaqus 输入文件的形式提取平滑的网格，则用户可以从主菜单栏选择 File→Import→Model 来将网格导入 Abaqus/CAE 中。更多信息见 10.8 节“导入一个模型”。

19.12.8　组合优化结果

要在显示模块中显示优化的结果，用户必须将优化结果和分析结果组合成一个单独的结果输出数据库文件，如19.5.3节“后处理一个优化”中描述的那样。优化结果和分析结果附加到用户指定的输出数据库作为基本结果。

若要组合优化结果，执行以下操作：

1. 从主菜单栏选择Optimization→Combine→优化过程名称。用户也可以通过选择Optimization Process Manager中的优化过程名称并且单击Combine来组合优化结果。

出现Combine Optimization Results对话框。

2. Optimization result directory显示目录的路径，在其中保存来自选中优化过程的输出文件。单击📂来改变路径。

3. 选择将用来创建基本结果的输出数据库文件。Abaqus/CAE将基本结果中定义的输出数据库文件定义成组合输出数据库文件的来源。在组合过程中，Abaqus/CAE将额外的数据附加到基本结果输出数据库文件。

- 选择Initial来从初始优化设计循环中生成的输出数据库文件创建基本结果。
- 选择Last来从最后一个优化设计循环中生成的输出数据库文件创建基本结果。如果用户执行一个形状优化，则用户不应当选择Last。
- 选择Original Model来从输出数据库文件创建基本结果，通过在优化之前运行一个模型的单独分析作业来生成此输出数据库文件。优化过程不运行原始模型的Abaqus分析。因此，必须在用户可以将原始模型生成的输出数据库文件选择成基本结果之前，手动运行分析（原始模型的Abaqus输入文件存储在优化过程名称\SAVE.inp\optimization process name_org.inp中）。

4. 选择输出数据库文件，此文件将与基本结果输出数据库文件和优化结果组合。结果输出数据库文件可以非常大，这样用户应当仅选择用户需要在显示模块中显示的数据。

- 选择All来将基本结果与分析结果组合。此分析结果来自优化过程生成的所有输出数据库文件。
- 选择Last来将基本结果与分析结果组合。此分析结果来自最后一个设计循环的输出数据库。
- 选择Initial and last来将基本结果与分析结果组合，此分析结果来自初始设计循环和最后一个设计循环的输出数据库文件。
- 选择Every n cycles并且输入n的值来将基本结果与分析结果组合。此分析结果来自使用初始设计循环开始的，在周期间隔处创建的输出数据库。
- 选择Specify来将基本结果与来自指定的输出数据库文件的分析结果组合；例如，1、5、7、9。

5. 在将会把数据组合成结果输出数据库文件的模型中，选择Models和Steps。

6. 在出现的列表中选择 Analysis Field Variables，将在结果输出数据库文件中包括此分析场变量。

Abaqus/CAE 总是将优化变量作为场变量包含在结果输出变量文件中。优化数据取决于执行的优化类型。

7. 单击 Submit 来创建结果输出数据库文件。

Abaqus/CAE 显示 Combine Optimization Results Monitor 与合并操作的状态，以及被合并输出数据库文件的日志。

8. 单击 Close 来关闭 Combine Optimization Results Monitor。

9. 从 Optimization Process Manager 单击 Results，来在显示模块中显示组合后的结果输出数据库文件。

19. 12. 9 显示用户优化过程的结果

在单个的输出数据库文件中存储来自每一个设计循环的结果。要显示优化的结果，用户必须将单个的输出数据库文件合并成一个输出数据库文件，如 19. 12. 8 节“组合优化结果”中描述的那样。

要显示用户优化过程的结果，选择 Optimization→Results→优化过程名称。用户也可以通过在 Optimization Process Manager 中选择优化过程名称，然后单击 Results 来显示结果。Abaqus/CAE 进入显示模块，并且如果用户执行一个拓扑优化，则在未变形的视图上自动地显示叠加的视图切割。视图切割的等值变量是归一化的材料属性，优化模块使用此归一化的材料属性，来从分析中“添加”和“删除”单元。如果用户执行一个形状优化，则 Abaqus/CAE 显示一个未变形的视图来显示面节点的新位置。如果用户执行一个尺寸优化，则 Abaqus/CAE 显示一个未变形的视图来显示壳厚度。用户可以在运行优化时显示结果。更多信息见 19. 12. 6 节“监控用户的优化过程”。

20 草图模块

草图是二维图形，用来帮助形成几何形状来定义 Abaqus/CAE 几何零件。用户可以使用草图模块创建定义平板零件、梁或者分割的草图，或者创建可以拉伸、扫掠或者回转来形成三维零件的草图。本章介绍如何在草图模块中使用工具来创建、更改和管理草图，包括以下主题：

- 20.1 节 “理解草图模块的角色”
- 20.2 节 “进入和退出草图模块”
- 20.3 节 “草图模块概览”
- 20.4 节 “基本的草图器概念”
- 20.5 节 “草图绘制几何形体”
- 20.6 节 “指定精确的几何形体”
- 20.7 节 “控制草图几何形体”
- 20.8 节 “更改、复制和偏置对象”
- 20.9 节 “定制草图器”
- 20.10 节 “草图绘制简单的对象”
- 20.11 节 “创建构型几何形体”
- 20.12 节 “约束、标注尺寸和参数化草图”
- 20.13 节 “编辑尺寸”
- 20.14 节 “添加参考几何形体”
- 20.15 节 “将边投影到草图”
- 20.16 节 “移动或者复制草图几何形体”

- 20.17 节 “更改对象”
- 20.18 节 “修复短边、间隙和重叠”
- 20.19 节 “创建矩阵、偏置和删除对象”
- 20.20 节 “撤销或者恢复草图绘制动作”
- 20.21 节 “重新设置视图”
- 20.22 节 “管理独立草图”

20.1 理解草图模块的角色

用户使用草图模块来创建和管理不与特征关联的二维图形，这些图形称为独立草图。独立草图可以导入到当前的草图中，并且它们将覆盖任何现有的几何。更多信息见 20.22 节“管理独立草图”。

20.2　进入和退出草图模块

用户可以在Abaqus/CAE程序会话的任何时候通过单击位于环境栏中的Module列表中的Sketch，进入草图模块。草图模块工具出现在模块工具箱中，并且Sketch菜单出现在主菜单栏上。

要退出草图模块，首先单击鼠标键2来退出当前的草图工具。然后单击出现在提示区域中的Done按钮，然后从Module列表中选取任何其他的模块。用户在退出模块之前不需要采取任何特别的行动来保存草图；当用户通过单击主菜单栏上的File→Save或者File→Save As来保存整个模型时，Abaqus自动地保存草图。

用户应当识别出草图模块与草图器之间的不同。在创建和编辑一个独立草图时，草图模块启动草图器并且显示模块工具箱中的草图器工具。此外，当用户在任何时候操作下面的一项时，Abaqus/CAE都会启动草图器：

- 在零件模块中定义一个零件时，创建或者编辑一个特征。
- 在零件模块中工作时，在一个面或者单元实体上草图绘制一个分割。
- 在装配模块或者网格划分模块中工作时，在装配中的面上或者单元实体上草图绘制一个分割。

要退出草图器并将用户的草图导入到零件或者装配中，首先单击鼠标键2来退出当前的绘图工具。然后单击弹出区域中出现的Done按钮。当可以执行时，遵循附加的提示来拉伸、回转或者扫掠特征。Abaqus/CAE退出草图器并且返回调用草图器的模块。此外，Abaqus/CAE重新加载零件或者装配体的原始视图。

20.3 草图模块概览

本节介绍草图模块概览，包括以下主题：

- 20.3.1 节 “独立草图”
- 20.3.2 节 “导入的草图”

20.3.1 独立草图

用户使用草图模块来创建和管理不与特征关联的草图，这些草图称为独立草图。独立草图存储在模型中；就像模型中的其他对象一样，例如零件和载荷，可以对独立草图进行编辑、复制、重命名和删除。要创建独立草图，单击草图模块工具箱中的草图创建工具。

当用户使用草图器时（例如，当用户在零件模块中草图绘制实体拉伸的轮廓时），用户可以通过单击草图器工具箱中的草图保存工具，将工作保存成一个孤立的草图。类似地，用户可以在其他草图中，通过单击草图器工具箱中的获取草图工具，在其他草图中导入一个独立草图。当用户获取一个独立草图时，Abaqus 进行如下操作：

- 定位获取的草图，这样草图的原点与当前草图的原点重合。
- 重新确定视口的大小，这样可以同时显示当前的草图和获取的草图。
- 询问用户是否想要对获取草图的默认大小和位置进行平移、转动、镜像或者比例缩放。

有关创建和管理独立草图的详细指导，见 20.22 节“管理独立草图”。

20.3.2 导入的草图

用户可以通过从主菜单栏选择 File→Import→Sketch 来导入独立草图。用户可以从以下工业标准格式存储的文件中导入草图：

- AutoCAD（文件扩展名 . dxf）
- IGES（文件扩展名 . igs）
- ACIS（文件扩展名 . sat）
- STEP（文件扩展名 . stp）

当用户将一个文件作为独立草图导入时，Abaqus/CAE 将文件的内容转换成一组草图实体，例如线、圆弧和样条曲线。Abaqus/CAE 可以从 IGES 格式的文件中导入大部分的平面实体。可以导入成草图的 IGES 实体的完整列表，见 10.7.8 节“当导入零件或者草图时，Abaqus/CAE 识别的 IGES 实体”。当用户导入 AutoCAD 格式的文件或者 ACIS 格式的文件时，Abaqus/CAE 仅识别表 20-1 和表 20-2 中列出的实体。如果 Abaqus/CAE 发现不能转化的几何形体，就忽略此几何形体并继续导入草图。

表 20-1　草图器支持的 AutoCAD 实体

AutoCAD 实体	草图器实体
线	线
圆	圆
弧	弧
顶点	顶点
样条曲线和折线	点

图 20-2　草图器支持的 ACIS 实体

ACIS 实体	草图器实体
线	线
圆	圆
弧	弧
顶点	点
椭圆	椭圆
样条曲线和折线	样条曲线

利用 Abaqus/CAE 将文件转化成草图，文件必须包含可以映射到草图平面二维平面的轮廓。如果文件包含三维几何形体，则 Abaqus/CAE 不能导入草图。

在一些情况中，当用户导入草图来创建零件的基础特征时，Abaqus/CAE 会将草图定位得远离草图器原点。结果，零件将远离原点，并且可能丧失用户模型的分析精度。要提高精度，用户可能不得不移动草图的顶点更加靠近草图器栅格的原点，这样会移动零件更加靠近零件的原点。更多信息见 20.4.2 节“草图器图幅”。

20.4 基本的草图器概念

用户可以使用草图器来草图绘制形成特征二维轮廓的线和曲线，对草图添加约束，以及更改草图。本节介绍草图器使用的基本概念，以及这些概念如何影响草图器工具的行为以及草图的显示，包括以下主题：

- 20.4.1 节 “草图器工具”
- 20.4.2 节 “草图器图幅”
- 20.4.3 节 “Abaqus/CAE 如何定向用户的草图”
- 20.4.4 节 “相对于草图重新对齐草图栅格”
- 20.4.5 节 “草图器光标和预选”
- 20.4.6 节 “使用链方法在草图器中选择边”
- 20.4.7 节 “如何初始化和保存草图器定制选项”
- 20.4.8 节 “使用草图器中的查询工具集”

20.4.1 草图器工具

用户可以通过主菜单或者工具箱来访问所有的草图器工具。图 20-1 显示了草图工具箱中包括的所有工具图标。要查看草图器工具的扼要提示，将光标停放在工具上一会儿。有关使用工具箱和选择隐藏图标的信息，见 3.3.2 节“使用包含隐藏图标的工具箱和工具栏”。

草图器工具允许用户进行下面的操作：

- 创建基本草图实体，例如线、圆、圆弧、椭圆、圆角和样条曲线。详细指导见 20.10 节“草图绘制简单的对象”。
- 添加构型几何形体来帮助用户定位和对齐草图对象。详细指导见 20.11 节“创建构型几何形体”。
- 添加约束、尺寸和参数来控制用户的草图几何形体并添加精度。详细指导见 20.12 节“约束、标注尺寸和参数化草图”。
- 平动、转动、缩放或者镜像草图几何形体。详细指导见 20.16 节“移动或者复制草图几何形体”。
- 拖动、修剪、延伸、分割或者合并草图对象。详细指导见 20.17 节“更改对象”。
- 通过偏置、创建线性矩阵，或者创建径向矩阵来创立多个相类似的对象。详细的指导见 20.19 节“创建矩阵、偏置和删除对象”。

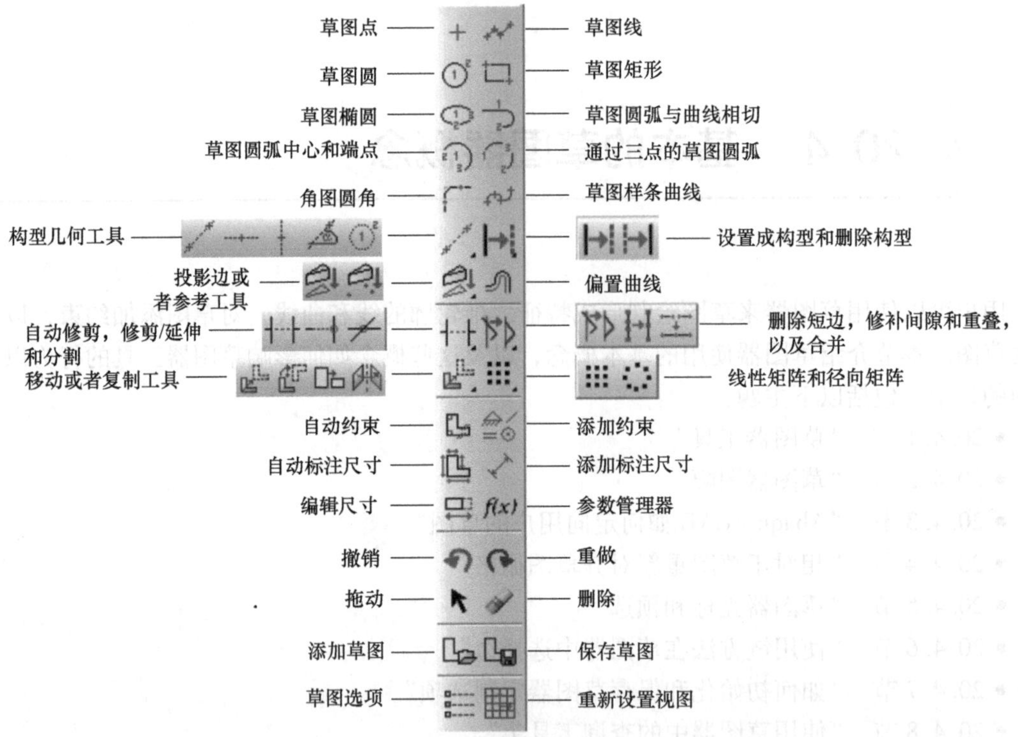

图 20-1　草图器工具箱

20.4.2　草图器图幅

当用户进入草图器，并且创建一个新的草图或者编辑一个现有的草图时，Abaqus/CAE 在当前绘制草图的视口上显示一个图幅。此外，视口左下角的三角形指示符说明零件或者装配体相对于草图图幅和栅格线的方向。图幅总是正方形的，其高度和宽度由图幅尺寸决定。Abaqus/CAE 要确定的图幅尺寸和原点的位置，取决于用户正在草图绘制的内容：

- 如果用户草图绘制新零件的基础特征，则当用户创建零件时，图幅尺寸与用户提供的零件近似大小相同。图幅的原点位于零件坐标系的原点。类似地，如果用户正在创建独立草图，则当用户创建草图时，图幅尺寸与用户提供的草图近似大小一样。
- 如果用户给零件或者装配体添加一个特征，则默认的图幅尺寸取决于用户在视口上进行草图绘制的面的大小。图幅的原点位于所选面的中心。如果用户将一个基准面选作草图绘制平面，则图幅的原点位于零件或者装配体的中心；图幅尺寸取决于零件或者装配体的总尺寸。

如果图幅的尺寸与用户要草图绘制的几何体尺寸不一致，则可以使用草图器定制化选项来增大或者减小图幅尺寸。要访问草图器定制化选项，从草图器工具箱选择定制化工具。用户可能需要使用放大工具在视口中整体显示整个草图器图幅。

Abaqus/CAE 在图幅上覆盖不可见的栅格点来帮助用户在绘图、移动、重新确定大小或者重新塑造目标形状时定位光标。默认情况下，当用户将光标移到靠近栅格点时，光标会自动地抓取到点。此行为允许用户简单地在栅格点上精确地定位光标，同时在光标没有接近任何栅格点时，为用户提供完全的控制。如果光标不自动定位和抓取显得更加方便的话，用户可以抑制抓取行为，这样用户可以完全控制光标。要帮助用户显示草图器栅格线上的栅格点，Abaqus/CAE 在选中间隔点处的栅格点上显示通过栅格点的可见栅格线；例如，间隔的栅格点。更多信息见 20. 9. 2 节“激活或者抑制捕捉”，以及 20. 9. 4 节“定制幅面大小和栅格”。

例如，图 20-2 显示了间距设置成 2 的图幅放大图。在此示例中，草图器显示主栅格线（实线矩阵）和次栅格线（细的虚线矩阵）。仅当放大水平较高时才在草图器中出现次栅格线。此外，图幅中的粗虚线说明草图的 *X* 轴和 *Y* 轴，这两条轴线在草图的原点处相交。

用户可以通过选择栅格点的间距，覆盖栅格点的可见栅格线的间距，次间隔的数量以及图幅大小来定制栅格的表现和行为。用户也可以通过移动栅格线的原点和转动栅格线，来相对于草图重新对齐栅格线。用户的草图可以超出草图器栅格线；然而，如果用户发现需要草图超过栅格线时，推荐用户增加图幅的尺寸来包括整个草图。如果用户改变栅格线的原点或者对栅格线进行转动，则随着用户继续更改草图，草图器以两种方式来显示光标。栅格坐标说明使用新栅格或者转动的光标位置；草图坐标说明以原始栅格位置为基础的位置。更多信息见 20. 9 节“定制草图器”。

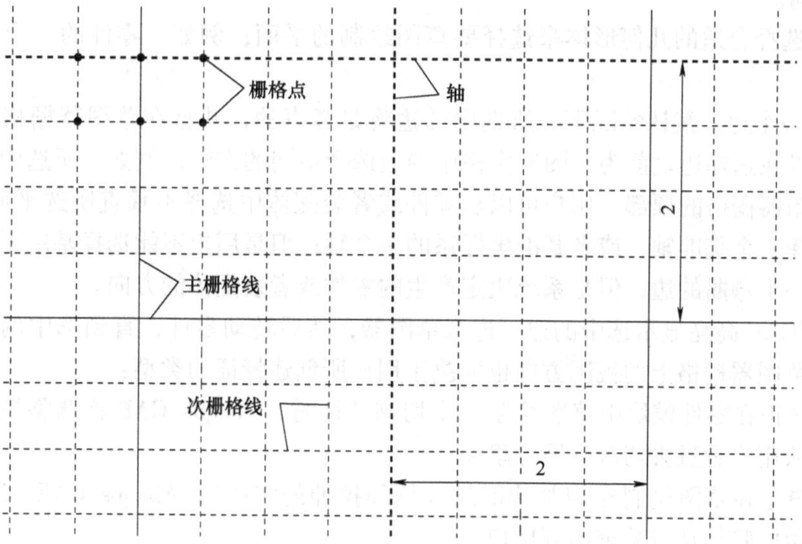

图 20-2　草图器栅格线的放大视图

如果零件的坐标远离零件的原点，则精度损失可以影响用户模型的分析。例如，在用户将草图导入来创建零件的基础特征后，草图可能相对地远离草图器原点；结果，零件将远离零件的原点。要提高精度，用户可能不得不通过使用平移工具，将草图几何形状移动得更加靠近草图栅格的原点，来使得零件更加靠近零件的原点。更多信息见 20. 16. 1 节“沿着一个向量平移草图器对象”。用户不应当将草图的原点移动靠近几何形体。将草图器栅格线的原点移动得更加靠近草图仅显示方便，对坐标的基本精度没有影响。

20.4.3　Abaqus/CAE 如何定向用户的草图

当启动草图器时，Abaqus/CAE 定向零件或者装配体的视图，使得用户进行草图绘制的面或者基准面与屏幕平行；此平面称为草图平面。草图平面的方向取决于零件或者装配体的建模空间，以及用户正在创建的特征类型。

二维或者轴对称的建模空间

当用户给二维或者轴对称的零件或者装配体添加平面特征时，Abaqus/CAE 启动草图器并且将零件的 X 轴和 Y 轴与草图器栅格线对齐，而不管用户正在创建何种特征类型（Abaqus/CAE 从定义基础特征的草图轴中得到零件的 X 轴和 Y 轴）。

三维建模空间

在为三维零件或者装配体添加特征时，用户必须使用下面的技术来控制视图相对于草图栅格线的方向。

1. 通过选择合适的几何形体来选择要草图绘制的平面；例如，零件的一个面或者一个基准平面。

2. 选中一个边。默认情况下，所选中的边将是竖直的，并且在草图器栅格的右边。另外，用户可以在选择边之前为草图器栅格中的边选择不同的方向；例如，所选中的边是水平的并且在草图器栅格的顶部。用户可以从零件或者装配体中选择不垂直所选平面的任何边。用户可以选择一个基准轴，或者基准坐标系的一个轴；但是用户不能选择基准平面的边。用户可以选择一个弯曲的边，但是系统决定产生的零件或者装配体的方向。

Abaqus/CAE 高亮显示选中的边，进入草图器，然后转动零件，直到选中的边与期望的方向对齐。草图器栅格上的视图方向也取决于用户所创建特征的类型：

- 当用户正在零件模块中草图绘制一个切割特征时，Abaqus/CAE 将调整视图方向，使生成的特征从用户看过去切割到屏幕里面。
- 当用户正在草图绘制非切割特征时（例如拉伸的实体），Abaqus/CAE 将调整视图方向，使所产生的特征从屏幕突出到用户。
- 当用户添加一个扫掠特征时，用户必须草图绘制一个扫掠路径以及扫掠侧面。所产生的视图方向的详细情况见 11.21.3 节“添加一个扫掠的实体特征”；11.22.3 节“添加扫掠的壳特征”；以及 11.24.4 节“创建扫掠切割”。

当用户在切割工具集中使用草图方法来切割面时，Abaqus/CAE 以零件或者装配体的建模空间，以及用户选中的面为基础来定向视图。更多信息见 70.6.1 节“使用草图方法来分割面”。

如果用户不确认相对于草图平面的零件方向或者装配体方向，则使用显示操控工具来检查绘制草图的草图平面和对象。使用重新设置视图工具▦来返回原始的视图。

图 20-3 说明在用户选择一个面、一个边和草图器栅格上的边的方向后，Abaqus/CAE 如何确定相对于三维零件的草图平面方向。

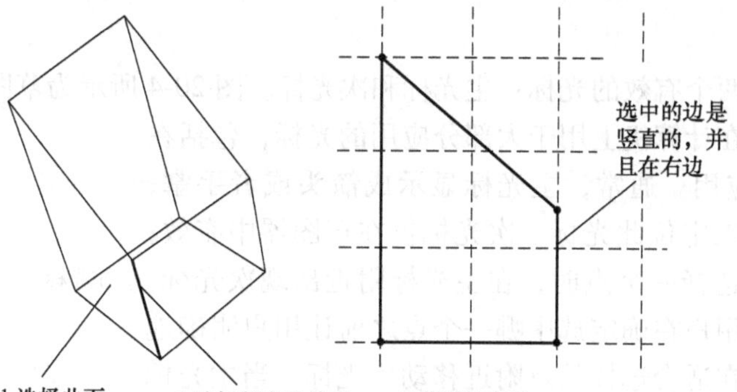

图 20-3　确定草图平面方向

20.4.4　相对于草图重新对齐草图栅格

当用户草图绘制一个特征时，草图栅格线不总是与草图的顶点和线，或者基底的参考几何形体对齐。用户可以使用下面的技术来重新对齐栅格：

- 通过选择代表栅格原点的顶点来相对于草图平移栅格。
- 通过选择将与草图的 X 轴平行的线来相对于草图转动栅格。
- 删除任何对齐，然后重新将栅格设置到栅格的原始方向上。

仅对特定的草图施加重新对齐，并且将栅格线的对齐与草图一起存储在模型数据库中。新草图和现有的草图保持它们默认的对齐。详细指导见 20.9.5 节“重新对齐草图栅格”。

改变草图栅格的原点和转动草图栅格，用户可以快速地创建使用默认的栅格线位置可能很难创建的特征。转动栅格具有下面的效果：

- 当前光标位置的栅格坐标显示在视口的左上角，并且用户可以将这些坐标用作指导。显示的栅格坐标是与当前的草图栅格线对齐的，并且如果重新对齐栅格的话，坐标会发生变化。
- 当前光标位置的草图坐标显示在视口的右上角。显示的草图坐标相对于草图栅格的原点对齐，并且如果用户重新对齐栅格，并不会发生变化。
- 当用户在提示区域中输入顶点的坐标时，这些坐标是相对于当前对齐的草图栅格线的。
- 旧的和新的水平尺寸和竖直尺寸保持水平和竖直。
- 旧的水平构型线和竖直构型线保持水平和竖直。
- 新水平和竖直构型线以及预先选择的点，与转动后的栅格线对齐。

- 矩形工具生成的线与转动后的栅格线对齐。

20.4.5　草图器光标和预选

在草图器中有两个有效的光标：主光标和次光标。图 20-4 所示为草图器光标。

主光标是用户在计算机上用于大部分应用的光标，包括在 Abaqus/CAE 中的应用。通常，主光标显示成箭头或者手掌，用户通过移动鼠标来定位此光标。次光标仅在草图器中有效；当草图器提示用户选择一个点时，在主光标附近出现次光标。次光标的位置允许用户在确定选中哪一个点之前让用户明确地看到点。如果用户在适合选择的点附近移动主光标，当主光标保持不动时，次光标直接跳到该点上。此行为称为预选。如果用户单击鼠标键，则 Abaqus/CAE 选择次光标下面的点。

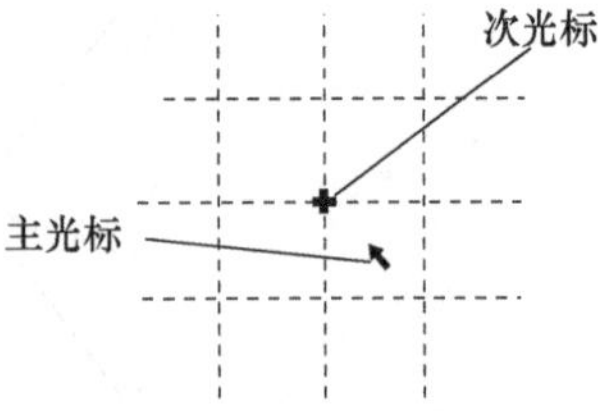

图 20-4　草图器光标

次光标的外观随着用户围绕草图移动而发生变化。表 20-3 为预选光标与对应的草图器实体，列出了当主光标靠近列出的草图实体时，次光标呈现的形状。

表 20-3　预选光标与对应的草图器实体

预选光标	草图器实体
□	顶点
●	线或者曲线的中点
×	线和曲线的交点
×______	线在其他线和曲线上的投影
○	沿着现有线或者曲线的点
+	栅格线之间或者栅格线与其他线和曲线的交点

次光标与草图中的其他预选符号一起来说明用户可以选择的特别点。表 20-4 列出了预选符号及其位置和意义。

表 20-4　预选符号及其位置和意义

预选符号	位置和意义
□	如果绘制的新线段从现有草图、参考或者构型几何形体上开始，那么新线段自动垂直现有的几何形体
‖	当创建一个从现有边开始的新线段时，靠近起点；符号与现有的边对齐；新线段与现有的边相切
H	当创建一条新线段时，靠近次光标；新线段是水平的
V	当创建一条新线段时，靠近此光标；新线段是竖直的

如果用户选择预选的点，则预选光标和符号也说明 Abaqus/CAE 将对草图施加的约束。

重合、垂直和相切那样的约束有助于控制草图几何形体和保持用户的设计意图。

预选适用于草图中任何有效选择的实体。例如，当用户围绕草图移动光标时，预选择高亮显示下面的对象来说明对象是有效的选择：

- 当用户草图绘制一条线时，高亮显示顶点、交点、投影和切点，见表 20-3。
- 当用户添加一个尺寸时，高亮显示草图、构型和参考几何形体。
- 当用户更改一个尺寸时，高亮显示尺寸。

用户可以如下定制光标的行为：

- 默认情况下，次光标抓取靠近主光标的栅格点。如果用户关闭此抓取，则次光标跟随主光标，并且可以定位在草图器图幅的任何地方。
- 用户可以切换不选预选择。

有关定制次光标的更多信息，见 20. 9. 2 节“激活或者抑制捕捉”，以及 20. 9. 3 节“激活或者抑制预选”。次光标仅在草图器中可以使用，但是用户可以使用其他形式的预选择来帮助用户在其他的 Abaqus/CAE 模块中选择视口对象。有关选择视口对象的更多信息，见 6. 2. 1 节“选择和不选单独的对象”。

20. 4. 6 使用链方法在草图器中选择边

当在草图中偏置或者复制边时，用户可以选择一条“链”的连接边。一条链是连接的一组边，在此链中，每一条边可以在每一个端点处至多连接一条其他的边。仅可以在草图器中使用链接方法，并且此链接方法允许用户像选择一个单独的实体那样选择链接在一起的多个边。

当用户正在执行的任务允许用户从草图中拾取多个边时，Abaqus/CAE 在提示区域显示一个域。此域允许用户在两个选择方法之间进行选择——individually 和 by chain，如图 20-5 所示。

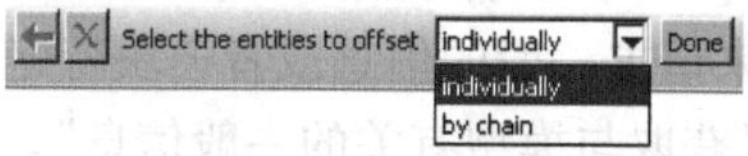

图 20-5 从提示区域中的域选择选取方法

在用户使用链方法之后，用户可以在提示区域中单击 individually，并且在单个的边上使用［Shift］键+单击来将这些边附加到用户的选择中。用户也可以在边上使用［Ctrl］键+单击来取消选择。此外，用户可以继续使用链方法，并且使用［Shift］键+单击来为选择添加更多的链。

20. 4. 7 如何初始化和保存草图器定制选项

草图器的定制选项分为以下几组：

草图器选项

- 捕捉。
- 预选行为。
- 是否显示构型几何形体、尺寸、参数名和约束。
- Abaqus/CAE 可以自动添加的约束类型和尺寸。

草图选项

- 图幅大小、栅格线间距和栅格线显示。
- 栅格线的原点和轴的对齐。
- 文本高度和尺寸的小数点位置，以及参数名称的文本高度。

草图器选项控制草图器的交互行为，而草图选项控制单个草图的显示。Abaqus/CAE 仅在程序会话期间保存和使用用户的草图器定制设置。对比而言，Abaqus/CAE 将用户的草图定制设置与每一个草图一起存储在模型数据库中。因此，如果用户退出 Abaqus/CAE 程序会话，然后在以后返回草图，则草图定制选项依然得到保留。

当用户创建一个新的零件或者独立草图时，Abaqus/CAE 总是使用默认的草图选项。图幅大小和栅格线间距以零件或者所选草图平面的近似尺寸为基础来重新计算，草图的原点在(0，0)，显示栅格线并且与 1 轴和 2 轴对齐，文本高度和小数点位置在它们的默认设置处。

对于详细的指导，见 20.9 节“定制草图器”。

20.4.8　使用草图器中的查询工具集

从主菜单栏中选择 Tools→Query，或者单击 Query 工具栏中的 ❶ 来启动查询工具集。

用户可以使用查询工具集来请求一般的信息或者模块特定的信息。通过一般的查询来显示信息的讨论，见 71.2.2 节“获取与模型有关的一般信息”。

下面的查询是草图器特定的：

约束

Abaqus/CAE 在信息区域中显示约束类型和受约束实体的名称，并且在草图中高亮显示对象。

详细情况

Abaqus/CAE 在信息区域中显示几何体、顶点、约束、尺寸和未约束自由度的数量。

20.5 草图绘制几何形体

本节介绍草图器中可用几何形体的类型，包括以下主题：

- 20.5.1 节 “参考几何形体”
- 20.5.2 节 “构型几何形体”

20.5.1 参考几何形体

当用户草图绘制特征的轮廓时，Abaqus/CAE 将与草图平面同一个平面中的零件或者装配体的所有边和顶点投影到草图图幅上。Abaqus/CAE 还会将所有的基准点和基准轴投影到草图图幅，而不管它们在零件或者装配体中的位置。将这些投影的点和线称为参考几何形体，并且在草图绘制时，用户可以将它们作为参考使用。

用户通常在草图绘制的对象（例如一条线或者一个顶点）与参考几何形体之间通过指定尺寸，使用参考几何形体来精确地定位用户的草图。用户也可以使用参考几何形体来重新对齐草图栅格。草图保留用来定位草图或者确定草图尺寸的任何参考几何形体——当用户再次使用草图器来编辑特征时，会出现参考几何形体。Abaqus/CAE 会丢弃任何在草图绘制中没有使用的参考几何形体。

如果用户的零件是复杂的，则在草图图幅上仅投影草图平面中的边、顶点和基准点，会降低平面上的杂乱程度，并且让选择过程更加直接。然而，用户的选择将仅限于草图平面中的边、顶点和基准点。如果用户想要将其他边、顶点或者基准点——包括孤立的单元边和节点——作为参考来使用，则用户必须使用 Project References 工具将它们作为参考几何形体投影到草图平面上。另外，如果用户想要从现有的模型边或者孤立单元边创建新的草图边，则用户可以使用 Project Edges 工具（更多信息见 20.15 节“将边投影到草图”）。

在草图绘制一个新特征时，用户可以使用下面的一种方法来将草图的位置约束到基底参考几何形体：

- 当草图绘制新特征时，从参考几何形体选择对象；例如，选择投影后的顶点来定义圆心或者线的端点。
- 在草图与任何投影后的参考几何形体之间创建一个约束、尺寸或者参数。更多信息见 20.7 节“控制草图几何形体”。

约束草图定义了草图相对于参考几何形体的位置约束方式，以及在修改和重新生成零件或者装配时如何重新位置约束草图。

当用户退出草图器时，Abaqus/CAE 确定用户是否已经将草图约束到参考几何形体。如果发现一个约束，则 Abaqus/CAE 在新特征（子）与选中的参考几何形体（父）之间创建一个父子关系。如果没有发现约束，则 Abaqus/CAE 在信息区域显示下面的信息：No sketch placement constraints specified on *feature name*。用户不必约束草图；但是如果用户真的不约束草图，一旦用户更改并且重新生成零件或者装配体，草图相对于零件的基底几何形体的位置就会发生变化。

如果用户保存独立草图，则 Abaqus/CAE 仅保存草图并且不保存任何基底参考几何形体。因此，如果草图包括草图线与参考线之间的尺寸，则尺寸没有与草图的独立版本一起保存。

用户创建特征的次序也影响可以使用的参考几何形体。以特征为基础的模拟允许子特征以父特征为基础，但是不允许父特征以子特征为基础。因此，如果在用户编辑的特征之后创建特征，则更加新的特征的边和顶点不能投影到草图图幅。用户可以使用查询工具集来确定特征创建的次序；更多信息见 65.4.8 节“使用模型树来获取特征信息”。

20.5.2　构型几何形体

在草图器中创建几何形体可以帮助用户在草图中定位和对齐几何形体；需要定位的对象包括孔、圆弧、槽或者齿轮齿。草图器允许用户给草图添加约束线和圆弧；此外，用户使用单独点工具 + 创建的点会被考虑成构型几何形体。构型线、圆弧和点不出现在用户创建或者更改的特征中。

当用户正在添加构型几何形体并且围绕草图移动光标时，Abaqus/CAE 在下面的位置处显示预先选择的符号：

- 新构型几何形体与草图绘制的线或者曲线之间的交点。
- 新构型几何形体和现有构型几何形体之间的交点。
- 新构型几何形体与参考几何形体之间的交点。仅当参考几何形体是在被编辑特征之前创建时，Abaqus/CAE 才显示预选符号（有关参考几何形体行为的更多信息，见 20.5.1 节“参考几何形体”）。

由构型几何形体生成的预选符号允许用户精确地对齐目标。例如，沿着一条斜线或者围绕一个圆；用户还可以创建一条倾斜构型线和几条垂直的构型线来帮助对齐一组圆，如图 20-6 所示。

当草图绘制回转的实体和面时，构型线也定义转动轴。更多有关构型线与回转轴之间关系的信息，见 11.13.5 节“定义轴对称零件和回转特征的回转轴”。

使用虚线来显示构型几何形体，以区分草图绘制的几何形体。仅当用户操作草图时，构型几何形体是可见的。用户一退出草图器，构型几何形体就消失。Abaqus/CAE 将构型几何形体与原始的草图一起保存；如果调用草图器来更改包括构型几何形体的草图，构型几何形体与草图一起重新显示。

要创建构型几何形体，从草图器工具箱选择一个构型几何形体工具或者从主菜单栏选择 Add→Construction。详细指导见 20.11 节“创建构型几何形体”。

用户也可以将草图的部件转化成构型几何形体，并且用户可以将已经转化成构型几何形

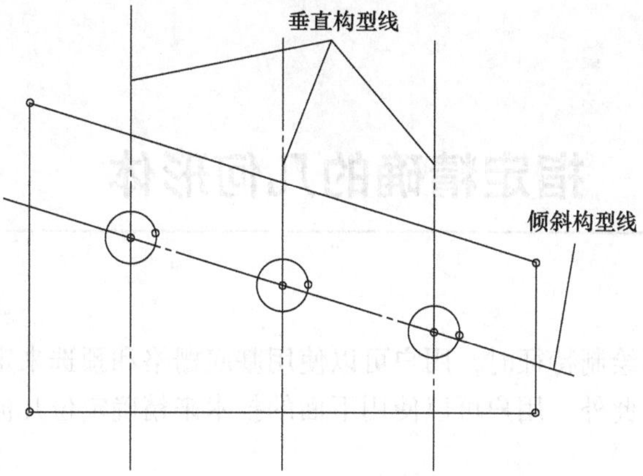

图 20-6　使用构型线来对齐草图几何形体

体的项目反向转化成草图部件。要将部件转化成构型几何形体，选择部件并从主菜单栏选择 Edit→Set as Construction；要反向此过程，选择构型几何形体部件并选择 Edit→Unset Construction。详细指导见 20.11 节“创建构型几何形体”。

20.6　指定精确的几何形体

当使用草图器草图绘制特征时，用户可以使用基底栅格和预选来定位光标，以及创建或者更改草图几何形体。此外，用户可以使用下面的技术来精确定位几何形体：

输入坐标

当使用草图器来创建一个特征，并且 Abaqus/CAE 要求用户定位一个点时（例如要定义线段端点或者圆心），用户可以进行下面的操作。

- 使用草图器栅格线、现有的顶点或者预选来在草图上选择一个点。
- 在提示区域中的文字框中输入要求的 X 坐标和 Y 坐标。

为了帮助用户确定要提供的坐标，草图的 X 轴和 Y 轴是由虚线表示的，在草图的原点处相交。用户指定的坐标相对于此原点。此外，当用户选择草图工具时，当前光标位置的坐标显示在视口的左上角，并且用户可以将这些坐标用作提示。

详细指导见 20.10 节“草图绘制简单的对象”。

创建和更改尺寸

在创建几何形体后，草图器允许用户在草图中的线和节点与其他几何形体之间添加尺寸。然后，用户可以通过使用精确的尺寸替换这些尺寸来重新定义草图，并且草图发生变化来反映新的尺寸。此外，尺寸允许用户为将来参考注释草图。

用户可以通过在草图器工具箱选择尺寸工具，或者从主菜单选择 Add→Dimension 来添加尺寸——编辑尺寸值是创建新尺寸的最后步骤。要更改现有的尺寸，从草图器工具箱选择更改尺寸工具，或者从主菜单栏选择 Edit→Dimension。详细指导见 20.13 节“编辑尺寸”。

20.7 控制草图几何形体

控制草图几何形体可以帮助用户通过创建草图实体之间的关系来防止意外的变化。如果草图中的所有几何形体得到控制，则草图得到完全的约束——更改草图中的对象必然违反控制，并且用户添加其他控制必定与已经存在的控制发生冲突。

下面的部分描述用户如何使用约束、尺寸和参数来控制草图几何形体。可以将控制的所有三种类型考虑成约束，因为它们都约束草图中的自由度，但是每一个控制创建选中实体之间的不同类型关系。

详细指导见下面的主题：

本节包括以下主题：

- 20.7.1 节 “使用约束来控制草图几何形体”
- 20.7.2 节 “使用尺寸来控制草图几何形体”
- 20.7.3 节 “使用参数来控制草图几何形体”
- 20.7.4 节 “完全受约束的几何形体”

20.7.1 使用约束来控制草图几何形体

约束创建控制几何形体位置或者大小的逻辑关系。不使用数字值来定义约束。其他类型的几何控制、尺寸和参数，是使用值或者进行评估的表达式来指定的约束，用来定义草图中的数字关系。在 Abaqus/CAE 草图中不要求约束；然而，约束可以帮助用户保持设计意图。当用户更改已经约束的草图时，用户必须在现有控制中工作、更改它们，或者删除它们来完成更改。

表 20-5 列出了草图器中的约束类型、符号及其描述。

表 20-5 草图器中的约束类型、符号及其描述

约束类型	符号	描述
重合	○	Abaqus/CAE 移动选中的实体，这样它们共享公共的点。该点可以是两个实体上的点，或者仅当延伸一个实体才存在的投影点。如果选择了两条直线，则它们共线
同心	⊙	Abaqus/CAE 移动选中的圆弧或者圆来共享一个公共的圆心
等长度	/	Abaqus/CAE 让选中的线都是相同的长度

（续）

约束类型	符号	描述
等半径	—	Abaqus/CAE 让选中的圆弧或者圆半径相同
固定的	△	Abaqus/CAE 固定圆弧或者圆的半径、线的角度或者顶点的位置
水平的	H	Abaqus/CAE 使选中的线与草图的 X 轴平行，水平约束不受栅格线方向的影响
等距	|o|	Abaqus/CAE 移动选中的顶点，使该顶点到定义约束的两个顶点或者线的距离相同
平行	//	Abaqus/CAE 让选中的线平行
垂直	□	Abaqus/CAE 让选中的线垂直
对称	o|o	Abaqus/CAE 让选中的对象关于用户选择的对称线对称
相切	‖	Abaqus/CAE 让选中的对象在它们的最近点处相切，至少一个对象是弯曲的
竖直	∨	Abaqus/CAE 使选中的线与草图的 Y 轴平行。竖直约束不受栅格方向向的影响

注意：表 20-5 中描述的行为假定对选中的对象没有施加其他的约束。其他约束的存在和 Sketcher Options 中选取的约束解决方法，可以影响 Abaqus/CAE 移动对象以符合约束。

用户可以在一个草图中创建多个相同类型的约束。用户可以使用草图模块查询来定位由约束控制的几何形体，或者列出整个草图的约束详细情况（更多信息见第 71 章“查询工具集”）。

用户可以使用下面的技术来给一个草图添加约束：

预先选择的几何形体

如果预先选择是有效的，则 Abaqus/CAE 可以在用户创建几何形体的时候添加一些约束。可以使用预先选择的光标来重合、水平、垂直、相切和竖直约束。更多信息见 20.4.5 节“草图器光标和预选”。

选择线或者曲线的中点

如果用户选择一条线或者曲线的中点来作为附加草图几何形体的顶点，则 Abaqus/CAE 也在中点与线或者曲线的端点之间创建一个等距离约束。

自动地添加约束

在用户创建草图后，用户可以使用自动约束工具 ⌊ 来给整个草图或者选中的实体组添加约束。使用草图选项来控制 Abaqus/CAE 可以自动添加的约束类型以及添加约束的容差。

更多信息见 20.9.10 节“定制草图器中约束的使用”。

添加单个的约束

在用户创建几何形体后，用户可以选择约束类型并单击实体来施加约束。此方法给用户提供最大的控制，但是也是最耗时的。更多信息见 20.12.3 节“添加单个约束”。

当用户添加约束时，用户不可以过度约束草图几何。当给一个自由度施加多个控制时，会过度约束几何形体（更多信息见 20.7.4 节“完全受约束的几何形体”）。Abaqus/CAE 将冲突的约束着色成红色来说明过约束条件。用户必须在使用草图创建特征或者将草图与模型数据库一起保存之前，解决任何的过约束。

20.7.2 使用尺寸来控制草图几何形体

尺寸是一种类型的约束，使用数值来定义草图中的大小、角度或者距离。通过改变尺寸标注值来控制草图几何形体。要改变尺寸标注的量，用户必须更改相关的尺寸。

草图器中可以使用下面的尺寸类型：

- 水平。
- 竖直。
- 倾斜。
- 角度。
- 半径。

开始的三个尺寸类型对应两个点（包括单独线的端点），两条线或者一个点与一条线之间的线性距离。角度尺寸总是以度为单位说明两条线之间的角度。半径说明圆、圆弧、倒圆或者椭圆的主半径和次半径。

用户可以使用下面的技术来给一个草图添加尺寸：

自动添加尺寸

在创建一个草图后，用户可以使用自动尺寸标注工具 来给整个草图或者给选中的实体组添加尺寸。使用草图选项来控制 Abaqus/CAE 可以自动添加到尺寸标注类型。更多信息见 20.9.9 节“定制草图器中尺寸的格式和使用”。

添加单个尺寸标注

在创建草图几何后，用户可以添加单个的尺寸。此方法为用户提供最大的控制，但也是最耗时的。更多信息见 20.12.4 节“添加单个尺寸标注”。

用户可以更改草图中的任何尺寸。当编辑一个现有尺寸时，用户可以采用多种方式对其进行更改。用户可以：

- 编辑数值来更改草图。
- 将尺寸标注转化成参考尺寸。
- 将尺寸标注与参数链接。

参考尺寸标注那些已经在草图中的其他地方得到控制的量，或者不能在当前的草图中得到控制的投影参考几何那样的量。参考尺寸值包含在圆括号中，并且 Abaqus/CAE 自动更新它们来匹配相关几何形体中的变化。为已经链接到参数的尺寸赋予一个变量名，在创建数学表达式（参数化的方程）来定义草图中的其他参数时使用此变量名。有关编辑尺寸的详细指导，见 20.13 节“编辑尺寸”。

在添加或者更改尺寸时，用户不可以过度约束草图几何形状。当对一个单独的自由度施加多个控制时，几何形体是过度约束的（更多信息见 20.7.4 节“完全受约束的几何形体”）。Abaqus/CAE 将冲突的约束着色成红色来说明过约束条件。用户必须在使用草图来创建特征或者将草图与模型数据库一起保存之前，解决任何过约束。

20.7.3　使用参数来控制草图几何形体

参数是被赋予变量名的尺寸或者数值常数，并且用来创建几何形体之间的参数化方程。尺寸总是具有数值，参数具有数值或者从数学表达式产生的值。例如，用户可以参数化一个圆的半径，使得它总是草图中另外一个尺寸的一半，但是用户必须首先使用参数创建表达式来将两个尺寸关联起来。用户可以使用草图选项来控制 Abaqus/CAE 是否显示草图中的名称或者参数值（更多信息见 20.9.9 节“定制草图器中尺寸的格式和使用”）。

必须在一个单独的草图中定义参数——用户不能在一个草图中定义参数，然后在另外一个草图中创建表达式。为草图定义一个参数，并且将此参数添加到参数管理器（Parameter Manager）中。管理器中的参数次序说明在表达式中使用它们的次序。图 20-7 显示了两个参数，使用 length 参数来定义 width 参数。如果用户想使用 width 来定义长度，则宽度参数应当在管理器中先出现。用户可以通过使用对话框右侧的按钮来从视口选择尺寸创建参数，或者从管理器插入、移动或者删除参数。详细指导见 20.12.5 节“添加和编辑参数”。

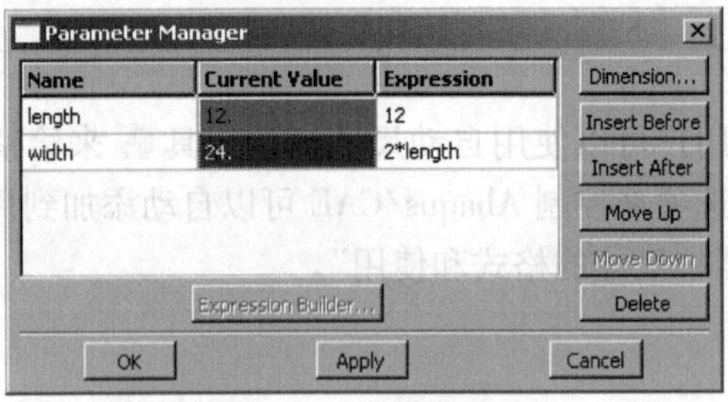

图 20-7　参数管理器

20.7.4 完全受约束的几何形体

约束、尺寸和参数都用来创建控制或者约束草图器几何形体的关系。几何形体是通过从草图去除自由度来进行约束的。例如，如果用户对两条线施加垂直约束，则用户删除这些线之间的角度自由度。如果用户拖拽一条线，则另外一条线也发生移动来保持垂直约束。

如果受控的几何形体必须重新定义关系才能发生改变——改变约束、尺寸或者参数——则几何形体是完全受约束的。Abaqus/CAE 将完全受约束的几何形体着色成绿色来说明不能改变它。如果用户对一个草图添加过多的约束，则几何形体变成过约束。

Abaqus/CAE 将冲突的约束着色成红色来说明过约束条件。要解决过约束，用户可以：

- 取消最后的更改或者约束条件。
- 删除约束或者尺寸。
- 将非必要的尺寸转化成参考尺寸。

如果用户想要完全约束整个草图，则用户可以使用 Detail 查询在信息区域中列出的草图信息——包括未约束自由度的数量。更多信息见 20.4.8 节“使用草图器中的查询工具集”。

20.8　更改、复制和偏置对象

下面的章节介绍了用户更改草图，复制或者偏置草图器对象可以使用的技术。

本节包括以下主题：

- 20.8.1 节　“通过拖拽对象来更改草图”
- 20.8.2 节　“通过改变标准或者添加参数来更改对象”
- 20.8.3 节　“通过选择边来更改或者复制对象”
- 20.8.4 节　“通过修剪、延伸、分割或者合并来更改边”
- 20.8.5 节“复制草图对象来创建矩阵”
- 20.8.6 节“偏置对象”

20.8.1　通过拖拽对象来更改草图

用户可以拖拽草图中的顶点、边、构型几何形体和尺寸文本到新的位置。用户一次仅可以拖拽一个对象，当切换选中 Sketcher Options 对话框中的 Snap to grid 选项时，用户拖拽的对象将抓取到栅格线。默认情况下此选项为选中。

当用户拖拽一个顶点或者一条边时，Abaqus/CAE 将选取对象重新定位，并且使用 During drag 约束解决方法来更改任何连接在一起的边（更多信息见 20.9.10 节“定制草图器中约束的使用”）。草图约束可以造成多个对象与用户选择的对象一起移动。约束也可以限制或者防止拖拽一些对象。例如，考虑图 20-8 所示的原始的草图。

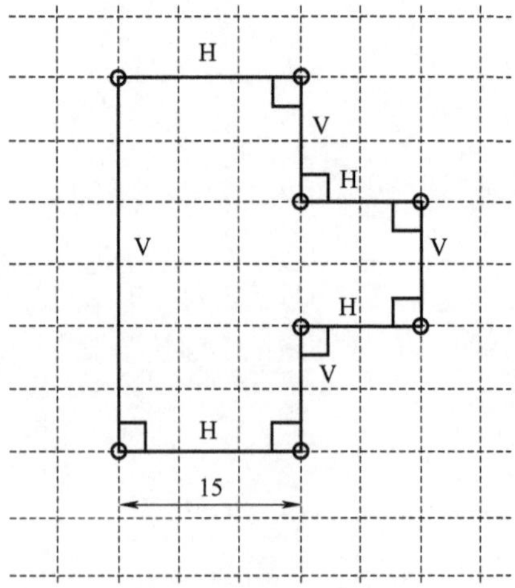

图 20-8　原始的草图

草图包括草图绘制过程中，由 Abaqus/CAE 创建的默认的水平、竖直和垂直约束和一个附加的长度尺寸标注。具有这些约束后，拖拽草图的左侧边与拖拽左侧边任何一个顶点具有相同的效果，如图 20-9 所示。当删除约束和尺寸后，拖拽边产生图 20-9 中显示的类似结果，但是拖拽顶点将会如图 20-10 中显示的那样更改草图。图 20-10 中的结果是使用默认的 Minimum move 约束解决方法生成的。对于此草图，可使用任何其他约束解决方法拖拽顶点来重新定位整个草图。

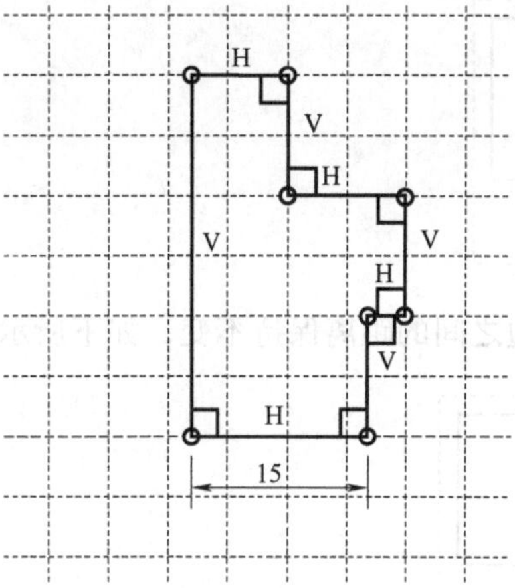

图 20-9　拖拽具有约束的左侧边或者顶点

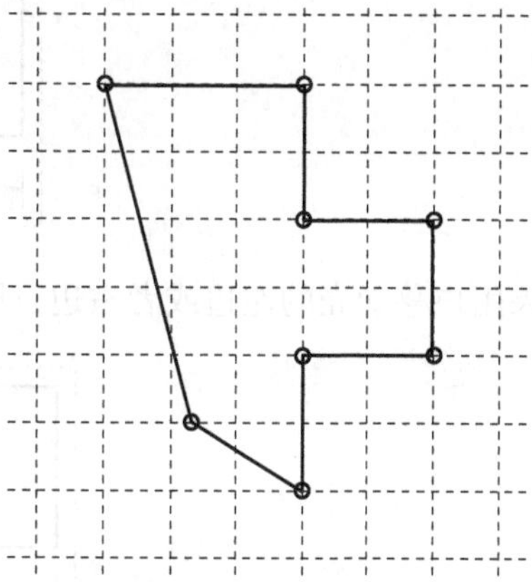

图 20-10　拖拽没有约束的左下顶点

拖拽边和顶点是快速但不精确的移动方法，因为运动是以光标的位置为基础的，而不是以精确的数值变化为基础的。要更加精确地移动对象，使用 20. 8. 2 节“通过改变标准或者添加参数来更改对象”，以及 20. 8. 3 节“通过选择边来更改或者复制对象”中的方法。

在使用 Auto-Dimension 工具后拖拽尺寸文本是清理草图的一个办法。没有精度不是问题，因为尺寸标注文本的精确位置不重要。当用户拖拽尺寸文本时，用户可以进行下面的更改：

- 将线性标注移动靠近、移动远离尺寸标注量，或者移动到尺寸标注量的另外一侧。
- 将角度标注移动靠近或者远离角顶点。
- 将一个角度标注移动通过定义角度的一条边，来标注原始角度的补角。

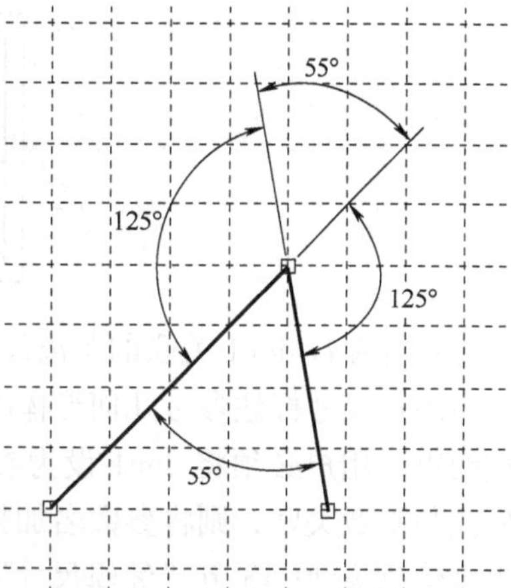

图 20-11　角度标注的四个可能位置

图 20-11 中显示了拖拽一个角度标注的可能位置。

仅标注对象的附件约束可以控制标注文本。约束解决方法不会影响草图中的拖拽尺寸。

20. 8. 2　通过改变标准或者添加参数来更改对象

使用线和顶点之间的尺寸来定义和保存特征之间的尺寸标注关系。尺寸可以标注在任何下面几何形体的线与顶点之间：

- 草图几何形体。
- 参考几何形体。
- 构型几何形体。

如果用户想要保持壳左边与圆柱中心之间的距离不变，则用户可以编辑圆柱并在草图圆与代表壳的参考几何形体之间添加一个尺寸标注，如下所示。

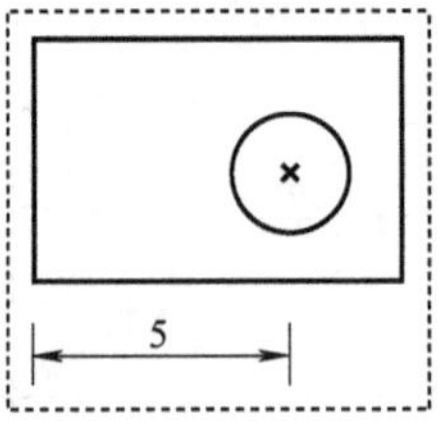

如果用户移动壳的左边或者右边，则圆心与左边之间的距离保持不变，如下所示。

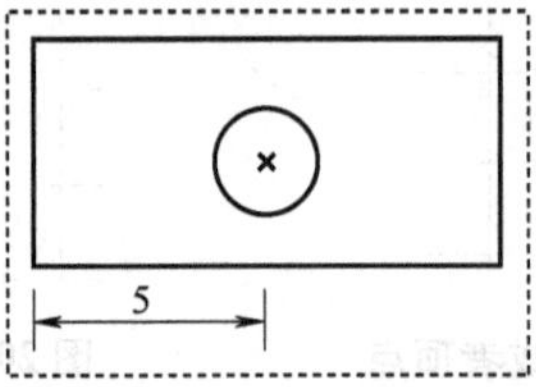

如果用户想要将圆柱保持在壳的左侧边与右侧边之间的中心，则用户必须添加两个尺寸，并且将它们与参数关联。然后，用户可以定义一个参数化的等式，dim2 = (dim1) /2，将左侧边到柱子的距离设置成壳宽度的一半，如下所示。

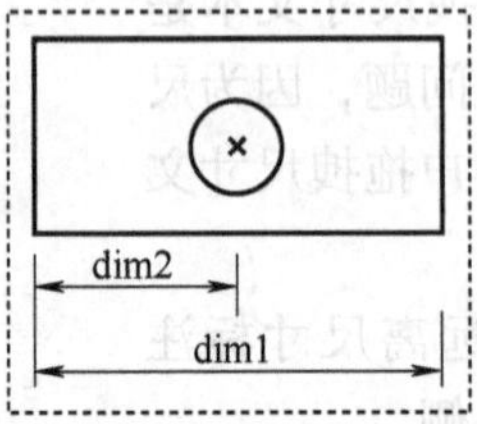

注意：与参数 dim1 关联的距离尺寸是在壳特征的草图中定义的，不能在圆柱的草图中编辑。当用户尺寸标注参考几何形体时，Abaqus/CAE 将尺寸着色成红色来说明过约束。要清除过约束，用户必须将 dim1 设为参考尺寸。Abaqus/CAE 将参考尺寸放在括号内（或者如果标注与参数关联，则将参数名加括号），并且如果标注值发生变化，会自动更新它们的值。更多信息见 20.13 节“编辑尺寸”。

用户可以编辑草图中的任何尺寸或者参数。更多的详细指导，见 20.13 节“编辑尺寸”，以及 20.12.5 节“添加和编辑参数”。

20.8.3　通过选择边来更改或者复制对象

当用户移动边时，Abaqus/CAE 重新定位选中的边，并且使用 During edit 约束办法来反复更改任何连接到一起的边（更多信息见 20.9.10 节“定制草图器中约束的使用”）。草图约束和约束解决方法可以限制用户可以执行的移动类型，或者造成 Abaqus/CAE 重新定位用户没有选中的边。当用户复制边时，根据复制方法来定位副本对象——任何已经存在的草图约束不会影响边副本。用户不能在草图之间进行复制。

Abaqus/CAE 提供下面的方法来移动或者复制选中的边：

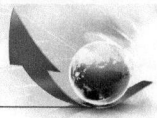

平动

用户可以通过指定平动向量的起点坐标和终点坐标来平动选中的边。平动向量可以从任何点开始；然而，用户可以发现平动向量从选中边一端点处的顶点开始，并且在顶点的新位置处结束更加有意义。图 20-12 所示为选中的边、平动向量和平动的结果。要得到显示的结果，添加 Fixed 约束来防止矩形的上面两个顶点移动。

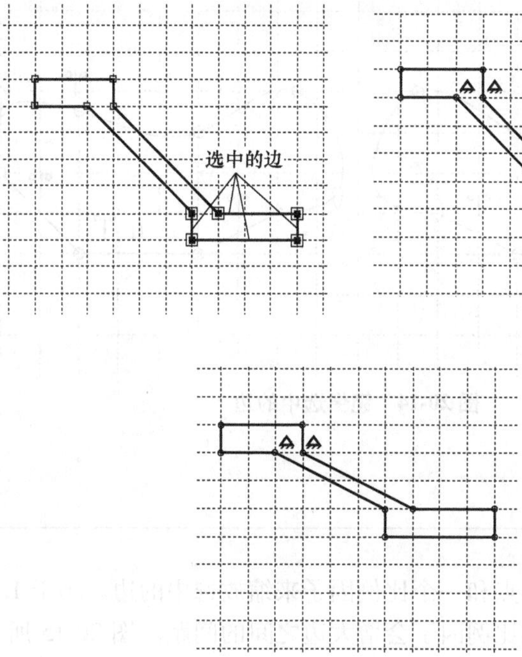

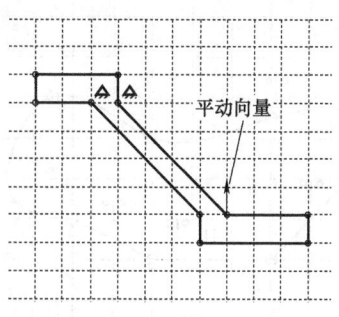

图 20-12　平动选中的边

转动

用户可以通过指定转动中心的坐标，并输入转动角度来转动选中的边；正的角度说明逆时针转动。图 20-13 所示为选中的边、选中的转动中心和 90° 的转动结果。选中的边在草图中是不相连的，或者约束到其他边，这样使得约束解决方法对转动没有效果。

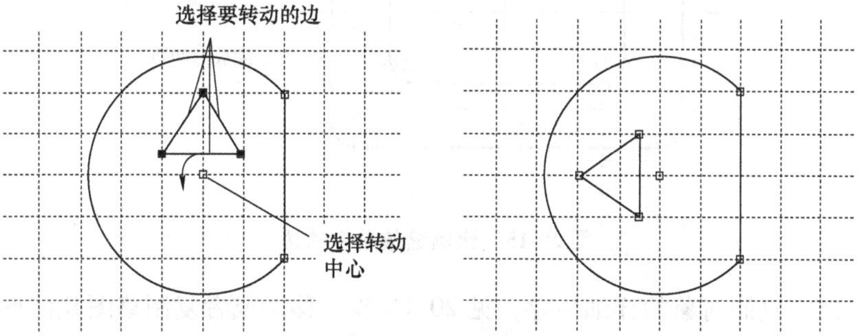

图 20-13　转动选中的边

镜像

用户可以通过在草图中选择一个直线作为镜像线来镜像选中的边。图 20-14 所示为选中的边、镜像线和生成的副本，副本包含四个选中边中的每一个边的镜像约束。镜像线可以是草图中的任何直的对象线或者构型线。

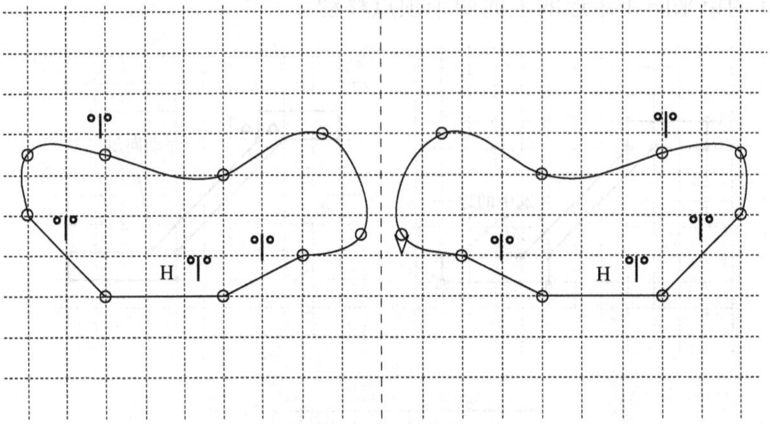

图 20-14　镜像选中的边

比例缩放

用户可以通过指定一个中心点和一个比例因子来缩放选中的边。小于 1.0 的比例因子会减小边之间的间距，大于 1.0 的比例因子会增大边之间的间距。图 20-15 所示为比例因子取 1.5 时选中边、选中中心点和产生的结果。

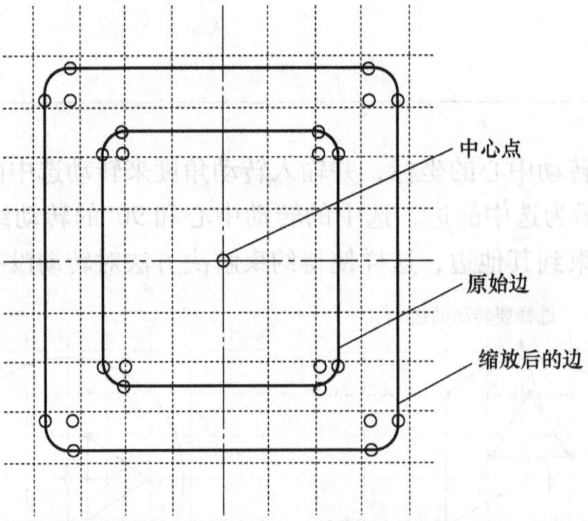

图 20-15　比例缩放选中的边

有关移动或者复制对象的详细指导，见 20.16 节“移动或者复制草图几何形体”。

20.8.4 通过修剪、延伸、分割或者合并来更改边

当用户正在更改一个草图时，用户可以通过更改标注、移动选中的顶点或者通过修剪、延伸、分割或者合并边来实现修改。Abaqus/CAE 提供下面的方法来修剪、延伸、分割和合并边：

修剪/延伸

用户可以修剪或者延伸一条线或者圆弧的一个端部；用户也可以修剪样条曲线，但是不能延伸样条曲线。要修剪或者延伸一条边，首先在靠近想要更改的端部附近选择边，然后选择另一条边来定义交点。第二条边可以是草图中的任何对象，包括构型几何形体。交点可以位于任何选中边的当前端点之外。Abaqus/CAE 修剪或者延伸交点处的第一条边。如果用户想要将第二条边在相同的点处修剪或者延伸到此点，则重复此过程，但要选择相反的次序（见图 20-16）。

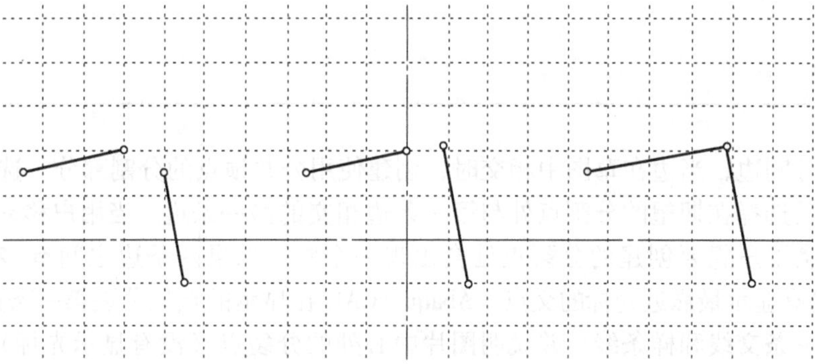

图 20-16 延伸两条边来创建一个拐角

有关修剪和延伸边的详细指导，见 20.17.2 节“通过修剪或者延伸边来更改草图器对象”。

自动修剪

用户可以从一条线、圆弧、圆或者样条曲线之间或者端部修剪。自动修剪（Auto-trim）选项是用户可以使用的，从草图去除不想要的端部的最快方法。Abaqus/CAE 使用预选来高亮显示用户想要删除的边。预选是以光标接近和两个最近的“修剪点”为基础的。修剪点包括交点、端点、顶点和定义圆边的拾取点。与使用 Trim/Extend 不同，Abaqus/CAE 不会分割相交的边。图 20-17 所示为以显示在左上角的圆和线为基础的几种可能的修剪组合。

有关自动修剪边的详细指导，见 20.17.3 节“通过自动修剪边来更改草图器对象”。

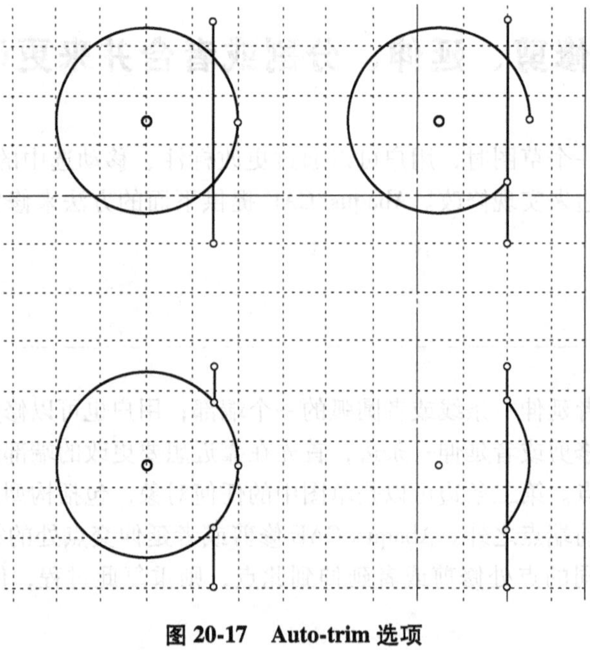

图 20-17　Auto-trim 选项

分割

用户可以分割边，当边在草图中相交时，创建使用公共顶点的分割部分。选择要分割的第一条边，然后选择在期望的分割点处与第一条边相交的另一条边。当用户移动光标靠近第二条边时，围绕用户想要创建的分裂点处会出现一个圆。如果两条边之间有多个交点，则 Abaqus/CAE 高亮显示最靠近光标的交点。Abaqus/CAE 在显示的点处分裂第一条边。图 20-18 左图中显示了一条交线和样条线，并说明图片中心处的分裂点（没有显示光标），在右图中显示了产生的三条边。在此情况中，应首先选择样条曲线，以便直线保持完整。

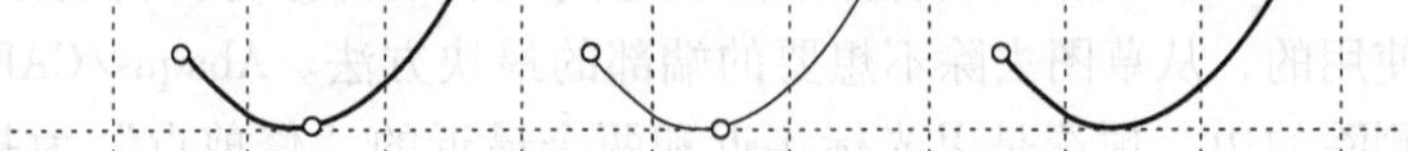

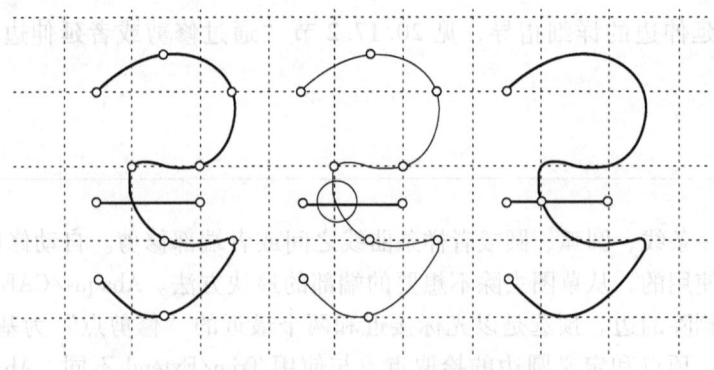

图 20-18　分割一条线和一条样条曲线

注意：当用户分割或者修剪样条曲线时，样条曲线会保持相同的形状，但删除了控制点，所以用户不能再编辑曲线的形状。

有关分裂边的详细指导，见 20. 17. 4 节“通过分割边来更改草图器对象”。

合并

合并工具使用户可以消除草图中的小间隙。通常在下面的情况中产生间隙：

- 当用户在边上使用 Project Edges 工具，但是这些边所在的平面不平行草图平面时，创建的端点与其他选中的边在位置上有稍许不同。
- 当用户将草图几何形体导入到一个现有的草图中时，边可能不会完好地连接成线。

合并工具仅用于消除小的间隙。合并边来消除较大的间隙可能会明显地改变草图几何形体。如果用户想要在草图中较大距离地移动单元，可以使用草图器工具箱中的拖拽工具来将草图中的顶点移动到新的位置。更多信息见 20. 17. 1 节“拖动草图器对象”。

有关合并边的详细指导，见 20. 17. 5 节“通过合并边来更改草图器对象”。

20. 8. 5 复制草图对象来创建矩阵

用户可以在草图中复制对象，并创建复制对象的矩阵；例如，图 20-19 所示为实体零件上齿轮齿和孔的径向矩阵。用户可以选择下面的任何一个方法来定义矩阵：

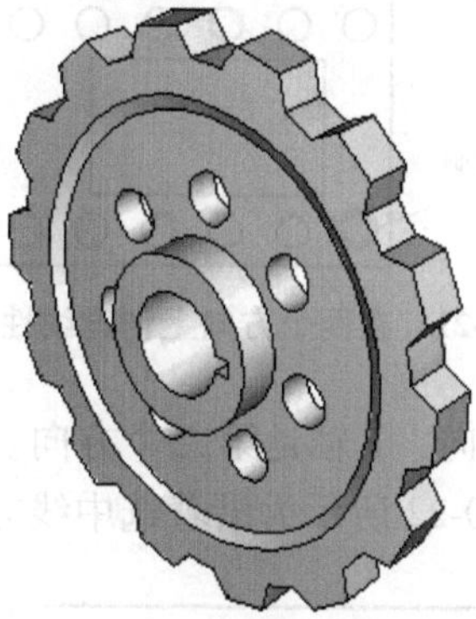

图 20-19 齿轮齿和孔的径向矩阵

线性矩阵

选中对象沿着一个方向的线性矩阵位置复制；例如，*X* 方向。用户可以指定复制的数量以及副本的间距；用户可以选择在正方向或者负方向上定位副本。此外，用户可以改变线性矩阵的方向。图 20-20 所示为用户在单个方向上创建不同的线性矩阵的过程。

用户可以通过在第二个方向上创建复制来创建副本的矩阵；例如，*Y* 方向。选项与第一个方向一样；用户可以控制副本的数量、方向和角度。图 20-21 所示为用户在两个方向上创建不同线性矩阵的过程。

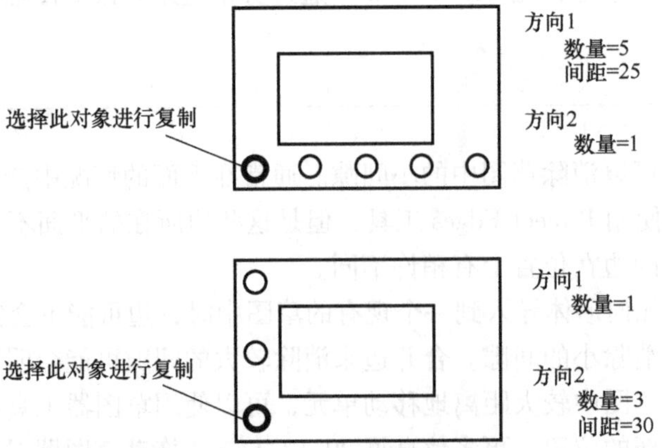

图 20-20　在单个方向上创建线性矩阵

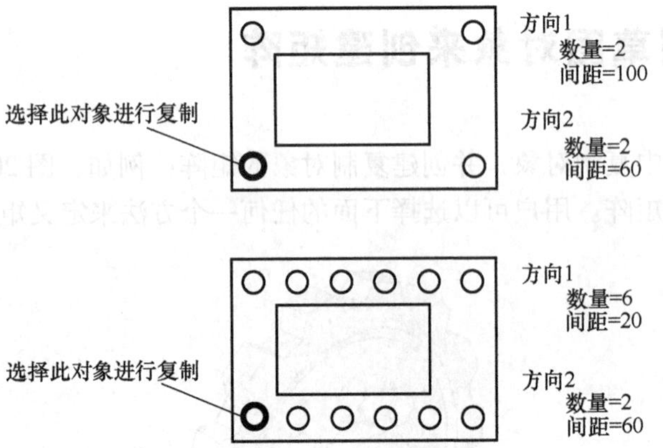

图 20-21　在两个方向上创建线性矩阵

默认情况下，*X* 轴是第一个方向，*Y* 轴是第二个方向。然而，用户也可以通过选择草图中的一条线来表示新的方向。图 20-22 所示为沿着选中线方向创建线性矩阵的过程。

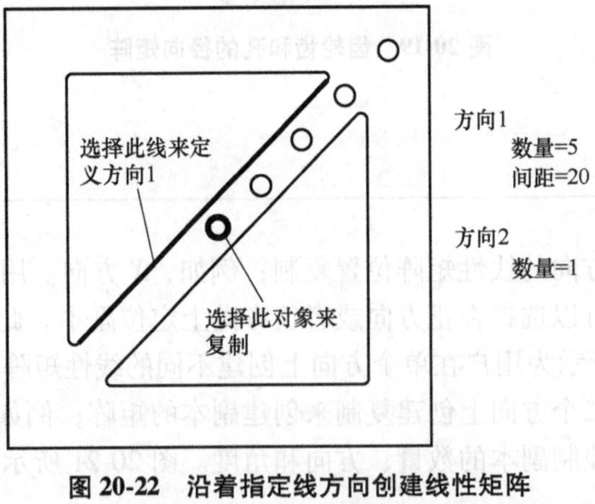

图 20-22　沿着指定线方向创建线性矩阵

默认情况下，Abaqus/CAE 在正方向上创建矩阵；然而，用户也可以反转方向。例如，图 20-23 与图 20-22 所示的线性矩阵相同，但是方向相反。有关创建线性矩阵的详细指导，见 20.19.1 节“创建对象的线性排列矩阵”。

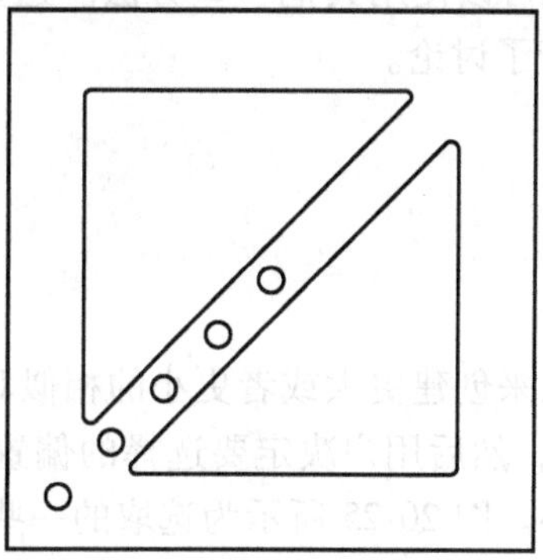

图 20-23　反转线性矩阵的效果

径向矩阵

径向矩阵位置将选中对象以圆周方式进行复制。用户可以指定副本的数量，并且可以指定第一个副本与最后一个副本之间的角度，正的角度对应逆时针方向。此外，用户可以从定义圆矩阵圆心的草图中选择点。图 20-24 所示为用户创建不同径向矩阵的过程。有关创建径向矩阵的详细指导，见 20.19.2 节“创建对象的径向排列矩阵”。

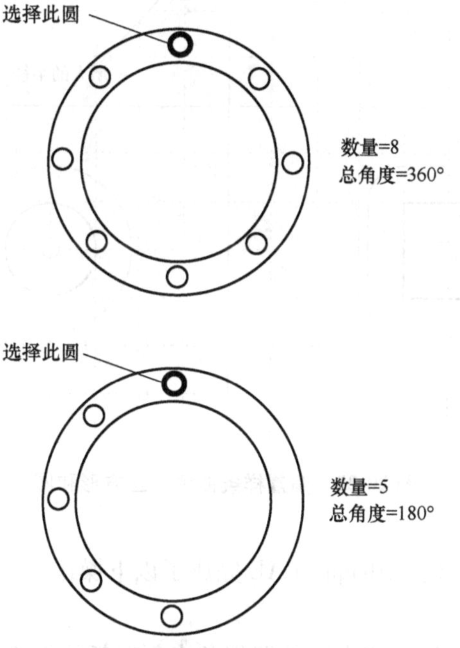

图 20-24　径向矩阵

默认情况下，用户在使用 Abaqus/CAE 时，设置可以预览线性和径向矩阵。在绝大部分情况中，预览将帮助用户决定要创建矩阵的设置。然而，如果用户创建大量的副本，则预览可能降低草图生成的速度。在此情况中，用户应当切换不选 Preview 按钮。

创建草图对象的单个副本也可以使用其他一些方法。这些方法在 20.8.3 节“通过选择边来更改或者复制对象”中进行了讨论。

20.8.6　偏置对象

用户可以在草图中偏置对象来创建更大或者更小的相似对象。用户选择要偏置的边和偏置距离；Abaqus/CAE 显示预览，然后用户决定要选择的偏置方向。用户可以偏置不包含分支的任何连续的开放或者封闭环。图 20-25 所示为选取的一些边可以创建的偏置（为了表达简洁，图中没有显示顶点和基准点）。

Abaqus/CAE 偏置每一个对象的方法与使用绘图圆规在纸上偏置边是一样的。在此过程的结束处，用户可以修剪与其他偏置边相交的任何偏置边。

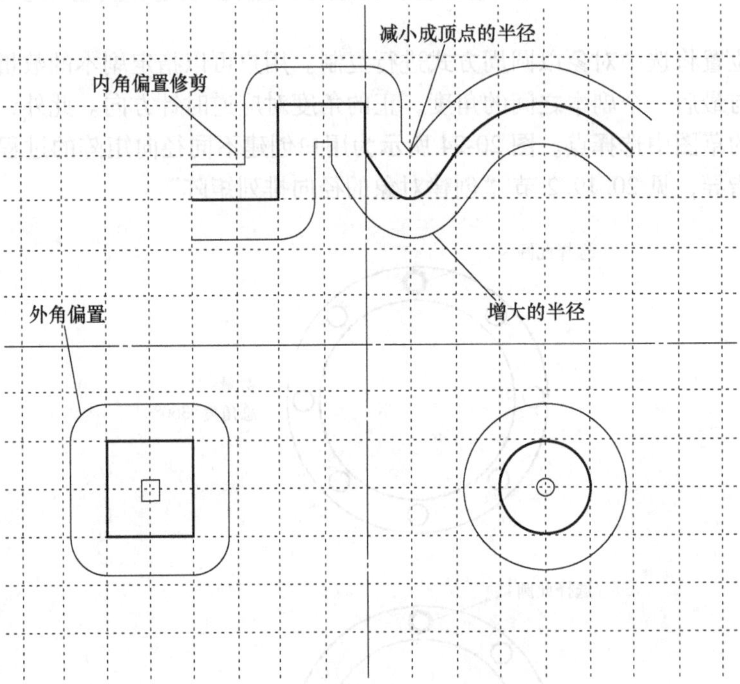

图 20-25　偏置样条曲线、正方形和圆

对于图 20-25 所示的过程，Abaqus/CAE 完成了以下操作：

- 复制直边。
- 修剪偏置重叠的边，如向“内”偏置拐角来创建新的拐角。
- 当向“外”偏置角时，用户可以选择创建锐角或者半径等于偏置距离的圆角。

• 现有曲线的半径由于偏置距离而增大或者减小。

如果曲线的半径由于偏置减小到零或者更小，Abaqus/CAE 将创建一个新的顶点来连接周围的边，这些边之前是由曲线连接的。详细指导见 20.19.3 节“偏置草图器对象的边”。

20.9 定制草图器

本节介绍如何定制草图器的行为和外观，包括以下主题：

- 20.9.1 节 “草图器定制选项概览”
- 20.9.2 节 “激活或者抑制捕捉”
- 20.9.3 节 “激活或者抑制预选”
- 20.9.4 节 “定制幅面大小和栅格”
- 20.9.5 节 “重新对齐草图栅格”
- 20.9.6 节 “显示和隐藏构型几何形体”
- 20.9.7 节 “限制共面实体的投影”
- 20.9.8 节 “设置记录草图绘制操作的最大数量”
- 20.9.9 节 “定制草图器中尺寸的格式和使用”
- 20.9.10 节 “定制草图器中约束的使用”
- 20.9.11 节 “管理草图器背景中的图像”

通过单击草图器工具箱底部的选项工具 来显示草图器定制选项。更多信息见 20.4.7 节“如何初始化和保存草图器定制选项”。

20.9.1 草图器定制选项概览

使用草图器定制选项可以控制草图的外观和行为。下面的选项控制 Abaqus/CAE 程序会话中草图器的行为。

- 栅格是否捕捉光标。
- 是否激活预选。
- 是否显示尺寸。
- 是否显示参数名称或者值。
- 限制投影的共面实体的数量。
- Auto-Dimension 和 Auto-Constrain 工具可以使用的尺寸和约束类型。
- 当编辑或者拖拽对象时可以使用的约束解决方法。
- 是否显示草图约束。
- 在对象创建过程中是否添加隐含约束。
- 是否显示构型几何形体。
- 是否显示背景图片。

下面的选项与每一个草图一起存储；它们控制当前草图和用户创建的新草图的行为和外观。

- 要显示的幅面大小、栅格间隔和栅格线数量。
- 是否自动控制幅面大小和栅格间隔。
- 栅格是否可见。
- 显示在草图尺寸中的文本字体大小和小数位数。

草图栅格的原点和 *X* 轴的对齐也与每一个草图一起存储。然而，栅格原点和对齐设置仅控制当前草图的行为和外观；对于用户创建的新草图，这些参数将重新设置成默认值。

若要设置草图器选项，执行以下操作：

1. 从草图器工具箱的底部选择草图器定制工具 。

出现 Sketcher Options 对话框。

2. 设置每一个标签页上的期望定制选项。对于详细的帮助，可以请求对话框中单个条目的背景相关的帮助。

技巧：用户也可以单击 Defaults 来将草图器选项恢复成默认设置。

3. 单击 OK 来应用用户的更改，并关闭 Sketcher Options 对话框。

20.9.2 激活或者抑制捕捉

当用户想要选择一个草图器栅格点，或者拖拽一个对象到栅格上的特定点时，捕捉到栅格有助于用户定位光标。当激活捕捉，并且用户靠近一个栅格点移动光标时，次光标会跳跃或者捕捉到栅格点。切换选中 Sketcher Options 对话框中的 Snap to grid 来激活或者抑制捕捉（默认情况下，当用户启动草图器时，可以使用捕捉）。用户选择的捕捉行为会施加到 Abaqus/CAE 程序会话中的所有草图。如果预选的点和栅格点都靠近光标位置，则草图器预选覆盖捕捉。

若要激活或者抑制捕捉，执行以下操作：

1. 从草图器工具箱的底部选择草图器定制工具 。

出现 Sketcher Options 对话框。

2. 从 General 标签页切换 Snap to grid。

选中 Snap to grid 后，当围绕草图移动时，次光标捕捉到旁边的栅格点。取决于栅格大小，视口的大小以及是否激活预选，除了栅格点和现有的草图几何形体，用户还可以选择其他点。

不选 Snap to grid 后，当围绕草图移动时，次光标与主光标对齐。用户可以在幅面的任何地方选择。

3. 在选择完想要的定制选项后，单击 OK 来应用更改并关闭 Sketcher Options 对话框。

20.9.3 激活或者抑制预选

预选可以帮助用户选择参考几何形体或者草图器目标，例如线、顶点和尺寸。当激活预选并且用户在这些对象的附近移动光标时，Abaqus/CAE 高亮显示对象，这样用户可以更加容易地选择对象。在绘制草图时，预选也可通过指示在创建水平、竖直、共线、垂直和重合约束的选择来帮助用户约束草图。有关围绕草图移动光标时不同的草图器显示的预选列表，见 20.4.5 节“草图器光标和预选”。

切换 Sketcher Options 对话框中的 Preselect geometry 来激活或者抑制预选（默认情况下，当用户启动草图器时已经激活预选）。Abaqus/CAE 在程序会话期间保存预选定制，并且应用到所有的草图。如果预选的点和栅格点都靠近光标位置，则预选覆盖栅格的捕捉。

若要激活或者抑制预选，执行以下操作：

1. 从草图器对话框的底部选择草图器定制工具 。

出现 Sketcher Options 对话框。

2. 在 General 标签页中切换 Preselect geometry。

切换选中 Preselect geometry，当围绕草图移动光标时，Abaqus/CAE 高亮显示有效的选择，例如顶点、中点和尺寸。

切换不选 Preselect geometry，Abaqus/CAE 不高亮显示有效的选择。

3. 在选择完想要的定制选项后，单击 OK 来应用更改并关闭 Sketcher Options 对话框。

20.9.4 定制幅面大小和栅格

使用 Sketcher Options 对话框来控制幅面大小和栅格。用户可以对下面的项进行定制：

Sheet size

幅面的边界总是正方形的。如果用户发现幅面过大或者过小，则用户可以使用 Sketcher Options 对话框来更改。

当用户创建一个零件或者一个独立草图时，用户定义新零件或者草图的近似大小；Abaqus/CAE 以用户提供的近似大小为基础来初始化幅面的大小。零件近似尺寸必须在 10^{-3} 与 10^4 个单位之间，草图近似尺寸必须在 10^{-3} 与 10^5 个单位之间。Abaqus/CAE 不使用特定的单位，但是单位对于整个模拟过程必须是一致兼容的。Sheet size 域旁边的 Auto 切换选项可解锁该域，并控制 Abaqus/CAE 是否可以自动更改当前草图以及用户创建的新草图的幅面大小。

Grid spacing

使用此选项可以使用与 Sheet size 栅格一样的单位来更改主栅格线的栅格间距。如果激活了捕捉到栅格，光标将捕捉到每个栅格点。Grid spacing 域旁边的 Auto 切换选项可解锁该域，并控制 Abaqus/CAE 是否可以自动更改当前草图以及用户创建的新草图的幅面大小。

Minor intervals

次栅格线进一步等间距地划分主栅格线之间的空间，使得当用户将草图设置得很大时，可以使用更高的精度定位草图元素。用户可以使用此选项来改变每一个主栅格线之间次要间隔的数量。

次栅格线的显示是动态的：Abaqus/CAE 以默认的尺寸级别来隐藏这些线，并且在放大时显示它们。

Show gridlines

用户可以在草图器中切换主栅格线和次栅格线的显示。仅当显示主栅格线时才能显示次栅格线。

下面所示为栅格间距、主栅格线和次栅格线之间的关系。

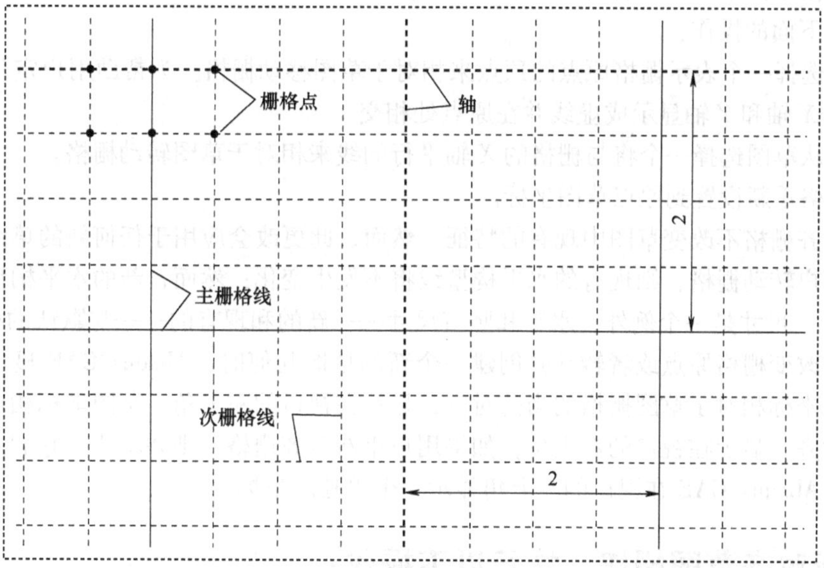

幅面大小和栅格线定制选项应用于当前的草图，并且与草图一起存储。当用户创建一个新草图时，Abaqus/CAE 使用最近的设置来确定是否重新计算幅面大小和栅格间距，以及是否显示栅格。

若要定制幅面大小和栅格，执行以下操作：

1. 从草图器工具箱的下部选择草图器定制工具。

出现 Sketcher Options 对话框。

2. 从 General 标签页切换不选 Sheet size 域旁边的 Auto。

3. 在域中输入正方形幅面的尺寸，此幅面将包含要创建的或者编辑的特征。

指定幅面的单位（与用来描述剩余模型的单位一致）。

4. 切换不选 Grid spacing 域旁边的 Auto。

5. 在域中输入想要的栅格点之间的距离。

使用定义幅面大小的相同单位来指定栅格距离。

6. 单击 Minor intervals 域右侧的箭头来增加或者减少每一个主栅格线之间次要栅格间距的数量。

7. 切换 Major 来显示或者隐藏主栅格线。

8. 选择了想要的定制选项后，单击 OK 来应用更改并关闭 Sketcher Options 对话框。

20.9.5　重新对齐草图栅格

在某些情况下，草图栅格与草图的顶点和线，或者基底参考几何形体不对齐。如果用户使用草图器定制选项来重新对齐草图栅格，则可以发现创建想要的草图会更加容易。如果用户在新的空白草图中添加现有的草图，则 Abaqus/CAE 会自动对齐草图器栅格。定制选项允许用户进行下面的操作：

- 通过选择一个表示栅格原点的顶点来相对于草图移动栅格。为帮助用户定位草图的原点，草图的 X 轴和 Y 轴显示成虚线并在原点处相交。
- 通过从草图选择一个将与栅格的 X 轴平行的线来相对于草图转动栅格。
- 将栅格重新设置到原点草图坐标。

重新对齐栅格不改变草图中现有的特征。然而，此更改会应用于任何新的草图对象。例如，如果用户转动栅格，则现有的水平构型线将不发生变化；然而，新的水平构型线将与新的 X 轴平行。尺寸是一个例外；水平和竖直尺寸——新的和现有的——与默认的栅格对齐。

当用户改变栅格原点或者转动并创建一个新的草图几何时，Abaqus/CAE 显示两组光标坐标。栅格坐标相对于草图栅格的当前对齐，显示在视口的左上角。草图坐标相对于草图栅格的原始对齐，显示在视口的右上角，如果用户重新对齐栅格，则并不改变它们。当两组坐标相同时，Abaqus/CAE 在视口的左上角显示一个单独的坐标。

若要重新对齐草图栅格，执行以下操作：

1. 从草图器对话框的底部选择定制工具。

出现 Sketcher Options 对话框。

2. 选择 General 标签页下部中心处的按钮进行下面的操作。

- 单击 Origin 来相对于零件移动草图栅格的原点。从草图选择新的原点或者在提示区域中输入原点的坐标。
- 单击 Angle 来相对于零件转动草图栅格。选择一条将平行草图 *X* 轴的线。
- 单击 Reset 来重载原始草图原点，并且重载 *X* 轴的原始对齐。重新设置栅格使得栅格坐标与草图坐标对齐。

对草图立即施加用户对栅格对齐的更改。

3. 单击 OK 来施加用户进行的定制并关闭 Sketcher Options 对话框。

20.9.6 显示和隐藏构型几何形体

用户可以创建构型几何形体来帮助在草图中定位和对齐对象。例如，下图显示了一系列的孔，沿着一条斜构型线对齐。这些孔中心定位在竖直构型线与斜构型线的交点上。

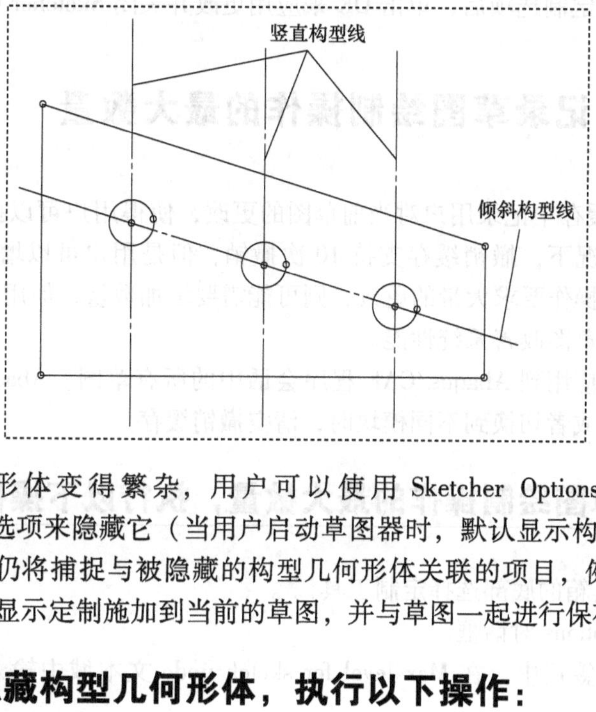

如果构型几何形体变得繁杂，用户可以使用 Sketcher Options 对话框中的 Show construction geometry 选项来隐藏它（当用户启动草图器时，默认显示构型几何形体）。如果激活了预选，则光标仍将捕捉与被隐藏的构型几何形体关联的项目，例如线与构型线的交点。构型几何形体的显示定制施加到当前的草图，并与草图一起进行保存。

若要显示或者隐藏构型几何形体，执行以下操作：

1. 从草图器工具箱的底部选择定制工具 。

出现 Sketcher Options 对话框。

2. 从 General 标签页切换 Show construction geometry。

当切换选中 Show construction geometry 时，Abaqus/CAE 在草图中显示构型几何形体。

3. 选择了想要的定制选项后，单击 OK 来应用更改并关闭 Sketcher Options 对话框。

20.9.7　限制共面实体的投影

当创建或者编辑一个基于草图的特征时，用户可以设置 Abaqus/CAE 从后台自动投影的共面实体的数量限制。默认情况下，Abaqus/CAE 会自动投影 300 个共面实体。用户为投影共面实体选择的限制施加在 Abaqus/CAE 程序会话中的所有草图中。

若要限制投影的共面实体数量，执行以下操作：

1. 从草图器工具箱的底部选择定制工具 。
出现 Sketcher Options 对话框。
2. 在 General 标签页中，在 Max coplanar entities to project 文本域中输入一个值。
如果超过了此值，则出现一个警告信息并且不自动投影实体。
3. 选择了想要的定制选项后，单击 OK 来应用更改并关闭 Sketcher Options 对话框。

20.9.8　设置记录草图绘制操作的最大数量

Abaqus/CAE 在缓存中记录用户对当前草图的更改，使得用户可以撤销和重做一些连续的草图更改。默认情况下，撤销缓存支持 10 次撤销，但是用户可以增加或者减少此数量。如果用户的草图绘制操作要求大量的更改，则可能需要增加数量；但用户也可能想要减少此数量来为大的、复杂草图改善系统性能。

撤销的最大数量应用到 Abaqus/CAE 程序会话中的所有草图。Abaqus/CAE 会在用户每一次更改当前的草图或者切换到不同模块时，清空撤销缓存。

若要设置记录草图绘制操作的最大数量，执行以下操作：

1. 从草图器工具箱的底部选择定制工具 。
出现 Sketcher Options 对话框。
2. 在 General 标签页中，在 Max level for sketch undo 文本域中输入一个 0 到 100 之间的值。
3. 选择了想要的定制选项后，单击 OK 来应用更改并关闭 Sketcher Options 对话框。

20.9.9　定制草图器中尺寸的格式和使用

当用户对草图添加尺寸标注时，默认的尺寸标注文本高度是 12 个点。用户可以使用 Sketcher Options 对话框 Dimensions 标签页上的 Dimension text height 域中的箭头来改变文本高度。尺寸标注文本独立于当前的幅面大小和缩放设置；即文本保持在用户选择的大小，而不管被标注特征的显示大小。

此外，用户可能想要更改小数位数来匹配正在创建的特征尺寸。用户可以使用 Decimal places 域来控制每一个标注尺寸中显示的小数位数。要在编辑一个草图时降低杂乱程度，用户可以使用 Show dimensions 选项来隐藏标注尺寸。用户也可以使用 Show parameter names 选项来显示已经转化成参数的标注尺寸名称，而不是其数值。显示参数名称允许用户查看被参数表达式替换的标注尺寸，并且帮助用户创建不同草图尺寸之间的关系。最后，用户可以使用 Auto-Dimension 工具自动创建标注尺寸类型。

标注尺寸文本高度和小数位数设置施加到用户正在工作的草图上，并与草图一起进行保存。当用户创建一个新草图时，Abaqus/CAE 为新的草图使用默认的尺寸标注文本高度和小数位数。为当前的 Abaqus/CAE 程序会话的剩余部分保存所有其他尺寸选项。

若要在草图器中定制外观并使用标注尺寸，执行以下操作：

1. 从草图器对话框底部选择草图器定制工具 。

出现 Sketcher Options 对话框。

2. 单击 Dimensions 标签页。

Abaqus/CAE 显示 Dimensions 标签页。

3. 如果需要，切换 Show dimensions。

当选中 Show dimensions 时，Abaqus/CAE 在草图中显示尺寸标注。

4. 如果需要，切换 Show parameter names。

当选中 Show parameter names 时，Abaqus/CAE 显示已经转化成参数的尺寸标注名称（更多信息见 20.12.5 节“添加和编辑参数”）。

5. 单击 Dimension text height 标签旁边的箭头来增加或者减小尺寸标注文本的高度。

以点为单位来指定高度；高度可以从 8 变化到 30。

6. 单击 Decimal places 标签旁边的箭头来改变将包括在标注尺寸文本中的小数位数。

小数位数可以从 1 变化到 6。

7. 在标签页的下部，切换可以与 Auto-Dimension 工具一起使用的标注尺寸类型。更多信息见 20.12.2 节“自动地尺寸标注一个草图”。

8. 选择了想要的定制选项后，单击 OK 来应用更改并关闭 Sketcher Options 对话框。

20.9.10 定制草图器中约束的使用

约束创建无数值关系来控制草图的几何形体。当用户编辑一个草图时，Abaqus/CAE 施加解决方法来避免违反约束。在拖动对象或者使用其他草图器工具编辑对象时，可以使用多种方法。

注意：约束解决方法不会阻止草图更改工具覆盖已经施加的约束。例如，用户可以使用 Translate 工具来移动一条已经有 Fixed 约束的线。

此外，用户可以使用 Show constraints 选项来隐藏约束并降低草图中的凌乱程度，还可以使用 Add constraints during entity creation 选项来添加草图绘制过程中隐含的约束。用户可以选择线性和角度容差，以及使用 Auto-Constrain 工具自动创建的约束类型。

在整个 Abaqus/CAE 程序会话上施加约束定制选项。约束定制选项不与单个的草图或者当前的模型一起保存。

若要定制草图器中约束的使用，执行以下操作：

1. 从草图器工具箱的底部选择草图器定制工具 。

出现 Sketcher Options 对话框。

2. 单击 Constraints 标签页。

3. 选择在拖动草图对象或者在其他类型的编辑中想要的约束解决方法，可以使用下面的选项。

Standard

这是默认的编辑解决方法。Abaqus/CAE 最小地移动或者编辑几何形体来满足约束和尺寸标注。Abaqus/CAE 还试图在移动过程中保留未涉及几何形体的刚体外观。

Weighted

Abaqus/CAE 最小地移动或者更改几何形体来满足约束和尺寸标注。在移动过程中不考虑未涉及几何形体的刚体外观。

Minimum move

这是默认的拖动解决方法。Abaqus/CAE 移动最小数量的实体来满足约束。

Relaxation

Abaqus/CAE 使用数值解决方法移动几何形体来最小化移动的平方和。此解决方法与其他方法相比会导致更多的几何形体被移动。

4. 如果需要，切换 Show constraints。

当切换选中 Show constraints 时，Abaqus/CAE 在草图中显示约束图标。

5. 如果需要，切换 Add constraints during entity creation。

当切换选中 Add constraints during entity creation 时，Abaqus/CAE 添加草图绘制过程中隐含的约束。例如，如果用户正在草图绘制一条线，此线的预选图标将指示 Abaqus/CAE 施加一个水平约束，并且 Add constraints during entity creation 是选中状态，则对线添加水平约束。

6. 在表的下半部分，切换可以与 Auto-Constrain 工具一起使用的约束类型（更多信息见 20.12.1 节“自动地约束一个草图”）。

7. 选择了想要的定制选项后，单击 OK 来应用更改并关闭 Sketcher Options 对话框。

20.9.11 管理草图器背景中的图像

用户可以在草图器的背景中显示一个图像来帮助在草图中绘制对象并对齐对象。此图像可以定位在草图器背景中的任何位置，并且可以水平或者竖直地拉伸或者压缩。当用户重新确定视口的大小时，Abaqus/CAE 成比例地重新确定背景图像的大小。

草图器背景图像仅出现在草图模块中。用户也可以在每一个 Abaqus/CAE 模块中的视口背景中显示不同的图像，包括草图模块；更多信息见 4.7 节“在视口中操作背景图片和动画”。当切换选中草图器和模块宽度的背景图像时，Abaqus/CAE 在用户进入草图模块时，在顶层显示草图器背景图像。

在草图模块或者任何其他模块的背景中显示图像之前，用户必须将图像添加到 Abaqus/CAE 程序会话中。要从 Sketcher Options 对话框添加一个图像，单击 Create；然后输入图像的名称并提供图像的位置。所有的模块都可以使用用户程序会话中的图像，并且仅在用户的程序会话中保留；它们不会保存到模型数据库或者输出数据库中。

Abaqus/CAE 支持下面格式的背景图像：Bitmap（.bmp）、PNG（.png）、TIFF（.tif）、XPM（.xpm）、PCX（.pcx）、ICO（.ico）、TGA（.tga）和 RGB（.rgb）。

若要显示和定制草图器背景中的图像，执行以下操作：

1. 从草图器工具箱的底部选择草图器定制工具 。

出现 Sketcher Options 对话框。

2. 单击 Image 标签页。

3. 切换 Show image 来显示或者隐藏草图器背景图像。

4. 选择要显示的图像。

• 要显示在用户的程序会话中已经定义的图像，展开 Image name 列表并选择图像名称。

• 要添加一个新图像，单击 Create；然后在出现的对话框中输入名称并指定一个文件位置。用户可在 File Name 域中直接输入位置，或者单击 来在 Select Image File 对话框中浏览图像。

5. 使用下面的一个方法来拉伸或者压缩背景图像。

Scaling the image along either axis（沿着任意轴缩放图像）

用户可以通过指定 X scale 和 Y scale 域中的值来拉伸或者压缩草图器背景图像。当这些缩放值等于 1（默认值）时，图像保持原始的比例。用户可以增加比例值来沿着选中的轴拉伸草图器背景图像，或者减小值来沿着选中的轴压缩图像。

Calibrate image size（校正图像大小）

用户可以通过校准图像上两个点之间的距离来缩放草图器背景图像的尺寸。单击 Calibrate，在视口上单击两个点；然后在提示区域中输入两个点之间想要的距离。

在用户校准图像后，Abaqus/CAE 在 X scale 和 Y scale 域中反映变化。

6. 使用下面的一个方法来重新定位草图器背景图像。

• 在 Origin X 和 Origin Y 域中输入草图坐标，用户将要移动草图器背景图像的左下角到此坐标。

• 单击 Pick，然后在草图器背景图像上单击一个点。

Abaqus/CAE 将图像的此点移动到栅格原点，并且使用新的原点位置来填充 Origin 域。

注意：使用图像的左下角来固定背景图像的位置。如果用户在定位背景图像后改变比例，则图像的中心将移动。

7. 拖动 Translucency 滑块到一个透明度，用户使用此透明度来显示草图器背景图像。背景图像默认是不透明的，用户可以选择一个 0.00（透明）到 1.00（不透明）的值来设置透明度。

8. 单击 OK 来应用更改并关闭 Sketcher Options 对话框。

20.10 草图绘制简单的对象

本节介绍如何使用草图器工具来绘制简单的对象，包括以下主题：

20.10.1 草图绘制一个离散点

从草图器工具箱使用点工具来绘制一个离散点。用户可以使用生成的点来作为参考，也可以创建点与草图上顶点之间的尺寸。

若要绘制一个离散点，执行以下操作：

1. 从草图器工具箱选择点工具 + 。对于草图器工具箱中的工具表，见 20.4.1 节“草图器工具”。

Abaqus/CAE 在提示区域中显示提示来引导用户完成操作过程。

2. 单击想要的点位置。

出现点。

3. 要创建更多的点，重复前面的步骤。

4. 完成了点的创建后，进行下面的操作。

- 在 Abaqus/CAE 窗口中的任意地方单击鼠标键 2。
- 选择草图器工具箱中的任何其他工具。
- 在提示区域中单击 ☒ 按钮。

20.10.2 草图绘制线和多边形

从草图器工具箱使用线工具来绘制线、连接线或者多边形。下面所示为如何通过单击显示的位置来绘制线、连接线和多边形。

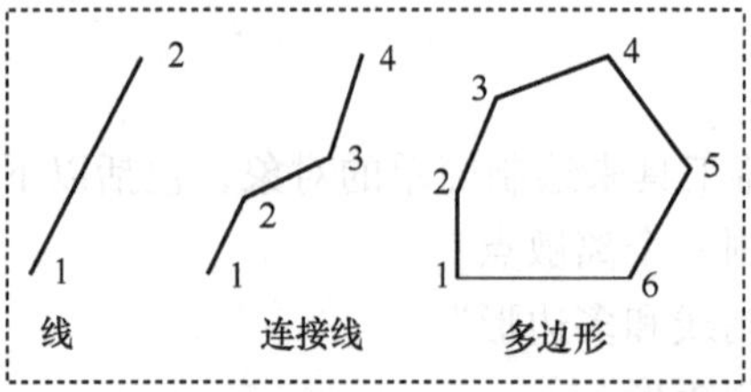

当绘制草图时，用户应当谨慎地布置点，因为这些点位可以影响网格的质量。草图中的点将变成用户正在创建或者更改的模型的顶点。然后，当用户在网格划分模块中网格划分模型时，Abaqus/CAE 会将这些顶点转换成完全约束的种子，并且在它们的位置上放置节点。有关后续如何移动顶点的信息，见 20.17.1 节“拖动草图器对象”。

若要草图绘制线和多边形，执行以下操作：

1. 从草图器工具箱中的线工具选择连接线工具 。对于草图器工具箱中的工具表，见 20.4.1 节“草图器工具”。

Abaqus/CAE 在提示区域中显示提示来引导用户完成操作过程。

2. 要构建一条简单的线，单击两个端点。要构建连接线或者多边形，单击每一个顶点。

技巧：如果有必要，用户可以使用提示区域中的文本框来输入线的顶点的精确坐标。有关精确地定义线的更多信息，见 20.6 节“指定精确的几何形体”。

随着用户单击顶点或者输入坐标，出现线或者多边形。

3. 要完成线或者多边形的绘制，单击鼠标键 2。

技巧：如果用户在构建连接线或者多边形时出错，则单击草图器工具箱中的 Undo 工具 来删除最近的线段。如果在更早的线段上出现错误，则用户可以使用 Delete 工具 来删除不正确的线段，然后使用线工具重新绘制。

4. 要创建更多的线或者多边形，重复步骤 2 开始的以上步骤。

5. 完成线和多边形的创建后，进行下面的操作。

- 在 Abaqus/CAE 窗口中的任意地方单击鼠标键 2。
- 选择草图器工具箱中的任何其他工具。
- 单击提示区域中的 按钮。

20.10.3 草图绘制矩形

使用草图器工具箱中的矩形工具来绘制矩形。要绘制一个矩形，单击下面数字显示的任意两个对角。

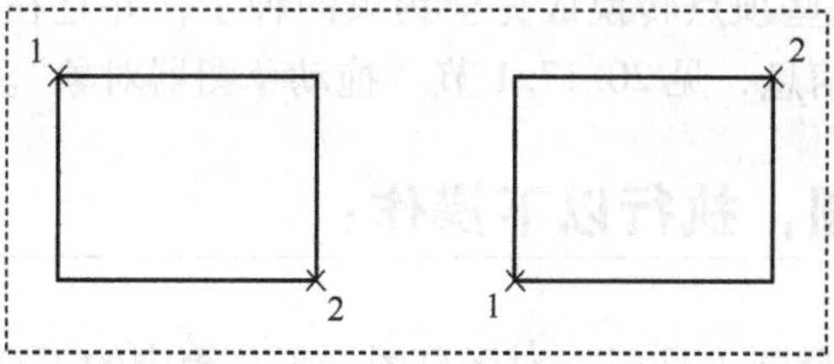

当绘制草图时，用户应当谨慎地布置点，因为这些点位可以影响网格的质量。草图中的点将变成用户正在创建或者更改的模型的顶点。然后，当用户在网格划分模块中网格划分模型时，Abaqus/CAE 会将这些顶点转换成完全约束的种子，并在它们的位置上放置节点。有关后续如何移动顶点的信息，见 20.17.1 节“拖动草图器对象”。

若要草图绘制一个矩形，执行以下操作：

1. 从草图器工具箱中的线工具选择矩形工具 ▭。对于草图器工具箱中的工具表，见 20.4.1 节“草图器工具”。

Abaqus/CAE 在提示区域中显示提示来引导用户完成操作过程。

2. 单击矩形任意两个对角的期望位置。

技巧：如果有必要，用户可以使用提示区域中的文本框来输入矩形角的精确坐标。有关精确定义矩形的更多信息，见 20.6 节“指定精确的几何形体”。

随着用户移动光标或者输入坐标，出现矩形（与当前的草图器栅格对齐）。

3. 要创建更多的矩形，重复之前的步骤。

4. 完成了矩形的创建后，进行下面的操作。

- 在 Abaqus/CAE 窗口中的任意地方单击鼠标键 2。
- 选择草图器工具箱中的任何其他工具。
- 单击提示区域中的 ✕ 按钮。

20.10.4 草图绘制圆

使用草图器工具箱中的圆工具来绘制以圆心点和以圆上的任意点为基础的圆，如下所示。

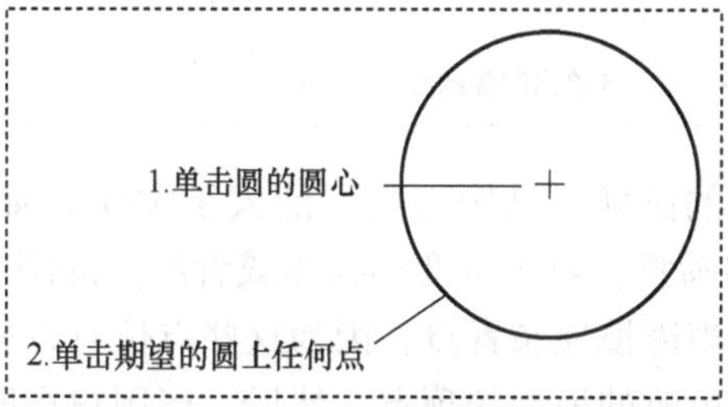

当绘制草图时，用户应当谨慎地布置点，因为这些点位可以影响网格的质量。草图中的

点将变成用户正在创建或者更改的模型的顶点。然后，当用户在网格划分模块中网格划分模型时，Abaqus/CAE 会将这些顶点转换成完全约束的种子，并且在它们的位置上放置节点。有关后续如何移动顶点的信息，见 20.17.1 节“拖动草图器对象”。

若要草图绘制一个圆，执行以下操作：

1. 从草图器工具箱选择圆工具。对于草图器工具箱中的工具表，见 20.4.1 节“草图器工具”。

Abaqus/CAE 在提示区域中显示提示来引导用户完成操作过程。

2. 单击想要的圆心位置。

3. 将光标移动到圆上的一个点。

Abaqus/CAE 显示使用当前的光标位置可以创建的圆的预览。

4. 单击希望的圆上的任何点。

技巧：如果有必要，用户可以使用提示区域中的文本框来输入圆心点和圆上点的精确坐标。有关精确地定义圆的更多信息，见 20.6 节“指定精确的几何形体”。

Abaqus/CAE 绘制圆。

5. 要创建更多的圆，重复上面从步骤 2 开始的步骤。

6. 完成了圆的创建后，进行下面的操作。

- 在 Abaqus/CAE 窗口中的任意地方单击鼠标键 2。
- 选择草图工具箱中的任何其他工具。
- 单击提示区域中的 按钮。

20.10.5　使用一个圆心点和两个端点来草图绘制圆弧

使用草图器工具箱中的圆心和两个端点圆弧工具，使用一个圆心点和两个端点来绘制圆弧。下面所示为生成的圆弧。

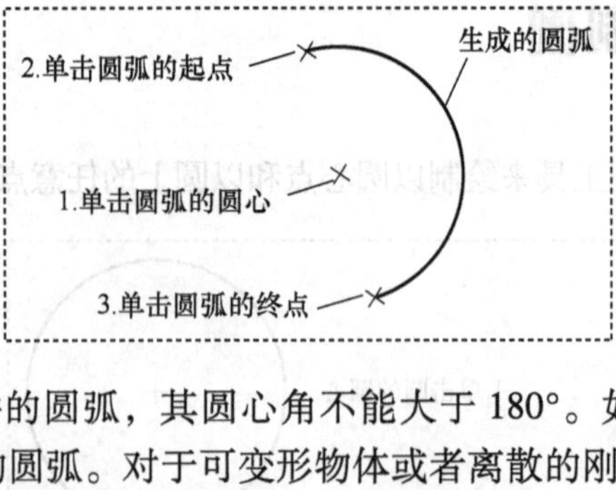

构成分析型刚性面零件的圆弧，其圆心角不能大于 180°。如果有必要，连接两个圆弧来创建一个角度大于 180°的圆弧。对于可变形物体或者离散的刚性面没有类似的限制。

当绘制草图时，用户应当谨慎地布置点，因为这些点位可以影响网格的质量。草图中的点将变成用户正在创建或者更改的模型的顶点。然后，当用户在网格划分模块中网格划分模型时，Abaqus/CAE 会将这些顶点转换成完全约束的种子，并且在它们的位置上放置节点。

有关后续如何移动顶点的信息，见 20.17.1 节“拖动草图器对象”。

若要使用一个圆心点和两个端点来草图绘制圆弧，执行以下操作：

1. 从草图器工具箱中的圆弧工具选择圆心和两个端点圆弧工具 。草图器工具箱中的工具表，见 20.4.1 节“草图器工具”。

Abaqus/CAE 在提示区域中显示提示来引导用户完成操作过程。

2. 在想要的圆弧中心处单击。

3. 单击第一个端点来定义圆弧的半径。

技巧：如果有必要，用户可以使用提示区域中的文本框来输入圆心和端点的精确坐标。有关精确定义圆弧的更多信息，见 20.6 节“指定精确的几何形体”。

在用户从圆心移动光标到圆弧的第一个端点时，Abaqus/CAE 绘制一个圆来显示圆弧的半径。

4. 从第一个端点顺时针移动光标来在顺时针方向上绘制圆弧。从第一个端点逆时针移动光标来在逆时针方向上绘制圆弧。单击第二个端点来定义圆弧的长度。如果用户开始绘制圆弧，然后决定改变圆弧的方向，则必须返回第一个端点，然后在想要的方向上向着第二个端点移动光标。

步骤 2 和步骤 3 分别定义圆心以及圆弧的半径。用户在步骤 4 中选择的点仅定义圆弧的长度，并且点可能不位于圆弧上。如果用户想要圆弧通过草图的顶点，则用户应当在步骤 3 中单击第一个端点时选择顶点。

技巧：如果有必要，单击 Previous 按钮 来返回端点的选择。

5. 要创建更多的圆弧，重复上面从步骤 2 开始的多个步骤。

6. 完成了圆弧的创建后，进行下面的一个操作。

- 在 Abaqus/CAE 窗口中的任意地方单击鼠标键 2。
- 选择草图器工具箱中的任何其他工具。
- 单击提示区域中的 按钮。

20.10.6 通过三个点来草图绘制圆弧

使用草图器工具箱中的三点圆弧工具来绘制通过三个非共线点的圆弧。下面所示为生成的圆弧。

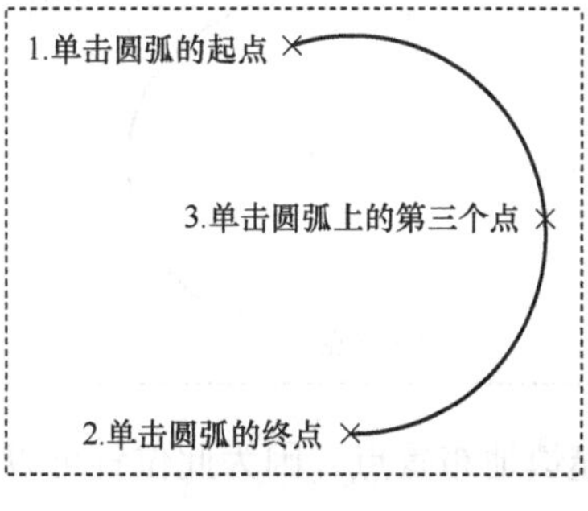

当用户使用通过三点方法绘制一个圆弧时，用户应当考虑如 20. 10. 5 节“使用一个圆心点和两个端点来草图绘制圆弧”中描述的相同的角度大小和点选择前提条件。

若要草图绘制一个通过三点的圆弧，执行以下操作：

1. 从草图器工具箱中的圆弧工具选择通过三点圆弧工具。对于草图器工具箱中的工具表，见 20. 4. 1 节“草图器工具”。

Abaqus/CAE 在提示区域中显示提示来引导用户完成操作过程。

2. 在用户想要用作圆弧端点的两个点处单击。

技巧：如果有必要，用户可以使用提示区域中的文本框来输入两个端点的精确坐标。有关精确定义圆弧的更多信息，见 20. 6 节“指定精确的几何形体”。

当用户选择圆弧的第二个端点时，Abaqus/CAE 使用预先确定的半径来绘制一个示例圆弧。当用户选择第三个点时，可以改变此示例半径。

3. 将鼠标移动到圆弧的第三点上，然后单击鼠标。

Abaqus/CAE 画一个圆弧来连接两个端点并通过选中的点。

技巧：如果有必要，单击 Previous 按钮来反转任何一个端点的选择。单击一次让用户返回第二个端点的选择；单击返回第一个端点的选择。

4. 要创建更多的圆弧，重复上面从步骤 2 开始的多个步骤。

5. 完成圆弧创建后，进行下面的操作。

- 在 Abaqus/CAE 窗口的任意地方单击鼠标键 2。
- 在草图器工具箱中选择任何其他工具。
- 单击提示区域中的按钮。

20. 10. 7　草图绘制与一条线相切的圆弧

从草图器工具箱使用切向圆弧工具来画一条在选中点处与一条线或者圆弧相切的圆弧，并且在第二个选中点处结束，如下所示。

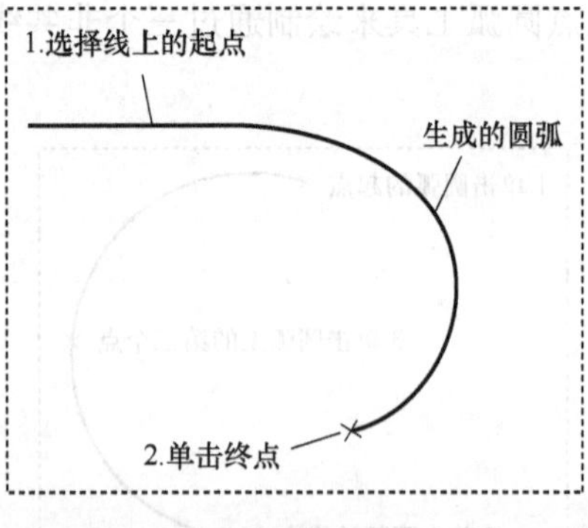

当绘制草图时，用户应当谨慎地布置点，因为此位置可以影响网格的质量。草图中的点

变成用户正在创建或者更改的模型的顶点。因此，当用户在网格划分模块中网格划分模型时，Abaqus/CAE 将这些顶点转换成完全约束的种子，并且在它们的位置上放置节点。有关如何后续移动顶点的信息，见 20.17.1 节“拖动草图器对象”。

若要草图绘制一条与线相切的圆弧，执行以下操作：

1. 从草图器工具箱中的圆弧工具选择切向圆弧工具。对于草图器工具箱中的工具表，见 20.4.1 节“草图器工具”。

Abaqus/CAE 在提示区域中显示提示来引导用户完成操作过程。

2. 沿着线或者曲线来选择点。圆弧将在此点相切连续。

如果用户在一条线、一条样条线或者另外一条弧处的端点开始圆弧，则新圆弧在端点处相切连续；如果用户在空间中的一点处开始（此处没有端点），则圆弧与 X 正轴相切；如果在此点处多条线或者圆弧相遇，则圆弧将与首先创建的对象相切。

3. 圆弧的半径随着用户移动光标而变化。单击想要的终点。

技巧：如果有必要，用户可以使用提示区域中的文本框来输入圆弧切点和终点的精确坐标。有关创建想要圆弧的更多信息，见 20.6 节“指定精确的几何形体”。

4. 要创建更多的圆弧，重复上面从步骤 2 开始的多个步骤。

5. 完成切向圆弧的创建后，进行下面的操作。

- 在 Abaqus/CAE 窗口的任意地方单击鼠标键 2。
- 在草图器工具箱中选择任何其他工具。
- 单击提示区域中的 按钮。

20.10.8 草图绘制椭圆

草图器工具箱中的椭圆工具绘制以圆心、轴端点和任意点为基础的椭圆。此任意点到第一轴的距离决定第二轴的长度，如下所示。

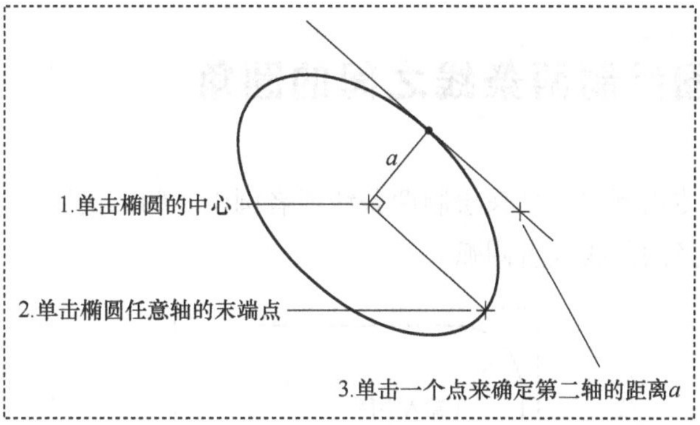

当绘制草图时，用户应当谨慎地布置点，因为此位置可以影响网格的质量。草图中的点

变成用户正在创建或者更改的模型的顶点。因此，当用户在网格划分模块中网格划分模型时，Abaqus/CAE 将这些顶点转换成完全约束的种子，并且在它们的位置上放置节点。有关如何后续移动顶点的信息，见 20.17.1 节“拖动草图器对象”。

用户不能通过移动椭圆的顶点来编辑椭圆的大小。要编辑椭圆的大小，创建一个径向尺寸，然后编辑此距离。椭圆的径向尺寸包括主半径和次半径。

若要草图绘制一个椭圆，执行以下操作：

1. 从草图器工具箱选择椭圆工具。对于草图器工具箱中的工具表，见 20.4.1 节“草图器工具”。

Abaqus/CAE 在提示区域中显示提示来引导用户完成操作过程。

2. 在想要的椭圆中心位置处单击。

3. 将光标移动到椭圆第一轴的端点。

Abaqus/CAE 显示的椭圆是使用当前光标位置定义主轴和转动所创建的椭圆。

4. 单击一个点来定义一个轴的端点。用户选择的点可以是主轴端点或者次轴端点。

技巧：如果有必要，用户可以使用提示区域中的文本框来输入椭圆中心和第一轴端点的精确坐标。有关精确定义几何形体的更多信息，见 20.6 节“指定精确的几何形体”。

Abaqus/CAE 设置椭圆的转动和第一轴的端点。

5. 单击一个点来定义第二轴的长度。用户选择的点定义从第一轴到第二轴端点的距离。此点不需要位于第二轴上，并且此点不能沿着第一轴定位，因为这将创建 0 长度的第二轴。

Abaqus/CAE 创建椭圆。

6. 要创建更多的椭圆，重复上面从步骤 2 开始的多个步骤。

7. 完成椭圆的创建后，进行下面的操作。

- 在 Abaqus/CAE 窗口的任意地方单击鼠标键 2。
- 在草图器工具箱中选择任何其他工具。
- 单击提示区域中的 按钮。

20.10.9 草图绘制两条线之间的圆角

从草图器工具箱使用倒圆工具来绘制两条线或者圆弧之间的倒圆。输入倒圆的半径并且像下面所示的那样选择两条线或者圆弧。

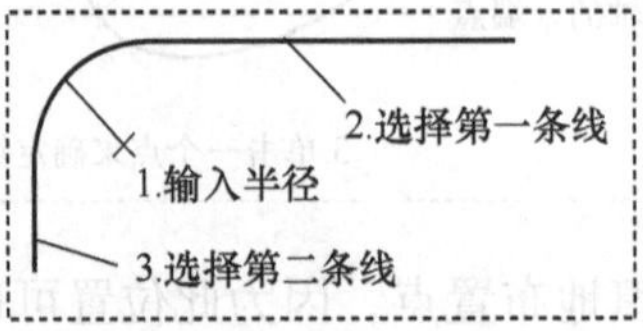

20.5.2 节“构型几何形体”说明了用户如何可以创建与两个构型圆相切的倒圆。

当绘制草图时，用户应当小心地布置点，因为此位置可以影响网格的质量。草图中的点变成用户正在创建或者更改的模型的顶点。因此，当用户在网格划分模块中网格划分模型时，Abaqus/CAE 将这些顶点转换成完全约束的种子，并且在它们的位置上放置节点。有关如何后续移动顶点的信息，见 20.17.1 节“拖动草图器对象”。

如果用户创建一个倒圆，然后移动选中的线或者圆，则 Abaqus/CAE 将移动倒圆并且保持相切。

若要草图绘制两条线之间的圆角，执行以下操作：

1. 从草图器工具箱选择倒圆工具。对于草图器工具箱中的工具表，见 20.4.1 节“草图器工具”。

Abaqus/CAE 在提示区域中显示提示来引导用户完成操作过程。

2. 在提示区域中出现的文本框内输入想要倒圆的半径。

3. 选择必须与倒圆保持相切的两条线或者圆（不是圆弧）。

在两条线或者圆之间出现倒圆。

技巧：当用户在草图中选择一条线或者圆时，Abaqus/CAE 使用光标位置来确定倒圆的位置。要创建想要的倒圆，当进行选择时，用户应当将光标定位到接近倒圆的期望位置。

4. 要创建相同半径的更多倒圆，重复前面的步骤。

5. 完成切向圆弧的创建后，进行下面的操作。

- 在 Abaqus/CAE 窗口的任意地方单击鼠标键 2。
- 在草图器工具箱中选择任何其他工具。
- 单击提示区域中的 ✕ 按钮。

20.10.10 草图绘制样条曲线

从草图器工具箱使用样条曲线工具来绘制连接一系列点的样条曲线。Abaqus/CAE 在沿着样条曲线的所有点之间使用三次样条拟合来计算曲线的形状；此外，样条曲线的一阶导数和二阶导数是连续的。创建样条曲线时，用户可以通过更近地或者更远地放置顶点来影响曲线的形状。然而，用户不能在绘制样条曲线后为样条曲线添加或者移动顶点；用户必须删除样条曲线并且使用想要的顶点数量来创建一个新的样条曲线。用户可以使用 Modify 工具来移动原始的顶点。只有样条曲线的端点变成用户正在创建或者更改的零件顶点；样条曲线的中间点不出现在草图器之外。

如果用户想要样条曲线在开始时与现有的线相切，则在样条曲线开始时创建两个相近的顶点与线共线。此方法对于创建光滑的刚性面是有用的，如下所示。

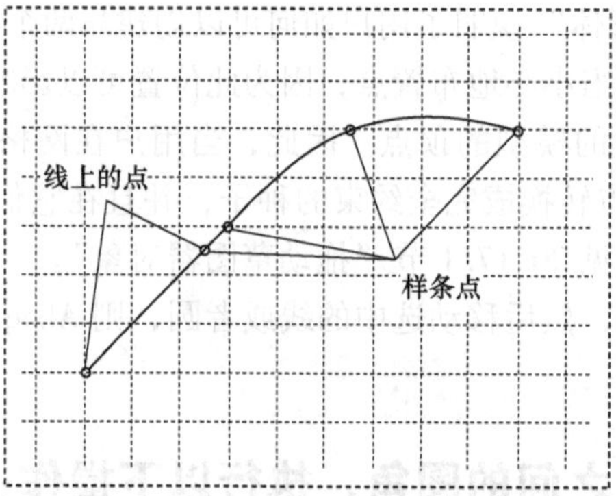

当用户创建一个分析型刚性面时，用户草图绘制一系列的线、圆弧和抛物线来定义侧面。要创建一个抛物线形的曲线，草图绘制一条仅由三个顶点定义的样条曲线。

若要创建一个样条曲线，执行以下操作：

1. 从草图器工具箱选择样条曲线工具 。对于草图器工具箱中的工具表，见 20.4.1 节“草图器工具”。

Abaqus/CAE 在提示区域中显示提示来引导用户完成操作过程。

2. 要构建一个样条曲线，单击每一个顶点。

技巧：如果有必要，用户可以使用提示区域中的文本框来输入样条曲线每一个顶点的精确坐标。有关创建期望样条曲线的更多信息，见 20.6 节“指定精确的几何形体”。

当用户单击每一个顶点或者输入每一个坐标时，出现样条曲线，并且 Abaqus/CAE 调整曲线来保持所有点之间的三次样条线。

技巧：如果用户在构建一条样条曲线时犯了错误，则用户可以单击 Previous 按钮 来回退到之前的顶点。另外，用户可以单击草图器工具箱中的 Undo 按钮来删除整个样条曲线。

3. 要完成样条曲线，单击鼠标键 2。
4. 要创建更多的样条曲线，重复上面从步骤 2 开始的多个步骤。
5. 当用户已经完成样条曲线的创建时，进行下面的操作：

- 在 Abaqus/CAE 窗口的任意地方单击鼠标键 2。
- 在草图器工具箱中选择任何其他工具。
- 单击提示区域中的 按钮。

20.11 创建构型几何形体

本节讨论创建构型几何形体用到的草图工具。使用构型几何形体可以帮助用户在草图中创建和对齐对象来定义回转实体和面的转动轴，包括以下面主题：

- 20.11.1 节 “创建水平构型线”
- 20.11.2 节 “创建竖直构型线”
- 20.11.3 节 “创建斜构型线”
- 20.11.4 节 “创建成角度的构型线”
- 20.11.5 节 “创建构型圆”
- 20.11.6 节 “将草图项目设置成构型几何形体”

20.11.1 创建水平构型线

从草图器工具箱中选择水平构型线工具来帮助沿着一条水平线定位和对齐对象。将水平构型线创建成与草图器栅格的 *X* 轴平行。转动草图器栅格不影响现有的水平构型线，但新的水平构型线与转动后的栅格对齐。下面所示为如何使用水平构型线和竖直构型线来对齐圆心（虚线表示构型几何形体）。

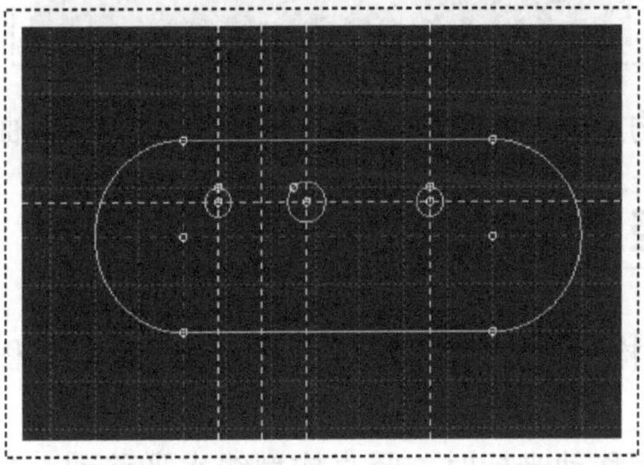

用户也可以使用水平构型线来定义回转实体和回转面的转动轴。

若要在草图中绘制水平构型线，执行以下操作：

1. 从草图器工具箱的构型工具中选择水平构型工具 ┈+┈ 。草图器工具箱中的工具表见 20.4.1 节“草图器工具”。

当用户围绕草图器幅面移动光标时，水平构型线竖直移动。Abaqus/CAE 将在提示区域中显示提示来引导用户完成操作过程。

2. 单击生成将位于水平构型线上的一个点。另外，用户也可以在提示区域中出现的文本域内输入点的 *X-Y* 坐标（因为忽略 *X* 坐标，所以 *X* 坐标是任意的）。

3. 若要创建其他的水平构型线，重复前面的步骤。

4. 当用户已经完成水平构型线的创建时，进行下面的操作：

- 在 Abaqus/CAE 窗口中的任意地方单击鼠标键 2。
- 选择草图器工具箱中的任何其他工具。
- 单击提示区域中的 ☒ 按钮。

20.11.2　创建竖直构型线

从草图器工具箱中选择竖直构型线工具来帮助沿着一条竖直线定位和对齐对象。将竖直构型线创建成与草图器栅格的 *Y* 轴平行。转动草图器栅格不影响现有的竖直构型线，但新的竖直构型线与转动后的栅格对齐。下面所示为如何使用水平构型线和竖直构型线来对齐圆心（虚线表示构型几何形体）。

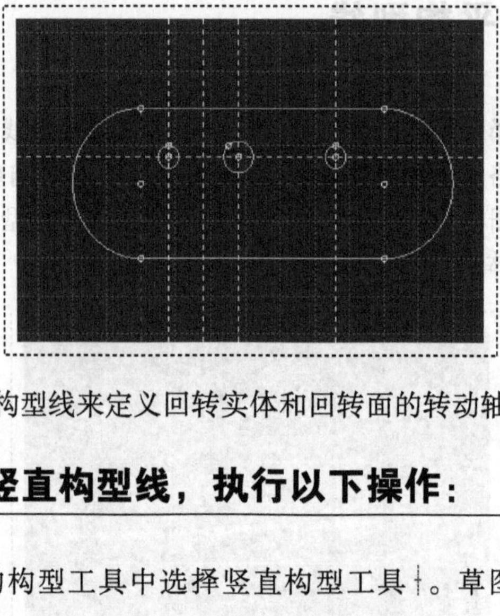

用户也可以使用竖直构型线来定义回转实体和回转面的转动轴。

若要在草图中绘制竖直构型线，执行以下操作：

1. 从草图器工具箱的构型工具中选择竖直构型工具 ┆。草图器工具箱中的工具表见 20.4.1 节“草图器工具”。

当用户围绕草图器幅面移动光标时，竖直构型线水平移动。Abaqus/CAE 将在提示区域中显示提示来引导用户完成操作过程。

2. 单击生成将位于竖直构型线上的一个点。另外，用户可以在提示区域中出现的文本域内输入点的 *X-Y* 坐标（因为忽略 *Y* 坐标，所以 *Y* 坐标是任意的）。

3. 若要创建其他的竖直构型线，重复前面的步骤。

4. 当用户已经完成竖直构型线的创建时，进行下面的操作：

- 在 Abaqus/CAE 窗口中的任意地方单击鼠标键 2。

- 选择草图器工具箱中的任何其他工具。
- 单击提示区域中的 ✕ 按钮。

20.11.3 创建斜构型线

从草图器工具箱中选择斜构型线来帮助沿着两个点定义的任意倾斜线来帮助定位和对齐对象。下面所示为如何使用斜构型线和竖直线来对齐圆心。

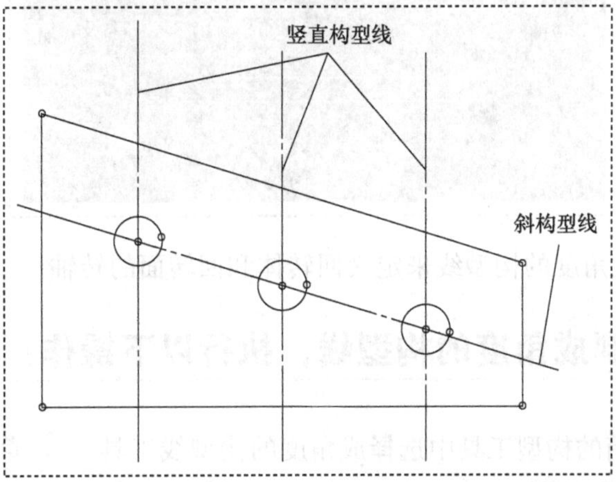

用户也可以使用斜构型线来定义回转实体和回转面的转动轴。

若要在草图中绘制斜构型线，执行以下操作：

1. 从草图器工具箱的构型工具中选择斜构型工具 ⁄。草图器工具箱中的工具表见20.4.1节“草图器工具”。

Abaqus/CAE将在提示区域中显示提示来引导用户完成操作过程。

2. 单击生成将位于倾斜构型线上的两个点。另外，用户也可以在提示区域中出现的文本域内输入点的 X-Y 坐标。

当用户选择第一个点时，出现斜构型线。该构型线围绕此点转动，直到用户选择第二个点。

3. 若要创建其他的斜构型线，重复前面的步骤。

4. 当用户已经完成斜构型线的创建时，进行下面的操作：

- 在Abaqus/CAE窗口中的任意地方单击鼠标键2。
- 选择草图器工具箱中的任何其他工具。
- 单击提示区域中的 ✕ 按钮。

20.11.4 创建成角度的构型线

从草图器工具箱中选择成角度的构型线工具来帮助定位一条线与草图器栅格的 X 轴成

一个指定夹角，并沿着此线对齐对象。转动草图器栅格不会影响现有成夹角的构型线，但新的成角度的构型线是从转动后的 X 轴度量的。下面所示为如何使用成角度的构型线和竖直构型线来定位一个矩形的顶点（虚线表示构型几何形体）。

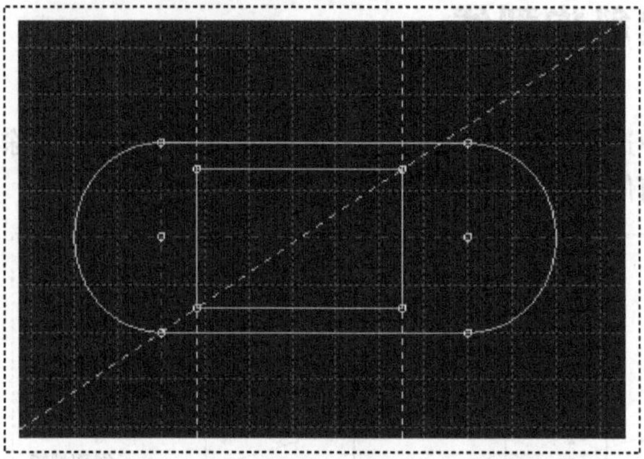

用户也可以使用成角度的构型线来定义回转体和回转面的转轴。

若要在草图中绘制成角度的构型线，执行以下操作：

1. 从草图器工具箱的构型工具中选择成角度的构型线工具。草图器工具箱中的工具表见 20.4.1 节“草图器工具”。

Abaqus/CAE 将在提示区域中显示提示来引导用户完成操作过程。

2. 在提示区域中出现的文本框内输入一个角度值。正角度是从水平轴逆时针旋转的，负角度是从水平轴顺时针旋转的。

当用户选择第一个点时，出现斜构型线。该构型线围绕此点转动，直到用户选择第二个点。

3. 单击生成将在成角度的构型线上的点。另外，用户也可以在提示区域中出现的文本域内输入点的 X-Y 坐标。

4. 若要创建其他的成角度的构型线，重复前面的步骤。

5. 当用户已经完成成角度的构型线的创建时，进行下面的操作：

- 在 Abaqus/CAE 窗口中的任意地方单击鼠标键 2。
- 选择草图器工具箱中的任何其他工具。
- 单击提示区域中的 ✕ 按钮。

20.11.5 创建构型圆

从草图器工具箱中选择构型圆工具来帮助定位一个圆，然后围绕此圆对齐对象。下面所示为如何使用构型圆和成角度的构型线来定位两个圆心（虚线表示构型几何形体）。

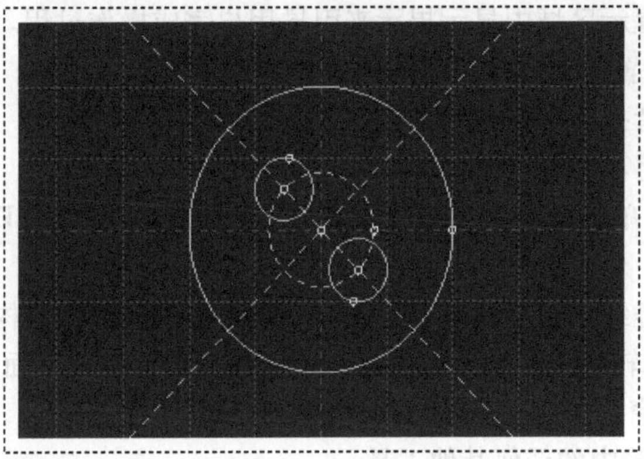

若要在草图中绘制构型圆，执行以下操作：

1. 从草图器工具箱的构建工具中选择构型圆工具。草图器工具箱中的工具表见 20.4.1 节“草图器工具”。

Abaqus/CAE 将在提示区域中显示提示来引导用户完成操作过程。

2. 在想要的构型圆圆心位置处单击，拉伸一个构型圆。另外，用户也可以在提示区域中出现的文本域内输入圆心的 *X-Y* 坐标。

构型圆的半径随着用户围绕草图幅面移动而变化。

3. 单击生成将要位于构型圆的圆上的点，或者在提示区域中输入点的 *X-Y* 坐标。

Abaqus/CAE 将使用用户指定的点来创建构型圆。

4. 若要创建更多的构型圆，重复上面步骤 2 开始的多个步骤。

5. 当用户已经完成构型圆的创建时，进行下面的操作：

- 在 Abaqus/CAE 窗口中的任意地方单击鼠标键 2。
- 选择草图器工具箱中的任何其他工具。
- 单击提示区域中的 按钮。

20.11.6 将草图项目设置成构型几何形体

从草图器工具箱中选择 Set as Construction 工具来将用户的草图转化成构型几何形体。Unset Construction 工具集将把已经转化成约束几何形体的对象反转成草图。用户仅能将使用 Set as Construction 工具转化成的几何形体构件进行复原；而添加到草图中作为构型几何形体的项目不能恢复。

若要在草图中将项目设置成构型几何形体，执行以下操作：

1. 从草图器工具箱的构型工具中选择 Set as Construction 工具。草图器工具箱中的工具表见 20.4.1 节“草图器工具”。

Abaqus/CAE 将在提示区域中显示提示来引导用户完成操作过程。

2. 选择用户想要设置成构型几何形体的单个或者多个草图项目。用户也可以拖拽选择，按［Shift］键+单击或者按［Ctrl］键+单击来选择多个项目。

Abaqus/CAE 通过将项目标红来表示选中。

3. 若要完成转换，单击提示区域中的 Done，或者在 Abaqus/CAE 窗口中的任何地方单击鼠标键 2。

Abaqus/CAE 使用虚线来显示用户选择的多个项目，表明它们是构型几何形体。

4. 当用户已经完成转换成构型几何形体的几何选择时，进行下面的操作：

- 在 Abaqus/CAE 窗口中的任意地方单击鼠标键 2。
- 选择草图器工具箱中的任何其他工具。
- 单击提示区域中的 ☒ 按钮。

若要恢复构型几何形体项目，执行以下操作：

1. 从草图器工具箱的构型工具中选择 Unset Construction 工具 ⊢⊣。草图器工具箱中的工具表见 20.4.1 节“草图器工具”。

Abaqus/CAE 将在提示区域中显示提示来引导用户完成操作过程。

2. 选择单个或者多个构型几何项目。用户也可以拖拽选择，按［Shift］键+单击或者按［Ctrl］键+单击来选择多个项目。在草图中，虚线显示所有的构型几何形体。

Abaqus/CAE 将通过将项目标红来表示选中。

3. 若要完成转换，单击提示区域中的 Done，或者在 Abaqus/CAE 窗口中的任何地方单击鼠标键 2。

Abaqus/CAE 使用实线来显示用户选择的多个项目，表明它们不是构型几何形体。

4. 当用户已经完成构型几何形体转换的几何选择时，进行下面的操作：

- 在 Abaqus/CAE 窗口中的任意地方单击鼠标键 2。
- 选择草图器工具箱中的任何其他工具。
- 单击提示区域中的 ☒ 按钮。

20.12 约束、标注尺寸和参数化草图

本节描述用来给草图添加约束、尺寸和参数的每一个草图工具。用户可以使用这些工具来创建草图中单个物体之间的关系，或者创建完整的约束和参数化的草图，包括以下主题：

- 20.12.1 节 “自动地约束一个草图”
- 20.12.2 节 “自动地尺寸标注一个草图”
- 20.12.3 节 “添加单个约束”
- 20.12.4 节 “添加单个尺寸标注”
- 20.12.5 节 “添加和编辑参数”
- 20.12.6 节 “创建参数方程”

20.12.1 自动地约束一个草图

对草图添加一个约束有助于用户最终确定草图特征的形状。Abaqus/CAE 可以对用户的草图自动施加约束。用户也可以使用草图选项来选择 Abaqus/CAE 可以添加到草图的约束类型（更多信息见 20.9.10 节“定制草图器中约束的使用”）。

若要自动地约束一个草图，执行以下操作：

1. 从草图器工具箱的工具中选择自动约束工具。草图器工具箱中的工具表见 20.4.1 节“草图器工具”。

Abaqus/CAE 将在提示区域中显示提示来引导用户完成操作过程。

2. 选择要进行约束的物体。

注意：用户可以选择整个草图；Abaqus/CAE 将不会复制任何已经存在的约束。

3. 单击提示区域中的 Done。

Abaqus/CAE 将在草图上创建约束。像平移、旋转和镜像那样的草图更改工具可以覆盖约束。

4. 如果需要，使用删除工具来删除任何不需要的约束。更多信息见 20.19.4 节“删除草图器对象”。

20.12.2 自动地尺寸标注一个草图

对草图添加尺寸可以帮助用户最终确定草图特征的大小和形状。Abaqus/CAE 可以对用

户的草图自动施加尺寸。用户也可以使用草图选项来选择 Abaqus/CAE 可以添加到草图的尺寸类型（更多信息见 20.9.9 节“定制草图器中尺寸的格式和使用”）。

若要自动地尺寸标注一个草图，执行以下操作：

1. 从草图器工具箱的工具中选择自动尺寸标注工具。草图器工具箱中的工具表见 20.4.1 节“草图器工具”。

Abaqus/CAE 将在提示区域中显示提示来引导用户完成操作过程。

2. 选择要进行尺寸标注的对象。

注意：用户可以选择整个草图；Abaqus/CAE 将不会复制任何存在的尺寸。

3. 如果用户也想要 Abaqus/CAE 为选中的实体创建自动约束，则切换选中 Auto-Constrain。

4. 单击提示区域中的 Done。

Abaqus/CAE 将在草图上创建尺寸标注（以及约束）。

5. 如果需要，使用拖拽工具来移动出现在草图特征中的尺寸，然后使用删除工具来删除任何不想要的尺寸或者约束。更多信息分别见 20.17.1 节“拖动草图器对象”和 20.19.4 节“删除草图器对象”。

20.12.3 添加单个约束

约束是草图中对象之间的逻辑关系。约束通过从草图中删除自由度来控制草图器的几何形体。在 20.7.1 节“使用约束来控制草图几何形体”中描述了不同的约束类型。要改变受约束的几何形体，用户必须在定义的约束中进行操作，或者更改约束。用户也可以使用 Auto-Constrain 工具来自动约束草图。更多信息见 20.12.1 节“自动地约束一个草图”。

若要添加单个约束，执行以下操作：

1. 从草图器工具箱的工具中选择约束工具。草图器工具箱中的工具表见 20.4.1 节“草图器工具”。

Abaqus/CAE 打开 Add Constraint 工具箱。

2. 选择用户想要添加到草图的约束类型，并单击 Apply。

Abaqus/CAE 将在提示区域中显示提示来引导用户完成操作过程。

3. 选择要创建约束的一个或者多个物体。

Abaqus/CAE 创建约束并在草图上显示合适的约束符号。草图更改工具，如平移、转动、比例缩放和镜像可以覆盖约束。

4. 若要创建更多的约束，重复上面从步骤 2 开始的多个约束。

5. 当用户已经完成约束的创建时，单击 Cancel 来关闭 Add Constraint 对话框。

20.12.4 添加单个尺寸标注

尺寸是约束的特定形式；当约束在草图器对象之间创建一个逻辑关系时，尺寸创建一个数值关系。尺寸增加了草图的清晰度并且允许用户精确地定位目标。从草图器工具箱中选择尺寸标注工具来对草图添加尺寸。用户也可以使用 Auto-Dimension 工具来自动尺寸标注一个草图。更多信息见 20.12.2 节“自动地尺寸标注一个草图”。

尺寸标注工具是交互的；Abaqus/CAE 使用预先选择和用户选择的草图器实体来显示将创建的尺寸预览。如果显示的尺寸标注类型不是用户想要创建的类型，则将光标移动到另外一个位置。一旦用户接受了尺寸类型和位置，就可以输入新的尺寸值。

注意：仅当预先选择有效时才可以使用尺寸标注的交互功能。在 Sketcher Options 对话框中，默认切换选中预先选择功能（更多信息见 20.4.5 节“草图器光标和预选”）。

若要添加单个尺寸标注，执行以下操作：

1. 从草图器工具箱的工具中选择尺寸标注工具 ↗。草图器工具箱中的工具表见 20.4.1 节“草图器工具”。

Abaqus/CAE 将在提示区域中显示提示来引导用户完成操作过程。

2. 选择尺寸标注的第一实体。

Abaqus/CAE 将依据用户的选择来提示用户：

Vertex

Abaqus/CAE 提示用户为尺寸标注选择其他的顶点或者线。选择一个线来标注顶点和线之间的距离。选择一个顶点来标注选中的多个点之间的水平、竖直或者倾斜距离——Abaqus/CAE 创建的尺寸类型是以第二个顶点位置和光标位置为基础的。

Abaqus/CAE 将创建尺寸标注的预览，并且尺寸标注的位置以光标位置为基础。在两个顶点之间的水平或者竖直尺寸标注前面分别前缀 H 或者 V。

Line

Abaqus/CAE 提示用户选择默认长度尺寸的位置。要创建一个不同类型的尺寸标注，在草图器中的其他实体上移动光标；Abaqus/CAE 为选中线与预先选择的实体之间的关系进行合适尺寸类型的预览。单击想要的物体来接受尺寸的显示类型。

Circle or circular arc

Abaqus/CAE 提示用户为半径尺寸选择一个位置。不可以选择其他物体。

3. 将光标移到用户想要出现尺寸的位置处；当用户满意尺寸标注的外观时进行单击。

4. 如果需要，在提示区域中编辑尺寸值；单击 Enter 或者鼠标键 2 来接受尺寸的标注值。

Abaqus/CAE 在草图上创建尺寸。如果有必要的话，将顶点移动成与编辑后的尺寸值一致，并且与草图中的任何其他约束一致。

5. 若要创建其他的尺寸标注，重复上面以步骤 2 开始的步骤。

6. 当用户已经完成尺寸标注的创建时，进行下面的操作：

- 在 Abaqus/CAE 窗口中的任意地方单击鼠标键 2。
- 选择草图器工具箱中的任何其他工具。
- 单击提示区域中的  按钮。

20.12.5 添加和编辑参数

参数是具有变量名称的约束。这些变量要么具有参数值，要么以包含其他参数的数学表达式的值为基础——参数化方程。参数可以与当前草图中的尺寸关联，或者它们可以是独立于草图的常数和表达式。与尺寸关联的参数值直接地影响草图，仅当用户使用它们来为草图中的参数创建表达式时，独立参数才会影响草图。

用户可以使用 Parameter Manager 工具来添加并且编辑参数。用户也可以使用 Dimension 工具来通过选择尺寸创建新的参数，或者通过在管理器中的空白行中敲入它们来添加独立参数。

若要添加或者编辑参数，执行以下操作：

1. 从草图器工具箱的工具中选择 Parameter Manager 工具 *f*(x)。草图器工具箱中的工具表见 20.4.1 节“草图器工具”。

出现 Parameter Manager。

技巧：用户也可以通过从主菜单栏选择 Edit→Parameter Manager，或者通过使用 Edit Dimension 对话框中的 *f*(x) 按钮来打开 Parameter Manager。

2. 单击 Dimension，并从草图中选择尺寸来将尺寸与新的参数关联。

Abaqus/CAE 使用 dimension_x 形式的默认名称来对 Parameter Manager 添加新的参数。

3. 单击 Name 列中的单元体来编辑现有的名称，或者通过编辑一个空白的单元体来添加新的参数名称。

如果选中的参数与一个尺寸关联，则 Abaqus/CAE 将在草图中高亮显示该参数。

4. 单击 Expression 列中的单元格来直接地编辑表达式，或者选择它来与 Expression Builder 一起编辑。

用户必须在定义表达式之前，定义想要在表达式中使用的所有参数。

技巧：使用管理器右侧的按钮来插入、重新安排或者删除行。

5. 如果需要，使用 Expression Builder 来编辑表达式。详细指导见 20.12.6 节“创建参数方程”。

6. 单击 Parameter Manager 中的 Apply 来完成草图中用户的更改。

Abaqus/CAE 使用新的表达式的值来更新草图，并且如果在 Sketcher Options 中切换选中了 Show parameter names，则显示更新后的参数名称。

20.12.6 创建参数方程

参数方程是与草图中不同变量关联的数学表达式。Expression Builder 帮助用户使用草图中的参数来创建参数方程。例如，如果用户想要草图器对象的宽度是长度的 2 倍，则用户可以将尺寸与参数关联，然后使用 Expression Builder 来创建参数方程 width = 2 * length。

用户可以在 Abaqus 中使用下面的算子来创建参数方程：

Mathematical operations（数学算子）

+	加
-	减
*	乘
/	除
1/A	参数、值或者表达式的倒数
abs（A）	取参数、值或者表达式的绝对值
sqrt（A）	取参数、值或者表达式的平方根

Trigonometric operations（三角算子）

cos（A）	取参数、值或者表达式的余弦
acos（A）	取参数、值或者表达式的反余弦
cosh（A）	取参数、值或者表达式的双曲余弦
sin（A）	取参数、值或者表达式的正弦
asin（A）	取参数、值或者表达式的反正弦
sinh（A）	取参数、值或者表达式的双曲正弦
tan（A）	取参数、值或者表达式的正切
atan（A）	取参数、值或者表达式的反正切
tanh（A）	取参数、值或者表达式的双曲正切

Logarithmic and exponential operations（对数和指数算子）

exp（A）	取参数、值或者表达式的指数
log（A）	取参数、值或者表达式的自然对数
log10（A）	取参数、值或者表达式的以 10 为底的对数

若要创建参数方程，执行以下操作：

1. 选择 Parameter Manager 中高亮显示的表达式，单击 Expression Builder。

Abaqus/CAE 打开 Expression Builder 对话框。

2. 从 Operators 列表选择想要的算子。

在表达式窗口中出现算子。

3. 在 Parameter Name 中选择要操作的参数名称，然后单击 Add to Expression。用户也可以从上面出现的所有参数中选择要在 Parameter Manager 中定义的参数。

在表达式窗口中出现参数名称。

4. 按需要重复步骤 2 和步骤 3 来完成表达式。在一些情况中，用户可能需要重新定位光标来正确地放置表达式的下一部分。

5. 当用户完成操作后，单击 OK 来保存用户的更改并关闭对话框。

Abaqus/CAE 更新 Parameter Manager 中的表达式和当前值。

20.13 编辑尺寸

在 Abaqus/CAE 中使用尺寸来精确地控制大小和距离，首先标注参考值并创建参数，进而使用此参数来定义与不同几何部分关联的方程。用户可以根据下列内容编辑草图中的任何尺寸：

- 改变尺寸值。通过改变尺寸值来改变关联的草图器几何形体。
- 将尺寸指定成参考尺寸。参考尺寸表明了在同一个草图中的其他地方控制量的值，或者在其他草图中控制参考几何的尺寸。
- 将尺寸与参数关联。参数通过定义不同几何形体（包括参考几何）部分之间的关系来控制草图器几何形体。

更改尺寸的效果取决于在草图中如何使用尺寸。例如，如果半径具有相等半径约束，则编辑半径尺寸将改变所有的约束半径。同样的，如果尺寸与一个参数关联，则编辑尺寸值将改变参考此尺寸的所有参数值。有关约束、尺寸和参数的更多信息，见 20.7 节“控制草图几何形体”。

若要编辑尺寸，执行以下操作：

1. 从草图器工具箱的工具中选择尺寸更改工具⊟。草图器工具箱中的工具表见 20.4.1 节“草图器工具”。

Abaqus/CAE 将在提示区域中显示提示来引导用户完成操作过程。

2. 选择用户想要改变的尺寸。

Abaqus/CAE 高亮显示选中的尺寸并打开 Edit Dimension 对话框。

3. 输入新的尺寸值。

注意：用户不能编辑使用方程来定义的参考尺寸或者参数的值域。

4. 切换 Reference，可以在控制参数几何形体的标准尺寸值与从几何形体读取当前值的参考尺寸之间进行转换。

5. 单击 *f(x)* 来将尺寸与新的参数关联，或者编辑之前关联的参数。

Abaqus/CAE 打开 Parameter Manager。更多信息见 20.12.5 节“添加和编辑参数”。

6. 当用户完成操作后，单击 Edit Dimension 对话框中的 Apply 来更新草图。

Abaqus/CAE 按要求更新尺寸和几何形体。如果用户编辑过约束中的结果，则冲突约束、尺寸和参数会显示成粉红色（更多信息见 20.7.4 节“完全受约束的几何形体”）。

7. 若要编辑更多的尺寸，则重复上面从步骤 2 开始的多个步骤。

8. 当用户已经完成编辑尺寸时，进行下面的操作：

- 在 Abaqus/CAE 窗口中的任意地方单击鼠标键 2。
- 选择草图器工具箱中的任何其他工具。
- 单击提示区域中的 X 按钮。

20.14　添加参考几何形体

当用户草图绘制特征的侧面时，Abaqus/CAE 将位于同一平面上的零件的边和顶点投影到草图幅面来作为草图平面。此外，Abaqus/CAE 将所有的基准轴和基准点投影到草图幅面。这些投影线和点称为参考几何形体，用户在绘制草图时可以将其作为参考来使用。如果用户想要使用其他的边和顶点（包括孤立的单元边和节点），则用户必须通过从主菜单栏选择 Add→References 来将它们投影到草图平面上，以作为参考几何形体。另外，如果想要从现有的模型边创建新的草图边，则可以从主菜单栏选择 Add→Edges（更多信息见 20.15 节“将边投影到草图”）。

若要添加参考几何形体，执行以下操作：

1. 从草图器对话框中选择。草图器工具箱中的工具表见 20.4.1 节“草图器工具”。

Abaqus/CAE 将在提示区域中显示提示来引导用户完成操作过程。

2. 选择用户想要投影到草图平面上的边、顶点、孤立的单元边和节点来作为参考几何形体。

3. 当用户已经完成选择时，单击鼠标键 2。

Abaqus/CAE 为投影后的参考顶点和节点创建孤立的点，并为几何和孤立单元边创建参考边。

20.15　将边投影到草图

当用户草图绘制特征的侧面时，可以通过将来自边的现有边投影到草图幅面来创建新的边。当在当前的草图平面上出现特征形状时，用户可以使用投影后的边来复制现有特征的形状。要将包括孤立的单元边在内的零件实例投影到用户的草图，从主菜单栏选择 Add→Edges。

若要将边投影到草图，执行以下操作：

1. 从草图器对话框中选择 Project Edges 工具。草图器工具箱中的工具表见 20.4.1 节“草图器工具”。

Abaqus/CAE 将在提示区域中显示提示来引导用户完成操作过程。

2. 如果需要，切换不选提示区域中的 Constrain to background 来将边投影成独立的对象。

如果将被投影的边约束到背景，则它们的形状和位置取决于原始的特征边。如果被投影的边不受约束，则原始特征的变化不影响它们——用户可以独立于原始特征来编辑被投影的边和顶点。

3. 选择用户想要投影到草图平面中的边。

4. 当用户已经完成选择时，单击鼠标键 2。

Abaqus/CAE 在草图中创建新的边。

20.16　移动或者复制草图几何形体

本节描述如何使用平移、转动、镜像和缩放工具来移动或者复制草图器几何形体，包括以下主题：

- 20.16.1 节　“沿着一个向量平移草图器对象”
- 20.16.2 节　“围绕一个点转动草图器对象”
- 20.16.3 节　“放大或者缩小草图器对象”
- 20.16.4 节　“沿着镜像线移动或者复制草图器对象”

20.16.1　沿着一个向量平移草图器对象

从草图器工具箱中选择移动工具来沿着指定的向量移动或者复制草图器对象——线、圆弧、圆、椭圆、圆角或者样条曲线。用户可以通过从草图选择，或者通过输入每一个端点的 *X* 坐标和 *Y* 坐标来定义移动向量的开始和结束。

若要平移一个草图器对象，执行以下操作：

1. 从草图器工具箱的移动和复制工具中选择平动工具。草图器工具箱中的工具表见 20.4.1 节“草图器工具”。

2. 选择提示区域中的 Copy 或者 Move。

Abaqus/CAE 将在提示区域中显示提示来引导用户完成操作过程。

3. 选择所有要平移的对象。用户可以选择要平移的草图和构型几何形体，或者选择要复制的草图、构型和参考几何形体；不能平移尺寸标注。

技巧：选择多个对象时，用户可以在单击每一个对象时按住［Shift］键不放，或者围绕多个对象拖出一个矩形。不选某个对象时，可以使用［Ctrl］键+单击。更多信息见第 6 章“在视口中选择多个对象”。

4. 单击鼠标键 2 来表示用户已经完成了多个对象的选择。

5. 选择平动向量的一个起点位置，或者在提示区域输入坐标。

6. 选择平动相邻的一个端点位置，或者在提示区域输入坐标。

Abaqus/CAE 如指定的那样移动或者复制选中的多个对象。

7. 如果需要，重复步骤 5 和步骤 6 来继续移动之前选中的多个对象。

不管用户原来是否移动过或者复制过选中的多个对象，后续的平动向量仅将对象从它们之前步的结束位置处进行移动。

8. 当用户已经完成平动多个对象的操作时，进行下面的操作。

- 在 Abaqus/CAE 窗口中的任意地方单击鼠标键 2。
- 选择草图器工具箱中的任何其他工具。
- 单击提示区域中的 ☒ 按钮。

20.16.2　围绕一个点转动草图器对象

从草图器工具箱中选择转动工具来围绕一个指定点和角度来转动草图器对象——线、圆弧、圆、椭圆、圆角或者样条曲线。用户可以选择移动原始的对象或者创建副本，转动对象到新的位置。

若要围绕一个点转动草图器对象，执行以下操作：

1. 从草图器工具箱的移动和复制工具中选择转动工具。草图器工具箱中的工具表见 20.4.1 节“草图器工具”。

2. 选择提示区域中的 Copy 或者 Move。

Abaqus/CAE 将在提示区域中显示提示来引导用户完成操作过程。

3. 选择想要转动的所有对象。用户可以选择要移动的草图和构型几何形体，或者选择要复制的草图、构型和参考几何形体；不能转动对象。

技巧：要选择多个对象，在单击每一个对象时按住［Shift］键不放，或者围绕多个对象拖出一个矩形。若要不选一个对象，使用［Ctrl］键+单击。更多信息见第 6 章“在视口中选择对象”。

4. 单击鼠标键 2 来说明已经完成多个对象的选择。

5. 为转动中心选择一个点，或者在提示区域中输入坐标。

6. 在提示区域中输入转动角。

Abaqus/CAE 如指定的那样移动或者复制多个对象。

7. 如果需要，重复步骤 5 和 6 来继续对之前选中的多个对象进行移动。

不管用户是否移动或者复制过选中的多个对象，后续的转动仅将对象从它们之前步结束时的位置处移动对象。

8. 完成多个对象的转动后，进行下面的操作。

- 在 Abaqus/CAE 窗口中的任意地方单击鼠标键 2。
- 选择草图器工具箱中的任何其他工具。
- 单击提示区域中的 ☒ 按钮。

20.16.3　放大或者缩小草图器对象

从草图器工具箱的缩放工具来关于一个指定的点放大或者缩小草图器对象——线、圆弧、圆、椭圆、圆角或者样条曲线。用户可以选择移动原始的对象或者创建一个缩放后的副本对象到新的位置。如果用户选择将对象进行移动，则用户的更改受草图中的约束和通过草图器选项中的约束求解方法控制（更多信息见 20.9.10 节“定制草图器中约束的使用”）。如果用户选择创建一个副本，则副本的移动不受约束。

若要缩放草图器对象，执行以下操作：

1. 从草图器工具箱的移动和复制工具中选择缩放工具 。对于草图器工具箱中的工具表，见 20.4.1 节“草图器工具”。

2. 选择提示区域中的 Copy 或者 Move。

Abaqus/CAE 在提示区域中显示提示来引导用户完成操作过程。

3. 选择用户想要缩放的所有对象。用户可以选择要移动的草图和构型几何形体，或者选择要复制的草图、构型和参考几何形体；不能转动对象。

技巧：要选择多个对象，当用户单击每一个对象时，按住［Shift］键不放，或者围绕多个对象拖出一个矩形。要不选一个对象，使用［Ctrl］键+单击。更多信息见第 6 章“在视口中选择对象”。

4. 单击鼠标键 2 来说明已经完成多个对象的选择。

5. 选择关于某点进行缩放的一个中心点，或者在提示区域输入坐标。

6. 输入值大于 1.0 的比例因子会放大被移动或者被复制的对象，相应地，输入小于 1.0 的值缩小对象。

Abaqus/CAE 保持选中的点在视口中不动，并且依据比例因子来围绕此点放大或者缩小对象。

7. 如果需要，重复步骤 3 和步骤 6 来继续缩放对象。

注意：后续的比例缩放操作是与用户原来的选择类型相同的——Copy 或者 Move。要改变类型，结束过程并再次选择缩放工具。

8. 完成多个对象的缩放后，进行下面的操作。

- 在 Abaqus/CAE 窗口中的任意地方单击鼠标键 2。
- 选择草图器工具箱中的任何其他工具。
- 单击提示区域中的 按钮。

20.16.4 沿着镜像线移动或者复制草图器对象

从草图器工具箱使用镜像工具来关于指定的线来镜像草图对象——线、圆弧、圆、椭圆、圆角或者样条曲线。用户可以选择移动原始的对象或者创建一个镜像副本对象到新的位置。如果用户选择移动对象，则用户的更改受草图中的约束和草图器选项中的约束解决方法控制（更多信息见 20.9.10 节“定制草图器中约束的使用”）。如果用户选择创建一个副本，则 Abaqus/CAE 在原始的对象和副本之间施加一个镜像约束，这样它们将在后续的草图编辑中保持镜像。

若要镜像草图对象，执行以下操作：

1. 从草图器工具箱的移动和复制工具中选择镜像工具 。对于草图器工具箱中的工具表，见 20.4.1 节“草图器工具”。

2. 选择提示区域中的 Copy 或者 Move。

Abaqus/CAE 在提示区域中显示提示来引导用户完成操作过程。

3. 选择草图中的现有直线作为镜像线。用户可以从草图、构型或者参考几何形体选择任何直边。

4. 选择用户想要镜像的所有对象。用户可以选择要移动的草图和构型几何形体，或者选择要复制的草图、构型和参考几何形体；不能镜像尺寸标注。

技巧：要选择多个对象，当用户单击每一个对象时按住［Shift］键不放，或者围绕多个对象拖出一个矩形。若要不选一个对象，使用［Ctrl］键+单击。更多信息见第 6 章“在视口中选择对象”。

5. 单击鼠标键 2 来说明用户已经完成多个对象的选择。

Abaqus/CAE 如设定的那样移动或者复制对象。

6. 如果需要，重复步骤 4 和步骤 5 来关于相同的镜像线移动或者复制更多对象。

7. 完成移动和复制对象后，进行下面的操作。

- 在 Abaqus/CAE 窗口中的任意地方单击鼠标键 2。
- 选择草图器工具箱中的任何其他工具。
- 单击提示区域中的 按钮。

20.17 更改对象

本节介绍如何使用草图器工具来移动草图器对象，然后重新确定草图器对象的大小，包括以下主题：

- 20.17.1 节 “拖动草图器对象”
- 20.17.2 节 “通过修剪或者延伸边来更改草图器对象”
- 20.17.3 节 “通过自动修剪边来更改草图器对象”
- 20.17.4 节 “通过分割边来更改草图器对象”
- 20.17.5 节 “通过合并边来更改草图器对象”

20.17.1 拖动草图器对象

从草图器工具箱使用 Drag 工具来快速移动草图器对象或者确定草图器对象的大小，或者重新定位标注文本。用户一次仅可以拖动一个顶点、一条线或者一个尺寸标注。当选中 Snap to grid 选项时，用户拖动的对象或者标注文本被捕捉到栅格上；更多信息见 20.9.2 节“激活或者抑制捕捉”。

如果用户拖动一个顶点或者一条线，则 Abaqus/CAE 根据施加的约束对连接到一起的草图器对象进行更改——包括标注尺寸和参数——也根据施加到拖动操作的约束求解方法来更改连接到一起的草图器对象。默认情况下，使用 Minimum move 约束求解方法，在此方法中，Abaqus/CAE 移动最少数量的对象来满足约束（更多信息见 20.9.10 节“定制草图器中约束的使用”）。

若要拖动草图器对象，执行以下操作：

1. 从草图器工具箱的更改工具中选择 Drag 工具 ↖。草图器工具箱中的工具表，见 20.4.1 节“草图器工具”。

在视口中的所有顶点上出现手柄。Abaqus/CAE 在提示区域中显示提示来引导用户完成操作过程。

2. 单击并将选中的顶点、边或者标注文本拖拽到一个新的位置。

选中的目标随着光标移动，除非草图中的约束不允许想要的运动。

3. 完成拖动目标后，进行下面的操作。

- 在 Abaqus/CAE 窗口中的任意地方单击鼠标键 2。

- 选择草图器工具箱中的任何其他工具。
- 单击提示区域中的 ✕ 按钮。

20.17.2 通过修剪或者延伸边来更改草图器对象

从草图器工具箱使用修剪和延伸工具来修剪或者延伸草图器对象的单个边。用户可以在边与其他草图、参考或者构型几何形体之间的任何交点处进行修剪或者延伸边。用户也可以在延伸后的交点处修剪或者延伸边——此交点仅当延伸了草图中的另外一条边时才存在。用户不能修剪或者延伸一个倒圆；如果用户修剪或者延伸定义倒圆端点的边，则 Abaqus/CAE 删除此倒圆。

若要修剪或者延伸边，执行以下操作：

1. 从草图器工具箱中的更改工具选择修剪和延伸工具 ⊣ 。草图器工具箱中的工具表，见 20.4.1 节“草图器工具”。

Abaqus/CAE 在提示区域中显示提示来引导用户完成操作过程。

2. 在用户想要保留的端附近选择一条边。

用户可以选择任何草图绘制的或者导入的边，除了圆和椭圆。圆和椭圆仅有一条边，不能将它们进行延伸或者修剪，除非用户首先让它们成为一个或者多个圆弧。

技巧：使用自动修剪工具来删除部分的圆或者椭圆，或者使用分割工具来将圆或者椭圆分割成多条圆弧。更多信息见 20.17.3 节“通过自动修剪边来更改草图器对象”，以及 20.17.4 节“通过分割边来更改草图器对象”。

用户不能延伸样条曲线。如果用户修剪或者分割一条样条曲线，则 Abaqus/CAE 删除控制点来保留原始曲线的相同形状；这样，用户不能再编辑曲线的形状。

3. 在草图上的其他边上移动光标。

当用户移动光标时，Abaqus/CAE 高亮显示在当前光标位置可以选择的边。Abaqus/CAE 也通过将第一条边保留不变的部分高亮显示成不同的颜色，来预览第一条边被延伸的或者被修剪的部分。

4. 单击来选中高亮的边。

Abaqus/CAE 修剪或者延伸第一条边来到达与第二条边的交点（或者潜在的交点）。如果交点在端点之间，则 Abaqus/CAE 也分割第二条边。

5. 要修建或者延伸更多的边，重复上面从步骤 2 开始的多个步骤。

6. 完成修剪和延伸边后，进行下面的操作。

- 在 Abaqus/CAE 窗口中的任意地方单击鼠标键 2。
- 选择草图器工具箱中的任何其他工具。
- 单击提示区域中的 ✕ 按钮。

20.17.3 通过自动修剪边来更改草图器对象

从草图器工具箱使用自动修剪工具来删除不想要的草图边部分。在最靠近光标的两个“修剪点”之间删除边。修剪点包括：

- 与其他边、构型几何形体或者参考几何形体的交点。
- 端点。
- 用来定义圆弧圆周的点。

如果端点是边上的唯一修剪点，则 Abaqus/CAE 删除整个边。

用户不能修剪一个圆弧；如果用户修剪定义圆弧端点的一条边，则 Abaqus/CAE 删除圆弧。

若要自动地修剪边，执行以下操作：

1. 从草图器工具箱中的更改工具选择自动修剪工具。草图器工具箱中的工具表，见 20.4.1 节“草图器工具”。

Abaqus/CAE 在提示区域中显示提示来引导用户完成操作过程。

2. 在草图器中的边上移动光标。

当用户移动光标时，Abaqus/CAE 高亮显示将删除的部分。

3. 单击来删除高亮显示的边线段。

不像用户使用 Trim/Extend，Abaqus/CAE 不分割相交的边。

注意：如果用户修剪一条样条曲线，则 Abaqus/CAE 删除控制点来保持与原始曲线的形状一样；因此，用户不能再编辑曲线的形状。

4. 完成边修剪后，进行下面的操作。

- 在 Abaqus/CAE 窗口中的任意地方单击鼠标键 2。
- 选择草图器工具箱中的任何其他工具。
- 单击提示区域中的 按钮。

20.17.4 通过分割边来更改草图器对象

从草图器工具箱使用分割工具来将草图器对象的单个边分割成多条边。用户可以在边和其他草图、参考或者构型几何之间的任何交点处分割一条边。如果用户使用其他草图几何形体来分割一条边，则 Abaqus/CAE 在交点处分割两个边。用户也可以在延伸的交点处分割一条边——此交点仅当延伸草图中的另外一条边时才存在。

若要分割边，执行以下操作：

1. 从草图器工具箱中的更改工具选择分割工具 。草图工具箱中的工具表，见 20.4.1

节“草图器工具”。

Abaqus/CAE 在提示区域中显示提示来引导用户完成操作过程。

2. 选择用户想要分割的边；用户可以在 Abaqus/CAE 中选择任何草图绘制的边或者导入的边。

注意：如果用户分割一条曲线，则 Abaqus/CAE 删除控制点来保持原始曲线的相同形状；因此，用户不能再编辑曲线的形状。

3. 在草图中的其他边上移动光标。

当用户移动光标时，Abaqus/CAE 高亮显示在当前光标位置处将被选中的边。Abaqus/CAE 也对分割点（被打断边与光标位置处的边之间的交点）画圈。如果在选中边之间存在多个可能的分割点，则 Abaqus/CAE 对最靠近光标位置的点画圈。

4. 单击来接受显示的分割点。

Abaqus/CAE 分割第一条边，创建在分割点处共享一个端点的两条边。如果第二条边是草图几何形体，并且分割点位于第二条边的端点之间，则 Abaqus/CAE 也分割第二条边。

注意：如果用户分割一个圆或者一个椭圆，则 Abaqus/CAE 将边上的端点用作另外一个分割点来创建两个圆弧。如果前面步骤中说明的分割点与端点一样，则在信息区域中出现一个警告，且不打断曲线。

5. 要分割更多的边，重复上面从步骤 2 开始的步骤。

6. 当用户已经完成了修剪和延伸边时，进行下面的操作。

- 在 Abaqus/CAE 窗口中的任意地方单击鼠标键 2。
- 选择草图器工具箱中的任何其他工具。
- 单击提示区域中的 X 按钮。

20.17.5　通过合并边来更改草图器对象

当用户导入草图几何形体，或者用户对不与草图平面平行的平面上的边使用投影边工具时，在草图器对象中可能发生小的间隙。草图器工具箱的 Merge 工具，可通过将间隙附近的一个或者多个顶点移动到另外一侧来关闭这些小间隙。

注意：当用户合并边时，Abaqus/CAE 可以通过移动一个顶点来与另外一个顶点重合，或者通过将两个顶点移动到它们之间的位置来关闭间隙。如果用户想要控制草图的变化，则用户可以在执行合并操作之前，对想要保留当前位置的线或者点进行约束。

Abaqus/CAE 让用户可以选择想要保留不动的顶点，合并操作移动指定容差半径值中的任何顶点穿过间隙，来与已经选中的顶点共享点。图 20-26 显示了一个简单的合并操作，关闭两个草图对象之间的上面的间隙。

注意：合并工具仅适用于关闭小的间隙。合并边来关闭较大的间隙可以极大地改变草图几何形体。如果用户想要在大距离上移动草图中的元素，则使用拖拽工具来将草图中的顶点移动到一个新的位置。更多信息见 20.17.1 节“拖动草图器对象”。

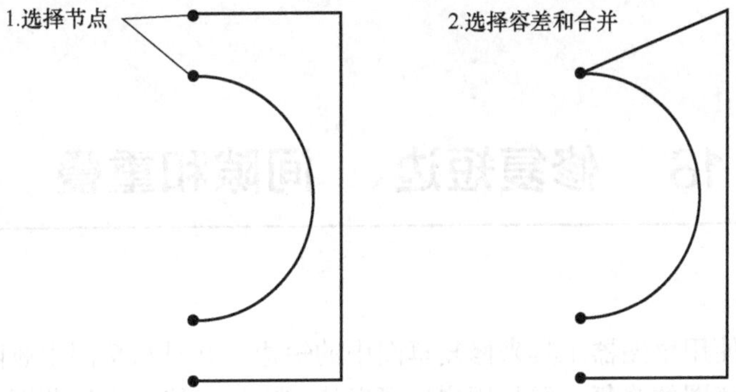

图 20-26　合并边

若要合并边，执行以下操作：

1. 从草图器工具箱中的更改工具选择合并工具。草图器工具箱中的工具图表，见 20.4.1 节“草图器工具”。

Abaqus/CAE 在提示区域中显示提示来引导用户完成操作过程。

2. 至少在小间隙附近选择两个顶点。

3. 单击提示区域中的 Done。

Abaqus/CAE 提示用户此合并操作的 Tolerance 项的值。

4. 为容差输入一个值，或者接受默认的值 0.001。然后按回车键，或者单击鼠标键 2。

Abaqus/CAE 允许用户增加容差，但是用户应当避免那些显著改变草图几何形体的合并。如果有顶点在选中的容差中，则 Abaqus/CAE 将它们合并到用户在步骤 2 中选择的顶点位置。

5. 要合并更多的边，重复上面从步骤 2 开始的多个步骤。

6. 完成合并边后，进行下面的操作。

- 在 Abaqus/CAE 窗口中的任意地方单击鼠标键 2。
- 选择草图器工具箱中的任何其他工具。
- 单击提示区域中的 按钮。

20.18　修复短边、间隙和重叠

本节介绍如何使用草图器工具来修复草图中的短边，并且从草图中删除间隙和重叠。这些工具适用于导入草图的修复，但是用户也可以使用它们来修复本地草图中的几何形体。用户应当在修复草图的短边之前删除草图中的间隙和重叠。

包括下面的主题：

- 20.18.1 节　“删除间隙和重叠”
- 20.18.2 节　“修复短边”

20.18.1　删除间隙和重叠

使用 Remove gaps and overlaps 工具来修复导入模型中包括的间隙或者重叠。在用户从 CAD 系统中将草图导入到 Abaqus/CAE 中时，可能发生间隙或者重叠，这是因为 CAD 系统度量草图几何形体所使用的容差值与 Abaqus/CAE 不同。图 20-27 中的草图在左上角有一个间隙，在顶部中间有一个小重叠。

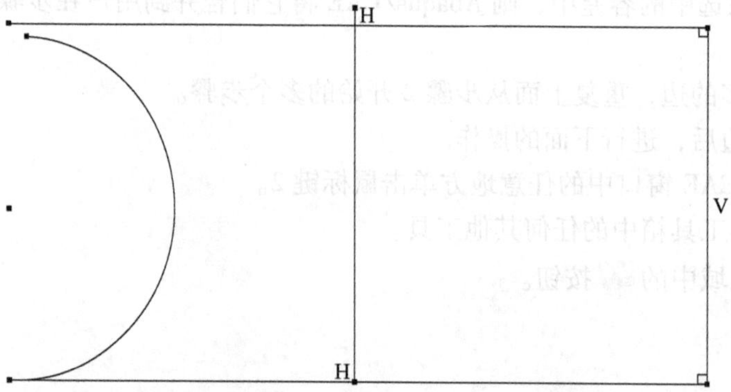

图 20-27　导入的草图具有一个间隙和重叠

用户可以通过选择边并且指定一个容差值来修复此间隙和重叠。当间隙的大小或者重叠的长度小于指定的容差时，Abaqus/CAE 合并顶点来关闭间隙。

注意：在删除间隙或者重叠时，Abaqus/CAE 可以通过将一个顶点移动到与另外一个顶点重合，或者通过将两个顶点移动到它们之间的位置来合并顶点。如果用户想要控制草图的改变，则用户可以在执行间隙/重叠删除之前，对想要保留当前位置的线或者点进行约束。

实际上，用户应当使用迭代过程来删除间隙或者重叠。从选择用户想要删除的间隙或者重叠相邻的边开始，使用默认的 0.001 长度容差值作为第一次尝试。如果不是所有的间隙或者重叠都闭合，则重新选择边并且增加容差。重复此过程，直到 Abaqus/CAE 合并选中的顶点来闭合间隙或者重叠。

若要删除间隙和重叠，执行以下操作：

1. 从草图工具箱中的更改工具选择 Remove gaps and overlaps 工具，草图工具箱中的工具表，见 20.4.1 节“草图器工具”。

Abaqus/CAE 在提示区域中显示提示来引导用户完成操作过程。

2. 选择中间有用户想要删除间隙和重叠的边。用户可以使用 [Shift] 键+单击或者 [Ctrl] 键+单击来单个地指定边，或者拖拽选择来指定草图区域内的所有边。

Abaqus/CAE 将选中的边着色成红色。

3. 在 Abaqus/CAE 窗口中的任何地方单击鼠标键 2。

Abaqus/CAE 提示用户选择一个容差值。

4. 对于用户的第一个尝试，接受默认的容差值，然后在 Abaqus/CAE 窗口中的任意地方单击鼠标键 2。Abaqus/CAE 删除小于默认容差的间隙和重叠。

5. 如果用户仍然想要删除剩下的间隙和重叠，则执行下面的步骤。

a. 重新选择那些之间有想要删除间隙和重叠的边。

b. 增加提示区域中的容差值。

c. 在 Abaqus/CAE 窗口中的任何地方单击鼠标键 2。

Abaqus/CAE 删除小于默认容差的选中间隙或者重叠。

d. 继续选择边并且增加容差，直到 Abaqus/CAE 删除了用户想从模型中去除的所有间隙和容差。

6. 完成边和重叠删除后，进行下面的操作。

- 在 Abaqus/CAE 窗口中的任意地方单击鼠标键 2。
- 选择草图器工具箱中的任何其他工具。
- 单击提示区域中的 ✕ 按钮。

20.18.2 修复短边

使用草图器工具箱中的 Repair short edges 工具来从用户的草图中删除选中的短边。Abaqus/CAE 为删除边提供两个方法：用户可以删除选中的每一条边，或者用户可以选择多条边作为删除的候选，然后指定一个长度容差值。从草图中删除比容差长度短的边。

如果用户通过指定长度容差值来删除短边，则用户应当使用一个迭代过程来执行删除。通过选择用户想要删除的边来开始，使用默认的 0.001 容差值作为第一次尝试。如果没有删除短边，则重新选择它们并且增加容差值。重复此过程，直到从草图中删除了短边。

用户应当仅在删除草图的间隙和重叠后才开始修复短边。更多信息见 20.18.1 节“删除间隙和重叠”。

若要修复草图中的短边，执行以下操作：

1. 从草图器工具箱中的更改工具选择 Repair short edges 工具 ⊢⊣ 。草图器工具箱中的工具表，见 20.4.1 节“草图器工具”。

Abaqus/CAE 在提示区域中显示提示来引导用户完成操作过程。

2. 指定用户想要删除的边，或者如果用户正在指定长度容差值，指定想要考虑删除的边。用户可以使用［Shift］键+单击或者［Ctrl］键+单击来单独地指定边，或者拖拽选择来指定草图区域中的所有边。

Abaqus/CAE 将选中的边着色成红色。

3. 如果用户正在删除短边，而没有指定容差，则单击提示区域中的 Done。

Abaqus/CAE 从草图中删除选中的边。

4. 如果用户正在删除比指定长度容差值短的边，则切换选中提示区域中的 Specify tolerance 并且单击 Done。对于用户的第一次尝试，接受默认的容差值并且单击提示区域中的 Done。

Abaqus/CAE 从草图删除任何比长度容差值小的选中边。

5. 通过长度容差值来继续短边的删除，执行下面的步骤。

a. 重新选择想要考虑删除的边，并且单击 Done。

b. 切换选中 Specify tolerance，然后再次单击 Done。

c. 在提示区域中增加长度容差值。

d. 在 Abaqus/CAE 窗口的任何地方单击鼠标键 2。

Abaqus/CAE 从草图中删除比长度容差值短的任何选中边。

e. 继续选择边，并且增加容差，直到 Abaqus/CAE 已经删除所有用户想要从模型中删除的短边。

6. 完成草图中的短边修复后，进行下面的操作。

- 在 Abaqus/CAE 窗口中的任意地方单击鼠标键 2。
- 选择草图器工具箱中的任何其他工具。
- 单击提示区域中的 ✕ 按钮。

20.19 创建矩阵、偏置和删除对象

本节介绍如何使用草图器工具来复制和删除草图器对象，包括以下主题：

- 20.19.1 节 “创建对象的线性排列矩阵”
- 20.19.2 节 “创建对象的径向排列矩阵”
- 20.19.3 节 “偏置草图器对象的边”
- 20.19.4 节 “删除草图器对象”

20.19.1 创建对象的线性排列矩阵

从草图器工具箱使用线性的排列矩阵来创建选中草图对象的线性排列矩阵。用户可以创建在一个方向上延伸的排列矩阵（例如水平的或者竖直的），或者创建在两个方向上延伸的矩阵（例如水平的和竖直的）。用户可以指定下面的情况：

- 在每一个方向上创建的副本数量，包括被选择的对象。用户最多可以创建 1000 个副本。
- 沿着指定方向的相邻副本之间的间距。
- 定义 Abaqus/CAE 生成副本所沿方向的一条线。

默认情况下，Abaqus/CAE 在正 X 方向上创建三个副本，在正 Y 方向上创建两个副本。默认的间隙是草图幅面大小的 10%。如果用户改变默认的设置，则 Abaqus/CAE 在用户操作草图时保留这些值。然而，用户退出草图器后，Abaqus/CAE 会恢复原始的默认值。用户不能在创建排列矩阵后进行编辑。

若要创建对象的线性排列矩阵，执行以下操作：

1. 从草图器工具箱选择线性的排列矩阵 ⁝⁝⁝ 。草图器工具箱中的工具表，见 20.4.1 节“草图器工具”。

Abaqus/CAE 在提示区域中显示提示来引导用户完成操作过程。

2. 选择用户想要复制的对象。可以复制草图和构型几何形体；不能复制参考几何形体和尺寸标注。

技巧：要选择多个对象，在单击每一个对象时保持［Shift］键按下，或者围绕对象拖动一个矩形。若要不选对象，使用［Ctrl］键+单击。更多信息见第 6 章“在视口中选择对象”。

3. 单击鼠标键 2 来说明用户已经完成对象选择。

Abaqus/CAE 显示 Create Linear Pattern 对话框。

4. 从 Create Linear Pattern 对话框，在 Direction-1 上构建排列矩阵（默认是当前栅格中的 X 方向）。

a. 单击 Number 右侧的箭头来增加或者减少要创建的副本数量，此数量包括选中的对象本身。当用户单击箭头时，草图中的副本数量得到更新，并且提供设置预览。

另外，用户可以输入数量并按［Enter］键来预览设置。用户可以输入 1 和 1000 之间的任何数。如果用户输入一个值 1，则 Abaqus/CAE 仅显示选中的对象，并且不创建选中对象的任何副本；实际上，这是用户抑制了 Direction-1 方向上的副本。

b. 输入沿着指定方向上相邻副本之间的 Spacing。

c. 默认情况下，Abaqus/CAE 在水平方向上创建副本。如果用户想要改变 Abaqus/CAE 创建副本的方向，则单击 Angle 并从草图选择一条线来定义新的方向。用户必须拾取一条直线或者一条构型线。Abaqus/CAE 沿着用户指定的方向计算每一个副本之间的间距。

d. 默认情况下，Abaqus/CAE 在正 X 方向上创建副本。单击 Flip 来反转 Abaqus/CAE 创建副本的方向。

5. 要在第二个方向上创建副本，输入在 1 和 1000 之间的一个值并且为 Direction-2 指定 Spacing、Angle 和 Flip 方向（默认情况下，Direction-2 是当前栅格转动的 Y 方向）。用户必须至少在一个方向上输入大于 1 的值。

6. 在大部分情况下，用户将想要在 Create Linear Pattern 对话框中输入值时，可以预览 Abaqus/CAE 将创建的线性排列矩阵。然而，如果用户选择创建大量的副本，则预览功能可能影响草图器的性能。在此情况中，用户应当切换关闭 Preview 按钮。

7. 要复制更多的对象，重复上面从步骤 2 开始的多个步骤。

8. 完成复制对象后，进行下面的操作。

- 在 Abaqus/CAE 窗口中的任意地方单击鼠标键 2。
- 选择草图器工具箱中的任何其他工具。
- 单击提示区域中的  按钮。

20.19.2　创建对象的径向排列矩阵

从草图器工具箱使用径向排列矩阵来创建选中草图对象的径向排列矩阵。用户可以指定下面的情况：

- 在径向上创建的副本数量，包括被选择的对象。用户最多可以创建 1000 个副本。
- 排列矩阵中原始对象与最后副本之间的总角度。
- 圆排列矩阵的圆心位置。

默认情况下，Abaqus/CAE 围绕完整的圆（360°）创建五个副本，圆心位于草图的原点处。如果用户改变默认的设置，则 Abaqus/CAE 在操作草图时保持这些值。然而，用户退出草图后，Abaqus/CAE 会返回到原始的默认设置。用户不能在创建排列矩阵后进行编辑。

若要创建对象的线性排列矩阵，执行以下操作：

1. 从草图器工具箱选择径向排列矩阵工具 ⁘。草图器工具箱中的工具表，见 20.4.1 节“草图器工具”。

Abaqus/CAE 在提示区域中显示提示来引导用户完成操作过程。

2. 选择用户想要复制的对象。可以复制草图和构型几何形体；不能复制参考几何形体和尺寸标注。

技巧：要选择多个对象，在单击每一个对象时保持［Shift］键按下，或者围绕对象拖动一个矩形。若要不选对象，使用［Ctrl］键+单击。更多信息见第 6 章“在视口中选择对象”。

3. 单击鼠标键 2 来说明用户已经完成对象的选择。

Abaqus/CAE 显示 Create Radial Pattern 对话框。

4. 从 Create Radial Pattern 对话框构建径向排列矩阵。

a. 单击 Number 右侧的箭头来增加或者减少要创建的副本数量，此数量包括选中的对象本身。当用户单击箭头时，草图中的副本数量得到更新，并且提供设置预览。

另外，用户可以输入数量并且按［Enter］键来预览设置。用户可以输入 2 和 1000 之间的任何数。

b. 输入用户选中的原始对象与最后一个副本之间的 Total angle 值。角度必须在-360°与+360°之间。正角度对应逆时针方向。

c. 默认情况下，圆排列矩阵的圆心是草图的原点。单击 Center 来改变圆心的位置，然后从草图选择一个点来定义新的圆心点。

5. 在大部分情况下，用户将想要在 Create Radial Pattern 对话框中输入值时，可以预览 Abaqus/CAE 将创建的径向排列矩阵。然而，如果用户选择创建大量的副本，则预览功能可能影响草图器的性能。在此情况中，用户应当切换关闭 Preview 按钮。

6. 要复制更多的对象，重复上面以步骤 2 开始的多个步骤。

7. 完成复制对象后，进行下面的操作。

- 在 Abaqus/CAE 窗口中的任意地方单击鼠标键 2。
- 选择草图器工具箱中的任何其他工具。
- 单击提示区域中的 ✕ 按钮。

20.19.3 偏置草图器对象的边

从草图器工具箱使用偏置工具来偏置边。用户选择边，输入偏置距离，然后选择偏置方向。Abaqus/CAE 在沿着边的每一个点上施加垂直边的偏置距离来创建偏置。

注意：包含与偏置距离一样的特征尺寸的边将在偏置复制中失去它们的细节。

若要偏置草图边，执行以下操作：

1. 从草图器工具箱选择偏置工具 。草图器工具箱中的工具表，见 20.4.1 节“草图器工具”。

Abaqus/CAE 在提示区域中显示提示来引导用户完成操作过程。

2. 选择一组连接的边来偏置。只可以偏置草图器几何形体；不能偏置构型几何形体、参考几何形体和尺寸标注。

技巧：要选择一组端到端连接的边，从提示区域选择 by chain（更多信息见 20.4.6 节“使用链方法在草图器中选择边”）。如果有必要，用户可以在 Abaqus/CAE 中使用另外一个选择方法来增强选择。更多信息见第 6 章“在视口中选择对象”。

3. 单击鼠标键 2 来说明已经完成对象的选择。

4. 指定提示区域中显示的偏置距离或者接受默认的值。

Abaqus/CAE 在视口中显示偏置边的预览。

5. 使用提示区域中显示的按钮来接受或者改变偏置方向。

6. 要偏置更多的边，重复上面从步骤 2 开始的多个步骤。

7. 完成偏置边后，进行下面的操作。

- 在 Abaqus/CAE 窗口中的任意地方单击鼠标键 2。
- 选择草图器工具箱中的任何其他工具。
- 单击提示区域中的 按钮。

20.19.4　删除草图器对象

从草图器工具箱使用删除工具来删除草图器对象：线、圆弧、圆、倒圆、样条曲线、点、约束、尺寸标注或者参数。

若要删除草图器对象，执行以下操作：

1. 从草图器工具箱选择删除工具 。草图器工具箱中的工具表，见 20.4.1 节“草图器工具”。

Abaqus/CAE 在提示区域中显示提示来引导用户完成操作过程。

2. 选择用户想要删除的所有对象。从提示区域选择一个过滤器来将可以使用的选择限制成 Geometry、Dimensions（包括参数）或者 Constraints；默认的过滤器 Any 不限制用户的选择。

可以删除草图和构型几何形体；不能删除参考几何形体。

技巧：要选择多个对象，在单击每一个对象时保持［Shift］键按下，或者围绕对象拖动一个矩形。要不选对象，使用［Ctrl］键+单击。更多信息见第 6 章“在视口中选择对象”。

3. 完成对象选择后，单击鼠标键 2。

Abaqus/CAE 删除了选中的对象和任何关联的尺寸标注或者约束。

技巧：要恢复意外删除的对象，单击草图器工具箱中的恢复工具 ↶ 。

4. 要删除更多的对象，重复上面从步骤 2 开始的多个步骤。

5. 完成对象删除后，进行下面的操作。

- 在 Abaqus/CAE 窗口中的任意地方单击鼠标键 2。
- 选择草图器工具箱中的任何其他工具。
- 单击提示区域中的 ✕ 按钮。

20.20　撤销或者恢复草图绘制动作

从草图器工具箱使用 Undo 工具 ↶ 或者 Redo 工具 ↷ 来撤销用户之前的操作，或者恢复用户最近撤销的操作。对于草图器工具箱中的工具表，见 20.4.1 节“草图器工具”。

取决于用户之前的动作，单击撤销工具可以有下面的作用：

- 删除刚刚创建的对象。对象包括草图几何形体（线、圆弧、圆、椭圆、倒圆、样条曲线或者点），构型几何形体或者尺寸标注。
- 将草图恢复成刚刚执行的编辑操作之前的状态。编辑操作包括复制对象、删除对象、移动顶点、修剪边、延伸边、中断边和更改尺寸标注。
- 删除一个被恢复的独立草图，前提是用户还没有定位草图。一旦用户定位了被恢复的草图，则单击撤销工具会将被恢复的草图的原点移动回当前草图的原点。

用户可以撤销和恢复列中的几个操作。例如，如果用户草图绘制一个圆并且标注此圆的半径，首先应撤销操作来删除尺寸标注，然后撤销操作删除圆。用户可以通过单击恢复工具来重载圆，然后通过单击恢复工具来重载圆的尺寸标注。Abaqus/CAE 为当前的草图存储操作的历史，并且用户可以指定存储草图绘制操作的最大数量（更多信息见 20.9.8 节“设置记录草图绘制操作的最大数量”）。

Undo 和 Redo 工具不执行视图操控操作。例如，如果用户草图绘制一个圆、放大视图和单击撤销工具，则 Abaqus/CAE 删除圆（Abaqus/CAE 不重新确定视图的大小）。

20.21 重新设置视图

从草图器工具箱使用重新设置视图工具▦来返回原始的视图。草图器工具箱中的工具表，见 20.4.1 节“草图器工具”。

如果用户不确定零件或者装配体相对于草图平面的方向，则用户可以使用视图操控工具来检查正在绘制草图的草图平面和对象。当用户单击重新设置视图工具时，Abaqus/CAE 将视图恢复成用户进入草图器时显示的原始视图方向。

20.22 管理独立草图

本节介绍在草图模块中工作时如何管理独立草图，包括以下主题：

20.22.1 如何管理独立草图?

独立草图存储在模型中，并且独立于任何具体零件或者装配体。用户可以在草图模块中工作时创建独立草图，或者当绘制草图时，用户可以将当前的草图保存成独立草图。用户可以在创建或者编辑一个特征或者一个分割时添加独立草图，然后添加的草图覆盖到当前的草图上，这样它们的原点重合。

用户可以使用草图模块来管理在模型中定义的独立草图。当在草图模块中工作时，要创建、恢复、复制、重命名和删除独立草图，使用下面的功能项：

• 主菜单栏上 Sketch 菜单下面列出的 Create、Edit、Copy、Rename 和 Delete 项。每一项包含一个子菜单，列出了当前模型中的所有草图。

• Sketch Manager 对话框。Sketch Manager 包含的功能与 Sketch 菜单下面列出的功能一样，但是具有一个方便的按钮来列出当前模型中可以使用的所有草图。要显示 Sketch Manager 对话框，从主菜单栏选择 Sketch→Manager。

注意：Sketch 菜单和 Sketch Manager 仅在草图模块中可用。当用户正在零件模块中草图绘制一个特征时，不能使用 Sketch 菜单和 Sketch Manager。

20.22.2 创建独立草图

在模型中对独立草图进行了分类，草图独立于任何特定的零件或者装配体。要在当前的视口中创建一个新的独立草图，从主菜单栏选择 Sketch→Create。

若要创建一个独立草图，执行以下操作：

1. 从主菜单栏选择 Sketch→Create。

出现 Create Sketch 对话框。

技巧：用户也可以通过单击草图模块工具箱中的草图创建工具来创建一个独立草图。

2. 在 Create Sketch 对话框中输入草图的名称。有关有效名称的信息，见 3.2.1 节“使用基本对话框组件”。

3. 在 Create Sketch 对话框中输入草图的近似尺寸。

Abaqus/CAE 使用用户输入的尺寸来计算幅面的大小和栅格的间距。近似的尺寸应当反映草图的最大尺寸，并且必须在 10^5 和 10^{-3} 个单位之间。Abaqus/CAE 不要求特定的单位，但是单位必须在整个模型上一致。

4. 单击 Continue 来关闭 Create Sketch 对话框。

Abaqus/CAE 启动草图器，并且显示用户进行草图绘制的正方形幅面；幅面的宽度和高度近似等于用户在之前步中输入的值。如果用户后来发现草图超出了幅面的边界，则可以使用草图器定制工具来改变幅面大小。

5. 完成草图绘制后，单击提示区域中的 Done。

20.22.3 将当前草图保存成独立草图

用户在绘制草图时，可以将当前的草图保存成独立草图。独立草图保持独立于任何特征；它们可以后续恢复到草图器中，并且覆盖任何存在的几何形体。

Abaqus/CAE 仅保存草图中的项目，不保存参考几何形体。类似地，不保存参考几何形体中顶点与线之间的尺寸标注。

若要将当前的草图保存成一个独立草图，执行以下操作：

1. 从草图器工具箱选择保存为工具。草图器工具箱中的工具表，见 20.4.1 节“草图器工具”。

2. 在提示区域中出现的文本域中输入草图名称。

Abaqus/CAE 保存草图并返回到草图器。

20.22.4 添加独立草图

用户在绘制草图时，可以添加独立草图，这样添加的草图的几何形体覆盖当前的草图。Abaqus/CAE 将添加的独立草图定位成原点与当前草图的原点重合。

若要添加一个独立草图，执行以下操作：

1. 从草图器工具箱选择添加草图工具。对于草图器工具箱中的工具表，见 20.4.1 节“草图器工具”。

Abaqus/CAE 显示 Add Sketch 对话框。

2. 从独立草图的列表选择草图，然后单击 OK 来关闭 Add Sketch 对话框。

Abaqus/CAE 进行下面的操作。

- 定位添加的草图，使得草图的原点与当前草图的原点重合。
- 重新确定视图的大小，使得可以看到当前的草图和添加的草图。

3. 使用提示区域中出现的按钮来说明将如何定位添加的草图。

- 使用 Translate 来沿着一个向量平动添加的草图。用户可以通过从草图选择或者通过输入每一个端点的 X 坐标和 Y 坐标来定义平动向量的开端和末端。
- 选择 Rotate，可围绕一个指定点转动一个指定的角度来转动添加的草图。用户可以通过从草图选择或者输入 X 坐标和 Y 坐标，来指定转动中心处的点。用户指定的转动角必须在 360°与-360°之间。
- 选择 Mirror，可关于一个选中线段来镜像添加的草图。用户必须通过选择一个现有的直线来指定镜像线（不是添加草图中的线）。
- 选择 Scale，可通过相对于一个指定点的指定量来缩放添加草图的顶点之间的间距。用户可以通过从草图选择或者通过输入 X 坐标和 Y 坐标来指定点。

添加的草图的预览得到更新，并且依据用户的指定进行了定位。

4. 如果需要，重复步骤 3 来继续更改或者重新定位被添加的草图。

5. 单击提示区域中的 Done。

Abaqus/CAE 对现有的几何形体添加独立草图。